PERIODIC TABLE OF THE ELEMENTS

Period \ Group	1 I IA	2 II IIA	3 IIIB	4 IVB	5 VB	6 VIB	7 VIIB	8 VIIIB	9 VIIIB	10 VIIIB	11 IB	12 IIB	13 III IIIA	14 IV IVA	15 V VA	16 VI VIA	17 VII VIIA	18 VIII VIIA
1	1 H hydrogen 1.0079 $1s^1$																	2 He helium 4.00 $1s^2$
2	3 Li lithium 6.94 $2s^1$	4 Be beryllium 9.01 $2s^2$											5 B boron 10.81 $2s^22p^1$	6 C carbon 12.01 $2s^22p^2$	7 N nitrogen 14.01 $2s^22p^3$	8 O oxygen 16.00 $2s^22p^4$	9 F fluorine 19.00 $2s^22p^5$	10 Ne neon 20.18 $2s^22p^6$
3	11 Na sodium 22.99 $3s^1$	12 Mg magnesium 24.31 $3s^2$											13 Al aluminium 26.98 $3s^23p^1$	14 Si silicon 28.09 $3s^23p^2$	15 P phosphorus 30.97 $3s^23p^3$	16 S sulfur 32.06 $3s^23p^4$	17 Cl chlorine 35.45 $3s^23p^5$	18 Ar argon 39.95 $3s^23p^6$
4	19 K potassium 39.10 $4s^1$	20 Ca calcium 40.08 $4s^2$	21 Sc scandium 44.96 $3d^14s^2$	22 Ti titanium 47.87 $3d^24s^2$	23 V vanadium 50.94 $3d^34s^2$	24 Cr chromium 52.00 $3d^54s^1$	25 Mn manganese 54.94 $3d^54s^2$	26 Fe iron 55.84 $3d^64s^2$	27 Co cobalt 58.93 $3d^74s^2$	28 Ni nickel 58.69 $3d^84s^2$	29 Cu copper 63.55 $3d^{10}4s^1$	30 Zn zinc 65.41 $3d^{10}4s^2$	31 Ga gallium 69.72 $4s^24p^1$	32 Ge germanium 72.64 $4s^24p^2$	33 As arsenic 74.92 $4s^24p^3$	34 Se selenium 78.96 $4s^24p^4$	35 Br bromine 79.90 $4s^24p^5$	36 Kr krypton 83.80 $4s^24p^6$
5	37 Rb rubidium 85.47 $5s^1$	38 Sr strontium 87.62 $5s^2$	39 Y yttrium 88.91 $4d^15s^2$	40 Zr zirconium 91.22 $4d^25s^2$	41 Nb niobium 92.91 $4d^45s^1$	42 Mo molybdenum 95.94 $4d^55s^1$	43 Tc technetium (98) $4d^55s^2$	44 Ru ruthenium 101.07 $4d^75s^1$	45 Rh rhodium 102.90 $4d^85s^1$	46 Pd palladium 106.42 $4d^{10}$	47 Ag silver 107.87 $4d^{10}5s^1$	48 Cd cadmium 112.41 $4d^{10}5s^2$	49 In indium 114.82 $5s^25p^1$	50 Sn tin 118.71 $5s^25p^2$	51 Sb antimony 121.76 $5s^25p^3$	52 Te tellurium 127.60 $5s^25p^4$	53 I iodine 126.90 $5s^25p^5$	54 Xe xenon 131.29 $5s^25p^6$
6	55 Cs caesium 132.91 $6s^1$	56 Ba barium 137.33 $6s^2$	57 La lanthanum 138.91 $5d^16s^2$	72 Hf hafnium 178.49 $5d^26s^2$	73 Ta tantalum 180.95 $5d^36s^2$	74 W tungsten 183.84 $5d^46s^2$	75 Re rhenium 186.21 $5d^56s^2$	76 Os osmium 190.23 $5d^66s^2$	77 Ir iridium 192.22 $5d^76s^2$	78 Pt platinum 195.08 $5d^96s^1$	79 Au gold 196.97 $5d^{10}6s^1$	80 Hg mercury 200.59 $5d^{10}6s^2$	81 Tl thallium 204.38 $6s^26p^1$	82 Pb lead 207.2 $6s^26p^2$	83 Bi bismuth 208.98 $6s^26p^3$	84 Po polonium (209) $6s^26p^4$	85 At astatine (210) $6s^26p^5$	86 Rn radon (222) $6s^26p^6$
7	87 Fr francium (223) $7s^1$	88 Ra radium (226) $7s^2$	89 Ac actinium (227) $6d^17s^2$	104 Rf rutherfordium (261) $6d^27s^2$	105 Db dubnium (262) $6d^37s^2$	106 Sg seaborgium (263) $6d^47s^2$	107 Bh bohrium (262) $6d^57s^2$	108 Hs hassium (265) $6d^67s^2$	109 Mt meitnerium (266) $6d^77s^2$	110 Ds darmstadtium (271) $6d^87s^2$	111 Rg roentgenium (272) $6d^97s^2$	112 Cn copernicium ? $6d^{10}7s^2$	113 Nh nihonium ? $7s^27p^1$	114 Fl flerovium ? $7s^27p^2$	115 Mc moscovium ? $7s^27p^3$	116 Lv livermorium ? $7s^27p^4$	117 Ts tennessine ? $7s^27p^5$	118 Og oganesson ? $7s^27p^6$

Period															
6	58 Ce cerium 140.12 $4f^15d^16s^2$	59 Pr praseodymium 140.91 $4f^36s^2$	60 Nd neodymium 144.24 $4f^46s^2$	61 Pm promethium (145) $4f^56s^2$	62 Sm samarium 150.36 $4f^66s^2$	63 Eu europium 151.96 $4f^76s^2$	64 Gd gadiolinium 157.25 $4f^75d^16s^2$	65 Tb terbium 158.93 $4f^96s^2$	66 Dy dysprosium 162.50 $4f^{10}6s^2$	67 Ho holmium 164.93 $4f^{11}6s^2$	68 Er erbium 167.26 $4f^{12}6s^2$	69 Tm thulium 168.93 $4f^{13}6s^2$	70 Yb ytterbium 173.04 $4f^{14}6s^2$	71 Lu lutetium 174.97 $5d^16s^2$	Lanthanoids (lanthanides)
7	90 Th thorium 232.04 $6d^27s^2$	91 Pa protactinium 231.04 $5f^26d^17s^2$	92 U uranium 238.03 $5f^36d^17s^2$	93 Np neptunium (237) $5f^46d^17s^2$	94 Pu plutonium (244) $5f^67s^2$	95 Am americium (243) $5f^77s^2$	96 Cm curium (247) $5f^76d^17s^2$	97 Bk berkelium (247) $5f^97s^2$	98 Cf californium (251) $5f^{10}7s^2$	99 Es einsteinium (252) $5f^{11}7s^2$	100 Fm fermium (257) $5f^{12}7s^2$	101 Md mendelevium (258) $5f^{13}7s^2$	102 No nobelium (259) $5f^{14}7s^2$	103 Lr lawrencium (262) $6d^17s^2$	Actinoids (actinides)

Numerical values of molar masses in grams per mole (atomic weights) are quoted to the number of significant figures typical of most naturally occurring samples.

The elements

Name	Symbol	Atomic number	Molar mass (g mol^{-1})
Actinium	Ac	89	227
Aluminium (aluminum)	Al	13	26.98
Americium	Am	95	243
Antimony	Sb	51	121.76
Argon	Ar	18	39.95
Arsenic	As	33	74.92
Astatine	At	85	210
Barium	Ba	56	137.33
Berkelium	Bk	97	247
Beryllium	Be	4	9.01
Bismuth	Bi	83	208.98
Bohrium	Bh	107	270
Boron	B	5	10.81
Bromine	Br	35	79.90
Cadmium	Cd	48	112.41
Caesium (cesium)	Cs	55	132.91
Calcium	Ca	20	40.08
Californium	Cf	98	251
Carbon	C	6	12.01
Cerium	Ce	58	140.12
Chlorine	Cl	17	35.45
Chromium	Cr	24	52.00
Cobalt	Co	27	58.93
Copernicum	Cn	112	285
Copper	Cu	29	63.55
Curium	Cm	96	247
Darmstadtium	Ds	110	281
Dubnium	Db	105	270
Dysprosium	Dy	66	162.50
Einsteinium	Es	99	252
Erbium	Er	68	167.27
Europium	Eu	63	151.96
Fermium	Fm	100	257
Flerovium	Fl	114	289
Fluorine	F	9	19.00
Francium	Fr	87	223
Gadolinium	Gd	64	157.25
Gallium	Ga	31	69.72
Germanium	Ge	32	72.63
Gold	Au	79	196.97
Hafnium	Hf	72	178.49
Hassium	Hs	108	270
Helium	He	2	4.00
Holmium	Ho	67	164.93
Hydrogen	H	1	1.008
Indium	In	49	114.82
Iodine	I	53	126.90
Iridium	Ir	77	192.22
Iron	Fe	26	55.85
Krypton	Kr	36	83.80
Lanthanum	La	57	138.91
Lawrencium	Lr	103	262
Lead	Pb	82	207.2
Lithium	Li	3	6.94
Livermorium	Lv	116	293
Lutetium	Lu	71	174.97
Magnesium	Mg	12	24.31
Manganese	Mn	25	54.94
Meitnerium	Mt	109	278
Mendelevium	Md	101	258

Name	Symbol	Atomic number	Molar mass (g mol^{-1})
Mercury	Hg	80	200.59
Molybdenun	Mo	42	95.95
Moscovium	Mc	115	289
Neodymium	Nd	60	144.24
Neon	Ne	10	20.18
Neptunium	Np	93	237
Nickel	Ni	28	58.69
Nihonium	Nh	113	286
Niobium	Nb	41	92.91
Nitrogen	N	7	14.01
Nobelium	No	102	259
Oganesson	Og	118	294
Osmium	Os	76	190.23
Oxygen	O	8	16.00
Palladium	Pd	46	106.42
Phosphorus	P	15	30.97
Platinum	Pt	78	195.08
Plutonium	Pu	94	244
Polonium	Po	84	209
Potassium	K	19	39.10
Praseodymium	Pr	59	140.91
Promethium	Pm	61	145
Protactinium	Pa	91	231.04
Radium	Ra	88	226
Radon	Rn	86	222
Rhenium	Re	75	186.21
Rhodium	Rh	45	102.91
Roentgenium	Rg	111	281
Rubidium	Rb	37	85.47
Ruthenium	Ru	44	101.07
Rutherfordium	Rf	104	267
Samarium	Sm	62	150.36
Scandium	Sc	21	44.96
Seaborgium	Sg	106	269
Selenium	Se	34	78.97
Silicon	Si	14	28.09
Silver	Ag	47	107.87
Sodium	Na	11	22.99
Strontium	Sr	38	87.62
Sulfur	S	16	32.06
Tantalum	Ta	73	180.95
Technetium	Tc	43	98
Tellurium	Te	52	127.60
Tennessine	Ts	117	293
Terbium	Tb	65	158.93
Thallium	Tl	81	204.38
Thorium	Th	90	232.04
Thulium	Tm	69	168.93
Tin	Sn	50	118.71
Titanium	Ti	22	47.87
Tungsten	W	74	183.84
Uranium	U	92	238.03
Vanadium	V	23	50.94
Xenon	Xe	54	131.29
Ytterbium	Yb	70	173.05
Yttrium	Y	39	88.91
Zinc	Zn	30	65.41
Zirconium	Zr	40	91.22

Weller | Overton | Rourke | Armstrong

INORGANIC CHEMISTRY
무기화학

제7판

무기화학교재연구회 옮김

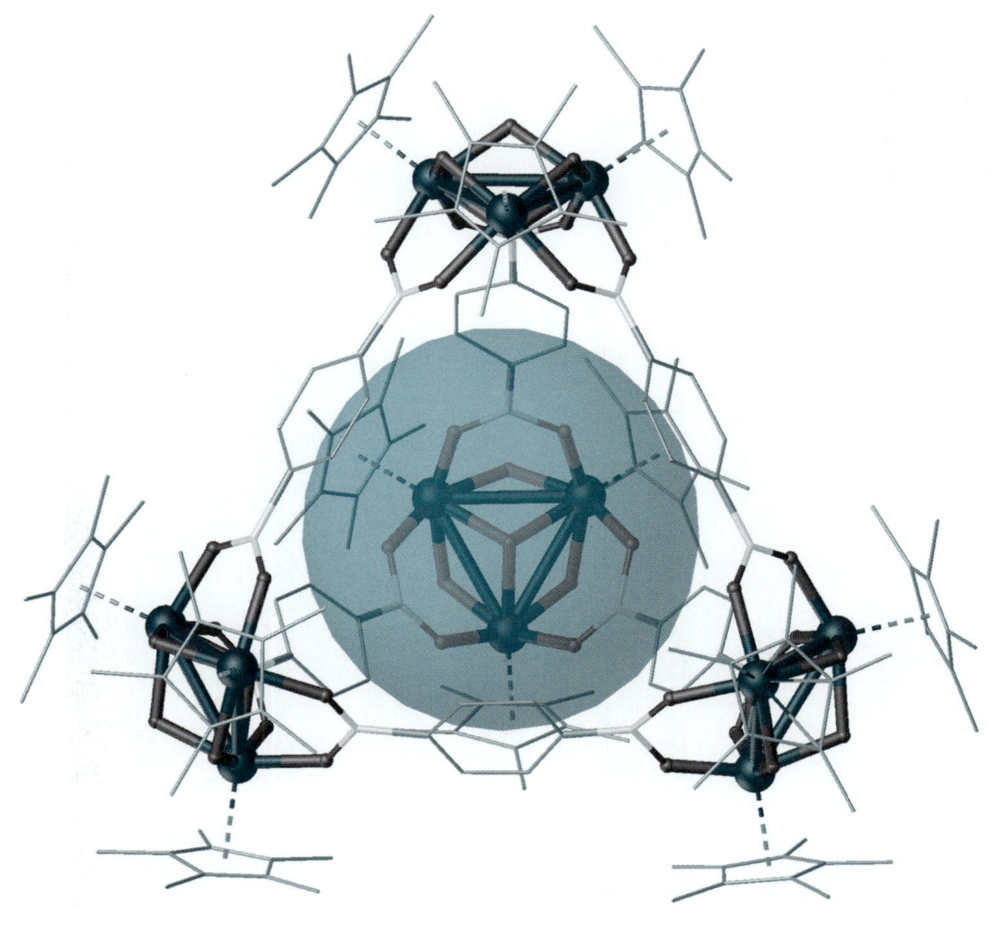

자유아카데미

저자 서문

무기화학 제7판의 소개

이 책을 쓴 목적은 다양하고 매혹적인 무기화학에 대한 포괄적이고 현대적인 소개를 제공하는 것이다. 무기화학은 주기율표상의 모든 원소의 특성을 다룬다. 이런 원소들은 소듐이나 바륨과 같이 높은 반응성을 가진 금속들부터 금이나 백금과 같은 비활성 금속들까지를 포함한다. 비금속 원소들은 고체, 액체, 기체를 포함하고 산화력이 강한 플루오린으로부터 헬륨 기체처럼 반응성이 없는 원소들까지 포함한다. 이런 다양성이 무기화학 학문의 특징임에도 불구하고, 학습 이해를 도와줄, 주목할 만한 패턴과 경향이 있다. 원자들의 반응성, 구조, 그리고 특성과 이들 원소의 화합물들의 경향은 주기율표에 대한 통찰력과 이해를 도와주는 기반을 제공한다.

무기 화합물들은 전형적인 정전기력에 의해 설명될 수 있는 이온성 고체로부터, 양자 역학에 기원을 둔 모델로 설명할 수 있는 공유 화합물과 금속까지 그 범위가 다양하다. 원자 오비탈과 이들이 형성한 분자 오비탈의 기반인 양자 역학을 이용한 정성적인 결합 모델을 사용함으로써 대부분의 무기 화합물 특성들을 설명하고 해석할 수 있다. 일반화학을 통해 이미 익숙해진 정성적인 결합 모델을 이 책에서 좀 더 깊게 논의한다.

무기화학의 연계성

정성적인 결합 모델과 반응성은 각 주제에 대해 명확성과 체계화를 제공하지만, 무기화학의 본질적인 주제는 실험이다. 무기화학은 현대 화학의 발전에 매우 중요한 자리를 차지하고 있다. 새롭고 특이한 무기 화합물이 계속 합성되고 확인되고 있다. 이러한 무기 합성은 화합물의 구조, 결합, 반응성에 대한 새로운 통찰력을 갖게 해 준다.

무기화학은 우리의 삶과 많은 과학 분야에 상당한 영향을 준다. 화학 산업은 무기화학에 상당히 의지하고 있다. 무기화학은 촉매, 반도체, 광학 장치, 초전도체, 그리고 세라믹 등과 같은 최신 물질들의 특성 개선과 체계화에 필수적이다. 무기화학의 환경적, 생물학적인 영향 또한 매우 크다. 산업, 신물질, 생물, 환경 화학에서의 최신 주제들은 이 책 전반부에서 그들의 중요성을 설명하고, 독자로 하여금 이들 분야에 대한 탐구와 개척을 권한다. 좀 더 심화된 내용은 후반부에서 다루게 된다.

이 책은 어떻게 구성되었는가?

이 책은 학생을 염두에 두고 책을 썼다. 추가된 화학세상은 무기화학의 원소와 이들 화합물을 완전히 탐구하기 위해서 이론과 실무를 연결해 주는 역할을 한다. 다양한 예제, 예제 속 문제, 연습 문제 등은 사고력을 자극하며 데이터 분석 능력의 개발 및 연구 활동과의 친숙한 참여를 이끌어 준다.

제9장에서는 주기적인 경향성과 상호참조를 함께 보여 주며, 그 이후 장에서는 더 상세하게 설명한다. 이들 장은 수소를 시작하여 주기율표를 가로질러 진행하는데, s 구역 금속 원소와 p 구역의 다양한 원소를 다루며, 장이 끝나기 전에 d 및 f 구역 원소를 광범위하게 다루며 주기율표를 따라 전개하였다. 각 장은 두 부분으로 구성되어 있는데, **핵심** 부분은 원소들의 기본적인 화학을 설명하며, **세부 내용**은 광범위한 내용을 제공한다. 각 족의 원소와 이들 원소로 이루어진 화합물의 특성을 설명할 때, 최신 응용 설명으로 내용이 풍부해졌다. 화학적 특성의 재현과 경향을 초기에 도입하였다.

끝부분의 장들은 현재 진행되고 있는 연구의 몇 가지 영역에서 책을 읽는 이를 최첨단 지식으로 이끌어 줄 것이다. 이들 단원에서는 산업과 생물의 중요성에 대한 특수하고 생생한 주제를 탐구하게 된다. 제24장은 물질 화학으로, 최신 에너지 물질, 불균일 촉매, 나노물질을 다룬다. 또한 25장에서는 의과학에서 백금, 금, 리튬, 비소, 합성 테크네튬과 같은 낯선 원소들이 질병 진단과 치료에 어떻게 이용되는지를 설명해 준다.

우리 저자들은 이 책이 화학을 전공하는 학부 학생들에게 많은 도움이 될 것으로 확신한다. 이 책은 무기화학을 이해하고 무기화학에 대한 지식을 축적해 나가는 이론적인 기본을 제공할 것이다. 이 책은 때때로 각론 무기화학(descriptive inorganic chemistry)의 다양성으로 인해 생기는 혼동과 이해하기 어려운 점을 합리적으로 체계화하는 데 도움을 줄 것이다. 또한 학생들을 학문의 선봉으로 이끌 것이며, 높은 단계의 학문에서 배우는 많은 과목을 보완해 줄 것이다.

Mark Weller
Tina Overton
Jonathan Rourke
Fraser Armstrong

저자 소개

Mark weller는 Bath 대학교의 화학과 교수이며, 영국 왕립 화학회(Royal Society Of Chemistry)의 재료화학분과 회장이다. 그의 연구 관심사는 광전기(photovoltaic) 화합물, 제올라이트, 배터리 재료, 특수 안료 등을 포함하는 무기화학의 합성과 구조 영역에 넓게 펴져 있으며, 이 분야에 300편이 넘는 주저자 논문을 발표하였다. Mark 교수는 학부와 대학원에서 35년 이상 무기화학과 물리화학을 가르쳤으며, 그의 강의는 s 및 f 영역 원소 및 무기 화합물에 적용되는 분석법을 비롯한 물질 화학 주제들을 다루었다. 또한 그는 OUP's *Characterisation Methods in Inorganic Chemistry* & OUP Prime (23)의 *Inorganic Materials Chemistry*의 공동 저자이다.

Tina Overton은 호주의 Monash 대학교의 화학교육 교수이며 영국의 Nottingham 대학교의 명예교수이다. Tina는 비판적 사고, 문제 풀이에 기반을 둔 학습, 문제 풀이 기능, 업무 기반 학습 및 고용 가능성 등의 관련된 주제로 논문을 발표하였으며, 여러 무기화학 분야 및 기술 개발 분야 교과서의 공동저자이다. 그녀는 영국 왕립 화학회의 HE Teaching Award, Tertiary Education Award, Nyholm Prize와 Royal Australian Chemical Institute's Fensham Medal을 수상하였으며, National Teaching Fellow와 Senior Fellow of the Higher Education Academy 소속이다.

Jonathan Rourke는 Warwick 대학교의 조교수이다. 그는 Scheffield 대학교에서 Puddephatt 교수에게서 박사 후 연구원을 한 후 영국의 Duncan Bruce 교수와 함께 연구하였다. 그의 초기 연구는 Bristol 대학교에서 시작하였으며, Warwich 대학교로 옮긴 후 줄곳 그곳에서 연구하였다. Dr Rourke는 기본 결합, 대칭 분석으로부터 전이 금속까지 많은 분야의 무기화학을 가르쳤다.

Fraser Armstrong은 Oxford 대학교의 화학과 교수이며, Oxford의 St John's College를 졸업하였다. 2008년에 그는 Fellow of the Royal Society of London에 선출되었다. 그의 관심 연구 분야는 전기 화학, 재생 에너지, 수소, 효소학, 생물학적 무기화학 분야이며, 그는 효소에 의한 전기 촉매 화학을 연구실을 지도하고 있다. 그는 1993년 Oxford의 화학과에 옮기기 전까지, California 대학교의 Irvine 캠퍼스에서 부교수로 있었다.

감사의 글

우리 저자들은 이 책의 초기 출판에 기초를 제공하고, 영감을 주는 역할과 주요한 공헌을 한 Peter Atkins에게 감사의 뜻을 전합니다.

우리 저자들은 이 책에 오류가 없게 하기 위해 많은 노력을 했으나, 오늘의 지식이 내일의 지식 발전에 의해서 곧 대치되는 학문 분야에서 이는 매우 어려운 일입니다. 아낌없이 시간을 할애하고 전문 지식을 가지고 초고를 읽어 주신 아래의 동료분들에게 감사드립니다.

제26장의 그림들은 PyMOL 프로그램을 사용하여 그렸으며, 좀 더 자세한 정보는 다음을 참조하십시오: DeLano, W.L. The PyMOL Molecular Graphics System (2002), De Lano Scientific, San Carlos, CA, USA.

Dawood Afzal, *Truman State University*
Helen Aspinall, *University of Liverpool*
Kent Barefield, *Georgia Tech*
Rolf Berger, *University of Uppsala*
Harry Bitter, *Wageningen University*
Richard Blair, *University of Central Florida*
Andrew Bond, *University of Cambridge*
Darren Bradshaw, *University of Southampton*
Paul Brandt, *North Central College*
Karen Brewer, *Hamilton College*
George Britovsek, *Imperial College, London*
Scott Bunge, *Kent State University*
David Cardin, *University of Reading*
Claire Carmalt, *University College London*
Carl Carrano, *San Diego State University*
Gareth W. V. Cave, *Nottingham Trent University*
Neil Champness, *University of Nottingham*
Ferman Chavez, *Oakland University*
Ann Chippindale, *University of Reading*
Karl Coleman, *University of Durham*
Simon Collinson, *Open University*
William Connick, *University of Cincinnati*
Peter J Cragg, *University of Brighton*
Stephen Daff, *University of Edinburgh*
Sandra Dann, *University of Loughborough*
Marcetta Y. Darensbourg, *Texas A&M University*
Nancy Dervisi, *University of Cardiff*
Richard Douthwaite, *University of York*
Simon Duckett, *University of York*
Jeremiah Duncan, *Plymouth State University*
A.W. Ehlers, *Free University of Amsterdam*
Mari-Ann Einarsrud, *Norwegian University of Science and Technology*
Anders Eriksson, *University of Uppsala*
Andrew Fogg, *University of Chester*
Andrew Frazer, *University of Central Florida*
Kyle W. Galloway, *University of Nottingham*
René de Gelder, *Radboud University*
Margaret Geselbracht, *Reed College*
Dean M. Giolando, *University of Toledo*
Christian R. Goldsmith, *Auburn University*
Gregory Grant, *University of Tennessee*
Yurii Gun'ko, *Trinity College Dublin*
Simon Hall, *University of Bristol*
Justin Hargreaves, *University of Glasgow*
Tony Hascall, *Northern Arizona University*
Zachariah Heiden, *Washington State University*
Richard Henderson, *University of Newcastle*
Eva Hervia, *University of Strathclyde*
Michael S. Hill, *University of Bath*
Jan Philipp Hofmann, *Eindhoven University of Technology*
Martin Hollamby, *Keele University*
Brendan Howlin, *University of Surrey*
Songping Huang, *Kent State University*
Carl Hultman, *Gannon University*
Stephanie Hurst, *Northern Arizona University*
Jon Iggo, *University of Liverpool*
Karl Jackson, *Virginia Union University*
S. Jackson, *University of Glasgow*
Michael Jensen, *Ohio University*
Pavel Karen, *University of Oslo*
Terry Kee, *University of Leeds*
Paul King, *Birbeck, University of London*
Rachael Kipp, *Suffolk University*
Caroline Kirk, *University of Edinburgh*

Lars Kloo, *KTH Royal Institute of Technology*
Randolph Kohn, *University of Bath*
Simon Lancaster, *University of East Anglia*
Paul Lickiss, *Imperial College, London*
Sven Lindin, *Lund University*
Paul Loeffler, *Sam Houston State University*
Jose A. Lopez-Sanchez, *University of Liverpool*
Paul Low, *University of Western Australia*
Michael Lufaso, *University of North Florida*
Astrid Lund Ramstad, *Norwegian Labour Inspection Authority*
Jason Lynam, *University of York*
Joel Mague, *Tulane University*
Mary F. Mahon, *University of Bath*
Frank Mair, *University of Manchester*
Sarantos Marinakis, *Queen Mary, University of London*
Andrew Marr, *Queen's University Belfast*
David E. Marx, *University of Scranton*
John McGrady, *University of Oxford*
Roland Meier, *Friedrich-Alexander University*
Ryan Mewis, *Manchester Metropolitan University*
John R Miecznikowski, *Fairfield University*
Suzanna C. Milheiro, *Western New England University*
Katrina Miranda, *University of Arizona*
Liviu M. Mirica, *Washington University in St.* Louis
Grace Morgan, *University College Dublin*
Ebbe Nordlander, *University of Lund*
Michael North, *University of York*
Charles O'Hara, *University of Strathclyde*
Lars Öhrström, *Chalmers (Goteborg)*
Edwin Otten, *University of Groningen*
Ivan Parkin, *University College London*
Stephen Potts, *University College London*
Dan Price, *University of Glasgow*
Robert Raja, *University of Southampton*
T. B. Rauchfuss, *University of Illinois*
Jan Reedijk, *University of Leiden*
Denise Rooney, *National University of Ireland, Maynooth*
Peter J. Sadler FRS, *Warwick University*
Graham Saunders, *Waikato University*
Ian Shannon, *University of Birmingham*
P. Shiv Halasyamani, *University of Houston*
Stephen Skinner, *Imperial College, London*
Bob Slade, *University of Surrey*
Peter Slater, *University of Birmingham*
LeGrande Slaughter, *University of Northern Texas*
Martin B. Smith, *University of Loughborough*
Sheila Smith, *University of Michigan*
Jake Soper, *Georgia Institute of Technology*
David M. Stanbury, *Auburn University*
Jonathan Steed, *University of Durham*
Gunnar Svensson, *University of Stockholm*
Zachary J. Tonzetich, *University of Texas at San Antonio*
Ryan J. Trovitch, *Arizona State University*
Hernando A.Trujillo, *Wilkes University*
Fernando J. Uribe-Romo, *University of Central Florida*
Aldrik Velders, *Wageningen University*
Andrei Verdernikov, *University of Maryland*
Ramon Vilar, *Imperial College, London*
Keith Walters, *Northern Kentucky University*
Robert Wang, *Salem State College*
David Weatherburn, *University of Victoria, Wellington*
Eric J. Werner, *The University of Tampa*
Michael K. Whittlesey, *University of Bath*
Craig Williams, *University of Wolverhampton*
Scott Williams, *Rochester Institute of Technology*
Paul Wilson, *University of Southampton*
John T. York, *Stetson University*
Nigel A. Young, *University of Hull*
Jingdong Zhang, *Denmark Technical University*

이 책의 특징

무기화학은 광범위한 주제를 터득하는 데 도움이 되는 수많은 학습 정보를 다룬다. 또한 이 책의 본문은 연대순으로 내용을 정리하였고, 이는 여러분이 공부할 때 쉽게 이해될 수 있도록 설계되었다.

정보 정리

요점

요점은 각 단원에서 가장 중요한 부분을 정리하고, 다음에 나올 내용의 이해를 점검하고, 복습을 위해, 또 다음 단계로 나아가기 위한 준비에 사용될 수 있다.

1.1 분광학적 정보

요점: 수소 원자의 분광학적 관찰을 통해, 전자는 특정한 에너지 준위만을 차지하고, 이 준위 사이에서 전자 전이가 일어날 때 불연속 진동수를 갖는 전자기 복사의 방출이 일어나는 것을 알 수 있다.

수소 기체의 전기 방전으로 전자기 복사가 방출된다. 프리즘이나 회절발(diffraction grating)을 통과시키면, 이 복사는 일련의 성분으로 구성되어 있는 것을 알 수 있는데, 전자기 스펙트럼 영역 중 하나는 자외선 영역에 있고, 다른 하나는 가시광선 영역에 있으며, 나머지 여러 개

화학세상

많은 화학세상은 본문에서 논의된 원리의 초점을 흐리지 않으면서 무기화학의 다양성과 신물질, 산업 공정, 환경 화학, 일상생활에 관련된 응용을 설명한다.

화학세상 1.2 핵융합과 핵분열

질량수가 56보다 작은 2개의 핵이 합쳐져 더 큰 핵결합 에너지를 갖는 새로운 핵이 만들어지면 여분의 에너지가 방출된다. 이 과정을 **융합**(fusion)이라고 한다. 예를 들어 2개의 네온-20 핵을 융합하여 칼슘-40 핵을 만들 수 있다.

$$2\,^{20}_{10}\mathrm{Ne} \rightarrow \,^{40}_{20}\mathrm{Ca}$$

$^{20}_{10}\mathrm{Ne}$의 핵자당 결합 에너지($E_{결합}/A$)의 값은 약 8.0 MeV이다. 따

지 차이는 24 MeV이다.

질량수가 56보다 큰 핵이, 큰 E

들로 나누어지면, 결합 에너지가 방

(fission)이라고 한다. 예를 들어 우

에서 제논-140 핵과 스트론튬-93 핵

$$^{236}_{92}\mathrm{U} \rightarrow \,^{140}_{54}\mathrm{Xe} + \,^{93}_{38}\mathrm{Sr} + 3\,^{1}_{0}\mathrm{n}$$

좋은 사례에 대한 소개

무기화학의 일부 영역에서, 일반적으로 사용되는 명명법은 혼란스럽거나 구식일 수 있다. 이 문제를 해결하기 위해 일반적인 실수를 피하는 데 도움이 되는 간단한 사례를 포함시켜 이해를 높이고자 하였다.

산화수(N_{ox})[4]는 결합을 극단적으로 **이온** 결합성으로 가정하여 얻어지는 숫자이다. 결합에서 전기 음성도가 큰 원자가 결합에 참여한 전자 2개를 모두 가져갔다고 가정할 때 원자가 갖는 전하로 간주할 수 있다. 산화 상태는 원소의 산화수에 해당하는 원소의 물리적 상태이다. 따라서 원자에 산화수를 **할당하고**, 원자는 해당하는 산화 **상태**[5]**에** 있는 것이다.

문제 풀이

간단한 설명

간단한 그림은 본문에 소개된 식 또는 개념을 사용하는 방법을 보여 주며 자료를 올바르게 해석할 때 이해하는 데 도움이 된다.

예제와 예제 속 문제

본문 전반을 통하여 많은 예제를 제공했다. 예제는 각 주제에 대한 중요한 것을 설명하거나, 계산이나 문제를 연습할 수 있도록 한다.
예제 속 문제는 예제 다음에 나오는 추가 문제로, 예제를 통해 이해가 되었는지를 알아보는 것이다. 각 예제 속 문제는 예제와 비슷하지만, 문제를 확장하거나 약간 다른 방향으로의 접근을 필요로 한다.

연습 문제

각 장의 뒷부분에 여러 개의 간단한 연습 문제가 있다. 연습 문제는 대부분 함정이 없이 간결하며, 이해도를 점검하거나, 화학 반응식 균형 맞추기, 구조를 예측하거나 그리기, 데이터 해석과 같은 연습과 경험을 축적하는 데 유용하다.

해답집(원 출판사에서 판매하는 교재임)
ISBN 9780198814689
Michael Hagerman, Christipher Schnabel, Kandalam Ramanujachary가 만든 해답집에서는 예제 속 문제와 각 장의 끝에 수록된 연습 문제의 해답을 제공한다.

역자 서문

화학은 과학 분야의 중심(central science)이라고 일컬어지고 있다. 이는 화학이 물질의 변화를 연구하는 학문이며, 물질의 시초와 변화가 과학의 근본이기 때문이다. 이러한 관점에서, 무기화학은 화학의 중심이라고 할 수 있다. 물질의 기본 출발점인 모든 원소에 대하여 공부하고 연구하는 것이 무기화학이다. '화학'이라고 할 때 첫 번째로 떠오르는 것은 원소 기호이며, 원소에 대한 체계적인 특성을 연구하는 것이 무기화학이다. 특히 학문 간의 경계가 희미해져 가고 과학이 빠르게 발전하는 21세기에 무기화학은 그 영역이 광범위하며 중요한 학문으로 화학의 중심 역할을 하고 있다. 전통적인 유기, 물리, 분석, 무기화학 분야뿐만 아니라 고분자와 생명과학 및 의과학 분야에서도 무기화학의 중요성이 확대되고 있다. 이러한 관점에서 제7판의 뒷부분에서 새로운 의과학 분야가 추가되었다. 무기물의 광범위한 영역에서의 중요성을 이해하기 위해서는 원소의 기본적인 특성과 원소에 따른 물질의 특성을 이해하기 위한 근본적인 원리와 법칙을 체계적으로 공부할 필요가 있다. 여기에 무기화학을 배우는 이유와 목표가 있는 것이다.

이 책은 크게 세 부분으로 구성되어 있으며, 앞부분에서는 원자 및 분자의 구조, 결합 특성, 산과 염기, 산화와 환원, 분자의 대칭성(군론), 배위 화합물을 주제로 무기화학에 대한 통찰력과 이해를 도와주는 기본 원리를 주로 다루었다. 특히 무기 화합물의 특성을 이해하는 데 필수적인 무기 분자 구조를 밝히는 데 사용되는 분광학적 구조 분석법을 소개하고 있다. 뒷부분은 결합적 특성이 독특한 유기금속 화합물과 배위 화합물의 분광학적 해석법이 실려 있으며, 또한 산업, 물질, 생명에서 중요한 주제와 촉매를 포함한 나노물질의 첨단 영역을 소개하였다. 의과학 분야의 질병 진단과 치료에 필요한 무기화학을 소개하였다. 이 부분은 무기화학의 최첨단 연구 영역을 이끌어 주는 가교 역할을 해 줄 것으로 생각된다.

가운데 부분인 제10~19장은 주기율표의 족(group)별 원소의 특성과 이들 원소로 구성된 화합물의 세부 특성을 다룬 것으로, 자유아카데미 홈페이지(www.freeaca.com) 자료실에서 다운로드받을 수 있다. 이 부분의 내용은 강의 시간의 제약이 있어 수업 시간에 다루기 어려운 경우, 학생들 스스로 공부하고 이해할 수 있도록 유도하거나, 무기 화합물 반응성에 대한 참고 자료로 이용할 수 있다. 이렇게 함으로써 특정 원소에 대한 특성과 반응을 손쉽게 찾을 수 있는 동시에 인쇄본 책의 경량화를 이룰 수 있었다.

이 책이 출판되기까지 많은 애정을 가지고 노력해 준 자유아카데미 임직원에게 감사의 말씀을 전한다. 또 번역과 교정을 도와준 많은 대학원생에게도 감사의 뜻을 전한다. 혹 번역 내용이 잘못 표현되어 있거나 기타 오류가 있다면 독자들의 제안을 부탁드린다. 출간 후에라도 수정 사항이 있을 경우에는 자유아카데미 홈페이지(www.freeaca.com) 자료실에 제공할 예정이다.

끝으로, 독자들이 원서를 읽음으로써 원저자의 의도를 직접적으로 접하길 바라며, 시간적 제약성을 극복하는 데 이 번역서가 조금이라도 도움이 되고, 이를 통하여 무기화학에 좀 더 친밀해지고 흥미를 가지게 된다면 보람이 되리라 생각한다.

2020년 1월
역자 대표 최문근

차례

10장~19장까지는 자유아카데미 홈페이지(www.freeaca.com) 자료실에서 다운로드받을 수 있습니다.

10장 수소

11장 1족 원소

12장 2족 원소

13장 13족 원소

14장 14족 원소

15장 15족 원소

16장 16족 원소

1

원자의 구조

이 장에서는 모든 무기 화합물의 물리적 · 화학적 성질에 대한 경향성을 설명하기 위한 기초적인 내용을 기술하고자 한다. 분자와 고체의 거동을 이해하기 위해 먼저 원자를 이해할 필요가 있다. 따라서 무기화학 공부는 원자의 구조와 성질을 복습하는 것부터 시작해야 한다. 먼저 태양계에 존재하는 물질의 기원에 대해 논의하고, 원자의 구조와 원자 내 전자의 거동을 이해하는 방향으로 전개할 것이다. 양자 이론을 정성적으로 도입하여 얻은 결과를 이용하여 원자 반지름, 이온화 에너지, 전자 친화도, 전기 음성도와 같은 성질을 설명할 것이다. 이러한 성질을 이해해야 현재까지 알려진 대략 120개 원소의 다양한 화학적 성질을 이해할 수 있다.

우주가 팽창하고 있는 것을 관찰함으로써, 지금부터 약 140억 년 전 현재 우리가 보고 있는 우주는 점과 같은 영역에 집중된 상태였고, **대폭발**(**Big Bang**)이라는 현상이 일어나 팽창되었다는 것이 현재 받아들여지고 있는 정설이다. 대폭발이 일어난 직후 초기 온도는 10^9 K 정도로 추정되며, 폭발 중 생성된 기본 입자들의 운동 에너지가 너무 커서 오늘날 우리가 알고 있는 형태로 결합될 수는 없었다. 하지만 팽창하면서 우주의 온도가 낮아지고, 입자들의 움직임이 느려져, 곧바로 다양한 형태의 힘에 의해 서로 결합하기 시작하였다. 특히 짧은 거리 인력이지만 핵자(양성자와 중성자) 사이의 아주 강력한 인력인 **강력**(**strong force**)으로 이 입자들이 서로 결합하여 핵을 생성하였다. 온도가 더욱 낮아지면서, 비교적 약하지만 전하 사이의 먼 거리 인력인 **전자기력**(**electromagnetic force**)으로 전자와 핵이 결합하여 원자를 생성하였다. 이때부터 우주에서 복잡한 화학이 가능하게 되었으며, 생명체의 존재도 가능하게 되었다(화학세상 1.1).

우주가 탄생한 지 약 2시간 후에 온도가 너무 많이 낮아져서, 대부분의 물질은 H 원자(89%)와 He 원자(11%)의 형태로 존재하였다. 그림 1.1에 나타낸 바와 같이, 수소와 헬륨이 우주에 압도적으로 많이 존재하는 원소로 남아 있는 것으로 보아, 어떤 의미에서 그 이후로 별다른 일이 일어나지 않았던 것 같다. 하지만 핵반응을 통해 수십 개의 다른 원소가 생성되었고, 우주에 다양한 물질이 헤아릴 수 없을 만큼 많아졌으며, 이 모든 물질이 화학의 전체 영역이 되었다(화학세상 1.2와 1.3).

화학에서 고려할 필요가 있는 원자 구성 입자(subatomic particle)들의 성질을 표 1.1에 나타내었다. 알려진 모든 원소(2018년까지 확정 원소 118개)는 이와 같은 원자 구성 입자들로 이루어져 있으며, 원소의 원자핵에 있는 양성자수인 **원자 번호**(**atomic number,** Z)로 구별할 수 있다. 많은 원소들이 다양한 **동위 원소**(**isotope**)를 갖고 있다. 동위 원소는 원자 번호가 같은 원소 중에서 원자 질량이 다른 원자들이다. 핵에 있는 양성자수와 중성자수의 합인 **질량수**(**mass number,** A)로 동위 원소들을 구별할 수 있다. 때로는 질량수를 **핵자수**(nucleon

캡션에 🖵이 표시된 **그림**은 쌍방향의 3D 구조로 온라인에서 찾을 수 있다. 브라우저에 다음 URL을 입력하고 관련 그림 번호를 넣어라. www.chemtube3d.com/wellerxe/[장번호]F[그림 번호]. 예를 들어 2장의 그림 7은 **www.chemtube3d.com/wellerxe/2F07**을 입력하면 된다.

화학세상 1.1 원소의 기원

초기 별들은 H 원자 구름과 He 원자 구름의 중력 응축(gravitational condensation)으로 만들어졌다. 중력 응축으로 원자 구름의 온도가 높아지고 밀도가 증가하였으며, 핵들이 서로 합쳐지는 융합 반응이 시작되었다.

가벼운 핵들이 서로 융합하여 원자 번호가 큰 원소들을 만들 때 에너지가 방출된다. 양성자와 중성자를 서로 결합시키는 **강력**(strong force)이 전자와 핵을 서로 결합시키는 전자기력보다 훨씬 강하기 때문에, 핵반응에는 보통의 화학 반응보다 훨씬 더 많은 에너지가 관여된다. 보통 화학 반응은 10^3 kJ mol^{-1} 정도를 방출하는 반면, 핵반응은 전형적으로 백만 배 정도 큰 10^9 kJ mol^{-1} 정도의 에너지를 방출한다.

Z = 26(철)까지의 원소들은 별 내부에서 생성되었다. 이와 같은 원소들은 '핵연소(nuclear burning)'라는 핵융합 반응으로 생성되었다. 화학적 연소와 혼동해서는 안 되는 핵연소 반응은 H 핵과 He 핵 및 C 핵의 촉매 과정에 의한 복잡한 융합 순환 과정이 연관되어 있다. 우주 진화의 초기 단계에서 생성된 별에는 C 핵이 존재하지 않았기 때문에, 촉매가 없는 H 연소 반응이 사용되었다. 핵합성 반응은 $5\sim10\times10^6$ K의 온도에서 매우 빠르게 일어난다. 화학 반응은 핵반응에 비해 10만 배 정도 낮은 온도에서 일어나기 때문에, 원자나 분자들 사이의 적절한 에너지를 갖는 충돌에 의해 화학 변화가 일어나지만, 고도의 격렬한 충돌만이 대부분의 핵변환을 일으키는 데 필요한 에너지를 제공할 수 있다는 것이 화학 반응과 핵반응의 또 다른 차이점이다.

수소 연소가 완료되었을 때, 원자 번호가 철보다 큰 원소들(Z > 26)이 매우 많이 생성되었다. 별 중심부의 붕괴로 인해 밀도는 10^8 kg m^{-3}(물 밀도의 약 10^5배) 정도로 증가하였고, 온도는 10^8 K 정도로 높아졌다. 이와 같은 극한 조건에서 별은 적색 거성(red giant)이 되어 헬륨 연소가 일어날 수 있다.

우주에 철과 니켈이 매우 많은 양으로 존재하는 것은 이 원소들이 모든 원자핵 중에서 가장 안정한 핵을 갖는 원소라는 사실과 일치한다. 이와 같은 핵의 안정성은 **결합 에너지**(binding energy)로 나타낼 수 있다. 결합 에너지는 핵 자체가 갖는 에너지와 같은 수의 개별 양성자와 중성자가 갖는 전체 에너지와의 차이이다. Einstein의 상대성 이론에 따르면, c가 빛의 속력일 때, 질량(m)과 에너지(E) 사이에는 $E = mc^2$의 관계식이 성립되기 때문에, 이 결합 에너지를 때로는 핵 자체의 질량과 같은 수의 개별 양성자와 중성자의 전체 질량과의 차이로 나타내기도 한다. 그러므로 핵 자체의 질량과 핵을 구성하는 구성 입자의 전체 질량과의 차이 $\Delta m = m_{핵자} - m_{핵}$일 때, 결합 에너지 $E_{결합} = (\Delta m)c^2$이다. 예를 들어 ^{56}Fe의 결합 에너지는 ^{56}Fe 핵 자체가 갖는 에너지와, 양성자 26개와 중성자 30개가 갖는 전체 에너지와의 차이이다. 결합 에너지가 양수일 때, 핵은 핵을 구성하는 핵자보다 유리한 상태, 즉 에너지가 낮은(질량이 작은) 상태에 있게 된다.

모든 동위 원소에 대한 핵자당 결합 에너지($E_{결합}/A$, 전체 결합 에너지를 핵자수로 나눈 값)를 그림 B1.1에 나타내었다. 철과 니켈이 곡선의 최댓값 부근에 나타나는 것은 철과 니켈에 들어 있는 핵자들이 다른 핵종에 들어 있는 핵자들보다 훨씬 더 강하게 결합되어 있다는 것을 나타낸다. 그래프를 통해 직접 관찰하는 것은 어렵지만, 확대된 원 안의 자료를 살펴보면 원자 번호가 짝수에서 홀수로 바뀔 때 결합 에너지의 크기가 교대로 바뀌는 것을 관찰할 수 있다. 즉 짝수-Z 핵종이 이웃한 홀수-Z 핵종보다 약간 더 안정하다(결합 에너지가 약간 더 크다). 우주에 존재하는 원소의 양에도 원자 번호에 따라 교대로 바뀌는 경향성이 나타나는데, 원자 번호가 짝수인 핵종이 홀수인 핵종보다 약간 더 많이 존재한다. 핵에 있는 핵자들이 쌍을 이루어 에너지가 낮아지기 때문에 짝수-Z 핵종들이 더 안정하다.

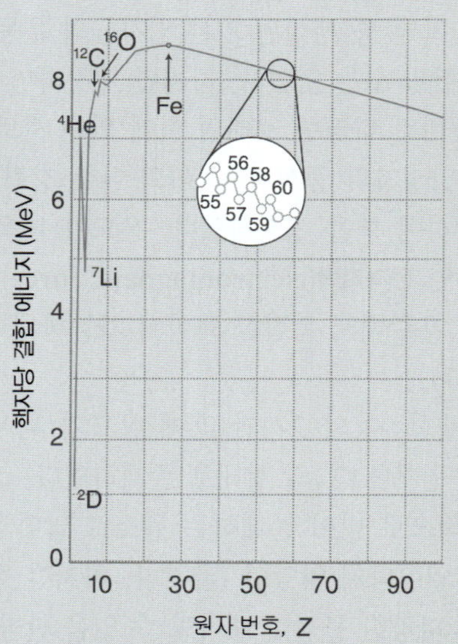

그림 B1.1 핵의 결합 에너지 결합 에너지가 클수록 핵은 더 안정하다. 확대된 원 안을 살펴보면 안정성이 교대로 바뀌는 것을 볼 수 있다.

number)라고도 한다. 예를 들어 수소는 동위 원소가 3개이다. Z = 1인 경우, 핵이 양성자 1개를 가지고 있는 것을 나타낸다. 가장 많은 양으로 존재하는 동위 원소는 A = 1로, ^1H로 나타내며, 이 동위 원소의 핵은 양성자 1개로 이루어져 있다. 훨씬 적은 양으로 존재하는(전체 수소 원자 6,000개당 1개꼴) 중수소는 A = 2이다. 질량수가 2이므로 핵에 양성자 1개와 중성자 1개가 있는 것을 알 수 있다. 중수소(deuterium)를 나타내는 일반적인 기호는 ^2H이지만, 일반적으로 D로 나타낸다. 수명이 짧고 방사성을 갖는 수소의 세 번째 동위 원소인 삼중수소(tritium)는 ^3H 또는 T로 나타낸다. 삼중수소의 핵은 양성자 1개와 중성자 2개로 구성되어

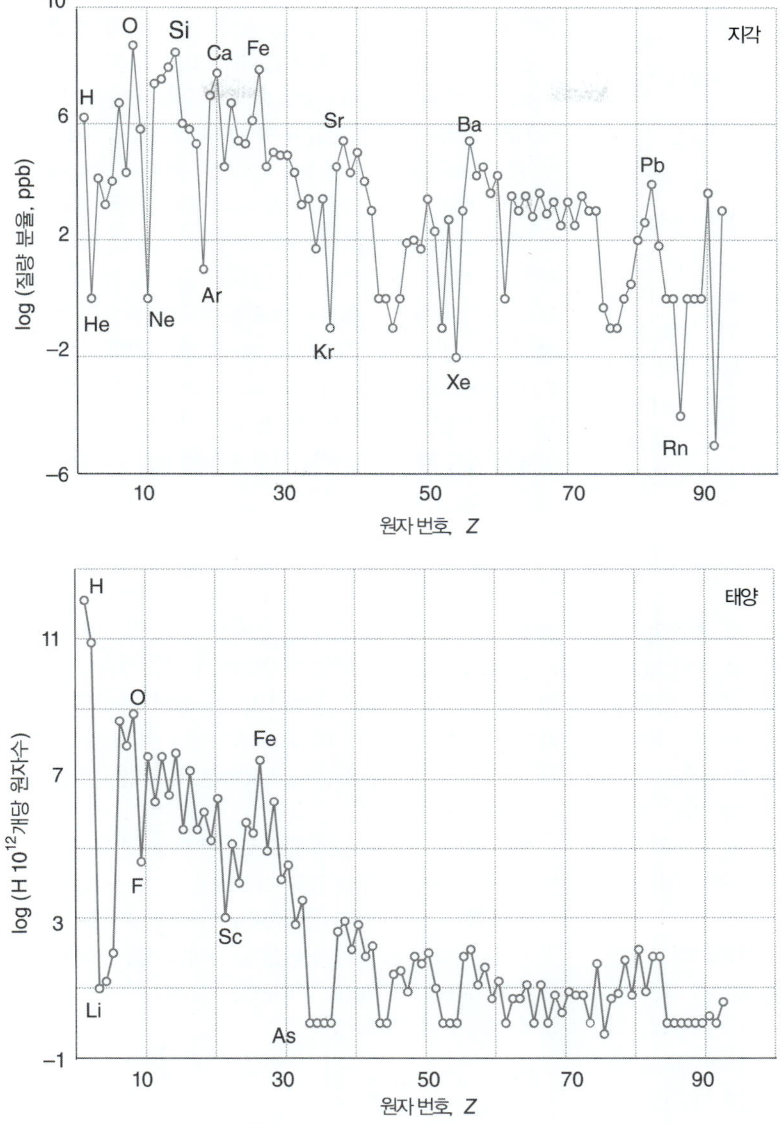

그림 1.1 지각과 태양에 존재하는 원소들의 존재량 Z가 짝수인 원소들이 이웃한 Z가 홀수인 원소들에 비해 더 안정하다.

있다. 어떤 경우에는 원소 기호의 왼쪽에 아래 첨자로 원자 번호를 나타내기도 하는데, 그렇게 할 경우 수소의 세 동위 원소는 ${}^{1}_{1}H$, ${}^{2}_{1}H$, ${}^{3}_{1}H$로 나타낼 수 있다. 수소는 각 동위 원소의 이름이 있고, 동위 원소들의 화학적 성질이 크게 차이나는 유일한 원소이다.

화학세상 1.2 핵융합과 핵분열

질량수가 56보다 작은 2개의 핵이 합쳐져 더 큰 핵결합 에너지를 갖는 새로운 핵이 만들어지면 여분의 에너지가 방출된다. 이 과정을 **융합**(fusion)이라고 한다. 예를 들어 2개의 네온-20 핵을 융합하여 칼슘-40 핵을 만들 수 있다.

$$2\,{}^{20}_{10}\mathrm{Ne} \rightarrow {}^{40}_{20}\mathrm{Ca}$$

${}^{20}_{10}\mathrm{Ne}$의 핵자당 결합 에너지($E_{결합}/A$)의 값은 약 8.0 MeV이다. 따라서 반응식의 왼쪽에 있는 핵종의 전체 결합 에너지는 2×20×8.0 MeV = 320 MeV이다. ${}^{20}_{10}\mathrm{Ca}$의 $E_{결합}/A$의 값은 약 8.6 MeV이므로, 반응식의 오른쪽에 있는 핵종의 전체 결합 에너지는 40×8.6 MeV = 344 MeV이다. 따라서 생성물과 반응물의 결합 에너지 차이는 24 MeV이다.

질량수가 56보다 큰 핵이, 큰 $E_{결합}/A$ 값을 갖는 가벼운 원소들로 나누어지면, 결합 에너지가 방출될 수 있다. 이 과정을 **분열**(fission)이라고 한다. 예를 들어 우라늄-236은 많은 분열 방식 중에서 제논-140 핵과 스트론튬-93 핵으로 분열될 수 있다.

$${}^{236}_{92}\mathrm{U} \rightarrow {}^{140}_{54}\mathrm{Xe} + {}^{93}_{38}\mathrm{Sr} + 3\,{}^{1}_{0}\mathrm{n}$$

${}^{236}\mathrm{U}$, ${}^{140}\mathrm{Xe}$, ${}^{93}\mathrm{Sr}$ 핵의 $E_{결합}/A$ 값은 각각 7.6, 8.4, 8.7 MeV이다. 따라서 이 반응에서 방출되는 에너지는 각 ${}^{236}\mathrm{U}$ 핵의 분열에 대해 (140×8.4) + (93×8.7) − (236×7.6) MeV = 191.5 MeV이다.

무거운 원소에 중성자를 충격시켜 분열을 일으킬 수도 있다.

$^{235}_{92}U + ^{1}_{0}n \rightarrow$ 분열 생성물 + 중성자

^{235}U 분열 생성물들의 전체 운동 에너지는 약 165 MeV이고, 중성자의 전체 운동 에너지는 약 5 MeV이며, 발생한 γ선의 에너지는 약 7 MeV이다. 분열 생성물은 그 자체로 방사성이 있고, β 복사, γ 복사, X 복사에 의해 붕괴되며, 약 23 MeV의 에너지를 방출한다. 핵분열 반응로에서 분열에 의해 소모되지 않은 중성자는 약 10 MeV의 에너지를 방출하면서 포획된다. 생성된 에너지는 약 10 MeV 정도 감소된다. 감소된 에너지는 복사의 형태로 반응로를 빠져나간다. 약 1 MeV 정도의 에너지는 붕괴되지 않은 분열 생성물로 사용 후 연료에 남게 된다. 따라서 한 번의 분열에 의해 생성된 전체 에너지는 약 200 MeV(32 pJ)이다. 반응로에서 초당 약 3.1×10^{10}번의 분열이 일어나면, 약 1 W(1 W = 1 J s^{-1})의 열을 얻을 수 있다. 3 GW의 열이 생산되는 핵반응로에서 약 1 GW의 전력이 생산되는데, 매일 3 kg의 ^{235}U의 분열에 해당되는 양이다.

원자력의 이용에 대한 논란은 주로 고준위 방사성을 오랫동안 유지하는 사용 후 연료(spent fuel)와 연관된 위험성에 대한 것이다. 하지만 우라늄 광물 자원은 수백 년 더 지속될 것으로 추정되고, 화석 연료 보유량은 지속적으로 감소하기 때문에 원자력에 대한 관심이 매우 커지고 있다. 현재 우라늄 광물의 가격은 매우 낮고, 100 g의 산화 우라늄은 원유 60배럴(1배럴 = 159 L) 또는 석탄 20톤만큼의 에너지를 생산한다. 또한 원자력의 이용이 증가하면 대기 중으로 온실 기체를 배출하는 속도를 현저하게 줄일 수 있다. 환경학적으로 원자력의 문제점은 방사성 폐기물의 저장과 처리이고, 2011년에 일본 후쿠시마에서 일어난 사고와 같은 잠재적인 핵 사고에 대해 많은 사람들이 불안해하고 걱정하는 것이며, 정치적인 야욕을 위해 핵 보유 능력을 함부로 사용하는 것이다.

화학세상 1.3 테크네튬 - 최초의 합성 원소

지구상에 자연적으로 존재하지 않지만 핵반응을 통해 인공적으로 만들 수 있는 원소가 합성 원소이다. 최초의 합성 원소는 테크네튬(Tc, $Z = 43$)으로, 그리스어로 '인공적인(artificial)'이라는 뜻을 갖는 단어에서 유래하였다. 이 원소를 발견함으로써–보다 정확히 말하면 합성함으로써–주기율표의 빈칸 하나를 채웠고, 원소의 성질은 Mendeleev가 예측했던 것과 일치하였다. 수명이 가장 긴 테크네튬의 동위 원소(^{98}Tc)의 반감기는 420만 년이므로, 지구가 생성될 때 만들어진 테크네튬은 오래 전에 모두 붕괴하였다. 테크네튬은 적색 거성에서 만들어진다.

가장 널리 사용되는 테크네튬의 동위 원소는 ^{99m}Tc이며, 이때 'm'은 준안정한 동위 원소를 나타낸다. 테크네튬-99m은 높은 에너지의 γ선을 방출하지만 반감기가 6.01시간으로 비교적 짧다. 이와 같은 성질로 인해 ^{99m}Tc 동위 원소를 생체 내에서 사용하기 위해 특별한 관심을 갖게 되었다. 체외에서 검출할 수 있을 정도로 γ선 에너지가 충분하고, 반감기가 짧아 대부분의 동위 원소가 24시간 이내에 모두 붕괴될 수 있기 때문이다. 그 결과, ^{99m}Tc는 뇌, 뼈, 혈액, 폐, 간, 심장, 갑상샘, 신장의 영상 및 기능을 연구하는 방사성 의약품과 같은 핵의학 분야에서 널리 사용되고 있다(27.9절). 테크네튬-99m은 원자력 발전소에서 핵분열을 통해 만들어지지만, 실험실에서 좀 더 유용하게 만들 수 있는 방법은 ^{99}Mo를 ^{99m}Tc로 붕괴시키는 과정을 이용하는 테크네튬 발생 장치를 사용하는 것이다.

^{99}Mo의 반감기는 66시간으로 ^{99m}Tc에 비해 운송 및 저장이 편리하다. 대부분의 상업용 테크네튬 발생 장치는 Al_2O_3에 흡착시킨 몰리브데넘산 이온(MoO_4^{2-}) 형태의 ^{99}Mo를 사용한다. $^{99}MoO_4^{2-}$ 이온은 β 방출을 통해 과테크네튬산 이온($^{99m}TcO_4^{2-}$)으로 붕괴하며, $^{99m}TcO_4^{2-}$ 이온은 $^{99}MoO_4^{2-}$ 이온에 비해 알루미나에 약하게 결합되어 있다.

$$^{99}Mo \rightarrow {}^{99m}Tc + {}^{0}_{-1}\beta$$

^{99}Mo가 고정되어 있는 관에 멸균된 식염수를 통과시켜 씻어내면 ^{99m}Tc 용액이 모아진다.

표 1.1 화학과 관련된 원자 구성 입자

입자	기호	질량/m_u*	질량수	전하/$e^†$	스핀
전자	e^-	5.486×10^{-4}	0	−1	$\frac{1}{2}$
양성자	p	1.0073	1	+1	$\frac{1}{2}$
중성자	n	1.0087	1	0	$\frac{1}{2}$
광자	γ	0	0	0	1
중성 미자	ν	거의 0	0	0	$\frac{1}{2}$
양전자	e^+	5.486×10^{-4}	0	+1	$\frac{1}{2}$
α 입자	α	[$^{4}_{2}He^{2+}$ 핵]	4	+2	0
β 입자	β	핵에서 방출된 e^-	0	−1	$\frac{1}{2}$
γ 광자	γ	핵에서 방출된 전자기 복사	0	0	1

*질량은 원자 질량 상수, $m_u = 1.6605\times10^{-27}$ kg에 대한 상댓값으로 나타내었다.　†기본 전하 $e = 1.602\times10^{-19}$ C이다.

유사 수소 원자의 구조

지금까지 원소의 핵에 관련된 성질에 대해 논의하였다. 화학자는 원자의 전자 구조에 훨씬 더 많은 관심을 가지고 있으며, 원자의 전자 구조에서 일어나는 주기적 변화의 직접적인 결과를 체계화한 것이 주기율표이다. 우선 전자가 1개뿐이어서, 복잡한 전자–전자 반발의 영향을 받지 않는 **유사 수소 원자**(hydrogenic atom)부터 시작해 보자. 유사 수소 원자에는 수소 원자뿐만 아니라 He^{+}나 C^{5+}(별의 내부에 존재)와 같은 이온도 포함된다. 그다음 유사 수소 원자를 통해 도출한 개념을 도입한 근사법으로 **다전자 원자**(many-electron atom 또는 polyelectron atom)의 구조에 대해 설명할 것이다.

1.1 분광학적 정보

요점: 수소 원자의 분광학적 관찰을 통해, 전자는 특정한 에너지 준위만을 차지하고, 이 준위 사이에서 전자 전이가 일어날 때 불연속 진동수를 갖는 전자기 복사의 방출이 일어나는 것을 알 수 있다.

수소 기체의 전기 방전으로 전자기 복사가 방출된다. 프리즘이나 회절발(diffraction grating)을 통과시키면, 이 복사는 일련의 성분으로 구성되어 있는 것을 알 수 있는데, 전자기 스펙트럼 영역 중 하나는 자외선 영역에 있고, 다른 하나는 가시광선 영역에 있으며, 나머지 여러 개는 적외선 영역에 있다(그림 1.2, 화학세상 1.4). 19세기 분광학자 Johann Rydberg는 이에 해당하는 모든 파장(λ, lambda)을 다음과 같은 식으로 기술할 수 있다는 것을 알아내었다.

$$\frac{1}{\lambda} = R\left(\frac{1}{n_1^2} - \frac{1}{n_2^2}\right) \tag{1.1}$$

이때 R은 **Rydberg 상수**(Rydberg constant)로, $1.097 \times 10^{7}\ \text{m}^{-1}$이다. n은 정수로, $n_1 = 1, 2, \ldots$이며, $n_2 = n_1 + 1, n_1 + 2, \ldots$이다. $n_1 = 1$인 계열은 **Lymann 계열**(Lymann series)이라 하고, 자외선 영역에 있다. $n_1 = 2$인 계열은 **Balmer 계열**(Balmer series)이라 하고, 가시광선 영역에 있다. 적외선 계열인 것은 **Paschen 계열**($n_1 = 3$, Paschen series)과 **Brackett 계열**($n_1 = 4$, Brackett series)이 있다.

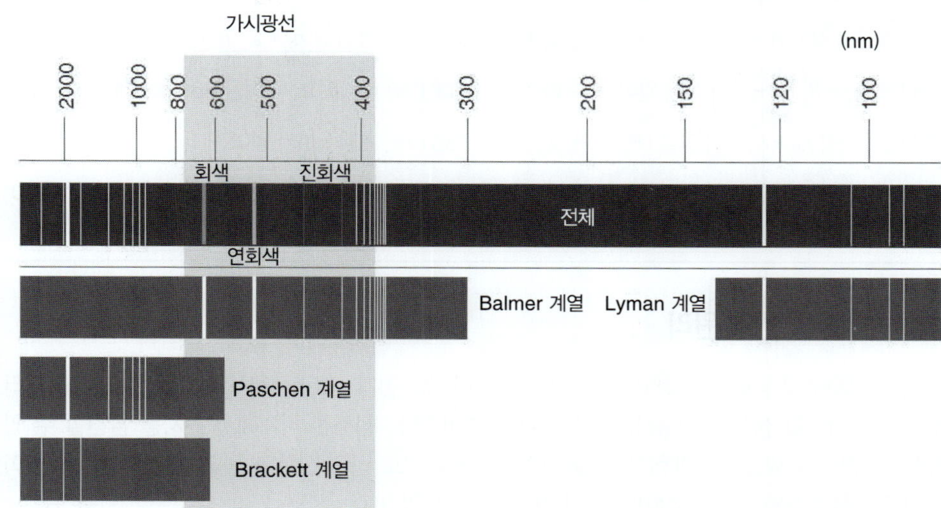

그림 1.2 수소 원자의 스펙트럼과 계열 분석

h가 Planck 상수(6.626×10^{-34} J s)이고, ν가 Hz 단위(1 Hz = 1 s^{-1})로 나타내는 파동의 진동수(파동이 1초 동안 움직인 거리를 파장으로 나눈 수)일 때, 광자의 에너지는 식 $E = h\nu$로 나타낼 수 있다. c가 빛의 속력(2.998×10^8 m s^{-1})이고, λ가 m 단위의 파장일 때, $\nu = c/\lambda$의 관계식이 얻어지고, 이 관계식을 앞의 식의 ν에 대입하면, 새로운 식 $E = hc/\lambda$를 얻을 수 있다. $1/\lambda$을 파수(wavenumber, $\tilde{\nu}$)라 하며, 정해진 거리 안에 있는 파장의 수를 나타낸다. 광자의 에너지는 파수에 정비례한다.

파장은 일반적으로 nm, pm로 나타내지만, 파수는 보통 cm^{-1}로 나타낸다. 파수 1 cm^{-1}는 1 cm의 거리에 온전한 파장 1개가 있음을 의미한다. 1 cm^{-1}는 11.96 J mol^{-1}이다.

전자 1개가 $-hcR/n_2^2$의 에너지를 갖는 상태에서 $-hcR/n_1^2$의 에너지를 갖는 상태로 전이할 때 복사가 방출되고, $hcR(1/n_1^2 - 1/n_2^2)$에 해당하는 전이 에너지 차이가 에너지 $E = hc/\lambda$인 광자의 에너지로 바뀐다면, 스펙트럼의 구조가 설명된다. 식 $hcR(1/n_1^2 - 1/n_2^2)$과 식 hc/λ는 동일한 크기의 에너지를 나타내는 식이므로, 두 식을 등식으로 놓고, 양변에서 hc를 지우면 식 1.1이 얻어진다.

이 같은 관찰 사항으로부터 '원자에 있는 전자의 에너지는 왜 $-hcR/n^2$ 값만 가질 수 있는가?', 'R 값은 왜 그와 같은 값으로 얻어졌는가?'와 같은 의문이 생긴다. 1913년에 Niels Bohr는 전자가 특정한 원궤도에만 존재할 수 있다고 가정한 초기 형태의 양자론을 이용하여 최초로 이와 같은 특징을 설명하려고 시도하였다. Bohr는 정확한 R 값을 얻었지만, 그의 모형은 1926년에 Erwin Schrödinger와 Werner Heisenberg에 의해 발전된 양자론과 상충되어 나중에는 지지를 받을 수 없게 되었다.

화학세상 1.4 거리의 소듐 가로등(나트륨등)

전 세계 많은 곳에서 원자가 들떴을 때 빛을 방출하는 현상을 이용한 가로등이 거리를 밝힌다. 널리 쓰이는 노란색 가로등은 들뜬 소듐 원자가 방출하는 빛을 이용한 것이다.

저압 소듐등(LPS lamp)은 산화 인듐 주석(ITO)으로 도포된 유리관으로 구성되어 있다. 산화 인듐 주석은 적외선은 반사시키고 가시광선은 통과시킨다. 2개의 안쪽 유리관에는 고체 소듐과 소량의 네온 및 아르곤이 들어 있다. 네온과 아르곤 혼합물은 네온등에도 사용된다. 등을 켜면 네온과 아르곤은 붉은 빛을 방출하고, 그 열에 의해 금속 소듐이 가열된다. 짧은 시간(수분) 내에 소듐은 기화하기 시작하고, 전기 방전으로 원자 내 전자들이 높은 준위로 들뜬 후, 전자가 다시 낮은 준위로 전이할 때 노란색 빛을 방출한다.

다른 종류의 가로등에 비해 소듐등만이 가지는 한 가지 장점은 오래 사용하여도 빛의 출력이 감소하지 않는다는 것이다. 하지만 등의 수명에 가까워지면 에너지를 많이 소모하여 환경적인 관점이나 경제적인 관점에서 보면 매력적이지 않다.

예제 1.1 수소 원자 스펙트럼에 있는 선의 파장 예측

Balmer 계열에서 처음 3개 선의 파장을 예측하시오.

답 Balmer 계열의 경우 $n_1 = 2$이고, $n_2 = 3, 4, 5, 6$이다. 따라서 식 1.1에 $n_1 = 2$, $n_2 = 3$을 대입하면, 첫 번째 선에 대해 $\frac{1}{\lambda} = R\left(\frac{1}{2^2} - \frac{1}{3^2}\right)$ 식이 얻어진다. 파수는 1,513,888 m^{-1}이고, 파장은 661 nm이다. 다른 2개의 선에 대해 각각 $n_2 = 4, 5$의 값을 대입하면, λ는 각각 486 nm, 434 nm가 얻어진다.

문제 1.1 (a) Paschen 계열에서 두 번째 선에 대한 파수와 파장을 예측하시오. (b) Lyman 계열에서 파장이 103 nm인 선에 대한 n_1과 n_2 값을 계산하시오.

1.2 양자 역학의 몇 가지 원리

요점: 전자는 입자로 거동하기도 하고, 파동으로 거동하기도 한다. Schrödinger 방정식의 해로부터 원자 내 전자의 위치와 성질을 기술하는 파동함수가 얻어진다. 정해진 위치에서 전자를 발견할 수 있는 확률은 파동함수의 제곱에 비례한다. 파동함수는 일반적으로 양의 진폭과 음의 진폭을 갖는 영역이 있으며, 다른 파동함수와 보강 간섭이나 상쇄 간섭을 할 수 있다.

1924년에 Louis de Broglie는 전자기 복사를 광자라는 입자로 구성되어 있다고 생각할 수 있고, 동시에 전자기 복사는 여전히 간섭이나 회절과 같은 파동의 성질을 나타내기 때문에, 전자도 같은 성질을 갖고 있을 것이라고 제안하였다. 이와 같은 이중적 특성을 **파동–입자 이중성(wave-particle duality)**이라고 한다. 이중성과 직접적으로 관련이 있는 결과는 선운동량(질량과 속도의 곱)과 전자(또는 입자)의 위치를 동시에 아는 것은 불가능하다는 것이다. 이와 같은 제한 조건이 **Heisenberg 불확정성 원리(Heisenberg uncertainty principle)**인데, 이는 운동량의 불확정성과 위치의 불확정성의 곱은 Planck 상수 값보다 작아질 수 없다는 것이다(정확하게 $\frac{\hbar}{2}$이고, 여기서 $\hbar = h/2\pi$이다).[1]

Schrödinger는 파동–입자 이중성을 고려하여 원자 내 전자의 운동을 설명할 수 있는 방정식을 세웠다. 위치 좌표 x, y, z의 수학적 함수인 **파동함수[wavefunction, ψ(psi)]**를 도입하여 전자의 거동을 기술하였다. 1차원에서 자유롭게 운동하고 있는 1개의 전자에 대한 **Schrödinger 방정식(Schrödinger equation)**은 다음과 같고, 파동함수는 Schrödinger 방정식의 해이다.

$$\overbrace{-\frac{\hbar^2}{2m_e}\frac{d^2\psi}{dx^2}}^{\text{운동 에너지 기여 항}} + \overbrace{V(x)\psi(x)}^{\text{위치 에너지 기여 항}} = \overbrace{E\psi(x)}^{\text{전체 에너지}} \tag{1.2}$$

이때 m_e는 전자의 질량, V는 전자의 위치 에너지, E는 전자의 전체 에너지이다. Schrödinger 방정식은 이차 미분 방정식으로, 수소 원자와 같은 많은 간단한 계에 대해서는 정확하게 풀 수 있고, 다전자 원자나 분자와 같은 많은 복잡한 계에 대해서는 수치적으로 풀 수 있다. 하지만 우리는 이 방정식의 해를 정성적인 관점에서만 사용할 것이다. 식 1.2를 3차원 일반식으로 바꾸는 것은 복잡하지는 않지만, 여기에 그 일반식의 정확한 형태까지 나타낼 필요는 없다.

식 1.2와 3차원 일반식의 중요한 한 가지 특징과 '경계 조건'이라는 특정한 필요 조건의 도입으로 물리학적으로 받아들여질 수 있는 해는 특정한 E 값에 대해서만 존재하게 된다. 따라서 원자 내에서 전자는 오로지 특정한 불연속 에너지만을 가질 수 있다는 에너지의 **양자화(quantization)**가 Schrödinger 방정식으로부터 자연스럽게 도출된다.

[1] $\hbar$(h-bar라고 읽음)는 보정 Planck 상수이다. 각진동수를 Hz(회/s)로 나타내는 것보다 rad/s로 나타내는 것이 더 적절할 때, $\hbar$를 사용한다.

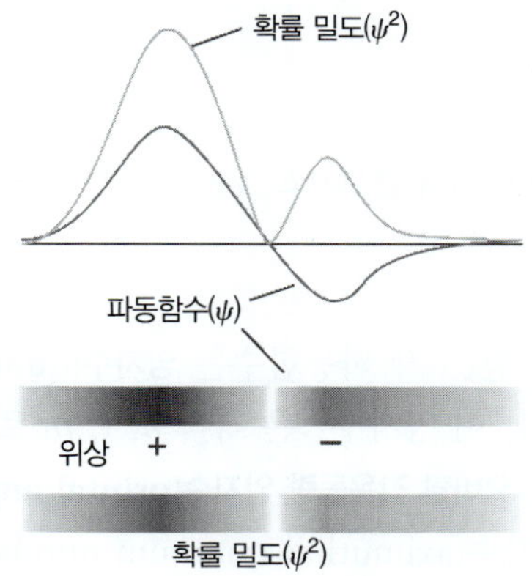

그림 1.3 파동함수에 대한 Born 해석에 따르면, 파동함수의 제곱은 확률 밀도이다. 마디에서 확률 밀도는 0이다. 음영으로 나타낸 막대는 확률 밀도를 나타낸다.

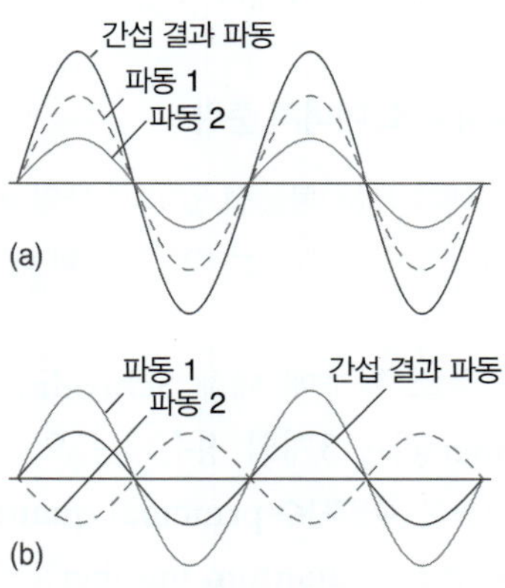

그림 1.4 파동함수는 동일한 공간 영역으로 퍼지는 곳에서 간섭을 일으킨다. (a) 파동함수가 같은 부호를 갖는 영역에서는 보강 간섭을 일으키고, 전체 파동함수의 진폭은 그 영역에서 증강된다. (b) 파동함수가 반대 부호를 갖는 영역에서는 상쇄 간섭을 일으키고, 겹침의 결과 진폭이 감소한다.

파동함수는 전자의 위치와 운동 속도 등을 포함한 전자에 대한 모든 가능한 동적 정보를 포함하고 있다. Heisenberg 불확정성 원리는 이 모든 정보를 동시에 알 수 없다는 것을 의미하기 때문에, 이 사실로부터 자연스럽게 주어진 위치에서 전자를 발견할 수 있는 확률이라는 개념을 도입하게 된다. 구체적으로 말하면, 주어진 위치에서 전자를 발견할 수 있는 확률은 그 점에서 파동함수의 제곱(ψ^2)에 비례한다. 이 해석에 따르면, ψ^2이 큰 곳에서는 전자를 발견할 수 있는 확률이 높고, ψ^2이 0인 곳에서는 전자를 발견할 수 없다(그림 1.3). 물리량 ψ^2을 전자의 **확률 밀도(probability density)**라고 한다. ψ^2과 미분 부피 요소인 $d\tau = dxdydz$(τ는 tau)의 곱이 그 부피 내에서 전자를 발견할 수 있는 확률에 비례한다는 의미에서 '밀도'이다. 파동함수가 '정규화'되어 있으면, 확률은 $\psi^2 d\tau$와 같다. 정규화된 파동함수는 공간에서 전자를 발견할 수 있는 전체 확률이 1이 되도록 조정한 파동함수이다. 원자 내 전자의 파동함수를 **원자 오비탈(atomic orbital)**이라고 한다.

다른 파동과 마찬가지로, 파동함수도 일반적으로 양의 진폭 영역(양의 부호)과 음의 진폭 영역(음의 부호)을 갖는다. 파동함수, 즉 원자 오비탈에서 다른 영역의 상대적인 부호를 쉽게 알아볼 수 있도록 오비탈 그림에서 반대 부호의 영역, 즉 + 부호 및 − 부호에 해당하는 영역은 각각 짙은 음영과 옅은 음영으로 표시하였다. 2개의 파동함수가 동일한 공간 영역으로 퍼져 나가면서 서로 상호 작용할 때 파동함수의 부호는 매우 중요하다. 따라서 한 파동함수의 양의 영역은 다른 파동함수의 양의 영역에 더해져 증강된 진폭 영역을 나타낼 수 있다. 이와 같은 증강 현상을 **보강 간섭(constructive interference)**(그림 1.4a)이라고 한다. 이는 2개의 원자가 서로 가까이 접근할 때 나타나는 것처럼, 2개의 파동함수가 공간의 동일한 영역으로 퍼져 나가는 곳에서 전자를 발견할 수 있는 확률은 크게 증강된다는 것을 의미한다. 반대로 한 파동함수의 양의 영역은 두 번째 파동함수의 음의 영역에 의해 상쇄될 수 있다(그림 1.4b). 이와 같은 파동함수 사이의 **상쇄 간섭(destructive interference)**으로 인해 그 영역에서 전자를 발견할 수 있는 확률은 크게 감소한다. 앞으로 다루게 되겠지만, 파동함수 사이의 간섭은 화학 결합을 설명하는 데 매우 중요하다.

1.3 원자 오비탈

화학자들은 유사 수소 원자 오비탈을 사용하여 무기화학을 설명하기 위한 핵심 모형을 개발하였다. 시간을 할애하여 유사 수소 원자 오비탈의 모양과 중요성을 설명할 것이다.

(a) 유사 수소 에너지 준위

요점: 핵에 의해 붙들려 있는 전자의 에너지는 주양자수(n)에 의해 결정되고, l은 오비탈 각운동량의 크기를 결정하고, m_l은 각운동량의 배향을 결정한다.

유사 수소 원자에 대해 Schrödinger 방정식의 해로 얻은 각 파동함수는 **양자수(quantum number)**라는 3개의 정수 묶음으로 고유하게 표시된다. 이 양자수들은 각각 n, l, m_l로 나타내며, n은 **주양자수(principal quantum number)**, l은 **오비탈 각운동량 양자수(orbital angular momentum quantum number)**(예전에는 '방위각 양자수(azimuthal quantum number)'라고 하였음), m_l은 **자기 양자수(magnetic quantum number)**라고 한다. 각 양자수는 전자의 물리적 성질을 나타내며, n은 에너지, l은 오비탈 각운동량의 크기, m_l은 각운동량의 배향을 나타낸다. n 값은 오비탈의 크기도 나타낸다. n 값이 크고 에너지가 높은 오비탈은, n 값이 작고 크기가 작아 강하게 결합되어 있는 에너지가 낮은 오비탈에 비해 넓게 퍼져 있다. l 값은 오비탈의 각모양(angular shape)도 나타내며, l 값이 커짐에 따라 로브(lobe)의 수도 많아진다. m_l 값은 이 로브들의 배향을 나타낸다.

허용되는 에너지는 주양자수(n)에 의해 결정된다. 원자 번호 Z인 유사 수소 원자에 대해 $n = 1, 2, 3, \ldots$일 때, 에너지(E_n)와 R은 각각 다음과 같이 주어진다.

$$E_n = -\frac{hcRZ^2}{n^2} \tag{1.3}$$

$$R = \frac{m_e e^4}{8h^3 c\varepsilon_0^2} \tag{1.4}$$

전자볼트(electronvolt)는 1 V의 전위를 통해 전자 1개가 가속될 때 전자 1개가 얻는 운동 에너지의 양이다. 유용하긴 하지만 SI 단위가 아니다. 화학에서 1 V 전위를 통해 전자 1 mol이 가속될 때 1 mol의 전자가 얻는 운동 에너지는 96.485 kJ mol^{-1}이다. 근삿값 1 eV ≈ 100 kJ mol^{-1}을 기억해 두면 편리하다. 전자 1 mol의 전하량을 나타내는 Faraday 상수 F는 96,485 C mol^{-1}이다.

(이 식에 있는 기본 상수 값은 이 교재의 뒤표지 안쪽에 있다). R의 계산값은 $1.097 \times 10^7\ m^{-1}$이며, Rydberg가 분광학적으로 측정한 실험값과 매우 잘 일치한다. 앞으로도 나오겠지만, 참고로 hcR 값은 13.6 eV(1312.196 kJ mol^{-1})에 해당한다.

식 1.3으로 얻는 에너지는 모두 음의 값이며, 이는 핵에 의해 붙들려 있는 전자의 에너지가 무한히 멀리 떨어져 정지해 있는 전자와 핵이 가지는 에너지보다 낮다는 것을 의미한다. 에너지가 0인 상태($n = \infty$)는 전자와 핵이 무한히 멀리 떨어져 정지해 있는 상태에 해당된다. 양의 에너지 값은 임의의 속도로 운동할 수 있어서 임의의 운동 에너지를 가질 수 있는 핵에 의해 붙들려 있지 않은 유리된 전자 상태에 해당된다. 마지막으로 에너지는 $1/n^2$에 비례하므로, 핵에 의해 붙들려 있는 상태에서 에너지 준위는 에너지가 증가함에 따라 한 곳으로 수렴한다(절댓값이 작은 음의 값이 되며, 0으로 수렴한다. 그림 1.5).

$l = 0, 1, 2, \ldots$일 때, l 값은 $\{l(l+1)\}^{1/2}\hbar$로 표현되는 오비탈 각운동량의 크기를 결정한다. l은 전자가 오비탈의 로브를 통해 핵 주위를 돌 때 갖는 운동량을 나타낸다고 생각할 수 있다. 잠깐 살펴보면, 세 번째 양자수 m_l은 이와 같은 운동량의 배향, 예를 들어 전자가 도는 방향이 시계 방향인지, 반시계 방향인지를 결정한다.

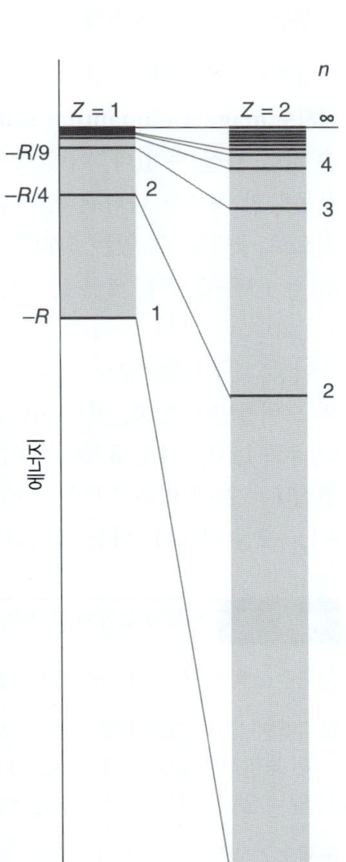

그림 1.5 수소 원자($Z = 1$)와 He^+ 이온($Z = 2$)의 양자화된 에너지 준위 유사 수소 원자의 에너지 준위는 Z^2에 비례한다.

(b) 껍질, 부껍질, 오비탈

요점: n 값이 같은 모든 오비탈은 같은 껍질에 속하고, 주어진 껍질 내에서 l 값이 같은 모든 오비탈은 같은 부껍질에 속하며, 각 오비탈은 m_l 값에 의해 구별된다.

유사 수소 원자에서 n 값이 같은 모든 오비탈은 같은 에너지를 가지며, **축퇴(degenerate)**되어 있다고 한다. 따라서 주양자수는 일련의 원자 **껍질(shell)**, 즉 같은 n 값을 가지므로 같은 에너지를 갖고 대략적으로 같은 방사 방향 확장 정도를 갖는 오비탈들의 집합을 정의한다. $n = 1, 2, 3, \ldots$을 갖는 껍질을 때로는 각각 K, L, M, … 껍질이라고도 하는데, 예를 들어 X선 분광학에서 이 껍질 사이에서 일어나는 전자 전이를 지칭할 때 사용한다.

각 껍질에 속한 오비탈은 양자수 l로 구별되는 **부껍질(subshell)**로 분류된다. 주어진 n 값에 대해 양자수 l은 l = 0, 1, ..., $n-1$을 가질 수 있기 때문에 n개의 서로 다른 값이 얻어진다. 예를 들어 n = 1인 껍질은 l = 0인 1개의 부껍질만으로 구성되어 있고, n = 2인 껍질은 l = 0인 1개의 부껍질과 l = 1인 다른 1개의 부껍질 등 2개의 부껍질로 구성되어 있으며, n = 3인 껍질은 l 값이 0, 1, 2인 3개의 부껍질로 구성되어 있다. 각 부껍질을 다음과 같이 문자로 나타내는 것이 통상적인 관행이다.

l 값	0	1	2	3	4 ...
부껍질	s	p	d	f	g ...

대부분의 화학적 목적에서는 s, p, d, f 부껍질만을 고려해도 충분하다.[2]

[2] 오비탈을 나타내는 문자, s, p, d, f는 원자 스펙트럼에서 선들의 묶음을 기술하기 위해 사용하던 항에서 유래되었다. 각각 sharp(s), principal(p), diffuse(d), fundamental(f)이다.

양자수 l을 갖는 부껍질은 $(2l+1)$개의 개별 오비탈로 구성되어 있다. 이 오비탈들은 **자기 양자수(magnetic quantum number, m_l)**로 구별된다. m_l은 $+l$에서 $-l$까지 $(2l+1)$개의 정수 값을 가질 수 있다. 이 양자수는 핵을 지나는 임의의 축(일반적으로 z축)에 대한 오비탈 각운동량의 성분을 나타낸다. 예를 들어 원자의 d 부껍질(l = 2)은 m_l = +2, +1, 0, −1, −2 값으로 구별할 수 있는 5개의 개별 원자 오비탈로 구성되어 있다. 원자의 f 부껍질(l = 3)은 m_l = +3, +2, +1, 0, −1, −2, −3 값을 갖는 7개의 개별 원자 오비탈로 구성되어 있다.

m_l의 부호가 양인 경우에도 부호를 적어야 한다. 따라서 m_l = 2가 아니라 m_l = +2이다.

이상의 규칙으로부터 화학과 관련된 실질적인 결론은 s 부껍질(l = 0)에는 m_l = 0인 1개의 오비탈만이 있고, 이 오비탈을 s **오비탈(s orbital)**이라고 한다. p 부껍질(l = 1)에는 양자수 m_l = +1, 0, −1인 3개의 오비탈이 있고, 이 오비탈을 p **오비탈(p orbital)**이라고 한다. d 부껍질(l = 2)에 있는 5개의 오비탈은 d **오비탈(d orbital)**이라 하며, 양자수 m_l = +2, +1, 0, −1, −2를 갖는다. 다른 부껍질도 같은 방식으로 하면 된다(그림 1.6).

예제 1.2 양자수로 오비탈 확인하기

양자수 n = 4, l = 1로 정의되는 오비탈은 어떤 오비탈인가? 이때 몇 개의 오비탈이 있는가?

답 주양자수 n은 껍질을 결정하고, 오비탈 각운동량 양자수 l은 부껍질을 결정한다는 것을 기억해야 한다. l = 1인 부껍질은 p 오비탈로 구성되어 있다. 허용되는 m_l 값은 $m_l = +l, \ldots, -l$이며, 그 종류의 오비탈 개수를 알 수 있다. 이 경우에 허용되는 m_l = +1, 0, −1이다. 따라서 3개의 4p 오비탈이 있다.

문제 1.2 양자수 n = 3, l = 2로 정의되는 오비탈은 어떤 오비탈인가? 이때 몇 개의 오비탈이 있는가? (b) 5f 오비탈을 정의하는 양자수 n과 l은 무엇인가? 이때 몇 개의 오비탈이 있는가?

(c) 전자 스핀

요점: 전자의 본질적인 스핀 각운동량은 2개의 양자수 s와 m_s로 정의된다. 유사 수소 원자에서 전자 상태를 정의하려면 4개의 양자수가 필요하다.

유사 수소 원자에서 전자의 공간 분포를 나타내기 위해 필요한 3개의 양자수와 더불어, 전자의 상태를 정의하기 위해 2개의 양자수가 추가로 필요하다. 이러한 추가적인 양자수는 전자의 본질적인 각운동량, 즉 전자의 **스핀(spin)**과 연관되어 있다. 스핀이라는 이름으로 연상할 수 있는 것은 지구가 태양 주위의 공전 궤도를 따라 운동하면서 매일 자전하는 것과 똑같이, 전자도 회전 운동에 따라 각운동량을 갖는 것으로 간주할 수 있다고 생각하는 것이다. 그러나 스핀은 양자 역학적 성질이며, 이와 같은 비유를 할 때는 매우 조심스럽게 상황을 고려해야 한다.

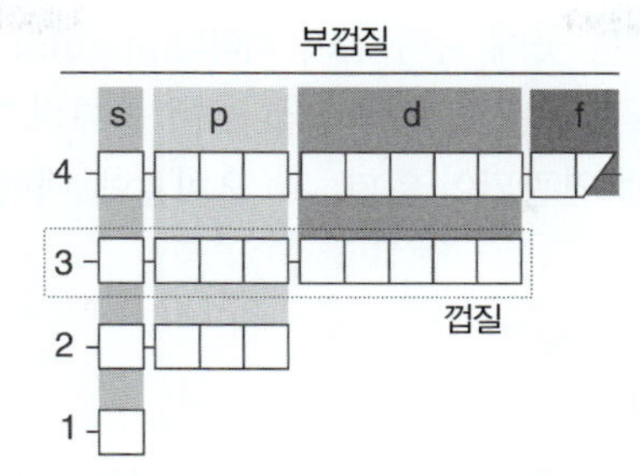

그림 1.6 부껍질(같은 값의 l)과 껍질(같은 값의 n)로 오비탈의 분류

스핀은 2개의 양자수 s와 m_s로 기술할 수 있다. s는 오비탈 운동에 대한 l과 유사하지만 변하지 않는 단일값인 $s=\frac{1}{2}$로 제한되어 있다. 스핀 각운동량의 크기는 $\{s(s+1)\}^{1/2}\hbar$ 식으로 주어지기 때문에, $s=\frac{1}{2}$을 대입하면 그 크기는 모든 전자에 대해서 똑같은 고정값 $\frac{1}{2}\sqrt{3}\hbar$가 얻어진다. 두 번째 양자수인 **스핀 자기 양자수**(**spin magnetic quantum number**, m_s)는 $+\frac{1}{2}$(위에서 볼 때, 시계 반대 방향 스핀)과 $-\frac{1}{2}$(시계 방향 스핀)의 2개의 값만 가질 수 있다. 이와 같은 두 가지 상태는 각각 2개의 화살표, ↑('스핀-업', $m_s=+\frac{1}{2}$)과 ↓('스핀-다운', $m_s=-\frac{1}{2}$)로 나타내거나, 각각 그리스 문자 α, β로 나타낸다.

원자의 상태가 완전히 규정되면 전자의 스핀 상태도 규정되어야 하므로 유사 수소 원자의 전자 상태는 일반적으로 4개의 양자수, 즉 n, l, m_l, m_s로 그 특징이 결정된다.

(d) 마디

요점: 파동함수가 0을 지나는 영역을 마디라고 한다. 무기화학자들은 일반적으로 원자 오비탈을 눈으로 볼 수 있도록 표현하는 것이 수학적으로 표현하는 것보다 더 적절하다는 것을 알게 되었다. 하지만 이와 같이 눈으로 볼 수 있는 표현의 기초가 되는 수학적 표현을 알아야 한다.

핵이 만드는 장(field)에서 전자의 위치 에너지는 구형 대칭성(즉 Z/r에 비례하고 핵에 대한 배향에 독립적)이기 때문에 오비탈은 x, y, z의 직교 좌표보다는 그림 1.7에서 정의한 바와 같이, 구형 극좌표로 표현하는 것이 가장 적합하다. 이 좌표에서는 모든 오비탈이 다음과 같은 형태를 가진다.

$$\psi_{nlm_l} = \overbrace{R_{nl}(r)}^{\text{반지름에 따른 변화}} \times \overbrace{Y_{lm_l}(\theta,\phi)}^{\text{각에 따른 변화}} \qquad (1.5)$$

이 식에는 유사 수소 오비탈을 반지름(핵으로부터 전자까지의 거리)의 함수 $R(r)$와 각좌표의 함수 $Y(\theta, \phi)$의 곱으로 나타낼 수 있다는 간단한 개념이 반영되어 있다. 파동함수의 성분 중 어느 하나가 0을 지나는 위치를 **마디**(**node**)라고 한다. **방사 방향 마디**(**radial node**)는 파동함수

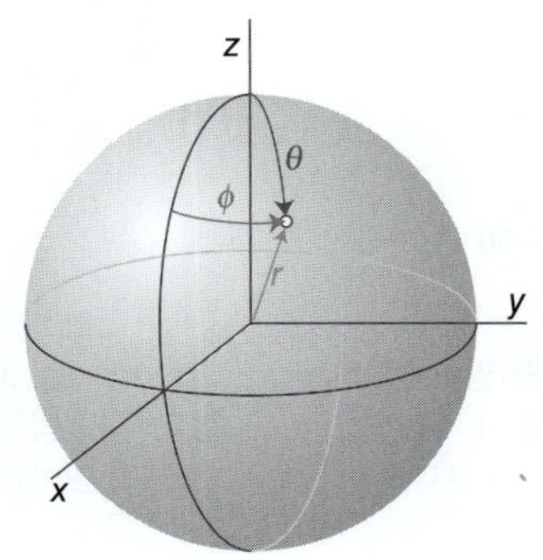

그림 1.7 구형 극좌표 r은 반지름, θ(theta)는 여위도, ϕ(phi)는 방위각이다.

의 방사 방향 성분이 0을 지나는 곳에 나타나고, **각마디(angular node)**는 파동함수의 각성분(angular component)이 0을 지나는 곳에 나타난다. 두 종류의 마디 수는 에너지가 증가함에 따라 늘어나고, 양자수 n과 l에 연관되어 있다. 각 오비탈에 대해 방사 방향 마디와 각마디의 전체 개수는 $(n - 1)$이다.

(e) 원자 오비탈의 방사 방향 변화

요점: s 오비탈은 핵에서 진폭이 0이 아니다. 다른 모든 오비탈($l > 0$인 오비탈)은 핵에서 진폭이 0이다.

원자 오비탈의 방사 방향 변화를 그림 1.8과 1.9에 나타내었다. $n = 1$, $l = 0$, $m_l = 0$을 갖는 파동함수인 1s 오비탈은 핵으로부터 멀어짐에 따라 지수함수적으로 감소하지만 결코 0을 지나지 않는다(마디가 없다). 모든 오비탈은 핵으로부터 충분히 먼 거리에서 지수함수적으로 감소하고, 이 거리는 n이 커짐에 따라 커진다. 몇몇 오비탈은 핵 가까이에서 0을 지나면서 진동하고, 마지막 지수함수적인 감소의 시작 전에 1개 이상의 방사 방향 마디를 갖는다. 전자의 주양자수가 커짐에 따라 전자는 핵으로부터 더 먼 곳에서 발견되고 전자의 에너지는 증가한다.

양자수 n과 l을 갖는 오비탈은 $(n - l - 1)$개의 방사 방향 마디를 갖는다. $n = 2$, $l = 0$, $m_l = 0$을 갖는 오비탈인 2s 오비탈에서 이와 같은 진동은 분명하며, 2s 오비탈은 0을 한 번 지나기 때문에 1개의 방사 방향 마디를 갖는다. 3s 오비탈은 0을 두 번 지나기 때문에 2개의 방사 방향 마디를 갖는다(그림 1.8). $n = 2$, $l = 1$을 갖는 3개의 오비탈 중 하나인 2p 오비탈은 방사 방향 파동함수가 어느 곳에서도 0을 지나지 않기 때문에 방사 방향 마디를 갖지 않는다. 같은 종류의 일련의 오비탈에 대해 첫 번째 오비탈(예: 1s, 2p, 3d, 4f, ...)은 방사 방향 마디가 없고, 두 번째 오비탈(예: 2s, 3p, 4d, 5f, ...)은 1개의 방사 방향 마디를 갖고, 이런 방식으로 계속된다.

s 오비탈에 있는 전자는 핵에서 발견될 수 있지만, s 오비탈을 제외한 다른 모든 종류의 오비탈에 있는 전자는 핵에서 발견되지 않는다. $l = 0$일 때 오비탈 각운동량이 없어서 생긴 결과인데, 이와 같이 명백하게 사소한 사항이 주기율표의 배치와 원소의 화학적 성질을 이해하는 데 핵심 개념 중 하나라는 사실을 곧 알게 될 것이다.

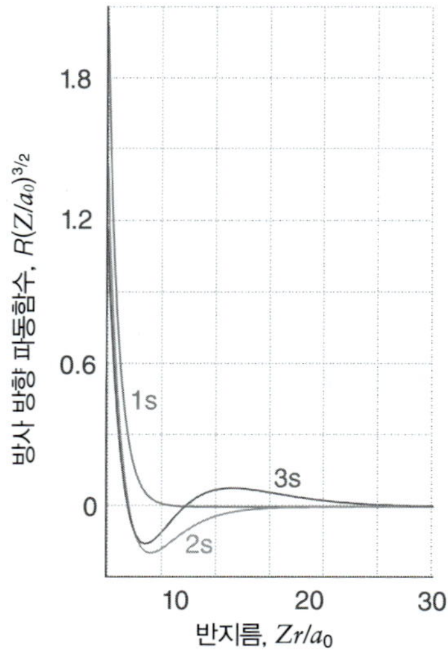

그림 1.8 1s, 2s, 3s 유사 수소 오비탈의 방사 방향 파동함수 방사 방향 마디의 수는 각각 0, 1, 2인 것을 알 수 있다. 각 오비탈의 진폭은 핵($r = 0$)에서 0이 아니다.

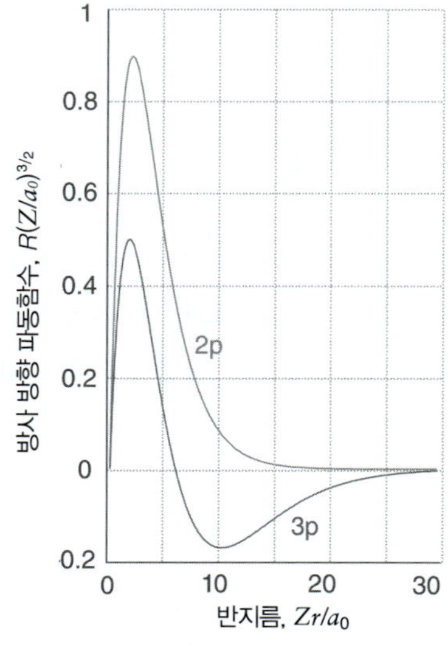

그림 1.9 2p, 3p 유사 수소 오비탈의 방사 방향 파동함수 방사 방향 마디의 수는 각각 0, 1인 것을 알 수 있다. 각 오비탈의 진폭은 핵($r = 0$)에서 0이다.

예제 1.3 방사 방향 마디 수 예측

3p, 3d, 4f 오비탈이 갖는 방사 방향 마디는 각각 몇 개인가?

답 방사 방향 마디의 수는 식 $n-l-1$로 주어진다는 사실과 n 값과 l 값을 이용하여 방사 방향 마디의 수를 구한다. 3p 오비탈의 $n=3$, $l=1$이므로 방사 방향 마디의 수는 $n-l-1=1$이다. 3d 오비탈은 $n=3$, $l=2$이므로 방사 방향 마디의 수는 $n-l-1=0$이다. 4f 오비탈은 $n=4$, $l=3$이므로 방사 방향 마디의 수는 $n-l-1=0$이다. 3d 오비탈과 4f 오비탈은 d 오비탈과 f 오비탈에서 첫 번째 나오는 오비탈이므로 이를 통해서도 방사 방향 마디가 없을 것이라는 것을 알 수 있다. 3p 오비탈은 p 오비탈에서 두 번째 나타나는 오비탈이므로, 1개의 방사 방향 마디를 가질 것으로 예측된다.

문제 1.3 (a) 5s 오비탈이 갖는 방사 방향 마디는 몇 개인가? (b) 2개의 방사 방향 마디를 갖는 p 오비탈은 어떤 p 오비탈인가?

(f) 방사 방향 분포 함수

요점: 방사 방향 분포 함수는 핵으로부터 주어진 거리에서 방향에 상관없이 전자가 발견될 수 있는 확률을 나타낸다.

전자를 붙잡고 있는 Coulomb 힘(정전기적 힘)은 핵의 중심을 향하고 있기 때문에 핵으로부터 주어진 거리에서 방향에 상관없이 전자를 발견할 수 있는 확률을 아는 것은 때때로 흥미로운 일이다. 이와 같은 정보를 통하여 전자가 얼마나 단단하게 붙잡혀 있는지를 판단할 수 있다. 반지름 r, 두께 dr인 구형 껍질(spherical shell)에서 전자를 발견할 수 있는 전체 확률은 모든 각에 걸쳐 $\psi^2 d\tau$를 적분한 것이다. 이 결과를 $P(r)dr$로 나타내는데, 이때 $P(r)$를 **방사 방향 분포 함수(radial distribution function)**라고 한다. 일반식은 다음과 같다.

$$P(r) = r^2R(r)^2 \tag{1.6}$$

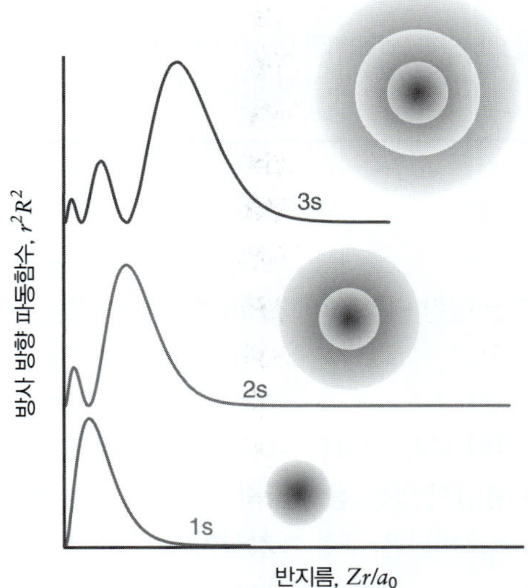

그림 1.10 방사 방향 마디를 보여 주는 1s, 2s, 3s 오비탈

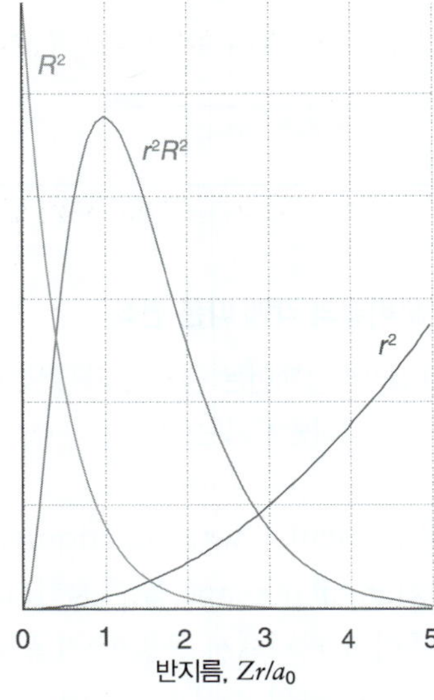

그림 1.11 유사 수소 1s 오비탈의 방사 방향 분포 함수 r^2R^2 r^2R^2은 r이 증가함에 따라 증가하는 r^2 파동함수 ψ의 방사 방향 성분의 제곱(그림에 R^2으로 나타내고, 지수함수적으로 감소하는)과의 곱이다. 방사 방향 분포 함수는 $r=a_0/Z$에서 극댓값을 갖는다.

s 오비탈에 대한 이 식은 $P = 4\pi r^2\psi^2$과 같다. 반지름 r에서 P 값을 알면 단순히 P와 dr를 곱하여 두께 dr인 껍질의 어느 곳에서 전자를 발견할 수 있는 확률을 나타낼 수 있다.

1s 오비탈의 파동함수는 핵으로부터의 거리에 따라 지수함수적으로 감소하고, 식 1.6의 r^2 인자는 거리에 따라 증가하기 때문에, 1s 오비탈의 방사 방향 분포 함수는 극댓값을 갖게 된다(그림 1.11). 따라서 전자를 가장 많이 발견할 수 있는 거리가 있다. 일반적으로 전자를 가장 많이 발견할 수 있는 거리는 핵전하가 증가함에 따라 핵이 전자를 더 강하게 끌어당기기 때문에 감소한다. 그 거리는 다음과 같이 나타낼 수 있다.

$$r_{\max} = \frac{a_0}{Z} \tag{1.7}$$

이때 a_0는 **Bohr 반지름**(Bohr radius)이고, $a_0 = \varepsilon_0\hbar^2/\pi m_e e^2$은 Bohr의 원자 모형을 기술하는 식에 포함된 물리량이며, 그 값은 52.9 pm이다. 에너지가 높을수록 전자는 핵으로부터 더 먼 거리에서 발견되기 때문에, n이 커짐에 따라 전자를 가장 많이 발견할 수 있는 거리는 증가한다.

예제 1.4 방사 방향 분포 함수의 해석

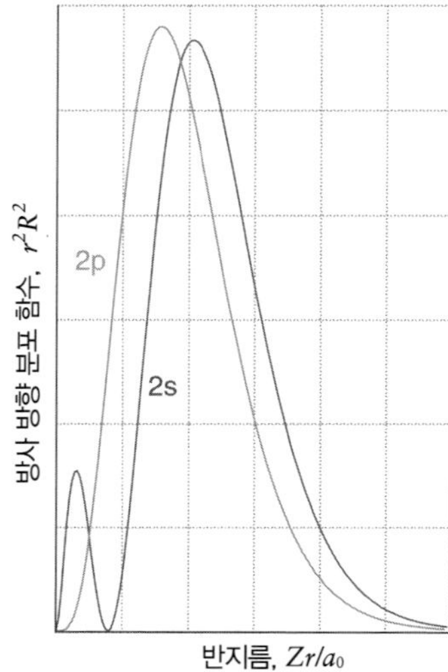

그림 1.12 유사 수소 오비탈의 방사 방향 분포 함수 극댓값의 위치에 주목하면 2p 오비탈이 평균적으로 핵에 더 가까이 있지만, 2s 오비탈에 있는 전자는 안쪽 극댓값으로 인해 핵에 가까이 있을 확률이 더 크다.

유사 수소 2s 오비탈과 2p 오비탈에 대한 방사 방향 분포 함수를 그림 1.12에 나타내었다. 전자가 핵에 가까이 접근할 수 있는 확률이 더 큰 오비탈은 어느 오비탈인가?

답 그림 1.12를 살펴보면, 2p 오비탈의 방사 방향 분포 함수는 2s 오비탈의 방사 방향 분포 함수보다 빠르게 핵 근처에서 0에 접근함을 알 수 있다. 2p 오비탈의 오비탈 각운동량으로 인하여 핵에서 2p 오비탈의 진폭이 0이 되기 때문에 이와 같은 차이가 생긴다. 2s 전자는 방사 방향 분포 함수에서 안쪽 극댓값(inner maximum)으로 나타낸 것과 같이, 핵에 가까이 접근할 수 있는 확률이 2p 전자보다 더 크다. 2s 오비탈이 공간에서 더 멀리 퍼져 있는 것을 볼 수 있다.

문제 1.4 3p 오비탈과 3d 오비탈 중 핵 가까이에서 전자를 발견할 수 있는 확률이 더 큰 오비탈은 어느 것인가?

(g) 원자 오비탈의 각에 따른 변화

요점: 오비탈의 경계면은 전자가 가장 많이 발견될 수 있는 공간 영역을 나타낸다. 양자수 l을 갖는 오비탈은 l개의 마디면을 갖는다.

각파동함수(angular wavefunction)는 핵 주위의 각에 따른 변화를 나타내고 오비탈의 각에 따른 모양(angular shape)을 기술한다. s 오비탈은 관심이 있는 점의 각좌표와 상관없이 핵으로부터 주어진 거리에서 동일한 진폭을 갖는다. 즉 s 오비탈은 구형 대칭성이다. 오비탈은 일반적으로 핵을 구의 중심으로 하는 구면(spherical surface)으로 나타낸다. 이 면을 오비탈의 **경계면**(**boundary surface**)이라 하고, 전자를 발견할 수 있는 확률이 높은(보통 90%) 공간 영역으로 정의한다. 화학자들이 오비탈의 모양을 나타내기 위해 그리는 것이 이 경계면이다. 각파동함수가 0을 지나는 면을 **각마디**(**angular node**) 또는 **마디면**(**nodal plane**)이라고 한다. 마디면에서는 전자가 발견되지 않는다. 마디면은 핵을 자르며 지나가고, 파동함수를 양의 부호 영역과 음의 부호 영역으로 나눈다.

일반적으로 양자수 l을 갖는 오비탈은 l개의 마디면을 갖는다. l = 0인 s 오비탈은 마디면을 갖지 않고, 오비탈의 경계면은 구형이다(그림 1.13).

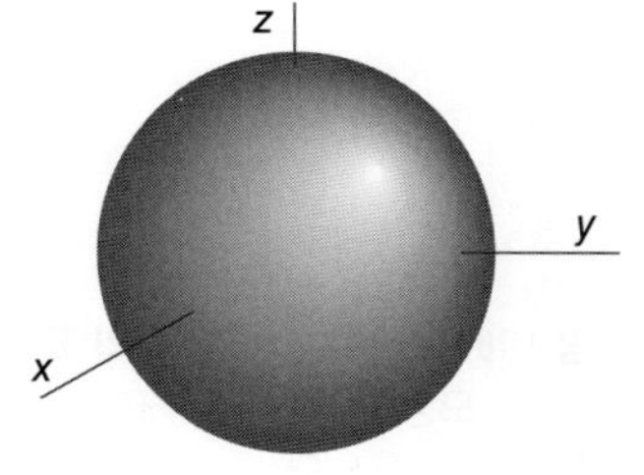

그림 1.13 **s 오비탈의 구형 경계면**

l > 0을 갖는 모든 오비탈은 각에 따라 진폭이 변한다. p 오비탈은 +1, 0, −1의 m_l 값을 갖는다. 가장 일반적으로 나타내는 오비탈 그림에서, 주어진 껍질에 대한 3개의 p 오비탈의 경계면은 오비탈의 축이 핵을 중심으로 하는 3개의 서로 다른 직교 좌표의 각 축에 나란하게 놓여 있다는 것을 제외하면 모두 동등하며, 각각 핵을 지나는 1개의 마디면을 갖는다(그림 1.14). 오비탈을 그림으로 나타낼 때, 2개의 로브를 서로 다르게 (하나는 짙고, 다른 하나는 옅은) 음영으로 나타내거나, '+'와 '−'로 표시하여 하나는 양의 진폭을 갖고, 다른 하나는 음의 진폭을 갖는 것을 나타낸다. 이렇게 나타낸 것이 p_x, p_y, p_z 표시 방법의 유래이다. l = 1인 각 p 오비탈은 1개의 마디면을 갖는다.

d 오비탈과 f 오비탈에 대해 사용하는 경계면과 오비탈 표시 방법을 각각 그림 1.15와 1.16에 나타내었다. d_{z^2} 오비탈의 모양은 나머지 d 오비탈의 모양과 다르다. 3개의 축 주위에 이중 아령(double dumb−bell) 모양의 오비탈을 놓는 방법은 사실상 6가지 조합이 가능하다. d_{xy}, d_{yz}, d_{xz}와 같이 축과 축 사이에 로브가 있는 세 가지의 경우, 직교하는 세 개의 축 위에 로브가 있는 세 가지 경우가 있다. 하지만 5개의 오비탈만 허용된다. 이 오비탈 중 하나가 $d_{x^2-y^2}$이고, x축과 y축을 따라 놓여 있다. 남아 있는 오비탈은 대수학적으로 얻어지는 $d_{2z^2-x^2-y^2}$이며, 간단하게 d_{z^2}으로 나타낸다. d_{z^2}은 남아 있는 2개의 조합 $d_{z^2-y^2}$과 $d_{z^2-x^2}$의 겹친 형태로 생각된다. d 오비탈(l = 2)은 핵에서 서로 교차하는 2개의 마디면을 가지고 있고, 전형적인 f 오비탈(l = 3)은 3개의 마디면을 가지고 있음을 알 수 있다.

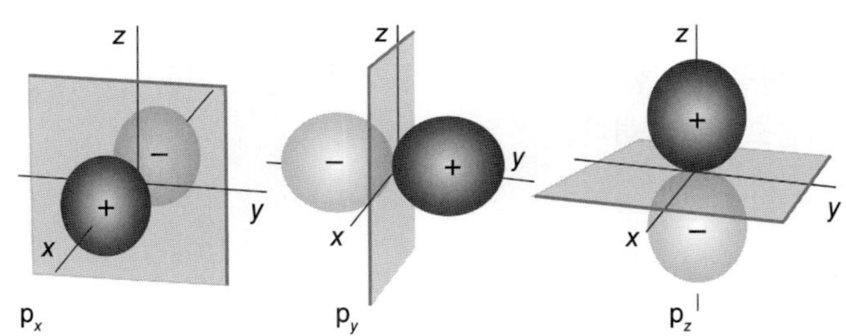

그림 1.14 **p 오비탈의 경계면의 표현** 각 오비탈은 핵을 지나는 1개의 마디면을 갖는다. 예를 들어 p_z 오비탈의 마디면은 xy 평면이다. 짙은 음영의 로브가 양의 진폭, 옅은 음영의 로브가 음의 진폭이다.

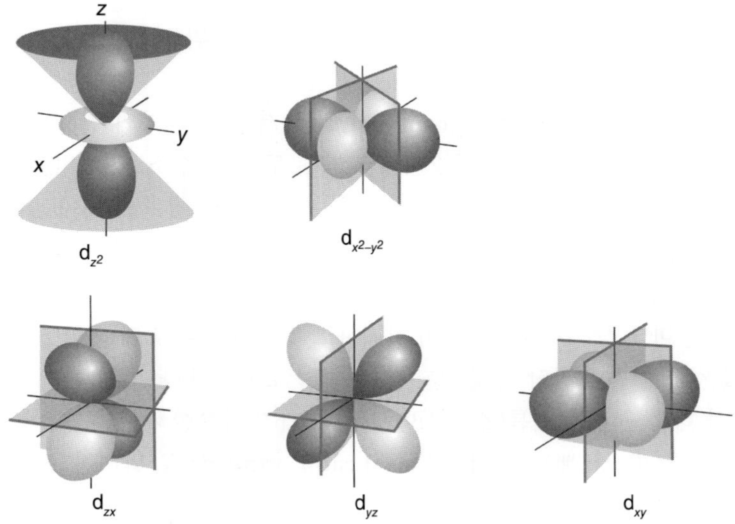

그림 1.15 **d 오비탈의 경계면의 표현 중 하나** 4개의 오비탈은 핵을 지나는 선에서 수직으로 교차하는 2개의 마디면을 갖는다. d_{z^2} 오비탈에서 마디면은 핵에서 만나는 2개의 원뿔을 형성한다.

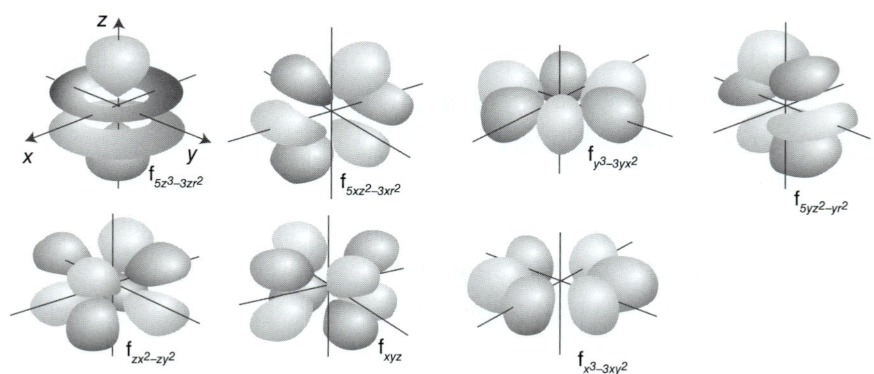

그림 1.16 f 오비탈의 경계면의 표현 다른 모양을 갖는 다른 표현을 접할 때도 종종 있다.

다전자 원자

이미 언급한 바와 같이, '다전자 원자'는 1개보다 많은 전자를 갖는 원자이다. 따라서 2개의 전자를 갖는 He조차도 엄밀히 말하면 다전자 원자이다. N개의 전자를 갖는 원자에 대한 Schrödinger 방정식의 정확한 해는 모든 전자에 대해 3N개의 좌표로 기술되는 함수이다. 이와 같이 복잡한 함수에 대한 정확한 식을 찾아내는 것은 매우 도전적인 일이지만, 널리 이용되고 있는 소프트웨어를 사용하여 정밀한 에너지와 확률 밀도를 구하기 위한 수학적 계산을 수행하는 것은 어려운 일은 아니다. 이 소프트웨어를 사용하여 원자의 성질을 설명하는 데 도움을 주는 오비탈을 그림으로 표현할 수도 있다. 대부분의 무기화학 분야에서 **오비탈 근사법**(**orbital approximation**)을 사용한다. 이 방법에서 각 전자는 유사 수소 원자에 있는 오비탈과 비슷한 원자 오비탈을 차지한다. 전자가 원자 오비탈을 '차지한다'는 것은 전자를 해당 파동함수와 양자수 묶음으로 기술한다는 것을 의미한다.

1.4 침투와 가림

요점: 바닥 상태 전자 배치란 원자의 에너지가 가장 낮은 상태에서 전자가 원자의 오비탈을 차지하고 있는 것에 대한 설명이다. 배타 원리는 1개의 오비탈에 2개보다 많은 전자가 차지하는 것을 금지한다. 전자가 느끼는 핵전하는 같은 껍질에 있는 전자들을 포함하여 다른 전자들에 의한 가림에 의해 감소된다. 유효 핵전하의 경향성을 이용하여 많은 성질의 경향성을 합리적으로 설명할 수 있다. 침투 효과와 가림 효과의 조합된 결과에 따라 다전자 원자의 껍질에서 에너지 준위 순서는 s<p<d<f이다.

에너지가 가장 낮은 상태인 **바닥 상태**(**ground state**)에서 헬륨 원자의 전자 구조를 설명하는 것은 매우 쉽다. 오비탈 근사법에 따라 2개의 전자 모두 유사 수소 1s 오비탈과 동일한 구형 모양을 갖는 원자 오비탈을 차지한다고 추정한다. 하지만 헬륨은 핵전하가 수소의 핵전하보다 더 크고, 헬륨에 있는 2개의 전자는 수소 원자에 있는 1개의 전자보다 핵 쪽으로 더 가까이 끌어당겨지기 때문에 오비탈 크기는 더 작을 것이다. 원자의 바닥 상태 **전자 배치**(**electron configuration**)는 바닥 상태에서 전자들이 차지하고 있는 오비탈에 대한 설명이다. 1s 오비탈에 전자 2개를 갖는 헬륨의 바닥 상태 전자 배치는 $1s^2$로 나타낸다.

주기율표에서 다음 원자인 리튬(Z = 3)에서는 몇 가지 중요한 새로운 현상과 마주치게 된다. $1s^3$ 전자 배치는 **Pauli 배타 원리**(**Pauli exclusion principle**)로 알려진, 자연의 기본 원리에 의해 금지되어 있다.

2개보다 많은 전자가 한 오비탈을 차지할 수 없다. 2개의 전자가 한 오비탈을 차지할 때, 전자들은 서로 쌍을 이루어야 한다.

'쌍을 이룬다'는 것은 한 전자의 스핀은 ↑(m_s = +½)이어야 하고, 다른 한 전자의 스핀은 ↓(m_s = −½)이어야 한다는 의미이다. 쌍을 이룬 것은 ↑↓와 같이 나타낸다. 이 원리를 표현할 수 있는 다른 방법은, 원자에 있는 전자는 4개의 변수인 양자수 n, l, m_l, m_s로 나타낼 수 있기 때문에 '한 원자에 있는 어떠한 2개의 전자도 4개의 양자수가 모두 같을 수는 없다.'로 표현하는 것이다. Pauli 배타 원리는 본래 헬륨 원자의 스펙트럼에서 특정한 전이가 존재하지 않음을 설명하기 위해 도입되었다.

$1s^3$ 전자 배치는 Pauli 배타 원리에서 허용한 전자 배치가 아니므로, 세 번째 전자는 그다음 에너지 준위를 갖는 $n = 2$인 껍질의 오비탈에 채워져야 한다. 그렇다면 '세 번째 전자는 2s 오비탈에 채워질 것인가, 아니면 3개의 2p 오비탈 중 하나에 채워질 것인가?'라는 궁금증이 생긴다. 2개의 부껍질에 대한 에너지와 원자 내 다른 전자의 영향을 검토하여 이 질문에 답을 해 보도록 하자. 유사 수소 원자에서 2s 오비탈과 2p 오비탈의 에너지는 같지만, 분광학 자료와 계산에 따르면, 다전자 원자의 경우에는 두 오비탈의 에너지가 서로 다르다.

오비탈 근사법에서는 전자의 전하를 핵 주위의 구형 분포로 가정하고, 근사적인 방법으로 전자 사이의 반발을 다룬다. 따라서 각 전자는 핵이 끌어당기는 장(attractive field)에서 움직이는 동시에, 다른 전자들로부터 평균 반발 전하를 느낀다. 고전적인 정전기학에 따르면, 전하의 구형 분포로 인해 생기는 장은 전하 분포의 중심에 있는 1개의 점전하에 의해 생기는 장과 같다(그림 1.17). 이 음전하는 핵의 실제 전하 Z를 Z_{eff}로 감소시킨다. 이때 Z_{eff}를 **유효 핵전하**(**effective nuclear charge**)라고 한다.

서로 다른 껍질 및 부껍질에 있는 전자들은 핵에 가까운 정도가 서로 다르기 때문에 유효 핵전하는 관심 대상 전자의 n 값과 l 값에 따라 달라진다. 다른 전자로 인해 실제 핵전하가 유효 핵전하로 감소되는 것을 **가림**(**shielding**)이라고 한다. 실제 핵전하와 실험적으로 얻은 **가림 상수**(**shielding constant**, σ)를 이용하여 종종 유효 핵전하 $Z_{eff} = Z - \sigma$로 나타낸다. 가림 상수는 유사 수소 오비탈을 수치적으로 계산된 오비탈에 맞추면 결정할 수 있다. 실험 규칙인 Slater 규칙을 사용하여 근사적인 가림 상수를 구할 수도 있다.

Slater 규칙(Slater's rule)은 다음과 같이 원자에 있는 전자들의 수치적 기여도를 나타낸다. 다음과 같은 형태로 원자의 전자 배치와 오비탈 묶음을 함께 적는다.

(1s)(2s2p)(3s3p)(3d)(4s4p)(4d)(4f)(5s5p) 등

가장 바깥에 있는 전자가 s나 p에 있는 경우,

(ns np) 묶음에 있는 다른 전자들은 각각 0.35만큼 σ에 기여한다.

(n−1) 껍질에 있는 다른 전자들은 각각 0.85만큼 σ에 기여한다.

(n−1) 껍질보다 더 안쪽에 있는 껍질에 있는 다른 전자들은 각각 1.0만큼 σ에 기여한다.

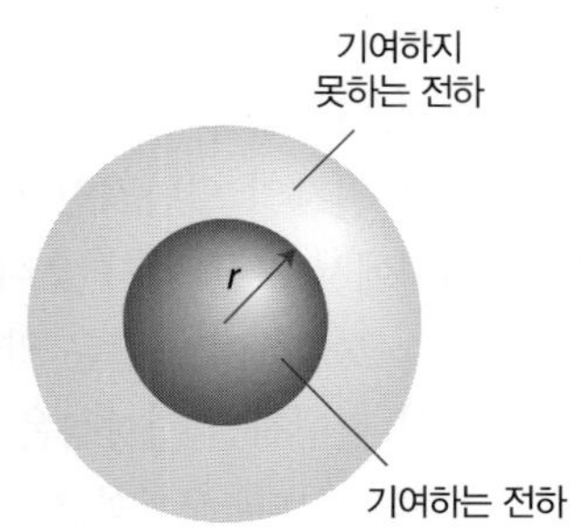

그림 1.17 반지름 r에 있는 전자는 반지름 r인 구의 안쪽에 있는 전체 전하로부터 반발을 느끼게 된다. 반지름 바깥쪽에 있는 전하는 알짜 효과를 나타내지 못한다.

가장 바깥에 있는 전자가 d나 f에 있는 경우,
(nd)나 (nf) 묶음에 있는 다른 전자들은 각각 0.35만큼 σ에 기여한다.
더 안쪽에 있는 껍질 또는 안쪽 묶음에 있는 다른 전자들은 각각 1.0만큼 σ에 기여한다.

예를 들어 가장 바깥에 있는 전자에 대해 가림 상수 계산을 이용하여 플루오린(F)의 유효 핵전하를 계산하려면, 먼저 오비탈들을 적절하게 묶고, 전자 배치를 쓴다.

$(1s^2)(2s^2 2p^5)$

$\sigma = (6 \times 0.35) + (2 \times 0.85) = 3.80$이 얻어지고, $Z_{eff} = Z - \sigma = 9 - 3.80 = 5.20$이다. 이 방법으로 계산한 Z_{eff} 값은 표 1.2에 나타낸 값과 같은 경향성을 보이지만 그 값이 같지는 않다. Slater 모형은 근사법이며, s 오비탈과 p 오비탈의 차이나 스핀 상관관계의 효과까지 고려한 것은 물론 아니다(1.5a절).

예제 1.5 가림 상수의 계산

Mg에서 가장 바깥에 있는 전자에 대한 가림 상수를 계산하시오.

답 위에서 언급한 바와 같이, 원자의 전자 배치를 쓰고, 오비탈들을 적절하게 묶는다. Mg $(1s^2)(2s^2 2p^6)(3s^2)$. 이제 가장 바깥에 있는 전자를 제외한 나머지 전자들의 할당 값을 이용하여 가림 상수를 계산할 수 있다. Mg의 가장 바깥에 있는 전자에 대한 가림 상수 $\sigma = (1 \times 0.35) + (8 \times 0.85) + (2 \times 1.0) = 9.15$이다.

문제 1.5 (a) Si에서 가장 바깥에 있는 전자에 대한 가림 상수를 계산하시오. (b) Cl에서 가장 바깥에 있는 전자에 대한 유효 핵전하를 계산하시오.

전자가 핵에 가까이 갈수록 원자에 존재하는 다른 전자에 의한 반발이 작아지기 때문에 Z_{eff} 값은 Z 값에 더 가까운 값을 갖는다. 이 점을 염두에 두고 Li 원자에 있는 2s 전자를 고려해 보자. 1s 껍질 안쪽에서 2s 전자를 발견할 수 있는 확률은 0이 아니며, 1s 껍질 안쪽에서 발견되는 2s 전자는 전체 핵전하를 느낄 수 있다(그림 1.18). 한 전자가 다른 전자들이 존재하는 껍질 안쪽에 존재할 가능성을 **침투**(penetration)라고 한다. 2p 전자는 파동함수가 핵에서 0이 되기 때문에 전자가 채워진 안쪽 껍질인 **핵심부**(core)를 효과적으로 침투하지 못한다. 그 결과 핵심부 전자는 핵으로부터 2p 전자를 더 효과적으로 가린다. 결론적으로 다전자 원자에서 2s 전자가 2p 전자보다 더 단단하게 붙잡혀 있어 더 낮은 에너지 상태에 있으며, 따라서 2s 오비탈이 2p 오비탈보다 먼저 채워질 것이므로 Li에 대한 바닥 상태 전자 배치는 $1s^2 2s^1$이다. 이 전자 배치를 보통 [He]$2s^1$으로 나타낸다. 이때 [He]은 헬륨의 전자 배치를 갖는 원자의 핵심부 전자 배치 $1s^2$이다.

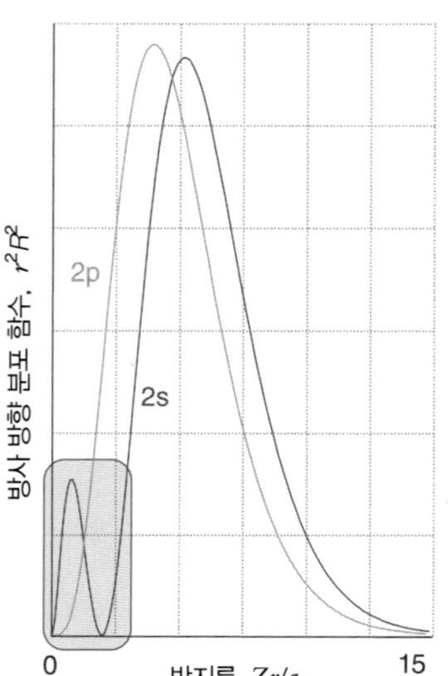

그림 1.18 2p 전자는 파동함수가 핵에서 0이 되기 때문에 2s 전자가 내부 핵심부를 침투하는 정도는 2p 전자보다 더 크다. 따라서 2s 전자는 2p 전자보다 덜 가리어져 있다.

리튬에서 2s가 2p보다 오비탈 에너지가 낮은 것과, 일반적으로 ns가 np에 비해 오비탈 에너지가 낮은 것은 다전자 원자의 일반적인 특징이다. 원자의 바닥 상태 전자 배치에서 모든 원자 오비탈에 대한 Z_{eff} 계산값을 나타낸 표 1.2에서 이와 같은 양상을 관찰할 수 있다. 유효 핵전하의 전형적인 경향성은 같은 주기에서 오른쪽으로 가면서 증가한다. 오른쪽으로 가면서 순차적으로 원소의 핵전하와 전자가 각각 1개씩 증가하는데, 이는 대부분의 경우 증가된 전자가 증가된 핵전하를 완전히 상쇄하지는 못하기 때문이다. 원자의 가장 바깥 껍질에 있는 s 전자가 같은 껍질에 있는 p 전자에 비해 덜 가리어 막히는 것을 표에 있는 값으로도 확인할 수 있다. 예를 들어 F 원자의 2s 전자의 Z_{eff} = 5.13인 반면, 2p 전자의 Z_{eff} = 5.10으로 2s 전자보다 2p 전자의 Z_{eff} 값이 더 작다. 마찬가지로 *n*p 오비탈에 있는 전자의 유효 핵전하는 *n*d 오비탈에 있는 전자의 유효 핵전하보다 더 크다.

표 1.2 유효 핵전하(Z_{eff})

	H							**He**
Z	1							2
1s	1.00							1.69
	Li	**Be**	**B**	**C**	**N**	**O**	**F**	**Ne**
Z	3	4	5	6	7	8	9	10
1s	2.69	3.68	4.68	5.67	6.66	7.66	8.65	9.64
2s	1.28	1.91	2.58	3.22	3.85	4.49	5.13	5.76
2p			2.42	3.14	3.83	4.45	5.10	5.76
	Na	**Mg**	**Al**	**Si**	**P**	**S**	**Cl**	**Ar**
Z	11	12	13	14	15	16	17	18
1s	10.63	11.61	12.59	13.57	14.56	15.54	16.52	17.51
2s	6.57	7.39	8.21	9.02	9.82	10.63	11.43	12.23
2p	6.80	7.83	8.96	9.94	10.96	11.98	12.99	14.01
3s	2.51	3.31	4.12	4.90	5.64	6.37	7.07	7.76
3p			4.07	4.29	4.89	5.48	6.12	6.76

침투와 가림의 결과로 얻어지는 다전자 원자의 에너지 순서는 일반적으로 *n*s, *n*p, *n*d, *n*f와 같은데, 그 이유는 주어진 껍질에서 s 오비탈의 침투가 가장 크고, f 오비탈의 침투가 가장 작기 때문이다. 그림 1.19에 나타낸 중성 원자에 대한 에너지 준위 도표에 침투와 가림의 전체 효과를 나타내었다.

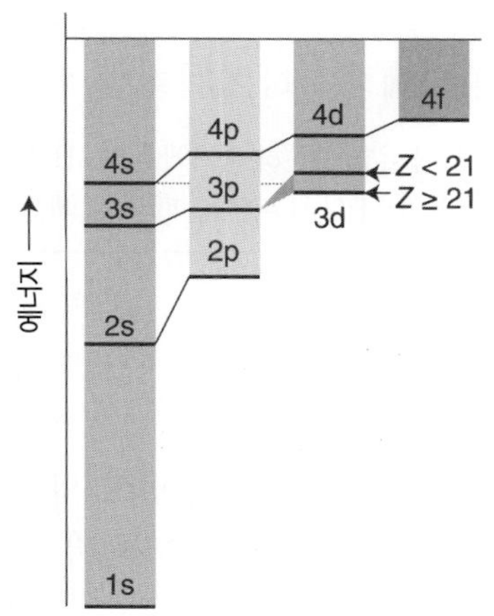

그림 1.19 $Z<21$(칼슘까지)인 다전자 원자의 에너지 준위 도표 $Z \geq 21$(스칸듐 이상)인 원소에 대해서는 순서의 변화가 있다. 이 도표는 쌓음 원리에 따른 것인데, 각 오비탈에 최대 2개까지 전자가 채워지는 것이 허용된다.

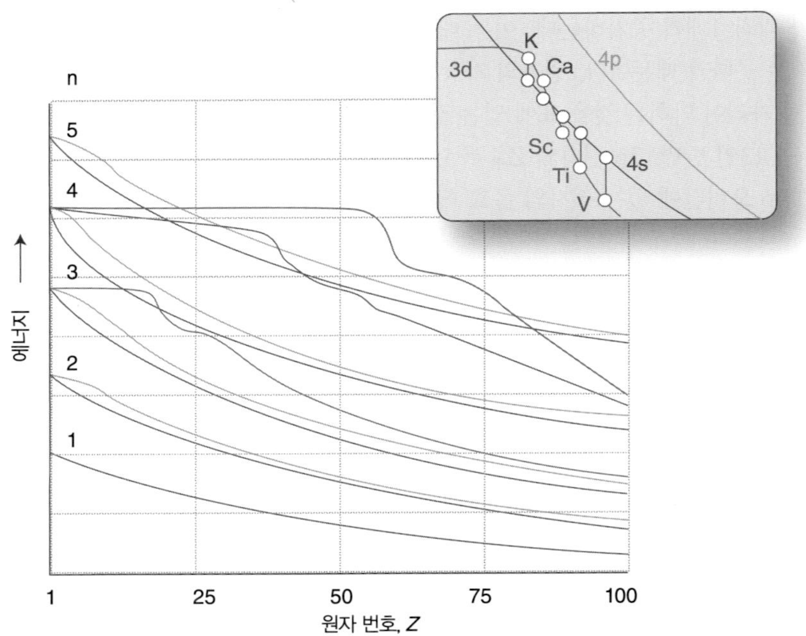

그림 1.20 주기율표의 다전자 원자의 에너지 준위를 좀 더 상세하게 나타낸 그림 삽입 그림은 3d 계열 원소가 시작되는 $Z = 20$ 근처의 에너지 순서를 확대한 그림이다.

주기율표에서 원자 번호에 따른 오비탈의 에너지를 그림 1.20에 나타내었다. 에너지에 영향을 미치는 인자들의 효과가 환경에 따라 아주 미세하게 달라지기 때문에, 오비탈의 에너지 순서는 원자에 존재하는 전자수에 따라 크게 달라지며, 이온화에 따라 바뀔 수도 있다. 예를 들어 K와 Ca에서는 4s 전자의 침투 효과가 매우 크기 때문에 이 원자들의 4s 오비탈은 3d 오비탈에 비해 에너지가 낮다. 하지만 Sc~Zn 사이의 중성 원자에서 3d 오비탈의 에너지는 4s 오비탈의 에너지와 거의 유사하지만 약간 더 낮다. Ga($Z \geq 31$) 이상의 원자에서 3d 오비탈의 에너지는 4s 오비탈보다 훨씬 더 낮으므로, 가장 바깥 껍질 전자는 명백하게 4s 부껍질과 4p 부껍질에 있는 전자들이다.

예제 1.6 유효 핵전하의 경향성 설명

표 1.2의 자료를 이용하여 계산하면, C와 N 사이의 Z_{eff}(2p) 증가는 0.69인 반면, N과 O 사이의 Z_{eff}(2p) 증가는 0.62이다. 위에 제시된 원자의 전자 배치로부터 2p 전자에 대한 Z_{eff} 증가가 C와 N 사이에서보다 N과 O 사이에서 더 작은 이유를 설명하시오.

답 일반적인 경향성을 확인하고, 그 경향성을 바꿀 수도 있는 또 다른 효과에 대해 고려해야 한다. 이 경우, 같은 주기에서 오른쪽으로 갈수록 유효 핵전하가 증가한다는 것을 예상할 수 있다. 실제로도 그렇다. 하지만 C에서 N으로 갈 때 추가되는 전자는 비어 있는 2p 오비탈을 차지하지만, N에서 O로 갈 때 추가되는 전자는 이미 1개의 전자가 차지하고 있는 2p 오비탈을 차지해야 한다. 따라서 전자는 더 강한 전자-전자 반발을 느끼며, 이러한 전자-전자 반발이 전체 가림 효과에 기여하여 Z_{eff}의 증가는 크지 않다.

문제 1.6 (a) Li에서 Be로 갈 때 2s 전자의 유효 핵전하 증가에 비해, B에서 C로 갈 때 2p 전자의 유효 핵전하 증가가 더 큰 이유를 설명하시오. (b) B에서 Al로 갈 때 유효 핵전하의 증가에 대해 설명하시오.

1.5 쌓음 원리

다전자 원자의 바닥 상태 전자 배치는 분광학 방법에 의해 실험적으로 결정되며, 부록 2에 요약하여 나타내었다. 이와 같은 전자 배치를 설명하기 위해 오비탈의 에너지에 대한 침투 효과와 가림 효과 및 Pauli 배타 원리의 역할을 고려할 필요가 있다. **쌓음 원리(building-up**

principle)(Aufbau 원리라고도 하며, 아래에 설명되어 있다)는 타당한 바닥 상태 전자 배치를 얻는 과정이다. 쌓음 원리가 완벽한 것은 아니지만 전자 배치를 논의하기 위한 훌륭한 출발점이다. 더욱이 곧 알게 되겠지만, 쌓음 원리는 주기율표의 구조와 내포된 의미를 이해할 수 있도록 이론적인 체계를 제공해 준다.

(a) 바닥 상태 전자 배치

요점: 원자 오비탈에 전자가 채워지는 순서는 1s, 2s, 2p, 3s, 3p, 4s, 3d, 4p, ...와 같은 순서를 따른다. 축퇴된 오비탈은 한 오비탈에 전자가 2개 채워지기 전에 각 오비탈에 1개씩 먼저 채워진다. d 오비탈과 f 오비탈에 대한 전자 채움 순서는 약간의 변화가 있다.

쌓음 원리에 따라 일부는 주양자수에 의해, 또 일부는 침투와 가림에 의해 결정된 순서대로 중성 원자의 오비탈이 채워진다.

전자 채움 순서: 1s 2s 2p 3s 3p 4s 3d 4p ...

각 오비탈에는 2개의 전자까지 채울 수 있다. 따라서 p 부껍질에 있는 3개의 오비탈에는 최대 6개의 전자를, d 부껍질에 있는 5개의 오비탈에는 최대 10개의 전자를 채울 수 있다. 따라서 원자 번호 1~5번 원소에 대한 바닥 상태 전자 배치는 다음과 같이 예측할 수 있다.

H	He	Li	Be	B
$1s^1$	$1s^2$	$1s^22s^1$	$1s^22s^2$	$1s^22s^22p^1$

이 순서는 실험 결과와 일치한다. 붕소와 탄소에서 2p 오비탈이 채워지기 시작할 때처럼 같은 에너지를 갖는 2개 이상의 오비탈에 2개 이상의 전자를 채울 때, **Hund 규칙**(**Hund's rule**)을 적용한다.

2개 이상의 오비탈이 같은 에너지를 가질 때, 전자는 서로 다른 각 오비탈을 먼저 채우고, 스핀은 평행(↑↑)하다.

전자가 같은 l 값을 갖는 각 오비탈(p_x 오비탈과 p_y 오비탈처럼)에 먼저 채워지는 것은 다른 공간 영역을 차지하는 전자(다른 오비탈에 있는 전자) 사이의 반발 상호 작용이 같은 공간 영역을 차지하는 전자(같은 오비탈에 있는 전자) 사이의 반발 상호 작용보다 작기 때문인 것으로 이해할 수 있다. 서로 다른 오비탈을 차지하는 전자들이 평행한 스핀을 가져야 하는 것은 평행한 스핀을 갖는 2개의 전자가 서로 멀리 떨어져 있어야 서로 간의 반발이 작아지는 경향이 있다는 **스핀 상관관계**(**spin correlation**)라는 양자 역학적 결과이다. 이 효과와 연관된 에너지를 **상관관계 에너지**(**correlation energy**)라고 한다. 평행한 스핀을 갖는 전자 배치의 안정화에 기여하는 또 다른 인자는 **교환 에너지**(**exchange energy**)이다. 교환 에너지는 전자들을 서로 구별되지 않게 교환할 수 있기 때문에 평행한 스핀을 갖는 전자 배치(↑↑)가 추가로 얻는 안정성이다. 축퇴된 오비탈에서 평행한 스핀을 갖는 2개의 전자가 자리를 교환하면 에너지가 방출된다. 평행한 스핀을 갖는 2개의 전자 중 1개를 제거하면 이 교환 에너지를 잃는다. 결과적으로, 축퇴된 오비탈에서 평행한 스핀수가 많은 전자 배치가 그렇지 않은 전자 배치에 비해 안정하다. 평행한 스핀을 갖는 전자수가 가장 많을 때, 즉 **반 채워진 껍질**(**half-filled shell**)을 가질 때 교환 에너지가 가장 크다. 그 결과 p^3, d^5, f^7과 같이 반 채워진 껍질에서 전자 1개를 제거하려면 교환 에너지의 최대량을 극복할 수 있는 만큼의 에너지를 가해야 하기 때문에 p^3, d^5, f^7은 특별히 안정된 전자 배치이다. d^5 전자 배치(↑↑↑↑↑)에서 전자 1개를 제거하여 d^4 전자 배치 (↑↑↑↑)가 될 때, 평행한 스핀을 갖는 전자쌍의 수가 줄어들어, 각각 가능한 전자쌍을 고려해 보면, 가능한 전자 교환수는 10에서 6으로 줄어든다. 이와 같이 반 채워진 껍질을 갖는 전자 배치가 선호되는 한 가지 결과가 크로뮴 원자의 바닥 상태가 $4s^23d^4$가 아닌 $4s^13d^5$인 것인데, 이는 $4s^13d^5$일 때 교환 에너지가 최대가 되기 때문이다.

p 부껍질에서 p 오비탈들은 축퇴되어 있으므로 채우는 순서는 임의로 정하면 된다. 하지만 일반적으로 알파벳 순서에 따라 p_x, p_y, p_z 순서로 채운다. 그다음 쌓음 원리를 따르면 된다. 따라서 C의 바닥 상태 전자 배치는 $1s^22s^22p_x{}^12p_y{}^1$, 또는 좀 더 간단하게 $1s^22s^22p^2$이다. 헬륨의 전자 배치를 갖는 핵심부 전자 배치($1s^2$)를 이용하면 훨씬 간단한 표기 $[He]2s^22p^2$로 나타낼 수 있다. 이 원자의 원자가 전자 구조는 완전히 전자로 채워진 닫힌 헬륨의 전자 배치를 갖는 핵심부 주위에 2s 전자 2개가 쌍을 이루고 있고, 2p 전자 2개가 평행한 스핀 상태로 있다고 생각할 수 있다. 같은 주기에 있는 다른 원소들의 전자 배치도 유사한 방법으로 나타낼 수 있다.

C	N	O	F	Ne
$[He]2s^22p^2$	$[He]2s^22p^3$	$[He]2s^22p^4$	$[He]2s^22p^5$	$[He]2s^22p^6$

네온의 전자 배치 $2s^22p^6$는 껍질이 전자로 완전히 채워진 **닫힌 껍질**(**closed shell**)의 또 다른 예이다. 전자 배치 $1s^22s^22p^6$가 핵심부 전자 배치일 때 [Ne]으로 표기한다.

네온의 전자 배치를 갖는 핵심부에 전자 1개를 추가하면, Na의 바닥 상태 전자 배치, $[Ne]3s^1$이 얻어진다. 이는 완전히 채워진 $1s^22s^22p^6$ 핵심부 바깥에 1개의 전자가 있음을 나타낸다. 이제 유사한 방법으로 3s 오비탈과 3p 오비탈을 갖는 부껍질을 순서대로 채우면, 마지막으로 전자 배치 $[Ne]3s^23p^6$를 갖는 아르곤에서 끝난다. 아르곤의 전자 배치가 핵심부 전자 배치일 때 [Ar]으로 표기한다. 3d 오비탈의 에너지가 훨씬 더 높기 때문에 이 전자 배치는 효과적으로 닫혀 있다. 또한 4s 오비탈이 그다음으로 채워지는 오비탈이므로 K의 전자 배치는 Na의 전자 배치와 유사하게 비활성 기체 핵심부 바깥에 1개의 전자를 갖는 $[Ar]4s^1$이다. Ca의 경우 그다음 전자 역시 4s 오비탈에 들어가서 전자 배치는 $[Ar]4s^2$이고, Mg의 전자 배치와 유사하다. 하지만 다음 원소 Sc에서는 추가되는 전자가 3d 오비탈에 채워진다. 이제 d 오비탈이 채워지기 시작한다.

(b) 예외

그림 1.19와 1.20에 나타낸 에너지 준위는 각 원자 오비탈에 대한 것으로 충분하게 전자 간 반발을 고려한 것은 아니다. 부분적으로 채워진 d 부껍질을 갖는 원소에 대해 분광학적 방법과 계산으로 실제 바닥 상태를 확인해 보면, **더 높은** 에너지를 가질 것으로 예상되는 오비탈(4s 오비탈)에 전자를 채우는 것이 더 유리한 것으로 나타난다. 4s 오비탈을 채우는 것이 3d 오비탈을 채울 때 일어나는 전자 사이의 반발을 감소시키기 때문에 이와 같은 순서로 채워지는 것을 설명할 수 있다. 전자의 전체 에너지를 평가할 때, 단순하게 전자 1개의 오비탈 에너지가 아닌 전자 배치의 에너지에 기여하는 모든 것을 고려하는 것이 필수이다. 분광학 자료에 의하면, 이와 같은 원자(첫째 줄 전이 금속)들의 바닥 상태 전자 배치는 각 3d 오비탈의 에너지가 더 낮음에도 불구하고 4s 오비탈을 완전히 채운 $3d^n4s^2$ 형태가 대부분이다.

스핀 상관관계와 교환 에너지의 또 다른 결과로 인해 나타나는 추가적인 특징이 s 부껍질의 전자를 d 부껍질로 이동시키는 것을 의미할지라도, 일부의 경우에 d 부껍질이 반이 채워지거나 완전히 채워지면 전체 에너지가 낮아진다는 것이다. 따라서 d 부껍질이 반 가까이 채워질 때, 바닥 상태 전자 배치는 Cr과 같이 d^4s^2가 아닌 d^5s^1이 된다. d 부껍질이 거의 채워질 때, 바닥 상태 전자 배치는 Cu와 같이 d^9s^2가 아닌 $d^{10}s^1$이거나, Pd와 같이 d^8s^2가 아닌 $d^{10}s^0$이 된다. f 오비탈이 채워질 때도 유사한 효과가 나타나며, 더 낮은 알짜 에너지를 갖는 f^7이나 f^{14} 전자 배치를 만들기 위해 d 부껍질의 전자가 f 부껍질로 이동한다.

d 구역 중성 원자에서 전자를 제거하면 전자–전자 반발 효과가 감소하기 때문에 d 구역 원소의 양이온과 착물에 대한 3d 오비탈의 에너지는 4s 오비탈의 에너지보다 훨씬 아래로 내려간다. 결과적으로 모든 d 구역 양이온과 착물은 d^n 전자 배치를 갖고, 가장 바깥에 있는 s 오비탈에는 전자가 없다. 예를 들어 Fe의 전자 배치는 $[Ar]3d^64s^2$인 반면, $[Fe(CO)_5]$의 전자 배치는 $[Ar]3d^8$이고, Fe^{2+}의 전자 배치는 $[Ar]3d^6$이다. 화학의 목적에서 d 구역 이온의 전자 배치는 중성 원자의 전자 배치보다 더 중요하다. 앞으로 배우게 될 장(19장에서 시작)에서 d 금속 이온의 미세한 에너지 변화가 d 금속 이온이 이루는 화합물의 중요한 성질을 설명하는 기초를 제공하기 때문에 d 금속 이온의 전자 배치가 매우 중요하다는 것을 알게 될 것이다.

예제 1.7 전자 배치의 유도

(a) P, (b) Ti, (c) Ti^{3+}의 바닥 상태 전자 배치를 예측하시오.

답 원자 오비탈에 전자를 채울 때 쌓음 원리와 Hund 규칙을 이용해야 한다. (a) $Z = 15$인 P 원자에 대해 위에서 정한 순서에 따라 15개의 전자를 채워야 하며, 한 오비탈에는 채워진 전자가 2개를 넘지 않아야 한다. 이렇게 하면 3개의 p 오비탈에 각각 전자가 1개씩 채워져 3개의 3p 전자가 평행한 스핀을 갖는 전자 배치 $[Ne]3s^23p^3$가 얻어진다. (b) $Z = 22$인 중성 Ti 원자에 대해 위에서 정한 순서에 따라 22개의 전자를 채워야 하며, 한 오비탈에는 채워진 전자가 2개를 넘지 않아야 한다. 이렇게 하면 5개의 d 오비탈 중 2개의 d 오비탈에 각각 전자가 1개씩 채워져 2개의 3d 전자가 평행한 스핀을 갖는 전자 배치 $[Ar]4s^23d^2$가 얻어진다. 하지만 Ca 이후의 원소에 대해 3d 오비탈이 4s 오비탈 아래에 있으므로 전자 배치를 쓸 때 3d와 4s의 순서를 바꾸는 것이 일반적이다. 따라서 전자 배치는 $[Ar]3d^24s^2$이다. (c) Ti 양이온은 19개의 전자를 갖는다. 위에서 정한 순서에 따라 오비탈을 채워야 하지만, 양이온은 d^n 전자 배치를 갖고 s 오비탈에 전자가 없다는 것을 기억하면, Ti^{3+}의 전자 배치는 $[Ar]3d^1$이다.

문제 1.7 (a) Ni과 Ni^{2+}의 바닥 상태 전자 배치를 예측하시오. (b) Cu, Cu^+, Cu^{2+}의 바닥 상태 전자 배치를 예측하시오.

1.6 원소의 분류

요점: 원소들은 물리적, 화학적 성질에 따라 대략 금속, 비금속, 준금속으로 나뉜다. 원소들을 현대의 주기율표와 유사한 형태로 체계화한 것은 Mendeleev 덕분이다.

원소들은 크게 **금속**(**metal**)과 **비금속**(**nonmetal**)으로 나눌 수 있다. 철이나 구리와 같은 금속 원소는 실온에서 일반적으로 광택, 전성(malleability, 펼 수 있는 성질), 연성(ductility, 실처럼 뽑을 수 있는 성질), 전기 전도성을 갖는 고체이다. 비금속은 흔히 기체(산소), 액체(브로민), 또는 전기를 잘 통하지 않는 고체(황)이다. 이와 같이 원소들을 분류하는 화학적 의미는 이미 일반 화학에서 다루었다.

1. 금속 원소는 비금속 원소와 결합하여 일반적으로 단단하고 비휘발성인 고체 화합물(예: 염화 소듐)을 생성한다.
2. 비금속 원소는 다른 비금속 원소와 결합할 경우 보통 휘발성 분자 화합물(예: 이산화 탄

준금속을 흔히 '반금속(semi-metal)'이라고 하는 것을 볼 수 있다. 반금속은 고체물리학에서 명확하게 정의되어 있고, 분명하게 구별되는 의미가 있기 때문에 이 이름을 피하는 것이 좋다 (4.19절 참조).

소)을 생성한다.

3. 금속들은 서로 혼합될 경우(즉 단순히 서로 섞일 경우), 금속이 갖는 대부분의 물리적 특징을 갖는 합금(예: 구리와 아연으로 만들어진 놋쇠(황동))을 생성한다.

일부 원소들은 금속이나 비금속 원소로 분류하기 어려운 성질을 갖는다. 이와 같은 원소를 **준금속**(**metalloid**)이라고 한다. 규소, 저마늄, 비소, 텔루륨이 준금속의 예이다.

(a) 주기율표

Dmitri Mendeleev는 1869년에 보다 상세하게 원소들을 분류하였는데, 이것이 오늘날 모든 화학자들과 화학을 전공하지 않은 많은 사람들에게 친숙한 **주기율표**(**periodic table**)이다. Mendeleev는 알려져 있던 원소들을 원자량(몰질량)이 증가하는 순서대로 배열하였다. 이렇게 배열하면 비슷한 화학적 성질을 갖는 원소들이 계열을 만들게 되는데, Mendeleev는 이 원소들을 주기율표의 같은 족에 배열하였다. 예를 들어 C, Si, Ge, Sn은 모두 일반식 EH_4 형태의 수소화물을 형성한다는 사실을 근거로 같은 족에 속한다고 제안하였다. 또한 N, P, As, Sb는 모두 일반식 EH_3 형태의 수소화물을 형성하기 때문에 또 다른 족에 속한다고 제안하였다. 먼저 설명한 족에서 화학식 CF_4와 SiF_4, 나중에 설명한 족에서 화학식 NF_3와 PF_3와 같이, 이 원소들의 다른 화합물들도 족 유사성을 보인다.

Mendeleev는 원소들의 화학적 성질에 전념하였다. 거의 비슷한 시기에 독일의 Lothar Meyer는 원소들의 물리적 성질을 연구하고 있었으며, 몰질량의 증가에 따라 유사한 값이 주기적으로 반복됨을 발견하였다. 고전적인 한 가지 예, 1 bar, 298 K에서 원자 번호에 따른 원소의 몰부피(원자의 몰당 부피)를 그림 1.21에 나타내었다.

Mendeleev는 그가 만든 초기 주기율표의 빈자리에 해당하는 갈륨, 저마늄, 스칸듐과 같이 당시에 알려지지 않았던 원소들이 형성하는 결합 수와 같은, 원소들의 일반적인 화학적 성질을 예측함으로써 주기율표의 유용함을 잘 보여 주었다. (그는 현재 우리가 존재할 수 없다고 알고 있는 원소를 예측하기도 하고, 현재 우리가 존재한다고 알고 있는 원소의 존재를 부정하

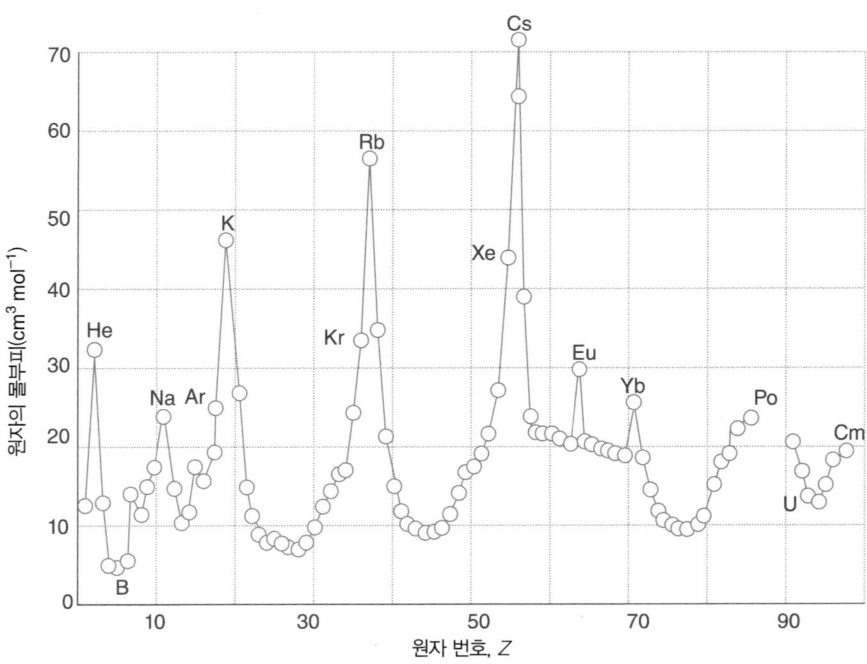

그림 1.21 원자 번호에 따른 몰부피의 주기적 변화

기도 했지만, 그와 같은 그의 잘못된 예측은 위대한 성취에 가려져 있다.) 무기화학자들은 주기적인 경향성으로부터 동일한 추론 과정을 이용하여 화합물의 물리적·화학적 성질에 대한 경향성을 합리화하고, 이전에 알려지지 않은 화합물의 합성을 제안하기도 한다. 예를 들어 탄소와 규소가 같은 족에 있는 것을 알면, 알켄 $R_2C{=}CR_2$이 존재하기 때문에 $R_2Si{=}SiR_2$ 역시 존재해야 한다는 것을 추론할 수 있다. 규소–규소 간 이중 결합을 갖는 화합물(다이실라에텐)은 실제로 존재하지만, 화학자들이 그 화합물의 분리에 성공한 1981년 이전까지는 존재하지 않던 화합물이었다. 원소들의 성질에 대한 주기적 경향성은 9장에서 좀 더 자세하게 살펴볼 것이다. 주기율표는 알려진 원소들에 대해 상징적이고 점진적으로 변화하는 것을 나타내는 것이며, 오늘날까지도 여전히 주기율표에 원소가 추가되고 있다(화학세상 1.5).

(b) 주기율표의 형태

요점: 주기율표의 구역은 쌓음 과정에서 맨 마지막으로 채워지는 오비탈이 어떤 오비탈인가를 나타낸다. 주기 번호는 원자가 껍질의 주양자수이다. 족 번호는 원자가 전자수와 연관이 있다.

주기율표의 배치는 원소의 원자에 대한 전자 구조를 나타낸다(그림 1.22). 예를 들어 주기율

화학세상 1.5 주기율표의 확장 가능성

2016년 1월에 국제 순수 화학 및 응용 화학 연맹(IUPAC: International Union of Pure and Applied Chemistry)은 새로운 4개의 원소를 발견하여 주기율표의 7번째 줄을 완성하였다고 발표하였다. 이 원소들은 원자 번호 113, 115, 117, 118을 갖는 원소들이었고, 임시적으로 원소의 특색을 알 수 없는 ununtrium(Uut), ununpentium(UUp), ununseptimum(Uus), ununoctium(Uuo)으로 이름이 붙여졌다. 그 이후 그 원소들은 니호늄(nihonium, Nh), 모스코븀(muscovium, Mc), 테네신(tennessine, Ts), 오가네손(organesson, Og)으로 이름이 붙여졌다. 새로운 원소의 이름을 붙이는 절차는 IUPAC에서 명확하게 규정하고 있다. 새로운 원소를 발견하였다고 주장하면 IUPAC와 국제 순수 물리학 및 응용 물리학 연맹(IUPAP: International Union of Pure and Applied Physics)에서 검증한 후, 일군의 과학자들이나 연구실에 공식적으로 배정한다. IUPAC 무기화학위원회는 발견자에게 이름과 기호를 제안하도록 권유한다. 이름과 기호를 정하는 과정은 엄격한 지침을 따라야 한다. 신화의 개념, 광물, 인물, 장소 또는 원소의 성질에 근거하여 이름을 붙일 수 있으며, 주기율표의 적절한 위치에 있는 다른 원소들과 어미를 일치시켜야 한다. 예를 들어 1~16족 원소는 'ㅠㅁ(-ium)'으로 끝나야 하고, 17족 원소는 'ㄴ|(-ine)'으로 끝나야 하며, 18족 원소는 'ㄴ(-on)'으로 끝나야 한다.

원자 번호 113인 원소는 일본에서 합성되었고, 발견자들은 그 사실을 반영하기 위해 니호늄이라는 이름을 제안하였다. 니혼(nihon)은 일본어로 '일본'을 가리키며, '떠오르는 태양의 나라'라는 뜻을 가지고 있다. 니호늄은 아시아 국가에서 발견한 첫 번째 원소이다. 마찬가지로 원자 번호 114와 117인 원소는 발견자들이 과학 연구를 수행한 지역인 러시아의 모스크바(Moscow)와 미국의 테네시(Tennessee)를 기리기 위해 이름이 붙여졌다. 모스크바와 미국에 기반을 두고 있었던 원자 번호 118인 원소의 발견자들은 초중 원소(superheavy element)의 화학과 물리학에 기여한 과학자 Yuri Organessian을 기리기 위해 그의 이름을 원소의 이름으로 선택하여 organesson을 제안하였다.

이와 같이 IUPAC에서 새로운 원소의 발견에 대한 발표를 했지만, 소위 초중 원소라고 부르는 새로운 원소의 발견은 화학자의 영역이라기보다는 주로 물리학자의 영역이다. 이와 같이 무겁고 매우 불안정한 원소들은 중이온 가속기 안에서 핵융합에 의해 극히 소량(어떤 경우에는 5개 미만의 원자)만이 합성된다. 이 과정에서 많은 양성자를 포함하는 2개의 핵이 서로 융합되면서 극도의 반발력이 생겨 극히 일부를 제외한 모든 핵에서 즉시 핵분열이 일어난다. 이 정도 소량의 새로운 초중 원소의 원자들조차 매우 불안정하여 방사성 붕괴에 의해 대부분 즉시 붕괴되어 알려진 가벼운 원소의 새로운 동위 원소가 생성된다. 4개의 새로운 원소는 캘리포늄이나 버클륨 표적에 ^{48}Ca을 발사시켜 생성되었지만, ^{48}Ca은 원자 번호 119 이상의 새로운 초중 원소를 생성하는 데 필요한 양성자를 충분하게 가지고 있지 않다. 원자 번호 119인 원소와 심지어 그보다 더 무거운 초중 원소를 만들기 위해 새로운 표적을 찾기 위한 경쟁은 이미 시작되었다. 주기율표는 21세기를 거치면서 더욱 확장될 것으로 보인다. 사실, 새로운 원소의 불안정성은 실용적인 응용성이 없다는 것을 의미하지만, 이 책이 개정되어 다음 판이 나올 때쯤이면 원자 번호 118 이후의 원소가 알려지고 이름이 붙여질 수도 있다.

표의 **구역**(block)은 쌓음 원리에 따라 현재 채워지는 부껍질의 종류를 나타낸다는 것을 알 수 있다. 주기율표의 가로줄인 각 **주기**(period)는 주어진 껍질의 s, p, d, f 부껍질이 완성된 것을 의미한다. 주기 번호는 주기율표의 주족 원소에서 쌓음 원리에 따라 현재 채워지는 껍질의 주양자수 *n* 값이다. 예를 들어 주기 2는 $n = 2$인 껍질에 해당하고 2s 부껍질과 2p 부껍질이 채워지고 있는 것을 나타낸다.

족 번호 *G*는 원자의 가장 바깥 껍질인 **원자가 껍질**(valence shell)에 있는 전자수와 밀접한 관련이 있다. IUPAC에서 권장하는 1~18족 체계에서 족 번호와 원자가 껍질 전자수와의 관계는 다음과 같다.

구역:	s	p	d
원자가 껍질에 있는 전자수:	G	$G-10$	G

이 식이 성립하기 위해서는 d 구역 원소의 '원자가 껍질'은 *n*s 오비탈과 $(n-1)$d 오비탈로 구성되어야 한다. 따라서 Sc 원자는 3개의 원자가 전자(4s 전자 2개와 3d 전자 1개)를 갖는다. p 구역 원소인 Se(16족)의 원자가 전자수는 $16 - 10 = 6$이고, s^2p^4 전자 배치에 해당한다.

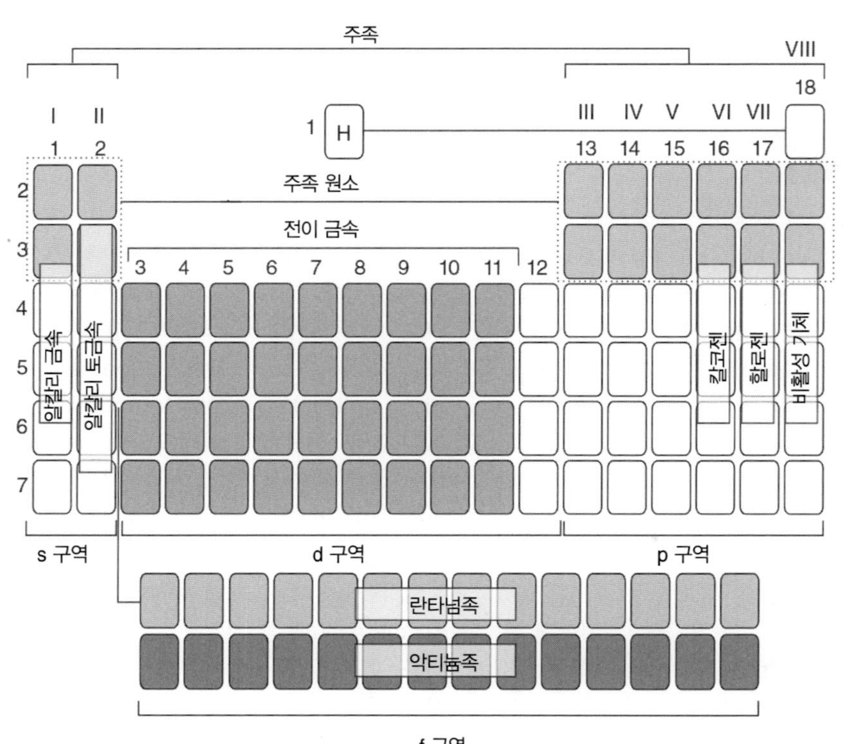

그림 1.22 주기율표의 일반적인 구조 여기에 나타낸 표를 각 구역에 속한 원소들을 모두 나타낸 이 책의 속표지에 있는 완전한 주기율표와 비교해 보라.

예제 1.8 주기율표 내에서 원소의 위치

주기율표를 보지 말고, 전자 배치 $1s^22s^22p^63s^23p^4$인 원소가 속하는 주기율표의 주기, 족, 구역을 말하시오.

답 주기 번호는 주양자수 *n*에 의해 주어지고, 족 번호는 원자가 전자수로부터 알 수 있으며, 구역은 쌓음 원리에 따라 맨 마지막으로 채워진 오비탈의 종류에 의해 주어진다는 것을 기억해야 한다. 원자가 전자의 $n = 3$이므로 이 원소는 주기율표의 3주기에 있다. 원자가 전자가 6개인 것으로 이 원소가 16족임을 알 수 있다. 맨 마지막으로 채워진 전자가 p 전자이므로 이 원소는 p 구역에 있다. 이 원소는 황이다.

문제 1.8 (a) 전자 배치 $1s^22s^22p^63s^23p^64s^2$인 원소가 속하는 주기율표의 주기, 족, 구역은 무엇인가? 원소를 결정하시오. (b) 전자 배치 $1s^22s^22p^63s^23p^64s^23d^{10}4p^65s^14d^5$인 원소가 속하는 주기율표의 주기, 족, 구역은 무엇인가? 원소를 결정하시오.

1.7 원자의 성질

원자들의 특징적인 성질, 특히 원자 반지름과 전자를 제거하거나 추가할 때 연관되는 에너지는 원자 번호에 따라 규칙적인 주기적 변화를 보인다. 이와 같은 원자의 성질은 원소의 화학적 성질을 이해하는 데 아주 중요하며 9장에서 좀 더 상세하게 논의할 예정이다. 이런 경향성에 대한 지식을 통해 화학자들은 각 원소에 대해 표로 만들어진 자료를 참고하지 않고도 관찰 사항을 합리화할 수 있고, 화학적 거동 및 구조적 거동을 예측할 수 있다.

(a) 원자 반지름과 이온 반지름

요점: 원자 반지름은 s 구역과 p 구역에서 같은 족에서 아래로 갈수록 증가하고, 같은 주기에서 왼쪽에서 오른쪽으로 갈수록 감소한다. 란타넘족 수축으로 인해 f 구역 이후 원소들의 원자 반지름은 감소한다. 모든 단원자 음이온은 어미 원자보다 크고, 모든 단원자 양이온은 어미 원자보다 작다.

원소에서 가장 유용한 원자의 특징 중 하나는 원자의 크기와 이온의 크기이다. 다음 장에서 다루게 될 기하 구조에 대한 논의는 많은 고체 물질이나 개별 분자들의 구조를 설명하는 핵심이다. 또한 원자의 핵으로부터 전자까지의 평균 거리는 양이온을 형성하는 과정에서 전자를 제거하는 데 필요한 에너지와 연관성이 있다.

전자 밀도는 핵으로부터 거리가 멀어질수록 지수함수적으로 급격히 감소하기 때문에 원자는 정확한 반지름을 갖고 있지 않다. 하지만 어떤 의미에서 많은 수의 전자를 갖는 원자가 몇 개의 전자만을 갖는 원자보다 더 클 것이라고 예측할 수 있다. 이와 같은 생각으로 화학자들은 실험적 방법에 근거하여 다양한 원자 반지름의 정의를 제안하였다.

금속 원소의 **금속 반지름**(metallic radius)은 고체에서 가장 가까이에 있는 이웃 원자들의 중심 사이의 거리를 실험으로 측정한 후, 그 거리의 반으로 정의된다(그림 1.23a, 이 정의의 정확한 의미는 4.7절 참조). 비금속 원소의 **공유 반지름**(covalent radius)은 유사하게 분자에서 동일한 원소의 이웃 원자들의 핵 사이의 거리의 반으로 정의된다(그림 1.23b). 금속 반지름과 공유 반지름을 묶어 **원자 반지름**(atomic radius)으로 나타낼 것이다(표 1.3). 금속 반지름과 공유 반지름의 주기적 경향성은 표에 있는 자료를 통해 볼 수 있고, 그 경향성을 그림 1.24에 그림으로 나타내었다. 일반 화학에서 배워서 알고 있듯이, 원자들은 단일 결합, 이중 결합, 삼중 결합으로 결합될 수 있고, 같은 두 원소 사이의 다중 결합은 단일 결합보다 짧다. 원소의 **이온 반지름**(ionic radius)은 이온 결합 화합물에서 이웃하고 있는 양이온과 음이온의 중심 사이의 거리와 연관되어 있다(그림 1.23c). 두 이온 사이에서 양이온–음이온 거리를 배분하는 방법은 임의로 결정할 수밖에 없다. 제안된 많은 방법 중에서 공통된 한 가지 전략은 O^{2-} 이온의 반지름을 140 pm(표 1.4, 이 정의의 정확한 의미는 4.7절 참조)로 정하는 것이다. 예를 들어 Mg^{2+}의 이온 반지름은 고체 MgO에서 이웃한 Mg^{2+} 이온과 O^{2-} 이온의 핵 사이의 거리에서 140 pm를 빼서 얻는다.

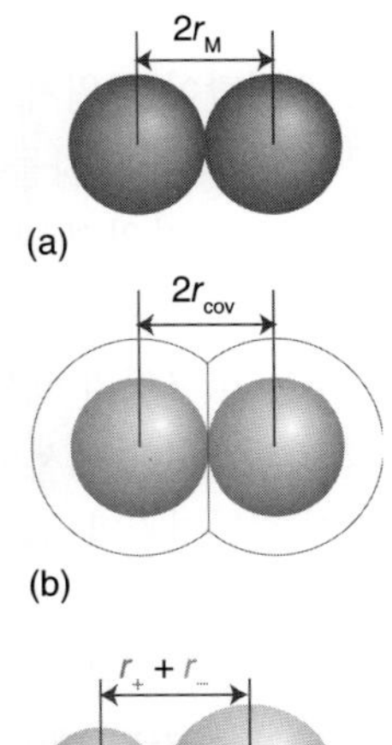

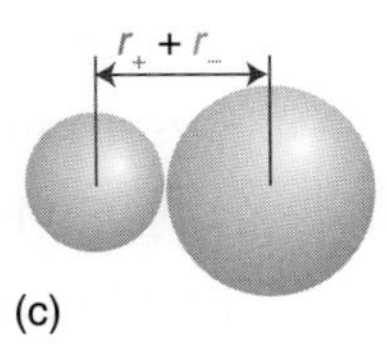

그림 1.23 (a) 금속 반지름, (b) 공유 반지름, (c) 이온 반지름에 대한 표현

표 1.3 원자 반지름, r(pm)

Li	**Be**											**B**	**C**	**N**	**O**	**F**
157	112											88	77	74	73	71
Na	**Mg**											**Al**	**Si**	**P**	**S**	**Cl**
191	160											125	118	110	104	99
K	**Ca**	**Sc**	**Ti**	**V**	**Cr**	**Mn**	**Fe**	**Co**	**Ni**	**Cu**	**Zn**	**Ga**	**Ge**	**As**	**Se**	**Br**
235	197	164	147	135	129	137	126	125	125	128	137	140	122	122	117	114
Rb	**Sr**	**Y**	**Zr**	**Nb**	**Mo**	**Tc**	**Ru**	**Rh**	**Pd**	**Ag**	**Cd**	**In**	**Sn**	**Sb**	**Te**	**I**
250	215	182	160	147	140	135	134	134	137	144	152	150	140	141	135	133
Cs	**Ba**	**La**	**Hf**	**Ta**	**W**	**Re**	**Os**	**Ir**	**Pt**	**Au**	**Hg**	**Tl**	**Pb**	**Bi**		
272	224	188	159	147	141	137	135	136	139	144	155	155	154	152		

이 자료는 1984년 Oxford의 Clarendon Press에서 발행한 A.F. Wells의 저서 '*Structural Inorganic Chemistry*'에서 인용한 것이다. 금속에 대해서는 배위수 12인 금속 반지름 값이고, 다른 원소들에 대해서는 공유 반지름 값이다.

표 1.3에 있는 자료를 보면 **원자 반지름은 같은 족에서 아래로 갈수록 증가하고, 같은 주기에서 왼쪽에서 오른쪽으로 갈수록 감소한다.** 이 경향성은 원자의 전자 구조로 쉽게 설명할 수 있다. 같은 족에서 아래로 갈수록 주양자수가 하나씩 커지는 오비탈에 원자가 전자가 들어 있다. 같은 족에 있는 원자들은 한 주기씩 아래로 갈수록 완성된 껍질수가 더 많아지기 때문에 원자 반지름은 아래로 갈수록 보통 증가한다. 같은 주기에서 왼쪽에서 오른쪽으로 갈 경우, 원자가 전자는 같은 껍질의 오비탈에 들어간다. 이때 유효 핵전하가 증가하여 전자를 더 강하게 끌어당겨 결과적으로 원자는 계속해서 작아진다. 같은 족에서 아래로 가면서 일반적으로 반지름이 증가하는 것과, 같은 주기에서 왼쪽에서 오른쪽으로 가면서 반지름이 감소하는 것은 많은 화학적 성질의 경향성과 상관관계가 있으므로 잘 기억해야 한다.

제6주기는 이와 같은 일반적인 경향성과 다른 흥미롭고 중요한 변형된 경향성을 보여 준다. 그림 1.24를 살펴보면, d 구역의 셋째 줄에 있는 금속 반지름은 둘째 줄에 있는 금속 반지름과 매우 비슷하다. 이 원소들은 상당히 많은 수의 전자를 갖고 있기 때문에 반지름이 상당히 클 것으로 예측되지만 실제로는 그렇지 않다. 예를 들어 W가 Mo보다 전자를 더 많이 가지고 있지만, Mo(Z = 42)의 원자 반지름과 W(Z = 74)의 원자 반지름은 각각 140 pm와 141 pm로 비슷하다. 족에서 아래로 가면서 단순하게 추정하여 예측한 반지름보다 실제로 작은 반지름이 얻어지는 것을 **란타넘족 수축(lanthanide contraction)**이라고 한다. 이름으로부터 그 효과의 유래를 알 수 있다. d 구역의 셋째 줄(6주기) 원소들 앞에는 f 구역의 첫째 줄 원소들, 즉 4f 오비탈이 채워지고 있는 란타넘족 원소들이 존재한다. 이 오비탈들은 가림 효과가 작기 때문에, 원자가 전자들은 예상보다 더 큰 핵전하에 의한 인력을 느낀다. f 구역을 지나면서 추가되는 전자 간의 반발은 핵전하 증가를 상쇄하지 못하여 Z_{eff}는 La와 Lu 사이에서 증가한다. 핵전하 증가의 우세한 효과로 인해 모든 전자들은 잡아당겨지고 란타넘족 후반부와 그 뒤에 위치하는 d 구역의 셋째 줄 원소들의 원자들은 더욱 작아진다. 같은 이유로 유사한 수축이 d 구역 이후 원소들에서도 나타난다. 예를 들어 C(77 pm)에서 Si(118 pm)로 갈 때 원자 반지름은 크게 증가하지만, Ge의 원자 반지름(122 pm)은 Si의 원자 반지름에 비해 조금 더 크다.

특히 입자가 빛의 속력에 접근할 때 질량이 증가하는 상대성 효과는 6주기 원소와 그 이후의 원소에서 중요한 역할을 하지만, 그 효과는 그리 크지 않다. s 오비탈과 p 오비탈에 있는 전자는 크게 하전된 핵에 가까이 접근하고, 강한 가속을 느끼기 때문에 질량이 증가되고, 그에 상응하는 오비탈의 반지름의 수축을 가져오는 반면, 침투 효과가 작은 d 오비탈과 f 오비탈은 팽창한다. d 오비탈과 f 오비탈의 팽창으로 인해 d 전자와 f 전자가 더욱 넓게 퍼지게 되고, 다른 전자를 효과적으로 가리지 못하기 때문에 가장 바깥에 있는 s 전자 오비탈은 더 수축된다. 가벼운 원소에 대해 상대성 효과는 무시할 수 있으나, 원자 번호가 큰 무거운 원소에 대해서는 그 효과가 중요하여 원자 크기가 약 20% 줄어드는 결과를 가져올 수 있다.

표 1.4에서 볼 수 있는 또 다른 일반적인 현상은 모든 단원자 음이온은 어미 원자보다 크고,

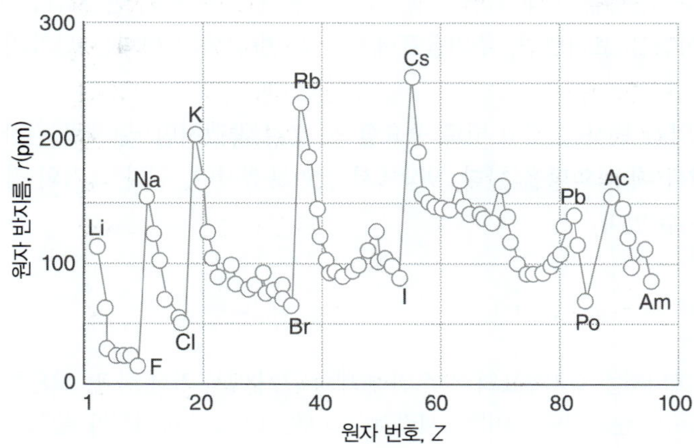

그림 1.24 주기율표에서 원자 반지름의 변화 6주기에서 란타넘족 이후 원소들의 반지름이 수축된 것을 볼 수 있다. 금속 원소는 금속 반지름을, 비금속 원소는 공유 반지름을 사용하였다.

표 1.4 이온 반지름, r(pm)*

Li^+	Be^{2+}	B^{3+}			N^{3-}	O^{2-}	F^-
59(4)	27(4)	11(4)			146	135(2)	128(2)
76(6)						138(4)	131(4)
						140(6)	133(6)
						142(8)	
Na^+	Mg^{2+}	Al^{3+}			P^{3-}	S^{2-}	Cl^-
99(4)	49(4)	39(4)			212	184(6)	181(6)
102(6)	72(6)	53(6)					
132(8)	103(8)						
K^+	Ca^{2+}	Ga^{3+}			As^{3-}	Se^{2-}	Br^-
138(6)	100(6)	62(6)			222	198(6)	196(6)
151(8)	112(8)						
159(10)	123(10)						
160(12)	134(12)						
Rb^+	Sr^{2+}	In^{3+}	Sn^{2+}	Sn^{4+}		Te^{2-}	I^-
148(6)	118(6)	80(6)	83(6)	69(6)		221(6)	220(6)
160(8)	126(8)	92(8)	93(8)				
173(12)	144(12)						
Cs^+	Ba^{2+}	Tl^{3+}					
167(6)	135(6)	89(6)					
174(8)	142(8)	Tl^+					
188(12)	175(12)	150(6)					

* 괄호 안에 있는 숫자는 이온의 배위수이다. 더 많은 값이 필요하면 부록 1을 참조하라.

모든 단원자 양이온은 어미 원자보다 작다는 것이다(어떤 경우에는 그 차이가 상당히 크다). 음이온을 형성하기 위해 전자가 추가되면 전자–전자 반발이 더 커지기 때문에 원자가 음이온을 형성할 때 반지름은 커진다. Z_{eff} 값이 작아지는 것도 음이온이 될 때 크기가 커지는 것과 연관이 있다. 양이온의 반지름이 어미 원자의 반지름에 비해 작은 것은 전자를 잃어 전자–전자 간 반발이 줄어든 것뿐만 아니라 일반적으로 양이온의 형성으로 원자가 전자를 잃어 Z_{eff}가 증가했기 때문이다. 전자를 잃게 되면 종종 크기가 훨씬 작은 닫힌 전자 껍질만 남게 된다. 이와 같은 모든 차이점을 고려하면, 주기율표에서 이온 반지름의 변화는 원자의 변화가 반영된 것이다.

원자 반지름이 약간 변하는 것이 별로 중요할 것 같지 않겠지만, 실제로 원자 반지름은 원소의 화학적 성질에서 핵심 역할을 한다. 9장에서 살펴보겠지만, 원자 크기의 작은 변화가 엄청난 결과를 가져올 수 있다.

(b) 이온화 에너지

요점: 제1 이온화 에너지는 주기율표의 왼쪽 아래(세슘 근처)에서 가장 작고, 오른쪽 위(헬륨 근처)에서 가장 크다. 화학종을 순차적으로 이온화시키기 위해서는 더 많은 에너지가 필요하다.

열역학적 계산에서는 **이온화 엔탈피**(ionization enthalpy)를 사용하는 것이 것이 더욱 적절한데, 이는 식 1.8의 과정이 298 K에서 일어날 때의 표준 엔탈피이다. 몰 이온화 엔탈피는 이온화 에너지보다 $\frac{5}{2}RT$ 만큼 더 크다. 이 차이는 $T = 0$(I에 대하여 무조건 사용하는)에서 엔탈피 값이 의미하는 온도인 T=298 K로 바뀌었고, 1 mol의 기체 입자가 2 mol의 기체 이온과 전자로 바뀌었기 때문에 나타난다. 그러나 RT 값이 실온에서 2.5 kJ mol^{-1}(0.026 eV에 해당)밖에 안 되고, 이온화 에너지 값이 10^2~10^3 kJ mol^{-1}(1~10 eV) 정도이기 때문에, 이온화 에너지와 이온화 엔탈피의 차이는 종종 무시할 수 있다.

원자에서 전자를 제거할 때 쉽고 어려운 정도는 기체 상태의 원자에서 전자 1개를 제거하는 데 필요한 최소 에너지인 **이온화 에너지**(**ionization energy**, I)로 측정할 수 있다.

$$A(g) \rightarrow A^+(g) + e^-(g) \qquad I = E(A^+,g) - E(A,g) \tag{1.8}$$

제1 이온화 에너지(**first ionization energy**, I_1)는 중성 원자에서 가장 느슨하게 붙잡혀 있는 전자를 제거하는 데 필요한 에너지이고, **제2 이온화 에너지**(**second ionization energy**, I_2)는 위에서 형성된 양이온에서 가장 느슨하게 붙잡혀 있는 전자를 제거하는 데 필요한 에너지이며, 그다음도 같은 방식으로 정의된다. 이온화 에너지는 흔히 전자볼트(eV) 단위로 나타내지만, 1 eV = 96.485 kJ mol^{-1}을 사용하여 쉽게 kJ mol^{-1} 단위로 바꿀 수 있다. H 원자의 이온화 에너지는 13.6 eV이다. 따라서 H 원자에서 전자를 제거하는 데 필요한 에너지는 13.6 V의 전위차에서 전자를 끌어당길 때의 에너지와 같다. 13.6 eV는 1312.196 kJ mol^{-1}이다.

대부분의 경우, 원소의 제1 이온화 에너지는 바닥 상태 원자의 최고 점유 오비탈(채워진 오비탈 중 에너지가 가장 높은 오비탈)의 에너지에 의해 결정된다. 주기율표에서 제1 이온화 에너지는 체계적으로 변한다(표 1.5, 그림 1.25). 주기율표의 왼쪽 아래(Cs 근처)에서 가장 작고, 오른쪽 위(He 근처)에서 가장 크다. 이와 같은 변화는 같은 부껍질 내에서 전자–전자 간 반발 효과로 인해 생기는 몇 가지 미세한 조정을 포함한 유효 핵전하의 변화 양상을 따른다. 주양자수 n인 껍질에서 전자 1개를 떼어 내는 데 필요한 에너지에 대한 유용한 근사식은 다음과 같다.

$$I \propto \frac{Z_{eff}^2}{n^2}$$

이온화 에너지와 원자 반지름 사이의 연관성 역시 매우 크며, 원자 반지름이 작은 원소의 이온화 에너지가 일반적으로 크다. 작은 원자에서 전자는 핵 가까이에 있고, 강한 Coulomb 인력을 느끼게 되어 제거하기가 어렵기 때문에 이와 같은 연관성이 나타난다. 따라서 같은 족에서 아래로 갈수록 원자 반지름이 증가하기 때문에 이온화 에너지가 감소하며, 같은 주기에서 오른쪽으로 갈수록 원자 반지름이 감소하기 때문에 이온화 에너지가 점차적으로 증가한다.

표 1.5 원소의 제1, 제2, 제3(어떤 경우에는 제4) 이온화 에너지, I(kJ mol^{-1})

H							He
1312							2373
							5259
Li	**Be**	**B**	**C**	**N**	**O**	**F**	**Ne**
513	899	801	1086	1402	1314	1681	2080
7297	1757	2426	2352	2855	3386	3375	3952
11809	14844	3660	4619	4577	5300	6050	6122
		25018					
Na	**Mg**	**Al**	**Si**	**P**	**S**	**Cl**	**Ar**
495	737	577	786	1011	1000	1251	1520
4562	1476	1816	1577	1903	2251	2296	2665
6911	7732	2744	3231	2911	3361	3826	3928
		11574					
K	**Ca**	**Ga**	**Ge**	**As**	**Se**	**Br**	**Kr**
419	589	579	762	947	941	1139	1351
3051	1145	1979	1537	1798	2044	2103	3314
4410	4910	2963	3302	2734	2974	3500	3565
Rb	**Sr**	**In**	**Sn**	**Sb**	**Te**	**I**	**Xe**
403	549	558	708	834	869	1008	1170
2632	1064	1821	1412	1794	1795	1846	2045
3900	4210	2704	2943	2443	2698	3197	3097
Cs	**Ba**	**Tl**	**Pb**	**Bi**	**Po**	**At**	**Rn**
375	502	590	716	704	812	926	1036
2420	965	1971	1450	1610	1800	1600	
3400	3619	2878	3080	2466	2700	2900	

이와 같은 이온화 에너지의 일반적인 경향성에서 벗어나는 몇 가지 사례는 아주 쉽게 설명할 수 있다. 베릴륨보다 붕소의 핵전하가 더 크지만, 베릴륨보다 붕소의 제1 이온화 에너지가 더 작게 관찰되는 것이 한 가지 예이다. 가장 바깥 껍질에 있는 전자는 베릴륨에서는 2s 오비탈을, 붕소에서는 2p 오비탈을 차지하고 있다. 따라서 전자는 2s 오비탈을 차지하는 것보다

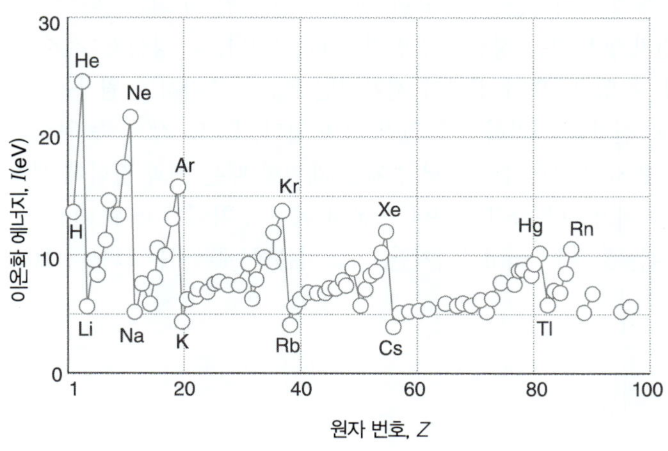

그림 1.25 제1 이온화 에너지의 주기적 변화

2p 오비탈을 차지하는 것이 더 느슨하게 붙잡혀 있기 때문에 경향성에서 벗어나는 것을 쉽게 설명할 수 있다. 결과적으로 I_1 값은 Be에서 B로 갈 때 감소한다. N에서 O로 갈 때 제1 이온화 에너지가 감소하는 것은 약간 다른 이유 때문이다. 두 원자의 전자 배치는 다음과 같다.

N $[He]2s^2 2p_x^1 2p_y^1 2p_z^1$ O $[He]2s^2 2p_x^2 2p_y^1 2p_z^1$

O 원자에는 1개의 2p 오비탈에 2개의 전자가 있는 것을 알 수 있다. 이 전자들은 서로 강하게 반발하고, 이 강한 반발은 증가된 핵전하를 상쇄한다. O 원자에서 전자 한 개를 제거하여 O^+ 이온이 생성될 때 이온화로 제거된 전자는 ↓ 스핀 배향을 갖는 유일한 전자이기 때문에, 교환 에너지의 감소가 일어나지 않는 것도 이와 같은 차이가 생기는 또 다른 원인이다. 더욱이 $2s^2 2p^3$ 전자 배치에서 전자를 이온화시킬 때 교환 에너지가 상당히 손실되기 때문에 질소의 p 오비탈이 반 채워진 껍질은 특별히 안정한 전자 배치이다.

2주기 오른쪽에 있는 F와 Ne를 살펴보면, 마지막 전자는 이미 반 채워진 오비탈에 들어가며, O에서 Ne로 가면서 이온화 에너지는 계속 커진다. 2주기에서 F와 Ne의 이온화 에너지 값이 큰 것은 Z_{eff} 값이 크기 때문이다. Ne에서 Na로 갈 때 I_1 값이 급격히 작아지는데, 이는 가장 바깥에 있는 전자가 주양자수가 큰 다음 껍질을 차지하여 핵으로부터 더 멀리 떨어져 있기 때문이다.

예제 1.9 이온화 에너지 변화에 대한 설명

인에서 황으로 갈 때 제1 이온화 에너지가 감소하는 것을 설명하시오.

답 두 원자의 바닥 상태 전자 배치를 고려해 문제를 풀어 보자.

P $[Ne]3s^2 3p_x^1 3p_y^1 3p_z^1$ S $[Ne]3s^2 3p_x^2 3p_y^1 3p_z^1$

N과 O의 경우와 유사하게, S의 바닥 상태 전자 배치에서는 1개의 3p 오비탈에 2개의 전자가 존재한다. 이 전자들은 아주 가까이에 있어 강하게 반발하고, 이와 같이 반발이 증가되어 P에 비해 큰 S의 핵전하 효과가 상쇄된다.

문제 1.9 (a) 플루오린에서 염소로 갈 때 제1 이온화 에너지가 감소하는 것을 설명하시오. (b) 마그네슘에서 알루미늄으로 갈 때 제1 이온화 에너지가 감소하는 것을 설명하시오.

또 다른 중요한 경향성은 원소를 순차적으로 이온화시키기 위해서는 점점 더 많은 에너지가 필요하다는 것이다(그림 1.26). 따라서 원소 E의 제2 이온화 에너지(양이온 E^+에서 전자 한 개를 제거하는 데 필요한 에너지)는 제1 이온화 에너지보다 크며, 제3 이온화 에너지(양이온 E^{2+}에서 전자 한 개를 제거하는 데 필요한 에너지)는 훨씬 더 크다. 화학종의 양전하가 커지면 제거해야 할 전자가 느끼는 정전기적 인력이 더 커진다. 즉 양성자:전자의 비가 커지는 것으로 이를 설명할 수 있다. 또한 전자가 제거되면 Z_{eff}는 증가하고 원자는 수축한다. 작게 수축된 양이온일수록 전자를 제거하기가 훨씬 더 어렵다. Li 및 같은 족 원소의 제2 이온화 에너지의 경우처럼, 원자의 닫힌 껍질에서 전자를 제거할 때는 핵과 강하게 상호 작용하는 작은 오비탈에서 전자를 제거해야 하기 때문에 이온화 에너지 차이가 매우 커진다. 예를 들어 Li의 제1 이온화 에너지는 513 kJ mol^{-1}이지만, 제2 이온화 에너지는 그보다 10배 이상 큰 7297 kJ mol^{-1}이다.

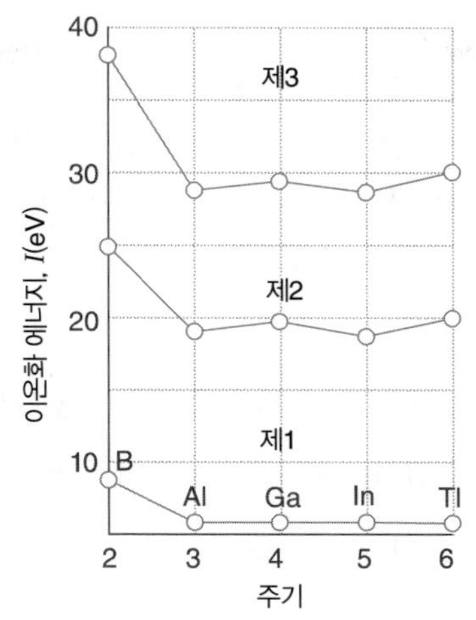

그림 1.26 13족 원소들의 제1, 제2, 제3 이온화 에너지 각 원소의 순차적 이온화 에너지는 증가하지만, 족의 아래로 가면서 이온화 에너지 변화에 대한 분명한 경향성은 없다.

같은 족에서 아래로 갈 때 순차적인 이온화 에너지의 경향성은 간단하지 않다. 13족 원소에 대한 제1, 제2, 제3 이온화 에너지를 그림 1.26에 나타내었다. 예상대로 $I_1 < I_2 < I_3$의 순서를 보이지만 간단하게 설명할 수 있는 경향성을 보이지는 않는다. 이온화 에너지의 작은 차이의 경향성에 대한 논쟁이 있을 때마다 예상되는 결과를 추측하는 것보다 실제 수치값을 찾아보는 것이 언제나 가장 좋은 방법이라는 교훈을 얻게 된다(9.2절).

예제 1.10 순차적 이온화 에너지 값에 대한 설명

아래에 나타낸 붕소의 순차적인 이온화 에너지 값을 설명하시오. 여기에서 $\Delta_{\text{이온화}}H(N)$은 N번째 이온화 엔탈피이다.

N	1	2	3	4	5
$\Delta_{\text{이온화}}H(N)(\text{kJ mol}^{-1})$	801	2426	3660	25018	32834

답 이온화 에너지의 경향성을 고려할 때, 원자의 전자 배치에서 시작하는 것이 현명한 방법이다. 붕소의 전자 배치는 $1s^2 2s^2 2p^1$이다. 제1 이온화 에너지는 2p 오비탈에 있는 전자를 제거하는 것에 해당한다. 이 전자는 핵심부의 1s 오비탈과 채워진 2s 오비탈에 의해 핵전하로부터 가려져 있다. 두 번째 값은 B^+ 양이온에서 2s 전자 한 개를 제거하는 것에 해당한다. 유효 핵전하가 커졌기 때문에 이 전자를 제거하는 것은 좀 더 어렵다. 이 전자를 제거하면 유효 핵전하가 더 커지기 때문에 그 결과 $\Delta_{\text{이온화}}H(3)$이 $\Delta_{\text{이온화}}H(2)$보다 더 크다. $n = 1$인 1s 껍질은 거의 모든 핵전하를 느껴 매우 낮은 에너지 상태에 놓여 있기 때문에 $\Delta_{\text{이온화}}H(3)$과 $\Delta_{\text{이온화}}H(4)$ 사이에서 그 값은 매우 크게 증가한다. 마지막으로 제거되는 전자는 가려지지 않은 핵전하를 느끼게 되어 $\Delta_{\text{이온화}}H(5)$는 매우 크다. 이 값은 유사 수소 이온 B^{4+}에 대해 $Z = 5$일 때의 $hcRZ^2$으로 나타낼 수 있으며, $(13.6\text{ eV})\times 25 = 340\text{ eV}(32.8\text{ MJ mol}^{-1})$에 해당한다.

문제 1.10 아래에 나타낸 어떤 원소의 순차적인 이온화 에너지 I_1~I_5 값을 검토하여 주기율표에서 그 원소가 속하는 족을 추정하고, 그 이유를 설명하시오.

N	1	2	3	4	5
$\Delta_{\text{이온화}}H(N)(\text{kJ mol}^{-1})$	1086	2352	4619	6229	37838

(c) 전자 친화도

요점: 주기율표에서 플루오린 근처에 있는 원소들의 전자 친화도는 크다.

전자 얻음 엔탈피(electron-gain enthalpy, $\Delta_{eg}H^{\ominus}$)는 기체 상태의 원자가 전자 한 개를 얻을 때의 표준 몰 엔탈피 변화이다.

$$A(g) + e^-(g) \rightarrow A^-(g)$$

일부의 사람들이 '전자 친화도'와 '전자 얻음 엔탈피'를 같은 용어로 사용하고 있는 사실에 유의하라. 그런 경우에 전자 친화도가 양의 값을 가질 때, A^-가 A보다 더 높은 에너지를 갖는 것을 나타낸다고 착각할 수 있다.

원자가 전자를 얻는 과정은 발열 과정일 수도 있고, 흡열 과정일 수도 있다. 전자 얻음 엔탈피가 열역학적으로 더 적절한 용어지만, 많은 무기화학 교재에서 이와 밀접하게 연관된 성질인 원소의 **전자 친화도**(**electron affinity**, E_a)라는 용어로 설명하고 있다(표 1.6). 전자 친화도는 T = 0에서 기체 상태의 원자와 기체 상태 음이온 사이의 에너지 차이이다.

$$E_a = E(\mathrm{A,g}) - E(\mathrm{A^-,g}) \tag{1.9}$$

흔히 두 용어를 잘못 혼용하고 있다. 정확한 관계식은 $\Delta_{eg}H^{\ominus} = -E_a - \frac{5}{2}RT$이지만, 기여도 $\frac{5}{2}RT$는 일반적으로 무시한다. 전자 친화도가 양의 값인 것은 이온 A^-가 중성 원자 A보다 에너지가 낮은 것을 나타내고, 전자 친화도가 음의 값인 것은 이온 A^-가 중성 원자 A보다 에너지가 높은 것을 나타낸다. 두 번째 전자를 얻을 때의 제2 전자 친화도는 이미 음으로 하전된 음이온에 두 번째 전자를 추가하는 것을 나타내며, 전자 간 반발이 핵의 인력보다 더 크기 때문에 예외 없이 항상 음의 값이다.

원소의 전자 친화도는 바닥 상태 원자에서 전자가 채워지지 않은 오비탈 중 에너지가 가장 낮은 오비탈인 **최저 비점유 오비탈**(또는 반 채워진 오비탈)의 에너지에 의해 주로 결정된다. 이 오비탈은 원자의 **경계 오비탈**(**frontier orbital**) 2개 중의 하나이며, 다른 하나는 전자가 채워진 오비탈 중 에너지가 가장 높은 오비탈인 **최고 점유 원자 오비탈**이다. 경계 오비탈은 결합이 형성될 때 전자 분포가 많이 변하는 곳이며, 이 교재를 통해 경계 오비탈의 중요성을 점차 알게 될 것이다. 추가되는 전자가 강한 유효 핵전하를 느끼는 껍질에 들어갈 때, 원소는 큰 전자 친화도를 갖는다. 이는 이미 앞에서 설명한 바와 같이, 주기율표에서 오른쪽 위에 있는 원소들의 경우이다. 따라서 플루오린 근처에 있는 원소들(특히 O와 Cl. 비활성 기체는 제외)은 Z_{eff} 값이 크고, 원자가 껍질에 전자를 추가할 수 있기 때문에 큰 전자 친화도를 가질 것으로 예상된다. 질소는 이미 반이 채워진 오비탈에 전자가 들어가면 전자 반발이 매우 강하고, 추가되는 전자의 스핀이 다른 2p 전자들의 스핀과 반대 방향이어서 교환 에너지의 이득이 없기 때문에 전자 친화도가 매우 작다.

표 1.6 주족 원소의 전자 친화도, E_a(kJ mol^{-1})*

H							He
72							−48
Li	**Be**	**B**	**C**	**N**	**O**	**F**	**Ne**
60	≤0	27	122	−8	141 −780	328	−116
Na	**Mg**	**Al**	**Si**	**P**	**S**	**Cl**	**Ar**
53	≤0	43	134	72	200 −492	349	−96
K	**Ca**	**Ga**	**Ge**	**As**	**Se**	**Br**	**Kr**
48	2	29	116	78	195	325	−96
Rb	**Sr**	**In**	**Sn**	**Sb**	**Te**	**I**	**Xe**
47	5	29	116	103	190	295	−77

* 첫 번째 값은 중성 원자 X에서 X^- 이온이 형성되는 것에 대한 값이고, 두 번째 값은 X^- 이온에서 X^{2-} 이온이 형성되는 것에 대한 값이다.

예제 1.11 전자 친화도 변화에 대한 설명

Li에서 Be로 갈 때, 핵전하의 증가에도 불구하고 전자 친화도가 크게 감소하는 이유를 설명하시오.

답 전자 친화도의 경향성을 고려할 때, 이온화 에너지의 경우와 마찬가지로 원자의 전자 배치에서 시작하는 것이 현명한 방법이다. Li와 Be의 전자 배치는 각각 [He]$2s^1$과 [He]$2s^2$이다. 추가되는 전자는 Li의 경우 2s 오비탈에 들어가지만, Be의 경우 2p 오비탈에 들어간다. 따라서 Be에 추가되는 전자는 Li의 경우에 비해 훨씬 느슨하게 결합된다. 실제로 Be에서 핵전하는 아주 잘 가려져 있어서 Be가 전자를 얻는 과정은 흡열 과정이다.

문제 1.11 (a) C에서 N으로 갈 때, 전자 친화도가 감소하는 이유를 설명하시오. (b) 18족 원소의 전자 친화도 값이 모두 음수인 것을 설명하시오.

(d) 전기 음성도

요점: 원소의 원자가 화합물을 형성할 때, 원자가 전자를 끌어당기는 능력을 원소의 전기 음성도라고 한다. 전기 음성도는 일반적으로 주기율표의 같은 주기에서 오른쪽으로 가면서 증가하고, 같은 족에서 아래로 가면서 감소한다.

원소의 **전기 음성도**[**electronegativity**, χ(chi)]는 본래 Linus Pauling에 의해, 분자에서 원소의 원자가 전자를 자기 쪽으로 끌어당기는 능력으로 정의되었다. 전기 음성도의 척도는 항상 고립된 원자가 아닌 분자에 있는 원자를 기반으로 한다. 원자가 전자를 얻으려는 경향이 크면 플루오린 근처에 있는 원소처럼 전기 음성도가 크다고 한다. 전기 음성도는 화학에서 매우 유용한 개념으로 결합 에너지에 대한 설명, 반응이 진행 중인 물질의 반응 유형 및 화학 결합과 분자의 극성 예측 등을 포함한 수많은 응용성을 가지고 있다(2장).

전기 음성도가 화합물을 이루는 원자를 기준으로 정해진 것이기는 하지만, 원자의 크기와 전자 배치의 경향성으로 전기 음성도의 주기적 경향성을 예측할 수 있다. 원자가 작고 거의 닫힌 전자 껍질을 갖고 있으면, 큰 전기 음성도를 가지려는 경향이 있다. 결과적으로 원소의 전기 음성도는 전형적으로 같은 주기에서 오른쪽으로 가면서 증가하고, 같은 족에서 아래로 가면서 감소한다.

전기 음성도를 정량적으로 측정하는 방법은 여러 가지 방식으로 정의되어 왔다. Pauling이 전기 음성도에 대한 본래의 공식(표 1.7에 χ_P로 나타낸 값을 계산한 식)을 만들 때, 결합 형성에 대한 에너지 관계를 다룬 개념으로 만들었는데, 이에 대해서는 2장에서 다룰 것이다.[3] 이 장에서 중점적으로 다룰 정의는 Pauling 이후에 Robert Mulliken이 제안한 정의로, 개별 원자의 성질에 기반을 둔 정의이다. Mulliken은 이온화 에너지(I)가 크고, 전자 친화도(E_a)가 큰 원자가 화합물을 형성할 때 전자를 잃기보다는 얻는다는 것을 관찰하고, 그와 같은 원자를 전기 음성도가 큰 원자로 분류하였다. 반대로, 이온화 에너지와 전자 친화도가 모두 작은 원자는 화합물을 형성할 때 전자를 얻기보다는 주게 될 것이기 때문에 그와 같은 원자를 전기 양성도를 갖는 것으로 분류하였다. 이와 같은 관찰을 기반으로 원소의 이온화 에너지(eV 단위)와 전자 친화도(eV 단위)의 평균값으로 **Mulliken 전기 음성도**(**Mulliken electronegativity**, χ_M)가 정의되었다.

[3] Pauling 전기 음성도 값은 이 교재에서 계속 사용된다.

$$\chi_M = \frac{1}{2}(I + E_a) \tag{1.10}$$

겉으로 보기에 간단한 Mulliken 전기 음성도 정의에 숨겨진 복잡한 내용은 정의에 사용한 이온화 에너지와 전자 친화도가, 원자가 분자를 형성할 때 원자가 갖게 될 것으로 예상되는 전자 배치인 **원자가 상태**(valence state)와 연관되어 있다는 것이다. 따라서 χ_M을 계산하기 위해 사용하는 이온화 에너지와 전자 친화도에는 실제 분광학으로 관찰한 원자의 다양한 상태에 대한 값들이 섞여 있으므로 약간의 계산이 필요하다. 계산까지 할 필요는 없지만 표 1.7에 나타낸 결괏값들을 Pauling 값들과 비교할 수는 있다(그림 1.27). 두 가지의 척도의 값은 유사하고 비슷한 경향성을 나타낸다. 두 척도 사이의 합리적이고 신뢰할 만한 변환식은 다음과 같다.

$$\chi_P = 1.35\chi_M^{1/2} - 1.37 \tag{1.11}$$

비활성 기체를 제외한 F 근처에 있는 원소들은 큰 이온화 에너지와 상당한 전자 친화도를 갖고 있으므로 이 원소들은 가장 큰 Mulliken 전기 음성도를 갖는다. χ_M은 원자의 에너지 준위–특히 최고 점유 오비탈과 최저 비점유 오비탈의 위치–에 따라 달라지기 때문에 원자의 두 경계 오비탈의 에너지가 낮을 때 원소의 전기 음성도는 크다.

표 1.7 Pauling 전기 음성도(χ_P), Mulliken 전기 음성도(χ_M), Allred–Rochow 전기 음성도(χ_{AR})

H							He
2.20							
3.06							3.5
2.20							5.5
Li	Be	B	C	N	O	F	Ne
0.98	1.57	2.04	2.55	3.04	3.44	3.98	
1.28	1.99	1.83	2.67	3.08	3.22	4.43	4.60
0.97	1.47	2.01	2.50	3.07	3.50	4.10	5.10
Na	Mg	Al	Si	P	S	Cl	Ar
0.93	1.31	1.61	1.90	2.19	2.58	3.16	
1.21	1.63	1.37	2.03	2.39	2.65	3.54	3.36
1.01	1.23	1.47	1.74	2.06	2.44	2.83	3.30
K	Ca	Ga	Ge	As	Se	Br	Kr
0.82	1.00	1.81	2.01	2.18	2.55	2.96	3.0
1.03	1.30	1.34	1.95	2.26	2.51	3.24	2.98
0.91	1.04	1.82	2.02	2.20	2.48	2.74	3.10
Rb	Sr	In	Sn	Sb	Te	I	Xe
0.82	0.95	1.78	1.96	2.05	2.10	2.66	2.6
0.99	1.21	1.30	1.83	2.06	2.34	2.88	2.59
0.89	0.99	1.49	1.72	1.82	2.01	2.21	2.40
Cs	Ba	Tl	Pb	Bi			
0.79	0.89	2.04	2.33	2.02			
0.70	0.90	1.80	1.90	1.90			
0.86	0.97	1.44	1.55	1.67			

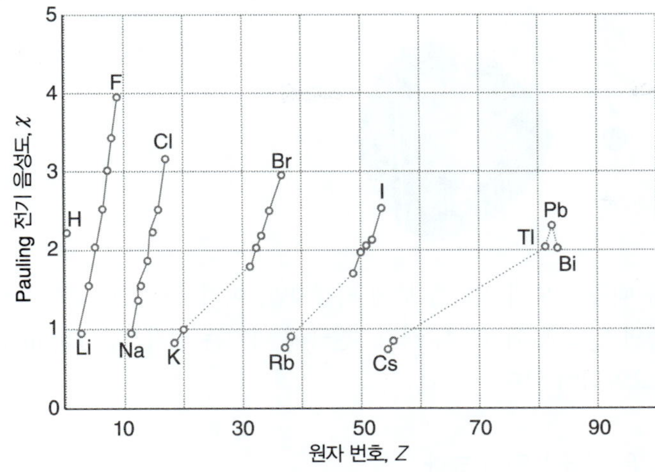

그림 1.27 Pauling 전기 음성도의 주기적 변화

'원자를 기반으로 한' 전기 음성도에 대한 다양한 정의가 제안되었다. A.L. Allred와 E. Rochow에 의해 제안되어 널리 사용되는 척도는, 전기 음성도가 원자의 표면에서 전기장에 의해 결정된다는 관점에 기초하고 있다. 이미 알고 있듯이, 원자에 있는 전자는 유효 핵전하 Z_{eff}를 느끼고 있다. 그와 같은 원자의 표면에서 Coulomb 전위는 Z_{eff}/r에 비례하고, 그 표면에서 전기장은 Z_{eff}/r^2에 비례한다. r이 원자의 공유 반지름일 때, **Allred-Rochow 정의(Allred-Rochow definition)**에 따른 전기 음성도(χ_{AR})는 이 전기장에 비례한다고 가정하였으며, 다음 식과 같이 나타낼 수 있다.

$$\chi_{AR} = 0.744 + \frac{35.90Z_{eff}}{(r/(\mathrm{pm}))^2} \tag{1.12}$$

이 식에 수치로 나타낸 상수 값은 Pauling 전기 음성도와 비슷한 값을 얻기 위해 취한 값이다. Allred–Rochow 정의에 따르면, 전기 음성도가 큰 원소는 유효 핵전하가 크고 공유 반지름이 작은 원소들로, F 근처에 있는 원소들이다. Allred–Rochow 전기 음성도 값은 Pauling 전기 음성도 값과 매우 유사하고, 화합물에서 전자 분포를 논할 때 유용하다.

원자를 기반으로 한 Mulliken 전기 음성도와 Allred–Rochow 전기 음성도의 정의를 이용하여, 안정한 화합물을 쉽게 형성하지 않는 He, Ne, Ar과 같은 비활성 기체의 전기 음성도 값을 계산할 수 있다는 것을 알 수 있다.

(e) 편극도

요점: 편극될 수 있는 원자나 이온은 에너지가 비슷한 경계 오비탈을 갖는 원자나 이온이다. 크고 무거운 원자나 이온은 편극이 잘 되는 경향이 있다.

원자의 **편극도(polarizability, α)**는 이웃하고 있는 이온이 만드는 장과 같은 전기장에 의해 일그러지는 능력이다. 원자나 이온의 전자 분포가 쉽게 일그러질 수 있으면 원자나 이온은 크게 **편극(polarizable)**된다. 편극은 전하 밀도가 작고 유효 핵전하가 작은 큰 음이온에서 잘 일어난다. 이웃하고 있는 원자나 음이온의 전자 분포를 효과적으로 일그러지게 하는 화학종을 **편극 능력(polarizing ability)**이 있다고 한다. 이 화학종들은 일반적으로 크기가 작고, 큰 전하 밀도를 갖는 전하가 큰 양이온이다(그림 1.28).

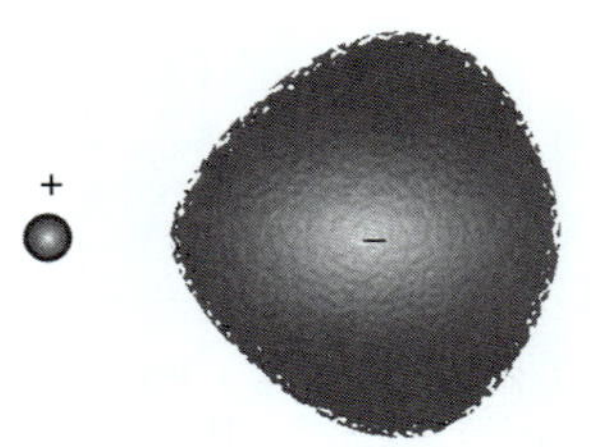

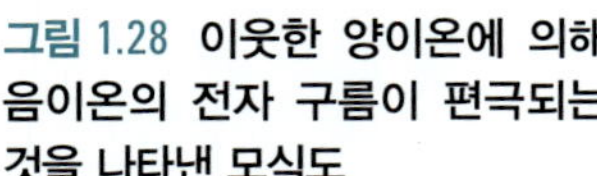

그림 1.28 **이웃한 양이온에 의해 음이온의 전자 구름이 편극되는 것을 나타낸 모식도**

2.2절에서 결합의 특성을 다룰 때 편극도의 결과를 보게 되겠지만, 여기서는 강한 편극으로 인해 공유 결합성이 생긴다는 것만 알고 넘어가도록 하자. 편극에 미치는 인자들은 **Fajan 규칙**(**Fajan's rule**)에 다음과 같이 요약되어 있다.

- 크기가 작고 전하가 큰 양이온은 편극 능력이 크다.
- 크기가 크고 전하가 큰 음이온은 쉽게 편극된다.
- 비활성 기체 전자 배치를 갖지 않는 양이온은 쉽게 편극된다.

마지막 규칙은 d 구역 원소에 대해 특히 중요하다.

예제 1.12 편극이 잘 되는 화학종의 확인

F^- 이온과 I^- 이온 중 편극이 더 잘 되는 것은 어느 것인가?

답 편극이 잘 되는 음이온은 일반적으로 크기가 크고 전하가 크다는 사실을 이용한다. F^- 이온은 크기가 작고 −1의 전하를 갖는다. I^- 이온은 같은 −1의 전하를 갖지만 크기가 크다. 따라서 I^- 이온이 편극이 더 잘 된다.

문제 1.12 (a) Na^+ 이온과 Cs^+ 이온 중 편극이 더 잘 되는 것은 어느 것인가? (b) NaF와 NaI 중 공유 결합성을 나타내는 것은 어느 것인가?

연습 문제

1.1 바닥 상태 전자 배치에서 He^+ 이온과 Be^{3+} 이온의 에너지 비는 얼마인가?

1.2 H의 이온화 에너지는 13.6 eV이다. $n=1$과 $n=6$의 준위 간 에너지 차이는 얼마인가?

1.3 헬륨 방전등에서 나오는 58.4 nm의 복사를 크립톤 시료에 쪼이면, 1.59×10^6 m s^{-1}의 속도를 갖는 전자가 방출된다. 같은 복사를 루비듐 시료에 쪼이면 Rb 원자에서 2.45×10^6 m s^{-1}의 속도를 갖는 전자가 방출된다. 두 원소의 이온화 에너지(eV)는 얼마인가?

1.4 수소 원자 스펙트럼의 가시광선 영역에서 첫 번째 전이의 파수 ($\tilde{\nu} = 1/\lambda$)와 파장을 계산하시오.

1.5 주양자수와 가능한 각운동량 양자수 사이의 관계는 무엇인가?

1.6 다음 표를 완성하시오.

n	*l*	m_l	오비탈 표시	오비탈 수
2			2p	
3	2			
			4s	
4		+3, +2, . . ., −3		

1.7 2s 오비탈과 2p 오비탈의 대략적인 그림을 이용하여 (a) 방사 방향 파동함수와 (b) 방사 방향 분포 함수를 구별하시오.

1.8 4p 오비탈이 갖는 마디수와 마디면의 수를 예상하시오.

1.9 Be를 예로 들어 원자에서 가림 과정을 생각해 보자. 무엇이 가려지는가? 무엇으로부터 가려지는가? 무엇이 가리는가?

1.10 일반적으로 이온화 에너지는 같은 주기에서 왼쪽에서 오른쪽으로 갈수록 증가한다. Cr의 제2 이온화 에너지는 Mn에 비해 큰가, 아니면 작은가? 이유를 설명하시오.

1.11 Sr, Ba, Ra의 제1 이온화 에너지를 비교하시오. 란타넘족 수축과 연관하여 불규칙성을 설명하시오.

1.12 (a) C, (b) F, (c) Ca, (d) Ga^{3+}, (e) Bi, (f) Pb^{2+}의 바닥 상태 전자 배치를 쓰시오.

1.13 (a) W, (b) Rh^{3+}, (c) Eu^{3+}, (d) Eu^{2+}, (e) V^{5+}, (f) Mo^{4+}의 바닥 상태 전자 배치를 쓰시오.

1.14 참고 자료를 보지 말고, 족 번호와 주기 번호를 포함한 주기율표 형태를 그리고, s 구역, p 구역, d 구역을 표시하시오. 가능한 많은 원소를 적어보시오(무기화학을 공부해 가면서 여러분은 모든 s 구역, p 구역, d 구역 원소들의 위치를 배워야 하고 이들의 화학적 성질을 주기율표의 위치와 연관시킬 수 있어야 한다).

1.15 5족의 두 원소 나이오븀(5주기)과 탄탈럼(6주기)의 원자 반지름은 같다. 이 사실을 설명하시오.

1.16 표 1.6과 표 1.7에 있는 자료를 이용하여 전기 음성도 값이 $I + E_a$에 비례한다는 Mulliken의 주장을 검토해 보시오.

분자의 구조와 결합

2

무기화학에서는 구조와 반응을 설명할 때 준정량적인 모형을 자주 사용한다. 이 장에서는 원자가 결합(valence bond)의 개념과 분자 오비탈(molecular orbital) 이론으로 분자 구조의 모형을 개발하는 과정을 공부할 것이다. 더 나아가 분자 모양을 예측하는 방법을 공부할 것이다. 이 장에서는 다양한 화학종의 구조와 반응을 설명하기 위해 교재 전반에 걸쳐 사용하게 될 여러 가지 개념을 소개하고자 한다. 또한 이 장에서는 정량적인 모형, 실험과 계산 사이의 상호 관계의 중요성을 분명하게 보여줄 것이다.

Lewis 구조

1916년에 Lewis는 2개의 이웃한 원자가 전자쌍을 공유함으로써 **공유 결합**(covalent bond)을 형성한다고 제안하였다. 1개의 공유 전자쌍(A:B)으로 이루어진 **단일 결합**(single bond)은 A−B로 나타내고, 2개의 공유 전자쌍(A::B)으로 이루어진 **이중 결합**(double bond)은 A=B로 나타내며, 3개의 공유 전자쌍(A:::B)으로 이루어진 **삼중 결합**(triple bond)은 A≡B로 나타낸다. 원자에서 공유되지 않은 원자가 전자쌍(A:)을 **고립 전자쌍**(lone pair)이라고 한다. 고립 전자쌍은 결합에 직접 참여하지는 않지만, 분자의 모양에 영향을 주고 분자의 성질에 중요한 역할을 한다.

2.1 팔전자 규칙

요점: 원자들은 주변 원자와 전자쌍을 공유하여 8개의 원자가 전자를 갖는다.

Lewis는 **팔전자 규칙**(octet rule)을 제안함으로써 광범위한 분자들의 존재에 대해 설명할 수 있었다.

각 원자는 이웃 원자들과 전자를 공유하여 전체 8개의 원자가 전자('팔전자')를 갖는다.

제1.5절에서 논의한 바와 같이, 원자가 껍질의 s 부껍질과 p 부껍질에 8개의 전자가 채워지면 비활성 기체의 전자 배치를 갖는 닫힌 껍질(closed shell)이 얻어진다. 한 가지 예외가 수소 원자이며, 수소의 원자가 껍질인 1s 오비탈에 2개의 전자가 채워져 '쌍'을 이룬다.

캡션에 [아이콘]이 표시된 **그림**은 쌍방향의 3D 구조로 온라인에서 찾을 수 있다. 브라우저에 다음 URL을 입력하고 관련 그림 번호를 넣어라. www.chemtube3d.com/wellerxe/[장번호]F[그림 번호]. 예를 들어 2장의 그림 7은 **www.chemtube3d.com/wellerxe/2F07**을 입력하면 된다.

팔전자 규칙을 적용하여 분자의 결합 방식과 고립 전자쌍을 보여 주는 **Lewis 구조(Lewis structure)**를 간단하게 그릴 수 있다. 대부분의 경우 다음과 같은 세 단계를 거쳐 Lewis 구조를 그릴 수 있다.

1. 각 원자가 제공하는 모든 원자가 전자수를 더하여 Lewis 구조에 포함될 전자수를 결정한다.

각 원자는 자신의 모든 원자가 전자를 제공한다(따라서 H는 전자 1개를, $[He]2s^22p^4$의 전자 배치를 갖는 O는 전자 6개를 제공한다). 음이온에 대해 음전하 −1당 전자 1개를 추가하고, 양이온에 대해 양전하 +1당 전자 1개를 뺀다.

2. 어떤 원자들이 서로 결합되어 있는지를 보여 주는 배열에 각 원자의 원소 기호를 적는다.

대부분의 경우 그 배열을 알고 있거나 정보를 통해 배열을 추측할 수 있다. CO_2와 SO_4^{2-}에서와 같이 보통 전기 음성도가 작은 원소가 분자의 중심 원자이지만, 잘 알려진 예외(그중에서 H_2O와 NH_3)들이 많이 있다.

3. 서로 결합된 원자 사이에 각각 단일 결합을 형성하는 1개의 전자쌍이 있도록 쌍으로 전자를 배분한 다음, 각 원자가 팔전자를 이룰 때까지 고립 전자쌍이나 다중 결합을 형성하도록 전자쌍을 배분한다.

각 결합 전자쌍(:)은 단일선(−)으로 나타낸다. 다원자 이온의 알짜 전하는 특정한 개별 원자가 갖는 것이 아니라 이온 전체가 갖는 것으로 가정한다.

예제 2.1 Lewis 구조 그리기

BF_4^- 이온의 Lewis 구조를 그리시오.

답 제공된 전체 전자수를 세고, 각 원자 주위에 팔전자를 완성하면서 전자를 공유할 수 있는 방법을 생각해야 한다. 원자들은 3+(4×7)=31개의 원자가 전자를 제공한다. 이온의 전하가 −1이므로 전자 1개를 추가한다. 따라서 32개의 전자를 5개의 원자 주위에 16개의 전자쌍으로 배치할 수 있다. 풀이 중 하나는 구조 (**1**)이다. 음전하는 특정한 개별 원자에 속하는 것이 아니라 이온 전체에 속해 있다.

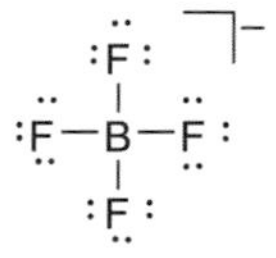

1 BF_4^-

문제 2.1 (a) PCl_3 분자, (b) BF_3 분자의 Lewis 구조를 그리시오.

일반적인 분자와 이온의 Lewis 구조의 예를 표 2.1에 나타내었다. 간단한 경우를 제외하고는 Lewis 구조가 화학종의 모양을 나타내지는 못하고, 결합 방식과 고립 전자쌍만을 나타낸다. 즉 분자에서 원자 사이에 형성된 결합의 개수와 종류는 보여 주지만, 분자의 기하 구조는 보여 주지 못한다. 예를 들어 BF_4^- 이온은 실제로는 평면 구조가 아닌 정사면체 구조(**2**)이고, PF_3는 삼각 피라미드 구조(**3**)이다.

표 2.1 간단한 분자들의 Lewis 구조*

H—H :N≡N: :C≡O:

* 대표적인 공명 구조들만을 나타내었다. 이원자 분자와 삼원자 분자에 대해서만 모양을 나타내었다.

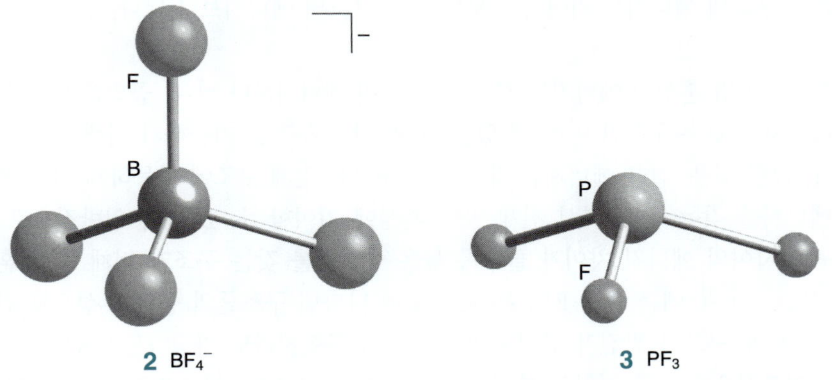

2 BF_4^- **3** PF_3

2.2 공명

요점: Lewis 구조 사이의 공명이 일어나면 분자의 에너지 계산값은 작아지고, 전자의 결합 특성은 분자 전체에 배분된다. 비슷한 에너지를 갖는 Lewis 구조들이 공명 안정화에 가장 크게 기여한다.

분자를 설명하는 데 1개의 Lewis 구조로는 적합하지 않은 경우가 자주 있다. 분자의 모양은 나중에 논의하기로 하고, 오존(O_3, **4**)을 예로 들어 보자. Lewis 구조는 하나의 O–O 결합이 다른 O–O 결합과 서로 다른 것처럼 잘못된 정보를 제공하고 있지만, 실제로 2개의 O–O 결합은 전형적인 O–O 단일 결합(148 pm)과 O–O 이중 결합(121 pm) 사이의 중간 정도의 동일한 결합 길이(128 pm)를 갖는다. **공명(resonance)**의 개념을 도입하여 Lewis 구조의 이와 같은 결함을 극복하였다. 공명에서 분자의 실제 구조는 주어진 원자 배열에 상응하는 가능한 모든 Lewis 구조들의 겹침 구조이거나 평균 구조로 간주된다.

4 O_3

공명은 아래와 같이 양쪽 머리 화살표를 사용하여 표시한다.

공명은 구조들이 평형을 이루며 서로 바뀌는 것이 아니라 구조들의 **혼합**으로 공명을 기술해야 한다. 양자 역학적인 관점에서 각 구조의 전자 분포는 파동함수로 나타내며, 분자의 실제 파동함수(ψ)는 각 기여 구조에 대한 개별 파동함수의 겹침이다.[1]

$$\psi = \psi(\text{O}-\text{O}=\text{O}) + \psi(\text{O}=\text{O}-\text{O})$$

[1] 이 파동함수는 정규화되지 않았다(1.2절). 구조를 명확하게 나타내기 위해 선형 조합에 대한 정규화 상수를 생략하기도 한다. 파동함수 자체는 나중에 설명할 원자가 결합 이론에서 식으로 나타낼 것이다.

2개의 구조가 동등한 에너지를 가지기 때문에 전체 파동함수는 2개의 구조로부터 동일한 기여를 갖는 겹침으로 나타낸다. 2개 이상의 Lewis 구조가 **혼합된** 구조를 **공명 혼성(resonance hybrid)**이라고 한다. 공명은 원자 배열은 같고 전자 배분만이 다른 구조 사이에서 일어난다는 것을 알아야 한다. 원자 배열이 다른 구조 사이에서는 공명이 일어나지 않는다. 예를 들어 SOO 구조와 OSO 구조 사이에는 공명이 없다.

두 가지 중요한 공명의 효과는 다음과 같다.

- 공명은 분자의 결합 특성을 분자 전체로 평균화한다.
- 공명 혼성 구조의 에너지는 기여하는 모든 단일 구조의 에너지보다 낮다.

예를 들어 O_3 공명 혼성의 에너지는 각 개별 구조의 에너지보다 낮다. 공명은 나타낼 수 있는 동일한 에너지를 갖는 구조가 여러 개 있는 O_3와 같은 분자를 기술하기 위해 가장 중요한 역할을 한다. 그런 경우, 같은 에너지를 갖는 모든 구조는 전체 구조에 동등하게 기여한다.

다른 에너지를 갖는 구조 역시 전체 공명 혼성에 기여할 수 있지만, 일반적으로 두 개의 Lewis 구조 사이의 에너지 차이가 클수록 높은 에너지를 갖는 구조가 전체 공명 혼성에 기여하는 정도가 작다. 예를 들어 BF_3 분자는 (**5**)에 나타낸 구조들의 공명 혼성으로 간주할 수 있지만, 첫 번째 구조가 팔전자 규칙을 만족시키지 못할지라도 가장 큰 기여를 한다. 그 결과 BF_3는 **기본적으로** 이중 결합의 특성이 약간 혼합된 구조를 갖는 것으로 여겨진다. 반대로 NO_3^- 이온(**6**)은 뒤에 있는 3개 구조의 기여도가 더 크기 때문에, 상당한 이중 결합 특성을 갖는 이온으로 취급한다.

5 BF_3

6 NO_3^-

2.3 VSEPR 모형

분자 모양이 대칭에 의해 결정되는 경우를 제외하고, 아주 간단한 분자에서조차 결합각의 수치값을 정확하게 예측할 수 있는 간단한 방법은 없다. 하지만 정전기적 반발과 고립 전자쌍의 존재 유무에 대한 몇 가지 간단한 개념을 기반으로 분자 모양을 예측하기 위해 개발된 **원자가 껍질 전자쌍 반발(VSEPR: valence-shell electron pair repulsion)** 모형은 놀라울 정도로 유용하다.

(a) 기본 모양

요점: VSEPR 모형에서 전자 밀도가 높은 영역은 가능한 한 서로 멀리 떨어진 곳에 위치하고, 그 결과로 형성된 구조에 원자들을 각각 위치시키면 분자 모양이 결정된다.

결합 전자쌍, 고립 전자쌍, 또는 다중 결합과 관련되어 전자가 집중된 곳과 같이 전자 밀도가 높은 영역은 그들 사이의 반발을 최소화하기 위해 가능한 한 서로 멀리 떨어진 곳에 위치한다는 것이 VSEPR 모형의 주요 가정이다. 예를 들어 전자 밀도가 높은 영역이 4개인 경우에는 정사면체를 이루는 배열로 놓이게 되고, 5개인 경우에는 삼각 쌍뿔을 이루는 배열로 놓이게 되고, 계속해서 같은 방식으로 전자 밀도 영역 수에 해당하는 배열로 놓이게 된다(표 2.2).

분자 모양은 결합 영역과 고립 전자쌍과 연관된 영역 모두를 포함하는 전자 밀도 영역의 배열로 결정되지만, 분자 모양의 **이름**은 전자 밀도 영역의 배열이 아닌 **원자**들만의 배열에 의해 결정된다(표 2.3). 예를 들어 NH_3 분자는 정사면체 형태로 배열된 4개의 전자쌍을 가지고 있지만, 그중 한 쌍은 고립 전자쌍이므로 분자 자체는 삼각 피라미드로 분류된다. 고립 전자쌍을 갖는 중심 원자가 피라미드의 한 꼭짓점을 차지한다. 마찬가지로 H_2O는 정사면체 형태로 배열된 4개의 전자쌍을 가지고 있지만, 그중 두 쌍은 고립 전자쌍이므로 분자는 굽은형으로 분류된다.

체계적으로 VSEPR 모형을 적용하려면 먼저 분자 또는 이온에 대한 Lewis 구조를 그리고, 중심 원자를 확인한다. 다음으로 중심 원자와 결합하는 원자의 수와 중심 원자에 있는 고립 전자쌍의 수를 센다. 중심 원자와 단일 결합을 이루거나 다중 결합을 이루는 것과 상관없이 각 원자와 각 고립 전자쌍은 높은 전자 밀도 영역 1개로 간주한다. 가장 낮은 에너지를 얻기 위해 높은 전자 밀도 영역들은 가능한 한 멀리 떨어진 곳에 위치해야 하므로 표 2.2를 참조하여 이 영역들에 적합한 기본 모양을 결정할 수 있다. 마지막으로 원자들이 차지하는 위치를 고려하여 표 2.3에서 분자의 모양을 확인한다. 따라서 5개의 단일 결합으로 중심 원자 주변에 5개의 전자 밀도 영역을 갖는 PCl_5 분자는 삼각 쌍뿔(**7**)로 예측되고, 실제 구조도 그렇다.

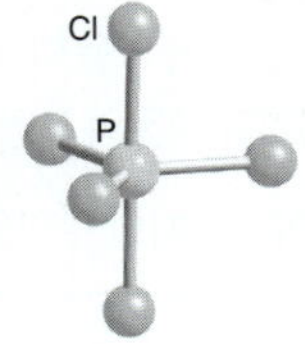

7 PCl_5

표 2.2 VSEPR 모형에 따른 전자 밀도 영역의 기본적인 배열

전자 영역 수	배열
2	선형
3	삼각 평면형
4	정사면체
5	삼각 쌍뿔
6	정팔면체

표 2.3 분자 모양의 설명

모양	예
선형	HCN, CO_2
굽은형	H_2O, O_3, NO_2^-
삼각 평면형	BF_3, SO_3, NO_3^-, CO_3^{2-}
삼각 피라미드	NH_3, SO_3^{2-}
정사면체	CH_4, SO_4^{2-}
사각 평면형	XeF_4
사각 피라미드	$Sb(Ph)_5$
삼각 쌍뿔	$PCl_5(g)$, SOF_4^+
정팔면체	SF_6, PCl_6^-, $IO(OH)_5$*

* 근사적인 모양

예제 2.2 VSEPR 모형을 사용한 분자 모양 예측

(a) BF_3 분자, (b) SO_3^{2-} 이온, (c) PCl_4^+ 이온의 모양을 예측하시오.

답 먼저 각 화학종의 Lewis 구조를 그리고, 결합수와 고립 전자쌍 수를 세고, 결합과 고립 전자쌍이 어떻게 중심 원자 주위에 배열되어 있는지를 생각하는 것으로 시작한다. (a) BF_3의 Lewis 구조를 (**5**)에 나타내었다. 중심 B 원자에 F 원자 3개가 연결되어 있고, 중심 원자에 고립 전자쌍은 없다. 전자 밀도 영역이 3개일 때 기본적인 배열은 평면 삼각형이다. 삼각 평면형 각 꼭짓점에 F 원자가 위치하므로 분자의 모양 역시 삼각 평면형(**8**)이다. (b) SO_3^{2-}에 대한 2개의 Lewis 구조를 (**9**)에 나타내었다. 이 두 구조가 전체 공명 구조에 기여하는 다양한 구조 중에서 대표적인 것이다. 각각의 경우 중심 S 원자에 원자 3개와 고립 전자쌍 1개가 연결되어 있어 4개의 전자 밀도 영역에 해당한다. 전자 밀도 영역이 4개일 때 기본적인 배열은 정사면체이다. 정사면체 꼭짓점 4개 중 3개에 원자가 위치하므로 이 이온의 모양은 삼각 피라미드(**10**)이다. 이 방식으로 추론한 분자의 모양은 고려하는 공명 구조에 관계없이 독자적으로 추론할 수 있다는 것을 알 수 있다. (c) 인은 5개의 원자가 전자를 갖는다. 이 중 4개는 4개의 Cl 원자와 결합하는 데 사용한다. 전자 1개가 제거되어 이온은 +1의 전하를 갖는다. 따라서 P 원자가 제공한 모든 전자는 결합에 사용되고 고립 전자쌍은 없다. 4개 영역은 정사면체 배열에 해당하고, 각 꼭짓점에 Cl 원자를 위치시키면 이온의 모양은 정사면체(**11**)이다.

문제 2.2 (a) H_2S 분자, (b) XeO_4 분자, (c) SOF_4 분자의 모양을 예측하시오.

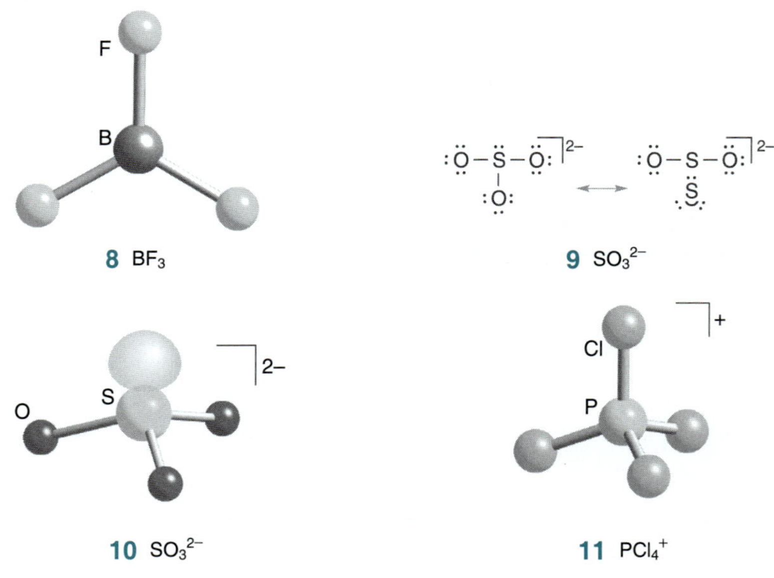

8 BF_3

9 SO_3^{2-}

10 SO_3^{2-}

11 PCl_4^+

VSEPR 모형으로 분자 구조를 예측하는 것은 매우 성공적이지만, 비슷한 에너지를 갖는 기본 모양이 2개 이상일 경우에는 어느 구조가 더 안정한 구조인지를 결정하는 데 어려움을 겪을 수 있다. 예를 들어 중심 원자 주위에 전자 밀도 영역이 5개 있는 경우, 사각 피라미드 배열이 삼각 쌍뿔 배열에 비해 에너지가 아주 약간 높다. 사각 피라미드 배열을 갖는 화합물(**12**)의 예도 다수 존재한다. 마찬가지로 많은 종류의 형태(conformation)들이 비슷한 에너지를 갖기 때문에, 7개의 전자 밀도 영역에 대한 기본 모양을 예측하는 것은 쉽지 않다. 하지만 p 구역 원소의 경우 7배위 구조는 주로 오각 쌍뿔 구조를 이룬다. 예를 들어 IF_7은 오각 쌍뿔이고, 5개의 결합과 2개의 고립 전자쌍을 갖는 XeF_5^-는 오각 쌍뿔에 기반하지만 2개의 고립 전자쌍으로 인해 분자 구조는 오각 평면형이다. 고립 전자쌍이 p 구역의 무거운 원소에 있을 때, 고립 전자쌍의 입체 화학적 영향(분자 구조에 미치는 영향)은 상대적으로 작다. 예를 들어 6개의 결합 전자쌍과 Se와 Te 원자에 각각 1개의 고립 전자쌍을 갖는 SeF_6^{2-} 이온과 $TeCl_6^{2-}$ 이온은 고립 전자쌍이 있어도 정팔면체 구조를 갖는다. 분자의 기하 구조에 영향을 주지 않는 고립 전자쌍을 **입체 화학적 비활성**(stereochemically inert)이라 하는데, 보통 방향성이 없는 s 오비탈에 존재한다.

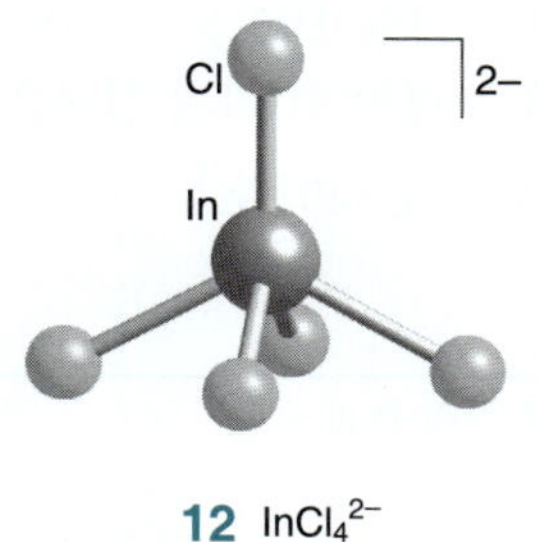

12 $InCl_4^{2-}$

(b) 기본 모양의 변형

요점: 고립 전자쌍이 다른 전자쌍을 밀어내는 것이 결합 전자쌍이 다른 전자쌍을 밀어내는 것보다 강하다.

분자의 기본 모양을 결정한 후 전자의 결합 영역과 고립 전자쌍 사이의 정전기적 반발 차이를 고려한 미세한 조정이 이루어져야 한다. 각 전자쌍 간의 반발 순서는 다음과 같다.

고립 전자쌍/고립 전자쌍 > 고립 전자쌍/결합 영역 > 결합 영역/결합 영역

고립 전자쌍이 결합 전자쌍보다 평균적으로 핵에 더 가까이 있어 다른 전자쌍을 더 강하게 밀어내기 때문에, 고립 전자쌍이 결합 전자쌍보다 더 큰 반발 효과를 갖는 것으로 이 순서를 간단하게 설명할 수 있다. 하지만 반발의 차이에 대한 정확한 이유는 불분명하다. 이와 같은 반발 순서가 구조에 영향을 미치는 추가적인 예를 살펴보자. 삼각 쌍뿔 배열에서 고립 전자쌍은 축 방향이나 적도 방향 중에서 하나를 선택하여 차지 하는데, 결과적으로 삼각 쌍뿔의 고립 전자쌍은 적도 방향 자리를 차지한다. 적도 방향 자리의 고립 전자쌍은 90° 각으로 반발하는 결합 전자쌍이 2개이지만, 축 방향 자리의 고립 전자쌍은 90° 각으로 반발하는 결합 전자쌍이 3개이기 때문에 이와 같은 선호 현상이 일어난다(그림 2.1). 정팔면체 기본 모양에서 1개의 고립 전자쌍은 어느 위치를 차지하거나 동등하지만, 두 번째 고립 전자쌍은 첫 번째 고립 전자쌍에 대해 **트랜스**(반대쪽) 위치를 차지하여 사각 평면형 구조를 갖게 된다.

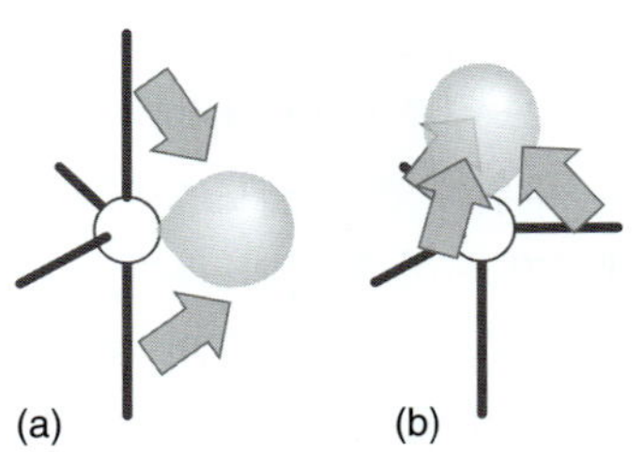

그림 2.1 VSEPR 모형에서 고립 전자쌍이 (a) 삼각 쌍뿔 배열의 적도 위치에서 2개의 결합 전자쌍과 강하게 상호 작용하고 있는 반면, (b) 삼각 쌍뿔 배열의 축 위치에서 3개의 결합 전자쌍과 강하게 상호 작용 하고 있다. 앞의 배열이 일반적으로 에너지가 낮다.

이웃한 2개의 결합 전자쌍과 1개 이상의 고립 전자쌍을 갖는 분자에서의 결합각은 모든 전자쌍이 결합 전자쌍일 때 예상되는 결합각보다 작은 각을 가진다. 고립 전자쌍이 핵에 더 가까이 있고, 결합된 2개의 원자 사이에 퍼져 있는 결합 전자쌍보다 고립 전자쌍이 작다는 것을 고려하면, 이와 같이 결합각이 달라지는 것을 설명할 수 있다. 따라서 NH_3에서 HNH 결합각은 기본 모양인 정사면체 결합각(109.5°)보다 작은 값으로 감소한다. 실제 측정한 HNH 결합각 107°는 이와 같이 감소할 것이라고 추정한 것과 일치한다. 유사하게, H_2O 분자에는 2개의 고립 전자쌍의 반발이 증가하기 때문에 HOH 결합각은 정사면체 결합각보다 작은 값으로 감소한다. 실제 측정한 HOH 결합각 104.5°는 이와 같이 감소할 것으로 추정한 것과 일치하는 결과이다. 하지만 VSEPR 모형의 한 가지 결점은 모형을 사용하여 분자가 갖는 실제 결합각을 정확하게 예측할 수는 없다는 것이다.[2]

[2] 수소화물과 플루오린화물에서도 결합각을 예측하는 데 문제점이 있다. 참고문헌을 참조하라.

예제 2.3 분자 모양에 대한 고립 전자쌍의 효과 설명

SF_4 분자의 모양을 예측하시오.

답 먼저 분자의 Lewis 구조를 그리고, 결합 전자쌍 수와 고립 전자쌍 수를 확인한다. 그다음 분자의 모양을 확인하고, 마지막으로 고립 전자쌍으로 인한 변형을 고려한다. SF_4의 Lewis 구조는 (**13**)에 나타내었다. 중심 S 원자에 4개의 F 원자가 연결되어 있고 1개의 고립 전자쌍이 있다. 5개의 영역에 대해 선택된 기본 모양은 삼각 쌍뿔이다. 1개의 고립 전자쌍이 적도 방향 자리를 차지하면 퍼텐셜 에너지가 최소가 되며, 분자의 모양은 2개의 축 방향 결합이 시소의 '앉는 자리'를 형성하고, 2개의 적도 방향 결합이 시소의 '받침대'를 형성하는 시소 모양을 할 것이다. S−F 결합들은 고립 결합쌍에서 먼 쪽으로 꺾여 있다(**14**).

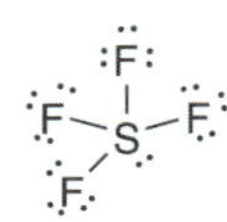

13 SF_4

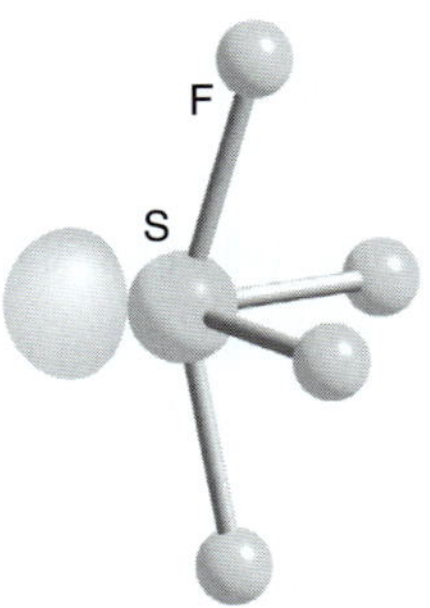

14 SF_4

문제 2.3 (a) XeF_2 분자, (b) ICl_2^+ 분자 이온의 모양을 예측하시오.

원자가 결합 이론

원자가 결합 이론(valence-bond theory, VB theory)은 화학 결합에 양자 역학 이론을 가장 먼저 적용시킨 이론이다. 원자가 결합 이론은 분리되어 있던 원자들이 서로 가까이 다가가 분자를 형성할 때, 각 원자에 존재하는 원자 오비탈간의 상호 작용을 고려한다. 원자가 결합 이론과 관련된 계산 기법은 대부분 분자 오비탈 이론에 의해 대체되었지만, 원자가 결합 이론에서 사용한 많은 용어와 일부 개념은 여전히 남아 화학 전반에 걸쳐 사용된다.

2.4 수소 분자

요점: 원자가 결합 이론에서는 분리된 분자의 조각들에 대한 파동함수를 겹쳐 전자쌍의 파동함수를 형성한다. 분자의 퍼텐셜 에너지 곡선은 결합을 형성하는 두 원자의 핵 사이의 거리에 따른 분자의 에너지 변화를 나타낸다.

1장에서 살펴본 바와 같이, 파동 역학과 파동함수의 개념은 입자-파동 이중성과 Heisenberg 불확정성 원리의 결과로 생긴 것이다. 멀리 떨어져 분리되어 있는 2개의 수소 원자 H_A와 H_B에 대한 2전자 파동함수 $\psi = \chi_A(1)\chi_B(2)$이다. 이때 χ_A와 χ_B는 각각 원자 A와 B에 있는 H1s 오비탈이고, 전자 1은 원자 H_A에, 전자 2는 원자 H_B에 있는 전자이다.[3] 두 원자가 서로 가까워짐에 따라 원자 A에 있는 전자가 전자 1인지, 아니면 전자 2인지 구별하는 것은 불가능하다. 그러므로 전자 2가 H_A에 있고, 전자 1이 HB에 있는 $\psi = \chi_A(2)\chi_B(1)$로 설명하는 것도 똑같이 타당하다. 두 결과가 똑같은 확률을 가질 때, 양자 역학에서는 각 확률에 대한 파동함수의 겹침으로 계의 실제 상태를 기술하도록 하기 때문에, 1개의 파동함수만을 사용하는 것보다 두 가지 확률의 선형 결합을 하는 것이 분자에 대해 더 정확하게 설명할 수 있다.

$$\psi = \chi_A(1)\chi_B(2) + \chi_A(2)\chi_B(1) \tag{2.1}$$

이 함수는 H-H 결합에 대한 정규화되지 않은 원자가 결합(VB) 파동함수이다. 결합이 형성되는 것은 두 원자핵 사이에서 2개의 전자가 발견될 확률이 높아져 두 원자를 서로 결합시켜 주는 것이라고 볼 수 있다(그림 2.2). 보다 공식적으로 $\chi_A(1)\chi_B(2)$의 항으로 나타낸 파동과 $\chi_A(2)\chi_B(1)$의 항으로 나타낸 파동은 보강 간섭을 하여 핵 사이의 영역에서 파동함수의 진폭이 커지게 된다. Pauli 배타 원리에 기반한 기술적인 이유로 스핀쌍을 이룬 전자들만이 식 2.1에 나타낸 형태의 파동함수로 설명될 수 있기 때문에 쌍을 이룬 전자들만이 VB 이론에서 결합에 기여할 수 있다. 그러므로 VB 파동함수는 기여하는 2개의 원자 오비탈에 있는 전자들의 **스핀 쌍 만들기**(spin pairing)에 의해 형성된다고 할 수 있다. 식 2.1에 있는 파동함수에 의해 기술되는 전자 분포를 **σ 결합**(σ bond)이라고 한다. 그림 2.2에 나타낸 바와 같이, σ 결합은 핵간 축(핵과 핵 사이를 연결하는 선)에 대해 원통형 대칭성을 가지며, 그 안에 있는 전자들은 그 축에 대해 오비탈 각운동량이 0이다.

분자 퍼텐셜 에너지 곡선(molecular potential energy curve)은 핵간 거리에 따른 분자의 에너지 변화를 나타낸 그래프이다. H_2에 대한 분자 퍼텐셜 에너지 곡선(그림 2.3)은 핵간 거리 R을 변화시켜 계산하여 각 거리에서 구한 에너지를 나타낸 것이다. 2개의 H 원자가 서로 결합 길이 이내로 가까워지고, 각 전자가 다른 원자로 움직이는 것이 자유롭게 됨에 따라 에너지는 2개의 분리된 H 원자의 에너지보다 낮아진다. 하지만 이와 같은 상호 작용으로 에너지가 낮아지는 것과는 반대로, 양으로 하전된 두 핵 사이의 Coulomb(정전기적) 반발로 인해 에

[3] χ(chi)는 전기 음성도에 대해서도 자주 사용하지만, 문맥의 전후 관계를 살필 경우 두 가지 경우로 사용하는 것에 대한 혼란은 없을 것이다. χ는 일반적으로 계산 화학에서 원자 오비탈을 나타내는 데 사용한다.

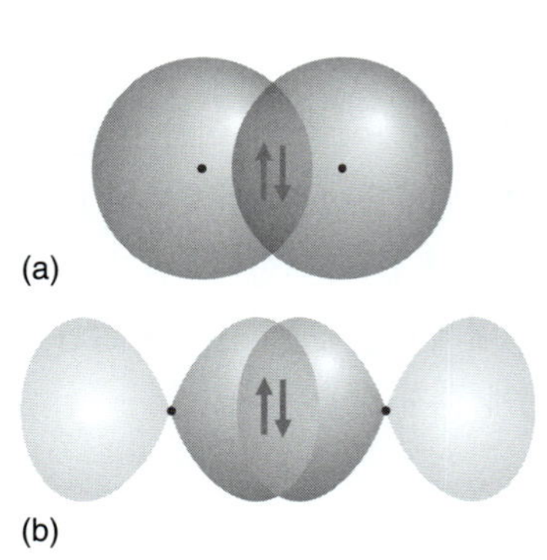

그림 2.2 (a) s 오비탈의 겹침과 (b) p 오비탈의 겹침으로 σ 결합의 형성 σ 결합은 핵간 축 주위로 원통형 대칭성을 갖는다.

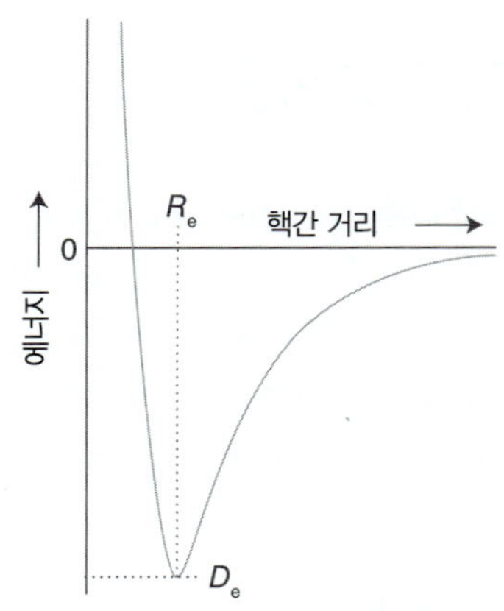

그림 2.3 핵간 거리의 변화에 따른 분자의 전체 에너지 변화를 보여 주는 분자 퍼텐셜 에너지 곡선

너지가 증가한다. 원자들이 서로 가까이 접근하여 R이 작아질수록 전체 에너지에 대한 반발 에너지의 기여도는 증가한다. 그 결과, 전체 퍼텐셜 에너지 곡선이 최솟값을 지나 핵간 거리가 짧은 구간에서 큰 양수 값으로 급격하게 증가한다. 핵간 거리 R_e에서 곡선의 최솟값의 깊이(퍼텐셜 에너지 우물의 깊이)를 D_e로 나타낸다. 결합 곡선의 최솟값의 깊이가 깊을수록 원자들은 서로 더 강하게 결합한다. 퍼텐셜 에너지 우물의 가파른 정도는 결합이 늘어나거나 줄어들 때 분자의 에너지가 얼마나 빠르게 증가하는지를 보여 준다. 곡선의 가파른 정도는 결합의 **강도**(stiffness)를 나타내므로 분자 진동수에 영향을 미친다(8.5절).

2.5 동핵 이원자 분자

요점: 이웃한 원자들 사이에서 대칭성이 같은 원자 오비탈의 전자들은 쌍을 이루어 σ 결합과 π 결합을 형성한다.

좀 더 복잡한 분자에도 유사한 설명을 적용할 수 있으며, 2개 모두 같은 원소에 속하는 원자로 구성된 이원자 분자(예: N_2)인 **동핵 이원자 분자(homonuclear diatomic molecule)**부터 살펴보도록 하자. 원자가 결합 이론으로 N_2 분자에 대해 설명하려면 각 원자의 원자가 전자 배치를 고려해야 한다. 1.5절에서 살펴본 바와 같이, N 원자의 바닥 상태 전자 배치는 $2s^2 2p_z^1 2p_y^1 2p_x^1$이다. 통상적으로 핵간 축을 z축으로 잡기 때문에 두 원자의 $2p_z$ 오비탈은 핵간 축에 놓여 서로를 향하고 있고, $2p_x$ 오비탈과 $2p_y$ 오비탈은 이 축에 수직으로 놓여 있다고 생각할 수 있다. 마주하고 있는 2개의 $2p_z$ 오비탈에 있는 2개의 전자가 스핀쌍을 이루어 σ 결합을 형성한다. 공간 파동함수는 여전히 식 2.1로 나타낼 수 있지만, 이제 여기서 χ_A와 χ_B는 2개의 $2p_z$ 오비탈을 나타낸다. 간단한 방법으로 σ 결합을 확인할 수 있다. 핵간 축을 회전축으로 하여 결합을 가상으로 회전시킬 때, 파동함수가 변하지 않고 그대로 있으면 그 결합을 σ 결합으로 분류한다.

나머지 2p 오비탈들은 핵간 축에 대해 원통형 대칭성을 갖지 못하기 때문에 오비탈들을 겹쳐서 σ 결합을 형성할 수 없다. 대신 이 오비탈들을 겹쳐서 π 결합을 형성할 수 있다. 나란하게 옆면으로 가까워지는 2개의 p 오비탈에 있는 전자들이 스핀쌍을 이루어 π 결합을 형성한다(그림 2.4). 핵간 축을 따라 보았을 때 결합이 p 오비탈의 전자쌍과 비슷하여 π 결합이라고 한다. 보다 정확하게 설명하면 π 결합에 있는 전자는 핵간 축에 대해 1 단위의 오비탈 각운동량을 갖는다. 간단한 방법으로 π 결합을 확인할 수 있다. 핵간 축을 회전축으로 하여 결합을

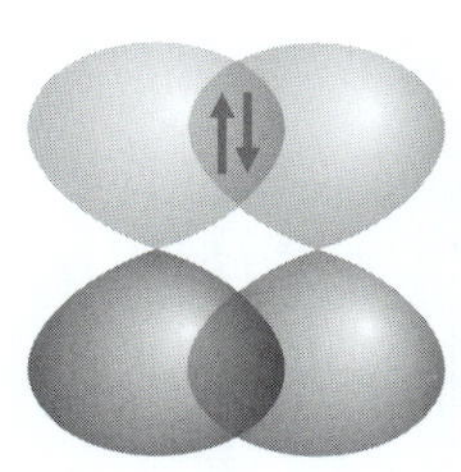

그림 2.4 π **결합의 형성**

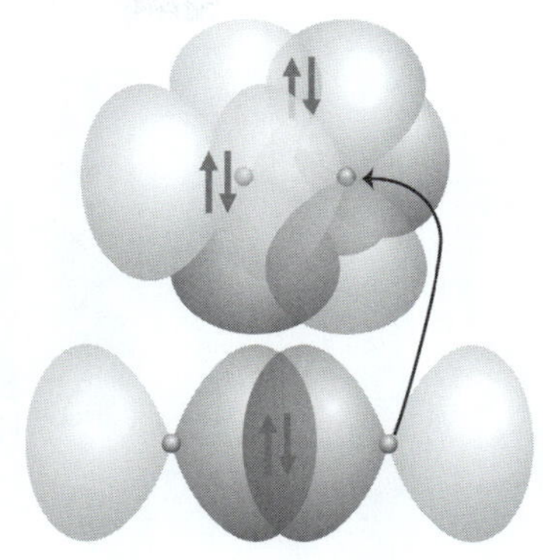

그림 2.5 N_2**의 VB 설명** 전자 2개가 σ 결합을 형성하고, 다른 전자쌍 2개가 π 결합을 형성한다. x축과 y축이 정해지지 않은 선형 분자에서, π 결합의 전자 밀도는 핵간 축에 대해 원통형 대칭성을 가진다.

가상으로 180° 회전시킬 때, 오비탈 로브의 부호(음영으로 나타냄)가 서로 바뀌면 그 결합을 π 결합으로 분류한다.

N_2 분자에는 2개의 π 결합이 있는데, 하나는 이웃한 2개의 $2p_x$ 오비탈이 스핀쌍을 이루어 형성된 것이고, 다른 하나는 이웃한 2개의 $2p_y$ 오비탈이 스핀쌍을 이루어 형성된 것이다. 그러므로 N_2 분자의 전체적인 결합 방식은 1개의 σ 결합과 2개의 π 결합(그림 2.5)이고, 이는 구조 N≡N과 일치한다. 삼중 결합에 있는 전체 전자 밀도를 분석해 보면, 핵간 축에 대해 원통형 대칭성을 갖는데, 중심의 σ 결합 주위에 전자 밀도 고리를 이루는 2개의 π 결합에 4개의 전자를 가지고 있는 것을 볼 수 있다.

2.6 다원자 분자

요점: 다원자 분자에서 각 결합과 관련된 핵간 축에 대해 원통형 대칭성을 갖는 이웃한 원자 오비탈의 전자들이 스핀쌍을 이루어 σ 결합을 형성한다. 적절한 대칭성을 갖는 이웃한 원자 오비탈을 차지하는 전자들이 스핀쌍을 이루어 π 결합을 형성한다.

H_2O의 원자가 결합에 대한 설명으로 다원자 분자에 대한 설명을 시작해 보자. 수소 원자의 원자가 전자 배치는 $1s^1$이며, 산소 원자의 원자가 전자 배치는 $2s^2 2p_z^2 2p_y^1 2p_x^1$이다. O2p 오비탈의 쌍을 이루지 않은 2개의 전자는 각각 H1s 오비탈의 1개의 전자와 각각 쌍을 이루어 2개의 σ 결합을 형성한다(각 O–H 결합은 O–H 핵간 축에 대해 원통형 대칭성을 갖는다). $2p_y$와 $2p_x$는 서로 90°의 각을 이루고 있으므로, 2개의 σ 결합 역시 서로 90°의 각을 이룬다(그림 2.6). 그러므로 H_2O 분자는 굽은형 분자일 것으로 예상되고, 실제로도 그렇다. 하지만 이론적으로 예측되는 결합각은 90°이지만, 실제 결합각은 104.5°이다. 유사하게, 암모니아 분자(NH_3)의 구조도 예측할 수 있다. 앞에 제시된 N 원자의 원자가 전자 배치로부터 3개의 H 원자가 질소의 반 채워진 2p 오비탈 3개에 있는 전자들과 스핀쌍을 이루어 결합을 형성할 것으로 추정할 수 있다. 결합들이 서로 수직이기 때문에 결합각 90°인 삼각 피라미드 분자로 예측된다. NH_3 분자는 실제로 삼각 피라미드가 맞지만, 실험으로 측정된 결합각은 107°이다.

지금까지 설명한 VB 이론의 또 다른 결함은 탄소의 원자가가 4인 것을 설명하지 못한다는 것이다. 즉 PCl_4^+(**11**)와 같이 정사면체 구조를 갖는 메테인(CH_4)에서 탄소가 4개의 결합을 형성하는 것과 같은, 알고 있는 사실을 설명할 수 없다. C의 바닥 상태 전자 배치는

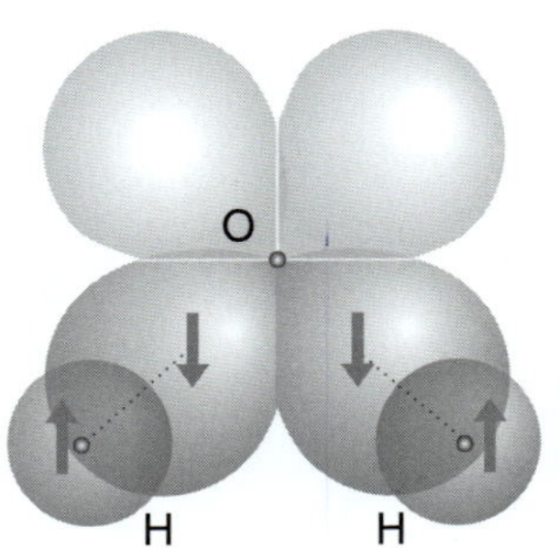

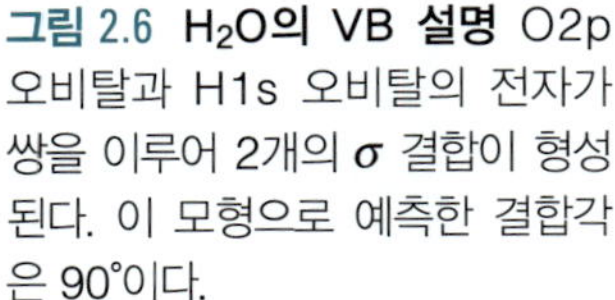
그림 2.6 H_2O의 VB 설명 O2p 오비탈과 H1s 오비탈의 전자가 쌍을 이루어 2개의 σ 결합이 형성된다. 이 모형으로 예측한 결합각은 90°이다.

$2s^2 2p_z^{\ 1} 2p_y^{\ 1}$으로, C 원자는 4개가 아닌 2개의 결합만을 형성할 것으로 예상된다. VB 접근 방법에는 분명히 무언가 빠진 것이 있다.

들뜸(promotion)과 **혼성**(hybridization)이라는 두 가지 새로운 개념을 도입하여, 결합각과 탄소의 원자가를 설명할 수 없었던 두 가지 결함을 극복하였다.

(a) 들뜸

요점: 더 많은 결합과 더 강한 결합이 형성되고, 전체 에너지가 더 낮아지는 결과가 얻어지면 전자의 들뜸이 일어날 수 있다.

들뜸(promotion)은 결합을 형성하는 과정에서 전자가 높은 에너지를 갖는 오비탈로 들뜨는 것이다. 전자가 들뜨기 위해서는 에너지 투입이 필요하지만, 에너지를 투입하여 더 강한 세기의 결합이나 더 많은 수의 결합이 형성되어, 투입된 에너지에 비해 더 많은 에너지가 회수된다면 에너지를 투입할 가치가 있다. 들뜸은 원자가 어떠한 방식으로 들뜨고 결합을 형성하는 '실제' 과정은 아니며, 결합이 형성될 때 일어나는 전체 에너지 변화에 대한 기여이다.

예를 들어 탄소에서 2s 전자 1개가 2p 오비탈로 들떠 분리된 오비탈에 4개의 홀전자를 갖는 $2s^1 2p_z^{\ 1} 2p_y^{\ 1} 2p_x^{\ 1}$의 전자 배치가 얻어진다고 생각할 수 있다. 이 전자들(4개의 홀전자)은 4개의 다른 원자가 제공하는 오비탈(CH_4 분자일 때 4개의 H1s 오비탈)에 있는 4개의 전자와 쌍을 이루어 4개의 σ 결합을 형성한다. 전자를 들뜨게 하기 위해서는 에너지가 필요하지만, 들뜨지 않은 경우에는 2개의 결합을 형성하지만 들뜬 원자는 4개의 결합을 형성하기 때문에 더 많은 에너지가 회수된다. 들뜸 에너지는 매우 작기 때문에, 들뜸과 4개 결합의 형성은 탄소와 탄소의 동족인 14족 원소의 특징적인 성질(14장)이다. 들뜬 전자는 전자 2개가 채워진 *n*s 오비탈에서 비어 있는 *n*p 오비탈로 이동하여, 바닥 상태 전자의 전자–전자 반발을 상당히 완화시킨다. 같은 족에서 아래로 내려갈수록 이러한 전자 들뜸은 에너지 관점에서 불리하여 주석과 납의 경우에는 2가 화합물이 대부분이다(9.5절).

(b) 초원자가

요점: 초원자가와 확장된 팔전자는 2주기 이후 원소에서 나타난다.

Li부터 Ne까지의 2주기 원소는 팔전자 규칙을 매우 잘 따르지만, 2주기 이후의 원소는 팔전자 규칙에서 벗어난 경우를 보인다. 예를 들어 PCl_5에서 각 P–Cl 결합당 한 개의 전자쌍이 필요하므로 P 원자는 원자가 껍질에 10개의 전자를 가져야 한다(**15**). 유사하게, SF_6에서 각 F 원자가 중심 S 원자와 한 개의 전자쌍으로 결합되어 있으므로, S 원자는 12개의 원자가 전자를 가져야 한다(**16**). 이런 종류의 화학종은 Lewis 구조의 관점에서 적어도 1개 이상의 원자 주위에 8개보다 많은 전자를 갖게 되는데, 이런 경우를 **초원자가(hypervalent)**라고 한다.

15 PCl_5 **16** SF_6

낮은 에너지의 채워지지 않은 d 오비탈을 확장하여 d 오비탈이 추가적인 전자를 받아들일 수 있는 것이 초원자가에 대한 한 가지 설명이다. 이 설명에 따라 P 원자는 비어 있는 3d 오비탈을 이용하여 8개보다 많은 전자를 받아들일 수 있다. 5개의 결합 전자쌍을 갖는 PCl_5에서는 원자가 껍질의 3s와 3p의 4개 오비탈에 추가하여 최소한 1개의 3d 오비탈을 사용해야 한다. 2주기에서 초원자가가 거의 없는 이유는 2d 오비탈이 없기 때문이다. 하지만 2주기에서 초원자가 거의 없는 실제적인 이유는 크기가 작은 중심 원자 주위에 4개보다 많은 원자를 쌓는 것이 기하학적으로 어렵기 때문으로 보인다. 사실상 d 오비탈의 이용 가능성과는 크게 연관된 것 같지 않다. 이 장의 뒷부분에서 논의되는 결합에 대한 분자 오비탈 이론은 d 오비탈의 참여 없이 형성되는 초원자가 화합물의 결합을 설명하고 있다.

(c) 혼성화

요점: 같은 원자에 있는 원자 오비탈들이 서로 간섭할 때 혼성 오비탈이 형성된다. 특정한 혼성화의 구성 요소는 분자에서 각 중심 원자 주위의 기하 구조에 따라 달라진다.

전자의 들뜸을 도입하여 탄소가 4개의 결합을 형성하는 것은 해결하였지만, 14족 AB_4 분자의 결합에 대한 설명이 아직 완료된 것은 아니다. 모든 실험적인 증거(결합 길이, 결합 세기)가 CH_4에서처럼 4개의 A–B 결합이 모두 동등하다는 것을 제시하고 있지만, 이를 설명할 수 없다. 왜냐하면 4개의 σ 결합 중 3개는 각각 χ_B 오비탈과 3개의 χ_{A2p} 오비탈의 겹침으로 형성된 것으로 보이고, 나머지 1개는 χ_B 오비탈과 χ_{A2s} 오비탈의 겹침으로 형성된 것으로 보여 마치 두 종류의 σ 결합이 있는 것처럼 보이기 때문이다.

들뜬 원자에서 전자 밀도 분포는 각 전자가 A2s 오비탈과 A2p 오비탈 사이의 간섭 또는 '혼합'으로 형성된 **혼성 오비탈(hybrid orbital)**을 차지할 때의 전자 밀도와 같다는 것을 인식하여 이 문제를 극복하였다. 혼성화의 개념은 핵을 중심으로 하는 파동인 4개의 원자 오비탈을 마치 호수면의 한 점에서 퍼져 나오는 잔물결처럼 생각하면 이해할 수 있다. 파동들은 서로 다른 영역에서 보강 간섭과 상쇄 간섭을 일으켜 4개의 새로운 모양을 만든다.

4개의 동등한 혼성 오비탈을 만드는 특정한 선형 결합은 아래와 같다.

$$\begin{aligned} h_1 &= s + p_x + p_y + p_z \qquad & h_2 &= s - p_x - p_y + p_z \\ h_3 &= s - p_x + p_y - p_z \qquad & h_4 &= s + p_x - p_y - p_z \end{aligned} \tag{2.2}$$

성분 오비탈 사이의 간섭 결과, 각 혼성 오비탈은 정사면체의 각 꼭짓점 방향을 향하는 큰 로브와 반대 방향을 향하는 작은 로브로 구성된다(그림 2.7). 혼성 오비탈의 축 사이의 각은 정사면체의 결합각인 109.47°이다. 각 혼성 오비탈은 1개의 s 오비탈과 3개의 p 오비탈로 이루어져 **sp^3 혼성 오비탈(sp^3 hybrid orbital)**이라고 한다.

이제 CH_4 분자에 대한 VB 설명은 4개의 동등한 C–H 결합을 갖는 정사면체 모양과 일치하는 것을 쉽게 알 수 있다. 들뜬 탄소의 각 혼성 오비탈은 1개의 홀전자를 가지며, χ_{H1s}에 있는 1개의 전자는 C의 각 홀전자와 쌍을 이루어 정사면체의 각 꼭짓점 방향을 향하는 σ 결합을 이룬다. 각 sp^3 혼성 오비탈은 같은 구성 요소를 갖기 때문에 4개의 σ 결합은 공간적 배향을 제외하고는 동일하다.

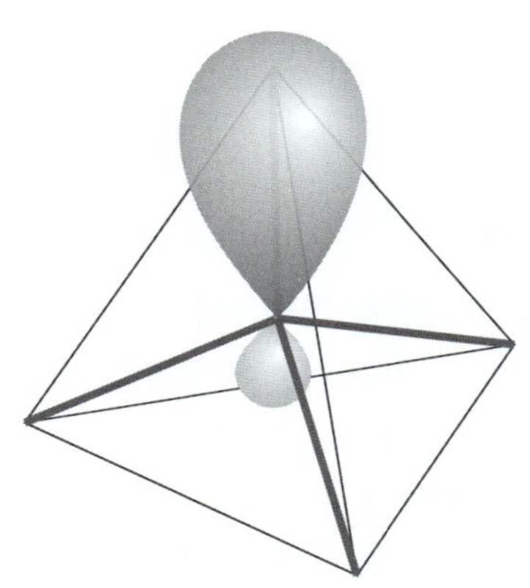

그림 2.7 4개의 동등한 sp^3 혼성 오비탈 중 하나 각 오비탈은 정사면체의 각기 다른 꼭짓점을 향하고 있다.

혼성화의 또 다른 특징은 혼성 오비탈이 뚜렷한 방향 특성을 갖는다는 것이며, 이는 핵간 영역에 파동함수의 진폭이 증가하는 것을 의미한다. 이와 같은 방향 특성은 s 오비탈과 p 오비탈의 양의 로브 사이의 보강 간섭으로 인한 것이다. 결과적으로 핵간 영역에서 파동함수의 진폭이 증가하게 되어 혼성 오비탈과의 결합이 s 오비탈이나 p 오비탈 단독으로 결합한 것보다 결합 세기가 더 강하게 된다. 이와 같이 강화된 결합 세기는 들뜸 에너지를 보상하는 데 도움을 주는 또 다른 인자이다.

다른 모양의 분자 기하 구조에 대해서는 구조에 맞게 다른 구성 요소로 이루어진 혼성 오비탈을 사용하여 그 구조에 대한 VB 설명의 기초를 제공한다. 예를 들어 1개의 s 오비탈과 2개의 p 오비탈로 얻어지는 sp^2 혼성화를 사용하여, BF_3에서 B, NO_3^-에서 N과 같이 삼각 평면형 화학종에 대해 필요한 전자 분포를 만들고, 1개의 s 오비탈과 1개의 p 오비탈로 얻어지는 sp 혼성화를 사용하여 선형 분포를 만든다. 다양한 전자 분포를 갖는 기하 구조에 맞는 혼성화를 표 2.4에 나타내었다. d 오비탈을 포함하는 혼성화 구성 요소를 함께 표에 나타내어 3.11b절에서 논의할 초원자가를 설명할 수 있도록 하였다.

표 2.4 몇 가지 혼성화 구성 요소

배위수	배열	구성 요소
2	선형	sp, pd, sd
	굽은형	sd
3	삼각 평면형	sp^2, p^2d
	비대칭 삼각 평면형	spd
	삼각 피라미드	pd^2
4	정사면체	sp^3, sd^3
	일그러진 사면체	spd^2, p^3d, pd^3
	사각 평면형	p^2d^2, sp^2d
5	삼각 쌍뿔	sp^3d, spd^3
	사각 피라미드	sp^2d^2, sd^4, pd^4, p^3d^2
	오각 평면형	p^2d^3
6	정팔면체	sp^3d^2
	삼각 프리즘	spd^4, pd^5
	삼각 안티프리즘	p^3d^3

분자 오비탈 이론

VB 이론으로 간단한 분자에서의 결합을 합리적으로 설명하는 것을 살펴보았다. 하지만 VB 이론으로 다원자 분자의 결합을 매우 적절하게 설명하지는 못한다. **분자 오비탈(MO: molecular-orbital) 이론(theory)**은 간단한 분자와 복잡한 분자에 동등하게 성공적으로 적용할 수 있는 좀 더 복잡한 결합 모형이다. MO 이론에서는 원자의 **원자** 오비탈 설명을 매우 자연스럽게 확장하여, 분자에서 전자는 분자의 모든 원자에 퍼져 있고, 그 원자들을 모두 서로 결합시킨다고 분자의 **분자 오비탈(molecular orbital)**을 설명한다. 이 장에서는 계속해서 정성적으로 개념을 다루고자 하며, 무기화학자들이 MO 이론을 사용하여 어떻게 분자의 전자 구조를 논하는지를 설명하고자 한다. 무기 분자와 이온에 대한 대부분의 정성적인 논의와 계산은 현재 MO 이론의 틀 안에서 이루어지고 있다.

2.7 분자 오비탈 이론의 개론

같은 원소의 원자 2개로 이루어진 동핵 이원자 분자 또는 이온에 관하여 살펴보자. 동핵 이원자 화학종을 설명하기 위해 도입한 개념은 두 종류의 서로 다른 원자 사이에 형성된 이핵 이원자 분자나 이온으로 쉽게 확장할 수 있다. 그 개념은 다원자 분자 및 매우 많은 원자나 이온으로 구성된 고체로도 쉽게 확장할 수 있다. 그런데 다원자 분자에 대해서는 연관된 오비탈의 대칭성을 고려하는 것이 중요하다. 그러므로 다원자 분자의 분자 오비탈은 분자 대칭성을 논의한 후 3장에서 다룰 것이다.

(a) 분자 오비탈 이론의 근사법

요점: 분자 오비탈은 원자 오비탈의 선형 결합으로 형성된다. 선형 결합에서는 계수가 큰 원자 오비탈에서 전자가 발견될 확률이 높다. 각 분자 오비탈에는 전자가 2개까지 들어갈 수 있다.

원자의 전자 구조를 설명하기 위해 다음과 같은 **오비탈 근사법(orbital approximation)**을 사용한다. 분자에 있는 전자 N_e개의 파동함수(ψ)는 1전자 파동함수들의 곱, $\psi = \psi(1)\psi(2) \cdots \psi(N_e)$으로 나타낸다. 이 식이 나타내는 의미는 전자 1은 파동함수 $\psi(1)$로 기술하고, 전자 2는 파동함수 $\psi(2)$로 기술하고, 그렇게 전자 N_e까지 계속된다는 뜻이다. 이와 같은 1전자 파동함수들이 MO 이론의 **분자 오비탈**들이다. 원자에서와 같이 1전자 파동함수의 제곱은 분자에서 그 전자에 대한 확률 분포를 나타낸다. 분자 오비탈에서 오비탈의 진폭이 큰 곳에서 전자를 발견하기 쉽고, 오비탈의 마디에서는 전자를 발견할 수 없다.

전자가 한 원자의 핵에 가까이 있을 때, 그 전자의 파동함수는 그 원자의 원자 오비탈과 매우 유사한 것에 주목하여 그다음 근사법을 착안하였다. 예를 들어 분자에서 전자가 H 원자의 핵에 가까이 있을 때, 그 전자의 파동함수는 그 원자(H)의 1s 오비탈과 비슷하다. 그러므로 각 원자가 기여하는 원자 오비탈들을 서로 겹침으로써 분자 오비탈에 대한 합리적인 첫 번째 근사법을 만들 것으로 생각할 수 있다. 이와 같이 기여하는 원자 오비탈로 분자 오비탈의 모형을 만드는 것을 **원자 오비탈의 선형 결합(LCAO: linear combination of atomic orbital)** 근사법이라고 한다. '선형 결합'은 계수에 다양한 가중치를 곱한 후 합하는 것이다. 간단하게 말하여, 기여하는 원자들의 원자 오비탈들을 결합하여 전체 분자에 걸쳐 확장할 수 있는 분자 오비탈을 만드는 것이다.

MO 이론의 가장 기본적인 형태에서는 원자가 껍질의 원자 오비탈만을 사용하여 분자 오비탈을 형성한다. 따라서 H_2 분자의 경우, 각 H 원자에서 1개씩, 2개의 수소 1s 오비탈만을 사용하여 근사적인 H_2 분자 오비탈을 만든다.

$$\psi = c_A\chi_A + c_B\chi_B \tag{2.3}$$

이 경우, **바탕 집합**(**basis set**, 분자 오비탈을 만드는 원자 오비탈 χ)은 2개의 H1s 오비탈로 구성되는데, 1개는 원자 A에 있고, 다른 1개는 원자 B에 있다. 더 복잡한 분자에 대해서도 이 원리를 똑같이 적용한다. 예를 들어 메테인 분자의 바탕 집합은 탄소 원자의 2s 오비탈 1개와 2p 오비탈 3개 및 수소 원자의 1s 오비탈 4개로 구성되어 있다. 선형 결합의 계수 c는 각 원자 오비탈이 분자 오비탈에 기여하는 정도를 나타낸다. c 값이 클수록 분자 오비탈에 대한 원자 오비탈의 기여도가 크다. 식 2.3의 계수를 설명하면, c_A^2은 오비탈 χ_A에서 전자를 발견할 수 있는 확률이고, c_B^2은 오비탈 χ_B에서 전자를 발견할 수 있는 확률이다. 2개의 원자 오비탈 모두 분자 오비탈에 기여한다는 사실은 진폭이 0이 아닌 곳에서 원자 오비탈 사이의 간섭이 이루어지고 있음을 의미하며, 확률 분포는 아래와 같이 주어진다.

$$\psi^2 = c_A^2\chi_A^2 + 2c_Ac_B\chi_A\chi_B + c_B^2\chi_B^2 \tag{2.4}$$

$2c_Ac_B\chi_A\chi_B$ 항은 이와 같은 간섭으로 생기는 확률 밀도에 대한 기여도를 나타낸다.

H_2는 동핵 이원자 분자이기 때문에 전자는 각 원자핵 주위에서 같은 확률로 발견된다. 따라서 가장 낮은 에너지를 갖는 선형 결합에서 각 1s 오비탈의 기여도는 같고($c_A^2 = c_B^2$), $c_A = +c_B$ 또는 $c_A = -c_B$의 가능성이 남아 있다. 따라서 정규화를 무시하면 2개의 분자 오비탈은 다음과 같다.

$$\psi_\pm = \chi_A \pm \chi_B \tag{2.5}$$

LCAO에서 계수의 상대적인 부호는 오비탈의 에너지를 결정하는 데 매우 중요한 역할을 한다. 앞으로 알게 되겠지만, 이 부호에 따라 원자 오비탈들이 같은 영역으로 퍼져 나가서 그 영역에서 전자 밀도의 증가나 감소가 일어나는 곳에서 원자 오비탈들이 보강 간섭을 하는지, 아니면 상쇄 간섭을 하는지가 결정된다.

미리 알아두어야 할 사항이 두 가지 더 있다. 위의 논의로부터 **2개**의 원자 오비탈이 **2개**의 분자 오비탈을 형성한다는 것을 알게 되었다. 당연히 N개의 원자 오비탈 바탕 집합이 N개의 분자 오비탈을 형성한다는 일반적인 사항의 중요성을 알게 될 것이다. 예를 들어 O_2에서 각 O 원자에 있는 4개의 원자가 오비탈을 모두 사용하면, 전체 8개의 원자 오비탈로부터 8개의 분자 오비탈을 형성할 수 있다. 더욱이 원자에서와 마찬가지로 Pauli 배타 원리가 적용되어 각 분자 오비탈은 전자가 2개까지 채워질 수 있다. 한 오비탈에 2개의 전자가 존재하면 그 전자들의 스핀은 반드시 쌍을 이루어야 한다. 따라서 2주기 원자 2개로 형성된 이원자 분자에는 전자로 채울 수 있는 8개의 분자 오비탈이 있고, 모든 분자 오비탈을 채울 때까지 16개의 전자를 받아들일 수 있다. 원자 오비탈에 전자를 채우는 방법과 같은 규칙이 분자 오비탈에 전자를 채우는 방법에도 적용된다(쌓음 원리와 Hund 규칙, 1.5절).

N개의 원자 오비탈로 형성된 분자 오비탈 에너지의 일반적인 양상을 보면, 분자 오비탈 1개는 원래의 원자 오비탈에 비해 낮은 에너지 준위에 위치하고, 다른 분자 오비탈 1개는 원래의 원자 오비탈에 비해 높은 에너지 준위에 위치한다. 나머지 분자 오비탈의 에너지는 이 두 극한 에너지 준위 사이에 분포한다.

(b) 결합성 오비탈과 반결합성 오비탈

요점: 결합성 오비탈은 이웃한 원자 오비탈 사이의 보강 간섭에 의해 형성되고, 반결합성 오비탈은 원자 사이의 마디가 보여 주듯이 상쇄 간섭에 의해 형성된다.

오비탈 ψ_+는 **결합성 오비탈**(bonding orbital)을 나타내는 예이다. 이 오비탈에 전자를 채울 때 분자의 에너지가 분리된 두 원자의 에너지 준위에 비해 낮아지기 때문에 결합성 오비탈이라고 한다. 두 원자 오비탈 사이에 보강 간섭이 일어나 두 핵 사이에 진폭 증가가 일어나는 것으로 ψ_+의 결합 특성을 설명한다(그림 2.8). ψ_+를 차지하는 전자는 핵 사이의 영역에서 발견될 확률이 증가하여 2개의 핵과 강하게 상호 작용할 수 있다. 따라서 한 오비탈이 다른 오비탈이 차지하고 있는 영역으로 퍼져 나가게 하고, 핵 사이의 영역에서 전자를 발견할 수 있는 확률을 증가하게 하는 오비탈 겹침은 결합 세기의 근원이 된다.

오비탈 ψ_-는 **반결합성 오비탈**(antibonding orbital)을 나타내는 예이다. 이 오비탈에 전자를 채울 때 분자의 에너지가 분리된 두 원자의 에너지 준위에 비해 높아지기 때문에 반결합성 오비탈이라고 한다. 이 오비탈에 있는 전자의 에너지가 더 높은 것은 2개의 원자 오비탈 사이의 상쇄 간섭에 의한 것이며, 진폭은 상쇄되어 두 핵 사이에 마디 평면(nodal plane)이 생긴다(그림 2.9). ψ_-를 차지하는 전자는 핵간 영역에서 대부분 배제되고, 전자는 에너지 관점에서 선호되지 않는 위치를 차지해야 한다. 다원자 분자의 분자 오비탈 에너지는 핵 사이의 마디가 많을수록 높은 것이 일반적인 사실이다. 에너지가 증가할수록 핵 사이의 영역에서 전자는 더 완전히 배제된다. 결합성 오비탈의 결합성보다 그와 짝을 이루는 반결합성 오비탈의 반결합성이 약간 더 큰 것에 유의하라(분리된 원자와 비교하여 결합성 오비탈이 안정해지는 정도보다 반결합성 오비탈이 불안정해지는 정도가 약간 더 크다). 반결합성 오비탈에는 핵 사이에 전자가 없어서, 양으로 하전된 2개의 핵은 결합성 오비탈의 상황에 비해 훨씬 더 강하게 서로를 밀어내기 때문에 이러한 비대칭성이 생긴다. 이러한 추가적인 반발이 반결합성 오비탈의 에너지를 증가시킨다. 나중에 알게 되겠지만, 반결합성 오비탈을 차지할 때의 에너지 불균형은 전자가 많은 2p 원소 사이에 형성되는 약한 결합을 설명하는 데 중요한 역할을 한다.

H_2에 있는 2개의 분자 오비탈의 에너지 준위를 그림 2.10에 나타내었다. 이는 **분자 오비탈 에너지 준위 도표**(molecular orbital energy level diagram)의 한 예로, 각 분자 오비탈의 상대적 에너지를 그림으로 나타낸 것이다. 2개의 전자는 에너지가 낮은 분자 오비탈을 차지한다. H_2의 분광학적 흡수 실험에서 11.4 eV(자외선 영역 109 nm)에서 관찰되는 것은 2개의 분자 오비탈 사이의 에너지 차이 때문에 나타나는 것으로, 결합성 오비탈에서 반결합성 오비탈로 전자 1개가 전이할 때 흡수하는 에너지로 설명할 수 있다. H_2의 결합 해리 에너지는

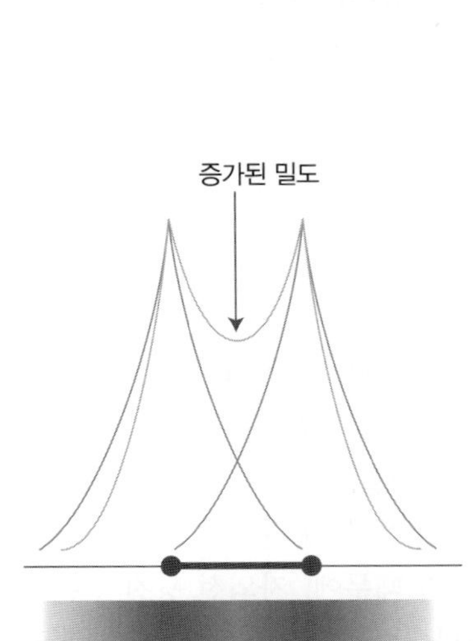

그림 2.8 이웃한 원자들에 있는 원자 오비탈 사이의 보강 간섭으로 인한 핵 사이 영역에서의 전자 밀도의 증가

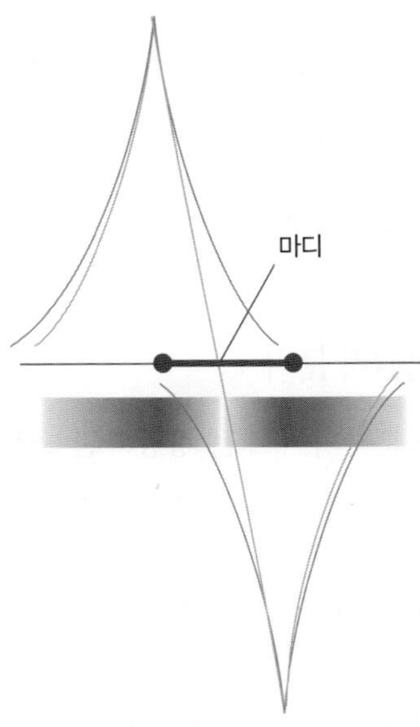

그림 2.9 반대 부호를 갖는 오비탈들의 겹침으로 인한 상쇄 간섭 이와 같은 간섭으로 반결합성 분자 오비탈의 마디 표면이 만들어진다.

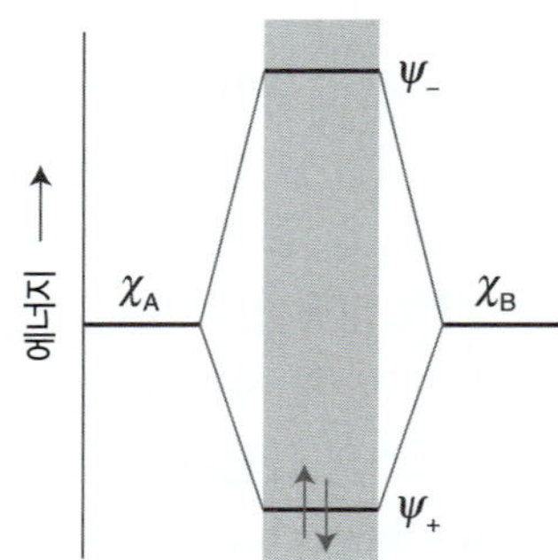

그림 2.10 H_2와 H_2 유사 분자에 대한 분자 오비탈 에너지 준위 도표

4.5 eV(434 kJ mol^{-1})인데, 이를 통해 분리된 수소 원자에 대한 결합성 오비탈의 상대적 위치(에너지)를 알 수 있다.

Pauli 배타 원리에 따르면, 1개의 분자 오비탈에 전자 2개까지 채워질 수 있으며, 채워진 2개의 전자는 쌍(↑↓)을 이루어야 한다. 배타 원리에 따라 VB 이론에서와 같이 MO 이론에서도 결합을 이룰 때 전자들이 쌍을 이루는 것이 매우 중요하다. MO 이론에서 분자의 안정도에 기여하는 1개의 오비탈을 차지할 수 있는 전자의 최대 수는 2이다. 예를 들어 그림 2.10에 나타낸 바와 같이, 2개의 전자가 ψ_+ 오비탈을 차지하고, 2개의 전자 모두 분자의 에너지를 낮추는 데 기여할 수 있기 때문에, H_2 분자는 분리된 원자 2개의 에너지에 비해 낮은 에너지를 갖는다. 결합성 오비탈에 전자가 1개만 있으면 결합이 약할 것으로 예상되지만, 그럼에도 불구하고 H_2^+는 짧은 시간 동안 존재하는 기체상 이온으로 알려져 있다. H_2^+의 결합 해리 에너지는 2.6 eV(250.8 kJ mol^{-1})이다. H_2^-와 같이 3개의 전자가 있는 경우, 세 번째 전자는 반결합성 오비탈 ψ_-를 차지해야 하고, 분자를 불안정하게 만들기 때문에 2개의 전자가 있는 경우에 비해 덜 효과적이다. 4개의 전자가 있는 경우, ψ_-에 있는 두 전자의 반결합성 효과가 ψ_+에 있는 두 전자의 결합성 효과에 비해 크다. 따라서 알짜 결합성은 없다. He_2와 같이 결합 형성에 1s 오비탈만을 사용하는 4전자 분자는 원자로 분해되는 것보다 안정하지 않을 것으로 예상된다(불안정한 분자를 형성하지 못하고, 원자 상태(단원자 분자)로 존재한다).

지금까지는 원자 오비탈의 상호 작용으로, 분리된 원자보다 에너지가 낮아지는 경우(결합성)와 높아지는 경우(반결합성)에 대해 논의하였다. 초기 원자 오비탈과 같은 에너지를 갖는 분자 오비탈을 만드는 것도 가능하다. 이 경우 이 오비탈에 전자가 채워짐으로써 분자를 안정하게 하지도 불안정하게 하지도 않기 때문에 **비결합성 오비탈(nonbonding orbital)**이라고 한다. 전형적으로 비결합성 오비탈은 한 원자에 있는 한 가지 오비탈로만 구성된 분자 오비탈이며, 이는 아마도 인접한 원자에 있는 오비탈과 겹치기 위한 알맞은 대칭성을 갖는 원자 오비탈이 없기 때문에 비결합성을 가진다.

2.8 동핵 이원자 분자

동핵 이원자 분자의 구조는 상용화된 소프트웨어 패키지를 이용하여 쉽게 계산할 수 있지만, 몇몇 관점에서 이와 같은 계산이 맞는지는 실험 자료를 통해 확인해야 한다. 더욱이 실험 정보를 통해 에너지 준위 도표를 그려 종종 분자 구조를 설명할 수 있다. 자외선 광전자 분광법(UPS: ultraviolet photoelectron spectroscopy, 8.9절)을 통해 분자에서 전자가 차지하고 있는 오비탈에서 방출된 전자의 에너지를 측정할 수 있기 때문에, 자외선 광전자 분광법은 전자 구조를 가장 직접적으로 묘사할 수 있는 방법 중 하나이다. 광전자 스펙트럼의 피크는 분자의 각 오비탈에서 방출되는 다양한 광전자의 운동 에너지에 해당되기 때문에, 이 스펙트럼을 통해 분자에 있는 분자 오비탈 에너지 준위에 대한 실제적인 정보를 얻을 수 있다(그림 2.11).

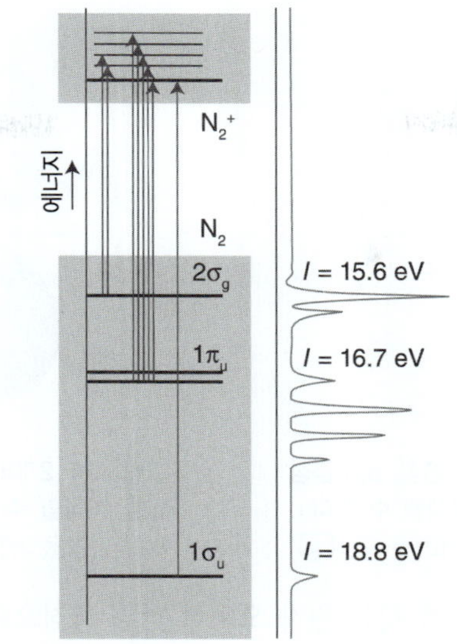

그림 2.11 **N_2의 자외선 광전자 스펙트럼** 스펙트럼에서 미세 구조는 빛에 의해 전자가 방출되어 형성된 양이온의 진동 들뜸에 의한 것이다.

(a) 오비탈

요점: 분자 오비탈은 핵간 축에 대한 회전 대칭성에 따라 σ, π, δ 결합으로 분류하고, 반전 중심을 갖는 점대칭성 화학종에서 반전에 대한 대칭성에 따라 g와 u로 분류한다.

MO 이론이 이원자 분자 연구에 사용되는 광전자 분광법 및 다른 분광학적 기법(주로 흡수 분광법)에 의해 밝혀진 결과를 어떻게 설명하는지를 논의하고자 한다. 핵심부 오비탈보다는 바깥 껍질 원자가 오비탈을 주로 다루고자 한다. H_2에서처럼 분자 오비탈을 만드는 데 사용되는 최소한의 원자 오비탈들의 집합인 **최소 바탕 집합(minimal basis set)**이 이론적인 논의의 출발점이다. 2주기 이원자 분자에서 최소 바탕 집합은 각 원자에 있는 1개의 원자가 s 오비탈과 3개의 원자가 p 오비탈로 구성되며, 전체 8개의 원자 오비탈이다. 이제 8개의 원자가 껍질 원자 오비탈(각 원자에서 4개; 1개의 s, 3개의 p)의 최소 바탕 집합을 사용하여 8개의 분자 오비탈을 형성하는 것에 대해 논의하도록 하자. 그런 후, Pauli 배타 원리를 이용하여 분자의 바닥 상태 전자 배치를 예측할 수 있다.

바탕 집합을 이루는 원자 오비탈의 에너지는 그림 2.12의 분자 오비탈 도표(O_2와 F_2에 적합한 도표)의 좌우 양쪽에 나타나 있다. 핵간 축, 즉 앞에서 언급한 바와 같이 통상 z로 표시

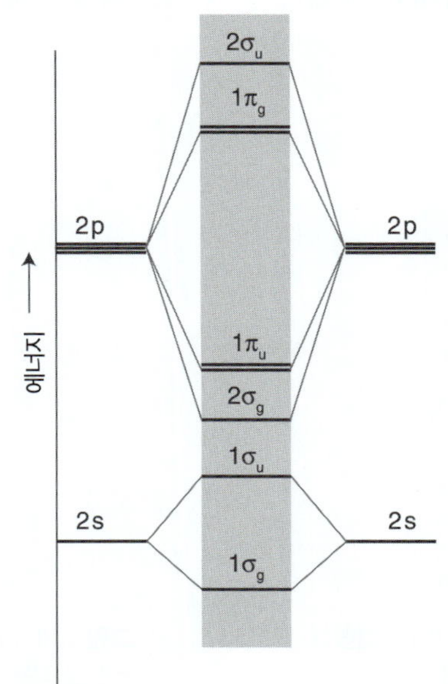

그림 2.12 **2주기 후반부 원소의 동핵 이원자 분자에 대한 분자 오비탈 에너지 준위 도표** 이 도표는 O_2와 F_2에 대해 사용된다.

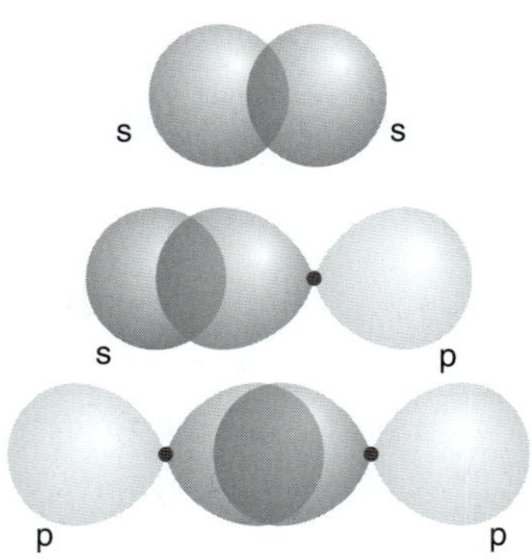

그림 2.13 **σ 오비탈은 s,s 겹침, s,p 겹침, p,p 겹침 등을 포함한 여러 가지 방법으로 형성될 수 있다**(p 오비탈들은 핵간 축을 따라 놓여 있어야 한다).

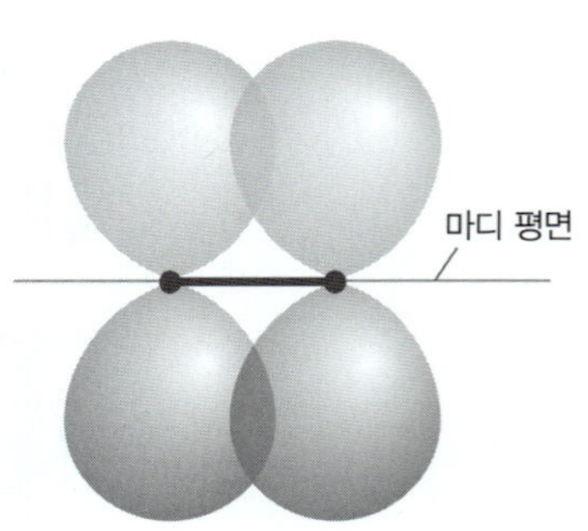

그림 2.14 **2개의 p 오비탈이 겹쳐서 하나의 π 오비탈을 형성할 수 있다.** 오비탈은 핵간 축을 지나는 마디 평면을 가진다. 이 그림은 옆에서 본 것이다.

되는 축에 대해 원통형 대칭성을 갖는 원자 오비탈 간의 겹침으로 **σ 오비탈**(**σ orbital**)이 형성된다. σ 표기법은 오비탈이 원통형 대칭성을 갖는 것을 의미하며, σ 오비탈을 형성할 수 있는 원자 오비탈은 두 원자에 있는 2s 오비탈과 $2p_z$ 오비탈이 해당된다(그림 2.13). 원통형 대칭성을 갖는 이들 4개의 오비탈(원자 A와 B에 있는 각각의 2s 오비탈과 $2p_z$ 오비탈)로부터 4개의 σ 분자 오비탈을 형성할 수 있다. 이 중 2개는 주로 2s 오비탈들의 상호 작용으로 얻어지고, 나머지 2개는 주로 $2p_z$ 오비탈들의 상호 작용으로 얻어진다. 이 분자 오비탈들은 각각 $1\sigma_g$, $1\sigma_u$, $2\sigma_g$, $2\sigma_u$로 표시한다.

각 원자에 남아 있는 z축이 포함된 마디 평면을 갖는 2개의 2p 오비탈이 겹쳐져 **π 오비탈**(**π orbital**)을 형성한다(그림 2.14). 2개의 $2p_x$ 오비탈의 상호 겹침과 2개의 $2p_y$ 오비탈의 상호 겹침에 의해 결합성 π 오비탈과 반결합성 π 오비탈이 형성된다. 이와 같은 형태의 겹침으로 그림 2.12에 $1\pi_u$와 $1\pi_g$로 나타낸 바와 같이, 2쌍의 이중 축퇴된 에너지 준위(같은 에너지를 갖는 2개의 에너지 준위)가 만들어진다.

동핵 이원자 분자를 분자의 중심을 통해 반전시킬 때, 분자 오비탈의 거동과 관련된 분자 오비탈의 대칭성을 나타내는 것은 때때로(특히 분광학적 토의를 할 때) 편리하다. 대칭에서 **반전**(**inversion**) 조작은 분자에 있는 임의의 한 점을 분자 중심의 반대 방향으로 중심에서 같은 거리에 있는 또 다른 점으로 옮겨 놓는 것이다. 그림 2.15와 그림 2.16에 화살표로 이와 같은 과정을 보여 주고 있다. 반전 조작을 한 후 오비탈이 본래의 오비탈과 동등하면 그 오비탈은 g(gerade, 대칭성)로 나타내고, 조작을 한 후 오비탈의 부호가 바뀌면 u(ungerade, 반대

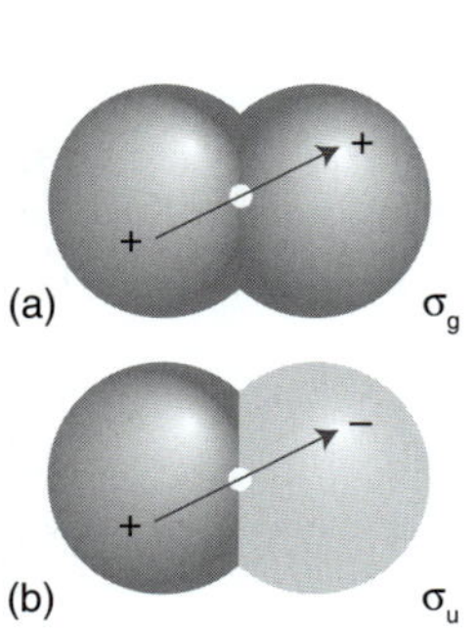

그림 2.15 (a) **결합성 σ 상호 작용,** (b) **반결합성 σ 상호 작용** 화살표는 반전 과정을 나타낸다.

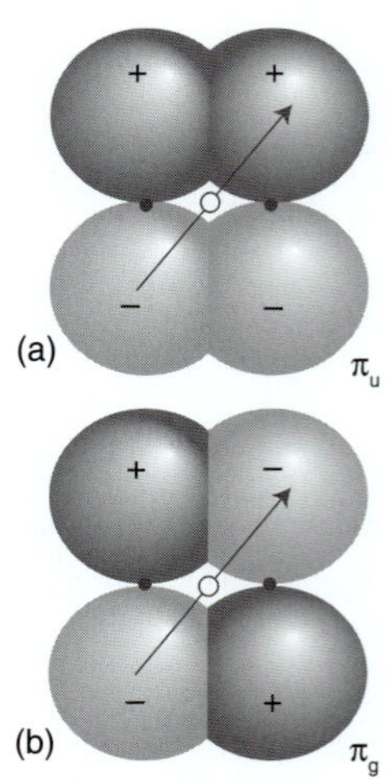

그림 2.16 (a) **결합성 π 상호 작용,** (b) **반결합성 π 상호 작용** 화살표는 반전 과정을 나타낸다.

칭성)로 나타낸다. 따라서 결합성 σ 오비탈은 g, 반결합성 σ 오비탈은 u이다(그림 2.15). 반면에 결합성 π 오비탈은 u, 반결합 π 오비탈은 g이다(그림 2.16). σ 오비탈과 π 오비탈은 따로 번호를 붙이는 것을 알아두라.

위에서 논의된 내용을 요약하면 다음과 같다.

1. 각 전자에 있는 4개의 원자 오비탈 바탕 집합으로 8개의 분자 오비탈을 형성한다.
2. 이들 8개의 분자 오비탈 중 4개는 σ 오비탈이고 4개는 π 오비탈이다.
3. 4개의 σ 오비탈의 에너지는 다양한 범위에 걸쳐 있다. 하나는 강한 결합성 분자 오비탈의 에너지이고, 다른 하나는 강한 반결합성 분자 오비탈의 에너지이며, 나머지 2개의 분자 오비탈의 에너지는 이 두 극한 에너지 사이에 위치한다.
4. 4개의 π 오비탈은 이중 축퇴된 한 쌍의 결합성 오비탈과 이중 축퇴된 한 쌍의 반결합성 오비탈을 형성한다.

에너지 준위의 실제적인 위치를 알기 위해서는 전자 흡수 분광학, 광전자 분광학, 또는 상세한 계산이 필요하다.

광전자 분광학과 상세한 계산(분자에 대한 Schrödinger 방정식의 수치적인 해) 결과를 통해 그림 2.17과 같이 오비탈 에너지 준위를 나타낼 수 있다. 그림에 나타낸 바와 같이, Li_2에서 N_2까지의 오비탈 배열은 그림 2.18에 나타낸 것과 같은 반면, O_2와 F_2에서는 $2\sigma_g$ 오비탈과 $1\pi_u$ 오비탈의 순서가 바뀌었고, 오비탈 배열은 그림 2.12에 나타낸 것과 같다. 이 순서가 바뀐 이유는 2주기에서 왼쪽에서 오른쪽으로 갈수록 2s 오비탈과 2p 오비탈의 에너지 차이가 커지기 때문으로 추론할 수 있다. 양자 역학의 일반적인 원리에 따르면, 파동함수의 에너지가 비슷할 때 파동함수의 혼합이 가장 강하게 일어나며, 파동함수의 에너지 차이가 약 10 eV 이상일 때, 파동함수의 혼합은 중요하지 않다. s 오비탈과 p 오비탈 사이의 에너지 차이가 작을 때, 각각의 σ 분자 오비탈은 각 원자의 s 특성과 p 특성의 혼합이다. Li_2~N_2의 경우 2s 오비탈과 2p 오비탈의 에너지 차이가 작기 때문에 혼합이 일어나고, 그 결과 분자 오비탈은 s 특성과 p 특성을 모두 갖는다. 2주기에서 오른쪽의 O와 F로 가면서 s 오비탈과 p 오비탈의 에

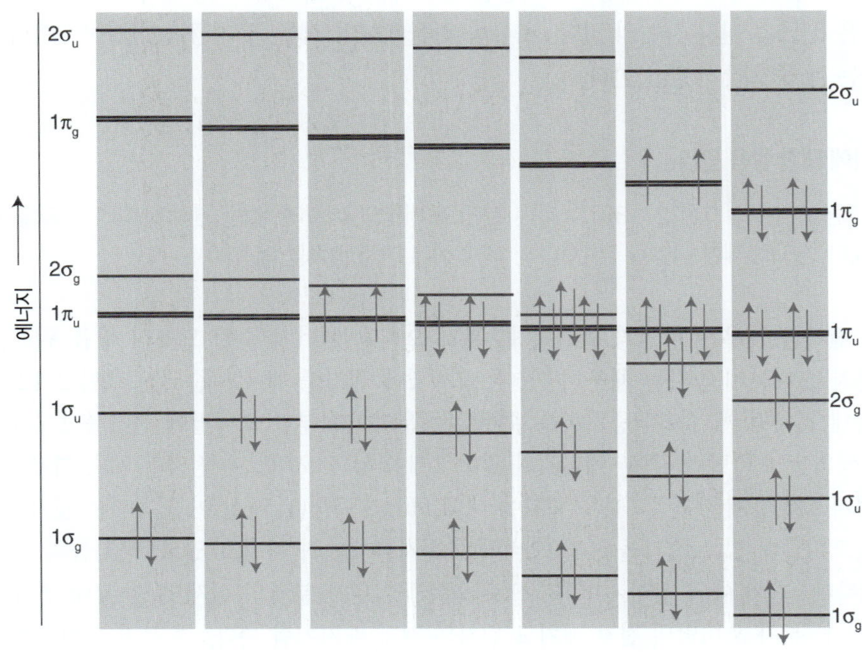

그림 2.17 Li_2에서 F_2에 이르는 2주기 동핵 이원자 분자에 대한 오비탈 에너지의 변화

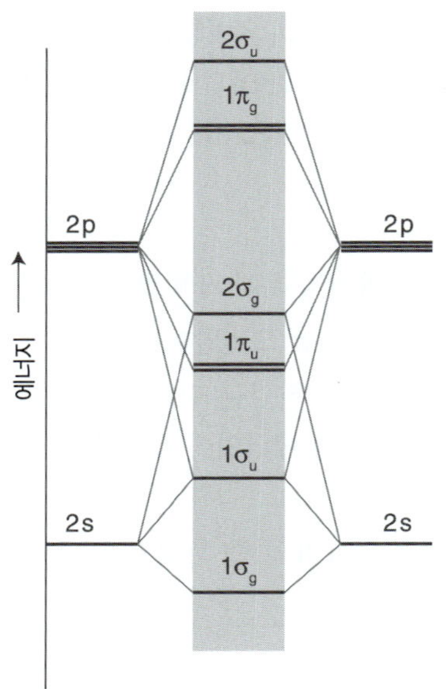

그림 2.18 Li$_2$에서 N$_2$에 이르는 2주기 동핵 이원자 분자에 대한 분자 오비탈 에너지 준위 도표

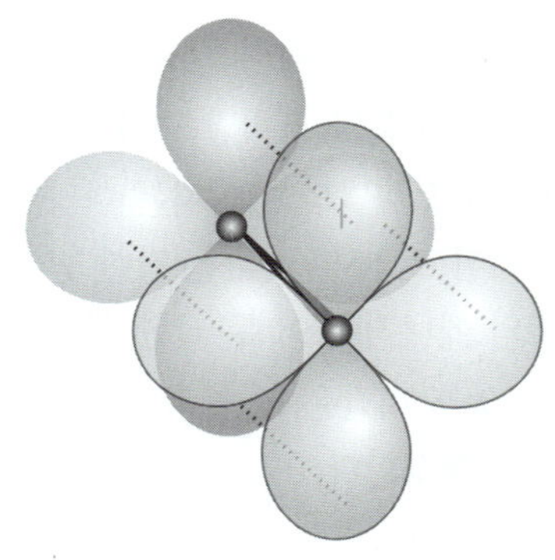

그림 2.19 d 오비탈 겹침에 의한 δ 오비탈의 형성 이 오비탈에는 핵간 축을 따라서 서로 교차하는 2개의 수직 마디 평면이 있다.

너지 차이가 커짐에 따라 s 특성과 p 특성의 혼합은 작아지고, 분자 오비탈은 점점 순수한 s 오비탈이나 순수한 p 오비탈처럼 된다. 그림 2.17에 나타낸 바와 같이, 이것 또한 분자 오비탈의 에너지에 영향을 미친다.

Hg_2^{2+}, $[Cl_4ReReCl_4]^{2-}$와 같이 2개의 이웃하는 d 구역 원자를 포함하는 화학종을 다룰 때, d 오비탈로부터 결합이 형성될 가능성도 있다는 것을 알아야 한다. d_{z^2} 오비탈은 핵간 축(z축)에 대해 원통형 대칭성을 갖기 때문에 s 오비탈과 p_z 오비탈로 형성되는 σ 오비탈에 기여할 수 있다. d_{yz} 오비탈과 d_{xz} 오비탈은 모두 핵간 축을 따라서 보면 p 오비탈과 비슷하며, p_x 오비탈과 p_y 오비탈로 형성되는 π 오비탈에 기여할 수 있다. 새로운 특징은 $d_{x^2-y^2}$과 d_{xy}의 역할인데, 지금까지 설명한 오비탈에는 이들과 상호 작용을 할 수 있는 짝이 없다. 이 두 오비탈은 다른 원자에 있는 알맞은 오비탈과 겹쳐 이중으로 축퇴된 한 쌍의 결합성 **δ 오비탈**(**δ orbital**)과 한 쌍의 반결합성 δ 오비탈을 만든다(그림 2.19). 19장에서 배우게 되겠지만, δ 오비탈은 d 금속 원자 사이의 결합, d 금속 착물에서의 결합, 유기금속 화합물에서의 결합을 논의하는 데 중요한 역할을 한다.

(b) 분자에 대한 쌓음 원리

요점: 그림 2.12와 그림 2.18에 나타낸 분자 오비탈의 배열에 쌓음 원리에 따라 전자를 채우고, Pauli 배타 원리의 제한 사항을 검토한 후, 바닥 상태 전자 배치를 예측한다.

원자에 전자를 채우는 방법과 동일하게, 분자 오비탈 에너지 준위 도표와 쌓음 원리를 이용하여 분자 오비탈에 전자를 채울 수 있다. 오비탈에 전자를 채우는 순서는 그림 2.12와 2.18에 나타낸 것처럼 에너지가 증가하는 순서로 채운다. 각 분자 오비탈에 전자를 2개까지 채운다. 한 쌍의 π 오비탈과 같이, 에너지가 같은 2개 이상의 오비탈에 전자를 채울 경우, 각 오비탈에 먼저 1개씩 채운다. 그 경우 원자에 대해 Hund 규칙(1.5a절)이 적용되는 것과 같이, 반채워진 오비탈에 있는 전자들은 각 오비탈에 전자를 1개씩 가지고 있고, 전자들의 스핀은 평행(↑↑)하다. 거의 예외 없이, 이 규칙으로 2주기 이원자 분자의 실제 바닥 상태 전자 배치를 알 수 있다. 분자 오비탈의 전자 배치도 원자의 전자 배치처럼 쓴다. 즉 분자 오비탈을 에너지가 증가하는 순서로 나열한 후, 각 오비탈에 있는 전자 수를 위 첨자로 나타낸다. π^4는 2개의 다른 π 오비탈이 완전히 채워진 것에 대한 약식 표현이다.

그림 2.17은 이원자 분자 Li_2~F_2에 대해 전자로 채워진 분자 오비탈 에너지 준위를 나타낸다. Li_2 분자는 Li−Li 단일 결합을 가질 것으로 예상되며, 실제로 단일 결합을 갖는 Li_2 분자는 기체상에서 관찰된다. Li_2의 전자 배치는 $1\sigma_g{}^2$이다. Be_2는 결합성 전자의 수와 반결합성 전자의 수가 같기 때문에 불안정한 화학종으로 예측된다. Be_2의 전자 배치는 $1\sigma_g{}^2 1\sigma_u{}^2$이다. B_2 분자는 기체상에서 관찰되며, 분자 오비탈 설명은 이러한 관찰을 뒷받침해 준다. 전자 배치는 $1\sigma_g{}^2\sigma_u{}^2 1\pi_u{}^2$로, 반결합성 오비탈보다 결합성 오비탈에 전자가 더 많다. 분자 오비탈 설명에서 C_2의 전자 배치는 $1\sigma_g{}^2 1\sigma_u{}^2 1\pi_u{}^4$로, 2개의 π 결합을 갖는 C=C 화학종이 존재할 것으로 예측된다. 하지만 실제로 4가 탄소가 훨씬 더 선호되기 때문에 C_2는 매우 보기 드문 경우이다. N_2의 전자 배치는 $1\sigma_g{}^2 1\sigma_u{}^2 1\pi_u{}^4 2\sigma_g{}^2$로 N_2 화학종의 안정성과 일치하고, 1개의 σ 결합과 2개의 π 결합으로 구성된 N≡N 삼중 결합이 예측된다. O_2에 도달하면 s 오비탈과 p 오비탈 사이의 에너지 차이가 커져 분자 오비탈의 상대적인 에너지에 영향을 미치는 것을 볼 수 있다. 따라서 O_2의 전자 배치는 $1\sigma_g{}^2 1\sigma_u{}^2 2\sigma_g{}^2 1\pi_u{}^4 1\pi_g{}^2$이다. 반결합성 전자보다 결합성 전자가 더 많다는 사실로부터 우리가 알고 있는 것과 같이 분자는 안정할 것으로 예측된다. 분자 오비탈 설명으로 $1\pi_g$ 오비탈에 2개의 홀전자가 있는 것도 예측된다. 따라서 O_2는 상자기성으로 예측된다. 실험적으로 관찰된 산소 분자의 상자기성을 설명할 수 있는 것이 원자가 결합 모형에 비해 분자 오비탈 이론으로 이룬 엄청난 성공 중의 하나이다(원자가 결합 이론으로는 이중 결합을 가진 산소 분자의 상자기성을 설명하지 못한다). F_2의 전자 배치는 $1\sigma_g{}^2 1\sigma_u{}^2 2\sigma_g{}^2 1\pi_u{}^4 1\pi_g{}^4$로, 반결합성 전자보다 결합성 전자가 더 많기 때문에 분자는 안정하다는 것을 알 수 있다.

최고 점유 분자 오비탈(HOMO: highest occupied molecular orbital)은 쌓음 원리에 따라 가장 마지막으로 전자가 채워진 분자 오비탈이다. **최저 비점유 분자 오비탈(LUMO: lowest unoccupied molecular orbital)**은 HOMO 다음으로 에너지 준위가 높은, 채워지지 않은 오비탈이다. 그림 2.17에서 F_2의 HOMO는 $1\pi_g$이고 LUMO는 $2\sigma_u$이며, N_2의 HOMO는 $2\sigma_g$이고 LUMO는 $1\pi_g$이다. **경계 오비탈(frontier orbital)**인 LUMO와 HOMO는 구조 연구와 반응 속도 연구를 설명하는 데 특별한 역할을 하는 것을 점점 더 알게 될 것이다. **1 전자 점유 분자 오비탈(singly occupied molecular orbital)**을 나타내는 SOMO라는 용어를 가끔 접하게 되는데, 이것은 라디칼 화학종의 성질을 설명할 때 중요한 역할을 한다.

예제 2.4 이원자 분자의 전자 배치 예측

산소 분자(O_2), 초과산화 이온($O_2{}^-$), 과산화 이온($O_2{}^{2-}$)의 바닥 상태 전자 배치를 예측하시오.

답 원자가 전자수를 결정하고, 쌓음 원리에 따라 전자들을 분자 오비탈에 배치해야 한다. O_2는 12개의 원자가 전자를 갖는다. 먼저 10개 전자는 $1\pi_u$ 오비탈과 $2\sigma_g$ 오비탈의 순서가 바뀌는 것을 제외하고는 N_2의 전자 배치를 형성한다(그림 2.17 참조). 다음으로 이중으로 축퇴된 $1\pi_g$ 오비탈에 전자를 채운다. 마지막 2개의 전자는 2개의 $1\pi_g$ 오비탈에 각각 1개씩 나누어 들어가며, 평행한 스핀을 갖는다. 그러므로 전자 배치는 다음과 같다.

O_2: $1\sigma_g{}^2 1\sigma_u{}^2 2\sigma_g{}^2 1\pi_u{}^4 1\pi_g{}^2$

O_2 분자는 가장 낮은 에너지를 갖는 전자 배치에서 2개의 π 오비탈에 각각 1개씩 2개의 홀전자를 갖기 때문에 흥미롭다. 따라서 O_2는 상자기성(자기장에 끌리는 성질)이다. 다음으로 추가되는 2개의 전자는 $1\pi_g$ 오비탈에 채워지며 전자 배치는 다음과 같다.

$O_2{}^-$: $1\sigma_g{}^2 1\sigma_u{}^2 2\sigma_g{}^2 1\pi_u{}^4 1\pi_g{}^3$

O_2^{2-}: $1\sigma_g^2 1\sigma_u^2 2\sigma_g^2 1\pi_u^4 1\pi_g^4$

오비탈 순서가 그림 2.17에 나타낸 것과 같이 유지될 것이라고 가정하지만, 그렇지 않은 경우도 있다.

문제 2.4 (a) O_2, O_2^-, O_2^{2-}의 홀전자수를 결정하시오. (b) S_2^{2-}와 Cl_2^{2-}의 원자가 전자 배치를 쓰시오.

2.9 이핵 이원자 분자

이핵 이원자 분자의 분자 오비탈이 동핵 이원자 분자의 분자 오비탈과 다른 점은 각 원자 오비탈의 기여도가 같지 않다는 것이다. 다음과 같이 각 분자 오비탈을 나타낼 수 있다.

$$\psi = c_A\chi_A + c_B\chi_B + \cdots \tag{2.6}$$

나타내지 않은 오비탈에는 σ 결합이나 π 결합을 형성하기 위한 정확한 대칭성을 갖는 모든 다른 오비탈들이 포함되지만, 일반적으로 그 오비탈들의 기여도는 우리가 고려하는 2개의 원자가 껍질 오비탈에 비해 작다. 동핵 화학종에 대한 오비탈과 달리, 계수 c_A와 c_B의 크기가 같을 필요는 없다. 만약 $c_A^2 > c_B^2$이면 오비탈은 주로 χ_A로 구성되고, 분자 오비탈을 차지하는 전자는 원자 B보다는 원자 A 주위에서 발견될 확률이 높다. $c_A^2 < c_B^2$이면 오비탈은 주로 χ_B로 구성되고, 분자 오비탈을 차지하는 전자는 원자 A보다는 원자 B 주위에서 발견될 확률이 높다. 이핵 이원자 분자에서 전기 음성도가 큰 원소는 결합성 오비탈에 대한 기여도가 크고, 전기 음성도가 작은 원소는 반결합성 오비탈에 대한 기여도가 크다.

(a) 이핵 분자 오비탈

요점: 이핵 이원자 분자는 극성을 갖는다. 결합성 전자들은 전기 음성도가 큰 원자 주위에서 발견되고, 반결합성 전자들은 전기 음성도가 작은 원자 주위에서 발견된다.

일반적으로 전기 음성도가 큰 원자일수록 결합성 분자 오비탈에 대한 기여도가 더 크다. 결합성 전자들은 전기 음성도가 큰 원자 주위에서 발견되기 쉬우며 에너지 관점에서 유리한 위치에 있게 된다. 극성 공유 결합은 2개의 원자에 의해 불균등하게 공유된 전자쌍으로 형성된 공유 결합이며, 이 극성 공유 결합의 극단적인 경우가 이온 결합이다. 이온 결합에서는 전자쌍을 한 원자가 완전히 자기 쪽으로 가져간다. 일반적으로 전기 음성도가 작은 원자는 반결합성 오비탈(그림 2.20)에 대한 기여도가 더 크다. 즉 반결합성 전자는 전기 음성도가 작은 원자 주위에서 발견되기 쉬우며 에너지 관점에서 불리한 위치에 있게 된다.

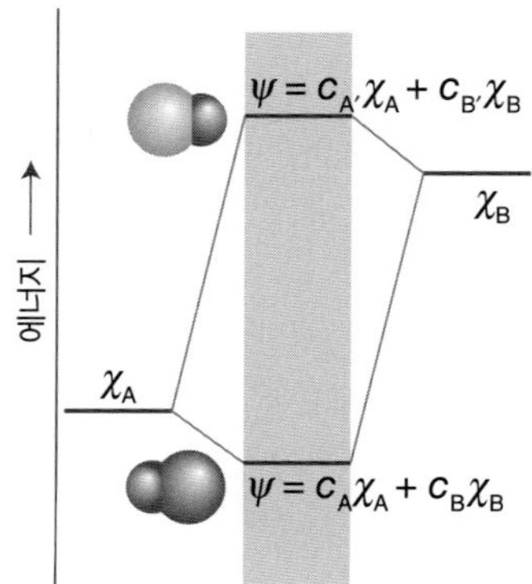

그림 2.20 **서로 다른 에너지를 갖는 2개의 원자 오비탈의 상호 작용으로 인해 생기는 분자 오비탈 에너지 준위 도표** 에너지가 낮은 분자 오비탈은 주로 에너지가 낮은 원자 오비탈로 이루어져 있고, 반대의 경우도 마찬가지이다. 원자 오비탈의 에너지 준위에 대한 두 분자 오비탈의 에너지 준위의 변화는 두 원자 오비탈이 같은 에너지를 가질 때보다 작다.

동핵 이원자 분자와 이핵 이원자 분자의 두 번째 차이는 이핵 이원자 분자의 경우 두 원자에 있는 대응하는 원자 오비탈들의 에너지가 일치하지 않는 것이다. 에너지가 같지 않을 때, 두 파동함수의 상호 작용은 약하다는 것을 이미 언급한 바 있다. 이와 같이 상호 작용에 따라 에너지 분리가 달라지는 것은 이핵 이원자 분자에서 다른 원자에 있는 원자 오비탈들의 겹침의 결과로 에너지가 낮아지는 것이 동핵 이원자 분자에서 같은 에너지를 갖는 원자 오비탈들의 겹침의 결과로 에너지가 낮아지는 정도에 비해 두드러지지 않는다는 것을 의미한다. 하지만 다른 인자들(오비탈의 크기, 원자 사이의 접근 정도를 포함한) 역시 중요하기 때문에 이핵 A–B 결합이 동핵 A–A 결합보다 약하다고 결론을 내릴 수는 없다. 예를 들어 동핵 분자인 N_2와 등전자 관계에 있는 이핵 CO 분자는 N_2(946 kJ mol^{-1})보다 훨씬 더 큰 결합 엔탈피(1070 kJ mol^{-1})를 갖는다.

(b) 플루오린화 수소

요점: 플루오린화 수소(HF)에서는 F 원자 쪽에 결합성 오비탈이 집중되어 있고, H 원자 쪽에 반결합성 오비탈이 집중되어 있다.

간단한 이핵 이원자 분자인 HF를 예로 들어 이와 같은 일반적인 관점을 설명하고자 한다. 분자 오비탈을 형성하는 데 H의 1s 오비탈 및 F의 2s 오비탈과 2p 오비탈 등 전체 5개의 원자가 오비탈을 이용할 수 있다. 5개의 바탕 오비탈로부터 형성된 5개의 분자 오비탈에 1 + 7 = 8개의 원자가 전자가 채워진다.

HF의 σ 오비탈은 H1s 오비탈과 F2s 오비탈, F2p_z(z는 핵간 축) 오비탈의 겹침으로 형성된다. 이 3개의 원자 오비탈이 결합되어 $\psi = c_1\chi_{H1s} + c_2\chi_{F2s} + c_3\chi_{F2p}$ 형태를 갖는 3개의 σ 분자 오비탈이 형성된다. 이 과정에서 F2p_x 오비탈과 F2p_y 오비탈은 아무런 영향을 받지 않는다. 왜냐하면 이 오비탈들은 π 대칭성을 갖는데, H 원자에는 이와 같은 대칭성을 갖는 오비탈이 없기 때문이다. 그러므로 이 π 오비탈들은 앞에서 언급한 비결합성 오비탈의 예이며, F 원자에 한정되어 있는 분자 오비탈이다. 이핵 이원자 분자에는 반전 중심이 없기 때문에, 이와 같은 분자 오비탈에 대해 g와 u로 분류하지 않는다는 것을 알아두라.

HF의 분자의 에너지 준위 도표를 그림 2.21에 나타내었다. F2s 오비탈과 H1s 오비탈 사이의 에너지 차이가 크기 때문에 1σ 결합성 오비탈은 주로 F2s 특성을 갖는다. 그러므로 1σ 오비탈은 주로 F 원자에 한정되며, 기본적으로 비결합성이다. 2σ 오비탈은 1σ 오비탈에 비해 결합성이 더 크며, H1s 특성과 F2p 특성을 모두 갖는다. 3σ 오비탈은 반결합성 오비탈이며, 주로 H1s 특성을 갖는다. 1s 오비탈은 플루오린의 오비탈에 비해 상대적으로 높은 에너

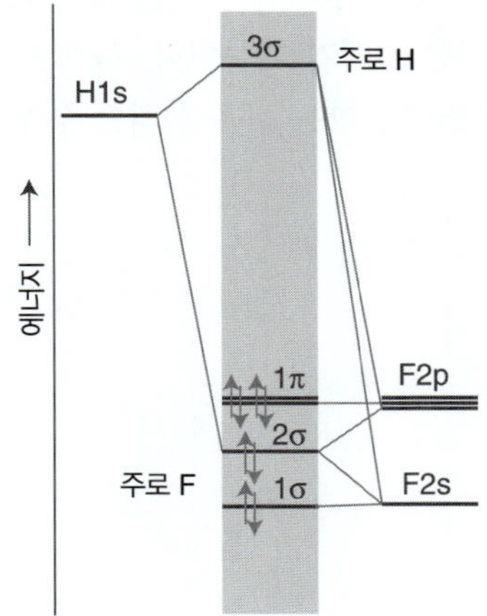

그림 2.21 HF에 대한 분자 오비탈 에너지 준위 도표 원자들의 이온화 에너지를 반영하여 원자 오비탈들의 상대적인 위치를 정한다.

지를 갖기 때문에 주로 높은 에너지를 갖는 반결합성 분자 오비탈에 기여한다.

원자가 전자 8개 중 2개는 2σ 오비탈에 채워져 두 원자 간의 결합을 형성한다. 6개의 전자는 1σ 오비탈과 1π 오비탈에 채워지며, 비결합성이 큰 이 두 오비탈은 주로 F 원자에 한정된다. 이 배열은 플루오린 원자에 3개의 고립 전자쌍을 갖는 전형적인 모형과 일치한다. 모든 전자를 채운 분자의 전자 배치는 $1\sigma^2 2\sigma^2 1\pi^4$이다. 모든 전자가 주로 F 원자에 있는 오비탈을 차지하는 것이 주목할 만한 중요한 특징이다. 이 결과로부터 HF 분자는 F 원자에 부분 음전하를 갖는 극성일 것으로 예측되고, 이는 실험으로 밝혀졌다.

(c) 일산화 탄소

요점: 일산화 탄소 분자의 HOMO는 주로 C에 편재된 거의 비결합성 σ 오비탈이고, LUMO는 반결합성 π 오비탈이다.

일산화 탄소의 분자 오비탈 에너지 준위 도표는 탄소와 산소 원자가 모두 σ 오비탈과 π 오비탈의 형성에 참여할 수 있는 2s 오비탈과 2p 오비탈을 가지고 있기 때문에 대체로 HF보다 복잡한 예이다. 에너지 준위 도표를 그림 2.22에 나타내었다. 바닥 상태 전자 배치는 다음과 같다.

$$\text{CO: } 1\sigma^2 2\sigma^2 1\pi^4 3\sigma^2$$

1σ 오비탈은 대부분 O 원자에 편재되어 있기 때문에 기본적으로 비결합성이거나 약한 결합성이다. 2σ 오비탈은 결합성이다. 1π 오비탈은 이중으로 축퇴되어 있는 한 쌍의 결합성 π 오비탈로 구성되어 있으며 주로 O2p 오비탈 특성을 갖는다. CO의 HOMO는 $C2p_z$ 특성이 강한 3σ이고, 대체적으로 비결합성이며, C 원자에 위치한다. LUMO는 주로 C2p 오비탈 특성을 갖는 이중으로 축퇴된 한 쌍의 반결합성 π 오비탈이다(그림 2.23). CO가 d 금속에 결합된 화합물이 매우 많이 알려져 있는 이유 중 하나는 CO의 경계함수가 대부분 C에 편재된 채워진 σ 오비탈과 한 쌍의 채워지지 않은 π 오비탈의 조합으로 되어 있기 때문이다. d 금속 카보닐이라 부르는 화합물에서 CO의 HOMO 고립 전자쌍 오비탈은 금속 원자와 σ 결합을 형성하는 데 참여하고, LUMO 반결합성 π 오비탈은 금속 원자와 π 결합을 형성하는 데 참여한다(22장).

C와 O의 전기 음성도 차이가 크지만, CO 분자의 전기 쌍극자 모멘트의 실험값[0.1 D, D (debye)는 쌍극자 모멘트의 단위]은 작다. 더욱이 쌍극자의 음전하 말단이 전기 음성도가 작은 원자임에도 불구하고 C 원자에 형성된다. 이러한 특이한 상황은 고립 전자쌍과 결합 전자쌍이 복잡한 분배를 갖기 때문에 일어난다. 결합성 전자들이 주로 O 원자에 있기 때문에 O 원자는 쌍극자의 음전하 말단이라고 결론내리는 것은 옳지 않은데, 그 이유는 C 원자에 있는 고립 전자쌍의 균형 효과를 무시한 것이기 때문이다. 특히 반결합성 오비탈이 채워진 분자에 대하여 전기 음성도만으로 극성을 추론하는 것은 신뢰할 수 없다.

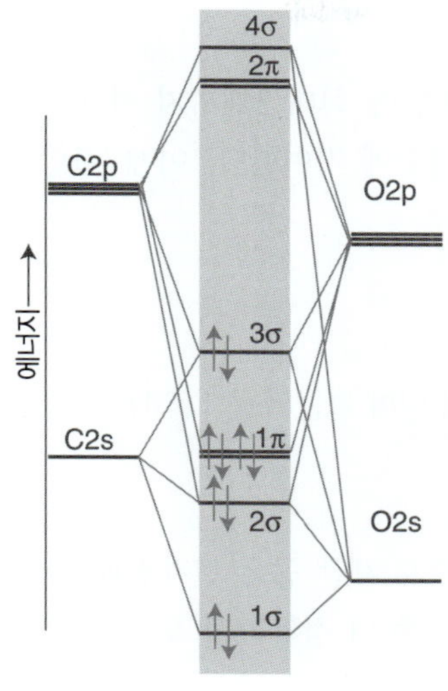

그림 2.22 **CO에 대한 분자 오비탈 에너지 준위 도표**

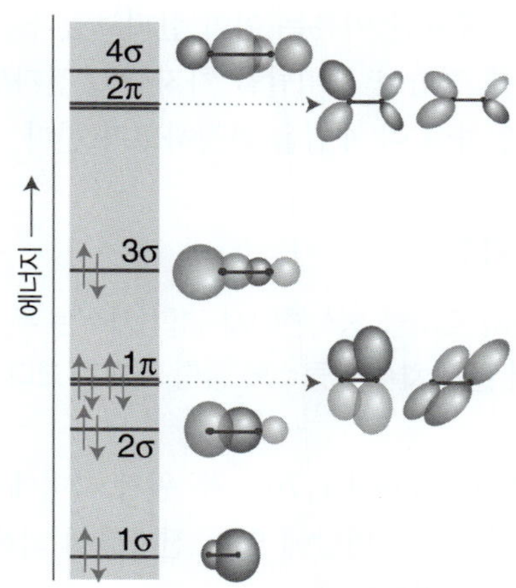

그림 2.23 **분자 오비탈에 대한 원자 오비탈의 기여도를 원자 오비탈의 크기로 나타낸 CO의 분자 오비탈 모식도**

예제 2.5 이핵 이원자 분자의 구조에 대한 설명

할로젠은 할로젠끼리 결합하여 화합물을 생성한다. 이와 같은 '할로젠간' 화합물 중 하나로 일염화 아이오딘(ICl)이 있는데, 계산에 의한 오비탈 순서는 1σ, 2σ, 1π, 3σ, 2π, 4σ이다. ICl의 바닥 상태 전자 배치는 무엇인가?

답 우선 분자 오비탈을 만들기 위해 사용할 원자 오비탈을 확인한다. Cl의 Cl3s와 Cl3p 원자가 껍질 오비탈들과 I의 I5s와 I5p 원자가 껍질 오비탈들이 분자 오비탈을 만든다. 2주기 원소에 대해 했던 것과 같이, σ 오비탈과 π 오비탈의 배열을 만들 수 있고, 그 결과를 그림 2.24에 나타내었다. 결합성 오비탈들은 Cl이 전기 음성도가 더 큰 원소이기 때문에 주로 Cl의 특성이 우세하며, 반결합성 오비탈들은 주로 I의 특성이 우세하다. 채워야 할 원자가 전자수는 7 + 7 = 14이고, 바닥 상태 전자 배치는 $1\sigma^2 2\sigma^2 1\pi^4 3\sigma^2 2\pi^4$이다.

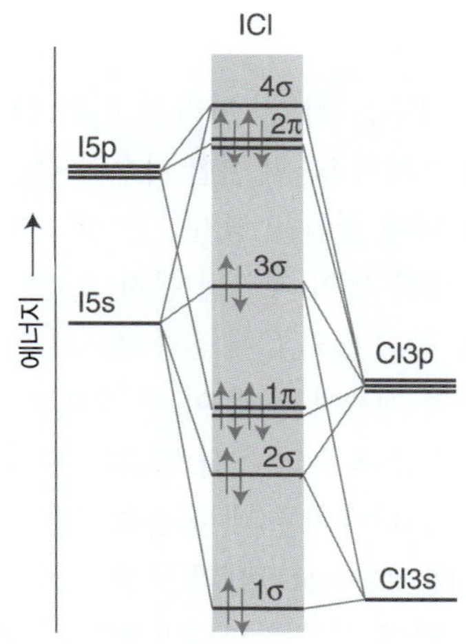

그림 2.24 **ICl의 분자 오비탈의 에너지의 모식도**

문제 2.5 하이포아염소산 이온(ClO^-)의 바닥 상태 전자 배치를 예측하시오.

2.10 결합 특성

전자쌍이 중요한 이유는 이미 살펴보았다. 결합성 오비탈에 최대 2개까지 전자를 채울 수 있기 때문에 결합성 오비탈을 차지하는 전자쌍은 화학 결합에 기여한다. 이제 '결합 차수'의 개념을 도입하여 이 개념을 확장하고자 한다.

(a) 결합 차수

요점: 분자 오비탈 형식론에서 결합 차수는 두 원자 사이의 알짜 결합 수를 나타내며, 주어진 원자들 사이에서 결합 차수가 클수록 결합 세기가 크다.

결합 차수(bond order, *b*)는 두 원자 사이에서 '결합성'으로 세는 공유 전자쌍과 '반결합성'으로 세는 반결합성 오비탈에 있는 전자쌍에 의해 결정된다. 좀 더 정확하게 표현하면 결합 차수는 다음과 같이 정의된다.

$$b = \frac{1}{2}(n - n^*) \tag{2.7}$$

이때 n은 결합성 오비탈에 있는 전자수이고, n^*는 반결합성 오비탈에 있는 전자수이다. 비결합성 전자는 결합 차수를 계산할 때 무시한다.

요약 설명

예를 들어 플루오린 분자(F_2)의 전자 배치는 $1\sigma_g^2 1\sigma_u^2 2\sigma_g^2 1\pi_u^4 1\pi_g^4$이다. $1\sigma_g$, $1\pi_u$, $2\sigma_g$ 오비탈은 결합성이고, $1\sigma_u$와 $1\pi_g$는 반결합성이므로 결합 차수(b) $= \frac{1}{2}(2 + 2 + 4 - 2 - 4) = 1$이다. F_2의 결합 차수는 1이며, 이는 Lewis 구조 F–F 및 보통 단일 결합을 갖는 분자로 설명하는 것과 일치한다. 질소 분자(N_2)의 전자 배치는 $1\sigma_g^2 1\sigma_u^2 1\pi_u^4 2\sigma_g^2$이고, 결합 차수(b) $= \frac{1}{2}(2 + 4 + 2 - 2) = 3$이다. 결합 차수 3은 삼중 결합 분자에 해당하며 Lewis 구조 N≡N과 일치한다. N_2 분자는 결합 차수가 크기 때문에 결합 엔탈피 값(946 kJ mol^{-1})이 크며, 이 값은 분자의 결합 엔탈피 중 가장 큰 값 중의 하나이다.

등전자 분자 및 이온의 결합 차수는 같다. 따라서 F_2와 O_2^{2-}의 결합 차수는 모두 1이다. CO 분자의 결합 차수는 등전자 분자인 N_2의 결합 차수와 같은 3이며, 이는 Lewis 구조 C≡O와 일치한다. 하지만 이 방법에 의해 결합을 평가하는 것, 특히 이핵 화학종의 결합을 평가하는 것은 지나치게 원론적이다. 예를 들어 계산된 분자 오비탈의 검토를 통해 얻어진 최적 조건은 1σ 오비탈과 3σ 오비탈을 각각 O와 C에 집중적으로 편재된 비결합성 오비탈로 간주하는 것이다. 따라서 결합 차수 b를 계산하는 데 이 두 오비탈에 있는 전자는 실제적으로는 무시해야 한다. 이렇게 수정해도 결합 차수의 계산 결과는 달라지지 않는다. 결합 차수의 정의는 결합의 다중도(multiplicity)를 나타내는 데 유용하지만, 각 오비탈에 있는 전자들의 b에 대한 기여도를 설명할 때는 계산된 분자 오비탈의 구성 요소들을 세밀하게 살펴야 한다.

결합 차수의 정의에 따라 오비탈에 전자를 하나만 채우는 것도 가능하다. 예를 들어 O_2^-에서 3개의 전자가 $1\pi_g$ 반결합성 오비탈에 채워지므로 O_2^-의 결합 차수는 1.5이다. N_2가 전자 1개를 잃으면 불안정한 N_2^+ 화학종이 생성되며, 결합 차수는 3에서 2.5로 줄어든다. 결합 차수의 감소로 인해 결합 세기는 946 kJ mol^{-1}(N_2)에서 855kJ mol^{-1}(N_2^+)로 감소하며, 결합 길이는 109 pm(N_2)에서 112 pm(N_2^+)로 늘어난다.

예제 2.6 결합 차수의 결정

산소 분자(O_2), 초과산화 이온(O_2^-), 과산화 이온(O_2^{2-})의 결합 차수를 결정하시오.

답 먼저 원자가 전자수를 결정하고, 그 전자들을 분자 오비탈에 채운 후, 식 2.7을 이용하여 결합 차수 b를 계산해야 한다. 세 화학종 O_2, O_2^-, O_2^{2-}는 각각 12, 13, 14개의 원자가 전자를 갖는다. 각 화학종의 전자 배치는 다음과 같다.

O_2: $1\sigma_g^2 1\sigma_u^2 2\sigma_g^2 1\pi_u^4 1\pi_g^2$
O_2^-: $1\sigma_g^2 1\sigma_u^2 2\sigma_g^2 1\pi_u^4 1\pi_g^3$
O_2^{2-}: $1\sigma_g^2 1\sigma_u^2 2\sigma_g^2 1\pi_u^4 1\pi_g^4$

$1\sigma_g$, $1\pi_u$, $2\sigma_g$ 오비탈은 결합성이고, $1\sigma_u$와 $1\pi_g$ 오비탈은 반결합성이다. 따라서 결합 차수는 다음과 같다.

O_2: $b = \frac{1}{2}(2 - 2 + 4 + 2 - 2) = 2$

O_2^-: $b = \frac{1}{2}(2 - 2 + 4 + 2 - 3) = 1.5$

O_2^{2-}: $b = \frac{1}{2}(2 - 2 + 4 + 2 - 4) = 1$

문제 2.6 (a) 이탄소화 음이온(C_2^{2-})과 (b) Ne_2의 결합 차수를 예측하시오.

(b) 결합 상관성

요점: 주어진 2개의 원소가 이루는 결합에서는 결합 차수가 증가함에 따라 결합 세기는 증가하고, 결합 길이는 감소한다.

결합 세기와 결합 길이는 서로 꽤 상관성이 높고, 결합 차수와의 상관성 또한 매우 높다. 주어진 2개의 원자가 이루는 결합에 대해

결합 차수가 증가함에 따라 결합 엔탈피는 증가한다.
결합 차수가 증가함에 따라 결합 길이는 감소한다.

이와 같은 경향성을 그림 2.25와 2.26에 나타내었다. 상관성의 정도는 원소의 종류에 따라 다르다. 2주기의 CC 결합에 대한 상관성은 선형 관계를 나타내지 않는다. 그 결과 C=C 이중 결합의 결합 세기가 C−C 단일 결합의 결합 세기의 2배보다 작다. 이러한 차이로 인해 유기 화학에서, 특히 불포화 화합물의 반응에서 중요한 결과가 얻어진다. 예를 들어 에텐과 에타인의 중합 반응은 촉매가 없을 경우 느리게 일어나지만, 에너지 관점에서 유리한 반응이라

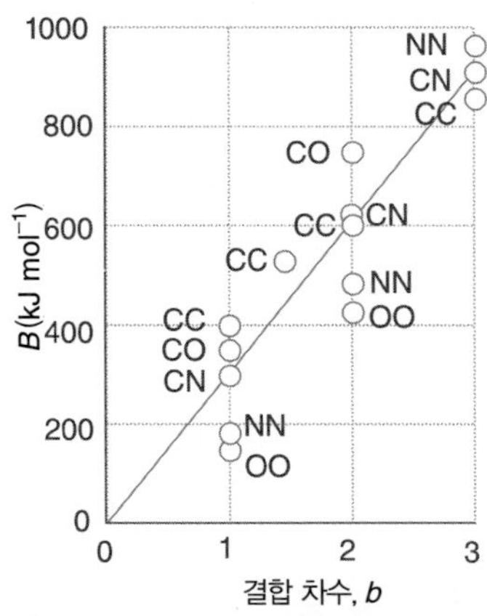

그림 2.25 **결합 엔탈피(B)와 결합 차수 사이의 상관성**

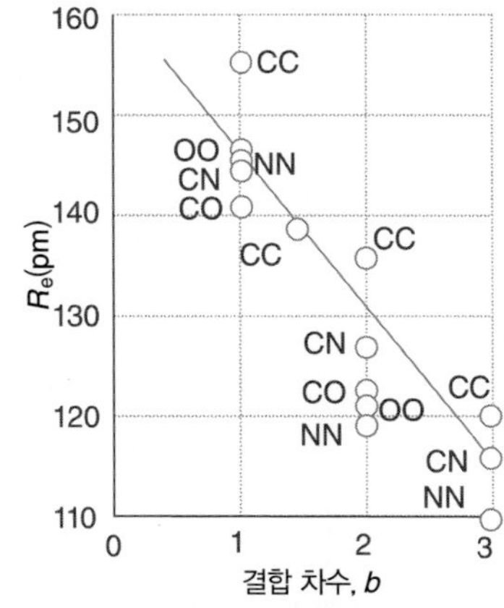

그림 2.26 **결합 길이와 결합 차수 사이의 상관성**

는 것을 추정할 수 있다. 이 과정에서 에너지를 흡수하면서 적절한 개수의 CC 다중 결합이 끊어지고, 그보다 더 많은 에너지를 방출하면서 C–C 단일 결합이 형성되기 때문에, 이 반응은 발열 반응이다(끊어진 결합의 결합 엔탈피의 합이 생성된 결합의 결합 엔탈피의 합보다 작기 때문에 반응 엔탈피는 0보다 작다).

하지만 탄소에 대해 잘 알려진 성질일지라도, 다른 원소 사이의 결합에 부주의하게 확대 적용해서는 안 된다. N–N 단일 결합(163 kJ mol^{-1})에 비해 N=N 이중 결합(409 kJ mol^{-1})은 2배 이상 강하고, N≡N 삼중 결합(946 kJ mol^{-1})은 5배 이상 강하다. 이와 같은 경향성으로 NN 다중 결합을 갖는 화합물이 단일 결합만 갖는 중합체나 삼차원 화합물보다 상대적으로 안정한 것을 설명할 수 있다. P–P, P=P, P≡P의 결합 엔탈피는 각각 200, 310, 490 kJ mol^{-1}인 인의 경우에도 결합 엔탈피 사이에 선형 관계식은 없다. 인의 경우, 같은 개수의 결합수를 비교해 보면 2개의 단일 결합이 이중 결합보다 안정하고, 3개의 단일 결합이 삼중 결합보다 안정하다. 따라서 인은 사면체 P_4 분자인 백린을 포함하여 P–P 단일 결합을 갖는 다양한 형태의 고체로 존재한다. 인의 이원자 분자 P_2는 높은 온도와 낮은 압력에서만 생성되고, 짧은 시간 동안 존재하는 화학종이다.

주어진 2개의 원자가 이루는 결합에 대해 결합 차수와 관련된 두 가지 상관성을 함께 묶으면 다음을 의미한다.

결합 길이가 감소함에 따라 결합 엔탈피는 증가한다.

이 상관성을 그림 2.27에 나타내었다. 결합 길이는 참고 문헌에서 쉽게 찾을 수 있기 때문에 분자의 안정성을 살펴볼 때 알아두면 유용한 특성이다.

예제 2.7 결합 차수, 결합 길이, 결합 세기 사이의 상관성 예측

예제 2.6에서 계산한 산소 분자(O_2), 초과산화 이온(O_2^-), 과산화 이온(O_2^{2-})의 결합 차수를 이용하여 화학종들의 상대적인 결합 길이와 결합 세기를 예측하시오.

답 결합 차수가 증가함에 따라 결합 엔탈피가 증가하는 것을 기억해야 한다. O_2, O_2^-, O_2^{2-}의 결합 차수는 각각 2, 1.5, 1이다. 따라서 결합 엔탈피는 $O_2^{2-} < O_2^- < O_2$의 순서로 증가할 것으로 예측된다. 결합 엔탈피가 증가하면 결합 길이는 감소하므로 결합 길이는 다음과 같이 반대 경향성을 나타내야 한다. $O_2^{2-} > O_2^- > O_2$. O–O 결합(146 kJ mol^{-1})과 O=O 결합(497 kJ mol^{-1})의 기체상 결합 엔탈피와 연관된 O–O 결합 길이(132 pm)와 O=O 결합 길이(121 pm)의 자료로부터, 이 예측이 옳은 것을 알 수 있다.

문제 2.7 C–N, C=N, C≡N 결합에 대한 결합 엔탈피와 결합 길이의 순서를 예측하시오.

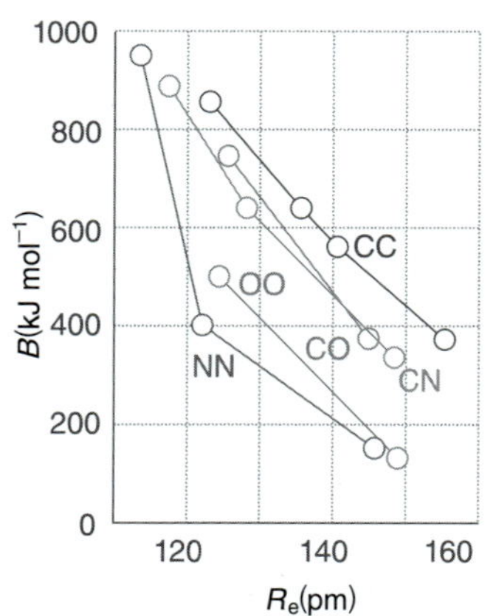

그림 2.27 **결합 엔탈피(B)와 결합 길이 사이의 상관관계**

결합 특성, 반응 엔탈피, 반응 속도론

원소 사이의 결합과 관련된 특정 성질은 그 원소들을 포함하는 다른 화합물에서도 거의 같다. 따라서 H_2O에서 O–H 결합의 세기를 알면, 어느 정도의 확신을 가지고 CH_3OH에서 O–H 결합의 세기에 대해서도 같은 값을 사용할 수 있다. 이 단계에서는 결합의 가장 중요한 특성 중 두 가지, 즉 결합 길이와 결합 세기에 대해 집중적으로 논의할 것이다. 또한 결합에 대한 이해를 확장시켜 간단한 무기 분자의 모양을 예측할 것이다.

2.11 결합 길이

요점: 분자의 평형 결합 길이는 결합된 두 원자의 중심 사이의 거리이며, 주기율표에서 공유 반지름은 금속 반지름 및 이온 반지름과 거의 같은 경향성으로 변한다.

분자의 **평형 결합 길이(equilibrium bond length)**는 결합된 두 원자의 중심 사이의 거리이다. 결합 길이에 대한 유용하고 정확한 정보는 문헌에서 풍부하게 얻을 수 있다. 대부분의 결합 길이는 고체의 X선 회절에 의해 측정된다(8.1절). 기체 상태에서 분자의 평형 결합 길이는 일반적으로 적외선 분광법, 마이크로파 분광법을 통해 측정되거나, 전자 회절에 의해 보다 직접적으로 측정된다. 대표적인 결합 길이를 표 2.5에 나타내었다.

합리적인 첫 번째 근사법으로, 결합에 참여한 각 원자의 기여도만큼 평형 결합 길이를 분배할 수 있다. 공유 결합에 대한 한 원자의 기여도를 원소의 **공유 반지름(covalent radius, 17)**이라고 한다. 예를 들어 표 2.6의 공유 반지름을 이용하여 P–N 결합 길이가 110 pm + 74 pm = 184 pm임을 예측할 수 있다. 많은 화합물에서 P–N 결합 길이가 180 pm에 가깝다는 것이 실험적으로 밝혀졌다. 가능하면 실험으로 측정된 결합 길이가 사용되지만, 실험 자료를 이용할 수 없을 때는 공유 반지름을 이용하여 결합 길이를 조심스럽게 추정해 볼 수 있다.

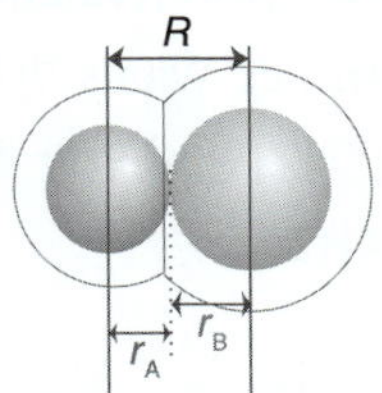

17 공유 반지름

표 2.5 평형 결합 길이, R_e(pm)

H_2^+	106
H_2	74
HF	92
HCl	127
HBr	141
HI	160
N_2	109
O_2	121
F_2	144
Cl_2	199
I_2	267

표 2.6 공유 반지름, *r*(pm)*

H			
37			
C	**N**	**O**	**F**
77 (1)	74 (1)	66 (1)	64
67 (2)	65 (2)	57 (2)	
60 (3)	54 (3)		
70 (a)			
Si	**P**	**S**	**Cl**
118	110	104 (1)	99
		95 (2)	
Ge	**As**	**Se**	**Br**
122	121	117	114
	Sb	**Te**	**I**
	141	137	133

* 괄호 안에 명시한 것을 제외하고는 단일 결합에 대한 값이다. (a)는 방향족을 나타낸다.

주기율표에서 공유 반지름은 금속 반지름 및 이온 반지름과 같은 이유로 거의 같은 경향성으로 변하고(1.7a절), F 근처에서 가장 작다. 두 원자의 핵심부가 접촉할 때, 두 핵 사이의 거리는 두 원자의 공유 반지름의 합과 근사적으로 같다. 핵심부 사이의 반발이 주된 힘으로 작용하기 전까지 원자가 전자는 2개의 원자를 서로 끌어당긴다. 공유 반지름은 **결합한** 원자들의 가까운 정도를 나타낸다. 이웃한 분자에 있는 원자들이 서로 결합은 하지 않고 접촉만 하고 있을 때, **결합하지 않은** 원자들의 가까운 정도는 원소의 **van der Waals 반지름(van der Waals radius)**으로 나타낸다. 두 원자의 **원자가(valence)** 껍질이 결합하지 않은 채로 접촉할 때, 두 핵 사이의 거리는 두 원자의 van der Waals 반지름의 합이다(**18**). van der Waals 반지름은 결정에서 분자 화합물의 쌓임, 작지만 유연한 분자가 취하는 형태, 생물학적 거대 분자의 모양을 이해하는 데 매우 중요하다(26장).

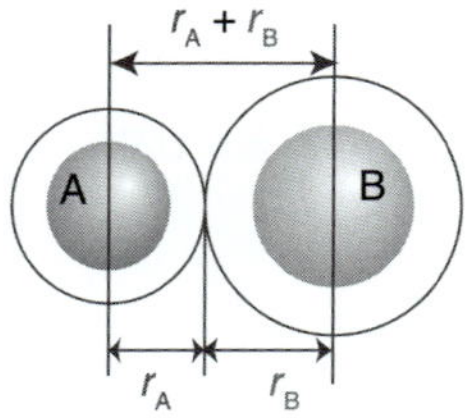

18 van der Waals 반지름

2.12 결합 세기와 반응 엔탈피

요점: 결합의 세기는 결합 해리 엔탈피로 측정하며, 평균 결합 엔탈피를 이용하여 반응 엔탈피를 추정한다.

열역학적으로 편리하게 AB 결합의 세기를 측정하는 방법은 **결합 해리 엔탈피(bond dissociation enthalpy)** $\Delta H^{\ominus}(A-B)$를 측정하는 것이며, 이는 다음 과정에 대한 표준 반응 엔탈피이다.

$$AB(g) \rightarrow A(g) + B(g)$$

결합을 끊기 위해서는 에너지가 필요하기 때문에 결합 해리 엔탈피는 항상 양의 값을 갖는다. 다양한 분자에 있는 일련의 A–B 결합에 대해 얻어진 결합 해리 엔탈피의 평균값을 **평균 결합 엔탈피(mean bond enthalpy, *B*)**라고 한다(표 2.7).

평균 결합 엔탈피를 이용하여 반응 엔탈피를 추정할 수 있다. 하지만 평균값으로 추정한 것은 오류를 포함할 가능성이 있기 때문에, 가능하면 언제나 평균값보다 우선적으로 실제 화학종에 대한 열역학적 자료를 사용해야 한다. 예를 들어 Si–Si 결합 엔탈피 값의 범위는 226 kJ mol^{-1}(Si_2H_6)에서 322 kJ mol^{-1}($Si_2(CH_3)_6$)까지이다. 표 2.7에 나타낸 값들은 어쩔 수 없을 때 사용하는 방법으로 생각하는 것이 가장 좋다. 생성 엔탈피나 실제 결합 엔탈피 값을 얻을 수 없을 때, 이 자료를 이용하여 반응 엔탈피의 대략적인 추정값을 구할 수 있다.

결합 엔탈피 자료를 사용하면 어떤 반응이 일어나는 이유를 이해할 수 있다. 일반적으로 생성물에 있는 결합이 강하면 그 생성물을 생성하는 반응이 유리하다. 어떤 반응에서든지 엔탈피와 엔트로피를 모두 고려해야 한다. 열역학에 대한 자세한 논의는 물리 화학의 영역이므로 여기서 자세한 논의를 하지는 않겠지만, 결합 엔탈피와 관련된 논의 사항을 이용하여 몇 가지 간단한 반응 결과를 합리화할 수 있다. 예를 들어 수소와 염소가 반응하여 HCl이 형성될 때, 화학 반응식의 양쪽에 같은 수의 기체 분자가 있기 때문에 엔트로피 변화는 작을 것이다.

$$H_2(g) + Cl_2(g) \rightarrow 2HCl(g)$$

엔트로피 변화가 작기 때문에 반응 결과가 엔탈피 변화로 나타난 것이라고 생각할 수 있다. 표 2.7의 자료를 보면, H–Cl 결합 엔탈피(431 kJ mol^{-1})는 H–H 결합 엔탈피(436 kJ mol^{-1})와 유사하지만 Cl–Cl 결합 엔탈피(242 kJ mol^{-1})보다는 큰 것을 알 수 있다.

표 2.7 평균 결합 엔탈피, *B*(kJ mol^{-1})*

	H	C	N	O	F	Cl	Br	I	S	P	Si
H	436										
C	412	348 (1)									
		612 (2)									
		837 (3)									
		518 (a)									
N	388	305 (1)	163 (1)								
		613 (2)	409 (2)								
		890 (3)	946 (3)								
O	463	360 (1)	157	146 (1)							
		743 (2)		497 (2)							
F	565	484	270	185	155						
Cl	431	338	200	203	254	242					
Br	366	276				219	193				
I	299	238				210	178	151			
S	338	259	464	523	343	250	212		264		
P	322 (1)			407						201	
				560 (2)						480 (3)	
Si	318			466							226

* 괄호 안에 명시한 것을 제외하고는 단일 결합에 대한 값이다. (a)는 방향족을 나타낸다.

끊어지는 결합의 결합 엔탈피의 총합에서 형성되는 결합의 결합 엔탈피의 총합을 빼면 반응 엔탈피를 계산할 수 있다. 따라서 이 반응의 엔탈피는 (436 + 242) − (2 × 431) = −184 kJ mol^{-1}로 계산되고, 반응은 발열 반응이다. 다음 반응은 4 mol의 기체 반응물에서 2 mol의 기체 생성물이 얻어지므로 엔트로피가 감소할 것으로 예상된다.

$$N_2(g) + 3F_2(g) \rightarrow 2NF_3(g)$$

$$N_2(g) + 3Cl_2(g) \rightarrow 2NCl_3(g)$$

NF_3의 생성 엔탈피는 (946 + 3 × 155) − (6 × 270) = −209 kJ mol^{-1}이고, 발열 반응이며, NF_3 분자는 안정하여 반응성이 그다지 크지 않다. 반대로 NCl_3의 생성 엔탈피는 (946 + 3 × 242) − (6 × 200) = 472 kJ mol^{-1}이고, 흡열 반응이며, NCl_3 분자는 불안정하여 폭발성을 갖는다. 이와 같이 겉보기로는 유사한 반응에서 이러한 반응성의 차이를 이해하는 데 결합 엔탈피는 다시 한번 중요하다. 표 2.7의 결합 엔탈피 자료를 검토해 보면, Cl−Cl 결합에 비해 F−F 결합의 결합 엔탈피 값이 작고, N−Cl 결합(200 kJ mol^{-1})에 비해 N−F 결합(270 kJ mol^{-1})이 강하기 때문에 NF_3가 훨씬 더 안정한 이유를 합리적으로 설명할 수 있다.

이와 연관된 또 다른 반응은 NH_3의 생성 반응이다.

$$N_2(g) + 3H_2(g) \rightarrow 2NH_3(g)$$

4 mol의 반응물에서 2 mol의 생성물이 얻어지므로 엔트로피가 감소할 것으로 다시 한 번 예상된다. 실험 결과 및 결합 엔탈피 자료로부터 반응은 발열 반응(표 2.7의 결합 엔탈피 자료로부터 −74 kJ mol^{-1})인 것을 알 수 있다. 하지만 반응이 매우 느리게 진행되어 측정할 수 있을 만큼의 반응 속도로 진행시키기 위해서는 고온, 고압 및 촉매가 필요하다. 이는 반응 결과에 미치는 반응 속도론의 영향을 보여 주는 한 가지 예이며, 열역학적으로 고려할 때, 매우 신중을 기해야 한다는 것을 보여 준다(2.14절).

예제 2.8 평균 결합 엔탈피를 이용한 추정

F_2, SF_4, SF_6의 평균 결합 엔탈피가 25℃에서 각각 158, 343, 327 kJ mol^{-1}일 때, $SF_4(g)$가 $SF_6(g)$를 생성하는 반응의 반응 엔탈피를 추정하시오.

답 반응 엔탈피는 끊어지는 결합의 결합 엔탈피의 총합에서 형성되는 결합의 결합 엔탈피의 총합을 뺀 것과 같다는 사실을 이용한다. 반응은 다음과 같다.

$$SF_4(g) + F_2(g) \rightarrow SF_6(g)$$

이 반응에서 1 mol F−F 결합과 4 mol S−F 결합(SF_4에서)은 끊어져야 하고, 이에 해당하는 엔탈피 변화는 158 kJ + (4×343 kJ) = +1530 kJ이다. 결합이 끊어질 때 에너지가 사용되므로 이 엔탈피 변화는 양의 값이다. 그다음, 6 mol S−F 결합(SF_6에서)이 형성되어야 하고, 이에 해당하는 엔탈피 변화는 6×(−327 kJ) = −1962 kJ이다. 결합이 형성될 때 에너지가 방출되므로 이 엔탈피 변화는 음의 값이다.

$$\Delta H^\ominus = +1530\ kJ - 1962\ kJ = -432\ kJ$$

따라서 이 반응은 많은 열을 발생하는 발열 반응이다. 이 반응에 대한 실험값은 −434 kJ이고, 추정값과 잘 일치한다.

문제 2.8 (a) H_2와 F_2의 반응으로 HF가 생성될 때, (b) S_8(고리 분자)과 H_2의 반응으로 H_2S가 생성될 때, 생성 엔탈피를 추정하시오.

2.13 전기 음성도와 결합 엔탈피

1.7d절에서 전기 음성도의 개념을 소개하였다. 전기 음성도는 원자가 화합물을 형성할 때, 결합에 참여한 전자를 원자 자신 쪽으로 끌어당기는 원소의 원자의 능력으로 정의된다. 두 원소 A와 B의 전기 음성도 차이가 크면 클수록 A–B 결합의 이온성은 증가한다.

Linus Pauling의 전기 음성도에 대한 본래의 식은 결합 형성에 대한 에너지 관계를 다룬 개념이었다. 예를 들어 이원자 분자인 A_2와 B_2로부터 AB가 생성될 때,

$$A_2(g) + B_2(g) \rightarrow 2AB(g)$$

A–A 결합과 B–B 결합의 평균 에너지에 대한 A–B 결합의 여분의 에너지(excess energy, ΔE)는 공유 결합에 대해 이온성 기여도가 존재하기 때문이라고 주장하였다. Pauling은 전기 음성도의 차이를 다음과 같이 정의하였다.

$$|\chi_P(A) - \chi_P(B)| = 0.102(\Delta E/\text{kJ mol}^{-1})^{1/2} \tag{2.8a}$$

이때

$$\Delta E = B(A-B) - \frac{1}{2}[B(A-A) + B(B-B)] \tag{2.8b}$$

이고, B(A–B)는 평균 A–B 결합 엔탈피이다. 따라서 만약 A–B 결합 엔탈피가 무극성 A–A 결합과 B–B 결합의 결합 엔탈피의 평균보다 현저하게 크면, 파동함수에 대한 실질적인 이온성 기여도가 있고, 두 원자 사이의 전기 음성도 차이가 클 것으로 추정된다. Pauling의 전기 음성도는 원소의 산화수가 증가하면 증가하는데, 가장 흔한 산화수에 해당하는 전기 음성도를 표 1.7에 나타내었다.

> 산화수(N_{ox})[4]는 결합을 극단적으로 **이온** 결합성으로 가정하여 얻어지는 숫자이다. 결합에서 전기 음성도가 큰 원자가 결합에 참여한 전자 2개를 모두 가져갔다고 가정할 때 원자가 갖는 전하로 간주할 수 있다. 산화 상태는 원소의 산화수에 해당하는 원소의 물리적 상태이다. 따라서 원자에 산화수를 **할당하고**, 원자는 해당하는 산화 **상태**[5]**에** 있는 것이다.

[4] 산화수에 대해 공식적으로 합의된 기호는 없다.

[5] 실제로 무기화학자들은 '산화수'와 '산화 상태'라는 용어를 같은 의미로 사용하지만, 이 교재에서는 구별해서 사용할 것이다.

Pauling의 전기 음성도는 전기 음성도가 다른 원소 사이의 결합 엔탈피를 추정하고, 결합의 극성을 정성적으로 평가하는 데 유용하다. 두 원소 사이의 전기 음성도 차이가 약 1.7보다 큰 이성분 화합물은 일반적으로 이온성이 우세한 것으로 간주할 수 있다. 하지만 이와 같은 포괄적인 구별은 1940년대에 Anton van Arkel과 Jan Ketelaar에 의해 좀 더 세밀하게 정립되었다. 그들은 삼각형의 꼭짓점에 이온 결합, 공유 결합, 금속 결합을 표시하고, 그 삼각형을 이용하여 화합물의 결합 성질을 구분하였다. Gordon Sproul은 **Ketelaar 삼각형**(더 적절하게 **van Arkel–Ketelaar 삼각형**)을 더욱 정교하게 만들었다. 그는 이성분 화합물을 이루는 원소들의 전기 음성도 차이($\Delta\chi$)와 그 원소들의 평균 전기 음성도($\chi_{평균}$)를 기반으로 삼각형을 만들었다(그림 2.28). 4장에서 Ketelaar 삼각형을 폭넓게 사용할 것이며, 이와 같은 기본적인 개념을 사용하여 다양한 종류의 광범위한 화합물을 분류하는 방법을 논의할 것이다.

이온 결합은 전기 음성도 차이가 큰 것이 특징이다. 전기 음성도 차이가 큰 것이 의미하는 것은 한 원소의 값은 크고 다른 원소의 값은 작다는 것이기 때문에, 평균 전기 음성도는 중간 정도의 값을 갖는다. 예를 들어 화합물 CsF의 경우, $\Delta\chi = 3.19$이고, $\chi_{평균} = 2.38$이므로 삼각형의 꼭대기 '이온 결합'에 위치한다. 공유 결합은 전기 음성도 차이가 작은 것이 특징이다. 공유 결합 화합물은 삼각형의 아래 부분에 위치한다. 공유 결합이 우세하게 형성된 이성분 화

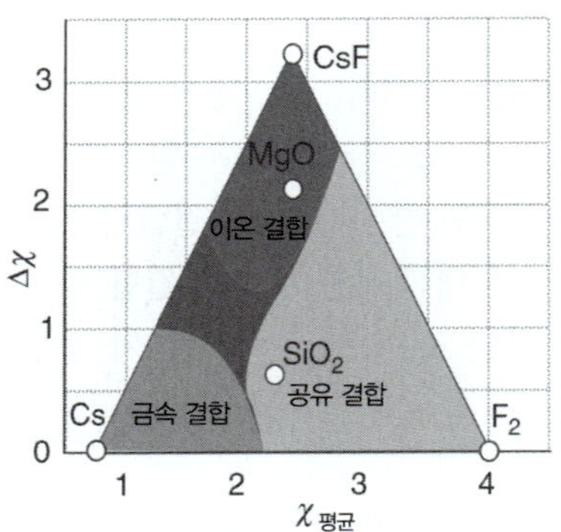

그림 2.28 평균 전기 음성도에 대한 전기 음성도 차이를 도시한 도표를 이용하여 이성분 화합물의 결합 종류를 분류하는 Ketelaar 삼각형

합물은 보통 전기 음성도가 큰 비금속 원소 사이에서 전형적으로 만들어진다. 그 결과 공유 결합 영역은 삼각형의 오른쪽 아래 부분에 있다. $\Delta\chi = 0$이고, $\chi_{평균} = 3.98$(Pauling 전기 음성도에서 최댓값)인 F_2는 삼각형의 오른쪽 꼭짓점을 차지한다. 금속 결합 역시 전기 음성도 차이가 작은 것이 특징이며, 삼각형의 아래 부분에 위치한다. 하지만 금속 결합에서는 원소의 전기 음성도가 작기 때문에 그 평균값도 작다. 그 결과 금속 결합은 삼각형의 왼쪽 아래 부분을 차지한다. $\Delta\chi = 0$이고, $\chi_{평균} = 0.79$(Pauling 전기 음성도에서 최솟값)인 Cs가 삼각형의 왼쪽 꼭짓점을 차지한다. 간단한 전기 음성도 차이를 기반으로 한 Ketelaar 삼각형을 이용하면 전기 음성도 차이가 작게 나타나는 공유 결합과 금속 결합을 구별할 수 있는 장점이 있다.

예제 2.9 Ketelaar 삼각형을 이용한 이성분 화합물의 분류

그림 2.28과 표 1.7에 있는 자료를 이용하여 (a) MgO와 (b) SiO_2에서 우세한 결합의 종류를 예측하시오.

답 (a) Mg와 O의 Pauling 전기 음성도 값은 각각 1.31, 3.44이므로 $\Delta\chi = 3.44 - 1.31 = 2.13$이고, $\chi_{평균} = 2.38$이다. 이 값을 갖는 MgO는 삼각형에서 이온 결합 영역에 있다. (b) Si와 O의 Pauling 전기 음성도 값은 각각 1.90, 3.44이므로 $\Delta\chi = 3.44-1.90 = 1.54$이고, $\chi_{평균} = 2.67$이다. 이 값을 갖는 SiO_2는 MgO에 비해 삼각형에서 아래 부분, 공유 결합 영역에 있다.

문제 2.9 그림 2.28과 표 1.7에 있는 자료를 이용하여 (a) BeF_2와 (b) NO에서 우세한 결합의 종류를 예측하시오.

요약 설명

산화수는 일련의 간단한 규칙을 적용하여 할당된다(표 2.8). 이 규칙에는 화합물을 전기 음성도 차이에 따라 '극단적인 이온성' 구조로 가정한 결과를 반영한 것이고, NO에서 NO_3^-로 갈 때 산화수가 증가하는 것처럼, 화합물에서 산소 원자수가 증가할 때 예상되는 산화 정도의 증가와 일치한다. 산화수에 관한 이런 내용은 6장에서 자세히 다룬다. 예를 들어 질소, 할로젠, d 구역 원소와 같은 많은 원소들은 다양한 산화 상태로 존재할 수 있다(표 2.8). 산화수를 결정할 때, 주어진 순서대로 규칙에 따라 산화수를 할당한다. 산화수가 할당되면 멈춘다. 예를 들어 CrO_4^{2-}에서 Cr의 산화수를 구해 보자. 전체 전하는 −2이고, 4개의 산소 각각의 산화수는 −2이다. 따라서 $-2 = Cr_{산화수} + 4(-2)$이므로, Cr의 산화수는 +6이다. 이 규칙이 철저하게 들어맞지는 않지만, 보통 화합물에 광범위하게 적용할 수 있다.

표 2.8 산화수 결정

	산화수
1. 화학종에 있는 모든 원자의 산화수의 합은 화학종의 전체 전하와 같다.	
2. 원소 형태 원자	0
3. 1족 원자	+1
2족 원자	+2
13족 원자(B 제외)	+3(EX_3), +1(EX)
14족 원자(C, Si 제외)	+4(EX_4), +2(EX_2)
4. 수소	비금속과의 결합에서 +1
	금속과의 결합에서 −1
5. 플루오린	모든 화합물에서 −1
6. 산소	F와 결합하지 않으면 −2
	과산화물(O_2^{2-})에서 −1
	초과산화물(O_2^-)에서 $-\frac{1}{2}$
	오존화물(O_3^-)에서 $-\frac{1}{3}$
7. 할로젠	결합한 다른 원소가 산소나 자신보다 전기 음성도가 큰 할로젠이 아닌 경우, 대부분의 화합물에서 −1

2.14 촉매 개론

열역학적 고려 사항이 분자의 안정성과 반응의 결과를 예측하는 데 결정적이라는 것을 2.12절에서 살펴보았다. 하지만 열역학적으로는 잘 일어날 것 같은 반응이 너무 느리게 진행되어 유용하지 않을 수도 있다. 따라서 반응에 대해 열역학뿐만 아니라 반응 속도론을 고려해야 한다. 예를 들어 흑연은 열역학적으로 안정한 탄소의 형태이다. 다이아몬드를 흑연으로 전환하는 것이 열역학적으로는 선호되는 반응이지만, 반응 속도론적으로는 너무 느려서 중요하지 않다. 반응 속도론적 고려 사항은 간단한 반응이 유용한지를 판단하는 데 매우 중요한 역할을 한다. 계의 에너지를 증가시키거나 **촉매(catalyst)**를 사용하면 이와 같은 반응 속도론적 장벽을 극복할 수 있다. 일반적으로, 촉매는 반응의 속도를 증가시키지만 그 자체는 소비되지 않는 물질이다. 이절에서는 촉매 작용의 기본 원리에 대해 논의할 것이다. 특별한 예와 응용에 대해서는 22장, 24장, 25.9절에서 논의할 것이며, 효소는 26장에서 논의할 것이다.

(a) 에너지론

요점: 촉매는 Gibbs 활성화 에너지가 낮은 새로운 경로를 도입하여 공정 속도를 빠르게 한다. 반응에 대한 에너지 단면도에는 지나치게 에너지가 높거나 낮은 상태가 포함되지 않는다.

촉매는 Gibbs 활성화 에너지($\Delta^{\ddagger}G$)가 낮은 새로운 경로를 도입하여 공정 속도를 빠르게 한다. 촉매가 작용하는 공정에서 일어나는 새로운 단일 단계 반응이 상당히 다른 활성화 엔트로피를 가질 수 있기 때문에, 촉매 반응에 대한 엔탈피나 에너지 단면도만이 아니라 Gibbs 에너지 단면도에 초점을 맞출 필요가 있다. G가 상태 함수이므로 촉매는 전체 반응의 Gibbs 에너지($\Delta_r G^{\ominus}$)에 영향을 미치지 않는다.[6] 전체 반응의 Gibbs 에너지가 같은 촉매가 있는 경우와

[6] G는 계의 현재 상태에만 의존한다. 한 상태에서 다른 상태로 가는 경로에는 의존하지 않는다.

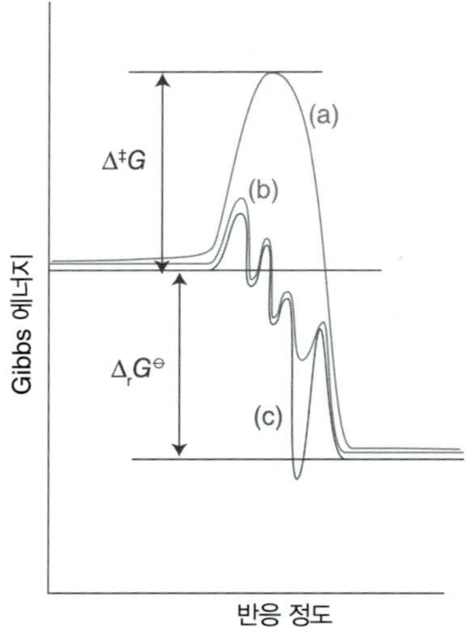

그림 2.29 촉매 순환에 대한 에너지의 도식적 표현 촉매를 사용하지 않은 반응 (a)의 $\Delta^{\ddagger}G$는 촉매 반응 (b) 단계의 $\Delta^{\ddagger}G$보다 크다. 전체 반응의 Gibbs 에너지($\Delta_r G^{\ominus}$)는 경로 (a)와 경로 (b)에서 같다. 곡선 (c)는 생성물보다 안정한 중간체를 갖는 반응 메커니즘에 대한 단면도이다.

없는 경우의 반응 경로에 대한 두 가지 에너지 단면도의 차이를 그림 2.29에 나타내었다. 촉매를 사용하여 열역학적으로 불리한 반응을 유리한 반응으로 만들 수는 없다(촉매는 전체 반응의 Gibbs 에너지를 바꿀 수 없다).

그림 2.29에 나타낸 촉매 반응의 Gibbs 에너지 단면도에는 지나치게 에너지가 높은 상태나 낮은 상태가 없음을 볼 수 있다. 촉매의 사용으로 새로운 경로가 도입되며, 반응 메커니즘이 달라진다. 즉 에너지 단면도의 모양이 많이 달라지고 극댓값이 낮아진 반응 메커니즘으로 바뀐다. 하지만 순환 과정에서 안정하거나 반응성이 낮은 촉매 중간체가 생성되지 않아야 한다는 것도 똑같이 중요한 점이다. 마찬가지로 생성물은 열역학적으로 유리한 단계에서 방출되어야 한다. 그림 2.29에 선(c)로 나타낸 것과 같이, 촉매와 반응하여 안정한 복합체가 형성되면 반응 생성물이 되어 촉매 순환이 종료된다. 유사하게, 불순물은 촉매 작용 활성 자리에 강하게 배위하여 촉매 작용을 억제하는 촉매 독(catalyst poison)으로 작용한다.

(b) 촉매 순환

요점: 촉매 순환은 반응물을 소비하고 생성물을 생성하는 일련의 반응들이며, 촉매 화학종은 순환 후에 재생된다.

촉매 작용의 본질은 반응물을 소비하고, 생성물을 생성하며, 촉매 화학종을 재생하는 반응의 순환이다. 균일 촉매를 사용한 촉매 순환의 간단한 예는 [$Co(CO)_3H$]를 촉매로 사용하여 prop-2-en-1-ol(알릴 알코올, $CH_2{=}CHCH_2OH$)을 prop-1-en-1-ol($CH_3CH{=}CHOH$)로 전환하는 이성질화 반응이다. 첫 번째 단계는 촉매에 반응물이 배위하는 단계이다. 생성된 복합체는 촉매의 배위권에서 이성질화 반응을 진행하고, 생성물을 방출한 후, 촉매를 재생한다(그림 2.30). 방출된 prop-1-en-1-ol은 곧바로 토토머화 반응을 일으켜 propanal(CH_3CH_2CHO)로 전환된다. 이 촉매 순환은 모든 메커니즘과 더불어 다양한 정보를 토대로 작성되었다. 정교하게 균형 잡힌 여러 반응들, 때때로 분리하여 연구할 수 없는 반응들이 일어나기 때문에 촉매 메커니즘의 규명은 복잡하다.

(c) 촉매 효율 및 수명

요점: 활성이 높은 촉매(낮은 농도에서도 반응 속도가 큰 촉매)는 큰 전환 빈도를 갖는다. 촉매는 사용 과정에서 매우 많은 촉매 순환을 거쳐도 살아남을 수 있어야 한다.

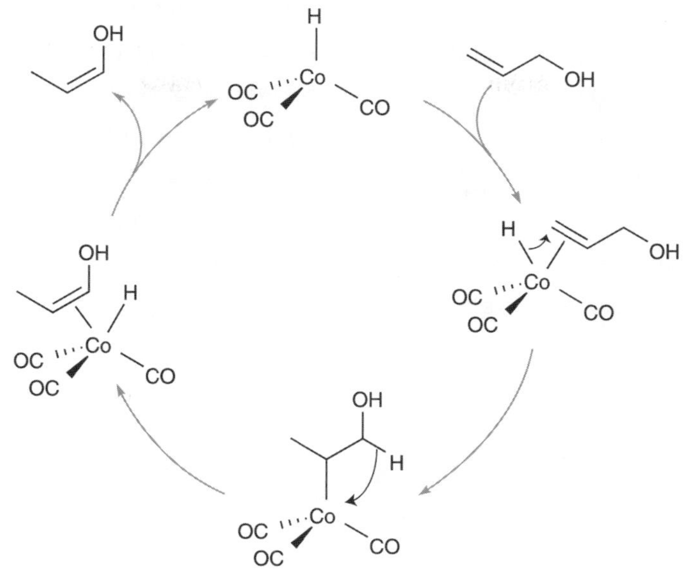

그림 2.30 prop-2-en-1-ol을 prop-1-en-1-ol로 전환하는 이성질화 반응에 대한 촉매 순환

전환 빈도(turnover frequency, *f*)는 흔히 촉매 효율을 나타내는 데 사용된다. 전환 빈도는 단위 시간당 촉매 중심에서 일어난 반응의 횟수이다. Q를 촉매로 사용하여 A가 B로 전환되는 반응에 대해 반응 속도 v는 다음과 같이 나타낼 수 있다.

$$A \xrightarrow{Q} B \qquad v = \frac{d[B]}{dt} \tag{2.9}$$

촉매를 사용하지 않은 반응의 반응 속도는 무시할 수 있으므로 전환 빈도는 다음과 같다.

$$f = \frac{v}{[Q]} \tag{2.10}$$

활성이 높은 촉매(낮은 농도에서도 반응 속도가 큰 촉매)는 큰 전환 빈도를 갖는다.

전환수(turnover number)는 촉매가 살아 있는 동안 수행하는 순환수(number of cycle)이다. 경제성을 가지기 위해서는 촉매의 전환수가 커야 한다. 하지만 촉매는 주요 촉매 순환에 대한 부반응이나 출발 물질(**공급 원료**)에 포함된 소량의 불순물에 의해 그 기능을 잃을 수도 있다. 예를 들어 많은 알켄 중합 촉매는 O_2에 의해 촉매 기능을 잃기 때문에, 폴리에텐(폴리에틸렌) 및 폴리프로펜(폴리프로필렌)의 합성 과정에서 공급되는 에텐이나 프로펜 원료 속의 O_2 농도를 수 ppb 이하로 낮추어야 한다.

일부 촉매는 매우 쉽게 재생될 수 있다. 예를 들어 탄화수소를 고옥테인가를 갖는 휘발유로 전환시키는 개질 반응에 사용되는 담지 금속 촉매는, 촉매 반응에서 적은 양의 탄화수소의 탈수소화 반응이 수반되기 때문에 생성된 탄소에 의해 뒤덮이게 된다. 이때 주기적으로 촉매 공정을 중단시키고 금속에 축적된 탄소를 연소시켜 담지 금속 입자를 깨끗하게 세척할 수 있다.

(d) 선택성

요점: 선택성 촉매를 사용하면 부산물의 양은 최소화되고 높은 비율로 원하는 생성물이 얻어진다.

산업계 입장에서는 부산물의 양은 최소화하고, 높은 비율로 원하는 생성물이 얻어지는 **선택성 촉매(selective catalyst)**를 개발하는 것은 경제적으로 상당한 이득이 있는 일이다. 예를 들어 금속 은을 촉매로 사용하여 에텐을 산소로 산화시켜 옥시레인(산화 에틸렌, **19**)을 생성시키는 반응의 경우, 열역학적으로 유리하지만, 원하지 않는 CO_2와 H_2O도 함께 생성된다. 이처럼 선택성이 없으면 에텐의 소비를 증가시키므로 화학자들은 옥시레인 합성을 위해 선택성이 더 좋은 촉매를 고안하기 위해 끊임없이 노력하고 있다. H_2와 N_2의 반응으로 NH_3를 생성할 때와 같이, 열역학적으로 유리한 생성물이 본질적으로 한 개밖에 없는 극히 드문 간단한 무기 반응에서만 선택성을 무시할 수 있다. 선택성이 상당히 중요하게 여겨지는 영역 중 하나는 비대칭 합성 분야인데, 특정 화합물의 거울상 이성질체 중 한 가지만 합성해야 하고 다른 것보다 우선적으로 한 가지 카이랄 형태만을 생성할 수 있는 촉매를 설계하여 비대칭 합성을 수행한다.

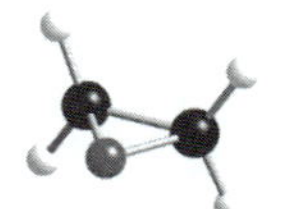

19 옥시레인(산화 에틸렌)

(e) 균일 촉매와 불균일 촉매

요점: 균일 촉매는 시약과 같은 상으로 존재하며, 보통 특성 등이 명확하게 규명되어 있다. 불균일 촉매는 시약과 다른 상으로 존재한다.

시약과 같은 상으로 존재하는 촉매를 **균일 촉매**(**homogeneous catalyst**)로 분류한다. 이는 보통 액체 반응 혼합물에서 촉매가 용질로 존재하는 것을 의미한다. 반응물과 다른 상으로 존재하는 촉매를 **불균일 촉매**(**heterogeneous catalyst**)로 분류한다. 이는 보통 기체나 용액으로 존재하는 반응물에서 촉매가 고체로 존재하는 것을 의미한다. 실용적인 관점에서 볼 때, 균일 촉매는 원하는 생성물의 생성에 대해 일반적으로 선택성이 매우 좋기 때문에 매력적이다. 산업 현장의 대규모 공정에서 발열 반응에 대해 균일 촉매를 선호한다. 용액에서 열을 방출하는 것이 불균일 촉매의 고체상에서보다 더 쉽기 때문이다. 원리상 용액 내의 모든 균일 촉매 분자는 시약과 반응할 수 있기 때문에 매우 높은 활성을 나타낼 가능성이 있다. 표면에 있는 화학종들보다 용액에 있는 화학종들의 특성을 규명하기가 더 쉽고, 반응 속도 자료의 해석이 더 쉽기 때문에, 불균일 촉매의 메커니즘보다 균일 촉매의 메커니즘에 대한 연구가 더 상세하게 이루어졌고, 더 많은 자료를 얻을 수 있다는 것 또한 알아둘 필요가 있다. 분리 단계가 필요한 것이 균일 촉매의 주요 단점이다.

불균일 촉매는 산업계에서 매우 광범위하게 사용되며, 균일 촉매보다 경제적 효과가 훨씬 더 크다. 이러한 많은 고체 촉매가 고온에서 견딜 수 있고, 광범위한 작업 조건에서도 견딜 수 있다는 것이 매력적인 특징 중 하나이다. 온도가 높으면 반응이 빨라지므로, 정해진 양의 촉매와 정해진 반응 시간 동안, 높은 온도에서 고체 촉매가 생성하는 생성물의 양이 낮은 온도의 용액에서 작용하는 균일 촉매가 생성하는 생성물의 양보다 일반적으로 많다. 촉매로부터 생성물을 분리하는 별도의 단계가 필요하지 않기 때문에, 결과적으로 더 효율적이고 더 환경 친화적인 공정이라는 것이 불균일 촉매가 널리 활용되게 된 또 다른 이유이다. 전형적으로, 기체나 액체 반응물은 관 형태의 반응기 한쪽으로 유입되어 촉매층을 통과하고, 생성물은 반응기의 다른 쪽 출구에서 모아진다. 자동차 배기가스에서 CO와 탄화수소를 산화시키고 질소 산화물을 감소시키는 데 사용되는 촉매 변환기에도 이와 같은 단순한 반응 과정이 적용된다.

연습 문제

2.1 (a) NO^+, (b) ClO^-, (c) H_2O_2, (d) CCl_4, (e) HSO_3^-의 가능한 Lewis 구조를 그리시오.

2.2 화학종 (a) H_2Se, (b) BF_4^-, (c) NH_4^+의 예상되는 모양은 무엇인가?

2.3 화학종 (a) IF_6^+, (b) IF_3, (c) $XeOF_4$의 예상되는 모양은 무엇인가?

2.4 화학종 ICl_6^-와 SF_4 중 결합각이 VSEPR 모형으로 예측한 결합각과 더 가까운 것은 어느 것인가?

2.5 표 2.6의 공유 반지름을 이용하여 (a) CCl_4(177 pm), (b) $SiCl_4$(201 pm), (c) $GeCl_4$(210 pm)의 결합 길이를 계산하시오(괄호 안의 값은 실험으로 측정한 결합 길이이며, 비교를 위해 나타내었다).

2.6 주어진 B(Si=O) = 640 kJ mol^{-1}로부터 결합 엔탈피를 고려해 보면, 규소–산소 화합물들은 Si=O 이중 결합을 갖는 개별 분자를 만드는 것이 아니라 Si–O 단일 결합을 갖는 정사면체 그물 구조를 만들 것으로 예측된다. 이를 설명하시오.

2.7 표 2.7에 있는 자료를 이용하여 반응 $2H_2(g) + O_2(g) \rightarrow 2H_2O(g)$의 표준 엔탈피를 계산하시오. 실험값은 −484 kJ이다. 계산값과 측정값의 차이를 설명하시오.

2.8 평균 결합 엔탈피 자료를 이용하여 다음 반응의 표준 엔탈피를 예측하시오.

$$S_2^{2-}(g) + \frac{1}{4}S_8(g) \rightarrow S_4^{2-}(g)$$

$$O_2^{2-}(g) + O_2(g) \rightarrow O_4^{2-}(g)$$

알려지지 않은 화학종 O_4^{2-}는 S_4^{2-}의 단일 결합 사슬 유사체($[O-O-O-O]^{2-}$)라고 가정하시오.

2.9 4개의 임의의 원소 A, B, C, D의 전기 음성도는 각각 3.8, 3.3, 2.8, 1.3이다. 화합물 AB, AD, BD, AC를 공유 결합 특성이 증가하는 순서대로 나열하시오.

2.10 (a) BCl_3, (b) NH_4^+, (c) SF_4, (d) XeF_4의 중심 원자에 필요한 오비탈의 혼성을 예측하시오.

2.11 그림 2.17을 이용하여 (a) Be_2^+, (b) B_2^-, (c) C_2^-, (d) F_2^+의 전자 배치를 쓰고, 각각의 경우에 대해 HOMO의 형태를 그리시오.

2.12 아세틸렌(에타인)을 염화 구리(I) 용액에 통과시키면 붉은색의 아세틸렌화 구리(CuC_2) 침전이 형성된다. 이 반응은 아세틸렌의 존재를 확인하는 통상적인 시험법이다. 분자 오비탈 이론으로 C_2^{2-} 이온의 결합을 설명하고 결합 차수를 C_2와 비교하시오.

2.13 기체 상태 이핵 이원자 분자인 질소화 붕소(BN)에 대한 분자 오비탈 에너지 준위 도표를 그리시오. 이것이 C_2에 대한 분자 오비탈 에너지 준위 도표와 다른 점은 무엇인가?

2.14 분자 오비탈 전자 배치로부터 (a) S_2, (b) Cl_2, (c) NO^+의 결합 차수를 구하고, Lewis 구조로부터 구한 결합 차수와 비교하시오(NO의 오비탈은 O_2의 오비탈과 비슷하다).

2.15 각 분자 오비탈 도표를 고려하여 C_2^{2-}, N_2, CO, O_2의 경계 오비탈의 형태를 그리고, 화학적 성질을 예측하시오.

2.16 바닥 상태 He 원자는 광자를 흡수하여 전자 배치가 $1s^1 2s^1$인 들뜬 상태 He*가 된다. He* 원자가 다른 He 원자와 약한 결합을 형성하여 이원자 분자 HeHe*가 얻어진다. 이 화학종의 결합을 분자 오비탈을 이용하여 설명하시오.

2.17 (a) 가상의 화학종인 사각 평면형 H_4^{2+}에서 각 원자는 2개의 원자가 전자를 갖는가? (b) 가상의 화학종인 굽은형 O_3^{2-}에서 각 원자는 8개의 원자가 전자를 갖는가? 답에 대해 설명하고, 둘 중 하나라도 존재할 가능성이 있는지 결정하시오.

3 단순 고체의 구조

고체 화합물의 화학을 이해하는 것은 수많은 중요한 무기 재료들, 즉 합금, 단순 금속염, 무기 안료, 나노 물질, 제올라이트 및 고온 초전도체 등을 연구하는 중심이 된다. 3장에서는 단순 고체 화합물의 원자와 이온들이 만드는 구조를 살펴보고, 더불어 한 배열이 다른 배열보다 유리한 이유를 설명하고자 한다. 가장 단순한 모형부터 시작하며, 원자를 단단한 구형으로 표현하고, 고체 구조는 이 구형이 조밀하게 쌓여 있는 형태로 표현한다. '조밀 채움(close-packed)' 배열은 수많은 금속과 합금의 구조를 잘 설명하며, 또한 이온성 고체 화합물의 설명에 유용한 출발점이 된다. 이런 단순 고체 구조는 복잡한 무기 물질은 형성하는 기본 단위(building block)로 고려될 수 있다. 결합에 부분적인 공유 결합 성질을 추가하는 것은 구조 선택에 영향을 미친다. 그리고 선택된 구조 형태의 경향은 원자의 전기 음성도와 연관이 있다. 이 장에서는 구조와 반응성의 경향을 적절히 설명할 수 있는 에너지에 관해서도 언급할 것이다. 더 나아가 1족과 2족 원소로 이루어진 이온성 고체의 열적 안정도와 용해도에 대해서도 체계적으로 설명할 것이다. 마지막으로 고체 화합물에서 나타나는 원자의 무한 배열에 대하여 확장된 분자 오비탈 이론을 사용하여 고체 물질의 전자 구조를 설명할 것이다. 전도체, 반도체 및 절연체 같은 무기 고체 물질의 분류는 이 이론을 이용하여 설명될 것이다.

대부분의 원소와 무기 화합물은 고체 상태로 존재하고 원자, 이온, 그리고 분자로 잘 배열되어 있다. 금속 자체는 가장 단순한 고체이며, 그 구조는 금속 원자들이 규칙적으로 공간을 채운 배열로 설명될 수 있다. 전자들이 고체 전반에 걸쳐서 비편재화되어 있는, 즉 전자들이 특정한 원자나 결합에 결부되지 않는 **금속 결합(metallic bonding)**을 통해서 금속 중심들은 상호작용한다. 금속을 묘사하는 데 사용될 수 있는 하나의 모형은 많은 원자 오비탈이 겹쳐져서 시료 전체에 확장된 분자 오비탈을 생성하는 거대한 하나의 분자로 보는 것이다(3.19절). 금속 결합은 낮은 이온화 에너지 값을 지닌 원소, 즉 주기율표의 왼쪽에 존재하는 원소, d 구역 원소, 그리고 d 구역 부근에 위치한 몇몇 p 구역 원소의 특징이다. 대부분의 원소들이 금속이지만, 금속 결합은 다른 고체 화합물에서도 나타나며, 특히 d 금속 산화물과 황화물에서도 나타난다. 붉은색 광택이 나는 산화 레늄(ReO_3)과 '황철광'(FeS_2)이 금속 결합을 갖고 있는 화합물의 예이다. 잘 알려진 금속의 성질은, 이들이 갖고 있는 결합 특성과 고체 전체에 비편재되어 있는 전자들에 의해서 나타난다. 따라서 금속들은 전성(malleable, 압력에 의해 모양이 쉽게 변하는 성질)과 연성(ductile, 선으로 뽑을 수 있는 성질)을 갖고 있는데, 이러한 특성은 전자들이 각 금속 원자핵에 빠르게 재배치되고, 또한 결합에 방향성이 없는 성질에 기인한다. 그리고 금속의 광택은 전자들이 전자기 복사선의 입사파에 자유롭게 반응하여 반사하기 때문이다.

캡션에 🖵이 표시된 그림은 쌍방향의 3D 구조로 온라인에서 찾을 수 있다. 브라우저에 다음 URL을 입력하고 관련 그림 번호를 넣어라. www.chemtube3d.com/wellerxe/[장번호]F[그림 번호]. 예를 들어 2장의 그림 7은 www.chemtube3d.com/wellerxe/2F07을 입력하면 된다.

이온 결합(ionic bonding)에서는 서로 다른 원소로 이루어진 이온은 반대 전하를 가지는 이온과의 인력으로 인해 고정된 대칭적인 배열을 이루고 있다. 이온 결합은 또한 전자를 잃거나 얻음에 의존한다. 일반적으로 이온 결합은 전기 음성도가 큰 원소와 금속으로 이루어진 화합물에서 발견되지만, 예외도 많이 존재한다. 금속이 모두 이온 결합 화합물인 것은 아니며, 일부 비금속 화합물(예: 질산 암모늄)들은 이온 결합과 공유 결합 특성을 동시에 지니고 있다. 또한 이온 결합과 금속 결합의 특징을 같이 나타내는 물질도 있다.

이온 결합과 금속 결합은 방향성이 없으며, 이런 결합을 형성하는 구조는 공간 채움 모형으로 쉽게 설명되는데, 이 모형은 이온 사이의 정전기적 상호 작용의 수와 세기를 최대화한다. 고체에서 원자, 이온, 그리고 분자의 규칙적인 배열은 효과적인 공간 채움 방법의 결과로 생성된, 단위 세포로 알려진 반복 단위로 가장 적절히 설명된다.

고체 구조의 설명

단순 고체 구조에서 원자 또는 이온의 배열은 종종 단단한 구(sphere)의 다양한 배열로 설명할 수 있다. 금속 고체를 표현하기 위해 사용되는 구는 중성 원자인데, 이는 양이온이 전자로 둘러싸여 있기 때문이다. 이온성 고체를 설명하기 위하여 사용되는 구는 원자 사이에 상당한 전자 이동이 발생하므로 양이온과 음이온으로 표현된다.

3.1 단위 세포와 결정 구조에 대한 설명

원소나 화합물의 결정(crystal)은 원자, 분자, 또는 이온으로 이루어진 구성 원소가 규칙적으로 반복되는 현상으로 설명할 수 있다. '결정 격자'는 점에 의해 형성되는 일정한 형태로, 이 점은 반복되는 구성 원소의 위치를 나타낸다.

(a) 격자와 단위 세포

요점: 격자는 병진 대칭(translational symmetry)을 가지고 있는 동일한 점으로 이루어진 그물이라고 정의할 수 있다. 단위 세포는 결정의 기본 단위로, 이것을 회전이나 반사 없이 함께 쌓아가면 결정이 형성된다.

격자(lattice)는 **격자점**(lattice point)이라 불리는 점들이 삼차원으로 무한한 배열을 이루는데, 각 점은 이웃의 점과 동일한 방법으로 배치되어 결정에서 기본적으로 반복되는 구조를 형성한다. 구조 단위의 중심이 격자점에 위치하는 경우도 있지만, 그렇지 않은 경우도 있다. **결정 구조**(crystal structure)는 하나 이상의 동일한 구조 단위(예: 분자나 이온)가 각 격자점과 연관되어 얻어진다.

결정의 **단위 세포**(unit cell)는 가상적인 평행면 구역[평행육면체(parallelepiped)]이고 전체 결정 구조는 단위 세포를 병진 이동하여 만들어진다.[1] 이렇게 정의된 단위 세포는 결정 구조에서 공간이 생기지 않도록 완벽하게 맞추어진다. 단위 세포는 다양한 방법으로 정의될 수 있으나, 일반적으로 가장 큰 대칭성을 갖는 가장 작은 세포를 선택한다. 따라서 그림 3.1에서 보여 주는 이차원 패턴에서 다양한 단위 세포를 선택할 수 있으며, 이들 각각은 박스 안에 있는 내용물을 병진 이동에 의하여 반복한다. 선택 가능한 두 가지 반복 단위를 보여 주고 있으나, 크기가 작기 때문에 (a)보다 (b)를 더 선호한다. 삼차원 구조에서 격자 파라미터 간의 관

[1] 병진(translation)은 정해진 방향으로 그림이나 요소를 일정한 거리로 움직여 똑같은 형상을 만드는 것이다. 이 경우에는 단위 세포를 단위 세포 모서리와 평행하게 단위 세포 파라미터 거리만큼 이동할 때 처음과 똑같이 된다.

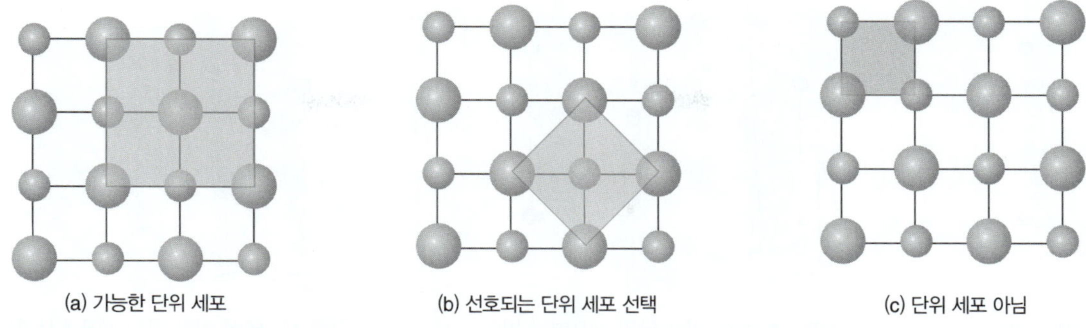

그림 3.1 이차원 고체와 단위 세포의 두 가지 선택 전체 결정은 각 단위 세포의 병진 이동으로 생성되지만, 면적이 작은 (b)를 (a)보다 선호한다.

계는 구조의 대칭 결과로 7가지의 **결정계**(crystal system)로 나타난다(표 3.1과 그림 3.2). 화합물이 취하고 있는 모든 정돈된 구조는 이들 결정계 중의 하나에 속한다. 이 장에서 다루는 대부분의 화합물은 단순한 조성과 화학량론으로 간단하여 높은 대칭성의 입방정계나 육방정계에 속한다. 단위 세포의 크기와 모양을 정의하기 위하여 사용하는 각도(α, β, γ)와 길이(a, b, c)를 **단위 세포 파라미터**(unit cell parameter, 또는 '격자 파라미터')라고 한다. a와 b 사이의 각을 γ, b와 c 사이의 각을 α, 그리고 a와 c 사이의 각을 β로 정의한다. 일반적인 삼사정계 단위 세포는 그림 3.2에 설명되어 있다.

표 3.1 결정계 7가지

계	격자 파라미터 간의 관계	정의된 단위 세포	중요한 대칭
삼사정계	$a \neq b \neq c, \alpha \neq \beta \neq \gamma \neq 90°$	$a\ b\ c\ \alpha\ \beta\ \gamma$	없음
단사정계	$a \neq b \neq c, \alpha = \gamma = 90°, \beta \neq 90°$	$a\ b\ c\ \beta$	한 개의 C_2 회전축과(또는) 거울면
직방정계	$a \neq b \neq c, \alpha = \beta = \gamma = 90°$	$a\ b\ c$	서로 수직인 세 개의 C_2 회전축과(또는) 거울면들
삼방정계	$a = b = c, \alpha = \beta = \gamma \neq 90°$	$a\ \alpha$	한 개의 C_3 회전축
정방정계	$a = b \neq c, \alpha = \beta = \gamma = 90°$	$a\ c$	한 개의 C_4 회전축
육방정계	$a = b \neq c, \alpha = \beta = 90°, \gamma = 120°$	$a\ c$	한 개의 C_6 회전축
입방정계	$a = b = c, \alpha = \beta = \gamma = 90°$	a	네 면으로 배치된 네 개의 C_3 회전축

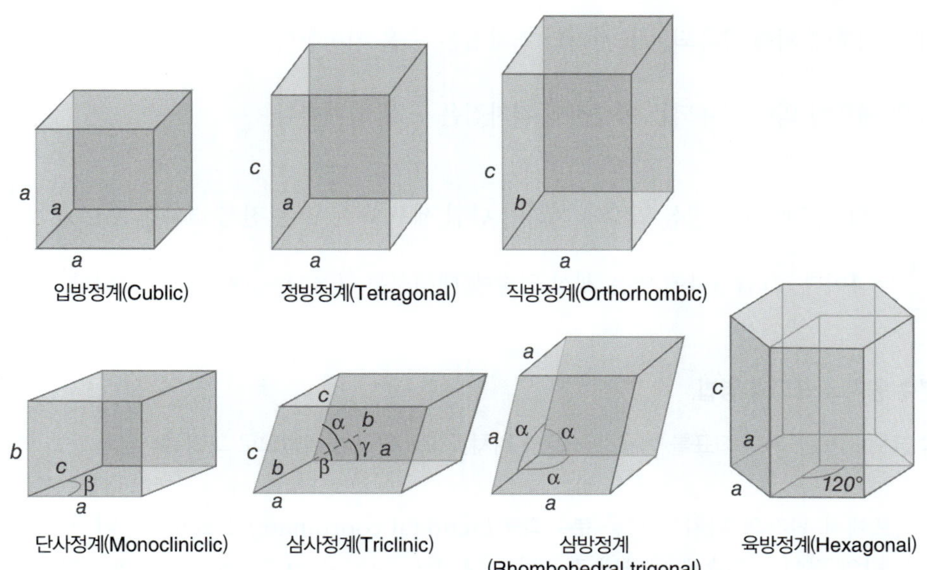

그림 3.2 결정계 7가지

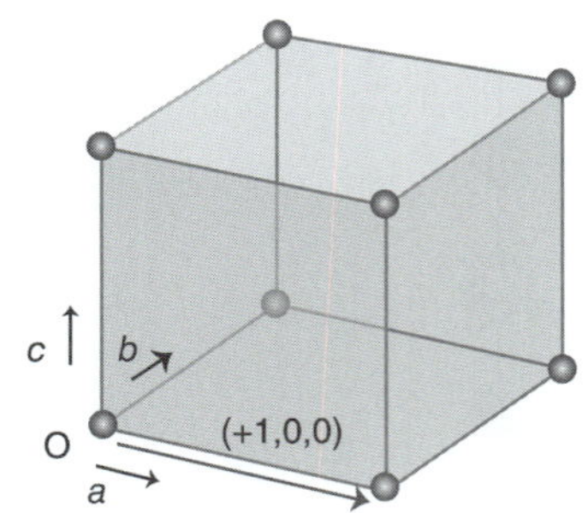

그림 3.3 원시 입방 단위 세포에서 병진 대칭을 나타내는 격자점 병진 대칭은 단위 세포 자체의 대칭이다. 예를 들어 원점 O에 있는 *a* 격자점을 (+1, 0, 0)만큼 이동하여 다른 단위 세포의 모서리가 된다.

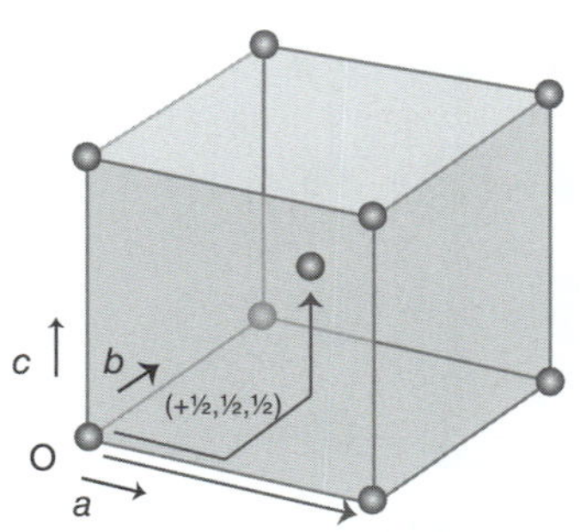

그림 3.4 체심 입방 단위 세포에서 병진 대칭을 나타내는 격자점 병진 대칭은 단위 세포 자체와 (+½,+½,+½)이다. 그러므로 원점과 단위 세포의 체심으로 이동한다.

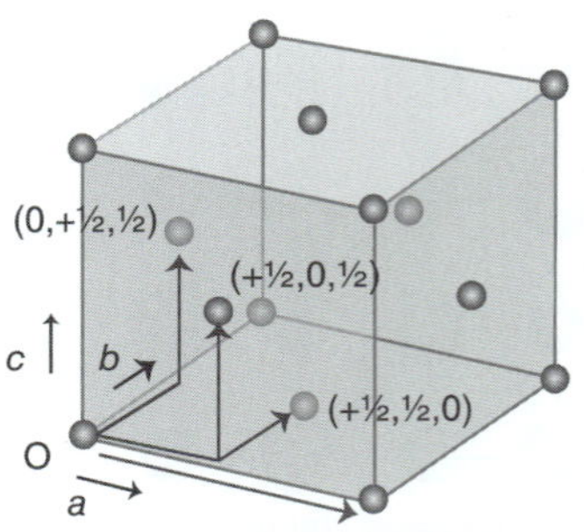

그림 3.5 면심 입방 단위 세포에서 병진 대칭을 나타내는 격자점 병진 운동은 단위 세포와 (+½,+½, 0), (+½,0, +½), (0,+½,+½,)이므로, 원점 O의 격자점은 각 면의 중심으로 이동한다.

원시(primitive) 단위 세포(기호 P로 나타냄)는 단위 세포 내에 하나의 격자점만을 포함하고(그림 3.3), 존재하는 병진 대칭은 반복되는 단위 세포에 있다. 보다 더 복잡한 격자 형태 **체심**(I, body-centred)(독일어 innenzentriet에서 유래되었으며 격자점이 단위 세포의 중심에 있음을 의미)과 **면심**(F, face-centred)으로, 단위 세포 내에 각각 두 개와 네 개의 격자점을 포함하고 추가적으로 병진 대칭이 있다(그림 3.4와 3.5). **체심 입방**(**bcc: body-centred cubic**) 격자에서 추가적인 병진 대칭은 단위 세포 중앙에 격자점을 생성하고, 이것은 단위 세포의 원점(0,0,0)에서 중심$(+\frac{1}{2},+\frac{1}{2},+\frac{1}{2})$으로의 이동에 해당한다. 각 격자점 주위는 동일하며 정육면체의 꼭짓점에 8개의 격자점을 형성한다. 때로는 중앙에 위치한 격자들이 원시 형태보다 우선시될 경우가 있는데(원시 격자는 어떠한 구조에서도 항상 사용이 가능하지만), 이것은 세포의 본질적인 구조 대칭을 더 분명하게 표현할 수 있기 때문이다.

삼차원 단위 세포에서 격자점의 수는 다음과 같은 규칙에 의해 정할 수 있다. 같은 방법으로 단위 세포가 포함하고 있는 원자, 이온, 분자의 수를 정하는 데도 이용할 수 있다(3.9절).

- 특정한 세포의 체심에 완전히 속해 있는 격자점은 1로 한다.
- 2개의 세포에 의해 공유되는 면의 격자점은 세포에 $\frac{1}{2}$을 기여한다.
- 4개의 세포에 의해 공유되는 모서리의 격자점은 $\frac{1}{4}$을 기여한다.
- 8개의 세포에 의해 공유되는 꼭짓점의 격자점은 $\frac{1}{8}$을 기여한다.

따라서 그림 3.5에 있는 면심 입방에 대하여 단위 세포 내에 있는 전체 격자점 수는 $(8\times\frac{1}{8})+(6\times\frac{1}{2})=4$이다. 그림 3.4에 있는 체심 입방에 대해서는 $(1\times1)+(8\times\frac{1}{8})=2$이다.

(b) 분수 원자 좌표와 투영법

요점: 고체 구조는 분수 좌표를 이용하여 원자 위치를 표시하는 투영법으로 그릴 수 있다.

단위 세포에서 원자의 위치는 보통 **분수 좌표**(factional coordinate)로 표시하는데, 이는 단위 세포 한 변의 길이를 분수로 나타낸 좌표이다. 따라서 (x,y,z), $0\leq x,y,z\leq1$로 표시된 것은 원자가 a와 평행한 xa, b와 평행한 yb, 그리고 c와 평행한 zc에 위치한 것을 의미한다. 착물 구조의 삼차원 표현은 이차원으로 설명하는 것이 어려운 경우가 종종 있다. 삼차원 구조를 이차원 표면으로 나타내는 확실한 방법은 단위 세포의 한 축에서 바라보는 투영법을 이용하는 것이다. 투영면에서 원자들의 상대적인 위치는 바닥면을 기준으로 위로 분수 좌표로 표시하고, 이 수치를 원자 기호 옆에 적는다. 두 개의 원자가 서로 위 아래로 위치할 경우에는 두 개의 분수 좌표를 괄호 안에 적는다. 예를 들면 그림 3.8a의 삼차원 구조에서 보여 주듯이, 체심 텅스텐 금속의 구조는 그림 3.8b의 투영법으로 표시한다.

예제 3.1 격자 형태의 확인

입방 구조의 ZnS(그림 3.6)에 존재하는 병진 대칭을 결정하고, 이 구조가 속하는 격자 유형을 확인하시오.

답 전체 세포에 대하여 적용하였을 때 모든 원자가 동등한 위치(같은 배위 환경을 갖는 같은 원자 형태)에 있게 하는 이동을 확인해야 한다. 이 경우에 (0,+½,+½), (+½,+½,0), (+½,0,+½) 이동이 그와 같은 효과가 있다. 여기서 x, y, z 좌표에 들어 있는 +½은 각각 적합한 세포 방향으로 $a/2$, $b/2$, $c/2$ 만큼의 이동을 의미한다. 예를 들면 사면체 꼭짓점의 4개의 S^{2-} 이온에 둘러싸인 단위 세포의 왼쪽 바닥 꼭짓점의 Zn^{2+} 이온에서 출발하여 (+½,0,−½)을 이동하면 Zn^{2+} 이온은 오른쪽 위 꼭짓점에 이르게 되며, 이때 황과의 배위 환경은 처음과 동등하다. 이와 같은 이동은 면심 격자에 해당하고, 따라서 격자 형태는 F이다.

문제 3.1 CsCl(그림 3.7)의 격자 형태를 결정하시오.

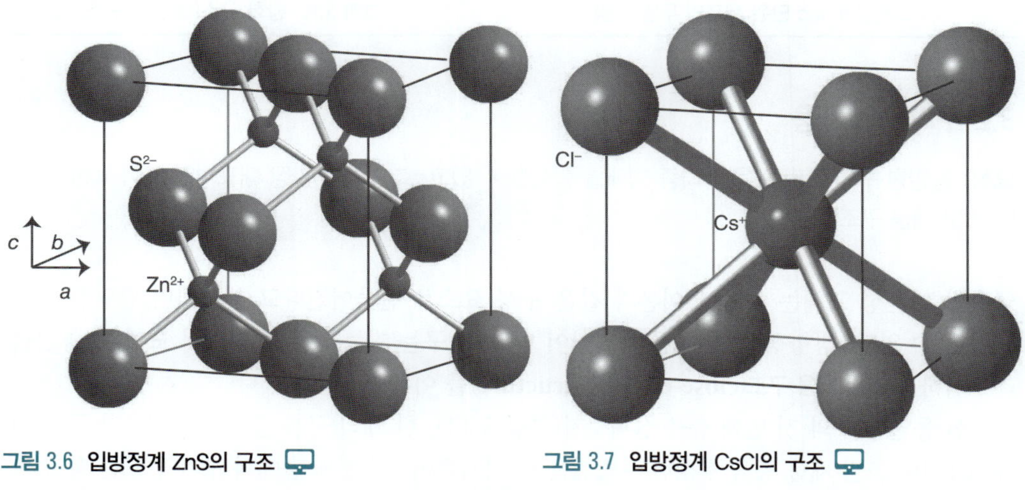

그림 3.6 입방정계 ZnS의 구조

그림 3.7 입방정계 CsCl의 구조

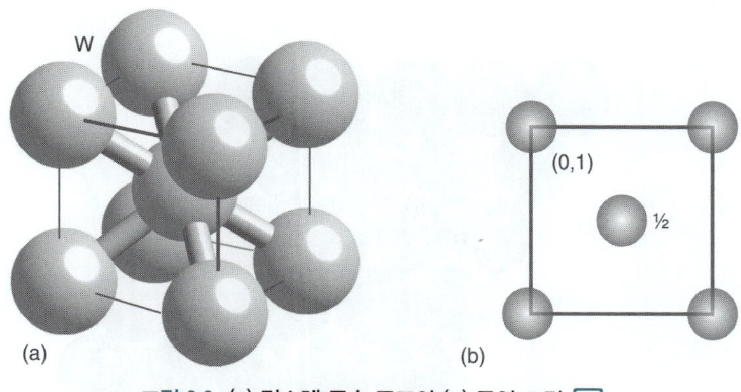

그림 3.8 (a) 텅스텐 금속 구조와 (b) 투영 그림

예제 3.2 삼차원 투영법으로 구조 그리기

그림 3.5의 면심 입방 격자를 투영 그림으로 전환하시오.

답 먼저 세포의 한 면과 수직을 이루는 위치로부터 세포를 바라보면서 격자점의 위치를 확인한다. 입방 단위 세포의 면은 정사각형으로 위에서 바라본 투영 그림은 정사각형이다. 단위 세포의 각 꼭짓점에 격자점이 있고 이것들은 (0,1)로 표시된다. 각 수직면 중앙에 위치한 격자점은 투영한 정사각형 모서리 위치에 분수 좌표 ½의 점으로 투영된다. 그리고 단위 세포의 아래와 윗면에 위치한 격자점을 각각 정사각형 중앙 0과 1에 투영되며, 사각형의 중앙에 마지막 점을 놓고 (0,1)로 표시한다. 최종 투영도는 그림 3.9에서 볼 수 있다.

문제 3.2 그림 3.10에서 보여 주는 SiS_2 단위 세포 구조의 투영 그림을 삼차원 그림으로 전환하시오.

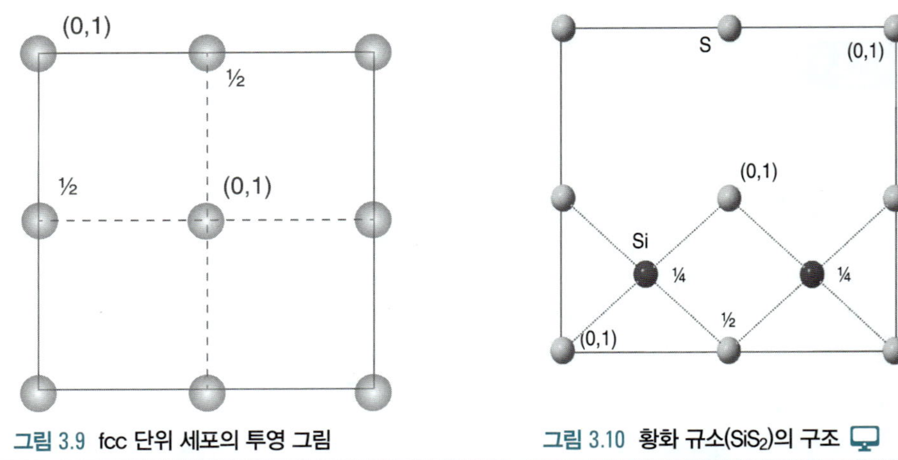

그림 3.9 fcc 단위 세포의 투영 그림

그림 3.10 황화 규소(SiS_2)의 구조

3.2 구의 조밀 채움

요점: 동일한 구의 조밀 채움은 다중 형태를 형성할 수 있고, 그중에서 가장 대표적인 것이 육방 및 입방 조밀 채움 구조이다.

금속과 이온성 고체는 원자나 이온과 같은 구성 요소로 만들어진다고 생각되며 단단한 구로 표현될 수 있다. 방향성을 갖는 공유 결합이 없다면, 구는 가능한 서로 가까이 모여 빈 공간을 최소화하는 **조밀 채움 구조**(**close-packed structure**)를 이룬다.

우선 동일한 구의 첫 번째 층을 살펴보자(그림 3.11). 한 개의 구를 중심으로 이웃한 구는 최대 6개이며 조밀 채움 층을 형성하는 방법은 한 가지뿐이다.[2] 첫째 층에서 구가 만드는 움푹 파인 곳에 구가 위치하여 두 번째 조밀 채움 층을 형성한다(주목할 것은 구의 크기에 의해서 원래 층에 생성된 움푹 파인 곳의 절반만이 사용된다). 세 번째 층에는 두 가지 방법이 있는데, 두 개의 **다중 형태**(**polytype**)나, 이차원(면)에서는 같으나 3차원에서는 다른 구조로 이루어진다. 뒷부

[2] 이것을 여러분 스스로 보여줄 수 있는 좋은 방법은 여러 개의 동일한 동전을 구해서 평평한 바닥 위에 놓고 함께 밀어보는 것이다. 표면을 덮는 가장 효율적인 배열은 각 동전을 6개의 동전이 둘러싸는 것이다. 이런 단순한 모형 접근법은 공이나 오렌지, 또는 구슬 같은 동일한 구형 물체들을 모아서 삼차원으로 확장할 수 있다.

그림 3.11 단단한 구들의 조밀 채움 층

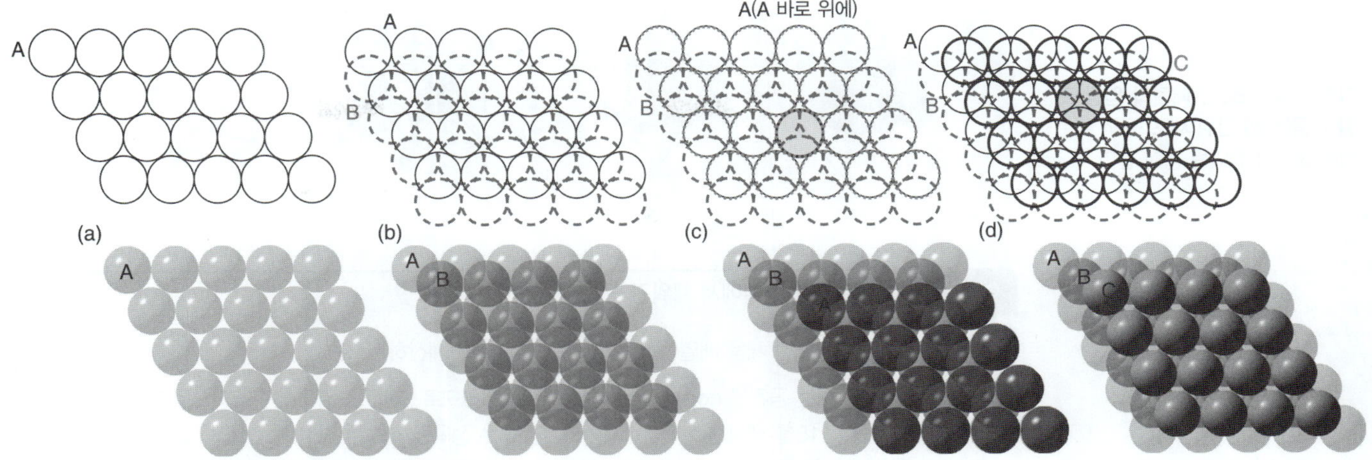

그림 3.12 두 가지 다중 형태의 조밀 채움 방법 (a) 단일 조밀 채움 층 A. (b) 두 번째 조밀 채움 층, B가 A의 골 위에 놓인다. (c) 세 번째 층이 첫 번째 층과 같으면 ABA 배열이 된다(hcp). (d) 세 번째 층이 첫 번째 층의 틈에 놓여서 ABC 배열을 이룬다(ccp). 음영 차이를 주어 각 층을 구분하였다.

분에서 많은 다중 형태를 살펴보겠고, 여기서는 가장 중요한 두 가지의 경우만 설명하겠다.

첫 번째는 세 번째 층의 구가 첫 번째 층에 있는 구의 바로 위에 놓여 있는 형태이다. 이것은 ABAB... 패턴으로, A와 B는 구가 각각 아래 위로 같은 위치에 놓인 층을 의미하며 육방 단위 세포의 구조를 형성하고, 이것을 **육방 조밀 채움(hcp: hexagonally close-packed**, 그림 3.12c와 3.13)이라 한다. 두 번째는 세 번째 층의 구가 첫 번째 층에 형성되어 있는 틈 사이에 위치하는 형태이다. 여기서 두 번째 층의 구는 첫 번째 층에서 형성된 틈의 절반만 채우고 세 번째 층에서 나머지 틈의 바로 위에 구들이 위치하게 된다. 이런 배열은 ABCABC... 패턴을 보여 주며, 여기서 C는 A 또는 B 층에 있는 구과 다른 위치에 있게 된다(하지만 이것은 다른 C층의 바로 위에 위치하게 된다). 이 패턴은 입방 단위 세포 구조를 가지며, **입방 조밀 채움(ccp: cubic close-packed**, 그림 3.12d와 3.14)이라 불린다. ccp 단위 세포는 정육면체 구조에서 각 꼭짓점과 면의 중앙에 구가 존재하여 **면심 입방(fcc: face-centred cubic)**이라고도 불린다. 이 조밀 채움 배열에서 구의 **배위수(CN: coordination number**, 가장 가까이 이웃한 수)는 12로, 기하학적으로 가질 수 있는 가장 큰 숫자이다.[3] 만약 방향성을 갖는 결합이 존재할 경우에는 더 이상 조밀 채움 구조를 이루지 못하며 배위수가 12보다 작게 된다.

ccp와 fcc는 종종 같은 의미로 사용된다. 엄밀히 fcc가 ccp의 전형적인 격자 형태를 의미하는 반면, ccp는 조밀 채움 배열만을 의미한다. 이 책에서는 조밀 채움 배열을 설명하기 위하여 ccp라는 용어만을 사용할 것이다. ccp는 fcc 격자 형태를 갖는 입방 단위 세포로 그릴 것이며, 이렇게 표현하는 것이 이해하기에 가장 쉽다.

[3] 각각의 구가 12개의 가장 가까운 이웃을 가지고 있다는 이 주장은 가능한 가장 밀도가 높은 구의 쌓임으로 1611년에 Johannes Kepler에 의해 예측되었으며, 1998년에서야 입증되었다.

조밀 채움 구조가 차지하는 공간은 전체 부피의 74%이다. 하지만 빈 공간은 전체 부피의 26%가 아니다(예제 3.3 참조). 하지만 단단한 구 모형에서 제시한 것처럼 전자 밀도가 구형에 갇혀 있는 것은 아니므로 실제 고체에서는 채워져 있지 않은 공간이 비어 있지 않다. 빈 공간의 형태나 배열은 매우 중요하다. 그 이유는 합금이나 이온 결합 화합물을 포함하는 다양한 구조에서 원자나 이온이 빈 공간의 일부나 전체를 채울 수 있고, 이것은 다른 확장된 조밀 채움 배열을 생성하게 되기 때문이다.

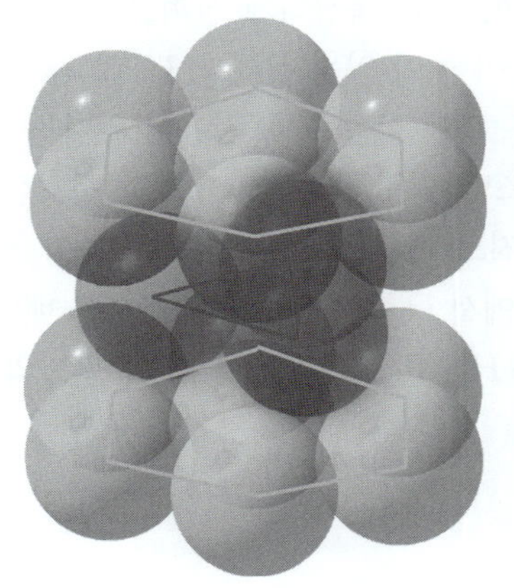

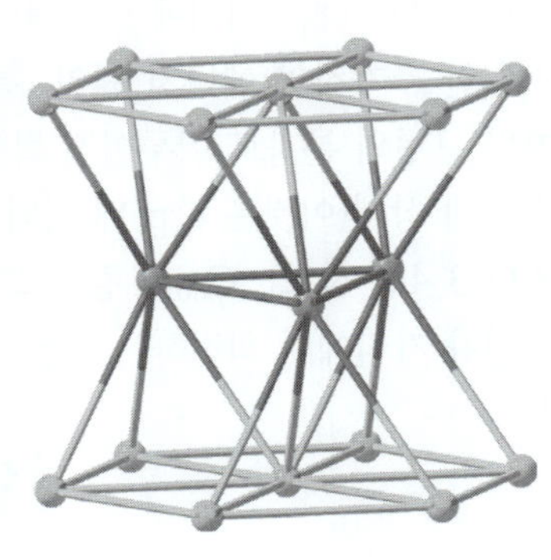

그림 3.13 ABAB... 패턴의 육방 조밀 채움(hcp) 단위 세포 구의 색은 그림 3.12c에 있는 층들과 같다.

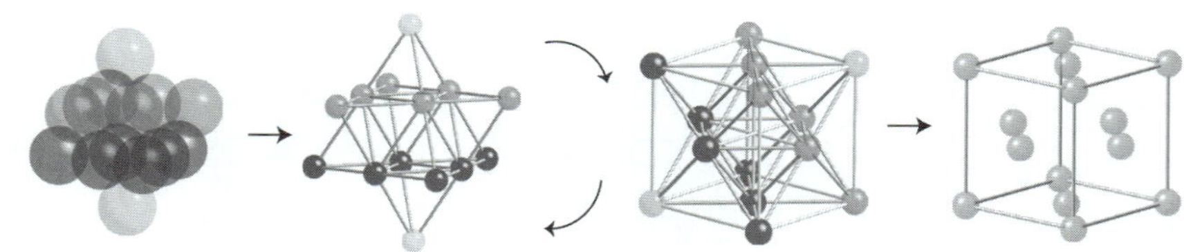

그림 3.14 ABC... 패턴의 입방 조밀 채움(ccp) 단위 세포 구의 색은 그림 3.12d에 있는 층과 같다.

예제 3.3 조밀 채움 배열에서 채워진 공간의 계산

동일한 구로 이루어진 조밀 채움 배열에서 빈 공간의 백분율을 계산하시오.

답 단단한 구가 차지하는 공간은 ccp와 hcp 배열에서 동일하므로, 계산을 위해서 구조적으로 더 간단한 ccp를 사용한다. 그림 3.15를 생각해 보자. 반지름이 r인 구는 정육면체의 한 면을 가로질러 접촉하고 있고, 이 대각선의 길이는 $r + 2r + r = 4r$이다. 이와 같은 세포 한 변은 Pythagoras 정리에 따라 $\sqrt{8}r$[(대각선($4r^2$)의 길이의 제곱은 길이가 a인 두 개 변의 길이의 제곱의 합과 같으므로 $2 \times a^2 = (4r)^2$에서 $a = \sqrt{8}r$]이고, 세포의 부피는 $(\sqrt{8}r)^3 = 8^{3/2}r^3$이다. 단위 세포는 각각의 꼭짓점($8 \times \frac{1}{8} = 1$)에서 구의 $\frac{1}{8}$을, 각 면에서 구의 반($6 \times \frac{1}{2} = 3$)을 포함하고 있어 단위 세포 전체에는 4개가 포함되어 있다. 각 구의 부피는 $\frac{4}{3}\pi r^3$으로 단위 세포 내에 포함된 구들이 차지하는 부피는 $4 \times \frac{4}{3}\pi r^3 = \frac{16}{3}\pi r^3$이 된다.

따라서 구가 차지하는 비율은 $(\frac{16}{3}\pi r^3)/(8^{3/2}r^3) = \frac{16}{3}\pi/8^{3/2} = 0.740$으로 계산된다.

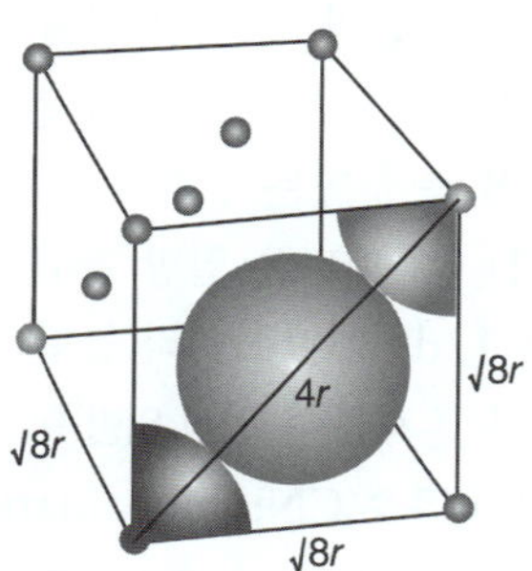

그림 3.15 반지름 r인 동일한 구로 이루어진 조밀 채움 배열에서 쌓임 비율 계산에 사용된 치수

문제 3.3 (a) 원시 입방 단위 세포에 있는 동일한 구가 차지하는 공간의 비율을 계산하시오. (b) 체심 입방 단위 세포 조밀 채움 구조에서 얻어진 값들을 비교하여 기술하시오.

ccp와 hcp 배열은 동일한 구로 공간을 채우는 가장 효과적이며 간단한 방법이다. 이들은 단지 조밀 채움층의 쌓아올리는 순서만 다르며, 조금 복잡하게 살펴보면, 조밀 채움층은 이웃과 상대적으로 다른 위치에 연속적인 평면들이 놓여 있는 것이다(3.4절 참조). 다른 배열을 이루기 위한 추가적인 에너지 원인, 특히 공유 결합 같은 상호 작용이 없다면 금속처럼 동일한 원자나 구형의 분자로 이루어진 화합물은 조밀 채움 구조를 무엇보다 선호한다. 비활성 기체들의 고체 상태(이것은 ccp 배열)와 마찬가지로, 실제로 많은 금속이 조밀 채움 구조를 이루고 있다(3.4절 참조). C_{60}과 같이 고체 상태에서 구형인 분자도 역시 ccp 배열을 하고(그림 3.16), 격자 자리에서 회전하는 작은 분자, 즉 H_2, F_2, 그리고 고체 산소 O_2의 한 형태도 구형이다.

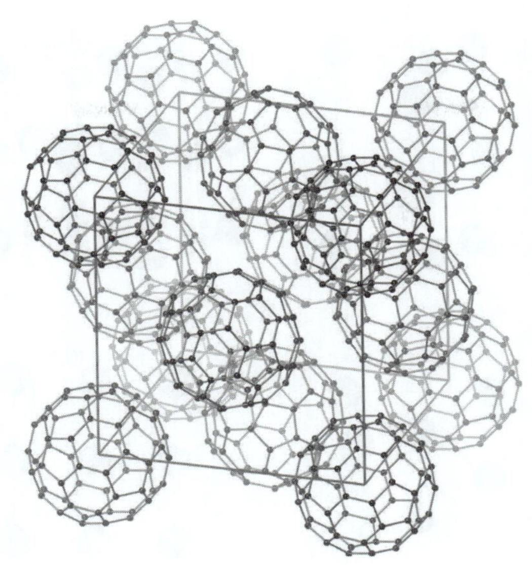

그림 3.16 fcc 단위 세포에서 C_{60} 다면체의 쌓임을 보이는 고체 C_{60}의 구조

3.3 조밀 채움 구조에서의 구멍

요점: 고체 구조는 한 종류 원자의 조밀 채움 배열로 설명될 수 있고, 여기에 다른 원자나 이온에 의하여 채워지는 사면체 또는 팔면체 구멍이 있다. 조밀 채움 구조에서 구, 팔면체 구멍 그리고 사면체 구멍의 비율은 1:1:2가 된다.

원소 금속에 비하여 더 복잡한 구조를 설명 가능하게 해 주는 조밀 채움 구조의 특징은 두 가지 **구멍(hole)**이 있다는 것이며, 이는 구 사이에 있는 빈 공간을 의미한다. **팔면체 구멍(octahedral hole)**은 이웃한 층에 있는 구에 의해 만들어지는 두 개의 평면 삼각형 사이에 존재한다(그림 3.17a). 서로에 대해서 60° 회전되어 있는 두 삼각형이 정팔면체의 마주보는 면의 윤곽을 분명히 나타낸다는 것을 주목하라. 정팔면체 구멍은 두 개의 틀어져 있는 삼각형들이 두 조밀 채움 층 사이에 바로 이웃하고 있는 모든 지점에서 두 개의 평행한 조밀 채움 층 사이의 중간 지점이 놓여진다.

조밀 채움 구조에서 N개의 구가 있다면, N개의 팔면체 구멍이 존재한다. hcp 단위 세포에서의 팔면체 구멍을 그림 3.18a에서 볼 수 있고, 그림 3.18b에서 ccp 단위 세포에서 나타나는 구멍을 볼 수 있다. 이 구멍은 국부적으로 정팔면체 대칭을 이루며 정팔면체의 각 꼭짓점에 중심을 둔 6개의 구에 의하여 둘러싸여 있다. 구의 반지름이 r이고 구가 서로 맞닿아 있다고 하면, 각 팔면체 구멍에 $0.414r$보다 작은 반지름을 갖는 다른 종류의 구가 들어갈 수 있다.

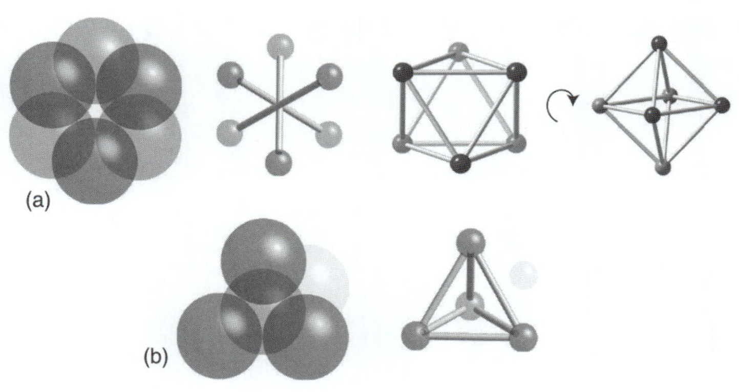

그림 3.17 조밀 채움 배열에서 형성된 (a) 팔면체 구멍, (b) 사면체 구멍

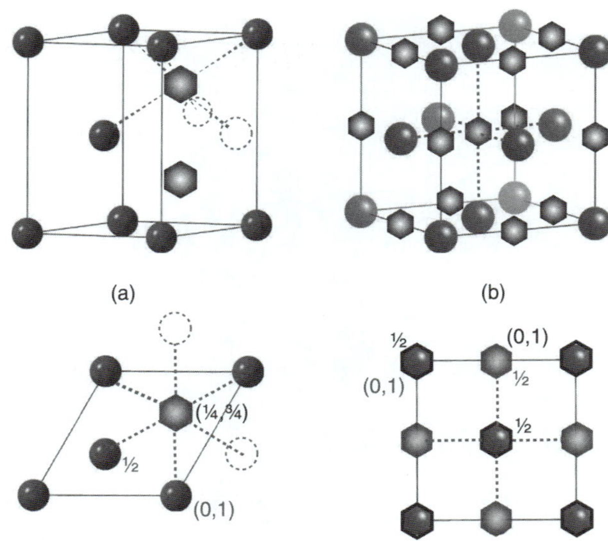

그림 3.18 (a) hcp 단위 세포에 있는 두 개의 팔면체 구멍 위치(육각형 표시). (b) ccp 단위 세포에 있는 팔면체 구멍 위치(육각형 표시). 이웃하는 단위 세포에서의 조밀 채움 구체의 위치는 hcp 경우에 정팔면체 배위를 보여 주기 위해서 점선의 원으로 보여 주었고, 각 구조에서 하나의 정팔면체 구멍을 점선으로 보여 주었다.

정사면체 구멍(**tetrahedral hole**, 그림 3.17b)은 조밀 채움 한 층 내에서 맞닿은 구체들이 이루는 삼각형 위에 씌워지는 인접한 다른 층에 속하는 한 구체가 그들 사이의 옴폭한 부분에 놓이면서 형성된다. 처음 조밀 채움 층에 속하는 세 개의 원자에 씌워지는 원자는 위 또는 아래의 조밀 채움 층에 속한다. 그로 인해 조밀 채움 고체에서 정사면체 구멍은 다음과 같은 두 가지 종류로 구분된다. 하나는 정사면체 정점이 위쪽을 향하고(T), 다른 하나는 아래쪽을 향한다(T′). N개의 구로 이루어진 배열에서 각 종류별로 N개의 구멍이 존재하고, 따라서 $2N$개의 정사면체 구멍이 있다. 조밀 채움 구조의 층 사이에 놓여 있는 정사면체 구멍의 위치는 정사면체 구멍을 규정하기 위해 선택된 3개의 원자를 포함하는 층에 더 가깝다. 그러므로 조밀 채움 층들과 구멍의 배열은 PTOT′PTOT′P... 순서로 요약할 수 있다. 여기서 P는 조밀 채움 층이고, O는 정팔면체 구멍이고, T는 정사면체 구멍이다.

반지름이 r인 구의 조밀 채움 구조에서 사면체 구멍은 $0.225r$보다 작은 다른 형태의 단단한 구를 포함할 수 있다. 네 개의 구로 둘러싸여 있는 사면체 구멍의 위치를 hcp 격자의 경우 그림 3.20a에, 그리고 그림 3.20b에 ccp 배열에 대한 것을 나타냈다. ccp와 hcp 구조에서 각 사면체 구멍은 동일하지만, hcp 배열에서 이웃한 T와 T′ 구멍은 사면체 면을 공유하며 서로 접해 있어서 동시에 다른 구로 채워질 수가 없다. 반지름 크기가 다른 두 종류의 구체(예를 들어 양이온과 음이온이 함께 쌓일 때) 더 큰 구체(일반적으로 음이온)가 조밀 채움 구조를 이루고, 작은 구체는 정팔면체 구멍 또는 정사면체 구멍을 차지한다. 그러므로 단순한 이온성 고체의 구조는 조밀 채움 구조 내의 구멍을 차지하는 것으로 묘사할 수 있다(3.9절).

예제 3.4 팔면체 구멍의 크기 계산

반지름 r인 구로 이루어진 조밀 채움 고체에서 팔면체 구멍에 들어갈 수 있는 구의 최대 반지름을 계산하시오.

답 그림 3.19a에서 위층의 구가 제거된 구멍 구조를 보여 주고 있다. 구와 구멍의 반지름을 각각 r과 r_h라고 하면, Pythagoras 정의에 따라 $(r + r_h)^2+(r + r_h)^2 = (2r)^2$가 되고, 이것은 $(r + r_h)^2 = 2r^2$와 다시 $r + r_h = \sqrt{2}r$로 정리된다. 따라서 $r_h = (\sqrt{2}-1)r = 0.414r$이다. 이 값은 조밀 채움 구가 서로 맞닿아 있을 수 있는 최대 크기이다. 만약에 구가 상대적인 위치를 유지하면서 약간 분리되어 있을 경우에는 이 구멍에 약간 큰 구가 들어갈 수 있다.

문제 3.4 사면체 구멍에 들어갈 수 있는 구의 최대 반지름 비가 $r_h = 0.225r$임을 증명하시오(아래 본문 참조). 그림 3.19b를 사용한다. 네 개의 이웃하지 않은 꼭짓점에 의해서 입방체 내에 정사면체가 만들어지고 구멍의 중심과 정사면체의 중심에 일치하는 것을 주목한다.

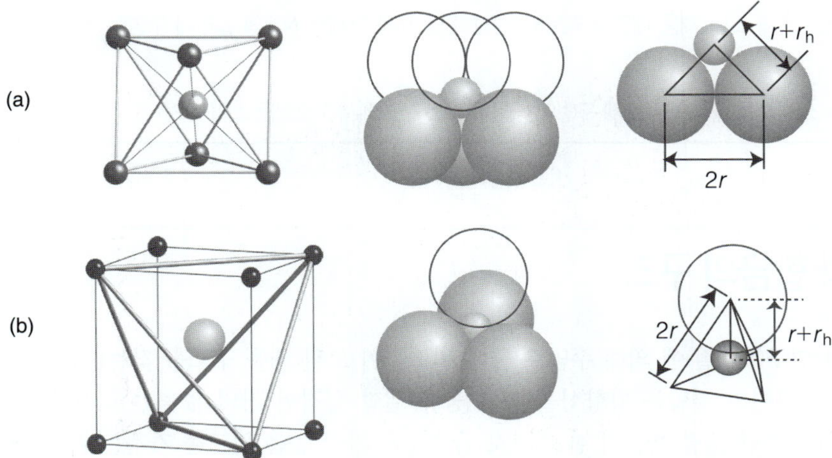

그림 3.19 (a) 팔면체 구멍, (b) 사면체 구멍 크기의 계산에 사용된 구 간의 거리

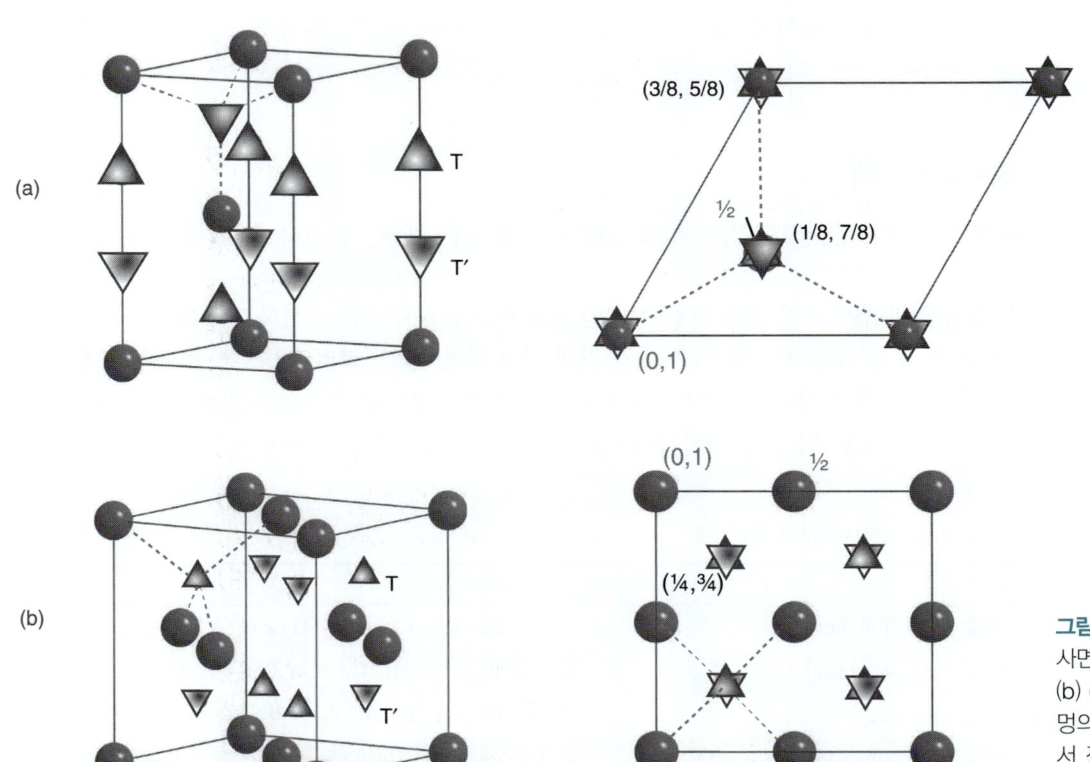

그림 3.20 (a) hcp 단위 세포에서 사면체 구멍(삼각형 표시)의 위치, (b) ccp 단위 세포에서 사면체 구멍의 위치. 점선은 각 구조 음영에서 정사면체 구멍에 대한 배위 구조를 보여 준다.

예제 3.5 ccp 배열에서 조밀 채움 구체와 팔면체 구멍의 비가 1:1임을 증명하기

ccp 배열에서 조밀 채움 구체와 팔면체 구멍의 개수를 결정하고, 그에 따라 비율이 구체: 구멍의 비율이 1:1 임을 보이시오.

답 ccp 단위 세포, 그림 3.18b에 팔면체 구멍의 위치가 표시되어 있다. 3.1절에 면심 격자에 있는 한 구체는 각 격자점과 연관되고, 이에 따라서 조밀 채움 구체의 개수를 계산하면 된다. 그러므로 단위 세포 내의 조밀 채움 구체의 개수는 $(8 \times \frac{1}{8}) + (6 \times \frac{1}{2}) = 4$이다. 팔면체 구멍은 입방체의 각 모서리상에 위치하여(총 12개의 모서리), 네 개의 단위 세포에 걸쳐진다. 입방체 중심에 추가로 구멍이 있고, 이것은 다른 단위 세포와 공유되지 않는다. 그러므로 단위 세포당 전체 정팔면체 구멍의 개수는 $(6 \times \frac{1}{2}) + 1 = 4$이다. 그러므로 조밀 채움 구체와 구멍의 단위 세포 내에서 비율은 4:4, 동등하게 1:1이다. 단위 세포가 전체 구조의 반복 단위이므로, 이 결과는 전체 조밀 채움 배열에 적용되고 '*N* 조밀 채움 구체당 *N*개의 팔면체 구멍이 있다'라고 종종 일컫는다.

문제 3.5 조밀 채움 구체와 사면체 구멍의 비율이 ccp 구조에서 1:2임을 보이시오.

금속과 합금의 구조

X선 회절 연구(8.1절)에 의해 수많은 금속 원소들이 조밀 채움 구조를 갖는다는 사실이 밝혀졌고, 원자 사이의 결합은 방향성을 지닌 공유 결합 성격이 거의 없음이 알려졌다(표 3.2와 그림 3.21). 이런 조밀 채움의 한 결과로 금속들은 가끔 높은 밀도를 가지는데, 그 이유는 작은 부피 안에 가장 효과적으로 쌓여 있기 때문이다. 실제로 d 구역의 이리듐과 오스뮴 근처에 있는 금속 원소들은 실온과 대기압에서 밀도가 가장 높은 고체들로 알려져 있다. 오스뮴은 모든 원소 중에서 가장 밀도가 크며(22.61 g cm^{-3}), 텅스텐은 19.25 g cm^{-3}으로 납(11.3 g cm^{-3})의 거의 두 배이며, 낚시 장비의 추로 사용하거나 고성능 차량의 무게 중심용 바닥짐으로 사용된다.

3.4 다중 형태

요점: 조밀 채움 층들의 복잡한 배열을 포함하고 있는 다중 형태는 몇 가지 금속에서 나타난다.

금속이 일반적인 조밀 채움 다중 형태인 hcp 또는 ccp 구조를 형성하기 위해서는 원자의 전자 구조, 두 번째로 가까운 이웃 원자 간의 상호 작용 범위, 그리고 방향성을 지닌 결합의 범위 등을 고려해야 한다. 구리나 금과 같이 상대적으로 부드럽고 전성이 있는 금속들은 ccp 배열을 가지고 있는 반면에, 코발트나 마그네슘과 같이 단단하고 깨지기 쉬운 금속은 hcp 구조

표 3.2 정상 조건에서 금속의 결정 구조

결정 구조	원소
육방 조밀 채움(hcp)	Be, Ca, Co, Mg, Ti, Zn
입방 조밀 채움(ccp)	Ag, Al, Au, Cd, Cu, Ni, Pb, Pt
체심 입방(bcc)	Ba, Cr, Fe, W, 알칼리 금속
원시 입방(cubic-P)	Po

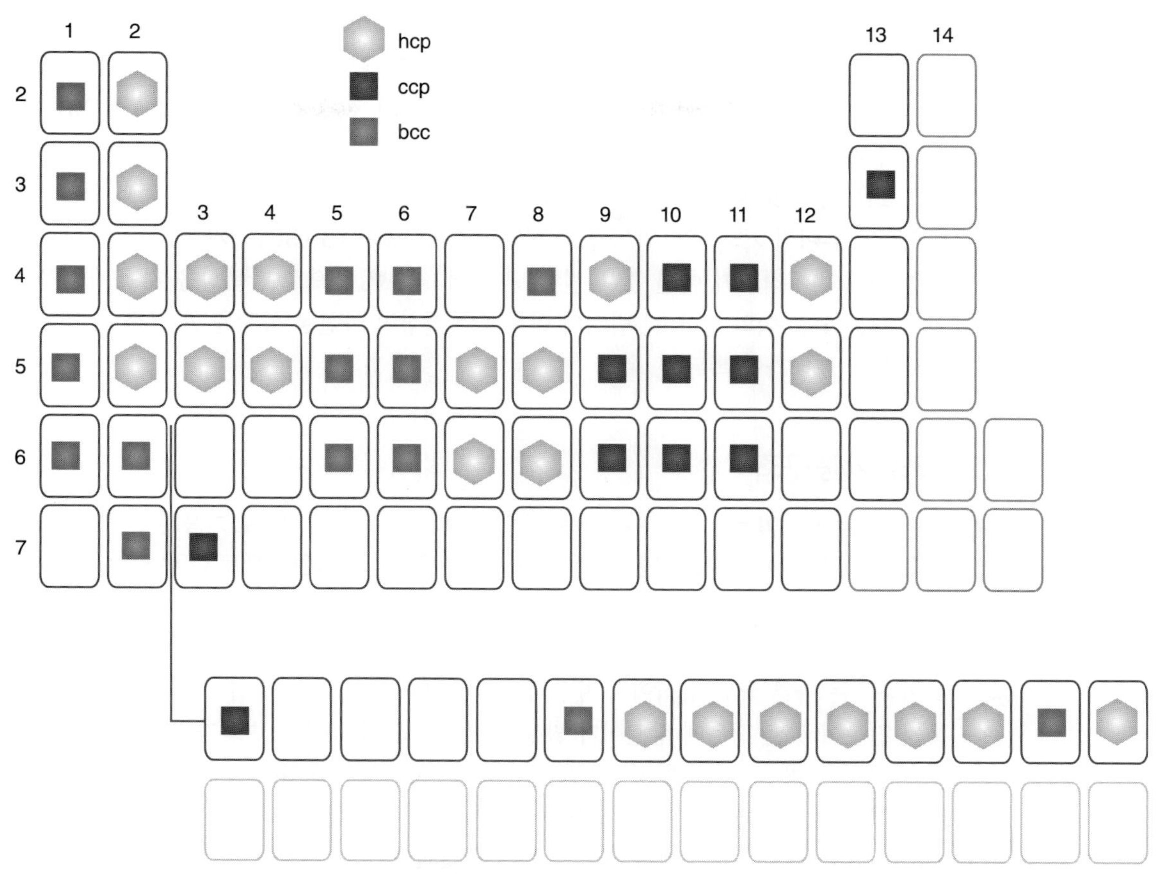

그림 3.21 실온에서 금속 원소의 구조 복잡한 구조의 원소는 빈 공간으로 남김

를 가지는 것이 관찰되었다. 이러한 속성은 원자의 면들이 얼마나 쉽게 서로 미끄러져 지나가는지 여부와 관련이 있다. hcp 배열만 가지는 경우에는 A층과 B층이 상대적으로 쉽게 서로 움직이지만, 그림 3.14에 나타난 ccp 배열을 고려해 보면 ABC층이 서로 다른 직교하는 방향으로 선택되어 각 원자 층들이 여러 방향으로 쉽게 움직이는 것을 허용한다.

조밀 채움 구조는 ABAB... 또는 ABCABC...의 두 가지 다중 형태만 있는 것이 아니다. A, B, 그리고 C층이 훨씬 복잡하게 쌓이거나 심지어는 거의 규칙성 없이 쌓이는 경우가 있어 조

예제 3.6 구조로부터 물질의 밀도 계산

입방 조밀 채움 구조를 갖고 있는 금의 밀도를 계산하시오(금 원자의 몰질량 M = 196.97 g mol^{-1}이고, 입방 격자 파라미터 a = 409 pm이다).

답 밀도는 빽빽한 정도를 나타내는 성질이다. 따라서 단위 세포의 밀도는 거시 규모 시료의 밀도와 같다. ccp 배열을 각각의 격자점에 구를 갖고 있는 면심 격자로 나타내면, 단위 세포에는 네 개의 구가 있게 된다. 각 원자의 질량은 M/N_A이고 N_A는 Avogadro 상수이며, 단위 세포의 전체 질량은 $4M/N_A$이다. 입방 단위 세포의 부피는 a^3이다. 세포의 질량 밀도는 $\rho = 4M/N_Aa^3$이다. 여기에 데이터를 대입하면 다음과 같다.

$$\rho = \frac{4\times(196.97\times10^{-3}\,\text{kg mol}^{-1})}{(6.022\times10^{23}\,\text{mol}^{-1})\times(409\times10^{-12}\,\text{m})^3} = 1.91\times10^4\,\text{kg m}^{-3}$$

즉 단위 세포의 밀도는 금의 밀도와 같으며 19.1 g cm^{-3}이다. 실험값인 19.2 g cm^{-3}은 계산값과 잘 일치한다.

계산할 때는 가능하면 단위를 함께 포함하여 계산하는 것이 좋다. 그렇게 하면 숫자상의 실수도 줄일 수 있고 다른 경우에 사용할 수도 있다.

문제 3.6 금과 같은 구조를 가진다고 가정하여 밀도가 10.5 g cm^{-3}인 은의 격자 파라미터를 구하시오.

밀 채움 다중 형태는 실제로 무수히 존재한다. 그러나 배열이 A, B, C의 위치에 대해서 완전히 무작위가 될 수 없는 이유는 이웃 층에 있는 동일한 구가 정확히 똑같은 위치에 존재할 수 없기 때문이다. 즉 구로 이루어진 움푹한 장소에 다음 층의 구가 놓이기 때문에 AA, BB, CC 같은 배열이 존재하지 않는다. 코발트 금속이 복잡한 다중 형태를 갖는 좋은 예이다. 500℃ 이상에서 코발트는 ccp 배열을 하고 있으나 온도가 낮아지면 전이가 일어나며, Co 원자 조밀 채움 층으로 이루어진 거의 무작위로 쌓인 형태(예: ABACBABABC...)가 된다. 일부 코발트에서 다중 형태의 무작위가 아닌 것은 원자 면 순서가 수백 층으로 반복성을 지닌 배열을 이루고 있기 때문이다. 이와 같은 긴 범위의 반복성은 결정이 나선형 성장을 한 결과로, 몇백 층이 쌓여서 쌓임 형태가 반복된다.

3.5 비조밀 채움 구조

요점: 보편적으로 비조밀 채움 금속 구조는 체심 입방이다. 원시 입방 구조도 가끔 관측된다. 앞에서 언급한 것보다 더 복잡한 구조를 지닌 금속은 때때로 단순 구조의 변형된 형태로 설명된다.

모든 원소의 금속이 조밀 채움에 기초한 구조를 갖는 것은 아니고 공간을 비슷한 정도로 효과적으로 이용하는 다른 쌓임 방식이 존재한다. 조밀 채움을 하고 있는 금속이라도 가열되거나 큰 진폭의 진동이 있을 경우에 상전이가 발생하여 덜 조밀한 구조로 변화가 일어난다. 대표적인 구조는 체심 입방 격자의 병진 대칭을 갖고 있는 **체심 입방(body-centred cubic**, cubic-I 또는 bcc) 구조로, 정육면체의 각 꼭짓점과 중앙에 구가 위치한다(그림 3.22a). 이 구조는 배위수가 8로, 단위 세포의 중앙에 위치한 원자는 꼭짓점에 있는 원자와 접촉해 있다. bcc 구조는 배위수가 12인 ccp나 hcp보다 덜 조밀하게 쌓여 있지만 차이는 크지 않다. 그 이유는 중앙에 위치한 원자는 이웃 단위 세포 중앙에 위치하고 있는 두 번째로 가까운 이웃 원자가 6개 존재하고, 이것은 15%의 거리로 떨어져 있다. 조밀 채움 구조에서 빈 공간이 26%인 반면, bcc 배열은 32%이다(예제 3.3 참조). bcc 구조는 표준 조건하에서 알칼리 금속, 5족과 6족 금속을 포함하여 15개 원소가 취하고 있다. 이 단순 배열은 때로 '텅스텐 형태'라고도 불린다.

원시 입방(primitive cubic, cubic-P) 구조(그림 3.23)도 가끔 금속 구조에서 나타나는데, 이것은 구가 정육면체의 각 꼭짓점인 원시 입방 격자의 격자점에 위치하고 있다. 원시 입방 구

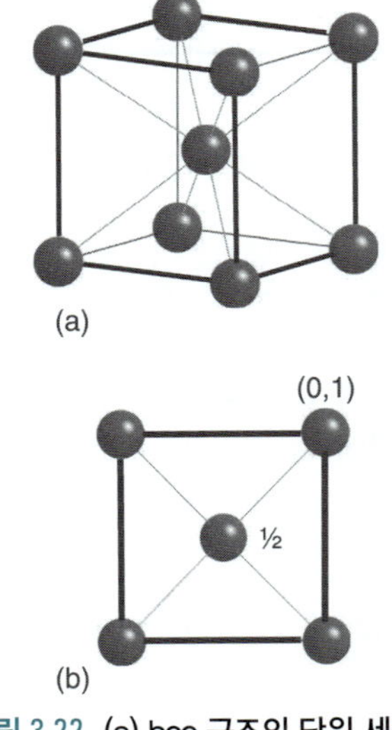

그림 3.22 (a) bcc 구조의 단위 세포, (b) 투영법 표시

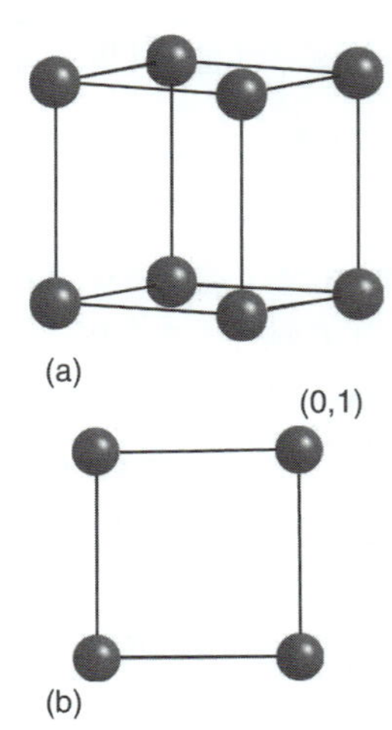

그림 3.23 (a) 원시 입방 단위 세포, (b) 투영법 표시

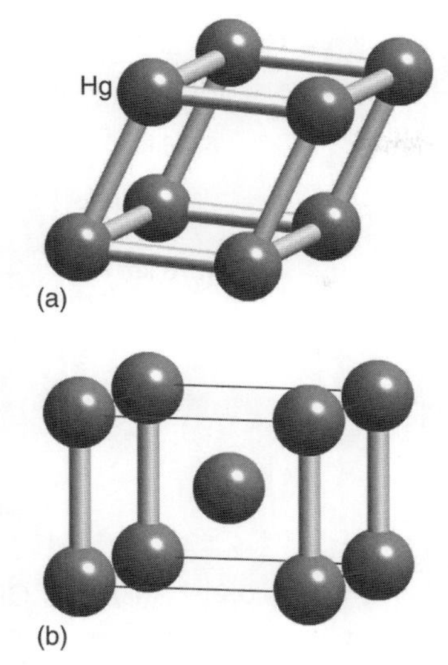

그림 3.24 **(a) α-수은 구조와 (b) β-수은 구조** 원시 입방과 체심 입방 격자의 단위 세포 구조와 유사

조에서 배위수는 6이다. 정상 조건에서 폴로늄(α-Po) 원소의 한 형태가 유일하게 이 구조를 나타내고 있다. 그러나 고체 수은(α-Hg)이 원시 입방 구조와 비슷하다. 즉 원시 입방 배열에서 정육면체의 대각선 방향으로 늘어난 형태이다(그림 3.24a). 그리고 두 번째 형태의 고체 수은(β-Hg)은 체심 입방 배열에서 세포의 한 방향을 압축한 형태이다(그림 3.24b). 안티모니와 비스무트는 정상 조건에서는 원자 층에 근거한 구조를 지니지만 적당한 압력하에서는 원시 입방 구조로 변형되고 더 높은 압력하에서는 조밀 채움 구조로 다시 바뀐다.

앞에서 언급한 구조들보다 더욱 복잡한 구조가 있지만 때로는 고체 수은같이 잘 알려진 구조의 변형으로 설명될 수 있다. 예를 들면 아연과 카드뮴은 hcp 구조에 가깝지만, 실제로 조밀 채움 원자의 면은 정확한 hcp에서 보여 주는 면보다 거리가 더 떨어져 있다.

3.6 금속의 다형 현상

요점: 다형 현상은 금속 결합의 낮은 방향성의 일반적인 결과이다. 낮은 온도에서 조밀 채움 구조를 지닌 금속도 높은 온도에서는 원자 진동의 진폭 증가로 bcc 구조를 가진다.

금속 원자 사이의 상호 작용은 방향성이 없기 때문에 광범위한 **다형 현상(polymorphism)**이 발생하여 압력과 온도 조건에 따라 결정 구조가 다르게 나타난다. 일반적인 현상은 아니지만 가끔 낮은 온도에서는 열역학적으로 조밀 채움 구조가 우세한 반면, 높은 온도에서는 덜 조밀하게 쌓인 구조가 우세하다. 비슷하게 높은 압력하에서는 더 높은 쌓임 밀도를 갖는 ccp와 hcp 구조가 된다.

금속의 다형 현상은 일반적으로 온도 증가에 따라서 α, β, γ…로 명칭을 붙인다. 낮은 온도와 높은 온도의 형태가 뒤바뀌는 경우도 있다. 예로 철은 여러 가지 고체-고체 상전이를 나타내고 있다. α-Fe는 bcc 구조로 906℃까지 나타나고, γ-Fe는 ccp로 1401℃까지 그리고 녹는점인 1530℃까지 다시 α-Fe가 나타난다. hcp인 β-Fe는 높은 압력에서 생성되고 지구의 핵에서 존재하는 형태로 생각되나, 최근 연구 결과는 bcc 다형태가 더 가능성이 있다고 보고하고 있다(화학세상 3.1).

낮은 온도에서 조밀 채움 구조인 금속들도 온도가 높아지면 일반적으로 bcc 구조를 생성하

화학세상 3.1 압력에 의한 금속의 영향

지구는 지름이 약 1200 km인 고체 철로 이루어진 내핵을 가지고 있으며, 이로 인하여 지구는 강력한 자기장을 발생한다. 온도 5000~6500℃로 지구의 중심 압력은 약 370 GPa(약 470만 atm)로 계산하고 있다. 이와 같은 조건하에서 존재하는 철의 다형태에 대해서는 이론적 계산과 지학적 측정 정보를 가지고 많은 논란이 있어 왔다. 현재로서는 철로 이루어진 핵은 체심 입방 다형태로 이루어져 있다고 생각하며, 거대한 결정 또는 bcc 단위 세포의 긴 대각선이 지구의 자전축에 놓여 있는 많은 수의 배향된 결정 중의 하나로 존재한다고 제안하고 있다(그림 B3.1).

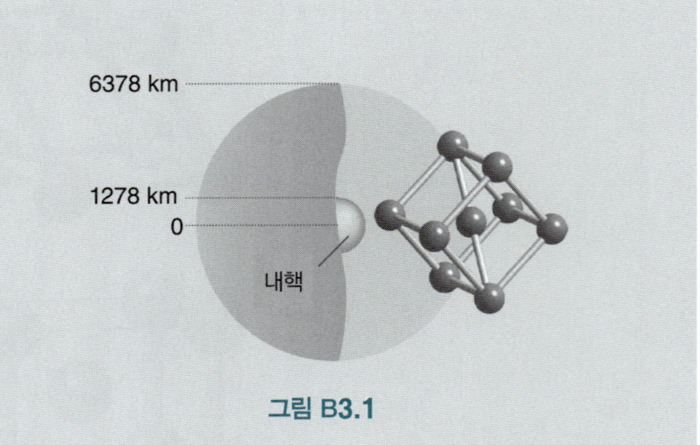

그림 B3.1

높은 압력하에서 원소와 화합물의 구조와 다형 현상에 관한 연구는 지구의 핵에 관한 연구의 범위를 넘어선다. 지구의 핵과 같이 높은 압력에서 수소는 알칼리 금속처럼 금속 고체가 되고, 목성과 같은 행성의 핵은 이와 같은 형태의 수소를 포함하고 있을 것으로 예측한다. 아이오딘(I_2)에 55 GPa 이상의 압력을 가하면 분자는 깨지고 단순한 면심 입방 구조를 취한다. 원소는 금속성으로 변하고 1.2 K 이하에서 초전도체로 변한다.

는데, 그 이유는 뜨거운 고체 상태에서 원자 진동의 진폭이 증가하여 덜 조밀한 채움 구조를 형성한다. 많은 금속들(Ca, Ti, Mn 등)에서 전이 온도는 실온보다 높으나 일부(즉 Li , Na)에서는 실온보다 낮은 경우도 있다. 경험적으로 bcc 구조는 오비탈당 원자가 전자가 적은 금속의 경우에 우세하게 나타난다.

3.7 금속의 원자 반지름

요점: Goldschmidt 수정은 금속 원자 반지름을 12 배위수의 조밀 채움 구조에서 가질 수 있는 수치로 전환하였다.

1.7절에 주어진 금속 원소의 원자 반지름은 고체 상태에서 이웃 원자 중심까지 거리의 절반으로 정의하였다. 그러나 일반적으로 이렇게 정의된 거리는 격자의 배위수를 증가시키는 것으로 알려졌다. 다른 배위수의 구조를 지닌 동일한 원자의 반지름은 다르고 배위수가 12인 원자는 배위수가 8인 경우보다 크다. 다양한 다형태 원소와 합금에서 핵간 거리에 대한 광범위한 연구를 통하여 V. Goldschmidt는 표 3.3에 나와 있는 평균 상대적 반지름의 관계를 발견하였다.

요약 설명

Na의 실험적 원자 반지름은 185 pm로, 이것은 배위수가 8인 구조의 경우이다. 12 배위수로 조정하기 위해서 이 반지름에 1/0.97 = 1.03을 곱하면 191 pm가 되고, 이것은 Na 원자가 조밀 채움 구조를 형성한다고 가정했을 경우의 반지름이 된다.

원소의 Goldschmidt 반지름은 표 1.3에 '금속 반지름'으로 나열한 수치이고 원자 반지름의 주기성을 설명할 때 사용한다(1.7절). 현 시점에서 기억해야 할 중요한 특징은 금속 원소의 경우에(CN 12에 대해서) Goldschmidt-수정된 금속 반지름으로 표현된 '원자 반지름'에서 일반적으로 금속 반지름은 한 족에서 아래로 내려갈수록 증가하고, 주기의 왼쪽에서 오른쪽으로 갈수록 감소한다는 점이다.

표 3.3 배위수에 따른 반지름의 변화

배위수	상대 반지름
12	1
8	0.97
6	0.96
4	0.88

예제 3.7 금속 반지름의 계산

폴로늄(α-Po)의 입방 단위 세포 파라미터 a는 335 pm이다. Goldschmidt 수정을 이용하여 이 원소에 대한 금속 반지름을 계산하시오.

답 단위 세포의 크기와 배위수로부터 원자의 반지름을 알아내고 12 배위수로 수정하는 것이 필요하다. 반지름이 r인 Po 원자는 단위 세포의 모서리를 따라 접하고 있기 때문에 원시 입방 단위 세포의 길이는 $2r$이다. 따라서 6배위 Po의 금속 반지름은 $a/2$이고 이때 a = 335 pm이다. 표 3.3(1/0.960)에서 6 배위수에서 12 배위수로의 변화 인자를 이용하면 Po의 금속 반지름은 다음과 같이 얻어진다. 1/2×335 pm× 1/0.960=174 pm

문제 3.7 Po가 bcc 구조를 취할 때 Po에 대한 격자 파라미터를 예측하시오.

3.8 합금과 틈새

합금(alloy)은 금속 원소를 녹여서 혼합한 후에 식힌 금속성을 띠는 고체 혼합물이다. 합금은 균일 고체 용액으로, 한 종류의 금속 원자가 다른 종류의 금속 원자들 사이에 불규칙하게 배치되거나 일정한 조성과 내부 구조를 지닌 화합물이다. 합금은 두 개의 전기 양성인 금속으로 만들어지는 것이 일반적이고 Ketelaar 삼각형에서 왼쪽 아래 꼭짓점 부근에서 주로 나타난다(그림 3.25). 대부분의 단순한 고체 용액은 '치환형(substitutional)'과 '틈새형(interstitial)'으로 구분된다. **치환형 고체 용액**(**substitutional solid solution**)은 용매인 금속 원자의 위치에 용질 금속 원자가 치환된 고체 용액이다(그림 3.26). 대표적인 예로 놋쇠(황동; Cu에 Zn이 38 원자 퍼센트까지 치환), 청동(Cu에 Zn이나 Ni 대신 다른 금속이 치환, 예를 들어 주물용 청동은 10 원자 퍼센트의 주석과 5 원자 퍼센트의 Pb가 치환), 스테인리스강(Fe에 Cr이 12 원자 퍼센트 이상 존재) 등이다. **틈새형 고체 용액**(**interstitial solid solution**)은 흔히 금속의 원래 결정 구조를 유지하면서 모체 금속에 낮은 농도 수준으로 정팔면체 또는 정사면체 구멍과 같은 틈새 자리를 차지하는 작은 원자(붕소, 탄소, 질소 같은)와 금속 사이에 형성된다. 예들 들어 탄소강이 있다.

(a) 치환형 고체 용액

요점: 치환형 고체 용액은 한 형태의 구조에서 금속 원자 일부가 다른 원자에 의해 치환된다.

치환형 고체 용액은 일반적으로 다음과 같은 세 가지 기준이 충족되어야 생성된다.

- 원자 반지름이 서로 약 15% 범위 내에 있어야 한다.
- 순수한 두 종류 금속의 결정 구조가 동일해야 한다. 이 유사점은 두 형태 원자 간의 방향적 힘이 서로 적합해야 함을 의미한다.

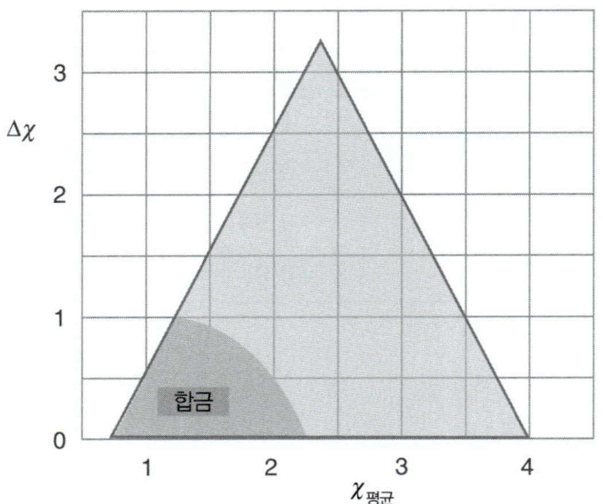

그림 3.25 Ketelaar 삼각형에서 합금의 대략적인 위치

- 두 성분의 전기 양성 특성이 비슷해야 한다. 그렇지 않으면 화학종 사이에서 전자가 이동하는 화합물을 형성할 것이다.

소듐과 포타슘은 화학적으로 유사하고 둘 다 bcc 구조를 가지지만 소듐의 원자 반지름(191 pm)이 포타슘(235 pm)보다 19% 정도 작아서 두 금속은 고체 용액을 형성하지 않는다. 그러나 구리와 니켈은 d 구역에서 서로 이웃에 위치하며 비슷한 전기 양성도와 결정 구조(둘 다 ccp 구조) 그리고 비슷한 원자 반지름(Ni 125 pm, Cu 128 pm로 단지 2.3% 차이)을 지니고 있어서 순수한 니켈부터 순수한 구리까지 고체 용액을 형성한다. 4주기에서 아연은 이웃에 위치한 구리와 비슷한 원자 반지름(137 pm, 7% 큼)을 가지고 있으나 구조는 구리의 ccp가 아닌 hcp이다. 아연과 구리는 부분적으로 혼합되어 'α-놋쇠'로 알려진 고체 용액을 형성하고 성분은 $Cu_{1-x}Zn_x$, $0 \le x \le 0.38$로 순수한 구리와 동일한 구조 형태를 지닌다. 여기서 합금은 순수한 금속과 다른 결정 구조를 취하고, 일반적으로 금속간 화합물이라 일컫는다(3.8c절).

(b) 금속 내의 틈새 원자

요점: 틈새형 고체 용액에서 추가되는 작은 원자는 금속 구조의 격자 내에 있는 구멍에 위치한다.

틈새형 고체 용액은 주로 금속과 작은 원자(즉 붕소, 탄소 및 질소)가 구조의 틈새에 들어갈 수 있을 때 생성된다. 작은 원자는 본래의 금속 결정 구조를 유지하며 구멍에 삽입되고 전자의 이동이나 이온종이 생성되지 않는다. 금속과 틈새 원자들의 적당한 비율로 형성되는 것[탄화 텅스텐(WC)에서와 같이]과 쌓인 원자 구조의 이용 가능한 공간 또는 구멍에 작은 원자들이 임의로 채워져서 형성되는 것 두 종류가 있다. 전자의 경우가 실제 화합물이고, 후자는 틈새형 고체

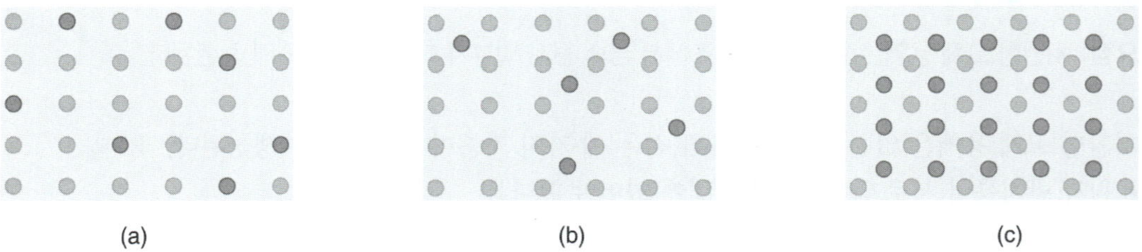

그림 3.26 (a) 치환형 합금, (b) 틈새형 합금, (c) 틈새형 원자의 규칙적인 배열은 새로운 구조를 만들 수 있다.

용액 또는 두 원소의 원자 비율 변화 때문에 형성된 비화학량적 화합물이라고 한다(3.17절).

틈새형 고체 용액이 생성될 수 있는지에 대한 판단은 원자 크기를 고려하는 것이 도움이 된다. 조밀 채움 고체 구조가 변하지 않고 채워질 수 있는 가장 큰 용질 원자는 팔면체 구멍에 적합한 것으로 $0.414r$의 반지름을 갖는 원자이다. 이때 r은 조밀 채움 원자의 반지름이다. B, C, N 같은 작은 원자들이 채워질 수 있는 것은 금속 반지름을 고려하면 Fe, Co, Ni와 같은 d 금속이다. 중요한 재료의 한 종류인 탄소강은 C 원자가 철 원자로 이루어진 bcc 격자 내의 일부 팔면체 구멍을 채운다. 대표적으로 탄소강은 C 원자를 0.2 및 1.6 원자 퍼센트 내포하고 있다. 탄소 함량을 증가시키면 더 단단해지고 강해지나 늘릴 수 있는 펴짐성이 감소한다(화학세상 3.2).

(C) 금속간 화합물

요점: 금속간 화합물은 구성 성분 금속의 구조와 상이한 구조를 지닌 합금이다.

액체 상태의 금속 혼합물이 냉각될 경우 원래의 금속 구조와 상이한 구조를 갖는 물질이 생성되고, 이것을 **금속간 화합물**(intermetallic compound)이라 한다. 여기에 속하는 것으로는 β-놋쇠(CuZn)와 $MgZn_2$, Cu_3Au, NaTl 및 Na_5Zn_{21}의 조성을 갖고 있는 화합물이 있다. $Cu_{0.52}Zn_{0.48}$ 조성의 β-놋쇠는 높은 온도에서는 bcc 구조를, 낮은 온도에서는 hcp 구조를 가진다.

화학세상 3.2 합금과 틈새를 어떻게 하면 철이 강철로 변화되는가?

강철은 철, 탄소 및 다른 원소들의 합금이다. 탄소 함유량에 따라서 저, 중, 고탄소강으로 구분된다. 저탄소강은 0.25%(모든 %는 원자 퍼센트를 의미)까지, 중탄소강은 0.25~0.45%, 그리고 고탄소강은 0.45~1.50%까지 탄소를 포함한다. 탄소강에 다른 금속들을 첨가하면 구조와 성질에 주된 영향을 끼치므로 강철의 응용에 중요하다. 탄소강에 첨가되는 금속들의 예를 표에 나열하였고 이것을 '스테인리스강'이라고 한다. 스테인리스강은 결정 구조에 의해 구분되며, 이것은 용광로에서 형성된 후에 냉각 속도나 추가되는 금속의 종류 등에 의해 조절된다. 순수한 철은 온도에 의존하여 다양한 다형태 현상을 나타내며(3.6절), 고온에서 나타나는 어떤 구조들은 강철에서 실온이나 담금질(quenching, 급냉각)에 의하여 안정될 수 있다.

오스테나이트(austenite) 구조를 갖는 스테인리스강은 전체 생산량의 70% 이상을 차지한다. 오스테나이트는 723℃ 이상에서 나타나는 탄소와 철의 고체 용액으로 Fe가 ccp 구조를 이루며 약 2%의 팔면체 구멍이 탄소로 채워져 있다. 냉각되면서 탄소의 용해도가 1% 미만이 되면 페라이트(ferrite)와 마텐자이트(martensite)를 포함하는 다른 물질로 분리된다. 냉각 속도에 의하여 물질들의 성분비가 변하며 강철의 기계적 특성(경도와 장력)이 결정된다. Mn, Ni 그리고 Cr 같은 금속들이 첨가되면 실온까지 냉각하여도 오스테나이트 구조가 유지된다. 이런 강철은 최대 0.15%(그와 대표적으로 10~20% Cr과 더불어 Ni 또는 Mn이 포함되어 치환형 고체 용액을 형성한다. 이들은 극저온에서 합금의 녹는점 온도 범위까지 오스테나이트 구조를 유지할 수 있다. 대표적 성분은 18/8 **스테인리스**로 알려진 18% Cr과 8% Ni이다.

페라이트는 α-Fe로 bcc 결정 구조를 가지고 있으며 탄소를 0.1%보다 적게 함유하고 있다. 페라이트 스테인리스강은 부식 저항력은 탁월하나 내구력에 있어서는 오스테나이트 종류에 비해서 크게 떨어진다. 이것은 10.5~27%의 크로뮴과 약간의 Mo, Al, W를 함유하고 있다. 마텐자이트 스테인리스강의 부식 저항력은 앞에서 언급한 두 종류보다 떨어지나 대단히 강하고 단단할 뿐만 아니라 기계 장치에 유용하고 열처리로 경도를 증가시킬 수 있다. 이것은 11.5~18% Cr과 1~2% C를 함유하고 급랭시키면 오스테나이트 구조에 C가 붙잡힌다. 마텐자이트 결정 구조는 페라이트와 매우 비슷하나 단위 세포는 입방정계라기보다는 정방정계이다.

금속	함유 원자 퍼센트	물성의 변화
구리	0.2~1.5	공기 중에서 부식 저항성 증가
니켈	0.1~1	표면 질 향상
나이오븀	0.02	인장 강도와 항복점 증진
질소	0.003~0.012	강도 증가
망가니즈	0.2~1.6	강도 증가
바나듐	0.12까지	강도 증가

1926년에 Hume-Rothery가 제시하기를, 특정한 금속간 합금 구조들은 원자와 전자 비율(e/a)과 일련의 몇 가지 규칙에 따라서 가장 안정한 구조(일반적으로 bcc, hcp, 또는 fcc)를 주어진 조성에서 예측하는 것이 가능하다. 띠 구조에 대한 자세한 이해가 필요한(3.19절) 이 규칙들은 Cu:Zn 합금이 e/a<1.4(α-놋쇠, $Cu_{1-x}Zn_x$ 여기서 $0 \leq x \leq 0.38$)일 때는 ccp 격자를 가져야 하고, e/a<1.5(CuZn, β-놋쇠)인 합금일 때는 bcc 격자를 가져야 함을 예측한다. 이 규칙들은 순수한 구리(전자 배치 $3d^{10}4s^1$)는 전자 한 개 기여하는 것으로 간주하고, 아연($3d^{10}4s^2$)은 전자 두 개 기여자로 간주해서 순수한 구리와 아연 사이에 e/a 값이 1에서 2 사이 값이 가능하다. 이에 기초해서, $Cu_{0.5}Zn_{0.5}$(e/a = 1.5) 조성에 가까운 β-놋쇠가 bcc 구조를 가진 것을 예측한다. 위에서 언급했듯이, 높은 온도에서 이 구조를 취한다.

몇몇 합금은 $Cu_{0.39}Zn_{0.61}$ 조성비의 γ-놋쇠를 포함해서, 구리와 아연의 배열과 빈 공간의 배열에 따라서 매우 복잡한 구조를 형성한다. γ-놋쇠의 단위 세포는 β-놋쇠보다 27배나 크다. $Al_{0.88}Mn_{0.12}$와 같은 다른 합금은 오중 대칭을 가져서 단위 세포가 병진할 때, 완전하게 반복되지 않는다. 이런 물질은 준결정(quasicrystal)이라고 하는데, 이 연구의 공로로 인해 Shechtman은 2011년에 노벨 화학상을 수상하였다(화학세상 3.3)

금속간 화합물은 대부분의 금속이나 합금에 비해서 일반적으로 녹는점이 높고, 단단하고, 잘 부스러진다. 예를 들어 알니코(alnico), A_3B 나이오븀–주석, 나이오븀–저마늄 초전도 화합물, $LaNi_5$(화학세상 3.4 참조)와 같이 수소 저장에 사용되는 'A15 시스템' NiAl과 Ni_3Al 수퍼합금, 타이타늄 니켈, 형상 기억 합금이 포함된다. 추가 정보는 화학세상 3.4를 참조하

화학세상 3.3 준금속은 무엇인가?

대부분의 결정성 고체는 일정한 간격으로 반복되는 단위 세포를 사용하여 설명할 수 있는 넓은 영역에 걸쳐서 주기적으로 정돈된 구조를 가진다. 단위 세포가 삼차원 공간을 완전히 채우기 위해서는 제약 조건이 있는데, 이중, 삼중, 사중, 육중 회전 대칭은 허용되고, 오중, 칠중, 모든 더 높은 대칭축은 금지된다. 이러한 제약이 생기는 이유는 쉽게 보여 줄 수 있다. 이차원 면을 사각형 타일 또는 육각형 타일(각기 사중, 육중 회전 대칭)로 빈틈없이 채울 수 있다. 그러나 오각형 타일(오중)으로는 불가능하다.

준결정(준주기성 결정)은 보다 복잡한 원거리 배열을 가진다. 결정의 각 방향을 따라서 (결정에서처럼 정수로 반복되는 단위 세포가 아니라) 준주기성 구조에서는 무리수 단위로 반복이 된다. 이러한 차이가 결정학적인 규제에서 벗어나게 하고 오중을 포함해서 금지된 회전 대칭이 나타나게 된다. 일반 결정과 달리, 패턴 그 자체가 절대로 반복되지 않는다. 한 예가 그림 B3.2에 있다. 그럼에도, 준결정은 질서정연한 물질이다. 종종 금속 간 물질 특성을 보이고 강한 회전 패턴을 얻을 수 있다(8.1절). 1984년에 Al 84%, Mn 14%인 합금을 급히 냉각시켜 물질(20면체 대칭을 보임)을 연구하여 준결정이라는 개념이 도입되었다. Dan Shechtman은 2011년에 이 연구로 노벨 화학상을 받았다. 지난 25년간 100개의 다른 준결정이 확인되었다. 여기에 10각형 구조의 $Al_{70.5}Mn_{16.5}Pd_{13}$과 같은 복잡한 조성과 구조의 물질이 포함된다.

준결정 물질은 단단하지만 열전도성과 전기 전도성이 낮은 경향이 있다(다이아몬드나 그래핀에서처럼 원자들의 규칙적인 배열은 최고의 열에너지 전도를 보인다). 이러한 특성이 이 물질을 프라이팬의 코팅이나 전선의 절연 재료로 유용하게 한다. 또한 가장 내구성이 있는 강철, 면도날, 매우 가는 눈 수술용 바늘에 사용된다.

그림 B3.2 오중 대칭을 보여 주는 준결정의 컴퓨터 생성 이미지. 삽도: 이십면체 준결정의 사진

라. 일부 이러한 금속간 화합물은 매우 전기 양성적인 금속(예: K 또는 Ba)과 덜 전기 양성적인 또는 준금속(metalloid)(예: Ge 또는 Zn)의 조합을 포함하고 Ketelaar 삼각형에서 합금 영역의 위에 놓인다(그림 3.27). 이런 화합물을 **Zintl 상(Zintl phase)**이라고 한다. 이 화합물은 완전히 이온성은 아니며(가끔 쉽게 부서지지만) 광택 같은 금속 성질을 지니고 있다. 이들은 Cs^+이나 $[Tl_4]^{8-}$와 같은 금속 양이온이나 복잡한 음이온을 포함하기로 한다. Zintl 상의 대표적인 예는 그림 3.28에서 구조를 보여 주는 $KGe(K_4Ge_4)$이고, Ba_3Si_4, KTl, $Ca_{14}Si_{19}$도 같은 부류이다.

화학세상 3.4 어떻게 금속간 물질이 유용한 특성을 가지게 하는가?

'alnico'라는 두음 문자로 대표되는 금속간 화합물은 주로 철과 알루미늄, 니켈, 코발트로 때로 소량의 탄소와 타이타늄으로 이루어져 있다. alnico는 자성을 고온에서도 잘 유지하는 (항자력)강자성이어서, 영구 자석과 같은 넓은 응용 범위를 가진다. 1970년대에 희토류 자석을 개발하기 전에는(23.3절) 이들이 가장 강한 자석이었다. alnico-500은 철 50%, 코발트 24%, 니켈 14%, 알루미늄 8%, 구리 3%, 나이오븀 0.45%로 구성된 한 예이다. 이러한 alnico 합금의 구조는 기본적으로 bcc 단위 세포를 가지고 다양한 금속 성분이 무작위로 분포된 것이다(3.5절). 좀 더 세밀히 보면, 이 구조는 특정 영역에서 한 성분이 많고 다른 국소 영역에서는 이 성분이 적게 포함된 복잡한 구조이다.

소위 **A15 상**(phase)은 A_3B(A는 전이 금속, B는 전이 금속이거나 13족, 14족 원소) 조성의 일련의 금속간 화합물이다. 그림 B3.3에 보인 이 구조는 입방체의 꼭짓점과 중심에 B형 원자가 있고 각 면상에 A 원자가 두 개씩 있어서, 조성이 2×B+6×2×½×A= A_6B_2 또는 A_3B가 된다. 이 유형에 속하는 Nb_3Ge는 23.2 K 이하에서 초전도체이고, 1986년에 구리산염(cuprate) 초전도체가 발견되기 전까지는 가장 높은 값을 보였다(24.6e절).

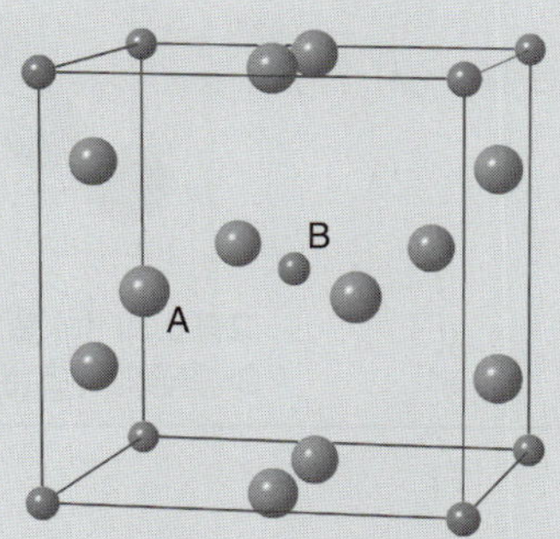

그림 B3.3 A15 금속간 화합물 상의 구조

AB_5 조성의 금속간 화합물(A=란타넘족, 알칼리 토금속 또는 전이 원소; B = d 구역 또는 p 구역 원소, 특히 이 중에서 육방정계 단위 세포를 가지는 결정성의)은 다양한 기술적 응용을 위해서 연구되었다. $LaNi_5$는 화학식 단위당 6개의 수소 원자를 $H_2(g)$ 1.5기압, 300 K에서 흡수하여 수소 저장 응용에 주목을 받았다. $LaNi_5H_6$에서 수소는 1.4 질량%로 적은 값이어서 운송용 응용에는 부적합하지만 마그네슘을 추가한 합금에서 이 값이 개선되었다.

몇 가지 금속간 화합물 상은 **형상 기억 합금**(SMA: shape-memory alloy) 특성을 보인다. Cu–Al–Ni(Cu_3Al에 소량의 Ni 첨가)와 **Nitinol**(NiTi: Nickel Titanium Naval Ordnance Laboratory)이 가장 중요한 예이다. Nitinol은 두 가지 상 간에 구조 변화를 일으킨다. 이 두 가지 상은 martensite(정방정계)와 austenite(fcc)로 알려졌다. 화학세상 3.2 참조. martensite 상에서 Nitinol은 다양한 형태로 휠 수 있다. 그러나 가열하면 견고한 austenite 상으로 전환된다. austenite 상에서 냉각시키면 형상 기억 합금은 martensite 상으로 돌아가지만 이때 고온의 austenite 일 때의 형상의 '기억'을 가지게 된다. 변이 온도 M_s 이상으로 가열하면 martensite 형태로 되돌아가고, Ni:Ti의 조성비를 다르게 하면 M_s를 −100℃에서 +150℃까지 조정할 수 있다. 그러므로 M_s = 50℃ 이상으로 가열하면 쭉 뻗은 형태로 원래대로 돌아간다. 이 사이클은 백만 번도 반복할 수 있다. SMA는 작동 장치(actuator)에 쓰이기도 하는데, 이는 온도 변화에 따라서 형태, 빳빳한 정도, 위치의 변화가 필요하다. 비행기 엔진에서 온도 상승에 기인하는 소음 감소, 치과 수술용 버팀대나 와이어, 유리틀의 완충재, 확장성 관상 동맥 스탠트에 응용된다. 접혀진 스탠트가 혈관에 삽입되면 가열되어 확장하여 원래대로 확장되고 혈류를 향상시킨다.

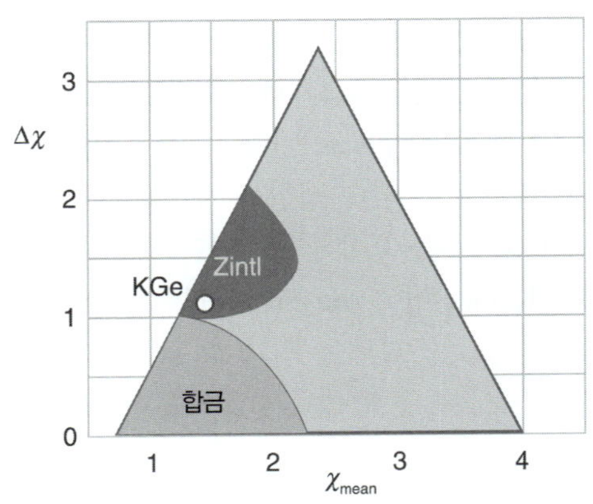

그림 3.27 **Ketelaar 삼각형에서 Zintl 상의 대략적 위치**
점은 한 예인 KGe의 위치를 나타냄

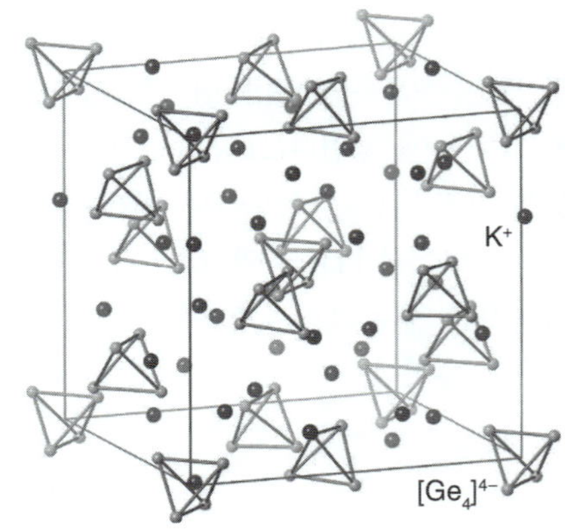

그림 3.28 **$[Ge_4]^{4-}$ 사면체 단위와 산재된 K^+ 이온을 보이는 Zintl 상 KGe의 구조**

예제 3.8 철과 철 합금의 조성, 격자 형태 그리고 단위 세포의 구성

(a) 철 금속(그림 3.29a)과 (b) 철/크로뮴 합금 FeCr(그림 3.29b)의 격자 형태 그리고 단위 세포의 구성은 어떠한가?

답 먼저 단위 세포의 병진 대칭과 존재하는 알짜 원자 수를 확인하는 것이 필요하다. (a) 철의 구조는 입방 단위 세포의 중심과 꼭짓점에 분포되어 있는 Fe 원자로 구성되어 있으며 주위와 8 배위수를 가진다. 채워진 모든 자리는 동등하며 구조는 bcc 격자의 병진 대칭을 갖고 있으며, 구조 형태는 bcc이다. 세포의 중심에 있는 Fe 원자는 1로 셈하고 꼭짓점에 있는 8개의 Fe 원자는 $8 \times \frac{1}{8} = 1$로 셈한다. 따라서 단위 세포에는 두 개의 Fe 원자가 있다. (b) FeCr에서는 단위 세포의 중심에 있는 원자(Cr)가 꼭짓점에 있는 원자(Fe)와 다르고 존재하는 병진 대칭은 전체 단위 세포이다(bcc 구조의 특징인 단위 세포의 반만 이동이 아님). 따라서 격자 형태는 원시 P이다.

단위 세포에는 한 개의 Cr 원자와 $8 \times \frac{1}{8} = 1$개의 Fe 원자가 있으며 FeCr 화학량론을 따른다.

문제 3.8 그림 3.29c에 있는 철/크로뮴 합금의 화학량론비와 격자 형태는 무엇인가?

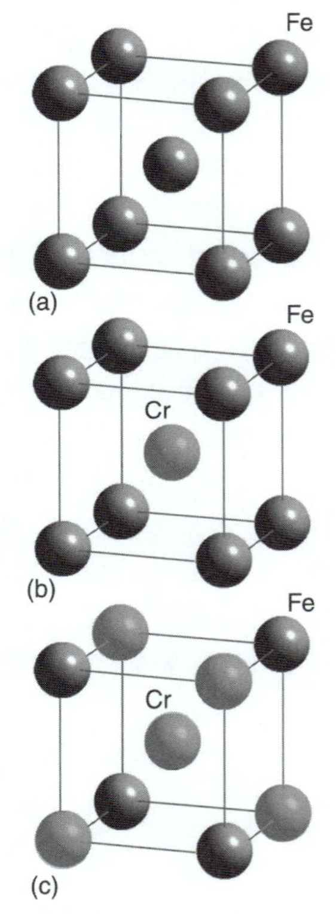

그림 3.29 **(a) 철, (b) FeCr, (c) Fe/Cr 합금의 구조**(문제 3.8 참조)

이온성 고체

요점: 이온성 모델은 고체를 비방향성 정전기적 힘이 작용하는 반대 전하를 띠는 구의 조합으로 취급한다. 이 모델로 계산한 고체의 열역학 성질이 실험값과 일치하면, 이 화합물은 일반적으로 이온성으로 간주한다.

NaCl이나 KNO_3와 같은 이온성 고체들은 쉽게 부서지는 것으로 인식되는데, 그 이유는 양이온이 형성되면서 나온 전자가 이웃에 위치한 음이온에 편재되어 있기 때문이다. 이 고체에 충격을 주면 같은 전하의 이온이 이웃한 위치로 이동할 수 있고 이로 인한 반발력으로 인해서 균열이 생길 수 있다. 이온성 고체는 일반적으로 반대 전하를 가진 이온들 사이에 강한 정전기적인 인력을 가지고 있어서, 이를 극복하여 녹은 상태가 되기 위해서는 높은 녹는점을 가지고, 강하게 수화시키는 물과 같은 극성 용매에 잘 용해된다. 그러나 특히 높은 전하의 이온에 대해서 용해도가 낮은 예외가 있다. 즉 플루오린화 칼슘(CaF_2)은 녹는점이 높은 이온성 고체이나 물에는 용해되지 않는다. 질산 암모늄(NH_4NO_3)은 암모늄과 질산 이온 간의 상호 작용에 의해 이온성이지만 170℃에서 녹는다. 이성분 이온 물질은 전형적으로 전기 음성도 차가 큰 원소들($\Delta\chi > 3$)의 결합으로 형성되고 이런 것은 Ketelaar 삼각형 위쪽 꼭짓점에서 주로 나타난다(그림 3.27).

고체를 이온성으로 분류하는 기준은 이온성 모델(ionic model)의 특성을 비교하는 것에 달려 있다. 고체에서 이온성 모델은 반대 전하를 띠고 있는 구의 조합으로 표현되고 일차적으로 비방향성 정전기적(Coulomb) 힘이 작용하며 동시에 접촉하고 있는 이온의 내부 껍질 간의 반발력도 있다. 이 모델로 계산된 고체의 열역학적 성질이 실험값과 일치한다면 이온성이라고 할 수 있다. 그러나 이온성 모델과 우연히 일치하는 예들이 많이 알려져서, 단지 계산된 수치적 일치만으로 이온 결합을 단정할 수는 없다. 이온성 고체에서 이온 간의 비방향성 정전기적 상호 작용은 공유 결합성 고체의 상호 작용과 비교된다. 공유 결합에서는 분자 구조를 결정하는 데 원자 오비탈의 대칭성이 중요한 역할을 하고 있다. 그러나 이온이 결합할 때 비방향성의 단단한 구(특정한 이온 형태에 대하여 고정된 반지름을 갖는)로 취급할 수 있다는 가정은 실제와는 거리가 멀다. 예를 들어 할로젠화 음이온은 Cs^+와 I^-에서처럼 p 오비탈의 배향성으로 인하여 결합을 이룰 때 방향성이 예상되며, 쉽게 편극되고 단단한 구로 행동하지 않는다. 그러나 이온성 모델은 많은 간단한 구조를 설명하는 데 유용한 출발점이다.

몇 가지 대표적인 이온성 구조를 크기가 다르고 반대 전하를 갖고 있는 단단한 구의 쌓음으로 설명을 시작하겠다. 그 후에 결정 생성의 에너지 관점에서 구조를 합리화하는 방법을 언급할 것이다. 설명되는 구조들은 X선 회절법(8.1절)으로 결정되었고 초기 물질들은 이런 방법으로 연구되었다.

3.9 이온성 고체의 특징적 구조

이 절에서 언급되는 이온 구조는 광범위하게 존재하는 고체의 표준이 된다. 예를 들면 암염(rock-salt) 구조는 NaCl의 광물 구조에 의하여 명칭이 주어졌지만, 역시 수많은 다른 고체들의 특성이다(표 3.4). 크기가 큰 이온(보통 음이온)이 ccp 또는 hcp 패턴으로 쌓이고, 여기에 형성된 팔면체나 사면체 구멍에 크기가 작은 반대 이온(보통 양이온)이 채워지는 배열로 많은 구조가 설명된다(표 3.5). 앞으로의 설명에 도움이 되도록 그림 3.18과 3.20을 참조하여 언급되는 구조의 구멍 패턴과 어떻게 연관되는지 살펴보는 것이 좋을 것이다. 반대 이온을 수용하고 같은 전하를 가진 이온 간의 강한 반발력을 최소화하기 위하여 조밀 채움 층은 일반적으로 팽창이 필요하다. 이런 팽창은 가끔 음이온 배열에 작은 변화를 유발하나 ccp와 hcp 패턴이라고 할 수 있다. 이런 팽창은 전하가 같은 이온 간의 강한 반발을 피하고 큰 화학종이 더 큰 이온들 사이의 구멍으로 들어갈 수 있도록 해준다. 전체적으로, 큰 이온의 조밀 채움 배열에서 구멍 채움에 대한 기회를 알아보는 것은 간단한 이온성 구조를 설명하는 데 대한 좋은 출발점이 된다. 따라서 조밀 채움 구조는 좋은 출발점이 된다.

표 3.4 화합물의 결정 구조

결정 구조	예*
반형석(antifluorite)	K_2O, K_2S, Li_2O, Na_2O, Na_2Se, Na_2S
염화 세슘(caesium chloride)	**CsCl**, TlI(낮은 *T*), CsAu, CsCN, CuZn, NbO
형석(fluorite)	**CaF_2**, UO_2, HgF_2, LaH_2, PbO_2(고압, >6 GPa)
비소화 니켈(nickel arsenide)	**NiAs**, NiS, FeS, PtSn, CoS
페로브스카이트(perovskite)	**$CaTiO_3$**(변형된), $SrTiO_3$, $PbZrO_3$, $LaFeO_3$, $LiSrH_3$, $KMnF_3$
암염(rock salt)	**NaCl**, KBr, RbI, AgCl, AgBr, MgO, SrO, TiO, FeO, NiO, SnAs, UC, ScN
루틸(rutile)	**TiO_2**(하나의 다형), MnO_2, SnO_2, WO_2, MgF_2, NiF_2
섬아연광[sphalerite(zinc blende)]	ZnS(하나의 다형), CuCl, CdS(Hawleyite 다형), HgS, GaP, InAs, AgI(고압, >6 GPa, 암염 구조로 변환), ZnO(고압, >6 GPa)
스피넬(spinel)	**$MgAl_2O_2$**, $ZnFe_2O_4$, $ZnCr_2S_4$
섬유아연광(wurtzite)	**ZnS**(하나의 다형), ZnO, BeO, AgI(하나의 다형, iodargyrite), AlN, SiC, NH_4F, CdS (Greenockite 다형)

* 고딕체로 표시된 물질이 결정 구조의 이름을 결정한다.

(a) 이성분 상(AX_n)

요점: 구멍을 채우는 것으로 설명되는 중요한 구조는 암염, 염화 세슘, 섬아연광, 형석, 섬유아연광, 비소화 니켈, 그리고 루틸 구조 등이다.

가장 간단한 이온 결합 화합물은 한 가지 형태의 양이온과 음이온을 포함하는 것으로 AX나 AX_2같이 다양한 성분 비율로 이루어진다. 조성에 따라 여러 가지 상이한 구조가 존재할 수 있으며, 이들은 양이온과 음이온의 상대적 크기와 조밀 채움 배열에서 어느 구멍이 채워지고 어느 정도 채워지는가에 달려 있다(표 3.5). 양이온과 음이온의 수가 동일한 AX 조성을 가지는 것을 시작으로 흔히 볼 수 있는 화학량론인 AX_2 조성을 가지는 화합물을 살펴보도록 하겠다.

암염 구조(rock-salt structure)는 크기가 큰 음이온이 ccp 배열을 하고, 모든 팔면체 구멍에 양이온이 채워진다(그림 3.30). 반대로 양이온이 ccp 배열을 하고, 음이온이 모든 팔면체 구멍을 채울 수도 있다. 조밀 채움 배열에서 정팔면체 구멍의 수는 배열을 형성하는 이온(X 이온)의 수와 같고, A 이온이 구멍을 모두 채워 AX 화학량론을 유지한다. 각 이온은 6개의 반대 전하 이온으로 형성되는 정팔면체에 둘러싸여 있으므로 이온의 배위수는 6이고, 이 구조를

표 3.5 구조와 구멍 채움의 관계

조밀 채움 형태	구멍 채움	구조(예)
입방 조밀(ccp)	모든 정팔면체	암염(NaCl)
	모든 정사면체	형석(CaF_2)
	정팔면체의 절반	$CdCl_2$
	정사면체의 절반	섬아연광(ZnS)
육방 조밀(hcp)	모든 정팔면체 구멍	비소화 니켈(NiAs); hcp(CdI_2)로부터 변형된 구조
	정팔면체의 절반	루틸(TiO_2); hcp로부터 변형된 구조
	모든 정팔면체	존재하지 않는 구조; 정사면체 구멍이 면을 공유하는 구조
	정사면체의 절반	섬유아연광(ZnS)

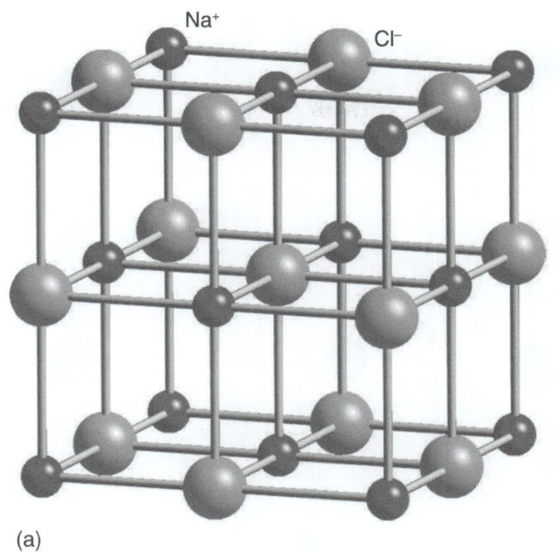

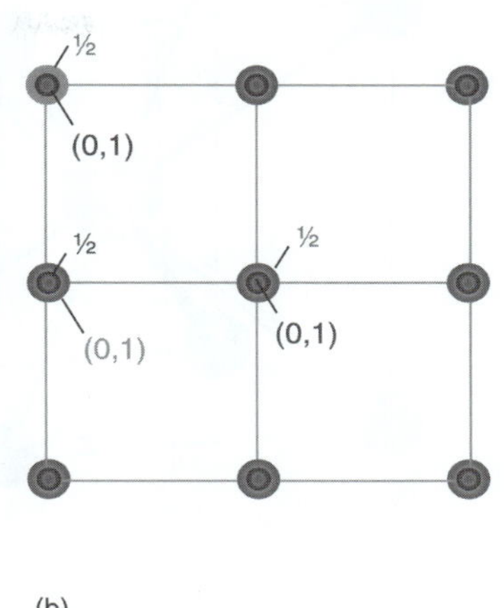

그림 3.30 **(a) 암염 구조와 (b) 투영법 표시** 이 구조와 팔면체 구멍에 원자가 있는 그림 3.18의 fcc 구조와의 관계를 주목하라.

6:6 배위(6:6 coordination)를 지닌다고 한다. 이 표현에서 괄호 안의 첫 번째 숫자는 양이온의 배위수이고, 두 번째 숫자는 음이온의 배위수를 의미한다. 암염 구조는 구멍이 채워진 후에 면심 입방 격자로도 설명될 수 있는데, 그 이유는 이 격자 형태에 필요한 병진 대칭이 모든 팔면체 자리가 채워지면 유지되기 때문이다.

암염 구조에서 이온 주위의 환경을 살펴보면 그림 3.30에서 보여 주는 것과 같이, 세포 중앙에 위치한 이온 주위에 6개의 가장 가까운 이웃 이온이 있으며, 이들이 면의 중앙에 위치하여 정팔면체를 이룬다. 6개의 이웃 이온은 중앙 이온과 달리 반대 전하를 띠고 있다. 중앙 이온에 두 번째로 가까이 있는 12개 이온은 세포의 모서리 중앙에 있으며, 이것은 중앙 이온과 같은 전하를 띠고 있다. 세 번째로 가까이 위치한 8개의 이온은 단위 세포의 꼭짓점에 있으며 중앙 이온과 달리 반대 전하를 가지고 있다. 단위 세포 내에 존재하는 각 이온들의 개수를 계산하기 위해서 3.1절에서 설명한 규칙을 이용할 수 있다.

요약 설명

그림 3.30의 단위 세포에는 4개의 Na^+ 이온($8 \times \frac{1}{8} + 6 \times \frac{1}{2} = 4$)과 네 개의 Cl^- 이온($12 \times \frac{1}{4} + 1 = 4$)이 있다. 따라서 각 단위 세포에는 네 개의 NaCl 화학식 단위가 있다. 단위 세포에 있는 화학식 단위의 수를 일반적으로 Z로 표시하는데, 여기서는 $Z = 4$가 된다.

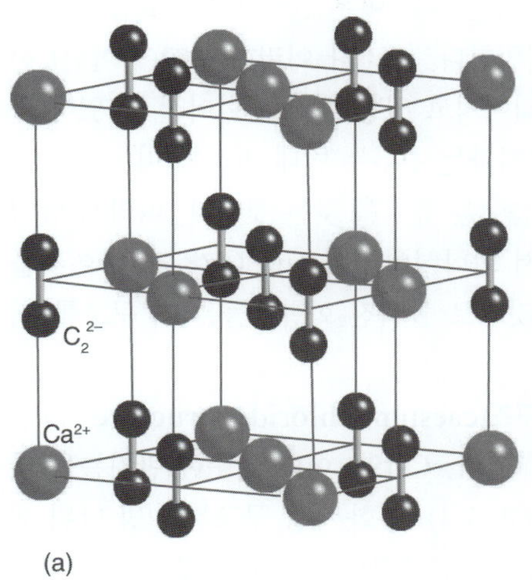

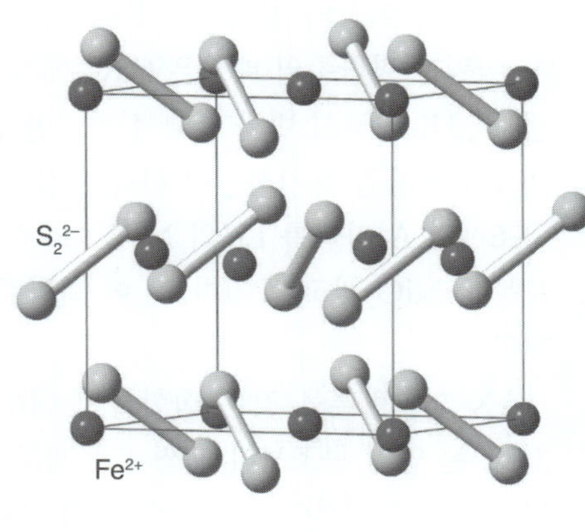

그림 3.31 (a) CaC_2 구조는 암염 구조에 근거하나 C_2^{2-} 이온의 축과 평행한 방향으로 길어졌다. (b) FeS_2 구조는 S_2^{2-}을 가지고, 음이온들은 암염 구조에 기초하여 입방 단위 세포를 형성하면서 서로 다른 방향으로 배향된다.

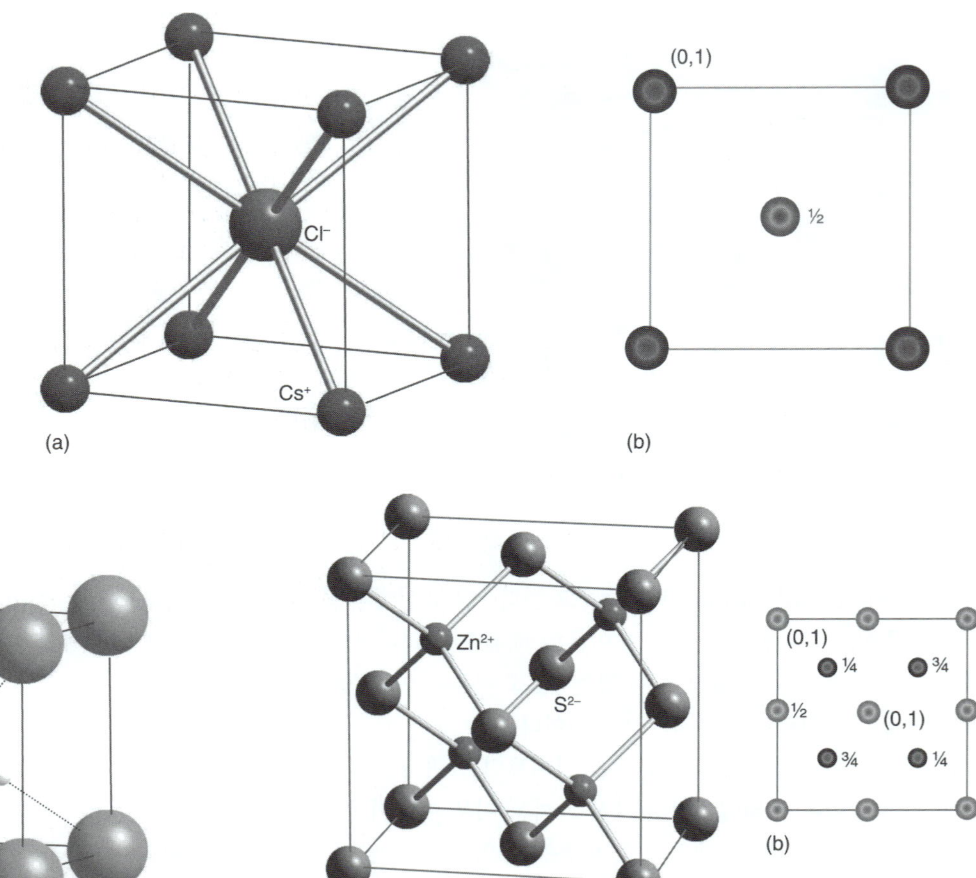

그림 3.32 (a) 염화 세슘 구조. 8개의 이웃 세포와 공유하는 꼭짓점의 격자점은 8개의 이웃 격자점으로 둘러싸여 있다. 양이온은 원시 입방 격자에서 입방 구멍에 채워진다. (b) 염화 세슘의 투영도

그림 3.33 염화 암모늄(NH_4Cl)의 구조에서 정사면체(NH_4^+) 이온은 정사면체 배열로 Cl^- 이온과 수소 결합을 형성하고 있다.

그림 3.34 **(a) 섬아연광 구조와 (b) 투영법 표시** 그림 3.18a의 ccp 격자에서 Zn^{2+} 이온이 사면체 구멍의 절반만 채워진 점에 주목하라.

암염 배열은 M^+와 X^- 같은 단원자 화학종에 의해서만 생성되는 것이 아니고 착물 단위, 즉 $[Co(NH_3)_6][TlCl_6]$ 같은 이온의 1:1 화합물로도 생성된다. 이 화합물의 구조는 팔면체 $[TlCl_6]^{3-}$ 이온이 조밀 채움 배열을 하고 모든 팔면체 구멍에 $[CO(NH_3)_6]^{3+}$ 이온이 채워지는 것으로 생각할 수 있다. 비슷하게 CaC_2, CsO_2, KCN, FeS_2 같은 화합물은 양이온과 착음이온(C_2^{2-}, O_2, CN^-, S_2^{2-})이 교대로 배열된 암염 구조와 매우 관련이 깊고, 선형 이원자 화학종의 방향은 단위 세포의 신장 및 입방 대칭을 배제할 수 있다(그림 3.31a, b). 암염 형태 구조를 가지며 나타내는 성분에서의 융통성은 반대 전하를 띠는 이온 간의 1:1 비율을 유지하면서 하나 이상의 양이온과 음이온을 가지는 것에 기인한다. 그러나 이러한(구형이 아닌) 선형 이원자 화학종의 배향은 CaC_2에서 단위 세포가 길어지고 입방 제거로 이어질 수 있다(그림. 3.31a). 조성 변화가 더 심하지만 암염 구조를 유지하는 경우는 반대 전하를 띠는 이온간의 1:1 비율을 유지하면서 하나 이상의 양이온 또는 음이온 유형을 갖는 것이다. 따라서 암염 구조에서 A 자리를 Li^+와 Ni^{3+} 이온이 반반씩 채워서 화학식이 $(Li_{½}Ni_{½})O$가 되고, 이것을 보통 $LiNiO_2$라고 표기한다. 이 화학량비를 가지는 것으로 알려진 화합물들은 이 구조를 취한다.

AX 화학량론을 갖는 화합물에 대하여 **염화 세슘 구조**(**caesium-chloride structure**, 그림 3.32)는 암염 구조보다 훨씬 드물게 나타나고 CsCl, CsBr, CsI와, 이와 비슷한 반지름을 지닌 이온들로 이루어진 화합물들(TlI 포함)에 존재한다(표 3.4). 염화 세슘 구조는 입방 단위 세포이며, 각 꼭짓점에 음이온이 위치하고 중앙에 양이온이 존재한다(또는 반대로 존재). 결과

요약 설명

그림 3.34에 있는 섬아연광 구조에서 단위 세포에 있는 이온을 계산하기 위하여 다음의 표를 그린다.

위치(할당)	양이온 수	음이온 수	기여도
세포 내(1)	4×1	0	4
면 $(\frac{1}{2})$	0	$6 \times \frac{1}{2}$	3
모서리 $(\frac{1}{8})$	0	0	0
꼭짓점 $(\frac{1}{8})$	0	$8 \times \frac{1}{8}$	1
합계	4	4	8

단위 세포 내에는 네 개의 양이온과 음이온이 존재한다. 이 비율은 화학식 ZnS, Z = 4와 일치한다.

적으로 $Z = 1$이 된다. 구조를 다른 관점으로 살펴보면 두 개의 원시 입방 세포가 서로 맞물려 있는 형태로 하나는 Cs^+로, 다른 것은 Cl^-로 이루어져 있다. 이온의 배위수는 8이고 구조는 8:8 배위로 표시된다. 이온의 반지름이 비슷해서, 주위에 많은 반대 이온이 둘러싸여 있는 이와 같은 배위가 에너지적으로 가능하다. NH_4Cl이 이 구조를 가지고 있고, NH_4^+ 이온은 크기가 비교적 작지만 양이온이 꼭짓점에 있는 네 개의 Cl^- 이온과 수소 결합을 형성할 수 있다(그림 3.33). AlFe와 CuZn 같은 많은 1:1 합금이 두 종류의 금속 원자로 염화 세슘 배열을 하고 있다.

섬아연광 구조(**sphalerite structure**, 그림 3.34)는 ZnS 광물 형태에서 그 이름이 유래되었고, **zinc-blende 구조**라고도 불린다. 암염 구조와 유사하게, 음이온으로 이루어진 팽창된 ccp 격자를 형성하지만 양이온은 조밀 채움 구조에서 나타나는 사면체 구멍의 절반만 채운다. 각 이온은 네 개의 이웃에 둘러싸여 있어서 4:4 배위와 $Z = 4$를 지닌다.

섬유아연광 구조(**wurtzite structure**, 그림 3.35)의 이름은 황화 아연(zinc sulfide)의 한 다형태성으로부터 유래한다. 섬아연광 구조와 다르게 음이온이 ccp 배열보다는 팽창된 hcp 배열을 하고 있지만, 섬아연광 구조와 마찬가지로, 양이온이 한 형태의 사면체 구멍만을 채우고 있으며 3.3절에서 논의한 T 또는 T′의 두 가지 형태 중의 하나이다. ZnO, AgI 그리고 SiC의 한 다형태성을 비롯하여 여러 가지 화합물이 4:4 배위를 갖는 이 구조에 해당된다(표 3.4). 양이온과 음이온 주위의 대칭은 섬유아연광이나 섬아연광에서 가장 가까운 이웃 이온은 동일하나 두 번째로 가까운 이웃 이온에서는 다르다. 많은 화합물이 섬아연광과 섬유아연광 구조 형태의 다형을 나타낸다. 이들은 합성된 온도 및 압력 조건에 따라서 선택된다.

비소화 니켈 구조(**nickel-arsenide structure**, NiAs, 그림 3.36)는 역시 팽창되고 변형된 음이온의 hcp 배열에 근거하나 Ni 원자가 팔면체 구멍에 위치하고 As 원자는 Ni 원자로 이루

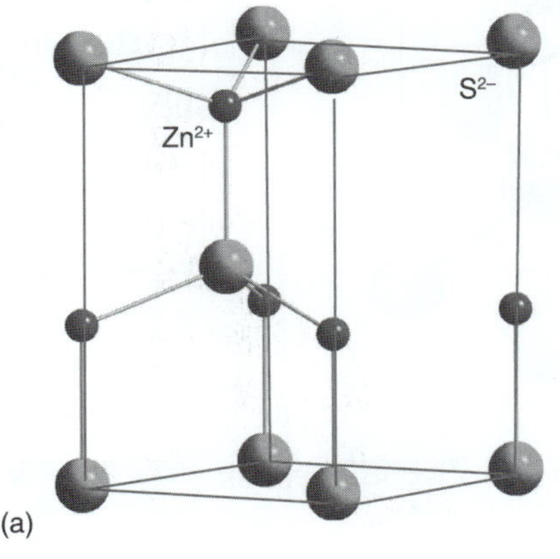

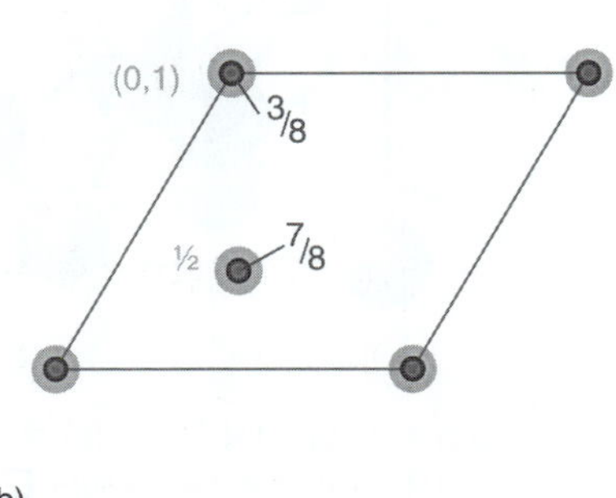

그림 3.35 (a) 섬유아연광 구조와 (b) 투영법 표시

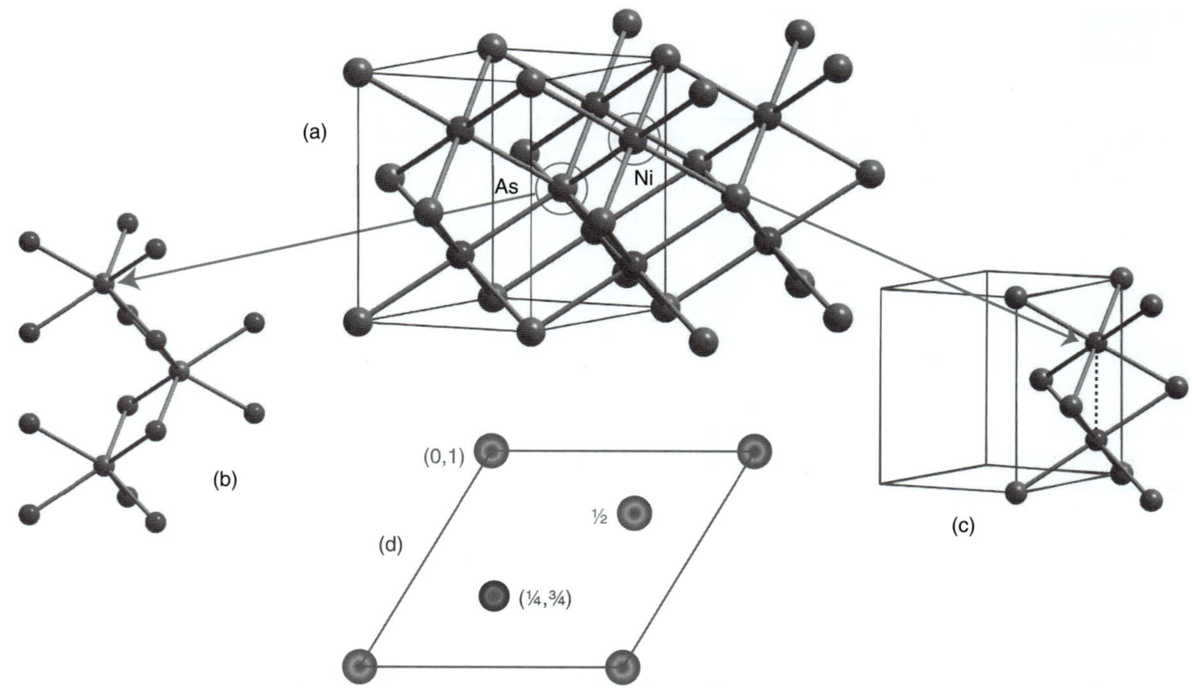

그림 3.36 (a) 비소화 니켈 구조, (b)와 (c)는 각각 As(삼각 프리즘)과 Ni(팔면체)의 6배위 구조를 보여 준다. (d) 단위 세포 투영도, 짧은 M–M 상호 작용은 (c)에 점선으로 표시했다.

어진 삼각 프리즘의 중앙에 위치한다. 이 구조를 이루는 화합물은 NiS, FeS 및 다양한 황화물이다. 비소화 니켈 구조는 편극이 잘 되는 이온을 포함하고 있는 MX 화합물에서 나타나고, 암염 구조를 이루는 이온보다 전기 음성도 차이가 작은 원소로부터 형성된다. 이런 화합물은 Ketelaar 삼각형의 '극성 이온 염 구역'에 위치한다(그림 3.37). 또한 이웃층에 있는 금속 원자 간에 약간의 금속–금속 결합이 가능하고, 이런 구조 형태(또는 변형된 형태)는 d와 p 구역 원소로 이루어진 수많은 합금에서 빈번히 나타난다.

흔히 있는 AX_2 구조 형태는 **형석 구조(fluorite structure)**이며 자연계에 존재하는 광물 형석 CaF_2로부터 유래한다. 형석에서 Ca^{2+} 이온은 팽창된 ccp 배열을 이루며 F^- 이온이 사면체 구멍을 모두 채운다(그림 3.38). 이 설명에서 F^- 음이온의 크기가 작기 때문에 양이온이 조밀 채움을 이루고 있다. 격자는 8:4 배위를 가지고 있으며 음이온이 양이온보다 두 배 많다

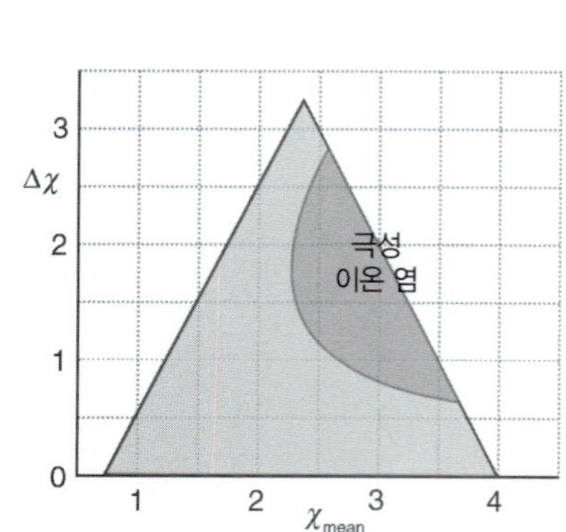

그림 3.37 Ketekar 삼각형에서 극성 이온 염의 위치

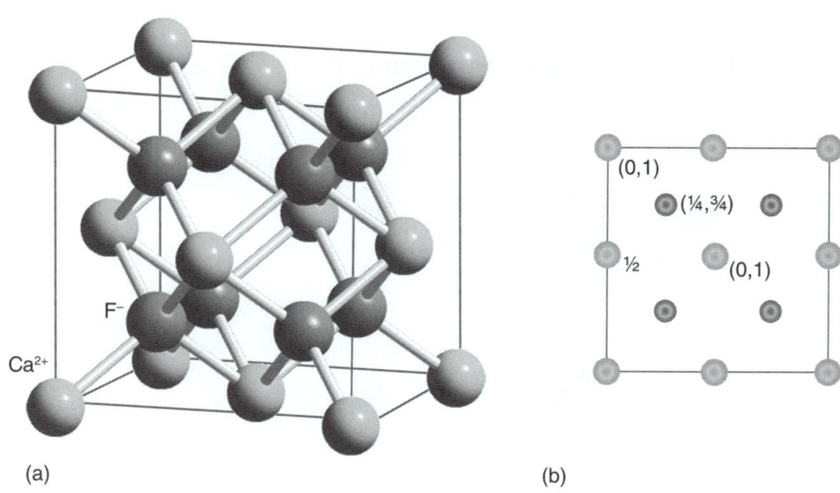

그림 3.38 (a) 형석 구조와 (b) 투영법 표시 이 구조는 양이온의 ccp 배열을 가지고 모든 사면체 구멍은 음이온으로 채워져 있다.

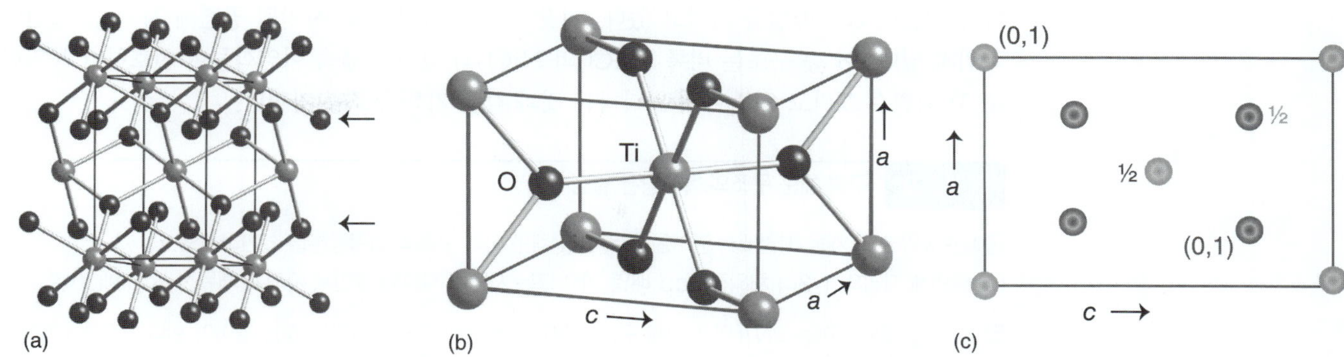

그림 3.39 TiO_2**의 하나의 다형을 가지는 루틸 구조** (a) 화살표로 표시된 산소 음이온의 연결된 조밀 구조. 타이타늄 양이온은 팔면체 구멍의 반을 채우고 있다(밑줄 : 단위 세포). (b) 단위 세포 타이타늄 이온의 산소와의 배위를 보여 준다. (c) 투영도

는 것과 일치한다. 형석 구조에서 사면체 구멍에 위치한 음이온은 네 개의 가까운 이웃 이온이 있다. 그리고 양이온은 8개의 음이온에 둘러싸여 있다.

반형석(**antifluorite**) 구조는 형석과 반대의 구조를 이루고 있는데, 다시 말하면 양이온과 음이온의 위치가 반대이다. Li_2O 같은 알칼리 금속 산화물이 이런 구조를 가진다. 양이온(양이온의 수는 음이온보다 두 배나 많다)이 음이온이 이루는 정사면체 구멍을 모두 채운다. 배위 구조는 형석에서 볼 수 있는 8:4 배위가 아닌 4:8 배위이다.

루틸 구조(**rutile structure**, 그림 3.39)는 산화 타이타늄(IV) TiO_2의 광물 형태인 루틸로부터 그 이름이 유래되었다. 이 구조는 음이온의 hcp 배열에 양이온이 잘 배열된 팔면체 구멍의 절반만 채워져 음이온의 조밀 채움 층에 상당한 뒤틀림이 발생한다. 이 배열은 구조에서 Ti^{4+} 이온이 정팔면체 배위를 가질 수 있도록 만든다. 각 Ti^{4+} 원자는 6개의 O 원자로 둘러싸여 있고 또한 각 O 원자는 세 개의 Ti^{4+} 이온으로 둘러싸여 루틸 구조는 6:3 배위를 지닌다. 주석의 중요한 광석인 석석(cassiterite) SnO_2는 이 루틸 구조를 보이며, 수많은 이플루오린화 금속도 이런 구조를 갖는다(표 3.4).

아이오딘화 카드뮴 구조(**cadmium-iodide structure**, CdI_2, 그림 3.40)에서 I^- 이온으로 이루어진 번갈아 있는 hcp 층 사이의 팔면체 구멍(전체 팔면체 구멍 수의 절반)은 Cd^{2+} 이온으로 채워져 있다. CdI_2 구조는 '층 구조'라고도 하는데, 그 이유는 조밀 채움 층에 수직인 반복 단위 원자층이 이웃한 층에 있는 아이오딘 원자 사이에서 약한 van der Waals 상호 작용으로 I−Cd−I···I−Cd−I···I−Cd−I와 같은 순서를 형성하기 때문이다. 이 구조는 양이온에 대하여 팔면체인 (6,3) 배위 구조를 가지고 음이온에 대하여 삼각 쌍뿔 구조이다. 구조 형태는 d 금속의 염화물과 칼코젠화물에서 흔히 나타난다(예를 들면 $FeBr_2$, MnI_2, ZrS_2 그리고 $NiTe_2$).

염화 카드뮴 구조(**cadmium-chloride structure**, $CdCl_2$, 그림 3.41)는 CdI_2 구조와 유사하

그림 3.40 CdI_2 **구조** 아이오딘화 음이온 층은 hcp 조밀 채움을 한다.

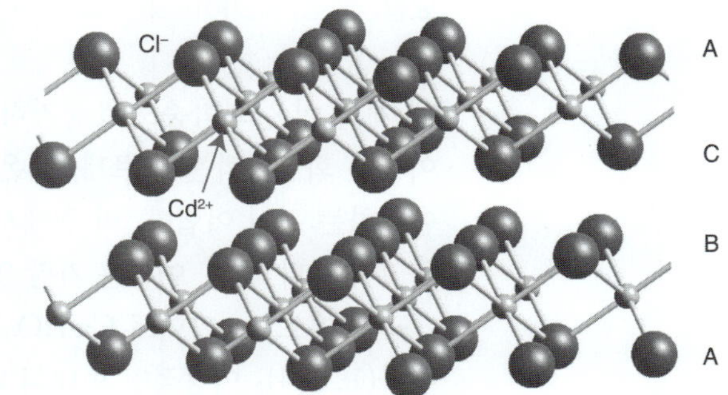

그림 3.41 $CdCl_2$ **구조** 염화 음이온 층은 ccp 조밀 채움을 한다.

나 음이온이 ccp 배열을 가지고 있다. 번갈아 있는 음이온 층 사이의 팔면체 자리 중 절반이 채워져 있다. 이 층 구조는 비록 $MnCl_2$와 $NiCl_2$과 같이 d 금속 이염화물이 선호하나 동일한 (6,3) 배위수 그리고 CdI_2에서 나타나는 것과 같은 기하 구조를 가진다.

예제 3.9 구멍 채운 구조의 화학량론 결정

음이온 X의 조밀 채움 배열에서 양이온 A로 구멍 채운 아래 구조의 화학량론을 확인하시오.
(a) 팔면체 자리의 1/3이 채워진 hcp 배열. (b) 모든 사면체 자리와 팔면체 자리가 채워진 ccp 배열

답 *N* 조밀 채움 구에는 2*N*개의 사면체 구멍과 *N*개의 팔면체 구멍이 있다는 것을 알아야 한다(3.3절). 따라서 음이온 X의 조밀 채움 배열에서 양이온 A가 모든 팔면체 구멍을 채우면 양이온과 음이온의 비가 1:1인 구조가 생기고 AX의 화학량론을 갖게 된다. (a) 구멍의 $\frac{1}{3}$만 차지하고 있기 때문에 A:X의 비는 $\frac{1}{3}$:1이고 화학량론은 AX_3에 해당한다. 이 구조의 예는 BiI_3이다. (b) *N*X 화학종에서 A 화학종의 총 개수는 2*N* + *N*이다. 따라서 A:X의 비는 3:1이고 화학량론은 A_3X에 해당한다. 이와 같은 형태를 갖는 구조의 예는 Li_3Bi이다.

문제 3.9 팔면체 자리의 $\frac{2}{3}$를 차지한 hcp 배열의 화학량론을 결정하시오.

예제 3.10 단순하거나 복잡한 조성에 대해서 가능한 구조 유형 예측하기

다음 화합물에 대해서 가능한 구조 유형을 예측하시오.
(a) PuO_2 (b) EuO (c) $CsPF_6$ (d) Li_2TiO_3

답 단순한 이성분 화합물에 대해서 구조를 제안하기 위해서 표 3.4와, 유사한 조성과 이온 크기(부록, 자료 1절)의 화합물을 이용할 수 있다. 복잡한 조성을 가지는 경우에는 양이온에 대한 음이온의 비율을 고려한다.
(a)에 대해서 가능한 구조는 형석(fluorite) 구조와 루틸 구조이고, Pu^{4+}는 Li^{4+}와 크기가 비슷하다. 따라서 표 3.4로부터 형석 구조를 예측할 수 있다.
(b) Eu^{2+}는 Sr^{2+}와 크기가 매우 비슷하고 SrO는 암염 구조 유형이다.
(c) 이 화합물은 $Cs^+[PF_6]^-$라고 쓸 수 있고 A 자리는 AX 조성 타입에 해당하여 암염 구조와 CsCl이다. 사실 이 물질은 Cs^+와 $[PF_6]^-$가 반복되는 암염 구조이다.
(d) 이 조성은 $[AX]_3$로 다시 쓸 수 있고 A 자리는 $\frac{2}{3}$의 Li와 $\frac{1}{3}$의 Ti가 채운다. 이와 같은 분석은 $LiNiO_2$ 경우와 비슷하다. 그러나 이제 암염 구조의 양이온 자리는 무작위로 $\frac{2}{3}$Li : $\frac{1}{3}$Ti가 채워진다.

문제 3.10 (a) PrO_2, (b) CrO_2, (c) $CrTaO_4$, (d) AcOF, (e) Li_2TiF_6에 대해서 가능한 구조를 설명하시오.

(b) 삼성분 상($A_aB_bX_n$)

요점: 페로브스카이트와 스피넬 구조는 각각 ABO_3와 AB_2O_4로 이루어진 화합물들에서 나타난다.

세 개의 이온 화학종으로 증가하여 구성 성분이 복잡해지며 가능한 구조가 급격히 증가한다. 이성분 화합물과는 다르게, 이온의 크기와 선호하는 배위수에 근거하여 가능한 구조 형태를 예측하는 것이 어렵다. 이 절에서는 삼성분 산화물에서 나타나는 두 가지 중요한 구조를 설명하고자 한다. O^{2-} 이온은 가장 일반적인 음이온으로, 산화물 화학은 고체 화학의 중심이다.

광물 페로브스카이트 $CaTiO_3$는 수많은 ABX_3 고체 화합물, 특히 산화물의 구조적 표준이 된다(표 3.4). 이상적인 형태의 **페로브스카이트 구조**(**perovskite structure**) 입방으로 A 양이온은 12개의 X 음이온으로, B 양이온은 6개의 X 음이온으로 둘러싸여 있다(그림 3.42). 실제로 페로브스카이트 구조는 A의 양이온과 O^{2-} 음이온(원래 조밀 채움 층에서 A 양이온은 12개

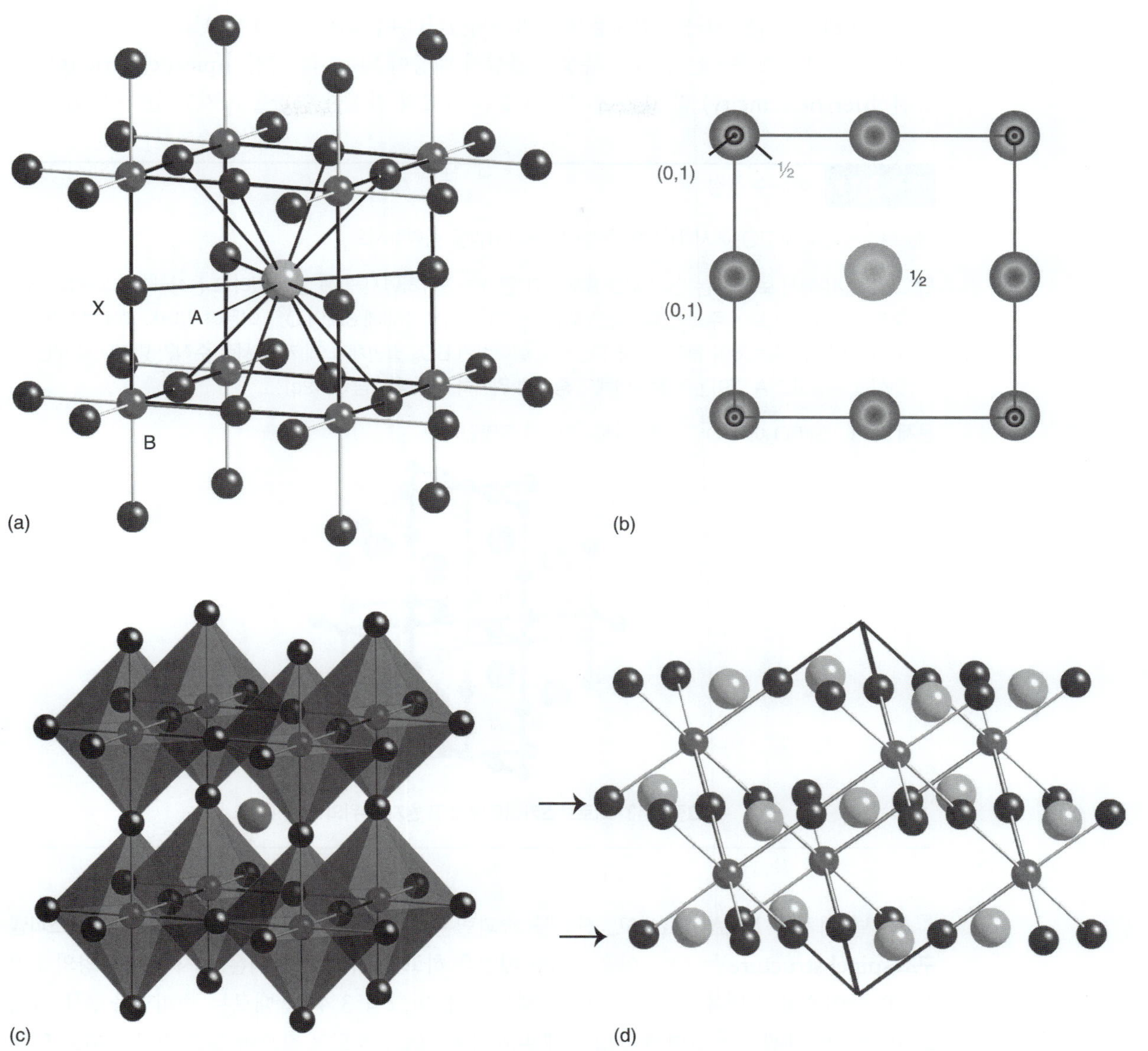

그림 3.42 (a) 페로브스카이트 구조 ABX_3. (a) 입방 단위 세포는 진한 회색 선으로 X에 대해서 양이온 A(12배위)와 B (6배위, 팔면체)임을 강조하였다. (b) 단위 세포의 투영도; (c) 동일한 구조, BX_6 팔면체로 B의 팔면체 배위 구조를 강조하였다. (d) 화살표로 표시한 A와 X가 팔면체 구멍에 있는 B와 조밀 구조에서 어떻게 배열되는지 페로브스카이트 구조와의 연관성을 보여 준다. 밑줄은 (a)에서와 같이 단위 세포를 나타낸다.

의 O^{2-} 이온으로 둘러싸여 있다, 그림 3.42d)의 조밀 채움 배열로도 설명될 수가 있는데, B 양이온이 6개의 O^{2-} 이온으로 형성된 팔면체 구멍을 모두 채우면 ABO_3와 동등한 $B_{n/4}[AO_3]_{n/4}$가 된다.

산화물에서 X = O이고, A 이온과 B 이온 전하의 합은 +6이 되어야 하는데, 이것은 몇 가지 방법(그중에 $A^{2+}B^{4+}$와 $A^{3+}B^{3+}$ 포함)으로 설명되며 $A(B_{0.5}B'_{0.5})O_3$, 예로 $La(Ni_{0.5}Ir_{0.5})O_3$같은 혼합 산화물의 가능성도 포함된다. 페로브스카이트에서 A 유형 양이온은 일반적으로 낮은 전하를 지닌 큰 이온, 즉 Ba^{2+} 또는 La^{3+}(이온 반지름$>$110 pm)이고, B 양이온은 큰 전하에 작은 이온, 즉 Ti^{4+}, Nb^{5+}, Fe^{3+}(이온 반지름$<$100 pm, 전형적으로 60~70 pm) 등이다. X = F, Cl, Br, I인 할라이드 페로브스카이트에서 A와 B 양이온의 전하의 합은 3이 되어야 한다. 예를 들면 $RbMgCl_3$, $KMnF_3$, $CsPbI_3$이다. X = I이고 A 자리의 양이온이 아주 큰 경우는 이온 반지름이 180 pm 이상인 Cs^+과 같이 가장 큰 무기 양이온이 들어가야 페로브스카이트 구조가 형성된다. 그 대신에 메틸암모늄과 같은 유기 양이온이 A 자리에 들어간

$[(CH_3)NH_3]PbI_3$은 최근 광전지용으로 연구되었다(14장 화학세상 14.4).

페로브스카이트 구조는 전기적 특성이 관심의 대상이 되는, 즉 압전기(piezoelectricity), 강유전성(ferroelecmcity) 및 고온 초전도체 같은 재료와 밀접한 연관을 가지고 있다(24.6절).

예제 3.11 배위수 결정

페로브스카이트 $SrTiO_3$에서 Ti^{4+} 이온의 배위수가 6임을 증명하시오.

답 그림 3.42에서 보여 주는 단위 세포 8개가 Ti 원자를 공유하면서 함께 쌓여 있다고 상상하자. 그림 3.43은 구조의 일부분만 보여 주고 있다. 중앙에 위치한 Ti^{4+} 이온 주위에 6개의 O^{2-} 이온이 있어서 페로브스카이트에서 Ti의 배위수는 6이 된다. 다른 관점으로 살펴보면 BO_6 팔면체가 세 개의 서로 수직인 방향에서 모든 꼭짓점을 공유하고 A 양이온이 정육면체의 중앙에 위치하고 있다(그림 3.42c).

문제 3.11 $SrTiO_3$에서 O^{2-} 자리의 배위 환경은 무엇인가?

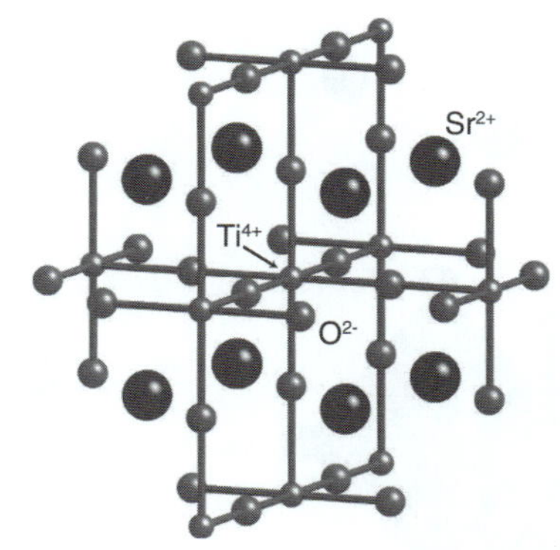

그림 3.43 페로브스카이트에서 Ti 원자 주위의 배위 환경

스피넬 자체는 $MgAl_2O_4$이고, 산화물 스피넬은 일반적으로 화학식이 AB_2O_4이다. **스피넬 구조**(**spinel structure**)는 O^{2-} 이온이 ccp 배열을 하고 여기에 A 양이온이 사면체 구멍의 1/8을, B 양이온이 팔면체 구멍의 절반을 채우고 있다(그림 3.44). 때로는 스피넬을 $A[B_2]O_4$로 표시하며, 대괄호는 팔면체 구멍을 채우는 양이온(보편적으로 작으며 높은 전하를 띠고 있는 A와 B 이온)을 의미한다. 예를 들면 $ZnAl_2O_4$는 $Zn[Al_2]O_4$로 표시되며, 모든 Al^{3+} 양이온이 팔면체 자리에 위치하는 것을 암시한다. 스피넬 구조를 지닌 화합물은 AB_2O_4의 삼성분 산화물로 $NiCr_2O_4$와 $ZnFe_2O_4$같이 3d 계열의 금속을 포함하고, Fe_3O_4, Co_3O_4, Mn_3O_4 같은 d 구역 이성분 산화물도 포함한다. 여기서 주목할 점은 A와 B는 같은 원소이지만 $Mn^{2+}[Mn^{3+}]_2O_4$와 같이 다른 산화 상태를 지닌다는 것이다. **역스피넬**(**inverse spinel**)로 알려진 화합물은 양이온 분포가 $B[AB]O_4$로, 사면체와 팔면체 자리에 더 많은 양이온이 채워져 있다.

예제 3.12 가능한 삼성분 상의 예측

페로브스카이트구조나 스피넬 구조를 가지며 Ti^{4+}, Zn^{2+}, In^{3+}, Pb^{2+} 양이온을 포함하는 화합물을 합성하기 위해서 어떤 삼성분 산화물이 가능한가? 부록 1에 있는 이온 반지름을 이용하라.

답 가능한 각 양이온 쌍에 대해 이온의 크기가 두 가지 구조를 나타나게 할 수 있는지를 생각해야 한다. $ZnTiO_3$는 Zn^{2+} 이온이 A형 자리를 채우기에는 너무 작기 때문에 페로브스카이트로 존재하지 않는다. $PbIn_2O_4$ 역시 Pb^{2+} 양이온이 사면체 자리에 들어가기에는 너무 크므로 스피넬 구조를 형성하지 않는다. 허용되는 구조는 $PbTiO_3$(페로브스카이트), $TiZn_2O_4$(스피넬), $ZnIn_2O_4$(스피넬)이다.

문제 3.12 La^{3+}가 위의 양이온 목록에 추가된다면 얻을 수 있는 산화물 페로브스카이트 조성은 무엇인가?

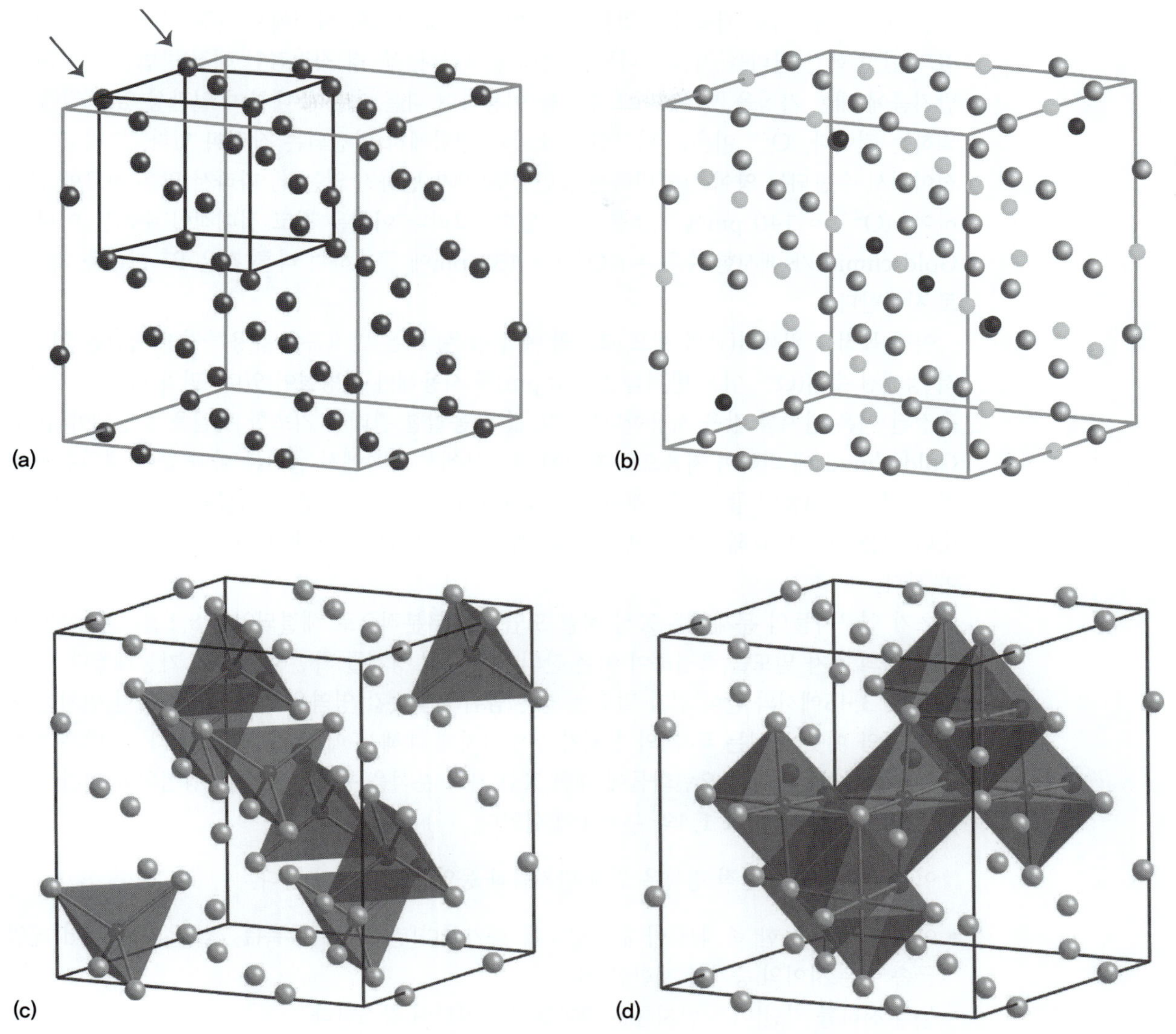

그림 3.44 스피넬 구조 AB_2O_4 (a) 전체 단위 격자 내에서 음이온(O^{2-})의 조밀 채움 배열(조밀 쌓임 층을 화살표로 표시); 더 작은 단순 ccp 단위 세포는 진회색 선으로 표시. (b) 전체 단위 세포에서 양이온과 음이온의 배열: A 양이온은 회색이고, B 양이온은 연회색. (c)와 (d) 전체 단위 세포에서 산소 음이온에 의한 A의 다면체 배위 구조(사면체)와 B(팔면체) 배위 구조

3.10 구조에 대한 이론적 설명

이온 고체의 열역학적 안정도와 구조는 **이온 모델**로 간단히 설명할 수 있다. 그러나 고체 모델을 정전기적으로 상호 작용하는 전하를 띤 구형만으로 설명하는 것은 적절하지 않으며, 많은 고체 화합물들은 이온보다는 공유 결합의 성격이 강하기 때문에 예상을 뛰어넘는 결과를 생각해야 한다. 알칼리 금속 할로젠화물 같은 전형적으로 '잘 알려진' 이온성 고체도 약간의 공유 결합 성질을 포함하고 있다. 그럼에도 불구하고 이온 모델은 많은 성질을 설명하는 데 간단하면서도 효과적인 방법을 제공한다.

(a) 이온 반지름

요점: 이온 크기–이온 반지름–는 일반적으로 족에서 아래로 갈수록 증가하고, 주기에서 오른쪽으로 갈수록 감소한다. 또한 배위수와 함께 증가하며 전하수가 증가하면 감소하는 경향이 있다.

처음 직면하는 문제점은 '이온 반지름'의 정의이다. 1.7절에서 설명하였듯이, 두 개의 다른 화

화학종(예를 들면 서로 접촉하고 있는 Na^+ 이온과 Cl^- 이온) 사이에서 가장 가까운 이웃 이온 간의 단일 핵간 거리를 적절히 나누는 것이 필요하다. 좀 더 직접적인 해결 방법은 한 이온의 반지름에 대한 가정을 세우고, 그 수치를 이용하여 다른 이온에 대하여 일관성 있는 값을 정의하는 것이다. O^{2-} 이온은 다양한 원소와의 결합에서 발견되는 장점이 있다. 그리고 무극성이어서 수반되는 양이온이 변하는 것만큼 크기가 변하지 않는다. 따라서 많은 자료에 근거하여 $r(O^{2-})$ = 140 pm에 기초를 두고 있다. 그러나 이것은 결코 절대적인 수치는 아니다. Goldschmidt가 제시한 수치는 $r(O^{2-})$ = 132 pm에 근거하며 다른 값은 F^- 이온을 기본으로 사용한다.

어떤 목적을 위해서(단위 세포 크기의 예측 같은) 이온 반지름은 유용하지만 똑같은 기준에서 정해진 수치(O^{2-} 이온 반지름은 140 pm)를 사용해야 신빙성이 있다. 만약 다른 출처에서 측정된 이온 반지름 값을 사용한다면, 그 값이 동일한 관례에 기초한 것임을 증명해야 한다. Goldschmidt에 의하여 처음으로 제시된 추가본에서 금속에서 살펴본 바와 같이 배위수에 따라서 이온 반지름이 증가하는 것이다(그림 3.45). 그러므로 이온 반지름을 비교할 경우에 비슷한 것을 서로 비교해야 하고 한 종류의 배위수(대표적으로 6 배위수)가 갖는 수치를 사용해야 한다.

초기 연구자들의 문제점은 X선 회절 도입으로 부분적으로 해결되었다(8.1절). 두 이웃 이온 사이의 전자 밀도를 측정하여 이온 간의 최솟값의 경계를 확인하는 것이 가능해졌다. 그러나 그림 3.46에서와 같이 전자 밀도는 넓은 범위의 최솟값 영역을 지나므로 정확한 위치는 실험 오차와 이웃에 있는 두 개의 실체가 무엇인지에 대해서 매우 민감할 것이다. 수많은 화합물, 특히 산화물과 플루오린화물에 대한 X선 자료 분석을 통하여 작성된 광범위한 일관성 있는 값의 일부 자료를 표 1.4와 부록 1에 실었다.

이온 반지름의 일반적 경향은 원자 반지름과 동일하며 다음과 같다.

- 이온 반지름은 한 족에서 아래로 갈수록 증가한다[란타넘족 수축(1.7절)은 4d와 5d 계열 금속 이온 사이의 증가를 제한한다].
- 동일 전하를 지닌 이온 반지름은 주기를 가로지르며 감소한다.
- 전하수가 다른 양이온을 형성하는 원소는, 배위수가 동일한 조건하에서 이온 반지름은 전하수 증가에 따라 감소한다.

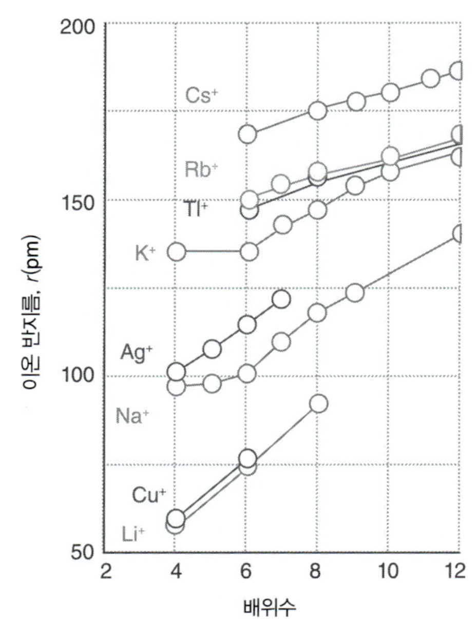

그림 3.45 배위수에 따른 이온 반지름의 변화

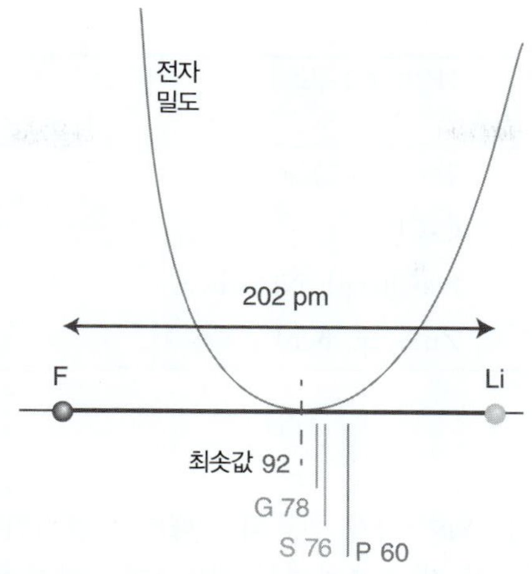

그림 3.46 LiF에서 Li–F 축에 따른 전자 밀도 변화 P점은 Pauling의 이온 반지름, G는 원래의 Goldschmidt 반지름(1927), S는 Shannon 반지름을 의미한다.

- 양전하는 전자수의 감소를 의미하므로, 핵 인력이 더 작용하여 같은 원자 번호의 원소일 경우에는 양이온이 음이온보다 반지름이 작다.
- 배위수가 다른 환경에 이온이 있는 경우, 가장 가까운 이웃 이온까지의 평균 거리로 측정한 반지름은 배위수 증가에 따라서 증가한다. 이온이 서로 멀어져 중심 이온에 대하여 더 많은 공간이 남게 되면, 반지름 증가는 둘러싸고 있는 이온들 사이의 반발을 감소시킨다.

(b) 반지름 비율

요점: 반지름의 비율은 이성분 화합물에서 이온의 가능한 배위수를 알려 준다.

무기화학 문헌, 특히 기초화학 교재에서 광범위하게 이용되는 파라미터는 이온의 '반지름 비율' r이다. **반지름 비율**(**radius ratio**)은 작은 이온 반지름(r_{small}) 대 큰 이온 반지름 r_{large})의 비율이다.

$$\gamma = \frac{r_{small}}{r_{large}} \tag{3.1}$$

대개 r_{small}은 양이온 반지름이고, r_{large}는 음이온 반지름이다. 주어진 배위수를 고려하는 최소 반지름의 비율은 서로 다른 크기의 구를 쌓는 기하학적 문제를 고려하여 계산할 수 있다(표 3.6). 만약 반지름의 비율이 주어진 최솟값 이하이면 반대 전하 이온은 서로 접촉하지 않고 같은 전하 이온이 접촉될 것이다. 간단한 정전기적 설명에 의하면, 반대 전하 이온이 서로 접촉하고 있는 낮은 배위수가 더 유리하다. 또 다른 설명으로는 M^+ 이온의 반지름이 증가하면 그 주위를 더 많은 음이온이 둘러쌀 수 있다는 것이며, 이렇게 하여 선호되는 정전기적 인력을 더 많이 가지게 된다. 이러한 단순한 정전기적 논의는 가장 가까이 이웃하는 상호 작용만 고려한 것이고, 채움을 예측하는 더 좋은 모형은 전체 이온 배열을 고려하는 더 자세한 계산을 요구한다. 이것은 3.12절에서 다룬다.

이 개념을 확고히 하기 위하여 앞에서 계산한 구멍 크기(예제 3.4) 값을 이용할 수 있다. 반지름이 $0.225r$ 이하인 양이온은 사면체 구멍에 맞을 것이다($0.225r$ 이하인 이온은 안에서 달가닥 걸릴 수 있다). $0.225r$은 사면체 구멍에 맞는 가장 큰 양이온의 크기를 나타내는 것을 주의하라. 그리고 $0.225r$과 $0.414r$ 사이의 양이온들은 서로 살짝 밀쳐낼 것이다. 그러므로 $0.225r$과 $0.414r$ 사이의 양이온들은 반지름이 r인 음이온들의 다소 팽창된 조밀 채움 배열 내에 형성된 정사면체 구멍에만 채워질 것이다. 그러나 이 약간의 음이온들의 팽창은 에너지적으로 가장 선호되는 배열로 남는다. 하지만 양이온의 반지름이 $0.414r$에 도달하면 음이온들이 밀쳐져서 정팔면체 배위가 가능하게 되고, 더 유리하게 된다. $0.732r$이 되어

표 3.6 반지름 비율과 구조 형태의 상관 관계

반지름 비율(γ)	1:1과 1:2 화학량론일 때의 배위수(CN)*	이성분 AB 구조	이성분 AB_2 구조
1	12	알려지지 않음	알려지지 않음
0.732~1	8:8과 8:4	CsCl	CaF_2
0.414~0.732	6:6과 6:3	NaCl(ccp), NiAs(hcp)	TiO_2
0.225~0.414	4:4	ZnS(ccp, hcp)	

* CN은 배위를 나타냄

8배위가 가능할 때까지는 지속되어 가장 선호되는 배열로 유지된다. 요약하면 0.414r이 되기 전까지는 양이온과 음이온이 잘 접촉하면서 배위수가 6까지 증가하지는 않는다. 그리고 $0.414 < \gamma < 0.732$ 사이에서는 6배위가 선호되는 배열이 될 것이다.

비슷한 논쟁이 0.225r과 0.414r 사이의 작은 이온이 정사면체 구멍에 채워질 때에도 적용된다. 이러한 이온 반지름 비율에 기초한 이온 채움의 개념은 특정한 양이온과 음이온이 선택되었을 때, 어떤 구조가 가장 가능성이 높은 것인지 예측하는 데 사용할 수 있다(표 3.6). 실제로, 양이온이 8배위를 할 때 신뢰도가 높고, 6배위나 4배위와 같은 낮은 배위수에서는 방향성 공유 결합이 더 중요해지기 때문에 신뢰도가 낮다. 큰 이온에 대해서는 극성 효과도 중요하다. 이온의 전기 음성도와 편극화도에 의존하는 이러한 요인들은 3.10c절에서 더욱 구체적으로 고려된다.

요약 설명

TlCl의 결정 구조를 예측하려면 이온 반지름 $r(Tl^+) = 159$ pm와 $r(Cl^-) = 181$ pm이고 $\gamma = 0.88$이라는 것을 알아야 한다. 따라서 TlCl은 8:8 배위를 하고 있는 염화 세슘 구조를 가질 것으로 예상되며 실제 알려진 구조 또한 그러하다.

예제 3.13 구조 예측하기

이온 결합 화합물 RbI, BeO, PbF_2에 대해서 반지름 비율 규칙과 부록 1에 있는 6배위 이온 반지름을 이용하여 구조를 예측하시오.

답 각 화합물에 대해서 반지름 비율 γ를 계산해야 하고 표 3.6을 이용해서 가장 가능성 높은 구조를 찾는다. RbI에 대해서 이온 반지름은 $Rb^+ = 148$ pm이고 $I^- = 220$ pm이므로 $\gamma = 0.672$이다. 이 값은 0.414~0.732에 속하므로 CN 6:6이고 암염 구조(NiAs는 가능하지만 이것은 공유 결합성이 있어야 함)이다. BeO와 PbF_2에 대해서 마찬가지로 계산하면 각각 $\gamma = 0.321$과 0.894가 나온다. BeO는 4:4 배위가 예상된다(실제로 이것은 4:4 배위의 섬유아연광(wurtzite Zinc-sulfide) 구조를 가짐)). PbF_2는 AB_2 유형으로 형석 구조(8:8 CN)가 예측되며 실험적으로도 발견된다.

문제 3.13 반지름 비율과 6배위 이온 반지름을 사용하여 CaO와 BkO_2(Bk = berkelium, 버클륨, 악티늄족)의 구조를 예측하시오.

계산에 사용된 이온 반지름은 정상 조건의 구조에서 얻은 자료들이다. 높은 압력에서는 다른 구조가 가능하며, 특히 큰 배위수와 큰 밀도를 갖는 구조가 더 유리할 것이다. 압력이 주어지면 많은 단순 화합물들은 4:4, 6:6 및 8:8 배위 구조 사이에서 전환이 일어난다. 이같은 현

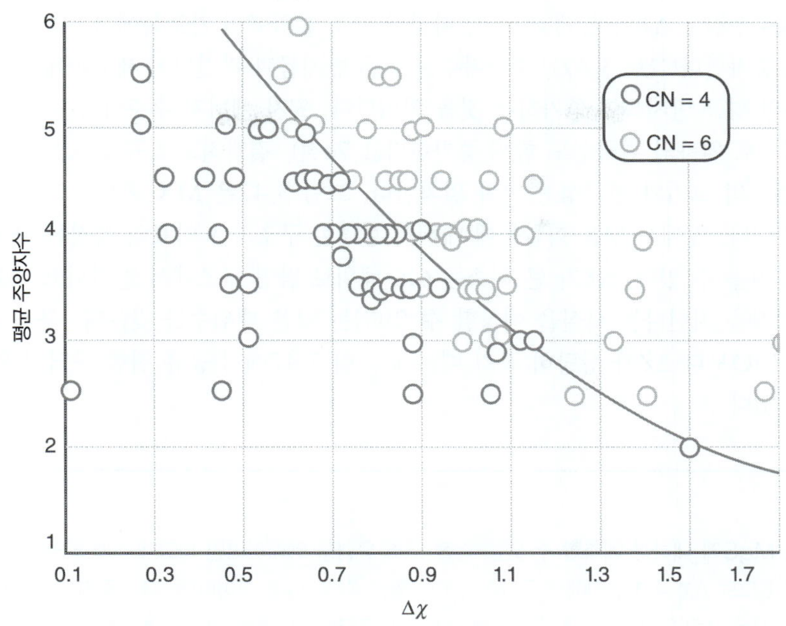

그림 3.47 **화학식이 MX인 화합물의 구조 요약표** 점은 M과 X 사이의 전기 음성도 차이($\Delta\chi$)와 평균 주양자수 n에 의하여 결정된다. 요약표에서 위치는 두 성질에 의해서 예상되는 배위수를 의미한다.(E. Mooser and W.B. Pearson, *Acta Crystallogr*., 1959,**12**,1015.)

상은 대부분의 가벼운 알칼리 금속 할로젠 화합물에서 일어나며, 5 kbar(할로젠화 루비듐)와 10~20 kbar(할로젠화 소듐 및 포타슘) 압력에서 6:6 배위 암염 구조는 8:8 배위 염화 세슘 구조로 변환된다. 압력하에서 화합물의 구조를 예측할 수 있는 능력은 이온 결합 화합물의 성질을 이해하는 데 중요하다. 즉 산화 칼슘은 지구의 맨틀에 존재하는 압력인 600 kbar 근처에서 암염에서 염화 세슘 구조로 전환될 것으로 예상된다.

양이온과 음이온의 상대적인 이온 반지름 비율과 이들이 선호하는 배위수(팔면체, 사면체 또는 입방 구조에 대한 선호도)를 포함하는 유사한 주장을 고체 구조화학 전반에 걸쳐 적용할 수 있으며, 어떠한 이온이 특정한 구조 형태에 연관되어 있는가를 예측하는 데 도움을 준다. 페로브스카이트와 스피넬 구조 형태와 같이 복잡한 화학량론을 갖는 삼성분 화합물에 대해서는 양이온과 음이온의 어떠한 조합이 특정한 구조 형태를 생성하는 예측을 가능하게 한다. 한 가지 예는 고온 초전도 현상을 보이는 구리산 화합물이며(24.6e절), Cu^{2+}가 산소에 팔면체 배위를 하고 있는 것과 같은 특정한 구조 형태 이온 반지름을 면밀히 고찰하여 만들 수 있다.

(c) 구조 요약표

요점: 구조 요약표는 결합 특성과 함께 결정 구조에서의 변화를 나타낸다.

반지름 비율은 완전히 신뢰할 수는 없지만(실험 구조의 50% 정도만 예측), 실험적으로 충분한 정보를 수집하고 경향을 살펴봄으로써 구조를 합리적으로 설명하는 것이 어느 정도 가능하다. 이와 같은 접근은 '구조 요약표'를 작성하는 기초가 된다. **구조 요약표**(**structure map**)는 실험적으로 작성된 요약표로, 원소들 간의 전기 음성도 차이와 두 원자의 원자가 껍질의 평균 주양자수에 대한 결정 구조의 의존도를 묘사한다.

이처럼, 구조 요약표는 Ketelaar 삼각형과 연관되어 2장에서 설명한 개념의 연장으로 고려할 수 있다. 살펴본 바와 같이 이성분 이온 염은 전기 음성도 $\Delta\chi$의 차이가 큰 경우에 생성되고, 차이가 감소함에 따라 극성 이온 염과 공유 결합 네트워크가 더 선호된다. 삼각형에서 이 범위에 집중하여 전기 음성도와 편극성의 작은 변화가 어떻게 이온 배열의 선택에 영향을 미치는지를 조사할 수 있다.

결합의 이온 성질은 $\Delta\chi$와 함께 커지고, 따라서 구조 요약표의 가로축에서 오른쪽으로 갈수록 이온성이 증가한다(그림 3.47). 주양자수는 이온 반지름과 관련되어 세로축에서 위로 올라갈수록 이온의 평균 반지름이 증가하는 것을 의미한다. 원자 에너지 수준이 원자 팽창에 따라서 가까워지므로 원자의 편극성도 함께 증가한다(1.7e절). 결과적으로 구조 요약표에서 수직축은 결합 원자의 크기와 편극성 증가와 일치한다. 그림 3.47은 MX 화합물의 구조 요약표를 예시한 것이다. 앞에서 MX 화합물에 대해서 설명한 구조가 요약표의 특정한 구역에 속한다는 것을 살펴볼 수 있다. $\Delta\chi$가 큰 원소는 6:6 배위로 암염 구조에서 발견되고, $\Delta\chi$가 작은 원소(공유 성질을 지닌다는 사실을 예상할 수 있다)는 낮은 배위수를 갖는다. 구조 요약표에서 GaN은 ZnO보다 $\Delta\chi$가 상당히 작기 때문에 그림 3.47에서 공유 결합 구역에 훨씬 가까이 위치하고 있다.

요약 설명

황화 마그네슘 MgS에 대하여 예측할 수 있는 결정 구조 유형을 예측하려면 마그네슘과 황의 전기 음성도는 각각 1.3과 2.6으로 $\Delta\chi = 1.3$임에 주목해야 한다. 평균 주양자수는 3이다(둘 다 3주기 원소이다). $\Delta\chi =$ 13과 $n = 3$인 점은 그림 3.47의 구조 요약표에서 6배위 구역에 위치한다. 이 구역은 MgS에서 관측된 암염 구조와 일치한다.

이온 결합의 에너지론

화합물은 Gibbs 에너지가 가장 낮은 결정 구조를 형성하는 경향이 있다. 다음 반응에서

$$M^+(g) + X^-(g) \rightarrow MX(s)$$

Gibbs 에너지 변화($\Delta_r G^\ominus$)가 구조 A 생성에서 구조 B보다 더 음의 값을 가지면, B에서 A로의 전이가 보통 조건하에서 자발적으로 진행되어 고체는 구조 A로 발견될 것이다.

이온 기체로부터 고체가 생성되는 과정은 상당한 발열 반응으로, 실온에서 Gibbs 에너지 변화에 대한 엔트로피 기여($\Delta_r G^\ominus = \Delta H^\ominus - T\Delta S^\ominus$)는 무시할 수 있다. $T = 0$에서는 이렇게 무시하는 것이 엄밀한 사실이다. 그러므로 고체의 열역학적 성질은 일반적으로 엔탈피 변화에 집중된다. 그래서 가장 큰 발열 반응으로 생성되는 구조를 찾고 그것을 열역학적으로 가장 안정한 형태로 여긴다. 표 3.7에 단순 이온 화합물들의 대표적인 격자 엔탈피 값을 나타내었다.

격자를 깨는 데 해당하는 흡열 과정(양의)으로서 격자 엔탈피를 정의하는 것이 정확한 것이지만, 많은 교과서에서는 이와는 반대로 격자의 형성(음의 크기로 나타낸)으로 정의하고 있다.

3.11 격자 엔탈피와 Born-Haber 순환

요점: 격자 엔탈피는 Born-Haber 순환을 이용하여 엔탈피 자료로부터 결정한다. 화합물의 가장 안정한 결정 구조는 일반적인 조건에서 가장 큰 격자 엔탈피를 갖는 구조이다.

'격자 엔탈피'와 '격자 에너지'는 종종 바꿔 쓸 수 있는 만큼 동일시되지만, 표준 상태에서의 이러한 양(예로 일($P\Delta V$), 기체 이온 형성에 관여되는)을 정의하는 열역학 함수의 변화 때문에 몇 kJ mol^{-1} 정도 차이가 난다. 그러나 이러한 차이는 실험 오차나 이론적으로 결정되는 값의 오차에 비해서 무시할 수 있는 정도이므로 어느 용어를 써도 관계없다.

격자 엔탈피(lattice enthalpy, $\Delta_L H^\ominus$)는 고체로부터 이온 기체 생성에 수반되는 표준 몰엔탈피 변화이다.

$$MX(s) \rightarrow M^+(g) + X^-(g) \qquad \Delta_L H^\ominus$$

격자의 붕괴는 항상 흡열 과정이므로 격자 엔탈피는 항상 양의 값을 가지며 값에서 플러스 부호는 일반적으로 생략된다. 앞에서 언급한 바와 같이 엔트로피 고려를 무시한다면, 가장 안정된 결정 구조는 가장 큰 격자 엔탈피를 갖는 구조이다.

표 3.7 단순 무기 고체의 격자 엔탈피 값

화합물	구조 형태	$\Delta_L H^{exp}$(kJ mol^{-1})	화합물	구조 형태	$\Delta_L H^{exp}$(kJ mol^{-1})
LiF	암염	1030	$SrCl_2$	형석	2125
LiI	암염	757	LiH	암염	858
NaF	암염	923	NaH	암염	782
NaCl	암염	786	KH	암염	699
NaBr	암염	747	RbH	암염	674
NaI	암염	704	CsH	암염	648
KCl	암염	719	BeO	섬유아연광	4293
KI	암염	659	MgO	암염	3795
CsF	암염	744	CaO	암염	3414
CsCl	염화 세슘	657	SrO	암염	3217
CsBr	염화 세슘	632	BaO	암염	3029
CsI	염화 세슘	600	Li_2O	반형석	2799
MgF_2	루틸	2922	TiO_2	루틸	12150
CaF_2	형석	2597	CeO_2	형석	9627

격자 엔탈피는 **Born–Haber 순환**(**Born–Haber cycle**)을 이용하여 엔탈피 자료로부터 결정된다. 이 순환은 그림 3.48에서 보여 주는 것같이, 격자 생성을 포함하는 단계의 닫힌 경로이다. 화합물이 관련 상태(일반적인 조건하에서 가장 안정한 상태)의 원소로 분해되면 표준 분해 엔탈피는 표준 생성 엔탈피 $\Delta_f H^{\ominus}$와 부호가 반대이다.

$$M(s) + X(s, l, g) \rightarrow MX(s) \qquad \Delta_f H^{\ominus}$$

마찬가지로 기체 이온으로부터의 격자 표준 생성 엔탈피는 위에서 나타낸 것처럼 격자 엔탈

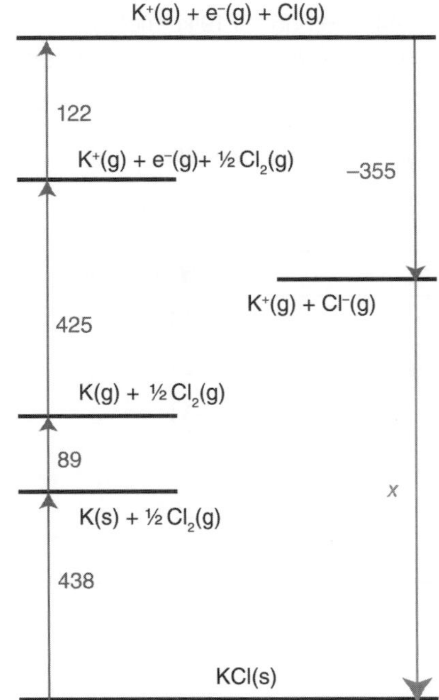

그림 3.48 KCl의 Born–Haber 순환 격자 엔탈피는 $-x$와 같다. 모든 값의 단위는 kJ mol^{-1}이다.

피와 부호가 반대이다. 고체 원소의 표준 원자화 엔탈피($\Delta_{atom}H^{\ominus}$)는 표준 승화 엔탈피로 다음과 같다.

$$M(s) \rightarrow M(g) \quad \Delta_{atom}H^{\ominus}$$

기체 원소의 표준 원자화 엔탈피는 다음과 같이 표준 해리 엔탈피($\Delta_{dis}H^{\ominus}$)이다.

$$X_2(g) \rightarrow 2X(g) \quad \Delta_{dis}H^{\ominus}$$

중성 원자로부터의 표준 이온 생성 엔탈피는 이온화 엔탈피(양이온 생성의 경우 $\Delta_{ion}H^{\ominus}$)와 전자 획득 엔탈피(음이온의 경우 $\Delta_{eg}H^{\ominus}$)로 예는 다음과 같다.

$$M(g) \rightarrow M^+(g) + e^-(g) \quad \Delta_{ion}H^{\ominus}$$
$$X(g) + e^-(g) \rightarrow X^-(g) \quad \Delta_{eg}H^{\ominus}$$

격자 엔탈피 값—잘 알려진 순환에서 오로지 결정되지 않은 값—은 전체 순환에서 엔탈피 변화의 총합은 0(엔탈피는 상태 성질이므로)이 되어야 한다는 조건으로부터 계산할 수 있다.[4] Born–Haber 순환으로 계산된 격자 엔탈피 값은 모든 측정값의 정확도에 의존하며, 결과적으로 표에 주어진 수치의 유효 범위는 대략 ±10 kJ mol^{-1}이다.

[4] 계산에서 얻은 격자 엔탈피의 값인 경우에, Born–Haber 순환은 전자 획득 엔탈피(전자 친화도) 같이 측정하기 어려운 값을 결정하는 데 사용될 수 있음을 주목하라.

예제 3.14 격자 엔탈피를 결정하기 위한 Born–Haber 순환 사용

Born–Haber 순환과 옆에 주어진 자료를 사용하여 KCl(s)의 격자 엔탈피를 계산하시오.

	$\Delta H^{\ominus}$(kJ mol^{-1})
K(s)의 승화	+89
K(g)의 이온화	+425
Cl_2(g)의 해리	+244
Cl(g)의 전자 획득	−355
KCl(s) 형성	−438

답 그림 3.48에 필요한 순환이 주어져 있다. 순환에서 엔탈피 변화의 합은 0이므로 다음과 같다.

$$\Delta_L H^{\ominus} = 438 + 425 + 89 + (244/2) - 355 = 719(\text{kJ mol}^{-1})$$

계산에서 순환 각 단계의 부호를 보여 주는 에너지 준위 도표를 그리면 더욱 확실해진다. 모든 격자 엔탈피는 양의 값을 갖는다. 그리고 KCl을 형성하기 위해서는 Cl^-(g)로부터 단지 하나의 Cl 원자가 필요하므로 Cl_2 해리 에너지의 절반($\frac{1}{2} \times 244$ kJ mol^{-1})만 계산에 사용되었다.

문제 3.14 다음 표를 사용하여 브로민화 마그네슘의 격자 엔탈피를 계산하시오.

	$\Delta H^{\ominus}$(kJ mol^{-1})
Mg(s)의 승화	+148
Mg(g)에서 Mg^{2+}(g)로 이온화	+2187
Br_2(l)의 기체화	+31
Br_2(g)의 해리	+193
Br(g)의 전자 획득	−331
$MgBr_2$(g) 형성	−524

3.12 격자 엔탈피 계산

격자 엔탈피를 알면 고체에서 결합의 특성을 규명하는 데 사용할 수 있다. 격자가 정전기적 상호 작용에 따라 작용하는 이온으로 구성되었다는 가정하에서 계산된 수치가 실험으로 측정된 수치와 일치한다면 화합물의 이온 모델로 사용할 수 있다. 서로 일치하지 않는 것은 공유성에 의한다. 앞에서 언급한 바와 같이, 우연히 발생할 수 있는 수치의 일치가 판단에 오류를 일으킬 가능성이 있다는 것을 기억하기 바란다.

(a) Born−Mayer 식

요점: Born−Mayer 식은 이온 격자에서 격자 엔탈피를 계산하는 데 사용된다. Madelung 상수는 알짜 Coulomb 상호 작용 세기에서 격자 기하 구조의 효과를 반영한다.

이온 고체의 격자 엔탈피를 계산하려면 여러 가지 요소, 즉 이온 사이의 Coulomb 인력과 반발력 그리고 이온의 전자 밀도가 겹칠 때 나타나는 반발 상호 작용을 포함하여 고려해야 한다. 이 계산은 $T = 0$에서 격자 엔탈피에 대한 **Born−Mayer 식(Born-Mayer equation)**을 만든다.

$$\Delta_L H^{\ominus} = \frac{N_A |z_A z_B| e^2}{4\pi\varepsilon_0 d}\left(1 - \frac{d^*}{d}\right)A \tag{3.2}$$

여기서 $d = r_1 + r_2$는 이웃 양이온과 음이온 간의 거리로 단위 세포 '크기'의 척도이다(식 유도는 추가 정보 Born−Mayer 식 참고). 그리고 N_A는 Avogadro 상수, z_A와 z_B는 양이온과 음이온의 전하수, e는 전하, ε_0는 진공 유전율, 그리고 d^*는 상수(전형적으로 34.5 pm)로 짧은 거리에 있는 이온들 사이의 반발력을 표현한다. A는 **Madelung 상수(Madelung constant)**라고 하며, 구조(특히 이온들의 상대적 분포, 표 3.8)에 의존한다. 화학세상 3.5를 참고하라. Born−Mayer 식은 실제로 격자 엔탈피와 엄밀한 의미에서 구별되는 격자 에너지를 계산하지만, $T = 0$에서 두 값은 동일하고 보통 온도에서 차이는 무시된다.

표 3.8 Madelung 상수

구조 형태	A
염화 세슘	1.763
형석	2.519
암염	1.748
루틸	2.408
섬아연광	1.638
섬유아연광	1.641

요약 설명

염화 소듐의 격자 엔탈피를 계산하기 위하여 표 3.8에서 $A = 1.748$에서 $z(Na^+) = +1$, $z(Cl^-) = -1$을 이용하고 표 1.4에서 $d = r_{Na^+} + r_{Cl^-} = 283$ pm를 이용한다.
따라서(뒷 표지 안쪽에 주어진 기본 상수를 이용)

$$\Delta_L H^{\ominus} = \frac{(6.022\times10^{23}\,\text{mol}^{-1})\times|(+1)\times(-1)|\times(1.602\times10^{-19}\,\text{C})^2}{4\pi\times(8.854\times10^{-12}\,\text{J}^{-1}\text{C}^2\text{m}^{-1})\times(2.83\times10^{-10}\,\text{m})} \times \left(1-\frac{34.5\,\text{pm}}{283\,\text{pm}}\right) \times 1.748$$

$$= 7.56\times10^5\ \text{J mol}^{-1}$$

또는 756 kJ mol^{-1}이다. 이 수치는 Born−Haber 순환으로 계산된 실험 값 788 kJ mol^{-1}과 비슷하다.

화학세상 3.5 Madelung 상수 계산하기

개별적인 정전기 퍼텐셜 항을 모두 합해서 전체 정전기 에너지를 계산한다.

$$V_{AB} = \frac{(z_A e)\times(z_B e)}{4\pi\varepsilon_0 r_{AB}}$$

양이온 전하수 z_A와 음이온 전하수 z_B(부호에 주의)가 r_{AB} 거리만큼 떨어져 있다. 어떤 배열의 이온 또는 구조 유형에 대해서도 합산할 수 있지만, 실제로 이 계산은 매우 느리게 수렴한다. 왜냐하면 r_{AB}의 거리가 증가할수록 결정 내에서 해당하는 거리에 있는 (V_{AB}에 더 적게 기여하는) 이온쌍의 개수 또한 증가하기 때문이다. 중심점의 이온의 주변에는 반복되며 확장되는 반지름에 따라서 반대되는 전하로 둘러싸인 영역으로 시작해서 양이온과 음이온이 반복되어 V_{AB}에 기여하는 점을 주목하라.

Madelung 상수의 계산은 직선상에 일정 거리로 양이온과 음이온이 번갈아가며 배열된 것으로 그릴 수 있다(그림 B3.4). 가장 가까운 거리에 동등한 두 상호 작용은 $\frac{-2z^2}{d}$에 비례하고 두 번째 쌍은 $\frac{+2z^2}{2d}$, 이와 같이 계속하면

$$\frac{4\pi\varepsilon_0 V}{e^2} = -\frac{2z^2}{d} + \frac{2z^2}{2d} - \frac{2z^2}{3d} + \frac{2z^2}{4d} - \frac{2z^2}{5d}$$
$$= \frac{-2z^2}{d}\left(1 - \frac{1}{2} + \frac{1}{3} - \frac{1}{4} + \frac{1}{5}\cdots\right)$$

그림 B3.4

천천히 수렴하는 시리즈는 ln 2와 같을 것이고, 전하 z가 거리 d로 반복되는 경우에,

$$V = \frac{e^2}{4\pi\varepsilon_0} \times \frac{z^2}{d} \times 2\ln 2$$

$2\ln 2 = 1.386$, 이것이 정렬된 이온에 대한 Madelung 상수이다. 비슷한 계산을 모든 구조에 대해서 할 수 있고, 표 3.8에 주어진 값들을 얻게 된다. 그림 B3.5는 암염 구조에 대한 계산의 토대를 보여 준다. 이들에 대한 항들은

$$\frac{4\pi\varepsilon_0 V}{e^2} = -\frac{6z^2}{d} + \frac{12z^2}{\sqrt{2}d} - \frac{8z^2}{\sqrt{3}d} + \frac{6z^2}{2d}\cdots\cdots$$

중심 양이온 주변의 거리 d(두 이온 반지름의 합)에 있는 6개의 음이온, $\sqrt{2}d$ 거리에 있는 12개의 양이온, $\sqrt{3}d$ 거리에 있는 8개의 음이온 등등, 이 암염 구조에 대한 Madelung 상수는 1.748이다.

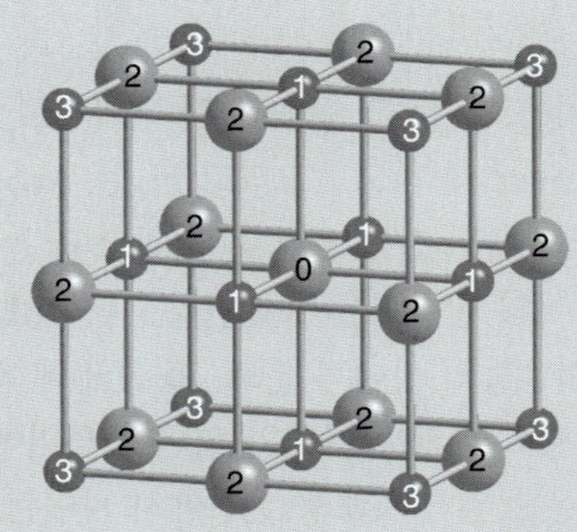

그림 B3.5 암염 구조 유형에 대한 Madelung 상수 계산에 대한 토대 0으로 표시된 중심 이온에서 거리에 따른 외피(shell)들을 보여 준다.

격자 엔탈피에 대한 Born–Mayer 식은 고체에서 이온 전하와 반지름의 의존도에 대한 설명을 가능하게 한다. 식의 핵심 부분은 다음과 같다.

$$\Delta_L H^\ominus \propto \frac{|z_A z_B|}{d}$$

따라서 d 값이 크면 격자 엔탈피가 낮은 반면, 이온 전하가 크면 격자 엔탈피가 커진다. 이 의존성은 표 3.7에 주어진 값에서 살펴볼 수 있다. 알칼리 금속 할로젠화물에서는 LiF에서 LiI로 갈수록 그리고 LiF에서 CsF로 갈수록 할로젠과 금속 이온 반지름이 증가하여 격자 엔탈피가 감소하고 있다. MgO($|z_A z_B|=4$)의 격자 엔탈피가 NaCl($|z_A z_B|=1$) 값의 거의 네 배나 되는 이유는 d 값이 비슷한 이온이라도 전하가 크기 때문이다. Madelung 상수는 같다.

Madelung 상수는 전형적으로 배위수가 커지면 증가한다. 예를 들면 6:6 배위 암염 구조는 $A = 1.748$이지만, 8:8 배위 염화 세슘 구조는 $A = 1.763$, 그리고 4:4 배위 섬아연광 구조는 1.638이다. 이 의존도는 가장 가까이 있는 이웃이 큰 영향을 미친다는 사실을 반영하고, 따라서 배위수가 커질수록 이런 이웃의 수가 증가한다. 그러나 높은 배위수가 염화 세슘 구조

에서 더 강한 상호 작용을 한다는 것을 반드시 의미하지는 않는다. 왜냐하면 퍼텐셜 에너지는 격자의 크기에 의존하기 때문이다. 8배위를 형성하기에 충분히 큰 이온으로 이루어진 격자에서 d가 커지기 때문에 이온 간의 거리가 멀어져 Madelung 상수의 작은 증가에 의한 효과를 상쇄하기 때문에 격자에너지는 줄어드는 결과를 가져온다. 단순 반지름 비율 규칙(3.10b절)이 낮은 배위수의 구조를 예측한 경우에도 높은 배위 구조를 취하는 경우가 종종 있는데, Madelung 상수 경우는 실제로 큰 값을 보여 준다. LiI는 $\gamma = 0.34$이므로 4:4 배위가 예측되는데, 실험적으로 6:6 배위는 암염 구조를 취한다고 밝혀졌다.

(b) 격자 엔탈피의 기여

요점: 격자 엔탈피에 대한 비정전기적인 기여로는 van der Waals 상호 작용, 특히 분산 상호 작용이 포함된다.

격자 엔탈피에 기여하는 것은 이온과 분자 간의 **van der Waals 상호 작용**(van der Waals interaction)으로, 전기적으로 중성인 화학종의 응축상을 형성하는 데 원인이 되는 약한 분자간 상호 작용이다. 이런 화학종에서 중요한 기여는 **분산 상호 작용**(dispersion interaction, 'London 상호 작용')이다. 분산 상호 작용은 한 분자에 있는 전자 밀도의 순간적인 요동(결과적으로 순간적인 전기적 쌍극자 모멘트)이 이웃하고 있는 분자의 전자 밀도(쌍극자 모멘트)의 요동을 유발하고, 이때 만들어지는 순간 전기 쌍극자 사이의 인력 상호 작용에 의해 일어난다. 이 상호 작용의 몰퍼텐셜 에너지(V)는 다음과 같이 변화할 것으로 예상된다.

$$V = -\frac{N_A C}{d^6} \tag{3.3}$$

상수 C는 물질에 따라 다르다. 편극성이 작은 이온에서 이 기여는 정전기적인 기여의 1% 정도로, 이온 고체의 격자 엔탈피 계산에서는 무시된다. 그러나 I^-와 Tl^+ 같이 편극성이 큰 이온에서는 중요하게 기여할 수 있다. 따라서 LiF와 CsBr과 같은 화합물의 분산 상호 작용은 각각 16 kJ mo^{-1}과 50 kJ mol^{-1}씩 기여할 것으로 추정한다.

3.13 실험값과 이론값의 비교

요점: $\Delta\chi > 2$인 원소로 이루어진 화합물에서는 일반적으로 이온 모델이 유효하며 Born–Mayer 식과 Born–Haber 순환에서 유도된 격자 엔탈피 값이 비슷하다. 전기 음성도 차이와 편극성이 작은 이온으로 이루어진 구조에서는 결합에 추가로 비이온 성질이 기여한다. 격자 엔탈피는 알려지지 않은 화합물의 안정성이나 다른 것을 예측하는 데 사용된다.

실험으로 결정한 격자 엔탈피와 고체의 이온 모델을 사용하여 계산한 값(Born–Mayer 식 사용)이 어느 정도 일치하는지를 통해 고체 화합물에서 이온성이 어느 정도 포함되어 있는지를 알 수 있다. 표 3.9에 계산과 측정으로 얻은 격자 엔탈피 값이 전기 음성도 차와 함께 나와 있다. $\Delta\chi > 2$인 경우에는 이온 모델이 유효한 반면, $\Delta\chi < 2$인 경우에는 공유 결합 성질이 증가한다. 그러나 전기 음성도 기준은 이온들의 편극성을 무시한 것임을 기억해야 한다. 알칼리 금속 할로젠화물은 이온 모델과 일치한다. 가장 잘 일치하는 것은 전기 음성도가 큰 F 원자로 만들어진 편극성이 가장 작은 할로젠화 이온(F^-)인 반면, 작은 전기 음성도를 지닌 I 원자로 생성된 높은 편극성의 할로젠화 이온(I^-)는 이온 모델과 일치하지 않는다. 이런 경향은 표 3.9에 주어진 은 할로젠 화합물의 격자 엔탈피에서도 나타나고 있다. 아이오딘 화합물에서 실험값과 이론값의 불일치가 가장 크게 나타나는데, 이 화합물과 이온 모델이 일치하지 않는다는

표 3.9 암염 구조 화합물들의 실험 및 이론 격자 엔탈피 비교

	$\Delta_L H^{calc}$(kJ mol^{-1})	$\Delta_L H^{exp}$(kJ mol^{-1})	($\Delta_L H^{exp} - \Delta_L H^{calc}$)(kJ mol^{-1})	$\Delta\chi$
LiF	1029	1030	1	3.00
LiCl	834	853	19	2.18
LiBr	788	807	19	1.98
LiI	730	757	27	1.68
AgF	920	953	33	2.05
AgCl	832	903	71	1.23
AgBr	815	895	80	1.03
AgI	777	882	105	0.73

것을 보여 준다. 전반적으로 Li보다는 Ag가 불일치도가 큰데, 이를 통해 은의 전기 음성도 (χ = 1.93)는 리튬(χ = 0.98)보다 훨씬 크기 때문에 공유 결합성이 더 중요하게 작용함을 예측할 수 있다.

기준으로 사용되는 것이 원자의 전기 음성도일지 또는 그 이온의 편극성일지는 명확하지 않다. 이온 모델에서 크게 벗어나는 것은 공유 결합을 이루는 편극성이 큰 양이온–음이온의 결합이다. 원소 간의 전기 음성도 차이가 작더라도 전기 음성도와 편극성 중 어느 것이 더 좋은 기준이 될 것인지는 확실하지 않다.

예제 3.15 알려지지 않은 화합물의 이론적 안정도를 결정하기 위한 Born–Mayer 식 사용

고체 ArCl이 존재하는지를 예측하시오.

답 답의 핵심은 ArCl의 생성 엔탈피 값이 양의 값인지, 음의 값인지에 있다. 큰 양의 값(흡열)이면 화합물은 안정하지 않을 것이다(물론 예외는 있다). ArCl 합성을 위한 Born–Haber 순환에는 두 가지 미지의 값인 ArCl의 생성 엔탈피와 격자 엔탈피가 있다. 이온성 ArCl의 격자 엔탈피는 Born–Mayer 식을 사용하고, 여기서 Ar^+ 반지름을 Na^+와 K^+의 반지름의 중간값으로 가정한다. 즉 격자 엔탈피는 NaCl과 KCl 값의 중간인 745 kJ mol^{-1}이다. 1/2Cl_2로부터 Cl이 만들어지는 해리 엔탈피는 122 kJ mol^{-1}, Ar의 이온화 엔탈피는 1524 kJ mol^{-1} 그리고 Cl의 전자 친화도는 356 kJ mol^{-1}을 이용하면 $\Delta_f H$(ArCl, s) = 1524 − 745 − 356 + 122 kJ mol^{-1} = +545 kJ mol^{-1}로 계산된다. 따라서 원소로부터 이 화합물을 생성하기가 매우 불안정할 것으로 예측되고, 그 주된 원인은 Ar의 이온화 엔탈피가 격자 엔탈피에 비해서 너무 크다.

문제 3.15 $CsCl_2$가 형석 구조로 존재할 수 있는지 예측하시오.

예제 3.15와 같은 계산은 비활성 기체 첫 번째 원소인 네온 화합물의 안정도를 예측하는 데 사용된다. 이온 결합 화합물 $O_2^+PtF_6^-$는 PtF_6와 산소의 반응으로 얻을 수 있다. O_2(1176 kJ mol^{-1}) 와 Xe(1169 kJ mol^{-1})의 이온화 에너지는 거의 비슷하고, Xe^+와 O_2^+의 크기가 비슷하여 이 화합물들의 격자 엔탈피가 비슷할 것으로 여겨진다. 그러므로 O_2가 육플루오린화 백금과 반응하므로 Xe도 반응하여 Xe^+와 PtF_6^-를 포함하는 이온 화합물이 생성될 것으로 예측할 수 있다. 이와 같은 계산은 다양한 화합물들의 안정도를 예측하는 데 이용될 수 있다.

예를 들면 MgCl 같은 알칼리 토금속 할로젠 화합물의 안정도이다. Born–Mayer 격자 엔탈피와 Born–Haber 순환에 근거한 계산에 의하면, 이런 화합물은 불안정하고 Mg와 $MgCl_2$로 불균등하게 분해될 것으로 예상된다.

$2MgCl(s) \rightarrow MgCl_2(s) + Mg(s)$
MgCl에 대한 격자 엔탈피 추정은 NaCl에 대한 +786 kJ mol^{-1}과 비슷하다. 이 반응에 대한 에너지 변화는 아래와 같이 추정된다.

$$\begin{aligned}\Delta_{disprop}H &= +(2\times786)(\text{MgCl의 }\Delta_L H) - 373(\text{Mg의 1차 IE})\\ &\quad +1451(\text{Mg의 2차 IE}) - 148(\text{Mg의 }\Delta_{sub}H)\\ &\quad -2526(\text{MgCl}_2\text{의 }\Delta_L H)\\ &= -388\ \text{kJ mol}^{-1}\end{aligned}$$

이런 계산은 이온 결합 화합물의 생성 엔탈피와 열역학적 안정도 예측에 대한 정보를 제공한다. 분해가 느리게 진행된다면 열역학적으로 불안정한 화합물을 분리하는 것이 가능하다. Mg(I)을 포함하는 화합물이 실제로 2007년에 보고되었다(12.13절). 그러나 이 화합물의 결합은 주로 공유 결합성이다.

3.14 Kapustinskii 식

요점: Kapustinskii 식은 이온 결합 화합물의 격자 엔탈피 예측과 구성 이온의 열역학적 반지름을 구하는 데 사용된다.

A.F. Kapustinskii는 여러 종류의 구조에 대한 Madelung 상수를 화학식 단위당 이온 수 N_{ion}으로 나누면 거의 동일한 수치를 갖는다는 것을 관찰하였다. 그리고 그 수치는 배위수에 따라서 증가함을 알았다. 이온 반지름 역시 배위수에 따라서 증가하므로, 한 구조에서 다른 구조로 변하는 $(A/N_{ion}d)$ 값은 아주 작을 것으로 예상된다. 이런 관측을 토대로 Kapustinskii는 어떠한 이온 고체물의 실제 구조와 에너지적으로 동등할 수 있는 가상적인 암염 구조가 존재하고, 이것의 격자 엔탈피는 암염의 Madelung 상수와 6:6 배위의 적당한 이온 반지름을 이용하여 계산할 수 있다는 것을 제안하였다. 결과적으로 유도된 다음 식은 **Kapustinskii 식(Kapustinskii equation)**이라고 불린다.

$$\Delta_L H^{\ominus} = \frac{N_{ion}|z_A z_B|}{d}\left(1-\frac{d^*}{d}\right)\kappa \qquad (3.4)$$

이 식에서 $k = 1.21 \times 10^5$ kJ pm mol^{-1}이다. d(pm 단위)는 이온 반지름의 합$(r_+ + r_-)$이고, 앞에서처럼 d^*는 34.5 pm로 취한다. 만일 반발력 항, d^*/d가 NaCl 구조에서 상응하여 인력의 10%, 즉 0.1 값을 가지면 Kapustinskii 식은 더 간단해진다.

$$\Delta_L H^{\ominus} = \frac{N_{ion}|z_A z_B|}{r_+ + r_-}\kappa' \qquad (3.5)$$

여기서 $\kappa' = 1.08\times10^5$ kJ pm mol^{-1}. 식 3.5는 이온 반지름이 알려진 양이온 1종과 음이온 1종으로 이루어진 어떤 결정에도 격자 에너지를 추정하는 데 사용할 수 있다.

Kapustinskii 식은 비구형 분자 이온의 '반지름' 수치로 사용할 수 있고, 이 수치는 계산된 격자 엔탈피와 Born–Haber 순환을 이용하여 실험으로 얻은 값과 일치할 때까지 조정할 수 있다. 이 방법으로 계산한 일관성 있는 파라미터를 **열화학적 반지름(thermochemical radius)**이라고 한다(표 3.10). 열화학적 반지름은 구조를 알 필요 없이, 다만 기본적으로 이온 결합을 하고 있다는 가정하에서 다양한 화합물들의 격자 엔탈피와 생성 엔탈피를 계산하는 데 유용하게 사용된다.

표 3.10 이온의 열화학 반지름, *r*(pm)

주족 원소					
BeF_4^{2-}	BF_4^-	CO_3^{2-}	NO_3^-	OH^-	
(245)	232	178	179	133	
		CN^-	NO_3^-	O_2^{2-}	
		191	(189)	173	
			PO_4^{3-}	SO_4^{2-}	ClO_4^-
			(238)	258	240
			AsO_4^{3-}	SeO_4^{2-}	BrO_3^-
			(248)	249	154
			SbO_4^{3-}	TeO_4^{2-}	IO_3^-
			(260)	(254)	182
착물 이온				d 금속의 옥소 음이온	
$[TiF_6]^{2-}$	$[PtCl_6]^{2-}$	$[SiF_6]^{2-}$	$[SnCl_6]^{2-}$	$[CrO_4]^{2-}$	$[MnO_4]^-$
289	313	269	326	(256)	(240)
$[TiCl_6]^{2-}$	$[PtBr_6]^{2-}$	$[GeF_6]^{2-}$	$[SnBr_6]^{2-}$	$[MoO_4]^{2-}$	
331	342	265	363	(254)	
$[ZrCl_6]^{2-}$			$[PbCl_6]^{2-}$		
358			348		

* 출처: H.D.B. Jenkins and K.P. Thakur, *J. Chem. Educ.*, 1979, **56**, 576; A.F. Kapustinskii, *Q. Rev. Chem. Soc.*, 1956, **10**, 283 (values in parentheses).

요약 설명

질산 포타슘(KNO_3)의 격자 엔탈피를 계산하려면 화학식 단위당(N_{ion} = 2) 이온수, 전하수 $z(K^+) = +1$, $z(NO_3^-) = 1$ 그리고 이들의 열화학 반지름의 합(138 pm + 189 pm = 327 pm)이 필요하다. 그리고 d^* = 34.5 pm을 사용하면

$$\Delta_L H^\ominus = \frac{2|(+1)(-1)|}{327\,\text{pm}} \times \left(1 - \frac{34.5\,\text{pm}}{327\,\text{pm}}\right) \times (1.21\times10^5)\ \text{kJ pm mol}^{-1} = 622\ \text{kJ mol}^{-1}$$

예제 3.16 Kapustinskii 식 이용하기

과질화물 바륨(BaN_2)의 격자 엔탈피 값을 계산하시오. $[N_2]^{2-}$의 열역학적인 반지름은 표 3.10에서 과산화 음이온(peroxide)의 값과 비슷하다고 간주하라. Ba^{2+}의 이온 반지름은 135 pm이다. 간단한 Kapustinskii 식(3.5식)을 사용하라.

답 Kapustinskii 식에 옳은 값을 대입한다. $[N_2]^{2-}$에서 N_{ion}은 2이고, $z_A = z_B = 2$임을 주의하라.

$$\Delta_L H^\ominus = \frac{2|(+2)(-2)|}{(135+173)\,\text{pm}} \times (1.08\times10^5)\ \text{kJ pm mol}^{-1} = 2805\ \text{kJ mol}^{-1}$$

문제 3.16 Li_2N_2의 격자 엔탈피 값을 계산하시오.

3.15 격자 엔탈피의 중요성

주어진 격자 형태(A의 주어진 값)에서 격자 엔탈피는 이온 전하수가 증가함에 따라서 증가하는 것을 Born–Mayer 식에서 보여 준다. 격자 엔탈피는 이온이 서로 가까워지고 격자 크기가 감소함에 따라서 증가한다, **정전기적 파라미터**(**electrostatic parameter**), ζ(자이)

$$\zeta = \left|\frac{z_A z_B}{d}\right| \tag{3.6}$$

(가끔 더 간결한 표현은 $\zeta = z^2/d$))에 따라 변화된 에너지는 무기화학에서 이온 모델이 적합함을 암시하는 데 광범위하게 이용된다. 이 절에서는 격자 엔탈피의 세 가지 영향과 정전기적 파라미터와의 연관성을 설명한다.

(a) 이온 고체의 열역학적 안정성

요점: 격자 엔탈피는 열분해를 포함하여 많은 이온 고체의 화학적 성질을 설명하는 데 이용된다.

여기서 특히 주시할 점은 2족 탄산 화합물의 열분해에 필요한 온도이다(다른 무기 고체로 확장할 수 있는지는 논의가 있지만).

$$MCO_3(s) \rightarrow MO(s) + CO_2(g)$$

예를 들면 탄산 마그네슘은 약 300°C로 가열하면 분해되는 반면, 탄산 칼슘은 800°C 이상의 온도에서 분해된다. 열적으로 불안정한 화합물(예로 탄산 화합물)의 분해 온도는 양이온의 반지름이 커짐에 따라서 증가한다(표 3.11). 일반적으로 큰 양이온이 큰 음이온을 안정화한다(그리고 반대도 마찬가지임).

불안정한 음이온에 대한 큰 양이온의 안정화 영향은 격자 엔탈피의 경향에 의해 설명될 수 있다. 첫 번째로, 고체 무기 화합물의 분해 온도는 생성물로의 분해 과정에 대한 Gibbs 에너지로 설명할 수 있음을 주목하라. 고체 분해에 대한 표준 Gibbs 에너지 $\Delta G^\ominus=\Delta H^\ominus-T\Delta S^\ominus$는 둘째 항이 첫째 항보다 클 경우에 음의 값을 가지며, 이것은 온도가 커질 경우를 의미한다.

$$T = \frac{\Delta H^\ominus}{\Delta S^\ominus} \tag{3.7}$$

많은 경우 반응 엔탈피의 경향을 고려하는 것으로 충분하다. 주로 기체 CO_2가 생성되기 때문에 반응 엔트로피는 M과 무관하다. 고체의 표준 분해 엔탈피는 다음과 같다.

$$\Delta H^\ominus = \Delta_{decomp}H^\ominus + \Delta_L H^\ominus(MCO_3, s) - \Delta_L H^\ominus(MO, s)$$

표 3.11 탄산 화합물의 분해 자료*

	$MgCO_3$	$CaCO_3$	$SrCO_3$	$BaCO_3$
$\Delta G^\ominus$(kJ mol^{-1})	+48.3	+130.4	+183.8	+218.1
$\Delta H^\ominus$(kJ mol^{-1})	+100.6	+178.3	+234.6	+269.3
$\Delta S^\ominus$(kJ mol^{-1})	+175.0	+160.6	+171.0	+172.1
θ_{decomp}(°C)	300	840	1100	1300

* 자료는 298 K에서 $MCO_3(s) \rightarrow MO(s) + CO_2(g)$ 반응에 대한 것이다. θ는 $p(CO_2)$ = 1 bar에 도달하기 위한 온도로, 298 K에서의 열역학 자료로부터 측정되었다.

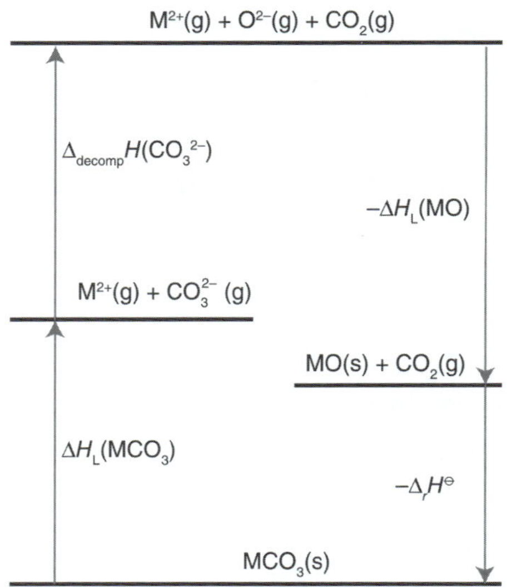

그림 3.49 고체 탄산 화합물 MCO_3의 분해에 대한 엔탈피 변화를 보여 주는 열역학적 회로

여기서 $\Delta_{decomp}H^{\ominus}$는 기체상에서 CO_3^{2-}의 분해에 대한 표준 엔탈피이다(그림 3.49).

$$CO_3^{2-}(g) \rightarrow O^{2-}(g) + CO_2(g)$$

$\Delta_{decomp}H^{\ominus}$는 크고 양의 값이므로 전체적인 반응 엔탈피는 양의 값이다(분해는 흡열 반응이다). 그러나 산화물의 격자 엔탈피가 탄산 화합물에 비하여 월등히 크다면 $\Delta_L H^{\ominus}(MCO_3, s) - \Delta_L H^{\ominus}(MO, s)$이 음의 값을 가지므로 전체적인 반응 엔탈피는 다소 작은 양의 값이 된다. 원래의 탄산 화합물과 비교하여 비교적 큰 격자 엔탈피를 갖는 산화물은 분해 온도가 낮을 것이다. 이 사실이 적용되는 화합물은 Mg^{2+}와 같이 작으면서 높은 전하를 띠는 양이온으로 형성된 것으로, 이것은 왜 작은 양이온이 탄산 화합물보다 산화물의 격자 엔탈피를 증가시키는지를 설명한다. 그림 3.50은 양이온 크기가 변함에 따라서 작은 양이온이 격자 엔탈피 변화에 훨씬 큰 영향을 미치는 것을 보여 주고 있다. 원래 큰 양이온을 갖는 화합물은 분리에서의 변화가 비교적 작다. 과장된 그림에서 볼 수 있듯이, 양이온이 대단히 큰 경우에 음이온 크기의 변화가 격자 크기에 미치는 영향은 미미하다. 그러므로 불안정한 다원자 음이온에서 격자 엔탈피 차이는 양이온 크기가 작은 경우가 분해에 더 중요하고 유리하다.

MO_n와 $M(CO_3)_n$의 격자 엔탈피 차이는 $\Delta_L H^{\ominus} \propto |z_A z_B|/d$ 식에서처럼, 양이온의 큰 전하

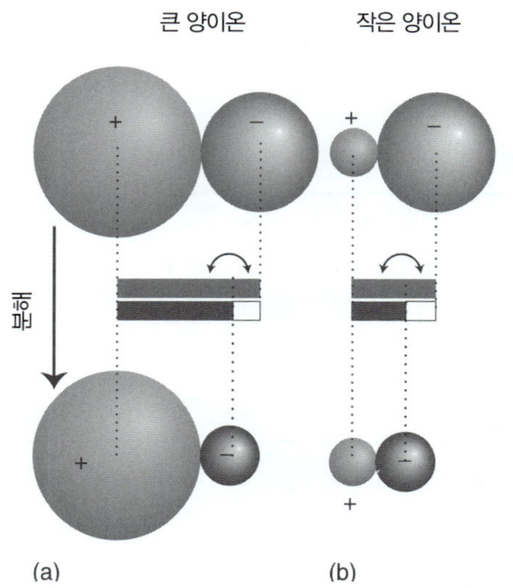

그림 3.50 반지름이 서로 다른 양이온들에서 격자 파라미터 d의 변화에 대해 과장되게 설명한 표현 (a) 음이온의 크기가 변하고(즉 CO_3^{2-}가 O^{2-}와 CO_2로 분해되는 경우) 양이온이 클 때 격자 파라미터 변화는 작다. (b) 그러나 양이온이 작은 경우에는 격자 파라미터의 상대적 변화는 크고 분해는 열역학적으로 더 우세하다.

에 의하여 증대된다. 결과적으로 탄산 화합물의 열적 분해는 높은 전하를 띠는 양이온이 존재하면 낮은 온도에서 발생한다. 양이온 전하 의존도의 한 결과로, 탄산 알칼리 토금속(M^{2+}) 화합물은 탄산 알칼리 금속(M^+) 화합물보다 낮은 온도에서 분해된다.

예제 3.17 이온 반지름에 대한 안정성 의존도 평가

산소 존재하에서 연소할 경우 리튬은 산화물인 Li_2O를 생성하는 반면, 소듐은 과산화물 Na_2O_2를 생성하는 사실을 설명하시오.

답 어떠한 화합물의 안정도를 결정하려면 양이온과 음이온의 상대적인 크기를 고려해야 한다. Na_2O보다 더 우세한 격자 엔탈피(M_2O_2와 비교할 때)를 가지는 Li_2O에는 크기가 작은 Li^+ 이온이 있기 때문에 분해 반응 $M_2O_2(s) \rightarrow M_2O(s) + O_2(g)$은 Na_2O_2보다 Li_2O_2의 경우가 열역학적으로 더 우세하다.

문제 3.17 $MSO_4(s) \rightarrow MO(s) + SO_3(g)$ 반응에서 황산 알칼리 토금속의 분해 온도 순서를 예측하시오.

큰 음이온이 작은 음이온 종으로 쉽게 분해되는 것을 안정시키기 위해서 큰 양이온을 사용하는 방법은 열역학적으로 불안정한 화합물을 합성하기를 원하는 무기화학자들에 의해서 광범위하게 사용된다. 예를 들면 ICl_4^- 같은 할로젠간 음이온은 Cl_2에 의한 I^- 이온의 산화 반응으로 얻어진다. 그러나 역반응도 쉽게 진행된다.

$$MI(s) + 2Cl_2(g) \rightarrow MICl_4(s) \rightarrow MCl(s) + ICl(g) + Cl_2(g)$$

분해를 방지하기 위해서는 큰 양이온을 사용하여 $MICl_4$와 MCl/MI 사이의 격자 엔탈피 차이를 감소시킨다. K^+, Rb^+, Cs^+와 같이 크기가 큰 알칼리 금속이 사용될 수 있으나, 더 좋은 방법은 $N^tBu_4^+$(tBu = $C(CH_3)_3$)같이 훨씬 큰 알킬암모늄 이온을 사용하는 것이다.

(b) 산화 상태의 안정도

요점: 고체에서 산화 상태에 대한 상대적 안정도는 격자 엔탈피를 고려함으로써 예측할 수 있다.

금속의 높은 산화 상태가 작은 음이온에 의해 안정화된다는 일반적인 관찰을 설명하기 위해서 비슷한 논리가 사용될 수 있다. 특히 금속의 높은 상화 상태를 안정화하는 데 F가 다른 할로젠에 비해서 월등히 우수하다. 유일하게 알려진 Ag(II), Co(III), 그리고 Mn(IV) 할로젠화물은 플루오린화물이다. 높은 산화 상태에 있는 무거운 할로젠화 금속의 안정도가 감소한다는 사실은 Cu(II)와 Fe(III)의 아이오딘화물이 실온에서 분해된다는 것이다(CuI와 FeI_2로 분해됨). 산소 역시 원소의 가장 높은 산화 상태를 안정화하는 매우 효과적인 화학종으로, O^{2-} 이온의 높은 전하와 작은 크기에 기인된다.

이 관측을 설명하기 위해서 다음 반응을 고려해 보자.

$$MX(s) + \frac{1}{2}X_2(g) \rightarrow MX_2(s)$$

여기서 X는 할로젠이다. 중요한 점은 이 반응에서 X = F에 대하여 가장 자발적으로 일어나는 반응이라는 것이다. 엔트로피 기여를 무시한다면 이 반응에서 플루오린이 가장 큰 발열이여야 된다. 반응 엔탈피의 기여는 $\frac{1}{2}X_2$가 X^-로 전환되는 과정이다. 플루오린이 염소보다 낮은 전자 친화도를 가짐에도 불구하고 이 단계는 X = Cl보다 X = F인 경우에 더 발열 과정인데, 그 이유는 F_2의 결합 엔탈피가 Cl_2의 결합 에너지보다 작기 때문이다. 그러나 격자 엔탈피가 중요한 역할을 하고 있다. MX의 MX_2로의 전환에서 양이온의 전하수는 +1에서 +2로 증가하고, 따라서 격자 엔탈피가 증가한다. 그러나 음이온 반지름이 증가함에 따라 두 격자 엔탈

피 차이는 감소하고 전체 반응에 대한 발열 기여도도 감소한다. 그러므로 할로젠이 F에서 I로 변함에 따라 격자 엔탈피와 X^- 생성 엔탈피 둘 다 작은 발열 반응으로 된다. 엔트로피 요인이 비슷하다면, 이것은 타당성이 있다. 17족에서 X = F에서 X = I로 내려갈수록 MX_2에 대해 MX의 열역학적 안정도 증가가 예상된다. 높은 산화 상태의 금속에서 아이오딘 화합물은 존재하지 않고 $Cu^{2+}(I^-)_2$, $Tl^{3+}(I^-)_3$, 그리고 VI_5 같은 화합물이 알려지지 않은 반면, 플루오린화물인 CuF_2, TlF_3, 그리고 VF_5는 쉽게 얻어진다. 실제로 높은 산화 상태의 금속은 I^- 이온을 I_2로 산화시키며, 아이오딘화 금속에서 Cu(I), Tl(I), V(III) 같이 낮은 금속 산화 상태를 형성한다.

(c) 용해도

요점: 물에서의 염의 용해도는 격자 엔탈피와 수화 엔탈피를 고려하여 합리적으로 설명할 수 있다.

용해는 격자의 붕괴를 수반하므로 격자 엔탈피는 용해도에서 중요한 역할을 하고 있으나, 경향에 대한 해석은 분해 반응보다 훨씬 더 복잡하다. 합리적으로 적용할 수 있는 한 가지 규칙은 **반지름 차이가 큰 이온으로 형성된 화합물은 물에 잘 용해된다는 것이다.** 반대로 물에 잘 녹지 않는 염은 비슷한 반지름을 지닌 이온들로 형성된 화합물이다. 일반적으로 **양이온과 음이온의 차이가 클수록 물에서 용해가 잘 된다.** 이온 결합 화합물 MX는 M^+ 반지름이 X^-보다 약 80 pm 정도 작은 경우에 용해가 잘 되는 경향이 있다는 사실이 실험적으로 알려졌다.

두 가지의 잘 알려진 화합물이 이런 경향에 대한 좋은 예가 된다. 무게 분석에서 Ba^{2+}는 $SO_4{}^{2-}$ 침전에 사용되고 2족 황산 화합물의 용해도는 $MgSO_4$에서 $BaSO_4$로 감소한다. 반면 2족 수산화물은 족에서 아래로 갈수록 용해도가 증가한다. $Mg(OH)_2$는 잘 녹지 않는 '마그네시아유(milk of magnesia)'가 되나 $Ba(OH)_2$는 OH^- 용액을 위한 용해 수산화 이온으로 이용할 수 있다. 첫 번째 경우는 침전을 위해 큰 음이온이 큰 양이온을 요구한다는 것을 보여 주고 있다. 두 번째는 침전을 위해 작은 음이온이 작은 양이온을 요구한다는 것을 보여 주고 있다.

이것을 설명하기 전에 이온 결합 화합물의 용해도는 Gibbs 에너지에 의존한다는 점을 주목해야 한다.

$$MX(s) \rightarrow M^+(aq) + X^-(aq)$$

이 과정에서 MX의 격자 엔탈피에 필요한 상호 작용은 이온들의 수화 작용(일반적으로 용매화)으로 대치되었다. 그러나 엔탈피와 엔트로피 효과의 정확한 균형은 미묘하며 평가하기가 어렵다. 특히 엔트로피 변화는 녹는 용질 존재하에 용매 분자의 질서도에 더 의존하기 때문이다. 그림 3.51에서 엔탈피 기여가 중요한 경우를 제시하고 있다. 표에서 염의 용해 엔탈피와 두 이온의 수화 엔탈피 차이의 상호 관계를 보여 준다. 양이온이 음이온 쌍보다 더 큰 수화 엔탈피를 가진다면(크기 차이를 반영), 또는 반대 경우라도 염의 용해는 발열 과정이다(유리한 용해도 평형을 반영).

엔탈피 변화는 이온 모델로 설명된다. 격자 엔탈피는 이온들 중심 사이의 거리에 반비례한다.

$$\Delta_L H^\ominus \propto \frac{1}{r_+ + r_-}$$

그러나 개별적으로 수화되는 각 이온과 함께 수화 엔탈피는 개별 이온 기여도의 합이다.

$$\Delta_{hyd} H \propto \frac{1}{r_+} + \frac{1}{r_-}$$

한 이온의 반지름이 작아지면 그 이온의 수화 엔탈피 항은 커진다. 그러나 위의 격자 엔탈 피 식에서 하나의 작은 이온은 분모 값을 자체적으로 작게 할 수 없다. 그래서 작은 이온은 큰 수

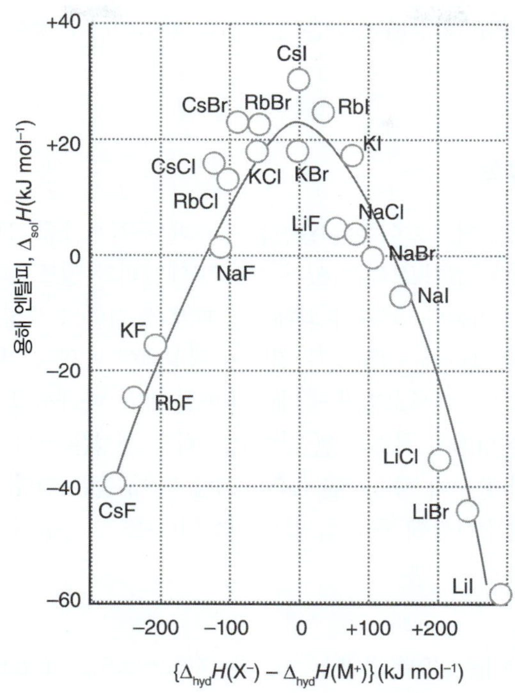

그림 3.51 할로젠화물 용액의 엔탈피와 이온의 수화 엔탈피 차이 간의 상관관계 용해는 차이가 클수록 더 발열 과정이다.

화 엔탈피를 갖게 되나 반드시 큰 격자 엔탈피를 가질 필요는 없다. 그래서 이온 크기의 불균형은 발열성 용해가 된다. 두 이온이 모두 작다면, 격자 엔탈피와 수화 엔탈피가 모두 커서 용해 과정은 큰 발열 과정이 아닐 것이다.

예제 3.18 s 구역 화합물의 용해도 경향에 대한 설명

2족 금속 탄산염(Mg~Ra)의 용해도 경향은 어떠한가?

답 양이온과 음이온의 상대적인 크기 비가 어떠한 역할을 하는지를 고려해야 한다. CO_3^{2-} 음이온은 반지름이 크고 2족 원소의 양이온 M^{2+}와 같은 크기의 전하를 가지고 있다. 2족에서 용해되지 않는 탄산염은 큰 양이온 Ra^{2+}로 예상된다. 반면 가장 용해가 잘 되는 것은 가장 작은 양이온 Mg^{2+}의 탄산염으로 예상된다(베릴륨은 공유 결합성이 너무 커서 이 설명에서 배제하였다). 탄산 마그네슘이 탄산 라듐보다 용해가 잘 되지만 극히 일부만 용해된다(탄산 마그네슘의 용해도 상수(용해도곱, K_{sp})는 단지 3×10^{-8}이다).

문제 3.18 $NaClO_4$와 $KClO_4$ 중 어느 것이 물에 더 잘 녹을 것으로 예상되는가?

결함과 비화학량론

요점: 결함, 빈자리 및 잘못 놓인 원자는 모든 고체의 특징으로 이들의 형성은 열역학적으로 우세하다.

모든 고체는 구조 또는 조성의 불완전함, 즉 **결함**(defect)을 가진다. 결함은 기계적 강도, 전기 전도도 및 화학 반응성에 영향을 미치기 때문에 매우 중요하다. 여기서는 순수한 물질에서 나타나는 **내성 결함**(intrinsic defect)과, 불순물이 있기 때문에 나타나는 **외성 결함**(extrinsic defect)을 모두 고려하는 것이 필요하다. 또한 일반적으로 단일 자리에서 생기는 **점결함**(point defect)은 일차원, 이차원 및 삼차원으로 정돈된 **확장된 결함**(extended defect)과 구별한다. 점결함은 주기적인 격자에서 있어야 할 자리에 원자가 없거나 또는 잘못된 자리를 점유한 원자

처럼 예기치 못한 오류이다. 확장된 결함은 원자면의 쌓임에서 다양한 불규칙성을 포함하고 있다.

3.16 결함의 원인과 유형

고체는 결함을 가지고 있는데, 그 이유는 완전한 구조에 무질서함을 유발하고 고체의 엔트로피를 증가시키기 때문이다. 결함을 갖고 있는 시료의 엔탈피와 엔트로피는 고체의 Gibbs 에너지($G = H - TS$)에 기여한다. 격자가 와해되기 때문에 결함의 생성은 흡열 과정이며, 고체의 엔탈피는 증가한다. 그러나 $-TS$ 항은 결함이 생성되어 음의 값이 되는데, 이는 결함이 격자에 무질서함을 유발하고 엔트로피가 증가하기 때문이다. 따라서 $T > 0$이고, 결함의 농도가 0이 아닐 때 Gibbs 에너지는 최소가 될 것이고 결함의 생성은 자발적인 과정이 될 것이다(그림 3.52a). 더 나아가 온도가 상승하면 G의 최솟값은 더 높은 결함 농도로 이동하여(그림 3.52b) 고체가 녹는점에 접근함에 따라 더 많은 결함의 수를 갖게 된다.

(a) 내성 점결함

요점: Schottky 결함은 양이온/음이온 쌍에서 형성되는 자리 비움이고, Frenkel 결함은 자리 이동한 틈새 사이의 원자이다. 낮은 배위수와 큰 공유 결합성을 갖고 있는 고체에서 생성되는 Frenkel 결함, 이온성이 큰 물질에서 생성되는 Schottky 결함과 같이, 고체의 구조는 나타나는 결함의 형태에 영향을 미친다.

고체 물리학자인 W. Schottky와 J. Frenkel은 두 가지의 특이한 점결함 형태를 확인하였다. **Schottky 결함**(**Schottky defect**, 그림 3.53)은 구조에서 원자나 이온의 완전한 배열과는 달리 빈자리가 있는 것이다. 즉 원자나 이온이 구조의 정상 자리에서 없어진 것이다. 고체의 전체 화학량론은 Schottky 결함으로 인하여 영향을 받지 않는데, 그 이유는 전하의 균형을 이루기 위하여 결함이 MX와 같은 화합물의 화학량론으로 생기기 때문이며 양이온과 음이온의 빈자리 수는 같다. MX_2와 같이 다른 조성을 갖고 있는 고체에서도 결함은 전하 균형을 맞추면서 생성되어야 하며 두 개의 음이온 빈자리는 잃어버린 각 양이온을 위해 만들어져야 한다. Schottky 결함은 낮은 농도에서 NaCl과 같이 순수한 이온성 고체에서 나타난다. Schottky 결함은 조밀 채움 금속과 큰 배위수를 갖는 구조에서 가장 흔히 나타나는데, 이 경우 남아 있는 원자들의 평균 배위수 감소에 따른 엔탈피 손실이 상대적으로 작다(예를 들면 12에서 11로).

Frenkel 결함(**Frenkel defect**, 그림 3.54)은 원자나 이온이 틈새 자리로 이동한 점결함이다.

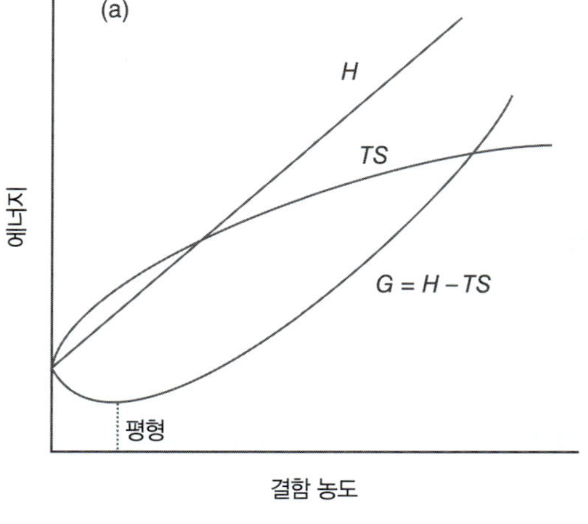

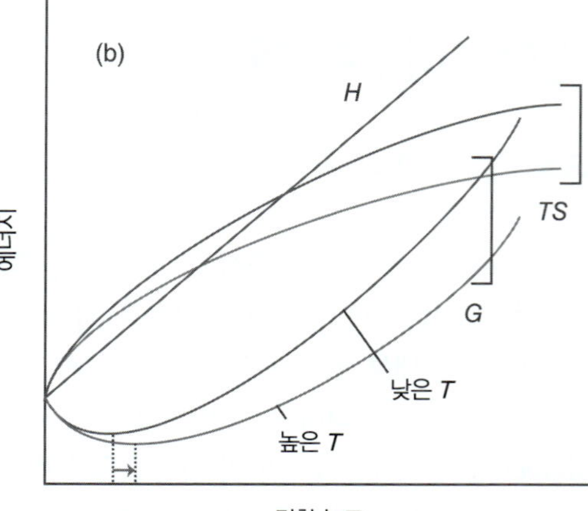

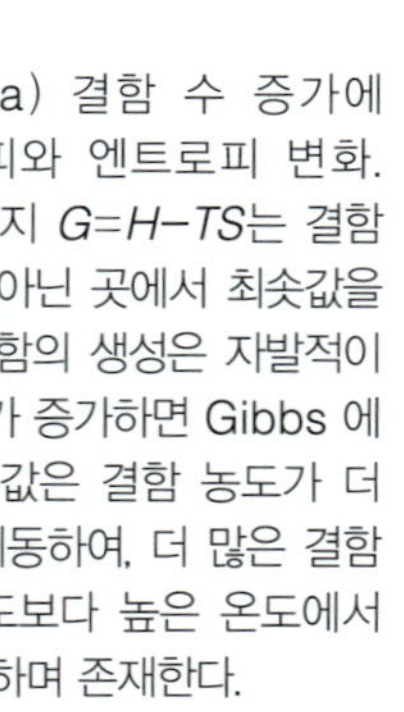
그림 3.52 (a) 결함 수 증가에 따른 엔탈피와 엔트로피 변화. Gibbs 에너지 $G=H-TS$는 결함 농도가 0이 아닌 곳에서 최솟값을 가지므로 결함의 생성은 자발적이다. (b) 온도가 증가하면 Gibbs 에너지의 최솟값은 결함 농도가 더 큰 쪽으로 이동하여, 더 많은 결함은 낮은 온도보다 높은 온도에서 평형을 유지하며 존재한다.

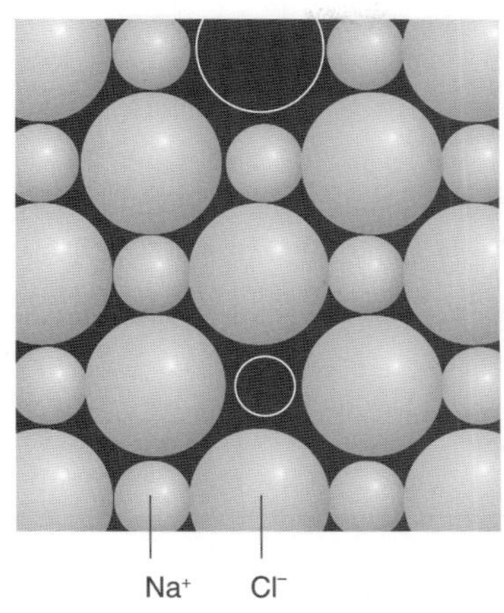

그림 3.53 Schottky 결함은 정상적으로 채워진 자리에서 이온이 없어진 것이다. 1:1 화합물에서는 전하 균형이 맞아야 하므로 양이온과 음이온의 빈자리 수는 같아야 한다.

그림 3.54 Frenkel 결함은 이온이 틈새 자리로 이동하여 형성된다.

예를 들어 암염 구조를 갖고 있는 염화 은에서 적은 수의 Ag^+ 이온이 사면체 자리(**1**)에 위치하고 있다. 이 화합물의 화학량론은 Frenkel 결함이 형성되어도 변하지 않으며, 이성분 MX 형태의 화합물에서 한 가지(M 또는 X가 이동) 또는 둘 다(몇몇의 M과 몇몇의 X 틈새) 이동을 포함하는 Frenkel 결함이 가능하다. 예를 들어 PbF_2의 경우 Frenkel 결함은 형석 구조의 정상적인 자리로부터 적은 수의 F^- 이온이 조밀 채움 Pb^{2+} 이온 배열에 있는 사면체 구멍에서 팔면체 구멍에 헤당하는 자리로 이동하여 일어난다. Frenkel 결함은 일반적으로 섬유아연광과 섬아연광 같은 구조에서 가장 많이 나타나는데, 이런 구조는 배위수가 낮고(6 또는 그 이하 이온 구조에 대해서 4:4), 열린 구조가 틈새 원자를 수용할 수 있는 자리를 가지고 있다. Frenkel 결함이 위에서 언급한 구조에서만 나타나는 것은 아니다. 앞에서도 보았듯이, 8:4 배위 형석 구조는 이동한 음이온이 존재하도록 하려면 인접한 이온의 재배치가 요구되지만 틈새 원자를 수용할 수 있다.

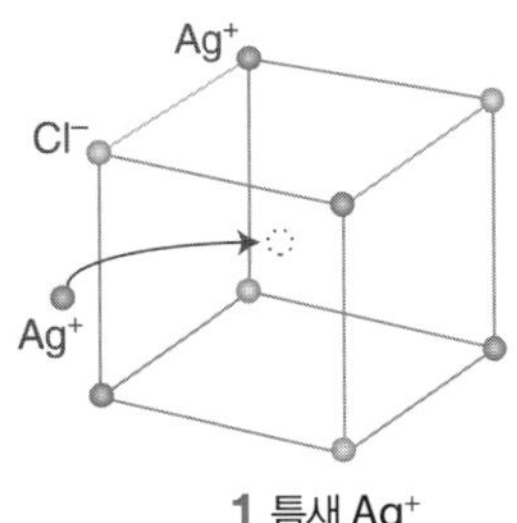

1 틈새 Ag^+

Schottky 결함의 농도는 화합물의 형태에 따라 상당히 다르다. 알칼리 금속 할로젠화물에서 빈자리의 농도는 매우 낮고 130°C에서 10^6 cm^{-3} 단위이다. 이 농도는 10^{14} 화학식 단위당 한 개의 결함에 해당한다. 역으로 d 금속의 산화물, 황화물 그리고 수소화물은 빈자리의 농도가 매우 높다. 극단적인 예는 높은 온도에서의 TiO인데, 이 화합물은 양이온과 음이온 자리 모두 빈자리를 가지고 있고, 농도는 화학식 단위 7개당 한 개의 결함에 해당한다.

결함이 많이 존재하면 고체의 밀도에 영향을 줄 수 있다. 상당수의 공백으로서 Schottky 결함은 밀도의 감소를 야기시킨다. 예로, Ti는 14%의 양이온과 음이온이 비어 있어서 완벽한 구조에 대한 5.81 g cm^{-3}에 비해 측정값이 4.96 g cm^{-3}로 얻어진다. Frenkel 결함의 경우는 원자와 이온이 이동하는 경우로 단위 세포 내의 화학종의 개수 변화는 없으므로 밀도에 대한 영향은 거의 없다.

예제 3.19 결합 형태의 예측

(a) MgO, (b) CdTe에서는 어떠한 형태의 내성 결합이 예측되는가?

답 형성되는 결함의 형태는 배위수와 공유 결합성의 정도와 같은 인자에 영향을 받는다. 높은 배위수와 이온 결합에서는 Schottky 결함이 우세하고 낮은 배위수와 부분적인 공유 결합에서는 Frenkel 결함이 우세하다. (a) MgO는 암염 구조를 가지고 이온 결합인 이 화합물은 Schottky 결함이 우세하다. (b) CdTe는 4:4 배위 섬유아연광 구조이며 Frenkel 결함이 우세하다.

문제 3.19 내성 결합의 형태를 예측하시오.
(a) HgS (b) CsF

Schottky 결함과 Frenkel 결함은 많은 종류의 결함 중 두 가지에 불과하다. 또 다른 형태는 **원자 교환**(atom-interchange) 또는 **반자리 결함**(anti-site defect)이며, 서로 바뀐 한 쌍의 원자로 구성되어 있다. 이 형태의 결함은 중성 원자가 서로 바뀐 합금에서 흔히 나타난다. 이웃의 비슷하게 하전된 이온들 사이의 강한 반발 상호 작용으로 인하여 이성분 이온 결합 화합물에서는 잘 나타나지 않을 것으로 예상된다. 예를 들어 조성이 CuAu인 구리/금 합금의 경우 높은 온도에서 광범위한 무질서도를 가지며 상당한 분율의 Cu와 Au 원자들이 서로 바뀌어 있다(그림 3.55). 삼성분 화합물과 조성이 보다 더 복잡한 화합물의 경우, 서로 다른 자리에서 비슷하게 하전된 화학종들이 서로 바뀌는 것은 흔한 일이다. 따라서 스피넬 구조 화합물에서는 사면체와 팔면체 사이에서 금속 이온의 부분적인 교환이 자주 관찰된다(24,6c절).

(b) 외성 점결함

요약: 외성 결함은 불순물 원자를 고체에 첨가한 결함이다.

불순물로 야기되는 **외성 결함**(extrinsic defect)은 크기가 큰 완전한 순도의 결정을 얻기란 불가능하므로 피할 수 없다. 이런 양상은 천연에서 추출한 광물에서 흔히 볼 수 있다. 소량의 Cr이 Al_2O_3 구조에 들어가면 보석인 루비가 만들어지는 반면에, 일부 Al이 Fe와 Ti로 치환되면 파란색 보석인 사파이어가 만들어진다(화학세상 3.6). 혼입되는 화학종은 원자 또는 이온 반지름이 치환되는 화학종의 반지름과 비슷하다. 루비에서 Cr^{3+}, 사파이어의 Fe^{3+}는 Al^{3+}와 유사한 이온 반지름을 가진다. 불순물은 혼입에 의해서 의도적으로 만들 수도 있다. **혼입물**(**dopant**)은 구조에 원래 있는 원소의 0.1~5%로 낮은 수준으로 치환하는 것이다. As를 Si에 첨가하여 Si의 반도체 성질을 바꿀 수 있다. 실험실에서 소량의 Cr, Fe 및 Ti를 Al_2O_3에 첨가하여 합성 루비와 사파이어도 쉽게 만들 수 있다.

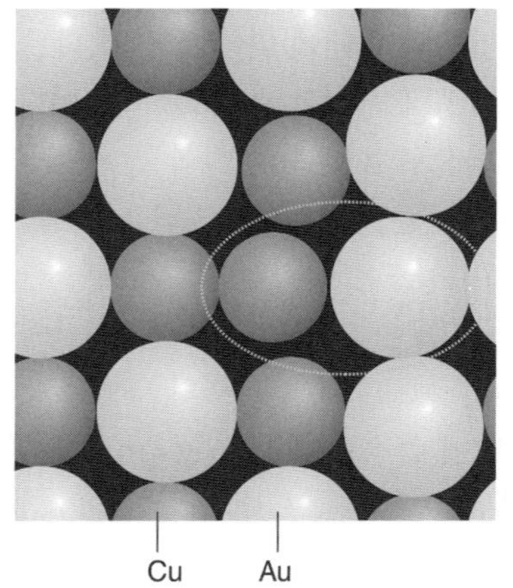

그림 3.55 CuAu에서 원자 교환은 점결함을 형성할 수 있다.

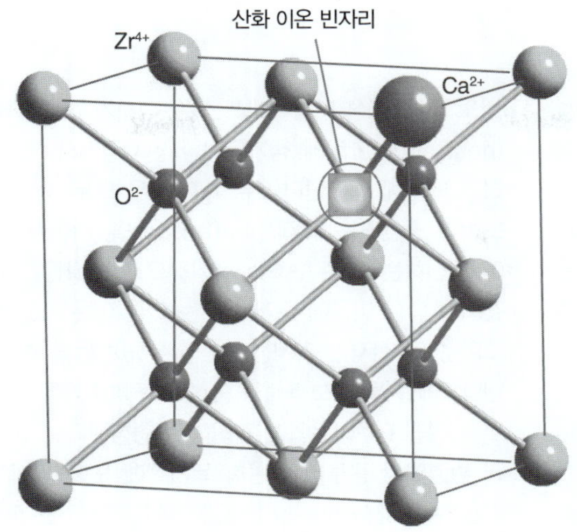

그림 3.56 ZrO_2 격자에 Ca^{2+} 이온이 들어가면 O^{2-} 부격자에 빈자리를 생성한다. 이와 같은 치환은 ZrO_2의 입방 형석 구조를 안정화시킨다.

혼입 화학종이 주인 구조에 들어올 때 주인 구조는 변하지 않는다. 많은 양의 첨가 화학종을 넣으려 시도하면 모든 원소를 포함하는 새로운 구조가 형성되거나 혼입 화학종이 전혀 반응하지 않는다. 이러한 거동이 외성 점결함을 낮은 수준으로 제한한다. 루비의 조성은 일반적으로 $(Al_{0.998}Cr_{0.002})_2O_3$이며, Cr^{3+} 외성 혼입물 이온은 금속 자리의 0.2%를 차지하고 있다. 일부 고체는 훨씬 더 높은 수준의 결함을 허용한다(3.17a절). 혼입물은 종종 고체의 전자 구조를 변화시킨다. As 원자가 Si 원자로 치환하면 각각의 As 원자로부터의 여분의 전자는 전도띠에 들어간다. 보다 더 이온성 물질인 ZrO_2에서는 Zr^{4+} 이온 대신에 Ca^{2+} 혼입물이 도입될 때 전기적으로 중성을 유지할 수 있도록 O^{2-} 이온 빈자리 형성이 수반된다(그림 3.56). 유도된 빈자리는 구조를 통해서 산화 이온을 이동할 수 있게 하여 고체의 이온 전도성을 높인다.

외성 점결함의 또 다른 예는 **색중심**(**colour centre**)인데, 이는 복사선을 쪼이거나 화학적 처리에 노출된 고체의 IR, 가시광선, UV 흡수 특성이 변형된 결함을 이르는 총칭이다. 색중심의 한 가지 형태는 알칼리 금속 할로젠화물 결정을 알칼리 금속의 증기상에서 가열하여 만드는데 계의 특징적인 색을 갖는 물질이 만들어지며 NaCl은 오렌지색, KCl은 보라색 그리고 KBr은 청록색이다. 이 과정에서 알칼리 금속 양이온은 정상적인 자리에 도입되고 금속 원자로부터의 전자는 할로젠화 이온 빈자리를 차지한다. 할로젠화 이온 빈자리에서 전자로 구성된 색중심은 **F 중심**(**F-centre**, 그림 3.57)이라 한다. 색은 전자 주위 이온의 편재화된 환경에서 전자의 들뜸에 의하여 나타난다. F 중심을 만드는 또 다른 방법은 물질을 X선 살에 노출시켜 전자를 음이온 빈자리로 이온화하는 것이다. F 중심과 외성 결함은 보석의 색을 만드는 데 중요한 역할을 한다(화학세상 3.6).

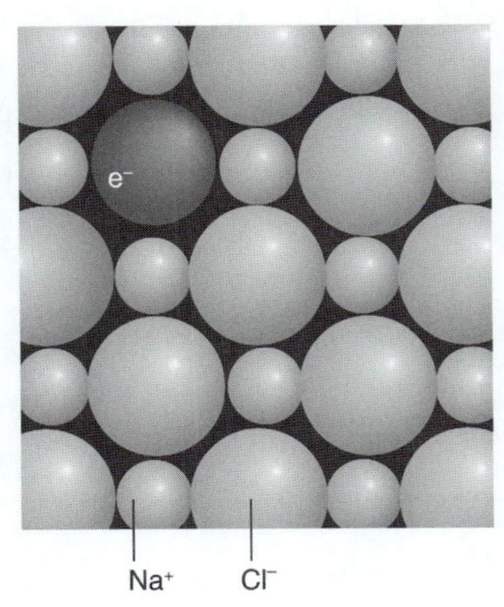

그림 3.57 F 중심은 음이온 빈자리를 차지하는 전자이다. 전자의 에너지 준위는 삼차원 사각형 우물의 에너지와 유사하다.

화학세상 3.6 결합과 혼입물이 왜 보석에 색깔을 입히는가?

보석의 색은 결합과 혼입물 때문이다. 순수한 산화 알루미늄(Al_2O_3), 실리카(SiO_2) 및 형석(CaF_2)은 무색인 반면, 소량의 첨가되는 이온 또는 전자를 가두는 빈자리의 생성은 밝은색의 물질을 만든다. 생성되는 지질학적 및 환경적 조건으로 인하여 혼입물과 결함은 자연에 존재하는 광물에서 자주 발견된다. 예를 들면 d 금속 이온은 보석이 만들어지는 용액에 존재하고 방사능 화학종으로부터 나오는 이온화 방사능은 결정 구조에 가둘 수 있는 전자를 발생한다.

보석의 색상의 원천은 d 금속 이온 혼입물이다(표 B3.1 참조). 따라서 Al^{3+} 이온 대신에 루비는 대략 0.2~1 원자 퍼센트의 Cr^{3+} 이온을 포함하고 있고, Cr3d 전자(20.4절)의 들뜸 때문에 가시광선 영역에서 초록색을 흡수하여 붉은색을 나타낸다. 에메랄드의 초록색도 같은 이온 때문에 나타나는데, 색깔이 다른 것은 혼입물의 배위 환경이 다르다는 것을 의미한다. 루비의 구조는 베릴(beryl), 즉 규산 베릴륨 알루미늄[$Be_3Al_2(SiO_3)_6$]이고, Cr^{3+} 이온은 6개의 O^{2-} 이온이 아닌 6개의 규산 이온에 둘러싸여 있으며, 다른 에너지를 흡수하게 된다. 또 다른 보석의 색은 다른 d 금속 때문에 나타난다. 철(II)은 석류석(garnets)의 붉은색과 감람석(peridots)의 황록색을 만든다. 망가니즈(II)는 전기석(tourmaline)의 분홍색을 만드는 기초 물질이다.

루비와 에메랄드에서 색깔은 한 가지 d 금속 이온인 Cr^{3+} 혼입물에 있는 전자의 들뜸 때문이다. 다른 물질이거나 산화 상태가 다른 것처럼, 한 가지 이상의 혼입물 화학종이 존재하는 경우 이들 사이에 전자 이동이 가능하다. 이런 양상을 보이는 것이 사파이어이다. 사파이어는 루비처럼 알루미나이지만, 이 보석에서는 Al^{3+}에 인접한 일부 전자쌍이 Fe^{2+}와 Ti^{4+} 쌍으로 치환되어 있다 이 물질은 전자가 Fe^{2+}에서 Ti^{4+}로 이동하기 때문에 노란색에서 가시광선을 흡수하여 밝은 파란색(노란색의 보색)을 만든다.

또 다른 보석과 광물에서 색은 전하가 다른 화학종이 주인 구조(host structure)에 첨가되거나 빈자리(Schottky형 결함)가 존재하기 때문에 나타난다. 두 가지 경우 모두 색중심(color-center) 또는 F 중심(F는 독일어 Farbe로 색을 의미)이 형성된다. F 중심에서 전하는 같은 구조의 정상적으로 채워진 것과 다르므로 쉽게 전자를 다른 이온에 주거나 또는 다른 이온으로부터 받을 수 있다. 그다음 이 전자는 가시광선을 흡수하여 들뜰 수 있고 색깔을 나타낸다. 예를 들어 보라색의 형석(CaF_2)의 경우, F 중심은 정상적으로 채워진 F^- 이온의 빈자리에서 형성된다. 그리고 이 자리는 자연 환경에서 광물이 이온화 복사선에 노출될 때 발생하는 전자를 가둘 수 있다. 상자 속의 알갱이처럼 행동하는 전자를 들뜨게 하면 530~600 nm 영역의 파장에서 가시광선을 흡수하여 이 광물이 보라색/자주색을 띠게 한다.

수정(SiO_2)의 자주색 유도체인 자수정에서는 일부 Si^{4+} 이온이 Fe^{3+} 이온으로 치환되어 있다. 이렇게 치환되면 구멍(전자 하나를 잃은)을 남기고, 수정 매질에서 이온화 복사선에 의하여 Fe^{4+} 또는 O^-를 형성하면서 들뜰 수 있다. 이 물질에서 전자의 들뜸은 540 nm에서 가시광선을 흡수하면서 계속 일어나고, 관찰되는 자주색이 나타난다. 자수정 결정을 450°C로 가열하면 가두어져 있던 구멍은 자유로워진다. 결정의 색깔은 철이 첨가된 실리카 색깔로 되돌아가 노란색의 준보석인 황수정이 된다. 황수정에 복사선을 쪼이면 가두어진 구멍이 재생되고 원래의 색이 되돌아온다.

색중심은 핵 변화에 의해서도 만들 수 있다. 한 가지 예는 다이아몬드에서 ^{14}C의 β 붕괴이다. 이 붕괴에 의하여 원자가 전자가 더 많아진 ^{14}N이 만들어지며, 이는 다이아몬드 구조에 묻혀 있다. N 원자가 연관된 전자의 에너지 준위는 스펙트럼의 가시광선 영역에서 흡수하게 하고 푸른색과 노란색의 다이아몬드를 형성한다.

표 B3.1 보석과 이들이 나타내는 색의 원인

광물 또는 보석	색	모체의 화학식	혼입물 또는 색을 나타나게 하는 결함
루비	빨강	Al_2O_3	팔면체 자리에서 Cr^{3+}가 Al^{3+}를 치환
에메랄드	초록	$Be_3Al_2(SiO_3)_6$	팔면체 자리에서 Cr^{3+}가 Al^{3+}를 치환
전기석	초록 또는 분홍	$Na_3Li_3Al_6(BO_3)_3(SiO_3)_6F_4$	Cr^{3+}또는 Mn^{2+}가 각각 팔면체 자리에서 Li^+ 또는 Al^{3+}를 치환
석류석	빨강	$Mg_3Al_2(SiO_4)_3$	8 배위 자리에서 Fe^{2+}가 Mg^{2+}를 치환
감람석	황록	Mg_2SiO_4	6 배위 자리에서 Fe^{2+}가 Mg^{2+}를 치환
사파이어	파랑	Al_2O_3	Fe^{2+}와 Ti^{4+} 사이의 전자 이동, 이웃한 팔면체 자리에서 Al^{3+} 치환
다이아몬드	무색, 연파랑 또는 노랑	C	N으로부터의 색중심
자수정	보라	SiO_2	Fe^{3+}/Fe^{4+}에 기초한 색중심
형석	보라	CaF_2	갇힌 전자에 기초한 색중심

예제 3.20 가능한 혼입 이온의 예측

베릴 $Be_3Al_2(SiO_3)_6$에서 Al^{3+}를 치환하여 외성 결함을 형성할 수 있는 이온은 무엇인가?

답 먼저 비슷한 전하와 크기의 이온을 확인하는 것이 필요하다. 이온 반지름은 부록 1에 수록되어 있다. 이온 반지름이 비슷한 Al^{3+}(r = 53 pm)에 세 배의 전하를 띤 양이온이 적합한 혼입 이온인지를 증명해야 한다. Fe^{3+}(r = 55 pm), Mn^{3+}(r = 65 pm) 그리고 Cr^{3+}(r = 62 pm)가 후보가 될 수 있다. 실제로 외성 결함이 Cr^{3+}인 경우, 물질은 밝은 녹색의 베릴이고 에메랄드 보석이다. Mn^{3+}에 대해서는 물질이 붉은색 또는 분홍색 베릴이고 Fe^{3+}에 대해서는 노란색 베릴인 녹주석(heliodor)이다.

문제 3.20 규소에서 As 외에 어떠한 원소가 외성 결함을 형성할 수 있는가?

3.17 비화학량론성 화합물과 고체 용액

고체에 대해 화합물의 화학량론이 화합물의 화학식에 의하여 고정되어 있다고 말하는 것이 항상 옳지만은 않다. 단위 세포의 조성 변화는 고체 전체에 걸쳐 일어날 수 있는데, 그 이유는 한 원자 또는 더 많은 원자 자리에서 결함이 존재하므로, 한 위치에서 틈새 원자가 존재하거나 치환이 일어나기 때문이다.

(a) 비화학량론

요점: 이상적인 화학량론으로부터의 벗어남은 d, f, p 구역 원소의 고체 화합물에서 나타난다.

비화학량론적 화합물(nonstoichiometric compound)은 다양한 조성을 보이나 구조의 형태가 같은 물질이다. 예를 들면 1000°C에서 '일산화 철'의 조성은 wüstite $Fe_{1-x}O$로 나타내며 $Fe_{0.89}O$에서 $Fe_{0.96}O$까지 변화한다. 조성의 변화에 따라 단위 세포의 크기 변화가 나타나지만 암염 구조의 특징은 조성의 전 영역에서 그대로 유지된다. 화합물의 격자 파라미터가 조성과 함께 자연스럽게 변화한다는 것은 비화학량론적 화합물을 정하는 기준인데, 이유는 격자 파라미터의 불연속적인 값의 새로운 결정상(crystal phase)의 형성을 나타내기 때문이다. 더구나 비화학량론적 화합물의 열역학 성질은 조성이 변하면서 계속 변한다. 예를 들면 산화 금

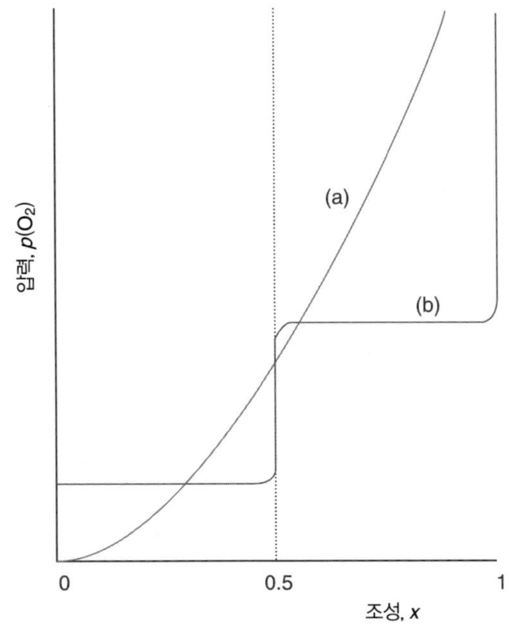

그림 3.58 일정 압력에서 (a) 비화학량론성 산화물 MO_{1+x} (b) 금속 산화물 MO와 MO_2의 화학량론성 쌍에 대하여, 조성에 따른 산소의 부분 압력 변화를 나타낸 표현 x축은 MO_{1+x}에서의 원자비이다.

표 3.12 비화학량론의 이성분 수소화물, 산화물 및 황화물의 대표적인 조성 범위*

d 구역		f 구역		
수소화물				
TiH_x	1~2		**형석 구조**	**육방 구조**
ZrH_x	1.5~1.6	GdH_x	1.9~2.3	2.85~3.0
HfH_x	1.7~1.8	ErH_x	1.95~2.31	2.82~3.0
NbH_x	0.64~1.0	LuH_x	1.85~2.23	1.74~3.0
산화물				
	암염 구조	**루틸 구조**		
TiO_x	0.7~1.25	1.9~2.0		
VO_x	0.9~1.20	1.8~2.0		
NbO_x	0.9~1.04			
황화물				
ZrS_x	0.9~1.0			
YS_x	0.9~1.0			

* x 값으로 범위를 나타냄

속에 가해지는 산소의 부분 압력이 변화함에 따라 격자 파라미터와 산화물의 평형 조성은 계속 변화한다(그림 3.58과 3.59). 고체 조성의 함수로서 고체의 격자 파라미터의 점진적인 변화는 **Vegard 규칙**(**Vegard's rule**)이라고 알려져 있다.

표 3.12에 대표적인 비화학량론성 수소화물, 산화물 및 황화물이 수록되어 있다. 비화학량론적 화합물이 형성될 때 조성의 전체 변화가 요구되고, 또한 적어도 한 가지 원소는 한 가지 이상의 산화 상태로 존재하는 것이 필요하다는 것에 주목하라. 따라서 wüstite $Fe_{1-x}O$의 경우 x가 증가함에 따라 구조에서 철(II)는 철(III)로 산화되어야 한다. 화학량론으로부터의 벗어남은 d 구역과 f 구역 원소에서 흔히 있는 일이고, 이들 원소는 둘 또는 그 이상의 산화 상태를 취하며, 무거운 p 구역 금속에 대해 가질 수 있는 산화 상태는 두 가지이다.

(b) 고체 용액

요점: 고체 용액은 구조 형태가 변하지 않고 화합물 화학량론이 계속 변하는 곳에 나타난다.

많은 물질이 동일한 구조 형태를 취하므로 한 가지 형태의 원자나 이온을 다른 원자나 이온으

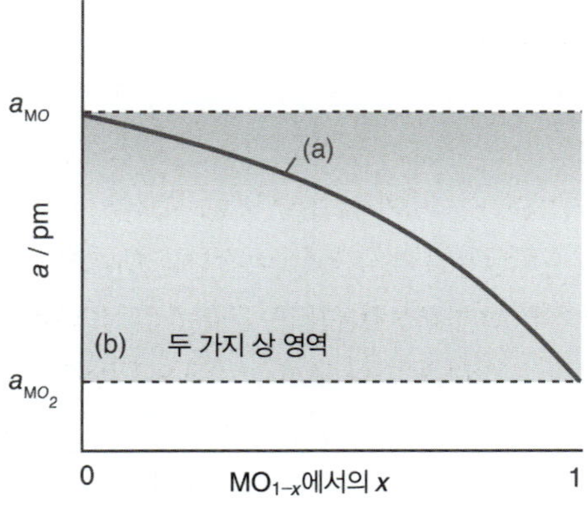

그림 3.59 (a) 비화학량론성 산화물 MO_{1+x} (b) 화학량론성 중간체 상을 가지고 있지 않은($0<x<1$에서 두 가지 상의 혼합물을 가질 수 있으며, 혼합물에서 각 상은 최종 생성물의 격자 파라미터를 가질 수 있음) 금속 산화물 MO와 MO_2의 화학량론성 쌍에 대하여, 조성에 따른 격자 파라미터의 변화를 나타낸 표현

로 치환하는 것은 에너지 관점에서 타당한 일이다. 이와 같은 양상은 3.8절에서 논의한 것처럼 많은 간단한 합금에서 볼 수 있다. 따라서 아연/구리 놋쇠는 조성 $Cu_{1-x}Zn_x(0<x<0.38)$의 전 영역에서 존재하며, 구조에서 Cu 원자는 점진적으로 Zn 원자에 의하여 치환된다. 이 치환은 고체에서 전반적으로 무질서하게 일어나고, 각각의 단위 세포는 임의의 Cu와 Zn 원자수를 포함한다(그러나 이들의 전체 함량은 놋쇠의 화학량론을 나타낸다).

또 다른 좋은 예는 $ABX_3(A^{n+}, B^{m+}, X^{x-}$ 이온으로 이루어진, 3.9절) 화학량론을 갖고 있는, 많은 수의 화합물이 취하는 페로브스카이트 구조이며, 이 구조에서 조성은 A, B 및 X 자리를 차지하는 이온을 바꿈으로써 점진적으로 변화시킬 수 있다. 예를 들어 $LaFe(III)O_3$와 $SrFe(IV)O_3$는 모두 페로브스카이트 구조를 취하고 있으며, 페로브스카이트 결정이 무질서하게 분포된 절반의 $SrFeO_3$ 단위 세포(A형 양이온 자리에 Sr)와 절반의 $LaFeO_3$(A 자리에 La)로 생각할 수 있다. 전체 화합물의 화학량론은 $LaFeO_3 + SrFeO_3 = LaSrFe_2O_6$이고, 일반적인 ABO_3 페로브스카이트 화학량론을 보여 주는 $(La_{0.5}Sr_{0.5})FeO_3$로 나타내는 것이 더 좋은 표현이다. 단위 세포의 다른 비율도 가능하며 일련의 $La_{1-x}Sr_xFeO_3(0\le x\le 1)$ 조성을 갖는 화합물을 만들 수 있다. 이런 계는 **고체 용액(solid solution)**이라 하는데, 그 이유는 x가 변화함에 따라 형성되는 모든 상들이 모두 페로브스카이트 구조를 갖고 있기 때문이다. 고체 용액은 조성의 한 영역에 대해서 한 가지 구조 형태가 있고 조성의 전 영역에서 격자 파라미터가 매끄러운 변화를 보일 때 나타난다.

고체 용액은 d 금속 화합물에서 자주 나타나는데, 그 이유는 한 가지 성분이 변화하면 전하 균형을 이루기 위해서는 다른 성분의 산화 상태가 변화되어야 하기 때문이다. 따라서 $La_{1-x}Sr_xFeO_3$에서 x가 증가하고 La(III)가 Sr(II)로 바뀜에 따라, 철의 산화 상태는 Fe(III)에서 Fe(IV)로 바뀌어야 한다. 이와 같은 변화는 확실한 한 가지 산화 상태의 점진적인 치환, 여기서는 구조 내 양이온 자리 대부분에서 Fe(III)가 Fe(IV)에 의해 치환을 통해서 나타날 수 있다. 또 다른 방법으로는 만약에 물질이 금속이고 비편재화된 전자를 가지고 있으면 이와 같은 변화는 전도띠에 있는 전자수의 변화를 통해 일어날 수 있으며, 이는 개개 원자의 특성이라기보다 산화 상태 변화의 비편재화에 해당한다. 몇몇 다른 고체 용액으로는 $0.12\le x\le 0.25$에서 초전도체인 $La_{2-x}Ba_xCuO_4(0\le x\le 0.4)$의 조성을 갖고 있는 고온 초전도체와 스피넬인 $Mn_{1-x}Fe_{2+x}O_4(0\le x\le 1)$가 있다. 또한 다른 이온 자리의 결합에 의한 비화학량론을 갖는 양이온 자리에서는 고체와 용액의 행동을 조합하는 것이 가능하다. 이에 대한 한 가지 예는 $La_{1-x}Sr_xFeO_{3-y}(0\le x\le 1.0,\ 0.0\le y\le 0.5)$이며, O^{2-} 이온 자리에 빈자리가 있다. La/Sr 채움 비율의 변동에 따라서 고체 용액에 수반되는 O^{2-} 이온 빈자리를 가진다.

고체의 전자 구조

앞에서 이온 고체의 구조 및 에너지에 관한 개념을 소개하였고, 이것은 이온의 무한 배열과 이온 사이의 상호 작용을 고려하는 것이었다. 이와 마찬가지로 고체의 전자 구조와 관련된 성질, 즉 전기 전도도, 자기성, 그리고 다양한 광학 효과를 이해하려면 이온에 있는 전자의 작용과 확장된 배열을 고려해야 한다. 한 가지 간단한 접근 방법은 고체를 하나의 매우 큰 분자로 생각하여, 2장에서 설명한 분자 오비탈 이론을 많은 수의 오비탈로 확장하는 것이다. 비슷한 개념이 뒷장에서 전자적 작용 중심의 삼차원 배열에서 기인되는 주요 성질, 즉 강자성, 초전도성과 고체의 색을 설명하는 데 사용된다.

3.18 무기 고체의 전도도

요점: 금속성 전도체는 온도 증가에 따라서 전기 전도도가 감소하는 물질이다. 반도체는 온도 증가에 따라서 전기 전도도가 증가하는 물질이다.

작은 분자의 분자 오비탈 이론은 수많은 원자들의 집합체인 고체 성질을 설명하는 것으로 확장할 수 있다. 이 방법은 금속의 특성을 설명하는 데 매우 유용하며, 금속의 특성인 광택, 전기 및 열전도도, 그리고 펴짐성 등을 설명할 수 있다. 이 모든 성질은 전자를 공통 '바다'에 내어 놓는 원자의 능력에서 비롯된다. 광택과 전기 전도도는 입사 광선의 진동 전기장이나 전위차에 의한 전자의 이동에 기인된다. 높은 열전도도 역시 전자 이동의 결과로 전자가 진동 원자와 충돌하여 에너지를 흡수하고 이것을 다른 원자에게 전달할 수 있기 때문이다. 금속의 용이한 역학적 변형도 전자 이동의 또 다른 특성으로, 이것은 전자 바다가 고체의 변형에 빠르게 재조정되고 원자를 계속적으로 결합할 수 있기 때문이다.

전기 전도성 역시 반도체의 특성이다. 금속과 반도체를 구분하는 기준은 전기 전도도의 온도 의존성이다(그림 3.60).

- **금속성 전도체**(**metallic conductor**)는 온도 증가에 따라서 전기 전도도가 감소하는 물질이다.
- **반도체**(**semiconductor**)는 온도 증가에 따라서 전기 전도도가 증가하는 물질이다.

일반적인 경우(그러나 구분을 위한 기준은 아니다) 실온에서 금속의 전도도는 반도체의 경우보다 높다. 그림 3.60에 대표적인 수치가 나와 있다. 고체 **절연체**(**insulator**)는 전기 전도도가 매우 낮은 물질이다. 그러나 반도체의 경우와 같이 온도와 함께 전도도가 증가하는 것으로 알려졌다. 그러므로 '절연체'로 분류하지 않고 고체를 금속과 반도체로 분류한다. **초전도체**(**superconductor**)는 임계 온도 이하에서 전기 저항이 없는 특별한 경우의 물질이다.

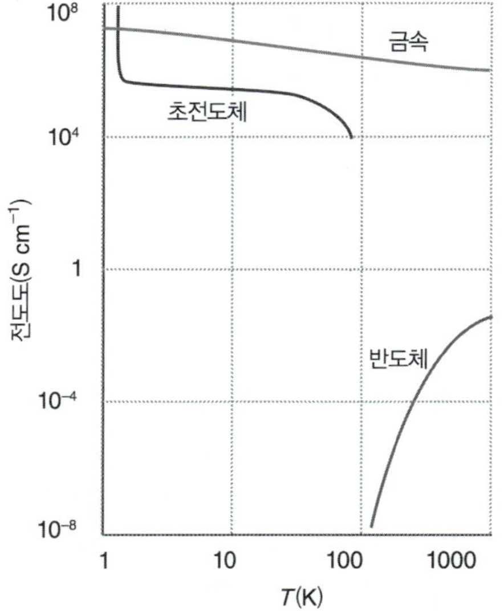

그림 3.60 온도에 따른 전기 전도도의 변화는 물질을 금속성 전도체, 반도체, 또는 초전도체로 구분하는 기준이 된다.

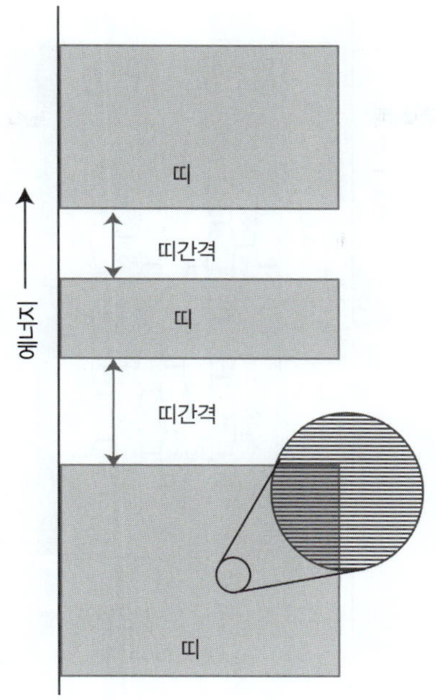

그림 3.61 고체의 전자 구조는 에너지 간격에 의해서 분리된 일련의 오비탈 띠로 특징지어지고 여기에는 더 이상 오비탈이 존재하지 않는다.

3.19 원자 오비탈 겹침으로 형성된 띠

고체의 전자 구조를 설명하는 데 사용되는 중심 개념은 원자에서 제공되는 원자가 전자가 구조 전체에 퍼져 있다는 것이다. 이 개념은 고체를 무한정 큰 분자로 취급한 MO 이론의 간단한 확장으로 설명된다. 고체물리학에서는 이것을 **밀접 결합 근사법(tight-binding approximation)**이라고 한다. 비편재 전자에 의한 설명은 비금속 고체에서도 사용될 수 있다. 그러므로 여기서는 금속이 어떻게 분자 오비탈에 의해 설명될 수 있는지 알아본다. 그런 다음 같은 원리를 이온과 분자 고체에도 적용할 수 있다는 것을, 다른 결과와 함께 설명하고자 한다.

(a) 오비탈 겹침에 의한 띠 형성

요점: 고체에서 원자 오비탈의 겹침은 일정한 에너지 간격으로 분리된 에너지 준위의 띠를 만든다.

고체에서 수많은 원자 오비탈이 겹치면 에너지가 비슷한 분자 오비탈을 형성하여 연속적인 에너지 준위 **띠(band)**가 생긴다(그림 3.61). 이 띠들은 **띠간격(band gap)**에 의해 분리되고, 이것은 에너지 값으로 여기에는 분자 오비탈이 없다.

띠 형성은 원자 줄에서 각 원자의 s 오비탈이 바로 이웃의 s 오비탈과 겹치는 것으로 설명할

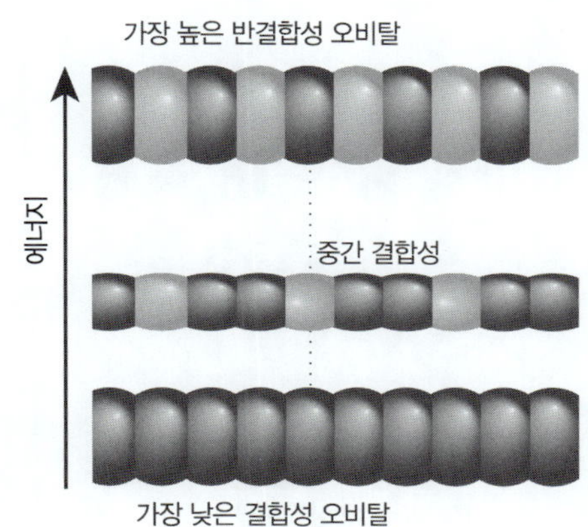

그림 3.62 띠는 원자들이 연속적으로 존재하여 원자 줄을 만들어 생성되는 것으로 생각할 수 있다. *N*개의 원자 오비탈은 *N*개의 분자 오비탈을 형성한다.

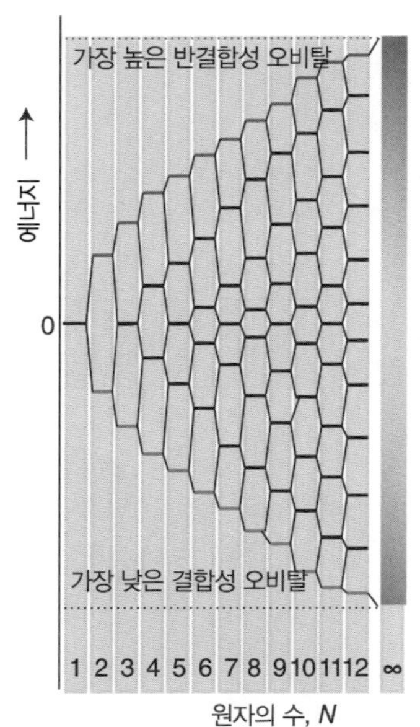

그림 3.63 **N개의 원자가 일차원 배열을 이루며 생성된 오비탈의 에너지** 그림 3.68과 같이 상태 밀도 도식을 생성한다.

수 있다(그림 3.62). 단지 두 개의 원자로 줄이 형성된다면, 결합성 및 반결합성 분자 오비탈만이 있다. 세 번째 원자가 추가되면 세 개의 분자 오비탈이 있다. 여기서 중앙에 있는 오비탈은 비결합성이고, 다른 두 개는 에너지가 낮거나 높다. 더 많은 원자가 추가된다면 각 원자의 원자 오비탈에 의하여 더 많은 분자 오비탈이 생성된다. N개의 원자가 줄을 형성하면 N개의 분자 오비탈이 생성된다. 가장 낮은 에너지의 오비탈은 이웃 원자 사이에 마디가 존재하지 않는다. 반면 가장 높은 에너지의 오비탈은 각 이웃 사이마다 마디가 존재한다. 나머지 오비탈은 연속적으로 1, 2, …개의 핵간 마디가 있으며, 앞에서 언급한 오비탈의 에너지 범위 사이에 존재한다.

전체 띠의 너비는 그림 3.63에서 보여 주는 바와 같이, N이 무한 개라도 한정된 범위에 존재하고 이웃 원자 간의 상호 작용 크기에 의존한다. 상호 작용이 클수록(넓은 의미로 이웃 간의 겹침 정도가 클수록) 마디가 없는 오비탈과 모든 마디가 존재하는 오비탈과의 에너지 차이가 커진다. 그러나 분자 오비탈을 형성하기 위하여 수많은 원자 오비탈이 사용되더라도 오비탈의 에너지는 한정된 범위 안에서만 분포되어 있다(그림 3.63). N이 무한대로 커짐에 따라서 이웃 오비탈 사이의 에너지 차이는 0에 가까워야 하는데, 그렇지 않으면 오비탈 에너지는 한정된 범위를 형성할 수 없다. 즉 띠는 셀 수 있는 에너지 준위로 이루어졌으나 거의 연속적이다.

위에서 설명한 띠는 s 오비탈로 형성되어 **s 띠**(**s band**)라고 한다. p 오비탈이 존재한다면 그림 3.64에서처럼 겹침에 의해 **p 띠**(**p band**)가 형성된다. p 오비탈은 같은 원자가 껍질에 있는 s 오비탈보다 에너지가 높기 때문에 때로는 s 띠와 p 띠 사이에 에너지 간격이 존재한다(그

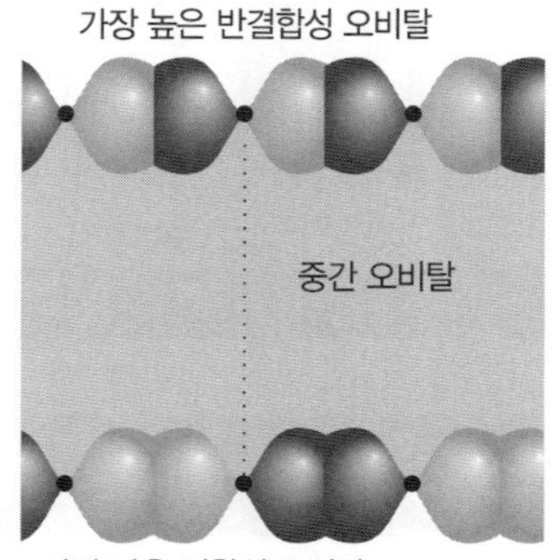

그림 3.64 **일차원 고체에서 p 띠의 예**

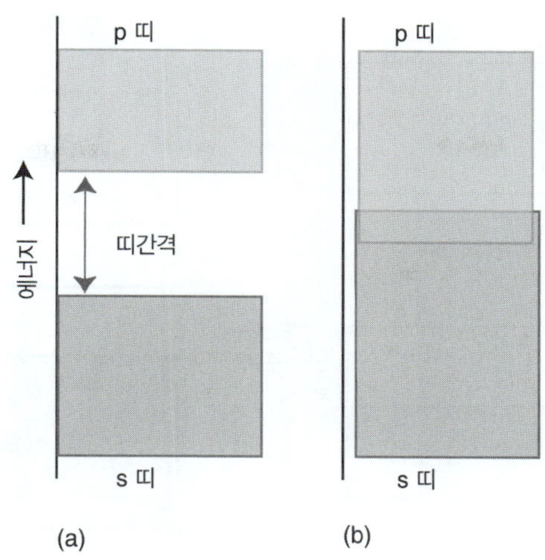

그림 3.65 (a) 고체에서의 s 띠와 p 띠 및 에너지 간격. 간격은 원자에서 s와 p 오비탈의 에너지 차이와 오비탈 간의 상호 작용 크기에 의존한다. (b) 상호 작용이 크다면 띠가 넓으며 겹칠 수 있다.

림 3.65). 그러나 띠가 넓은 범위의 에너지에 걸쳐 있고 s와 p 에너지가 비슷하다면(가끔 이런 경우가 존재) 두 개의 띠는 겹쳐진다. **d 띠(d band)**는 비슷한 방법으로 d 오비탈의 겹침에 의해서 형성된다. 주목할 사항은 띠 형성이 한 가지 형태의 원자 오비탈에만 국한되지 않으며, 띠는 화합물 내에서 서로 다른 형태의 오비탈 조합에 의해서도 형성될 수 있다. 예를 들어 금속 원자의 d 오비탈은 이웃 O 원자의 p 오비탈과 겹칠 수 있다.

일반적으로 띠 구조 도표는 모든 고체에 대해서 만들 수 있고 모든 원자가 존재하는 프론티어 오비탈들을 이용하여 구축할 수 있다. 겹치더라도 이 띠들의 에너지들은 참여하는 원자 오비탈에 의존할 것이고, 시스템의 총 전자수에 따라서 비어 있거나, 꽉 차거나, 부분적으로 채워질 것이다.

예제 3.21 오비탈 겹침의 확인

TiO(암염 구조)에서 타이타늄의 d 오비탈이 띠를 형성하기 위한 겹침이 존재하는지 확인하시오.

답 서로 겹칠 수 있는 이웃 금속 원자의 d 오비탈이 있는지 결정해야 한다. 그림 3.66에서 암염 구조의 한 면에 각 Ti 원자의 d_{xy} 오비탈이 있다. 이 오비탈의 귓불(lobe)은 직접적으로 다른 오비탈을 향하고 띠를 형성하기 위해서 겹친다. 비슷한 방식으로 d_{zx}와 d_{yz} 오비탈들은 각각 xz와 yz 면에 수직인 방향에서 겹친다.

문제 3.21 원시 구조를 지닌 금속에서 어떤 d 오비탈이 겹침에 적절한 모양을 갖는가?

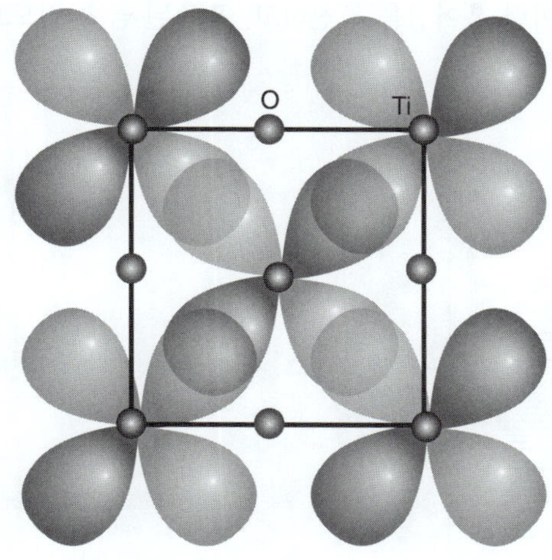

그림 3.66 TiO 암염 구조의 한 면으로 d_{xy}, d_{yz}, d_{zx} 오비탈이 어떻게 겹칠 수 있는지를 보여 준다.

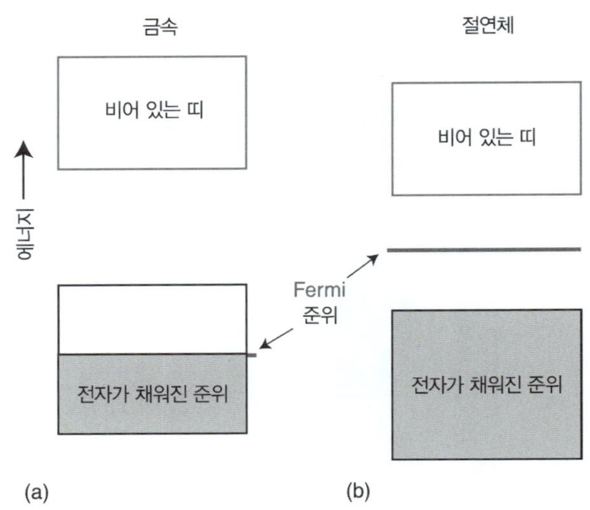

그림 3.67 (a) Fermi 준위를 보여주는 전형적인 금속의 띠 구조. N개의 원자가 각각 하나의 s 전자를 제공하면 T = 0에서 낮은 준위의 ½N개 오비탈이 채워지고 Fermi 준위는 띠의 중간 부분에 걸쳐진다. (b) 전형적인 절연체의 띠 구조에서 Fermi 준위는 두 띠 중간 영역에 형성된다.

(b) Fermi 준위

요점: Fermi 준위는 T = 0의 고체에서 최고 점유 상태이다.

T = 0에서 전자는 쌓음 원리에 의하여 띠의 각 분자 오비탈을 채운다. 각 원자에 하나의 s 전자만 있다면 T = 0에서 가장 낮은 에너지의 N 오비탈이 채워진다. T = 0에서 최고 점유 오비탈을 **Fermi 준위**(**Fermi level**)라고 한다. 이것은 거의 띠의 중앙에 위치한다(그림 3.67). 띠가 완전히 채워지지 않은 경우에는 Fermi 준위 근처의 전자가 빈 준위로 쉽게 옮겨간다. 결과적으로 전자가 이동하여 고체 전반에 비교적 자유롭게 움직일 수 있으며, 이런 물질은 전기 전도체가 된다.

고체는 실제로 **금속성** 전도체이다. 금속성 전도체의 기준은 온도가 증가함에 따라 전기 전도도가 감소한다고 알고 있다. 이 현상은 전도도가 열적 촉진에 의해 전자가 Fermi 준위 위로 이동하는 것에 지배된다면 기대할 수 있는 사실과 반대다. 그러나 전자가 전도띠(conduction band)에서 고체 전반에 순조롭게 옮겨다니는 능력은 원자 배열의 균일성에 의존한다는 경쟁적인 효과가 존재한다. 원자가 한 자리에서 격렬하게 진동하는 것은 오비탈의 질서를 파괴하는 불순물과 동일한 효과가 있다. 균일성에서의 이런 감소는 전자가 한쪽에서 다른 쪽으로 이동하는 능력을 감소시켜 고체의 전도도는 T = 0의 경우보다 감소한다. 전자가 고체 전반에 이동하는 것으로 생각한다면 원자 진동에 의해 전자들이 '흩어진다'고 볼 수 있다. 온도 증가는 격자 진동을 증가시켜 이런 흩어짐을 촉진하고, 관측된 금속 전도도의 온도에 대한 반비례를 설명한다.

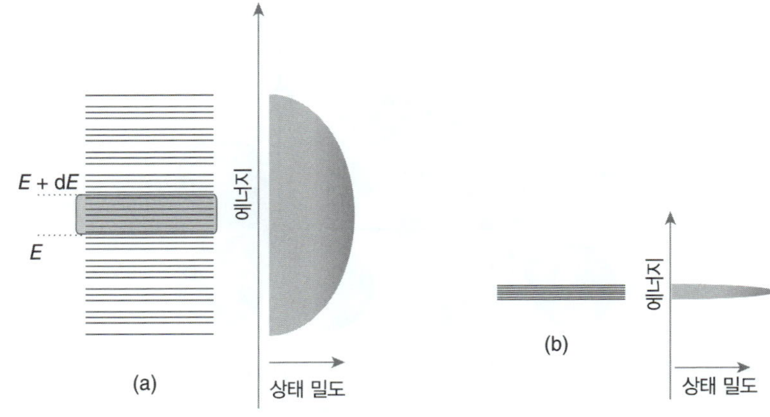

그림 3.68 (a) 금속의 상태 밀도는 E와 $E + dE$ 사이의 미분 범위에 있는 에너지 준위의 수이다. (b) 상태 밀도는 혼입제의 낮은 농도와 관련이 있다.

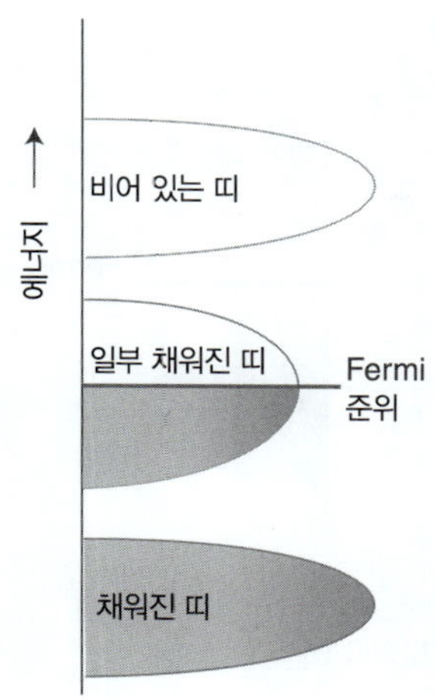

그림 3.69 삼차원 금속에서 두 개 띠의 대표적 상태 밀도

(c) 상태 밀도와 띠의 너비

요점: 상태 밀도는 띠에서 균일하지 않다. 대부분의 경우 상태는 띠의 중앙 근처에서 밀도가 가장 높다.

상태 밀도(density of state) ρ는 에너지 범위에 있는 에너지 준위 수를 너비로 나눈 것이다(그림 3.68). 상태 밀도는 띠를 가로질러서 균일하지가 않은데, 그 이유는 에너지 준위는 어떤 에너지에서 다른 곳보다 더 근접하게 채워져 있기 때문이다. 삼차원인 경우의 상태 밀도 변화는 그림 3.69에서 보여 주는 바와 같이, 띠 중앙 근처에서 상태 밀도가 가장 크고, 가장자리에서 가장 낮은 밀도를 가진다. 이 현상의 원인은 원자 오비탈의 선형 조합을 만드는 다양한 방법으로 설명될 수 있다. 단지 한 가지 방법만이 완전한 결합성 분자 오비탈(띠의 낮은 가장자리)과 반결합성 분자 오비탈(높은 가장자리)을 만들 수 있다. 그러나 띠 내부에 해당하는 에너지에서는 분자 오비탈을 형성하는 많은 방법이 (원자의 삼차원 배열에서) 존재한다.

띠 형성에 기여하는 오비탈의 개수에 따라서 띠 내(상태 밀도 곡선에 가두어진 영역)의 에너지 상태의 총 개수가 결정된다. 많은 수의 원자 오비탈이 참여하여 강한 결합을 하면 넓은 띠를 만들어 낸다. 불순물과 같이 소수의 원자가 교체 내에 먼저 분산된 경우는 좁은 띠가 형성되고 에너지 상태도 몇 개만 포함된다(그림 3.68b 참조).

상태 밀도는 띠간격 자체에서는 0이다. 간격에는 에너지 준위가 없다. 그러나 어떤 특별한 경우 채워진 띠와 빈 띠의 에너지가 일치하나, 만나는 부분에서는 상태 밀도가 0이다(그림 3.70). 이런 띠 구조를 지닌 고체를 **반금속**(semimetal)이라고 한다. 한 가지의 중요한 예는 흑연으로, 탄소 원자의 얇은 층과 평행한 방향으로 반금속이다.

'반금속(semimetal)'이라는 용어의 사용은 '준금속(metalloid)'과 동의어로 사용되는 것과 구별되어야 한다. 이 책에서는 준금속이라는 용어의 사용을 피하고 있다.

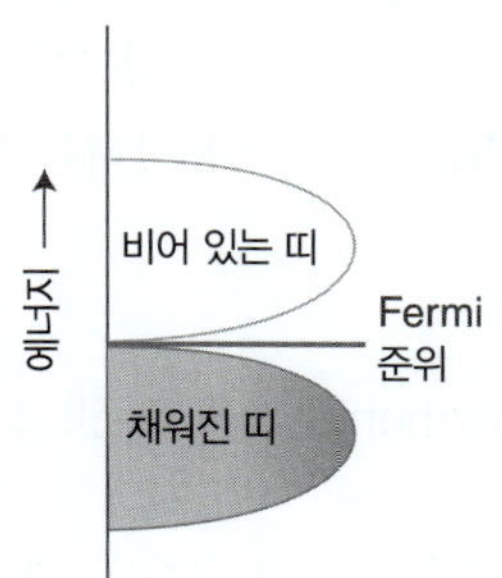

그림 3.70 반금속의 상태 밀도

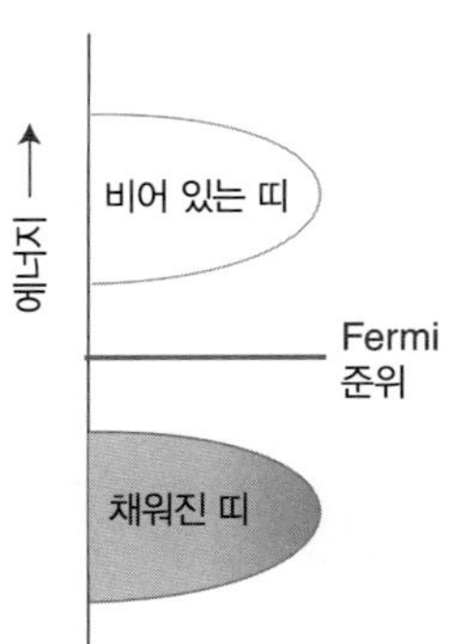

그림 3.71 대표적 절연체의 전자 구조 채워진 띠와 비어 있는 띠 사이에 상당한 에너지 간격이 있다.

(d) 절연체

요점: 고체 절연체는 띠간격이 큰 반도체이다.

충분한 전자가 있어서 띠를 완전히 채우고 다음의 빈 오비탈과의 에너지 간격이 상당히 클 경우에 고체는 절연체가 된다(그림 3.71). 예를 들면 염화 소듐 결정에는 N개의 Cl^- 이온이 가깝게 접촉해 있고, 이들의 3s와 세 개의 3p 원자가 오비탈이 겹쳐서 $4N$개 준위로 이루어진 좁은 띠를 형성한다. Na^+ 이온 역시 근처에 있고 띠를 형성한다. 염소의 전기 음성도는 소듐보다 훨씬 큰 값을 가지고 있어서, 염소에서 형성된 띠는 소듐에 의한 띠보다 훨씬 아래에 위치하고 띠간격은 약 7 eV가 된다. 여기에 전체 $8N$개의 전자가 채워진다(염소 원자에서 7개 전자와 Na 원자에서 1개 전자). 이 $8N$개의 전자는 낮은 에너지에 있는 염소 원자 띠를 채우고 소듐 원자 띠는 비어 있는 상태가 된다. 실온에서는 $kT \approx 0.03$ eV(k는 Boltzmann 상수)이므로 소듐 띠의 오비탈에는 전자가 거의 존재하지 않는다.

절연체에서 전자를 포함하고 있는 가장 높은 에너지 띠(T = 0)는 **원자가띠(valence band)**라고 한다. 그다음으로 에너지가 높은 띠(T = 0에서 비어 있는)는 **전도띠(conduction band)**라고 한다. NaCl에서 Cl 오비탈로부터 유래한 띠는 원자가띠이고, Na 오비탈로부터 유래한 띠는 전도띠이다.

보통 이온 또는 분자 고체를 불연속의 이온 또는 분자로 구성된 것으로 생각한다. 그러나 앞에서 언급한 설명에 따르면, 이런 화합물도 띠 구조를 갖는 것으로 간주해야 한다. 두 개념은 서로 일치할 수 있는데, 그 이유는 채워진 띠는 편재화된 전자 밀도의 합과 동일하다는 것을 증명할 수 있기 때문이다. 예로 염화 소듐에서, Cl 오비탈로부터 생성된 채워진 띠는 불연속적인 Cl 이온의 모임과 동일하고, Na 오비탈로부터 생성된 비어 있는 띠는 Na^+ 이온의 무리와 동등하다.

3.20 반전도

반도체의 물리적 성질은 전기 전도도가 온도에 따라서 증가하는 것이다. 실온에서 반도체의 전도도는 금속과 절연체의 중간이다. 절연체와 반도체를 구분하는 기준은 띠간격의 크기이다(표 3.13). 전도도 자체는 불확실한 기준으로, 온도가 증가함에 따라서 물질은 연속적으로 낮은, 중간의, 또는 높은 전도도를 가질 것이다. 절연성보다 반전도(semiconduction)를 의미하는 것으로 사용되는 띠간격 및 전도도의 값은 적용하려는 응용성에 의존한다.

(a) 내성 반도체

요점: 반도체의 띠간격에 따라서 유사 Arrhenius 식으로 전도도의 온도 의존성이 조절된다.

내성 반도체(intrinsic semiconductor)에서는 띠간격이 매우 작아 열에너지에 의하여 일부 전

표 3.13 298 K에서 대표적인 띠간격

물질	E_g(eV)
탄소(다이아몬드)	5.47
탄화 규소	3.00
규소	1.11
저마늄	0.66
비소화 갈륨	1.35
비소화 인듐	0.36

자가 비어 있는 위쪽의 띠로 이동한다(그림 3.72). 전자가 전도띠에 채워짐으로써 낮은 띠에 **양의 구멍**(positive hole)이 만들어지고, 이것은 전자가 없는 것과 동일하여 결과적으로 고체는 구멍과 들뜬 전자가 모두 이동할 수 있기 때문에 전도성이 된다. 실온에서 반도체는 일반적으로 금속 전도체에 비하여 훨씬 낮은 전도도를 가지는데, 단지 미량의 전자와 구멍만이 전하 운반체로 작용할 수 있기 때문이다. 전도도의 강한 온도 의존도 증가는 위쪽 띠에서 전자 채움에 대한 지수의 유사 Boltzmann 온도 의존도에 따른다.

반도체의 전도도가 아래 식처럼 유사 Arrhenius 온도 의존도를 보여야만 하는 것은 전도띠의 채움에 대한 지수 식에 따른다.

$$\sigma = \sigma_0 e^{-E_g/2kT} \tag{3.8}$$

여기서 E_g는 띠간격의 너비이다. 즉 반도체 전도도는 띠간격의 절반과 동등한 활성화 에너지 $E_a \approx \frac{1}{2}E_g$와 함께 유사 Arrhenius를 나타내리라고 예상할 수 있다. 이것은 실제의 경우에서 발견된다.

(b) 외성 반도체

요점: p형 반도체는 원자가띠에서 전자를 제거하는 원자가 첨가된 고체이다. n형 반도체는 전도띠에 전자를 공급하는 원자가 첨가된 고체이다.

외성 반도체(extrinsic semiconductor)는 의도적으로 첨가한 불순물이 존재하는 반도체 물질이다. 어미 원소보다 더 많은 전자를 가진 원자를 혼입(doping)하면 전자 운반체 수가 증가할 수 있다. 극히 미량의 첨가제–주인 물질 10^9당 단지 원자 한 개 정도–가 필요하고 따라서 처음에는 대단히 고순도의 어미 원소가 필요하다.

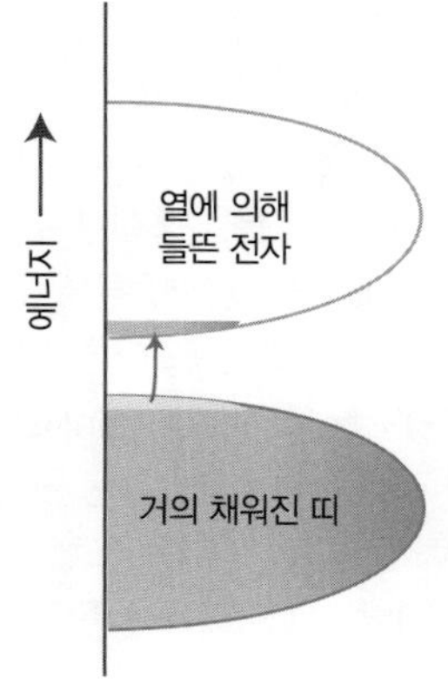

그림 3.72 내성 반도체에서는 띠간격이 매우 작아서 Fermi 분포가 위쪽의 띠로 이동하는 결과를 나타낸다.

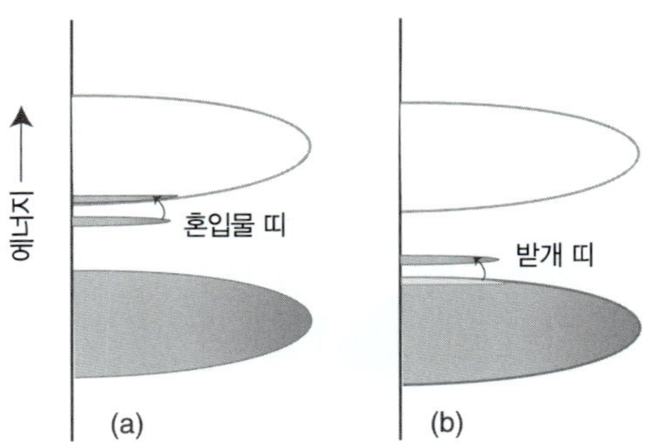

그림 3.73 (a) n형 반도체, (b) p형 반도체의 띠 구조

규소 결정([Ne]$3s^2 3p^2$)에 비소 원자([Ar]$4s^2 4p^3$)가 삽입되면 치환되는 첨가제 원자당 한 개의 전자를 추가할 수 있다. 규소 구조에서 혼입물 원자가 Si 원자 자리를 대신한다는 의미에서 첨가는 **치환적**(substitutional)이다. As 원자인 주개 원자가 서로 멀리 떨어져 있다면 전자는 편재화되어 주개 띠는 폭이 매우 좁을 것이다(그림 3.73a). 또한 첨가 원자의 에너지 수준이 주인 구조의 원자가 전자보다 높은 에너지에 위치하고 채워진 첨가제 띠는 일반적으로 비어 있는 전도띠 근처에 위치한다. $T>0$인 조건에서 이 전자 일부가 빈 전도띠로 열적으로 들뜨게 된다. 다른 말로, 열적 들뜸에 의하여 전자가 As 원자에서 이웃 Si 원자의 빈 오비탈로 이동한다. Si–Si 겹침에 의하여 생성된 띠 구조를 통하여 이동한다. 이 과정으로 **n형 반도체**(**n-type semiconductor**)가 되며, 여기서 'n'은 전하 운반체가 음(negative)으로 하전됨을 의미한다(즉 전자).

또 다른 치환 과정은 규소가 원자가 전자가 적은 원자, 예를 들어 갈륨([Ar]$4s^2p^1$)으로 첨가되는 것이다. 이런 종류의 혼입제 원자는 효과적으로 고체에 구멍을 형성한다. 공식적인 표현으로, 혼입제 원자는 매우 좁고 비어 있는 **받개 띠**(**acccptor band**)를 형성하고, 이것은 채워진 Si 띠 위에 위치한다(그림 3.73b). $T = 0$에서 받개 띠는 비어 있으나, 높은 온도에서 Si 원자가띠로부터 열적으로 들뜬 전자를 받을 수 있다. 이것은 Si 원자가띠에 구멍을 만들어 이 띠에 있는 다른 전자들의 이동이 가능하다. 효과적인 전하 운반체는 낮은 에너지 띠에 있는 양의 구멍으로, 이런 형태를 **p형 반도체**(**p-type semiconductor**)라고 한다. 반도체 물질은 현대

화학세상 3.7 반도체 도핑은 어떻게 응용으로 이어지는가?

반도체는 n형과 p형 반도체처럼 불순물을 첨가하여 쉽게 성질을 바꿀 수 있으므로, 다양한 응용성을 가진다. 더 나아가 이들의 전기 전도도는 전기장을 가하거나, 빛 노출, 압력, 열 등에 의하여 조절할 수 있어 다양한 센서 소자로 이용할 수 있다.

다이오드와 광다이오드

p형과 n형 반도체의 접합부가 '역바이어스(reverse bias, p 쪽이 낮은 전기 전위)'에 있으면 전류의 흐름은 매우 작으나, 접합 부가 '순바이어스(forward bias, p 쪽이 높은 전기장)'이면 전류의 흐름이 크다. 반도체를 빛에 노출시켜 전자 구멍 쌍을 발생시킬 수 있으며, 이때 자유로운 운반체(전자 또는 구멍)의 증가에 따라 전도도는 증가한다. 이런 현상을 이용한 다이오드를 광다이오드라고 한다. 화합물 반도체 다이오드는 또한 빛 방출 다이오드(LED: light-emitting diode)나 레이저 다이오드(laser diode)처럼 빛을 낼 수 있다.

트랜지스터

양극 접합 트랜지스터(BJT: bipolar junction transistor)는 '베이스(base)'라고 하는 중앙의 좁은 영역을 갖는 npn 또는 pnp 배열 중의 하나로 두 개의 p–n 접합으로 형성된다. 또 다른 영역은 베이스의 양쪽 말단으로 **방출기**(emitter)와 **수집기**(collector)이다. 베이스와 방출기 접합부 사이에 가해지는 작은 전위차는 베이스–수집기 접합부의 성질을 바꾸어, 역바이어스이더라도 전류가 흐를 수 있게 한다. 따라서 트랜지스터는 작은 전위차 변화에 의하여 전류의 흐름을 조절할 수 있도록 하고, 결과적으로 증폭에 사용된다. BJT를 통한 전류의 흐름은 온도에 따라 다르며 온도 센서로 이용할 수 있다. 또 다른 형태의 트랜지스터는 장 효과 트랜지스터(FET: field effect transistor)로 반도체의 전도도가 전기장에 따라 증가하거나 감소하는 원리에 의해 작동한다. 전기장은 전하 운반체를 증가시키고 반도체의 전도도를 변화시킨다. FET는 디지털과 아날로그 회로에서 증폭하거나 전자 신호 스위치로 사용한다.

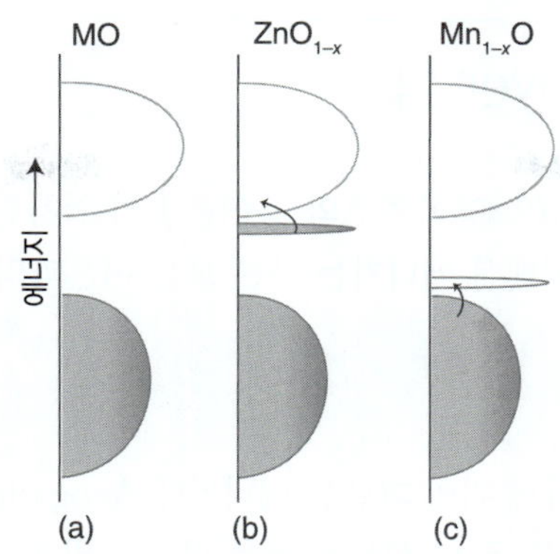

그림 3.74 (a) 화학량론적 산화물, (b) 음이온이 부족한 산화물, (c) 음이온이 과잉인 산화물의 띠 구조

의 모든 전자 회로와 전자 소자에서 중요한 성분이고 화학세상 3.7에서 설명하고 있다.

ZnO와 Fe_2O_3를 포함하는 여러 가지의 d 금속 산화물이 n형 반도체이다. 이런 경우의 특성은 화학량론에서의 작은 변화와 O 원자가 조금 부족한 것에 기인한다. 편재화된 O 원자 오비탈에 위치해야만 하는 전자(기본적으로 각각의 O^{2-} 이온에 편재화되어 대단히 좁은 산화물 띠를 형성하는)가 금속 오비탈로 형성된 비어 있는 전도띠를 채우게 된다(그림 3.74). 고체를 산소 조건하에서 가열한 후에 천천히 실온으로 낮추면 전기 전도도는 감소하는데, 그 이유는 원자가 추가됨으로써 O 원자 부족을 부분적으로 채우고 산화물 이온을 형성하기 위하여 전도띠의 전자를 이용하기 때문이다. 그러나 높은 온도에서는 산소를 더 잃어버려 ZnO의 전도도가 증가하고 전도띠에 전자수가 증가한다.

p형 반도체는 Cu_2O, FeO, FeS 및 CuI 같은 낮은 산화 상태를 갖는 d 금속 칼코젠과 할로젠 화합물에서 발견된다. 이런 화합물에서 전자를 잃는 현상은 금속 원자의 산화 반응과 비슷한 과정을 통하여 발생하고 확실하게 금속 띠에 구멍을 만든다. 화합물을 산소 조건하에서 가열하면 전도도가 증가하는데(FeS와 CuI 화합물은 각각 황과 할로젠 조건하에서), 그 이유는 산화 과정에서의 금속 띠에 더 많은 구멍이 형성되기 때문이다. 그러나 n형 반도체는 높은 산화 상태의 금속 산화물에서 발생하는 경향이 있는데, 이것은 금속 오비탈로 형성된 전도띠가 채워짐으로 인해 금속이 낮은 산화 상태로 환원될 수 있기 때문이다. 이런 n형 반도체의 대표적인 예는 Fe_2O_3, MnO_2, CuO 등이다. 대조적으로 p형 반도체는 MnO와 Cr_2O_3 같은 낮은 산화 상태의 금속에서 발견된다.

예제 3.22 외성 반도체의 성질 예측

산화물 WO_3, MgO와 CdO는 각각 n형, p형 반도체 중 어디에 해당하는지 결정하시오.

답 반도체의 형태는 도입되는 결함의 수준에 따라 달라지며, 이는 존재하고 있는 금속이 쉽게 산화될 수 있는지 또는 환원될 수 있는지에 따라 결정된다. 금속이 쉽게 산화될 수 있으면(낮은 산화수를 갖는 경우), n형 반도체가 예상된다. 반면에 금속이 쉽게 환원될 수 있으면(높은 산화수를 갖는 경우), p형 반도체가 예상된다. 따라서 WO_3는 높은 산화 상태의 W(VI)를 가지고 쉽게 환원되며 O^{2-}로부터 전자를 받아들이며, O^{2-}는 원소 산소가 된다. 여분의 전자는 W d 오비탈로부터 형성된 띠에 들어가고 n형 반도체가 된다. CdO는 ZnO처럼 쉽게 산소를 잃고 n형 반도체가 될 것으로 예상된다. 대조적으로 Mg^{2+} 이온은 쉽게 산화되지도 환원되지도 않으므로 MgO는 소량의 산소를 잃거나 얻을 수가 없어서 절연체이다.

문제 3.22 V_2O_5와 CoO가 p형 외성 반도체인지, n형 외성 반도체인지를 예측하시오.

추가 정보: Born–Mayer 식

전하가 $+e$와 $-e$이고, 거리가 d인 양이온 A와 음이온 B의 일차원 직선을 생각해 보자. 한 개의 양이온에 대한 Coulomb 퍼텐셜 에너지는 다른 모든 이온과의 상호 작용의 합이다.

$$V = \frac{2e^2}{4\pi\varepsilon_0 d}$$

모든 이온에 대한 전체 몰 기여는 위의 퍼텐셜 에너지에 Avogadro 상수 N_A(몰 값으로 변환)를 곱하고 2(각각의 상호 작용을 두 번 셈하는 것을 피하기 위해)로 나눈 것이다.

전체 몰 퍼텐셜 에너지는 이온 사이의 반발 상호 작용을 포함한다. 이는 가까운 거리에서의 지수함수 형태인 Be^{-d/d^*}로 나타낼 수 있으며, d^*는 상수로 반발 상호 작용의 범위를 정의하고, 상수 B는 이것의 크기를 나타낸다. 따라서 상호 작용의 전체 몰 퍼텐셜 에너지는 다음과 같다.

$$V = -\frac{N_A e^2}{4\pi\varepsilon_0 d}A + B^{-d/d^*}$$

$\mathrm{d}V/\mathrm{d}d = 0$일 때 이 퍼텐셜 에너지는 최솟값을 가지며 다음과 같다.

$$\frac{\mathrm{d}V}{\mathrm{d}d} = \frac{N_A e^2}{4\pi\varepsilon_0 d^2}A - \frac{B}{d^*}\mathrm{e}^{-d/d^*} = 0$$

최소점에서는 다음과 같다.

$$B\mathrm{e}^{-d^*/d} = \frac{N_A e^2 d^*}{4\pi\varepsilon_0 d^2}A$$

이 관계식을 V에 대한 식에 대입하면 아래와 같은 결과를 얻는다.

$$V = -\frac{N_A e^2}{4\pi\varepsilon_0 d}\left(1 - \frac{d^*}{d}\right)A$$

$-V$를 격자 엔탈피(정확히 $T = 0$에서의 격자 에너지)라고 하면, 단일 전하 이온의 특수한 경우에 해당하는 Born–Mayer 식(식 3.2)이 얻어진다. 다른 전하 형태에 대한 일반화는 어렵지 않다.

이온 사이의 반발 상호 작용에 대한 다른 식이 사용된다면, 이 식은 수정될 것이다. 한 가지 다른 방법은 $1/r^n$과 같은 표현을 사용하는 것인데, 여기서 n은 큰 값으로 $6 \le n \le 12$이며 **Born–Landé 식(Born–Landé equation)**이라 불리는 V에 대한 약간 다른 식이 된다.

$$V = -\frac{N_A e^2}{4\pi\varepsilon_0 d}\left(1 - \frac{1}{n}\right)A$$

반실험적인 Born–Mayer 식은 Born–Landé 식보다 우수하고 d^*=34.5 pm인 경우에 실험 데이터와 가장 잘 일치한다.

연습 문제

3.1 단사정계 결정계에서 단위 세포 파라미터와의 관계는 무엇인가? 단사정계 단위 세포를 *b*축 방향으로 바라본 투영도를 그리고, 단사정계 단위 세포가 삼차원 공간을 완전히 채우는 것을 보이시오.

3.2 입방정계 단위 세포를 다음 조건으로 그리시오.
(a) 격자점을 (½,0,0), (0,½,0), (0,0,½), (½,½,½)에서 가지는 입방 단위 세포를 그리시오. 이 단위 세포의 격자 형태는 무엇인가? 그리고 단위 세포에는 몇 개의 격자점이 있는가?
(b) (0,0,0)와 (½,½,0)에서 격자점을 가지는 사방정계 단위 세포를 그리시오. 이 단위 세포의 격자 형태는 무엇인가? 그리고 단위 세포에는 몇 개의 격자점이 있는가?

3.3 조밀 채움 면의 반복 패턴을 표시한 것 중에서 조밀 채움 격자를 만들지 않는 방법은 어느 것인가?
(a) CBACBA ... (b) ABAC ...
(c) ABBA ... (d) ABCBC
(e) ABABC ... (f) ABCCBA ....

3.4 금속 구리는 구조가 fcc이고, 밀도는 8960 kg m^{-3}이다. 구리의 구조를 그리고, 가장 가까운 구리–구리 간 거리를 표시하시오. 단위 세포 내에는 몇 개의 구리 원자가 있는가? 밀도와 단위 세포의 질량을 이용하여 구리의 단위 세포 격자 상수를 구하시오. 이로부터 금속 구리의 원자 반지름을 구하시오.

3.5 MOS_2 구조에서 S 원자는 조밀 채움 층에 배열되어 AAA... 순서로 반복된다. Mo 원자는 배위수 6인 구멍에 채워진다. Mo 원자는 S 원자로 만들어진 삼각 프리즘에 둘러싸여 있음을 보이시오.

3.6 금속 리튬은 bcc 구조이고, 밀도가 535 kg m^{-3}이다. 단위 세포의 모서리의 길이는 얼마인가?

3.7 χ(Sr) = 0.95, χ(Ga) = 1.81이다. Ketelaar 삼각형을 이용하여 Sr_2Ga가 합금인지, Zintl 상인지를 결정하시오.

3.8 온도에 따라서 RbCl은 암염 구조나 염화 세슘 구조로 존재할 수 있다. (a) 각 구조에서 양이온과 음이온의 배위수는 얼마인가? (b) Rb는 어느 구조에서 더 큰 반지름을 갖는가?

3.9 ReO_3는 입방 구조로, 단위 세포의 각 꼭짓점에 Re 원자가 있고 O 원자는 Re 사이의 모서리 중앙에 위치하고 있다. 이 단위 세포를 그리고, (a) 이온의 배위수, (b) 각 ReO_3 단위의 중앙에 하나의 양이온이 첨가된다면 어떤 형태의 구조가 형성되는지 설명하시오.

3.10 페로브스카이트 구조(ABO_3)에서 음이온 주위의 배위 상황을 A형과 B형 양이온 배위 관점으로 설명하시오.

3.11 페로브스카이트 구조(ABX_3)에서 A와 X를 묶어서 보면, 이들이 조밀 구조를 형성하고 팔면체 구멍에 B 양이온이 들어 있는 것으로 볼 수 있다. 팔면체 구멍의 어느 정도가 채워질 것인가?

3.12 암염 구조로 결정화된 다음 화합물에 대하여 주어진 단위 세포 길이로 양이온 반지름을 구하시오(힌트: Se^{2-}의 반지름을 결정하기 위하여 MgSe에서 Se^{2-} 이온이 서로 접촉해 있다고 가정하라).
MgSe(545 pm), CaSe(591 pm), SrSe(623 pm), BaSe(662 pm)

3.13 다음 화합물들의 구조를 표 3.4의 단순 구조 형태의 용어로 묘사하시오(단, 착이온들을 단순한 단원자 양이온 및 단원자 음이온으로 대체해서 생각하라).
(a) K_2PtCl_6 (b) $[Ni(H_2O)_6][SiF_6]$ (c) CsCN (d) $CsPF_6$

3.14 그림 3.77은 A_pB_q 이성분 화합물의 이온성 결정의 단위 세포의 투영도이다. 화학량론과 단위 세포 내의 화학식 단위의 개수를 구하시오. A와 B의 배위수와 배위 구조를 설명하시오. 그리고 이 구조의 유도체인 A_pB_{2q}가 어떻게 존재할 수 있는지 논하시오.

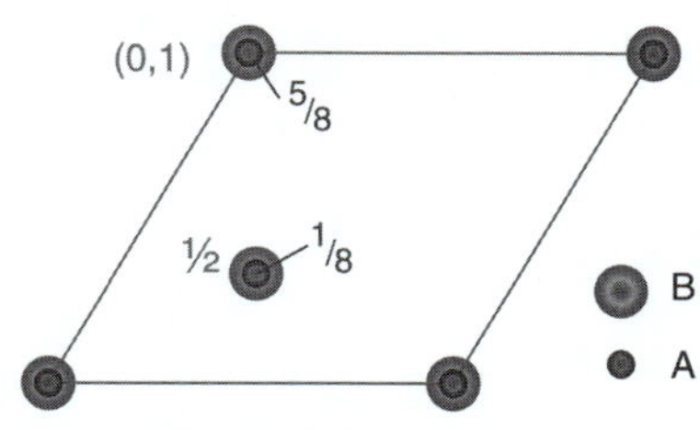

그림 3.77 A_pB_q 화합물

3.15 할로젠 또는 할로젠화 이온에 관련된 Born–Harber 순환의 주요 항들의 정량적인 고려하에, AgF_2는 존재하지만 $AgCl_2$는 존재하지 않는 이유를 설명하시오.

3.16 Born–Mayer 식에서 변하는 파라미터를 고려하여 MgO와 AlN의 격자 엔탈피를 계산하시오(MgO와 AlN은 암염 구조로, 비슷한 격자 파라미터를 가지며 $\Delta_L H^{\circ}$(NaCl) = 786 kJ mol^{-1}이다).

3.17 알칼리 토금속의 일반적 산화수는 +2이다. Born–Mayer 식과 Born–Haber 순환을 사용하여 CaCl이 발열 화합물임을 보이시오(Ca^+ 이온 반지름을 계산하기 위해서 적절히 비슷한 방법을 사용하라). Ca(s)의 승화 엔탈피는 176 kJ mol^{-1}이다. CaCl이 존재하지 않는 이유를 아래 반응의 엔탈피 변화로 설명할 수 있음을 보이시오.

$$2CaCl(s) \rightarrow Ca(s) + CaCl_2(s)$$

3.18 (a) Born–Mayer 식에 근거한 격자 에너지 계산에 의하면, 실험값과 비교하여 LiCl은 1% 이내지만 AgCl은 10%인 이유를 설명하시오. 둘 다 암염 구조를 가진다. (b) 비슷한 경향이 예상되는 M^{2+} 이온을 포함하는 한 쌍의 화합물을 제시하시오.

3.19 어느 것이 물에 더 잘 용해될 것인가?
(a) $BaSeO_4$ 또는 $CaSeO_4$ (b) NaF 또는 $NaBF_4$

3.20 물에서 셀레늄산 이온(SeO_4^{2-})를 정량적으로 침전화시킬 수 있는 특정한 양이온을 추천하시오. 인산 음이온(PO_4^{3-})을 잘 녹이는 양이온과 잘 녹이지 않는 양이온을 제시하시오.

3.21 아이오딘화 이온 용액에 Cl_2(g)를 불어넣어 $[ICl_4]^-$ 음이온을 합성할 수 있다. 이 음이온 화학종은 분해 과정에서 먼저 Cl_2가 빠져나가 $[ICl_2]^-$로 변하고 최종적으로 I^-가 다시 생겨난다. $[ICl_4]^-$를 결정화시켜서 분해를 방지하려면 어떤 상대 이온을 사용하는 것이 좋을까?

3.22 사파이어의 푸른색을 나타내는 혼입물 이온을 고려하여, 녹주석(aquamarine)으로 알려진 푸른색 베릴이 나타내는 색깔을 설명하시오.

3.23 고체에서 고온이 되고 녹는점 부근에서 결함이 높은 수준으로 발견되는 것을 설명하시오. 고체에서 결함 숫자의 평형에 압력이 어떻게 영향을 주는가?

3.24 다음을 n형과 p형 반도체로 분류하시오.
(a) Ga가 도핑된 Ge (b) As가 도핑된 Si (c) $In_{0.49}As_{0.51}$

3.25 반도체와 반금속의 차이점을 설명하시오.

3.26 흑연은 그림 3.70에서 볼 수 있는 것과 같은 형태의 띠 구조를 갖는 반금속이다. 흑연을 포타슘과 반응하면 C_8K가 생성되는 반면, 브로민과 반응하면 C_8Br이 만들어진다. 흑연층은 그대로 남아 있고 포타슘과 브로민은 K^+와 Br^- 이온으로 흑연 구조에 들어간다고 가정하여, C_8K와 C_8Br이 금속성일지 반금속성일지 그리고 반전도성일지 또는 절연체 성질을 나타낼 것인지를 예측하시오.

분자의 대칭

4

분자의 대칭성과 결합은 밀접하게 연관되어 있다. 이 장에서는 분자의 대칭성과 관련된 몇 가지 결과를 분석하고, 군론에 대해 체계적으로 논의하고자 한다. 대칭성은 명확하게 눈에 보이지는 않는 분자 오비탈 구축 및 분자 진동 분석에 필수 사항임을 알게 될 것이다. 뿐만 아니라 대칭성은 분광학적 자료로부터 분자 및 전자 구조에 대한 정보를 얻을 수 있도록 한다.

대칭성에 대한 체계적이며 수학적인 접근 방법을 **군론**(group theory)이라고 한다. 군론은 유용하고 다양한 분야이지만, 대칭 특성에 의한 분자의 분류, 분자 오비탈의 구축, 분자 진동 분석, 분자 들뜸과 관련된 선택 법칙 등에 한정하여 논의하도록 한다. 계산을 수행하지 않고서도 대칭성을 이용하여 극성이나 카이랄성과 같은 분자의 특성에 관한 일반적인 결론을 도출해 낼 수 있음을 보게 될 것이다.

대칭 분석에 관한 서론

어떤 분자들이 다른 분자들보다 '대칭성이 높은 것'은 직관적으로도 명확하다. 우리의 목표는 분자의 대칭성을 직관에 의하지 않고 정확하게 정의하여, 각 분자의 대칭성을 분석하기 위한 체계적인 방법을 얻는 것이다. 대칭 분석은 무기화학에서 가장 널리 사용되고 있는 방법 중의 하나로서 이 장의 끝 부분에서 그 개념이 분명해질 것이다.

4.1 대칭 조작, 대칭 요소 및 점군

요점: 대칭 조작은 분자가 외견상 변하지 않는 채로 남아 있는 작동이다. 각 대칭 조작은 각각의 대칭 요소와 긴밀한 관계가 있다. 한 분자의 점군은 그것의 대칭 요소들을 언급하고 각 군을 정의하는 요소들과 비교함으로써 식별된다.

군론의 화학적 응용에 관한 본질적 개념은 분자가 외견상 변하지 않고 그대로 남아 있는–주어진 각도로 회전과 같은 작동–**대칭 조작**(symmetry operation)이다. 예를 들면 HOH 각을 이등분하여 180°로 H_2O 분자를 회전하는 것이다(그림 4.1). 각각의 대칭 조작은 점, 선, 면과 같은 대칭 조작이 행해지는 **대칭 요소**(symmetry element)와 긴밀한 관계가 있다. 표 4.1에 중요한 대칭 조작과 그에 상응하는 대칭 요소를 나타내었다. 모든 대칭 조작은 최소한 분

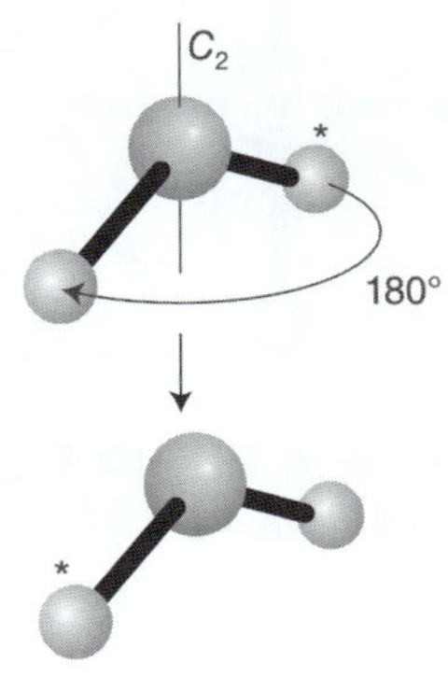

그림 4.1 H_2O 분자는 HOH 결합각의 이등분선에 대해서 어떤 각도로 회전시킬 수 있으나, 오직 180° 회전(C_2 조작)만이 분자가 변하지 않고 그대로 남게 한다.

캡션에 이 표시된 **그림**은 쌍방향의 3D 구조로 온라인에서 찾을 수 있다. 브라우저에 다음 URL을 입력하고 관련 그림 번호를 넣어라. www.chemtube3d.com/wellerxe/[장번호]F[그림 번호]. 예를 들어 2장의 그림 7은 www.chemtube3d.com/wellerxe/2F07을 입력하면 된다.

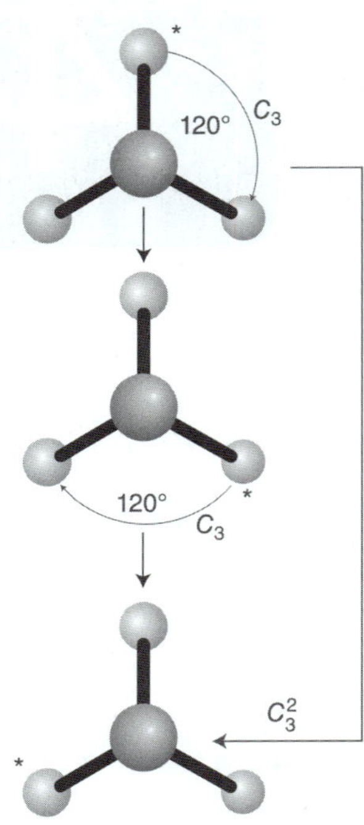

그림 4.2 NH_3에서 삼중 회전과, 이에 해당하는 C_3축 이 축과 관련된 두 개의 회전이 있는데, 하나는 120°(C_3)를 관통하고, 다른 하나는 240°(C_3^2)를 관통한다.

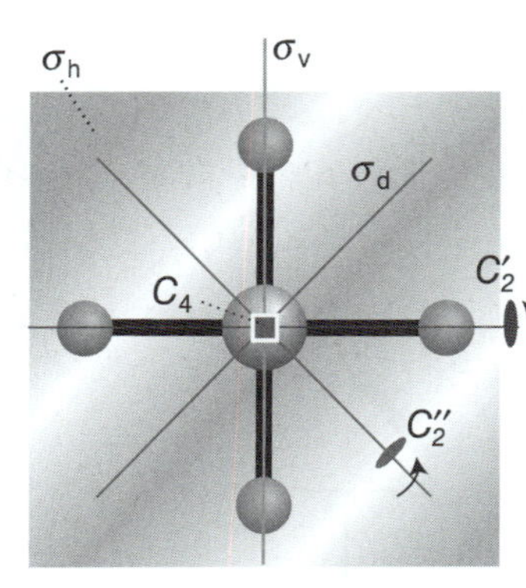

그림 4.3 XeF_4와 같은 사각 평면 분자의 대칭 요소들

표 4.1 대칭 조작과 대칭 요소

대칭 조작	대칭 요소	기호
동등	'모든 공간'	E
360°/n 회전	n중 대칭축	C_n
반사	거울면	σ
반전	반전 중심	i
360°/n 회전 후 회전축에 수직인 면에 반사	n중 회전 반사축*	S_n

*$S_1=\sigma$, $S_2=i$임에 유의하라.

자의 한 점(분자의 중심)이 변하지 않아야 한다. 따라서 이러한 조작을 **점군 대칭**(**point-group symmetry**)이라고 한다.

동등 조작(**identity operation**, E)은 분자에 아무런 조작을 하지 않는 것이다. 모든 분자는 최소한 동등 조작을 가지고 있고, 어떤 분자는 동등 조작만 가지고 있기 때문에, 모든 분자를 대칭성에 의해 분류할 때 동등 조작이 필요하다.

그림 4.1에서와 같이 HOH 결합각을 절반으로 나누는 축을 중심으로 H_2O 분자를 180° 돌리는 대칭 조작을 C_2라 표시한다. 일반적으로 ***n*중 회전**(***n*-fold rotation**)의 대칭 조작은 360°/n만큼 회전시켰을 때 분자의 위치는 변하지 않는다. 상응하는 대칭 요소는 회전 조작이 수행되는 ***n*중 회전축**(***n*-fold rotation axis**, C_n)이다. C_2축에 대한 회전 대칭 조작(H_2O 분자에서와 같은)은 한 개의 회전 조작만이 존재하는데, 그 이유는 시계 방향과 시계 반대 방향에 대한 180° 회전이 동일하기 때문이다. 삼각 피라미드 형태의 NH_3 분자는 삼중 회전축을 가지며 C_3라 표시한다. 이 축에 대하여 그림 4.2에서와 같이 시계 방향으로 120° 회전하는 대칭 조작과, 시계 반대 방향으로 120° 회전하는 두 가지 대칭 조작이 있다. 이 두 가지 대칭 조작은 각각 C_3와 C_3^2로 표시한다(시계 방향으로 120°를 연속적으로 두 번 조작하면 시계 반대 방향으로 120° 회전하는 것과 같은 대칭 조작이 된다).

사각 평면형의 XeF_4 분자는 사중 C_4축을 가지고, C_4축에 수직인 두 쌍의 이중 회전축을 갖는다. 한 쌍(C_2')은 *trans*-FXeF 원자들을 지나는 축이고, 또 다른 한 쌍(C_2'')은 FXeF각을 절반으로 나누는 축이다(그림 4.3). 관례상, 높은 차수의 회전축을 **주축**(**principal axis**)이라고 하며, z축으로 정의한다(전형적으로 수직으로 나타낸다). XeF_4의 경우 C_4축이 주축이다. C_4^2 조작은 C_2 회전과 동일하고, 이것은 '$C_2(=C_4^2)$'로 C_4 조작과는 분리하여 나열된다.

그림 4.4는 두 개의 평면을 이용한 H_2O 분자의 반사 대칭 조작이다. 이 조작에 해당하는 대칭 요소는 **거울면**(**mirror plane**, σ)이다. H_2O 분자의 두 개의 거울면은 HOH 각을 절반으로 나누는 지점에서 교차한다. 이 평면들은 회전축(z)을 포함하는 '수직면(vertical)'이기 때문에 σ_v와 σ_v'으로 표시한다. 그림 4.3에서 XeF_4 분자는 분자면을 포함하는 σ_h 거울면을 가진다. 아래 첨자 h는 분자의 회전 주축이 분자면에 수직을 이룬다는 의미에서 거울면이 '수평(horizontal)' 이라는 것을 표시한다. XeF_4 분자는 C_4 주축을 교차하는 두 개의 거울면을 가진 두 쌍의 거울면이 있다. 대칭 조작과 연관된 대칭 요소는 F 원자를 포함하는 평면인 σ_v와 F 원자 사이의 각을 이등분하는 평면인 σ_d로 표시한다. d는 '이면(dihedral)'을 의미하며, 두 개의 C_2'축(FXeF축) 사이의 각을 이등분하는 평면을 의미한다.

반전 조작(**inversion operation**, i)을 이해하려면 각각의 원자를 분자의 중심을 통해 일직선으로 투영하여 같은 거리만큼 이동하는 것을 상상할 필요가 있다(그림 4.5). SF_6와 같은 정팔면체 분자의 중심에 대해서 정팔면체 꼭짓점의 원자들은 반대 방향의 같은 거리의 원자들과 교환된다. 일반적으로 좌표가 (x, y, z)인 원자가 반전하면 $(-x, -y, -z)$로 이동한다. 한 점에 대해서 투영이 되는 대칭 요소를 **반전 중심**(**centre of inversion**, i)이라고 한다. SF_6 분자에

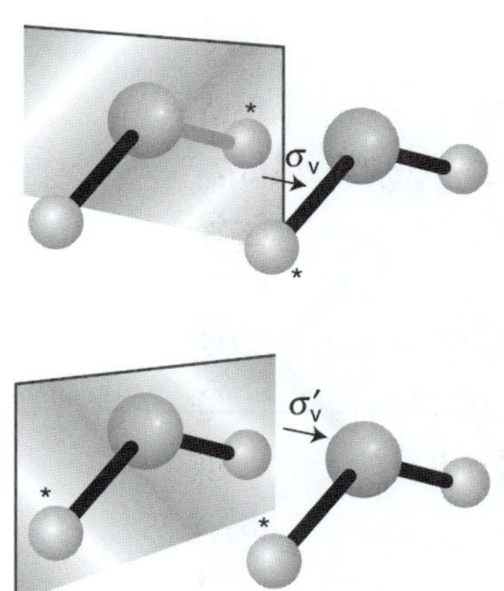

그림 4.4 H_2O의 두 개의 수직 거울면인 σ_v 와 σ_v' 에 해당하는 조작 두 평면 모두 C_2축을 관통한다.

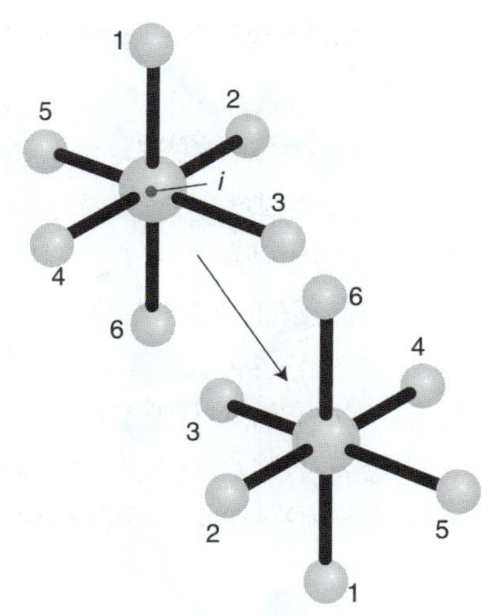

그림 4.5 SF_6에서의 반전 조작과 반전 중심

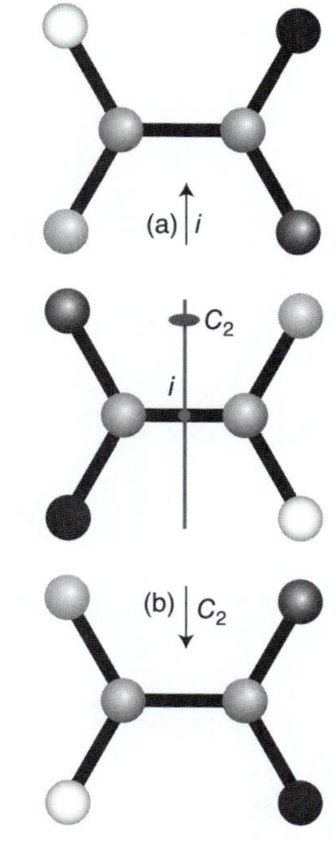

그림 4.6 (a) 반전 조작과 (b) 이중 회전을 혼동하지 않도록 주의하라. 비록 두 조작은 때때로 같은 결과를 보이지만, 일반적으로는 다른 결과를 보인다.

서 반전 중심은 S 원자의 핵에 있다. 마찬가지로 CO_2 분자의 반전 중심은 C 원자핵에 있다. 그렇지만 반전 중심에 항상 원자가 있어야 하는 것은 아니다. N_2 분자는 두 개의 질소 원자핵 사이 중간 지점에 반전 중심이 있고, S_4^{2+} 이온(**1**)은 사각 평면 안의 중심에 반전 중심이 있다. H_2O 분자는 반전 중심이 없으며, 정사면체 분자도 반전 중심이 없다. 반전 조작과 이중 회전은 똑같은 대칭 효과가 있지만, 일반적으로 두 대칭 조작은 구별되어야 한다(그림 4.6).

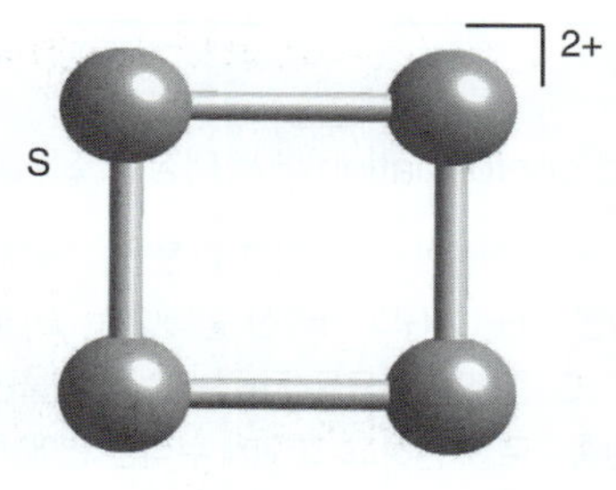

1 S_4^{2+} 양이온

반사 회전(improper rotation)은 회전축을 통하여 어느 각도만큼 회전한 후, 축에 수직인 평면에 반사 대칭 조작이 따르는 조작이다(그림 4.7). 이 그림은 CH_4 분자의 사중 회전을 보여준다. HCH 결합각을 이등분하는 축에 대하여 90°(360°/4) 회전한 후 회전축에 직각인 평면을 통하여 반사 조작이 이어진다. CH_4 분자의 경우 90°(C_4) 회전이나 반사 조작은 대칭 조작이 아니지만, 두 대칭 조작은 CH_4의 대칭 조작이 된다. 사중 반사 회전은 S_4로 표시한다. **반사 회전축**(improper-rotation axis) S_n (예를 들면 S_4)의 대칭 요소는 n중 회전축과 수직인 거울면의 조합으로 되어 있다. 360° 회전 후 수직 평면 반사로 구성된 S_1은 반사 대칭 조작과 동일하므로, S_1과 σ_h는 같은 대칭 조작이다. 이 경우 S_1보다는 σ_h가 일반적으로 사용된다. 이와 유사하게 180° 회전 후 수직 평면 반사로 이루어진 S_2는 반전 대칭 조작 i(그림 4.8)와 같으며, S_2보다는 i로 대칭 조작이 표시된다.

분자의 대칭 요소들을 구별하고, 표 4.2를 참조함으로써 분자의 **점군**(point group)을 지정할 수 있다. 실제로 표에서의 모양은 분자가 속하는 군을 찾는 데 좋은 정보를 제공한다. 그림 4.9는 각 단계별로 대칭 요소를 체계적으로 결정함으로써 가장 보편적인 점군을 결정하는 데 사용된다. 점군은 암모니아 분자를 C_{3v}라고 표현하는 것과 같이 **Schoenflies 기호**(Schoenflies symbol)로 표시된다.

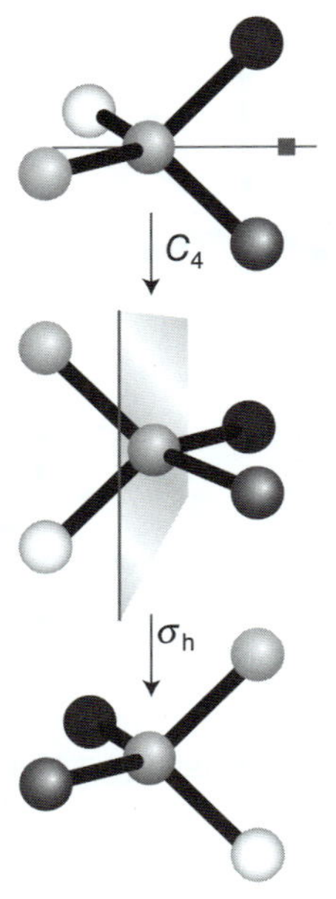

그림 4.7 CH_4 분자에서의 사중 회전 반사축 같은 4개의 말단 원자들은 그들의 움직임을 추적하기 위하여 다른 모형으로 표현하였다.

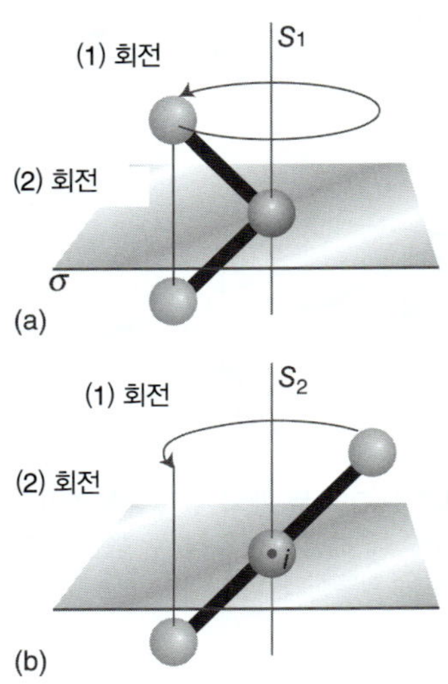

그림 4.8 (a) S_1축은 거울면과 동일하고, (b) S_2축은 반전 중심과 동일하다.

예제 4.1 대칭 요소 식별하기

에테인 분자의 가려진 형태(eclipsed conformation)에서 대칭 요소들을 식별하시오.

답 분자가 외관상 변하지 않고 남아 있는 회전, 반사, 그리고 반전을 식별해야 한다. 동등도 하나의 대칭 조작임을 잊지 말라. 분자 모형을 점검하면 CH_3CH_3의 가려진 형태(**2**)는 E, C_3(삼중 회전축), $3C_2$(C−C 결합을 자르는 3개의 이중 회전축), σ_h(C−C 결합을 반으로 자르는 수직 거울면), $3\sigma_v$(C−H 결합을 자르는 3개의 독립된 수평 거울면), S_3(삼중 회전축으로 회전하고 그것에 수직인 면에 투영하는 반사 회전) 요소들을 가지고 있다. 엇갈린 형태(staggered conformation, **3**)는 추가적으로 i(반전)과 S_6(6개의 엇갈린 수소 원자로부터 일어나는 6중 회전축 주위의 반사 회전) 요소들을 가지고 있다.

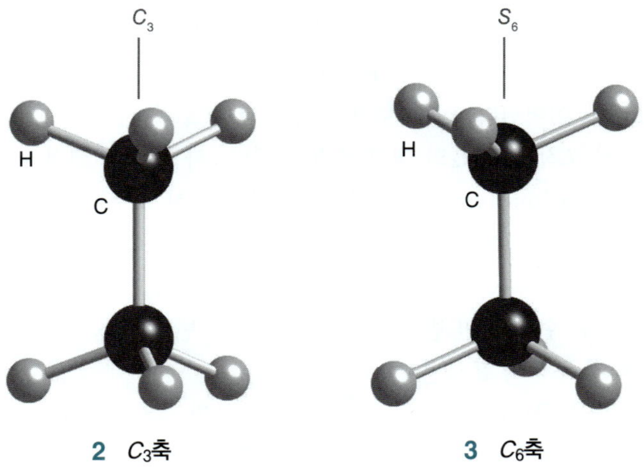

2 C_3축 **3** C_6축

문제 4.1 NH_4^+ 이온의 S_4축을 그리시오. 이 이온은 몇 개의 축을 가지는가?

표 4.2 군의 구성 요소

점군	대칭 요소	모양	예
C_1	E		SiHClBrF
C_2	$E\ \ C_2$		H_2O_2
C_s	$E\ \ \sigma$		NHF_2
C_{2v}	$E\ \ C_2\ \ \sigma_v\ \ \sigma'_v$		SO_2Cl_2, H_2O
C_{3v}	$E\ \ 2C_3\ \ 3\sigma_v$		NH_3, PCl_3, $POCl_3$
$C_{\infty v}$	$E\ \ 2C_\infty\ \ \infty\sigma_v$		OCS, CO, HCl
D_{2h}	$E\ \ 3C_2\ \ i\ \ 3\sigma$		N_2O_4, B_2H_6
D_{3h}	$E\ \ 2C_3\ \ 3C_2\ \ \sigma_h\ \ 2S_3\ \ 3\sigma_v$		BF_3, PCl_5
D_{4h}	$E\ \ 2C_4\ C_2\ \ 2C'_2\ \ 2C''_2\ \ i\ \ 2S_4\ \sigma_h\ \ 2\sigma_v\ 2\sigma_d$		XeF_4, *trans*-$[MA_4B_2]$
$D_{\infty h}$	$E\ \infty C'_2\ \ 2C_\infty\ \ i\ \ \infty\sigma_v\ \ 2S_\infty$		CO_2, H_2, C_2H_2
T_d	$E\ \ 8C_3\ \ 3C_2\ \ 6S_4\ \ 6\sigma_d$		CH_4, $SiCl_4$
O_h	$E\ \ 8C_3\ \ 6C_2\ \ 6C_4\ \ 3C_2\ \ i\ \ 6S_4\ \ 8S_6\ \ 3\sigma_h$ σ_d		SF_6

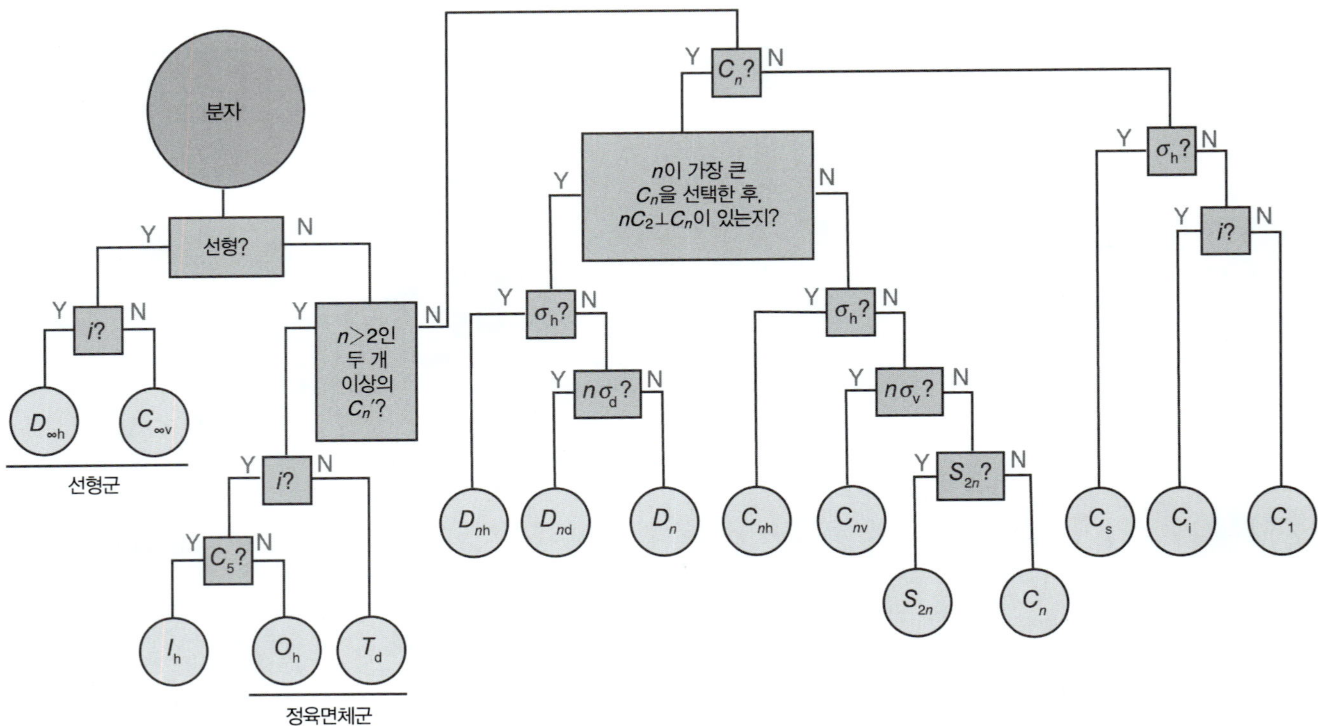

그림 4.9 **한 분자의 점군을 식별하기 위한 계통도** 각 지점에서의 기호는 대칭 요소를 가리킨다.

예제 4.2 분자의 점군 식별하기

H_2O와 XeF_4는 어떤 점군에 속하는가?

답 표 4.2 또는 그림 4.9를 이용한다. (a) H_2O의 대칭 요소들은 그림 4.10에 나타내었다. H_2O는 동등(E), 이중 회전축(C_2), 두 개의 수직 거울면(σ_v와 σ_v')을 가진다. 요소들의 집합(E, C_2, σ_v와 σ_v')은 표 4.2에서와 같이 C_{2v} 점군에 해당된다. 그림 4.9로부터 식별할 수도 있다. 분자는 직선이 아니다. $n>2$인 2개 이상의 C_n을 갖고 있지 않다. C_2에 수직인 2개의 C_2도 갖고 있지 않다. σ_h도 갖고 있지 않다. 2개의 σ_v도 갖고 있지 않다. 따라서 C_{2v}이다.

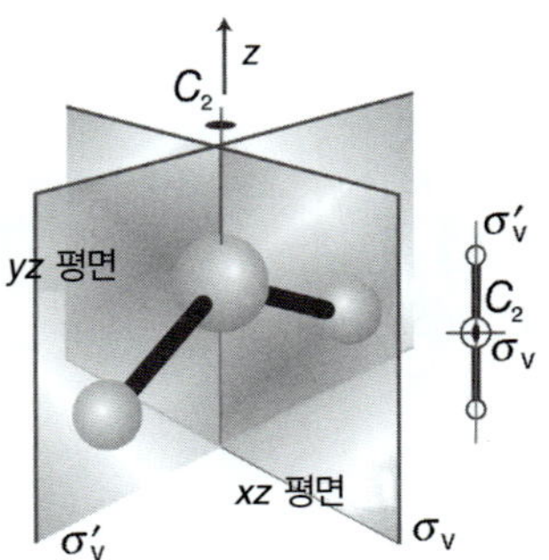

그림 4.10 **H_2O의 대칭 요소** 오른쪽의 그림은 위에서 본 것이고, 왼쪽 도표는 요약한 것이다.

(b) XeF_4의 대칭 요소들은 그림 4.3에 나타내었다. XeF_4는 동등(E), 사중 회전축(C_4), C_4 주축에 수직인 두 쌍의 C_2, 수평 거울면(σ_h), 두 개의 수직 거울면(σ_v, σ_d)을 가진다. 표 4.2를 이용하면 이 요소들의 집합은 D_{4h} 점군에 해당된다. 그림 4.9로부터 식별할 수도 있다. 분자는 직선이 아니다. $n>2$인 2개 이상의 C_n을 갖고 있지 않다. C_n(C_4축)은 가지고 있다. C_4에 수직인 4개의 C_2도 갖고 있다. σ_h도 갖고 있다. 따라서 D_{4h}이다.

문제 4.2 (a) 삼각 평면형 분자인 BF_3와 (b) 사면체 이온 SO_4^{2-}의 점군을 식별하시오.

일반적인 분자의 점군을 즉시 인식하는 것은 매우 유용하다. H_2, CO_2(**4**), HC≡CH처럼 대칭 중심을 지닌 선형 분자는 $D_{\infty h}$ 점군에 속한다. HCl, OCS(**5**)처럼 대칭 중심이 없는 선형 분자는 $C_{\infty v}$ 점군에 속한다.

4 CO_2　　**5** OCS

정사면체(T_d)와 정팔면체(O_h) 구조의 분자는 그림 4.11에서와 같이 여러 개의 주축을 가진다. 즉 정사면체 CH_4 분자는 각 CH 결합을 축으로 하는 네 개의 C_3축을 가진다. O_h와 T_d 점군은 **정육면체군**(cubic group)으로 알려져 있다. 정이십면체 특성과 밀접한 관계가 있는 **정이십면체군**(icosahedral group, I_h)는 12개의 오중축(그림 4.12)을 가지고 있다. 정이십면체군은 붕소 화합물(13.11절)과 C_{60} 풀러렌(fullerene) 분자(14.6절)에서 중요하다.

각각의 점군에 속하는 분자의 분포는 일정하지 않다. 대부분의 분자들이 속하는 군들 중 일부는 대칭성이 낮은 C_1과 C_s 군이다. C_{2v}(SO_2와 같은)나 C_{3v}(NH_3와 같은) 군에 속하는 예가 많다. 많은 선형 분자들은 $C_{\infty v}$(HCl, OCS), $D_{\infty h}$(Cl_2, CO_2) 군에 속하며, 삼각 평면형 분자(BF_3, **6**) 및 삼각 쌍뿔형(PCl_5, **7**) 분자는 D_{3h}에 속하고, 사각 평면형 분자는 D_{4h}(**8**)에 속한다. 중심 원자에 6개의 다른 리간드가 결합하고 있더라도 정팔면체 구조를 가졌다고 할 수 있지만, '정팔면체 분자' 가 O_h 점군에 속한다는 것은 6개의 리간드가 중심 원자로부터 모두 동일한 거리에 있으며 모든 결합각이 90°인 것을 의미한다. 분자 (**9**)에서와 같이 동일한 두 개의 치환체가 반대 방향에 위치한 '정팔면체' 분자도 D_{4h}군이다. 분자에 대한 점군의 분류는 일반적으로 사용되는 '정팔면체' 또는 '정사면체' 라는 기하학적 구조보다 정교한 구조를 의미한다.

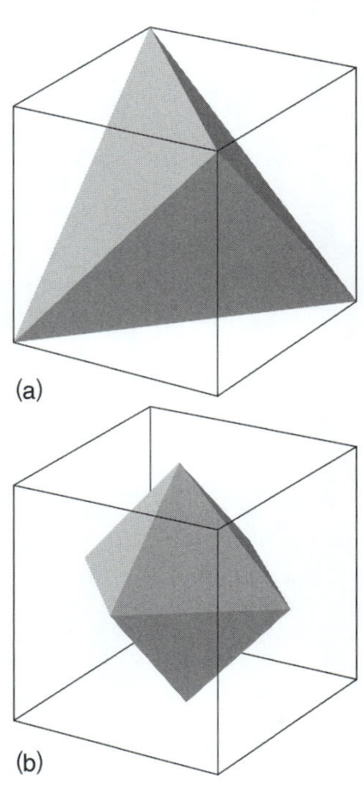

그림 4.11 정육면체 대칭을 갖는 모양 (a) 사면체(점군 T_d), (b) 팔면체(점군 O_h)

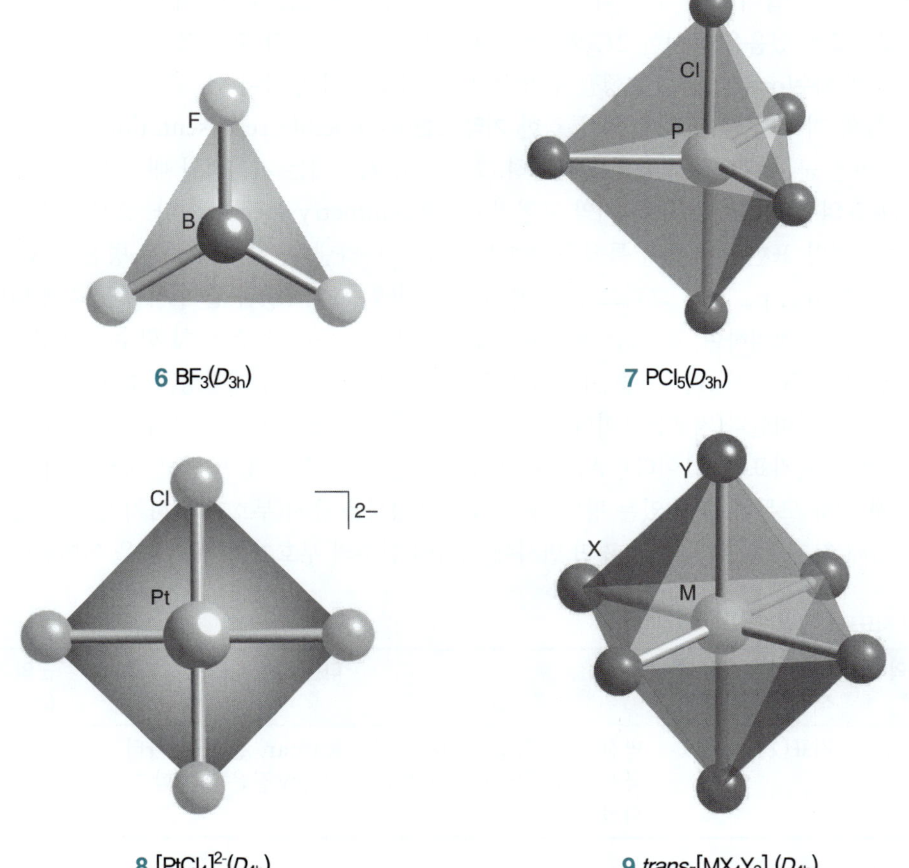

6 BF_3(D_{3h})　　**7** PCl_5(D_{3h})

8 $[PtCl_4]^{2-}$(D_{4h})　　**9** *trans*-$[MX_4Y_2]$ (D_{4h})

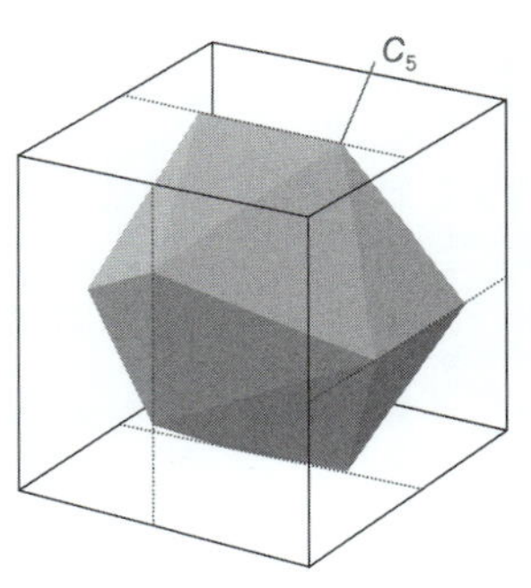

그림 4.12 점군이 I_h인 정이십면체와 그와 연관된 정육면체

4.2 지표표

요점: 분자의 대칭성에 대한 체계적인 분석은 지표표를 이용하여 이루어진다.

분자의 대칭성을 점군으로 정의하는 방법과, 점군을 Schoenflies 기호로 표시하는 방법을 살펴보았다. 각 점군을 연관시킨 것이 **지표표**(character table)이다. 지표표는 점군의 모든 대칭 요소를 보여 준다. 대응하는 대칭 조작에 의해 다양한 물체와 수학적 함수가 어떻게 변하는지를 아래에 설명해 놓았다. 지표표는 완전하다. 특정 점군에 속하는 분자와 관련된 모든 가능한 물체나 수학적 함수가 그 점군의 지표표의 가로줄 중의 하나와 같은 변형을 해야만 한다.

전형적인 지표표의 구성은 표 4.3에 있으며, 이 표의 핵심은 **지표**[character, χ(chi)]이다. 각 지표는 분자와 같은 어떤 대상물 또는 원자 오비탈 같은 수학적 함수가 특정 군의 대칭 조작에 대하여 대칭성이 어떻게 변하는가를 보여 준다. 이는 다음과 같다.

지표	의미
1	변하지 않은 오비탈
−1	오비탈의 부호가 바뀜
0	복잡한 변화를 한 오비탈이거나 축퇴된 오비탈 변화의 합

예를 들어 z축에 대한 p_z 오비탈의 회전은 변하지 않고(따라서 지표는 1), xy 평면에서 p_z 오비탈의 회전은 부호가 변한다(지표는 −1). 어떤 지표표에서 2와 3과 같은 지표를 볼 수 있는데, 그 의미는 추후에 설명하도록 한다.

대칭 조작의 **급**(class)은 같은 기하 형태의 대칭 조작들의 특수 집단임을 의미한다. 예를 들면 두 개의 삼중 회전 대칭 조작(시계 방향과 시계 반대 방향)은 서로 다른 거울 반사 대칭 조작 간의 관계를 급이라 할 수 있다. 각 급의 수는 표에서 세로줄의 상부에서 보여진다(삼중 회전의 급이 2개 있음을 표시한 $2C_3$와 같이 표시한다). 같은 급의 모든 조작은 같은 지표를 갖는다. 군의 **차수**(order, h)는 수행될 수 있는 모든 대칭 조작의 합이다.

지표들의 각 가로줄은 각 군의 특정한 **기약 표현**(irreducible representation)에 해당한다. 기약 표현은 군론의 수학적 의미를 내포하고 있지만, 폭넓게는 기본적인 대칭 형태를 알려 준다. 지표표의 첫 번째 세로줄은 기약 표현의 **대칭종**(symmetry species)이다. 오른편의 두 개의 세로줄은 기약 표현의 대칭적 특성을 수학적 함수로 나타낸다. 한 세로줄은 병진(x, y, z) 또는 p 오비탈 (p_x, p_y, p_z), 그리고 한 축에 대한 회전(R_x, R_y, R_z)과 같이 하나의 축에 의해 정의되는 함수를 정의하며, 또 다른 세로줄은 d 오비탈(xy, 등)과 같은 이차 함수의 대칭종을 표시한다. 점군 C_{2v}에서 A는 이중 회전 대칭 조작에 대하여 함수가 대칭성(부호가 변하지 않음)을 유지함을 의미한다(지표는 1이다). B는 이중 회전 대칭 조작에 대하여 부호가 바뀌는 대칭성을 의미한다(지표는 −1이다). A_1의 아래 첨자 1은 주축 수직 평면 반사 대칭 조작(H_2O에서 세 개 원자 모두가 놓여 있는 평면)에 대하여 대칭성을 유지(부호가 변하지 않음)함을 의미한다. 아래 첨자 2는 위의 수직 평면 반사에 대하여 함수의 부호가 바뀌는 것을 의미한다.

표 4.3 지표표의 구성 요소

점군의 명칭*	급에 따른 대칭 조작 $R(E, C_n$, 등)	기능	다른 기능	군의 차수 (h)
대칭종 (Γ)	지표(χ)	병진과 IR 활성과 관련된 쌍극자 모멘트(x,y,z)의 성분: 회전	Raman 활성을 나타내는 z^2, xy 같은 이차함수	

*Schoenflies 부호

예제 4.3 오비탈의 대칭종 식별하기

C_{2v} 대칭을 가지는 H_2O 분자에서 산소에 대한 원자가 껍질 원자 오비탈의 대칭종을 식별하시오.

답 H_2O의 대칭 요소들은 그림 4.10에 있고, C_{2v}의 지표표는 표 4.4에 있다. 오비탈이 대칭 조작에 어떻게 행동을 하는지 보아야 한다. O 원자의 s 오비탈은 네 가지의 모든 조작에 의해 변하지 않으므로, 지표는 (1,1,1,1)이고, A_1 대칭종을 갖는다. 마찬가지로 O 원자의 $2p_z$ 오비탈은 점군의 모든 조작에 의해 변하지 않으므로 C_{2v} 조작을 하면 전체적으로 대칭이고, A_1 대칭종을 갖는다. C_2 조작을 하면 $O2p_x$ 오비탈의 지표는 −1이고, 그것은 이중 회전을 하면 부호가 변한다는 것을 의미한다. yz 평면(σ_v')에서 반사될 때 p_x 오비탈은 변하지만(지표는 −1), xy 평면(σ_v)에서 투영될 때는 변하지 않는다(지표는 1). $O2p_x$ 오비탈의 지표는 (1,−1,1,−1)이고, B_1 대칭종을 갖는다. xz 평면(σ_v)에 투영될 때, C_2하의 $O2p_y$ 오비탈의 지표는 −1이다. yz 평면(σ_v')에서 투영될 때 $O2p_y$ 오비탈은 변하지 않는다(지표 = 1). $O2p_y$ 오비탈의 지표는 (1,−1,−1,1)이고, B_2 대칭종이다.

표 4.4 C_{2v} 지표표

C_{2v}	E	C_2	$\sigma_v\ (xz)$	$\sigma_v'\ (yz)$	$h=4$	
A_1	1	1	1	1	z	$x^2,\ y^2,\ z^2$
A_2	1	1	−1	−1	R_z	xy
B_1	1	−1	1	−1	$x,\ R_y$	zx
B_2	1	−1	−1	1	$y,\ R_x$	yz

문제 4.3 H_2S에서 S 중심 원자에 대한 5개 d 오비탈의 대칭종을 식별하시오.

점군 C_{3v}(표 4.5)에 속하는 좀 더 복잡한 NH_3 분자를 고려해 보자. NH_3 분자는 H_2O 분자보다 대칭성이 높다. 대칭성이 높은 것은 군의 **차수**(order, h)를 비교하면 쉽게 알 수 있는데, 차수는 가능한 대칭 조작의 총 개수를 의미한다. H_2O의 차수 $h=4$이며 NH_3의 차수 $h=6$이다. 대칭성이 높은 분자일수록 차수 h가 크다. 예를 들면 O_h 점군의 차수 $h=48$이다.

NH_3 분자(그림 4.13)를 살펴보면, $N2p_z$ 오비탈은 E, $2C_3$, 및 $3\sigma_v$ 조작에 변하지 않아서 지표 1, 1, 1과 A_1 대칭이다. 반면, $N2p_x$와 $N2p_y$ 오비탈은 대칭 표현인 E에 속한다. 즉 $N2p_x$와 $N2p_y$ 오비탈은 같은 대칭 특성을 가지며, 축퇴되어 있고, 함께 다루어져야 한다. 동등 대칭 요소 E 앞에 놓여진 세로단은 오비탈의 축퇴 정도를 나타낸다.

표 4.5 C_{3v} 지표표

C_{3v}	E	$2C_3$	$3\sigma_v$	$h=6$	
A_1	1	1	1	z	$x^2+y^2,\ z^2$
A_2	1	1	−1	R_z	
E	2	−1	0	$(R_x,\ R_y)\ (x,\ y)$	$(zx,\ yz)\ (x^2-y^2,\ xy)$

대칭 표시 문자	축퇴
A, B	1
E	2
T	3

NH_3 분자에 대해 한 개의 A_1 대칭 오비탈과 두 개의 E 대칭 오비탈이 있다. 동등 조작인 이탤릭체 *E* 표시 문자는 대칭 표시 분자 로마체 E를 주의 깊게 구별해야 한다. 모든 조작은 이탤릭체이고, 모든 대칭 표시 문자는 로마체이다.

축퇴된 기약 표현은 어떤 대칭 조작에 대해서 지표가 0인 경우도 있다. 이 경우는 쌍을 이루는 두 개 또는 여러 개의 오비탈에 대한 지표의 합이기 때문이다. 만약 하나의 오비탈 부호를 바꾸면 다른 것은 부호를 바꾸지 않는 경우에도 총 지표값은 0이다. 예를 들어 NH_3에서 y축을 포함하는 수직 거울면을 통해 반사하면 $p_y(1)$ 오비탈은 변하지 않지만 $p_x(-1)$ 오비탈은 반전된다.

예제 4.4 축퇴 결정하기

BF_3에서 삼중 축퇴된 오비탈이 있는가를 판단하시오.

답 BF_3에서 삼중 축퇴 오비탈이 존재할 수 있는지를 판단하기 위해서는 이 분자의 점군은 D_{3h}라는 사실을 알아야 한다. 이 점군에 대한 지표표를 참고하면, *E*가 있는 세로줄에서 어떠한 지표도 2를 초과하지 않으므로 최대 축퇴도는 2이다. 따라서 이 오비탈의 어떤 것도 삼중 축퇴될 수는 없다.

문제 4.4 SF_6 분자는 정팔면체이다. 이 오비탈의 가능한 최대 축퇴도는 얼마인가?

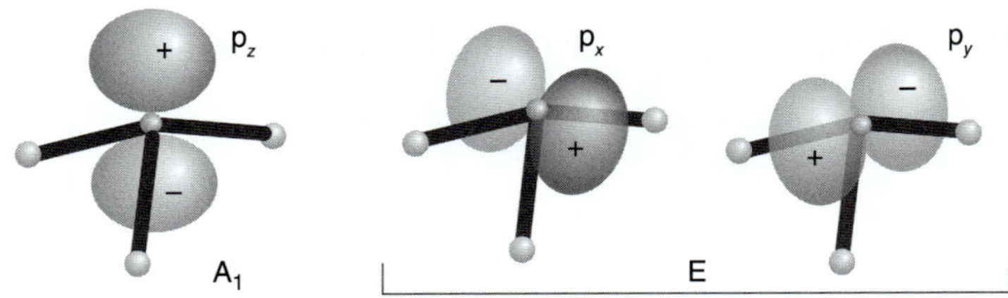

그림 4.13 암모니아의 질소 $2p_z$ 오비탈은 C_{3v}의 모든 조작에 대해서 대칭이므로 A_1 대칭을 갖는다. $2p_z$와 $2p_y$는 모든 조작에서 동일한 결과를 보이고(이 둘은 구분할 수 없다) E 대칭이 주어진다.

대칭의 응용

무기화학에서 대칭의 응용은 분자 오비탈의 완성과 오비탈의 표시, 분자 구조를 결정하기 위한 분광학적 해석에서 매우 중요하다. 극성과 카이랄성 같은 몇 가지 분자의 성질을 그 분자가 속하는 점군만의 지식으로 유도될 수 있는 몇 가지 간단한 응용 예가 있다. 분자 진동의 분류와 IR 및 Raman 활성의 확인 등과 같은 성질들은 지표표의 상세한 구조를 필요로 한다. 이 절에서 이 두 가지 응용 예를 예시하고자 한다.

4.3 극성 분자

요점: 반전 중심, *D*군과 유도체, 정육면체군(*T*, *O*), 정이십면체군(*I*)과 그 변형된 분자는 극성을 띨 수 없다.

극성 분자(**polar molecule**)는 영구 전기 쌍극자 모멘트를 가지며, 반전 중심을 가진 분자는 극성을 띨 수 없다. 반전은 중심에 대하여 일정한 거리의 반대 방향에 전하 분포가 같아서 쌍극자가 생성되지 않게 한다. 이와 같은 이유로 쌍극자가 거울면 또는 회전축상에 위치할 수 없다. 예를 들어 하나의 거울면은 그 면의 양쪽 모두에 대해 동일한 원자들을 필요로 하기 때문에, 이 면을 가로지르는 어떠한 쌍극자 모멘트도 존재할 수 없다. 이와 비슷하게 대칭축은 회전 후에 똑같은 장소에 원자가 위치하는 것을 의미하므로, 회전축에 수직인 쌍극자는 존재하지 않는다.

요약하면 다음과 같다.

- 분자가 반전 중심을 가지고 있다면 극성을 띨 수 없다.
- 분자는 거울면에 수직인 전기 쌍극자 모멘트를 가질 수 없다.
- 분자는 회전축에 수직인 전기 쌍극자 모멘트를 가질 수 없다.

몇몇 분자들은 한 면에 쌍극자 모멘트를 배재하는 대칭축과, 다른 방향에서 그것을 배재하는 다른 대칭축이나 거울면을 갖는다. 이 두 가지 이상의 대칭 요소는 어떠한 방향에서도 쌍극자 모멘트를 금지시킨다. 따라서 C_n축에 수직인 C_n축과 C_2축을 가지고 있는(*D* 점군에 속하는 모든 분자에서와 같이) 어떠한 분자도 어느 방향으로나 쌍극자 모멘트를 가질 수 없다. 예를 들면 BF_3 분자(D_{3h})는 무극성이다. 유사하게 사면체, 팔면체, 이십면체의 군도 세 방향 모두에서 쌍극자를 배재하는 여러 개의 수직 회전축을 가지고 있어서, 이러한 분자들은 무극성임에 틀림 없다. 그러므로 SF_6(O_h)과 CCl_4(T_d)도 무극성이다.

예제 4.5 분자의 극성 여부 판단하기

루테노센(ruthenocene) 분자(**10**)는 Ru 원자가 두 개의 C_5H_5 고리 사이에 끼워져 있는 오각 프리즘 모양이다. 이 분자가 극성인지, 아닌지를 예측하시오.

답 우선 점군이 D인지, 입방인지 아닌지를 결정해야 한다. 둘 다 아닐 경우, 이것은 영구 전기 쌍극자를 가지기 때문이다. 그림 4.9를 참조하면 오각 프리즘은 D_{5h} 점군에 속한다. 따라서 이 분자는 무극성이어야 한다.

문제 4.5 최저 에너지보다 높은 에너지 상태인 루테노센 분자는 오각 안티프리즘 구조(**11**)이다. 이 분자의 점군을 결정하고, 극성인지 아닌지를 예측하시오.

4.4 카이랄 분자

요점: 분자가 반사 회전축(S_n)을 가지고 있으면 카이랄일 수 없다.

카이랄 분자(chiral molecule, 카이랄은 그리스어로 '손'이라는 의미)는 분자 자체의 거울상과 겹쳐지지 않는 분자이다. 실제로 오른손과 왼손은 서로 거울상의 관계이며, 두 손은 서로 겹쳐지지 않기 때문에 카이랄성을 가진다. 카이랄 분자와 카이랄 분자의 거울상 분자를 **거울상 이성질체**(enantiomer, 그리스어의 '양쪽' 이라는 의미)라고 한다. 카이랄 분자가 거울상 이성질체 간에 빠르게 변환하지 않을 때 **광학 활성**(optical activity)을 가지며, 편광을 회전시킬 수 있다. 각각의 거울상 이성질체는 편광을 서로 반대 방향으로 같은 각도만큼 회전시킬 수 있다.

거울면을 갖는 분자는 확실히 카이랄이 아니다. 그러나 거울면을 가지고 있지 않는 몇 가지 분자도 역시 카이랄이 아니다. 사실 결정적인 조건은 반사 회전축(S_n)을 지닌 분자는 카이랄을 가질 수 없다는 것이다. 거울면은 S_1 반사 회전의 축이며, 반전 중심은 S_2와 같으므로, 거울면이나 반전 중심을 지닌 분자는 반사 회전축을 가지므로 카이랄이 아니다. S_n을 가진 군은 D_{nh}, D_{nd}, 그리고 정육면체군의 일부(특히 T_d와 O_h)를 포함한다. 따라서 T_d군에 속하는 CH_4와 $Ni(CO)_4$와 같은 분자는 카이랄성을 지니지 않고 있다. 광학 활성을 이어지는 '정사면체' 탄소 원자는 일반적으로 사용되는 정사면체라는 용어보다 군론이 엄격하게 적용되고 있다는 것을 알려 준다. CHClFBr(**12**)는 C_1군에 속하는 것이지, T_d군에 속하는 것이 아니다. 즉 이 분자는 정사면체 구조이지만, 정사면체 대칭성을 가진 것이 아니다.

카이랄성을 판단할 때, 즉시 판단하기 힘든 반사 회전축에 주의를 기울여야 한다. 반전 중심과 거울면이 없는(S_1 또는 S_2축이 없는) 분자는 카이랄성을 가지지만, 높은 차수의 반사 회전축이 없다는 것을 확인해야 한다. 예를 들면 사차 암모늄 이온(**13**)은 거울면(S_1)과 반전 중심(S_2)도 가지고 있지 않지만, S_4축을 지니고 있어 카이랄 분자가 아니다.

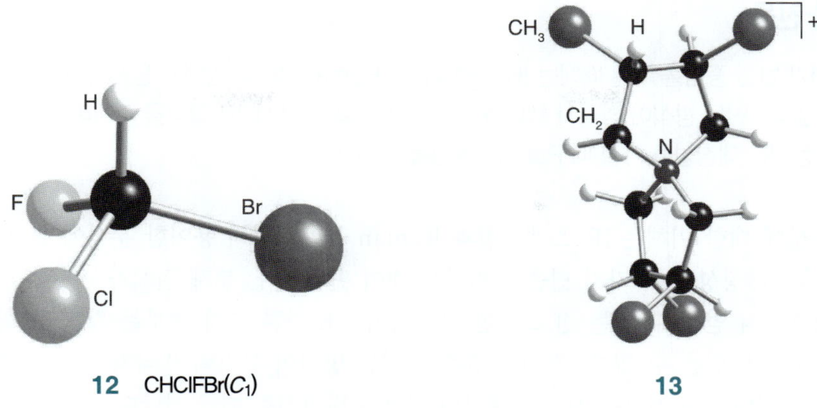

12 CHClFBr(C_1)

13

예제 4.6 분자의 카이랄 여부 판단하기

착물 [Mn(acac)$_3$](acac는 acetylacetonato($CH_3COCHCOCH_3^-$) 리간드를 나타냄)은 (**14**)와 같은 구조를 가지고 있다. 카이랄 분자인지를 예측하시오.

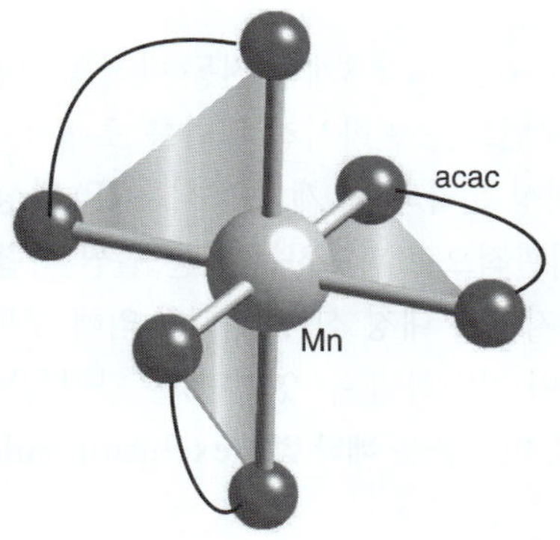

14 [Mn(acac)$_3$]

답 분명하거나 변장된 형태의 반사 회전축을 포함하고 있는지를 판단하기 위하여 점군을 식별해야 한다. 그림 4.9에 따르면, 착물은 (E, C_3, $3C_2$) 요소들로 이루어진 D_3 점군에 속하므로 회전 반사축(S_n)을 포함하지 않는다. 이 착물은 광학 활성인 카이랄이다.

문제 4.6 H_2O_2의 형태(**15**)는 카이랄인가? 이 분자는 O–O 결합을 통해 일반적으로 자유롭게 회전할 수 있다. 광학 활성인 H_2O_2의 관찰 가능성에 대해 설명하시오.

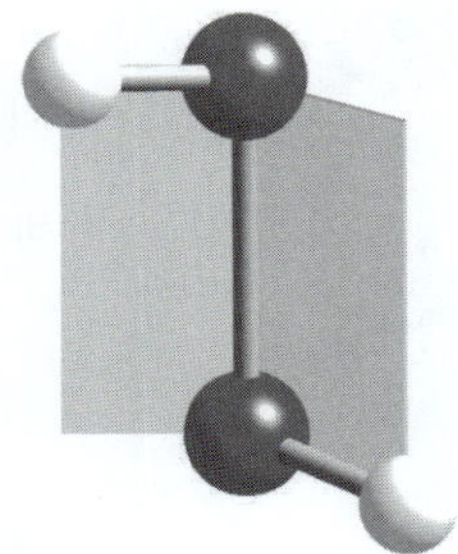

15 H_2O_2

4.5 분자 진동

요점: 분자가 반전 중심을 가질 때에는 IR 스펙트럼과 Raman 스펙트럼에서 동시에 활성을 지니는 진동 방식은 없다. 진동 방식이 쌍극자 벡터와 같은 대칭성을 가질 때 IR 활성을 가지며, 진동 방식이 분자 편극과 동일한 대칭성을 가질 때 Raman 활성을 가진다.

분자 대칭성에 대한 이해는 IR 스펙트럼과 Raman 스펙트럼의 용이한 분석에 도움을 줄 수 있다(8.5절). 대칭성의 두 가지 면을 고려하는 것이 편리하다. 분자 전체가 어떤 점군에 속하는지를 앎으로써 얻을 수 있는 정보가 한 가지이며, 또 다른 추가 정보는 각 진동 방식의 대칭종을 앎으로써 얻을 수 있다. 적외선 흡수는 진동 방식이 분자의 쌍극자 모멘트 변화를 통해 일어나며, Raman 전이는 진동이 분자의 편극을 변화시킬 때 일어난다.

N개 원자로 구성된 분자는 원자가 세 가지 직교 방향, x, y, z로 움직이는 $3N$개의 변환이 가능하다. 비선형 분자일 경우, 3개의 병진 방식(x, y, z 방향 각각으로), 3개의 회전 방식 (x, y, z 방향 각각에 대하여)이 있다. 따라서 $(3N-6)$개의 원자 변위는 변형 또는 진동 방식에 해당된다. 선형 분자일 경우, z축 주위의 회전이 없어 3개가 아니라 2개의 회전 자유도가 있고, $(3N-5)$개의 진동 변환이 있다.

(a) 배타 법칙

삼원자 비선형 분자 H_2O는 $(3 \times 3)-6 = 3$개의 진동 방식을 가진다(그림 4.14). 여기서 세 개 진동 방식이 H_2O의 쌍극자 모멘트를 변화시킨 결과를 초래하고(그림 4.15), 이것은 군론에 의해 확인될 수 있다. C_{2v} 대칭성 분자의 세 개의 방식은 IR 활성을 가진다. 어떤 진동 방식이 Raman 활성을 가지는지를 직관적으로 판단하는 것은 훨씬 어렵다. 왜냐하면 특정한 분자 뒤틀림이 편극 변화($SF_6(O_h)$ 분자에서 대칭 신축(A_{1g})에 의해 부피 변화를 초래해서 분자의 전자 밀도를 변화시키는 방식들이 가시화될 수 있지만)를 가져오는지를 판단하는 것은 매우 어려운 일이기 때문이다. 이러한 어려움은 **배타 법칙(exclusion rule)**을 적용하여 부분적으로 극

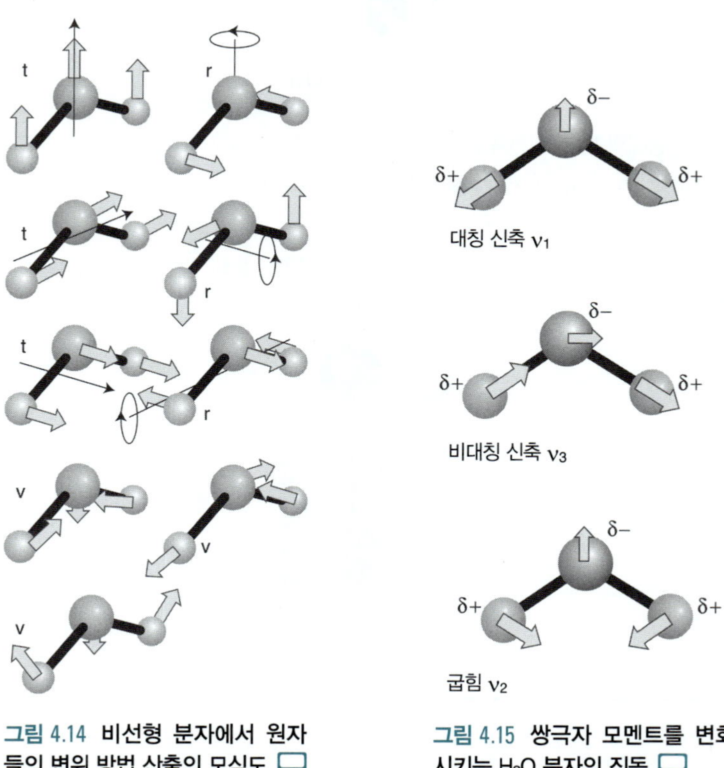

그림 4.14 비선형 분자에서 원자들의 변위 방법 산출의 모식도

그림 4.15 쌍극자 모멘트를 변화시키는 H_2O 분자의 진동

복할 수 있으며, 매우 유용하게 사용된다.

만약 분자가 반전 중심을 가지고 있다면, IR Raman 스펙트럼과 모두에 활성을 가지는 진동 방식이 없다. 한 방식은 양쪽 모두에서 비활성일 수 있다.

예제 4.7 배타 법칙 사용

선형 삼원자 분자 CO_2(그림 4.16)는 4개의 진동 방식이 있다. 이들 중 어느 것이 IR이나 Raman에 활성인가?

답 하나의 신축 방식이 IR에 활성인지 아닌지를 확정하기 위해서는 분자의 쌍극자 모멘트에 대한 효과를 고려해 볼 필요가 있다. 대칭 신축(v_1)을 고려하면, 그것의 전기적 쌍극자 모멘트가 0으로 변하지 않고 있어 IR 비활성이라는 것을 알 수 있다. Raman은 활성일 수 있다. 대조적으로 비대칭 신축(v_3)에서는 C 원자가 두 개의 O 원자와 반대로 움직인다. 결과적으로, 전기적 쌍극자 모멘트는 진동하는 동안에 0에서부터 변화가 일어나고, 이 상태는 IR 활성이다. 이 상태에서 CO_2 분자는 반전 중심을 갖고 있기 때문에 배타 법칙을 적용하면 Raman 비활성이다. 두 굽힘 방식은 쌍극자 모멘트를 0에서 변화시키고, 따라서 IR 활성이다. 배타 법칙에 따라서 이 두 굽힘 방식은 Raman 비활성이다.

문제 4.7 N_2O의 굽힘 방식은 IR 활성인가? 이것은 또한 Raman 활성일 수 있는가?

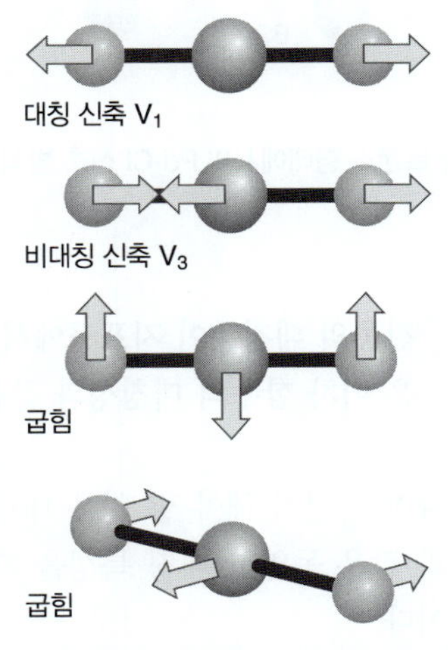

그림 4.16 CO_2 분자의 신축 및 굽힘

(b) 정상 방식의 대칭성으로부터의 정보

특정한 진동 방식이 쌍극자 모멘트를 변화시키기 때문에 IR 활성이라는 것은 직관적으로 명확하다. 직관적인 판단이 어려울 때(아마도 분자가 복잡하거나 진동 방식을 가시화하기 힘든 경우), 대칭 분석이 대신 사용될 수 있다. 대칭 분석 과정을 사각 평면형 구조의 두 가지 팔라듐 화학종 (**16**)과 (**17**)을 사용하여 설명하고자 한다. 이들 Pd 유도체는 실질적으로 확연히 다른 점을 가지고 있다. 시스 이성질체는 특정한 암의 화학적 치료제로 사용되고 있지만, 트랜스 이성질체는 항암 치료에 비활성이다.

16 *cis*-$[PdCl_2(NH_3)_2]$ **17** *cis*-$[PdCl_2(NH_3)_2]$

첫째로, 시스 이성질체(**16**)는 C_{2v} 대칭성을 가지지만, 트랜스 이성질체(**17**)는 D_{2h} 점군에 속한다. 이 두 가지 이성질체 모두는 200~400 cm^{-1} 영역에서 Pd–Cl 신축 영역에서 IR 흡수띠를 가진다. 만약 $PdCl_2$ 조각을 별개로 하고 CO_2를 갖는 트랜스(*trans*)(그림 4.16)와 비교하면 2개의 신축 진동 방식이 있음을 알 수 있다. 유사하게 시스(*cis*) 형태도 한 개의 대칭과 한 개의 비대칭 신축을 가진다. 반전 중심을 갖는 트랜스 이성질체의 두 가지 방식은 IR과 Raman에서 동시에 활성을 가지지 않는다는 것을 배타 법칙에 의해 알 수 있다. 그렇지만 어떤 방식이 IR 활성인지 Raman 활성인지를 결정하기 위해서는 이들 방식의 특성을 고려해야 한다. 활성 여부는 쌍극자 모멘트의 대칭성과 편극율(여기서는 증명하지 않음)에 의해 좌우된다.

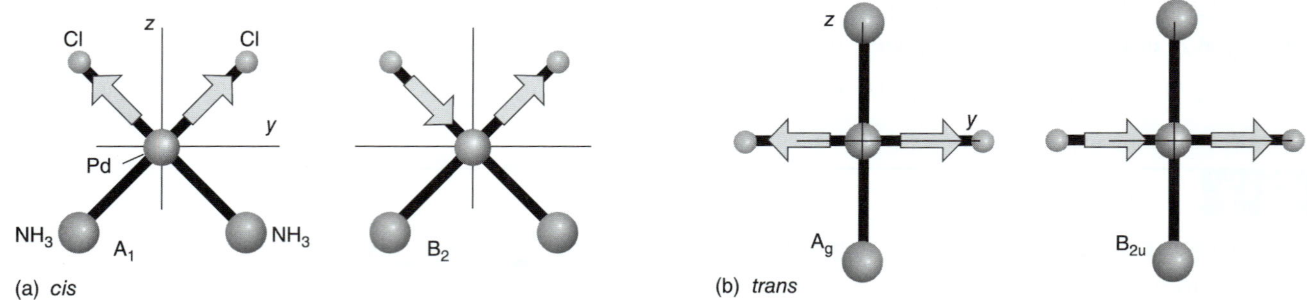

그림 4.17 $[PdCl_2(NH_3)_2]$의 시스와 트랜스 형태에서의 Pd-Cl 신축 방식 Pd 원자(분자의 무게 중심을 유지해 주는)의 움직임은 나타내지 않았다.

진동의 대칭종이 지표표에서 x, y, z의 대칭성과 동일해야 IR 활성을 가지며, xy나 x^2과 같은 이차 함수의 대칭성과 같을 때 Raman 활성이다.

따라서 먼저 해야 할 일은 대칭종에 따라서 정상 방식을 분류하고 또 이들 방식이 x나 xy 등과 같은 동일한 대칭 특성을 가지는지를 주어진 점군 지표표 오른편을 참고하여 확인하는 것이다.

각 이성질체의 Pd−Cl 대칭 신축 진동(왼쪽)과 비대칭 신축 진동(오른쪽) 방식을 그림 4.17에서 보여 주고 있으며, 여기서 NH_3기를 하나의 질량점으로 처리하였다. 그림에서 화살표는 진동을 보여 주거나, 더욱 수학적으로는 진동을 나타내는 변위 벡터를 보여 주고 있다. 주어진 점군에서 진동 방식의 대칭성을 분류하기 위하여 분자 오비탈의 SALC(4.6절) 대칭 분석과 유사한 접근 방법을 사용한다.

점군 C_{2v}(표 4.4)인 시스 이성질체를 고려하고 화살표로 진동을 나타냄을 주목하라. 대칭 신축에 있어서 대칭을 나타내는 변위 벡터쌍은 군의 각 대칭 조작에 대해 변하지 않는다. 예를 들면 이중 회전은 두 개의 동일한 변위 벡터를 단순히 교환한다. 이러한 대칭 조작의 지표는 1이 된다.

E	C_2	σ_v	σ'_v
1	1	1	1

따라서 이 진동 방식의 대칭은 A_1이다. 비대칭 신축 진동의 경우 동등 조작 E는 벡터를 변화시키지 않으며, 두 개의 Cl 원자를 포함하는 평면에 놓인 σ_v' 대칭 조작에 대해서도 변하지 않는다. 반면 C_2와 σ_v의 대칭 조작에 대해서 벡터의 방향이 반대로 바뀌기 때문에 자기 자신에 −1을 곱한 것과 같은 결과를 가져온다. 그러므로 지표는 다음과 같다.

E	C_2	σ_v	σ'_v
1	−1	−1	1

C_{2v} 지표표에서 이러한 진동 방식의 대칭성은 B_2에 해당된다. 그래서 시스 이성질체는 A_1과 B_2 대칭종을 가진다.

트랜스 이성질체에도 유사한 방법을 적용하는데, 대신 D_{2h} 군을 사용하면 다음 예제에서와 같이 Pd−Cl의 대칭 신축 진동과 비대칭 신축 진동이 각각 A_g와 B_{2u}에 해당한다.

예제 4.8 진동 변위의 대칭종 식별하기

그림 4.17에 나타낸 트랜스 이성질체는 D_{2h} 대칭을 갖는다. 비대칭 Pd−Cl 신축 진동의 대칭종이 B_{2u}임을 증명하시오.

답 분자가 yz 평면에 있다는 것을 명심하고, Cl^- 리간드의 벡터에서 다양한 요소의 효과를 고려하는 것으로 시작한다. D_{2h}의 대칭 요소는 E, $C_2(x)$, $C_2(y)$, $C_2(z)$, i, $\sigma(xy)$, $\sigma(yz)$, $\sigma(xz)$이다. 물론 E, $C_2(y)$, $\sigma(xy)$, $\sigma(yz)$ 벡터가 변하지 않으므로 지표는 1이다. 남아 있는 다른 대칭 조작은 벡터의 방향을 바꿔 놓으므로 지표는 −1 이다.

E	$C_2(x)$	$C_2(y)$	$C_2(z)$	i	$\sigma(xy)$	$\sigma(yz)$	$\sigma(xz)$
1	−1	1	−1	−1	1	1	−1

D_{2h} 지표표와 지표를 비교하면 대칭종이 B_{2u}가 됨을 알 수 있다.

문제 4.8 트랜스 이성질체에서 Pd−Cl 신축 대칭 방식의 대칭종이 A_g임을 증명하시오.

이전에 논의한 바와 같이, 진동 방식이 변위 x, y, z와 동일한 대칭종을 가지면 IR 활성이다. 시스 이성질체의 두 진동 방식 중 어느 것이 IR 활성인지를 확인하기 위해서 C_{2v} 지표표(그림 4.4)를 조사해 보자. 마지막 열에서 볼 수 있듯이, z는 A_1이고 y는 B_2다. 따라서 시스 이성질체의 A_1과 B_2 진동 방식은 IR 활성이다. 트랜스 이성질체에서 D_{2h} 점군 지표표를 보자. A_g 대칭은 x, y, z를 갖지 않으며, B_{2u}는 y이고, 따라서 B_{2u}를 갖는 트랜스 이성질체의 비대칭 Pd−Cl만 IR 활성을 가진다. A_g 대칭 방식은 IR 활성이 아니다.

Raman 활성을 가진 진동 방식을 결정하기 위해서 C_{2v} 점군의 지표표에서 이차 형태의 xy 등은 A_1, A_2, B_1, B_2로 변하고, 따라서 시스 이성질체에서 A_1과 A_2는 Raman 활성이다. D_{2h} 점군 지표표에서 이차 형태는 A_g, B_{1g}, B_{2g}, B_{3g}로 변환한다. 따라서 트랜스 이성질체에서 A_g만 Raman 활성이다.

시스와 트랜스 이성질체의 실험적 차이점은 분명해진다. Pd−Cl의 신축 진동 영역에서 시스(C_{2v}) 이성질체는 Raman 및 IR 스펙트럼에서 두 개의 띠를 가지지만, 트랜스(D_{2h}) 이성질체는 Raman 및 IR 스펙트럼의 다른 진동수에서 한 개의 띠를 가지게 된다. 시스와 트랜스 이성질체의 IR 스펙트럼은 그림 4.18에서 볼 수 있다.

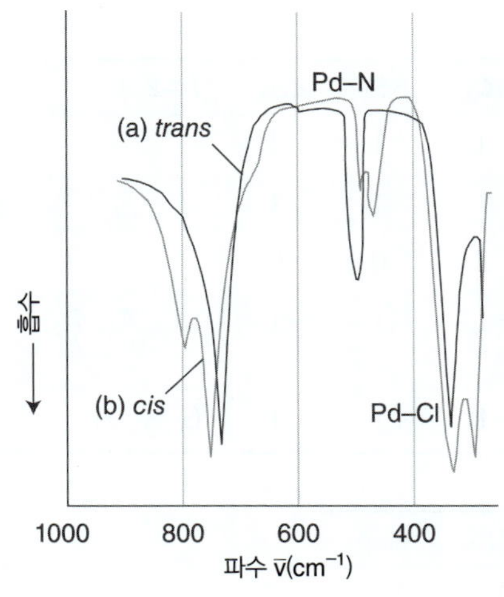

그림 4.18 $[PdCl_2(NH_3)_2]$의 시스(연한 선)와 트랜스(진한 선) 이성질체의 IR 스펙트럼 (R. Layton, D.W. Sink, and J. R. Durig, *J. Inorg. Nucl. Chem.*, 1966, **28**, 1965.).

(c) 진동 스펙트럼으로부터 분자 대칭성 확인

진동 스펙트럼의 중요한 응용은 분자의 대칭성을 확인하고, 구조와 형태를 알아내는 것이다. 특히 금속에 CO 분자가 결합된 금속카보닐 화합물에서 중요한 예가 있다. 진동 스펙트럼의 CO 신축 진동은 1850 cm^{-1}과 2200 cm^{-1} 사이에서 매우 강한 특징적인 흡수(22.5절)를 나타내기 때문에 매우 유용하다.

한 세트의 진동을 고려할 때, 원자의 변환 대칭을 고려하여 얻은 지표가 지표표의 어느행과도 맞지 않는 경우도 있다. 그러나 지표표는 한 물체의 대칭성의 완결판이기 때문에, 결정된 지표는 지표표의 행과 일치되어야 한다. 이 경우에 **가약 표현**(**reducible representation**)이라고 한다. 우리가 할 일은 **기약 표현**(**irreducible representation**)을 찾아내는 것이다. 그렇게 하기 위해서는 얻어낸 일련의 지표를 재생하기 위해 서로 더해야만 했던 지표표에서 행을 확인해야 한다. 이 과정을 **표현을 약분한다**(reducing a representation)고 한다. 몇몇 경우에 약분은 명확하다. 다른 경우에 4.9절에서 설명한 과정을 이용해서 체계적으로 수행되어야 한다.

예제 4.9 표현의 약분

첫 번째로 규명된 금속카보닐 화합물 중 하나는 사면체(T_d) 분자인 $[Ni(CO)_4]$이다, CO기의 신축 방식으로부터 발생된 분자의 진동 방식은 4개의 CO 변위 벡터에 대한 네 가지 조합이다. 어떤 방식이 IR이나 Raman 활성인가? $[Ni(CO)_4]$의 CO 변위들은 그림 4.19에 나타내었다.

답 4개의 CO 변위 벡터의 움직임과 그들 중 얼마나 많은 것들이 변화하지 않는 것인가를 고려하고, T_d의 지표표도 참고하라(표 4.6). E 조작을 했을 때 4개의 벡터는 모두 변하지 않았고, C_3 조작을 했을 때에는 하나만이 변하지 않았고. C_2와 S_4 조작을 했을 때에는 모두 변했고, σ_d 조작에서는 두 개만 변하지 않았다. 지표는 다음과 같다.

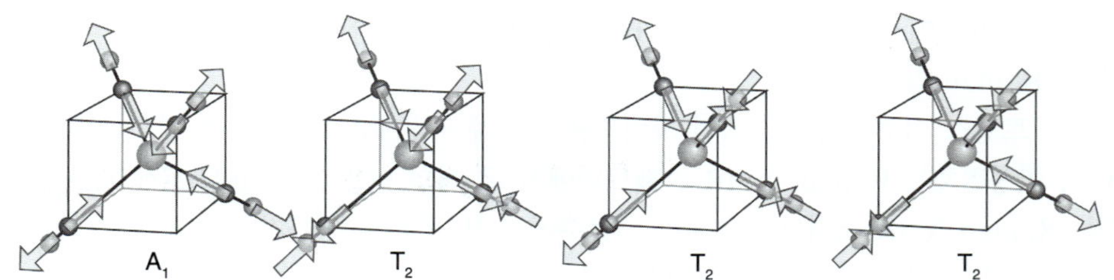

그림 4.19 CO 결합의 신축에 해당하는 $[Ni(CO)_4]$의 방식

표 4.6 T_d 지표표

T_d	E	$8C_3$	$3C_2$	$6S_4$	$6\sigma_d$	$h=24$	
A_1	1	1	1	1	1		$x^2+y^2+z^2$
A_2	1	1	1	−1	−1		
E	2	−1	2	0	0		$(2z^2-x^2-y^2, x^2-y^2)$
T_1	3	0	−1	1	−1	(R_x, R_y, R_z)	
T_2	3	0	−1	−1	1	(x, y, z)	(xy, yz, zx)

E	$8C_3$	$3C_2$	$6S_4$	$6\sigma_d$
4	1	0	0	2

이 지표 조합은 어느 대칭종과도 일치하지 않는다. 하지만 A_1과 T_2 대칭종의 지표의 합에 해당된다.

	E	$8C_3$	$3C_2$	$6S_4$	$6\sigma_d$
A_1	1	1	1	1	1
T_2	3	0	−1	−1	1
A_1+T_2	4	1	0	0	2

따라서 CO 변위 벡터는 A_1+T_2로 변한다. T_d에 대한 지표표를 참고로 하면, A_1은 $x^2+y^2+z^2$과 같이 변한다. 이것은 Raman 활성, IR 비활성을 뜻한다. 그에 반해서 x, y, z 그리고 xy, yz, xz는 T_2로 변형되고, T_2 방식은 Raman과 IR 모두 활성이다. 결과적으로 사면체 카보닐 분자는 CO 신축 영역에서 1개의 IR 띠와 2개의 Raman 띠로 구별된다.

문제 4.9 사각 평면 (D_{4h}) $[Pt(CO)_4]^{2+}$ 양이온에서 4개의 CO 변위는 $A_{1g}+B_{1g}+E_u$로 변형된다. $[Pt(CO)_4]^{2+}$ 양이온의 IR 및 Raman 스펙트럼에서는 몇 개의 띠가 나타나는가?

분자 오비탈의 대칭

2.7절과 2.8절에서 소개되었던 분자 오비탈의 표지법의 중요성을 더욱 자세하게 알아보게 될 것이고, 분자 오비탈 완성에도 자세한 식견을 얻게 될 것이다. 현 단계에서는 비형식적이고 그림을 이용한 논의가 계속되겠지만, 목표는 계산으로 해석하는 분자 오비탈이 아닌 군론에 대한 기본적인 개념을 소개하는 것이다. 그리고 분자 오비탈의 대칭성 표지법 구별과 대칭성 표지법의 의미를 이해하는 것이다. 이 책의 뒷부분에서 사용되고 있는 분자 오비탈의 정성적인 이해를 돕기 위한 것이다.

4.6 대칭 반영 선형 조합

요점: 오비탈의 대칭 반영 선형 조합은 분자의 대칭에 적합한 원자 오비탈의 조합이며, 주어진 대칭종의 분자 오비탈을 구축하는 데 사용된다.

이원자 분자의 MO 이론의 기본적인 원리(2.7절)는 동일한 대칭성을 가진 원자 오비탈로부터 분자 오비탈을 형성한다는 것이다. 따라서 이원자 분자에서 s 오비탈은 다른 s 오비탈 또는 두 번째 원자의 p_z 오비탈(z축을 핵간 축 방향으로 정의, 그림 4.20)과는 겹침이 이루어질 수 있지만, p_x와 p_y 오비탈과는 겹침이 이루어질 수 없다. 두 번째 원자의 p_z 오비탈은 첫 번째 원자의 s 오비탈과 같은 회전 대칭을 갖고, 핵간 축을 포함하는 거울면에 반사하는 대칭을 갖는다. 반면에 p_x와 p_y 오비탈은 그렇지 않다. σ, π, δ 결합은 그들이 겹침이 일어난다면 같은 대칭의 원자 오비탈로부터 형성된다는 제한은 분자 오비탈의 모든 구성 요소가 변환(예로 반사, 회전)할 때 동등하게 거동해야 하는 요구 조건에 기인한다.

다원자 분자에 같은 원리가 적용되면, 대칭은 더 복잡할 수 있고, 따라서 군론에 의해 제공되는 체계적인 절차를 사용할 필요가 있다. 일반적인 절차는 NH_3에 대한 3개의 H1s 오비탈과 같은 군 원자 오비탈들을 분류하고, 3개의 H1s 오비탈의 적합한 조합과 N2s 오비탈과 같은 대칭성을 가지는 다른 원자와 겹침을 이루게 하는 것이다. 주어진 대칭에 대해서 분자 오비탈을 만들기 위한 원자 오비탈의 조합을 **대칭 반영 선형 조합**(SALC: symmetry-adapted linear combination)이라고 한다.

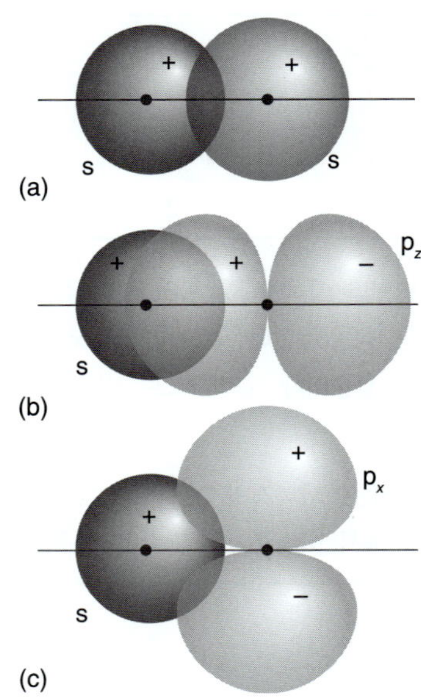

그림 4.20 s 오비탈은 보강 간섭으로 (a) s 오비탈 또는 (b) 두 번째 원자의 p_z 오비탈과는 겹침이 이루어질 수 있다. (c) p_x와 p_y 오비탈과는 겹침이 이루어질 수 없다. 왜냐하면 같은 부호를 갖는 원자 오비탈 간의 보강 간섭과, 다른 부호를 갖는 원자 오비탈 간의 상쇄 간섭이 정확하게 대등하기 때문이다.

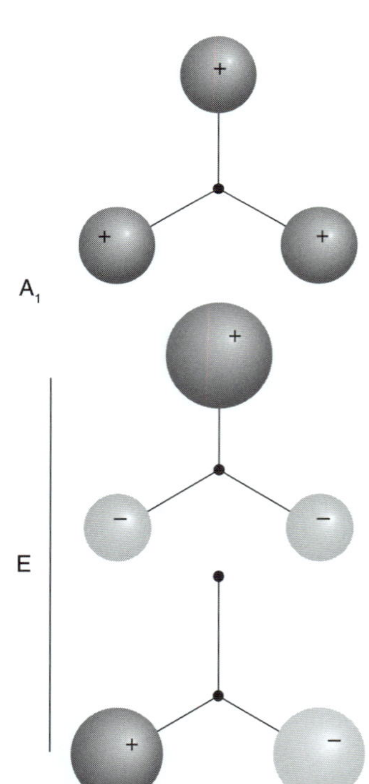

그림 4.21 NH_3에서 H1s 오비탈의 (a) A_1과 (b) E SALC

주어진 대칭에 대해 SALC의 생성은 4.10절에서 설명하고 있듯이, 군론의 업무 중 하나이다. 그들은 직감적으로 명확한 형태를 갖고 있다. 예를 들면 NH_3(그림 4.21)의 H1s 오비탈의 완벽한 대칭 A_1 SALC는 다음과 같고, 여기서 A, B, C는 세 개의 H 원자이다.

$$\phi_1 = \psi_{A1s} + \psi_{B1s} + \psi_{C1s}$$

이 SALC가 대칭 A_1이라는 것을 증명하기 위해 동등 조작 E, C_3 회전, 세 개의 수직 거울면 등에서 변하지 않고 그대로임을 주목하라. 그리고 이들의 지표는 (1,1,1)이고, C_{3v}의 완전 대칭 기약 표현 범주에 놓이게 된다. E SALC는 다소 불명확하지만

$$\phi_2 = 2\psi_{A1s} - \psi_{B1s} - \psi_{C1s}$$

$$\phi_3 = \psi_{B1s} - \psi_{C1s}$$

이다.

예제 4.10 SALC의 대칭종 식별하기

NH_3의 H1s 오비탈로부터 구성된 SALC의 대칭종을 식별하시오.

답 분자의 적합한 대칭군의 조작에 의해 H1s이 어떻게 변하는지를 확인해야 한다. NH_3 분자는 C_{3v} 대칭을 가지며, 동등 조작(E)하에서 3개의 H1s 오비탈은 모두 변하지 않는다. C_3 조작에서는 모두 변하고, 수직 반사 조작(σ_v)에서는 한 개만 변하지 않아서, 다음과 같이 지표를 나타낼 수 있다.

E	$2C_3$	$3\sigma_v$
3	0	1

표 4.5의 지표표를 이용하여 지표를 약분하고, A_1+E(1,1,1과 2,−1,0)와 일치하는지 조사해야 한다. 3개의 H1s 오비탈은 A_1 대칭을 갖는 하나와 E 대칭을 또 다른 두 개의 SALC에 기여한다. C_{3v} 지표표는 E 대칭의 4번째 열에서 x와 y 두 성분 모두를 갖고 있다. E 대칭을 가지는 SALC는 같은 에너지의 두 요소가 있다(그림 4.21). 더 복잡한 예에서는 약분이 분명하지 않아 4.10절에서 논의된 체계적인 방법을 이용해야 한다.

문제 4.10 CH_4에서 SALC $\phi=\psi_{A1s} + \psi_{B1s} + \psi_{C1s} + \psi_{D1s}$의 대칭 표현은 무엇인가? 여기서 ψ_{J1s}는 J 원자에 결합된 H1s 오비탈이다.

예제 4.11 SALC의 대칭종 식별하기

C_{2v} 분자 NO_2에서 SALC $\phi = \psi_O' - \psi_O''$의 대칭종을 식별하시오. 여기서 ψ_O'는 O 원자에 있는 $2p_x$ 오비탈이고, ψ_O''는 또 다른 O 원자에 있는 $2p_x$ 오비탈이다.

답 SALC의 대칭종을 확인하기 위해 군의 대칭 조작에 의해 어떻게 변형되는지를 확인해야 한다. SALC는 그림 4.22에 나타내었다. C_2에서는 SALC ϕ가 자신이 되므로 지표 1을 나타낸다. σ_v에서는 두 오비탈의 부호가 바뀌고, 따라서 ϕ는 $-\phi$로 변하고, 지표 −1을 나타낸다. SALC는 σ_v' 조작에서도 부호가 바뀌므로, 이 조작의 지표는 −1이 된다. 따라서 지표는 다음과 같다.

E	C_2	σ_v	σ_v'
1	1	−1	−1

C_{2v}에 대한 지표표를 검토하면 이 지표들은 대칭종 A_2에 해당한다.

문제 4.11 H 원자 A, B, C, D의 사각 평면(D_{4h}) 배열에 대해서 $\phi = \psi_{A1s} - \psi_{B1s} + \psi_{C1s} - \psi_{D1s}$ 조합의 대칭종을 식별하시오.

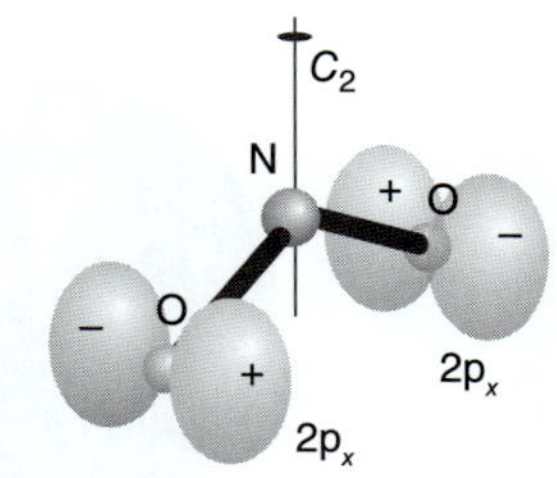

그림 4.22 예제 4.11에 대한 $O2p_x$ 오비탈의 조합

4.7 분자 오비탈의 구축

요점: 분자 오비탈은 같은 대칭종의 SALC와 원자 오비탈로부터 구축된다.

NH_3에서 H1s 오비탈의 SALC ϕ_1은 A_1 대칭성을 갖는다는 사실을 예제 4.10에서 알고 있다. N2s와 $N2p_z$ 오비탈도 같은 대칭 종류를 가지기 때문에, 세 개 모두가 같은 분자 오비탈 구축에 참여한다. 이 오비탈의 대칭 종류는 A_1이며, 유사하게 **a_1 오비탈**(a_1 **orbital**)이라고 한다. 분자 오비탈의 표지는 오비탈의 대칭종에 소문자를 사용한다. 계산법에 의해 알아낸 계수 c_i를 가지며, 부호는 양 또는 음인 3개의 분자 오비탈이 가능하다.

$$\psi = c_1\psi_{N2s} + c_2\psi_{N2p_z} + c_3\phi_1$$

에너지가 증가하는 순서(핵간 마디가 증가하는 순서)대로 $1a_1$, $2a_1$, $3a_1$ 순으로 표지하고, 결합성, 비결합성, 그리고 반결합성 조합에 해당한다(그림 4.23).

C_{3v} 분자에서 H1s 오비탈에 대한 ϕ_2와 ϕ_3 SALC들이 E 대칭성을 갖고 있다. C_{3v} 지표표는 $N2p_x$와 $N2p_y$ 오비탈에서도 동일함을 보여 준다(그림 4.24). ϕ_2와 ϕ_3는 두 개의 N2p 오비탈과 조합을 이루어 이중으로 축퇴된 결합성 오비탈과 반결합성 오비탈을 형성한다.

$$\psi = c_4\psi_{N2p_x} + c_5\phi_2 \text{와 } c_6\psi_{N2p_y} + c_7\phi_3$$

이들 분자 오비탈은 E 대칭성을 갖기 때문에 **e 오비탈**(**e orbital**)이라 불린다. 1e라고 표현된 낮은 에너지 준위 쌍은 결합성 오비탈(계수는 같은 부호를 갖는다)이고, 더 위쪽의 에너지 준위 한 쌍(2e)은 반결합성 오비탈(계수는 반대 부호를 갖는다)이다.

대칭 분석은 분자 오비탈의 축퇴를 알려 주는 것 이외에 에너지 준위에 대한 정보는 제공하지 않는다. 에너지를 계산하고 오비탈의 에너지 순서를 정하기 위해서는 양자 역학 계산이 필요하다. 실험적으로 접근하기 위해서는 광전자 분광법을 사용한다. 간단한 경우에 분자 오비탈의 에너지 준위 순서는 오비탈의 상대적인 에너지를 알기 위해서 2.8절에서 논의한 일반적인 규칙을 사용한다. 예를 들면 낮은 에너지 준위 N2s 오비탈로 형성된 NH_3의 $1a_1$ 오비탈은 가장 낮은 에너지 준위라는 것을 예측할 수 있으며, 그것의 반결합성 오비탈 $3a_1$은 가장 높은 에너지 준위가 된다는 것을 알 수 있고, 비결합성 $2a_1$은 대략 중간에 위치하고 있다. 1e 결합

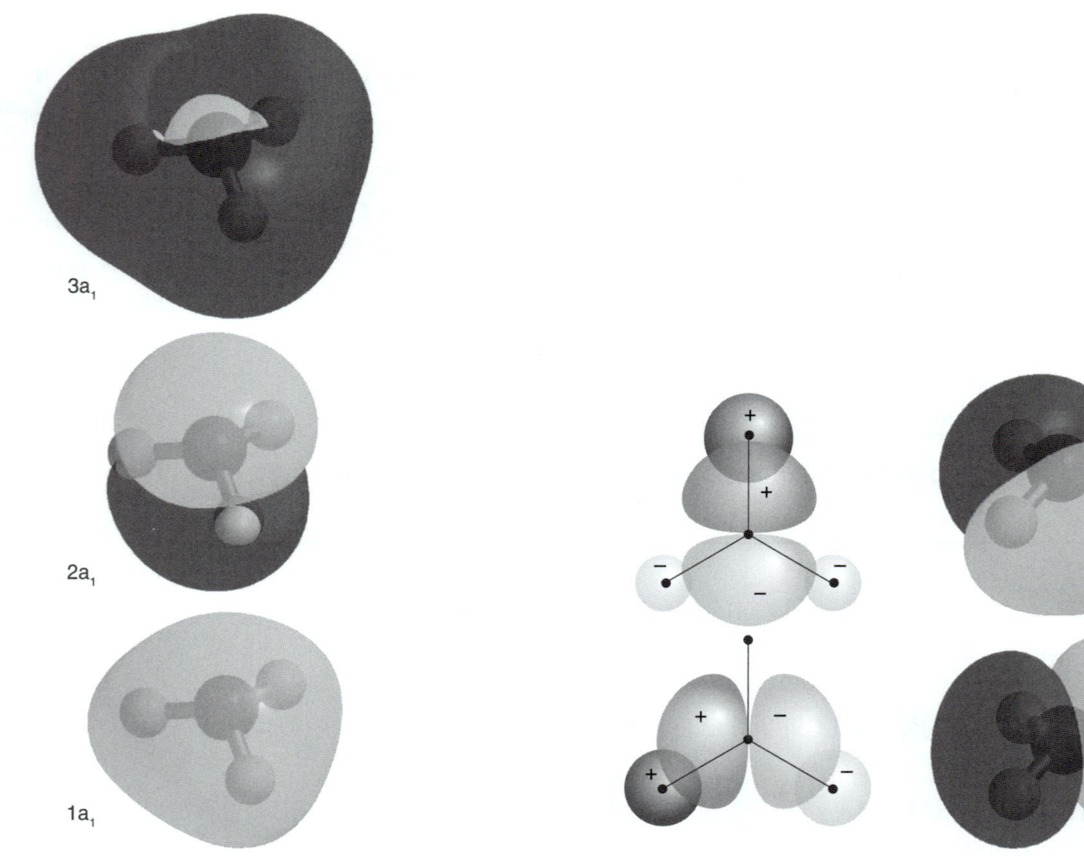

그림 4.23 분자 모형 계산으로 얻어진 NH_3의 세 개의 a_1 분자 오비탈

그림 4.24 분자 모형 계산으로 얻어진 NH_3의 두 개의 결합성 e 오비탈

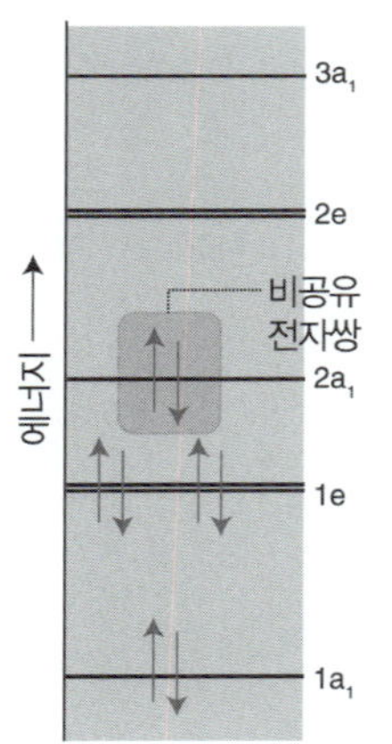

그림 4.25 NH_3의 분자 오비탈 에너지 준위 도표와 바닥 상태의 전자 배치

성 오비탈은 $1a_1$ 다음으로 높은 에너지 준위이며, 2e는 $3a_1$ 오비탈보다 에너지적으로 낮다. 정성 분석에 의한 에너지 준위 순서를 그림 4.25에서 볼 수 있다. 오비탈의 에너지 준위를 순이론적(*ab initio*) 또는 반실험적(semi-empirical) 과정으로 계산하기 위하여 컴퓨터 프로그램을 이용하는 데는 어려움이 없다. 그림 4.25의 에너지 준위는 이러한 방법으로 계산되었다. 컴퓨터 계산에 의해 쉽게 에너지 준위를 계산할 수 있다고 하여, 오비탈의 구조를 살펴 에너지 준위를 이해하는 것을 포기할 이유는 없다.

비교적 간단한 분자의 분자 오비탈을 형성하는 일반적인 과정을 다음과 같이 요약할 수 있다.

1. 분자의 점군을 정한다.
2. SALC 모양을 고찰한다.
3. s, p, d 오비탈과의 대칭성($s<p<d$ 순서로)에 근거한 원자 핵간의 마디수를 고려하여 에너지가 증가하는 순서로 SALC를 나열한다.
4. 두 부분의 분자 조각의 대칭성이 같은 SALC를 조합하여 *N*개의 SALC로부터 *N*개의 분자 오비탈을 형성한다.
5. 분자 오비탈의 상대적 에너지 준위와 겹침을 고려하여 분자 오비탈의 상대적인 에너지 준위를 예측한 후, 분자 오비탈의 에너지 도표를 그린다(이때 오비탈의 초기 준위를 표시한다).
6. 컴퓨터 프로그램에 의해서 계산된 에너지 준위 순서와 비교하여 에너지 준위를 수정 또는 재확인한다.

예제 4.12 SALC로부터 분자 오비탈 구축하기

C_{2v} 점군인 H_2O 분자에서 H1s 오비탈로부터 구성된 두 개의 SALC 표현은 $\phi_1 = \psi_{A1s} + \psi_{B1s}$(**18**)와 $\phi_1 = \psi_{A1s} - \psi_{B1s}$(**19**)이다. 분자 오비탈을 형성하기 위해 어떤 산소 오비탈이 사용되겠는가?

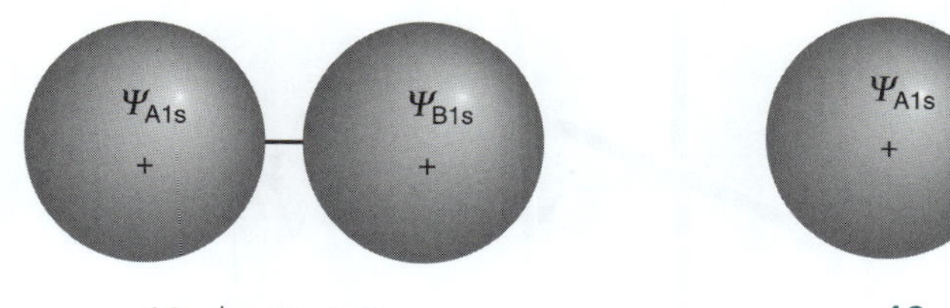

18 $\phi_1 = \psi_{A1s} + \psi_{B1s}$ **19** $\phi_2 = \psi_{A1s} - \psi_{B1s}$

답 우선 군(C_{2v})의 대칭 조작하에서 SALC가 어떻게 변하는지를 확인해야 한다. E 조작하에서는 부호가 전혀 바뀌지 않기 때문에, 지표는 1이다. C_2 조작에서 ψ_1은 부호가 바뀌지 않고 ψ_2는 부호가 바뀌어, 이들의 지표는 각각 1과 −1이다. 반사 σ_v 하에서는 ψ_1은 부호가 바뀌지 않고 ψ_2는 부호가 바뀌어, 지표는 각각 1, −1이다. 반사 σ_v'하에서는 모두 바뀌지 않으므로 지표는 1이다. 이들의 지표는 다음과 같이 나타낸다.

	E	C_2	σ_v	σ_v'
ψ_1	1	1	1	1
ψ_2	1	−1	−1	1

지표표를 참고로 하여 이들의 대칭 표기를 각각 A_1과 B_2로 식별한다. 지표표의 오른쪽 부분의 항목을 살펴보면 O2s와 O2p_z 오비탈은 A_1 대칭을 갖는다. O2p_y는 B_2 대칭을 갖는다. 형성될 수 있는 선형 조합은 다음과 같다.

a_1 $\quad \psi = c_1\psi_{O2s} + c_2\psi_{O2p_z} + c_3\phi_1$

b_2 $\quad \psi = c_4\psi_{O2p_y} + c_5\phi_2$

세 개의 a_1 오비탈은 계수 c_1, c_2, c_3의 상대적 부호에 따라서 각각 결합성, 중간, 반결합성의 특성을 갖는다. 이와 유사하게 계수 c_4와 c_5의 상대적 부호에 따라서 2개 b_2 오비탈 중 하나는 결합성이고, 다른 하나는 반결합성이다.

문제 4.12 사각 평면(D_{4h})인 $[PtCl_4]^{2-}$ 음이온에 대해 Cl3s 오비탈로부터 만들어진 4개의 SALC는 A_{1g}, B_{1g}, E_u 대칭종을 갖는다. 어느 Pt 원자 오비탈이 SALC의 어느 것과 조합할 수 있는가?

4.8 분자 진동 유추

요점: SALC의 모양은 신축 변환과 유사하다.

군론의 가장 큰 장점 중 하나는 이질적인 현상을 유사하게 다룰 수 있다는 것이다. 대칭을 분자 진동에 적용할 수 있어서 SALC가 분자의 정상 방식과 유사하다는 것을 알게 되었다. 사실, SALC에 대한 설명으로 분자의 정상 진동 방식을 해석할 수 있다. 다음 예제를 통해 살펴보자.

예제 4.13 정팔면체 분자의 IR과 Raman 띠 예측하기

O_h 점군에 속하는 SF_6와 같은 AB_6 분자를 고려해 보자. A−B 신축의 정상 방식을 묘사하고, IR 및 Raman 분광법에서의 활성에 대해서 언급하시오.

답 SALC 모양의 유사성과 정팔면체 배열에서의 s 오비탈로부터 형성된 SALC를 식별한다. 이러한 오비탈은 A−B 결합의 신축 변위와 비슷하고, 부호는 그들의 상대적 위상을 나타낸다. s 오비탈로부터 구축될 수 있는

SALC는 대칭종 A_{1g}, E_g, T_{1u}를 가지고 있다. 결과적으로 신축의 선형 결합은 그림 4.26에 설명되어 있다. 지표표의 마지막 열을 검토하면 A_{1g}(완전 대칭)와 E_g 방식은 Raman 활성이고, T_{1u}는 IR 활성이다. O_h 분자는 반전 중심을 갖고 있다는 것과 IR과 Raman 모두에서 활성인 방식을 기대하지 않음을 주목하라.

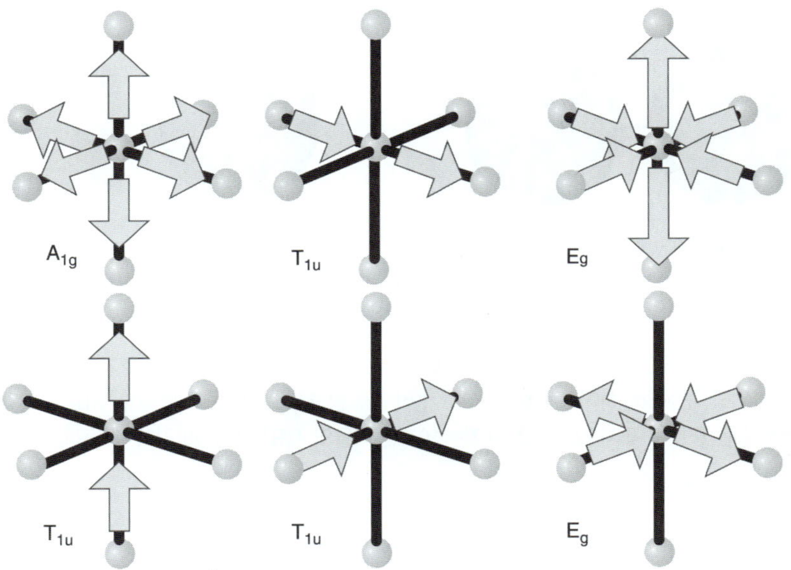

그림 4.26 정팔면체 ML_6 착물의 A_{1g}, E_g, T_{1u}의 M-L 신축 방식 분자의 무게 중심이 있는 중심 원자 M의 움직임은 나타내지 않았다(A_{1g}과 E_g 방식은 정지되어 있다).

문제 4.13 S–F 신축 진동에 기인한 띠만을 고려하여 IR 스펙트럼과 Raman 스펙트럼에서 D_{4h} *trans*-SF_4Cl_2가 SF_6와 어떻게 다른지를 예측하시오.

표현

이제 더욱 정량적인 처리 과정으로 이동하여, 체계적으로 분자 오비탈과 분광학을 다루는 데 있어서 대칭성을 응용하는 두 가지 중요한 주제를 소개한다.

4.9 표현의 약분

요점: 가약 표현은 약분 공식을 이용하여 기약 표현으로 분해할 수 있다.

NH_3에서 세 개의 H1s 오비탈은 C_{3v} 점군에서 A_1과 E의 기약 표현의 대칭종으로 표현되는 것을 논의한 바 있다. 이제부터는 오비탈이나 원자 변위에 의한 대칭종을 식별하는 체계적인 방법을 제시할 것이다.

NH_3에서 세 개의 H1s 오비탈은 두 개의 특별한 기약 표현으로 대응된다는 사실을 $\Gamma = A_1 + E$로 표현하는데, 여기서 Γ(대문자 감마)는 가약 표현의 대칭종이다. 일반적으로

$$\Gamma = c_1\Gamma_1 + c_2\Gamma_2 + \cdots\cdots \tag{4.1}$$

로 쓴다. Γ_i는 군의 여러 가지 대칭종을 나타내고, c_i는 약분 과정에서 특정 대칭종이 반복된 횟수를 의미한다. 군론의 고급 이론(참고문헌 참조)은 c_i 계수를 계산하는 아래와 같은 식을 제공한다. 여기서 χ_i는 기약 표현 Γ_i의 지표(character)이며, χ는 가약 표현 Γ에 대응되는 지표이다.

$$c_i = \frac{1}{h}\Sigma g(C)\chi_i(R)\chi(R) \tag{4.2}$$

여기서 h는 점군의 차수(대칭 요소의 개수, 지표표의 맨 위 가로줄에 나타나 있음)이며, 각 급(class) 요소의 개수가 $g(C)$를 갖는 점군의 각 급 C의 합이다. 이 식이 어떻게 사용되는지는 다음 예제를 통해 설명하도록 한다.

예제 4.14에서 *cis*-$[PdCl_2(NH_3)_2]$의 방식은 가시적으로 보여 주기 어려운 복잡한 운동을 한다. 이 방식은 Pd−N 신축 진동과 평면의 다양한 뒤틀림 방식을 포함하고 있다. 그러나 쉽게 가시화할 수 없는 데도 불구하고, 지표표의 오른쪽 열을 검토하면 A_1, B_1, B_2가 IR 활성(함수 x, y, z와 전기 쌍극자가 이에 포함된다)이고, 모든 방식이 Raman 활성(이차함수 형태는 네 가지 모든 종을 함유하고 있기 때문)이라는 사실을 추론할 수 있다.

예제 4.14 기약 방정식의 사용

cis-$[PdCl_2(NH_3)_2]$의 대칭성을 고려할 때 수소 원자를 무시하고 생각하면 이 분자는 C_{2v} 점군에 속한다. 각 원자의 변위 벡터의 속하는 대칭 특성을 구하시오.

답 이 문제를 분석하기 위해서 수소 원자 이외의 5개 원자, 즉 3개의 축 x, y, z에 놓여 있는 5개 원자의 15개 변위 벡터(그림 4.27)를 고려하여 군의 대칭 조작을 할 때 무엇이 일어나는가를 면밀히 검토함으로써 가약 표현의 지표가 무엇인지 판명될 것이다. 식 4.2를 사용하여 가약 표현이 어떤 기약 표현으로 표시되는지를 구한다. Γ의 지표를 알아내기 위해서 각 변위 벡터가 대칭 조작에 의해서 새로운 위치로 바뀌게 되면 지표는 0이 되고, 같은 위치에 머무르면 지표는 1, 방향이 바뀌면 지표는 −1임을 명시해야 한다. 이 분석은 고려되고 있는 대칭 조작하에 그들의 평형 위치를 변화시키지 않는 원자의 변위들만을 고려함으로써 단순화될 수 있다. 첫 번째 단계는 각 대칭의 급에 변하지 않는 원자의 수를 결정하고, 두 번째 단계는 그 조작의 특징 기여 숫자를 곱하는 것이다. 5개의 원자와 각 원자의 3개 변위는 동등 대칭 조작에 변하지 않아 $\chi(E) = 5 \times 3 = 15$이다. C_2 회전은 Pd의 z 변위 벡터만 변하지 않고(지표는 1), x와 y는 반대 방향으로 바뀌기 때문에(지표는 −2), $\chi(C_2) = 1 \times (1-2) = -1$이다. σ_v 반사는 x와 y는 변하지 않고(지표는 2) y만이 반대 방향으로 바뀌기 때문에(지표는 −1,) $\chi(\sigma_v) = 1 \times (2-1) = 1$이다. 끝으로 분자면에 수직인 반사는 5개의 z 변위 벡터가 같은 위치를 유지하기 때문에, 이 5개 원자 각각에 대하여 z 변위와 y 변위는 같고(지표는 1), x 변위 벡터는 반대 방향이다(지표는 −1). 따라서 $\chi(\sigma_v') = 5 \times (1+1-1) = 5$이다. 따라서 Γ의 지표는 다음과 같다.

E	C_2	σ_v	σ_v'
15	−1	1	5

이제 식 4.2를 사용하고,이때 군의 차수 $h=4$이고, 모든 C에 대하여 $g(C)=1$이다. 이 가약 표현에서 $A_1(1,1,1,1)$ 대칭이 몇 번 나타나는지를 알아내기 위해서

$$c_1 = 1/4[(1\times15) + (1\times(-1) + (1\times1) + (1\times5)] = 5$$

따라서 A_1은 5번 나타난다. $A_2(1,1,-1,-1)$에 대해 같은 과정을 반복하면

$$c_2 = 1/4[(1\times15) + (1\times(-1) + (-1\times1) + (-1\times5)] = 2$$

A_2는 가약 표현에서 두 번 나타난다($2A_2$).

다른 대칭 특성에도 같은 과정을 거치면 다음을 알 수 있다.

$$\Gamma = 5A_1 + 2A_2 + 3B_1 + 5B_2$$

C_{2v} 점군에서 전체 분자의 병진은 $A_1+B_1+B_2$(지표표 마지막 열에서 함수 x, y, z로 주어진), 회전은

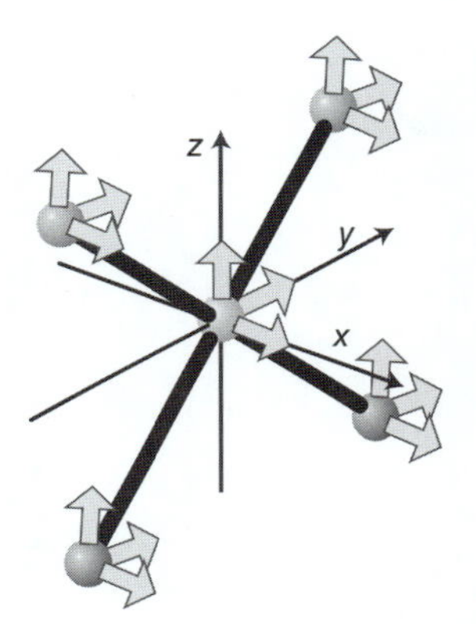

그림 4.27 *cis*-$[PdCl_2(NH_3)_2]$의 원자 변위 H 원자는 무시한다.

$A_2+B_1+B_2$(지표표 마지막 열에서 함수 R_x, R_y, R_z로 주어진)에 해당한다. 전체에서 이 대칭종을 빼면 ($5A_1+2A_2+3B_1+5B_2-A_1-B_1-B_2-A_2-B_1-B_2$), 대칭 특성 $4A_1+A_2+B_1+3B_2$가 분자 진동에 속하는 것을 알 수 있다.

문제 4.14 점군 D_{4h}에 속하는 $[PdCl_4]^{2-}$의 진동 방식의 대칭 방식들을 결정하시오.

4.10 투영 연산자

요점: 투영 연산자(projection operator)는 기본 오비탈로부터 SALC를 생성시키는 데 사용된다.

임의의 기본 원자 오비탈로부터 특정한 대칭성을 지닌 비정규화된 SALC를 생성시키기 위하여 한 함수 조합을 선택하여 다음과 같은 합으로 표시한다.

$$\varphi = \sum_R \chi_i(R) R\psi \qquad (4.3)$$

이때 $\chi_i(R)$은 원자 오비탈 ψ에 대해 생성되기를 원하는 SALC의 대칭종의 조작 R에 대한 지표이다. 이 식을 사용하는 가장 좋은 예가 다음 예제이다.

예제 4.15 SALC의 생성

$[PtCl_4]^{2-}$ 분자의 $Cl\sigma$ 오비탈의 SALC를 생성하시오. 기저 오비탈은 ψ_1, ψ_2, ψ_3, ψ_4이며, 그림 4.28a에 나타내었다.

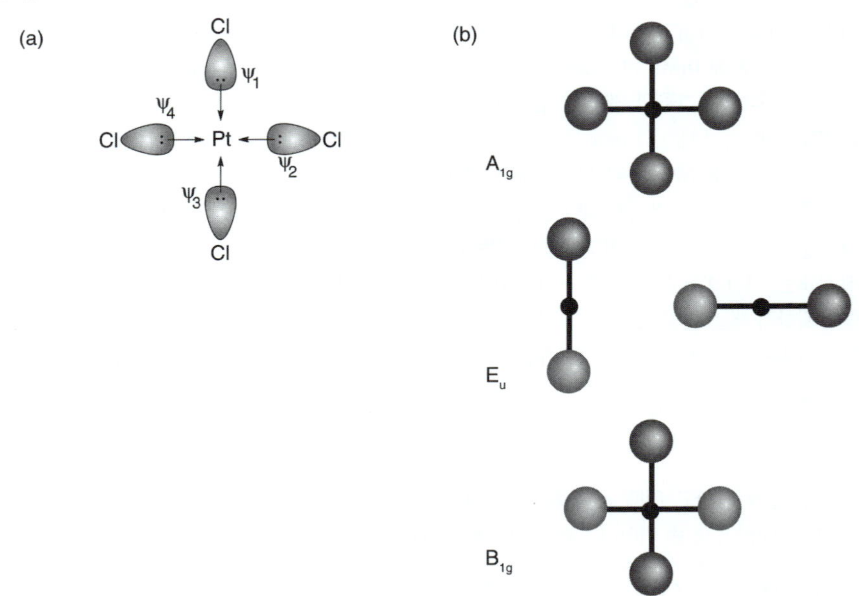

그림 4.28 (a) $[PtCl_4]^{2-}$에서 SALC를 형성하는 데 사용된 기저 오비탈. (b) $[PtCl_4]^{2+}$로부터 만들어진 SALC

답 식 4.3을 도입하며 기저 오비탈을 선택한 후, D_{4h} 점군의 모든 대칭 조작으로 확대하여 변화된 기저 함수 $R\psi$ 함수를 쓴다. 예를 들어 C_4 대칭 조작은 ψ_1을 ψ_2에 점유된 위치로 이동시키고, C_2 대칭 조작은 ψ_3로, C_4^3 대칭 조작은 ψ_4로 위치를 바꾸게 된다. 이러한 조작을 모든 대칭 조작에 적용하면 다음과 같은 결과를 얻게 된다.

대칭 조작 *R*:	E	C_4	C_4^3	C_2	C_2'	C_2'	C_2''	C_2''	i	S_4	S_4^3	σ_h	σ_v	σ_v	σ_d	σ_d
$R\psi_1$	ψ_1	ψ_2	ψ_4	ψ_3	ψ_1	ψ_3	ψ_2	ψ_4	ψ_3	ψ_2	ψ_4	ψ_1	ψ_1	ψ_3	ψ_2	ψ_4

새롭게 형성된 기본 함수를 모두 더하고, $4\psi_1 + 4\psi_2 + 4\psi_3 + 4\psi_4$가 됨을 확인하라. 우리가 관심이 있는 기약 표현의 지표 $\chi_i(R)$를 곱한다. 즉 A_{lg}의 경우(모든 지표가 1), $4\psi_1 + 4\psi_2 + 4\psi_3 + 4\psi_4$를 얻게 된다. 따라서 비정규화된 SALC는 다음과 같다.

$$\phi(A_{1g}) = 4(\psi_1 + \psi_2 + \psi_3 + \psi_4)$$

정규화된 형태는

$$\phi(A_{1g}) = \frac{1}{4}(\psi_1 + \psi_2 + \psi_3 + \psi_4)$$

여러 가지 대칭종을 사용하여 지표표의 아래쪽으로 계속하여 적용하면, SALC는 아래와 같다.

$$\phi(B_{1g}) = \frac{1}{4}(\psi_1 - \psi_2 + \psi_3 - \psi_4)$$

$$\phi(E_u) = \frac{1}{2}(\psi_1 - \psi_3)$$

다른 모든 기약 표현에서는 투영 연산자가 형성되지 않으며(그러한 대칭의 SALC가 존재하지 않는다). ψ^2을 기저 함수로 선택하면 다음을 제외한 동일한 SALC를 얻는다.

$$\phi(B_{1g}) = (\psi_2 - \psi_1 + \psi_4 - \psi_3)$$

$$\phi(E_u) = (\psi_2 - \psi_4)$$

ψ_3와 ψ_4도 같은 과정을 완성하면 유사한 SALC를 제공한다(각 성분 오비탈의 부호는 바뀐다). 따라서 SALC는 A_{lg}+B_{lg}+E_u(그림 4.28b)를 갖게 된다.

문제 4.15 투영 연산자를 사용하여 정팔면체 착물인 SF_6의 σ 결합 SALC를 결정하시오.

위의 한 예와 같이 분석 방법을 사용하면 우리가 고려하고자 하는 분자에 대해 SALC를 구축하는 것이 가능하다.

4.11 다원자 분자

제2장에서는 단순한 동종 혹은 이종 이원자 분자를 분자 오비탈에 응용하였다. 다원자의 경우, 기여하는 원자 오비탈의 대칭이 더욱 중요하다. 따라서 여기에서 다원자를 고려함이 적절하다. 2.5절에서 살펴보았듯이, 분자 오비탈 에너지 도표는 오비탈들을 다른 조합, 모양에 따른 σ 오비탈과 π 오비탈로 묶음으로서 유도될 수 있었다. 같은 과정이 다원자 분자의 분자 오비탈의 논의 과정에서도 사용된다. 그러나 그들의 모양이 이원자 분자에서보다 더욱 복잡하기 때문에 더욱 강력한 접근법이 필요하다.

분자 오비탈 이론은 동일한 방법으로 삼원자 분자의 전자 구조, 원자의 유한군, 고체 상태에서의 원자의 무한 배열 등을 논의하는 데 사용될 수 있다. 각 경우에 있어서 분자 오비탈은 이원자 분자와 유사하지만, 유일한 중요 차이점은 더욱 확장된 원자 오비탈들로부터 분자 오비탈이 만들어진다는 사실이다. 꼭 기억해야 할 요점은 N개 원자 오비탈로부터 N개 분자 오비탈이 만들어질 수 있는 것이다.

NH_3의 광전자 스펙트럼(그림 4.29)은 다원자 분자 구조의 이론을 꼭 밝혀야 하는 몇 가지 특징을 보여 주고 있다. 스펙트럼은 두 개의 띠를 보여 주고 있다. 낮은 에너지를 갖는 띠(11 eV 영역)는 상당한 진동 구조를 갖고 있으며, 이는 전자가 방출되는 오비탈은 분자의 모양을 결정하는 데 결정적인 역할을 한다는 암시를 하고 있다. 16 eV 영역에서의 넓은 띠는 더욱 단단히 결속되어 있는 전자들로부터 생긴다.

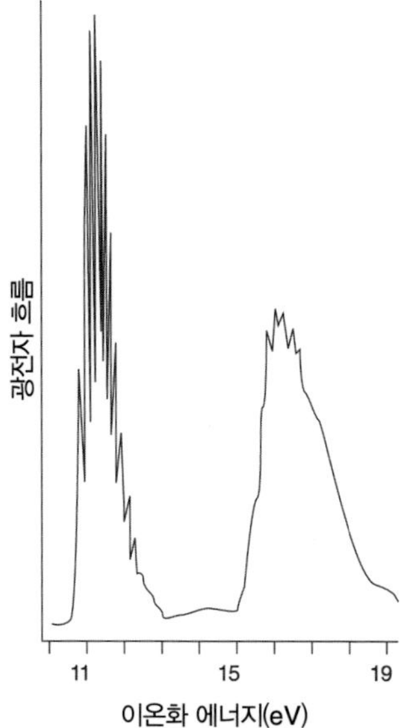

그림 4.29 He 21 eV 복사를 이용하여 얻은 NH_3의 UV 광전자 스펙트럼

(a) 다원자 분자 오비탈

요점: 분자 오비탈은 대칭성이 같은 원자 오비탈의 선형 결합으로 만들어진다. 분자 오비탈의 에너지는 실험적으로 기체상의 광전자 스펙트럼으로부터 결정될 수 있으며, 오비탈의 겹침 형태 항으로 해석될 수 있다.

이원자 분자와 관련하여 2장에서 논의되었던 특징들이 모든 다원자 분자에 나타난다. 각 경우에 그 대칭의 오비탈을 형성하기 위해 중첩될 수 있는 **모든** 원자 오비탈의 합으로, 주어진 대칭의 분자 오비탈(선형 분자의 σ 오비탈과 같은)을 적을 수 있다

$$\psi = \sum_i c_i \chi_i \qquad (4.4)$$

이 선형 조합에서 χ_i는 원자 오비탈(보통은 분자에 있어서 각 원자의 원자가 오비탈)이고, 지수 i는 적절한 대칭을 갖는 모든 원자 오비탈을 포함한다. N개의 원자 오비탈로부터 N개의 분자 오비탈을 구축할 수 있다.

- 분자 오비탈에서 마디가 많을수록 반결합의 특성이 크며 오비탈의 에너지가 높다.
- 낮은 에너지의 원자 오비탈로부터 구축된 분자 오비탈은 낮은 에너지를 갖는다(s 오비탈은 같은 껍질의 p 오비탈보다 에너지가 낮은 분자 오비탈을 형성한다.)
- 바로 인접하지 않은 원자들 간의 상호 작용은 오비탈의 부호가 같으면(보강 간섭) 약하게 결합을 형성하고, 부호가 다르면(상쇄 간섭) 약하게 반결합을 형성한다.

요약 설명

NH_3의 광전자 스펙트럼의 특징을 설명하기 위해서는 그 분자에 있어서 8개의 원자가 전자를 수용할 수 있는 분자 오비탈을 구축하는 것이 필요하다. 각 분자 오비탈은 7개의 원자 오비탈(세 개의 H1s 오비탈, N2s 오비탈, 세 개의 N2p 오비탈)의 조합이다. 이러한 7개의 원자 오비탈로부터 7개의 분자 오비탈을 구축할 수 있다(그림 4.30).

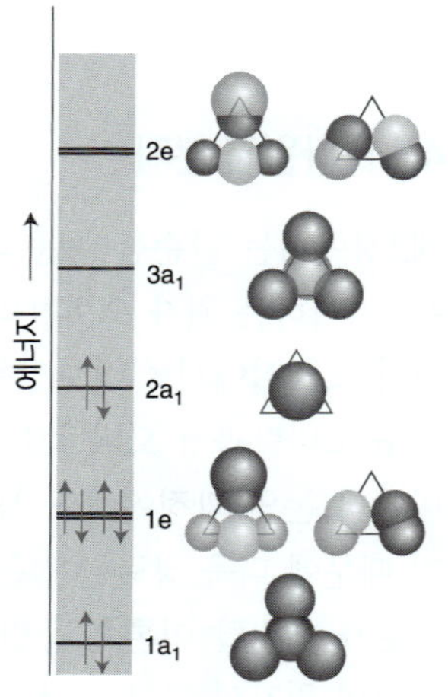

그림 4.30 NH_3의 분자 오비탈들의 대략적인 도시로, 원자 오비탈의 크기는 분자 오비탈에 대한 원자 오비탈의 기여 정도를 나타낸다. z축을 따라서 본 모양이다.

4.7절에서 볼 수 있었듯이, NH_3의 분자 오비탈은 SALC와 같은 대칭의 원자 오비탈로부터 구축된다. 이렇게 구축된 분자 오비탈들은 다음 방법으로 그들의 대칭에 따라서 표지된다.

- a, b오비탈은 A와 B 대칭을 가지며, 축퇴되지 않는다.
- e 오비탈은 E 대칭을 가지며, 이중으로 축퇴(에너지가 같은 두 개의 오비탈)되어 있다.
- t 오비탈은 T 대칭을 가지며, 삼중으로 축퇴(에너지가 같은 세 개의 오비탈)되어 있다.

이미 보았듯이 더욱 상세한 대칭 분석에 따라서 a, b, e와 t 오비탈을 구별하는 데 필요하기 때문에 a_1, b_2, e_g, 그리고 t_2와 같이 아래 첨자와 위 첨자가 첨가된다.

오비탈을 구축하기 위한 공식적인 규칙은 4.7절에서 논의되었으나, 삼중 대칭축(z로 지정된)을 기준으로 NH_3 분자를 상상함으로써 그들의 출처에 관한 느낌을 얻을 수 있다. N2p_z와 N2s 오비탈은 z축을 중심으로 원통 대칭을 가진다. 만약 세 개의 H1s 오비탈이 서로 같은 부호로 겹치면(그림 4.30에서 모두 크기가 같고 짙은색으로 표시됨), 그들은 원통 대칭과 일치하게 된다. 따라서 다음과 같은 분자 오비탈을 형성할 수 있다.

$$\psi = c_1\chi_{N2s}+c_2\chi_{N2sp_z}+c_3[\chi_{H1sA}+\chi_{H1sB}+\chi_{H1sC}] \tag{4.5}$$

세 개의 기저 오비탈(H1s 오비탈의 특정한 조합이 한 개의 '대칭 조정된' 기저 오비탈)로부터 세 개의 분자 오비탈(계수 c가 다른)을 형성할 수 있다. N과 H 사이에 마디가 없는 오비탈의 에너지 준위가 가장 낮으며, NH 주변에 한 개의 마디를 가진 분자 오비탈이 에너지 준위가 가장 높고, 세 번째 오비탈은 두 에너지 준위 사이에 위치한다. 세 개의 오비탈은 축퇴되어 있지 않으며 에너지가 증가하는 순으로 $1a_1$, $2a_1$ $3a_1$으로 표지된다.

N2p_x와 N2p_y 오비탈은 z축에 대해서 π 대칭성을 가지며 일치되는 대칭성을 갖는 H1s 오비탈과 조합하는 오비탈을 형성하는 데 사용될 수 있다. 예를 들면 이러한 하나의 중첩은 다음의 형태를 가질 것이다.

$$\psi = c_1\chi_{N2p_x}+c_2[\chi_{H1sA}+\chi_{H1sB}] \tag{4.6}$$

그림 4.30에서 H1s 오비탈들의 조합은 N2p_x와 대칭성과 일치한다. N2s 오비탈은 이 겹침에 기여를 할 수 없으며, N과 H 사이에 **두 개**의 조합−마디가 없는 것과 한 개의 마디를 가진 또 다른 하나−만이 겹침이 일어난다. 이 두 오비탈의 에너지는 다르며, N과 H 사이에 마디가 없는 전자의 에너지가 낮다. 이와 유사한 오비탈 조합이 N2p_y 오비탈과도 가능하며, 이 두 개의 오비탈은 방금 논의한 두 개와 축퇴되어 있다는 것이 대칭 논의에 의해 판명되었다. 이러한 조합은 e 오비탈(그들이 이중으로 축퇴되어 있기 때문)의 한 예이며, 에너지가 증가함에 따라 1e와 2e로 표지된다.

일반적인 분자 오비탈의 에너지 준위 도표의 일반적인 형태를 그림 4.31에서 보여 주고 있다. 실질적인 오비탈의 위치(특별히 a와 e의 상대적인 위치)는 정밀한 계산 또는 광전자 분광학에 의해 오비탈을 확인함으로써 결정된다. 11 eV와 16 eV 에너지 피크는 전자가 채워진 두 오비탈의 위치를 알려 준다. 전자가 채워진 세 번째 오비탈의 에너지는 21 eV로서, 실험에 사용되는 분광 영역에서 벗어나 있다.

광전자 스펙트럼은 오비탈에 8개의 전자가 수용되는 요구 조건과 일치하고 있다. 전자가 분자 오비탈에 채워지는 순서는 가장 낮은 에너지 오비탈로부터 시작하여, 에너지가 낮은 오비탈로부터 에너지가 증가하는 순서로 채워지며, 한 개의 오비탈에 두 개 이상의 전자가 채워지지 않는 배타 원리가 적용된다. 첫 번째 두 개의 전자는 $1a_1$에 들어가서 채워진다. 다음 네 개의 전자는 이중으로 축퇴된 1e 분자 오비탈에 들어가서 채워진다. 마지막 두 개의 전자는 $2a_1$ 오비탈에 채워지며, 계산에 의하면 이 오비탈은 비결합 특성을 가지며 N 원자 주변에 편재한다. 따라서 바닥 상태의 전자 배치는 $1a_1^2\ 1e_1^4\ 2a_1^2$이다. 반결합성 오비탈에는 전자가 채워지지 않았기 때문에, 분자는 독립적인 원자 상태보다 에너지가 낮다. 고립 전자쌍을 갖는 분자로서 NH_3의 관례적인 서술도 전자 배치에 반추된다. 주로 N 원자에 제한된 HOMO는 $2a_1$ 오비탈이며, 결합에 조금 기여한다. 2.3절에서 고립 전자쌍이 분자 형태를 결정하는 데 중요한 역할을 하는 것을 보았다. 광전자 스펙트럼의 11 eV 주변의 광범위한 진동 구조는 $2a_1$ 전자의 광방출이 고립 전자쌍의 공간적인 영향을 벗어나게 하고, 이온화된 분자의 형태가 NH_3 분자 자체와 상당히 다르다는 관찰된 사실과 일치하고 있다. 따라서 광이온화(photoionization)는 스펙트럼에서 광범위한 진동 구조의 결과를 초래한다.

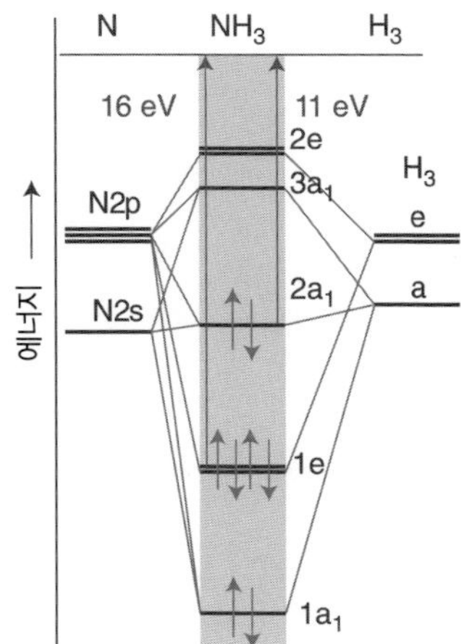

그림 4.31 관측된 결합각(107°)과 결합 길이를 가질 때 NH_3의 분자 오비탈의 에너지 준위 도표

(b) 분자 오비탈에서의 초원자가

요점: 분자 오비탈의 비편재화는 한 전자쌍이 두 원자 이상의 결합에 기여할 수 있다는 것을 의미한다.

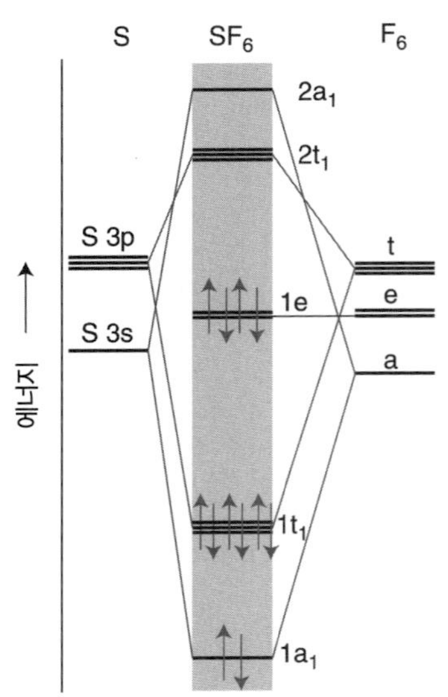

그림 4.32 SF_6의 개략적인 분자 오비탈의 에너지 준위 그림

제2.6절에서는 8개보다 많은 전자를 수용하는 원자가 껍질을 허용하는 *d* 오비탈을 사용하여 초원자가를 설명하는 원자가 결합론을 사용하였다. 분자 오비탈 이론은 더욱 우아하게 초원자가를 설명한다.

6개의 S−F 결합을 갖고, 따라서 결합을 형성하는 데 12개의 전자가 관련된 초원자가인 SF_6를 고려해 보자. 분자 오비탈을 구성하기 위해 사용되는 원자 오비탈의 기저 조합은 S 원자의 원자가 껍질의 s와 p 오비탈과 S 원자를 향하고 있는 6개의 F 원자 각각의 p 오비탈로 이루어져 있다. 이때 F2s 오비탈이 아닌 F2p 오비탈을 이용하는 것은 S의 원자 오비탈과 에너지 관점에서 좀 더 강하게 일치되기 때문이다. 이러한 10개의 원자 오비탈로부터 10개의 분자 오비탈을 구축할 수 있다. 계산 결과는 네 개의 오비탈은 결합성이고, 또 다른 네 개의 오비탈은 반결합성이며, 나머지 두 개는 비결합성 오비탈이라는 것을 알려 주고 있다(그림 4.32).

수용된 12개의 전자가 있다. 처음 전자 두 개가 $1a_1$에, 다음 6개의 전자는 $1t_1$에 들어간다. 나머지 네 개의 전자는 비결합성 오비탈 쌍을 채워, 결과적으로 $1a_1^2\,1t_1^6\,1e^4$ 전자 배치를 갖는다. 반결합성 오비탈($2a_1$과 $2t_1$) 어디에도 전자가 채워지지 않는다. 따라서 분자 오비탈 이론은 SF_6 형성을 네 개의 결합성 오비탈과 두 개의 채워진 비결합성 오비탈로 설명하고 있고, 원자가 결합론 접근에 필요한 S3d 오비탈이나 팔전자 확장을 언급할 필요가 없다. 이러한 관점이 d 오비탈이 결합에 참여할 수 없다는 것을 의미하는 것은 아니며, 6개의 F 원자 모두가 중심 S 원자와 결합을 위해 꼭 필요하지 않다는 것을 보여 주고 있다. 원자가 결합 이론의 한계성은 중심 원자 각각의 원자 오비탈이 단지 하나의 결합을 형성하는 데 참여한다는 것에 있다. 분자 오비탈 이론은 모두가 반결합성이 아닌, 이용 가능한 많은 수의 오비탈을 가지고서 초원자가로 보폭을 넓힌다. 따라서 초원자가가 일어날 때의 의문 사항은 d 오비탈 이외의 큰 원자 주위에 작은 원자가 채워지는 능력과 같은, 다른 요소에 영향을 받는 것 같다.

(c) 편재화

요점: 결합의 편재화와 비편재화는 수학적으로 동등하지만, 표 4.7에 요약한 바와 같이, 둘 중 하나가 어떤 특정한 성질을 설명하기에 적합할 것이다.

화학 결합에 대한 VB 접근 방법에서 놀랄 만한 특징은 'A−B 결합'이라고 불릴 수 있는 무언가를 확인하는 것과 같은 화학 본능과의 일치성이다. 예를 들면 H_2O에서 두 개의 OH 결합은 각 결합이 O와 H 사이에 공유된 전자쌍으로 이루어져 있기 때문에 편재화된 동등한 구조로 취급된다. 분자 오비탈은 비편재화되어 있고, 채우고 있는 모든 전자가 특정 이웃 원자간뿐만 아니라 모든 원자와 결합하고 있기 때문에, 이러한 특징은 MO 이론에는 없는 것 같다. 분자에서 다른 결합과는 독립적으로 존재하거나, 한 분자에서 다른 분자로 이동할 수 있는 A−B 결합의 개념은 잊혀지고 있는 것 같다. 그러나 지금은 분자 오비탈 서술이 각 결합에서 서술된 전반적인 전자 분포와 수학적으로 거의 동등하다는 것을 보여 주게 될 것이다. 그 입증은 분자 오비탈의 선형 조합이 이루어져 동일한 전자 분포의 결과를 초래하지만, 원래 개개의 오비탈과는 확연히 다르다는 사실에 달려 있다.

표 4.7 편재화 또는 비편재화 이론에 적합한 특성을 나타내는 일반적인 지표

편재화	비편재화
결합 세기	전자 스펙트럼
힘상수	광이온화
결합 길이	전자 부착
Brønsted 산도*	자기성
VSEPR 분자 구조	표준 전위†

*5장
†6장

H_2O 분자를 고려해 보자. 전자가 점유된 두 개의 결합성 오비탈 $1a_1$과 $1b_2$가 그림 4.33에 나타나 있다. $1a_1+1b_2$를 하면 $1b_2$의 음의 부호를 가진 부분의 절반은 $1a_1$ 오비탈 절반과 상쇄되어, O와 H의 편재화된 오비탈을 형성한다. 유사한 방법으로 $1a_1-1b_2$도 나머지 절반 부분이 상쇄되어 다른 쪽의 비편재화된 결합을 보여 준다. 따라서 비편재화된 결합을 더하거나 뺌으로써 편재화된 오비탈이 생성된다(그 역도 성립한다). 이러한 것들이 전반적인 전자 분포를 서술하는 두 가지 동등한 방법이기 때문에, 한 방식이 다른 방식보다 좋다고 말할 수 없다.

표 4.7은 비편재화나 편재화된 개념의 서술 방식이 어느 때 적절한지를 제안하고 있다. 일반적으로 비편재화는 전체 분자의 포괄적인 특성을 다루는 데 필요하다. 이러한 성질들은 전자 스펙트럼(UV 및 가시광선 전이, 8.3절), 광이온화 스펙트럼, 이온화 에너지 및 전자 친화도(1.7절), 그리고 환원 전위(6.2절) 등이다. 반면 편재화된 서술 방식은 전체 분자 중 일부분을 다루는 데 매우 적합하다. 이러한 성질은 결합 세기, 결합 길이, 결합 힘상수, 반응의 일면(산-염기 특성 같은)을 포함하고 있다. 이러한 면에서 편재화된 표현 방식이 특정한 결합 주위에 전자의 분포에 초점을 맞추기 때문에 더욱 적절하다.

(d) 편재화된 결합과 혼성

요점: 혼성 원자 오비탈은 편재화된 분자 오비탈을 논의하는 데 종종 사용된다.

결합의 편재화된 분자 오비탈 서술 방식은 혼성의 개념을 야기시키는 데 하나의 중요 단계로 여겨질 수 있다. 엄격히 말하자면 혼성은 VB 이론에 속하지만, 분자 오비탈의 단순한 정량적인 서술 방식에 일반적으로 언급된다.

일반적으로 분자 오비탈은 적절한 대칭의 모든 원자 오비탈로부터 구축된다는 것을 익히 알고 있다. 그러나 하나의 원자(예를 들면 H_2O에 O 원자)에 혼합된 오비탈을 형성하는 것이

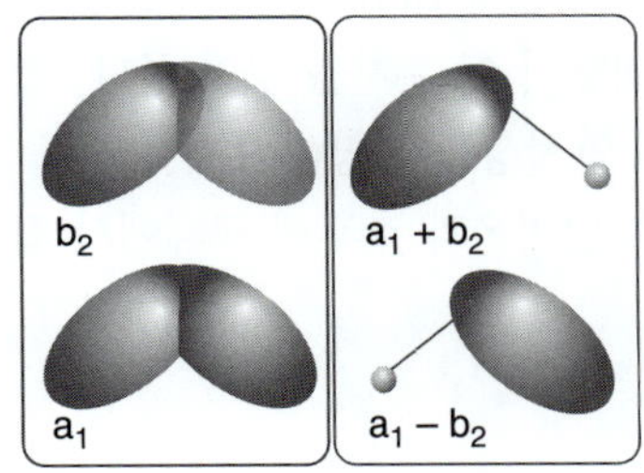

그림 4.33 **H_2O 분자의 두 개의 점유된 $1a_1$, $1b_2$ 오비탈의 선형 조합인 합($1a_1 + 1b_2$)과 차($1a_1 - 1b_2$)** 각각의 경우에 한 쌍의 원자 사이에 완전히 비편재화된 오비탈을 형성한다.

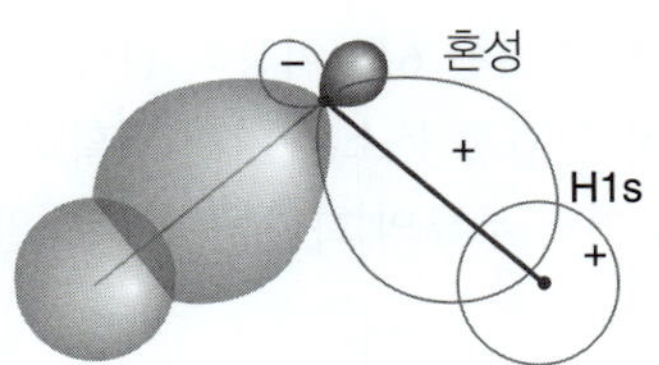

그림 4.34 **O 원자의 혼성 오비탈과 H1s 오비탈의 겹침으로 인한 H_2O에서 편재화된 O–H 오비탈들의 형성** 혼성 오비탈들은 그림 2.6에 나타난 sp 혼성에 매우 가까운 형태를 나타낸다.

편리할 때가 있고, 그래서 편재화된 분자 오비탈을 구축하는 데 이러한 혼성 오비탈을 사용한다. 예를 들면 H_2O에서 각각의 O−H 결합은 H1s 오비탈과 O2s와 O2p 오비탈로 이루어진 혼성 오비탈과의 겹침에 의해 형성된다고 생각할 수 있다(그림 4.34).

주어진 한 원자의 s 오비탈과 p 오비탈의 혼합은 사면체 혼성의 형성에서와 같이, 공간에서 정확한 방향성을 갖은 혼성 오비탈을 이루게 한다. 혼성 오비탈이 선택되면 편재화된 분자 오비탈 방식이 구축될 수 있다. 예로 CF_4의 네 개 결합은 혼성 오비탈과 혼성 오비탈 방향으로 향한 F2p 오비탈의 겹침에 의한 결합성 및 반결합성 분자 오비탈을 구축함으로써 형성될 수 있다. 비슷한 방법으로 BF_3의 전자 분포를 서술하기 위해서는 sp^2 혼성 오비탈과 F2p 오비탈의 겹침에 의해 형성된 편재화된 B−F σ 결합을 고려할 수 있었다. PCl_5의 편재화된 오비탈은 sp^3d 혼성에 의한 삼각 쌍뿔형의 혼성 오비탈과, Cl 원자의 2p 오비탈의 겹침에 의한 5개의 P−Cl σ 결합을 형성한다. 또한 규칙적인 정팔면체(예로 SF_6)에서는 6개의 편재화된 오비탈이 필요하기 때문에 두 개의 *d* 오비탈이 필요하다. 결과적으로 6개의 sp^3d^2 혼성 오비탈이 정팔면체 꼭짓점 방향을 향하게 된다.

(e) 전자 결핍

요점: 전자가 부족한 화학종의 존재는 여러 원자에 걸친 전자의 결합 영향의 비편재화로 설명된다.

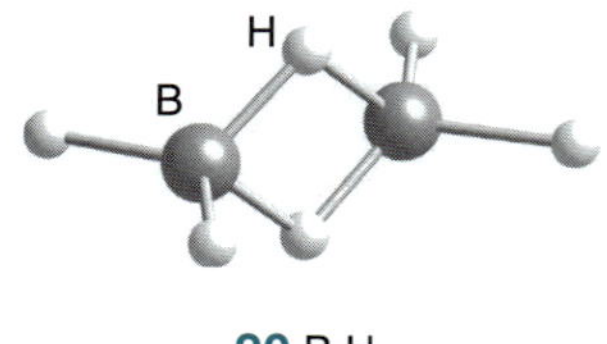

20 B_2H_6

결합의 VB 모형은 **전자 결핍 화합물**(electron deficient compound)의 존재를 설명할 수 없다. 전자 결핍 화합물은 Lewis 접근법에 따르면, 결합수가 필요로 하는 만큼의 충분한 전자수를 가지고 있지 않은 화합물이다. 이러한 점은 다이보레인, B_2H_6(**20**)으로 매우 쉽게 설명할 수 있다. Lewis 접근법에 따르면, 이 화합물은 12개의 원자가 전자수를 가지고 있으나, 8개의 원자를 결합시키려면 적어도 8개의 전자쌍이 필요하다.

몇 개의 원자 오비탈의 조합에 의한 분자 오비탈의 형성은 이 화합물의 존재를 어렵지 않게 설명할 수 있다. 8개의 원자는 모두 14개의 원자가 오비탈(각 B 원자로부터 세 개의 p 오비탈과 한 개의 s 오비탈로 이루어지는 8개와, 6개의 H 원자로부터의 각각의 s 오비탈에 기여한다. 이 14개의 원자 오비탈은 14개의 분자 오비탈을 형성하는 데 사용된다. 분자 오비탈 중 7개는 결합성과 비결합성을 가지며, 12개의 원자가 전자를 채우기에 충분하다.

이 결합은 만들어진 MO들이 말단 BH 조각 또는 다리 놓인 BHB 조각과 연관되어 있다고 생각하면 쉽게 이해될 수 있다. 말단 BH 결합과 연관되어 있는 편재화된 MO는 두 개 원자(H1s와 $B2s2p^n$의 혼성의 원자 오비탈로부터 간단하게 형성된다. BHB 조각 두 개와 연관되어 있는 분자 오비탈은 B 원자 두 개와 이들 사이에 있는 H의 H1s 오비탈로 이루어진 $B2s2p^n$와의 선형 조합이다(그림 4.35). 세 개의 분자 오비탈은 세 개의 원자 오비탈로부터 형성되는데, 하나는 결합성, 또 하나는 비결합성, 그리고 세 번째는 반결합성이다. 결합성 오비탈은 두 개의 전자를 수용하고 BHB 조각을 결합시킨다. 두 번째 BHB 조각도 같은 맥락으로 이해할 수 있으며, 두 개의 채워진 '다리 놓은' 분자 오비탈이 이 분자를 묶어 준다. 결국 12개의 전자는 6쌍 이상의 원자에 퍼져 있으므로, 이 분자의 안정성을 설명해 준다.

전자 결핍은 붕소(여기서 명확히 인지된)뿐만 아니라, 탄소 양이온과 추후에 교재에서 접하게 될 여러 부류의 화합물에서 잘 알려져 있다.

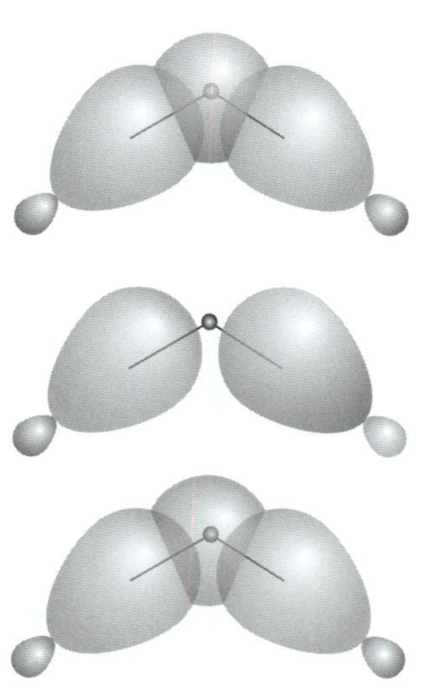

그림 4.35 B_2H_6에서 두 개의 B 원자와 이들 사이에 위치한 한 개의 H 원자로 분자 오비탈이 형성된다. 두 개의 전자는 결합 조합을 점유하고, 세 개의 모든 원자는 서로 붙잡는 역할을 한다.

연습 문제

4.1 VSEPR 모형을 이용하여 다음 분자나 이온의 구조를 예측하시오.
BrF_4^- $TeCl_4$ I_2Cl_6 (I−I 결합이 없음) ClO_3^-
각 경우에 있어서 주 회전축을 보이고, 수평 및 수직 거울면을 표시하시오. 분자들 중 어느 것이 반전 중심을 갖고 있는가?

4.2 다음 중 어떤 분자 또는 이온이 (a) 반전 중심, (b) S_4축을 가지고 있는가?
(i) CO_2 (ii) C_2H_2 (iii) BF_3 (iv) SO_4^{2-}

4.3 벤젠 분자는 몇 개의 대칭면을 갖고 있는가? 분자식이 $C_6H_nCl_{6-n}$인 염소 치환 벤젠 중 네 개의 대칭면을 갖는 치환체는 어느 것인가?

4.4 (a) SO_3^{2-} 이온의 점군을 결정하시오.
(b) 이 이온의 분자 오비탈의 최대 축퇴도는 얼마인가?
(c) 만약 황의 오비탈이 3s와 3p라면, 그들 중 어느 것이 최대 축퇴 분자 오비탈에 기여할 수 있는가?

4.5 삼각 쌍뿔 분자 PF_5에서 원자의 변위를 고려해 보자. 그리고 진동 방식의 수와 대칭을 계산하시오.

4.6 IR과 Raman 모두에 활성인 (a) SF_6, (b) BF_3의 진동 대칭종은 무엇인가?

4.7 투영 연산자 방법을 이용하여 (a) BF_3, (b) PF_5에서 σ 결합 형성에 필요한 SALC를 결정하시오.

4.8 그림 3.32에 나타나 있는 상대적인 원자 오비탈과 분자 오비탈의 에너지로부터, SF_6의 경계 오비탈 e(HOMO)와 2t(LUMO)에 대한 F와 S의 지표를 기술하시오. 이유를 설명하시오.

4.9 (a) 각 원자의 1s 기저 원자 오비탈을 사용하여 선형인 $[HHeH]^{2+}$의 각 분자 오비탈의 형태를 그리시오. 그리고 연속적인 마디 표면을 고려하시오.
(b) 에너지가 증가하는 순으로 MO를 나열하시오.
(c) MO에 전자가 채워지는 것을 표시하시오.
(d) $[HHeH]^{2+}$는 따로 존재할 때 안정한가, 아니면 용액 내에 있을 때 안정한가? 이유를 설명하시오.

5 산과 염기

이 장은 산과 염기로 분류되는 다양한 화학종에 초점을 맞추고 있다. 이 장의 첫 부분에서 설명하고 있는 산과 염기는 양성자 이동 반응에 관한 것이다. 양성자 이동 평형은 산도 상수로 정량적으로 설명할 수 는데, 산도 상수란 한 화학종이 양성자를 내주려고 하는 경향성의 척도이다. 이 장의 두 번째 부분에서는 Lewis 산과 염기의 정의를 주개와 받개 사이에서 공유하고 있는 전자쌍이 관여하는 반응을 포함하는 영역까지 넓힐 것이다. 이렇게 넓힘으로써 산과 염기에 대한 논의를 양성자를 갖고 있지 않는 화학종과 물이 아닌 용매까지 확장할 수 있다. Lewis 화학종의 다양성 때문에 한 가지 척도의 세기는 적절치 않다. 따라서 두 가지 접근 방법에 대하여 설명할 것이다. 하나는 산과 염기를 '굳은 또는 무른'으로 분류하는 것이고, 또 다른 하나는 각 화학종의 특성을 나타내는 한 벌의 인자를 얻는 데 열화학적 데이터를 사용하는 것이다. 마지막 절은 비수용성 용매를 도입하고, 산–염기 화학의 가장 중요한 응용의 일부를 설명한다.

산과 염기의 원래의 차이점은 위험하게도 맛이나 촉감 같은 기준에 근거를 두었다. 즉 산은 신맛이 나고, 염기는 비누 성질이 있다. 이들의 성질에 대한 더욱 심도 있는 화학적 이해는 물에서 (양으로 하전된) 수소 이온을 생성하는 화합물로서의 산의 Arrhenius(1884) 개념으로부터 시작되었다. 이 장에서 고려하고 있는 현대적인 정의는 더욱 넓은 영역의 화학 반응에 기초를 두고 있다. 즉 Brønsted와 Lowry는 양성자 이동에, Lewis는 전자쌍 받개와 전자쌍 주개의 분자나 이온의 상호 작용, 즉 배위 결합에 초점을 맞춘다.

산–염기 반응은 특히 산과 염기가 무엇인가에 대한 더욱 더 정교한 정의가 관련되어 있다면, 한눈에 쉽게 인지하지 못하더라도 매우 흔한 반응이다. 예를 들면 산성비의 생성은 이산화 황(산)과 물(염기) 간의 매우 간단한 반응으로 시작된다.

$$2\,SO_2(g) + H_2O(l) \rightarrow HOSO_2^-(aq) + H^+(aq)$$

비누를 만드는 과정인 비누화 반응은 또 다른 산–염기 반응이다.

$$NaOH(aq) + RCOOR'(aq) \rightarrow RCO_2Na(aq) + R'OH(aq)$$

기체상에서 단일 분자인 많은 단순한 무기 화합물은 분자간 배위 결합을 할 수 있는 Lewis 산(Be)과 Lewis 염기(Cl)를 모두 포함하고 있기 때문에 고분자로 축합된다.

캡션에 이 표시된 그림은 쌍방향의 3D 구조로 온라인에서 찾을 수 있다. 브라우저에 다음 URL을 입력하고 관련 그림 번호를 넣어라. www.chemtube3d.com/wellerxe/[장번호]F[그림 번호]. 예를 들어 2장의 그림 7은 www.chemtube3d.com/wellerxe/2F07을 입력하면 된다.

$$n\,BeCl_2(g) \rightarrow (BeCl_2)_n(s)$$

다수의 그러한 반응들이 있고, 나중에 그들이 왜 산과 염기의 반응으로 여겨지는지 알게 될 것이다.

Brønsted 산도

요점: Brønsted 산은 양성자 주개이고, Brønsted 염기는 양성자 받개이다. 양성자는 분리되어 존재하는 것이 아니라 다른 화학종과 연관되어 존재한다. 물에서 수소 이온의 단순한 표기 방법은 하이드로늄 이온(H_3O^+)이다.

덴마크의 Johannes Brønsted와 영국의 Thomas Lowry는 1923년에 산-염기 반응의 본질적인 특징은 수소 이온(H^+)이 한 화학종에서 다른 화학종으로 이동하는 것이라고 제안하였다. 이 정의에서 수소 이온은 종종 양성자라고 언급된다. 그들은 양성자 주개로 작용하는 어떠한 물질은 산으로 분류되어야 하고, 양성자 받개로 작용하는 어떠한 물질은 염기로 분류되어야 한다고 제안하였다. 이와 같은 방식으로 작용하는 물질을 지금은 각각 'Brønsted 산', 'Brønsted 염기'라고 한다.

Brønsted 산(Brønsted acid)은 양성자 주개이다.
Brønsted 염기(Brønsted base)는 양성자 받개이다.

이 정의는 양성자 이동이 일어나는 주위에 대한 기준이 없어서, 어떠한 용매 속에서도 심지어 용매가 없는 경우에도 양성자 이동 행위에 적용되고 있다.

Brønsted 산의 한 예는 플루오린화 수소(HF)인데, 이 화합물은 물에서 녹을 때 양성자를 H_2O와 같은 또 다른 분자에 줄 수 있다.

$$HF(g) + H_2O(l) \rightarrow H_3O^+(aq) + F^-(aq)$$

Brønsted 염기의 한 예는 암모니아(NH_3)인데, 이 화합물은 양성자 주개로부터 양성자를 받을 수 있다.

$$H_2O(l) + NH_3(aq) \rightarrow NH_4^+(aq) + OH^-(aq)$$

위의 두 가지 예에서 볼 수 있듯이, 물은 Brønsted 산과 Brønsted 염기로 모두 작용할 수 있는 **양쪽성 양성자성**(amphiprotic) 물질이다.

산이 물 분자에 양성자를 주면, 물은 **하이드로늄 이온**(hydronium ion, H_3O^+)(**1**; $H_3O^+ClO_4^-$의 결정 구조로부터)로 변한다. 그러나 H_3O^+는 물에서의 양성자를 지나치게 단순화한 표현이다. 왜냐하면 H_3O^+는 광범위하게 **수소 결합**(5.6절과 10.6절)에 참여하고 있으므로 $H_9O_4^+$(**2**)가 더 좋은 표현이다. 기체상에서 질량 분광기를 이용한 물뭉치의 연구 결과는 한 개의 H_2O 분자 바구니가 한 개의 H_3O^+ 주위에 정오각 십이면체 구조인 $H^+(H_2O)_{21}$을 이루면서 응축될 수 있다는 것을 보여 주고 있다. 이 구조가 보여 주듯이, 물에서 양성자에 대한 가장 적당한 표현은 주위 환경과 실험이 이루어지는 조건에 따라 다양하다. 그러나 우리는 계속 H_3O^+ 표현을 사용할 것이다.

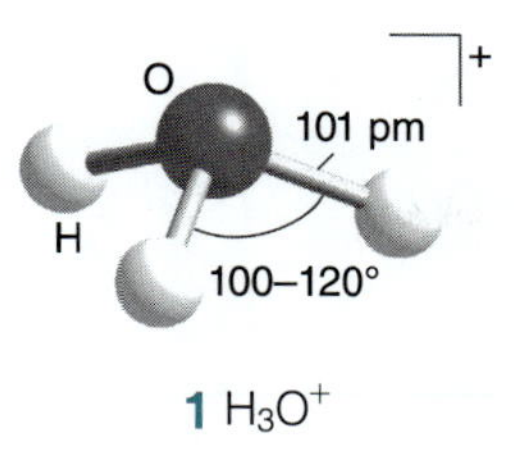

1 H_3O^+

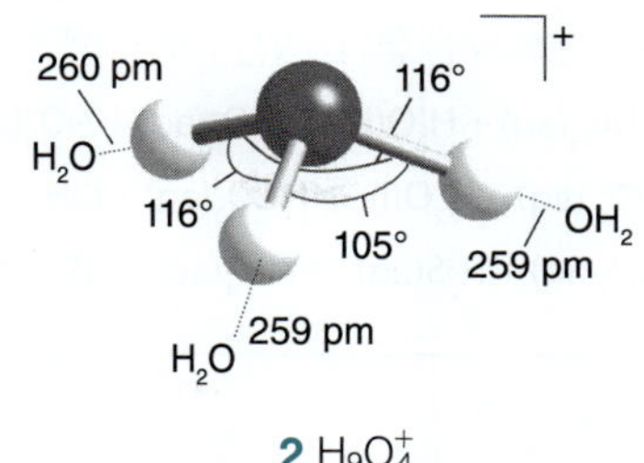

2 $H_9O_4^+$

5.1 물에서의 양성자 이동 평형

산과 염기 사이에서의 양성자 이동은 양쪽 방향으로 아주 빠르게 일어나고 있으므로, 다음 식과 같은 동적 평형들은

$$HF(aq) + H_2O(l) \rightleftharpoons H_3O^+(aq) + F^-(aq)$$
$$H_2O(l) + NH_3(aq) \rightleftharpoons NH_4^+(aq) + OH^-(aq)$$

정반응만으로 나타내는 것보다 물에서 산 HF와 염기 NH_3의 거동을 보다 더 완전하게 묘사해 주게 된다. 수용액 속에서 Brønsted 산–염기 화학에 대한 핵심적인 현상은 양성자 이동 반응에서 빠른 평형이 이루어진다는 것을 중점적으로 다룰 것이다.

(a) 짝산과 짝염기

요점: 한 화학종이 양성자를 내놓으면, 그 화학종은 짝염기가 된다. 즉 한 화학종이 양성자를 얻으면 그 화학종은 짝산이 된다. 짝산과 짝염기는 용액에서 평형을 이룬다.

위에 주어진 산으로부터 염기로의 양성자 이동에 의존하는 두 개의 정반응과 역반응 구조는 다음과 같이 Brønsted 평형으로 표현한다.

$$\text{산}_1 + \text{염기}_2 \rightleftharpoons \text{산}_2 + \text{염기}_1$$

화학종 염기$_1$은 산$_1$의 **짝염기**(conjugate base)라고 하고, 산$_2$는 염기$_2$의 **짝산**(conjugate acid)이라고 한다. 산의 짝염기는 양성자를 잃고 남는 화학종이다. 염기의 짝산은 양성자를 얻을 때 생성되는 화학종이다. 따라서 F^-는 HF의 짝염기이고, H_3O^+는 H_2O의 짝산이다. 산과 짝산 그리고 염기와 짝염기의 근본적인 차이는 없다. 짝산은 또 다른 산이고, 짝염기는 또 다른 염기이다.

예제 5.1 산과 염기 확인

다음 반응에서 Brønsted 산과 그 짝염기를 찾으시오.

(a) $HSO_4^-(aq) + OH^-(aq) \rightarrow H_2O(l) + SO_4^{2-}(aq)$

(b) $PO_4^{3-}(aq) + H_2O(l) \rightarrow HPO_4^{2-}(aq) + OH^-$

답 양성자를 잃는 화학종과 그의 짝을 확인해야 한다. (a) 황산수소 이온(HSO_4^-)은 양성자를 수산화 이온에 준다. 따라서 HSO_4^-는 산이고, 생성된 SO_4^{2-} 이온은 그것의 짝염기이다. (b) H_2O 분자는 양성자를 염기로 작용하는 인산 이온에 전해 준다. 따라서 H_2O는 산이고, OH^- 이온은 그것의 짝염기이다.

문제 5.1 다음 반응에서 산 염기, 짝산, 짝염기를 찾으시오.

(a) $HNO_3(aq) + H_2O(l) \rightarrow H_3O^+(aq) + NO_3^-(aq)$

(b) $CO_3^{2-}(aq) + H_2O(l) \rightarrow HCO_3^-(aq) + OH^-$

(c) $NH_3(aq) + H_2S(aq) \rightarrow NH_4^+(aq) + HS^-(aq)$

(b) Brønsted 산의 세기

요점: Brønsted 산의 세기는 산도 상수로 측정할 수 있고, Brønsted 염기의 세기는 염기도 상수로 측정할 수 있다. 염기의 세기가 세면 셀수록 그것의 짝산의 세기는 약하다.

이러한 논의를 통해 일반 화학에서 익숙하게 다루었던 pH의 개념이 필요할 것이다.

$$pH = -\log[H_3O^+],\ [H_3O^+] = 10^{-pH} \tag{5.1}$$

수용액에서 Brønsted 산의 세기는 HF에서처럼 **산도 상수**(**acidity constant**, 또는 '산 이온화 상수') K_a로 표현한다.

$$HF(aq) + H_2O(l) \rightleftharpoons H_3O^+(aq) + F^-(aq) \qquad K_a = \frac{[H_3O^+][F^-]}{[HF]}$$

더 일반적으로 표현하면

$$HX(aq) + H_2O(l) \rightleftharpoons H_3O^+(aq) + X^-(aq) \qquad K_a = \frac{[H_3O^+][X^-]}{[HX]} \tag{5.2}$$

정밀한 작업에서 K_a는 유효 열역학적 농도인 X의 활동도 $a(X)$ 항으로 표현될 수 있다. 산도 상수는 용액이 충분히 묽어서 $a(H_2O)=1$로 쓸 수 있다는 가정에 근거한 것이다.

이 정의에서 $[X^-]$는 화학종 X^-의 몰농도 값을 나타낸다(따라서 HF 분자의 몰농도가 $0.001\ mol\ dm^{-3}$이면, $[HF] = 0.001$). $K_a \ll 1$ 값은 $[X^-]$에 비하여 [HF]가 크고, 산에 의한 양성자 유지력의 우세함을 의미한다. 물속에서 HF의 실험적 K_a 값은 3.5×10^{-4}이며, 일반적인 조건하에서 매우 적은 분율의 HF 분자로부터 양성자가 떨어져 나옴을 의미한다. 실제로 떨어져 나오는 양성자 분율은 K_a 값으로부터 산 농도의 함수로 계산할 수 있다.

예제 5.2 산도 상수 계산하기

물속에서 0.145 M $CH_3COOH(aq)$의 pH는 2.80이다. 에탄산의 K_a를 계산하시오.

답 K_a를 계산하기 위하여 용액에서 H_3O^+, $CH_3CO_2^-$ 및 CH_3COOH의 농도를 계산해야 한다. H_3O^+의 농도는 $[H_3O^+] = 10^{-pH}$ 관계식을 사용하여 pH로부터 얻는다. pH = 2.80 용액에서 H_3O^+의 몰농도는 $1.6\times10^{-3}\ mol\ dm^{-3}$이다. 각각의 탈양성자 과정을 통하여 한 개의 H_3O^+ 이온과 한 개의 $CH_3CO_2^-$ 이온을 생성하므로 $CH_3CO_2^-$의 농도는 H_3O^+의 농도와 같다(물의 자체 양성자 이전 반응을 무시하면). 남아 있는 산의 몰농도는 $0.145 - 0.0016\ mol\ dm^{-3} = 0.143\ mol\ dm^{-3}$이다. 따라서

$$K_a = \frac{(1.6\times10^{-3})^2}{0.143} = 1.7\times10^{-5}$$

이 값은 $pK_a = 4.77$에 해당한다.

문제 5.2 HF 산의 $K_a = 3.5\times10^{-4}$이다. 0.10 M HF(aq)의 pH를 계산하시오.

유사하게 물속에서 NH_3와 같은 염기의 양성자 이동 평형 특성은 평형 상수, 즉 **염기도 상수(basicity constant)** K_b로 표현한다.

$$NH_3(aq) + H_2O(l) \rightleftharpoons NH_4^+(aq) + OH^-(aq) \quad K_b = \frac{[NH_4^+][OH^-]}{[NH_3]}$$

이에 대한 일반식은 다음과 같다.

$$B(aq) + H_2O(l) \rightleftharpoons HB^+(aq) + OH^-(aq) \quad K_b = \frac{[HB^+][OH^-]}{[B]} \tag{5.3}$$

만약에 $K_b \ll 1$이면 $[HB^+] \ll [B]$이고 B 분자의 작은 분율만이 양성자화된다. 따라서 염기는 약한 양성자 받개이고, 짝산은 낮은 농도로 존재한다. 물에서 암모니아에 대한 K_b 실험값은 1.8×10^{-5}이고, 일반적인 조건에서 NH_3 분자의 낮은 분율만이 물에서 양성자화된다. 산에 대하여 계산한 것처럼, 양성자가 첨가된 염기의 실제 분율도 K_b 값으로부터 계산할 수 있다.

물은 양쪽성 양성자성이므로, 양성자 이동 평형은 첨가된 산이나 염기가 없어도 존재한다. 하나의 물 분자에서 다른 물 분자로의 양성자 이동을 물의 **자체 양성자 이전**[**autoprotolysis**, 또는 '자체 이온화(autoionization)']이라고 한다. 평형 상태에서 자체 양성자화 범위와 용액의 조성은 물의 **자체 양성자 이전 상수**[**autoprotolysis constant**, 또는 '자체 이온화 상수(autoionization constant)']로 나타낸다.

$$2H_2O(l) \rightleftharpoons H_3O^+(aq) + OH^-(aq) \quad K_w = [H_3O^+][OH^-]$$

K_w의 실험값은 25°C에서 1.00×10^{-14}이며, 순수한 물에서 아주 적은 분율의 물만이 이온으로 존재함을 나타낸다. 실제로 순수한 물의 pH는 7.00이고 $[H_3O^+] = [OH^-]$이기 때문에 $[H_3O^+] = 1.0 \times 10^{-7}$ mol dm^{-3}이다. 수돗물과 병물의 pH는 용해된 CO_2 때문에 7보다 약간 낮다.

한 용매에 대하여 자체 양성자 이전 상수의 중요한 역할은 어떠한 염기의 세기를 그 염기의 짝산의 세기로 표현하는 것을 가능하게 해준다는 것이다. 그렇게 함으로써 산도 세기와 염기도 세기를 나타내는 데 단일 상수를 사용할 수 있게 된다. 따라서 NH_3가 염기로 작용하는 NH_3 평형에 대한 K_b 값은 다음 평형의 K_a 값과 관련이 있다.

$$NH_4^+(aq) + H_2O(l) \rightleftharpoons H_3O^+(aq) + NH_3(aq)$$

짝산은 산으로 작용한다.

$$K_aK_b = K_w \tag{5.4}$$

식 5.4의 의미는 K_b 값이 크면 클수록 K_a 값은 더욱 작아진다는 것이다. 즉 염기의 세기가 세면 셀수록 그것의 짝산의 세기는 더욱 약해진다. 따라서 관례적으로 염기의 세기는 그들 짝산의 산도 상수 K_a로 나타낼 수 있다는 것이다.

요약 설명

물에서 암모니아의 K_b는 1.8×10^{-5}이다. 짝산 NH_4^+의 K_a는 다음과 같다.

$$K_a = \frac{K_w}{K_b} = \frac{1 \times 10^{-14}}{1.8 \times 10^{-5}} = 5.6 \times 10^{-10}$$

산도 상수는 몰농도처럼 크기 범위가 널리 퍼져 있으므로, 이들의 크기는 다음 식을 써서 상용로그(밑이 10인 로그)로 나타내는 것이 일반적으로

$$pK = -\log K \tag{5.5}$$

여기서 K는 평형 상수 값이다. 예를 들면 25°C에서 pK_w=14.00이다. 이 정의와 식 5.4의 관계로부터 다음 식을 얻을 수 있다.

$$pK_a + pK_b = pK_w \tag{5.6}$$

특정한 pK_w를 용매의 자체 양성자 이전 상수 pK_{sol}로 바꾸어 특정한 용매에서 짝산과 짝염기의 세기를 판단하는 데 유사하게 적용할 수 있다.

(c) 강한 산-염기와 약한 산-염기

요점: 산 또는 염기는 산도 상수의 크기에 따라 약한 것과 강한 것으로 분류한다.

표 5.1은 일반적인 몇몇 산과 염기의 짝산에 대한 산도 상수를 보여 주고 있다. 만약에 양성자 이동 평형이 용매에 양성자를 용이하게 주는 쪽이면 그 물질은 **강한 산**(strong acid)으로 분류한다. 따라서 $pK_a < 0$ ($K_a > 1$이고 일반적으로는 $K_a \gg 1$)이면 강한 산이다. 이러한 산은 용액에서 일반적으로 완전히 양성자가 이탈하는 것으로 간주한다(그러나 이것은 오로지 근사라는 것을 잊지 말아야 한다). 예를 들면 염산은 H_3O^+와 Cl^- 이온의 용액이며, HCl 분자는 무시할 수 있는 정도의 농도라고 간주한다. $pK_a > 0$($K_a < 1$에 해당하는)인 물질은 **약한 산**(weak acid)으로 분류한다. 그와 같은 화학종에서 양성자화 평형은 이온화하지 않은 산이 우세한 방향으로 놓여 있다. 플루오린화 수소는 물에서 약한 산인데, 플루오린화 수소산은 하이드로늄 이온과 플루오린화 이온 그리고 높은 분율의 HF 분자로 구성되어 있다.

강한 염기(strong base)는 물속에서 거의 완전하게 양성자가 첨가되는 화학종이다. 산화 이온(O^{2-})이 좋은 예로, 물속에서 즉시 OH^- 이온으로 변한다. **약한 염기**(weak base)는 물속에서 부분적으로 양성자가 첨가된다. NH_3가 한 가지 예이다. 강한 산의 짝염기는 약한 염기인데, 그 이유는 그와 같은 염기는 열역학적으로 양성자를 받아들이는 것이 불리하기 때문이다.

산 HX와 짝염기 X^- 혼합물을 포함하는 묽은 용액의 pH는

$$pH = pK_a + \log\frac{[X^-]}{[HX]} \tag{5.7}$$

(d) 다양성자산

요점: 다양성자산은 순차적으로 양성자를 잃는다. 순차적으로 양성자를 잃는 것은 점진적으로 약하게 된다. 분포도는 용액의 pH에 따라 존재하는 각 화학종의 분율이 얼마인지를 요약한다.

다양성자산(polyprotic acid)은 한 개 이상의 양성자를 줄 수 있는 물질이다. 이양성자산인 황화 수소산(H_2S)이 한 예이다. 이양성자 산에 대해서는 두 개의 순차적인 양성자 주개와 두 개의 산도 상수가 있다.

$$H_2S(aq) + H_2O(l) \rightleftharpoons HS^-(aq) + H_3O^+(aq)$$

$$HS^-(aq) + H_2O(l) \rightleftharpoons S^{2-}(aq) + H_3O^+(aq)$$

표 5.1 수용액에서 각 화학종에 대한 산도 상수(25°C)

산	HA	A^-	Ka	pK_a
아이오딘산	HI	I^-	10^{11}	−11
과염소산	$HClO_4$	ClO_4^-	10^{10}	−10
브로민산	HBr	Br^-	10^9	−9
염산	HCl	Cl^-	10^7	−7
황산	H_2SO_4	HSO_4^-	10^2	−2
질산	HNO_3	NO_3^-	10^2	−2
하이드로늄 이온	H_3O^+	H_2O	1	0.0
염소산	$HClO_3$	ClO_3^-	10^{-1}	1
아황산	H_2SO_3	HSO_3^-	1.5×10^{-2}	1.81
황산수소 이온	HSO_4^-	SO_4^{2-}	1.2×10^{-2}	1.92
인산	H_3PO_4	$H_2PO_4^-$	7.5×10^{-3}	2.12
플루오린산	HF	F^-	3.5×10^{-4}	3.45
폼산	HCOOH	HCO_2^-	1.8×10^{-4}	3.75
에탄산	CH_3COOH	$CH_3CO_2^-$	1.74×10^{-5}	4.76
피리디늄 이온	$HC_5H_5N^+$	C_5H_5N	5.6×10^{-6}	5.25
탄산	H_2CO_3	HCO_3^-	4.3×10^{-7}	6.37
황화 수소	H_2S	HS^-	9.1×10^{-8}	7.04
인산이수소 이온	$H_2PO_4^-$	HPO_4^{2-}	6.2×10^{-8}	7.21
붕산*	$B(OH)_3$	$B(OH)_4^-$	7.2×10^{-10}	9.14
암모늄 이온	NH_4^+	NH_3	5.6×10^{-10}	9.25
사이안산	HCN	CN^-	4.9×10^{-10}	9.31
탄산수소 이온	HCO_3^-	CO_3^{2-}	4.8×10^{-11}	10.32
비소산수소 이온	$HAsO_4^{2-}$	AsO_4^{3-}	3.0×10^{-12}	11.53
인산수소 이온	HPO_4^{2-}	PO_4^{3-}	2.2×10^{-13}	12.67
황화수소산 이온	HS^-	S^{2-}	1.1×10^{-19}	19

* 양성자 이동 평형은 $B(OH)_3(aq) + 2H_2O(l) \rightleftharpoons H_3O^+(aq) + B(OH)_4^-(aq)$이다.

$$K_{a1} = \frac{[H_3O^+][HS^-]}{[H_2S]}$$

$$K_{a2} = \frac{[H_3O^+][S^{2-}]}{[HS^-]}$$

표 5.1에서 $K_{a1} = 9.1\times10^{-8}$($pK_{a1}$ = 7.04)이고, $K_{a2}\approx1.1\times10^{-19}$($pK_{a2}$ = 19)이다. 이차 산도 상수 K_{a2}는 항상 K_{a1} 보다 작다(따라서 pK_{a2}는 일반적으로 pK_{a1}보다 더 크다). K_a 값의 감소는 산의 정전기적인 모형과 일치하는데, 두 번째 양성자가 떨어지는 과정은 처음 양성자가 떨어질 때와 비교하여 음전하가 하나 더 생겨난 중심부에서 양성자가 떨어져야 한다. 양으로 하전된 양성자를 제거하는 추가의 정전기적 일이 필요하기 때문에, 양성자가 떨어지는 것이 어렵게 된다.

예제 5.3 다양성자산에서 이온의 농도 계산하기

0.10 M $H_2CO_3(aq)$에서 탄산 이온의 농도를 계산하시오(K_{a1}은 표 5.1에 주어졌고, $K_{a2} = 4.6\times10^{-11}$이다).

답 연속적인 탈양성자화 단계에 대한 평형과 함께 산도 상수를 고려해야 한다.

$$H_2CO_3(aq) + H_2O(l) \rightleftharpoons HCO_3^-(aq) + H_3O^+(aq)$$

$$HCO_3^-(aq) + H_2O(l) \rightleftharpoons CO_3^{2-}(aq) + H_3O^+(aq)$$

$$K_{a1} = \frac{[H_3O^+][HCO_3^-]}{[H_2CO_3]}$$

$$K_{a2} = \frac{[H_3O^+][CO_3^{2-}]}{[HCO_3^-]}$$

두 번째 탈양성자화는 너무 작으므로 첫 번째 탈양성자화에서 생성되는 $[H_3O^+]$ 의 값에 영향을 미치지 않는다고 가정하면, 이러한 경우에 K_{a2}에서 $[H_3O^+] = [HCO_3^-]$라고 쓸 수 있다. 그러므로 K_{a2}를 나타내는 식에서 이 두 항은 서로 상쇄되어서 결과적으로

$$K_{a2} = [CO_3^{2-}]$$

이며, 이것은 산의 처음 농도와는 독립적이다. 따라서 이 용액에서 탄산 이온의 농도는 4.6×10^{-11} mol dm^{-3}이다.

문제 5.3 0.20 M $H_2C_4H_4O_6(aq)$(타타르산)의 pH를 계산하시오(단, K_{a1}=1.0×10^{-3}, K_{a2}=4.6×10^{-5}).

다양성자산의 순차적인 양성자 이동 평형에서 생성되는 화학종의 농도를 나타내는 가장 분명한 방법은 특정화된 화학종 X로 존재하는 용질의 존재 분율 f(X)를 pH에 대하여 도시하여 보여 주는 **분포도(distribution diagram)**를 그리는 것이다. 예를 들어 순차적으로 양성자를 내놓으면서 $H_2PO_4^-$, HPO_4^{2-} 및 PO_4^{3-}를 생성하는 삼양성자산 H_3PO_4를 생각해 보자. 변하지 않고 남아 있는 H_3PO_4 분자의 분율은 다음과 같다.

$$f(H_3PO_4) = \frac{[H_3PO_4]}{[H_3PO_4]+[H_2PO_4^-]+[HPO_4^{2-}]+[PO_4^{3-}]} \tag{5.8}$$

주어진 pH에서 각 용질의 농도를 pK_a 값으로부터 계산할 수 있다.[1] 그림 5.1은 pH의 함수에 해당하는 네 가지 용질의 분율을 보여 주고 있으며, 각 산과 각각의 pH에서 그의 짝염기의 상대적인 중요함을 요약하고 있다. 반대로, 도표는 특정한 화학종의 분율을 포함하고 있는 용액의 pH를 나타내고 있다. 예를 들어 하이드로늄 이온의 농도가 높은 pH$<$pK_{a1}이면, 우세한 화학종은 완전히 양성자가 첨가된 H_3PO_4 분자이다. 그러나 만약에 낮은 하이드로늄 이온 농도에 해당하는 pH$>$pK_{a3}이면, 우세한 화학종은 양성자를 완전히 잃어버린 PO_4^{3-} 이온이다. 중간에 해당하는 화학종은 pH 값들이 해당하는 pK_a 값 사이에 놓여 있을 때 우세하다.

[1] 관련 계산에 대해 다음을 보라. P. Atkins and L. Jones, *Chemical principles*. W. H. Freeman & Co. (2010)

(e) Brønsted 산과 염기의 세기를 조절하는 인자

요점: 양성자 친화도는 기체 상태에서 양성자를 얻을 때 반응 엔탈피의 음의 값을 나타낸다. p 구역 짝염기의 양성자 친화도는 주기에서 오른쪽으로 갈수록, 족에서 아래로 갈수록 감소한다. 양성자 친화도(따라서 염기의 세기)는 용매화에 의해 영향을 받는데, 이것은 전하를 운반하는 화학종을 안정화하기 때문이다.

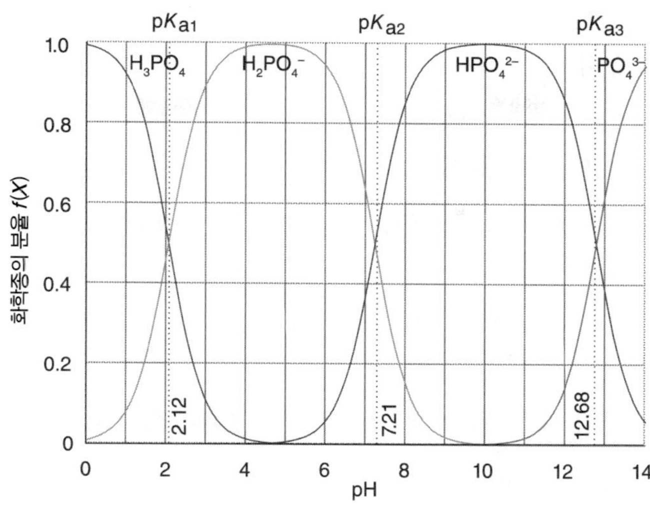

그림 5.1 pH 함수로 나타낸 다양한 형태의 삼양성자성 인산에 대한 분포도

X–H 양성자의 상대적인 산도는 양성자 이동을 수반하는 엔탈피 변화를 고려하면 정량적으로 이해할 수 있다. 우선 기체 상태의 양성자 이동 반응을 고려하고 다음으로 용매의 효과를 고려한다.

가장 간단한 양성자의 반응은 기체 상태에서 염기 A^-(여기서는 비록 음전하의 화학종으로 나타냈지만 NH_3 같은 중성 분자일 수도 있다)에 결합하는 것이다.

$$A^-(g) + H^+(g) \rightarrow HA(g)$$

이 반응에 대한 표준 엔탈피는 **양성자 얻음 엔탈피(proton-gain enthalpy)** $\Delta_{pg}H^\ominus$이다. 이 값에서 부호를 음으로 바꾸어 **양성자 친화도(proton affinity,** A_p)로 자주 표현한다(표 5.2). $\Delta_{pg}H^\ominus$가 큰 음의 값이면 양성자 결합 반응이 발열에 해당하고 양성자 친화도가 높으며, 기체 상태에서 강한 염기성임을 나타낸다. 양성자 얻음 엔탈피가 단지 약간 음의 값이면 양성자 친화도는 낮으며 약한 염기성(혹은 오히려 더 산성)임을 의미한다.

p 구역 이성분산 HA의 짝염기에 대한 양성자 친화도는 같은 주기에서 오른쪽으로 갈수록 감소하며 같은 족에서 아래로 갈수록 감소하는데, 이는 기체 상태에서 산도가 증가함을 의미한다. 이와 같이 HF는 H_2O보다 강한 산이고, HI는 할로젠화 수소 중에서 가장 강한 산이다. 다시 말하면 짝염기에 대한 양성자 친화도의 순서는 $I^- < OH^- < F^-$이다. 이런 경향은 그림

표 5.2 기체 상태와 용액 상태에서의 양성자 친화도*

짝산	염기	A_p(kJ mol^{-1})	A'_p(kJ mol^{-1})
HF	F^-	1553	1150
HCl	Cl^-	1393	1090
HBr	Br^-	1353	1079
HI	I^-	1314	1068
H_2O	OH^-	1643	1188
HCN	CN^-	1476	1183
H_3O^+	H_2O	723	1130
NH_4^+	NH_3	865	1182

* A_p는 기체 상태에서 양성자 친화도이며, A'_p는 물에서 염기에 대한 유효 양성자 친화도이다.

5.2에 나타낸 바와 같이 열역학적 순환 과정으로 설명할 수 있다. 여기서 양성자 얻음은 세 단계의 결과로 생각할 수 있다.

A^-로부터 전자 잃음: $A^-(g) \rightarrow A(g) + e^-(g)$ $\quad -\Delta_{pg}H^{\ominus}(A) = A_e(A)$
(A에 의한 전자 얻음에 대한 역과정)

H^+의 전자 얻음: $H^+(g) + e^-(g) \rightarrow H(g)$ $\quad -\Delta_i H^{\ominus}(H) = -I(H)$
(H의 이온화에 대한 역과정)

H와 A의 조합: $H^+(g) + A(g) \rightarrow HA(g) - B(H{-}A)$
(H−A 결합 해리의 역과정)

짝염기 A^-의 양성자 얻음 엔탈피는 이 세 가지 엔탈피 변화의 합이다.

전체: $H^+(g) + A^-(g) \rightarrow HA(g)$ $\quad \Delta_{pg}H^{\ominus}(A^-) = A_e(A) - I(H) - B(H{-}A)$

따라서 A의 양성자 친화도는 다음과 같다.

$$A_p(A^-) = B(H{-}A) + I(H) - A_e(A) \tag{5.9}$$

주기율표의 어떤 한 주기에서 양성자 친화도의 변화에 대한 주요 인자는 A에 대한 전자 친화도의 경향이고, 이는 주기의 왼쪽에서 오른쪽으로 갈수록 증가하며 A^-의 양성자 친화도는 낮아진다. 따라서 HA의 기체 상태 산도는 A^-의 양성자 친화도가 감소하기 때문에 A의 전자 친화도가 증가함에 따라 **증가한다**. 전자 친화도의 증가는 전기 음성도의 증가와 관련이 있기 때문에(1.7절), HA의 기체 상태 산도도 A의 전기 음성도가 증가함에 따라 증가한다. 어떤 한 족을 따라 내려갈 때 주요 인자는 H−A 결합 해리 엔탈피의 감소이고 A^-의 양성자 친화도가 낮아지며, 따라서 HA의 기체 상태 산도가 증가한다. 이러한 영향의 전체적인 결과로서 주기율표 p 구역의 왼쪽 위에서 오른쪽 아래로 감에 따라 A^-의 기체 상태 양성자 친화도는 감소하며, 따라서 HA의 기체 상태 산도는 증가한다. 이러한 근거로 HI는 CH_4보다 훨씬 더 강한 산이다.

용매(특히 물)가 존재할 때에는 앞서 설명한 상관관계가 수정된다. 기체 상태 과정 $A^-(g) + H^+(g) \rightarrow AH(g)$는

$$A^-(aq) + H^+(aq) \rightarrow HA(aq)$$

으로 변하며 수반되는 양성자 얻음 엔탈피의 음의 값은 $A^-(aq)$의 **유효 양성자 친화도(effective proton affinity,** A'_p)라고 한다.

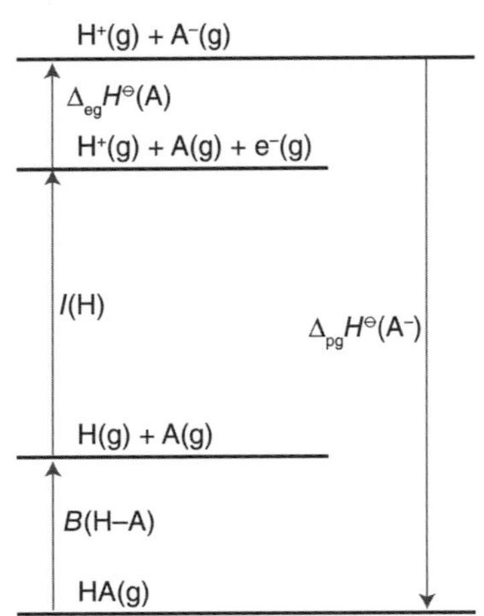

그림 5.2 양성자 얻음 반응에 대한 열역학적 순환 과정

화학종 A^-를 H_2O로 나타내면 H_2O의 유효 양성자 친화도는 다음 과정에서 수반하는 엔탈피 변화이다.

$$H_2O(l) + H^+(aq) \rightarrow H_3O^+(aq)$$

물 분자가 기체 상태에서 양성자와 결합할 때, 즉 다음의 과정에서

$$nH_2O(g) + H^+(g) \rightarrow H^+(H_2O)_n(g)$$

발생되는 에너지는 질량 분석법으로 측정되며 용액에서 수화 과정에 대한 에너지 변화를 평가하는 데 이용된다. 발생되는 에너지는 n이 증가함에 따라 최대 1130 kJ mol^{-1}을 넘는 것으로 나타났으며, 이 값은 물에서 H_2O의 유효 양성자 친화도가 된다. 물에서 OH^- 이온의 유효 양성자 친화도는 간단히 다음 반응 엔탈피의 음의 값이며

$$OH^-(g) + H^+(aq) \rightarrow H_2O(l)$$

이는 평형 상수 K_w의 온도 의존성과 같은 재래적인 방법으로 결정된다. 측정된 값은 1188 kJ mol^{-1}이다.

다음 반응식

$$HA(aq) + H_2O(l) \rightarrow H_3O^+(aq) + A^-(aq)$$

에서 $A^-(aq)$의 유효 양성자 친화도가 $H_2O(l)$의 유효 양성자 친화도보다 낮으면(1130 kJ mol^{-1}보다 작으면), 이 반응은 발열 반응이며—엔트로피 변화를 무시하고 엔탈피 변화는 자발성의 기준이라고 한다면—양성자를 물에 내놓고 강한 산성으로 작용한다. 마찬가지로 다음 반응식

$$A^-(aq) + H_2O(l) \rightarrow HA(aq) + OH^-(aq)$$

에서 $A^-(aq)$의 유효 양성자 친화도가 $OH^-(aq)$의 유효 양성자 친화도(1188 kJ mol^{-1})보다 높으면 이 반응은 발열 반응이다. 엔탈피 변화가 자발성의 기준이라고 한다면 $A^-(aq)$는 양성자를 받으며 강한 염기로 작용한다.

요약 설명

물에서 I^-의 유효 양성자 친화도가 1068 kJ mol^{-1}인 것은 기체 상태에서 1314 kJ mol^{-1}과 비교되는데, 이는 I^- 이온이 수화 작용에 의해 안정화되었음을 보여 준다. 유효 양성자 친화도는 물의 유효 양성자 친화도(1130 kJ mol^{-1})보다 작으며, 그것은 실제로 HI가 물에서 강한 산인 것과 일치한다. F^-를 제외한 할로젠 이온들은 물에서보다 작은 유효 양성자 친화도를 가지며, HF를 제외한 할로젠화 수소는 물에서 강한 산이다.

용매화의 영향은 정전기적 모형으로 설명할 수 있으며, 여기서 용매는 연속적인 유전 매개체로 취급한다. 기체 상태 이온의 용매화는 항상 강한 발열이다. 용매화 엔탈피 $\Delta_{solv}H^\ominus$(물에서 수화 엔탈피 $\Delta_{hyd}H^\ominus$)의 크기는 이온의 반지름, 용매의 상대 유전율, 그리고 이온과 용매 간의 특별한 결합(특히 수소 결합)의 가능성에 의존한다.

기체 상태를 고려할 때 양성자 이동 과정에 대한 엔트로피의 기여는 작으며, 따라서 $\Delta G^\ominus \approx \Delta H^\ominus$이다. 용액에서는 엔트로피 영향을 무시할 수 없으며 $\Delta G^\ominus$를 사용해야 한다. 이온의 용매화에 대한 Gibbs 에너지는 진공에서 상대 유전율 ε_r인 용매로의 음이온 이동에 따른 에너지로서 확인된다. 이러한 모형을 이용하여 다음의 **Born 식(Born equation)**을 유도한다.[2]

[2] Born 식의 유도에 관해 다음을 보라.
P. Atkins and J. de Paula, *Physical Chemistry*, Oxford University Press and W. H. Freeman & Co. (2014)

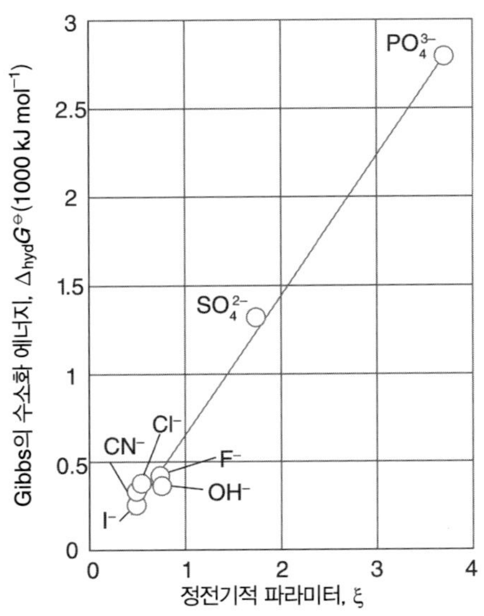

그림 5.3 특정 음이온에 대한 $\Delta_{solv}G^\ominus$와 정전기적 인자 $\xi(=100\ z^2/(r/\text{pm}))$의 상관관계

$$\Delta_{solv}G^\circ = -\frac{N_A z^2 e^2}{8\pi\varepsilon_0 r}\left(1-\frac{1}{\varepsilon_r}\right) \tag{5.10}$$

여기에서 z는 이온의 전하수, r은 유효 반지름(용매 분자의 반지름 부분을 포함), N_A는 Avogadro수, ε_0는 진공 유전율, ε_r은 상대 유전율(유전 상수)이다.

용매화의 Gibbs 에너지는 z^2/r(정전기적 파라미터로도 알려진 ξ)에 비례하며, 크기가 매우 작고 높은 전하를 띤 이온은 극성 용매에서 안정화된다(그림 5.3). 또한 Born 식에서 상대 유전율이 클수록 $\Delta_{solv}G^\ominus$ 값은 음으로 커짐을 알 수 있다. 이러한 안정화는 이 2만큼 작은(괄호 안의 항이 0.5에 근접한다) 무극성 용매에 비해 $\varepsilon_r = 80$(괄호 안의 항이 1에 근접한다)인 물에 대해 특히 중요하다.

이온이 기체 상태로부터 수용액으로 이동할 때에 $\Delta_{solv}G^\ominus$은 몰 Gibbs 에너지 변화이기 때문에, $\Delta_{solv}G^\ominus$가 큰 음의 값일수록 기체 상태보다 용액 상태에서 이온의 형성을 유리하게 한다(그림 5.3). 전하를 띤 이온은 극성 용매 분자와 상호 작용하여 어미 산 HA에 비해 짝염기 A^-를 안정화시키며, 결과적으로 HA의 산도는 극성 용매에 의해 높아진다. 이와는 반대로 중성 염기 B의 유효 양성자 친화도는 짝산 HB^+가 용매화로 안정화되기 때문에 기체 상태보다 더 높아진다. 예를 들어 NH_4^+와 같은 양이온 산은 용매화로 인해 안정화되기 때문에 이들의 유효 양성자 친화도는 기체 상태보다 더 높으며 산도는 극성 용매에 의해 낮아진다.

Born 식에서 안정화는 Coulomb 상호 작용에 기인한다. 그러나 수소 결합도 물과 같은 양성자성 용매에서 중요한 인자이며 어떤 용질 주위에 수소 결합된 뭉치를 형성하게 한다. 결과적으로 물은 크기가 작고 큰 전하를 띤 이온에 대해 Born 식으로 예상하는 것보다 더 큰 안정화 효과를 나타낸다. 전하 밀도가 큰 F^-, OH^- 및 Cl^-는 특히 이러한 안정화 효과가 크며, 물은 수소 결합 주개로서 작용한다. 물은 O 원자에 고립 전자쌍 전자를 가지고 있기 때문에 수소 결합 받개로 작용할 수도 있다. NH_4^+ 같은 산성의 이온들은 수소 결합으로 안정화되며 결과적으로 Born 식으로 예상한 것보다 낮은 산도를 가진다.

Brønsted 산의 특성

요점: 아쿠아산, 하이드록소산, 산소산은 주기율표의 특정 영역을 대표하고 있다.

여기서는 물속에서 Brønsted 산과 염기에 대하여 초점을 맞출 것이다. 지금까지는 HX 형태의 산에 대하여 논의하였다. 그러나 가장 큰 부류의 산은 물에서 중심 원자에 붙어 있는 −OH기로부터 양성자를 주는 화학종으로 구성되어 있다. CH_3COOH에 존재하는 비산성 메틸 양성자와 같이, 분자 내에 존재하는 다른 양성자로부터 그것을 구별하기 위하여 줄 수 있는 양성자를 **산성 양성자(acidic proton)**라고 한다.

고려해야 할 세 가지 부류의 산은 다음과 같다.

1. **아쿠아산(aqua acid)**은 산성 양성자가 중심 금속 이온에 배위되어 있는 물 분자에 있다.

   $$E(OH_2)(aq) + H_2O(l) \rightleftharpoons E(OH)^-(aq) + H_3O^+(aq)$$

   한 가지 예는 다음과 같다.

   $$[Fe(OH_2)_6]^{3+}(aq) + H_2O(l) \rightleftharpoons [Fe(OH_2)_5OH]^{2+}(aq) + H_3O^+(aq)$$

   아쿠아산, 헥사아쿠아철(III) 이온은 (**3**)과 같다.

2. **하이드록소산(hydroxoacid)**은 산성 양성자가 이웃에 옥소기(=O) 없이 하이드록시기에만 있다.
   한 가지 예는 $Te(OH)_6$(**4**)이다.

3. **산소산(oxoacid)**은 산성 양성자가 동일한 원자에 옥소기를 포함하고 있는 하이드록시기에 있다.
   황산[H_2SO_4, $O_2S(OH)_2$(**5**)]이 산소산의 한 예이다.

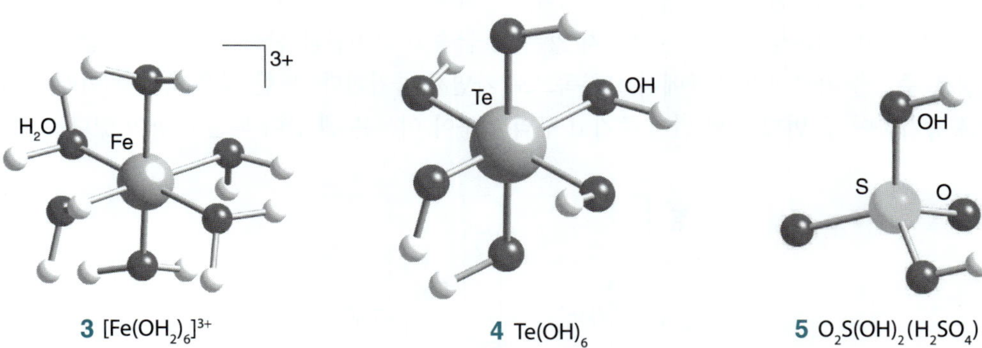

3 $[Fe(OH_2)_6]^{3+}$ **4** $Te(OH)_6$ **5** $O_2S(OH)_2\,(H_2SO_4)$

세 부류의 산은 아쿠아 산이 순차적으로 양성자를 잃는 과정으로 생각할 수 있다.

$$\text{아쿠아산} \xrightarrow{-H^+} \text{하이드록소산} \xrightarrow{-H^+} \text{산소산}$$

이와 같은 순차적인 과정의 한 예는 Ru(IV)와 같이 중간 정도의 산화 상태를 갖고 있는 d 구역 금속에서 볼 수 있다.

OH_2, L, L, Ru, L, L, OH_2 $]^{4+}$ $\underset{+2H^+}{\overset{-2H^+}{\rightleftharpoons}}$ OH, L, L, Ru, L, L, OH $]^{2+}$ $\underset{+H^+}{\overset{-H^+}{\rightleftharpoons}}$ O, L, L, Ru, L, L, OH $]^{+}$

아쿠아산은 낮은 산화 상태에서 s와 d 구역 금속 그리고 p 구역의 왼쪽에 있는 금속의 중심 원자로 이루어진 특징이 있다. 산소산은 중심 원소가 높은 산화 상태를 갖고 있는 곳에서 흔히 발견된다. 중간 정도의 산화 상태를 갖고 있는 p 구역의 오른쪽에 있는 원소도 산소산을 생성한다($HClO_2$가 한 예이다).

5.2 아쿠아산 세기의 주기적 경향

요점: 아쿠아산의 세기는 일반적으로 중심 금속 이온의 양전하 증가와 이온 반지름 감소에 따라 증가한다. 이에 대한 예외는 일반적으로 공유 결합 효과에 기인한다.

아쿠아산의 세기는 일반적으로 중심 금속 이온의 양전하 증가와 이온 반지름 감소에 따라 증가한다. 이 변화는 어느 정도 이온성 모형으로 합리화하는 것이 가능한데, 이 모형에서 금속 양이온은 z 양전하를 갖고 있는 반지름이 r_+인 구로 나타낸다. 양성자는 큰 전하와 작은 반지름의 양이온 근처에서 쉽게 제거할 수 있으므로, 이 모형은 z가 증가하고 r_+가 감소함에 따라 산도가 증가할 것이라고 예측하게 한다.

산 세기에 대한 이온성 모형의 가치는 그림 5.4에서 판단할 수 있다. 이온성 고체(주로 s 구역 원소로부터)를 생성하는 원소의 아쿠아 이온은 이온성 모형으로 설명이 아주 잘 되는 pK_a 값을 갖고 있다. 몇몇 d 구역 이온(Fe^{2+}와 Cr^{3+}와 같은)은 직선 근처에 놓여 있으나, 많은 이온(특히 높은 산 세기에 해당하는, pK_a가 작은 이온)은 직선으로부터 현저히 벗어난다. 이 벗어남은 금속 이온이 이온성 모형으로 예측한 것보다 더 세게 떨어지는 양성자를 반발하기 때문이다. 이 증가된 반발은 양이온의 양전하가 중심 이온에 한정되어 있지 않고 리간드에 비편재화되어 있으며 떨어진 양성자에 가까이 있다고 가정하여 합리화할 수 있다. 비편재화는 원소–산소 결합의 공유 결합성에 기여하는 것과 같은 의미이다. 실제로 상관관계는 공유 결합을 형성하는 이온에서 가장 좋지 않다.

d 구역의 뒷 부분과 p 구역 금속들(각각 Cu^{2+}와 Sn^{2+}와 같은)에서, 아쿠아산의 세기는 이온성 모형으로 예측한 것보다 훨씬 더 세다. 이 화학종에 대해서 공유 결합은 이온 결합보다 더욱 중요하며 이온성 모델은 존재하지 않는다. 금속 d 오비탈과 산소 리간드 오비탈 사이의 겹침은 주기를 가로질러 왼쪽에서 오른쪽으로 가면서 증가한다. 또한 같은 족에서 아래로 갈수록 증가하여 두 번째와 세 번째 주기 d 구역 아쿠아 이온은 센 산이 되는 경향이 있다.

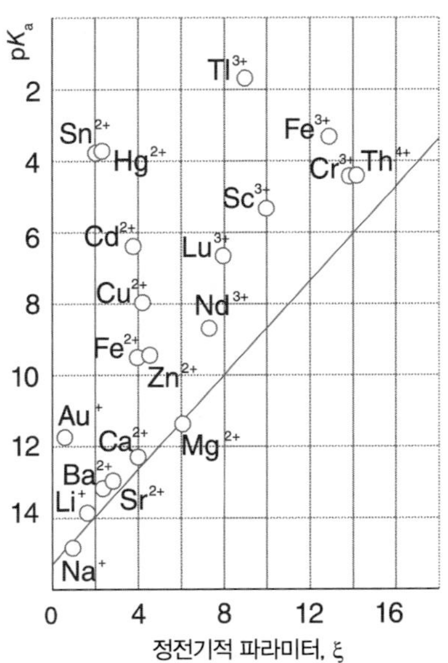

그림 5.4 아쿠아 이온의 산도 상수(pK_a)와 정전기적 파라미터 ξ(= 100 z^2/(r(pm)) 사이의 상관관계 선은 이온 모형을 기초로 할 때 예상되는 경향을 나타낸다.

예제 5.4 아쿠아 산 세기 경향성에 대한 설명

다음 산도의 경향을 설명하시오.

$[Fe(OH_2)_6]^{2+} < [Fe(OH_2)_6]^{3+} < [Al(OH_2)_6]^{3+} \approx [Hg(OH_2)]^{2+}$

답 금속 중심의 전하 밀도를 고려해야 하고 어느 H_2O 리간드가 쉽게 탈양성자화되는지를 고려해야 한다. 가장 약한 산은 Fe^{2+} 착물인데, 이는 상대적으로 큰 이온 반지름과 낮은 전하를 갖고 있기 때문이다. 전하가 +3으로 증가하면 산의 세기도 증가한다. Al^{3+}의 가장 큰 산도는 작은 반지름으로 설명된다. 이 계열에서 비정상적인 이온은 Hg^{2+} 착물이다. 이 착물은 이온성 모델로는 실패에 가까운 결과를 반영하는데, 그 이유는 착물에서 공유 결합의 결과로 큰 양의 전하가 산소로 이동하기 때문이다.

문제 5.4 다음을 산도가 증가하는 순서로 나열하시오.

$[Na(OH_2)_6]^{+}$, $[Sc(OH_2)_6]^{3+}$, $[Mn(OH_2)_6]^{2+}$, $[Ni(OH_2)_6]^{2+}$

5.3 간단한 산소산

가장 간단한 산소산은 어미 원소에 한 개의 원자만 포함하고 있는 **단핵산**(mononuclear acid)이다. 이들은 H_2CO_3, HNO_3, H_3PO_4, H_2SO_4를 포함하고 있다.[3] 이들 산소산은 주기율표의 오른쪽 위에서 전기 음성도가 큰 원소와 높은 산화 상태에 있는 다른 원소(표 5.3)에 의해 형성된다. 주기율표에서 한 가지 흥미로운 현상은 H_2CO_3와 HNO_3 분자가 평면 구조를 나타내는 반면, 다음 주기 원소의 유사체에서는 평면 구조를 갖지 않는다는 것이다. 2장에서 보았듯이, $p\pi-p\pi$ 결합은 2주기 원소에서 보다 더 중요하며 이들 화합물의 원자들은 보다 더 평면에 있으려고 한다.

[3] 이 산들은 $(HO)_2CO$, $HONO_2$, $(HO)_3PO$, 그리고 $(HO)_2SO_2$로 더욱 유용하게 표기되기도 한다. 붕산은 H_3BO_3 대신에 $B(OH)_3$로 표기되기도 한다. 이 책에서는 설명되는 특성에 따라서 두 표기 방법을 모두 사용하고 있다.

(a) 치환된 산소산

요점: 치환된 산소산은 치환체의 전자 끌기 항으로 설명될 수 있다. 몇 가지 경우에는 산소산의 중심 원자에 비산성 H가 직접 결합되어 있다.

산소산의 한 개 이상의 $-OH$기는 다른 작용기로 치환되어 플루오로황산[$O_2SF(OH)$]와 아미노황산[$O_2S(NH_2)OH$](**6**)과 같이 치환된 산소산을 만들 수 있다. 플루오린은 전기 음성도가 크므로 중심의 S 원자로부터 전자를 끌어당겨 S가 더욱 전기 양성이 되도록 한다. 그 결과, 치환된 산은 $O_2S(OH)_2$보다 더 세다. 또 다른 전자 받개 치환체는 트라이플루오로메틸설폰산[CF_3SO_3H(즉 $O_2S(CF_3)(OH)$)]에서 $-CF_3$이다. 대조적으로 고립 전자쌍을 갖고 있는 $-NH_2$기는 π 결합에 의하여 전자 밀도를 S에 줄 수 있다. 이와 같은 전하 이동은 중심 원자의 양전하를 감소시키고 산의 세기를 약화시킨다.

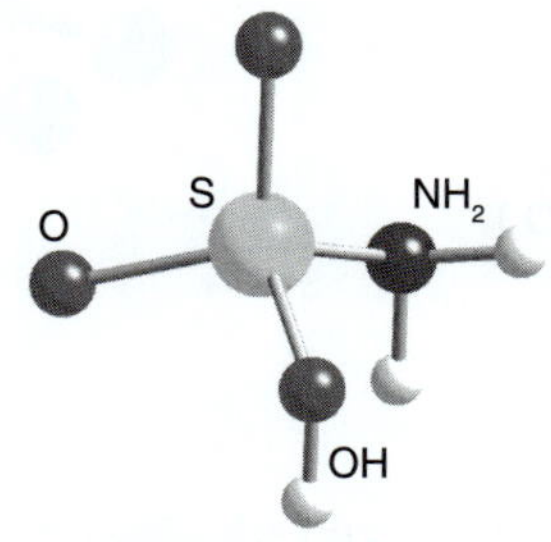

6 $O_2S(NH_2)OH$

조심하지 않으면 빠질 수 있는 한 가지 함정은, 모든 산소산이 OH기와 O기에 의해 둘러싸인 중심 원자의 구조가 유사한 구조적인 경향을 나타내지 않는다는 것이다. 때때로 포스폰산

표 5.3 산소산의 구조와 pK_a 값*

$p=0$	$p=1$		$p=2$	$p=3$
HO—Cl	$O{=}C(OH)_2$		$O{=}N(O)OH$	
7.2	3.6		−1.4	
$Si(OH)_4$	$O{=}P(OH)_3$	$O{=}Cl{-}OH$	$O_2S(OH)_2$	$O_3Cl{-}OH$
10	2.1, 7.4, 12.7	2.0	−1.9	−10
$Te(OH)_6$	$O{=}I(OH)_5$	$O{=}PH(OH)_2$	$O_2Cl{-}OH$	
7.8, 11.2	1.6, 7.0	1.8, 6.6	−1.0	
$B(OH)_3$	$O{=}As(OH)_3$	$O{=}Se(OH)_2$		
9.1	2.3, 6.9, 11.5	2.6, 8.0		

* p는 양성자 첨가되지 않은 O 원자의 수이다.
† 붕산은 특별한 경우이다(13.8절 참조).

(H_3PO_3)처럼 H 원자가 직접 중심 원자에 결합되어 있기도 하다. 인산은 두 개의 −OH기가 치환되어 한 개의 P−H 결합(**7**)을 남겨 놓고, 이는 비산성 양성자이므로 이양성자산이다. 이 구조는 ^{1}H-와 ^{31}P-NMR(8.6절) 및 진동 스펙트럼(8.5절)과 일치하며 구조식은 $OPH(OH)_2$이다. H−P 결합의 비산도는 O 원자에 비해 P 중심 원자의 더 낮은 전자 친화도를 반영한다(5.1e절). 옥소기(하이드록시기와는 구별이 되는)의 치환은 구조 변화가 일어날 수 있는 또 다른 예이다. 중요한 예는 싸이오황산 이온($S_2O_3^{2-}$)(**8**)인데, 이 이온에서 S 원자는 황산 이온의 O 원자를 대체하고 있다.

산소산의 구조는 옥소기(=O) 이중 결합으로 나타내고 있다. 이러한 표시는 O 원자가 중심 원자와 연결되어 있음을 보이지만, 실제로 분자의 계산된 에너지는 공명 때문에 낮으며 전자의 결합 특성은 분자 전체로 분포한다.

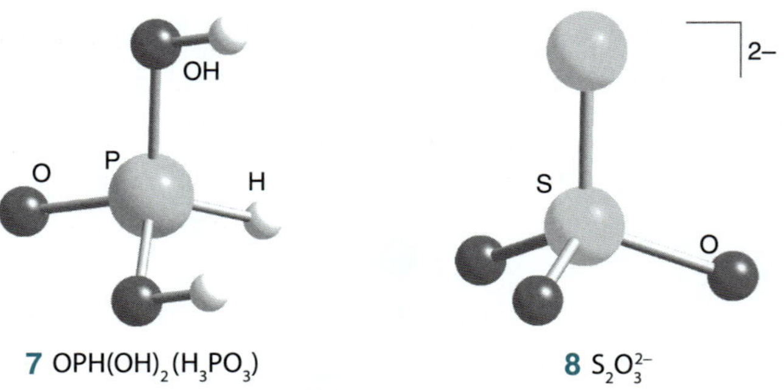

7 $OPH(OH)_2$ (H_3PO_3)　　**8** $S_2O_3^{2-}$

(b) Pauling 규칙

요점: 다양한 수의 옥소기와 하이드록시기를 갖고 있는 특정 중심 원자를 포함하는 일련의 산소산의 세기가 Pauling 규칙에 따라 요약되어 있다.

원소 E의 단핵 산소산 계열에 대하여 산의 세기는 산소 원자수의 증가에 따라 증가한다. 이 경향은 산소의 전자 끌기 성질을 고려하여 정성적으로 설명할 수 있다. O 원자는 전자를 끌어당겨 O–H 결합을 약하게 한다. 결과적으로 양성자는 보다 더 쉽게 방출된다. 일반적으로 산소산의 어떠한 계열에 대해서도 O가 가장 많은 화합물이 가장 완전하게 양성자가 해리된다. 예를 들면 염소의 산소산에 대한 세기는 $HClO_4 > HClO_3 > HClO_2 > HClO$이다. 비슷하게 HNO_3는 HNO_2보다 더 세다.

또 하나의 중요한 요인은 다양한 말단 옥소기가 공명에 의해 탈양성자된 (짝)염기를 안정화시키는 정도이다. 예를 들면 H_2SO_4의 짝염기인 HSO_4^- 음이온은 세 가지의 기여로 이루어진 공명 혼성체(**9**)로 묘사되지만, H_2SO_3의 짝염기인 HSO_3^- 음이온은 단지 두 가지의 공명 기여(**10**)를 가진다. 결과적으로 H_2SO_4가 H_2SO_3보다 강한 산이다.

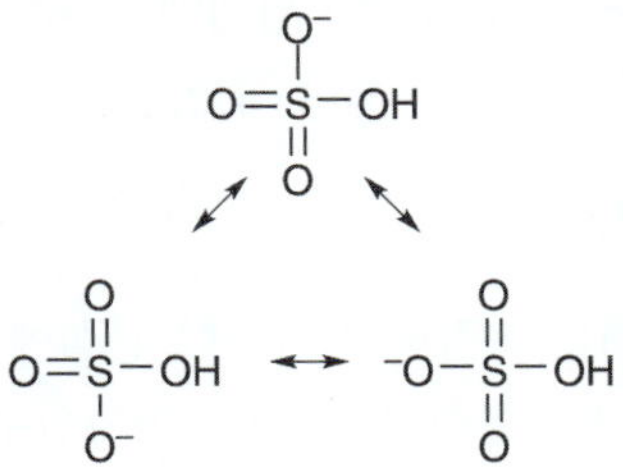

9

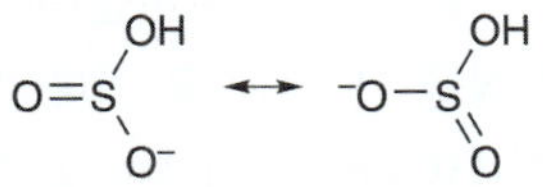

10

이와 같은 경향은 Linus Pauling에 의하여 고안된 두 가지 임의의 규칙을 이용하여 반정량적으로 체계화할 수 있다. 여기서 p는 옥소기의 수이며, q는 하이드록시기의 수이다.

1. $O_pE(OH)_q$인 산소산에 대하여 $pK_a \approx 8 - 5p$
2. 다양성자산 ($q > 1$)에 대한 순차적인 pK_a는 순차적인 양성자 이동에 대하여 5씩 증가

규칙 1에 따르면 $p = 0$인 중성의 하이드록소산은 $pK_a \approx 8$이고, 한 개의 옥소기를 갖고 있는 산의 $pK_a \approx 3$이며, 두 개의 옥소기를 갖고 있는 산은 $pK_a \approx -2$이다. 예를 들면 황산 $O_2S(OH)_2$는 $p = 2$이고 $q = 2$이며, $pK_{a1} = -2$(센 산을 의미)이다. 유사하게, pK_{a2}는 +3일 것으로 예측되며, 실험 값 1.9와 비교해 보면 근사값이라는 것을 알 수 있다.

이 간단한 규칙이 잘 맞는다는 것은 표 5.3을 보면 알 수 있는데, 이 표에서는 산을 옥소 작용기의 수인 p에 따라 그룹으로 나누고 있다. 족을 따라 아래로 내려가면서 세기의 변화는 크지 않은데, 아마도 복잡하고 구조적인 변화의 상쇄 효과가 이 규칙에 잘 들어 맞는 것 같다. 주기율표의 같은 주기에서 왼쪽에서 오른쪽으로 갈 때의 더욱 중요한 변화와 산화수 변화의 효과는 분자성 산의 특징인 옥소기의 수로 설명할 수 있다. 15족에서 +5의 산화수는 한 개의 옥소기[$OP(OH)_3$ 형태로]가 필요한 반면, 16족의 +6 산화수는 두 개의 옥소기[$O_2S(OH)_2$ 형태로]가 필요하다.

(c) 예외의 구조

요점: 어떤 경우에는 간단한 분자식이 비금속 산화물 수용액의 조성을 잘못 전하고 있다.

Pauling 규칙의 한 가지 재미 있는 적용은 예외의 구조를 찾아내는 데 있다. 예를 들면 탄산[$OC(OH)_2$]은 $pK_{a1} = 6.4$인 것으로 알려져 있다. 그러나 규칙에 따르면, 예측되는 값은

$pK_{a1}=3$이다. 실험값에서 나타난 비정상적으로 낮은 산도는 녹아 있는 CO_2의 농도를 모두 H_2CO_3인 것처럼 취급한 결과이다. 그러나 다음 평형에서

$$CO_2(aq) + H_2O(l) \rightleftharpoons OC(OH)_2(aq)$$

녹아 있는 CO_2의 1%만이 $OC(OH)_2$로 존재하므로, 실제 산의 농도는 녹아 있는 CO_2의 농도에 비해 훨씬 낮다. 이 차이를 고려할 때 Pauling 규칙에서 예측되듯이, H_2CO_3의 진짜 pK_{a1}는 약 3.6이다. CO_2와 $OC(OH)_2$ 사이의 평형은 CO_2가 물을 산성화시키는 이유를 설명한다.

아황산(H_2SO_3)에 대하여 보고된 실험값은 $pK_{a1}=1.8$이며, 이는 또 다른 정반대의 이상성을 보여주고 있다. 사실, 용액에서 분광학적인 방법에 의하여 $OS(OH)_2$를 검출하는 것은 불가능하고 다음 식에 대한 평형 상수는 10^{-9}보다 작다.

$$SO_2(aq) + H_2O(l) \rightleftharpoons H_2SO_3(aq)$$

녹아 있는 SO_2에 대한 평형 관계는 복잡하고 단순한 분석에 의존하는 것은 적절치 않다. 검출된 이온은 HSO_3^- 와 $S_2O_5^{2-}$를 포함하고 있으며, 아황산수소 이온의 고체염에서 SH 결합에 대한 증거가 있다.

CO_2와 SO_2의 수용액 조성에 대한 논의는 모든 비금속 산화물이 항상 물과 완전히 반응하여 산을 생성하지 않는다는 중요한 점을 인식시키고 있다. 일산화 탄소는 또 다른 예이다. 일산화 탄소는 형식적으로는 메테인산(HCOOH)의 무수물 형태이나, 실온에서 물과 반응하여 산을 형성하지 않는다. 예를 들어 몇몇 금속 산화물도 마찬가지인데, OsO_4는 녹아 있는 중성 분자 형태로 존재할 수 있다.

예제 5.5 Pauling 규칙의 이용

다음의 pK_a 값과 일치하는 구조식을 쓰시오.

H_3PO_4 2.12, H_3PO_3 1.80, H_3PO_2 2.0

답 Pauling 규칙을 pK_a 값에 적용하면 옥소기의 수를 예상할 수 있다. 세 개의 값 모두가 한 개의 옥소기가 관여하는 Pauling의 첫 번째 규칙 범위에 있다. 이러한 관찰로부터 구조식은 $(HO)_3P{=}O$, $(HO)_2HP{=}O$ 및 $(HO)H_2P{=}O$이다. 두 번째와 세 번째 식은 −OH를 P에 붙어 있는 H로 치환하여 얻었다(구조 **7**처럼).

문제 5.5 다음의 pK_a 값을 예측하시오.

(a) H_3PO_4 (b) H_2PO_4 (c) HPO_4^{2-}

5.4 무수 산화물

산소산은 모체가 되는 아쿠아산에서 양성자가 떨어져 나가서 만들어졌다고 취급하였다. 이와 반대되는 관점을 이용하는 것도 중요한데, 아쿠아산과 산소산이 산화물의 중심 원자가 수화되어 유도된 것으로 생각하는 것이다. 이 접근법은 산화물의 산, 염기 성질과 이들의 주기율표상 원소들의 위치와의 상관관계를 강조하고 있다.

(a) 산성 산화물과 염기 산화물

요점: 금속 원소는 염기성 산화물을 형성하고, 비금속 원소는 산성 산화물을 형성한다.

산성 산화물(acidic oxide)은 물에 녹을 때 H_2O와 결합하여 주위의 용매에게 양성자를 내어주는 산화물이다.

$$CO_2(g) + H_2O(l) \rightleftharpoons OC(OH)_2(aq)$$
$$OC(OH)_2(aq) + H_2O(l) \rightleftharpoons H_3O^+(aq) + O_2COH^-(aq)$$

이와 동일한 표현은 산성 산화물은 염기 수용액(알칼리)과 반응하는 산화물이다.

$$CO_2(g) + OH^-(aq) \rightarrow O_2C(OH)^-(aq)$$

염기성 산화물(**basic oxide**)은 물에 녹을 때 양성자가 이동하는 산화물이다.

$$BaO(s) + H_2O(l) \rightarrow Ba^{2+}(aq) + 2\,OH^-(aq)$$

이 경우에 동일한 표현은 염기성 산화물은 산성 수용액과 반응하는 산화물이다.

$$BaO(s) + 2\,H_3O^+(aq) \rightarrow Ba^{2+}(aq) + 3\,H_2O(l)$$

흔히 산성 및 염기성 산화물의 특징은 다른 화학적 성질과 관련이 있으므로, 산화물의 특성을 이해함으로써 넓은 범위의 화학적 성질을 예측할 수 있다. 많은 경우에 있어서 염기성 산화물은 이온성이고, 산성 산화물은 공유 결합성이라는 관계를 따른다. 예를 들면 산성 산화물을 형성하는 원소는 휘발성, 공유 결합성의 할로젠화물을 형성한다. 대조적으로 염기성 산화물을 형성하는 원소는 고체 이온성 할로젠화물을 형성한다. 간단히 말하여 산화물의 산성 혹은 염기성 특징은 원소를 금속 원소로 취급할 것인가 아니면 비금속 원소로 취급할 것인가를 알려 주는 화학적 암시이다. 일반적으로 금속은 염기성 산화물을 형성하고, 비금속은 산성 산화물을 형성한다.

(b) 양쪽성 원소

요점: 주기율표에서 금속과 비금속의 경계는 양쪽성 산화물의 형성에 의하여 확인할 수 있다. 양쪽성은 원소의 산화 상태에 따라 변화한다.

양쪽성 산화물(**amphoteric oxide**)은 산과 염기 모두와 반응하는 화합물이다.[4] 따라서 산화 알루미늄은 산과 알칼리 모두와 반응한다.

$$Al_2O_3(s) + 6\,H_3O^+(aq) + 3\,H_2O(l) \rightarrow 2\,[Al(OH_2)_6]^{3+}(aq)$$
$$Al_2O_3(s) + 2\,OH^-(aq) + 3\,H_2O(l) \rightarrow 2\,[Al(OH)_4]^-(aq)$$

양쪽성은 BeO, Al_2O_3, Ga_2O_3처럼 2족과 13족의 가벼운 원소에서 관찰된다. 양쪽성은 MoO_3나 V_2O_5처럼 높은 산화 상태의 몇몇 d 구역 원소에서도 관찰되며, 여기서 중심 원자는 전자를 강하게 끌어당기고 있다. 그리고 SnO_2와 Sb_2O_5 같이 14족과 15족의 몇몇 무거운 원소에서 관찰된다.

그림 5.5는 양쪽성 산화물을 형성하는 원소의 특징적인 족 위치를 산화 상태와 함께 보여 주고 있다. 이들은 산성과 염기성 산화물의 경계에 놓여 있으며, 원소의 금속과 비금속 특성을 알려 주는 지침을 제공하고 있다. 양쪽성 현상의 시작은 원소에 의하여 형성된 결합이 상당한 정도의 공유 결합성을 갖고 있다는 것과 연관되어 있으며, 이는 금속 이온의 편극 능력이 뛰어나거나(Be처럼) 또는 금속 이온이 붙어 있는 O에 의해 편극되기(Sb처럼) 때문이다.

d 구역 원소에서 양쪽성 현상에 대한 중요한 문제는 산화수이다. 그림 5.6은 d 구역 첫 번째 주기 원소가 양쪽성 산화물을 갖게 될 때의 산화수를 보여 주고 있다. 타이타늄으로부터 망가니즈와 철에 이르기까지, 구역의 왼쪽에서 산화 상태 +4는 양쪽성(경계에서 더 큰 값은 산성 그리고 경계의 더 낮은 값은 염기성)이다. 구역의 오른쪽으로 가면, 양쪽성은 낮은 산화

[4] 'amphoteric'이라는 용어는 'both'를 뜻하는 그리스어에서 유래하였다.

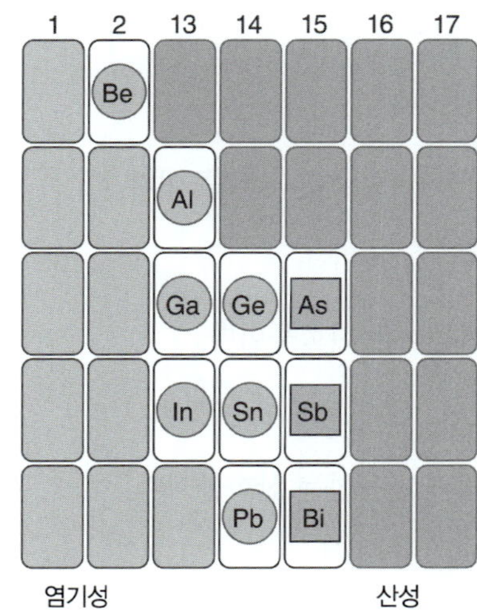

그림 5.5 양쪽성 산화물을 갖는 원소의 위치 원 속 원소는 모든 산화 상태에서 양쪽성 산화물을 갖는다. 네모 속 원소는 가장 높은 산화 상태에서 산성 산화물을 갖고, 더 낮은 산화 상태에서는 양쪽성 산화물을 갖는다.

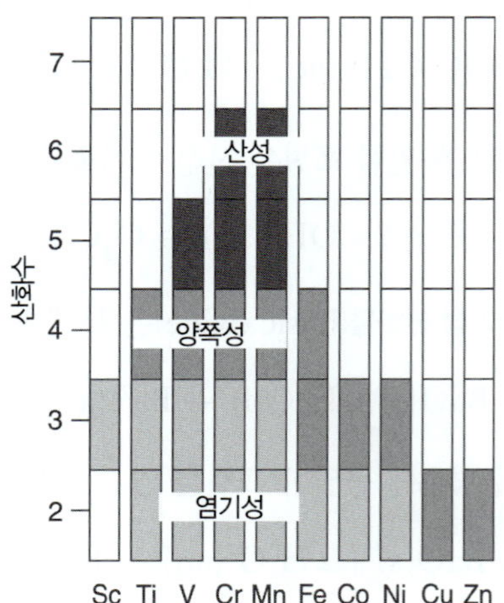

그림 5.6 양쪽성 산화물을 갖는 d 구역의 첫 번째 줄 원소의 산화수 산성 산화물인 경우는 진한 색으로, 염기성 산화물인 경우는 연한 색으로 나타내었다.

상태에서 나타난다. 코발트와 니켈에 대하여 +3, 구리와 아연에 대하여 +2인 산화 상태는 충분히 양쪽성이다. 양쪽성의 시작을 예측할 간단한 방법은 없다. 그러나 아마도 금속 이온이 자기 주위를 둘러싸고 있는 산화 이온을 편극시키는 능력(금속–산소 간 결합에 공유 결합성이 도입되는)을 나타내는 것으로 생각된다. 공유 결합성의 정도는 양으로 하전된 양이온이 더욱 세게 편극시키기 때문에 일반적으로 금속의 산화수 증가에 따라 증가한다(1.7절).

예제 5.6 정성 분석에서 산화물 산도의 이용

전통적인 정성 분석 방법에 의하면, 금속 이온의 용액은 산화되고 그다음 암모니아 수용액을 첨가하여 pH를 올린다. Fe^{3+}, Ce^{3+}, Al^{3+}, Cr^{3+} 및 V^{3+} 이온은 수산화물 수화물로 침전된다. H_2O_2와 NaOH를 가하면 알루미늄, 크로뮴 및 바나듐 산화물은 다시 녹는다. 산화물의 산도를 이용하여 이 과정을 설명하시오.

답 금속의 산화 상태가 +3이면 모든 금속 산화물은 pH ≈ 10에서 충분히 염기성이기 때문에 불용성이다. 산화 알루미늄(III)은 양쪽성이고 알칼리 용액에서 알루미늄산 이온 $[Al(OH)_4]^-$를 형성하면서 다시 용해한다. 산화 바나듐(III)과 산화 크로뮴(III)은 H_2O_2에 의해 산화되어 바나듐산 이온 $[VO_4]^{3-}$과 크로뮴산 이온 $[CrO_4]^{2-}$를 각각 형성한다. 이들은 각각 산성 산화물 V_2O_5와 CrO_3로부터 유도되었다.

문제 5.6 시료 속에 Ti(IV) 이온이 존재한다면, 이들은 어떻게 행동하겠는가?

5.5 다산소 화합물의 형성

요점: OH기를 갖고 있는 산은 응축하여 다산소 산음이온을 형성할 수 있다. 간단한 아쿠아 양이온으로부터 H_2O를 잃으면 다가 양이온(polycation)이 만들어진다. 산소산 음이온은 pH가 낮아질 때 중합체를 형성하지만, 아쿠아 이온은 pH가 높아질 때 중합체를 형성한다. 다산소산 음이온은 지각의 산소 질량의 대부분을 잘 설명한다.

용액의 pH가 증가하면서 염기성 또는 양쪽성 산화물을 갖는 금속의 아쿠아 이온은 일반적으로 중합되고 침전으로 떨어진다. 이것은 침전이 각 금속의 독특한 pH에서 정량적으로 일어나기 때문이며, 이러한 반응의 한 가지 응용은 금속 이온을 분리하는 것이다.

양쪽성 Be^{2+}를 제외하고, 1족 및 2족 원소는 $M^+(aq)$와 $M^{2+}(aq)$를 넘어서는 아쿠아 이온 화학종이 없다. 대조적으로 원소들의 용액 화학은 주기율표에서 양쪽성 영역에 접근할수록 아주 풍부하게 된다. Fe(III)와 Al(III)에 의해 생성되는 중합체가 가장 흔한 두 가지 예인데, 둘 다 지각에서 풍부하다. 산성 용액에서 둘은 팔면체 헥사아쿠아 이온 $[Al(OH_2)_6]^{3+}$와 $[Fe(OH_2)_6]^{3+}$를 생성한다. pH>4인 용액에서는 둘 다 젤 상태의 수화된 수산화물(hydroxide) 침전이 형성된다.

$$[Fe(OH_2)_6]^{3+}(aq) + (3+n)\ H_2O(l) \rightarrow Fe(OH)_3 \cdot nH_2O(s) + 3H_3O^+(aq)$$
$$[Al(OH_2)_6]^{3+}(aq) + (3+n)\ H_2O(l) \rightarrow Al(OH)_3 \cdot nH_2O(s) + 3H_3O^+(aq)$$

종종 콜로이드 형태(1 nm와 1 μm 사이)의 침전된 중합체는 천천히 안정한 형태의 광물질로 결정화된다. 알루미늄 중합체의 삼차원으로 잘 쌓인 광범위한 그물 구조는 철 유사 화합물의 선형 중합체와 대조적이다.

산소산 음이온으로부터 다산소산 음이온의 생성은 O 원자의 양성자 첨가와 H_2O의 이탈로 일어난다. 가장 단순한 축합 반응의 예는 오쏘인산(orthophosphate) 이온(PO_4^{3-})으로 시작하여 이인산(diphophate) 이온($P_2O_7^{4-}$)의 형성이다.

$$2\ PO_4^{3-} + 2\ H_3O^+ \longrightarrow P_2O_7^{4-} + 3\ H_2O$$

물이 제거될 때 양성자를 소모하고 각각의 P 원자의 평균 전하수는 −2로 감소한다. 만약 각각의 인산 작용기를 O 원자가 꼭짓점에 위치한 사면체로 나타낸다면, 이인산 이온($P_2O_7^{4-}$)은 다면체(**11**)로 같이 그릴 수 있다. 인산은 고체 산화 인(V)(P_4O_{10})을 가수 분해하여 만들 수 있다. 한정된 양의 물을 사용한 초기 단계에서는 $P_4O_{12}^{4-}$(**12**) 식을 갖고 있는 메테인산 이온이 만들어진다. 이 반응은 많은 것 중에서 가장 간단한 것이고, 크로마토그래피에 의하여 산화 인(V)의 가수 분해 생성물을 분리하면, P 원자를 1개에서 9개까지 갖고 있는 사슬 모양의 화학종이 존재함을 알 수 있다. 더 큰 중합체 역시 존재하는데, 가수 분해에 의해서만 제거할 수 있다. 그림 5.7은 그림으로 나타낸 이차원 종이크로마토그램이다. 위에 있는 일련의 점은 선형 중합체에 해당하고, 아래에 있는 일련의 점은 고리에 해당한다. $n = 10 \sim 50$까지인 P_n 식을 갖고 있는 사슬 중합체는 규산염(14.10절)에 의해 생성되는 것과 유사하게 혼합된 무결정성 유리로서 분리할 수 있다.

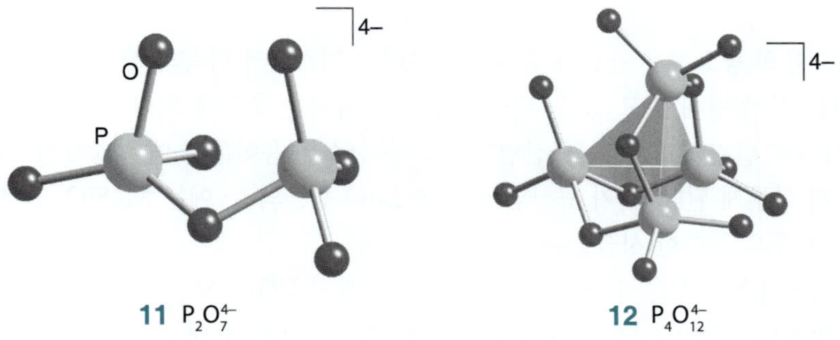

11 $P_2O_7^{4-}$ **12** $P_4O_{12}^{4-}$

다인산 이온(polyphosphate)은 생물학적으로 중요하다. 생리학적 pH(7.4에 가까운)에서 P−O−P 결합은 가수 분해에 불안정하다. 결과적으로 이들의 가수 분해는 반응이 진행되도록 에너지를 제공하는 메커니즘으로 작용할 수 있다(Gibbs 에너지). 유사하게 P−O−P 결합의 형성은 Gibbs 에너지를 저장하는 한 방법이다. 대사에서 에너지를 교환하는 열쇠는 아데노신삼인산 ATP(**13a**)를 아데노신이인산 ADP(**13b**)로 가수 분해한다.

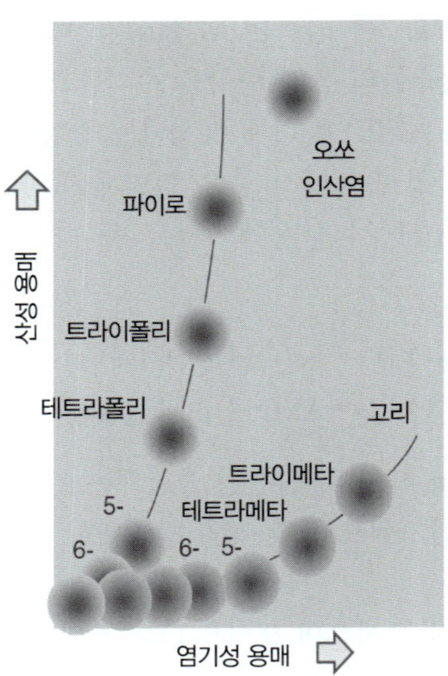

그림 5.7 축합 반응에 의해 생성된 인산염의 착물 혼합물에 대한 이차원 종이 크로마토그램 시료의 점은 아래 왼쪽 구석에 위치해 있다. 염기성 용매 분리가 먼저 사용하였고, 후에 염기성 용매에 수직으로 산성 용매를 사용하였다. 이렇게 하면 고리 화합물로부터 열린 사슬 화합물을 분리할 수 있다. 위에 있는 점 순서는 선형 중합체이고, 아래에 있는 것은 고리에 해당한다.

$$ATP^{4-} + 2\,H_2O \rightarrow ADP^{3-} + HPO_4^{2-} + H_3O^+$$
$$\Delta_r G^{\ominus} = -41\,kJ\,mol^{-1}\ (pH = 7.4\text{에서})$$

대사 과정에서 에너지 흐름은 ADP로부터 ATP를 만드는 기묘한 경로에 의존한다. 에너지는 ATP의 가수 분해로부터 얻은 열역학적 추진력의 전달을 활용하도록 진화된 경로를 통하여 대사에 이용된다.

13b ADP^{3-}

13a ATP_4^{-}

다산소산 음이온의 중요성은 규산염 광물로 이루어진 지각에서 다량의 산소 질량을 포함하고 있다는 사실을 잘 설명해 주고 있다. 비금속 산소산 음이온 축합에 의해 생성된 다핵 화학종은 고리나 사슬로 발견되고 있다. 규산염은 고분자 산소산 음이온의 매우 중요한 예이고, 14장에서 상세히 다루게 된다. 다가 규산염(polysilicate) 광물의 한 예는 $MgSiO_3$인데, 이 화합물은 SiO_3^{2-} 단위의 무한한 사슬을 포함하고 있다.

다산소산 음이온의 생성은 d 구역의 전반부 이온, 특히 V(V), Mo(VI), W(VI) 그리고 (많지 않으나) Nb(V), Ta(V) 및 Cr(VI)에서 중요하고, 이것들에 대해서 **다산소산 금속 산화물** (POM: **polyoxometallate**) 용어가 사용된다. 다산소산 금속 산화물은 산화에 매우 안정한 다양한 삼차원 골격 구조를 형성하고, 촉매 반응이나 분석 화학에서 응용성이 증가하고 있는 것을 알 수 있다. 다른 금속이나, 인(P)과 같은 비금속이 삽입되어 이종 다산소산 금속 산화물로 알려진 화합물을 생성하기도 한다. 19장과 화학세상 19.1에서 이종 다산소산 금속 산화물에 대해 더욱 상세히 서술할 것이다.

Lewis 산도

요점: Lewis 산은 전자쌍 받개이다. Lewis 염기는 전자쌍 주개이다.

Brønsted–Lowry의 산과 염기 이론은 화학종들 간의 양성자 이동에 초점을 맞추고 있다. Brønsted와 Lowry가 이러한 이론을 발표한 같은 해인 1923년에 좀 더 일반화된 이론이 G. N. Lewis에 의해 발표되었다. 그러나 Lewis의 이론은 1930년대에 이르러서 영향력을 발휘하였다.

Lewis 산(**Lewis acid**)은 전자쌍 받개로 작용하는 물질이며, **Lewis 염기**(**Lewis base**)는 전자쌍 주개로 작용하는 물질이다. Lewis 산을 A로, Lewis 염기를 :B로 표기하며, 존재하는 다른 고립 전자쌍은 생략한다. 일반적으로 Lewis 산과 염기의 반응에서는 **착물**[**complex** 또는 첨가 생성물(adduct)]이 생성된다. 생성된 착물은 A–B로 나타내며, 여기에서 A와 :B는 결합을 형성하고, 염기에 의해 제공되는 전자쌍을 공유한다. 이러한 결합을 **배위 결합**(**dative bond** 또는 **coordinate bond**)이라고 한다.

'Lewis 산과 염기'라는 용어는 반응의 평형(열역학) 성질을 논의할 때도 사용된다. 반응 속도론에서는 전자쌍 주개는 **친핵체**(nuclophile)라고 하고, 전자쌍 받개는 **친전자체**(electrophile)라고 한다.

Lewis 산과 Lewis 염기의 결합은 분자 오비탈(그림 5.8)로도 설명할 수 있다. Lewis 산은 LUMO로 불리는 비어 있는 오비탈을 제공하며, Lewis 염기는 HOMO로 불리는 전자로 채워진 오비탈을 제공한다. Lewis 산과 염기의 결합에 의해 새롭게 형성된 결합성 오비탈에는 염기에 의해 제공된 두 개의 전자가 채워지며, 반결합성 오비탈은 비워진 채로 남게 된다. 결과적으로 결합 형성에 의해 알짜 에너지가 낮아지게 된다.

5.6 Lewis 산–염기의 예

요점: Brønsted 산–염기는 Lewis 산도와 염기도를 나타낸다. Lewis 정의는 비양성자성계에도 적용할 수 있다.

양성자는 전자쌍을 받아들일 수 있으므로 Lewis 산이다. 예로서 양성자는 NH_3의 전자쌍을 받아들여 NH_4^+를 생성한다. 이와 같이 어떠한 Brønsted 산도 양성자를 제공하므로 Lewis 산

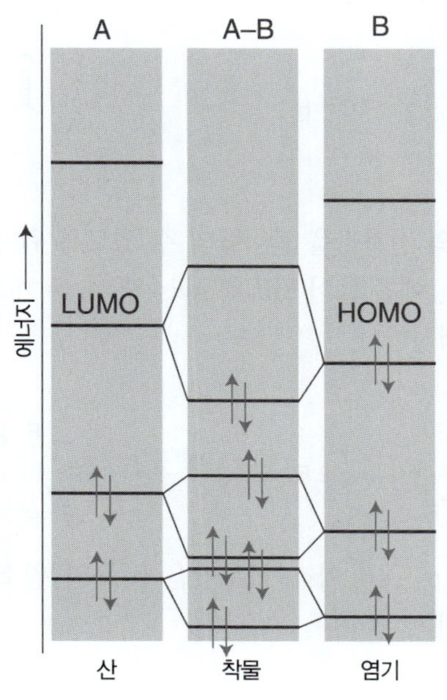

그림 5.8 Lewis 산(A)과 Lewis 염기(:B)의 착물 형성에 관한 오비탈의 상호 작용을 나타낸 분자 오비탈

도로 나타낼 수 있다. Brønsted 산인 HA는 Lewis 산 H^+와 Lewis 염기 A^-의 착물임을 유의하라. Brønsted 산은 Lewis 산이라고 하기보다는 Lewis 산도를 나타낸다고 하는 것이 적절하다. 그러나 모든 Brønsted 염기는 Lewis 염기이다. 그 이유는 양성자 받개는 전자쌍 주개이기 때문이다. 예를 들어 NH_3 분자는 Brønsted 염기일 뿐만 아니라 Lewis 염기이다. 따라서 5장의 앞 절에서 제시한 모든 물질은 Lewis의 접근 방법에 대한 특별한 경우로 간주할 수 있다. 그러나 양성자는 Lewis 산이나 염기의 정의에서 필수적인 것이 아니기 때문에 Brønsted의 방식보다 Lewis의 방식에 의하여 더 넓은 범위의 물질을 산과 염기로 분류할 수 있다. 착물의 안정도는 산과 염기 사이의 입체 장애에 의해서도 크게 영향을 받을 수 있다.

앞으로 더 많은 Lewis 산에 대한 예를 보겠지만, 아래와 같은 가능성에도 관심을 두어야 할 것이다.

1. 원자가 전자가 팔전자계보다 부족한 분자는 전자쌍을 받아들여 팔전자계를 완성할 수 있다.

이에 대한 기본적인 예는 $B(CH_3)_3$인데, 이 화합물은 NH_3나 다른 주개로부터 고립 전자쌍을 받아들일 수 있다.

X X B X + :N Me Me Me → X X X B—N Me Me Me

따라서 $B(CH_3)_3$는 Lewis 산이다.

2. 배위 화합물에서 금속 양이온은 염기에 의해 제공되는 전자쌍을 받을 수 있다.

Lewis 산과 염기에 관련된 이러한 논의는 7장과 20장에서 더 자세히 다룰 것이다. 한 예로서, Co^{2+}의 수화 반응에서 H_2O는 고립 전자쌍(Lewis 염기로 작용)을 중심의 금속 양이온에 제공하여 $[Co(OH_2)_6]^{2+}$를 생성한다. 따라서 무수 Co^{2+} 양이온은 Lewis 산이다.

3. 팔전자계를 만족하는 분자나 이온이라 하더라도 원자가 전자의 재배열을 통해 여분의 전자쌍을 받아들일 수 있다.

예를 들어 CO_2는 Lewis 산으로 작용하여 OH^- 이온의 O 원자로부터 전자쌍을 받아들여 HCO_3^-(정확히는 $HOCO_2^-$)를 생성한다.

O=C=O + ⁻O—H → ⁻O–C(=O)–OH

4. 분자나 이온은 다른 여분의 전자쌍을 받아들일 수 있도록 원자가 껍질을 확장(또는 단순히 충분히 크게)할 수도 있다. 예를 들어 SiF_4(Lewis 산)는 두 개의 F^- 이온(Lewis 염기)과 결합하여 $[SiF_6]^{2-}$ 착물을 생성한다.

SiF_4 + 2 F^- → $[SiF_6]^{2-}$

이런 형태의 Lewis 산도는 p 구역 아래쪽 무거운 p 구역 원소들의 할로젠화물, 즉 SiX_4, ASX_3 및 PX_5(X는 할로젠)에서 흔하다.

예제 5.7 Lewis 산 - 염기의 확인

다음 반응에서 Lewis 산과 염기를 찾으시오.

(a) $BrF_3 + F^- \rightarrow BrF_4^-$ (b) $KH + H_2O \rightarrow KOH + H_2$

답 전자쌍 받개(산)와 전자쌍 주개(염기)를 찾는다. (a) 산 BrF_3는 염기인 F^-로부터 전자쌍을 받는다. 따라서 BrF_3는 Lewis 산이며, F^-는 Lewis 염기이다. (b) 이온성 수소화물 KH는 H^-를 제공하여 물의 H^+를 치환하여 H_2와 OH^-를 생성한다.

알짜 반응식은 다음과 같다.

$$H^- + H_2O \rightarrow H_2 + OH^-$$

위 반응식을 다음과 같이 생각한다면,

$$H{:}^- + H^+{-}{:}OH^- \rightarrow HH + {:}OH^-$$

여기서 H^-는 고립 전자쌍을 제공하므로 Lewis 염기이며, H_2O와 반응하여 다른 Lewis 염기인 OH^-를 내어 놓는다.

문제 5.7 다음 반응에서 Lewis 산과 염기를 찾으시오.

(a) $FeCl_3 + Cl^- \rightarrow FeCl_4^-$ (b) $I^- + I_2 \rightarrow I_3^-$

5.7 Lewis 산의 족 특성

Lewis 산도와 염기도의 대한 이해는 s 구역과 p 구역 원소들의 다양한 반응에 대한 결과를 예측할 수 있게 해 준다.

(a) s 구역 원소들의 Lewis 산-염기

요점: 알칼리 금속 이온은 Lewis 산으로 작용하여 물과 반응하여 수화된 이온을 형성한다.

물에서 수화된 알칼리 금속 이온이 존재하는 것은 Lewis 염기인 H_2O에 대해 이들 금속 이온이 Lewis 산 특성을 나타낸 것으로 간주할 수 있다. 실제로 알칼리 금속 이온은 Lewis 염기로 작용하지 않으나 간접적으로 Lewis 염기로 작용하는 경우도 있다. 예를 들어 알칼리 금속의 플루오린화물은 Lewis 염기인 F^-의 공급원으로 작용하여 Lewis 산인 SF_4와 플루오린화 착물을 형성한다.

$$CsF + SF_4 \rightarrow Cs^+[SF_5]^-$$

이할로젠화 베릴륨의 Be 원자는 Lewis 산으로 작용하여 고체 상태에서 중합체 사슬 구조를 형성한다(**14**). 이 구조에서 할로젠화 이온은 Lewis 염기로 작용하여 Be 원자의 비어 있는 sp^3 혼성 오비탈(전체 2개)에 고립 전자쌍을 제공하여 σ 결합을 형성한다. 염화 베릴륨의 Lewis 산도는 $BeCl_4^{2-}$와 같은 사면체 첨가 생성물의 형성으로도 입증할 수 있다.

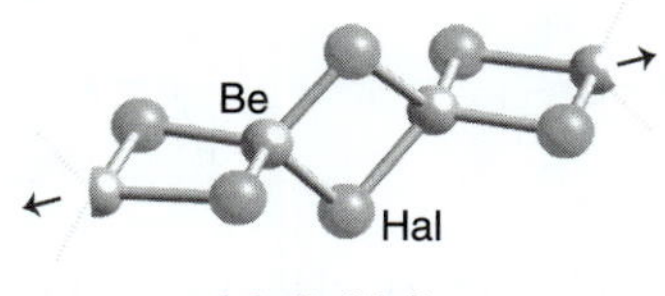

14 $Be(Hal)_2$

(b) 13족 Lewis 산

요점: 삼할로젠화 붕소는 Lewis 산으로 작용하며, 일반적으로 산도는 $BF_3 < BCl_3 < BBr_3$ 순으로 증가한다. 할로젠화 알루미늄은 기체 상태에서는 이합체를 이루고 있으며, 용액에서 촉매로 사용된다.

평면 분자인 BX_3와 AlX_3는 불완전한 팔전자계를 갖고 있으며, 평면에 수직으로 놓여 있는 비어 있는 p 오비탈은 Lewis 염기로부터 고립 전자쌍을 받아들일 수 있다.

산 분자는 착물이 생성될 때 피라미드 구조를 형성한다. 즉 B−X 결합은 새로 들어온 분자로부터 멀어지면서 굽어지게 된다.

$:N(CH_3)_3$에 대한 BX_3 착물의 열역학적 안정도는 $BF_3 < BCl_3 < BBr_3$ 순이다. 이 순서는 할로젠의 상대적인 전기 음성도를 근거로 예상되는 순서와는 정반대이다. 전기 음성도 관점에서 살펴보면, 할로젠 중 전기 음성도가 가장 큰 플루오린(F)은 BF_3에서 B 원자를 전자가 가장 결핍된 상태로 만들게 되고, 따라서 반응하는 염기와 가장 강한 결합을 형성할 것으로 생각된다. 현재 가장 타당성 있게 받아들여지는 설명은 BX_3 분자에서 할로젠 원자는 비어 있는 B2p 오비탈과 π 결합을 형성할 수 있고(**15**), 착물 생성을 위하여 받개 오비탈이 사용되려면 이 π 결합이 깨져야 한다는 것이다. π 결합은 이들 분자의 평면 구조에는 도움이 되지만, 첨가 생성물에서 평면 구조는 사면체 구조로 바뀌어야 한다. 작은 F 원자는 B2p 오비탈과 가장 센 π 결합을 형성한다. 2주기 원소에서 p−p π 결합이 가장 강하다는 것을 기억하라. 이것은 이들 원소의 작은 원자 반지름과 2p 오비탈 간의 현저하게 큰 겹침에 기인한다(2.5절). 따라서 BF_3 분자는 가장 센 π 결합을 갖고 있지만, 아민과 N−B 결합을 형성할 때 이 결합은 끊어져야 한다.

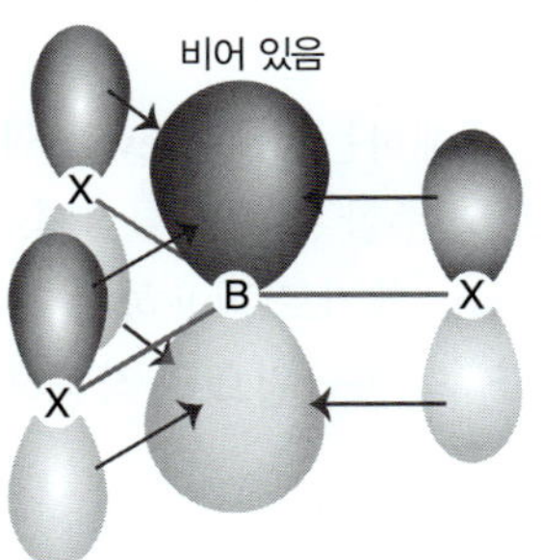

15 BX_3에서 p-p π 결합

삼플루오린화 붕소는 산업적 촉매로 널리 사용되고 있다. 여기에서의 역할은 탄소에 결합되어 있는 염기를 끌어내어 탄소 양이온(carbocation)을 형성하게 하는 것이다.

삼플루오린화 붕소는 실온 및 대기압 하에서 기체이지만, 다이에틸 에터에 녹여 사용하기 편리한 용액으로 만들어 상업적으로 사용한다. BF_3가 용해될 때 용매 분자의 :O 원자와 착물을 형성하므로 이 용해 과정 또한 Lewis 산의 특성을 보여 주고 있다(**16**).

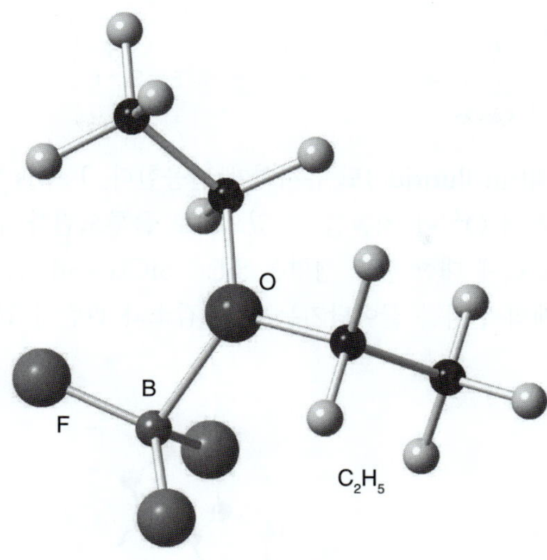

16 BF_3와 다이에틸 에터의 첨가 생성물

할로젠화 알루미늄은 기체상에서 이합체이다. 예를 들어 염화 알루미늄의 분자식은 증기상에서 Al_2Cl_6이다(**17**). 각각의 Al 원자는 처음에 다른 Al 원자에 속해 있던 Cl 원자에 대하여 산으로 작용한다. 염화 알루미늄은 유기 화학 반응에서 Lewis 산 촉매로 널리 쓰이고 있다. 잘 알려진 예는 Friedel–Crafts 알킬화 반응(방향족 고리에 R^+를 첨가하는 반응)과 아실화 반응(RCO의 첨가 반응)인데, 이 과정에서 $AlCl_4^-$가 형성된다. 이에 대한 촉매 회로가 그림 5.9에 소개되어 있다.

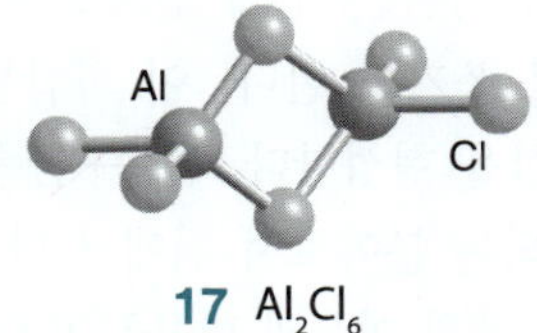

17 Al_2Cl_6

(c) 14족 Lewis 산

요점: 탄소를 제외한 14족 원소들은 초원자가(hypervalence)를 갖으며, Lewis 산으로 작용하여 5 또는 6 배위를 형성한다. 염화 주석(II)은 Lewis 산이면서 Lewis 염기이다.

탄소와는 달리, Si 원자는 원자가 껍질을 확장하거나 (단순히 충분히 크기가 커서) 초원자가가 될 수 있다. 예를 들어 5배위의 삼각 쌍뿔 기하 구조는 안정한 구조로 분리가 가능하다(**18**). 또한 Lewis 산인 SiF_4는 두 개의 F^- 이온과 반응하여 6배위 첨가 생성물을 형성한다.

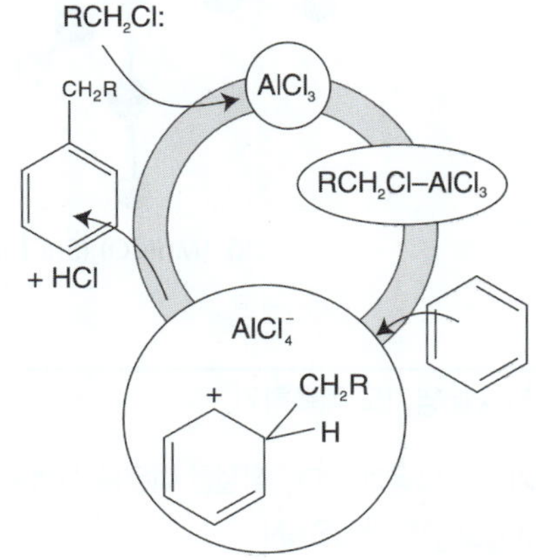

그림 5.9 Friedel–Crafts 알킬화 반응에 대한 촉매 회로

$$SiF_4 + 2\,F^- \longrightarrow [SiF_6]^{2-}$$

저마늄과 플루오린화 주석(tin fluoride)도 유사하게 반응한다. Lewis 염기인 F^-는 양성자의 도움을 받아 규산염으로부터 O^{2-}를 치환할 수 있으므로 플루오린화 수소산은 유리(SiO_2)에 대하여 부식성이 있다. SiX_4에 대한 산도 경향은 $SiF_4 > SiCl_4 > SiBr_4 > SiI_4$ 순서인데, F로부터 I에 이르기까지 할로젠의 전자를 끌어당기는 힘의 감소와 관련이 있으며, BX_3에 대한 순서와 반대이다.

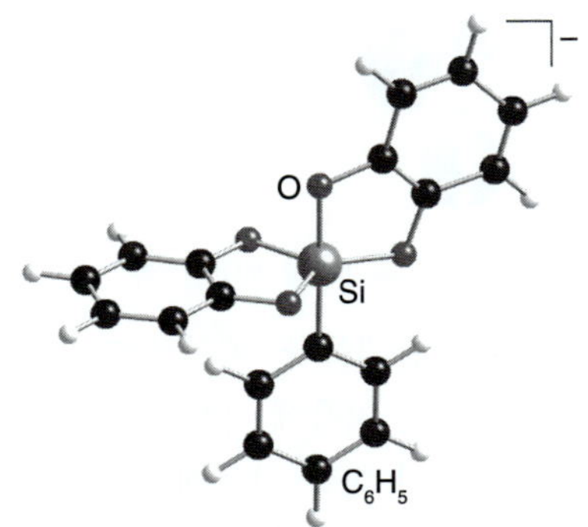

18 $[Si(C_6H_5)(OC_6H_4O)_2]^-$

염화 주석(II)은 Lewis 산이면서 Lewis 염기이기도 하다. 산으로서 $SnCl_2$는 Cl^-와 결합하여 $SnCl_3^-$(**19**)를 생성한다. 이 착물은 고립 전자쌍을 유지하고 있으며, 이를 나타내기 위해 $:SnCl_3^-$와 같은 화학식으로 쓰기도 한다. 이 화합물은 염기로 작용하여 $(CO)_5Mn-SnCl_3$(**20**)와 같은 금속–금속 결합을 형성한다. 금속–금속 결합을 갖는 화합물은 현재 무기화학 분야에서 많은 관심이 집중되는 분야로서 뒤에서 다룰 것이다(19.6절). 할로젠화 주석(IV)은 Lewis 산이다. 이들은 할로젠화 이온과 반응하여 SnX_6^{2-}를 생성한다.

$$SnCl_4 + 2\,Cl^- \rightarrow SnCl_6^{2-}$$

Lewis 산도의 세기는 $SnF_4 > SnCl_4 > SnBr_4 > SnI_4$ 순이다.

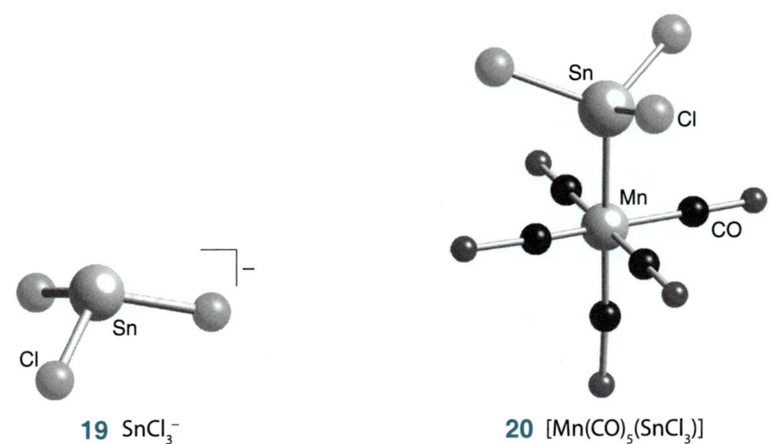

19 $SnCl_3^-$ **20** $[Mn(CO)_5(SnCl_3)]$

예제 5.8 화합물의 상대적인 Lewis 염기도 예측하기

다음 화합물의 상대적인 Lewis 염기도는 다음과 같다. 적절한 이유를 설명하시오.

(a) $(H_3Si)_2O < (H_3C)_2O$ (b) $(H_3Si)_3N < (H_3C)_3N$

답 3주기와 그 아래에 있는 비금속 원소는 원자가 껍질을 확장할 수 있으며 O나 N에 있는 고립 전자쌍의 비편재화를 통하여 다중 결합을 형성할 수 있다(즉 O와 N은 π 전자 주개로 작용한다). 따라서 실릴 에테나 실릴 아민은 각 쌍에서 더 약한 Lewis 염기로 작용한다.

문제 5.8 Si와 N의 고립 전자쌍 사이의 π 결합이 중요하다면, $(H_3Si)_3N$과 $(H_3C)_3N$에서 예상되는 구조의 차이점은 무엇인가?

(d) 15족 Lewis 산

요점: 15족 중원소의 산화물과 할로젠화물은 Lewis 산으로 작용한다.

오플루오린화 인은 센 Lewis 산으로 에테나 아민과 반응하여 착물을 생성한다. 질소족(15족)의 중원소는 가장 중요한 Lewis 산의 하나인 SbF_5를 생성하는데, 이는 가장 널리 연구가 이루어진 화합물 중의 하나이다. SbF_5와 HF의 반응은 **초강산**(**superacid**)을 생성한다(5.16절).

$$SbF_5 + 2\,HF \longrightarrow [SbF_6]^- + H_2F^+$$

(e) 16족 Lewis 산

요점: 이산화 황(SO_2)은 S 원자가 전자쌍 받개로 작용할 수 있으므로 Lewis 산으로 작용할 수 있다. SO_2 분자는 S나 O의 고립 전자쌍을 Lewis 산에 제공할 수 있으므로 Lewis 염기로도 작용할 수 있다.

이산화 황은 Lewis 산인 동시에 Lewis 염기이다. 이 화합물의 Lewis 산도는 Lewis 염기인 트라이알킬아민과 착물을 생성하는 것으로 나타낼 수 있다.

$$SO_2 + :NR_3 \longrightarrow O_2S{-}NR_3$$

Lewis 염기로 작용할 때 SO_2 분자는 S 또는 O의 고립 전자쌍을 Lewis 산에게 제공한다. SO_2 분자의 경우 SbF_5가 산일 때는 O 원자가 전자쌍 주개로 작용하나, Ru(II)가 산일 때는 S 원자가 전자쌍 주개로 작용한다(**21**).

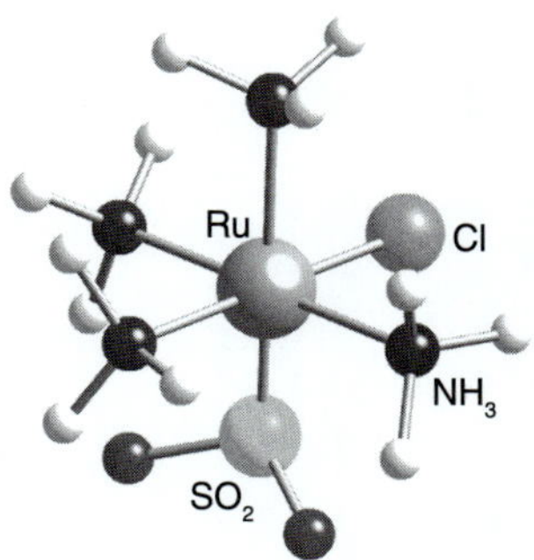

21 $[RuCl(NH_3)_4(SO_2)]^+$

삼산화 황은 센 Lewis 산이며, 약한 Lewis 염기(O 전자쌍 주개)이다. 이의 산도는 다음 반응으로 나타낼 수 있다.

$$SO_3 + :NR_3 \longrightarrow O_3S{-}NR_3$$

SO_3의 산도에 대한 고전적인 관점은 물과 반응하여 황산을 생성하는 과정이 강한 발열 반응이라는 것이다. 따라서 많은 양의 황산을 공업적으로 생산하기 위해서는 생성되는 많은 양의 열을 반응기로부터 제거하는 것이 문제인데, 삼산화 황의 Lewis 산도를 이용하여 두 단계 과정으로 수화시킴으로써 이를 완화할 수 있다(16.13절). 즉 먼저 삼산화 황을 황산에 용해시켜 **발연 황산**(oleum)으로 알려진 혼합물을 만든다. 이 반응은 Lewis 산–염기 착물 생성 반응의 한 예이다.

생성물인 $H_2S_2O_7$은 다시 약한 발열 과정으로 가수 분해할 수 있다.

$$H_2S_2O_7 + H_2O \rightarrow 2\ H_2SO_4$$

(f) 17족 Lewis 산

요점: 브로민과 아이오딘은 중간 정도의 세기를 갖는 Lewis 산이다.

Br_2와 I_2의 Lewis 산도는 흥미롭고 섬세한 방법으로 표현할 수 있다. 이 두 화합물은 모두 짙은 색을 갖고 있는데, 그 이유는 Br_2와 I_2의 강한 가시광선 흡수 스펙트럼이 낮은 에너지 준위의 채워지지 않은 반결합성 오비탈로 전이가 일어나기 때문이다. 즉 화학종의 색은 Lewis 산–염기 착물을 생성할 때 에너지가 충분히 낮은 비어 있는 오비탈이 받개 오비탈로서 작용한다는 것을 의미한다.[5] 아이오딘은 고체 및 기체 상태, 그리고 트라이클로로메테인과 같은 비주개 용매에서는 보라색이다. 그러나 물, 프로판온(아세톤), 또는 에탄올 등 Lewis 염기로 작용하는 용매에서는 갈색을 나타낸다. 이러한 색 변화는 주개 분자의 O 원자에 있는 고립 전자쌍으로 인해 용매–용질 착물이 형성되고, 이로 인해 이할로젠의 σ^* 오비탈의 에너지가 낮아지기 때문이다.

[5] 이와 같은 착물을 나타내기 위하여 **주개–받개 착물**(donor-acceptor complex) 및 **전하 이동 착물**(charge-transfer complex)이라는 용어가 한때 사용되었다. 그러나 이러한 용어들과 현재 많이 사용하고 있는 Lewis 산–염기 착물이라는 용어 사이의 차이는 명백하지 않으며, 요즘 문헌에는 이 용어들을 어느 정도 바꿔 가며 사용하고 있다.

할로젠 원자와 Lewis 염기 사이의 약한 상호 작용은 **할로젠 결합(halogen bonding)**으로 알려져 있다. 화합물 AX(A는 일반적인 알킬 또는 할로젠)에서 할로젠의 비어 있는 σ^* 오비탈은 A–X–B 분자축을 따라 선형 기하 구조를 이루려는 경향성이 있다. 다음 절에서 논의할 수소 결합과 유사하게 분자간 할로젠 결합은 결정 구조 등 분자 배열에서 중요한 역할을 한다. 예를 들어 피라진과 아이오딘은 무한한 사슬 구조를 형성한다(**22**). Co 함유 효소에 의한 환경적으로 유해한 할로젠화탄소의 미생물 분해 과정에서도 할로젠 결합은 중요하다.

22 I_2와 피라진에 의해 형성된 선형 사슬 구조

Br_2와 프로판온의 카보닐기의 상호 작용을 그림 5.10에 나타내었다. 또한 이 그림은 착물이 생성될 때 관찰되는 새로운 흡수띠에 대한 전이를 보여 주고 있다. 전이가 시작되는 오비탈은 대부분 염기(케톤)의 고립 전자쌍 오비탈이다. 전이가 이루어지는 오비탈은 대부분 산(이할로젠)의 LUMO이다. 따라서 일차적인 추정에 의하면, 전이에 의해 전자는 염기로부터 산으로 이동하는데, 이를 **전하 이동 전이(charge-transfer transition)**라고 한다.

삼아이오딘화 이온(I_3^-)은 할로젠산(I_2)과 할로젠화 염기(I^-) 사이에서 생성된 착물이다. 이 반응의 한 가지 응용 분야는 아이오딘 분자를 물에 녹여 적정 시약으로 사용하는 것이다.

$$I_2(s) + I^-(aq) \rightarrow I_3^-(aq) \qquad K = 725$$

삼아이오딘화 이온은 다할로젠화 이온의 큰 부류 중의 하나이다(17.10절).

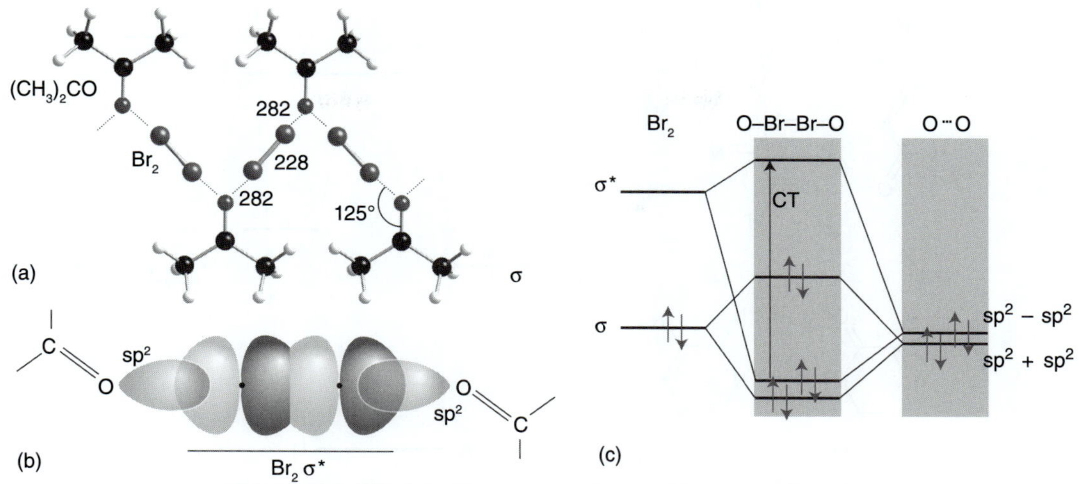

그림 5.10 Br_2과 프로판온의 카보닐 작용기의 상호 작용 (a) X선 회절에 의한 $(CH_3)_2COBr_2$의 구조. 결합 거리는 pm 단위로 나타내었다. (b) 착물 형성에 기여하는 오비탈의 겹침. (c) Br_2의 σ, σ* 오비탈과 두 개 O 원자의 sp^2 오비탈 사이에서 생성된 분자 오비탈 에너지 준위 도표. 전하 이동 전이는 CT로 표시하였다.

5.8 수소 결합

수소 결합은 화학에서 아주 중요한 위치를 차지하고 있다. A–H···B로 표시되는 수소 결합은 전기 음성도가 큰 원자에 공유 결합하고 있는 수소 원자와 비교적 가깝게 놓여 있는 전기 음성도가 큰 원자 사이의 약한 상호 작용의 결과이다. 결합 길이는 A와 B 사이의 거리를 말하는데, 이것은 H 원자의 위치를 정확히 결정하기 어렵기 때문이다. 수소 결합은 일반적인 공유 결합보다 훨씬 약하며, 일반적으로 해리 에너지는 약 20 kJ mol^{-1}에 해당된다. 그러나 경우에 따라 10~60 kJ mol^{-1} 정도의 넓은 범위로 고려되기도 한다. 수소 결합의 중요성은 비록 약한 세기의 결합이지만 많은 수의 결합이 **집합적으로** 행동한다는 것이다. 이러한 이유로 물은 실온, 대기압에서 액체로 존재한다. 수소 결합으로 설명되는 많은 예가 있다. DNA의 구조와 정보 저장 성질(그림 5.11), 케블라(Kevla®)(**23**)와 같은 특정 물질의 강도, 방탄 조끼에 사용되는 섬유 등이 그 예이다. 이러한 구조에서 강한 가닥 내 결합은 지퍼와 같이 유연성은 유지하면서 서로 맞물리게 한다. 단백질에서 펩타이드 사슬 사이의 수소 결합은 특징적인 접힘과 모양을 갖는 이차 구조를 가능하게 한다(26.3절)

결합 길이가 길고, 약한 수소 결합은 사실상 전자가 비편재되어 있는 반면에, 강하고 짧은 수소 결합은 공유 결합 성질이 강하며 간단한 MO 모형으로도 설명할 수도 있다. 아주 강한 수소 결합에 대한 MO 그림이 5.12에 있다. 공유성이 강해질수록 내포된 방향성에 주목해야 한다. 즉 고체 HCN은 선형의 사슬 구조(그림 5.13)를 이루고 있는데, 이것은 전자쌍 주개로서 동일선상에 있는 3σ 오비탈이 사용되었다고 추정할 수 있다.

23 케블라®

그림 5.11 집합적 수소 결합의 특이성은 DNA의 유전 정보 저장에 대한 기초가 된다.

그림 5.12 수소 결합의 분자 오비탈 표현

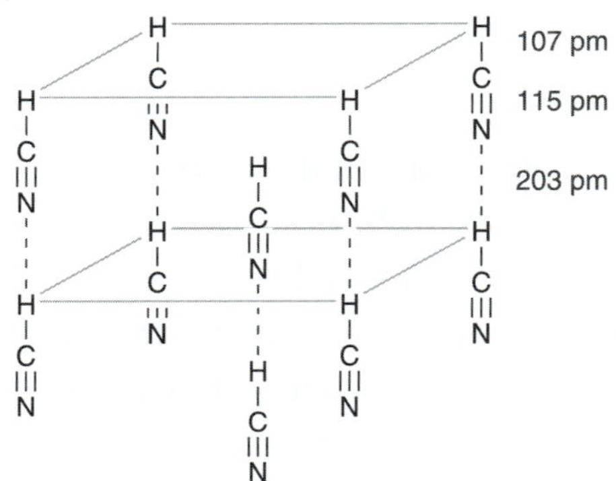

그림 5.13 고체 HNC의 구조 수소 결합에 의해 선형 사슬 구조를 갖고 있다.

Lewis 산-염기의 반응과 성질

Lewis 산과 염기의 반응은 화학, 화학 산업 및 생물학에서 널리 이용된다. 예를 들면 시멘트는 석회석($CaCO_3$)과 알루미노규산염의 원천 물질(점토, 세일, 또는 모래)을 함께 가루로 만든 후에 회전 가마에서 1500°C까지 가열하여 만든다. 석회석은 가열되면 생석회(CaO)로 분해되고, 이것은 알루미노규산염과 반응하여 Ca_2SiO_4, Ca_3SiO_5 및 $Ca_3Al_2O_6$와 같은 용융 규산 칼슘 및 알루미늄산 칼슘을 형성한다.

$$2CaO(s) + SiO_2(s) \rightarrow Ca_2SiO_4(s)$$

산업체에서는 액체 아민 세정기를 이용하여 연도 가스(flue gas)로부터 이산화 탄소를 제거한다. 이러한 과정은 온실 기체의 방출 감소에 대한 요구에 따라 그 중요성이 높아지고 있다.

$$2RNH_2(aq) + CO_2(g) + H_2O(l) \rightarrow (RNH_3)_2CO_3$$

동물에 대한 일산화 탄소의 독성은 Lewis 산-염기 반응의 예이다. 정상적으로 산소는 헤모글로빈의 Fe(II) 원자와 결합을 형성하는데, 이것은 가역적으로 일어난다(26.7절). 일산화 탄소는 O_2보다 훨씬 더 강한 Lewis 산으로 Fe(II)와 안정한 결합을 형성하고, 이것은 거의 비가역적으로 일어난다.

$$Hb{-}Fe^{II} + CO \rightarrow Hb{-}Fe^{II}CO$$

배위 화합물을 형성하는 d 구역 금속 원자나 이온들의 모든 반응은 Lewis 산과 Lewis 염기의 반응에 해당된다(7장).

$$Ni^{2+}(aq) + 6NH_3 \rightarrow [Ni(NH_3)_6]^{2+}$$

Friedel–Crafts 알킬화 반응과 아실화 반응은 합성 유기 화학에서 널리 이용되고 있다. 이 반응은 $AlCl_3$ 또는 $FeCl_3$와 같은 강한 Lewis 산 촉매를 필요로 한다.

(벤젠) + RCl —촉매→ (R-벤젠) + HCl

반응의 첫 번째 단계는 Lewis 산과 할로젠화 알킬 간의 반응이다.

$$RCl + AlCl_3 \rightarrow R^+ + [AlCl_4]^-$$

5.9 반응의 기본 형태

Lewis 산과 염기는 다양한 특징적인 반응을 한다.

(a) 착물 생성 반응

요점: 착물 생성 반응에서 Lewis 산과 Lewis 염기는 배위 결합에 의해 연결된다.

기체 상태(또는 비배위성 용매)에서 가장 간단한 Lewis 산–염기 반응은 착물 생성 반응이다.

$$A + :B \rightarrow A{-}B$$

두 가지 예는 다음과 같다.

$$BF_3 + :NH_3 \rightarrow F_3B{-}NH_3$$

$$SO_3 + O(Me)_2 \rightarrow O_3S{-}O(Me)_2$$

두 반응은 모두 기체상 또는 이들과 착물을 생성하지 않는 용매에서 독자적으로 안정한 Lewis 산과 염기를 포함하고 있다. 결과적으로 착물뿐만 아니라 각각의 화학종은 실험적으로 연구할 수 있다. 착물 생성 반응은 발열 과정이다. 그림 5.8에서 보았듯이, 생성된 착물의 HOMO의 전자는 Lewis 염기의 HOMO보다 더 낮은 에너지를 갖는다.

(b) 치환 반응

요점: 치환 반응에서 산 또는 염기는 Lewis 착물로부터 다른 산 또는 염기를 만들어 낸다.

다른 염기에 의한 Lewis 염기의 **치환**(**displacement**)은 다음과 같은 형태의 반응이다.

$$B{-}A + {:}B' \rightarrow B{:} + A{-}B'$$

한 가지 예는 다음과 같다.

$$(CH_3)_2O{-}BF_3 + {:}NC_5H_5 \rightarrow F_3B{-}NC_5H_5 + O(CH_3)_2$$

모든 Brønsted 양성자 이동 반응도 이와 같은 부류의 반응이며 다음과 같다.

$$HS^-(aq) + H_2O(l) \rightarrow S^{2-}(aq) + H_3O^+(aq)$$

이 반응에서 Lewis 염기인 H_2O는 H^+와 함께 착물의 Lewis 염기인 S^-와 치환되었다. 산에 의한 다른 산의 치환도 가능하며,

$$A' + B{-}A \rightarrow A'{-}B + A$$

반응 예는 다음과 같다.

$$BF_3 + NH_4Cl \rightarrow F_3B{-}NH_3 + HCl$$

d 구역 금속 착물의 치환 반응에서는 하나의 리간드가 다른 리간드에 의하여 밀려 나가는 치환이 일어나며, 일반적으로 **치환 반응**(**substitution reaction**)이라고 한다(21.1절).

(c) 상호 교환 반응

요점: 상호 교환 반응은 또 다른 착물의 생성으로 인해 일어나는 치환 반응이다.

상호 교환 반응[**metathesis reaction** 또는 **이중 치환 반응**(double displacement reaction)]은 짝의 상호 교환을 수반한다.[6]

[6] 'metathesis'라는 용어는 exchange을 뜻하는 그리스어에서 왔다.

$$A{-}B + A'{-}B' \rightarrow A{-}B' + A'{-}B$$

염기 :B′에 의한 염기 :B의 치환은 산 A′와 :B의 반응에 의해 도움을 받는다. 다음 반응은 한 가지 예이다.

$$(CH_3)_3Si{-}I + AgBr(s) \rightarrow (CH_3)_3Si{-}Br + AgI(s)$$

여기서 염기 Br^-는 I^-를 치환하고, I^-의 치환 과정은 용해도가 작은 AgI 생성에 의해 도움을 받는다.

5.10 Lewis 산-염기의 상호 작용을 지배하는 요인들

Brønsted 산-염기의 세기를 논할 때 양성자(H^+)는 핵심적인 전자쌍 받개이다. 그러나 Lewis 산-염기를 고려할 때는 더욱 광범위한 전자쌍 받개를 고려해야 하므로, 일반적으로 더 많은 요인이 전자쌍 주개와 받개 사이의 상호 작용에 영향을 미친다.

(a) '굳은'/'무른' 산과 염기 분류

요점: 굳은 산과 염기 그리고 무른 산과 염기는 이들이 생성하는 착물의 안정도에 따라 경험적으로 분류할 수 있다. 굳은 산은 굳은 염기와, 무른 산은 무른 염기와 결합하는 경향이 있다.

Lewis 산-염기의 상호 작용을 고려할 때에는 주기율표의 원소들을 크게 두 부류의 물질로 생각하는 것이 도움이 된다. 이러한 분류법은 R.G. Pearson에 의하여 소개되었는데, 물질을 '굳은(hard)' 및 '무른(soft)' 산과 염기로 분류하는 것이다. 이것은 본래 S. Ahrland, J. Chatt, 그리고 N.R. Davies에 의해 단순히 '*a* 부류' 와 '*b* 부류' 로 부르던 것을, 둘 사이의 차이를 일반화하여 주의를 환기시키는 이름으로 바꾼 것이다.

두 가지 부류는 이들이 할로젠화 이온 염기와 착물을 형성할 때 서로 반대되는 세기 순서(착물 생성에 대한 평형 상수 K_f로 측정된)를 갖는 것에 의해 실험적으로 확인되었다.

- 굳은 산은 다음과 같은 순서로 안정한 착물을 형성한다. $I^- < Br^- < Cl^- < F^-$
- 무른 산은 다음과 같은 순서로 안정한 착물을 형성한다. $F^- < Cl^- < Br^- < I^-$

그림 5.14는 다양한 할로젠화 이온 염기의 착물 생성에 대한 K_f의 경향성을 보여 주고 있다. 산이 Hg^{2+}일 때 평형 상수는 F^-에서 I^-로 가면서 가파르게 증가하는데, 이것은 Hg^{2+}가 무른 산이라는 것을 나타낸다. Pb^{2+}의 경우 기울기는 덜 가파르나 동일한 방향성을 갖는다. 이는 Pb^{2+} 이온이 경계에 있는 무른 산임을 의미한다. Zn^{2+} 이온에 대해서는 기울기가 반대 방향이며, 따라서 이 이온은 경계에 있는 굳은 산이다. Al^{3+}에 대하여 기울기가 가파르게 감소하는 것은 Al^{3+}가 굳은 산임을 의미한다. 가장 유용한 원칙은 쉽게 편극화되지 않는 작은 양이온은 굳은 산이며, 이들은 작은 음이온과 착물을 생성한다는 것이다. 큰 양이온은 보다 쉽게 편극화되고 무르다.

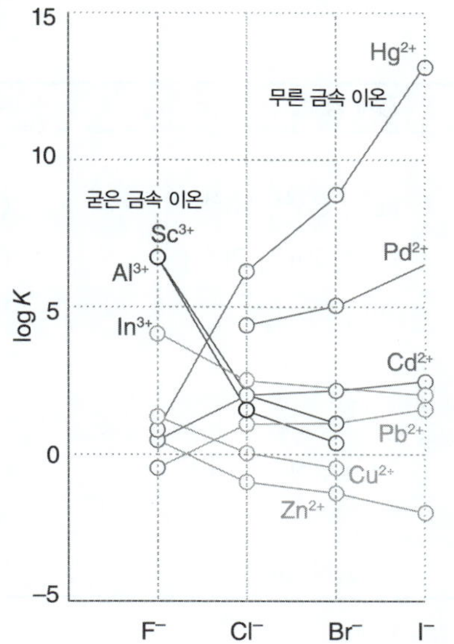

그림 5.14 다양한 할로젠화 음이온 염기와 굳은/무른 금속 이온들이 착물을 형성할 때의 안정도 상수의 경향성 굳은 이온은 어두운 회색 선으로, 무른 이온은 회색 선으로 나타내었다. 경계에 있는 굳은 이온 또는 경계에 있는 무른 이온은 밝은 회색 선으로 나타내었다.

Al^{3+}에 대하여 결합 세기는 음이온의 정전기 파라미터(z^2/r)가 증가할수록 증가하는데, 이는 결합의 이온성 모형과 일치한다. Hg^{2+}의 경우, 결합 세기는 음이온의 편극도 증가에 따라 증가한다. 이 두 상관관계는 굳은 산 양이온은 단순한 쿨롱 또는 이온성 상호 작용이 우세할 때 착물을 생성하고, 무른 산 양이온은 공유 결합이 우세한 화합물에서 착물을 생성한다는 것을 보여 주고 있다.

이와 유사한 분류 방법을 중성 분자의 산이나 염기에도 적용할 수 있다. 예를 들어 Lewis 산인 페놀은 수소 결합에 의하여 $(C_2H_5)_2S$:보다 $(C_2H_5)_2O$:와 더욱 안정한 착물을 생성한다. 이러한 결과는 Al^{3+}가 Cl^-보다 F^-를 선호하는 것과 유사하다. 대조적으로 Lewis 산인 I_2는 $(C_2H_5)_2S$:와 더 안정한 착물을 형성한다. 여기에서 페놀은 굳은 산이고, I_2는 무른 산으로 결론지을 수 있다.

일반적으로 산은 위에서 살펴본 할로젠화 이온이나 아래와 같은 다른 화학종들에 대하여 이들이 형성하는 착물의 열역학적 안정도로부터 굳거나 무른 것으로 분류할 수 있다.

- 굳은 산은 다음과 같은 순서로 안정한 착물을 형성한다. $R_3P \ll R_3N$, $R_2S \ll R_2O$
- 무른 산은 다음과 같은 순서로 안정한 착물을 형성한다. $R_2O \ll R_2S$, $R_3N \ll R_3P$

염기도 굳은 염기와 무른 염기로 분류할 수 있다. 할로젠화 이온이나 산소산 이온과 같은 염기는 이들이 생성하는 대부분의 착물에서 이온 결합이 우세하므로 굳은 염기로 분류한다. CO 및 CN^-와 같은 대부분의 무른 염기는 탄소 원자를 통해 결합한다. 이들 리간드는 σ 상호 작용을 통하여 금속에 전자 밀도를 주고 있다. 그러나 이들 리간드는 이와 더불어 약간의 다중 결합을 하고 있으며, 따라서 리간드는 염기에 존재하는 낮게 놓여 있는 빈 π 오비탈(LUMO)을 통하여 전자 밀도를 받을 수도 있다(2장 참조). 결과적으로 결합은 대부분 공유 결합성을 나타낸다. 이러한 무른 염기는 전자 밀도를 π 오비탈로 받아들일 수 있으므로 **π 산(π acid)**이라고 알려져 있다. 이러한 결합의 성질에 대해서는 20장에서 자세히 다룰 것이다.

굳기의 정의로부터 다음을 알 수 있다.

- 굳은 산은 굳은 염기와 결합하는 경향이 있다.
- 무른 산은 무른 염기와 결합하는 경향이 있다.

이와 같은 규칙을 염두에 두고 화학종을 분석하면 표 5.4에 요약된 분류를 이해할 수 있을 것이다.

표 5.4 Lewis 산과 염기의 분류

굳은	경계 영역	무른
산		
H^+, Li^+, Na^+, K^+	Fe^{2+}, Co^{2+}, Ni^{2+}	Cu^+, Au^+, Ag^+, Tl^+, Hg_2^{2+}
Be^{2+}, Mg^{2+}, Ca^{2+}	Cu^{2+}, Zn^{2+}, Pb^{2+}	Pd^{2+}, Cd^{2+}, Pt^{2+}, Hg^{2+}
Cr^{2+}, Cr^{3+}, Al^{3+}	SO_2, BBr_3	BH_3
SO_3, BF_3		
염기		
F^-, OH^-, H_2O, NH_3	NO_2^-, SO_3^{2-}, Br^-	H^-, R^-, $\underline{C}N^-$, CO, I^-
CO_3^{2-}, NO_3^-, O^{2-}	N_3^-, N_2	$\underline{S}CN^-$, R_3P, C_6H_5
SO_4^{2-}, PO_4^{3-}, ClO_4^-	C_6H_5N, $SC\underline{N}^-$*	R_2S

* 밑줄 친 원소는 해당되는 부류에서 결합 자리이다.

(b) 굳기의 해석

요점: 굳은 산-염기 상호 작용은 정전기적 성질이 우세하며, 무른 산-염기 상호 작용은 공유 결합성이 우세하다.

굳은 산과 굳은 염기 간의 결합은 대략 이온성 또는 쌍극자-쌍극자 상호 작용으로 설명할 수 있다. 무른 산과 무른 염기는 굳은 산과 염기보다 더 편극되기 쉽고, 따라서 무른 산-염기 상호 작용은 더욱 뚜렷한 공유 결합성 특성을 갖는다.

무른 산/무른 염기의 상호 작용을 공유 결합과 관련시키더라도 결합 자체가 의외로 약다는 점에 주의해야 한다. 이러한 점은 대표적인 무른 산인 Hg^{2+}를 포함하는 반응에서 볼 수 있다. 다음 상호 교환 반응은 발열 반응이며, 이는 굳은-무른 규칙에 따라 다음과 같이 예측된다.

$$BeI_2 + HgF_2 \rightarrow BeF_2 + HgI_2$$

기체 상태에서 이들 분자에 대해 측정된 결합 해리 에너지(단위 kJ mol^{-1})는 다음과 같다.

Be–F	632	Hg–F	268
Be–I	289	Hg–I	145

따라서 반응이 확실히 발열이라고 할 정도로 Hg–I 결합 에너지가 크지 않다. 그러나 Be과 F 사이의 특히 강한 결합은 굳은-굳은 상호 작용의 좋은 예이다. 실제로 Hg 원자는 다른 어떤 원자와도 약한 결합을 형성한다. 수용액에서 Hg^{2+}는 염화 이온보다 아이오딘화 이온과 훨씬 더 안정한 착물을 형성하는데, 그 이유는 Cl^-가 I^-에 비해 훨씬 더 유리한 수화 에너지를 갖고 있기 때문이다.

(c) 굳기의 화학적 중요성

요점: 굳은-굳은 그리고 무른-무른 상호 작용은 착물 형성을 체계화하는 데 도움을 준다. 그러나 결합에 미치는 다른 가능한 요인들도 고려해야 한다.

굳기와 무르기의 개념은 무기화학의 상당 부분을 합리화하는 데 도움을 준다. 예를 들어 이들은 적절한 반응 조건을 찾는 데 도움을 주고, 반응의 방향성을 예측하게 해 주며, 상호 교환 반응의 결과를 합리화하는 데 도움을 준다. 그러나 이 개념은 화학 반응의 결과에 영향을 미치는 다른 요인들을 충분히 고려하면서 사용해야 한다. 화학 반응에 대한 더 깊은 이해는 이 책의 나머지 부분에서 계속될 것이다. 그러나 여기에서는 몇 가지 간단한 예에 대하여 논의하는 것으로 제한할 것이다.

분자나 이온을 굳은 또는 무른 산 그리고 굳은 또는 무른 염기로 분류하는 것은 1장에서 설명한 원소들의 지구상 분포를 설명하는 데 도움을 준다. Li^+, Mg^{2+}, Ti^{3+} 및 Cr^{3+}와 같은 굳은 양이온들은 굳은 염기인 O^{2-}와 연관되어 발견된다. 반면 Cd^{2+}, Pb^{2+} 및 Sb^{2+}와 같은 무른 양이온들은 무른 염기인 S^{2-}, Se^{2-} 그리고 Te^{2-}와 함께 발견된다. 이러한 상관관계의 결과는 9.3절에서 더 상세히 다룰 것이다.

다원자 음이온은 두 개 이상의 서로 다른 굳기의 주개 원자를 갖고 있을 수도 있다. 예를 들면 SCN^- 이온은 굳은 N 원자와 무른 S 원자를 모두 갖고 있는 염기이다. 따라서 이 이온이 굳은 Si 원자와 결합을 하는 경우 N 원자를 통하여 결합한다. 그러나 낮은 산화 상태에 있는 금속 이온과 같이 무른 산의 경우에 SCN^- 이온은 S 원자를 통하여 결합한다. 예를 들어 백금(II)는 $[Pt(SCN)_4]^{2-}$ 착물에서 Pt–SCN 결합을 형성한다.

(d) 착물 형성에 기여하는 다른 요인들

결합 형성의 형태는 두 부류 사이의 차이가 가장 주된 이유이지만, 착물 생성에 대한 Gibbs 에너지와 평형 상수에 영향을 미치는 다른 요인들도 있다. 이들 중 중요한 몇 가지는 다음과 같다.

1. 용액 반응 내에서 용매와의 경쟁. 용매는 Lewis 산, Lewis 염기, 또는 이들 모두로 작용할 수 있다.
2. 착물이 생성되는 데 요구되는 산과 염기의 치환체의 재배열. 예를 들어 CO_2와 OH^-가 반응하여 $HOCO_2^-$가 형성될 때 수반되는 중요한 구조적 변화
3. 산과 염기의 치환체의 입체적 반발. 카이랄성(7.11절) 화합물 'oxazaborolidine(**24**)'은 케톤의 선택적 거울상 환원 반응에서 매우 중요한 촉매이다. 화합물(**25**)와 같은 이작용기 화합물들은 '비충족 Lewis 쌍(frustrated Lewis pair)'의 개념을 보여 주고 있다. 즉 인(P) 원자는 고립 전자쌍을 갖고 있는 센 Lewis 염기인 반면, 붕소(B) 원자는 빈 오비탈을 갖고 있는 센 Lewis 산이다. 그러나 이러한 형태의 인–붕소 화합물의 경우 산과 염기의 반응 중심 사이의 입체 장애로 인해 상호 작용은 매우 약해진다. 그러나 이들 분자가 H_2 분자와 반응하면 H_2 분자의 불균일 결합 분해를 일으켜 첨가 생성물이 형성되고, 이것이 알데하이드와 반응하게 된다.

$(Me_3C_6H_2)_2P \rightarrow B(C_6F_5)_2 \rightleftharpoons (Me_3C_6H_2)_2P\text{–CH}_2\text{CH}_2\text{–}B(C_6F_5)_2$

$(Me_3C_6H_2)_2P\text{–CH}_2\text{CH}_2\text{–}B(C_6F_5)_2 \xrightarrow{H_2} (Me_3C_6H_2)_2P^+(H)\text{–CH}_2\text{CH}_2\text{–}{}^-B(H)(C_6F_5)_2$

$(Me_3C_6H_2)_2P^+(H)\text{–CH}_2\text{CH}_2\text{–}{}^-B(H)(C_6F_5)_2 \xrightarrow{PhCHO} (Me_3C_6H_2)_2P^+(H)\text{–CH}_2\text{CH}_2\text{–}{}^-B(OCH_2Ph)(C_6F_5)_2$

24 Oxazaborolidine

25 $(C_6H_2Me_3)_2P(C_6F_4)B(C_6F_5)_2$

5.11 열역학적 Lewis 산도 인자

요점: 착물 생성에 대한 표준 엔탈피는 Drago-Wayland 식의 E와 C 파라미터에 의해 새롭게 조명되고 있다. 이들 인자는 착물의 결합에 대한 이온성과 공유 결합성 기여가 부분적으로 반영된 것이다.

산과 염기에 대한 굳은-무른 분류에 대한 정량적인 해석은 전자 효과, 구조적인 재배열 및 입체 효과가 한 벌의 작은 파라미터에 융합된 접근법을 사용하여 가능하다.

$$A(g) + B(g) \rightarrow A\text{–}B(g) \quad \Delta_r H^{\ominus}(A\text{–}B)$$

기체 상태에서 위와 같은 착물 생성 반응에 대한 표준 반응 엔탈피는 Drago-Wayland 식에 의하여 실험적으로 예측할 수 있다.

$$-\Delta_r H^{\ominus}(A\text{–}B)/\text{kJ mol}^{-1} = E_A E_B + C_A C_B \tag{5.11}$$

파라미터 E와 C는 각각 '정전기적인' 인자와 '공유 결합성' 인자를 나타내고자 도입하였으나, 실제로 용매화를 제외한 모든 인자를 수용해야 한다. 표 5.5에 열거되어 있는 파라미터에 대해 화합물들은 ± 3 kJ mol^{-1}보다 작은 오차 범위에서 식을 만족시킨다. 원 논문에는 더 많은 예가 제시되어 있다.

표 5.5 일부 산과 염기에 대한 Drago-Wayland 인자*

	E	C
산		
오산화 안티모니(antimony pentachloride)	15.1	10.5
삼플루오린화 붕소(boron trifluoride)	20.2	3.31
아이오딘(iodine)	2.05	2.05
일염화 아이오딘(iodine monochloride)	10.4	1.70
페놀(phenol)	8.86	0.90
이산화 황(sulfur dioxide)	1.88	1.65
삼염화메테인(trichloromethane)	6.18	0.32
삼메틸붕소(trimethylboron)	12.6	3.48
염기		
아세톤(acetone)	2.02	4.67
암모니아(ammonia)	2.78	7.08
벤젠(benzene)	0.57	1.21
황화 이메틸(dimethyl sulfide)	0.70	15.26
다이메틸 설폭사이드(dimethyl sulfoxide)	2.76	5.83
메틸아민(methylamine)	2.66	12.00
p-다이옥세인(p-Dioxane)	2.23	4.87
피리딘(pyridine)	2.39	13.10
삼메틸포스핀(trimethylphosphine)	17.2	13.40

* E 및 C 파라미터는 ΔH(kJ mol^{-1})로 나타내기도 한다. 여기서는 양쪽에 $\sqrt{(4.184)}$를 곱하여 ΔH(kJ mol^{-1})를 얻는다.

요약 설명

표 5.5에서 BF_3에 대해 $E=20.2$, $C=3.31$이고, NH_3에 대해 $E=2.78$, $C=7.08$이다. Drago-Wayland 식을 이용하면 $-\Delta_r H^{\ominus} = -[(21.1\times2.79)+(3.31\times7.98)] = -85.28\ \text{kJ mol}^{-1}$인데, 이것은 첨가 생성물 NH_3:BF_3의 생성 과정이 발열 반응인 것을 나타낸다.

Drago-Wayland 식(식 5.11)은 실험에 근거하고 있지는 않으나 많은 반응에 대해 아주 성공적이고 유용하다. 1500개가 넘는 착물 생성에 대해 추정된 엔탈피를 제공하는 것 외에도 이 엔탈피 값을 치환 반응이나 상호 교환 반응의 엔탈피를 계산할 때 조합하여 사용할 수 있으며, 굳은-무른 상호 작용이 매우 강하다는 흥미로운 사실을 다시 보여 주고 있다. 더 나아가 이 식은 기체상에서 일어나는 반응뿐만 아니라 무극성, 비배위성 용매 속에서 일어나는 산과 염기의 반응에 대해서도 유용하다. 그러나 가장 큰 한계는 이 식이 기체상 또는 비배위 용매에서 편리하게 연구될 수 있는 물질로 제한되어 있다는 것이다. 따라서 주로 중성 분자로 제한되어 있다.

비수용성 용매

모든 무기화학이 수용액에서 일어나는 것은 아니다. 이 절에서는 비수용성 용매를 사용함으로써 산과 염기의 성질이 어떻게 바뀌는지를 탐구할 것이다.

5.12 용매 평준화

요점: 자체 양성자 이전 상수가 큰 용매는 넓은 범위에서 산과 염기 세기를 구별하는 데 사용될 수 있다.

물에서 약한 Brønsted 산은 보다 더 효과적인 양성자 받개인 용매에서 세게 나타날 수 있으며, 그 역도 성립한다. 실제로, 충분히 염기성인 용매(액체 암모니아와 같은)에서는 이들의 세기를 구별할 수 없으며, 그 이유는 이들 모두가 완전히 양성자를 잃어버리기 때문이다. 마찬가지로 물에서 약한 염기는 보다 더 세게 양성자를 주는 용매(무수 아세트산과 같이)에서 세게 나타날 수 있다. 따라서 이들 모두가 산성 용매에서 효과적으로 완전히 양성자 첨가가 이루어지므로 세기에 따라 염기들을 나열하는 것이 불가능하다. 용매의 자체 양성자 이전 상수는 그 용매에 녹아 있는 화학종을 구별하는 산과 염기 세기 범위를 결정하는 데 있어서 매우 중요한 역할을 한다.

물에서 H_3O^+보다 더 센 Brønsted 산은 H_2O에 양성자를 내주고, H_3O^+를 생성한다. 결과적으로 H_3O^+보다 더 센 어떤 산도 물에서는 양성자가 첨가된 상태로 남아 있을 수 없다. 물에서 이루어지는 어떠한 실험도 두 화합물 모두가 완전히 양성자가 이동된 H_3O^+를 생성하기 때문에 HBr과 HI 중 어느 것이 더 센 산인지 알 수 없다. 이와 같은 효과로 인하여 센 산 HX와 HY의 용액은 HX가 HY보다 본질적으로 강한 산인 것에 상관없이 H_3O^+ 용액인 것처럼 행동한다. 따라서 물은 모든 강한 산의 세기를 H_3O^+의 산도로 끌어내리는 **평준화 효과** (**levelling effect**)를 갖고 있다. 이러한 산의 세기는 덜 염기성인 용매를 이용하여 구별할 수 있다. 예를 들어 HBr과 HI는 물에서 서로 구별할 수 없는 산의 세기를 갖고 있으나, 아세트산 속에서 HBr과 HI는 약한 산으로 행동하며 이들의 세기를 구별할 수 있다. 이와 같은 방법으로 HI가 HBr보다 더 센 양성자 주개임이 알려졌다.

평준화 효과는 산의 pK_a항으로 나타낼 수 있다. 양성자성 용매 HSol에 녹아 있는 HCN 같은 산은 $pK_a < 0$이면 센 산으로 분류되며, 여기서 K_a는 용매 Sol에서 산의 산도 상수이다.

$$HCN(sol) + HSol(l) \rightleftharpoons H_2Sol^+(sol) + CN^-(sol)$$

$$K_a = \frac{[H_2Sol^+][CN^-]}{[HCN]}$$

즉 $pK_a < 0$($K_a > 1$에 해당)인 모든 산은 용매 HSol에 녹을 때 H_2Sol^+의 산도를 보인다.

유사한 효과를 물 속의 염기에서도 볼 수 있다. 물에 의하여 완전한 양성자 첨가가 이루어지기에 충분한 어떠한 염기도 첨가된 염기 분자 각각에 대하여 OH^- 이온을 생성한다. 용액은 OH^- 이온을 포함하고 있는 것처럼 행동한다. 따라서 그와 같은 염기의 양성자 받개 능력을 구별할 수 없게 되고, 그것을 동일한 세기로 평준화되었다고 한다. 실제로 OH^- 이온은 어떠한 더 센 양성자 주개인 화학종도 즉시 물로부터 양성자 이동에 의하여 OH^- 이온을 생성하므로, 물에서 존재할 수 있는 가장 센 염기이다. 이와 같은 결과로 물에서 금속 아마이드 또는 메테인화 이온을 녹여서 NH_2^-나 CH_3^-를 연구할 수 없는데, 그 이유는 두 음이온 모두 OH^- 이온을 생성하고 NH_3나 CH_4로 완전히 양성자가 첨가되기 때문이다.

$$KNH_2(s) + H_2O(l) \rightarrow K^+(aq) + OH^-(aq) + NH_3(aq)$$

$$Li_4(CH_3)_4(s) + 4H_2O(l) \rightarrow 4Li^+(aq) + 4OH^-(aq) + 4CH_4(g)$$

염기 평준화 효과는 염기의 pK_b로 나타낼 수 있다. HSol에 녹아 있는 염기는 $pK_b < 0$이면 센 염기로 분류하며, 여기서 K_b는 HSol에서 염기의 염기도 상수이다.

$$NH_3(sol) + HSol(l) \rightleftharpoons NH_4^+(sol) + Sol^-(sol)$$

$$K_a = \frac{[NH_4^+][Sol^-]}{[NH_3]}$$

즉 $pK_b < 0$ ($K_b > 1$에 해당)인 모든 염기는 용매 HSol에서 Sol^-의 염기도를 보인다. 이제 $pK_{Sol} = pK_a + pK_b$이기 때문에 평준화에 대한 이 기준은 다음과 같이 나타낼 수 있다. $pK_a > pK_{Sol}$인 모든 염기는 음의 pK_b 값을 나타내고 용매 HSol에서 Sol^-처럼 행동할 것이다.

일반적인 용매 HSol에서 산과 염기는 위에서 논의한 바를 따르고, HSol에서 $pK_a < 0$이면 어떠한 산도 평준화되며, 같은 용매에서 $pK_a > pK_{sol}$이면 어떠한 염기도 평준화된다. 그러면 용매에서 평준화되지 않는 세기의 범위의 창은 $pK_a = 0$에서 pK_{sol}까지이다. 물에 대하여 pK_w=14이다. 액체 암모니아에 대하여 자체 양성자 이전 평형은 다음과 같다.

$$2NH_3(l) \rightleftharpoons NH_4^+(sol) + NH_2^-(sol) \qquad pK_{NH_3} = 33$$

산과 염기는 암모니아에서보다 물에서 훨씬 구별하기 어렵게 된다. 많은 수의 용매에 대한 구별 영역이 그림 5.15에 나와 있다. 다이메틸설폭사이드[DMSO, $(CH_3)_2SO$)]에 대한 구별 영역은 pK_{DMSO}=37이기 때문에 넓다. 결과적으로 DMSO는 (H_2SO_4에서 PH_3까지) 넓은 범위의 산을 연구하는 데 유용하다. 물은 표에 있는 다른 용매들에 비하여 영역이 좁다. 한 가지 이유는 상대적으로 높은 물의 유전율 때문인데, 이는 H_3O^+와 OH^- 이온 생성을 우세하게 한다. 유전율은 어떤 물질 내에서 전기장 형성을 저지하는 능력에 대한 척도이다.

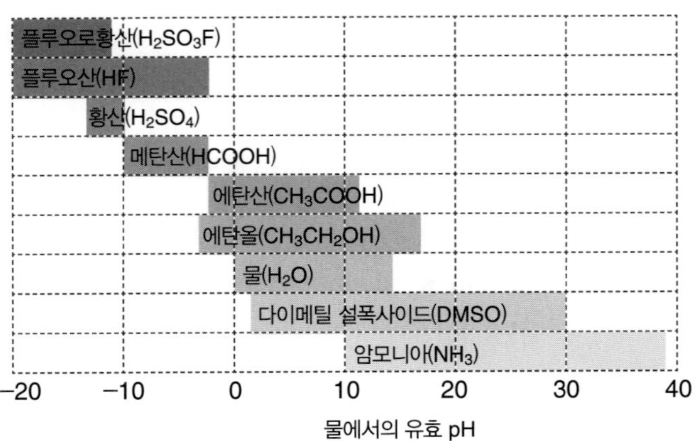

그림 5.15 **다양한 용매에 대한 산–염기 구별 영역** 각 영역의 폭은 용매의 자체 양성자 이전 상수에 비례한다.

예제 5.9 다른 용매 속에서 산도의 구별

그림 5.15에 주어진 용매 중 어느 것이 HCl($pK_a \approx -6$)과 HBr($pK_a \approx -9$)의 산도를 구별하는 데 이용될 수 있는가?

답 −6에서 −9 사이의 산–염기 구별 창을 가진 용매를 찾아야 한다. 표에서 −6에서 −9까지의 영역을 포함하는 창을 가진 유일한 용매는 메탄산(폼산, HCOOH)과 플루오린화 수소산(HF)뿐이다.

문제 5.9 그림 5.15에 주어진 용매 중 어느 것이 PH_3($pK_a \approx 27$)와 GeH_4($pK_a \approx 25$)의 산도를 구별하는 데 이용될 수 있는가?

비수용성 용매는 쉽게 가수 분해되는 분자의 반응에서나, 물에 의한 평준화를 피하거나, 용질의 용해도를 증가시키기 위하여 선택될 수 있다. 비수용성 용매는 용매의 액체 상태 영역 및 상대적인 유전율을 기준으로 하여 결정된다. 몇 가지 일반적인 비수용성 용매에 대한 물리적 성질을 표 5.6에 나타낸다.

5.13 Hammett 산도 함수와 그것의 강산, 진한 산으로의 응용

요점: Hammett 산도 함수는 진한 수용액에서나, 비수용성 용매에서나, 혹은 순물질에서 강산의 양성자화 능력을 비교하는 데 사용된다.

진한 강산은 중요한 응용성을 가지고 있지만, 그들의 산도를 비교하기 위한 잣대가 적용되지 못하기 때문에, 대신에 다음과 같이 정의되는 **Hammett 산도 함수**(**Hammett acidity function**, H_0)가 세기 측정에 이용된다.

표 5.6 비수용매의 물리적 성질

용매	녹는점(°C)	끓는점(°C)	상대 유전율*
액체 암모니아	−77.7	−33.5	23.9 (−33°C에서)
빙초산	16.7	117.9	6.15
황산	10.4	290 (분해됨)	100
플루오린화 수소	−83.4	19.5	80
에탄올	−114.5	78.3	24.55
사산화 이질소	−11.2	21.1	2.42
삼플루오린화 브로민	8.8	125.8	107
다이메틸 설폭사이드(DMSO)	18.5	189	46.45

* 이 수치는 온도 의존성이다.

표 5.7 순수한 상태 혹은 혼합물 상태로 된 몇몇 강산의 Hammett 산도 함수 H_0

산	H_0
$HSbF_6$(HF 50%, SbF_5 50%)	−31.3
'매직산'(SbF_5 25%, HSO_3F 75%)	−21.5
HSO_3F	−15.1
CF_3SO_3H	−14.1
$H_2S_2O_7$	−14.1
$HClO_4$	−13.0
H_2SO_4	−12.0
HF	−11

$$H_0 = \mathrm{p}K + \log\frac{[\mathrm{X}]}{[\mathrm{HX}]} \tag{5.12}$$

Hammett 산도 함수는 물이 전적으로 배제될 수 있는 비수용성 용매에서 응용 가능하고, 순수하고 희석되지 않은(아무것도 섞지 않은) 산의 양성자화 능력을 비교하는 데 특히 유용하다. 표 5.7은 흔히 사용하는 순수한 산과 혼합물의 Hammett 함수를 표시하였다. $-H_0$의 값이 클수록 산의 양성자화 능력이 커진다.

식 5.12는 HX가 고농도의 강산이라는점과 활동도가 더 이상 의미가 없다는 점을 제외하면 K가 HX의 산도 상수이고 $\mathrm{p}K = -\log K$라는 점에서 식 5.7과 유사하다. H_0가 pH를 대체할 수 있지만 유사하게는 고려될 수 없다. 명확히는 Hammett 상수가 액체 속에서 물리적으로 가능한 농도를 초과할 수 있다.

5.14 산과 염기의 용매계 정의

요점: 산과 염기의 용매계 정의는 Brønsted–Lowry 정의를 양성자 이동이 일어나지 않는 화학종에까지 확장한다.

산과 염기에 대한 Brønsted–Lowry 정의는 양성자의 관점에서 산과 염기를 설명한다. 물의 자체 양성자 이전 반응에서 유추하여 이러한 계를 양성자 이동이 포함되지 않는 화학종에까지 확장할 수 있다.

$$2\,H_2O(l) \rightleftharpoons H_3O^+(aq) + OH^-(aq)$$

산은 H_3O^+ 이온의 농도를 증가시키며, 염기는 OH^- 이온의 농도를 증가시킨다. 어떤 비양성자성 용매의 자체 이온화 반응에서 유사한 구조를 확인할 수 있다. 예를 들면 삼플루오린화브로민(BrF_3)의 자체 이온화 반응은 다음과 같다.

$$2\,BrF_3(l) \rightleftharpoons BrF_2^+(sol) + BrF_4^-(sol)$$

여기서 sol은 이온화하지 않은 화학종(이 경우 BrF_3)의 용액을 나타낸다. **용매계 정의(solvent-system definition)**에서 산은 용매의 자체 이온화에 의하여 생성되는 양이온의 농도를 증가시키는 용질로 정의하며, 염기는 대응하는 음이온의 농도를 증가시키는 물질로 정의한다. 이러한 용매계 정의는 자체 이온화하는 어떠한 용매에도 적용되며, 특히 비수용성 용매의 반응을 논의할 때 유용하다.

예제 5.10 용매계 방법으로 산과 염기 확인하기

BrF_2AsF_6 염은 BrF_3 속에서 용해한다. 이것은 이 용매에서 산인가, 염기인가?

답 용매의 자체 이온화곱을 확인하고, 그다음에 용질이 양이온의 농도를 증가시키는지(산) 또는 음이온의 농도를 증가시키는지(염기)를 결정한다. BrF_3의 이온화곱은 BrF_2^+와 BrF_4^-이다. 용질은 용해할 때 BrF_2^+ 이온과 AsF_6^- 이온을 생성한다. 염은 양이온의 농도를 증가시키기 때문에, 이는 용매계에서 산으로 정의된다.

문제 5.10 $KBrF_4$는 BrF_3 속에서 산인가, 염기인가?

5.15 산과 염기로서의 용매

산과 염기의 용매계 정의를 적용하면 용매의 자체 이온화 생성물을 고려하여 용질을 산과 염기로 결정할 수 있다. 대부분의 용매는 전자쌍 받개이거나 전자쌍 주개이므로 Lewis 산이거나 염기이다. 용매의 산도 및 염기도에 대한 화학적 결과는 상당히 큰데, 그 이유는 이들이 수용액과 비수용액 용매에서 일어나는 반응에 대한 차이를 설명하는 데 도움을 주기 때문이다. 치환 반응은 종종 용질이 용매에 녹을 때 일어나고, 용액의 연이은 반응은 항상 치환 반응이거나 상호 교환 반응이다. 예를 들면 오플루오린화 안티모니가 삼플루오린화 브로민에 녹을 때, 아래와 같은 치환 반응이 일어난다.

$$SbF_5(s) + BrF_3(l) \rightarrow BrF_2^+(sol) + SbF_6^-(sol)$$

이 반응에서 센 Lewis 산 SbF_5는 F^-를 BrF_3로부터 떼어낸다. 화학 반응에서 용매가 참여하는 예는 Brønsted 이론에 있다. 이 이론에서는 용매가 물이면, 그리고 반응을 산의 이동, 즉 염기성 용매 분자로부터 또 다른 염기로의 양성자의 이동으로 취급한다면, 산(H^+)은 용매 와의 반응에 의해 (H_3O^+와 같이) 착이온이 된다. 일반적인 용매 중에서 포화된 탄화수소만이 Lewis 산이나 염기의 성질이 부족하다.

Lewis 염기 특성을 갖는 용매는 흔하다. 잘 알려진 극성 용매로는 물, 알코올, 에터, 아민, 다이메틸 설폭사이드[DMSO, $(CH_3)_2SO$], 다이메틸폼아마이드[DMF, $(CH_3)_2NCHO$] 및 아세토나이트릴(CH_3CN) 등이 있는데, 이들은 굳은 Lewis 염기이다. 다이메틸 설폭사이드는 O 주개 원자를 고려하면 굳은 염기성이고, S 원자를 고려하면 무른 염기성 용매의 흥미로운 예이다. 이 용매에서 산과 염기의 반응은 일반적으로 치환 반응이다.

Lewis 산 가운데 액체 이산화 황은 무른 염기인 벤젠을 녹이는 데 좋은 무른 용매이다. 불포화 탄화수소는 프론티어 오비탈에서 π 혹은 π^* 오비탈을 사용하면 산이나 염기로 작용할 수도 있다. 비록 포화 플루오로탄소 용매가 Lewis 산과 염기 성질이 부족하지만, 염화 알케인(예: $CHCl_3$)과 같은 전기 음성 치환체를 갖는 알케인은 수소 원자가 상당히 산성이다.

예제 5.11 용매에 대한 Lewis 염기도 관점에서의 특성 설명

과염소산 은($AgClO_4$)은 알케인 용매에서보다 벤젠에서 훨씬 더 잘 녹는다. 이 관찰된 바를 Lewis 산-염기 성질로 설명하시오.

답 용매가 용질과 어떻게 상호 작용하는지를 고려해야 한다. 벤젠의 π 전자는 무른 염기이며, 무른 산인 Ag^+ 양이온의 비어 있는 오비탈과 함께 착물을 형성하는 것이 가능하다. $[Ag-C_6H_6]^+$ 화학종은 산 Ag^+와 약한 염

기인 벤젠의 π 전자로 이루어진 착물이다.

문제 5.11 삼플루오린화 붕소(BF_3)는 굳은 산인데, 실험실에서 종종 굳은 염기인 다이에틸 에터[$(C_2H_5)_2O$] 용액에 녹여 사용된다. $BF_3(g)$를 $(C_2H_5)_2O(l)$에 녹였을 때 생성되는 착물의 구조를 그리시오.

(a) 액체 암모니아

요점: 액체 암모니아는 유용한 비수용매이다. 액체 암모니아에서의 반응은 물에서의 반응과 유사하다.

액체 암모니아는 비수용성 용매로 널리 이용되고 있다. 액체 암모니아의 끓는점은 1 atm에서 −33°C이며 물보다 상대 유전율이 낮지만($\varepsilon_r = 22$) 암모니아염, 질산염, 사이안화물(cyanide), 싸이오사이안화물(thiocyanide)의 무기 화합물과 아민, 알코올, 및 에스터 등의 유기 화합물에 대해서도 좋은 용매이다. 자체 이온화 반응에서 보듯이, 수용성계와 매우 유사하다.

$$2\,NH_3(l) \rightleftharpoons NH_4^+(sol) + NH_2^-(sol)$$

용매화된 양성자 NH_4^+의 농도를 증가시키는 용질은 산이다. NH_4^+의 농도를 감소시키거나 NH_2^-의 농도를 증가시키는 용질은 염기로 정의한다. 따라서 액체 암모니아에서 암모늄염은 산이며, 아민은 염기이다.
액체 암모니아는 물보다 더 강한 염기이며 물에서 약산인 많은 화합물의 산도를 증가시킨다. 예를 들면 아세트산은 액체 암모니아에서 거의 완전히 이온화한다.

$$CH_3COOH(sol) + NH_3(l) \rightarrow NH_4^+(sol) + CH_3COO^-(sol)$$

액체 암모니아에서의 많은 반응은 물에서의 반응과 유사하다. 예로서 다음의 산−염기 중화 반응이 있다.

$$NH_4Cl(sol) + NaNH_2(sol) \rightarrow NaCl(sol) + 2\,NH_3(l)$$

액체 암모니아는 베릴륨을 제외한 알칼리와 알칼리 토금속에 대해 매우 좋은 용매이다. 알칼리 금속은 특히 잘 녹으며 −50°C에서 100 g의 액체 암모니아에 330 g의 세슘이 녹을 수 있다. 암모니아를 증발시키면 다시 금속을 회수할 수 있다. 이러한 용액은 전기 전도성이 크고 묽을 때는 푸른색이며 진할 때에는 청동색이다. 전자 상자성 공명(EPR) 스펙트럼(8장)을 보면 용액이 홀전자를 포함하고 있음을 나타낸다. 특히 푸른색의 용액은 근적외선 스펙트럼에서 1500 nm 부근의 최대치를 가진 매우 넓은 광학적 흡수띠를 나타낸다. 금속은 암모니아 용액에서 이온화되어 '용매화된 전자(solvated electron)'를 생성한다.

$$Na(s) + NH_3(l) \rightarrow Na^+(sol) + e^-(sol)$$

푸른색 용액은 낮은 온도에서 장시간 존재하나 서서히 분해하여 수소와 소듐아마이드($NaNH_2$)를 생성한다. '전자화물(electride)'이라는 화합물을 생성하기 위한 푸른색 용액의 활용은 11.14절에서 다룬다.

(b) 플루오린화 수소

요점: 플루오린화 수소는 매우 강한 산으로 반응성이 크지만 유독성 용매이다.

액체 플루오린화 수소(끓는점 19.5°C)는 물의 상대 유전율(25°C에서 $\varepsilon_r = 78$)에 상응하는 높은 상대 유전율(0°C에서 $\varepsilon_r = 84$)을 갖고 있는 산성 용매이다. 이는 이온성 물질에 대해 좋은 용매이다. 그러나 반응성과 독성이 모두 매우 크며 유리를 부식시킬 수 있기 때문에 다루는 데 어려움이 있다. 실제로 액체 플루오린화 수소는 보통 폴리테트라플루오로에틸렌(테플론)과 폴리클로로트라이플루오로에틸렌 용기에 보관한다. 플루오린화 수소는 특히 위험한데, 피부 조직을 통하여 빨리 흡수가 일어나며 신경 작용을 방해한다. 결과적으로 발견되지 않는 화상이 진행되며 치료가 어려워진다. 또한 뼈를 부식시키며 혈액 속의 칼슘과도 반응한다.

액체 플루오린화 수소는 높은 자체 양성자 이전 상수를 가지며 매우 쉽게 용매화된 양성자를 생성하기 때문에 강한 산성 용매이다.

$$3\,HF(l) \rightarrow H_2F^+(sol) + HF_2^-(sol)$$

비록 HF의 짝염기는 형식적으로 HF^-이지만, F^-와 강한 수소 결합을 형성할 수 있으므로 짝염기를 이플루오린화 이온(HF_2^-)로 간주하는 것이 더 타당하다. 단지 매우 강한 산은 양성자를 줄 수 있기 때문에 HF에서 산으로 작용하며, 그 예로서 플루오로황산이 있다.

$$HSO_3F(sol) + HF(l) \rightleftharpoons H_2F^+(sol) + SO_3F^-(sol)$$

산, 알코올, 에터 및 케톤의 유기 화합물은 양성자를 받을 수 있으며 HF(l)에서 염기로 작용한다. 기타 염기는 H_2F^-의 농도를 증가시켜 염기성 용액을 생성한다.

$$CH_3COOH(l) + 2\,HF(l) \rightleftharpoons CH_3COOH_2^+(sol) + H_2F^-(sol)$$

아세트산은 물에서 산이지만, 이 반응에서는 염기로 작용한다.

많은 플루오린염들은 액체 HF에서 용해되어 결과적으로 HF_2^- 이온을 형성하는데, 예를 들면 다음과 같다.

$$LiF(s) + HF(l) \rightarrow Li^+(sol) + HF_2^-(sol)$$

(c) 무수 황산

요점: 무수 황산의 자체 이온화 반응은 여러 경쟁하는 부반응으로 인해 복잡하다.

무수 황산은 산성 용매이다. 무수 황산은 높은 상대 유전율을 가지며, 강한 수소 결합으로 인해 점성이 있다. 이러한 회합에도 불구하고 용매는 실온에서 상당히 자체 이온화하며 주요 자체 이온화 반응은 다음과 같다.

$$2\,H_2SO_4(l) \rightleftharpoons H_3SO_4^+(sol) + HSO_4^-(sol)$$

그러나 다음과 같은 이차적인 자체 이온화 반응과 평형 반응도 일어난다.

$$H_2SO_4(l) \rightleftharpoons H_2O(sol) + SO_3(sol)$$
$$H_2O(sol) + H_2SO_4(l) \rightleftharpoons H_3O^+(sol) + HSO_4^-(sol)$$
$$SO_3(sol) + H_2SO_4(l) \rightleftharpoons H_2S_2O_7(sol)$$
$$H_2S_2O_7(sol) + H_2SO_4(l) \rightleftharpoons H_3SO_4^+(sol) + HS_2O_7^-(sol)$$

수소 결합으로 인하여 점도가 높고 회합 정도가 크기 때문에 이온 이동도는 항상 낮다. 그러나 $H_3SO_4^+$와 HSO_4^-의 이동도는 물에서 H_3O^+와 OH^-의 이동도에 필적하며, 이것은 비슷한 양성자 이동 메커니즘이 일어남을 암시한다. 관여하는 주요 화학종은 $H_3SO_4^+$와 HSO_4^-이다.

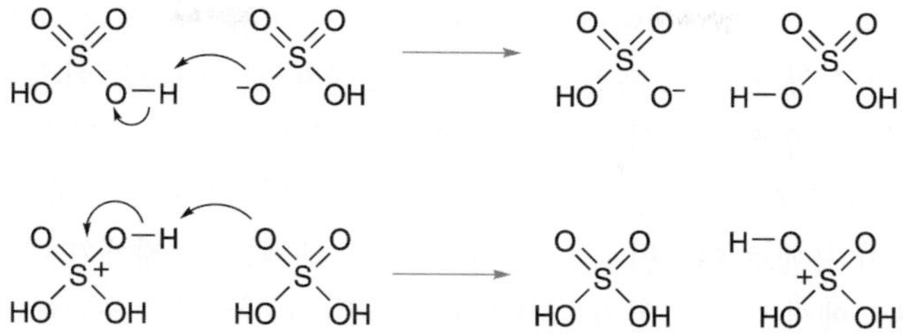

대부분의 강한 산소산은 무수 황산에서 양성자를 받으며, 따라서 염기이다.

$$H_3PO_4(sol) + H_2SO_4(l) \rightleftharpoons H_4PO_4^+(sol) + HSO_4^-(sol)$$

중요한 반응은 질산과 황산의 반응으로, 방향족의 질산화 반응에서 활성 화학종인 나이트로늄 이온(NO_2^+)을 생성한다.

$$HNO_3(sol) + 2H_2SO_4(l) \rightleftharpoons NO_2^+(sol) + H_3O^+(sol) + 2HSO_4^-(sol)$$

몇 가지 산은 물에서는 매우 강한 산이지만 무수 황산에서는 약한 산으로 작용하는데, 예로 과염소산($HClO_4$)과 플루오로황산($HFSO_3$)이 있다.

(d) 사산화 이질소

요점: 사산화 이질소는 두 가지 반응으로 자체 이온화한다. 전자쌍 주개 또는 받개를 첨가함으로써 유리한 과정을 증가시킬 수 있다.

사산화 이질소(N_2O_4)는 어는점이 −11.2°C이고, 끓는점이 21.2°C로서 액체 범위가 좁다. 두 가지의 자체 이온화 반응은 다음과 같다.

$$N_2O_4(l) \rightleftharpoons NO^+(sol) + NO_3^-(sol)$$
$$N_2O_4(l) \rightleftharpoons NO_2^+(sol) + NO_2^-(sol)$$

첫 번째 자체 이온화 반응은 다이에틸 에터를 첨가하면 우세하게 일어난다.

$$N_2O_4(l) + :X \rightleftharpoons XNO^+(sol) + NO_3^-(sol)$$

BF_3와 같은 Lewis 산을 첨가하면 두 번째 자체 이온화 반응이 우세하게 된다.

$$N_2O_4(l) + BF_3(sol) \rightleftharpoons NO_2^+(sol) + F_3BNO_2^-(sol)$$

사산화 이질소는 낮은 상대 유전율을 가지며 무기 화합물에 대해 매우 유용한 용매가 아니지만, 에스터, 카복실산, 할로젠화물 및 유기 나이트로 화합물에 대해 좋은 용매이다.

(e) 이온성 액체

요점: 이온성 액체는 여러 가지 화학 반응에서 촉매로서의 고농도 Lewis 산과 염기를 제공하는 극성이면서 비휘발성 용매이다.

이온성 액체는 보통 100°C 이하에서 용융하는 염으로, $AlCl_4^-$와 다양한 사슬 길이를 갖는 카복실산 음이온과 같은 비대칭 사차(알킬) 암모늄 양이온과 복잡한 음이온을 포함한다. 이온성 액체는 낮은 휘발성, 높은 열적 안정성, 넓은 범위에 걸친 전극 전위의 불활성, 높은 전도도 등에 의해 규명되고, 유기 합성이나 전기 화학 대체 용매를 제공하는 것과 같은 여러 가지 응용성을 만들어 가고 있다. 대기 조건하에서 액체로 존재하는 이러한 이온 결합 화합물은 이온의 큰 크기와 형태 유연성에도 기여를 한다. 작은 격자 에너지와 큰 엔트로피를 야기시키는 성질은 녹는점을 증가시킨다. 양이온과/또는 음이온은 카이랄성을 분리하는 데 선택될 수 있고, 산-염기 성질이 용매로 이용될 수도 있다. 이온성 액체는 그 자체가 촉매로도 작용한다. 예를 들면 다음 반응에서 형성된 염화 알루미늄 이온성 액체는 대기 조건에서 매우 높은 농도의 강한 Lewis 산 $Al_2Cl_7^-$를 제공한다.

이온성 액체의 음이온은 종종 아세틸화 반응 촉매인 다이사이안아마이드 이온[$(NC)_2N^-$]과 같은 Lewis 염기이다. 어떤 경우에는 양이온은 한 예로 $[C_n\text{dabco}]^+$(**26**)로 알려진 1-알킬-1,4-다이아자바이사이클로[2.2.2]옥테인과 같은 염기성 기를 내포하고 있다. 이 물질은 수소 결합을 형성할 수 있고, 물에 대한 용해도를 부여하는 삼차 N 원자를 포함하고 있다. 비스(트라이플루오로메테인)설폰이마이드, $TFSI^-$(**26**)을 갖는 $[C_n\text{dabco}]^+$ 염은 n = 2일 경우 물과 섞이지만, n = 8일 경우 물과 섞이지 않고, 그리고 n 증가와 함께 녹는점은 낮아진다. $Cu(NO_3)_2$와 같은 염은 이온성 액체에서는 불용성이나, Cu^{2+}가 삼차 N 주개 원자에 의해 착물화되기 때문에 $[C_n\text{dabco}]^+$ $TFSI^-$에는 용해된다.

26 $[C_n\text{dabco}]^+TFSI^-$

(f) 초임계 유체

요점: 초임계 유체는 용매로서 특이한 성질을 가지고 있고 환경적으로 유익한 산업화 공정에서 사용이 증가하고 있다.

초임계(sc: supercritical) 유체는 액체와 증기상이 구별되지 않는 상태의 물질로서 많은 용질과 용해할 수 있는 성질과, 여러 가지 기체와도 완벽히 섞이는 성질과 관련된 낮은 점도를 가지고 있다. 초임계 유체는 임계점을 초과하는 온도와 압력을 적용함으로써 만들어진다(그림 5.16).

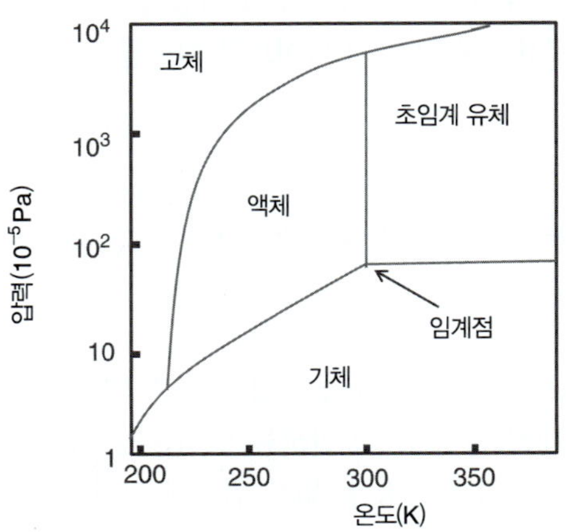

그림 5.16 이산화 탄소가 초임계 유체로 거동하는 조건을 보여 주고 있는 온도-압력 상도표 (1 atm = 1.01 x 10^5 Pa)

가장 중요한 예는 $P_c = 72.8$ atm, $T_c = 30.95$°C의 임계점을 가지고 있는 임계 이산화 탄소($scCO_2$)이다. CO_2 분자는 양극성(bipolar)으로서 Lewis 염기(**27**) 또는 Lewis 산으로 작용할 수 있다. 결합 작용 형태는 단일 CO_2 분자(**28**)로 일어날 수도 있다. 용매로서 $scCO_2$는 커피의 탈카페인화 같은 중요한 응용들을 가지고 있고, 환경 관심사의 원인이 되는 유기 용매를 대체하여 청정 산업 공정에서 그 응용성이 증가하고 있다. 유기 용매와는 달리, $scCO_2$는 탈압력하 공정에서 제거될 수 있어서 재활용이 가능하다(25.5절).

27 $CO_2:AlCl_3$

28 $CO_2:OC(R)CH_3$

보통의 물과 비교하면 초임계 물(scH_2O)은 유기 화합물에 대해서는 훌륭한 용매이고, 이온에 대해서는 좋지 못한 용매이다. 임계 조건($Pc = 218$atm, $Tc = 374$°C) 가까이에서 물은 뚜렷한 변화를 일으킨다. 임계 조건에 접근하면 아주 큰 자체 양성자 이전 정도(pK_w가 근사적으로 11로, 14와 비교가 됨)를 가지는 것부터, 임계점 이상에서는 훨씬 낮은 값(600°C, 250 atm에서 pK_w가 약 20)을 가지는 것까지 특성에 있어 뚜렷한 변화를 보인다. 따라서 특수 화학 반응을 위한 용매로 적합하게 사용하기 위해서는 온도와 압력이 조절될 수 있다. scH_2O의 특별히 중요한 응용은 이 용매에서 유기 화합물과 O_2의 완벽한 혼합 성질을 이용하는 과정, 즉 유기 폐기물을 산화하는 것이다(25.5절).

산-염기 화학의 응용

산과 염기에 대한 Brønsted 및 Lewis 정의는 별개의 것으로 서로 분리하여 생각되어서는 안 된다. 실제로 산-염기 화학의 많은 응용 분야에서 Lewis 및 Brønsted 산-염기를 동시에 적용하는 경우가 많다.

5.16 초강산과 초염기

요점: 초강산은 무수 황산보다 더 효과적인 양성자 주개이다. 초염기는 OH^- 이온보다 더 효과적인 양성자 받개이다.

초강산(**superacid**)은 순수한 (무수) H_2SO_4보다 더 효과적인 양성자 주개 물질이다. 초강산은 일반적으로 점도가 있고 부식성 액체이며, H_2SO_4보다 10^{18}배만큼 더 센 산성이다. 이들은 강력한 Lewis 산을 강력한 Bronsted 산에 녹여서 만든다. 초강산의 세기는 Hammett 함수(표 5.7)로 표현된다. 가장 일반적인 초강산은 SbF_5를 플루오로설폰산(HSO_3F) 또는 무수 HF에 녹였을 때 형성된다. SbF_5와 HSO_3F의 혼합물은 '매직산(magic acid)'이라 알려져 있으며, 이는 양초를 녹일 수 있는 성질을 갖고 있기 때문에 붙여진 이름이다. 산도가 증가한 이유는 HSO_3F의 양성자 대신 SbF_5가 치환되기 때문이며, 이때 양성자는 다른 HSOF와 반응한다.

$$SbF_5(l) + 2HSO_3F(l) \rightarrow H_2SO_3F^+(sol) + SbF_5SO_3F^-(sol)$$

더 센 초강산은 SbF_5를 무수 HF에 녹여 만들 수 있다.

$$SbF_5(l) + 2\ HF(l) \rightarrow H_2F^+(sol) + SbF_6^-(sol)$$

다른 오플루오린화물도 HSO_3F나 HF와 초강산을 형성하며, 이들 화합물의 산도는 $SbF_5 > A_5F_5 > TaF_5 > NbF_5 > PF_5$ 순으로 감소한다.

초강산은 거의 모든 유기 화합물을 양성자화시키는 것으로 알려져 있다. 1960년대에 George Olah와 그의 동료는 탄화수소가 초강산에 녹을 때 카보늄 이온(carbonium ion)이 안정화된다는 것을 발견하였다.[7] 무기화학에서 초강산은 S_8^{2+}, $H_3O_2^+$, Xe_2^+, HCO^+와 같은 반응성이 큰 양이온을 관찰하는 데 사용되었으며, 이들 중 일부는 분리되어 구조가 결정되었다.

[7] Olah의 실험이 있기 전에는 탄소 양이온(carbocation)을 연구할 수 없었다. 이러한 업적으로 그는 1994년에 노벨 화학상을 수상하였다.

초염기(superbase)는 수용액에 존재하는 가장 강한 염기인 OH^- 이온보다 더 효과적인 양성자 받개 화합물이다. 초염기는 물과 반응하여 OH^- 이온을 생성한다. 무기 초염기는 보통 1족 또는 2족 양이온과 크기가 작고 큰 전하를 띤 음이온 간의 염으로 이루어져 있다. 큰 전하를 띤 음이온은 물이나 암모니아와 같은 산 용매와 반응한다. 예를 들면 질소화 리튬(Li_3N)은 물과 격렬하게 반응한다.

$$Li_3N(s) + 3H_2O(l) \rightarrow 3Li(OH)(aq) + NH_3(g)$$

질소화 음이온은 수소화 이온보다 더 강한 염기이며 수소를 탈양성자화시킨다.

$$Li_3N(s) + 2H_2(g) \rightarrow LiNH_2(s) + 2LiH(s)$$

이 반응은 270°C에서 가역적이기 때문에 질소화 리튬은 수소 저장 물질로의 가능성이 있다(10.6절, 24.8절).

수소화 소듐은 유기 화학에서 카복실산, 알코올, 페놀 및 싸이올을 탈수소화시키는 데 사용되는 초염기이다. 수소화 칼슘은 물과 반응하여 수소를 생성한다.

$$CaH_2(s) + 2H_2O(l) \rightarrow Ca(OH)_2(s) + 2H_2(g)$$

수소화 칼슘은 건조제로서 사용되며, 기상 관측 기구를 팽창시키거나 실험실용 고순도 수소의 발생원으로 사용되기도 한다.

5.17 불균일 산-염기 반응

요점 : 많은 촉매 물질과 광물의 표면은 Brønsted 및 Lewis 산 자리를 갖고 있다.

Lewis 및 Brønsted 산도를 갖는 무기 화합물의 중요한 몇몇 반응은 고체 표면에서 일어난다. 예를 들면 큰 표면적의 Lewis 산 자리를 갖고 있는 고체 **표면산(surface acid)**은 석유 화학 산업에서 탄화수소의 상호 변환 과정에서 촉매로 사용된다. 토양 및 천연수를 다루는 화학 분야에서 사용되는 중요한 많은 물질의 표면은 Brønsted 및 Lewis 산 자리를 갖고 있다.

실리카 표면은 $-OH$기가 SiO_2 유도체 표면에 끈질기게 달라붙어 남아 있으므로 쉽게 Lewis 산 자리를 만들지 않는다. 그 결과 Brønsted 산도가 우세하게 작용한다. 실리카 표면 자체의 Brønsted 산도는 중간 정도이다(아세트산과 비교할 수 있을 정도). 그러나 이미 언급하였듯이, 알루미노규산염(aluminosilicate)은 센 Brønsted 산도를 나타낸다. 열처리에 의하여 표면 OH기를 제거하면, 알루미노규산염 표면은 센 Lewis 산 자리를 갖게 된다. 가장 잘 알려진 알루미노규산염은 **제올라이트**(zeolite, 14.15절)이며 친환경적 불균일 촉매로 널리 사용되고 있다. 제올라이트의 촉매 활동도는 이것의 산성 성질에서 비롯된 것이며, 이들은 **고체산**(solid acid)으로 알려져 있다. 기타 고체산으로는 지지 이종 다중산(supported heteropoly acid)과 산성 점토가 있다. 이러한 촉매에서 일어나는 몇몇 반응은 Brønsted 또는 Lewis 산 자리의 존재에 매우 민감하다. 예를 들어 톨루엔은 벤토나이트 점토 촉매상에서 Friedel-Crafts 알킬화 반응을 일으킨다.

$$C_6H_5CH_3 + C_6H_5CH_2X \longrightarrow CH_3C_6H_4CH_2C_6H_5 + HX$$

반응물이 염화 벤질인 경우 Lewis 산 자리가 반응에 관여하며, 반응물이 벤질 알코올인 경우 Brønsted 자리가 관여한다.

실리카 젤의 Brønsted 산 자리를 이용한 표면 반응은 다양한 유기 작용기를 표면 위에 얇게 코팅하여 이용된다. 이와 같은 표면 개질 반응은 다음과 같다.

$$\equiv Si{-}OH + HOSiR_3 \longrightarrow \equiv Si{-}OSiR_3 + H_2O$$

$$\equiv Si{-}OH + ClSiR_3 \longrightarrow \equiv Si{-}OSiR_3 + HCl$$

따라서 실리카 젤 표면은 분자의 특정 부분에 대하여 친화도를 갖도록 변형될 수 있다. 이 방법은 크로마토그래피에서 사용할 수 있는 고정상의 범위를 크게 확장시켜 주고 있다. 유리의 표면에 있는 −OH기도 동일한 방법으로 변형할 수 있으며, 이와 같은 방법으로 처리된 유리 기구는 실험실에서 양성자에 민감한 화합물을 연구할 때 사용되기도 한다.

고체산은 녹색 화학에서 새롭게 응용되고 있다. 전통적인 산업 공정에서는 생성물을 반응물과 부산물로부터 분리하는 마지막 과정에서 많은 양의 유해한 폐기물이 발생한다. 고체 촉매는 액체 생성물로부터 쉽게 분리되며 반응은 주로 온화한 조건에서 일어나고 반응의 선택성은 더 커진다.

연습 문제

5.1 주기율표에서 s와 p 구역을 표시하고, 그 위에 (a) 센 산성 산화물, (b) 센 염기성 산화물, (c) 양쪽성이 일반적인 화합물을 형성하는 원소를 나타내시오.

5.2 염기 C_5H_5N(피리딘), HPO_4^{2-}, O^{2-}, CH_3COOH, $[Co(CO)_4]^-$, CN^-의 짝산을 알아보시오.

5.3 물에서 에탄산(CH_3COOH)의 K_a는 1.8×10^{-5}이다. 짝염기 $CH_3CO_2^-$의 K_b를 계산하시오.

5.4 물에서 F^-의 유효 양성자 친화도 A_p'은 1150 kJ mol^{-1}이다. 이는 물에서 산으로 작용하는지, 염기로 작용하는지 예상하시오.

5.5 그림 5.5(용매 평준화를 이용하여)의 도움을 받아, 다음 목록 중 어느 염기가 (a) 너무 세서 실험적으로 연구할 수 없는지, (b) 너무 약하여 실험적으로 연구할 수 없는지, 또는 (c) 직접 측정할 수 있는 염기 세기인지 확인하시오.
(i) 물에서 CO_3^{2-}, O^{2-}, ClO_4^-, NO_3^-
(ii) 황산에서 HSO_4^-, NO_3^-, ClO_4^-

5.6 H_3PO_4, H_3PO_3, H_3PO_2는 모두 pK_a 값이 2이나, HOCl, $HClO_2$, $HClO_3$의 pK_a 값은 각각 7.5, 2.0, −3.0이다. 이 관찰 사항을 설명하시오.

5.7 아래 산을 산의 세기가 증가하는 순서로 놓기 위하여 Pauling 규칙을 이용하시오.
비평준화 용매에서 HNO_2, H_2SO_4, $HBrO_3$, $HClO_4$

5.8 산화물 Al_2O_3, B_2O_3, BaO, CO_2, Cl_2O_7, SO_3를 가장 센 산성으로부터 양쪽성을 거쳐 가장 센 염기성 순서로 나열하시오.

5.9 Na^+와 Ag^+ 이온은 원자 반지름이 비슷하다. 어느 아쿠아 이온이 더 센 산인가? 왜 그런가?

5.10 다음 두 물질을 수용액에서 섞을 때 일어나는 주된 반응에 대한 균형 맞춘 반응식을 쓰시오.
(a) H_3PO_4와 Na_2HPO_4 (b) CO_2와 $CaCO_3$

5.11 셀레늄화 수소(H_2Se)가 황화 수소(H_2S)보다 왜 더 강산인지를 설명하시오.

5.12 다음 각 과정에 대하여, 관여하고 있는 산과 염기를 확인하고, 각 과정을 착물 형성 또는 산-염기 치환으로 구별하시오. Lewis 산도뿐만 아니라 Brønsted 산도를 나타내는 화학종을 확인하시오.
(a) $SO_3 + H_2O \rightarrow HSO_4^- + H^+$
(b) $CH_3[B_{12}] + Hg^{2+} \rightarrow [B_{12}]^+ + CH_3Hg^+$($[B_{12}]$는 Co-포피린의 바이타민 B_{12}를 나타냄)
(c) $KCl + SnCl_2 \rightarrow K^+ + [SnCl_3]^-$
(d) $AsF_3(g) + SbF_5(l) \rightarrow [AsF_2]^+[SbF_6]^-(s)$
(e) 에탄올이 피리딘에 녹아 비전도성 용액을 만든다.

5.13 굳은-무른 개념을 이용하여 다음 반응 중 어느 것이 평형 상수가 1보다 큰 값을 가질 것으로 예측되는가?(다른 표현이 없으면 25°C에서의 기체상 또는 탄화수소 용액이라고 가정한다.)
(a) $R_3PBBr_3 + R_3NBF_3 \rightleftharpoons R_3PRBF_3 + R_3NBBr_3$
(b) $SO_2 + (C_6H_5)_3PHOC(CH_3)_3$
$\rightleftharpoons (C_6H_5)_3PSO_2 + HOC(CH_3)_3$
(c) $CH_3HgI + HCl \rightleftharpoons CH_3HgCl + HI$
(d) $[AgCl_2]^-(aq) + 2CN^-(aq) \rightleftharpoons [Ag(CN)_2]^-(aq) + 2Cl^-(aq)$

5.14 트라이메틸보론과 NH_2CH_3, NH_2, $(CH_3)_2NH$, $(CH_3)_3N$과의 반응에 대한 엔탈피는 각각 −58, −74, −81, −74 kJ mol^{-1}이다. 왜 트라이메틸아민은 선에서 벗어나 있는가?

5.15 HF에 의한 SiO_2 유리의 용해에 관한 식을 쓰고, Lewis 및 Brønsted 산-염기 개념 항으로 그 반응을 해석하시오.

5.16 아래와 같은 일이 일어나는 용매의 성질에 대하여 설명하시오.
(a) 산의 중심으로부터 I^-에 의해 Cl^-의 치환이 우세함
(b) R_3N보다 R_3As의 염기도가 우세함
(c) Al^{3+}보다 Ag^+의 산도가 우세함
(d) $2FeCl_3+ZnCl_2 \rightarrow Zn^{2+}+2[FeCl_4]^-$ 반응을 진행시킴
각 경우에 대하여 적당한 반응을 진행시키기 위하여 용매를 제시하시오.

5.17 중요한 수은 광석은 진사인 황화 수은(HgS)인 반면, 아연은 자연에서 황화물, 규산염, 탄산염, 산화물로 나타남을 산-염기 개념을 이용하여 설명하시오.

5.18 규산염이 HF에 용해되는 것은 Lewis 산-염기 반응인가, Brønsted 산-염기 반응인가, 아니면 둘 다인가?

5.19 표 5.5를 이용하여 아이오딘과 페놀의 반응에 대한 엔탈피 변화를 계산하시오.

5.20 하이드록소산 ($Si(OH)_4$)는 H_2CO_3보다 약하다. 수용액에 고체 M_2SiO_4를 녹이면 수용액 위의 CO_2 압력을 어떻게 감소시키게 되는지를 보여 주는 균형 맞춘 반응식을 적으시오. 해양 퇴적물의 규산염은 대기 중의 CO_2 증가를 제한할 수도 있다. 그 이유를 설명하시오.

5.21 팔면체 아쿠아 이온 $[M(OH_2)_6]^{2+}$의 M−O 대칭 신축 진동에 대한 진동수는 $Ca^{2+} < Mn^{2+} < Ni^{2+}$의 순서에 따라 증가한다. 이 경향은 산도와 어떻게 관련이 있는가?

5.22 $[Fe_2Cl_6]$는 붉은색인 반면, 착이온 $[FeCl_4]^-$는 노란색이다. 0.1 mol $FeCl_3(s)$를 1 dm^3의 $POCl_3$ 또는 $PO(OR)_3$에 용해시키면, 묽힐 때 노란색으로 변하는 붉은색 용액을 형성한다. $POCl_3$에서 붉은색 용액을 Et_4NCl로 적정하면 $FeCl_3/Et_4NCl$의 몰비가 1:1일 때 급격한 색 변화(붉은색에서 노란색으로)가 나타난다. 진동 스펙트럼에 의하면, 옥소클로라이드 용매가 Lewis 산과 함께 산소의 배위에 의하여 첨가 생성물을 형성함을 알 수 있다. 이와 같은 관찰에 대한 가능한 두 가지 설명으로서 아래 두 벌의 반응을 비교하시오.
(a) $Fe_2Cl_6 + 2POCl_3 \rightleftharpoons 2[FeCl_4]^- + 2[POCl_2]^+$
$POCl_2^+ + Et_4NCl \rightleftharpoons Et_4N^+ + POCl_3$
(b) $Fe_2Cl_6 + 4POCl_3 \rightleftharpoons [FeCl_2(OPCl_3)_4]^+ + [FeCl_4]^-$
위의 두 평형은 모두 묽힐 때 생성물 쪽으로 이동한다.

5.23 화합물 SO_2와 $SOCl_2$는 방사능으로 표지된 황과 교환할 수 있다. 이 교환 반응은 Cl^-와 $SbCl_5$ 촉매에 의해 이루어진다. 이 두 교환 반응에 대하여 첫 단계에서 적절한 착물을 형성하는 것을 포함하는 메커니즘을 제안하시오

5.24 다음 반응에 대하여 평형 상수 값이 1보다 큰지, 1보다 작은지를 예측하시오.
(a) $CdI_2(s) + CaF_2(s) \rightleftharpoons CdF_2(s) + CaI_2(s)$
(b) $[CuI_4]^{2-}(aq) + [CuCl_4]^{3-}(aq)$
$\rightleftharpoons [CuCl_4]^{2-}(aq) + [CuI_4]^{3-}(aq)$
(c) $NH_2^-(aq) + H_2O(l) \rightleftharpoons NH_3(aq) + OH^-(aq)$

5.25 S_4^{2-} 및 Pb_9^{4-}와 같은 음이온 화학종을 안정화시키기 위해서는 강한 염기성 용매가 필요한 반면, I_2^+나 Se_8^{2+} 류의 양이온을 제조할 때에는 강한 산성 용매(예: SbF_5/HSO_3F)를 사용하는 이유는 무엇인가?

5.26 다음 관찰 사항을 설명하시오.
(a) BEt_3의 NMe_3와의 첨가물 형성의 열량은 −72.3 kJ mol^{-1}이지만, $B(OMe)_3$의 같은 아민과의 첨가물 형성 열량은 −31.5 kJ mol^{-1}이다.
(b) BMe_3와 NMe_3의 첨가물 형성 열량은 −75.2 kJ mol^{-1}인 반면, $N(SiH_3)_3$와의 첨가물 형성 열량은 +4 kJ mol^{-1}이다.

6 배위 화합물 개론

금속 원자 또는 이온이 여러 개의 리간드로 둘러싸인 금속 착물은 무기화학, 특히 d 구역 원소의 화학에서 중요한 역할을 한다. 이 장에서는 단일 금속 원자 주위에서의 리간드의 일반적인 구조적 배열과 가능한 이성질 형태를 소개한다.

금속의 배위 화학의 관점에서, **착물(complex)**이란 한 벌의 리간드로 둘러싸인 중심 금속 원자 또는 이온을 일컫는 용어이다. **리간드(ligand)**는 독립적으로 존재할 수 있는 이온 또는 분자이다. 착물의 두 가지 예는, Co^{3+} 이온이 6개의 NH_3 리간드로 둘러싸인 $[Co(NH_3)_6]^{3+}$ 및 Na^+ 이온이 6개의 H_2O 리간드로 둘러싸인 $[Na(OH_2)_6]^+$이다. 중성 착물 또는 이온 중 하나 이상이 착물인 이온성 화합물을 뜻하는 용어로 **배위 화합물(coordination compound)**을 사용한다. 따라서 $[Ni(CO)_4]$(**1**)과 $[Co(NH_3)_6]Cl_3$(**2**)는 모두 배위 화합물이다. 착물은 다수의 Lewis 염기(리간드)와 Lewis 산(중심 금속 원자)의 조합이다. 중심 원자와의 결합을 형성하는 Lewis 염기 리간드의 원자는, 결합 형성에 사용되는 전자를 내주기 때문에 **주개 원자(donor atom)**라고 한다. 따라서 NH_3가 리간드로서 작용할 때 N은 주개 원자이고, H_2O가 리간드로서 작용할 때 O는 주개 원자이다. 착물 내의 Lewis 산인 금속 원자나 이온은 **받개 원자(acceptor atom)**이다. 주기율표의 모든 금속은 착물을 형성한다.

금속 착물의 기하학적 구조의 주요 특징은 19세기 후반과 20세기 초반에, 유기 화합물의 입체 화학을 공부한 Alfred Werner에 의해 확인되었다. Werner는 연구할 때, 광학 이성질 현상 및 기하 이성질 현상의 해석, 반응의 방식, 전도도 자료를 함께 다루었는데, 이 방식은 물리 및 화학적 증거를 효과적이고 창의적으로 사용하는 연구 모델로 남아 있다. 전자 구조를 반영하는 많은 d 및 f 금속 배위 화합물의 인상적인 색은 Werner에게는 수수께끼였다. 1930

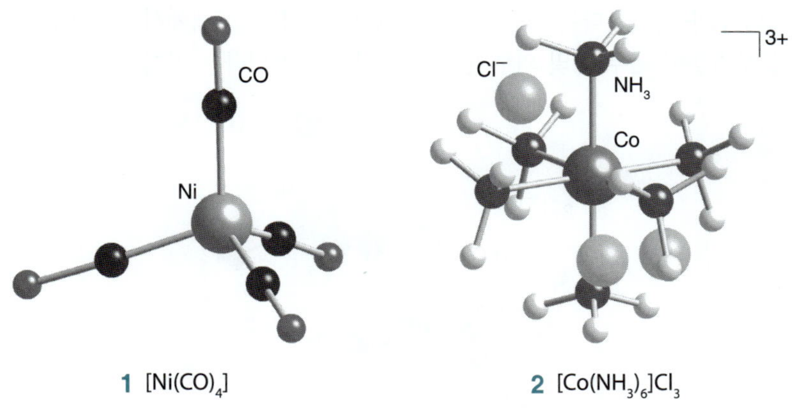

1 $[Ni(CO)_4]$ **2** $[Co(NH_3)_6]Cl_3$

캡션에 [아이콘]이 표시된 그림은 쌍방향의 3D 구조로 온라인에서 찾을 수 있다. 브라우저에 다음 URL을 입력하고 관련 그림 번호를 넣어라. www.chemtube3d.com/wellerxe/[장번호]F[그림 번호]. 예를 들어 2장의 그림 7은 www.chemtube3d.com/wellerxe/2F07을 입력하면 된다.

년에서 1960년까지의 기간 동안, 오비탈로 전자 구조를 기술하는 방법이 적용되었을 때에야, 이 특성이 설명될 수 있었다. d 금속 착물의 전자 구조는 20장에서, f 금속 착물의 전자 구조는 23장에서 살펴본다.

현재는 Werner가 사용한 방식보다 훨씬 더 많은 방법으로 금속 착물의 기하학적 구조를 결정할 수 있다. 화합물의 단결정이 얻어지면, X선 회절(8.1절)은 정확한 모양, 결합 거리 및 각도를 알려 준다. 핵자기 공명(8.6절)은 수명이 마이크로초보다 긴 착물을 연구하는 데 사용될 수 있다. 매우 수명이 짧은 착물(용액 내에서의 확산 충돌(수 나노초)과 비교되는 수명을 가진 것)은 진동 및 전자 분광학으로 연구될 수 있다. 반응 방식과 이성질체를 분석하여, 용액에서 수명이 긴 착물(예: Co(III), Cr(III), Pt(II) 및 많은 유기 금속 화합물의 대표적인 착물)의 기하 구조를 추론할 수 있다. 이 방법은 원래 Werner에 의해 개발되었는데, 화합물 구조를 결정하는 데 도움을 줄 뿐만 아니라 화합물의 합성 화학에 관해서도 많은 것을 알려 준다.

배위 화학의 언어

요점: 내부권 착물에서 리간드는 중심 금속 이온과 직접 결합한다. 외부권 착물은 용액 또는 이온성 고체에서 양이온과 음이온이 모이는 곳에서 발생한다.

우리가 일반적으로 이해하고 있는 착물, 더 정확하게 **내부권 착물(inner-sphere complex)**에서는 리간드가 중심 금속 원자 또는 이온에 직접 부착된다. 이러한 리간드는 착물의 **일차 배위권(primary coordination sphere)**을 형성하며, 리간드 개수를 중심 금속 원자의 **배위수(coordination number)**라고 한다. 고체에서와 같이, 배위수는 다양하게 나타날 수 있으며, 착물의 구조적 풍부함과 화학적 다양성은 배위수가 최대 12개까지 가능한 데 기인한다.

이 장 전반에 걸쳐 내부권 착물에 집중할 것이지만, 착물 양이온은 이미 존재하는 리간드의 치환 없이 음이온성 리간드와 정전기적으로 회합(및 용매 분자와 다른 약한 상호 작용으로)할 수 있음을 명심해야 한다. 이와 같은 회합의 산물을 **외부권 착물(outer-sphere complex)**이라고 한다. 예를 들어 $[Mn(OH_2)_6]^{2+}$ 및 SO_4^{2-} 이온의 수용액에서 외부권 착물 $\{[Mn(OH_2)_6]^{2+}SO_4^{2-}\}$(**3**)의 평형 농도는, 농도에 따라 리간드 SO_4^{2-}가 금속 이온에 직접 결합하는 내부권 착물 $[Mn(OH_2)_5SO_4]$의 평형 농도를 초과할 수 있다. 착물 형성 평형을 측정하는 방법의 대부분은, 외부권 착물과 내부권 착물의 형성을 구별하지 않고, 단순히 결합된 모든 리간드의 합을 검출한다는 것을 기억해야 한다. 결정성 고체에서는, 음이온과 중성 용매 또는 리간드 분자들이 내부권 및 외부권 모두의 상태로 배위하는 것이 가능하다. 외부권 리간

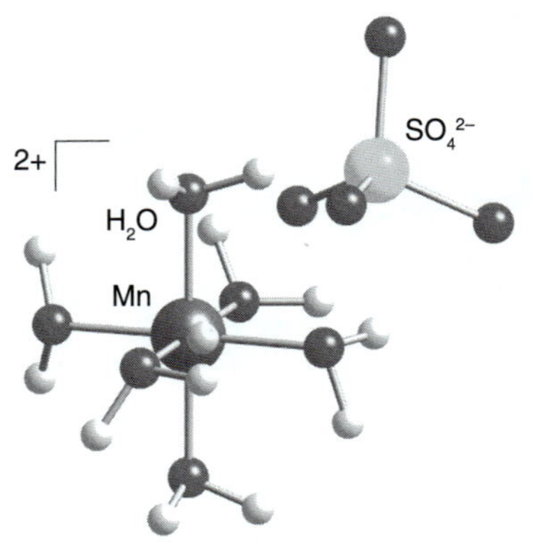

3 $[Mn(OH_2)_6]SO_4$

드 분자와 동등하게, 착물의 양이온에 직접 배위하지 않는 물 분자는 '결정수'로 불린다. 고체 황산 망가니즈(II) 오수화물인 $\{[Mn(OH_2)_4SO_4\}\cdot H_2O$에서, 각 망가니즈 이온은 황산 음이온과 네 개의 물 분자에 배위된다. 나머지 배위되지 않은 물 분자는 결정수이다. 결정성 황산 철(II) 칠수화물인 $\{[Fe(OH_2)_6]^{2+}\}\cdot SO_4^{2-}\cdot H_2O$에서, 철 양이온은 물 분자에만 배위된다. 따라서 황산 음이온은 결정수 한 개와 함께 외부권에 있다.

다수의 분자 및 이온이 리간드로서 작용할 수 있고, 다수의 금속 이온이 착물을 형성한다. 이제 대표적인 리간드를 소개하고 착물 명명법의 기초를 살펴본다.

6.1 대표적인 리간드

요점: 여러 자리 리간드는 킬레이트 화합물을 형성할 수 있다. 결합각이 작은 두자리 리간드는 정상 구조를 변형시킬 수 있다.

표 6.1에는 다수의 일반적인 단순 리간드의 이름과 화학식이 나열되어 있고, 표 6.2에는 흔히 사용된 접두사가 제시되어 있다. 이러한 리간드 중 일부는 단일 주개 전자쌍을 가지고 있어서, 금속과 결합할 수 있는 자리는 한 곳뿐이다. 이러한 리간드는 **한자리**(**monodentate**, '치아 한 개'라는 라틴어에서 유래) 리간드로 분류된다. 두 개 이상의 결합 자리를 갖는 리간드는 **여러 자리**(**polydentate**) 리간드로 분류된다.

표 6.1 대표적인 리간드와 그 이름

이름	화학식	약식 표기	주개 원자	주개 수
아세틸아세토네이토 (Acetylacetonato)	O O	$acac^-$	O	2
암민(Ammine)	NH_3		N	1
아쿠아(Aqua)	H_2O		O	1
2,2-바이피리딘(2,2-Bipyridine)	N N	bpy (bipy로도 쓰임)	N	2
브로미도(Bromido)	Br^-		Br	1
카보네이토(Carbonato)	CO_3^{2-}		O	1 또는 2
카보닐(Carbonyl)	CO		C	1
클로리도(Chlorido)	Cl^-		Cl	1
1,4,7,10,13-헥사옥사-사이클로옥타데케인 (1,4,7,10,13-Hexaoxa-cyclooctadecane)	O O O O O O	18-crown-6	O	6
4,7,13,16,21-펜타옥사-1,10-다이아자-바이사이클로[8.8.5]트리코세인 (4,7,13,16,21-Pentaoxa-1, 10-diaza-bicyclo[8.8.5]tricosane)	O N O O N O O	2.2.1 crypt	N, O	2N, 5O

(계속)

이름	화학식	약식 표기	주개 원자	주개 수
사이아니도(Cyanido)	CN^-		C	1
다이에틸렌트라이아민 (Diethylenetriamine)	$NH(CH_2CH_2NH_2)_2$	dien	N	3
비스(다이페닐포스피노)에테인 (Bis(diphenylphosphino)ethane)	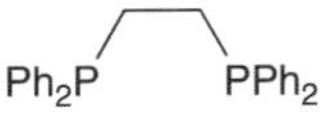 Ph_2P PPh_2	dppe	P	2
비스(다이페닐포스피노)메테인 (Bis(diphenylphosphino)methane)	 Ph_2P PPh_2	dppm	P	2
사이클로펜타다이엔일 (Cyclopentadienyl)	$C_5H_5^-$	Cp^-	C	5
1,2-다이아미노에테인 (1,2-Diaminoethane)	$NH_2CH_2CH_2NH_2$	en	N	2
에틸렌다이아민테트라아세테이토 (Ethylenediaminetetraacetato)	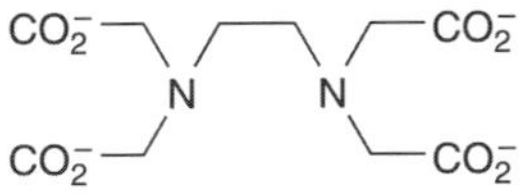 CO_2^- CO_2^- N N CO_2^- CO_2^-	$edta^{4-}$	N, O	2N, 4O
플루리도(Fluorido)	F^-		F	1
글리시네이토(Glycinato)	$NH_2CH_2CH_2NH_2$	gly^-	N, O	1N, 1O
하이드리도(Hydrido)	H^-		H	1
하이드록시도(Hydroxido)	OH^-		O	1
아이오도(Iodido)	I^-		I	1
나이트레이토(Nitrato)	NO_3^-		O	1 또는 2
나이트리도-κN(Nitrito-κN)	NO_2^-		N	1
나이트리토-κO(Nitrito-κO)	ONO^-		O	1
옥시도(Oxido)	O^{2-}		O	1
옥살레이토(Oxalato)	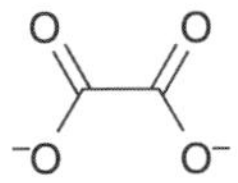 O O ^-O O^-	ox^{2-}	O	2
피리딘(Pyridine)	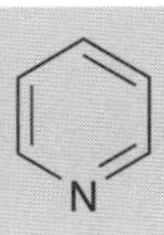 N	py	N	1
설파이도(Sulfido)	S^{2-}		S	1
테트라아자사이클로테트라데케인 (Tetraazacyclotetradecane)	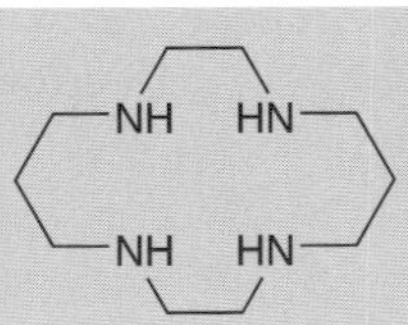 NH HN NH HN	cyclam	N	4
싸이오시아네이토-κN (Thiocyanato-κN)	NCS^-		N	1
싸이오시아네이토-κS (Thiocyanato-κS)	SCN^-		S	1
싸이오레이토(Thiolato)	RS^-		S	1
트라이아미노트라이에틸아민 (Triaminotriethylamine)	$N(CH_2CH_2NH_2)_3$	tren	N	4

이름	화학식	약식 표기	주개 원자	주개 수
트라이사이클로헥실포스핀* (Tricyclohexylphosphine*)	$P(C_6H_{11})_3$	PCy_3	P	1
트라이메틸포스틴* (Trimethylphosphine*)	$P(CH_3)_3$	PMe_3	P	1
트라이페닐포스핀* Triphenylphosphine*	$P(C_6H_5)_3$	PPh_3	P	1

* PR_3 리간드는 공식적으로 치환된 포스페인(phosphane)이지만, 포스핀(phosphine)이라는 이름을 기반으로 한 오래된 용어가 널리 사용된다.

특별히 결합 자리가 두 개인 리간드는 **두자리(bidentate)**, 세 개인 리간드는 **세자리(tridentate)**, 등등으로 불린다.

양쪽 자리성(ambidentate) 리간드는 둘 이상의 다른 잠재적 주개 원자를 가진다. 예를 들어 싸이오사이안산(thicyanate) 이온(NCS^-)은 N 원자가 금속 원자에 결합하여 thiocyanato-κN 착물을 형성하거나, 또는 S 원자에 의해 thiocyanato-κS 착물을 형성할 수 있다. 양쪽 자리성 리간드의 또 다른 예는 NO_2^-이다. $M-NO_2^-$(**4**)에서는 nitrito-κN이고, M−ONO(**5**)에서는 nitrito-κO이다.

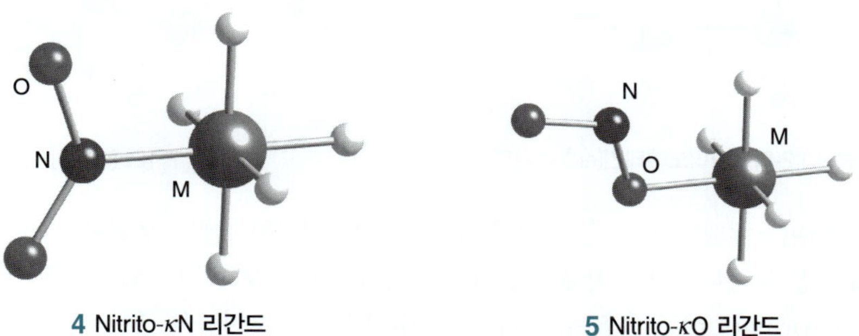

4 Nitrito-κN 리간드　　**5** Nitrito-κO 리간드

표 6.2 착물의 명명에 사용되는 접두사

접두사	의미
모노-(mono-)	1
다이-(di-), 비스-(bis-)	2
트라이-(tri-),트리스-(tris-)	3
테트라-(tetra-), 테트라스키-(tetrakis-)	4
펜타-(penta-)	5
헥사-(hexa-)	6
헵타-(hepta-)	7
옥타-(octa-)	8
노나-(nona-)	9
데카-(deca-)	10
운데카-(undeca-)	11
도데카-(dodeca-)	12

배위하는 원자를 나타내기 위해 k(kappa)라는 문자가 사용된 '카파 용어'가 얼마 동안 쓰였지만, 이전의 이름인 아이소싸이오사이아네이토(isothiocyanato, N 원자에 의한 SCN^- 리간드의 결합을 나타내는)와 싸이오시아네이토(thiocyanato, S 원자에 의한 SCN^- 리간드의 결합을 나타내는)도 여전히 광범위하게 사용된다. 유사하게, 옛 이름인 나이트로(nitro, N 원자에 의한 NO_2^- 리간드의 결합을 나타내는)와 나이트리토(nitrito, O 원자에 의한 결합을 나타내는)도 여전히 자주 사용된다.

여러 자리 리간드는 **킬레이트**(chelate, '발톱(claw)'이라는 그리스어에서 유래한 것) 화합물을 생성할 수 있다. 이 착물에서는 리간드가 금속 원자를 포함하는 고리를 형성한다. 두 N 원자가 동일한 금속 원자에 결합할 때 오각형 고리를 형성하는 두자리 리간드 1,2-다이아미노에테인(en, $NH_2CH_2CH_2NH_2$)이 그 예이다(**6**). 정상적인 킬레이트 리간드는 두 개의 인접한 배위 자리에서만 시스 형태로 금속에 결합한다는 점에 유의해야 한다. 여섯자리 리간드인 에틸렌다이아민테트라아세트산은 음이온($edta^{4-}$) 형태로 6개 지점(두 개의 N 원자와 네 개의 O 원자)에서 결합할 수 있으며, 5개의 오각형 고리를 갖는 정교한 착물(**7**)을 형성할 수 있다. 이 리간드는 '경수'의 Ca^{2+} 이온과 같은 금속 이온을 붙잡는 데에 사용된다. 킬레이트 리간드의 착물은 비킬레이트 리간드의 착물보다 부가적인 안정성을 갖는 경우가 종종 있다. 이 소위 **킬레이트 효과**(chelate effect)의 기원은 이 장의 뒷부분에서 논의된다(6.14절). 표 6.1에는 가장 일반적인 킬레이트 리간드가 제시되어 있다.

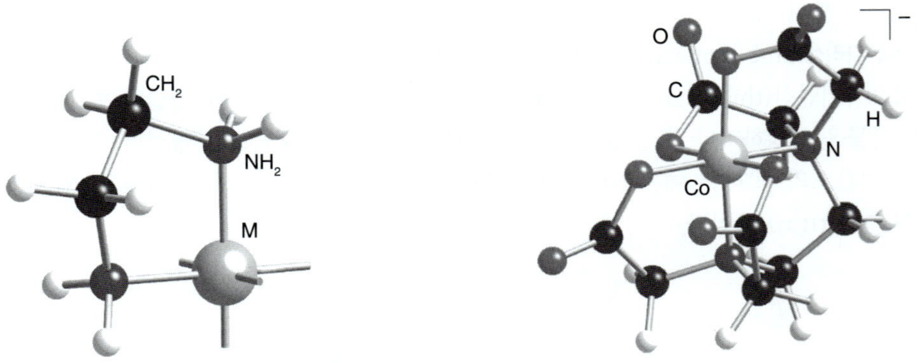

6 M에 배위된 1,2-다이아미노에테인(en) 리간드

7 $[Co(edta)]^-$

1,2-다이아미노에테인과 같이, 포화된 유기 리간드 킬레이트에서 오원자 고리는 리간드 내의 사면체 각을 보존하면서 팔면체 착물의 전형적인 각도인 90°의 L–M–L 각도를 이루는 입체 형태(conformation)로 접힐 수 있다. 육원자 고리는 π 오비탈을 통한 전자의 비편재화 또는 입체적인 이유로 선호될 수 있다. 예를 들어 두자리 β-다이케톤(β-diketone)은 엔올(enol)의 음이온으로 배위되며 육각형 고리 구조를 형성한다(**8**). 중요한 예는 acetylacetonato 음이온($acac^-$, **9**)이다. 생화학적으로 중요한 아미노산은 오원자 또는 육원자 고리를 형성할 수 있으므로 쉽게 킬레이트화된다. 킬레이트 리간드에서의 고리 긴장(strain)의 정도는 종종 **맞물림각**(bite angle), 즉 킬레이트 고리(**10**)에서의 L–M–L 각도로 표현된다.

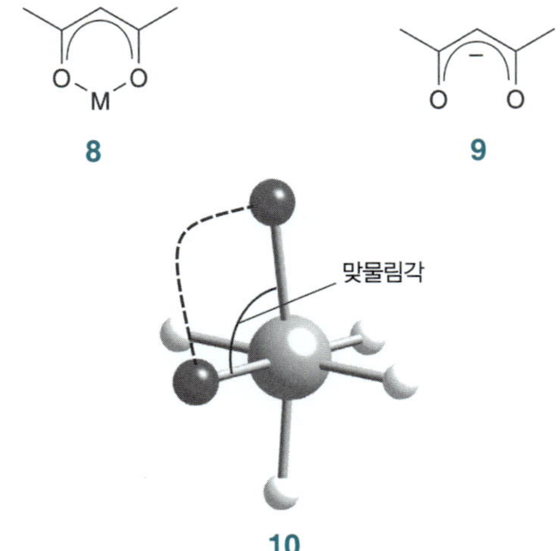

8

9

10

6.2 명명법

요점: 착물의 양이온과 음이온은 일련의 규칙에 따라 명명된다. 양이온이 먼저 명명되고, 리간드는 알파벳 순으로 명명된다(우리말로 명명할 때는 음이온을 먼저 명명하고, 양이온을 나중에 명명한다).

명명법에 대한 자세한 지침은 이 책의 범위를 벗어나므로 여기서는 일반적인 개론만 소개된다. 사실상, 착물의 이름은 종종 번거로우므로, 무기화학자는 전체 이름을 적는 대신 화학식을 쓰는 것을 선호한다.

둘 이상의 이온으로 구성된 화합물의 경우, 이온이 착물인지와 상관없이, 양이온이 먼저 명명되고, 이어서 음이온(간단한 이온 결합 화합물의 경우)이 뒤따른다(우리말로 명명할 때는 음이온을 먼저, 양이온을 나중에 명명한다). 착물 이온은 알파벳 순으로 리간드를 명명한다(숫자 접두사는 무시함). 리간드 이름 뒤에는 금속 이름과 함께 $[Co(NH_3)_6]^{3+}$에 대한 hexaamminecobalt(III)에서와 같이 산화수를 적거나, hexaamminecobalt(3+)와 같이 착물의 전체 전하를 적는다. 금속 착물이 음이온이면 접미사 -ate를 금속의 이름에 붙인다. 예를 들면 $[PtCl_4]^{2-}$의 이름은 tetrachloridoplatinate(II)이다. 철, 구리, 은, 금, 주석 및 납과 같은 일부 금속은 원소 이름의 라틴어에서 파생된 음이온 이름(즉 ferrate, cuprate, argentate, aurate, stannate 및 plumbate)을 갖는다.

착물에서 특정 유형의 리간드의 개수는 접두사 mono-, di-, tri- 및 tetra-로 표시된다. octachloridodirhenate(III), $[Re_2Cl_8]^{2-}$(**11**)에서와 같이 착물에 둘 이상의 금속 원자가 존재하는 경우, 동일한 접두사가 금속 원자의 수를 나타내는 데 사용된다. 리간드 이름과 혼동이 생길 가능성이 크면(아마도 이름에 이미 1,2-다이아미노에테인(diaminoethane)과 같이 접두사가 있어서), 접두사 bis, tris, tetrakis와 같은 접두사가 사용되며 괄호 안에 리간드 이름이 표시된다. 예를 들어 dichlorido-는 모호하지 않지만, tris(1,2-diaminoethane)cobalt(II) $[Co(en)_3]^{2+}$에서와 같이 tris(1,2-diaminoethane)은 더 명확히 세 개의 1,2-diaminoethane 리간드가 존재함을 보여 준다. 두 개의 금속 중심을 연결하는 리간드는 μ-oxidobis(pentaamminecobalt(III))(**12**)에서처럼, 관련 리간드의 이름에 접두사 μ(뮤)로 표시된다. 연결된 중심의 수가 2보다 큰 경우, 번호를 나타내기 위해 아래 첨자가 사용된다. 예를 들어 세 개의 금속 원자를 연결하는 수소화물 리간드는 μ_3-H로 표시된다.

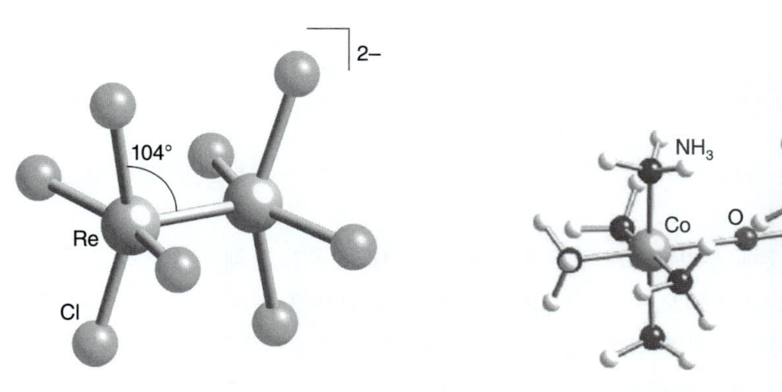

11 $[Re_2Cl_8]^{2-}$ **12** $[(H_3N)_5CoOCo(NH_3)_5]^{4+}$

결합 지점의 수를 나타내는 숫자를 문자 κ의 윗 첨자로 적을 수 있다. 따라서 두 N 원자를 통해 결합한 2배위 1,2-다이아미노에테인 리간드는 κ^2N으로 표시된다. 문자 η(에타)는 유기 금속 화학에서 특정 리간드의 결합 방식을 나타내기 위해 위 첨자와 함께 사용된다(22.4절).

대괄호는 금속 원자에 결합된 리간드 무리를 나타내고, 또 착물이 전하를 띠고 있는지를 표시하기 위해 사용된다. tetraamminedichloridocobalt(III)에 대해 $[CoCl_2(NH_3)_4]^+$와 같이 금속 기호를 먼저 적은 다음, 알파벳 순으로 리간드 이름을 적는다(음이온 리간드가 중성 리간드보다 선행한다는 규칙). 이 순서는 때때로 어떤 리간드가 반응에 관여하는지를 명확히하기 위해 변형된다. 때로는 hexaaquairon(II) $[Fe(OH_2)_6]^{2+}$의 OH_2와 같이, 다원자 리간드 화학식은 익숙하지 않은 모양으로 적는데, 이는 주개 원자를 금속 원자에 인접하게 배치하여 착물의 구조를 명확히하기 위함이다. 양쪽 자리성 리간드의 주개 원자는 때로는 $[Fe(OH_2)_5(\underline{N}CS)]^{2+}$와 같이 밑줄로 표시된다. 다소 혼란스럽지만, 화학식에서 리간드는 결합한 구성 요소의 알파벳 순으로 나타나 있으므로, 위의 코발트 예제에서와 같이, 리간드가 나타나는 순서는 착물의 화학식과 이름에서 서로 다를 수 있다.

예제 6.1 착물 명명하기

다음 착물들의 이름을 쓰시오.

(a) $[PtCl_2(NH_3)_4]^{2+}$ (b) $[Ni(CO)_3(py)]$ (c) $[Cr(edta)]^-$ (d) $[CoCl_2(en)_2]^+$ (e) $[Rh(CO)_2I_2]^-$

답 착물의 이름을 정하기 위해서는 중심 금속 원자의 산화수를 계산한 다음, 알파벳 순서로 리간드의 이름을 넣는다. (a) 착물은 두 개의 음이온 리간드(Cl^-), 네 개의 중성 리간드(NH_3) 및 전체 전하 +2를 갖는다. 그러므로 백금의 산화수는 +4여야 한다. 알파벳 순서 규칙에 따라, 착물의 이름은 테트라암민다이클로리도백금(IV)[tetraamminedichloridoplatinum(IV)]이다. (b) 리간드 CO와 py(피리딘)은 중성이므로 니켈의 산화수는 0이어야 한다. 착물의 이름은 트라이카보닐피리딘니켈(0)[tricarbonylpyridinenickel(0)]이다.

(c) 이 착물은 여섯자리 $edta^{4-}$ 이온을 유일한 리간드로 가지고 있다. 중심 금속 이온이 Cr^{3+}이면, 리간드의 −4 전하로 인해 −1 전하를 갖는 착물이 된다. 따라서 에틸렌다이아민테트라아세테이토크로뮴산(III)[ethylenediaminetetraacetatochromate(III)]으로 명명된다. (d) 이 착물은 두 개의 음이온 염화물 리간드와 두 개의 중성 en 리간드를 가진다. +1의 전체 전하는 코발트의 산화수가 +3이어야 가능하다. 따라서 이 착물의 이름은 다이클로로비스(1,2-다이아미노에테인)코발트(III)[dichloridobis(1,2-diaminoethane)cobalt(III)]이다. (e) 이 착물은 두 개의 음이온 I^- 리간드와 두 개의 중성 CO 리간드를 가진다. −1의 전체 전하는 로듐의 산화수가 +1이어야 가능하다. 따라서 착물은 다이카보닐다이아이오도로듐산(I)[dicarbonyldiiodidorhodate(I)]이다.

문제 6.1 다음 착물의 화학식을 쓰시오.

(a) diaquadichloridoplatinum(II)
(b) diamminetetra(thiocyanato-κ*N*) chromate(III)
(c) tris(1,2-diaminoethane)rhodium(III)
(d) bromidopentacarbonylmanganese(I)
(e) chloridotris(triphenylphosphine)rhodium(I)

조성과 기하 구조

요점: 착물의 리간드의 수는 금속 원자의 크기, 리간드의 형태, 전자 상호 작용에 의존한다.

잠재적인 리간드인 용매 분자나 화학종은 단순히 구조 내의 공간을 채우기만 하고 금속 이온에 직접 결합하지 않을 수 있으므로, 고체의 조성은 금속 원자 또는 이온의 배위수를 항상 분명히 나타내지는 않는다. 예를 들어 $CoCl_2 \cdot 6H_2O$를 X선 회절법으로 분석하면, 중성 착물 $[CoCl_2(OH_2)_4]$과 두 개의 비배위(외부권) H_2O 분자가 결정 내에 잘 정의된 위치에 존재함을 알 수 있다. 이러한 추가 용매 분자는 **결정화 용매**(solvent of crystallization)라고 한다.

착물의 배위수를 결정하는 세 가지 요소는 다음과 같다.

- 중심 원자 또는 이온의 크기
- 리간드 간의 입체적인 상호 작용
- 중심 원자 또는 이온과 리간드 간의 전자 상호 작용

일반적으로 주기율표 아래쪽의 원자나 이온은 큰 반지름을 가지므로 높은 배위수를 선호한다. 유사한 입체적인 이유로, 부피가 큰 리간드는 종종 낮은 배위수를 초래하는데, 특히 리간드가 전하를 띠면(바람직하지 않은 정전기적 상호 작용이 또한 작용할 때) 더 그러하다. 또한 높은 배위수는 주기율표의 왼쪽의 반지름이 큰 이온에서 가장 더 흔하다. 금속 이온이 소수의 원자가 전자(valence electron)를 가지면 특히 배위수가 커지는데, 이는 금속 이온이 Lewis 염기로부터 더 많은 전자를 받아들일 수 있어서이다. 하나의 예는 $[Mo(CN)_8]^{4-}$이다. 더 낮은 배위수는 원자 반지름이 가장 작은 d 영역의 오른쪽 금속에서 발견되며, 금속 이온이 전자가 풍부한 경우에는 추가로 전자를 받아들일 수 없어서 배위수가 낮아진다(예: $[PtCl_4]^{2-}$). $[MnO_4]^-$나 $[CrO_4]^{2-}$와 같이, 리간드가 중심 금속과 다중 결합을 형성할 수 있다면 낮은 배위수가 초래된다. 이 경우, 각 리간드가 제공하는 전자들이 더 많은 리간드의 결합을 배제하는 경향이 있다. 배위수의 우선순위는 20장에서 보다 자세히 설명된다.

6.3 낮은 배위수

요점: Cu^+와 Ag^+에 대해 배위수 2인 착물이 존재한다. 이러한 착물은, 만일 허용되면, 종종 더 많은 리간드를 수용할 수 있다. 착물은 실험식이 제안하는 것보다 더 높은 배위수를 가질 수 있다.

일반 실험실 조건 및 용액에서 형성되는, 가장 잘 알려진 배위수 2의 금속 착물은 11족 및 12족 이온의 선형 착물이다. 동일하며 대칭인 두 개의 리간드를 갖는 선형 2배위 착물은 $D_{\infty h}$ 대칭을 갖는다. 과량의 Cl^- 이온을 함유하는 수용액에서 고체 염화 은이 용해될 때 생성되는 $[AgCl_2]^-$ 착물을 예로 들 수 있다. 선형 2배위 착물의 다른 예는 다이메틸 수은(Me−Hg−Me)이다. 화학식이 LAuX(X는 할로젠, L은 치환된 포스핀(R_3P) 또는 싸이오에터(R_2S)와 같은 중성 Lewis 염기)인 일련의 선형 Au(I) 착물도 알려져 있다. 여분의 리간드가 있으면, 2배위 착물은 추가적인 리간드를 얻어서 배위수가 3 또는 4인 배위 착물을 형성한다.

고체 화합물에서 특정 배위수를 제안하는 화학식은 높은 배위수를 갖는 고분자 사슬 구조를 숨길 수도 있다. 예를 들어 CuCN에서 구리의 배위수는 1인 것 같지만, 사실 배위수가 2인 선형 사슬(−Cu−CN−Cu−CN−)로 존재한다.

3배위는 금속 착물 중에서 비교적 드물지만, 부피가 큰 트라이사이클로헥실포스핀 리간드가 삼각형으로 배열된 $[Pt(PCy_3)_3]$(**13**) (Cy = cyclohexyl, $-C_6H_{11}$) 착물에서 발견된다. X가 할로젠인 MX_3 화합물의 구조는 일반적으로 사슬형이거나, 또는 더 높은 배위수를 가지며 공유된 리간드를 갖는 그물 구조 형태이다. 세 개의 동일하고 대칭인 리간드를 갖는 3배위 착물은 일반적으로 D_{3h} 대칭을 갖는다.

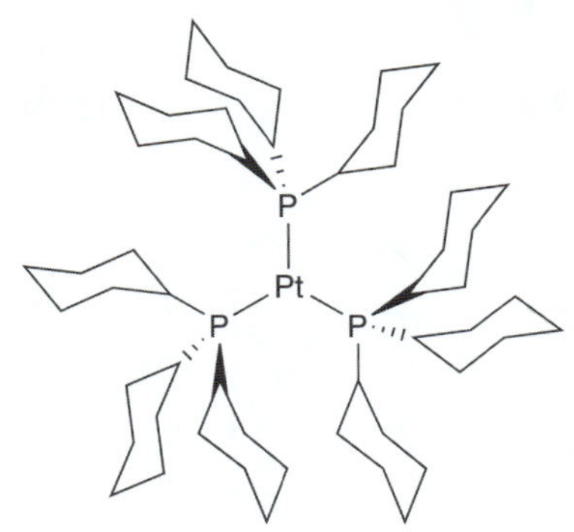

13 $[Pt(PCy_3)]$, Cy = *cyclo*-C_6H_{11}

6.4 중간 배위수

(a) 4배위

요점: 사면체 착물은 중심 원자가 작거나 리간드가 큰 경우 더 높은 배위수의 착물보다 선호된다. 사각 평면 착물은 전형적으로 d^8 배치를 하는 금속에 대해 관찰된다.

4배위 착물은 엄청난 수의 화합물에서 발견된다. 중심 원자가 작고 리간드가 크면(예: Cl^-, Br^-, I^-), 리간드-리간드 반발이 에너지 이득보다 크게 된다. 따라서 더 많은 금속-리간드 결합을 형성하는 높은 배위수 착물보다 대략 T_d 대칭(**14**)의 사면체 착물이 선호된다. $[BeCl_4]^{2-}$, $[AlBr_4]^-$, $[AsCl_4]^+$와 같이, 중심 원자가 고립 전자쌍을 갖지 않는 4배위 s 및 p 영역 착물은 거의 항상 사면체이다. 또한 $[MoO_4]^{2-}$와 같이 높은 산화 상태를 가지며 d 영역의 왼쪽 있는 금속의 옥소 음이온은 대개 사면체 착물이다. 5~11족의 사면체 착물의 예로 $[VO_4]^{3-}$, $[CrO_4]^{2-}$, $[MnO_4]^-$, $[FeCl_4]^{2-}$, $[CoCl_4]^{2-}$, $[NiBr_4]^{2-}$, $[CuBr_4]^{2-}$를 들 수 있다.

4배위 착물의 또 다른 유형, 즉 네 개의 리간드가 사각 평면 배열로 중심 금속을 둘러싸는 것들도 발견된다(**15**). 이 유형의 착물은 화학식 MX_2L_2로 표현되며, 서로 다른 이성질체들로 존재할 수 있음이 확인되었다. 6.7절에서 이 이성질체가 논의된다. 네 개의 동일하고 대칭인 리간드를 갖는 사각 평면 착물은 D_{4h} 대칭성을 갖는다.

사각 평면 착물은 s 및 p 영역 착물에서는 드물게 발견되지만, Rh^+, Ir^+, Pd^{2+}, Pt^{2+}, Au^{3+}와 같은 4d 및 5d 계열 금속의 d^8 착물에서는 항상 사각 평면 구조를 취하는 것들이 많다. $[Ni(CN)_4]^{2-}$에서와 같이, d^8 배치의 3d 금속(예: Ni^{2+})이 금속 원자로부터 전자를 받아 π 결합을 형성할 수 있는 리간드와 결합하면 사각 평면 기하 구조가 선호된다. 9, 10, 11족의 사각 평면 착물로 $[RhCl(PPh_3)_3]$, trans-$[Ir(CO)Cl(PMe_3)_2]$, $[Ni(CN)_4]^{2-}$, $[PdCl_4]^{2-}$, $[Pt(NH_3)_4]^{2+}$, $[AuCl_4]^-$ 등이 있다. 또한 포피린 착물(**16**)에서와 같이, 4개의 주개 원자를 갖는 단단한 고리 리간드들은 중심 원자가 사각 평면 기하 구조를 가질 수밖에 없도록 배위한다. 사각 평면 착물을 안정시키는 데 도움이 되는 요소는 20.1절에서 보다 상세히 설명된다.

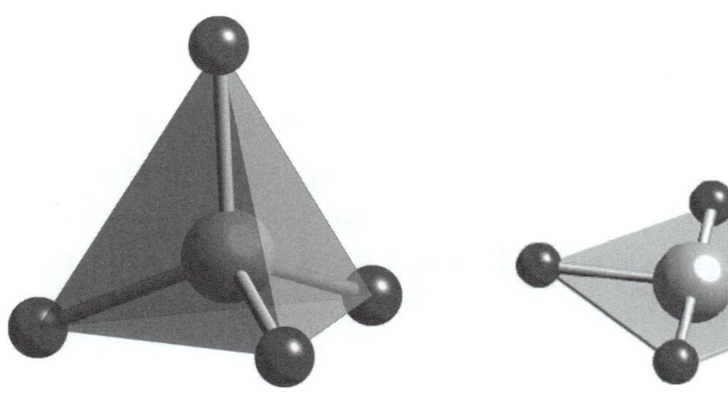

14 사면체 착물(T_d)

15 사각 평면 착물(D_{4h})

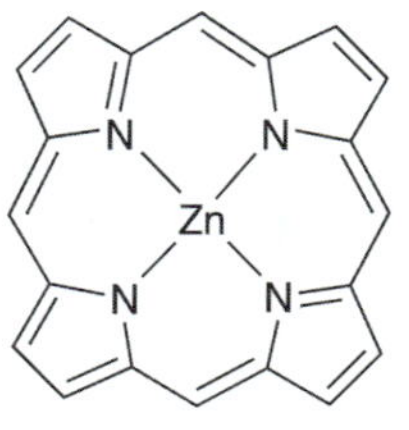

16 아연 포피린 착물

(b) 5배위

요점: 기하 구조를 고정하는 여러 자리 리간드가 없는 경우, 5배위 착물의 다양한 기하 구조의 에너지는 서로 차이가 거의 없어서, 이러한 착물은 종종 변환성(fluxional) 성질을 갖는다.

5배위 착물은 4 또는 6 배위 착물보다 드물며, 일반적으로 사각뿔 또는 삼각 쌍뿔 구조를 취한다. 모든 리간드가 동일하면 사각뿔 착물은 C_{4v} 대칭을 가지며, 삼각 쌍뿔 착물(**17**)은 D_{3h} 대칭을 가질 것이다. 이러한 이상적인 기하 구조의 구조적 변형은 쉽게 일어난다. 한 구조에서 다른 구조로, 또는 중간 구조로 바뀌기 위해서는 결합각만 약간 변하면 되기 때문이다. 삼각 쌍뿔 모양은 리간드-리간드 반발을 최소화하지만, 두 자리 이상의 결합 자리를 갖는 리간드가 금속 원자에 결합할 때에는, 리간드의 입체적 제약 때문에 사각뿔 구조가 선호될 수 있다. 예를 들어 사각뿔 5배위 구조는 생물학적으로 중요한 포피린에서 발견되는데, 리간드 고리는 사각 평면 구조를 유지하고, 다섯 번째 리간드는 평면 위쪽에서 결합한다. 구조 (**18**)은 산소 운반 단백질인 마이오글로빈의 활성 중심의 일부이다. 여기서 고리 평면에서의 Fe 원자의 위치는 산소 운반 기능에 중요하다(27.7절). 일부 경우에, 삼각 쌍뿔의 축 방향 자리에 결합할 수 있는 한 개의 주개 원자와, 수평 방향 자리에 결합할 수 있는 세 개의 주개 원자를 가지는 여러 자리 리간드(**19**)가 5배위 착물을 형성하기도 한다. 삼각 쌍뿔 구조를 이러한 방식으로 강요하는 리간드를 **삼각대**(**tripodal**)라고 한다.

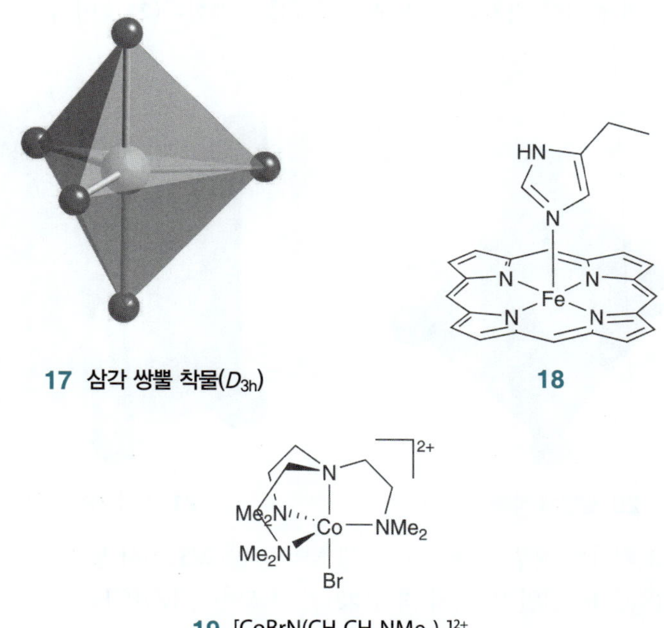

17 삼각 쌍뿔 착물(D_{3h})

18

19 $[CoBrN(CH_2CH_2NMe_2)_3]^{2+}$

(c) 6배위

요점: 압도적으로 대다수의 6배위 착물은 팔면체이거나 팔면체로부터의 작은 일그러짐이 있는 구조를 가진다.

6배위는 금속 착물에서 가장 일반적인 배열이며 s, p, d 및 (더 드물게) f 금속 배위 화합물에서 발견된다. 대부분의 6배위 착물은 팔면체이다(**20**). 리간드의 규칙적인 팔면체(O_h) 배열은 매우 대칭적이다(그림 6.1). 이 배열은 화학식이 ML_6인 많은 착물에서 발견될 뿐만 아니라 그림 6.2에서와 같이 더 낮은 대칭성을 가진 착물에 대한 논의의 출발점이기 때문에 특히 중요하다. O_h 대칭으로부터 가장 쉽게 변형된 구조는 정방형(D_{4h})인데, 한 축의 두 리간드

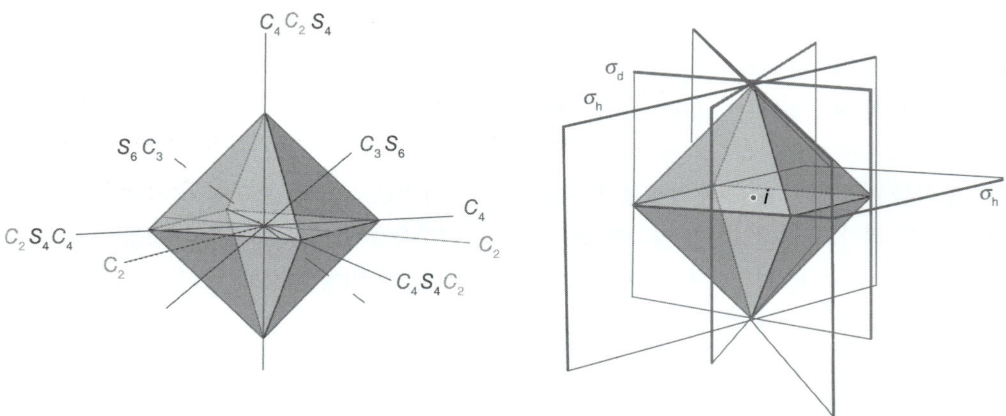

그림 6.1 중심 금속 주위에서의 6개 리간드의 고대칭 팔면체 배열과 그에 상응하는 팔면체의 대칭 요소. 모든 대칭 요소가 표시되지는 않았다.

가 다른 네 개의 리간드와 다르면 발생한다. 정방형 구조에서, 축 위에서 트랜스 관계인 두 리간드는 다른 네 개의 리간드보다 더 가까이에 있거나, 또는 더 흔하게는 더 멀리 떨어져 있다. d^9 배치(특히 Cu^{2+} 착물)의 경우, Jahn–Teller 일그러짐(20.1절)으로 알려진 고유한 효과 때문에, 모든 리간드가 같더라도 정방형 일그러짐이 발생할 수 있다. 하나의 트랜스 쌍의 리간드가 가까이에 있고, 다른 트랜스 쌍이 더 멀리 있는 마름모꼴 사방(D_{2h}) 일그러짐이 발생할 수 있다. 팔면체의 마주 보는 두 면이 멀어지면 삼방(D_{3d}) 일그러짐이 일어나며, 팔면체와 삼각 기둥 구조 사이의 중간에 위치하는 큰 구조 부류를 초래한다(**21**). 이 구조는 때때로 마름모 구조로 불린다.

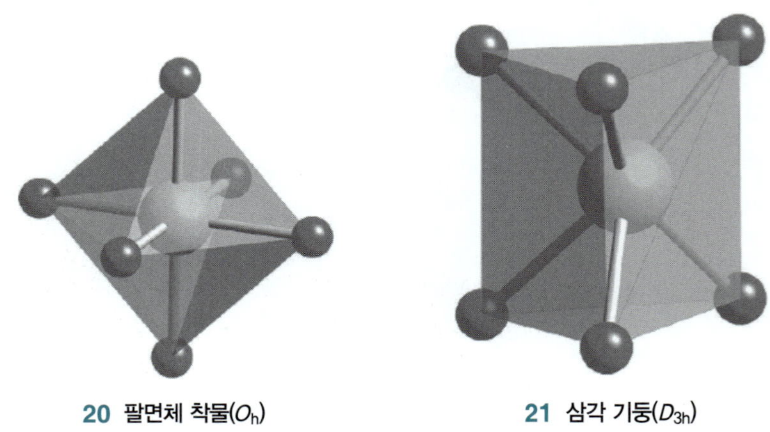

20 팔면체 착물(O_h) **21** 삼각 기둥(D_{3h})

삼각 기둥(D_{3h}) 배위는 매우 드물지만, 고체 MoS_2 및 WS_2에서 발견된다. 삼각 기둥은 또한 화학식이 $[M(S_2C_2R_2)_3]$인 몇 가지 착물(**22**)의 구조이다. $[Zr(CH_3)_6]^{2-}$와 같은 삼각 기둥 형태의 d^0 착물도 분리되었다. 이러한 구조가 형성되려면, 매우 작은 σ **주개 리간드**(**σ-donor ligand**, 중심 원자와 σ 결합으로 결합하는 리간드), 또는 착물을 삼각 기둥 형태로 제한하기에 유리한 리간드–리간드 상호 작용이 필요하다. 이러한 리간드–리간드 상호 작용은, 길고

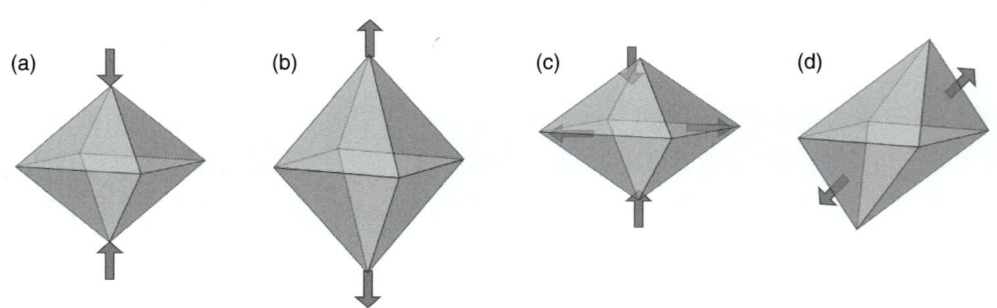

그림 6.2 정팔면체의 일그러짐 (a)와 (b) 정방형 일그러짐, (c) 사방 일그러짐, (d) 삼방 일그러짐

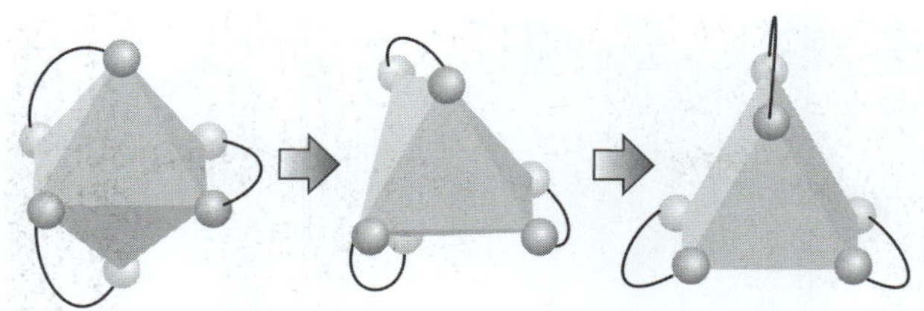

그림 6.3 작은 맞물림각을 허용하는 킬레이트 리간드는 팔면체 착물을 삼각 기둥 구조로 변형시킬 수 있다.

약한 공유 결합을 형성할 수 있는 황 원자를 포함하는 리간드에 의해 종종 제공된다. 작은 맞물림각만을 허용하는 킬레이트 리간드는 6배위 착물에서 팔면체를 삼각 기둥 구조로 변형시킬 수 있다(그림 6.3).

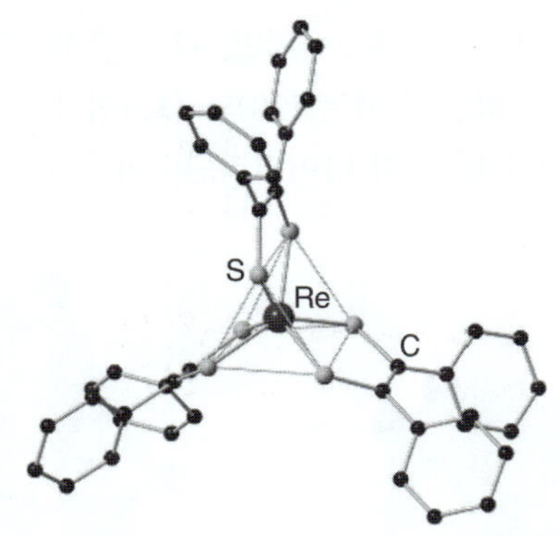

22 [Re(SPhC=CPhS)$_3$]

6.5 높은 배위수

요점: 원자와 이온이 클수록 높은 배위수를 가진 착물을 형성하는 경향이 있다. 9배위는 특히 f 영역 금속에서 중요하다.

큰 2족 금속, 소수의 3d 금속, 그리고, 중심 원자가 6개 이상의 리간드를 수용할 수 있는 더 큰 4d 및 5d 금속의 착물에서 7배위는 더 많이 발생한다. 다양한 기하 구조가 유사한 에너지를 갖는다는 점에서, 7배위는 5배위를 매우 닮고 있다. 이렇게 제한적으로 '이상적인' 기하 구조에는 오각 쌍뿔(pentagonal bipyramidal) (**23**), 고깔 팔면체(capped octahedron)(**24**) 및 고깔 삼각 기둥(capped trigonal prism)(**25**)이 있다. 후자의 두 구조에서, 7번째 고깔 리간드는 한 면을 점유한다. 다수의 중간 구조가 존재하며, 실온에서 이들 사이의 상호 변환은 종종 빨리 일어난다. 예로는 d 영역에서 $[Mo(CNR)_7]^{2+}$, $[ZrF_7]^{3-}$, $[TaCl_4(PR_3)_3]$, $[ReCl_6O]^{2-}$, 그리고 f 영역에서 $[UO_2(OH_2)_5]^{2+}$가 있다. 더 가벼운 원소에 대해서 6배위보다 7배위를 생기게 하는 방법은, 두 개의 리간드를 더 받아들일 수 있도록 축 방향의 위치를 비워 둔 채 수평 방향 위치를 점유할 수 있는 5개의 주개 원자로 고리 리간드(**26**)를 만드는 것이다.

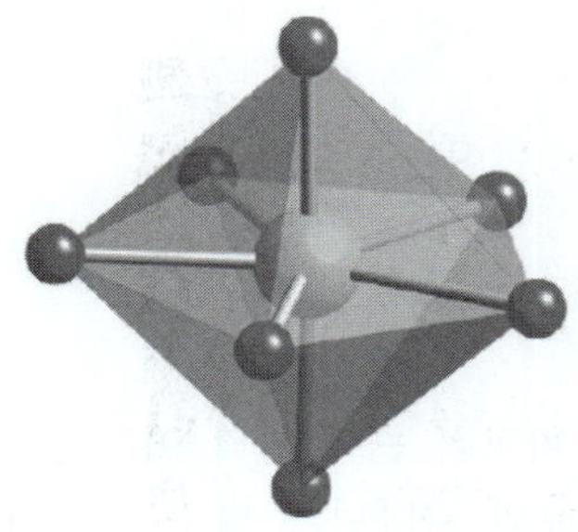

23 오각 쌍뿔(D_{3h})

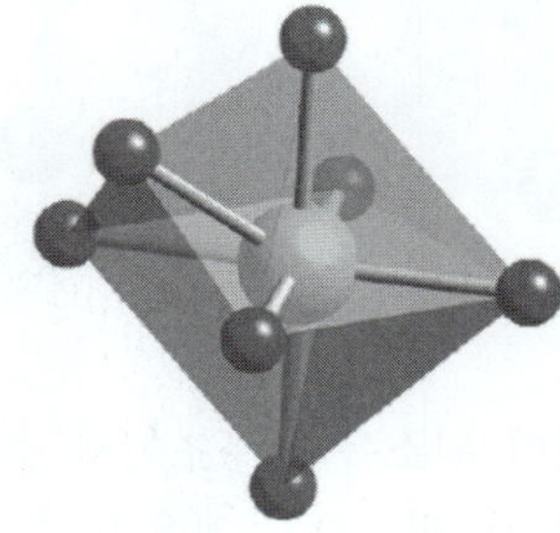

24 고깔 팔면체

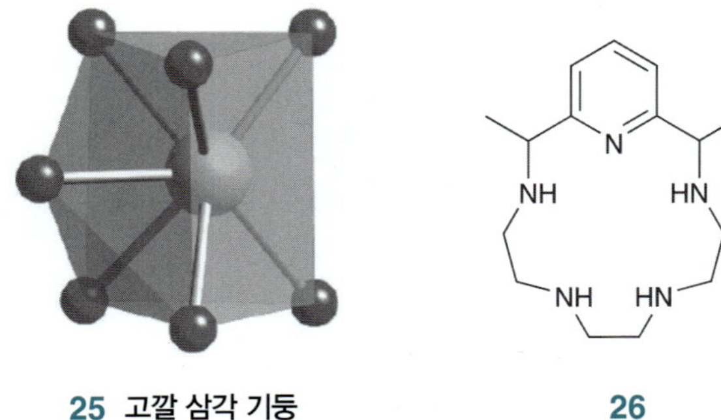

25 고깔 삼각 기둥 **26**

입체 화학적 비경직성(nonrigidity, 유연함)은 8배위에서도 볼 수 있다. 그러한 착물은 하나의 결정에서는 뒤틀린 사각 기둥(**27**) 구조이지만, 다른 결정에서는 정십이면체(**28**)일 수 있다. 이러한 기하 구조들을 갖는 착물의 예는 (**29**)와 (**30**)이다. 입방(cubic) 기하 구조(**31**)는 드물지만, 란타넘(lanthanum)과 네 쌍의 바이피리딘다이옥사이드(bipyridinedioxide) 리간드의 착물(**32**)이 그 예이다.

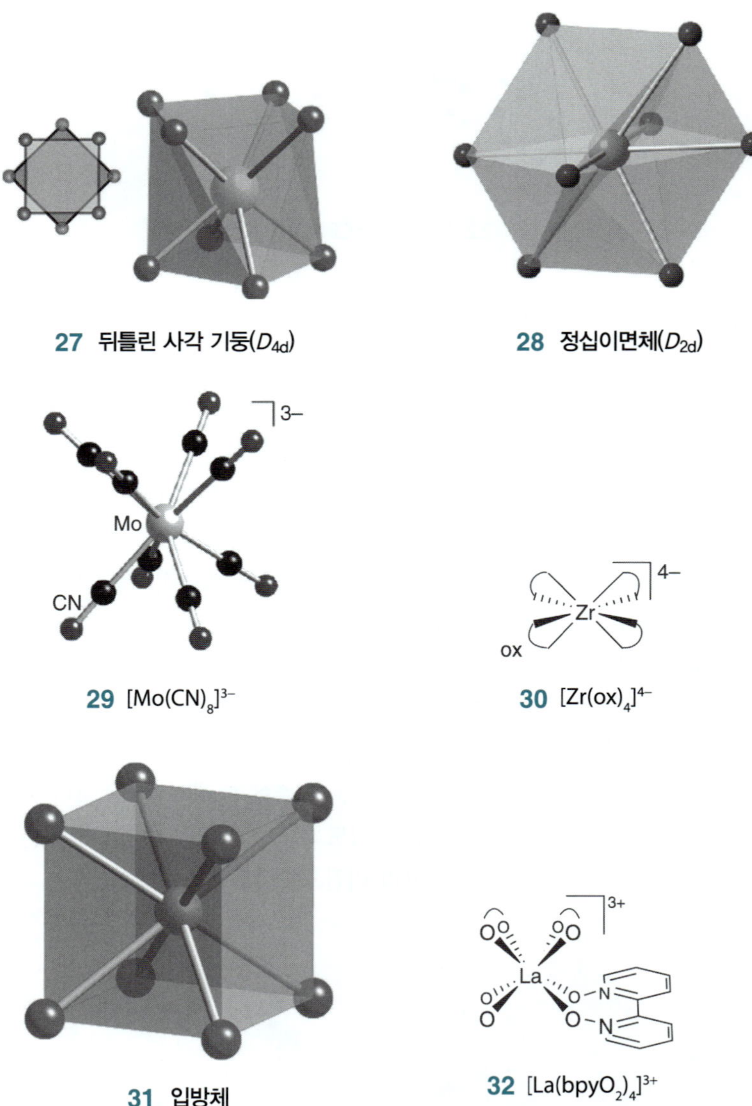

27 뒤틀린 사각 기둥(D_{4d}) **28** 정십이면체(D_{2d})

29 $[Mo(CN)_8]^{3-}$ **30** $[Zr(ox)_4]^{4-}$

31 입방체 **32** $[La(bpyO_2)_4]^{3+}$

9배위는 f 영역 원소들의 구조에서 중요하다. 비교적 큰 f 영역 이온은 다수의 리간드를 수용할 수 있는 원자로서 작용할 수 있다. 9배위 란타넘족 원소 착물의 간단한 예는 $[Nd(OH_2)_9]^{3+}$이며, 세고깔 삼각 기둥(tricapped trigonal prism, 또는 삼모 삼각 프리즘)

구조를 가진다(**33**). 더 복잡한 예는 La에서 Gd까지의 M의 MCl_3 고체에서 발생하는데, 금속–할로젠–금속 다리를 통해 9의 배위수를 얻는다(23.6절). d 영역에서의 9배위의 예는 $[ReH_9]^{2-}$(**34**)인데, 이 착물은 이 배위수를 가능하게 하기에 충분히 작은 리간드를 갖는다. 이 기하 구조는 고깔 뒤틀린 사각 기둥(capped square antiprism)으로 생각할 수 있다.

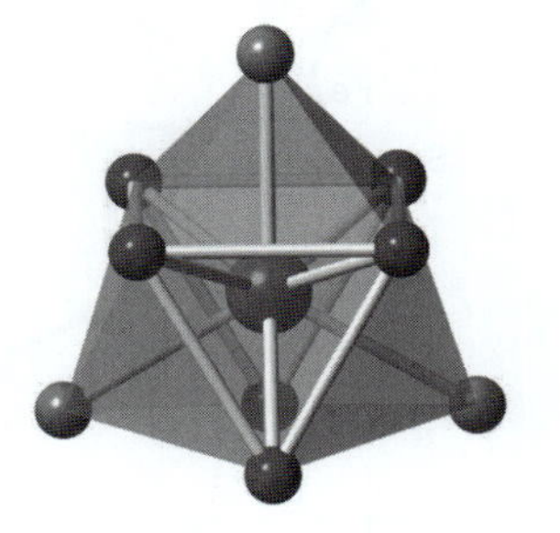

33 세고깔 삼각 기둥(D_{3h})

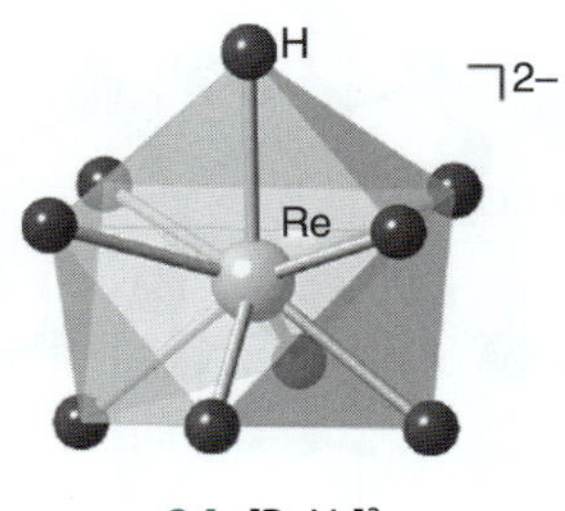

34 $[ReH_9]^{2-}$

10, 11, 12 배위는 f 영역 M^{3+} 이온의 착물에서 발생한다. 10배위 착물의 예는 $[Th(ox)_4(OH_2)_2]^{4-}$이며, 각 옥살산 이온 리간드(ox^{2-}, $C_2O_4^{2-}$)는 두 개의 O 주개 원자를 제공한다. 11배위 착물의 예로는 질산 토륨염 $[Th(NO_3)_4(OH_2)_3]$이 있는데, 여기서 각 NO_3^-는 두 개의 산소 원자로 결합한다. 마지막으로, 12배위 착물의 예는 $[Ce(NO_3)_6]^{2-}$(**35**)이며, Ce(IV) 염과 질산의 반응에서 형성된다. 각각의 NO_3^- 리간드는 2개의 O 원자에 의해 금속 원자와 결합한다. 이러한 높은 배위수는 s, p 및 d 영역 이온에서는 드물다.

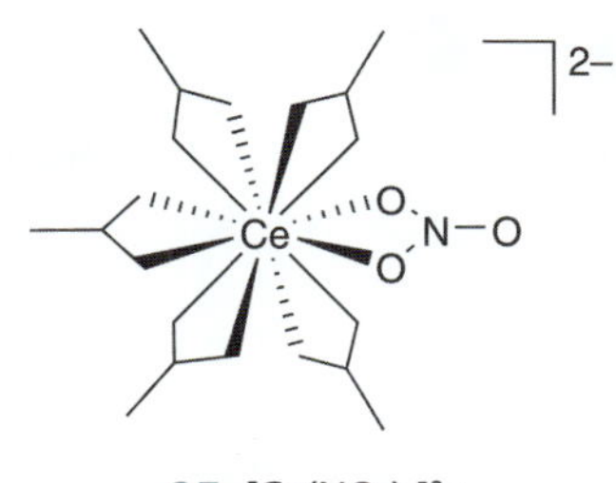

35 $[Ce(NO_3)_6]^{2-}$

6.6 다금속 착물

요점: 다금속 착물은 M–M 결합을 포함하는 금속 뭉치 화합물 또는 리간드 다리 걸친 금속 원자가 포함된 바구니 착물로 분류된다.

다금속 착물(**polymetallic complex**)은 둘 이상의 금속 원자를 포함하는 착물이다. 일부의 경우, 금속 원자들은 다리 구성 리간드(bridging ligand)로 붙잡혀 있다. 다른 경우에는, 직접적인 금속–금속 결합이 있다. 이 외에도 두 가지 유형이 공존할 수가 있다. **금속 뭉치**(**metal cluster**)라는 용어는 일반적으로, 삼각형 또는 더 큰 닫힌 구조를 형성하는 직접적인 금속–금속 결합이 있는 다금속 착물을 지칭한다. 그렇지만 이 엄격한 정의는 보통 완화되어, 선형의 M–M 화합물을 배제하고, M–M 결합을 하는 어떤 화합물도 금속 뭉치로 간주한다.

다금속 착물은 다양한 음이온에 의해 형성될 수 있다. 예를 들어 두 개의 Cu^{2+} 이온이 아세트산 이온 다리로 함께 붙잡혀 있을 수 있다(**36**). 구조 (**37**)은 RS^- 리간드로 연결된 네 개의 Fe 원자가 형성하는 입방 구조의 예이다. 이러한 유형의 구조는 다수의 생화학 산화–환원 반응과 관련되어 있어서(26.8절), 생물학적으로 매우 중요하다. 자동화된 X선 회절 분석계 및 다핵 NMR과 같은 현대적 구조 분석 기술의 출현으로, 금속–금속 결합을 포함하는 많은 다

금속 뭉치 화합물이 발견되어 활발한 연구가 이루어지고 있다. 간단한 예는 수은(I) 양이온인 Hg_2^{2+}와 그로부터 유래된 착물인 $[Hg_2(Cl)_2]$ (**38**)이다. $[Hg_2(Cl)_2]$는 간단히 Hg_2Cl_2로 쓰인다. 10개의 CO 리간드와 2개의 Mn 원자를 포함하는 금속 뭉치는 (**39**)와 같다.

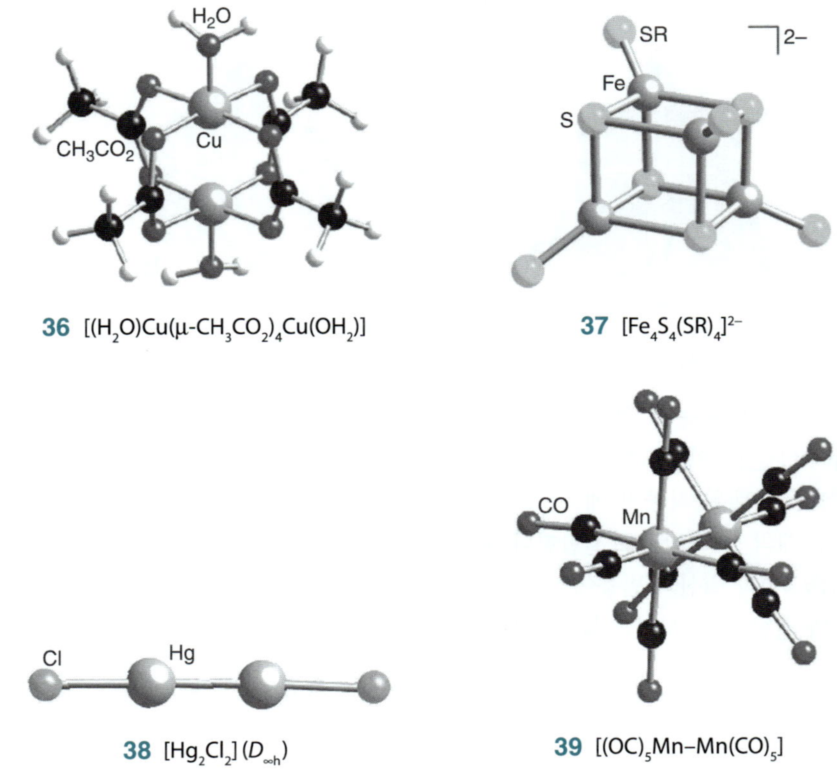

36 $[(H_2O)Cu(\mu\text{-}CH_3CO_2)_4Cu(OH_2)]$

37 $[Fe_4S_4(SR)_4]^{2-}$

38 $[Hg_2Cl_2]$ ($D_{\infty h}$)

39 $[(OC)_5Mn\text{–}Mn(CO)_5]$

이성질 현상과 카이랄성

요점: 분자식은 배위 화합물을 식별하기에 충분하지 않을 수 있다. 결합, 이온화, 수화, 배위 이성질 현상 모두가 배위 화합물에서 가능하다.

분자식은 종종 화합물을 명확하게 식별하기에 충분한 정보를 제공하지 않는다. 양쪽 자리성 리간드의 존재가, 같은 리간드가 서로 다른 원자를 통해 금속과 연결될 수 있는 **결합 이성질 현상**(**link isomerism**)을 일으킬 수 있음을 이미 주목한 바 있다. $[Co(NH_3)_5(NO_2)]^{2+}$의 빨간색 및 노란색 이성질체는 이러한 유형의 이성질 현상으로 설명된다. 빨간색 화합물은 nitrito-κO의 Co−O 연결(**5**)을 가진다. 시간이 지남에 따라, 불안정한 빨간색 형태로부터 형성되는 노란색 이성질체는 nitrito-κ*N* Co−N link(**4**)를 가지고 있다. 결합 이성질 현상은 **구조 이성질 현상**(**constitutional isomerism** 또는 **structural isomerism**)의 한 유형이다. 기하(geometric) 이성질 현상 및 광학(optical) 이성질 현상을 살펴보기 전에, 먼저 세 가지 유형의 구조 이성질 현상을 간략하게 살펴보자. **이온화 이성질 현상**(**ionization isomerism**)은 한 화합물에서 리간드와 반대 이온(counterion)이 자리를 바꿀 때 발생한다. $[PtCl_2(NH_3)_4]Br_2$과 $[PtBr_2(NH_3)_4]Cl_2$가 그 예이다. 화합물이 용해되면, 두 이성질체는 용액에서 각기 다른 이온종으로 존재한다(이 예에서는 각각 자유 Br^- 이온 및 Cl^- 이온이 있음). 이온화 이성질 현상과 매우 유사한 것은 **수화 이성질 현상**(hydrate isomerism)이며, 이는 리간드 중 하나가 물일 때 발생한다. 예를 들어 분자식이 $CrCl_3 \cdot 6H_2O$로 같지만 색깔이 서로 다른 수화 이성질체가 세 개 존재한다(보라색의 $[Cr(OH_2)_6]Cl_3$, 옅은 녹색의 $[CrCl(OH_2)_5]Cl_2 \cdot H_2O$, 짙은 녹색의 $[CrCl_2(OH_2)_4]Cl \cdot 2H_2O$). **배위 이성질 현상**(coordination isomerism)은 $[Co(NH_3)_6][Cr(CN)_6]$와 $[Cr(NH_3)_6][Co(CN)_6]$처럼, 다른 착물 이온들로 동일한 분자식이 구성되는 경우이다.

한 리간드가 어떤 주개 원자를 통해 금속에 결합하는지를 확정하면, 이들 리간드를 공간에 배치하는 방법을 고려할 수 있다. 금속 착물의 삼차원 특성 때문에, 리간드는 다양한 방식으로 배열될 수 있다. 이제 일반적인 복잡한 기하 구조 각각에 대한 리간드 배열의 순열을 고려하여, 이러한 종류의 이성질 현상을 탐구한다. 이 유형의 이성질 현상은 **입체 이성질 현상**(stereo isomerism)로 알려져 있다.

배위수가 6보다 큰 착물은 **기하**(geometrical) 이성질체 및 **광학**(optical) 이성질체와 같은 많은 수의 입체 이성질체를 가질 수 있다. 이러한 착물은 종종 입체 화학적으로 비경직성(sterochemically nonrigid)이어서, 그 이성질체들의 분리가 어렵다. 따라서 이러한 화합물의 이성질 현상은 더는 고려하지 않는다.

예제 6.2 금속 착물의 이성질 현상

다음 분자식의 착물에서는 어떤 유형의 이성질 현상이 가능한가?

(a) $[Pt(PEt_3)_3SCN]^+$ (b) $CoBr(NH_3)_5SO_4$ (c) $FeCl_2(H_2O)_6$

답 (a) 이 착물은 양쪽 자리성 싸이오사이안산 리간드(SCN^-)를 가지므로, S 또는 N 원자를 통해 결합하여 두 개의 결합 이성질체($[Pt(SCN)(PEt_3)_3]^+$ 및 $[Pt(NCS)(PEt_3)_3]^+$)를 생성할 수 있다. (b) 팔면체 기하 구조에서 5개의 배위된 암모니아 리간드를 가지므로, $[Co(NH_3)_5SO_4]Br$ 및 $[CoBr(NH_3)_5]SO_4$의 두 가지 이온화 이성질체가 가능하다. (c) 착물의 화학식으로 $[Fe(OH_2)_6]Cl_2$, $[FeCl(OH_2)_5]Cl \cdot H_2O$, $[FeCl_2(OH_2)_4] \cdot 2H_2O$가 가능하므로 수화 이성질 현상이 일어날 수 있다.

문제 6.2 분자식 $Cr(NO_2)_2(H_2O)_6$을 갖는 6배위 착물에 대하여 두 가지 유형의 이성질 현상이 가능하다. 모든 이성질체를 확인해 보시오.

6.7 사각 평면 착물

요점: 사각 평면 착물의 유일한 단순 이성질체는 시스-트랜스 이성질체이다.

Werner는 $PtCl_2$와 NH_3 및 HCl과의 반응에서 형성된 일련의 4배위 Pt(II) 착물을 연구했다. 화학식이 MX_2L_2인 착물의 경우, 화학종이 사면체면 단 하나의 이성질체가 예상되지만, 화학종이 평면이면 두 개의 이성질체가 예상된다(**40**, **41**). Werner는 화학식이 $[PtCl_2(NH_3)_2]$인 두 가지 착물을 분리할 수 있었기 때문에, 그 착물의 구조는 사면체가 될 수 없고 실제로는 평면일 것으로 결론지었다. 사각형의 인접한 모서리에 같은 리간드를 가지는 착물은 시스 이성질체(**40**, 점군 C_{2v})라고 부르고, 같은 리간드가 맞은 편에 있는 착물은 트랜스 이성질체(**41**, D_{2h})라고 한다. 기하 이성질 현상은 단지 학문적 관심사에 국한되지는 않는다. 백금 착물은 암 화학 요법에 사용되는데, *cis*-Pt(II) 착물만이 약효를 나타낼 만큼 충분히 오랫동안 DNA 염기와 결합할 수 있음이 확인되었다.

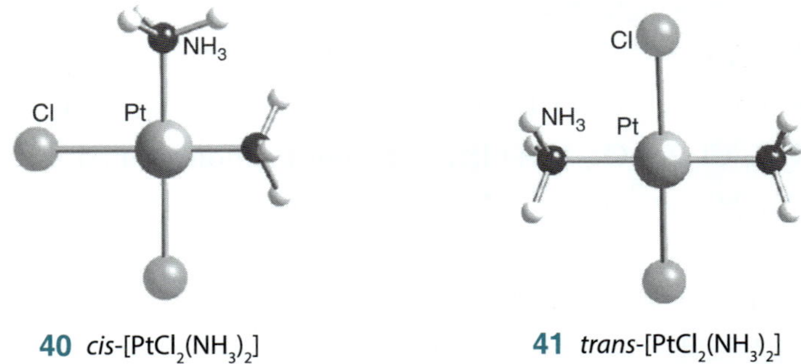

40 *cis*-$[PtCl_2(NH_3)_2]$ **41** *trans*-$[PtCl_2(NH_3)_2]$

$[MA_2B_2]$에서와 같이 두 벌의 서로 다른 한자리 리간드만 있는 경우에는 시스/트랜스 이성질 현상만 고려하면 된다(**42** 와 **43**). $[MA_2BC]$에서와 같이 세 가지 다른 리간드가 있으면, A 리간드들의 위치에 따라 시스(**44**)와 트랜스(**45**) 기하 이성질체를 구별할 수 있다. 네 개의 다른 리간드가 있는 [MABCD]에서는 세 가지의 다른 이성질체가 존재하므로 (**46**), (**47**), (**48**)에서와 같이 더 명확하게 구조를 지정해야 한다. $[M(AB)_2]$에서와 같이, 다른 말단 기를 가진 두 자리 리간드는 시스(**49**)와 트랜스(**50**)로 분류될 수 있는 기하 이성질체를 형성할 수 있다.

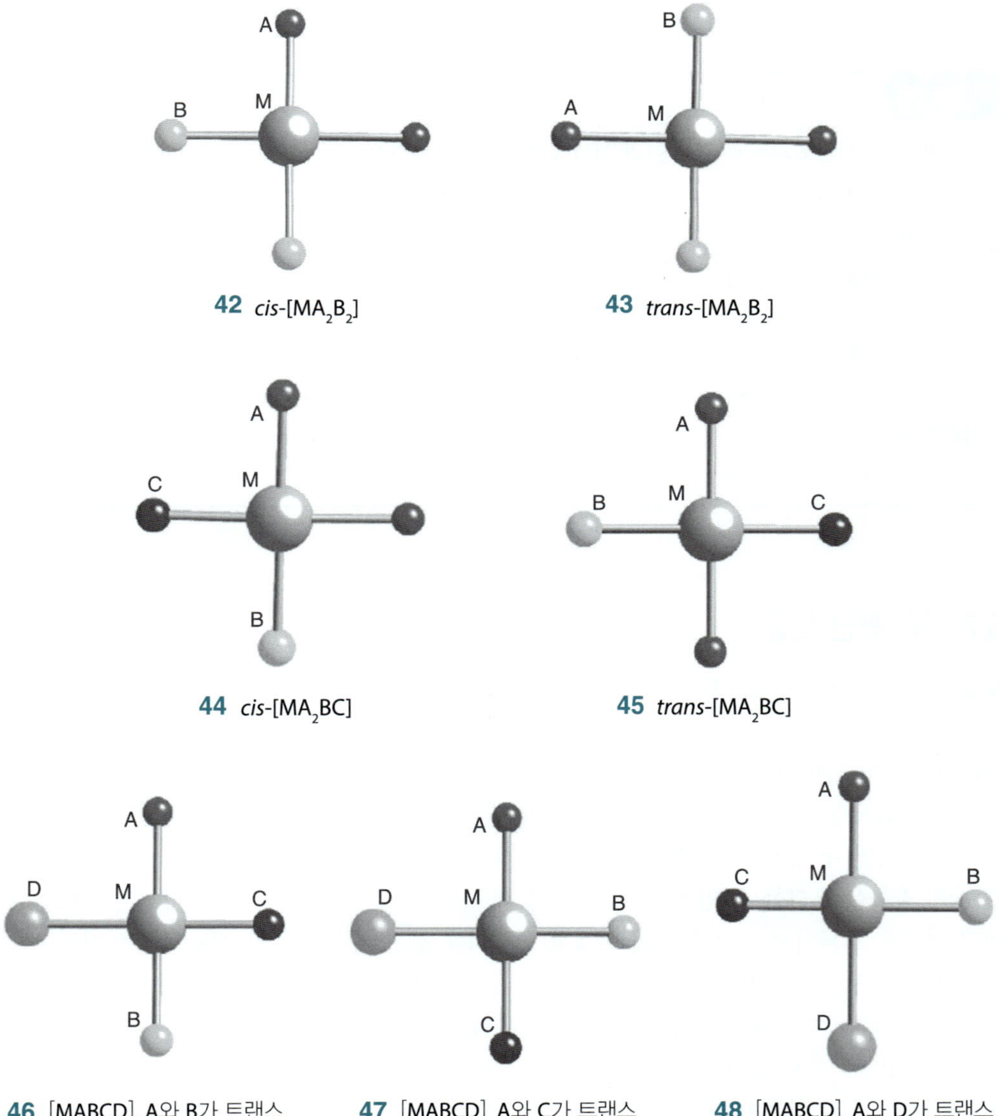

42 *cis*-$[MA_2B_2]$ **43** *trans*-$[MA_2B_2]$

44 *cis*-$[MA_2BC]$ **45** *trans*-$[MA_2BC]$

46 [MABCD], A와 B가 트랜스 **47** [MABCD], A와 C가 트랜스 **48** [MABCD], A와 D가 트랜스

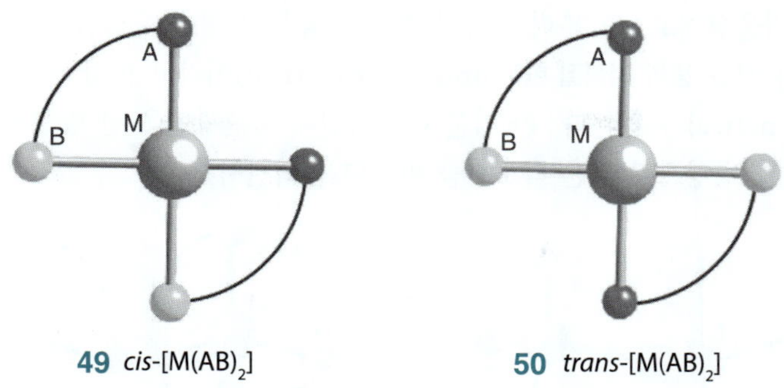

49 *cis*-$[M(AB)_2]$ **50** *trans*-$[M(AB)_2]$

예제 6.3 화학적 증거로부터 이성질체 확인하기

백금(II) 다이암민다이클로로(diamminedichloridoplatinum(II))의 두 가지 이성질체는 1,2-다이아미노에테인과 다른 반응성을 보인다는 사실로부터 어떻게 두 이성질체를 구별할 수 있는가?

답 시스 다이암민다이클로로(diamminedichlorido) 이성질체는 1,2-다이아미노에테인(en, **6**)과 반응하여, 인접한 위치의 두 NH_3 리간드를 두자리 리간드인 en 하나로 대체한다. 트랜스 이성질체는 단 하나의 en 리간드만으로 두 개의 NH_3 리간드를 대체할 수 없다(그림 6.4). 합리적인 설명은, en 리간드는 사각 평면을 가로질러 결합하기 위해 두 개의 트랜스 위치에 도달할 수 없다는 것이다. 이 결론은 X선 결정학으로 뒷받침된다. 시스 이성질체 형성 반응의 원동력은 킬레이트 효과와 관련된 바람직한 엔트로피 변화이다(6.14절).

문제 6.3 $[PtBrCl(PR_3)_2]$ (PR_3는 트라이알킬포스핀)의 두 개의 사각 평면 이성질체는 ^{31}P-NMR과 스펙트럼이 다르다(그림 6.5). 이 문제를 단순화하기 위해, ^{195}Pt(33%의 존재비에서 I = 1/2)와의 짝지음은 무시한다(8.6절). 하나의 이성질체(A)는 단일 ^{31}P 공명 신호를 나타내고, 다른 하나(B)는 두 개의 ^{31}P 공명 신호를 보여 준다. 그리고 두 신호 각각은 두 번째 ^{31}P 핵에 의해 이중선으로 갈라진다. 시스 이성질체와 트랜스 이성질체는 각각 어떤 것인가?

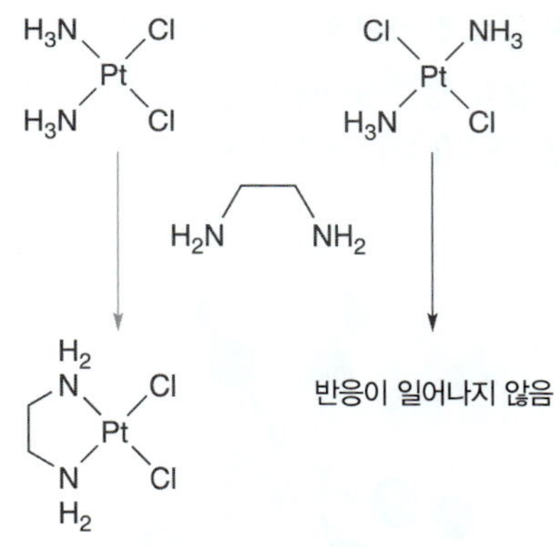

그림 6.4 시스와 트랜스 diamminedichloridoplatinum (II)의 다른 반응성은 이성질체를 구별하는 화학적 방법을 제공한다.

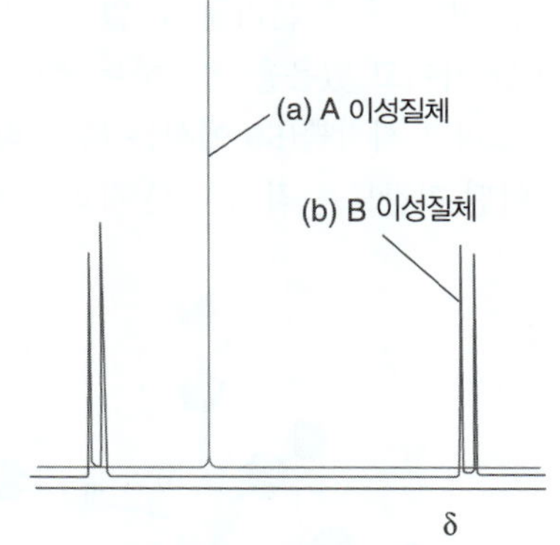

그림 6.5 $[PtBrCl(PR_3)_2]$**의 두 이성질체에 대한 이상적인** ^{31}P **NMR 스펙트럼** Pt에 의한 미세 구조는 도시하지 않았다.

6.8 사면체 착물

요점: 사면체 착물의 유일한 단순 이성질체는 광학 이성질체이다.

흔히 마주치는 사면체 착물의 유일한 이성질체는 네 개의 리간드가 모두 다르거나(**51**), 두 개의 비대칭 두자리(unsymmetrical bidentate) 킬레이트 리간드가 있는 것이다(**52**). 두 경우 모두, 분자는 **카이랄성**(chiral)이며, 거울상들은 겹쳐지지 않는다 (3.4절). 두 거울상(mirror-image) 이성질체는 함께 **거울상 이성질체 쌍**(enantiomeric pair)을 구성한다. 오른손과 왼손처럼 서로에 대한 거울상이고, 또 분리 가능할 정도로 충분한 평균 수명을 갖는 카이랄성 착물의 쌍이 존재하는 것을 **광학 이성질 현상**(**optical isomerism**)이라고 한다. 광학 이성질체는 **광학 활성**(**optically active**)을 갖는다. 한 거울상 이성질체는 편광면을 한 방향으로 회전시키고, 다른 거울상은 반대 방향으로 같은 각도만큼 편광면을 회전시킨다.

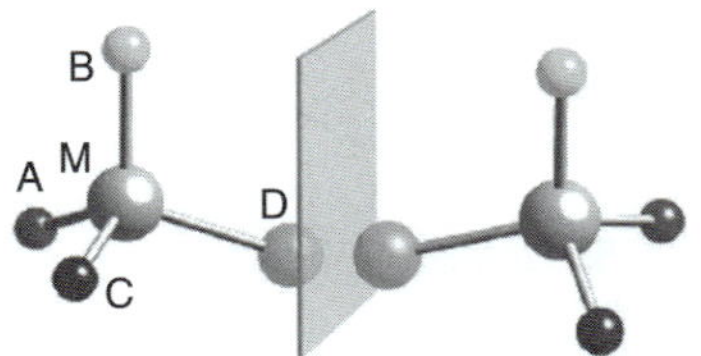

51 [MABCD] 거울상 이성질체

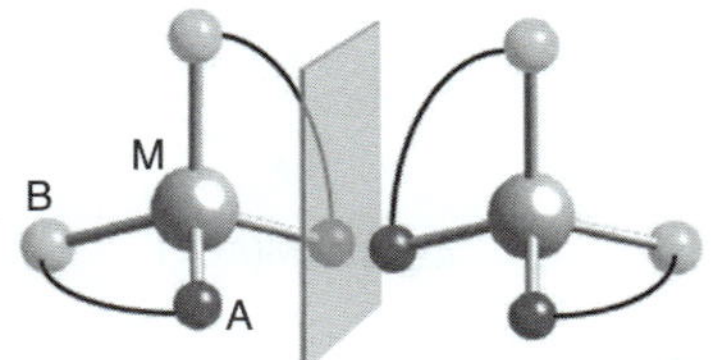

52 $[M(AB)_2]$ 거울상 이성질체

6.9 삼각 쌍뿔 및 사각뿔 착물

요점: 5배위 착물은 입체 화학적으로 유연하다. 화학적으로 별개인 두 개의 배위 자리가 삼각 쌍뿔 및 사각뿔 착물 내에 존재한다.

종종 다양한 기하학적 구조의 5배위 착물의 에너지는 약간의 차이만을 보인다. $[Ni(CN)_5]^{3-}$가 동일한 결정에서 사각뿔(**53**)과 삼각 쌍뿔(**54**) 구조가 공존할 수 있다는 사실은 에너지의 미묘한 균형을 부각한다. 용액에서, 한자리 리간드만을 갖는 삼각 쌍뿔 착물은 자주 변환성이어서(즉 상이한 형태로 뒤틀릴 수 있음), 한순간 축에 있던 리간드가 다음 순간에 적도 방향에 자리잡게 된다. 한 입체 구조로부터 다른 입체 구조로의 전환은 **Berry 유사 회전**(**Berry pseudorotation**)으로 발생할 수 있다(그림 6.6). 따라서 5배위 착물의 이성질체는 존재하더라도, 일반적으로 분리될 수 없다. 삼각 쌍뿔과 사각뿔 착물은 모두 화학적으로 구분되는 두 자리를 가지고 있음을 인식하는 것이 중요하다. 삼각 쌍뿔(**55**)에서는 축 자리(a)와 적도 자리(e), 그리고 사각뿔(**56**)에서는 축 자리(a)와 밑면 자리(b)가 구분된다. 입체 및 전자적인 이유로, 어떤 리간드는 각기 다른 자리를 선호한다.

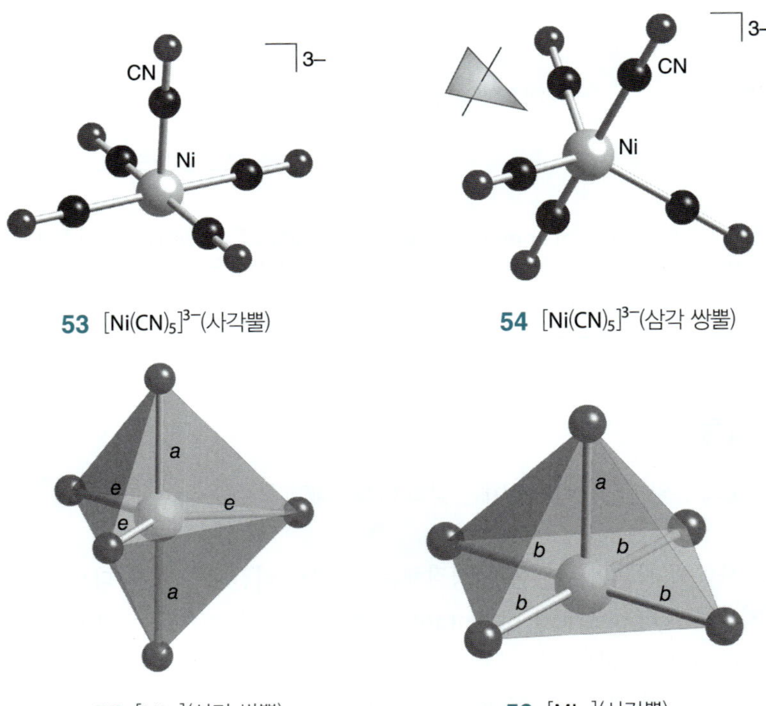

53 $[Ni(CN)_5]^{3-}$(사각뿔)

54 $[Ni(CN)_5]^{3-}$(삼각 쌍뿔)

55 $[ML_5]$(삼각 쌍뿔)

56 $[ML_5]$(사각뿔)

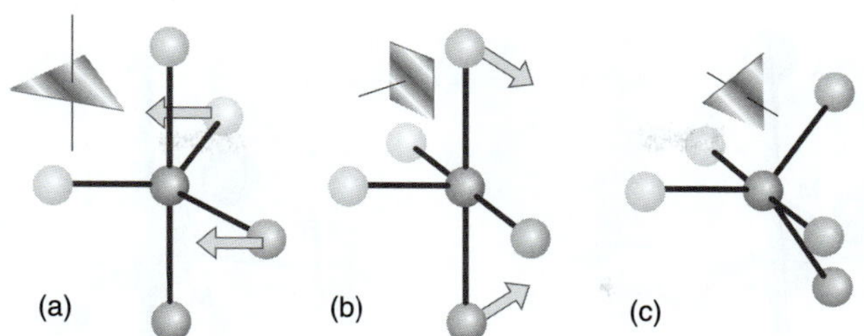

그림 6.6 **Berry 유사 회전** (a) 삼각 쌍뿔 $[Fe(CO)_5]$ 착물이 (b) 사각뿔 이성질체로 변형되고, (c) 다시 삼각 쌍뿔이 되지만, 처음에 축에 놓인 두 개의 리간드는 적도 자리로 이동한다.

6.10 팔면체 착물

팔면체 구조를 갖는 착물은 굉장히 많이 있다. 팔면체 구조 'ML_6'은 6개의 리간드로 둘러싸인 중심 금속 원자를 의미하며, 리간드는 모두 동일할 필요가 없다.

(a) 기하 이성질 현상

요점: 화학식 $[MA_4B_2]$의 팔면체 착물에 대해서는 시스 및 트랜스 이성질체가 존재하고, 화학식 $[MA_3B_3]$의 착물의 경우에는 자오선(mer) 및 면(fac) 이성질체가 존재할 수 있다. 더 복잡한 리간드 세트는 추가 이성질체를 유도한다.

일반식이 $[MA_6]$ 또는 $[MA_5B]$인 팔면체 착물에서 리간드를 배열하는 방법은 한 가지밖에 없다. $[MA_4B_2]$ 착물에서는, 두 개의 B 리간드가 인접한 위치에 있으면 시스 이성질체(**57**), 또는 정반대 위치에 있으면 트랜스 이성질체(**58**)가 된다. 리간드를 단순히 점으로 취급하면, 트랜스 이성질체는 D_{4h} 대칭을 가지며 시스 이성질체는 C_{2v} 대칭을 갖는다.

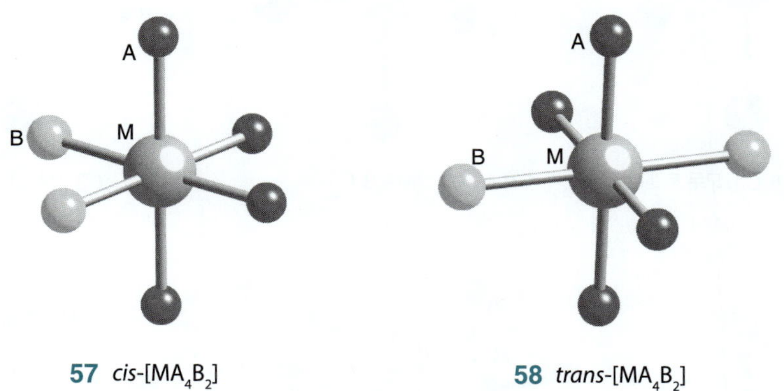

57 *cis*-$[MA_4B_2]$ **58** *trans*-$[MA_4B_2]$

$[MA_3B_3]$ 착물에서 리간드를 배열하는 방법은 두 가지가 있다. 하나의 이성질체에서는 한 평면에 세 개의 A 리간드가 놓이고, 이 면에 수직인 평면에 세 개의 B 리간드가 놓인다(**59**). 각각의 리간드 세트는 구의 자오선 상에 놓여 있다고 간주하여, 이 착물을 **자오선(mer, meridional)** 이성질체로 지정한다. 두 번째 이성질체에서는 세 개의 A(및 B) 리간드가 모두 인접하여 팔면체의 한 삼각형 면의 모서리를 차지한다(**60**). 리간드가 팔면체의 한 면의 모서리에 있으므로, 이 착물은 **면(fac, facial)** 이성질체로 지정된다. 리간드를 점으로 표시하면, 자오선 이성질체는 C_{2v} 대칭을 가지며, 면 이성질체는 C_{3v} 대칭을 갖는다.

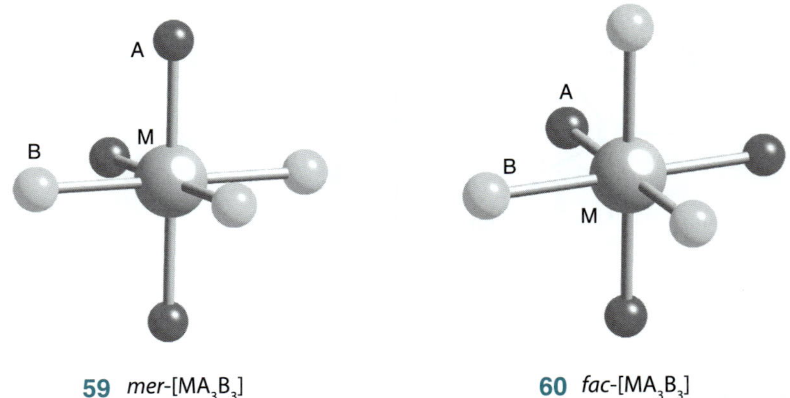

59 *mer*-$[MA_3B_3]$ **60** *fac*-$[MA_3B_3]$

조성이 $[MA_2B_2C_2]$인 착물은 5개의 기하 이성질체를 가진다. 즉 리간드 모두가 트랜스 위치인 이성질체(**61**), 한 쌍의 리간드가 트랜스이고 다른 두 개가 시스인 세 개의 이성질체 (**62**), (**63**), (**64**), 그리고 모두가 시스인 거울상 이성질체의 쌍(**65**)의 이성질체가 가능하다. $[MA_2B_2CD]$ 또는 $[MA_3B_2C]$와 같이 더 복잡한 조성을 사용하면, 더 광범위한 기하학적 이성질체가 생성된다. 예를 들어 로듐 화합물 $[RhH(C{\equiv}CR)_2(PMe_3)_3]$은 자오선(**66**), 자오선-트랜스(**67**) 및 자오선-시스(**68**)의 세 가지 이성질체로 존재한다. 팔면체 착물은 일반적으로 입체 화학적으로 고정되어 있지만, 이성질화 반응을 때때로 보인다(21.9절).

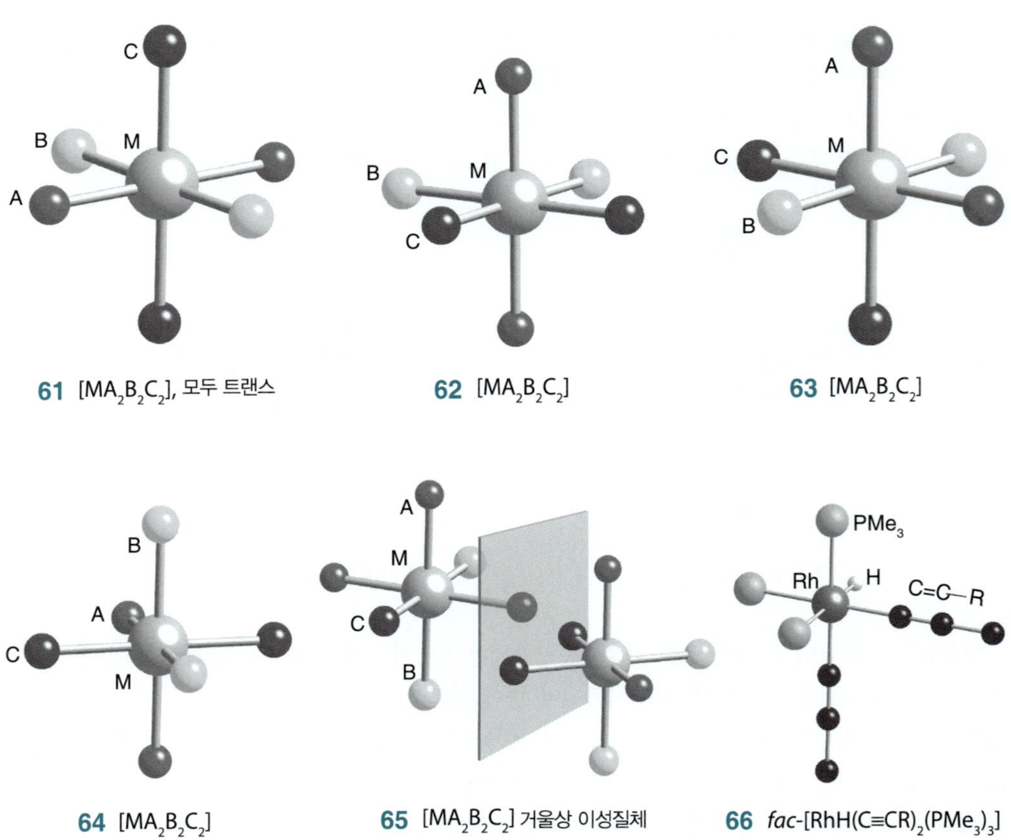

61 $[MA_2B_2C_2]$, 모두 트랜스 **62** $[MA_2B_2C_2]$ **63** $[MA_2B_2C_2]$

64 $[MA_2B_2C_2]$ **65** $[MA_2B_2C_2]$ 거울상 이성질체 **66** *fac*-$[RhH(C{\equiv}CR)_2(PMe_3)_3]$

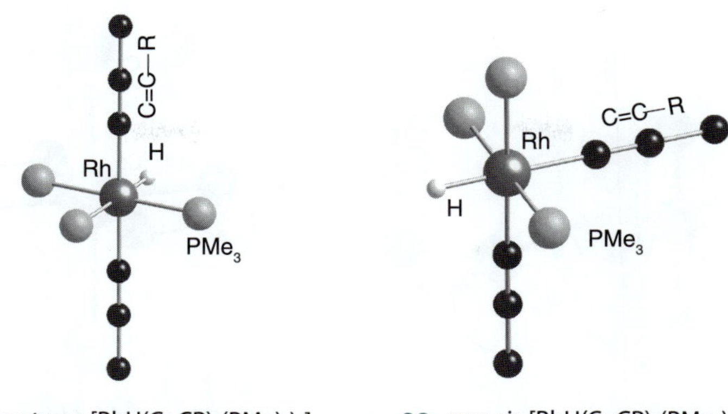

67 *mer-trans*-$[RhH(C\equiv CR)_2(PMe)_3)_3]$ **68** *mer-cis*-$[RhH(C\equiv CR)_2(PMe_3)_3]$

(b) 카이랄성 및 광학 이성질 현상

요점: 팔면체 중심에서 일어나는 리간드의 많은 배열이 카이랄 화합물을 발생시킨다. 이성질체는 그들의 배열에 따라 Δ 또는 Λ로 표시한다.

팔면체 화합물에서 나타나는 기하 이성질 현상의 많은 예에 추가하여, 카이랄성 이성질 현상도 일부 존재한다. 간단한 예는 $[Mn(acac)_3]$(**69**)이다. 여기서 세 개의 두자리 아세틸아세토네이토(acac) 리간드가 거울상 이성질체를 발생시킨다. 이런 종류의 착물에서 발생하는 광학 이성질체를 관찰하는 한 가지 방법은, 세 개의 삼중축 중 하나를 내려다 보면서 리간드 배열을 프로펠러 또는 나사처럼 상상해 보는 것이다(그림 6.7).

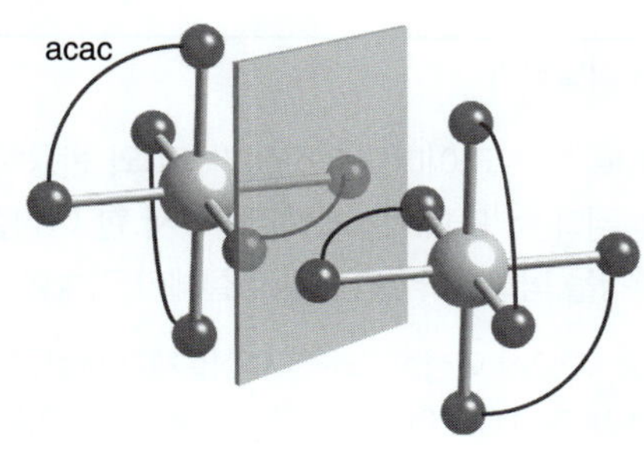

69 $[Mn(acac)_3]$ 거울상 이성질체

화학식 $[MA_2B_2C_2]$의 착물에서 각 쌍의 리간드가 서로 시스 위치에 있으면 카이랄성이 존재할 수 있다(**65**). 사실, 한자리와 여러 자리 리간드 모두를 갖는 팔면체 착물이 광학 이성질 현상을 보이는 많은 예가 알려져 있으므로, 항상 광학 이성질 현상의 존재 가능성에 주의를 기울여야 한다.

광학 이성질 현상의 또 다른 예로서, 염화 코발트(III)와 1,2-다이아미노에테인이 1:2의 몰비로 반응할 때의 생성물을 고려한다. 생성물은 진회색(**70**)과 연회색(**71**)의 한 쌍의 다이클로리도(dichlorido) 착물로 구성된다. 이들은 각각 다이클로로비스(1,2-다이아미노에테인)코발트(III), $[CoCl_2(en)_2]^+$의 시스 및 트랜스 이성질체이다. 구조로부터 알 수 있듯이, 시스 이성질체(**70**)는 그 거울상에 중첩될 수 없다. 따라서 카이랄성이고, (착물이 수명이 길어서) 광학적으로 활성을 띤다. 트랜스 이성질체(**71**)는 거울면 대칭을 가지므로 그 거울상에 중첩될 수 있고, 따라서 비카이랄성이며 광학적으로 비활성이다.

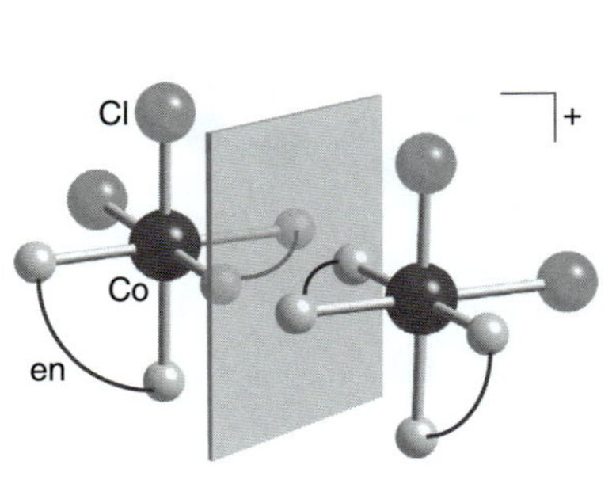

70 *cis*-$[CoCl_2(en)_2]^+$ 거울상 이성질체

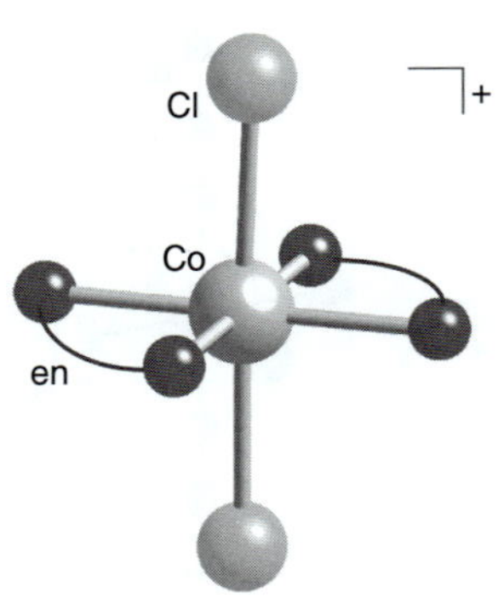

71 *trans*-$[CoCl_2(en)_2]^+$

카이랄 팔면체 착물의 절대 배열(absolute configuration)은 삼중 회전축을 따라 볼 때의 정팔면체 구조를 상상한 후, 리간드에 의해 형성된 나선의 회전 방향을 주목하여 기술한다(그림 6.7). 나선의 시계 방향 회전은 Δ(delta)로 표기하고, 반시계 방향 회전은 Λ(lambda)로 표기한다. 절대 배열의 표기와 이성질체가 실험에서 편광을 회전시키는 방향은 구별되어야 한다. 일부 Λ 화합물은 편광을 한 방향으로 회전시키며, 다른 Λ 화합물은 반대 방향으로 회전시킨다. 또한 편광의 회전 방향은 파장에 따라 변할 수 있다. 특정 파장에서 시계 방향으로(다가오는 빛을 볼 때) 편광면을 회전시키는 이성질체는 ***d*-이성질체**(*d*-isomer) 또는 **(+)-이성질체**((+)-isomer)로 표기된다. 편광면을 시계 반대 방향으로 회전시키는 것은 ***l*-이성질체**(*l*-isomer) 또는 **(−)-이성질체**((−)-isomer)로 표기된다. 화학세상 6.1은 특정 이성질체 착물의 합성 방법과 금속 착물의 거울상 이성질체 분리 방법을 설명한다.

예제 6.4 이성질 현상의 유형 식별하기

4배위 착물인 $[IrCl(PMe_3)_3]$(PMe_3는 트라이메틸포스핀)가 Cl_2와 반응하면 화학식이 $[IrCl_3(PMe_3)_3]$인 두 개의 6배위 생성물이 형성된다. ^{31}P-NMR 스펙트럼에서 한 이성질체는 하나의 P 환경을 나타내고, 다른 하나는 두 개의 P 환경을 나타낸다. 어떤 이성질체가 가능한가?

답 착물의 화학식은 $[MA_3B_3]$이므로, 자오선 이성질체와 면 이성질체가 예상된다. 구조 (**72**)와 (**73**)은 각각 면 이성질체와 자오선 이성질체에서 세 개의 Cl^- 이온의 배열을 보여 준다. 모든 P 원자는 면 이성질체에서 동등하지만, 자오선 이성질체에서는 두 가지 환경이 존재한다.

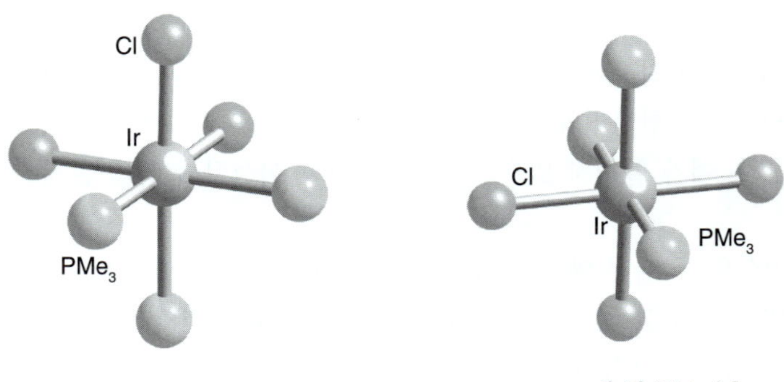

72 *fac*-$[IrCl_3(PMe_3)_3]$ **73** *mer*-$[IrCl_3(PMe_3)_3]$

문제 6.4 글라이신 음이온 $H_2NCH_2CO_2^-$(gly^-)가 코발트 (III) 산화물과 반응할 때, gly^-의 N과 O 원자 모두가 배위하여, 비전해질인 $[Co(gly)_3]$의 두 Co(III) 자오선 및 면 이성질체가 형성된다. 두 이성질체를 그려보시오. 두 이성질체 각각의 거울상도 그려보시오. 그것들은 서로 중첩되는가?

Δ-$[Co(en)_3]^{3+}$ Λ-$[Co(en)_3]^{3+}$

Δ-$[Co(ox)_3]^{3-}$ Λ-$[Co(ox)_3]^{3-}$

그림 6.7 $M(L\text{-}L)_3$ **착물의 절대 배열** Δ는 나선의 시계 방향 회전을 나타내며, Λ는 시계 반대 방향 회전을 나타낸다.

화학세상 6.1 어떻게 특정 이성질체를 합성하고 분리할 수 있는가?

특정 이성질체를 합성하기 위해서는 종종 합성 조건을 미묘하게 변화시킬 필요가 있다. 예를 들어 Co(II) 염의 암모니아성 용액에서 가장 안정한 착물인 $[Co(NH_3)_6]^{2+}$는 서서히 산화된다. 결과적으로 암모니아 및 Co(II) 염을 함유하는 용액에 공기를 기포 형태로 가해 주면, NH_3와 다른 리간드를 함유하는 다양한 착물을 제조할 수 있다. 탄산 암모늄으로 시작하면 $[Co(CO_3)(NH_3)_4]^+$가 생성되는데, 여기서 CO_3^{2-}는 두 인접한 배위 자리를 차지하는 두자리 리간드이다. 복잡한 *cis*-$[CoL_2(NH_3)_4]$는 산성 용액에서 CO_3^{2-} 리간드를 치환하여 제조할 수 있다. 진한 염산을 사용하면 보라색 *cis*-$[CoCl_2(NH_3)_4]Cl$ 화합물(**B1**)을 분리할 수 있다.

$$[Co(CO_3)(NH_3)_4]^+(aq) + 2H^+(aq) + 3Cl^-(aq) \rightarrow cis\text{-}[CoCl_2(NH_3)_4]Cl(s) + H_2CO_3(aq)$$

대조적으로 $[Co(NH_3)_6]^{2+}$와, HCl과 H_2SO_4의 혼합물을 공기 중에서 직접 반응시키면 연녹색의 *trans*-$[CoCl_2(NH_3)_4]Cl$ 이성질체(**B2**)가 생성된다.

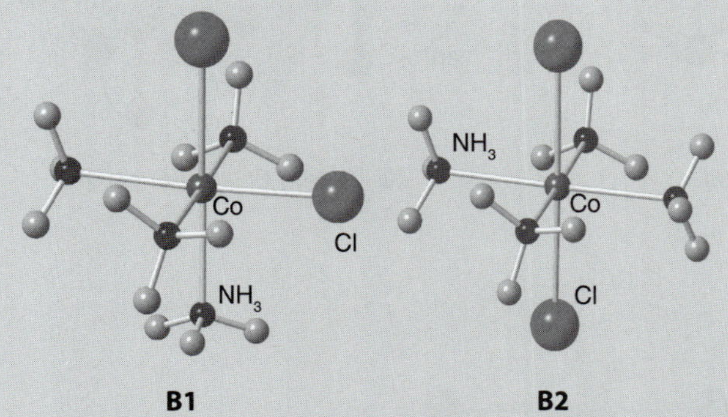

광학 활성은 단일 카이랄 중심을 갖는 화합물에 대한 카이랄성의 유일한 물리적 발현이다. 그러나 둘 이상의 다른 카이랄 중심이 존재하는 두 화합물이 서로 거울상 관계가 아니면, 용해도 및 녹는점과 같은 물리적 성질이 달라진다. 그 이유는 물리적 성질은 분자간 힘의 세기에 의존하기 때문이다. 따라서 한 쌍의 거울상 이성질체를 개별 이성질체로 분리하는 한 방법은 **부분 입체 이성질체(diastereomer)**를 만드는 것이다. 부분 입체 이성질체는 두 개의 카이랄 중심을 포함하는 이성질체 화합물인데, 하나의 중심에서 두 성분은 서로 동일한 절대 배치를 가지나, 다른 하나에서는 두 성분 간에 거울상 이성질체 상태를 나타낸다. 부분 입체 이성질체의 일례는, 광학적으로 순수한 음이온 B와 거울상 이성질체 양이온 쌍 A로 구성된 두 가지 염인 [Δ−A][Δ−B]와 [Λ−A][Δ−B]이다. 부분 입체 이성질체는 물리적 성질(예: 용해도)이 다르므로, 가령 용해도 차이를 이용한 통상적인 방법으로 분리할 수 있다.

고전적인 카이랄 분리 절차는 생화학 원료(자연적에 존재하는 많은 화합물은 카이랄성)로부터 천연의 광학 활성종을 분리하는 것에서 비롯된다. 분리가 쉬운 광학 활성 화합물은 포도에서 얻어지는 카복실산인 D-타타르산(**B3**)이다. 이 분자는 안티모니와 결합하여 −1가의 착물을 형성하는 킬레이트 리간드이다. 따라서 안티모니 D-타타르산 음이온의 포타슘염은 편리한 분할제(resolving agent)가 된다. 이 음이온은 $[Co(en)_2(NO_2)_2]^+$의 분리에 다음과 같이 사용된다.

B3

코발트(III) 착물의 거울상 이성질체 혼합물을 따뜻한 물에 녹인 후, 안티모니 *d*-타타르산 포타슘 용액을 첨가한다. 혼합물을 즉시 냉각시켜 결정화를 유도한다. 용해도가 낮은 부분 입체 이성질체 {*l*-$[Co(en)_2(NO_2)_2]$}{*d*-$[SbOC_4H_4O_6]$}는 노란색 결정으로 분리된다. 여과액은 *d*-거울상 이성질체의 분리를 위해 보관한다. 고체 부분 입체 이성질체를 물 및 아이오딘화 소듐과 함께 간다. 용해되지 않는 화합물인 *l*-$[Co(en)_2(NO_2)_2]I$은 분리되고, 용액에는 안티모니 타타르산 소듐이 남는다. *d*-이성질체는 브로민화물 염으로 침전시킨 후 여과하여 얻는다.

Further reading

A. von Zelewsky, Stereochemistry of coordination compounds, John Wiley & Sons (1996).
W.L. Jolly, The synthesis and characterization of inorganic compounds, Waveland Press (1991).

6.11 리간드의 카이랄성

요점: 금속에 배위할 때, 리간드는 뒤집히지 않고 카이랄 형태로 고정될 수 있다.

어떤 경우, 비카이랄 리간드는 금속에 배위하면서 카이랄성이 되어, 카이랄성 착물을 형성할 수 있다. 일반적으로 이러한 비카이랄 리간드는 자유 리간드일 때는 빠르게 반전하는 주개 원자를 가지나, 금속 원자에 배위하면 하나의 배열로 고정된다. 예를 들어 $MeNHCH_2CH_2NHMe$가 있는데, 두 개의 N 원자는 금속 원자에 배위되면 카이랄 중심이 된다. 사각 평면 착물의 경우, 이 부가된 카이랄성으로 인해 카이랄성 거울상 이성질체 한 쌍 (**74**)과 비카이랄성의 두 착물 (**75**), (**76**)의 총 네 가지 이성질체가 생성된다.

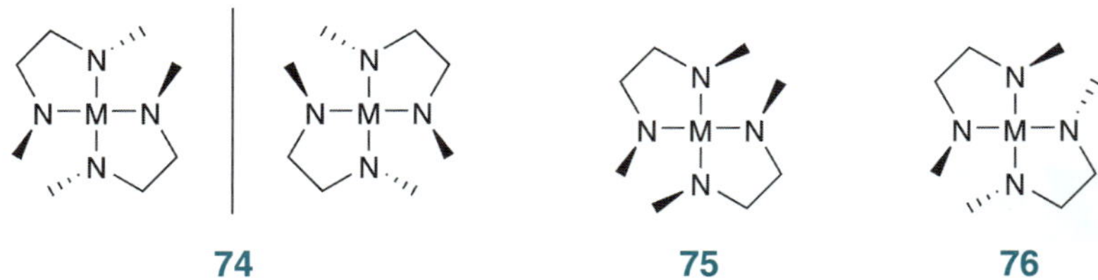

74 **75** **76**

모든 모양과 크기의 금속 착물은 생물학과 의학에서 어떤 역할을 한다(화학세상 6.2).

예제 6.5 카이랄성 알아내기

다음 중 어느 것이 카이랄성 착물인가?
(a) $[Cr(edta)]^-$ (b) $[Ru(en)_3]^{2+}$ (c) $[Pt(dien)Cl]^+$

답 착물에 거울면 또는 반전 중심 대칭이 있으면 카이랄성일 수 없다. (**77**), (**78**), (**79**)에 그려진 개략적인 착물을 보면, (**77**)과 (**78**) 모두는 거울면이나 반전 중심 대칭을 갖고 있지 않다는 것을 알 수 있다. 따라서 둘 다 카이랄성이다($n>2$인 S_n 축도 없다). 반대로 (**79**)는 거울면 대칭을 가지므로 비카이랄성이다(dien 리간드의 CH_2기들은 거울면에 놓이지 않지만, 거울면의 위아래로 빠르게 진동한다).

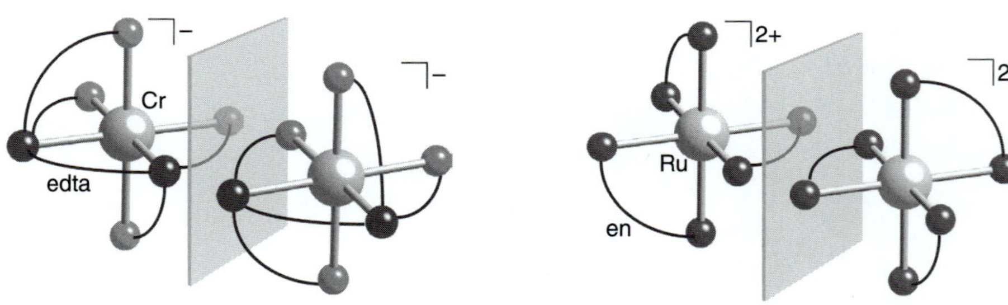

77 $[Cr(edta)]^-$ 거울상 이성질체 **78** $[Ru(en)_3]^{2+}$ 거울상 이성질체

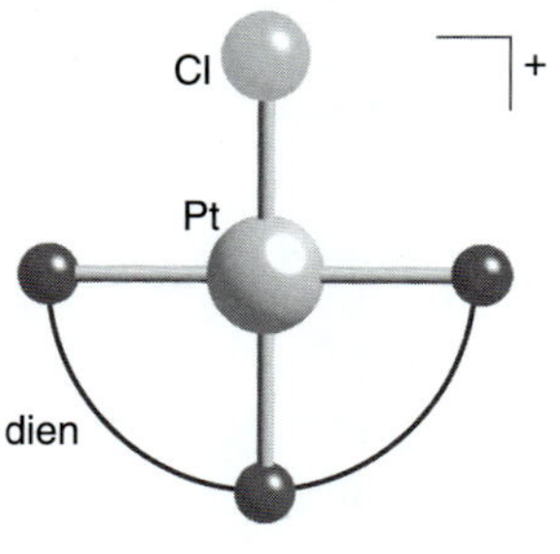

79 $[PtCl(dien)]^+$

문제 6.5 다음 중 어느 것이 카이랄 착물인가?
(a) *cis*-$[CrCl_2(ox)_2]^{3-}$ (b) *trans*-$[CrCl_2(ox)_2]^{3-}$ (c) *cis*-$[Rh(CO)H(PR_3)_2]$

화학세상 6.2 생물학과 의학 분야에서 금속 착물이 등장하는 곳은 어디인가?

배위 착물은 알려진 가장 중요한 생물학 과정의 많은 곳에서 어떤 역할을 한다. 친숙한 예로는 엽록소(**B4**)에서 식물 광합성 작용의 중심에 있는 마그네슘, 그리고 헤모글로빈(**B5**)에서 산소 수송의 중심에 있는 철이 있다. 최근 추정에 따르면, 모든 효소의 약 30%는 활성 부위에 배위된 금속을 포함하고 있다. 많은 효소가 하나 이상의 활성 중심을 포함하고 있다. 이들은 사이토크롬 *c* 산화 효소(**B6**)의 합성 모델 화합물에서의 구리와 철 중심과 같이, 다른 금속들을 포함할 수 있다. 다른 다중 금속 효소로는, 다양한 형태의 리간드와 함께 6개의 철 중심을 포함하는 (**B7**)와 같은 수소화 효소 같은 것들이 있다.

금속 착물은 의학에서도 중요하게 사용된다. 일부 유형의 암 치료제로 시스플라틴(**B8**)을 사용한다는 것은 잘 알려져 있다. 하지만 다른 금속도 널리 사용된다. 갈륨 착물(**B9**)은 항암제로 개발 중이다. 금 착물(**B10**)은 관절염에 효과적이며, 가돌리늄(**B11**)과 테크네튬 착물(**B12**)은 의료 영상 분야에 사용된다.

26장과 27장에서는 이러한 착물 및 다른 많은 것들을 더 자세히 논의한다.

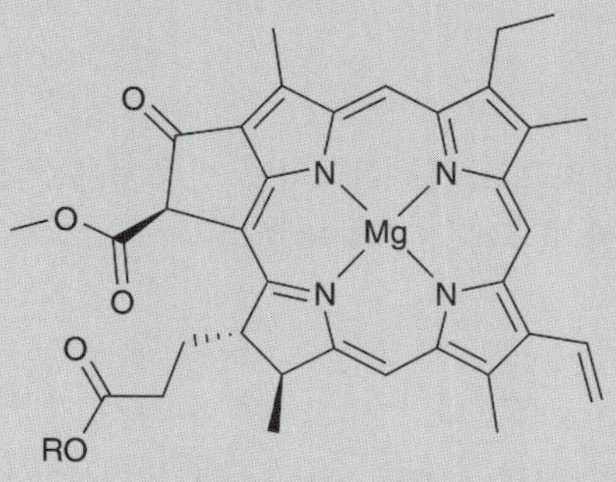

B4

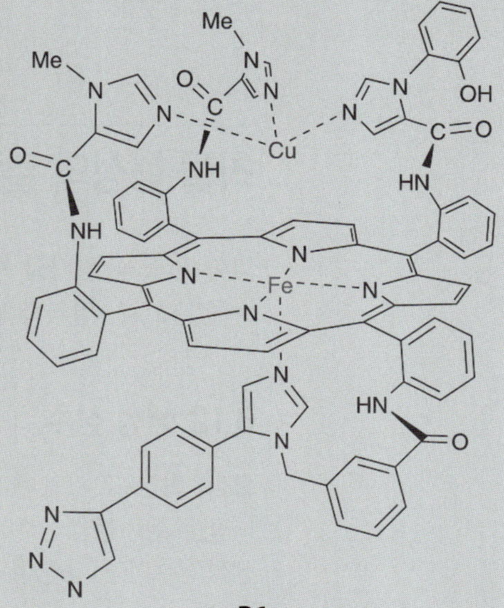

B6

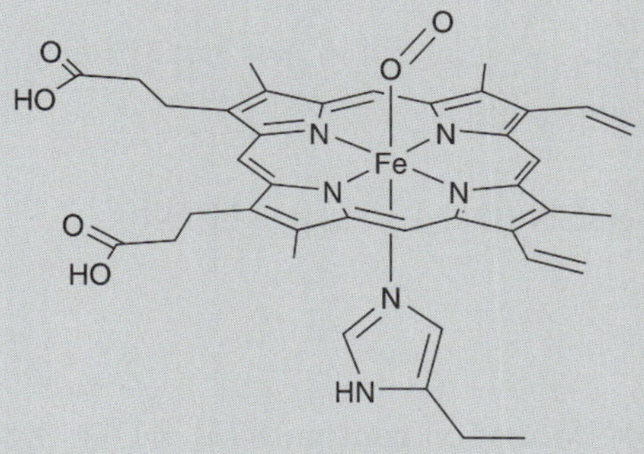

B5

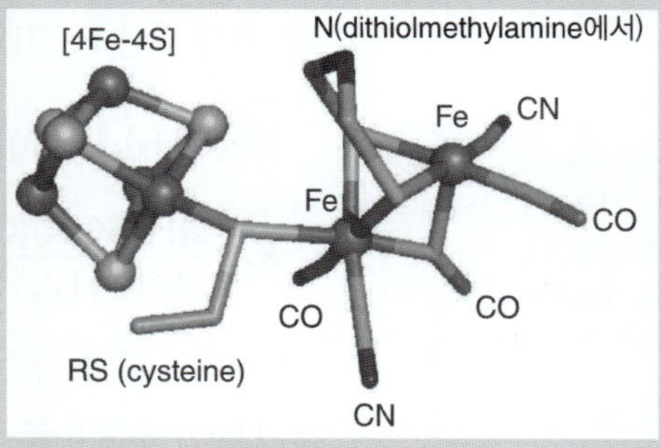

[4Fe-4S] N(dithiolmethylamine에서) Fe CN Fe CO CO CO RS (cysteine) CN

B7

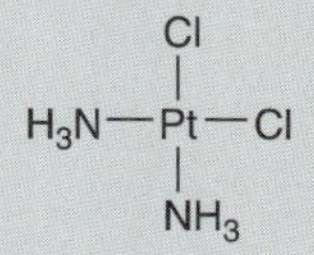

B8

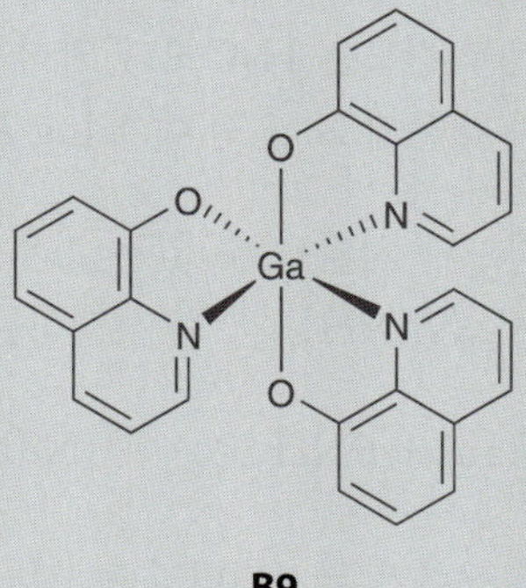

B9

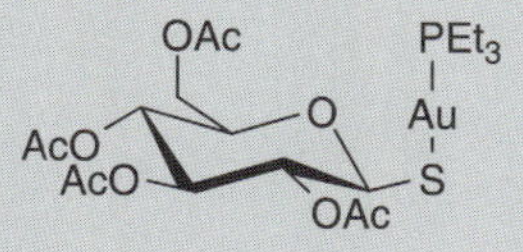

B10

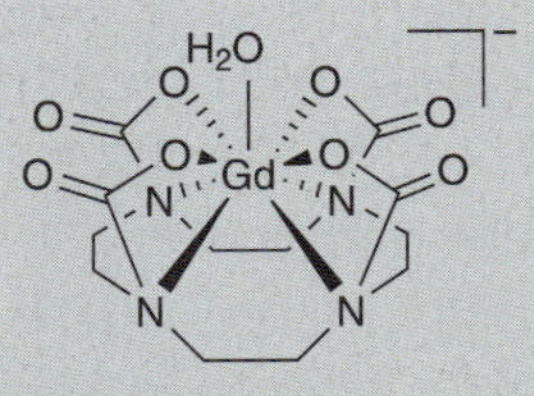

B11

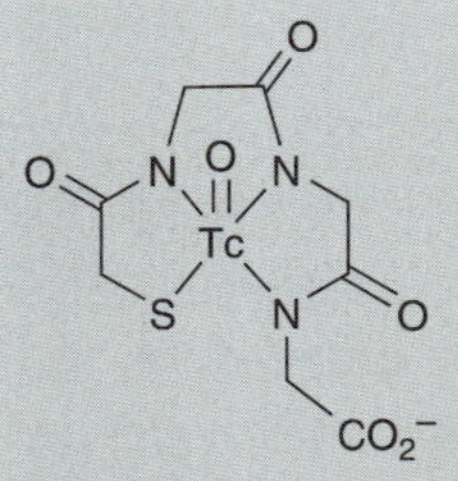

B12

착물 형성의 열역학

화학 반응을 평가할 때에는 반응이 열역학적으로 가능할지라도 반응 속도론적 제약이 있을 수 있으므로, 열역학 및 반응 속도론적 측면 모두를 고려해야 한다.

6.12 생성 상수

요점: 리간드로서의 용매 분자(일반적으로 H_2O)의 상호 작용 세기에 대한 리간드의 상호 작용 세기를 나타낸 것이 생성 상수이다. 단계적 생성 상수는 착물의 합성에서 개별 용매의 치환 과정 각각에 대한 생성 상수이다. 총생성 상수는 단계적 생성 상수의 곱이다.

철(III) 또는 싸이오사이안산 이온을 검출하는 데 사용되는 빨간색 착물 $[Fe(SCN)(OH_2)_5]^{2+}$를 얻기 위한 Fe(III)과 SCN^-의 반응을 생각해 보자.

평형 상수 및 반응 속도식에 대한 표현에서, 착물의 화학식 일부인 대괄호를 생략한다. 남아 있는 대괄호는 한 화학종의 몰농도를 나타낸다(단위 mol dm^{-3}는 제거됨).

$$[Fe(OH_2)_6]^{3+}(aq) + SCN^-(aq) \rightleftharpoons [Fe(SCN)(OH_2)_5]^{2+}(aq) + H_2O(l)$$

$$K_f = \frac{[Fe(SCN)(OH_2)_5{}^{3+}]}{[Fe(OH_2)_6]^{3+}[SCN^-]}$$

이 반응의 평형 상수 K_f는 착물의 **생성 상수**(**formation constant**)라고 불린다. 용매(일반적으로 H_2O)의 농도는 위 식에 나타나지 않는데, 그 이유는 묽은 용액에서는 농도가 일정하며 단위 활동도를 갖는 것으로 간주되기 때문이다. K_f의 값은 H_2O에 대한 리간드의 상대적인 결합 세기를 나타낸다. K_f가 크면, 들어오는 리간드는 용매 H_2O보다 강하게 결합한다. K_f가 작으면, 들어오는 리간드는 H_2O보다 약하게 결합한다. K_f 값은 리간드의 종류에 따라 크기 차이가 매우 크기 때문에(표 6.3) 대개 log K_f로 표시된다.

둘 이상의 리간드가 치환될 수 있는 경우에 안정도에 대한 논의가 더 관여한다. 예를 들어 $[Ni(OH)_6]^{2+}$에서 $[Ni(NH_3)_6]^{2+}$를 생성하는 다음 반응에서,

$$[Ni(OH_2)_6]^{2+}(aq) + 6NH_3(aq) \rightleftharpoons [Ni(NH_3)_6]^{2+}(aq) + 6H_2O(l)$$

시스-트랜스 이성질화가 무시되더라도, 적어도 6단계가 존재한다. 전체 반응이 $M + nL \rightarrow ML_n$인 착물 ML_n의 일반적인 경우에 대한 **단계적 생성 상수**(**stepwise formation constant**)는 다음과 같다.

$$M + L \rightleftharpoons ML \quad K_{f1} = \frac{[ML]}{[M][L]}$$

$$ML + L \rightleftharpoons ML_2 \quad K_{f2} = \frac{[ML_2]}{[M][L]}$$

일반적으로는 다음과 같이 표현된다.

$$ML_{n-1} + L \rightleftharpoons ML_n \quad K_{fn}=\frac{[ML_n]}{[M_{n-1}][L]}$$

이러한 단계적 생성 상수들은 구조와 반응성 간의 관계를 이해하려고 할 때 고려해야 할 것들이다.

최종 생성물(착물 ML_n)의 농도를 계산하고자 할 때는 **총생성 상수(overall formation constant, β_n)**을 사용한다.

$$M + nL \rightleftharpoons ML_n \quad \beta_n=\frac{[ML_n]}{[M][L]^n}$$

총생성 상수는 단계적 생성 상수들의 곱이다. 이 결과는 각각의 단계적 생성 상수를 함께 곱함으로써 검증할 수 있다.

$$\beta_n=K_{f1}K_{f2}\cdots K_{fn}$$

표 6.3 $[M(OH_2)_n]^{m+} + L \rightarrow [M(L)(OH_2)_{n-1}]^{m+} + H_2O$ 반응의 생성 상수

이온	리간드	K_f	$\log K_f$
Mg^{2+}	NH_3	1.7	0.23
Ca^{2+}	NH_3	0.64	−0.2
Ni^{2+}	NH_3	525	2.72
Cu^{+}	NH_3	8.50×10^5	5.93
Cu^{2+}	NH_3	2.0×10^4	4.31
Hg^{2+}	NH_3	6.3×10^8	8.8
Rb^{+}	Cl^-	0.17	−0.77
Mg^{2+}	Cl^-	4.17	0.62
Cr^{3+}	Cl^-	7.24	0.86
Co^{2+}	Cl^-	4.90	0.69
Pd^{2+}	Cl^-	1.25×10^6	6.1
Na^{+}	SCN^-	1.2×10^4	4.08
Cr^{3+}	SCN^-	1.2×10^3	3.08
Fe^{3+}	SCN^-	234	2.37
Co^{2+}	SCN^-	11.5	1.06
Fe^{2+}	피리딘	5.13	0.71
Zn^{2+}	피리딘	8.91	0.95
Cu^{2+}	피리딘	331	2.52
Ag^{+}	피리딘	93	1.97

각 K_f의 역수인 **해리 상수**(dissociation constant, K_d)는 때로 유용하다. 특정 농도의 착물을 형성시키는 데 필요한 리간드의 농도에 관심이 있는 경우 자주 이용된다.

$$ML \rightleftharpoons M + L \qquad K_{d1} = \frac{[M][L]}{[ML]} = \frac{1}{K_{f1}}$$

위와 같은 1:1 반응의 경우, 금속 이온의 절반이 착물을 형성하고 반은 그렇지 않으면, 즉 [M] = [ML]이면, K_{d1} = [L]이 된다. 실제로는, 처음에 [L] ≫ [M]이면, M이 첨가되어 착물이 형성되더라도 L의 농도는 큰 변화가 없다. 이 경우, K_d는 50% 착물을 얻는 데 필요한 리간드의 농도가 된다.

K_d는 산의 K_a와 같은 형태를 가지며, L이 H^+를 대신한다. 따라서 K_d는 금속 착물과 Brønsted 산의 비교를 용이하게 해 준다. 양성자를 단순히 다른 양이온으로 간주하면, K_d와 K_a의 값을 함께 표로 만들 수 있다. 예를 들어 HF는 Lewis 산 H^+와 리간드 역할을 하는 Lewis 염기 F^-로부터 형성된 착물로 간주될 수 있다.

6.13 연속되는 생성 상수들의 경향성

요점: 통계적으로 예상되듯이 단계적 생성 상수는 전형적으로 $K_{fn} > K_{fn+1}$의 순서를 따른다. 이 순서로부터의 편차는 구조에 있어서 중요한 변화가 있음을 나타낸다.

생성 상수의 크기는 Gibbs 형성 에너지의 부호와 크기를 직접 반영한다 ($\Delta_r G^{\ominus} = -RT \ln K_f$이므로). 단계적 생성 상수는 $K_{f1} > K_{f2} > \ldots > K_{fn}$의 순서로 존재한다는 것이 일반적으로 관찰된다. 이러한 일반적인 경향은, 형성 단계에서 치환 가능한 리간드인 H_2O 분자의 수를 줄임으로써 매우 간단하게 설명할 수 있다.

$$[M(OH_2)_5L](aq) + L(aq) \rightleftharpoons [M(OH_2)_4L_2](aq) + H_2O(l)$$

$$[M(OH_2)_4L_2](aq) + L(aq) \rightleftharpoons [M(OH_2)_3L_3](aq) + H_2O(l)$$

단계적 생성 상수가 감소한다는 것은 연속적으로 리간드가 치환될 때 통계적 요소가 줄어든다는 것을 반영한다. 또한 이 생성 상수의 감소는 결합한 리간드의 수가 증가하면 역반응의 가능성도 커진다는 사실도 포함한다. 이런 간단한 설명이 다소 정확하다는 것은 $[Ni(OH_2)_6]^{2+}$에서 $[Ni(NH_3)_6]^{2+}$(표 6.4)까지의 일련의 복합체에 대한 데이터로 설명된다. 6개의 연속 단계에 대한 반응 엔탈피는 2 kJ mol^{-1} 미만으로 변화한다고 알려져 있다.

표 6.4 Ni(II) 암민 착물 $[Ni(NH_3)_n(OH_2)_{6-n}]^{2+}$의 생성 상수

n	K_f	$\log K_f$	K_n/K_{n-1} (실험값)	K_n/K_{n-1} (통계값)*
1	525	2.72		
2	148	2.17	0.28	0.42
3	45.7	1.66	0.31	0.53
4	13.2	1.12	0.29	0.56
5	4.7	0.63	0.35	0.53
6	1.1	0.03	0.23	0.42

* 치환이 가능한 리간드 수의 비율에 근거하며, 반응 엔탈피는 일정하다고 가정함.

$K_{fn} > K_{fn+1}$ 관계의 역전은 더 많은 리간드가 추가됨에 따라 착물의 전자 구조에서 주요한 변화가 있다는 것을 일반적으로 나타낸다. 예를 들면 Fe(II)의 트리스(바이피리딘) 착물인 $[Fe(bpy)_3]^{2+}$는 비스 착물인 $[Fe(bpy)_2(OH_2)_2]^{2+}$보다 현저히 안정하다. 이 관찰은 비스 착물(약한 장 H_2O 리간드의 존재를 주목하라)의 고스핀(약한 장) $t_{2g}^4e_g^2$ 배치에서 저스핀(강한 장) t_{2g}^6로의 전자 배치의 변화와 관련지을 수 있다. 트리스 착물의 t_{2g}^6 배열에서 리간드장 안정화 에너지(LFSE: ligand field stabilization energy)의 상당한 증가가 있기 때문이다(20.1절 및 20.2절 참조).

$$[Fe(OH_2)_6]^{2+}(aq) + bpy(aq) \rightleftharpoons [Fe(bpy)(OH_2)_4]^{2+}(aq) + 2H_2O(l) \qquad \log K_{f1} = 4.2$$

$$[Fe(bpy)(OH_2)_4]^{2+}(aq) + bpy(aq) \rightleftharpoons [Fe(bpy)_2(OH_2)_2]^{2+}(aq) + 2H_2O(l) \qquad \log K_{f2} = 3.7$$

$$[Fe(bpy)_2(OH_2)_2]^{2+}(aq) + bpy(aq) \rightleftharpoons [Fe(bpy)_3]^{2+}(aq) + 2H_2O(l) \qquad \log K_{f3} = 9.3$$

대조적인 예는 Hg(II)의 할라이드 착물에서 K_{f3}가 K_{f2}와 비교하여 비정상적으로 낮은 경우이다.

$$[Hg(OH_2)_6L]^{2+}(aq) + Cl^-(aq) \rightleftharpoons [HgCl(OH_2)_5]^{+}(aq) + H_2O(l) \qquad \log K_{f1} = 6.74$$

$$[HgCl(OH_2)_5]^{+}(aq) + Cl^-(aq) \rightleftharpoons [HgCl_2(OH_2)_4](aq) + H_2O(l) \qquad \log K_{f2} = 6.48$$

$$[HgCl_2(OH_2)_4](aq) + Cl^-(aq) \rightleftharpoons [HgCl_3(OH_2)]^{-}(aq) + 3H_2O(l) \qquad \log K_{f3} = 0.95$$

두 번째와 세 번째 값 사이의 감소는 너무 커서 통계적으로 설명할 수 없다. 따라서 6배위에서 4배위로의 전환과 같이, 착물의 본질에 큰 변화가 발생한다고 제안할 수 있다.

OH2 / Cl / OH2 / Hg / H2O / Cl / OH2 + Cl⁻ ⟶ [OH2 / Hg / Cl / Cl / Cl]⁻ + 3 H2O

예제 6.6 불규칙적으로 연속적인 생성 상수의 해석

카드뮴과 Br^-의 착물에 대한 연속적인 생성 상수는 $K_{f1} = 36.3$, $K_{f2} = 3.47$, $K_{f3} = 1.15$, $K_{f4} = 2.34$이다. 왜 $K_{f4} > K_{f3}$ 인지에 대한 설명을 제안하시오.

답 이 변칙은 구조적 변화를 암시하기 때문에, 그것이 무엇인지를 생각해야 한다. 아쿠아 착물은 일반적으로 6배위이지만, M^{2+} 이온의 할로젠 착물은 일반적으로 사면체이다. 착물에 네 번 Br^- 이 첨가되는 반응은 다음과 같다.

$$[CdBr_3(OH_2)_3]^-(aq) + Br^-(aq) \rightleftharpoons [CdBr_4]^{2-}(aq) + 3\,H_2O(l)$$

이 단계에서는 상대적으로 제한된 배위권 환경에서 세 개의 H_2O 분자가 이탈하는 것이 선호된다. 그 결과 K_f가 증가한다.

문제 6.6 리간드에 의한 물의 치환이 매우 우세하여 역반응을 무시할 수 있다는 가정하에, $[M(OH_2)_6]^{2+}$로부터 $[ML_6]^{2+}$의 형성에서 예상되는 모든 단계적 생성 상수를 계산하시오(단, 총생성 상수는 $K_{f1} = 1 \times 10^5$이다).

6.14 킬레이트 효과와 거대 고리 효과

요점: 킬레이트 및 거대 고리 효과는, 동등한 수의 유사한 한자리 리간드를 갖는 착물과 비교하여 배위된 여러 자리 리간드를 갖는 착물의 더 큰 안정성이다. 킬레이트 효과는 주로 엔트로피 효과이다. 거대 고리 효과는 추가적인 엔탈피 기여를 갖는다.

1,2-다이아미노에테인(en)과 같은 두자리 킬레이트 리간드를 갖는 착물의 형성에 대한 K_{f1}은 상응하는 비스(암민) 착물에 대한 β_2의 값과 비교하여 일반적으로 더 크다는 것이 밝혀졌다.

$$[Cd(OH_2)_6L]^{2+}(aq) + en(aq) \rightleftharpoons [Cd(en)(OH_2)_4]^{2+}(aq) + 2H_2O(l)$$

$$\log K_{f1} = 5.84 \qquad \Delta_r H^\ominus = -29.4\ kJ\ mol^{-1}$$

$$\Delta_r S^\ominus = +13.0\ J\ K^{-1}\ mol^{-1}$$

$$[Cd(OH_2)_6L]^{2+}(aq) + 2NH_3(aq) \rightleftharpoons [Cd(NH_3)_2(OH_2)_4]^{+}(aq) + 2H_2O(l)$$

$$\log \beta_2 = 4.95 \qquad \Delta_r H^\ominus = -29.8\ kJ\ mol^{-1}$$

$$\Delta_r S^\ominus = -5.2\ J\ K^{-1}\ mol^{-1}$$

두 개의 유사한 Cd−N 결합이 각각의 경우에 형성되지만, 킬레이트 함유 착물의 형성이 분명히 유리하다. 비킬레이트 착물과 비교하여 킬레이트 착물의 더 큰 안정성을 **킬레이트 효과**(**chelate effect**)라고 한다.

킬레이트 효과는 주로 묽은 용액에서 킬레이트 착물과 비킬레이트 착물 간의 반응 엔트로피의 차이로 추적할 수 있다. 킬레이트 반응은 용액에서 독립적인 분자의 수를 증가시킨다. 대조적으로 비킬레이트 반응은 알짜 변화를 일으키지 않는다(위의 두 가지 화학 반응식을 비교하라). 따라서 전자는 더 큰 양의 반응 엔트로피를 가지므로 더 유리한 과정이다. 묽은 용액에서 측정된 반응 엔트로피는 이 해석을 뒷받침한다.

킬레이트 반응의 엔트로피 이득은 두자리 리간드를 넘어 확장되어, 원칙적으로 모든 여러 자리 리간드에 적용된다. 실제로, 주개 자리의 수가 많을수록 여러 자리 리간드가 한자리 리간드를 대체하며 얻는 엔트로피 이점은 더 커진다. 크라운 에터(crown ether)나 프탈로사이아닌(phthalocyanin, **80**)과 같이 순환 배열로 여러 개의 주개 원자가 부착된 거대 고리 리간드는 매우 안정된 착물을 형성한다. 이 소위 **거대 고리 효과**(**macrocyclic effect**)는 킬레이트 효과에서 볼 수 있는 엔트로피 효과와 리간드 구조의 미리 정렬된 특성에 기인한 추가적 에너지 기여의 결합으로 여겨진다(즉 배위할 때 리간드의 추가적인 변형이 필요하지 않음).

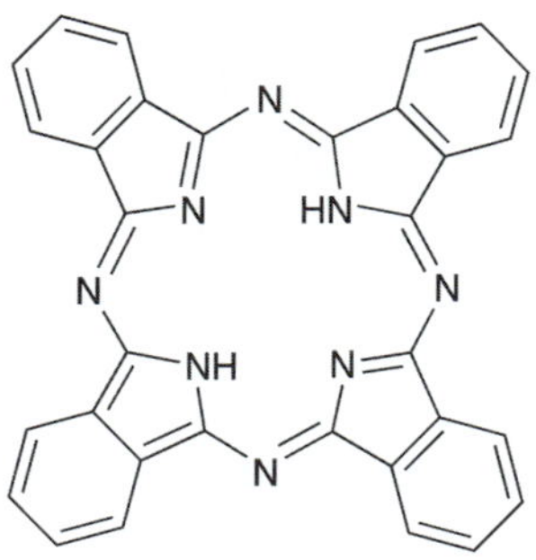

80

킬레이트 효과와 거대 고리 효과는 매우 실용적이다. 분석 화학의 착물화법 적정(complexometric titration)에 사용되는 시약의 대부분은 $edta^{4-}$와 같은 여러 자리 킬레이트이며, 대부분의 생화학적 금속 결합 자리도 킬레이트 또는 거대 고리 리간드이다. 10^{12}~10^{25}

만큼 높은 생성 상수는 일반적으로 킬레이트 또는 거대 고리 효과가 작용한다는 표시이다.

앞서 기술한 킬레이트 효과에 대한 열역학적 합리성 이외에, 반응 속도론으로도 킬레이트 효과는 부가적인 역할이 있다. 여러 자리 리간드의 한 결합 작용기가 금속 이온에 결합하면 다른 연결 기(ligating group)도 금속 이온에 매우 근접하게 됨에 따라 금속 이온과 결합할 확률이 높아지게 된다. 따라서 킬레이트 착물은 반응 속도론 측면에서도 선호된다.

6.15 입체 효과 및 전자의 비편재화

요점: 다이이민 리간드를 포함하는 d 금속의 킬레이트 착물의 안정도는 σ 주개뿐만 아니라 π 받개로 작용하는 리간드의 능력과 관련된 킬레이트 효과의 결과이다.

입체 효과는 생성 상수에 큰 영향을 미친다. 고리의 완성이 기하학적으로 어려울 수 있어서, 입체 효과는 킬레이트 결합에서 특히 중요하다. 금속 원자를 포함하여 다섯 개의 원자로 이루어진 킬레이트 고리는 일반적으로 안정한데, 그 이유는 결합각이 고리의 변형이 없을 정도로 이상적이기 때문이다. 육원자 고리는 비교적 안정적이며, 그 고리가 형성될 때 전자가 비편재화되면 선호될 수 있다. 삼원자, 사원자, 칠원자(및 더 큰) 킬레이트 고리는 일반적으로 결합각이 뒤틀리고 바람직하지 않은 입체 상호 작용을 초래하기 때문에 거의 발견되지 않는다.

비편재화된 전자 구조를 갖는 킬레이트 리간드를 함유하는 착물은 킬레이트에 의한 엔트로피 이점에 더하여 전자 효과에 의해 안정화될 수 있다. 예를 들면 바이피리딘(**82**) 및 페난트롤린(**83**)과 같은 다이이민 리간드(**81**)는 금속 원자와 함께 오원자 고리를 형성하도록 강요된다. 이들 리간드가 큰 안정도를 가지면서 d 금속과 착물을 형성하는 것은, 이들의 σ 주개 및 π 받개로서의 능력과, 채워진 금속 d 오비탈과 빈 고리의 π* 오비탈의 중첩에 의한 π 결합의 형성에 의한 결과일 수 있다(20.2절). 이 결합 형성은 금속 t_{2g} 오비탈에 전자가 채워지면 선호된다. 금속 원자가 π 주개로 작용하여 전자 밀도를 리간드 고리로 전달할 수 있어서이다. 한 가지 예는 $[Ru(bpy)_3]^{2+}$(**84**)이다. 어떤 경우에는 형성되는 킬레이트 고리가 알맞은 방향족 특성을 가질 수 있으며, 이는 킬레이트 고리를 더욱 안정화시킨다.

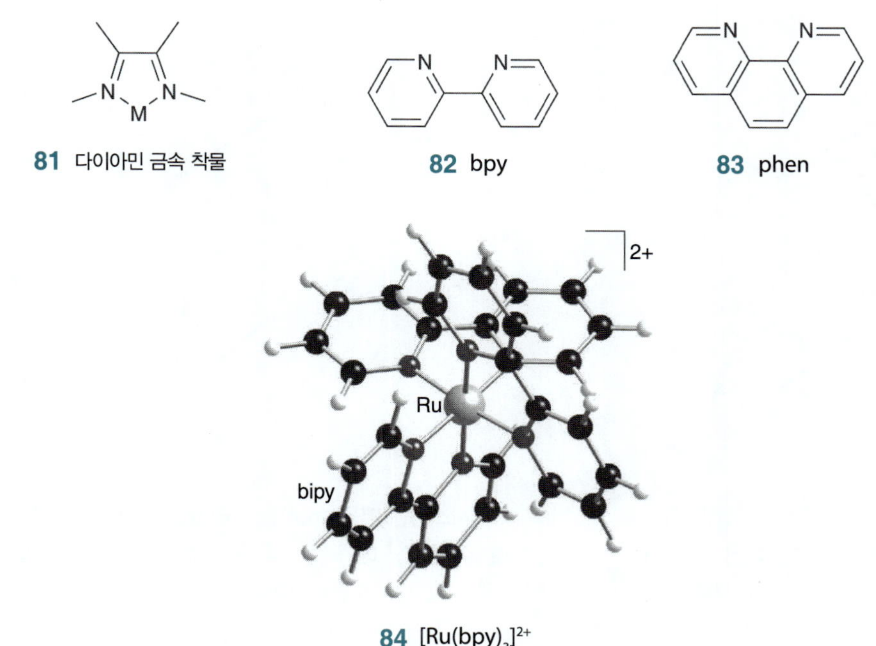

81 다이아민 금속 착물 **82** bpy **83** phen

84 $[Ru(bpy)_3]^{2+}$

화학세상 6.3은 복잡한 킬레이트 및 거대 고리 리간드가 어떻게 합성될 수 있는지를 설명한다.

화학세상 6.3 어떻게 고리와 매듭을 만들 수 있나?

Ni(II)와 같은 금속 이온은 조립된 리간드 무리가 자기들끼리 반응하여 다수의 주개 원자를 갖는 고리형 분자인 **거대 고리 리간드**(**macrocyclic ligand**)를 합성하도록 할 수 있다. 간단한 예는 다음과 같다.

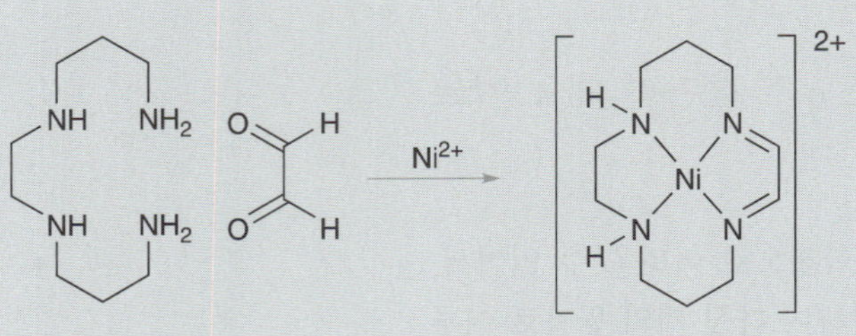

Ni^{2+}

주형 효과(**template effect**)라고 불리는 이 현상은 놀랍고 다양한 거대 고리 리간드를 합성하는 데 적용할 수 있다. 위의 반응은 두 분자 사이에 결합이 형성되고 작은 분자(이 경우 H_2O)가 제거되는 **축합 반응**(**condensation reaction**)의 한 예이다. 금속 이온이 존재하지 않으면, 성분 리간드의 축합 반응으로 거대 고리가 아닌 어떤 중합체 혼합물이 생성될 수도 있다. 형성된 거대 고리 그 자체는 일반적으로 안정하고, 금속 이온을 제거하면 다른 금속 이온과의 착물을 형성하는 데 사용될 수 있는 여러 자리 리간드가 된다.

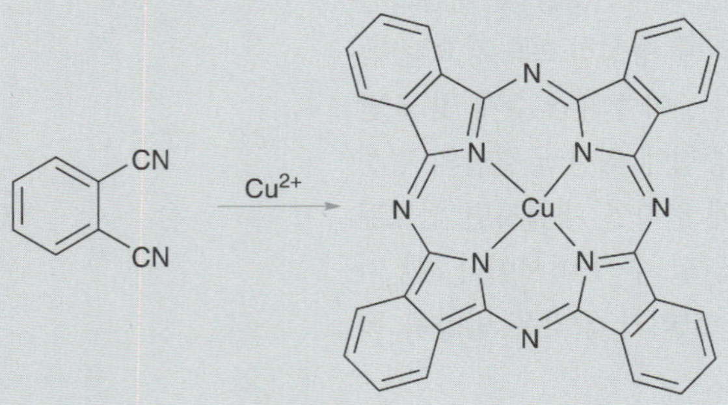

Cu^{2+}

주형을 이용한 방법으로 다양한 거대 고리 리간드를 합성할 수 있다. 두 가지 더 복잡한 리간드가 제시된다.

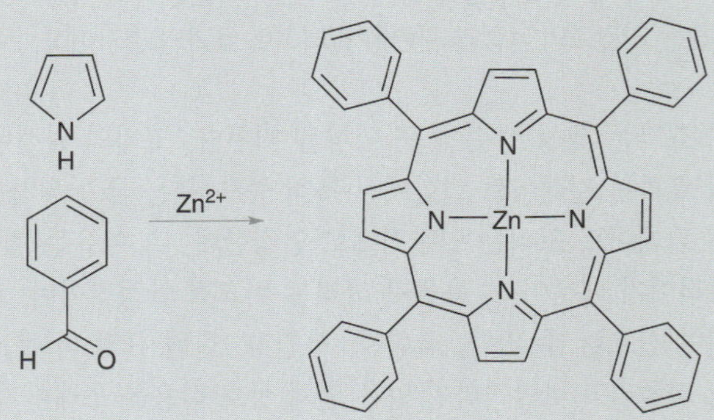

Zn^{2+}

주형 효과의 원인은 반응 속도론 또는 열역학적일 수 있다. 예를 들어 축합은 주형에 배위된 리간드 간의 반응 속도의 증가(근접성 또는 전자 효과로 인해) 또는 킬레이트 고리 생성물의 추가 안정성 증가에 기인할 수 있다.

더 복잡한 주형 합성법은 위상학적으로 복잡한 분자, 가령 서로 관통하는 고리들로 이루어진 분자인 사슬형 **카테네인**(catenane)을 만드는 데에 사용될 수 있다. 두 개의 고리로 구성된 카테네인의 합성 예가 아래에 나와 있다.

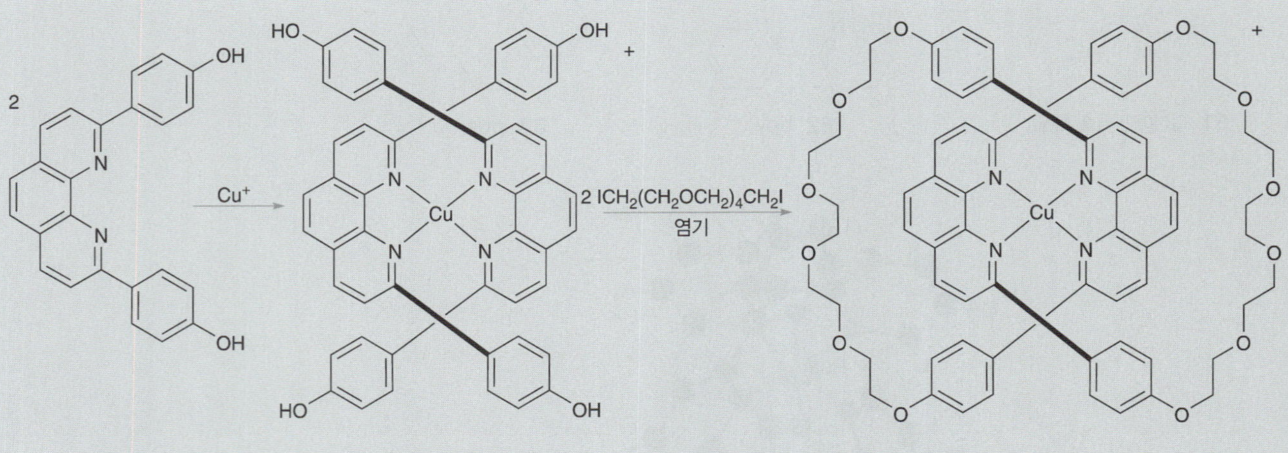

Cu^{+}

$2\ ICH_2(CH_2OCH_2)_4CH_2I$, 염기

여기서 두 개의 바이피리딘계 리간드는 구리 이온에 배위되고, 각 리간드의 말단은 유연한 결합으로 연결된다. 그런 다음 금속 이온이 제거되어, 다른 금속 이온과 착물을 형성할 수 있는 **카테난드**(catenand)가 만들어진다.

더 복잡한 시스템인 매듭(knot)과 고리(link)는 여러 금속을 이용하여 합성할 수 있다.[1] 예를 들어 다음은 세 잎 무늬(trefoil) 매듭처럼 묶인 단일 분자 가닥의 합성법이다.

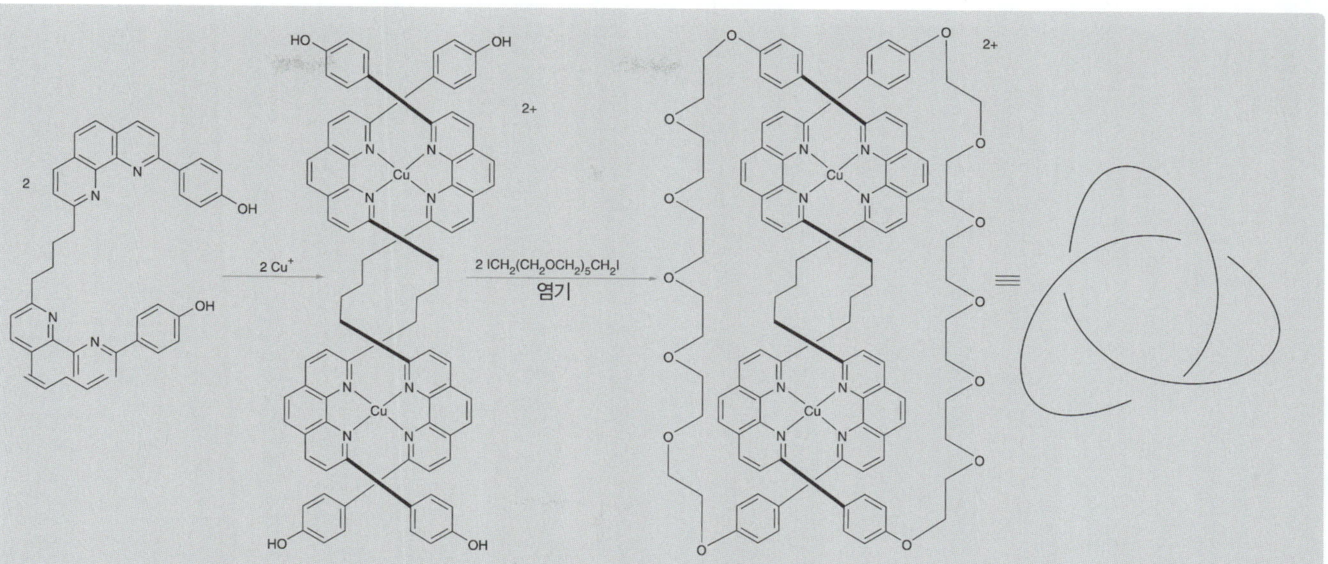

이 시스템과 관련 시스템에 관한 연구로 J.-P. Sauvage에게 2016년 노벨 화학상이 수여되었다. J.F. Stoddart, and B. Feringa 'for the design and synthesis of molecular machines'.

[1] 마디와 고리 계는 학문적인 관심사에만 국한되지 않는다. 이런 형태의 많은 단백질이 존재한다 : C. Liang, K. Mislow, *J. Am. Chem. Soc.*, 1994, **116**, 3588과 1995, **117**, 4201 참조.

연습 문제

6.1 다음 착물의 이름을 적고, 구조를 그리시오.
(a) $[Ni(CN)_4]^{2-}$ (b) $[CoCl_4]^{2-}$ (c) $[Mn(NH_3)_6]^{2+}$

6.2 팔면체 착물 이온의 이름을 쓰시오.
(a) *cis*-$[CrCl_2(NH_3)_4]^+$
(b) *trans*-$[Cr(NH_3)_2(\kappa N\text{-}NCS)_4]^-$
(c) $[Co(C_2O_4)(en)_2]^+$

6.3 대부분의 5배위 착물을 설명하는 두 개의 구조를 그리시오. 각 구조에서 두 개의 서로 다른 자리를 구분하여 표시하시오.

6.4 **한자리**(monodentate), **두자리**(bidentate), **네자리**(tetradentate)라는 용어의 의미를 설명하시오.

6.5 다음 분자에서 주개 원자의 개수(denticity)는 얼마인가? 다리 리간드 역할을 할 수 있는 것은 무엇인가? 킬레이트 리간드로 작용할 수 있는 것은 무엇인가?

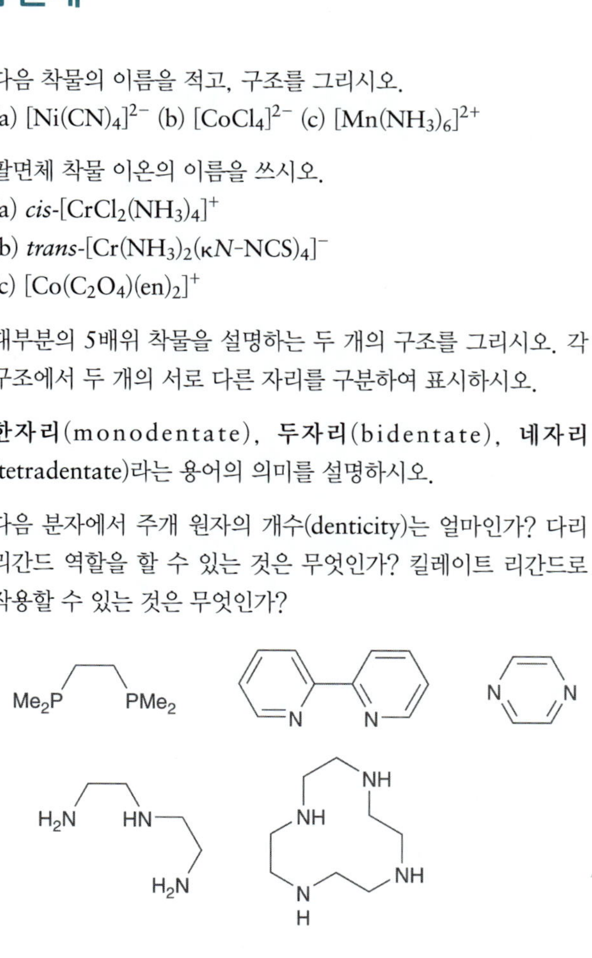

6.6 두 화합물 $[RuBr(NH_3)_5]Cl$과 $[RuCl(NH_3)_5]Br$은 어떤 종류의 이성질체인가?

6.7 다음 어떤 사각 평면 착물이 이성질체로 가능한가? 모든 이성질체를 그리시오.
$[Pt(NH_3)_2(ox)]$, $[PdBrCl(PEt_3)_2]$, $[Ir(CO)H(PR_3)_2]$, $[Pd(gly)_2]$

6.8 일반식이 $[MA_2BCDE]$인 팔면체 착물은 몇 개의 이성질체가 가능한가? 가능한 모든 것을 그리시오.

6.9 다음의 트리스(acac) 착물은 어떤 이성질체인가?

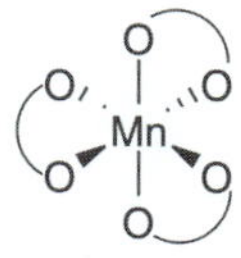

6.10 NH_3와 $[Cu(OH_2)_6]^{2+}(aq)$의 착물에 대한 단계적 생성 상수는 $\log K_{f1} = 4.15$, $\log K_{f2} = 3.50$, $\log K_{f3} = 2.89$, $\log K_{f4} = 2.13$, $\log K_{f5} = -0.52$이다. K_{f5}가 상당히 다른 이유를 제안하시오.

7

산화와 환원

산화는 화학종에서 전자를 제거하는 것이고, 환원은 전자를 더해 주는 것이다. 거의 모든 원소 및 이들의 화합물은 산화 반응 및 환원 반응을 겪을 수 있으며, 원소는 하나 이상의 서로 다른 산화 상태를 나타낸다. 이 장에서는 '산화-환원' 화학의 예를 제시하고, 주로 열역학적 측면을 고려하여 산화 반응 및 환원 반응이 일어나는 이유를 이해하는 데 필요한 개념을 설명하고자 한다. 용액 속에서 일어나는 산화-환원 반응을 분석하는 데 필요한 과정에 대해 논의할 것이며, 전기 화학적으로 활성인 화학종들의 전극 전위가 화학종들의 안정성과 염들의 용해도를 결정하고 이해하는 데에도 유용하다는 것을 알게 될 것이다. 이 장에서는 pH의 영향을 포함하여, 다양한 산화 상태의 안정성 경향을 표시하는 과정을 설명할 것이다. 그런 다음, 이러한 정보를 환경 화학, 화학 분석 및 무기 합성에 적용하는 것에 관해 기술한다. 이러한 논의는 몇몇 주요한 산업적인 산화 및 환원 공정들, 특히 광석에서 금속을 추출하고 깨끗하고 효율적인 기술 분야에서의 새로운 응용과 같은 공정에 필요한 조건들을 열역학적 측면에서 검토하는 것으로 마무리된다.

무기 화합물이 관련된 많은 부류의 반응은 한 화학종에서 다른 화학종으로 전자가 이동함에 따라 일어나는 것으로 간주할 수 있다. 전자를 얻는 것은 **환원**(**reduction**), 전자를 잃는 것은 **산화**(**oxidation**)라고 한다. 두 과정을 합쳐서 **산화-환원 반응**(**redox reaction**)이라고 한다. 전자를 제공하는 화학종은 **환원제**(**reducing agent** 또는 **reductant**)이고 전자를 제거하는 화학종은 **산화제**(**oxidizing agent** 또는 **oxidant**)이다. 많은 산화-환원 반응은 많은 에너지를 방출하며, 연소 또는 배터리 기술은 물론이고 생물학에서도 이용된다.

많은 산화-환원 반응은 물리적 상태가 같은 반응물 사이에서 일어난다. 몇 가지 예를 들면 다음과 같다.

기체에서:

$$2NO(g) + O_2(g) \rightarrow 2NO_2(g)$$

$$2C_4H_{10}(g) + 13O_2(g) \rightarrow 8CO_2(g) + 10H_2O(g)$$

용액에서:

$$Fe^{3+}(aq) + Cr^{2+}(aq) \rightarrow Fe^{2+}(aq) + Cr^{3+}(aq)$$

$$3CH_3CH_2OH(aq) + 2CrO_4^{2-}(aq) + 10H^+(aq) \rightarrow 3CH_3CHO(aq) + 2Cr^{3+}(aq) + 8H_2O(l)$$

캡션에 🖵이 표시된 그림은 쌍방향의 3D 구조로 온라인에서 찾을 수 있다. 브라우저에 다음 URL을 입력하고 관련 그림 번호를 넣어라. www.chemtube3d.com/wellerxe/[장번호]F[그림 번호]. 예를 들어 2장의 그림 7은 www.chemtube3d.com/wellerxe/2F07을 입력하면 된다.

생물계에서:

$$\text{'Mn}_4\text{'(V,IV,IV,IV)} + 2H_2O(l) \rightarrow \text{'Mn}_4\text{'(IV,III,III,III)} + 4H^+(aq) + O_2(g)$$

고체에서:

$$LiCoO_2(s) + 6C(s) \rightarrow LiC_6(s) + CoO_2(s)$$

$$CeO_2(s) \xrightarrow{\text{열}} CeO_{2-\delta}(s) + \delta/2O_2(g)$$

이어지는 반응은 다음과 같다.

$$CeO_{2-\delta}(s) + \delta H_2O \rightarrow CeO_2(s) + \delta H_2(g)$$

생물계에서의 예는 식물의 광합성 복합체 중 하나에 포함된 $MnCa_4O_5$ 보조 인자에 의해 물에서 O_2가 생성되는 반응을 들 수 있다(26.10절). 고체 상태의 첫 번째 예에서 LiC_6는 흑연 내 탄소 원자층 사이에 Li^+가 침투되어 만들어진 **층간 삽입 화합물(intercalation compound)**을 나타낸다(24.9절). 이 반응은 리튬 이온 전지의 충전 과정에서 일어나며 그 역반응은 방전 과정에서 일어난다. 두 번째 고체 상태의 예는 태양 복사를 집중시켜서 얻을 수 있는 열을 이용하여 물을 H_2와 O_2로 전환하는 열 순환이다. 산화–환원 반응은 기체/고체 또는 고체/액체 계면과 같이 계면(상 경계)에서도 일어날 수 있는데, 예를 들면 금속의 용해나 전극에서 일어나는 반응과 같은 것들이 있다.

산화–환원 반응의 다양성으로 인해, 이 반응들은 종종 산화수(2.13절)로 표현되는 일련의 형식적인 규칙을 적용하여 분석하되, 실제로 일어나는 전자 이동 측면에서 고려하지 않는 것이 편리하다. 산화는 원소의 산화수 증가에 해당하고, 환원은 산화수 감소에 해당한다. 만일 반응에 참여하는 원소들의 산화수 변화가 없으면, 그 반응은 산화–환원 반응이 아니다. 이러한 판단이 적절한 경우 이런 방법을 적용할 것이다.

요약 설명

가장 간단한 산화–환원 반응은 원소에서 양이온과 음이온이 생성되는 것과 관련이 있다. 예를 들면 리튬이 공기 중에서 연소하여 산화 리튬(Li_2O)을 생성할 때 리튬이 리튬 이온(Li^+)으로 산화되는 것이나, 염소가 칼슘과 반응하여 염화 칼슘($CaCl_2$)을 생성할 때 염소가 염화 이온(Cl^-)으로 환원되는 것들이 있다. 1족과 2족 원소들의 경우, 흔하게 볼 수 있는 유일한 산화수는 원소들의 산화수인 0과 이온들의 산화수인 +1 및 +2이다. 하지만 다른 여러 원소는 한 개 이상의 산화 상태를 갖는 화합물을 형성한다. 이를테면 납은 보통 화합물에서 PbO에서와 같이 Pb(II)와, PbO_2에서와 같이 Pb(IV)로 존재한다.

다수의 산화수를 나타내는 능력은 d 구역의 경우 5, 6, 7, 8 및 9족에서 그리고 p 구역의 경우 15, 16 및 17족에서 최대로 나타난다. 예를 들어 오스뮴은 산화수가 $[Os(CO)_4]^{2-}$에서와 같이 −2와, OsO_4에서와 같이 +8 사이에 걸쳐 있는 화합물을 형성한다. 마찬가지로, 황의 산화수는 H_2S에서의 −2와, H_2SO_4에서의 +6에 걸쳐 있다. 3d 원소들의 화합물은 대개 +2, +3, +4와 같이 연속되는 산화수를 나타낼 가능성이 크므로 일전자 이동에 적합하다. 원소의 산화 상태는 종종 그 화합물의 성질에 반영되기 때문에, 원소가 특정 산화 상태로 존재하는 화합물을 형성하는 경향을 정량적으로 표현하는 능력은 무기화학에서 매우 유용하다.

환원 전위

산화-환원 반응에서는 전자들이 화학종들 사이에서 이동하기 때문에, 전기 화학적 방법(열역학적 조건이 조절된 상태에서 전자 이동 반응을 측정하기 위해 전극을 사용하는 것)이 가장 중요하며, 이 방법은 무기 화학종에 대한 '표준 전위'의 크기로 이어진다. 전자가 한 화학종에서 다른 화학종으로 이동하려는 경향은 화학종들의 표준 전위 차이로 표현된다. 순환 전압-전류법(8장)과 같은 방법들이 다양한 조건에서 환원 전위를 측정하고, 전자 이동 반응의 가역성과 속도 이론 및 pH와 착물화의 영향에 대한 정보를 얻는 데 사용된다.

7.1 산화-환원 반쪽 반응

요점: 산화-환원 반응은 두 환원 반쪽 반응의 차이로 나타낼 수 있다.

산화-환원 반응은 전자를 잃는 것(산화)과 전자를 얻는 것(환원)이 명시적으로 표시되는 두 개의 개념적 **반쪽 반응**(**half-reaction**)의 조합으로 생각하는 것이 편리하다. 다음과 같은 환원 반쪽 반응에서는 물질이 전자를 얻는다.

$$2H^+(aq) + 2e^- \rightarrow H_2(g)$$

다음과 같은 산화 반쪽 반응에서는 물질이 전자를 잃는다.

$$Zn(s) \rightarrow Zn^{2+}(aq) + 2e^-$$

반쪽 반응식에서 전자는 상태를 나타내는 것이 아니라 '이동 중'에 있음을 나타낸다. 반쪽 반응에서 산화된 화학종과 환원된 화학종은 **산화-환원쌍**(**redox couple**)을 구성한다. 산화-환원쌍은 H^+/H_2 및 Zn^{2+}/Zn과 같이 산화형을 환원형 앞에 쓰고, 일반적으로 상태는 나타내지 않는다.

이유는 명백하게 밝혀지겠지만, 대응되는 환원 반쪽 반응을 이용하여 산화 반쪽 반응을 나타내는 것이 유용하다. 그렇게 하기 위해서는, 산화 반쪽 반응식을 단순히 역으로 나타내면 된다. 따라서 아연의 산화와 관련된 환원 반쪽 반응은 다음과 같이 나타낸다.

$$Zn^{2+}(aq) + 2e^- \rightarrow Zn(s)$$

그러면 수소 이온에 의해 아연이 산화되는 다음의 산화-환원 반응은 두 환원 반쪽 반응의 **차이**(difference)로 표현된다.

$$Zn(s) + 2H^+(aq) \rightarrow Zn^{2+}(aq) + H_2(g)$$

경우에 따라서는 얻거나 잃은 전자의 수가 일치하도록 각 반쪽 반응에 계수를 곱해야 할 수도 있다.

7.2 표준 전위와 자발성

요점: 만약 $E^{\ominus}>0$인 경우, $K>1$이므로 반응은 열역학적으로 유리한(자발적) 반응인데, 여기에서 $E^{\ominus}$는 전체 반응을 나눈 반쪽 반응들에 해당하는 표준 전위의 차이이다.

열역학적 인자를 사용하여 어떤 반응이 자발적인지(즉 일어나려는 자연적 경향을 가지고 있는지)를 구분할 수 있다. 자발성의 열역학적 기준은 일정 온도와 압력에서 Gibbs 반응 에너지 변화($\Delta_r G$)가 음이라는 것이다. 대개는 다음 식을 통해 평형 상수와 관련된 표준 Gibbs 반응 에너지($\Delta_r G^{\ominus}$)를 고려하는 것으로 충분하다.

$$\Delta_r G^{\ominus} = -RT \ln K \tag{7.1}$$

음의 $\Delta_r G^{\ominus}$ 값은 $K>1$에 해당하므로 평형에서 생성물이 반응물보다 우세하다는 점에서 자발적인 반응에 해당한다. 하지만 $\Delta_r G$는 조성에 의존하고, 적절한 조건에서 모든 반응은 궁극적으로 자발적(즉 $\Delta_r G<0$)이 된다는 것을 이해하는 것이 중요하다. 이것은 어떠한 평형 상수도 무한한 값을 갖지 않는다는 의미이기도 하다.

예제 7.1 반쪽 반응 결합하기

산성 용액에서 과망가니즈산 이온(MnO_4^-)에 의해 Fe^{2+}가 산화되는 반응의 균형 반응식을 쓰시오.

답 산화-환원 반응의 균형을 맞추기 위해서는, 종종 전자 및 수소 이온과 같은, 생성물 및 반응물 이외의 다른 화학종을 고려해야 하므로 세부 사항에 대한 추가적인 주의가 필요하다. 체계적인 접근 방법은 다음과 같다.

(1) 두 화학종에 대해 균형이 맞춰지지 않은 환원 반쪽 반응을 쓴다.
(2) 수소 이외의 원소들에 대해 균형을 맞춘다.
(3) 화살표의 반대쪽에 H_2O를 더하여 O 원자의 균형을 맞춘다.
(4) 용액이 산성인 경우 H^+를 더하여 H 원자의 균형을 맞추고, 용액이 염기성인 경우에는 한쪽에는 OH^-를, 반대쪽에는 H_2O를 더하여 H 원자의 균형을 맞춘다.
(5) e^-를 더하여 전하의 균형을 맞춘다.
(6) e^-의 수를 같게 하기 위해 각각의 반쪽 반응에 계수를 곱한다.
(7) 가장 강한 산화제가 포함되어 있는 반쪽 반응에서 가장 강한 환원제가 포함되어 있는 반쪽 반응을 빼줌으로써 두 반쪽 반응을 결합한다. 중복되는 항은 상쇄한다.

Fe^{3+}의 환원 반쪽 반응은 전하의 균형만 고려하면 되므로 간단하다.

$$Fe^{3+}(aq) + e^- \rightarrow Fe^{2+}(aq)$$

균형이 맞춰지지 않은 MnO_4^-의 환원 반쪽 반응은 다음과 같다.

$$MnO_4^-(aq) \rightarrow Mn^{2+}(aq)$$

H_2O를 이용하여 O의 균형을 맞추면

$$MnO_4^-(aq) \rightarrow Mn^{2+}(aq) + 4H_2O(l)$$

$H^+(aq)$를 이용하여 H의 균형을 맞추면

$$MnO_4^-(aq) + 8H^+(aq) \rightarrow Mn^{2+}(aq) + 4H_2O(l)$$

e^-를 이용하여 전하 균형을 맞추면

$$MnO_4^-(aq) + 8H^+(aq) + 5e^- \rightarrow Mn^{2+}(aq) + 4H_2O(l)$$

두 반쪽 반응에 포함된 전자 수의 균형을 맞추기 위해, 첫 번째 반쪽 반응에는 5를 곱하고 두 번째 반쪽 반응에는 1을 곱하여 각 반쪽 반응에 $5e^-$가 포함되도록 한다. 그런 다음 과망가니즈산이 포함된 반쪽 반응에서 철 이온이 포함된 반쪽 반응을 빼주고 모든 반응 계수가 양의 값이 되도록 정리하면 다음과 같은 식이 얻어진다.

$$MnO_4^-(aq) + 8H^+(aq) + 5Fe^{2+}(aq) \rightarrow Mn^{2+}(aq) + 5Fe^{3+}(aq) + 4H_2O(l)$$

문제 7.1 환원 반쪽 반응을 이용하여 산성 용액에서 과망가니즈산 이온에 의해 금속 아연이 산화되는 균형 반응식을 쓰시오.

전체 화학 반응식이 두 환원 반쪽 반응의 차이이므로, 전체 반응의 표준 Gibbs 에너지도 두 반쪽 반응의 표준 Gibbs 에너지 차이이다. 그러나 실제 화학 반응에서 환원 반쪽 반응은 항상 쌍으로 일어나기 때문에, 실제 중요한 것은 반응들의 표준 Gibbs 에너지 차이이다. 따라서 반쪽 반응 하나를 선택하여 $\Delta_r G^{\ominus} = 0$이 되도록 하고, 다른 모든 값들은 이 값에 대해 상대적인 값을 사용한다. 통상적으로, 특별히 선택된 반쪽 반응은 pH = 0, 1 bar H_2에서 수소 이온의 환원이다.

$$H^+(aq) + e^- \rightarrow \tfrac{1}{2}H_2(g) \quad \Delta_r G^{\ominus} = 0 \text{ (모든 온도에서)}$$

표준 상태는 모든 물질들이 100 kPa(1 bar)의 압력과 활동도가 1에 있을 때이다. H^+ 이온과 관련된 반응의 경우, 표준 상태는 pH = 0인, 대략 1 M의 산에 해당한다. 순수한 고체와 액체의 활동도는 1이다. 전자의 반응 계수로 ν(뉴)를 사용하지만, 무기화학에서는 전기 화학 반응식에 종종 *n*을 사용한다. 몰 단위의 양이 아니라 차원이 없는 숫자라는 것을 강조할 때 ν를 사용한다.

요약 설명

Zn^{2+} 이온의 환원에 대한 표준 Gibbs 에너지는 다음 반응을 이용하여 실험적으로 구할 수 있다.

$$Zn^{2+}(aq) + H_2(g) \rightarrow Zn(s) + 2H^+(aq) \qquad \Delta_r G^{\ominus} = +147 \text{ kJ mol}^{-1}$$

H^+환원 반쪽 반응이 Gibbs 반응 에너지에 기여하는 것은 0이므로(정의에 의해), 다음과 같은 값이 얻어진다.

$$Zn^{2+}(aq) + 2e^- \rightarrow Zn(s) \qquad \Delta_r G^{\ominus} = +147 \text{ kJ mol}^{-1}$$

표준 Gibbs 반응 에너지는 화학 반응을 사용하여 전류를 생성하는 전기 화학 전지인 **갈바니 전지**(**galvanic cell**)를 이용하여 측정할 수 있는데, 여기에서는 외부 회로를 통해 전류가 흐르도록 하는 반응이, 관심을 가지고자 하는 반응이다(그림 7.1). 그런 다음, 두 전극 사이의 전위차를 측정한다. **환원 전극**(**cathode**)은 환원이 일어나는 전극이고, **산화 전극**(**anode**)은 산화가 일어나는 전극이다. 실제로는 전지가 열역학적 의미에서 가역적으로 작동하도록 해야 하는데, 이는 전류가 흐르지 않는 상태에서 전위차를 측정해야 한다는 의미이다. 때로는, 측정된 전위차를 $\Delta_r G = -\nu FE$를 사용하여 Gibbs 반응 에너지로 변환할 수 있는데, 여기서 ν는 반쪽 반응을 결합했을 때 전자의 반응 계수이고, F는 Faraday 상수(F = 96.48 kC mol^{-1})이다. 일반적으로 표준 상태에서 표로 나타낸 값들은 대개 측정된 단위, 즉 볼트(V)를 갖는다.

반쪽 반응의 $\Delta_r G^{\ominus}$에 해당하는 전위는 $E^{\ominus}$로 나타내고 다음과 같은 관계에 있다.

$$\Delta_r G^{\ominus} = -\nu FE^{\ominus} \tag{7.2}$$

전위 $E^{\ominus}$는 **표준 전위**(**standard potential**, 또는 '표준 환원 전위'라고 불리는데, 이는 통상적으로 반쪽 반응은 환원 반응이고, 산화된 화학종과 전자가 반응의 왼쪽에 놓인다는 것을 강조하기 위해서이다)로 불린다. H^+의 환원에 대한 $\Delta_r G^{\ominus}$를 임의로 0으로 설정했기 때문에, H^+/H_2 쌍의 표준 전위 또한 모든 온도에서 0이다.

$$H^+(aq) + e^- \rightarrow \tfrac{1}{2}H_2(g) \quad E^{\ominus}(H^+, H_2) = 0$$

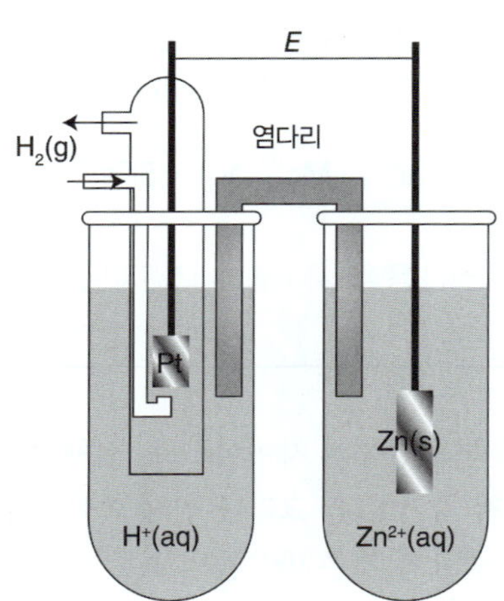

그림 7.1 갈바니 전지의 개략도 표준 전지 전위 $E^{\ominus}_{전지}$은 전지가 전류를 생성하지 않고 모든 물질이 표준 상태에 있을 때의 전위차이다.

요약 설명

Zn^{2+}/Zn 쌍의 경우 $\nu = 2$이고, 25℃에서 측정된 $\Delta_r G^{\ominus}$ 값은 다음과 같다.

$$Zn^{2+}(aq) + 2e^- \rightarrow Zn(s) \qquad E^{\ominus}(Zn^{2+}, Zn) = -0.76 \text{ V}$$

표준 Gibbs 반응 에너지는 전체 반응에 기여하는 2개의 반쪽 반응에 대한 $\Delta_r G^{\ominus}$ 값의 차이이므로, 전체 반응에 대한 $E^{\ominus}_{전지}$ 또한 전체 반응을 쪼갠 두 환원 반쪽 반응의 표준 전위의 차이이다. 따라서 위에 주어진 반쪽 반응들로부터 차이는 다음과 같다.

$$2H^+(aq) + Zn(s) \rightarrow Zn^{2+}(aq) + H_2(g) \qquad E^{\ominus}_{전지} = +0.76 \text{ V}$$

어떤 쌍(그리고 그들의 반쪽 반응)에 대한 $E^{\ominus}$ 값을 표준 전위라고 하며, 그 차이는 $E^{\ominus}_{전지}$ 로 표시되며 **표준 전지 전위**(**standard cell potential**)라고 한다. 식 7.2에서 음의 부호의 결과는 해당하는 표준 전지 전위가 양의 값이면 반응이 유리하다는 것($K>1$이라는 의미에서)이다. 요약 설명에 있는 반응의 경우 $E^{\ominus}>0(E^{\ominus} = +0.76 \text{ V})$이므로, 표준 상태(수용액, pH = 0, 그리고 Zn^{2+}의 활동도 = 1)에서 아연은 H^+ 이온을 환원시키려는 경향을 가지고 있다는 것을 알 수 있다. 즉 금속 아연은 산에서 용해된다. 어떤 금속이든지 표준 전위가 음인 쌍을 가지고 있는 경우에는 마찬가지이다.

전지 전위는 기전력(emf)으로 일컬어지기도(실제로는 여전히 광범위하게 불린다.) 한다. 하지만 전압은 힘이 아니며, IUPAC은 '전지 전위'라는 명칭을 선호한다.

예제 7.2 표준 전지 전위 계산하기

다음의 표준 전위를 이용하여 구리-아연 전지의 표준 전위를 계산하시오.

$$Cu^{2+}(aq) + 2e^- \rightarrow Cu(s) \qquad E^{\ominus}(Cu^{2+}, Cu) = +0.34 \text{ V}$$
$$Zn^{2+}(aq) + 2e^- \rightarrow Zn(s) \qquad E^{\ominus}(Zn^{2+}, Zn) = -0.76 \text{ V}$$

답 계산을 위해 표준 전위로부터 Cu^{2+}가 산화력이 더 강한 화학종(더 높은 전위를 갖는 쌍)이고, 더 낮은 전위를 갖는 화학종(여기에서는 아연)에 의해 환원된다는 것에 유의해야 한다. 따라서 자발적 반응은 $Cu^{2+}(aq) + Zn(s) \rightarrow Zn^{2+}(aq) + Cu(s)$이며, 전지 전위는 두 반쪽 반응(구리-아연)의 차이이다.

$$E^{\ominus}_{전지} = E^{\ominus}(Cu^{2+}, Cu) - E^{\ominus}(Zn^{2+}, Zn)$$
$$= +0.34 \text{ V} - (-0.76 \text{ V}) = +1.10 \text{ V}$$

이 전지는 1.1 V(표준 상태에서)의 전위차를 생성한다.

문제 7.2 금속 구리는 묽은 염산과 반응할 것으로 예상하는가?

연소는 친숙한 유형의 산화-환원 반응이며, 방출되는 에너지는 열기관에 이용될 수 있다. **연료 전지**(**fuel cell**)는 화학 연료를 직접 전력으로 변환한다(화학세상 7.1).

화학세상 7.1 연료 전지란 무엇인가?

연료 전지는 O_2 또는 공기를 산화제로 사용하여 수소(더 큰 전력이 필요한 경우에 사용된다) 또는 메탄올(소형 응용 분야에 편리한 연료)과 같은 화학 연료를 직접 전력으로 변환한다. 연료 전지는 전원으로서 충전식 배터리 또는 연소 엔진에 비해 몇 가지 장점을 갖고 있으며, 사용량이 꾸준히 증가하고 있다. 교체하거나 오랜 기간 재충전해야 하는 배터리에 비해, 연료 전지는 연료가 공급되는 한 작동한다. 더욱이 비교적 소량의 Pt 및 다른 금속이 전극 촉매로 요구되긴 하지만 연료 전지에는 니켈 및 카드뮴과 같은 환경 오염물이 많이 함유되어 있지 않다. 연료 전지의 작동은 연소 장치보다 더 효율적이어서, 연료는 거의 정량적으로 H_2O 및 CO_2(메탄올의 경우)로 전환된다. 연료 전지는 또한 작동되는 비교적 낮은 온도에서 질소 산화물이 생성되지 않기 때문에 오염이 훨씬 적다. 각각의 전지 전압은 약 1V 미만이기 때문에, 연료 전지는 유용한 전압을 생성하기 위해 '스택(stack)'이라고 알려진 직렬로 연결된다.

수소의 경우, 중요한 부류의 연료 전지로 **양성자 교환막 연료 전지**(PEMFC: proton exchange membrane fuel cell), **알칼리성 연료 전지**(AFC: alkaline fuel cell) 및 **고체 산화물 연료 전지**(SOFC: solid oxide fuel cell)가 있고, 이들의 전극 반응 방식이나 화학적 전하 이동, 그리고 작동 온도 등은 모두 다르다. 메탄올의 경우 표준 예는 **직접 메탄올 연료 전지**(DMFC: direct methanol fuel cell)이다. 자세한 내용은 표에 나타내었다.

연료 전지	산화 전극 반응	전해질	전달 이온	환원 전극 반응	온도 범위(°C)	압력 (atm)	효율/ 센트당
PEMFC	$H_2 \rightarrow 2H^+ + 2e^-$	H^+-전도성 고분자 (PEM)	H^+	$2H^+ + \frac{1}{2}O_2 + 2e^- \rightarrow H_2O$	80–100	1–8	35–40
AFC	$H_2 \rightarrow 2H^+ + 2e^-$	염기성 수용액	OH^-	$H_2O + \frac{1}{2}O_2 + 2e^- \rightarrow 2OH^-$	80–250	1–10	50–60
SOFC	$H_2 + O^{2-} \rightarrow H_2O + 2e^-$	고체 산화물	O^{2-}	$\frac{1}{2}O_2 + 2e^- \rightarrow O^{2-}$	800–1000	1	50–55
DMFC	$CH_3OH + H_2O \rightarrow CO_2 + 6H^+ + 6e^-$	H^+-전도성 고분자	H^+	$2H^+ + \frac{1}{2}O_2 + 2e^- \rightarrow H_2O$	0–40	1	20–40

적당한 온도(80~100°C)에서 작동하며 도로 운행용 차량에 탑재하는 전원 공급 장치로 적합한 PEMFC(그림 B7.1)를 이용하여 연료 전지의 기본 원리를 알아보자. 연속적으로 공급되는 H_2는 산화 전극에서 산화되고, 그 결과로 생성되는 H^+ 이온은 화학적 전하 운반체로서 막을 통과하여 환원 전극에 전달되고 여기에서 O_2는 H_2O로 환원된다. 이 과정으로 인해 산화 전극에서 환원 전극으로 전자의 흐름(전류)이 만들어지고, 이는 부하(대개는 전기 모터)를 통과하게 된다. 산화 전극(H_2의 산화가 일어나는 장소) 및 환원 전극(O_2의 환원이 일어나는 장소)에는 연료 및 산화제의 효율적인 전기 화학적 전환이 일어나도록 Pt 촉매가 포함되어 있다. PEM 및 기타 연료 전지의 효율을 제한하는 주요 요인은 환원 전극에서 O_2의 환원이 느리다는 것인데, 이로 인해 실용적인 반응 속도를 만들어내기 위해 10분의 수 볼트가 소비된다('과전위'). 작동 전압은 일반적으로 약 0.7 V이다. 막은 H^+ 전도성 고분자인 소듐 퍼플루오로설포네이트(Du Pont이 발명하였고 상업적으로는 Nafion®으로 알려진)로 구성되어 있다.

AFC는 염기성 조건에서 Pt 환원 전극에서 O_2의 환원이 훨씬 쉽기 때문에 PEMFC보다 더 효율적이다. 그리고 작동 전압은 일반적으로 약 0.8 V보다 크다. 여기에서는 PEMFC의 막이 두 전극 사이로 공급되는 뜨거운 염기성 수용액으로 대체된다. AFC는 선구적인 아폴로 우주선의 달 임무를 위한 전원을 제공하는 데 사용되었다.

SOFC는 훨씬 더 높은 온도(800~1100°C)에서 작동하며 건물에서 전기 및 난방을 제공하는 데 사용된다['열병합(CHP: combined heat and power)'이라고 불리는 설비]. 환원 전극은 대개 $La_{(1-x)}Sr_xMn_{(1-y)}Co_yO_3$와 같은 $LaCoO_3$에 기초한 복잡한 금속 산화물인 반면, 산화 전극은 보통 RuO_2와 혼합된 NiO 및 $Ce_{(1-x)}Gd_xO_{1.95}$와 같은 란타넘족 산화물이다. 화학 전하는 이트

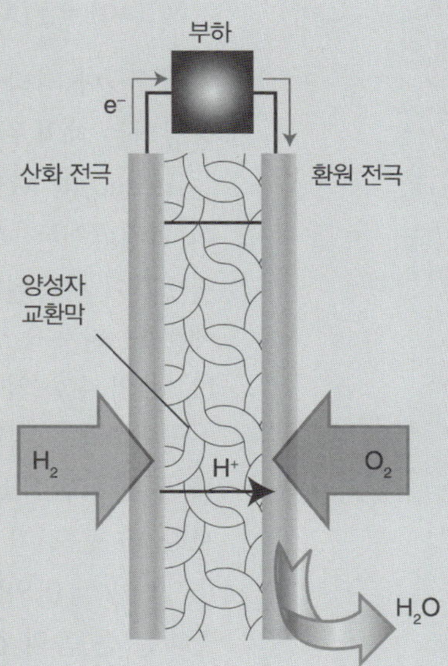

그림 B7.1 양성자 교환막(PEM) 연료 전지의 개략도 산화 전극 및 환원 전극에는 연료(H_2) 및 산화제(O_2)를 각각 H^+ 및 H_2O로 전환시키기 위해 촉매(Pt)가 들어 있다. 막(대개 Nafion®으로 불리는 물질)은 산화 전극에서 생성된 H^+ 이온이 환원 전극으로 전달되도록 해 준다.

륨으로 도핑된 ZrO_2와 같은 세라믹 산화물에 의해 운반되는데, 이는 고온에서 O^{2-} 이온의 이동에 의해 수행된다(24.4절). 높은 작동 온도로 인해 Pt와 같은 효율적인 촉매에 대한 요구 조건이 완화된다.

메탄올은 두 가지 방법 중 하나로 연료로 사용된다. 한 방법에서는, 개질 반응(10.4절 참조)으로 생성한 H_2를 앞에서 설명한 통상적인 수소 연료 전지에 곧바로 공급하기 때문에 메탄올을 'H_2 운반체'로 사용한다. 이러한 간접적인 방법에서는 압력을 가해 H_2를 저장할 필요가 없다. 또 다른 방법에서, 메탄올은 각각 Pt 또는 Pt 합금이 포함된 산화 전극과 환원 전극, 그리고 PEM으로 구성된 DMFC에서 직접 산화된다. 메탄올은 수용액으로(1 mol dm^{-3}의 농도로) 산화 전극에 공급된다. DMFC는 휴대 전화 및 휴대용 전자 기기와 같은 소형의 저전력 장치에 매우 적합하며 리튬 이온 배터리를 대체할 수 있는 유망한 대안이다. DMFC의 주요 단점은 상대적으로 낮은 효율이다. 이러한 비효율성은 작동 전압을 낮추는 두 가지 요인 때문에 발생한다. 한 가지 요인은 앞에서 설명한 환원 전극에서의 낮은 반응 속도와 더불어 산화 전극에서의 느린 반응 속도(CH_3OH가 CO_2와 H_2O로 산화되는)이며, 다른 요인은 메탄올이 막을 통과하여 환원 전극으로 이동하는 것('교차')인데, 이는 메탄올이 친수성 PEM에 쉽게 스며들기 때문이다. 탄소에 담지된 50/50 Pt/Ru 혼합물은 메탄올의 산화 속도를 증가시키기 위해 산화 전극 촉매로 사용된다.

Further reading

C. Spiegel. *Design and building of fuel cells*. McGraw Hill (2007).

J. Larminie and A. Dicks. *Fuel cell systems explained*. John Wiley & Sons (2003).

A. Wieckowski and J. Nørskov (eds), *Fuel cell science: theory, fundamentals, and biocatalysis*. John Wiley & Sons (2010).

7.3 표준 전위의 경향

요점: 금속의 원자화 및 이온화, 그리고 그 이온의 수화 엔탈피는 모두 표준 전위값에 기여한다.

M^+/M 쌍의 표준 전위에 기여하는 요소는 열역학적 순환과 전체 반응에 기여하는 Gibbs 에너지의 변화를 고려하여 확인할 수 있다.

$$M^+(aq) + \tfrac{1}{2}H_2(g) \rightarrow H^+(aq) + M(s)$$

그림 7.2에 나타낸 열역학적 순환은 반응 엔트로피를 무시함으로써 단순화되는데, 이는 M의 종류와는 대체로 무관하다. 엔트로피 기여도 $T\Delta S^{\ominus}$의 범위는 -20 ~ $-40\,\text{kJ mol}^{-1}$이며, 이는 $H^+(aq)$와 $M^+(aq)$의 표준 생성 엔탈피 차이에 해당하는 반응 엔탈피에 비해 작은 값이다. 이 과정에서는, $\Delta_f H^{\ominus}(H^+,aq) = 0$이라는 협약에 기반한 값이 아닌 M^+와 H^+의 생성 엔탈피 절댓값이 사용된다. 따라서 $\Delta_f H^{\ominus}(H^+,aq) = +445\ \text{kJ mol}^{-1}$을 사용하는데, 이 값은 ½$H_2$(g)에서 H 원자가 생성되는 것($+218\ \text{kJ mol}^{-1}$), H^+(g)로 이온화되는 것($+1312\ \text{kJ mol}^{-1}$) 및 H^+(g)의 수화(약 $-1085\ \text{kJ mol}^{-1}$)를 고려하여 얻은 것이다.

열역학적 기여도를 이용하여 전지 전위를 분석하면 표준 전위의 경향을 설명할 수 있다. 예를 들어 1족 원소의 표준 전위 경향은 전기 음성도를 바탕으로 한 예상과는 다르게, Li가 Cs보다 더 큰 전기 음성도를 가지고 있음에도 불구하고 Cs^+/Cs($\chi = 0.79$, $E^{\ominus} = -2.94$ V)은 Li^+/Li($\chi = 0.98$, $E^{\ominus} = -3.04$ V)보다 덜 음의 표준 전위를 갖고 있다. 하지만 Li^+의 수화 엔탈피는 큰 음의 값인데, 이는 Cs^+(181 pm)와 비교하여 크기(이온 반지름은 90 pm)가 작고, 그 결과 물 분자와의 정전기적 상호 작용이 강하기 때문이다. 종합적으로, Li^+의 수화 엔탈피는 Li^+(g) 생성과 관련된 항들을 능가하고 더 음의 표준 전위를 생성한다. 1족의 다른 원소들(-2.9 V 근처인)에 비해 Na^+/Na(-2.71 V)의 표준 전위가 상대적으로 낮은 이유는 상당히 높은 승화 엔탈피와 적당한 수화 엔탈피의 조합으로 설명이 가능하다(표 7.1).

$E^{\ominus}(Na^+,Na)$의 값 -2.71 V는 $E^{\ominus}(Ag^+,Ag)$의 값 $+0.80$ V와 비교될 수 있다. 이 이온들의

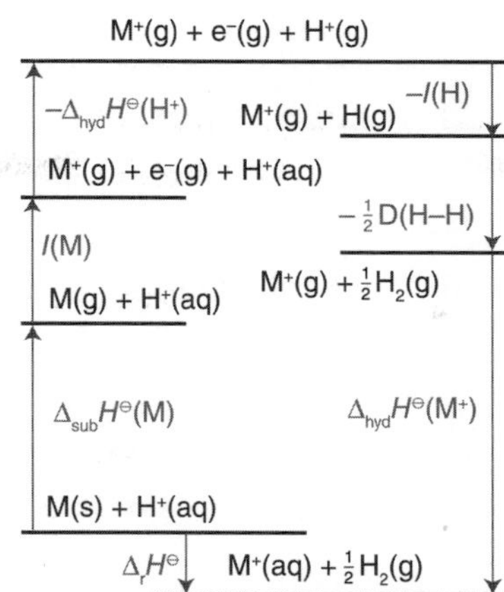

그림 7.2 금속 쌍의 표준 전위에 기여하는 특성을 보여 주는 열역학적 순환 흡열 과정은 위쪽을 가리키는 화살표로 나타내었고, 발열 과정은 아래쪽을 가리키는 화살표로 나타내었다.

(6배위) 이온 반지름(r_{Na^+} = 116 pm이고 r_{Ag^+} = 129 pm)은 비슷하고, 그 결과 그들의 이온 수화 엔탈피도 유사하다. 그러나 은의 경우, 상당히 큰 승화 엔탈피와 4d 전자에 의한 가림 효과가 낮은 것에 기인한 큰 이온화 에너지로 인해 양의 표준 전위를 갖는다. 이러한 차이는 묽은 산과 반응시킬 때 금속의 매우 다른 거동으로 나타난다. 소듐은 반응하여 폭발적으로 H_2를 생성하는 반면, Ag는 반응하지 않는다. 표 7.2의 표준 전위에서 관찰되는 많은 경향을 설명하는 데에도 유사한 주장이 사용될 수 있다. 예를 들어 귀금속들의 전위가 양의 값을 갖는 특성은 상당 부분 이 금속들의 매우 높은 승화 엔탈피 때문이다.

7.4 전기 화학 서열

요점: 만일 $E^\ominus$가 큰 양의 값이면, 한 쌍의 산화형은 강한 산화제이다. $E^\ominus$가 큰 음의 값이면, 환원형은 강한 환원제이다.

음의 표준 전위($E^\ominus$<0)는 어떤 쌍의 환원형(Zn^{2+}/Zn에서)이 수용액에 들어 있는 표준 상태의 H^+ 이온에 대해 환원제라는 것을 의미한다. 즉 $E^\ominus$(산화형, 환원형)<0이면 물질 '환원형'은 H^+ 이온을 환원시키기에 충분히 강한 환원제이다(반응에 대한 K>1이라는 의미에서). 표 7.2는 25°C에서의 $E^\ominus$ 값을 간단하게 추려서 나열한 것이다. 표는 **전기 화학 서열**(**electrochemical series**) 순서로 배열되었다.

표 7.1 선택된 금속들의 298 K에서 $E^\ominus$에 대한 열역학적 기여도

	Li	Na	Cs	Ag
$\Delta_{승화}H^\ominus$(kJ mol^{-1})	+161	+109	+79	+284
I(kJ mol^{-1})	526	502	382	735
$\Delta_{수화}H^\ominus$(kJ mol^{-1})	−520	−406	−264	−468
$\Delta_f H^\ominus(M^+, aq)$(kJ mol^{-1})	+167	+206	+197	+551
$\Delta_r H^\ominus$(kJ mol^{-1})	+278	+240	+248	−106
$T\Delta_r S^\ominus$(kJ mol^{-1})	−16	−22	−34	−29
$\Delta_r G^\ominus$(kJ mol^{-1})	+294	+262	+282	−77
$E^\ominus$(V)	−3.04	−2.71	−2.92	+0.80
$\Delta_f H^\ominus(H^+, aq)$ = +445 kJ mol^{-1}				

환원 전위의 부호가 양일 때에도 부호를 표시한다.

표 7.2 298 K에서의 표준 전위

쌍	$E^{\ominus}$(V)
$F_2(g) + 2e^- \rightarrow 2F^-(aq)$	+2.87
$Ce^{4+}(aq) + e^- \rightarrow Ce^{3+}(aq)$	+1.76
$MnO_4^-(aq) + 8H^+(aq) + 5e^- \rightarrow Mn^{2+}(aq) + 4H_2O(l)$	+1.51
$Cl_2(g) + 2e^- \rightarrow 2Cl^-(aq)$	+1.36
$O_2(g) + 4H^+(aq) + 4e^- \rightarrow 2H_2O(l)$	+1.23
$[IrCl_6]^{2-}(aq) + e^- \rightarrow [IrCl_6]^{3-}(aq)$	+0.87
$Fe^{3+}(aq) + e^- \rightarrow Fe^{2+}(aq)$	+0.77
$[PtCl_4]^{2-}(aq) + 2e^- \rightarrow Pt(s) + 4Cl^-(aq)$	+0.60
$I_3^-(aq) + 2e^- \rightarrow 3I^-(aq)$	+0.54
$[Fe(CN)_6]^{3-}(aq) + e^- \rightarrow [Fe(CN)_6]^{4-}(aq)$	+0.36
$AgCl(s) + e^- \rightarrow Ag(s) + Cl^-(aq)$	+0.22
$2H^+(aq) + 2e^- \rightarrow H_2(g)$	0
$AgI(s) + e^- \rightarrow Ag(s) + I^-(aq)$	−0.15
$Zn^{2+}(aq) + 2e^- \rightarrow Zn(s)$	−0.76
$Al^{3+}(aq) + 3e^- \rightarrow Al(s)$	−1.68
$Ca^{2+}(aq) + 2e^- \rightarrow Ca(s)$	−2.84
$Li^+(aq) + e^- \rightarrow Li(s)$	−3.04

매우 큰 양의 $E^{\ominus}$를 갖는 산화형/환원형 쌍
[산화형은 산화력이 강하다.]
⋮
매우 큰 음의 $E^{\ominus}$를 갖는 산화형/환원형 쌍
[환원형은 환원력이 강하다.]

전기 화학 서열의 중요한 특징은 어떤 쌍의 환원형 화학종은 서열의 위에 위치하는 다른 쌍의 산화형 화학종을 환원시키려는 열역학적 경향을 가지고 있다는 것이다. 이러한 분류는 단지 반응의 열역학적 측면, 즉 표준 상태에서 반응의 자발성이나 K 값에만 적용되는 것이지, 반응의 속도와는 관련이 없다는 것에 유의하라. 따라서 전기 화학 서열로부터 열역학적으로 우세한 것으로 밝혀진 반응일지라도, 반응 속도가 적절하지 않으면 반응은 진행되지 않거나 매우 느리게만 진행될 수 있다.

예제 7.3 전기 화학 서열 이용하기

표 7.2의 쌍 가운데, 과망가니즈산 이온(MnO_4^-)은 철의 산화-환원 적정에 사용되는 일반적인 분석 시약이다. Fe^{2+}, Cl^- 및 Ce^{3+} 중 산성 용액에서 MnO_4^-에 의해 산화될 수 있는 이온은 어느 것인가?

답 MnO_4^- 이온에 의해 산화되기 쉬운 시약은 MnO_4^-/Mn^{2+} 쌍보다 더 음의 표준 전위를 갖는 산화-환원쌍의 환원형이어야 한다는 것을 알아야 한다. 산성 용액에서 MnO_4^-/Mn^{2+} 쌍의 표준 전위는 +1.51 V이다. Fe^{3+}/Fe^{2+}, Cl_2/Cl^- 및 Ce^{4+}/Ce^{3+}의 표준 전위는 각각 +0.77, +1.36 및 +1.76 V이다. 따라서 MnO_4^- 이온은 산성 용액(pH = 0)에서 Fe^{2+} 및 Cl^-를 산화시키기에 충분히 강한 산화제이며, 이들의 표준 전위는 더 낮은 양의 값을 가지고 있다. MnO_4^- 이온은 더 양의 표준 전위를 갖고 있는 Ce^{3+}를 산화시킬 수 없다. 용액

에 존재하는 다른 이온들이 전위와 결과를 변화시킬 수 있다는 것을 명심하라(7.6, 7.10절). 조건에 따른 이러한 변화는 H^+ 이온의 경우에 특히 중요하며, pH의 영향은 7.6절에서 다루게 된다. MnO_4^- 이온이 Cl^-를 산화시킬 수 있다는 것은 MnO_4^-와 관련된 산화-환원 반응을 산성화하는 데 HCl이 사용될 수 없으며, 대신 H_2SO_4가 사용된다는 것을 의미한다.

문제 7.3 산화제로 사용되는 또 다른 일반적인 분석 시약은 $E^{\ominus}(Cr_2O_7^{2-}, Cr^{3+}) = +1.38$ V인 다이크로뮴산 이온($Cr_2O_7^{2-}$)이다. 이 용액은 Fe^{2+}를 Fe^{3+}로 산화-환원 적정에 사용할 수 있는가? Cl^-가 존재하면, 부반응이 있을 수 있는가?

7.5 Nernst 식

요점: 반응 혼합물이 임의의 조성을 가질 때 전지의 전위는 Nernst 식으로 주어진다.

임의의 조성에서 반응이 특정 방향으로 진행되려고 하는 경향을 판단하려면, 해당 조성에서 $\Delta_r G$의 부호와 값을 알아야 한다. 이를 위해 다음의 열역학적 결과를 이용한다.

$$\Delta_r G = \Delta_r G^{\ominus} + RT \ln Q \tag{7.3a}$$

이 식에서 Q는 반응 지수이다.[1]

$$a\,\text{Ox}_A + b\,\text{Red}_B \rightarrow a'\,\text{Red}_A + b'\,\text{Ox}_B \qquad Q = \frac{[\text{Red}_A]^{a'}[\text{Ox}_B]^{b'}}{[\text{Ox}_A]^{a}[\text{Red}_B]^{b}} \tag{7.3b}$$

[1] 기체상 화학종과 관련된 반응의 경우, 화학종의 몰농도는 $p^{\ominus} = 1$ bar에 대한 부분 압력으로 대체된다.

반응 지수는 평형 상수 K와 동일한 형태를 갖지만, 농도는 반응의 임의의 단계에서의 값을 적용하고, 평형에서 $Q = K$이다. Q와 K를 구할 때, 대괄호 안의 양은 몰농도의 수치만 사용된다. 따라서 Q와 K는 모두 단위가 없는 양이다. 임의의 단계에서 $\Delta_r G < 0$인 경우 반응은 자발적이다. 이러한 조건은 $E_{전지} = -\Delta_r G/\nu F$ 및 $E^{\ominus}_{전지} = -\Delta_r G^{\ominus}/\nu F$를 식 7.3a에 대입함으로써 관련된 전지 전위의 항으로 표현될 수 있는데, 이렇게 하여 얻어진 것이 **Nernst 식(Nernst equation)**이다.

$$E_{전지} = E^{\ominus}_{전지} - \frac{RT}{\nu F} \ln Q \tag{7.4}$$

일반적인 조건에서, 만일 $E_{전지} > 0$이면 $\Delta_r G < 0$이어서 반응은 자발적이다. 평형에서 $E_{전지} = 0$이고 $Q = K$이므로, 식 7.4는 온도 T에서 전지의 표준 전위와 전지 반응의 평형 상수 사이에 다음과 같은 매우 중요한 관계를 의미한다.

$$\ln K = \frac{\nu F E^{\ominus}_{전지}}{RT} \tag{7.5}$$

표 7.3은 ν = 1이고 25°C에서 −2 ~ +2 V 범위의 전지 전위에 해당하는 K의 값을 나열한 것이다. 표는 비록 전기 화학 데이터가 종종 −2 ~ +2 V 범위로 압축될지라도, 이렇게 좁은 범위가 ν = 1에 대한 평형 상수 값이 68제곱의 크기에 해당한다는 것을 보여 준다.

$E^{\ominus}_{전지}$가 두 개의 **표준**(standard) 환원 전위의 차이인 것처럼, 전지 전위 $E_{전지}$를 두 환원 전위의 차이로 간주한다면, 전지 반응에 참여하는 각 쌍의 전위 E는 식 7.4와 유사한 식으로 나타낼 수 있다.

$$E = E^{\ominus} - \frac{RT}{\nu F} \ln Q \tag{7.6a}$$

하지만 이 식에서

표 7.3 K와 $E^{\ominus}$의 관계

$E^{\ominus}$(V)	K
+2	10^{34}
+1	10^{17}
0	1
−1	10^{-17}
−2	10^{-34}

$$a\,\mathrm{Ox} + \nu e^- \rightarrow a'\,\mathrm{Red} \qquad Q = \frac{[\mathrm{Red}]^{a'}}{[\mathrm{Ox}]^{a}} \tag{7.6b}$$

협약에 의해, 전자는 Q에 대한 식에 나타나지 않는다.

표준 전지 전위(식 7.6a 및 7.6b)의 온도 의존성은 많은 산화–환원 반응의 표준 엔트로피를 결정하는 직접적인 방법을 제공한다. 식 7.2로부터 다음과 같이 쓸 수 있다

$$-\nu FE^{\ominus}_{\text{전지}} = \Delta_r G^{\ominus} = \Delta_r H^{\ominus} - T\,\Delta_r S^{\ominus} \tag{7.7a}$$

따라서 $\Delta_r H^{\ominus}$와 $\Delta_r S^{\ominus}$가 일반적으로 관심 있는 좁은 범위에서는 온도에 의존하지 않는다고 가정하면 다음과 같은 식이 얻어진다.

$$-\nu FE^{\ominus}_{\text{전지}}(T_2) - \{-\nu FE^{\ominus}_{\text{전지}}(T_1)\} = -(T_2 - T_1)\Delta_r S^{\ominus}$$

따라서

$$\Delta_r S^{\ominus} = \frac{\nu F\{E_{\text{전지}}(T_2) - E^{\ominus}_{\text{전지}}(T_1)\}}{T_2 - T_1} \tag{7.7b}$$

다시 말해, $\Delta_r S^{\ominus}$는 온도에 대한 표준 전지 전위 도표의 기울기에 비례한다.

표준 반응 엔트로피 변화 $\Delta_r S^{\ominus}$는 종종 산화–환원 반응에 수반되는 용매화의 변화를 반영한다. 각 반쪽 전지 반응에 대해, 관련된 환원 반응의 결과로 전하가 감소할 때(용매 분자가 덜 단단히 결합되고 더 무질서한) 양의 엔트로피 기여가 예상된다. 반대로, 전하가 증가하면 음의 기여가 예상된다. 7.3절에서 설명한 바와 같이, 동일한 전하 변화를 수반하는 산화–환원쌍을 비교하는 경우 표준 전위에 대한 엔트로피 기여는 대개 매우 비슷하다.

예제 7.4 연료 전지에 의해 생성되는 전위

H_2와 O_2가 모두 25°C, 100 kPa일 때, 반응 $2H_2(g) + O_2(g) \rightarrow 2H_2O(l)$에 의해 연료 전지가 생성하는 전지 전위(무시할 수 있는 전류가 흐르는 높은 저항의 전기적 부하를 사용하여 측정한)를 계산하시오(작동 중인 양성자 교환 막(PEM) 연료 전지의 온도는 성능을 증가시키기 위해 대개 80~100°C라는 것을 유념하라).

답 전류가 0인 상태에서, 전지 전위는 두 산화–환원쌍의 표준 전위 차이에 의해 주어진다. 명시된 반응에 대해 다음과 같이 쓸 수 있다.

오른쪽: $O_2(g) + 4H^+(aq) + 4e^- \rightarrow 2H_2O(l)$ $E^{\ominus} = +1.23$ V

왼쪽: $2H^+(aq) + 2e^- \rightarrow H_2(g)$ $E^{\ominus} = 0$

전체(오른쪽 − 왼쪽): $2H_2(g) + O_2(g) \rightarrow 2H_2O(l)$

따라서 전지의 표준 전위는

$$E^{\ominus}_{\text{전지}} = (+1.23\text{ V}) - 0 = +1.23\text{ V}$$

반응은 쓰인 대로 자발적이며 오른쪽 전극이 환원 전극(환원이 일어나는 지점)이다.

문제 7.4 산소와 수소 기체가 모두 5.0 bar에서 작동하는 연료 전지에서 생성되는 전위차는 얼마인가?

산화-환원 안정성

용액 내 화학종의 열역학적 안정성을 평가할 때에는 용매, 다른 용질, 화학종 자체 및 용존 산소와 같은 가능한 모든 반응물을 염두에 두어야 한다. 이어지는 논의에서는 용질의 열역학적 불안정성으로 인해 발생하는 반응의 유형을 집중적으로 알아보고자 한다. 또한 반응 속도론적 요소에 대해 간략하게 언급하겠지만, 이것들이 나타내는 경향은 일반적으로 안정성이 보여주는 것보다 덜 체계적이다.

7.6 pH의 영향

요점: 수용액에서 일어나는 많은 산화-환원 반응은 전자는 물론이고 H^+의 이동과도 관련이 있으므로 전극 전위는 pH에 의존한다.

수용액에서 일어나는 많은 반응의 경우, 산화-환원쌍의 환원형 화학종이 산화형 화학종보다 대개 훨씬 더 강한 Brønsted 염기이기 때문에 전극 전위는 pH에 따라 변한다. ν_e 전자와 ν_H 양성자가 이동하는 산화-환원쌍의 경우, 식 7.6b로부터 다음과 같은 식이 얻어진다.

$$\mathrm{Ox} + \nu_e \mathrm{e}^- + \nu_H \mathrm{H}^+ \rightleftharpoons \mathrm{RedH}_{\nu H} \qquad Q = \frac{[\mathrm{RedH}_{\nu_H}]}{[\mathrm{Ox}][\mathrm{H}]^{\nu_H}}$$

그리고

$$E = E^{\ominus} - \frac{RT}{\nu_e F}\ln\frac{[\mathrm{RedH}_{\nu_H}]}{[\mathrm{Ox}][\mathrm{H}^+]^{\nu_H}}$$
$$= E^{\ominus} - \frac{RT}{\nu_e F}\ln\frac{[\mathrm{RedH}_{\nu_H}]}{[\mathrm{Ox}]} + \frac{\nu_H RT}{\nu_e F}\ln[\mathrm{H}^+]$$

Red와 Ox의 농도를 $E^{\ominus}$와 결합하면, E'을 다음과 같이 정의한다.

$$E' = E^{\ominus} - \frac{RT}{\nu_e F}\ln\frac{[\mathrm{RedH}_{\nu_H}]}{[\mathrm{Ox}]}$$

그리고 $\ln [\mathrm{H}^+] = \ln 10 \times \log[\mathrm{H}^+]$이고 $\mathrm{pH} = -\log[\mathrm{H}^+]$라는 것을 이용하면, 전극 전위는 다음과 같이 나타낼 수 있다.

$$E = E' - \frac{\nu_H RT \ln 10}{\nu_e F}\mathrm{pH} \tag{7.8a}$$

25°C에서,

$$E = E' - \frac{(0.059\ \mathrm{V})\nu_H}{\nu_e}\mathrm{pH} \tag{7.8b}$$

즉 전위는 pH가 증가함에 따라 그리고 용액이 더욱 염기성이 됨에 따라 감소한다(더 음의 값이 된다).

요약 설명

과염소산 이온/염소산 이온(ClO_4^-/ClO_3^-) 쌍의 반쪽 반응은 다음과 같다.

$ClO_4^-(aq) + 2H^+(aq) + 2e^- \rightarrow ClO_3^-(aq) + H_2O(l)$

따라서 pH = 0일 때 $E^\ominus = +1.201$ V인 반면, pH = 7에서 ClO_4^-/ClO_3^- 쌍의 환원 전위는 1.201 − (2/2)(7×0.059)V = + 0.788 V이다. 과염소산 음이온은 산성 조건에서 더 강한 산화제이다.

중성 용액(pH = 7)의 표준 전위는 $E_W^\ominus$로 표시된다. 이들 전위는 특히 생화학적 논의에서 유용한데, 그 이유는 모든 세포의 체액이 pH = 7 근처에서 완충되기 때문이다. pH = 7인(그리고 존재하는 다른 전기 화학적으로 활성인 화학종의 활동도가 1인) 조건은 소위 **생물학적 표준 상태(biological standard state)**에 해당한다. 생화학적 맥락에서 그것들은 $E^\oplus$ 또는 E_{m7}로 표기되기도 하는데, 'm7'은 pH = 7에서 '중간 지점(midpoint)' 전위를 의미한다.

요약 설명

존재하는 다른 화학종들이 표준 상태에 있을 때, pH = 7.0에서 H^+/H_2 쌍의 환원 전위를 구하기 위해서는 $E' = E^\ominus(H^+, H_2) = 0$이라는 것에 유의해야 한다. 환원 반쪽 반응은 $2H^+(aq) + 2e^- \rightarrow H_2(g)$이므로, $\nu_e = 2$이고 $\nu_H = 2$이다. 따라서 생물학적 표준 전위는 $E^\oplus = 0 - (2/2)(0.059\text{ V}) \times 7.0 = -0.41$ V

7.7 물과의 반응

물은 H_2로 환원될 때 산화제로 작용할 수 있다.

$$H_2O(l) + e^- \rightarrow \tfrac{1}{2}H_2(g) + OH^-(aq)$$

어떤 pH(그리고 1 bar의 H_2 분압)의 물에서 하이드로늄 이온의 동등한 환원의 경우 Nernst 식은 다음과 같다.

$$H^+(aq) + e^- \rightarrow \tfrac{1}{2}H_2(g) \qquad E = -0.059\text{ V} \times \text{pH} \tag{7.9}$$

이것이 화학자들이 '물의 환원'을 언급할 때 대개 염두에 두는 반응이다. 물은 O_2로 산화될 때 환원제로 작용하기도 한다.

$$2\,H_2O(l) \rightarrow O_2(g) + 4\,H^+(aq) + 4\,e^-$$

O_2의 부분 압력이 1 bar일 때, $O_2,4H^+/2H_2O$ 반쪽 반응에 대한 Nernst 식은 $\nu_H/\nu_e = 4/4 = 1$이므로 다음과 같게 된다.

$$E = 1.23\text{ V} - (0.059\text{ V} \times \text{pH}) \tag{7.10}$$

따라서 H^+와 O_2 모두 환원 반응의 경우 동일한 pH 의존성을 갖는다. pH에 따른 두 전위의 변화는 그림 7.3에 나타내었다.

(a) 물에 의한 산화

요점: 큰 음의 표준 전위를 갖는 금속의 경우, 산 수용액과의 반응에서 부동화 산화물 층이 형성되지 않는다면 H_2가 발생한다.

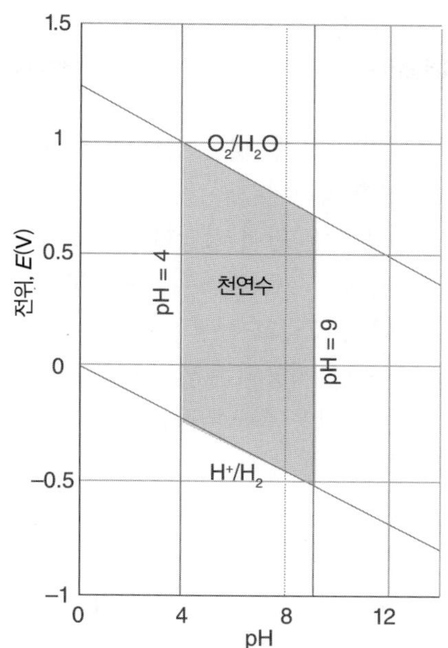

그림 7.3 pH에 따른 물의 환원 전위 변화 열역학적 물 안정성의 상한과 하한을 규정하는 경사진 선은 각각 O_2/H_2O 및 H^+/H_2 쌍에 대한 전위이다. 중앙 구역은 천연수가 안정한 범위를 나타낸다.

금속과 물 또는 산 수용액과의 반응은 사실상 물 또는 수소 이온에 의한 금속의 산화인데, 그 이유는 전체 반응이 다음 과정 중 하나이기 때문이다(그리고 더 큰 전하를 가진 금속 이온의 경우 그들의 유사체들).

$$M(s) + H_2O(l) \rightarrow M^+(aq) + \tfrac{1}{2}H_2(g) + OH^-(aq)$$
$$M(s) + H^+(aq) \rightarrow M^+(aq) + \tfrac{1}{2}H_2(g)$$

이들 반응은 M이 s 구역 금속, 3족에서 10족까지의 3d 계열 금속(Sc, Ti, V, Cr, Mn, Fe, Co, Ni) 또는 란타넘족 원소인 경우 열역학적으로 유리하다. 3족의 한 예는 다음과 같다.

$$2Sc(s) + 6H^+(aq) \rightarrow 2Sc^{3+}(s) + 3H_2(g)$$

금속 이온이 금속으로 환원되는 반응에 대한 표준 전위가 음인 경우, 금속은 1 M 산에서 수소를 발생시키면서 산화되어야 한다.

마그네슘 및 알루미늄이 습한 공기와 반응하는 것은 자발적이지만, 두 금속 모두 물과 산소가 있는 상태에서 수년 동안 사용할 수 있다. 이 금속들은 불침투성 산화물 막에 의해 **부동화(passivated)**되거나 또는 반응으로부터 보호되기 때문에 견뎌내는 것이다. 산화 마그네슘과 산화 알루미늄은 모두 모체 금속 아래에 보호막을 형성한다. 철, 구리 및 아연에서도 유사한 부동화가 일어난다. 전해 전지에서 금속이 산화 전극으로 작용하는 금속 '양극 처리' 과정은 부분 산화가 금속의 표면에 매끄럽고 단단한 부동화막을 생성하는 과정이다. 양극 처리는 비활성이고 응집력이 있는 비침투성 Al_2O_3 층의 형성에 의해 알루미늄을 보호하는 데 특히 효과적이다.

물의 전기 분해 또는 광분해에 의해 H_2를 생산하는 것은 미래를 위한 재생 가능 에너지 해결 방안 중 하나로 여겨지며 10장에서 더 자세히 논의된다.

(b) 물에 의한 환원

요점: 물은 환원제로 작용할 수 있다. 즉 다른 화학종에 의해 산화될 수 있다.

$O_2,4H^+/2H_2O$ 쌍의 큰 양의 전위(식 7.10)는 산성화된 물이 강한 산화제와 반응하는 경우를 제외하고는 약한 환원제라는 것을 보여 준다. 후자의 예로는 $Co^{3+}(aq)$가 있고, $E^\ominus(Co^{3+}, Co^{2+})$

= +1.92 V이다. Co^{3+}는 물에 의해 환원되고 O_2를 발생시키며 수용액에서 존재할 수 없다.

$$4CO^{3+}(aq) + 2H_2O(l) \rightarrow 4Co^{2+}(aq) + O_2(g) + 4H^+(aq) \qquad E^\ominus_{전지} = +0.69\ V$$

이 반응에서는 H^+ 이온이 생성되기 때문에, 낮은 산도(높은 pH)는 산화에 유리하다. H^+ 이온의 농도를 낮추면 생성물의 생성이 촉진된다.

단지 몇 개의 산화제($Co^{3+}(aq)$와 같은)만이 상당한 속도로 O_2를 생성하기에 충분할 정도로 빠르게 물을 산화시킬 수 있다. Ce^{4+}/Ce^{3+}($E^\ominus$ = +1.76 V), 산성화된 다이크로뮴산 이온 쌍 $Cr_2O_7^{2-}/Cr^{3+}$($E^\ominus$ = +1.38 V), 그리고 산성화된 과망가니즈산 쌍 MnO^-/Mn^{2+}($E^\ominus$ = +1.51 V)를 포함하여 수용액에서 종종 사용되는 몇몇 산화–환원쌍의 표준 전위는 1.23 V보다 크다. 반응에 대한 장벽의 근원은 반응 속도론적인 것인데, 4개의 전자를 전달하고 O–O 결합을 형성해야 하는 필요성에 기인한다.

산화–환원 반응의 속도는 종종 O–O 결합이 형성될 수 있는 느린 속도에 의해 조절된다는 점을 고려할 때, O_2 발생에 필요한 좋은 촉매를 찾는 것은 무기화학자들에게 어려운 과제로 남아 있다. 이 과정이 중요한 이유는 O_2에 대한 경제적 요구 때문이 아니라 전기 분해 또는 광분해에 의해 물에서 H_2('녹색' 연료)를 생산하려는 열망 때문이다. 기존의 촉매에는 상업적 물분해용 전지의 산화 전극에 사용되는 비교적 덜 알려진 코팅이 있다. 또한 식물 광합성 중심의 O_2 발생 장치에서 발견되는 효소 시스템도 있다. 이 시스템은 4개의 Mn 원자와 1개의 Ca 원자를 포함하는 특수한 보조 인자를 기반으로 한다(26.10절). 자연은 비록 우아하고 효율적이지만, 동시에 복잡하기도 해서 광합성 과정은 생화학자와 생무기화학자에 의해 느리게 규명되고 있다. Ru, Ir 및 Co 착물을 사용하여 자연의 효율성을 모방하는 데 상당한 진전이 이루어지고 있다(16.4절).

(c) 물의 안정도 영역

요점: 물의 안정도 영역은 수소 이온에 의해 산화–환원쌍이 산화되거나 환원되지 않는 pH 및 환원 전위 영역을 나타낸다.

물을 H_2로 빠르게 환원시킬 수 있는 환원제 또는 물을 O_2로 빠르게 산화시킬 수 있는 산화제는 수용액에서 생존할 수 없다. 그림 7.3에 나타낸 물의 **안정도 영역**(**stability field**)은 물이 산화 및 환원에 대해 열역학적으로 안정한 전위 및 pH 값의 범위이다.

안정도 영역의 위와 아래 경계는 관련된 반쪽 반응에 대한 E의 pH 의존성을 이용하여 식별한다. 앞에서 보았듯이, 물의 산화(O_2로의)와 환원 모두 동일한 pH 의존성을 가지며(25°C에서 pH에 대한 E의 그래프를 작성했을 때 −0.059 V의 기울기), 안정도 영역은 경사진 한 쌍의 평행한 선의 경계 내부로 제한된다. 식 7.9에 주어진 것보다 더 음의 전위를 갖는 어떤 화학종은 물을 환원시켜(구체적으로 H^+를 환원시켜) H_2를 생산할 수 있다. 따라서 아래의 선은 안정도 영역의 낮은 전위 경계를 규정한다. 마찬가지로, 식 7.10에 주어진 것보다 더 양의 전위를 갖는 화학종은 물에서 O_2를 방출할 수 있고 위의 선은 높은 전위 경계를 결정한다. 물에서 열역학적으로 불안정한 쌍은 그림 7.3의 경사진 선으로 정의된 한계의 외부(위 또는 아래)에 위치한다. 물에 의해 산화되는 화학종의 전위는 H_2 발생 선의 아래에 위치하고, 물에 의해 환원되는 화학종의 전위는 O_2 발생 선의 위에 위치한다.

'천연'수의 안정도 영역에는 pH = 4와 pH = 9에 두 개의 수직선이 추가되는데, 호수와 개울에서 일반적으로 발견되는 pH의 한계를 나타내는 것이다. 그림에 나타낸 것과 같은 도표는 **Pourbaix 도표**(**Pourbaix diagram**)로 알려져 있으며, 7.14절에서 볼 수 있듯이 환경 화학에 널리 사용된다.

7.8 공기 중 산소에 의한 산화

요점: 공기에 들어 있는 O_2와 물에 용해되어 있는 O_2는 금속과 용액 내 금속 이온을 산화시킬 수 있다.

용액이 뚜껑이 없는 비커에 담겨 있거나 공기에 노출되어 있는 경우에는 용질과 용해된 O_2 사이의 반응 가능성을 고려해야 한다. 예를 들어 N_2와 같은 비활성 분위기와 접하고 있는 Fe^{2+}가 들어 있는 수용액을 고려해 보자. $E^\ominus(Fe^{3+}, Fe^{2+}) = +0.77$ V이고, 이는 물의 안정도 영역 내에 놓여 있으므로, Fe^{2+}는 물에서 존재할 수 있을 것으로 예상된다. 또한 표준 상태에서 Fe(III)까지 산화되는 것이 유리하지는 않기 때문에(0.77 V만큼), H^+에 의해 금속 철이 산화되는 것은 Fe(II)까지만 진행된다는 것을 추론할 수 있다. 하지만 O_2가 존재하면 이러한 상황은 크게 바뀐다. 많은 원소들은 자연에서 SO_4^{2-}, NO_3^-, MoO_4^{2-}와 같은 용해성 산소산 음이온이나, Fe_2O_3와 같은 광석으로서 산화된 화학종의 형태로 존재한다. 실제로 Fe(III)는 지각에서 가장 흔한 형태의 철이며, 수용액 분위기에서 퇴적된 퇴적물에 들어 있는 대부분의 철은 Fe(III)로 존재한다. 반응

$$4\,Fe^{2+}(aq) + O_2(g) + 4\,H^+(aq) \rightarrow 4\,Fe^{3+}(aq) + 2\,H_2O(l)$$

은 다음 두 반쪽 반응의 차이이다.

$$O_2(g) + 4\,H^+(aq) + 4\,e^- \rightarrow 2\,H_2O \qquad E^\ominus = +1.23\,V$$

$$Fe^{3+}(aq) + e^- \rightarrow Fe^{2+}(aq) \qquad E^\ominus = +0.77\,V$$

이는 pH = 0에서 $E^\ominus_{전지} = +0.46$ V라는 것을 의미한다. 따라서 Fe(III) 아쿠아 화학종이 가수분해되고 '녹'으로 침전되기는 해도(7.14절), O_2에 의한 $Fe^{2+}(aq)$의 산화는 pH = 0 및 더 높은 pH에서 자발적이다($K>1$의 의미에서).

예제 7.5 공기 중 산화의 중요성 판단하기

구리 지붕이 산화되어 녹청(일반적으로 '염기성 탄산 구리')으로 알려진 녹색 물질로 산화되는 것은 습한 환경에서 공기 산화의 예이다. 산-중성 수용액에서 공기 중 O_2에 의한 구리 금속의 산화 전위를 추정하시오. $Cu^{2+}(aq)$는 pH = 0과 7 사이에서 탈양성자화되지 않으며, H^+ 이온은 반쪽 반응에 참여하지 않는다고 가정할 수 있다.

답 관련된 두 환원 반쪽 반응을 바탕으로, 구리 금속과 공기 중의 반응을 고려할 필요가 있다.

$$O_2(g) + 4H^+(aq) + 4e^- \rightarrow 2H_2O \qquad E = +1.23V-(0.05V)\times pH$$

$$Cu^{2+}(aq) + 2e^- \rightarrow Cu(s) \qquad E^\ominus = +0.34V$$

차이는

$E_{전지} = 0.89V-(0.059V)\times pH$이다.

따라서 pH = 0에서 $E_{전지} = +0.89$ V이고, pH = 7에서는 +0.48 V이므로 중성과 산성 환경 모두에서 다음 공기 산화 반응의 $K>1$이다.

$$2Cu(s) + O_2(g) + 4H^+(aq) \rightarrow 2Cu^{2+}(aq) + 2H_2O(l)$$

친숙한 녹색 표면은 거의 침투할 수 없는 수화된 탄산 구리(II), 황산 구리(II) 또는 바다 근처에서는 염화 구리(II)의 부동화층이다. 이들 화합물은 공기 중 CO_2, SO_2 또는 소금물의 존재하에 산화에 의해 생성되고, 산화-환원 반응에는 음이온도 관련되어 있다.

문제 7.5 반응 $SO_4^{2-}(aq) + 4H^+(aq) + 2e^- \rightarrow SO_2(aq) + 2H_2O(l)$에 의해 황산 이온($SO_4^{2-}$)이 SO_2로 변환될 수 있는 표준 전위는 +0.16 V이다. 안개나 구름 속으로 방출되는 SO_2의 열역학적으로 예상되는 운명은 무엇인가?

7.9 불균등화 반응과 균등화 반응

요점: 불균등화 및 균등화 측면에서, 서로 다른 산화 상태의 고유한 안정성과 불안정성을 표준 전위를 이용하여 규정할 수 있다.

$E^\ominus(Cu^+, Cu) = +0.52$ V이고 $E^\ominus(Cu^{2+}, Cu^+) = +0.16$ V이므로, 두 전위 모두 물의 안정도 영역 내에 있기 때문에 Cu^+ 이온은 물을 산화시키지도 환원시키지도 않는다. 그럼에도 불구하고, Cu(I)은 수용액에서 안정하지 않은데, 그 이유는 원소의 산화수가 동시에 증가하고 감소하는 산화–환원 반응인 **불균등화 반응**(disproportionation)가 일어나기 때문이다. 다시 말해, 불균등화 반응이 일어나는 경우, 원소는 스스로가 산화제와 환원제 역할을 한다.

$$2\,Cu^+(aq) \rightarrow Cu^{2+}(aq) + Cu(s)$$

이 반응은 다음 두 반쪽 반응의 차이이다.

$$Cu^+(aq) + e^- \rightarrow Cu(s) \qquad E^\ominus = +0.52\ V$$
$$Cu^{2+}(aq) + e^- \rightarrow Cu^+(aq) \qquad E^\ominus = +0.16\ V$$

불균등화 반응의 $E^\ominus_{전지} = 0.52\ V - 0.16\ V = +0.36$ V이기 때문에, 298 K에서 $K = 1.3 \times 10^6$이므로, 반응이 매우 우세하다. 하이포아염소산도 불균등화 반응을 일으킨다.

$$5\,HClO(aq) \rightarrow 2\,Cl_2(g) + ClO_3^-(aq) + 2\,H_2O(l) + H^+(aq)$$

이 산화–환원 반응은 다음 두 반쪽 반응의 차이이다.

$$4\,HClO(aq) + 4\,H^+(aq) + 4\,e^- \rightarrow 2\,Cl_2(g) + 4\,H_2O(l) \qquad E^\ominus = +1.63\,V$$

$$ClO_3^-(aq) + 5\,H^+(aq) + 4\,e^- \rightarrow HClO(aq) + 2\,H_2O(l) \qquad E^\ominus = +1.43\,V$$

따라서 전체 $E^\ominus_{전지} = 1.63\ V - 1.43\ V = +0.20$ V이고, 298 K에서 $K = 3 \times 10^{13}$이다.

예제 7.6 불균등화 반응의 가능성 검토

산성 수용액에서 Mn(VI)은 불안정하여 Mn(VII) 및 Mn(II)으로 불균등화 반응을 할 수 있음을 증명하시오.

답 이 질문에 답하기 위해 Mn(VI) 화학종과 관련된 두 개의 반쪽 반응, 즉 산화 반응과 환원 반응을 고려할 필요가 있다. 전체 반응(5.3절의 Pauling 규칙에서 Mn(VI)의 산소산 음이온인 MnO_4^{2-}는 pH = 0에서 양성자화되어야 한다는 것에 유의하면서)은

$$5HMnO_4^-(aq) + 3H^+(aq) \rightarrow 4MnO_4^-(aq) + Mn^{2+}(aq) + 4H_2O(l)$$

다음 두 반쪽 반응의 차이이다.

$$HMnO_4^-(aq) + 7H^+(aq) + 4e^- \rightarrow Mn^{2+}(aq) + 4H_2O(l) \qquad E^\ominus = +1.63\,V$$

$$4MnO_4^-(aq) + 4H^+(aq) + 4e^- \rightarrow 4HMnO_4^-(aq) \qquad E^\ominus = +0.90\,V$$

표준 전위의 차이는 +0.73 V이므로 불균등화 반응은 실질적으로 완결된다(298 K에서 $K = 10^{50}$). 불균등화 반응의 실질적인 결과는 MnO_4^{2-}은 염기성 용액에서 안정화되지만, 산성 용액에서는 높은 농도의 $HMnO_4^-$ 이온을 얻을 수 없다는 것이다.

문제 7.6 Fe^{2+}/Fe와 Fe^{3+}/Fe^{2+} 쌍의 표준 전위는 각각 −0.41 V와 +0.77 V이다. Fe^{2+}는 수용액에서 불균등화 반응을 할 것으로 예상해야 하는가?

불균등화 반응의 역과정인 **균등화 반응**(**comproportionation**)에서, 산화 상태는 다르지만 동일한 원소를 갖는 두 화학종은 중간 산화 상태의 원소가 포함된 생성물을 형성한다.

$$Ag^{2+}(aq) + Ag(s) \rightarrow 2\,Ag^{+}(aq) \qquad E^{\ominus}_{전지} = +1.18\,V$$

큰 양의 전위는 Ag(II) 및 Ag(0)가 수용액에서 Ag(I)로 완전히 전환됨을 나타낸다(298 K에서 $K = 1 \times 10^{20}$).

7.10 착물화의 영향

요점: 금속이 산화−환원쌍의 더 높은 산화 상태에 있을 때 열역학적으로 더 안정한 착물의 형성은 산화 반응을 더 선호하고 표준 전위를 더 음의 값으로 만든다. 금속이 산화−환원쌍의 더 낮은 산화 상태에 있을 때 더 안정한 착물의 형성은 환원 반응이 더 우세하고 표준 전위는 더 양의 값이 된다.

금속 착물의 형성(6장 참조)은 표준 전위에 영향을 미치는데, 그 이유는 리간드(L)의 배위에 의해 형성된 착물(ML)의 전자를 수용하거나 방출하는 능력이 상응하는 아쿠아 이온(M)의 능력과 다르기 때문이다.

$$M^{\nu+}(aq) + e^{-} \rightarrow M^{(\nu-1)+}(aq) \qquad E^{\ominus}(M)$$
$$ML^{\nu+}(aq) + e^{-} \rightarrow ML^{(\nu-1)+}(aq) \qquad E^{\ominus}(ML)$$

M의 표준 전위에 비해 ML 산화−환원쌍의 표준 전위 변화는 리간드 L이 M의 산화형 또는 환원형에 더 강하게 배위되는 정도를 반영한다. 어떤 경우에는 특정 산화 상태와 관련된 표준 전위가 리간드의 종류에 따라 2 V 이상 변할 수도 있다. 예를 들어 Fe(III) 착물의 일전자 환원에 대한 표준 전위는 L = bpy(**1**)인 경우 $E > 1$ V에서부터, L이 엔테로박틴(26.6절)으로 알려진 자연적으로 존재하는 리간드인 경우 $E < -1$ V의 범위이다. 유사 bpy 리간드를 가지고 있는 Ru 착물은 염료 감응형 광전지에 사용되며, 유기 고리에 다른 치환기를 배치함으로써 환원 전위를 조절할 수 있다.

1 2,2-bipyridlne(bpy)

착물화로 인한 표준 전위의 변화는 그림 7.4와 같은 일반적인 열역학적 순환을 고려하여 분석한다. 순환을 한 바퀴 돌면 Gibbs 반응 에너지의 합은 0이므로 다음과 같이 쓸 수 있다.

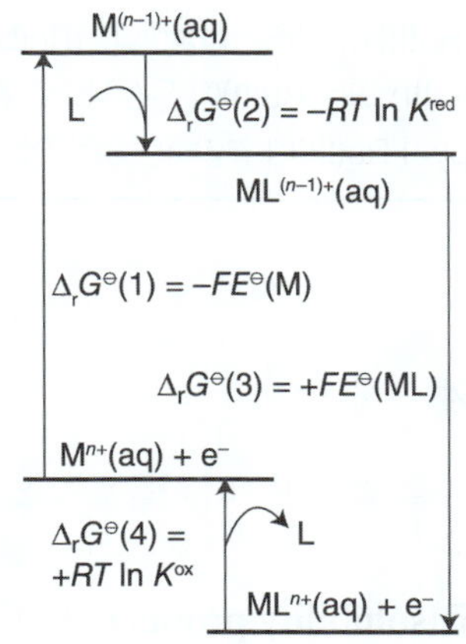

그림 7.4 $M^{\nu+}/M^{(\nu-1)+}$ 쌍의 표준 전위가 리간드 L의 존재에 의해 어떻게 변화하는지를 보여 주는 열역학적 순환

$$-FE^{\ominus}(\mathrm{M}) - RT\ln K^{\mathrm{red}} + FE^{\ominus}(\mathrm{ML}) + RT\ln K^{\mathrm{ox}} = 0 \tag{7.11}$$

여기서 K^{ox}와 K^{red}는 L이 각각 M^{v+}와 $M^{(v-1)+}$와 결합하는 것에 대한 평형 상수(K = [ML]/[M][L]의 형태)이며, 각각의 경우에 $\Delta_r G^{\circ} = -RT\ln K$를 사용하였다. 이 식을 정리하면 다음과 같아진다.

$$E^{\ominus}(\mathrm{M}) - E^{\ominus}(\mathrm{ML}) = \frac{RT}{F}\ln\frac{K^{\mathrm{ox}}}{K^{\mathrm{red}}} \tag{7.12a}$$

25°C에서 $\ln x = \ln 10 \log x$이므로,

$$E^{\ominus}(\mathrm{M}) - E^{\ominus}(\mathrm{ML}) = (0.059\ \mathrm{V})\log\frac{K^{\mathrm{ox}}}{K^{\mathrm{red}}} \tag{7.12b}$$

따라서 리간드가 M^{v+}에 결합하는 것에 비해 $M^{(v-1)+}$에 결합하는 반응의 평형 상수가 10배 증가할 때마다 환원 전위는 0.059 V씩 감소한다.

요약 설명

반쪽 반응 $[Fe(CN)_6]^{3-}(aq) + e^- \rightarrow [Fe(CN)_6]^{4-}(aq)$의 표준 전위는 0.36 V이다. 즉 아쿠아 산화–환원쌍 $[Fe(OH_2)_6]^{3+}(aq) + e^- \rightarrow [Fe(OH_2)_6]^{2+}(aq)$의 전위보다 0.41 V 더 음이다. 이는 Fe(II)에 비해 Fe(III)에 10^7배 더 큰 친화력($K^{\mathrm{ox}} \approx 10^7\ K^{\mathrm{red}}$ 의미)을 갖는 CN^-와 같다.

예제 7.7 착물의 결합 경향을 확인하기 위한 전위 데이터 분석

루테늄은 주기율표에서 철 바로 아래에 있다. 다음 환원 전위는 수용액에서 Ru 화학종에 대해 측정한 것이다. Fe 화학종들과 비교했을 때 이 값들이 제시하는 것은 무엇인가?

$[Ru(OH_2)_6]^{3+} + e^- \rightarrow [Ru(OH_2)_6]^{2+}$ $E^{\ominus} = +0.25$ V

$[Ru(CN)_6]^{3-} + e^- \rightarrow [Ru(CN)_6]^{4-}$ $E^{\ominus} = +0.80$ V

답 특정 리간드에 의한 착물화로 인해 금속 이온의 환원 전위가 **양**(positive)의 방향으로 이동하면 새로운 리간드는 환원된 금속 이온을 안정화시켜야 한다는 것에 유의하면 이 질문에 답할 수 있다. 이 경우 CN^-는 Ru(III)에 비해 Ru(II)를 안정화시킨다는 것을 알 수 있다. 이러한 거동은 Fe의 거동(앞의 요약 설명 참고)과는 뚜렷하게 대조를 이루고 있는데, 앞에서 언급한 것처럼 CN^-는 Fe(III)를 안정화시키고, 그 결과 Fe–CN 결합을 더 이온성이 되도록 유지한다. 나중에 보게 되겠지만, 3d 오비탈에 비해 4d 오비탈의 더 큰 방사 방향 확장은 Ru, 특히 Ru(II)에 결합될 때 CN^-의 π 수용체 특성이 더 중요해짐을 의미한다.

문제 7.7 리간드 bpy(**1**)는 Ru(III) 및 Ru(II)와 착물을 형성한다. $[Ru(bpy)_3]^{3+}/[Ru(bpy)_3]^{2+}$ 쌍의 표준 전위는 +1.26 V이다. bpy가 Ru(III) 또는 Ru(II)에 우선적으로 결합하는가? 6개의 물 분자가 Ru(III)에 결합하는 것에 비해 3개의 bpy가 Ru(III)에 결합하는 것은 어느 정도의 크기로 증가 또는 감소하는가?

7.11 용해도와 표준 전위의 관계

요점: 표준 전지 전위는 용해도곱 상수를 결정하는 데 사용될 수 있다.

난용성 화합물의 용해도는 **용해도곱**(**solubility product**, K_{sp})로 알려진 평형 상수로 표현된다.

이 접근법은 착물화 평형을 표준 전위와 관련시키기 위해 위에서 소개한 것과 유사하다. 물에 녹아 금속 이온 $M^{\nu+}(aq)$와 음이온 $X^-(aq)$를 생성하는 화합물 MX_ν에 대해 다음과 같이 쓸 수 있다.

$$M^{\nu+}(aq) + \nu X^-(aq) \rightleftharpoons MX_\nu(s) \qquad K_{sp} = [M^{\nu+}][X^-]^\nu \tag{7.13}$$

전체 (산화—환원이 아닌) 용해도 반응을 만들기 위해 두 환원 반쪽 반응의 차이를 이용한다.

$$M^{\nu+}(aq) + \nu e^- \rightarrow M(s) \qquad E^\ominus(M^{\nu+}/M)$$
$$MX_\nu(s) + \nu e^- \rightarrow M(s) + \nu X^-(aq) \qquad E^\ominus(MX_\nu / M,X^-)$$

따라서 다음과 같은 결과가 얻어진다.

$$\ln K_{sp} = \frac{\nu F\{E^\ominus(MX_\nu/M,X^-) - E^\ominus(M^{\nu+}/M)\}}{RT} \tag{7.14}$$

예제 7.8 표준 전위로부터 용해도곱 상수 구하기

원자력 시설에서 플루토늄 폐기물이 유출될 가능성은 심각한 환경 문제이다. 산 또는 염기성 용액에서 측정된 전위를 기반으로 $Pu(OH)_4$의 용해도곱을 계산하시오. 아울러, 높은 pH에 비해 pH가 낮은 환경으로 Pu(Ⅳ) 폐기물이 유출되는 경우 그 결과에 대해 언급하시오.

$$Pu^{4+}(aq) + 4e^- \rightarrow Pu(s) \qquad E^\ominus = -1.28\text{ V}$$

$$Pu(OH)_4(s) + 4e^- \rightarrow Pu(s) + 4OH^-(aq) \qquad E^\ominus = -2.06\text{ V (pH=14에서)}$$

답 주어진 전위를 사용하여 pH = 0 및 14에서의 전극 반응에 대한 Gibbs 에너지 변화와 $Pu^{4+}(aq)$와 $OH^-(aq)$의 반응에 대한 표준 Gibbs 에너지를 결합하는 열역학적 순환을 고려해야 한다. $Pu(OH)_4$의 용해도곱 $K_{sp} = [Pu^{4+}][OH^-]^4$이므로, 상응하는 Gibbs 에너지 항은 $-RT\ln K_{sp}$이다. 열역학적 순환에 대해 $\Delta G = 0$이므로, 다음의 식이 얻어진다.

$$-RT\ln K_{sp} = 4FE^\ominus(Pu^{4+}/Pu) - 4FE^\ominus(Pu(OH)_4/Pu)$$

따라서

$$\ln K_{sp} = \frac{4F\{(-2.06\text{ V}) - (-1.28\text{ V})\}}{RT}$$ 이고,

$K_{sp} = 1.7\times10^{-53}$이다.

문제 7.8 Ag^+/Ag 쌍의 표준 전위가 +0.80 V이고 $K_{sp} = 1.77\times10^{-10}$일 때, $[Cl^-] = 1.0\text{ mol dm}^{-3}$ 조건에서 AgCl/Ag, Cl^- 쌍의 전위를 계산하시오.

전위 데이터를 도표로 나타내기

수용액에서 산화 상태가 서로 다른 화학종의 상대적인 안정성을 도표로 요약하여 나타내는 몇 가지 유용한 방법이 있다. 'Latimer 도표'는 각 원소들에 대해 정량적 데이터를 요약하여 나타내는 데 유용하다. 'Frost 도표'는 다양한 원소의 산화 상태에 대한 상대적이고 고유한 안정성을 정성적으로 묘사하는 데 유용하다. 다음 장에서는 이러한 맥락에서 한 족의 원소들의 산화–환원 성질의 경향을 설명하기 위해 Latimer 도표와 Frost 도표를 종종 사용한다. Pourbaix(E – pH) 도표는 환원 전위가 pH에 어떻게 의존하는지를 표시하며 특정 조건에서 존재하는 우세한 화학종을 예측하는 데 유용하다.

7.12 Latimer 도표

한 원소에 대한 **Latimer 도표**[**Latimer diagram**, 또는 **환원 전위 도표**(**reduction potential diagram**)로도 불리는]에서는 표준 전위(볼트 단위)의 값을 서로 다른 산화 상태에 있는 원소를 포함하고 있는 화학종을 연결하는 수평선(또는 화살표) 위에 나타낸다. 한 원소의 가장 많이 산화된 형태를 왼쪽에 쓰고, 연속적으로 더 낮은 산화 상태에 있는 원소들을 그 오른쪽에 나타낸다. Latimer 도표는 많은 양의 정보를 간단한 형태로 요약하여 나타내고(설명한 것처럼), 다양한 화학종들 사이의 관계를 매우 명확한 방법으로 보여 준다.

(a) 작성

요점: Latimer 도표에서 산화수는 왼쪽에서 오른쪽으로 감에 따라 감소하고 볼트 단위의 값은 산화–환원쌍과 관련있는 화학종을 연결하는 선 위에 나타낸다.

예를 들어 산성 용액에서 염소의 Latimer 도표는 다음과 같다.

$$\underset{+7}{ClO_4^-} \xrightarrow{+1.20} \underset{+5}{ClO_3^-} \xrightarrow{+1.18} \underset{+3}{HClO_2} \xrightarrow{+1.67}$$

$$\underset{+1}{HClO} \xrightarrow{+1.63} \underset{0}{Cl_2} \xrightarrow{+1.36} \underset{-1}{Cl^-}$$

이 예에서와 같이, 산화수는 때때로 화학종 아래(또는 위)에 나타낸다. Latimer 도표를 반쪽 반응식으로 변환하려면 반응에 포함된 모든 화학종을 신중히 고려해야 하는데, 이들 중 일부(H^+와 H_2O)는 Latimer 도표에 포함되어 있지 않다. 산화–환원 반응식의 균형을 맞추는 절차는 7.1절에서 설명하였다. 이 쌍의 표준 상태에는 pH = 0인 조건이 포함된다. 예를 들어

$$HClO \xrightarrow{+1.67} Cl_2$$

로 표기한 것은 다음 식을 나타낸다.

$$2\,HClO(aq) + 2\,H^+(aq) + 2\,e^- \rightarrow Cl_2(g) + 2\,H_2O(l) \qquad E^\ominus = +1.67\,V$$

마찬가지로

$$ClO_4^- \xrightarrow{+1.20} ClO_3^-$$

는 다음 식을 의미한다.

$$ClO_4^-(aq) + 2\,H^+(aq) + 2\,e^- \rightarrow ClO_3^-(aq) + H_2O(l) \qquad E^\ominus = +1.20\,V$$

두 반쪽 반응은 모두 H^+ 이온을 포함하므로 전위는 pH에 의존한다는 것에 유의하라.

염기성 수용액(pOH = 0이고 따라서 pH = 14)에서, 염소에 대한 Latimer 도표는 다음과 같다.

$$\underset{+7}{ClO_4^-} \xrightarrow{+0.37} \underset{+5}{ClO_3^-} \xrightarrow{+0.30} \underset{+3}{ClO_2^-} \xrightarrow{+0.68} \underset{+1}{ClO^-} \xrightarrow{+0.42} \underset{0}{Cl_2} \xrightarrow{+1.36} \underset{-1}{Cl^-}$$

Cl_2/Cl^- 쌍에 대한 값은 그들의 반쪽 반응이 양성자의 이동과 관련이 없으므로 산성 용액에서와 같다.

(b) 이웃하지 않은 화학종

요점: 두 개의 다른 쌍을 조합한 쌍의 표준 전위는 반쪽 반응의 표준 전위가 아닌 Gibbs 표준 에너지를 조합하여 얻는다.

두 개 이상의 전자를 포함하는 이웃하지 않은 쌍의 표준 전위를 얻으려면, 일반적으로 단순히 그들의 표준 전위를 더해서는 안 되고 식 7.2($\Delta_r G^\ominus = -\nu FE^\ominus$)와 두 개의 연속적인 단계 a와 b에 대한 전체 $\Delta_r G^\circ$는 각각의 값을 더한 것이라는 사실을 이용해야 한다.

$$\Delta_r G^\ominus(a+b) = \Delta_r G^\ominus(a) + \Delta_r G^\ominus(b)$$

조합된 과정의 표준 전위를 구하기 위해, 관련 인자 $-\nu F$를 곱하고 서로 더한 다음, 그 합을 전체 전자 이동에 대한 $-\nu F$로 나누어 $E^\ominus$로 환산한다.

$$-\nu FE^\ominus(a+b) = -\nu(a)FE^\ominus(a) - \nu(b)FE^\ominus(b)$$

$-F$는 상쇄되고 $\nu = \nu(a) + \nu(b)$이므로 최종 결과는 다음과 같다.

$$E^\ominus(a+b) = \frac{\nu(a)E^\ominus(a) + \nu(b)E^\ominus(b)}{\nu(a)+\nu(b)} \tag{7.15}$$

요약 설명

염기성 수용액에서 ClO_2^-/Cl_2 쌍의 $E^\ominus$ 값을 계산하기 위해 Latimer 도표를 사용하려면 다음의 두 표준 전위를 고려한다.

$$ClO_2^-(aq) + H_2O(l) + 2e^- \rightarrow ClO^-(aq) + 2OH^-(aq) \qquad E^\ominus(a) = +0.68\,V$$

$$ClO^-(aq) + H_2O(l) + e^- \rightarrow \frac{1}{2}Cl_2(aq) + 2OH^-(aq) \qquad E^\ominus(b) = +0.42\,V$$

이들의 합은 다음과 같고, 구하려고 하는 쌍의 반쪽 반응이다.

$$ClO_2^-(aq) + 2H_2O(l) + 3e^- \rightarrow \frac{1}{2}Cl_2(g) + 4OH^-(aq)$$

$\nu(a) = 2$이고 $\nu(b) = 1$이라는 것을 알 수 있다. 식 7.15로부터 ClO_2^-/Cl_2 쌍의 표준 전위는 다음과 같다는 것을 알 수 있다.

$$E^\ominus = \frac{(2)(0.68V)+(1)(0.42V)}{3} = +0.59\,V$$

(c) 불균등화 반응

요점: Latimer 도표에서 화학종의 오른쪽에 있는 전위가 왼쪽에 있는 것보다 더 양의 값이면 그 화학종은 이웃한 두 화학종으로 불균등화 반응을 일으키려는 경향이 있다.

불균등화 반응을 고려해 보자.

$$2\,M^{+}(aq) \rightarrow M(s) + M^{2+}(aq)$$

$E^{\ominus}>0$이라면 이 반응의 $K>1$이다. Latimer 도표로 이러한 조건을 분석하기 위해, 전체 반응을 두 반쪽 반응의 차이로 나타낸다.

$$M^{+}(aq) + e^{-} \rightarrow M(s) \qquad E^{\ominus}(R)$$

$$M^{2+}(aq) + e^{-} \rightarrow M^{+}(aq) \qquad E^{\ominus}(L)$$

기호 L과 R은 각각 Latimer 도표에서 쌍의 위치, 즉 왼쪽과 오른쪽을 나타낸다(더 산화된 화학종은 왼쪽에 위치한다는 것을 기억하라). 전체 반응의 표준 전위는 $E^{\ominus} = E^{\ominus}(R) - E^{\ominus}(L)$이며, $E^{\ominus}(R)>E^{\ominus}(L)$일 때 양수이다. 화학종의 오른쪽에 있는 전위가 왼쪽에 있는 전위보다 더 양이면 그 화학종은 본질적으로 불안정하다(즉 그 화학종은 이웃한 화학종으로 불균등화하려는 경향이 있다)고 결론을 내릴 수 있다.

예제 7.9 불균등화 경향 확인하기

산소에 대한 Latimer 도표의 일부는 다음과 같다.

$$O_2 \xrightarrow{+0.70} H_2O_2 \xrightarrow{+1.76} H_2O$$

산성 용액에서 과산화 수소는 불균등화 반응을 하는가?

답 H_2O_2가 O_2보다 더 강한 산화제라면, H_2O_2는 그 자신과 반응하여 산화에 의해 O_2를 생성하고 환원에 의해 $2H_2O$를 생성해야 한다고 추론함으로써 이 질문에 접근할 수 있다. H_2O_2의 오른쪽에 있는 전위가 왼쪽에 있는 전위보다 더 크므로, H_2O_2는 산성 조건에서 인접한 두 화학종으로 불균등화 반응을 할 것으로 예상된다. 다음의 두 반쪽 반응으로부터,

$$2H^{+}(aq) + 2e^{-} + H_2O_2(aq) \rightarrow 2H_2O(l) \qquad E^{\ominus} = +1.76\,V$$

$$O_2(g) + 2H^{+}(aq) + 2e^{-} \rightarrow H_2O_2(aq) \qquad E^{\ominus} = +0.70\,V$$

전체 반응은 다음과 같고, 자발적($K>1$이라는 의미에서)이라고 결론을 내릴 수 있다.

$$2H_2O_2(aq) + 2H_2O(l) + O_2(g) \qquad E^{\ominus} = +1.06\,V$$

문제 7.9 다음 Latimer 도표(산성 용액)를 이용하여 (a) 산성 수용액에서 Pu(IV)가 Pu(III)와 Pu(V)로 불균등화 반응을 할 것인지, (b) Pu(V)는 Pu(VI)와 Pu(IV)로 불균등화 반응을 할 것인지 설명하시오.

$$\underset{+6}{PuO_2^{2+}} \xrightarrow{+1.20} \underset{+5}{PuO_2^{1}} \xrightarrow{+1.40} \underset{+4}{pu^{4+}} \xrightarrow{+1.01} \underset{+3}{pu^{3+}}$$

7.13 Frost 도표

원소 X의 **Frost 도표**[**Frost diagram** 또는 **산화 상태 도표**(oxidation state diagram)]는 원소의 산화수 N에 대해 X(N)/X(0) 쌍의 $\nu E^{\ominus}$를 도시한 것이다(ν는 각 산화 상태를 형성하기 위해 전달되는 전자의 알짜 수이며 N = 0부터 시작한다). Frost 도표의 일반적인 형태를 그

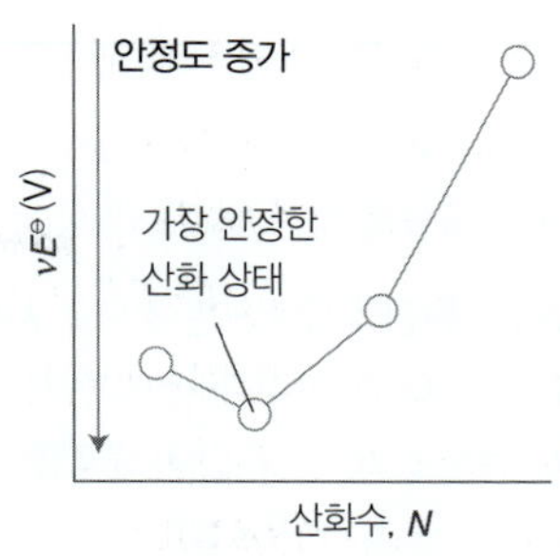

그림 7.5 Frost 도표를 통해 본 산화 상태의 안정성

림 7.5에 나타내었다. Frost 도표는 특정 화학종 X(*N*)이 좋은 산화제인지 환원제인지를 나타낸다. 또한 본질적으로 안정하거나 불안정한 원소의 산화 상태를 식별하기 위한 중요한 지침을 제공한다.

(a) 다른 산화 상태의 Gibbs 생성 에너지

요점: Frost 도표는 원소의 다른 산화 상태 형성에 대한 Gibbs 에너지가 산화수에 따라 어떻게 변하는지를 보여 준다. 원소의 가장 안정적인 산화 상태는 Frost 도표에서 가장 낮은 곳에 위치한 화학종에 해당한다. Frost 도표는 전극 전위 데이터를 사용하여 편리하게 작성된다.

산화수 *N*을 갖는 화학종 X가 원소 형태로 전환되는 반쪽 반응의 경우, 환원 반쪽 반응은 다음과 같다.

$$X(N) + \nu e^- \rightarrow X(0)$$

$\nu E^{\ominus}$는 화학종 X(*N*)을 원소로 변환하기 위한 표준 Gibbs 반응 에너지에 비례하기 때문에(명시적으로 $\nu E^{\ominus} = -\Delta_r G^{\ominus}/F$이고, 여기에서 $\Delta_r G^{\ominus}$는 위에 주어진 반쪽 반응의 표준 Gibbs 반응 에너지이다) Frost 도표는 산화수에 대한 표준 Gibbs 반응 에너지(*F*로 나눈)의 도시로 간주될 수 있다. 결과적으로, 수용액에서 원소의 가장 안정적인 상태는 Frost 도표에서 가장 낮은 곳에 위치한 화학종에 해당한다. 그림 7.6에 제시된 예는 pH = 0 및 pH = 14인 수용액에서 형성된 질소 화학종에 대한 데이터를 보여 준다. NH_4^+(aq)만 자유 에너지 감소($\Delta_f G^{\ominus} < 0$) 반응이고, 다른 모든 화학종은 자유 에너지 증가($\Delta_f G^{\ominus} > 0$) 반응이다. 도표는 더 높은 산화물 및 산소산 음이온이 산성 용액에서는 자유 에너지가 매우 증가하는 반응이지만, 염기성 용액에서는 상대적으로 안정화된다는 것을 보여 준다. 하이드록실아민이 pH에 관계없이 특히 불안정하다는 것을 제외하고는 $N < 0$인 화학종의 경우 일반적으로 정반대이다.

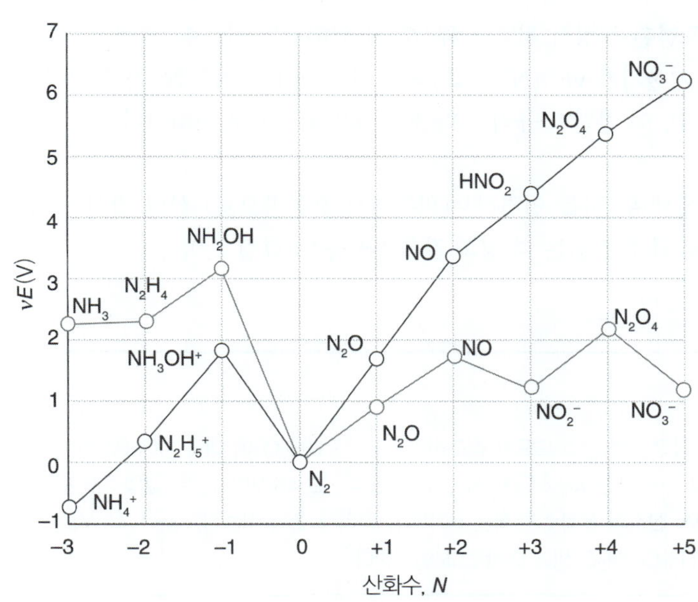

그림 7.6 **질소의 Frost 도표** 선의 기울기가 가파를수록 산화–환원쌍의 표준 전위가 크다. 진한 선은 표준(산) 조건(pH = 0)을 나타내고, 연한 선은 pH = 14에 해당한다. HNO_3는 강산이기 때문에 pH = 0에서도 짝염기인 NO_3^-로 존재한다. N(IV) 화학종은 이합체 N_2O_4로 나타내었다.

예제 7.10 Frost 도표 그리기

예제 7.9의 Latimer 도표로부터 산소의 Frost 도표를 작성하시오.

답 산화 상태가 0인 원소(O_2)를 $\nu E^\ominus$ 및 N축의 원점에 배치하는 것으로 시작한다. O_2가 H_2O_2로 환원되는 경우 ($N = -1$), $E^\ominus = +0.70$ V이므로, $\nu E^\ominus = -0.70$ V이다. H_2O에서 O의 산화수는 −2이고 O_2/H_2O 쌍의 $E^\ominus$는 +1.23 V이므로 $N = -2$일 때 $\nu E^\ominus = -2.46$ V이다. 이 결과를 그림 7.7에 나타내었다.

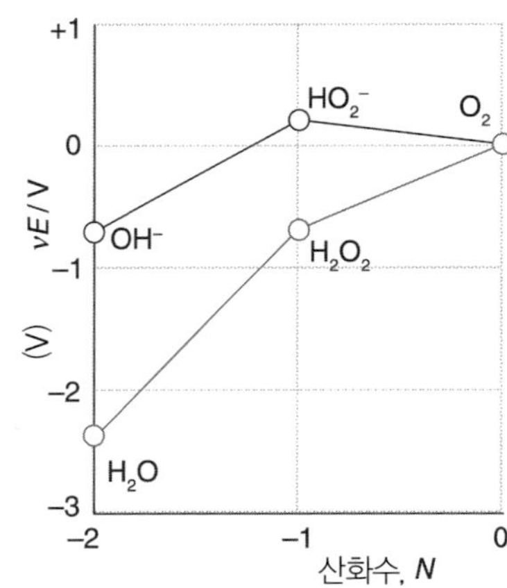

그림 7.7 산성 용액(연한 선, pH = 0)과 염기성 용액 (진한 선, pH = 14)에서 산소의 Frost 도표

문제 7.10 Tl의 Latimer 도표로부터 Frost 도표를 작성하시오.

$$Tl^{3+} \xrightarrow{+1.25} Tl^{+} \xrightarrow{-0.34} Tl$$

(b) 해석

요점: Frost 도표는 한 원소의 다른 산화 상태의 고유한 안정성을 측정하고 특정 화학종이 좋은 산화제인지 환원제인지를 결정하는 데 사용될 수 있다. 서로 다른 산화수를 갖는 두 화학종을 연결하는 선의 기울기는 그 산화−환원쌍에 대한 환원 전위이다.

Frost 도표에 포함된 정성적 정보를 해석하기 위해서는 산화수 N'와 N''을 갖는 두 화학종을 연결하는 선의 기울기가 $\nu E^\ominus/(N' - N'') = E^\ominus$라는 것($\nu = N' - N''$이므로)에 주목하는 것이 중요하다(그림 7.8). 이 간단한 규칙은 다음과 같은 특징으로 나타난다.

1. Frost 도표에서 두 점을 연결하는(왼쪽에서 오른쪽으로) 선의 경사가 급할수록, 해당 산화−환원쌍의 표준 전위는 더 양의 값을 나타낸다(그림 7.9a).

요약 설명

이에 대한 예로 그림 7.7의 산소 도표를 참고하라. $N = -1$(H_2O_2에 대하여)에 해당하는 점에서, $(-1) \times E = -0.70$ V이고, $N = -2$(H_2O에 해당)에서, $(-2) \times E = -2.46$ V이다. 두 값의 차이는 −1.76 V이다. H_2O_2에서 H_2O로 가면서 산소의 산화수 변화는 −1이다. 따라서 선의 기울기는 (−1.76 V)/(−1) = +1.76 V이고, Latimer 도표에서 H_2O_2/H_2O 쌍에 대한 값과 일치한다.

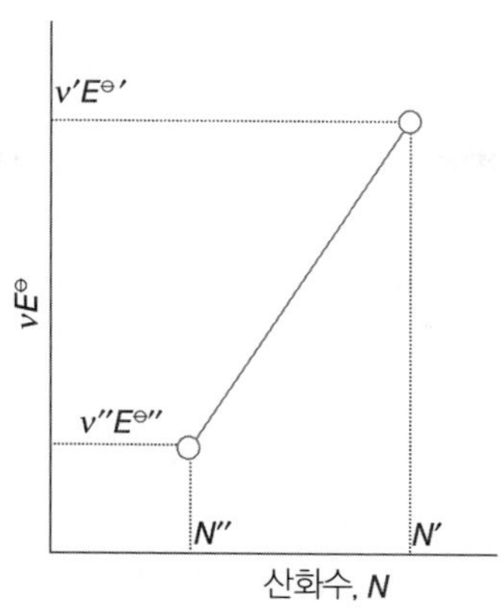

그림 7.8 서로 다른 산화수를 갖는 화학종을 연결하는 선과 해당 산화-환원쌍의 표준 전위와의 관계를 확립하기 위해 사용된 Frost 도표 영역의 일반적인 구조

2. 기울기가 더 큰 양의 값(더 양의 $E^{\ominus}$)을 갖는 쌍의 산화제는 환원되기 쉽다(그림 7.9b).
3. 더 작은 양의 기울기(가장 음의 $E^{\ominus}$)를 가진 쌍의 환원제는 산화되기 쉽다(그림 7.9b).

예를 들어 그림 7.6에서 NO_3^-와 더 낮은 산화수를 연결하는 가파른 경사는 질산 이온이 표준 상태에서 좋은 산화제임을 보여 준다.

Latimer 도표를 논의할 때, X(N)에서 X(N−1)로의 환원 전위가 X(N)에서 X(N+1)로의 산화 전위보다 큰 경우 화학종이 불균등화 반응을 겪기 쉽다는 것을 보았다. 동일한 기준이 Frost 도표(그림 7.9c)로 표현될 수 있다.

4. 두 인접한 화학종을 연결하는 선 위에 점이 있는 경우(볼록한 곡선), Frost 도표에 있는 화학종은 불균등화 반응에 대해 불안정하다.

이 기준이 충족되면, 화학종 왼쪽에 있는 쌍의 표준 전위는 오른쪽에 있는 쌍의 표준 전위보다 더 크다. 구체적인 예로 NH_2OH를 들 수 있는데, 그림 7.6에서 볼 수 있듯이 이 화합물은 NH_3와 N_2로의 불균등화 반응에 대해 불안정하다. 이 규칙의 기원은 그림 7.9d에 설명되어 있는데, 그림은 중간 산화수를 갖는 화학종의 Gibbs 반응 에너지가 양쪽에 있는 두 화학종

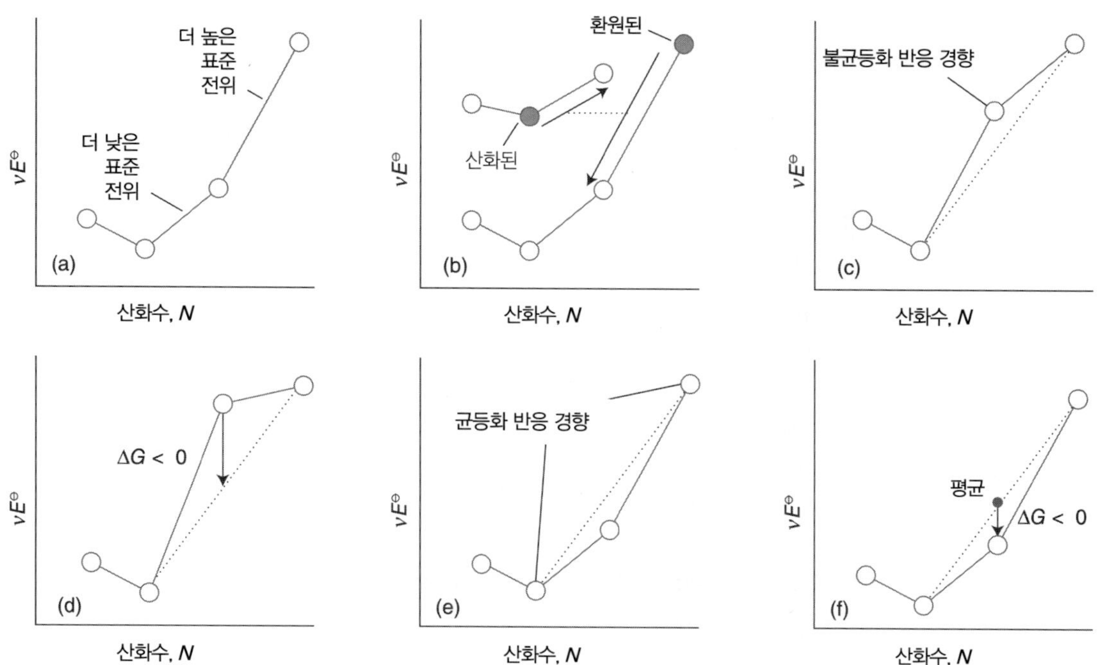

그림 7.9 (a) 환원 전위, (b) 산화 및 환원 경향, (c, d) 불균등화 반응 및 (e, f) 균등화 반응을 측정하기 위한 Frost 도표의 해석

의 평균값보다 높다는 것을 보여 주고 있다. 결과적으로, 중간 화학종은 다른 두 화학종으로 불균등화 반응을 일으키려는 경향이 있다.

균등화 반응의 자발성에 대한 기준도 유사하게 설명할 수 있다(그림 7.9e).

5. 두 화학종은 말단의 화학종을 연결하는 직선의 아래(오목 곡선)에 있는 중간 화학종으로 균등화하려는 경향이 있다.

Frost 도표에서 이웃하는 화학종을 연결하는 선 아래에 놓여 있는 물질은 본래 더 안정한데, 그 이유는 이웃하는 화학종들의 평균 Gibbs 몰 에너지가 더 커서(그림 7.9f) 균등화 반응이 열역학적으로 유리하기 때문이다. 예를 들어 NH_4NO_3의 질소는 산화수가 −3(NH_4^+)과 +5(NO_3^-)인 두 이온이 있다. N_2O는 NH_4^+와 NO_3^-를 연결하는 선 아래에 있기 때문에, 그들의 균등화 반응은 자발적이다.

$$NH_4^+(aq) + NO_3^-(aq) \rightarrow N_2O(g) + 2H_2O(l)$$

그러나 표준 상태에서 열역학적 근거에 의하면 반응이 자발적으로 일어날 것으로 예상되지만, 반응은 속도론적으로는 억제되어 통상적으로 일어나지 않는다. 다음 반응은 고체 상태에서 열역학적으로 자발적이며($\Delta_r G^{\ominus} = -168$ kJ mol^{-1}), 폭발에 의해 일단 시작되면 폭발적으로 빠르게 진행된다.

예제 7.11 용액 내 이온들의 열역학적 안정성을 판단하기 위해 Frost 도표 사용하기

그림 7.10은 망가니즈의 Frost 도표를 보여 주고 있다. 산성 수용액에서 Mn^{3+}의 안정성에 대해 설명하시오.

답 Mn^{3+}(N = +3)의 $\nu E^{\ominus}$ 값이 양쪽 화학종의 값(N<+3, N>+3)과 어떻게 비교되는지를 검토하는 것으로 이 문제를 해결한다. Mn^{3+}는 Mn^{2+}를 MnO_2에 연결하는 선 위에 있기 때문에 이 두 화학종으로 불균등화 반응을 일으켜야 한다. 화학 반응은 다음과 같다.

$$2Mn^{3+}(aq) + 2H_2O(l) \rightarrow Mn^{2+}(aq) + MnO_2(s) + 4H^+(aq)$$

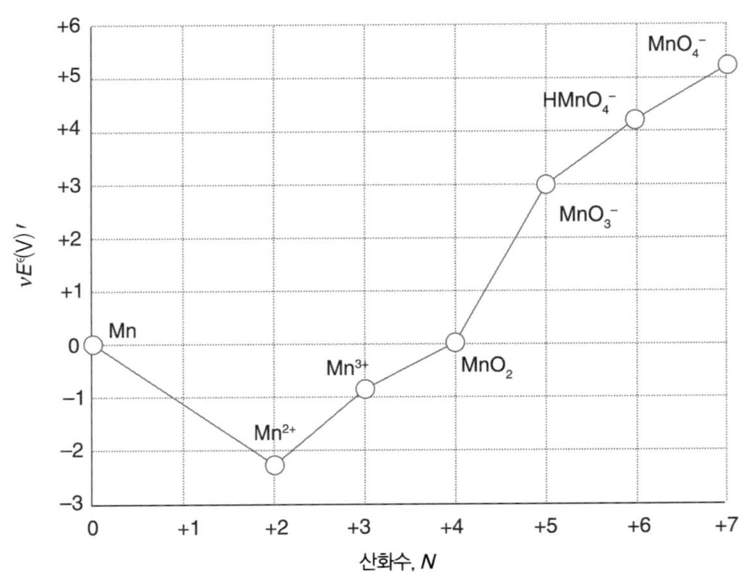

그림 7.10 **산성 용액(pH = 0)에서 망가니즈의 Frost 도표** $HMnO_4$와 H_2MnO_4, 그리고 $HMnO_3$는 강산이고 pH = 0에서 짝염기로 존재한다는 것에 유의하라.

문제 7.11 산성 수용액에서 MnO_4^-가 산화제로 사용될 때 생성물에 있는 Mn의 산화수는 얼마인가?

$$NH_4NO_3(s) \rightarrow N_2O(g) + 2H_2O(g)$$

실제로 질산 암모늄은 종종 바위 폭파를 위해 다이너마이트 대신 사용된다.

수정된 Frost 도표는 특정 pH 조건에서 전위 데이터를 요약적으로 보여 준다. 이들의 해석은 pH = 0에서와 동일하지만, 산소산 음이온은 종종 현저하게 다른 열역학적 안정성을 나타낸다.

Frost 도표는 다른 조건에서도 동일하게 잘 작성할 수 있다. pH = 14에서의 전위는 E°_{B}로 표시되며, 그림 7.6의 연한 선은 질소의 '**염기성** Frost 도표'이다. 산성 용액에서의 거동과 중요한 차이점은 불균등화 반응에 대한 NO_2^-의 안정화이다. 염기성 Frost 도표에서의 점은 더 이상 이웃하는 점을 연결하는 선 위에 있지 않다. 결과적으로 아질산 금속은 중성 및 염기성 용액에서 안정하고 분리될 수 있지만, HNO_2는 그렇지 못하다(HNO_2 용액은 분해 속도가 느리기 때문에 약간의 단기 안정성을 갖지만). 경우에 따라, 인 산소산 음이온과 같이 강산성 용액과 염기성 용액 사이에 현저한 차이가 있는 경우도 있다. 이 예는 산소산 음이온에 대해서 중요한 일반적인 특징을 보여 준다. 즉 환원 반응으로 산소가 제거될 때, 반응은 H^+ 이온을 소비하며 다른 모든 산소산 음이온은 염기성 용액에서보다 산성 용액에서 더 강한 산화제로 작용한다.

예제 7.12 다른 pH에서 Frost 도표 사용하기

아질산 포타슘은 염기성 용액에서는 안정하지만, 용액이 산성화되면 기체가 발생하고, 이 기체는 공기에 노출되었을 때 갈색으로 변한다. 이것은 어떤 반응인가?

답 이 질문에 답하기 위해 Frost 도표(그림 7.6)를 사용하여 산성 용액과 염기성 용액에서 *N*(Ⅲ)의 고유한 안정성을 비교한다. 염기성 용액에서 NO_2^- 이온을 나타내는 점은 NO와 NO_3^-를 결합하는 선의 아래에 위치한다. 따라서 이 이온은 불균등화 반응을 일으키지 않는다. 산성화되면 HNO_2 지점이 상승하고 NO, HNO_2 및 N_2O_4(NO_2 이합체)를 연결하는 선의 직선성은 세 화학종 모두가 평형에 있음을 의미한다. 갈색 기체는 용액으로부터 방출된 NO와 공기가 반응하여 생성된 NO_2이다. 용액에서 산화수가 +2인 화학종(NO)은 불균등화 반응을 일으키려고 한다. 그러나 용액으로부터 NO의 탈출은 N_2O 및 HNO_2로의 불균등화 반응을 방지한다.

문제 7.12 그림 7.6을 참조하여, 산성 및 염기성 용액에서 산화제로서 NO_3^-의 세기를 비교하시오.

7.14 양성자 결합 전자 이동: Pourbaix 도표

요점: Pourbaix 도표는 물에서 화학종이 안정한 전위 및 pH 조건을 나타내는 지도이다. 수평선은 전자 이동에만 관련된 화학종들을 나누고, 수직선은 양성자 이동에만 관련된 화학종을 분리하며, 기울어진 선은 전자와 양성자 이동 모두에 의해 관련된 화학종을 분리한다.

Pourbaix 도표[**Pourbaix diagram, *E*–pH** 도표(*E* – pH diagram)로도 불리는]는 화학종이 열역학적으로 안정한 pH 및 전위 조건을 나타낸다. 이 도표는 양성자 결합 전자 이동 반응을 분석하는 데 사용된다. 이 도표는 1938년에 Marcel Pourbaix에 의해 천연수에서 화학종의 화학적 특성을 논의할 수 있는 편리한 방법으로 소개되었으며, 환경 및 부식 과학, 전기 화학 반응 속도 및 전극 촉매 작용의 해석에 적용된다.

철은 거의 모든 생명체에 필수적이며, 환경으로부터 철을 흡수하는 것과 관련된 문제는 26.6절에서 더 논의된다. 그림 7.11은 철에 대해 단순화한 Pourbaix 도표를 보여 주고 있는

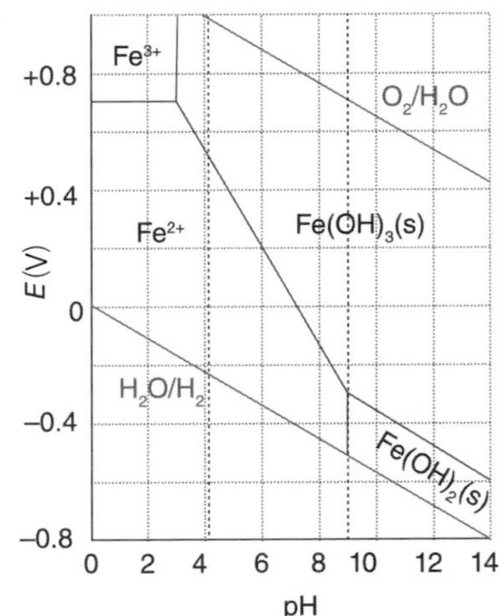

그림 7.11 **자연에 존재하는 몇 가지 중요한 철의 아쿠아 화학종에 대한 Pourbaix 도표**

데, 산소–다리 걸친 Fe(III) 이합체와 같은 저농도 화학종은 생략되었다. 총 철의 농도가 낮기 때문에, 이 도표는 천연수에 들어 있는 철 화학종에 대한 논의에 유용하다(7.15절 참조). 또한 고농도에서는 복잡한 다핵 철 화학종이 형성되기 때문이다. 관련된 반응 중 일부를 고려하여 도표가 어떻게 작성되는지 확인할 수 있다.

환원 반쪽 반응에는 H^+ 이온이 포함되지 않으므로 전위는 pH와 관련이 없고, 따라서 도표의 수평선에 해당한다.

$$Fe^{3+}(aq) + e^- \rightarrow Fe^{2+}(aq) \qquad E^{\ominus} = +0.77\,V$$

주위에 이 선보다 더 높은 전위를 갖는 쌍(더 양의 값을 갖는 산화제 쌍)이 포함된 경우 산화된 화학종 Fe^{3+}가 주요 화학종이 된다. 따라서 도표의 왼쪽 상단을 향한 수평선은 Fe^{3+}와 Fe^{2+}가 지배적인 영역을 구분하는 경계이다.

또 다른 반응을 고려해 보자.

$$Fe^{3+}(aq) + 3H_2O(l) \rightarrow Fe(OH)_3(s) + 3H^+(aq)$$

이 반응은 산화–환원 반응이 아니며(모든 원소의 산화수에는 변화가 없다), 주변 환경의 전위에 민감하지 않으므로 도표에서 수직선으로 표시된다. 하지만 이 경계는 pH에 의존하며, 낮은 pH에서는 Fe^{3+}(aq)가 선호되고, 높은 pH에서는 $Fe(OH)_3$(s)가 선호된다. 농도가 10 μmol dm^{-3}(일반적인 담수 값)을 초과하는 경우, 용액에서 Fe^{3+}가 우세한 화학종이라는 관례를 채택한다. Fe^{3+}의 평형 농도는 pH에 따라 변하고, pH = 3에서의 수직 경계는 이 정의에 따라 Fe^{3+}가 주된 화학종이 되는 pH를 나타낸다. 일반적으로 Pourbaix 도표의 수직선은 산화–환원 반응과는 관련이 없지만, 산화 또는 환원 형태의 상태 변화가 pH에 의존하는 것을 나타낸다.

pH가 증가함에 따라, Pourbaix 도표에는 다음과 같은 반응이 포함되고

$$Fe(OH)_3(s) + 3H^+(aq) + e^- \rightarrow Fe^{2+}(aq) + 3H_2O(l)$$

식 7.8b에 따라, 전위 대 pH의 기울기는 ν_H/ν_e = −3(0.059 V)이고, 최종적으로 Fe^{2+}(aq)는 $Fe(OH)_2$로 침전된다. 금속 용해쌍(Fe^{2+}/Fe(s))을 포함하면, 잘 알려진 철의 아쿠아 화학종에 대한 Pourbaix 도표를 완성할 수 있다.

7.15 환경 화학에서의 적용: 천연수

요점: 전기 화학 데이터는 환경 과학에서 중요하다. 담수 또는 해양과 같은 천연수 시스템의 특성은 일반적으로 산소 함량과 pH에 의해 나타내며, 이는 결국 용해된 물질, 즉 영양소와 오염 물질 모두의 가용성을 결정한다. Pourbaix 도표는, 예를 들어 다른 환경에서 Fe^{2+}와 같은 용존 금속 이온의 가용성을 예측하는 데 유용한 도구이다.

앞에서 작성한 종류의 Pourbaix 도표를 사용하여 자연수의 화학을 합리적으로 설명할 수 있다. 예를 들면 신선한 물이 대기와 접촉하고 있는 경우, 물은 O_2로 포화되고, 이 강력한 산화제에 의해 많은 화학종들이 산화될 수 있다. 산소가 없는 경우, 특히 환원제로 작용하는 유기 물질이 있는 경우에는 보다 완전히 환원된 형태가 발견된다. 매질의 pH를 조절하는 주요 산 시스템은 $CO_2/H_2CO_3/HCO_3^-/CO_3^{2-}$이며, 여기서 대기 중 CO_2는 산을 제공하고 용해된 무기 탄산염은 염기를 제공한다. 호흡으로 인해 이산화 탄소가 방출되기 때문에 생물학적 활동도 중요하다. 이 산성 산화물은 pH를 낮추므로 전위를 더 양의 값으로 만든다. 역과정인 광합성은 CO_2를 소비하므로(물론 O_2도 소비하고, 두 과정 모두 양성자를 소모한다), pH를 높이고 전위를 더 음의 값으로 만든다. 전형적인 천연수의 상태—천연수에 들어 있는 산화–환원쌍의 pH와 전위–는 그림 7.12에 요약되어 있다

그림 7.11에서 간단한 양이온 Fe^{3+}(aq)는 환경이 산화성일 때에만, 즉 O_2가 많고 pH가 낮을 때(4 이하)에만 물에 존재할 수 있음을 알 수 있다. 너무 산성인 천연수는 거의 없으므로 Fe^{3+}(aq)는 환경에서 발견되지 않는다. 불용성 Fe_2O_3 또는 FeO(OH)와 같은 불용성의 수화된 형태의 철은 환원되면 Fe^{2+}로 용액에 들어갈 수 있으며, 이는 물의 상태가 도표에서 경사진 경계 아래에 있을 때 발생한다. pH가 상승함에 따라 Fe^{2+}는 강한 환원쌍이 존재하는 경우에만 형성될 수 있으며 산소가 풍부한 물에서는 거의 형성되지 않는다는 것을 알아채야 한다. 그림 7.11과 비교하면 철은 늪지와 유기물이 풍부한 침수 토양에서 Fe^{2+}의 형태로 환원되고 용해된다(두 경우 모두 pH는 4.5 근처이고, 해당 E 값은 각각 +0.03 V 및 −0.1 V 근처이다).

물에서 발생하는 물리적 과정에 대한 이해와 연계하여 Pourbaix 도표를 분석하는 것이 유익하다. 예를 들어 바닥은 차갑고 위는 온도가 따뜻한, 온도 분포 상태가 수직 혼합을 방지하려는 경향이 있는 호수를 생각해 보자. 표면에서 물은 완전히 산소화되고, 철은 틀림없이 불용성의 FeO(OH) 입자로 존재해야 한다. 이 입자들은 가라앉는 경향이 있고, 더 깊은 바닥 쪽에서는 O_2 함량이 낮다. 따라서 유기물 또는 다른 환원제의 공급원이 충분한 환경에서 산화물은 환원되고 철은 Fe^{2+}로 용해될 것이다. 그다음, Fe(II) 이온은 호수 표면으로 확산되고 O_2와 반응하여 불용성의 FeO(OH)로 다시 산화될 것이다.

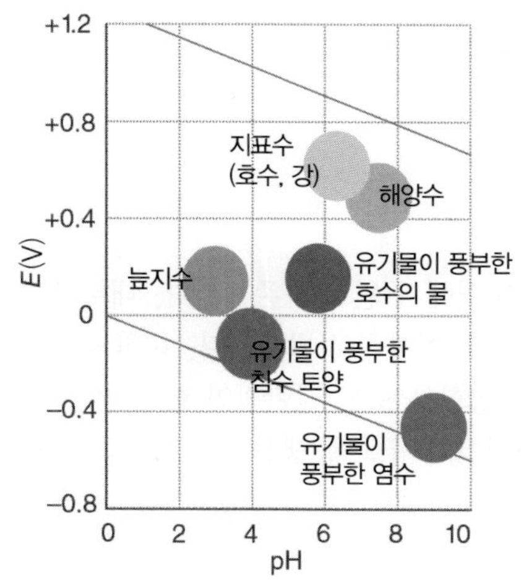

그림 7.12 **다양한 천연수의 전형적인 영역을 보여 주는 물의 안정도 영역**

예제 7.13 Pourbaix 도표 사용하기

그림 7.13은 망가니즈에 대한 Pourbaix 도표의 일부이다. 고체 MnO_2 또는 이에 상응하는 수화된 산화물이 중요한 환경을 설명하시오. 어떤 조건에서 Mn(III)이 형성되는가?

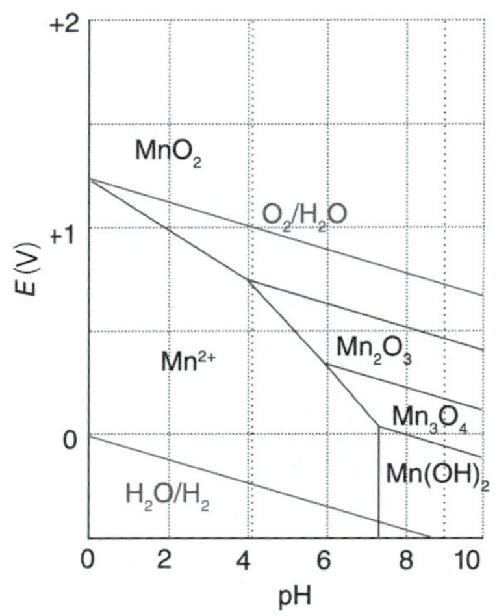

그림 7.13 망가니즈에 대한 Pourbaix 도표의 일부 수직 점선은 천연수의 정상 pH 범위(pH 4~9)를 나타낸다.

답 Pourbaix 도표에서 MnO_2가 안정한 영역을 찾고 O_2와 H_2O 사이의 경계에 대해 상대적인 위치를 조사하는 것으로 이 문제에 접근한다. 강산(pH<1)을 제외한 모든 pH 조건에서 산소가 충분히 공급된 물에서는 이산화 망가니즈가 열역학적으로 우세한 상태이다. 강하지 않은 환원성 조건의 경우, 중성 내지 산성의 pH를 갖는 물에서 안정한 화학종은 Mn^{2+}(aq)이다. 망가니즈(III) 화학종은 더 높은 pH에서 산소화된 물에서만 안정화된다.

문제 7.13 그림 7.11 및 7.12를 사용하여 침수 토양에서 $Fe(OH)_3$(s)를 발견할 수 있는 가능성을 평가하시오.

원소들의 화학적 추출

'산화'의 원래 정의는 원소가 산소와 반응하여 산화물로 전환되는 반응이었다. '환원'은 원래 금속 산화물이 금속으로 전환되는 역반응을 의미했다. 비록 두 용어가 전자 이동 및 산화 상태의 변화라는 관점에서 일반화되고 표현되고 있지만, 이러한 특수한 사례는 여전히 화학 산업 및 실험실 화학의 주요 부분에서 토대를 이루고 있다. 다음 절에서는 자연적으로 발생하는 화합물에서의 산화수가 0(원소의 산화수에 해당하는)으로, 그들의 산화수를 변화시켜 원소를 추출하는 것에 대해 설명한다.

7.16 화학적 환원

금과 같은 소수의 금속만이 자연에서 원소로 존재한다. 대부분의 금속은 Fe_2O_3와 같은 산화물이나 $FeTiO_3$와 같은 삼성분계 화합물로 발견된다. 특히 물이 없고 산소가 부족한 환경에서 퇴적이 일어나는 광맥에서는 황화물 또한 일반적인 형태이다. 선사 시대 인류는 도구와 무기를 만들기 위해 광석을 변형시켜서 금속을 생산하는 방법을 서서히 알게 되었다. 약 6000년 전에 이용이 가능했던 원시적 난로에서 얻을 수 있는 온도에서는 공기 산화에 의해 구리를 광석에서 추출할 수 있었다.

$$2Cu_2S(s) + 3O_2(g) \rightarrow 2Cu_2O(s) + 2SO_2(g)$$
$$2Cu_2O(s) + Cu_2S(s) \rightarrow 6Cu(s) + SO_2(g)$$

이것이 아마도 **건식 야금(pyrometallurgical)** 공정의 첫 번째 예일 것이다.

3000년 전에 이르렀을 때, 더 안정적으로 높은 온도가 요구되는 광석으로부터 금속을 추출하기에 충분히 높은 온도에 이를 수 있었고, 이에 따라 철기 시대가 시작되었다. 철 및 다른 원소들은 **제련(smelting)**으로 알려진 공정에서, 탄소와 같은 환원제를 사용하여 광석을 용융 상태로 가열함으로써 생산되었다. 탄소는 19세기 말까지 주된 환원제로 사용되었으며, 온도의 불충분함으로 인해 비록 광석이 상당히 풍부했음에도 불구하고 생산하는 데 더 높은 온도가 필요한 금속들은 여전히 이용할 수 없었다.

전기로는 용광로와 같은 탄소 연소로보다 훨씬 높은 온도에 도달할 수 있게 하였으므로 전력의 이용 가능성은 탄소 환원의 범위를 넓혔다. 따라서 마그네슘은 20세기의 금속이었는데, 그 이유는 회수 방식 중의 하나인 **Pidgeon 공정(Pidgeon process)**이 탄소에 의한 산화물의 전열 환원이라는 매우 높은 온도와 관련되어 있기 때문이다.

$$MgO(s) + C(s) \xrightarrow{\Delta} Mg(l) + CO(g)$$

탄소는 일산화 탄소로만 산화되며, 반응에 사용되는 온도가 매우 높을 때 열역학적으로 우세한 반응물이 생성물이라는 것에 유의하라.

알루미늄을 희귀한 존재에서 주요한 건축용 금속으로 전환하게 해 준 19세기의 기술 혁신은 전기 분해의 도입인데, 이 방법은 전류의 흐름과 관련된 전기 에너지에 의해 비자발적인 반응(광석의 환원을 포함한)을 일어나게 만드는 것이다.

(a) 열역학적 측면

요점: Ellingham 도표는 금속 산화물의 표준 Gibbs 생성 에너지의 온도 의존성을 요약한 것이고 탄소 또는 일산화 탄소에 의한 환원이 자발적으로 일어나는 온도를 규명하는 데 사용된다.

살펴본 바와 같이, 표준 Gibbs 반응 에너지 $\Delta_r G^\ominus$는 $\Delta_r G^\ominus = -RT\ln K$를 통해 평형 상수 K와 관련되어 있으며 $\Delta_r G^\ominus$의 음수 값은 $K > 1$에 해당한다. 많은 시스템은 반응물 및 생성물이 짧은 시간 동안만 접촉하는, 이를테면 동적인 단계를 포함하기 때문에 상업적 공정에서는 평형이 거의 달성되지 않는다는 점에 유의해야 한다. 또한 생성물(특히 기체)이 반응 용기에서 제거되고 반응은 제거되는 평형 성분을 계속 만들어 낸다면 평형에서 $K < 1$인 반응도 가능하다. 원칙적으로는, 반응이 실제로 실현 가능한지를 판단할 때 속도를 고려할 필요가 있지만, 고온에서는 반응이 종종 빠르게 일어나고 열역학적으로 유리한 반응은 일어날 가능성이 크다. 일반적으로 거친 입자 사이의 느린 반응을 촉진하기 위해서는 유체 상(일반적으로 기체 또는 용매)이 필요하다.

금속 산화물을 탄소나 일산화 탄소로 환원시키는 반응의 경우 음의 $\Delta_r G^\ominus$를 얻기 위해서는 다음 반응 (a)~(c) 중 하나는 동일한 반응 조건에서 반응 (d)보다 더 음의 $\Delta_r G^\ominus$를 가져야 한다.

(a) $C(s) + \frac{1}{2}O_2(g) \rightarrow CO(g)$ $\quad \Delta_r G^\ominus(C,CO)$

(b) $\frac{1}{2}C(s) + \frac{1}{2}O_2(g) \rightarrow \frac{1}{2}CO_2(g)$ $\quad \Delta_r G^\ominus(C,CO_2)$

(c) $CO(g) + \frac{1}{2}O_2(g) \rightarrow CO_2(g)$ $\quad \Delta_r G^\ominus(CO,CO_2)$

(d) xM(s 또는 l) $+ \frac{1}{2}O_2(g) \rightarrow M_xO(s)$ $\quad \Delta_r G^\ominus(M,M_xO)$

그렇게 되는 경우, 다음 반응 중 하나는 음의 표준 Gibbs 반응 에너지를 갖게 되고, 이에 따라 $K > 1$이 된다.

$$(a-d)\ M_xO(s) + C(s) \rightarrow xM(s\ \text{또는}\ l) + CO(g) \qquad \Delta_r G^\ominus(C,CO) - \Delta_r G^\ominus(M,M_xO)$$

$$(b-d)\ M_xO(s) + \tfrac{1}{2}C(s) \rightarrow xM(s\ \text{또는}\ l) + \tfrac{1}{2}CO_2(g) \quad \Delta_r G^\ominus(C,CO_2) - \Delta_r G^\ominus(M,M_xO)$$

$$(c-d)\ M_xO(s) + CO(g) \rightarrow xM(s\ \text{또는}\ l) + CO_2(g) \quad \Delta_r G^\ominus(CO,CO_2) - \Delta_r G^\ominus(M,M_xO)$$

여기에 적용한 절차는 수용액에서 반쪽 반응에 채택한 절차와 비슷하지만(7.1절), 이제 모든 반응은 $2e^-$ 대신에 $^1/_2O_2$를 이용하여 산화 반응으로 나타내며, 전체 반응은 같은 수의 산소 원자를 갖는 반응의 차이이다. 관련 정보는 일반적으로 온도에 대한 $\Delta_r G^\ominus$의 그래프인 **Ellingham 도표**(**Ellingham diagram**, 그림 7.14)에 요약되어 있다.

$\Delta_r G^\ominus = \Delta_r H^\ominus - T\Delta_r S^\ominus$임을 이해하고, 반응의 엔탈피와 엔트로피의 합리적인 근사치가 온도와 무관하다는 사실을 이용함으로써 Ellingham 도표의 모양을 이해할 수 있다. 따라서 Ellingham 도표에서 직선의 기울기는 해당 반응의 $-\Delta_r S^\ominus$와 같아야 한다. 기체의 표준 몰엔트로피는 고체의 엔트로피보다 훨씬 크기 때문에, 기체의 알짜 생성이 양의 값인(1 mol CO가 ½ mol O_2를 대체하기 때문에), (a)의 반응 엔트로피는 양의 값이며, 따라서 직선은 음의 기울기를 가지고 있다. (b)의 표준 반응 엔트로피는 기체의 양에 알짜 변화가 없으므로 0에 가깝고, 따라서 직선은 수평이다. 반응 (c)는 3/2 mol의 기체 분자가 1 mol의 CO_2로 대체되기 때문에 반응 엔트로피는 음의 값이며, 따라서 도표에서 직선은 양의 기울기를 갖는다. 기체의 알짜 소비가 있는 (d)의 표준 반응 엔트로피는 음이므로 직선은 양의 기울기를 갖는다(그림 7.15). 금속의 산화에 해당하는 직선의 기울기가 변하는 지점인 선의 꺾임은 금속의 상변화, 특히 용융이 일어나는 지점이고, 이에 따라 반응 엔트로피가 변하는 지점이다. C/CO 직선 (a)가 금속 산화물 직선 (d)의 위에 위치하는 온도에서, $\Delta_r G^\ominus(M,M_xO)$는 $\Delta_r G^\ominus(C,CO)$보다 음이다. 이 온도에서 $\Delta_r G^\ominus(C,CO) - \Delta_r G^\ominus(M,M_xO)$는 양이므로 반응 (a−d)는 $K < 1$이다. 하지만 C/CO 선이 금속 산화물 선의 아래에 있는 온도에서는, 탄소에 의한 금속 산화물의 환원은 $K > 1$이다. 다른 2개의 탄소 산화 직선 (b)와 (c)가 금속 산화물 선의 위 또는 아래에 있는 온도에 대해서도 비슷한 설명이 적용된다. 요약하면,

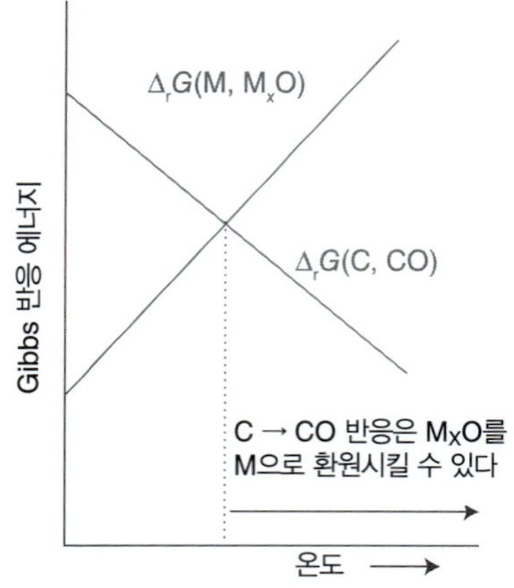

그림 7.14 온도에 따른 금속 산화물 및 일산화 탄소의 형성에 대한 표준 Gibbs 반응 에너지의 변화 두 직선의 교차점보다 높은 온도에서 탄소로부터 일산화 탄소가 생성되면 금속 산화물은 금속으로 환원될 수 있다. 보다 구체적으로, 교차점에서 평형 상수는 $K < 1$에서 $K > 1$로 변한다. 이러한 형태가 Ellingham 도표의 한 예이다.

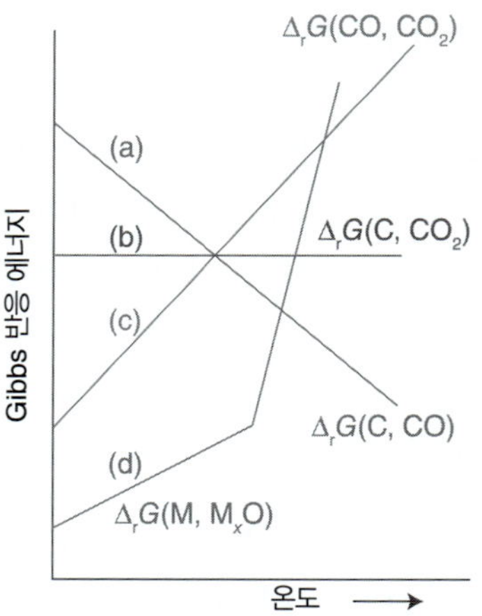

그림 7.15 금속 산화물의 생성에 대한 표준 Gibbs 에너지와 3개의 탄소 산화 Gibbs 에너지를 보여 주는 Ellingham 도표의 일부 선들의 기울기는 대체로 반응에 기체의 알짜 형성 또는 알짜 소비가 있는지에 의해 결정된다. 상변화는 일반적으로 그래프에 꺾임이 일어나게 한다(물질의 엔트로피가 변하기 때문에).

- C/CO 선이 금속 산화물 선의 아래에 놓여 있는 온도에서, 탄소는 금속 산화물을 환원시키는 데 사용될 수 있고, 자신은 일산화 탄소로 산화된다.
- C/CO_2 선이 금속 산화물 선의 아래에 놓여 있는 온도의 경우, 탄소를 환원에 사용할 수 있지만 자신은 이산화 탄소로 산화된다.
- CO/CO_2 선이 금속 산화물 선의 아래에 놓여 있는 온도의 경우, 일산화 탄소는 금속 산화물을 금속으로 환원시킬 수 있고 자신은 이산화 탄소로 산화된다.

그림 7.16은 몇 가지 일반적인 금속 산화물에 대한 Ellingham 도표이다. 원칙적으로, 산화물로부터 금속, 심지어 칼슘 및 알루미늄까지도 탄소와 함께 충분히 높은 온도에서 가열하여 얻을 수 있다. 하지만 실제로는 심각한 제한이 있다. 이러한 방식으로 알루미늄을 생산하려는 노력(전기가 비싼 일본에서는 더욱)은 작동에 필요한 매우 높은 온도(약 3000°C)에서 Al_2O_3의 휘발성으로 인해 좌절되었다. 타이타늄을 건식 야금으로 추출하는 경우에 마주치게 되는 또 다른 어려움은, 금속 대신 탄소화 타이타늄(TiC)이 생성된다는 것이다. 실제로 금속의 건식 야금 추출은 주로 마그네슘, 철, 코발트, 니켈, 아연 및 다양한 합금철(철과의 합금)에 국한된다.

다른 환원제를 사용한 환원에도 유사한 원칙이 적용된다. 예를 들어 Ellingham 도표는 금속 M′이 다른 금속 M을 환원시키는 데 사용될 수 있는지를 탐색하는 데 사용될 수 있다. 이 경우 M′이 C를 대신하고 있으므로, 도표로부터 관심 온도에서 M′,M′O 선이 M,MO 선 아래에 있는지를 알아보아야 한다.
다음 값이 음수이고,

$$\Delta_r G^\ominus = \Delta_r G^\ominus(M', M'O) - \Delta_r G^\ominus(M, MO)$$

Gibbs 에너지가 다음 반응에 해당하는 것일 때,

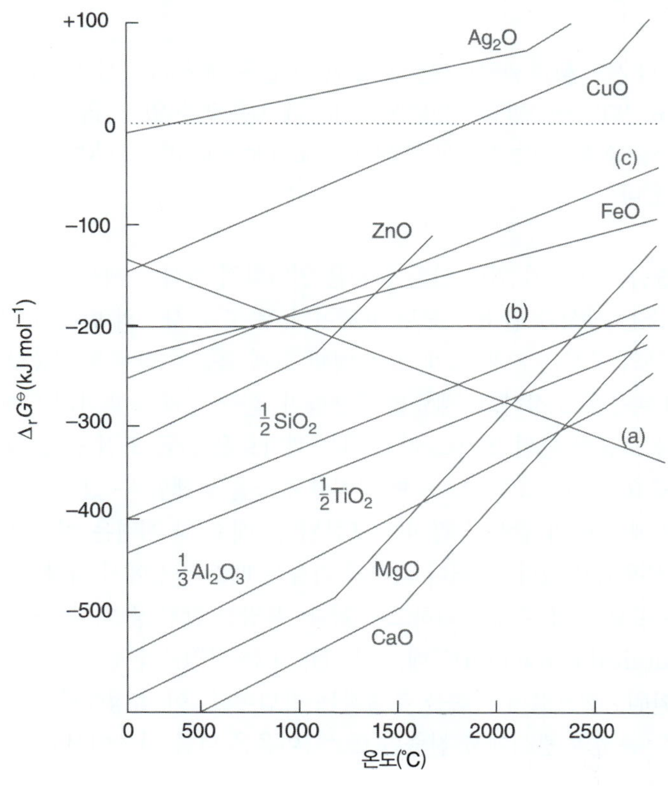

그림 7.16 금속 산화물의 환원에 대한 Ellingham 도표

$$\text{(a) } M'(\text{s 또는 l}) + \tfrac{1}{2}O_2(g) \rightarrow M'O(s) \qquad \Delta_r G^{\ominus}(M', M'O)$$
$$\text{(b) } M(\text{s 또는 l}) + \tfrac{1}{2}O_2(g) \rightarrow MO(s) \qquad \Delta_r G^{\ominus}(M, MO)$$

반응 (a−b)는 일어날 수 있다($K > 1$이라는 의미에서).

$$\text{(a − b) } MO(s) + M'(\text{s 또는 l}) \rightarrow M(\text{s 또는 l}) + M'O(s)$$

예를 들어 그림 7.16에서 MgO 선은 2400°C 미만의 온도에서 SiO_2 선의 아래에 있기 때문에, 이 온도 아래에서 마그네슘은 SiO_2를 환원시키는 데 사용될 수 있다. 이 반응은 실제로 다음에 설명한 것과 같이 낮은 품질의 규소를 생산하는 데 사용된다.

예제 7.14 Ellingham 도표 사용하기

탄소에 의해 ZnO가 아연 금속으로 환원될 수 있는 최저 온도는 몇 도인가? 이 온도에서 전체 반응은 무엇인가?

답 이 질문에 답하기 위해 그림 7.16의 Ellingham 도표를 검토하고 ZnO 선이 C,CO 선과 교차하는 온도를 추정한다. C,CO 선은 약 1200°C에서 ZnO 선 아래에 있다. 이 온도 이상에서, 금속 산화물의 환원은 자발적이다. 기여하는 반응은 반응 (a)와 다음 반응의 역반응이다.

$$Zn(g) + \frac{1}{2}O_2(g) \rightarrow ZnO(s)$$

따라서 전체 반응은 두 반응의 차이, 즉 다음의 반응이다.

$$C(s) + ZnO(s) \rightarrow CO(g) + Zn(g)$$

아연은 907°C에서 끓기 때문에 아연의 물리적 상태는 기체이다(Ellingham 도표에서 ZnO 선의 변곡은 그림 7.16에서 볼 수 있다).

문제 7.14 탄소에 의해 MgO가 환원되는 최저 온도는 몇 도인가?

(b) 공정의 개요

요점: 고로는 탄소로 산화 철을 환원시키는 데 필요한 조건을 제공하고, 전기 분해는 산화물로부터 알루미늄의 추출에 요구되는 비자발적 환원을 일으키는 데 사용될 수 있다. 금속 산화물은 깨끗한 연소와 공기에서 O_2 추출을 촉진하는 화학적 루핑(chemical looping)으로 알려진 2단계 공정에서 중간체(운반체)로 사용된다.

금속의 환원 추출을 수행하기 위한 산업 공정은 열역학적 분석이 제시하는 것보다 훨씬 다양하다. 중요한 요소는 광석과 탄소가 모두 고체이며 두 고체 사이의 반응이 거의 빠르지 않다는 것이다. 대부분의 공정은 기체/고체 또는 액체/고체 불균일 반응을 이용한다. 현재의 산업 공정은 경제적인 비용을 보장하고, 재료를 활용하며, 환경 문제를 피하기 위해 다양한 전략을 채택한다. 쉽거나 보통의 환원 조건 그리고 매우 까다로운 환원 조건 등 환원 반응 정도를 반영하는 세 가지 중요한 예를 고려함으로써 이러한 전략을 탐색할 수 있다.

가장 쉬운 환원에는 구리 광석의 환원이 포함된다. 배소 및 제련은 여전히 구리의 건식 제련 추출에 널리 사용되고 있다. 그러나 최근의 기술은 배소 과정에서 다량의 SO_2가 생성되어 대기로 방출되는 주요 환경 문제를 피하고자 한다. 유망한 발전 중 하나는 구리의 **습식 야금 추출**(**hydrometallurgical extraction**)인데, 이는 H_2 또는 고철을 환원제로 사용하여 구리 금속 이온 수용액을 환원시킴으로써 금속을 추출하는 방법이다. 이 과정에서 산 또는 박테리아의 작용에 의해 낮은 품질의 광석에서 침출된 Cu^{2+} 이온은 다음 반응에서 수소에 의해(또는 철을 사용한 유사한 환원에 의해) 환원된다.

$$Cu^{2+}(aq) + H_2(g) \rightarrow Cu(s) + 2H^+(aq)$$

산성 부산물이 재사용되거나 그 자리에서 중화된다면, 이 공정은 산성 대기 오염 물질의 원인이 되는 것이 아니라 오히려 환경에 덜 해롭다. 또한 낮은 품질의 광석을 경제적으로 이용할 수 있게 된다.

철의 추출이 중간 정도로 어렵다는 것은 철기 시대가 청동기 시대 뒤에 왔다는 사실로부터 알 수 있다. 경제적인 측면에서, 철광석의 환원은 탄소 건식 야금의 가장 중요한 응용 분야이다. 여전히 원소의 주요 공급원인 용광로(그림 7.17)에서, 철광석(Fe_2O_3, Fe_3O_4)과 코크스(C) 및 석회석($CaCO_3$) 혼합물은 분사된 뜨거운 공기로 가열된다. 이 뜨거운 공기의 분사에서 코크스의 연소는 온도를 2000°C로 상승시키고, 탄소는 노의 하부에서 연소되어 일산화 탄소가 된다. 노의 상단에서 공급되는 Fe_2O_3는 아래에서 상승하는 뜨거운 CO와 만난다. 산화철(III)은 먼저 Fe_3O_4로 환원된 다음 500~700°C에서 FeO로 환원되고 CO는 CO_2로 산화된다. 일산화 탄소에 의해 FeO로부터 최종적으로 철로 환원되는 것은 온도가 1000~1200°C인 노의 중앙 영역에서 발생한다. 따라서 전체 반응은 다음과 같다.

$$Fe_2O_3(s) + 3CO(g) \rightarrow 2Fe(l) + 3CO_2(g)$$

탄산 칼슘의 열분해에 의해 생성된 석회(CaO)의 기능은 광석에 존재하는 규산염과 결합하여 용광로의 가장 뜨거운(가장 낮은) 부분에서 규산 칼슘(슬래그)의 용융 층을 형성하는 것이다. 슬래그는 용융 철보다 밀도가 낮으므로 분리되어 배출될 수 있다. 형성된 철은 함유된 용존 탄소로 인해 순수한 금속의 녹는점보다 약 400°C 낮은 온도에서 녹는다. 가장 밀도가 높은 불순한 철은 바닥으로 가라앉아 탄소 함량이 높은(질량으로 약 4%) '선철'로 응고된다. 강

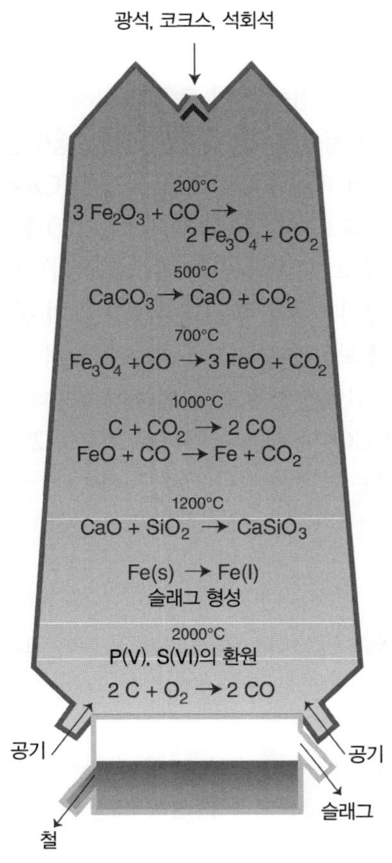

그림 7.17 전형적인 조성 및 온도 분포를 보여 주는 용광로의 개요도

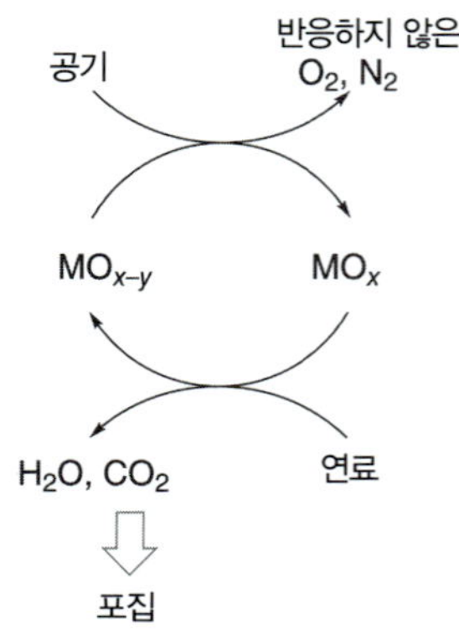

그림 7.18 금속 산화물을 중간체로 사용하여 농축된 CO_2를 생성함으로써 CO_2의 포집을 쉽게 해 주는 2단계 연소를 위한 화학적 루핑 공정

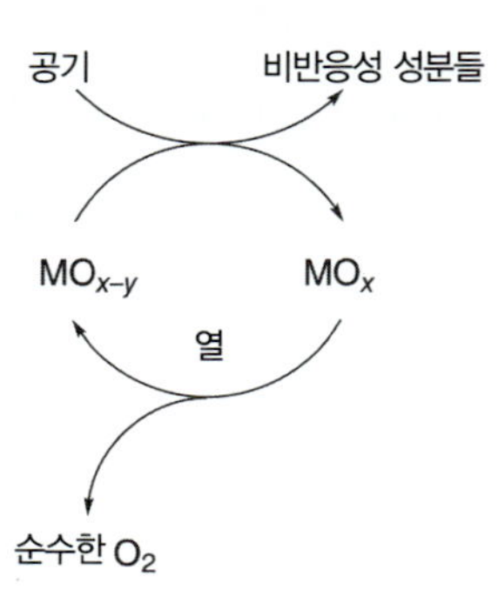

그림 7.19 공기에서 순수한 O_2를 추출하는 화학적 루핑 공정

철은 탄소 함량을 줄이고 다른 금속을 사용하여 철과 합금을 형성하는 일련의 반응을 통해 만들어진다(화학세상 4.2 참조).

구리나 철을 추출하는 것보다 더 어려운 것은 산화물에서 규소를 추출하는 것이다. 규소야말로 20세기의 원소이다. 순도 96~99%의 규소는 고순도의 코크스로 석영 또는 모래(SiO_2)를 환원시켜 만든다. Ellingham 도표(그림 7.16)는 약 1700°C 이상의 온도에서만 환원이 가능하다는 것을 보여 준다. 이렇게 높은 온도는 과량의 실리카(SiC의 축적을 방지하기 위해) 존재하에 전기 아크로에서 얻어진다.

$$SiO_2(l) + 2C(s) \xrightarrow{1500°C} Si(l) + 2CO(g)$$
$$2SiC(s) + SiO_2(l) \rightarrow 3Si(l) + 2CO(g)$$

매우 순수한 규소(반도체용)는 정제하지 않은 규소를 $SiCl_4$와 같은 휘발성 화합물로 변환함으로써 만들어진다. 이들 화합물은 완전한 분별 증류에 의해 정제된 후 순수한 수소를 사용하여 규소로 환원된다. 생성된 반도체 등급의 규소는 용융되고, 용융물의 냉각된 표면으로부터 커다란 단결정을 천천히 뽑아낸다. 이 과정을 **Czochralski 공정**(Czochralski process)이라고 한다.

언급한 바와 같이, Ellingham 도표는 탄소를 이용하여 Al_2O_3를 직접 환원시키는 것은 2400°C 이상에서만 가능하다는 보여 주고 있는데, 이는 시스템을 가열하는 데 사용되는 화석 연료 측면에서 비경제적으로 비싸고 낭비적이다. 그러나 환원은 **전기 분해**로 가능하다(7.18절).

Ellingham 도표에 나타낸 정보는 화학적 루핑으로 알려진 기술에 적용될 수 있는데, 이 기술에서는 반응성 금속 산화물(MO_x)이 두 화학 반응을 분리하기 위한 운반체로 사용된다. 예로는 농축된 형태로 방출하여 CO_2 포집을 용이하게 해주는 2단계 연소 시스템(그림 7.18)과 공기에서 순수한 O_2를 추출하는 공정이 있다(그림 7.19).

7.17 화학적 산화

요점: 화학적 산화에 의해 얻어지는 원소에는 무거운 할로젠, 황, 그리고 (정제 과정에서) 특정 귀금속이 있다.

O_2는 공기의 분별 증류로부터 얻을 수 있으므로, O_2 생산을 위한 화학적 방법은 필요하지 않다. 원소 형태의 황은 광산에서 채굴되거나 H_2S가 포함된 ('sour') 천연가스 및 원유에서 제거되는 H_2S의 산화에 의해 생산된다. 산화는 두 단계로 구성된 **Claus 공정**(Claus process)에

의해 수행된다. 첫 번째 단계에서 일부 황화 수소는 이산화 황으로 산화된다.

$$2H_2S + 3O_2 \rightarrow 2SO_2 + 2H_2O$$

두 번째 단계에서, 이산화 황은 촉매의 존재하에 더 많은 황화 수소와 반응하게 된다.

$$2H_2S + SO_2 \xrightarrow{\text{산화물 촉매, 300°C}} 3S + 2H_2O$$

촉매는 전형적으로 Fe_2O_3 또는 Al_2O_3이다. Claus 공정은 친환경적인데, 만약 그렇지 않으면 독성 황화 수소를 연소시켜 오염 물질인 이산화 황으로 만들어야 한다.

산화 단계를 사용하는 공정에서 추출되는 유일하게 중요한 금속은 고유 형태(즉 원소)로 존재하는 것들이다. 금이 한 예인데, 금은 단순한 '패닝(panning)'에 의해 낮은 품질의 광석에 들어 있는 금속 입자를 분리하기 어렵기 때문이다. 금의 용해는 산화에 달려 있으며, 이는 CN^- 이온과의 착물화에 의해 우세하게 일어난다.

$$Au(s) + 2CN^-(aq) \rightarrow [Au(CN)_2]^-(aq) + e^-$$

이 착물은 아연과 같은 다른 반응성 금속과 반응하여 금속으로 환원된다.

$$2[Au(CN)_2]^-(aq) + Zn(s) \rightarrow 2Au(s) + [Zn(CN)_4]^{2-}(aq)$$

그러나 사이안화 이온의 독성으로 인해 금을 추출하는 다른 방법이 사용된다. 이 중 하나는 황화물 광석에서 금을 방출할 수 있는 황 순환 박테리아(화학세상 16.3)를 사용하는 것이다.

7.18절에 설명한 것처럼, 더 가볍고 강한 산화제인 할로젠은 전기 화학적으로 추출된다. 보다 쉽게 산화될 수 있는 할로젠들, 즉 Br_2 및 I_2는 할로젠화물 수용액을 염소를 이용하여 화학적으로 산화시켜서 얻는다. 예를 들면 다음과 같은 반응이다.

$$2NaBr(aq) + Cl_2(g) \rightarrow 2NaCl(aq) + Br_2(l)$$

7.18 전기 화학적 추출

요점: 전기 화학적 환원으로 얻어지는 원소에는 알루미늄이 있고, 전기 화학적 산화로 얻어지는 원소에는 염소가 있다.

광석에서 전기 화학적으로 금속을 추출하는 것은 이 절의 뒷부분에 나오는 알루미늄의 경우에서 설명하는 것과 같이 주로 전기적으로 더 양성인 원소들에 국한된다. 철과 구리와 같이 대량으로 생산되는 다른 금속의 경우에는, 산업에서 사용하고 있는 에너지 효율이 높고 더 깨끗한 방법(화학적 환원 방법을 사용하는)이 7.16b절에 설명되어 있다. 일부 특별한 경우에는, 소량의 백금족 금속을 분리하기 위해 전기 화학적 환원이 사용된다. 따라서 예를 들어 산화 조건에서 산으로 폐촉매 변환기를 처리하면 Pt(II) 및 다른 백금족 금속의 착물을 함유하는 용액이 생성되며, 이를 전기 화학적으로 환원시킬 수 있다. 금속은 세라믹 촉매 변환기로부터 전체 80%의 추출 효율로 환원 전극에 석출된다.

7.16절에서 보았듯이, Ellingham 도표는 탄소를 이용하여 Al_2O_3를 환원하는 것이 2400°C 이상에서만 실현 가능하며, 비경제적으로 비싸다는 것을 보여 준다. 그러나 **전기 분해에 의한** 환원이 가능하게 되었고, 모든 현대적인 생산은 1886년에 Charles Hall과 Paul Héroult가 독립적으로 발명한 전기 화학적 **Hall–Héroult 공정**(**Hall–Héroult process**)을 사용한다. 이 공정에는 **Bayer 공정**(**Bayer process**)을 사용하여 알루미늄 광석에서 추출한 순수한 수산화

알루미늄이 필요하다. 이 공정에서 알루미늄 공급원으로 사용되는 보크사이트 광석은 산성 산화물 SiO_2와 Al_2O_3, AlOOH 및 Fe_2O_3와 같은 양쪽성 산화물 및 수산화물의 혼합물이다. 비록 규산염들도 강염기성 조건에서 용해되지만, Al_2O_3는 뜨거운 수산화 소듐 수용액에 용해되고, 알루미늄은 용해도가 낮은 Fe_2O_3로부터 분리된다. 알루미늄산 소듐 용액을 냉각시키면 $Al(OH)_3$는 침전되고, 규산염은 용액 속에 남게 된다. **Hall–Héroult 공정**의 마지막 단계에서 수산화 알루미늄은 용융 빙정석(Na_3AlF_6)에 용해되고, 용융된 것은 흑연 **산화 전극**(anode)에 연결된 강철 환원 전극에서 전기 분해에 의해 환원된다. 후자는 발생하는 산소 원자와 반응하여 전기 화학적 반응에 참여하고, 전체 과정은 다음과 같다.

$$2\,Al_2O_3 + 3C \rightarrow 4\,Al + 3CO_2$$

전형적인 공장의 경우 전력 소비가 엄청나기 때문에 알루미늄은 대개 보크사이트가 채굴되는 곳(예를 들어 자메이카)이 아닌 전기가 싼 곳(예를 들어 캐나다의 수력 발전소)에서 생산된다.

더 가벼운 할로젠 원소들은 전기 화학적 산화에 의해 추출되는 가장 중요한 원소들이다. 중성에서 Cl^- 이온의 산화에 대한 표준 Gibbs 반응 에너지가 큰 양의 값이라는 것은, 전기 분해가 필요하다는 것을 암시한다.

$$2\,Cl^-(aq) + 2\,H_2O(l) \rightarrow 2\,OH^-(aq) + H_2(g) + Cl_2(g) \qquad \Delta_r G^\ominus = +422\ \text{kJ mol}^{-1}$$

Cl^-의 산화에 필요한 최소 전위차는 약 2.2 V($\Delta_r G^\ominus = -\nu FE^\ominus$이고 $\nu = 2$로부터)이다.

단지 1.2 V의 전위차(이 반응에서 $\nu = 4$)에 의해서 정반응이 일어나는 다음의 경쟁 반응에 문제가 있는 것처럼 보일 수도 있다.

$$2\,H_2O(l) \rightarrow 2\,H_2(g) + O_2(g) \qquad \Delta_r G^\ominus = +414\ \text{kJ mol}^{-1}$$

하지만 물의 산화 속도는 열역학적으로 처음 유리하게 되는 전위에서 매우 느리다. 이렇게 느린 것을 반응이 높은 **과전위(overpotential)**, η(에타)를 필요로 한다고 표현하는데, 과전위는 상당한 반응 속도를 얻기 위해 평형 전위에 더해 줘야 하는 전위이다. 결과적으로, 소금물의 전기 분해는 Cl_2, H_2 및 NaOH 수용액을 생성하지만, 많은 양의 O_2는 생성되지 않는다.

플루오린화 이온 수용액을 전기 분해하면 플루오린이 아닌 산소가 생성된다. 따라서 F_2는 72°C 이상에서 용융되는 이온 전도체인 플루오린화 포타슘과 플루오린화 수소의 무수 혼합물의 전기 분해에 의해 만들어진다.

연습 문제

7.1 다음 반응에 참여하고 있는 각 원소들의 산화수를 구하시오.

$2\,NO(g) + O_2(g) \rightarrow 2\,NO_2(g)$

$2\,Mn^{3+}(aq) + 2\,H_2O(l) \rightarrow MnO_2(s) + Mn^{2+}(aq) + 4\,H^+(aq)$

$LiCoO_2(s) + C(s) \rightarrow LiC_6(s) + CoO_2(s)$

$Ca(s) + H_2(g) \rightarrow CaH_2(s)$

7.2 다음의 화학종들이 공기를 불어 넣은 산성 수용액에서 일으키는 반응에 대한 균형 반응식을 쓰시오. 만일, 화학종이 안정하면 '반응 없음'이라고 쓰시오.
(a) Cr^{2+} (b) Fe^{2+} (c) Cl^- (d) HClO (e) Zn(s)

7.3 반쪽 전지 반응의 표준 전위가 온도에 따라 반대 방향으로 변하는 이유를 설명하시오.

$[Ru(NH_3)_6]^{3+}(aq) + e^- \rightarrow [Ru(NH_3)_6]^{2+}(aq)$

$[Fe(CN)_6]^{3-}(aq) + e^- \rightarrow [Fe(CN)_6]^{4-}(aq)$

7.4 수용액에서 Fe^{3+}/Fe^{2+} 쌍의 표준 환원 전위가 SHE에 대해 +0.77 V인 경우, 표에 제시된 데이터를 사용하여 나머지 산화–환원쌍의 표준 환원 전위를 계산하시오. 계산 결과에 대해 의견을 말해 보시오.

	Ti	V	Cr	Mn	Fe	Co
$\Delta_{수화}H^{\ominus}(3+)(kJ\ mol^{-1})$	4154	4375	4560	4544	4430	4651
$\Delta_{수화}H^{\ominus}(2+)(kJ\ mol^{-1})$	1882	1918	1904	1841	1946	1996
$I_3(kJ\ mol^{-1})$	2652	2828	2987	3247	2957	3232

7.5 그림 7.20의 Frost 도표를 이용하여 다음 질문에 답하시오.
(a) 염기성 수용액에 Cl_2를 용해하면 어떤 결과가 발생하는가?
(b) 산성 수용액에 Cl_2를 용해하면 어떤 결과가 발생하는가?
(c) 수용액에서 $HClO_2$의 불균등화 반응이 일어나지 않는 것은 열역학적 현상인가, 아니면 속도론적 현상인가?

7.6 Ni^{2+}를 포함하고 있는 수용액에 NaOH를 첨가하면 $Ni(OH)_2$가 침전된다. Ni^{2+}/Ni 쌍의 표준 전위는 −0.25 V이고 용해도곱 $K_{sp} = [Ni^{2+}][OH^-]^2 = 1.5 \times 10^{-16}$이다. pH = 14에서 전극 전위를 계산하시오.

7.7 다음 Latimer 도표(표준 상태에 해당하지 않는)를 이용하여, 반응 $2HO_2(aq) \rightarrow O_2(g) + H_2O_2(aq)$의 $E^{\ominus}$ 값을 계산하시오.

$$O_2 \xrightarrow{-0.125} HO_2 \xrightarrow{+1.510} H_2O_2$$

HO_2가 불균등화 반응을 일으키려는 열역학적 경향에 대한 의견을 말해 보시오.

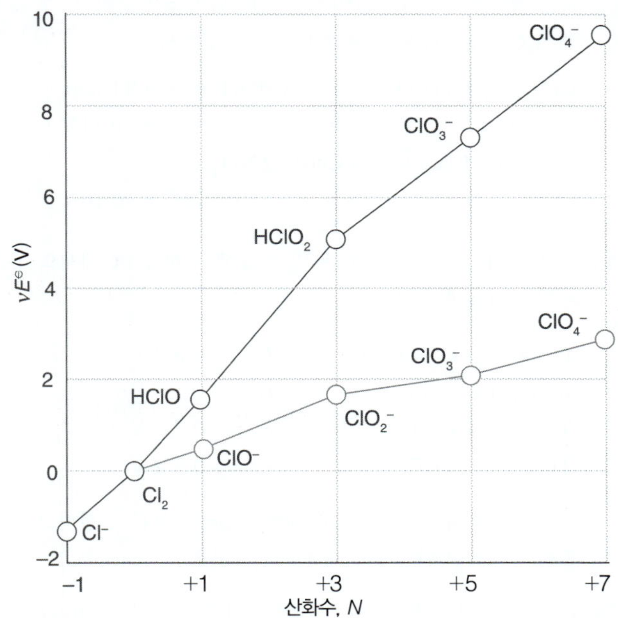

그림 7.20 염소에 대한 Frost 도표 진한 선은 산성 조건(pH = 0)을 나타내고, 연한 선은 pH = 14를 나타낸다.

7.8 산성 용액에서(pH = 0) 황 화학종의 표준 전위를 보여 주는 다음 Latimer 도표를 사용하여 Frost 도표를 작성하고, $HSO_4^-/S_8(s)$ 쌍의 표준 전위를 계산하시오.

$$S_2O_8^{2-} \xrightarrow{+1.96} HSO_4^- \xrightarrow{+0.16} H_2SO_3 \xrightarrow{+0.40} S_2O_3^{2-} \xrightarrow{+0.60} S \xrightarrow{+0.14} H_2S$$

7.9 다음의 산성 수용액에서의 환원 전위 $E^{\ominus}(Pd^{2+},Pd) = +0.915$ V 및 $E^{\ominus}([PdCl_4]^{2-},Pd) = +0.60$ V를 사용하여 1M HCl(aq)에서의 반응 $Pd^{2+}(aq) + 4Cl^-(aq) \rightleftarrows [PdCl_4]^{2-}(aq)$의 평형 상수를 계산하시오.

7.10 EDTA 리간드는 굳은 산과 안정한 착물을 형성한다. 3d 계열에서 EDTA와의 착물 형성이 M^{2+}가 금속으로 환원되는 데 어떤 영향을 미치는가?

7.11 그림 7.12를 사용하여 pH = 6에서 공기로 포화된 호수의 대략적인 전위를 구하시오. 다음 원소와 평형에 있는 화학종을 예측하시오.
(a) 철 (b) 망가니즈 (c) 황

7.12 Fe^{2+}와 H_2S는 O_2가 부족한 호수의 바닥에서 중요한 화학종이다. pH = 6인 경우 환경을 규정짓는 E의 최댓값은 얼마인가?

7.13 그림 7.16의 Ellingham 도표를 참조하여 알루미늄이 MgO를 환원시킬 것으로 예상되는 조건이 있는지 알아보시오. 이러한 조건에 대한 의견을 말해 보시오.

7.14 염기성 용액에서 다음의 표준 전위가 주어지고 적절한 촉매에서 가역 반응이 일어날 수 있다고 가정할 때, 염기성 용액에서 (a) CrO_4^{2-} 및 (b) $[Cu(NH_3)_2]^+$의 환원에 대한 $E^\ominus$, $\Delta_r G^\ominus$ 및 K를 계산하시오. $E^\ominus$ 값이 매우 비슷함에도 불구하고, 두 경우의 $\Delta_r G^\ominus$ 와 K가 왜 이렇게 다른지 설명하시오.

$$CrO_4^{2-}(aq) + 4H_2O(l) + 3e^- \rightarrow Cr(OH)_3(s) + 5OH^-(aq) \quad E^\ominus = -0.11\,V$$

$$[Cu(NH_3)_2]^+(aq) + e^- \rightarrow Cu(s) + 2NH_3(aq) \quad E^\ominus = -0.10\,V$$

7.15 수용액(pH = 0)에서 인듐 및 탈륨에 대한 25°C에서의 표준 전위는 다음과 같다.

$In^{3+}(aq) + 3e^- \rightarrow In(s)$ $\quad E^\ominus = -0.338\,V$

$In^+(aq) + e^- \rightarrow In(s)$ $\quad E^\ominus = -0.126\,V$

$Tl^{3+}(aq) + 3e^- \rightarrow Tl(s)$ $\quad E^\ominus = +0.721\,V$

$Tl^+(aq) + e^- \rightarrow Tl(s)$ $\quad E^\ominus = -0.336\,V$

자료를 이용하여, 두 원소에 대한 Frost 도표를 작성하고 화학종의 상대적인 안정성에 대해 논의하시오.

7.16 산성(pH = 0) 용액에서 바나듐 화학종에 대한 Latimer 도표는 다음과 같다.

$$V(OH)_4^+ \xrightarrow{+1.00} VO^{2+} \xrightarrow{+0.34} V^{3+} \xrightarrow{-0.26} V^{2+} \xrightarrow{-1.13} V$$

이 자료를 이용하여,

(a) $VO^{2+}(aq)$가 V(s)로 환원되는 전위를 계산하고 이 과정에 대한 균형 화학 반응식을 쓰시오.

(b) pH = 0에서 바나듐에 대한 Frost 도표를 작성하시오.

(c) pH = 0에서 $V^{3+}(aq)$가 $V^{2+}(aq)$ 및 $VO^{2+}(aq)$로 불균등화되는 반응에 대한 평형 상수를 계산하시오. 그리고 산성(pH = 0) 용액에서 $V^{3+}(aq)$의 안정성에 대한 의견을 말해 보시오.

(d) 용액의 pH를 높이면 $VO^{2+}(aq)$가 $V^{3+}(aq)$로 환원되는 전위에는 어떤 영향을 미치게 되는가?

7.17 pH 7.0, 25°C 수용액에서 측정한 간단한 탄소 화학종에 대한 반쪽 전지 반응의 환원 전위는 다음과 같다.

$CO_2(g) + 4H^+ + 4e^- \rightarrow HCHO(aq) + H_2O$ $\quad E^\ominus = -0.51\,V$

$CO_2(g) + e^- \rightarrow CO_2^-(aq)$ $\quad E^\ominus = -1.90\,V$

$CO_2(g) + 2H^+ + 2e^- \rightarrow CO(g) + H_2O$ $\quad E^\ominus = -0.52\,V$

$CO_2(g) + H^+ + 2e^- \rightarrow HCO_2^-(aq)$ $\quad E^\ominus = -0.43\,V$

$CO_2(g) + 6H^+ + 6e^- \rightarrow CH_3OH(aq) + H_2O$ $\quad E^\ominus = -0.38\,V$

$CO_2(g) + 8H^+ + 8e^- \rightarrow CH_4(g) + 2H_2O$ $\quad E^\ominus = -0.24\,V$

(a) 관련된 각 화학종의 탄소 산화수를 구하시오.

(b) 기준점인 HCHO를 원점으로 하고 Frost 도표를 작성하시오.

(c) 환원 전위가 가장 양의 값인 산화–환원쌍을 찾으시오.

(d) pH 7에서 CO가 수화되어 폼산 이온(HCO_2^-)을 생성하는 반응은 우세하게 일어나는가?

(e) pH 7.0, 25°C에서 수소 반쪽 전지의 환원 전위는 다음과 같다.

$$2H^+(aq) + 2e^- \rightarrow H_2(g) \quad E^\ominus = -0.41\,V$$

위의 조건에서, 수용액에서의 수성 가스 전환 반응에 대한 평형 상수를 계산하시오.

$$CO_2(g) + H_2(g) \rightleftharpoons CO(g) + H_2O(l)$$

8

무기화학의 기기분석

이 책에서 다루고 있는 분자나 물질들의 구조는 무기화학의 다양한 기기 분석 방법을 통해 결정되었다. 유용한 측정 방법 및 기기들은 매우 다양하지만, 사용된 모든 방법은 화합물의 성질 또는 조성 그리고 구조를 결정하는 데 필요한 자료를 제공해 준다. 오늘날의 무기화학 연구에서의 현대적인 기기 분석 방법은 물질과 전자기파의 상호 작용을 많이 응용하고 있다. 전자기파 영역은 감마선 에너지로부터 파장이 가장 긴 라디오파 영역까지 다양한 에너지를 가지며 무기 화합물의 특성을 조사하는 데 사용된다. 이 장에서는 무기 화합물의 원자와 전자 구조를 밝히고, 그 반응들을 연구하는 데 있어 가장 중요한 분석 기술을 소개하고자 한다.

회절 분석

회절 기술, 특히 X선을 사용하는 방법은 구조 결정을 위하여 무기화학자들이 활용할 수 있는 가장 중요한 방법이다. 수십만 가지의 순수한 무기 화합물과 유기금속 화합물을 포함한 수백만 개의 화합물의 구조를 결정하는 데 X선 회절법이 사용되었다. X선 회절법은 고체 화합물을 구성하는 원자들과 이온들의 위치를 정확하게 결정하게 해 준다. 그러므로 이것은 단위 세포 안에서 분자나 이온의 상대적 위치와 결합 길이 그리고 결합각과 같은 자료를 통하여 구조를 설명할 수 있게 한다. 이렇게 얻어진 구조 데이터는 원자와 이온의 반지름의 관점에서 해석되므로, 화학자들에게 구조의 예측을 가능하게 하고 화합물이 갖는 특성의 경향성을 설명할 수 있게 한다. 회절 분석은 분석 과정을 통해 시료가 변화되지 않는 비파괴적인 방법이며, 이 파괴되지 않은 시료는 다른 분석 방법에 있는 그대로 다시 사용될 수 있다.

8.1 X선 회절법

요점: 고체 결정은 파장이 약 100 pm인 빛을 산란하여 회절 현상을 나타낸다. 이런 회절 패턴의 해석을 통하여 정량적인 구조 정보를 얻을 수 있고 대부분의 경우 분자나 이온 구조를 완전히 파악할 수 있다.

회절(diffraction)은 빛이 경로에 놓인 물체에 의해 발생된 간섭에 의해 일어난다. X선은 원자의 전자에 의해 탄성적으로 산란되고(에너지의 변화 없이), 회절은 결정(전형적인 결합 길이가 100~300 pm) 안에 존재하는 원자들의 주기적 배열이 방사선의 파장(약 50~250 pm)과

캡션에 🖵이 표시된 **그림**은 쌍방향의 3D 구조로 온라인에서 찾을 수 있다. 브라우저에 다음 URL을 입력하고 관련 그림 번호를 넣어라. www.chemtube3d.com/wellerxe/[장번호]F[그림 번호]. 예를 들어 2장의 그림 7은 **www.chemtube3d.com/wellerxe/2F07**을 입력하면 된다.

유사할 때 일어난다. 만약 산란을 거리 d 만큼 떨어져 있는 원자들의 두 평면으로부터의 반사로 생각한다면(그림 8.1), 보강 간섭(constructive interference)은 파장과 입사각이 **Bragg 식**(**Bragg's equation**)을 만족시킬 때 일어난다.

$$2d \sin \theta = n\lambda \tag{8.1}$$

결정 학자들은 일반적으로 옹스트롬(1 Å = 10^{-10} m = 10^{-8} cm = 10^{-2} pm)을 측정의 단위로 사용한다. 결합 길이는 일반적으로 1~ 3 Å 사이에 있으므로, 이 단위의 사용은 매우 편리하다. 이러한 결합 길이를 측정하기 위해 사용하는 X선 파장은 일반적으로 0.5~2.5 Å이다.

여기서 n은 정수이며, 일반적으로 1로 정해진다. 원자가 규칙적으로 배열된 결정성 화합물에 조사된 X선은 **회절 패턴**(**diffraction pattern**) 혹은 **반사**(**reflection**)라고 불리는 일련의 회절 최대치를 나타내는데, 이 회절 패턴은 결정에서 원자들이 만드는 다양한 면 간 거리 d에 대응하는 X선 입사각 θ에 따라 나타낸다.

원자 또는 이온은 그것이 가진 전자 수에 비례하여 X선을 산란하고, 측정된 회절 X선의 최대 세기는 이 숫자의 제곱에 비례한다. 따라서 생성된 회절 패턴은 결정성 화합물에 존재하는 원자의 위치와 종류(그들의 전자 수에 따른)에 따라 결정되며, X선 회절각과 세기 측정을 통해 구조적인 정보를 얻게 된다. 이러한 전자 수에 따른 의존성 때문에 X선 회절은 화합물에서 원자 번호가 큰 원자에 의해 매우 민감하게 변화한다. 따라서 $NaNO_3$에 의한 X선 회절은 세 개의 등전자 원자에 대해 비슷한 값을 보이지만, $Pb(OH)_2$의 경우에는 산란과 구조적인 정보는 원자 번호가 큰 Pb 원자에 의해 결정된다.

X선 분석에는 두 가지 기본적인 방법이 있다. 첫 번째 방법은 **분말 회절 방법**(**powder method**)으로, 다결정 형태(polycrystalline form)를 연구할 때 사용한다. 또 다른 방법은 **단결정 회절 방법**(**single-crystal diffraction**)으로, 수 마이크로미터나 그 이상 크기의 단결정 화합물을 연구할 때 사용한다.

(a) 분말 X선 회절

요점: 분말 X선 회절 방법은 상(phase) 확인과 격자 상수, 격자의 종류를 결정하는 데 사용된다.

분말(다결정) 시료는 0.1~10 μm의 크기의 무수히 많은 매우 작은 결정들로서 특정한 배향성 없이 배열한다. 다결정 시료에 조사된 X선 살(X-ray beam)은 모든 가능한 방향으로 산란된다. 특정 각도에서 Bragg 식에 따르는 보강 간섭이 일어난다. 따라서 원자 면 간격이 d인 일련의 면에 대해 결과적으로 원뿔 형태의 회절 세기가 나타난다. 원자면을 어떻게 정의하는지에 따라 다양한 원자면이 만들어지므로 무수히 많은 회절 원뿔이 관찰된다. 각 원뿔 형태의 회절 세기는 촘촘히 위치한 회절점들로 구성되는데, 각각의 점은 분말 시료 속의 단결정 회절에 기인한 것이다(그림 8.2). 이렇게 많은 단결정 회절에 기인한 점들이 원뿔 형태의 회절 세기를 형성한다. **분말 X선 회절기**(**powder diffractometer**, 그림 8.3a)는 회절된 X선의 각도를 측정하기 위해서 검출기를 사용한다. 시료를 중심으로 특정 원주 주위를 따라 검출기로 스캔

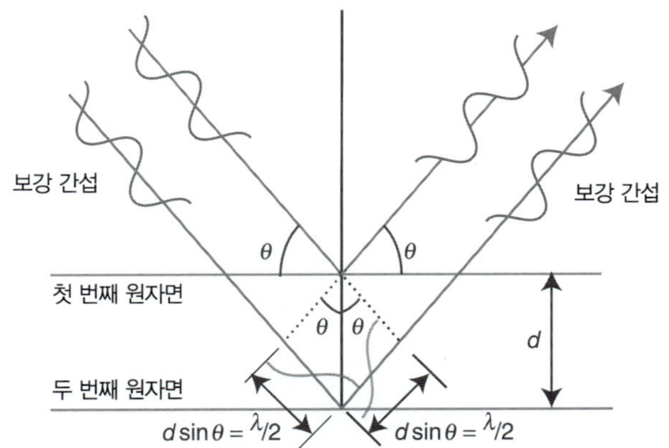

그림 8.1 원자층을 반사면으로 간주하여 Bragg 식을 유도하였으며, $2d \sin \theta$가 파장(λ)과 같을 때 보강 간섭이 일어난다.

하면 다양한 회절 세기를 탐지하고, 그 세기를 각도에 따라 기록한다(그림 8.3b). 입사 X선에 대한 검출기가 이루는 각도는 2θ로 측정되는데, 이때 θ는 Bragg 각도를 말한다.

반사의 개수와 위치는 단위 세포 매개 변수, 결정계, 격자 유형 및 파장에 의존한다. 거의 모든 결정 구조의 고체는 관찰된 반사각도 그리고 그 세기에 따른 특정한 X선 회절 패턴을 갖는다. 혼합물 시료에서 각 미소 결정상은 자신만의 고유한 반사 각도와 세기 패턴을 혼합 분말 시료의 회절 데이터로 보여 준다. 이 방법을 통해 혼합물 내의 소량(질량의 5~10%)의 미소 결정 화합물을 확인할 수 있다.

분말 시료 X선 회절 방법은 다결정 무기 물질들을 규명하는 데 매우 효과적인 방법으로 사용된다(표 8.1). 무기, 유기 금속, 그리고 유기 화합물들의 많은 분말 시료 X선 회절 데이터들은 ICDD(International Center for Diffraction Data)에 의해 데이터베이스로 보관되어 있다. 380,000개 이상의 분말 시료 X선 회절 패턴을 포함한 이 데이터베이스는 사람의 신원 확인에 사용되는 지문처럼 미지의 물질들을 확인하는 데 이용된다. 분말 시료 X선 회절은 일반적으로 물질의 생성 그리고 고체 화합물의 구조 변화 연구에 이용된다. 금속 산화물 합성에서 분말 시료의 회절 패턴을 확인하여 금속 산화물의 생성을 확인하는데, 회절 패턴이 순수한 단일 상임을 증명함으로써 검증할 수 있다. 실제로 화학 반응의 진행을 반응물이 소모되며 생성물이 생성되는 것을 관찰함으로써 확인할 수 있다.

격자 파라미터와 같은 기본적인 결정학적 자료는 분말 X선 회절 데이터로부터 아주 높은 정밀도의 값으로 쉽게 구할 수 있다. 회절 패턴에서 특정 반사의 존재나 부재를 통하여 결정 격자 종류를 예측할 수 있다. 최근에는 회절 패턴에서 피크의 세기를 이용하여 원자의 위치를 결정하는 방법이 사용되고 있다. **Rietveld 방법**(**Rietveld method**)이라고 알려진 이 분석 방

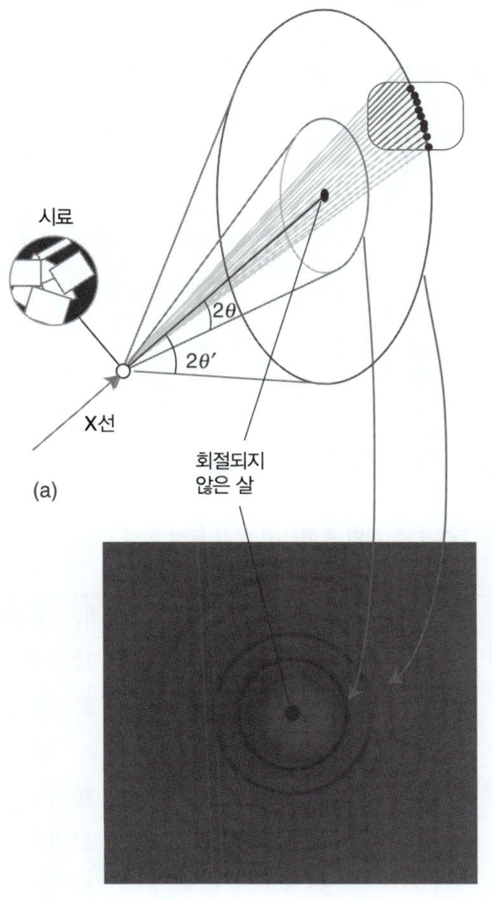

그림 8.2 (a) 분말 시료에 의한 X선 산란으로 생기는 회절의 원뿔 모양. 원뿔은 각각의 미소 결정으로부터 야기되는 수많은 회절 점들이 수천 개 모여 이루어진다. (b) 분말 시료로 회절 패턴의 이미지. 회절하지 않고 통과한 X선은 그림의 중앙에 위치하며, 서로 다른 d 값에 대응하는 회절 원뿔이 여러 개의 동심원으로 나타난다.

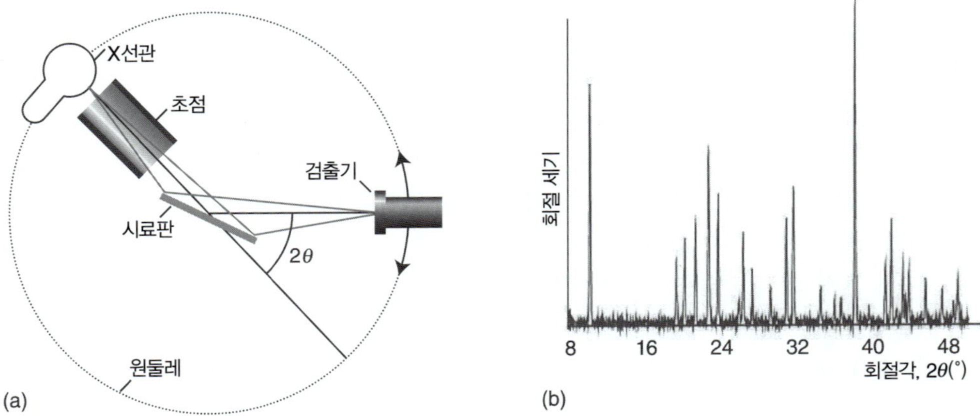

그림 8.3 (a) 평평한 판에 시료를 얹고 그 시료로부터 산란이 이루어질 때 회절 모드로 작동 중인 분말 회절 장치의 모식도. (b) 반사각 2θ에 따른 회절 세기를 보여 주는 전형적인 분말 회절 패턴

법은 실험에서 얻은 데이터와 계산된 회절 패턴을 비교 검토하는 것이다. 이 방법은 원자의 위치를 단결정 방법만큼 정확히 확인할 수 없다는 점에서 단결정 방법처럼 강력하지는 않지만 단결정 시료를 필요로 하지 않는다는 장점이 있다.

예제 8.1 분말 X선 회절법 이용

이산화 타이타늄(TiO_2)은 몇 가지 다형체(polymorph)로 존재한다. 그중 가장 흔한 형태로는 아나타제(anatase), 루틸(rutile), 그리고 브루카이트(brookite)이다. 이 다형체들의 분말 시료 회절 패턴 중 6개의 가장 강한 회절 피크의 회절각 2θ 값을 표에 정리하였다. 흰색 페인트 시료로부터 얻은(154 pm X선 이용) 분말 시료 X선 회절 패턴(하나 또는 그 이상의 TiO_2 다형체를 포함한다고 알려짐)이 그림 8.4에 나와 있다. 어떤 TiO_2 다형체 물질이 포함되어 있는지, 그리고 그 상대적 양을 밝히시오.

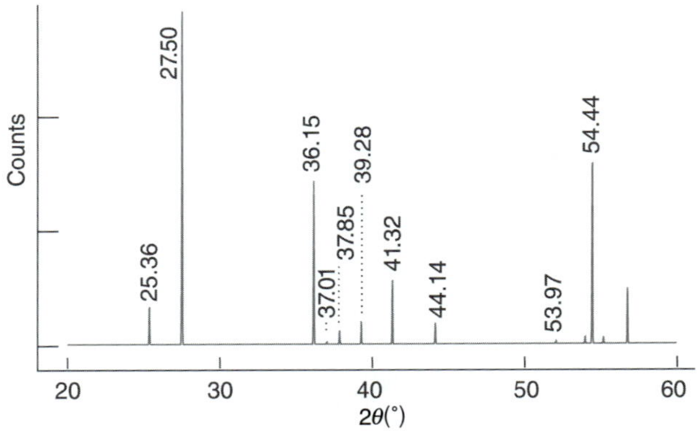

그림 8.4 TiO_2 다형체의 혼합물에 대한 분말 회절 패턴

루틸	아나타제	브루카이트
27.50	25.36	19.34
36.15	37.01	25.36
39.28	37.85	25.71
41.32	38.64	30.83
44.14	48.15	32.85
54.44	53.97	34.90

표 8.1 분말 시료 X선 회절의 적용 분야

적용 분야	일반적 용도 및 획득 정보
미지 물질의 확인	대부분의 미소 결정상에 대한 빠른 30분 이내 확인
시료의 순도 결정	제품 생산 시 정성 분석 및 품질 관리, 고체 반응의 진행 정도 확인
격자 매개 변수의 결정	상의 규명과 조성에 따른 구조 변화 확인
신소재/상도표의 연구	나노 입자 크기 결정 및 야금에 사용
결정의 크기/스트레스 결정	알려진 구조 유형으로부터 상세한 결정학적 데이터 획득
Ab initio 구조 결정	초기 결정 구조 정보 없이 구조 결정이 가능
상변화/팽창 계수	온도(100~1200 K 영역에서 냉각 또는 가열)에 따른 변화 연구, 팽창 계수, 구조 전이의 관찰

답 관측된 자료에 맞는 회절 패턴의 다형체를 확인할 필요가 있다. 각 선은 루틸(세기가 큰 피크들)과 아나타제(몇 개의 작은 세기의 피크들)와 일치한다. 따라서 페인트의 주요 TiO_2 상은 루틸임을 알 수 있다.

문제 8.1 산화 크로뮴(IV)은 또한 루틸 구조를 가진다. Bragg 식과 Ti^{4+}와 Cr^{4+}의 이온 반지름(부록 1)을 고려하여 CrO_2 분말 시료 X선 회절 패턴의 주요 특징을 예측하시오.

(b) 단결정 X선 회절법

요점 : 단결정으로부터 얻은 회절 패턴의 분석은 분자 및 확장된 격자 구조를 결정할 수 있게 한다. 하지만 무기 화합물에서 수소 원자의 위치는 직접적으로 결정되기는 쉽지 않다.

단결정으로부터 얻어진 회절 데이터의 분석은 무기 고체의 구조를 알 수 있는 가장 중요한 방법이다. 결정의 크기가 충분히 크고 단결정이라면, 얻어진 데이터는 분자나 확장된 격자 구조에 대한 확실한 정보를 제공한다.

단결정으로부터 회절 데이터는 보통 단결정 회절 장치(그림 8.5)를 사용하여 얻는다. 단결정은 세 개의 직교하는 ω, φ 및 χ로 표시되는 방향에 따라 회전하며, **4축 회절 장치**(**four-circle diffractormeter**)는 섬광(scintillation) 검출기를 사용하여 회절각 2θ에 대한 회절 세기를 측정한다. 대부분의 최신 장비들은 섬광 검출기 대신 민감도가 훨씬 뛰어난 이차원 **영역 검출기**(**area-detector**) 또는 **영상판**(**image plate**)를 사용하는 데 많은 회절 세기 데이터를 동시에 측정할 수 있어 몇 시간 안에 전체 데이터를 얻을 수 있다(그림 8.6).

단결정으로부터 얻은 회절 데이터 분석은 수천 개의 회절 세기를 계산해야 하는 복잡한 과정이지만, 컴퓨터의 발전으로 숙련된 결정 학자는 한 시간 이내에 작은 무기 분자의 구조를

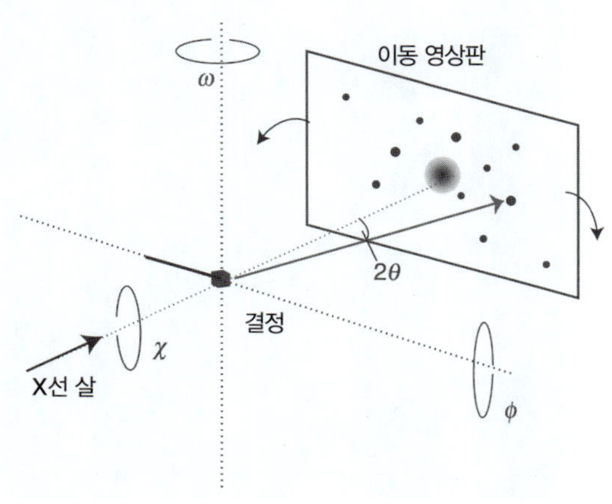

그림 8.5 단결정 X선 회절 장치의 영상판의 배열 네 각이 동시에 변할 때 컴퓨터는 검출기의 위치를 조절한다.

S–S 결합 길이는 0.3 pm의 표준편차를 보인다. 이 표준편차 값은 사용된 실험 방법, 얻어진 데이터의 질적 수준 그리고 구한 결합 길이가 데이터에 대한 민감도를 나타낸다. 적당히 복잡한 구조를 높은 수준의 단결정 데이터를 이용하여 구한 표준편차 값은 0.1~0.5 pm 정도의 값을 보인다. 구조 정보를 비교할 때 표준편차 크기 비교는 구조의 어떤 경향성이나 차이를 비교할 수 있는 중요한 자료가 된다.

완벽하게 결정할 수 있다. 단결정 X선 회절법을 이용하여 약 $20 \times 20 \times 20\ \mu m^3$ 또는 그 이상의 크기로 단결정을 얻을 수 있다면 쉽게 그 구조를 결정할 수 있다. 대부분의 무기 화합물에서 C, N, O, 그리고 금속을 포함한 거의 모든 원자의 위치가 결정되고, 그 결정된 위치로부터 pm 수준의 결합 길이가, 높은 정밀도로 결정된다. 예를 들어 단사정계의 황 구조에서 S–S 결합의 길이는 괄호 안에 주어진 표준편차를 포함하여 약 204.7(3) pm 또는 2.047(3) Å으로 알려져 있다.

가벼운 원자들(Z<18, Zn)로만 이루어진 무기 화합물에서 H 원자의 위치는 결정할 수 있으나, 4d나 5d 금속 같이 무거운 원자를 포함하는 무기 화합물에서는 H 원자의 위치를 결정하는 것이 매우 어렵거나 불가능할 수 있다. 문제는 수소 원자의 전자수가 너무 적다는 데 있다. 이 전자 밀도는 수소 원자가 다른 원자에 결합하게 되면 더 감소하게 된다. 더욱이 한 개의 수소 원자의 전자는 결합의 전자가 되고, 따라서 이 전자 밀도에 대한 X선에 의한 위치 결정은 결합 방향에서 이루어진다. 이러한 위치 결정은 실제의 핵간 거리보다 상대적으로 더 짧은 거리를 나타내게 된다. 중성자 회절(8.2절)과 같은 다른 측정법을 사용하면 무기 화합물에서 H의 위치를 쉽게 결정할 수 있다.

단결정 X선 회절 데이터 분석으로부터 얻어지는 분자 구조는 종종 ORTEP 그림으로 나타낸다(그림 8.7; Oak Ridge Thermal Ellipsoid Program의 약자). ORTEP 그림에서 타원은 열역학적 운동을 고려한 원자에 속한 전자들이 차지하는 부피를 나타내는 데 사용된다. 타원의 크기는 온도가 증가하면 더 커지며, 결과적으로 데이터로부터 결합 길이에 대한 부정확성을 만든다.

(c) 싱크로트론을 이용한 X선 회절

요점: 싱크로트론에서 발생된 높은 세기의 X선을 사용하여 매우 복잡한 분자의 구조를 결정할 수 있다.

싱크로트론 방사선(synchrotron radiation)을 이용하면 실험실에서 얻을 수 있는 X선보다 훨씬 더 센 강도의 X선을 얻을 수 있다. 싱크로트론 방사선은 저장 링(storage ring) 속을 빛의 속도에 가깝게 돌고 있는 전자에 의해 생성되고, 전형적으로 실험실에서 얻을 수 있는 X선보다 수천 배 그 세기가 강하다. 싱크로트론 X선의 사용은 $1 \times 1 \times 1\ \mu m^3$ 크기의 매우 작은 결정의 회절 연구도 가능하게 하며, 더 큰 크기의 결정을 이용할 때는 더 짧은 시간에 훨씬 더 양질의 데이터를 얻게 하여 효소와 같은 복잡한 구조의 결정을 수월하게 해준다.

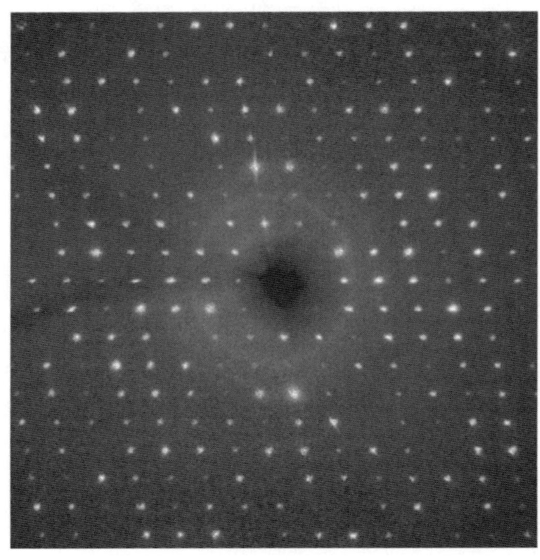

그림 8.6 단결정 X선 산란 패턴의 일부 각각의 점은 결정에서 다른 평면의 원자들의 X선 산란으로부터 얻어진다.

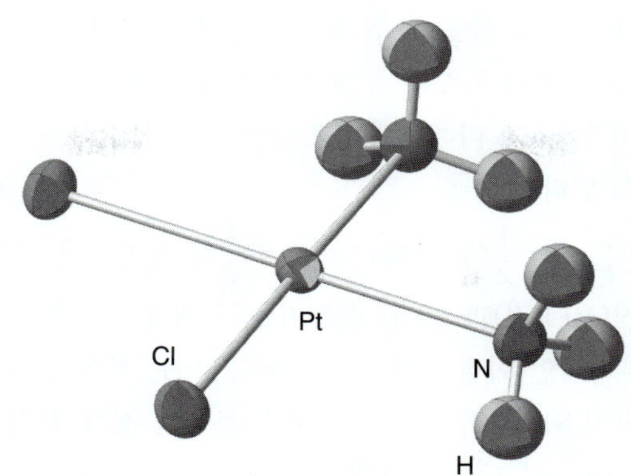

그림 8.7 시스플라틴, *cis*-[Pt$(NH_3)_2Cl_2$](27.1절)의 ORTEP 그림 타원은 원자에 속한 전자가 존재할 확률이 90%인 경계선이다.

8.2 중성자 회절법

요점: 결정에 의한 중성자 산란은 구조에 대한 추가적인 정보(특히 가벼운 원자의 위치)를 주는 회절 데이터를 제공한다.

특정한 파장(de Broglie의 $\lambda = h/mv$)과 연계된 속도를 지닌 어떤 입자가 결정에서 산란되어 일어나는 회절은 결정의 원자 또는 이온의 거리와 사용된 파장의 길이가 비슷할 때 일어난다. 중성자나 전자(전자 현미경에서 사용된, 8.17절)는 100~200 pm의 파장을 가질 수 있어 결정성 무기 화합물에서 회절을 일으킬 수 있다.

적합한 파장을 가진 중성자 살(beam)은 원자로에서 생성된 중성자를 '감속'시키거나 가속 양성자 살을 무거운 원소에 충돌시켜 원자핵의 **파쇄**(spallation) 과정에 의해 형성된다. 단결정 또는 분말 시료에 대한 데이터 수집과 분석에 사용되는 중성자 회절법은 X선 회절법의 장치 및 원리와 유사하다. 다만 중성자 살 유량(flux)은 X선의 그것보다 매우 낮기 때문에 중성자 회절 분석 기기의 규모는 훨씬 크다. 또한 X선 회절 장치와는 달리, 중성자 회절은 전세계적으로 몇몇 특정 장소에서만 가능하다. 그러므로 이 기술을 통한 무기 화합물의 구조 결정은 매우 제한적이며, X선 회절법을 이용한 H 또는 Li 원자와 같은, 다른 가벼운 원자를 포함한 구조 결정이 실패한 경우에 중성자 회절법이 적용된다. 오늘날 에너지 저장 또는 생산에 수소를 포함하는 화합물(10장)의 중요성이 커지면서 무기 화합물 내에서 수소 원자의 위치를 정확히 규명하려는 노력을 하고 있다.

중성자 회절법의 장점은 전자보다는 핵에 의하여 산란되는 점이다. 즉 중성자는 X선 회절법에서 얻을 수 없는 구조 변수에 대해 매우 민감하게 보완적으로 대응한다. 특히 대부분의 무기 화합물 X선 회절에서 경험한 것과는 달리, 무거운 원소에 의한 산란이 지배적 요소가 아니다. 예를 들면 납(Pb)과 같은 무거운 원소를 포함한 화합물에서 H나 Li 같은 가벼운 원소의 위치를 결정하는 것은 전자 밀도가 Pb에 밀집되어 있기 때문에 X선 분석법에서는 불가능하다. 반면에 중성자는 가벼운 원소에 의한 산란이나 무거운 원소에 의한 산란의 정도가 비슷하며, 따라서 가벼운 원자가 회절 패턴의 세기에 큰 기여를 한다. 그러므로 중성자 회절 분석법은 무거운 금속 원자의 존재하에서 H, Li, O와 같은 가벼운 원자들의 좀 더 정확한 구조 결정을 위해 X선 구조 분석법과 병행하여 수행한다. 높은 전이 온도를 지닌 초전도체(Ba와 Tl 같은 금속의 존재하에서 정확한 산소 음이온의 위치를 알아야 하는)인 금속 산화물 구조 분석 연구나 수소의 위치 연구(수소 저장 물질로서 금속 수소화물 그리고 유기-무기 혼합 페로브스카이트 태양광 전지)가 중요한 곳에 중성자 회절법이 이용된다.

중성자 회절법의 또 다른 이용은 등전자 화학종의 구별이다. X선 산란에서 같은 주기에서 바로 이웃한 원소, 가령 O와 N 혹은 Cl과 S는 거의 등전자이며, 따라서 X선을 거의 비슷한 정도로 산란시킨다. 그러므로 그 둘을 모두 포함한 결정 구조에서 그 두 원소를 구분하기는 매우 어렵다. 그러나 이런 등전자 원자는 중성자 산란 경우에는 매우 큰 차이를 보인다. N은 O에 비해 50% 이상을, Cl은 S에 비해 4배에 가깝게 크게 산란시키며, 따라서 X선 회절에서 보다 훨씬 쉽게 구분할 수 있다.

중성자의 또 다른 특징은 $I = \frac{1}{2}$이며, 따라서 $S = \frac{1}{2}$인 홀전자에 의해 산란이 일어난다. 강자성 또는 반강자성 물질(20.8절)과 같이, 홀전자들의 배열이 규칙적인 무기 화합물에서 이러한 홀전자들에 의한 부가적인 회절 세기가 생성된다. 이는 핵산란(그림 8.8)과 구분하여 자기 산란이라고 한다(그림 8.8). 이러한 자기 산란의 분석은 전자 자기 모멘트의 배열에 의한 **자기 구조(magnetic structure)**에 대한 자세한 정보를 제공해 준다.

예제 8.2 무기화학에서 화합물의 구조와 관련된 문제를 해결하기 위한 적절한 회절 방법 선택하기

다음은 어떤 실험적 회절 방법을 사용하여 얻을 수 있는 정보들인가?

(i) K_2Se_5 화합물에서 0.3 pm의 오차 범위 내의 정확한 Se–Se 결합 길이

(ii) {$(CpY)_4(\mu\text{-}H)_7)(\mu\text{-}H)_4WCp^*(PMe_3)$} 화합물에서 정확한 H 원자 위치

(iii) Cu_2ZnSnS_4 황화물 착물에서 Zn와 Cu의 분포

(iv) BO(OH) 구조

답 서로 다른 회절 방법의 민감도를 고려하여야 한다. (i)의 경우 K과 Se는 모두 '무거운 원자'이다. 따라서 X선을 강하게 산란시킬 것이다. 만약 적당한 단결정이 얻어진다면 단결정 X선 회절법을 통해 매우 정확한 결합 길이를 구할 수 있다. 이 화합물의 경우 Se–Se 결합 길이가 2.335–2.366 ±0.002 Å으로 보고되었다. (ii)의 경우는 Y, W와 같은 무거운 원자의 존재는 X선 회절 실험에서 두 원자에 의한 산란이 지배적인 것을 의미한다. 이 화합물의 구조는 정확한 수소 원자 위치와 함께, 2011년 9 mm^3의 부피를 갖는 단결정에 대하여 단결정 중성자 회절 실험을 통해 보고되었다. (iii) Cu(Z = 29)와 Zn(Z = 30)는 주기율표상에서 서로 이웃한 원자로서 거의 등전자성이다. 따라서 X선 회절에서 두 원자는 동일한 원자로 보인다. 그러나 중성자를 활용하면 두 원자의 상대적 산란 능력이 Cu = 7.72, Zn = 5.68로 크게 차이가 나 두 원자를 구별할 수 있게 된다. 따라서 분말 중성자 회절이나 중성자 실험에 적합한 큰 크기의 단결정이 가능하다면 단결정 중성자 회절법을 사용할 수 있다. (iv) BO(OH) 화합물은 H 원자를 포함하지만 다른 나머지 원자들도 모두 가벼운 원자(B Z = 5, O Z = 8)들이다. 따라서 H 원자 위치는 X선을 사용해서 정확하게 결정될 수 있다. 적당한 크기의 결정이 만들어지면 단결정 X선 회절법이 선택 가능한 구조 결정법이다.

문제 8.2 (a) K_2Se_5가 5×10×20 μm^3 크기의 단결정으로만 얻어졌다면, 어떤 실험적 방법을 강구해야 할까? (b) BO(OH)에서 중성자 회절법에서 구한 H 원자의 위치가 X선 회절법에서 구한 위치와 차이가 날 수 있을까?

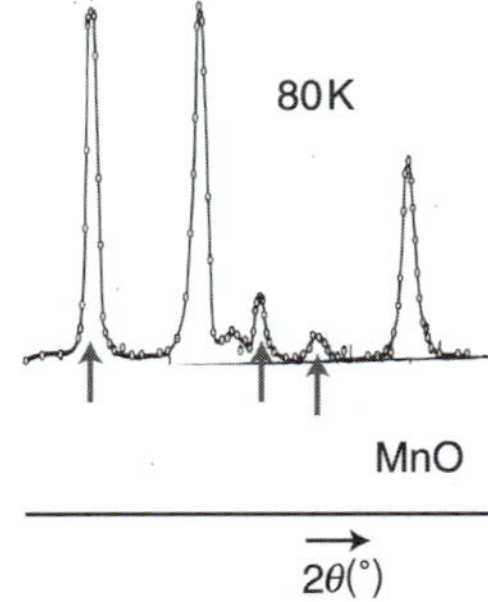

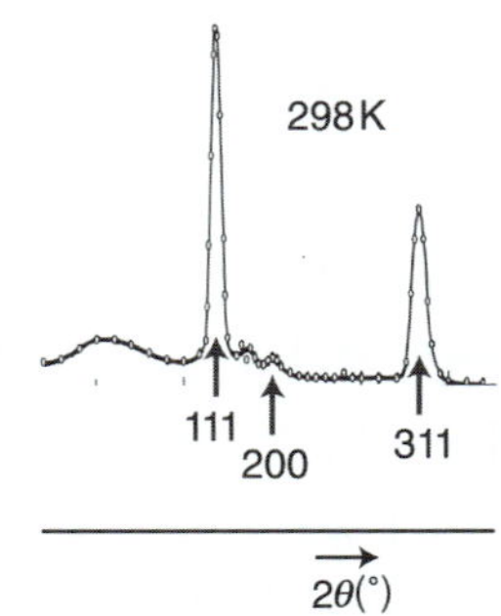

그림 8.8 온도 80 K에서 규칙적인 반강자성 전자 배열에 의해 나타나는 자기 산란에 의한 부가적인 피크를 보이는 MnO의 분말 중성자 회절 패턴 MnO는 상온에서 자기 모멘트의 규칙적 배열이 사라지므로 298 K에서는 자기 산란 피크가 사라지고 상자성을 보인다.

흡수 및 발광 분광법

무기 화합물을 조사하는 물리적인 기술의 대부분은 전자기 복사선의 흡수와 재방출 과정을 포함한다. 흡수된 복사선의 주파수는 무기 화합물의 에너지 준위에 대한 유용한 정보를 주며, 또한 흡수의 세기는 정량적인 분석 정보를 제공하는 데 종종 사용된다. 흡수 분광학 기술은 보통 시료가 분석 이후에도 유지되는 비파괴적 분석 방법이다.

화학에서 전자기 복사선 스펙트럼은 γ선과 X선(약 1 nm) 정도의 짧은 파장대부터 수 미터 정도 되는 라디오파 범위까지이다(그림 8.9). 이 스펙트럼은 이온화, 진동, 회전, 그리고 핵의 재배열과 같은 원자 및 분자에 관련된 모든 에너지를 포함한다. 따라서 X선과 UV 복사는 원자와 분자의 전자 구조를 결정하는 데 쓰일 수 있고, 적외선(infrared)은 분자의 진동 운동을 설명하는 데 사용될 수 있다. 핵자기 공명(NMR)에서 사용되는 라디오 주파수(RF: radio frequency) 복사는 자기장에서 핵의 재배열과 연관된 에너지를 조사할 수 있으며, 이러한 에너지는 핵 주변의 화학적 환경에 매우 민감하게 작용한다. 일반적으로 흡수 분광법은 상대적인 에너지 준위 사이의 전이 에너지에 해당하는 특정 주파수에서 분자나 물질에 의한 전자기 복사선의 흡수를 이용하는 것이다. 흡수 세기는 전이 확률과 관련이 되는데, 이는 3장에서 진동 분광법에서 설명한 바와 같이, 부분적으로는 대칭 규칙에 의해 결정된다.

전자기 복사를 포함하는 여러 분광학적 기술들은 각기 다른 시간 척도를 가지는데, 이러한 다양성은 얻고자 하는 구조적 정보에 영향을 줄 수 있다. 광자가 원자나 분자와 상호 작용할 때 들뜬 상태의 수명과 그 기간 동안 분자가 어떻게 변할지에 대한 요인들을 고려할 필요가 있다. 표 8.2에 이번 절에서 설명할 다양한 분광학적 방법들의 시간 척도를 요약해 놓았다. IR 분광법은 NMR에 비해 분자 구조에 대한 순간 포착이 더 빠르게 이루어진다. 따라서 나노 초 정도의 시간에 분자의 재배열이나 모양 변화가 이루어진다면 분자의 평균 구조만을 볼

표 8.2 몇 가지 분석 방법에서의 전형적인 시간 척도

X선 회절	10^{-17}s
Mössbauer	10^{-18}s
UV-가시광선 전자 분광법	10^{-15}s
IR/Raman 진동 분광법	10^{-10}~10^{-12}s
NMR	$c.$ 10^{-3}~10^{-6}s
EPR	10^{-6}s

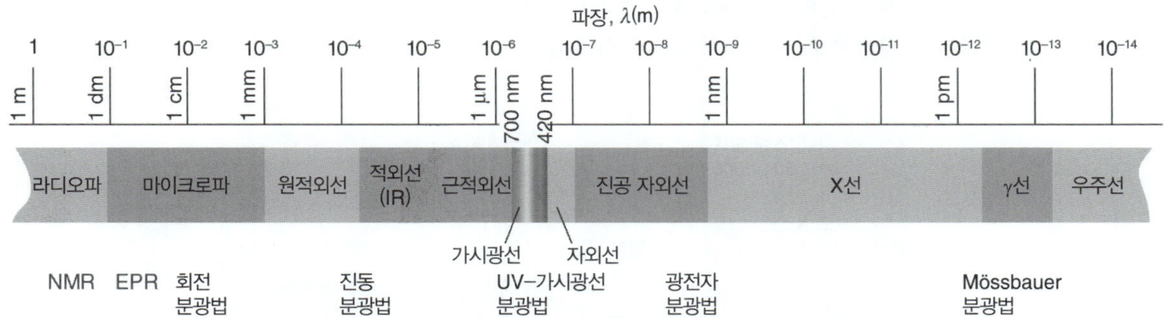

그림 8.9 각각 다른 영역에 쓰이는 측정법과 파장대에 따른 전자기 스펙트럼

수 있는 NMR보다는 IR에 의해 다른 상태의 구별이 가능한 것이다. 이런 분자는 NMR 시간 척도 관점에서는 '유동적'(fluxional) 분자이다. 분자의 재배열 속도는 온도가 증가할수록 같이 증가하므로 데이터 수집 때의 온도는 반드시 고려되어야 한다.

요약 설명

펜타카보닐 철 [$Fe(CO)_5$]은 왜 구조적인 정보를 얻기 위해 스펙트럼을 분석할 때 이러한 시간 척도가 왜 고려되어야 하는지 잘 보여 주고 있다. [$Fe(CO)_5$]은 상온에서 얻은 NMR 스펙트럼을 분석해 보면, NMR 시간 척도 안에서 수직 방향의 카보닐과 수평 방향의 카보닐이 초당 10^6번보다 더 빠르게 위치 교환을 하고 있어 NMR상에서는 모두 동일한 카보닐로 보이지만, IR 분광법은 [$Fe(CO)_5$]가 D_{3h} 점군을 가져 수직 방향과 수평 방향의 카보닐이 다름을 잘 보여 주고 있다.

8.3 자외선-가시광선 분광법

요점: 전자 전이 에너지와 세기는 전자 구조와 화학적 환경에 대한 정보를 제공한다. 스펙트럼의 변화를 통해 반응의 진행 과정을 관찰할 수 있다.

자외선-가시광선 분광법(UV-visible spectroscopy)은 스펙트럼의 가시광선과 자외선 영역에서 전자기 복사 흡수를 관찰하는 것이다. 이 분광법은 전자를 더 높은 에너지 준위로 들뜨게 하기 위해 에너지가 소모되기 때문에 **전자 분광법**(electronic spectroscopy)이라고도 한다. 자외선-가시광선 분광법(화학세상 8.1)은 무기 화합물과 그 반응을 연구하는 데 있어 가장 널리 사용되는 분석법 중의 하나이며, 대부분의 실험실은 이 자외선-가시광선 분광 광도계(그림 8.10)를 보유하고 있다. 전자 전이는 에너지가 서로 비슷한 준위에서 주로 일어나는데, 특히 d 또는 f 전자들이 포함된 경우가 그렇다. 이때의 전자 전이는 가시광선 영역을 벗어나 주로 근적외선 영역(NIR), 즉 λ = 800~2000 nm 영역에서 일어난다. 이 절에서는 기본 원리만을 설명하고 20장에서 좀 더 자세한 설명을 하고자 한다.

(a) 스펙트럼의 측정

자외선-가시광선 스펙트럼에 사용되는 시료는 보통 용액 상태이지만 기체나 고체도 가능하다. 액체나 기체 시료는 유리같이 투명한 물질로 제조되거나, 320 nm 이하의 파장에서 UV 스펙트럼을 측정하기 위한 순수한 실리카로 제조된, 셀(큐벳)에 담는다. 보통 입사광은 빛살 분할기에 의해 두 개로 나뉘는데, 살(beam)의 한 부분은 시료를 통과하여 지나고, 다른 하나는 시료를 제외하고는 모두 동일한 셀을 통과한다. 시료와 기준 셀을 통과한 살은 검출기(광다이오드)에서 비교되며, 흡수 정도는 파장의 함수로 얻어진다. 일반적으로 많이 사용되는 분광계는 회절 격자의 각도를 변화시킴으로써 입사광의 파장을 변화시킨다. 그러나 오늘날에는 다이오드 배열 검출기(diode array detector)를 사용해서 전체 스펙트럼을 한번에 기록하는 방법이 일반적으로 사용된다. 고체 시료의 경우는 시료로부터 반사된 자외선-가시광선 복사

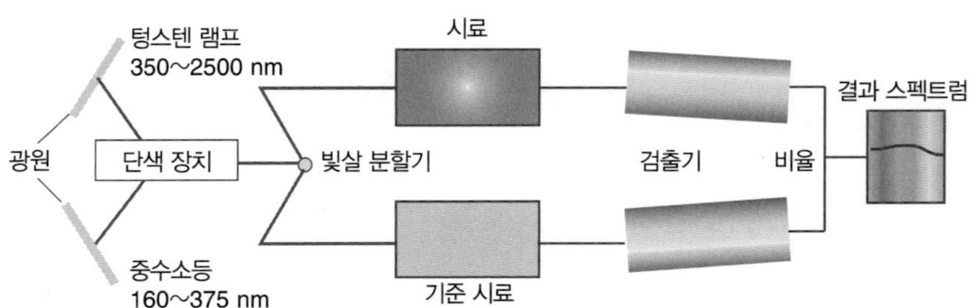

그림 8.10 **자외선-가시광선 흡수 분광계의 배치도**

선의 세기가 고체로부터 투과된 아주 작은 양의 복사선 세기보다 더 쉽게 측정 가능하다. 따라서 흡수 스펙트럼은 입사 복사선의 세기로부터 반사된 복사선 세기를 뺀 값과, 부수적인 파장에 의존한 보정을 통해 얻어진다(그림 8.11).

시료의 흡수 세기는 **흡광도**(**absorbance**) A로 정의된다.

$$A = \log_{10}\left(\frac{I_0}{I}\right) \tag{8.2}$$

여기서 I_0는 입사광의 세기, I는 시료를 통과한 이후에 측정된 세기이다. 검출기에서 빛을 강하게 흡수하는 물질의 경우에는 검출기가 매우 낮은 광자 양을 검출해야 하므로 실험의 신뢰도가 문제가 된다. 따라서 이때에는 시료를 묽게 희석함으로써 문제를 해결할 수 있다.

요약 설명

시료가 10%(즉 I_0/I = 100/90) 빛의 세기를 감소시킬 때 시료의 흡광도가 0.05이며, 90%(I_0/I = 100/10) 빛을 약화시킬 수 있는 시료의 흡광도는 1.0이며, 99%(I_0/I = 100/1) 빛을 약화시킬 수 있는 시료의 흡광도는 2이다.

경험적인 **Beer–Lambert 법칙**(**Beer–Lambert law**)에 따르면, 흡광도는 흡수하는 화학종 J의 몰농도 [J]와 광의 투과 길이 L과 연관되어 있다.

$$A = \varepsilon[\mathrm{J}]L \tag{8.3}$$

ε(엡실론)은 **몰 흡광 계수**(**molar absorption coefficient** 또는 extinction coefficient, 혹은 molar absorptivity)라고 불린다. ε 값은 전이가 허용되었을 경우(예를 들어 어떤 원자에서 한 전자가 3d에서 4p로 전이될 때(Δl = 1)) $10^5\ \mathrm{dm^3\ mol^{-1}cm^{-1}}$ 큰 값으로부터 전이가 금지된 경우(Δl = 0) $1\ \mathrm{dm^3\ mol^{-1}cm^{-1}}$에 이르는 다양한 범위의 수치를 가진다. 분자에서는 이러한 선택 법칙이 분자 오비탈에 근거한 준위 사이의 전이로 확장되는데, 분자 오비탈의 대칭성을 무너뜨리는 진동에 의해서 선택 법칙이 완화될 수 있다(20장). 몰 흡광 계수가 작은 화학종의 경우 측정이 어려우나, 농도를 증가시키거나 투과 거리를 증가시키면 관찰이 가능하다.

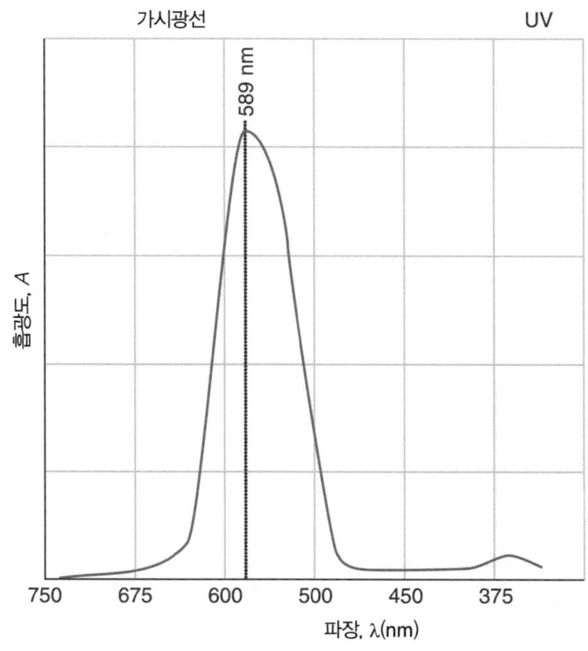

그림 8.11 울트라마린 $[Na_7[SiAlO_4]_6(S_3)$ 회색 도료의 자외선-가시광선 흡수 스펙트럼

화학세상 8.1 태양 전지 물질들의 분석

태양은 청정 에너지의 풍부한 근원으로, 햇빛을 전기 에너지로 변환하는 고효율의 태양 전지 개발은 오늘날 매우 중요한 연구 주제이다. 상업용 태양 전지의 대부분은 실리콘 반도체를 사용하여 햇빛을 흡수하지만, 좀 더 저렴한 가격의 태양 전지 개발을 목표로 개발되고 있는 많은 대체 재료는 어떤 표면이든지 상관없이 직접 박막으로 인쇄할 수 있다. 대체 반도체로 연구 중인 반도체로는 CdTe, CIGS[셀렌화 구리 인듐 갈륨, $Cu(In, Ga)Se_2$], CZTS(황화 구리 아연 주석, Cu_2ZnSnS_4), 그리고 새로이 개발된 메틸암모늄 아이오딘화 납(MAPI), 즉 $(CH_3NH_3)PbI_3$과 같은 할로젠화 납 페로브스카이트가 있다. 이러한 태양 전지의 핵심 특성은 띠간격 크기가 1.5~1.8 eV 정도이며, 따라서 그림 B8.1에 보인 바와 같이, 자외선에서 가시광선 영역(780 nm 파장까지)까지 그리고 근적외선(1200 nm까지)의 빛을 효과적으로 흡수하는 것이다.

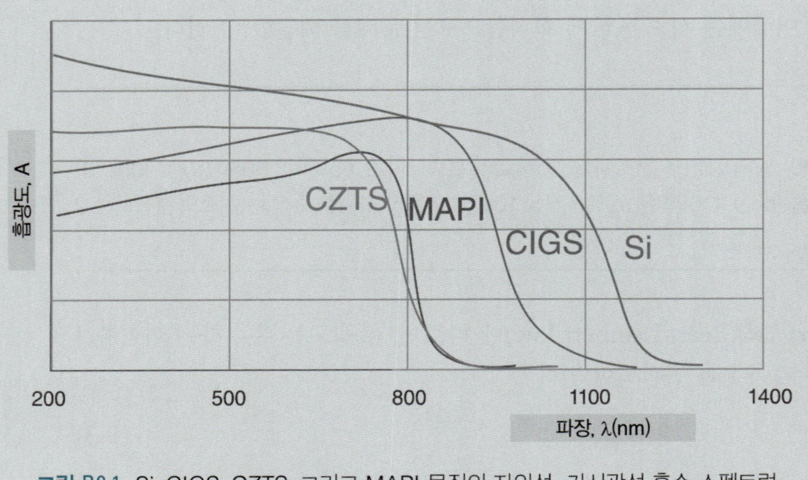

그림 B8.1 Si, CIGS, CZTS, 그리고 MAPI 물질의 자외선–가시광선 흡수 스펙트럼

그림 8.12는 d 금속 화합물, 이 경우는 d^1 전자 배열을 갖는 Ti(III), 용액상의 전형적인 자외선–가시광선 스펙트럼을 보여 준다. 흡수 복사선의 파장으로부터 d 금속 원자 주변의 리간드

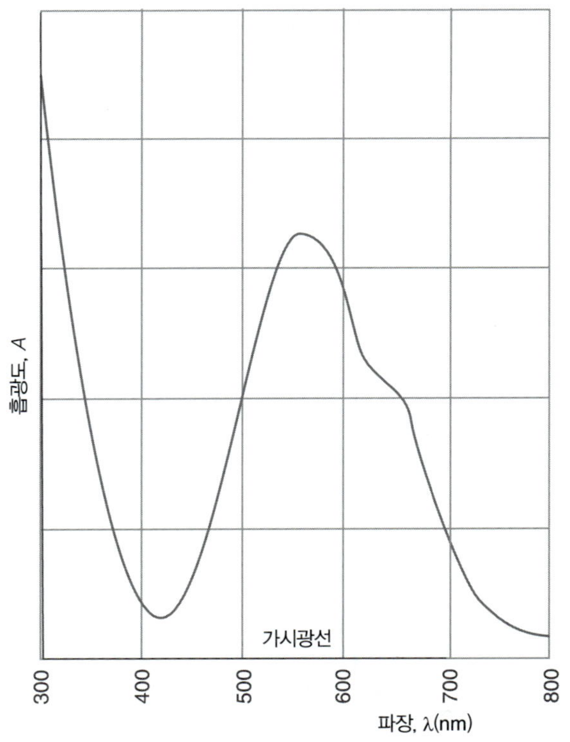

그림 8.12 $[Ti(OH_2)_6]^{3+}(aq)$의 UV–가시광선 스펙트럼

예제 8.3 자외선-가시광선 스펙트럼과 색깔과의 관계

그림 8.13은 $PbCrO_4$의 UV-가시광선 흡수 스펙트럼이다. $PbCrO_4$의 색을 예측하시오.

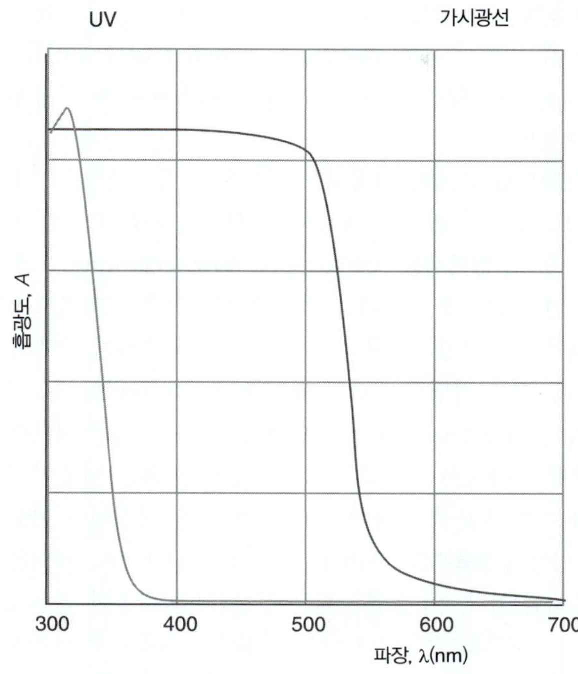

그림 8.13 **$PbCrO_4$(진한 선)과 TiO_2(옅은 선)의 UV-vis 스펙트럼** 흡광도를 파장의 함수로 표시하였다.

답 입사 백색광으로부터 특정 파장의 빛을 제거하면 제거된 파장의 보색이 나타남을 알아야 한다. 보색은 색상환(그림 8.14)에서 정확히 반대편에 있는 색깔을 뜻한다. 가시광선 범위 내에서 $PbCrO_4$의 흡수는 스펙트럼의 파란색 부근에서만 이루어진다. 나머지 빛은 눈을 통해 산란되며, 그림 8.14에 따르면 보색은 노란색임을 의미한다.

문제 8.3 그림 8.13에 주어진 TiO_2가 어떻게 해로운 UVA 복사선으로부터 피부를 보호하는 햇빛 차단제로 이용되는지 설명하시오(UV 복사선은 320~360 nm대의 파장이다).

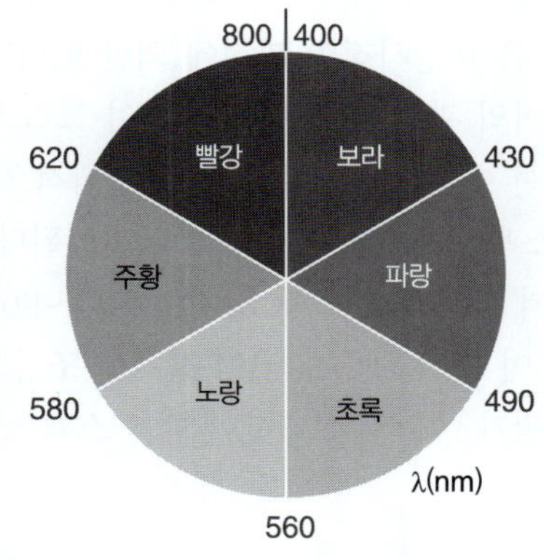

그림 8.14 **색상환** 보색은 색상환에서 지름을 가로질러 서로 정반대편에 놓인다.

환경의 효과를 포함한 화합물의 에너지 준위를 유도할 수 있다. 전이의 유형은 ε 값으로부터 종종 유추될 수 있다. 흡광도와 농도 사이의 비례 관계를 통해, 평형 상태의 조성이나 반응 속도와 같은 농도 의존적인 특성들을 측정할 수 있다.

(b) 적정과 반응 속도의 분광학적 모니터링

전자 전이 에너지보다 흡광도 측정이 요구될 때, 이런 분광학적 연구를 보통 **분광 광도법**(spectrophotometry)이라고 한다. 분광 광도법에서 최소한 한 개의 화학종이 적절한 흡수띠(band)를 가지면 반응의 진행 정도를 모니터링하기 위해 반응 혼합물 중 구성 물질의 농도를 측정함으로써 분광 광도 측정 적정(spectrophotometric titration)을 수행할 수 있다. 용액 중 화학종들의 자외선–가시광선 흡수 스펙트럼의 측정을 통해 반응의 진행 정도와 반응 속도 상수를 결정할 수 있다.

자외선–가시광선 스펙트럼 측정에 사용하는 방법은 반감기가 10^{-12}초(초고속 레이저 펄스에 의해 광화학적으로 시작)인 반응을 측정하는 것부터, 반감기가 몇 시간 또는 며칠인 느린 반응까지 관찰할 수 있다. **정지 유동 기법**(stopped-flow technique, 그림 8.15)은 반감기가 5 ms~10 s인 반응을 연구하는 데 사용된다. 각각의 반응물을 포함하고 있는 두 용액을 주사기 펌프를 이용하여 빠르게 혼합한 후, 용액의 흐름을 정지 주사기 안에서 갑자기 멈춘 후 흡광도를 측정하는 것이다. 반응 진행도는 단일 파장을 이용해 관찰할 수도 있고 또는 다이오드 배열 탐지기(diode array detector)를 사용하여 빠르게 연속적인 스펙트럼을 측정할 수 있다.

적정이나 반응의 진행 과정에서 발생하는 스펙트럼의 변화는 반응이 진행되는 동안 형성되는 화학종의 개수에 대한 정보를 제공한다. 중요한 것은 적정이나 반응을 하는 동안에 나타나는 하나 또는 그 이상의 **등흡수점**(isosbetic point)(그림 8.16, 어원은 그리스어의 equal extinguishing에서 유래함)이다. 이 등흡수점은 두 개의 화학종이 같은 값의 몰흡광 계수를 가지는 파장을 말한다. 그러므로 적정이나 반응 과정에서 동흡수점을 관찰한다면 오직 두 개의 지배적인 화학종(반응물과 생성물)이 존재함을 알 수 있다. 세 가지 화학종(반응물, 생성물, 중간체)이 동시에 하나 또는 그 이상의 파장에서 동일한 몰흡광 계수를 가지는 경우는 거의 불가능하다.

8.4 형광 또는 방출 분광법

형광(fluorescence) 또는 **방출**(emission) **분광법**(spectroscopy)은 때때로 형광 분석 또는 분광 분석법으로 불리는데, 자외선에 의해 들뜬 상태의 화합물로부터 방출된 가시광선 영역과 근적외선 영역의 전자기 방사선을 다룬다. 방출된 광자는 여기시킨 방사선보다 낮은 에너지를 가지는데, 이는 진동 운동과 같은 비방사적인 과정에 의한 에너지 손실에 따른 것이다. 화합물의 흡수와 방출 스펙트럼 사이의 관계 및 근원에 대하여 그림 8.17에 정리하였다. 형광 또는 방출 스펙트럼은 여기 방사선 에너지에 의존하는데, 실험적으로 다양한 입사 파장에 대해 수집된다. 전자 흡수 및 방출 스펙트럼은 함께 수집되고 분석된다. 발광 분광계(그림 8.18)는 일반적으로 Xe 램프를 여기시켜 사용하고, 단색 장치는 200~800 nm 범위에서 생성된 빛으로부터 들뜸 파장을 선택한다. 이 단색 살(beam)이 시료에 조사되고 두 번째 단색 장치를 사용하여 200~900 nm 사이의 광자 에너지에 대하여 방출 스펙트럼을 분석한다.

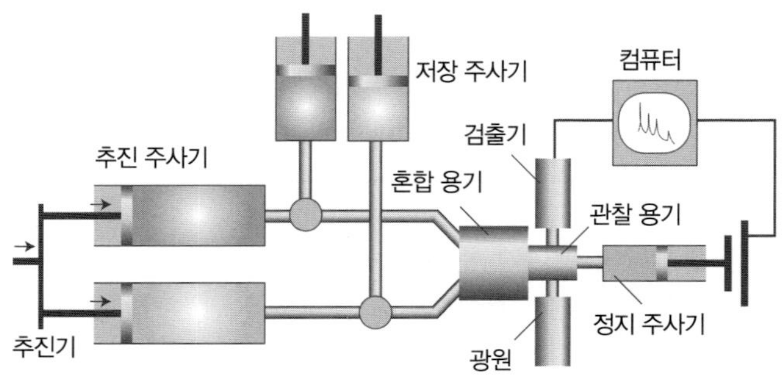

그림 8.15 용액에서 빠른 반응 연구를 위한 정지 유동 기구의 구조

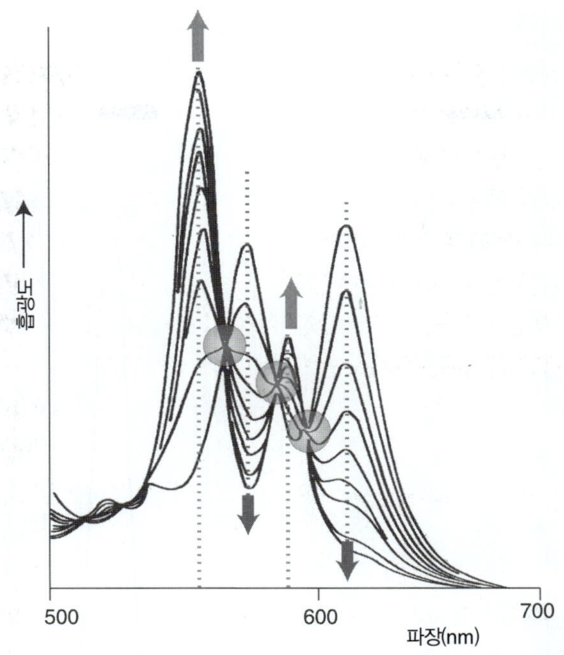

그림 8.16 **HgTPP(TPP = tetraphenylporphyrin)와 Zn^{2+}의 반응 과정(Hg가 Zn로 치환) 동안 변화된 흡수 스펙트럼에서 관찰된 등흡수점(원으로 표시)** 처음과 마지막 스펙트럼은 반응물과 생성물이고, 따라서 이 반응 동안에 TPP는 검출 가능한 농도에 도달하지 않았음을 나타낸다(C. Grant and P. Hambright, *J. Am. Chem. Soc.*, 1969, **91**, 4195).

무기화학에서 방출 스펙트럼은 인광체로 사용되는 재료와 수은 증기의 배출에 의해 생성된 UV 방사선이 가시광선으로 변환되는 디스플레이에서 특히 중요하다. 자외선-가시광선 분광법과 마찬가지로, 홀전자를 갖는 d 구역 및 f 구역 원소의 전자 에너지 준위 사이의 전이는 주로 전자기 스펙트럼의 가시광선 및 근적외선 영역에서의 방출을 야기시킨다. 따라서 Eu^{3+} 및 Tm^{3+}(23.5절)와 같은 낮은 수준의 란타넘족 이온을 함유하는 화합물과, 일부 전이 금속 도핑 황화물(예: Mn^{2+} 도핑된 ZnS)이 일반적으로 이러한 응용 분야에서 사용된다. 그림 8.19는 입자 크기의 함수로서 양자점(화학세상 24.5)으로 알려진 CdSe/ZnS의 나노 입자의 방출 스펙트럼을 보여 준다. 입자가 작을수록 들뜬 상태와 바닥 상태의 에너지 차이가 커짐에 따라 방출되는 빛의 파장이 짧아진다. 기체상 원자의 흡수 및 방출 스펙트럼, 원자 흡수 및 불꽃 방출 분광 분석은 무기 화합물의 화학 조성을 확인하는 데 사용된다. 이러한 기술은 8.12절에서 보다 자세히 설명하고자 한다.

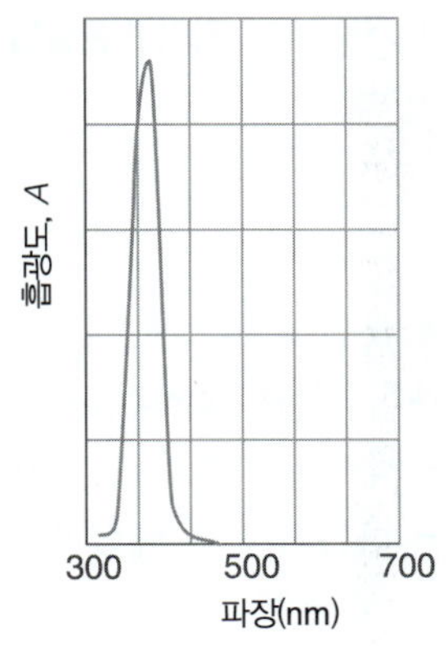

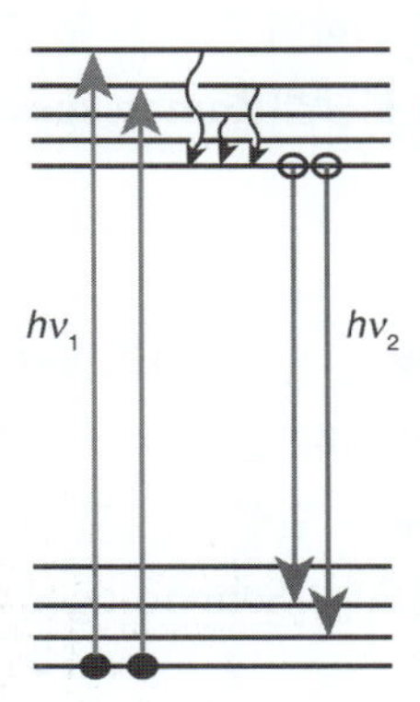

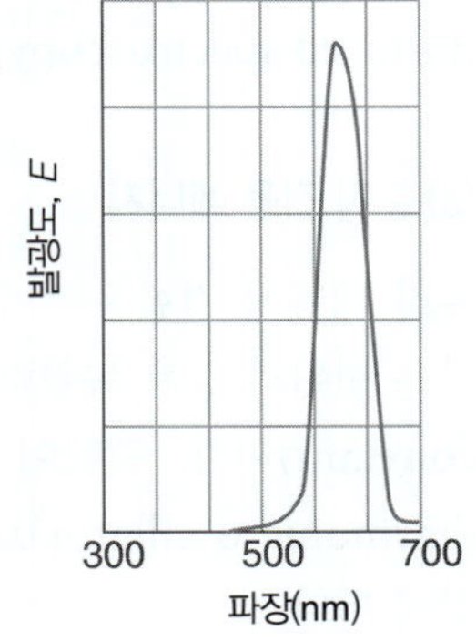

그림 8.17 **전형적인 무기 화합물의 자외선-가시광선 및 방출 스펙트럼의 기원을 보여 주는 체계적인 에너지 준위 그림**

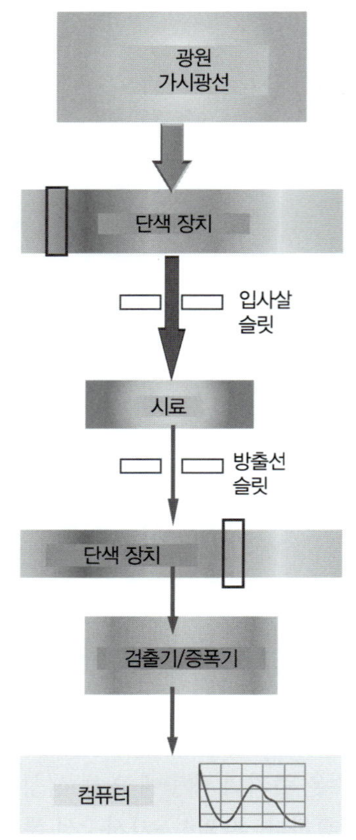

그림 8.18 전형적인 형광 분광계의 설계

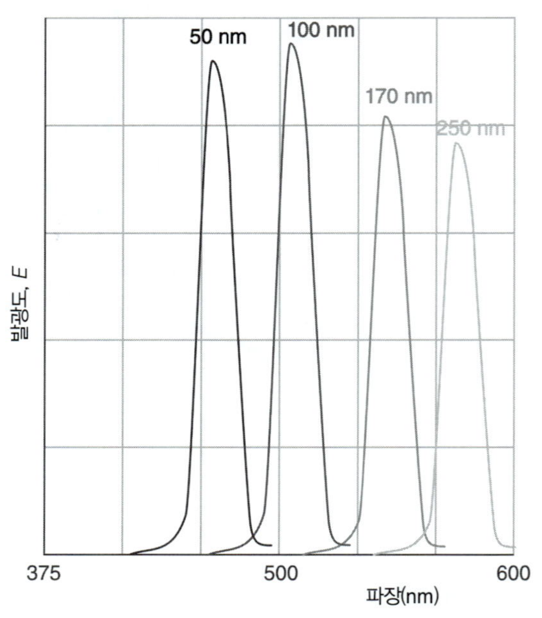

그림 8.19 들뜸 파장이 320 nm일 때 입자 크기에 따른 CdSe/ZnS 나노입자의 방출 스펙트럼

8.5 적외선 분광법과 Raman 분광법

요점: 적외선 및 Raman 분광법은 서로 상호보완적이다. 특정 진동이 한 방법에서 측정되지만, 다른 방법에서는 측정되지 않을 수도 있기 때문이다. 이러한 정보를 통해 작용기의 확인이나 완전한 분자의 구조 결정을 할 수 있다.

진동 분광법(vibrational spectroscopy)은 결합 개수와 결합 세기 및 강도 측면에서 화합물을 분석하는 데 사용된다. 또한 알려진 화합물(지문)의 존재를 확인하거나 반응이 진행되는 동안에 화학종의 농도 변화를 모니터링하고 알려지지 않은 화합물(CO 리간드의 존재)의 구성 요소를 결정하거나 화합물에 대한 구조를 결정하는 데, 그리고 결합의 특성(힘상수)을 측정하는 데 사용된다. 진동 스펙트럼을 얻기 위하여 이용된 두 가지 주요 실험 기술로는 **적외선 분광법**(**infrared spectroscopy**)과 **Raman 분광법**(**Raman spectroscopy**)이 있다.

(a) 분자 진동 에너지

분자 내에서 결합은 용수철처럼 작용한다. 즉 거리 x만큼 잡아당기면 복원력 F가 생성된다. 작은 변위의 경우 복원력은 변위에 비례하므로 $F = -kx$이며, 여기서 k는 결합의 **힘상수**(**force constant**)이다. 결합이 더 단단할수록 힘상수는 더 커진다. 이러한 시스템은 조화 진동자(harmonic oscillator)로 알려져 있으며, Schrödinger 방정식의 해는 다음과 같은 에너지를 갖게 된다.

$$E_v = \left(v + \tfrac{1}{2}\right)\hbar\omega \tag{8.4a}$$

여기에서 $\omega=(k/\mu)^{1/2}$, $v=0, 1, 2, \ldots$이며, μ는 진동자의 **유효 질량**(**effective mass**)이다. m_A와

표 8.3 자유 분자, 이온, 또는 금속에 배위 결합한 형태의 몇몇 화학종의 특징적인 신축 진동 파수

화학종	범위(cm^{-1})
OH	3400~3600
NH	3200~3400
CH	2900~3200
BH	2600~2800
CN^-	2000~2200
CO (말단)	1900~2100
CO (다리 구성)	1800~1900
$R_2C=O$	1600~1760
NO	1675~1870
O_2^-	920~1120
O_2^{2-}	800~900
Si–O	900~1100
금속–Cl	250~500
금속–금속 결합	120~400

m_B 질량을 갖는 원자로 구성된 이원자 분자의 환산 질량은 아래와 같다.

$$\mu = \frac{m_A m_B}{m_A + m_B} \tag{8.4b}$$

동위 원소 이성질체(원소의 다른 동위 원소로 구성된 분자)는 유효 질량이 다르다. 따라서 E_v가 달라진다. 만약 $m_A \gg m_B$이면 $\mu \approx m_B$이고 오직 B 원자만이 진동하는 동안에 움직인다. 이 경우 진동 에너지 준위는 가벼운 원자 질량인 m_B에 의해 결정된다. 따라서 진동수 ν는 힘상수가 크거나 진동자의 환산 질량이 작을수록(오직 가벼운 원자만이 진동하는 경우) 크다. 진동 에너지는 파수 $\tilde{\nu} = \omega/2\pi c$로 표현된다. 전형적인 값의 범위는 300~3800 cm^{-1}이다(표 8.3).

μ는 '환산 질량(reduced mass)'이라고 하는데, 이것은 병진 운동으로부터 내부 운동을 구분하기 위한 용어이다. 다원자 분자에서 각 진동 방식은 다른 질량의 운동에 대응하는데, 이것은 각 원자의 질량에 매우 복잡한 방법으로 의존하게 된다. 따라서 진동 방식을 논의할 때 유효 질량(effective mass)이 더 일반적으로 사용되는 용어이다.

N개 원자로 구성된 분자는 선형 분자의 경우 $(3N-6)$개의 진동 방식이 가능하고, 비선형 분자의 경우 $(3N-5)$개의 진동 방식이 가능하다. 이런 각각의 진동을 **기준 방식(normal mode)**이라고 한다. 예를 들어 CO_2 분자는 네 개의 기준 진동 방식(그림 3.16에 나와 있는)을 가지는데, 두 개는 신축 진동이고, 다른 두 개는 수직인 두 면에서의 굽힘 방식이다. 굽힘 방식 진동수는 신축 진동보다 낮으며, 따라서 진동수는 각 방식에서 어떤 원자가 움직이는지를 반영하는 매우 복잡한 방식으로 원자들의 질량에 따라 달라진다. 각 방식은 ν_1, ν_2 등으로 레벨을 붙이고, 때로는 '대칭 신축(symmetric stretch)', '비대칭 신축(antisymmetric stretch)'과 같은 이름으로 부른다. 전기 쌍극자 모멘트 변화에 상응하는 기준 방식만이 적외선에 반응하며, 이러한 방식을 **적외선 활성(IR active)**이라고 한다. 기준 방식 중 분극성(polarizability)의 변화에 대응하는 진동 방식을 **Raman 활성(Raman active)**이라고 한다. 3장에서 보았듯이, 군론은 분자 진동의 IR과 Raman 활성 여부를 판단하는 강력한 도구가 된다.

기준 방식의 가장 낮은 에너지 준위(ν=0)는 $E_0 = \frac{1}{2}\hbar\omega$에 해당하며, 이는 **영점 에너지(zero-point energy)**라고 하는데, 결합이 갖는 진동 에너지 중 가장 낮은 에너지에 해당한다. 진동 스펙트럼은 $\Delta\nu = +1$의 기본적인 전이(transition) 이외에 $2\tilde{\nu}$에서 **배진동(overtone)** 및 두 개의 서로 다른 진동 방식의 **결합(combination)**(즉 $\nu_1 + \nu_2$)으로 알려진 이중 양자($\Delta\nu$ =

+2)에 기인한 띠를 보인다. 이러한 배진동은 선택 법칙에 허용된 기본 전이가 허용되지 않는 경우에 일어나 매우 유용하게 이용된다.

(b) 측정 기술

흡수는 종종 '1000파수의 주파수'에서 발생하는 것으로 이야기된다. 이런 표현은 조심해서 사용해야 한다. '파수'라는 것은 주파수 ν와 $\tilde{\nu} = \nu/c$ 관계로 관련된 관찰 가능한 물리적 양으로 파수는 단위가 아니다. 파수의 단위 체계는 1/길이로서 센티미터의 역수(cm^{-1})로 나타낸다.

화합물의 IR 진동 스펙트럼은 시료에 적외선을 조사하여 주파수, 파수, 또는 파장에 대해 흡수 정도의 변화를 기록하여 얻는다.

초기의 IR 분광계에서는 투과율을 두 진동수의 경계 사이 주파수 영역에서 주파수를 변화시키며 측정하였다. 현재의 스펙트럼은 **Fourier 변환**(**Fourier transformation**)에 의한 간접 그림(interferogram)으로부터 얻어진다. Fourier 변환은 시간 영역(다른 거리를 움직이는 파장의 간섭에 의한)을 진동수 영역으로 변환하는 것이다. 시료는 적외선을 흡수하지 않는 물질을 포함하여야 한다. 즉 유리는 사용될 수 없고, 시료의 스펙트럼 띠가 물에 의해 흡수되는 진동수와 겹친다면 수용액의 사용은 적절하지 않다. 광학 창(optical window)은 보통 CsI 또는 CaF_2로 만들어진다. 전통적인 시료 준비 절차는 KBr 펠릿(시료를 마른 KBr과 혼합 후 반투명한 디스크로 만든 것)이나 파라핀 반죽(시료를 현탁액으로 준비한 후 광학 창 사이에 얇은 막의 형태로 위치시킨 것)이 있다. 이러한 방법이 아직도 많이 사용되고 있지만, 최근에는 시료를 다이아몬드 창 위에 올려놓고 측정하는 **감쇠 전반사**(**ATR: attenuated total reflectance**) 장치를 이용하는 방법으로 대체되었다. IR살이 다이아몬드를 통과해 지나고 아주 소량의 빛이 시료에 의해 흡수될 수 있는 소멸파(evanescent wave)로서 표면에서 빠져나간다.

IR 스펙트럼은 보통 4000과 250 cm^{-1} 사이의 범위이며, 이것은 2.5에서 40 μm 사이의 파장대와 일치한다. 이 범위는 무기 화합물 결합의 진동 방식을 포함한다. 그림 8.20은 전형적인 IR 스펙트럼이다.

Raman 분광법(Raman spectroscopy)은 시료에 가시광선 영역의 강한 레이저를 조사한다. 대부분의 광자들은 탄성적으로 산란되지만(진동수의 변화 없이), 일부는 에너지의 일부를 소모하며 들뜬 진동 상태를 만들며 비탄성적으로 산란된다. 또 한편으로는 광자가 진동으로부터 에너지를 얻을 수도 있다. 이러한 광자의 주파수는 입사광 진동수(ν_0)에 비해 분자의 진동수(ν_i)에 해당하는 만큼의 차이를 갖는다. 에너지를 잃고 진동을 들뜨게 하는 것은 $\nu_0 - \nu_i$에서 **Stokes 선**(**Stokes line**)이 나타나고, 에너지를 얻는 것은 $\nu_0 + \nu_i$에서 **반Stokes 선**(**anti-Stokes line**)이 나타난다. IR 분광법에 비해 Raman 분광법의 단점은 선너비(linewidth)가

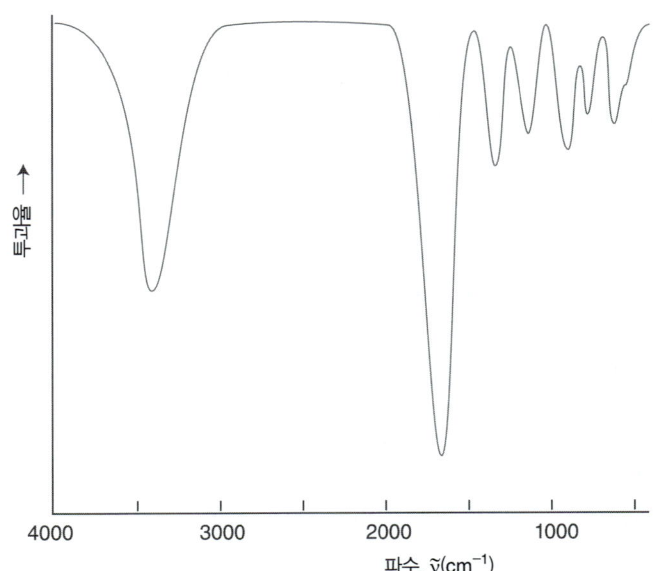

그림 8.20 물과 카보닐기에 의한 흡수를 보여 주는 니켈 아세테이트 테트라하이드레이트의 IR 스펙트럼(H_2O에서 OH의 신축 진동은 3600 cm^{-1}, $[CH_3COO]^-$에서 C=O 신축 진동은 1700 cm^{-1})

훨씬 크다는 점이다. 전통적인 Raman 분광법은 광자가 '가상의' 들뜬 상태의 전이를 일으키고, 가상의 들뜬 상태는 다시 실제의 낮은 에너지 상태로 되돌아가면서 이때 검출된 광자를 방출한다. 이 측정 방법은 감도가 좋지는 않지만 상대적으로 매우 사용이 간편하다. Raman 현미경 분광법(Raman microspectroscopy)에서는 레이저를 지름 1 μm 미만인 영역에 초점을 맞추고 스캔하여 위치의 함수로 Raman 스펙트럼을 얻을 수 있다.

만약 연구 대상의 화학종이 색을 띠고 있으며 들뜸 레이저가 실제 전자 전이를 일으키도록 조절할 수 있다면 큰 신호 향상이 가능하다. 후자의 방법을 **공명 Raman 분광학**(**resonance Raman spectroscopy**)이라고 하는데, 효소에서 d 금속 환경을 연구하는 데 매우 유용하다. 이는 발색단(전자 전이에 우선적으로 관여하는 기)에 가까운 진동만이 들뜨게 되고 나머지 분자 내의 남은 수천 개의 결합들은 반응이 없기 때문이다. **표면 강화 Raman 분광법**(**SERS: surface enhanced Raman spectroscopy**)에서는 분자가 금 나노 입자 등과 같은 금속 표면에 흡착될 때 Raman 신호는 크게(최대 10^{11}까지) 향상된다.

Raman 스펙트럼은 IR 스펙트럼(200~4000 cm^{-1})과 유사한 범위에서 얻어지며, 그림 8.21은 전형적인 스펙트럼을 나타낸다. Raman 분광법은 종종 두 방법이 서로 다른 활동을 가진 진동 방식을 검출함으로 IR 분광법과 상호보완적인 관계를 가진다. 하나의 방식은 쌍극자 모멘트의 변화에 대응할 수 있으며, 따라서 IR 스펙트럼에서 검출될 수 있다. 또 다른 방식은 편주도의 변화(전기장에 의한 분자의 전자 분포의 변화)에 해당하며 Raman 스펙트럼에서 볼 수 있다. 3.5절에서 군론을 통하여, 반전 중심을 가지고 있는 분자에서는 어떤 방식도 IR과 Raman 모두에 동시에 활성화될 수 없다는 것을 보았다(배타 규칙).

(c) IR과 Raman 분광법의 이용

진동 분광법의 중요한 응용 중 하나는 무기 분자의 모양을 결정하는 것이다. 예를 들어 5배위 화합물인 AX_5(X는 단일 원소)는 C_{4v} 또는 D_{3h} 대칭을 갖는 사각 피라미드나 삼각 쌍뿔 모양을 할 것이다. 제3.6절에서 설명한 이러한 모양의 기준 방식 분석은 삼각 쌍뿔 AX_5 분자가 5개의 신축 진동 방식($2A_1' + A_2'' + E'$, E′는 이중으로 축퇴된 진동쌍을 나타낸다)을 가진다. 이 중 3개는 IR 활성(A_2''+E, E′의 축퇴에 따라 두 개의 흡수띠에 대응)이고, 네 개는 Raman 활성($2A_1' + E'$, 세 개의 흡수띠에 대응)을 나타낸다. 마찬가지로 사각뿔 모양의 경우, 네 개

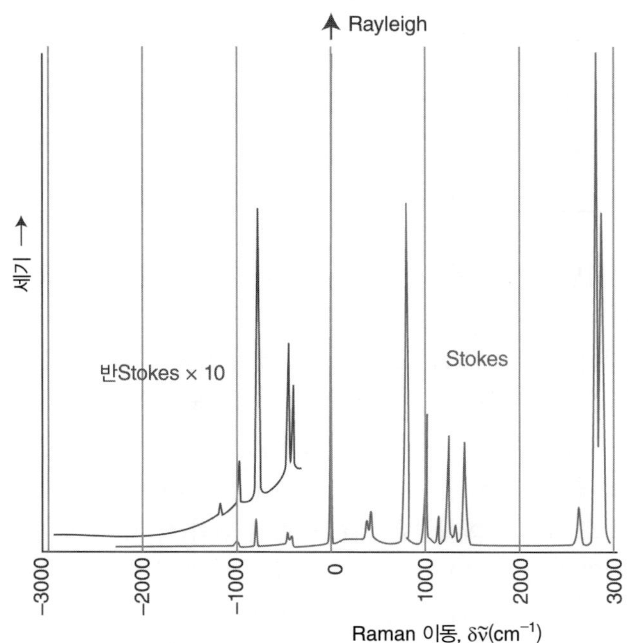

그림 8.21 Rayleigh 산란(영점에서 파장의 변화 없이 레이저 빛을 산란), stokes, 반stokes 선을 보여주는 전형적인 Raman 스펙트럼

의 IR 활성 신축 진동 방식($2A_1 + E$, 세 개의 흡수띠)과 5개의 Raman 활성 신축 진동 방식($2A_1 + B_1 + E$, 네 개의 흡수띠)를 나타낸다. BrF_5의 진동 스펙트럼은 3개의 IR과 4개의 Raman Br−F 신축 진동 띠를 나타내며, 이것은 이 분자가 VSEPR 이론(2.3절)에서 예상했던 사각뿔 모양임을 의미한다.

예제 8.4 **분자의 구조 확인하기**

그림 8.22는 XeF_4로부터 얻어지는 IR과 Raman 스펙트럼을 동일 영역의 파수에 대하여 나타낸 것이다. XeF_4는 사각 평면형 모양인가, 정사면체 모양인가?

답 AB_4 분자는 정사면체(T_d), 사각 평면형(D_{4h}), 사각뿔(C_{4v}) 혹은 시소형(C_{2v}) 중 하나이다. 스펙트럼에서 동일한 에너지에서 흡수가 없고, 따라서 분자는 반전 중심을 가지는 것으로 보인다. 가능한 대칭 그룹으로는 오직 평면 사각형 모양인 D_{4h}만 가능하다.

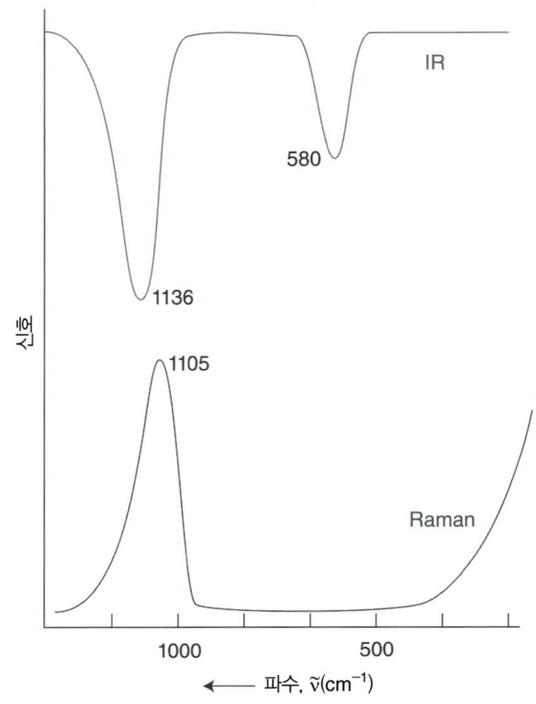

그림 8.22 XeF_4의 IR과 Raman 스펙트럼

문제 8.4 VSEPR 이론을 사용하여 XeF_2 분자의 모양을 예측하고, IR 및 Raman 스펙트럼에서 관측될 진동 방식의 총 개수를 결정하시오. 어떤 흡수가 IR 및 Raman 스펙트럼에서 동시에 같은 주파수에서 나타내겠는가?

IR 및 Raman 분광법의 주요 용도는 하나 이상의 카보닐 리간드를 포함하는 d 구역 화합물의 구조 결정이다. 카보닐기는 다른 분자가 거의 흡수되지 않는 지역에서 강한 진동 흡수띠를 나타낸다. 결합하지 않은 CO는 2143 cm^{-1}에서 흡수하지만, 화합물에서 금속에 결합하면 결합 신축 진동은 전자 밀도가 금속으로부터 역제공되어 두 개의 π^* 오비탈(LUMO)로 이동함에 따라 낮은 진동수로 이동하게 된다(22.5절). CO 신축 흡수 진동은 다리 놓는 CO와 말단 CO 결합 형태를 구별해 줄 수 있는데, 다리 놓는 CO 신축 진동은 낮은 진동수에서 나타난다. 동위 원소로 표시된 화합물은 유효 질량의 변화(식 8.4b)에 따라 흡수띠(CO기의 ^{12}C가 ^{13}C로 치환되었을 때 약 40 cm^{-1} 낮은 파수)가 이동하며, 이 효과는 스펙트럼을 해석하거나 이 리간드를 포함한 반응 메커니즘을 분석하는 데 쓰인다.

요약 설명

화합물에서 H를 D로 대체하는 중수소화는 이 두 동위 원소 간의 큰 질량 차이에 의해 진동 스펙트럼에 큰 변화가 수반된다. 물에서 O–H 신축 진동은 3550 cm^{-1}에서 발생하며, D_2O의 O–D 신축은 2440 cm^{-1}에서 발생한다. 이는 시스템의 유효 질량 변화와 일치하며, 이는 중수소와 관련된 진동이 H와 비교하여 약 $1/\sqrt{(m_D/m_H)} = 1/\sqrt{2}$의 비율로 낮은 파수로 이동한다는 것을 의미한다.

FTIR 분광법의 데이터 수집 속도가 빠르기 때문에 정지 유동 방법 그리고 초고속 레이저 광 반응 등과 같은 빠른 반응을 연구하는 데 응용된다.

Raman 및 적외선 분광법은 **매트릭스 분리**(**matrix isolation**)라고 불리는 불활성 매트릭스에 고립된 분자 구조 연구에 우수한 연구 방법이다. 이것의 원리는 상온의 조건에서 존재할 수 없는 매우 불안정한 화합물을 낮은 온도에서 고체 제논 같은 불활성 매트릭스에 생성할 수 있다는 것이다.

공명 분석법

구조 분석의 몇 가지 기술들은 전자기 복사선을 조사하거나 자기장을 걸어 주어 분리된 에너지 준위의 공명을 통하여 이루어진다. 이러한 분석 기술 중 두 가지는 **자기 공명**(**magnetic resonance**)을 이용하는데, 첫 번째는 에너지 준위들이 핵자기(스핀 양자수가 0이 아닌 핵, $I>0$)에 의해 기인되는 경우이고, 다른 하나는 에너지 준위들이 홀전자(unpaired electron)에 의해 기인하는 경우이다.

8.6 핵자기 공명

요점: 핵자기 공명(NMR)은 핵자기를 가지고 있는 원소를 포함한 화합물을 연구하는 데 사용되는데, 특히 수소를 포함한 화합물의 구조를 결정하는 데 중요하다. 이 기술은 화학적 환경과 원자 간 결합 그리고 핵간 거리를 포함한 분자 구조의 정보를 제공한다. NMR은 분자 동역학에 관하여 탐구하고 천분의 일 초 구간에서 일어나는 재배열 반응을 연구할 수 있는 중요한 분석 방법이다.

핵자기 공명(**NMR: nuclear magnetic resonance**)은 용액 또는 순수한 액체의 분자 구조를 결정하는 데 가장 유용하며 널리 쓰이는 분광법이다. 핵자기 공명 분광법은 많은 경우에 있어서 적외선(IR)이나 Raman 분광법과 같은 다른 분광법보다 높은 정확도를 가지고, 분자 구조와 대칭성에 대한 정보를 제공한다. 또한 유동적인 분자들의 리간드들의 교환 속도나 특성에 대한 정보를 제공하고 정교한 메커니즘의 상세한 내용들을 제공하여 반응 메커니즘을 연구하는 데 사용된다. 핵자기 공명 분석법은 분자량이 30 kg mol^{-1}(분자량 30 kDa에 해당)이나 되는 단백질 분자 구조들을 알아내는 데 사용되어 왔고, X선 단결정 회절법으로 얻은 정적인 구조 분석을 보완해 주는 역할을 해 왔다. 그러나 X선 회절법과는 달리, 용액에서의 분자의 NMR 연구는 일반적으로 결합 길이와 결합각에 대한 정확한 정보를 제공하지 않는다. 하지만 핵간 간격과 같은 정보를 제공한다. 이 방법은 공명 스펙트럼을 얻은 후 다시 시료를 원래대로 회수할 수 있는 비파괴적 기술이다.

NMR의 감도는 동위 원소의 함량, 핵자기 모멘트의 크기를 포함하여 여러 가지 요인에 의해 영향을 받는다. 예를 들어 자연 존재비가 99.98%이고 큰 자기 모멘트를 가지는 ^{1}H는, 작은 자기 모멘트를 가지고 자연 존재비가 겨우 1.1%인 ^{13}C보다 핵자기 공명이 쉽게 측정된다. 현대의 다핵 NMR 분석법은 특히 ^{1}H, ^{19}F, ^{31}P에 대한 스펙트럼을 쉽게 얻을 수 있으며, 다양한 다른 동위 원소에 대한 유용한 스펙트럼들도 얻을 수 있다. 표 8.4에 핵자기 공명 활성을 가지는 원소와 그들의 감도를 실었다. 특이한 원자핵의 일반적인 한계는 핵의 사중 극자 모멘트의 존재이며 전하의 불균일한 분포(핵스핀 양자수 $I > \frac{1}{2}$인 모든 원자에 존재)로서, 신호의 폭을 넓게 하여 스펙트럼의 해상도를 낮춘다. ^{12}C나 ^{16}O 같은 짝수 원자 번호나 짝수 질량수를 가진 핵들은 핵스핀 값이 $0(I = 0)$이어서 NMR에서 관찰되지 않는다.

(a) 스펙트럼의 측정

스핀 양자수 I를 가지는 핵은 걸어 준 자기장의 방향에 대한 상대적인 방향성을 $(2I + 1)$개까지 가질 수 있다. 각각의 방향성은 서로 다른 에너지를 갖게 되고(그림 8.23), 가장 낮은 준위가 가장 밀도가 높다. ^{1}H나 ^{13}C와 같이 핵스핀 $\frac{1}{2}$을 가진 경우 $m_I = +\frac{1}{2}$과 $m_I = -\frac{1}{2}$ 두 개의 에너지 준위 차이는 다음과 같다.

$$\Delta E = \hbar\gamma B_0 \tag{8.5}$$

B_0는 걸어 준 자기장의 크기(정확히는 테슬라 단위로 자기 유도, $1\ \mathrm{T} = 1\ \mathrm{kgs^{-2}A^{-1}}$)이고, γ는 핵의 자기 회전 비율(gyromagnetic ratio)이며, 이는 핵의 스핀 각운동량에 대한 자기 모멘트의 비율이다. 오늘날 초전도 자석들은 5~23 T의 자기장 세기를 내며, 200~1000 MHz의 전자기 복사선에 의해 공명이 일어난다. 걸어 준 자기장에서 $m_I = +\frac{1}{2}$와 $m_I = -\frac{1}{2}$ 에너지 준위 차이는 크지 않아 낮은 에너지 준위가 높은 에너지 준위의 점유도보다 아주 약간 크다. 결과적으로 NMR 감도는 낮게 된다. 그러나 보다 강한 자기장을 걸어 주어 에너지 차이를 증가시키면 점유도의 차이와 신호 세기를 증가시킬 수 있다.

초기의 NMR 스펙트럼은 시료를 일정한 무선 주파수에 고정시킨 후 자기장을 변화시키거나, 무선 주파수를 변화시키는 동안 장을 일정하게 유지하여 공명이 발생하는 연속파(CW: continuous wave) 방식에서 얻어진다. 즉 연속된 라디오 주파수 펄스들은 시료 안의 핵들을 들뜨게 하고, 핵자기 상태가 평형 상태로 되돌아가는 것을 측정함으로써 에너지 차이를 확인할 수 있다. Fourier 변환은 서로 다른 핵에너지 준위 간의 전이에 해당하는 주파수에서 나타나는 피크를 가지고 시간 영역 데이터를 주파수 영역으로 바꾸는 것이다. 그림 8.24는 NMR 분광계의 실험 장비의 배치도를 나타낸 것이다.

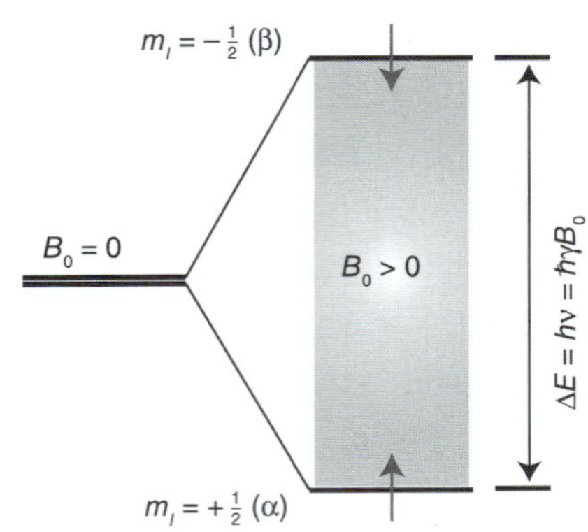

그림 8.23 자기장에서 스핀 $I > 0$을 가진 핵이 존재할 때 $(2I + 1)$개의 서로 다른 배향은 각각 다른 에너지를 갖는다. 이 도표는 $I = ½$인 핵(^{1}H, ^{13}C, ^{31}P)의 에너지 준위를 나타낸 것이다.

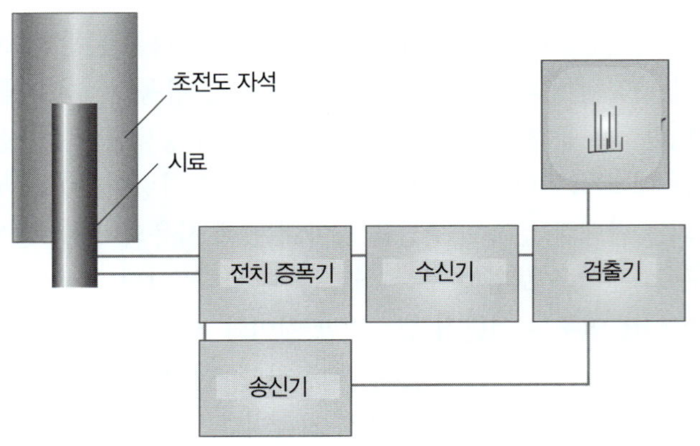

그림 8.24 전형적인 NMR 장비의 배치도 송신기와 검출기 사이의 링크는 저주파 신호만 처리되도록 배열된다.

표 8.4 NMR에서 일반적인 핵의 핵스핀 특성

핵종	자연 존재비(%)	감도*	스핀	NMR 주파수(MHz†)
^{1}H	99.98	5680	$\frac{1}{2}$	100.000
^{2}H	0.015	0.00821	1	15.351
^{7}Li	92.58	1540	$\frac{3}{2}$	38.863
^{11}B	80.42	754	$\frac{3}{2}$	32.072
^{13}C	1.11	1.00	$\frac{1}{2}$	25.145
^{15}N	0.37	0.0219	$\frac{1}{2}$	10.137
^{17}O	0.037	0.0611	$\frac{3}{2}$	13.556
^{19}F	100	4730	$\frac{1}{2}$	94.094
^{23}Na	100	525	$\frac{3}{2}$	26.452
^{29}Si	4.7	2.09	$\frac{1}{2}$	19.867
^{31}P	100	377	$\frac{1}{2}$	40.481
^{89}Y	100	0.668	$\frac{1}{2}$	4.900
^{103}Rh	100	0.177	$\frac{1}{2}$	3.185
^{109}Ag	48.18	0.276	$\frac{1}{2}$	4.654
^{119}Sn	8.58	28.7	$\frac{1}{2}$	37.272
^{183}W	14.4	0.0589	$\frac{1}{2}$	4.166
^{195}Pt	33.8	19.1	$\frac{1}{2}$	21.462
^{199}Hg	16.84	5.42	$\frac{1}{2}$	17.911

* 감도는 ^{13}C = 1에 대한 상대적인 값이며, 동위 원소의 상대적 감도와 자연 존재비의 곱으로 얻어진다.
† 2.349 T(100 MHz ^{1}H NMR)에서. 오늘날 대부분의 장비는 더 큰 자기장과 높은 주파수, 일반적으로 200~600 MHz에서 작동한다. 이런 장비들의 주파수 수치는 100 MHz 값으로부터 (장비의 주파수)/(100 MHz) 비를 구한 후, 주어진 주파수의 곱으로부터 쉽게 계산된다.

(b) 화학적 이동

NMR 전이의 주파수는 핵이 가지는 국부적인 자기장에 의해 결정되고, 이것은 시료에서 핵들의 공명 주파수(ν)와 표준 물질의 주파수(ν°)의 차이인 **화학적 이동**(chemical shift) δ로 표현된다.

화학적 이동 δ는 단위가 없다. 그러나 일반적으로 정의상 10^6배의 척도인 것을 의미하기 위해 ppm 단위로 나타낸다. 특별한 의미는 없다.

$$\delta = \frac{\nu - \nu^{\circ}}{\nu^{\circ}} \times 10^{6} \quad (8.6)$$

^{1}H, ^{13}C, ^{29}Si 스펙트럼에 대한 일반적인 표준 물질은 $Si(CH_3)_4$(TMS: tetramethylsilane)이다. $\delta<0$일 경우는 표준 물질에 비해 상대적으로 **가려졌다**(shielded)라고 말하며('낮은 주파수'에서 일어나는 공명), $\delta>0$인 핵의 경우에는 표준 물질에 비해 **벗겨졌다**(deshield)고 말한다(높은 주파수에서 일어나는 공명). 산소산(oxoacid, 예를 들어 H_2SO_4)의 H 원자는 벗겨져 있는 반면에, 꽉 찬 전자 껍질, 낮은 산화 상태, 6족에서 10족까지의 d 구역 원자(예를 들어 $[HCo(CO)_4]$)에 붙어 있는 수소는 일반적으로 많이 가려진 상태로 발견된다. 이러한 예를 통해서 핵 주위의 전자 밀도가 높으면 높을수록 가림은 보다 더 커지게 된다고 추측할 수 있

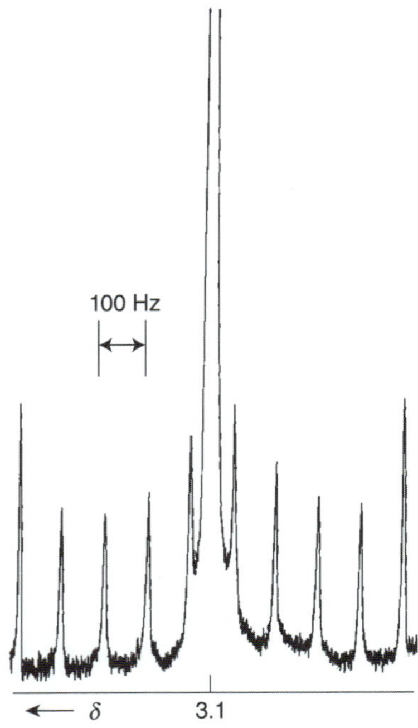

그림 8.25 GeH_4의 ^1H NMR 스펙트럼 주 공명이 주어진 $J(^1H-^{73}Ge)$ 스핀–스핀 짝지음에 의한 위성 봉우리들과 함께 δ = 3.1에서 일어난다.

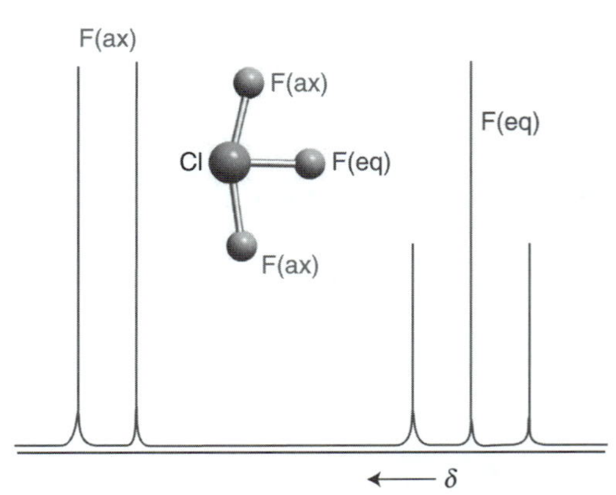

그림 8.26 ClF_3의 ^{19}F NMR 스펙트럼

다. 그러나 여러 가지 요소들이 가림에 영향을 주기 때문에, 전자 밀도 관점에서의 단순한 화학적 이동의 물리적 해석은 일반적으로 가능하지 않다(10.3절).

다양한 화학적 환경에서의 ^1H와 다른 핵들의 화학적 이동을 표로 나타냈다. 실험적인 상관관계는 공명하는 핵이 붙어 있는 화합물 또는 원소를 확인하는 데 종종 사용된다. 예를 들어 CH_4에서 H의 화학적 이동은 단지 0.1이다. 왜냐하면 이 H 핵은 표준 물질인 TMS의 H 핵과 비슷한 환경에 있기 때문이다. 그러나 GeH_4의 화학적 이동은 δ = 3.1이다(그림 8.25). 같은 원소라 할지라도 분자 내에서의 동일하지 않은 위치에서 원소의 화학적 이동은 서로 다르다. 따라서 ClF_3를 살펴보면 수평 방향 ^{19}F 핵의 화학적 이동은 나머지 두 F 핵의 것으로부터 $\Delta\delta$ = 120만큼 떨어져 있음을 알 수 있다(그림 8.26).

화학적 이동의 변화는 상자기성 화학종이 용액에 존재하면 이것에 의해 발생하는 국부적인 자기장으로 인해 일어난다. 화학적 이동에서 이러한 차이를 측정을 통하여 상자기성 화학종에 몇 개의 홀전자가 있는지를 결정할 수 있다(다음 절 **자기 측정** 및 **자기화율** 참조).

(c) 스핀–스핀 짝지음

핵스핀 사이의 상호 작용으로 스펙트럼상에 다중선으로 나타나는 **스핀–스핀 짝지음(spin-spin coupling)**을 관측하는 것은 구조를 결정짓는 데 유용한 정보를 준다. 스핀–스핀 짝지음은 주변 핵의 스핀 방향이 조사되고 있는 핵에너지 준위에 영향을 줄 때, 따라서 후자의 공명 주파수에 작은 변화가 생김으로써 일어난다. 스핀–스핀 짝지음 상수(spin-spin coupling constant) J(Hz)로 알려진 스핀–스핀 짝지음 크기는 적용된 자기장에는 무관하지만 화학 결합의 거리가 멀어짐에 따라 급격히 감소하고, 많은 경우에 두 원자가 서로 직접 연결되어 있는 경우 가장 큰 값을 가지게 된다. 여기서 다룰 **일차 스펙트럼(first-order spectra)**에서는 짝지음 상수가 다중선에서 이웃한 선들의 분리된 정도와 일치한다. 그림 8.25에서 볼 수 있듯이 $J(^1H-^{73}Ge) \approx 100$ Hz이다. 핵들이 화학적으로 동일한 경우에는 상호간의 스핀–스핀 짝지음이 나타나지 않는다. 따라서 CH_3I 분자에서 H 핵들 사이에 짝지음이 있지만 단일 ^1H 신호가 관찰된다.

스핀이 $\frac{1}{2}$인 핵(또는 대칭 관계에 있는 $I = \frac{1}{2}$인 핵들의 집합)이 스핀 I인 핵과 짝지음이 된다면, $(2I + 1)$개의 다중선이 관측될 것이다. 그림 8.25에 나와 있는 GeH_4의 스펙트럼을 살펴보면, 가운데에 있는 하나의 선은 $I = 0$인 Ge 동위 원소를 포함한 GeH_4 분자들의 네 개의 동일한 수소 원자에서 기인한 것이다. 가운데 선 옆으로 균일하게 퍼진 작은 크기의 10개의 선들은 $I = \frac{9}{2}$인 ^{73}Ge 동위 원소를 포함한 적은 양의 GeH_4 분자들로부터 기인한다. 네 개의 ^1H 핵이 ^{73}Ge 핵과 짝지음으로서 10개의 다중선을 만든다$(2 \times \frac{9}{2} + 1 = 10)$.

다른 동위 원소 간의 핵스핀 짝지음은 **이핵 짝지음**(heteronuclear coupling)으로 불리는데, 앞에서 논의된 Ge−H 짝지음이 그 예이다. 같은 동위 원소 핵들 간의 **동핵 짝지음**(homonuclear coupling)은 핵이 화학적으로 동일하지 않은 위치에 있을 때 나타난다.

요약 설명

그림 8.26은 ClF_3의 ^{19}F NMR 스펙트럼이다. 두 개의 수직 F 핵(각각 $I = \frac{1}{2}$)으로 인한 신호는 하나의 수평 방향의 ^{19}F 핵에 의해 이중선으로 갈라지고, 후자의 신호는 두 개의 수직 ^{19}F 핵(^{19}F는 자연계에 100% 존재한다.)에 의해 삼중선으로 갈라진다. 따라서 ^{19}F 스펙트럼의 형태는 동일한 F 핵을 가지고 있어, 하나의 공명 ^{19}F 피크로 나타날 수 있는 비대칭 구조인 삼각 평면형 구조와 삼각뿔 구조를 쉽게 구별해 낼 수 있다.

유기 분자에서 $^1H-^1H$ 동핵 짝지음 상수의 크기는 전형적으로 18 Hz이거나 이보다 작다. 이와 달리, ^1H-X 이핵 짝지음 상수는 몇 백 헤르츠가 될 수 있다. ^1H가 아닌 핵들 간의 동핵 또는 이핵 짝지음 상수는 킬로헤르츠에 이르는 다양한 짝지음 상수로 나타난다. 실험적인 경향성을 고려하면, 짝지음 상수의 크기는 종종 분자의 구조와 밀접하게 관련되어 있다. 평면 사각형 구조의 Pt(II) 배위 화합물들을 살펴보면, J(Pt−P)는 포스핀(phosphine) 리간드에 트랜스 위치에 있는 그룹에 민감하고 J(Pt−P) 값은 다음의 트랜스 리간드의 순으로 증가한다.

R^-, H, PR_3, NH_3, Br^-, Cl^-

예를 들어 Cl^-가 P에 트랜스 위치에 있는 *cis*-$[PtCl_2(PEt_3)_2]$는 J(Pt−P) = 3.5 kHz인 반면, P가 P에 트랜스 위치에 있는 *trans*-$[PtCl_2(PEt_3)_2]$는 J(Pt−P) = 2.4 kHz이다. 이러한 체계적인 변화는 시스와 트랜스 이성질체를 쉽게 구분할 수 있게 해 준다. 큰 트랜스 영향(21.4절)을 끼치는 리간드는 사실상 자신의 트랜스 위치에 있는 결합을 약화시켜 핵 간의 NMR 짝지음을 줄이는 현상을 일으킨다는 사실로부터 짝지음 상수의 크기의 변화에 대한 합리적 설명이 도출될 수 있다.

복잡한 분자에서, 핵간 결합은 NMR 스펙트럼에서는 아주 많은 수의 중첩된 공명을 초래할 수 있고, 분자에 있는 특정 핵에 의한 공명을 구분하기가 어렵다. 이러한 경우 NMR 스펙트럼은 때때로 **브로드 밴드 짝풀림**(broad band decoupling)으로 알려진 기술을 적용하여 단순화될 수 있다. 이 기술에서 결합된 핵(X로 표시)의 공명 주파수 범위에 해당하는 광범위한 주파수를 시료에 조사하면 시료는 급속히 방향을 바꾸게 된다. 이렇게 함으로써 연구 대상의 핵−NMR(A로 표시)의 가능한 상호작용을 평균화시키고 A와 X 핵 사이의 스핀−스핀 짝지음을 제거할 수 있다. 따라서 훨씬 더 간단한 A-핵 NMR 스펙트럼을 얻을 수 있다. 이러한 방식으로 수집된 핵 A의 NMR 스펙트럼은 A{X}라는 용어를 사용하여 표기된다. 따라서 양성자-짝풀린 P NMR 스펙트럼은 $^{31}P\{^1H\}$ NMR 스펙트럼으로 설명될 것이다. 포스핀(PH_3)의 ^{31}P-NMR 스펙트럼은 $J(^1H-^{31}P)$ 스핀−스핀 짝지음으로 사중선이지만, $^{31}P\{^1H\}$ NMR 스펙트럼은 하나의 공명만을 보여 준다.

(d) 피크의 세기

화학적 환경이 동일한 핵들로부터 생성된 신호의 통합 세기는 그 핵들의 수에 비례한다. 관측된 핵이 완전하게 이완되도록 충분한 시간이 주어졌다면, 통합 세기는 스펙트럼의 분석에 신뢰성을 가지고 사용될 수 있다(그러나 ^{13}C와 같은 낮은 감도의 핵에 대해서 충분한 이완 시간을 주는 것은 현실적으로 불가능하므로 신호의 강도로부터 정량적인 정보를 획득하는 것은 매우 어렵다). 예를 들어 ClF_3의 스펙트럼에서 상대적 통합 세기는 2:1이다(각각 이중선과 삼중선에 대해). 이 양상은 두 개의 동일한 F 핵과 하나의 동일하지 않은 F 핵의 존재를 나타낸다. 따라서 ^{19}F 공명 패턴은 모든 F의 주위 환경이 같아 한 개의 공명선으로 나타나는 대칭성 높은 삼각 평면(D_{3h}) 구조와 쉽게 구별된다.

스핀 $I = \frac{1}{2}$인 N개의 동등한 핵의 짝지음으로부터 기인된 다중선에서 $(2N + 1)$개 선의 상대적 세기는 Pascal의 삼각형의 관계로 주어진다(**1**). 세 개의 동등한 수소들은 1:3:3:1 사중선으로 나타난다. 더 큰 스핀 양자수를 가진 핵들은 다른 양상을 보인다. 예를 들어 HD의 ^{1}H-NMR 스펙트럼은 ^{2}H 핵에 짝지음의 결과로 동등한 세기를 갖는 세 개의 선($I = 1$, $2I + 1 = 3$)으로 나타난다.

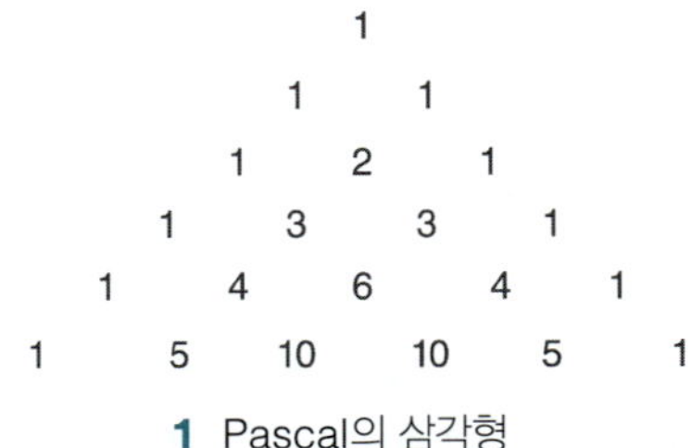

1 Pascal의 삼각형

예제 8.5 NMR 스펙트럼의 해석

SF_4의 ^{19}F NMR 스펙트럼이 같은 세기를 가진 두 개의 1:2:1 삼중선으로 이루어져 있는지 이유를 설명하시오. SeF_4의 ^{77}Se NMR 스펙트럼은 세 개의 삼중선으로 나타나는지 이유를 설명하시오.

답 (i) SF_4 분자(**2**)는 하나의 비공유 전자쌍이 적도상에 위치해 있는 삼각 쌍뿔형 구조에 근거한 시소(see-saw) 구조이다. 두 개의 수직 방향 F 원자는 두 개의 수평 방향 F 원자와 화학적으로 다르며, 동일한 세기의 두 개의 피크를 나타낸다. 각각의 ^{19}F 핵은 두 개의 화학적으로 동등하지 않은 ^{19}F 핵과 짝지음을 통하여 피크는 실제 1:2:1 삼중선으로 나타난다. (ii) SeF_4는 SF_4와 같은 구조를 갖는다. Se 핵은 환경이 다른 두 개의 수직 방향과 수평 방향 F 핵과 짝지음을 하는데 $J(Se-F_{eq})$의 짝지음은 삼중선을 만들고, 다시 이 각각의 공명은 $J(Se-F_{ax})$ 짝지음을 통해 삼중선으로 분리됨으로써 세 개의 삼중선을 만든다.

문제 8.5 (a) BrF_5의 ^{19}F NMR 스펙트럼을 예측하시오. (b) 표 8.4에 주어진 동위 원소 자료를 이용하여 *cis*-$[Rh(CO)H(PMe_3)_2]$에서 하이드리도(H^-) 리간드의 ^{1}H 공명이 왜 8개의 동일 세기 선으로 나타나는지를 설명하시오.

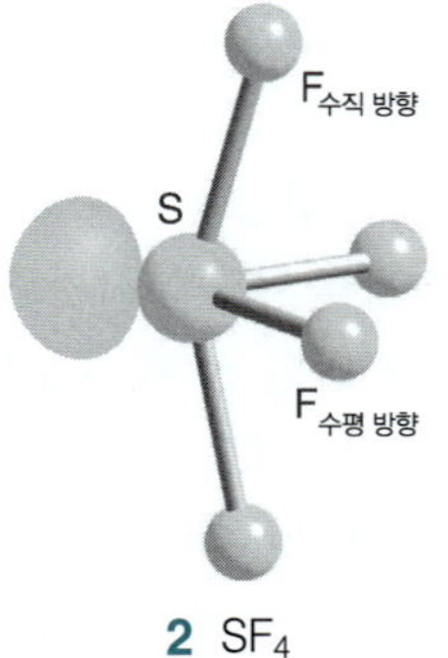

2 SF_4

(e) 유연성

어떤 구조들의 존재 시간이 천 분의 몇 초보다 짧다면, 그 구조들은 분석될 수 없다는 측면에서 NMR 실험의 시간 척도는 느리다. 예를 들어 $[Fe(CO)_5]$는 하나의 ^{13}C 공명을 나타내는데, 이는 NMR 시간의 척도에서 모든 5개의 CO기가 동일하다는 것을 의미한다. 그러나 IR 스펙트럼(약 1 ps의 시간 척도)은 수직 방향과 수평 방향의 CO기를 구별하여 보여 주고 삼각쌍뿔형 구조임을 나타낸다. 관측된 $[Fe(CO)_5]$의 ^{13}C-NMR 스펙트럼은 이러한 개별 공명들의 가중 평균이다.

NMR 스펙트럼에 표시된 온도는 쉽게 변화시킬 수 있기 때문에 시료들의 각각의 공명이 관측될 정도로 상호 전환 속도가 충분히 느려지는 온도까지 낮출 수 있다. 예를 들어 그림 8.27은 상온과 −80°C에서의 $[RhMe(PMe_3)_4]$(**3**)의 이상적인 ^{31}P NMR 스펙트럼을 보여 준다. 낮은 온도에서 스펙트럼은 $\delta = -24$에서 수평 방향의 P 원자로부터 일어난 (^{103}Rh와 한 개의 수직 방향 ^{31}P 원자와 짝지어짐) 상대적 세기가 3인, 이중항의 이중항으로 이루어진 스펙트럼과, 수평 방향의 P 원자로부터 일어난 (^{103}Rh와 세 개의 수직 방향 ^{31}P 원자와 짝지어짐) 세기가 1인, 이중항의 사중항으로 이루어진다. 상온에서는 PMe_3기가 서로 혼합됨으로써 동일한 조건이 되고 이중항이 관찰된다(^{103}Rh과의 짝지음).

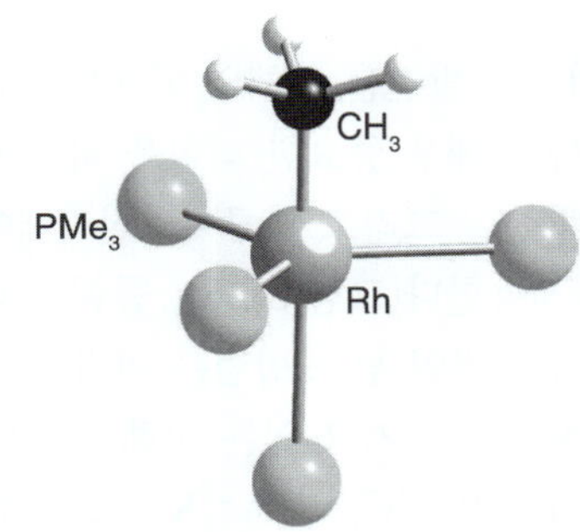

3 $[RhMe(PMe_3)_4]$

온도의 함수로 구한 스펙트럼을 통해 스펙트럼이 고온의 형태에서 저온의 형태로 변화하는 온도(coalescence temperature)를 알 수 있고, 이로부터 상호 전환 장벽(barrier)의 에너지 크기를 결정할 수 있다.

(f) 고체상 NMR

고체상 NMR은 용액상 NMR만큼 높은 분해능을 거의 나타내지 않는다. 이러한 차이는 보통 쌍극자 자기 짝지음과 같은 비등방성(anisotropic) 상호 작용으로 인하여 용액상에서 분자 떨림이 평균화되고 고정된 원자 위치에서 발생하는 넓은 범위의 자기 상호 작용에 기인한다.

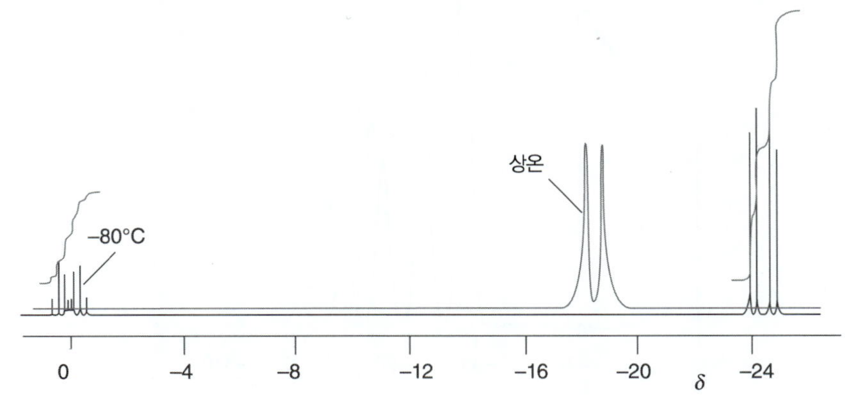

그림 8.27 상온과 −80°C에서의 $[RhMe(PMe_3)_4]$(**3**)의 ^{31}P NMR 스펙트럼

이러한 효과는 고체상에서 화학적으로 동등한 핵들이 일반적으로 다른 자기적 환경에 놓이게 되어 다른 공명 주파수를 가지게 된다는 사실로부터 기인한다. 이런 추가적인 짝지음은 일반적으로 종종 10 kHz보다 넓은 범위의 공명을 가지는 NMR 스펙트럼을 생성한다.

비등방성 상호 작용을 평균하기 위해서 시료들을 장(field) 축에 대하여 '요술각' (54.7°)에서 매우 빠른 속도(전형적으로 10~25 kHz)로 회전한다. 이 각도(보통 $1-3\cos^2\theta$로 변하는)에서 비등방성 상호 작용은 평균 0이 된다. **요술각 회전**(**MAS: magic-angle spinning**)이라고 불리는 이 방법은 비등방성 효과를 많이 줄여 주며 쌍극자(스핀-스핀) 짝지음을 제거한다. 용액상 NMR 스펙트럼에서 얻은 것과 비교한다면 공명 신호가 상당히 너비가 넓게 퍼져서 나타난다. 피크 폭이 넓어지는 현상은 때때로 너무 커서 피크 너비가 핵의 화학적 이동 범위와 비슷할 수 있다. 이것은 전형적으로 $\Delta\delta = 10$의 범위인 화학적 이동을 가진 ^1H의 경우 문제이다. 화학적 이동에서 범위가 $\Delta\delta = 16,000$을 가진 ^{195}Pt와 같은 핵들의 경우에는 비록 이런 큰 범위가 큰 비등방성 선너비에 반영될 수도 있지만 피크 너비가 넓어지는 것은 거의 문제가 되지 않는다. 사중 극자 핵들($I > \frac{1}{2}$)은 피크의 위치가 자기장에 의존하게 되고, 정사면체나 정팔면체와 같은 대칭성이 높은 경우가 아니라면 더 이상 화학적 이동으로는 식별할 수 없게 되는 추가적인 문제점이 나타난다.

이러한 어려움에도 불구하고 기술의 발전은 고체의 고해상도 NMR 스펙트럼의 관측을 가능하게 하였고 화학의 여러 분야에서 매우 중요한 역할을 하고 있다. 한 가지 예로서 제올라이트와 같은 천연 및 합성 실리케이트, 그리고 알루미노실리케이트에서 Si 원자들의 환경을 결정하는 데 ^{29}Si-MAS-NMR을 사용한다(그림 8.28). 동핵 그리고 이핵 짝풀림은 스펙트럼의 해상도를 증가시키고, 다중의 연속적인 펄스 방법은 어려운 몇몇 시료들의 스펙트럼의 관측을 가능하게 해 왔다. 이핵 짝풀림을 가지고 있는 고해상도 CPMAS-NMR[MAS를 **교차 편극**(**cross-polarization**)과 결합시킨]은 ^{13}C, ^{31}P, ^{29}Si를 포함한 많은 화합물들을 연구하는 데 사용되어 왔다. 교차 편극에서 풍부한 양의 고감도 NMR 핵은 초기 무선 주파수 펄스에 의해 들뜨고, 자화 에너지의 일부는 인접한 저감도 핵으로 전달된다. 그 결과, 양이 적은 핵의 NMR 이완은 관찰이 더 어려워진다. 이 기술은 종종 고체 상태에서 분자 화합물을 연구하는 데 사용된다. 예를 들어 −160°C에서 $[Fe_2(C_8H_8)(CO)_5]$의 ^{13}C-CPMAS 스펙트럼은 C_8 고리의 모든 C 원자가 실험 시간 척도에서는 동일하다는 것을 의미한다. 이 실험 관측의 해석은 분자가 고체 상태에서도 유동성을 가지고 있다는 것을 보여 준다.

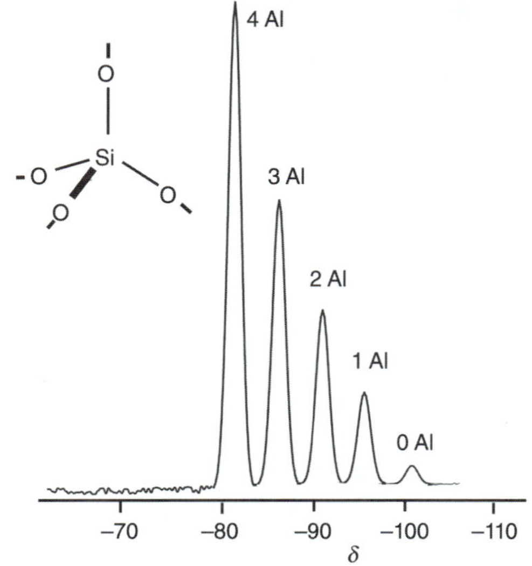

그림 8.28 알루미노실리케이트 제올라이트 analcine의 ^{29}Si-MAS-NMR 스펙트럼 각 공명 피크는 $Si(OAl)_{4-n}(OSi)_n$ ($n = 0$~4) 제올라이트 구조에서 서로 다른 Si 환경을 나타낸다.

예제 8.6 MAS-NMR 스펙트럼 해석

벤토나이트($Ba^{2+}Ti^{4+}[Si_3O_9]^{6-}$) 광물의 ^{29}Si-MAS-NMR 스펙트럼은 단일 공명을 나타내며, $(Mg^{2+})_4[Si_3O_{10}]^{8-}$는 세기 비가 2:1인 두 개의 공명을 보인다. 이러한 관측과 일치하는 $[Si_3O_9]^{6-}$ 및 $[Si_3O_{10}]^{8-}$ 음이온에 대한 구조를 제안하시오(^{29}Si, $I = \frac{1}{2}$, 5% 비율).

답 MAS-NMR은 쌍극성 짝지음은 관찰하지 않으므로 스펙트럼의 공명 수는 조사 중인 핵에 대해 몇 개의 다른 환경이 존재하는지 알려 준다. 따라서 $[Si_3O_9]^{6-}$ 음이온에서 모든 규소 핵은 동일한 환경에 있는 구조라고 생각해야 한다. 이것은 고리 구조(**4**)에서만 가능하다. $[Si_3O_{10}]^{8-}$ 음이온에서는 공명 데이터로부터 3개의 규소 핵 중 두 개의 핵은 동일하고, 나머지 하나는 유일한 환경에 있음을 알 수 있다. 이것은 직선형 구조(**5**)에 대해 가능하다.

문제 8.6 (a) $Tm_4(SiO_4)(Si_3O_{10})$와 (b) $K_2Ta_2Si_4O_{14}$의 ^{29}Si-MAS-NMR 스펙트럼을 예측하시오. (a)에서 trisilicate 음이온은 직선형이고, (b)는 고리 구조의 $[Si_4O_{12}]^{8-}$ 음이온을 포함한다.

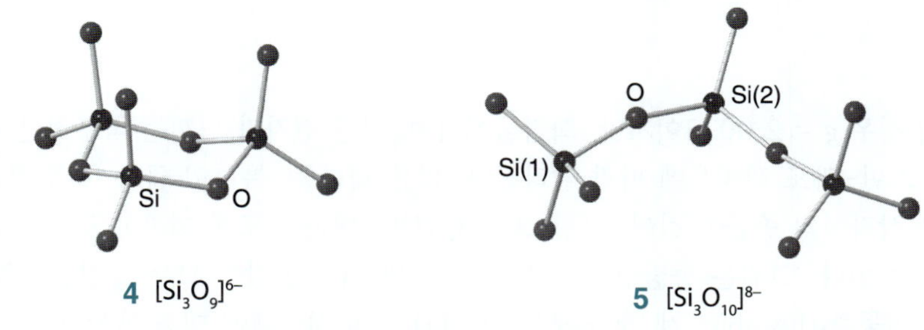

8.7 전자 상자성 공명

요점: EPR 분광학은 홀전자들을 가진 화합물, 특히 d 구역 원소를 포함한 화합물들을 연구하는 데 사용된다. 이것은 종종 금속 함유 효소(metalloenzyme)의 활성 자리에 있는 Fe나 Cu와 같은 금속들을 확인하고 연구하는 데 사용되는 기술이다.

전자 상자성 공명(EPR: electron paramagnetic resonance, 또는 ESR: electron spin resonance) 분광학은 자기장 내에서 홀전자의 공진 흡수를 관찰하는 분야로서 유기 그리고 주족 라디칼과 같은 상자성을 가진 화학종을 연구하는 하나의 기술이다. 무기화학에서 그것의 주된 중요성은 d와 f 구역 원소들을 포함한 화합물의 특성을 연구하는 데 있다.

가장 간단한 경우는 하나의 홀전자($S = \frac{1}{2}$)를 가진 종들에 해당한다. NMR과 마찬가지로 B_0만큼의 외부 자기장을 걸어 주면 전자의 $m_s = +\frac{1}{2}$과 $m_s = -\frac{1}{2}$ 상태 간의 에너지 차가 형성된다.

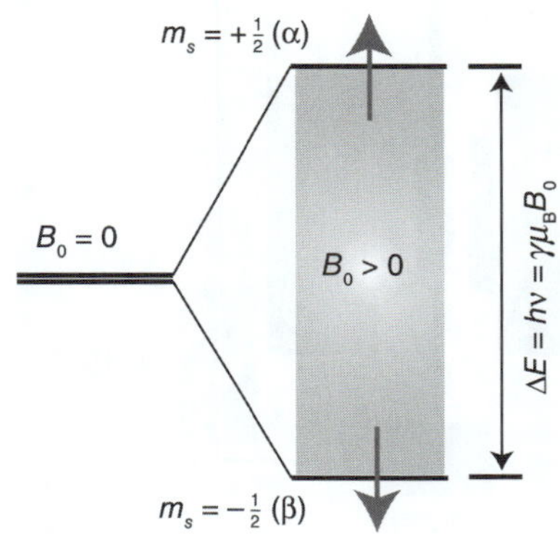

그림 8.29 자기장에서 하나의 홀전자가 존재하면, 그것의 두 가지 방향(α: $m_s = +\frac{1}{2}$, β: $m_s = -\frac{1}{2}$)은 서로 다른 에너지를 갖는다. 공명은 에너지 차이가 입사된 마이크로파 광자들의 에너지와 같을 때 일어난다.

$$\Delta E = g\mu_B B_0 \tag{8.7}$$

μ_B는 Bohr 마그네톤이고, g는 단순히 **g 값**(**g value**)으로 알려진 수치 인자이다(그림 8.29). EPR 스펙트럼을 기록하는 전통적인 방법은 연속파(CW) 분광계(그림 8.30)를 이용하는 것인데, 시료는 일정한 주파수의 마이크로파로 조사되고 적용된 자기장은 변화된다. 대부분의 분광계에 있어 공명하는 주파수 표준은 대략 9 GHz이고, 계측기는 'X 띠 분광계'로 알려져 있다. X 띠 분광계에서 자기장은 약 0.3 T이다. EPR 분광학을 전문으로 하는 실험실들은 다른 자기장을 걸어 줄 수 있는 일련의 장비를 보유하고 있다. 따라서 S 띠(공명 주파수 3 GHz) 분광계와 특별히 높은 장을 걸어 줄 수 있는 Q 띠(35 GHz) 및 W 띠(95 GHz) 분광계는 X 띠 분광계로 얻은 정보를 보완하는 데 사용된다.

펄스 EPR 분광기는 사용이 계속 늘고 있으며 펄스 Fourier 변환 기술이 NMR에 혁명을 일으켰던 방식과 유사한 새로운 기회를 제공한다. 펄스 EPR 기술은 시간 분해능을 제공하여 상자성 시스템의 동적 특성을 측정할 수 있다.

(a) *g* 값

자유 전자의 경우 $g = 2.0023$이지만, 화합물에서 이 값은 전자가 느끼는 국부적인 자기장을 변화시키는 스핀–궤도 짝지음에 따라 달라진다. 많은 화학종, 특히 d 금속 배위 화합물에서 공명 조건은 상자성의 종들이 걸어 준 장(그림 8.31)에 대한 각도에 의존하도록 g 값은 매우 비등방성일 수 있다. 그림은 등방성(수직축을 따라 세 개의 g 값이 모두 동일함), 축간축(두 개가 같다), 비등축(rhombic, 세 개가 모두 다르다) 스핀 시스템에 대해 예상되는 얼린 용액 또는 '유리 용액'에서의 EPR 스펙트럼을 보여 준다.

시료(보통 석영관 안에 담겨 있음)는 고체 상태(도핑된 결정 또는 분말) 또는 용액에서 희석된 형태로 상자성 종을 포함한다. 이완(relaxation)은 d 금속 이온에 매우 효율적이어서 스펙트럼이 너무 넓어서 감지할 수 없다. 따라서 시료의 온도를 낮추기 위해서 액체 질소와 액체 헬륨이 사용된다. 얼린 용액은 분말처럼 행동하고 공명은 분말 X선 회절과 비슷하게 모든 g 값에서 관측된다(8.1절). 더 자세한 연구는 방향이 정렬된 단결정을 이용해 수행 가능하다. 이완이 느리면 실온에서도 액체의 EPR 스펙트럼을 관찰할 수 있다.

스펙트럼은 또한 삼중항 상태와 같은 하나 이상의 홀전자를 갖는 시스템에 대해 얻을 수 있지만 이론적 배경은 훨씬 더 복잡하다. 홀수 개의 전자를 갖는 종은 쉽게 검출할 수 있지만, 짝수 개의 전자를 갖는 시스템에 대한 스펙트럼을 관찰하는 것은 매우 어려울 수 있다. 표 8.5는 EPR 검출을 위한 일반적인 상자성 종의 적합성을 나타낸다.

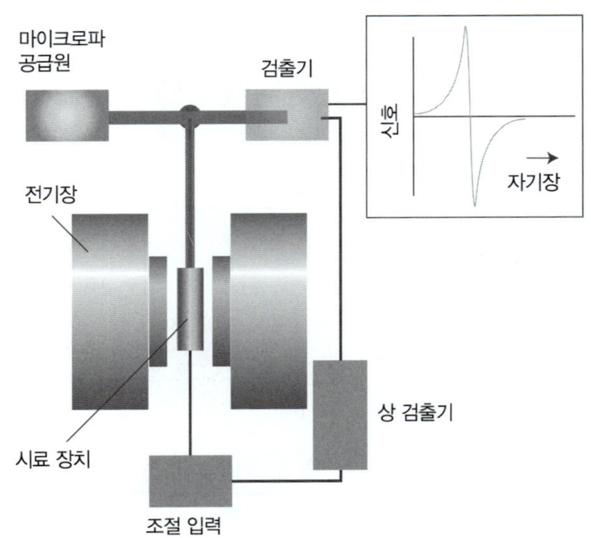

그림 8.30 연속파 EPR 분광기의 배치도

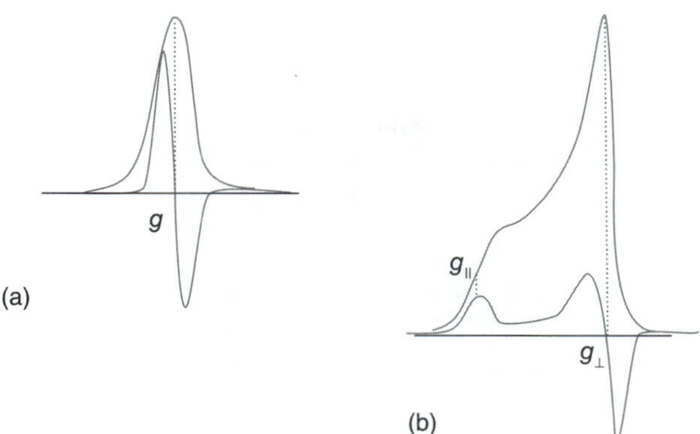

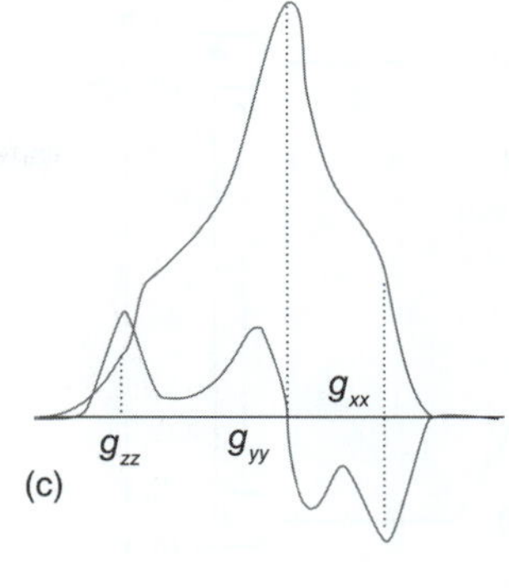

그림 8.31 EPR 분말(냉동 용액) 스펙트럼의 형태는 다양한 유형의 g 값 비등방성 (a), (b) 및 (c)에 대해 예상된다. 위의 곡선은 흡수이고, 아래 곡선은 흡수의 일차 도함수(해당 기울기)이다. CW 계측기 검출 기술과 관련된 기술적 이유로, 일차 도함수는 일반적으로 EPR 분광기에서 관찰된다.

표 8.5 일반적인 d 금속 이온의 EPR 검출 가능성

연구가 용이함		연구가 용이하지 않거나 반자성	
화학종	S	화학종	S
Ti(III)	$\frac{1}{2}$	Ti(II)	1
Cr(III)	$\frac{3}{2}$	Ti(IV)	0
V(IV)	$\frac{1}{2}$	Cr(II)	2
Fe(III)	$\frac{1}{2}, \frac{5}{2}$	V(III)	1
Co(II)	$\frac{3}{2}, \frac{1}{2}$	V(V)	0
Ni(III)	$\frac{3}{2}, \frac{1}{2}$	Fe(II)	2, 1, 0
Ni(I)	$\frac{1}{2}$	Co(III)	0
Cu(II)	$\frac{1}{2}$	Co(I)	0
Mo(V)	$\frac{1}{2}$	Ni(II)	0, 1
W(V)	$\frac{1}{2}$	Cu(I)	0
		Mo(VI)	0
		Mo(IV)	1, 0
		W(VI)	0

(b) 초미세 짝지음

EPR 스펙트럼의 **초미세 구조(hyperfine structure)**, 공명 선의 다중 구조는 존재하는 자기 핵에 전자 스핀이 결합함으로써 나타난다. 스핀 I를 갖는 핵은 EPR 선을 동일한 세기의 $(2I + 1)$개 선으로 분할한다(그림 8.32). 홀전자가 위치한 원자의 핵과, 짝지음을 통해 나타나는 초미세 구조(그림 8.33)와 리간드 핵과 짝지음하는 '극초미세 짝지음(superhyperfine coupling)'은 구별되어야 한다. 리간드 핵에 대한 극초미세 짝지음은 금속 복합체에서 전자 비편재화와 공유성의 정도를 측정하는 데 사용된다.

다양한 분야에서 작동하는 분광기(X, Q, W 등)를 사용하여 g 값 비등방성(더 높은 장에서 확산됨)으로 인한 스펙트럼 특징과 초미세 짝지음(높은 장에서 덜 중요함)을 구별할 수 있다.

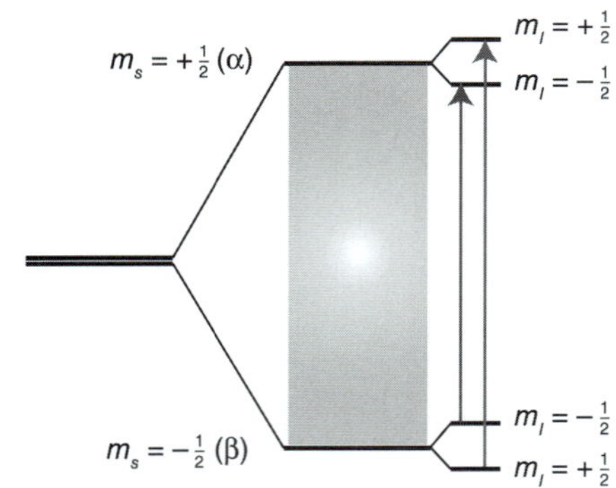

그림 8.32 자기성 핵이 존재하면, 이것의 $(2I+1)$개의 배향은 국부적인 자기장을 발생시켜 각각의 스핀 상태를 $(2I+1)$개의 준위로 분리시킨다. 허용된 전이($\Delta m_S = +1$, $\Delta m_I = 0$)는 EPR 스펙트럼의 초미세 구조를 발생시킨다.

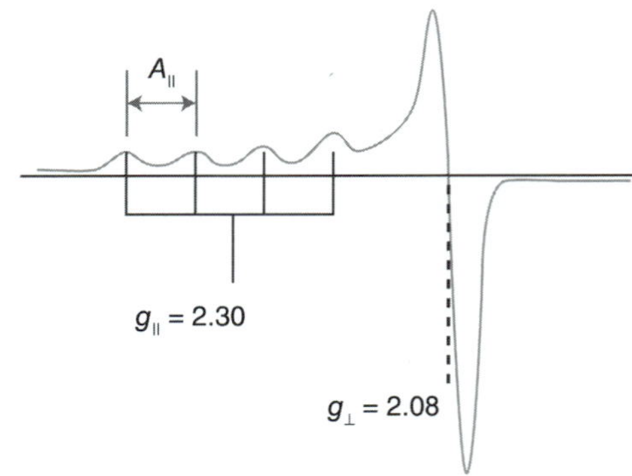

그림 8.33 냉동 수용액에서 Cu^{2+}(d^9, 한 개의 홀전자)의 EPR 스펙트럼 정사면체 일그러짐을 겪는 Cu^{2+} 이온은 $g_{\parallel}$ 요소에 대해 초미세 짝지음($I = \frac{3}{2}$, 4개의 초미세 구조)을 명확히 나타내는 축 대칭 스펙트럼을 보여 준다.

예제 8.7 초미세 짝지음 해석

표 8.4에 주어진 데이터를 이용하여 하나의 OH^- 리간드가 F^- 리간드로 대체되었을 때 어떻게 Co(II) 배위 화합물의 EPR 스펙트럼이 바뀌는지를 제안하시오.

답 ^{16}O(자연계에 거의 100%)는 핵스핀 $I = 0$인 반면, ^{19}F(자연계에 100% 존재)는 핵스핀 $I = \frac{1}{2}$이다. 결과적으로 EPR 스펙트럼의 어떤 부분은 두 개의 선으로 나뉘게 될 것이다.

문제 8.7 텅스텐으로부터 기인한 새로운 물질의 특징적인 EPR 신호가 어떻게 나타나는지 예상하시오.

8.8 Mössbauer 분광법

요점: Mössbauer 분광법은 핵에 의한 γ선의 공명 흡수에 기초를 두고 있고 핵에너지는 전자 및 자기 환경에 민감하다는 사실을 탐구한다.

Mössbauer 효과(**Mössbauer effect**)는 핵에 의한 γ선의 무반동 방출과 흡수를 이용한다. 이것을 이해하려면 전자 포획에 의해 붕괴하여 $^{57}Fe^{**}$(그림 8.34)이라고 표시되는 ^{57}Fe의 들뜬 상태를 생성하는 방사성 ^{57}Co를 고려해야 한다. 이 핵종은 또 다른 들뜬 상태($^{57}Fe^*$)로 붕괴되고, 이는 바닥 상태보다 14.41 eV만큼 높은 에너지를 가지며, 이것이 바닥 상태로 전이될 때 14.41 eV의 에너지를 가진 γ선을 방출한다. 방출 핵이 단단한 격자에 고정되면 핵은 반동하지 않고 생성된 방사선은 단일 파장일 것이다.

^{57}Fe(자연에 2% 존재)를 포함한 시료가 공급원 근처에 있다면 $^{57}Fe^*$에 의해 방출되는 단색 γ선은 ^{57}Fe 핵에 의해 공명하며 흡수될 것으로 예상할 수 있다. 그러나 정확한 전기적, 자기적 환경의 변화가 핵에너지 준위에 작은 정도만 영향을 주기 때문에 공명 흡수는 시료 ^{57}Fe의 환경이 방출 $^{57}Fe^*$ 핵의 환경과 화학적으로 동일한 경우에만 일어난다. γ선의 에너지는 쉽게 변할 수 없는 것처럼 보일 수 있지만, Doppler 효과는 시료에 비해 전송 핵을 시료에 비해 v 속도로 움직이는 데 이용될 수 있으며, 주파수 이동은 크기 $\Delta\nu = (v/c)\nu_\gamma$로 유도된다. 이 이동은 초당 수 밀리미터의 속도로도 충분하여 흡수 주파수를 투과 주파수에 맞출 수 있다. **Mössbauer 스펙트럼**(**Mössbauer spectrum**)은 시료의 속도가 변화될 때(mm s^{-1}의 수평축) 발생하는 공명 흡수 피크(수직 축, 흡수 세기)를 나타낸 것이다.

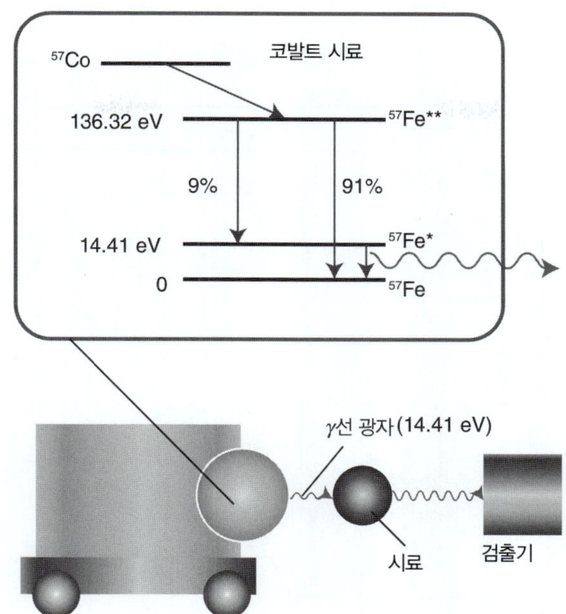

그림 8.34 Mössbauer 분광계의 배치도 캐리지의 속도는 방출된 γ선의 Doppler 이동 주파수가 시료의 해당 핵전이와 일치할 때까지 조절된다. 삽입 그림은 γ선의 방출에 대한 핵 전이를 보여 준다.

단일 화학 환경 속에 놓인 철을 포함하는 시료의 Mössbauer 스펙트럼은 핵이 바닥 상태에서 들뜬 상태로 전이되는 데 필요한 에너지(ΔE)에 해당하는 복사선의 흡수 때문에 일어나는 띠는 단일 선으로 구성될 것으로 예측할 수 있다. 시료의 ΔE와 금속 ^{57}Fe의 ΔE 사이의 차이를 **이성핵 이동(isomer shift)**이라 하고, Doppler 이동으로 공명을 얻는 데 필요한 속도로 표현한다. ΔE의 값은 핵의 전자 밀도에 의존하고, 비록 이 효과가 주로 s 오비탈에 의한 것이지만(핵에서 이들의 파동함수가 0이 아니므로), 가림 효과(shielding effect)에 의한 ΔE는 p나 d 전자에도 민감하다. 그 결과 Fe(II), Fe(III) 및 Fe(IV)와 같은 상이한 산화 상태와 이온 결합과 공유 결합이 구분된다.

Mössbauer 분광학에 의한 연구에 가장 적합한 원소는 철이다. 그 이유는 실험을 비교적 쉽게 수행하고 얻은 데이터를 유용하게 만드는 몇 가지 요소 때문이다. 이러한 요인 중에는 반감기가 272일인 ^{57}Co가 포함되므로, 시료에서 생성된 γ선 세기는 1년 정도 상대적으로 강하게 지속되며, 흡수 피크는 충분히 날카롭고 잘 분리되어 있다. 철은 화학에서 매우 중요하며 광물, 산화물, 합금 및 생물학적 시료에서 쉽게 찾아볼 수 있는데, NMR과 같은 다른 많은 특성 분석 기술들은 덜 효과적이다. Mössbauer 분광법은 ^{119}Sn, ^{129}I 및 ^{197}Au를 포함한 다른 핵을 연구하는 데도 사용되는데, 이것들은 적당한 핵에너지 준위와 γ선 방출 반감기를 갖는다.

^{57}Fe* 핵은 $I = \frac{3}{2}$이고, 핵 주위의 전하 분포에 의해 생성된 전기장 구배와 상호 작용하는 전기 사중 극자 모멘트(비구형 전하 분포)를 갖는다. 결과적으로 핵의 전기적 환경이 등방성이 아니며, Mössbauer 스펙트럼은 ΔE_Q 만큼 떨어진 두 개의 선으로 갈라질 것이다(그림 8.35). 이러한 갈라짐은 단백질과 광물 속에 들어 있는 철의 산화 상태나 d 전자 밀도의 분포에 의존하므로 철의 상태에 대한 좋은 척도를 제공한다. 큰 자석이나 강자성의 어떤 물질로 생성된 자기장은 ^{57}Fe* 핵의 다양한 스핀 배향 상태의 에너지 변화를 유발한다. 결과적으로 Mössbauer 스펙트럼은 6개의 선으로 분할되며, $\Delta I = 1$로 허용되는 $I = \frac{3}{2}$ 상태($m_I = +\frac{3}{2}$, $+\frac{1}{2}$, $-\frac{1}{2}$, $-\frac{3}{2}$)와, $I = \frac{1}{2}$ 상태($m_I = +\frac{1}{2}$, $-\frac{1}{2}$) 사이에서 파생된 준위 사이의 전이를 보인다(그림 8.35c).

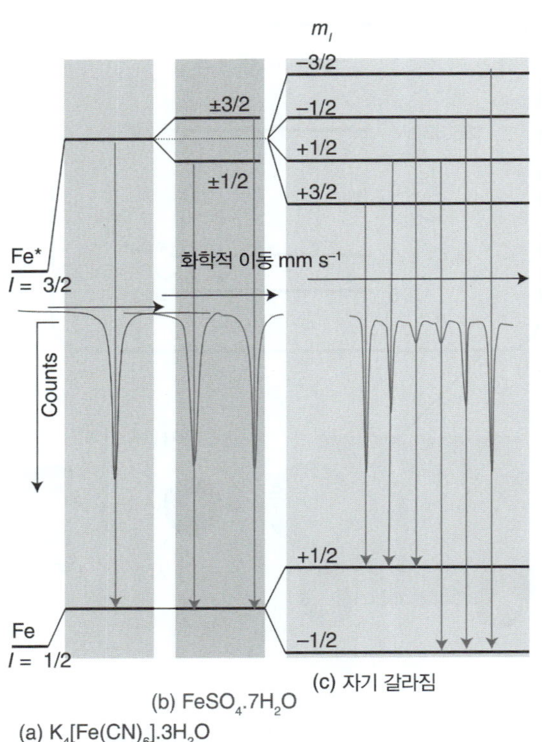

그림 8.35 Fe 시료에 대한 Mössbauer 분광법에서 에너지 준위에 대한 전기장의 점진적인 변화와 자기장의 영향 파생된 스펙트럼은 왼쪽에서 오른쪽으로 이성핵 이동, 사중 극자 짝지음, 자기 초미세 짝지음(사중 극자 갈라짐 없음)을 보여 준다. (a) $K_4Fe(CN)_6 \cdot 3H_2O$ 시료의 스펙트럼은 $[Fe(CN)_6]^{4-}$에 따른 d^6 저스핀 상태 정팔면체장의 높은 대칭을 보여 주며, 이성핵 이동에 따른 단일 피크를 보인다. (b) $FeSO_4 \cdot 7H_2O$의 스펙트럼은 d^6 전자의 대칭성이 낮아 사중 극자 갈라짐을 보여 준다. (c) 자기장에서 생성된 스펙트럼 형태

예제 8.8 Mössbauer 스펙트럼 해석하기

금속 철 Fe(0)에 대한 Fe(II) 화합물의 이성핵 이동은 일반적으로 +1 내지 +1.5 mm s^{-1}의 범위에 있는 반면, Fe(III) 화합물에 대한 이성핵 이동은 +0.2 내지 +0.5 mm s^{-1}의 범위에 있다. Fe(0), Fe(II) 및 Fe(III)의 전자 배치 구조 측면에서 이 값들을 설명하시오.

답 Fe(0), Fe(II) 및 Fe(III)의 최외각 전자 배치는 각각 $3d^64s^2$, $3d^6$, $3d^5$이다. 핵에서 s 전자의 밀도는 Fe(0)에 비해 Fe(II)에서 감소하여 큰 양의 이성핵 이동을 생성한다. Fe(II)로부터 Fe(III)를 생성하기 위해 3d 전자가 제거될 때 3d 전자가 나머지 내부 s 전자(1s, 2s, 3s; 1장 참조)로부터 핵을 부분적으로 가리기 때문에 핵에서 s 전자 밀도가 조금 증가한다.

문제 8.8 Sr_2FeO_4에서 철의 이성핵 이동을 예측하시오.

이온화에 기초한 분석법

이온화에 기초한 분석법은 높은 에너지 복사나 입자의 충격으로 인해 시료가 이온화될 때 생성되는 생성물, 전자 혹은 분자 조각의 에너지를 측정하는 분석 방법이다.

8.9 광전자 분광법

요점: 광전자 분광법은 방출되는 전자의 운동 에너지를 분석함으로써 분자 또는 고체 물질의 오비탈의 에너지와 에너지 순서를 결정하는 데 쓰인다.

광전자 분광법(PES: photoelectron spectroscopy)의 기초는 단일 파장의 높은 에너지의 빛을 시료에 쬐었을 때 시료가 이온화하면서 방출하는 광전자의 운동 에너지를 측정하는 것이다(그림 8.36). 에너지 보존 법칙(law of conservation of energy)에 따라 방출된 광전자의 운

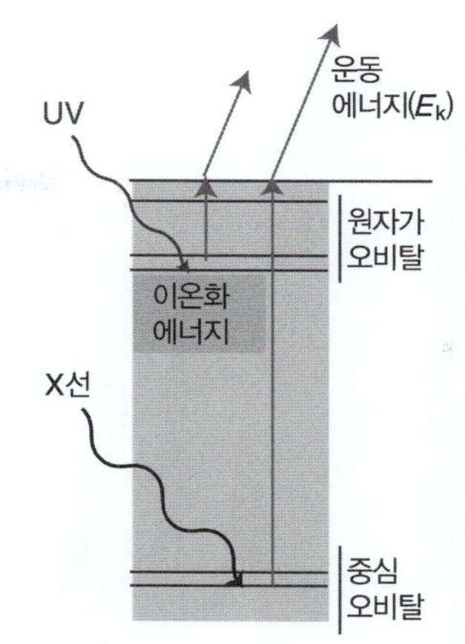

그림 8.36 광전자 분광법에서, 높은 에너지 전자기 복사선(원자가 전자를 방출을 위한 UV, 중심 전자를 위한 X선)은 오비탈에서 전자를 방출하며, 방출된 광전자의 운동 에너지는 전자의 광자 에너지와 이온화 에너지의 차이와 같다.

동 에너지(E_k)는 전자의 이온화 에너지(E_i)와 아래와 같은 관련이 있다.

$$E_k = h\nu - E_i \tag{8.8}$$

여기에서 ν는 입사광의 주파수이다. **Koopmans 이론(Koopmans' theorem)**은 이온화 에너지가 오비탈 에너지에 음의 부호를 붙인 것과 같다는 것으로, 광전자의 운동 에너지 측정을 통하여 오비탈의 에너지 준위를 결정하는 데 사용된다. 이 이론은 이온화 후에 전자 재배열을 포함하는 에너지는 오비탈 수축으로 인한 전자–전자 반발 에너지 증가에 의해 상쇄된다고 가정한다. 이러한 가정은 합리적으로 유용한 것으로 간주된다. 또한 조사 중인 물질의 표면에서 전자가 빠져나가기 위해 필요한 추가 에너지, 일함수를 허용하기 위해 종종 수정이 필요하다.

광이온화 분석법에는 크게 **X선 광전자 분광법(XPS: X-ray photoelectron spectroscopy)**과 **자외선 광전자 분광법(UPS: ultraviolet photoelectron spectroscopy)** 두 가지가 있다. 더 강한 광원은 싱크로트론 살(beam) 선을 이용해서 얻을 수 있지만, 실험실 표준 광원은 일반적으로 높은 에너지 전자살에 의해 충격을 받은 마그네슘이나 알루미늄 양극이다. 이 충격으로 전자가 튕겨져 나가 비어 있는 1s 오비탈로 2p 전자가 전이하여 1.254 keV와 1.486 keV에서 복사선을 발생시킨다. 에너지가 높은 이런 광자는 시료에 존재하는 다른 원소의 중심 오비탈에서 이온화를 초래한다. 이온화 에너지는 원소와 그것의 산화 상태에 따라 다른 값을 갖는다. 선너비가 크기 때문에(1~2 eV), 원자가 오비탈의 미세한 세부 사항을 조사하는 데는 적합하지 않지만, 고체의 띠 구조를 연구하는 데 사용할 수 있다. 고체에서 전자의 평균 자유 경로는 약 1 nm에 불과하므로 XPS는 표면 원소 분석에 적합하며, 이 방법은 **화학 분석용 전자 분광법(ESCA: electron spectroscopy for chemical analysis)**으로 불린다.

UPS의 광원은 He(I) 복사선(21.22 eV) 또는 He(II) 복사선(40.8 eV)을 방출하는 헬륨 방전 램프이다. 선너비는 XPS에서 얻는 것보다 훨씬 작아서 분해능이 훨씬 더 좋다. 이 분석법은 원자가 껍질 에너지 준위와, 전자가 방출된 오비탈의 결합 특성, 반결합 특성의 중요한 정보를 제공하는 진동 미세 구조를 조사하는 데 사용된다(그림 8.37). 전자가 비결합성 오비탈로부터 제거될 때, 생성물은 진동의 바닥 상태에 있고 좁은 띠가 관찰된다. 그러나 전자가 결합성 또는 반결합성 오비탈로부터 제거될 때 생성된 이온은 다양한 진동 상태와 광대한 미세 구조를 형성하는 것이 관찰된다. 결합성, 반결합성 오비탈의 구별은 이온의 진동 주파수가 원래의 분자보다 높거나 낮은지를 결정함으로써 구별할 수 있다.

다른 유용한 방법은 He(I)과 He(II)로 조사된 시료에 대한 광전자 세기를 비교하는 것이다. 더 높은 에너지 광원은 d 또는 f 오비탈의 전자를 선택적으로 방출하여, 이러한 여기가 s와 p 오비탈의 전자 여기와 구별될 수 있게 하여, He(I)이 더 강한 세기를 야기한다. 이 효과의 근원은 흡수 단면에서의 차이에 기인하는 것이다(추가 문헌 참조).

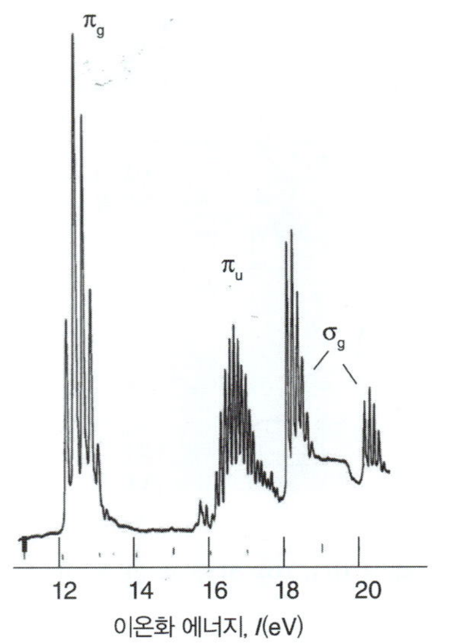

그림 8.37 O_2의 UV 광전자 스펙트럼 $2\sigma_g$에서 한 개의 전자 잃음(그림 2.12의 MO 에너지 준위 도표 참조)으로 인해 남아 있는 두 개의 홀전자가 $1\pi_g$ 오비탈에 있는 두 개의 홀전자와 평행하거나 반대 방향에 있기 때문에 두 개의 띠를 유발한다.

8.10 X선 흡수 분광법

요점: X선 흡수 스펙트럼은 화합물에서 원소의 산화 상태를 결정하고 그것의 주변 환경을 조사하는 데 사용될 수 있다.

제8.9절에서 언급한 바와 같이, 싱크로트론 시료로부터 나온 강한 X선은 화합물 내에 존재하는 원소의 내부 전자를 방출시키는 데 이용될 수 있다. **X선 흡수 스펙트럼**(**XAS: X-ray absorption spectra**)은 화합물 내에 존재하는 다양한 원자의 전자가 들뜨거나 이온화될 수 있는 에너지 범위(전형적으로 0.1~100 keV)를 갖는 광자 에너지를 변화시킴으로써 얻어진다. 흡수 에너지의 특징은 다양한 원소에 존재하는 서로 다른 내부 껍질 전자들의 결합 에너지와 관련된다. 그러므로 X선살의 주파수는 특정한 원소의 흡수끝(absorption edge)에 따라 변화하며, 원소의 산화 상태, 선택한 원소 주변 환경 정보를 제공한다.

그림 8.38은 전형적인 X선 흡수 스펙트럼을 나타낸 것이다. 각각의 스펙트럼 영역은 원소의 화학적 환경에 관한 서로 다른 유용한 정보를 제공한다.

1. 흡수끝 바로 앞에는 비어 있는 더 높은 에너지의 오비탈로 들떠 있으나 방출되지 않은 내부 전자가 있는 흡수끝 바로 아래(pre-edge)가 존재한다. 이러한 흡수끝 바로 아래 구조는

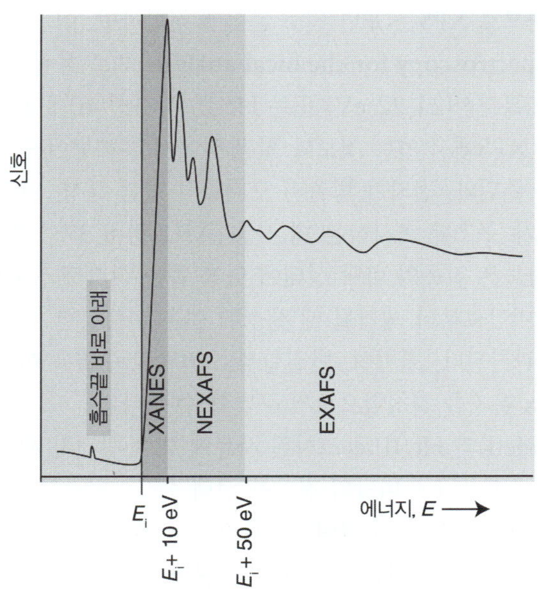

그림 8.38 본문 내에서 설명된 다양한 영역을 정의하는 전형적인 X선 흡수끝 스펙트럼

들뜬 전자 상태의 에너지와 원자의 국소 대칭성에 대한 정보를 제공한다. 대칭 중심이 없는 것과 같이, 낮은 대칭성을 갖는 환경이 더 강하게 나타난다.

2. 광자 에너지(E)가 E_i와 E_i + 10 eV인 흡수끝 영역에 'X선 흡수 경계 주위 구조 분광법(XANES: X-ray absorption near-edge structure)가 관찰된다. XANES로부터 얻어지는 정보는 산화 상태와 미세한 입체적 뒤틀림을 포함한 배위 환경을 포함한 산화 상태와 배위 환경이 포함된다. 경계 주위 구조는 특정 환경 및 원자가 상태에 대한 특징으로 '지문(fingerprint)'으로 사용될 수 있다.
3. '경계 주위 X선 흡수 미세 구조(NEXAFS: near-edge X-ray absorption fine structure)' 구역은 E_i + 10 eV와 E_i + 50 eV 사이에 있다. 이것은 흡착된 분자의 배향에 대한 정보를 유추할 수 있기 때문에 표면에 화학적으로 흡착된 분자에 적용한다.
4. '확장 X선 흡수 미세 구조(EXAFS: extended X-ray absorption fine structure)' 구역은 E_i + 50 eV보다 더 큰 에너지 구역에 있다. 이 영역의 에너지를 가진 X선 광자를 흡수하여 특정한 원자로부터 방출된 광전자는 임의의 인접한 원자에 의해 후방 산란된다. 이 효과는 흡수끝 바로 위 에너지에서 세기의 주기적인 변화로 발견되는 간섭 패턴을 초래한다. EXAFS에서 이러한 변화(전자 밀도 측면에서)는 주변 원자의 수 및 특성 그리고 흡수하는 원자와 산란하는 원자 사이의 거리를 측정하기 위해 분석된다. 이 방법의 장점은 비결정성 시료와 용액 상 화학종의 결합 길이를 결정할 수 있다는 것이다.

예제 8.9 XAS 스펙트럼에서 흡수끝 바로 아래(pre-edge)와 흡수끝(edge) 특성의 정보

Mn K-edge XAS에서 주요 흡수끝 바로 아래 특징의 에너지(eV)를 제공하는 다음 데이터를 해석하시오(K-edge는 1s 전자의 이온화를 나타낸다).

Mn(II)	Mn(III)	Mn(IV)	Mn(V)	Mn(VI)	Mn(VII)
6540.6	6541.0	6541.5	6542.1	6542.5	6543.8

망가니즈를 함유한 산화물은 XAS 스펙트럼에서 6540.6 eV(세기 1) 및 6540.9 eV(세기 2)에서 피크로 구성된 흡수끝 바로 아래 특징을 나타냈다. 흡수끝 바로 아래 특징의 에너지 변화를 설명하고, 산화 망가니즈의 화학식을 제안하시오.

답 우리는 망가니즈 산화 상태가 증가함에 따라 흡수 끝 바로 아래 특징 생성에 관여하는 오비탈의 에너지가 어떻게 변하는지를 이해해야 한다. K-edge에서의 흡수 끝 바로 아래 특징은 1s 전자의 들뜸으로부터 비어 있는 3d 오비탈과 같은 더 높은 에너지 오비탈로의 전이(다른 들뜸 상태에 대응하는 몇 개의 중첩 특징이 있을 수 있다)의 결과이다. 망가니즈의 산화 상태가 높을수록, 1s 전자가 경험하는 유효 핵전하가 커지고 그것을 자극하거나 이온화하는 데 필요한 에너지가 더 커진다. 이 관계는 실험적으로 관찰된 Mn(II)에서 Mn(VII)의 흡수끝 바로 아래 특징 에너지의 연속적인 증가로 확인할 수 있다. 산화 망가니즈는 세기 비가 1:2인 Mn(II) 및 Mn(III)의 에너지에 상응하는 에너지에서 흡수끝 바로 아래 특징을 나타내므로 산화물은 $MnO:Mn_2O_3 = Mn_3O_4$일 가능성이 있다.

문제 8.9 S^{2-}(황화 이온)에서 SO_4^{2-}(황산염, S(VI))까지의 황의 산화 상태를 갖는 황 화합물에서 황에 대한 XAS K-edge의 에너지의 예상 경향을 설명하시오.

8.11 질량 분석법

요점: 질량 분석법은 분자나 분자 조각의 질량을 결정하는 기술이다.

질량 분석법(mass spectroscopy)은 기체 상태 이온의 질량 대 전하 비를 측정한다. 이온은 양이온 또는 음이온일 수 있으며 화학종의 질량이나 실제적인 전하를 추정하는 것은 매우 손쉬

운 일이다. 추가 조사에 시료를 다시 쓸 수 없기 때문에 파괴적인 검사법이다. 이온 질량 측정의 정확성은 기기에 따라 다양하다(그림 8.39). 만약 대략적인 질량의 측정 요구사항이 $\pm 1m_u$ 이내(m_u는 원자 질량 상수, 1.66054×10^{-27} kg)일 때 질량 분석기의 분해능은 오직 $1/10^4$이 필요하다. 반면에 질량 결함(mass defect)을 확인하기 위해 각각의 원자 질량을 측정하기 위해서는 정밀도가 $1/10^{10}$에 가까워야 한다. 이런 정확도의 질량 분석기는 일반적으로 $^{12}C^{16}O$(질량 $27.9949m_u$)와 $^{14}N_2$(질량 $28.0061m_u$)를 구별할 수 있고, 1000 m_u보다 작은 질량의 명목 질량의 이온의 동위 원소 조성 및 원소 조성을 정확하게 결정할 수 있을 것이다.

(a) 이온화와 검출 방법

질량 분석기에서 실질적인 어려움은 시료(전하를 띠고 있지 않은 액체 혹은 고체)를 기체 이온으로 만드는 것이다. 일반적으로 밀리그램 이하의 시료가 사용된다. 기체상 이온을 생성시키기 위해서 매우 다양한 장치들이 고안되었지만, 관심 대상 화합물이 깨지는 문제가 있다. **전자 충격 이온화**(**EI: electron impact ionization**) 방법은 증발과 이온화를 동시에 일으키기 위해서 높은 에너지의 전자를 시료에 충돌시키는 것이다. EI 방법은 분자량이 큰 분자에 대해 심각한 분해를 유발하는 단점이 있다. **고속 원자 충돌**(**FAB: fast atom bombardment**) 방법은 EI와 비슷하지만, 중성 분자를 고속으로 시료에 충돌시켜 기체화와 이온화를 이루는 방법이다. FAB는 EI보다 분자의 조각화가 덜 일어난다. **매트릭스 보조 레이저 탈착/이온화**(**MALDI: matrix-assisted laser desorption/ionization**)는 EI와 비슷하지만, 같은 효과를 위해 짧은 레이저 펄스를 이용한다. 이 방법은 고분자 시료에 특히 효과적이다. **전기 분무 이온화**(**ESI: electrospray ionization**)에서 전하를 띤 용액 방울은 각각의 전하를 띤 이온을 생성하기 위해 용매를 증발시킨 진공실로 분사된다. ESI 질량 분석법은 더 광범위하게 사용되고 있으며, 용액 속 이온 결합 화합물의 측정에 사용된다.

오늘날에는 거의 사용하지 않지만 이온을 분리하는 전통적인 방법은 전기장에서 이온을 가속시켜 움직이는 이온을 편향시키는 데 자기장을 이용하는 것이다. 낮은 질량–전하 비(mass-to-charge ratio)를 가진 이온은 무거운 이온보다 더 많이 편향된다. 자기장의 변화를 통해 질량–전하 비 차이의 탐지가 가능하다(그림 8.39a). **사중 극자 질량 필터**(**quadrupole mass filter**)는 이온을 분리하기 위해 4개의 평행 막대 사이에 진동 전기장을 사용한다. 존재하는 모든 이온의 m/z 값을 검출하기 위해 검출기가 빠르게 움직이고 이온은 특정 적용된 장을 통

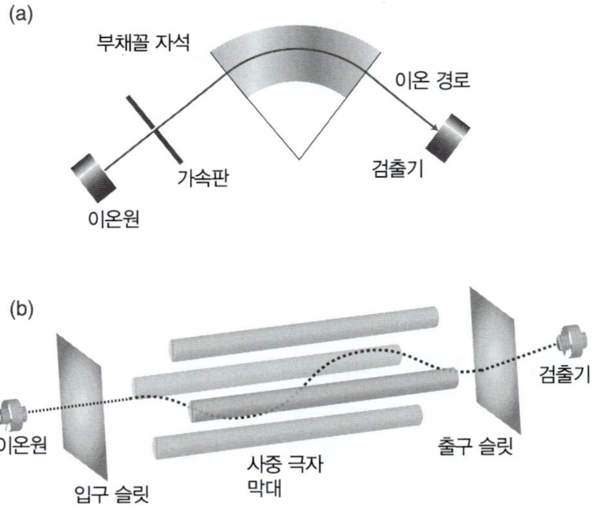

그림 8.39 (a) 자기 부채꼴 질량 분석기 분자 조각은 질량 대 전하 비율에 따라 편향되어 검출기에서 분리할 수 있다. (b) 4개의 하전된 막대에 의해 생성된 전기장을 조정하여 검출기에 도달하도록 이온을 선택하는 사중 극자 질량 분석기

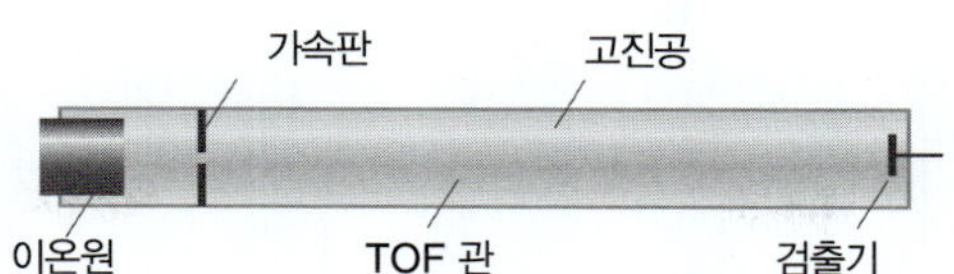

그림 8.40 비행 시간형(TOF) 질량 분석기 분자 조각은 전위차에 의해 서로 다른 속도로 가속되고 시간 차를 두고 검출기에 도착한다.

과한 후 특정 장 값에서만 검출기에 검출될 수 있다(그림 8.39b). **비행 시간형(TOF: time-of-flight)** 질량 분석기에서는 시료로부터 나온 이온이 정해진 시간 동안 전기장에 의해 가속된 후 자유롭게 비행한다(그림 8.40). 같은 전하의 모든 이온에 가하는 힘은 같기 때문에, 가벼운 이온은 무거운 이온에 비해 더 빠르게 가속되고 검출기와 더 빨리 충돌한다.

이온 사이클로트론 공명(ICR: ion cyclotron resonance) 질량 분석기(Fourier 변환 때문에 FTICR이라고 표시함)에서 이온들은 강한 자기장이 있는 작은 사이클로트론 셀에 모인다. 이온들은 자기장 안에서 원을 그리며 돌기 때문에 전류를 생성하게 된다. 가속된 전류는 전자파를 발생시키기 때문에, 이온에 의해 발생된 신호는 검출 가능하고 움직이는 이온의 질량 대 전하 비를 구하는 데 사용될 수 있다.

질량 분석법은 유기화학에서 널리 사용되기도 하지만 무기 화합물의 분석에 있어서도 매우 유용하다. 그러나 이온 구조나 공유 결합 그물 구조 화합물(예를 들어 SiO_2)과 같은 많은 무기 화합물이 비휘발성이고(MALDI 방법으로도) 분자 이온 단위로 잘 쪼개어지지 않으므로 이러한 방법을 통해 분석될 수 없다. 반대로 공유 결합 무기 화합물에서의 약한 결합은 이들이 질량 분석기에서 매우 쉽게 쪼개어져 종종 어미 분자 이온종의 결정이 문제가 된다는 것을 의미한다.

(b) 질량 스펙트럼의 해석

그림 8.41은 전형적인 질량 스펙트럼을 보여 준다. 스펙트럼을 해석하기 위해, 단일 하전된 온전한 분자 이온(상위 이온)에 상응하는 피크를 검출하는 것이 도움이 된다. 때때로 분자 질량의 절반에서 피크가 발생하기도 하는데 이는 이중으로 하전된 이온에 기인한다. 다중 하전된 이온으로부터의 피크는 쉽게 식별 가능하다. 왜냐하면 다른 동위 원소 이성질체(isotopomer)로부터 피크 사이의 분리 정도는 더 이상 m_u가 아니라 그 질량의 분율이기 때문이다. 예를 들어 이중 하전된 이온에서 동위 원소 피크는 $\frac{1}{2}\,m_u$ 떨어져 있고, 삼중 하전된 이온에서는 $\frac{1}{3}\,m_u$ 떨어져 있다.

질량 스펙트럼은 이온 및 분자의 질량(몰질량)에 대한 정보를 제공할 뿐만 아니라 분자가 쪼개지는 경로에 대한 정보도 제공한다. 이 정보는 구조적 정보를 확인하는 데 사용된다. 예

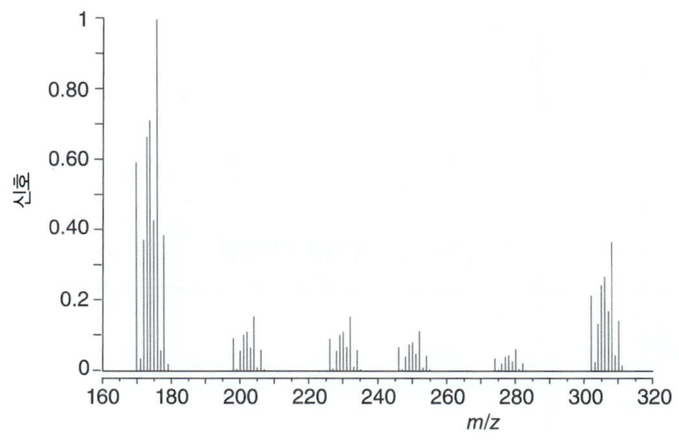

그림 8.41 $[Mo(\eta^6\text{-}C_6H_6)(CO)_2PMe_3]$의 질량 스펙트럼 이 스펙트럼의 피크에 대한 자세한 해석은 예제 8.10을 참조하라.

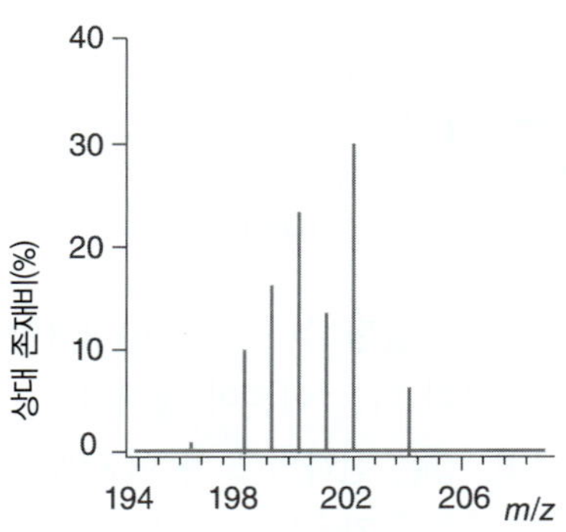

그림 8.42 **원자의 동위 원소 조성을 보여 주는 수은을 포함하는 시료의 질량 스펙트럼**

를 들어 착이온은 종종 리간드를 잃는데, 리간드가 하나 또는 몇 개 빠진 이온에 해당하는 피크가 관찰된다.

원소가 다수의 동위 원소로 존재하는 경우 다중 피크가 관찰된다(예: 염소는 ^{35}Cl 75.5%, ^{37}Cl 24.5%). 따라서 염소를 함유하는 분자의 경우, 질량 스펙트럼은 약 3 : 1의 세기 비로 2 m_u 떨어진 두 개의 피크가 나타난다. 더 많은 동위 원소를 가지고 있는 원소는 피크의 다른 패턴이 나타나고, 미지의 조성을 갖는 화합물에서 원소의 존재를 확인하는 데 사용될 수 있다. 예를 들면 Hg 원자는 6개의 동위 원소를 가지고 있다(그림 8.42). 동위 원소의 실제 비율은 그 원소의 지리적 출처에 따라 다양하고, 이 미묘한 차이는 높은 분해능의 질량 분석기로 쉽게 알 수 있다. 따라서 시료 속에 있는 동위 원소 비율의 정확한 결정은 시료의 출처를 결정하는 데 사용될 수 있다

예제 8.10 질량 스펙트럼의 해석

그림 8.41은 $[Mo(\eta^6\text{-}C_6H_6)(CO)_2PMe_3]$의 질량 스펙트럼의 일부를 나타낸 것이다. 주요 피크를 해석하시오.

답 착물의 평균 분자량이 306m_u이지만, Mo가 많은 동위 원소를 가지기 때문에 단순한 분자 이온은 보이지 않는다. 대신에 306m_u를 중심으로 10개의 피크가 보인다. Mo의 가장 풍부한 동위 원소는 ^{98}Mo(24%)이고, 이 동위 원소를 포함하는 이온은 이 분자 이온의 가장 큰 세기를 가지는 피크이다. 이 분자 이온을 나타내는 피크 이외에도 M^+-28, M^+-56, M^+-76, M^+-104, M^+-132의 피크가 보인다. 이들 피크는 한 개의 CO, 두 개의 CO, PMe_3, PMe_3+CO, 그리고 PMe_3+2CO 리간드가 배위 화합물로부터 떨어져 나간 피크에 해당한다.

문제 8.10 화합물 $ClBr_3$의 질량 스펙트럼(그림 8.43)이 2m_u로 분리된 5개의 피크를 보이는 이유를 설명하시오.

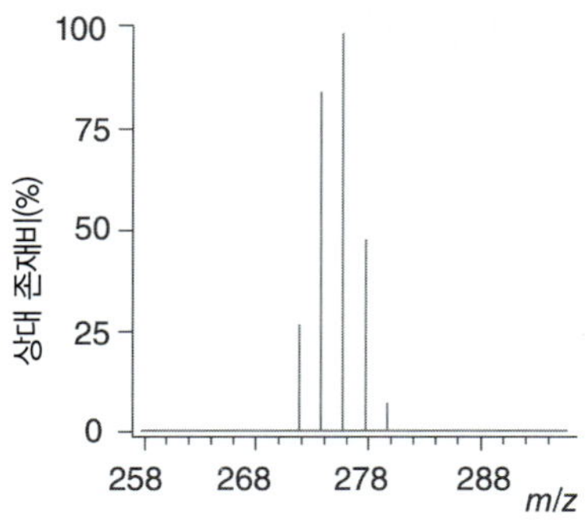

그림 8.43 **$ClBr_3$의 질량 스펙트럼**

화학 분석

화학에서 전통적인 분석 방법 중의 하나는 화합물을 구성하는 원소를 결정하는 것이다. 오늘날 사용 가능한 기술은 아주 정교하고 자동화하여 빠르고 재현성 있는 결과를 얻을 수 있다. 이 절에서는 화합물의 조성을 바꾸지 않고 물질의 상(phase)이 변화하는 것을 관찰하거나, 조성이 바뀌는 결과를 가져오는 열분석 방법을 논의할 것이다. 이 모든 기술에서 화합물은 분석 동안에 파괴된다.

8.12 원자 흡수 분광법

요점: 거의 대부분의 금속성 원소는 원자의 스펙트럼 흡수 특성을 이용함으로써 정량적으로 분석할 수 있다.

원자 흡수 분광법(AAS)의 원리는 흡수하는 화학종이 자유 원자나 이온인 점을 제외하고는 자외선-가시광선 분광법과 비슷하다. 분자와는 다르게, 원자나 이온은 회전 또는 진동 에너지를 가지지 않고 오직 전자 에너지 준위 사이에서 발생하는 전이만 있다. 결과적으로 원자 흡수 분광법은 분자 분광법에서의 전형적인 넓은 띠가 아닌 반듯한 선으로 구성된다.

그림 8.44는 원자 흡수 분광 광도계의 기본적인 구성 요소를 보여 준다. 시료는 '속 빈 음극(hollow cathode)' 램프(특정한 원소로 이루어진 음극과 네온으로 채워진 밀폐된 튜브 속에 들어 있는 텅스텐 양극으로 구성된)로부터 나오는 특정한 파장의 광원에 쪼여진다. 만약 특정 원소가 시료에 존재하면 해당 원소에 대한 램프 특성에 의해 방출되는 방사선은 시료에서 전자 전이를 자극하고 부분적으로 흡수되기 때문에 검출기에서 세기가 감소한다. 표준 물질에 대한 상대적인 흡수 수준을 결정함으로써 존재하는 원소의 양을 정량적으로 측정할 수 있다. 분석할 각 원소에 따라 다른 램프가 필요하다. 이온화 과정은 분석물의 다른 성분들(분석되는 물질)로부터 스펙트럼 선을 생성할 수 있기 때문에 단색 장치는 검출기로 향하는 원하는 파장을 분리하기 위해 원자화기 뒤에 배치한다.

기기의 주된 차이점은 분석물을 결합에 참여하지 않은 자유로운 원자나 이온으로 바꾸는 데 사용되는 방법에 의해서 달라진다. **불꽃 원자화(flame atomization)** 방법에서는 분석 용액을 에어로솔로 만들기 위해 '분무기(nebulizer)'를 이용하여 연료와 함께 섞는다. 이 에어로솔은 연료-산화제 불꽃 버너로 들어간다. 일반적인 연료-산화제 혼합물은 불꽃 온도를 2500 K까지 올릴 수 있는 아세틸렌-공기, 그리고 온도를 3000 K까지 발생시킬 수 있는 아세틸렌-아산화 질소이다. '전기열 원자화기(electro-thermal atomizer)'의 일반적인 유형은 흑연로이다. 노(furnace)의 온도는 불꽃 원자화 방법의 온도와 비슷하지만 검출 한계는 1000배 우수하다. 증가된 감도는 원자를 빠르게 발생시키고 그것을 오랫동안 광학 경로에서 유지하기 때문에 가능하다. 흑연로의 또 다른 이점은 고체 시료를 사용할 수 있다는 점이다.

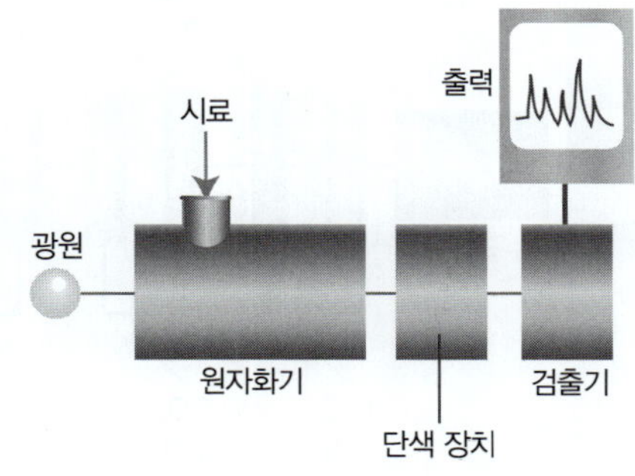

그림 8.44 전형적인 원자 흡수 분광 광도계의 배치도

거의 모든 금속이 높은 감도나 낮은 검출 한계를 갖고 있지는 않지만, 거의 대부분의 금속 물질은 원자 흡수 분광법(AAS)에 의해 분석할 수 있다. 예를 들어 불꽃 이온화 장치(flame ionizer)에서 카드뮴의 검출 한계는 1 ppb(l part per billion, $1/10^9$)이다. 반면에 수은은 500 ppb이다. 흑연로를 이용한 검출 한계는 $1/10^{15}$이다. 측정하고자 하는 원소의 속빈 음극 램프 광원이 있다면 그 원소의 직접적인 측정이 가능하다. 다른 화학종들은 간접적인 과정으로 측정할 수 있다. 예를 들어 PO_4^{3-}는 산성 조건하에서 MoO_4^{2-}와 반응하여 $H_3PMo_{12}O_{40}$을 형성하는데, 이는 유기 용매로 추출할 수 있고 Mo에 대해 분석할 수 있다. 일반적으로 특정한 원소를 분석하기 위해서 기준 검정 시료를 시료와 비슷한 매트릭스에서 만들고, 시료와 기준 물질은 같은 조건하에서 분석 비교한다.

불꽃 방출 분광법(flame emission spectroscopy) (때때로 원자 방출 분광법, AES라고도 함) 및 불꽃 광도계(flame photometry)에서 고온 불꽃에서 들뜬 이온에 의해 방출되는 빛의 세기가 분석된다. 본질적으로 이러한 기술은 정량화된 불꽃 시험이며, 불꽃 반응에서 특징적인 색을 띠는 1족 및 2족 금속 이온의 분석에 종종 적용된다.

8.13 CHN 분석

요점: 시료 속의 탄소, 수소, 질소, 산소 및 황의 함량은 고온 분해에 의해 결정될 수 있다.

원소 분석 기기는 탄소, 수소, 질소, 산소 및 황 원소에 대해 자동화된 분석을 가능하게 한다. 그림 8.45는 탄소, 수소 그리고 질소를 분석하는 기기 장치를 나타낸 것으로, **CHN 분석(CHN analysis)**이라고 한다. 시료를 산소 환경에서 900℃로 가열하면 이산화 탄소, 일산화 탄소, 물, 질소, 산화 질소의 혼합물이 생성된다. 헬륨 기체의 흐름을 통하여 생성물을 750℃ 관 형태의 반응로 안으로 보낸다. 여기에서 구리는 산화 질소를 질소로 환원시키고 과량의 산소를 제거한다. 산화 구리는 일산화 탄소를 이산화 탄소로 변환시킨다. H_2O, CO_2 및 N_2의 결과 혼합물은 일련의 3개의 열전도도 검출기에 의해서 분석된다. 첫 번째 검출기 쌍의 첫 번째 셀은 기체 혼합물의 전체 전도도를 측정한 다음, 트랩에서 물을 제거한 후 열전도도를 다시 측정한다. 두 전도도 값의 차이는 기체의 물의 양과 시료의 수소 함량에 해당한다. 이산화 탄소 트랩에 의해 분리된 두 번째 검출기 쌍은 탄소 함량을 산출하고, 나머지 질소는 세 번째 검출기에서 측정된다. 이 실험을 통해 얻어진 데이터는 C, H, N의 질량 백분율로 보고된다.

반응관을 백금으로 코팅된 탄소로 채워진 수정관으로 바꾼다면 산소의 분석이 가능할 것이다. 기체 상태의 생성물이 이 관을 지나가면 산소는 일산화 탄소로 바뀌고, 뜨거운 산화 구리를 지나면 이산화 탄소로 바뀐다. 나머지 과정은 위에 설명한 것과 같다. 시료가 산화 구리로 채워진 관에서 산화된다면 황도 측정이 가능하다. 물은 냉각관에서 제거되고 이산화 황은 일반적으로 수소 검출기 같은 것으로 측정될 수 있다.

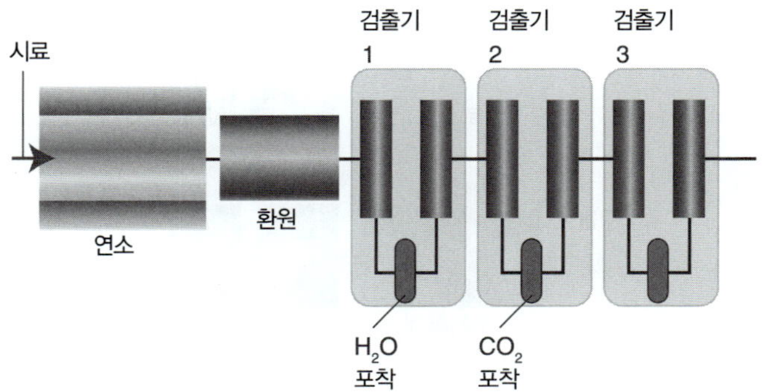

그림 8.45 CHN 분석에 사용되는 장치의 배치도

예제 8.11 CHN 분석 데이터 해석하기

철 화합물의 CHN 분석 결과, 질량 백분율은 C 64.54, N 0, H 5.42, 그리고 나머지는 철이다. 화합물의 실험식을 구하시오.

답 C, H, Fe의 몰질량은 각각 12.01, 1.008, 55.85 g mol^{-1}이다. 정확히 100 g의 시료에서 각 원소의 질량은 C 64.54 g, H 5.42 g, 그리고 Fe 30.04 g(100 g와의 차이)다. 그러므로 남은 양은

$$n(\mathrm{C}) = \frac{64.54\ \mathrm{g}}{12.01\ \mathrm{g\ mol^{-1}}} = 5.37\ \mathrm{mol}$$

$$n(\mathrm{H}) = \frac{5.42\ \mathrm{g}}{1.008\ \mathrm{g\ mol^{-1}}} = 5.38\ \mathrm{mol}$$

$$n(\mathrm{Fe}) = \frac{30.04\ \mathrm{g}}{55.85\ \mathrm{g\ mol^{-1}}} = 0.538\ \mathrm{mol}$$

이 값들의 비율은 5.37:5.38:0.538≈10:10:1이다. 따라서 실험식은 분자식 $[Fe(C_5H_5)_2]$에 대응하는 $C_{10}H_{10}Fe$이다.

문제 8.11 CHN 방법으로 측정한 5d 계열 화합물의 수소 질량 백분율은 유사한 3d 계열 화합물에 대해 결정된 것보다 정확도가 낮은 이유를 설명하시오.

8.14 X선 형광 원소 분석

요점: 화합물 내에 존재하는 원소의 정성적 정량적 정보는 X선 방출 스펙트럼을 분석함으로써 얻을 수 있다.

제8.9절에서 논의한 바와 같이, 내부 전자의 이온화는 물질이 짧은 파장의 X선에 노출되었을 때 일어난다. 이러한 방법으로 전자가 방출되었을 경우, 높은 에너지 준위의 오비탈에 있는 전자는 이 오비탈로 전이할 수 있고, 따라서 에너지 준위 차이에 따르는 X선 영역의 광자의 형태로 방출된다. 이러한 형광 복사는 에너지 분산 분석이나 파장 분산 분석의 방법에 의해 분석될 수 있다. 스펙트럼 상에서 특정 피크 값을 원소의 특정 값과 일치시킴으로써 특정 원소가 존재하는 것을 밝힐 수 있다. 이러한 방법을 X선 형광(XRF: X-ray fluorescence) 분석법이라고 한다. 특정 복사의 세기는 또한 물질에서의 각각의 원소의 양과 직접적으로 관련이 있다. 일단 적절한 표준으로 장비가 보정이 되면 $Z>8$(산소)인 대부분의 원소를 정량적으로 결정할 수 있다. 그림 8.46은 전형적인 XRF의 에너지 분산 스펙트럼을 나타낸다.

XRF와 유사한 기술인 X선 에너지 분산 분석(EDAX: energy-dispersive analysis of X-rays)과 에너지 분산 분광법(EDS: energy-dispersive spectroscopy)은 전자 현미경(8.17절)에서 쓰인다. 전자가 시료에 충돌함으로써 내부 전자가 방출되고 바깥쪽 전자가 내부 에너지 준위의 빈 오비탈로 전이할 때 X선 방출이 일어난다. 이 X선은 각 원소의 특징적인 것이며, 이것의 세기는 존재 양과 관련이 있다. 스펙트럼은 물질 내에서 대부분의 원소(보통 $Z>8$인) 존재 여부와 그 양을 정성적, 정량적(적절한 표준 물질을 사용함으로써)으로 결정한다. 정량적 정보는 정확도가 높지 않다. 일반적으로 결정된 백분율 오차는 표준 물질의 선택에 신중을 기해도 적어도 몇 퍼센트이며 원소의 X선 스펙트럼이 겹치면 정확도는 더 낮아진다.

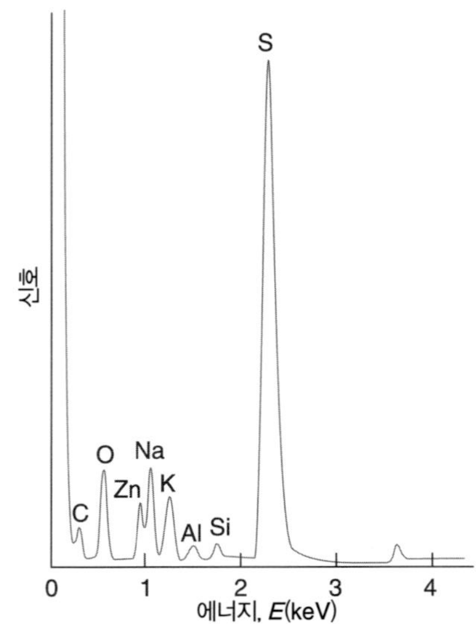

그림 8.46 금속 규산염(metal silicate) 시료에서 얻은 XRF 스펙트럼으로, 특성 X선 방출 피크로부터 다양한 원소의 존재를 확인할 수 있다.

예제 8.12 EDAX 분석 데이터 해석

주사 전자 현미경을 사용하여 조사된 시료의 EDAX 스펙트럼은 다음의 원자 백분율을 나타냈다.

Ca 29.5%, Ti 35.2%, O 35.3%

시료의 조성을 결정하시오.

답 Ca, Ti, O의 몰질량은 각각 40.08, 47.87, 16.00 g mol^{-1}이다. 그리하여 남는 질량은

$$n(\text{Ca}) = \frac{29.5\,\text{g}}{40.08\,\text{g}\,\text{mol}^{-1}} = 0.736\,\text{mol}$$

$$n(\text{Ti}) = \frac{35.2\,\text{g}}{47.87\,\text{g}\,\text{mol}^{-1}} = 0.735\,\text{mol}$$

$$n(\text{O}) = \frac{35.3\,\text{g}}{16.00\,\text{g}\,\text{mol}^{-1}} = 2.206\,\text{mol}$$

이 양은 0.736:0.735:2.206≈1:1:3의 비이다. 따라서 이 화합물의 실험식은 $CaTiO_3$(페로브스카이트 구조의 복합 산화물이다. 4장 참조)이다.

문제 8.12 마그네슘 알루미늄 실리케이트의 EDAX 분석이 정량적 정보가 부족한 이유를 설명하시오.

8.15 열분석

요점: 열분석법에는 열무게 분석, 시차 열분석 및 시차 주사 열계량법이 포함된다.

열분석(**thermal analysis**)은 온도 변화와 관련된 시료 특성의 변화를 분석하는 방법이다. 시료는 보통 고체상이고, 가열함으로써 일어나는 변화로는 용해, 상전이, 승화 및 분해가 있다.

가열한 시료의 질량 변화를 분석하는 방법은 **열무게 분석법**(**TGA: thermogravimetric analysis**)이라고 알려져 있다. 측정은 전자 미량 저울, 온도 프로그램이 가능한 반응로, 시료의 가열과 무게 측정이 동시에 가능한 조절기로 구성된 **온도열 저울**(thermobalance)을 사용하여 이루어진다(그림 8.47). 시료는 시료 용기에서 계량되어 반응로 속의 저울에 올려져 있게 된다. 반응로의 온도는 보통 직선형으로 증가하지만, 보다 복잡한 가열 방법들, 등온 가열(상전이에서 일정한 온도를 유지하는 가열), 냉각 프로토콜 등도 사용될 수 있다. 주위의 기체 환경을 조절하기 위해 저울과 반응로는 밀폐된 시스템에 놓이게 된다. 주위 기체는 연구의 특

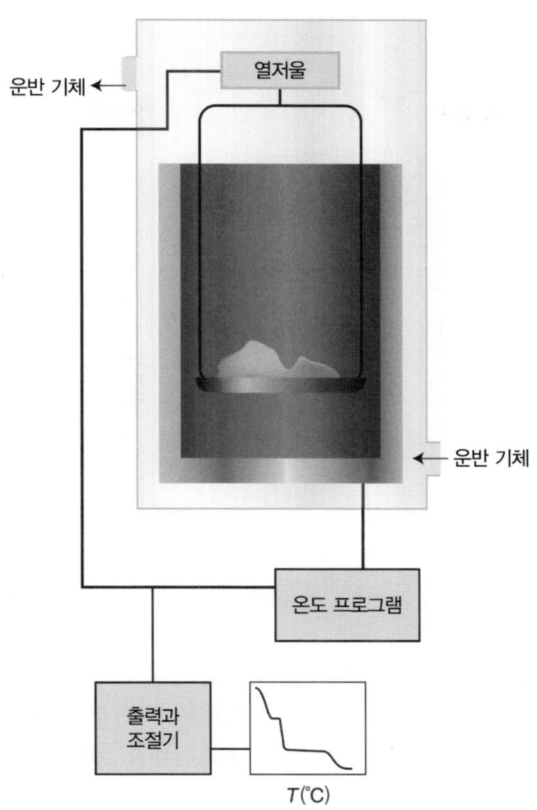

그림 8.47 열무게 분석기 온도가 올라감에 따라 시료의 질량을 측정한다.

성에 따라 불활성이거나 반응을 할 수 있는 것이 사용되고, 고정된 상태로 유지되거나 순환될 수 있다. 순환하는 기체는 휘발성 또는 부식성의 화학종을 운반할 수 있는 장점이 있으며 반응 생성물의 응축을 방지한다. 더욱이 생성된 화학종을 식별하기 위해, 화학종은 질량 분석계로 투입될 수 있다.

TGA는 탈착, 분해, 탈수, 산화 과정에 매우 유용하다. 예를 들어 실온에서 300°C까지 $CuSO_4 \cdot 5H_2O$에 대한 열무게 곡선은 세 가지 단계, 첫 번째로 $CuSO_4 \cdot 3H_2O$를 형성하고, 다음으로 $CuSO_4 \cdot H_2O$를 형성하며, 마지막으로 $CuSO_4$를 형성하는 단계에 따라 순차적인 질량 감소를 보여 준다(그림 8.48).

가장 널리 쓰이는 열분석법은 **시차 열분석(DTA: differential thermal analysis)**이다. 이 기법에서 시료와 기준 물질은 똑같은 가열 조건하에 있고 시료의 온도는 기준 물질과 비교된다. DTA 장비에서 시료와 기준 물질은 반응로 내의 블록 안의 공간에 위치해 있는 열전도도가 낮은 시료 용기에 놓이게 된다. 무기 화합물의 분석을 위한 일반적인 기준 시료들은 산화 알루미늄(Al_2O_3)과 탄화 규소(SiC)이다. 반응로의 온도는 직선형으로 증가하며, 반응로 온도에 따른 시료와 기준 물질의 온도 차이는 그래프로 그려진다. 만약 시료 내에서 흡열 현상이 일어나면 시료의 온도는 기준 물질의 온도에 비해서 낮아질 것이고 DTA 곡선에 최솟값이 관측될 것이다. 발열 현상이 일어나면 시료의 온도는 기준 물질의 온도를 초과하여 DTA 곡선에 최댓값이 관측될 것이다. 흡열 또는 발열 아래의 면적(각각의 결과 곡선)은 열적 현상의 엔탈피 변화와 관련이 있다. DTA는 한 형태의 고체가 다른 형태로 바뀌고 TGA 실험에서 중량 변화가 없는 상변화와 같은 과정을 조사하는 데 가장 유용하다. 예를 든다면 비결정성 유리의 결정화 및 한 구조 유형에서 다른 구조 유형으로의 전이(예를 들어 175°C로 가열할 때 TlI 구조가 암염 구조에서 CsCl 구조 유형으로 전이)를 포함한다.

DTA와 밀접하게 관련된 기술은 **시차 주사 열계량법(DSC: differential scanning calorimetry)**이다. DSC에서 시료 용기와 기준 물질 용기에 대한 별도의 전원 공급 장치를 사

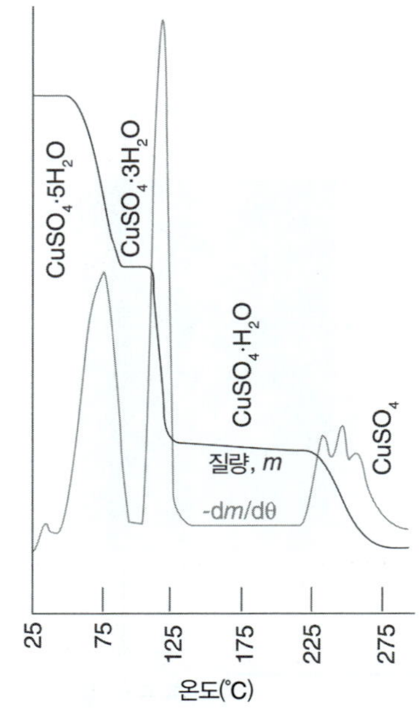

그림 8.48 온도가 20°C부터 500°C까지 올라감에 따라 $CuSO_4\cdot 5H_2O$에 대해 얻은 열무게 곡선 진한 선은 시료의 무게이고, 연한 선은 이것의 일차 도함수이다.

용하여 전체 가열 과정을 통해 시료와 기준 물질은 같은 온도로 유지된다. 시료와 기준 물질에 공급된 전력의 차이가 반응로 온도에 대해서 기록된다. 기준 물질에 대해서 시료에 상대적으로 더 많은 전력이 공급되거나 더 적은 전력이 공급되는 것에 따라 열적 현상들은 모두 DSC 기준선으로부터 흡열 또는 발열 편차로 나타난다. DSC에서 흡열 반응은 시료에 증가된 전력이 공급됨에 따라 보통 기준선으로부터 양의 편차로 나타난다. 발열 반응은 기준선으로부터 음의 편차로 나타난다.

DTA와 DSC로부터 얻은 정보들은 매우 유사하다. 하지만 DTA는 더 높은 온도에서도 사용 가능하며, DSC로부터 얻어진 상전이 엔탈피 변화와 같은 정량적인 자료들은 DTA에서 얻어진 것보다 신뢰도가 높다. DTA와 DSC는 모두 기준 물질에 대한 시료로부터 얻은 결과들의 '지문' 비교를 얻기 위해 사용된다.

예제 8.13 열분석 데이터 해석

질량 100 mg의 비스무트 질산 수화물[$Bi(NO_3)_3\cdot nH_2O$] 시료를 500°C로 가열하여 건조시켰을 때 18.56 mg의 질량 손실이 발생하였다. n 값을 결정하시오.

답 n 값을 결정하기 위해 분해 과정의 화학량론적 분석이 $Bi(NO_3)_3\cdot nH_2O \rightarrow Bi(NO_3)_3+nH_2O$라는 사실을 알아야 한다. $Bi(NO_3)_3\cdot nH_2O$의 몰질량은 $(395.01+18.02n)$g mol^{-1}이며, $Bi(NO_3)_3\cdot H_2O$의 초기 몰수는 (100 mg)/(395.01+18.02n g mol^{-1})이다. $Bi(NO_3)_3\cdot nH_2O$의 각 화학식 단위는 n mol의 H_2O를 포함하므로 고체에 존재하는 H_2O의 몰수는 고체 몰수의 n배, 즉 n(100 mg)/(395.01+18.02ng mol^{-1})=100n/(395.01+18.02n) mmol이다. 질량 손실이 18.56 mg이고, 이는 전부 물의 증발로 인한 것임을 생각해 보면, H_2O의 손실량은 (18.56 mg)/(18.02 g mol^{-1})=1.030 mmol이다. 이것을 식으로 나타내면 다음과 같다.

$$\frac{100n}{395.01+18.02n}=1.030$$

(mmol 단위는 약분되어 지워짐) 여기서 n=5이고, 따라서 고체 시료는 $Bi(NO_3)_3\cdot 5H_2O$가 된다.

문제 8.13 온도 600°C 수소 환경에서 10.000 mg 산화 주석 시료를 환원시켜 7.673 mg의 주석 금속을 얻을 수 있었다. 산화 주석의 화학식을 결정하시오.

자기 측정 및 자기화율

요점: 자기 측정법은 자기장을 걸어 주었을 때 나타나는 시료의 특징적인 변화를 측정하는 데 사용된다. 자기화율은 금속 착물에서 홀전자 수에 대한 정보를 제공한다.

시료의 자기적 특징들을 관측하는 고전적인 방법은 **Gouy 저울(Gouy balance**, 그림 8.49a) 안에서 자기장을 걸어 주었을 때 나타나는 시료의 겉보기 중량의 변화를 관측하여 불균일 자기장으로의 인력 또는 반발력을 측정하는 것이다. 시료는 강한 전자기장이 걸린 저울의 한 쪽 접시에 놓이고, 다른 쪽은 평범한 지구의 자기장 위에 놓인다. 전자기장이 걸린 시료의 무게가 측정되고 전자기장이 제거된 상태에서 무게를 측정한다. 겉보기 중량의 변화로부터, 자기장 적용의 결과로 시료에 작용하는 힘이 결정될 수 있으며, 이로부터 다양한 기구 상수, 시료 부피 및 몰질량에 대한 지식으로 몰자화율을 알 수 있다. 물질 속에 존재하는 d 금속 이온의 유효 자기 모멘트는 자기화율로부터 추론될 수 있고, 홀전자의 수와 스핀 상태를 알아내는 데 사용될 수 있다(20장). **Faraday 저울(Faraday balance)**에서 두 개의 곡선 자석 사이에서 자기장 구배가 생성된다. 이 기술은 정밀한 자기화율 측정값을 제공하고, 또한 적용된 자기장의 크기와 방향의 함수 형태로 자기화 데이터 수집을 허용한다. 관련된 **Evans 저울법(Evance balance method)**에서 시료는 한 쌍의 매달린 전자석 사이에 놓인다. 빈 시료관 대비 시료에 대한 위치를 유지하는 데 필요한 전자석에 공급된 전류의 변화가 측정된다.

보다 현대적인 **진동 시료 자력계(VSM: vibrating sample magnetometer**, 그림 8.49b)는 수정된 버전의 Gouy 저울을 사용하여 시료의 자기 특성을 측정한다. 시료는 균일한 자기장에 배치되어 순자기화를 유도한다. 시료가 진동함에 따라 적절하게 배치된 픽업 코일에 전기 신호가 유도된다. 신호의 진동 주파수는 동일하며, 진폭은 유도 자기화에 비례한다. 진동하는 시료는 냉각되거나 가열될 수 있으며 온도의 함수로서 자기적 성질을 연구할 수 있다.

현재의 측정법들은 **초전도 양자 간섭 소자(SQUID: superconducting quantum interference device**, 그림 8.50)를 사용한다. SQUID는 자속의 양자화와 초전도체에서의 전기 루프 특성을 이용한 것이다. 자기장에서 루프에 흐르는 전류는 자속 값과 시료의 자기 감수성에 의해 결정된다.

Evans NMR법(Evans NMR method)은 **용액에서** 상자성 물질의 자기 모멘트와 홀전자의

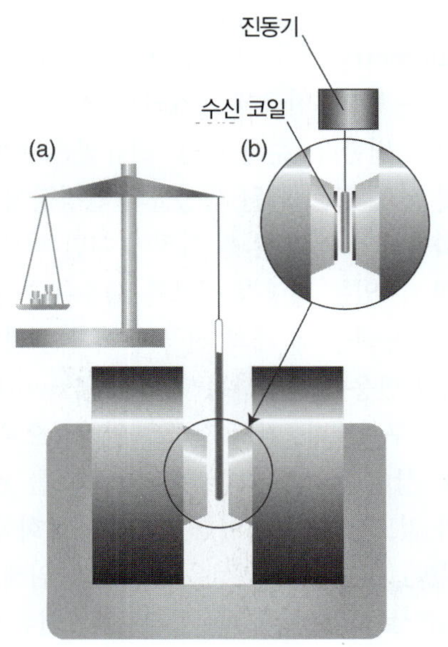

그림 8.49 (a) Gouy 저울과 (b, 삽입) 진동 시료 자력계 변환의 모식도

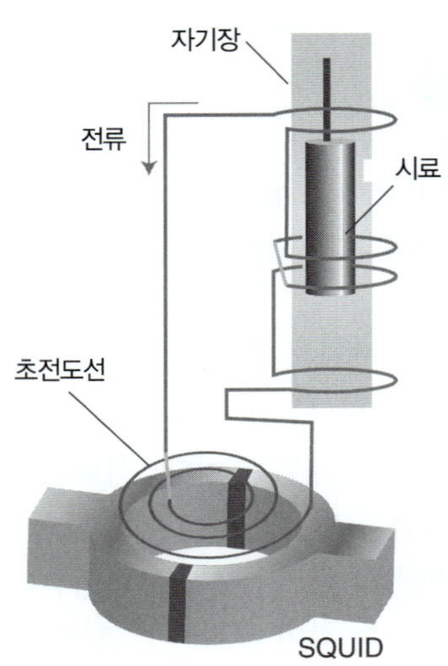

그림 8.50 시료의 자기화율은 SQUID를 사용하여 측정한다. 자기장에 노출된 시료는 루프를 통해 조금씩 증가하며 SQUID의 전위차가 측정된다.

수를 결정하는 데 사용될 수 있다. 이 기술은 용액에 상자성 물질을 추가한 결과로부터 야기되는 용해된 물질의 NMR 화학적 이동(8.6절)의 변화를 사용한다. 공명 주파수의 이러한 관찰된 변화 $\Delta\nu$(Hz)는 용질의 특정 자기화율 χ_g(cm^3g^{-1})과 다음 수식을 통해 관련이 된다.

$$\chi_g = \frac{-3\Delta\nu}{4\pi\nu m} + \chi_0 + \frac{\chi_0(d_0 - d_s)}{m}$$

ν는 분광계 주파수(Hz) χ_0는 용매의 질량 자기화율(cm^3g^{-1}), m은 용액 단위 부피당(cm^3) 용해된 물질의 질량, d_0와 d_s는 각각 용매와 용질의 밀도(g cm^{-3})를 나타낸다. 용액에서 전이 금속 화학종의 자기화율에 대해 유래된 값은 용해 시 배위 환경, 즉 홀전자의 수가 변화할 수 있기 때문에 자기 균형을 이용하여 고체에 대해 얻어진 값과 다를 수 있다.

전기 화학 분석법

요점: 순환 전압-전류법은 환원 전위를 측정하고 산화-환원 활성종의 화학 반응을 조사하는 데 사용된다.

순환 전압-전류법(cyclic voltammetry)에서 전극과 용액 내 화학종 사이의 계면 전자 이동으로 인해 흐르는 전류가 측정되는 반면, 전극에 인가되는 전위차는 시간에 따라 2개의 전위 한계 사이에서 앞뒤로 직선적으로 변한다. 순환 전압-전류법은 촉매와 같은 산화-환원 화학과 관련된 환원 전위 및 반응 및 산화 또는 환원 생성물의 안정성에 대한 직접적인 정보를 제공한다. 이 기술은 전기 활성 화합물의 산화-환원 특성에 대한 빠른 정성적 통찰력과 열역학적, 동역학적 특성에 대한 신뢰할 수 있는 정량적 정보를 제공한다. 관심 있는 화학종, 일반적으로 전이 금속 착물을 포함하는 용액은 세 개의 전극이 배치된 전기 화학 전지에 포함된다(그림 8.51). 관심 있는 전기 화학 반응이 발생하는 '작업 전극'(working electrode)은 일반적으로 백금, 은, 금 또는 흑연으로 구성된다. 기준 전극은 일반적으로 은/염화 은 전극이고, 상대 전극은 일반적으로 백금이다. 상대 전극의 역할은 전기 회로를 완성하여 전자가 기준 전극-용액 접촉면을 통과할 필요가 없도록 하는 것이다. 전기 활성 화학종의 농도는 일반적으로 매우 낮고(0.001 moldm^{-3} 미만), 용액은 전도성을 제공하기 위해 비교적 높은 농도의 비활성 '보조' 전해질(약 0.1 moldm^{-3}보다 큰 농도)을 함유한다. 전위차는 작업 전극과 기준 전극

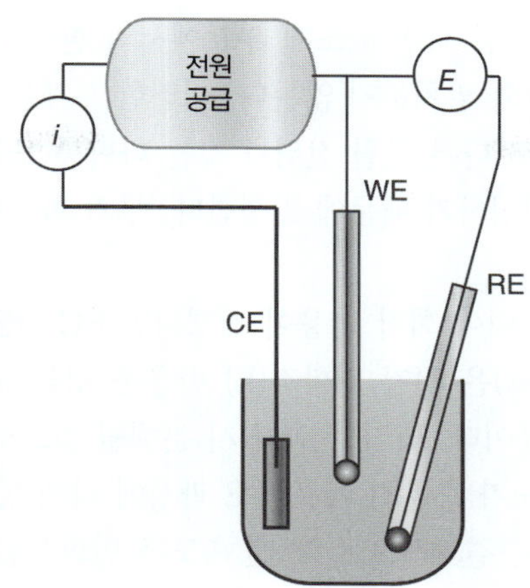

그림 8.51 세 개의 전극이 위치한 전기 화학 전지 관심 대상의 반쪽 반응은 작업 전극에서 일어나고, 작업 전극의 전압은 기준 전극에 대비 조절된다. 작업 전극과 기준 전극 사이에 전류가 흐르지 않는다. 반면에 작업 전극을 통과하는 전하의 균형을 맞추기 위해 진행되는 용매나 전해질의 분해와 같은 반응들이 일어나는 상대 전극과 작업 전극과 사이에서 전류가 흐른다.

사이에 적용되며 삼각 파형을 추적하여 두 한계 사이에서 앞뒤로 스캔한다. 전위 변경 속도는 기기 및 전극 크기에 따라 1 mVs^{-1}과 100 Vs^{-1} 사이에서 변할 수 있다.

원리를 이해하기 위해서 산화–환원 짝인 $[Fe(CN)_6]^{3-}/[Fe(CN)_6]^{4-}$를 고려해 보자. 처음에는 환원형[Fe(II) 착물]만이 존재한다(그림 8.52). 전극 전위가 환원 전위에 대해 충분히 음인 동안에는 전류가 흐르지 않는다. 전위가 증가하고 Fe(III)/Fe(II) 짝의 환원 전위에 접근함에 따라, 작업 전극에 가까운 Nernst 평형을 유지하기 위해 Fe(II)가 산화되어야 하며, 따라서 전류가 흐르기 시작한다. 이 전류는 피크로 상승한 다음, Fe(II)가 전극에 가까워지면서(용액은 교반되지 않음) 점진적으로 감소하며 용액의 먼 지역에서 확산하는 화학종으로 보충되어야 한다. 전위 상한에 도달하면 전위 변화가 반전된다. 초기에, 전극으로 확산되는 Fe(II)는 계속 산화되지만, 전위차는 궁극적으로 형성된 Fe(III)를 감소시키기에 충분한 음의 값이 된다. 전류는 피크에 도달한 다음, 전위 하한에 도달함에 따라 점진적으로 0으로 감소한다.

두 피크 전위의 평균은 일반적인 조건에서 환원 전위 E에 대한 좋은 근사치이다(보통 표준이 아닌 조건들이 선택되기 때문에 E는 일반적인 표준 전위가 아니다). 이상적인 경우에 있어 산화와 환원 피크는 그 크기가 비슷하고 25°C에서 보통 (59 mV)/ν_e인 작은 전위 증가로 분리된다. 여기서 ν_e는 전극에서 반응하는 동안 전달되는 전자의 수이다(6.5절 참조). 이 경우는 가역적 산화–환원 반응의 예이며, 전위 변화 전체에 걸쳐 평형이 항상 유지될 정도로 전극에서의 전자 이동이 충분히 빠르다. 이러한 경우에, 전류는 일반적으로 전기 활성 화학종의 전극으로의 확산에 의해 제한된다.

전극에서의 느린 동역학적 과정들은 환원과 산화의 피크를 크게 분리시킨다. 이러한 분리는 각 방향으로 전자 이동에 대한 장벽을 극복하기 위해 과전위(효과적으로 구동력)가 필요

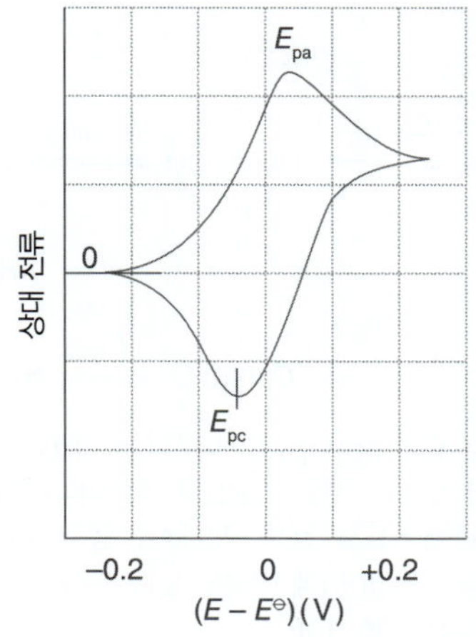

그림 8.52 환원형으로서 용액에 존재하는 전기적으로 활동적인 화학종에 대한 순환 전압-전류 곡선으로, 전극에서 가역적인 하나의 전자 반응을 보여 준다. 산화와 환원에 대한 피크 전위 E_{pa}와 E_{pc}는 각각 0.06 V 차이로 분리된다. 환원 전위는 E_{pa}와 E_{pc}의 평균값이다.

하기 때문에 발생한다. 또한 순환 과정의 초기 부분에서의 환원 또는 산화로 인한 피크는 종종 반대 방향의 대응하는 피크와 일치하지 않는다. 이러한 부재는 초기에 생성된 화학종이 순환 동안 추가 화학 반응을 겪고 다른 환원 전위를 갖는 화학종 또는 스캔된 전위 범위 내에서 전기 활성이 아닌 화학종을 생성하기 때문에 발생한다. 무기 화학자들은 이런 반응을 '비가역'(irreversible)이라고 한다.

하나의 전기 화학적 반응에 이어 화학 반응이 진행되면 **EC 과정**(**EC process**)이라고 한다. 유사하게 **CE 과정**(**CE process**)은 전기 화학적(E) 반응을 겪을 수 있는 화학종이 먼저 화학 반응(C)에 의해 생성되는 반응이다. 따라서 산화 시 분해될 것으로 의심되는 분자의 경우, 추가 반응을 겪기 전에 스캔 속도가 충분히 빠르면 E 과정에 의해 형성된 초기 불안정 화학종을 관찰하는 것이 가능할 수 있다. 결과적으로, 스캔 속도를 변화시킴으로써 화학 반응의 동역학을 결정할 수 있다.

화학 반응 단계 'C'는 반응 속도를 결정할 수 없도록 전자 이동에 비해 빠른 양성자 이동 반응이다. 그럼에도 불구하고, 순환 전압-전류법은 6.6절 및 6.14절에 설명된 양성자 결합 전자 전달의 열역학에 대한 많은 정보를 제공한다. 그림 8.53a는 단일 H_2O 리간드를 함유하는 Os(II) 착물의 순환 전압-전류법을 보여 준다. 첫 번째 Os(III)를 생성한 다음, Os(IV)를 생성하는 두 개의 단일 전자 과정이다. 각 과정이 발생하는 전위 사이의 분리가 역방향 주사가

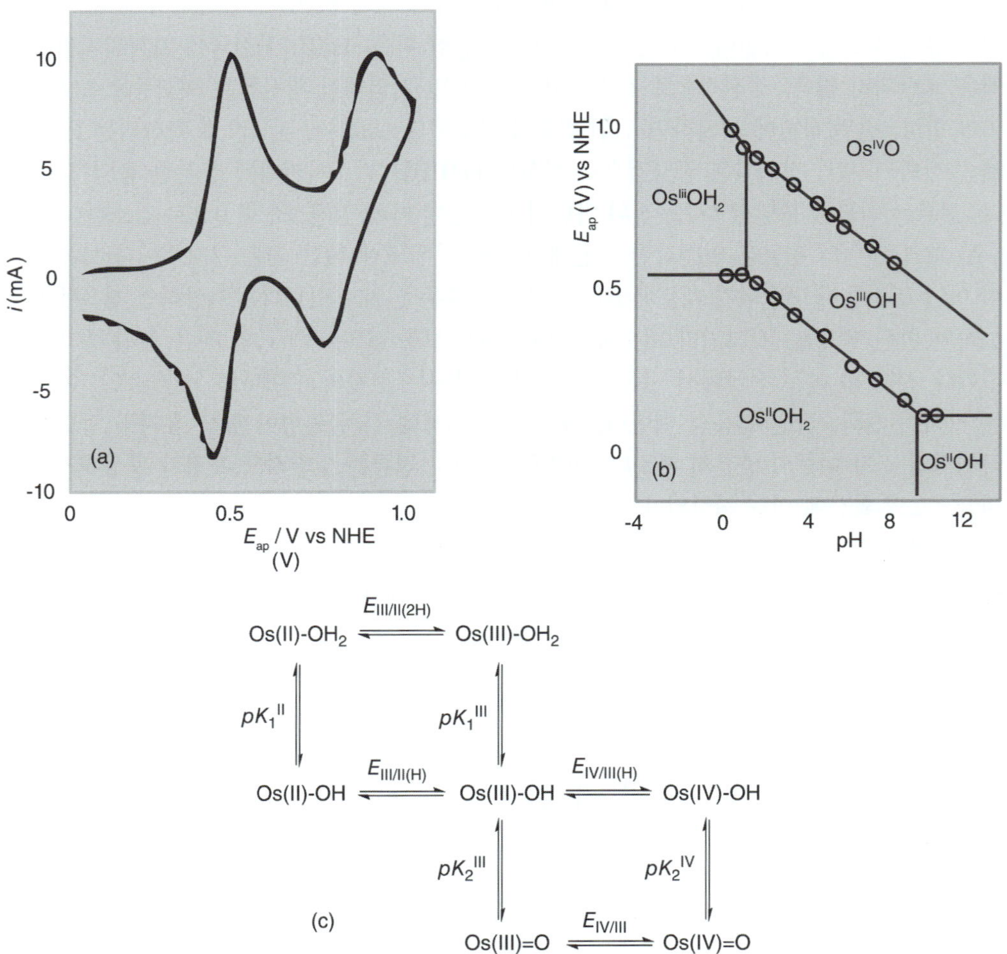

그림 8.53 (a) pH 3.1에서 Os(II) 착물 $[Os^{II}(bpy)_2py(OH_2)]^{2+}$(Os-$OH_2$로 약칭)의 순환 전압-전류법은 첫 번째 Os(III)를 생성한 다음, Os(IV)종을 생성하는 두 개의 단일 전자 과정이다. 전압 변환 속도는 0.2 V/s이다. 넓은 pH 범위(0~10)에서 실험을 수행하여 Pourbaix 도표 (b)를 구성할 수 있다. (c) Os(II) 착물 $[Os^{II}(bpy)_2py(OH_2)]^{2+}$가 전극에서 산화되는 동안 일어날 수 있는 가능한 단계 반응을 보여 준다. J.-M. Saveant 교수가 제공한 원본에서 발췌. *Proc. Natl. Acad. Sci. USA*, 2009, **106**, 11829.

먼저 Os(III)를 생성한 다음, Os(II)가 생성된다는 사실로부터 모든 화학종은 안정함을 알 수 있다. 넓은 pH 범위(0~10)에서 실험을 수행하면 그림 8.53b와 같이 Pourbaix 도표(6.14절)를 구성할 수 있다. 해석은 pH 범위 2~9에서 Os(II)에서 Os(III)로의 산화와 하나의 양성자의 손실(기울기는 −59 mV/pH 단위)을 가져오고 추가적인 Os(IV)로의 산화는 두 개의 양성자의 손실과 옥소 리간드 형성을 가져온다. pH 1.9 및 pH 9.2에서 Os(III)/Os(II)에 대한 데이터 선의 굴곡은 각각 Os(III) 및 Os(II)의 첫 번째 탈양성자에 대한 pK 값에 기인하지만, Os(IV)/Os(III)에 대한 데이터 선에서는 그런 벗어남이 관찰되지 않는다. 따라서 Os(III)의 두 번째 탈양성자 또는 Os(IV)의 양성자화에 대한 p*K* 값이 그 범위를 벗어났음을 의미한다.

예제 8.14 순환 전압-전류법을 이용한 양성자와 전자 이동 반응의 반응 속도 분해능

그림 8.53c는 Os(II) 착물 $[Os^{II}(bpy)_2py(OH_2)]^{2+}$가 전극에서 산화되는 동안 일어날 수 있는 가능한 단계 반응을 보여 준다. pH 3.1의 용액에서 주사 속도가 크게 증가하면 전압-전류 관계(그림 8.53a에 표시)는 변화하며, 결국 전위 $E_{III/II(2H)}$를 중심으로 한 넓은 간격의 환원 및 산화 피크로 구성된다. 이것이 양성자 이동 속도에 대해 무엇을 이야기하는지 설명하시오(힌트: E 과정의 속도는 전위차가 증가함에 따라 증가하지만, C 과정의 속도는 증가하지 않는다).

답 이 질문에 답하기 위해 그림 8.53c의 가로 방향 화살표는 E 과정을 나타내고, 세로 방향 화살표는 C 과정을 나타냄을 주목한다. 잠재적 주사 속도를 증가시키면 C 단계가 먼저 일어나야 하는 화학종의 형성이 바람직하지 않게 된다. 전위 $E_{III/II(2H)}$에서 단일 짝의 궁극적인 관찰은 배위 결합한 물 리간드의 탈양성자화가 계면에서의 전자 이동에 비해 느리다는 것을 의미한다.

문제 8.14 Os 계열과 관련된 계면 전자 이동 속도가 항상 양성자 이동보다 빠르면 Os(III) 또는 Os(IV) 착물의 용액(pH 3.1)으로 시작할 때 매우 높은 주사 속도에서 관찰된 전압-전류 그림의 모양을 예측하시오.

현미경법

현미경법은 보통 사람의 눈으로 확인할 수 있는 것보다 작은 크기의 물질을 고체 형태로 보는 것이다. 가시광선 및 렌즈를 사용한 광학 현미경은 결정학에서 단결정 X선 회절 구조 결정(8.1절)을 수행하기 전에 단결정 품질을 살펴보는 데 널리 사용된다. 광학 현미경 이외에도 무기 화합물 및 재료의 연구에 적용되는 두 가지 주요 현미경 방법으로 **전자 현미경법**(electron microscopy) 및 **주사 탐침 현미경**(scanning probe microscopy)이 있다. 이 기술들은 훨씬 짧은 거리에서 1 nm까지 물질을 시각화할 수 있으며, 나노 과학과 나노 기술(24장)의 많은 진보는 이러한 나노 규모의 구조, 화학, 및 재료의 물리적 특성을 연구함으로써 가능했다.

8.16 주사 탐침 현미경

요점: 주사 탐침 현미경은 날카로운 전도성 팁으로부터의 터널링 전류를 사용하여 전도성 표면을 영상화하고 특성화한다. 원자힘 현미경은 분자간 힘을 사용하여 표면을 영상화한다.

주사 터널 현미경(STM: scanning tunnelling microscopy) 및 **원자힘 현미경**(AFM: atomic force microscopy)이 처음 발견되었으며, 현재 가장 널리 사용되는 **주사 탐침 현미경**(SPM: scanning probe microscopy)의 예이다. 이런 종류의 기술을 사용하면 시편과 매우 근접한

(또는 접촉한) 날카로운 탐침을 사용하여 재료 표면의 3차원 이미지를 얻는 것이 가능하다. 탐침이 표면을 가로질러 이동함에 따라 이미지는 전위차, 전류, 자기장 또는 기계적 힘과 같은 물리적 변수 값의 공간적 변화를 관찰함으로써 생성된다.

STM에서 원자 크기의 예리한 전도성 팁은 시료 표면 위 약 0.3~10 nm에서 주사된다(그림 8.54a). 시편 위의 일정한 전위 또는 일정한 높이로 유지되는 전도성 팁의 전자는 표면으로부터의 거리에 기하급수적으로 연관된 확률로 간격을 통해 터널링할 수 있다. 결과적으로 전자 터널링 전류는 시료와 팁 사이의 거리를 반영한다. 팁이 일정한 높이로 표면 위에서 주사되면 전류는 표면의 지형 변화를 나타낸다. 팁의 변위를 위해 압전 세라믹을 사용하면 팁을 일정한 높이로 매우 정밀하게 움직일 수 있다. 그림 8.54b는 흑연 기질에 대한 STM 연구 결과를 보여 준다. AFM에서 탐침 팁의 원자는 분자간 힘(van der Waals 상호 작용과 같은)을 통해 시편의 표면 원자와 상호 작용한다. 탐침을 고정하는 캔틸레버는 힘에 따라 위 아래로 구부러지고 반사 정도는 반사된 레이저 살(beam)로 관찰된다. AFM의 변형은 다음 분석 방법을 포함한다.

- **마찰력 현미경**(frictional force microscopy)은 표면의 화학적 변화를 기반으로 팁의 측면 힘 변화를 측정한다.
- **자력 현미경**(magnetic force microscopy)은 자성 팁을 사용하여 재료의 표면 자기 구조를 이미지화한다.
- **정전기력 현미경**(electrostatic force microscopy)은 전기장의 변화를 감지한다.
- **분자 인식 AFM**(molecular recognition AFM)은 팁이 특정 리간드로 기능화되고, 장식된 팁과 표면 사이의 상호 작용이 측정되는 경우 수행될 수 있다. 이러한 현미경은 표면의 화학적 성질에 대한 분해능을 제공할 수 있다.

8.17 전자 현미경

요점: 투과 및 주사 전자 현미경은 전자를 사용하여 광학 현미경과 유사한 방식이지만, 훨씬 높은 해상도로 시편을 영상화한다.

영상 전자 현미경은 종래의 광학 현미경과 같은 원리로 작동하지만, 가시광선 현미경에서 광자를 사용하는 것과는 달리, 전자 현미경은 전자를 사용한다. 이 장비에서 전자살은 1~200 kV까지 가속되며, 전자기장은 전자를 한곳에 모으는 데 사용된다. **투과 전자 현미경**(TEM: transmission electron microscopy)에서, 전자살은 검사되는 얇은 시료를 통과하여 인광 스크린상에 영상화된다. **주사 전자 현미경**(SEM: scanning electron microscopy)에서 살은 물

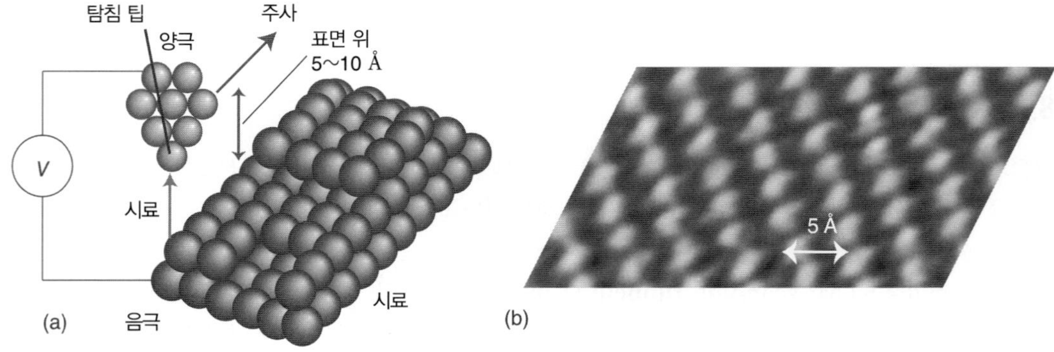

그림 8.54 (a) 주사 터널 현미경(STM)의 작동 회로도, (b) 흑연 표면의 STM

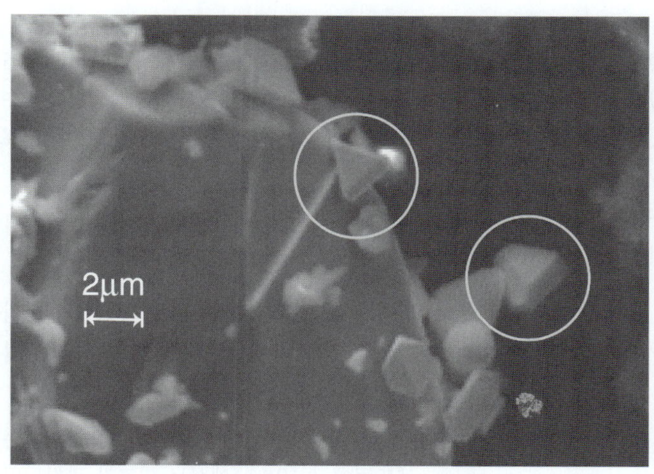

그림 8.55 큰 결정의 표면에서 금 결정(원형)의 SEM 영상(~ 2 μm 크기)

체 위로 주사되고 반사된(산란된) 살은 검출기에 의해 영상화된다(그림 8.55). SEM의 궁극적 해상도는 입사 살이 시료에 얼마나 선명하게 집중되는지, 어떻게 시료 위로 이동하는지, 그리고 살이 반사되기 전에 시료로 확산되는 양에 따라 다르지만 일반적으로 크기는 1 μm 이하의 분해능을 갖는다. 이 두 현미경에서, 전자 탐침(probe)은 물질의 원소 조성의 에너지 특성에 따라 X선을 생성한다. 이와 같이 이들 특징적인 X선 **에너지 분산 분광법(energy-dispersive spectroscopy)**은 전자 현미경을 사용하여 물질의 화학적 조성을 정량화하는 데 사용된다(8.14절).

TEM에 비해 SEM의 주요 장점은 어렵게 시편을 준비할 필요 없이 전자 불투명 시편 영상을 형성할 수 있다는 것이다. 따라서 SEM은 재료의 간단한 특성 분석을 위해 선택된 전자 현미경 방법이다. 그러나 SEM 시편은 전기 전도성을 가져야 한다. 그렇지 않으면 전자가 시편 표면에 쌓이고, 따라서 전자살 자체와 상호 작용하여 영상을 흐리게 만든다. 따라서 비전도성 시편은 전도성 물질(일반적으로 금 또는 흑연의 탄소)의 얇은 층으로 코팅되어야 한다.

연습 문제

8.1 스피넬 Mg_2TiO_4의 합성은 1400°C에서 MgO와 TiO_2를 반응하여 만들 수 있다. 분말 X선 회절을 통해 어떻게 반응이 완료되었음을 확인할 수 있는지를 설명하시오.

8.2 실험실에서 사용하는 단결정 X선 회절 장치를 이용하여 일반적으로 연구할 수 있는 최소 결정 크기는 $50 \times 50 \times 50\ \mu m^3$이다. 싱크로트론 공급원으로부터의 X선 선속(flux)은 실험실 것의 세기의 10^6배일 것으로 예상된다. 이 공급원을 사용하여 회절계에서 연구할 수 있는 입방 결정의 최소 크기를 계산하시오. 중성자 선속은 10^3배 약하다. 단결정 중성자 회절에 의해 연구될 수 있는 결정의 최소 크기를 계산하시오.

8.3 강력한 수소 결합은 $[F-H-F]^-$ 음이온에서와 같이 대칭이거나(F–H 거리가 1.14 Å로 동일함), KH_2PO_4에서와 같이 비대칭일 수 있다(O–H 결합 거리는 1.05 Å, H–O 수소 결합 거리는 1.51 Å). (a) BO(OH), (b) CrO(OH)에서 수소 결합이 대칭인지 비대칭인지를 어떻게 알 수 있는가?

8.4 X선 회절 실험에서 얻은 O–H 결합의 길이가 평균 85 pm인 반면, 중성자 회절 실험에서 얻은 O–H 결합의 길이가 평균 96 pm인 이유를 설명하시오. 이러한 방법으로 측정한 CH 결합 길이에서도 비슷한 효과를 기대할 수 있는가?

8.5 양쪽성 리간드인 싸이오사이안산염 리간드(SCN^-)는 7장에서 설명한 바와 같이, 황(SCN) 또는 질소(NCS)를 통해 금속과 결합할 수 있다. C–S 결합(ν(CS))에 대해 다음과 같은 진동 주파수를 설명하시오. $K_2[Co(SCN)_4]\cdot 4H_2O$는 850 cm^{-1}, KSCN은 746 cm^{-1}, $K_2[Pd(SCN)_4]$는 730 cm^{-1}, RbBi $(SCN)_4$는 722 cm^{-1}에서 IR 스펙트럼의 흡수를 나타낸다. 이 화합물에서 싸이오사이안산염 리간드와 비스무트의 결합은 어떤 방식을 통해서인지 설명하시오.

8.6 등전자 이원자 화학종에서 관찰된 신축 진동수 순서에 대한 이유를 제안하시오.

$CN^- > CO > NO^+$

이 계열에서 탄화 칼슘(CaC_2)에서 발견되는 카바이드 음이온($[C_2]^{2-}$)의 위치를 예측하시오.

8.7 $^{77}SeF_4$의 ^{19}F-NMR 및 ^{77}Se-NMR 스펙트럼 형태를 예측하시오(^{77}Se의 경우, $I = \frac{1}{2}$이다).

8.8 $[XeF_5]^-$ 음이온의 ^{19}F-NMR 스펙트럼은 대칭적으로 한 개의 중심 피크를 중심으로 두 개의 피크가 측면에 배치되어 있는 형태로, 각각의 피크는 중심 피크 세기의 약 1/6임을 설명하시오. 이 이온에 대한 ^{129}Xe-NMR 스펙트럼의 형태를 예측하시오. ^{129}Xe, $I = \frac{1}{2}$, 26.5%의 존재비를 갖는다.

8.9 $[Fe_3(CO)_{12}]$의 ^{13}C-NMR 스펙트럼이 실온에서 212.5 ppm에서 단일 피크만을 나타내는 반면, IR 스펙트럼이 말단 및 다리 구성 카보닐기의 존재를 나타내는 이유를 설명하시오. ^{13}C-NMR 스펙트럼은 냉각 시 어떻게 변하는지 예측하시오.

8.10 P_4S_3의 용액 ^{31}P-NMR 스펙트럼은 3:1의 세기 비를 갖는 이중항 및 사중항으로 구성된다. 이 패턴과 일치하는 구조를 제안하시오.

8.11 마이크로파 9.43 GHz의 주파수를 사용하여 동결된 시료에 대해 측정된 그림 8.57에 표시된 EPR 스펙트럼의 g 값을 결정하시오.

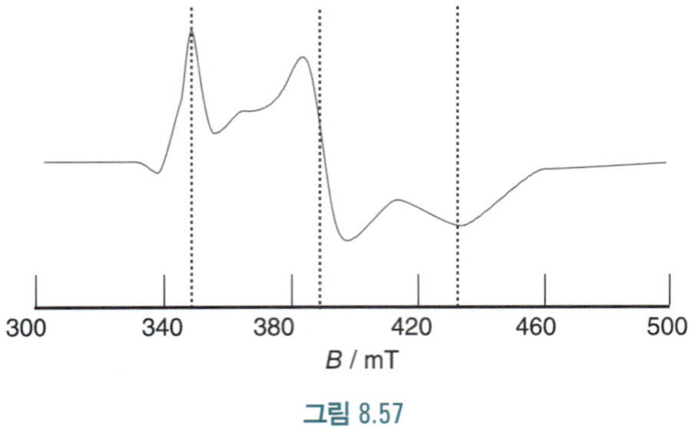

그림 8.57

8.12 Bis[tris(2-pyridyl)methane]copper(II) dinitrate의 EPR 스펙트럼은 293 K에서 등방성이지만, 150 K에서 $g_\parallel > g_\perp$인 수직 방향이다. 구리 착물에서 나타날 수 있는 동적 Jahn–Teller 일그러짐과 EPR 시간 척도를 근거로 이 결과를 설명하시오.

8.13 $Na_3Fe(V)O_4$의 Mössbauer 스펙트럼에서 철의 이성질체 이동에 대한 값을 예측하시오

8.14 Fe K-edge에서 XANES 스펙트럼의 분석은 예제 8.26에서 논의된 바와 같이, $CaFeO_3$에 존재하는 철 산화 상태를 식별하는 데 어떻게 도움이 될 수 있는가?

8.15 은의 평균 원자 질량이 107.9m_u인데도, 순수한 은의 질량 스펙트럼에서 108m_u에서는 피크가 관찰되지 않는 이유를 설명하시오. (a) 메틸 은(CH_3Ag), (b) 메틸 은 사합[$(CH_3Ag)_4$]의 질량 스펙트럼에서 분자 이온 피크의 예상 형태를 설명하시오.

8.16 조성이 $[CaAl_2Si_6O_{16}\cdot nH_2O]$인 제올라이트의 열무게 분석은 건조 시 25%의 질량 손실을 나타낸다. n을 결정하시오.

8.17 수용액에서 Fe(III) 착물에 대해 기록된, 그림 8.58의 순환 전압–전류 그림을 해석하시오.

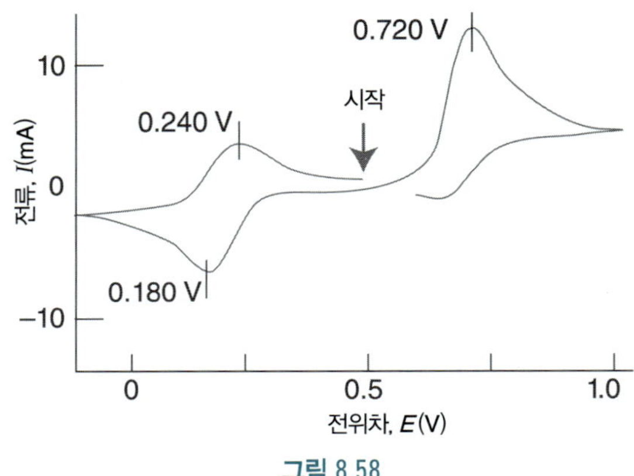

그림 8.58

8.18 코발트(II) 염을 물에 용해시키고 과량의 아세틸아세톤(2,4-펜테인다이온, $CH_3COCH_2COCH_3$) 및 과산화 수소와 반응시켰다. 녹색 고체가 형성되었고, 그 원소 분석 결과는 다음과 같다. C 50.4%, H 6.2%, Co 16.5%(모두 질량). 제품에서 코발트 대 아세틸아세토네이트 이온의 비를 결정하시오.

8.19 입자 크기가 50~1000 nm 범위인 입자의 크기와 회절 피크 너비는 반비례하기 때문에 분말 X선 회절을 사용하여 측정할 수 있다. 이 범위의 입자 크기를 측정할 또 다른 방법으로는 어떤 방법이 있는가? 1~10 nm 범위의 입자 크기를 측정하는 데는 어떤 방법을 사용할 수 있는가?

9 주기율표의 경향

주기율표는 원소들의 결합 원리와 다양한 물리적, 화학적 성질을 설명하여 준다. 주기성이란 원자 번호에 따라 변해가는 원소들의 물리적, 화학적 성질의 규칙성이다. 주기성에 대해 이해하면 원소와 화합물의 화학을 이해하는 데 도움이 된다.

원소들의 화학적 성질이 우리가 갈피를 못 잡을 정도로 무작위하게 변하는 것처럼 보일 수도 있지만, 주기율표는 원소들이 원자 번호에 따라 체계적이고 합리적으로 변한다는 것을 보여 줄 것이다. 일단 한번 이러한 경향성과 패턴을 인식하고 이해한다면, 수많은 원소의 자세한 성질과 반응이 더 이상 서로 관계없는 것들을 모아 놓은 것이 아니라는 것을 알 수 있다. 이번 장에서는 원소들의 물리적 · 화학적 성질들을 정리하고, 그것들을 1장에서 공부했던 원리대로 해석하여 볼 것이다.

원소들의 주기적 성질

현대 주기율표의 일반적인 구조는 1.6절에 설명되어 있다. 거의 모든 원소의 특징적 경향성은 원자 번호의 변화에 따른 원자 반지름과 원자의 전자 배치 변화로 유추할 수 있다.

9.1 원자가 전자의 배열

주요 개념: 주족 원소의 전자 배치는 주기율표에서 이들의 위치로부터 예측할 수 있다. $n-1$ 오비탈들은 d 구역에 채워지고 $n-2$ 오비탈들은 f 구역에 채워진다.

제1장에서 본 것처럼, 원소들을 구축해 나가면 주기율표의 구조로 바로 이르게 된다. 결론적으로, 주기율표에서 원소의 위치는 원소의 전자 배치에 대한 정보를 제공하고, 따라서 이들의 여러 가지 화학적인 특성을 설명하고 예측하게 해 준다.

한 원소의 원자의 바닥 상태의 원자가 전자 배열은 그 원자가 몇 족 원소인지를 추론할 수 있게 한다. 예를 들어 모든 1족 원소는 n이 주기 수일 때 ns^1 원자가 전자 배열을 한다. 우리가 1장에서 보았던 것과 같이, 원자가 전자 배열은 다음과 같은 족 수 변화에 따라 이루어진다.

캡션에 🖵이 표시된 그림은 쌍방향의 3D 구조로 온라인에서 찾을 수 있다. 브라우저에 다음 URL을 입력하고 관련 그림 번호를 넣어라. www.chemtube3d.com/wellerxe/[장번호]F[그림 번호]. 예를 들어 2장의 그림 7은 www.chemtube3d.com/wellerxe/2F07을 입력하면 된다.

1	2	13	14	15	16	17	18
ns^1	ns^2	ns^2np^1	ns^2np^2	ns^2np^3	ns^2np^4	ns^2np^5	ns^2np^6

d 구역의 전자 배치는 약간 덜 체계적이나 $(n-1)$d 오비탈을 채우는 것을 수반한다. 4주기 원자들은 다음과 같다.

3	4	5	6	7
$4s^23d^1$	$4s^23d^2$	$4s^23d^3$	$4s^13d^5$	$4s^23d^5$
8	9	10	11	12
$4s^23d^6$	$4s^23d^7$	$4s^23d^8$	$4s^13d^{10}$	$4s^23d^{10}$

단, d 부껍질을 반만 채우거나 완전히 채우는 것을 선호한다는 사실에 유의하도록 한다(1.7절). $(n-2)$f 오비탈을 채우는 데 관련된 f 구역에서의 전자 배치: 절반이 채워진 오비탈 및 완전히 채워진 오비탈이 선호되는 것을 다시 한번 주목하기 바란다.

Ce	Pr	Nd	Pm	Sm	Eu	Gd
$6s^24f^15d^1$	$6s^24f^3$	$6s^24f^4$	$6s^24f^5$	$6s^24f^6$	$6s^24f^7$	$6s^24f^75d^1$
Tb	Dy	Ho	Er	Tm	Yb	Lu
$6s^24f^9$	$6s^24f^{10}$	$6s^24f^{11}$	$6s^24f^{12}$	$6s^24f^{13}$	$6s^24f^{14}$	$6s^24f^{14}5d^1$

9.2 원자 파라미터

이 절에서 원소들의 **화학적** 성질과 화합물에 대해서 다루겠지만, 이러한 화학적 성질들이 원자의 **물리적** 특성에 의하여 나온 것임을 반드시 기억해 두어야 한다. 이미 1장에서 보았듯이, 이러한 물리적 성질들–원자와 이온의 반지름, 그리고 이온의 생성에 관계되는 에너지 변화–은 주기적으로 변해 간다. 여기 이러한 변화들을 정리하였다.

(a) 원자 반지름

요점: 원자 반지름은 s와 p 구역에 의해 같은 족에서 아래쪽으로 갈수록 커지며, 주기를 따라 왼쪽에서 오른쪽으로 갈수록 줄어든다. d 구역에서 5d 계열의 원자 반지름은 4d 계열 원소의 원자 반지름과 유사하다.

이미 1.7절에서 보았듯이, 원자 반지름은 족을 따라 아래쪽으로 갈수록 증가하고, 주기를 따라 왼쪽에서 오른쪽으로 갈수록 줄어든다. 주기를 따라 침투(penetration)와 가림(shielding) 효과의 결과로 유효 핵전하가 증가해 간다. 따라서 원자핵은 전자를 더 강하게 끌어당기며, 결과적으로 더 작은 원자가 된다. 족을 따라 내려가면 전자가 연속적으로 핵의 바깥쪽 껍질을 채워 나가므로, 원자 반지름은 증가한다(그림 9.1). 반지름 증가는 그다음의 d 구역 원소들에 대해서 적게 나타나는데, 이는 허술한 가림 효과를 가지는 d 전자들의 존재 때문이다. 예를 들면 C와 Si 사이에 상당한 원자 반지름 차이(각각 77 pm, 118 pm)가 있음에도 불구하고, Ge(122 pm)와 Si는 약간의 차이밖에 나지 않는다(표 14.1). 고립된 d 금속 원자와 이온의 반지름은 오른쪽으로 갈수록 감소하는데, 가림 효과가 d 전자에 대해서 좋지 못함과 유효 핵전하가 증가된 것이 반영된 것이다(19.2절). 고체에서 금속 원자의 반지름은 금속 결합의 세기와 이온 반지름의 조합에 의해서 결정된다. 따라서 고체에서 원자들의 중심 간의 거리는 녹는점과 흡사한 패턴을 일반적으로 따른다. 이 값들은 d 구역의 중간까지 감소하고 나서, 이후에는 12족까지 증가한다. 7족과 8족 근방에서 중심 간의 거리가 가장 작다. 망가니즈는 예외적인데, 뒤에 논하겠다.

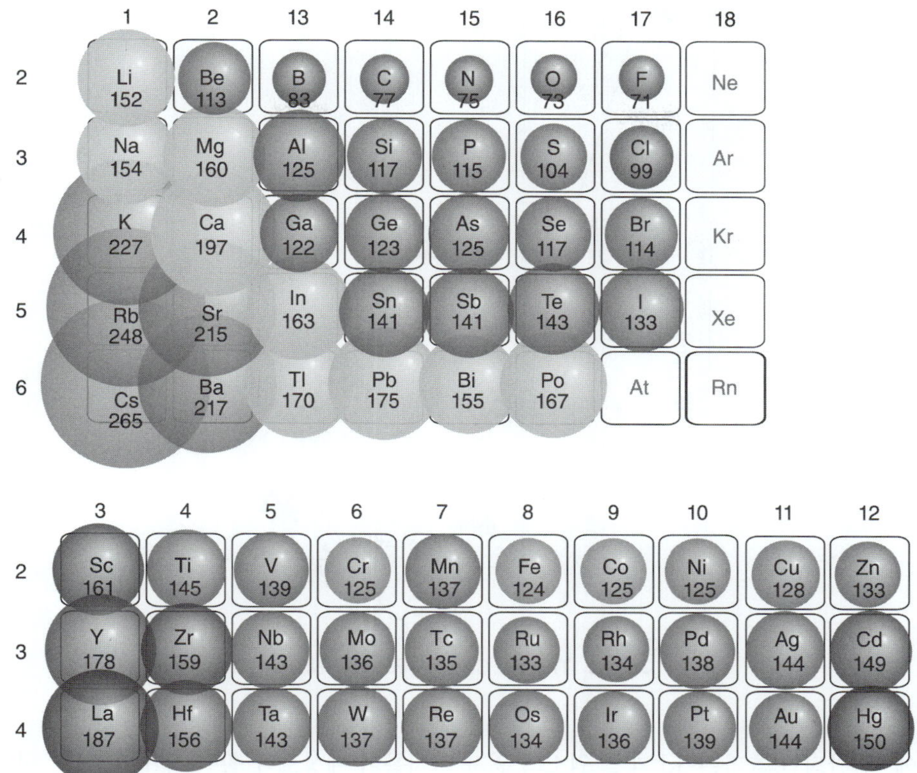

그림 9.1 주기율표의 주족의 원자 반지름의 변화(피코미터 단위)(위 그림) 주족, (아래 그림) d 구역

d 금속 착물에 대해서 이들의 d 오비탈에서 전자가 채워지는 순서에 따라서 이온 크기에 미묘한 영향이 있는데, 20장에서 더 완전히 설명될 것이다. 그림 9.2는 3d 계열 금속의 6배위 착물에 대한 M^{2+} 이온의 반지름 변화를 보여 준다. 모식도에 보인 두 가지 경향을 이해하기 위해서는 3d 오비탈 중에서 3개는 리간드 사이를 향해 있고, 나머지 2개는 리간드를 직접 향해 있다는 것을 알아야 한다(이러한 양상은 20.1절에서 보다 완전히 설명될 것이다). 리간드 사이를 향하는 세 개의 낮은 에너지 준위의 3d 오비탈에 전자들이 먼저 채워지는 '저스핀 착물'에서는 d^6 이온 Fe^{2+}까지 일반적인 이온 반지름 감소가 나타난다. 이 감소는 유효 핵전하만을 고려해서 예측되는 것보다 크게 나타난다. Fe^{2+} 이후에 추가되는 전자는 리간드를 향하는 오비탈에 채워진다. 이 전자들은 서로 밀리는 힘이 다소 있다. 착물의 금속 이온의 반지름은 금속–리간드 간 거리에 비례하므로, 이 결과는 실험적 관측이 가능한 유효한 반지름 증가이다. 5개의 3d 오비탈에 전자가 하나씩 채워진 후에 짝지으며 채워지는 '고스핀 착물'은 좀 더 복잡하다. 처음에 Ti^{2+}(d^2)와 V^{2+}(d^3)에서 리간드 사이를 향하는 3d 오비탈에 전자가 채워지고 이온 반지름은 급격히 감소한다. 다음의 두 전자는 리간드를 향하는 두 오비탈에 채워짐에 따라 반지름이 증가한다. Mn^{2+}(d^5)에서 각 d 오비탈에 전자 하나씩 채워지고 증가하는 유효 핵전하에만 기초해서 예측한 값으로 돌아간다. 그리고 Fe^{2+}(d^6)에서 순서가 다시 시작된다. 추가된 전자가 쌍을 이루기 시작하면서, 먼저 '반발력 없는' 세 오비탈 세트에 채워지고, 이후에 두 개의 '반발하는' 오비탈에 채워진다.

5d 계열에 있는 원소(Hf, Ta, W, …)의 반지름은 4d 계열 동종(Zr, Nb, Mo, …)보다 그리 크지 않다. 사실 Hf는 더 큰 주기임에도 Zr보다 원자 반지름이 작다. 이러한 변칙을 이해하려면 란타넘족(f 구역의 첫 열)의 효과를 고려해야 한다. 제6주기에서 란타넘족의 개입은 가림 효과가 부실한 4f 오비탈에 전자가 채워지는 것에 부합한다. 제5주기의 Zr과 6주기의 Hf에서 다음으로 넘어갈 때 부합하는 가림 효과의 증가 없이 원자 번호가 32만큼 증가하기

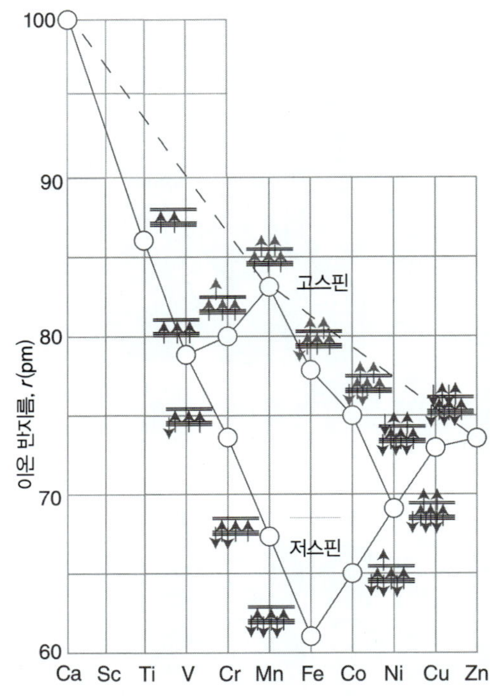

그림 9.2 정팔면체 착물에서 3d 금속의 M^{2+} 이온의 반지름 세 개의 낮은 준위의 d 오비탈은 리간드 사이를 향하고, 두 개의 높은 에너지 준위의 d 오비탈은 리간드를 직접 향한다. 점선은 증가하는 유효 핵전하만 고려해서 예상되는 값이다.

때문에, 전반적인 효과는 5d 계열 원소의 원자 반지름이 예상보다 훨씬 작게 만든다. 이 반지름 감소는 **란타넘족 수축**(lanthanoid contraction)으로, 1.7a절에서 소개된다.

(b) 이온화 에너지와 전자 친화도

요점: 이온화 에너지는 같은 주기에서 왼쪽에서 오른쪽으로 이동함에 따라 증가하고, 같은 족에서 아래로 갈수록 감소한다. 전자 친화도는 플루오린에 가까운 원소일수록 크고, 특히 할로젠 원소들이 크다.

원소가 양이온과 음이온을 만드는 데 필요한 에너지에 대해 알고 있을 필요가 있다. 이온화 에너지는 양이온을 형성하는 것과 관련되어 있으며, 전자 친화도는 음이온을 형성하는 것과 관련이 있다.

원소의 이온화 에너지는 기체상의 원자로부터 전자 한 개를 떼어 내는 데 필요한 에너지이다(1.7절). 이온화 에너지는 원자 반지름과 크게 연관되어 있으며, 일반적으로 작은 원자 반지름을 가진 원소일수록 큰 이온화 에너지를 갖는다. 같은 족에서 아래로 내려갈수록 원자 반지름이 증가하며 이온화 에너지는 감소한다. 제13족에서 예외가 나타나는데, Ga의 이온화 에너지가 Al의 것보다 크다. 이것은 명백한 **교체 효과**(alternation effect)이고, 4주기에서 3d 부껍질이 먼저 개입한 것에 기인한다. Ga에 대해서 Z_{eff} 증가와 더 작은 원자 반지름을 초래한다. 교체 효과는 13족, 14족, 15족에서의 전기 음성도 경향에서 또한 명백히 나타낸다(9.2c절). 마찬가지로, 주기를 따라 원자 반지름이 감소한다는 것은 이온화 에너지의 증가를 뜻한다(그림 9.3). 이미 1.7절에서 논의했다시피, 이러한 경향성에는 약간의 변화가 있다. 특히 전자가 반만 채워지거나 가득 채워지거나 안쪽 껍질에 채워진 경우, 이 전자를 떼어 낼 때 높은 이온화 에너지를 필요로 한다. 질소([He]$2s^2 2p^3$)의 제1 이온화 에너지는 1402 kJ mol^{-1}이다. 이것은 산소([He]$2s^2 2p^4$, 1314 kJ mol^{-1})의 값보다 더 큰 값이다. 마찬가지로, 인의 이온화 에너지(1011 kJ mol^{-1})는 황의 이온화 에너지(1000 kJ mol^{-1})보다 더 크다. 란타넘족 수축은 5d 계열 원소의 이온화 에너지에 영향을 주어서 직선 외삽에 기초하여 예상된 값보다 높게 만든다. 특히 Au, Pt, Ir, Os와 같은 일부 금속은 이온화 에너지가 매우 커서

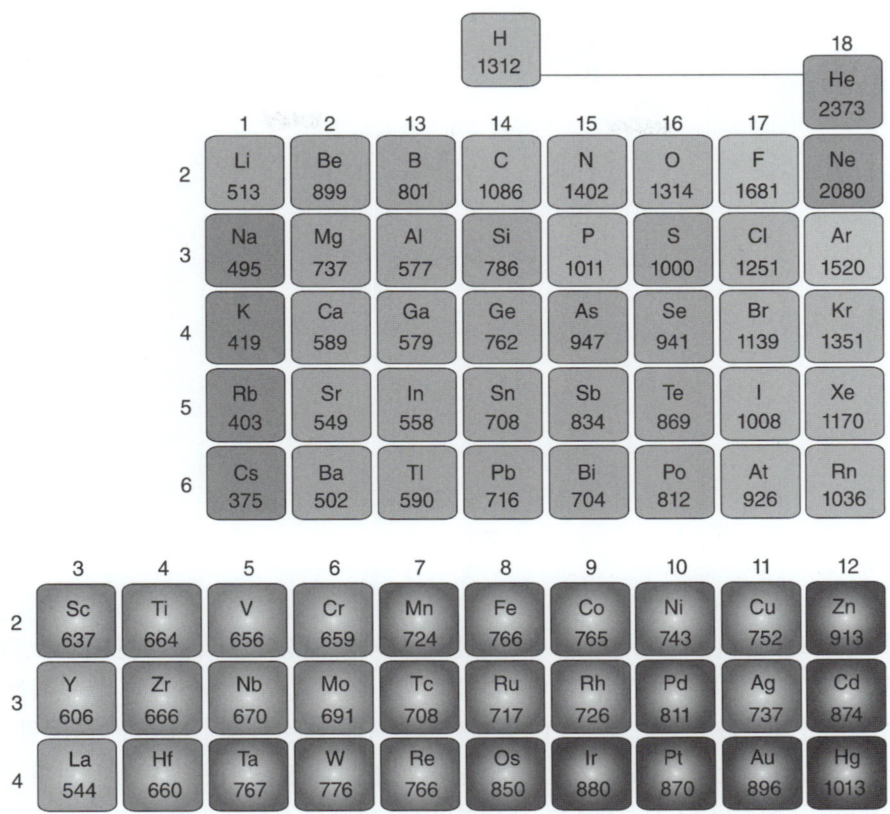

그림 9.3 제1 이온화 에너지 변화 (kJ mol^{-1} 단위)가 표시된 주기율표 (위 모식도) 주족, (아래 모식도) d 구역

평상 조건에서는 비반응성이다.

단원자 원자에 있는 전자의 에너지는 Z^2/n^2에 비례한다. 다전자 원자의 전자 에너지의 첫 번째 근삿값은 Z_{eff}가 유효 핵전하일 때(1.4절) 아주 정확하게 일치하지는 않으나 Z_{eff}^2/n^2에 비례한다. Li에서 Ne(n = 2)까지와, Hf에서 Hg(n = 6)까지의 최외각 전자의 Z_{eff}^2/n^2에 대해 제1 이온화 에너지 그래프를 그려 보면 각각 그림 9.4, 9.5와 같다. 이들 그래프는 이온화 에너지의 일반적인 경향을 보여 주며, 특히 높은 n 값을 가지는 최외각 전자는 거의 점과 같은 핵 중심을 느끼게 된다.

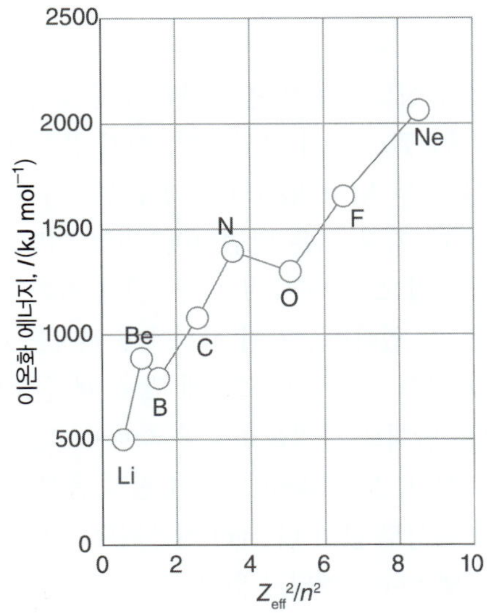

그림 9.4 Li부터 Ne(n=2)까지 원소들의 최외각 전자의 Z_{eff}^2/n^2에 대한 제1 이온화 에너지 그래프

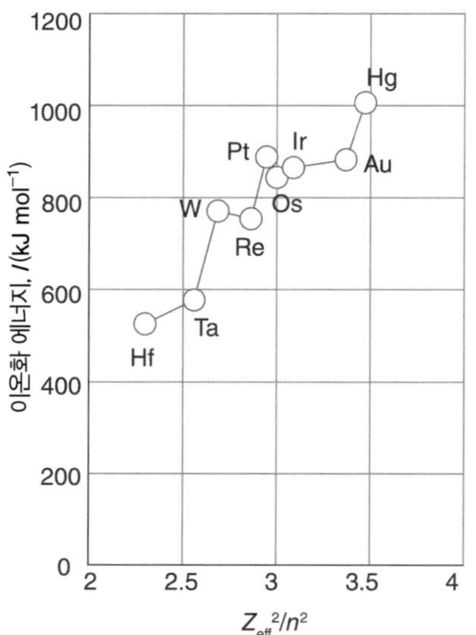

그림 9.5 Hf부터 Hg까지(n=6) 원소들의 최외각 전자의 Z_{eff}^2/n^2에 대한 제1 이온화 에너지 그래프

전자 친화도는 음이온을 형성하는 데 필요한 에너지를 결정하는 역할을 한다. 제1.7c절에서 보았듯이, 전자가 특별히 큰 유효 핵전하를 느끼는 전자 껍질에 들어갈 때 그 원자는 높은 전자 친화도를 갖는다. 그러므로 주기율표에서 오른쪽에 있는(비활성 기체가 아닌) 원소들은 Z_{eff}가 크므로 높은 전자 친화도를 갖는다. 전자가 하나 더 붙은 이온에 다시 하나의 전자를 더 추가하는 것은(가령 O^-로부터 O^{2-}를 형성할 때) 이미 음전하를 띠고 있는 화학종에 다시 전자를 밀어넣는 것이므로 에너지가 들기 때문에 언제나 호의적이지는 않지만, 이러한 일이 일어나지 않는다는 것을 뜻하는 것은 아니다. 전체적인 이온 형성의 결과를 예상하는 데 전자 친화도가 매우 중요하며, 또한 이온들이 형성되기 위하여 고체 상태의 하전된 이온들 사이에서 추가적으로 필요한 에너지를 극복하는 경우에도 중요하다. 화합물 형성의 에너지를 산출할 때 각각의 단계들이 흡열 반응이기 때문에 섣불리 전체적인 과정을 단순하게 생각하지 말고 전체적으로 생각해야 할 필요가 있다. 높은 격자 에너지에 기인한 고체의 침전이 그 예이다.

(c) 전기 음성도

요점: 전기 음성도는 같은 주기에서 왼쪽에서 오른쪽으로 갈수록 증가하고, 같은 족에서 아래로 내려갈수록 감소한다.

제1.7절에서 논했듯이, 전기 음성도 χ는 어떤 원자가 화합물의 일부일 때 전자를 자기 자신 쪽으로 끌어당기는 힘이다. 제1.7b절에서 보았듯이, 전기 음성도의 경향성은 원자 반지름의 경향성과 관련된다. 이러한 관계는 Mulliken의 전기 음성도가 원소의 이온화 에너지와 전자 친화도의 측면에서 이해하는 데 가장 쉬운 방법이다. 만약 어떤 원자가 높은 이온화 에너지 값을 갖고(그래서 전자를 잃지 않으려 하고) 또 높은 전자 친화도를 갖는다면(그래서 전자를 얻는 데 있어서 에너지의 이득이 있다면), 자기 자신에게 전자를 더 끌어당기려고 할 것이다. 결과적으로 이온화 에너지와 전자 친화도를 고려해 봤을 때 원소의 전기 음성도는 전반적으로 원자 반지름의 경향성과는 반대로 주기율표의 왼쪽에서 오른쪽으로 갈수록 증가하고, 같은 족에서는 내려갈수록 감소한다. Mulliken 모형이 전기 음성도 값이 경향성을 이해하는 데 유용하지만, Pauling의 전기 음성도 값이 더 널리 사용된다(그림 9.6).

이러한 일반적인 경향에서 벗어나는 예외가 있다.

Al	Si
1.61	1.90
Ga	Ge
1.81	2.01
In	Sn
1.78	1.96
Tl	Pb
2.04	2.33

Al과 Ga 사이에 그리고 Si와 Ge 사이에 족을 따라 서서히 작아지는 경향성에 벗어나는 것은 또 하나의 명백한 교체 효과(alternation effect)이고, 이것은 4주기에서 3d 껍질 때문이다(13.1, 14.5, 15.11b절). 또한 Tl과 Pb에서 전기 음성도 값 증가가 보이며, 이는 4f 부껍질 존재에 기인한다. 아래 화학식에서 흐리게 쓴 것은 아직 알려지지 않은 화합물을 뜻하는데, 교체 효과는 또한 15족 중에서 아래의 예로 든 것을 포함하여 여러 13~15족 화합물이 존재하지 않음을 시사한다($ASCl_5$는 −50°C 이하에서 불안정).

NF_5	NCl_5	NBr_5
PF_5	PCl_5	PBr_5
AsF_5	$AsCl_5$	$AsBr_5$
SbF_5	$SbCl_5$	$SbBr_5$
BiF_5	$BiCl_5$	$BiBr_5$

전기 음성도와 같은 전기적인 요인들이 이러한 예들에서 중요한 역할을 한다는 것에 의심할 여지가 없으나 N과 같은 원소의 경우 입체적인 요인도 매우 중요하다.

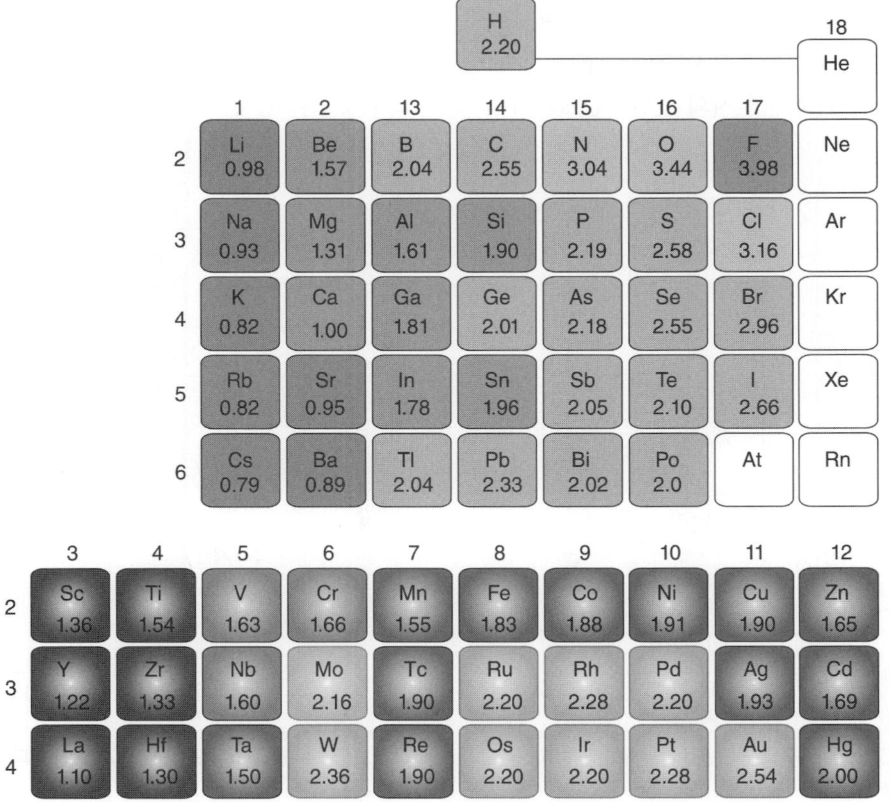

그림 9.6 주기율표에 있는 주족 원소들에 대한 Pauling 전기 음성도의 변화 (위) 주족, (아래) d 구역

표 9.1 원자화 엔탈피, $\Delta_a H^{\ominus}$(kJ mol^{-1})

Li	Be											B	C	N	O	F
161	321											590	715	473	248	79
Na	Mg											Al	Si	P	S	Cl
109	150											314	439	315	223	121
K	Ca	Sc	Ti	V	Cr	Mn	Fe	Co	Ni	Cu	Zn	Ga	Ge	As	Se	Br
90	193	340	469	515	398	279	418	427	431	339	130	289	377	290	202	112
Rb	Sr	Y	Zr	Nb	Mo	Tc	Ru	Rh	Pd	Ag	Cd	In	Sn	Sb	Te	I
86	164	431	611	724	651	648	640	556	390	289	113	244	301	254	199	107
Cs	Ba	La	Hf	Ta	W	Re	Os	Ir	Pt	Au	Hg	Tl	Pb	Bi	Po	
79	176	427	669	774	844	791	782	665	565	369	61	186	196	208	144	

(d) 원자화 엔탈피

요점: 각 주기를 가로질러, 결합성 오비탈이 채워짐에 따라 원자화 엔탈피가 증가하고, 반결합성 오비탈이 채워짐에 따라 원자화 엔탈피가 감소한다.

원소의 원자화 엔탈피 $\Delta_a H^{\ominus}$는 기체상의 원자를 형성하기 위해 필요한 에너지이다. 고체의 경우 원자화 에너지는 고체의 원자화와 관계있는 엔탈피 변화이다. 분자종의 경우에는 분자가 분해되는 엔탈피이다. 표 9.1에서 볼 수 있듯이, 원자화 엔탈피는 처음에는 증가하다가 2주기와 3주기를 가로질러 2주기의 C와 3주기의 Si에 도달했을 때 감소한다. 원자화 엔탈피 값은 C와 N 사이와 Si와 P 사이에서 감소한다. N과 P는 각각 5개의 원자가 전자를 가지며, 그중 2개는 고립 전자쌍을 형성하며 3개는 결합을 이룬다. 유사한 경향은 N과 O 사이에서도 보인다. O는 6개의 원자가 전자를 가지며, 4개는 고립 전자쌍을 형성하며 2개는 결합을 이룬다. 이 경향은 그림 9.7에 나타내었다.

d 구역 원소의 원자화 엔탈피는 s와 d 구역 원소의 것보다 높다. 원자가 전자의 수가 많을

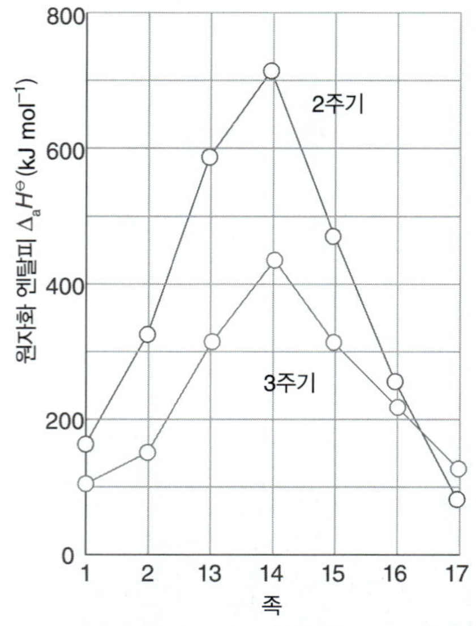

그림 9.7 s와 p 구역 원소에서 원자화 엔탈피의 변화

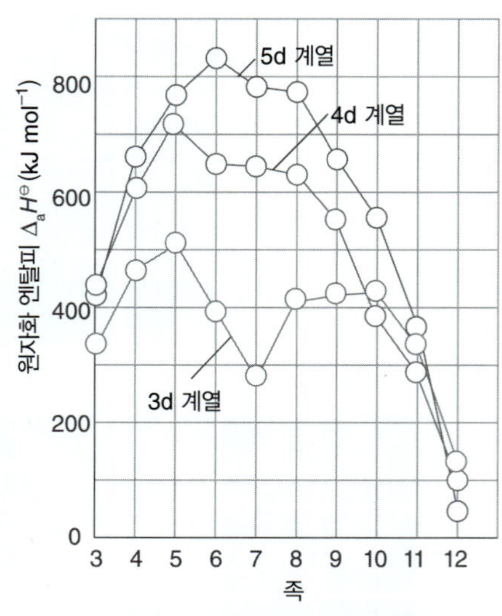

그림 9.8 d 구역 원소에서 원자화 엔탈피의 변화

수록 결합은 상당히 강해진다. 이 값은 5족과 6족에서 최대치에 이르며(그림 9.8), 결합할 수 있는 홀전자의 개수가 최대가 된다. 각 열의 중간 부분은 스핀 상관작용 때문에 불규칙적으로 보이며(1.7a절), 결합하지 않는 자유 원자의 경우, d 껍질의 1/2을 채우는 것을 선호한다. 이 영향은 특히 3d 계열에서 두드러지며, Cr($3d^5 4s^1$)와 Mn($3d^5 4s^2$)는 단순히 그들의 원자가 전자로부터 예상했던 것보다 상당히 낮은 원자화 엔탈피를 가진다.

원자화 엔탈피는 s와 p 구역에서 족의 아래로 갈수록 감소하지만, d 구역에서는 족의 아래로 갈수록 증가한다. 따라서 s와 p 오비탈은 주기가 증가함에 따라 결합 형성에 영향을 적게 받지만, d 오비탈은 영향을 많이 받는다. 이 경향은 최적의 겹침으로부터 너무 퍼진 확장된 겹침에 의해 족의 아래로 내려갈수록 p 오비탈이 확장되는 데 기여한다. 이에 반해, d 오비탈은 수축된 것으로부터 최적의 겹침으로 크기가 확장된다.

이 같은 경향은 원소의 녹는점으로 나타낼 수 있다(표 9.2). 원자가 전자의 수가 증가할수록 높은 결합 에너지와 높은 녹는점을 갖게 된다. 15~17족 원소의 녹는점은 최외각 전자보다는 분자 간의 상호 작용에 의해 더 큰 영향을 받는다.

9.3 발생

요점: 굳은–굳은(hard–hard)과 무른–무른(soft–soft) 상호 작용은 원소들의 지구상 분포를 체계화하는 데 도움을 준다.

몇몇 원소들은 자연에서 원소 상태로 존재한다. 예를 들어 질소와 산소(기체), 황(비금속), 은과 금(금속)이다. 그러나 대부분의 원소들은 원래 다른 원소들과 섞인 광석 속에서 발견된다.

굳음(hardness)과 무름(softness)의 개념(5.10절)은 자연에서 원소 형태의 화합물들을 포함한 무기화학을 다루는 데 도움이 된다.

무른 산은 무른 염기와 결합하려고 하는 경향이 있고, 굳은 산은 굳은 염기와 결합하려는 경향이 있다. 이 경향은 **Goldschmidt 분류(Goldschmidt classification)**로 분류된 네 가지 형태로 확실히 설명되며(그림 9.9), 이 그림은 지구화학에서 널리 사용된다.

표 9.2 원소들의 녹는점, θ_{mp}(°C)

Li	Be											B	C	N	O	F
180	1280											2300	3730	−210	−218	−220
Na	Mg											Al	Si	P	S	Cl
97.8	650											660	1410	44*	113	−110
K	Ca	Sc	Ti	V	Cr	Mn	Fe	Co	Ni	Cu	Zn	Ga	Ge	As†	Se	Br
63.7	850	1540	1675	1900	1890	1240	1535	1492	1453	1083	420	29.8	937	817	217	−7.2
Rb	Sr	Y	Zr	Nb	Mo	Tc	Ru	Rh	Pd	Ag	Cd	In	Sn	Sb	Te	I
38.9	768	1500	1850	2470	2610	2200	2500	1970	1550	961	321	2000	232	630	450	114
Cs	Ba	La	Hf	Ta	W	Re	Os	Ir	Pt	Au	Hg	Tl	Pb	Bi	Po	
28.7	714	920	2220	3000	3410	3180	3000	2440	1769	1063	13.6	304	327	271	254	

* 흰색 동소체

† 28 atm에서 회색 동소체

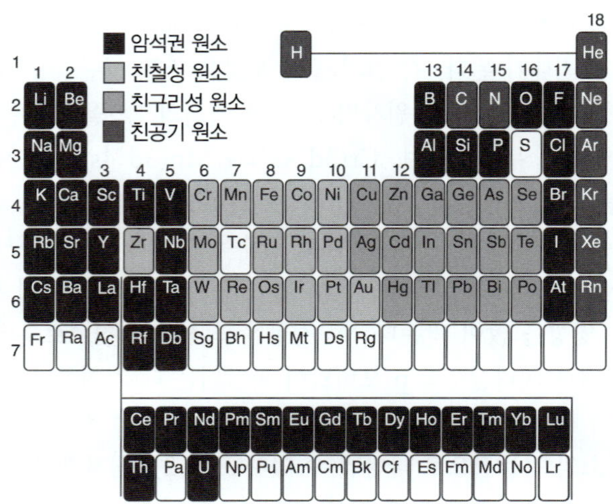

그림 9.9 **원소의 Goldschmidt 분류**

암석권 원소(lithophile)는 규산염 광물로 지구의 지각(암석권)에서 최초로 발견되었고, Li, Mg, Ti, Al, Cr(그들의 양이온들)을 포함한다. 이 양이온들은 굳고, 굳은 염기 O^{2-}와 함께 발견되었다.

친구리성 원소(chalcophile)는 황화물(그리고 셀레늄화물과 텔루르 화합물) 광물과 결합하여 종종 발견되며, Cd, Pb, Sb 그리고 Bi를 포함한다. 이 원소들(그들의 양이온들)은 무르고, 무른 염기 S^{2-}(또는 Se^{2-}과 Te^{2-})와 관련하여 발견된다. 아연 양이온은 굳은 경계선에 있지만, Al^{3+}과 Cr^{3+}보다는 무르고, Zn 또한 황화물과 종종 발견된다.

친철성 원소(siderophile)는 굳음과 무름 중간에 있으며, 산소와 황에 모두 친화성을 보여 준다. 그들은 주로 원소 상태로 존재하며 Pt, Pd, Ru, Rh, Os를 포함한다.

친공기 원소(atmophile)는 H, N, 그리고 18족 원소(비활성 기체)과 같은 기체들이 있다.

예제 9.1 Goldschmidt 분류에 대한 설명

Ni과 Cu를 가진 주요 광석은 황화물이다. 대조적으로 Al은 산화물로부터, 그리고 탄산염으로부터는 Ca이 얻어진다. 이 관찰을 굳음(hardness) 정도로 설명될 수 있는가?

답 굳은-굳은 규칙에 적용되는지 무른-무른에 적용되는지 평가가 필요하다. 표 5.4로부터 O^{2-}, CO_3^{2-}는 굳은 염기이고, S^{2-}는 무른 염기이다. 또한 표는 양이온 Ni^{2+}와 Cu^{2+}이 Al^{3+}와 Ca^{2+}보다 상당히 무른(soft) 산임을 보여 준다. 따라서 굳은-굳은과 무른-무른 규칙은 관찰된 것을 설명해 준다.

문제 9.1 (a) Cd, Rb, Cr, Pb, Sr, Pd 금속 중에, 알루미노규산염에서 발견될 것(SiO_4^{4-}와 AlO_4^{5-}에 의해서 배위된)이라 예측되는 것과 황화물에서 발견될 것이라 예측되는 것을 각각 나열하시오. (b) 자연적으로 황화물이나 규산염 광석에서 탈륨(thallium)이 발생할지 예측하시오.

9.4 금속 성질

요점: 원소의 금속 성질은 주기를 가로지를수록 감소하고, 족의 아래로 갈수록 증가한다. p 구역에 있는 많은 원소는 동소체가 존재한다.

금속 원소의 화학적 성질은 양이온을 함께 결합하고 금속 결합에 대하여 설명할 수 있는 전자 바다를 형성하기 위하여 전자를 잃어 양이온이 되려는 성질에 기인할 때 고려될 수 있다(4.18

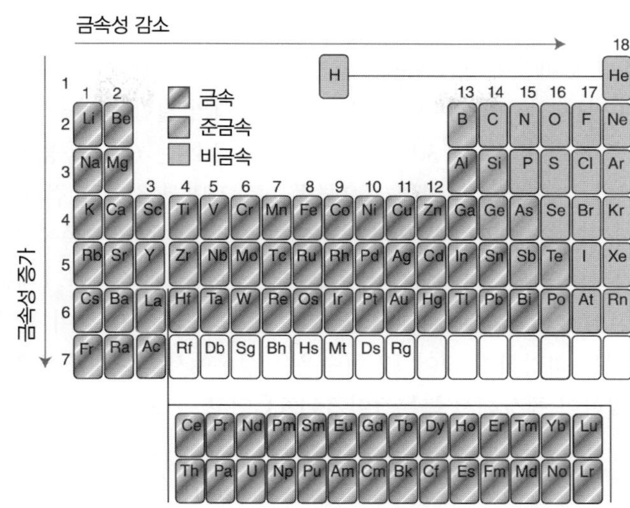

그림 9.10 주기율표에 나타낸 금속성의 변화

절). 그 결과로서, 이온화 에너지가 작은 원소들은 금속일 것이고, 이온화 에너지가 큰 것은 비금속일 것이다. 따라서 이온화 에너지는 족의 아래로 갈수록 증가하며 그 원소들은 높은 금속 성질을 가지며, 이온화 에너지는 같은 주기에서 왼쪽에서 오른쪽으로 증가하며 그 원소들은 낮은 금속 성질을 가진다(그림 9.10). 이 경향은 원자 반지름의 경향과도 직접적으로 관련이 있다. 전형적으로 큰 원자일수록 작은 이온화 에너지를 가지고 높은 금속 성질을 가진다. 이 경향은 13~16족에서 가장 두드러지는데, 족의 위쪽에 있는 원소들은 비금속이며, 족의 아래쪽에 있는 원소들은 금속이다(13.1, 14.1, 15.1, 16.1절). 이러한 일반적인 경향 내에서 동소체에 따라, 일부 원소들은 금속과 비금속의 성질을 모두 지닌다. 예를 들어 15족에서 N, P는 비금속이고, As는 금속과 비금속을 모두 지닌 금속 동소체이고, Sb와 Bi는 금속이다(15.1절). p 구역의 원소들은 전형적으로 몇몇 동소체를 형성한다(표 9.3). 모든 d 구역 원소들은 금속이다. 이들의 특성은 매우 변화가 커서 매우 강하고 가벼운 티타늄부터, 전기 전도도가 우수한 구리, 연성이 있는 금과 백금, 그리고 매우 밀도가 높은 오스뮴과 이리듐까지 있다. 이러한 금속들의 특성은 원자들을 결합시키는 금속 결합의 본성과 금속 간 결합이 어떻게 다른가에 따라서 대부분 나오게 된다.

제4장에서 띠 구조의 개념이 소개되었다. 일반적으로 모든 금속에 대해서 동일한 띠 구조

표 9.3 p 구역 원소의 몇몇 동소체

C		O
다이아몬드, 흑연 비결정, 풀러렌		산소, 오존
	P	S
	흰색, 빨간색, 검은색	다수의 카테나 고리, 사슬, 비결정
	As	Se
	노란색, 금속성/회색, 검은색	빨간색(α, β, γ), 회색, 검은색
Sn	Sb	
회색, 흰색	파란색, 노란색, 검은색	
	Bi	
	비결정, 결정	

가 생겨나는데, 이것은 *n*s와 *n*p 오비탈들이 겹쳐서 생긴 s 띠와 p 띠이고, *n*s 오비탈와 d 구역에 있는 (*n*−1)d 오비탈이 겹쳐져서 만들어지는 s 띠와 d 띠이다. 금속 간의 주요한 차이는 이 띠를 채울 수 있는 전자의 개수이다. K($4s^1$)는 1개의 결합 전자를 가진다. Ti($4s^2 3d^2$)는 4개의 결합 전자를 가진다. V($4s^2 3d^3$)는 5개, Cr($4s^1 3d^5$)는 6개, 등등이다. 최외각 띠의 아랫부분, 즉 결합성이 큰 영역의 구역에서 오른쪽으로 가면서 전자로 점차적으로 채워지고, 7족(Mn, Tc, Re)까지는 강한 결합성을 가지게 된다. 전자들이 더 위쪽에 채워지면, 즉 반결합성 영역에 존재하기 시작하면 녹는점이 낮은 알칼리 금속(결합 전자가 1개뿐이고, 그 결과 녹는점이 일반적으로 100°C 이하)에서부터 Cr까지 점차적으로 녹는점이 높아지던 경향이 꺾이게 된다. 이후로부터는 하강하게 되어 12족(수은은 상온에서 액체; 표 9.2 참조)까지 내려간다. 텅스텐은 금속 결합이 굉장해서 녹는점이 3416℃이고, 이보다 높은 것은 탄소뿐이다.

9.5 산화 상태

안정한 산화 상태에 대한 경향은 주기율표의 전자 배치를 보고 어느 정도 이해할 수 있다.

(a) 주족 원소

요점: s 구역 및 p 구역에 있는 원소의 산화수는 전자 배치로부터 예측할 수 있다. 비활성 전자쌍 효과는 무거운 원소의 족 산화수보다 2만큼 작은 산화 상태의 안정성을 가져온다. d 구역 원소들은 다양한 산화 상태가 존재한다.

족의 산화수는 족 번호에 기초해서 가능한 가장 큰 양의 산화수이고, 따라서 최외각 전자의 개수이다. 최외각 전자의 수는 s 및 d 구역의 원소의 경우 족 번호가 *N*일 때는 *N* 값을 갖고, p 구역의 원소의 경우 (*N*−10)이다. 비활성 기체의 배치는 원자가 껍질의 s와 p 부껍질에 8개의 전자를 채울 때 s와 p 구역이 완성된다. 1, 2, 13족에서는 내부의 완전한 껍질에서 전자를 잃는 것이 상대적으로 적은 에너지를 투입함으로써 이루어질 수 있다. 따라서 족의 산화수는 +1, +2, +3을 각각 갖게 된다. 14족에서 17족으로 갈수록 원자가 껍질을 채우기 위해 전자를 받아들이는 것을 더욱 선호하는 경향이 있다. 이는 상반된 전하를 띠는 이온들 사이의 상호 작용과 에너지를 제공함으로써 전체의 배치가 이루어진다. 결과적으로, 족의 산화수는 −4, −3, −2, −1로 더 전기 음성적인 원소가 된다. 18족 원소들은 이미 팔전자 규칙에 의해 전자가 완전히 채워져 있으므로 쉽게 산화되지도 환원되지도 않는다.

p 구역의 무거운 원소들은 산화수가 2만큼 더 적은 산화수를 가진 원소들로 형성된다. 산화 상태의 상대적인 안정성은 **비활성 전자쌍 효과**(inert-pair effect)의 예이며, p 구역 내에서 되풀이되어 발생한다(13.14, 14.8, 15.13절). 예를 들어 13족 원소들의 족의 산화수는 +3인 반면, 족의 아래로 갈수록 +1 산화 상태가 안정성을 증가시킨다. 가장 일반적인 탈륨의 산화 상태는 Tl(I)이다. 이 효과는 간단하게 설명되지 않는다. np^1 전자들이 제거된 후에 ns^2 전자들이 제거되기 위해서 에너지가 많이 필요하기 때문이다. 그러나 Tl의 처음 세 개의 이온화 에너지의 합(5438 kJ mol^{-1})은 Ga(5521 kJ mol^{-1})보다 크지 않으며, 단지 In(5083 kJ mol^{-1})보다 약간 크다. 실제로는 In이나 Ga의 값보다 상대적으로 작은 값이 예측된다. Tl의 상대적으로 큰 값은 6s 오비탈의 상대론적 안정성과 관련이 있다(1.7a절). 이러한 영향은 또한 족의 아래로 내려갈수록 원자 반지름이 증가할 때, 감소하는 격자 에너지와 무거운 p 구역 원소들에 대한 낮은 M−X 결합 엔탈피 때문일 수도 있다.

표 9.4 제3d 계열 원소들에 대해 관찰한 양(+)의 산화 상태의 범위

Sc	Ti	V	Cr	Mn	Fe	Co	Ni	Cu	Zn
d^1s^2	d^2s^2	d^3s^2	d^5s^1	d^5s^2	d^6s^2	d^7s^2	d^8s^2	$d^{10}s^1$	$d^{10}s^2$
		+1					+1	+1	
+2	+2	+2	+2	+2	+2	+2	+2	+2	+2
+3	+3	+3	+3	+3	+3	+3	+3	+3	
	+4	+4	+4	+4	+4	+4	+4		
		+5	+5	+5	+5	+5			
			+6	+6	+6				
				+7					

(b) d 및 f 구역 원소

요점: 족 산화수는 d 구역 왼쪽에 있는 원소에 의해서 구해지고 오른쪽에 있는 것에 의해서는 아니다. 산소가 플루오린보다는 일반적으로 가장 높은 산화 상태를 끌어내는 데 효과적인데, 그 이유는 덜 빽빽하게 하기 때문이다. +3 산화 상태는 3d 계열 왼쪽에서 흔하고, 중간이나 오른쪽에서는 +2가 흔하다. 같은 족 내에서 아래로 갈수록 원소의 가장 높은 산화 상태가 더 안정해진다.

족 산화수는 3~8족의 d 구역에서 이루어지고, 전자를 끌어내기 위해 강한 산화제로 할로젠족이나 O가 필수적이다(19.2절). 7족과 8족의 경우 O만이 산화수가 +7과 +8인 원소들과 과망가니즈산 음이온(MnO_4^-)과 사산화 오스뮴(OsO_4)과 같은 음이온이나 중성의 산화물을 만들 수 있다. 산소는 플루오린보다 많은 원소들에 대해서 족 산화수를 잘 끌어내는데, 이는 같은 산화 상태를 만드는 데 적은 개수가 필요하고 그로 인해 입체 장애가 줄어들기 때문이다. 관찰된 산화 상태 범위는 표 9.4에 보는 바와 같이, Mn까지는 모든 3d와 4s 전자가 방출될 수 있고 최대 산화수가 족 산화수와 일치한다. d^5 전자 배치를 지나면 이러한 경향이 변하는데, 이는 유효 핵전하가 증가하고 전자를 잃을 때 교환 에너지 손실이 크지 않기 때문이

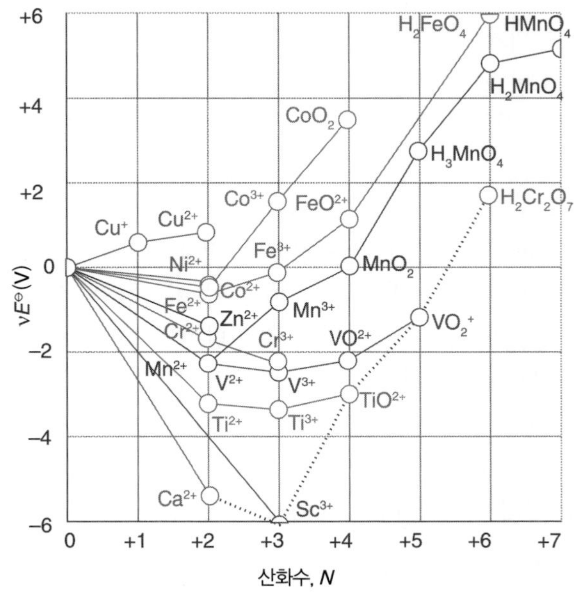

그림 9.11 **산성 용액(pH = 0)에서 d 구역 원소들의 첫 번째 계열에 대한 Frost 도표** 파선은 화학종의 족 산화 상태를 연결한다.

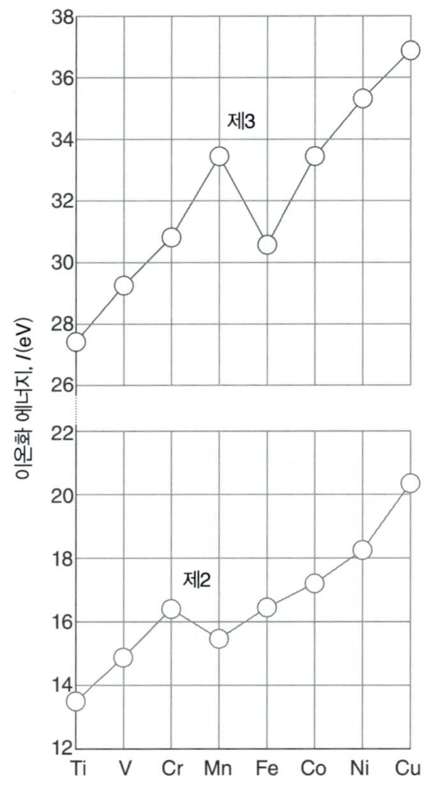

그림 9.12 3d 금속의 제2 이온화 에너지와 제3 이온화 에너지

다(1.5절). 덧붙여서, 특히 3d 원소에 대해서 연속적인 이온화 에너지 증가가 급격한데, 이것은 수축된 이온에서 전자–전자 반발력이 매우 강하고 높은 산화 상태가 관찰되지 않기 때문이다. 4d와 5d 계열의 방사 방향 마디(radial node)가 보다 분산된 오비탈을 가지게 하고 전자–전자 반발력은 감소되고 최외각 전자가 쉽게 이온화되게 한다(9.6절). 결과적으로, 더 높은 산화 상태가 더 흔하다.

그림 9.11에 3d 계열 원소의 족 산화 상태의 열역학적 안정성에 대한 경향을 나타내었다. 이 표는 산성 수용액에서 화학종의 Frost 도표(6.13절)이다. Sc, Ti와 V의 족 산화 상태가 도표 아래로 떨어지는 것을 볼 수 있다. 이 위치는 중간 산화 상태의 화학종이 쉽게 족 산화 상태로 산화될 수 있음을 보여 준다. 반면에 Cr이나 Mn(+6 및 +7)의 산화 상태를 가지는 화학종은 위쪽에 있다. 이 위치는 매우 환원되기 쉬운 것을 의미한다. Frost 도표는 3d 계열의 8~12족(Fe, Co, Ni, Cu, Zn)에서는 족 산화수가 이루어지지 않음을 보여 준다. 그리고 산성 조건에서 가장 안정한 산화 상태, 즉 Ti^{3+}, V^{3+}, Cr^{3+}, Mn^{2+}, Fe^{2+}, Co^{2+}, Ni^{2+}도 알려 준다.

그림 9.12는 3d 금속의 제2, 제3 이온화 에너지이고, 핵전하 증가에 따라서 예상되는 증가를 볼 수 있다. Mn^{2+}와 Fe^{3+} 이온의 매우 안정한 d^5 전자 배치로 인해서 Mn과 Fe에 대해 비정상적인 값이 생긴다. 제3 이온화 에너지에서 예상되듯이, 주기의 왼쪽에서 +3 산화 상태가 흔하고 스칸듐, 타이타늄, 바나듐, 크로뮴의 경우 일반적으로 유일한 산화 상태가 되고 넓은 범위의 화합물에서 +3으로 존재한다. 그리고 +3 산화 상태가 일반적인 조건에서 +2 상태보다 안정하다. 망가니즈(II)는 d 껍질의 반이 채워지는 것 때문에 특히 안정하다. 그로 인해 망가니즈(II) 화합물이 매우 드물다. 망가니즈 이외에도 철(III) 착물이 알려져 있다. 그러나 종종 산화제로 작용한다. 산성 용액에서 Co^{3+}(aq)는 강한 산화제이고 O_2가 관여된다.

$$4Co^{3+}(aq) + 2H_2O(l) \rightarrow 4Co^{2+}(aq) + 4H^+(aq) + O_2(g) \qquad E^{\ominus} = +0.58\ V$$

Ni^{3+}와 Cu^{3+}의 수화 이온은 만들어지지 않는다.

반면에, 계열의 오른쪽에서는 Mn(II)가 점점 흔해진다. 예를 들어 3d 계열의 앞부분에서 Sc^{2+}(aq)는 알려지지 않고 Ti^{2+}(aq)는 **펄스 방사 분해(pulse radiolysis)**로 알려진 전자 폭격 기술에 의해서만 Ti^{3+}을 형성된다. 5족과 6족, V^{2+}(aq)와 Cr^{2+}(aq)는 열역학적으로도 H^+ 이온의 산화에 비해서 불안정하다.

$$2\,V^{2+}(aq) + 2\,H^{+}(aq) \rightarrow 2\,V^{3+}(aq) + H_2(g) \quad E^{\ominus}_{cell} = +0.26\,V$$

Cr을 넘어서(Mn^{2+}, Fe^{2+}, Co^{2+}, Ni^{2+}, Cu^{2+}에 대해서), M(II)는 물과의 반응에서 안정하고, Fe^{2+}만 공기에 의해서 산화된다.

예제 9.2 d 구역에서 산화-환원 안정성 경향 판단하기

d 계열 원소들의 성질에 있어서의 경향에 기초하여, 환원제로 사용이 가능한 M^{2+} 수화 이온을 제시하고, 산성 용액에서 이 이온과 산소의 균형 반응식을 적으시오.

답 접근 가능하고 산화가 가능한 M(II) 산화 상태를 파악할 필요가 있다. 후반 3d 계열 원소들에서 왼쪽에 있는 것들은 Mn(II)가 가장 안정한 상태이다. 예를 들어 V^{2+}(aq)와 Cr^{2+}(aq)는 강한 환원제로 반응 메커니즘 연구에 쓰인다(21장). 반면에 Fe^{2+}(aq)는 유일하게 약한 환원제이고, Co^{2+}(aq), Ni^{2+}(aq), Cu^{2+}(aq)는 물에서 환원시키지 않는다. Latimer 도표(7.12절)는 Fe^{3+}가 산성 용액에서 유일하게 가능한 더 높은 산화 상태임을 나타낸다.

$$Fe^{3+} \xrightarrow{+0.77} Fe^{2+} \xrightarrow{-0.44} Fe$$

그러면 산화 반응에 대한 화학식은

$$4\,Fe^{2+}(aq) + O_2(g) + 4\,H^{+}(aq) \rightarrow 4\,Fe^{3+}(aq) + 2\,H_2O(l)$$

문제 9.2 (a) 적합한 Latimer 도표를 참조하여, V^{2+}의 산성 수용액이 O_2에 노출되었을 때 열역학적으로 선호되는 산화 상태와 화학종의 화학식을 나타내시오. (b) Mn에 대한 Latimer 도표를 검토하여, 산성 용액에서 가장 안정한 산화 상태를 예측하시오.

제4~12족에서는 아래로 갈수록 원자 반지름이 커지면서 높은 산화 상태의 안정성이 증가한다. 또한 높은 산화 상태의 화합물은 리간드로부터 금속 이온으로 전자가 제공되어 높은 산화 상태가 안정화되는 할로젠화 또는 산화물이다. 제12족에서는 +2 산화 상태가 주를 이룬다. 각 족의 4d와 5d 전자를 가진 원소들의 원자 반지름이 비슷하기 때문에 그들의 산화(oxidation) 상태의 상대적 안정성은 비슷하다(란타넘족 수축 때문에). 이전에 언급했듯이, 같은 스핀 방향의 전자가 반쯤 찬 전자 껍질들은 스핀 상관관계(spin correlation) 때문에 더욱 안정되어 있다(1.4절). 이 추가적 안정성은 정확이 반만 찬 껍질을 가지고 있는 d 구역 원소들의 화학적 성질에 중요한 영향을 끼친다. 예를 들어 Mn의 4d와 5d 상대인 Tc와 Re은 자발적으로 M(II) 화합물을 형성하지 않는다. d 구역 원소는 O가 산화 상태의 금속의 안정한 화합물도 형성한다. 이 화합물들은 보통 π 산으로 작용하는 CO와 같은 리간드에 의해서 안정화된다. π 산, 즉 π 받개는 금속과 π 결합 형성을 통해서 전자 밀도를 받는 리간드이다(22.12절).

표 9.5에서 더 무거운 d 금속의 안정성이 증가함을 볼 수 있다. MnF_4, TcF_6, 그리고 ReF_7 화학식은 3d 계열보다 4d 및 5d 계열에서 더 큰 산화 상태가 용이함을 보여 준다. PtF_6에서처럼, 더 무거운 d 계열 육플루오린화물은 6족부터 10족에 걸쳐서 합성되었으나 Pd는 제외

표 9.5 d 구역 이성분 할로젠화물의 가장 높은 산화 상태*

족							
4	5	6	7	8	9	10	11
TiI_4	VF_5	CrF_5 †	MnF_4	$FeBr_3$	CoF_4	NiF_4	$CuBr_2$
ZrI_4	NbI_5	$MoCl_6$	$TcCl_6$	RuF_6	RhF_6	PdF_4	AgF_3
HfI_4	TaI_5	WBr_6	ReF_7	OsF_6	IrF_6	PtF_6	AuF_5

* 화학식은 전기 음성도가 가장 작은 할로젠이 d 금속의 가장 높은 산화 상태를 끌어냄을 보여 준다.
† CrF_6는 특수 조건에서 상온에서 수일간 존재한다.

된다. 높은 산화 상태가 더 무거운 원소에서 안정화되면서 WF_6는 중요한 산화제가 아니다. 그러나 육플루오린화물의 산화 특성은 오른쪽으로 갈수록 증가하여 PtF_6는 강하게 되고 O_2를 $O_2^+[(O_2)^+[PtF_6]^-]$로 산화시킨다.

$$O_2(g) + PtF_6(s) \rightarrow (O_2)PtF_6(s)$$

심지어 Xe도 PtF_6에 의해서 산화된다(18.5절).

낮은 산화 상태의 d 금속 화합물은 종종 이온성 고체로 존재하는 반면에, 높은 산화 상태의 d 금속 화합물은 공유성으로 존재하는 경향을 가진다. OsO_2가 이온성 고체인 루틸(rutile) 구조를 가지고, OsO_4는 공유성 분자 화학종을 형성하는 것을 보라(19.8절). 제1.7e절에서 이런 효과가 논의되었다. d 계열의 낮은 산화 상태와 0가의 유기 금속 화합물이 존재하고 이들은 19장에서 논의할 것이다.

란타넘족에서 유일하게 흔히 관찰되는 산화 상태는 배위 화합물이든 용액 속에서든 Ln(III)이다. +3가가 아닌 이외의 산화 상태는 상대적으로 안정한 비어 있는(f^0), 반만 채워진(f^7), 또는 완전히 채워진(f^{14}) 부껍질에서 나타난다. 그러므로 Ce^{3+}는 바로 $Ce^{4+}(f^0)$로 산화되고, Eu^{3+}는 $Eu^{2+}(f^7)$으로 환원될 수 있다. 악티늄 계열의 전반 구성원들(23장)의 화합물은 +6에서 +3까지 다양한 산화 상태를 형성한다. Am과 이 이후에는 +3 산화 상태가 주이다. 이러한 안정한 산화 상태의 일정함은 란타넘족의 환원 전위에도 반영된다. Eu^{3+}/Eu에 대해 −1.99 V부터 La^{3+}/La에 대해 −2.38 V로 범위가 좁다.

토륨(Th, Z= 90)부터 로렌슘(Lr, Z = 103)까지의 원소는 5f 부껍질을 채우는 바닥 상태 전자 배치를 가진다. 그리고 이런 점에서 란타넘족 유사체이다. 그러나 악티늄족은 란타넘족의 획일성을 보이지 않고 풍부한 다양성으로 산화 상태가 발생한다. 악티늄족의 5f 오비탈은 4f보다 에너지가 높고, 전반부 악티늄족은 6d와 7s 오비탈과 비슷한 에너지에 머무른다. 그 결과 그들은 버클륨까지 원소에 대해 결합에 참여한다.

화합물의 주기적 특징

원소들이 형성하는 결합의 개수와 종류는 결합의 상대적 세기와 원자의 상대적 크기에 크게 의존한다.

9.6 홀전자의 존재

요점: 홀전자를 가지는 화합물들은 대부분의 경우 2p, 3d, 4f 오비탈이 채워진 원소들로 형성된다. 이 오비탈들은 방사 방향 마디가 없기 때문에 두 개 전자가 채워지는 것이 비선호된다. 각 구역에서 무거운 원소일수록 라디칼은 덜 흔하다.

라디칼, 분자, 이온들이 홑전자를 가지는 빈도는 주기율표상에서 구역별로 s < p < d < f(그림 9.13) 순서로 나타난다. 각 구역 내에서 라디칼이 생겨나는 것 또한 주양자수(n)에 의존하여 2p, 3d, 4f 열(raw)에서 훨씬 큰 숫자로 나타난다. 이러한 관측을 이해하려면 몇 가지 요소를 고려해야 한다. 첫째로 s 구역 원소들은 매우 전기 양성적이고 거의 예외 없이 비활성 기체(닫힌 껍질)의 전자 배치를 취하는 이온 결합 화합물을 형성한다. 비슷한 고려가 전기 양성의 특성이 큰 3족 원소 Zr과 4족 원소 Hf에도 적용되고 5족 원소 Nb와 Ta에까지 미미하게 적용된다. 둘째로, p, d, f 구역에 대해서는 제1열(2p, 3d, 4f 오비탈)에서는 라디칼이 더 빈번히 나타난다. 각 오비탈이 처음 나올 경우, 동시에 방사 방향 마디(node)가 없는 경우, 이로 인해 오비탈이 작고(빽빽하고) 전자–전자 반발 효과가 크게 되는 경우(1.3e절)이다. 방사 방향 마디는 방사 방향 분포 함수의 외곽 최대치를 멀리 밀어내기 때문에 분산 효과가 커지게 되어 전자–전자 반발을 낮춰 둔다. 방사 방향 마디가 없는 오비탈에서 전자–전자 반발의 영향이 큰 것으로 가벼운 전이 원소와 란타넘족의 특성이 일부 설명된다. 또 다른 요소는 교환 에너지(exchange energy)이다. 이는 같은 스핀을 가지는 두 전자 간의 반발을 낮추는 양자 역학 효과(1.5절)이고 전자–전자 반발이 최대일 때 가장 유리하다. 전자–전자 반발이 강한 결과로 각각의 순차적 이온화가 일어나며 나머지 다른 전자들을 안정화시킬 때 순차적 이온화 에너지는 점차 크게 증가하여 족 산화 상태를 취하기보다는 부분적으로 채워진 오비탈

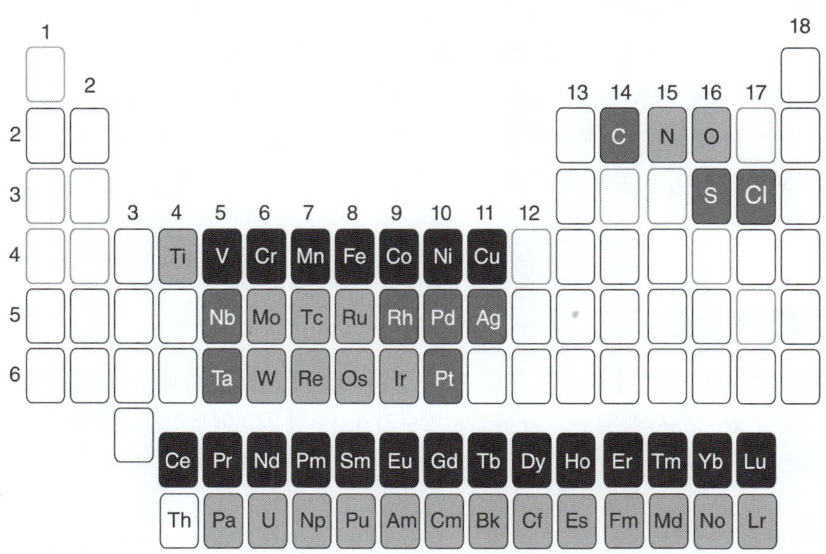

그림 9.13 홀전자가 한 개 이상 포함된 화합물 중에 나타나는 원소의 빈도 진회색은 비공유 전자쌍을 가지는 원소를 나타내고, 연회색은 안정한 라디칼이 얻어지는 경우이고, 회색은 안정한 라디칼이 드문 경우이다.

상태에 머물러 있게 한다. 보다 큰 원자들의 경우는 공유 결합 형성을 통해서 라디칼이 생성되는 가능성이 없어진다. 따라서 N 라디칼이 흔한 반면에(NO, NO_2), 더 무거운 p 구역 원소 E는 라디칼이 되어야 하는 산화 상태에서, 대신에 E–E 결합 형태로 발견된다. 후자의 예로 $[GaCl_6]^{2-}$(Ga(II))에서 Ga–Ga와 $P_2O_6^{2-}$(P(IV))에서 P–P가 있다. 황은 흥미롭게 경계에 있는 경우이다. SO_2^-(매우 반응성이 큰 dithionite 이온)과 S_3^-(청금석(lapis lazuli) 내에 안정하게 존재하여 색의 원천이 됨)의 경우와 같이 라디칼로 흔히 존재하기도 하는 반면, 강한 이황화물 결합 RS–SR(S^-)로 존재하여 많은 단백질 구조들을 결정한다.

9.7 배위수

요점: 일반적으로 작은 원자들의 배위수는 작고, 같은 족에서 밑으로 내려갈수록 배위수가 증가할 수 있다. 4d 계열과 5d 계열 원소들은 3d 계열보다 종종 더 높은 배위수를 나타낸다. 높은 산화 상태의 d 금속은 공유 구조를 가지는 경향이 있다.

화합물 내 원자들의 배위수는 중심 원자의 상대적 크기와 주위의 원자들에 의해 좌우된다. p 구역에서는 낮은 배위수가 2주기 원소들의 화합물에서 가장 흔하지만, 같은 족에서 밑으로 내려갈수록 중심 원자의 반지름이 커질수록 높은 배위수가 관측된다. 예를 들어 15족에서 N은 NCl_3 등의 3배위 분자와, NH_4^+ 등과 같은 4배위 이온들을 형성하지만, 같은 족 원소 P는 PCl_3과 PCl_5와 같은 배위수 3과 5의 분자들과 PCl_6^-와 같은 6배위 이온성 종을 형성한다(15.1절). 3주기 원소의 높은 배위수는 초원자가(hypervalence)의 예이며, 결합에서 d 오비탈의 참여에 기인한다. 그러나 2.3b절에서 언급했듯이, 그것은 더 큰 중심 원자 주위에 더 많은 원자나 분자의 배열 가능성 때문일 수 있다.

d 구역에서 4d와 5d 계열의 원소들은 더 큰 반지름 때문에 3d 계열 원소들보다 더 큰 배위수를 보이는 경향이 있다(19.7절). 작은 F^- 리간드와 3d 계열 금속은 6배위 착물을 형성하는 경향이 있으나, 더 큰 4d와 5d 계열 금속은 같은 산화 상태에서 7, 8, 9 배위 착물을 형성하는 경향이 있다. 팔사이안산 몰리브덴 착물$[Mo(CN)_8]^{3-}$은 콤팩트한 리간드를 가질 때 높은 배위수를 가지는 경향성을 보여 준다.

란타넘족 이온 Ln^{3+}의 반지름은 계열에 걸쳐서 서서히 수축된다. 이 감소의 부분적인 원인은 4f 부껍질에 전자가 더해짐에 따라서 Z_{eff} 값이 증가하기 때문이다. 그러나 상대론적인 효과도 상당한 기여를 한다(1.7a절). f 구역의 큰 원자와 이온에 대해서 매우 높은 배위수가 발견되었다. 예를 들어 Nb는 9배위 $[Nb(OH_2)_9]^{3+}$를, Th는 10배위 $[Th(C_2O_4)_4(OH_2)_2]^{4-}$ 이온을 형성한다. 예를 들어 11, 12 배위 화학종은 $[Th(NO_3)_4(OH_2)_3]$과 $[Ce(NO_3)_6]^{2-}$인데, 여기서 NO_3^-는 O 원자 두 개로 금속과 결합한다(7.5절). 토륨은 15배위 $[Th(H_3BNMe_2BH_3)_4]$ 착물도 형성하는데, 여기서 Th는 H 원자 15개와 결합한다.

9.8 결합 엔탈피 경향

요점: 비공유 전자쌍이 없는 원자 E의 경우 E–X 결합 엔탈피는 같은 족에서 내려갈수록 줄어들고, 비공유 전자쌍이 있는 원자의 경우, 일반적으로 2주기와 3주기 사이에서 늘어나다가 족을 따라 내려가면서 줄어든다.

비공유 전자쌍이 있는 원자의 평균 E–X 결합 엔탈피는 일반적으로 족에서 아래로 갈수록 줄어든다. 그러나 2주기에서 제일 족 위에 있는 원소의 결합 엔탈피는 변칙적이며 3주기 원소의 결합 엔탈피보다 작다.

B(kJ mol^{-1})		B(kJ mol^{-1})	
N – N	163	N – Cl	200
P – P	201	P – Cl	319
As – As	180	As – Cl	317

제2주기 원소들의 원자 사이의 단일 결합이 상대적인 약한 것은 주변 원자의 비공유 전자쌍의 접근과 이것들 사이의 반발이 원인으로 작용한다. 분자 오비탈 접근은 반결합성 오비탈에 전자가 채워지고, p-p 겹침이 주기가 내려가면서 약해지기 때문에 반결합성 오비탈에 전자가 채워지는 불리한 효과가 족의 첫 번째 구성원에 있어서만 실제적으로는 심각하게 나타난다고 알려준다. 비공유 전자쌍이 없는 p 구역 원소 E는 족을 따라 내려갈수록 E–X 결합 엔탈피가 감소한다.

B(kJ mol^{-1})		B(kJ mol^{-1})	
C – C	348	C – Cl	338
Si – Si	226	Si – Cl	391
Ge – Ge	188	Ge – Cl	342

작은 원자는 공유 원자가 각각의 원자핵에 가깝기 때문에 강한 결합을 형성한다. Si–Cl 결합의 세기는 두 원소의 원자 오비탈이 유사한 에너지를 가지고 있고 효과적으로 겹침에 기인한다. 높은 수치는 d 오비탈의 π 결합에 기인한다.

예제 9.3 결합 엔탈피를 이용하여 구조 추론하기

황은 S – S 단일 결합의 고리나 사슬을 형성하는 반면, 산소는 이원자 분자로 존재하는 이유를 설명하시오.

답 단일 결합과 이중 결합에서 결합 엔탈피의 상대적 크기를 고려해야 한다.

B(kJ mol^{-1})		B(kJ mol^{-1})	
O – O	142	O=O	498
S – S	263	S=S	431

O=O 결합이 O–O 결합보다 3배 이상 강하기 때문에 산소는 O_2처럼 O–O 결합보다 O=O 결합을 형성하는 경향이 강하다. S=S 결합은 S–S 결합보다 2배만큼 강하지 않기 때문에, S=S 결합을 형성하려는 경향이 산소만큼 강하지 않으며 S–S 결합이 더 가능하다.

문제 9.3 (a) 황은 화학식 $[S\text{–}S\text{–}S]^{2-}$와 $[S\text{–}S\text{–}S\text{–}S\text{–}S]^{2-}$의 연쇄 다유화물을 형성하는 반면, O_3^- 이상의 다산소 음이온은 알려지지 않은 이유는? (b) C=C 결합이 S=S 결합보다 광범위하게 생기는 이유는?

결합 엔탈피론 적용의 하나는 원자가(valence) 규칙이 제안한 것보다 결합의 수가 적은 PH_2와 같은 화합물(subvalent compaund)의 존재를 고려한다. 비록 이 화합물은 구성하는 원자들로의 해리가 열역학적으로 안정하지만, 이것의 불균형에 대해서는 불안정하다.

$$3PH_2(g) \rightarrow 2PH_3(g) + \tfrac{1}{4}P_4(s)$$

이 반응의 자발성의 기원은 인 분자(P_4) 안의 P−P 결합력이다. 반응물과 생성물에 같은 수(6)의 P−H 결합이 있지만, 생성물은 P−P 결합을 가지고 있지 않다.

d 구역에서 결합 엔탈피는 일반적으로 족을 따라 아래로 내려가면 증가하고, p 구역의 일반적인 경향과는 반대이다. 예를 들어 다음 M−H와 M−C 결합 세기를 살펴보자.

B(kJ mol^{-1})		B(kJ mol^{-1})	
Cr − H	258	Fe − C	390
Mo − H	282	Ru − C	528
W − H	339	Os − C	598

제9.2절에서 보았듯이, d 오비탈은 탄소와 수소의 1s, 2s, 2p 오비탈에 대해서 효과적인 겹침을 하기 위해 매우 수축된 상태로부터 시작해서, 족을 따라 내려갈수록 최상의 겹침을 위해서 크기가 확대되면서 결합 형성이 점차적으로 효과적이게 된다.

9.9 이성분 화합물

원소들의 간단한 이성분 화합물은 그들의 구조와 특성에서 흥미로운 경향을 나타낸다. 수소, 산소 그리고 할로젠은 대부분의 원소와 화합물을 형성하는데, 결합과 특성에서의 경향에 대한 몇 가지 통찰력을 갖기 위해 수소화물, 산화물 그리고 할로젠 화합물을 재논의한다.

(a) 수소화물

요점: 수소화물은 분자, 염류, 금속성으로 분류될 수 있다.

수소가 대부분의 원소와 반응하여 분자, 염류, 금속성으로 표현될 수 있는 수소화물을 형성하지만, 몇몇은 쉽게 분류될 수 없고 중간체의 성질을 가진다(그림 9.14)(13.6, 14.7, 15.10, 16.8, 17.2절). 수소의 분자 화합물은 13~17족의 비금속, 전기 음성도가 큰 원소에 대해서 흔하다. 예로는 B_2H_6, CH_4, NH_3, H_2O 그리고 HF가 있다. 이 공유 수소화물은 물(광대한 수소 결합 때문)을 제외하고는 기체이다. 염류 수소화물은 1족과 2족의 전기 양성적 원소

그림 9.14 s, p 그리고 d 구역의 원소의 이성분 수소화물의 분류

로 형성된다(Be는 제외). 염류 수소화물은 녹는점이 높은 이온성 고체이다(11.6, 12.6절). 비화학량적 금속성 수소화물은 모든 3족, 4족, 5족의 모든 d 구역의 금속과 f 구역의 원소 간에 형성된다.

(b) 산화물

요점: 금속은 염기성 산화물을 형성하고, 비금속은 산성 산화물을 형성한다. 원소는 보통 산화물, 과산화물, 초과산화물, 비화학량적 산화물을 형성한다. 다채로운 구조를 가져서 이온 격자에서 공유 분자까지 d 계열 원소에는 매우 다른 산화물들이 존재한다.

산소는 높은 반응성과 높은 전기 음성도로 인해 여러 이성분 산소 화합물을 형성하는데, 이는 두 번째 원소의 높은 산화 상태를 갖게 한다. 가능한 산화물의 범위는 표 9.6에서 볼 수 있다.

금속은 전형적으로 염기성 산화물을 형성한다. 전기 양성(electropositive)인 금속은 빠르게 양이온을 형성하고, 물로부터 양성자를 끌어와서 음이온으로 산화시킨다(5.4, 11.8, 12.8절). 예를 들어 OH^- 이온은 바륨 산화물과 물의 반응에 의해 생성된다.

$$BaO(s) + H_2O(l) \rightarrow Ba^{2+}(aq) + 2\,OH^-(aq)$$

비금속은 산성 산화물을 형성한다(15.13, 16.12, 17.2절). 전기 음성도가 큰 원소는 물 분자와 배위된 H^+ 전자를 끌어온다. 예를 들어 삼산화 황(sulfur trioxide)과 물의 반응 시 하이드로늄 이온(hydronium ion)[간단히 $H^+(aq)$라고 표현함)]을 생성한다.

$$SO_3(g) + H_2O(l) \rightarrow 2\,H^+(aq) + SO_4^{2-}(aq)$$

산화물의 산의 세기는 산화 상태가 주어진 족에서 오른쪽으로 갈수록 증가하고, 아래로 갈수록 감소한다(그림 9.15). 족의 맨 윗줄의 13족 원소 B는 비금속으로서 산성 산화물 B_2O_3를 형성한다. 같은 족에서 아래로 갈수록 금속성이 증가하고 +3에서 +1로 안정한 산화 상태로 비활성 쌍 효과(inert-pair effect)가 감소된다. 탈륨의 산화물은 염기성 Tl_2O이다.

d 계열 원소에 대해 다양한 구조를 가지는 서로 다른 산화물들이 많이 알려져 있다. 이미 산소가 몇 원소들의 가장 높은 산화 상태를 이끌어 냄을 알고 있으나, 어떤 원소들에서는 아주 낮은 산화 상태로 존재한다. Cu_2O에서 구리는 Cu(I)로 존재한다. Cr을 제외하고 3d 계열 금속 모두에서 단일 산화물이 알려져 있다. 단일 산화물은 암염 구조(rock-salt)의 이온성 고체이지만, 24장에서 더 자세히 논의될 것인데, 단순 $M^{2+}O^{2-}$ 모형에서 상당히 벗어나 있음이 이들의 특성으로부터 알 수 있다. 예를 들어 TiO는 금속 전도성이 있고, FeO는 항상 철이 일부 부족하다. 즉 이의 조성이 $Fe_{1-x}O$이다. 앞부분 d 계열 단일 산화물들은 강한 환원제이다. 즉 TiO는 물이나 산소에 의해 쉽게 산화된다. MnO는 편리한 산소 제거제여서 실험실에서 비활성 기체에서 잔량의 산소를 ppb 수준까지 낮추는 데 사용한다.

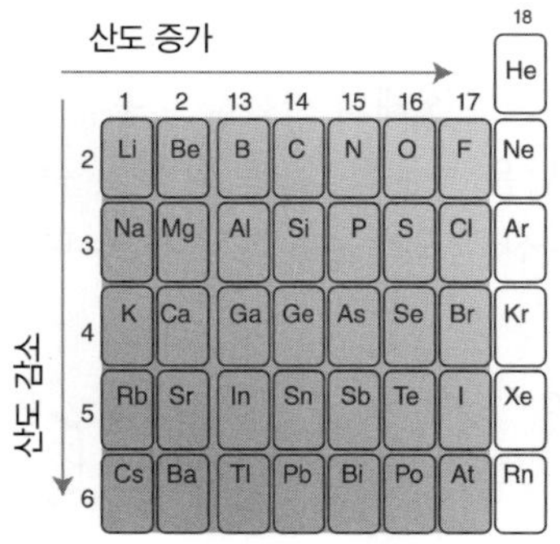

그림 9.15 주기율표를 통한 원소 산화물의 산성의 일반적인 변화

표 9.6 원소의 가능한 산화물

H_2O																	
H_2O_2																	
Li_2O	BeO											B_2O_3	CO	N_2O	O_2	OF_2	
Li_2O_2													CO_2	NO	O_3	O_2F_2	
													C_3O_2	N_2O_3			
														NO_2			
														N_2O_4			
														N_2O_5			
Na_2O	MgO											Al_2O_3	SiO_2	P_4O_6	SO_2	Cl_2O	
Na_2O_2	MgO_2													P_4O_{10}	SO_3	Cl_2O_3	
																ClO_2	
																Cl_2O_4	
																Cl_2O_6	
																Cl_2O_7	
K_2O	CaO	Sc_2O_3	TiO	VO	Cr_2O_3	MnO	FeO	CoO	NiO	Cu_2O	ZnO	Ga_2O_3	GeO	As_2O_3	SeO_2	Br_2O	
K_2O_2	CaO_2		Ti_2O_3	V_2O_3	Cr_3O_4	Mn_2O_3	Fe_2O_3	Co_3O_4	Ni_2O_3	CuO			GeO_2	As_2O_5	SeO_3	Br_2O_3	
KO_2			TiO_2	V_3O_5	CrO_2	Mn_3O_4	Fe_3O_4									BrO_2	
KO_3				VO_2	CrO_3	MnO_2											
				V_2O_5		Mn_2O_7											
Rb_2O	SrO	Y_2O_3	ZrO_2	NbO	MoO	TcO_2	RuO_2	RhO_2	PdO	Ag_2O	CdO	In_2O_3	SnO	Sb_2O_3	TeO_2	I_2O_4	XeO_3
Rb_2O_2	SrO_2			NbO_2	Mo_2O_3	Tc_2O_7	RuO_3	Rh_2O_3	PdO_2	AgO			SnO_2	Sb_2O_5	TeO_3	I_2O_4	XeO_4
RbO_2				Nb_2O_5	MoO_2											I_2O_5	
RbO_3					Mo_2O_5											I_4O_9	
Rb_9O_2					MoO_3												
Cs_2O	BaO	La_2O_3	HfO_2	TaO	WO_2	Re_2O_3	OsO_2	Ir_2O_3	PtO	Au_2O_3	Hg_2O	Tl_2O	PbO	Bi_2O_3			
Cs_2O_2	BaO_2			Ta_2O_3	WO_3	ReO_2	OsO_4	IrO_2	PtO_2		HgO	Tl_2O_3	Pb_3O_4	Bi_2O_5			
CsO_2				TaO_2		ReO_3			PtO_3				PbO_2				
CsO_3				Ta_2O_5		Re_2O_7											

이미 알고 있듯이, 매우 높은 산화 상태의 산화물은 공유 구조를 보여 준다. 예를 들어 사산화 루테늄과 사산화 오스뮴은 낮은 녹는점, 높은 휘발성, 독성, 선택적인 산화제로 사용되는 분자의 특성을 가진다. 사실, 사산화 오스뮴은 알켄을 *cis*-다이올(diol)로 산화시키는 표준 시약이다.

d 계열 원소들은 높은 산화 상태에서 수용액에서 일반적으로 산소 음이온으로 나타나는데, 예를 들어 Mn(VII)가 포함된 $[MnO_4]^-$와, Cr(VI)가 포함된 $[CrO_4]^{2-}$가 있다. 이러한 산소 음이온은 같은 금속이 낮은 산화 상태에서는 단순 수화 이온으로 존재하는 것과 대조적이다. 예로 Mn(II)에 대해 $[Mn(OH_2)_6]^{2+}$와 Cr(III)에 대해 $[Cr(OH_2)_6]^{3+}$를 보라.

(c) 원소의 할로젠화물

요점: s 구역 할로젠화물은 이온성이 우세하고, p 구역은 공유성이 우세하다. d 구역에서 낮은 산화 상태의 할로젠화물은 이온화 경향이 더 높고, 높은 산화 상태의 할로젠화물은 공유 결합적인 경향이 있다. d 구역 금속의 이성분 할로젠화물은 모든 금속에 걸쳐서 모든 산화 상태에 걸쳐져 있다. 이할로젠화물은 일반적으로 이온성 고체이고, 더 높은 할로젠화물은 공유성을 가진다.

할로젠은 대부분의 원소와 화합물을 형성하지만 항상 그런 것은 아니다. 형성되는 염화물의 범위는 표 9.7에 나와 있다.

Li와 Be를 제외하고, s 구역의 할로젠화물은 이온성이고, p 구역의 플루오린화물은 우세하게 공유성이다. F와 Cl은 대부분 원소(N와 O는 제외됨을 주의)의 족 산화수를 끌어낸다.

d 구역 원소들은 할로젠과 어느 정보 범위의 산화 상태를 형성한다. F 및 Cl과는 높은 산화 상태를 형성한다. 낮은 산화 상태의 할로젠화물은 이온성 고체이다. 특히 무거운 할로젠에 대해서, 높은 산화 상태를 가지면 공유성이 지배적이 된다. 예를 들어 4족에서 TiF_4는 녹는점이 284℃이고, $TiCl_4$는 −24℃에서 녹고 136℃에서 끓는다. 6족에서, 플루오린화물도 이온성이 아니기 때문에 MoF_6와 WF_6는 모두 상온에서 액체이다(19.6절).

표 9.7 원소의 간단한 염화물

HCl																
LiCl	$BeCl_2$											BCl_3	CCl_4	NCl_3	OCl_2	ClF
NaCl	$MgCl_2$											$AlCl_3$	$SiCl_4$	PCl_3	S_2Cl_2	Cl_2
														PCl_5	SCl_2	
KCl	$CaCl_2$	$ScCl_3$	$TiCl_2$	VCl_2	$CrCl_2$	$MnCl_2$	$FeCl_2$	$CoCl_2$	$NiCl_2$	CuCl	$ZnCl_2$	$GaCl_3$	$GeCl_4$	$AsCl_3$	$SeCl_4$	BrCl
			$TiCl_3$	VCl_3	$CrCl_3$	$MnCl_3$	$FeCl_3$	$CoCl_3$		$CuCl_2$				$AsCl_5$		
			$TiCl_4$	VCl_4	$CrCl_4$											
RbCl	$SrCl_2$	YCl_3	$ZrCl_2$	$NbCl_3$	$MoCl_2$	$TcCl_4$	$RuCl_2$	$RhCl_3$	$PdCl_2$	AgCl	$CdCl_2$	InCl	$SnCl_2$	$SbCl_3$	$TeCl_4$	ICl
			$ZrCl_4$	$NbCl_4$	$MoCl_3$	$MoCl_6$	$RuCl_3$					In_2Cl_4	$SnCl_4$	$SbCl_5$		ICl_3
				$NbCl_5$	$MoCl_4$							$InCl_3$				I_2Cl_6
					$MoCl_5$											
					$MoCl_6$											
CsCl	$BaCl_2$	$LaCl_3$	$HfCl_4$	$TaCl_3$	WCl_2	$ReCl_4$	$OsCl_4$	$IrCl_2$	$PtCl_3$	AuCl	Hg_2Cl_2	TlCl	$PbCl_2$	$BiCl_3$		
				$TaCl_4$	WCl_4	$ReCl_5$	$OsCl_5$	$IrCl_3$	$PtCl_4$		$HgCl_2$	Tl_2Cl_4	$PbCl_4$	$BiCl_5$		
				$TaCl_5$	WCl_6	$ReCl_6$	$OsCl_6$	$IrCl_4$				$TlCl_3$				

9.10 주기성의 넓은 관점

원소와 화합물의 화학적 특성의 차이는 주기율표 경향의 복잡성으로부터 유래된다. 이 절에서는 이러한 경향을 보정하고, 불일치점 등을 보강하고자 한다.

(a) 이온성 염화물

요점: 이온 결합 화합물에서 격자 엔탈피, 이온화 에너지, 원자화 엔탈피에 대한 경향은 이온성 염화물의 형성 엔탈피에 중요한 영향을 주고 있다.

표 9.8에서 보이는 바와 같이, 1족의 할로젠화물에 대한 $\Delta_f H^{\ominus}$ 값은 족 아래로 갈수록 적당하게 일정하다. 이온화 에너지와 원자화의 엔탈피는 족 아래로 내려갈수록 양의 값이 작아지고 원자 반지름이 증가하지만, 이런 경향은 격자 엔탈피의 변화에 의해 크게 상충된다(4.11절). 제2족 할로젠화물에 대한 $\Delta_f H^{\ominus}$ 값은 1족 할로젠화물 값보다 두 배 더 크다. 2족에서 아래로 가면서 이온화 엔탈피가 감소하는 것은 1족에서만큼 격자 에너지 감소에 의해서 상쇄되지 않는다. 그 결과 특히 무거운 전구 물질에 대해서 더욱 생성 엔탈피가 선호되는 것으로 나타난다.

이온화 에너지와 원자화 엔탈피는 모두 주기율표에서 열을 따라서 점차 양의 값이 증가한다. 그러나 더 중요한 요소는 이온 반지름이 감소하고 이온 전하 증가에 따른 격자 에너지의 큰 증가이다. 이러한 요소들의 복합적인 영향으로 $\Delta_f H^{\ominus}$ 값이 KCl, $CaCl_2$, $ScCl_3$에 대해서 각각 −436, −795, −925 kJ mol^{-1}이 되는 것을 볼 수 있다(11.7절, 12.7절).

(b) 공유성 할로젠 화합물

요점: 결합 엔탈피와 엔트로피 효과는 16족 할로젠화물의 존재 유무를 결정하는 데 가장 중요한 요소이다.

황과 할로젠 간에 생성되는 화합물은 공유성 할로젠화물에 대한 값에 영향을 주는 요인으로, 약간의 통찰력을 제공할 수 있다(16.9절). 황을 포함한 화합물은 F를 포함한 화합물과는 약간 다르다. 이것은 대부분 기체이다. SF_6, SF_2, SCl_2는 존재하지만, SCl_6는 존재하지 않는다. $\Delta_f H^{\ominus}$ 값은 결합 엔탈피 자료로부터 계산된다.

	SF_2	SF_6	SCl_2	SCl_6
$\Delta_f H^{\ominus}$ (kJ mol^{-1})	−298	−1220	−49	−74

따라서 SCl_6의 형성이 SCl_2보다 좀 더 발열성이지만 다른 요인들은 SCl_6가 표준 조건하에서 합성될 수 없다는 점을 인식시켜 준다. F−F와 Cl−Cl 각각과 마찬가지로, 황−할로젠 결합의 결합 에너지를 고려하면 이렇게 설명할 수 있다.

표 9.8 1, 2족의 염화물의 표준 생성 엔탈피, $\Delta_f H^{\ominus}$(kJ mol^{-1})

LiCl	−409	$BeCl_2$	−512
NaCl	−411	$MgCl_2$	−642
KCl	−436	$CaCl_2$	−795
RbCl	−431	$SrCl_2$	−828
CsCl	−433	$BaCl_2$	−860

	F–SF	F–SF_5	Cl–SCl	F–F	Cl–Cl
B/(kJ mol^{-1})	367	329	271	155	242

밀집된 F 원자들 사이의 반발과 S 원자 주변의 입체 장애 때문에 SF_2와 SF_6 사이에 결합 엔탈피가 감소된다. SCl_2와 SCl_6 사이에서도 유사한 이유로 결합 엔탈피의 감소가 예상된다. 이러한 약한 결합이 SCl_6가 존재하지 않는 이유의 하나이고, 다른 이유는 Cl–Cl 결합이 F–F 결합보다 훨씬 강하기 때문이다. 이 설명은 관여된 가능한 반응에서 **모든** 화학종을 고려해야 함의 중요성을 강조시킨다. 따라서 (Cl_2를 방출하는) SCl_6의 분해 열역학을 유사체인 SF_6의 분해와 비교할 때, F–F 결합이 Cl–Cl 결합보다 거의 90 kJ mol^{-1}이나 약하기 때문에 후자가 더 안정하다는 것 또한 알게 된다. 대조적으로 PCl_6^- 이온을 포함하는 화합물은 알려져 있다. P와 Cl 사이의 결합은 S와 Cl 사이의 것보다 더 강하다. 이는 P가 S보다 전기 음성도가 작기 때문이다. PCl_6^- 이온을 포함하는 화합물도 격자 에너지에 의해서 안정해진다.

예제 9.4 화합물의 생성에 영향을 미치는 요인 평가

B(H–S)는 H–SH(375 kJ mol^{-1})에 관해서 H–SH_5와 같다는 가정하에 $\Delta_f H^{\ominus}(SH_6, g)$를 측정하였다. B(H–H)의 값은 436 kJ mol^{-1}이고, $\Delta_{atm}H^{\ominus}$(S, s)는 263 kJ mol^{-1}이다. 위의 결과의 논점을 조정하는 방안을 제시하시오.

답 반응에서 결합이 끊어지고 형성되는 엔탈피 사이의 차이로부터 $\Delta_f H^{\ominus}(SH_6, g)$를 구한다.

$$\tfrac{1}{8}S_8(s) + 3H_2(g) \rightarrow SH_6(g)$$

결합이 끊어질 때 동반되는 엔탈피 변화는 $\frac{1}{8}\times224$ kJ mol^{-1} + 3×(436 kJ mol^{-1}) = 1336 kJ mol^{-1}이다. 결합 형성에 동반되는 엔탈피 변화는 −6×(375 kJ mol^{-1}) = −2250 kJ mol^{-1}이다. 그러므로

$$\Delta_f H^{\ominus}(SH_6, g) = 1336\ \text{kJ mol}^{-1} - 2250\ \text{kJ mol}^{-1} = -914\ \text{kJ mol}^{-1}$$

계산에 기초하면, 이 화합물은 발열이고 화합물이 존재한다는 것을 예상할 수 있다. 그러나 SH_6는 존재하지 않는다. 그 이유는 S–H 결합이 계산에서 사용된 그것보다 더 약해야 하기 때문이다. SH_2가 생성될 때 오직 한 개 대신에 3개의 H_2 분자가 생성되기 때문에 Gibbs 생성 에너지의 기여 정도는 비자발적인 엔트로피 변화이다.

문제 9.4 (a) 다음의 $\Delta_f H^{\ominus}$(kJ mol^{-1}) 값을 설명하시오.

S(g)	Se(g)	Te(g)	SF_4	SeF_4	TeF_4	SF_6	SeF_6	TeF_6
+223	+202	+199	−762	−850	−1036	−1220	−1030	−1319

(b) 위에 주어진 데이터를 이용하여 B(Te–F) 값을 kJ mol^{-1} 단위로 계산하시오.

(c) 이온성 산화물

요점: 이온성 모델은 4d 원소 산화물보다 3d 원소 산화물에 더 적합하다.

화학식이 MO(표 9.9)인 각종 금속 산화물의 생성 엔탈피는 주기성의 다른 양상으로 관심 있는 통찰력을 준다(12.8절). 2족 산화물의 높은 발열성은 s 구역 금속의 낮은 원자화 엔탈피와 낮은 이온화 에너지 관계의 결과이다. 실험적으로 측정된 격자 에너지는 Kapustinskii 식으로부터 계산된 것과 매우 비슷하고, 이것은 이 화합물이 이온화 모델에 잘 따른다는 것을 의미한다. 3d 계열 원소의 $\Delta_f H^{\ominus}$(MO) 값은 주기의 오른쪽으로 갈수록 덜 음(negative)의 값을

표 9.9 금속 산화물(MO)의 열역학적 자료(kJ mol^{-1})

	$\Delta_{ion(1+2)}H^{\ominus}$	$\Delta_a H^{\ominus}$		$\Delta_f H^{\ominus}$	$\Delta_L H^{\ominus}$(calc*)	$\Delta_L H^{\ominus}$(exp†)
Ca	1735	177	CaO	−636	3464	3390
V	2064	514	VO	−431	3728	4037
Ni	2490	430	NiO	−240	4037	4436
Pd	2674	380	PdO	−378	4257	2172

* Kapustinskii 식으로부터 계산된 것임.
†Born–Harber 순환에서 계산된 것임

가진다. 이것은 비록 이온화 에너지가 증가하고 원자화 엔탈피가 감소함에도 불구하고 이 계열은 반대 경향이 나타난다. Kapustinskii 식으로부터 계산된 실험적 격자 엔탈피 산화물들은 이온성 모델이 더는 적합하지 않다는 것을 가리킨다(19.8절).

예제 9.5 d 구역 산화물의 열적 안정성 예상

이 반응에서 열분해에 대한 V_2O_5와 Nb_2O_5의 안정성을 비교하시오.

$$M_2O_5(s) \rightarrow 2\,MO(s) + \tfrac{3}{2}O_2(g)$$

표 9.9의 자료와 V_2O_5와 Nb_2O_5 각각의 생성 엔탈피 값(−1901, −1552 kJ mol^{-1})을 이용하시오.

답 각 산화물에 대한 반응 엔탈피를 고려할 필요가 있다. 반응 엔탈피는 반응물과 생성물의 생성 엔탈피 사이의 차이로부터 계산될 수 있다.

Nb_2O_5 :

$$\Delta_f H^{\ominus} = 2(-406\,\text{kJ mol}^{-1}) - (-1901\,\text{kJ mol}^{-1}) = +1089\,\text{kJ mol}^{-1}$$

V_2O_5 :

$$\Delta_f H^{\ominus} = 2(-431\,\text{kJ mol}^{-1}) - (-1552\,\text{kJ mol}^{-1}) = +690\,\text{kJ mol}^{-1}$$

V_2O_5의 반응 엔탈피는 Nb_2O_5의 값보다 덜 흡열 반응이다. 그러므로 V_2O_5는 열적으로 덜 안정하다.

문제 9.5 주어진 $\Delta_f H^{\ominus}(P_4O_{10}, s) = -3012$ kJ mol^{-1} 값에서 V_2O_5의 값을 비교할 경우 어떤 자료가 더 유용할 것인가?

(d) 비활성 특성

요점: d 구역 오른쪽에 있는 금속은 낮은 산화 상태로 존재하고 무른(soft) 리간드와 결합하는 경향이 있다.

제12족을 제외하고, d 구역 오른쪽 하단에 있는 금속은 산화에 저항성이 있다. 이 저항성은 상당 부분 강한 금속 간의 결합과 높은 이온화 에너지에 기인한 것이다. 이는 8~10족에 있는 Ag, Au와 4d 계열, 5d 계열에서 가장 명백하다(그림 9.16). 이 중 마지막 것은 백금 함유 광석에서 함께 나타나기 때문에 **백금 금속**(platinum metal)이라 일컫는다. 전통적인 용도에 비추어 Cu, Ag, Au는 **주화 금속**(coinage metal)이라고 한다. 금은 금속으로 발견된다. 은, 금, 백금 금속은 또한 구리의 전기 정제에서 회수된다.

구리, 은, 금은 표준 조건에서 H^+에 의해서 산화되지 않는다. 그리고 이 비활성은 백금과 함께 보석과 장식에 사용되는 이유가 된다. 진한 염산과 질산의 3:1 혼합물인 왕수는 오래되었으나, 효과적인 금과 백금에 대한 산화제이다. 이들은 두 가지 기능을 가진다. 즉 NO_3^- 이

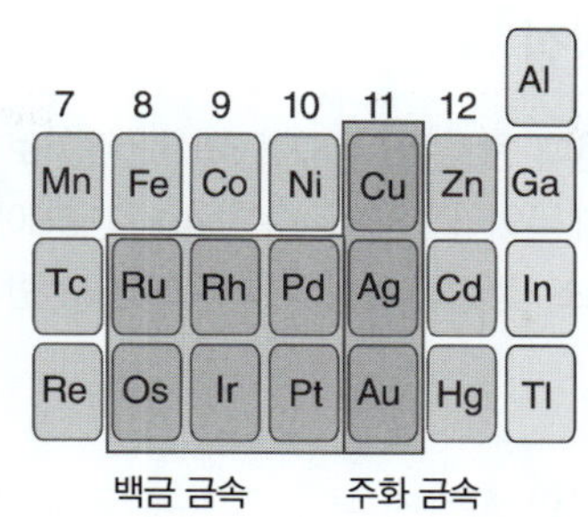

그림 9.16 백금과 주화 금속의 주기율표에서의 위치

온은 산화력을 제공하고, Cl^- 이온은 착화제로 작용한다. 전체 반응은

$$Au(s) + 4H^+(aq) + NO_3^-(aq) + 4Cl^-(aq) \rightarrow [AuCl_4]^-(aq) + NO(g) + 2H_2O(l)$$

활성 화학종은 반응에서 생성되는 Cl_2와 NOCl로 생각된다.

$$3HCl(aq) + HNO_3(aq) \rightarrow Cl_2(aq) + NOCl(aq) + 2H_2O(l)$$

선호되는 산화 상태가 11족에서는 불규칙하다. Cu는 +1과 +2 상태가 가장 일반적이고, Ag는 +1 상태가 전형적으로 나타나고 Au는 +1과 +3 상태가 흔히 나타난다. $Cu^+(aq)$와 $Au^+(aq)$의 단순한 수화 이온은 수용액에서 불균등화(disproportionation) 반응을 겪게 된다.

$$2Cu^+(aq) \rightarrow Cu(s) + Cu^{2+}(aq)$$
$$3Au^+(aq) \rightarrow 2Au(s) + Au^{3+}(aq)$$

Cu(I), Ag(I), Au(I)는 흔히 직선형이다. 예로 $[H_3NAgNH_3]^+$가 수용액에서 형성되고, 직선형 $[XAgX]^-$ 착물 생성이 X선 결정 구조 분석에 의해서 규명되었다. 현재로서 선호되는 직선형 배위 선호에 대한 설명은 바깥의 nd, (n+1)s, (n+1)p 오비탈의 에너지가 비슷하여, 동일 선상의 spd 혼성을 허용하기 때문이다(그림 9.17).

Cu^+, Ag^+, Au^+의 무른 Lewis 산 특성은 $I^- > Br^- > Cl^-$ 순서로 선호된다. $[Cu(NH_3)_2]^+$와 $[AuI_2]^-$ 생성에서처럼, 수용액에서 이 금속들의 +1 산화 상태를 안정화시키는 수단을 제공한다. Cu(I), Ag(I), Au(I)에 대해서는 정사면체 착물도 많이 알려져 있다(7.8절).

Rh(I), Ir(I), Pd(II), Pt(II), Au(III)를 포함해서 d^8 전자 배치를 가진 백금과 금에 대해서는 평면 사각형 구조가 일반적이다(20.1f절). $[Pt(NH_3)_4]^{2+}$가 한 예이다. 이 화합물들의 전형적인 반응은 리간드 치환(21.3절)이고, Au(III) 착물을 제외하고는 산화성 첨가이다(22.22절).

d 구역에 걸쳐서 발달된 이 원소들의 비활성 특성은 12족(Zn, Cd, Hg)에서 갑자기 사라지고 공기 산화를 다시 허용하게 된다. 12족 금속이 훨씬 산화되기 쉬운 이유는, 금속 간의 결합 범위가 감소하고 d 구역 말단에서 d 오비탈 에너지가 급작스럽게 낮아지기 때문이고, 더 높은 에너지의 (n+1)s 전자가 반응에 참여하게 된다.

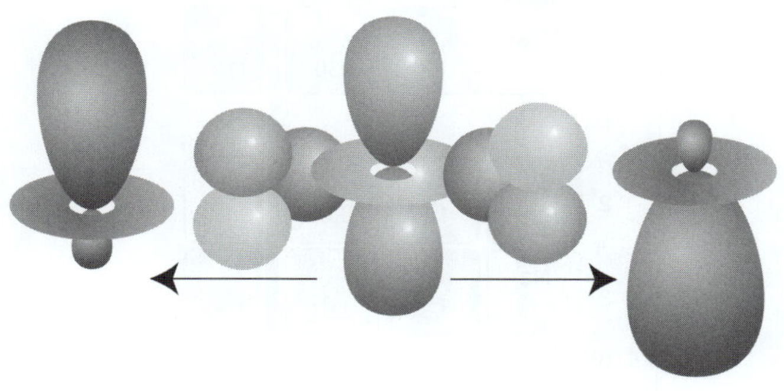

그림 9.17 여기에 보인 위상으로 선택해서 s, p_z, d_{z^2}를 혼성하여 강한 σ 결합을 형성하는 데 사용할 수 있는 동일 선상의 오비탈 한 쌍을 만듦.

9.11 각 족의 첫 원소의 비이상성

요점: p 구역에 있는 각 족의 첫 번째 원소는 나머지들과 차이를 보이는데, 그 이유는 원자 반지름이 작고 아래 놓인 d 오비탈이 없기 때문이다. 3d 금속은 4d 및 5d에 비해서 배위수가 작고 산화수가 낮은 화합물을 형성한다. 2주기 원소 몇몇의 화학적 특성과 원자 반지름은 주기율표에서 오른쪽 아래의 원소의 것과 유사하다.

p 구역에 있는 각 족의 첫 구성원의 화학적 특성은 동종들과 다르다. 이러한 비이상성은 작은 원자 반지름과 연관된 큰 이온화 에너지, 큰 전기 음성도, 작은 배위수에서 원인을 찾을 수 있다. 예를 들어 14족에서 탄소는 강한 C−C 결합으로 연결된 매우 긴 탄화수소 사슬을 형성한다(14.7a절). 탄소는 알켄과 알카인에서는 다중 결합도 형성한다. E−E 결합 엔탈피가 훨씬 작아지면서 동종에서는 사슬을 형성하는 경향이 줄어들고, 규소의 경우 Si 원자 4개를 포함하는 것이 가장 긴 것이다(14.7b절). 질소는 인 및 나머지 15족과 분명히 다르다(15.1절). 그래서 질소는 NF_3처럼 배위수 3, 그리고 NH_4^+와 NF_4^+처럼 배위수 4를 가지는 반면에, 인은 PF_3 및 PF_5와 PF_6^-에서처럼 배위수 3, 5, 6을 형성할 수 있다.

각 족의 첫 구성원들은 수소 결합(5.8절)의 범위가 훨씬 큰데, 전기 음성도가 커서 더 극성이 큰 E−H 결합을 만든다. 예로 암모니아의 끓는점은 −33℃로, 15족의 다른 것들의 수소화물보다 높다(15.10절). 이처럼, 물과 플루오린화 수소는 상온에서 액체이나, H_2S나 HCl은 기체이다(16.8a와 17.8절).

지금까지 주기율표에서 원소의 화학적 성질의 경향성은 족 안에서 수직적인 경향 또는 주기에서 수평적인 경향에서 논의되었다. 각 족의 우두머리는 공통적으로 오른쪽 아래 원소와 소위 **대각선 관계**(diagonal relationship)를 가진다. 대각선 관계는 원자 반지름, 전하 밀도, 전기 음성도 때문에 생겨서 두 원소의 여러 가지 화학적 성질이 유사하다(그림 9.18). 가장 놀라운 대각선 관계는 Li와 Mg 사이에서이다. 예로, 1족의 원소들은 순전히 이온성을 가지나, Li와 Mg 염은 어느 정도 공유 결합성을 지닌다(11.3절). Be과 Al 사이에 강한 대각선 관계가 있다. 두 원소 모두 공유성의 수소화물과 할로젠화물을 형성한다. 제2족의 유사 화합물은 대부분 이온성이다(12.3절). B와 Si의 대각선 관계는 두 원소가 연소성의 기체 수소화물을 형성하나 알루미늄 수소화물은 고체이다(13.1절). 주족 원소에서 대각선 관계는 1, 2, 13족에서 가장 두드러진다.

제2주기 원소의 동족과의 놀라운 차이가 반영되기는 하지만 d 구역에서는 덜 두드러진다. 따라서 3d 계열 금속은 4d 및 5d 계열과 다르다. 단순 화합물의 낮은 산화 상태는 3d 계열에서 더 안정하고, 족에서 아래로 가면서 높은 산화 상태의 안정성이 커진다(19.6절). 예로, Cr

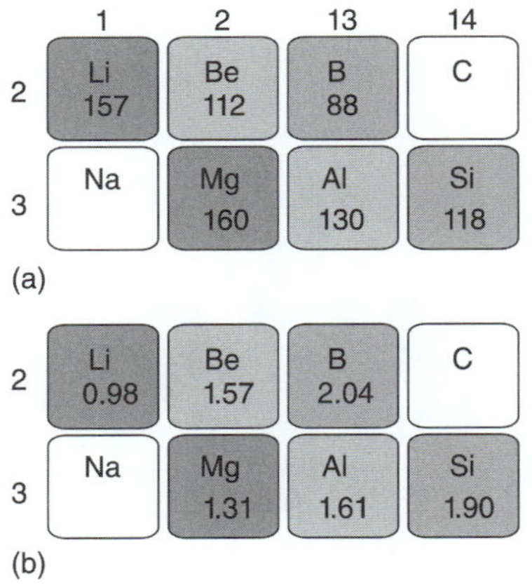

그림 9.18 (a) 원자 반지름(피코미터 단위) (b) 2주기와 3주기에서 Pauling 전기 음성도 간의 대각선 관계

의 경우 Cr(III)이 가장 안정한 산화 상태이고, Mo와 W에 대해서는 M(VI)이다. 3d 원소에서 4d, 5d로 갈수록 공유성과 배위수가 증가한다. 예를 들어 3d 원소는 CrF_2와 같은 이온성 고체를, 4d와 5d 계열에서 MoF_6와 WF_6 같이 상온에서 액체인 높은 할로젠화물을 형성한다. 3d 계열 원소의 이온 반지름이 더 작고, (란타넘족 수축 때문에) 4d 계열과 5d 계열 원소의 반지름이 비슷한 점, 그리고 할로젠족이 π 결합을 통해 전자를 주어 높은 산화 상태를 안정화시키는 능력이 있다는 점 때문에 이러한 차이가 생긴다.

f 구역의 첫째 줄인 란타넘족 원소의 특성은 둘째 줄 원소인 악티늄족과 확연히 다르다(23.4절). 일반적으로 Ln, Ce에서 Lu까지 원소들은 모두 매우 전기 양성적이다. Ln^{3+}/Ln 표준 전위는 Li와 Mg 사이에 놓여 있다. 이 원소들은 전례 없이 균일하게 Lu(III) 산화 상태를 선호하는데, 4f 오비탈이 원자의 중심 내부에 묻혀 있는 탓이다. 5f 오비탈들은 결합에 사용될 수 있기 때문에 악티늄족 원소들의 특성은 란타넘족의 특성에 비해서 균일성이 떨어진다(23.10절).

각 족 첫 구성원과 나머지 동종 사이의 차이와 더불어 Z 원자 번호의 p 구역 원소와 Z+8 원자 번호를 가지는 d 구역 원소 사이에는 유사성이 있다. 예로 Al(Z = 13)은 Se(Z = 21)와 유사성을 보인다. 이 유사성은 전자 배치 측면에서 이해할 수 있다. 13족 Al과 3족 Sc는 모두 원자가 전자가 3개이다. 이들의 원자 반지름은 꽤 비슷하다. Al은 143 pm이고 Sc은 160 pm이며, 표준 전위 Al^{3+}/Al (−1.66 V)가 Ga^{3+}/Ga(−0.53 V)보다 Sc^{3+}/Sc(−1.88 V)에 가깝다. 다음 짝들에도 유사성이 존재한다.

Z	14	15	16	17
	Si	P	S	Cl
$Z+8$	22	23	24	25
	Ti	V	Cr	Mn

예로 S와 Cr이 SO_4^{2-}, $S_2O_7^{2-}$ 및 $[CrO_4]^{2-}$, $[Cr_2O_7]^{2-}$ 유형의 음이온을 형성하고, Cl과 Mn은 모두 ClO_4^-와 $[MnO_4]^-$ 산화제 과산화 음이온을 형성한다. 이러한 유사성은 이들이 가장 높은 산화 상태에서 그리고 d 구역 원소가 d^0 전자 배치를 가질 때 보인다. 5p 원소들(In~Xe)을 취급할 때 이 관계는 Z와 Z+22 사이가 되는데, 이들 사이에 14개의 란타넘족이 더 있기 때문이다.

예제 9.6 $Z+8$ 원소의 화학적 성질 예측하기

과염소산 이온(ClO_4^-)은 매우 강력한 산화제이고 이의 화합물은 접촉이나 열에 의해 폭발한다. Z+8 원소의 유사 화합물이 반응에서 과염소산 화합물을 잘 대체할 수 있을지 예측하시오.

답 Z+8 원소를 찾아야 한다. Cl의 원자 번호가 17이므로, Z+8 원소는 Mn(Z = 25)이다. ClO_4^-의 Mn 유사체는 과망가니즈산 이온($[MnO_4]^-$)이다. 이는 사실 산화제이지만 폭발성이 덜하다. 과망가니즈산염은 과염소산염의 적절한 대체제일 것이다.

문제 9.6 (a) 제논은 매우 비활성이지만 몇몇 경우에 XeO_4 같은, 산소나 플루오린을 가진 화합물을 형성한다. XeO_4의 구조를 예측하고, 같은 구조의 Z+22 화합물을 찾으시오.

(b) 규소는 SiO_2를 형성한다. Z+8 원소를 찾고, 이의 산화물의 화학식을 예측하시오.

연습 문제

9.1 (a) Ba, (b) As, (c) P, (d) Cl에 대한 가장 안정한 산화 상태를 예상하시오.

9.2 원소는 금속으로부터 준금속에서 비금속으로 바뀐다. 그들은 +5와 +3의 산화 상태의 할로젠화물들을 형성하고 수소화물은 모두 독성 가스이다. 이 원소의 족을 확인하시오.

9.3 가상의 화합물 $NaCl_2$ 생성의 Born–Haber 순환을 그리시오. 열역학 단계가 $NaCl_2$가 존재하지 않는다는 사실을 확인해 준다는 것을 설명하시오.

9.4 비활성 쌍 효과(inert-pair effect)가 15족 이후에 나타난다는 것을 어떻게 예측할 수 있는지와, 이들 원소의 화학적 특성이 예측된 것과 비교하여 설명하시오.

9.5 이온화 반지름, 이온화 에너지, 금속성의 관계를 요약하시오.

9.6 다음 짝 중에서 어느 것이 전기 음성도가 큰 것인가?
(a) Na 또는 Cs (b) Si 또는 O

9.7 다음 산화물을 산성, 염기성, 양쪽성으로 분류하시오.
(a) Na_2O (b) P_2O_5 (c) ZnO (d) SiO_2
(e) Al_2O_3 (f) MnO

9.8 (a) Mg, (b) Al, (c) Pb, (d) Fe로부터 각각 추출되는 광석의 이름을 쓰시오.

9.9 주석에 대해 Z+22 원소를 찾고 이들의 유사성을 요약하시오.

9.10 표 2.7의 결합 엔탈피 정보를 사용하여 NF_3와 NCl_3의 생성 엔탈피를 계산하시오. NF_3가 열역학적으로 안정한 반면, NCl_3가 불안정하고 반응성이 큰 이유를 설명하시오.

d 금속 착물: 전자 구조와 성질

20

d 금속 착물은 무기화학에서 중요한 역할을 한다. 이 장에서는 두 가지 이론적 모델을 사용하여 리간드–금속 결합의 본질을 논의한다. 정전기적인 결합 모델에 근거한, 간단하지만 유용한 결정장 이론에서 시작하여 더 복잡한 리간드장 이론을 전개한다. 두 이론은 분광학 및 자기적 성질을 설명하기 위해 리간드장 갈라짐 변수를 사용한다. 그런 다음 착물의 전자 스펙트럼을 관찰하고, 리간드장 이론을 통해 전자 전이의 에너지와 세기를 어떻게 설명할 수 있는지 살펴본다.

제7장에서 소개한 d 금속 착물의 화학 결합, 전자 구조, 전자 스펙트럼, 그리고 자기적 성질에 대해서 자세히 살펴본다. Werner가 많은 d 금속 착물의 구조를 밝혔지만, 그 놀라운 색들은 그에게 미스터리였다. 1930년에서 1960년까지의 기간에는 오비탈이라는 개념으로 전자 구조를 묘사함으로써만 색상들의 근원이 명확히 설명되었다. 다양한 착물 중에서 사면체 착물과 팔면체 착물이 가장 중요하므로 이들로부터 토의를 시작한다.

전자 구조

d 금속 착물의 전자 구조를 설명하는 데에 가장 널리 쓰이는 두 가지 모델이 있다. '결정장 이론'은 고체 상태의 d 금속 이온 스펙트럼을 분석해서 나왔고, '리간드장 이론'은 분자 오비탈 이론으로부터 비롯되었다. 엄격하게 말하자면, 결정장 이론은 결정 내의 이온에만 적용된다. 하지만 이 단순한 이론을 이용하면 착물의 전자 구조의 본질을 간단하게 설명할 수 있다. 리간드장 이론은 결정장 이론에 기반을 둔다. 리간드장 이론은 착물의 전자 구조를 더 완전하게 기술하고 착물의 특성도 훨씬 폭넓게 설명한다.

20.1 결정장 이론

결정장 이론(**crystal-field theory**)은 리간드의 고립 전자쌍을 음의 점전하(또는 전기 쌍극자의 부분 음전하)로 간주하며, 이 음의 점전하가 중심 금속 이온의 d 오비탈 전자와 반발한다고 설명한다. 이 반발로 인하여 d 오비탈 에너지가 그룹별로 갈라지며, 이러한 갈라짐은 착물의 광학 스펙트럼, 열역학적 안정성, 자기적 특성을 설명하고 상호 연관시키는 데 사용된다.

캡션에 🖵이 표시된 그림은 쌍방향의 3D 구조로 온라인에서 찾을 수 있다. 브라우저에 다음 URL을 입력하고 관련 그림 번호를 넣어라. www.chemtube3d.com/wellerxe/[장번호]F[그림 번호]. 예를 들어 2장의 그림 7은 www.chemtube3d.com/wellerxe/2F07을 입력하면 된다.

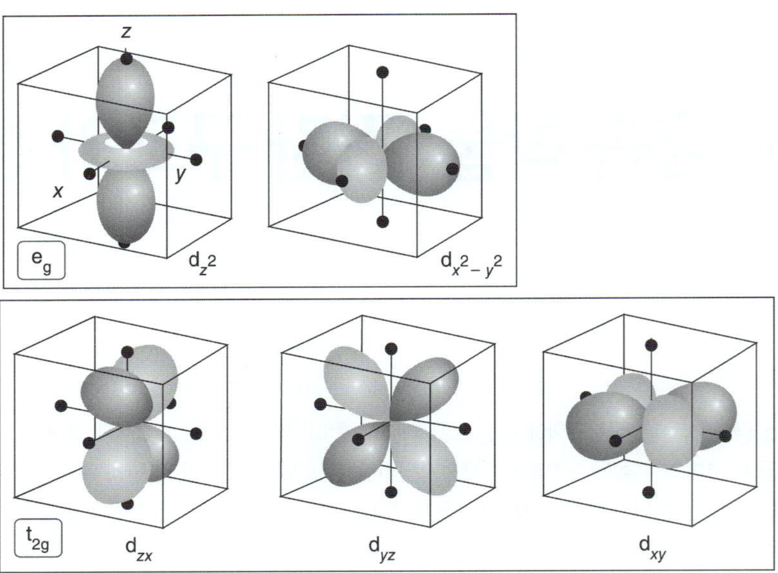

그림 20.1 팔면체 착물의 리간드에 대한 5개 d 오비탈의 배향 축퇴된 e_g(위)와 t_{2g} 오비탈(아래)

(a) 팔면체 착물

요점: 팔면체 결정장에서 d 오비탈들은 낮은 에너지의 삼중으로 축퇴된 한 벌의 오비탈(t_{2g})과, Δ_O만큼 에너지가 더 높은 이중으로 축퇴된 또 한 벌의 오비탈(e_g)로 갈라진다. 리간드장 갈라짐 변수는 리간드의 분광 화학적 계열을 따라 증가하고 금속 이온의 종류 및 전하에 따라서도 변화한다.

결정장 이론에서 사용되는 팔면체 착물 모델에서, 리간드를 나타내는 6개의 음전하는 중심 금속 이온 주위로 팔면체 배열을 한다. 이러한 전하('리간드'라고 부름)는 중심 금속 양이온과 강하게 상호 작용하며, 착물의 안정성은 반대 전하 사이의 인력으로부터 대부분 발생한다. 그러나 서로 다른 d 오비탈에 있는 전자는 리간드와 서로 다른 정도의 상호 작용을 하며, 이로 인하여 상당히 작지만 매우 중요한 이차적 효과를 발생시킨다. 이러한 상호 작용의 차이는 전체 금속–리간드 상호 작용 에너지의 10% 정도보다 약간 작지만, 착물의 특성에 큰 영향을 미치기 때문에 이 절의 중요한 초점이 된다.

결정장 이론의 맥락에서는 '**리간드장 갈라짐 변수**'를 '**결정장 갈라짐 변수**'라고 해야 한다. 하지만 용어에 의한 혼동을 피하기 '리간드장 갈라짐 변수'를 그대로 사용한다.

오비탈 d_{z^2}와 $d_{x^2-y^2}$(O_h의 e_g 대칭, 3장)에 있는 전자는 축을 따라서 리간드와 가깝게 위치하지만, d_{xy}, d_{yz}, d_{zx} 오비탈(t_{2g} 대칭)에 있는 전자는 리간드 사이의 영역에 집중되어 있다(그림 20.1). 그 결과 e_g 오비탈은 t_{2g} 오비탈보다 리간드에 있는 음전하에 의해서 더 강하게 반발하여 더 높은 에너지 상태에 놓인다. 군론에 의하면 두 e_g 오비탈은 같은 에너지를 가지며(그림에서 쉽게 알 수는 없지만), 또한 세 t_{2g} 오비탈도 같은 에너지를 갖는다. 이러한 간단한 모델은 이중 축퇴된 e_g 오비탈 아래에 삼중 축퇴된 t_{2g} 오비탈이 놓이는 에너지 준위 도표를 이끌어 낸다(그림 20.2). 이 두 세트의 오비탈의 에너지 분리는 **리간드장 갈라짐 변수(ligand-field splitting parameter**, Δ_O)라고 한다(아래 첨자 'o'는 팔면체 결정장을 나타냄).

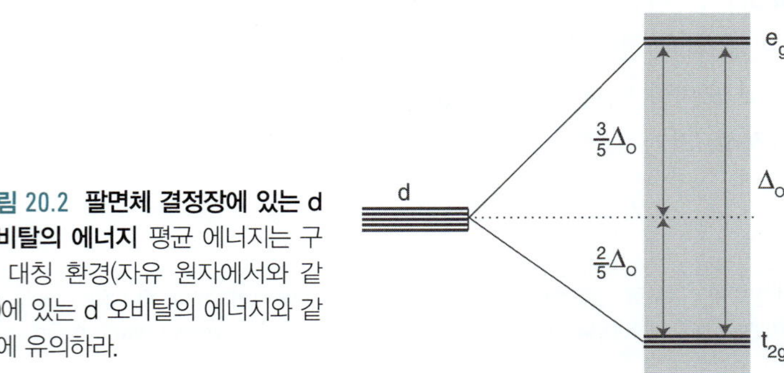

그림 20.2 팔면체 결정장에 있는 d 오비탈의 에너지 평균 에너지는 구형 대칭 환경(자유 원자에서와 같은)에 있는 d 오비탈의 에너지와 같음에 유의하라.

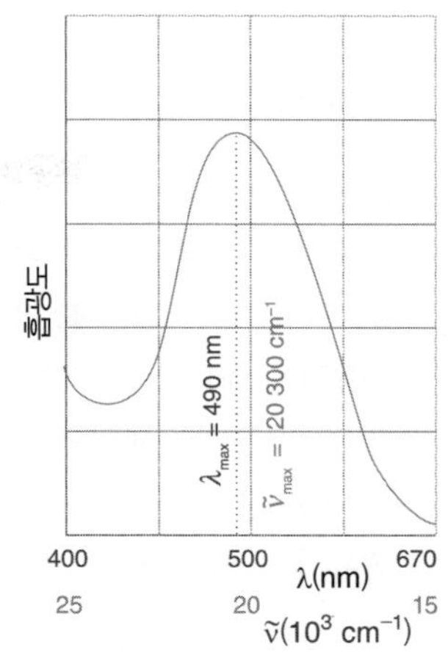

그림 20.3 $[Ti(OH_2)_6]^{3+}$의 광 흡수 스펙트럼

가상의 구형 대칭 환경에 해당하는 에너지 준위(리간드의 음전하가 6개의 점에 국한되지 않고 구 위에 고르게 분포하는)는 에너지 준위 도표에서 **중심선(barycentre)**으로 지정된다. 이 중심선 위의 $\frac{3}{5}\Delta_O$만큼 위에 e_g 오비탈이 있고, $\frac{2}{5}\Delta_O$만큼 아래에 세 개의 t_{2g} 오비탈이 있다. 원자의 전자 배치 표현에서처럼, 위 첨자는 각 세트의 오비탈의 전자수를 나타낸다(예: $t_{2g}{}^2$).

결정장 이론으로 설명할 수 있는 가장 간단한 특성은 단일 전자(one-electron) 착물의 흡수 스펙트럼이다. 그림 20.3은 d^1 헥사아쿠아타이타늄(III) 이온, $[Ti(OH_2)_6]^{3+}$의 **광 흡수 스펙트럼**이다. 결정장 이론에 따르면, 493 nm(20,300 cm^{-1})의 흡수 띠는 $e_g \leftarrow t_{2g}$ 전이에 의한 것이며, 20,300 cm^{-1}은 그 착물의 Δ_O가 된다.

관례로 분광학 표기법에서는 [위 상태]←[아래 상태]로 흡수 전이를 나타낸다.

전자 전이의 에너지는 오비탈 에너지뿐만 아니라 전자–전자 반발 에너지에 의해서도 좌우된다. 따라서 d 전자가 두 개 이상인 착물의 Δ_O 값을 구하는 것은 그리 간단하지 않다. 이러한 상황은 20.4절에서 보다 상세히 다루어지고, 거기에서 기술된 분석 결과는 표 20.1의 Δ_O 값을 얻는 데 사용되었다.

리간드장 갈라짐 변수(Δ_O)는 리간드의 종류에 따라 체계적으로 변한다. 예를 들면 X = I^-, Br^-, Cl^-, H_2O, NH_3인 일련의 $[CoX(NH_3)_5]^{n+}$ 착물에서는 색깔이 자주색(X = I^-)에서 연분홍색(X = Cl^-) 그리고 노란색(X = NH_3)까지 변한다. 이러한 단계적 변화는 순서대로 리간드가 변할 때, 가장 낮은 에너지의 전자 전이(따라서 Δ_O)가 증가하는 것을 나타낸다. 이 순서는 금속 이온의 종류와 무관하다. 따라서 리간드는 **분광 화학적 계열(spectrochemical series)**로 배열될 수 있다. 이 계열은 리간드가 착물 내에 존재할 때 전자 전이 에너지가 증가하는 순서이고, 다음과 같다.

표 20.1 ML_6 착물의 리간드장 갈라짐 변수 Δ_O*

	이온	리간드				
		Cl^-	H_2O	NH_3	en	CN^-
d^3	Cr^{3+}	13700	17400	21500	21900	26600
d^5	Mn^{2+}	7500	8500		10100	30000
	Fe^{3+}	11000	14300			(35000)
d^6	Fe^{2+}		10400			(32800)
	Co^{3+}		(20700)	(22900)	(23200)	(34800)
	Rh^{3+}	(20400)	(27000)	(34000)	(34600)	(45500)
d^8	Ni^{2+}	7500	8500	10800	11500	

* 값의 단위는 cm^{-1}. 괄호 안의 값은 저스핀 착물에 대한 것이다.

$$I^- < Br^- < S^{2-} < \underline{S}CN^- < Cl^- < N\underline{O}_2{}^- < N_3{}^- < F^- < OH^- < C_2O_4{}^{2-} < O^{2-} < H_2O < \underline{N}CS^- < CH_3C{\equiv}N < py < NH_3 < en < bpy < phen < \underline{N}O_2{}^- < PPh_3 < \underline{C}N^- < CO$$

(두자리 리간드에서 주개 원자는 밑줄로 표시함) 따라서 이 계열은 같은 금속에 대해 사이아노 착물의 광 흡수는 상응하는 염화물 착물보다 높은 에너지에서 일어나리라는 것을 나타낸다. 높은 전이 에너지(예: CO)를 일으키는 리간드는 **강한 장 리간드(센 장 리간드, strong-field ligand)**로 부르며, 낮은 에너지 전이(예: Br^-)를 나타내는 리간드는 **약한 장 리간드(weak-field ligand)**라고 한다. 결정장 이론만을 가지고는 이러한 세기를 설명할 수 없지만, 20.2절에서 볼 수 있듯이, 리간드장 이론으로는 설명할 수 있다.

리간드장의 세기는 중심 금속 이온의 종류에도 의존하며, 그 순서는 대략 다음과 같다.

$$Mn^{2+} < Ni^{2+} < Co^{2+} < Fe^{2+} < V^{2+} < Fe^{3+} < Co^{3+} < Mo^{3+} < Rh^{3+} < Ru^{3+} < Pd^{4+} < Ir^{3+} < Pt^{4+}$$

Δ_O 값은 중심 금속 이온의 산화수가 증가함에 따라 증가하고(Fe와 Co에 대한 두 항목 비교), 족의 아래로 갈수록 증가한다(예를 들어 Co, Rh, Ir의 위치 비교). 산화 상태의 변화는 더 높은 전하를 띠는 이온의 크기가 더 작고, 그 결과 금속–리간드의 거리가 더 짧아져서 상호 작용 에너지가 강해짐을 반영한다. 주기율표의 어떤 족에서 아래로 갈수록, 3d 오비탈과 비교하여 4d와 5d 오비탈이 더 커져서 리간드 오비탈과 더 강한 겹침이 일어나는 결과를 반영한다.

(b) 리간드장 안정화 에너지

요점: 착물의 바닥 상태 전자 배치는 리간드장 갈라짐 변수와 짝지음 에너지의 상대적인 값을 반영한다. n = 4~7인 팔면체 $3d^n$ 화학종에서, 고스핀 착물과 저스핀 착물은 각각 약한 장과 강한 장에서 발생한다. 4d와 5d 계열 금속의 착물은 전형적으로 저스핀이다.

팔면체 착물의 d 오비탈은 모두 같은 에너지를 가지지 않기 때문에, 어떤 착물에 대한 바닥 상태의 전자 배치는 명백하지 않다. 이를 예측하기 위해, 그림 20.2의 d 오비탈 에너지 준위 도표를 전자의 쌓음 원리를 적용하기 위한 기초로 사용한다. 즉 Pauli 배타 원리(한 오비탈에는 두 개의 전자가 최대)와 (하나 이상의 축퇴된 오비탈이 사용 가능할 경우) 전자들은 평행 스핀 상태로 별도의 오비탈을 먼저 차지한다는 요구 사항에 따라 가장 낮은 에너지의 전자 배치를 확인한다.

먼저 3d 계열 원소에 의해 생성되는 착물을 고려해 보자. 팔면체 착물에서 $3d^n$ 착물의 처음 세 개 d 전자는 평행한 스핀 상태로 t_{2g} 비결합 오비탈을 점유한다. 예를 들면 Ti^{2+}와 V^{2+}는 각각 $3d^2$와 $3d^3$ 전자 배치를 갖는다. d 전자는 그림 (**1**)과 (**2**)에서와 같이 낮은 t_{2g} 오비탈을 차지한다. 팔면체 이온의 t_{2g} 오비탈 에너지는, 중심선에 대하여 상대적으로 $-0.4\Delta_O$이며, 착물은 $2\times(-0.4\Delta_O) = -0.8\Delta_O$($Ti^{2+}$의 경우)와 $3\times(-0.4\Delta_O) = -1.2\Delta_O$($V^{2+}$의 경우)만큼 안정화된다. 이처럼 중심선에 대한 추가적인 안정성을 **리간드장 안정화 에너지(LFSE: ligand-field stabilization energy)**라고 한다.

결정장 안정화 에너지(CFSE: crystal-field stabilization energy)라는 용어는 LFSE 대신 널리 사용되지만, 엄격히 말해서 결정의 이온에만 적합하다.

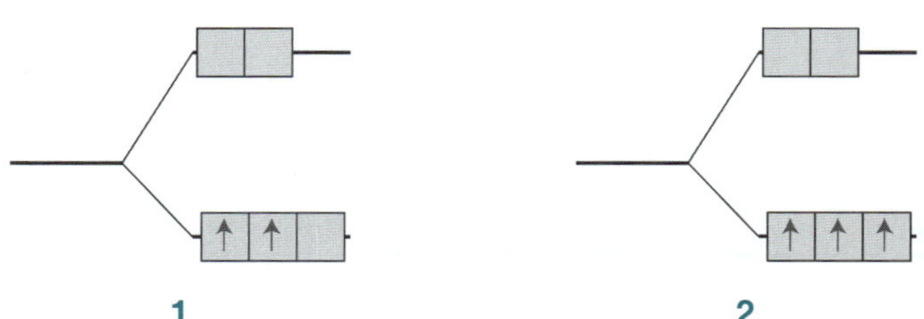

3d⁴인 Cr^{2+} 이온에 필요한 다음 전자는 t_{2g} 오비탈 중 하나에 들어가서, 이미 그곳을 차지하고 있는 전자와 쌍을 이룰 수 있다(**3**). 그렇게 되면 전자는 강한 정전기적 반발(Coulombic repulsion)을 느끼게 되는데, 이를 **짝지음 에너지**(pairing energy, P)라고 한다. 대안으로, 전자가 e_g 오비탈 중의 하나를 차지할 수 있다(**4**). 이 경우 짝지음에 의한 반발은 피하지만, 오비탈 에너지는 Δ_o만큼 높다. 첫 번째 경우($t_{2g}{}^4$)에는 $-1.6\Delta_o$의 안정화와 짝지음 에너지 P의 불안정화가 고려되어 $-1.6\Delta_o + P$의 알짜 LFSE를 갖는다. 두 번째 경우($t_{2g}{}^3e_g{}^1$)에서는 고려해야 할 P가 없어서, LFSE는 $3\times(-0.4\Delta_O) + 0.6\Delta_O = -0.6\Delta_O$가 된다. 어떤 전자 배치를 할 것인지는 $(-1.60\Delta_O + P)$와 $(-0.60\Delta_O)$ 중 어느 것이 더 큰가에 달려 있다.

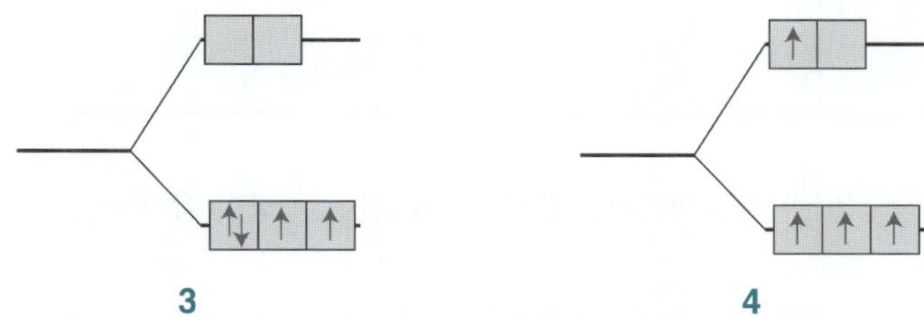

약한 장 경우(weak-field case)라고 하는 $\Delta_O < P$인 경우, 더 낮은 에너지를 갖기 위해 상위 오비탈이 채워져 $t_{2g}{}^3e_g{}^1$의 전자 배치를 가진다. **강한 장 경우**(strong-field case)로 불리는 $\Delta_O > P$인 경우, 낮은 에너지 상태는 짝지음 에너지에도 불구하고 낮은 오비탈을 차지함으로써 달성된다. 따라서 전자 배치는 $t_{2g}{}^4$가 된다. 예를 들어 $[Cr(OH_2)_6]^{2+}$의 바닥 상태의 전자 배치는 $t_{2g}{}^3e_g{}^1$이지만, 상대적으로 강한 장 리간드(분광 화학적 계열 참조)를 갖는 $[Cr(CN)_6]^{4-}$는 $t_{2g}{}^4$의 배치를 갖는다. 약한 장 경우에 모든 전자는 서로 다른 오비탈을 차지하고 평행 스핀을 갖는다. 그 결과로 얻어진 스핀 상관관계 효과(같은 스핀의 전자가 서로를 피하는 경향)는 높은 에너지의 오비탈을 차지하는 비용을 상쇄시키는 데에 도움을 준다.

팔면체 $3d^1$, $3d^2$, $3d^3$ 착물의 바닥 상태 전자 배치는 분명하다. 그 이유는 전자가 t_{2g} 오비탈을 채워 달성하는 추가적인 안정화와 짝지음 에너지 사이에는 경쟁이 없기 때문이다. 따라서 전자 배치는 각각 $t_{2g}{}^1$, $t_{2g}{}^2$, $t_{2g}{}^3$이고, 각각의 전자는 분리된 오비탈을 차지한다. 앞에서 언급한 것처럼, $3d^4$ 착물은 두 가지 배치가 가능하다. n = 4, 5, 6, 7인 $3d^n$ 착물도 마찬가지이다. 강한 장 경우 전자들은 에너지가 낮은 오비탈을 우선 점유하고, 약한 장 경우에는 높은 오비탈을 차지함으로써 짝지음 에너지를 회피한다.

두 가지 전자 배치가 가능할 때, 평행한 전자 스핀의 수가 더 적은 화학종을 **저스핀 착물**(low-spin complex)이라 하고, 더 많은 수의 평행 전자 스핀을 갖는 화학종을 **고스핀 착물**

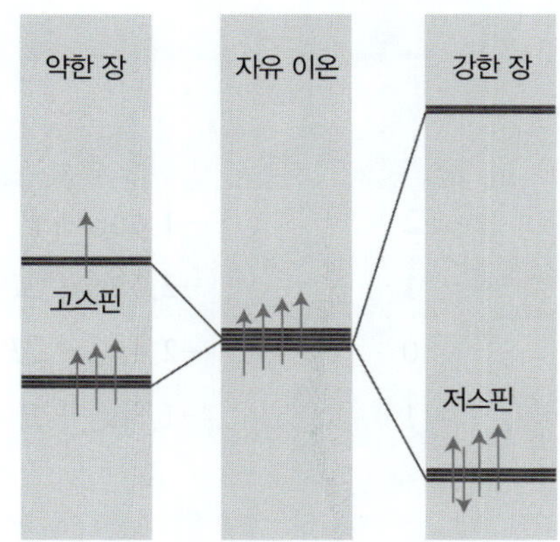

그림 20.4 d^4 착물의 오비탈 점유에 미치는 약한 장과 강한 장의 영향 약한 장은 고스핀, 강한 장은 저스핀을 초래한다.

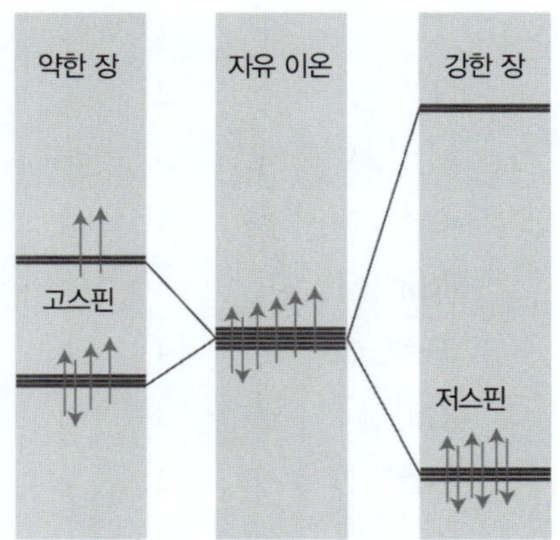

그림 20.5 d^6 착물의 오비탈 점유에 미치는 약한 장과 강한 장의 영향 약한 장은 고스핀, 강한 장은 저스핀을 초래한다.

(high-spin complex)이라고 한다. 팔면체의 $3d^4$ 착물은 결정장이 강하면 저스핀이 되지만, 약하면 고스핀이 된다(그림 20.4). 이런 상황은 $3d^5$, $3d^6$, $3d^7$ 착물에서도 마찬가지이다.

	약한 장 리간드		강한 장 리간드	
	전자 배치	홀전자 수	전자 배치	홀전자 수
$3d^4$	$t_{2g}{}^3e_g{}^1$	4	$t_{2g}{}^4$	2
$3d^5$	$t_{2g}{}^3e_g{}^2$	5	$t_{2g}{}^5$	1
$3d^6$	$t_{2g}{}^4e_g{}^2$	4	$t_{2g}{}^6$	0
$3d^7$	$t_{2g}{}^5e_g{}^2$	3	$t_{2g}{}^6e_g{}^1$	1

$3d^8$, $3d^9$, $3d^{10}$ 착물의 바닥 상태 전자 배치는 모호하지 않으며, 각각 $t_{2g}{}^6e_g{}^2$, $t_{2g}{}^6e_g{}^3$, $t_{2g}{}^6e_g{}^4$이다.

짝지음 에너지를 고려하지 않으면, 일반적으로 중심선에 대한 $t_{2g}{}^xe_g{}^y$ 전자 배치의 알짜 에너지는 $(-0.4x + 0.6y)\Delta_O$이다. 짝지음 에너지는 구형 장에서 생기는 짝지음에 추가되는 짝지음에 대해서만 고려해야 한다. 그림 20.5는 d^6 이온의 경우를 보여 준다. 자유 이온과 고스핀 착물 두 경우에서는 두 개의 전자가 쌍을 이루지만, 저스핀의 경우에는 6개의 전자 모두가 세 개 쌍으로 짝지어진다. 따라서 추가적인 짝지음이 없으므로, 고스핀의 경우 짝지음 에너지를 고려할 필요가 없다. 저스핀의 경우에는 두 개의 추가적인 짝지음이 있으므로, 두 개의 짝지음 에너지 기여도를 고려해야 한다. 고스핀 착물은 항상 구형 장에서의 자유 이온들처럼 같은 수의 홀전자를 가지므로 짝지음 에너지를 고려할 필요가 없다. 표 20.2에는 팔면체 이온의 다양한 전자 배치에 대한 LFSE 값들을 요약해 놓았다. 저스핀의 경우에는 적절한 짝지음 에너지를 고려하였다. LFSE는 일반적으로 금속 원자와 리간드 사이의 전체적 상호 작용의 작은 부분일 뿐이라는 것을 유의해야 한다.

결정장의 세기(Δ_O의 값으로 측정)와 스핀 짝지음 에너지(P로 측정)는 금속과 리간드의 종류 모두에 의존한다. 따라서 분광 화학적 계열에서 착물이 고스핀에서 저스핀으로 전환되는

표 20.2 팔면체 착물의 리간드장 안정화 에너지*

dn	예	N (고스핀)	LFSE/Δ_O	N (저스핀)	LFSE
d^0		0	0		
d^1	Ti^{3+}	1	−0.4		
d^2	V^{3+}	2	−0.8		
d^3	Cr^{3+}, V^{2+}	3	−1.2		
d^4	Cr^{2+}, Mn^{3+}	4	−0.6	2	$-1.6\Delta_O + P$
d^5	Mn^{2+}, Fe^{3+}	5	0	1	$-2.0\Delta_O + 2P$
d^6	Fe^{2+}, Co^{3+}	4	−0.4	0	$-2.4\Delta_O + 2P$
d^7	Co^{2+}	3	−0.8	1	$-1.8\Delta_O + P$
d^8	Ni^{2+}	2	−1.2		
d^9	Cu^{2+}	1	−0.6		
d^{10}	Cu^+, Zn^{2+}	0	0		

* N은 홀전자 수이다.

보편적인 지점을 특정할 수 없다. 3d 금속 이온의 경우 저스핀 착물은 일반적으로 분광 화학적 계열에서 높은 리간드(CN^-와 같은)에서 나타나고, 고스핀 착물은 흔히 낮은 쪽의 리간드(F^-와 같은)에서 나타난다. n = 1~3과 8~10의 팔면체 d^n 착물의 경우(표 20.2 참조) 전자 배치에 대한 모호함이 없으며, '고스핀' 및 '저스핀'이라는 표시는 사용되지 않는다.

지금까지 보았듯이, 4d와 5d 계열의 금속 착물에 대한 Δ_O의 값은 일반적으로 3d 계열 금속보다 더 크다. 4d 및 5d 계열 금속의 짝지음 에너지는 3d 계열 금속보다 낮은 경향이 있다. 왜냐하면 오비탈이 상대적으로 커서 전자–전자 반발이 약해지기 때문이다(9.6절). 결과적으로 이들 금속 착물은 일반적으로 강한 결정장의 특성을 보이는 전자 배치를 가지며, 전형적으로 저스핀이다. 예를 들어 $4d^4$ 착물 $[RuCl_6]^{2-}$는 분광 화학적 계열에서 Cl^-가 낮은 쪽인데도 불구하고 전형적인 강한 장의 $t_{2g}{}^4$ 전자 배치를 갖는다. 마찬가지로 $[Ru(ox)_3]^{3-}$는 저스핀 $t_{2g}{}^5$ 배치를 갖지만, $[Fe(ox)_3]^{3-}$는 고스핀의 $t_{2g}{}^3e_g{}^2$의 배치를 보인다.

예제 20.1 LFSE의 계산

다음 팔면체 이온의 LFSE를 결정하고, 표 20.2의 값과 일치하는지 확인하시오.

(a) d^3 (b) 고스핀 d^5 (c) 고스핀 d^6 (d) 저스핀 d^6 (e) d^9

답 각각의 경우에 대해 전체 오비탈 에너지를 고려해야 한다. 필요한 경우 짝지음 에너지도 고려해야 한다. (a) d^3 이온은 $t_{2g}{}^3$ 배치(전자쌍 없음)를 가지므로, LFSE $= 3 \times (-0.4\Delta_O) = -1.2\Delta_O$이다. (b) 고스핀 d^5 이온은 $t_{2g}{}^3e_g{}^2$ 배치(전자쌍 없음)를 가지므로, LFSE $= \{3 \times (-0.4) + 2 \times 0.6\}\Delta_O = 0$이다. (c) 고스핀 d^6 이온은 두 개 전자의 짝지음이 있는 $t_{2g}{}^4e_g{}^2$ 배치를 가진다. 그러나 이 두 개의 전자는 구형 장에서 쌍을 이루므로, 추가적인 짝지음 에너지는 없다. 따라서 LFSE $= \{4 \times (-0.4) + 2 \times 0.6\}\Delta_O = -0.4\Delta_O$이다. (d) 저스핀 d^6 이온은 세 개의 전자쌍을 가지고 $t_{2g}{}^6$ 배치를 가진다. 하지만 한 개의 전자쌍은 구형 장에서 짝지어지므로 $2P$의 추가적인 짝지음 에너지를 고려해야 한다. 그래서 LFSE $= 6 \times (-0.4\Delta_O) + 2P = -2.4\Delta_O + 2P$이다. (e) d^9 이온은 $t_{2g}{}^6e_g{}^3$ 전자 배치를 가지며 네 개의 전자쌍을 가진다. 그러나 네 개의 전자쌍은 구형 장에서 짝지어지므로 추가적인 짝지음 에너지는 없다. 따라서 LFSE $= \{6 \times (-0.4) + 3 \times 0.6\}\Delta_O = -0.6\Delta_O$이다.

문제 20.1 고스핀 d^7과 저스핀 d^7 배치의 LFSE는 얼마인가?

(c) 자기적 측정

요점: 자기적 측정은 착물의 홀전자 수를 결정하여 바닥 상태의 전자 배치를 결정하는 데 이용된다. 저스핀 $3d^5$와 고스핀 $3d^6$, $3d^7$ 착물의 경우, 스핀만 고려한 계산은 잘 맞지 않을 수 있다.

실험으로 고스핀과 저스핀 팔면체 착물들을 구별하는 것은 착물의 자기적 성질의 측정에 근거한다. 화합물이 자기장에 반발하면 **반자성**(diamagnetic)으로, 자기장에 끌리면 **상자성**(paramagnetic)으로 분류된다. 이 두 부류는 자기 특성 측정법(magnetometry) 실험으로 구별한다(8장). 착물의 자기 쌍극자 모멘트가 클수록 시료의 상자성(paramagnetism)도 크기 때문에, 일반적으로 착물의 상자성 크기는 착물의 자기 쌍극자 모멘트로 보고한다.

자유 원자나 이온에서, 전자의 오비탈과 스핀 각운동량은 모두 자기 모멘트를 발생시키고, 상자성에 이바지한다. 원자와 이온이 착물의 일부가 되면, 전자들의 비구형(nonspherical) 환경과의 상호 작용에 따라 오비탈 각운동량은 일반적으로 **소멸**(quench)되거나 억제된다. 그러나 어떤 전자도 짝을 이루지 않는다면, 전자의 알짜 스핀 각운동량은 없어지지 않고 남아서, 많은 d-금속 착물의 특성인 **스핀만의 상자성**(spin-only paramagnetism)을 나타낸다. 총 스핀 양자수 S인 착물의 스핀만의 자기 모멘트 μ는 다음 식으로 표현된다.

$$\mu = 2\sqrt{S(S+1)}\,\mu_B \qquad (20.1)$$

표 20.3 스핀만의 자기 모멘트의 계산값

이온	전자 배치	N	S	μ/μ_B 계산값	실험값
Ti^{3+}	$t_{2g}{}^1$	1	$\frac{1}{2}$	1.73	1.7~1.8
V^{3+}	$t_{2g}{}^2$	2	1	2.83	2.7~2.9
Cr^{3+}	$t_{2g}{}^3$	3	$\frac{3}{2}$	3.87	3.8
Mn^{3+}	$t_{2g}{}^3e_g{}^1$	4	2	4.90	4.8~4.9
Fe^{3+}	$t_{2g}{}^3e_g{}^2$	5	$\frac{5}{2}$	5.92	5.9

여기서 μ_B는 단일 전자의 자기 모멘트인 **Bohr 마그네톤**(**Bohr magneton**, $\mu_B = e\hbar/2m_e$)이며 그 값은 9.274×10^{-24} JT^{-1}이다. $S = ½ N$이며, N은 $s = \dfrac{1}{2}$인 홀전자의 수이므로 μ는 다음 식으로도 표현된다.

$$\mu = \sqrt{N(N+2)}\ \mu_B \tag{20.2}$$

d 구역 착물의 자기 모멘트를 측정하면 홀전자의 수로 결과를 해석할 수 있다. 따라서 이 측정으로 고스핀과 저스핀 착물을 구별할 수 있다. 예를 들어 d^6 착물의 자기적 측정으로 고스핀 전자 배치 $t_2{}^4{}_ge_g{}^2$ ($N = 4$, $S = 2$, $\mu = 4.90\,\mu_B$)와 저스핀 전자 배치 $t_{2g}{}^6$($N = 0$, $S = 0$, $\mu = 0$)를 구별할 수 있다.

일부 전자 배치에 대한 스핀만의 자기 모멘트가 표 20.3에 제시되어 있고, 다수 3d 착물의 실험값과 비교되어 있다. 대부분의 3d 착물(및 일부 4d 착물)의 경우 실험값은 스핀만 고려한 예측값과 거의 가까우므로, 홀전자의 수를 정확하게 파악하여 바닥 상태 전자 배치를 지정할 수 있다. 예를 들면 $[Fe(OH_2)_6]^{3+}$는 5.9 μ_B의 자기 모멘트를 갖는 상자성 착물이다. 표 20.3에서 볼 수 있듯이, 이 값은 5개의 홀전자($N = 5$, $S = 5/2$)가 존재한다는 것과 일치하며, 고스핀 $t_2{}^3{}_ge_g{}^2$ 배치를 뜻한다.

이러한 예가 제시하는 것보다 자기 측정의 해석이 분명하지 않은 경우가 때로 있다. 예를 들면 $[Fe(CN)_6]^{3-}$ 포타슘염의 $\mu = 2.3\ \mu_B$는 한 개와 두 개의 홀전자의 스핀만 고려한 값(각각 1.7 μ_B와 2.8 μ_B)의 중간에 해당한다. 이 경우, 자기 모멘트에 대한 오비탈 각운동량의 기여가 상당하므로 스핀만 고려한 가정은 실패한다. 그러나 이 값을 사용하여 d^5 Fe^{3+} 이온의 두 가지 가능성을 여전히 구별할 수 있다. 저스핀 착물은 단일 홀전자를 가지지만(1.7 μ_B), 고스핀 착물은 5개의 홀전자를 가질 것이기 때문이다(5.9 μ_B).

오비탈 각운동량의 기여로 인해 스핀만 고려한 값과 상자성이 상당히 차이가 나려면, 적당한 대칭(걸어 주는 장의 방향 주위의 회전이, 채워진 오비탈과 관계된 것)을 가지면서 홀전자에 의해 점유된 오비탈과 같은 에너지를 갖는, 비어 있거나 절반 채워진 오비탈이 있어야 한다. 이 경우에 걸어 준 자기장은 낮은 에너지의 오비탈을 통하여 전자를 금속 이온 주위로 회

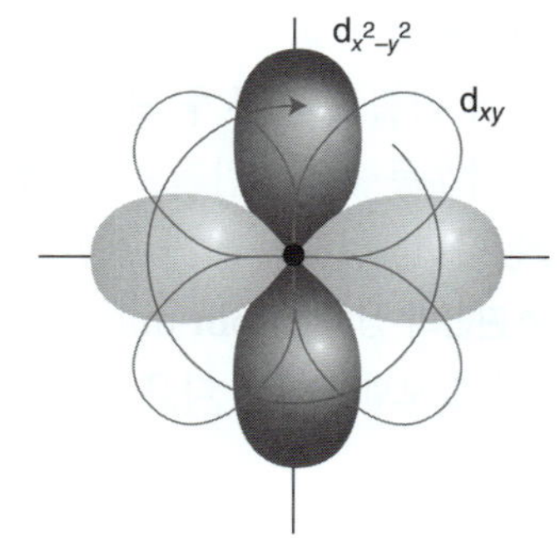

그림 20.6 올바른 대칭의 에너지가 낮은 오비탈이 있다면, 가해 준 장(filed)은 착물에서 전자의 회전을 유도하여 오비탈 각운동량을 발생시킬 수 있다. 이 도표는 *xy* 평면에 수직(이 지면에 수직)인 방향으로 장을 걸어 줄 때 회전이 발생하는 방식을 보여 준다.

전시킬 수 있다. 따라서 생성된 전자의 오비탈 각운동량은 총 자기 모멘트에 기여한다(그림 20.6). 스핀만 고려한 값과 차이가 나는 정도는 저스핀 d^5와 고스핀의 $3d^6$, $3d^7$ 착물에서 일반적으로 크다. 금속의 전자 상태가 (예를 들어 온도에 따라) 바뀌면서, 고스핀에서 저스핀으로의 변화와 자기 모멘트의 변화를 수반할 수 있다. 이러한 착물들은 **스핀 교차**(**spin-crossover**) 착물이라고 하며, 20.8절과 20.9절에서 협동 자기성 효과와 더불어 보다 자세하게 논의된다.

예제 20.2 자기 모멘트로부터 전자 배치의 추론

어떤 팔면체 Co(II) 착물의 자기 모멘트는 4.0 μ_B이다. 이 착물의 d 전자 배치는 무엇인가?

답 착물의 가능한 전자 배치를 관찰된 자기 모멘트와 일치시켜야 한다. Co(II) 착물은 d^7이다. 가능한 두 가지 배치는 홀전자가 세 개인 $t_{2g}^5e_g^2$(고스핀, $N = 3$, $S = 3/2$)와 홀전자가 한 개인 $t_{2g}^6e_g^1$(저스핀, $N = 1$, $S = 1/2$)이다. 스핀만의 자기 모멘트는 각각 3.87 μ_B, 1.73 μ_B일 것이다(표 20.3 참조). 따라서 알맞은 것은 고스핀 배치인 $t_{2g}^5e_g^2$이다.

문제 20.2 $[Mn(\underline{N}CS)_6]^{4-}$착물의 자기 모멘트는 6.06 μ_B이다. 이 착물의 전자 배치는 무엇인가?

(d) 열화학적 상관관계

요점: 수화 엔탈피 실험값의 변화는 이온 반지름 변화(선형적 경향)와 LFSE의 변화(톱니 모양 변화)와의 조합으로 나타난다.

리간드장 안정화 에너지의 개념은 고스핀 팔면체 3d 금속 M^{2+} 이온에서 수화 엔탈피의 이중 혹 모양 변화를 설명하는 데 도움이 된다(그림 20.7). M^{2+} 이온에 대한 수화 엔탈피는 다음 반응에서의 엔탈피 변화이다.

$$M^{2+}(g) + 6H_2O(l) \rightarrow [M(H_2O)_6]^{2+}(aq)$$

중심 금속 이온의 반지름이 주기율표의 왼쪽에서 오른쪽으로 감소하면, H_2O 리간드와의 결합 세기가 증가하고, 이에 따라 수화 엔탈피의 크기가 거의 선형적으로 증가할 것이다. 이것은 그림 20.7에서 채워진 원으로 표시된다. 수화 엔탈피가 직선에서 벗어나게 된 것은 자유 이온으로부터 형성된 팔면체 착물의 부가적인 리간드장 안정화 에너지 때문이다. 표 20.2에서 보듯이 LFSE는 d^1에서 d^3로 가면서 증가하고 다시 d^5로 가면서 감소한 다음, d^8까지 상승하고 d^{10}에서 다시 0으로 떨어진다.

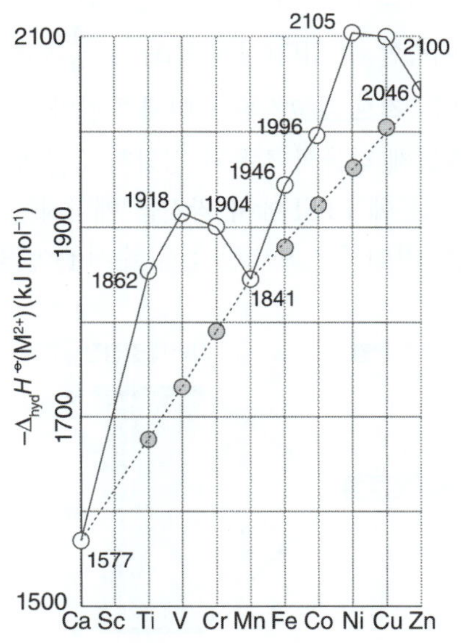

그림 20.7 d 구역의 첫 번째 행에 있는 M^{2+} 이온의 수화 엔탈피 직선은 리간드장 안정화 에너지를 고려하지 않았을 때 예상되는 경향을 보여 준다. 주기율표의 왼쪽에서 오른쪽으로 가면서 수화 엔탈피(더 많은 발열 수화)가 더 커지는 일반적인 추세를 주목하라.

예제 20.3 LFSE를 사용한 열화학적 성질의 설명

화학식이 MO인 산화물은 암염 구조이며, 금속 이온은 팔면체 배위를 하고 있고, 격자 엔탈피가 다음과 같다.

MnO	FeO	CoO	NiO	ZnO
3810	3921	3988	4071	4032(kJ mol^{-1})

LFSE를 가지고 경향을 설명하시오.

답 먼저 이온 반지름의 추세와 LFSE로 추적할 수 있는 편차를 기반으로 예상되는 간단한 추세를 고려해야 한다. d 구역을 가로지르는 일반적인 추세는, 금속의 이온 반지름이 감소함에 따라 MnO(d^5)에서 ZnO(d^{10})까지의 격자 엔탈피가 증가한다(격자 엔탈피는 $1/(r_1 + r_2)$에 비례함, 4.14절). 고스핀(O^{2-}는 약한 장 리간드)인 Mn^{2+} 이온은 d^{10} Zn^{2+} 이온과 마찬가지로 LFSE가 0이다. 만일 MnO부터 ZnO까지 격자 엔탈피가 선형적으로 증가하면, 격자 엔탈피는 Mn^{2+}부터 Fe^{2+}, Co^{2+}, Ni^{2+}, Cu^{2+}, Zn^{2+}로 각각 (4032 − 3810)/5 kJ mol^{-1} 증가할 것으로 예상할 수 있다. 즉 FeO, CoO, NiO의 격자 에너지는 각각 3854, 3899, 3943 kJ mol^{-1}일 것이다. 하지만 FeO(d^6)의 실제 격자 엔탈피 3921 kJ mol^{-1}이고, 이 67 kJ mol^{-1}의 차이는 $-0.4\Delta_O$의 LFSE로 간주할 수 있다. 마찬가지로 CoO(d^7)에 대한 3988 kJ mol^{-1}의 실제 격자 엔탈피는 예측된 것보다 더 큰 89 kJ mol^{-1}이며, 그 차이는 $-0.8\Delta_O$의 LFSE에서 발생한다. 또 NiO(d^8)에 대한 4071 kJ mo^{-1}은 128 kJ mol^{-1}보다 큰데, 이 차이는 $-1.2\Delta_O$의 LFSE에서 기인한다.

문제 20.3 각 금속 이온이 F^- 이온의 팔면체 배열로 둘러싸여 있는 고체 플루오린화물의 격자 엔탈피 변화를 설명하시오.
MnF_2 (2780 kJ mol^{-1}), FeF_2(2926 kJ mol^{-1}), CoF_2(2976 kJ mol^{-1}),
NiF_2(3060 kJ mol^{-1}), ZnF_2(2985 kJ mol^{-1})

(e) 사면체 착물

요점: 사면체 착물에서 e 오비탈은 t_2 오비탈 아래에 놓인다. 고스핀의 경우만 고려하면 된다.

3d 금속에서 4배위의 사면체 착물은 팔면체 착물 다음으로 많다. 팔면체 착물에서와 같이, 결정장 이론에 근거한 같은 주장이 이 화학종에도 적용될 수 있다.

사면체 결정장은 d 오비탈을 두 종류로 나누는데, 두 개의 e 오비탈($d_{x^2-y^2}$, d_{z^2})은 세 개의 t_2 오비탈(d_{xy}, d_{yz}, d_{zx})보다 에너지가 낮다(그림 20.8).[1] e 오비탈이 t_2 오비탈보다 아래에 있다는 사실은 오비탈의 공간적 배향을 자세히 분석함으로써 이해할 수 있다. 즉 e 오비탈은 리간드 사이 또는 리간드의 부분 음전하 사이를 향하지만, t_2 오비탈은 리간드에 더 직접적으로 향한다(그림 20.9). 두 번째 차이점은 사면체 착물의 리간드장 갈라짐 변수인 Δ_T는 팔면체의 Δ_O보다 작다는 점이다. 이러한 사실은 리간드의 수가 적고 어떤 리간드도 d 오비탈을 직접 향하고 있지 않다는 것으로부터 충분히 예측할 수 있다(실제로 $\Delta_T \approx \frac{4}{9}\Delta_O$). 짝지음 에너지는 한결같이 Δ_T보다 더 바람직하지 않아서 일반적으로 고스핀 사면체 착물만 접하게 된다.

리간드장 안정화 에너지는 팔면체 착물의 경우와 정확히 같은 방법으로 계산할 수 있다. 사면체 착물은 항상 고스핀이기 때문에 LFSE에서 짝지음 에너지를 전혀 고려할 필요가 없다. 팔면체 착물과 비교할 때 유일한 차이점은 오비탈 점유 순서(t_2에 앞서 e)와 전체 에너지에 대

[1] 사면체 착물에는 반전 중심이 없으므로, 오비탈을 지정할 때 반전성(parity) 꼬리표인 g 또는 u를 포함하지 않는다.

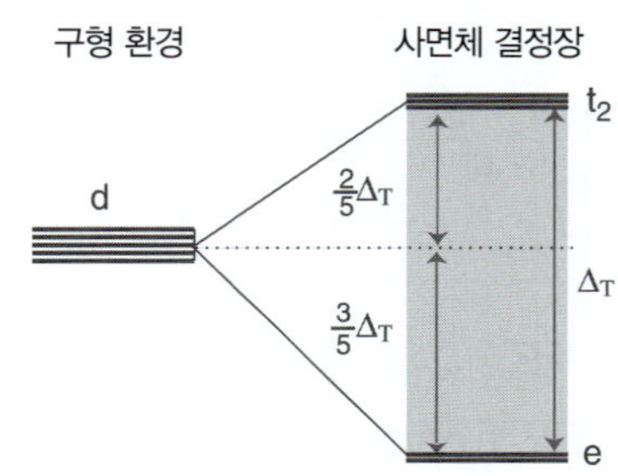

그림 20.8 사면체 착물의 결정장 분석에서 쌓음 원리를 적용하는 데에 사용되는 오비탈의 에너지 준위 도표

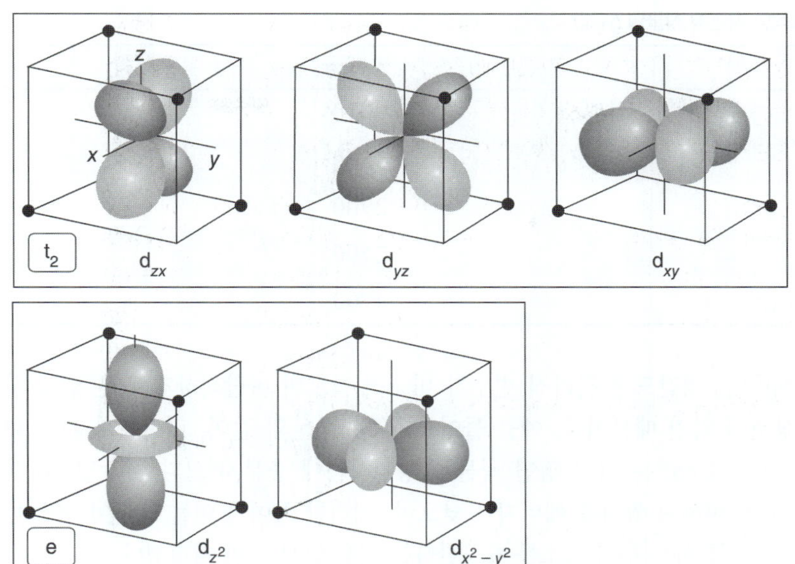

그림 20.9 사면체 결정장 효과에 의해 한 벌의 d 오비탈은 두 무리로 나뉜다. 이중으로 축퇴된 e 쌍(리간드에 덜 직접적으로 향하는)은 삼중으로 축퇴된 t_2보다 에너지가 낮다.

한 각각의 오비탈의 기여도이다(한 개의 e 오비탈에 대해 $-\frac{3}{5}\Delta_T$, 한 개의 t_2 오비탈에 대해 $+\frac{2}{5}\Delta_T$). 표 20.4에는 LFSE의 계산값과 함께 사면체 d^n 착물의 전자 배치가 나열되어 있다. 표 20.5에는 몇 가지 착물에 대한 Δ_T의 측정값이 수록되어 있다.

(f) 사각 평면 착물

요점: 강한 결정장과 결합한 d^8 전자 배치는 사각 평면 착물의 형성을 선호한다. 이런 경향은 금속의 크기가 크고 전자 짝지음이 더 쉬운 4d와 5d 금속의 경우에 증가한다.

네 개의 리간드가 사면체 배열을 하는 것이 입체 장애를 최소화하지만, 일부 착물에서는 분명히 더 높은 에너지의 사각 평면 배열이 존재한다. 정전기 상호 작용만 고려하면, 리간드의 사각 평면 배열은 그림 20.10처럼 d 오비탈을 갈라지게 하여 $d_{x^2-y^2}$을 다른 오비탈보다 더 위에 놓이게 한다. 이러한 배열은 d 전자가 8개이고 결정장이 강하여 저스핀 배열인 $d_{yz}^2d_{zx}^2d_{z^2}^2d_{xy}^2$를 선호할 때 에너지 측면에서 유리할 수 있다. 이러한 배치에서, 전자 안정화 에너지는 바람직하지 못한 입체 상호 작용을 보충할 수 있다. 따라서 많은 사각 평면 착물이 큰 $4d^8$과 $5d^8$ 이온인 Rh(I), Ir(I), Pd(II), Pt(II), Au(III)의 착물에서 발견된다. 이들 착물에서는 바람직하지 않은 입체 제약 조건은 효과가 작고, 4d 및 5d 계열 금속과 관련된 큰 리간드장 갈라짐이 있다. 대조적으로, X가 할로젠화물인 $[NiX_4]^{2-}$와 같은, 작은 3d 계열 금속 착물들은 일반적

표 20.4 사면체 착물의 리간드장 안정화 에너지*

d^n	전자 배치	N	LFSE/Δ_T	d^n	전자 배치	N	LFSE/Δ_T
d^0		0	0	d^6	$e^3t_2^3$	4	−0.6
d^1	e^1	1	−0.6	d^7	$e^4t_2^3$	3	−1.2
d^2	e^2	2	−1.2	d^8	$e^4t_2^4$	2	−0.8
d^3	$e^2t_2^1$	3	−0.8	d^9	$e^4t_2^5$	1	−0.4
d^4	$e^2t_2^2$	4	−0.4	d^{10}	$e^4t_2^6$	0	0
d^5	$e^2t_2^3$	5	0				

* N은 홀전자의 수이다.

표 20.5 대표적인 사면체 착물의 Δ_T 값

착물	Δ_T /cm^{-1}
$[VCl_4]$	9010
$[CoCl_4]^{2-}$	3300
$[CoBr_4]^{2-}$	2900
$[CoI_4]^{2-}$	2700
$[Co(\underline{N}CS)_4]^{2-}$	4700

으로 사면체이다. 리간드장 갈라짐 변수가 비교적 작으며 바람직하지 않은 입체 상호 작용을 충분히 보상하지 않기 때문이다. 예를 들어 $[Ni(CN)_4]^{2-}$와 같이, 리간드가 분광 화학적 계열에서 높을 때만, LFSE는 사각 평면 착물을 형성하기에 충분히 크다. 4d 및 5d 계열 금속은 3d 계열 금속에 비하여 짝지음 에너지가 낮으며, 이러한 차이가 이들 금속이 저스핀 사각 평면 착물의 형성하도록 하는 추가 요소를 제공한다는 것을 앞서 이미 지적했다.

(g) 정방형으로 일그러진 착물: Jahn-Teller 효과

요점: 착물의 바닥 상태 전자 배치에서 오비탈이 축퇴되어 있을 때 정방형 일그러짐이 예상된다. 착물은 축퇴가 되지 않는 쪽으로 일그러짐이 일어나서 낮은 에너지 상태가 된다.

구리(II)의 6배위 d^9 착물은 흔히 팔면체 기하 구조에서 벗어나 뚜렷한 정방형 일그러짐을 보인다(그림 20.11). 고스핀 d^4(예: Cr^{2+} 및 Mn^{3+})와 저스핀 d^7의 6배위 착물(예: Ni^{3+})도 비슷한 일그러짐을 보일 수 있지만, 이들 이온의 착물은 흔하지 않다. 이러한 일그러짐은 **Jahn–Teller 효과(Jahn–Teller effect)**가 발현된 것이다. 비선형 착물의 바닥 상태 전자 배치에서 오비탈이 축퇴되어 있고 비대칭적으로 전자가 채워져 있으면, 착물은 일그러짐이 일어나서 축퇴를 제거하고 더 낮은 에너지를 얻게 된다.

이 효과의 물리적인 원인은 식별하기가 아주 쉽다. 정팔면체의 정방형 일그러짐이 z축을 따라 늘어나거나 x와 y축으로 줄어들면서 일어나면, $e_g(d_{z^2})$ 오비탈의 에너지는 낮아지고 $e_g(d_{x^2-y^2})$ 오비탈의 에너지는 높아진다(그림 20.12). 따라서 e_g 오비탈에 한 개 또는 세 개의 전자가 채워져 있으면(예를 들어 고스핀 d^4, 저스핀 d^7, d^9 착물), 정방형 일그러짐이 에너지적으로 유리하다. 예를 들어 d^9 착물(O_h에서 $t_{2g}{}^6e_g{}^3$의 전자 배치)에서 그러한 일그러짐은 두 개의 전자를 낮은 에너지의 d_{z^2} 오비탈에, 한 개의 전자를 높은 에너지의 $d_{x^2-y^2}$ 오비탈에 남겨 둔다.

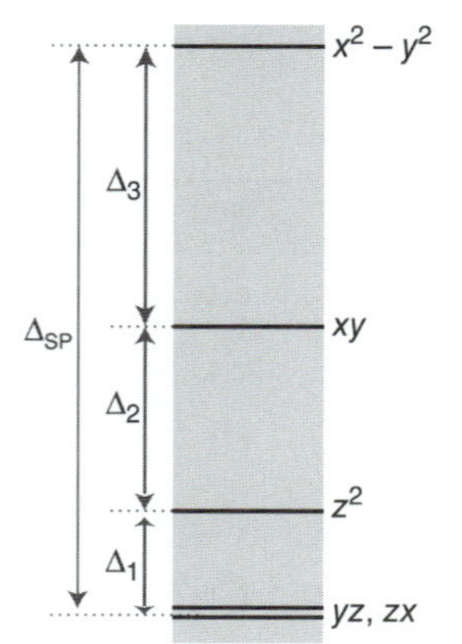

그림 20.10 사각 평면 착물의 오비탈 갈라짐 변수

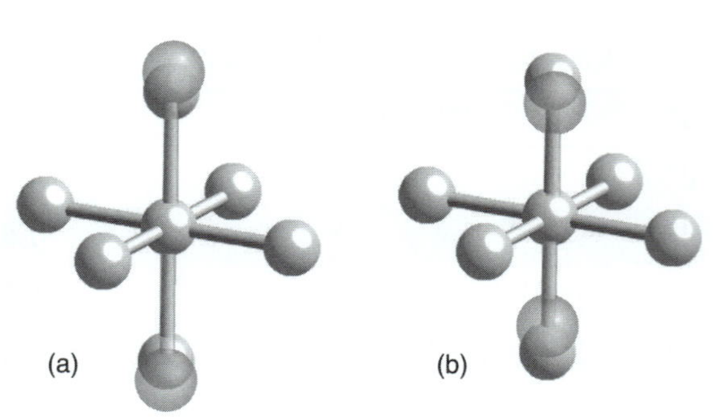

그림 20.11 (a) 두 개의 리간드가 중심 이온에서 멀어진, 정방형으로 일그러진 착물, (b) 두 개의 리간드가 중심 이온에 가까워진, 정방형으로 일그러진 착물

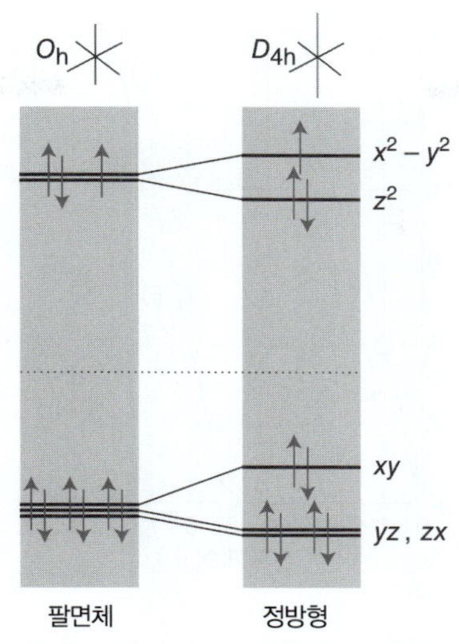

그림 20.12 d 오비탈의 에너지에 미치는 정방형 일그러짐(x와 y를 따라 수축하고, z를 따라 늘어남)의 효과 오비탈 점유는 d^9 착물에 대한 것이다.

Jahn–Teller 효과는 불안정한 기하 구조(바닥 상태에서 오비탈이 축퇴되어 있는 비선형 착물)를 식별한다. 다만, 이 효과로 바람직한 일그러짐을 예측하지 못한다. 예를 들면 팔면체 착물의 경우, 축 방향의 늘어남과 적도 방향의 수축 대신에 축 방향의 수축과 적도 방향의 늘어남도 오비탈의 축퇴를 없앨 수 있다. 어떤 일그러짐이 실제로 발생할 것인지는 대칭이 아닌 에너지에 관한 문제이다. 축 방향의 늘어남은 두 개의 결합을 약하게 하지만, 적도 방향의 늘어남은 네 개이기에, 축 방향의 늘어남이 축 방향의 수축보다 더 흔하다.

Jahn–Teller 효과는 다른 전자 배치들, 즉 팔면체 착물에서 d^1, d^2, 저스핀 d^4, 저스핀 d^5, 고스핀 d^6, d^7 배치, 그리고 사면체 착물에서 d^1, d^3, d^4, d^6, d^8, d^9 배치에서도 가능하다. 그러나 팔면체 착물에서의 t_{2g} 오비탈과 사면체 착물의 어느 d 오비탈도 리간드를 직접 향하지 않으므로, 측정 가능한 일그러짐과 같은 효과는 일반적으로 훨씬 작다. 사면체 Cu^{2+} 화합물은 종종 Cs_2CuCl_4에서의 $[CuCl_4]^{2-}$ 음이온(**5**)에서 보듯이 약간 '평평한' 사면체 구조를 보여 준다.

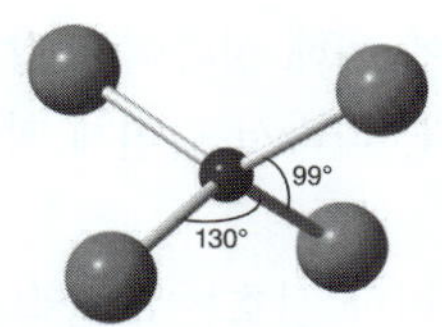

5 평평한 $[CuCl_4]^{2-}$ 음이온

Jahn–Teller 일그러짐은 한 배향에서 다른 배향으로 건너뛸 수 있어 **동적 Jahn–Teller 효과(dynamic Jahn–Teller effect)**를 발생시킨다. 예를 들어 20 K 이하에서 $[Cu(OH_2)_6]^{2+}$의 전자 상자기 공명(EPR) 스펙트럼은 정적인 일그러짐(정확하게는 공명 실험의 시간 척도에서 효과적으로 고정된 정적 일그러짐)을 보인다. 그러나 20 K 이상에서는 EPR 실험의 시간 척도보다 더 빠르게 건너뜀이 일어나므로 일그러짐 현상은 사라진다.

(h) 팔면체 대 사면체 배위

요점: LFSE를 고려하면 d^3와 d^8 이온은 사면체보다는 팔면체 기하 구조를 매우 많이 선호한다. 다른 전자 배치에서는 이러한 선호도가 뚜렷하지 않다. d^0, 고스핀 d^5, d^{10} 이온의 기하 구조는 LFSE와 무관하다.

팔면체 착물은 6개의 M–L 결합 상호 작용을 가진다. 현저한 입체 및 전자 효과가 없는 경우, 이 배열은 단지 네 개의 M–L 결합 상호 작용을 갖는 사면체 착물보다 낮은 에너지를 갖는다. 착물에 있어서 입체적 크기의 효과에 대해 이미 논의하였고(7.3절), 방금 사각 평면 착물

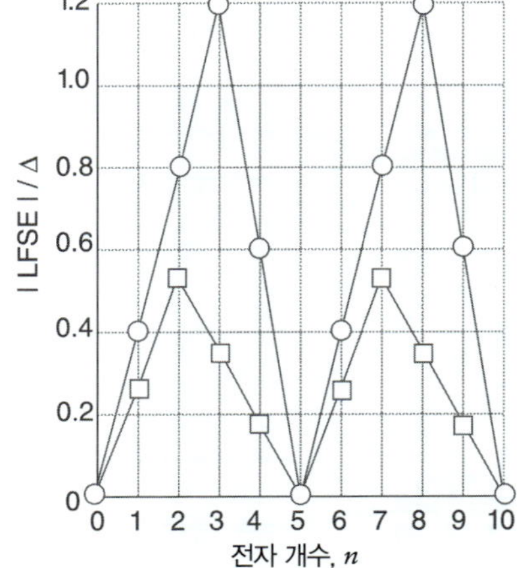

그림 20.13 팔면체(고스핀, 원)와 사면체(사각형)의 d^n 착물에 대한 리간드장 안정화 에너지 LFSE는 관계식 $\Delta_T = \frac{4}{9}\Delta_O$을 이용하여 표시되었다.

을 선호하는 전자적인 이유를 고찰하였다. 이제 사면체보다 팔면체 착물을 선호하는 전자 효과를 고려하여 토론을 완료할 수 있다.

그림 20.13은 모든 전자 배치에 대한 사면체와 고스핀 팔면체 착물에 대한 LFSE의 변화를 보여 준다. LFSE 관점에서는, d^3와 d^8 착물에 대해 팔면체 구조가 사면체보다 강하게 선호된다는 것이 명백하다. d^3인 Cr(III)와 d^8의 Ni(II)는 실제로 팔면체에 대한 아주 큰 선호도를 보인다. 이와 유사하게 d^4와 d^9 배치도 팔면체 착물을 선호한다(예를 들면 Mn(III)와 Cu(II): Jahn–Teller 효과가 이 선호도를 증가시킴에 유의). 반면 d^1, d^2, d^6, d^7 이온의 사면체 착물은 비선호도가 그다지 크지 않다. 따라서 V(II)(d^2)와 Co(II)(d^7)는 염화물(Cl^-), 브로민화물(Br^-) 및 아이오딘화물(I^-) 리간드와 사면체 착물($[MX_4]^{2-}$)을 형성한다. d^0, d^5, d^{10}의 배치를 가지는 이온의 착물은 LFSE가 없으므로 d 전자 수에 영향을 받지 않는다.

d 오비탈 갈라짐 크기, 즉 LFSE는 리간드에 의존하기 때문에, 팔면체 배위에 대한 선호도는 약한 장 리간드에서 가장 덜 두드러질 것이다. 강한 장 리간드의 경우 저스핀 착물이 선호될 수 있다. 또한 짝지음 에너지에 의해 상황이 복잡해지긴 하지만, 저스핀 팔면체 착물의 LFSE는 고스핀 착물보다 클 것이다. 따라서 팔면체 착물이 저스핀이면, 사면체 배위에 비해 팔면체 배위가 더 선호될 것이다.

사면체 배위에 대한 팔면체의 이러한 선호는 d 금속 화합물이 채택된 구조에 영향을 줌으로써 고체 상태에서 중요한 역할을 한다. 이 영향은 스피넬(AB_2O_4, 4.9b절 및 24.6절)의 서로 다른 금속 이온 A 및 B가 팔면체 또는 사면체 자리를 차지하는 방식에 의해 입증된다. 저스핀 d^6 Co(III) 이온은 팔면체 배위를 강하게 선호하여 $(Co^{2+})_T(2Co^{3+})_OO_4$를 생성하므로, Co_3O_4는 정상 스피넬이다. 반면에 Fe_3O_4(자철광)는 Fe(III)가 아니라 Fe(II)가 팔면체 자리를 차지함으로써 더 큰 LFSE를 얻을 수 있으므로 역스피넬이다. 따라서 자철광의 화학식은 $(Fe^{3+})_T(Fe^{2+}Fe^{3+})_OO_4$이다.

(i) Irving–Williams 계열

요점: Irving–Williams 계열은 M^{2+} 이온에 의해 형성된 착물들의 상대적 안정성을 요약하고, 정전기 효과와 LFSE의 조합을 반영한다.

그림 20.14는 2족 금속 및 3d 계열 M^{2+} 이온의 팔면체 착물에 대한 log K_f 값(7.12절)을 보여 준다. 거기에 나타난 생성 상수의 변화는 **Irving–Williams 계열(Irving–Williams series)**에 요약되어 있다.

$$Ba^{2+} < Sr^{2+} < Ca^{2+} < Mg^{2+} < Mn^{2+} < Fe^{2+} < Co^{2+} < Ni^{2+} < Cu^{2+} < Zn^{2+}$$

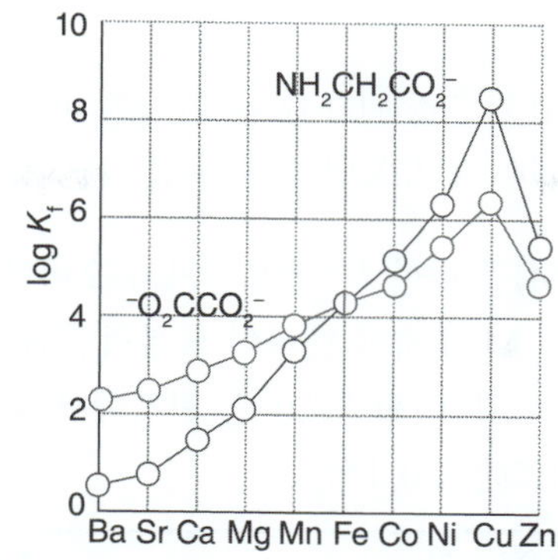

그림 20.14 Irving-Williams 계열의 M^{2+} 이온에 대한 생성 상수의 변화

이 순서는 리간드의 종류에 상대적으로 민감하지 않지만, 생성 상수는 수화된 이온으로부터 착물을 형성하는 것을 의미하기 때문에, 관련된 리간드는 금속 중심에서 물을 치환할 수 있어야 한다.

일반적으로 안정성의 증가는 이온 반지름에 반비례한다. 이 사실은 Irving-Williams 계열이 정전기 효과(electrostatic effect)를 반영한다는 것을 의미한다. 그러나 Mn^{2+} 이후, 강한 장 리간드와 d^6 Fe(II), d^7 Co(II), d^8 Ni(II) d^9 Cu(II) 금속 이온의 K_f 값이 급격히 증가한다. 이들 이온은 착물에서 여분의 리간드장 안정화 에너지에 비례하여 추가 안정화를 경험한다(치환된 물 분자에 의해 생성된 것과 비교하여, 표 20.2). 하나의 중요한 예외는, 추가적 반결합 e_g 전자를 가지는 Cu(II) 착물의 안정성이 Ni(II) 착물의 안정성보다 더 큰 것이다. 이러한 예외는 Jahn-Teller 효과에 기인한 안정화이고, 이 결과 K_f 값이 증가한다. 이 효과로 6개의 리간드 중 4개의 리간드가 정방형으로 일그러진 Cu(II) 착물 면에 강하게 결합한다. Zn(II) 착물의 생성 상수는 Jahn-Teller 일그러짐 또는 LFSE 고려에 의해 향상되지 않으며, 일반적으로 Mn(II) 및 Fe(II)보다 크지만 Co(II), Ni(II) 및 Cu(II)의 생성 상수보다는 작다.

20.2 리간드장 이론

결정장 이론은 Δ_O 실험값을 사용하여 자기적, 분광학적, 그리고 열화학적 데이터를 해석하는 데에 사용할 수 있는 간단한 개념 모델을 제공한다. 그러나 이 이론은 리간드를 점전 또는 쌍극자로 취급하고, 리간드 오비탈과 금속 원자 오비탈 사이의 겹침(overlap)을 고려하지 않기 때문에 결함이 있다. 이러한 지나친 단순화의 한 결과는, 결정장 이론이 리간드의 분광 화학적 계열을 설명할 수 없다는 것이다. **리간드장 이론(ligand-field theory)**은 중심 금속 원자의 d 오비탈에 집중하는 분자 오비탈 이론을 사용하여, Δ_O의 기원을 이해할 수 있는, 보다 실질적인 틀을 제공한다.

d 금속 착물의 분자 오비탈을 묘사하는 방법은 3장에서 다원자 분자의 결합을 다루는 것과 유사한 과정을 따른다. 금속과 리간드의 원자가 오비탈은 대칭 반영 선형 조합(SALCs: symmetry-adapted linear combinations)을 만드는 데 사용되며(3.6절), 분자 오비탈의 상대적 에너지는 실험 에너지 값과 오비탈 겹침을 고려하여 추정한다. 이 상대적 에너지는 실험 데이터(특히 자외선-가시광선 흡수와 광전자 분광법)와 비교하여, 더 정확하게 검증하고 또 그 위치를 지정할 수 있다.

먼저 금속-리간드 σ 결합만을 고려한 팔면체 착물을 살펴본다. 그 후에 π 결합의 효과를 알아보고, Δ_O를 이해하는 데 이것이 필수적이라는 것을 알아본다(이는 결정장 이론이 분광 화학적 계열을 설명할 수 없는 이유 중의 하나이다). 마지막으로 다른 대칭을 갖는 착물을 고려하고, 유사한 논증이 그것들에도 적용된다는 것을 알게 된다. 이 장의 뒷부분에서는, 광학 분광법으로부터 얻은 정보를 사용하여 논의를 다듬고, 리간드장 갈라짐 변수와 전자-전자 반발 에너지에 관한 정량적인 데이터를 제공하는 방법을 보게 된다.

(a) σ 결합

요점: 리간드장 이론에서는 쌓음 원리가 금속 원자 오비탈과 대칭 반영 선형 조합(SALC)된 리간드 오비탈로부터 만들어진 분자 오비탈의 에너지 도표와 함께 사용된다.

각 리간드(L)가 중심 금속 원자(M)를 향한 한 개의 원자가 오비탈을 갖는 팔면체 착물을 고려하여 시작한다. 이들 각 오비탈은 M−L축에 대하여 국부적인 σ 대칭을 갖는다. 그러한 리간드의 예로 NH_3 분자와 F^- 이온이 있다. 팔면체(O_h) 환경에서 중심 금속 원자의 오비탈은 대칭에 따라 네 개의 무리로 나뉜다(그림 20.15).

금속 오비탈	대칭 표기	축퇴도
s	a_{1g}	1
p_x, p_y, p_z	t_{1u}	3
$d_{x^2-y^2}$, d_{z^2}	e_g	2
d_{xy}, d_{yz}, d_{zx}	t_{2g}	3

제3.10절의 설명처럼 6개의 리간드 σ 오비탈로 6개의 SALC를 형성할 수 있다. 이 SALC는 그림 20.15에 나와 있다. 하나의 (비정규화된) SALC는 a_{1g} 대칭을 가진다.

$$a_{1g}: \sigma_1 + \sigma_2 + \sigma_3 + \sigma_4 + \sigma_5 + \sigma_6$$

여기서 σ_i는 리간드 i의 σ 오비탈을 나타낸다. t_{1u} 대칭의 SALC는 세 개가 있다.

$$t_{1u}: \sigma_1 - \sigma_3,\ \sigma_2 - \sigma_4,\ \sigma_5 - \sigma_6$$

e_g 대칭의 SALC는 두 개이다.

$$e_g: \sigma_1 - \sigma_2 + \sigma_3 - \sigma_4,\quad 2\sigma_6 + 2\sigma_5 - \sigma_1 - \sigma_2 - \sigma_3 - \sigma_4$$

이 6개의 SALC로 σ 대칭의 모든 리간드 σ 오비탈을 설명한다. 이때 금속 t_{2g} 오비탈과 같은 대칭성을 갖는 리간드 σ 오비탈의 SALC는 없으므로, σ t_{2g} 오비탈은 σ 결합에 참여하지 않는다.[2]

분자 오비탈은 SALC와 같은 대칭을 갖는 금속 원자 오비탈과의 조합으로 형성된다. 예를 들어 a_{1g} 분자 오비탈의 (비정규화된) 형태는 $c_M\psi_{Ms} + c_L\psi_{La_{1g}}$인데, 여기서 ψ_{Ms}는 금속 원자 M의 s 오비탈이고, $\psi_{La_{1g}}$는 a_{1g} 대칭의 리간드 SALC이다. 금속 s 오비탈과 리간드 a_{1g} SALC의 겹침으로 한 개의 결합성 오비탈과 한 개의 반결합성 분자 오비탈이 형성된다.

이와 유사하게 이중 축퇴된 금속 e_g 오비탈과 리간드의 e_g SALC가 겹쳐서 네 개의 오비탈(두 개의 축퇴된 결합, 두 개의 축퇴된 반결합)을 형성하고, 삼중 축퇴된 금속 t_{1u} 오비탈과 세 개의 t_{1u} SALC의 겹침이 6개의 분자 오비탈(삼중 축퇴된 결합, 삼중 축퇴된 반결합)을 생성한다. 따라서 모두 6개의 결합성 조합과 반결합성 조합이 있다. 삼중 축퇴된 금속 t_{2g} 오비탈은 비결합으로 남아 있으며 완전히 금속 원자에 국한된다. 에너지의 계산(20.4절에서 살펴본 것과 같은 여러 가지 분광학적 데이터와 일치하도록 조정된)으로 그림 20.16에 도시한 분자 오비탈 에너지 준위 도표를 얻는다.

가장 낮은 에너지 분자 오비탈에 가장 많이 기여하는 것은 가장 낮은 에너지 원자 오비탈이다(2.9절). NH_3, F^-, 그리고 대부분의 다른 리간드에 있어서, 리간드 σ 오비탈은 금속 d 오비탈보다 훨씬 낮은 에너지에 있는 원자 오비탈로부터 유도된다. 그 결과 6개의 결합 분자 오비탈은 주로 리간드 오비탈의 성질을 지닌다(즉 $c_L^2 > c_M^2$). 이 6개의 결합 오비탈은 6개의 리간드 고립 전자쌍에서 제공되는 12개 전자를 수용할 수 있다. 리간드에 의해서 제공된 것으로 간주할 수 있는 전자들은, 결정장 이론에서 추정하는 것처럼, 착물의 리간드에 대부분 국한되어 있다. 그러나

[2] 겹침을 무시한 정규화 상수: $N(a_{1g}) = (\frac{1}{6})^{\frac{1}{2}}$; 모든 세 오비탈에 대하여 $N(t_{1u}) = (\frac{1}{2})^{\frac{1}{2}}$; $N(e_g) = \frac{1}{2}$, $(\frac{1}{12})^{\frac{1}{2}}$.

계수인 c_M이 0이 아니므로, 결합성 분자 오비탈은 약간의 d 오비탈 특성을 가지며, '리간드 전자'는 중심 금속 원자에까지 부분적으로 비편재화되어 어느 정도의 공유 결합 특성을 제공한다.

리간드에 의해 제공되는 전자 외에도, 수용할 총 전자 수는 금속 원자에 의해서 제공되는 d 전자 수인 n에 의존한다. 추가되는 전자는 비결합성 d 오비탈(t_{2g} 오비탈)과 금속과 리간드의 반결합성 조합(위의 e_g)에 채워지게 된다. t_{2g} 오비탈은 전적으로 (지금까지의 근사에 의하면) 금속 원자에 국한되어 있고, 반결합성 e_g 오비탈은 대부분 금속 원자의 성질을 가지고 있어서 중심 원자에 의해 제공된 n개의 전자는 주로 금속 원자에 남아 있다. 따라서 착물의 프론티어(경계) 오비탈은 전적으로 금속에서 비롯된 비결합성의 t_{2g} 오비탈과, 주로 금속에 국한된 반결합성의 e_g 오비탈이다. 그러므로 결정장 이론에서와 정성적으로 같은 에너지 준위의 배열을 볼 수 있다. 리간드장 이론에 의한 접근법에서는 팔면체 리간드장 갈라짐 변수 Δ_O는 전부는 아니지만, 대부분 금속 원자에 국한된 분자 오비탈 사이의 간격이다(그림 20.16).

분자 오비탈 에너지 준위 도표가 완성되면 착물의 바닥 상태 전자 배치를 얻기 위해 쌓음 원리를 사용한다. 6배위 d^n 착물의 경우 $(12 + n)$개의 전자가 채워진다. 6개의 결합 분자 오비탈은 리간드가 제공하는 12개 전자를 수용한다. 남아 있는 n개 전자는 비결합성 t_{2g} 오비탈과

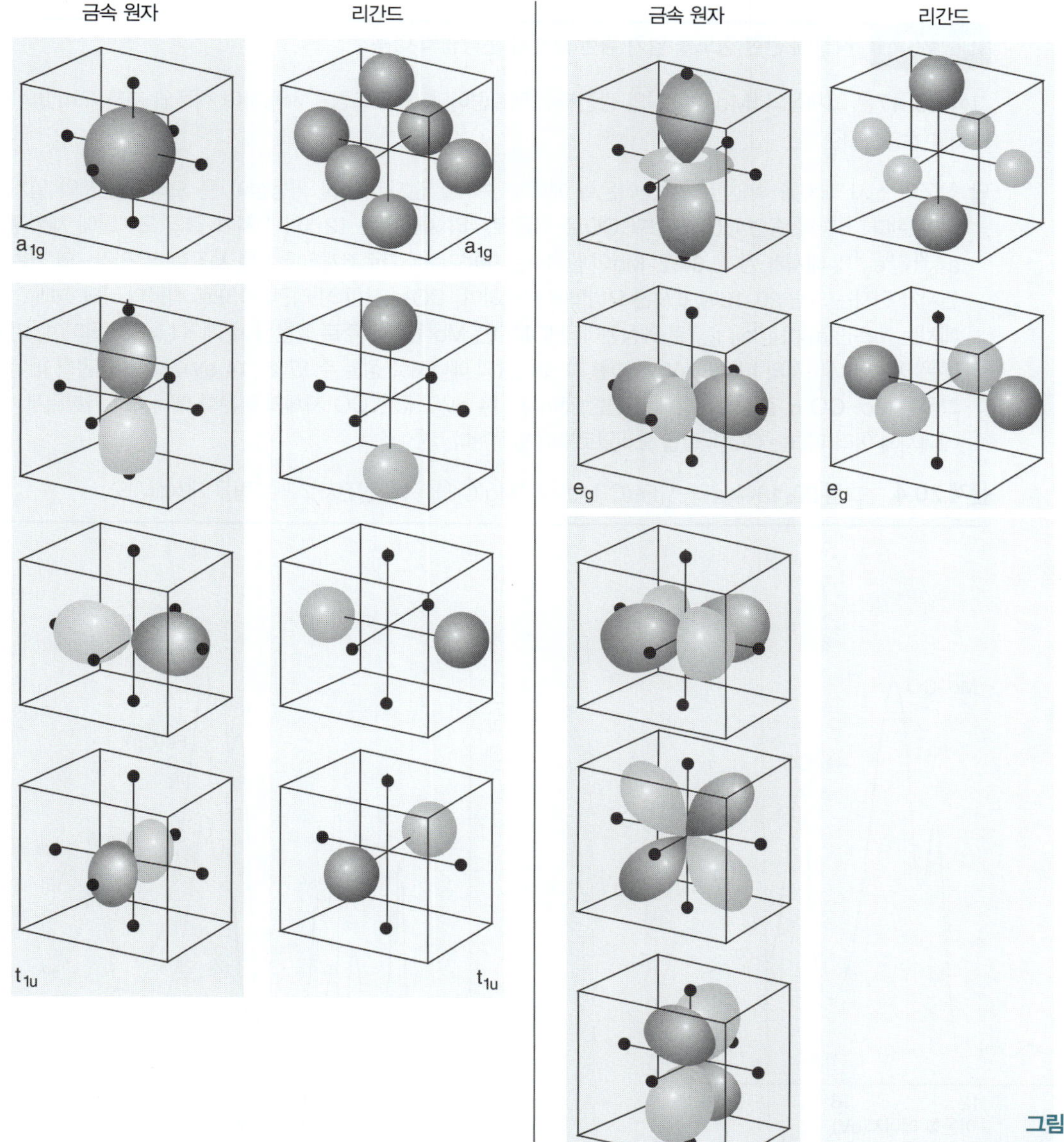

그림 20.15 팔면체 착물에서의 리간드 σ 오비탈(구로 표시)의 대칭 반영 선형 조합(SALCs)

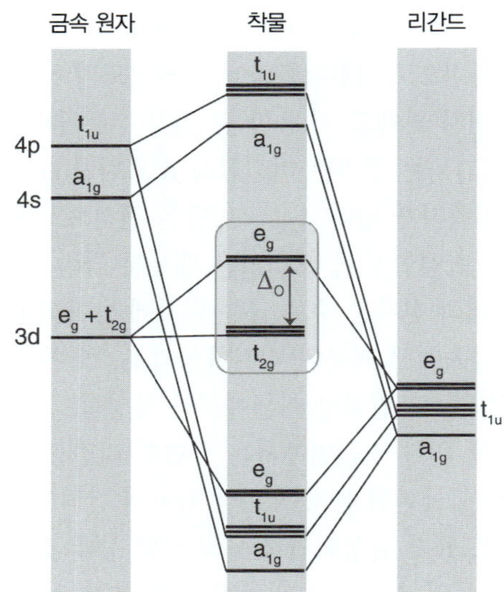

그림 20.16 전형적인 팔면체 착물의 분자 오비탈 에너지 준위 프론티어(경계) 오비탈은 옅은 색의 상자 안에 있다.

예제 20.4 착물에 관한 정보를 얻기 위한 광전자 분광법의 이용

그림 20.17은 기체상의 $[Mo(CO)_6]$의 광전자 스펙트럼이다. 스펙트럼을 사용하여 착물의 분자 오비탈의 에너지를 추론하시오.

답 착물의 전자 배치를 확인한 다음, 이온화 에너지 순서를 전자가 나올 가능성이 큰 오비탈 순서와 일치시켜야 한다. 6개의 중성 CO 리간드(:CO로 취급)로부터 제공되는 12개의 전자가 결합 오비탈에 채워져서 $a_{1g}^2t_{1u}^6e_g^4$의 배치가 된다. 6족인 Mo의 산화수는 0이므로 추가로 6개의 전자를 제공한다. 리간드와 금속의 원자가 전자는 그림 20.16에 표시된 오비탈에 분포하며, CO는 강한 장 리간드이므로 착물의 바닥 상태 전자 배치는 저스핀 $a_{1g}^2t_{1u}^6e_g^4t_{2g}^6$로 예상된다. HOMO는 Mo 원자에 주로 국한된 세 개의 t_{2g} 오비탈이며, 가장 낮은 이온화 에너지의 피크(8 eV 근처)를 그 오비탈의 에너지로 정할 수 있다. 14 eV 근처의 이온화 에너지 그룹은 Mo−CO σ 결합 오비탈에 기인한 것이다. 14 eV의 값은 CO 자체의 이온화 에너지와 가까워서, 그 에너지에 여러 피크는 CO의 결합 오비탈로부터 발생한다.

문제 20.4 그림 20.18에 나타낸 $[Fe(C_5H_5)_2]$와 $[Mg(C_5H_5)_2]$의 광전자 스펙트럼을 해석하시오.

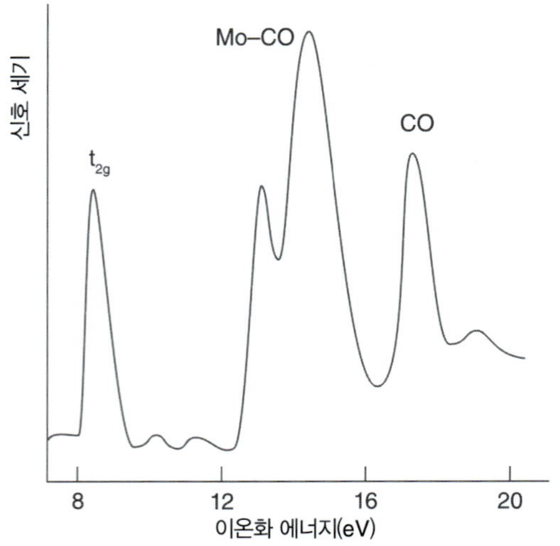

그림 20.17 $[Mo(CO)_6]$**의 He(II) (30.4 nm) 광전자 스펙트럼**

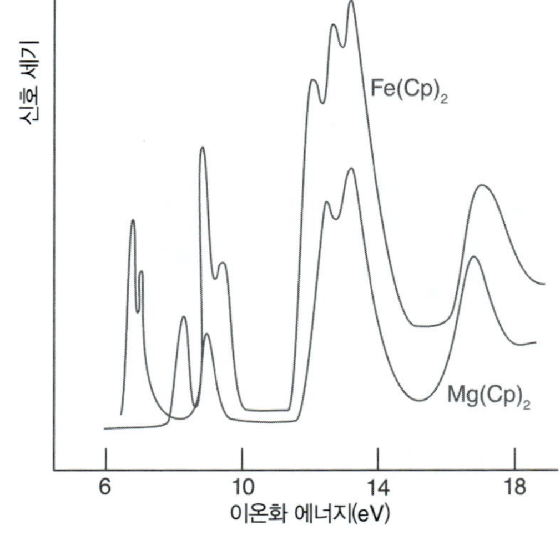

그림 20.18 Ferrocene과 magnesocene의 광전자 스펙트럼

반결합성 e_g 오비탈에 채워진다. 이제 이러한 상황은 결정장 이론과 본질에서 같으며, 얻어지는 착물의 형태(예를 들어 고스핀, 저스핀)는 Δ_O와 짝지음 에너지 P의 상대적인 값에 좌우된다. 결정장 논의와의 중요한 차이점은, 리간드장 이론은 리간드장 갈라짐의 원인을 더 깊이 통찰한다는 것, 그리고 왜 일부 리간드는 '강하고' 다른 리간드는 '약한지'를 이해할 수 있다는 것이다. 예를 들어 좋은 σ 주개 리간드는 강한 금속-리간드 겹침을 일으키므로, 반결합성 e_g 오비탈을 더 반결합성이 되게 하여 결과적으로 Δ_O 값을 더 커지게 한다. 그러나 이 이상의 결론을 내리기 전에 결정장 이론이 완전히 고려하지 않았던 π 결합의 역할을 고려해야 한다.

(b) π 결합

요점: π 주개 리간드는 Δ_O를 감소시키고, π 받개 리간드는 Δ_O를 증가시킨다. 분광 화학적 계열은, π 결합이 가능하면, 그 결합의 효과에 의한 결과이다.

착물의 리간드가 M–L축에 대해 국부 π 대칭인 오비탈을 갖는 경우(할로젠 음이온의 p 오비탈 중 두 개가 갖는 것처럼), 이들은 금속 오비탈과 결합 및 반결합의 π 오비탈을 형성할 수 있다(그림 20.19). 팔면체 착물의 경우, 리간드 π 오비탈로부터 형성될 수 있는 조합은 t_{2g} 대칭의 SALC를 포함한다. 이러한 리간드 조합은 금속의 t_{2g} 오비탈과 알짜 겹침을 하므로, t_{2g} 오비탈은 금속 원자만의 순수한 비결합이 아니게 된다. 리간드와 금속 오비탈의 상대적인 에너지에 따라, 이제 분자 t_{2g} 오비탈의 에너지는 비결합 원자 오비탈의 위 또는 아래에 있게 되어, Δ_O가 각각 감소하거나 증가한다.

π 결합의 역할을 더 자세히 살펴보기 위해서는, 2장에서 설명된 일반 원칙 중 두 가지가 필요하다. 첫째, 원자 오비탈이 효과적으로 중첩될 때, 그들은 강하게 섞인다는 사실을 이용한다. 그 결과로 결합성 분자 오비탈의 에너지는 원자 오비탈보다 많이 낮아지고, 반결합성 분자 오비탈의 에너지는 현저히 높아진다. 둘째, 유사한 에너지를 지닌 원자 오비탈은 강하게 상호 작용하는 반면, 매우 다른 에너지를 가진 원자 오비탈은 많이 겹치더라도 단지 약간만 섞임에 유의하도록 한다.

π 주개 리간드(**π-donor ligand**)는 어떤 결합이라도 고려되기 전에, M–L축 주위에 π 대칭의 채워진 오비탈을 가지는 것이다. 이러한 리간드는 Cl^-, Br^-, OH^-, O^{2-}, 심지어 H_2O도 포함한다. Lewis 산-염기 개념으로 보면, π 주개 리간드는 **π 염기**(**π base**)이다(5.6절). 리간드에서 완전히 채워진 π 오비탈 에너지는 일반적으로 σ 주개 오비탈(HOMO)보다 높지 않으므로, 금속 d 오비탈보다 에너지가 낮아야 한다. π 주개 리간드의 꽉 채워진 π 오비탈은 부분적으로 채워진 금속의 d 오비탈보다 에너지가 낮

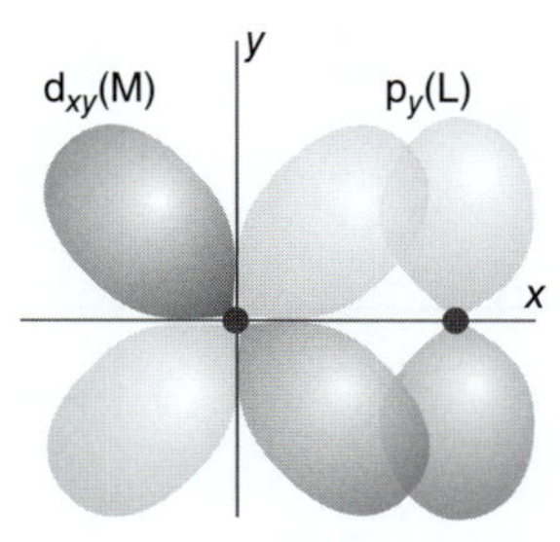

그림 20.19 M–L축에 수직인 p 오비탈과 금속 d_{xy} 오비탈 사이에 일어나는 π 겹침

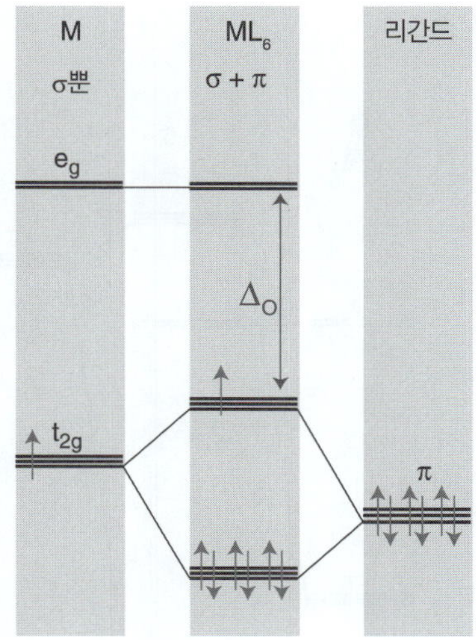

그림 20.20 리간드장 갈라짐 변수에 미치는 π 결합의 영향 π 주개로 작용하는 리간드는 Δ_O를 감소시킨다. 리간드의 π 오비탈만 나타내었다.

다. 그래서 이들이 금속 t_{2g} 오비탈과 분자 오비탈을 형성할 때, 결합성 조합은 리간드 오비탈보다 에너지가 낮게 되고, 반결합성 조합은 자유 금속 원자의 d 오비탈보다 에너지가 높아지게 된다(그림 20.20).

리간드의 π 오비탈이 제공하는 전자는 결합성 조합을 점유하고 채워 나가면서, 원래 중심 금속 원자의 d 오비탈에 있던 전자가 반결합성 t_{2g} 오비탈을 차지하도록 한다. 알짜 효과는, 이전에 비결합성인 금속 t_{2g} 오비탈이 반결합성 오비탈이 되어서 반결합성 e_g 오비탈 쪽으로 에너지가 상승하는 것이다. 따라서 π 주개 리간드는 Δ_O를 **감소시킨다.**

π 받개 리간드(π-acceptor ligand)는 점유 가능한 비어 있는 π 오비탈을 가지고 있는 리간드이다. Lewis 산-염기에서 π 받개 리간드는 **π 산(π acid)**이다. 전형적으로 π 받개 오비탈은, CO와 N_2에서와 같이, 금속 d 오비탈보다 에너지가 높으며 비어 있는 오비탈(일반적으로 LUMO)이다. 예를 들어 CO의 π^* 오비탈은 C 원자에 큰 진폭을 가지며 금속 t_{2g} 오비탈과 겹칠 수 있는 적합한 대칭을 가지므로, CO는 π 받개 리간드로 작용할 수 있다(22.5절). 포스핀(PR_3)도 π 전자 밀도를 받아들일 수 있어서 π 받개로 작용할 수 있다(22.6절).

대부분의 리간드에서 π 받개 오비탈은 금속 d 오비탈보다 에너지가 높으므로, 분자 오비탈을 만들 때 결합성 t_{2g} 조합은 주로 금속 d 오비탈 성질을 띠게 된다(그림 20.21). 이러한 결합성 조합은 d 오비탈 자체보다 에너지가 낮다. 실제 결과는 π 받개 리간드는 Δ_O를 증가시킨다는 것이다.

이제 π 결합의 역할을 조망해 보자. 분광 화학적 계열의 리간드 순서는, 부분적으로 M–L σ 결합에 참여하는 세기의 순서이다. 예를 들면 CH_3^-와 H^-는 둘 다 분광 화학적 계열에서 매우 높은 쪽인데(NCS^-와 유사), 그 까닭은 그들이 매우 강한 σ 주개이기 때문이다. 그러나 π 결합이 중요한 경우, 그것은 Δ_O에 큰 영향을 미친다. π 주개 리간드는 Δ_O를 감소시키고, π 받개 리간드는 Δ_O를 증가시킨다. 이 효과 때문에, CO(강한 π 받개)는 분광 화학적 계열에서 높은 쪽이고, OH^-(강한 π 주개)는 계열에서 낮은 쪽에 있다. 분광 화학적 계열의 전반적인 순서는 π 효과(몇 가지 중요한 예외가 있음)가 지배하는 것으로 해석할 수 있다. 일반적인 계열의 순서는 다음과 같다.

— Δ_O 증가 →

π 주개, 약한 π 주개, π 효과 없음, π 받개

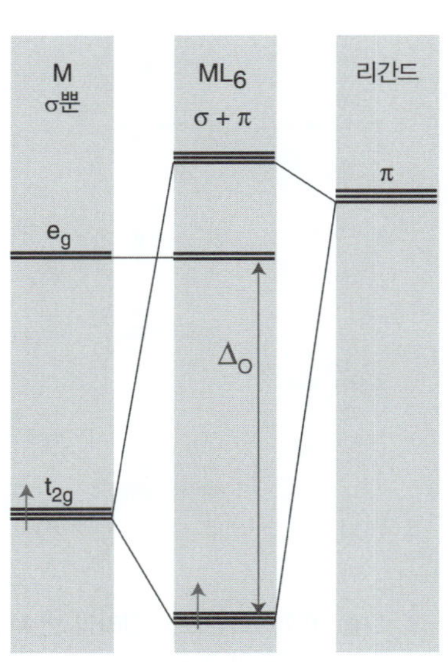

그림 20.21 π 받개로 작용하는 리간드는 Δ_O를 증가시킨다. 리간드의 π 오비탈만 나타내었다.

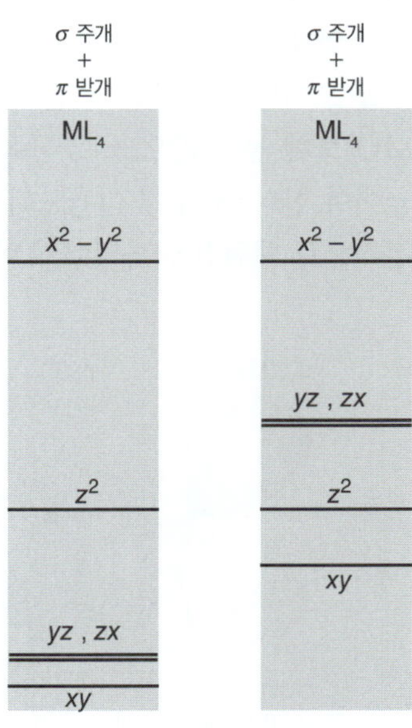

그림 20.22 π 상호 작용을 고려한 사각 평면 착물의 오비탈 갈라짐 양식

이들 유형에 들어맞는 전형적인 리간드들은 다음과 같다.

π 주개	약한 π 주개	π 효과 없음	π 받개
I^-, Br^-, Cl^-, F^-	H_2O	NH_3	PR_3, CO

σ 결합의 효과가 지배하는 두드러진 예는 아민(NR_3), CH_3^-, H^-를 포함하는데, 이들 중의 어느 것도 적당한 에너지의 π 대칭 오비탈을 갖고 있지 않기 때문에 π 주개도 π 받개도 아니다. 리간드를 강한 장과 약한 장으로 분류하는 것은 M−L 결합의 세기에 대한 아무런 지침도 주지 않는다는 것에 유의해야 한다.

사면체 구조에서 π 상호 작용을 형성하는 것은 e 오비탈임을 알아야 하지만, 팔면체 이외의 기하 구조에 대한 π 결합의 효과는 정성적으로 유사하다. 사각 평면 복합체의 경우, 순수한 결정장 도표와 비교하면 금속 d 오비탈의 일부의 순서가 바뀐다. 그림 20.22는 π 상호 작용만 고려한 금속 d 오비탈의 배열을 보여 주는데, 결정장의 정전기 상호 작용만 고려한 그림 20.10과 비교할 가치가 있다. d^8 금속 착물 이온에서, d 오비탈의 대부분이 경우마다 다른 에너지를 가지더라도, $d_{x^2-y^2}$ 오비탈은 에너지가 가장 높아서 점유되지 않는다는 것을 알 수 있다.

전자 스펙트럼

이제까지 d 금속 착물의 전자 구조를 살펴보았으므로, 전자 스펙트럼을 이해하고 착물이 제공하는 데이터를 사용하여 구조에 관한 논의를 구체화할 수 있다. 리간드장 갈라짐의 크기는 자외선과 가시광선의 흡수에 상당하는 전자 전이의 에너지와 같다. 그러나 금속 오비탈 내에서의 전자−전자 반발 때문에 흡수 진동수는 일반적으로 리간드장 갈라짐만을 의미하지는 않는다. 전자−전자 반발의 역할은 원래 기체 상태의 구면 대칭 원자나 이온을 분석하여 결정되었다. 그 정보의 많은 부분은, 구형 대칭보다 낮아진 대칭성을 고려하여, 금속 착물의 스펙트럼 분석에 사용될 수 있다.

다음에 전개될 내용은, 전자−전자 반발이 중요해지는 두 개 이상의 d 전자를 갖는 착물의 전자 흡수 스펙트럼으로부터 리간드장 갈라짐 변수 값을 추출하는 방법을 찾는 것임을 명심해야 한다. 첫째, 자유 원자의 스펙트럼에 대해 토론하고, 어떻게 전자−전자 반발을 고려하는지를 살펴본다. 그다음, 원자가 팔면체 리간드장으로 둘러싸여 있을 때, 원자는 어떤 에너지 상태를 채택하는지를 보게 된다. 마지막으로, 다양한 장의 세기와 전자−전자 반발 에너지에 대한 에너지 상태들을 표현하는 법(20.4e절의 Tanabe−Sugano 도표)과 이러한 도표를 사용하여 리간드장 갈라짐 변수 값을 이끌어 내는 방법을 알아본다.

20.3 원자의 전자 스펙트럼

요점: 전자−전자 반발은 전자 스펙트럼에서 다중 흡수를 일으킨다.

그림 20.23에 보인 수용액에서 d^3 착물 $[Cr(NH_3)_6]^{3+}$의 전자 흡수 스펙트럼을 이용하여 단계적으로 논의를 펼친다. 가장 낮은 에너지(가장 긴 파장)의 띠는 매우 약하다. 나중에 설명되지만, 이러한 띠는 '스핀 금지' 전이의 한 예이다. 다음은 중간 정도 세기를 갖는 두 흡수 띠가 있다. 이것들은 금속의 d 오비탈로부터 주로 유도된 t_{2g}와 e_g 착물 오비탈 사이의 '스핀 허용' 전이이다. 스펙트럼에서 세 번째 특징은 단파장의 강한 전하 이동 띠(CT로 표시된 '전하 이동')이며, 낮은 에너지 쪽의 말단만 그림에 분명히 나타나 있다(20.5절).

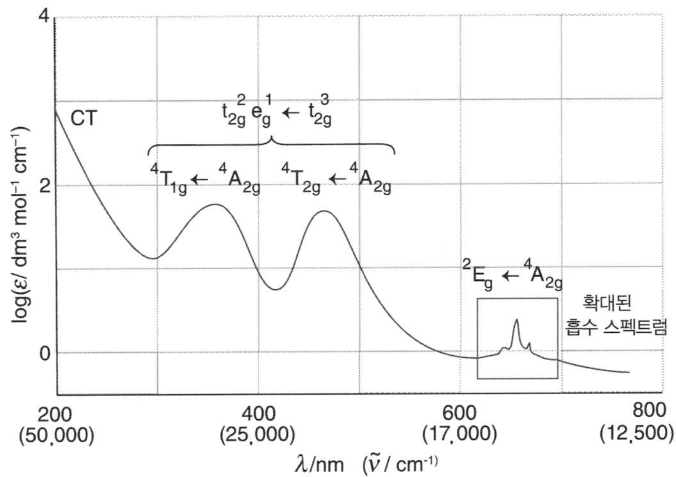

그림 20.23 d^3 착물$[Cr(NH_3)_6]^{3+}$의 스펙트럼 이 절에서 살펴본 특성과 본문에서 설명한 전이의 해석을 보여 준다.

방금 직면한 한 가지 문제는, 왜 두 가지 흡수가 명백히 $t_{2g}^2e_g^1 \leftarrow t_{2g}^3$의 단일 전이에 기인할 수 있는가이다. 단일 전이가 두 흡수 띠로 갈라지는 것은 실제로 위에서 언급한 전자–전자 반발의 결과이다. 그것이 어떻게 발생하는지를 이해하고 그 안에 담긴 정보를 추출하기 위해서는 자유 원자의 스펙트럼을 고려할 필요가 있다.

(a) 분광학적 항

요점: 같은 전자 배치에도 다른 미소 상태들이 존재한다. 가벼운 원자에서는 Russell–Saunders 짝지음을 사용하여 항을 기술하는데, L 값에 따라 S, P, D, ... 중 하나의 기호로 표시하며 $2S+1$의 값은 왼쪽 위 첨자로 나타낸다.

제1장에서는 주어진 원자의 전자 구조를 각 오비탈에 있는 전자 수(Li는 $1s^22s^1$)로 나타내었다. 그러나 그러한 표기는 원자에 있는 전자의 배열을 불완전하게 묘사한 것이다. 예를 들어 $2p^2$ 배치에서 두 전자는 오비탈 각운동량의 배향이 상이하도록 오비탈을 점유할 수 있다(즉 $l = 1$일 때 +1, 0, −1 중의 다른 m_l 값을 갖는). 이와 유사하게 $2p^2$ 표시는 두 전자의 스핀 방향인 $m_s = +\frac{1}{2}$ 또는 $-\frac{1}{2}$에 관해서 아무것도 알려 주지 않는다. 원자는 실제로 총 오비탈과 스핀 각운동량의 여러 상태를 가질 수 있으며, 각 상태는 다른 m_s 값을 갖는 전자가 다른 m_l 값을 갖는 오비탈을 채우는 것에 해당한다. 전자 배치에서 지정된 오비탈을 점유할 수 있는 다른 방법들을 전자 배치의 **미소 상태**(**microstate**)라고 한다. 예를 들면 $2p^2$ 전자 배치의 한 가지 미소 상태는 $(1^+,1^-)$이다. 이러한 표기법은 두 전자가 $m_l = +1$인 오비탈을 점유하지만 반대 스핀을 가짐을 의미하며, 위 첨자 +는 $m_s = +\frac{1}{2}$을, −는 $m_s = -\frac{1}{2}$을 나타낸다. 같은 전자 배치의 또 다른 미소 상태는 $(-1^+,0^+)$이다. 이 미소 상태에서는 두 전자 모두 $m_s = +\frac{1}{2}$이지만, 한 전자는 $m_l = -1$인 2p 오비탈을, 다른 한 전자는 $m_l = 0$인 오비탈을 점유한다. 주어진 전자 배치의 미소 상태는 원자의 전자–전자 반발을 무시할 수 있을 때만 동일한 에너지를 갖는다. 그러나 원자와 대부분의 분자는 작기 때문에 전자 간 반발력은 강해서 항상 무시할 수 없다. 결과적으로 전자의 서로 다른 상대적 공간 분포에 해당하는 미소 상태들은 서로 다른 에너지를 갖는다. 전자–전자 반발을 고려할 때, 동일한 에너지를 갖는 미소 상태들을 함께 그룹화하면, 분광학적으로 구별이 가능한 에너지 준위인 **항**(**term**)을 얻는다.

가벼운 원자와 3d 계열의 경우, 미소 상태의 에너지 결정에 도움을 주는 가장 중요한 특성은 전자들의 상대적인 스핀 배향이다. 그다음 중요한 것은 오비탈 각운동량의 상대적인 배향이다. 즉 가벼운 원자의 항들을 정한 다음, 전체 스핀 양자수 S(개별적인 스핀의 상대적인 배향으로 결정됨)와 전체 각운동량 양자수 L(전자의 개별 오비탈 각운동량의 상대적 배향으로 결정됨)에 따라 미소 상태를 분류하여 그 항들의 에너지의 순서를 정한다. 전자의 스핀을, 다음으로 오비탈 운동량을 합한 다음, 마지막으로 두 결과를 조합하여 전자의 각운동량을 조합하는 과정을 **Russell−Saunders 짝지음(Russell−Saunders coupling)**이라고 한다.

4d 및 5d 계열과 같은 무거운 원자의 경우, 오비탈 운동량 또는 스핀 운동량의 상대적인 배향은 덜 중요하다. 이러한 원자에서 각 전자의 오비탈 및 스핀 각운동량은 **스핀−궤도 짝지음(spin−orbit coupling)**에 의해서 강하게 결합하므로, 각 전자의 스핀과 오비탈 각운동량의 상대적인 배향이 에너지를 결정하는 가장 중요한 요인이 된다. 따라서 무거운 원자의 항은 각 미소 상태의 전자에 대한 총 각운동량 양자수 j 값에 따라 분류한다. 이러한 결합 방식을 ***jj*−짝지음(*jj*-coupling)**이라고 한다. 이 짝지음은 앞으로 다루지 않는다.

3d 금속과 결합된 Russell−Saunders의 응용으로 돌아가서, 첫 번째 과제는 개별 전자의 오비탈과 스핀 각운동량을 결합하여 만들 수 있는 L과 S의 값을 확인하는 것이다. 양자수 l_1, s_1과 l_2, s_2를 갖는 두 전자가 있다고 가정해 보자. 그러면 **Clebsch−Gordan 계열(Clebsch−Gordan series)**에 따라 가능한 L과 S는 다음과 같다.

$$L = l_1 + l_2,\ l_1 + l_2 - 1,\ \dots,\ |l_1 - l_2|$$
$$S = s_1 + s_2,\ s_1 + s_2 - 1,\ \dots,\ |s_1 - s_2| \qquad (20.3)$$

(L과 S가 정의상 음수가 아니므로 절댓값 기호를 사용한다.) 예를 들어 d^2 배치(l_1=2, l_2=2)를 갖는 원자는 다음과 같은 L 값을 가질 수 있다.

$$L = 2 + 2,\ 2 + 2 - 1,\ \dots,\ |2 - 2| = 4,\ 3,\ 2,\ 1,\ 0$$

전체 스핀($s_1 = \frac{1}{2}$, $s_2 = \frac{1}{2}$)은 다음과 같다.

$$S = \frac{1}{2} + \frac{1}{2},\ \frac{1}{2} + \frac{1}{2} - 1,\ \dots,\ \left|\frac{1}{2} - \frac{1}{2}\right| = 1,\ 0$$

전자가 세 개인 원자의 L과 S를 구하려면, 방금 얻은 L 값과 l_3를 조합하는 과정을 계속하며, s_3도 마찬가지 방법으로 조합한다.

일단 L과 S를 구하면, 양자수 M_L과 M_S의 허용된 값을 쓸 수 있다.

$$M_L = L,\ L - 1,\ \dots,\ -L$$
$$M_S = S,\ S - 1,\ \dots,\ -S$$

이러한 양자수는 임의의 축에 대한 각운동량의 배향을 결정한다. 주어진 L 값에 대해 $(2L+1)$개의 M_L 값, 그리고 주어진 S 값에 대해서 $(2S+1)$개의 M_S 값이 존재한다. 주어진 미소 상태에 대한 M_L과 M_S의 값은 각 전자의 m_l 또는 m_s를 함께 더해서 쉽게 얻을 수 있다. 따라서 한 전자의 양자수가 m_{l1}이고, 다른 전자는 m_{l2}이면

$$M_L = m_{l1} + m_{l2}$$

전체 스핀에도 유사한 표현이 적용된다.

$$M_S = m_{s1} + m_{s2}$$

따라서 예를 들어 $(0^+,\ -1^-)$는 $M_L = 0 - 1 = -1$이고, M_S는 $\frac{1}{2} + (-\frac{1}{2}) = 0$인 미소 상태이며, 이 두 가지 양자수가 적용되는 어떤 항에도 기여한다. $l = 0, 1, 2, \dots$인 오비탈을 s, p, d, …로 표기하는 것과 유사하게, 원자 항의 전체 오비탈 각운동량은 대문자로 표기한다.

L = 0 1 2 3 4…
S P D F G 이후는 알파벳 순(J 제외)

전체 스핀은 보통 $2S+1$의 값으로 표현되는데, 이것을 항의 **다중도**(multiplicity)라고 한다.

$$\begin{array}{rccccc} S = & 0 & \frac{1}{2} & 1 & \frac{3}{2} & 2 \\ 2S+1 = & 1 & 2 & 3 & 4 & 5 \end{array}$$

다중도는 L을 나타내는 알파벳 글자에 왼쪽 위 첨자로 쓰며, 항의 완전한 표기를 **항기호**(term symbol)라고 한다. 따라서 ^{3}P의 항기호는 $L = 1$이고 $S = 1$인 항(거의 축퇴된 상태의 집합)을 나타내며 **삼중항**(triplet term)으로 부른다.

예제 20.5 항기호 유도하기

전자 배치가 (a) s^1, (b) p^1, (c) s^1p^1인 원자의 항기호를 쓰시오.

답 Clebsch–Gordan 계열을 사용하여 각운동량을 결합하고, 위의 표에서 항기호에 대한 문자를 식별한 다음, 다중도를 왼쪽 위 첨자로 붙여야 한다.

(a) 한 개의 s 전자는 $l = 0$이고 $s = \frac{1}{2}$이다. 전자가 한 개뿐이어서 $L = 0$(S 항), $S = s = \frac{1}{2}$, 그리고 $2S + 1 = 2$(이중항)이다. 따라서 항기호는 ^{2}S이다. (b) 한 개의 p 전자에 대해 $l = 1$이고, $L = 1$이므로 항은 ^{2}P이다. (c) 한 개의 s와 한 개의 p 전자에 대하여 $L = 0 + 1 = 1$이므로 P 항이다. 전자들은 짝을 짓거나($S = 0$), 평행할 수 있다($S = 1$). 따라서 ^{1}P와 ^{3}P 항이 모두 가능하다.

문제 20.5 p^1d^1 전자 배치의 항은?

(b) 미소 상태의 분류법

요점: 원자의 미소 상태가 기여할 수 있는 L과 S 값을 식별하여 어떤 전자 배치에 대한 허용된 항을 찾을 수 있다.

Pauli 원리는 어떤 전자 배치에서 일어날 수 있는 미소 상태를 제한하며, 결과적으로 나타날 수 있는 항에 영향을 준다. 예를 들면 $m_l = +2$인 d 오비탈에 들어가는 두 전자는 같은 스핀을 가질 수 없다. 따라서 $(2^+,2^+)$의 미소 상태는 금지되며, 이 미소 상태가 기여하는 L과 S도 금지된다. d^2 전자 배치를 가지고 허용되는 항을 결정하는 방법이 예시될 것인데, 이 결과는 본문의 뒷부분에 나오는 착물에 관한 고찰에 유용하게 사용될 것이다. d^2 전자 배치를 갖는 화학종의 한 예는 Ti^{2+} 이온이다.

표 20.6 전자 배치의 미소 상태

M_L	M_S		
	−1	0	+1
+4		$(2^+,2^-)$	
+3	$(2^-,1^-)$	$(2^+,1^-)(2^-,1^+)$	$(2^+,1^+)$
+2	$(2^-,0^-)$	$(2^+,0^-)(2^-,0^+)(1^+,1^-)$	$(2^+,0^+)$
+1	$(2^-,-1^-)(1^-,0^-)$	$(2^+,-1^-)(2^-,-1^+)$ $(1^+,0^-)$ $(1^-,0^+)$	$(2^+,-1^+)(1^+,0^+)$
0	$(1^-,-1^-)(2^-,-2^-)$	$(1^+,-1^-)(1^-,-1^+)$ $(2^+,-2^-)(2^-,-2^+)$ $(0^+,0^-)$	$(1^+,-1^+)(2^+,-2^+)$
−1~−4*			

* 표의 아래 절반은 위쪽 절반을 반사(reflection)한 것이다.

d^2 전자 배치에 관한 미소 상태에 대한 표를 만들어 분석을 시작한다(표 20.6). Pauli 원리가 허용하는 미소 상태만을 포함한다. 모든 미소 상태를 분류하기 위해 소거법을 사용한다. 첫째, d^2 배치에서 가장 큰 M_L은 +4라는 것에 주목한다. 이 상태는 $L = 4$인 항(G 항)에 속할 것이 틀림없다. 표 20.6은 이 항이 가질 수 있는 유일한 M_S 값이 0이라는 것을 보여 준다. 따라서 G 항은 단일항이 되어야 한다. 게다가 $L = 4$일 때 M_L 값이 9가지이므로, $(2^+,2^-)$의 아래 열의 각 상자에 있는 미소 상태 중 하나는 이 항에 반드시 속해야 한다.[3] 따라서 표 20.6의 중앙 열($M_L = -1$에서 -4 중 하나를 포함하여)에서 각 행으로부터 하나의 미소 상태를 제거할 수 있으며, 그 결과 36개의 미소 상태가 남는다.

다음으로 가장 큰 $M_L = +3$은 $L = 3$에서 생긴 것이므로 F 항에 속한다. 이 행에는 각 열에 하나의 미소 상태가 포함된다(즉 각 상자에는 $M_S = -1, 0, +1$에 대해 하나의 할당되지 않은 조합이 포함됨). 이는 $S = 1$을 의미하므로 삼중항이다. 따라서 이 미소 상태들은 ^{3}F에 속한다. 아래로 M_L은 −3까지 같은 상황이므로, 총 $3 \times 7 = 21$개의 미소 상태가 여기에 속한다. 21개의 상자 또는 칸에서 각각 한 개씩 미소 상태를 지워 나가면, 지정해야 할 미소 상태는 15개가 남게 된다.

행에서 $M_L = +2$($L = 2$에서 발생하여야 함), 그리고 열에서 $M_S = 0$($S = 0$)에서 할당되지 않은 미소 상태가 하나 있는데, 이것은 ^{1}D 항에 속해야 한다. 이 항은 5개의 M_L 값을 가지므로, $M_S = 0$에서 $M_L = -2$로 향하는 열의 각 행에서 하나의 미소 상태를 제거하면 10개의 미소 상태가 할당되지 않은 상태로 남는다. 아직 할당되지 않은 미소 상태는 $M_L = +1$이고 $M_S = +1$인 것이 포함되므로, 9개의 미소 상태가 ^{3}P 항에 속하게 된다. 이제 표의 정중앙에 $M_L = 0$이고 $M_S = 0$인 한 개의 미소 상태만 남았다. 이 미소 상태는 반드시 하나여야 하는 ^{1}S 항($L = 0$, $S = 0$)의 상태이다.

이 시점에서 $3d^2$ 전자 배치의 항들은 ^{1}G, ^{3}F, ^{1}D, ^{3}P, ^{1}S라고 결론지을 수 있다. 이 항들은 허용된 45개의 모든 상태를 차지한다(아래 표 참조).

항	미소 상태 수
^{1}G	$9 \times 1 = 9$
^{3}F	$7 \times 3 = 21$
^{1}D	$5 \times 1 = 5$
^{3}P	$3 \times 3 = 9$
^{1}S	$1 \times 1 = 1$
합	45

[3] 실제로, 미소 상태 자체 중 하나가 이 상태 중 하나에 해당할 가능성은 낮다. 일반적으로 한 상태는 미소 상태의 선형 조합이다. 그러나 *N*개의 선형 조합이 *N*개의 미소 상태로 구성될 수 있으므로, 하나의 미소 상태를 삭제할 때마다 하나의 선형 조합을 고려한다. 따라서 세부 사항이 잘못되었음에도 개수는 정확하다.

(c) 항의 에너지

요점: Hund 규칙은 기체상의 원자나 이온의 바닥 상태 항을 알려 준다.

일단 주어진 전자 배치로부터 발생하는 L과 S의 값을 알면, Hund 규칙을 사용하여 가장 낮은 에너지 항을 결정할 수 있다. 이 경험적 규칙 중 첫 번째는 '전자 스핀이 평행하면 가장 낮은 에너지 전자 배치가 이루어진다'는 표현으로 1.4절에서 소개되었다. 높은 S 값은 평행한 전자 스핀에 기인하기 때문에 다음과 같이 표현할 수도 있다.

1. 주어진 전자 배치에 대해 최대 다중도를 갖는 항은 에너지가 가장 낮다.

이 규칙은 전자 배치의 삼중항(허용이 되는 경우)이 동일한 배치의 단일항보다 낮은 에너지를 가짐을 의미한다. d^2 전자 배치의 경우, 이 규칙은 바닥 상태가 ^3F 나 ^3P 중 하나임을 예측한다.

분광학 데이터를 검사함으로써, Hund는 또한 주어진 다중도의 항의 상대적인 에너지에 관한 두 번째 규칙을 확인하였다.

2. 다중도가 같으면, L 값이 가장 큰 항이 가장 낮은 에너지 상태에 놓인다.

이 규칙에 대한 물리적 정당성은, L이 높으면 전자가 서로 떨어져 있어서 더 적은 반발을 겪는다는 것이다. L이 낮으면, 전자는 서로 가까워질 것이고, 따라서 서로 더 강하게 반발할 것이다.[4] 두 번째 규칙은 d^2 전자 배치의 두 삼중항 중에서 ^3F 항이 ^3P 항보다 에너지가 낮음을 의미한다. Ti^{2+}와 같은 d^2 화학종의 바닥 상태 항은 ^3F로 예상된다.

[4] 원자 수준에서 오비탈 각운동량이, $m_l = +2$ 및 $m_l = -2$인 반대 방향보다, $m_l = +2$ 및 $m_l = +1$인 동일한 배향일 경우, d 껍질에서 두 개의 전자는 만나거나 상호 작용하기가 쉽지 않음을 알게 된다.

스핀 다중도 규칙은 항들의 에너지 순서를 예측할 때 상당히 유용하지만, '최대 L' 규칙은 가장 낮은 에너지의 바닥 상태 항을 예측할 때만 신뢰할 수 있다. 보다 복잡한 전자 간 반발의 결과로, 에너지가 높은 항의 순서와 L은 일반적으로 거의 관련이 없다. 따라서 d^2의 경우 규칙을 적용하면 다음의 순서가 예측된다.

$$^3F < {}^3P < {}^1G < {}^1D < {}^1S$$

하지만 Ti^{2+}에 대해 분광학에서 관찰된 순서는 다음과 같다.

$$^3F < {}^1D < {}^3P < {}^1G < {}^1S$$

이 차이점에 대한 이유는 다음 절에서 살펴본다.

보통은 원자나 이온의 바닥 상태 항을 결정하는 것이 주 관심사이다. 그 과정은 다음과 같이 단순화하여 요약할 수 있다.

1. 가장 높은 M_S 값을 갖는 미소 상태를 확인한다.

이 단계는 전자 배치의 가장 큰 다중도를 알려 준다.

2. 그 다중도에 대해 M_L의 허용되는 최댓값을 확인한다.

이 단계는 가장 높은 다중도와 일치하는 가장 높은 L 값을 알려 준다.

예제 20.6 전자 배치의 바닥 상태 항 확인하기

(a) $3d^5$의 Mn^{2+}, (b) $3d^3$의 Cr^{3+}의 바닥 상태 항은 무엇인가?

답 최대 다중도를 지닌 항이 바닥 상태를 나타낼 것이므로, 먼저 그 항을 알아내야 한다. 그런 다음, 가장 높은 L 값을 갖는 항이 바닥 상태의 항이므로, 최대 다중도를 갖는 항에 대한 L 값을 정해야 한다. (a) d^5 배치는 각 d 오비탈에 평행 스핀으로 전자 하나의 점유만을 허용하므로, S의 최댓값은 $\frac{5}{2}$이며, 최대 다중도는 $2 \times \frac{5}{2} + 1 = 6$, 즉 육중항(sextet)이다. 각 전자들이 모두 같은 스핀 양자수를 가진다면, 모두 다른 오비탈을 점유해 각기 다른 M_L 값을 갖게 된다. 따라서 채워진 오비탈의 M_L 값은 +2, +1, 0, −1, −2일 것이다. 이 배치는 육중항으로 가능한 유일한 것이다. 이 값들의 합 $M_L = 0$이고, 따라서 $L = 0$이므로 항기호는 ^6S이다.

(b) d^3 배치에서 최대 다중도는 세 개의 전자가 같은 스핀 양자수를 가질 때에 해당하므로 $S = \frac{3}{2}$이다. 따라서 다중도는 $2 \times \frac{3}{2} + 1 = 4$, 즉 사중항(quartet)이다. 스핀이 같으면 다시 세 M_L 값은 모두 달라야 한다. 사중항이 되는 몇 가지 가능한 배열이 있지만, M_L 값이 최대한 것은 $M_L = +2, +1, 0$인 세 개의 전자를 가져서, $M_L = +3$이고 $L = 3$인 F 항이다. 따라서 d^3의 바닥 상태 항은 ^4F이다.

문제 20.6 (a) $2p^2$, (b) $3d^9$의 바닥 상태 항을 결정하시오(힌트: d^9은 $L = 0$이고 $S = 0$인, 완전히 채워진 닫힌 껍질에서 하나의 전자가 부족한 배치이기 때문에, d^1과 동일한 방식으로 취급하라).

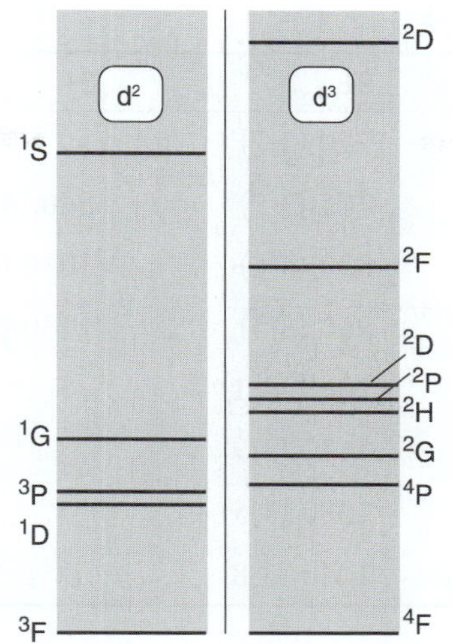

그림 20.24 자유 원자의 d^2(왼쪽)와 d^3(오른쪽) 배치로부터 생기는 항들의 상대적 에너지

그림 20.24는 자유 원자 d^2와 d^3 배치에 대한 항의 상대적인 에너지를 도시한 것이다. 나중에 리간드장의 영향을 포함하도록 어떻게 이 도표들을 확장하는지 살펴보게 된다(20.4절).

(d) Racah 인자

요점: Racah 변수는 단일 전자 배치에서 발생하는 항들의 에너지에 대한 전자–전자 반발의 효과를 요약한다. 이 변수는 Hund 규칙의 근원적인 아이디어의 정량적 표현이며, 그 아이디어와 규칙이 차이나는 이유를 설명한다.

한 전자 배치에서 서로 다른 항들은 전자들 사이의 반발로 다른 에너지를 갖는다. 항에 대한 에너지를 계산하려면 전자들이 점유하는 오비탈들에 대해 복잡한 적분의 형태로 전자–전자 반발 에너지를 구해야 한다. 그렇지만 다행히도 주어진 배치에 대한 모든 적분은 세 가지 특정 조합으로 모을 수 있고, 그 배치의 모든 항에 대한 반발 에너지는 이 세 가지 양의 합으로 표현할 수 있다. 적분들의 세 가지 조합을 **Racah 변수**(**Racah parameter**)라고 하며 A, B, C로 나타낸다. 변수 A는 전자 간 총 반발의 평균에 해당하고, B와 C는 개별 d 전자 간의 반발 에너지와 관련이 있다. A, B, C를 기체상 원자 분광학으로부터 얻은 실험값을 사용하는 것이 더 신뢰할 수 있으므로, 변수들의 이론적인 값이나 이론적 표현을 알 필요는 없다.

주어진 전자 배치에서 나오는 각 항은 세 개의 Racah 변수로 선형 조합으로 표현된 에너지를 갖는다. d^2 배치에 대한 상세한 분석에 의하면 다음과 같이 표현된다.

$$E(^1S) = A + 14B + 7C \qquad E(^1G) = A + 4B + 2C \qquad E(^1D) = A - 3B + 2C$$
$$E(^3P) = A + 7B \qquad E(^3F) = A - 8B$$

이 식을 측정된 항의 에너지에 맞추면 A, B, C의 값을 결정할 수 있다. A는 모든 항에 공통으로 있다(위에서 지적한 것처럼, 이것은 전자 간 총 반발 에너지의 평균이다). 따라서 상대적인 에너지에만 관심이 있으면, A의 값을 알 필요가 없다. 세 Racah 변수는 모두 전자–전자 반발력을 나타내기 때문에 양수이다. 따라서 $C > 5B$이면 d^2 배치에 대한 항들의 에너지는 다음과 같은 순서가 된다.

$$^3F < {}^3P < {}^1D < {}^1G < {}^1S$$

이 순서는 Hund 규칙을 사용하여 얻은 것과 거의 같다. 그러나 $C < 5B$인 경우, 큰 오비탈 각운동량에 해당하는 오비탈을 차지하여 얻는 이익은 큰 다중도를 갖는 이익보다 더 커서 ^3P

표 20.7 일부 d 구역 이온의 Racah 변수*

	1+	2+	3+	4+
Ti		720 (3.7)		
V		765 (3.9)	860 (4.8)	
Cr		830 (4.1)	1030 (3.7)	1040 (4.1)
Mn		960 (3.5)	1130 (3.2)	
Fe		1060 (4.1)		
Co		1120 (3.9)		
Ni		1080 (4.5)		
Cu	1220 (4.0)	1240 (3.8)		

* 표에는 cm^{-1}를 단위로 한 *B* 값이 나타나 있다. 괄호 안은 *C*/*B* 값이다.

항이 ^1D 위에 놓인다(실제로 Ti^{2+}의 경우와 같이). 표 20.7은 *B*와 *C*의 실험값을 보여 준다. 괄호 안의 값은 $C \approx 4B$이므로, 표의 이온들에 대하여 Hund 규칙으로 전자 배치의 바닥 상태보다 더 많은 것을 예측할 수 없다.

바닥 상태와 다른 다중성을 갖는 상태의 에너지에 대한 식에만 변수 *C*가 나타난다. 그러므로 바닥 상태와 같은 다중도를 갖는 항들의 상대적인 에너지에만 관심이 있다면(즉 스핀 상태의 변화가 없는 들뜸), *C*의 값을 알 필요는 없다. 변수 *B*가 가장 중요하므로, 그 값에 영향을 주는 요인은 20.4f절에서 다룬다.

20.4 착물의 전자 스펙트럼

자유 원자만 관련되었던 앞선 논의를, 이제 착물 이온을 포함한 경우로 확장한다. 그림 20.23의 $[Cr(NH_3)_6]^{3+}$의 스펙트럼은 중간 세기를 가지며, 전자–전자 반발 때문에 다른 에너지를 가진 두 개의 중심 흡수 띠를 가지고 있다(곧 설명하겠지만). 두 전이가 모두 주로 금속 d 오비탈의 성질을 띠는 오비탈 사이의 전이이며, 에너지 차이는 리간드장 갈라짐 변수인 Δ_O의 세기로 표현되므로, 두 전이를 **d–d 전이**(**d–d transition**) 혹은 **리간드장 전이**(**ligand-field transition**)라고 한다.

(a) 리간드장 전이

요점: 리간드장 전이는 전자–전자 반발 때문에 다른 에너지를 갖는 구성 요소로 나뉜다.

20.1절의 내용에 의하면, 팔면체 d^3 착물인 $[Cr(NH_3)_6]^{3+}$는 $t_{2g}{}^3$의 바닥 상태 배치를 가질 것으로 예상된다. 25,000 cm^{-1} 근처의 흡수는, 해당 에너지가 착물의 리간드장 갈라짐의 전형적인 값이기 때문에, $t_{2g}{}^2e_g{}^1 \leftarrow t_{2g}{}^3$ 전이에서 발생하는 것으로 해석할 수 있다.

전이에 대해 Racah와 같은 분석을 시작하기 전에, 분자 오비탈 이론의 관점에서 왜 전이가 두 띠를 발생시키는지를 정성적으로 살펴보는 것이 도움이 된다. 첫째, $e_g \leftarrow t_{2g}$ 전이를 달성하는 한 가지 방법인 $d_{z^2} \leftarrow d_{xy}$ 전이는 *xy* 평면에 있는 전자를 이미 전자가 풍부한 *z* 방향으로 이동시킨다. *z*축은 d_{yz}와 d_{zx}가 둘 다 점유되어 있으므로 전자가 풍부하다(그림 20.25). 그러나 $e_g \leftarrow t_{2g}$ 전이를 얻는 또 다른 방법인 $d_{z^2} \leftarrow d_{zx}$ 전이는 이미 대부분 *z*축을 따라 많이

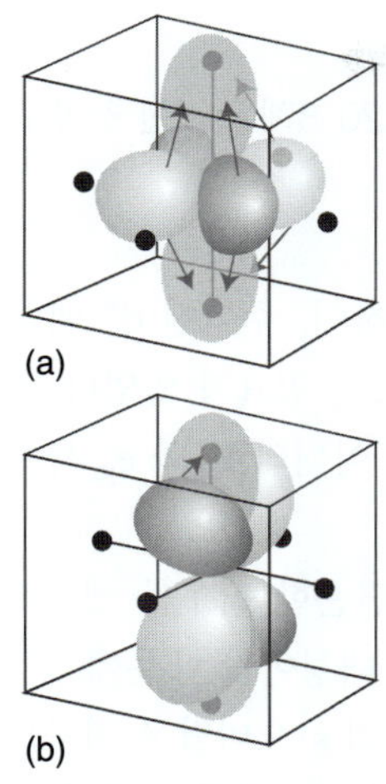

그림 20.25 본문에서 논의한 두 전이에 의한 전자 밀도의 이동 (a)에서는 z축의 리간드 쪽으로 전자 밀도의 상당한 재배치가 일어나지만, (b)에서는 실질적으로 훨씬 작은 재배치가 일어난다.

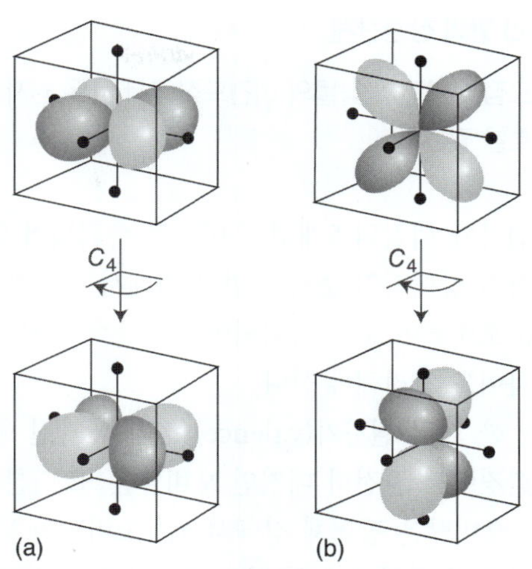

그림 20.26 z축 주위로의 C_4 회전으로 부호가 변한다. (a) d_{xy} 오비탈은 회전하여 부호가 바뀐다. (b) d_{yz} 오비탈은 회전하여 d_{zx} 오비탈이 된다.

집중된 전자를 재배치하는 것에 불과하다. 전자의 경우에는 전자 반발이 뚜렷하게 증가하나 후자는 그렇지 않아서, 결과적으로 두 $e_g \leftarrow t_{2g}$ 전이는 서로 다른 에너지를 수반한다. 가능한 $t_{2g}{}^2e_g{}^1 \leftarrow t_{2g}{}^3$ 전이는 6가지이고, 이들 모두는 앞의 두 경우 중 하나에 속한다. 그중 세 개의 전이는 한 그룹에 속하며, 다른 세 개는 두 번째 그룹에 속한다.

(b) 분광학적 항

요점: 팔면체 착물의 항은 전체 오비탈 상태의 대칭종에 의해 분류된다. 위 첨자 접두사는 항의 다중도를 나타낸다.

지금 논의 중인 그림 20.23의 두 흡수 띠는 ${}^4T_{2g} \leftarrow {}^4A_{2g}$(21,550 cm^{-1}에서)와 ${}^4T_{1g} \leftarrow {}^4A_{2g}$(28,500 cm^{-1}에서)로 표시된다. 이러한 기호는 **분자 항기호(molecular term symbol)**이며, 원자 항기호와 비슷한 목적으로 사용한다. 왼쪽 위 첨자는 다중도를 나타내므로 위 첨자 4는 세 개의 홀전자가 있을 때, 예상대로 $S = \frac{3}{2}$인 사중항을 나타낸다. 항기호의 나머지 부분은 착물의 전체 전자 오비탈 상태의 대칭 기호이다. 예를 들면 d^3 착물의 거의 대칭적인 바닥 상태(세 개의 t_{2g} 오비탈에 각각 전자가 있음)는 A_{2g}로 표시된다. 세 개의 점유된 t_{2g} 오비탈의 거동을 자세히 조사해 보면, O_h 점군의 C_3 회전으로 얻은 $t_{2g} \times t_{2g} \times t_{2g}$의 곱은 다시 자기 자신이 되는 A 대칭종에 속하므로 **거의** 대칭적이라고 말할 수 있다. 게다가 각 오비탈은 짝수 반전성(even parity) g를 가지고 있으므로 전체 반전성 역시 g이다. 그러나 각 C_4 회전으로 하나의 t_{2g} 오비탈은 그 자신의 음(negative)으로 변환되고, 다른 두 t_{2g} 오비탈은 서로 바뀌게 되므로(그림 20.26), 전체적으로 이 대칭 조작 때문에 부호가 바뀌며 그 지표는 −1이 된다. 따라서 항은 닫힌 껍질의 완전 대칭인 A_{1g}이 아닌 A_{2g}이다.

사중항의 들뜬 전자 배치인 $t_{2g}{}^2e_g{}^1$로부터 발생하는 항기호는 ${}^4T_{2g}$와 ${}^4T_{1g}$라는 것을 설정하는 것은 더 어려우므로, 여기서는 이 설정 과정을 고려하지 않는다. 위 첨자 4는 들뜬 배치에서도 바닥 상태와 동일한 수의 홀전자를 계속 가진다는 것을 의미하며, 아래 첨자 g는 기여하는 모든 오비탈의 짝수 반전성에서 기인한다.

(c) 항의 상관관계

요점 : 팔면체 착물의 리간드장에서 자유 원자의 항은 갈라지며, 표 20.8에 열거한 것과 같은 대칭 기호를 갖는다.

원자가 껍질의 5개 d 오비탈이 축퇴되어 있는 자유 원자에 대하여, 주어진 d^n 배치에서 나온 항의 상대적인 순서를 얻기 위해서는 전자–전자 반발만을 고려할 필요가 있었다. 착물에서는 d 오비탈이 모두 축퇴되어 있지 않으므로 전자–전자 반발뿐만 아니라 t_{2g}와 e_g 사이의 에너지 차이도 고려해야 한다.

한 개의 원자가(valence) 전자를 가진 원자나 이온의 가장 단순한 경우를 생각해 보자. 한 환경에서 완전히 대칭인 오비탈은 또 다른 환경에서도 완전한 대칭이기 때문에, 자유 원자의 s 오비탈은 팔면체 장에서 a_{1g} 오비탈이 된다. 이 변화를 원자의 s 오비탈은 착물의 a_{1g} 오비탈과 '상관관계에 있다'고 표현한다. 유사하게, 자유 원자의 5개 d 오비탈은 팔면체 착물의 삼중 축퇴된 t_{2g} 세트 및 이중 축퇴된 e_g 세트와 상관관계에 있다.

이제 다전자 원자를 고려해 보자. 단일 전자의 경우와 완전히 같은 방법으로, 다전자 원자의 완전히 대칭인 전체 S 항은 팔면체 착물의 완전 대칭인 A_{1g} 항과 상관관계에 있다. 마찬가지로, 원자의 D 항은 O_h 대칭에서 T_{2g} 항과 E_g 항으로 나뉜다. 같은 종류의 분석이 다른 상태에도 적용될 수 있다. 표 20.8은 자유 원자 항과 팔면체 착물 항 사이의 상관관계를 요약한 것이다.

표 20.8 O_h 착물의 d 전자에 대한 분광학적 항들의 상관관계

원자 항	상태 수	O_h 대칭에서의 항
S	1	A_{1g}
P	3	T_{1g}
D	5	$T_{2g} + E_g$
F	7	$T_{1g} + T_{2g} + A_{2g}$
G	9	$A_{1g} + E_g + T_{1g} + T_{2g}$

예제 20.7 항들 사이의 상관관계 결정

d^2 전자 배치를 갖는 자유 원자의 ^3P 항과 상관관계에 있는 O_h 대칭의 착물에서의 항은 무엇인가?

답 유사하게 증명한다. 만일 p 오비탈이 착물의 오비탈과 어떻게 상관관계에 있는지를 알면, 그 정보를 사용하여 단순히 대문자로 변경하여 전체 상태가 어떻게 상관관계에 있는지 표현할 수 있다. 자유 원자의 세 개 p 오비탈은 팔면체 착물에서는 삼중 축퇴의 t_{1u} 오비탈이 된다. 따라서 반전성을 잠시 무시한다면, 다전자 원자의 P 항은 O_h 점군에서 T_1 항이 된다. d 오비탈은 짝수 반전성을 지니므로 전체 항은 반드시 g여야 하므로 T_{1g}가 된다. 상관관계의 과정에서 다중도는 변하지 않기 때문에 ^3P 항은 $^3T_{1g}$ 항이 된다.

문제 20.7 자유 원자의 ^3F 항, ^1D 항과 상관관계에 있는, O_h 대칭의 d^2 착물의 항은 무엇인가?

(d) 항의 에너지: 약한 장과 강한 장의 극한

요점: 주어진 금속 이온에서 개별 항의 에너지는 리간드 장의 세기가 증가함에 따라 리간드에 다르게 반응하며, 자유 원자 항과 착물의 항의 상관관계는 Orgel 도표에 나타낼 수 있다.

전자–전자 반발은 고려하기 힘들지만, 두 가지 극단적인 경우를 고려하면 논의가 단순화된

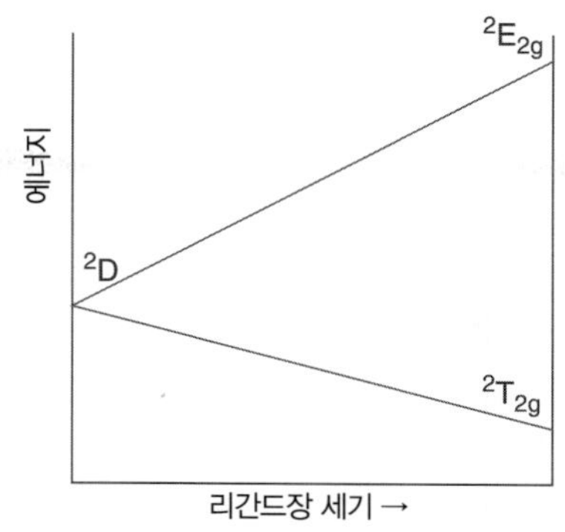

그림 20.27 d^1 **배치의 자유 이온(왼쪽)과 강한 장 항(오른쪽)의 상관관계 도표**

다. 약한 장 극한에서는 Δ_O로 측정된 리간드장은 너무 약하여 전자–전자 반발만이 중요하다. Racah 변수 *B*와 *C*가 전자 간 반발을 충분히 설명하기 때문에, 이것들이 이 극한에서 필요로 하는 유일한 변수이다. 극한적인 강한 장에서는 리간드장이 너무 강하기 때문에 전자–전자 반발이 무시될 수 있고 항의 에너지는 Δ_O만으로 표현할 수 있다. 그런 다음, 두 극단이 설정된 상태에서, 두 경우 간 상관관계 도표를 그려 중간의 경우를 고려할 수 있다. 두 가지 간단한 경우인, 즉 d^1과 d^2를 고려하여 관련 내용을 설명한다. 그다음, 어떻게 같은 원리가 더 복잡한 경우를 취급하는 데에도 적용되는지 알아본다.

자유 원자의 d^1 배치에서 나오는 유일한 항은 ^2D이다. 팔면체 착물에서의 전자 배치는 T_{2g} 항을 발생시키는 $t_{2g}{}^1$ 항 또는 ^2E_g 항을 발생시키는 $e_g{}^1$ 중 하나이다. 전자가 한 개뿐이므로 전자–전자 반발은 없으며, $^2T_{2g}$ 항과 ^2E_g 항의 분리는 t_{2g}와 e_g 오비탈의 간격인 Δ_O와 같다. 따라서 d^1 배치의 상관 도표는 그림 20.27에 나타낸 것과 유사하다.

이전에 d^2 전자 배치를 갖는 자유 원자에서 에너지가 가장 낮은 항은 ^3F임을 보았다. 바닥 상태에서 시작된 전자 전이만을 고려하면 되고, 이 절에서는 스핀의 변화가 없는 것들만 살펴본다. ^3F 외에 삼중항(^3P)이 하나 더 있다. 에너지가 더 낮은 항(^3F)과 비교한 상대적인 에너지는 $E(^3F) = 0$일 때 $E(^3P) = 15B$이다. 이 두 에너지는 그림 20.28의 왼쪽에 표시되어 있다. 이제는 매우 강한 장 극한을 고려해 보자. d^2 원자는 다음의 전자 배치를 갖는다.

$$t_{2g}{}^2 < t_{2g}{}^1 e_g{}^1 < e_g{}^2$$

팔면체 장에서 이들 배치는 각각 다른 에너지를 가진다. 즉 앞에서 언급했듯이 ^3F 항은 세 개의 항으로 나뉜다. 그림 20.2의 정보로부터 얻은 각 항의 에너지는 다음과 같다.

$$E(t_{2g}{}^2) = 2(-\frac{2}{5})\Delta O = -0.8\Delta_O$$

$$E(t_{2g}{}^1 e_g{}^1) = (-\frac{2}{5} + \frac{3}{5})\Delta_O = +0.2\Delta_O$$

$$E(e_g{}^2) = 2(\frac{3}{5})\Delta_O = +1.2\Delta_O$$

따라서 가장 낮은 항에 대한 상대적인 에너지는 다음과 같다.

$$E(t_{2g}{}^2,\ T_{1g}) = 0 \quad E(t_{2g}{}^1 e_g{}^1,\ T_{2g}) = \Delta_O \quad E(e_g{}^2,\ A_{2g}) = 2\Delta_O$$

이 에너지들은 그림 20.28의 오른쪽에 표시되어 있다.

문제는 이제 리간드장이나 전자 반발이 지배적이지 않을 때의 에너지를 설명하는 것이다. 그렇게 하기 위해서는 두 극단적인 경우의 항들을 연관시킨다. 삼중항 $t_{2g}{}^2$ 배치는 $^3T_{1g}$ 항을 발생시키고, 이 항은 자유 원자의 ^3F와 상관관계가 있다. 나머지 상관관계도 유사하게 설정될 수 있으며, $t_{2g}{}^2 e_g{}^1$ 배치는 T_{2g} 항을, 그리고 $e_g{}^2$ 배치는 A_{2g} 항을 생기게 한다는 것을 알

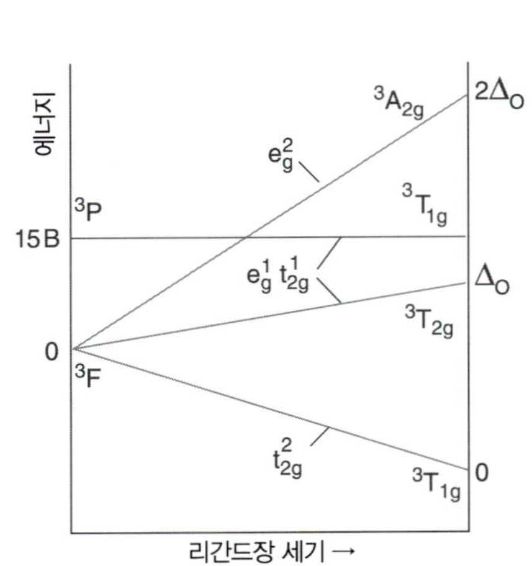

그림 20.28 d^1 **배치의 자유 이온(왼쪽)과 강한 장 항(오른쪽)의 상관관계 도표**

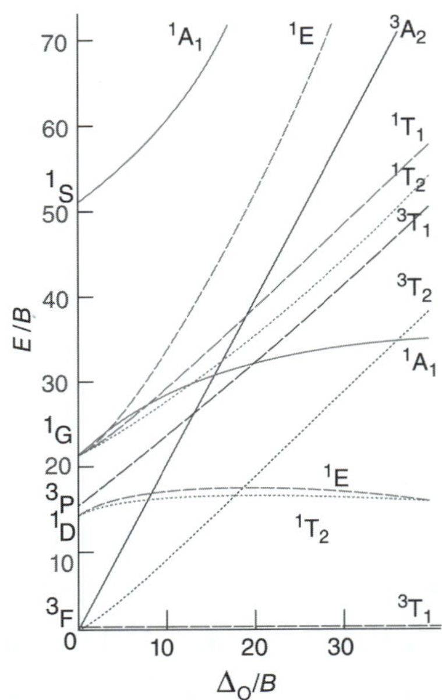

그림 20.29 d^2 **배치에 대한 Tanabe-Sugano 도표** 세로축은 그림 20.24(왼쪽)에 해당한다는 것에 유의하라.

수 있다. 두 항은 모두 자유 원자의 ^3F 항과 상관관계가 있다. ^3P와 상관관계가 있는 $^3T_{1g}$ 항처럼, 일부 항은 리간드장의 세기와 무관함에 유의하라. 모든 상관관계는 **Orgel 도표(Orgel diagram)**의 단순화된 버전인 그림 20.28에 나타나 있다. 어떠한 d 전자 배치에 대해서도 Orgel 도표를 구성할 수 있으며, 두세 개의 전자 배치도 같은 도표에 한꺼번에 나타낼 수 있다. Orgel 도표는 착물의 전자 스펙트럼에 대한 간단한 논의를 위해 상당히 중요하다. 하지만 이 도표는 가능한 전이의 일부(스핀 허용 전이, 단지 삼중항만 고려한 이유)만을 고려하며, 리간드장 갈라짐 변수인 Δ_O에 대한 값을 추출하는 데에는 사용할 수 없다.

(e) Tanabe–Sugano 도표

요점: Tanabe–Sugano 도표는 착물의 전자 상태 에너지를 리간드장의 세기에 따른 함수로 도시한 상관관계 도표이다.

모든 항의 상관관계를 보여 주는 도표는, 모든 전자 배치 및 리간드장의 세기에 대해서도 구성할 수 있다. 가장 널리 사용되는 버전은 고안한 과학자의 이름을 딴 **Tanabe–Sugano 도표(Tanabe–Sugano diagram)**이다. 그림 20.29는 d^2에 대한 도표이며, 갈라지는 모든 원자 항의 갈라짐 거동을 볼 수 있다. ^3F는 세 개로, ^1D는 두 개로, 그리고 ^1G는 네 개로 갈라진다. 이 도표에서 항의 에너지 E는 E/B로 표현되며 Δ_O/B에 대해 도시되는데, 여기서 B는 Racah 변수이다. 주어진 전자 배치에서 발생하는 항들의 상대적인 에너지는 A와는 무관하며, C 값(일반적으로 $C \approx 4B$로 설정)을 선택하면 모든 에너지 항을 같은 도표에 그릴 수 있다.

Tanabe–Sugano 도표에서 일부 선은, 같은 대칭 유형의 항들이 혼합되어 있어서 곡선으로 도시된다. 같은 대칭의 항들은 **비교차 규칙(noncrossing rule)**을 따른다. 이 규칙은 동일 대칭의 두 개의 약한 장 항이 접근하게 되면 교차하지 않고 구부러져 멀어진다는 것이다(그림 20.30). 비교차 규칙의 효과는 그림 20.29에서 두 개의 ^1E 항, 두 개의 $^1T_2$ 항 및 두 개의 $^1A_1$ 항에 대해 볼 수 있다.

Tanabe–Sugano 도표에서 0인 에너지는 항상 에너지가 가장 낮은 항으로 삼는다. 따라서 장의 세기가 증가하면서 고스핀에서 저스핀으로의 변화 때문에 바닥 상태 항의 동일성(identity)에 변화가 발생하면, 도표의 선들은 급격한 기울기의 변화를 나타낸다(예를 들어 d^4에 대한 도표).

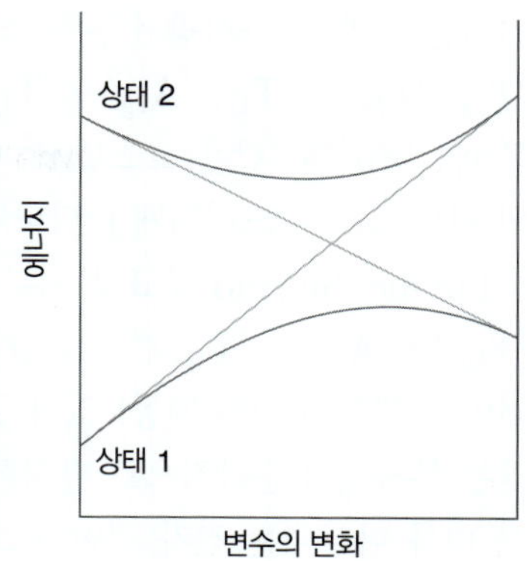

그림 20.30 같은 대칭의 두 상태가 변수가 변함에 따라 교차할 것 같으면(두 직선), 실제로는 함께 혼합되어 교차를 피하게 된다(곡선처럼)는 것이 비교차 규칙이다.

앞 논의의 목적은, 그림 20.23에서처럼 전자–전자 반발이 중요할 때 두 개 이상의 d 전자를 갖는 착물의 전자 흡수 스펙트럼으로부터 리간드장 갈라짐 변수 값을 추출하는 방법을 발견하는 것이었다. 이 방법은 관측된 전이를 Tanabe–Sugano 도표의 상관관계 선과 맞추고, 관측된 전이 에너지가 패턴과 일치하는 Δ_O와 B를 확인하는 것이다. 이 과정은 예제 20.8에서 설명한다.

20.6절에서 보게 되겠지만, 어떤 전이는 허용되고 어떤 전이는 금지된다. 특히 스핀 상태의 변화가 수반되는 전이는 금지되고, 그렇지 않은 전이는 허용된다. 일반적으로 스핀 허용

예제 20.8 Tanabe–Sugano 도표를 사용한 Δ_O와 B의 계산

그림 20.22의 스펙트럼과 Tanabe–Sugano 도표를 사용하여 $[Cr(NH_3)_6]^{3+}$에 대한 Δ_O와 B 값을 구하시오.

답 관련되는 Tanabe–Sugano 도표를 식별한 다음, 관측된 전이 에너지(파수) 비율이 이론적 비율과 일치하는 도표상의 위치를 찾아야 한다. 관련 있는 도표(d^3)는 그림 20.31에 있다. 관심 있는 스핀 허용 전이의 경우 d^3에서는 세 전이가 있다($^4T_{2g} \leftarrow {}^4A_{2g}$와 두 $^4T_{1g} \leftarrow {}^4A_{2g}$ 전이). 그림 20.23의 스펙트럼에서 21,550 cm^{-1}와 28,500 cm^{-1}의 두 낮은 에너지의 리간드장 전이가 있음을 보여 주며, 이것은 두 낮은 에너지의 전이에 해당된다($^4T_{2g} \leftarrow {}^4A_{2g}$와 두 $^4T_{1g} \leftarrow {}^4A_{2g}$ 전이). 이 전이들의 에너지의 비는 1.32이고, 그림 20.31에서 이 에너지 비를 만족시키는 유일한 곳은 상당히 오른쪽에 있다. 따라서 이 점의 위치로부터 $\Delta_O/B = 33.0$이라는 값을 읽을 수 있다. 더 낮은 에너지의 전이를 표시한 화살표의 끝은 $32.8B$에 있고 $32.8B$와 21,550 cm^{-1}로부터 $B = 657\ cm^{-1}$의 값을 얻을 수 있으며, 따라서 $\Delta_O = 21,700\ cm^{-1}$이다.

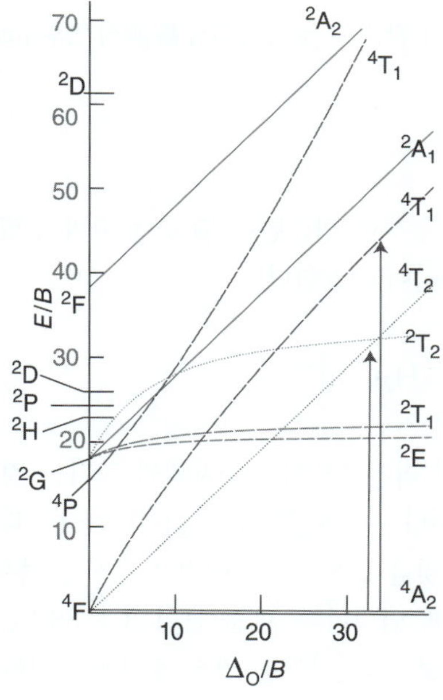

그림 20.31 **d^3 배치에 대한 Tanabe–Sugano 도표** 세로축은 그림 20.24(오른쪽)에 해당한다는 것에 유의하라.

문제 20.8 같은 Tanabe–Sugano 도표를 사용하여 $\Delta_O = 17,600\ cm^{-1}$와 $B = 700\ cm^{-1}$인 $[Cr(OH_2)_6]^{3+}$의 스펙트럼에서 처음 두 개의 스핀 허용 사중항 흡수 띠의 에너지를 예측하시오.

전이는 자외선–가시광선 흡수 스펙트럼에서 우세하게 나타난다. d^2 이온에 대해서는 $^3T_{2g} \leftarrow {}^3T_{1g}$, $^3T_{1g} \leftarrow {}^3T_{1g}$, $^3A_{2g} \leftarrow {}^3T_{1g}$의 세 가지 전이만 일어날 것으로 기대된다. 그러나 어떤 착물(예: Mn^{2+}와 같은 고스핀 d^5 이온)에는 스핀 허용 전이가 없으며, 11개의 가능한 전이 중의 어느 것도 두드러지게 나타나지 않는다.

Tanabe–Sugano 도표로 일부 흡수선의 넓이를 설명할 수도 있다. 그림 20.29와 $^3T_{2g} \leftarrow {}^3T_{1g}$ 및 $^3A_{2g} \leftarrow {}^3T_{1g}$ 전이를 살펴보자. Franck–Condon 원리는 전자 전이가 너무 빨라서, 전이가 핵의 움직임(진동) 없이 일어난다는 것이다. 역으로, 전자 전이가 다양한 진동 상태를 갖는 분자에서 순간적으로 발생하고, 진동이 그 전이에 영향을 미치면, 결과적으로 넓은 흡수선 띠를 나타내는 전자 전이가 초래된다. $^3T_{2g}$를 나타내는 선과 바닥 상태 $^3T_{1g}$를 나타내는 선은 평행하지 않아서, Δ_O의 값의 변화(분자 진동으로 야기된 것과 같은)는 전자 전이 에너지의 변화를 초래하고 흡수선 폭을 넓어지게 한다. $^3A_{2g}$를 나타내는 선은 $^3T_{1g}$를 나타내는 선과 훨씬 덜 평행하다. 그래서 이 전이의 에너지는 Δ_O의 변화에 훨씬 더 영향을 받을 것이고, 따라서 흡수선은 더 넓어질 것이다. 대조적으로, 낮은 $^1T_{2g}$ 항의 선은 $^3T_{1g}$ 선과 거의 평행하므로, 이 전이 에너지는 Δ_O의 변화에 거의 영향을 받지 않으며, 결과적으로 흡수는 매우 뚜렷하다(금지 전이여서 비록 약하지만).

(f) 전자구름 퍼짐 계열

요점: 전자–전자 반발은 전자의 비편재화 때문에 자유 이온보다 착물에서 더 작다. 전자구름 퍼짐 변수는 착물의 리간드에 d 전자가 비편재화되는 정도의 척도이다. 리간드가 무를수록 전자구름 퍼짐 변수는 작아진다.

예제 20.8에서 확인한, $[Cr(NH_3)_6]^{3+}$에 대한 B = 657 cm^{-1}는 기체 상태 Cr^{3+} 이온의 값의 64%에 불과하다. 이 감소는 일반적으로 관찰되며, 전자 반발은 자유 원자나 이온보다 착물에서 더 약하다는 것을 나타낸다. 점유된 분자 오비탈이 리간드를 통해 금속으로부터 멀리 비편재화되기 때문에 전자 간 반발이 약화된다. 이런 비편재화는 전자들 간의 평균 간격을 증가시키고 따라서 상호 반발을 감소시킨다.

자유 이온의 B 값으로부터의 감소는 보통 **전자구름 퍼짐 변수(nephelauxetic parameter, β)** 로 나타낸다.[5]

5 이 명칭은 '구름 팽창'을 뜻하는 그리스 단어에서 유래하였다.

$$\beta = B(\text{착물})/B(\text{자유 이온}) \tag{20.4}$$

β 값은 금속 이온과 리간드의 종류에 의존한다. β 값에 따라 정렬된 리간드의 나열을 **전자구름 퍼짐 계열(nephelauxetic series)**이라고 한다.

$$Br^- < CN^- < Cl^- < NH_3 < H_2O < F^-$$

β 값이 작다는 것은 d 전자의 리간드로의 비편재화가 크다는 것을 나타내며, 착물에 상당한 공유 결합 특성이 있음을 뜻한다. 이 계열은 Br^- 리간드가 F^- 리간드보다 이온 내 전자 반발의 더 큰 감소를 가져온다는 것을 보여 준다. 이것은 유사한 플루오로 착물보다 브로모 착물에서의 더 큰 공유 결합 특성과 일치한다. 예를 들어 B = 843 cm^{-1}인 $[NiF_6]^{4-}$와 B = 600 cm^{-1}인 $[NiBr_4]^{2-}$를 비교해 보라. 전자구름 퍼짐 계열에서 나타난 경향을 달리 표현하면 다음과 같다. **리간드가 무를수록 전자구름 퍼짐 변수는 작아진다.**

20.5 전하 이동 띠

요점: 리간드 성질이 우세한 오비탈과, 금속 성질이 우세한 오비탈 사이의 전자 이동으로 전하 이동 띠가 나타난다. 그러한 전이의 특징은 전이의 세기가 매우 강하고 용매의 극성에 에너지가 민감하다는 것이다.

그림 20.23의 $[Cr(NH_3)_6]^{3+}$ 스펙트럼의 다른 특징은 50,000 cm^{-1} 이상에서 최대치를 보이는 매우 강한 흡수선 띠의 뒷부분이다. 세기가 크다는 것은 이 전이가 단순한 리간드장 전이가 아니라 **전하 이동 전이(charge-transfer transition)**(CT 전이)와 일치함을 시사한다. CT 전이에서 전자는 리간드 성질이 우세한 오비탈과 금속 성질이 우세한 오비탈 사이를 이동한다. 전자가 리간드에서 금속으로 이동하면 **리간드–금속 전하 이동 전이(ligand-to-metal charge-transfer transition)**(LMCT 전이)로, 전하 이동이 반대 방향으로 일어나면 **금속–리간드 전하 이동 전이(metal-to-ligand charge-transfer transition)**(MLCT 전이)로 분류한다. Fe(II)의 비색(colorimetric) 분석에 사용되는 착물인 트리스(바이피리딜)철(II)의 붉은색을 유발하는 전이가 MLCT의 한 예이다. 이 경우, 중심 금속 이온의 d 오비탈에서 리간드의 π^* 오비탈로 전자 전이가 일어난다. 그림 20.32는 전하 이동으로 분류한 전이들을 요약한 것이다.

CT 전이에 의한 흡수 띠를 식별하기 위해 몇 가지 증거가 사용된다. 그림 20.23에서의 명백한 큰 세기의 띠는 하나의 강력한 표시인데, 이는 CT 전이가 완전히 허용되기 때문이다(20.6절). 만약 한 리간드가 다른 리간드로 대체된 후에 그러한 흡수 띠가 나타나면, 이것은 띠가 리간드의 종류에 강하게 의존한다는 것을 뜻하는 또 다른 증거이다. CT 특성은 용매의 유전율 변화에 따른 전이 진동수 변동인 **용매 의존 발색 현상(solvatochromism)**을 입증함으로써 가장 자주 확인된다(그리고 리간드의 $\pi^* \leftarrow \pi$ 전이와 구별된다). 용매 의존 발색 현상은 전이의 결과로 전자 밀도의 큰 변화가 있음을 나타내며, 리간드–리간드 또는 금속–금속 전이보다 금속–리간드 전이와 더 일치한다.

그림 20.33의 $[CrCl(NH_3)_5]^{2+}$(**6**)의 자외선과 가시광선 스펙트럼은 CT 전이의 또 다른 예를 보여 준다. 이 스펙트럼과 그림 20.23의 $[Cr(NH_3)_6]^{3+}$ 스펙트럼을 비교하면, 가시광선 영역에 두 리간드장 띠가 있음을 알 수 있다. NH_3 하나를 더 약한 장 리간드인 Cl^-로 치환하면, 가장 에너지가 낮은 리간드장 띠가 $[Cr(NH_3)_6]^{3+}$보다 더 낮은 에너지 쪽으로 이동한다. 또한 숄더(shoulder)는 리간드장 띠 중의 하나에서 높은 에너지 쪽에 나타나는데, 이것은 O_h에서 C_{4v}로 대칭이 낮아지면서 그 결과로 생긴 부가적인 전이가 있음을 의미한다. 이 스펙트

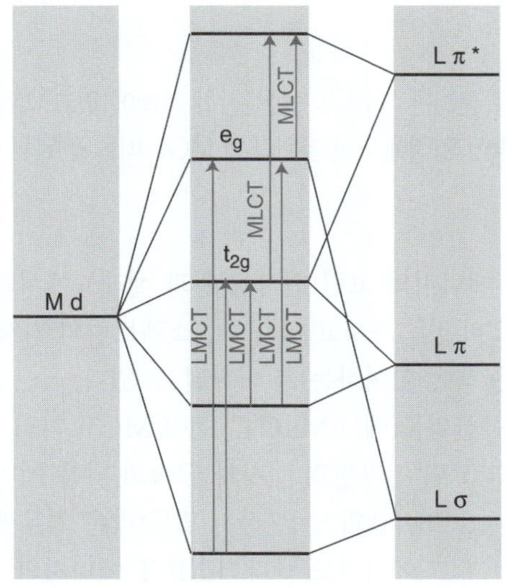

그림 20.32 팔면체 착물의 전하 이동 전이에 대한 개략도

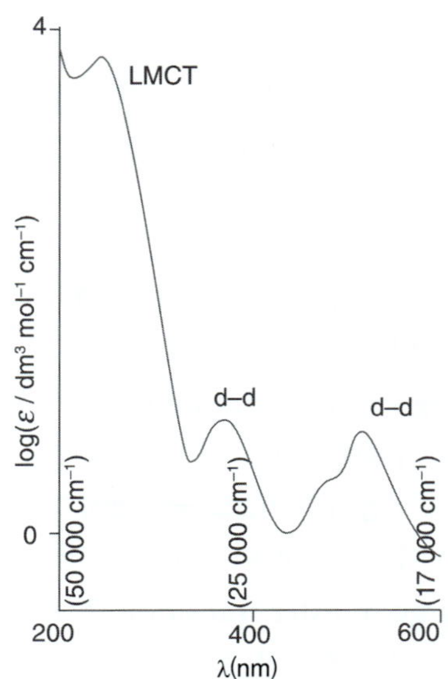

그림 20.33 자외선과 가시광선 영역에서 $[CrCl(NH_3)_5]^{2+}$ 수용액의 흡수 스펙트럼 $^2E \leftarrow {}^4A$ 전이에 해당하는 피크는 이 정도의 확대에서는 보이지 않는다.

럼의 주요한 새로운 특징은 42,000 cm^{-1} 근처의 자외선 영역에서 강한 최대 흡수가 있다는 것이다. 이 띠는 $[Cr(NH_3)_6]^{3+}$의 스펙트럼에 나타난 상응하는 띠보다 낮은 에너지를 가지며 Cl^- 리간드에서 금속으로의 LMCT 전이에 기인한 것이다. $[CrX(NH_3)_5]^{2+}$에서 유사한 띠의 LMCT 특성은, X가 Cl^-에서 Br^-, I^-까지 변할 때 약 8000 cm^{-1} 만큼의 단계적인 에너지 감소로 확인된다. 이 LMCT 전이에서 할로젠 음이온의 고립 전자쌍의 전자는 금속 우세의 오비탈로 이동(promotion)한다.

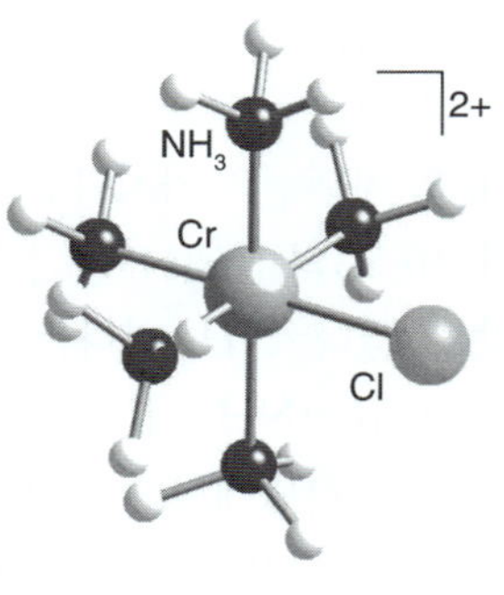

6 $[CrCl(NH_3)_5]^{2+}$

(a) LMCT 전이

요점: 리간드–금속 전하 이동 전이는, 금속이 높은 산화 상태에 있고 리간드가 비결합 전자들을 가지고 있을 때 스펙트럼의 가시광선 영역에서 관찰된다. LMCT 띠들의 위치 변화는 전기 화학 서열의 순서와 상관관계가 있다.

리간드가 상대적으로 높은 에너지의 고립 전자쌍(황과 셀레늄에서와 같이)을 가지거나, 금속 원자가 낮은 에너지의 빈 오비탈을 가지고 있을 때, 스펙트럼의 가시광선 영역에서 전하 이동 띠(따라서 많은 착물의 짙은 색에 기여하는)가 나타날 수 있다.

높은 산화 상태의 금속 사산화물(예: $[MnO_4^-]$)은 LMCT 띠의 가장 친숙한 예를 제공한다. 이 화합물에서는 산소의 고립 전자쌍의 전자가 금속의 낮은 에너지의 빈 e 오비탈로 이동한다. 금속의 높은 산화수는 d 오비탈의 낮은 전자 밀도(많은 경우에 d^0)에 해당하므로, 이용 가능한 전자 받개 준위가 있고 그 에너지도 낮다. LMCT 에너지의 경향은 다음과 같다.

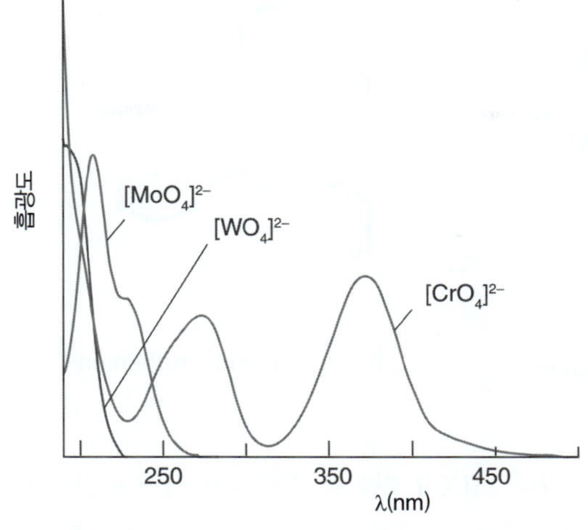

그림 20.34 $[CrO_4]^{2-}$, $[WO_4]^{2-}$, $[MoO_4]^{2-}$ **이온의 광 흡수 스펙트럼** 최대 흡수는 족의 아래로 내려가면서 단파장 쪽으로 이동한다. 이것은 LMCT 띠의 에너지 증가를 나타낸다.

산화수

+7	$[MnO_4^-] < [TcO_4^-] < [ReO_4^-]$
+6	$[CrO_4^{2-}] < [MoO_4^{2-}] < [WO_4^{2-}]$
+5	$[VO_4^{3-}] < [NbO_4^{3-}] < [TaO_4^{3-}]$

제6족 금속의 사산화 음이온인 $[CrO_4^{-2}]$, $[MoO_4^{-2}]$, $[WO_4^{-2}]$의 자외선–가시광선 스펙트럼이 그림 20.34에 있다. 전이 에너지는 전기 화학 서열의 순서와 상관관계가 있다. 즉 가장 낮은 에너지의 전이는 가장 쉽게 환원되는 금속 이온에 대해 일어난다. 이러한 상관관계는 리간드에 의한 금속 이온이 환원에 해당하는, 리간드로부터 금속 이온으로 전자가 이동하는 전이와 사실상 일치한다. 옥소(oxido) 음이온의 중합체와 단위체는 같은 경향을 보이므로, 금속의 산화 상태가 결정적 요인이 된다. 이 유사성은 LMCT 전이가 개별 분자에서 일어나는 편재된 과정임을 시사한다.

용액에서 관찰된 금속 착물의 LMCT 흡수는 마치 고체 화합물에서의 전이와 유사하다. 제24.16절에서 논의된 것처럼, 고체 화합물에서 전자는 전자가 원자가 띠(valence band, 일반적으로 음이온 p 오비탈의 겹침으로 형성되고, 전자가 채워진)에서 전도띠(conduction band, 금속을 중심으로 한 오비탈의 겹침으로 형성되고, 일반적으로 완전히 또는 부분적으로 비어 있는)로 전이될 수 있다.

(b) MLCT 전이

요점: 금속의 산화 상태가 낮고 리간드의 받개 오비탈의 에너지가 낮으면, 금속으로부터 리간드로의 전하 이동 전이가 관찰된다.

금속으로부터 리간드로의 전하 이동 전이는 에너지가 낮은 π^* 오비탈을 갖는 리간드, 특히 방향족 리간드와의 착물에서 가장 흔히 관찰된다. 전이는 낮은 에너지에서 일어나며, 금속 이온이 낮은 산화 상태에 있으면 가시광선 영역에서 스펙트럼이 나타난다. 왜냐하면 d 오비탈이 비어 있는 리간드의 오비탈과 에너지가 상대적으로 가깝기 때문이다.

MLCT 전이에 가장 일반적으로 관여되는 리간드 종류는 두 개의 N 주개 원자를 갖는 다이이민이다. 중요한 두 예는 2,2′-바이피리딘(bipy, **7**)과 1,10-페난트롤린(phen, **8**)이다. 강한 MLCT 띠를 갖는 다이이민의 착물은 트리스(2,2′-바이피리딜)루테늄(II)(**9**)와 같은 트리스(다이이민)을 포함하며 오렌지색을 띤다. 다이이민 리간드는 또한, 낮은 산화 상태를 선호하는 다른 리간드와의 착물에 쉽게 치환되어 들어갈 수 있다. 두 가지 예는 $[W(CO)_4(phen)]$와

7 2,2′-Bipyridine (bpy)

8 1,10-Phenanthroline (phen)

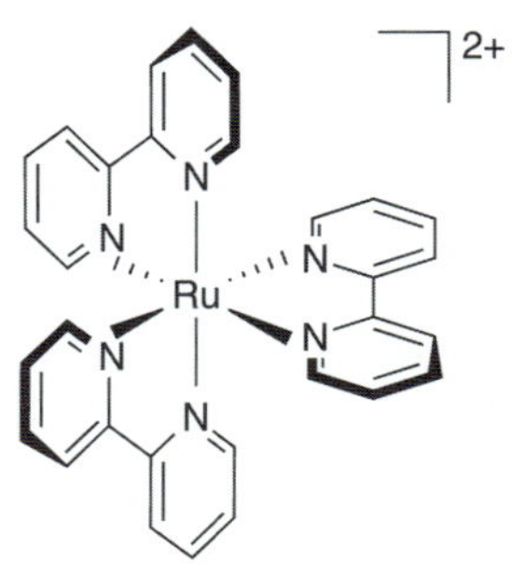

9 Tris(2,2′-bipyridyl)ruthenium(II)

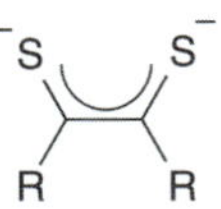

10 Dithiolate

$[Fe(CO)_3(bipy)]$이다. 그러나 MLCT 전이는 결코 다이이민 리간드에만 국한되지 않는다. 전형적인 MLCT 전이를 보여 주는 또 다른 중요한 리간드 유형은 다이싸이올렌 $S_2C_2R_2^{2-}$(**10**)이다. MLCT 전이를 연구를 위한 가장 강력한 기법은 공명 Raman 분광학(8.5절)이다.

트리스(2,2′-바이피리딜)루테늄(II)의 MLCT 들뜸은 집중적인 연구의 대상이다. 그 이유는 전하 이동에 의해 생긴 들뜬 상태가 마이크로초(μs)의 수명을 가지며, 이 착물이 다용도의 광화학 산화–환원 시약이기 때문이다. 이와 유사한 많은 착물 역시 비교적 긴 들뜬 상태 수명을 가져서 그 광화학적 거동이 연구되고 있다.

20.6 선택 규칙과 강도

요점: 전자 전이의 강도는 전이 쌍극자 모멘트에 의해 결정된다.

전형적인 전하 이동 띠와 전형적인 리간드장 띠 사이의 대조적인 세기 차이는 흡수 띠의 세기를 조절하는 요인에 대한 의문을 제기한다. 팔면체, 거의 팔면체, 또는 사각 평면 착물에서 최대 몰 흡광 계수 ε_{max}(흡수 세기를 측정하는)[6]는 일반적으로 리간드장 전이의 경우 100 $dm^3\ mol^{-1}cm^{-1}$보다 작거나 비슷하다. 대칭 중심이 없는 사면체 착물의 리간드장 전이에 대해서 ε_{max}는 250 $dm^3\ mol^{-1}cm^{-1}$을 초과할 수 있다. 대조적으로, 전하 이동 띠는 보통 1000~50,000 $dm^3\ mol^{-1}cm^{-1}$ 영역의 ε_{max}를 갖는다.

6 몰 흡광 계수는 몰농도가 [X]이고 길이가 L인 용액을 빛이 통과할 때의 투광도 $T = I_f / I_i$ 에 대한 Beer–Lambert 법칙의 상수인데, 세기 I_i로부터 세기 I_f로 감소하며 $\log T = -\varepsilon[X]L$ (대수는 10을 밑으로 한 상용 로그이다)이다. 오래 전 이름이긴 하지만, '흡광 계수'도 여전히 많이 사용되고 있다.

착물에서의 전이 세기를 이해하려면, 전자기장과 결합하는 착물의 세기를 탐구해야 한다. 띠의 세기가 강한 전이는 강한 짝지음(coupling)을, 약한 전이는 약한 짝지음을 나타낸다. 전자가 파동 함수 ψ_i 상태에서 파동함수 ψ_f 상태로 전이할 때, 짝지음의 세기는 **전이 쌍극자 모멘트**(**transition dipole moment**)로 측정되며, 다음과 같은 적분으로 정의된다.

$$\mu_{fi} = \int \psi_f^* \mu \psi_i d\tau \tag{20.5}$$

여기서 μ는 전기 쌍극자 모멘트 연산자($-er$)이다. 전이 쌍극자 모멘트는 전이가 전자기장에 주는 충격(impulse)의 척도로 간주할 수 있다. 즉 큰 충격은 강한 전이에 해당한다. 또한 0의 충격은 금지된 전이에 해당한다. 전이의 세기는 전이 쌍극자 모멘트의 제곱에 비례한다.

분광학적 **선택 규칙**(**selection rule**)은 어떤 전이가 허용되고 금지되는지를 명확히 서술한다. **허용 전이**(**allowed transition**)는 0이 아닌 전이 쌍극자 모멘트를 가지는 전이이며, 따라서 0이 아닌 세기를 갖는다. **금지 전이**(**forbidden transition**)는 전이 쌍극자 모멘트가 0으로 계산된 전이이다. 추정보다 낮은 대칭성을 갖는 착물에서와 같이, 전이 쌍극자 모멘트를 계산하기 위해 사용한 가정이 유효하지 않은 경우, 공식적으로 금지 전이라도 스펙트럼에서 관찰될 수 있다. 전하 이동 전이는 전적으로 허용되며, 따라서 강한 흡수와 관련이 있다.

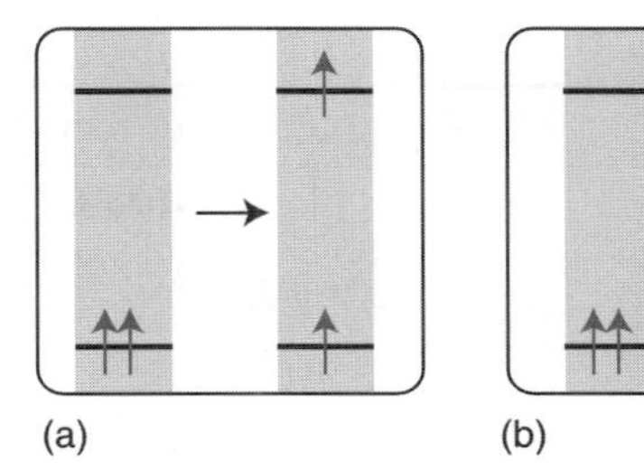

그림 20.35 (a) 스핀 허용 전이는 다중도의 변화가 없다. (b) 스핀-금지 전이는 다중도의 변화를 초래한다.

(a) 스핀 선택 규칙

요점: 다중도(multiplicity)의 변화가 있는 전자 전이는 금지된다. 스핀 금지 전이의 세기는 4d 또는 5d 계열 금속 착물의 경우 비교 가능한 3d 계열 착물보다 크다.

입사 광선의 전자기장은 착물에서 전자 스핀의 상대적 배향을 바꿀 수 없다. 예를 들면 초기의 역평행 전자쌍이 평행한 쌍으로 전환될 수 없으므로 단일 상태($S = 0$)는 삼중 상태($S = 1$)로 전이될 수 없다. 이 제한은 **스핀 허용 전이(spin-allowed transition)**에 대한 규칙 $\Delta S = 0$으로 요약된다(그림 20.35).

스핀과 오비탈 각운동량과의 짝지음은 스핀 선택 규칙을 완화시킬 수 있다. 그러나 그러한 **스핀 금지(spin-forbidden)** 전이($\Delta S \neq 0$)는 일반적으로 스핀 허용 전이보다 많이 약하다. 가벼운 원자보다 무거운 원자에서 스핀–궤도 짝지음이 크기 때문에 원자 번호가 증가하면서 스핀 금지 띠의 세기는 증가한다. 스핀–궤도 짝지음에 의해 스핀 선택 규칙이 깨지는 것을 흔히 **중원자 효과(heavy-atom effect)**라고 한다. 스핀–궤도 짝지음이 약한 3d 계열에서는 스핀 금지 띠가 대략 1 $dm^3 mol^{-1} cm^{-1}$보다 작은 ε_{max}를 갖는다. 그러나 스핀 금지 띠는 무거운 d 금속 착물의 스펙트럼의 중요한 특징이다.

그림 20.23에서 $^2E_g \leftarrow {}^4A_{2g}$로 표기된 매우 약한 전이는 스핀 금지 전이의 한 예이다. 고스핀 d^5 Mn^{2+} 이온과 같은 일부 금속 이온은 스핀 허용 전이가 없으므로 약한 색을 띠게 된다.

(b) Laporte 선택 규칙

요점: 팔면체 착물에서 d 오비탈 간의 전이는 금지된다. 비대칭 진동은 이러한 제한을 완화한다.

Laporte 선택 규칙(Laporte selection rule)은 **중심 대칭이 있는(centrosymmetric) 분자나 이온에서 허용되는 유일한 전이는 반전성(parity)의 변화를 수반하는 전이**임을 명시한다. 즉 g와 u 항 사이의 전이는 허용되지만, g 항은 다른 g 항으로 전이할 수 없고, u 항은 다른 u 항으로 전이할 수 없다.

$$g \leftrightarrow u \qquad g \not\leftrightarrow g \qquad u \not\leftrightarrow u$$

많은 경우에 중심 대칭이 있는 착물에서, 양자수 l의 변화가 없으면 반전성의 변화도 없다고만 알면 충분하다. 따라서 s–s, p–p, d–d, f–f 전이는 금지된다. p와 f 오비탈은 u인 반면, s와 d 오비탈은 g이므로, s–d, p–f 전이는 금지되지만 s–p, p–d, d–f 전이는 허용된다.

Laporte 선택 규칙의 보다 더 공식적인 처리는 r에 비례하는 전이 쌍극자 모멘트 성질을 기반으로 한다. 반전(inversion)에 의해 r의 부호가 바뀌기 때문에(따라서 u), 식 (20.5)의 전체 적분 값도 ψ_i와 ψ_f가 같은 반전성을 갖고 있다면, 반전에 의해 역시 부호가 바뀐다. 왜냐하면 $g \times u \times g = u$이고 $u \times u \times u = u$이기 때문이다. 따라서 적분값은 값을 구하기 위해 사용된 좌표의 선택에 영향을 받지 않기 때문에,[7] ψ_i와 ψ_f가 같은 반전성을 가지면 적분값은 0이

[7] 적분은 면적이며, 면적은 계산에 사용된 좌표와 무관하다.

표 20.9 3d 착물에서 스펙트럼 띠의 세기

띠 유형	$\varepsilon_{max}/(dm^3 mol^{-1} cm^{-1})$
스핀 금지	<1
Laporte 금지 d-d	20~100
Laporte 허용 d-d	*c*. 250
대칭 허용(e.g. CT)	1000~50 000

된다. 그러나 반대의 반전성을 가지면, 좌표의 반전으로 적분의 부호가 바뀌지 않고, 따라서 적분값은 0이 되지 않는다.

중심 대칭이 있는 착물에서는 d-d 리간드장 전이가 g ↔ g이고, 따라서 금지된다. Laporte 선택 규칙이 적용되지 않는 사면체 착물(중심 대칭이 없어서, 오비탈은 첨자로서 g나 u를 갖지 않음)보다 중심 대칭이 있는 팔면체 착물에서의 전이가 상대적으로 약한 것은 이러한 금지 성질이 있기 때문이다.

팔면체 착물에서 d-d 리간드장 전이는 비록 약하지만 모두 일어나는 이유에 대한 의문은 여전히 남는다. Laporte 선택 규칙은 두 가지 방식으로 완화가 된다. 첫번째, 다원자 리간드의 내재적인 구조 비대칭 또는 착물의 결정화 과정에서 생기는 구조의 일그러짐 때문에, 착물은 바닥 상태에서 완전한 중심 대칭에서 약간 벗어난 구조를 취할 수 있다. 두 번째, 착물이 반전 중심이 깨질 수도 있는 비대칭 진동 운동을 하는 것이다. 어느 경우에나, Laporte-금지 d-d 리간드장 띠의 세기가 스핀 금지 전이보다 더 커지는 경향이 있다.

표 20.9는 3d 계열 원소의 착물에서 일어나는 전형적인 전자 전이의 세기를 요약한 것이다. 분광학적 흡수 띠가 폭을 갖는 주된 이유는 분자가 다양한 진동 상태에 있어서이다. 전자 전이는 너무 빨라서(Franck-Condon 원리에 의하면) 핵의 운동(즉 진동) 없이 일어나기 때문에, 전이는 약간 다른 리간드 위치들에서 일어날 것이다. 따라서 만일 리간드 위치가 Δ에 영향을 주면, 진동은 전이 에너지에 영향을 미쳐서 넓은 흡수가 일어난다.

예제 20.9 선택 규칙을 사용한 스펙트럼의 해석

흡수 세기를 고려하여 그림 20.33의 스펙트럼에 나타난 흡수 띠들을 해석하시오.

답 착물이 거의 팔면체라고 가정하고 Tanabe-Sugano 도표를 조사하면 바닥 상태 항은 $^4A_{2g}$이다. 에너지가 높은 항인 ^2E_g, $^2T_{1g}$, $^2T_{2g}$로의 전이는 스핀 금지이며 ε_{max}<1 $dm^3\ mol^{-1}\ cm^{-1}$일 것이다. 그러므로 매우 약한 띠로 예상되는 이러한 전이는 구별하기가 힘들 것이다. 같은 다중도의 다음으로 더 높은 항은 $^4T_{2g}$와 $^4T_{1g}$이다. 이 항으로의 전이는 스핀 허용이지만 Laporte 금지인 리간드장 전이이므로 $\varepsilon_{max} \approx 100\ dm^3\ mol^{-1}\ cm^{-1}$이다. 360 nm와 510 nm의 두 띠가 여기에 해당한다. 자외선에 가까운 영역에서 $\varepsilon_{max} \approx 10{,}000\ dm^3\ mol^{-1}\ cm^{-1}$를 갖는 띠는, 염소의 π 고립 전자쌍으로부터 주로 금속 d 오비탈의 성질을 띠는 분자 오비탈로 전자가 전이하는 LMCT 전이에 해당된다.

문제 20.9 $[Cr(\underline{N}CS)_6]^{3-}$의 스펙트럼은 16,000 cm^{-1}에서 매우 약한 띠, ε_{max}=160 $dm^3\ mol^{-1}\ cm^{-1}$인 17,700 cm^{-1}의 띠, ε_{max}=130 $dm^3\ mol^{-1}\ cm^{-1}$인 23,800 cm^{-1}의 띠 그리고 32,400 cm^{-1}에 있는 매우 강한 띠를 가지고 있다. 이러한 전이들을 d^3 Tanabe-Sugano 도표와 선택 규칙을 고려하여 해석하시오(힌트: NCS^-는 에너지가 낮은 π^* 오비탈을 가지고 있다).

20.7 발광

요점: 발광하는 착물은 전자적으로 들뜬 후에 다시 복사선을 방출한다. 형광은 다중도의 변화가 없이 일어나며, 반면에 들뜬 상태가 다른 다중도의 상태로 계간 교차를 한 후 복사선을 내는 감쇠가 인광이다.

복사선의 흡수로 전자적으로 들뜬 후에 복사선을 방출한다면 착물은 **발광성**(luminescent)이다. 발광은 주위로 열을 통해 에너지가 감소하는 비복사 감쇠(nonradiative decay)와 경쟁한다. d 금속 착물에서 상대적으로 빠른 복사 감쇠는 상온에서는 특히 일반적이지 않으므로, 강하게 발광하는 시스템은 비교적 드물다. 그래도 일어나는 복사 감쇠는 두 가지 유형의 과정으로 구분할 수 있다. 전통적으로, 빠른 감쇠 발광은 '형광', 빛을 조사한 다음 끈 상태에서 지속되는 발광은 '인광'이라고 한다. 그러나 수명 기준은 신뢰할 수 없으므로, 두 유형의 발광에 대한 현대적인 정의는 발광 과정의 고유한 메커니즘을 기반으로 한다. **형광**(fluorescence)은 바닥 상태와 다중도가 같은 들뜬 상태에서의 복사 감쇠이다. 전이는 스핀 허용이고 빠르며, 형광 반감기는 나노초 정도이다. **인광**(phosphorescence)은 바닥 상태와 다른 다중도를 지닌 상태로부터의 복사 감쇠이다. 이것은 스핀 금지 과정이고 종종 느리게 일어난다. 인광은 인광 물질(phosphor)에 이용된다(화학세상 24.3).

인광성 착물의 초기 들뜸은 스핀 허용 전이에 의해 들뜬 상태를 채운다. 그래서 인광의 메커니즘은 처음 들뜬 상태가 다중도가 다른 들뜬 상태로 비복사 전환(nonradiative conversion)이 일어나는 **계간 교차**(intersystem crossing)를 포함한다. 바닥 상태로의 복사 감쇠는 스핀 금지이므로, 이 두 번째 상태는 에너지 저장고로 작용한다. 그러나 스핀–오비탈 짝지음이 계간 교차를 허용하듯이 스핀 선택 규칙도 깨뜨려서 복사 감쇠가 일어날 수 있다. 바닥 상태로 되돌아가는 복사 감쇠는 느리므로, 인광성 상태의 d 금속 착물은 마이크로초(μs) 또는 그보다 긴 시간 동안 유지될 수 있다.

인광의 중요한 예는 루비가 제공한다. 루비는 알루미나의 Al^{3+}가 낮은 농도의 Cr^{3+} 이온으로 치환된 것이다. 각 Cr^{3+} 이온은 6개의 O^{2-} 이온에 의해 팔면체로 둘러싸여 있고, 초기 들뜸은 스핀 허용 과정이다.

$$t_{2g}{}^{2}e_{g}{}^{1} \leftarrow t_{2g}^{3}:\ {}^{4}T_{2g} \leftarrow {}^{4}A_{2g} \text{ 그리고 } {}^{4}T_{1g} \leftarrow {}^{4}A_{2g}$$

스펙트럼의 녹색과 보라색 영역에서 일어나는 이러한 흡수 때문에, 보석은 붉은색을 띤다(그림 20.36). $t_{2g}{}^{3}$ 전자 배치의 ^{2}E 항으로의 계간 교차는 수 피코초 이하에서 일어나며, 이 이중항 상태에서 다시 사중항 상태의 바닥 상태로 감쇠가 일어나면서 붉은색의 627 nm의 인광이 일어난다. 백색광에서 녹색과 보라색을 빼서 얻은 붉은색에 붉은색의 발광이 더해져서 보석의 외관에 광택을 준다. 이 효과는 1960년에 만들어진 최초의 레이저에 사용되었다.

유사한 $^{2}E \rightarrow {}^{4}A$ 인광은 용액 중의 많은 Cr(III) 착물에서 관찰될 수 있다. ^{2}E 항은 바닥 상태와 같은 $t_{2g}{}^{3}$ 배치에서 발생하며, 따라서 리간드장의 세기는 중요하지 않고 띠의 폭은 좁다. 방출은 항상 붉은색(루비의 방출 파장과 가까운)이다. $[Cr(bpy)_3]^{3+}$에서와 같이 리간드가 단단하면, ^{2}E 항은 용액에서 수 마이크로초(μs) 동안 살아남는다.

인광 상태의 또 다른 흥미로운 예가 $[Ru(bpy)_3]^{2+}$에서 발견된다. 이 d^6 착물의 스핀 허용 MLCT 전이에 의해 생성된 들뜬 상태의 단일항은 계간 교차를 통해 좀 더 낮은 에너지의 같은 전자 배치인 $t_{2g}{}^{5}\pi^{*1}$의 삼중항 상태로 된다. 들뜬 전자가 금속으로 되돌아가는 밝은 오렌지색 방출(LMCT 전이)은 대략 1 ms의 수명으로 발생한다(그림 20.37). 방출의 수명에 미치는 다른 분자(소광 물질, quencher)의 효과는 들뜬 상태로부터의 전자 전달 속도를 조사하는 데 사용될 수 있다.

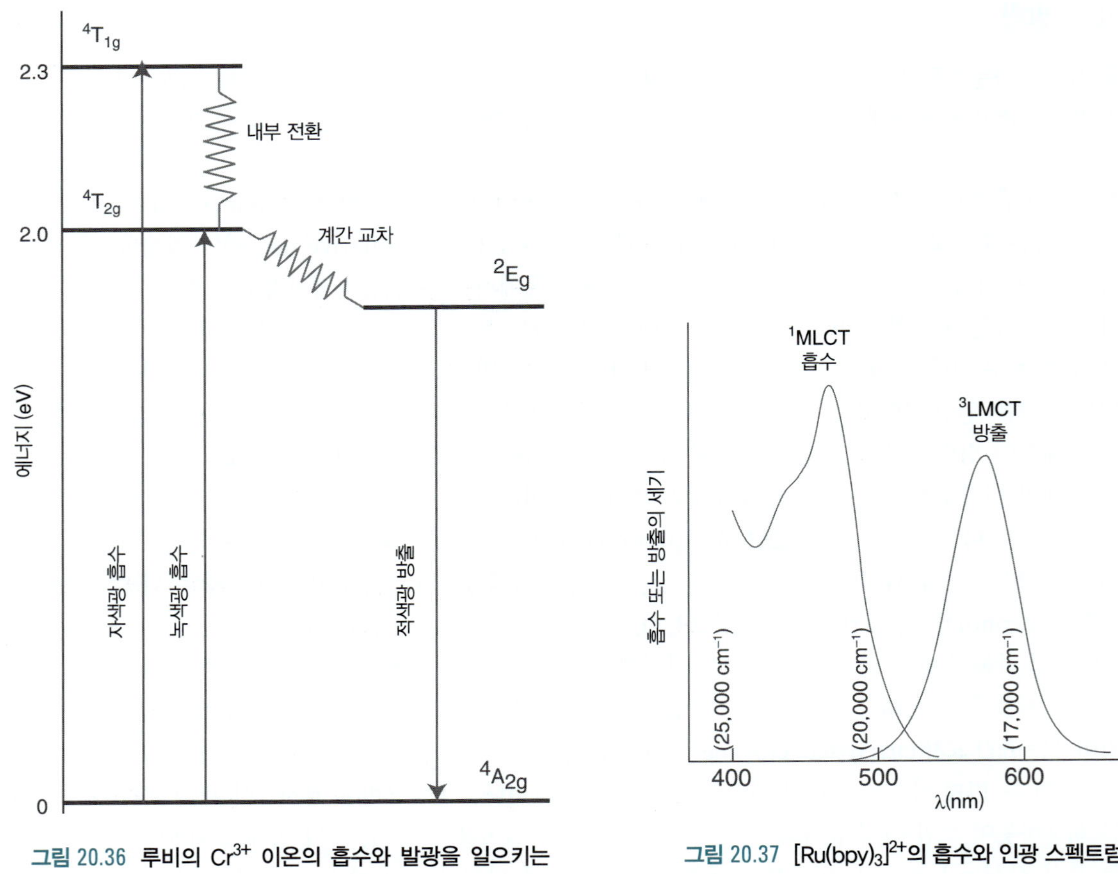

그림 20.36 **루비의 Cr^{3+} 이온의 흡수와 발광을 일으키는 전이**

그림 20.37 **$[Ru(bpy)_3]^{2+}$의 흡수와 인광 스펙트럼**

자기성

착물의 반자성과 상자성 속성은 20.1c절에서 소개되었지만, 논의는 자기적으로 희석된 화학종으로 제한되었다. 여기서 각각의 상자성 중심–짝지어지지 않은 d 전자를 가진 원자–은 서로 분리되어 있다. 이제 자기 중심들이 상호 작용할 수 있는 경우와 스핀 상태가 변할 수 있는 경우, 이 두 자기성 측면을 더 고려한다.

20.8 협동 자기성

요점: 고체에서는 이웃하는 금속 중심들의 스핀들이 상호 작용하여, 전체 고체를 대표하는 강자성 또는 반강자성과 같은 자기 거동을 일으킬 수 있다.

고체 상태의 개별 자기 중심(magnetic centre)들은 서로 가깝게 위치하고, 오직 하나의 원자(전형적으로 O)로 분리되어 있다. 이러한 배열에서 협동(cooperative) 성질은 상이한 원자들의 전자 스핀 간 상호 작용으로 발생할 수 있다.

물질의 **자기화율(magnetic susceptibility**, χ)은 유도 자기 모멘트가 가해진 자기장에 비례한다는 의미에서, 전자 스핀들이 얼마나 쉽게 가해진 자기장을 따라 정렬하는가의 척도이며, χ는 비례 상수이다. 상자성 물질은 양의 자기화율을 가지며, 반자성 물질은 음의 자기화율을 가진다. 협동 현상에 의해 발생하는 자기 효과는 개별 원자 및 이온에 의해 발생하는 것보다 훨씬 클 수 있다. 자기화율과 온도에 따른 자기화율의 변화는 자성 물질의 종류에 따라 다르며, 표 20.10과 그림 20.38에 요약되어 있다.

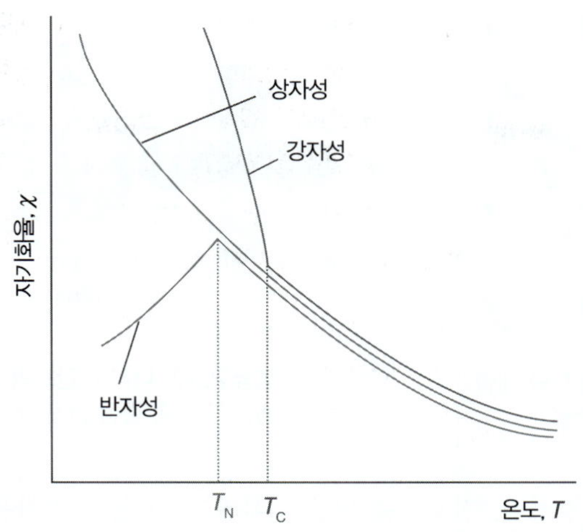

그림 20.38 상자성, 강자성, 반강자성 물질의 자기화율의 온도 의존성

표 20.10 물질의 자기 거동

자기 거동	χ의 일반적인 수치	온도 증가에 따른 χ의 변화	자기장 의존도
반자성 (홀전자 없음)	-8×10^{-6}(Cu)	없음	없음
상자성	$+4 \times 10^{-3}$($FeSO_4$)	감소	없음
강자성	5×10^{3}(Fe)	감소	있음
반강자성	$0 \sim 10^{-2}$	증가	(있음)

상자성 물질에 자기장을 가하면, 가해진 자기장에 평행하게 스핀들이 부분적으로 정렬한다. 상자성 물질은 냉각됨에 따라 열운동의 무질서 효과가 줄어들고, 더 많은 스핀이 정렬하여 자기화율이 증가한다. 협동 자기 성질의 한 예인 **강자성 물질(ferromagnetic substance)**에서는 서로 다른 금속 중심들에 있는 스핀들이 짝지어져, 수천 개의 원자로 뒷받침된 평행 정렬을 이룬 **자기 영역(magnetic domain)**을 형성한다(그림 20.39). 알짜 자기 모멘트, 즉 자기화율은 개별 스핀이 서로 더해지므로 매우 클 수 있다. 게다가 온도가 한번 설정된 후 **Curie 온도(Curie temperature, T_C)** 이하로 유지되면, 스핀들이 함께 고정되기(locked) 때문에, 인가된 자기장이 제거된 후에도 자기화(magnetization)가 지속한다. 강자성은 d 또는 더 드물게는 f 오비탈에서 홀전자를 포함하는 물질에서 잘 나타나는데, 이 오비탈들의 홀전자는 주변 원자의 유사한 오비탈에 있는 홀전자와 짝지어진다. 핵심적인 특징은, 이 상호 작용이 스핀을

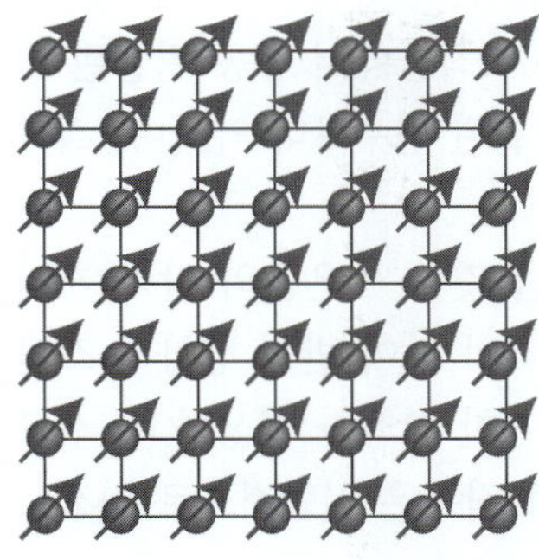

그림 20.39 강자성 물질에서 개별 자기 모멘트의 평행 정렬

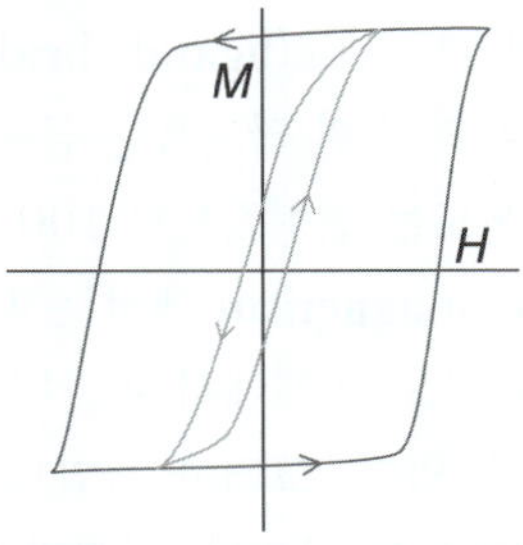

그림 20.40 강자성 물질의 자기화 곡선에서의 이력 고리 자기장이 증가함(→)에 따른 시료의 자기화가, 자기장의 감소(←)에 따라 되풀이되지 않게 줄어서 이력 고리가 생긴다. 진한 선: 딱딱한 강자성체, 연한 선: 무른 강자성체

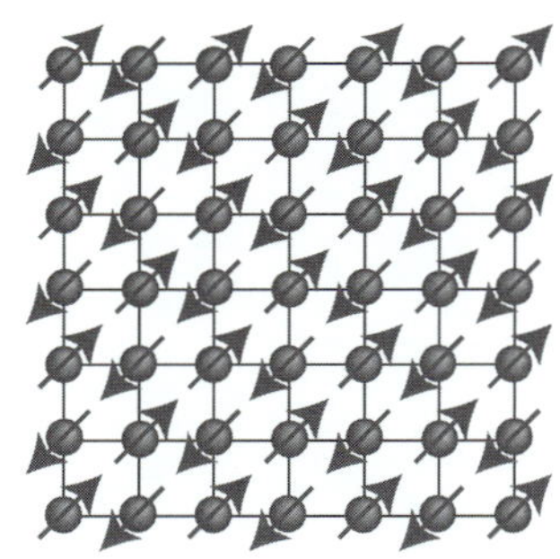

그림 20.41 반강자성 물질의 개별 자기 모멘트의 역평행 정렬

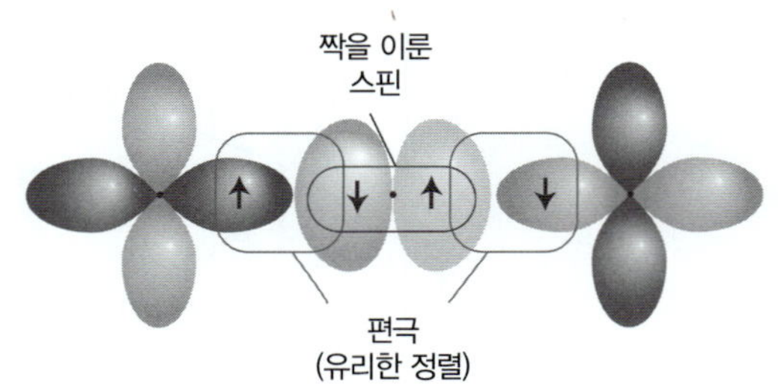

그림 20.42 다리 리간드의 스핀 편극화에 의해 생긴 두 금속 중심 간 반강자성 짝지음

정렬시키기에는 충분히 강하나, 전자들을 쌍을 이루게 하여 공유 결합을 형성할 정도는 아니라는 점이다. T_C보다 높은 온도에서는 열운동에 의한 무질서 효과가 상호 작용에 의한 질서 효과를 넘어서므로, 이 물질은 상자성이 된다(그림 20.38).

강자성체(ferromagnet)의 자기화(magnetization, M), 즉 벌크 자기 모멘트는 가해진 자기장의 세기 H에 비례하지 않는다. 대신에 그림 20.40과 같은 '이력 고리(hysteresis loop)'가 관찰된다. **딱딱한 강자성체(hard ferromagnet)**의 경우, 가해진 자기장이 0으로 감소할 때, 이력 고리는 폭이 넓고 M은 크게 유지된다. 딱딱한 강자성체는 자기화의 방향을 바꿀 필요가 없는 영구 자석으로 사용된다. **무른 강자성체(soft ferromagnet)**는 좁은 이력 고리를 가지므로 가해진 자기장에 훨씬 더 민감하게 반응한다. 무른 강자성체는 빠르게 진동하는 전자기장에 신속하게 반응해야 하는 변압기에 사용된다.

반강자성 물질(antiferromagnetic material)에서는 이웃하는 스핀들이 역평행 정렬로 고정된다(그림 20.41). 결과적으로, 개별 자기 모멘트의 합은 상쇄되고, 시료는 약한 자기 모멘트와 자기화율(실제로는 0에 가까운)을 갖게 된다. 상자성 물질을 저온으로 내렸을 때 반강자성이 관찰된다. 반강자성은 상자성 물질이 저온으로 냉각될 때 종종 관찰되며, **Néel 온도(Néel temperature, T_N)**에서 자기화율의 가파른 감소를 나타낸다(그림 20.38). T_N보다 높은 온도에서의 자기화율은 상자성 물질의 자기화율과 같지만, 온도가 상승함에 따라 감소한다.

반강자성을 일으키는 스핀 짝지음은 일반적으로 **초교환(superexchange)**이라고 하는 메커니즘에 의해, 사이에 낀 리간드들을 통해 일어난다. 그림 20.42에 도시된 바와 같이, 한 금속 원자의 하나의 스핀은 리간드의 한 점유 오비탈에서 작은 스핀 편극을 유도하고, 이러한 스핀 편극은 인접한 금속 원자에 있는 스핀의 역평행 정렬을 초래한다. 이와 같은 스핀들의 교대 정렬(⋯↑↓↑↓⋯)은 물질을 통해 전파해 나간다. 많은 d 금속 산화물은 산소 원자를 포함하는 초교환 메커니즘에 기인할 수 있는 반강자성 거동을 나타낸다. 예를 들면 MnO는 122 K 아래에서, Cr_2O_3는 310 K 아래에서 반강자성이다. 사이에 낀 리간드를 통한 스핀 짝지음은 흔히 두 개의 리간드 가교(ligand–bridged) 금속 이온들을 가진 분자 착물에서 종종 관찰된다. 그러나 이 경우의 스핀 짝지음은 금속 자리들이 단순히 O^{2-}로 연결된 경우보다 약하며, 결과적으로 정렬 온도는 전형적으로 100 K 훨씬 아래로 낮아진다.

준강자성(ferrimagnetism)에서는 서로 다른 개별 자기 모멘트를 갖는 이온들의 알짜 자기 정렬이 Curie 온도 아래에서 관찰된다. 이들 이온은 반강자성에서와 같이 반대 방향의 스핀으로 정렬할 수 있다. 그러나 개별 스핀 모멘트가 다르므로 불완전한 상쇄가 발생하고, 시료는 알짜 총 모멘트를 가진다. 반강자성과 마찬가지로, 이러한 상호 작용은 일반적으로 리간드를 통해 전달된다. 한 예가 자철석(Fe_3O_4)이다.

자기 짝지음이 관찰되는 많은 수의 분자 시스템이 있다. 전형적인 시스템은 짝지음을 매개하는 리간드에 의해 다리 결합된 두 개 이상의 금속 원자를 갖는다. 간단한 예로 두 개의 d^9 중심 사이의 반강자성 짝지음을 가진 구리 아세트산염 이합체(**11**)가 있다. 많은 **금속 함유 효소**(metalloenzyme, 26장)에는 자기 짝지음(magnetic coupling)을 가진 여러 개의 금속 중심이 있다.

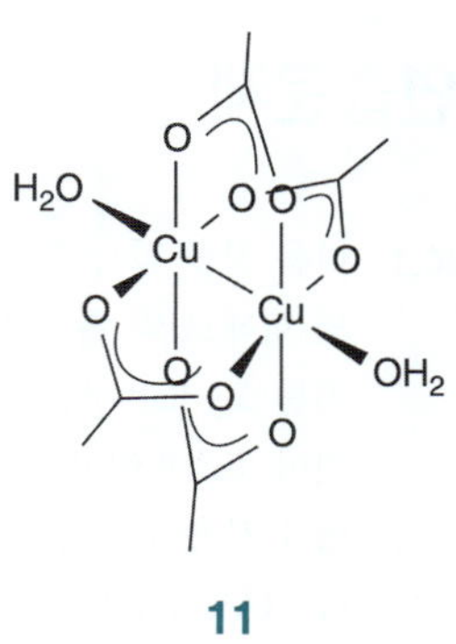

11

20.9 스핀 교차 착물

요점: d 금속 중심의 스핀 상태를 결정하는 요인들이 밀접하게 조화를 이루면, 외부 자극에 반응하여 스핀 상태를 변화시키는 착물이 있을 수 있다.

지금까지 산화 상태 및 리간드 유형과 같은 여러 요소가 d 금속 착물이 고스핀인지, 저스핀인지를 어떻게 결정하는지를 살펴보았다. 일반적으로 3d 계열 전이 금속 착물에서 일부는 고스핀과 저스핀 간 에너지 차이가 매우 작아서 **스핀 교차**(spin-crossover) 현상을 관찰할 수 있다. 이러한 착물은 외부 자극(예: 열, 압력)에 반응하여 스핀 상태를 변화시키며, 이러한 변화의 결과로서 벌크 자기 특성의 변화가 유도된다. 한 예는 두 개의 다이페닐터피리딘(diphenylterpyridine)(**12**) 리간드를 가진 d^6 철 착물인데, 이 착물은 300 K 이하에서는 저스핀(S = 0)이지만 323 K 이상에서는 고스핀(S = 2)이다. 하나의 스핀 상태에서 다른 스핀 상태로의 전환은 갑작스럽거나, 점진적이거나 또는 심지어 단계적일 수 있다(그림 20.43). 고체 상태에서 스핀 교차 착물의 또 다른 특징은 자기 중심 사이의 협동성의 존재로 인해, 그림 20.44와 같은 이력 현상을 유발할 수 있는 점이다.

Ph
Ph
12

일반적으로 고압 및 저온 조건에서는 저스핀 상태가 선호된다. 이러한 선호는 고스핀 상태에서 더욱 광범위하게 점유되는 e_g 오비탈이 상당한 금속-리간드 반결합 특성을 갖는다는 사실에 근거하여 이해될 수 있다. 따라서 고스핀 형태는 더 큰 부피를 차지하므로 저압 또는 고온에서 선호된다.

스핀 교차 착물은 많은 지질학(geological) 물질에서 발생하며, O_2가 헤모글로빈에 결합하는 것에도 연관된다. 그리고 스핀 교차 착물은 실용적 자기 정보 저장 장치와 압력 감응 장치 모두에서 이용될 수 있는 잠재력이 있다.

100
50
0
고스핀 백분율(%)
온도, T
(a)
(b)
(c)

그림 20.43 스핀 교차 착물에서, 고스핀으로의 (a) 갑작스러운, (b) 점진적인 또는 (c) 단계적인 변화

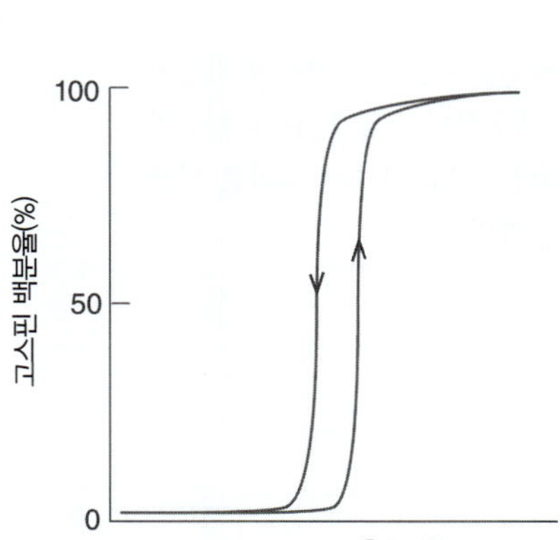

그림 20.44 일부 스핀 교차 시스템에서 일어날 수 있는 이력 고리

연습 문제

20.1 다음 착물 각각에 대한 전자 배치(적절하게 $t_{2g}^x e_g^y$ 또는 $e^x t_2^y$의 형태로)와 홀전자의 수를 결정하고, 리간드장 안정화 에너지를 Δ_O 또는 Δ_T 및 P로 표현하시오. 관련이 있는 경우, 어떤 것이 고스핀이고 저스핀인가를 결정하기 위해 분광 화학적 계열을 사용하시오.
(a) $[Co(NH_3)_6]^{3+}$ (b) $[Fe(OH_2)_6]^{2+}$ (c) $[Fe(CN)_6]^{3-}$
(d) $[Cr(NH_3)_6]^{3+}$ (e) $[W(CO)_6]$ (f) 사면체 $[FeCl_4]^{2-}$
(g) 사면체 $[NiCl_4]^{2-}$

20.2 연습 문제 20.1의 각 착물에 대해서 자기 모멘트에 대한 스핀만의 기여도를 추정하시오.

20.3 착물 $[Co(NH_3)_6]^{2+}$, $[Co(OH_2)_6]^{2+}$(둘 다 O_h) 및 $[CoCl_4]^{2-}$ 용액은 색을 띤다. 하나는 분홍색(파란색 흡수), 다른 하나는 노란색(보라색 흡수), 세 번째는 파란색(빨간색 흡수)이다. 분광 화학적 계열과 Δ_T와 Δ_O의 상대적인 크기를 고려하여 각 색상을 착물 중 하나에 지정하시오.

20.4 다음 산화 격자 엔탈피 값(kJ mol^{-1})의 변화를 해석하시오. 이때 3d 계열에 걸친 전반적인 경향을 포함하시오. 모든 화합물은 암염 구조를 가진다.
CaO(3460), TiO(3878), VO(3913), MnO(3810), FeO(3921), CoO(3988), NiO(4071)

20.5 네 개의 주개 원자를 갖는 중성 거대 고리 리간드는, 음이온이 약하게 배위하는 과염소산염 이온(ClO_4^{2-})이면, 빨간색 반자성 저스핀 d^8 Ni(II) 착물을 생성한다. 과염소산염 이온이 두 개의 싸이오사이아네이트(thiocyanate) 이온(SCN^-)으로 대체될 때, 착물은 보라색으로 변하며 두 개의 홀전자를 가진 고스핀이 된다. 착물의 구조 측면에서 관찰된 변화를 해석하시오.

20.6 d^1 Ti^{3+}(aq)의 스펙트럼은 $e_g \leftarrow t_{2g}$ 단일 전자 전이에 기인한다. 그림 20.3에 표시된 띠는 대칭적이지 않으며 둘 이상의 상태가 관련되어 있음을 나타낸다. Jahn–Teller 효과를 사용하여 이 관찰을 설명하는 방법을 제안하시오.

20.7 각 항의 집합에서 바닥 상태 항을 찾아보시오.
(a) ^1P, ^3P, ^3F, ^1G (b) ^3P, ^5D, ^3H, ^1I, ^1G
(c) ^6S, ^4P, ^4G, ^2I

20.8 기체 상태 이온 V^{3+}는 바닥 상태 항 ^3F를 가진다. ^1D 및 ^3P 항은 각각 바닥 상태보다 10,642 및 12,920 cm^{-1} 위에 있다. 항의 에너지는 $E(^3F) = A-8B$, $E(^3P) = A+7B$, $E(^1D) = A-3B+2C$와 같이 Racah 변수로 표현된다. V^{3+}에 대한 B와 C의 값을 계산하시오.

20.9 Tanabe–Sugano 도표를 사용하여 다음 착물의 Δ_O와 B를 추정하시오.
(a) $[Ni(OH_2)_6]^{2+}$(8500, 15,400, 26,000 cm^{-1}에서의 흡수)
(b) $[Ni(NH_3)_6]^{2+}$ (10,750, 17,500, 28,200 cm^{-1}에서의 흡수)

20.10 $[Co(NH_3)_6]^{3+}$의 스펙트럼은 빨간색 영역에서 매우 약한 띠 하나와, 가시광선에서 근 UV(near-UV)까지의 영역에서 두 개의 적당한 세기의 띠를 갖는다. 이러한 전이는 어떻게 해석되어야 하는가?

20.11 Racah 변수 B는 $[Co(CN)_6]^{3-}$에서 460 cm^{-1}이고, $[Co(NH_3)_6]^{3+}$에서 615 cm^{-1}이다. 두 리간드의 결합 특성을 고려하여, 전자구름 퍼짐 효과의 차이를 설명하시오.

20.12 일반 병 유리는 병 벽을 통해 보았을 때는 거의 무색으로 보이지만, 빛이 유리를 통과하는 긴 경로를 갖도록 끝에서 볼 때는 가시적으로 착색된다(녹색). 이 색깔은 실리케이트에 존재하는 Fe^{3+}와 관련이 있다. 이 관찰 사실을 설명하시오.

20.13 Cl이 z축 위에 놓인 $[CoCl(NH_3)_5]^{2+}$와 같은 정방형 C_{4v} 대칭 착물에서 d 오비탈의 대칭형을 분류하시오.
(a) Cl^- 리간드의 고립 전자쌍과의 π 상호 작용에 의해 팔면체 분자 오비탈 도표에서 위치가 옮겨지는 오비탈은 어떤 것인가?
(b) Cl^- 리간드는 NH_3만큼 강한 σ 염기가 아니다. 이 이유로 움직일 오비탈은 어떤 것인가?
(c) C_{4v} 착물에 대한 정성적인 분자 오비탈 도표를 그리시오.

배위 화학: 착물의 반응

21

이 장에서는 금속 착물의 반응 경로 분석에 사용되는 증거와 실험들을 살펴보고 메커니즘에 대해 더 깊이 이해하도록 한다. 메커니즘은 명확하게 밝혀진 경우가 드물다. 그래서 추정한 메커니즘에 사용된 증거의 본질을 항상 염두에 두면서, 일관성 있는 다른 가능성이 있을 수도 있다는 것을 인식해야 한다. 이 장의 첫 번째 부분에서는 리간드 교환 반응을 살펴보고, 반응 메커니즘이 어떻게 분류되는지를 설명한다. 반응이 일어나는 단계와 전이 상태의 형성에 대한 세부 사항을 고려한다. 그런 다음, 이러한 개념을 사용하여 착물의 산화–환원 반응 메커니즘을 설명한다.

배위 화학은 d 금속만의 분야가 아니다. 20장은 d 금속만을 다루지만, 이 장은 7장의 배위 화학 개론을 토대로 하여 주기율표 구역에 상관없이 모든 금속에 적용된다. 하지만 각 구역에 있는 특별한 성질은 구체적으로 지적될 것이다.

리간드 치환 반응

착물이 겪을 수 있는 가장 기본적인 반응은, 하나의 Lewis 염기가 Lewis 산으로부터 다른 하나의 염기를 치환하는 **리간드 치환(ligand substitution)**이다.

$$Y + M{-}X \rightarrow M{-}Y + X$$

이 종류의 반응에는 착물 형성 반응이 포함된다. 여기에서 치환된 염기 X는 **이탈기(leaving group)**인 용매 분자이고, 치환하는 염기 Y는 **진입기(entering group)**인 다른 리간드이다. 한 예는 Cl^-에 의한 H_2O 리간드의 교체이다.

$$[Co(OH_2)_6]^{2+}(aq) + Cl^-(aq) \rightarrow [CoCl(OH_2)_5]^+(aq) + H_2O(l)$$

착물 생성의 열역학적 측면은 7.12~7.15절에서 논의되었다.

캡션에 이 표시된 그림은 쌍방향의 3D 구조로 온라인에서 찾을 수 있다. 브라우저에 다음 URL을 입력하고 관련 그림 번호를 넣어라. www.chemtube3d.com/wellerxe/[장번호]F[그림 번호]. 예를 들어 2장의 그림 7은 www.chemtube3d.com/wellerxe/2F07을 입력하면 된다.

21.1 리간드 치환 속도

요점: 치환 반응의 속도는 매우 광범위하며 착물의 구조와 상호 관련이 있다. 빠르게 반응하는 착물은 치환성이라고 한다. 느리게 반응하는 착물은 난치환성 또는 비치환성이라고 한다.

배위 화학에서 반응 속도는 평형만큼 중요하다. 이성질체의 리간드 치환 및 상호 전환이 빠르면, 반응 속도란 주제의 개발에 매우 중요한 Co(III) 및 Pt(II)의 아민 착물의 수많은 이성질체가 분리될 수 없었다. 그런데 어떤 착물은 빠르게 반응을 일으키지만, 또 다른 착물은 오랜 기간 생존하게 되는 것은 무엇에 의해 결정되는가?

한 착물이 다른 착물로 변환되는 속도는 이들 사이에 있는 활성화 에너지 장벽의 높이에 의해 결정된다. 장기간(관습에 따라 최소 1분 이상) 생존하며 열역학적으로 불안정한 착물은 일반적으로 '난치환성(inert)'이라고 불리지만, **비치환성(nonlabile)**이 더 적절하게 사용될 수 있는 용어이다. 더 빠른 평형을 겪는 착물은 **치환성(labile)**이라고 한다. 각각의 유형의 예는 H_2O가 강염기로 대체되기 전에 여러 시간 동안 리간드로서 생존하는 비치환성 착물 $[Co(NH_3)_5(OH_2)]^{3+}$, 그리고 H_2O가 다른 H_2O 또는 어떤 강한 염기로 대체되기 전에, 수 밀리초(millisecond)의 반감기를 갖는 치환성 착물 $[Mn(OH_2)_6]^{2+}$이다.

그림 21.1은 중요한 아쿠아 금속 이온 착물의 특성 수명(characteristic lifetime)을 보여준다. 약 1 ns(nanosecond)에서 시작되는 수명의 범위를 볼 수 있는데, 이는 대략 분자가 용액에서 한 분자 지름만큼 확산하는 데 걸리는 시간이다. 수명 범위의 다른 쪽은 연(year) 단위나 되지만, 그렇다고 해도 이 그림은 지질학적 시대와 비교될 수 있을 정도의 아주 긴 시간은 보여 주지 않고 있다.

이 절의 뒷부분에서 반응의 메커니즘을 논의할 때 착물의 치환성을 더 자세히 알아볼 것이다. 그전에 지금은 두 가지로 광범위하게 일반화할 수 있다. 첫째, 여분의 안정성을 제공하는 추가 요소(예: 리간드장 안정화 에너지(LFSE) 및 킬레이트 효과 등)가 없는 금속 착물은 가장 치환성이 크다. 착물의 임의의 추가적인 안정성은 리간드 치환 반응에서의 활성화 에너지 증가를 가져오고, 따라서 착물의 치환성을 감소시키기 때문이다. 둘째, 매우 작은 이온은 더 큰 M–L 결합 세기를 가지며, 진입(incoming) 리간드는 금속 이온에 가까이 접근하기가 입체적으로 매우 어려워서 종종 치환성이 늦어진다.

몇 가지 추가적인 일반화는 다음과 같다.

- 가장 작은 이온(Be^{2+}와 Mg^{2+})을 제외한 모든 s 구역 이온의 착물은 극히 강한 치환성이다.
- f 구역의 M(III) 이온의 착물은 모두 매우 강한 치환성이다.
- d^{10} 이온(Zn^{2+}, Cd^{2+}, Hg^{2+})의 착물은 일반적으로 매우 강한 치환성이다.

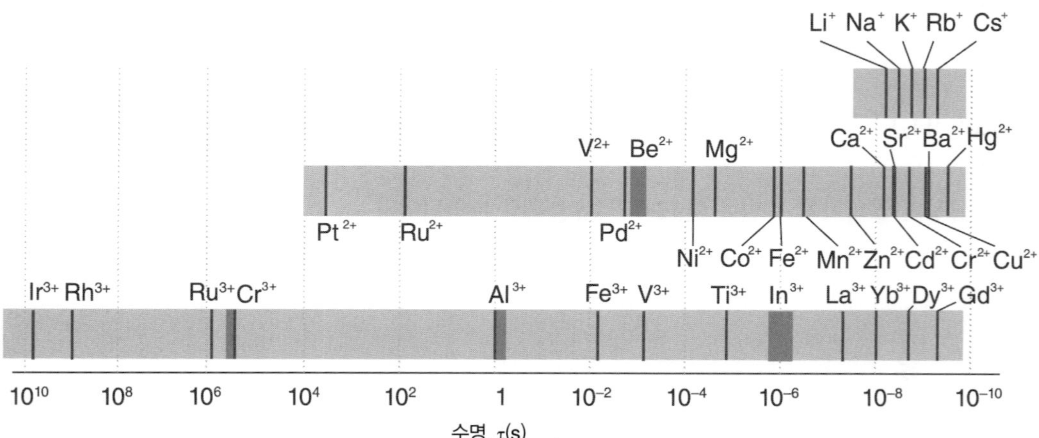

그림 21.1 아쿠아 착물에서 물 분자의 교환에 대한 특성 수명

- 3d 계열을 따라 d 구역 M(II) 이온의 착물은 보통의 세기로 강한 치환성인데, 일그러진 Cu(II) 착물은 가장 강한 치환성을 가진 것 중의 하나이다.
- d 구역 M(III) 이온의 착물은 d 구역 M(II) 이온보다 뚜렷하게 약한 치환성이다.
- d^3와 저스핀 d^6 배치를 갖는 d 금속 착물(예를 들면 Cr(III), Fe(II), Co(III))은 큰 LFSE를 갖기 때문에 일반적으로 비치환성이다. $[Fe(phen)_3]^{2+}$와 같은 전자 배치를 갖는 킬레이트 착물은 특히 비치환성이다.
- 4d, 5d 계열의 착물은 일반적으로 비치환성이다. 이는 높은 LFSE와 금속–리간드 결합의 세기를 반영한다.

표 21.1은 많은 반응과 반응 과정에 대한 시간 척도의 범위를 보여 준다.

착물 내의 리간드 성질도 반응 속도에 영향을 미친다. 진입 리간드의 정체가 가장 큰 효과를 나타내는데, 치환 반응의 평형 상수를 사용하여 리간드의 순위를 Lewis 염기의 세기로 정렬할 수 있다. 그러나 중심 금속 이온으로부터 한 리간드를 치환시키는 속도에 따라 염기의 순위가 매겨지면, 순서가 다르게 정해질 수도 있다. 그러므로 반응 속도론적 고려를 위해, 염기도(basicity)라는 평형 개념을 **친핵성(nucleophilicity)**이라는 반응 속도론적 개념으로 대체한다. 이때 친핵성은 기준 Lewis 염기에 의한 공격 속도와 비교한, 주어진 Lewis 염기가 착물을 공격하는 속도이다. 평형으로부터 반응 속도론적 고려로의 이동은, 리간드 치환을 **친핵성 치환(nucleophilic substitution)**으로 언급함으로써 강조된다.

진입기와 이탈기 이외의 리간드도 반응 속도를 제어하는 데 중요한 역할을 할 수 있다. 이들 리간드는 **구경꾼 리간드(spectator ligand)**로 언급된다. 예를 들어 사각 평면 착물의 경우, 이탈기 X의 트랜스 위치에 있는 구경꾼 리간드는 진입기 Y에 의한 X의 치환 속도에 큰 영향을 미친다는 것이 관찰된다.

21.2 메커니즘의 분류

반응 **메커니즘(mechanism)**은 반응이 일어나는 단일 단계(elementary) 과정들의 순서이다. 일단 적합한 메커니즘이 확인되면, 속도 결정 단계(rate-determining step)의 활성화 과정의 세부 사항에 주의를 기울여야 한다. 때로 전체(overall) 메커니즘은 제대로 분석되지 않고, 사용 가능한 정보가 속도 결정 단계뿐인 경우도 있다.

(a) 회합, 해리 및 교환

요점: 친핵성 치환 반응의 메커니즘은 반응이 일어나는 단일 단계의 순서이고, 회합(association), 해리(dissociation), 또는 교환(interchange)으로 분류된다. 중간체가 비교적 수명이 길다는 것을 증명함으로써, 회합 메커니즘은 교환 메커니즘과 구별된다.

반응의 반응 속도론적 분석에 있어서 첫 번째 단계는 반응물들의 농도가 변함에 따라 반응 속도가 어떻게 변하는지를 조사하는 것이다. 이러한 유형의 조사는 **속도 법칙(rate law)**의 식별로 이어진다. 속도 법칙은 반응물과 생성물 농도의 변화 속도를 결정하는 미분 방정식이다. 예를 들면 $[Ni(OH_2)_6]^{2+}$로부터 $[Ni(NH_3)(OH_2)_5]^{2+}$의 생성 속도는 NH_3와 $[Ni(OH_2)_6]^{2+}$의 농도 모두에 비례한다. 이 관찰은 반응이 이들 두 반응물 각각에 대해 일차(first order)이며, 총괄 속도 법칙은 다음과 같음을 의미한다.

$$속도 = k[Ni(OH_2)_6{}^{2+}][NH_3] \tag{21.1}$$

속도 방정식에서는, 평형 상수의 표현에서처럼, 착물의 화학식의 일부인 대괄호를 생략한다. 남은 괄호는 몰농도를 나타낸다. 속도 상수는 k로 표시하는데, 일반적으로 지수의 분모에서 나타나는 Boltzmann 상수와의 혼동은 일어나지 않는다. 혼란을 일으킬 우려가 있으면, Boltzmann 상수는 k_B로 표시된다.

표 21.1 화학적, 물리적 과정의 대표적인 시간 척도

시간 척도*	과정	예
10^8 s	리간드 교환(난치환성 착물)	$[Cr(OH_2)_6]^{3+} - H_2O$ (*c*. 32년)
60 s	리간드 교환(비치환성 착물)	$[V(OH_2)_6]^{3+} - H_2O$ (50 s)
1 ms	리간드 교환(치환성 착물)	$[Mn(OH_2)_6]^{2+} - H_2O$ (0.2 ms)
1 μs	원자가간 전하 이동	$(H_3N)_5Ru^{II}-N\bigcirc N-Ru^{III}(NH_3)_5$ (0.5 μs)
1 ns	수소 결합 재배열	C_4H_9OH (1 ns)
10 ps	리간드 회합	$Cr(CO)_5 + THF$ (10 ps)
1 ps	액체에서의 회전 시간	CH_3CN (1 ps)
1 fs	분자 진동	Sn – Cl 신축 (300 fs)

*실온에서의 대략적인 시간

간단한 순차(sequential) 반응 과정에서, 반응의 가장 느린 단일 단계 과정은 총괄 반응 속도와 총괄 속도 법칙을 지배하기에, 이를 **속도 결정 단계(rate-determining step)**라고 한다. 그러나 일반적으로 반응의 모든 단계는 속도 법칙에 기여하고, 속도에 영향을 줄 수 있다. 따라서 입체 화학 및 동위 원소 표지 연구를 함께 사용하여 속도 법칙을 결정함으로써 반응 메커니즘의 규명에 이르게 된다.

반응 메커니즘의 세 가지 주요 부류가 확인되었다. *D*로 표기되는 **해리성 메커니즘(dissociative mechanism)**은 이탈기가 중심 금속에서 멀어져, 감소된 배위수의 **중간체**가 형성되는 반응 과정을 나타낸다.

$$ML_nX \rightarrow ML_n + X$$
$$ML_n + Y \rightarrow ML_nY$$

여기서 ML_n(금속 원자와 구경꾼 리간드)은 원칙적으로 검출될 수 있는(또는 분리 가능한) 실제 중간체이다. 이에 상당하는 반응 윤곽의 전형적인 형태가 그림 21.2에 도시되어 있다.

요약 설명

포스핀에 의한 헥사카보닐텅스텐(0)의 치환은 착물로부터 CO의 해리에 의해 일어난다.

$$[W(CO)_6] \rightarrow [W(CO)_5] + CO$$

그런 다음, 포스핀이 배위한다.

$$[W(CO)_5] + PPh_3 \rightarrow [W(CO)_5(PPh_3)]$$

이 반응이 실험실에서 일반적으로 수행되는 조건에서, 중간체인 $[W(CO)_5]$는 테트라하이드로퓨란과 같은 용매에 의해 $[W(CO)_5(THF)]$가 생성되기 때문에 신속하게 포획할 수 있다. 이 착물은 이어서, 아마도 두 번째 해리 과정을 통해 포스핀 생성물로 전환된다.

*A*로 표기되는 **회합성 메커니즘(associative mechanism)**은 원래 착물보다 배위수가 더 높은 중간체가 생성되는 단계를 포함한다.

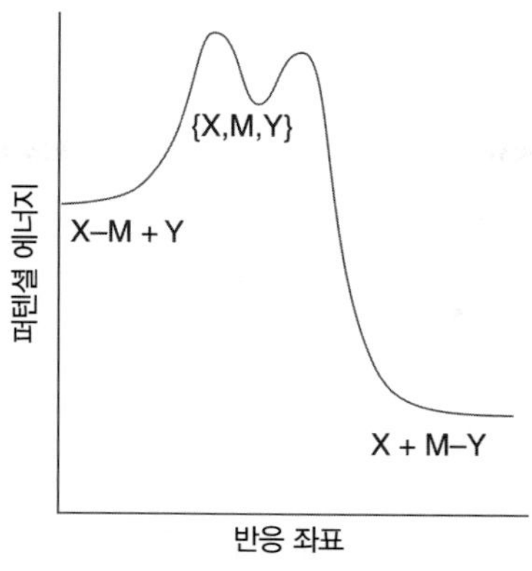

그림 21.2 **해리성 메커니즘을 갖는 반응에 대한 전형적인 형태의 반응 윤곽**

$$ML_nX + Y \rightarrow ML_nXY$$
$$ML_nXY \rightarrow ML_nY + X$$

또한 중간체 ML_nXY는 원칙적으로 최소한 검출될 수 있다. 이 메커니즘은 Au(III), Pt(II), Pd(II), Ni(II), Ir(I) 등의 사각 평면 d^8 착물의 많은 반응에서 역할을 한다. 그림 21.3에 도시된 반응 윤곽의 전형적인 형태는 해리성 메커니즘과 비슷하다.

요약 설명

사각 평면 착물 $[Ni(CN)_4]^{2-}$의 리간드와 $^{14}CN^-$를 치환하는 반응의 첫 번째 단계는 리간드의 배위이다.

$$[Ni(CN)_4]^{2-} + {}^{14}CN^- \rightarrow [Ni(CN)_4({}^{14}CN)]^{3-}$$

그다음 리간드가 떨어진다.

$$[Ni(CN)_4({}^{14}CN)]^{3-} \rightarrow [Ni(CN)_3({}^{14}CN)]^{2-} + CN^-$$

탄소-14의 방사능은 이 반응을 감지할 수 있는 수단을 제공한다. 중간체인 $[Ni(CN)_5]^{3-}$는 검출되고 분리된다.

*I*로 표기되는 **교환성 메커니즘(interchange mechanism)**은 한 단계로 일어난다.

$$ML_nX + Y \rightarrow X \cdots ML_n \cdots Y \rightarrow ML_nY + X$$

이탈기와 진입기는 전이 상태를 형성하면서 한 단계로 교환되지만, 실제 중간체는 아니다. 교환성 메커니즘은 6배위 착물의 많은 반응에서 흔하다. 반응 윤곽의 전형적인 형태는 그림 21.4와 같다.

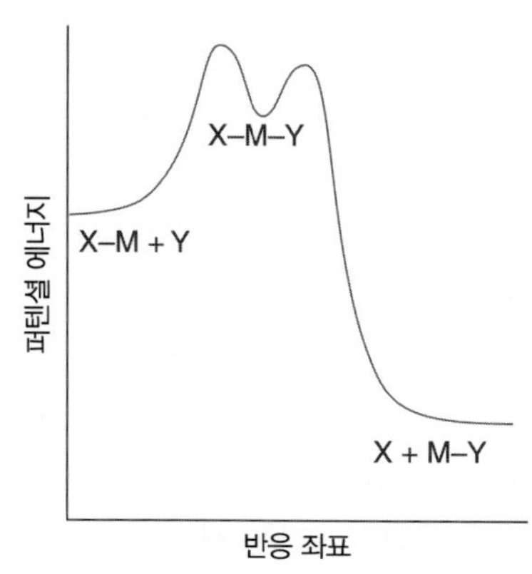

그림 21.3 **회합성 메커니즘을 갖는 반응에 대한 전형적인 형태의 반응 윤곽**

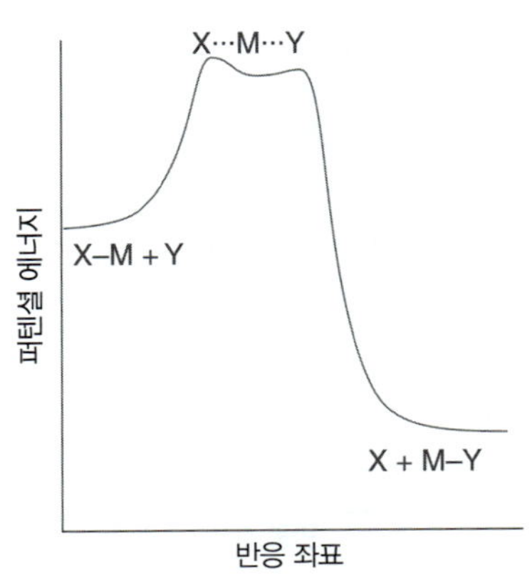

그림 21.4 교환성 메커니즘을 갖는 반응에 대한 전형적인 형태의 반응 윤곽

*A*와 *I* 메커니즘의 차이는 중간체가 검출될 수 있을 만큼 충분히 지속하는지에 따라 좌우된다. 한 가지 유형의 증거는 다른 관련 반응이나 다른 조건에서의 중간체 분리이다. 만일 실제 반응 조건에 대한 외삽(extrapolation)에 대한 해석이 문제의 반응 동안 적당히 수명이 긴 중간체가 존재하리라는 것을 보여 준다면, 이 반응은 *A* 경로를 따른다는 것을 의미한다. 예를 들면 삼각 쌍뿔 Pt(II) 착물인 $[Pt(SnCl_3)_5]^{3-}$가 합성되는 것은 사각 평면 Pt(II) 암민 착물의 치환 반응에서 5배위 백금 착물이 존재할 수 있음을 가리킨다. 유사하게 $[Ni(CN)_5]^{3-}$가 용액에서 분광학적으로 관찰되고 결정 상태로 분리되었다는 사실은, CN^-가 사각 평면 테트라사이아노니켈산(II) [tetracyanidonickelate(II)] 이온에서 교환될 때, 이 중간체가 관련된다는 견해를 지지한다.

중간체의 지속성에 대한 두 번째 표시는 입체 화학적 변화의 관찰이다. 이것은 중간체가 재배열을 일으킬 만큼 충분한 시간 동안 지속됨을 의미한다. 시스에서 트랜스로의 이성질화는 사각 평면 포스핀 Pt(II) 착물의 치환 반응에서 관찰되는데, 이것은 통상적으로 관찰되는 위치 배열(configuration)의 유지와는 대조적이다. 이 차이점이 의미하는 바는 삼각 쌍뿔 중간체가 축 방향과 적도 방향 리간드간의 위치 교환이 일어나기에 충분한 만큼 지속된다는 것이다.

충분한 양의 중간체가 축적되면, 분광학적 방법으로 중간체를 직접 검출하여 *I*라기보다는 *A*임을 규명할 수도 있다. 그러나 이러한 직접적인 증거 수집에는 적합한 분광학적 특성이 있으며 안정한 중간체가 필요하다.

(b) 속도 결정 단계

요점: 속도 결정 단계는 동일한 진입기의 정체(identity)에 대한 속도 의존성에 따라 회합성과 해리성으로 분류된다.

이제 반응의 속도 결정 단계와 그 형성에 대한 세부 사항을 살펴본다. 만일 속도 결정 단계의 속도가 진입기의 정체에 따라 크게 좌우되면, 그 단계를 **회합성**(associative)이라고 하고 *a*로 표시한다. Pt(II), Pd(II) 및 Au(III)의 d^8 사각 평면 착물의 반응에서 그 예가 발견된다. 다음은 그 예 가운데 하나이다.

$$[PtCl(dien)]^+(aq) + I^-(aq) \rightarrow [PtI(dien)]^+(aq) + Cl^-(aq)$$

여기서 dien은 다이에틸렌트라이아민($NH_2CH_2CH_2NHCH_2CH_2NH_2$)이다. 예를 들어 Br^- 대신 I^-를 사용하면 속도 상수는 10배 정도 증가한다. 사각 평면 착물의 치환 반응에 대한 실험적 관찰은 속도 결정 단계가 회합성이라는 관점을 지지한다.

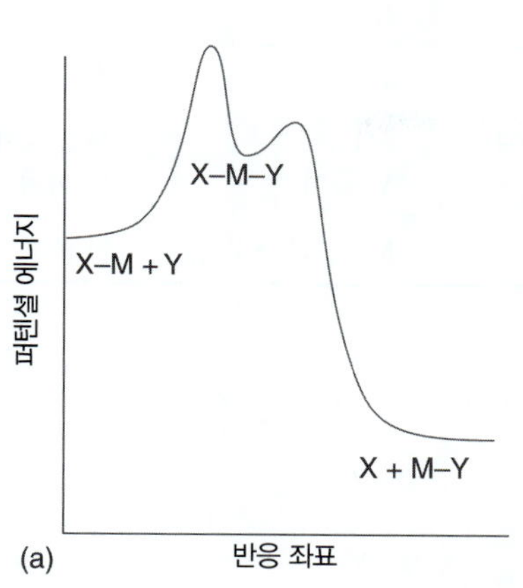

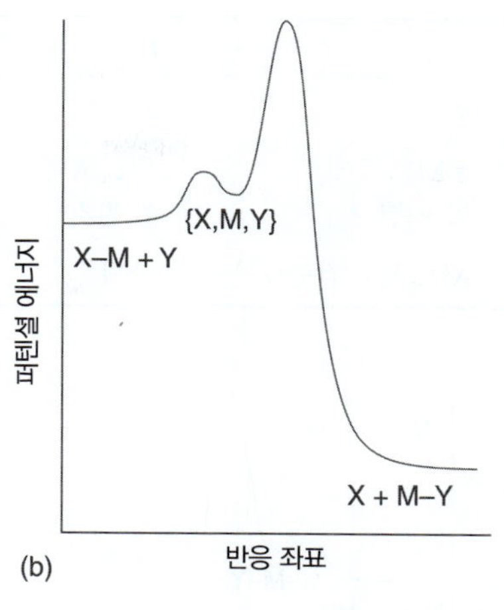

그림 21.5 회합성으로 활성화된 단계를 갖는 반응에 대한 전형적인 형태의 반응 윤곽 (a) 회합성 메커니즘 A_a, (b) 해리성 메커니즘 D_a

진입기 Y에 대한 속도 결정 단계의 큰 의존성은, **전이 상태**(transition state)가 Y의 강한 화학 결합을 포함해야 한다는 것을 나타낸다. Y가 초기 반응물 ML_nX에 결합하는 것이 속도 결정 단계이면, 회합성 메커니즘(A)을 따르는 반응은 회합적으로 활성화(associatively activated, a)될 것이다. 이런 반응은 A_a로 표시되며, 이 경우 중간체 ML_nXY는 검출되지 않을 것이다. 만일 Y가 중간체 ML_n에 결합하는 것이 속도 결정 단계이면, 해리성 메커니즘(D)을 따르는 반응은 회합적으로 활성화(a)된다. 그런 반응은 D_a로 표시된다. 그림 21.5는 회합적으로 활성화된 A와 D 메커니즘의 반응 윤곽을 보여 준다. 반응이 진행되기 위해서는 사전 평형 단계에서 만남 착물(encounter complex) {X−M, Y}의 입자수가 확립될 필요가 있다.

만일 속도 결정 단계의 속도가 진입기의 정체에 거의 무관하면, 그 단계를 **해리성**(dissociative)이라고 하고 d로 표시한다. 팔면체 d 금속 착물에서의 리간드 치환은 이 범주에 속하는 전형적인 예이다. 다음은 그 예 가운데 하나이다.

$$[Ni(OH_2)_6]^{2+}(aq) + NH_3(aq) \rightarrow [Ni(NH_3)(OH_2)_5]^{2+}(aq) + H_2O(l)$$

여기서 NH_3 대신 피리딘이 진입 리간드로 사용되면, 반응 속도는 몇 퍼센트 정도만 변하는 것으로 밝혀졌다.

해리적으로 활성화되는 과정이 진입기 Y에 대해 영향을 적게 받는다는 사실은, 그 전이 상태의 형성 속도가 이탈기 X의 화학 결합이 끊어지는 속도에 따라 주로 결정된다는 것을 나타내는 것이다. 중간체 YML_nX로부터 X가 떨어지는 것이 속도 결정 단계라면, 회합성 메커니즘(A)을 따르는 반응은 해리적으로 활성화될 것이다. 이러한 반응은 A_d로 표시된다. 반응물 ML_nX로부터 X가 떨어져 나가는 것이 속도 결정 단계라면, 해리성 메커니즘(D)을 갖는 따르는 반응은 해리적으로 활성화된다. 이러한 반응은 D_d로 표시된다. 이 경우, 중간체 ML_n은 검출되지 않을 것이다. 그림 21.6은 해리적으로 활성화된 A와 D 메커니즘에 대한 반응 윤곽을 보여 준다.

교환성 메커니즘(I)을 따르는 반응은 회합적으로 활성화(I_a)되거나, 해리적으로 활성화(I_d)될 수 있다. I_a 메커니즘에서 반응 속도는 M⋯Y 결합이 생성되는 속도에 의존하지만, I_d 반응에서 반응 속도는 M⋯X 결합이 끊어지는 속도에 의존한다(그림 21.7).

이러한 가능성 사이의 구별은 다음과 같이 요약될 수 있다. 여기서 ML_nX는 초기 착물이다.

메커니즘	A		I		D	
활성화	*a*	*d*	*a*	*d*	*a*	*d*
속도 결정 단계	ML_nX에 Y 첨가	YML_nX에서 X 이탈	ML_nX에 Y 첨가	YML_nX에서 X 이탈	ML_n에 Y 첨가	ML_nX에서 X 이탈
중간체 검출?	안됨	ML_nXY 검출 가능	안됨	안됨	ML_n 검출 가능	안됨

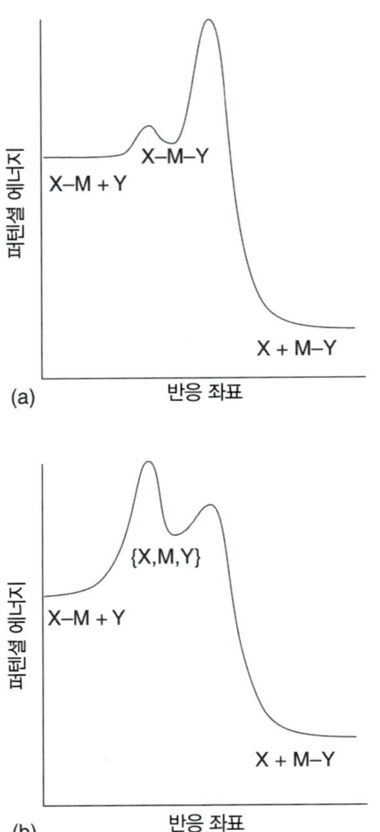

그림 21.6 해리성으로 활성화된 단계를 갖는 반응에 대한 전형적인 형태의 반응 윤곽 (a) 회합성 메커니즘 A_d, (b) 해리성 메커니즘 D_d

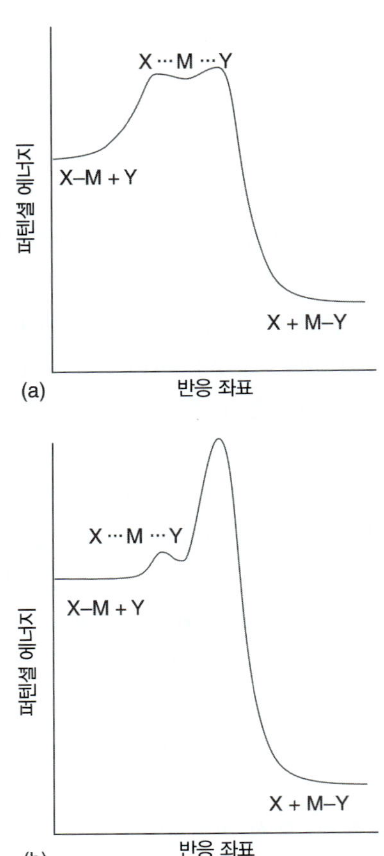

그림 21.7 교환성 메커니즘을 갖는 반응에 대한 전형적인 형태의 반응 윤곽 (a) 회합성으로 활성화 I_a, (b) 해리성으로 활성화 I_d

사각 평면 착물에서의 리간드 치환

사각 평면 Pt 착물에 대한 리간드 교환 반응 메커니즘은 광범위하게 연구되었다. 이유는, 이 반응이 연구하기에 매우 적당한 시간 척도로 일어나기 때문이다. 사각 평면 착물은 축 방향의 두 리간드가 없는 팔면체 착물로 간주할 수 있다. 이 때문에, 사각 평면 착물은 입체적으로 조밀하지 않아 회합성 리간드 교환 메커니즘을 가질 것으로 예상할 수 있다. 하지만 그렇게 간단하지 않다. 즉 대체 경로의 발생으로 인해, 사각 평면 착물의 리간드 치환 메커니즘을 규명하는 것이 종종 복잡해진다. 다음의 예를 고려해 보자.

$$[PtCl(dien)]^+(aq) + I^-(aq) \rightarrow [PtI(dien)]^+(aq) + Cl^-(aq)$$

이 반응이 착물에 대해 일차이고 I^-의 농도에 무관하다면, 반응 속도는 $k_1[PtCl(dien)]^+$와 같을 것이다. 그러나 속도 법칙이 착물과 진입기에 대해 각각 일차(즉 전체 이차)인 경로가 있으면, 속도는 $k_2[PtCl(dien)^+][I^-]$로 주어질 것이다. 두 반응 경로가 비슷한 속도로 발생하면, 속도 법칙은 다음과 같은 식으로 표현된다.

$$속도 =(k_1 + k_2[I^-])[PtCl(dien)^+] \quad (21.2)$$

이와 같은 반응은 일반적으로 $[I^-] \gg$ [착물]인 조건에서 연구되므로, $[I^-]$는 반응 중에 크게 변하지 않는다. 이 상황은 $k_1 + k_2[I^-]$가 실질적으로 일정하므로, 자료의 처리를 간단하게 해주며, 속도 법칙을 유사 일차(pseudo-first order)처럼 되게 한다.

$$속도 = k_{obs}[PtCl(dien)^+], \quad k_{obs} = k_1 + k_2[I^-] \quad (21.3)$$

관찰된 유사 일차 속도 상수를 $[I^-]$에 대해 도시하면, 기울기는 k_2, 절편은 k_1이 된다.

다음 절에서는 이차 반응에 영향을 주는 요인을 조사한 다음, 일차 반응을 살펴본다.

21.3 진입기의 친핵성

요점: 진입기의 친핵성은 특정한 사각 평면 백금 착물의 치환 반응으로 정의된 친핵성 변수로 표현된다. 진입기의 변화에 대한 다른 백금 착물의 감도는 친핵성 차별 인자로 표현된다.

먼저, 진입기 Y가 변화함에 따라 반응 속도도 변화되는 것에 대해 살펴본다. Y(예: 위 반응의 I^-)의 반응성은 **친핵성 변수(nucleophilicity parameter)** n_{Pt}로 표현할 수 있다.

$$n_{Pt}=\log\frac{k_2(Y)}{k_2^{o}} \quad (21.4)$$

여기서 $k_2(Y)$는 다음 반응에 대한 이차 속도 상수이다.

$$trans\text{-}[PtCl_2(py)_2] + Y \rightarrow trans\text{-}[PtClY(py)_2]^+ + Cl^-$$

그리고 k_2^{o}는 기준(reference) 친핵체로서 메탄올이 사용된 동일한 반응에 대한 속도 상수이다. n_{Pt}가 큰 진입기는 매우 친핵성이거나 높은 친핵성을 갖는다.

표 21.2에는 일부 n_{Pt} 값이 제시되어 있다. 한 가지 주목할 만한 특징은, 표의 진입기 모두가 매우 단순하지만 속도 상수는 거의 10^9까지의 범위에 있다는 것이다. 또 다른 특징은 Pt에 대한 진입기의 친핵성은 $Cl^- < I^-$, O < S, 그리고 $NH_3 < PR_3$인 무른(soft) Lewis 염기도(5.9절)와 상관관계가 있는 것으로 나타난다는 것이다

친핵성 변수는 특정 백금 착물의 반응 속도로 정의된다. 착물 자체가 달라지면, 반응 속도는 진입기의 변화에 대해 다른 민감도(sensitivity)의 범위를 나타낸다는 것을 알 수 있다. 이러한 감도의 범위를 나타내기 위하여 식 21.4를 다음과 같이 변환한다.

$$\log k_2(Y) = n_{Pt}(Y) + C \quad (21.5)$$

여기서 $C = \log k_2^{o}$이다. 이제 일반적인 착물 $[PtL_3X]$에 대한 유사한 치환 반응을 고려해 본다.

$$[PtL_3X] + Y \rightarrow [PtL_3Y] + X$$

이러한 반응의 상대 속도는 동일한 친핵성 변수 n_{Pt}로 표현할 수 있다. 단, 식 21.5를 21.6으로 대체해야 한다.

$$\log k_2(Y) = Sn_{Pt}(Y) + C \quad (21.6)$$

표 21.2 다양한 친핵체에 대한, 선택된 n_{Pt} 값

친핵체	주개 원자	n_{Pt}
CH_3OH	O	0
Cl^-	Cl	3.04
Br^-	Br	4.18
I^-	I	5.42
CN^-	C	7.14
SCN^-	S	5.75
N_3^-	N	3.58
C_6H_5SH	S	4.15
NH_3	N	3.07
$(C_6H_5)_3P$	P	8.93

친핵성 변수에 대한 속도 상수의 민감도를 특성화하는 변수 S를 **친핵성 차별 인자(nucleophilic discrimination factor)**라고 한다. Y와 *trans*-$[PtCl_2(PEt_3)_2]$의 반응에 대한 log k_2(Y)를 n_{Pt}에 대해 도시하여 얻은 직선(그림 21.8의 원)은 *cis*-$[PtCl_2(en)]$과의 반응에 대한 것(그림 21.8의 네모)보다 더 가파르다. 따라서 S 값은 *trans*-$[PtCl_2(PEt_3)_2]$의 경우가 더 크며, 이는 반응 속도가 진입기의 친핵성 변화에 더 민감하다는 것을 나타낸다.

표 21.3의 S 값은 모두 1에 가까우므로, 그 착물은 모두 n_{Pt}에 매우 민감하다고 할 수 있다. 이 민감도는 회합성 활성화 반응(associatively activated reaction)에서 기대되는 것이다. 주목해야 할 또 다른 특징은, 더 무른 염기 리간드의 백금 착물에 대해 더 큰 S 값이 발견된다는 것이다.

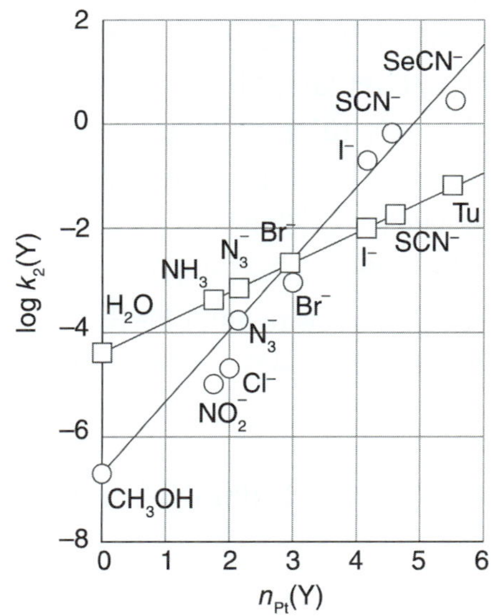

그림 21.8 일련의 친핵성 변수 n_{Pt}(Y)에 대해 log k_2(Y)를 도시하여 얻은 직선의 기울기는 진입기의 친핵성에 대한 착물의 감응도(responsiveness)의 척도이다.

표 21.3 친핵성 차별 인자

	S
trans-$[PtCl_2(PEt_3)_2]$	1.43
trans-$[PtCl_2(py)_2]$	1.00
$[PtCl_2(en)]$	0.64
$[PtCl(dien)]^+$	0.65

예제 21.1 친핵성 변수의 이용

온도 30°C의 메탄올에서 I^-와 *trans*-$[Pt(CH_3)Cl(PEt_3)_2]$의 반응에 대한 이차 속도 상수는 40 $dm^3\ mol^{-1}\ s^{-1}$이다. N_3^-에 대한 반응에서 $k_2 = 7\ dm^3\ mol^{-1}\ s^{-1}$이다. 두 친핵체에 대해 n_{Pt} 값이 각각 5.42와 3.58로 주어질 때, 이 반응의 S와 C를 추정하시오.

답 S와 C를 결정하기 위해서는 두 가지 정보를 사용하여, 식 21.6에 근거한 연립 방정식을 설정하고 풀어야 한다. 두 n_{Pt} 값을 식 21.6에 대입하면,

$1.60 = 5.42S + C$ (I^-에 대해)

$0.85 = 3.58S + C$ (N_3^-에 대해)

이 연립 방정식을 풀면 $S = 0.41$, $C = 20.62$이다. S 값이 상당히 작다는 것은, 서로 다른 친핵체에 대한 이 착물의 차별이 크지 않다는 것을 보여 준다. 이러한 민감도의 결여는 C의 값이 상당히 크다는 것과 관련이 있는데, 이는 속도 상수가 크고 따라서 착물 형성이 활발하다는 것을 나타낸다. 일반적으로 높은 반응성은 낮은 선택성과 관련이 있다.

문제 21.1 $n_{Pt} = 3.22$일 때 *trans*-$[Pt(CH_3)Cl(PEt_3)_2]$과 NO_2^-의 반응에 대한 이차 속도 상수를 계산하시오.

21.4 전이 상태의 모양

반응물 착물의 조성과 반응 조건을 변화시키면서 사각 평면 착물의 반응 속도를 주의 깊게 조사하면, 전이 상태의 일반적인 모양이 밝혀진다. 또한 치환 반응은 대체로 변함없이 회합성 속도 결정 단계를 가진다는 것이 확인된다. 따라서 중간체는 거의 검출하기가 어렵다.

(a) 트랜스 효과

요점: 강한 σ 주개 리간드나 π 받개 리간드는 사각 평면 착물에서 트랜스 위치에 있는 리간드의 치환을 크게 촉진한다.

사각 평면 착물에서 이탈기에 대해 트랜스 위치에 있는 구경꾼 리간드 T는 치환 속도에 영향을 미친다. 이 현상을 **트랜스 효과**(***trans*** **effect**)라고 한다. 트랜스 효과는 두 가지 별개의 영향력에서 발생한다고 여겨진다. 하나는 바닥 상태에서, 다른 하나는 전이 상태에서 발생한다.

트랜스 영향(***trans*** **influence**)은 착물의 바닥 상태에서 리간드 T가 자신과 트랜스 위치에 있는 화학 결합을 약화시키는 정도이다. 트랜스 영향은 리간드 T의 σ 주개 능력과 관련이 있다. 왜냐하면 대략 말하자면, 서로 트랜스 위치에 있는 리간드들은 금속의 동일한 오비탈을 사용하여 화학 결합을 하기 때문이다. 즉 한 리간드가 강한 σ 주개이면, 그 리간드의 트랜스 위치에 있는 다른 리간드는 금속에 전자를 잘 제공할 수 없어서, 금속과 약한 상호 작용을 하게 된다. 트랜스 영향을 정량적으로 평가하려면, 결합 길이, 신축 진동수, 금속–리간드 NMR 짝

지읍 상수를 측정해야 한다(8.6절). **전이 상태 효과**(transition-state effect)는 리간드의 π 받개 능력과 관련이 있다. 그 원인은 진입 리간드로부터 발생하는 금속 원자의 전자 밀도 증가로 생각된다. 이 증가한 전자 밀도를 수용할 수 있는 리간드는 전이 상태(**1**)를 안정시킬 것이다. 트랜스 효과는 트랜스 영향과 전이 상태 효과의 조합이다. 주목해야 할 점은, 그 동일한 인자들이 모두 리간드장을 크게 분리하는 데 기여한다는 것이다. 트랜스 효과는 표 21.4에 나열되어 있으며, 다음과 같은 순서를 따른다.

어떤 T σ 주개에 대하여:
$OH^- < NH_3 < Cl^- < Br^- < CN^-$, $CH_3^- < I^- < \underline{S}CN^- < PR_3$, H^-

어떤 T π 받개에 대하여:
$Br^- < I^- < \underline{N}CS^- < NO_2^- < CN^- < CO$, C_2H_4

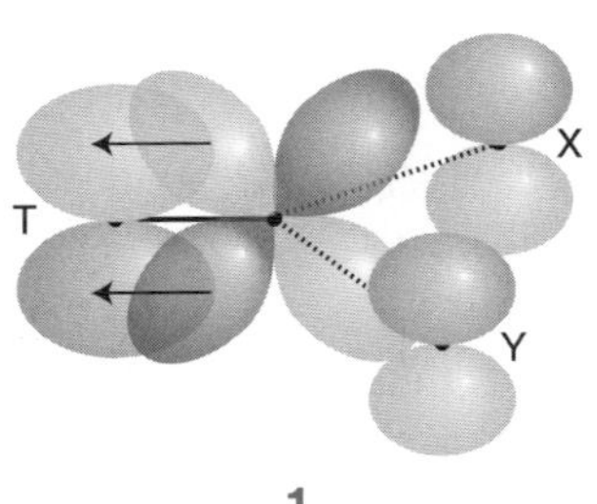

1

표 21.4 *trans*-$[PtCl(PEt_3)_2L]$의 반응에서 트랜스 리간드의 효과

L	$k_1(s^{-1})$	$k_2(dm^3 mol^{-1} s^{-1})$
CH_3^-	1.7×10^{-4}	6.7×10^{-2}
$C_6H_5^-$	3.3×10^{-5}	1.6×10^{-2}
Cl^-	1.0×10^{-6}	4.0×10^{-4}
H^-	1.8×10^{-2}	4.2
PEt_3	1.7×10^{-2}	3.8

k_1과 k_2는 식 21.2에서 정의되었다.

예제 21.2 합성에서 트랜스 효과의 이용

트랜스 효과 계열을 사용하여 $[Pt(NH_3)_4]^{2+}$와 $[PtCl_4]^{2-}$로부터 *cis*- 및 *trans*-$[PtCl_2(NH_3)_2]$를 합성하는 과정을 제안하시오.

답 $[Pt(NH_3)_4]^{2+}$와 HCl의 반응은 $[PtCl(NH_3)_3]^+$의 생성으로 이어짐을 알 수 있다. 그다음, Cl^-의 트랜스 효과는 NH_3보다 더 크기 때문에, 치환 반응은 Cl^-의 트랜스인 위치에서 먼저 일어나고, HCl의 추가로 *trans*-$[PtCl_2(NH_3)_2]$가 생성될 것이다.

$$[Pt(NH_3)_4]^{2+} + Cl^- \rightarrow [PtCl(NH_3)_3]^+ \xrightarrow{Cl^-} trans\text{-}[PtCl_2(NH_3)_2]$$

그러나 $[PtCl_4]^{2-}$가 출발 물질이면, NH_3와의 반응에서 먼저 $[PtCl_3(NH_3)]^-$가 생성된다. 두 번째 단계에서 서로 트랜스 위치에 있는 두 Cl^- 리간드 중의 하나가 NH_3로 치환되어 *cis*-$[PtCl_2(NH_3)_2]$가 생성된다.

$$[PtCl_4]^{2-} + NH_3 \rightarrow [PtCl_3(NH_3)]^- \xrightarrow{NH_3} cis\text{-}[PtCl_2(NH_3)_2]$$

문제 21.2 반응물이 PPh_3, NH_3, $[PtCl_4]^{2-}$로 주어질 때, *cis*- 및 *trans*-$[PtCl_2(NH_3)(PPh_3)]$를 모두 합성하는 효과적인 과정을 제안하시오.

(b) 입체 효과

요점: 반응 중심이 입체적으로 붐비면, 대개 회합성 반응이 방해받고 해리성 반응이 촉진된다.

부피가 큰 작용기로 인한 반응 중심에서의 입체적 혼잡은 친핵체의 접근을 막아 회합성 반응을 억제할 것이다. 25°C에서 *cis*-$[PtClL(PEt_3)_2]^+$의 Cl^-를 H_2O로 치환시키는 반응에 대한 속도 상수는 이 점을 잘 설명해 준다.

L =	pyridine	2-methylpyridine	2,6-dimethylpyridine
k/s^{-1}	8×10^{-2}	2.0×10^{-4}	1.0×10^{-6}

N 주개 원자에 인접한 메틸기는 속도를 매우 감소시킨다. 메틸기는 2-메틸피리딘 착물 평면의 위 또는 아래 위치를 차단한다. 2,6-다이메틸피리딘 착물에서는 평면의 위와 아래 모두를 차단한다(**2**). 따라서 이 리간드 계열에서 메틸기는 점차 H_2O의 공격을 방해하게 된다.

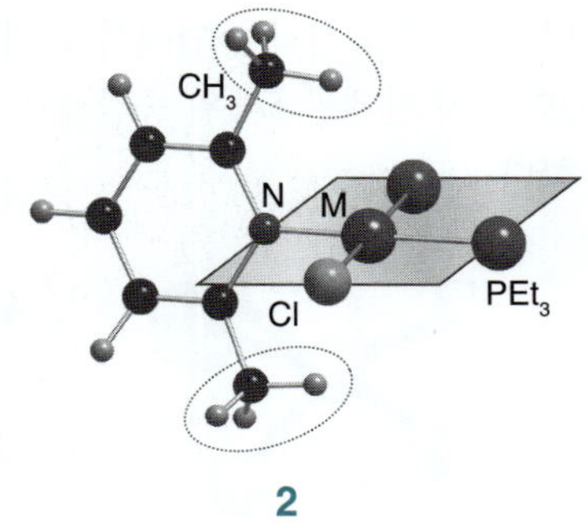

2

만일 피리딘 리간드 L이 Cl^-의 트랜스 위치에 있으면 이 효과는 줄어든다. 이런 차이는, L은 삼각 쌍뿔 전이 상태에서 삼각형 면에 있으므로(**3**), 메틸기는 진입기와 이탈기에서 더 멀리 위치한다는 것으로 설명한다. 반대로, 해리성 반응에서 발생하는 배위수의 감소는 입체 과밀화를 완화하여 해리성 반응의 속도를 증가시킬 수 있다.

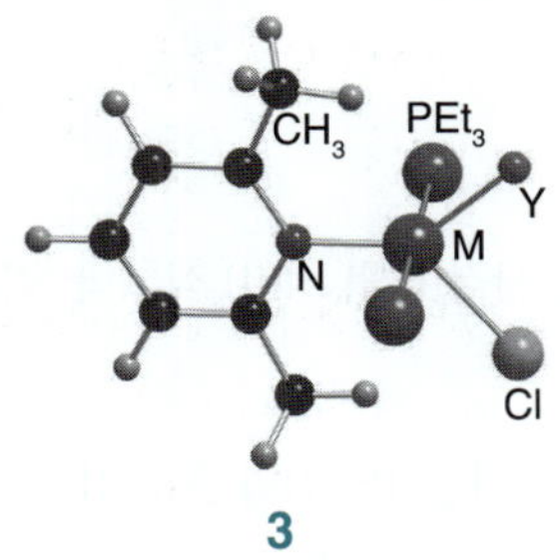

3

(c) 입체 화학

요점: 사각 평면 착물의 치환은 원래의 기하 구조를 보존한다. 이것은 삼각 쌍뿔 전이 상태를 암시한다.

사각 평면 착물의 치환은 원래의 기하 구조를 보존한다는 관찰 결과로부터, 전이 상태의 본질에 대한 이해가 더 깊어진다. 즉 시스 착물은 시스 생성물을, 트랜스 착물은 트랜스 생성물을 제공한다. 이 거동은 진입기, 이탈기, 리간드 세 작용기가 삼각 평면에 위치하는 삼각 쌍뿔 형태의 전이 상태 형성에 의한 것으로 설명된다(**4**).[1] 이 유형의 삼각 쌍뿔 중간체에서, 두 시스 구경꾼 리간드의 결합 오비탈은 반응 과정에 크게 영향을 받지 않는다. 따라서 구경꾼 리간드가 치환 반응의 속도에 상대적으로 작은 영향을 미친다는 것이 설명된다.

[1] 이탈기가 축 방향의 위치로부터 멀어져가는 Si(IV)와 P(V) 등의 p 구역 중심 원자와는 전혀 다른 입체화학임을 유의하라.

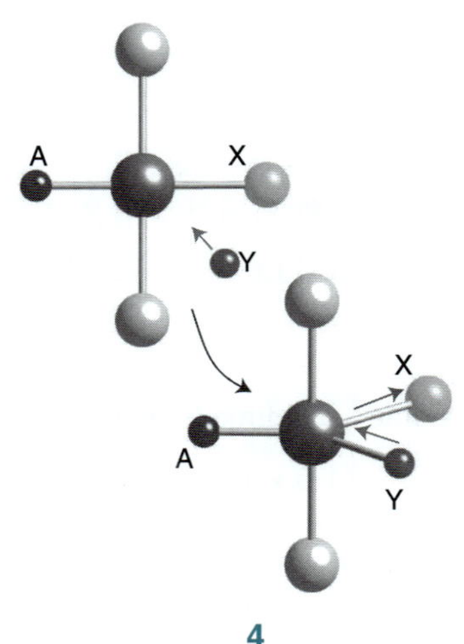

4

반응의 입체적인 경로는 그림 21.9와 같다. 중간체가 입체 이동(stereomobile)을 보일 만큼 충분히 오래 존재할 때만, 시스 리간드가 삼각형 면에서 T 리간드와 위치를 교환할 것으로 기대할 수 있다. 즉 중간체는 속도 결정 단계인 5배위 중간체로부터 리간드가 이탈하는, 수명이 긴 회합성(*A*) 중간체여야만 한다.

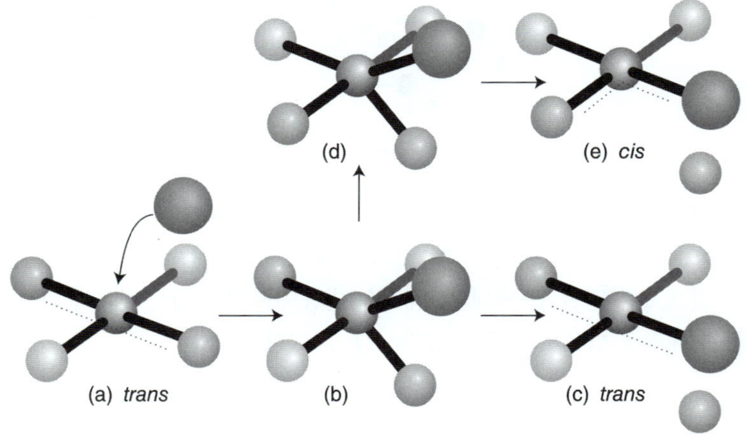

그림 21.9 사각 평면 착물에서 치환에 대한 입체 화학 (머무름의 결과인) 정상 경로는 (a)에서 (c)이다. 그러나 중간체 (b)의 수명이 충분히 길면, (d)로의 유사 회전이 일어날 수 있으며, 이는 이성질체 (e)로 이어진다.

(d) 온도와 압력 의존성

요점: 음의 활성화 부피와 엔트로피는 사각 평면 Pt(II) 착물의 속도 결정 단계가 회합성이라는 견해를 지지한다.

전이 상태의 본질에 대한 또 다른 단서는 Pt(II)와 Au(III) 착물의 반응에 대한 활성화 엔트로피와 부피에서 비롯된다(표 21.5). 활성화 엔트로피는 속도 상수의 온도 의존성으로부터 얻어지며, 전이 상태가 형성될 때 (반응물과 용매의) 무질서의 변화를 나타낸다. 마찬가지로, 속도 상수의 압력 의존성으로부터 (특수 장비를 사용하여) 얻어지는 활성화 부피는 전이 상태가 형성될 때 발생하는 부피의 변화이다. 리간드 치환 반응에서 활성화 부피에 대한 극한적인 경우는, 떨어져 나가는 리간드의 몰부피의 증가(해리성 반응의 경우) 및 진입 리간드의 몰부피 감소(회합성 반응의 경우)에 해당한다. 예를 들면 H_2O의 몰부피는 18 mL(0.018 dm^3)이므로, H_2O 리간드가 착물에서 완전히 해리되어 전이 상태에 도달하는 반응은 0.018 dm^3에 가까운 활성화 부피를 갖게 될 것이다.

표 21.5의 자료에서 눈에 띄는 점은, 두 양이 일관되게 음의 값을 갖는 것이다. 무질서의 감소와 부피의 감소에 대한 가장 간단한 설명은, 진입 리간드가 이탈기의 방출 없이 전이 상태로 혼입된다는 것이다. 즉 속도 결정 단계는 회합성이라고 결론지을 수 있다.

표 21.5 메탄올에서, 사각 평면 착물의 치환에 대한 활성화 변수

반응	k_1			k_2		
	$\Delta^{\ddagger}H$	$\Delta^{\ddagger}S$	$\Delta^{\ddagger}V$	$\Delta^{\ddagger}H$	$\Delta^{\ddagger}S$	$\Delta^{\ddagger}V$
trans-$[PtCl(NO_2)(py)_2] + py$				50	−100	−38
trans-$[PtBrP_2(mes)] + SC(NH_2)_2$	71	−84	−46	46	−138	−54
cis-$[PtBrP_2(mes)] + I^-$	84	−59	−67	63	−121	−63
cis-$[PtBrP_2(mes)] + SC(NH_2)_2$	79	−71	−71	59	−121	−54
$[AuCl(dien)]^{2+} + Br^-$				54	−17	

$[PtBrP_2(mes)]$는 $[PtBr(PEt_3)_2(2,4,6\text{-}Me_3C_6H_2)]$이다.
엔탈피: $kJ\,mol^{-1}$, 엔트로피: $J\,K^{-1}\,mol^{-1}$, 부피: $cm^3\,mol^{-1}$

(e) 일차 반응 경로

요점: 속도 법칙에 대한 일차 기여는 용매가 참여하는 유사 일차 반응이다.

이차 반응 경로에 영향을 주는 요인을 고려하면, 사각 평면 착물의 치환에 대한 일차 반응 경로를 살펴볼 수 있다. 다루어야 할 첫 번째 문제는 속도 방정식의 일차 반응 경로이며, 속도 법칙 식 21.2와 그 일반화인 식 21.7에서의 k_1이 실제로 전혀 다른 반응 메커니즘이 작동함을 나타낼 것인지를 결정하는 것이다.

$$\text{속도} = (k_1 + k_2[Y])[PtL_4] \qquad (21.7)$$

하지만 그것이 아니라, k_1은 용매가 관여하는 회합성 반응을 나타낸다는 것이 밝혀졌다. 메탄올이 용매인 이 반응 경로에서 피리딘을 Cl^-로 치환하는 것은 두 단계로 진행되며, 첫 번째가 속도 결정 단계이다.

$$[PtCl(dien)]^+ + CH_3OH \rightarrow [Pt(CH_3OH)(dien)]^{2+} + Cl^- \text{ (느림)}$$
$$[Pt(CH_3OH)(dien)]^{2+} + py \rightarrow [Pt(py)(dien)]^{2+} + CH_3OH \text{ (빠름)}$$

이 두 단계 메커니즘에 대한 증거는 i) 이런 반응들의 속도와 용매 분자의 친핵성 변수와의 상관관계, ii) 용매가 리간드를 치환하는 단계와 비교할 때, 진입기와 착물과의 반응이 빠르다는 관찰 결과로부터 얻을 수 있다. 따라서 두 경쟁하는 회합성 반응에서 사각 평면 백금 착물에서 리간드의 치환 반응이 초래된다.

팔면체 착물에서의 리간드 치환

팔면체 착물은 넓은 범위의 산화 상태와 매우 다양한 화학 결합 양식을 갖는 금속들에 대해 발생하므로, 치환 반응의 메커니즘도 매우 다양하리라고 예상할 수 있다. 그러나 실제로 거의 모든 팔면체 착물은 교환 메커니즘(I)에 의해 반응한다. 유일한 실질적인 질문은 속도 결정 단계가 회합성인지 해리성인지이다. 이 메커니즘에 의해 일어나는 반응에 대한 속도 법칙의 분석은 i) 이들 두 가능성을 구별하며, ii) 치환 반응을 I_a(회합성 속도 결정 단계를 갖는 교환) 또

는 I_d(해리성 속도 결정 단계를 갖는 교환)로 식별하기 위한 세밀한 조건을 공식화하는 데 도움이 된다. 속도 결정 단계가 새로운 Y···M 결합의 생성인지, 아니면 기존의 M···X 결합의 절단인지가 두 반응 부류의 차이를 결정한다.

21.5 속도 법칙과 해석

제안된 메커니즘이 관찰된 속도 법칙과 일치해야 한다는 의미에서, 속도 법칙은 반응의 상세한 메커니즘에 대한 통찰력을 제공한다. 이 절에서는 리간드 치환에 대해 실험적으로 발견된 속도 법칙이 어떻게 해석되는지를 알아본다.

(a) Eigen-Wilkins 메커니즘

요점: Eigen–Wilkins 메커니즘에서는 만남 착물이 예비 평형 단계에서 형성되고, 이 만남 착물은 이후의 속도 결정 단계에서 생성물을 생성한다.

리간드 치환 반응의 예로 다음 반응을 고려한다.

$$[Ni(OH_2)_6]^{2+} + NH_3 \rightarrow [Ni(NH_3)(OH_2)_5]^{2+} + H_2O$$

Eigen–Wilkins 메커니즘(Eigen–Wilkins mechanism)에서 첫 번째 단계는 착물 ML_6(이 경우 $[Ni(OH_2)_6]^{2+}$)와 진입기 Y(이 경우 NH_3)가 함께 확산하여 접촉하는 만남(encounter)이다.

$$[Ni(OH_2)_6]^{2+} + NH_3 \rightarrow \{[Ni(OH_2)_6]^{2+}, NH_3\}$$

만남 쌍 개체 {A,B}의 두 가지 구성 요소는 용매를 통한 확산으로 이동하는 능력에 의해 좌우되는 속도로 분리될 수 있다.

$$\{[Ni(OH_2)_6]^{2+}, NH_3\} \rightarrow [Ni(OH_2)_6]^{2+} + NH_3$$

수용액에서 만남 쌍의 수명은 대략 1 ns 정도이기 때문에, 이 쌍의 형성은 몇 나노초 이상 걸리는 모든 반응에서 사전 평형으로 취급될 수 있다. 결과적으로, 이 농도를 예비 평형 상수 K_E의 항으로 나타낼 수 있다.

$$ML_6 + Y \rightleftarrows \{ML_6, Y\} \qquad K_E = \frac{[ML_6,\ Y]}{[ML_6][Y]}$$

이 메커니즘에서 두 번째 단계는 생성물을 만드는 만남 착물의 속도 결정 반응이다.

$$\{[Ni(OH_2)_6]^{2+}, NH_3\} \rightarrow [Ni(NH_3)(OH_2)_5]^{2+} + H_2O$$

위 식은 일반적으로 다음과 같이 표현된다.

$$\{ML_6, Y\} \rightarrow ML_5Y + L \qquad \text{속도} = k[\{ML_6, Y\}]$$

여기서 ML_6의 일부는 만남 쌍으로 존재한다는 사실이 고려되어야 하기에, 단순히 $[\{ML_6, Y\}] = K_E[ML_6][Y]$로 대체할 수 없다. 즉 착물의 총 농도는 $[M]_{tot} = [\{ML_6, Y\}] + [ML_6]$이고, 따라서 반응 속도식은 다음과 같다.

$$\text{속도} = \frac{kK_E[M]_{tot}[Y]}{1 + K_E[Y]} \tag{21.8}$$

식 21.8을 완전하게 시험하기에 충분한 농도 범위에서 실험을 수행하는 것은 거의 불가능하다. 하지만 진입기의 농도가 $K_E[Y] \ll 1$이 되는 낮은 농도에서 속도 법칙은 다음과 같이 간략히 표현된다.

$$속도 = k_{obs}[M]_{tot}[Y] \quad k_{obs} = kK_E \tag{21.9}$$

k_{obs}는 측정할 수 있고, K_E는 아래에 기술된 것처럼 추정하거나 측정할 수 있으므로, 속도 상수 k는 k_{obs}/K_E로부터 얻을 수 있다. 다양한 친핵체와 헥사아쿠아 Ni(II) 착물의 반응 결과를 표 21.6에서 볼 수 있다. k가 매우 작게 변화하는 것은, 진입기가 친핵성에 대해 매우 약간의 민감도를 갖는 모델 I_d 반응임을 나타낸다.

Y가 용매 분자일 때 만남 평형은 '포화'된다는 것은 다음과 같은 의미에서이다. 즉 착물은 항상 용매에 의해 둘러싸여 있고, 용매 분자는 착물 이탈기가 남긴 자리를 차지할 수 있기 때문이다. 이러한 경우 $K_E[Y] \gg 1$이고 $k_{obs} = k$이다. 따라서 용매와의 반응은 K_E 값을 추정할 필요 없이, 다른 진입기와의 반응과 직접 비교할 수 있다.

(b) Fuoss–Eigen 식

요점: Fuoss–Eigen 식은 반응물 사이의 Coulomb 상호 작용 세기와 반응물들의 가장 가까운 접근 거리를 기반으로 한 사전 평형 상수의 추정치를 제공한다.

만남 쌍에 대한 평형 상수 K_E는, R.M. Fuoss와 M. Eigen이 각각 독립적으로 제안한 간단한 식을 사용하여 추정할 수 있다. 두 사람은 동일 전하의 작은 이온보다 반대 전하의 더 큰 이온들이 더 자주 만날 수 있다고 기대하며, 착물의 크기와 전하를 고려하였다. Fuoss는 통계 열역학에 근거한 방법을, Eigen은 반응 속도론에 기초를 둔 방법을 각각 사용하였다. **Fuoss–Eigen 식(Fuoss–Eigen equation)**이라고 하는 그들의 결과는 다음 식이다.

$$K_E = \frac{4}{3}\pi a^3 N_A e^{-V/k_B T} \tag{21.10}$$

이 식에서 a는 유전율이 ε인 매질에서 전하수가 z_1과 z_2인 이온 간의 가장 가까운 거리이고, V는 그 거리에서의 Coulomb 퍼텐셜 에너지($z_1 z_2 e^2/4\pi\varepsilon a$)이며, N_A는 Avogadro 상수이다. 이 식으로 예측된 값은 이온의 전하와 반지름에 세부 사항에 크게 의존하지만, 일반적으로 반응물이 크거나(a가 크거나) 반대 전하의 경우(음의 V) 만남이 더 유리하다.

표 21.6 $[Ni(OH_2)_6]^{2+}$ 이온과의 착물 형성

리간드	k_{obs}($dm^3 mol^{-1} s^{-1}$)	K_E($dm^3 mol^{-1}$)	(k_{obs}/K_E)(s^{-1})
$CH_3CO_2^-$	1×10^5	3	3×10^4
F^-	8×10^5	1	8×10^3
HF	3×10^3	0.15	2×10^4
H_2O*			3×10^3
NH_3	5×10^3	0.15	3×10^4
$[NH_2(CH_2)_2NH_3]^+$	4×10^2	0.02	2×10^4
SCN^-	6×10^3	1	6×10^3

* 용매는 항상 이온과 만나기 때문에 K_E는 정의되지 않고 모든 속도는 본질적으로 일차이다.

요약 설명

반응물 중 하나가 (NH_3에 의한 치환처럼) 하전되지 않은 경우, $V=0$이고 $K_E = \frac{4}{3}\pi a^3 N_A$이다. 중성 화학종의 만남 거리 200 pm에 대해,

$$K_E = \frac{4\pi}{3}\times(2.00\times10^{-10}\,\text{m})^3\times(6.022\times10^{23}\,\text{mol}^{-1}) = 2.02\times10^{-5}\,\text{m}^3\,\text{mol}^{-1}$$

또는 $2.02\times10^{-2}\,\text{dm}^3\,\text{mol}^{-1}$이다. 다른 요인들이 같으면, 298 K의 물($\varepsilon_r = 78$일 때)에서 반대 전하를 띤 두 개의 단일 전하 이온에 대해, K_E 값은
$e^{-V/k_BT} = e^{e^2/4\pi\varepsilon a k_B T} = 36$배만큼 증가한다.

21.6 팔면체 착물의 활성화

팔면체 착물의 치환 반응에 관한 많은 연구는 속도 결정 단계가 해리성이라는 관점을 지지하므로, 먼저 이 연구들을 요약한다. 그러나 (4d와 5d 계열처럼) 중심 이온이 크거나 (d 구역의 앞 원소처럼) 금속의 d 전자수가 작으면, 팔면체 착물의 반응은 뚜렷한 회합성 특성을 가질 수 있다. 공격할 공간이 더 많거나 π^* 전자 밀도가 낮을수록 친핵성 공격이 더 쉬워, 회합이 허용되는 것처럼 여겨진다.

(a) 이탈기 효과

요점: I_d 반응에서는 이탈기 X의 큰 효과가 예상된다. 속도 상수와 평형 상수의 로그값 사이에는 선형 관계가 발견된다.

이탈기 X의 정체가 해리성으로 활성화되는 반응에서 큰 효과를 나타낼 것으로 예상한다. 왜냐하면 반응 속도는 M···X 결합의 끊어짐에 의존하기 때문이다. 다음 반응에서는 X가 유일한 변수이다.

$$[COX(NH_3)_5]^{2+} + H_2O \rightarrow [CO(NH_3)_5(OH_2)]^{3+} + X^-$$

이 반응의 속도 상수와 평형 상수는 다음 식에 의해 연관된다.

$$\ln k = \ln K + c \qquad (21.11)$$

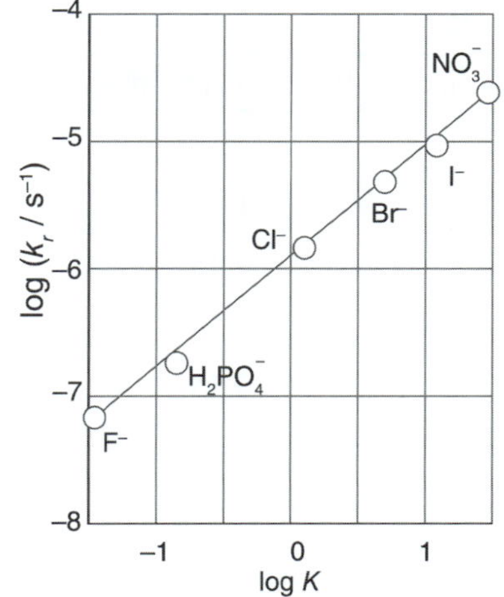

그림 21.10 속도 상수의 로그 값을 평형 상수의 로그 값에 대해 도시하여 얻은 직선은 선형 자유 에너지 관계의 존재를 보여 준다. 이 그래프는 서로 다른 이탈기 X에 대한 $[Co(NH_3)_5X]^{2+} + H_2O \rightarrow [Co(NH_3)_5(OH_2)]^{3+} + X^-$ 반응에 대한 것이다.

이 상관관계는 그림 21.10과 같다. 두 로그 값이 Gibbs 에너지에 비례하기 때문에(ln k는 활성화 Gibbs 에너지 $\Delta^{\ddagger}G$에 거의 비례하고, ln K는 표준 반응 Gibbs 에너지 $\Delta_r G^{\ominus}$에 비례함), 다음과 같이 p와 b 상수(그리고 $p \approx 1$)를 갖는 **선형 자유 에너지 관계(LFER: linear free energy relation)**로 나타낼 수 있다.

$$\Delta^{\ddagger}G = p\Delta_r G^{\ominus} + b \tag{21.12}$$

$[CoX(NH_3)_5]^{2+}$의 반응처럼, 단위 기울기를 갖는 LFER가 존재하면, X의 변화는 i) Co−X의 전이 상태로 전환에 대한 $\Delta^{\ddagger}G$와 ii) X^-의 완전한 제거에 대한 $\Delta_r G^{\ominus}$에 대해 같은 효과를 나타낸다는 것을 보여 준다(그림 21.11). 이어서 이러한 관찰은 교환 메커니즘과 해리성 속도 결정 단계를 갖는 반응(I_d)에서, 이탈기(음이온 리간드)는 전이 상태에서 용매화(solvated) 이온이 되었음을 시사한다. 다소 회합성 특성을 나타내는, 기울기가 1보다 작은 LFER가 Rh(III)의 상응하는 착물에서 관찰된다. Co(III)에 대한 반응 속도는 $I^- > Br^- > Cl^-$의 순서이지만, Rh(III)에 대해서는 역순($I^- < Br^- < Cl^-$)이다. 더 단단한 Co(III) 중심은 Cl^-와 더 안정한 착물을 형성하는 반면, 더 무른 Rh(III) 중심은 Br^-와 Cl^-에 비해 I^-와 더 안정한 착물을 형성하므로 그런 차이가 예상된다.

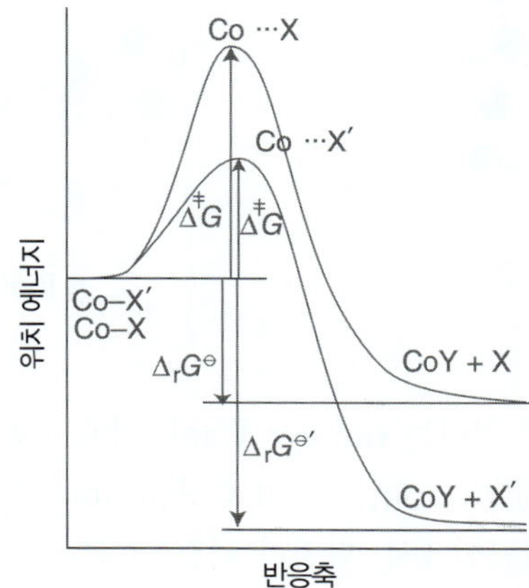

그림 21.11 단위 기울기를 갖는 선형 자유 에너지 관계의 존재는 변화된 X가 M−X의 전이 상태로의 변환에 대한 $\Delta^{\ddagger}G$와 X^-의 완전한 제거에 대한 $\Delta_r G^{\ominus}$에 대해 같은 효과를 가짐을 보여 준다. 반응 윤곽은 이탈기를 X에서 X′으로 변화시켰을 때의 효과를 보여 준다.

(b) 구경꾼 리간드 효과

요점: 팔면체 착물에서 구경꾼 리간드들은 치환 속도에 영향을 준다. 이 효과는 금속−리간드 상호 작용의 세기와 관련이 있다. 더 강한 주개 리간드는 전이 상태를 안정시켜 반응 속도를 증가시킨다.

Co(III), Cr(III) 및 관련 팔면체 착물에서 시스와 트랜스 리간드는 모두 금속 원자와 형성하는 결합의 세기에 비례하여 치환 속도에 영향을 미친다. 예를 들면 다음과 같은 가수 분해 반응은 L이 H_2O일 때보다 NH_3일 때 훨씬 더 빠르다.

$$[NiXL_5]^+ + H_2O \rightarrow [NiL_5(OH_2)]^{2+} + X^-$$

NH_3가 H_2O보다 더 강한 σ 주개이므로 금속 원자의 전자 밀도를 증가시켜, M−X 결합의 절단과 X^-의 생성을 촉진한다는 것에 기반하여 이러한 차이를 설명할 수 있다. 전이 상태에서 더 강한 주개는 감소된 배위수를 안정화한다.

(c) 입체 효과

요점: 전이 상태의 형성은 긴장(strain)을 완화할 수 있어서, 입체적 혼잡은 해리성 활성화를 선호한다.

해리성 속도 결정 단계를 갖는 반응에 대한 입체 효과는, $[CoCl_2(bn)_2]^+$ 형태의 두 착물에서 첫 번째 Cl^- 리간드의 가수 분해 속도를 살펴봄으로써 설명할 수 있다.

$$[CoCl_2(bn)_2]^+ + H_2O \rightarrow [CoCl(OH_2)(bn)_2]^{2+} + Cl^-$$

리간드 bn은 2,3-뷰테인다이아민인데, 카이랄성(**5**) 또는 비카이랄성(**6**) 방식으로 배위될 수 있다. 중요한 관찰은 카이랄성 형태의 리간드 착물이 비카이랄성 형태의 착물보다 30배 느리게 가수 분해된다는 것이다. 두 리간드의 입체 구조는 매우 유사한 전자적 효과를 가지고 있다. 그러나 (**5**)에서는 두 CH_3기가 킬레이트 고리의 반대쪽에 있지만, (**6**)에서는 인접해 있어서 혼잡하다. 이에 후자의 배열은 더 큰 반응성을 갖는다. 왜냐하면 배위수가 감소되는 해리성 전이 상태에서 긴장이 감소하기 때문이다. 일반적으로 5배위 전이 상태가 긴장을 완화할 수 있으므로 입체적 혼잡은 I_d 과정을 선호한다.

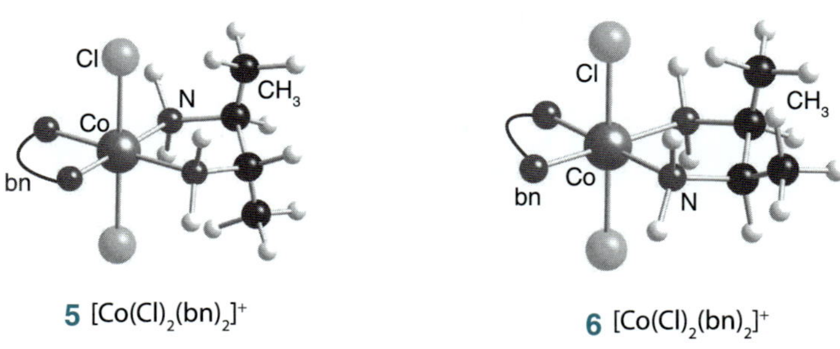

5 $[Co(Cl)_2(bn)_2]^+$ **6** $[Co(Cl)_2(bn)_2]^+$

리간드의 입체 효과의 정량적 처리는 van der Waals 상호 작용을 고려하는 분자 모델링 컴퓨터 소프트웨어를 사용하여 개발되었다. 그러나 C.A.Tolman에 의해 더 도식적이고 준정량적인 방법이 소개되었다. 이 접근법에서, 다양한 리간드(특히 포스핀)가 서로 혼잡을 주는 정도는, 리간드를 원뿔로 근사시켜 평가한다. 이때 원뿔은 공간 채움 모형과 (포스핀 리간드의 경우) M–P = 228 pm의 결합 길이로부터 결정된 각도를 갖게 된다(그림 21.12, 표 21.7).[2] 리간드 CO는 작은 원뿔각(cone angle)을 갖는다는 점에서 작다. $P(^tBu)_3$는 큰 원뿔각을 갖기 때문에 부피가 큰 것으로 간주된다. 부피가 큰 리간드는 금속 중심 주위에 채워질 때 서로 상당한 입체 반발력을 갖는다. 이들은 해리성 활성화를 선호하고 회합성 활성화를 억제한다.

[2] Tolman의 연구는 니켈 착물에 관한 것이었고, 엄격히 말하자면 228 pm의 Ni–P 거리를 말한다.

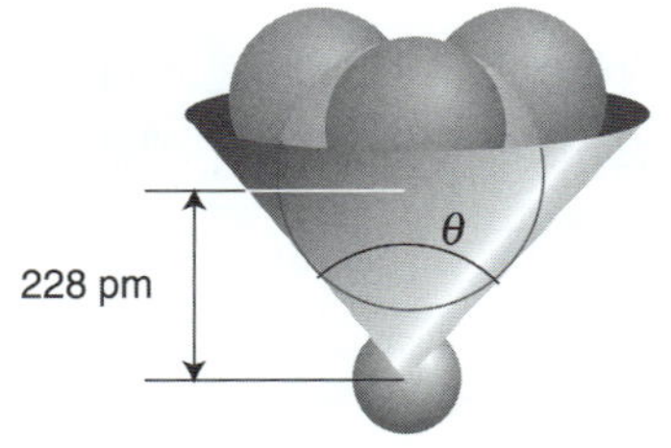

그림 21.12 리간드의 공간 채움 분자 모형과 228 pm로 가정한 M–P 결합 길이로부터 리간드 원뿔각의 결정

표 21.7 다양한 리간드에 대한 Tolman 원뿔각

리간드	$\theta(°)$	리간드	$\theta(°)$
CH_3	90	$P(OC_6H_5)_3$	127
CO	95	PBu_3	130
Cl, Et	102	PEt_3	132
PF_3	104	η^5-C_5H_5 (Cp)	136
Br, Ph	105	PPh_3	145
I, $P(OCH_3)_3$	107	η^5-C_5Me_5 (Cp*)	165
PMe_3	118	2,4-$Me_2C_5H_3$	180
t-Butyl	126	$P(^tBu)_3$	182

실례로서, $[Ru(CO)_3(PR_3)(SiCl_3)_2]$(**7**)가 Y와 반응하여 $[Ru(CO)_2Y(PR_3)(SiCl_3)_2]$가 생성되는 반응의 속도는 Y의 정체와 무관한데, 이는 속도 결정 단계가 해리성임을 시사한다. 또한 유사한 원뿔각을 갖지만, 현저히 다른 pK_a 값을 갖는 치환체 Y에 대한 속도의 차이는 매우 작음이 밝혀졌다. pK_a 값의 변화는 리간드 내 전자 분포의 변화와 관련되어야 하므로, 이 관찰은 속도 변화가 입체 효과 때문임을 암시한다.

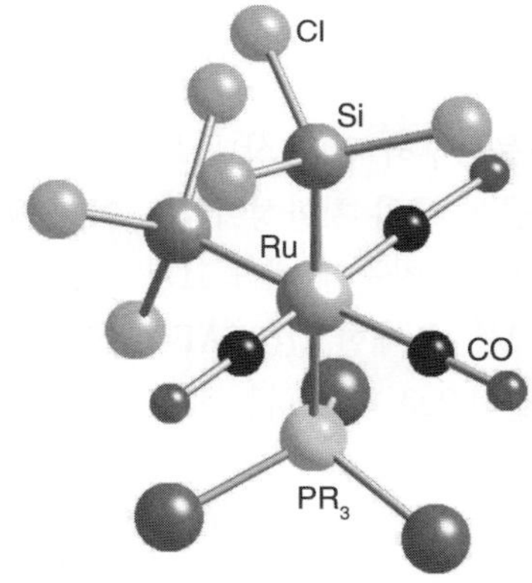

7 $Ru(CO)_3(PR_3)(SiCl_3)_2]$

(d) 활성화 에너지

요점: 출발 착물에서 전이 상태로 감에 따라 LFSE가 상당히 감소하면 비치환성 착물이 생성된다.

착물의 활성화에 강한 영향을 미치는 한 가지 요인은 반응 착물의 LFSE(20.1절)와 전이 상태의 LFES(즉 $LFSE^{\ddagger}$)의 차이이다. 이 차이를 **리간드장 활성화 에너지(LFAE: ligand field activation energy)**라고 한다.

$$LFAE = LFSE - LFSE^{\ddagger} \tag{21.13}$$

표 21.8은 사각뿔 전이 상태(즉 해리성 활성화 반응)를 가정한 팔면체 착물의 리간드 치환 반응에 대한 LFAE 계산값을 보여 준다. 이제 그림 21.1을 다시 살펴보면 V^{2+}, Cr^{3+}, Ru^{2+}, Ir^{3+}, Ni^{2+} 착물의 비치환성 성질을 설명하기 위해 큰 LFAE를 사용할 수 있다는 것을 알 수

표 21.8 다양한 리간드에 대한 Tolman 원뿔각

전자 배치	예	LFSE(Δ_O)*	LFSE†(Δ_O)†	LFAE(Δ_O)
d^0	Ca^{2+}, Sc^{3+}, La^{3+}	0	0	0
d^1	Ti^{3+}	−0.4	−0.46	−0.06
d^2	Ti^{2+}	−0.8	−0.91	−0.11
d^3	V^{2+}, Cr^{3+}	−1.2	−1	0.2
d^4, hs	Cr^{2+}	−0.6	−0.91	−0.31
d^4, ls	Re^{3+}	−1.6	−1.46	0.13
d^5, hs	Mn^{2+}	0	0	0
d^5, ls	Fe^{3+}	−2	−1.91	0.09
d^6, hs	Fe^{2+}	−0.4	−0.46	−0.06
d^6, ls	Ru^{2+}, Ir^{3+}, Pt^{4+}	−2.4	−2	0.4
d^7, hs	Co^{2+}	−0.8	−0.91	−0.11
d^7, ls	Rh^{2+}	−1.8	−1.91	−0.11
d^8	Ni^{2+}	−1.2	−1	0.2
d^9	Cu^{2+}	−0.6	−0.91	−0.31
d^{10}	Zn^{2+}	0	0	0

* 팔면체, †사각뿔, hs: 고스핀, ls: 저스핀

있다. 이 예들에서는 팔면체 착물로부터 전이 상태로 이동함에 따라 LFSE가 현저하게 손실된다. 0 또는 음수 LFAE의 착물이 특히 치환성이라는 이 주장에 대한 결론은 Ca^{2+}, La^{3+}, Cr^{2+}, Mn^{2+}, Cu^{2+}, Zn^{2+}의 아쿠아 착물에 대한 교환 수명을 살펴볼 때 확인된다. 표 21.9에 주어진 측정된 $\Delta^\ddagger H$ 값에서, V^{2+}에 대한 값(LFAE = $0.2\Delta_O$)이 Mn^{2+}(LFAE = 0) 및 Fe^{2+}(LFAE = $-0.06\Delta_O$) 값보다 실질적으로 더 크다는 것을 알 수 있다.

(e) 회합성 활성화

요점: 음의 활성화 부피는 전이 상태에서 진입기의 회합을 의미한다.

앞에서 살펴본 바와 같이, 반응물로부터 전이 상태가 형성될 때 활성화 부피는 조밀함(compactness)의 변화(주위 용매의 변화를 포함하여)를 반영한다. 표 21.9는 일부 H_2O 리간드 자기 교환 반응에 대한 $\Delta^\ddagger V$를 나타낸다. 음의 활성화 부피는, H_2O 분자가 전이 상태의 일부가 될 때(상당한 회합성 특성을 암시함) 수축의 결과로 해석될 수 있다. 반면에, 양의 활

표 21.9 H_2O 교환 반응 $[M(OH_2)_6]^{2+} + H_2{}^{17}O \rightarrow [M(OH_2)_5({}^{17}OH_2)]^{2+} + H_2O$에 대한 활성화 변수

	$\Delta^\ddagger H$ (kJ mol^{-1})	$\Delta^\ddagger V$ (cm^3 mol^{-1})
$V^{2+}(d^3)$	61.8	−4.1
$Mn^{2+}(d^5$, hs)	32.9	−5.4
$Fe^{2+}(d^6$, hs)	41.4	+3.8
$Co^{2+}(d^7$, hs)	46.9	+6.1
$Ni^{2+}(d^8)$	56.9	+7.2

표 21.10 Cr(III)에 대한 음이온 공격의 반응 속도론적 변수*

X	$L = H_2O$			$L = NH_3$
	k ($10^{-8} mol^{-1} s^{-1}$)	$\Delta^{\ddagger}H$ ($kJ mol^{-1}$)	$\Delta^{\ddagger}S$ ($J K^{-1} mol^{-1}$)	k ($10^{-4} dm^3 mol^{-1} s^{-1}$)
Br^-	0.46	122	8	3.7
Cl^-	1.15	126	38	0.7
$\underline{N}CS^-$	48.7	105	4	4.2

* 반응은 $[CrL_5(OH_2)]^{3+} + X^- \rightarrow [CrL_5X]^{2+} + H_2O$이다.

성화 부피는 H_2O 분자가 이탈하면서 전이 상태가 형성될 때(상당한 해리성을 암시함) 팽창의 결과로 해석될 수 있다.[3] $\Delta^{\ddagger}V$가 $-4.1\ cm^3$(V^{2+}에 대해)에서 $+7.2\ cm^3\ mol^{-1}$(Ni^{2+}에 대해)까지 증가하는데, 이는 3d 계열에 걸친 회합성 특성의 감소에 상응한다. 이것은 부분적으로 주기율표의 첫째 행에 걸쳐 이온 반지름이 감소하기 때문에, 그리고 부분적으로 3d 계열에서 d^3에서 d^8까지 비결합성 d 전자의 수가 증가하기 때문에 발생한다. 회합성 활성화는, 크기가 크거나 (비결합성 또는 π^*) d 전자 수가 적어서(즉 진입하는 비공유 전자쌍이 이 오비탈에 공여될 수 있음), 친핵성 공격에 접근 가능한 금속 중심을 필요로 한다. Rh(III)와 같은 더 큰 4d와 5d 이온에서도 음의 활성화 부피가 관찰되며, 이는 반응의 전이 상태에서 진입기의 회합성 상호 작용을 나타낸다.

[3] $\Delta^{\ddagger}V$에 대한 한계값은 물의 몰부피인 약 $\pm 18\ cm^3\ mol^{-1}$이다. *A* 반응에서는 음의 값을 갖고, *D* 반응에서는 양의 값을 갖는다.

표 21.10은 $[Cr(NH_3)_5(OH_2)]^{3+}$와 $[Cr(OH_2)_6]^{3+}$로부터의 Br^-, Cl^-, NCS^- 착물 형성에 대한 일부 자료를 보여 준다. 헥사아쿠아 착물의 강한 의존성과는 달리, 펜타암민 착물은 친핵체의 정체에 대해 약한 의존성만을 보여 주므로, I_a에서 I_d로의 전이를 암시한다. 또한 $[Cr(OH_2)_6]^{3+}$에서 Cl^-, Br^-, NCS^-에 의한 H_2O의 치환 속도 상수는 $[Cr(NH_3)_5(OH_2)]^{3+}$의 유사 반응보다 약 10^4배 더 작다. 이 차이는 H_2O보다 강한 σ 주개인 NH_3 리간드가 여섯 번째 리간드의 해리를 더 효과적으로 촉진한다는 것을 시사한다. 위에서 보았듯이, 이러한 거동은 해리적으로 활성화된 반응에서 기대될 것이다.

예제 21.3 메커니즘 측면에서의 반응 속도론적 자료 해석

$X^- = Cl^-$, NCS^-, N_3^-에 대해, X^-와 $[V(OH_2)_6]^{2+}$로부터 $[VX(OH_2)_5]^+$가 형성 반응의 이차 속도 상수는 1:2:10의 비를 나타낸다. 이 치환 반응의 속도 결정 단계에 대해 이 자료가 제안하는 것은 무엇인가?

답 반응 속도에 영향을 줄 수 있는 요소들을 고려할 필요가 있다. 세 리간드는 모두 비슷한 크기의 단일 음이온이므로, 만남 평형 상수가 유사하다고 예상할 수 있다. 그러므로 이차 속도 상수는 만남 착물에서의 치환에 대한 일차 속도 상수에 비례한다. 이차 속도 상수는 $K_E k_2$와 같다. 여기서 K_E는 사전 평형 상수이고, k_2는 만남 착물의 치환에 대한 일차 속도 상수이다. NCS^-에 대한 속도 상수는 Cl^-보다 더 크고, 특히 구조적으로 유사한 N_3^-와의 5배 차이는 친핵성 공격 및 회합성 반응으로부터의 기여를 암시한다. 대조적으로, 해리성으로 여겨지는 Ni(II)와의 동일한 음이온의 반응에 대해서는 그런 체계적인 양상이 나타나지 않는다.

문제 21.3 관찰된 이차 속도 상수가 $1.2 \times 10^2\ dm^3\ mol^{-1}\ s^{-1}$인 경우, 표 21.6의 자료를 사용하여 적절한 K_E 값을 산정하고, V(II)와 Cl^- 간의 반응에 대한 k_2를 계산하시오.

21.7 염기 가수 분해

요점: 팔면체 치환 반응은 산성 수소를 가진 리간드가 존재할 때 OH^- 이온에 의해 많이 가속될 수 있다. 그 이유는 반응 화학종의 전하가 감소하고, 탈양성자화된 리간드의 전이 상태 안정화 능력이 증가하기 때문이다.

산성 양성자를 갖는 리간드의 치환 반응을 고려해 보자.

$$[CoCl(NH_3)_5]^{2+} + OH^- \rightarrow [Co(OH)(NH_3)_5]^{2+} + Cl^-$$

광범위한 일련의 연구에 따르면, 속도 법칙은 속도 = $k[CoCl(NH_3)_5{}^{2+}][OH^-]$로 총괄 이차이지만, 메커니즘은 착물에 대해 OH^-가 단순한 이분자(bimolecular) 공격을 하는 것이 아니라는 것을 보여 준다. 예를 들면 Cl^-를 OH^-로 치환하는 것은 빠르지만, 크기나 친핵성이 OH^-와 비슷한 F^-로 Cl^-fmf 치환하는 것은 느리다. 이 문제와 관련된 많은 간접적인 증거가 있지만, 한 가지 적절한 실험이 핵심적 결과를 제공한다. 이 결정적인 증거는 생성물 $[Co(OH)(NH_3)_5]^{2+}$에서의 $^{18}O/^{16}O$ 동위 원소 분포에 관한 연구에서 나온 것이다. 평형 상태에서 $^{18}O/^{16}O$ 비는 H_2O와 OH^- 간에 다르다는 것이 알려져 있다. 이 사실은 진입기가 H_2O인지, OH^-인지를 확인하는 데 사용될 수 있다. 코발트 생성물에서 $^{18}O/^{16}O$ 동위 원소 비는 OH^- 이온이 아닌 H_2O에 대해 일치한다. 그러므로 진입기는 H_2O 분자임이 입증된다.

이러한 관찰을 고려한 메커니즘에서 OH^-의 역할은 진입기가 아니라 Brønsted 염기로 작용한다고 가정한다.

$$[CoCl(NH_3)_5]^{2+} + OH^- \rightleftharpoons [CoCl(NH_2)(NH_3)_4]^{+} + H_2O$$

$$[CoCl(NH_2)(NH_3)_4]^{+} \rightarrow [Co(NH_2)(NH_3)_4]^{2+} + Cl^- \qquad \text{(느림, 속도 결정 단계)}$$

$$[Co(NH_2)(NH_3)_4]^{2+} + H_2O \rightarrow [Co(OH)(NH_3)_5]^{2+} \qquad \text{(빠름)}$$

첫 번째 단계에서, 배위된 NH_3 리간드는 Brønsted 산으로 작용하고, 출발 착물과 아마이도($NH_2{}^-$) 리간드를 포함하는 그 짝염기 사이에 빠른 평형이 성립된다. 착물의 탈양성자화된 형태는 더 낮은 전하를 가져서, 양성자화된 형태보다 Cl^- 이온을 더 쉽게 내어놓아 반응을 가속할 수 있다. 또한 아마이도 리간드는 NH_3보다 더 센 σ 주개이며 동시에 좋은 π 받개이다. $NH_2{}^-$에 의한 강한 전자 제공은 트랜스 위치에 있는 Cl^- 리간드의 이탈을 촉진하며, 5배위 전이 상태를 안정시킨다(입체 화학 결과에 대한 논의는 다음의 요약 설명을 참조). 최종 단계는 진입하는 물 분자의 빠른 부착 및 아마이드 리간드로의 양성자 이동이다.

21.8 입체 화학

요점: 사각뿔 중간체를 통한 반응은 원래의 기하 구조를 유지하지만, 삼각 쌍뿔 중간체를 통한 반응은 이성질화를 유도할 수 있다.

팔면체 치환 입체 화학의 고전적인 예는 Co(III) 착물에 있다. 표 21.11은 *cis*-$[CoAX(en)_2]^{2+}$(**8**)와 *trans*-$[CoAX(en)_2]^{2+}$(**9**) 각각의 가수 분해 반응에 대한 일부 자료를 보여 준다. 여기서 X는 이탈기(Cl^- 또는 Br^-)이고, A는 OH^-, $NO_2{}^-$, $\underline{N}CS^-$, Cl^-이다. 팔면체 착물의 치환에 의한 입체 화학적 결과는 사각 평면 착물보다 훨씬 더 복잡하다. 시스 착물은 치환이 일어날 때 이성질화를 거치지 않지만, 트랜스 형태는 $A = NO_2{}^- < Cl^- < \underline{N}CS^- < OH^-$의 순서로 이성질화되는 경향을 나타낸다.

표 21.11 $[CoAX(en)_2]^+$의 가수 분해 반응의 입체 화학 과정

	A	X	생성물에서의 *cis* 백분율(%)
cis	OH^-	Cl^-	100
	Cl^-	Cl^-	100
	NCS^-	Cl^-	100
	Cl^-	Br^-	100
trans	NO_2^-	Cl^-	0
	NCS^-	Cl^-	50~70
	Cl^-	Cl^-	35
	OH^-	Cl^-	75

X는 이탈기다.

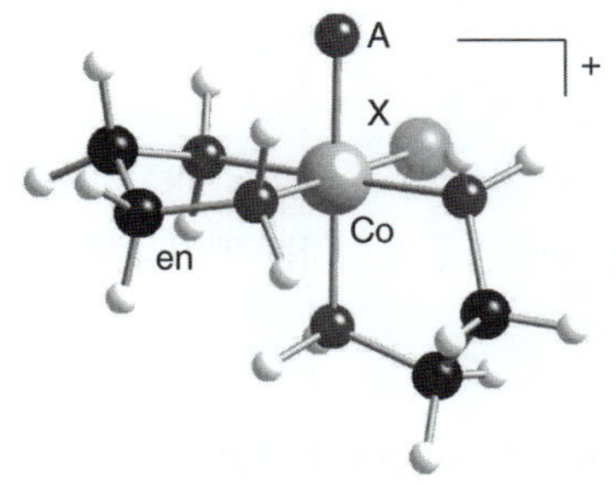

8 *cis*-$[CoAX(en)_2]^+$

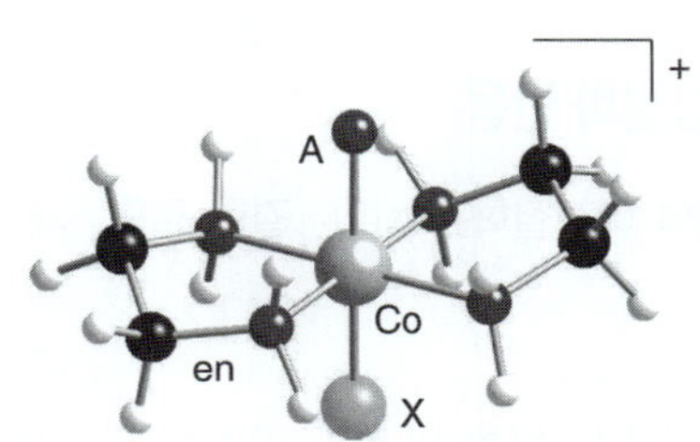

9 *trans*-$[CoAX(en)_2]^+$

이 자료는 I_d 메커니즘 측면에서, 그리고 전이 상태에서 5배위 금속 중심은 5배위에 대한 두 가지 안정한 기하 구조, 즉 사각뿔 또는 삼각 쌍뿔과 유사할 수 있음을 인식함으로써 이해될 수 있다. 그림 21.13에서 볼 수 있듯이, 사각뿔 착물을 통한 반응은 원래의 기하 구조를 유지하지만, 삼각 쌍뿔 착물을 통한 반응은 이성질화로 이어질 수 있다. 시스 착물은 사각뿔 중간체를 생성하지만, 트랜스 이성질체는 삼각 쌍뿔 중간체를 생성한다. d 금속의 경우, 수평 방향 자리의 리간드가 좋은 π 주개이면 삼각 쌍뿔 착물이 선호된다. 이탈기 Cl^-의 트랜스 위치에 있는 좋은 π 주개 리간드는 이성질화를 일으킨다(**10**).

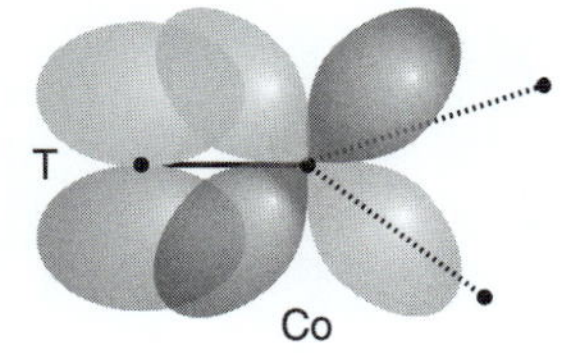

10

요약 설명

$[CoAX(en)_2]^+$ 유형의 Co(III) 착물의 치환은 반응이 염기에 의해 촉진되는 경우에만 시스-트랜스 이성질화가 초래된다. 염기 가수 분해 반응에서, en 리간드의 NH_2R기 중 하나는 양성자를 잃고 그 짝염기(:NHR^-)가 된다. :NHR^- 리간드기는 강한 π 주개 리간드이며, 그림 21.13에서와 같은 유형의 삼각 쌍뿔을 선호하고, 거기에 나타난 방식으로 공격을 받을 수 있다. 진입 리간드의 공격 방향이 무작위라면, 생성물의 33%는 트랜스, 67%는 시스일 것으로 예상된다.

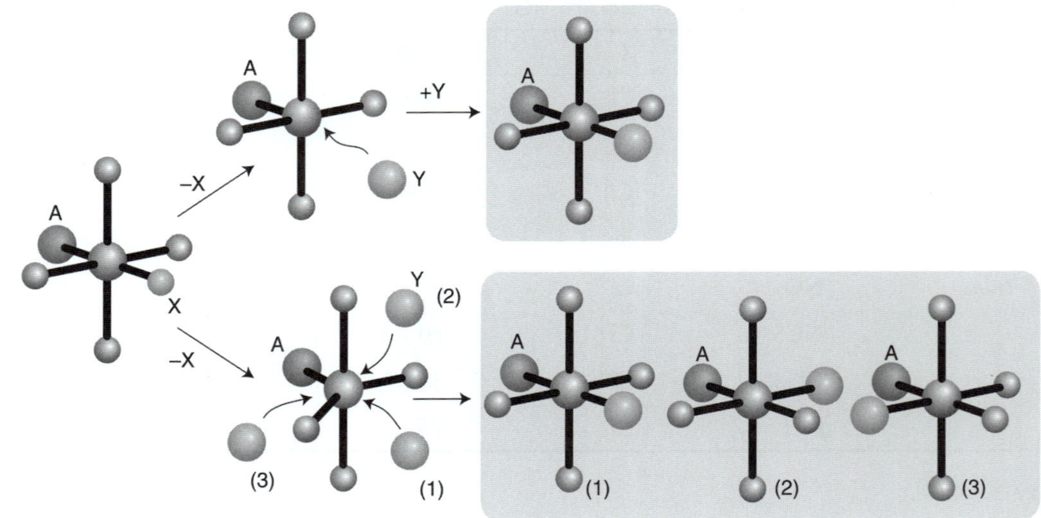

그림 21.13 사각뿔 착물을 통한 반응(위쪽 경로)은 원래의 기하 구조를 유지하지만, 삼각 쌍뿔 착물을 통한 반응(아래쪽 경로)은 이성질화를 일으킬 수 있다.

21.9 이성질화 반응

요점: 착물의 이성질화는 치환, 결합 절단, 재구성 또는 뒤틀림을 포함하는 메커니즘에 의해 일어날 수 있다.

이성질화 반응은 치환 반응과 밀접한 관련이 있다. 이성질화에 대한 주요 경로는 자주 치환을 거친다. 이미 논의한 사각 평면 Pt(II)와 팔면체 Co(III) 착물은 5배위 삼각 쌍뿔 전이 상태를 생성할 수 있다. 삼각 쌍뿔 착물에서 축 방향과 수평 방향 리간드들의 상호 교환은 사각뿔 형태를 통한 Berry 유사 회전에 의해 일어나는 것으로 묘사될 수 있다(7.9절과 그림 21.14). 그림에서 본 바와 같이, 삼각 쌍뿔 착물에 리간드를 추가하여 6배위 착물을 생성할 때, 진입기의 새로운 공격 방향이 이성질화를 초래할 수 있다.

킬레이트 리간드가 존재하면, 금속–리간드 결합 절단의 결과로 이성질화가 일어날 수 있고, 이때 치환은 필요하지 않다. 예를 들면 트리스(아세틸아세토나토)코발트(III) 착물의 이성질화 과정에서 '외부' CD_3기와 '내부' CH_3기와 교환되는 것이다[(**11**) → (**12**)]. 팔면체 착물은 리간드의 손실이나 결합의 끊어짐이 없이도 분자내 뒤틀림에 의해 이성질화를 겪을 수 있다. 예를 들면 $[Ni(en)_3]^{2+}$의 라셈화(racemization)는 이러한 뒤틀림에 의해 일어난다는 증거가 있다. 두 가지 가능한 경로는 **Bailar 뒤틀림**(Bailar twist)과 **Ray–Dutt 뒤틀림**(Ray–Dutt twist)이다(그림 21.15).

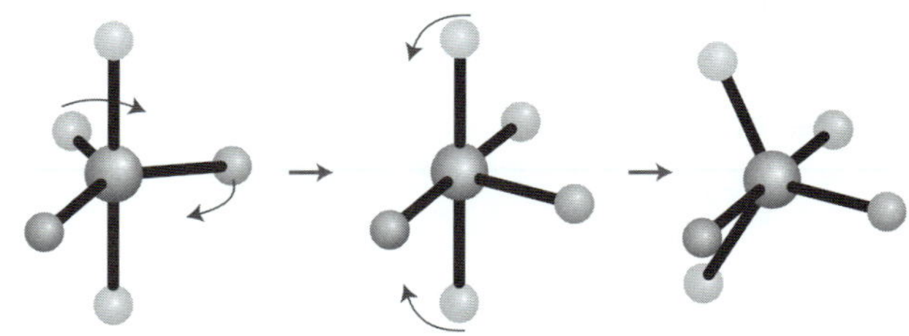

그림 21.14 착물의 사각뿔 형태를 통한 일그러짐, 그리고 이를 통한 축 방향과 수평 방향 리간드들의 교환

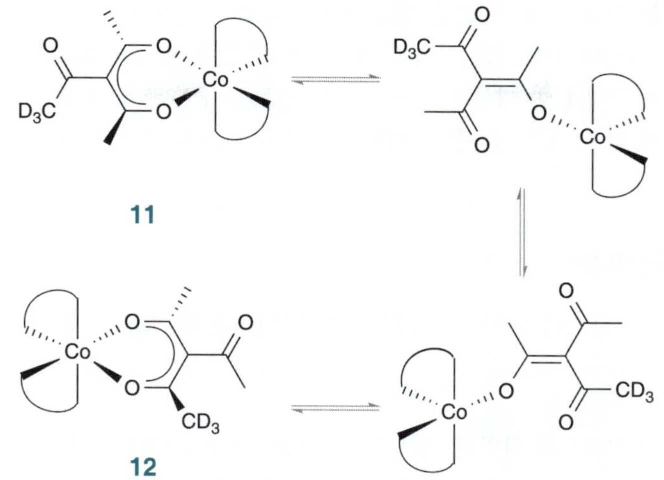

11

12

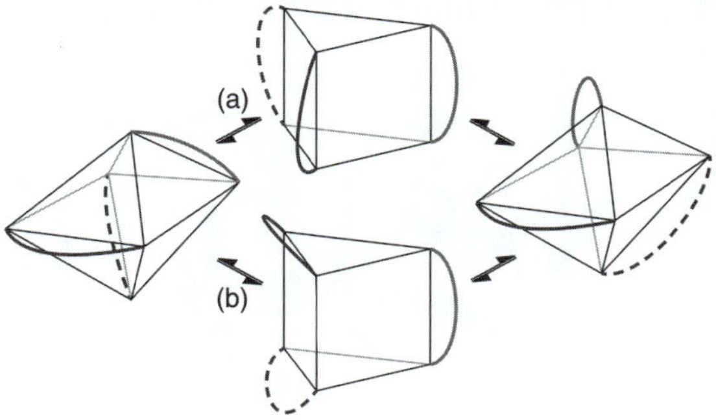

그림 21.15 팔면체 착물이 리간드의 이탈이나 결합을 끊지 않고 이성질화를 일으킬 수 있는 (a) Bailar 뒤틀림, (b) Ray-Dutt 뒤틀림

산화-환원 반응

제5장에서 언급했듯이, 산화-환원 반응은 전자의 직접 이동(일부 전기 화학 전지 및 많은 용액 반응에서) 또는 원자 및 이온의 이동(옥시도(oxido) 음이온의 반응에서 산소 원자의 이동)에 의해 발생할 수 있다. 용액에서의 산화-환원 반응은 산화제와 환원제를 모두 포함하기 때문에 대개 이분자성(bimolecular) 반응이다. 한 분자가 산화와 환원 중심을 모두 갖는 예외적인 반응도 있다.

21.10 산화-환원 반응의 분류

요점: 내부권 산화-환원 반응에서는 전이 상태를 생성하기 위해 리간드가 공유되지만, 외부권 산화환원 반응에서는 반응 화학종 간에 다리 구성 리간드(bridging ligand)가 없다.

1950년대에 Henry Taube는 금속 착물에 대한 두 가지 산화-환원 반응 메커니즘을 확인하였다. 하나는 원자 이동 과정을 포함하는 **내부권 메커니즘(inner-sphere mechanism)**이다. 내부권 메커니즘에서는 반응물의 배위권(coordination sphere)이 일시적으로 리간드를 공유하고 다리 걸친(bridged) 전이 상태를 생성한다. 다른 하나는, 단순한 전자 이동을 포함하는 **외부권 메커니즘(outer-sphere mechanism)**이다. 외부권 메커니즘에서, 착물들은 다리 구성 리간드를 공유하지 않은 채 접촉하고, 전자는 한 금속 원자로부터 다른 금속 원자로 터널링한다.

일부 산화–환원 반응의 메커니즘은 내부권이나 외부권 메커니즘으로 명확하게 지정된다. 그러나 착물이 치환성이면 명확한 지정이 어려워서, 수많은 반응의 메커니즘은 알려지지 않았다. 잘 정의된 예제에 관한 대부분의 연구는 두 경로를 구분하게 해 주는 변수의 식별에 관한 것이다. 이는 또 더 어려운 반응들에 대해 올바른 구분을 할 수 있도록 해 준다.

21.11 내부권 메커니즘

요점: 내부권 산화–환원 반응의 속도 결정 단계는 구성 반응 중의 어느 한 가지일 수 있지만, 일반적인 것은 전자 이동이다.

내부권 메커니즘이 처음으로 확인된 것은 치환성 Cr^{2+}(aq)에 의한 비치환성 $[CoCl(NH_3)_5]^{2+}$ 착물의 환원 반응이다. 이 반응의 생성물은 치환성 Co^{2+}(aq)와 비치환성 $[CrCl(OH_2)_5]^{2+}$를 포함하고, 용액에 $^{36}Cl^-$를 첨가해도 Cr(Ⅲ) 생성물에는 어떤 동위 원소도 혼입되지 않았다.

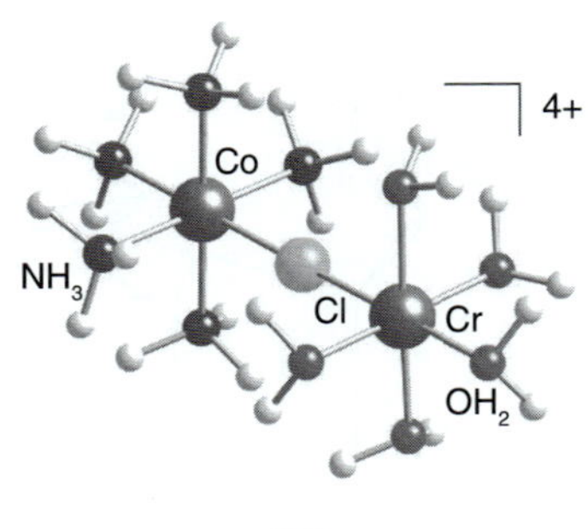

13

전자 이동 단계는 비치환성 Co(Ⅲ)에서 Cl^-를 제거하는 반응이나 비치환성 $[Cr(OH_2)_6]^{3+}$ 착물에 Cl^-를 도입하는 반응보다 훨씬 빠르다. 이러한 관찰은 반응이 진행되는 동안 Cl^-이 한 착물의 배위권에서 다른 착물의 배위권으로 직접 이동한다는 것을 시사한다. 비치환성 Co(III)에 결합된 Cl^-가 $[Cr(OH_2)_6]^{2+}$의 치환성 배위권으로 쉽게 진입하여 다리 걸친 중간체(**13**)가 생성되므로, 이러한 유형의 착물이 반응의 중간체로 제안되었다.

외부권 반응보다 더 많은 단계를 포함하더라도, 내부권 반응은 빠를 수 있다. 그림 21.16은 그러한 반응이 일어나는 데 필요한 단계들을 요약한 것이다. 내부권 반응의 처음 두 단계는 선구(precursor) 착물의 생성과 다리 걸친 이핵성(binuclear) 중간체의 생성이다. 이 첫 번째 단계는 Eigen–Wilkins 메커니즘의 첫 번째 단계와 동일하다(21.5절). 마지막 단계는 다리 구성 리간드를 통해 전자가 이동하여 후속(successor) 착물을 생성한 다음, 해리하여 생성물을 제공하는 것이다.

전체 반응의 속도 결정 단계는 이들 과정 중의 어느 하나일 수 있지만, 가장 일반적인 것은 전자 이동 단계이다. 그러나 전자 이동 후에 두 금속 이온 모두가 비치환성 전자 배치를 갖는다면, 다리 걸친 착물의 해체가 속도를 결정한다. $[Cr(OH_2)_6]^{2+}$에 의한 $[RuCl(NH_3)_5]^{2+}$의 환원이 한 예인데, 여기서 속도 결정 단계는 Cl-다리 걸친 착물 $[Ru^{II}(NH_3)_5(\mu\text{-}Cl)Cr^{III}(OH_2)_5]^{4+}$의 해리이다. 다리 걸친 착물의 형성이 속도를 결정하는 반응은, 주어진 화학종과 반응하는 일련의 화학종에 대해 비슷한 속도 상수를 갖는 경향이 있다. 예를 들면 V^{2+}(aq)의 산화는 서로 다른 다리 구성 리간드를 갖는 일련의 Co(Ⅲ) 산화제에 대해 유사한 속도 상수를 갖는다. V(II)의 배위권으로부터 H_2O 분자가 치환되는 것이 속도 결정 단계이고, 따라서 매우 느리다는 것이 이에 대한 설명이다(표 21.9).

전자 이동이 속도 결정 단계인 수많은 반응은 이처럼 간단한 규칙성을 나타내지 않는다. 금속

이온과 다리 걸친 리간드가 다양하므로, 속도도 넓은 범위에 걸쳐 변한다.[4] 표 21.12의 자료는 다리 걸친 리간드, 산화되는 금속, 환원되는 금속에 따라 변하는 속도 상수 값을 보여 준다.

표 21.12의 모든 반응은 산화수를 ±1만큼 변화시킨다. 이런 반응은 여전히 **일당량 과정**(**one-equivalent process**)으로 불리는데, 이 이름은 구식 용어인 '화학 당량'을 반영한다. 마찬가지로, 산화수를 ±2만큼 변화시키는 반응은 종종 **이당량 과정**(**two-equivalent process**)으로 불리며, 친핵성 치환 반응과 유사할 수 있다. 이 유사점은 Cl^- 다리(**14**)를 통해 일어나는, 다음과 같은 반응을 살펴보면 알 수 있다.

$$[Pt^{II}Cl_4]^{2-} + [Pt^{IV}Cl_6]^{2-} \rightarrow [Pt^{IV}Cl_6]^{2-} + [Pt^{II}Cl_4]^{2-}$$

후속 착물의 해체 과정에서의 Cl^- 이온의 이동은 반응을 좌우한다.

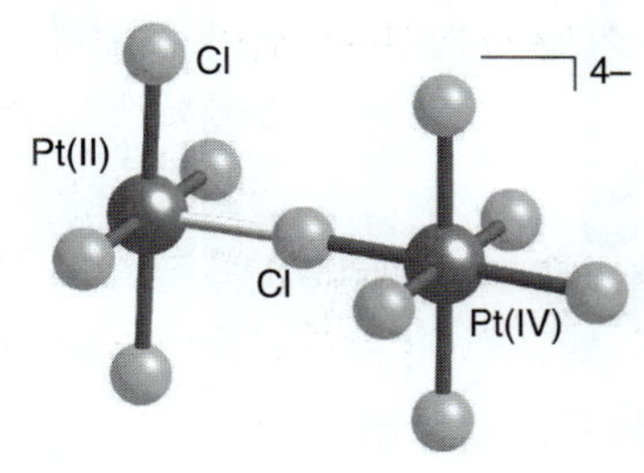

14

초기에 비치환성인 반응물로부터 비치환성 생성물로의 리간드 전이를 포함하는 반응에 대하여 내부권 메커니즘을 지정하는 데에는 어려움이 없다. 더 치환성인 착물의 경우, 리간드 전이뿐만 아니라 전자 전이가 발생하거나, 좋은 다리 구성 원자단(Cl^-, Br^-, I^-, N_3^-, CN^-, SCN^-, 피라진(**15**), 4,4′-바이피리딘(**16**) 및 4-다이메틸아미노피리딘(**17**)과 같은)이 있는 경우 항상 내부권 메커니즘이 고려되어야 한다. 이런 리간드 모두가 다리 형성을 위한 고립 전자쌍을 가지고 있지만, 이것이 필수 요건이 아닐 수도 있다. 예를 들면 메틸기의 탄소 원자는 아이오도메테인(iodomethane)의 가수 분해 반응에서 OH^-와 I^- 간의 다리 역할을 할 수 있는 것처럼, Cr(II)에 의한 메틸코발트 화학종의 환원에 있어서 Cr(II)와 Co(III) 간의 다리로 작용할 수 있다.

15 Pyrazine　　**16** 4,4′-Bipyridine　　**17** Dimethylaminopyridine

[4] 몇 가지 다리 걸친 중간체는 명확하게 다리에 전자가 존재하는 상태로 분리되었지만, 여기서는 고려하지 않았다.

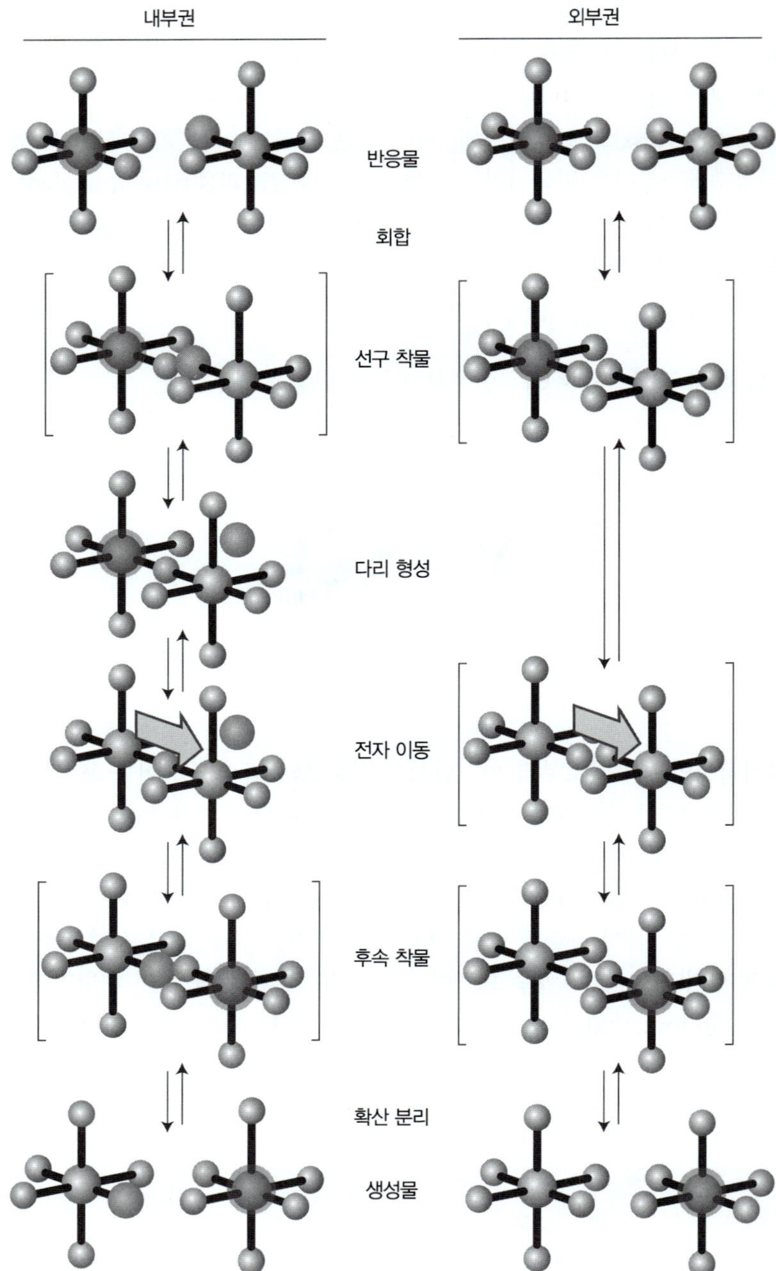

그림 21.16 내부권과 외부권 메커니즘이 따르는 다양한 경로들

표 21.12 여러 가지 다리 구성 리간드를 수반한 내부권 반응의 이차 속도 상수

산화제	환원제	다리 구성 리간드	$k(\mathrm{dm^3\,mol^{-1}\,s^{-1}})$
$[Co(NH_3)_6]^{3+}$	$[Cr(OH_2)_6]^{2+}$		8×10^{-5}
$[CoF(NH_3)_5]^{2+}$	$[Cr(OH_2)_6]^{2+}$	F^-	2.5×10^5
$[CoCl(NH_3)_5]^{2+}$	$[Cr(OH_2)_6]^{2+}$	Cl^-	6.0×10^5
$[CoI(NH_3)_5]^{2+}$	$[Cr(OH_2)_6]^{2+}$	I^-	3.0×10^6
$[Co(\underline{N}CS)(NH_3)_5]^{2+}$	$[Cr(OH_2)_6]^{2+}$	NCS^-	1.9×10^1
$[Co(\underline{S}CN)(NH_3)_5]^{2+}$	$[Cr(OH_2)_6]^{2+}$	SCN^-	1.9×10^5
$[Co(OH_2)(NH_3)_5]^{2+}$	$[Cr(OH_2)_6]^{2+}$	H_2O	1.0×10^{-1}
$[CrF(OH_2)_5]^{2+}$	$[Cr(OH_2)_6]^{2+}$	F^-	7.4×10^{-3}

O 원자 전이를 통한 금속 중심의 2전자 산화는 내부권 과정의 한 예이며 일부 효소에서 중요하다(26.12절). 예로, NO_3^- 이온에 의한 Mo(IV)의 산화 반응에서, 질산염 이온의 O 원자는 Mo 원자에 결합하여 Mo에서 N으로의 전자 이동을 촉진한 다음, Mo(VI) 생성물에 결합된 상태를 유지한다.

$$\mathrm{Mo(IV)} + NO_3^- \rightarrow \mathrm{Mo{-}O{-}NO_2^-} \rightarrow \mathrm{Mo{=}O} + NO_2^-$$

요약 설명

두금속 착물(bimetallic complex, **18**)에서 Co(III) 중심에 의한 Ru(II) 중심의 산화 반응 속도 상수는 $1.0\times10^2\,\mathrm{dm^3\,mol^{-1}s^{-1}}$이다. 반면 착물 (**19**)의 속도 상수는 $1.6\times10^{-2}\,\mathrm{dm^3\,mol^{-1}\,s^{-1}}$이다. 두 착물에는 두 개의 금속 중심 사이를 연결하는 피리딘 카복실산기가 있다. 이 원자단은 두 금속 원자 모두와 결합하고 있어서, 다리를 통한 전자 이동 과정을 촉진할 수 있으므로 내부권 과정을 시사한다. 두 착물 사이의 유일한 차이는 피리딘 고리의 치환 양식이다. 이에 따라 속도 상수의 변화가 있다는 사실은, 이 다리가 전자 이동 과정에서 어떤 역할을 한다는 것을 확인시켜 준다.

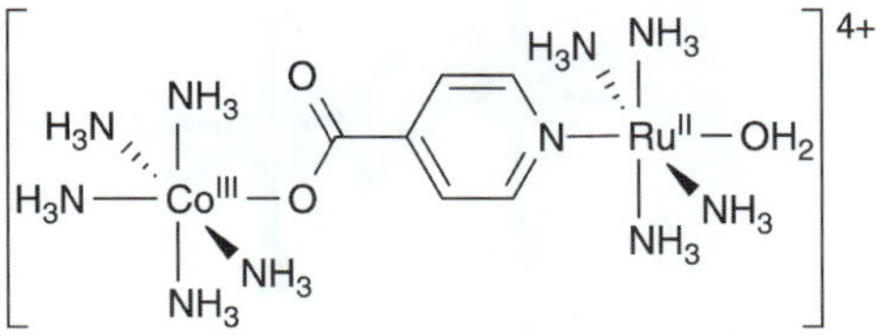

18

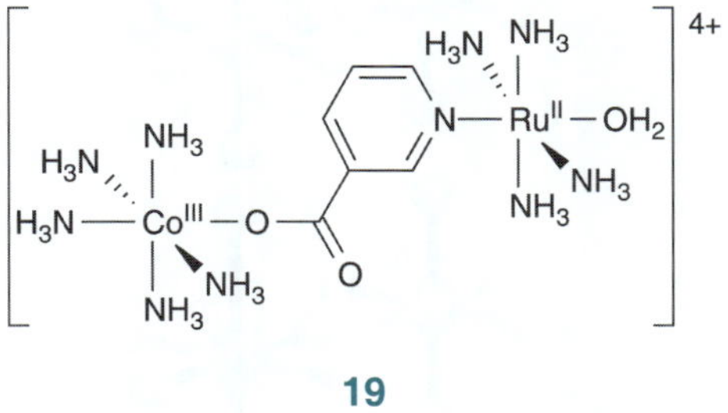

19

21.12 외부권 메커니즘

요점: 외부권 산화–환원 반응은, 공유 결합이나 내부 배위권의 주요 교란 없이 두 반응물 간에 전자 터널링을 수반한다. 속도 상수는 반응 화학종의 전자 및 기하 구조, Gibbs 반응 에너지에 의존한다.

외부권 전자 이동의 원리를 이해하기 위한 훌륭한 개념적 출발점은 **전자 자기 교환**(**electron self-exchange**)이라고 하는 믿을 수 없을 정도로 단순한 반응이다. 전형적인 예는 수용액에서의 $[Fe(OH_2)_6]^{3+}$와 $[Fe(OH_2)_6]^{2+}$ 이온 사이의 전자 교환이다.

$$[Fe(OH_2)_6]^{3+} + [Fe(OH_2)_6]^{2+} \rightarrow [Fe(OH_2)_6]^{2+} + [Fe(OH_2)_6]^{3+}$$

자기 교환 반응은 동위 원소 표지로부터 NMR까지, 더욱 빠른 반응의 조사에 유용한 EPR 등 다양한 기법으로 광범위하게 연구할 수 있다. Fe^{3+}/Fe^{2+} 반응의 속도 상수는 25°C에서 약 $1\ dm^3 mol^{-1} s^{-1}$이다.

이 메커니즘의 체계를 설정하기 위해, Fe^{3+}와 Fe^{2+}가 결합하여 약한 외부권 착물을 형성한다고 가정한다(그림 21.17). 각각의 반개와 주개 오비탈들의 겹침은 합리적인 터널링 가능성[5]을 주기에 충분하다고 가정함으로써, 두 금속 이온 간에 전자가 얼마나 빠르게 이동하는지를 고려해야 한다. 이 문제를 살펴보기 위해 Franck–Condon 원리를 사용한다. 이 원리는 원래 분광학에서 전자 이동의 진동 구조를 설명하기 위해 도입되었는데, 전자 전이는 매우 빨라서 정지된 핵 골격(framework)에서 일어난다는 주장이다. 그림 21.18에서 '반응물'인 Fe^{3+}와 '짝 생성물'인 Fe^{2+}와 연관된 핵의 움직임은 반응 좌표를 따라 변위(displacement)로 표시된다. $[Fe(OH_2)_6]^{3+}$가 최소 에너지 상태에 놓여 있다면, 순간적인 전자 이동은 $[Fe(OH_2)_6]^{2+}$의 압축된 상태를 생성시킬 것이다. 마찬가지로 최소 에너지 상태의 Fe^{2+}로부터 전자를 제거하면, $[Fe(OH_2)_6]^{3+}$는 팽창된 상태에 놓이게 될 것이다. 전자가 선구 착물 내에서 이동할 수 있는 유일한 순간은 $[Fe(OH_2)_6]^{3+}$와 $[Fe(OH_2)_6]^{2+}$가 모두 에너지적으로 유도된 요동(fluctuation)에 의해 동일한 핵 위치 배열(nuclear configuration)을 달성한 때이다. 이 배열은 두 곡선의 교차점에 해당하며, 이 점에 도달하는데 필요한 에너지는 Gibbs 활성화 에너지($\Delta^{\ddagger}G$)이다. $[Fe(OH_2)_6]^{3+}$와 $[Fe(OH_2)_6]^{2+}$의 핵 배열이 다르면, $\Delta^{\ddagger}G$는 더 크고 전자 교환은 더 느리다. 만남 착물을 가로지르는 전자의 이동 속도는 다음 식에 의해 정량적으로 표현된다.

[5] 고전 물리학에 따르면 터널링은 전자가 장벽을 극복하기 위한 충분한 에너지를 갖지 않는 반응을 말한다.

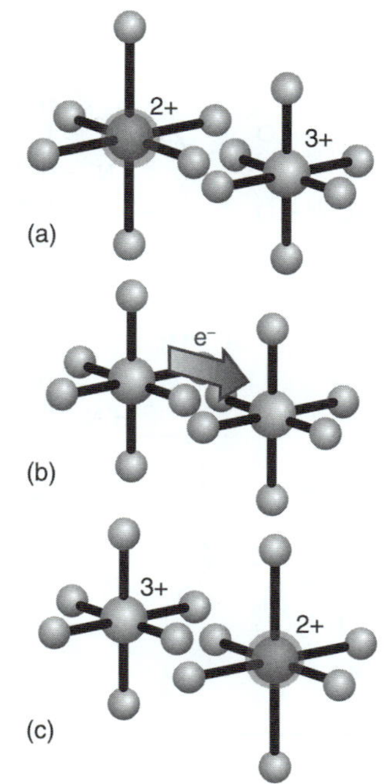

그림 21.17 선구 착물에서 두 금속 이온 간의 전자 이동은 이들의 배위 껍질이 동일한 크기로 재배열되기 전까지는 일어나지 않는다. (a) 반응물, (b) 같은 기하 구조로 일그러진 반응 착물, (c) 생성물

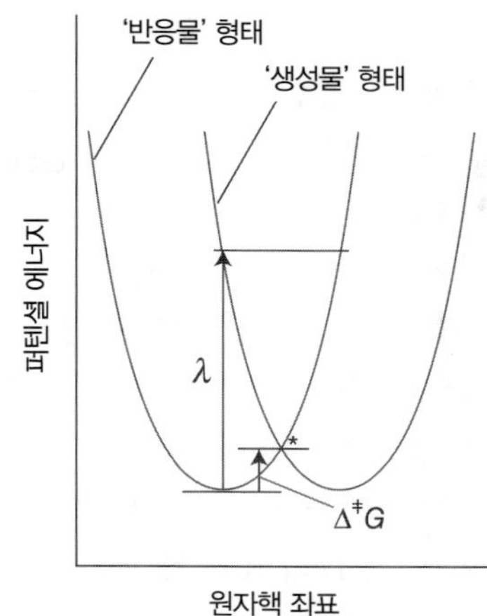

그림 21.18 전자 자기 교환에 대한 퍼텐셜 에너지 곡선 산화 및 환원된 화학종(반응 좌표를 따라 변위된)과 주위의 용매에 대한 원자핵의 운동은 퍼텐셜 우물로 표현된다. 산화된 금속 이온으로의 전자 이동(왼쪽)은 내부 및 외부 배위 껍질의 요동이 산화 상태를, 환원 상태(오른쪽)의 에너지 표면과 일치하는 에너지 표면의 한 지점(*로 표시)으로 이동시킨 다음에 일어난다. 이 점은 두 곡선의 교차점이다. 활성화 에너지는 두 곡선의 수평 변위(산화 및 환원 형태의 크기 차이를 나타내는)에 따라 달라진다.

$$k_{\mathrm{ET}} = \nu_{\mathrm{N}}\kappa_{\mathrm{e}}\mathrm{e}^{-\Delta^{\ddagger}G/RT} \tag{21.14}$$

여기서 k_{ET}는 전자 이동에 대한 속도 상수이고, $\Delta^{\ddagger}G$는 다음 **Marcus 식(Marcus equation)**에 의해 주어진다.

$$\Delta^{\ddagger}G = \tfrac{1}{4}\lambda\left(1+\frac{\Delta_{\mathrm{r}}G^{\ominus}}{\lambda}\right)^{2} \tag{21.15}$$

여기서 $\Delta_{\mathrm{r}}G^{\ominus}$는 표준 반응 Gibbs 에너지이고(산화–환원 쌍의 표준 전위 차이에서 얻은), λ는 **재배열 에너지(reorganization energy)**이다. 이 λ는 전자의 이동 없이, 반응물과 관련된 모든 핵을 생성물에서 취하는 위치로 이동시키는 데 필요한 에너지이다. 이 에너지는 금속–리간드 결합 길이의 변화[소위 **내부권 재배열 에너지(inner-sphere reorganization energy)**]와 용매 편극(polarization)의 변화, 즉 주로 착물 주변의 용매 분자의 배향[외부권 재배열 에너지(outer-sphere reorganization energy)]의 변화에 의존한다.

식 21.14에서 지수 항의 앞에 있는 요소는 두 가지 성분, 즉 **핵 진동수 인자(nuclear frequency factor)** ν_{N}과 **전자적 요소(electronic factor)** κ_{e}를 갖는다. ν_{N}는 용액에서 이미 서로 만난 두 착물이 전이 상태에 도달하는 빈도이다. 전자적 요소는 전이 상태에 도달했을 때, 전자가 이동할 확률을 0에서부터 1까지의 척도로 나타낸다. 정밀한 κ_{e} 값은 주개와 받개 오비탈들의 겹침 정도에 따라 달라지며, 겹침이 향상됨에 따라 그 값도 증가한다.

작은 재배열 에너지와 1에 가까운 κ_{e} 값은, 빠르게 전자 자기 교환을 할 수 있는 산화–환원 쌍에 해당한다. 금속–리간드 결합 길이의 변화가 최소화됨에 따라, 이동된 전자가 비결합성 오비탈에서 제거되거나 첨가되면, 첫 번째 요구 조건이 달성된다. 용매의 편극이 일반적으로 재배열 에너지의 주요 성분이기 때문에, 금속 이온이 용매로부터 가려질 가능성이 있다(용매 분자가 금속 이온에 가까이 접근하기가 입체적으로 어렵다는 의미에서). 아쿠아 화학종과 같은 단순한 금속 이온의 λ는 일반적으로 1 eV를 훨씬 상회하지만, 용매로부터 매우 잘 차폐된 효소의 숨겨진 산화–환원 중심은 0.25 eV 정도의 낮은 값을 가질 수 있다.

자기 교환 반응의 경우, $\Delta_{\mathrm{r}}G^{\ominus} = 0$이고, 식 21.15로부터 $\Delta^{\ddagger}G = \lambda$여서, 전자 이동의 속도는 재배열 에너지에 의해 제어된다(그림 21.19a). 상당한 정도로, 자기 교환 속도는 전자 이동을 수반하는 오비탈들의 유형 측면에서 해석될 수 있다(표 21.13). $[\mathrm{Cr(OH_2)_6}]^{3+/2+}$의 자기 교환 반응에서는 전자가 반결합성 σ* 오비탈 사이에서 이동하기 때문에, 결과적으로 금속–리간드 결합 길이가 크게 바뀐다. 따라서 내부권 재배열 에너지가 커지고, 그 결과 반응이 느려진다. $[Co(NH_3)_6]^{3+}/^{2+}$ 쌍은, 재배열이 일어날 때 두 개의 전자가 σ* 오비탈로 이동되기 때문에, 훨씬 큰 재배열 에너지를 가지며, 따라서 반응이 더 느려진다. 표에서 다른 헥사아쿠아 착물과 헥사암민 착물의 경우, 전자는 약한 반결합성 또는 비결합성 π 오비탈들 간에 이동하고, 내부권 재배열의 정도가 덜하여 반응이 더 빠르다. 부피가 크고 소수성인 킬레이트 리간드, 바이피리딜은 용매 가리개로 작용하여 외부권 재배열 에너지를 감소시킨다.

바이피리딜과 다른 π 받개 리간드는 금속 이온의 π 대칭 오비탈에 있는 전자가 리간드로 비편재화되도록 한다. 전자가 π 오비탈 간에 이동할 때, 이 비편재화는 재배열 에너지를 효과적으로 낮추어 준다. 이러한 현상은 전자 이동이 t_{2g} 오비탈(20.2절에서 설명된 바와 같이, π 결합에 참여할 수 있음) 사이에서 일어나는 Fe와 Ru 착물에서 관찰할 수 있다. 그러나 Ni 착물의 경우, 전자 이동은 e_g 오비탈 간에 일어난다. 비편재화는 전자적 요소를 증가시킬 수도 있다.

자기 교환 반응은 전자 이동이 연관된 개념을 나타내는 데 도움이 되지만, 화학적으로 유용한 산화–환원 반응은 다른 화학종 간에 발생하며 알짜 전자 이동을 수반한다.

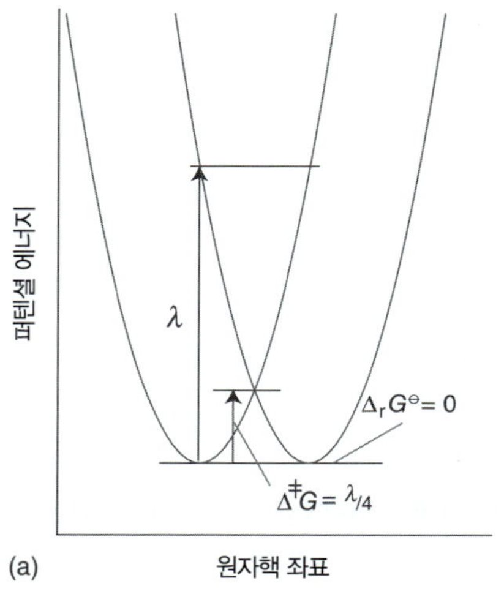

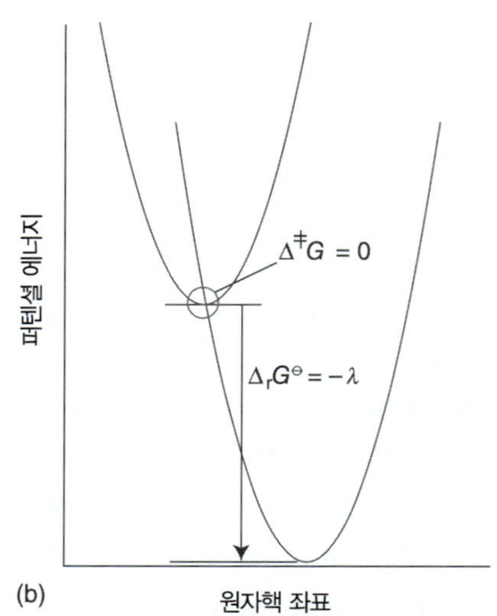

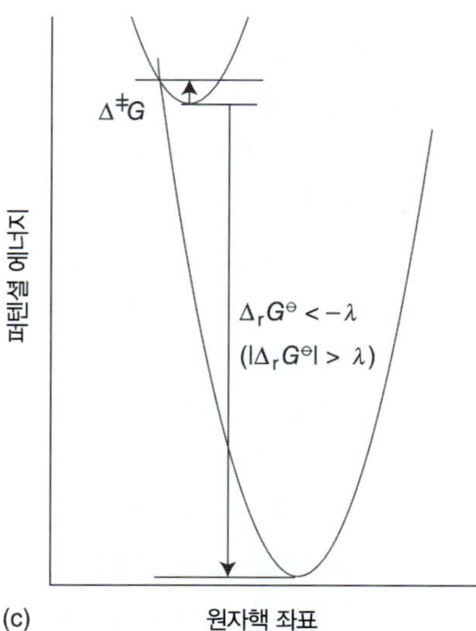

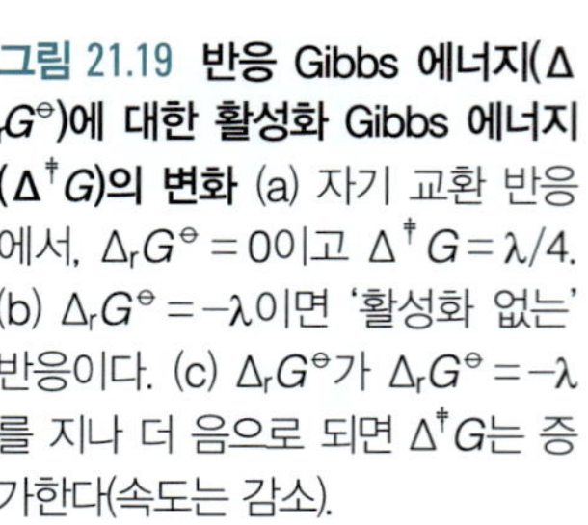
그림 21.19 반응 Gibbs 에너지($\Delta_r G^\ominus$)에 대한 활성화 Gibbs 에너지($\Delta^‡ G$)의 변화 (a) 자기 교환 반응에서, $\Delta_r G^\ominus = 0$이고 $\Delta^‡ G = \lambda/4$. (b) $\Delta_r G^\ominus = -\lambda$이면 '활성화 없는' 반응이다. (c) $\Delta_r G^\ominus$가 $\Delta_r G^\ominus = -\lambda$를 지나 더 음으로 되면 $\Delta^‡ G$는 증가한다(속도는 감소).

표 21.13 전자 자기 교환 반응에 대한 속도 상수와 전자 배치 사이의 상관관계

반응	전자 배치	Δd(pm*)	k_{11}(dm^{3}mol^{-1}s^{-1})
$[Cr(OH_2)_6]^{3+/2+}$	$t_{2g}{}^3$ /$t_{2g}{}^3$ e_g	20	1×10^{-5}
$[V(OH_2)_6]^{3+/2+}$	$t_{2g}{}^2$ /$t_{2g}{}^3$	13	1.5×10^{-2}
$[Fe(OH_2)_6]^{3+/2+}$	$t_{2g}{}^3$ $e_g{}^2$ /$t_{2g}{}^4$ $e_g{}^2$	13	1.1
$[Ru(OH_2)_6]^{3+/2+}$	$t_{2g}{}^5$ /$t_{2g}{}^6$	9	20
$[Ru(NH_3)_6]^{3+/2+}$	$t_{2g}{}^5$ /$t_{2g}{}^6$	4	6.6×10^3
$[Co(NH_3)_6]^{3+/2+}$	$t_{2g}{}^6$ /$t_{2g}{}^5$ $e_g{}^2$	22	2×10^{-8}
$[Fe(bpy)_3]^{3+/2+}$	$t_{2g}{}^5$ /$t_{2g}{}^6$	0	3×10^8
$[Ru(bpy)_3]^{3+/2+}$	$t_{2g}{}^5$ /$t_{2g}{}^6$	0	4×10^8
$[Ni(bpy)_3]^{3+/2+}$	$t_{2g}{}^6$ e_g/$t_{2g}{}^6$ $e_g{}^2$	12	1.5×10^3

* Δd는 평균 M–L 결합 길이의 변화이다.

후자의 반응에서 $\Delta_r G^\ominus$은 0이 아니며, 식 21.14과 21.15에 의해 속도에 기여한다. $|\Delta_r G^\ominus| \ll |\lambda|$일 경우, 식 21.15는 다음과 같이 된다.

$$\Delta^{\ddagger}G = \tfrac{1}{4}\lambda\left(1+\frac{\Delta_r G^\ominus}{\lambda}\right)^2 \approx \tfrac{1}{4}\lambda\left(1+\frac{2\Delta_r G^\ominus}{\lambda}\right) = \tfrac{1}{4}(\lambda + 2\Delta_r G^\ominus)$$

또한 식 21.14에 따르면, k_{ET}는 다음과 같이 표현된다.

$$k_{ET} \approx \nu_N \kappa_e e^{-(\lambda+2\Delta_r G^\ominus)/4RT}$$

열역학적으로 가능한 반응에 대해 $\Delta_r G^\ominus < 0$이고 $\lambda > 0$이어서, 만일 $|\Delta_r G^\ominus| \ll |\lambda|$이면, $\Delta_r G^\ominus$가 점점 더 유리해짐에 따라(더 음의 값) 속도 상수는 기하급수적으로 증가한다. 그러나 $|\Delta_r G^\ominus|$가 $|\lambda|$와 유사해지면, 이 식은 성립하지 않게 되고, $|\Delta_r G^\ominus| > |\lambda|$로 됨에 따라 반응 속도는 감소하기 전에 최고점에 도달한다.

식 21.15는 $\Delta_r G^\ominus = -\lambda$일 때 $\Delta^{\ddagger}G = 0$임을 보여 준다. 즉 표준 반응 Gibbs 에너지와 재배열 에너지가 상쇄되면 반응은 '활성화 없는' 상태가 된다(그림 21.19b). $\Delta_r G^\ominus$가 더 음의 값

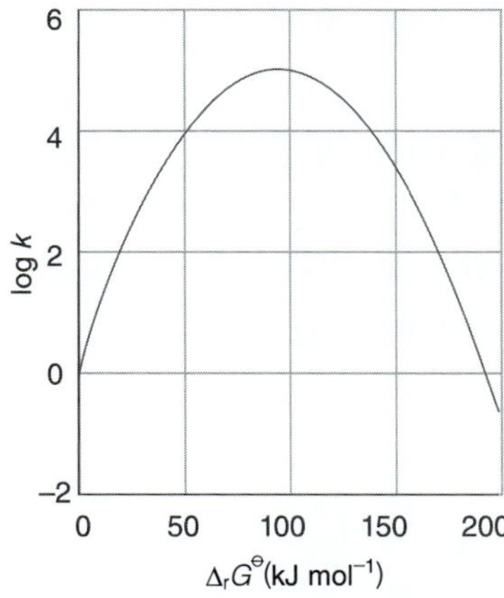

그림 21.20 $\lambda = 1.0$ eV(≈ 100 kJ mol^{-1})인 산화-환원 반응의 $\Delta_r G^\ominus$에 대한 반응 속도(임의의 단위) $\log_{10}$ 값의 이론적 의존성

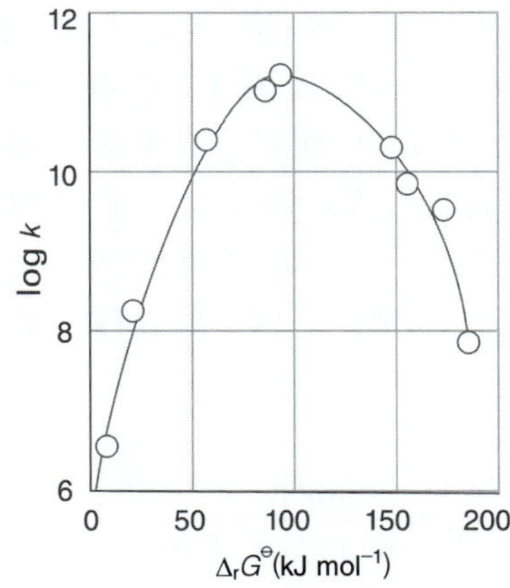

그림 21.21 실온의 아세토나이트릴 용액에서 이리듐 착물(**20**)의 $-\Delta_r G^\ominus$에 대한 $\log_{10}k$의 도표

이 되면 활성화 에너지는 **증가하고** 반응 속도는 **감소한다**. 표준 Gibbs 자유 에너지가 감소함에 따라 반응이 느려지는 것을 **반전 행동(inverted behavior)**이라고 한다(그림 21.19c). 반전 행동은 중요한 결과를 낳는데, 주목할 만한 것은 광합성과 연관된 장거리 전자 이동이다. 광합성은 복합 단백질로서, 엽록소와 같이 빛을 흡수하여 들뜰 수 있는 색소와 낮은 재배열 에너지를 갖는 산화–환원 중심의 사슬을 포함한다. 이 사슬에서, 광전자가 산화된, 엽록소 사이의 높은 자유 에너지 감소 재조합(exergonic recombination)은 충분히 지연된다(30 ns까지). 그러면 그 전자는 재조합 과정에서 탈출할 수 있어서(200 ps 안에), 광합성 전자 운반 사슬로 진행할 수 있고, 궁극적으로 탄소 화합물을 생성하는 데 사용된다(26.10절). 표준 Gibbs 에너지에 대한 반응 속도의 이론적 의존성은 그림 21.20에 도시되어 있고, 이리듐 착물(**20**)의 분자내 이동의 경우, $\Delta_r G^{\ominus}$에 대한 관찰된 반응 속도의 변화가 그림 21.21에 나타나 있다. 그림 21.21은 반전 영역이 합성 착물에 대해 명확히 실험으로 관찰된 첫 결과이다. 사실상, 분자 내 전자 이동 반응은 확산 때문에 속도가 제한되지 않으므로 연구하기가 더 간단하다.

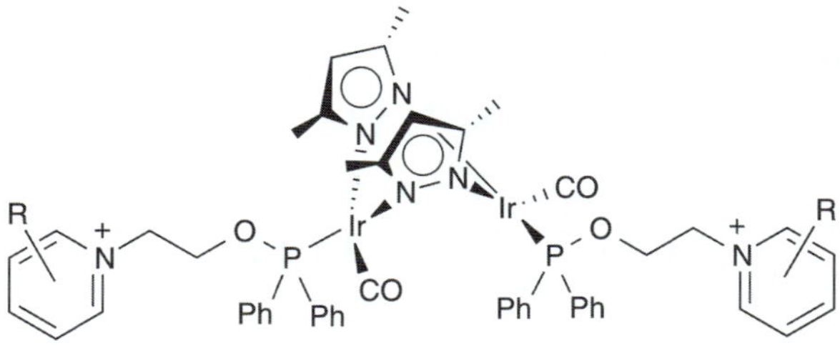

20

Marcus 식은 다른 화학종 간의 외부권 전자 이동 반응에 대한 속도 상수를 예측하는 데 사용될 수 있다. 산화제 Ox_1과 환원제 Red_2 간의 전자 이동 반응을 고려해 본다.

$$Ox_1 + Red_2 \rightarrow Red_1 + Ox_2$$

이 반응에 대한 재배열 에너지가 두 자기 교환 과정에 대한 평균값이라고 가정하면, $\lambda_{12} = \frac{1}{2}(\lambda_{11} + \lambda_{22})$로 쓸 수 있다. 그다음, 식 21.14와 21.15를 이용하여 다음의 **Marcus 교차 관계(Marcus cross-relation)**를 얻을 수 있다.

$$k_{12} = (k_{11}k_{22}K_{12}f_{12})^{1/2} \qquad (21.16)$$

여기서 k_{12}는 속도 상수이고, K_{12}는 $\Delta_r G^{\ominus}$로부터 얻은 평형 상수이며, k_{11}과 k_{22}는 두 반응 상대에 대한 각각의 자기 교환 속도 상수이다.

용액에서 간단한 이온 간에 일어나는 반응에 대해, 표준 Gibbs 반응 에너지가 λ보다 너무 크지 않다면, $\Delta^{\ddagger}G$와 $\Delta_r G^{\ominus}$간에 식 21.12로 표현되는 종류의 LFER이 존재하며, f_{12}는 보통 1로 설정할 수 있다. 그러나 열역학적으로 매우 유리한 반응(즉 $\Delta_r G^{\ominus}$가 큰 음의 값)의 경우, LFER은 와해된다. $\Delta^{\ddagger}G$와 $\Delta_r G^{\ominus}$간의 비선형적 관계를 고려하여, f_{12} 항은 다음 식으로 주어진다.

$$\log f_{12} = \frac{(\log K_{12})^2}{4\log(k_{11}k_{22}/Z)} \qquad (21.17)$$

여기서 Z는 용액에서의 만남(encounter) 밀도(만남 몰수/$dm^{-3}\ s^{-1}$)와 반응물의 몰농도 사이의 비례 상수이며, 대개 $10^{11}\ mol^{-1}\ dm^3\ s^{-1}$로 간주된다.

요약 설명

다음 자기 교환 반응

$$[Co(bpy)_3]^{2+} + [Co(bpy)_3]^{3+} \xrightarrow{k_{11}} [Co(bpy)_3]^{3+} + [Co(bpy)_3]^{2+}$$

$$[Co(terpy)_2]^{2+} + [Co(terpy)_2]^{3+} \xrightarrow{k_{22}} [Co(terpy)_2]^{3+} + [Co(terpy)_2]^{2+}$$

bipy는 바이피리딜, terpy는 터피리딜에 대한 속도 상수는,
$k_{11} = 9.0\ dm^3\ mol^{-1}\ s^{-1}$, $k_{22} = 48\ dm^3\ mol^{-1}\ S^{-1}$, $k_{12} = 3.57$이다.

$[Co(terpy)_2]^{2+}$에 의한 $[Co(bpy)_3]^{3+}$의 외부권 환원 반응에 대해, $f_{12} = 1$(위에서 언급했듯이)로 놓으면 식 21.16은 다음과 같다.

$$k_{12} = (9.0 \times 48 \times 3.57)^{1/2}\ dm^3\ mol^{-1}\ s^{-1} = 39\ dm^3\ mol^{-1}\ s^{-1}$$

이 결과는 $64\ dm^3\ mol^{-1}\ s^{-1}$인 실험값과 비교할 때 합리적이다.

광화학 반응

자외선 또는 가시광선 광자의 흡수는 착물의 에너지는 170~600 kJ mol^{-1} 만큼 증가시킨다. 이런 에너지는 전형적인 활성화 에너지보다 더 크기 때문에, 새로운 반응 경로가 열린다는 것은 놀라운 일이 아니다. 그러나 1차 정방향 반응의 에너지를 제공하기 위해 광자의 높은 에너지가 사용될 때 역반응은 거의 항상 매우 유리하기에, 이 역반응을 피하여 효율적인 광화학 반응계를 고안하고자 노력한다.

21.13 신속 반응과 지연 반응

요점: 전자적으로 들뜬 화학종의 반응은 신속 반응과 지연 반응으로 분류된다.

일부 경우에, 광자의 흡수 후 형성된 들뜬 상태는 형성 직후 거의 즉시 해리된다. 금속 카보닐 화합물의 리간드 치환을 개시하는 펜타카보닐 중간체의 형성 반응이 한 예이다.

$$[Cr(CO)_6] \xrightarrow{h\nu} [Cr(CO)_5] + CO$$

또한 Co−Cl 결합의 절단이 일어난다.

$$[Co^{III}Cl(H_2O)_5]^{2+} \xrightarrow{h\nu(\lambda=350nm)} [Co^{II}(H_2O)_5]^{2+} + Cl\cdot$$

이 두 과정은 10 ps 이내에 일어나기 때문에 **신속 반응(prompt reaction)**이라고 한다.

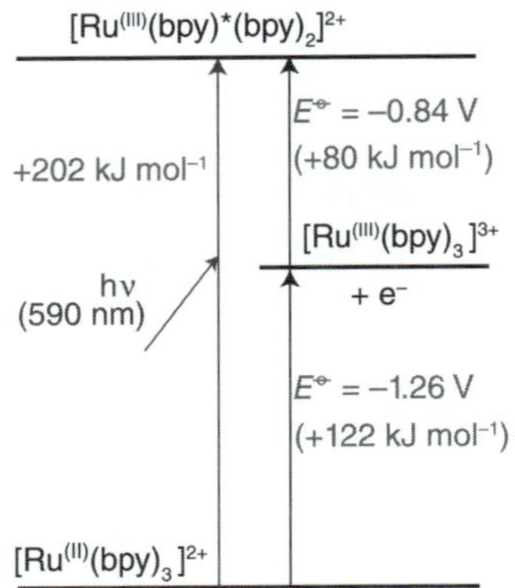

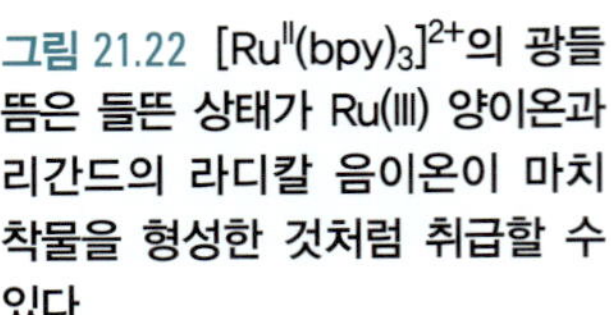
그림 21.22 $[Ru^{II}(bpy)_3]^{2+}$**의 광들뜸은 들뜬 상태가 Ru(III) 양이온과 리간드의 라디칼 음이온이 마치 착물을 형성한 것처럼 취급할 수 있다.**

두 번째 반응에서, 흡수된 광자의 몰당 반응 양인 **양자 수율**(quantum yield)은 빛의 파장이 감소(상응하는 광자 에너지 $E_{광자} = hc/\lambda$가 증가)함에 따라 증가한다. 결합 에너지를 초과한 에너지는 생성물 조각들이 이용할 수 있고, 또 그 조각들이 재결합하기 전에 용액을 통해 서로 피해갈 수 있는 확률을 증가시킨다.

일부 들뜬 상태는 수명이 길다. 이들은 **지연 반응**(delayed reaction)에 참여할 수 있는 바닥 상태의 에너지적 이성질체로 간주할 수 있다. 금속–리간드 전하 이동 띠(20.5절)에서, 광자 흡수로 생성된 $[Ru^{II}(bipy)_3]^{2+}$의 들뜬 상태는 Ru(III) 이온이 리간드 라디칼 음이온과 착물을 형성한 것으로 간주할 수 있다. 이것의 산화–환원 반응은 들뜸 에너지($-FE = \Delta_rG$, 그리고 $\Delta_rG^\ominus$를 몰 들뜸 에너지로 놓아 전위로 나타낸 것)를 바닥 상태의 환원 전위에 추가하여 설명할 수 있다(그림 21.22).

21.14 d–d 및 전하 이동 반응

요점: 유용한 첫 번째 근사는 광치환 및 광이성질화를 d–d 전이와 광산화–환원을 전하 이동 전이와 연관시키는 것이다. 하지만 이 규칙은 절대적인 것은 아니다.

d 금속 착물에서 분광학적으로 관찰이 가능한 전자의 들뜸에는 두 가지 주요 형태, 즉 d–d 전이와 전하 이동 전이가 있다(20.4절, 20.5절). 본질적으로 d–d 전이는 d 껍질 내에서 전자의 각 재분포(angular redistribution)에 해당한다. 팔면체 착물에서, 이 재분포는 대개 M–L 반결합성 e_g 오비탈들의 점유에 해당한다. 예는 $[Cr(NH_3)_6]^{3+}$의 ${}^4T_{1g} \leftarrow {}^4A_2(t_{2g}{}^2e_g{}^2 \leftarrow t_{2g}{}^3)$ 전이이다. 반결합성 e_g 오비탈의 점유는 광치환(photosubstitution)에 대한 1(구체적으로 0.6)에 가까운 양자 수득률을 초래한다.

$$[Cr(NH_3)_6]^{3+} + H_2O \xrightarrow{h\nu} [Cr(NH_3)_5(OH_2)]^{3+} + NH_3$$

이 반응은 5 ps 미만에서 일어나는 신속 반응이다.

전하 이동 전이는 전자 밀도의 **방사 방향**(radial) 재분포에 해당한다. 전하 이동 전이가 금속에서 리간드로 일어나면(metal-to-ligand), 전자는 주로 리간드 오비탈로 들뜬다. 또는 전이가 리간드에서 금속으로 일어나면(ligand-to-metal), 전자는 금속 성질이 우세한 오비탈로 들뜬다. 앞 과정은 금속 중심의 산화에 해당하고, 후자는 금속 중심의 환원에 해당한다. 일반적으로 이러한 들뜸은 Co(III) 및 Ru(II)와 관련하여 이미 언급된 종류의 광산화–환원 반응을 개시한다.

유용한 첫 번째 근사는 광치환 및 광이성질화를 d–d 전이와 연관시키고, 광산화–환원을 전하 이동 전이와 연관시키는 것인데, 이 규칙은 절대적이지 않다. 예를 들면 전하 이동 전이가 간접적인 경로에 의해 광치환을 일으키는 것은 드문 일이 아니다.

$$[Co^{III}Cl(NH_3)_5]^{2+} + H_2O \xrightarrow{h\nu} [Co^{II}(NH_3)_5(OH_2)]^{2+} + Cl\cdot$$
$$[Co^{II}(NH_3)_5(OH_2)]^{2+} + Cl\cdot \rightarrow [Co^{III}(NH_3)_5(OH_2)]^{3+} + Cl^-$$

이 경우, Co−Cl 결합의 균일 분해(homolytic fission) 이후 생성된 아쿠아 착물은 Cl 원자에 의해 다시 산화된다. 알짜 결과는 Co 착물의 치환이다. 반대로, 일부 들뜬 상태는 바닥 상태와 비교하여 치환 반응성에 차이가 없음을 보여 준다. 즉 $[Cr(bipy)_3]^{3+}$의 수명이 긴 ^2E 상태는 순수한 d−d 전이로부터 발생하며, 수 마이크로초(μs)의 수명 동안 여분의 에너지는 산화−환원 반응의 향상에 이용될 수 있다. 들뜸 에너지를 바닥 상태 값에 더한 표준 전위(+1.3 V)는 $[Cr(bipy)_3]^{2+}$로 환원되는 좋은 산화제로서의 작용을 설명한다.

태양 전지에서 전이 금속 이온의 사용은 화학세상 21.1에 설명되어 있다.

화학세상 21.1 금속 착물은 태양 전지에서 어떻게 사용되는가?

태양광을 전기로 변환시키는 상업용 태양 전지는 주로 실리콘을 기반으로 하지만, TiO_2와 같은 반도체 산화물을 기반으로 하는 시스템도 개발되고 있다. 햇빛의 수확(harvest)은 일반적으로 반도체에서 전자를 원자가띠에서 전도띠로 들뜨게 하는 것과 관련이 있다. 이 두 띠 사이의 에너지 차이는 전기로 변환될 수 있는 햇빛의 파장을 제어한다. 순수한 TiO_2에서는 띠간격이 크므로(> 3eV), UV광만이 이 물질에서 직접 수확될 수 있어 변환 효율이 몇 %에 불과하다. 그러나 가시광선을 흡수하는 염료를 사용하면 수확할 수 있는 햇빛의 비율이 매우 증가한다. Gratzel 전지 또는 염료 태양 전지(dye solar cell, DSC)로 알려진, TiO_2와 염료를 결합한 전지는 약 11%의 광전(light-to-electricity) 변환 효율을 나타냈다. 이 효율 향상의 핵심은 염료이며, 가장 일반적으로 사용되는 염료는 루테늄(II)을 기본으로 한다.

S1 *cis*-Bis(thiocyanato-k*N*)bis(4,4′-dicarboxylato-2,2′)-bipyridyl ruthenium(II)

화합물 **S1**과 같은 착물(N-3 염료로 알려짐)은 금속에서 리간드로의 전하 이동(MLCT) 전이(4d−π*)뿐만 아니라, 리간드 중심(ligand−centered) 전하 이동(LCCT) 전이(π−π*)를 나타낸다. 이러한 전이는 400~600 nm 사이의 강한 광 흡수를 유발한다(그림 B21.1). Gratzel 전지에서, 햇빛은 나노 결정질 TiO_2 박막 위에 코팅된 단분자층의 염료에 흡수된다. 이 광자는 Ru^{2+} 기반 바닥 상태에서 들뜬 상태$(Ru^{2+})^*$로 전자를 이동시킨다. 그런 다음, 들뜬 전자는 피코초(ps) 이내에 TiO_2의 전도띠로 전달된다. 이로 인해 TiO_2의 전자와 표면에 흡착된 Ru^{3+} 염료 분자의 양전하로 효과적인 전하 분리가 일어난다. 이어서 Ru^{3+} 화학종은 전지의 전해질계에 존재하는 아이오딘화 이온(I^-)에 의해 나노초(ns) 내에 환원된다. TiO_2로 주입된 전자는 전류 수집 및 전기 생성을 위해 전도성 표면으로 확산된다.

DSC에서 광변환 효과는 다양한 단계의 반응 속도론에 좌우된다. 루테늄 염료의 들뜬 상태로부터 TiO_2 전도띠로의 전자 이동은 바닥 상태 또는 화학적 부반응으로의 전자 이완(relaxation) 과정보다 훨씬 빠르다. 또한 I^-에 의한 산화된 염료(Ru^{3+})의 환원은 주입된 전자와 Ru^{3+} 사이의 직접적인 재조합 반응보다 훨씬 빠르다.

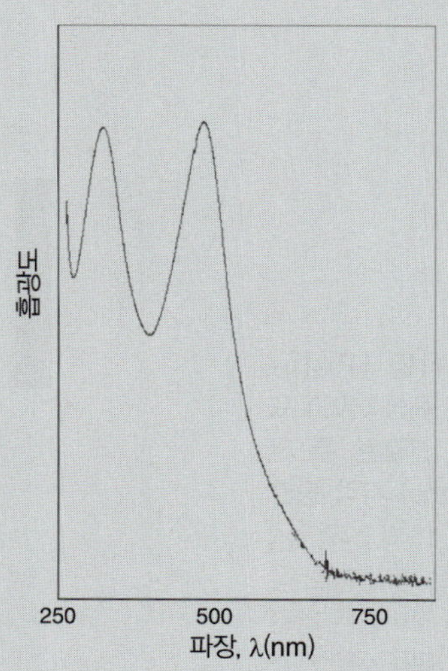

그림 B21.1 **S1**의 흡수 스펙트럼

21.15 금속-금속 결합계에서의 전이

요점: 금속-금속 반결합성 오비탈의 입자수는 때로 광분해를 개시시킬 수 있다. 이러한 들뜬 상태는 다전자 산화-환원 광화학을 개시하는 것으로 나타났다.

금속-금속 결합계에서 $\delta^* \leftarrow \delta$ 전이가 금속-금속계의 반결합성 오비탈의 전자수를 증가시켜서 광분해를 개시시킬 것으로 예상할 수 있다. 흥미롭게도, 이러한 들뜬 상태는 다전자 산화-환원 광화학도 개시시키는 것으로 나타났다.

가장 잘 규명된 계 중의 하나는 약식으로 'PtPOP'(**21**)라고 불리는 이핵 백금 착물 $[Pt_2(\mu\text{-}P_2O_5H_2)_4]^{4-}$이다. 이 Pt(II)-Pt(II) d^8-d^8 화학종의 바닥 상태에는 금속-금속 결합이 없다. HOMO-LUMO 양상은 들뜸이 두 금속 원자 간 결합 오비탈에 전자를 채우게 하는 것으로 나타났다(그림 21.23). 가장 아래의 들뜬 상태는 수명이 9 μs이며, 전자와 할로젠 원자 모두의 전이에 작용하는 강력한 환원제이다. 가장 흥미로운 산화 생성물은 양 말단에 X^- 리간드를 가지며 Pt(III)-Pt(III) 단일 결합을 포함하는 것이다(X^-는 할로젠이나 유사 할로젠이며, 이전에 용액에 존재한 것). $(Bu)_3SnH$의 존재하에서 빛을 조사하면, H_2를 제거할 수 있는 다이하이드리도(dihydrido) 생성물이 생긴다.

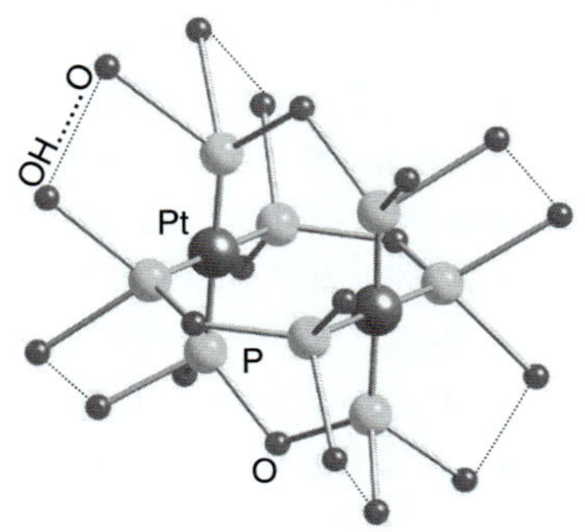

21 $[Pt_2(\mu\text{-}P_2O_5H_2)_4]^{4-}$(PtPOP)

$ClCH_2CH_2Cl$ 존재하에 500 nm의 빛을 사중 결합된 이핵 뭉치 $[Mo_2(O_2P(OC_6H_5)_2)_4]$(**22**)에 조사하면, 2전자 산화를 수반하면서 Mo 원자에 Cl 원자가 첨가된 생성물과 에텐이 생긴다. 이 반응은 일전자 단계들로 진행되며, 입체적으로 빽빽한 리간드에 의해 차폐된 금속

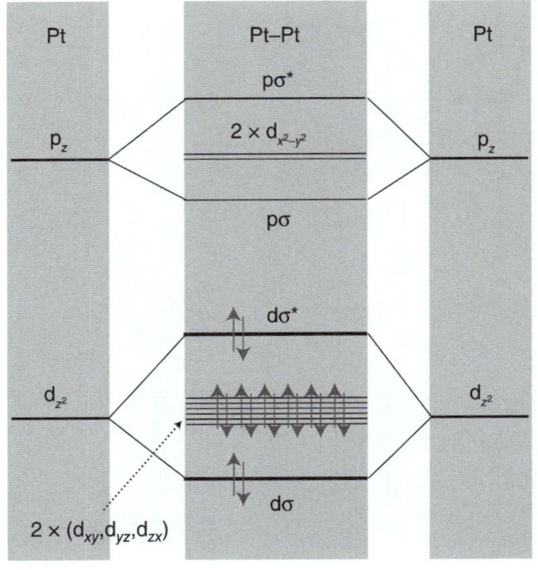

그림 21.23 이핵 착물 $[Pt_2(\mu\text{-}P_2O_5H_2)_4]^{4-}$는 다리 구성 파이로포스파이토 리간드로 연결된, 두 개의 대면(face-to-face) 사각 평면 착물로 구성된다. 금속의 p_z와 d_{z^2} 오비탈은 Pt-Pt 축을 따라 상호 작용한다. 다른 p와 d 오비탈은 비결합성으로 간주된다. 광들뜸은 반결합성 σ* 오비탈에 있는 전자를 결합성 p σ 오비탈로 이동하게 한다.

원자의 착물을 필요로 한다. 더 작은 리간드가 존재하는 경우, 유기 분자의 광화학적 산화성 첨가(oxidative addition)가 대신 일어나게 된다.

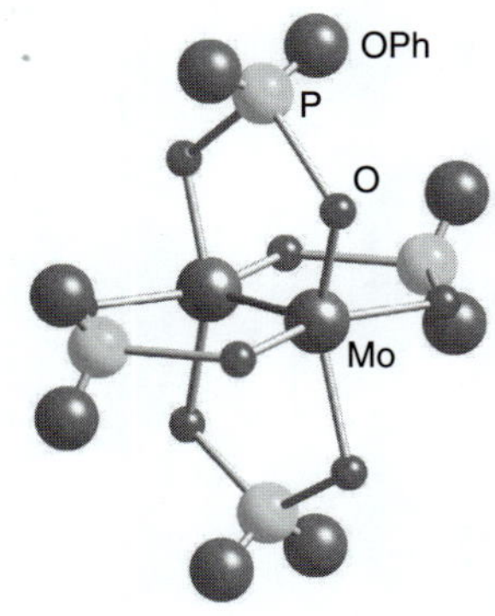

22 $[Mo_2(O_2P(OPh)_2)_4]$

연습 문제

21.1 $[Co(NH_3)_5(OH_2)]^{3+}$로부터 $[CoX(NH_3)_5]^{2+}$($X = Cl^-$, Br^-, N_3^-, SCN^-)가 생성되는 반응에 대한 속도 상수는 2배 이상 차이나지 않는다. 이 치환 반응의 메커니즘은 무엇인가?

21.2 포스핀이나 포스파이트가 CO를 치환하여 $[Ni(CO)_3L]$을 생성하는 $[Ni(CO)_4]$의 반응은 포스핀이나 포스파이트가 달라져도 같은 속도로 일어난다. 이 반응은 *d*인가, *a*인가?

21.3 높은 산화수의 금속이나 두 번째 및 세 번째 계열의 d 금속을 금속 중심으로 갖는 팔면체 착물은, 산화수가 낮거나 또는 첫 번째 계열 d 금속을 금속 중심으로 갖는 경우보다 덜 치환성이다. 이 관찰을 해리성 속도 결정 단계를 기반으로 하여 설명하시오.

21.4 L의 원뿔각이 증가함에 따라 $[W(CO)_4L(PhCl)]$에서 클로로벤젠(PhCl)의 이탈 속도는 증가한다. 이 관찰은 메커니즘에 대하여 무엇을 제안하는가?

21.5 $[Ni(CN)_5]^{3-}$가 분리될 수 있다는 사실이 $[Ni(CN)_4]^{2-}$의 치환 반응이 매우 빠른 이유를 설명하는 데 도움이 되는가?

21.6 $[PtCl_4]^{2-}$로부터 출발한 *cis*- 및 *trans*-$[PtCl_2(NO_2)(NH_3)]^-$의 두 단계 합성법을 고안하시오.

21.7 진입기 Y가 $[Co(OH_2)_6]^{3+}$를 공격하는 속도는, OH^-와의 빠른 반응을 제외하고는 거의 Y에 좌우되지 않는다. 이 특이한 현상을 설명해 보시오. 리간드의 Brønsted 산도가 부족한 착물의 거동에 대한 설명이 의미하는 바는 무엇인가?

21.8 H_2O에 의해 치환될 때, 속도가 증가하는 순서로 다음 착물을 나열하시오.

(a) $[Co(NH_3)_6]^{3+}$ (b) $[Rh(NH_3)_6]^{3+}$ (c) $[Ir(NH_3)_6]^{3+}$
(d) $[Mn(OH_2)_6]^{2+}$ (e) $[Ni(OH_2)_6]^{2+}$

21.9 $V^{2+}(aq)$에 의한 아자이도펜타암민코발트(III)[azidopentaaminecobalt(III)] 이온의 환원에 대한 내부권과 외부권 경로를 쓰시오. 이 두 경로를 구별하는 데 어떤 실험 자료를 사용할 수 있는가?

21.10 Cr(II)에 의한 $[Co(NH_3)_5(OH_2)]^{3+}$의 환원 속도는 Cr(II)에 의한 이 착물의 짝염기인 $[Co(NH_3)_5(OH_2)]^{2+}$의 환원보다 10^7배 더 느리다. $[Ru(NH_3)_6]^{2+}$로 대응하는 환원을 시키면, 그 차이는 10배 미만이다. 이와 같은 관찰은 메커니즘에 대하여 무엇을 제안하는가?

21.11 $[Cr(OH_2)_6]^{2+}$($E^\ominus(Cr^{3+}/Cr^{2+}) = -0.41$ V)의 산화와 다음 개별 산화제 사이의 전자 이동에 대한 속도 상수를 계산하시오(표 21.13을 참고하라).

$[Ru(NH_3)_6]^{3+}$($E^\ominus(Ru^{3+}/Ru^{2+}) = +0.07$ V)
$[Fe(OH_2)_6]^{3+}$($E^\ominus(Fe^{3+}/Fe^{2+}) = +0.77$ V)
$[Ru(byp)_3]^{3+}$($E^\ominus(Ru^{3+}/Ru^{2+}) = +1.26$ V)

속도 상수들의 상대적인 크기에 관하여 의견을 말하시오.

21.12 그림 20.33에 나타낸 $[CrCl(NH_3)_5]^{2+}$의 스펙트럼으로부터, 리간드의 산화와 함께 Cr(III)에서 Cr(II)로의 환원을 발생시키는 광개시(photoinitiation)에 대한 파장을 제안하시오.

22

d 구역 유기금속 화학

유기금속 화학은 금속–탄소 결합을 포함하는 화합물의 화학이다. s와 p 구역 금속에 대한 대부분의 기본적인 유기금속 화학은 20세기 초에 알려졌으며, 이를 11∼16장에서 다루었다. d와 f 구역의 유기금속 화학은 훨씬 더 최근에 발전되었다. 1950년대 중반 이후로 이 분야는 새로운 형태의 반응과 특이한 화합물의 구조가 알려졌을 뿐만 아니라 유기 합성과 산업 촉매에서 실질적인 응용의 영역까지 급격히 성장하였다. 이 장에서는 d 구역과 f 구역의 유기금속들을 나누어서 논의하며, 이 장에서는 d 구역 금속만 다루고, f 구역 금속은 다음 장에서 다룬다.

캡션에 🖥이 표시된 그림은 쌍방향의 3D 구조로 온라인에서 찾을 수 있다. 브라우저에 다음 URL을 입력하고 관련 그림 번호를 넣어라. www.chemtube3d.com/wellerxe/[장번호]F[그림 번호]. 예를 들어 2장의 그림 7은 www.chemtube3d.com/wellerxe/2F07을 입력하면 된다.

몇 가지의 d 구역 유기금속 화합물이 19세기에 합성되었으며 부분적으로 구조가 밝혀졌다. 1827년에 W.C. Zeise에 의해 백금(II)의 에텐 착물(**1**)이 최초의 유기금속 화합물로 합성되었고, 1868년에 P. Schutzenberger에 의해 최초의 금속 카보닐(carbonyl) 화합물로서 $[PtCl_2(CO)_2]$와 $[PtCl_2(CO)]_2$가 보고되었다. 그다음으로 중요한 카보닐 금속의 발견은 테트라카보닐니켈(tetracarbonylnickel)(**2**)로서, 이것은 1890년에 L. Mond, C. Langer 및 F. Quinke에 의해서 합성되었다. 1930년대 초에 W. Hieber는 $[Fe_4(CO)_{13}]^{2-}$(**3**)를 포함하여 다양한 카보닐 금속 음이온의 뭉치 화합물을 합성하였다. 이 연구로부터 금속 카보닐 화학은 잠재적으로 매우 중요한 영역임이 명백해졌다. 하지만 이들과 기타 d와 f 구역의 유기금속 화합물의 구조에 대해 화학적 방법만으로 추론하기가 어렵거나 불가능하므로, 고체 시료에 대한 정확한 구조 자료의 경우에는 X선 회절법이, 용액 시료의 구조적 정보의 경우에는 IR이나 NMR 분광학이 발전하면서부터 유기금속 화학의 근본적인 진보가 이루어졌다. 이러한 기술들이 널리 이용되기 시작하던 때인 1951년에 매우 안정한 유기금속 화합물 페로센(ferrocene) $Fe(C_5H_5)_2$(**4**)가 발견되었다. 페로센의 '샌드위치(sandwich)' 구조는 곧 IR 스펙트럼으로 추론되었고 X선 결정학으로 상세하게 결정되었다.

페로센의 안정성, 구조 및 화학 결합에 대해서는 고전적인 Lewis 방법으로는 설명하기 어려웠고, 따라서 많은 과학자들의 관심을 끌게 되었다. 이러한 관심을 통하여 일련의 d 구역의

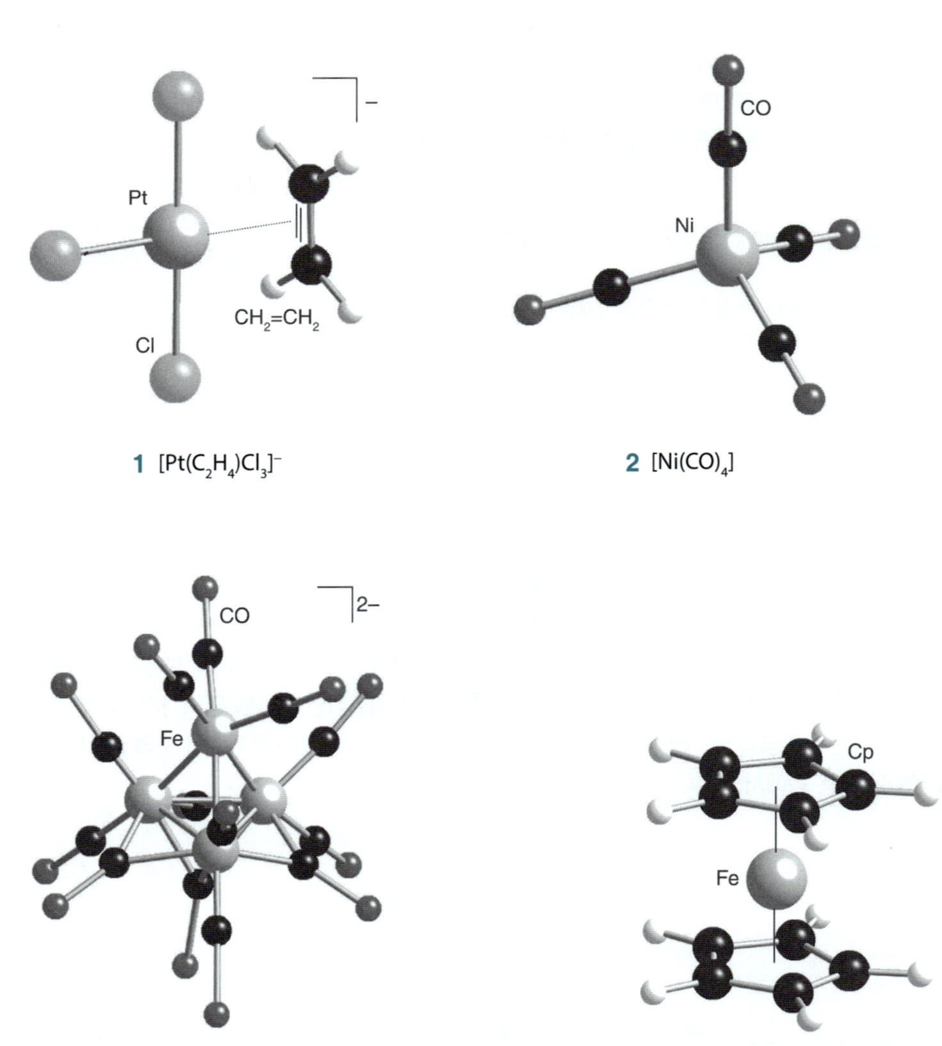

1 $[Pt(C_2H_4)Cl_3]^-$

2 $[Ni(CO)_4]$

3 $[Fe_4(CO)_{13}]^{2-}$

4 $[FeCp_2]$, $Cp = C_5H_5$

유기금속 화합물이 차례대로 합성되고 구조가 분석되었으며, 이들이 이론화되면서 d 구역 유기금속 화학의 빠른 발전을 가져왔다. 이러한 학문 분야의 형성 단계에서 기여한 공로로 뮌헨의 Ernst-Otto Fischer와 런던의 Geoffrey Wilkinson은 1973년에 노벨상을 수상하였다. 마찬가지로 1970년대 후반에는 펜타메틸사이클로펜타다이엔일($C_5Me_5^-$) 리간드가 안정한 f 구역 유기금속 화합물(**5**)을 생성한다는 것이 발견된 후에 f 구역 유기금속 화학이 곧 발전하기 시작하였다.

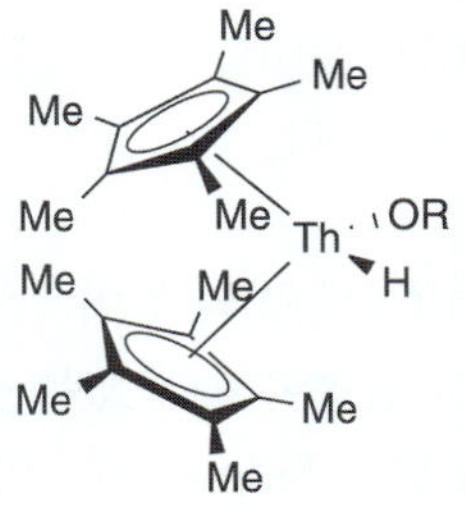

5 [Th(Cp*)$_2$(H)(OR)]

여기에서 유기금속 화합물은 적어도 하나의 금속–탄소(M–C) 결합을 포함하는 화합물로 관례대로 정의한다. 따라서 화합물 (**1**)~(**5**)는 명확하게 유기금속 화합물로 분류하지만, $[Co(en)_3]^{3+}$ 착물과 같이 탄소를 포함하지만 M–C 결합이 아닌 화합물은 유기금속 화합물로 분류하지 않는다. 헥사사이아노철산(II)[hexacyanoferrate(II)] 이온과 같은 사이아노(cyano) 착물은 M–C 결합을 가지고 있지만, 그들의 특성이 일반적으로 배위 착물과 더 유사하기 때문에 유기금속 화합물로 간주되지는 않는다. 이것과 대비하여, 등전자 리간드인 CO의 착물들은 유기금속 화합물로 간주된다. 많은 금속 카보닐 화합물은 화학적 및 물리적 특성이 배위 착물과는 매우 다르다.

일반적으로 두 가지 부류의 화합물의 구별은 명확하다. 즉 배위 착물은 대개 다양하게 d 전자를 가지면서 전하를 띠고 물에 녹는 반면에, 유기금속 화합물은 고정된 d 전자를 가지며 중성이고 테트라하이드로퓨란(THF: tetrahydrofuran) 같은 유기 용매에 녹는다. 대부분의 유기금속 화합물은 무기염보다 유기 화합물에 훨씬 더 가까운 특성을 가지며, 그들 중의 많은 화합물들의 녹는점은 낮다(일부는 실온에서 액체 상태이다).

결합

비록 s와 p 구역의 유기금속 화합물이 많이 있지만, 그 결합은 비교적 간단하여 보통 σ 결합만으로도 적절히 설명된다. 이에 비해, d 구역의 금속들은 다양하게 다른 결합 형태로 많은 수의 유기금속 화합물을 나타낸다. 예를 들면 페로센에 있는 사이클로펜타다이엔일(cyclopentadienyl)기의 결합을 완전히 설명하기 위해서는 σ, π, 그리고 δ 결합을 연관시키는 것이 필요하다.

배위 화합물과는 달리, 대체적으로 d 구역 금속의 유기금속 화합물은 상대적으로 안정하지 않은 전자 배치를 가지고 금속 원자 주위에 대부분 16개 또는 18개의 원자가 전자를 가진다. 전자 배치에서 한정된 수로 제한되는 것은 금속 원자와 탄소를 포함하는 리간드 사이의 π 결합(또는 경우에 따라 δ 결합)에 있어서 상호 작용의 세기에 기인한다.

22.1 안정한 전자 배치

여기에서는 결합의 형태를 조사하여 π 결합의 중요성을 올바르게 인식하고 특정한 전자 배치를 가지는 d 구역 유기금속 화합물에 대하여 제한된 점의 원인을 이해하도록 한다.

(a) 18전자 화합물

요점: 6개의 σ 결합성 상호 작용은 팔면체 착물에서 가능하고, π 받개 리간드가 존재할 때는 이들의 결합성 조합으로 인하여 t_{2g} 세트로 3개의 오비탈이 더 만들어진다. 따라서 모두 9개의 결합성 분자 오비탈이 형성되어 총 18개의 전자가 채워진다.

1920년대에 N.V. Sidgwick은 $Ni(CO)_4$(**2**)와 같이 간단한 금속 카보닐 화합물에서 금속 원자의 원자가 전자수는 18개로서, 그 금속이 속해 있는 주기의 오른쪽 끝에 있는 비활성 기체의 원자가 전자수와 같음을 발견하였다. Sidgwick은 이 현상을 '비활성 기체 규칙(inert gas rule)'이란 용어로 표현하여 화합물에 대한 안정성의 지표로 이용하였고, 이것이 오늘날의 **18전자 규칙**(**18-electron rule**)[1]으로 발전하였다. 하지만 팔전자 규칙(octet rule)이 2주기 원소에 적용되는 것처럼, 18전자 규칙은 d 구역 유기금속 화합물에 일괄적으로 적용되지는 않는다. 18전자 배치가 적용되는 화합물과 적용되지 않는 화합물에서 각각의 안정성에 대한 이유를 알아보기 위해서 결합에 대해 더 자세히 살펴볼 필요가 있다.

[1] 18전자 규칙은 종종 유효 원자 번호(effective atomic number), 즉 EAN 규칙으로도 언급된다.

그림 22.1은 일산화 탄소처럼 강한 장(strong-field) 리간드가 d 금속 원자와 결합했을 때 생기는 에너지 준위를 보여 주고 있다. 일산화 탄소는 비록 약한 σ 주개이지만, π 받개로서 작용하는 비어 있는 π* 오비탈을 이용할 수 있기 때문에 강한 장 리간드에 속한다. 그림 22.1의 결합에서, 금속 원자의 t_{2g} 세트 오비탈은 π 상호 작용이 없을 때는 비결합성이지만, 이제는 더 이상 비결합성이 아니라 결합성으로 작용한다. 에너지 준위 도표는 리간드-금속의 σ 상호 작용으로부터 얻어진 6개의 결합성 분자 오비탈(MO)과, 결합성 상호 작용으로부터 얻어진 3개의 결합성 분자 오비탈을 보여 준다. 따라서 9개의 결합성 분자 오비탈(MO)에 총 18개의 전자가 채워질 수 있으므로 18개의 전자 배치를 가지는 경우 특별히 안정하다. 예를 들어 $Cr(CO)_6$ 무색이며 대기 중에서 안정하다. HOMO-LUMO 간격(Δ_O)의 크기는 물체가 띠는 색의 보색을 고려하면 구할 수 있는데, $Cr(CO)_6$가 무색인 경우에는 이 스펙트럼의 가시 영역에서 어떠한 전자 전이도 없기 때문에 반대의 영역, 즉 Δ_O가 커서 이러한 전이가 자외선 영역에 해당되는 것이다.

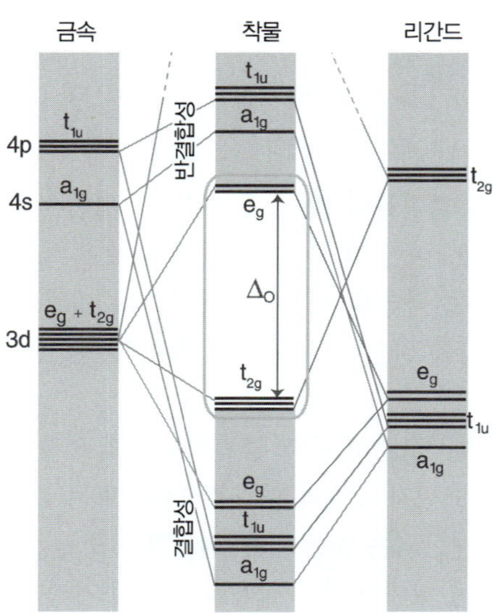

그림 22.1 강한 장 리간드의 팔면체 착물에서 d 오비탈의 에너지 준위

강한 장 리간드를 가진 팔면체 착물에서 18원자가 전자보다 많은 전자를 채울 수 있는 한 가지 방법은 반결합성(antibonding) 오비탈에 부분적으로 채우는 것이다. 결과적으로, 그러한 착물은 불안정하여 특히 전자를 쉽게 잃는 경향이 있다(환원제로 작용함). 18전자보다 전자수가 적은 화합물들은 항상 매우 불안정한 것은 아니지만, 그러한 착물은 반응을 통해 에너지 측면에서 유리하도록 여분의 전자를 얻어서 결합성 분자 오비탈을 완전히 채우게 된다. 나중에 배우겠지만, 18전자보다 적은 전자수의 화합물은 종종 반응 경로에서 중간체로 작용하게 된다.

카보닐 리간드는 보통 약한 σ 주개이지만 강한 π 받개로 작용하는 리간드이다. 그러므로 팔면체 유기금속 화합물은 중심 금속 이온 주위에 총 18개의 원자가 전자를 가졌을 때 가장 안정하다.

사면체와 삼각 쌍뿔형 구조와 같은 다른 구조에 대해서도 비슷한 논리들을 사용하여 18전자 배치의 안정성을 이론적으로 설명할 수 있다. 대부분 리간드의 입체적 조건을 고려하면 d 구역 금속의 유기금속 화합물에 대해서는 6자리 배위수보다 더 큰 배위수는 일반적으로 잘 일어나지 않는다.

(b) 16전자 사각 평면 화합물

요점: 강한 장 리간드를 가지는 사각 평면 착물은 단지 8개의 결합성 MO를 가짐으로써 16전자 배치가 에너지적으로 가장 우세한 배열이다.

배위 화학의 단원에서 이미 논의한 하나의 다른 기하 구조는 4개의 리간드로 이루어진 사각 평면 배열이며(20.1절), 여기서 주목할 점은 단지 강한 장 리간드와 d^8 금속 이온에서만 생긴다는 것이다. 유기금속 리간드는 종종 강한 장을 생성하기 때문에, 사각 평면 구조의 유기금속 화합물이 많이 존재한다. 안정한 사각 평면 착물은 일반적으로 단지 총 16개의 원자가 전자를 가지는 것으로 나타났으며, 이는 결과적으로 반결합성 분자 오비탈(MO)를 제외한 모든 결합성 MO를 채우게 된다(그림 22.2).

사각 평면 착물에서 리간드들은 보통 각각 단지 2개씩의 전자를 제공하며 총 8개의 전자를 제공하게 된다. 따라서 16개의 전자가 되기 위해서 금속 이온들은 8개의 전자를 추가로 제공해야 한다. 그 결과, 16개의 원자가 전자를 가지는 유기금속 화합물들은 d 구역의 오른쪽, 특히 9족과 10족 중에서 흔히 나타난다(표 22.1). 그러한 착물의 예로서, $[IrCl(CO)(PPh_3)_2]$(**6**)

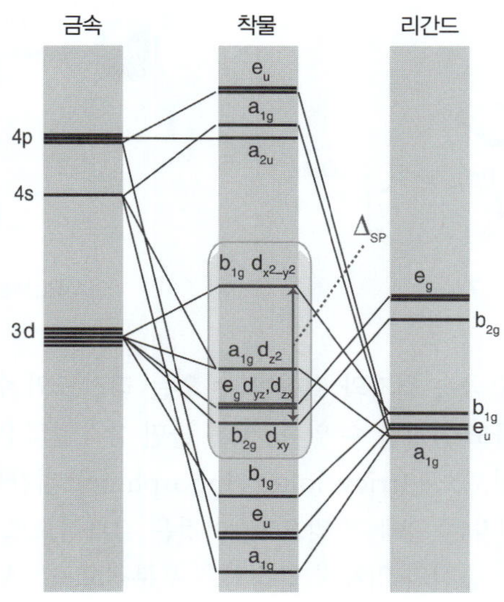

그림 22.2 강한 장 리간드의 사각 평면 착물에서 분자 오비탈의 에너지 준위 4개의 낮은 MO는 결합성 상호 작용에 해당되며, 가장 높은 MO는 반결합성 상호 작용에 해당된다. MO는 유래된 d 오비탈로 표기하였다.

표 22.1 d 금속의 유기금속 화합물에 대한 16/18전자 규칙의 타당성

보통 18전자 이하			보통 18전자			16 또는 18 전자	
Sc	Ti	V	Cr	Mn	Fe	Co	Ni
Y	Zr	Nb	Mo	Tc	Ru	Rh	Pd
La	Hf	Ta	W	Re	Os	Ir	Pt

와 Zeise 염의 음이온인 $[Pt(C_2H_4)Cl_3]^-$(**1**)가 있다. 16전자의 사각 평면 착물은 9족과 10족에서 무거운 원소, 특히 Rh(I), Ir(I), Pd(II) 및 Pt(II)에서 흔하다. 이것은 리간드장 갈라짐이 크며, 이러한 착물들의 리간드장 안정화 에너지가 사각 평면 구조를 선호하기 때문이다.

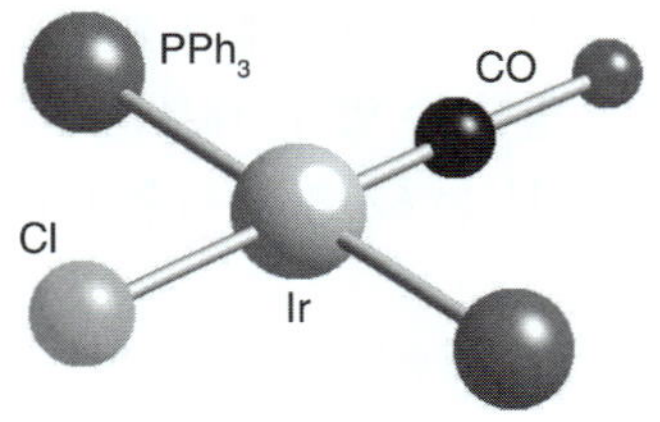

6 *trans*-$[IrCl(CO)(PPh_3)_2]$

22.2 전자 규칙의 선호

요점: d 구역의 왼쪽에서 총 16 또는 18개의 원자가 전자를 충족시키기 위해 금속 원자 주위에 리간드를 충분히 모으는 것이 가능하지 않으므로 입체적 조건을 필요로 한다.

금속 원자에서 특이한 기하 구조의 선호도와 전자 규칙의 예외로 인해 일반적으로 다른 구조를 형성하기도 한다. 예를 들면 Pd(II)와 Rh(I)은 둘 다 16전자의 사각 평면 착물이 지배적이더라도, 사이클로펜타다이엔일 팔라듐 착물(**7**)과 로듐 착물(**8**)은 모두 18전자의 삼각 쌍뿔형 구조이다.

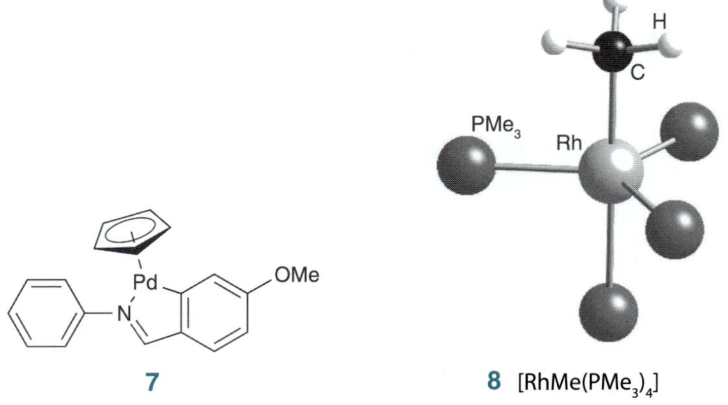

7

8 $[RhMe(PMe_3)_4]$

입체적 요인들로 인하여 금속 원자와 결합할 수 있는 리간드의 수가 제한되며 예상보다 더 적은 전자수를 가진 화합물도 안정할 수 있다. 예를 들면 삼각형의 Pt(0) 화합물인 $[Pt(PCy_3)_3]$에서, 트라이사이클로헥실포스핀(tricyclohexylphosphine) 리간드(**9**)의 크기가 매우 커서 3개의 리간드만이 금속 원자 주위에 꼭 맞으며, 이것은 결과적으로 오직 16개의 원자가 전자를 가질 수밖에 없다. 금속 중심의 입체적 안정성은 부분적으로는 반응 속도론적 영향에 기인

되며, 여기서 큰 기들은 반응으로부터 중심 금속을 보호한다. 많은 착물들은 반응 동안에 일시적으로 다른 배치를 형성하면서 쉽게 리간드를 잃거나 얻게 되는데, 실제로 이러한 다른 배치를 할 수 있다는 것은 d 구역의 유기금속 화학이 매우 흥미로운 이유가 되기도 한다.

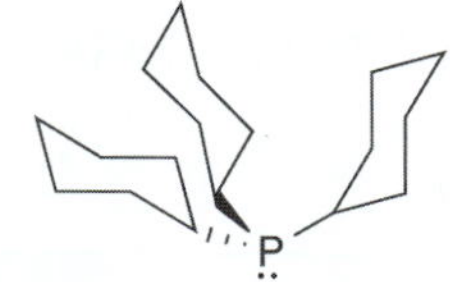

9 PCy_3, Cy = *cyclo*-C_6H_{11}

독특한 전자 배치들은 d 구역의 왼쪽에서 흔히 나타나는데, 여기서는 금속 원자가 더 적은 수의 전자를 가지며, 또한 종종 16 또는 18전자 규칙을 만족시키기 위해 원자 주위에 리간드를 충분히 모으기에 불가능하기 때문이다. 예를 들면 5족에서 가장 간단한 카보닐 화합물인 $[V(CO)_6]$는 17전자 착물이다. 또 다른 예로서, 12개의 원자가 전자를 가지는 $[W(CH_3)_6]$와, 17개의 원자가 전자를 가지는 $[Cr(Cp)(CO)_2(PPh_3)]$(**10**)가 있다. 후자의 화합물은 입체적 무리(steric crowding)의 역할에 대한 좋은 예가 된다. 밀집된 CO 리간드가 부피가 큰 트라이페닐포스핀(triphenylphosphine)의 자리에 존재할 때에는 길지만 명확한 Cr−Cr 결합을 가지는 이합체 화합물(**11**)이 고체 상태와 용액 상태에서 관찰된다. $[Cr(Cp)(CO)_3]_2$에서 Cr−Cr 결합의 형성으로 각각의 금속에 대해서 18전자 규칙을 따르게 된다.

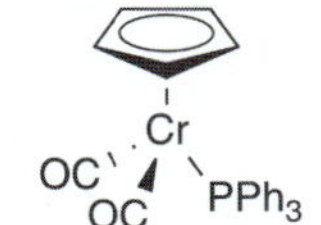

10 $[(Cp)\,Cr(CO)_2(PPh_3)]$

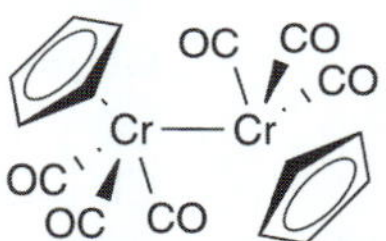

11 $[(Cp)(CO)_3Cr–Cr(CO)_3(Cp)]$

22.3 전자 계산과 산화 상태

유기금속 화학에서 16, 18전자 배치가 우세하므로 전자 계산을 통하여 화합물의 안정성을 예상하고 반응성의 경향을 제안할 수 있기 때문에 중심 금속 원자에 있는 원자가 전자의 수를 계산하는 것은 필수적이다. 유기금속 화합물에 대한 '산화 상태'의 개념은 그다지 중요하지 않게 생각하고 있지만, 대다수 연구자들 사이에서 전자 배치를 나타내는 데 편리한 속기로 이를 사용하고 있다. 산화수에 대응하는 산화 상태는 산화성 첨가 반응(22.22절)과 같은 반응들을 체계화하고, 유기금속과 배위 착물의 화학적 성질 간에 유사점들을 이끌어내는 데에도 도움을 준다. 다행하게도 전자수를 계산하고 산화수를 정하는 일은 서로 협력적이다.

관례적으로 두 가지 모형, 소위 **중성 리간드 방법**(neutral-ligand method)[때때로 **공유 결합성 방법**(covalent method)으로 부름]과 **주개쌍 방법**(donor-pair method)[때때로 **이온 결합성 방법**(ionic method)으로 알려짐]을 사용하여 전자들을 계산한다. 여기서 간단하게 두 가지를 모두 소개하고(전자 계산에 대해 결과가 동일하다.), 다음의 본문에서는 산화수를 지정하는 데 쉽게 익숙해져 있는 주개쌍 방법을 많이 사용한다.

(a) 중성 리간드 방법

요점: 모든 리간드는 중성으로 취급되고 몇 개의 전자를 공여하는지에 따라 분류된다.

전자수를 계산하기 위해 각각의 금속 원자와 리간드는 중성으로 간주한다. 전자 계산에서는 금속 원자의 모든 원자가 전자와 리간드에 의해 공여되는 모든 전자를 포함시켜야 한다. 만일

표 22.2 대표적인 리간드와 이들의 전자 계산

(a) 중성 리간드 방법			
리간드	**화학식**	**표시**	**공여 전자수**
카보닐	CO	L	2
포스핀	PR_3	L	2
수소화물	H	X	1
염소	Cl	X	1
이수소	H_2	L	2
η^1-알킬, -알켄일, -알카인일, 아릴기	R	X	1
η^2-알켄	$CH_2{=}CH_2$	L	2
η^2-알카인	$RC{\equiv}CR$	L	2
이질소	N_2	L	2
뷰타다이엔	$CH_2{=}CH$ | $CH_2{=}CH$	L_2	4
벤젠	C_6H_6	L_3	6
η^3-알릴	CH_2CHCH_2	LX	3
η^5-사이클로펜타다이엔일	C_5H_5	L_2X	5
(b) 주개쌍 방법*			
리간드	**화학식**		**공여 전자수**
카보닐	CO		2
포스핀	PR_3		2
수소화물	H^-		2
염소	Cl^-		2
이수소	H_2		2
η^1-알킬, -알켄일, -알카인일, 아릴기	R^-		2
η^2-알켄	$CH_2{=}CH_2$		2
η^2-알카인	$RC{\equiv}CR$		2
이질소	N_2		2
뷰타다이엔	$CH_2{=}CH{-}CH{=}CH_2$		4
벤젠	C_6H_6		6
η^3-알릴	$CH_2CHCH_2^-$		4
η^5-사이클로펜타다이엔일	$C_5H_5^-$		6

* 이 책에서는 이 방법을 사용한다.

착물이 하전되어 있다면, 간단히 전체 전자수에 적정한 전자수를 더하거나 빼게 된다. 리간드는 중성의 2전자 주개(예: CO나 PMe_3)이면 **L형(L type)**으로 정의하고, 리간드를 중성으로 간주할 때 1전자 라디칼 주개(예: 할로젠 원자, H, CH_3)이면 **X형(X type)**으로 정의한다. 예를 들어 $[Fe(CO)_5]$는 Fe 원자에서 8개의 원자가 전자와 5개의 CO 리간드에 의해서 공여되는 10개의 전자로부터 총 18개의 전자를 얻는다. 일부 리간드는 이러한 유형의 조합으로 고려되기도 한다. 예를 들면 사이클로펜타다이엔일은 5개의 전자를 주는 L_2X 주개로 고려되기도 한다. 표 22.2를 보라.

예제 22.1 중성 리간드 방법을 사용한 전자수 계산

(a) $[IrBr_2(CH_3)(CO)(PPh_3)_2]$와 (b) $[Cr(\eta^5\text{-}C_5H_5(\eta^6\text{-}C_6H_6)]$는 18전자 규칙을 따르는가?

답 (a) Ir 원자(9족)는 9개의 원자가 전자를 가지며 2개의 Br 원자와 CH_3기는 1전자 주개에 속한다. CO와 PPh_3는 2전자 주개이다. 따라서 금속 원자에 있는 전체 원자가 전자의 수는 $9 + (3 \times 1) + (3 \times 2) = 18$로, 18전자 착물의 일반적인 규칙에 따른다. (b) Cr 원자(6족)는 6개의 원자가 전자를 가지고, $\eta^5\text{-}C_5H_5$ 리간드는 5개의 전자를 제공하며, $\eta^6\text{-}C_6H_6$ 리간드는 6개의 전자를 제공한다. 따라서 금속의 총 원자가 전자수는 $6 + 5 + 6 = 17$이다. 이 착물은 18전자 규칙을 따르지 않으며 불안정하다. 관련된 18전자 화합물은 $[Cr(\eta^6\text{-}C_6H_6)_2]$이다.

문제 22.1 $[Mo(CO)_7]$은 안정한가?

중성 리간드 방법의 이점은, 표 22.2에 주어져 있듯이, 전자 계산을 하기가 쉽다는 점이다. 그러나 단점으로서 이 방법은 공유 결합 정도를 과대평가하고 그래서 금속에서의 전하를 과소평가한다. 게다가 금속에 산화수를 배정하는 데 혼동이 되며 어떤 리간드에서는 의미 있는 정보를 잃게 된다.

(b) 주개쌍 방법

요점: 리간드는 전자를 쌍으로 공여하는 것으로 고려되며, 결과적으로 일부 리간드는 중성으로, 나머지는 하전된 것으로서 다루게 된다.

주개쌍 방법은 산화수를 계산하는 것이 필요하다. 유기금속 화합물에서 금속의 산화수를 계산하는 규칙은 전통적인 배위 화합물의 경우와 같다. CO나 포스핀(phosphine) 같은 중성 리간드들은 2전자 주개로 고려되고 형식적으로 산화수는 0으로 배정된다. 할로젠 화합물, H와 CH_3 같은 리간드들은 형식적으로 금속 원자로부터 1개의 전자를 취하여 각각 Cl^-, H^- 및 CH_3^-로 취급되며(따라서 산화수는 −1로 배정된다), 이러한 음이온 상태에서 2전자 주개로 고려된다. 사이클로펜타다이엔일 리간드 C_5H_5(Cp)는 $C_5H_5^-$로 취급되며(산화수는 −1로 배정된다.), 이러한 음이온 상태에서 6전자 주개로 고려된다. 이때 전자 계산은 다음과 같다.

금속 원자의 **산화수**는 착물의 전체 전하에서 관련된 리간드의 전하를 뺀 값이다.
금속이 제공하는 **전자의 수**는 그 금속의 족수에서 산화수를 뺀 값이다.
전체 전자수는 금속 원자의 전자수와 리간드에서 제공하는 전자수의 합이다.

이 방법의 주요한 장점은 약간의 연습으로 전자수와 산화수 두 가지 모두를 어려움 없이 결정할 수 있다는 것이다. 주요한 단점은 금속 원자의 전하를 과대평가하여 반응성을 틀리게 제

안할 수 있다는 점이다(22.7절의 수소화물 참조). 표 22.2에 금속이 가장 일반적인 리간드에 대해 공여할 수 있는 최대의 전자수를 열거하였다.

예제 22.2 주개쌍 방법을 이용하여 산화수를 배정하고 전자수 계산하기

(a) $[IrBr_2(CH_3)(CO(PPh_3)_2]$, (b) $[Cr(\eta^5\text{-}C_5H_5)(\eta^6\text{-}C_6H_6)]$, (c) $[Mn(CO)_5]^-$에서 금속 원자에 있는 산화수를 배정하고 원자가 전자의 수를 계산하시오.

답 (a) 2개의 Br기와 CH_3는 3개의 각각 일가의 음이온으로 하전이 된 2전자 주개로 다루고, CO와 2개의 PPh_3 리간드는 3개의 2전자 주개로 취급하므로 총 12개의 전자를 제공한다. 이 착물은 전체가 중성이기 때문에, 9족인 Ir 원자는 3개의 음이온 리간드의 전하를 맞추기 위해서 +3의 전하(즉 +3의 산화수를 가짐)를 가져야 하므로 9 − 3 = 6개의 전자를 제공한다. 이러한 계산 결과, Ir(III) 착물은 총 18개의 원자가 전자를 가진다. (b) $\eta^5\text{-}C_5H_5$ 리간드는 $C_5H_5^-$로 다루며 $\eta^6\text{-}C_6H_6$ 리간드와 같이 6개의 전자를 제공한다. 중성 상태를 유지하기 위해서 6족인 Cr 원자는 +1의 전하(즉 +1의 산화수를 가짐)를 가져야 하며 6 − 1 = 5개의 전자를 준다. Cr(I) 착물에 대해 금속의 총 전자수는 12 + 5 = 17개이다. 앞에서 언급한 대로, 이러한 착물은 18전자 규칙을 따르지 않으며 안정하지 않을 것이다. (c) 각각의 CO 리간드는 중성이고 2개의 전자를 제공하므로 총 10개의 전자를 준다. 이 착물의 전체 전하는 −1이며, 리간드들은 모두 중성이기 때문에 형식적으로 이 전하는 금속 원자에 존재하는 것으로 고려하여 결과적으로 금속은 −1의 산화수를 가지게 된다. 7족 Mn 원자는 7+1의 전자를 제공하게 되며, Mn(−1) 착물에 대해 총 18개의 전자를 준다.

문제 22.2 Zeise 염 $[Pt(CH_2{=}CH_2)Cl_3]^-$ 음이온에서 Pt의 산화수와 총 전자수는 얼마인가?($CH_2{=}CH_2$는 중성의 2전자 주개로 취급)

22.4 명명법

요점: 유기금속 화합물의 명명법은 배위 화합물의 명명법과 비슷하지만, 어떤 리간드들은 η와 μ를 써서 나타내는 다중 결합을 가진다.

여기에서는 권장된 규약에 따라 7.2절의 배위 착물에서 설명한 것처럼 유기금속 화합물에 대한 명명법도 같은 체계를 사용하기로 한다. 따라서 금속의 이름 다음에 이어서 리간드들을 알파벳 순서대로 열거하되, 이 모든 것을 한 단어로 쓴다. 금속의 이름 바로 뒤 괄호 속에는 산화수를 나타낸다. 그러나 연구 논문에서 사용하는 명명법은 항상 이런 규칙을 따르는 것은 아니며, 종종 화합물의 명명 가운데에 금속의 산화수는 생략하고 이름을 붙인 채로 쓰기도 한다. 예를 들면 화합물 (**12**)를 때때로 벤젠몰리브데넘-트라이카보닐(benzenemolybdenum-tricarbonyl)로서 지칭하기도 하지만, 그보다 더 선호하는 명명은 벤젠(트라이카보닐) 몰리브데넘(0)[benzene(tricarbonyl)molybdenum(0)]이다.

유기금속 화합물의 화학식에 대한 IUPAC의 권장 사항은 배위 화합물과 같은 형태로 쓰는 것이다. 금속의 화학 기호를 먼저 쓰고, 다음에 형식적 음이온 리간드를 알파벳 순서에 따라 열거한다. 그리고 중성 리간드를 화학 기호에 근거한 알파벳 순서에 따라 적는다. 리간드의 다른 순서가 특별한 점을 명확하게 하기 위한 것이 아니라면 이러한 규약을 따른다.

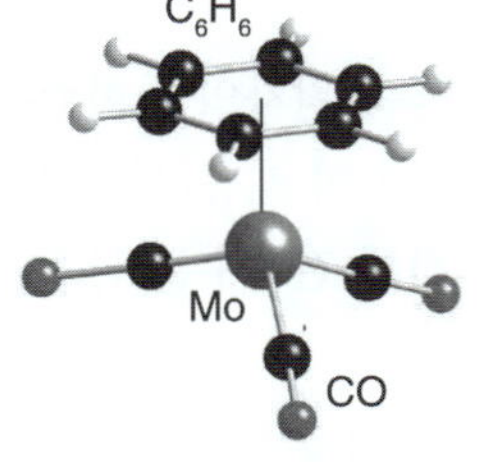

12 $[Mo(\eta^6\text{-}C_6H_6)(CO)_3]$

흔히 탄소 주개 원자들을 가지는 리간드는 여러 가지의 결합 방식을 나타내고 있다. 예를 들면 사이클로펜타다이엔일기는 흔히

세 가지 다른 방식으로 d 구역 금속 원자에 결합할 수 있으며, 그래서 몇 가지 부가적인 명명법이 필요하다. 다양한 리간드의 결합을 자세히 설명하지는 않겠지만(이 장의 후반부에서 다룬다), 결합 방식을 결정하는 여분의 설명으로서 일반적으로 결합하는 자리의 수를 편리하게 나타내어야 한다. 이러한 과정은 형식적으로 금속 원자에 결합된 것으로 고려되는 리간드에서 원자들의 수를 나타내는 **합토수**(**hapticity**)를 사용한다. 합토수는 η^n 형태로 나타내며, 금속 원자에 결합된 원자들의 수는 우측 위첨자로 표시한다(η는 eta이다). 예를 들면 M−C 단일 결합으로 연결된 CH_3기는 모노합토(monohapto, η^1), 그리고 에텐(ethene) 리간드에서 2개의 C 원자가 둘 다 금속의 결합 거리 내에 있다면, 다이합토(dihapto, η^2) 군이다. 이와 같이 3개의 사이클로펜타다이엔일 착물들은 η^1(**13**), η^3(**14**), 또는 η^5(**15**) 사이클로펜타다이엔일기들을 가지고 있는 것으로 설명된다.

13 η^1-Cyclopentadienyl

14 η^3-Cyclopentadienyl

15 η^5-Cyclopentadienyl

일부 리간드(이들 중에서 가장 간단한 수소화 이온(H^-) 리간드를 포함하여)는 같은 착물 내에서 하나 이상의 금속 원자와 결합하며, 그때 이를 **다리 구성 리간드**(**bridging ligand**)로 부른다. 다리 구성 리간드를 이해하기 위해서 3.11절에서 소개한 것 외에 다른 어떤 새로운 개념도 필요하지 않다. 7.2절에서 그리스 문자 μ(mu)는 리간드에서 몇 개의 원자가 다리 구성 결합에 참여하는지를 나타낸다. 그래서 μ_2-CO는 2개의 금속 원자에 다리 구성한 카보닐기이고, μ_3-CO는 3개의 금속 원자에 다리 구성되어 있다.

예제 22.3 유기금속 화합물의 명명

(a) 페로센(**4**) 및 (b) $[RhMe(PMe_3)_4]$(**8**)에 대해 정식으로 명명하시오.

답 (a) 페로센은 5개의 탄소 원자 모두가 금속 원자에 결합된 2개의 사이클로펜타다이엔일기를 포함하며, 따라서 2개의 작용기를 η^5로 표기한다. 페로센의 전체 이름은 비스(η^5-사이클로펜타다이엔일)철(II)[bis(η^5-cyclopentadieriyl)iron(II)]이다. (b) 로듐 화합물은 하나의 형식 전하로 음이온 메틸 작용기와 4개의 중성 트라이메틸포스핀(trimethylphosphine) 리간드를 포함하므로, 이 화합물의 정식 이름은 메틸테트라키스(트라이메틸포스핀)로듐(I)[methyltetrakis(trimethylphosphine)rhodium(I)] 이다.

문제 22.3 $[Ir(Br)_2(CH_3)(CO)(PPh_3)_2]$의 정식 이름은 무엇인가?

리간드

많은 수의 리간드들은 유기금속 착물에서 많은 다른 방식으로 결합하고 있다. 금속 원자와 리간드들의 반응성은 M−L 결합에 따라 영향을 받기 때문에 각각의 리간드를 세부적으로 자세히 살펴보는 것은 중요하다.

22.5 일산화 탄소

요점: CO의 3σ 오비탈은 매우 약한 주개로 작용하며 π* 오비탈은 받개로 작용한다.

일산화 탄소는 유기금속 화학에서 **카보닐**(carbonyl)기로 알려진 매우 흔한 리간드이다. 일산화 탄소는 특히 안정한 매우 낮은 산화 상태의 금속에 좋은 리간드이며, 산화 상태가 0인 금속을 가지는 많은 화합물[예: $Fe(CO)_5$]이 있다. 제2.9절에서 CO에 대한 분자 오비탈을 살펴보았으며, 그 부분을 복습하는 것도 좋은 방법이다.

금속 원자와 CO 결합의 간단한 설명은 탄소 원자의 비공유 전자쌍을 Lewis σ 염기(전자쌍 주개)로 다루고, CO의 비어 있는 반결합성 오비탈을 Lewis π 산(전자쌍 받개)으로, 즉 금속 원자에 채워진 d 오비탈로부터 π 전자 밀도를 받는 것으로 다룬다. 이 그림에서 결합은 두 부분으로 구성된다고 볼 수 있다. 리간드로부터 금속 원자로의 σ 결합(**16**) 그리고 금속 원자로부터 리간드로의 π 결합(**17**)이다. 이러한 형태의 π 결합은 종종 π **역결합**(π **backbonding**)으로 부르기도 한다.

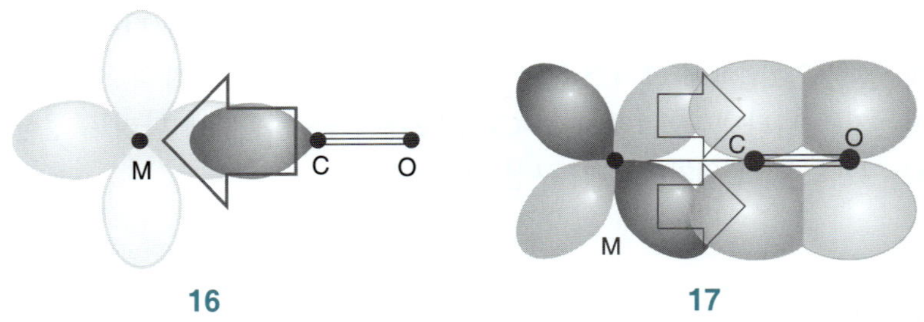

16 **17**

일산화 탄소의 친핵성도가 미미하다는 것은 d 금속 원자와의 σ 결합은 약하다는 것을 의미한다. 그런데도 많은 d 금속 카보닐 화합물이 매우 안정하기 때문에 π 역결합이 강하다는 것을 추론할 수 있으며, 카보닐 착물의 안정성은 주로 CO의 π 받개 성질에 기인한다. 게다가 이 관점의 증거로서 안정한 카보닐 착물은 오직 CO의 반결합성 오비탈에 전자를 제공할 수 있도록 적당한 에너지의 전자로 채워진 d 오비탈을 가진 금속의 경우에 존재한다는 실험적 관찰에서 알 수 있다(예를 들면 s와 p 구역에 있는 원소들은 안정한 카보닐 착물을 형성하지 않는다). 그러나 CO와 d 금속 원자의 결합은 σ 결합과 π 결합 둘 다의 상승 작용(즉 상호간의 상승)의 결과로 간주된다. 즉 금속으로부터 CO로의 π 역결합은 CO상에 전자 밀도를 증가시키며, 이는 금속 원자에 σ 결합을 형성하기 위한 CO의 능력을 또한 증가시킨다.

결합에 대한 더 자세한 설명은 CO의 분자 오비탈 도표를 통하여 알 수 있다(그림 22.3). 여기서 HOMO는 σ 대칭을 가지며, 귓불은 기본적으로 C 원자로부터 바깥을 향하고 있음을 볼 수 있다. CO가 리간드로 작용할 때 3s 오비탈은 금속 원자에 매우 약한 주개로 역할을 하고 중심의 금속 원자와 σ 결합을 형성한다. CO의 LUMO는 π* 오비탈들이다. 이들 2개의

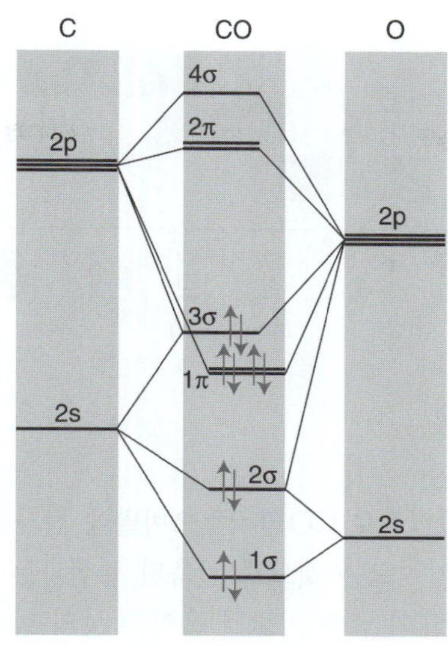

그림 22.3 CO에 대한 분자 오비탈 도표에서 HOMO는 σ 대칭을 가지며, 귓불은 기본적으로 C 원자로부터 바깥을 향하고 있다. LUMO는 π 대칭을 가진다.

오비탈은 국부적으로 π 대칭(예를 들면 O_h 착물에서 t_{2g} 오비탈)을 가지는 금속의 d 오비탈들과 겹칠 수 있기 때문에 결정적인 역할을 한다. π 상호 작용을 통하여 금속 원자의 채워진 d 오비탈로부터 CO 리간드에 비어 있는 오비탈로의 전자들의 비편재화가 이루어진다. 즉 CO 리간드 또한 π 받개로서 역할을 한다.

이 결합 도표의 한 가지 중요한 결과는 CO 삼중 결합의 세기에 대한 영향이다. 금속–탄소 결합이 강할수록 금속 원자로부터 π 결합으로 전자 밀도를 밀어주며, 이러한 전자 밀도는 CO의 반결합성 오비탈로 들어가기 때문에 CO 결합은 더욱 약하게 된다. 극단적인 경우에 금속 원자가 2개의 전자를 완전히 공여하게 되면 형식적인 금속–탄소의 이중 결합이 형성된다. 이때 2개의 전자가 CO의 반결합성 오비탈을 채우기 때문에, 이러한 공여는 CO의 결합 차수를 2로 감소시키는 결과를 가져온다.

실제로 그 결합은 역결합을 가지지 않는 M−C≡O와 역결합을 가지는 M=C=O의 사이에 있다. 적외선 분광학은 π 결합의 정도를 평가하는 매우 편리한 방법이다. CO 신축 진동은 모든 다른 흡수 피크에 비해 강하고 또한 뚜렷하기 때문에 명확하게 확인할 수 있다. 기체 상태의 CO에서 삼중 결합에 의한 흡수는 2143 cm^{-1}에서 나타나지만 전형적인 금속 카보닐 착물에서는 2100~1700 cm^{-1}에서 신축 진동이 나타난다(표 22.3). 특별한 카보닐 화합물에서 일어나는 IR 흡수띠의 숫자에 대해서는 22.18g절에서 논의한다.

카보닐의 신축 진동수는 착물에 존재하는 다른 리간드에 대해 받개 또는 주개의 세기 순서를 결정하는 데 종종 이용된다. 그 방법의 원리는 CO가 π 받개로 작용할 때에 CO의 신축 진동수가 감소한다는 점에 있다. 그러나 같은 착물에서 다른 π 받개는 금속 원자의 d 전자들에 대해 경쟁하기 때문에 그들은 CO 신축 진동수를 증가시키게 된다. 이러한 거동은 주개 리간

표 22.3 CO 신축 띠에 대한 배위와 전하의 영향

화합물	$\tilde{\nu}(cm^{-1})$
CO	2143
$[Mn(CO)_6]^+$	2090
$Cr(CO)_6$	2000
$[V(CO)_6]^-$	1860
$[Ti(CO)_6]^{2-}$	1750

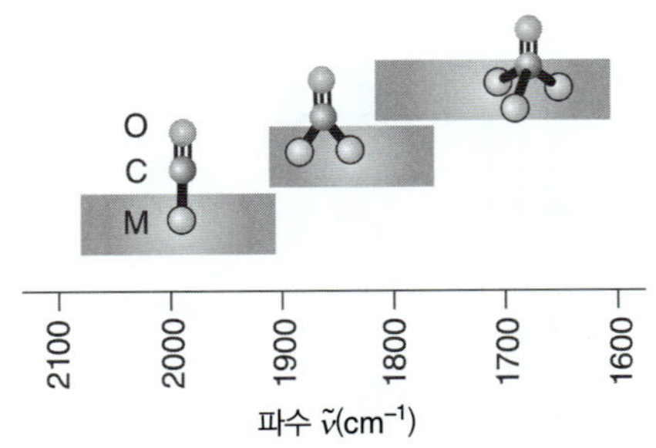

그림 22.4 중성의 금속 카보닐 화합물에서 CO 신축 진동 띠에 대한 대략적인 범위 적외선 스펙트럼에서 일반적으로 나타내는 것과 같은 방법으로 높은 파수(따라서 높은 진동수)는 왼쪽에 있음에 유의하라.

드가 금속 원자와, 그리고 간접적으로 CO의 π* 오비탈에 전자를 제공하기 때문에 CO 신축 진동수를 감소시키는 결과를 가져오는 것으로 관측된 사실과는 반대이다. 따라서 금속 카보닐에 결합된 강한 σ 주개 리간드와 금속 카보닐 음이온 상의 형식 음전하는 모두 결과적으로 CO 결합 길이를 조금 더 크게 하며 CO 신축 진동수를 확실히 더 낮추는 결과를 가져온다.

일산화 탄소의 결합 방식은 앞에 설명한 것[종종 '말단(terminal)'이라고 함]뿐만 아니라 2개의 금속 원자과(**18**)와 혹은 3개의 금속 원자(**19**)와 다리 결합을 할 수 있기 때문에, 일산화 탄소는 리간드로서 다양하다. 그 결합에 대한 설명이 지금은 좀 어려울지라도 σ 주개와 π 받개 리간드의 개념은 계속하여 유용하다. CO의 신축 진동수는 일반적으로 MCO>M_2CO>M_3CO의 크기 순서를 따르는데, 이것은 CO 분자가 더 많은 금속 원자와 결합하여 금속들로부터 더 많은 전자 밀도가 CO의 π* 오비탈로 들어가기 때문에 π* 오비탈을 차지하는 것이 더 많이 증가하였음을 암시한다. 경험적 규칙에 의하면, 2개의 금속 원자에 다리 구성된 카보닐은 전형적으로 1900~1750 cm^{-1}에서 신축 진동 띠를 나타내고, 3개의 금속 원자에 다리 구성된 경우에는 1800~1600 cm^{-1}에서 신축 진동 띠를 보인다(그림 22.4). 일산화 탄소가 말단이나 다리 결합을 하였을 때에는 2전자의 중성 리간드로 간주한다(이와 같이 2개의 금속 원자와 다리 결합하는 카보닐 리간드는 각각의 금속 원자에 전자를 1개씩 주는 것으로 고려된다).

더 나아가서, 가끔 관측되는 CO의 결합 방식으로서 CO가 하나의 금속 원자에 말단으로 결합하고 CO의 삼중 결합이 다른 금속에 측면으로 결합하는 경우가 있다(**20**). 이에 대한 결합은 위에서 설명한 말단의 상호 작용과, 알카인과 N_2와 같은 다른 측면 π 주개의 상호 작용과 기본적으로 동일한 측면 결합(나중에 논의함)을 가지는 것으로, 즉 별개로 두 종류의 상호 작용 결합인 것으로 가장 잘 설명된다.

카보닐 리간드를 포함하는 화합물의 합성, 성질, 그리고 반응성은 22.18절에서 더 자세하게 논의한다.

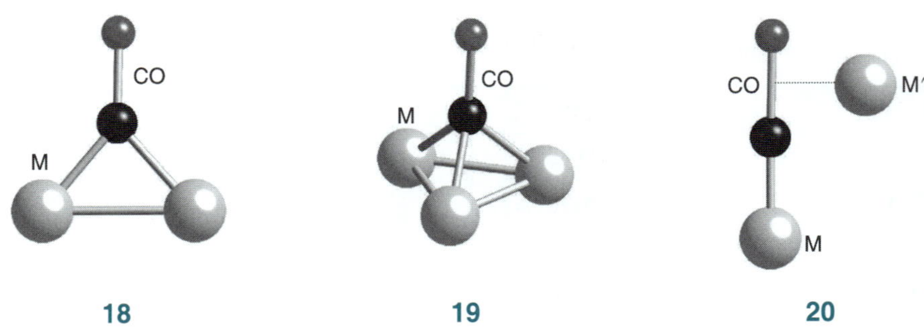

22.6 포스핀

요점: 포스핀은 P 원자로부터 σ 공여와 금속 원자로부터 π 역결합의 조합에 의해서 금속과 결합한다.

포스핀(phosphine)은 탄소 원자를 통해서 금속과 결합하는 것이 아니기 때문에 비록 유기금속 화합물이 아니더라도, 포스핀 리간드는 일산화 탄소의 결합과 비슷한 면을 많이 가지는 결합으로 여기서 논의한다.

포스핀 PH_3[명명법으로, 포스페인(phosphane)]는 반응성이 있으며 유해하고 유독하며 점화성이 있는 기체이다(15.10절). 포스핀은 암모니아처럼 Lewis 염기로서 작용할 수 있으며, 고립 전자쌍을 이용하여 Lewis 산에 전자 밀도를 제공하므로 리간드로 작용한다. 그러나 포스핀은 취급하는 데 따른 문제들 때문에 리간드로는 거의 사용하지 않는다. 이에 반해서 치환된 포스핀, 예를 들면 트라이알킬포스핀(trialkylphosphine)(예: PMe_3, PEt_3), 트라이아릴포스핀(triarylphosphine)(예: PPh_3), 트라이알킬아인산 또는 트라이아릴아인산(trialkyl- 또는 triarylphosphite)[예: $P(OMe)_3$, $P(OPh)_3$(**21**)], 그리고 여러 자리 리간드로 다리 구성된 이포스핀과 삼포스핀[예: $Ph_2PCH_2CH_2PPh_2$=dppe(**22**)]류들은 취급하기 쉬우므로(실제로 일부는 대기에서 안정하고 냄새가 없으며 독성도 거의 없는 고체 상태임) 리간드로서 널리 사용되고 있다. 이들을 모두 일반적으로 '포스핀'으로 지칭한다.

21 $P(OPh)_3$

22 $Ph_2PCH_2CH_2PPh_2$(dppe)

포스핀은 P 원자에 고립 전자쌍이 한 개 있으며, 이는 상당히 염기성이며 친핵성이기 때문에 σ 주개로 작용한다. 포스핀은 또한 P 원자에 비어 있는 오비탈들을 가지고 있어서, 이들이 3d 금속 이온의 채워진 d 오비탈들과 겹침을 할 수 있으므로 π 받개로서 작용한다(**23**). 포스핀의 d 금속 원자에 대한 결합은 리간드에서 금속으로의 σ 결합과 금속에서 리간드로의 π 결합으로 이루어져 있으며, 이것은 CO의 d 금속 원자에 대한 결합과 완전히 유사하다. 인(P) 원자의 π 받개로 작용하는 이러한 오비탈들은 과거에 상당한 정도의 논쟁의 대상이었다. 어떤 그룹은 P에서 비어 있는 3d 오비탈이 이러한 역할을 한다고 주장하고, 일부는 P–R σ * 오비탈이 이러한 역할을 한다고 주장하였다. 현재의 일치된 합의는 σ* 오비탈을 선호한다는 것이다. 어쨌든, 각각의 인(P)은 원자가 전자 수에 추가로 2개의 전자를 제공한다.

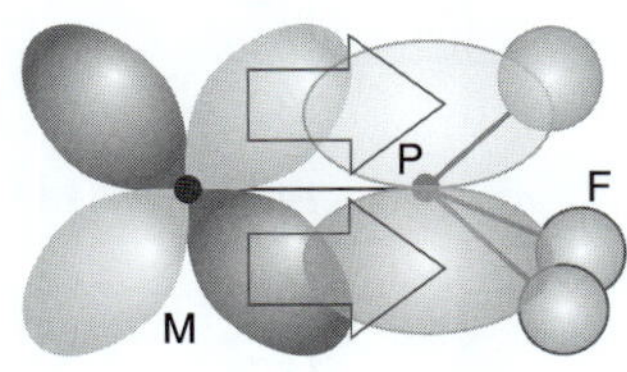

23

앞에서 언급한 것처럼, 많은 종류의 포스핀류이 가능할 뿐 아니라 또한 널리 이용되고 있다. 예를 들면 2,2′-비스(다이페닐포스피노)-1,1′-바이나프틸)[2,2′-bis(diphenylphosphino)-1,1′-binaphthyl, BINAP](**24**)과 같은 카이랄성 계에서는 입체적 장애로 인하여 결과적으로 부분 입체 이성질체를 분리시킬 수 있는 화합물로 이용된다. 일반적으로 포스핀 리간드의 착물에 대한 반응성을 논의할 때 중요하게 고려하는 두 가지 성질은 입체적 크기(steric bulk)와 전자 주개 능력(electron donating ability) 또는 전자 받개 능력(electron accepting ability)이다.

24 2,2′-bis(diphenylphosphino)-1,1′-binaphthyl(BINAP)

포스핀의 입체적 크기는 결합된 리간드에 의해서 형성되는 추상적 원뿔로 나타낸다(21.6절). 표 22.4에 유도된 몇 가지 원뿔각을 나열하였다. 우리가 이미 보았던 것처럼, 포스핀과 d 금속 원자와의 결합은 리간드로부터 금속 원자으로의 σ 결합과 금속 원자로부터 리간드으로의 π 역결합이 복합된 것이다. 포스핀의 σ 주개 능력과 π 받개 능력은 전자가 풍부한 포스핀(예: PMe_3)은 좋은 σ 주개이고 약한 π 받개이며 반면에 전자가 부족한 포스핀(예: PF_3)은 약한 σ 주개이며 좋은 π 받개라고 하는 점과는 서로 반대의 관계에 있다. 이와 같이 Lewis 염기도는 보통 그들의 주개/받개 능력을 나타내는 하나의 잣대로 사용된다. 일반적으로 포스핀에서 염기도의 크기 순서는 다음과 같으며

$$PCy_3 > PEt_3 > PMe_3 > PPh_3 > P(OMe)_3 > P(OPh)_3 > PCl_3 > PF_3$$

P 원자의 치환체에 대한 전기 음성도를 고려하면 쉽게 이해된다. 포스핀의 염기도는 착물에서 M−P 결합의 세기와는 간단한 연관성이 없다. 예를 들면 전자가 부족한 금속 원자는 전자가 풍부한 (염기성의) 포스핀과 더 강한 결합을 형성하는 반면에, 전자가 풍부한 금속 원자는 전자가 부족한 포스핀과 더 강한 결합을 형성한다.

표 22.4 몇 가지 포스핀에 대한 Tolman 원뿔각(단위는 도)

PF_3	104
$P(OMe)_3$	107
PMe_3	118
PCl_3	125
$P(OPh)_3$	127
PEt_3	132
PPh_3	145
PCy_3	169
P^tBu_3	182
$P(o\text{-tolyl})_3$	193

만약에 금속–포스핀 착물에 카보닐 리간드가 존재한다면, 카보닐 신축 진동수는 포스핀 리간드에 대한 염기도를 비교하는 데 사용될 수 있다. 이 방법을 통하여 PF_3가 CO만큼 좋은 π 받개라는 결론을 얻을 수 있다.

유기금속 화학에서 여러 영역으로 포스핀을 일반적으로 사용한다는 것은 리간드로서 다양성이 있다는 증거이다. 리간드로서 포스핀을 적절하게 선택하여 사용하면 착물에서 금속의 입체적 및 전자적 성질을 모두 조절할 수 있다. ^{31}P(자연 존재비는 100%)는 NMR에 의해 관측하기가 쉬우며, ^{31}P NMR 스펙트럼이 적당한 곳에 나타나는 화학적 이동(chemical shift)과 금속 원자와의 짝지음 상수(coupling constant)를 통하여 착물의 결합과 반응성에 대해 상당한 정보를 얻을 수 있다. 카보닐처럼 포스핀은 2개나 3개의 금속 원자와 다리 결합을 할 수 있으며 결합 방식에서도 추가로 다양성을 제공한다.

예제 22.4 카보닐의 신축 진동수와 포스핀 착물에 대한 설명

(a) 두 등전자 화합물 $[Cr(CO)_6]$와 $[V(CO)_6]^-$ 중에서 어느 것의 CO 신축 진동수가 더 높은가?
(b) 두 크로뮴 화합물 $[Cr(CO)_5(PEt_3)]$와 $[Cr(CO)_5(PPh_3)]$ 중에서 어느 것의 CO 신축 진동수가 더 높은가? M–C 결합이 더 짧은 것은 어느 것인가?

답 CO 리간드에 대한 역결합이 향상되는지 또는 감소하는지에 대해 생각할 필요가 있다. 더 많은 역결합은 더 약한 탄소–산소 결합을 초래한다. (a) Cr 착물에 비해서 V 착물의 음전하는 결과적으로 CO의 π* 오비탈에 더 큰 π 역결합을 하게 된다. 이 역결합으로 인하여 결과적으로는 CO 결합이 약화되며 신축 진동수가 감소한다. 따라서 Cr 착물이 더 높은 CO 신축 진동수를 가진다. (b) PEt_3는 PPh_3보다 더 염기성이다. 따라서 PEt_3 착물은 PPh_3 착물보다 금속 원자의 전자 밀도가 더 클 것이다. 전자 밀도가 클수록 결과적으로 카보닐 리간드와 더 큰 역결합을 가져오므로, 더 낮은 CO 신축 진동수와 더 짧은 M–C 결합을 가진다.

문제 22.4 두 철 화합물 $[Fe(CO)_5]$와 $[Fe(CO)_4(PEt_3)]$ 중에서 어느 것의 CO 신축 진동수가 더 높은가? M–C 결합이 더 긴 것은 어느 것인가?

22.7 수소화물 및 이수소 착물

요점: 금속 원자에 대한 수소 원자의 결합은 σ 상호 작용이지만, 이수소 리간드의 결합은 π 역결합을 포함한다.

금속에 직접적으로 결합된 수소 원자는 유기금속 착물에서 흔하게 발견되며 **수소화물 리간드(hydride ligand)**로 불린다. '수소화물'이라는 이름은 그것이 H^- 리간드를 포함하는 것으로 오해받을 수 있다. H^-로 표기하는 것은 $[CoH(PMe_3)_4]$와 같은 대부분의 수소화물에 대해 적절한 것으로 보이지만, H^+를 포함하는, 예를 들어 $[CoH(CO)]_4$의 pK_a=8.3인 일부 수소화물은 상당히 산성이다. 유기금속 카보닐 화합물의 산도는 22.18절에서 설명된다. 주개쌍 방법으로 전자를 세어 보았을 때, 수소화 리간드는 2개의 전자를 제공하며 한 개의 음전하를 갖는다(H^-로서 거동).

금속 원자에 대한 수소 원자의 결합은 간단하다. 그 이유는 수소 결합에 적당한 에너지를 가지는 유일한 오비탈이 H의 1s이며 M–H 결합은 두 원자 사이의 오직 σ 상호 작용에 의한 것으로 생각되기 때문이다. 수소화물은 NMR 분광법에 의해 쉽게 확인할 수 있으며, 이들의 화학적 이동이 특이하여 전형적으로 $-50<\delta<0$ 범위에서 나타난다. 적외선 분광법 또한 금속 수소화물을 확인하는 데 유용하며, 이들은 일반적으로 2850~2250 cm^{-1} 영역에서 신축 진동 띠를 가지고 있다. 일반적으로 결정성 물질의 구조를 밝혀내는 데 매우 유용한 X선 회절

법은 수소화물을 확인하는 데에는 많이 이용되지 않는다. 그 이유는 회절은 전자 밀도와 관련되어 있는데, 예를 들어 78개의 전자를 가지는 백금과 비교해 볼 때 수소화물 리간드는 주위에 많아야 두 개의 전자밖에 가질 수 없기 때문이다. 중수소는 큰 중성자 산란 횡단면을 가지기 때문에, 특히 수소 원자를 중수소 원자로 대체하면 중성자 회절은 수소화물 리간드의 위치를 확인하는 데 더 유용하다.

M–H 결합은 종종 중성 및 음이온 금속 카보닐기와 같은 유기금속 화합물의 양성자 첨가 반응으로 생성된다(22.18e절). 예를 들면 페로센은 강한 산에서 양성자를 받아서 Fe–H 결합을 형성한다.

$$[Cp_2Fe] + HBF_4 \rightarrow [Cp_2FeH]^+[BF_4]^-$$

H 원자가 두 개 또는 세 개의 금속 원자와 다리 구성 수소화물이 존재한다. 여기서 결합은 다이보레인(B_2H_6)에서 다리 구성 수소화물을 고려했던 것과 정확하게 같은 방법으로 간주된다(3.11절).

첫 번째 유기금속 수소화물이 1931년에 보고되었지만, 수소 기체(H_2)와의 착물은 1984년에 확인되었다. 그러한 화합물에서 수소 분자(H_2)는 금속 원자의 측면으로 결합한다[오래된 문헌에서는 때때로 그와 같은 화합물들을 **비고전 수소화물**(nonclassical hydride)이라고 불렀다]. 금속 원자에 대한 이수소(dihydrogen)의 결합은 두 개의 성분으로 구성된다: 즉 H_2 결합에서 금속 원자로의 2개 전자의 σ 공여(**25**) 그리고 금속으로부터 H–H 반결합성 오비탈 σ*의로 π 역제공(**26**). 이러한 결합의 특성은 수많은 흥미로운 논점들을 제기한다. 특히 금속으로부터 π 역결합이 증가하면 H–H 결합의 세기는 감소하고, 결국 이수소화물(dihydride) 구조를 형성하는 경향이 있다.

수소 분자는 중성으로 취급되며 2전자 주개로 다룬다. 따라서 수소 분자(H_2)가 각 수소화물(H^-)로 변화될 때(각 수소화물은 –1가 산화 상태로 2전자 주개로 고려함) 금속의 산화 상태는 2만큼 증가한다. 따라서 금속은 2만큼 산화되고, 수소는 환원된다. 비록 금속의 이러한 산화가 전자를 세는 방법에서 다소 비정상적인 것처럼 보일지라도, 금속 원자의 전자 중 2개는 이수소화물의 역결합에 이용된다. 그리고 이러한 2개의 전자는 금속 원자의 추후에 발생하는 결합에는 더 사용되지 않는다. 이러한 수소 분자의 이수소화물로의 변화는 산화성 첨가 반응의 대표적인 예이며, 이장의 뒷부분(22.22절)에서 충분히 다룰 것이다.

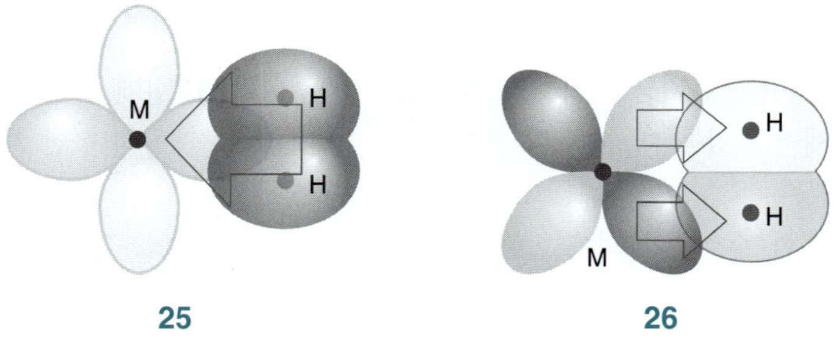

25 **26**

현재 이들 두 가지 극단의 사이에 있는 구조를 지닌 착물들이 존재하는 것으로 알려져 있으며, 일부 경우에 이들 두 가지 구조 사이에 평형을 이루는 것으로 확인되고 있다. G. Kubas는 텅스텐 착물에 대하여 H–D 짝지음 상수를 이용한 연구에서 이수소 착물(**27**, $^1J_{HD}$=34

Hz)과 이수소화물(**28**, $^2J_{HD}$ < 2 Hz)을 모두 검출하는 것과 한 구조에서 다른 구조로 변환되는 과정을 추적하는 것이 가능함을 보였다. 어떤 미생물들은 금속–이수소 및 수소화물의 중간체 화학종들을 통하여 H_2의 빠른 산화와 H^+의 환원 반응에서 촉매 작용을 하는 촉매 중심에 Fe와 Ni를 이용하는 **수소화 효소**(hydrogenase)라는 효소들을 포함하고 있다(26.14절).

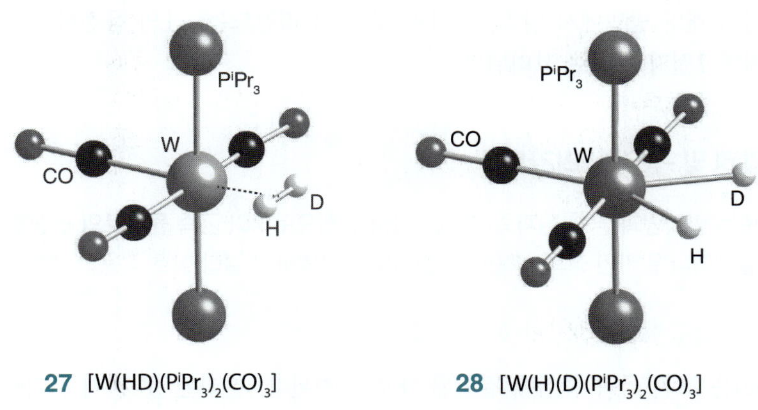

27 $[W(HD)(P^iPr_3)_2(CO)_3]$ **28** $[W(H)(D)(P^iPr_3)_2(CO)_3]$

22.8 η[1]-알킬, -알켄일, -알카인일 및 -아릴 리간드

요점: η[1]-탄화수소 리간드의 금속–리간드 결합은 σ 상호 작용이다.

알킬(alkyl)기는 d 금속 유기금속 화학에서 리간드로서 자주 발견되고 이들의 결합에서 새로운 특징은 나타나지 않는다. 즉 금속 원자와 유기 토막의 탄소 원자 간에 단순한 공유 결합 σ 상호 작용으로 고려된다. 금속에 결합하는 이웃한 탄소 원자에 수소 원자를 가진 알킬기들은 **β-수소 제거 반응**(β-hydrogen elimination) 과정에 의해 쉽게 분해되며(22.25절), 따라서 메틸, 벤질($CH_2C_6H_5$), 네오펜틸(CH_2CMe_3) 및 트라이메틸실릴메틸(CH_2SiMe_3)과 같이 이러한 방법으로 반응할 수 없는 알킬기들은 에틸과 같이, 반응할 수 있는 원자단보다 더 안정하다.

알켄일(alkenyl)(**29**), 알카인일(alkynyl)(**30**) 및 아릴(aryl)(**31**)기들은 앞에서와 유사한 방법인 단일 탄소 원자를 통하여 금속 원자와 결합하므로, 이들은 모노합토((η[1])로 설명된다. 이 세 가지 기는 각각 반결합성 오비탈로 π 전자를 받아들일 수 있는 가능성이 있지만, 이것이 일어난다는 증거는 없다. 이를테면 η[1]-알카인일기가 CO기와 유사하게 생각되지만, 알카인일 착물에서 삼중 결합의 신축 진동수는 금속과의 결합으로 인해서도 거의 변하지 않는다. 다리 구성 알킬기 및 아릴기가 또한 존재하며, 이 결합은 다른 다리 구성 리간드에서와 같은 방법인 $3c,2e$(3중심, 2전자) 결합으로 고려된다.

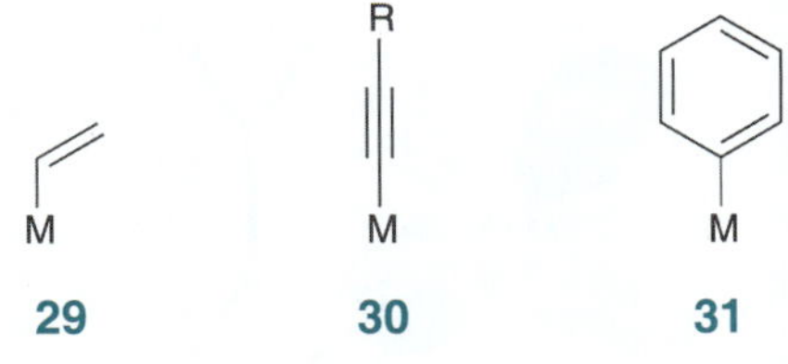

29 **30** **31**

알킬, 알켄일, 알카인일 및 아릴기는 일반적으로 유기금속 착물에서 중심 금속의 할로젠 작용기를 리튬이나 Grignard 시약으로 치환 반응을 통하여 도입된다. 예를 들면 다음과 같다.

$$Cl,PPh_3,Ph_3P,Cl\text{-}Pd \xrightarrow{2\ PhLi} Ph,PPh_3,Ph_3P,Ph\text{-}Pd + 2\ LiCl$$

전자 계산의 주개쌍 방법에서 알킬, 알켄일 및 아릴 리간드는 −1의 음전하(예를 들면 Me^-, Ph^-)를 가지며 2전자 주개로 고려된다.

22.9 η^2-알켄 및 -알카인 리간드

요점: 알켄 또는 알카인과 금속 원자의 결합은 다중 결합으로부터 금속 원자로의 σ 상호 작용과, 금속 원자로부터 알켄이나 알카인 상의 π* 반결합성 오비탈로의 π 역결합 상호 작용인 것으로 가장 잘 설명된다.

알켄(alkene)은 보통 금속 중심에 결합된 채로 발견된다. 분리된 첫 번째 유기금속 화합물인 Zeise 염(**1**)은 에텐(ethene)의 착물이다. 알켄은 일반적으로 금속으로부터 같은 거리로 이중 결합의 두 탄소 원자에 의해 금속 원자의 측면에서 결합하며, 알켄의 다른 기들은 금속 원자와 두 탄소 원자의 면과 거의 직각을 이루고 있다(**32**). 이러한 배열에서 C=C π 결합의 전자 밀도는 금속 원자의 빈 오비탈로 공여되어 σ 결합을 형성한다. 이와 동시에, 채워진 금속의 d 오비탈은 알켄의 빈 π* 오비탈에 전자 밀도를 되돌려주면서 π 결합을 형성한다. 이러한 설명을 **Dewar–Chatt–Duncanson 모형**(**Dewar–Chatt–Duncanson model**)이라고 하며 η^2-알켄을 2전자 중성 리간드로 간주한다(그림 22.5).

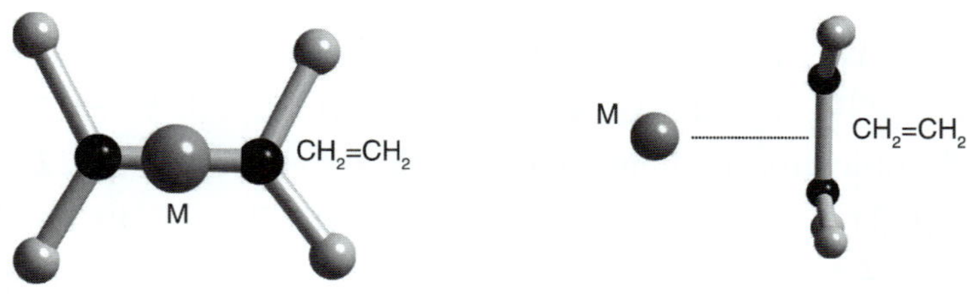

32 η^2-$CH_2{=}CH_2$

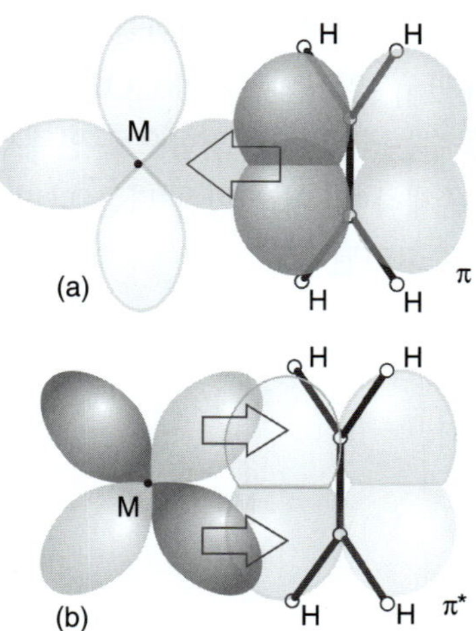

그림 22.5 에텐과 금속 원자의 상호 작용 (a) 에텐의 채워진 π 분자 오비탈은 비어 있는 금속의 σ 오비탈로 전자 밀도를 줌. (b) 에텐의 빈 오비탈은 금속의 채워진 dπ 오비탈로부터 전자 밀도를 받음

대부분 에텐의 d 금속 착물에서 전자 주개와 받개 특성은 상당히 고르게 균형을 이루고 있지만, 금속 원자와 알켄의 치환체에 따라 전자 공여와 역공여의 정도는 달라진다. 금속 원자로부터 π 역결합이 증가하면 전자 밀도가 C=C 반결합성 오비탈에 위치하므로 C=C 결합의 세기는 점점 감소하며, 구조는 메탈로사이클로프로페인(metallocyclopropane)과 같이 알려진 대로 C−C 단일 결합의 구조가 되려는 경향이 있다.

금속으로부터 단지 약하게 전자를 받는 이합토 알켄에서 치환체들은 금속 원자로부터 반대쪽으로 약간 굽어 있으며, C=C 결합 길이는 결합되지 않은 자유 알켄(134 pm)에서보다 약간 더 길다. 금속으로부터 알켄으로 역제공의 정도가 더 커지면 알켄의 치환체들은 금속 원자로부터 반대쪽으로 좀 더 굽어 있고 C−C 결합 길이는 C−C 단일 결합의 길이에 접근한다. 또한 입체 장애로 인하여 알켄에 있는 다른 기들은 금속 원자로부터 반대쪽으로 더 많이 굽는다.

알카인(alkyne)은 두 개의 π 결합을 가지고 있으므로 4전자 주개가 될 수 있다. 하나의 금속 원자에 측면으로 결합할 때 η^2-탄소−탄소 삼중 결합은 2전자 주개로서 고려되며 알켄에서와 같은 방법으로 π 오비탈은 금속 원자로부터 전자 밀도를 받는다. 강한 전자 끄는 기(electron-withdrawing group)들이 알카인에 결합되어 있을 때 리간드는 뛰어난 π 받개가 되며 포스핀과 같은 다른 리간드를 치환할 수 있다. 일반적으로 다이메틸아세틸렌다이카복실레이트(dimethylacetylenedicarboxylate, $CH_3OCOC{\equiv}CCOOCH_3$)로 알려진 화합물이 좋은 예이다.

치환된 알카인은 알카인이 4전자 주개로 간주되는 매우 안정한 다금속(polymetallic) 착물을 형성할 수 있다. 한 가지 예로서 η^2-다이페닐에타인(헥사카보닐)다이코발트(0)[η^2-diphenylethyne(hexacarbonyl)dicobalt(0)](**33**)이 있으며, 여기에서 하나의 π 결합은 Co 원자 중의 하나에 전자를 제공하고, 두 번째 π 결합은 다른 CO 원자와 겹침으로써 결합을 형성하고 있다. 이러한 화합물에서 나타난 것처럼, 알카인에 알킬기 또는 아릴기가 존재하면 금속 원자에 대해 약한 산성인 에타인은 H 원자를 잃고 금속에 배위되는 제2의 반응이 일어나는 경향을 낮춤으로써 더욱 안정하게 된다.

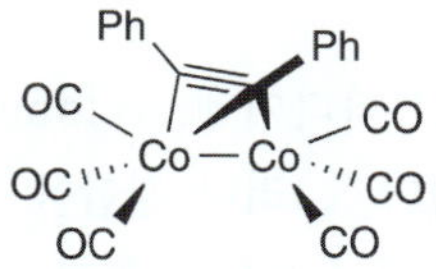

33 $[Co_2(PhC{\equiv}CPh)(CO)_6]$

22.10 비공액 다이엔 및 폴리엔 리간드

요점: 비공액 알켄과 금속 원자의 결합은 다중 알켄이 중심 금속에 독립적으로 결합하는 것으로서 설명한다.

비공액(nonconjugated) 다이엔(−C=C−X−C=C−)과 폴리엔 리간드들도 금속 원자들과 결합한다. 이들을 연결된 알켄으로 간주하는 것이 가장 간단하며, 따라서 새로운 결합 개념은 없다. 배위 착물에서 킬레이트 효과와 마찬가지로(7.14절), 생성되는 폴리엔 착물은 개별적 리간드에 의해 형성되는 같은 착물보다는 일반적으로 더 안정하다. 이것은 폴리엔 착물의 해

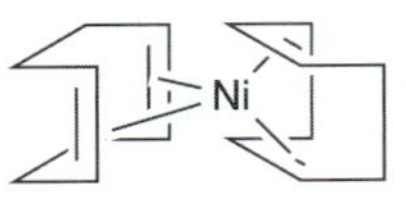

34 $[Ni(cod)_2]$

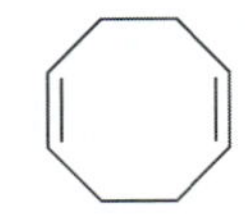
35 Cycloocta-1,5-diene(cod)

리 엔트로피가 분리된 리간드들이 각각 독자적으로 움직일 때보다 훨씬 더 작기 때문이다. 예를 들면 비스(η^4-사이클로옥타-1,5-다이엔)니켈(0)[bis(η^4-cycloocta-1,5-diene)nickel(0)] (**34**)은 4개의 에텐 리간드를 포함한, 대응되는 착물보다 더 안정하다. 사이클로옥타-1,5-다이엔(cycloocta-1,5-diene)(**35**)은 유기금속 화학에서 상당히 흔한 리간드로 'cod' 라는 약어로 표기하며, 일반적으로 간단한 리간드 치환 반응을 통하여 금속의 배위권에 도입된다. 한 가지 예는 다음과 같다.

Cl, NCPh, Pd, Cl, NCPh —cod→ Cl, Pd, Cl (cod) + 2 PhCN

금속의 cod 착물은 종종 중간 정도의 안정성을 가지기 때문에 반응의 출발 물질로서 흔히 사용되고 있다. 그중에서 많은 착물들은 충분히 안정하므로 분리해서 다룰 수 있지만, cod는 많은 강한 리간드에 의해 치환이 된다. 예를 들면 매우 유독한 $[Ni(CO)_4]$ 분자가 반응에서 필요하다면 직접적으로 반응 용기 내에서 $[Ni(cod)_2]$를 먼저 생성한다.

$$Ni(cod)_2(soln) + 4CO(g) \rightarrow Ni(CO)_4(soln) + 2cod(soln)$$

22.11 뷰타다이엔, 사이클로뷰타다이엔 및 사이클로옥타테트라엔

요점: 뷰타다이엔과 사이클로뷰타다이엔의 결합을 살펴보면 두 개의 알켄 단위를 포함하는 것으로 볼 수 있지만 완전히 이해하기 위해서는 분자 오비탈을 고려할 필요가 있다. 사이클로옥타테트라엔은 여러 다른 방법으로 결합하며, d 금속 화학에서 가장 일반적인 방법은 뷰타다이엔과 비슷한 η^4 주개로 작용하는 것이다.

뷰타다이엔(butadiene)과 사이클로뷰타다이엔(cyclobutadiene)은 모두 똑같이 분리된 이중 결합을 가진 것으로 생각할 수도 있다. 그러나 결합을 충분히 이해하기 위해서는 리간드-금속 원자의 상호 작용이 두 가지 경우에서 서로 다르기 때문에, 적당한 분자 오비탈(MO)를 사용하여 접근할 필요가 있다.

그림 22.6은 뷰타다이엔에서 π계에 대한 분자 오비탈을 나타낸 것이다. 두 개의 채워진 낮은 에너지 준위의 MO들은 금속에 대해 주개로서, 즉 가장 낮은 MO는 π 주개 및 그다음 MO는 π 주개로서 거동한다. 그다음으로 높은 준위의 채워지지 않은 분자 오비탈인 LUMO는 금속 원자로부터 π 받개 역할을 한다. 따라서 금속 원자에 대해 뷰타다이엔 분자의 결합은 두 중심 탄소 원자 간의 결합성인(명목상으로 단일 결합된) MO를, 명목상으로 이중 결합된 탄소 원자 간의 반결합성인 MO를 가지게 된다. 결과적으로 전자 밀도의 변형으로 인해 중앙의 C–C 결합은 짧아지고 이중 C–C 결합은 길어진다(일부 착물에서는 중앙의 C–C 결합이 다른 두 C–C 결합보다도 훨씬 짧다고 알려졌다). 이론적으로 δ 결합성 상호 작용이 d_{xy} 금속 원자 오비탈과 뷰타다이엔 MO의 반결합성 상호 작용으로 가능하지만, 그것이 일어난다는 명확한 증거는 없다. 따라서 뷰타다이엔은 전자 계산 방법에서 4전자 중성 리간드인 것으

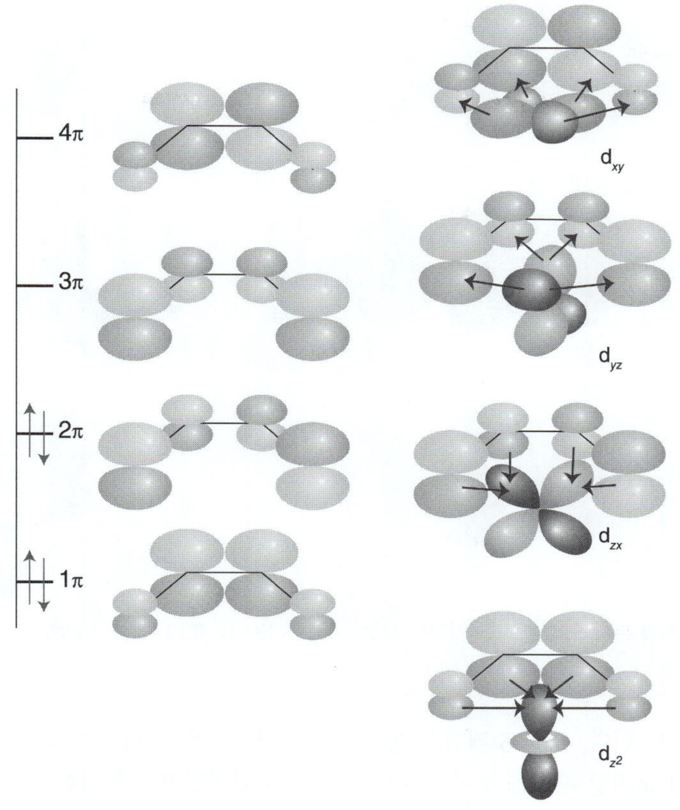

그림 22.6 뷰타다이엔에서 π계의 분자 오비탈 또한 결합성 상호 작용을 하는 적당한 대칭성의 금속 d 오비탈을 보여 주고 있다.

로 간주한다.

사이클로뷰타다이엔은 직사각형(D_{2h})이며 결합각 장애와 4전자 반방향족(antiaromatic) 배치로 인하여 자유 분자로서는 불안정하다. 그러나 예를 들어 $[Ru(\eta^4\text{-}C_4H_4)(CO)_3]$(**36**)와 같은 안정한 착물이 알려져 있다. 이러한 화학종은 불안정한 분자를 금속 원자에 배위하여 안정화하는 많은 화합물 중의 한 예이다.

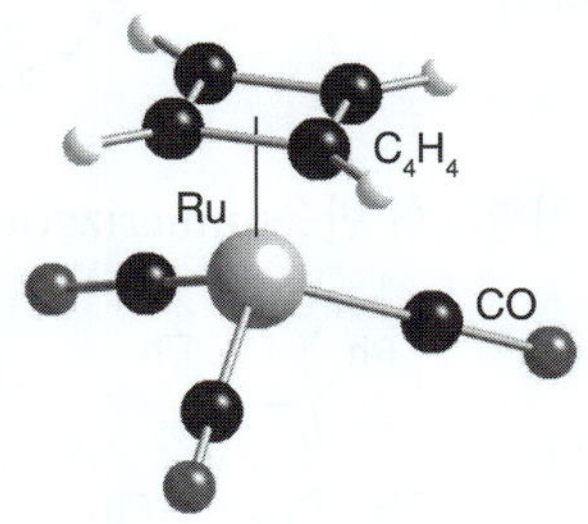

36 $[Ru(C_4H_4)](CO)_3]$

정사각형 배열로부터 한 가지 일그러짐의 결과로서[2] 사이클로뷰타다이엔은 뷰타다이엔과 비슷한 MO 도표를 가진다(그림 22.7). 역결합에 의해 LUMO에 채워지면 직사각형 사이클로뷰타다이엔 분자의 긴 방향으로 더 큰 결합성을 가지게 되어 결국에는 정사각형(D_{4h}) 배열 쪽으로 선호하게 된다. 만약에 사이클로뷰타다이엔이 형식적으로 금속 원자로부터 두 개의 전자를 받으면, 이는 세 개의 채워진 MO로서 6개의 π 전자를 가지며 정사각형으로부터 일그러지지 않는다. 두 개의 MO는 이러한 방향족 배치에서 축퇴된다. 모든 사이클로뷰타다이엔 금속 착물은 정사각형 모양으로 발견되기 때문에, 이러한 결합은 6전자 방향족 배치를 나타낸다. 결합에 대한 이러한 견해로 볼 때에, 대부분 사이클로뷰타다이엔을 4전자 중성 리간드로 간주하지만, 일부에서는 −2가 음이온 $R_4C_4^{2-}$ 같은 사이클로뷰타다이엔 착물을 6전자 주개의

[2] 이러한 일그러짐은 유기 화합물에 대한 Jahn–Teller 효과로 고려된다(20.1g절).

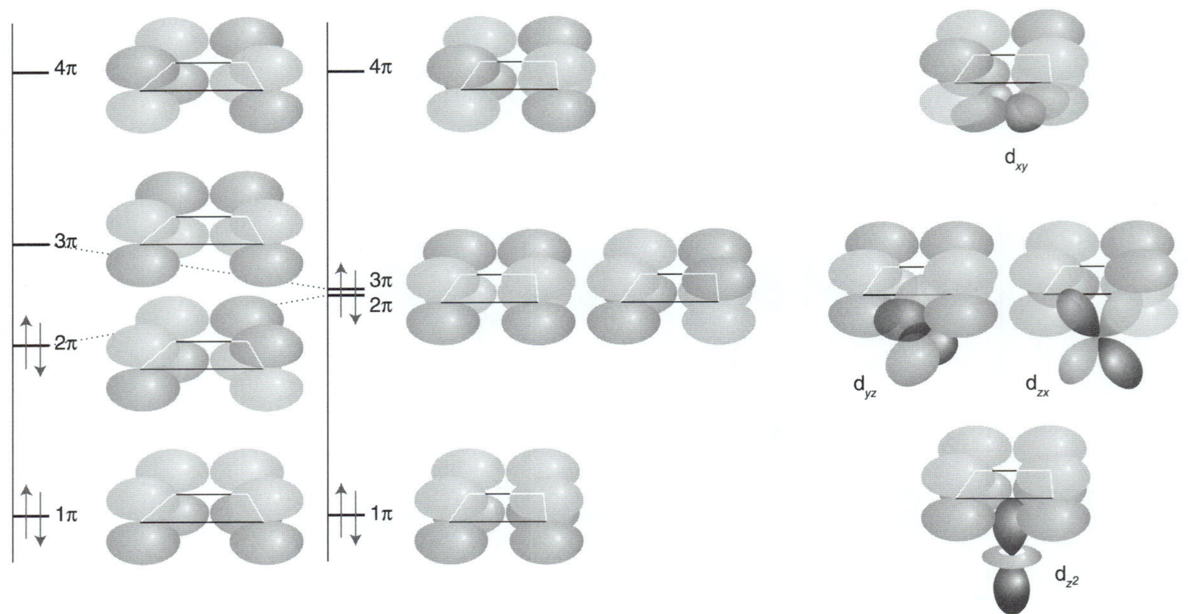

그림 22.7 **사이클로뷰타다이엔에서 π계의 분자 오비탈** 또한 결합성 상호 작용을 하는 적당한 대칭성의 금속 d 오비탈을 보여 주고 있다.

착물로 간주하기도 한다. 또한 δ 결합성 상호 작용은 d_{xy} 금속 오비탈과 대부분의 뷰타다이엔 MO의 반결합성 오비탈 사이에서 가능하지만, 그것이 일어난다는 명확한 증거는 아직 없다.

사이클로뷰타다이엔은 불안정하므로 사이클로뷰타다이엔 리간드는 배위되는 금속의 존재 하에서 생성되어야 한다. 이러한 합성은 다양한 방법에 의해 이루어진다. 한 가지 합성 방법은 할로젠화된 사이클로뷰텐(cyclobutene)의 할로젠 이탈 반응(dehalogenation)을 이용하는 것이다.

Cl, Cl + $Fe_2(CO)_9$ ⟶ Fe, OC, CO, CO + $FeCl_2$ + 6 CO

또 다른 과정은 치환된 에타인의 이합체화 반응(dimerization)이다.

PhC, CPh, CPh, CPh, Co, Cp, PPh_3 ⟶ Ph, Ph, Ph, Ph, Co, Cp, PPh_3 ⟶ Ph, Ph, Ph, Ph, Co, Cp + PPh_3

사이클로옥타테트라엔(cyclooctatetraene)(**37**)은 큰 리간드로서 매우 다양한 결합 형태로 발견된다. 사이클로뷰타다이엔처럼 사이클로옥타테트라엔도 자유 분자로서는 반방향족이다. η^8-옥타합토 배열로 금속 원자에 결합하면 사이클로옥타테트라엔은 평면이고 모든 C−C 결합 길이가 같다. 사이클로뷰타다이엔에서와 같이 이러한 사이클로옥타테트라엔 배열은 두 개의 전자를 끌어들여서 방향족 −2가 음이온 리간드 $[C_8H_8]^{2-}$, 즉 10전자 주개가 되는 것으로 생각된다. 이러한 방법으로 결합된 사이클로옥타테트라엔은 d 금속 화합물에서는 드물고 보통 란타넘족과 악티늄족에서만 발견된다(23.9절, 23.12절). 예를 들면 두 개의 −2가 음이온 리간드가 비스(η^8-사이클로옥타테트라엔일)-우라늄(IV)[bis(η^8-cyclooctatetraenyl)-uranium](IV) $[U(\eta^8\text{-}C_8H_8)_2]$에서 발견되며, 일반적으로 우라노센(uranocene)이라고 한다.

d 금속 화합물에서 사이클로옥타테트라엔에 대해 좀 더 흔한 결합 방식은 리간드의 결합 부분을 뷰타다이엔으로 볼 수 있다. 예를 들어 (**38**)과 같이 η^4-C_8H_8 리간드가 주름잡힌(puckered) 형태이다. 또한 화합물 (**39**)와 (**40**)처럼 다리 구성 방식도 가능하다.

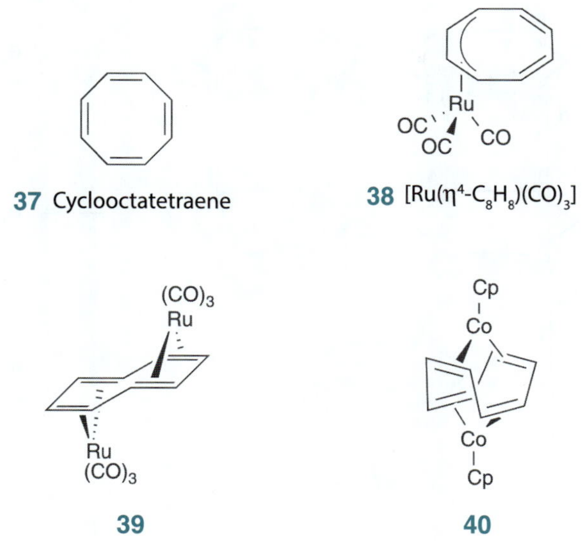

37 Cyclooctatetraene

38 $[Ru(\eta^4\text{-}C_8H_8)(CO)_3]$

39

40

22.12 벤젠 및 기타 아렌

요점: 벤젠의 MO를 고려한다면 상당한 δ 역결합 상호 작용을 포함하는 벤젠의 금속 원자에 대한 결합 모형을 생각할 수 있다.

만약 벤젠을 세 개의 편재된(localized) 이중 결합을 가진 것으로 생각한다면, 각각의 이중 결합은 리간드로서 거동할 수 있고 벤젠은 세 자리 η^6-리간드로서 작용한다. 비스(η^6-벤젠)크로뮴(0)[bis(η^6-benzene)chromium(0)](**41**)과 같은 화합물은 각각 두 개의 전자를 제공하는 6개의 배위된 이중 결합들이 d^6 금속 원자와 결합하여 이루어진 것으로 간주한다면, 팔면체 착물에서 총 18개의 원자가 전자를 가지고 있다. 비스(η^6-벤젠)크로뮴(0)은 존재하며 매우 안정하다(공기 중에서 다룰 수 있고 분해 없이 승화한다). 결합에 대해 이와 같이 가장 단순화한 관점은 구조를 이해하는 첫 번째 단계이지만, 실제 모형은 분자 오비탈을 포함하여 더 자세한 고려가 필요하다.

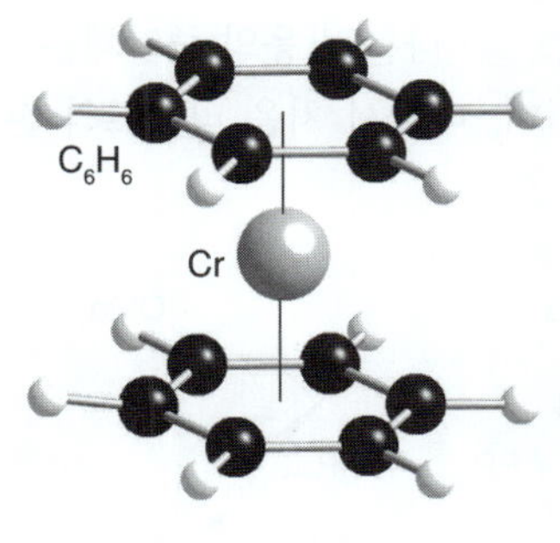

41 $[Cr(C_6H_6)_2]$

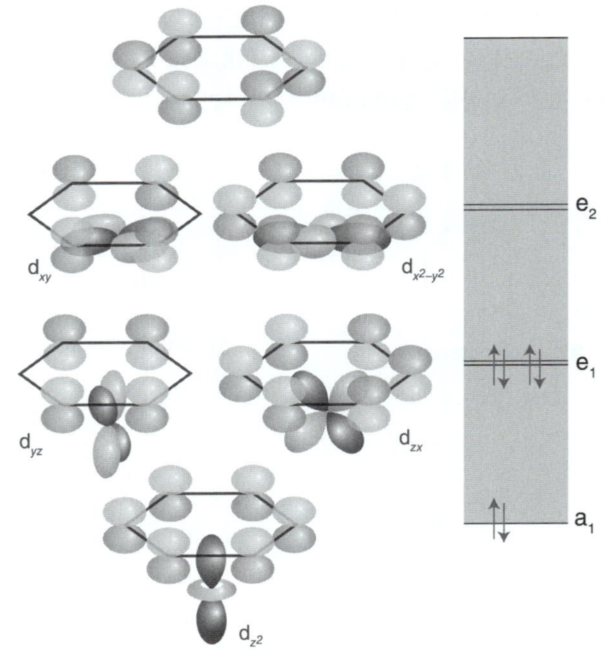

그림 22.8 벤젠에서 π계의 분자 오비탈 또한 결합성 상호 작용을 하는 적당한 대칭성의 금속 d 오비탈을 보여 주고 있다.

벤젠의 π 결합 분자 오비탈 모형에는 세 개의 결합성 오비탈과 세 개의 반결합성 오비탈이 있다. 만일 하나의 벤젠 분자가 하나의 금속과 결합하고 d 오비탈만 고려한다면, 가장 강한 상호 작용은 가장 강한 결합성의 a_1 벤젠 MO와 d_{z^2} 금속 오비탈 사이의 σ 상호 작용이다. π 결합은 벤젠의 다른 결합성 MO와 d_{zx} 및 d_{yz} 오비탈들 사이에서 가능하다. 금속 원자로부터 벤젠으로의 역결합은 $d_{x^2-y^2}$ 및 d_{xy} 금속 오비탈들과 벤젠의 반결합성 e_2 오비탈들 사이에서 δ 상호 작용으로서만 가능하다(그림 22.8). η^6-아렌은 6개의 전자를 제공하는 중성 리간드인 것으로 간주하고, 입체적으로는 금속에서 세 개의 배위 자리를 차지하는 것으로 생각한다.

헥사합토(η^6)아렌[hexahapto(η^6)arene] 착물은 세 개의 치환성 리간드를 가진 화합물과 아렌을 같이 환류시킴으로써 종종 매우 간단하게 합성된다.

$Mo(CO)_6$ —PhOMe→ (η^6-PhOMe)Mo(CO)$_3$ (OMe, Mo, OC, CO, CO) + 3 CO

η^6-아렌 착물에서 일반적으로 일어나는 반응의 중간체는 금속에 단지 4개의 전자를 제공하는 η^4 착물로 잠시 바뀐 형태이며, 따라서 처음 리간드의 손실이 없이 치환 반응을 진행하게 된다.

OMe / Mo / OC CO CO — η^6-arene —+ PR_3→ OMe / R_3P Mo / OC CO CO — η^4-arene —− CO→ OMe / Mo / R_3P CO CO — η^6-arene

실제로 (**42**)와 같은 일부 η^4-아렌 화합물이 분리되었으며, 결정학적인 방법으로 구조가 알려졌다.

42

η^2-아렌도 알려져 있으며 η^2-알켄과 유사하고 금속 착물에 의해 아렌의 활성화에 중요한 역할을 한다. 다른 기타의 예를 들면 (**43**)과 같은 화합물이 분리되었다.

Ni

R_3P PR_3

43

22.13 알릴 리간드

요점: η^3-알릴 착물의 MO를 살펴보면, 두 개의 C−C 결합 길이가 동일한 것으로 나타난다. 알릴 리간드의 결합 형태는 매우 가변적이며 종종 η^3-알릴 착물의 반응성은 매우 크다.

알릴 CH_2=CH−CH_2^- 리간드는 두 가지 배열을 가지며, 이 중의 하나와 금속 원자 간의 결합이 일어난다. η^1-리간드(**44**)로서 이는 마치 η^1-알킬기인 것처럼, 즉 2가의 음전하를 지닌 2전자 주개로 간주한다. 그러나 또한 알릴 리간드는 이중 결합을 이용하여 또 하나의 2전자 주개로서 작용할 수 있으며, η^3-리간드(**45**)로서 작용하면 2가의 음전하를 지닌 4전자 주개로 간주한다. η^3-알릴 리간드는 (**46**)와 같이 두 가지 형태 사이에서 공명 구조로 생각되며, 모든 증거들은 대칭 구조를 암시하기 때문에 종종 모든 결합 전자를 굽은 선으로 나타내어 묘사한다(**47**).

M

44 η^1-($CH_2CH=CH_2$)

M ⟷ M

45 **46**

M

47 η^3-(CH_2CHCH_2)

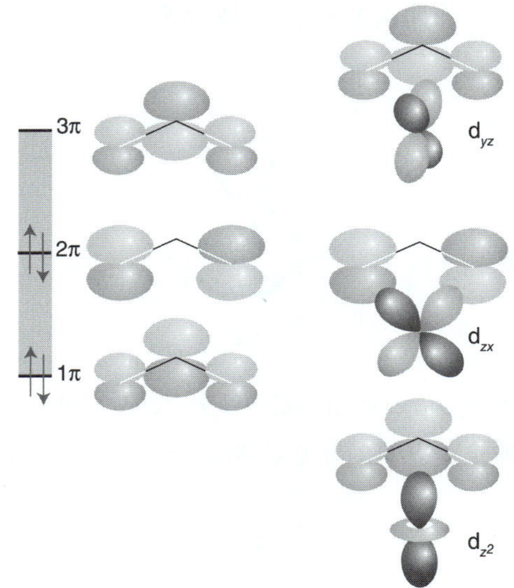

그림 22.9 알릴기에서 π계의 분자 오비탈 또한 결합성 상호 작용을 하는 적당한 대칭성의 금속 d 오비탈을 보여 주고 있다.

벤젠에서처럼, 알릴기의 결합에 대해 좀 더 자세하게 이해하기 위해서 유기 토막(organic fragment)의 분자 오비탈에 관해 고려해 보면(그림 22.9), η^3-결합 방식의 적절한 표현은 대칭 배열인 것이 명백해진다. 알릴기의 채워진 1π 오비탈은 σ 주개로 작용하고(d_{z2} 오비탈 안으로), 2π 오비탈은 π 주개로 작용하며(d_{zx} 오비탈 안으로), 3π 오비탈은 π 받개로 작용한다(d_{yz} 오비탈로부터). 그러므로 금속 원자와 각각의 말단 탄소 원자의 상호 작용은 완전히 대칭적인 배열이 정확한 형태라는 것이 명백하다.

η^3-알릴기에서 말단의 치환체들은 세 개 탄소로 이루어진 뼈대 면에서 약간 벗어나 굽어 있으며, 가운데 수소에 대해 상대적으로 **신**(syn)(**48**) 또는 **안티**(anti)(**49**) 위치 중의 하나가 된다. 어떤 경우에 안티 및 신 기(group) 간의 교환은 NMR 시간 척도상으로 빠르게 일어나는 것을 흔히 관측할 수 있다. 이러한 교환을 설명하는 메커니즘은 η^3에서 η^1을 거쳐 η^3로의 변형을 종종 포함한다.

R_{syn}, M → R, M → R, M → R_{anti}, M

결합에서 이러한 유연성으로 인하여 η^3-알릴 착물은 다른 리간드와 η^1 형태로 쉽게 결합할 수 있기 때문에 종종 반응성이 매우 크다.

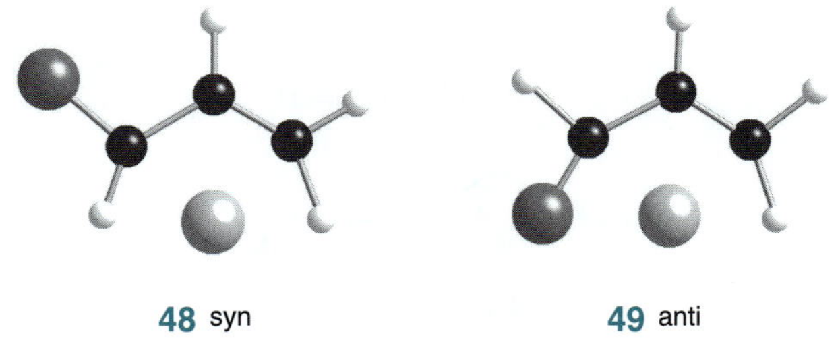

48 syn **49** anti

알릴 착물은 여러 가지 경로로 합성된다. 그중 하나는 금속 할로젠화물에 대한 알릴 Grignard 시약의 친핵성 공격 반응에 의한 것이다.

$$2C_3H_5MgBr + NiCl_2 \rightarrow [Ni(\eta^3\text{-}C_3H_5)_2] + 2MgBrCl$$

또한 할로알케인에 대하여 낮은 산화 상태의 금속 원자를 이용한 친핵성 공격을 통하여 알릴 착물을 합성할 수 있다.

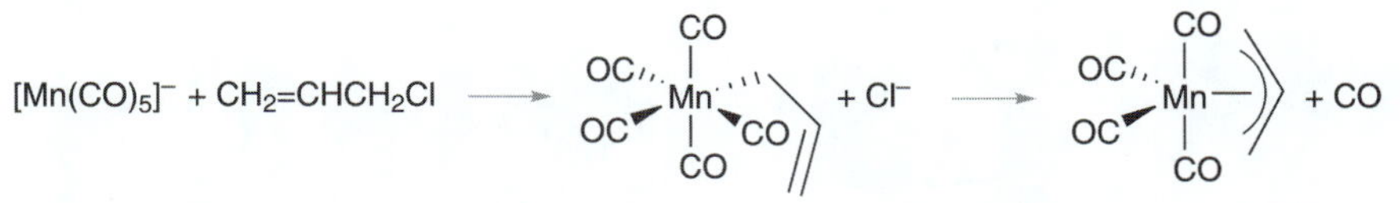

양성자화 반응이 직접적으로 금속 중심에서 일어나지 않으면 뷰타다이엔 착물의 양성자화 반응을 통하여 η^3-알릴 착물을 형성할 수 있다.

22.14 사이클로펜타다이엔 및 사이클로헵타트라이엔

요점: 사이클로펜타다이엔일 리간드의 일반적인 η^5-결합 형태는 유기 토막으로부터 금속으로의 σ 및 π 공여와 함께 σ 역결합을 기본으로 하는 결합인 것으로 이해한다. 일반적으로 사이클로헵타트라이엔은 방향족성 사이클로헵타트라이엔일 양이온 $[(C_7H_7)^+]$의 η^6-착물이나 η^7-착물 중의 하나를 형성한다.

사이클로펜타다이엔(cyclopentadiene, C_5H_6)은 약한 산성인 탄화수소로서, 양성자가 제거되면서 사이클로펜타다이엔일 음이온($C_5H_5^-$)을 형성한다. 사이클로펜타다이엔일 음이온의 안정성은 6전자가 방향족성 π계를 형성한다는 사실을 알게 되면 이해된다. 이러한 6전자의 비편재화는 결과적으로 5개의 동일한 결합 길이를 가진 고리 구조를 형성한다. 리간드로서 사이클로펜타다이엔일기는 유기금속 화학의 발전에 중요한 역할을 하였으며, 계속하여 고리형 폴리엔 리간드의 원형이 되고 있다. 우리는 유기금속 화학의 발전에서 페로센(**4**)의 역할을 이미 언급한 바 있다. 엄청난 수의 금속 사이클로펜타다이엔일과, 치환된 사이클로펜타다이엔일 화합물이 알려져 있다. 사이클로펜타다이엔일이 η^1-알킬기처럼 작용할 경우에 일부 화합물은 모노합토 리간드(**13**)로서 $C_5H_5^-$를 가지며, η^3-알릴기처럼 작용할 때에는 트라이합토 리간드(**14**)로서 $C_5H_5^-$를 포함한다. 그럼에도 불구하고, 보통 $C_5H_5^-$는 고리의 모든 5개 탄소를 통해서 결합하는 펜타합토 리간드로서 존재한다. η^1-과 η^5-사이클로펜타다이엔일기를 포함한 화합물의 예로는 (**50**)이 있으며, η^3와 η^5-사이클로펜타다이엔일기를 포함한 화합물의 예로는 (**51**)이 있다.

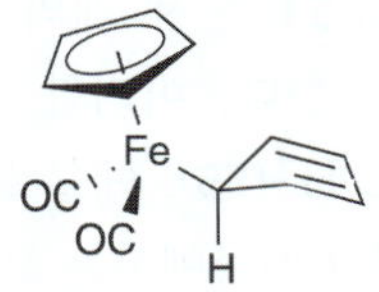

50 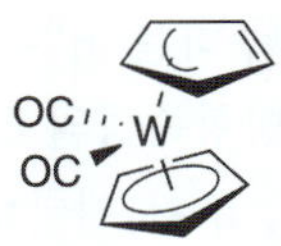　　**51**

보통 η^5-$C_5H_5^-$(Cp로 줄임)를 6전자 주개로 간주한다. 형식적으로, 금속 쪽으로 제공하는

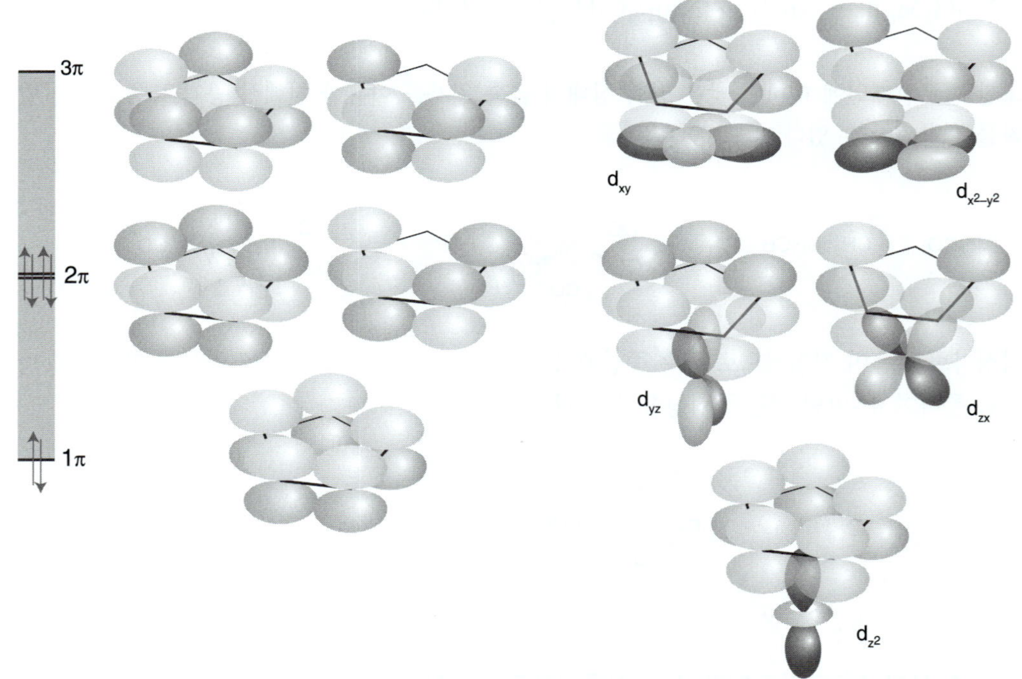

그림 22.10 사이클로펜타다이엔일기에서 π계의 분자 오비탈 또한 결합성 상호 작용을 하는 적당한 대칭성의 금속 d 오비탈을 보여 주고 있다.

전자는 리간드에서 채워진 1π(σ 결합성)과 2π(π 결합성) MO(그림 22.10)로부터 오며, 금속 원자 상의 d_{xy}와 $d_{x^2-y^2}$로 이루어진 e_2 오비탈로부터 δ 역결합이 같이 일어난다. 22.19절에서 보게 되겠지만, 배위된 Cp 리간드는 6전자 방향족성 구조를 유지하는 것처럼 거동한다.

사이클로펜타다이엔의 전자적 특성과 구조적 특성은 쉽게 조정이 가능하다. 전자를 주거나 받는 기를 오원자 고리에 결합시키고 입체적으로 큰 기도 부가적으로 치환 반응에 의해 도입한다. 펜타메틸사이클로펜타다이엔일(pentamethylcyclopentadienyl) 리간드(Cp*)는 일반적으로 금속 원자에 더 큰 전자 밀도를 제공하고 더 큰 입체적 보호를 받기 위해 사용된다. 카이랄기가 종종 Cp기에 첨가된 착물은 입체 선택성 반응에 사용된다. 예를 들면 네오-멘틸(*neo*-menthyl)기(**52**)가 종종 사용된다. 사이클로펜타다이엔일 리간드를 포함하는 화합물의 합성과 특성 그리고 반응성에 대해서는 22.19절에서 더 자세히 논의한다.

52

사이클로헵타트라이엔(cycloheptatriene, C_7H_8)(**53**)은 세 개의 η^2-알켄 분자가 금속 원자에 결합된 것으로 간주하는 η^6-착물(**54**)을 형성한다. 이러한 착물로부터 수소화 이온(hydride)을 떼어 내면 방향족성의 6전자 양이온 $C_7H_7^+$(**55**), 예를 들면 (**56**)과 같은 η^7-착물을 결과적으로 형성한다. η^7-사이클로헵타트라이엔일 착물에서는 모든 탄소–탄소 결합 길이가 같으며, 금속 원자에 대한 결합과 금속으로부터의 역결합은 아렌과 사이클로펜타다이엔일 착물에서 발견되는 것과 비슷하다.

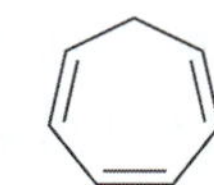

53 Cycloheptatriene

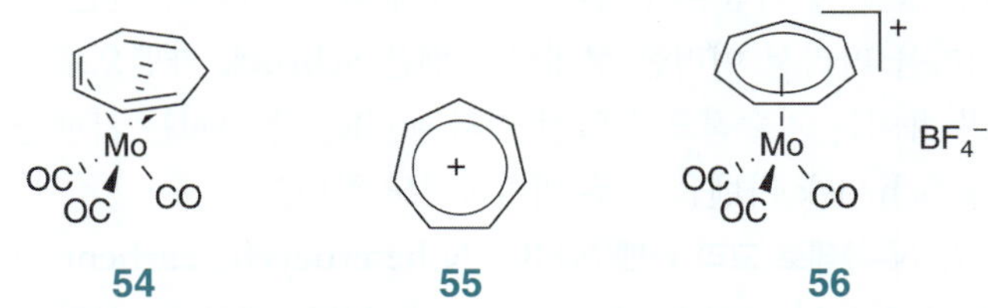

54 **55** **56**

22.15 카벤

요점: Fischer 및 Schrock 형태의 카벤 착물은 금속-탄소의 이중 결합과 금속으로부터 상당한 π 역결합을 가지는 것으로 생각된다. 반면에 *N*-헤테로 고리 카벤은 금속-탄소의 단일 결합과 최소한의 π 역결합을 가지는 것으로 고려된다.

카벤(carbene) CH_2는 C 원자 주위에 단지 6개의 전자를 가지고 있으며, 그 결과로 반응성은 매우 크다. 이외에 치환된 카벤도 존재하며 반응성은 상당히 약하고 금속에 대해 리간드로 작용한다.

원칙적으로 카벤은 두 종류의 전자 배치-탄소 원자에 결합된 두 개의 기는 선형 배열이며 두 개의 p 오비탈에 남은 두 개의 전자가 각각 홀전자 상태로 존재하는 전자 배치(**57**) 또는 두 개의 기가 굽은 형이며 비어 있는 p 오비탈과 두 개의 남은 전자가 쌍으로 존재하는 전자 배치(**58**)-중에서 하나로 존재한다. 기들이 선형 배열인 카벤은 두 개의 홀전자가 쌍을 이루지 않으며 $S = 1$이므로 '삼중항 카벤(triplet carbene)'으로 불리며, 입체적으로 매우 큰 기가 카벤 탄소에 결합되어 있을 때 유리하다. 굽은 배열의 카벤은 두 개의 전자가 쌍을 이루며 $S = 0$이므로 '단일항 카벤(singlet carbene)'으로 알려져 있는 보통의 형태이다. 단일항 카벤의 탄소에 있는 전자쌍은 금속 원자와 결합하기에 적당하며 리간드로부터 금속으로의 결합을 하게

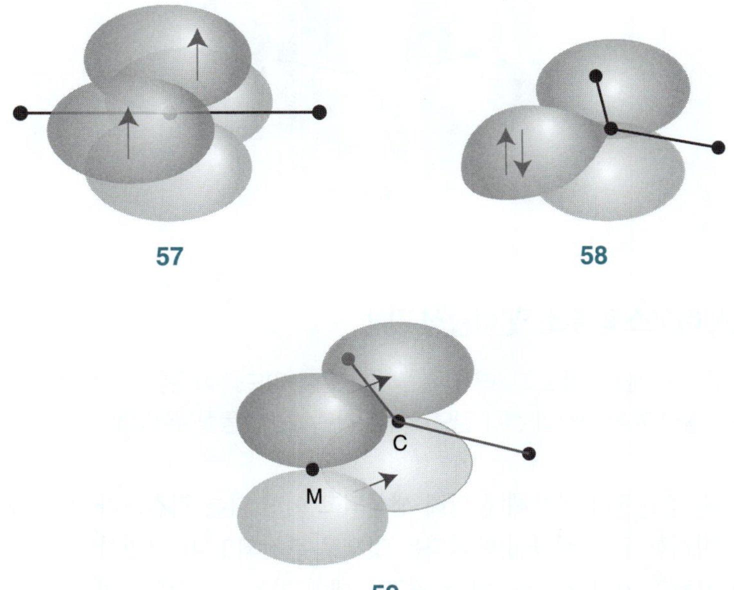

57 **58**

59

된다. C 원자에 비어 있는 p 오비탈은 금속 원자로부터 전자 밀도를 받아서 결과적으로 전자가 부족한 탄소를 안정하게 한다(**59**). 역사적인 이유 때문에 이러한 형태로 금속 원자에 결합된 카벤은 **Fischer 카벤**으로 알려져 있으며 금속–탄소의 이중 결합을 나타낸다. Fischer 카벤은 탄소 원자에서 전자가 부족하고 결과적으로 친핵체의 공격을 쉽게 받는다. 탄소 원자에 대해 역결합이 매우 강할 때 카벤은 전자가 풍부하게 되고, 따라서 친전자체에 의해 공격받기 쉽다. 발견자의 이름을 따라서 이러한 형태의 카벤은 **Schrock 카벤**으로 알려져 있다. **알킬리덴**(**alkylidene**)이란 용어는 기술적으로 알킬 치환체(CR_2)를 가지는 카벤을 지칭하지만, 때때로 Fischer 케벤 및 Schrock 카벤을 모두 의미하기도 한다.

최근에 와서 소위 ***N*-헤테로 고리 카벤**(**NHC: *N*-heterocyclic carbene**)으로 알려진 수많은 유도체들이 리간드로 사용된 보고가 발표되고 있다. NHC에서 두 개의 질소 원자는 카벤의 탄소 원자에 붙어 있고 질소의 고립 전자쌍은 대부분 p 오비탈에 근거한 것으로 보면, 두 개의 질소 원자로부터의 강한 π 전자 주개 상호 작용으로 카벤을 안정하게 한다(**60**). 카벤 C 원자와 두 개의 N 원자를 하나의 고리 안에서 묶음으로써 카벤의 안정화를 돕는데, 보통 오원자 고리가 흔하다(**61**). 고리 안에 이중 결합이 있으면 추가적으로 안정성이 증가하는데, 이것은 첨가된 두 개의 전자로 6전자 방향족성 공명 구조(**62**)를 형성하기 때문인 것으로 고려된다. NHC 리간드와 금속의 결합은 일반적으로 탄소로부터 대부분의 2전자 σ 주개와 금속 원자로부터 최소한의 π 역결합으로 고려된다. 그러나 현재에는 금속 원자로부터 NHC로의 강한 π 역결합이 존재하는 것으로 본다.

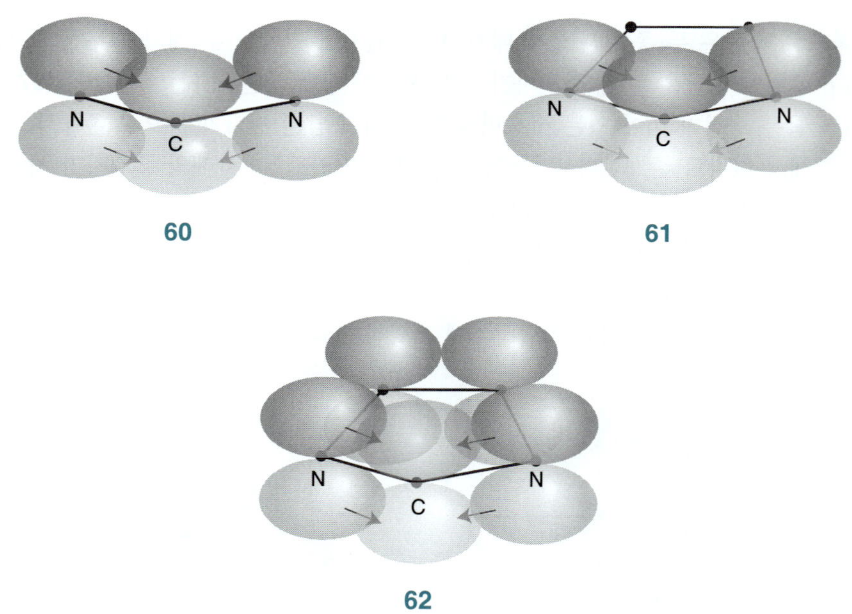

22.16 알케인, 아고스틱 수소 및 비활성 기체

요점: 알케인은 C–H 단일 결합으로부터 금속 원자로 전자 밀도를 제공할 수 있으며, 다른 전자 주개가 없을 때에는 비활성 기체 원자의 전자 밀도조차 리간드처럼 거동할 수 있다.

반응성이 큰 금속 중간체가 광분해에 의해 생성되고 어떤 다른 리간드가 없을 때에 알케인과 비활성 기체는 이러한 금속 원자에 배위되는 것으로 관찰되었다. 그러한 화학종은 고체 메테인이나 비활성 기체의 기질(matrix)에서 1970년대에 처음으로 확인되었고, 처음에는 단순히 신기하게만 여겼다. 그러나 최근에 두 종류의 화학종은 모두 용액 안에서 완전히 규명되었으며, 지금은 많은 반응에서 중요한 중간체로 받아들인다.

알케인은 C−H σ 결합으로부터 금속 원자로 전자 밀도를 제공하고(**63**), 마치 수소 분자처럼 금속 원자로부터 σ* 오비탈로 π 전자 밀도를 되돌려받는다(**64**). 비록 대부분의 알케인 착물은 쉽게 치환이 일어나서 수명이 짧지만, 1998년에 사이클로펜테인 착물(**65**)은 NMR에 의해 용액 상태에서 그 존재가 명확하게 확인되었다. 가장 간단한 탄화수소인 메테인은 2009년에 NMR(**66**)에 의해 구조가 확인되었으며, 2012년에는 알케인 화합물의 결정 구조가 보고되었다.

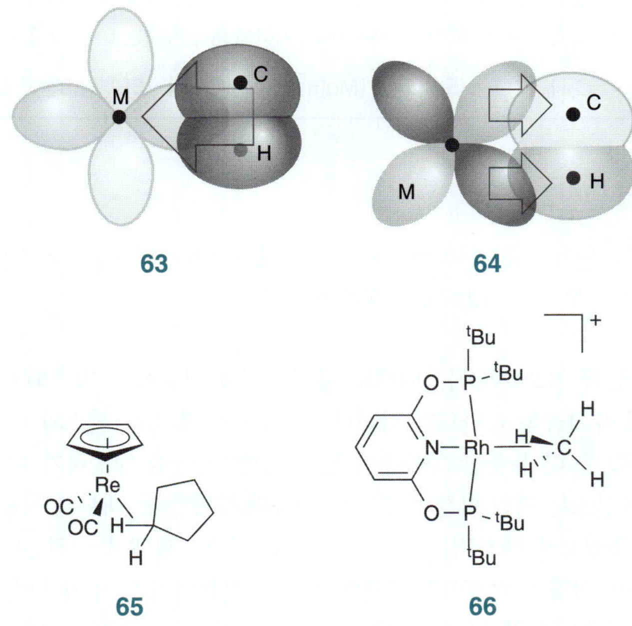

이미 배위되어 있는 리간드의 C−H 결합과 금속 원자 사이의 상호 작용도 관찰되었다. 이러한 화학종은 **아고스틱**(agostic) C−H 상호 작용을 가진 것으로 언급하고 그리스 어원으로 '자기 스스로에게 매달려 있다'라는 뜻을 지니며, 킬레이트 효과 때문에 부가적으로 안정성을 가진 것으로 생각된다(7.14절). 지금은 아고스틱 상호 작용을 가지는 화합물이 많이 알려져 있으며, 예로서 화합물 (**67**)이 있다. 각 C−H 결합의 금속 원자에 대한 상호 작용이 아고스틱이든 아니든 간에, 비록 약한 결합이더라도 형식적으로는 금속에 두 개의 전자를 제공하는 것으로 고려한다.

67

68

예상과는 달리, 비활성 기체 원자도 금속 중심에 대해 리간드로 작용할 수 있으며, 다수의 Kr과 Xe 착물은 IR 분광법으로 확인되었고, 상대적으로 수명이 긴 Xe 착물(**68**)은 용액 상태에서 NMR에 의해 2005년에 규명되었다. 이러한 착물은 알케인과 같이 더 좋은 리간드가 없을 때에만 안정하다. 비활성 기체는 형식적으로 중성의 2전자 주개로 간주한다.

예제 22.5 착물에서의 전자 계산

다음 화합물 중에서 18전자를 가지는 것은 어느 것인가?
(a) 아고스틱 Pt 화합물(**67**), (b) $[Re(^iPr\text{-}Cp)(CO)(PF_3)Xe]$(**68**)

답 (a) η^1-아릴과 염화(chloride) 리간드는 모두 −1가의 음전하로 2전자 주개로 간주되고, 피리딘 리간드는 중성의 2전자 주개로 간주된다. 이와 같이 Pt(II) 착물은 8개 이상의 전자를 제공한다. 아고스틱 상호 작용을 고려하기 전에 총 전자수는 따라서 $(3 \times 2) + 8 = 14$이다. 아고스틱 상호 작용 때문에 두 개의 전자가 더 제공되는 것으로 간주하면 16전자 화합물이 된다. 실제로 (**67**) 물질의 결정 구조는 메틸기의 2개의 수소가 상호 작용하고 있는 것으로 나타나며, 이를 고려하면 18전자 화학종이 된다. (b) $^iPr\text{-}Cp$ 리간드는 −1의 음전하를 가지는 6전자 주개로 고려되고 CO, PF_3 및 Xe 리간드는 각각 중성의 2전자 주개로 간주된다. Re는 +1의 산화수를 가지는 것으로 간주되며, 6전자를 제공한다. 따라서 총 전자수는 $6 + 2 + 2 + 2 + 6 = 18$이다.

문제 22.5 (a) $[Mo(\eta^6\text{-}C_7H_8)(CO)_3]$ (**54**)와 (b) $[Mo(\eta^7\text{-}C_7H_7)(CO)_3]^+$ (**56**)가 18전자 화학종임을 보이시오.

22.17 이질소 및 일산화 질소

요점: 이질소와 금속 원자의 결합은 약하지만 σ 주개 및 π 받개 성분을 모두 가진다. 일산화 질소는 굽은 형 또는 직선형의 두 가지 방법으로 금속에 결합한다.

이질소(N_2)나 일산화 질소(NO)는 때때로 유기금속 화합물에서 발견되기는 하지만 엄밀히 말하면 어느 쪽도 유기금속 리간드가 아니다. 그러나 이 질소는 질소의 촉매 환원 반응에 관여하여 잠재적으로 좀 더 유용한 화학종이 될 수 있는 착물을 형성하기 때문에 훨씬 흥미 있는 리간드이다. 이질소는 여러 다른 방법으로 금속과 결합한다. 대부분 착물은 등전자 CO 리간드(**69**)와 같은 결합으로 생각되는 말단 모노합토 η^1-N_2 형태로 연결된다. 이질소는 CO보다 약한 σ 주개이며 약한 π 받개이기 때문에 강하게 결합되어 있지 않으며, 사실은 단지 좋은 π 주개 금속 원자가 N_2와 결합한다. CO와 같이 N_2 리간드도 2150~1900 cm^{-1} 사이에 특징적인 IR 신축 진동 띠를 가진다.

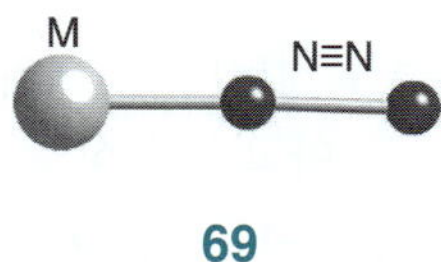

69

질소 분자는 두 종류의 결합 상호 작용 그리고 두 금속 원자 간에 다리 구성 결합(**70**)으로 관여한다. 만약 이런 종류의 착물에서 질소에 대해 역제공이 크다면, 이것은 형식적으로 하이드라진(hydrazine)(**71**)으로 환원된 것으로 간주한다. 때때로 이질소 리간드는 이합토(η^2)의 측면 형태로 결합되기도 한다(**72**). 이러한 착물에서 리간드는 η^2-알카인과 유사하게 생각된다. 측면 결합의 형태는 특히 f 금속 착물에서 흔하다(23.9절).

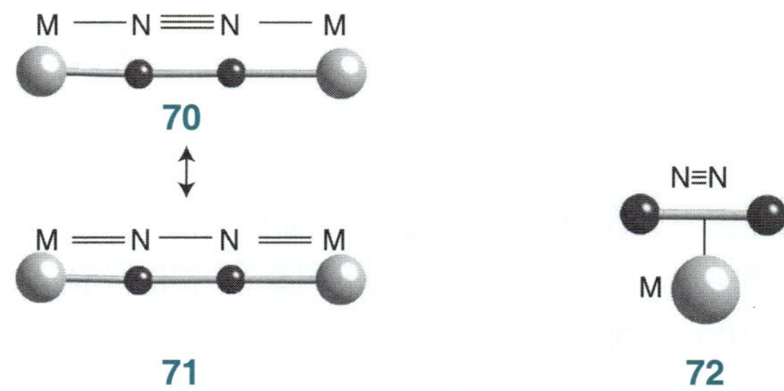

일산화 질소는 11개의 원자가 전자를 지닌 라디칼이다. NO는 결합하면 나이트로실 리간드(nitrosyl ligand)로 부르고 d 금속 원자들과 굽은 형 또는 직선형의 두 가지 방식으로 결합한다. 직선형 배열(**73**)에서 리간드는 NO^+ 양이온으로 간주된다. NO^+ 양이온은 CO와 등전자이며 유사한 방법으로, 즉 강한 π 받개이고 2전자 σ 주개로서 결합하는 것으로 생각한다. 굽은 배열(**74**)에서 NO는 NO^-로 거동하며, 또한 2개의 전자를 제공하는 것으로 간주한다. 많은 착물에서 NO는 배위 형태를 바꾸기도 하는데, 실제로 직선형 배열에서 굽은 형 배열로 이동하면 금속상의 전자수는 2개만큼 감소하게 된다.

M—N≡O

73

M—N̈=O

74

화합물

리간드와 이들의 결합 형태에 대한 앞의 논의를 통하여 16 또는 18개의 원자가 전자를 가지는 유기금속 화합물이 수없이 많다는 것을 알 수 있다. 이러한 모든 화합물에 대한 자세한 논의는 이 책의 범주를 훨씬 넘는다. 그러나 이들로부터 유도되는 많은 다른 화합물의 구조와 특성에 대하여 식견을 넓힐 수 있기 때문에, 여러 부류의 화합물에 대해 알아보고자 한다. 따라서 역사적으로 d 구역 유기금속 화학의 많은 기초를 형성한 금속 카보닐 화합물의 구조, 결합 및 반응에 대해 논의한다. 그다음으로 일부 샌드위치 화합물을 고려하고, 또한 금속 뭉치 화합물의 구조와 반응에 대해서도 설명한다.

22.18 d 구역 카보닐 화합물

d 구역 카보닐 화합물은 1890년에 테트라카보닐니켈이 최초로 발견된 이래로 널리 연구되고 있다. 카보닐 화합물의 중간체가 중요한 산업 공정에 많이 사용되고 있으며 이에 대한 흥미는 높아지고 있다.

(a) 동종 리간드 카보닐 착물

요점: 4주기의 6족에서 10족까지 원소들의 카보닐 착물은 18전자 규칙을 만족시킨다. 그들은 한 개 또는 두 개의 금속 원자를 교대로 가지며 그때 CO 리간드의 수는 감소한다.

동종 리간드 착물(**homoleptic complex**)은 한 종류의 리간드를 가지는 착물이다. 간단한 동종 리간드 금속 카보닐 화합물은 대부분의 d 구역 금속에서 합성되지만, 팔라듐이나 백금은 너무 불안정해서 단지 낮은 온도에서만 존재한다. 구리, 은, 금 또는 12족의 간단한 중성 금속 카보닐 화합물은 알려진 바 없다. 금속 카보닐 화합물은 다른 유기금속 화합물을 제조하기 위한 전구체로 유용하며 유기 합성이나 산업적 촉매로서도 유용하게 이용되고 있다.

18전자 규칙은 금속 카보닐 화합물의 화학식을 체계화하는 데 도움이 된다. 표 22.5에 나타낸 것처럼, 4주기의 6~10족의 카보닐 착물은 한 개와 두 개의 금속 원자를 교대로 가지고 CO 리간드의 수는 감소한다. 이핵 카보닐 착물은 홀수 족의 원소 경우에 형성되는데, 이는 원자가 전자의 수가 홀수이므로 금속–금속(M–M) 결합(각 M–M 결합은 각 금속에 전자 1개씩을 추가하여 계산한다.)을 형성하면서 이합체로 되기 때문이다. 같은 주기의 왼쪽에서

표 22.5 일부 3d 계열 카보닐 화합물의 화학식과 전자 계산

족	화학식	원자가 전자 수		구조
6	$[Cr(CO)_6]$	Cr 6(CO) 합계	6 12 18	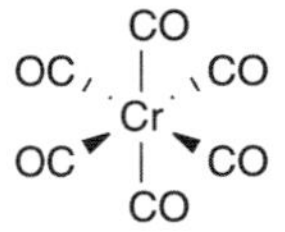
7	$[Mn_2(CO)_{10}]$	Mn 5(CO) M–M 합계	7 10 1 18	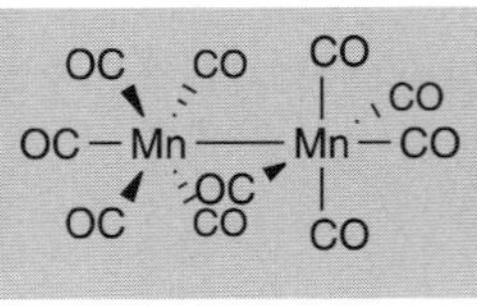
8	$[Fe(CO)_5]$	Fe 5(CO) 합계	8 10 18	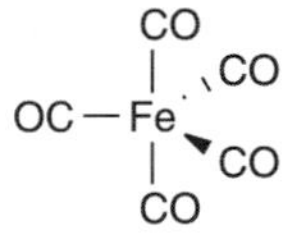
9	$[Co_2(CO)_8]$	Co 4(CO) M–M 합계	9 8 1 18	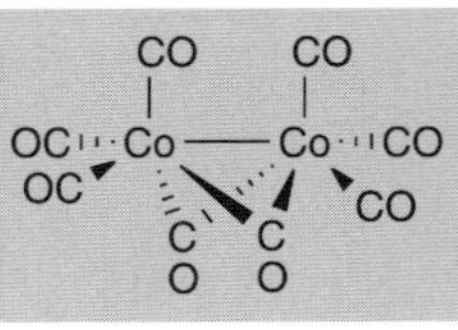
10	$[Ni(CO)_4]$	Ni 4(CO) 합계	10 8 18	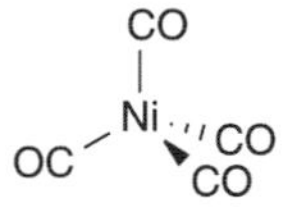

오른쪽으로 갈수록 CO 리간드 수가 감소하는 것은 18개의 원자가 전자를 이루기 위해 더 적은 수의 CO가 필요하기 때문이다. 간단한 바나듐 카보닐$[V(CO)_6]$은 예외적으로 단지 17개의 원자가 전자를 가지고 있는데, 입체적으로 너무 밀집되어 있으므로 이합체를 이루기 어렵다. 그러나 이는 18전자의 $[V(CO)_6]^-$ 음이온으로 쉽게 환원된다.

간단한 금속 카보닐 분자에서 CO 리간드는 종종 VSEPR 모형의 전자쌍처럼 최대한 멀리 떨어진 위치를 차지하며 명확하고 간단한 대칭적인 구조를 지닌다. 따라서 6족의 헥사카보닐 화합물은 정팔면체, 펜타카보닐철(0)은 삼각 쌍뿔, 테트라카보닐 니켈(0)은 정사면체 구조이며, 데카카보닐다이망가니즈(0)는 사각뿔 모양의 $Mn(CO)_5$기 두 개가 금속–금속 결합에 의해 연결되어 있다. 다리 구성 카보닐 화합물도 발견되었다. 예를 들면 옥타카보닐다이코발트(0)의 이성질체 중 하나는 CO에 의해 다리 구성 금속–금속 결합을 포함하고 있다.

(b) 동종 리간드 카보닐 착물의 합성

요점: 일부 금속 카보닐 착물은 직접 반응에 의해 합성되지만, 이러한 방법은 대부분 높은 온도와 높은 압력을 필요로 한다. 금속 카보닐 착물은 주로 환원성 카보닐화 반응으로 합성된다.

단일 금속의 금속 카보닐(metal carbonyl) 착물은 주로 두 가지 주요한 방법으로 합성된다. 첫째 방법은 미세하게 작은 입자의 금속과 일산화 탄소를 직접적으로 반응시키는 것이고, 둘째 방법은 어느 정도 압력의 일산화 탄소 존재하에서 금속염을 환원시키는 것이다. 많은 다금속 카보닐(polymetallic carbonyl) 착물은 단일 금속 카보닐 착물을 이용하여 합성된다.

1890년에 Mond, Langer 및 Quinke는 니켈과 일산화 탄소를 직접적으로 반응시켜 테트라카보닐 니켈(0)$[Ni(CO)_4]$을 합성하였다. 이 반응은 니켈을 정제하기 위한 Mond 공정에 사용된다(화학세상 22.1).

화학세상 22.1 Mond 공정

Ludwig Mond, Carl Langer 및 Friederich Quinke는 CO를 포함하는 기체 공정에서 니켈 밸브의 부식에 대해 연구하던 중, 1890년에 $[Ni(CO)_4]$를 발견하였다. 그들은 새로운 화합물(이것을 '니켈-탄소-산화물'이라 함)을 완벽하게 특성화할 수 없어서 '이 화합물의 구성을 정확히 제시할 수 없는 화합물을 갖고 있다' 고 하였다. 그러나 그들은 '$Ni(CO)_4$'라고 화학식을 명명하였고, 그들의 발견을 니켈을 정련하기 위한 방법으로써 산업적으로 응용시키기 위해 발전시켰다(Mond 공정). 이 공정은 Wales에 있는 Mond의 공장으로 캐나다의 모든 니켈을 가져올 정도로 성공적이었다.

Mond 공정은 쉽게 $[Ni(CO)_4]$를 합성한다. 일산화 탄소 1 atm 조건하에서 니켈 금속은 약 50°C에서 반응하여 $[Ni(CO)_4]$를 형성한다.

$$Ni(s) + 4CO(g) \rightarrow [Ni(CO)_4](g)$$

이 온도에서 $[Ni(CO)_4]$(끓는점 34°C)는 기체이며, 쉽게 니켈 불순물의 잔여물과 분리시킬 수 있다. 테트라카보닐 니켈은 약 220°C에서 분해되어 일산화 탄소 기체를 발생시키며 재사용된다. 보통 비정제 니켈은 산화 니켈과 수소와 일산화 탄소가 섞인 광산에서 환원을 통해 발생된다.

Mond, Langer 및 Quinke는 유사한 금속의 화합물에 대해서도 실험했으나 더 새로운 것을 발견하지는 못하였다. 그러나 그들은 코발트 시료로부터 니켈 불순물을 추출하는 데 성공함으로써 코발트 정제의 방법을 제시하였다.

이런 중요한 발견의 100주년을 기념하기 위해 금속 카보닐 화학이란 주제로 *J. Organomet. Chem.*, 1990, **383**, 특별호가 발간되었다.

$$Ni(s) + 4\,CO(g) \xrightarrow{50°C,1atm\ CO} [Ni(CO)_4](g)$$

테트라카보닐니켈(0)은 실제로 이 방법으로 가장 쉽게 합성되는 금속 카보닐이다. 이외에 $[Fe(CO)_5]$와 같은 다른 금속 카보닐 화합물은 반응 속도가 느리므로 보통 고온 고압하에서 합성된다(그림 22.11).

$$Fe(s) + 5CO(g) \xrightarrow{200°C,200atm} [Fe(CO_5)](l)$$

$$2Co(s) + 8CO(g) \xrightarrow{150°C,35atm} [Co_2(CO)_8](s)$$

직접 반응은 대부분의 나머지 d 구역 금속에 대해서 비실용적이다. 대신에 CO 존재하에서 금속 착물 또는 금속염을 환원시키는 **환원성 카보닐화 반응(reductive carbonylation)**이 일반적으로 많이 사용된다. 사용되는 환원제는 알루미늄과 소듐 같은 활성 금속에서부터 알킬알루미늄 화합물, H_2 및 CO 자신 등을 포함하여 다양하다.

$$CrCl_3(s) + Al(s) + 6CO(g) \xrightarrow{AlCl_3\ 벤젠} AlCl_3(soln) + [Cr(CO)_6](soln)$$

$$3[Ru(acac)_3](soln)\ H_2(g) + 12CO(g) \xrightarrow{150°C,200atm,\ CH_3OH} [Ru_3(CO)_{12}](soln) + \cdots$$

$$Re_2O_7(s) + 17CO(g) \xrightarrow{250°C,350atm} [Re_3(CO)_{10}](s) + 7CO_3(g)$$

(c) 동종 리간드 카보닐 착물의 특성

요점: 모든 단핵 카보닐 착물은 휘발성이다. 모든 단핵 카보닐 착물과 다핵 카보닐 착물의 많은 수는 탄화수소 용매에 녹는다. 다핵 카보닐 착물은 색깔을 나타낸다.

철과 니켈의 카보닐 착물은 상온과 상압하에서 액체이지만 그 외의 모든 보통 카보닐 화합물은 고체이다. 모든 단핵 카보닐 화합물은 휘발성이 있으며 이들의 증기압은 상온에서 테트라카보닐니켈(0)의 약 50 kPa에서부터 헥사카보닐텅스텐(0)의 약 10 Pa에 이르기까지 다양하

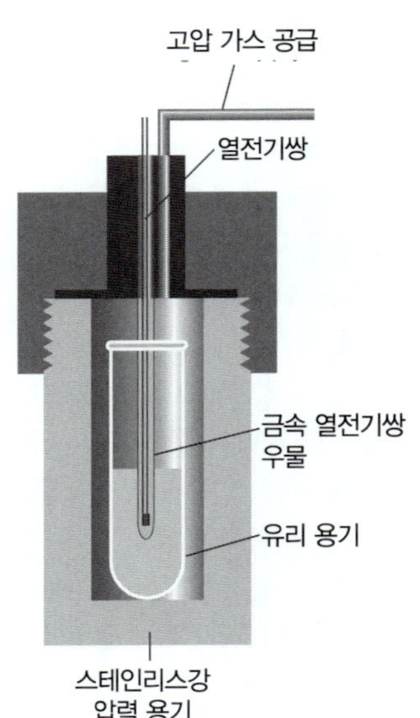

그림 22.11 고압 반응 용기 반응 혼합물은 유리 용기 안에 있다.

다. $[Ni(CO)_4]$는 휘발성이 클 뿐만 아니라 독성이 대단히 높으므로 취급하는 데 특별히 유의해야 한다. 비록 다른 카보닐 화합물은 독성이 조금 낮을지라도 흡입하거나 피부에 직접 닿지 않도록 해야 한다.

대부분의 금속 카보닐 화합물은 무극성이기 때문에 모든 단핵 및 다수의 다핵 카보닐 화합물은 탄화수소 용매에 녹는다. 흔한 카보닐 화합물 중에서 가장 두드러진 예외로서 노나카보닐이철(0) $[Fe_2(CO)_9]$은 증기압이 매우 낮으며 일반적인 용매에 녹지 않는다.

대부분의 단핵 카보닐 화합물은 무색이거나 연한 색을 띤다. 다핵 카보닐 화합물은 색깔을 나타내는데 금속 원자의 수가 증가할수록 색은 진해진다. 예를 들면 펜타카보닐철(0)은 연한 담황색 액체이고, 노나카보닐이철(0)은 황금색의 박편 모양이며, 도데카카보닐삼철(0)은 고체 상태에서 검게 보이는 짙은 녹색 화합물이다. 다핵 카보닐 화합물의 진한 색은 주로 금속 골격에 편재된 오비탈 간 전자 전이에 기인된 것이다.

간단한 금속 카보닐 화합물에 대하여 중심 금속에서 일어나는 중요한 반응으로는 치환 반응(22.21절), 산화 반응, 환원 반응 및 뭉치 화합물로의 축합 반응이 있다(22.20). 이 외에 CO 리간드 자체가 친핵체 또는 친전자체에 의해 공격을 받아 반응하는 경우도 있다.

(d) 카보닐 착물의 환원 및 산화 반응

요점: 대부분의 금속 카보닐 착물은 금속 카보닐산 음이온으로 환원된다. 일부 금속 카보닐 착물은 강한 염기성 리간드의 존재하에 불균등화 반응을 일으켜서 리간드로 묶인 양이온과 카보닐산 음이온을 생성한다. 금속 카보닐 화합물은 공기에 의해 산화 반응을 쉽게 한다. 금속–금속 결합에서는 산화성 분해 반응이 일어난다.

대부분의 중성 금속 카보닐 착물은 **금속 카보닐산**(metal carbonylate)으로 알려진 음이온 형태로 환원된다. 단핵의 금속 카보닐 착물에서 2전자 환원 반응은 일반적으로 2전자 주개 리간드인 CO의 손실을 동반하며 따라서 전자 계산은 18개로 유지된다.

$$2Na + [Fe(CO)_5] \xrightarrow{THE} THF(Na^+)_2[Fe(CO)_4]^{2-} + CO$$

위의 금속 카보닐산 음이온은 산화수가 −2인 Fe를 포함하며 공기에 의해 빠르게 산화된다. 많은 음전하는 CO 리간드로 비편재화되며, 이는 IR 스펙트럼에서 약 1785 cm^{-1}의 낮은 CO 신축 진동 띠가 관찰됨으로써 확인된다. M–M 결합의 형성으로 18전자 규칙을 따르는 다핵 카보닐 착물은 일반적으로 강한 환원제에 의해 분해된다. 결과적으로 생성된 −1가의 단핵 카보닐산 음이온은 18전자 규칙을 만족시킨다.

$$2Na + [(OC)_5Mn-Mn(CO)_5] \xrightarrow{THE} 2Na[Mn(CO)_5]$$

일부 금속 카보닐 화합물은 강한 염기성 리간드의 존재하에서 불균등화 반응을 일으키며 리간드로 묶인 양이온과 카보닐산 음이온을 생성한다. 이 반응에 대한 대부분의 추진력은 생성된 금속 양이온이 주위의 강한 염기성 리간드에 의해 둘러싸여 생기는 금속 양이온의 안정성이다. 옥타카보닐이코발트(0)가 피리딘(py)과 같은 좋은 Lewis 염기와 만나게 되면 이러한 형태의 반응은 매우 용이하게 진행된다.

$$3[Co_2^{(0)}(CO)_8] + 12\ py \rightarrow 2[Co^{(+2)}(py)_6][Co^{(+1)}(CO)4] + 8CO$$

또한 강한 염기성 리간드 OH^-가 존재하면 CO 리간드는 산화되면서 결과적으로 중심 금속이 환원되기도 한다.

$$3[Fe^{(0)}(CO)_5] + 4OH^- \rightarrow [Fe_3^{(-2/3)}(CO)_{11}]^{2-} + CO_3^{2-} + 2H_2O + 3CO$$

단지 17개의 전자를 가지는 카보닐 화합물은 특히 환원 반응이 쉽게 일어나서 18전자의 카보닐산 음이온을 생성하는 경향이 있다.

금속 카보닐 화합물은 공기에 의해 쉽게 산화 반응을 한다. 비록 산화 반응이 조절되지 않으면 금속 산화물과 CO 또는 CO_2를 생성하지만, 유기금속 화학에서 더 흥미로운 것은 조절할 수 있는 반응을 통하여 유기금속 할로젠화물을 합성하는 것이다. 이러한 반응에서 가장 간단한 반응의 예는 M−M 결합의 산화성 분해 반응이다.

$$[(OC)_5Mn^{(0)} - Mn^{(0)}(CO)_5] + Br_2 \rightarrow 2[Mn^{(+1)}Br(CO)_5]$$

할로젠 원소가 결합하면 금속의 전자 밀도가 감소하며, 따라서 생성물 CO의 신축 진동수는 $[Mn_2(CO)_{10}]$의 신축 진동수보다 매우 크다.

(e) 금속 카보닐 착물의 염기도

요점: 대부분의 유기금속 화합물은 중심 금속에서 양성자 첨가 반응이 일어난다. 양성자가 첨가된 형태의 산도는 금속에 결합된 다른 리간드에 의존한다.

많은 유기금속 화합물은 중심 금속에서 양성자 첨가 반응이 일어난다. 금속 카보닐산 음이온에서는 이러한 염기도를 이용한 반응의 예들이 많다.

$$[Mn(CO)_5]^- + H^+ \rightarrow [MnH(CO)_5]$$

양성자에 대한 금속 카보닐산 음이온의 친화도는 매우 다양하다(표 22.6). 일반적으로 금속 카보닐산 음이온의 음전하가 더 클수록 Brønsted 염기도는 더 커지며, 따라서 짝산(금속 카보닐 수소화물)의 산도는 더 낮아지는 것으로 나타났다.

제22.7절에서 언급한 것처럼, d 구역 M−H 착물은 보통 '수소화물'로 간주되어 금속 원자에 결합된 H 원자의 산화수를 −1로 계산한다. 그럼에도 불구하고 d 구역의 오른쪽에 있는 대부분의 금속 카보닐 수소화물은 Brønsted 산이다. 금속 카보닐 수소화물의 Brønsted 산도는 CO 리간드가 강한 π 받개인 것을 반영하고 있으며, 이는 짝염기를 안정화하기 때문이다. 이와 같이 $[CoH(CO)_4]$는 산성인 반면에, $[CoH(PMe_3)_4]$는 강한 수소 음이온성(hydridic)

이다. p 구역 수소 화합물과는 매우 대조적으로 d 구역 M−H 화합물의 Brønsted 산도는 주기율표의 족에서 밑으로 내려갈수록 감소한다.

펜타카보닐철($[Fe(CO)_5]$)과 같은 중성 금속 카보닐 화합물은 공기가 없는 진한 산 중에서 양성자화된다. 산화수가 0인 금속 원자의 Brønsted 염기도는 비결합성 d 전자의 존재와 밀접한 관련이 있다. 뭉치 화합물(22.20절)과 같이 금속−금속 결합을 가지는 화합물은 훨씬 더 쉽게 양성자화되는데, 여기에서 M−M 결합에 쉽게 양성자화 반응이 일어나서 마치 다이보레인(diborane)에서처럼 형식적인 $3c,2e$의 결합 형태를 형성하도록 하는 것은 Brønsted 염기도와 깊은 관련이 있다.

$$[Fe_3(CO)_{11}]^{2-} + H^+ \rightarrow [Fe_3H(CO)_{11}]^-$$

M−H−M 다리 결합은 뭉치 화합물에서는 훨씬 더 수소의 가장 흔한 결합 형태이다.

염기성 금속 카보닐 화합물은 다양한 유기금속 화합물의 합성에 유용하게 이용된다. 예를 들면 금속 카보닐 음이온은 알킬 또는 아실 할로젠화물과 반응하여 금속 원소에 직접 결합된 알킬이나 아실 화합물을 생성한다.

$$[Mn(CO)_5]^- + CH_3I \rightarrow [Mn(CH_3)(CO)_5] + I^-$$

$$[Co(CO)_4]^- + CH_3COI \rightarrow [Co(COCH_3)(CO)_4] + I^-$$

또한 염기성 금속 카보닐 음이온은 유기금속 할로젠화물과 비슷한 반응을 통하여 M−M 결합을 형성한다.

$$[Mn(CO)_5]^- + [ReBr(CO)_5] \rightarrow [(OC)_5Mn{-}Re(CO)_5] + Br^-$$

표 22.6 25°C 아세토나이트릴(acetonitrile) 용매에서 d 구역 금속 수소화물의 산도 상수

수소화물	pK_a
$[CoH(CO)_4]$	8.3
$[CoH(CO)_3P(OPh)_3]$	11.3
$[Fe(H)_2(CO)_4]$	11.4
$[CrH(Cp)(CO)_3]$	13.3
$[MoH(Cp)(CO)_3]$	13.9
$[MnH(CO)_5]$	15.1
$[CoH(CO)_3PPh_3]$	15.4
$[WH(Cp)(CO)_3]$	16.1
$[MoH(Cp^*)(CO)_3]$	17.1
$[Ru(H)_2(CO)_4]$	18.7
$[FeH(Cp)(CO)_2]$	19.4
$[RuH(Cp)(CO)_2]$	20.2
$[Os(H)_2(CO)_4]$	20.8
$[ReH(CO)_5]$	21.1
$[FeH(Cp^*)(CO)_2]$	26.3
$[WH(Cp)(CO)_2PMe_3]$	26.6

(f) CO 리간드의 반응

요점: CO 리간드는 전자가 풍부하지 않은 금속 원자에 결합되어 있으면 CO 리간드의 C 원자가 친핵체의 공격을 받기 쉽다. 전자가 풍부한 금속 카보닐 화합물에서는 CO 리간드의 O 원자가 친전자체의 공격을 받기 쉽다.

CO 리간드가 전자가 풍부하지 않은 금속 원자에 결합되어 있으면, CO 리간드의 C 원자는 친핵체의 공격을 받기 쉽다. 이와 같이 높은 CO 신축 진동수를 가지는 말단의 카보닐은 친핵체에 의해 쉽게 공격받는다. 이러한 중성 또는 양이온성 금속 카보닐에서 d 전자는 카보닐 C 원자로 비편재화된 정도가 미미하므로 C 원자는 전자가 풍부한 시약에 의해 공격을 받는다. 예를 들면 메틸리튬과 같은 강한 친핵체(11.17절)는 많은 중성 금속 카보닐 화합물에서 CO를 공격한다.

$$\frac{1}{4}[Li_4(CH_3)_4] + [Mo(CO)_6] \rightarrow Li[Mo(COCH_3)(CO)_5]$$

결과적으로 생성된 음이온성 아실 화합물은 탄소 양이온 시약과 반응하여 안정하고 취급하기 쉬운 중성 생성물을 생성한다.

$$Li^+[Mo(CO)_5(C(O)CH_3)]^- \xrightarrow{Et_3O^+\,BF_4^-} [Mo(CO)_5(C(OEt)CH_3)] + LiBF_4 + Et_2O$$

이 반응의 생성물은 직접적인 M=C 결합을 가지는 Fischer 카벤이다(22.15절). 친핵체가 C 원자를 공격하는 반응은 수산화 이온에 의해 유발된 금속 카보닐의 해리 메커니즘에도 중요하다.

$$[(OC)_{n-1}M(CO)] + OH^- \rightarrow [(OC)_{n-1}M(COOH)]^-$$

$$[(OC)_{n-1}M(COOH)]^- + 3\ OH^- \rightarrow [M(CO)_{n-1}]^{2-} + CO_3^{2-} + 2\ H_2O$$

반면에 전자가 풍부한 금속 카보닐 화합물에서는 전자 밀도가 CO 리간드로 상당히 비편재화되어 있어서 어떤 경우에는 CO 리간드의 O 원자가 친전자체에 의해 공격을 받기 쉽다. 또한 이러한 형태의 반응이 예상될 때 IR 자료를 통해 증거를 제시한다. 즉 전자가 풍부한 금속 카보닐은 CO 리간드에 상당한 역제공이 일어나서 CO 신축 진동수가 낮아지고 따라서 O 원자에 전자 밀도는 분명히 커진다. 그러므로 다리 결합 카보닐은 O 원자에서 친전자체의 공격을 잘 받는다.

$$[Cp_2Fe_2(CO)_2(\mu\text{-}CO)_2] + 2\ AlEt_3 \rightarrow [Cp_2Fe_2(CO)_2(\mu\text{-}COAlEt_3)_2]$$

위 화학식에서 오른쪽의 구조에서와 같이 CO 리간드의 산소에 친전자체가 결합되면 이동 삽입(migratory insertion) 반응과 C−O 분해 반응이 촉진된다.

알킬이 치환된 금속 카보닐 화합물 중 일부는 이동 삽입 반응을 진행하여 아실 리간드 [−(CO)R]를 형성하는데, 22.24절에서 자세하게 논의한다.

예제 22.6 CO의 카벤과 아실 리간드로의 전환

헥사카보닐텅스텐(0)을 출발 물질로 하여 $[W(C(OCH_3)Ph(CO)_5]$를 합성하는 반응 과정을 제안하시오. 반응에 필요한 다른 시약은 선택하여 사용하시오.

답 헥사카보닐텅스텐(0)의 CO 리간드는 친핵체와 쉽게 반응하므로 페닐리튬과 반응시키면 C−페닐 중간체를 얻는다.

$$W(CO)_6 + PhLi \longrightarrow Li^+[W(CO)_5(C(O)Ph)]^-$$

이어서 생성된 음이온은 탄소 친전자체에 의해 CO 리간드의 O 원자에 알킬기를 도입한다.

$$Li^+[W(CO)_5(C(O)Ph)]^- \xrightarrow{Me_3O^+BF_4^-} [W(CO)_5(C(OMe)Ph)] + LiBF_4 + Me_2O$$

문제 22.6 $[Mn_2(CO)_{10}]$, PPh_3, Na 및 CH_3I를 사용하여 $[Mn(COCH_3)(CO)_4(PPh_3)]$ 의 합성을 제안하시오.

(g) 카보닐 화합물의 분광학적 특징

요점: CO가 π 받개로 작용할 때 CO 신축 진동수는 감소한다. 전자 주개 리간드가 전자를 금속에 제공할 때 이 리간드는 CO 신축 진동수를 감소시킨다. 많은 카보닐 화합물이 NMR 시간 척도상에서 유동성으로 인하여 빠르게 교환이 일어나는 경우에 ^{13}C-NMR은 효용성이 좀 떨어진다.

IR과 ^{13}C-NMR 분광법은 동등하지 않은 CO 리간드에 대해 신호가 분리되어 나타나기 때문에, 금속 카보닐 화합물에서 원자의 배열을 결정하는 데 널리 사용된다. NMR 스펙트럼은 일반적으로 분자가 유동적(fluxional)이지 않으면 IR 스펙트럼보다 더 자세한 구조적 정보를 제공한다[NMR과 IR에서 전이의 시간 척도는 서로 다르다(8.5, 8.6절)]. 그렇지만 IR 스펙트럼은 종종 더 간단히 얻을 수 있고, 특히 반응의 변화를 쉽게 조사하는 데 유용하다. 금속 카보닐 화합물에서 대부분의 CO 신축 진동 띠는 2100~1700 cm^{-1}에서 나타나며, 이는 일반적으로 유기 작용기에 의한 흡수 띠가 없는 영역이다. CO 신축 진동수의 범위(그림 22.4 참조)와 CO 흡수띠의 수(표 22.7 참조)는 모두 구조적 추론을 결정하는 데 중요하다.

표 22.7 카보닐 착물의 구조와 IR 스펙트럼에서 CO 신축 진동 띠의 수와의 관계

착물	이성질체	구조	점군	띠의 수*
$[M(CO)_6]$			O_h	1
$[M(CO)_5L]$			C_{4v}	3†
$[M(CO)_4L_2]$	*trans*		D_{4h}	1

$[M(CO)_4L_2]$	*cis*	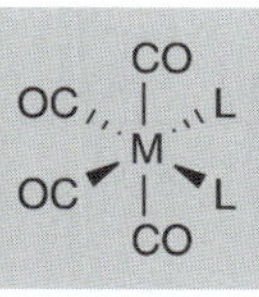	C_{2v}	4[‡]
$[M(CO)_3L_3]$	*mer*	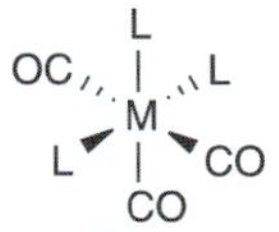	C_{2v}	3[‡]
$[M(CO)_3L_3]$	*fac*	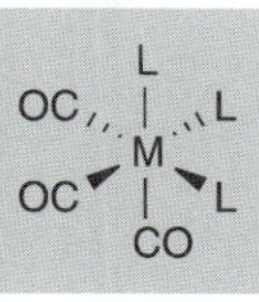	C_{3v}	2
$[M(CO)_5]$		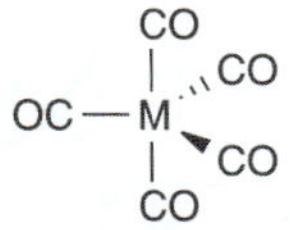	D_{3h}	2
$[M(CO)_4L]$	*ax*	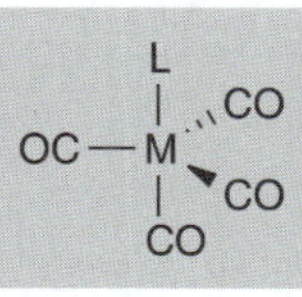	C_{3v}	3[§]
$[M(CO)_4L]$	*eq*	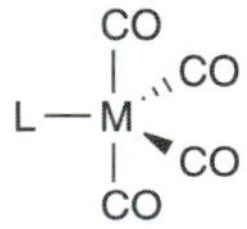	C_{2v}	4
$[M(CO)_3L_2]$	*trans*	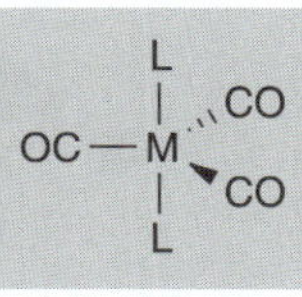	D_{3h}	1
$[M(CO)_3L_2]$	*cis*	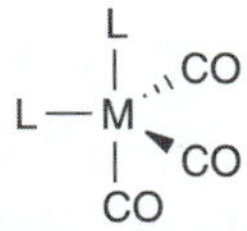	C_s	3
$[M(CO)_4]$		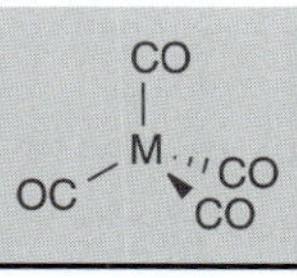	T_d	1

* CO 신축 진동 영역에서 예상되는 IR 띠의 수는 형식적 선택 규칙에 근거한 것이며, 어떤 경우에는 아래의 설명대로 적은 수의 띠가 관찰된다.

† CO 리간드의 4겹 배열이 금속 원자와 같은 면에 존재하면, 두 개의 띠가 관찰된다.

‡ 트랜스 CO 리간드가 거의 동일 직선상에 있으면, 한 개 적은 띠가 관찰된다.

§ CO 리간드의 3겹 배열이 거의 평면이면, 두 개의 띠만 관찰된다.

우리는 군론을 통하여 IR과 Raman 스펙트럼에서 활성 CO 신축 진동의 수를 예측할 수 있다(8.5절). 만약 CO 리간드가 반전 중심 또는 3겹 이상의 대칭축에 대해 서로 대칭이 되지 않는다면, *N*개의 CO 리간드를 가지는 분자는 *N*개의 CO 신축 흡수띠를 가진다. 따라서 단지 하나의 2겹 대칭축을 가지는 굽은 OC−M−CO기는 2개의 적외선 흡수가 일어나는데, 이것은 대칭 신축(**75**)과 비대칭 신축(**76**)이 모두 전기 쌍극자 모멘트를 변화시켜서 IR 활성이기 때문이다. 분자의 대칭성이 커지면 IR 흡수띠의 수는 CO 리간드 수보다 더 적게 나타난다. 그러므로 대칭적인 선형의 OC−M−CO기는 CO 신축 영역에서 두 개의 CO 리간드에 대응되는 비대칭 신축 형태로 한 개의 IR 흡수띠만 관찰되는데, 이것은 대칭 신축은 전체적으로 전기 쌍극자 모멘트를 변화시키지 않으므로 IR 비활성이 되기 때문이다. 그림 22.12에 나타난 바와 같이, 금속 카보닐 화합물에서 CO 리간드의 배열은 전체적으로 화합물이 속하는 점군보다 더 대칭적이며 점군에 기인하여 예상되는 신축 진동의 개수보다 실제적으로 측정되는 흡수띠의 수는 더 적게 관찰된다. Raman 분광법은 IR 분광법(3.5절 및 8.5절)의 스펙트

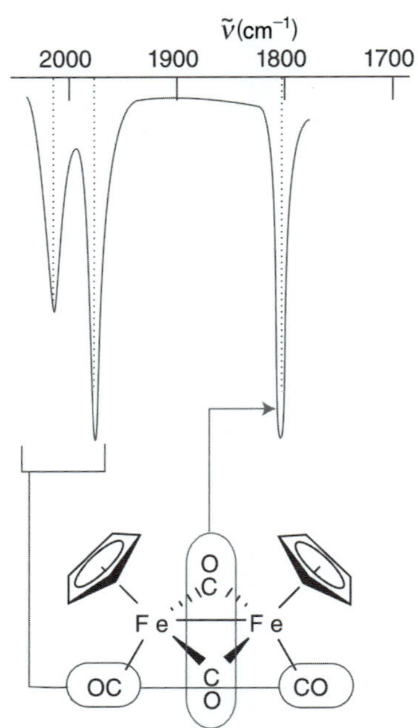

그림 22.12 $[Fe_2(Cp)_2(CO)_4]$의 적외선 스펙트럼 말단 CO 리간드의 신축 진동은 높은 진동수에서 2개의 흡수띠로 나타나며, 다리 결합 CO 리간드의 신축 진동은 낮은 진동수에서 하나의 흡수띠로 나타남에 유의하라. 두 개의 다리 결합을 하는 CO 리간드는 착물의 낮은 대칭성에 기인하는 것으로 예상되지만, 두 개의 CO기가 거의 동일 선상에 있기 때문에 하나의 흡수띠만 관찰된다.

럼을 선택 규칙으로 서로 보완하여 주기 때문에 구조를 규명하는 데 매우 유용하다. 이와 같이 대칭적인 선형 OC−M−CO기에서 두 개의 CO 리간드에 대한 대칭 신축 진동의 형태는 Raman 스펙트럼에서 관찰된다.

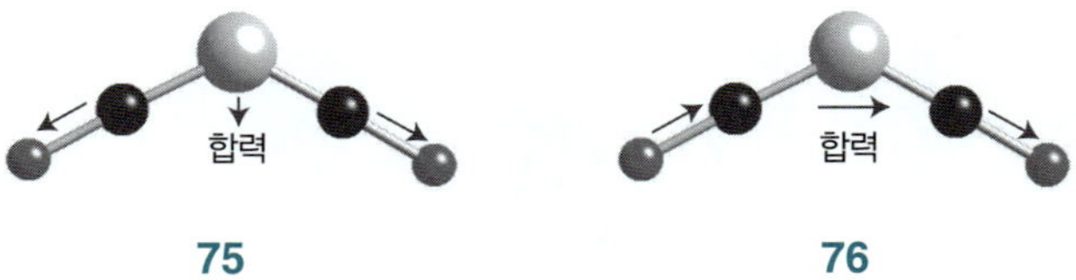

제22.5절에 언급한 것처럼 적외선 분광법은 말단 CO(M−CO)를 두 금속 사이에 다리 결합하는 CO(μ_2-CO)와 세 금속 사이에 표면−다리 구성 CO(μ_3-CO)로부터 구별하는 데에도 유용하다. 또한 하나의 착물 내에 존재하는 다른 리간드에 대해 π 받개 세기의 순서를 결정하는 데도 사용된다.

분자가 NMR의 기술적인 분해 시간보다 더 빠르게 구조적인 교환 운동을 진행할 때에 관측되는 NMR 신호는 빠른 운동의 평균적인 값으로 나타난다(8.6절). 이러한 현상은 유기금속 화합물의 NMR 스펙트럼에서는 꽤 흔하게 관찰되지만, IR이나 Raman 스펙트럼에서는 관찰되지 않는다. 이러한 예로서 $Fe(CO)_5$에 대한 ^{13}C-NMR 신호는 $\delta = 210$에서 하나가 관찰되지만, IR과 Raman 스펙트럼은 삼각 쌍뿔 구조에 대응되는 흡수띠가 나타난다.

예제 22.7 IR 자료로부터 카보닐 화합물의 구조 결정

착물 $[Cr(CO)_4(PPh_3)_2]$는 1889 cm^{-1}에서 매우 강한 하나의 IR 흡수띠와 CO 신축 영역에서 다른 두 개의 매우 약한 흡수띠를 나타낸다. 이 화합물의 가능한 구조는 무엇인가?[CO 신축 진동수가 대응되는 헥사카보닐 착물 $Cr(CO)_6$보다 낮은 이유는 포스핀 리간드가 CO보다 더 좋은 σ 전자 주개이지만 더 빈약한 π 전자 받개이기 때문이다.]

답 두 개의 기가 치환된 헥사카보닐 착물 $[Cr(CO)_4(PPh_3)_2]$는 *cis*와 *trans* 배열로 두 개의 이성질체가 존재한다. *cis* 이성질체에서는 네 개의 CO 리간드가 낮은 대칭(C_{2v}) 환경이고 표 22.7에서처럼 네 개의 IR 흡수띠가 관찰된다. *trans* 이성질체는 네 개의 CO 리간드가 평면 사각형 배열(D_{4h})이므로 CO 신축 영역에서 단지 한 개의 흡수띠가 예상된다(표 22.7). 결국 이 화합물의 구조는 IR 자료를 통해 *trans* CO 배열인 것으로 생각된다. 두 개의 약한 흡수띠는 PPh_3 리간드의 큰 부피에 의해 화합물이 D_{4h} 대칭으로부터 약간 벗어난 구조에 기인된 것으로 본다.

문제 22.7 $[Ni_2(\eta^5\text{-CP})_2(CO)_2]$의 IR 스펙트럼은 1857 cm^{-1}에서 강한 CO 신축 진동의 흡수띠와 1857 cm^{-1}에서 약한 CO 신축 진동의 흡수띠가 하나의 쌍으로 나타난다. 이 착물에서 CO 리간드는 다리 구성 구조인지, 말단 구조인지 말하시오. 또는 둘 다 포함하는지 말하시오(CO 리간드를 $\eta^5\text{-}C_5H_5$ 리간드로 치환하면 말단 CO 리간드의 신축 진동수가 다소 이동하게 된다).

22.19 메탈로센

이미 언급한 것처럼 사이클로펜타다이엔일 유기금속 화합물은 종종 매우 안정하며 1951년에 페로센$[(Cp)_2Fe]$의 발견을 통하여 d 구역 유기금속 화합물의 전반적인 분야에 대해 다시금 새로운 흥미를 불러일으켰다. 많은 Cp 착물은 두 개의 고리계를 가지는데, 두 개의 고리 사이에 금속이 샌드위치처럼 되어 있다. 그래서 소위 '샌드위치 화합물'이라 부르고, 공식적으로는 메탈로센(metallocene)이며, Wilkinson과 Fischer는 1972년에 노벨상을 수상하였다.

두 개의 평면 탄소 고리 사이에 금속이 샌드위치처럼 되어 있는 메탈로센의 형태를 유지하면서 메탈로센을 형성하는 η^4-사이클로뷰타다이엔(cyclobutadiene), η^5-사이클로펜타다이엔일(cyclopentadienyl), η^6-아렌(arene), η^7-사이클로헵타트라이엔일(cycloheptatrienyl, $C_7H_7^+$), η^8-사이클로옥타트라이엔(cyclooctatriene), 그리고 η^3-사이클로프로페늄(cyclopropenium, $C_3H_3^+$)의 화합물을 고려한다. 이들이 결합된 리간드의 각각에서 모든 탄소-탄소 결합의 길이가 동일하기 때문에 각각의 리간드는 방향족성 배치를 가지는 것으로 설명한다.

π 전자수: 2	6	10
η^3-사이클로프로페늄$^+$	η4-사이클로뷰타다이엔$^{2-}$	η^8-사이클로옥타트라이엔일$^{2-}$
	η^5-사이클로펜타다이엔일$^-$	
	η^6-아렌	
	η^7-사이클로헵타트라이엔일$^+$	

이와 같은 메탈로센 구조의 설명은 전자 계산의 모든 방법에 적용되지는 않지만, 전자 계산방법 중에서 주개쌍 방법과 가깝다.

사이클로펜타다이엔일기와 같은 리간드의 결합 형태를 논의할 때에 이미 일부 메탈로센의 구조와 반응성에 대해 언급하였지만, 여기에서는 이들의 결합과 반응성에 대해 더 자세히 다루고자 한다.

(a) 사이클로펜타다이엔일 화합물의 합성과 반응성

요점: 사이클로펜타다이엔의 양성자 제거 반응을 통하여 많은 금속 사이클로펜타다이엔일 화합물의 유용한 전구체를 얻는다. 결합된 사이클로펜타다이엔일 고리는 방향족성 화합물로서 거동하고 Friedel–Crafts 친전자성 반응을 진행한다.

사이클로펜타다이엔일화 소듐(sodium cyclopentadienide, NaCp)은 사이클로펜타다이엔일 화합물의 합성을 위한 일반적인 출발 물질이다. 이는 테트라하이드로퓨란(THF: tetrahydrofuran) 용매에서 사이클로펜타다이엔을 소듐 금속과 반응시켜 쉽게 제조한다.

$$2Na + 2C_5H_6 \xrightarrow{THE} 2Na[C_5H_5] + H_2$$

다음으로 사이클로펜타다이엔일화 소듐은 d 금속 할로젠화물과 반응하여 메탈로센을 생성한다. 사이클로펜타다이엔은 그 자체로도 충분히 산성이므로 수산화 포타슘(potassium hydroxide)이 용액 내에서 양성자 제거 반응을 수행한다. 그리고 예를 들면 페로센은 어렵지 않게 제조된다.

$$2KOH + 2C_5H_6 + FeCl_2 \xrightarrow{DMSO} [Fe(C_5H_5)_2] + 2H_2O + 2KCl$$

18전자의 8족 화합물인 페로센(ferrocene), 루테노센(ruthenocene) 및 오스모센(osmocene)은 매우 안정하기 때문에 다소 가혹한 조건에서도 리간드-금속 결합을 유지한다. 그리고 사이클로펜타다이엔일 리간드에 대해 다양한 변환 반응을 수행하는 것이 가능하다. 예를 들면 이들은 Friedel–Crafts 아실화 반응처럼 간단한 방향족 탄화수소와 유사한 반응을 수행한다.

Fe MeCOCl + $AlCl_3$ → Fe (O)

또한 C_5H_5 고리에 있는 H를 Li로 치환시키는 것도 가능하다.

Fe BuLi → Fe (Li) + BuH

예상하듯이, 리튬화된 생성물은 다양하게 치환된 고리의 메탈로센 생성물을 합성하기 위해 우수한 출발 물질이며, 이러한 면에서 단순한 유기리튬 화합물과 닮은 점이 있다(11.17절). 다른 금속의 대부분 Cp 착물도 오원자 고리 구조가 방향족성 계로서 거동하는 이러한 두 형태와 비슷한 반응들을 일으킨다.

화학세상 27.1은 포도당 센서로 사용되는 페로센을 나타낸 것이다.

(b) 비스(사이클로펜타다이엔일) 금속 착물의 결합성

요점: 비스(사이클로펜타다이엔일) 금속 착물의 결합에 대한 MO 모형을 통하여 프론티어 오비탈들은 강한 결합성도 아니고 강한 반결합성도 아니라는 것을 알 수 있다. 따라서 18전자 규칙을 따르지 않는 착물들이 가능하다.

페로센에 대한 상세한 결합 특성이 확립되지는 않았지만, 그림 22.13에 나타낸 분자 오비탈 에너지 준위 도표는 많은 실험적 관측에 대해 잘 설명하고 있다. 이 도표는 기체상에서 엇갈린(staggered) 형태보다 에너지적으로 약 0.4 kJ mol^{-1} 낮은 가려진(eclipsed)(D_{5h}) 형태의 착물을 나타낸다(22.19c절). 여기서는 분자 오비탈에서 결합 특성을 잘 설명하는 프론티어 오비탈(frontier orbital)을 중심으로 하여 설명한다. 그림 22.13에서 볼 수 있듯이, 리간드 오비탈의 e_1'' 대칭 반영 일차 결합(SALC: symmetry-adapted linear combination)은 금속 원자의 d_{zx}와 d_{yz} 오비탈과 같은 대칭을 가진다. 더 낮은 에너지의 프론티어 오비탈(a_1')은 d_{z^2}과 대응하는 리간드 오비탈들의 SALC로 구성되어 있으나, 리간드의 π 오비탈들은 우연하게도 금속 원자의 d_{z^2} 오비탈의 원뿔 마디 표면에 놓여 있기 때문에 리간드와 금속 오비탈 사이에 상호 작용은 거의 없으므로 무시한다. 페로센을 비롯한 다른 18전자 비스(사이클로펜타다이엔일) 착물에서 a_1' 프론티어 오비탈과 그보다 더 낮은 오비탈들은 모두 채워져 있지만, e_1''

프론티어 오비탈과 그보다 더 높은 오비탈들은 모두 비어 있다.

프론티어 오비탈들은 강한 결합성도 아니고 강한 반결합성도 아니다. 이러한 특성 때문에 18전자 규칙에서 벗어난 메탈로센이 존재한다. 따라서 페로센은 비결합성 오비탈(nonbonding orbitals) a_1'으로부터 전자가 제거되어 17전자 착물 $[Fe(\eta^5\text{-}Cp)_2]^+$로 쉽게 산화된다. e_1'' 오비탈의 점유는 19전자 착물인 $[Co(\eta^5\text{-}Cp)_2]$와 20전자 착물인 $[Ni(\eta^5\text{-}Cp)_2]$에서 나타난다. 그러나 18전자 규칙으로부터 벗어나는 정도는 금속(M)과 리간드의 탄소(C) 사이의 결합 길이를 크게 변화시킨다. 이는 분자 오비탈 도표(표 22.8)와 매우 잘 일치한다.

이러한 상관관계는 팔면체 착물과 유용하게 비교된다. 메탈로센의 e_1'' 프론티어 오비탈은 팔면체 착물에서의 e_g 오비탈과 유사하고, 메탈로센의 a_1' 오비탈과 한 쌍의 e_2' 오비탈은 팔면체 착물의 t_{2g} 오비탈과 유사하다. 이러한 형식적인 유사성은 비스(사이클로펜타다이엔일) 착물들의 고스핀 및 저스핀 존재에까지 확장된다.

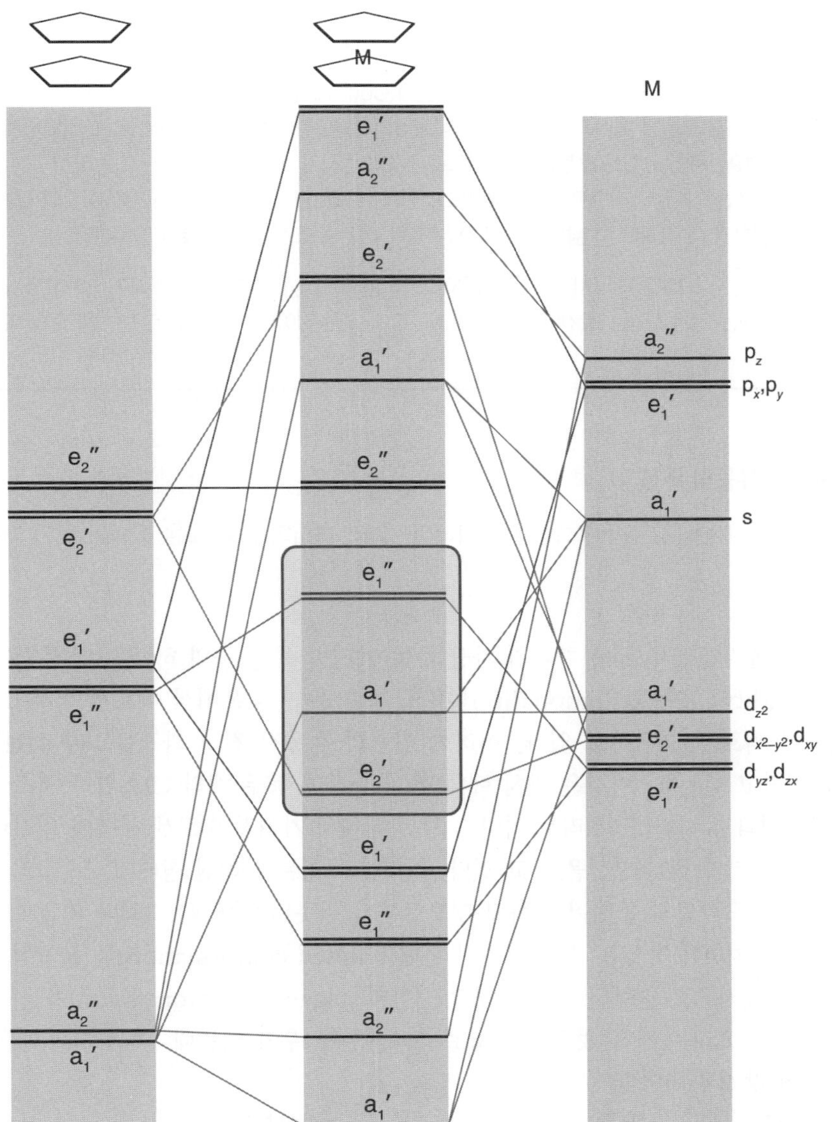

그림 22.13 D_{5h} 대칭의 $M(Cp)_2$에 대한 분자 오비탈 에너지 도표 C_5H_5 리간드에 대한 대칭 π 오비탈은 왼쪽에, 금속에 대한 관련 d 오비탈은 오른쪽에, 그리고 생성된 분자 오비탈 에너지는 가운데에 각각 나타낸다. 18개의 전자는 상자 안의 a_1' 오비탈을 포함하여 분자 오비탈을 채운다. 상자는 이러한 분자에서 특히 프론티어 오비탈로 간주되는 분자 오비탈을 표시한다.

표 22.8 $[M(\eta^5\text{-}Cp)_2]$ 착물에서 전자 배치와 M–C 결합 길이

착물	원자가 전자 수	전자 배치	M–C 결합 길이(pm)
$[V(\eta^5\text{-}Cp)_2]$	15	$e_2'^2a_1'^1$	228
$[Cr(\eta^5\text{-}Cp)_2]$	16	$e_2'^3a_1'^1$	217
$[Mn(\eta^5\text{-}Me\text{-}C_5H_4)_2]$*	17	$e_2'^3a_1'^2$	211
$[Fe(\eta^5\text{-}Cp)_2]$	18	$e_2'^4a_1'^2$	206
$[Co(\eta^5\text{-}Cp)_2]$	19	$e_2'^4a_1'^2e_1''^1$	212
$[Ni(\eta^5\text{-}Cp)_2]$	20	$e_2'^4a_1'^2e_1''^2$	220

* $[Mn(\eta^5\text{-}Cp)_2]$는 고스핀 전자 배열과 M–C 결합 길이(238 pm)가 예외적으로 길기 때문에 이 화합물의 데이터를 실었다.

예제 22.8 메탈로센의 전자 구조와 안정성의 확인

그림 22.13을 참조하여 $[Co(\eta^5\text{-}Cp)_2]^+$에서 HOMO의 전자 점유와 특성을 논하시오. 그리고 중성의 코발토센(cobaltocene)과 비교하여 금속–리간드 결합에서의 차이를 논하시오.

답 $[Co(\eta^5\text{-}Cp)_2]^+$ 이온은 18개의 원자가 전자를 가진다(Co(III)로부터 6개, 두 개의 Cp 리간드로부터 12개). 페로센에 대한 분자 오비탈 에너지 준위 도표를 적용하여 설명하면, 18개의 전자는 a_1' 오비탈까지 두 개씩 채워지게 된다. 19전자인 코발토센 분자는 여분으로 1개의 전자가 e_1'' 오비탈에 채워지는데, 이는 금속과 리간드에 대해 반결합성이다. 그러므로 금속–리간드 결합을 비교하면, 18전자 $[Co(\eta^5\text{-}Cp)_2]^+$의 결합은 19전자 $[Co(\eta^5\text{-}Cp)_2]$보다 더 강하고 더 짧은 것으로 예상되며, 이는 구조적 실험 자료와 일치한다.

문제 22.8 같은 분자 오비탈 에너지 도표를 사용하여 $[Fe(\eta^5\text{-}Cp)_2]$로부터 전자를 제거하여 $[Fe(\eta^5\text{-}Cp)_2]^+$를 생성하는 것은 중성 페로센과 비교하여 M–C의 결합 길이에 대해 실제로 변화를 일으키는지 설명하시오.

(c) 메탈로센의 유동적 특성

요점: 많은 메탈로센들은 유동적 특성을 나타내며, 여러 형태의 상호 교환 장벽이 낮기 때문에 내부 회전이 일어난다.

많은 고리형 폴리엔(polyene) 착물의 가장 주목할 만한 특성 중의 하나는 입체 화학적인 유연성(nonrigidity)[유동성(fluxionality)]이다. 예를 들면 실온에서 페로센의 두 고리는 서로에 대하여 빠르게 회전하고 있다. 이러한 일련의 유동적 진행 과정을 **내부 회전(internal rotation)**이라고 하는데, 이것은 마치 에테인(ethane)에서 두 개의 CH_3기가 서로에 대하여 회전하는 과정과 유사하다. 우리는 이미 기체 상태에서 가려진 페로센 구조가 엇갈린 페로센 구조보다 약간 더 안정한 사실을 알고 있다. 이러한 차이는 가려진 형태의 Cp 고리의 오비탈들과 금속의 d 오비탈의 중첩이 강화된 것으로부터 비롯된 것이다. 그러나 메탈로센 고리에 입체적으로 큰 치환체가 있는 경우 가려진 형태(eclipsed conformation)를 불안정하게 만들며, 따라서 입체적으로 완화된 형태인 엇갈린 형태(staggered conformation)를 선호하게 만든다. 메탈로센 고리는 간혹 엇갈린 구조로 그려지는 경우가 있는데, 이는 치환체를 그려 넣을 공간이 더 많기 때문이다.

특히 흥미로운 것은 입체 화학적 유연성으로서, 콘쥬게이션된 고리형 폴리엔에서 일부의 탄

소 원자가 금속 원자에 부분적으로 결합되어 있을 때 종종 볼 수 있다. 이와 같은 착물에서 금속–리간드 결합은 고리 주위로 돌아다니는 것 같아서, 유기금속 화학자들은 비공식적인 전문용어로 이러한 내부 회전을 '고리 회전(ring whizzing)'이라고 부른다. 간단한 예는 $[Ge(\eta^1\text{-}Cp)(CH_3)_3]$에서 발견되는데, 사이클로펜타다이엔 고리와 Ge 원자 간에 하나의 결합 자리는 연속적인 1,2-**이동**(1,2-**shift**)으로 고리 주위를 돌아다니는 과정, 즉 C–M 결합이 고리 주변의 다음 탄소 원자와의 C–M 결합으로 연속적으로 치환되면서 움직이는 것으로 볼 수 있다. 이 움직임은 결합이 1번 원자에서 시작해 이웃한 2번 원자에서 끝나기 때문에 1,2-이동으로 알려져 있다(그림 22.14). 유동적으로 콘쥬게이션된 폴리엔 착물의 대부분은 1,2-이동에 의해 이동하는 것으로 밝혀졌다. 그러나 이러한 이동들이 최소 움직임의 원리나 오비탈 대칭의 관점에 의하여 조절되는 것인지 등의 자세한 이유에 대해서는 알려지지 않고 있다.

핵자기 공명(NMR: nuclear magnetic resonance)은 이러한 유동성 과정의 존재와 메커니즘에 대한 주요한 증거를 제공한다. 그 이유는 분자에서 유동은 10^{-2}~10^{-4}초의 시간 척도로 일어나며 ^{1}H 및 ^{13}C NMR을 이용하여 연구할 수 있기 때문이다. 이러한 방법의 좋은 예로서 $[Ru(\eta^4\text{-}C_8H_8)(CO)_3]$ 화합물(**77**)을 살펴보자. 우선 실온에서 이 화합물의 NMR 스펙트럼은 하나의 예리한 피크로 나타나는데, 이는 대칭적인 $\eta^8\text{-}C_8H_8$ 리간드에 의한 것으로 해석된다. 그러나 단결정의 X선 회절에 의하면, 리간드는 4 합토수로 결합되어 있는 것이 명백하게 나타난다. 이러한 모순된 결과는 저온에서 ^{1}H NMR 스펙트럼을 조사하여 보면 해결된다. 이것은 시료의 온도가 낮아지면 ^{1}H NMR의 신호는 넓어지다가 다시 날카로워지며 최종적으로 4개의 피크로 잘 분리된 신호가 나타나기 때문이다. 이 피크로 보아 $\eta^4\text{-}C_8H_8$ 리간드에서 네 쌍의 양성자가 존재하는 것으로 예상된다. 이러한 해석은 실온에서 고리 리간드가 NMR 측정이 가능한 시간 척도보다 더 빠르게 금속 원자 주변을 '돌아다니며 회전하기(whizzing)' 때문에 회전의 평균 신호만이 관측된다는 것이다. 온도가 낮아지면 고리의 회전 운동은 느려지고 뚜렷한 형태가 충분한 시간 동안 존재하여 NMR에 의하여 정확히 구별된다. NMR 스펙트럼의 피크 모양을 자세하게 분석하여, 회전 운동의 활성화 에너지를 실험적으로 구하기도 한다.

Ru
OC OC CO

77

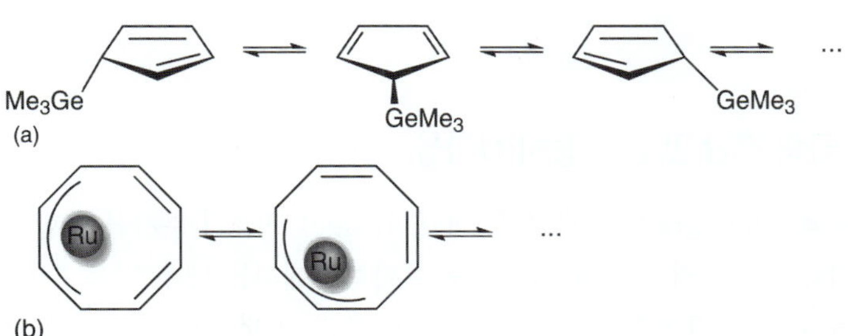

그림 22.14 (a) $[Ge(\eta^1\text{-}Cp)(Me)_3]$에서 유동성 과정은 일련의 1,2-이동에 의해 일어난다. (b) $[Ru(\eta^4\text{-}C_8H_8)(CO)_3]$의 유동성도 유사하게 설명된다. Ru 원자는 지면의 밖으로 CO 리간드와 함께 존재하며, 이를 명확하게 나타내기 위해 CO 리간드는 생략하였음에 유의하라.

(d) 굽은 메탈로센 착물

요점: 굽은 샌드위치 화합물의 구조는 세 개의 금속 원자 오비탈이 굽은 Cp_2M 토막의 열린 면 방향으로 돌출되어 있는 모양으로 분류된다.

고리들이 평행한 구조를 지니는 단순한 비스(사이클로펜타다이엔일) 및 비스(아렌) 착물 이외에도 다른 관련 구조를 가지는 메탈로센 착물들이 많다. 이러한 화학종에 대한 용어는 형태에 따라 '굽은 샌드위치 화합물'(**78**), '반(half) 샌드위치' 또는 '피아노 의자(piano stool)' 화합물(**79**), 그리고 '삼중판(triple decker)' 화합물(**80**) 등으로 불린다. 굽은 샌드위치 화합물은 선 구역의 앞쪽과 중간에 있는 원소들의 유기금속 화학에서 중요한 역할을 하고 있으며, 이들의 예로서 $[Ti(\eta^5\text{-}Cp)_2Cl_2]$, $[Re(\eta^5\text{-}Cp)_2Cl]$, $[W(\eta^5\text{-}Cp)_2H_2]$ 및 $[Nb(\eta^5\text{-}Cp)_2Cl_3]$ 등이 있다.

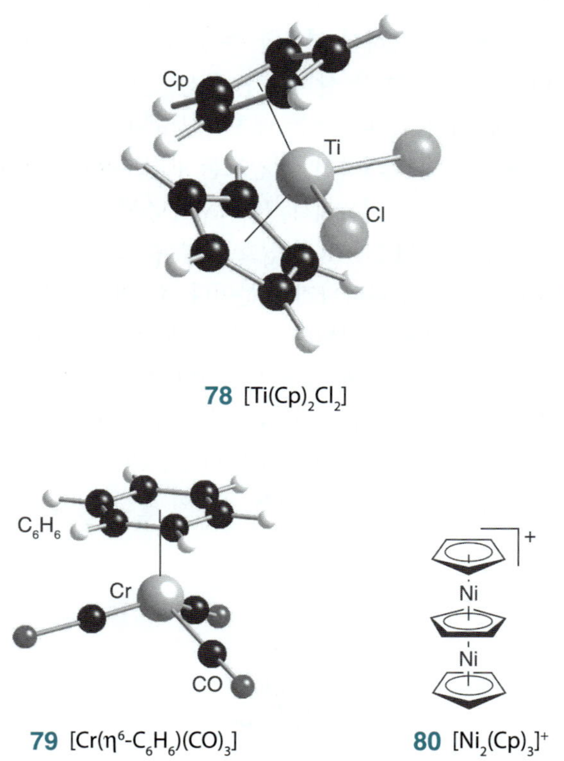

78 $[Ti(Cp)_2Cl_2]$

79 $[Cr(\eta^6\text{-}C_6H_6)(CO)_3]$

80 $[Ni_2(Cp)_3]^+$

그림 22.15에 나와 있는 것처럼, 굽은 샌드위치 화합물은 다양한 종류의 전자수와 입체 화학을 가진다. 이들의 구조는 세 개의 금속 원자 오비탈이 굽은 $M(Cp)_2$ 토막의 열린 면 방향으로 돌출되어 있는 모양으로 분류된다. 이러한 굽은 샌드위치의 모형에 따르면, 화합물의 전자 계산이 18보다 작을 때에도 리간드의 고립 전자쌍이나 아고스틱 C–H기와의 상호 작용으로 전자를 제공받아 종종 금속 원자의 부족한 전자를 보충하는 데 유리하다.

22.20 금속–금속 결합 및 금속 뭉치 화합물

유기화학에서 큐베인(cubane)(**81**)과 같은 바구니(cage) 모양의 분자들을 합성하는 것은 매우 힘든 일이다. 이와는 대조적으로, 특이하게도 무기화학에서는 매우 많은 수의 다양한 닫힌 다면체 분자, 예를 들면 사면체 P_4 분자(15.1절), 할로젠 다리 구성 팔면체의 앞쪽 d 구역 뭉치

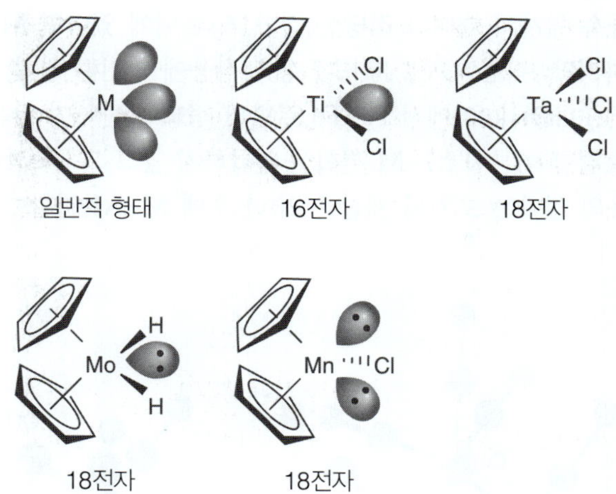

그림 22.15 굽은 샌드위치 화합물과 전자 계산

화합물(화학세상 19.2), 다면체 카보레인(13.12절), 그리고 여기에서 논의하고자 하는 유기금속 뭉치 화합물(organometallic cluster compound)들이 알려져 있다. 뭉치 화합물의 구조는 종종 금속 자체의 조밀 쌓임 구조와 비슷하고, 이러한 유사성은 이들을 연구하는 데 있어 주요한 이론적인 근거를 제공한다. 즉 뭉치 화합물에서 리간드의 화학적 성질은 금속 표면에서의 거동을 반영한다. 최근에는 뭉치 화합물의 크기에 따른, 예를 들면 양자점(quantum dot)과 나노입자(nanoparticle) 화합물의 전자적 성질에 대하여 상당히 많은 연구가 진행되고 있다(24.24절).

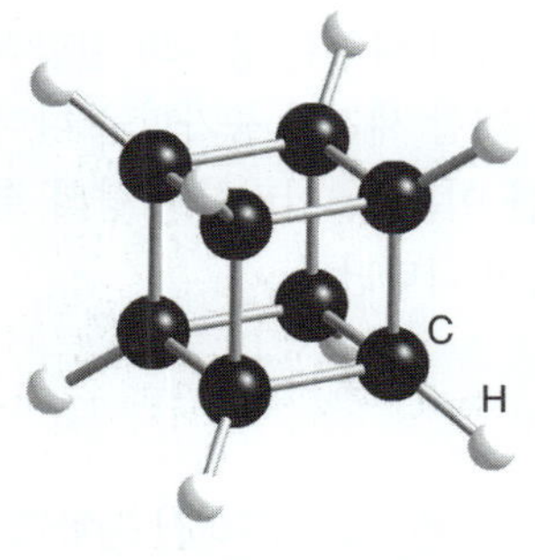

81 Cubane(C_8H_8)

(a) 뭉치 화합물의 구조

요점: 뭉치 화합물은 금속–금속 사이에 삼각형 이상의 고리 구조를 가지는 모든 화합물을 말한다.

금속 뭉치 화합물(metal cluster)의 엄밀한 정의는 금속–금속 사이에 삼각형 이상의 고리 구조를 가지는 분자 착물이다. 이러한 정의에 의해 선형의 M–M 결합을 가진 화합물이나 여러 금속 원자들이 리간드 다리로만 연결되어 있는 바구니 화합물은 제외한다. 그러나 이러한 엄격한 정의는 보통 완화하여 적용하며 우리는 어떠한 M–M 결합계를 하나의 뭉치 화합물로 고려한다. 바구니 화합물과 뭉치 화합물 간의 구별은 임의적인 것처럼 보일 수 있다. 예를 들어 뭉치 화합물 중에서 (**82**)와 같이 다리 구성 리간드가 존재하면 원자들은 M–M 결합보다 M–L–M 상호 작용에 의해 보강되어 금속 사이의 결합이 증가한다. 금속과 금속 사이의 결합 정도는 결합 길이를 측정하여 비교함으로써 결정한다. 만약에 M–M 사이의 거리가 금속 반지름의 2배보다 훨씬 크다면, M–M 결합이 매우 약하거나 존재하지 않는다고 결론지을 수 있다. 그렇지만 금속 원자의 거리가 적당한 결합 거리 내에 있다면 M–M 사이의 결합이 있는 것으로는 간주하지만, 직접적으로 M–M 상호 작용에 기인된 결합의 정도는 여전히 모호하다. 예를 들면 $[Fe_2(CO)_9]$(**83**)에서 Fe–Fe 결합의 정도에 관하여 많은 논의가 계속 진행되고 있다. 비록 일부 결합 이론이 M–M 결합을 언급하지 않고 그 구조를 잘 설명할 수 있지만, Fe–Fe 상호 작용의 없다는 초기의 제안은 20년 후에 M–M 결합이 받아들여져서 바뀌게 되었다.

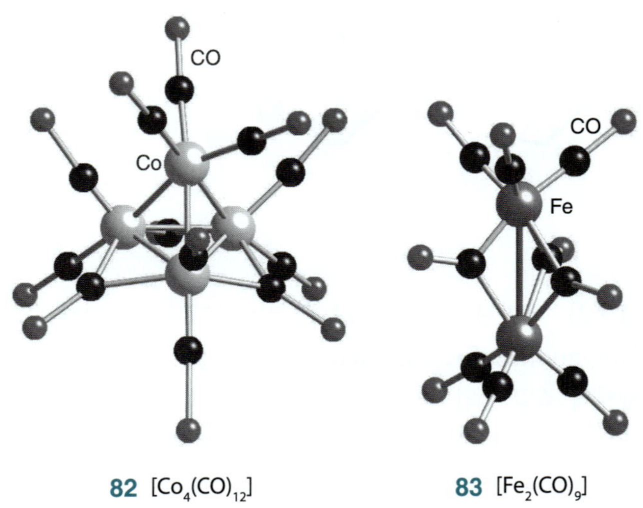

82 $[Co_4(CO)_{12}]$ **83** $[Fe_2(CO)_9]$

금속 착물에 있는 금속–금속 결합의 세기를 상당히 정밀하게 결정하는 것은 어렵지만, 화합물의 안정성 및 M–M 힘상수 등의 다양한 종류의 실험적 증거를 조사한 결과, d 구역에서 족을 따라 아래로 갈수록 M–M 결합 세기가 증가함을 나타내고 있다. 이러한 경향은 p 구역 원소들의 일반적 경향과는 대조를 이룬다. 이러한 경향의 결과로 금속–금속 결합이 존재하는 계는 4d 및 5d 금속에서 가장 많이 나타난다.

(b) 뭉치 화합물의 전자 계산

요점: 18전자 규칙은 6개 미만의 금속 원자로 이루어진 뭉치 화합물에 대해 정확한 전자수를 확인하는 데 적합하다. Wade–Mingos–Lauher 규칙을 통하여 원자가 전자 수와 더 큰 유기금속 착물의 구조 사이의 상관관계를 확인할 수 있다.

유기금속 뭉치 화합물은 d 금속의 앞쪽 원소들에서는 드물게 나타나며 f 금속에서는 지금까지 알려지지 않고 있다. 그러나 6~10족 원소에 대해 수많은 금속 카보닐 뭉치 화합물이 존재한다. 비교적 작은 뭉치 화합물의 결합은 국부의 M–M 및 M–L 전자쌍 결합과 18전자 규칙으로 쉽게 설명한다.

여기서 $[Mn_2(CO)_{10}]$(**84**)과 $[Os_3(CO)_{12}]$(**85**)를 예로 들어 설명하자. $[Mn_2(CO)_{10}]$에서 Mn–Mn 결합을 고려하기 전에 우선 각 Mn 원자는 17개의 전자(Mn으로부터 7개 전자와 5개의 CO 리간드로부터 10개 전자)를 가지는 것으로 고려한다. 이 Mn–Mn 결합은 두 금속 원자 간에 각각 1개씩 전자를 제공하여 두 개의 전자를 공유하고 있으므로 결과적으로 두 개의 18전자 금속으로 되지만, 전체 전자수는 36이 아니라 34이다. $[Os_3(CO)_{12}]$에서 각 $[Os(CO)_4]$ 토막으로부터 금속–금속 결합을 고려하기 전에 16개의 전자를 가진다. 각 금속은 이웃한 금속들과 두 개의 전자를 더 공유하며 각 금속 원자 주변에는 전자가 증가하여 전자수는 18이 되지만, 전체적으로는 전자가 54개가 아니라 단지 48개가 된다. 여기서 다루는 결합 전자의 수를 **뭉치 원자가 전자**(CVE: cluster valence electron)로 부르고, x개의 금속 원자로 이루어지며, y개의 금속–금속 결합을 가진 뭉치 화합물은 $(18x-2y)$개의 전자를 필요로 하는 것으로 확실하게 나타낼 수 있다. 팔면체 M_6와 더 큰 뭉치 화합물들은 이러한 경향을 따르지 않으며, 'Wade 규칙'(13.11절)으로 알려진 다면체 골격 전자쌍 규칙이 D.M.P. Mingos와 J. Lauher에 의해 더 개선되었다. 이렇게 개선된 **Wade–Mingos–Lauher 규칙**을 표 22.9에 나타내었다. 이 규칙은 6족에서 9족까지의 금속 뭉치 화합물에 잘 적용된다. 일반적으로 그리고 유사한 방법을 적용할 수 있는 수소화 붕소 화합물에서는 더 높은 뭉치 원자가 전자 계산 값을 가지는 화합물이 더 적은 수의 금속–금속 결합을 가지게 되므로 더 열린 구조(open structure)를 나타낸다.

84 $[Mn_2(CO)_{10}]$

85 $[Os_3(CO)_{12}]$

표 22.9 뭉치 원자가 전자(CVE) 계산과 구조의 상관관계

금속 원자 수	금속 골격의 구조		CVE 수	예
1	단일 금속	M	18	$[Ni(CO)_4]$ (**2**)
2	선형	M—M	34	$[Mn_2(CO)_{10}]$ (**84**)
3	닫힌 삼각형		48	$[Os_3(CO)_{12}]$ (**85**)
4	정사면체		60	$[Co_4(CO)_{12}]$ (**82**)
	나비 모양		62	$[Fe_4(CO)_{12}C]^{2-}$
	사각형		64	$[Os_4(CO)_{16}]$
5	삼각 쌍뿔		72	$[Os_5(CO)_{16}]$
	사각 피라미드		74	$[Fe_5C(CO)_{15}]$
6	팔면체		86	$[Ru_6C(CO)_{17}]$
	삼각 프리즘		90	$[Rh_6C(CO)_{15}]^{2-}$

예제 22.9 분광학적 자료, 뭉치 원자가 전자 계산 및 구조에 대하여 상관관계 찾기

$[Co_2(CO)_8]$과 클로로폼($CHCl_3$)의 반응을 통하여 화학식이 $[Co_3(CH)(CO)_9]$인 화합물을 얻었다. 이 화합물의 NMR과 IR 자료는 모두 오직 말단 CO 리간드와 CH기가 존재함을 보여 준다. 스펙트럼 자료와 일치하는 구조를 제안하시오. 그리고 제시한 구조와 CVE의 상관관계를 밝히시오.

답 CH 리간드는 단순히 C가 금속과 결합하는 것으로 가정한다. 즉 C에서 1개의 전자는 C–H 결합에 사용되기 때문에 3개의 전자가 뭉치 화합물과 결합하는 데 사용된다. 뭉치 화합물에서 가능한 전자를 계산하면 3개의 Co 원자로부터 27개, 9개의 CO 리간드로부터 18개, 그리고 CH로부터 3개이다. 결과적으로 전체 CVE는 48개이므로 삼각형 구조의 뭉치 화합물이다(표 22.9 참조). 이러한 결론과 일치하며 말단 CO 리간드만 존재하고 또한 CH 리간드가 고깔 씌운 형태인 구조는 화합물 (**86**)이다.

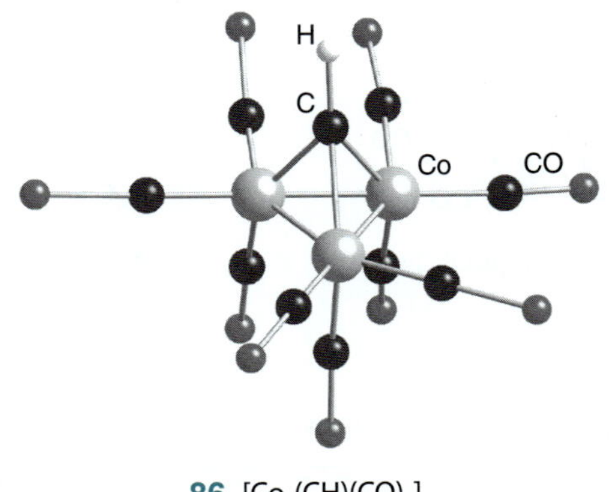

86 $[Co_3(CH)(CO)_9]$

문제 22.9 화합물 $[Fe_4(Cp)_4(CO)_4]$는 진한 녹색의 고체이고, 이것의 IR 스펙트럼은 1640 cm^{-1}에서 한 개의 CO 신축 진동을 나타낸다. ^{1}H-NMR 스펙트럼은 낮은 온도에서도 한 개의 피크를 나타낸다. 이러한 분광학적 정보와 CVE로부터 $[Fe_4(Cp)_4(CO)_4]$의 구조를 제안하시오.

(c) 닮은 오비탈 유추

요점: 닮은 오비탈 유추를 통하여, 겉으로 보기에 관계없는 토막 사이의 상관관계를 고려하여 다양한 구조를 설명할 수 있다.

피상적으로 관계가 없는 것 같은 분자들의 구조적 유사성도 분석할 수 있다. NH_3의 H 원자 각각을 CH_3로 치환한 $N(CH_3)_3$를 살펴볼 것이다. 현재의 용어에서, 구조적으로 유사한 조각들은 **닮은 오비탈**(isolobal)로 불리며, 이 관계는 $\leftarrow\!\!\circ\!\!\rightarrow$로 나타낸다. 이 이름은 분자 조각들에서 혼성 오비탈의 모양이 유사한 귓불 모양에서 유래하였다. 두 조각이 가장 높은 에너지의 오비탈이 같은 대칭이고(H1s와 Csp^3 혼성 오비탈이 σ 대칭일 경우), 에너지가 유사하며, 전자가 같게 채워져 있을 때(H1s와 Csp^3에서처럼 한 개씩 채워짐) 유사하다고 한다. 표 22.10에 몇 가지 닮은 오비탈을 나열하였고 첫째 줄은 단일 프론티어 오비탈(frontier orbital) 닮은 오비탈이다. 이러한 닮은 오비탈을 아는 것은 H_3C-CH_3와 $(OC)_5Mn-CH_3$와 같은 분자에서 H–H의 유사성을 예측하는 데 도움을 준다. 표 22.10의 두 번째 줄은 두 번째 프론티어 오비탈(frontier orbital)의 닮은 오비탈 토막을 보여 주고, 셋째 줄에는 세 번째 것을 보여 준다.

금속 뭉치 화합물 안에 결합되어 있는 헤테로 원자들을 묘사하는 좋은 방법으로서 닮은 오비탈 유추(isolobal analogy)를 사용하면 유용하다. 예를 들어 이러한 유추를 통하여 $[Co_3(CH)(CO)_9]$(**86**)와 $[Co_4(CO)_{12}]$(**84**)의 구조를 대비해 보자. 둘 다 모두 공통적으로 삼각형의 $Co_3(CO)_9$ 토막을 가지며, 다른 점은 전자는 CH의 꼭짓점에 고깔이 씌워져 있으며, 후자는 $Co(CO)_3$의 꼭짓점에 고깔이 씌워져 있는 것으로 본다. 이러한 비교에서 한 가지 지

표 22.10 일부 닮은 오비탈 토막

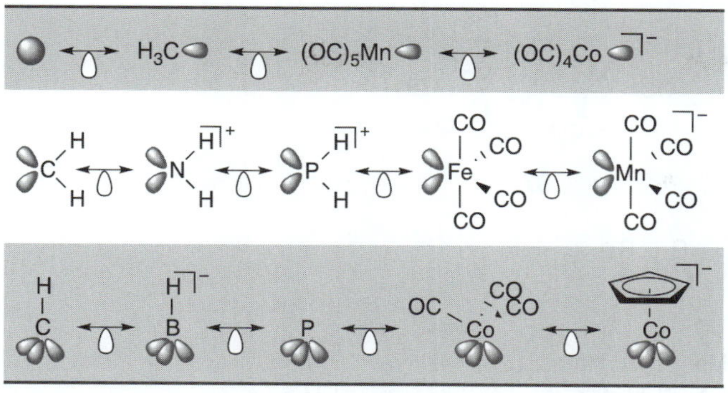

전자는 닮은 오비탈 기의 각 성분으로부터 빼거나 더할 수 있으며, 여전히 닮은 오비탈 성질을 유지함에 유의하라. 예를 들면 CH_3^+ ↔ $Mn(CO)_5^+$ ↔ $Co(CO)_4$

적할 점은 $[Co_4(CO)_{12}]$의 경우에 다리 구성 CO 리간드와 $Co(CO)_2$기가 존재하는 구조도 생성된다는 점이다. 이것은 CO 리간드에서 다리 결합의 구조와 말단 구조의 에너지가 종종 유사하기 때문이다. 표 22.10은 P 원자가 CH와 닮은 오비탈임을 나타내고 있으며, 따라서 $[Co_3(CH)(CO)_9]$(**86**)에서 꼭짓점이 P 원자로 고깔 씌운 뭉치 화합물이 알려져 있음을 설명할 수 있다. 마찬가지로 CR_2 리간드는 $Fe(CO)_4$ 토막과 닮은 오비탈이며, 둘 다 뭉치 화합물에서 두 개의 금속 원자와 결합할 수 있다. CH_3와 $Mn(CO)_5$는 한 개의 금속 원자에 결합할 수 있는 닮은 오비탈의 관계이다.

마지막 예로서 망가니즈와 백금이 혼합된 착물(**87**)을 고려해 보자. 삼원자 [Mn,Pt,P] 고리는 배위된 이중 결합의 메탈로사이클로프로페인(metallocyclopropane)(**88**)으로 생각할 수 있다. 만약에 Mn = P 토막의 반을 PR_2^+와 $Mn(CO)_4^-$로 다룬다면, 이는 CH_2와 닮은 오비탈의 관계에 있으며, 완전한 토막은 에텐 분자와 유사한 것으로 볼 수 있다. 이러한 방법적 설명은 화합물(**87**)이, 간단한 16전자 유기금속 화합물로 알려진 비스-(에텐)카보닐백금(0)[bis-(ethene)carbonylplatinum)(0)](**89**)과 유사한 것으로 볼 수 있음을 의미한다.

(d) 뭉치 화합물의 합성

요점: 금속 뭉치 화합물을 합성하는 데 보통 세 가지 방법–금속 카보닐 화합물의 가열로 CO 제거, 카보닐 음이온과 중성 유기금속 착물의 축합 반응, 불포화 유기금속 화합물과 유기금속 착물의 축합 반응–이 이용된다.

금속 뭉치 화합물을 합성하는 가장 오래된 방법은 금속 카보닐 화합물을 가열하여 CO 리간드를 제거하는 것이다. 열분해 방법으로 금속 뭉치 화합물을 형성하는 것은 전자 계산의 관점에서 보면 이해된다. 즉 CO 리간드의 제거로 인하여 금속 주위에서 원자가 전자의 감소는 M–M 결합을 형성하면서 보충된다. 하나의 예는 $[Co_2(CO)_8]$의 가열을 통하여 $[Co_4(CO)_{12}]$를 합성하는 것이다.

$$2[Co_2(CO)_8] \rightarrow [Co_4(CO)_{12}] + 4CO$$

이 반응은 실온에서 천천히 진행되므로 옥타카보닐다이코발트(0)[octacarbonyldicobalt(0)] 시약은 도데카카보닐테트라코발트(0)[dodecacarbonyltetracobalt(0)]로 보통 약간씩 오염되어 있다.

뭉치 화합물을 합성하는 데 널리 사용되고 더욱 조절이 가능한 반응은 카보닐 음이온과 중

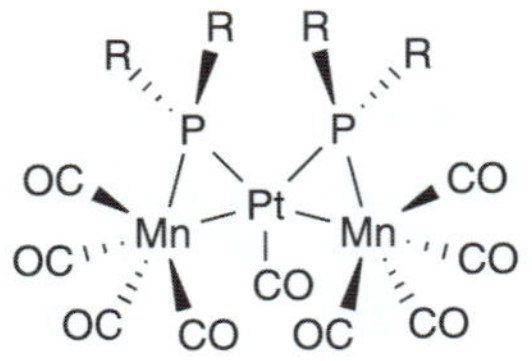

87

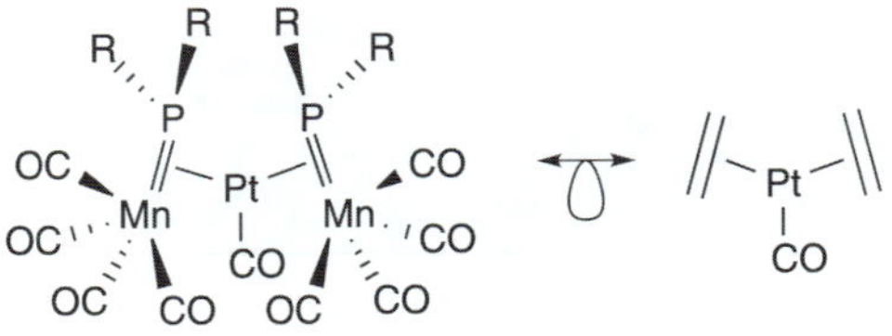

88 **89**

성 유기금속 착물 간의 축합 반응을 이용하는 것이다.

$$[Ni_5(CO)_{12}]^{2-} + [Ni(CO)_4] \rightarrow [Ni_6(CO)_{12}]^{2-} + 4CO$$

Ni_5 착물은 CVE가 76개인 반면에, Ni_6 착물은 CVE가 86개이다. 이러한 형태의 반응을 종종 **산화-환원 축합 반응(redox condensation)**이라고 하는데, 음이온 금속 카보닐 뭉치 화합물을 합성하는 데 매우 유용하다. 이러한 예를 들면 산화수가 $-\frac{2}{5}$인 Ni를 포함하는 삼각 쌍뿔 뭉치 화합물과, 산화수가 0인 $Ni(CO)_4$의 반응을 통하여 산화수가 $-\frac{1}{3}$인 Ni를 포함하는 팔면체 뭉치 화합물을 생성한다. $[Ni_5(CO)_{12}]^{2-}$ 뭉치 화합물은 삼각 쌍뿔형에 대해 예상되는 72개보다 4개의 전자가 초과되는데, 10족 금속 뭉치 화합물의 경우에 Wade-Mingos-Lauher 규칙으로부터 예상되는 전자보다 많이 가지는 것은 매우 흔한 경향이다.

뭉치 화합물을 합성하는 세 번째 방법은 F.G.A. Stone에 의해 개발되었으며, 치환하기 쉬운 리간드를 포함하는 유기금속 착물과 불포화 유기금속 화합물의 축합 반응에 의한 것이다. 불포화 유기금속 착물로는 금속 알킬리덴(alkylidene) $L_nM{=}CR_2$, 금속 알킬리다인(alkylidyne) $L_nM{\equiv}CR$, 또는 다중 금속-금속 결합을 가진 화합물이 사용된다.

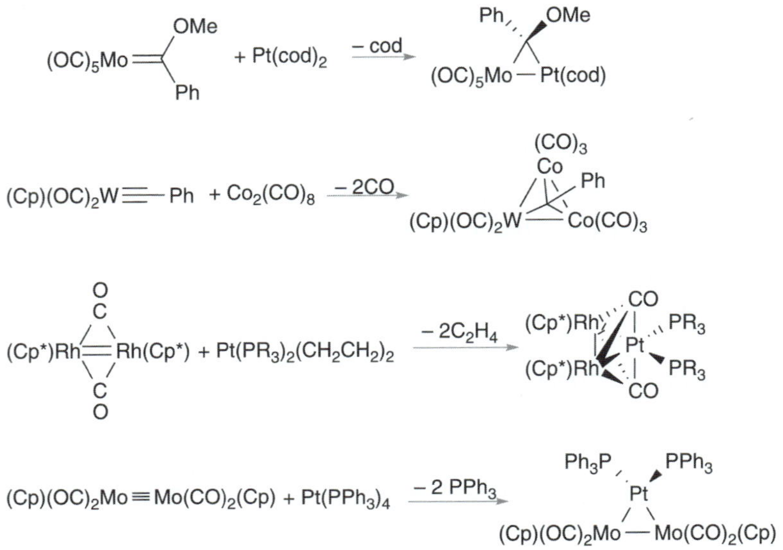

$$(OC)_5Mo{=}C(OMe)Ph + Pt(cod)_2 \xrightarrow{-\,cod} (OC)_5Mo{-}Pt(cod)\ [\mu\text{-}C(Ph)(OMe)]$$

$$(Cp)(OC)_2W{\equiv}CPh + Co_2(CO)_8 \xrightarrow{-\,2CO} (Cp)(OC)_2W\,Co(CO)_3\,Co(CO)_3\ [\mu_3\text{-}CPh]$$

$$(Cp^*)Rh(\mu\text{-}CO)_2Rh(Cp^*) + Pt(PR_3)_2(CH_2CH_2)_2 \xrightarrow{-\,2C_2H_4} [(Cp^*)Rh]_2Pt(PR_3)_2(CO)_2$$

$$(Cp)(OC)_2Mo{\equiv}Mo(CO)_2(Cp) + Pt(PPh_3)_4 \xrightarrow{-\,2\,PPh_3} (Cp)(OC)_2Mo{-}Mo(CO)_2(Cp)\,Pt(PPh_3)_2$$

반응

대부분 유기금속 화합물이 다양한 방법의 반응을 통하여 합성된다는 사실은 이들이 촉매로 사용될 수 있음을 의미한다. 앞 절에서는 리간드와, 이들을 어떻게 중심 금속에 도입하는지에 대해 살펴보았다. 이번 절에서는 리간드가 어떻게 반응을 하는지 또는 다른 화합물과 어떻게 반응하는지에 대해 알아본다. 본문의 설명은 배위적으로 포화된 착물의 반응성이 배위적으로 불포화된 착물의 반응성보다 작다는 사실을 내포하고 있다.

22.21 리간드 치환 반응

요점: 유기금속 착물에서 리간드의 치환 반응은 배위 착물에서 리간드의 치환 반응과 매우 유사하다. 부가적으로 유기금속 착물에서 금속 원자의 원자가 전자수는 18전자를 넘지 않는다. 리간드가 입체적으로 커지면 해리 과정의 속도는 증가하지만 회합 과정의 속도는 감소한다.

간단한 카보닐 착물에서 CO 리간드 치환 반응에 대한 자세한 연구를 통하여 속도와 메커니즘의 체계적인 경향을 알 수 있으며, 이렇게 입증된 많은 사실은 모든 유기금속 착물에 적용이 가능하다. 유기금속 착물에서 한 리간드에서 다른 리간드로의 간단한 치환 반응은 배위 화합물에서 관찰되는 반응과 매우 유사하다. 즉 반응은 회합성(associative), 해리성(dissociative), 또는 교환성(interchange) 반응 경로에 따라 진행되며 회합적으로 또는 해리적으로 활성화된다(21.2절).

치환 반응의 간단한 예로는 CO 리간드가 포스핀(phosphine)과 같은 전자쌍 주개의 다른 리간드로 치환되는 반응이 있다. $Ni(CO)_4$, $Fe(CO)_5$ 및 크로뮴(chromium) 족의 헥사카보닐(hexacarbonyl) 화합물에서 CO 리간드가 트라이알킬포스핀(trialkylphosphine)과 다른 리간드로 치환되는 반응에 대한 속도 연구는 실제로 해리적 활성 메커니즘이 일어나고 있음을 확실히 보여 주고 있다. 일부의 경우에 $[Cr(CO)_5(THF)]$와 같은 용매화된 중간체가 확인되었다. 이때 생성된 중간체는 이분자(bimolecular) 과정으로 진입기와 함께 반응하게 된다.

$$Cr(CO)_6 + \text{용액} \rightarrow Cr(CO)_5(\text{용액}) + CO$$
$$Cr(CO)_5(\text{용액}) + L \rightarrow Cr(CO)_5L + \text{용액}$$

회합 활성화가 18전자 이상의 반응 중간체를 필요로 하는 것처럼, 해리적으로 작용하는 치환 반응은 금속 카보닐 복합체를 형성할 것으로 예상되며, 이것은 높은 에너지 반결합성 MO를 만든다.

$Ni(CO)_4$로부터 첫 번째 CO기의 해리는 실온에서 쉽게 일어나고 치환 반응은 빠르게 진행되지만, 6족의 카보닐 화합물에서 CO 리간드는 금속에 더욱 강하게 결합되어 있으므로 CO의 해리는 종종 열적으로 또는 광화학적으로 촉진시켜 주어야 한다. 예를 들면 CO를 CH_3CN으로 치환시키기 위해서는 반응을 아세토나이트릴(acetonitrile) 중에 환류시키면서 진행하고, 또한 질소를 흘려 주어 일산화 탄소를 제거하여 주면 반응이 완결된다. 광분해를 하기 위해서는 단핵 금속 카보닐 화합물이 가시광선 영역에서 강하게 흡수하지 않으므로 그림 22.16에 나타낸 실험 기구에서 근자외선을 쬐면서 반응을 수행한다. 열적 반응과 마찬가지로, 광을 이용하는 치환 반응도 용매화된 치환성의 중간체 착물이 먼저 형성되고, 이것이 진입기에 의해 치환되는 것으로 알려지고 있다. 금속 카보닐 화합물의 광분해의 경우에 THF처

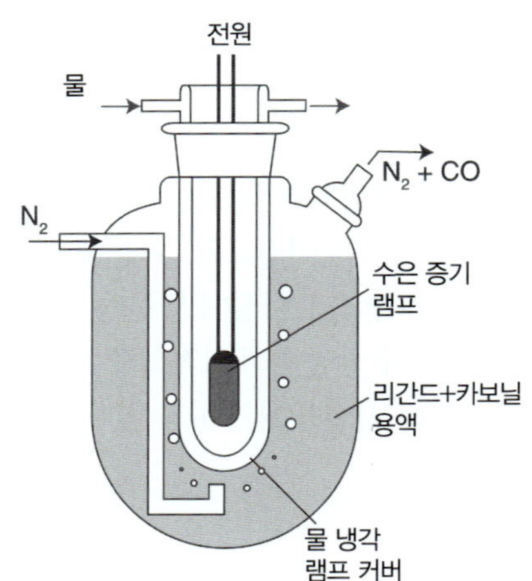

그림 22.16 금속 카보닐 화합물의 광화학적 리간드 치환 반응에 대한 실험 기구

럼 극성 용매뿐만 아니라 모든 용매 심지어 알케인과 비활성 기체에서조차도 용매화된 중간체가 확인되었다.

16전자 착물의 치환 반응 속도는 진입기의 종류와 농도에 민감하며, 이것은 회합성 활성으로 진행됨을 나타낸다. 예를 들면 $[IrCl(CO)(PPh_3)_2]$와 트라이에틸포스핀의 반응은 회합적으로 활성화된다.

$$[Ir(CO)Cl(PPh_3)_2] + PEt_3 \rightarrow [Ir(CO)Cl(PPh_3)_2(PEt_3)] \rightarrow [Ir(CO)Cl(PPh_3)(PEt_3)] + PPh_3$$

16전자 유기금속 화합물은 회합적으로 활성화되는 치환 반응으로 진행되는데, 이것은 해리적 활성이 일어나는 14전자로 활성화된 착물보다 18전자로 활성화된 착물이 에너지적으로 더 유리하기 때문이다.

배위 착물의 반응에서와 마찬가지로 유기금속 화합물에서도 리간드 사이가 입체적으로 혼잡해지면, 해리 과정은 촉진되고 회합 과정의 속도는 감소할 것으로 예상된다(21.6절). 리간드의 입체적 혼잡 정도는 Tolman 원뿔각(cone angle)으로 추측되고, $[Ni(PR_3)_4]$ 착물의 해리 상수를 조사함으로써 결합된 리간드에 대한 평형 상수에 어떤 영향을 주는지 알 수 있다(표 22.11). 만약 포스핀 리간드가 원뿔각이 118°인 PMe_3처럼 비교적 작으면, 이 착물은 용액 내에서 거의 해리되지 않는다. 그러나 원뿔각이 182°로 큰 착물인 $[Ni(P^tBu_3)_4]$는 용액 내에서 대부분 해리된다.

CO 치환 반응의 또 다른 특징은 6배위 금속 카보닐 착물에서 CO 리간드가 더욱 강한 염기성 리간드로 치환될수록 치환 반응 속도가 종종 감소한다는 것이며, 두 개 또는 세 개의 알킬포스핀(alkylphosphine) 리간드로 치환되면 그 이상 치환되지 않는다. 부피가 큰 포스핀 리간드의 경우에는 계속하여 치환되면 리간드의 입체적 혼잡으로 인하여 열역학적으로도 불리하다. 그리고 CO와 같은 π 받개 리간드가 알짜 주개의 염기성 리간드로 치환되면, 중심 금속에 전자 밀도가 증가하여 남아 있는 CO 리간드의 결합은 더 강해지기 때문에 결과적으로 CO의 해리 속도를 감소시켜 치환 반응은 느려진다. CO 결합에 σ 주개 리간드가 영향을 미치는데, 이에 대한 설명은 다음과 같다. 치환된 포스핀에 의해 금속에 전자 밀도가 증가하며, 이는 남아 있는 CO 리간드에 강한 π 역결합을 형성하여 결과적으로 M−CO 결합력이 강해진다. 이렇게 M−C 결합이 강할수록 CO 리간드가 금속 원자로부터 떨어지기 어려워져 해리성 치환 반응의 속도는 감소한다. 치환되는 두 번째 카보닐기는 첫 번째 카보닐에 대해 보통 시스(*cis*) 자리이며, 세 번째 카보닐기가 치환되면 결과적으로 동면(*fac*) 착물이 생성되는 것으로 관찰된다. 이러한 위치 화학(regiochemistry)의 원인은 CO 리간드가 매우 높은 트랜스(*trans*) 효과를 가지기 때문이다(21.4절).

표 22.11 일부 Ni 착물에 대한 원뿔각과 해리 상수

L	θ(°)	K_d
PMe_3	118	$<10^{-9}$
PEt_3	137	1.2×10^{-5}
$PMePh_2$	136	5.0×10^{-2}
PPh_3	145	큼
P^tBu_3	182	큼

벤젠 용액 25°C에서 $NiL_4 \rightleftharpoons NiL_3 + L$의 데이터

예제 22.10 치환된 금속 카보닐 화합물의 합성

Mo의 공급원으로 MoO_3를 사용하고 리간드 물질로서 CO와 PPh_3를 사용하여 $[Mo(CO)_5PPh_3]$를 합성하는 반응식과 조건을 제시하시오. 합성에 필요한 다른 시약은 임의로 선택하여 사용하시오.

답 전형적인 과정은 먼저 $Mo(CO)_6$를 합성한 후에 리간드 치환 반응을 수행하는 것이다. MoO_3의 환원성 카보닐화 반응은 일산화 탄소 압력하에 환원제로 $Al(CH_2CH_3)_3$를 사용하여 실행한다. 이때 필요한 온도와 압력은 몰리브데넘과 일산화 탄소의 직접 반응으로 합성하는 경우보다 더 낮다.

$$MoO_3 + Al(CH_2CH_3)_3 + 6CO \xrightarrow{50\,atm,\ 150°C,\ heptane} [Mo(CO)_6] + Al(CH_2CH_3)_3\text{의 산화 생성물}$$

계속하여 그림 22.16의 장치를 사용하여 광화학적으로 치환 반응을 실행한다.

$$[Mo(CO)_6] + PPh_3 \rightarrow [Mo(CO)_5PPh_3] + CO$$

반응 용기로부터 주기적으로 약간의 시료를 채취하여 IR 분광법으로 CO 신축 진동의 영역을 조사하여 반응의 진행 정도를 추적한다.

문제 22.10 세 개의 CO가 치환된 $[Mo(CO)_3L_3]$ 착물에 대하여 리간드 L로 $P(CH_3)_3$ 또는 $P(^tBu)_3$ 중에서 어느 것이 더 바람직한지를 선택하고, 그 이유를 설명하시오.

일반적으로 대부분의 반응에서 이와 같은 경향을 나타내지만 일부 예외적으로 관찰되는 경우가 있는데, 특히 리간드로서 사이클로펜타다이엔일 또는 나이트로실(nitrosyl)이 존재할 때이다. 이러한 경우에 18전자 착물이라 하더라도 회합성 활성화로 치환이 일어나는 것이 일반적이다. 이것은 NO가 선형 구조(**73**)로부터 굽은 구조(**74**) 형태로 바뀌면서 두 개의 전자를 적게 제공하기 때문이다(22.17절). 마찬가지로 η^5-Cp^-의 6전자 주개는 금속에 대해 결합 구조가 바뀌면서 η^3-Cp^-의 4전자 주개가 된다. 이 경우에 $C_5H_5^-$ 리간드는 금속과 세 개의 탄소만이 상호 작용을 하게 되며, 남은 두 개의 전자는 간단한 C=C 결합을 형성하고 금속에 배위되지 않는 상태(**90**)로 존재하는 것으로 간주한다. 이렇게 하여 중심 금속은 상대적으로 전자가 부족하기 때문에 치환 반응을 쉽게 할 수 있게 된다.

$$[V(CO)_5(NO)] + PPh_3 \rightarrow [V(CO)_4(NO)(PPh_3)] + CO$$

$$[Re(\eta^5\text{-}Cp)(CO)_3] + PPh_3 \rightarrow [Re(\eta^3\text{-}Cp)(CO)_2(PPh_3)] + CO$$

일부 금속 카보닐 화합물에서는 전자 이동 과정에 의해 음이온 또는 양이온 라디칼이 생성되며, 이것이 촉매 작용을 하여 CO의 치환 반응이 촉진된다는 것이 밝혀졌다. 이러한 라디칼들은 18전자를 가지지 않으며, 이 유형의 전형적인 과정을 그림 22.17에 나타내었다. 그림에 나타난 주요한 특징은 19전자 음이온 라디칼에서 CO 리간드는 큰 치환성(lability)을 지니

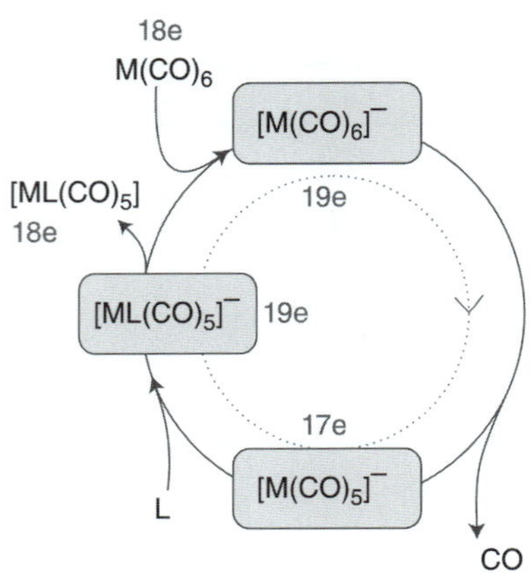

그림 22.17 전자 이동 촉매에 의한 CO 치환 반응의 개략도 소량의 환원 개시제를 첨가하면 한계 반응물 $M(CO)_6$ 또는 L이 완전히 소모될 때까지 순환 과정은 계속된다.

며, 포스핀으로 치환된 생성물은 출발 물질인 금속 카보닐 화합물에 비하여 더 큰 음의 환원 전위(reduction potential)를 가지는 것이다. 마찬가지로 어떤 19전자 및 17전자 금속 화합물도 치환성이 커서 쉽게 치환 반응을 진행한다.

90

뭉치 화합물에서 리간드 치환 반응은 토막내기(fragmentation) 반응과 종종 같이 잘 일어나기 때문에 간단하지는 않다. 뭉치 화합물에서 M–M 결합은 결합 세기 면에서 M–L 결합과 대체적으로 유사하기 때문에 토막내기 반응이 잘 일어나며, 따라서 M–M 결합의 분해는 낮은 활성화 에너지의 반응 경로를 제공한다. 예를 들면 도데카카보닐트라이철(0)[dodecacarbonyltriiron(0)]은 온화한 조건에서 트라이페닐포스핀과 반응하여 간단하게 한 개나 두 개가 치환된 생성물뿐만 아니라 일부 뭉치 화합물의 토막내기에 의한 생성물이 함께 생성된다.

$$3[Fe_3(CO)_{12}] + 6PPh_3 \rightarrow [Fe_3(CO)_{11}PPh_3] + [Fe_3(CO)_{10}(PPh_3)_2] + [Fe(CO)_5] + [Fe(CO)_4PPh_3] + [Fe(CO)_3(PPh_3)_2] + 3CO$$

반응 시간을 다소 길게 하거나 반응 온도를 올리면 토막내기로 인하여 분해되어 형성된 단핵의 철 화합물만이 얻어진다. 그러나 주기율표의 같은 족에서 아래로 갈수록 M–M 결합의 세기가 증가하기 때문에 철보다 무거운 원소의 뭉치 화합물인 경우에는 토막내기 반응에 의한 단핵 착물의 생성물은 얻어지지 않고 단지 치환 반응에 의한 생성물, 예를 들면 $[Ru_3(CO)_{10}(PPh_3)_2]$ 또는 $[Os_3(CO)_{10}(PPh_3)_2]$가 얻어진다.

예제 22.11 치환 반응성 평가

화합물 (**91**)과 (**92**) 중에서 어느 것이 하나의 CO 리간드가 하나의 포스핀으로 치환되는 반응이 더 쉽게 일어나겠는가?

Re, OC, OC, CO — **91**

Re, OC, OC, CO — **92**

답 18전자 화합물 (**92**)는 인덴일(indenyl) 리간드를 포함한다. 이 화합물은 전형적인 Cp 화합물 (**91**)보다 고리 미끄럼(ring slip) 현상이 훨씬 더 쉽게 일어나 16전자 η^3 결합의 형태인 (**93**)으로 바뀔 수 있는데, 그 이유는 이중 결합으로 인해 안정한 6원자 방향족 고리의 일부분이 되기 때문이다. 이러한 고리 미끄럼 현상은 낮은 에너지 경로를 제공하여 배위적 불포화(coordinative unsaturation) 상태에 이르게 하며, 따라서 인덴일 화합물은 Cp 화합물보다 진입 리간드와 더 빠르게 반응한다.

Re
OC OC CO

93

문제 22.11 인덴일 화합물과 플루오렌일(fluorenyl) 화합물(**94**)에 대하여 상대적인 치환 반응성을 평가하시오.

94 Fluorenyl$^-$

22.22 산화성 첨가 반응과 환원성 제거 반응

요점: 산화성 첨가 반응은 분자 X−Y가 금속 원자에 첨가되어 X−Y 결합이 절단되면서 새로운 M−X와 M−Y 결합이 형성될 때 일어난다. 산화성 첨가 반응은 결과적으로 금속 원자의 배위수를 2만큼 증가시키고 산화수를 2만큼 증가시킨다. 환원성 제거 반응은 산화성 첨가 반응의 역이다.

제22.7절에서 금속 원자에 대하여 수소 분자의 결합을 논의할 때, 수소 분자가 반응하여 이수소화물(dihydride)을 형성할 경우에 금속 원자의 산화수가 2만큼 증가함을 언급하였다.

$$M(N_{ox}) + H_2 \rightarrow [M(N_{ox} + 2)(H)_2]$$

금속의 산화수가 2만큼 증가하는 것은 수소 분자는 중성 리간드로 다루는 데 반해, 수소화 이온(hydride) 리간드는 H^-로 다루기 때문이다. 이와 같이 H_2 분자로부터 두 개의 M−H 결합이 형성되는 것은 금속 전하가 2만큼 형식적으로 전하 면에서 증가하는 것에 해당한다. 비록 금속의 이러한 산화가 전자를 세는 방법에서 다소 비정상적인 것처럼 보일지라도, 금속 원자의 전자 2개는 이수소화물의 역결합에 이용된다. 그리고 이러한 2개의 전자는 금속 원자의 추후에 발생하는 결합에는 더 사용되지 않는다. 이 형태의 반응은 매우 일반적이며 **산화성 첨가 반응**(oxidative addition)으로 알려져 있다. 많은 종류의 분자들, 예를 들어 할로젠화 알킬(alkyl halide), 할로젠화 아릴(aryl halide), 수소 분자 및 간단한 탄화수소는 d 구역 금속에 산화성 첨가 반응을 일으킨다. 일반적으로 어떤 분자 X−Y가 금속 원자에 첨가되어 M(X)(Y)가 생성되는 반응은 산화성 첨가 반응으로 분류될 수 있다. 따라서 $[ML_n]$이 HCl과 같은 산과 반응하여 $[ML_n(H)(Cl)]$을 생성하는 반응은 산화성 첨가 반응이다. 산화성 첨가 반응은 d 구역 금속에만 제한되지 않는다. 마그네슘 금속이 Grignard 시약을 형성하는 반응도 일종의 산화성 첨가 반응이다.

산화성 첨가 반응은 결과적으로 금속에 두 개 이상의 리간드가 더 첨가되어 결합하며 전체 전자수도 2만큼 증가한다. 따라서 산화성 첨가 반응은 보통 배위적으로 불포화된 금속 중심을 필요로 하고, 특히 16전자 사각 평면형 착물에서 흔히 잘 일어난다.

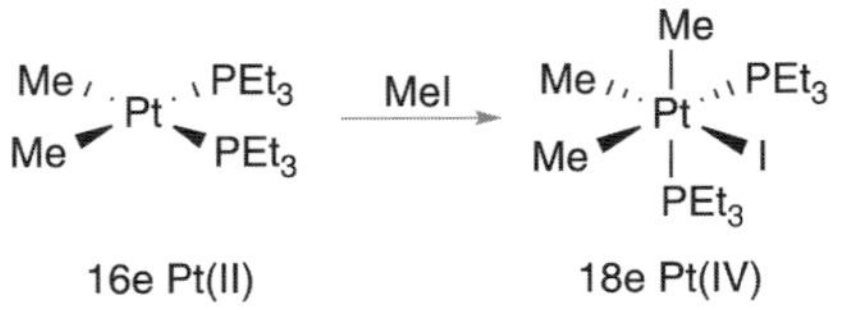

수소 분자의 산화성 첨가는 협동 반응(concerted reaction) 메커니즘으로 일어난다. 즉 수소 분자는 σ 결합된 H_2 리간드 형태로서, 금속에 배위된 후에 금속으로부터 역결합을 통하여 결과적으로 H−H 결합은 분해되고 *cis* 이수소화물을 형성한다.

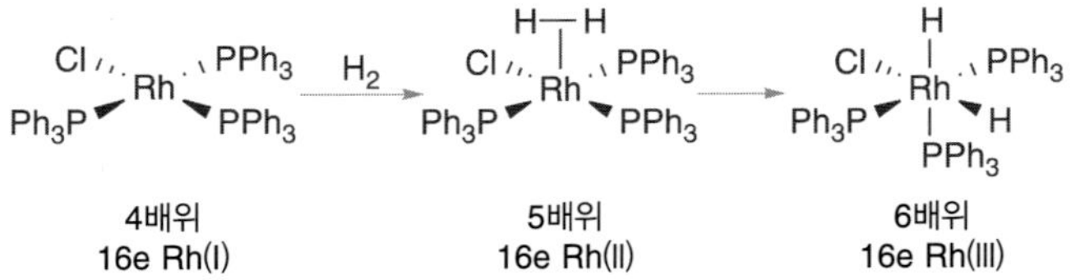

알케인과 할로젠화 아릴과 같은 기타 분자들도 협동 반응 형태로 반응하는 것으로 알려져 있으며, 이러한 모든 경우에 두 개의 들어오는 리간드는 서로 *cis* 구조의 생성물을 형성한다.

어떤 산화성 첨가 반응은 협동 반응 메커니즘으로 진행되지 않고 라디칼 중간체를 거치거나 또는 S_N2 치환 반응으로 진행되기도 한다. 라디칼 산화성 첨가 반응은 드물고 여기에서는 더 논의하지 않는다. S_N2 산화성 첨가 반응에서는 금속의 고립 전자쌍이 X−Y 분자를 공격하여 Y^-를 치환하고, 이는 계속하여 금속과 결합하게 된다.

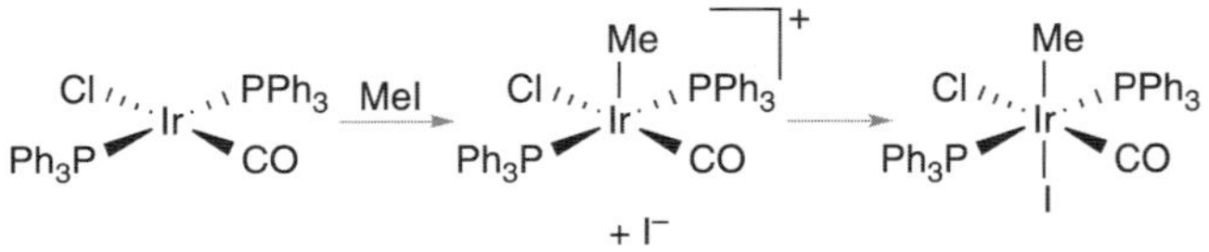

이러한 반응에 대해 두 가지의 입체 화학적 결론이 있다. 첫째, 들어오는 두 개의 리간드는 서로 *cis* 구조가 아닌 생성물을 형성하며, 둘째, X기에서의 어떤 카이랄성(chirality)도 반전된다. S_N2 형태의 산화성 첨가 반응은 할로젠화 알킬과 같은 극성 분자에 대해 잘 일어난다. 유사한 산화성 첨가 반응이 메싸이오닌 합성 효소(methionine synthase)의 중심부에서 일어난다.

산화성 첨가 반응의 반대, 즉 두 개의 리간드가 쌍을 이루면서 금속 중심으로부터 제거되는 이 반응은 **환원성 제거 반응**(reductive elimination)으로 알려져 있다.

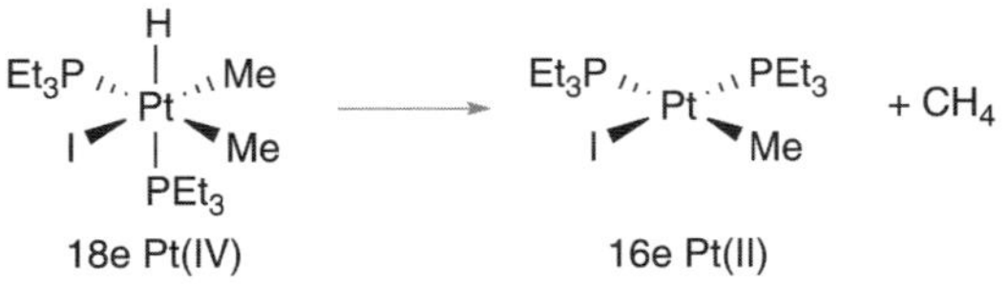

환원성 제거 반응에서는 제거되는 두 개의 토막이 서로 *cis* 위치가 되어야 하며, 산화성 첨가 반응에서 일어나는 협동 반응 메커니즘의 반대로 진행되는 것으로 생각한다.

원칙적으로 산화성 첨가 반응과 환원성 제거 반응은 가역적이지만, 실제로 한 방향이 다른 방향보다 보통 열역학적으로 우세하다. 산화성 첨가 반응과 환원성 제거 반응은 많은 촉매 과정 중에서 중요한 역할을 한다(22.27~22.32절, 25.9절).

예제 22.12 산화성 첨가 반응과 환원성 제거 반응의 확인

다음 반응이 산화성 첨가 반응의 예임을 설명하시오.

$$\text{Rh}(PEt_3)_3(CCMe) \xrightarrow{\text{MeCCH}} \text{RhH}(PEt_3)_3(CCMe)_2$$

답 산화성 첨가 반응임을 확인하려면, 원자가 전자 수를 계산하고 출발 물질과 생성 물질의 산화 상태를 밝혀야 한다. 출발 물질인 4배위 사각 평면형 Rh 착물은 세 개의 중성 포스핀과 한 개의 η^1-알카인일(alkynyl)을 리간드로 포함하고 있으며, 따라서 이는 16전자 Rh(I)의 화학종이다. 6배위 팔면체 생성물은 두 개의 η^1-알카인일, 한 개의 수소화 이온 및 세 개의 중성 포스핀 리간드를 포함하고 있으며, 따라서 이는 18전자 Rh(III)의 화학종이다. 배위수와 산화수가 모두 2만큼 증가하였으므로, 이 반응은 산화성 첨가 반응으로 확인된다.

문제 22.12 다음 반응이 환원성 제거 반응의 예임을 설명하시오.

$$\text{PdCl}_3(PPh_3)_2\text{Ph} \longrightarrow \text{PdCl}_2(PPh_3)_2 + \text{PhCl}$$

22.23 σ 결합 상호 교환 반응

요점: σ 결합 상호 교환 반응은 산화성 첨가 반응이 일어날 수 없을 때에 진행되는 협동 과정이다.

산화성 첨가 반응에 이어서 곧 환원성 제거 반응이 연속적으로 일어나는 반응으로 실제로 는 두 가지 화학종의 교환이 일어나는 반응은 **σ 결합 상호 교환 반응(σ-bond metathesis)**으로 알려져 있다. σ 결합 상호 교환 반응은 주로 앞쪽 d 금속 착물에서 흔하게 일어나는데, 이들은 산화성 첨가 반응에 참가할 금속 원자 상의 전자들이 충분하지 않다. 예를 들면 16전자 화합물 $[(Cp)_2ZrHMe]$는 H_2와 반응하여 모든 전자가 결합에 참여하고 리간드로 모두 존재하는 삼수소화물(trihydride)은 형성하지 않는다. 오히려 이와 같은 경우에는 사원자 고리형의 전이 상태가 생성되고, 협동 과정으로 결합 생성과 결합 해리 단계를 거쳐 결과적으로 메테인(methane)을 제거하는 반응이 진행된다.

$$(Cp)_2\text{Zr(H)Me} \xrightarrow{H_2} \text{Zr–Me}\cdots\text{H–H} \longrightarrow \text{[Zr··Me / H··H]} \longrightarrow (Cp)_2\text{ZrH}_2 + CH_4$$

22.24 1,1-이동 삽입 반응

요점: 1,1-이동 삽입 반응에서는 수소화 이온 또는 알킬기와 같은 화학종이 카보닐과 같은 인접한 리간드로 이동하여 금속 원자상에 전자가 2개 적은 금속 착물을 생성한다.

1,1-이동 삽입 반응(1,1-migratory insertion reaction)에 대한 예로서 다음의 변화가 일어나는 η^1-CO 리간드의 반응을 살펴보자.

X
M—≡O ⟶ M—C(=O)—X

이 반응은 '1,1-반응'으로 불린다. 왜냐하면 금속 원자로부터 한 개의 결합만큼 떨어져 있는 X기가 금속 원자로부터 한 개의 결합만큼 떨어진 원자로 이동하여 반응을 끝맺기 때문이다. 대표적인 X기는 알킬(alkyl) 또는 아릴(aryl) 화학종이고, 생성물은 아실(acyl)기이다. 원칙적으로 반응은 X기가 이동하거나 CO가 M−X 결합 안으로 삽입됨으로써 진행될 수 있다. 실제 메커니즘에 대한 불확실성으로 인하여 반응을 외관상으로는 모순되는 이름인 **이동 삽입** (**migratory insertion**)으로 부르게 되었다. 구어적 표현으로 '이동성 삽입', '이동' 및 '삽입'이란 용어를 서로 혼용하여 사용하고 있다. 전체적인 반응은 금속 원자에서 산화 상태의 변화 없이 전자수만 2만큼 감소하는 결과가 된다. 따라서 리간드로 작용할 수 있는 다른 화학종을 첨가하여 1,1-이동 삽입 반응을 유도할 수 있다.

$$[Mn(Me)(CO)_5] + PPh_3 \rightarrow [Mn(MeCO)(CO)_4PPh_3]$$

$[Mn(Me)(CO)_5]$에서 CO의 이동 삽입 반응에 대한 전형적인 연구를 통하여 이러한 형태의 반응에서 몇 가지 주요한 특성을 설명한다.[3] 첫째, 다음의 반응에서

$$[Mn(Me)(CO)_5] + {}^{13}CO \rightarrow [Mn(MeCO)(CO)_4({}^{13}CO)]$$

생성물은 오직 하나의 표지된 CO를 지니고 있으며, 이 표지된 CO기는 새로이 형성된 아실기의 *cis* 위치에 있다. 이러한 입체 화학을 통하여 들어오는 CO기가 Mn−Me 결합 내에 삽입되는 것이 아니라, 메틸기가 인접한 CO 리간드로 이동하거나 CO 리간드가 인접한 메틸기로 이동하면서 Mn−Me 결합 내에 삽입되는 것으로 이해할 수 있다. 둘째, 다음의 역반응을 통하여

$$cis\text{-}[Mn(MeCO)(CO)_4({}^{13}CO)] \rightarrow [Mn(Me)(CO)_5] + CO$$

메틸기가 이동하는지 아니면 CO 리간드가 삽입되는지를 구별할 수 있다. 반응이 진행되기 위해서는 *cis*-$[Mn(MeCO)(CO)_4({}^{13}CO)]$는 아실기의 시스 위치에 있는 CO 리간드를 먼저 해리하여야 한다. 다음의 도표에 가능한 반응 경로를 요약하였다. 가능한 경우의 $\frac{1}{4}$(25%)에서 해리하는 리간드는 표지된 CO가 될 수 있으며 중요한 특징은 없다. 가능한 경우의 $\frac{1}{2}$(50%)에서 표지된 CO 리간드 및 아실기에 대해, 동시에 시스 위치에 있는 표지되지 않은 CO가 해리되어 빈자리를 형성한다. 이 경우에 (a) 메틸기가 금속 원자로 다시 이동하거나, (b) CO가 밀려나와 금속 원자로 이동하면 메틸기와 ^{13}CO 리간드가 서로 시스 형태의 생성물을 형성한다. 그러나 나머지 가능한 경우의 $\frac{1}{4}$(25%)에서 표지된 CO 리간드의 트랜스 위치에 있는 CO가 해리하며, 여기에서 (d) 메틸기 이동을 (c) CO 리간드가 밀려나오는 것과 구별할 수 있다. 만약 메틸기가 이동한다면 결과적으로 표지된 CO에 **트랜스** 생성물이 형성되는 데 반하여, CO가 밀려나온다면 표지된 CO에 **시스** 생성물이 결과적으로 형성된다.

3 Mn 화학종들은 유동성이 없으며 자리옮김 반응을 하지 않는다. 만약 이러한 특성을 가진다면, 여기서 맺는 결론을 이끌어 낼 수 없다.

실험적으로 Me와 ^{13}CO가 서로 트랜스 위치인 생성물이 전체에서 25%를 차지하기 때문에 Me기가 실제로 이동한다고 결론 내릴 수 있다. 미시적 가역성(microscopic reversibility)의 원리[4]를 적용하면 정반응은 메틸기 이동에 의해 진행된다고 결론 내릴 수 있다. 모든 1,1-이동 삽입 반응은 X기의 이동에 의해 진행되는 것이라고 생각한다. 이러한 반응 경로의 중요한 결과는 이동하는 원자에 대한 다른 기들의 상대적인 위치가 변하지 않으며, 따라서 X기에서 입체 화학은 보전된다는 것이다.

4 미시적 가역성의 원리란 정반응과 역반응이 모두 동일한 메커니즘으로 진행된다고 하는 것이다.

22.25 1,2-삽입 반응 및 β-수소화 이온 제거 반응

요점: 1,2-삽입 반응은 알켄과 같은 η^2-리간드 착물에서 관찰되고 결과적으로 η^1-리간드의 착물이 형성되며, 금속에서 산화 상태의 변화는 일어나지 않는다. β-수소화 이온 제거 반응은 1,2-삽입 반응의 역반응이다.

1,2-삽입 반응은 알켄(alkene) 및 알카인(alkyne)과 같은 η^2-리간드 착물에서 흔히 관찰되며, 반응의 예는 다음과 같다.

금속 원자로부터 한 개의 결합만큼 떨어져 있는 X기가 금속 원자로부터 두 개의 결합만큼 떨어져 있는 원자로 이동하여 반응을 끝맺기 때문에, 이 반응은 **1,2-삽입 반응**(1,2-insertion)이다. 대표적으로 X기는 수소화 이온(hydride), 알킬(alkyl), 또는 아릴(aryl) 화학종이며, 이 경우에 생성물은 치환된 알킬기를 포함하고 있다. 1,1-삽입 반응에서와 같이 전체 반응은 금속 원자의 전자수가 2만큼 감소하며 금속의 산화 상태는 변하지 않는다.

만약에 위의 반응식에서 X = H이며 다른 에텐(ethene) 분자가 배위되어 있는 반응의 경우에는 에틸(ethyl)기가 이동하여 결과적으로 뷰틸(butyl)기를 형성한다.

이러한 과정이 반복되면 폴리에텐(polyethene)이 생성된다. 이러한 종류의 촉매 반응은 산업적으로 상당히 중요하며 22.32절에서 논의한다.

특별히 X = H 경우에 1,2-삽입 반응의 역반응이 일어날 수 있으며, 이 반응은 **β-수소화 이온 제거 반응**(**β-hydride elimination**)으로 알려져 있다.[5]

[5] 이 반응에서 제거되는 H 원자가 금속 원자로부터 두 번째 탄소 원자에 위치하기 때문에 'β-수소화 이온 제거 반응'이라고 한다. 참고로, 금속 원자에 직접 결합되어 있는 탄소 원자는 α 탄소이며, 세 번째로 결합되어 있는 탄소 원자는 γ 탄소 등으로 부른다.

실험적인 증거를 통하여 1,2-삽입 반응과 β-수소화 이온 제거 반응은 다음과 같이 모두 신(syn) 중간체를 거쳐 반응이 진행되는 것으로 나타났다.

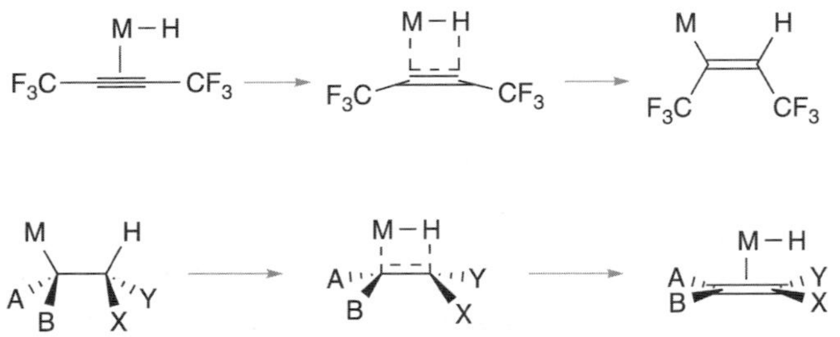

22.8절에서 언급한 대로, β-수소화 이온 제거 반응은 알킬을 포함하는 화합물의 분해 반응에 대해 유리한 반응 경로를 제공한다. β-수소화 이온 제거 반응과 함께 1,2-삽입 반응은 알켄의 이성질화 반응에 대해서도 낮은 에너지의 반응 경로를 제공한다.

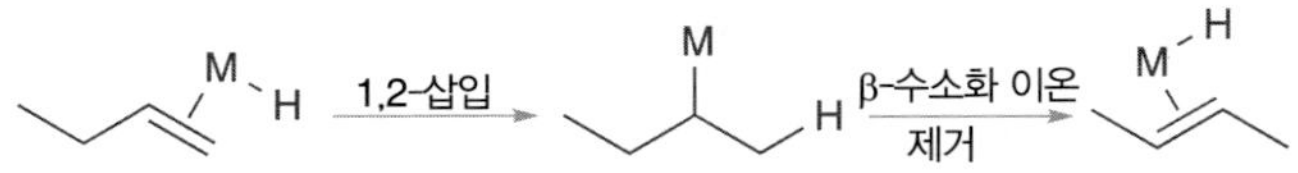

22.26 α-, γ- 및 δ-수소화 이온 제거 반응과 고리 금속화 반응

요점: 고리 금속화 반응은 금속을 떨어져 있는 C−H 결합에 삽입하는 것으로서 수소화 이온 제거 반응과 동일하다.

α-수소화 이온 제거 반응은 종종 β-수소를 가지지 않은 착물에서 발견되며, 이 반응은 종종 반응성이 큰 카벤(carbene)을 생성한다.

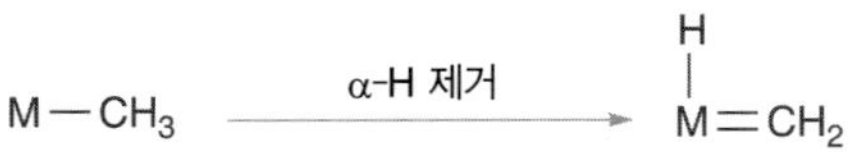

γ-수소화 이온 및 δ-수소화 이온 제거 반응은 α-수소화 이온 제거 반응에 비해 더 흔하게 관찰된다. 그 이유는 생성물이 금속 원자를 포함하는 고리 구조의 **금속 고리**(**metallocycle**) 화합물을 포함하기 때문이며, 이러한 형태의 반응들을 일반적으로 **고리 금속화 반응**(**cyclometallation**)이라고 한다.

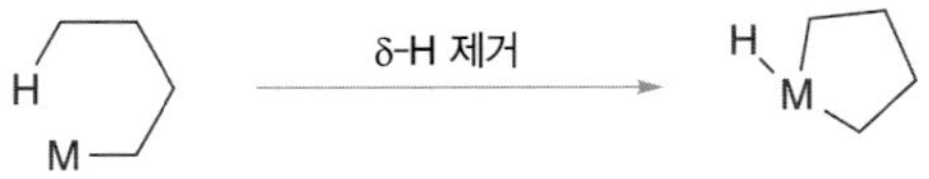

고리 금속화 반응은 인접한 C–H 결합의 산화성 첨가 반응으로도 고려된다. α- 및 β-수소화 이온 제거 반응도 고리 금속화 반응으로 간주된다. 여기서 알켄을 일종의 메탈라사이클로프로페인(metallacyclopropane) 형태로 간주한다면, 고리 금속화 반응과 β-수소화 이온 제거 반응을 동일하게 보는 것이 더 명백하다.

H M → H M

예제 22.13 삽입과 제거 반응의 생성물 예측

$[MnMe(CO)_5]$와 PPh_3 사이의 반응으로부터 어떤 생성물이 생성되는지 입체 화학을 포함하여 예측하시오.

답 $[MnMe(CO)_5]$와 PPh_3 사이의 반응은 강하게 결합된 카보닐 리간드의 해리가 필요하기 때문에 카보닐 리간드가 포스핀으로 단순하게 치환되는 반응은 아닐 것이다. 아마도 메틸기가 인접한 CO 리간드로 이동하여 아실기를 형성하고, 비어 있는 배위 자리에 포스핀이 채워질 것이다. 이러한 반응은 활성화 장벽이 낮으며, 따라서 생성물은 *cis*-$[Mn(MeCO)(PPh_3)(CO)_4]$로 예상된다.

문제 22.13 $[Pt(Et)(Cl)(PEt_3)_2]$는 쉽게 분해하는 데 반하여, $[Pt(Me)(Cl)(PEt_3)_2]$는 그렇지 않은 이유를 설명하시오.

촉매

이전 절에서는 전이 금속에 결합할 수 있는 다양한 유기 리간드와 그 리간드가 어떻게 반응하는지에 대해 살펴보았다. 적합한 화합물을 만들고, 그 화합물을 특정 시약에 반응시키고, 특정한 방법으로 다룸으로써 유기 물질의 변형을 일으킬 수 있었다. 실제로 매우 적은 양의 착물이 매우 많은 양의 시약을 생성물로 전환시키는 촉매 작용으로 금속 화합물을 종종 사용할 수 있다. 2.14절에서 촉매 반응의 원리를 소개하고, 25.9절의 '친환경(green)' 관점에서 촉매를 다시 다루겠지만, 여기서는 유기금속 화합물의 금속을 중심으로 변환에 의존하는 촉매 반응을 논의하는 것이 타당하다. 25.9절은 메탄올의 일산화 탄소화 반응에 대한 심층적인 내용이 포함되어 있다.

$$MeOH + CO \rightarrow MeCOOH$$

에탄산(ethanoic acid) 합성에 사용되는 산업적으로 중요한 반응은 식품 등급 제품을 만들기에 충분한 선택성을 가진 산화성 첨가/이동 삽입/환원성 제거 반응 순환 과정에 의존한다.

22.27 알켄 상호 교환 반응

요점: 알켄 상호 교환 반응은 균일 유기금속 착물의 촉매로 진행되며, 생성물의 분배를 상당히 제어할 수 있다. 이 반응 메커니즘의 주요한 단계는 리간드가 금속 중심으로부터 해리되면서 알켄의 배위가 일어나는 것이다.

알켄 상호 교환 반응(alkene metathesis)은 탄소–탄소 이중 결합이 재분포되는 반응이며, 교차 상

호 교환 반응은 다음과 같다.

알켄 상호 교환 반응은 1950년대에 최초로 보고되었다. 초기 연구에서는 WCl_6/Bu_4Sn과 MoO_3/SiO_2처럼, 명확하게 정의되지 않은 시약의 혼합물이 여러 가지 많은 반응을 일으키는 촉매로 사용되었다(표 22.12). 최근에는 여러 가지 새로운 촉매가 도입되었으며, 1992년 Grubbs가 잘 정의한 루테늄 알킬리덴 화합물(**95**)과, 1990년에 Schrock가 개발한 몰리브데넘 이미도알킬리덴 화합물(**96**)이 상당한 중요성을 지니고 있었다.[6]

[6] Robert Grubbs, Yves Chauvin 및 Richard Schrock은 2005년에 '유기화학 분야'에서 상호 교환 반응 방법을 개발한 공로로 노벨화학상을 공동으로 수상하였다.

95 **96**

알켄 상호 교환 반응은 메탈라사이클로뷰테인(metallacyclobutane) 중간체를 거쳐 진행된다.

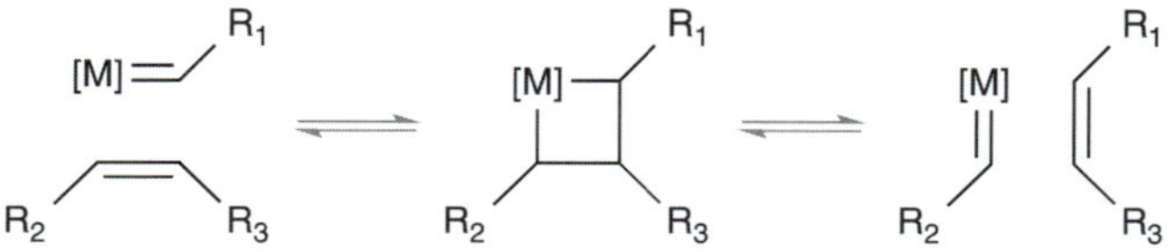

Grubbs 촉매의 경우, Ru 금속 원자 중심으로부터의 PCy_3 리간드의 해리가 메탈라사이클로뷰테인이 형성되기 전에 알켄 분자가 배위하기 위한 결정적인 요인으로 알려져 있다.

이러한 메커니즘의 검증을 통하여 Grubbs는 PCy_3 리간드 중의 하나를 N-헤테로 고리 카벤(NHC: N-heterocyclic carbene) 리간드로 대체하였는데, 그 이유는 NHC 리간드의 강한 σ 전자 주개와 약한 π 전자 받개의 성질이 PCy_3 리간드를 잘 해리하도록 하고 알켄 착물을 더 안정하게 할 수 있기 때문이다. 합리적인 합성 설계의 성공으로서 소위 **2세대 Grubbs 촉매(second-generation Grubbs catalyst)**(**97**)는 본래의 비스포스핀(bisphosphine) 착물보다 더 좋은 활성을 가지는 것으로 증명되었다. 2세대 Grubbs 촉매는 기질에 다른 많은 작용기가 존재해도 활성을 가지며 많은 용매계에서도 사용할 수 있다. 이것은 현재 상업적으로 구입이 가능할 뿐만 아니라 천연물의 전합성(total synthesis)을 포함하여 널리 사용되고 있다. 3세대 Grubbs 촉매는 포스핀 리간드가 피리딘과 같은 헤테로 고리로 치환되어 있으며, 감소된 개시 시간을 보여 주고 있다.

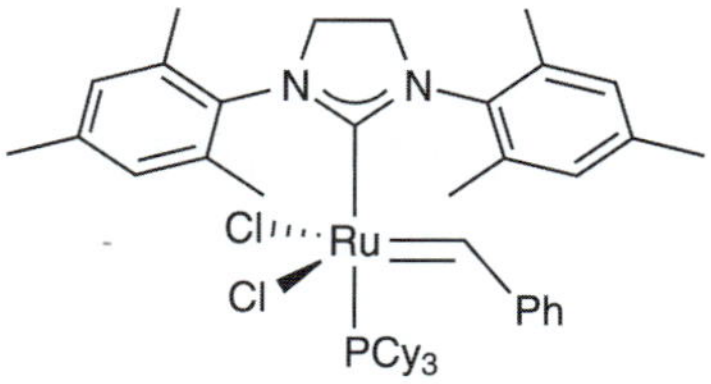

97

Schrock은 텅스텐과 몰리브데넘의 알킬리덴(alkylidene) 화합물을 개발하였고, 이는 1990년에 이르러 상용화되었다. 또한 그는 1993년에 최초로 카이랄 상호 교환 반응의 촉매를 개발하였다. 이러한 카이랄 촉매는 몰리브데넘을 기초로 한 화합물(**98**)로 입체 화학적 선택성의 문제를 해결하기 위하여 합성되었으며, 이 책에서는 ROMP 과정에서 입체 규칙성으로 표현되었다(23.32절). 이 촉매는 저분자 유기 물질의 거울상 이성질 선택적 합성(enantioselective synthesis)에 빠르게 적용되었다.

98

알켄 상호 교환 반응의 원동력은 변한다. ROM과 ROMP(표 22.12 참조)에서는 불안정한 반응물이 반응의 구동력으로 쓰여지면서 고리 뒤틀림 에너지가 방출된다. 에테인이 반응 결과로 생기는 상호 교환 반응(RCM이나 CM)의 경우, 자유 에텐의 방출이 요구되는 생성물 형성을 촉진시킨다. 알켄 혼합물과 같이, 열역학적으로 뚜렷하게 선호되는 생성물이 없을 때는, 그들의 형성에 있어서 통계적인 선호도에 의해 비율이 결정된다.

표 22.12 알켄 상호 교환 반응의 범위

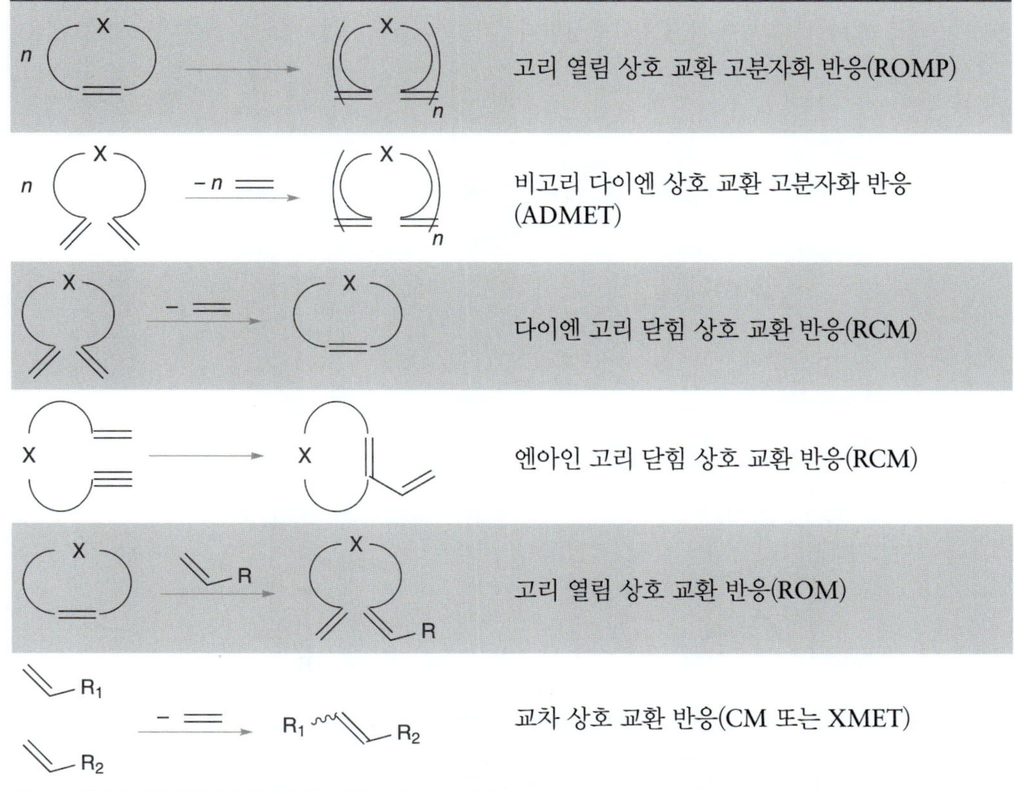

반응식	반응
	고리 열림 상호 교환 고분자화 반응(ROMP)
	비고리 다이엔 상호 교환 고분자화 반응 (ADMET)
	다이엔 고리 닫힘 상호 교환 반응(RCM)
	엔아인 고리 닫힘 상호 교환 반응(RCM)
	고리 열림 상호 교환 반응(ROM)
	교차 상호 교환 반응(CM 또는 XMET)

22.28 알켄의 수소화 반응

요점: Wilkinson 촉매 $[RhCl(PPh_3)_3]$ 및 관련된 착물은 1기압 이하의 수소 압력에서 다양한 알켄의 수소화 반응에 사용된다. 적절한 카이랄 리간드를 이용하여 거울상 선택적 수소화 반응을 수행할 수 있다.

알켄(alkene)에 수소를 첨가하여 알케인(alkane)을 생성하는 반응은 열역학적으로 매우 유리하다. 예로서 에틸렌을 에테인(ethane)으로 전환시킬 때의 $\Delta_r G^{\ominus}=-101$ kJ mol^{-1}이다. 그러나 촉매가 사용되지 않는 보통 조건에서는 거의 반응이 일어나지 않는다. 알켄의 수소화 반응은 각 공정에 효과적인 균일계 및 불균일계 촉매가 개발되어 있으며, 실질적으로 마가린, 의약품 및 석유화학 제품의 제조에 광범위하게 적용되고 있다.

수소화 반응 촉매 중 가장 많이 연구된 것은 **Wilkinson 촉매(Wilkinson catalyst)**로 불리는 Rh(I) 착물인 $[RhCl(PPh_3)_3]$이다. 이 촉매는 1기압 이하의 수소 압력에서 다양한 구조의 알켄과 알카인(alkyne)을 수소화한다. Wilkinson 촉매에 의한 말단 알켄의 수소화 반응에서 촉매 순환 과정(cycle)(그림 22.18)의 중요한 단계는 16전자 착물 $[RhCl(PPh_3)_3]$(A)에 H_2가 산화성 첨가되어 18전자 다이하이드리도(dihydrido) 착물(B)을 형성하는 것이다. (B)로부터 포스핀 리간드가 분리되면서 그 결과로 배위적으로 불포화된 착물(C)을 형성하고, 다음으로 알켄 착물(D)을 형성한다. (D)의 Rh 원자로부터 배위된 알켄으로 수소를 전이시켜 일시적으로 16전자 알킬 착물(E)을 형성한다. 이 착물에 포스핀 리간드가 결합하여 (F)를 생성하고, 수소가 탄소로 이동하면서 결과적으로 알케인의 환원성 제거 반응을 통해 유리되는 동시에 (A)를 형성하면서 이 반응이 순환 과정으로 계속 반복된다. 그림으로 나타내지 않았지만, H_2와 알켄의 첨가 순서가 바뀌어 있는, 유사하지만 더 느린 순환 과정도 알려져 있다. 또 다른 순환 과정으로 14전자 중간체 $[RhCl(PPh_3)_2]$를 기초로 한 것도 알려져 있다. 이러한 화학종은 매우 적게 존재하더라도 $[RhCl(PPh_3)_3]$보다 수소와 더 빨리 반응하며 촉매 순환 과정에서 중요한 기여를 한다. 이 순환 과정에서 (E)는 직접적으로 알케인을 제거하고 $[RhCl(PPh_3)_2]$를 재생하며 빠르게 H_2를 첨가하여 (C)를 생성한다.

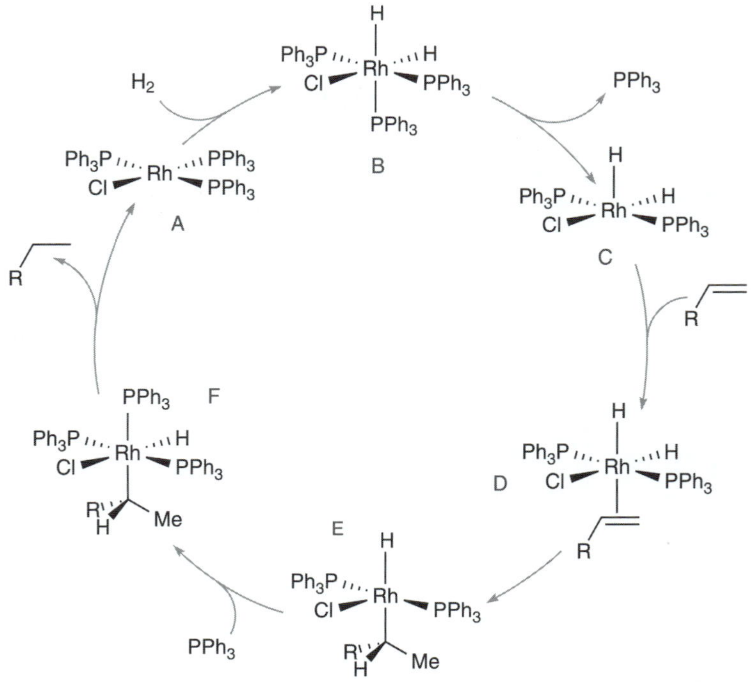

그림 22.18 Wilkinson 촉매에 의한 말단 알켄의 수소화 반응에 대한 촉매 순환 과정

Wilkinson 촉매는 촉매에 배위된 포스핀 리간드와 알켄의 특성에 매우 민감하다. 알킬포스핀 리간드를 가진 유사한 착물은 촉매 활성이 없다. 이것은 아마도 이들 리간드가 금속 과 더 강한 결합을 형성하여 금속으로부터 해리가 힘들기 때문일 것이다, 마찬가지로, 도입되는 알켄은 적당한 크기를 가져야 한다. 즉 지나치게 입체적 방해가 큰 알켄이나 입체적 방해가 전혀 없는 에텐은 촉매에 의한 수소화 반응이 진행되지 않는다. 이것은 지나치게 입체적 방해가 큰 알켄은 금속에 접근이 어려워 배위되지 않는 반면, 입체적 방해가 전혀 없는 에텐은 금속과의 너무 강한 착물을 형성하여 더 반응을 하지 않기 때문으로 생각된다. 이와 같은 현상은 앞에 기술한 바와 같이, 촉매 순환 과정은 매우 섬세한 반응이 균형 있게 연결되어 있음을 단적으로 보여 주는 것으로서, 반응의 균형을 깨는 작은 요소도 촉매 작용을 근본적으로 방해하거나 메커니즘을 변화시킬 수 있음을 나타낸다.

Wilkinson 촉매는 실험실 규모의 유기 합성과 정밀화학 제품의 생산에 사용된다. 기존 촉매를 응용하여 **거울상 이성질 선택성 반응(enantioselective reaction)**(특히 카이랄성 생성물을 생성하는 반응)에서 광학 활성 생성물을 합성하기 위해 카이랄 포스핀 리간드를 가진 관련 Rh(I) 포스핀 촉매가 개발되었다. 이 반응에 도입되는 알켄은 반드시 금속에 배위되면 *R* 또는 S가 만들어지는 **선구 카이랄성(prochiral)**이 있어야 한다. 따라서 알켄이 금속에 배위되면 배위의 방향에 따라 두 개의 부분 입체 이성질체(diastereomer) 형태가 생성된다. 일반적으로 생성되는 두 개의 부분 입체 이성질체는 서로 다른 안정성과 치환성을 가지며, 바람직한 경우에는 두 이성질체 사이에 존재하는 안정성이나 반응성의 차이로 인해 생성물의 거울상 이성질 선택성(enantioselectivity)이 생긴다. 이성질 선택성은 보통 **광학적 초과량(enantiomeric excess, ee)**으로 측정되며, 이 값은 주이성질체 생성물과 부이성질체 생성물의 퍼센트 차이 값으로 정의된다.

요약 설명

51%의 한 이성질체와 49%의 다른 이성질체를 만드는 반응은 ee 값이 2%이다. 99%의 한 이성질체와 다른 1%의 이성질체를 만드는 반응은 ee 값이 98%이다.

파킨슨병의 치료에 쓰이는 카이랄 아미노산 L-도파(**100**)를 합성하기 위해 DiPAMP(**99**)라고 하는 카이랄 포스핀 리간드를 함유하는 이성질 선택성의 수소화 촉매를 사용하고 있다. 반응을 자세히 살펴보면 한 가지 재미있는 점은 용액 중에서는 부 부분 입체 이성질체가 주 부분 입체 이성질체의 생성물을 유도하는 것이다. 이것은 부이성질체의 Gibbs 활성화 자유 에너지가 낮아서 훨씬 큰 전환 빈도를 가지기 때문이다(그림 22.19). 이 분야는 더욱 섬세한 리간드가 설계되고 여러 가지 금속을 사용하여 빠르게 성장하고 있으며, 특히 루테늄(II) BiNAP(**101**)[7] 로부터 유도된 계처럼 임상적으로도 유용한 화합물을 제공하고 있다.

[7] Ryoji Noyori와 William Knowles는 비대칭 수소 첨가 반응에 대한 공로로, 2001년 노벨상을 공동 수상했다. 상금은 Barry Sharpless의 비대칭 산화에 대한 공로로 나누어졌다.

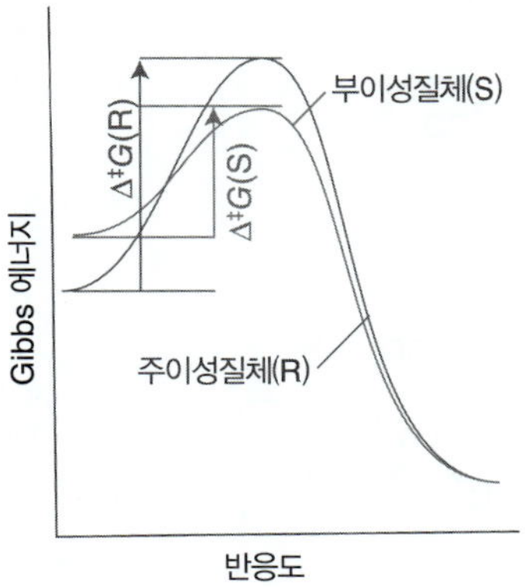

그림 22.19 반응 속도론적으로 조절되는 입체 선택성 $\Delta^{\ddagger}G_S < \Delta^{\ddagger}G_R$ 이면 부이성질체가 주이성질체보다 더 빨리 반응함에 유의하라.

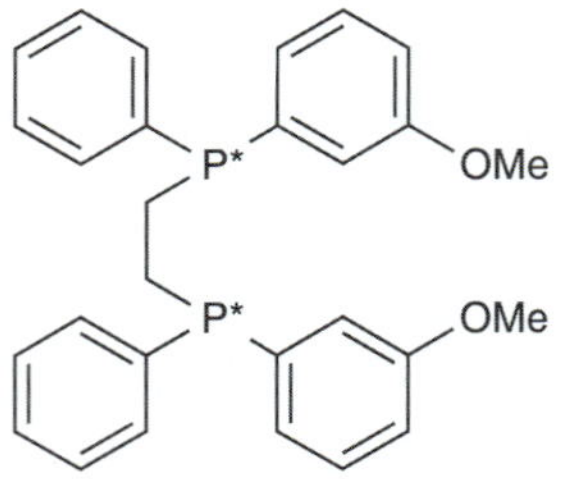

99

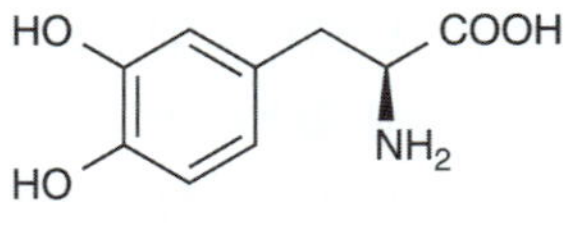

100

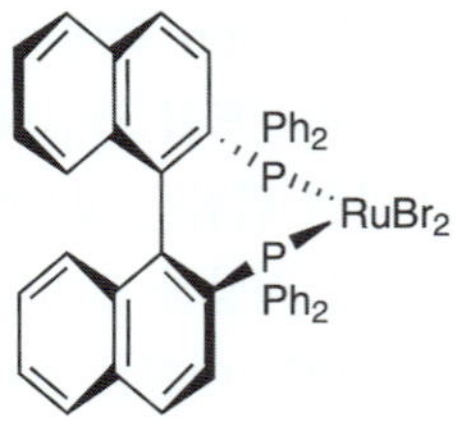

101

22.29 수소 폼일 첨가 반응

요점: 수소카보닐화 반응의 메커니즘은 옥타카보닐다이코발트가 고압에서 수소와 결합하여 사전 평형을 이루면서 단일 금속 화학종을 만들고, 이것이 실제로 수소카보닐화 반응을 일으키는 것으로 생각된다.

수소 폼일 첨가 반응(hydroformylation reaction)이란 알켄, CO, 그리고 H_2가 반응하여 원래의 알켄보다 C 원자가 한 개 늘어난 알데하이드를 제조하는 과정이다.

$$RCH = CH_2 + CO + H_2 \rightarrow RCH_2CH_2CHO$$

'수소 폼일 첨가 반응이란 용어는 생성물이 폼알데하이드(formaldehyde)와 알켄의 반응에 기인된 것으로 이해되어 붙여진 것이다. 이후 실험을 통해 반응이 위와는 다른 메커니즘으로 진행되는 것이 밝혀졌으나 이 이름은 계속 사용되고 있다. 반응 메커니즘에 적합한 이름을 찾는다면 **수소카보닐화 반응**(hydrocarbonylation)이 되지만 많이 사용되지 않는다. 촉매로는 코발트와 로듐 착물이 모두 사용된다. 반응으로 만들어진 알데하이드는 알코올로 환원되어 용매, 가소제 및 세제 합성에 사용된다. 생산량도 엄청나서 연간 수백만 톤에 이른다.

코발트 카보닐을 촉매로 사용하는 수소 폼일 첨가 반응의 메커니즘은 1961년에 Heck과 Breslow에 의해 제안되었으며, 유기 금속 화학에서 친숙한 반응 과정으로 구성되어 있다(그림 22.20). 이들의 일반적인 메커니즘은 지금까지도 확실하게 확립되지 않고 있으며 더 자세한 실험적인 정보를 얻기가 힘들다. 제안된 메커니즘에 의하면, 옥타카보닐다이

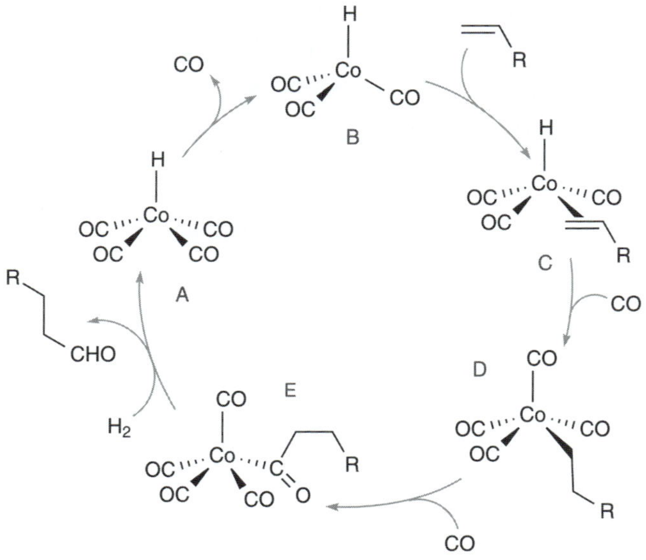

그림 22.20 코발트 카보닐 촉매에 의한 알켄의 수소 폼일 첨가 반응에 대한 촉매 순환 과정

코발트(octacarbonyldicobalt)가 고압의 수소와 반응하여 테트라카보닐하이드리도코발트(tetracarbonylhydridocobalt) 착물(A)을 생성하며, 이때 반응물과 생성물은 사전 평형(pre-equilibrium)을 이룬다.

$$[Co_2(CO)_8] + H_2 \rightarrow 2\ [Co(CO)_4H]$$

이 생성물은 한 개의 CO를 잃고 배위적으로 불포화 착물인 $[Co(CO)_3H]$(B)를 만든다.

$$[Co(CO)_4H]\ [Co(CO)_3H] + CO$$

불포화 $[Co(CO)_3H]$는 이때 알켄과 배위하여 그림 22.20에서처럼 (C)를 생성하고, (C)에서 알켄이 금속과 배위된 H 사이에 삽입 반응을 진행하며 CO와 다시 배위한다. 이 단계의 생성물은 노말 알킬(normal alkyl) 착물인 (D)이다. 고압의 CO하에서 (D)는 이동 삽입 반응을 진행하고 또 다른 CO와 배위하여 아실 착물인 (E)를 형성하는데, 아실 착물은 촉매 반응 조건하에서 IR에 의해 관찰되었다. 최종 생성물인 알데하이드는 다음의 두 가지 경로로 형성되는 것으로 생각되는데, 첫째는 (그림 22.20에 묘사된 것처럼) H_2가 E를 공격하여 알데하이드와 $[Co(CO)_4H]$를 재생하는 과정이며, 둘째는 강한 산성 착물인 $[Co(CO)_4H]$가 반응하여 알데하이드와 $[Co_2(CO)_8]$를 재생하는 과정이다. 이 착물들은 모두 배위적으로 불포화 $[Co(CO)_3H]$를 재생한다.

코발트 촉매를 사용하면 가지 있는 구조의 알데하이드가 상당한 양으로 함께 생성된다. 이것은 반응 과정 중 (C)에서 삽입 과정 시 (D)의 이성질화가 일어나 2-알킬코발트 중간체가 생성된 후 그림 22.21에 도시된 것처럼 수소화 반응을 통하여 결과적으로 가지 있는 알데하이드가 생성된다. 생분해성 세제 합성의 예와 같이 선형 알데하이드가 요구될 때에는 알킬포스핀을 반응 혼합물에 첨가하여 이성질화를 억제할 수 있다. 이것은 부피가 큰 포스핀 리간드가 CO와 치환되면 입체적으로 혼잡성이 큰 2-알킬의 착물 생성이 억제되기 때문으로 설명된다. 이것은 촉매 작용에서 부수적인 리간드의 영향이 얼마나 크고 중요한지를 보여 주는 좋은 예이다.

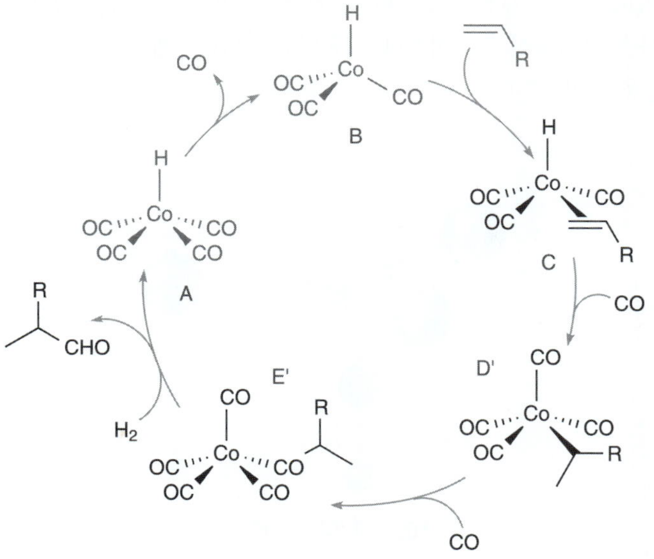

그림 22.21 알킬기가 말단으로 결합되지 않았을 때에 수소 폼일 첨가 반응에서 가지 있는 알데하이드의 형성이 일어난다.

$K \ll 1$

예제 22.14 수소 폼일 첨가 반응에서 생성물 예측하기

pent-1-ene을 $[Co_2(CO)_8]$ 촉매하에서 CO 및 H_2와 반응시킬 때 생성되는 생성물을 예측하시오. 반응 혼합물에 PMe_3 혹은 PPh_3을 더했을 때 나타나는 효과에 대해서 언급하시오. 또한 CO 부분 압력의 증가는 선형 혹은 가지 달린 생성물의 생성 비율에 어떤 영향을 미치는가?

답 그림 22.20과 그림 22.21의 촉매 순환 고리와 유사하게 알켄(alkene)과 수소의 이동으로 형성되는 두 개의 가능한 중간체를 예측할 수 있다.

촉매 순환 고리가 완료되면, 선형 혹은 가지 달린 형태의 두 개의 생성물, $CH_3CH_2CH_2CH_2CH_2CHO$과 $CH_3CH_2CH_2CH(CHO)CH_3$가 생성될 것이다. 첨가된 포스핀은 촉매에 배위되어 입체적 장애를 증가시키며, 따라서 가지 달린 형태의 생성물이 생성되는 것을 억제시킨다. 이러한 효과는 PMe_3보다 PPh_3에서 더 잘 나타난다. CO의 압력을 증가시키면, 배위적으로 불포화된 $[Co(CO)_3H]$의 농도가 감소할 것이다. 이러한 화학종은 β-수소 제거 반응을 통해서 배위된 알켄의 이성질화를 가능하게 한다. 따라서 CO 압력의 증가는 선형 알켄의 생성을 쉽게 한다.

문제 22.14 사이클로헥센(cyclohexene)의 수소 폼일 첨가 반응으로부터 얻어지는 생성물 혹은 생성물들이 무엇인지 예측하시오.

또 다른 촉매 전구체인 $[Rh(CO)H(PPh_3)_3]$(**102**)로부터 한 개의 포스핀 리간드가 빠져 배위적으로 불포화인 16전자 착물 $[Rh(CO)H(PPh_3)_2]$는 온건한 온도와 1기압하에서 수소 폼일 첨가 반응을 진행시키는 매우 효과적인 촉매이다. 이 반응 조건은 코발트 카보닐 촉매의 사용 시 요구되는 150℃, 250기압과는 대조적인 것이다. 따라서 실험실 규모의 반응에서는 대부분 로듐 화합물이 유용하며 효과적이다. 또한 로듐 화합물은 선형 알데하이드에 대한 선택성이 크므로 산업적으로는 개선된 포스핀 리간드의 코발트 촉매와 경쟁하고 있다. 코발트 촉매는 매질과 긴 사슬 알데하이드의 합성에 이용되고, 로듐 촉매는 프로프-1-엔(prop-1-ene)의 수소 폼일 첨가 반응에 이용된다.

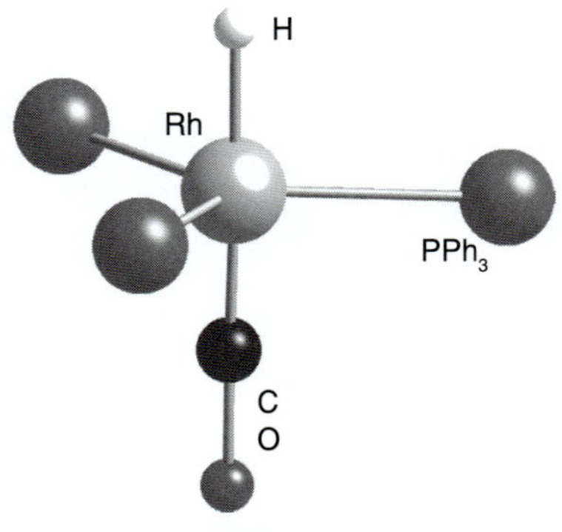

102 $[Rh(CO)H(PPh_3)_3]$

예제 22.15 촉매 순환 과정에서 화학 변수의 영향에 관한 이해

코발트를 촉매로 하는 1-펜텐의 수소 폼일 첨가 반응에서 CO의 부분 압력이 특정 반응 문턱 압력 이상으로 증가하면 반응 속도가 감소한다. 이러한 관찰에 대한 이유를 제안하시오.

답 CO의 부분 압력이 증가할수록 반응 속도가 감소한다는 것은 CO가 촉매 순환 과정의 어떤 촉매 화학종의 농도를 억제함을 의미한다. CO 압력이 증가하면 $[Co(CO)_4H]$로부터 CO가 탈리되는 평형 반응에서 $[Co(CO)_3H]$의 농도를 떨어뜨린다.

$$[Co(CO)_4H] \rightleftharpoons [Co(CO)_3H] + CO$$

이러한 실험 결과는 반응 혼합물에서 비록 분광학적으로 검출되지는 않고 있으나 순환 과정에 포함된 $[Co(CO)_3H]$의 존재를 가정하는 좋은 증거가 된다.

문제 22.15 수소 폼일 첨가 반응 촉매로서 $[Rh(CO)H(PPh_3)_3]$를 사용하는 반응에서 트라이페닐포스핀을 첨가하면 반응 속도에 어떤 영향을 미칠 것인지를 예측하시오.

22.30 알켄의 Wacker 산화

요점: Wacker 공정은 에텐과 산소로부터 아세트알데하이드를 생산하는 데 사용된다. 가장 성공적인 과정은 알켄을 산화시키기 위해 팔라듐 촉매를 사용하며, 팔라듐은 구리 조촉매를 사용하여 다시 산화시켜 촉매 순환 과정을 형성한다.

Wacker 공정은 에텐과 산소로부터 에탄알(아세트알데하이드)을 합성하는 데 주로 사용된다.

$$C_2H_4 + O_2 \rightarrow CH_3CHO \qquad \Delta_rG^{\ominus} = -197\ \text{kJ mol}^{-1}$$

이 공정은 1950년대 말에 Wacker Consortium fiir Elektrochemische Industrie에서 발견되었으며, 석유 원료로부터 화학 약품을 생산하는 시대를 여는 효시가 되었다. 지금은 이 Wacker 공정이 산업적으로는 중요하게 사용되지 않지만, 메커니즘의 관점에서 논의할 가치가 있는 몇 가지 흥미 있는 점이 있다.

에텐의 실제적인 산화는 팔라듐(II) 염에 의한 것으로 알려져 있다.

$$C_2H_4 + PdCl_2 + H_2O \rightarrow CH_3CHO + Pd(0) + 2HCl$$

Pd(0) 화학종의 정확한 특성은 규명되지 않았으나 반응계 내에서 화합물의 혼합물로 존재하는 것으로 짐작된다. Pd(0)가 산소에 의해서 Pd(II)로 산화되는 느린 산화 반응이 Cu(II)를 첨가하면 촉매 작용이 일어나며, 도입된 구리는 반응 중 Cu(I)과 Cu(II) 상태를 왕복하면서 계속 반응에 참여한다.

$$Pd(0) + 2[CuCl_4]^{2-} \rightarrow Pd^{2+} + 2\,[CuCl_2]^- + 4\,Cl^-$$

$$2\,[CuCl_2]^- + \frac{1}{2}\,O_2 + 2H^+ + 4\,Cl^- \rightarrow 2[CuCl_4]^{2-} + H_2O$$

그림 22.22는 전체적인 촉매 순환 과정을 보여 준다. 자세한 입체 화학적 연구 결과에 의하면, 알켄-Pd(II) 착물 (B)의 수화 반응은 배위된 OH의 삽입 반응에 의해 진행되지 않고 용액상의 H_2O가 배위된 에텐을 공격하는 과정을 거쳐 일어난다. 수화 반응으로 (C)가 생성되며, 이어서 두 단계로 배위된 알코올은 이성질화 반응을 진행한다. 첫 번째, C의 β-수소 제거 반응으로 (D)를 형성하는 것이며, 두 번째, 수소화 이온의 이동 반응으로 (E)를 생성하는 과정이다. 여기서 에탄알과 H^+가 제거되고 Pd(0)가 용액에 남게 된다. Pd(0)는 Cu(II)-산소 조촉매 산화의 순환 과정에 의해 다시 Pd(II)로 산화되고 계속하여 촉매 순환 과정을 진행한다.

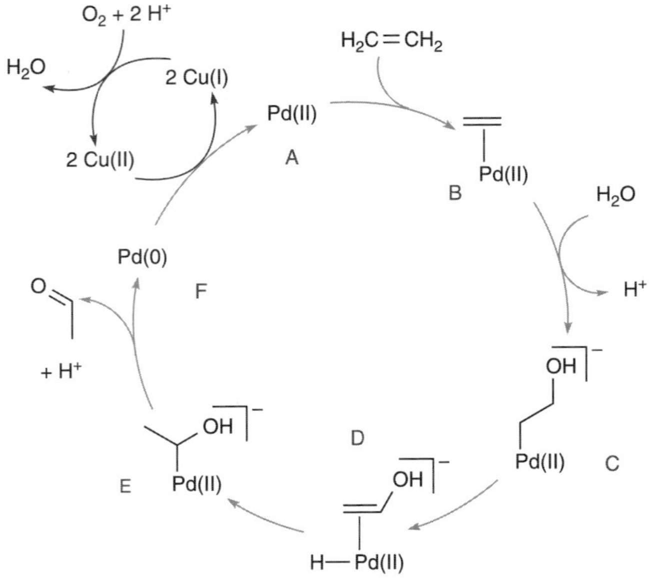

그림 22.22 팔라듐 촉매를 사용한, 알켄의 알데하이드로의 산화에 대한 촉매 순환 과정

메커니즘을 통해 설명해야 될 한 가지 중요한 관찰 사항은 D_2O의 존재하에서 반응을 수행해도 최종 생성물에는 **중수소**(deuterium)가 포함되어 있지 않다는 것이다. 이러한 결과로 중간체 (D)는 매우 짧은 시간 동안에 존재하여 Pd–H는 Pd–D로 교환되지 않거나 중간체 (C)가 바로 (E)로 재배열된다는 것을 암시한다.

Pt(II)에 배위된 알켄 리간드도 친핵성 공격을 받을 수 있지만 Wacker 공정에서는 팔라듐만이 성공적인 촉매로 사용된다. 이러한 팔라듐의 거동에 대한 주요한 원인은 4d Pd(II) 착물의 치환성이 대응되는 5d Pt(II) 착물보다 상대적으로 훨씬 더 크기 때문이다. 더구나 Pd(0)에서 Pd(II)로의 산화 전위가 대응되는 Pt 짝의 산화 전위보다 훨씬 더 유리하다.

22.31 팔라듐 촉매에 의한 C–C 결합 생성 반응

요점: 팔라듐 촉매에 의한 짝지음 반응은 많이 알려져 있으며, 이들 반응은 모두 중심 금속에 시약의 산화성 첨가 반응과 이어서 두 조각의 환원성 제거 반응을 통하여 이루어진다.

팔라듐 촉매에 의한 탄소–탄소 결합 생성['짝지음(coupling)'] 반응은 많이 알려져 있다. 이러한 반응은 Grignard 시약과 할로젠화 아릴(aryl halide)의 짝지음 반응, Heck 짝지음 반응, Stille 짝지음 반응 및 Suzuki 짝지음 반응을 포함한다.[8]

[8] 2010년 노벨 화학상은 팔라듐 촉매에 의한 짝지음 반응에 대한 공로로 Richard Heck, Akira Suzuki, Ei-ichi Negishi가 수상하였다.

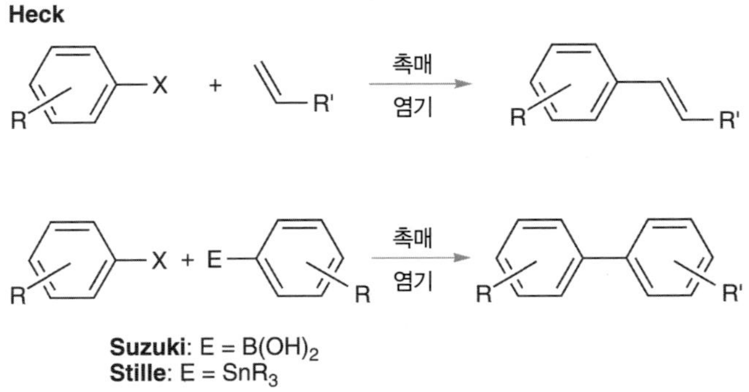

Heck

Suzuki: E = $B(OH)_2$
Stille: E = SnR_3

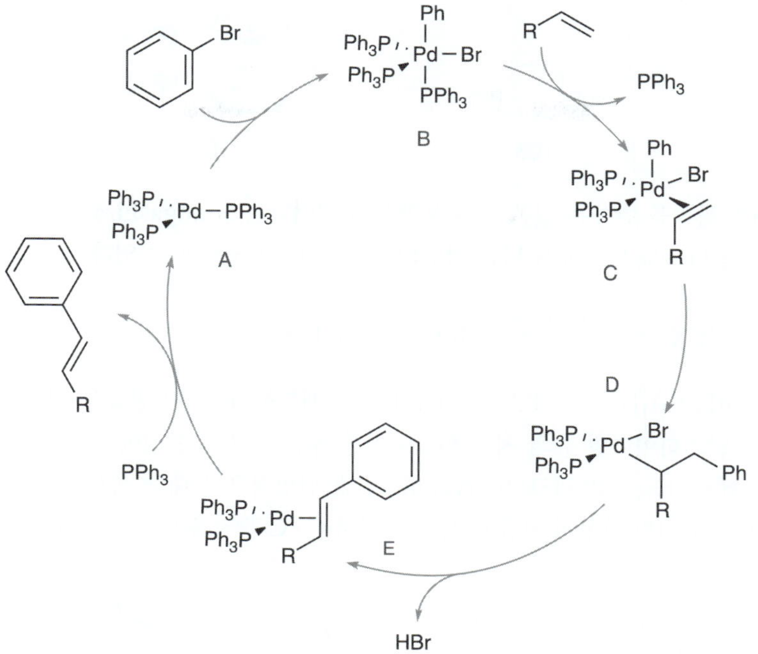

그림 22.23 치환된 1-프로펜과 할로젠화 아릴의 Heck 짝지음 반응에 대한 이상적인 촉매 순환 과정

비록 활성을 가지는 Pd/리간드의 조합이 많이 있지만, 통상적으로 여분의 포스핀 존재하에 $[PdCl_2(PPh_3)_2]$와 같은 Pd(II) 착물이나, $[Pd(PPh_3)_4]$와 같은 Pd(0) 화합물이 촉매로 사용된다. 정확한 반응 경로는 명백하지 않지만(그리고 아마도 팔라듐/리간드/기질의 조합에 따라 각각 다를 수도 있지만), 이 모든 반응은 같은 일반적인 경로를 따르고 있다는 것은 확실하다. 그림 22.23은 에텐일(ethenyl)기와 할로젠화 아릴의 짝지음 반응에 대해 이상적인 촉매 순환 과정을 나타낸 것이다. 아릴-할로젠 결합은 배위적 불포화 Pd(0) 착물 (A)에 처음으로 산화성 첨가 반응을 하여, 결과적으로 Pd(II) 화학종 (B)를 생성한다. 알켄의 배위로 착물 (C)를 형성하고 1,2-삽입 반응을 통해 알킬 착물 (D)를 형성한다. 착물 (D)는 탈수소화되는 동시에 할로젠화 이온을 잃어, 팔라듐 원자에 유기 생성물이 결합되어 있는 (E)를 생성한다.

다른 형태로 팔라듐 촉매에 의한 짝지음 반응, 예를 들면 Grignard 시약과 할로젠화 아릴의 짝지음 반응에서도 그림 22.23에서와 같이, 처음에는 산화성 첨가 반응으로 진행된다. 두 번째 유기 작용기는 Grignard 시약이 친핵체 R^-기로 작용하여 (B)의 금속 중심에서 할로젠화 이온을 치환하면서 도입되는 것으로 생각되며, 그림 22.24에 나타난 대로 팔라듐 원소에 두 개의 유기 조각이 결합되어 있다. 이러한 인접된 두 개의 조각은 짝지음 반응을 하며, 환원성 제거 반응이 일어나면서 처음의 Pd(0) 화학종 (A)를 재생성한다.

모든 팔라듐 촉매의 짝지음 반응에서, 두 개의 조각이 짝지음 반응을 하려면 삽입 반응 또는 환원성 제거 반응을 일으키기 전에 금속 중심에서 서로 *cis* 형태로 위치하는 것이 필요하다. 그리고 이 조건들로 인하여 dppe(**103**)와 페로센 유도체(**104**)와 같은 다이포스핀(diphosphine) 킬레이트 시약을 이용하게 되었다.

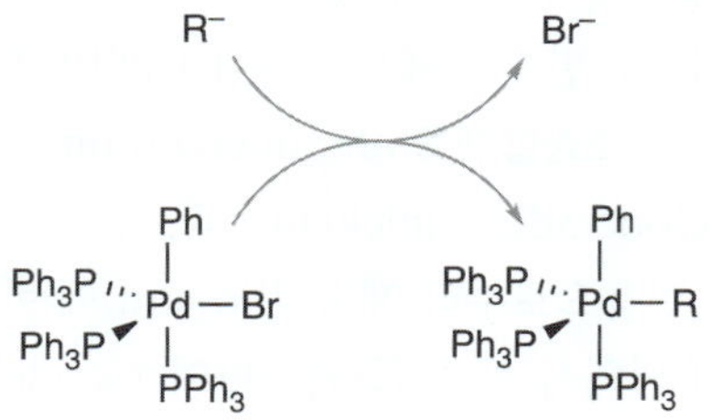

그림 22.24 Pd 중심에서 유기 조각에 대한 할로젠화 이온의 교환 반응은 친핵성 치환 반응으로 생각된다.

Ph$_2$P PPh$_2$
103

PPh$_2$ Fe PPh$_2$
104

팔라듐 촉매의 짝지음 반응은 실온 및 수용액에서 일어나는 Sonogashira 짝지음 반응과 같은 다단계 반응 및 다용도 반응에서 넓은 범위의 치환에 대해 적용될 수 있다.

$$\mathrm{HC{\equiv}CR + R'X \xrightarrow[\text{염기}]{\mathrm{Pd(0)/Cu(I)}\ \text{촉매}} R'C{\equiv}CR + HX}$$

두 촉매는 $[Pd(PPh_3)_4]$와 같은 Pd(0)와 Cu(I) 할로젠화물이다. 이 반응은 건선증, 파킨슨병, 투렛 증후군, 알츠하이머병 등의 치료제를 포함한 많은 약품의 합성에 사용된다. Heck 짝지음 반응은 스테로이드, 스트리크닌(strychnine) 및 산업적으로 대량 생산되는 제초제 프로설푸론(Prosulfuron®)의 합성에 사용된다. 합성에서 C−C 짝지음 단계는 아래에 나타내었다.

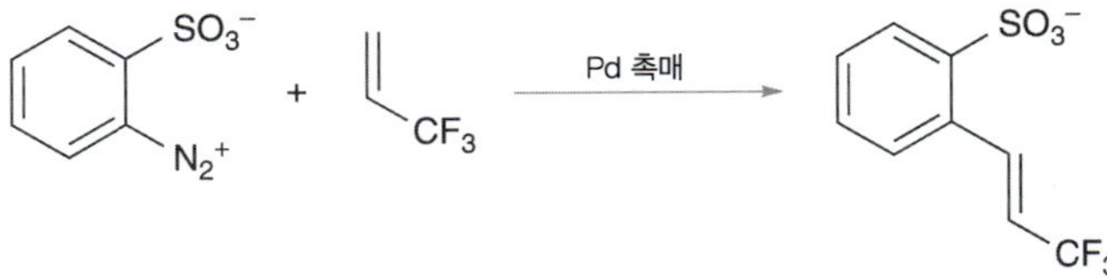

SO_3^- N_2^+ + CF_3 Pd 촉매 → SO_3^- CF_3

22.32 소중합 및 중합 반응

요점: 에텐은 니켈 촉매와 균일계 촉매에 의해서 선형 알켄으로 소중합(oligomerization)될 수 있다. 불균일계 Ziegler−Natta 촉매는 알켄 중합에 사용되고 있으며, Cossee−Arlman 메커니즘으로 그들의 작용을 설명한다. 분자량이 작은 균일계 촉매도 알켄 중합에서 촉매 작용을 한다. 적절한 리간드 디자인을 통하여 고분자의 입체 규칙성을 상당히 조절할 수 있다.

폴리프로필렌 및 폴리스타이렌과 같은 고분자를 생산하는 20세기 후반의 알켄 중합 촉매의 개발은 건축 자재, 직물 및 포장에 혁명을 가져왔다. 폴리알켄은 대부분 유기금속 촉매를 사용하여 제조된다. 사용된 촉매들은 균일계, 이질화된(heterogenized) 균일계, 혹은 불균일계이다. 중합은 균일한 촉매 작용이 산업적으로 중요한 불균일계 촉매의 설계에 어떻게 영향을 주는지에 대한 좋은 예를 제공한다. 세 가지 형태의 촉매가 이 절에서 논의될 것이다.

에텐은 중질 탄화수소의 증기 분해(steam cracking)에 의해 천연가스 및 석유로부터 쉽게 얻을 수 있다. 이것은 SHOP(Shell Higher Olefin Process)와 같은 공정에 의해서 훨씬 더 가치 있는 긴 사슬의 알켄(올레핀이라고 여전히 불림)으로 변환될 수 있다. SHOP는 에텐을 C10~C14 내부 알켄, 즉 이중 결합이 탄소 사슬의 말단에 없는 알켄으로 전환시키기 위해 개발되었다. 생성물 알켄은 주로 세제에서 사용하기 위해 선형 1차 알코올로 변환되지만, 거의 모든 범위의 선형 알켄을 얻도록 변형될 수 있다.

SHOP는 3단계의 과정이다. 첫 번째 단계는 최대 10개의 단량체 단위의 짧은 사슬을 만들기 위한 균일계 촉매하의 알켄의 **소중합 반응(oligomerization)**이다. 이때 촉매는 비스(사이클로옥타다이엔)니켈(0)[bis(cyclooctadiene)nickel(0)]과, 두자리 리간드 포스핀 카복실레이트(phosphine carboxylate)의 반응으로부터 제자리(in situ)에서 바로 만들어진다. 니켈 수소화물은 주입되는 에텐 분자에 의해서 사이클로옥타다이엔(cyclooctadiene)의 치환에 의해서

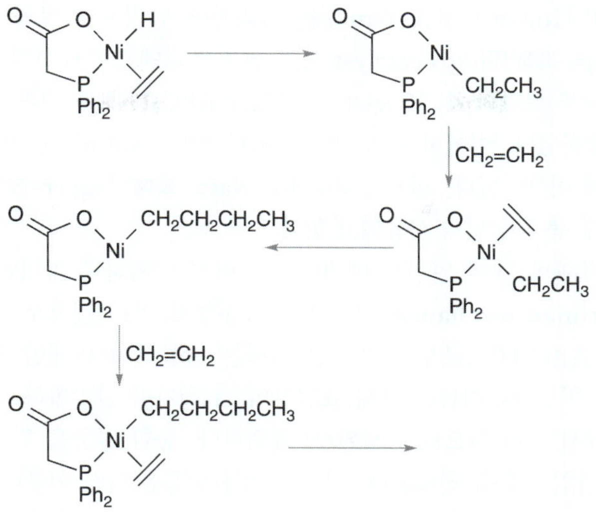

생성된다. 초기 수소 음이온의 이동(1,2-삽입 반응, 22.25절)은 소중합체(oligomer)를 생성하기 위한 알켄의 이동에 이어서 일어난다.

탄화수소 사슬은 결국 말단기 알켄을 생성하기 위한 β-제거 반응에 의해 중지된다.

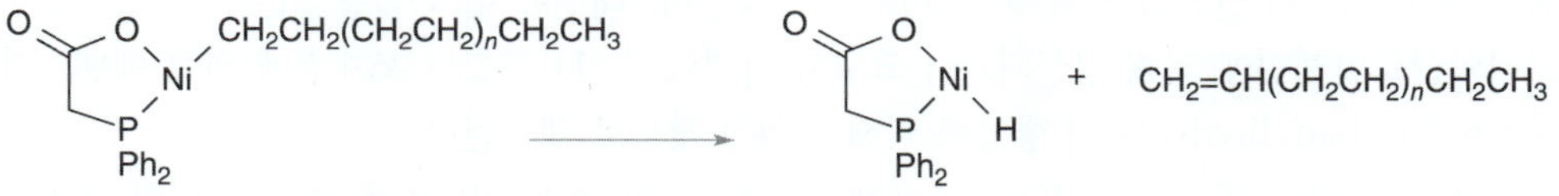

생성물은 탄소 원자가 4~20개인 선형 α-알켄(첫 번째와 두 번째 탄소 원자 사이에 이중 결합이 존재)으로 분별 증류에 의해서 분리된다. 이러한 생성물들은 이성질화 혹은 내부 알켄으로 상호 교환 반응을 하게 될 것이다(22.27절). 또는 수소 폼일 첨가 반응(22.29절)과 같은 부가적인 과정에 의해서 알데하이드와 알코올로 전환될 수 있을 것이다.

SHOP 시스템은 매우 선택적이지 못한 반면에(생성물을 분리해야만 한다), 다른 일부 촉매는 선택적인 소중합 반응에 매우 효과적이다. 예를 들면 크로뮴(II) 또는 크로뮴(III) 할로젠화물을 혼합하여 바로 제자리에서(in situ) 생성된 균일계의 크로뮴 촉매-이른바 PNP 포스핀(**105**)-를 제조하고, 이어서 메틸알루미녹세인(MAO: methylaluminoxane)으로 에텐(ethene)하에서 이를 활성화시키면, 매우 활성이 큰 삼합체화 시스템을 얻을 수 있으며, 그 결과로 99.9%의 1-헥센을 만들 수 있다. 이 시스템은 고분자 부산물을 만들지 않으며, 이는 반응 용기에 고체 물질이 없도록 유지하는 산업에서 중요하다. PNP 리간드를 변경하면 생성물을 바꿀 수 있다. $Ph_2PN(^iPr)PPh_2$는 1-옥텐 및 1-헥센을 주요 생성물로 생성한다.

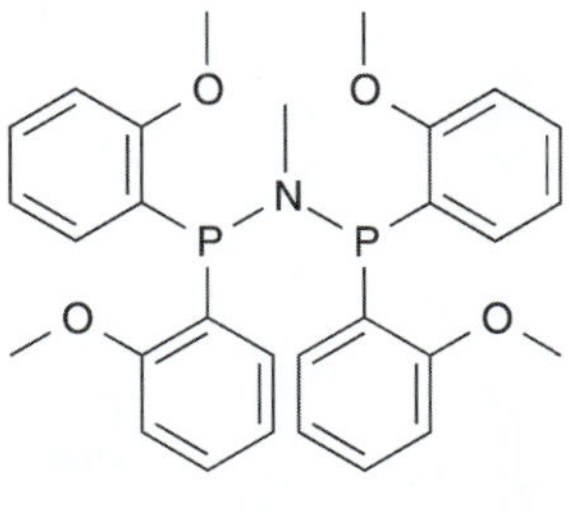

105

1950년대에 J.P.Hogan과 R.L.Banks는 실리카에 담지된 크로뮴 산화물(chromium oxide), 소위 **Philips 촉매(Philips catalyst)**가 알켄을 폴리엔으로 중합할 수 있음을 발견하였다. 또한 1950년대에 독일의 K. Ziegler는 TM_4와 $Al(C_2H_5)_3$를 기본 구성으로 하여 에텐 중합의 촉매를 개발하였다. 이어서 얼마 후 이탈리아의 G. Natta는 이러한 촉매를 프로펜의 입체 특이성 중합에 이용하였다. 현재는 **Ziegler–Natta 촉매(Ziegler–Natta Catalyst)**와 크로뮴 중합 촉매의 두 종류가 널리 사용되고 있다

Ziegler-Natta 촉매에 대해 완전한 메커니즘은 아직 명확하지 않지만, **Cossee–Arlman 메커니즘(Cross-Arlman mechanism)**은 가장 가능성이 있는 것으로 여겨지고 있다(그림 22.25). $TiCl_4$와 $Al(C_2H_5)_3$로부터 제조된 촉매는 반응하여 미세한 가루 형태로 고분자 $TiCl_3$를 형성한다. 알킬알루미늄은 고체 표면상의 Ti 원자를 알킬화하고, 에텐 분자는 이웃하는 빈자리(그림에서 열린 원으로 표시된)에 배위한다. 중합 반응을 위해 전파 단계에서 배위된 알켄은 이동 삽입 반응을 진행한다. 이러한 이동 반응은 다른 이웃하는 빈자리를 제공하게 되고, 반응은 계속되어 고분자 사슬은 성장한다. 금속 원소로부터 고분자의 분리는 β-수소 제거 반응을 통해 일어나고 사슬 성장은 종결된다. 일부 촉매는 고분자 안에 남아 있으나, 이러한 과정은 매우 효율적인 공정이므로 남아 있는 양은 무시해도 될 정도로 적다.

Philips 촉매의 알켄 중합에 대한 제안된 메커니즘은 표면 Cr(II) 자리에 한 개 또는 그 이상의 알켄 분자가 먼저 배위하고 뒤이어 형식적 Cr(IV) 자리 위에 메탈로사이클로알케인(metallocycloalkane)이 재배열된다. Ziegler–Natta 촉매와는 달리, 고체상 촉매는 중합 반응을 개시하는 데 알킬화 시약을 필요로 하지 않는다. 대신에 이 화학종들은 직접적으로 메탈로사이클로알케인에 의해 생성되거나 크로뮴 자리에 C–H 결합의 쪼개짐에 의한 에텐일하이드라이드(ethenylhydride)의 형성에 의해 생성된 것으로 생각된다.

Philips 촉매와 Ziegler–Natta 촉매에 관련된 균일 촉매들은 반응 경로에 대한 부가적인 이해를 제공하고 그들 나름대로 상당히 산업적으로 중요하며, 특수 고분자의 합성하는 데 상업적으로 사용되고 있다. 대부분의 예는 4족(Ti, Zr, Hf)의 유도체이며, 기본적으로 비스(사이클로펜타다이엔일) 금속 계열로서 기울어진 고리 착물 $[Zr(\eta^5\text{-}Cp)_2(CH_3)L]^+$(**106**)는 좋은 예이다. 이러한 4족 메탈로센 착물은 친전자성 금속 중심에 알켄이 먼저 배위하는 연속적인 삽입 단계에 의해 알켄 중합을 촉진시킨다. 이런 형태의 촉매는 소위 메틸알루미녹세인(MAO) 존재하에서 사용된다. 이는 확실하게 밝혀지지 않은, 대략적으로 화학식이 $(MeAlO)_n$인 화합물로서, 이들 기능 중의 한 가지는 출발 염화 착물을 메틸화하는 데 작용한다는 것이다.

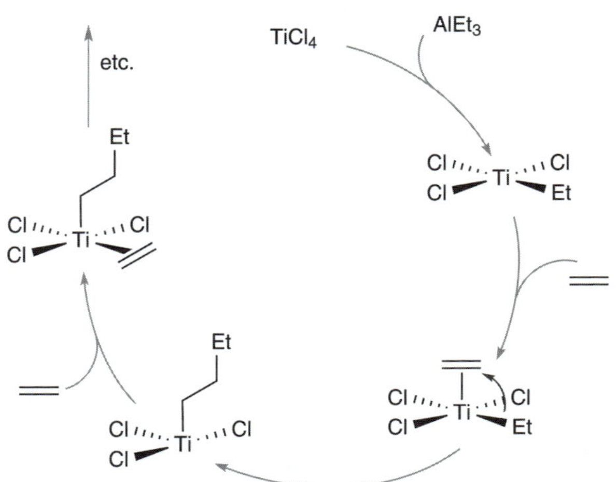

그림 22.25 에텐의 촉매 중합에 대한 Cossee–Arlman 메커니즘 Ti 원자는 따로 떨어진 것이 아니라 다리 결합하고 있는 염소를 포함하는 확장 구조의 일부임을 유의하라.

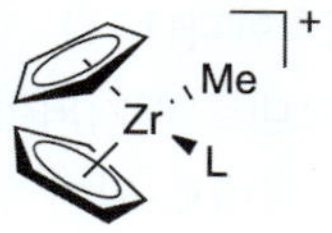

106

에텐 이외의 알켄에서는 부차적으로 복잡한 문제가 나타난다. 우리는 상대적으로 간단한 프로펜(propene)과 스타이렌(styrene) 같은 말단 알켄을 논의한다. 고려해야 할 첫 번째 복잡한 문제는 알켄 분자의 두 끝이 다르기 때문에 제기된다. 원칙적으로 고분자는 머리–머리(**107**), 머리–꼬리(**108**), 또는 불규칙하게 서로 다른 끝을 가지고 형성될 수 있다. (**106**)과 같은 촉매에 대한 연구를 통하여, 성장하는 사슬이 알켄에서 더 많이 치환된 탄소 원자로 우선하여 이동하는 것으로 나타났으며, 따라서 단지 머리–꼬리 배열을 포함하는 고분자를 생성하게 된다.

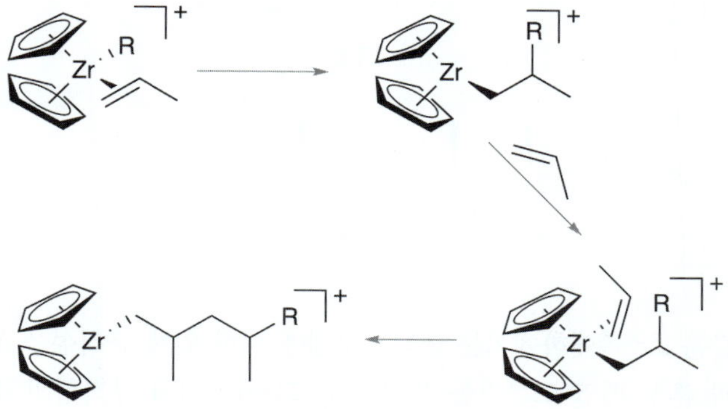

이 규칙에 대한 일반적인 설명은 프로펜의 입체적 요건과 관련이 있다. 만약 배위된 프로펜의 더 작은 CH_2 끝이 (**110**)보다는 오히려 $(Cp)_2Zr$ 촉매(**109**)의 갈라진 틈 쪽으로 향한다면 더 적은 입체 변형이 생기게 된다. 이와 같이 이동하는 고분자 사슬은 프로펜 분자의 메틸이 치환된 끝에 근접하여 있다. 그리고 사슬은 메틸이 치환된 C 원자에 결합하여 전체 고분자 사슬이 머리–꼬리로 배열되도록 한다.

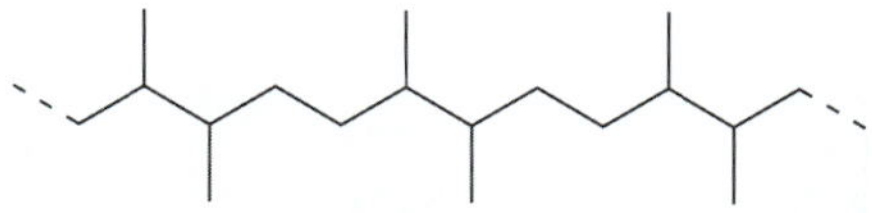

107

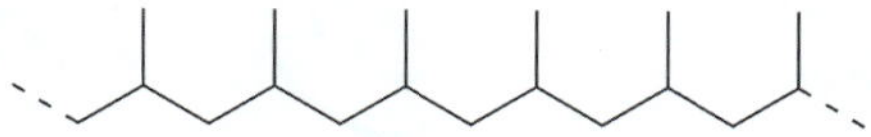

108

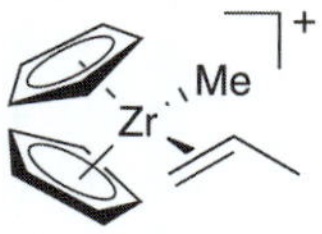

109

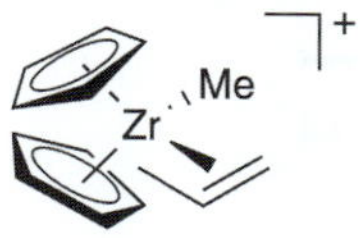

110

폴리프로펜(polypropene)에서 두 번째 구조적인 문제는 고분자 안에서 이웃하는 기의 상대적 배치인 **입체 규칙성**(tacticity)이다. 일반적인 **동일 배열**(isotactic) 폴리프로펜은 모든 메틸기가 고분자 골격에서 같은 쪽으로 위치한다(**111**). 일반적인 **교대 배열**(syndiotactic) 폴리프로펜은 고분자 사슬을 따라 메틸기가 교대로 배치되어 있다(**112**). **혼성 배열**(atactic) 폴리프로펜에서는 이웃하는 메틸기의 배치가 임의대로 되어 있다(**113**). 고분자의 입체 규칙성의 조절은 마치 반응 단계의 입체 특이성을 조절하는 것과 같다. 이웃하는 기의 배치는 단순히 학문적 흥미뿐만 아니라 고분자의 벌크(bulk) 상태에서 특성에도 상당하게 영향을 주고 있다. 예를 들면 동일 배열, 교대 배열 및 혼성 배열 폴리프로펜의 녹는점은 각각 165°C, 130°C, 0°C 이하이다.

111

112

113

만약 (**109**)와 같은 Zr 촉매하에서는 폴리프로펜에 대한 입체 규칙성을 조절하는 것이 불가능하다면, 그 결과 혼성 배열 고분자를 생성한다. 그러나 입체 규칙성의 조절은 다른 촉매를 사용하면 가능하다. 입체 규칙성을 조절하기 위해 보통 사용되는 형태의 촉매로서 두 개의 인덴일(indenyl)기가 에텐의 간격 띄우개(spacer)에 의해 금속 원소와 결합되어 있는 화합물이 있다. 비스(인덴일) 조각과 금속염의 반응을 통하여 C_2 대칭을 가지는 두 개의 거울상 이성질체 (**114**)와 (**115**), 그리고 카이랄성이 없는 화합물 (**116**)의 세 가지 화합물을 생성한다. 두 개의 거울상 이성질체는 카이랄성이 없는 화합물로부터 분리할 수 있으며, 소위 안사-탈로센(ansa-metallocene)이라 불리는 이들 거울상 이성질체는 프로펜의 입체 규칙적인 중합 반응에 촉매 작용을 할 수 있다.

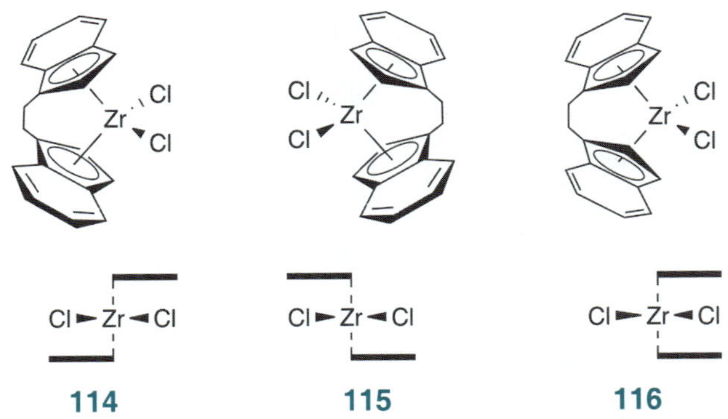

앞에서 확인한 입체적 요인(CH_2기가 갈라진 틈을 향해 있는 것) 외에도, 이제는 프로펜이 거울상 이성질체 화합물 (**114**) 또는 (**115**) 중의 하나에 배위한다는 것을 고려하면 또 다른 제한을 생각할 수 있다. (**117**)과 (**118**)에 나타낸 메틸기의 두 가지 가능한 배열에서, (**118**)은 인덴일기의 페닐 고리와 입체 상호 작용에 의해 호의적이지 않다. 중합 반응 동안에 R기는 프

로펜 분자의 한쪽으로 우세하게 이동할 것이다. 이동한 후에 이어서 다른 알켄의 배위가 일어나며 중합 반응은 계속된다. 그림 22.26은 결과적으로 동일 배열 폴리프로펜이 생성되는 것을 보여 주고 있다.

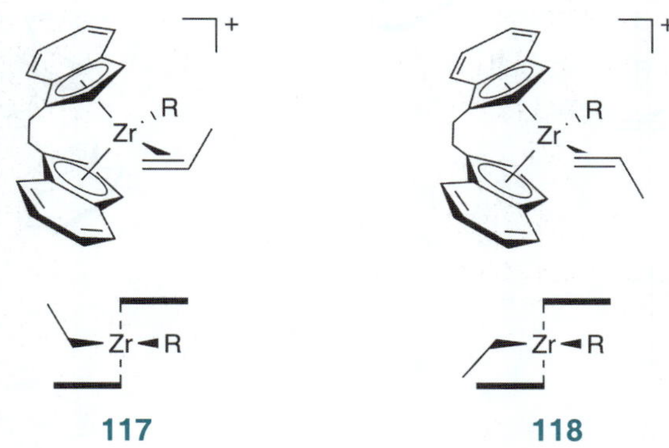

예제 22.16 폴리프로펜의 입체 규칙성의 조절

CH_2CH_2로 연결된 플루오렌일(fluorenyl)과 사이클로펜타다이엔일(cyclopentadienyl)기를 포함하는 촉매(**119**)하에서 프로펜의 중합 반응은 결과적으로 높은 교대 배열 폴리프로펜을 생성하는 이유를 설명하시오.

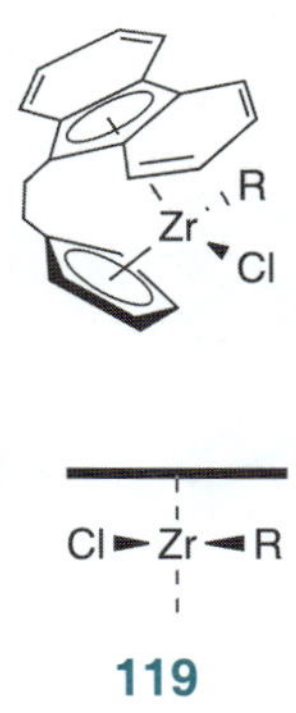

답 착물 (**119**)에서 배위된 프로펜의 메틸기는 항상 플루오렌일기에서는 멀리, 사이클로펜타다이엔일 고리를 향하여 위치할 것이다. 따라서 연속적인 알켄 삽입 반응에 의한 생성물은 결국 교대 배열이 될 것이다. 이 반응은 그림 22.27에 나타나 있다.

문제 22.16 간단한 $[Zr(Cp)_2Cl_2]$ 촉매를 사용한 프로펜의 중합 반응에서는 결과적으로 혼성 배열 폴리프로펜이 생성된다는 것을 설명하시오.

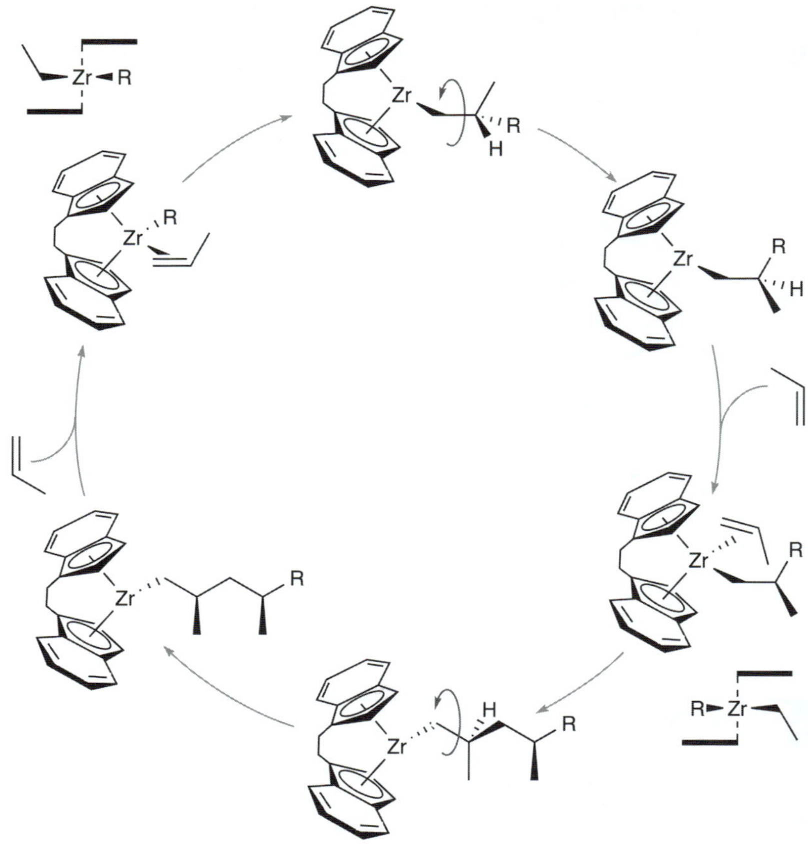

그림 22.26 프로펜이 인덴일 메탈로센 촉매하에서 중합될 때 동일 배열 폴리프로펜이 결과적으로 생성된다. 모든 지르코늄의 화학종은 +1가의 전하를 띠고 있으며, 편의상 생략하였다.

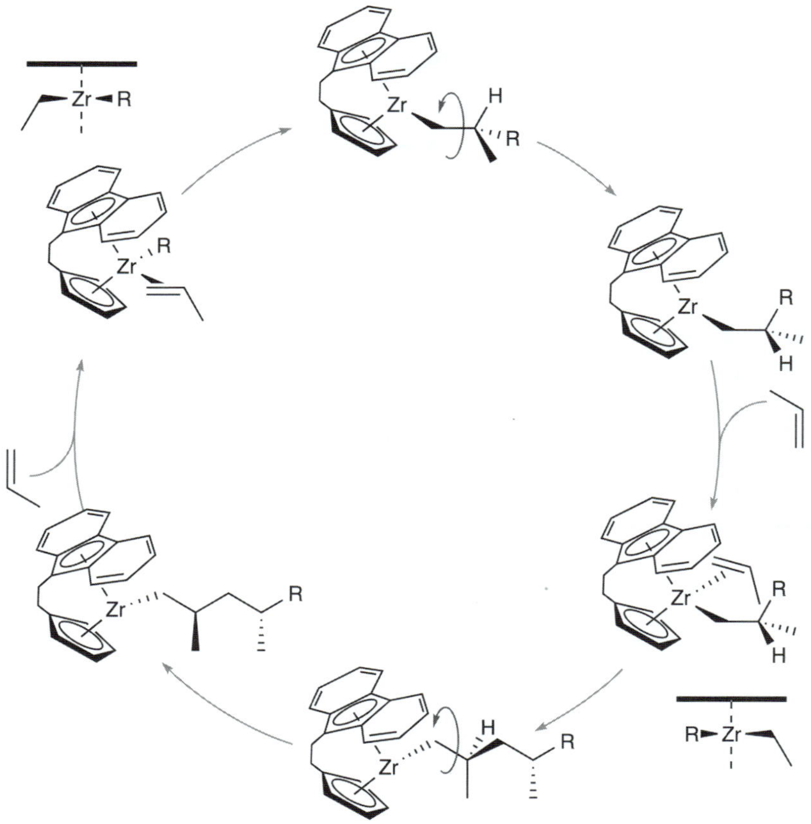

그림 22.27 프로펜이 플루오렌일 메탈로센 촉매로 중합 반응이 일어날 때 교대 배열 폴리프로펜이 결과적으로 형성된다. 모든 지르코늄의 화학종은 +1가의 전하를 띠고 있으며, 편의상 생략하였다.

4족 금속 촉매가 알켄 중합에서 가장 일반적이지만, 다른 전이 금속 및 란타넘족 원소에 기초한 활성 촉매가 보고되었다. 5족 금속 착물의 중합은 열적 불안정성으로 인해 제한적이었지만, 새로이 고려된 리간드 설계는 유기알루미늄 염화물을 조촉매로 하여 에텐 중합에 대해 열적으로 안정하고 매우 활성인 촉매 (**120**)의 합성을 가능하게 하였다.

Pd-와 Ni-다이이민(diimine) 화합물(**121**)의 촉매 활성은 리간드의 N-아릴기에 영향을 받는다. 아릴기의 전자 주개 기는 양이온성 금속 중심을 안정화시켜서 큰 분자량의 고분자를 제조할 수 있게 한다. 매우 다양한 네오디뮴 기반의 촉매들은 산업체에서 1,3-뷰타다이엔의 고분자 중합에 사용된다.

N V Cl Cl O

120

R R R' R' N N M X X

121

연습 문제

22.1 다음 화학종을 명명하고 그 구조를 그리시오. 또한 금속 원자에 속하는 원자가 전자를 계산하시오.

(a) $[Fe(CO)_5]$ (b) $[Mn_2(CO)_{10}]$ (c) $[V(CO)_6]$

(d) $[Fe(CO_4]^{2-}$ (e) $[La(\eta^5\text{-}Cp^*)_3]$

(f) $[Fe(\eta^3$-알릴$)(CO)_3Cl]$ (g) $[Fe(CO)_4(PEt_3)]$

(h) $[Rh(Me)(CO)_2(PPh_3)]$ (i) $[Pd(Me)(Cl)(PPh_3)_2]$

(j) $[Co(\eta^5\text{-}C_5H_5)(\eta^4\text{-}C_4Ph_4)]$ (k) $[Fe(\eta^5\text{-}C_5H_5)(CO)_2]^-$

(l) $[Cr(\eta^6\text{-}C_6H_6)(\eta^6\text{-}C_7H_8)]$ (m) $[Ta(\eta^5\text{-}C_5H_5)_2Cl_3]$

(n) $[Ni(\eta^5\text{-}C_5H_5)NO]$

어떤 착물이 18전자 규칙에서 벗어나는가? 이들의 구조 또는 화학적 특성에 대해 전자수와 관련하여 설명하시오.

22.2 다음의 리간드가 하나의 d 구역 금속, 예를 들면 코발트와 결합할 때 가능한 합토수는 얼마인가?

(a) C_2H_4 (b) 사이클로펜타다이엔일 (c) C_6H_6

(d) 사이클로옥타다이엔 (e) 사이클로옥타테트라엔

22.3 간단한 금속 카보닐 화합물을 합성하는 2가지 방법을 설명하고 화학식으로 나타내시오. 또한 선정된 방법이 열역학적인 조절로 진행되는지 혹은 속도론적인 조절로 진행되는지 설명하시오.

22.4 다음 각 쌍에서 화합물의 IR 흡수 진동수가 다른 이유를 설명하시오.

(a) $[Mo(CO)_3(PF_3)_3]$ 2040, 1991 cm^{-1} 대 $[Mo(CO)_3(PMe_3)_3]$ 1945, 1851 cm^{-1}

(b) $[Mn(Cp)(CO)_3]$ 2023, 1939 cm^{-1} 대 $[Mn(Cp^*)(CO)_3]$ 2017, 1928 cm^{-1}

22.5 두 착물 (a) $[W(CO)_6]$와 (b) $[Ir(CO)Cl(PPh_3)_2]$ 중 어느 것이 ^{13}CO와 빨리 교환되는지 밝히고, 그 이유를 설명하시오.

22.6 18전자 규칙을 참조하여, 다음 화합물에서 CO 리간드의 수를 결정하시오.

(a) $[W(\eta^6\text{-}C_6H_6)(CO)_n]$ (b) $[Rh\eta^5\text{-}C_5H_5)(CO)_n]$

(c) $[Ru_3(CO)_n]$

22.7 $[Mo(CO)_6]$를 LiPh와 먼저 반응시킨 다음, 강한 탄소 양이온 시약인 $CH_3OSO_2CF_3$와 반응시킬 때 얻어지는 생성물의 구조를 그리시오.

22.8 (a) $[Mo(CO)_6]$로부터 $[Mo(\eta^7\text{-}C_7H_7)(CO)_3]BF_4$

(b) $[IrCl(CO)(PPh_3)_2]$로부터 $[Ir(COMe)(CO)(Cl)_2(PPh_3)_2]$을 합성하는 방법을 각각 제안하시오.

22.9 저온에서 $TiCl_4$를 EtMgBr과 반응시키면 −70°C 이상에서 불안정한 화합물을 형성하지만, 저온에서 $TiCl_4$를 MeLi나 $LiCH_2SiMe_3$와 반응시키면 실온에서 안정한 화합물을 형성한다. 이러한 관찰을 합리적으로 설명하시오.

22.10 $[Fe(\eta^5\text{-}C_5H_5)_2]$에서 (a) $[Fe(\eta^5\text{-}C_5H_5)(\eta^5\text{-}C_5H_4COCH_3)]$ 및 (b) $[Fe(\eta^5\text{-}C_5H_5)(\eta^5\text{-}C_5H_4CO_2H)]$를 합성하는 데 필요한 반응식을 제시하시오.

22.11 화합물 $[Ni(\eta\text{-}C_5H_5)_2]$는 HF와 쉽게 반응하여 $[Ni(\eta^5\text{-}C_5H_5)(\eta^4\text{-}C_5H_6)]^+$를 생성하지만, $[Fe(\eta^5\text{-}C_5H_5)_2]$는 강산과 반응하여 $[Fe(\eta^5\text{-}C_5H_5)_2H]^+$를 생성한다. 또한 후자에서 H 원자가 Fe 원자와 결합되어 있다. 두 가지 반응에서의 차이를 설명하시오.

22.12 $[Mo(Cp)(CO)_3Me]$의 카보닐 리간드가 포스핀을 교환할 수 있는 두 가지 가능한 경로를 제안하시오(어느 경로도 CO의 초기 해리를 유발해서는 안 된다).

22.13 닮은 오비탈의 개념을 이용하여 다음 리간드 중에서 화합물의 굵은 문자로 표시된 기와 치환될 수 있는 기를 선택하시오.

(a) $[Co_2(CO)_9\mathbf{CH}]$: OCH_3, $N(CH_3)_2$, $SiCH_3$
(b) $[(CO)_5\mathbf{Mn}Mn(CO)_5]$: I, CH_2, CCH_3

22.14 Wilkinson 촉매인 $[RhCl(PPh_3)_3]$ 용액에 PPh_3를 첨가하면 프로펜의 수소화 반응에 대한 전환 빈도가 감소한다. 이러한 관찰에 대해 가능한 메커니즘을 이용하여 설명하시오.

22.15 프로프-1-엔(prop-1-ene)으로부터 뷰탄알(butanal)을 만드는 촉매 순환 과정을 그리시오. 그리고 *n* 혹은 *iso* 이성질체가 나타나는 단계가 무엇인지 밝히시오.

22.16 (a) C_2H_4 대신 *trans*-DHC=CHD가 치환된 그림 22.22의 알켄 착물이 출발 물질일 때, 금속의 반대편으로부터 용해된 OH^-가 공격하여 화합물이 생성된다면, 생성되는 화합물의 입체 화학적 구조를 그림으로 그리시오. (b) Pd에 배위된 OH^- 리간드가 배위된 *trans*-DHC=CHD를 공격한다면, 이때 생성되는 화합물의 입체 화학적 구조를 그리시오. (c) Wacker 공정에서 이와 같이 제안된 반응 단계들을 입체 화학에 의해 구별할 수 있는가?

f 구역 원소

23

f 구역 원소는 원자의 구조와 결합에서 매우 중요한 규칙성을 보여 주는 원소들로 구성된 주기율표에서 매력적인 영역이다. 4f 원소(란타넘족, Ln)의 독특한 성질은 4f 오비탈에 전자가 채워져 있으며, 이는 핵처럼 중심부에 위치하여 주개 원자의 오비탈과는 중첩을 거의 하지 않는다는 사실을 반영한다. 란타넘족 원소들은 전기 양성인 금속이고, 2족 원소들과 유사하게 행동하며 $6s^2\ 5d^1$의 전자를 잃어 안정한 +3가 양이온으로 이온화하여 다른 원소들과도 이 이온 형태로 상호 작용을 한다. 특히 전자 배치가 $4f^n/5d^1$일 때 Ln(II)와 Ln(IV) 화합물이 합성되기도 하며, 이런 산화 상태의 화합물은 전형적인 것은 아니고 가끔 큰 반응성을 보이기도 한다. f 오비탈에 전자가 일부만 채워진 Ln(III) 이온은 의료 진단부터 보안 태그까지 광범위한 범위에 적용될 수 있는 독특한 광학적 성질 및 자기적 성질을 가지고 있다. 5f 원소(악티늄족, Ac)들은 두 그룹으로 나누어질 수 있다. 초기 원소(Th~Am)는 결합에 6d와 5f 오비탈을 모두 사용할 수 있으며, 다양한 산화–환원 과정 및 배위 화학을 보여 준다는 점에서 d 구역 금속들과 매우 유사하다. 선형 구조를 가진 안정한 AnO_2^{n+}(n = 1, 2) 단위체는 U, Np, Pu Am 원소의 화학에서 나타나는 중요한 특징이다. 후기 악티늄족 원소는 5f 오비탈이 핵(core) 쪽으로 더 깊게 위치하고 있어서 란타넘족 원소와 매우 유사하다. 그러나 이들 원소는 핵의 안정성이 거의 없고, 따라서 그들의 화학을 연구하기는 매우 어려운 실정이다.

f 구역 원소의 두 계열은 각각 7개의 부껍질로 이루어진 4f와 5f 오비탈에 전자가 채워진다. f^1에서 f^{14}까지의 f 오비탈에 전자가 채워지는 것은 6주기의 세륨(Ce)에서 루테튬(Lu) 원소까지 그리고 7주기의 토륨(Th)에서 로렌슘(La) 원소까지에 해당한다. 그러나 그들의 화학적 성질은 유사하므로 란타넘(La)과 악티늄(Ac) 원소를 보통 f 구역으로 포함시켜 여기서 같이 논의한다. 보통 4f 원소들은 **란타넘족**(**lanthanoid**, 전에는 'lanthanide'라고도 했음)을 나타내고, 5f 원소들은 **악티늄족**(**actinoid**, 전에는 'actinide'라고도 했음)을 나타낸다. 란타넘족은 가끔 희토류 원소(rare earth element)라고도 불리지만, 실제로는 안정한 동위 원소가 없는 프로메튬(promethium) 외에는 특별히 희박하지 않기 때문에 그렇게 부르는 것은 적절하지 않다.

란타넘족 원소의 화학적 성질은 악티늄족 원소와는 상당히 다르므로, 서론에서는 이들을 분리해서 다룰 것이다. 란타넘족 원소는 몇 가지 흥미로운 예외를 제외하고는 현저하게 균일성이 있다. 반면에 악티늄족 원소는 d 구역 원소들과 유사한 많은 다양성과 화합물을 보여 준다.

캡션에 🖵이 표시된 그림은 쌍방향의 3D 구조로 온라인에서 찾을 수 있다. 브라우저에 다음 URL을 입력하고 관련 그림 번호를 넣어라. www.chemtube3d.com/wellerxe/[장번호]F[그림 번호]. 예를 들어 2장의 그림 7은 www.chemtube3d.com/wellerxe/2F07을 입력하면 된다.

원소

원소의 추출 방법과 일반적인 성질을 고려함으로써 f 구역 원소의 논의를 시작한다.

23.1 원자가 오비탈

요점: 결합에서 4f 오비탈의 기여는 거의 없다. 방사 방향 분배 함수는 6s와 5d 오비탈 내부에 존재하며, 여기의 전자는 쉽게 제거되어 +3가 양이온을 형성한다. 란타넘족 원소는 주로 이온 결합을 나타낸다. 5f 오비탈은 약간 더 확산되어 있으며, 악티늄족 원소는 공유 결합과 초기 악티늄족 원소의 다양한 산화 상태를 포함하여 넓은 영역의 화학이 있다.

란타넘족과 악티늄족 원소의 성질을 비교하거나 대조하기 위해서는 먼저 4f와 5f 오비탈이 핵으로부터 그리고 각자의 외각(outer) 오비탈 영역의 s, p, d 오비탈이 어떻게 투영되어 나타나는지를 고려해 볼 필요가 있다. 1장에서 보았듯이(그림 1.16), f 오비탈의 각파동함수와 그들을 수반하는 공유 결합은 매우 큰 방향성이 존재한다. 그러나 초기 악티늄족 원소(Th~Pu)와는 별개로, f 오비탈은 공유 결합에 기여가 없는 것으로 밝혀졌다. 따라서 이를 이해하기 위해서는 핵을 넘어서는 방사 방향의 투영(projection)을 고려할 필요가 있다. f 와 d 오비탈은 꽃잎에 비유되어 왔는데, f 오비탈의 로브(lobe)는 데이지 꽃잎에 비유되는 반면, d 오비탈의 로브는 거대한 양귀비의 꽃잎과 같다. 이와 같은 유사성은 그림 23.1에 잘 설명되고 있으며, 이 그림은 전형적인 란타넘족 이온(Sm^{3+}) 그리고 그와 대응 관계에 있는 악티늄족 이온(Pu^{3+})에 대한 외부 오비탈의 방사 방향 분배 함수를 나타낸다. 두가지 경우 f 오비탈은 d 오비탈보다 많이 수축되어 있다.

란타넘족의 4f 오비탈은 방사 방향의 마디가 존재하지 않으며(1.3절, 9.6절), 따라서 핵전하를 효과적으로 가리지 못한다. 그들은 5d와 6s 오비탈 아래에 묻혀 있고, 급격히 수축하고 심지어 가장 작은 유효 핵전하 증가에 대응하는 중심부(core)이다. 악티늄족 5f 오비탈은 방사 방향의 마디를 가지고 있으므로 핵 주위로 효과적으로 침투할 수 있으며, 따라서 핵전하를

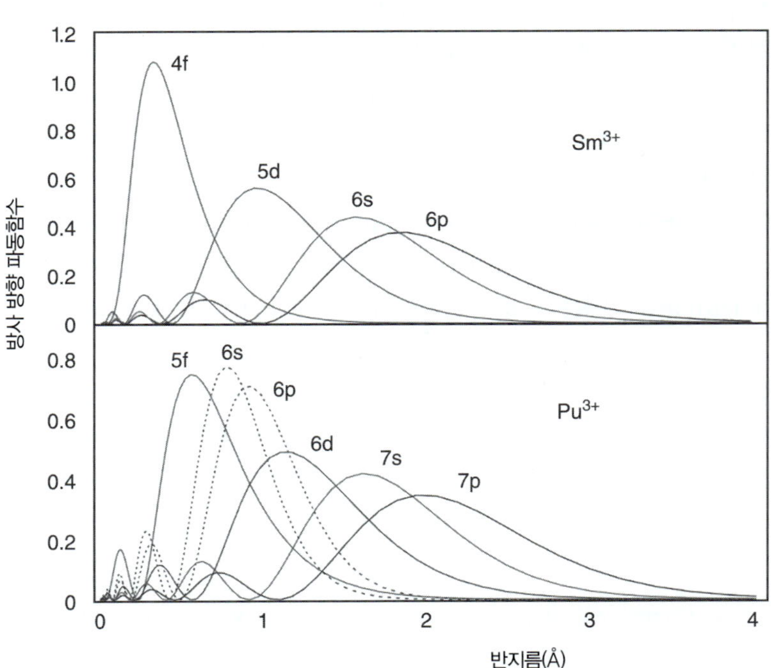

그림 23.1 Sm^{3+}와 Pu^{3+}의 원자가 오비탈 방사 방향 함수의 비교 Pu^{3+}의 그래프에서 6s 와 6p 오비탈은 중심부 안에 있는 것으로 간주한다.

효과적으로 가릴 수 있다. 따라서 5f 오비탈은 4f 오비탈보다 좀 더 확산되어 있으며, 리간드 오비탈과 효과적으로 중첩할 수 있다. 전자-전자 반발은 4f 오비탈의 주요한 특징이며, 5f 오비탈에서는 그 중요성이 떨어진다. 6d 오비탈은 이에 대응하는 5d 오비탈보다 좀 더 외부로 확장되어 있으며, 20장에서 보았듯이, 이러한 경향성은 3d-5d에서도 나타난다. 따라서 6d 오비탈은 공유 결합의 형성에 매우 효과적이라 기대할 수 있다. 실제로 초기 악티늄족 원소들은 d 구역 금속처럼 많은 수의 화합물과 다양한 산화 상태를 보여 주고 있다. 이와는 대조적으로 란타넘족 원소는 어느 특정한 하나의 산화 상태에서 거의 비방향성 정전기적 결합을 한다는 점에서 2족 금속과 유사한 거동을 보여 준다.

23.2 발생과 회수

요점: 란타넘족의 중요한 자원은 인산염 광물이다. 악티늄족에서 가장 중요한 우라늄은 이들의 산화물로부터 제조된다.

프로메튬(promethium, Pm) 외의 다른 란타넘족 원소들은 지구의 표층 부분인 지각에 상당히 흔하게 존재한다. 실제로 '가장 희귀한' 란타넘족 원소인 툴륨(thulium)조차도 아이오딘(iodine)이 지각에 존재하는 양과 유사하다(표 23.1). 전기(early) 란타넘족의 중요한 광물 자원은 모나자이트(monazite) $(Ln,Th)PO_4$이며, 란타넘족과 토륨(thorium)의 혼합물을 포함하고 있다. 다른 인산염(phosphate) 광물로서 유사한 성분을 지닌 제노타임(xenotime)은 무거운 란타넘족의 중요한 자원이다. 바스트네사이트, 즉 탄산플루라이드 광물($LnCO_3F$)은 가벼운 란타넘족 원소, 특히 Ce와 La의 다른 자원이다. 그림 23.2는 란타넘족 원소의 추출을 단순화한 모식도이다. 세륨(cerium)은 Ce(IV)로 산화되며 유로퓸(europium)은 Eu(II)로 환원되므로 그들의 산화-환원 화학을 이용함으로써 다른 란타넘족으로부터 분리할 수 있지만, 란타넘족의 산화 상태는 보통 Ln(III)로서 이들을 분리하는 데 어려움이 뒤따른다. 남아 있는 Ln^{3+} 이온을 분리하기 위해 수용액상과 착화제를 포함하는 유기상 사이에서 이온들이 분배하므로 다단계 액체-액체 추출 방법을 대량으로 시행하기도 한다. 이온 교환 크로마토그래피는

표 23.1 일반적인 금속과 비교한 란타넘족 원소(음영)의 지표상의 존재비

원소	존재비(ppm)	원소	존재비(pm)
Fe	43200	**Yb**	2.0
Cr	126	**Eu**	1.3
Ce	60	Mo	1.1
Ni	56	W	1.0
La	30	**Ho**	0.8
Nd	27	**Tb**	0.7
Co	24	**Lu**	0.35
Pb	15	**Tm**	0.30
Pr	6.7	Ag	0.07
Sm	5.3	Hg	0.04
Gd	4.0	Au	0.0025
Dy	4.0	Pt	0.0004
Er	2.1	Rh	0.00006

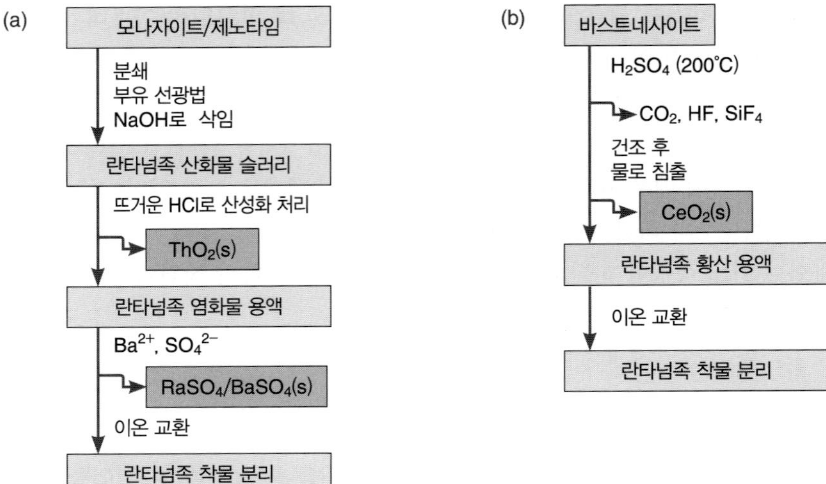

그림 23.2 란타넘족 원광물로부터 란타넘족 화합물의 분리 과정을 요약한 모식도

높은 순도가 요구될 때 개개의 란타넘족 이온을 분리하는 데 사용된다. 순수하지만 혼합된 란타넘족 금속의 경우에는 용융된 란타넘족 할로젠 화합물을 전기 분해하여 제조한다.

주기율표에서 납(Z = 82)을 지나서는 안정한 동위 원소가 없으나, 악티늄족의 토륨(Th, Z = 90)과 우라늄(U, Z = 92)의 두 원소는 충분히 지속할 수 있는 동위 원소를 가지며, 태양의 생성에 앞서 별의 초신성 형성 단계에서부터 상당한 양의 원소들이 존재해 왔다(1장). 가벼운 초우라늄 원소는 중성자 충격으로 합성되며, 반면에 극소량의 무거운 악티늄족 원소(단지 몇 개의 원자)는 산소나 탄소 같은 가벼운 원자들의 충격으로 합성되고 있다.

$$^{238}_{92}U + ^{1}_{0}n \rightarrow ^{239}_{92}U \rightarrow ^{239}_{93}Np + e^- + \nu$$
$$^{239}_{93}Np \rightarrow ^{239}_{94}Pu + e^- + \nu$$
$$^{249}_{97}Bk + ^{18}_{8}O \rightarrow ^{260}_{103}Lr + ^{4}_{2}He + 3^{1}_{0}n$$

표 23.2 가장 안정한 악티늄족 동위 원소의 반감기

Z	원소명	원소 기호	질량수	$t_{\frac{1}{2}}$
89	악티늄	Ac	227	21.8년
90	토륨	Th	232	1.41×10^{10}년
91	프로트악티늄	Pa	231	3.28×10^{4}년
92	우라늄	U	238	4.47×10^{9}년
93	넵투늄	Np	237	2.14×10^{6}년
94	플루토늄	Pu	244	8.1×10^{7}년
95	아메리슘	Am	243	7.38×10^{3}년
96	퀴륨	Cm	247	1.6×10^{7}년
97	버클륨	Bk	247	1.38×10^{3}년
98	캘리포늄	Cf	251	900년
99	아인슈타이늄	Es	252	460일
100	페르뮴	Fm	257	100일
101	멘델레븀	Md	258	55일
102	노벨륨	No	259	1.0시간
103	로렌슘	Lr	260	3분

표 23.2에 가장 안정한 악티늄족 동위 원소들에 대한 반감기를 나타내었다. 캘리포늄은 연속적인 중성자 포획과 베타 붕괴 과정에서 생성되는 물질 중에 소량 존재하며, 자연적으로 발생하는 가장 무거운 원소로 매우 주목할 만하다.

23.3 물리적 성질과 응용

요점: 란타넘족 원소는 반응성이 큰 금속이다. 이 원소를 포함하는 화합물은 점진적으로 넓은 영역의 기술 분야에 응용되고 있다. 악티늄족 원소의 주요한 사용 분야는 방사능 때문에 매우 제한적이다.

란타넘족 원소는 3d 금속과 비슷한 밀도(6~10 g cm^{-3})를 가진 흰색의 무른 금속으로, 구리에 비해 열전도도와 전기 전도도가 각각 1/25배와 1/50배로서 상대적으로 전기 전도도가 낮은 도체이다. 이들 금속은 수증기 또는 묽은 산과 반응하지만, 산화물 막을 형성함으로써 어느 정도 부동태화(passivated)된다. 비록 높은 압력하에서 대부분의 원소들이 입방 조밀 채움(cubic closed-pack) 구조를 가지는 것으로 알려져 있음에도 불구하고, 다수의 금속은 육방정방 조밀 채움 구조(hexagonal cubic close-pack) 구조를 가진다.

세륨을 포함하여 초기 란타넘족 금속들의 혼합물은 상업적으로 **미슈메탈**(mischmetal)로 불리는데, 강철을 제조할 때에 산소, 수소, 황 및 비소와 같은 불순물을 제거하여 강철의 기계적 강도와 연성을 줄이는 데 사용한다. 사마륨과 코발트의 합금인 $SmCo_5$와 Sm_2Co_{17}는 철과 자성 산화 철(Fe_3O_4)보다 큰 자기성을 가진다. 또한 내부식성이 뛰어나며, 고온에서도 좋은 안정성을 보인다. 나이오븀 철 붕소($Nd_2Fe_{14}B$) 화합물은 위와 아주 유사한 강한 자기성을 보여 주며 저비용으로 제조할 수 있으나, 쉽게 부식되어 종종 아연, 니켈 혹은 에폭시 레진과 같은 것으로 코팅하여 사용한다. 이러한 고강도의 자기성 때문에 헤드폰, 마이크, 자기 스위치, 풍력 터빈, 자동차 발전기 및 입자살의 가이드에 응용되고 있다.

란타넘족 화합물은 그들의 자기성과 광학적 성질을 이용하여 넓은 범위로 응용되고 있다(23.5절). 예를 들면 유로퓸 산화물(europium oxide)과 오쏘바나듐산 유로퓸(europium orthovanadate)은 디스플레이 화면 장치와 조명에서 붉은색 인광 물질로 사용된다. 또한 네오디뮴(Nd^{3+}로서), 사마륨(Sm^{3+}로서) 및 홀뮴(holmium, Ho^{3+}로서)은 고체 레이저에 이용된다. 정교하고, 아주 독특하게 설계된 유기 리간드를 포함하는 란타넘족 착물은 조직(tissue) 선택적 자기 공명 영상(MRI)용 제제로 혹은 생체 분석 검사를 위한 발광 표지자로서 의학계에서 사용되고 있다. 란타넘족 발광 현상에 대한 많은 연구들로 인해 리간드가 빛을 흡수하거나 전기 화학적으로 들뜸이 가능한 기능성('안테나') 등이 수반될 때 발광의 강도가 크게 증가되고 제어될 수 있다는 사실이 밝혀졌다. 또한 란타넘족 착물은 많은 유기 반응에서 매우 중요한 촉매로 응용될 수 있다는 사실이 발견되고 있다.

악티늄족 원소의 밀도는 악티늄(actinium)의 10.1 g cm^{-3}로부터 넵투늄(neptunium)의 20.4 g cm^{-3}까지 점점 증가하다가, 계열의 나머지 원소에서는 점점 감소한다. 플루토늄(plutonium) 금속은 대기압에서 20% 이상의 밀도 차이가 나면서 적어도 6개의 상(phase)을 가지고 있다. 악티늄족 원소들은 여태까지 소량으로만 분리되었기 때문에, 이들 원소에 대한 물리적 및 화학적 특성의 많은 부분은 아직까지 알려져 있지 않다. 많은 악티늄족 원소는 방사성일 뿐만 아니라 화학적으로도 독성이 있으므로 모두 위험 물질로 취급되고 있다. 그들의 평화적 사용의 첫째는 전기를 발생시키기 위한 원자로이지만, 극소량의 악티늄족 화합물(예를 들면 스모그 경보 장치에 사용되는 아메리슘과, 유리에 착색제로 사용되는 우라늄 등)은 다양한 실생활에 응용되고 있다.

란타넘족 화학

란타넘족 원소들은 주목할 정도로 화학적 성질이 균일하며 모두 전기 양성의 금속이다. 종종 두 란타넘족 원소 간의 한 가지 차이점은 그들의 크기에 대한 것이며, 특정한 크기의 란타넘족 원소를 선택하여 그 화합물의 성질을 조율할 수 있다. 예를 들면 자기성 및 전자기 성질은 완전한 원자 상태의 분리 및 원자 오비탈의 중첩 정도에 크게 좌우된다. 이러한 분리 과정을 통해서 적절한 크기의 란타넘족 화합물을 선택함으로써 전기 전도성 및 온도에 따른 자기성에 대한 결과를 조정할 수 있다.

23.4 일반적 경향

요점: 란타넘족 원소들은 전기 양성의 금속으로 보통 Ln(III)로 존재한다. 다른 산화 상태는 *f* 부껍질이 비어 있거나, 반 채워지거나, 또는 완전히 다 채워졌을 때만이 안정하다.

란타넘족 원소들은 주기율표에서 전례가 없을 정도로 같은 성질을 가지며, Ln(III)의 산화 상태가 우세하다. 그리고 여러 면에서 이들의 화학은 2족 원소와 매우 유사하다. 모든 금속은 묽은 산과 반응하여 수소 기체를 발생한다. Ln^{3+} 이온은 굳은(hard) Lewis 산으로서 F^-와 전자 주개로 작용하는 산소 원자를 포함하는 리간드를 선호하는 것으로 나타나며, 광물에서는 인산염으로 존재한다.

산화 상태에서 +3을 선호하는 이유는 핵심부에 위치하고 원자 내부에 깊게 묻혀 있어 이웃하는 원자와의 약한 상호 작용을 하는 4f 오비탈의 성질 때문이라고 추정할 수 있다. 원자 번호가 증가함에 따라서 4f 부껍질에 전자들이 단순히 채워지기 때문에 화학적 성질의 변화는 거의 없다. 란타넘족 원소의 화학을 이해하기 위해서는, 우선 출발점으로 원자 및 이온에 대해 간략히 언급할 필요가 있다. 이온화 에너지, 원자화 에너지 그리고 결합 에너지 사이에 흥미로운 균형 속에 나타나는 각 란타넘족 원소 간의 미묘한 차이를 보게 될 것이다. 물론 결합의 형성에 있어서 특별한 경우를 제외하고는 리간드장의 효과에 거의 영향을 받지 않는다. 어떻게 이러한 성질이 나타나는지 살펴보자.

(a) 전자 구조와 이온화 에너지

표 23.3에 란타넘족 원자와 이에 대응하는 Ln^{3+} 이온들의 전자 배치를 제시하였다. 원자 상태에서 모든 란타넘족 원소는 5d 오비탈에 전자를 한 개 가지고 있는 Ce, Gd, Lu를 제외하고 $[Xe]4f^n6s^2$의 배치를 가진다. 그림 23.1에서 보는 바와 같이, 4f 오비탈은 방사 방향 마디가 존재하지 않기 때문에 그 결과로 4f의 전자들은 핵전하를 효과적으로 가리지 못하고, 따라서 전자–전자 반발이 매우 크게 일어난다(9.6절). 일단 6s의 2개의 원자가 전자와 부가적으로 1개의 전자(4f 혹은 5d 오비탈)가 제거되면, 4f 전자들은 핵에 단단히 이끌리게 되어 제논(xenon) 형태의 원자 중심부를 벗어나지 못한다. 그림 23.3은 란타넘족 원소들의 다양한 이온화 에너지 값을 보여 준다.

대략적으로 살펴보면, I_4는 1차, 2차, 3차 이온화 에너지의 합(I_1+ I_2+ I_3)과 거의 동일하다. 이는 왜 Ln(IV)의 화합물이 거의 없는지를 잘 설명해 주고 있다. 핵의 인력이 증가함(원자 번호의 증가)에 따라서 이온화 에너지도 점진적으로 증가하는 것을 볼 수 있다. 이때 이온화 에너지는 전체 오비탈 각운동량 L과 전자 구조의 변화에 의해 조정된다(이 장 후반부에서 바닥 상태의 항을 다시 논의할 것이다). 3차 이온화 에너지(I_3)의 증가 경향성은 4개 지점에서 더 이상 나타나지 않는데, 가장 큰 차이는 Eu와 Gd 그리고 Yb와 Lu 사이에서 나타난다. Eu^{2+}([Xe]$4f^7$)의 이온화는 반드시 고준위의 스핀 상관 에너지 이상이 필요한 반면, Gd^{2+}([Xe]$4f^7 5d^1$)의 이온화는 조금 더 약하게 결합한 d 전자를 제거하면 된다. 이와 같은 설명은 Yb^{2+}([Xe]$4f^{14}$)와 Lu^{2+}([Xe]$4f^{14}5d^1$)의 이온화에 적용될 수 있다. 경향성에 벗어나는 두 개의 다른 지점은 에너지의 차이가 크지는 않지만, Pr – Nd – Pm(1/4 껍질 효과)과 Dy – Ho – Er(3/4 껍질 효과)에서 나타난다. 이와 같은 'flattening off' 효과는 이온화에 따른 오비탈 각운동량(L)의 변화(잃음, 불변, 얻음) 때문이다. 이 내용은 23.5절에서 그 개요를 서술할 것이다. 4차 이온화 에너지(I_4)는 3차 이온화 에너지(I_3)의 경향성에서 에너지의 변화가 그 다음번 큰 원자 번호로 이동하는 것을 제외하고는 I_3와 매우 유사하다.

(b) 원자화 에너지

란타넘족 원소의 원자화 엔탈피 변화($\Delta_a H^{\ominus}$)는 I_3의 거울상 이미지처럼 반대로 나타난다. 금속 결합은 핵심부(core–like)의 4f 전자를 거의 사용하지 않으나, 금속 결합에서 5d 오비탈의 부분은 다양하게 나타난다. 이때 5d 오비탈은 비편재화된 전자('떠돌이')를 포함한 하나의 띠를 만들기 위해서 중첩한다. 원자들이 금속 상태가 되기 위해서 수축되었을 때 대부분 경우에서 4f의 전자가 5d 오비탈로 들뜨게 되는데, 이는 에너지적으로 매우 바람직하다. 이러한 들뜸은 Gd([Xe]$4f^7 5d^1 6s^2$)에는 필요하지 않으나, Eu([Xe]$4f^7 6s^2$)의 경우는 더 많은 에너지가 필요하며, 각 원자는 반만 채워진 안정한 4f 껍질을 가진다. 그 결과, Eu와 Gd 사이의 $\Delta_a H^{\ominus}$는 증가하게 된다.

표 23.3 란타넘족 원소의 원자 성질

Z	이름	원소 기호	전자 배치	
			M	M^{3+}
57	란타넘(lanthanum)	La	[Xe]$5d^1 6s^2$	[Xe]
58	세륨(cerium)	Ce	[Xe]$4f^1 5d^1 6s^2$	[Xe]$4f^1$
59	프라세오디뮴 (praseodymium)	Pr	[Xe]$4f^3 6s^2$	[Xe]$4f^2$
60	네오디뮴(neodymium)	Nd	[Xe]$4f^4 6s^2$	[Xe]$4f^3$
61	프로메튬(promethium)	Pm	[Xe]$4f^5 6s^2$	[Xe]$4f^4$
62	사마륨(samarium)	Sm	[Xe]$4f^6 6s^2$	[Xe]$4f^5$
63	유로퓸(europium)	Eu	[Xe]$4f^7 6s^2$	[Xe]$4f^6$
64	가돌리늄(gadolinium)	Gd	[Xe]$4f^7 5d^1 6s^2$	[Xe]$4f^7$
65	터븀(terbium)	Tb	[Xe]$4f^9 6s^2$	[Xe]$4f^8$
66	디스프로슘(dysprosium)	Dy	[Xe]$4f^{10} 6s^2$	[Xe]$4f^9$
67	홀뮴(holmium)	Ho	[Xe]$4f^{11} 6s^2$	[Xe]$4f^{10}$
68	어븀(erbium)	Er	[Xe]$4f^{12} 6s^2$	[Xe]$4f^{11}$
69	툴륨(thulium)	Tm	[Xe]$4f^{13} 6s^2$	[Xe]$4f^{12}$
70	이터븀(ytterbium)	Yb	[Xe]$4f^{14} 6s^2$	[Xe]$4f^{13}$
71	루테튬(lutetium)	Lu	[Xe]$4f^{14} 5d^1 6s^2$	[Xe]$4f^{14}$

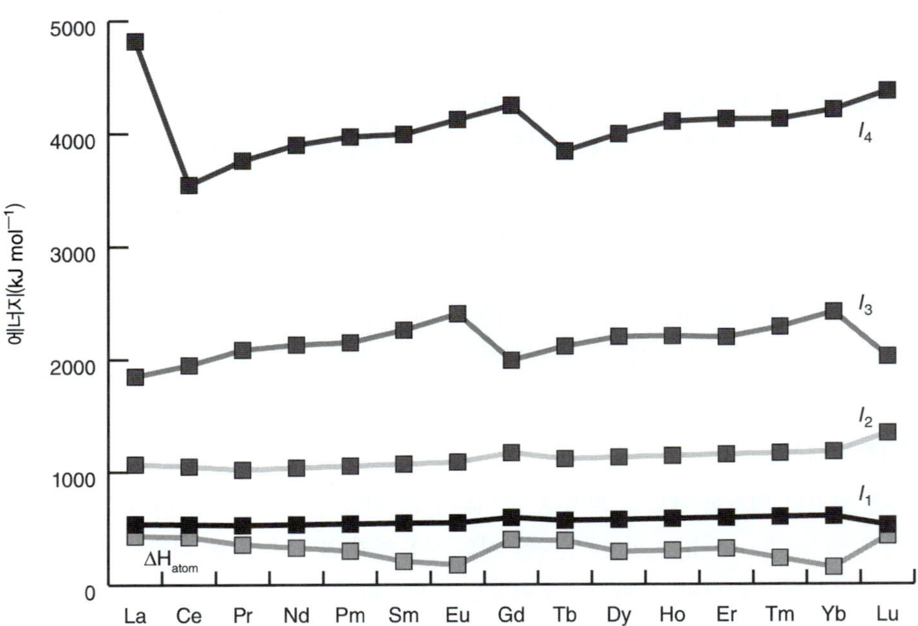

그림 23.3 란타넘족 원소의 원자화 및 이온화 에너지 변화

(c) 반지름

금속의 반지름(그림 23.4)은 Eu와 Yb의 예외를 제외하고는 La에서 Lu까지 점차적으로 감소한다. 이러한 예외는 금속의 $4f^7$과 $4f^{14}$의 전자 배치(표 23.3)를 유지한 상태에서 강한 금속 결합을 할 수 있는 5d 오비탈로 전자가 배치되기 때문이다. 따라서 금속과 금속 사이의 거리는 감소하게 된다. 금속 반지름은 Eu와 Yb에 대해서 $[Xe]4f^7$과 $[Xe]4f^{14}(Ln^{2+}(e^-)_2)$ 전자 배치에 부합되며, 다른 란타넘족 원소는 $[Xe]4f^n5d^1(Ln^{3+}(e^-)_3)$에 해당된다. 이때 $(e^-)_n$에서 'n'은 s와 d 오비탈을 점유하고 있는 전자의 수이다.

모든 란타넘족 원소의 3가 이온은 $[Xe]4f^n$의 전자 배치를 가지며, La^{3+}의 반지름은 116 pm, Lu^{3+}의 반지름은 98 pm(전형적인 8배위 화합물을 기준으로)로 점차적으로 감소하는 이온 반지름을 가진다. 앞에서도 언급했듯이(19.2절), 란타넘족 원소의 수축은 초기 4d, 5d 전이 금속에서 중요한 의미를 가진다. 이러한 수축의 결과로 주양자수의 증가에도 불구하고, 이들 원소의 반지름과 화학적 성질이 매우 유사하게 나타난다. 즉 Zr과 Hf, Nd와 Ta는 거의 동일한 성질을 보여 준다. 이런 방식의 이온 반지름의 점차적인 감소는 주기율표의 다른 부분에서는 볼 수 없다. 이러한 감소는 전자들이 가림 효과가 미미한 4f 부껍질에 채워지기 때문에 주로 유효 원자 번호(Z_{eff})에 증가에 기인한 것이다. d 구역 원소와는 달리 리간드장 효과는 거의 나타나지 않으며, 다음에서 이를 논의할 것이다.

(d) 리간드장 효과

Ln^{3+} 이온은 핵 주위에 묻혀 있는 f 오비탈로 인해서 방향성을 가지는 프론티어 오비탈이 존재하지 않는다. 결과적으로, 리간드장 효과는 자유 이온 항(23.5절)으로부터 나오는 모든 상태의 열적 분포를 보여 주기에는 충분하지 않으며 화학적으로도 유의미한 영향이 거의 없다. 그림 23.5는 약한 리간드장 효과를 잘 보여 준다. Ln^{3+} 이온의 수화 엔탈피는 두 개의 큰 피크를 가지는 3d M^{2+}가 금속 이온의 수화 엔탈피 그래프와는 다르게 점진적으로 증가하는 것을 보여 주고 있다(20.1절, 그림 20.7, 예제 20.3 참조). 오로지 크기만이 수용액에서 $[Ln(OH_2)_n]^{3+}$의 배위수를 결정한다. 초기 란타넘족 원소의 경우 9배위로 시작하며, D_{3h}

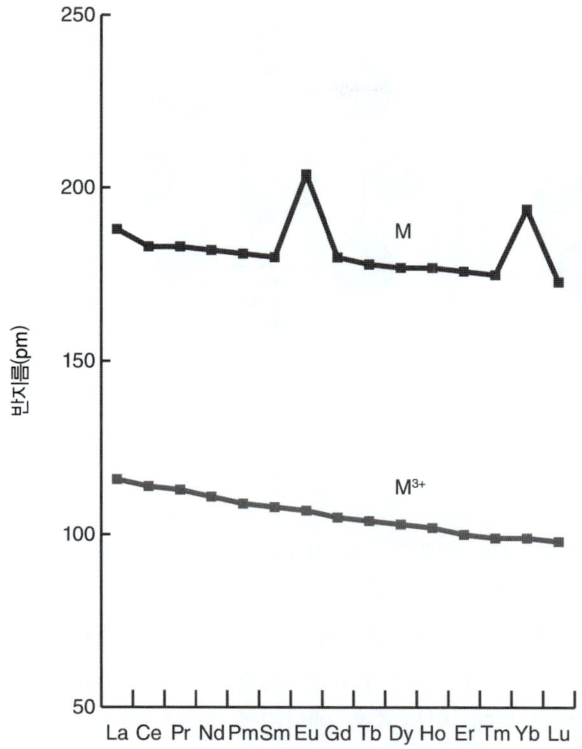

그림 23.4 란타넘족 원소와 그 이온의 금속 반지름 변화

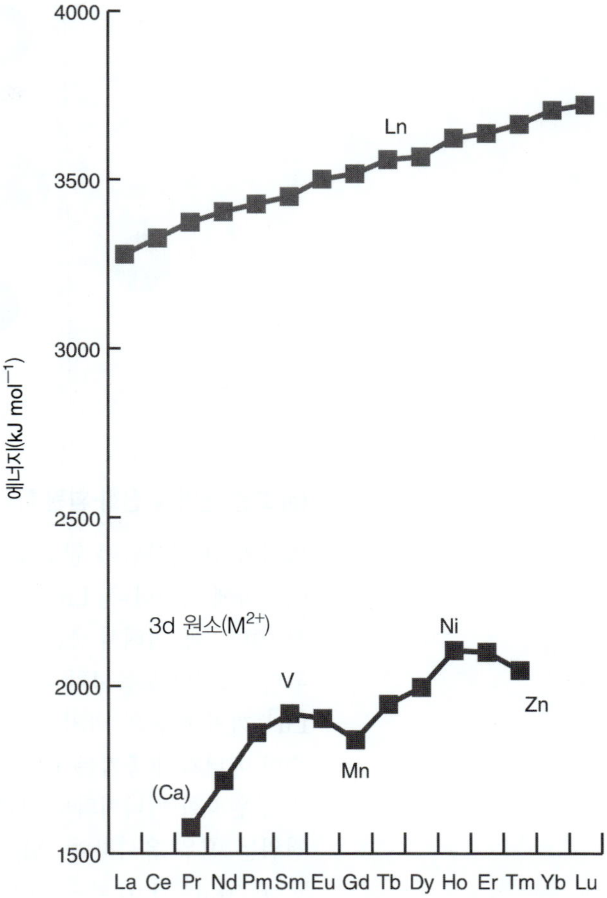

그림 23.5 Ln^{3+} 이온과 3d 금속의 M^{2+} 양이온의 수화 엔탈피 비교

의 대칭성을 가지는 모삼각 프리즘(tricapped trigonal prismatic) 기하 구조를 가진다(**1**). 후기 란타넘족 원소의 배위수는 7~8로 감소하고, 삼각 프리즘 위쪽으로 돌출된 물 분자들이 연속적으로 배위에서 이탈하여 배위수는 줄어들게 되거나(**2**, **3**) 뒤틀린 사각 기둥(square antiprism)으로 재배열된다(**4**). 수화 이온은 매우 치환이 용이하며(그림 21.1), 예상했던 것처럼 크기가 큰 양이온은 리간드장 안정화가 없으며, pK 값은 La^{3+}(aq) 8.5, Lu^{3+}(aq) 7.6으로 매우 약한 산이다.

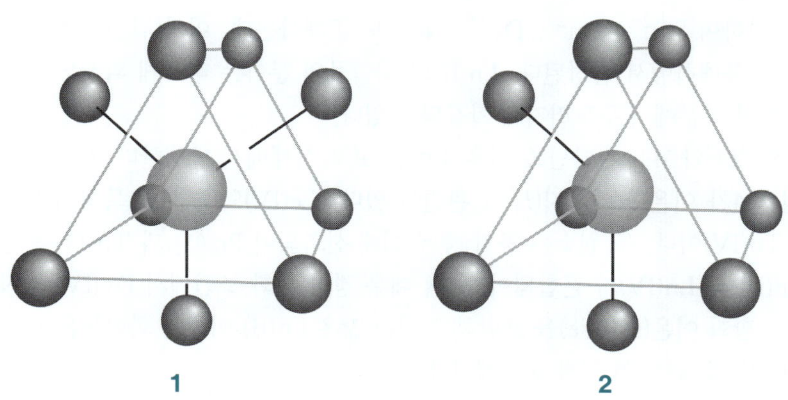

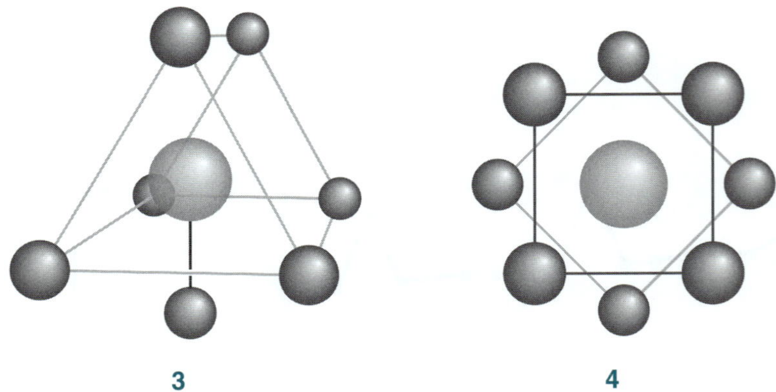

(e) 표준 전위 및 산화-환원 화학

일련의 4f 란타넘족 원소들이 주로 Ln(III)의 산화 상태를 주로 가지는 이유는 비교적 간단한 이온화에 기인한다. Ln^{3+}를 만들기 위한 누적 이온화 에너지($I_1 + I_2 + I_3$)는 강한 수화 및 격자 에너지에 의해서 충분히 보상받을 수 있다(그림 23.3). 결론적으로 Ln^{3+}는 Ln^{2+}보다 선호된다. 그러나 보통 4차 이온화 에너지(I_4)의 값이 너무 커서 Ln^{4+}가 되기는 어렵다. La^{3+}부터 Lu^{3+}까지 이온의 반지름은 약 18%가 감소하는데, 이는 수화 에너지를 증가시킨다. 이러한 수화 에너지의 증가는 1차부터 3차까지 이온화 에너지의 총합($I_1 + I_2 + I_3$)의 증가를 상쇄시키며 원자화 에너지와도 반대의 경향성을 보여 준다. 그 결과로, 란타넘족의 Ln^{3+}/Ln의 표준 전위는 매우 유사하며, Mg^{2+}/Mg의 값과 매우 유사하다(표 23.4)($E^{\ominus}(La^{3+}/La) = -2.38$ V, $E^{\ominus}(Lu^{3+}/Lu) = -2.30$ V).

Ln(III)가 아닌 다른 산화 상태들은 란타넘족 화학에서 중요하고 흥미로운 도전 과제이다. +3가를 제외한 이례적인 산화 상태는 비어 있거나(f^0), 반만 채워진((f^7) 그리고 완전히 채워진(f^{14}) 부껍질과 관련되어 있다. 이것은 란타넘족 계열에 걸쳐 유효 핵전하의 증가와 f^7과 f^{14}에서 스핀 상관 에너지가 최대가 됨으로써 나타나는 결과이다. 그들의 수용액 화학의 관점에서 보면, Ce와 Eu 원소는 가장 중요하고 유용한 산화–환원 속성을 보여 준다. $Ce^{3+}(f^1)$ 이온은 쉽게 $Ce^{4+}(f^0)$로 산화될 수 있으며, 따라서 Ce^{4+}는 아주 강한 산화제로 작용한다. 그리고 Eu^{2+} 이온은 수용액에서 매우 안정하며, 간편한 일전자 환원제이다. 금속 Eu와 Yb는 액체 NH_3와 반응하여 푸른색 용액을 생성하며, 2족 원소의 화학과 유사하게 이 용액 중에 Eu^{2+}와 Yb^{2+} 이온과 함께 수화된 전자가 존재한다. 수용액 중의 Sm^{2+}와 Yb^{2+} 이온은 물을 환원시켜 수소를 발생시킨다.

Ln(IV)과 특히 Ln(II) 이온을 포함하는 많은 수의 분자성 화합물이 합성되고 있으며, 그 수도 증가하고 있다. +4가의 경우 대부분 Ce에 제한적으로 나타나지만, Ln(II)의 예는 Eu^{2+}와 Yb^{2+}를 포함하여 Sm^{2+}, Tm^{2+}, Dy^{2+}, Nd^{2+}도 존재하는데, 이와 같은 화합물은 에터와 같은 비환원성 용매하에서 합성된다. Ln(II)의 화합물의 분야는 빠르게 확장되고 있는데, 특히 유기금속 화학 부분에서 두드러지게 확장되고 있다.

많은 수의 '2+'와 '4+' 란타넘족 이온의 예는 고체 상태에서 발생한다. Ln(IV) 화합물 형성의 용이성은 4차 이온화 에너지(I_4)와 관련이 있다. Ce(IV)와 별개로 특히 주목할 만한 예는 Pr(IV)와 Tb(IV)이다. 두 원소는 공기 중에 쉽게 산화되어 Pr_6O_{11}과 Tb_4O_7을 만드는데, 여기에는 Ln(III)과 Ln(IV)가 혼합되어 있다. 매우 강한 산화 조건에서 Dy(IV)와 Nd(IV)를 얻을 수 있다. 황화 이온(sulfide)을 포함하고 있는 많은 Ln(II) 이성분 화합물은 5d 전자를 전도띠에 쉽게 내놓을 수 있어 전자 전도체이다.

표 23.4 란타넘족 원소의 표준 전위, 이온 반지름, 산화수(O.N.)

	$E(Ln^{3+}/Ln)$	$r(Ln^{3+})$(pm)	O.N.†
La	−2.38	116	3
Ce	−2.34	114	3, 4
Pr	−2.35	113	3, 4
Nd	−2.32	111	2, 3
Pm	−2.29	109	3
Sm	−2.30	108	2, 3
Eu	−1.99	107	2, 3
Gd	−2.28	105	3
Tb	−2.31	104	3, 4
Dy	−2.29	103	2, 3
Ho	−2.33	102	3
Er	−2.32	100	3
Tm	−2.32	99	2, 3
Yb	−2.22	99	2, 3
Lu	−2.30	98	3

* 주요 산화 상태는 볼드체로 표시

23.5 광학적 및 자기적 성질

란타넘족 원소의 많은 상업적, 기술적 가치는 광학적, 자기적 특성에서 비롯된다.

(a) 전자 흡수 스펙트럼

요점: 란타넘족 3+ 이온은 전형적으로 세기가 약하지만 예리한(폭이 좁은) 흡수 스펙트럼을 보이는데, 이는 f 오비탈이 리간드로부터 가려지기 때문이다. 보다 강하고 폭이 넓은 Laporte 허용 f–d 전이는 스펙트럼의 자외선 영역보다 더 높은 에너지에서 나타난다. 이와는 대조적으로 란타넘족 2+ 이온은 가시광선 영역에서의 허용 전이(f–d 전이 혹은 전하 이동 전이) 때문에 종종 진한 색을 띤다.

대부분의 란타넘족(III) 이온은 흡수로 인해 약하게 색을 띤다. 이들 스펙트럼은 f–f 전자 전이와 관련이 있다(표 23.5). 란타넘족 화합물의 스펙트럼은 일반적으로 d 금속 착물보다 매우 좁고 더 독특한 흡수띠를 나타낸다. 스펙트럼의 폭이 좁은 특성 그리고 배위된 리간드의 성질과는 관련이 없다는 것은 4f 오비탈이, 채워진 5s와 5p 오비탈보다 방사 방향으로 확장이 적다는 것을 나타낸다. 옅은 색을 띠는 Ln(III) 착물과 달리, 많은 수의 Ln(II)와 Ln(IV) 착물은 진한 색을 띠며, 이는 가시 광역에서의 f–d 또는 전하 이동 전이에 의한 것이다.

d–d 전자 전이에 대해 이미 자세히 논의하였지만(20장), f–f 전자 전이에 대해서는 그들의 분석이 매우 복잡하기 때문에(예: f^2 전자 배치의 경우 91개의 미소 상태(microstate)가 있음) 깊이 들어가지 않을 것이다. 그러나 f 오비탈은 상대적으로 원자의 안쪽에 깊이 있으며 리간드 오비탈과 약하게 겹치기 때문에 어느 정도로 간소화할 수 있다. 따라서 원소들이 큰 원자 번호를 가지고 있음에도 우선 가능한 근사 방법으로서 그들의 스펙트럼을 자유 이온 상태와 Russell–Saunders 짝지음으로 제한하여 논의할 수 있다.

각각의 전자 배치에 대해 미소 상태가 많다는 것은 대응되는 항기호가 많으며, 따라서 전자 전이도 많음을 의미한다. 오로지 f 오비탈로부터 유도된 항들(terms)이기 때문에, d–f 오비탈의 혼합이나 리간드 오비탈과의 혼합은 거의 존재하지 않으며, 이때의 전이는 Laporte 금지 전이에 해당한다(20.6절). 더욱이 4f 오비탈의 전자는 단지 리간드와 약하게 상호 작용을 하고 있기 때문에, 분자의 진동을 수반하는 전자 전이의 짝지음이 없다. 그 결과로 흡수띠는 매우 좁고, 진동 짝지음에 의한 흡수띠는 나타나지 않는다. 따라서 d 전이 금속이 보통 1개 혹은 2개의 적당한 세기의 넓은 폭을 가지는 스펙트럼을 보여 주는 것과는 대조적으로, 란타넘족 원소의 가시광선 스펙트럼은 많은 수의 날카롭고 작은 세기의 피크들로 구성된다. 이러한 피크들은 란타넘족 원소의 배위 환경이 변하더라도 거의 영향을 받지 않는다. 몰 흡광 계수(ε)는 보통 1~10 $dm^3 mol^{-1} cm^{-1}$이며, d 구역 전이 금속 팔면체 착물은 진동 짝지음에 의해서 이것보다는 큰 값(100 $dm^3 mol^{-1} cm^{-1}$)을 가진다.

Ln^{3+} 이온의 바닥 상태의 항기호는 표 23.5에 나타냈다. 그리고 그림 23.6은 들뜬 상태의 에너지 준위를 단순화시켜 나타냈다. 흡수띠는 바닥 상태에서 들뜬 상태로의 들뜸에 의해서 나타난다. 그림 23.7은 근적외선에서 자외선 영역까지의 $Pr^{3+}(aq)$의 흡수 스펙트럼의 실제 실험 데이터를 보여 주고 있다. 흡수(그림 23.6의 위쪽의 화살표)는 주로 450~500 nm(청색)와 580 nm(노란색)에서 일어나며, 따라서 우리 눈에는 녹색으로 보인다. Pr^{3+} 이온은 특징적인 녹색을 보여 준다. 에너지 간격이 큰 Gd^{3+} 이온은 무색이다. Nd^{3+} 이온은 580 nm에서 예리하고 폭이 좁은 흡수를 나타내는데, 이는 $^4I_{9/2} \leftarrow {}^4F_{3/2}$ 전이에 의한 것이다. 이 파장은 들뜬 상태의 소듐 원자(11.1절)에서 나타나는 노란색과 정확히 일치한다. 그 결과로 네오디뮴(neodymium)은 규산 소듐(sodium silicate) 유리가 가열될 때 나오는 빛의 눈부심을 줄이기 위해서 유리 세공자가 사용하는 고글에 들어간다.

일반적으로 Ln^{3+} 이온의 4f와 5d 사이의 오비탈 전이는 자외선 영역보다 더 높은 에너지 영역에서 나타난다. 이러한 전이는 Laporte 규칙이 완화되고 5d 오비탈이 리간드장과 더 큰 상호 작용을 하기 때문에, 배위 환경에 더 민감한 강하고 넓은 띠로 나타난다. 란타넘 계열 원

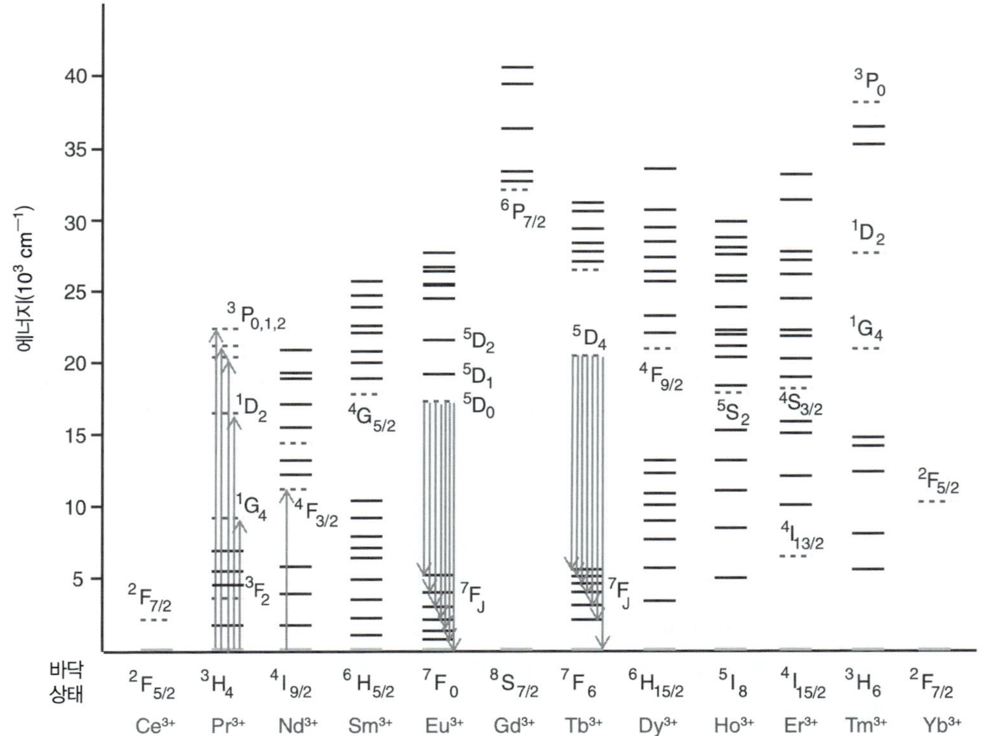

그림 23.6 란타넘족 3+ 양이온에 대한 간단한 에너지 준위 도표 빨간색 선은 주요 들뜬 상태의 발광 준위를 나타낸다. Pr^{3+}와 Nd^{3+}에 대한 위쪽 화살표는 이러한 이온에 대한 주요 흡수선을 나타낸다. Eu^{3+}와 Tb^{3+}의 아래쪽 화살표는 이러한 이온의 주요 방출선을 나타낸다.

표 23.5 Ln^{3+} 이온의 색, 항기호, 자기 모멘트

	수용액에서의 색	바닥 상태	μ/μ_B	
			이론값	측정값§
La^{3+}	무색	$^1S_0$	0	0
Ce^{3+}	무색	$^2F_{5/2}$	2.54	2.46
Pr^{3+}	녹황색	$^3H_4$	3.62	3.47~3.61
Nd^{3+}	보라	$^4I_{9/2}$	3.68	3.44~3.65
Pm^{3+}	–	$^5I_4$	2.83	–
Sm^{3+}	노란색	$^6H_{5/2}$	0.84 (1.55~1.65)¶	1.54~1.65
Eu^{3+}	분홍색	$^7F_0$	0 (3.40~3.51)¶	3.32~3.54
Gd^{3+}	무색	$^8S_{7/2}$	7.94	7.9~8.0
Tb^{3+}	분홍색	$^7F_6$	9.72	9.69~9.81
Dy^{3+}	황록색	$^6H_{15/2}$	10.63	10.0~10.6
Ho^{3+}	노란색	$^5I_8$	10.60	10.4~10.7
Er^{3+}	연보라색	$^4I_{15/2}$	9.59	9.4~9.5
Tm^{3+}	녹색	$^3H_6$	7.57	7.0~7.5
Yb^{3+}	무색	$^2F_{7/2}$	4.54	4.0~4.5
Lu^{3+}	무색	$^1S_0$	0	0

¶ 괄호 안의 값은 바닥 상태보다 다른 항으로부터 예상된 기여를 포함한 것이다.
§ $Ln_2(SO_4)_3 \cdot 8H_2O$와 $Ln(Cp)_3$의 화합물로부터 얻은 값이다.

소의 f 및 d 오비탈 에너지의 경향성은 그림 23.8에 나타나 있다. Ce^{3+}에서 관측된 최소 에너지띠는 $5d^1 \leftarrow 4d^1$의 전이에 기인한 것으로 약 250 nm부터 시작된다. Ln^{3+}와는 달리, 많은 Ln^{2+} 이온의 화합물은 진한 색을 띠는데, 그 이유는 근적외선과 가시광선 영역에서 일어나는 $4f^{n-1}\,5d^1 \leftarrow 4f^n$으로의 전이 때문이다.

예제 23.1 란타넘족 이온의 바닥 상태의 항기호 유도

$Pr^{3+}(f^2)$의 바닥 상태의 항기호는?

답 바닥 상태의 항기호를 결정하기 위한 과정은 20.3절에서 d 구역 원소들을 요약한 것처럼 일반식 $^{2S+1}\{L\}_J$를 이용한다. Hund 규칙에 따라, 바닥 상태에서 2개의 전자는 다른 2개의 f 오비탈($l=3$)을 점유하고 있다. 따라서 최대 M_L 값은 $M_L = m_{l1} + m_{l2}$ 이며, $M_L = (+3) + (+2) = +5$이다. $L=5$ 상태의 항은 H이다. 2개의 전자가 서로 다른 오비탈에 있으므로 전자는 삼중항 상태이며, 전체 스핀 $S=1$이다. 따라서 항기호는 ^3H가 될 것이다. Clebsch–Gordan 계열(20.3절)에 따라, 전체 각운동량에 해당하는 항은 $L=5$, $S=1$이므로 $J=6$, 5, 4이다. Hund 규칙에 따라, 전자가 반보다 덜 채워진 경우 J 값이 작은 경우(이 경우에는 $J=4$)가 에너지가 낮으므로, 따라서 바닥 상태의 항기호는 $^3H_4$가 될 것이다.

문제 23.1 Pr^{2+}, Nd^{2+}, Pm^{2+}, Dy^{2+}, Ho^{2+}, Er^{2+}에서 Ln^{3+}까지 이온화에 대한 초기 및 최종 상태의 바닥 상태 항기호를 결정하시오. 각 이온의 3차 이온화 에너지(I_3)에서 오비탈 각운동량(L)의 변화에 대한 영향을 서술하시오(1/4 효과 및 3/4 효과로 언급되고 있다).

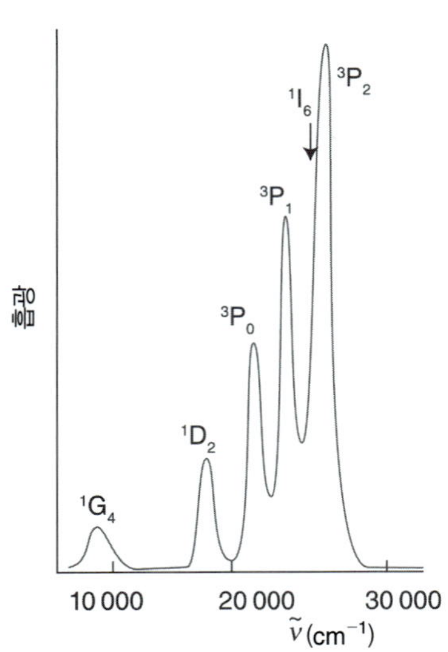

그림 23.7 **Pr^{3+} 이온의 흡수 스펙트럼** 이에 대한 에너지도 그림 23.6에 나타내었다.

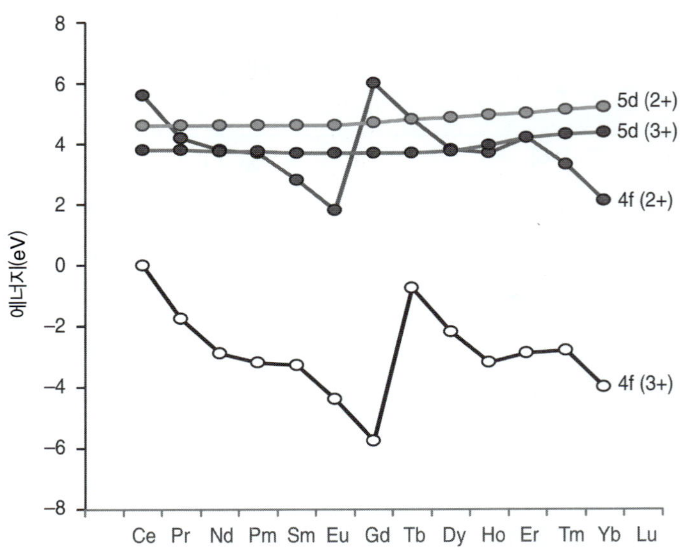

그림 23.8 **란타넘족 이온을 YPO_4에 도핑했을 때 4*f*와 5*d* 오비탈의 상대적인 에너지**(vs Ce^{3+})

(b) 발광

요점: 란타넘족 이온들은 인광, 레이저, 영상법에 적용 가능한 유용한 발광 스펙트럼을 보여 준다.

란타넘족 원소의 가장 중요한 적용 가운데 일부는 f 전자의 들뜸(에너지 광자 또는 전자살 사용) 이후에 생성된 방출 스펙트럼에서 도출된다. '발광'이라는 용어는 일반적으로 두 가지 유형의 방출(emission)을 설명하기 위해 사용된다. **형광**(fluorescence)은 동일한 스핀 다중도($\Delta S = 0$)를 가지며 높은 에너지 상태에서 낮은 에너지 상태로의 전이를 말하며, **인광**(phosphorescence)은 다른 스핀 다중도($\Delta S \neq 0$)를 가지며 높은 에너지 상태에서 낮은 에너지 상태로의 전이를 말한다. 방출 스펙트럼은 란타넘족 양이온의 특징인 폭이 좁은 주파수 그리고 리간드와 무관하다는 점에서 독특한 흡수 스펙트럼을 보여 준다.

자연 발광은 낮은 흡수 확률에 의해 제한되는데, 이는 들뜬 상태로의 전자 배치가 쉽지 않다는 것을 의미한다. 그럼에도 불구하고, $La^{3+}(f^0)$와 $Lu^{3+}(f^{14})$를 제외한 모든 란타넘족 이온은 고유의 발광성을 보이며, 이렇게 가장 강하고 유용한 발광은 그림 23.6의 아래쪽 화살표로 표시된 것처럼 Eu^{3+}($^7F_{0-6} \leftarrow {}^5D_0$, 빨간색) 및 Tb^{3+}($^7F_{0-6} \leftarrow {}^5D_4$, 녹색)과 관련이 있다. 부분적으로 Eu^{3+}와 Tb^{3+}의 상대적으로 강한 발광은 들뜬 상태의 수가 많기 때문이다. 이는 바닥 상태와 스핀 다중도가 다른 들뜬 상태로 계간 교차 가능성을 증가시켜 인광을 발생시킨다. 보다 일반적으로, 방출의 세기 또한 들뜬 전자가 금속 주위 배위 환경과 단지 약하게 상호 작용하는 데서 비롯된다(f 오비탈의 수축된 성질 때문에). 따라서 들뜬 상태에서 긴 수명을 가진다(밀리 초에서 나노 초까지). 흡수에 의한 들뜸은 단지 약하게 허용되기 때문에 자연 발광은 제한되는 반면에, 착물의 리간드나 인접한 고체 재료에 광 흡수기('안테나'라고 함)를 도입함으로써 발광성을 크게 향상시킬 수 있다. 안테나는 허용된 전이에 의해 들뜨게 되고 에너지는 직접 혹은 간접적으로 란타넘족 원소의 들뜬 상태로 전달된다. 이 과정은 대개 Jablonski 도표로 표현된다(그림 23.9). **전기 발광**(electroluminescence)에서 란타넘족 화합물은 리간드에 있는 적절한 유기 작용기의 높은 에너지 상태 오비탈에 전자를 주입하기 위하여 전극을 사용하고, 점유된 오비탈에서 전자를 제거하면서 전기적으로 들뜨게 된다. 란타넘족 화합물을 사용한 전기 발광 장치는 유기 발광 다이오드(OLED)에 사용하도록 제안되어 왔다.

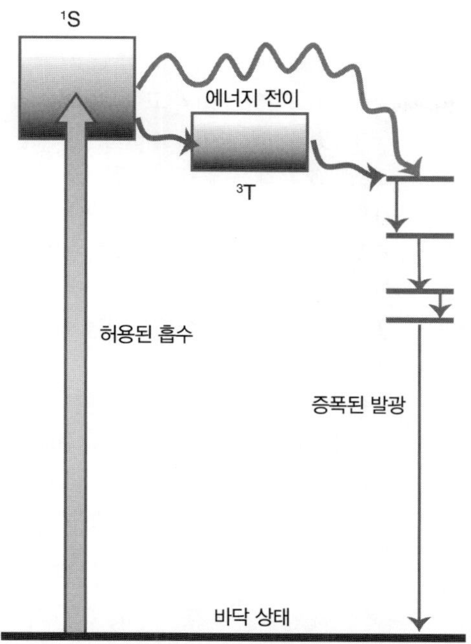

그림 23.9 **광흡수 안테나로부터 발광 중심의 방출 준위까지의 에너지를 전이 과정을 나타내는 Jablonski 도표**

란타넘족 화합물의 발광 특성을 이용하는 것은 첨단 기술 분야에서 활발하게 연구되고 있는 분야이다. 이 화합물들은 의료 영상법, 전자 디스플레이 및 폭발물을 식별하기 위한 첨가제 알려진 암호화된 시그니처 등에 걸쳐서 폭넓게 응용되고 있다. 들뜬 상태의 발광을 자극함으로써 네오디뮴-이트륨 알루미늄 석류석(Nd:YAG) 레이저와 같이 강한 세기의 레이저 선을 얻을 수 있다(화학세상 23.1).

(c) 자기성

요점 : 란타넘족 화합물의 4f 전자의 핵 유사 성질이 그들을 Russell–Saunders 짝지음에 의한 자유 이온의 자기 모멘트 값과 잘 일치하게 만든다.

란타넘족 화합물의 자기적 특성은 d 구역 금속(20.1절)의 자기 특성과 크게 다르며 비교적 예측과 설명이 쉽다. 지금까지 보아왔듯이, 4f 오비탈의 홀전자의 스핀은 오비탈 각운동량과 강하게 짝지음을 하지만, 리간드와는 거의 상호 작용이 없다. 그 결과로, $4f^n$ 전자 배치에 대한 자기 모멘트는 화학적 복잡성과는 무관하게 자유 이온의 계산값과 매우 유사하다. 자기 모멘트 μ는 전체 각운동량 양자수(J)에 의해 나타낼 수 있다.

$$\mu = g_j\{J(J+1)\}^{1/2}\mu_B$$

이때 Landé g 인자는 다음과 같다.

$$g_j = 1 + \frac{S(S+1) - L(L+1) + J(J+1)}{2J(J+1)}$$

여기서 μ_B는 Bohr 마그네톤이다. Lu^{3+}의 바닥 상태에서 자기 모멘트의 이론적인 값은 표 23.5에 요약해 놓았다. 일반적으로 이 값들은 실제 실험 데이터와 잘 일치한다.

화학세상 23.1 란타넘족 원소를 이용한 인광체 및 레이저

인광체(phosphore)는 일반적으로 전자기 스펙트럼의 자외선 영역에 있는 고에너지의 광자를 낮은 에너지 가시광선 파장으로 변환하는 형광 물질이다. 많은 형광 물질은 일부 방출된 에너지가 d 금속 계열(예: 황화 아연에 도핑된 Cu와 Mn)을 기반으로 하는 반면, 란타넘족 원소를 포함한 물질은 최상의 성능을 제공한다. Eu^{3+}의 방출 스펙트럼은 580 nm(주황색)에서 700 nm(적색) 사이의 일련의 선에서 나타나는데, 이는 LED 스크린이나 형광등에서 필요한 적색 인광과 같은 것이다. Tb^{3+} 이온처럼 Tb는 널리 사용되는 유사 인광체로 480 nm에서 580 nm(녹색)까지의 방출 스펙트럼을 보여준다. YVO_4로 도핑된 Eu^{3+}같은 인광 화합물은 형광등 관의 내부에 코팅되어 수은 방전으로 생성된 자외선을 가시광선으로 변환시킨다. 가시광선 영역에서 서로 다른 영역의 빛을 방출하는 인광체들을 조합함으로써 백색광을 방출시킬 수 있다(그림 B23.1 참조).

네오디뮴은 이트륨 알루미늄 산화물(YAG, $Y_3Al_5O_{12}$)의 가닛 구조에 도핑될 수 있는데, 이트륨에 대해서 1퍼센트 수준으로 네오디뮴을 도핑시킨 $Y_3Al_5O_{12}$은 Nd:YAG 레이저에 사용되는 재료를 만들 수 있다. Nd^{3+} 이온은 크립톤이 포함된 플래시 램프가 생성하는 고강도 빛과 같이, 730~760 nm와 790~820 nm 사이의 파장을 강하게 흡수한다. 이러한 이온들은 바닥 상태 $^4I_{9/2}$에서 많은 들뜬 상태로 전이되는데, 상대적으로 긴 수명의 들뜬 $^4F_{3/2}$ 상태로 전이된다. $^4I_{11/2}$(바닥 상태 바로 위에 위치)로의 발광성 감쇄가 동일 주파수의 광자에 의해서 자극되어 그 결과로 레이저가 발생된다. 따라서 일단 들뜬 상태에 많은 수의 이온이 존재하게 되면, 이온들은 모두 빛을 동시에 발산할 수 있도록 자극을 받을 수 있으며, 따라서 매우 강한 빛을 생성하게 된다.

Nd:YAG 레이저는 일반적으로 펄스 및 연속 모드에서 전자기 스펙트럼의 근적외선 근처 영역의 1.064 μm의 빛을 방출한다. 대략적으로 0.940, 1.120, 1.320, 1.440 μm의 약한 전이가 존재한다. 고강도 펄스는 532 nm(가시 영역)의 레이저 혹은 심지어 355 nm와 266 nm의 고주파를 생성하기 위하여 주파수가 2배로 될 수 있다. Nd:YAG 레이저는 백내장과 제모, 거리 측정기, 플라스틱과 유리 등에 표식 만들기에 응용된다. 후자의 응용의 경우, 적외선 영역(Nd:YAG 레이저의 1.064 μm 방출선과 가까운)을 강하게 흡수하는 흰색의 염료를 투명한 플라스틱을 입힐 수 있다. 레이저를 플라스틱에 비추면, 염료가 에너지를 흡수하고 충분히 가열되어 레이저에 노출되는 지점에서 플라스틱을 태울 수 있으며, 이는 지워지지 않게 표시된다.

다른 란타넘족 원소들을 도핑한 YAG 구조체들이 다수 존재한다. 예를 들면 Yb:YAG는 1.030 μm(강한 선) 혹은 1.050 μm의 빛을 방출한다. 종종 레이저 물질이 요구되는 얇은 디스크에 이용되기도 한다. 또한 Er:YAG 레이저는 2.94 μm의 빛을 방출하는데, 이는 치의학 및 피부의 외상성 흉터 치료에 이용되고 있다.

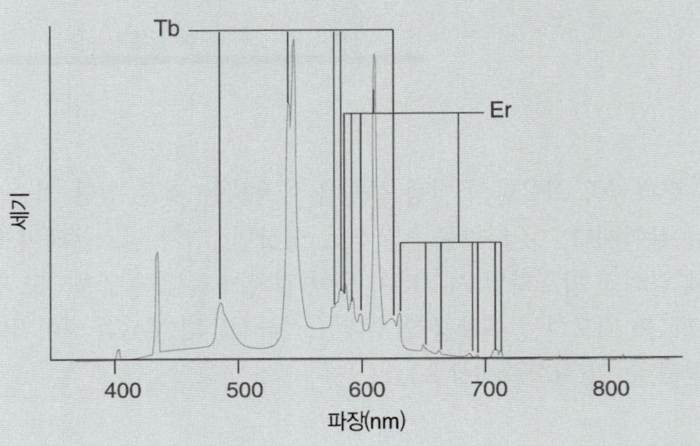

그림 B23.1 인광체 내부의 란타넘족 이온들이 보여 주는 형광등의 스펙트럼

요약 설명

이전에 보았듯이, $Pr^{3+}(f^2)$ 바닥 상태의 항기호는 $^3H_4$이며, 이때 $L=5$, $S=1$, $J=4$이다. 다음과 같이 풀면

$$g_j = 1 + \frac{1(1+1) - 5(5+1) + 4(4+1)}{2 \times 4(4+1)} = 1 + \frac{2-30+20}{40} = \frac{4}{5}$$

따라서

$$\mu = g_j\{J(J+1)\}^{1/2}\mu_B = \tfrac{4}{5}\{4(4+1)\}^{1/2}\mu_B = 3.58\,\mu_B$$

요약 설명을 분석해 보면, 특정 실험 온도에서, 단지 하나의 $^{2S+1}\{L\}_J$ 준위만 점유되고 있으며, 이는 많은 란타넘족 이온에게 잘 들어맞는 가정이다. 예를 들면 $Ce^{3+}(^2F_{7/2})$의 첫 번째 들뜬 상태는 바닥 상태($^2F_{5/2}$)보다 위쪽으로 대략 2500 cm^{-1}에 있다. 열에너지 $kT \gg 200\ cm^{-1}$이므로 실온에서 들뜬 상태의 배치는 일어나지 않는다. 높은 에너지 항의 기여가 작기 때문에 단일 항의 분포를 기초로 해서 얻은 항들과 측정된 값의 편차는 작다. Eu^{3+}와 Sm^{3+}의 첫 번

째 들뜬 상태는 바닥 상태와 매우 근접해 있다(Eu^{3+}의 $^7F_1$은 단지 $^7F_0$의 바닥 상태보다 300 cm^{-1} 정도밖에 크지 않다). 따라서 실온에서도 들뜬 상태가 부분적으로 채워진다. 전자가 바닥 상태만을 점유한다면 μ 값은 0이지만($J = 0$이기 때문에), 실험적으로 측정된 값은 0이 아니다. 첫 번째 들뜬 상태의 Boltzmann 분포에 따라서 온도에 따른 다양한 μ 값이 존재한다.

일반적으로 금속 원자 사이의 짝지음은 전자를 수용하는 4f 오비탈의 수축 특성 때문에 d 구역 화합물보다 훨씬 약하지만, 고체 상태에서 많은 란타넘족 화합물들은 강자성과 반강자성의 특성이 관측된다(20.8절). 이 약한 결합의 짝지음의 결과로 란타넘족 화합물의 자기 배열 온도는 훨씬 더 낮다. $BaTbO_3$에서 Tb^{3+} 이온의 자기 모멘트는 36 K 이하에서 반자성의 배열이 된다. 란타넘족 화합물은 분자 수준에서 정보 저장 분야에 새롭고 중요한 가능성을 제공하는 **단분자 자석(single molecule magnet)**에 대한 연구의 중심에 있다. 하나의 특별한 예는 삼각형의 Dy(III) 화합물이다. 이것은 연습 문제에 23.5에 제시하였다.

23.6 이성분 이온 결합 화합물

요점: 이성분 란타넘족(III) 화합물의 구조는 Ln(III) 양이온의 크기에 따라 결정된다. 이성분 산화물, 할로젠 화합물, 수소화물, 그리고 질소화물은 모두 알려져 있다. 란타넘족(IV) 화합물은 산화물과 그리고 Ce, Pr, Tb의 플루오린화물로 제한적이다. 란타넘족(II) 화합물, LnO와 LnX_2(X = H, Cl, Br, I)의 성질은 같은 주기 원소들의 4*f*와 5*d* 오비탈의 에너지 차이를 잘 보여 준다. 4f와 5d 오비탈의 안정성이 증가함에 따라 금속적인 거동보다는 염(salt)과 같은 거동을 보인다.

란타넘족 원소들의 3가 이온은 116 pm과 98 pm 사이의 이온 반지름을 가지며, 이에 비해 Fe^{3+}의 이온 반지름은 64 pm이다. 그러므로 Ln^{3+}이온이 차지하는 부피는 일반적으로 3d 금속 이온이 차지하는 부피의 4~5배이다. 3d 금속 원자들은 배위수 6을 초과하는 경우가 드물지만(배위수 4가 흔함), 종종 란타넘족 화합물들은 6~12 사이의 높은 배위수를 가짐에 따라 다양한 종류의 배위 환경을 가진다.

모든 란타넘족 화합물은 높은 온도에서 산소(O_2)와 반응하여 산화물을 생성한다. 대부분의 경우 이들은 LnO_3(**세스퀴 산화물**, sesquioxide)이나, 4차 이온화 에너지(I_4) 값이 낮기 때문에 이산화물인 CeO_2, 혹은 비화학량론적 산화물인 Pr_6O_{11}과 Tb_4O_7과 같은 화합물도 있다. 후자의 경우 고압하에서 산소와 더 반응하여 PrO_2와 TbO_2를 만든다.

$$2\,Ln(s) + 3\,O_2(g) \rightarrow Ln_2O_3(s)$$

$$Ce(s) + O_2(g) \rightarrow CeO_2(s)$$

이산화 세륨은 산업체에서 촉매와 촉매 지지제로 광범위하게 사용되고 있다. 이것은 화학적 순환 과정(6.16절)을 거쳐 태양광 수소를 생산하는 분야와 같이 유망한 응용 분야를 가지고 있다. CeO_2는 매우 높은 온도−태양로(solar furnace)에서 만들어진 것처럼−에서 O_2를 잃고, 냉각함에 따라서 물과 반응하여 H_2를 발생시킨다. 이때 CeO_2가 재생된다(화학세상 10.3). 모든 이산화물은 반지름 비율 규칙에 의해서 예측한 대로 형석(fluorite) 구조를 가진다(4.10절). 반면에 세스퀴 산화물(Ln_2O_3)은 더 복잡한 구조를 가지며, Ln^{3+} 이온의 평균 배위수는 대부분 7이다. A-, B-, C-Ln_2O_3형으로 지정된 세 개의 주요 구조가 알려져 있으며, 많은 산화물들은 란타넘족 원소의 이온 반지름에 의해 배위 구조가 결정되는데, 이 구조에서 이온 반지름이 감소함에 따라 평균 양이온 배위수는 감소한다. 예를 들면 Ln_2O_3에서 La^{3+} 이온은 배위수가 7인 반면, Lu_2O_3에서 Lu^{3+} 이온은 배위수가 6이다.

조성이 Ln_2S_3인 화합물도 란타넘족 삼염화물과 H_2S의 반응으로 얻어진다. 진한 빨간−오렌지-노란색을 띠고 있어 유독한 CdS와 CdSe를 대체할 수 있는 염료로서의 가능성이 연구되고 있다.

모든 란타넘족 원소는 조성이 LnN인 질화물을 만드는데, LnN 구조는 Ln^{3+} 이온과 N^{3-} 이온이 번갈아 배치되는 암염(rock-salt) 구조를 가진다. 이 화합물은 전자적, 광학적, 자기적 성질이 독특하여 중요한 기술적 응용성이 있다. 벌크 질화물은 무수 삼염화물과 질화 리튬으로부터 400℃ 진공 조건하에서 합성된다.

$$LnCl_3(s) + Li_3N(s) \rightarrow LnN(s) + 3\,LiCl(s)$$

란타넘족 질화물은 얇은 웨이퍼와 같은 필름에 증착될 수 있어 광전자 공학 분야에서 매우 중요하다. GdN의 얇은막 필름은 24.25절에 언급한 금속 유기 화합물 증기 증착(MOCVD)이라는 방법을 이용하여 질소가 풍부한 트리스(구아니디네이트)가돌리늄[(tris(guanidinate) Gd)]을 분해시켜 만들 수 있다.

란타넘족은 일반적으로 할로젠과 직접 반응하여 삼염화물(LnX_3)을 만든다. LnX_3는 비교적 큰 이온으로 큰 배위수를 가지므로 복잡한 구조적 특성을 가진다. 예를 들면 LaF_3에서 La^{3+}는 이례적으로 11배위 환경이며, $LaCl_3$에서 La^{3+}는 9배위의 삼모 삼각 프리즘(tricapped trigonal prismatic) 배위 환경을 가진다(그림 23.10). 란타넘족 계열의 끝 쪽에 있는 작은 크기의 란타넘족 삼할로젠 화합물 LnF_3는 일그러진 삼모 삼각 프리즘 구조를 가지며(**5**), $LnCl_3$는 6배위의 입방 조밀 채움을 기초로 한 층 구조(layer structure)를 이루고 있다. 산소와는 별개로 플루오린화 이온은 Ln(IV) 화합물을 안정화시키는 유일한 원소이다. 세륨은 실온에서 F_2와 반응하여 유일하게 사할로젠화 화합물(CeF_4)을 형성하는 란타넘족 원소이며 꼭짓점을 공유하는 CeF_8 다면체 구조로 결정화된다(그림 23.11). 이와는 달리, PrF_4와 TbF_4는 매우 반응성이 크며, Pr_6O_{11}이나 Tb_4O_7이 F_2와 수일 동안 격렬한 조건(액체 HF에서 자외선 노출 상태)에서 반응할 때에만 합성된다.

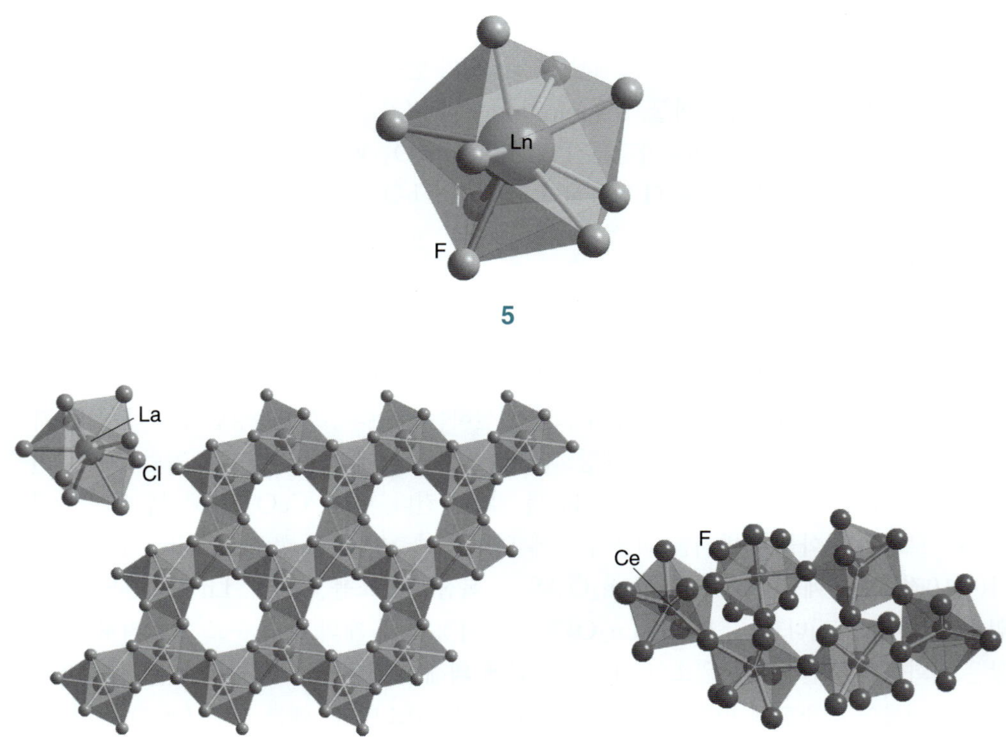

그림 23.10 $LaCl_9$의 꼭짓점과 연결된 $LaCl_3$의 구조: 단위체는 왼쪽 상부에 삽입

그림 23.11 CeF_8의 꼭짓점을 공유한 CeF_4 구조

Ln(II)의 이성분 화합물은 O, S, H 및 할로젠화물 I, Br, Cl에 대해서 알려져 있다. 이 화합물의 성질은 전자가 4f 오비탈에서 넓은 전도띠를 형성할 수 있는 확산된 5d 오비탈로 얼마나 쉽게 이동되는지에 달려 있다. 화합물은 일반적으로 23.4c절에서 설명된 것처럼 양이온은 (Ln^{3+}, e^-) '금속성' 또는 Ln 양이온은 '염'(salt-like)으로 분류된다. 금속성 Ln^{2+}(II) 화합물은 전기적으로 전도성이 있고 색상이 어두우나, 염과 같은 Ln(II) 화합물은 절연체이며 엷은 색을 띤다.

높은 압력의 비활성 기체 조건에서 각각의 Ln_2O_3와 가루 형태의 Ln 금속의 불균일 분해로 암염 구조의 LnO 일산화물이 생성된다.

$$Ln_2O_3(s) + Ln(s) \rightarrow 3LnO(s)$$

가장 잘 알려진 예로는 PrO와 NdO의 금속 산화물이 있다. 여기서는 $Ln^{3+}(O^{2-})(e^-)$이다. 반면에 EuO 및 YbO 같은 약한 절연 고체(Ln^{2+}, O^{2-})들도 있다.

예제 23.2 일부의 Ln(II) 산화물은 금속성이 있고, 나머지 것들은 절연체인 이유 설명하기

다양한 산화물 LnO가 금속 또는 염과 같은 성질이 어떻게 예측될 수 있는지 PrO, NdO, EuO 및 YbO를 예로 들어 설명하시오.

답 금속성은 확산된 5d 오비탈의 중첩으로부터 파생된 띠에 존재하는 자유(itinerant) 전자 때문에 생긴다. 이때 수축된 4f 오비탈의 전자들은 여전히 편재화된 상태에 있다. 5d 오비탈이 쉽게 점유되는지, 점유되지 않는지는 +2 산화 상태의 Ln 원자의 4f 오비탈의 에너지에 의존한다. YPO_4에 Ln^{2+} 혹은 Ln^{3+} 이온을 도핑했을 때 나타난 에너지(그림 23.8)를 이용하여 고립된 Eu^{2+}와 Yb^{2+}의 4f 에너지는 각 원소의 대응하는 5d보다 지속적으로 낮아진다는 점을 볼 수 있다. 따라서 EuO와 YbO는 염의 형태임에 틀림 없다. 금속성이 되기 위해서는 +2가 산화 상태에서 5d 오비탈의 에너지는 4f 오비탈보다 그리 높지 않기 때문에 5d 띠의 점유는 용이하게 된다. 따라서 PrO와 NdO는 모두 금속성이라 예측할 수 있다.

문제 23.2 GdO의 안정성 및 성질을 예측하시오.

암염 구조를 갖는 화학량론적 황화물 LnS는 1000℃에서 원소의 직접적인 반응에 의해 얻어질 수 있다. SmS, EuS, TmS를 제외한 황화물은 전기적으로 전도체이며, $Ln^{3+}(S^{2-})(e^-)$의 화학식으로 표현되며, 셀레늄이나 텔루륨과 유사한 화합물을 만든다.

이할로젠화물(dihalide)은 대부분의 란타넘족 화합물에서 존재하며, 일반적으로 고온, 비활성 기류 및 특정 압력하에서 LnX_3 및 Ln 가루의 반응에 의해서 만들어진다.

$$2\ LnX_3(s) + Ln(s) \rightarrow 3\ LnX_2(s)$$

Eu, Yb, Sm, Nd, Tm, Dy의 이할로젠화물은 염 형태의 고체이며, La, Ce, Pr, Gd 및 Y의 이할로젠화물은 $Ln^{3+}(X^-)_2(e^-)$로 표시되는 검은 금속 고체이다. Ln(II) 화합물에 대해서 이아이오딘화물은 특히 유기 합성에서 시약으로 사용되는 SmI_2(23.9b절)가 유용한 출발 물질이다. SmI_2는 Sm 가루와 이아이오딘화에테인을 반응시킴으로써 실험실 규모로 편리하게 제조된다.

$$Sm(s) + ICH_2CH_2I(l) \rightarrow SmI_2(s) + C_2H_4(g)$$

모든 금속은 H_2와 반응하여 화학량론적으로 LnH_2나 LnH_3의 다양한 이성분 수소화물을 만든다. 이들은 사면체 구멍에 란타넘족 이온이 모두 채워져 있는 입방 조밀 채움의 수소 음이온을 형성하고 형석 형태의 구조를 지닌다. 염 형태의 EuH_2와 YbH_2를 제외하고는 모두 검은색을 띠며 금속성을 가진다. 작은 크기의 란타넘족 원소(예를 들면 Dy, Yb, Lu)들은 화

학량론적 삼수소화물을 생성하나, 수소화 반응을 좀 더 진행시키면 비화학량론적인 화합물 LnH_{3-x}가 만들어진다. 란타넘족 원소들의 금속 수소화물, 예를 들어 $LaNi_5H_6$는 수소를 저장할 수 있는 물질로 활발히 연구되어 왔다(화학 세상 10.4, 24.14절).

란타넘족 탄소화물은 세 개의 다른 화학량론적인 화합물이 알려져 있는데, 일반식은 M_3C, M_2C_3, MC_2이다. 무거운 란타넘족 원소로 형성된 M_3C의 형태는 틈새 자리에 탄소 원자를 포함하며, 물에 의해서 수화되어 메테인을 생성한다. 가벼운 란타넘족 원소(La~Ho)로 형성된 M_2C_3의 형태는 이탄화 음이온(C_2^{2-})을 포함하며, 이는 CaC_2에서 발견된다(4.9절). 일부 MC_2의 형태는 d 전자가 전도띠로 들어가 금속성을 띠며, $Li^{3+}(C_2^{2-}, e^-)$로 나타낸다. 그들은 물과 반응하여 에타인(ethyne)을 생성한다. 란타넘 니켈 보로카바이드($LnNi_2B_2C$)는 화학량론적인 LnC와 Ni_2B_2의 층이 교대로 나타나는 구조를 가지고 있다. 이 보로카바이드는 저온에서 초전도체이다. 예를 들면 $LnNi_2B_2C$의 전이 온도는 16 K이다.

23.7 삼성분 및 기타 산화물

요점: 란타넘족 이온은 페로브스카이트(perovskite)와 석류석(garnet)에서 종종 발견되는데, 이 이온의 크기를 변화하여 물질의 성질을 조절할 수 있다.

란타넘족 원소들은 리간드장의 영향 없이 크기가 크고 안정하며 적당한 이온 반지름을 가지는 3가 양이온으로 좋은 자원이다. 따라서 삼성분 및 복잡한 산화물에서 한 개 또는 여러 개의 양이온 자리를 차지할 수 있다. 예를 들면 ABO_3 형태의 페로브스카이트(4.9절)는 La와 좀 더 큰 A 양이온과의 반응으로 쉽게 합성될 수 있다. $LaFeO_3$가 그 예에 해당한다. 실제로, 일부 일그러진 구조는 란타넘족의 이름을 따서 명명되었다. 이에 해당하는 예는 $GdFeO_3$ 형태의 구조(그림 23.12)를 가지는 것으로, Gd^{3+} 이온(모체 페로브스카이트, 그림 4.42) 주위에 FeO_6가 팔면체의 꼭짓점에 연결된 구조이다. 그러나 이 팔면체들은 서로에 대하여 기울어져 있다. 이러한 기울어진 구조는 중심의 Gd^{3+} 이온과의 배위를 좋게 만든다. $LnBO_3$ 화합물 계열에서 B^{3+} 이온의 크기를 조절하는 능력은 복잡한 산화물을 통제된 방법으로 물리적 성질까지 변화시킬 수 있다. 예를 들어 $LnNiO_3$ 화합물 계열(Ln = Pr에서 Eu까지)에서는 란타넘족 원소의 이온 반지름(표 23.6)이 감소함에 따라 비전도성 금속 전이 온도 T_{IM}은 증가한다.

이러한 페로브스카이트 단위 세포는 더 복잡한 산화물 구조에서 흔히 주요 구축 단위(building block)로 발견되며, 란타넘족 원소들은 종종 이와 같은 물질로서 사용된다. 잘 알려진 예로서 고온 '123' 구리 산화물 초전도체 $LnBa_2Cu_3O_7$이 있다. $LnBa_2Cu_3O_7$는 93 K

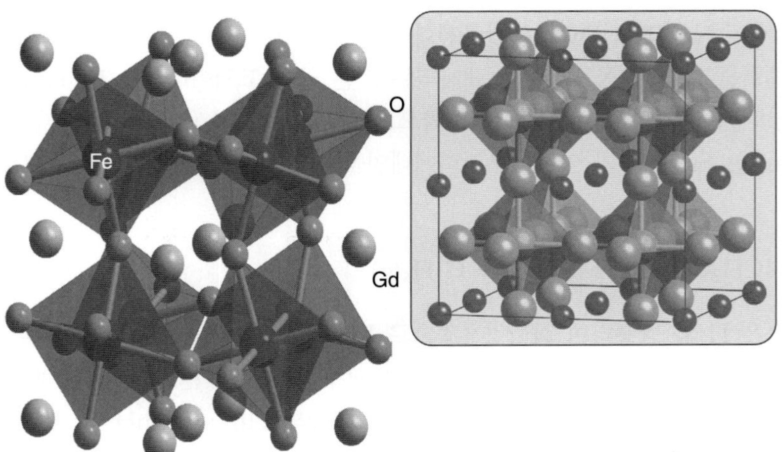

그림 23.12 FeO_6의 팔면체 윤곽을 보여 주는 $GdFeO_3$의 구조 삽입된 부분은 어떻게 $GdFeO_3$의 구조가 페로브스카이트 구조와 관련성이 있는지를 보여 준다.

표 23.6 일부 삼성분 산화물의 성질

	$PrNiO_3$	$NdNiO_3$	$EuNiO_3$
$r(Ln^{3+})$(pm)	113	111	107
T_{IM}(K)	135	200	480

이하에서 초전도체가 된다. 잘 알려진 고온 초전도체는 d 구역(이트륨) 화합물인 $YBa_2Cu_3O_7$이다. 또한 모든 란타넘족 원소에서도 발견된다(24.6절). 다른 물질에서도 란타넘족 원소의 선택은 필요한 성질을 얻는 데 있어 결정적이다. 다른 물질의 예로서 망가나이트(manganite) 화합물 $Ln_{1-x}Sr_xMnO_3$가 있는데, 이 물질은 Ln = Pr일 때 인가된 자기장 및 온도에 크게 의존하는 저항 효과를 나타낸다.

스피넬(spinel) 구조(그림 4.44)는 O^{2-} 이온의 조밀 채움 배열에 작은 사면체와 팔면체 구멍을 가지므로, 여기에 큰 크기의 란타넘족 이온들을 채울 수 없다. 그러나 석류석(garnet) 구조는 화학량론적으로 $M_3M'_2(XO_4)_3$의 물질이며(여기에서 M과 M′은 보통 2와 3의 양이온이고, X는 Si, Al, Ga, Ge 등), 이는 란타넘족 이온이 차지할 수 있는 8배위 자리를 가진다. 네오디뮴(neodymium) 이온에 대해 이트륨 알루미늄 석류석(YAG)이 주인 물질(host material)로 작용하는 Nd:YAG 레이저용 물질이 있으며, 이트륨 철 석류석(YIG: yttrium iron garnet)은 중요한 강자성(ferrimagnetic) 물질로서 마이크로파와 광통신 장치에 사용된다(그림 23.13).

23.8 배위 화합물

요점: 많은 수의 란타넘족 착물이 정전기적 결합에 적합한 산소 원자 주개를 가지고 있는 음이온성 여러 자리 리간드와의 반응으로 만들어진다. 배위수는 일반적으로 6을 넘으며, 리간드는 리간드 사이의 반발을 최소화하는 기하 구조를 갖는다. Ln(II) 착물은 매우 환원성이 크다. 란타넘족(IV) 착물은 많은 수의 세륨 착물에서 나타난다.

(a) Ln(III) 착물

오비탈 간의 강한 중첩 없이는, Ln^{3+} 이온과 리간드 사이의 결합은 정전기적이며, 안정한 화합물은 고리 형태의 여러 자리 음이온 리간드와의 결합으로 만들어진다. 공간적으로 묻혀 있는 f 전자들이 입체 화학적 영향을 크게 미치지 않는다는 점과 일치하고, 결과적으로 리간드는

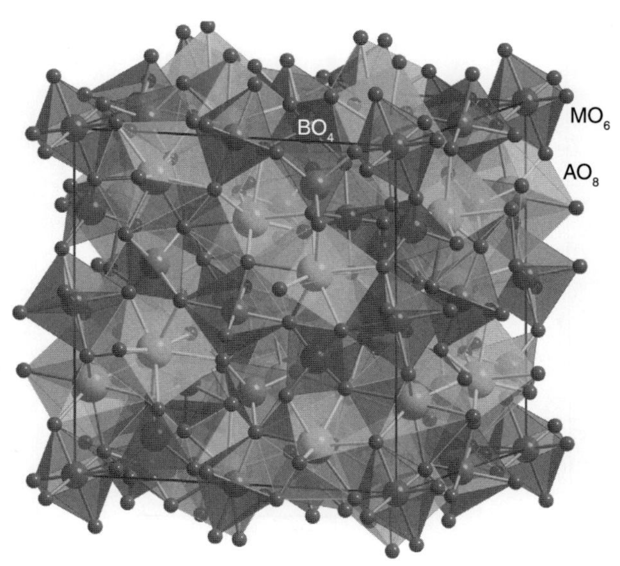

그림 23.13 석영석 구조인 AO_8, BO_4, MO_6의 다면체 8배위 A 부분은 보통 이트륨이 점유하며, 다른 란타넘족 원소들도 점유할 수 있다.

리간드 간의 반발을 최소화하는 위치를 택하게 된다. 여러 자리 리간드는 s 구역 이온과 Al^{3+} 착물처럼, 그들 자신의 입체 화학적 제한을 따르게 된다. 수화 착이온$[Ln(OH_2)_n]^{3+}$(**1**~**4**)의 배위수와 구조는 각 원소에 따라서 다양하게 나타난다. 예를 들면 작은 이트륨 양이온(Yb^{3+})은 7배위 화합물$[Yb(acac)_3(OH_2)]$을 형성하고, 큰 La^{3+}는 8배위 화합물$[Yb(acac)_3(OH_2)_2]$을 형성한다. 이 두 가지 화합물의 구조는 대략적으로 각각 단일모삼각 기둥(monocapped trigonal prism)(**6**)과 엇사각기둥(square antiprism)(**7**)이다. 엇사각 기둥의 구조는 입방 구조보다 리간드−리간드 반발이 작다.

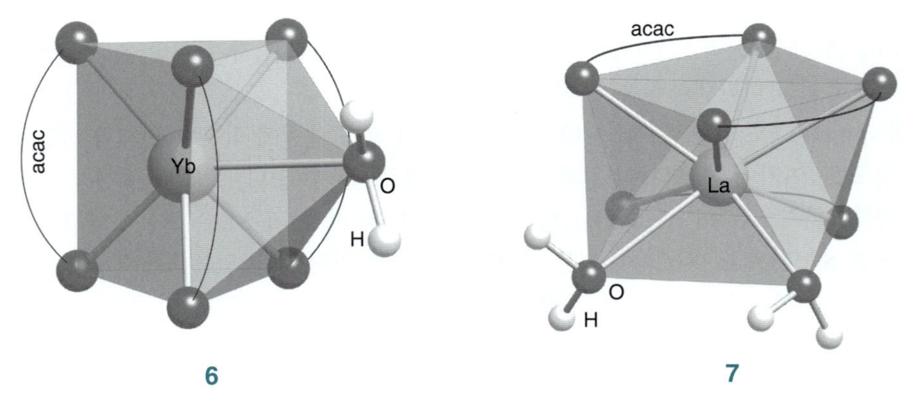

란타넘족은 왕관형 에터(crown ether)와 β-다이케토네이트(β-diketonate) 리간드와 많은 화합물을 형성한다. 부분적으로 플루오린화된 β-다이케토네이트 리간드 $[CF_3COCHCOCF_3]^-$(줄여서 'fod'로 표기)는 Ln^{3+}와 착물을 형성하며, 이들은 휘발성이고 유기 용매에 녹는다. 이 착물들의 휘발성 때문에 증기 증착(vapor deposition)이 쉽고, 이 방법을 통해서 란타넘족을 포함하는 초전도체의 합성에 필요한 전구 물질로 사용된다(24.25절).

하전된 리간드는 주로 가장 작은 Ln^{3+} 이온에 대해 친화성이 가장 높다. 결과적으로 크고 가벼운 Ln^{3+}(계열의 왼쪽)로부터 작고 무거운 Ln^{3+}(계열의 오른쪽)로 갈수록 생성 상수(formation constant)가 증가하기 때문에 크로마토그래피 방법으로 이온들을 편리하게 분리할 수 있다(그림 23.14). 이온 교환 크로마토그래피가 발전되기 전인 란타넘족 화학의 초기에는, 란타넘족 원소들을 분리하는 데 지루하게 반복되는 결정화 방법을 사용하였다.

란타넘족의 배위 화학은 번창하는 연구의 분야로 바이오 영상법, 광학 혹은 자기 추적자로의 적용은 그들의 응용에 힘입은 바가 크다. 여기에서의 묘한 기술은 란타넘족 원소와 강하고 안정한 화합물을 형성할 수 있는 여러 자리/거대 고리 리간드에 안테나 또는 바이오 수용성기와 같은 표적 기능을 도입하는 것이다. 많은 경직된 구조의 화합물은 거대 고리 골격을 기반

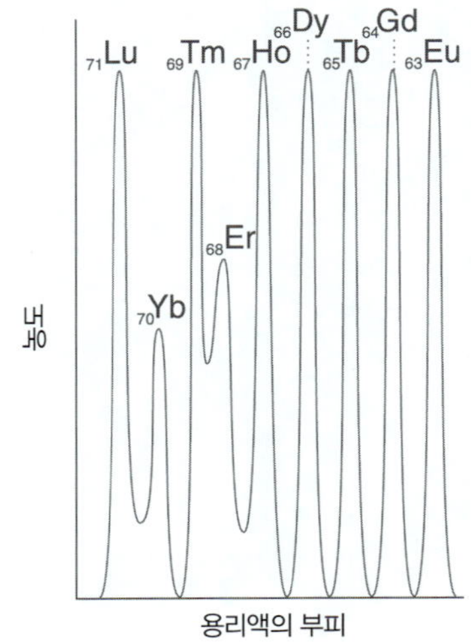

그림 23.14 양이온 교환 칼럼과 용리액으로 2-하이드록시아이소뷰탄산 암모늄(ammonium 2-hydroxyisobutyrate)을 사용하여 무거운 란타넘족 이온들을 분리한 용리 크로마토그램 원자 번호가 큰 란타넘족 원소일수록 반지름이 작으며 용리액과 더 강하게 화합물을 형성하기 때문에 먼저 용리되는 점에 유의하라.

으로 하고 있다. 그 예가 사이클렌(cyclen)에 부착되어 있는 플루오레세인(fluorescein)이다(**8**). 그 밖의 예는 27장에서 언급할 예정이며, 바이오 영상법에 대해서 좀 더 자세하게 다룰 것이다. 나노초(ns) 수준에서 물 분자와 빠른 교환이 일어나는 수화 이온과 달리, 많은 거대 고리 화합물은 수 년에 걸쳐서 측정할 수 있는 교환 반응의 반감기를 가진다.

8

란타넘 3+ 이온은 삼차원의 금속–유기 골격(약자로 MOF)을 구성하는 데 사용될 수 있다(24장). 테레프탈레이트(terephthalate, benzene-1,4-dicarboxylic acid, bdc)와 Ln^{3+}의 화합물에서 보여지는 일부 구조가 하나의 예이다. 이 화합물은 8배위를 하고 있으며, 각각의 Ln^{3+} 이온의 다른 Ln^{3+} 이온과 카복실기를 공유하는 구조를 가지고 있다(그림 23.15). Ln^{3+} 이온을 사용하면 암호화된 정보를 표시하는 것과 같이 미래에 잠재적으로 응용 가능성이 있는 독특한 발광 특성의 인쇄 재료(잉크)를 만들 수 있다.

(b) Ln(II)와 Ln(IV) 화합물

Ln^{3+}/Ln^{2+}의 산화 – 환원 표준 전위는 표 23.7에 나타내었다. 이로부터 Ln(II) 착물의 안정성을 예측하는 데 좋은 지침을 얻을 수 있다. 유로퓸은 +2 산화 상태로 광범위한 수용액 화학을 보여 주는 하나뿐인 란타넘족 원소이다. 이러한 이유는 안정한 $4f^7$의 전자 배치에 기인한 상대적으로 높은 I_3 값(그림 23.3)을 갖기 때문이다. 실제로 많은 Eu(II) 착물은 물에서 여러 자리 음이온성(polyanionic) 리간드를 첨가하거나, 전기 화학적으로 Eu(III) 착물을 환원시켜서 쉽게 제조할 수 있다. EGTA(etheneglycol-bis(2-aminoethyl)-*N*,*N*,*N*′,*N*′

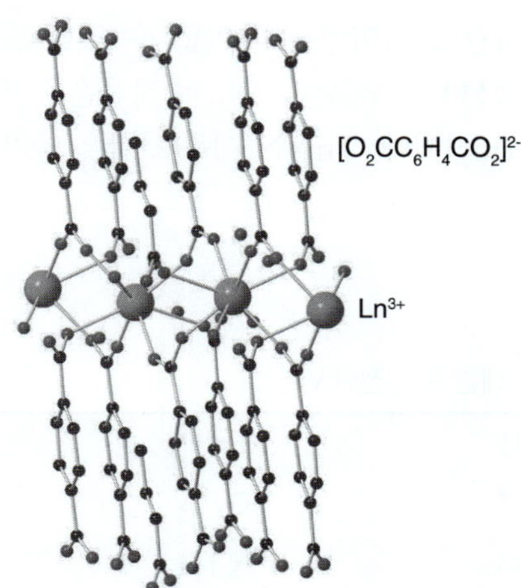

그림 23.15 8배위의 Ln^{3+}와 테레프탈레이트(benzenedicarboxylate 음이온, bdc)에 의한 금속–유기 골격 구조의 일부

-tetraacetate(4⁻)) 혹은 DTPA(diethylenetriamine-*N*,*N*,*N*′,*N*″-pentaacetate(5⁻))의 Eu(II) 화합물은 수용액에서 사용되는 강력한 일전자(one-electron) 환원제이다. 이 화합물은 Eu^{2+}(aq)보다 큰 음의 환원 전위를 가지는데, 이는 +3 산화 상태에서 여러 자리 음이온성(polyanionic) 리간드를 선호하기 때문이다. 그러나 이 화합물은 오랜 기간에 걸쳐 지속적으로 수소 기체를 천천히 발생시킨다.

아래에서 논의할 유기금속 화합물을 제외하고 다른 Ln(II)의 가장 중요한 배위 화합물은 용매로서 비환원성 고리형 에터를 가지고 합성된 것이다. LnI_2에서 출발 물질로 하여 반응성이 큰 다양한 Ln(II) 에톡시 화합물을 제조할 수 있는데, 안정도 순서는 Sm>Tm>Dy로, 표 23.7에 제시된 표준 환원 전위의 경향성과 부합된다. 이아이오딘화 사마륨(SmI_2)은 진한 청색의 THF 용액 $[SmI_2(thf)_n]$ (**9**) 상태로 구입 가능하며, 이때 아이오딘 리간드는 축 방향에 위치하고 있다. 진한 청색의 결정 $[TmI_2(dme)_3]$ (**10**)은 다이메톡시에테인(dme)에서 가루 TmI_3와 Tm의 반응으로부터 합성된다.

$2TmI_3 + Tm \rightarrow 3\ TmI_2(dme)_3$

9

10

이 착물은 비수용성 에터 용매하에서 강력한 일전자 환원제이다. 또한 환원성 C–C 짝지음 반응에서 유용한 시약이다. 예로서 알킬 할로젠화물과 케톤으로부터 삼차 알코올의 제조가 있다.

C–C 짝지음 반응 역시 리간드 사이에서 일어날 수 있다. TmI_2와 피리딘의 반응으로 $[((py)_4TmI_2)_2(\mu\text{-}C_{10}H_{10}N_2)]$ (**11**)가 만들어지며, 이 착물은 두 개의 Tm(III)을 연결하는 다리가 1,1-dihydro-4,4′-bipyridyl이다. Tm=N 이중 결합은 단지 N 원자가 탈양성자화를 강조하기 위하여 표현된다.

표 23.7 H_2O에서 Ln^{3+}/Ln^{2+} 쌍에 대한 표준 전위(V)

Eu	−0.35	Tm	−2.3
Yb	−1.15	Dy	−2.5
Sm	−1.55	Nd	−2.6

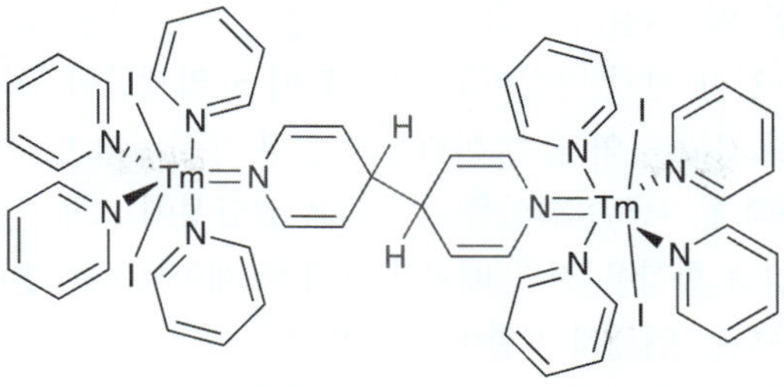

11

Ce(IV)에 대하여 상당히 광범위한 영역의 배위 화학이 존재한다. $[Ce(NO_3)_6]^{2-}$와 별개로 대부분의 Ce(IV) 착물은 알콕사이드와 카복실산 리간드에 기초를 두고 있다. 산소 리간드에 의해서 다리 걸친 이핵 Ce(IV) 착물은 트리스(아미도)세륨(III)의 전구체와 O_2의 반응으로 얻어진다.

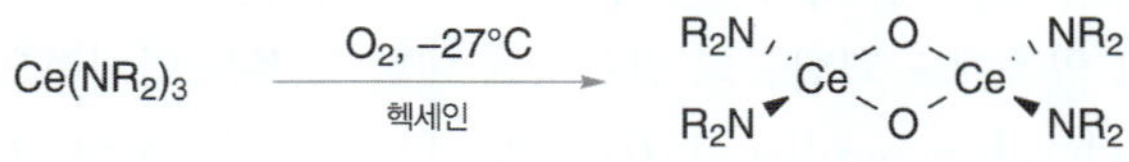

$Ce(NR_2)_3$ —(O_2, −27°C / 헥세인)→ $(R_2N)_2Ce(\mu\text{-}O)_2Ce(NR_2)_2$

23.9 유기금속 화합물

요점: 란타넘족 유기금속 화학은 주로 이온성 혹은 강한 전자 주개와 결합하는 Ln(III) 화합물이 대부분이다. 비록 란타넘족 유기금속 화합물이 초기 그리고 대부분 전기 양성인 d 구역 금속과 유사성이 있지만, 18전자 규칙은 더 이상 따르지 않는다. 입체 효과는 전자 효과보다 매우 중요시되며, 일부 사이클로펜타다이엔일(cyclopentadienyl) Ln(II) 화합물은 입체 선택적인 촉매로서 중요하다. Ln(II)의 유기금속 화합물은 강력한 환원제이며, 일부는 $5d^1$의 바닥 상태를 가진다.

란타넘족 유기금속 화학은 d 구역 원소들에 비해서 많은 진보가 없었다. 대다수의 란타넘족 유기금속 화합물은 Ln(III)의 산화 상태이며, 유기리간드와 π 역결합에 참여할 수 있는 오비탈이 없기 때문에(5d 오비탈은 비어 있으며, 4f 오비탈은 너무 깊숙이 묻혀 있어서), 란타넘족 이온과 공유 결합이 가능한 방식의 수가 제한적이다.

첫 번째 d 금속의 알켄 착물인 Zeise 염(salt)이 분리된 지 150년이 지난 후인 1987년에 와서야 란타넘족의 첫 번째 η^2 알켄 화합물인 $[(Cp^*)_2Yb(C_2H_4)Pt(PPh_3)_3]$(**12**)가 발표되었다. 그러나 이 물질은 특히 전자가 풍부한 알켄기를 지니고 있으며, 알켄은 전자가 풍부한 Pt(0) 중심에 이미 결합되어 있으므로 화합물을 안정화하기 위해 Yb 원자와의 역결합을 필요로 하지 않는다고 생각된다. 란타넘족 원소들은 강한 전기 양성의 성질을 지니기 때문에 좋은 받개 리간드가 아니라 좋은 주개 리간드가 필요하다. 결론적으로 CO, 포스핀, 알켄의 리간드는 란타넘족 화학에 매우 드물지만, N-헤테로 고리 카벤 같은 강한 전자 주개의 화합물은 매우 다양한 착물이 발견된다. 하나의 예로, 비스카벤, 그리고 5개의 금속–탄소 결합을 가지는 트리스 알킬 어븀(Er) 착물(**13**)이 있다.

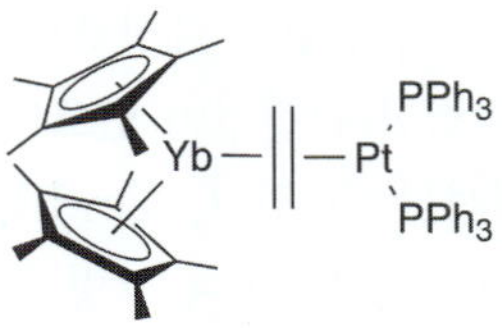

12

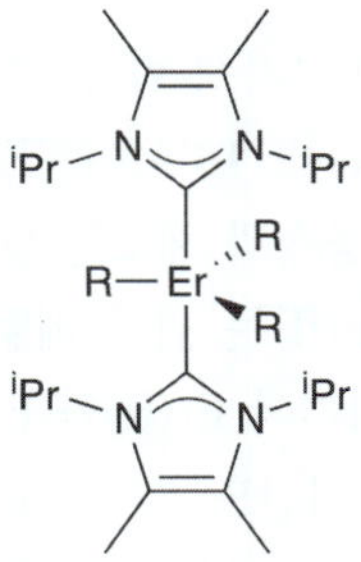

13

란타넘 유기금속 화합물이 18전자 규칙을 따르지 않는다는 것은 그리 놀라운 일이 아니다. 3족과 4족 원소는 매우 강한 전기 양성이고, 리간드에 π 역제공이 가능한 d 전자를 거의 가지고 있지 않기 때문에 초기 d 구역 금속 화합물과 일부 유사성이 있다. 일반적으로 유기금속 란타넘족 화합물은 d 구역 유기금속 화합물보다 이온 결합성에 크게 의존하며, 공기와 수분에 매우 불안정하다. 란타넘족 화학은 전자 배치에 의해서 제어되는 대신에, La에서 Lu까지 반지름의 감소에 따라 요구되는 입체적 제한에 영향을 받는다.

지금까지 대부분의 유기금속 화합물은 사이클로펜타다이엔일(Cp) 리간드로 형성되었다. 그리고 대부분의 경우 이러한 화합물에서 중심 Ln^{3+} 양이온에 정전기적 결합으로 Cp^{-}기가 붙어 있다고 고려되어 왔다. 크기가 큰 란타넘족 이온은 3개의 Cp 리간드를 쉽게 수용할 수 있기 때문에, 심지어 올리고머화되는 경향성도 있다. 이러한 사실은 여분의 리간드를 더 수용할 수 있는 공간이 존재한다는 사실을 가리킨다. 비록 최초의 $[Ln(Cp)_3]$ 화합물이 분리된 후 거의 40년이 지나서 $[Ln(Cp^*)_3]$ 화합물을 얻었고, 그때까지도 이들은 η^5과 η^1 형태 사이에 평형 상태로 존재하고 있음에도 화합물의 반응성에 대한 조절은 입체적으로 큰 사이클로펜타다이엔일(pentamethylcyclopentadienyl, Cp*)의 리간드를 사용하여 크게 개선할 수 있다.

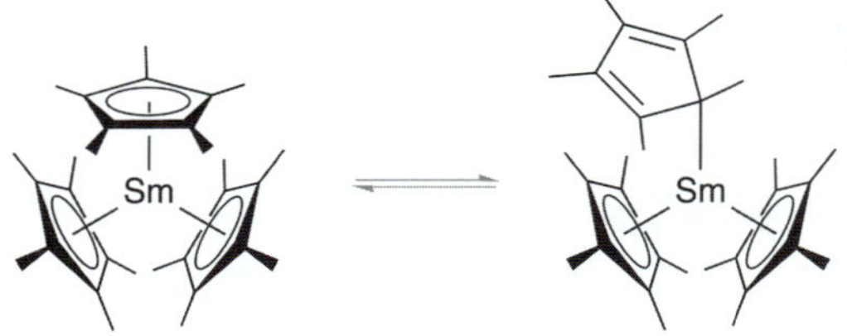

최근에 연구되는 란타넘족 유기금속 화합물은 대표적으로 $[(Cp_2)LnR]_2$, $[(Cp)_2LnR(sol)]$, $[(Cp^*)LnRX(sol)]$ 및 $[(Cp^*)LnR_2(sol)]$ 형태를 포함하고 있다. Cp 리간드를 포함하는 화합물과 같이 σ 결합의 알킬기를 포함하는 화합물도 흔하다. η^8-사이클로옥타테트라엔(cyclooctatetraene) 리간드를 포함하는 화합물로서 $Ce(C_8H_8)$(**14**)이 알려져 있으며, 이것은 전자가 풍부한 $C_8H_8^{2-}$ 리간드의 화합물로 고려하는 것이 바람직하다. $[C_6Me_6Sm(AlCl_4)_3]$(**15**)와 같은 아렌(arene) 화합물도 많이 잘 알려져 있다. 여기에서 결합은 주로 Sm^{3+} 이온과, 전자가 풍부한 고리 화합물 사이에 정전기적 유도 쌍극자의 힘으로 일어난다.

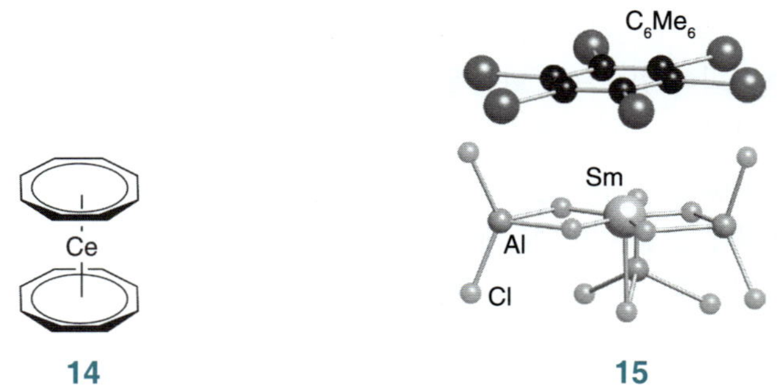

14 **15**

대부분의 Ln(II) 분자성 화합물은 Cp* 리간드를 포함하는 형태로 합성되었다. 전형적인 예가 $[Sm(Cp^*)_2(thf)_2]$ (**16**)이며, THF 용액으로부터 분리되었다. 예상했던 대로, Ln(II) 메탈로센 화합물의 반응성과 제조는 낮은 I_3 값과 매우 밀접한 관련성이 있으며, 따라서 Eu(II)와 Yb(II) 그리고 Sm(II)는 쉽게 메탈로센 화합물을 생성할 수 있고, Tm(II), Dy(II)는 그렇지 못하다. 그러나 심지어 Er(II)와 Ho(II)의 메탈로센 화합물도 이미 그렇게 알려져 있다. 3개의 $C_5H_4Si(Me)_3$ 리간드를 가지고 있고 삼각형의 Ln(II) 착물도 합성되었다. 이 화합물의 바닥 상태는 $4f^n$이 아닌 $5d^1$이다(화학 세상 23.2).

화학세상 23.2 어떻게 Ln(II) 착물에서 d 오비탈이 결합에 참여할까?

모든 란타넘족 원소는 Ln(II) 양이온과 세 개의 음이온 $C_5H_4Si(Me)_3$(Cp′) 리간드를 포함하는 포타슘염(**17**) 형태로 합성될 수 있다.

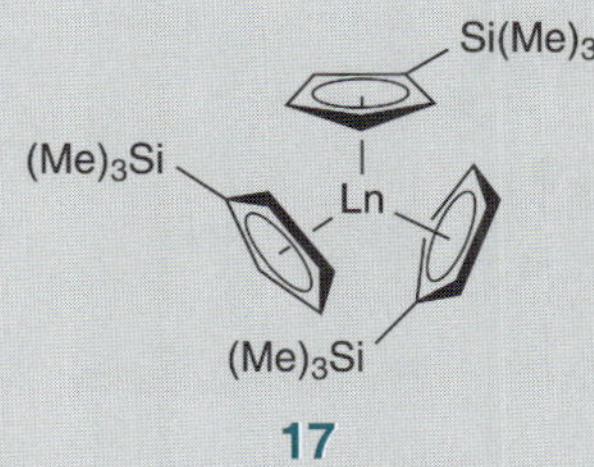

이 염은 산소가 없는 조건하에서 환원제로 포타슘 흑연을 이용하여 적절한 중성 Ln(III) 착물로부터 제조된다. 이때 사용되는 용매는 THF이다.

$$\text{Cp}'_3\text{Ln} \xrightarrow{\text{KC}_8,\ 2,2,2\text{-cryptand}} [\text{K(crypt)}]^+[\text{Cp}'_3\text{Ln}]^- + \text{흑연}$$

Ln(II) 착물은 스펙트럼과 구조 데이터에 따라 '전통적(traditional)'인 것과 '새로운(new)' 것의 두 가지 부류로 구분된다. '새로운' 화합물은 특히 강한 자외선/가시광선 흡수 스펙트럼(ε_{max}>3000 $mol^{-1} dm^3$)이 나타나며, Ln과 Cp 고리의 중심부까지의 거리(d)가 출발 물질 Ln(III)와 비교하였을 때 거의 유사하게 나타난다(확장성이 없다). 대조적으로 '전통적'인 화합물은 강한 흡수띠가 없으며, Ln과 Cp 고리의 중심부와 거리가 크게 늘어난다(확장된다).

$Cp_3'Lu(f^{14})$로부터 형성된 Ln(II) 착물은 $f^{14}d^1$의 전자 배치를 가지고 있음에 틀림 없으며, $Cp_3'Y(f^0)$로부터 형성된 Ln(II) 착물은 $4d^1$의 전자 배치를 가지고 있다. 이들의 비교는 '새로운' 화합물은 $4f^n$보다 5d의 바닥 상태를 가진다는 것을 보여 준다. 산화 상태에 따른 결합 거리 변화 정도가 작기 때문에, 결합은 주로 공유성이 기인한다고 예상할 수 있다. 강한 흡수띠는 '전통적' Ln(II) 화합물에서 나타나는 $4f^{(n-1)}5d^1 \leftarrow 4f^n$ 전이가 아닌 금속-리간드 전하 이동 전이에 기인한 것이다.

그림 23.8은 Sm(II), Eu(II), Tm(II), Yb(II)이 왜 $4f^n$의 바닥 상태를 가지는지를 잘 설명해 주고 있다. +2 산화 상태에서 그들의 f 오비탈은 그에 대응하는 d 오비탈보다 실질적으로 에너지가 낮다. 그 외 다른 Ln(II) 이온들은(Ce와 Gd, 이들의 d 오비탈은 에너지면에서 상당한 정도로 낮고, d^1의 배치가 예측된다) f 오비탈이 d 오비탈보다 아주 약간 에너지가 낮아, 전자는 f 오비탈에 먼저 채워질 것이라 예측할 수 있다. 아직까지 고려하지 못했던 중요한 요소는 리간드장 효과이다. 이 효과는 d 오비탈이 사용될 때 영향력이 커진다. '새로운' Ln(II) 착물의 안정성은 삼각 평면 리간드장에서의 d_{z^2} 오비탈의 부가적인 안정성 측면에서 이해될 수 있다. 그림 B23.2를 보라. $5d_{z^2}$ 오비탈은 더해진 전자들이 4f 오비탈보다 $5d_{z^2}$ 오비탈에 채워질 수 있기 때문에 충분히 낮은 에너지가 된다.

이러한 착물에서 5d 오비탈 사용 및 강화된 공유성은 고체 상태 LnO 및 LnX_2(X = Cl, Br, I, H) 화합물-염(salt-like) 혹은 금속성임에 틀림 없다(23.6절)-에서 관찰된 거동과 유사하다. 흔히 (Ln^{3+}, e^-)로 표시되는 금속성 2가 화합물일지라도 전자들은 5d 오비탈의 중첩에 의해서 만들어진 띠로 쉽게 이동할 수 있기 때문에 자유로이 움직일 수 있다.

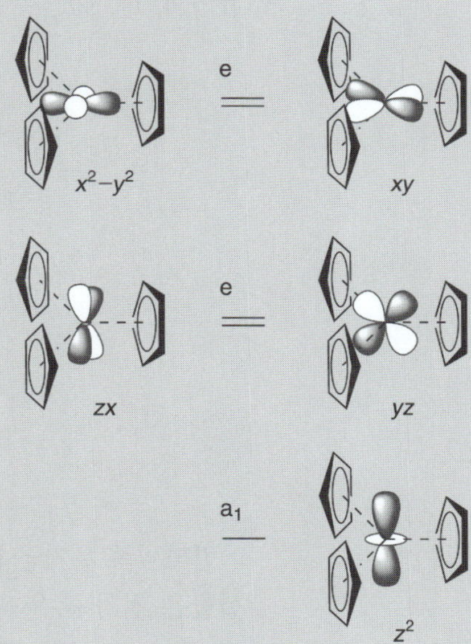

그림 B23.2 D_{3h}**의 대칭성을 갖는 d 오비탈의 에너지 순서 및 삼각형 구조의** $[(Cp')_3Ln(II)]^-$ **착물에서** $5d^1$ **상태의 안정도**

Ln	La	Ce	Pr	Nd	Sm	Eu	Gd	Tb	Dy	Ho	Er	Tm	Yb	Lu	Y
Δd(pm)	2.7	2.9	2.7	3.0	14.9	15.6	3.1	3.1	3.6	3.2	3.0	12.3	14.3	3.1	3.1
세기 UV/Vis	√	√	√	√	X	X	√	√	√	√	√	X	X	√	√
T/N/R*	N	N	N	N	T	T	N	N	N	N	N	T	T	R/N	R

*Traditional, New, Reference.

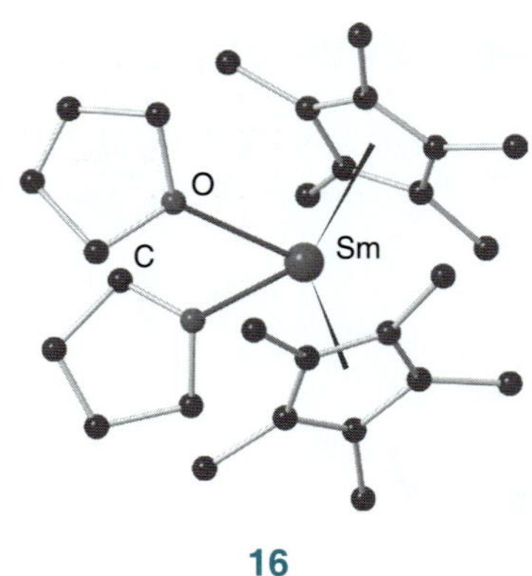

16

실용적인 측면에서 Ln(II) 메탈로센은 다양한 반응을 커버하는 유용한 일전자 환원제이다. 사마로센 Sm(Cp*)$_2$은 질소와 반응하여 진한 빨간색 결정인 [(Sm(Cp*))$_2$N$_2$] (**18**)을 만든다. 이 화합물은 배위된 분자성 질소(N_2)가 있는 f 구역 화합물로는 최초로 발견되었다. 대조적으로, 좀 더 강력한 환원성 툴륨(II) 화합물 Tm(Cp*)$_2$는 N_2와 환원 반응을 통하여 구조적으로 유사하며 $(N_2)^{2-}$로 다리 연결된 옅은 색깔의 이핵 Tm(III) 착물을 만든다.

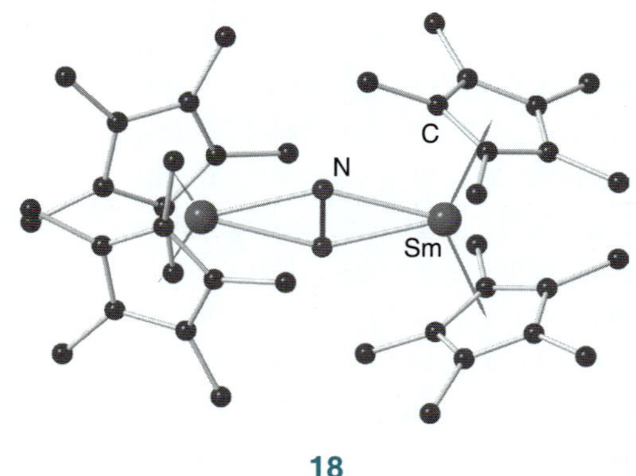

18

란타넘족 유기금속 화합물은 중요한 균일 촉매들이다. d 구역 원소와는 달리, 란타넘족 화합물은 첨가 혹은 환원성 제거 반응이 일어나지 않는다. 그 이유는 f 구역 원소들은 2만큼의 차이가 있는 산화 상태를 가질 수 없기 때문이다. 그러나 Ln(III) 유기금속 화합물은 특히 Ln(Cp*)X 착물의 경우 탄소–탄소 삽입 반응과 σ 결합 상호 교환 반응에서 매우 활성이 높은 촉매이다. 대부분의 d 구역 화합물과는 달리, 란타넘족 화합물은 CO나 S^{2-}(sulfide)로 인해 촉매로서의 기능을 잃지 않는다. 탄소–탄소 삽입 반응의 친숙한 유형으로는 알켄의 Ziegler–Natta 중합 반응이 있다.

Ln–E

Ln

E

Ln

E

고분자

기타 다른 반응으로는 σ 결합 상호 교환 반응이 있으며, 아래와 같다.

란타넘 유기금속 화학에서 상당한 주목을 받고 있는 중요한 이유는 이 화합물이 메테인의 C−H 결합을 활성화(C−H 결합 파괴)시킬 수 있다는 사실을 발견한 것이다. 이러한 사실은 $^{13}CH_4$는 Lu에 결합되어 있는 CH_3기와 ^{13}C를 서로 교환한다는 실험적인 관찰을 근거로 한다.

예제 23.3 란타넘족 유기금속의 반응성에 대한 설명

다음 변환 반응에 대하여 가능한 반응 경로를 제안하시오.

답 이수소(dihydrogen)와의 반응은 산화성 첨가 반응으로 이수소화물(dihydride)을 만들고, 환원성 제거 반응으로 뷰테인(butane)을 형성하는 과정으로 진행할 수 없다. 왜냐하면 란타넘족 화합물은 산화성 첨가 반응을 할 수 없기 때문이다. 오직 가능한 방법은 다음과 같은 중간체를 통하여 결합 상호 교환 반응을 포함하는 것이다.

문제 23.3 위의 반응에서 생성물은 실제로 수소화물(hydride)의 다리가 결합된 이합체(dimer)이다. 수소화물이 단량체임을 확인하는 방법을 제안하시오.

악티늄족 화학

악티늄족의 화학적 성질은 란타넘족보다 계열을 따르는 균일성이 더 작다. 악티늄족 초기 원소(Ac~Am)는 다양한 산화 상태를 나타낸다는 점에서 초기 d 금속들과 유사하다. 그러나 대부분의 악티늄족과 관련된 방사성으로 인하여 그들을 연구하는 데 방해를 받는다. 또한 후기 악티늄족은 아주 적은 양으로만 얻을 수 있기 때문에 그들의 반응에 대해 거의 알려

져 있지 않다. 대부분의 경우에 상품으로 구입 가능한 원소 물질의 양이 적으며, 아메리슘(americium, Am, $Z=95$) 원소 이후의 원소에 대한 대부분의 화학적 성질은 마이크로그램 규모나 심지어 수백 개의 원자 규모로 수행한 실험으로 확인된다. 예를 들면 악티늄족 이온의 착물은 지름이 약 0.2 mm인 단일 구슬 충전 물질로 채워진 이온 교환법으로부터 흡착 및 용리된다. 후기 악티늄족에서 가장 무겁고 가장 불안정한 하슘(hassium, $Z=108$) 같은 원소는 수명이 너무 짧아서 화학적 분리를 수행할 수 없으며, 따라서 전적으로 원소의 확인은 방출하는 복사선의 성질을 근거로 하고 있다. 초기 악티늄족 원소, 특히 U와 Pu는 핵분열을 통하여 에너지를 생성한다는 점에서 매우 중요하다(화학세상 23.3).

23.10 일반적 경향

요점: 초기 악티늄족 원소(Th~Pu)는 란타넘족 원소와 같은 화학적 균일성을 보이지 않는다. 대표적인 예는 금속의 6d 와 5f 오비탈에 강한 σ 혹은 π 전자를 제공함으로써 안정화되는 선형의 O–An–O이다. 5f 구역의 원소는 원자 번호가 증가함에 따라서 +3 산화 상태가 주로 나타나기 때문에, 우라늄 이후의 무거운 악티늄족 원소는 란타넘족 원소와 닮아 있다.

악티늄(actinium, Ac, $Z=89$)에서부터 로렌슘(lawrencium, Lr, $Z=103$)까지의 15개 원소는 5f 부껍질을 채우는데, 이러한 면에서 란타넘족의 유사체이다. 많은 악티늄족 원소는 란타넘족 원소와 유사하게 An(III)의 형태로 있다 할지라도, 초기 악티늄족의 다양한 다른 산화 상태도 가질 수 있다. 이러한 차이의 근본적인 원인은 4f와 5f 오비탈의 다른 침투 능력 때문이다. 그림 23.1에 제시된 것처럼, 5f 오비탈은 방사 방향의 마디가 있으며, 바깥 오비탈에 핵전하를 가릴 수 있는 내부 영역이 존재한다. 따라서 적어도 Pu까지는 5f 오비탈이 4f 오비탈보다 핵심부와 같은 경향성이 떨어진다(핵 근처에 위치하지 않음). 6d 오비탈은 5d 오비탈보다 좀 더 넓게 확산되어 퍼져 있다.

화학세상 23.3 핵분열의 장단점은 무엇인가?

^{235}U와 같은 무거운 원소들의 핵분열은 중성자 충격으로 일어난다. 열중성자(낮은 속도의 중성자)는 ^{235}U의 핵분열을 일으켜서 중간 정도의 질량을 가지는 두 개의 핵종을 생성하며, 원자 번호 26(Fe; 그림 1.1 참조) 이상에 대해서는 핵자(nucleon)당 결합 에너지가 꾸준히 감소하기 때문에 많은 양의 에너지가 동시에 방출된다. 우라늄 핵의 비대칭 분열이 일어날 확률이 높아서 분열 생성물은 두 개의 봉우리 분포로 나타나며(그림 B23.3 참조), 질량수 95(Mo의 동위 원소)와 135(Ba의 동위 원소)에서 최대점에 근접한다. 거의 모든 핵분열의 생성물은 불안정한 핵종이다. 가장 곤란한 점은 반감기가 몇 년에서 몇 세기의 범위에 걸쳐 길다는 것이며, 그러한 핵종들은 높은 방사성으로 충분히 빨리 붕괴하지만 적당한 시간에 충분히 빨리 소멸되지 않는다.

처음의 핵발전소는 우라늄의 핵분열에 의하여 발생하는 열을 이용하였다. 이 열을 이용하여 수증기를 생성하고 다시 터빈을 작동시키는데, 이것은 전통적인 발전소에서 연료를 연소시켜 발생하는 열을 사용하는 것과 같은 방법이다. 그러나 무거운 원소들의 핵분열로 발생된 에너지는 전통적인 연료의 연소를 통해서 얻는 것과 비교하면 엄청나게 크다. 예를 들면 1 kg의 옥테인(octane)을 완전 연소시키면 약 50 MJ의 에너지를 생산하는 데에 반해서, 1 kg의 ^{235}U 핵분열로 발생되는 에너지는 약 2 TJ(1 TJ = 10^{12} J)로서 40,000배이다. 나중의 핵발전소 설계에서는 보통 플루토늄을 우라늄과 섞어서 사용하였다. 핵발전은 저렴한 가격으로 많은 양의 에너지를 잠재적으로 제공할 수 있을지라도, 방사성 폐기물의 처리 방법은 아직까지 만족스럽지 못하며 계속 연구되고 있다.

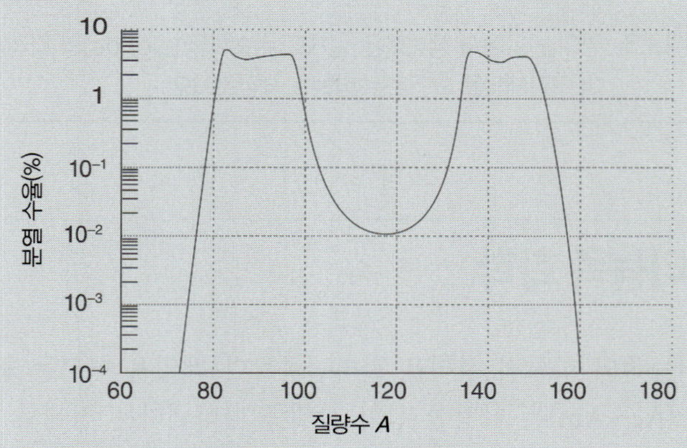

그림 B23.3 우라늄의 핵분열 생성물의 쌍봉 분포

표 23.8에 악티늄족 원소의 전자 배치와 산화 상태(주 산화 상태는 강조 표시함)를 나타냈다. 란타넘족 원소(표 23.4)와 비교할 때, 어떻게 악티늄족 원소가 효과적으로 d 오비탈을 사용하는지 그리고 산화 상태는 어떻게 융통성을 가지는지를 확인할 수 있다. 이러한 특징들은 초기 악티늄족 원소에서 볼 수 있다. 아메리슘(americium, Am, $Z=95$)과 뒤쪽에 있는 악티늄족의 성질은 란타넘족의 성질에 가까워지기 시작한다. 원자 번호가 증가함에 따라서 +3 산화 상태는 더 높은 산화 상태보다 점차 더 안정하게 되며 퀴륨(curium, Cm), 버클륨(berkelium, Bk), 캘리포늄(californium, Cf) , 아인슈타이늄(einsteinium, Es)에 대해서는 An(III)가 우세하다. 따라서 이 원소들은 란타넘족 원소와 닮은 점이 있다. +2 산화 상태는 아메리슘에서 나타나기 시작하며, 이는 반만 채워진($5f^7$) 특별한 안정성을 반영하며, Cf에서 일관되게 나타난다.

란타넘족과 초기 악티늄족의 화학적 성질 사이에 현저한 차이점이 있어서 주기율표상 악티늄족의 가장 적당한 위치에 대하여 논란이 있기도 하였다. 예를 들면 1945년 이전에는 U(우라늄)과 W(텅스텐) 원소들의 최대 산화수가 둘 다 +6이기 때문에 주기율표상에서 우라늄을 텅스텐 아래에 배치하기도 하였다. 후기 악티늄족에 대해 An(III)의 산화 상태가 알려지면서 화학자들은 이 점을 주기율표에서 악티늄족의 위치에 대한 핵심으로 삼았다. 무거운 악티늄족과 란타넘족의 유사점은 이온 교환 분리에서 그들의 유사한 용리 거동에서 잘 나타난다(그림 23.14와 23.16을 비교하라).

그림 23.17은 Frost 도표로 수화된 종의 여러 산화 상태의 안정성을 보여 준다.

표 23.8 악티늄족 원소의 전자 배치와 산화 상태

Z	원소명	원소 기호	전자 배치	산화 상태*
89	악티늄(actinium)	Ac	[Rn]$6d^17s^2$	3
90	토륨(thorium)	Th	[Rn]$6d^27s^2$	4
91	프로트악티늄(protactinium)	Pa	[Rn]$5f^26d^17s^2$	3, **4**, 5
92	우라늄(uranium)	U	[Rn]$5f^36d^17s^2$	3, 4, 5, **6**
93	넵투늄(neptunium)	Np	[Rn] $5f^46d^17s^2$	3, 4, **5**, 6, 7
94	플루토늄(plutonium)	Pu	[Rn] $5f^67s^2$	2, 3, **4**, 5, 6, 7
95	아메리슘(americium)	Am	[Rn] $5f^77s^2$	2,3, **4**, 5, 6
96	퀴륨(curium)	Cm	[Rn] $5f^76d^17s^2$	3, 4
97	버클륨(berkelium)	Bk	[Rn] $5f^97s^2$	3, 4
98	캘리포늄(californium)	Cf	[Rn] $5f^{10}7s^2$	2, 3, 4
99	아인슈타이늄(einsteinium)	Es	[Rn]$5f^{11}7s^2$	2, 3
100	페르뮴(fermium)	Fm	[Rn]$5f^{12}7s^2$	2, 3
101	멘델레븀(mendelevium)	Md	[Rn]$5f^{13}7s^2$	2, 3
102	노벨륨(nobelium)	No	[Rn]$5f^{14}7s^2$	2, 3
103	로렌슘(lawrencium)	Lr	[Rn]$5f^{14}6d^17s^2$	2, 3

* 주 산화 상태는 강조 표시함

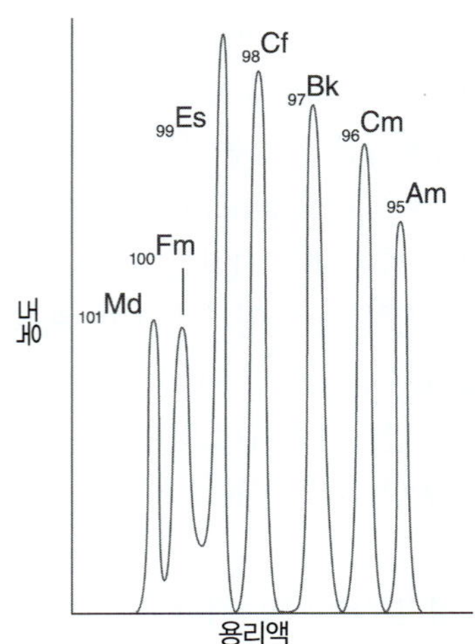

그림 23.16 용리액으로 2-하이드록시아이소뷰틸산 암모늄염(ammonium 2-hydroxyisobutyrate)을 사용한 양이온 교환 칼럼으로부터 무거운 악티늄족 이온의 용리 그림 23.14와 같이 용리 순서에서 유사함에 유의하라. 즉 무겁고 더 작은 An^{3+} 이온이 먼저 용리한다.

예제 23.4 악티늄족 이온의 산화-환원 안정성 평가

토륨의 Frost 도표(그림 23.17)를 이용하여 수용액에서 Th(II), Th(III), Th(IV)의 상대적인 안정성을 설명하시오.

답 제6.13절에 언급한 Frost 도표의 설명을 참조하라. Frost 도표의 초기 기울기는 적당한 산화제로 Th^{2+} 이온이 쉽게 얻어진다는 것을 가리킨다. 그러나 Th^{2+}는 Th(0)와 높은 산화 상태를 연결하는 선보다 훨씬 더 위쪽에 존재한다. 따라서 불균등 반응이 일어난다. 결국 Th(III)은 쉽게 Th(IV)로 산화되며, 가파른 음의 기울기는 물에 의해서 산화되는 것을 나타낸다.

$$Th^{3+}(aq) + H^{+}(aq) \rightarrow Th^{4+}(aq) + \frac{1}{2}H_2(g)$$

이러한 사실은 부록 2에서 확인할 수 있다. 왜냐하면 이 반응의 표준 전위는 $E^{\ominus} = -3.8$ V로 반응이 잘 진행된다. Th(IV) 이온은 수용액에서 독점적으로 나타나는 산화 상태가 될 것이다.

문제 23.4 Frost 도표와 부록 2의 데이터를 이용하여, 공기 중에 수용액에서 우라늄 이온의 가장 안정한 산화 상태를 결정하시오.

선형 혹은 거의 선형에 가까운 악티늄족 이산화(dioxido) 단위(AnO_2^{+}와 AnO_2^{2+})는 초기 악티늄족 원소(U, Np, Pu, Am)에서 주로 +5와 +6의 산화 상태를 가진다. 나머지 리간드들은 적도면 혹은 거의 적도면에 가까운 위치를 차지한다. 선형 An−O 결합은 매우 강하며, 기체 상태의 결합 에너지는 U 618 kJ/mol, Np 514 kJ/mol, Pu 421 kJ/mol이다. 산소 원자의 교환은 매우 느리게 일어나며, 수용액에서 UO_2^{2+}의 반감기는 10^9초 정도이다. 악티늄족 화학에서 선형의 이산화(dioxido) 단위체가 주로 나타나는 것은 화합물의 결합이 5f와 6d 오비탈을 수반하는 공유성을 가진다는 강력한 증거이다. 이러한 성질은 란타넘족에서 나타나는 비방향성, 정전기적 결합과는 완전히 다른 것이다. AnO_2^{2+} 단위체의 결합을 이해하려면 그림 23.18의 분자 오비탈 도표를 주의 깊게 살펴보아야 한다. AnO_2^{2+}의 단위체는 $D_{\infty h}$ 대칭을 가지고 있음을 고려한다.

트랜스 구조는 O의 2p σ 오비탈들과 악티늄의 $6d_{z^2}$(g 대칭), 그리고 $5f_{z^3}$와 중심부에 어느 정도 근접해 있는 $6p_z$ 오비탈의 혼합에 의한 혼성 오비탈의 조합을 통해서 σ 결합을 최대화시킨다. 따라서 결합은 대칭성(g)과 비대칭성(u)의 O σ를 조합한 SALC를 이용하여 나타낼 수 있다. 4개의 An−O π 결합은 O의 2p π 오비탈과 두 개의 6dπ(xz, yz), 그리고 악티늄족의

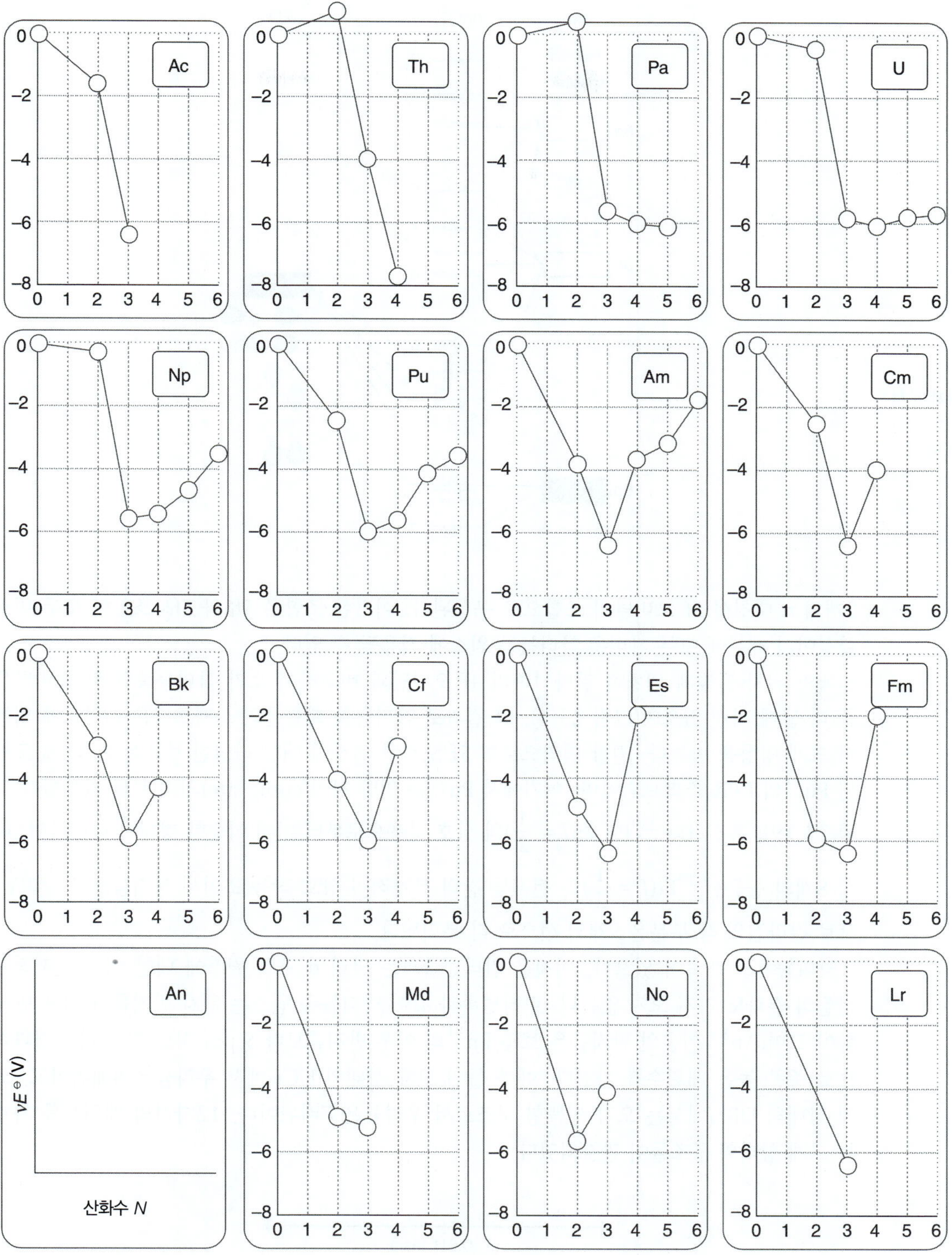

그림 23.17 산성 용액에서 악티늄족 원소의 Frost 도표(J.J. Katz, G.T. Seaborg, and L. Morss, *Chemistry of the actinide elements*, Chapman and Hall(1986).)

그림 23.18 AnO_2^{2+} 단위체에서 분자 오비탈 도표 An의 6d (진한 회색)와 5f (연한 회색) 오비탈이 s와 p 대칭성을 가지는 산소의 2p 원자 오비탈과 어떻게 상호 작용을 하고 있는지를 보여 준다.

2개의 π 대칭성 5f 오비탈의 조합으로 구성된다. 이러한 조합은 5fδ와 5fϕ 조합이 모두 비결합성이기 때문에 모든 가벼운 악티늄족 원소에 적용될 수 있다.

핵의 위치에 깊게 위치한 란타넘족의 4f 오비탈과 비교하여 초기 악티늄족의 5f 오비탈은 좀 더 넓게 퍼져 있으며(그림 23.1), 그 결과로 악티늄족 화합물의 스펙트럼은 리간드에 의해서 크게 영향을 받는다. 결합 영역으로의 5f 오비탈 연장에 대한 타당한 증거는 CaF_2에 도핑된 Pu^{3+}의 EPR 스펙트럼이며, 여기에서 Pu^{3+}는 입방 자리(cubic site)의 일부를 차지한다(그림 23.19). 홀전자와 ^{239}Pu 핵($I = \frac{1}{2}$)의 상호 작용으로부터 미세 이중항 형태가 나타나며, 다시 8개의 동등한 ^{19}F(($I = \frac{1}{2}$)와 전자들 간의 부가적인 상호 작용(초미세 짝지음으로 알려짐)으로 갈라짐의 각 부분은 9개의 선으로 더 분리된다.

악티늄족도 수축이 있으나, 이것은 란타넘족과는 달리 d 구역 원소에 대한 어떤 실제적인 성질의 결과도 가져 오지 않는다. 란타넘족과 같이 악티늄족 원소는 원자 반지름과 이온 반지름이 크며(An^{3+} 이온의 반지름은 보통 Ln^{3+}의 이온 반지름보다 5 pm 정도 더 크다), 결과적으로 종종 높은 배위수를 가진다. 예를 들면 고체 상태의 UCl_4에서 우라늄은 8배위이고, 고체 상태의 UBr_4에서는 오각 쌍뿔형 구조로서 우라늄은 7배위이다. 12까지의 배위수를 가지는 고체 상태의 구조들이 관찰되었다.

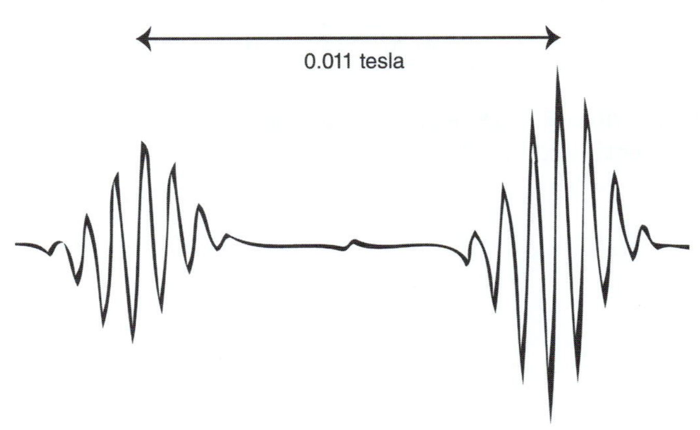

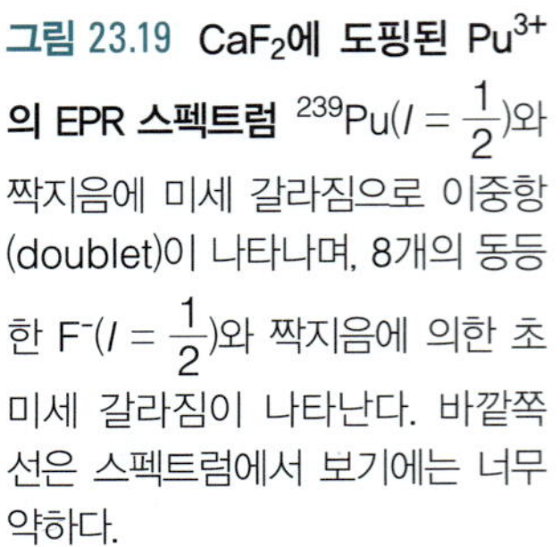
그림 23.19 CaF_2에 도핑된 Pu^{3+}의 EPR 스펙트럼 ^{239}Pu($I = \frac{1}{2}$)와 짝지음에 미세 갈라짐으로 이중항(doublet)이 나타나며, 8개의 동등한 F^-($I = \frac{1}{2}$)와 짝지음에 의한 초미세 갈라짐이 나타난다. 바깥쪽 선은 스펙트럼에서 보기에는 너무 약하다.

23.11 악티늄족의 전자 스펙트럼

요점: 초기 악티늄족의 전자 스펙트럼은 리간드-금속 전하 이동 전이와 5f → 6d, 5f → 5f 전이 등에 기인한다. 우라닐 이온(UO_2^{2+})은 강한 형광을 띤다.

단지 f 오비탈 사이의 전이, 5f와 6d 오비탈 간의 전이 그리고 리간드-금속 전하 이동(LMCT) 등의 전이는 악티늄족 이온에서 모두 가능하다. f-f 전이는 란타넘족보다 폭이 넓고 강한 전이다. 그 이유는 5f 오비탈이 리간드와 강한 상호 작용을 하기 때문이다. 이들의 몰 흡광 계수는 전형적으로 10~100 $dm^3 mol^{-1} cm^{-1}$이다. 가장 강한 흡수는 LMCT 전이에 의한 것이다. 예를 들면 우라닐 이온(UO_2^{2+})의 LMCT 전이는 용액과 화합물에서 강한 노란색을 띠게 만든다. 전자 스펙트럼에서 UO_2^{2+} 단위체의 결합 강도를 보여 주는 진동 미세 구조를 볼 수 있다. $5f^2 6d^1 \leftarrow 5f^3$와 같은 $U^{3+}(f^3)$의 전이는 20,000 ~ 33,000 cm^{-1}(500 ~ 300 nm)의 사이에서 일어나며, 이 이온의 화합물 용액은 진한 주황색이다. 유효 핵전하가 큰 Np^{3+}와 Pu^{3+}는 5f 와 6d 에너지의 차이가 크고, 이에 대응하는 전이는 더 높은 에너지(스펙트럼의 자외선 영역)로 이동한다. Np^{3+} 용액은 보라색이고, Pu^{3+}의 용액은 주로 f-f 전이 때문에 연한 진청색이다.

우라닐 이온(UO_2^{2+})에 자외선을 쪼여 줄 때 500~550 nm에서 강한 세기의 발광이 나타나며(그림 23.20), 이는 형광에 해당한다. 이 특성은 유리 착색에 사용되기도 하는데, 우라닐 염의 0.5~2%를 첨가하면 전하 이동 전이를 발생시켜 유리를 밝은 황색으로 만들 수 있다. 이 유리는 햇빛 아래에서 매력적인 밝은 녹황색의 형광을 나타내는데, 자외선을 쪼여 주는 경우 녹색이 더 강하게 나타난다. 그러나 이 유리는 방사선을 방출하며, 상업적인 생산은 최근에 거의 대부분 단계적으로 폐지되었다.

23.12 토륨과 우라늄

요점: 일반적인 핵종의 토륨과 우라늄은 낮은 수준의 방사성만을 방출하므로 그들의 화학적 성질은 많이 연구되어 왔다. 우라닐(uranyl) 양이온은 리간드의 많은 주개 원자와 결합한 형태로 화합물에서 발견된다. Th와 U의 유기금속 화합물은 펜타메틸사이클로펜타다이엔일(pentamethylcyclopentadienyl)의 화합물 형태가 주를 이룬다.

토륨(Th)과 우라늄(U)은 쉽게 구입이 가능하며 방사성 수준이 낮기 때문에 이들의 화학적

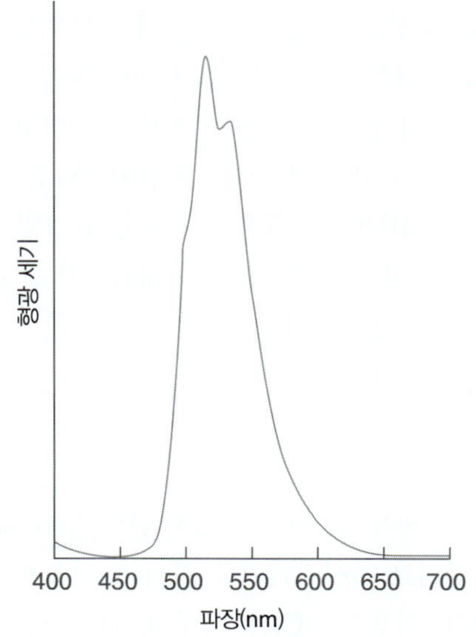

그림 23.20 자외선을 쪼여 주었을 때 우라닐 이온(UO_2^{2+})의 발광 스펙트럼

조작은 보통의 실험 기술로 수행할 수 있다. 그림 23.17에 나타낸 것처럼, 수용액에서 토륨의 가장 안정한 산화 상태는 Th(IV)이다. 이러한 산화 상태는 원소의 고체 상태에서 주로 나타난다. 간단한 토륨(IV) 화합물은 보통 8배위를 가진다. 예를 들면 ThO_2는 형석 구조(Th 원자는 O^{2-} 이온의 입방체 배열에 둘러싸여 있다)를 가지고 $ThCl_4$와 ThF_4에서 배위수는 십이면체와 엇사각 기둥의 대칭을 각각 가지는 8배위이다. $[Th(NO_3)_4(OPPh_3)_2]$(**19**a)에서 Th의 배위수는 10이며, Th 원자 주위에 NO_3^- 이온들과 트라이페닐포스핀 산화물(triphenylphosphine oxide) 그룹이 모자 씌운 입방체(capped cubic)로 배열되어 있다. 매우 드문 예로는 배위수 11의 $Th(NO_3)_4 \cdot 3H_2O$이 있다. 이 화합물은 Th^{4+} 이온 주위로 3개의 물 분자와, 두자리 주개 리간드로서 4개의 NO_3^- 이온이 배위하고 있다(**19**b).

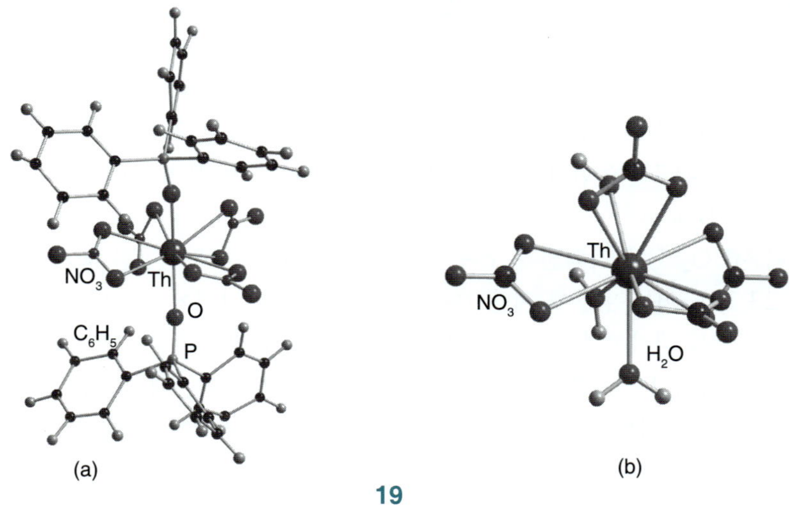

19

우라늄의 화학적 성질은 우라늄이 U(III)부터 U(VI)까지의 산화 상태[U(IV)와 U(VI)가 가장 흔함]를 가지기 때문에 토륨의 화학적 성질보다 더 다양하다. Frost 도표에서 제안된 것처럼, U^{3+} 수화 이온은 강력한 환원제인 반면, UO^{2+} 이온처럼 U(V)는 불균등화된다. 우라늄 금속은 부동태화 산화물 막을 형성하지 않으므로, UO_2와 U_3O_8 그리고 UO_3의 화학량론을 가지는 일부 동질 이상(polymorphs)이 포함된 산화 혼합물은 금속을 장시간 공기에 노출하여 부식시켜 얻는다. 이산화물 UO_2는 형석 구조를 가지고 있으며, 산소 원자가 틈새 자리를 점유하고 있으며, 비화학량론적인 UO_{2+x}($0<x<0.25$)를 형성한다. 가장 중요한 산화물은 UO_3이며, 이것은 ReO_3 구조로 δ-UO_3의 한 형태이다(24.6절). UO_3는 산에서 용해되어 매우 안정한 UO_2^{2+} 양이온을 생성하며, 많은 음이온과 화합물을 형성한다. 예를 들면 NO_3^-나 SO_4^{2-}와 반응하여 화합물을 만들며, 이 화합물에서 이들 음이온은 적도면에 배치된다. 선형 UO_2^{2+} 단위체는 고체 상태에서 그 구조를 여전히 유지하고 있다. 예를 들면 UO_2F_2는 UO_2^{2+} 단위체 주위로 약간 오목한 고리 형태로 놓여진 6개의 F^- 이온이 있다.

우라늄의 할로젠 화합물은 U(III)에서 U(VI)까지 모든 범위의 산화 상태를 가지는 것으로 알려져 있으며, 산화 상태에서 산화수가 증가할수록 배위수가 감소하는 경향이 있다. 아주 중요한 UF_6는 UO_2로부터 대량으로 합성된다.

$$UO_2 + 4HF \rightarrow UF_4 + 2H_2O$$
$$3UF_4 + 2ClF_3 \rightarrow 3UF_6 + Cl_2$$

UF_6는 휘발성이 높으며(57℃에서 승화한다), 또한 단일 동위 원소의 형태로 플루오린 화합물을 생성하기 때문에 기체 상태로 확산시키거나 원심 분리에 의해 우라늄 동위 원소를 분리하는 데 이 화합물을 이용한다. 사염화 UCl_4는 많은 U(IV) 화합물을 합성하는 데 유용한 출

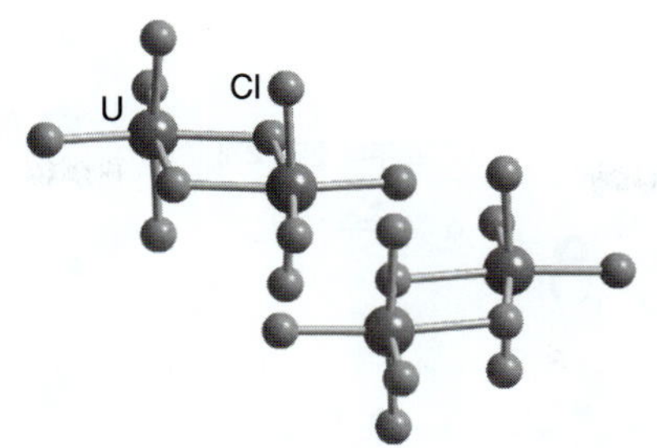

그림 23.21 팔면체 UCl_6 모서리를 공유한 2개의 불연속적인 분자로 구성된 U_2Cl_{10}의 결정 구조

발 물질이며, UO_3와 헥사클로로프로펜(hexachloropropene)의 반응으로 만들어진다. 우라늄 원자는 고체 UCl_3에서 9배위, UCl_4에서 8배위 및 U(V)와 U(VI) 염화물 U_2Cl_{10}과 UCl_6에서는 6배위로 모두 분자성 화합물이다(그림 23.21).

다른 금속들로부터 우라늄의 분리는 수용액상으로부터 극성 유기상–예를 들면 탄화수소 용매 속에 용해된 트라이뷰틸포스페이트(tributylphosphate) 용액–으로 중성의 우라닐 나이트레이토(uranyl nitrato) 화합물 $[UO_2(NO_3)_2(OH_2)_4]$를 추출함으로써 이루어진다. 이와 같은 용매 추출 과정은 사용된 핵연료에서 다른 분열 생성물로부터 악티늄족을 분리하는 데 이용된다.

Th와 U의 유기금속 화학은 상당히 많이 발전하였고, Th와 U는 여러 산화 상태의 수가 있으며, 일반적인 Ln 이온보다 크다는 점을 제외하면 란타넘족의 유기금속 화학과 많은 유사점을 보여 준다. 따라서 σ 결합성 알킬과 사이클로펜타다이엔일(cyclopentadienyl)기, 그리고 N-헤테로 고리 카벤과 같이 좋은 주개 리간드를 포함하는 화합물이 주로 형성된다. 전형적인 란타넘족과 비교하여 크기가 큰 Th와 U은 정사면체의 $Th(Cp)_4$와 $U(Cp)_4$(**20**)가 단량체로 분리될 수 있으며, $U(Cp^*)_3$뿐만 아니라 $[U(Cp^*)_3Cl]$ (**21**)도 분리될 수 있다. 란타넘족 유기금속 화합물과 마찬가지로, 악티늄족 유기금속 화합물도 18전자 규칙을 따르지 않는다(22.1절). +2가 산화 상태를 거의 찾아볼 수 없는 Th와 U의 음이온성 착물 $[AnCp_3']^-$는 $C_5H_4Si(Me)_3(Cp^-)$의 리간드들로부터 형성되는데, 화학 세상 23.2에 이와 관련된 개념을 보강하였다.

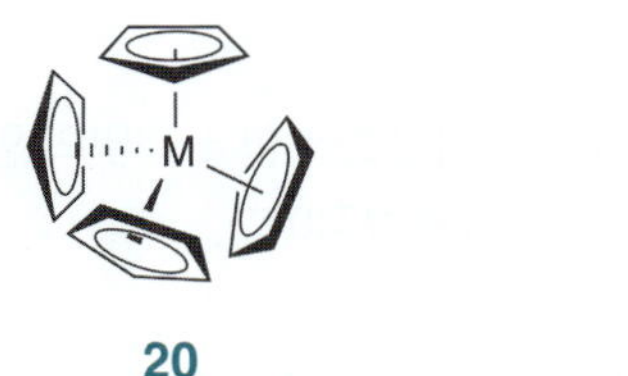

η^8-사이클로옥타테트라엔(cyclooctatetraene) 리간드로 샌드위치 화합물이 형성될 수 있으며, 토로센(thorocene) $[Th(C_8H_8)_2]$와 우라노센(uranocene) $[U(C_8H_8)_2]$(**22**)는 잘 알려져 있다. 두 화합물은 모두 아래위 두 개의 고리가 포개진 형태로 D_{8h}의 대칭성을 가지고 있다. 결합성 오비탈을 그림 23.22에 나타내었다. 두 개의 $C_8H_8^{2-}$로부터 20개의 전자는 악티늄족 성질을 가지고 있는 약한 결합성의 e_{3u}(fϕ) 오비탈에 채워지지 않고 아래쪽의 결합성 오비탈을 채운다. 우라노센(e_{3u}^2)은 삼중항 바닥 상태를 가진다. 지금까지 악티늄족 사이클로옥타테트라엔 화합물은 유일한 '실제' 화합물(기체상 금속 이합체와는 다르게)로 ϕ 결합의 기여가 포함될 수 있다.

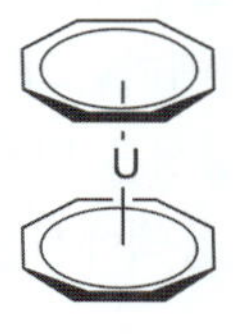

22

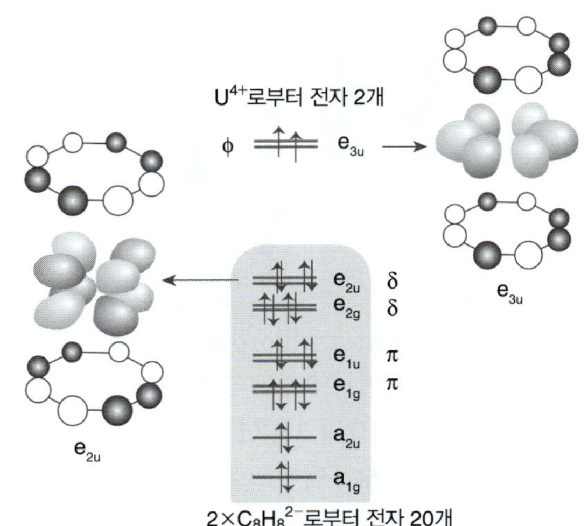

그림 23.22 6d와 5f 원자 오비탈이 C의 pz 오비탈과 어떻게 상호작용하는지를 보여 주는 악티늄족 η^8-사이클로옥타테트라엔 샌드위치 화합물의 일부 분자 오비탈 도표 (중심 An이 나타내는 위상은 도식적으로 표현함)

예제 23.5 η^8-사이클로옥타테트라엔 착물의 자기성

$[Th(C_8H_8)_2]$, $[Np(C_8H_8)_2]$, $[Pu(C_8H_8)_2]$ 화합물의 홀전자 수를 예측하시오. 그리고 각 화합물이 상자성인지, 반자성인지를 설명하시오

답 Th^{4+} $5f^0$는 $(e_{3u})^0$이다. 따라서 $[Th(C_8H_8)_2]$는 홀전자가 없으며, 반자성이다. $Np^{4+}(5f^3)$ 는 $(e_{3u})^3$이다. 따라서 $[Np(C_8H_8)_2]$는 홀전자가 한 개 있으며, 상자성을 나타낸다. $Pu^{4+}(5f^4)$는 $(e_{3u})^4$이다. 따라서 홀전자는 없으며 반자성을 띤다.

문제 23.5 그림 23.22의 분자 오비탈 도표를 보고, e_{2g} 오비탈에 대한 악티늄족$-C_8H_8^{2-}$ 결합성 상호 작용을 그려보시오.

23.13 넵투늄, 플루토늄, 아메리슘

요점: 우라늄, 넵투늄, 플루토늄은 주로 산소 음이온 리간드와 함께 몇몇의 안정한 산화물을 생성한다. 아메리슘은 An(III)가 대부분인 5f 계열 후기 부분의 출발점이다.

세 개의 원소 Np, Pu, Am은 비록 주 산화 상태의 안정성에 있어서 상당한 정도 다른 점이 있다 할지라도, 유사한 화학종(리간드)을 가지고 있는 화합물을 만든다. 그림 23.17의 Frost 도표는 이 세 가지 원소에 대해서 요약해 놓은 것이다. 넵투늄은 묽은 산에 녹아서 Np^{3+} 이온을 생성하고, 이는 공기 중에서 쉽게 산화하여 Np^{4+}로 변한다. 점차적으로 강한 산화제인 NpO_2^+(Np(V))와 NpO_2^{2+}(Np(VI))을 만든다. 플루토늄은 4개의 주요 산화 상태, 즉 Pu(III), Pu(IV), Pu(V), Pu(VI)를 가진다. Pu 용액에는 Pu^{3+}, Pu^{4+}, PuO_2^{2+}(PuO_2^+는 Pu^{4+}와 PuO_2^{2+}로 불균등화되는 경향성이 있다)가 혼재해 있으며, 이들은 1V보다 작은 전위에 의해 분리된다. Pu(VIII)의 화학종은 $[PuO_4(OH)_2]^{2-}$로, 염기성(>1 M NaOH) 조건에 산화되어 만들어진다. 이 화합물은 적도면에 위치한 4개의 산소가 강한 결합을 한다(**23**). Am^{3+} 이온은 수용액에서 가장 안정한 아메리슘의 산화 상태이다. 이것은 큰 원자 번호의 악티늄족 화학에서 나타나는 An(III)의 경향성을 따른다. 강한 산화 상태 조건에서 AmO_2^+와 AmO_2^{2+}가 만들어진다. Am(IV)는 산성 용액에서 불균등화된다.

23

An(IV) 산화물 NpO_2, PuO_2, AmO_2는 공기 중에서 그들의 염이나 원소를 가열하여 얻을 수 있다. 모두 형석 구조를 가진다(4.9절). 낮은 산화 상태의 화합물로는 Np_3O_8, Pu_2O_3, Am_2O_3가 있다. 삼염화물($AnCl_3$)은 450℃에서 원소를 직접 반응시켜서 얻을 수 있다. 그들의 구조는 An 원자 주위로 9배위를 하고 있어서 $LnCl_3$의 구조와 유사하다. 사플루오린화물은 세 개의 모든 악티늄족 원소에서 알려져 있으나, Np와 Pu만이 사염화물을 형성한다. 이는 아메리슘을 Am(IV)로 산화시키는 데 어려움이 있다. Np와 Pu는 모두 휘발성 고체 UF_6와 같은 육염화물을 형성한다.

세 개의 금속은 모두 NpO_2^{2+}, PuO_2^{2+}, AmO_2^{2+}를 형성하므로 우라닐 이온과 화학적 성질이 유사하다. 이와 같은 이온들은 수용액에서 $AnO_2(NO_3)_2\{OP(OBu)_3\}_2$와 같은 트라이뷰틸 포스페이트(tributyl phosphate)로부터 추출될 수 있다. 사염화물은 Lewis 산이며, DMSO와 같은 전자쌍 주개로 첨가 생성물$[AnCl_4(Me_2SO)_7]$을 만들 수 있다. 넵투늄은 많은 수의 유기금속 화합물을 만들며, 이들은 $Np(Cp)_4$와 같은 우라늄 화합물과 매우 유사하다.

플루토늄은 잠재적인 환경 유해 물질로, 핵발전 시설과 가까운 지역의 지하수원에 스며들어 토양을 오염시킬 가능성이 항상 존재한다. 그러므로 염소, 질산염, 탄산염 또는 인산염과 같은 아주 흔한 리간드를 가지는 다른 여러 산화 상태의 Pu 화합물의 성질 및 특성에 많은 관심이 있다. 탄산염은 Pu(VI)을 육각 쌍뿔 $[PuO_2(CO_3)_3]^{4-}$ 음이온(**24**)을 만들어 안정화시킨다. 제27.8절에서 볼 수 있듯이, 특정한 착화제는 인체에 들어간 플루토늄을 격리하기 위해 사용할 수 있다.

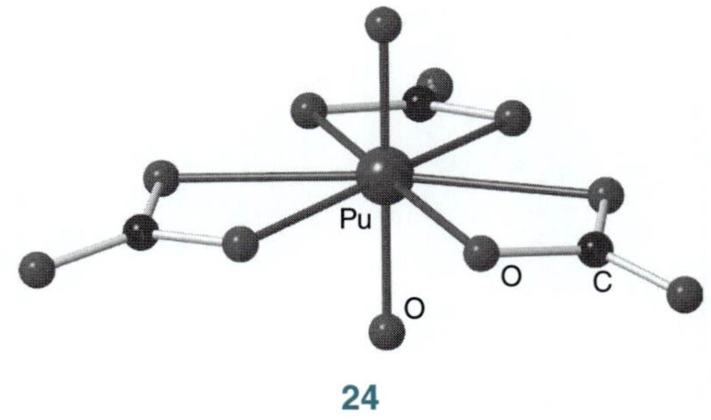

24

연습 문제

23.1 (a) 란타넘족 원소를 선택하여(어느 원소를 선택해도 좋다) 수용성 산과 반응시켰을 때 균형 반응식을 쓰시오. (b) 란타넘족에 대한 가장 안정한 산화 상태의 일반화 및 환원 전위에 대해 설명하시오. (c) 일반적인 산화 상태에서 벗어나는 경향이 가장 큰 두 개의 란타넘족 원소는 무엇이며, 이와 같이 벗어나는 이유를 전자 구조와 관련시켜 설명하시오.

23.2 란타넘족 원소의 화학적 성질로부터 이온 교환 크로마토그래피가 개발되기 전에 왜 세륨과 유로퓸이 분리하기가 가장 쉬운 란타넘족 원소였는지 설명하시오.

23.3 악티늄족의 화학이 란타넘족보다 d 구역 원소의 화학에 더 가깝다는 주장에 대해 논의하시오.

23.4 Pu 금속이 묽은 HCl에 용해될 때 어떤 화학종이 생성되는지 예측하고, HF가 그 이후에 첨가될 때 생성되는 고체 생성물의 성질에 대해서 예측하시오.

23.5 다음 이온들의 바닥 상태의 항기호를 결정하시오.
Tb^{3+}, Nd^{3+}, Ho^{3+}, Er^{3+}, Lu^{3+}

23.6 Ln이 +5 산화 상태에 있는 것으로 보이는 란타넘족 화합물이 보고되었다. 왜 이런 발견(이 경우 가상의)이 매우 중요한지를 설명하고, 이와 같은 란타넘족 화합물이 +5 산화 상태를 가지는 가장 확실한 이유가 무엇인지 예측하시오.

23.7 란타넘족 화합물에서 지금까지 안정하고 쉽게 분리 가능한 카보닐 화합물이 알려져 있지 않은 이유에 대해서 설명하시오.

23.8 리간드가 종류에 따라서 Am^{3+} 착물의 전자 스펙트럼도 다양하게 나타난다. 이와 비교하여 볼 때, 다양한 리간드를 가지는 Eu^{3+} 화합물은 리간드의 종류에 상관없이 매우 유사한 전자 스펙트럼을 가지는데, 그 이유에 대해서 설명하시오.

23.9 U^{6+}의 일반적인 이온 반지름(73 pm)은 Os^{6+}(54 pm)보다 훨씬 크지만, 우라닐 이온 $[UO_2]^{2+}$에서 U−O의 결합 길이(180 pm)는 $[OsO_2]^{2+}$에서 Os−O의 결합 길이(174 pm)보다 조금 길게 나타난다. 그 이유를 설명하시오.

24

물질 화학과 나노물질

물질 화학은 응용 특성을 갖는 고체 물질을 연구의 중심으로 그 합성과 특성을 연구하는 분야이다. 물질 화학은 무기 화학에서 매우 빠르게 발전하는 분야로, 이 장에서는 현재 관심 분야와 최신 연구 결과를 다루고자 한다. 먼저 무기물의 벌크 고체 합성법을 설명할 것이다. 고체 내부의 이온 이동 등 고체의 주요 특성들에 미치는 결함의 역할을 이해하고, 이를 통해 4장에서 다룬 비화학량론을 심도 있게 이해할 수 있을

캡션에 🖵이 표시된 그림은 쌍방향의 3D 구조로 온라인에서 찾을 수 있다. 브라우저에 다음 URL을 입력하고 관련 그림 번호를 넣어라. www.chemtube3d.com/wellerxe/[장번호]F[그림 번호]. 예를 들어 2장의 그림 7은 www.chemtube3d.com/wellerxe/2F07을 입력하면 된다.

것이다. 또한 무기 물질 화학의 중요한 분야인 층간 삽입 화합물, 광전 물질, 불균일 촉매, 다성분 전자 산화물, 자기 화합물, 골격 구조물들과 그들의 불균일 촉매 및 안료 응용, 그리고 분자 물질 등을 살펴볼 것이다. 또한 100 nm 이하 크기의 무기 고체인 나노물질의 합성 및 이들의 독특한 특성을 설명하고, 불균일 촉매로서 활용되는 나노입자 표면에서 일어나는 촉매 합성을 설명할 것이다.

현재 대부분의 고체 화학 연구는 상업적으로 유용한 물질을 찾는 목적으로 출발하고 있다. 최근 연구 사례로는 신재생 자원 등에서 얻어지는 에너지의 발생, 저장 및 활용에 쓰이는 신물질 관련 연구를 들 수 있다. 태양 에너지를 전기로, 또는 연료(수소)로 변환시키는 광전 변환 및 물 분해 광촉매 과정에 높은 효율을 보이는 물질들은 현재도 계속 탐색 중이다. 충전용 배터리와 연료 전지에 적용될 수 있는 신물질이 휴대용 전자제품이나 전기 자동차를 포함한 이동식 전원의 저장과 전달에 필요하기 때문이다. 정보 처리, 보관 및 디스플레이에 적용되는 전자 및 광학 소자의 많은 부품 역시 그래핀의 예처럼, 새로운 고체 물질의 개발을 통해 개선이 이루어진다. 공업 화학 분야에서는 분자 분리(molecular separation) 분야 및 불균일 촉매 반응에 적용하기 위해 새로운 미세 공극 고체 화합물을 꾸준히 개발 중이다.

고체 화학은 물질의 산업적인 이용이 가능하다는 점과 물질의 고유 특성을 이해하는 데 도전한다는 점에서 활발하고 흥미로운 연구 분야이다. 이 장에서는 격자 에너지와 띠 구조와 같은 고체의 주요 특성을 이해하기 위해 4장에서 이미 소개한 몇 가지 개념을 자세히 설명할 것이다. 또한 고체 내부에서 일어나는 현상을 이해하는 데 필요한 몇 가지 새로운 개념을 추가로 소개하고 비화학량론성과 이온 이동성이 유발하는 응용 특성을 논의할 것이다. 고체 물질 내부에서 원자와 이온들이 협동적으로 상호 작용할 수 있기 때문에 고체 물질들은 매력적이고 응용 가능한 화학 특성을 나타낼 수 있는 것이다.

새로운 무기 고체물의 합성 범위는 매우 넓다. 예를 들면 알려진 이성분[A_aB_b, 황동(CuZn)과 같은], 또는 삼성분($A_aB_bC_c$) 금속 간 화합물의 95%는 100여종의 구조로 설명되지만, 이런 연구를 사, 오 및 육성분, 혹은 그 이상 화합물–이른바 다성분계–을 합성하거나 규명하기 위해 그 종류가 확장될 수 있는 가능성은 매우 많다. 이러한 조성 공간(component space)은 전이 금속과 산화, 질소화, 플루오린화 음이온이 조합되는 다성분 조성계에서 더욱 풍부해진다. 게다가 일단 새로운 기능성 무기 고체가 만들어지면, 이를 박막이나 나노입자와 같이 다른 형태로 만드는 가능성도 존재한다. 이러한 나노물질은 크기가 100 nm보다 작을 때 크기 제한 효과로 인해 종종 새로운 효과, 반응성 및 특성을 나타내어 새로운 응용 및 활용에 적용된다.

물질의 합성

금속의 배위 화학과 유기금속 화학을 포함하는 무기 합성 화학에서는 용액 반응에서 리간드를 치환하여 분자를 변환하는 경우가 많다. 반응물의 이동이 용이한 용액 반응은 일반적으로 활성화 에너지가 낮고 0°C와 150°C 사이의 저온에서 진행되며, 빠른 분자 이동은 반응 시간을 상당히 단축시킨다. 반면에 고체 물질을 고체 반응으로 합성할 경우, 확장된 구조로 인한 2000 kJ mol^{-1} 이상의 큰 격자 에너지를 극복해야 하기 때문에, 매우 높은 온도가 아니면 고체 반응 중 이온의 이동은 느리게 일어난다. 일부 무기 화합물은 용액 반응을 통해 비교적 낮은 온도에서 합성되기도 하는데, 이는 어느 정도 이루어진 구축 단위(building block)들이 함께 응집하여 확장된 구조를 이루는 것이다. 이 절에서는 벌크 단상(single phase) 물질의 합성에 초점을 맞추고 있으며, 나노물질 화학과 밀접한 관련이 있는 결정 분말의 크기 조절, 입자 형상, 박막의 합성 등은 24.23~24.27절에서 다루게 될 것이다.

24.1 벌크 물질의 합성

새로운 물질을 합성하는 방법은 크게 두 가지로 나눌 수 있다. 첫 번째는 두 가지 이상의 고체 화합물을 직접 반응시키는 방법으로 반응 물질의 격자를 해체하고 새로운 구조를 형성하는 것이다. 두 번째는 용액에서 다면체 구성 요소를 서로 연결하여 새로운 고체 화합물을 형성시키는 방법이다.

(a) 고온 직접 합성 방법

요점: 많은 고체 화합물들은 고온에서 구성 성분을 직접 반응시켜 얻을 수 있다. 구성 성분은 미리 용액 혹은 졸–젤 법을 통해 원자 수준에서 섞을 수 있다.

벌크 무기 고체 합성에서 가장 보편적으로 사용되는 방법은 고체 반응물을 함께 섞어 고온(일반적으로 500~1500°C)에서 장시간 가열하는 것이다. 다성분 산화물은 일반적으로 여러 가지 금속 산화물의 혼합물을 가열하여 얻을 수 있다. 다른 방법은 산화물 대신에 단순 화합물을 분해하는 것이다. 예를 들면 삼성분 산화물 $BaTiO_3$와 사성분 산화물 $YBa_2Cu_3O_7$은 다음과 같은 혼합물을 며칠 동안 가열하여 합성한다.

$$BaCO_3(s) + TiO_2(s) \xrightarrow{1000°C} BaTiO_3(s) + CO_2(g)$$

$$\tfrac{1}{2}Y_2O_3(s) + 2BaCO_3(s) + 3CuO(s) + \tfrac{1}{4}O_2(g) \xrightarrow{930°C/\text{공기},\ 450°C/O_2} YBa_2Cu_3O_7(s) + 2CO_2(g)$$

이 방법에서는 고체 화합물 내부의 느린 이온 확산을 가속시키고 이온 간의 큰 Coulomb 인력을 극복하기 위해서 고온 조건이 적용된다. 반응물들은 일반적으로 분말 형태로, 크기는 대개 10 μm보다 작으며 가열 전에 충분히 갈아주어 필요한 이온 확산 거리를 줄인다. 직접 합성 방법은 많은 무기 재료들, 즉 다양한 조성의 염화물과 치밀한 구조의 무수 금속 알루미노실리케이트 등의 합성에 적용이 가능하다.

$$3CsCl(s) + 2ScCl_3(s) \rightarrow Cs_3Sc_2Cl_9(s)$$

$$NaAlO_2(s) + SiO_2(s) \rightarrow NaAlSiO_4(s)$$

대부분의 간단한 이성분 산화물은 수 마이크로미터 크기의 순수한 결정성 분말 형태로 구입할 수 있다. 다른 방법으로는 반응 전이나 반응 중에 금속염 선구 물질의 분해로 매우 고운 분말 산화물을 합성할 수 있다. 이런 전구 물질로는 금속 탄산물, 수산화물, 옥살산물, 질산물 등이 있다. 전구 물질의 장점은, 흡습성이 강하고 공기에서 이산화 탄소를 흡수하는 많은 산화물과는 달리, 공기 중에서 안정하다는 점이다. 따라서 $BaTiO_3$를 합성할 경우에는 탄산 바륨($BaCO_3$)(900°C 이상에서 BaO로 분해되기 시작됨)을 정확한 비율의 TiO_2와 함께 막자사발이나 볼 밀(원통 속에 단단한 작은 구슬과 고체 시료를 같이 넣고 원통을 회전시켜 시료를 갈아주는 장치)을 이용하여 혼합물을 만든다. 이것을 유리 실리카(vitreous silica), 재결정 알루미나, 혹은 백금과 같은 안정한 물질로 만들어진 도가니로 옮겨 전기로에 넣는다. 이 반응은 고온에서도 느리게 진행되어 오랜 시간이 소요된다.

다양한 방법이 고체 반응의 속도를 높이기 위해서 사용된다. 반응물 입자 간 접촉을 높이기 위해 혼합물에 높은 압력을 가해 펠릿(pellet) 형태로 반응시키거나, 주기적으로 혼합물을 반복하여 갈아 반응물 간 새로운 접촉면을 만드는 방법, 용융점이 낮은 물질을 이용하여 이온 확산을 촉진하는 '플럭스(flux)' 방법 등이 있다. 반응의 완결 시간을 결정하는 주요인은 반응물의 입자 크기이다. 입자가 클수록 시료의 표면적이 작아져 반응이 일어날 수 있는 면적이

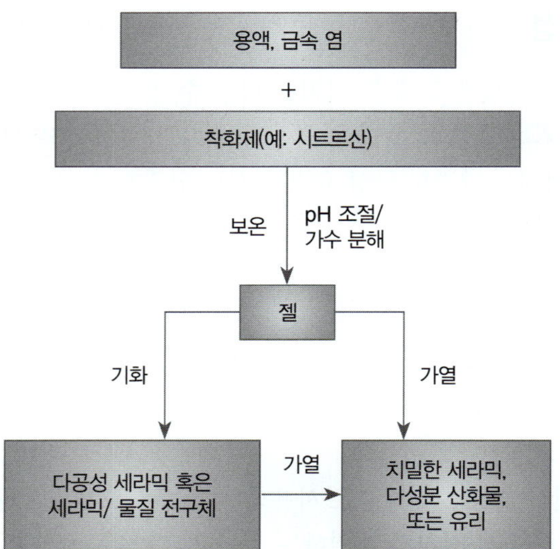

그림 24.1 졸–젤법의 대략적인 전개도 젤이 높은 온도에서 건조되면 치밀한 세라믹이나 유리가 형성된다. 물의 임계 압력 위에서 낮은 온도로 건조젤 혹은 에어로젤이라고 하는 다공성 고체가 얻어진다.

작다. 더구나 결정성 분말의 크기는 수 마이크론인 경우가 많고, 이런 큰 입자일수록 이온 확산으로 이동해야 할 거리가 늘어난다. 반응 속도를 증가시키고 고체 상태 반응을 저온에서 유도하기 위해서 크기가 10 nm에서 1 μm 사이이고 큰 표면적을 갖는 반응물이 종종 적용된다.

반응물의 혼합 상태 향상을 위해 반응 초기 단계에서 용액을 사용할 수도 있다. 이러한 방법들은 일반적으로 **졸–젤법**(**sol–gel process**)이라고 통칭하는데, 그림 24.1에 소개되어 있다. 졸–젤법은 결정성 다성분 금속 산화물, 세라믹, 나노입자(24.24, 24.25절)와 실리카 겔, 유리 종류와 같이 높은 표면적을 갖는 화합물의 합성(24.7절)에 적용 가능하다. 용액으로 반응을 시작하는 장점은 반응물들이 원자 수준에서 용매화되고 혼합되어 마이크로미터 크기의 입자로 이루어진 두 가지 이상의 고체상의 직접 반응에서 유발되는 문제들을 극복할 수 있다는 것이다. 이런 종류의 가장 간단한 반응은 금속 이온 용액(예를 들면 질산 금속)에서 용매를 증발시키거나 단순한 혼합 금속 염을 침전시키는 방법 등 다양한 방법을 통해 고형분으로 변환시키는 것이다. 그 이후에 이 고형분을 가열하여 원하는 물질을 얻는 이 방법의 간단한 예로 La_2CuO_4와 $ZnFe_2O_4$ 산화물을 합성하는 두 반응 과정은 다음과 같다.

$$2\,La^{3+}(aq) + Cu^{2+}(aq) \xrightarrow{5OH^-(aq)} 2\,La(OH)_3 \cdot Cu(OH)_2(s)$$
$$\xrightarrow{600°C} La_2CuO_4(s) + 4\,H_2O(g)$$

$$Zn^{2+}(aq) + 2\,Fe^{2+}(aq) + 3\,C_2O_4^{2-}(aq) \rightarrow ZnFe_2(C_2O_4)_3(s)$$
$$\xrightarrow{700°C} ZnFe_2O_4(s) + 4\,CO(g) + 2\,CO_2(g)$$

전형적인 졸–젤법은 다양한 금속 염과 유기산, 알코올과 같은 착화제(complexing agent)가 녹아 있는 수용액을 만들고, 이를 서서히 증발시켜 점도 높은 용액이나 젤을 만드는 것이다. 다른 방식으로는, 알콕시화 금속 전구체를 알코올에 녹이고 물을 첨가하여 가수 분해를 통해 단단한 젤을 얻을 수도 있다. 이러한 금속과 유기 알콕시화물, 유기산물이 서로 연결되어 구성된 젤을 높은 온도로 가열하여 추가로 건조하여 고체 혼합물을 얻고, 이것을 비교적 낮은 온도에서 가열하면(300~600°C), 분해되면서 원하는 다성분 산화물을 얻게 된다. 이러한 합성법 중 하나인 'Pechini법(Pechini method)'에서는 금속 염 또는 알콕시화물을 시트르산이나 에틸렌 글리콜 용액에 첨가한다. 이 용액을 100°C 이상으로 가열하면 축합 반응이 일어나 고분자 형태의 혼합 시트르산 금속 젤이 형성되고, 이를 400°C 이상으로 가열하면 분해하여 다성분 산화물을 얻는다. 반응 시간이 짧아지는 장점뿐만 아니라 반응물이 서로 잘 섞여 마지막 분해 반응 온도도 산화물 간 직접 반응에 필요한 온도보다 어느 정도 낮출 수 있게 된다. 온도를 낮추어 반응하면 마지막 분해 반응에서 형성되는 입자 크기를 줄이는 효과도 예상할 수 있다. 나노입자의 합성을 위한 이 방법의 추가적인 사례들은 24.24절에서 다룬다.

특정한 산화 상태가 요구되거나 반응물 중 일부가 휘발성이 있다면, 반응 환경도 조절할 필요가 있다. 고체 상태 반응은 관 노(tube furnace)를 활용하여 특정 기체를 반응 혼합물에 통과시키면서 가열하는, 제어된 분위기에서도 수행할 수 있다. 예를 들면 $TlTaO_3$를 합성할 때 산화를 방지하기 위해 비활성 기체를 이용하는 것이다.

$$Tl_2O(s) + Ta_2O_5(s) \xrightarrow{N_2/600°C} 2\,TlTaO_3(s)$$

이때 공기 중이라면 Tl(I)이 Tl(III)로 산화되겠지만, 질소하에서는 이를 방지할 수 있다.

고압의 기체를 적용하여 생성물의 조성을 조절할 수도 있다. 예를 들면 정상 압력의 공기 혹은 산소 분위기하에서 반응시키면 Fe(III)가 얻어지지만, SrO와 Fe_2O_3 혼합물로부터 Sr_2FeO_4를 합성하는 반응에서 산소 압력을 수백 기압으로 올리면 Fe(IV)가 얻어질 수 있다. 휘발성 반응 혼합물은 유리관 등에 진공으로 밀봉한 후 가열하는 것이 일반적이다. 다음 반응을 참조하라.

$$Ta(s) + S_2(l) \xrightarrow{500°C/\text{밀봉된 실리카관}} TaS_2(s)$$

$$Tl_2O_3(l) + 2\,BaO(s) + 3\,CaO(s) + 4\,CuO(s) \xrightarrow{860°C/\text{밀봉된 금 캡슐}} Tl_2Ba_2Ca_3Cu_4O_{12}(s)$$

황과 탈륨(III) 산화물은 반응 온도에서 휘발성이 있기 때문에 열린 반응 용기에서 반응 혼합물을 가열하면 일부 손실이 발생하여 정량적인 조성의 생성물을 얻을 수 없다. 고압 조건은 고체 상태 화학 반응의 결과를 바꿀 수도 있다. 고압 조건에 특화된 전문 장비를 이용하면 1500°C에 가까운 온도에서 최대 100 Gpa(1Mbar)에 달하는 압력 조건에서 고체 반응을 수행할 수 있다. 이러한 조건에서 일어나는 반응은 고밀도의, 높은 배위수 구조의 형성을 촉진시킨다. 페로브스카이트와 유사한 구조(4.9절)의 $MgSiO_3$ 합성의 예를 보면, 실리콘이 대부분의 실리케이트 염에서 나타나는 정상적인 정사면체 SiO_4 단위체를 이루지 않고 6배위의 정팔면체 SiO_6 단위체를 갖는다. 이러한 전문 장비는 흑연으로부터 다이아몬드를 합성하는 데에도 사용될 수 있다(화학세상 14.1). 소량 반응의 경우에서, 두 개의 마주 보는 다이아몬드 면을 바이스 같은 장비로 서로 압착시켜 100 Gpa에 달하는 압력을 발생시키는 '다이아몬드 앤빌 셀(diamond anvil cell)'을 이용하여 매우 높은 압력 조건에서 반응을 진행할 수 있다.

(b) 용액을 이용한 방법

요점: 다면체 화학종으로 형성된 골격 구조는 용액에서 축합 반응으로 만들 수 있다.

골격 구조를 갖는 많은 무기 화합물은 용액에서 결정화를 통하여 합성될 수 있다. 다양한 방법이 있지만, 다음은 물에서 일어나는 대표적인 반응으로 물질은 금속 중심들이 음이온으로 서로 연결된 확장된 구조를 갖게 된다.

$$ZrO_2(s) + 2\,H_3PO_4(l) \rightarrow Zr(HPO_4)_2 \cdot H_2O(s) + H_2O(l)$$
$$3\,KF(aq) + MnBr_2(aq) \rightarrow KMnF_3(s) + 2\,KBr(aq)$$

$KMnF_3$는 페로브스카이트형 구조를 띤다(4.9절).

수열 기술(hydrothermal technique)을 이용하면 용액법은 더욱 확장되는데, 이 기술은 반응 용액을 용기에 넣고 밀봉한 후 정상 끓는점 이상으로 가열하는 것이다. 수열 반응은 열린 구조를 갖는 알루미노실리케이트(제올라이트), 옥소 다면체가 상호 연결되어 이루는 형태가 유사한 다공성 구조물, 그리고 금속 이온이 유기물(가장 흔하게는 카복실산 음이온이나 아민 같은)의 배위에 의해 상호 연결되어 형성되는 **금속-유기 골격체(MOF, metal-organic framework)**의 합성에 중요하다(24.12절). MOF $[Cu_2(tpt)_2(SO_4)_2(H_2O)_2]\cdot 4H_2O$는 황산구리 수용액을 2,4,6-tris(4-pyridyl)-1,3,5-triazine(tpt)과 180°C에서 반응하여 합성하였다.

$$12\,NaAlO_2(s) + 12\,Na_2SiO_3(s) + (12+n)H_2O \xrightarrow{90°C} Na_{12}[Si_{12}Al_{12}O_{48}]\cdot nH_2O(zeolite LTA)(s) + 24\,NaOH(aq)$$

[1] LTA와 BEA는 서로 다른 제올라이트(알루미노실리케이트) 구조를 확인하기 위해 국제 제올라이트 협회에서 사용되는 세 글자 코드의 예이다(24.11절).

LTA[1]와 같은 일부 제올라이트는 물의 끓는점 아래에서 합성이 가능하지만, 높은 합성 온도가 필요한 경우도 많으며, **구조 지향 시약(SDA: structure-directing agent)**을 넣어 골격 구조체의 위상 배치를 조절하기도 한다. 조성이 $Na_{0.92}K_{0.62}(TEA)_{7.6}[Al_{4.53}Si_{59.47}O_{128}]$ (TEA = tetraethylammonium cation)인 제올라이트 BEA[1]를 합성할 때에는 알루미늄산 소듐, 실리카, NaCl, KCl, 그리고 SDA인 수산화 테트라에틸암모늄을 반응시킨다. 이러한 다공성 구조물은 종종 열역학적으로 준안정(metastable) 상태로, 더 치밀한 구조물로 변환되려는 경향이 있기 때문에 고온 직접 합성법으로는 얻을 수 없다. 예를 들면 용액에서 형성된 소듐 제올라이트인 LTA($Na_{12}[Si_{12}Al_{12}O_{48}]\cdot nH_2O$)는 800°C 이상으로 가열하면 치밀한 구조의 $NaSiAlO_4$로 변환된다. 최근에는 액체 암모니아, 초임계 CO_2 및 유기 아민 같은 용매들이 '**용매열 반응(solvothermal reaction)**에 적용되고 있다. 이온 액체도-일반적으로 저온에서 녹는 유기 양이온 염-제올라이트의 합성에 적용되기도 하는데, 이를 **이온열 반응(ionothermal reaction)**이라고 한다.

고온 직접 합성법과 용매열 기법이 물질 화학에서 가장 보편적으로 사용되지만, 일부 고체 반응은 낮은 온도에서도 가능한데, 이는 반응 중 구조의 변화가 수반되지 않을 경우이다. 이러한 반응은 '층간 삽입 반응(intercalation reaction)'이라 하며 24.9절에서 논의할 것이다.

예제 24.1 다성분 산화물을 합성하는 방법은?

고온 초전도체인 다성분 산화물 $ErBa_2Cu_3O_{7-x}$를 합성하는 방법을 설명하시오.

답 먼저 유사한 화합물을 생각하고, 그 합성법을 이 화합물에 적용하는 것이 필요하다. 적당한 란타넘족 산화물로 대치하고, $YBa_2Cu_3O_{7-x}$ 합성과 동일한 방법을 적용할 수 있다. 즉 산화 어븀(Er_2O_3), 탄산 바륨(열분해하여 BaO로 됨)과, 산화 구리(II)를 940°C로 가열한 후, 450°C 순수한 산소 분위기하에서 열처리하여 합성한다.

문제 24.1 (a) $SrTiO_3$, (b) Sr_2VO_4, (c) 다공성 인산알루미늄($AlPO_4$) 시료를 어떻게 합성할 수 있는지를 설명하시오.

결함과 이온 운반

제4.16절에서 논의한 바와 같이, 모든 고체는 어느 정도의 결함(defect), 다시 말해 구조나 성분에서의 불완전성을 갖는다. 도핑 같은 방법으로 물질 내에 의도적으로 결함(외인성 결함, extrinsic defect)을 유도할 수도 있다. 이러한 결함은 주로 틈새에 발생하거나(Frenkel형), 빈자리(Schottky형)로 발생한다. 이들은 전기 전도도와 화학 반응성에 큰 영향을 미치기 때문에 중요하다. 전기 전도는 고체 내 이온의 움직임으로 일어나는데, 이는 결함의 존재로 인해 증가한다. 높은 이온 전도도를 지닌 물질은 센서, 충전형 배터리와 연료 전지에 중요하게 응용된다.

24.2 확장된 결함

요점: Wadsley 결함은 결정학적 방향에 따라 결함이 모여 형성된 엇갈린 평면이다.

제4장에서 설명한 결함은 점 결함이다. 이런 점 결함은 어느 정도 구조의 국부적 변형을 수반하고 때로는 전하의 불균형도 발생시키기 때문에 높은 생성 엔탈피가 수반된다. 그러므로 이러한 결함이 서로 모여 선이나 면을 형성하면서 평균 생성 엔탈피를 낮추기도 한다.

산화 텅스텐은 결함 평면을 형성하는 예이다. 그림 24.2에 나타난 바와 같이, WO_3의 이상적 구조(일반적으로 'ReO$_3$ 구조'로 불림)는 WO_6 팔면체들이 모든 꼭짓점들을 공유하여 형성된다. 결함 평면의 형성을 살펴보기 위하여 대각선을 따라서 공유된 O 원자를 제거해 보자. 그 결과 이웃한 조각이 서로 미끄러지면서 지나치며 각 W 원자 주위의 빈 배위 자리를 채운다. 이런 엇갈린 움직임은 대각선 방향을 따라서 모서리가 공유된 팔면체를 만든다. A.D. Wadsley는 이렇게 만들어진 구조를 **결정학적 엇갈린 평면**(crystallographic shear plane)이라 칭하고, 최초로 확장된 평면 결함을 설명하는 방법을 제시하였다. 고체에 임의로 형성된 결정학적 엇갈린 평면을 '**Wadsley 결함**(Wadsley defect)이라고 한다. 이 결함은 물질 조성을 연속적으로 변할 수 있도록 하여 산화 텅스텐의 경우, WO_3에서 $WO_{2.93}$ 범위까지의 조성이 가능하다(텅스텐 금속을 첨가하여 WO_3를 가열하여 환원시켜 합성한다). 그러나 만일 결정학

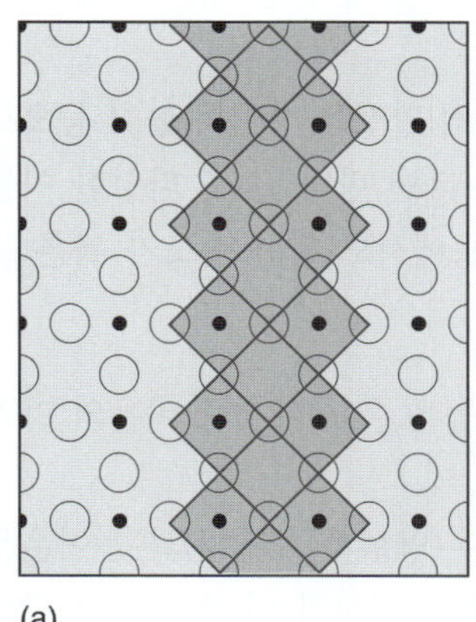
(a)

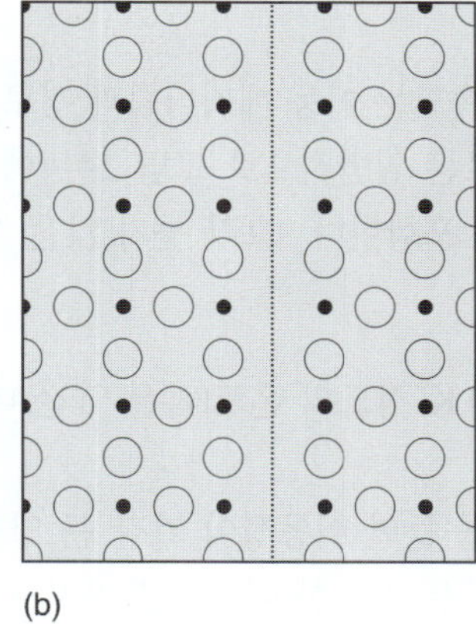
(b)

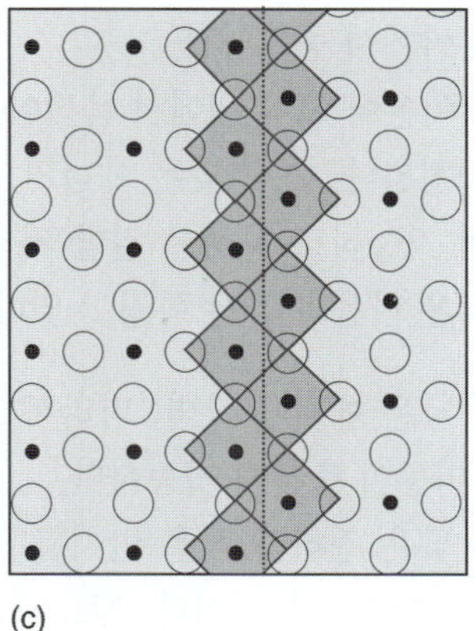
(c)

그림 24.2 결정학적 엇갈린 평면에 대한 개념을 ReO_3 구조에서 (100)면에 대하여 표시하였다. (a) 금속(Re)과 산소(O) 원자로 형성된 평면. 금속 원자 주위의 팔면체는 주어진 평면의 위와 아래의 산소 원자 평면으로 이루어진다. 여기서 설명하는 과정을 명확히 하기 위해서 팔면체 일부에 명암을 넣었다. (b) 책 지면에 수직인 평면에 있는 산소 원자들이 제거되어 여섯 번째의 산소가 부족한 금속 원자의 두 평면을 형성한다. (c) 금속 원자 두 평면의 팔면체 배위는 보여 주는 바와 같이, 오른쪽 평판이 이동하여 형성된다. 이것은 팔면체(MO_6)가 모서리를 공유하여 지면에 수직인 평면(엇갈린 평면)을 만든다.

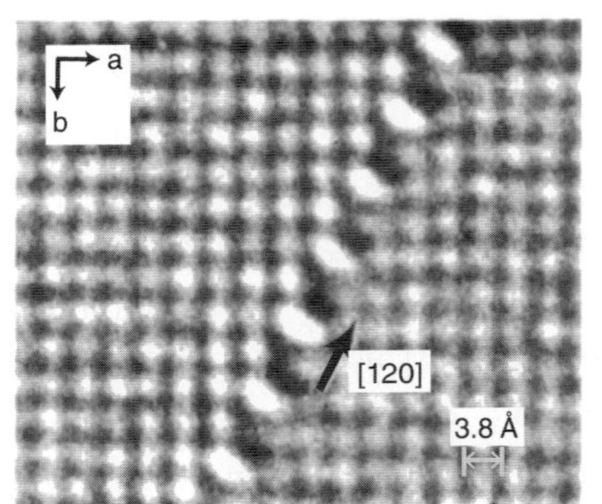

그림 24.3 (a) WO_{3-x}의 결정학적 엇갈린 평면에 대한 고분해능 전자현미경의 격자 이미지. (b) 전자현미경으로 본 W 원자 주위의 산소 팔면체. 결정학적 엇갈린 평면을 따라서 모서리가 공유된 팔면체를 주목하라. (S. Iijima, *J. Solid State Chem.* 1975, **14**, 52 허가에 의한 게재)

적 엇갈린 평면이 규칙적으로 나타나는 경우라면, 새로운 단위 세포가 형성되며 이는 새로운 양론적 화합물로 보아야 한다. 산화 텅스텐에서 더 많은 O^{2-} 이온이 제거되면 높은 규칙성을 띠는 엇갈린 평면이 존재하는 일련의 상이 발견되는데, 그 조성은 W_nO_{3n-2}(n = 20, 24, 25, 40)으로 나타난다. W, Mo, Ti 및 V의 산화물과 그들의 다성분 산화물 등에서는 이러한 엇갈린 면이 존재하면서 조성은 촘촘하게 변하는 화합물들이 알려져 있다. 예를 들면 텅스텐 브론즈 구조의 $M_8W_9O_{47}$(M = Nb, Ta)과 마그넬리 상(Magneli phases)인 V_nO_{2n-1}(n =3~9) 등이다. 전자현미경(8.17절)은 이런 결함을 실험적으로 관찰하는 데 적절한 방법으로 엇갈린 평면의 규칙, 불규칙 배열을 알아낼 수 있다(그림 24.3).

24.3 원자와 이온의 확산

요점: 고체에서 이온 확산은 결함의 존재에 크게 의존한다.

실온에서 고체 내 원자나 이온의 확산은 기체나 액체의 확산 과정보다 훨씬 천천히 일어난다. 이것이 대부분의 고체 반응이 이온 이동도가 크게 증가하는 고온에서 진행되는 이유이다(24.1절). 그러나 이러한 일반화에도 놀랄만한 예외가 있다. 고체에서 원자나 이온의 확산은 반도체 공정, 새로운 고체의 합성, 연료 전지, 센서, 야금 및 불균일 촉매 등 많은 고체 기술 분야에서 중요하다.

이온이 고체 내에서 움직이는 속도는 이동 메커니즘과 경로상의 활성화 장벽의 높이 등으로 결정된다. 가장 낮은 에너지 경로는 일반적으로 그림 24.4에 나타낸 바와 같이, 다양한 이동이 가능하도록 하는 결함 자리를 포함한다. 그리 높지 않은 온도에서도 확산 속도가 빠른 물질은 다음과 같은 특징이 있다.

- 낮은 에너지 장벽: 따라서 300 K 정도의 온도(혹은 약간 더 높은 온도)에서도 이온의 자리 이동이 충분히 가능하다.
- 낮은 전하와 작은 반지름: 예를 들면 이동성이 가장 큰 양이온(양성자는 제외)과 음이온은 각각 Li^+와 F^-이다. Na^+와 O^{2-}는 적절한 이동성을 가지고 있다. 전하가 더 큰 이온은 강한 정전기적 상호 작용이 있어 이동성이 떨어진다.
- 높은 고유 또는 외인성 결함 농도: 결함은 일반적으로 에너지가 낮은 이온 확산 경로를 제공하는데, 이는 정상적이고 안정한 이온 자리에 이온들이 계속해서 이동하는 데 필요한 에너지 손실이 없기 때문이다. 이런 결함은 엇갈린 평면(24.2절)과 같이 규칙적이면 안 된다. 규칙적 결함은 이동 경로를 제공하지 않기 때문이다.

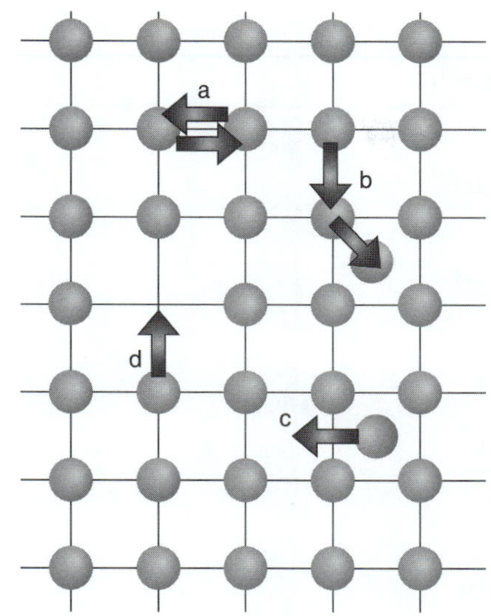

그림 24.4 고체에서 이온과 원자의 가능한 확산 메커니즘 (a) 두 개의 원자 또는 이온의 자리 교환, (b) 이온이 정상 점유 위치에서 틈새로 이동하여 만들어진 빈자리가 다른 이온이 이동하여 채워짐. (c) 이온이 틈새에서 틈새로 이동. (d) 원자나 이온이 채워진 자리에서 빈자리로 이동하고, 새로운 빈자리가 형성됨

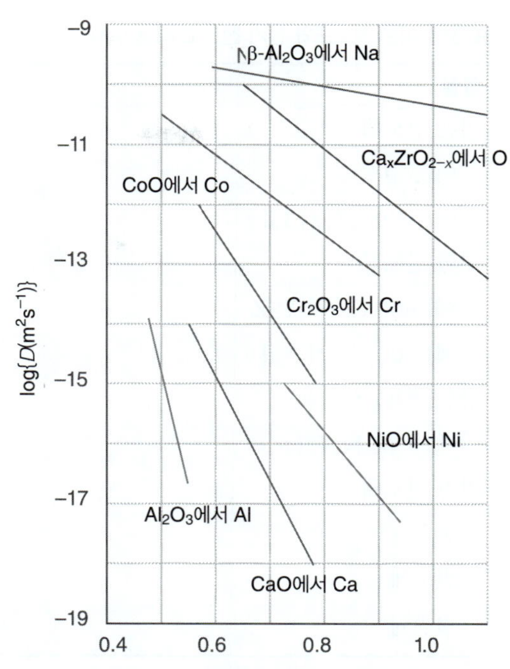

그림 24.5 온도의 역수에 대한 몇 가지 고체의 이동 이온의 확산 계수 거동(로그 척도)

• 이동성 이온이 전체 이온 수 대비 상당한 비율로 존재한다.

그림 24.5는 확산 계수의 온도 의존도를 보여 준 것으로, 다양한 고체 구조의 특정 이온들의 고온 이동도를 보여 주는 자료이다. 직선의 기울기는 이온 이동에 필요한 활성화 에너지에 비례한다. 따라서 β-알루미나에서 Na^+는 이동이 빠르고 낮은 활성화 에너지를 갖는 반면, 암염 구조를 갖는 CaO에서 Ca^{2+}는 이동이 훨씬 느리고 큰 활성화 에너지를 갖는다.

24.4 고체 전해질

전지, 연료 전지, 전기 발색 디스플레이(electrochromic display), 또는 전기 화학 센서와 같은 모든 전기 화학 전지에는 전해질이 필요하다. 많은 응용 분야에서 이온 용액(예로 납 축전지의 묽은 황산)이 전해질로 사용되고는 있지만, 액체 전해질의 누액 가능성을 피하기 위해 고체 전해질 개발에 지대한 관심이 모이고 있다. 두 가지의 중요하고 철저히 연구된 양이온 고체 전해질은 테트라아이오도수은산(II) 은(Ag_2HgI_4)과, $Na_{1+x}Al_{11}O_{17+x/2}$ 조성의 β-알루미나 소듐이다. 최근에 개발된 고속 양이온 전도체(fast-cationic conductor)는 NASICON('**Na superionic conductor**')으로, 조성식은 $Na_{1+x}Zr_2P_{3-x}Si_xO_{12}$이다. 그리고 많은 양성자 전도체는 실온에서 작동되거나, $CsHSO_4$와 같이 160℃ 이상의 약간 높은 온도 영역에서 작동된다.

음이온 전도체는 양이온 전도체보다 드물고, 일반적으로 고온에서만 높은 전도성을 보인다. 음이온은 양이온보다 이온 반지름이 크므로 고체 내 확산의 에너지 장벽이 높다. 그 영향으로 고체에서 고속 음이온 전도는 F^-와 O^{2-}(이온 반지름은 각각 133 pm, 140 pm)로 제한된다. 이런 제한에도 불구하고 음이온 전도체는 센서와 연료 전지에서 중요한 역할을 하고 대표적인 물질은 이트륨-안정화 지르코니아(YSZ: yttrium-stabilized zirconia)로, 성분은 $Y_xZr_{1-x}O_{2-x/2}$이다. 표 24.1에 대표적인 고체 전해질의 전도도 값을 이온 전도 물질과 비교하여 정리하였다.

표 24.1 이온 전도도와 전기 전도도 비교 수치

물질	전도도*(Sm^{-1})
이온 전도체	
이온 결정	10^{-16}~10^{-2}
예 : 298°C에서 LiI	10^{-4}
고체 전해질	10^{-1}~10^{3}
예: 600°C에서 YSZ	1
예: 500°C에서 AgI	10^{2}
강한(액체) 전해질	10^{-1}–10^{3}
예: 1 M NaCl(aq)	10^{2}
전자 전도체	
금속	10^{3}~10^{6}
반도체	10^{-3}~10^{2}
절연체	$>10^{-7}$

* 기호 S는 지멘스(siemens)를 나타낸다. $1 S = 1 \Omega^{-1}$

(a) 고체 양이온 전해질

요점: 고체 무기물 전해질은 이온이 일부 결정 자리에서 정렬된 형태를 띠는 저온상을 종종 보여 준다. 그러나 온도가 올라가면 결정 자리를 무질서하게 점유하면서 이온 전도도가 증가한다.

상온이나 약간 높은 온도 영역에서 높은 양이온 이동도를 보이는 조성과 구조의 종류가 점점 더 다양해지고 있지만, 이 특성의 기본 원리는 철저하게 연구된 두 물질, Ag_2HgI_4와 β-알루미나 소듐을 통해 잘 이해할 수 있다.

온도 50°C 이하에서 Ag_2HgI_4는 질서 정연한 결정 구조를 이루며, Ag^+와 Hg^{2+} 이온은 I^- 이온에 의해 사면체로 배위되고 구조에 비어 있는 사면체 구멍이 있다(그림 24.6a). 이 온도

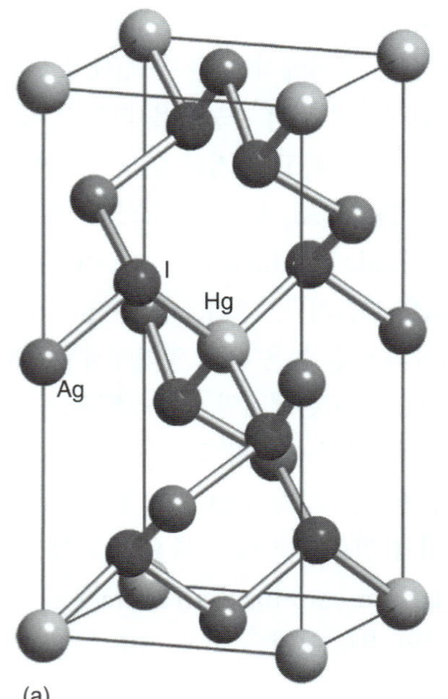

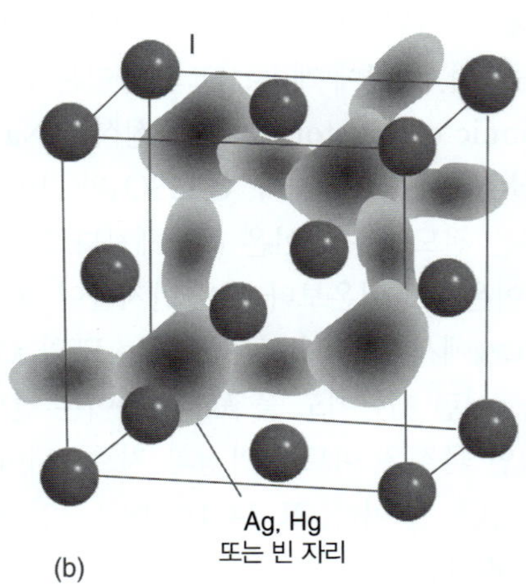

그림 24.6 (a) 저온에서 Ag_2HgI_4의 질서 구조, (b) 고온 무질서 구조에 나타나는 양이온의 무질서 배치. 고온에서 Ag_2HgI_4는 Ag^+ 이온 전도체이다.

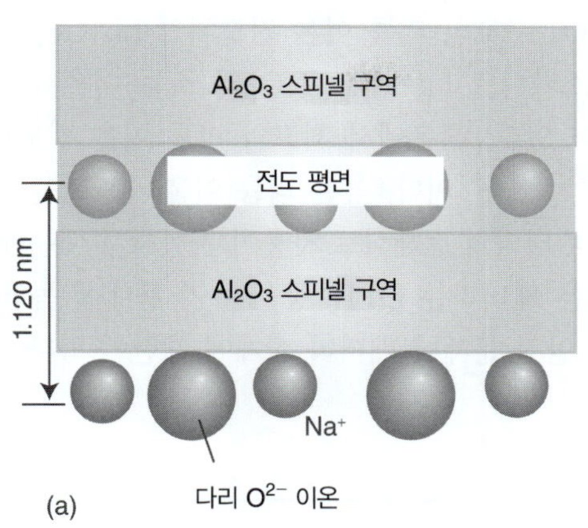

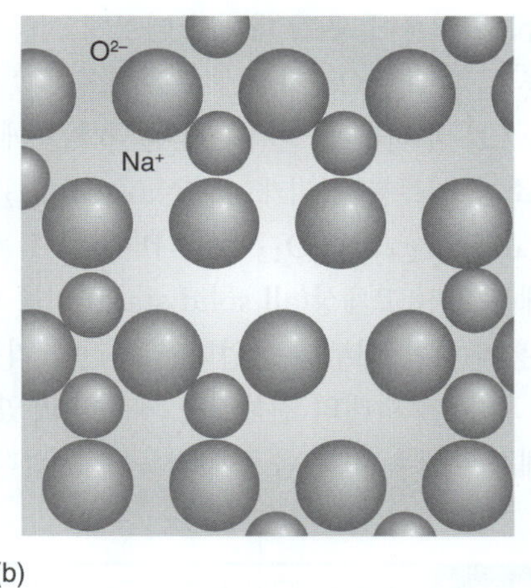

그림 24.7 (a) β-알루미나의 측면 그림으로 Al_2O_3 층 사이에 Na_2O 전도 평면이 있다. O 원자가 두 층을 다리로 연결하고 있다. (b) 전도 평면 그림. 이동 이온이 많이 존재하는 것과 이동 가능한 빈자리를 주목하라.

영역에서 이온 전도도는 낮다. 그러나 50 °C 이상에서는 Ag^+와 Hg^{2+} 이온이 사면체 자리 전체에 무질서하게 분포되어(그림 24.6b), Ag^+ 이온이 차지할 수 있는 자리가 Ag^+ 이온의 수보다 많다. 이 온도 영역에서는 Ag^+ 이온의 자리 이동이 더 수월하므로 좋은 전도체가 된다. 편극성이 높은 I^- 이온의 조밀 채움 배열은 쉽게 변형되어 Ag^+ 이온이 옆의 빈자리로 이동하는 데 필요한 활성화 에너지를 낮춘다. AgI와 $RbAg_4I_5$와 같이, 무른(soft) 음이온으로 이루어진 유사 구조를 가진 고체 전해질은 많이 있다. 즉 AgI와 $RbAg_4I_5$에는 둘 다 이동도가 매우 높은 Ag^+ 이온이 있으며, 실온에서 $RbAg_4I_5$의 이온 전도도는 염화 소듐 수용액보다 크다.

β-알루미나 소듐은 좋은 이온 전도체로 단단한 물질이다. 단단하고 조밀한 Al_2O_3 층은 성긴 배열의 O^{2-} 이온 배열에 의하여 서로 연결되어 있다(그림 24.7). 이 연결 산소 음이온을 포함하는 평면에 Na^+ 이온이 있고 평면 내 다른 자리로 이동하는 데 방해가 되는 큰 걸림돌이 없어 이온들은 쉽게 이동할 수 있다. 이와 유사하게 이온이 이동할 수 있는 평면이나 통로를 가지는 견고한 물질들이 많이 알려졌는데, 이들을 **골격 전해질(framework electrolyte)**이라고 한다. 비슷한 물질인 β′-알루미나 소듐은 β-알루미나 소듐보다 이온의 움직임에 제한을 덜 받기 때문에 더 자유로워 Na^+를 2가 양이온인 Mg^{2+}나 Ni^{2+}로 치환하는 것이 가능하다. 비록 이온의 확산 특성은 떨어지지만, 큰 란타넘족 양이온 Eu^{2+}도 β′-알루미나 구조 내로 들어갈 수 있다. 앞서 언급한 NASICON 물질은 비화학량론적 고용체로 팔면체 ZrO_6와 사면체 PO_4로 구성된 골격을 가지며, 성분 $NaZr_2P_3O_{12}$이 기본 구조(parent phase)가 된다(그림 24.8). P 원자를 Si로 부분적으로 치환하면 고체 용액인 $Na_{1+x}Zr_2P_{3-x}Si_xO_{12}$를 만들며, 전하 균형은 Na^+ 이온 수로 맞춘다. 이 물질에서 Na^+가 점유할 수 있는 전체 자리 중 단지 일부만 채워지는데, 이 채워진 자리들은 삼차원 네트워크 채널을 유지하고 있어 남아 있

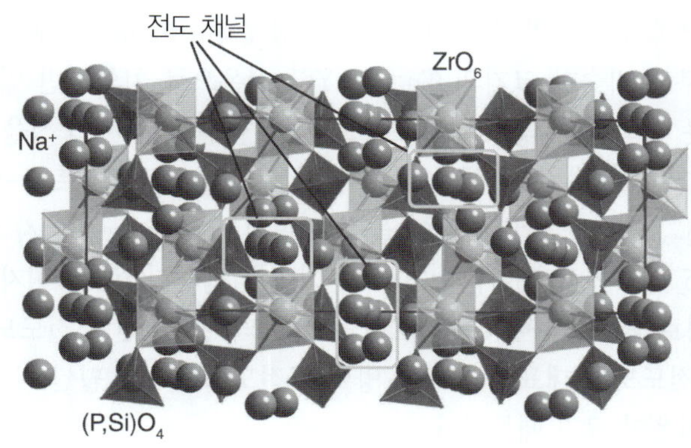

그림 24.8 $Na_{1+x}Zr_2P_{3-x}Si_xO_{12}$ **(NASICON) 구조** 사면체 $(P,Si)O_4$와 ZrO_6가 연결됨

는 Na^+ 이온이 구조 내에서 빠르게 이동할 수 있다. 최근에 고속 양이온 전도체로 연구되는 다른 물질로는 Ge 자리가 V로 도핑된 Li_4GeO_4 구조의 리튬 이온 전도체인 $Li_4(Ge_{1-x}V_x)O_4$, Li^+ 부격자에 빈자리가 존재하는 페로브스카이트 $La_{0.6}Li_{0.2}TiO_3$와 소듐 이온 전도체인 소듐 이트륨 실리케이트($Na_5YSi_4O_{12}$) 등이 있다. 상온에서 최고의 리튬 이온 전도도는 $Li_{6.4}La_3Zr_{1.4}Ta_{0.6}O_{12}$에서 나타난 1.1×10^{-3} S cm^{-1}이다. 높은 리튬 이온 전도도를 갖는 고체는 완전 고체상(all solid state) 리튬 이온 배터리의 전해질로 사용이 가능하기 때문에 매우 흥미롭다. 대부분 상업화된 충전식 리튬 이온 배터리는 $LiPF_6$ 등을 유기 용매에 녹인 액체, 혹은 젤 형태의 전해질을 채용하고 있는데 안전 문제나 배터리 설계에 제한이 있다(액체 전해질은 금속 리튬 음극에 적용될 수 없다).

예제 24.2 골격 전해질에서 전도도와 이온 크기의 관계

다양한 반지름의 단전하 양이온을 포함하는 β-알루미나의 전도도 자료에서 Ag^+와 Na^+ 이온은 그 반지름이 100 pm에 가깝고, 약 17 kJ mol^{-1}의 전도성의 활성화 에너지를 보여 준다. 반면 Tl^+(반지름 149 pm)는 약 35 kJ mol^{-1}이다. 이 차이를 설명하시오.

답 문제를 접근하는 한 방식은 이온 크기와 연관된 이동의 제한에 관하여 생각하는 것이다. β-알루미나 소듐 및 연관된 β-알루미나에서 비교적 견고한 골격은 이온이 이동할 수 있는 이차원 네트워크 경로를 제공한다. 실험 결과로 판단하자면, 이온 이동을 위한 통로가 Na^+ 또는 Ag^+(이온 반지름은 약 100 pm)에는 충분히 커서 비교적 쉽게 통과하나 (낮은 활성화 에너지), 크기가 큰 Tl^+(반지름 149 pm)는 통과하기가 어렵다.

문제 24.2 압력 증가 시 β-알루미나에 있는 K^+가 Na^+보다 전도도가 크게 감소하는 이유는 무엇인가?

(b) 고체 음이온 전해질

요점: 음이온 이동은 고온에서 음이온 빈자리가 많은 특정한 구조에서 일어날 수 있다.

Michael Faraday는 1834년에 적색의 뜨거운 고체 PbF_2(800°C 근방)가 훌륭한 전기 전도체라고 발표하였다. 시간이 흐른 후에 전도도의 원인은 고체 내 F^- 이온의 이동성으로 밝혀졌다. 이러한 음이온 전도 특성은 형석 구조의 다른 결정에서도 나타난다. 이런 고체에서의 이온 이동은 **틈새 메커니즘(interstitial mechanism)**으로 설명되며, 이것은 정상 자리의 F^- 이온이 먼저 틈새 자리(Frenkel 결함, 4.16절)로 이동하고, 다음에 F^- 빈자리로 이동한다.

빈자리가 많이 있는 구조는 일반적으로 큰 이온 전도도를 가지며, 이는 빈자리가 이온의 이동 경로를 제공하기 때문이다(너무 많은 수의 결함은 뭉치화 현상에 의해 오히려 전도도가 낮아질 수도 있다). 산화 상태가 다른 금속 이온을 적절히 선택하여 이온을 도핑하면 단순 산화물과 플루오린화물에 외인성 결함과 동등한 빈자리의 생성이 가능하다. 지르코니아(ZrO_2)는 고온에서 형석 구조를 갖지만 실온에서는 단사정계(monoclinic) 구조로 변한다. 실온에서 Zr^{4+} 이온의 일부를 비슷한 크기의 Ca^{2+}와 Y^{3+} 이온으로 치환하면 입방 형석 구조를 안정화된다. 이런 낮은 산화 상태의 이온으로 도핑하면 물질의 전기 중성을 유지하기 위해 음이온 자리에 빈자리가 형성되는데, 예를 들면 앞서 언급한 물질 '이트륨-안정화 지르코니아(YSZ)', $Y_xZr_{1-x}O_{2-x/2}$이 만들어진다. 이 물질은 형석 구조의 양이온 자리는 완전히 채워져 있지만, $0 \le x \le 0.15$ 영역에서 음이온 빈자리가 많이 발생한다. 이런 빈자리는 결정 구조 내 산화 이온의 확산 경로를 제공하여 $Ca_{0.15}Zr_{0.85}O_{1.85}$의 경우, 전기 전도도가 1000°C에서 5 S cm^{-1}이 된다. 이 전도도는 대표적인 고체 양이온 전도도보다는 훨씬 작은데(고온임에도 불구하고), 이것은 음이온이 크기 때문이다.

산화 칼슘이 도핑된 지르코니아의 높은 산화물 이온 전도도는 고체 전기 화학 센서로 활용되어 자동차의 배기 장치에서 산소 분압을 측정하는 데 사용된다(그림 24.9).[2] 이 전지에서 백금 전극에 O 원자가 흡착되고, 측정 시료와 기준 물질과의 산소 분압 차이가 있다면, 산소는 전해질을 통하여 O^{2-} 이온의 형태로 이동하는 열역학적 경향이 있다. 열역학적으로 우세한 과정은 다음과 같다.

[2] 이 센서의 신호는 공기/연료의 혼합비와 그것에 의해 촉매 변환기로 들어가는 배기가스의 성분을 조절하는 데 사용된다.

높은 $p(O_2)$ 쪽:

$$\frac{1}{2}O_2(g) + Pt(g) \rightarrow O(Pt,\ 표면)$$

$$O\ (Pt,\ 표면) + 2e^- \rightarrow O^{2-}(ZrO_2)$$

낮은 $p(O_2)$ 쪽:

$$O^{2-}(ZrO_2) \rightarrow O(Pt,\ 표면) + 2e^-$$

$$O(Pt,\ 표면) \rightarrow \frac{1}{2}O_2(g) + Pt(s)$$

전지 전위는 두 전극에서 일어나는 반쪽 전지 반응 $O_2 + 4e^- \rightarrow 2O^{2-}$의 전지 전위차로 결정되며, Nernst 식(6.5절)에 따라 산소 분압 p_1과 p_2에 의존한다.

$$E_{cell} = \frac{RT}{4F}\ln\frac{p_1}{p_2} \tag{24.1}$$

따라서 전위차의 차를 측정하면 간단히 배기가스의 산소 분압을 알 수 있다.

요약 설명

식 24.1에 따르면, 배기 장치 내 1000 K에서 작동하는 산소 센서에 의하면 대기 쪽[$p(O_2 = 0.2$ atm]과 연소된 연료/공기 혼합물[$p(O_2) = 0.001$ atm]과의 퍼텐셜 차이는 약 0.1 V이다.

앞에서 언급한 바와 같이, 음이온 전도도는 고온에서도 낮기 때문에 많은 다성분 금속 산화물이 저온에서 높은 이동성을 달성하기 위한 목표로 현재 연구되고 있다. 가능성 있는 몇 가

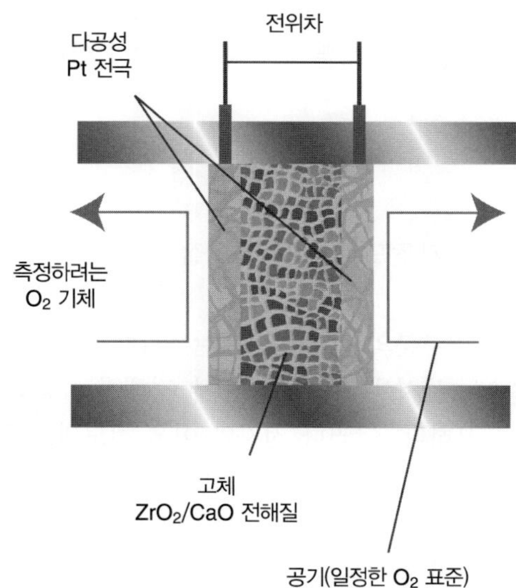

그림 24.9 **고체 전해질 $Zr_{1-x}Ca_xO_{2-x}$에 근거한 산소 센서**

화학세상 24.1 고체 산화물 연료 전지는 어떻게 작동하는가?

연료 전지는 전해질을 사이에 두고, 두 개의 전극으로 구성되어 있다. 한 전극으로 산소가 지나가고, 다른 전극으로 연료가 통과하면서 전기, 물, 그리고 열을 생산한다. 수소, 메테인, 또는 메탄올 같은 연료가 산소와 반응하여 전기 에너지(그리고 연소로 H_2O와 CO_2를 만든다)로 전환되는 연료 전지의 일반적 작동 및 구조는 화학세상 6.1에 나타나 있다. 전해질로는 다양한 물질이 가능하여, 예를 들면 인산, 양성자 교환막, 그리고 **고체 산화물 연료 전지**(SOFC, solid oxide fuel cell)에서의 산화물 이온 전도체 등이다.

SOFC는 고온에서 작동하고 전해질로 산화-이온 전도체를 사용한다. 일반적은 SOFC의 설계는 그림 B24.1에서 볼 수 있다. 단일 전지는 한정된 전압을 발생시키나, 일반 전지와 마찬가지로 연료 전지도 전지를 직렬 연결하여 발생 전위와 전력을 증가시킨다. 전지의 연결은 전기적으로 '상호 연결(interconnect)'로 되어 있고 연료와 공기는 각각 독립적으로 공급된다.

SOFC의 장점은 오염 없이 연료를 전기로 변환하는 것, 낮은 원음 공해, 연료의 다양성, 가장 중요한 고효율 등이다. 이 고효율은 일반적으로 500℃와 1000℃ 사이의 고온으로 작동하여 달성이 가능한 것이다. 고온 SOFC에서 상호 연결로는 란타넘 크로마이트(페로브스카이트 $LaCrO_3$) 같은 세라믹이 사용되거나 1000℃ 이하에서는 Y/Cr 같은 합금이 사용된다. 고온의 SOFC에서 전해질로 이용되는 산화 이온 전도체는 일반적으로 YSZ이다(24.1b절).

온도 500~700℃에서 주로 작동하는 중간 온도 SOFC는 고온 설비에 비해 장점이 많다. 즉 부식 작용의 감소, 단순한 디자인, 작동 온도까지의 예열 시간이 많이 단축된다. 그러나 이런 설비가 저온에서 전해질로 사용되기 위해서는 우수한 산화 이온 전도성 물질이 필요하다. 개발된 가장 좋은 중간 온도(600℃ 이하) SOFC는 Gd 도핑된 CeO_2(CGO)/Ni 산화 전극, Gd 도핑된 산화 세륨 전해질, 페로브스카이트 LSCF[(La, Sr)(Fe, Co)O_3] 환원 전극으로 이루어져 있다. 전해질 물질 CGO는 이런 저온에서 YSZ보다 훨씬 큰 이온 전도성을 갖는다. 그러나 이 물질의 전기 전도도 역시 커서 CGO 전해질의 사용은 전기 저항 효과 때문에 에너지 소비가 발생하여 효율성이 떨어진다. 이런 이유로 본문에서 언급한 것과 같은 새롭고 더 좋은 산화 이온 전도체가 연구되고 있다.

SOFC가 다른 형태의 연료 전지보다 우수한 장점 중의 하나는 다루기 쉬운 탄화수소 연료를 사용할 수 있는 점이다. 다른 형태의 연료 전지가 적절히 작동되기 위해서는 깨끗한 수소를 공급해야만 한다. SOFC는 고온에서 작동되므로 시스템 내에서 촉매를 사용하여 탄화수소를 수소와 탄소 산화물로 전환할 수 있다. SOFC 응용은 설비의 크기와 예열의 필요성 그리고 고온 작동 등으로 중대형 시스템에 집중되고 있고, 비교적 작은 약 2 kW 용량의 가정용으로도 사용된다.

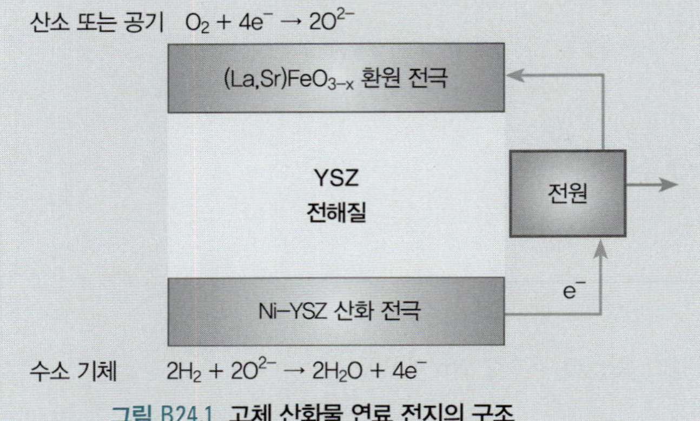

그림 B24.1 **고체 산화물 연료 전지의 구조**

지 화합물로는 $La_2Mo_2O_9$, 인듐산 바륨($Ba_2In_2O_5$), BIMEVOX(d 전이 금속이 도핑된 비스무트 바나듐 산화물), 인회석(apatite) 구조의 $La_{9.33}Si_6O_{26}$, 그리고 스트론튬과 마그네슘이 도핑된 갈륨산 란타넘(Sr,Mg-doped $LaGaO_3$ 또는 LSGM) 등을 들 수 있다. 산화 이온이나 양성자 이온을 포함하는 물질은 센서뿐만 아니라 다양한 연료 전지 분야에서도 중요하게 사용된다(화학세상 24.1).

(c) 혼합 이온-전자 전도체

요점 : 고체 물질은 이온 전도성과 전자 전도성을 동시에 가질 수 있다.

β′-알루미나 소듐과 YSZ 같은 대부분의 이온 전도체는 낮은 전자 전도(즉 전자 전도보다 이온 이동에 의한 전도)를 갖는다. 센서에 사용되는 고체 전해질로 응용하려면 전지의 누전을 피하기 위하여 이런 특징이 필요하다. 그러나 전자와 이온 전도의 조합이 필요한 경우가 있고, 이런 현상은 결함에 의해 O^{2-} 이온 전도가 가능하고, 금속 d 오비탈이 전자 전도띠를 형성하는 d 금속 화합물에서 일부 발견되고 있다. 이런 특성의 물질의 대부분은 페로브스카이트에 근거한 구조를 가지며 B 자리 양이온은 혼합 산화 상태를 보인다(4.9절). 두 가지 예는

$Li_{1-x}Sr_xCoO_{3-y}$와 $La_{1-x}Sr_xFeO_{3-y}$이다. 이런 산화물 계열은 d 금속 산화수가 정수가 아니므로 전도띠가 부분적으로 채워져 좋은 전자 전도성을 보이고 페로브스카이트 O^{2-} 이온 자리를 통하여 O^{2-}가 이동하여 이온 전도가 된다. 이런 물질들은 전자 전도가 일어나는 전극에서 이온 확산이 가능한 전극이 적용되는 고체 산화물 연료 전지에 이용된다(화학세상 24.1).

금속 산화물, 질소화물 및 플루오린화물

이 절에서는 금속이 O, N 및 F와 이루는 이성분 화합물에 대하여 언급하고자 한다. 이런 화합물, 특히 산화물은 안정성, 합성의 용이성 그리고 구조 및 조성상의 다양성으로 고체 화학의 중심을 이룬다. 이러한 이유로 수많은 화합물이 합성되고 화합물의 성질을 적절히 제어하여 전자, 자기 및 광학 적 특성 등을 이용한 응용에 적용하고 있다. 앞으로 이들의 화학적 특성을 논의하면서 결함(defect), 비화학량론(nonstoichiometry)과 이온 확산(ion diffusion) 등을 이해하고 물리적 성질에 이런 특성이 미치는 영향을 살펴볼 것이다.

플루오린화 금속의 화학적 성질은 산화 금속과 비슷하지만, 낮은 전하의 F^- 이온은 낮은 전하를 가진 양이온과 조합하여 산화물과 비슷한 양론적 화합물을 형성할 것으로 예상된다. 즉 KMn(II)F_3는 SrMn(IV)O_3와 비교된다. 질소화 이온(N^{3-})과 한 개 이상의 금속 이온이 결합한 질소화물은 최근 20년간 상당히 흥미로운 연구가 진행되고 있다. 또한 전이 금속과 산화–질소화, 산화–플루오린화 음이온 등, 두 가지 이상의 혼합 음이온 고체상 화학 분야는 신물질 개발과 새로운 구조로 인해 빠르게 발전하고 있는 분야이다.

24.5 3d 금속의 일산화물

3d 금속의 일산화물 대부분은 암염 구조를 지니고 있다(표 24.2). 이들은 겉보기에는 단순하게 생각될 수 있지만, 실제 화학량론은 이상적 조성인 MO 형태에서 상당한 차이를 보이는 경우가 많다.

(a) 결함과 비화학량론

요점: $Fe_{1-x}O$의 비화학량론은 팔면체 자리에 Fe^{2+} 빈자리가 생성되고, 빈자리에 대한 전하 조정은 두 Fe^{2+} 이온을 두 Fe^{3+} 이온으로 대체하여 이루어진다.

표 24.2 3d 금속들의 일산화물

화합물	구조	조성(x)	전기 전도 특성
CaO_x	암염	1	절연체
TiO_x	암염	0.65~1.25	금속성
VO_x	암염	0.79~1.29	금속성
MnO_x	암염	1~1.15	반도체
FeO_x	암염	1.04~1.17	반도체
CoO_x	암염	1~1.01	반도체
NiO_x	암염	1~1.001	절연체
CuO_x	PtS(사각 평면형 CuO_4와 연결된)	1	반도체
ZnO_x	섬유아연광	과량의 Zn	띠간격이 큰 n형 반도체

'FeO'의 비화학량론의 원인은 어떤 MO 화합물보다도 자세하게 연구되었다. 실제로 화학량론적 FeO는 존재하지 않고 오히려 철 결핍 화합물인 $Fe_{1-x}O$(0.13>x>0.04)는 고온에서 산화 철(II)를 급랭함으로써(quenching) 얻을 수 있다는 것을 실험적으로 알게 되었다. 사실 $Fe_{1-x}O$는 실온에서 **준안정(metastable)** 상태로, 열역학적으로는 불안정하여 철 금속과 Fe_3O_4로 변환되는 불균등화 반응이 예상되지만, 속도론적 이유로 변환은 일어나지 않는다. 일반적 설명으로 $Fe_{1-x}O$ 구조는 암염 구조 FeO에서 Fe^{2+} 팔면체 자리에 빈자리가 존재하고 빈자리에 대한 전하 조정은 이웃에 위치한 두 개의 Fe^{2+} 이온이 Fe^{3+} 이온으로 전환되어 이루어진다. Fe(II)가 Fe(III)로 비교적 쉽게 산화된다는 점은 $Fe_{1-x}O$가 넓은 범위의 조성을 보이는 원인이 된다. 고온에서 틈새형 Fe^{3+} 이온은 Fe^{2+} 빈자리와 연합하여 구조 전체에 분포하는 뭉치(cluster)를 형성한다(그림 24.10).

이와 유사한 결함과 결함 뭉치는 다른 3d 금속 일산화물에서도 발생하지만 CoO, NiO는 아마 예외일 것이다. $Ni_{1-x}O$에서 비화학량론의 범위는 극단적으로 좁고, 전도성과 이온 확산 속도는 산소 분압에 따라서 변하는데, 이것은 고립된 점 결함이 존재함을 의미한다. CoO와 NiO는 모두 금속 결핍 상태이지만, 조성 범위는 FeO처럼 넓지 않다. 수용액의 표준 전위에 따르면 Fe(II)는 Co(II) 혹은 Ni(II)보다 더 쉽게 산화된다. 이러한 수용액의 산화–환원 화학은 NiO와 CoO가 산소 결핍의 범위가 훨씬 좁은 것을 잘 설명한다. 산화 크로뮴(II)은 FeO처럼 자발적으로 불균등화 반응이 일어난다.

$$3Cr(II)O(s) \rightarrow Cr(III)_2O_3(s) + Cr(0)(s)$$

그러나 이 물질은 산화 구리(II) 기질에서 결정화시키면 안정화될 수 있다.

CrO와 TiO는 양이온과 음이온 자리에 많은 결함이 발생하여 금속이 풍부한 상태나 금속이 결핍된 상태($Ti_{1-x}O$와 TiO_{1-x})가 된다. 실제로 TiO는 결함이 없는 완벽한 구조보다는 양이온과 음이온 부격자(sublattice)에서 같은 농도 수준의 많은 빈자리를 보여 준다.

(b) 전자 특성

요점: 3d 금속 일산화물 MnO, FeO, CoO와 NiO는 반도체이다. TiO와 VO는 금속 전도체이다.

3d 금속 일산화물인 MnO, $Fe_{1-x}O$, CoO, NiO는 낮은 전기 전도도를 갖지만, 온도에 따라 증가하는 특성(반도체 성질에 해당)을 보이거나, 띠간격(band gap)이 큰 절연체이다. 이런 산화물 반도체에서 전자나 정공의 이동은 도약 메커니즘(hopping mechanism)으로 설명된다. 이 모델에서 전자나 정공은 편재화된 금속 원자 자리에서 다른 자리로 도약한다. 새로운 자리로 옮기면 주변 이온들은 위치를 재조정하고, 전자나 정공은 자리 변형으로 형성된 퍼텐셜 우물에 일시적으로 갇히게 된다. 전자는 열적으로 활성화되어 새로운 근처 자리로 이동하기 전까지는 그 자리에 머무른다. 이런 전하 도약 메커니즘을 다른 관점으로 보면 전자나 정공이

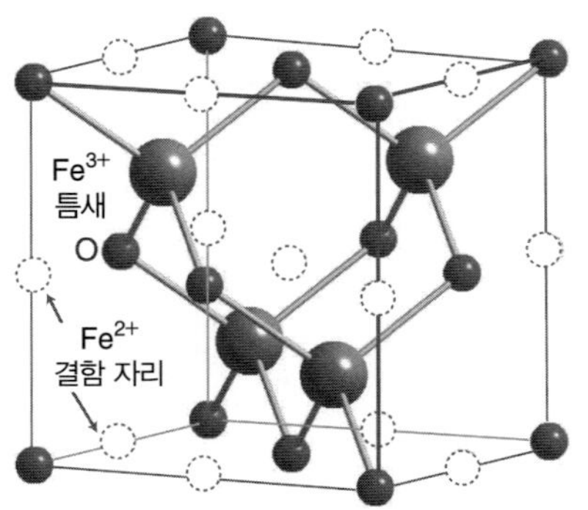

그림 24.10 $Fe_{1-x}O$에서 제안된 결함 자리 사면체 Fe^{3+} 틈새(큰 구)와 팔면체 Fe^{2+} 빈자리(원)가 함께 뭉치를 형성함

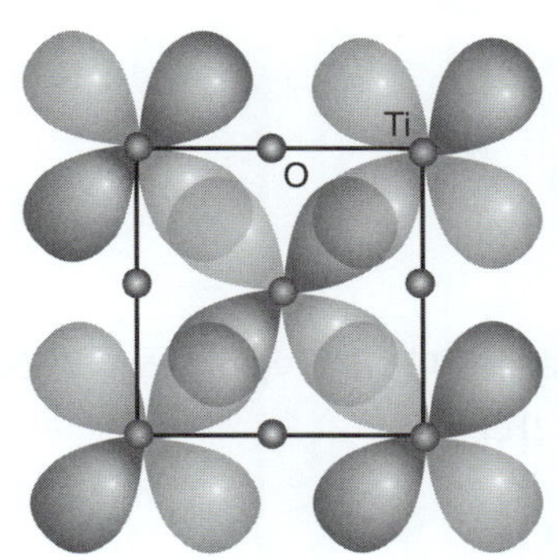

그림 24.11 TiO에서 d_{xy} 오비탈이 겹치면서 t_{2g} 띠를 이룬다. 수직 방향에서 d_{xy}, d_{yz} 오비탈도 동일한 방식으로 겹침이 일어난다.

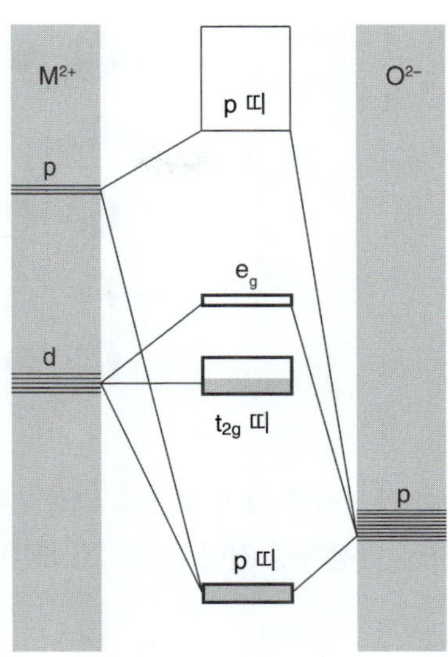

그림 24.12 초기 d 금속 일산화물의 분자 오비탈 에너지 준위 t_{2g} 띠는 부분적으로 채워져 금속성 전도도를 나타낸다.

국부적인 결함과 연합하는 경향이 있어, 전하 이동에 대한 활성화 에너지는 결함 주위에 묶여 있는 정공을 자유롭게 풀어주는 데 필요한 에너지를 포함할 수 있다.

도약 메커니즘은 4.20절에서 설명한 반도체 전도성의 띠 모형과 대비되며, 이 띠 이론에서는 전도띠 전자와 원자가 전자가 결정 전체에 퍼져 있는 오비탈을 점유하고 있다. 주기율표 중간 및 오른쪽의 3d 금속 일산화물들은 d 오비탈의 크기가 너무 작아서 금속 전도성에 필요한 넓은 띠를 생성하지 못하기 때문에 독특한 성질을 보인다. 산소 분위기에서 NiO에 Li_2O를 도핑하면 고용체 $Li_x(Ni^{2+})_{1-2x}(Ni^{3+})_xO$가 만들어져 전도도가 급격히 증가되는데, 이것은 Si가 In으로 도핑될 경우의 전도도 증가 현상과 비슷하다. 이러한 금속 산화물 반도체에서 온도에 따른 전기 전도도의 현저한 증가 특성은 온도 측정을 위한 '서미스터(thermistor)' 에 이용된다.

3d 금속 계열의 중간과 오른쪽에 위치한 금속 일산화물의 반도체 전도도와 반대로, TiO와 VO는 높은 전기 전도도를 보이며 온도가 증가하면 감소한다. 이런 금속 전도도는 산소가 풍부한 $Ti_{1-x}O$부터 금속이 풍부한 TiO_{1+x}까지 넓은 범위의 조성에 걸쳐 나타난다. 이런 화합물에서 전도띠는 이웃하는 팔면체 자리의 금속 이온들의 마주 보고 있는 t_{2g} 오비탈들의 겹침으로 형성된다(그림 24.11). 왼쪽 d 영역 원소에서 d 오비탈의 방사 방향 범위(radial extension)는 오른쪽 원소보다 커서 겹침에 의한 띠가 형성된다(그림 24.12). 이 띠는 부분적으로만 채워진다. 이런 TiO의 광범위한 조성 범위는 전자 비편재화와 관련이 있는 것으로 보인다. 전도띠는 빈자리 형성에 수반되는 전하 보정에 빠르게 전자를 제공하거나 제거하는 역할을 한다.

(c) 자기적 특성

요점: 3d 금속 일산화물인 MnO, FeO, CoO, NiO는 반강자성 정렬을 보이며 Mn에서 Ni로 갈수록 Néel 온도는 증가한다.

d 금속 일산화물은 d 전자간 상호 작용에 의한 전자 특성뿐만 아니라 각 원자의 자기 모멘트 간의 협동적인 상호 작용에서 유발되는 자기 특성도 있다(20.8절). MnO 및 다른 3d 금속

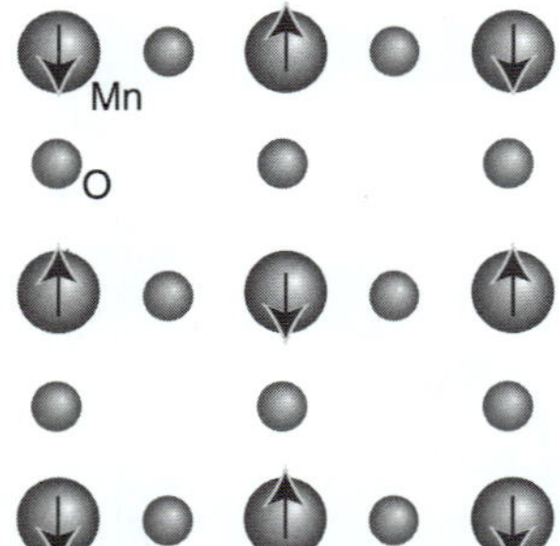

그림 24.13 MnO와 다른 3d 금속 일산화물의 자기 구조

일산화물의 전체적인 자기 구조를 그림 24.13에서 보여 준다. d 금속 산화물들의 Néel 온도(T_N, 상자성/반강자성 전이 온도, 20.8절)는 다음과 같다.

MnO	FeO	CoO	NiO
122 K	198 K	271 K	523 K

이 수치는 M−O−M 방향에 따른 초교환 스핀 상호 작용(20.8절)의 세기를 반영하며, 암염 구조에서는 이 상호 작용이 단위 세포의 세 방향 모두에서 일어난다. M^{2+} 이온의 크기는 Mn에서 Ni 쪽으로 감소하여, 금속–산소의 오비탈의 겹침이 증가하기 때문에 초교환 메커니즘이 더 강해지고 T_N은 증가한다.

24.6 높은 산화물과 다성분 산화물

금속:산소 비율이 1:1이 아닌 이성분 금속 산화물을 **높은 산화물**(**higher oxide**)이라고 한다. 두 종류 이상의 금속을 갖는 화합물을 **다성분 산화물**(**complex oxide**) 또는 **혼합 산화물**(**mixed oxide**)이라 하며, 여기에는 세 원소를 포함하는 화합물(삼성분 산화물, 예를 들면 $LaFeO_3$)과 네 원소를 포함하는 산화물(사성분 산화물, 예를 들면 $YBa_2Cu_3O_7$), 혹은 그 이상을 포함하는 경우도 있다. 이 절에서는 몇 가지의 중요한 다성분 산화물, 즉 혼합 금속 산화물의 구조와 성질을 설명하고자 한다.

(a) M_2O_3 강옥(corundum) 구조

요점: 강옥 구조는 화학량론이 M_2O_3인 많은 산화물에서 나타나고, 크로뮴이 도핑된 산화 알루미늄(루비)도 포함된다.

α-산화 알루미늄(광물명: 강옥)의 구조는 O^{2-} 이온이 육방 조밀 채움 배열을 하고 양이온이 팔면체 구멍의 2/3를 채우고 있다(그림 24.14). Ti, V, Cr, Rh, Fe, Ga 등의 산화 상태가 +3인 산화물도 강옥 구조를 가진다. 이들 중 Ti_2O_3와 V_2O_3는 각각 410 K와 150 K 이하 온도로 내려가면 금속성에서 반도체로의 전이를 보인다(그림 24.15). V_2O_3의 전이는 스핀의 반강자성 정렬을 동반한다. 절연체 Cr_2O_3와 Fe_2O_3도 반강자성 배열을 갖는다.

M_2O_3 화합물에서 또 다른 흥미로운 점은 암녹색 Cr_2O_3와 무색 Al_2O_3가 고용체를 형성하여 적색의 루비를 만드는 것이다. 20.7절에서 언급한 바와 같이, Cr^{3+}의 리간드장 전이에서 이러한 적색으로의 이동은 Al_2O_3 주인 구조 내에서 Cr^{3+} 주위의 O^{2-} 이온이 이루는 정팔면체가 수축하였기 때문이다(Al_2O_3에서 격자 상수는 $a = 475$ pm, $c = 1300$ pm이고, Cr_2O_3는 각각 493 pm와 1356 pm이다). 이러한 수축은 리간드장을 강화하여 흡광 영역을 청색 쪽으로 이동시켜, 그 결과 고체는 백색광에서 적색으로 나타난다. 압축에 대한 Cr^{3+} 이온의 흡

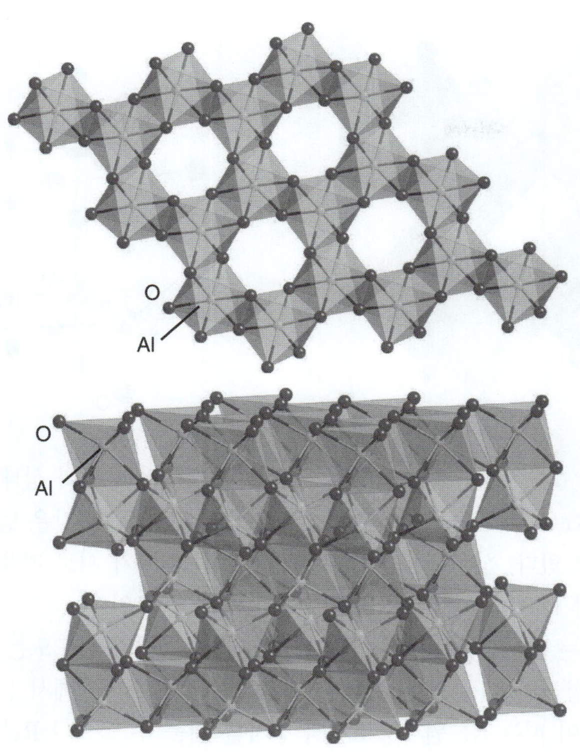

그림 24.14 Al_2O_3**의 강옥 구조** 조밀 채움 산화 이온 사이에서 양이온이 팔면체 자리의 2/3를 차지함

광과 형광 스펙트럼의 응답성은 고압 실험에서 압력 측정에 사용되기도 한다. 시료와 함께 위치한 작은 루비 결정에 가시광선을 조사하고, 그 응답 형광 스펙트럼이 이동하는 것을 통해 고압 실험 용기의 내부 압력을 표시하는 것이 가능하다.

(b) 삼산화 레늄

요점: 삼산화 레늄 구조는 정팔면체 ReO_6가 모든 꼭짓점을 공유하며 삼차원적으로 연결되어 형성된다.

삼산화 레늄 구조는 매우 단순하여 원시 입방 단위 세포로 이루어지고, Re 원자는 꼭짓점에, O 원자는 각 모서리 중간에 위치한다(그림 24.16). 다르게 말하면, 모든 꼭짓점을 공유하는 정팔면체 ReO_6 구조로 간주할 수 있다. 이 구조는 페로브스카이트 구조와 밀접한 관계가 있고(4.9절), A형 양이온이 단위 세포에서 제거된 구조이다. 삼산화 레늄 구조를 갖는 물

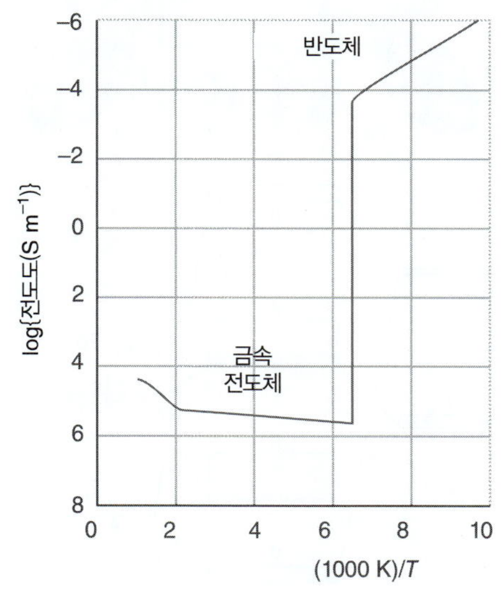

그림 24.15 V_2O_3**의 온도에 대한 전기 전도도 거동** 금속에서 반도체로의 전이를 보여 줌

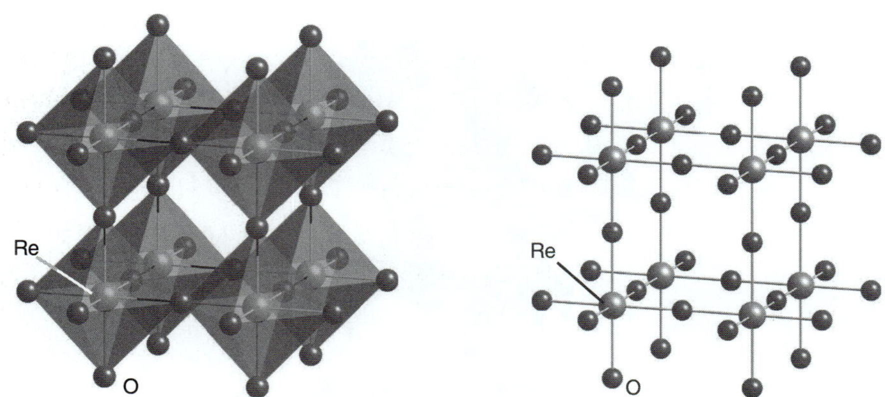

그림 24.16 ReO_3 구조로 단위 세포와 팔면체 ReO_6로 나타냄

질은 비교적 드물다. 그 이유는 M이 산소와 결합 시 M(VI)의 산화 상태가 필요하기 때문이다. 산화 레늄(VI) ReO_3와 UO_3의 한 형태(δ-UO_3), 그리고 ScF_3 같은 일부 삼플루오린화 금속이 이 구조를 띠고 있다. 상온에서 WO_3는 정팔면체 WO_6가 서로 기울어져 약간 변형되어 W–O–W 결합각이 180°에서 벗어난 약간 변형된 구조를 보인다.

삼산화 레늄 자체는 밝은 적색의 광택을 띠는 고체이며, 전기 전도도는 실온에서 구리 금속과 비슷하다. 이 화합물의 띠 구조는 Re t_{2g} 오비탈과 O2p 오비탈에서 유래된 띠를 포함하고 있다(그림 24.17). 이 띠는 Re 원자당 6개의 전자를 채울 수 있으나 Re^{6+} d^1 전자 배열에서는 단지 부분적으로 채워져 금속 성질이 관찰된다.

(c) 스피넬

요점: 많은 d 금속 스피넬(spinel)이 정상 스피넬 구조를 띠지 않는다는 사실은 이온이 선호하는 자리에 미치는 리간드장 안정화 에너지의 영향과 관련이 있다.

높은 산화물 d 영역 산화물인 Fe_3O_4, Co_3O_4, Mn_3O_4와 이와 관련된 $ZnFe_2O_4$와 같은 많은 혼합 금속 화합물은 매우 유용한 자기 성질을 갖고 있다. 이들은 모두 광물 스피넬 $MgAl_2O_4$의 구조를 지니며 일반 화학식은 AB_2O_4이다. 대부분의 산화물 스피넬은 A^{2+}와 B^{3+} 양이온의 혼합으로 형성되지만(즉 $Mg^{2+}[Al^{3+}]_2O_4$와 같은 $A^{2+}B_2^{3+}O_4$ 형태), A^{4+}와 B^{2+} 양이온으로

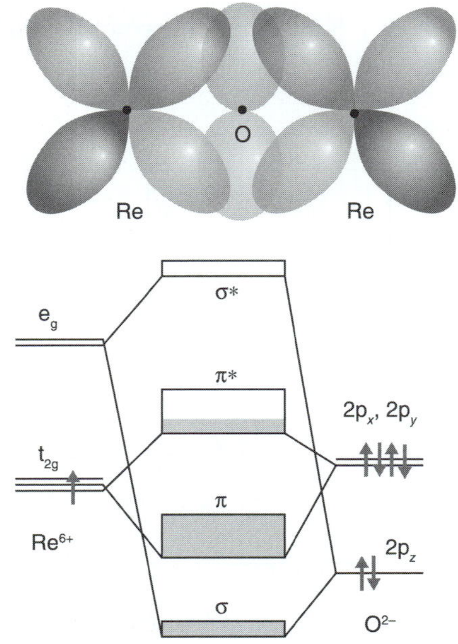

그림 24.17 ReO_3 띠 구조

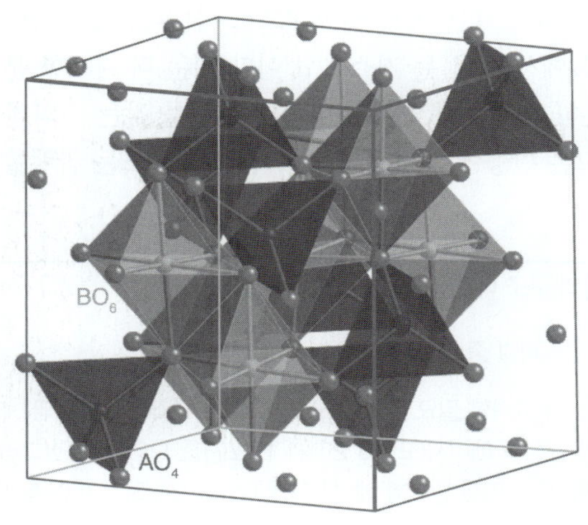

그림 24.18 스피넬(AB_2O_4) 단위 세포의 부분으로, A 이온의 사면체 환경과 B 이온의 팔면체 환경을 나타냄(그림 4.44와 비교)

이루어진 스피넬($Ge^{4+}[Co^{2+}]_2O_4$와 같은 $A^{4+}B_2^{2+}O_4$ 형태)도 다수 존재한다. 스피넬 구조는 4.9절에서 간단히 언급된 바와 같이, O^{2-} 이온의 fcc 배열에서 A 이온이 사면체 구멍의 1/8을 차지하고 B 이온이 팔면체 구멍의 반을 채운다(그림 24.18). 이 구조는 일반적으로 $A[B_2]O_4$로 표시하고, 대괄호 안에 있는 원자는 팔면체 자리 원자임을 의미한다. 역스피넬(inverse spinel) 구조에서는 양이온 배치가 $B[AB]O_4$로 수가 많은 B형 양이온이 두 배위 자리 모두에 분포되어 있다. 단순한 이온 모델에 근거한 격자 엔탈피 계산에 의하면, A^{2+}와 B^{3+} 이온에 대해서 정상 스피넬 구조 $A[B_2]O_4$가 더 안정해야 한다. 하지만 많은 d 금속 스피넬이 이 예상과 다르게 나타나는데, 이는 이온의 자리 선택에 리간드장 안정화 에너지의 영향이 있다는 것을 의미한다.

스피넬의 **점유 인자**(occupation factor, λ)는 사면체 자리에 있는 B 원자의 비율이다. 정상 스피넬에서는 $\lambda=0$이고, 역스피넬 $B[AB]O_4$에서는 $\lambda=0.5$이다. λ가 중간값인 경우에는 분포의 무질서도를 반영하며 B형 양이온이 사면체 자리를 차지하는 비율을 나타낸다. (A^{2+}, B^{3+}) 스피넬에서 양이온의 분포(표 24.3)를 살펴보면, A와 B 이온이 d^0 조성인 경우 정전기적 관점에서 예측한 바와 같이 정상 구조($\lambda=0$)를 보인다. 표 24.3에 나타난 바와 같이 A^{2+}가 d^6, d^7, d^8, d^9 이온이고, B^{3+}가 Fe^{3+}일 경우에 역스피넬 구조가 일반적으로 우세하다. 이런 우세는 고스핀 d^5 Fe^{3+} 이온은 팔면체나 사면체 자리 모두에서 리간드장 안정화 효과가 없는 반면(20.1절), 팔면체 자리에 위치한 다른 d^n 이온이 보이는 리간드장 안정화 효과에 기인한다. A와 B 자리에 d 금속 이온의 다른 조합에 대해서는 팔면체와 사면체 자리에 두 이온의 상이한 배치에 따른 상대적 리간드장 안정화 에너지를 계산할 필요가 있다. 또한 단순한 리간드장 안정화 효과는 이런 한정된 범위의 양이온에서만 적용 가능하다는 점을 잊어선 안된다. 양이온

표 24.3 스피넬*에서의 점유 인자(λ)

	A	Mg^{2+}	Mn^{2+}	Fe^{2+}	Co^{2+}	Ni^{2+}	Cu^{2+}	Zn^{2+}
	B	d^0	d^5	d^6	d^7	d^8	d^9	d^{10}
Al^{3+}	d^0	0	0	0	0	0.38	0	
Cr^{3+}	d^3	0	0	0	0	0	0	0
Mn^{3+}	d^4	0						0
Fe^{3+}	d^5	0.45	0.1	0.5	0.5	0.5	0.5	0
Co^{3+}	d^6	0.5			0	0.5	0.25	0

* $\lambda=0$은 정상 스피넬 구조, $\lambda=0.5$는 역스피넬 구조

들이 상이한 반지름을 갖거나 스피넬에서 일반적으로 나타나는 고스핀 전자 배치를 갖지 않는 경우[예를 들면 Co_3O_4에서 Co^{3+}는 저스핀 d^6이다]에는 더 자세한 분석이 필요하다. 더구나 λ는 종종 온도에 의존하기 때문에 양이온이 특정 분포를 갖는 스피넬을 합성할 경우에 주의가 필요하며, 시료를 고온 반응에서 서서히 냉각하는 경우 또는 급랭할 경우 양이온 분포가 상당히 다를 수 있다.

예제 24.3 스피넬 화합물의 구조 예측하기

$MnCr_2O_4$는 정상 스피넬과 역스피넬 중 어느 구조를 가질 것인가?

답 리간드장 안정화가 존재하는지 고려할 필요가 있다. 정상 스피넬 구조로 예상된다. 그 이유는 Cr^{3+}(d^3)가 팔면체 자리에서 큰 리간드장 안정화 에너지(표 10.2에서 $1.2\Delta_O$)를 보이는 반면(그러나 사면체에서는 대단히 작음), 고스핀 d^5 Mn^{2+} 이온은 어떠한 안정화 에너지도 없다. 표 24.3은 이 예측이 실험적으로 증명됨을 보여 주고 있다.

문제 24.2 표 24.3에 따르면 $FeCr_2O_4$는 정상 스피넬인데, 그 이유를 설명하시오.

화학식이 AFe_2O_4인 역스피넬을 때로는 **페라이트**(ferrite)로 분류한다(페라이트는 다른 산화철 화합물을 지칭하는 데에도 적용된다). 이온간 스핀의 상호 작용 에너지를 J라 하면, $RT > J$인 경우 페라이트는 상자성이다. 그러나 $RT < J$인 경우 페라이트는 준강자성 또는 반강자성이다. 반강자성의 스핀 특성인 역평행 배열은 일례로 $ZnFe_2O_4$에서 나타나며, 이것은 $Fe[ZnFe]O_4$ 양이온 분포를 보여 준다. 이 화합물에서 사면체와 팔면체 자리의 Fe^{3+} 이온($S = 5/2$)은 9.5 K 이하에서 초교환 메커니즘(20.8절)을 통하여 반강자성으로 짝지어져, 전체 고체의 알짜 자기 모멘트는 거의 0에 가깝다. Zn^{2+}는 d^{10}으로 화합물의 자기 모멘트에 영향이 없다.

표 24.3의 $CoAl_2O_4$는 $\lambda = 0$으로 정상 스피넬이고 Co^{2+} 이온이 사면체 자리에 위치한다. $CoAl_2O_4$의 색깔(진청색)은 사면체 Co^{2+}에서 예상할 수 있고, 합성의 용이성과 스피넬 구조의 안정성으로 알루미늄산 코발트는 안료('코발트 블루')로 사용된다. 진한 색의 혼합 d 금속 스피넬, 즉 $CoCr_2O_4$(녹색), $CuCr_2O_4$(검은색), 그리고 (Zn, Fe)Fe_2O_4(오렌지–갈색)도 안료(20.16절)로 콘크리트 등 건축 자재의 채색에 사용된다.

(d) 페로브스카이트 및 관련된 상

요점: 페로브스카이트의 일반 화학식은 ABX_3로, ReO_3형의 BX_3 구조에 커다란 A 이온이 추가로 12배위 구멍을 차지하는 구조이다. 페로브스카이트 바륨 타이타네이트($BaTiO_3$)는 이온의 협동적 이동으로 강유전성과 압전성을 보여 준다.

페로브스카이트의 일반식은 ABX_3로, BX_3(ReO_3와 같은)의 12배위 구멍에 큰 A 이온이 채워진다(그림 24.19, 다른 면에서 본 구조는 그림 4.42 참조). X 이온은 대부분 O^{2-} 또는 F^-($NaFeF_3$에서)이지만, 질소화 이온 및 수소화 이온이 포함된 페로브스카이트, 예를 들면 $LiSrH_3$도 합성된 바 있다. 더 무겁고 큰 할로젠화물, 즉 X = Cl^-, Br^-, 혹은 I^-인 경우도 큰 양이온 A, B와 조합하여 합성이 가능하며 $CsPbI_3$와 같은 화합물에서는 반도체 특성을 보이고 현재 광전 응용 연구에 큰 흥미를 끌고 있다(14장 화학세상 14.4 참조). 화학식 $XX'A_3$로 표현되는 '반페로브스카이트(anti-peroviskite)'도 보고된 바 있으며, 이때 X, X'은 각각 크기가 다른 두 음이온, A는 양이온으로 구성되며 일례로 $OBrLi_3$가 있다.

'페로브스카이트' 이름은 자연계에서 발견되는 산화 광물 $CaTiO_3$로부터 명명되었고, 가장 큰 부류는 음이온이 산화 이온인 화합물이다. $Ba_{1-x}Sr_xTiO_3$와 $SrFeO_{3-y}$와 같은 고용체와

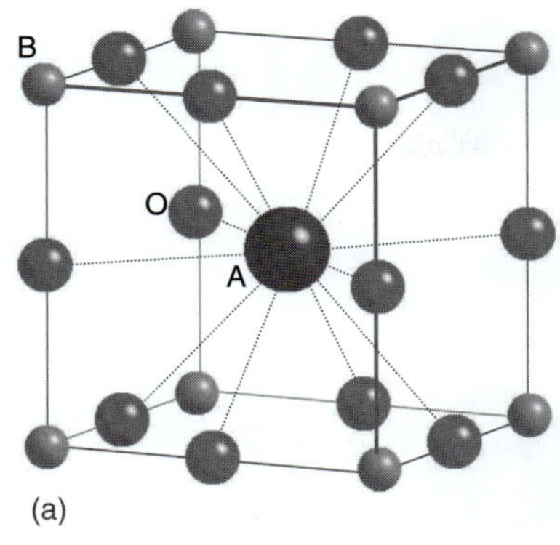

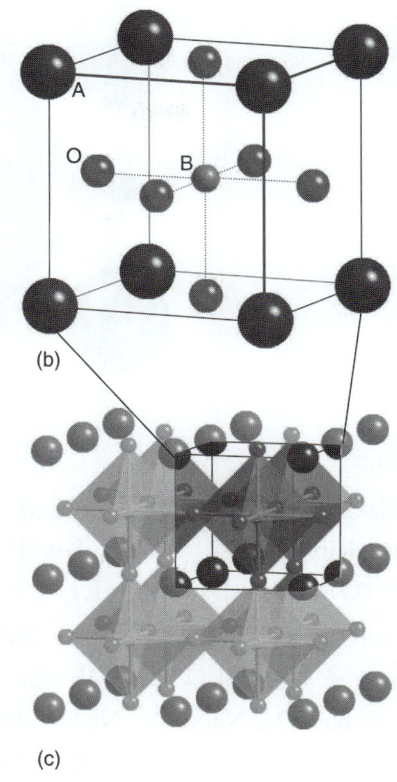

그림 24.19 페로브스카이트 (ABO_3) 구조 (a) 큰 A 양이온이 위치한 12배위를 강조하여 ReO_3와의 관계도 나타냄, (b) B 양이온의 팔면체 배위, (c) 팔면체 BO_6를 강조한 다면체 표현

비화학량론 화합물도 페로브스카이트 구조적 특성을 그대로 가진다는 점에서 페로브스카이트 조성물은 매우 광범위하다고 할 수 있다. 몇몇이 금속 풍부한 물질은 양이온과 음이온 배치가 부분적으로 바뀐 페로브스카이트 구조를 가진다. 예로 $SnNCo_3$가 있다. 페로브스카이트의 SOFC 관련 응용은 화학세상 4.1에서 논의한 바 있다.

페로브스카이트 구조는 종종 변형된 상태로 관찰되는데, 단위 세포가 더 이상 중심 대칭(cetrosymmetric)을 띠지 않고 결정 내에서 국부적으로 이온이 이동하여 일정 방향으로 배향하면 영구 전기 분극이 나타날 수 있다. 일부 극성 결정은 **강유전성**(ferroelectric)으로, 이는 강자성과 유사하나 결정 내 특정 영역[종종 **도메인**(domain)이라 함]에서 전자 스핀이 정렬하는 대신에 많은 단위 세포의 전기 쌍극자 모멘트가 정렬된 것이다. 결과적으로 화합물의 극성을 반영하는 상대 유전율(relative permittivity)은 강유전성 물질에서 1×10^3을 넘어 1.5×10^4까지 증가할 수 있다. 참고로 액체 상태 물의 상대 유전율은 실온에서 약 80이다. 바륨 타이타네이트($BaTiO_3$)는 가장 자세하게 연구된 물질 중의 하나이다. 이 화합물은 120°C 이상의 온도에서 완벽한 입방 페로브스카이트 구조를 갖는다. 실온에서는 낮은 대칭성의 정방정계 단위 세포로 변하는데, 이는 이온들이 원래의 높은 대칭 자리에서 이동하기 때문이다(그림 24.20). 이런 이동은 단위 세포의 자발적 분극과 전기적 쌍극자 생성을 유도한다. 이온 이동 간의 상호 작용, 즉 유도 쌍극자는 미미하다. 외부 전기장을 인가하면 이러한 쌍극자는 물질 전체에 걸쳐 배향되어 특정 방향으로 벌크 분극이 나타나고, 이는 전기장을 제거해도 계속 유지된다. 강유전체는 이렇게 특정 온도 이하에서 자발적 분극으로 강유전적 거동을 나타내는데, 이 온도를 **Curie 온도**(Curie temperature, T_C)라고 한다(20.8절). $BaTiO_3$는 T_C=120°C이다. 바륨 타이타네이트는 상온에서 높은 상대 유전율(물의 약 100배)을 갖고 있어 축전기(capacitor)에 사용되며, 금속판 사이에 공기가 있는 간단한 축전기와 비교하면 1000배에 달하는 전하를 저장할 수 있다. 바륨 타이타네이트 구조에 도핑 물질로 고용체를 만들면 화합물의 여러 성질을 조절할 수 있다. 예를 들면 Ba를 Sr로, 혹은 Ti를 Zr로 치환하면 T_C를 크게

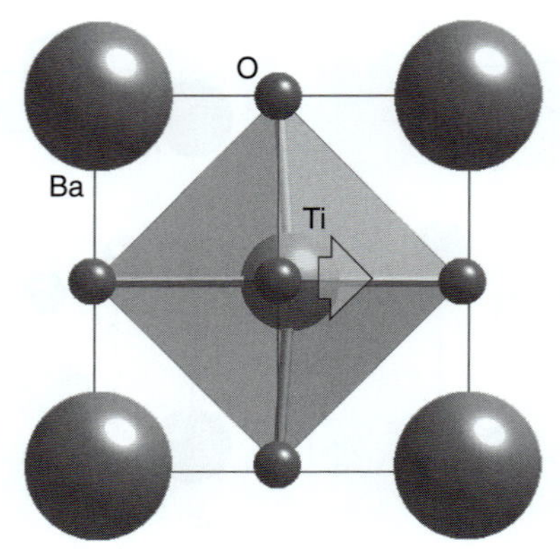

그림 24.20 정방정계 $BaTiO_3$ 구조 Ti^{4+} 이온의 이동으로 강유전성을 나타낸다.

낮출 수 있다.

많은 페로브스카이트를 포함한 중심 대칭이 없는 많은 결정의 또 다른 특성은 **압전성**(**piezoelectricity**)으로, 이는 결정이 응력하에서 전기장을 발생시키거나 전기장을 인가한 경우에 결정 크기를 변화시키는 성질이다. 압전성 물질은 다양한 응용에 사용되는데, 예를 들면 압력 변환기(가스 조리기 등에 사용되는 점화 장치), 극초소형 조종기(미세한 움직임을 조절할 수 있음), 음향 감지기 그리고 주사 터널 현미경의 탐침 지지체 등에 사용된다. 중요한 사례 물질로는 $BaTiO_3$, $NaNbO_3$, $NaTaO_3$와 $KTaO_3$ 등이 있다.

포타슘 테트라플루오로니켈레이트(II)(K_2NiF_4)가 보여 주는 다른 중요한 구조(그림 24.21)도 페로브스카이트와 관련이 있다. 이 화합물은 페로브스카이트 구조에서 각 층이 분리된 것으로 생각할 수 있으며, 같은 층에 있는 팔면체의 네 개 F 원자를 공유하고 층의 위, 아래쪽에는 말단 F 원자를 갖는 구조이다. 각 층은 평면상으로 서로 이동하여 배치되고 K^+ 이온에 의해 분리되어 있다(포타슘 이온은 9배위로, 한 층에서 8개의 F 원자와 다음 층에 있는 한 개의 말단 F 원자로 배위됨). K_2NiF_4 구조의 화합물이 새롭게 연구가 진행되는 이유는 $La_{1.85}Sr_{0.15}CuO_4$ 같은 고온 초전도체 화합물이 이런 구조를 갖기 때문이다. 초전도성의 중요성과는 별도로, K_2NiF_4 구조 화합물에서는 전자 스핀 간의 짝지음이 팔면체 층간 짝지음보다 층내에서 훨씬 강하게 나타나기 때문에, 이차원 자기 영역을 연구하는 데 중요하다.

K_2NiF_4 구조는 페로브스카이트 구조에서 단 한 층에서 유도된 것이라면, 다른 관련된 구조들은 페로브스카이트에서 두 개 이상의 층이 서로 수평으로 이동한 것으로 이해할 수 있다. 이러한 구조의 한쪽 끝에는 K_2NiF_4 구조(한 개의 페로브스카이트 층), 그리고 다른 끝에는 페로브스카이트 자체(무한 개의 층들)가 존재하는데, 그 중간에서 일련의 구조를 갖는 화합물은 **Ruddlesden–Popper 상**(**Ruddlesden–Popper phase**)이라고 한다. 여기에는 이중층의 $Sr_3Fe_2O_7$과 삼중층의 $Ca_4Mn_3O_{10}$ 등이 포함된다(그림 24.22).

할로젠화 납 페로브스카이트의 광전 응용의 잠재적인 중요성은 14장 화학세상 4.4에서 논의된 바 있다. 메틸암모늄 납 아이오다이드($[CH_3NH_3]^+[PbI_3]^-$)와 같은 물질은 조성과 구조 내에 무기, 유기 화학종이 모두 있기 때문에 종종 '하이브리드 물질'이라 한다. 무기 화학의 최첨단인 이 분야는 물질의 특성(이 경우는 광학 및 반도체 특성)들을 화학적 기법을 통해 설계하고, 조절하여, 새로운 기능성 물질을 개발한다는 측면에서 매우 흥미진진하다. 이 분야에서 현재 진행 중인 연구는 납보다 독성이 작은 주석, 비스무트 등 후전이 금속을 칼코젠이나 할로젠과 조합하여 새로운 하이브리드 페로브스카이트 물질을 합성하는 데 초점이 맞추어져 있다.

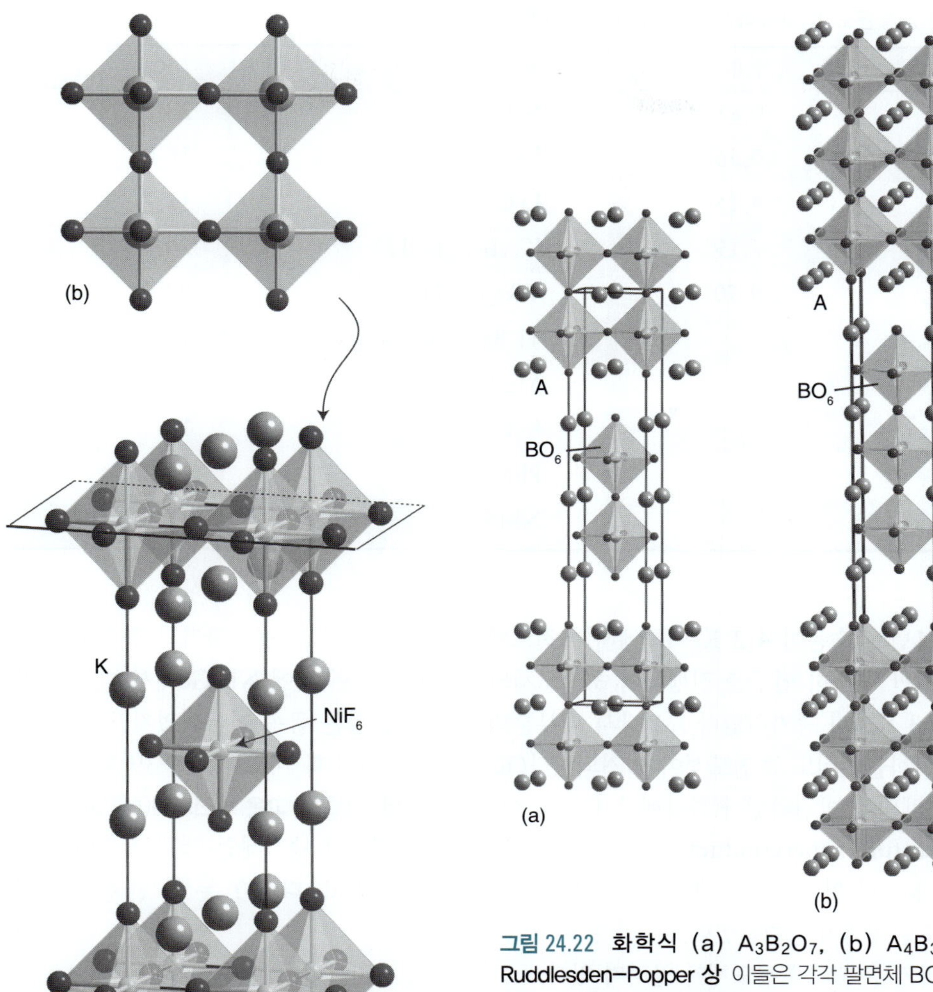

그림 24.21 K_2NiF_4 **구조** (a) 팔면체 NiF_6의 층 이동과 K^+ 이온의 위치. (b) NiF_4 조성 층은 F 원자로 연결되어 꼭짓점 공유 팔면체를 형성한다.

그림 24.22 화학식 (a) $A_3B_2O_7$, (b) $A_4B_3O_{10}$의 Ruddlesden–Popper 상 이들은 각각 팔면체 BO_6가 두 층 및 세 층 단위로 연결된 페로브스카이트 층이 있고 A형 양이온이 분리 층에 존재한다.

(e) 고온 초전도체

요점: 고온 구리 산화물 초전도체는 페로브스카이트와 관련된 구조를 갖고 있다.

페로브스카이트의 다양성은 초전도성으로 확장되는데, 대부분의 고온 초전도체(1986년에 처음으로 보고된)가 페로브스카이트에서 변형된 구조를 갖기 때문이다. 초전도체는 두 가지 놀라운 특징이 있다. 임계 온도 T_c(강자성 물질의 Curie 온도 T_C와 혼동하지 말자) 이하 온도에서 초전도 상태로 돌입하여 전기 저항이 0이 된다. 초전도 상태에서는 **Meissner 효과**(**Meissner effect**)도 나타나며, 이것은 자기장을 배척하는 현상이다. Meissner 효과는 펠릿 형태의 초전도체를 자석 위에서 뜨게 만드는 초전도성 예시 실험의 배경이 되는 것으로, 이 현상은 또한 'maglev' 열차와 같이 자기 부상(magnetic levitation)을 이용한 초전도체의 잠재적인 응용의 근거가 된다.

표 24.4 임계 온도(T_c) 이하에서 초전도성을 갖는 물질들

원소	T_c(K)	화합물	T(K)
Zn	0.88	Nb_3Ge	23.2
Cd	0.56	Nb_3Sn	18.0
Hg	4.15	$LiTi_2O_4$	13.7
Pb	7.19	$K_{0.4}Ba_{0.6}BiO_3$	29.8
Nb	9.50	$YBa_2Cu_3O_7$	93
		$Tl_2Ba_3Ca_3Cu_4O_{12}$	134
		MgB_2	39
		K_3C_{60}	19
		$PbMo_6S_8$	15.2
		NbPS	12

1911년에 수은이 4.2 K 이하에서 초전도체임을 발견한 이후, 물리학자와 화학자는 빠르진 않지만 꾸준히 연구를 진행하여 초전도체의 T_c 값을 75년 후에 Nb_3Ge에서 발견한 바와 같이 23 K까지 증가하였다. 그 당시 대부분의 초전도 물질은 금속 합금이었지만 일부 산화물과 황화물에서도 초전도성이 발견되었다(표 24.4). 이붕소화 마그네슘은 39 K 이하에서 초전도체임을 발견하였다(화학세상 13.5). 이후 1986년 최초의 **고온 초전도체**(HTSC: **high-temperature superconductor**)가 발견되었다. 비교적 저렴한 냉각제인 액체 질소의 끓는점인 77 K보다 확실히 높은 T_c를 갖는 몇 가지 물질이 알려졌고, 다시 T_c는 몇 년 동안에 최대 134 K 근처까지 증가하였다.

두 가지 유형의 초전도체가 알려져 있다.

- **유형** I 초전도체는 적용한 자기장이 그 물질이 갖는 특정 한계 자기장의 세기를 초과한 경우에 급격하게 초전도성이 사라지는 것이다.
- **유형** II 초전도체는 고온 초전도 물질을 포함하며 H_c로 표시하는 임계 자기장(critical field)보다 높은 자기장에서 초전도성이 서서히 감소하는 것이다.[3]

[3] 24.10절에서 논의될 Chevrel 상은 관측된 것 중에서 H_c 값이 가장 높다.

그림 24.23은 초전도성이 나타나는 원소의 주기성을 어느 정도 보여 준다. 특히 강자성 금속인 Fe, Co, Ni는 초전도성을 보이지 않으며, 알칼리 금속과 주화 금속인 Cu, Ag 및 Au에서도 초전도성이 나타나지 않는다.

최초로 보고된 HTSC 화합물은 $La_{1.8}Ba_{0.2}CuO_4$(T_c=35 K)로 고용체 $La_{2-x}Ba_xCuO_4$ 계열 중 하나이고, 이것은 La_2CuO_4에서 La의 일부가 Ba로 치환된 것이다. 이 물질은 K_2NiF_4 구조로 모서리를 공유하는 팔면체 CuO_6 층이 La^{3+}와 Ba^{2+} 양이온에 의해 분리되어 있고, 팔면체는 Jahn–Teller 변형에 의하여 축상으로 길어진다(20.1g절). Sr이 Ba로 치환된 유사한 화합물 $La_{0.8}Sr_{0.2}CuO_4$(T_c = 38 K)도 알려져 있다.

HTSC 산화물로 널리 알려진 것 중의 하나인 $YBa_2Cu_3O_{7-x}$(T_c=93 K, 이 화합물은 간단히 '123'로 부르는데, 이것은 금속 원자의 비율에서 유래되었고 YBCO ['입코(ib–co)'로 발음한다]라고도 한다)는 페로브스카이트와 유사한 구조를 가지나 O 원자가 부족하다. 그림 24.24에서 보여 주는 구조에 의하면, 화학량론 화합물 $YBa_2Cu_3O_7$ 단위 세포는 단순 페로브스카이트 입방체 세 개가 수직으로 쌓아 올려져 있으며, 원래 페로브스카이트 구조에서 A 자리에 Y와 Ba가, B 자리에 Cu 원자가 위치하고 있다. 그러나 실제 페로브스카이트 구조와

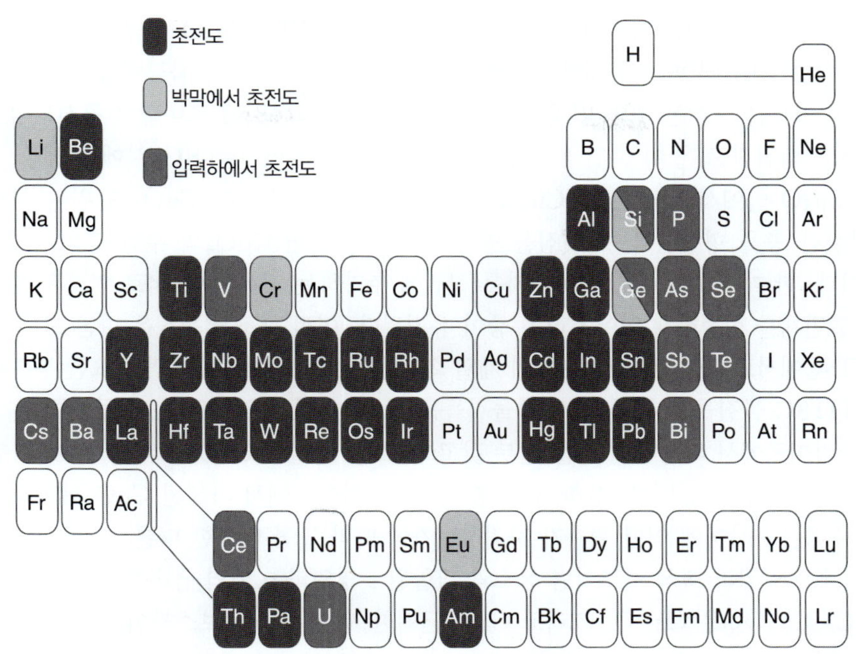

그림 24.23 특정 조건하에서 초전도성을 보이는 원소들

는 달리, B 자리가 O 원자의 팔면체에 의하여 둘러싸여 있지 않다(123 구조에서는 O 원자 자리가 많이 비어 있다). 결과적으로 일부 Cu 원자는 사각 피라미드 배열을 형성하는 5개의 O 원자와 결합하고, 일부는 단지 네 개 산소 원자와 함께 사각 평면 CuO_4 단위를 이룬다. 비슷하게 A 자리의 Y와 Ba도 12보다 작은 배위수를 갖는다. $YBa_2Cu_3O_7$은 쉽게 사각 평면 CuO_4에서 산소를 잃어 $YBa_2Cu_3O_{7-x}(0 \le x \le 1)$를 형성하나, x가 0.1보다 커지면 임계 온도는 93 K에서 급격히 감소한다. 일반적으로 123 물질은 소량으로 실험실에서 만들 수 있으며, 순수한 산소 기체하에서 450°C로 가열하면 마지막 단계에서 $x<0.1$ 영역의 산소 결핍 조성을 얻는다.

일반적인 산화수를 적용하면 $N_{ox}(Y) = +3$, $N_{ox}(Ba) = +2$, $N_{ox}(O) = -2$이고 구리의 평균 산화수는 +2.33이 되고, 따라서 $YBa_2Cu_3O_{7-x}$은 Cu^{2+}와 Cu^{3+}를 포함하는 혼합 산화 상태의 물질이 된다. 주목할 점은 $YBa_2Cu_3O_{7-x}$에서 x가 0.5 이상으로 증가할 때까지 이 물질은

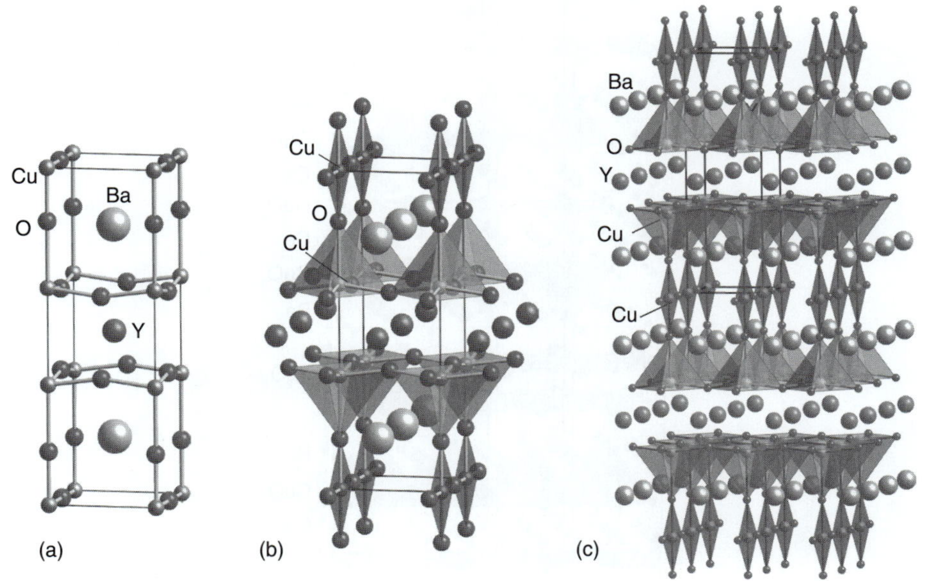

그림 24.24 $YBa_2Cu_3O_7$ 초전도체 구조 (a) 단위 세포, (b) 구리 이온 주위의 산소 원자 다면체, (c) 사각 피라미드 CuO_5 층과 사각 평면 CuO_4의 꼭짓점이 연결된 사슬을 보여 준다.

Cu^{3+}를 일부 포함한다는 사실이다. 다른 관점으로 보면, $YBa_2Cu_3O_{7-x}$의 전자 수를 고려할 때 부분적으로 채워진 띠가 존재한다는 것이다. 이는 실온에서 이 산화물이 높은 전기 전도도와 금속성 거동을 보이는 것과 일치한다(4.19절). 이 띠가 Cu 3d 오비탈로 구성되어 있다면 부분적으로 채워진 것은 이 준위에 정공이 존재한다는 것을 의미한다(Cu^{3+}에 해당).

$YBa_2Cu_3O_{7-x}$에서 사각 평면 CuO_4 단위는 사슬로 배열되고, CuO_5 단위는 서로 연결되어 무한한 층을 형성한다. 꼭짓점을 공유하는 사각 평면 CuO_4의 무한 층의 화학량론은 CuO_2이다. 한 개 또는 두 개의 O 원자를 정점에 추가하는 것은 층이 서로 연결된 사각 피라미드와 팔면체를 형성하게 되어 CuO_2 층이 유지된다. 이런 구조적 특징은 다른 모든 구리 산화물 HTSC에서도 나타난다. 이것은 이 계열 화합물의 초전도 메커니즘의 중요한 부분이다.

일부 HTSC 물질들과 다른 초전도 물질들을 표 24.4에 나열하였다. 이들 모두는 최소한 페로브스카이트에서 파생된 구조를 일부 갖고 있으며, 연결된 CuO_n($n = 4,\ 5,\ 6$) 다면체 층이 이런 구조의 한 부분이다. 산화 구리 층(페로브스카이트에서 파생된 CuO_2 층이 6개까지 포함될 수 있음) 사이에 어떤 원자가 자리하는가에 따라 또한 다양한 다른 구조를 이룰 수 있다. 여기에는 암염과 형석 구조처럼 산소와 결합된 s 영역과 p 영역 금속을 포함한다. 따라서 $Tl_2Ba_2Ca_2Cu_3O_{10}$은 Cu, O, 그리고 Ca에 근거한 세 개의 페로브스카이트 층이 Tl과 O의 암염 이중층으로 분리된 것으로 해석된다. Ba^{2+} 이온은 암염과 페로브스카이트 층 사이에 위치하고 있다(그림 24.25).

고온 초전도체 합성은 몇 가지 알려진 여러 정성적 정황을 고려하여 진행된다. 즉 잘 알려진 연속적인 층간 구조, 그리고 p 영역의 무거운 원소와 혼합 산화 상태의 구리와 조합하는 것 등을 고려하는 것이다. 추가적으로는 이온의 반지름과 이온이 선호하는 특정 배위 환경 등을 고려할 수 있다. 이러한 물질 중 대부분은 알루미나 용기에 금속 산화물을 골고루 섞어 800~900°C로 가열하여 간단하게 합성한다. 수은과 탈륨을 포함하는 다성분 구리 산화물의 경우, 휘발성과 독성이 있는 산화물 Tl_2O와 HgO가 반응에 포함되므로, 일반적으로 금 또는 은 튜브에 시료를 넣고 밀봉하여 합성한다(24.1절).

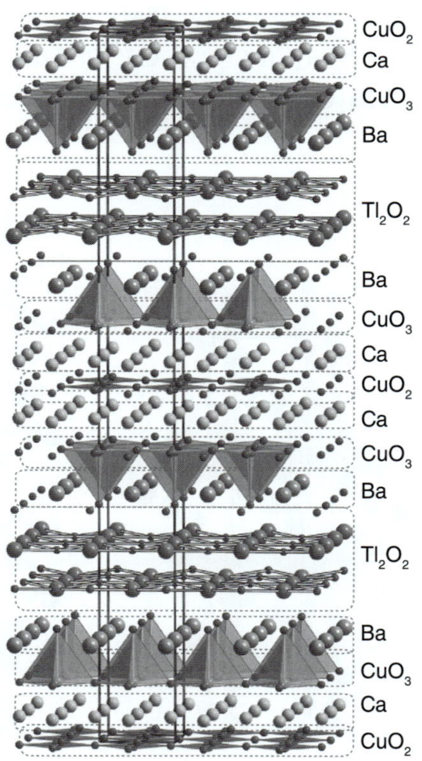

그림 24.25 $Tl_2Ba_3Ca_2Cu_3O_{10}$ **구조** 연결된 사각 평면 CuO_4로 만들어진 세 개의 산소 결핍 페로브스카이트 층이 A 양이온 위치에 있는 Ca에 의하여 분리되어 있다. Tl과 O 원자로 형성된 암염 구조 Tl_2O_2의 이중층이 다중 페로브스카이트 층 사이에 들어 있다.

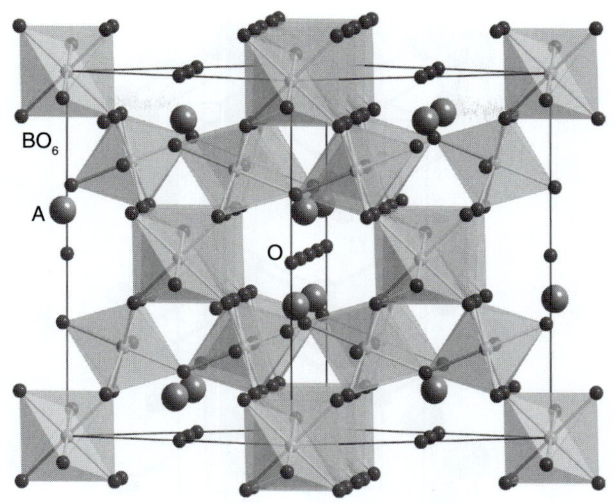

그림 24.26 $A_2B_2O_7$ **화학식을 갖는 많은 화합물이 갖는 pyrochlore 구조** 팔면체 BO_6는 A 양이온과 산화 이온을 포함하는 채널을 형성함

고온 초전도성의 원인에 대한 확실한 설명은 아직 없다. 쿠퍼 쌍(Cooper pairs)으로 알려진 전자쌍의 움직임이 일반 초전도성의 근원이라고 믿고 있고, 이는 고온 초전도 물질에도 중요하다. 그렇지만 쌍을 이루는 메커니즘에 대한 논쟁은 현재도 뜨겁게 진행되고 있다.

(f) 다른 조성의 초전도 산화물

요점: 많은 다성분 산화물이 낮은 온도에서 초전도성을 보인다.

다성분 구리 산화물에서의 초전도성은 임계 온도가 매우 높다는 점에서 비정상적인 경우이고, 다른 수많은 산화물은 (정상적이긴 하지만) 상당히 낮은 온도에서 전기 저항이 0으로 된다. 조성적으로 간단한 예로는 고체 용액인 $Li_{1+x}Ti_{2-x}O_4$(스피넬 구조를 가지며 $x = 0$일 때 $T_c = 13.7$ K)와 $Na_{0.35}CoO_2 \cdot H_2O$($T_c \approx 5$ K)를 들 수 있다(표 24.4 참조).

비스무트 산화물인 $(K_{0.87}Bi_{0.13})BiO_3$($T_c = 10.2$ K)와 $(Ba_{0.6}K_{0.4})BiO_3$($T_c = 30$ K)는 페로브스카이트 구조로 Bi 원자가 B형 양이온 자리를 차지하고 있는 구조이며, 이외에도 많은 비스무트 산화물이 초전도성을 나타낸다. Pyrochlore 구조(그림 24.26)를 가지면서, 일반 화학식이 $M_{2-x}B_2O_{7-x}$(M = 1, 2족 또는 후전이 금속, 즉 Cs, Ca, Cd이고, B는 무거운 d 금속)인 다성분 산화물들도 초전도성을 보인다. 예를 들면 $Cd_2Re_2O_7$은 1.4 K 이하에서, KOs_2O_6는 10 K 이하에서 초전도성이 나타난다. 최근에는 구리 산화물과 비슷한 임계 온도의 새로운 계열의 초전도체가 주목을 끌고 있다. 새로운 란타넘 계열 철 비소 산화–플루오린화물인 $LnFeAs(O,F)_{1-x}$ 화합물 계열에서 최초로 Ln = La인 $LaFeAsO_{1-x}F_x$가 $T_c = 26$ K에서 초전도성을 나타내었다. 그리고 조성이 비슷한 Pr 및 Sm 화합물은 임계 온도가 각각 52 K와 55 K로 관측되었다. 이 화합물들의 구조는 LnO와 FeAs 성분이 번갈아 층을 이루며 형성된다(그림 24.27). 유사한 물질인 LiFeAs($T_c = 18$ K), AFe_2As_2(A = Ca, Sr, Ba; T_c 최대 38 K) 등에서도 초전도체 현상이 보고된 바 있다.

(g) 거대 자기 저항

요점: 페로브스카이트 구조에서 B 양이온 자리에 Mn이 위치한 물질은, 인가한 자기장에 저항이 매우 크게 변하는 성질인 거대 자기 저항을 보인다.

망가나이트는 Mn(III)와 Mn(IV) 산화물로 일반 고용체 화학식이 $Ln_{1-x}A_xMnO_3$(A = Ca, Sr, Pb, Ba; Ln = 일반적으로 La, Pr, 또는 Nd)이고 강자성을 나타내고 Curie 온도는 대개

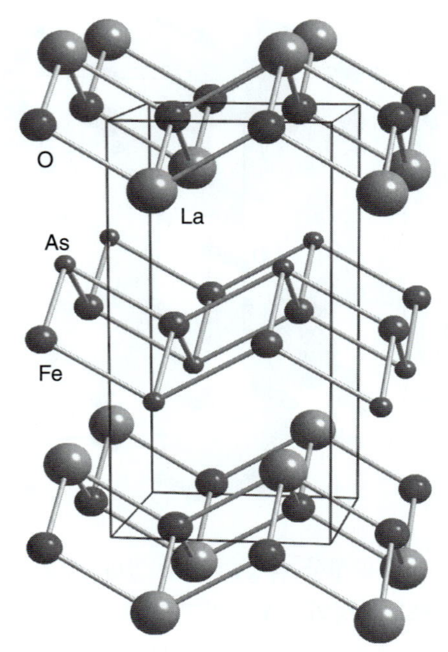

그림 24.27 초전도체 LaFeAsO의 구조로, 두 가지 다른 형태의 층을 보이고 있음

100 K와 250 K 사이로, 낮은 온도로 냉각하면 강자성 배향이 나타나는 동시에 절연체에서 (고온 조건에서) 약한 금속 전도체로 변한다. 이 물질은 또한 **자기 저항**(**magnetoresistance**)을 나타내어, Curie 온도, 혹은 조금 높은 온도에서 자기장을 인가하면 저항이 현저히 감소한다 (그림 24.28). 최근 연구에 의하면, 이런 망가나이트는 저항이 100억 배 정도까지 감소한다. 이런 이유로 이 화합물을 **거대 자기 저항 망가나이트**(**colossal magnetoresistance manganite**)[4] 라고 한다.

[4] Albert Fert와 Peter Grünberg는 이 현상의 발견으로 2007년 노벨 물리학상을 수상하였다.

거대 자기 저항(CMR) 망가나이트는 페로브스카이트형 구조를 가지며 Ln^{3+} 혹은 A^{2+} 양이온이 A 자리를 차지하고 B 자리는 Mn이 채운다. 이런 고용체에서 망가니즈의 산화수는 A^{2+} 이온의 비율에 따라서 +3과 +4 사이에서 변한다. 순수한 $LaMnO_3$는 Néel 온도(T_N = 150 K) 이하에서 반강자성으로 정렬하지만, $Ln_{1-x}A_xMnO_3$에서는 x가 증가하면 Mn^{4+} 비율도 동시에 증가하고, 냉각 시 강자성 정렬을 보인다.

$Ln_{1-x}A_xMnO_3$가 냉각 시 도체로 전이하고 동시에 강자성으로 전이하는 현상과 CMR 효

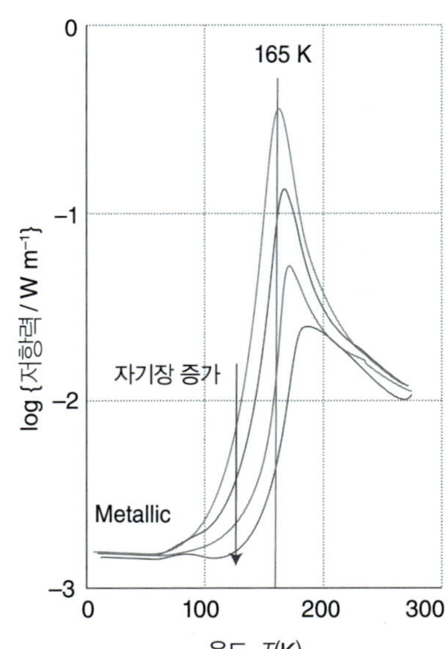

그림 24.28 **거대 자기 저항을 갖는 물질의 여러 가지 자기장에서 온도 함수에 따른 저항력** 온도 165 K에서 자기장의 적용은 저항력을 약 10^2의 크기로 변화시킨다.

과의 원인이 완전히 규명되지는 않았으나, 이것은 이 물질 내에서 Mn(III)과 Mn(IV) 사이에 일어나는 소위 **이중 교환**(DE: **double exchange**) 메커니즘에 근거하여 진행되는 것으로 알려지고 있다. 이 메커니즘의 기본 과정은 전자가 $Mn^{3+}(t_{2g}{}^{3}e_{g}{}^{1})$에서 O 원자를 통해 $Mn^{4+}(t_{2g}{}^{3})$로 이동하여 Mn(III)와 Mn(IV)의 위치가 서로 바뀌는 것이다. 망가나이트 화합물에서 전자들은 고온 조건일 때 이러한 상황에서 특정 자리에 쉽게 트랩핑되어 Mn(III)과 Mn(IV) 이온의 정렬을 유도한다. 즉 전자의 트랩핑은 **전하 정렬**(**charge ordering**)을 유도한다. 전하 정렬 상태는 일반적으로 부도체 특성과 상자기성을 보여 주는 반면, 고용체에서 나타나는 전하 무질서 상태는 전자가 자리 이동할 수 있는 상태로 전도체 특성과 강자성을 유도한다. 전하 정렬 상태는 고온에서 자기장을 인가하면 금속성, 스핀 정렬(강자성) 상태로 전환될 수 있다. 그러므로 임계 온도 바로 위에서 망가나이트에 자기장을 인가하면 전하 정렬이 전자 비편재화 상태로 변환하여 저항이 엄청나게 감소하게 된다.

GMR 효과는 컴퓨터 하드 드라이브(화학세상 24.2) 같은 자기 자료 저장 장치에 응용된다. 이 화합물들의 미래 응용은 **스핀트로닉스**(**spintronics**)에 목표를 두고 있으며, 이는 기존 일렉트로닉스에서 실리콘 칩의 작동과 정보 전달에 전자 이동을 이용하는 것처럼 유사하게 스핀이 물질을 따라 이동하는 것을 이용하는 것이다. 스핀 전달은 전자 운동보다 훨씬 빠르고 저항 효과에 따른 열의 발생이 없기 때문에 스핀트로닉스 기반 컴퓨팅 기기는 강력한 처리 능력을 가지면서도 냉각 장치가 필요 없게 된다. 특별히 후자의 경우 트랜지스터를 컴퓨터 정보 처리 장치에 더 조밀하게 배치해 나가는 반도체 기술에서 대두되는 심각한 열발생 문제의 해결책이 될 수 있다.

(h) 재충전형 전지 물질

요점: 산화물 구조에서 금속 이온의 삽입 및 추출과 관련된 산화-환원 화학은 재충전형 전지에 이용된다.

다성분 산화물 중 뛰어난 이온 전도성과, d 금속 이온의 산화 상태가 쉽게 변하는 특성을 함께 나타내는 물질은 재충전형 전지의 환원 물질로 개발된다(화학세상 11.2 참조). 일례로 $LiCoO_2$는 팔면체 CoO_6가 모서리 공유로 서로 연결되어 층상 구조를 이루며, Li^+ 이온은 그 사이 층간 공간에 존재하여 층을 분리한다(그림 24.29). $LiMn_2O_4$를 포함하여 다양한 리튬 망가니즈 스피넬들도 그런 특성을 보인다. 이런 화합물에서 전지는 다성분 금속 산화물에서

화학세상 24.2 자기 저항 물질은 하드 디스크 데이터 저장 장치의 어디에 사용될까?

컴퓨터 하드 디스크 드라이브(HDD)의 기록 정보는 미세한 자기 도메인의 자기화의 방향을 이용하여 논리 수준 0과 1로 코딩된다. 이 정보는 단순한 스피넬 철(24.6c절) 자석 '헤드'와 코일을 이용하여 읽을 수 있다. 헤드가 코딩된 디스크 표면을 지나면서 자화된 방향에 따라 작은 전류가 발생하는 원리이다. 그렇지만 이런 소자는 감도가 낮고 자기 물질의 상당히 큰 영역을 요구하기 때문에 다룰 수 있는 정보량이 제한적이다.

1990년대에 자기 저항 효과를 이용한 HDD가 개발되어 감도가 크게 증가하고, 따라서 높은 데이터 저장 밀도를 달성하였다. GMR 기반의 HDD는 특징적으로 두 강자성층 사이에 스페이서 층이 존재하는 구조로, 이때 스페이서 층은 층 간의 약한 커플링을 발생시킨다. 반강자성 물질 층은 한 개의 강자성층의 배향을 고정시킨다. 이러한 전체 구조는 **스핀 밸브**(spin valve)라 알려져 있다. 하드 디스크의 코딩된 비트로부터 발생하는 약한 자기장이 이런 구조를 관통하여 지나가면 고정되지 않은 자기층의 자기 배향은 고정된 층에 비해 변형되고, 이러한 재배열은 자기 저항 효과에 따라 소자의 전기 저항에 상당한 변화를 발생시킨다. 이 변화량은 전자적으로 쉽게 측정할 수 있어, 코딩된 표면을 읽는 셈이 된다.

HDD에 사용되는 대부분의 물질은 단순 강자성 금속이나 FeCr 같은 합금이지만, 더욱 높은 고감도 소자를 개발하기 위해서는 본문에 소개된 망가니즈 산화물과 같은 CMR 효과를 보이는 물질에 대한 연구가 필요하다.

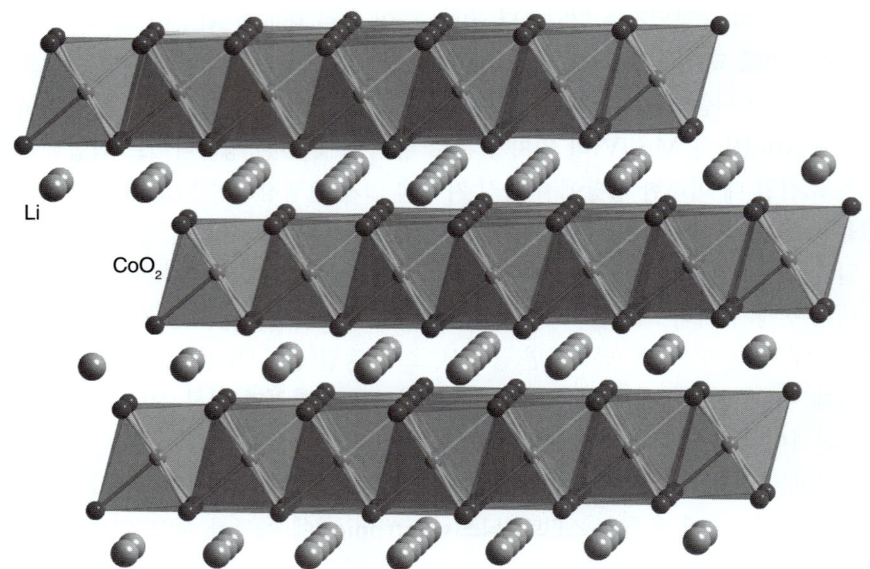

그림 24.29 $LiCoO_2$ 구조 서로 연결된 팔면체 CoO_6 층이 Li^+ 이온에 의하여 분리되었다. 리튬은 전기 화학적으로 층 사이로 탈삽입-삽입이 된다.

이동성이 높은 Li^+ 이온을 제거하여 충전된다.

$$LiCoO_2 \rightarrow CoO_2 + Li^+ + e^-$$

이 전기 화학 반응이 역으로 일어나면서 전지의 방전 과정이 진행된다. 상용 리튬 이온 전지에 이용되는 산화 리튬 코발트는 이런 응용에 필요한 특성을 갖고 있다. $LiCoO_2$의 비에너지(specific energy, 단위 질량당 축적된 에너지) (140 Wh kg^{-1})는 Li와 Co같이 가벼운 원소를 사용하여 얻어진 최댓값이다. 3d 금속이 거의 모든 경우에 적용되는데, 그 이유는 이들이 다양한 산화 상태를 가지며 밀도가 낮은 원소이기 때문이다. Li^+ 이온의 높은 이동성과 전기 화학 충방전의 좋은 가역성은 리튬 이온의 작은 크기와 $LiCoO_2$의 층상 구조에 의한 것으로, Li^+의 탈삽입 과정도 구조에 큰 손상 없이 진행된다. $LiCoO_2$는 근본적으로 많은 양의 Li ($LiCoO_2$ 화학식당 하나의 Li^+ 이온)가 존재하여 큰 용량이 가능하고 가역적으로 Li^+ 이온의 탈삽입이 가능하고(약 1000회 방전/충전 주기) 높은 전위차(3.5 V와 4 V 사이)를 일정하게 유지하며 전류를 공급할 수 있다. 높은 전위차는 부분적으로 코발트의 높은 산화 상태(+3과 +4)에 원인이 있다.

코발트는 가격이 비싸고 상당한 독성이 있기 때문에 $LiCoO_2$보다 더 우수한 산화물 관련 연구가 지속되고 있다. 신소재는 리튬 코발테이트에서 보이는 높은 가역성을 지니고 있어야 한다. 상당한 연구가 진척되고 있는 것은 $LiCoO_2$, $LiNiO_2$ 그리고 $LiMn_2O_4$ 스피넬 등을 도핑으로 변형한 것과, 작은 입자 크기로 인해 매우 우수한 가역성을 보이는 나노구조의 다성분 산화물이다(24.24절). $LiFePO_4$도 주목 받는 물질로 환원 전극 특성이 뛰어나고, 가격이 저렴하며 독성이 없다. $LiFePO_4$는 자연 광물인 올리빈(olivine) $(Mg,Fe)_2SiO_4$의 구조를 갖는다. FeO_6 팔면체와 PO_4 사면체(그림 24.30)가 연결되어 Li^+ 이온을 감싸고 있다. 리튬 이온은 충전 시 구조로부터 빠져나와 '$FePO_4$'를 생성한다. $LiFePO_4$는 전기 전도성이 낮기 때문에, 일반적으로 작은 입자로 제조하고 그 표면을 전도성 흑연 탄소로 코팅하여 사용한다. $LiFePO_4$는 $LiCoO_2$보다 에너지 밀도가 낮지만 높은 피크 전력을 발생시킬 수 있어, 고출력 전원이나 전기 자동차 등에 사용되고 있다. 재충전용 리튬 이온 전지의 캐쏘드 물질 재료로 3d 전이 금속의 황산 화합물, 플루오린화 화합물 등 유사한 물질도 연구 중이다.

재충전형 리튬 이온 전지의 다른 전극은 단순하게 Li 금속이 적용될 수 있고, 전지 반응은 $Li(s) \rightarrow Li^+ + e^-$이다. 발생된 리튬 이온은 전해질을 통하여 캐쏘드로 이동한다. 사용되는 대

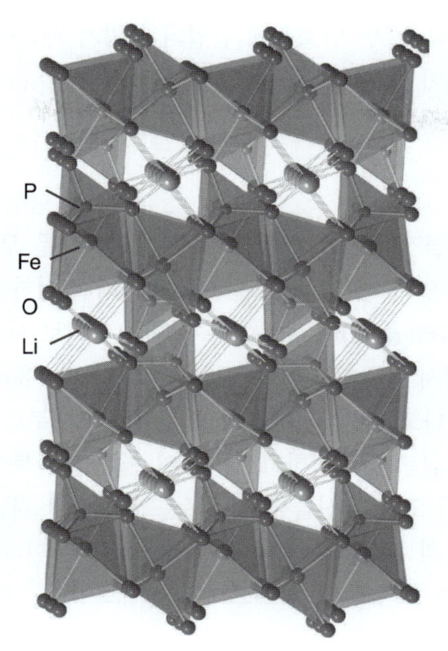

그림 24.30 $LiFePO_4$의 구조 FeO_6 팔면체와 PO_4 사면체가 서로 연결되어 채널을 이루고 그 내부에 Li^+ 양이온이 존재한다.

표적 전해질은 $LiPF_4$ 또는 $LiC(SO_2CF_3)_3$ 같은 무수 리튬 염을 탄산 프로필렌 같은 고분자 용매에 녹여 사용한다. 그러나 리튬 금속은 전지 반응 시 높은 반응성과 부피 변화와 같은 많은 문제점을 야기한다. 그래서 재충전형 전지에서 대체 음극 재료로서 가볍고 전기 화학적으로 많은 양의 Li를 층간 삽입하여 LiC_6를 형성할 수 있는 흑연 탄소가 자주 사용된다(14.5절). 전지가 방전될 때는 Li가 산화 전극에 있는 탄소 층 사이에서 이동하여 환원 전극의 금속 산화물로 층간 삽입된다(충전 시에는 반대). 전체 반응은 다음과 같다(그림 24.31).

$$Li_yC_6 + Li_{1-x}CoO_2 \underset{\text{충전}}{\overset{\text{방전}}{\rightleftharpoons}} C_6 + Li_{1-x+y}CoO_2$$

리튬 이온 재충전형 전지는 저장 용량을 갖고 있다는 장점이 있어 자동차나 휴대용 전자 제품에 잘 사용된다. 풍력, 혹은 태양 발전에서 생산된 대량의 에너지를 저장하는 응용 분야에서는 좀 더 값싼 소듐 이온 전지의 적용이 필요하다(화학세상 11.3). 소듐 이온 전지용으로 연구되고 있는 물질의 대부분은 리튬 화합물과 유사한 물질이다. 소형 장비용 환원 전극 물질로 현재 연구 중이고 생산 중인 것은 Na_2FePO_4와 $Na_{0.67}[Fe_{0.5}Mn_{0.5}]O_2$ 등이다. 소듐은

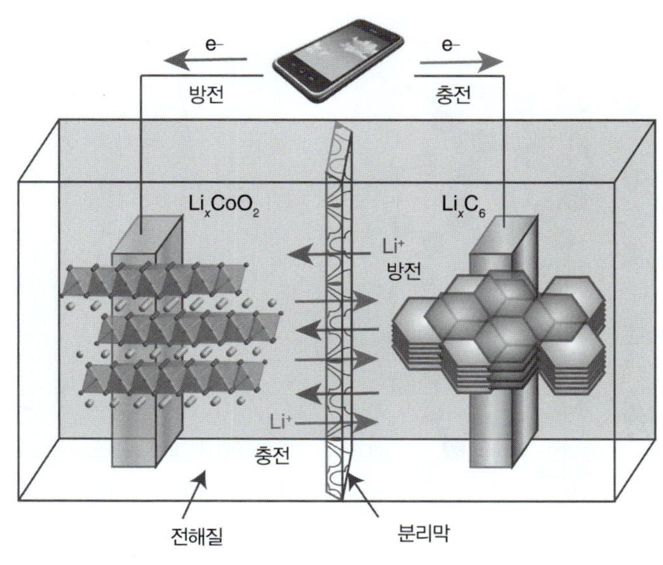

그림 24.31 Li 이온 2차 전지에서 일어나는 과정 모식도 충전–방전 중 $LiCoO_2$를 환원 전극으로, 흑연을 산화 전극으로 사용한다.

리튬의 경우(LiC_6)와는 달리, 흑연 탄소층에 삽입되지 않기 때문에 소듐 금속, 혹은 Na_3Se, $Na_{15}Sn_4$와 같은 소듐 조성이 높은 화합물 등이 연구되고 있다.

24.7 산화물 유리

세라믹(ceramic)은 보통 비결정과 결정성 물질을 포함하는 모든 무기 비금속 및 비분자형 물질을 지칭하는 용어이지만 일반적으로는 고온으로 열처리 소성하여 단단해진 다성분 산화물 또는 혼합물을 지칭한다. **유리**(glass)라는 용어는 다양한 의미로 사용되지만, 여기서는 비결정 세라믹으로 점성이 매우 커서 단단한 것으로 제한하기로 한다. 유리질(glassy) 형태의 물질을 **유리질**(vitreous) 상태에 있다고 말한다. 세라믹과 유리는 고대부터 사용되어 왔지만, 관련 과학 및 기술은 특히 최근에 급속히 발전하고 있다. 이 물질들의 특성을 과학적으로 정확히 이해하고자 하는 노력과 관련 고성능 신물질의 새로운 합성법의 개발이 이러한 활성화의 주요 원인이다. 여기에서는 우리의 관심을 유리 분야에 집중하고자 한다. 가장 친숙한 유리는 알칼리 금속 또는 알칼리 토금속 실리케이트와 보로실리케이트이다.

(a) 유리의 형성

요점: 이산화 규소가 쉽게 유리를 형성하는 이유는 강한 Si–O 공유 결합의 삼차원 그물 구조가 용융 상태에서 쉽게 끊어지지 않고, 냉각 시 재형성되기 때문이다. Zachariasen 규칙은 유리 형성을 유도하는 데 유리한 성질을 요약하고 있다.

유리는 용융물이 결정화되는 것보다 더 빠르게 냉각시키면 형성된다. 따라서 용융 실리카를 냉각하면 유리질의 석영이 된다. 이런 조건하에서 이 고체는 장거리 질서(long-range order)가 없어 X선 회절 피크가 관측되지 않지만, 분광학적 분석과 추가 자료에 따라, Si 원자가 O 원자의 사면체 배열에 둘러싸여 있는 것으로 규명되었다. 장거리 질서가 없는 것은 Si–O–Si 각도가 변하기 때문이다. 그림 24.32a는 이차원에서 어떻게 국부적인 배위 환경을 유지하면서도 O 주위의 결합각 변화에 의하여 장거리 질서가 무너지는 것을 보여 준다. 이 장거리 질서의 부재는 X선이 유리에 산란되는 양상으로 쉽게 확인이 가능하다(그림 24.32b). 장거리 질서를 갖고 질서화된 결정이 회절로 인한 일련의 예리한 회절 피크를 보이는 것(8.1절)과 대조적으로, 유리의 X선 회절 패턴은 장거리 질서의 부재로 단지 평퍼짐한 형태를 보인다. 이

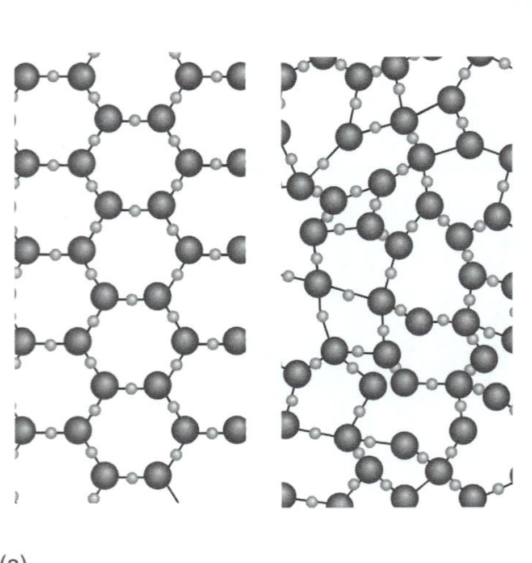

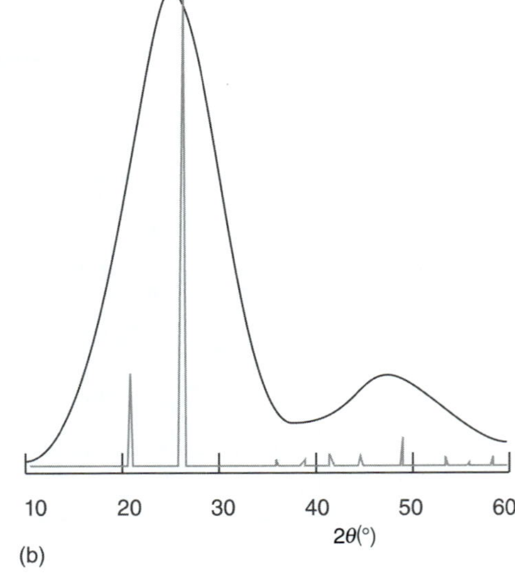

그림 24.32 (a) 이차원 결정의 간략 구조(왼쪽)와 유리 구조(오른쪽)의 비교, (b) 유리의 분말 X선 회절 패턴. 유리(SiO_2, 진회색)와 결정형 고체(석영 SiO_2, 연회색)의 비교. 결정형 석영의 장거리 질서에 의한 예리한 회절 피크는 비결정형 SiO_2에는 존재하지 않고 퍼진 형태만이 관찰된다.

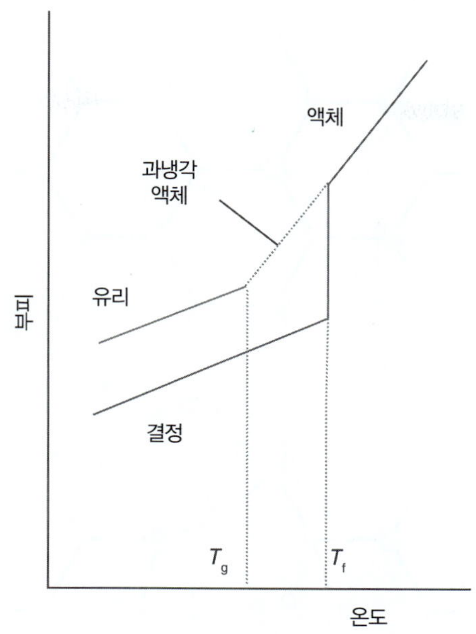

그림 24.33 과냉각 액체가 유리로, 액체가 결정성 물질로 상전이할 때 부피 변화 비교. T_g는 유리 전이 온도, T_f는 녹는점이다.

산화 규소가 쉽게 유리를 형성하는 이유는 강한 공유 결합을 지닌 Si–O 결합의 삼차원 그물 구조가 용융될 경우에 쉽게 끊어지지 않고 냉각 시 재형성되기 때문이다. 금속이나 단순 이온 화합물에서는 강한 공유 결합이 보여 주는 결합의 방향성이 매우 약해 유리를 형성하기가 매우 힘들다. 그러나 최근에 개발된 초고속 냉각 기술에 의하면 다양한 금속과 단순 무기 화합물들도 유리질 상태로 얼릴 수 있다.

유리 형성 원소의 일차적인 배위 환경은 유지되나 연결 고리 역할을 하는 O 주위의 결합각이 변한다는 개념은 1932년에 W.H. Zachariasen에 의해 최초로 제안되었다. 그는 유리의 몰 Gibbs 에너지와 몰부피가 결정체의 값들과 비슷할 것으로 예상하였다. 또한 Zachariasen은 다면체가 O 원자를 꼭짓점이 공유할 때 유리질 상태가 유리한 반면, 모서리 또는 면을 공유할 경우에는 질서도가 증가할 것이라고 생각하였다. 이러한 **Zachariasen 규칙**(**Zachariasen rule**)들은 일반적으로 유리 형성 산화물에 적용되나 예외도 있다.

유리질과 결정성 물질 간의 전형적인 차이는 온도에 따른 부피 변화에서 나타난다(그림 24.33). 용융 물질이 결정화되면, 보다 효과적이고 조밀하게 원자의 쌓임이 가능해져서 부피 변화가 크게 발생한다(일반적으로 감소). 반면에 급랭된 유리 형성 물질은 준안정 상태의 과냉각 액체로 유지된다. **유리 전이 온도**(**glass transition temperature**, T_g) 이하로 냉각하면 과냉각된 액체가 굳어지고, 이 변화는 냉각 곡선에서 급격하지 않고 완만하게 나타난다. 이것은 유리질 고체의 구조가 액체의 구조와 유사하다는 것을 의미한다. 많은 금속 규산염, 인산염 및 붕산염 등의 결정화 속도는 매우 느려서 종종 유리가 형성된다.

TiO_2와 Al_2O_3를 포함하는 유리나 세라믹은 졸–젤법(24.1절)으로 단순 산화물로 세라믹을 만드는 것보다 훨씬 낮은 온도에서 만들 수 있다. 젤 상태에서 종종 특별한 형태가 나타날 수 있으며, 섬유 형태로 만들어 가열하여 물을 제거하기도 한다. 이런 공정을 이용하면 용융 화합물에서 섬유를 직접 만들 때보다 훨씬 낮은 온도에서 유리 또는 세라믹 섬유를 만들 수 있다.

(b) 유리 조성, 생산 및 응용

요점: Na_2O와 CaO같이 낮은 원자가 금속 산화물은 실리카에 추가되어 규소–산소 골격 형성을 방해하여 연화점을 낮춘다. 다른 양이온을 유리에 혼합하면, 레이저와 핵폐기물 저장 용기 같은 다양한 응용에 적용할 수 있다.

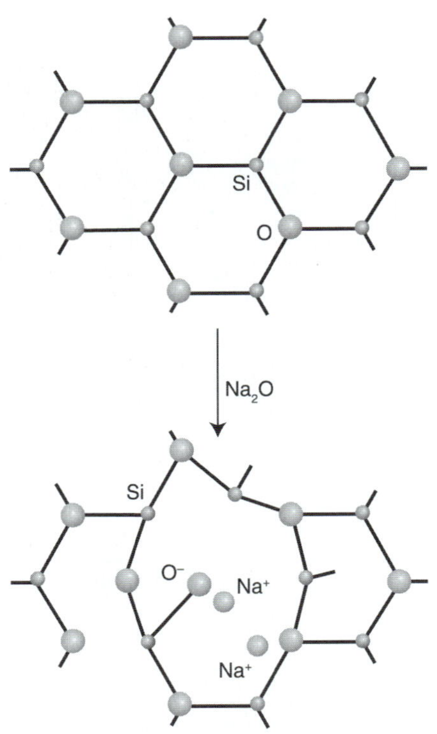

그림 24.34 조절제는 말단 O^- 단위체와 양이온을 형성시켜 격자를 변형시킨다.

유리질 실리카는 급랭이나 가열시 균열이 없는 강한 유리지만 유리 전이 온도가 높아서 고온에서 작업해야 하는 불편함이 있다. 그러므로 Na_2O 또는 CaO 같은 **조절제(modifier)**가 일반적으로 SiO_2에 추가된다. 조절제는 일부의 Si–O–Si 연결을 잘라서 말단 Si–O로 만들고 양이온과 결합하도록 한다(그림 24.34). Si–O 그물 구조의 부분적 해체는 유리의 연화점(softening temperature)을 낮춘다. 병이나 창문에 사용하는 일반 유리는 '소다석회 유리(sodalime glass)'로 불리며, 조절제로 Na_2O와 CaO를 사용한다. 조절제로 B_2O_3를 사용하면 '보로실리케이트(borosilicate) 유리'가 생성되는데, 이것은 소다석회 유리보다 열팽창 계수가 낮고 가열시 균열이 적다. 그러므로 보로실리케이트 유리(예로 Pyrex®)는 오븐용 그릇이나 실험실 유리 기구에 광범위하게 사용된다.

유리 형성은 많은 산화물의 특성이고, 실용적 유리는 황화물, 플루오린화물과 다른 음이온이 포함된 성분으로 만들어진다. 유리 형성에 가장 좋은 물질은 주기율표에서 규소 근처에 있는 원소의 산화물(B_2O_3, GeO_2, P_2O_5)이지만, 대부분의 붕산 및 인산 유리는 물에 대한 용해도 문제로, 저마늄은 가격이 높아 사용에 제한이 있다.

빛을 전달하고 처리하는 응용에 적합한 투명한 결정성 물질 혹은 유리질 물질의 개발로 인해 신호 전달이 혁신적으로 발전되어 왔다. 예를 들면 광섬유는 내부에서 표면까지 조성이 연속적으로 변화한다. 이런 조성 구배는 굴절률을 조절하여 광섬유 내부로부터의 빛 손실을 감소시킨다. 산화물 유리는 미량의 OH기를 포함하고 적외선을 흡수하여 신호가 약해지는 단점이 있어, 이를 대체하기 위해 플루오린화 유리를 연구하고 있다. 광섬유에 란타넘 계열 이온을 도핑하면 레이저 효과(23.5b절)를 유도하여 신호 증폭 물질을 만들 수 있다. 전자 집적회로의 모든 부품을 대체할 수도 있는 광회로 물질이 현재 개발 중이며 매우 빠른 광컴퓨터도 이를 통해 가능해질 것이다.

유리는 화학적인 안정성이 높고 열역학적으로도 매우 안정하여 용해 가능한 결정상으로 변형되기 매우 어려운 물질이어서, 조절제 양이온은 유리 내에 쉽게 고립된다. 조절제로 사용된 양이온들은 유리 내부에 쉽게 고정되므로, 이런 유리의 특성을 이용하여 핵폐기 물질을

'Synroc'(synthetic rock, 합성 바위) 형태로 안정적으로 보관하는 방법을 연구하고 있다. 즉 방사성 물질의 산화물을 유리 형성 산화물과 함께 유리화하면, 방사성 핵종이 붕괴하도록 하면서 장기간 저장이 가능하다.

기능성 무기 화합물을 유리에 첨가하면 **전기 변색**(**electrochromism**)을 포함하여 특별한 기능을 조절할 수 있는 소위 '스마트 유리'의 개발이 가능하다. 유리에 전압을 인가하여 색을 변화시키거나, 빛 투과 특성을 바꾸는 전기 변색 유리, 특정 빛 조사 조건에서 색 변화가 가역적으로 일어나는 **광변색**(**photochromism**) 유리 등이 가능하다. 전기 변색 유리는 일반적으로 무색인 산화 텅스텐(WO_3)으로 코팅된 유리를 이용하거나, 혹은 이 두 장을 샌드위치 형태로 적층하여 제조한다. 전압을 WO_3 층에 인가하면 양이온이 삽입되어 W는 일부 환원되어 짙은 파란색을 띠는 $M_xW(VI,V)O_3$가 형성된다. 이 코팅층은 짙은 색을 유지하고 있다가 반대 방향으로 전압을 인가하면 무색으로 변한다. 전기 변색 유리는 사생활 보호 용도, 자동으로 어두워지는 자동차 후면경 등에 응용된다. 유사한 코팅 기술이 자가 세척 유리에 적용되면, 코팅된 광촉매 금속 산화물이 유리 표면에 묻은 유기물 성분 오물을 분해할 수 있다(24.18절의 화학세상 24.4 참조). 광변색 유리는 소량의 무색 할로젠화 은 - 보통 AgCl - 을 첨가하여 만든다. 햇빛의 자외선이 조사되면, AgCl은 분해되어 Ag 원자들의 작은 뭉치를 형성하는데, 이들은 가시광선 영역까지도 흡수하여 유리가 회색을 띠게 한다. UV 복사가 차단되면 AgCl이 다시 형성되어 유리는 광학적으로 투명한 상태로 되돌아간다. 광변색 유리는 안경과 선글라스에 널리 사용되고 있다.

24.8 질소화물, 플루오린화물 및 혼합 음이온 물질

산화물을 제외한 금속 화합물의 고체 화학은 이미 설명한 다성분 산화물에 비해 발전도 늦고 제한적이다. 그러나 다성분 질소화물과 플루오린화물 그리고 혼합 음이온 화합물(산화-질소화물, 산화-황화물, 그리고 산화-플루오린화물)은 그 중요성이 점점 더해가고 있다. 탄소화물은 14.2절에서 다룬 바 있다.

(a) 질화물

요점: 다성분 질소화 금속, 산화-질소화 금속들은 N^{3-} 음이온을 갖고 있으며, 최근 많은 새로운 화합물들이 합성되고 있다.

AlN, GaN, Li_3N과 같은 주족 원소의 단순한 질소화물들은 수십 년 전에 알려졌다. 최근 질소화물 관련 화학 연구는 d 금속 질소화물과 다성분 질소화물에 초점이 모아지고 있다. 질소화물은 산화물에 비해 그 수가 적은데, N^{3-}의 생성 엔탈피가 O^{2-}의 생성 엔탈피보다 큰 것도 이유 중 하나이다. 또한 많은 질소화물은 산소와 물에 민감하여 합성과 취급이 어려운 점도 있다. 일부 단순 금속 질소화물은 원소로 직접 반응시켜 합성할 수 있다. 예를 들면 Li_3N은 리튬을 400°C에서 질소를 흘리면서 가열하여 얻을 수 있다. 질소화 소듐은 불안정한 점을 이용하여 질소화 반응 시약으로 사용되기도 한다.

$$2\,NaN_3(s) + 9\,Sr(s) + 6\,Ge(s) \xrightarrow{750°C,\ 밀봉된\ Nb\ 튜브} 3\,Sr_3Ge_2N_2(s) + 2\,Na(g)$$

산화물의 암모니아 분해(암모니아를 분해하여 수소를 산화물에 첨가하여 물을 부산물로 얻는 반응) 반응으로 일부 질소화물을 쉽게 얻을 수 있다. 질소화 탄탈럼은 오산화 탄탈럼에 암모니아를 빠르게 흘려주면서 가열하면 합성할 수 있다.

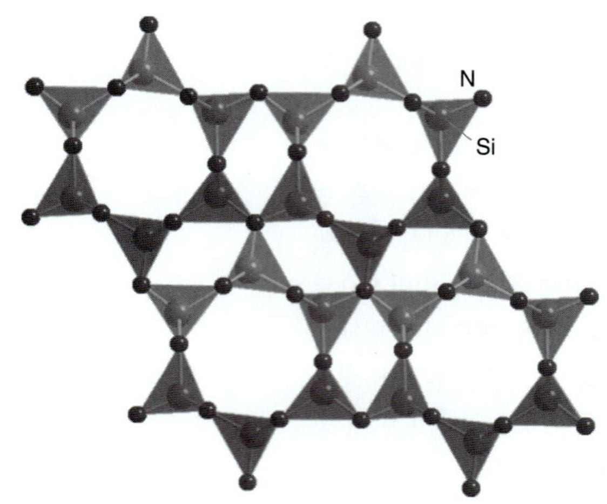

그림 24.35 SiN_4 사면체의 연결로 형성된 Si_3N_4의 구조

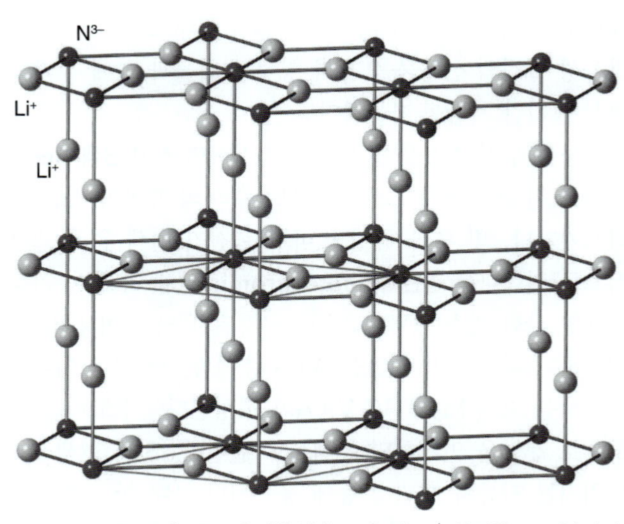

그림 24.36 Li_3N의 구조 육각층인 $[Li_2N]^-$가 Li^+ 양이온으로 분리되어 있다.

$$3\,Ta_2O_5(s) + 10\,NH_3(l) \xrightarrow{700°C} 2\,Ta_3N_5(s) + 15\,H_2O(g)$$

이 반응의 평형은 수증기를 제거하면 생성물 쪽으로 계속 이동하게 된다. 다성분 산화물을 이용한 다성분 질소화물을 합성할 때에도 유사한 반응을 적용할 수 있는데, 이 경우 암모니아에 의한 금속 산화물의 부분적인 환원이 부반응으로 일어나기도 한다. 질소화물은 금속이 낮은 산화 상태일 때 쉽게 합성되는 경향이 있는데, 이는 원소 상태의 질소는 결합 에너지가 커서 산소나 플루오린보다 산화력이 낮기 때문이다. 따라서 산소하에서 타이타늄을 가열하면 쉽게 TiO_2가 형성되는 반면, Ti_2N, TiN은 알려져 있지만 Ti_3N_4는 합성이 어렵고 잘 알려져 있지 않다. 비슷하게 V_3N_4는 알려져 있지 않지만 V_2O_5는 많은 바나듐염을 공기 중에서 분해시켜 쉽게 얻을 수 있다.

많은 주기율표 왼쪽 전이 금속의 질화물은 틈새 화합물로 고온용 내화 세라믹으로 사용된다. Si_3N_4(그림 24.35)등과 같은 Si, Al의 질소화물도 산화 조건이 아니면 매우 높은 온도까지 안정하여 전기로 재료, 도가니 등으로 사용된다. 최근에는 GaN–섬아연광, 섬유아연광 두 구조가 모두 가능한데–의 반도체 특성 연구가 활발히 진행되었다. Li_3N 질화물은 육각 Li_2N^- 층과 그 사이에 Li^+ 이온이 존재하는 독특한 구조를 갖고 있어 다른 유사 구조물들과 함께 재충전용 배터리 물질로 연구되고 있다(그림 24.36). 다성분 질소화물 중 AMN_2의 일반식을 갖는 $SrZrN_2$, $CaTaN_2$ 등의 화합물은 MN_6 팔면체가 모서리 공유로 연결된 층상 구조에 기초하고 있다(24.6h절의 $LiCoO_2$ 관련 논의 참조). 이외에도 A_2MN_3 형태의 화합물도 알려져 있다.

(b) 산화-질소화물

요점: 고체 산화물 중 산소 음이온이 일부 질소 음이온으로 치환되면 띠간격을 조절할 수 있어 안료 혹은 광촉매로 적용이 가능해진다.

앞서 언급한 바와 같이, 암모니아하에서 산화물을 가열하면 산소 음이온 전체 또는 일부를 질소 음이온으로 치환할 수 있다. 대개는 O^{2-} 이온 전체를 제거하는 것은 어려우며, 순수 질소화물을 형성하기 위해서는 매우 많은 양의 암모니아를 사용하여 평형을 이동시켜야 한다. 따라서 암모니아를 적용한 반응은 대개 산화 음이온, 질소화 음이온을 모두 갖는 생성물을 유도하는 경우가 많다.

$$Ca_2Ta_2O_7(s) + 2NH_3(g) \xrightarrow{800°C} 2CaTaO_2N(s) + 3H_2O(g)$$

O^{2-}보다 높은 전하를 갖는 N^{3-} 이온은 높은 공유 결합성을 유도하고, 특히 낮은 양전하의 d 금속과 이루는 질소화물은 순수한 이온 결합으로 이해할 수 없다. 산화–질소화물들의 띠 구조를 보면, 질소 원자가 띠의 높은 에너지 준위로 인해 순수 산화물에 비해 띠간격이 줄어든다. 많은 산화물(TiO_2, Ta_2O_5 등)이 큰 띠간격으로 인해 자외선 영역만을 흡수하는 것과는 달리, 산화–질소화물의 띠간격 감소는 가시광선의 흡수(원자가-전도띠 전이 혹은 질소-금속 전하 전달 전이)를 가능하게 한다. 따라서 $CaTaO_2N$과 같은, 타이타늄, 탄탈럼 산화–질소화물은 노란색, 오렌지색, 적색 등을 강렬하게 나타내어 안료로 사용되고 있다. 유색 산화–질화물은 가시광선을 잘 흡수할 수 있는 장점을 지닌 광촉매로도 응용이 가능하다(24.18절)

(c) 플루오린화물과 다른 할로젠화물

요점: 플루오린과 산소는 유사한 이온 반지름을 갖고 있어 플루오린화물의 고체 화학은 산화물 고체 화학과 매우 유사하다.

F^-와 O^{2-}는 이온 반지름이 매우 비슷하여(130~140 pm), 플루오린화 금속은 해당 산화물과 조성적, 구조적으로 모두 유사하다. 단지 F^- 이온은 전하가 작아 금속 이온도 전하가 낮다는 것이 산화물과의 차이점이다. 많은 이성분 금속 플루오린화물은 이온 반지름 비(ratio) 법칙(4.10절)으로 예측되는 단순한 구조를 띠고 있다. 예를 들면 FeF_2와 PdF_2는 루틸 구조, AgF는 암염 구조, NbF_3는 ReO_3 구조를 보여 준다. 다성분 플루오린화물 역시 전형적인 산화물과 동일한 구조들, 즉 페로브스카이트($KMnF_3$), Ruddlesden–Popper 상($K_3Co_2F_7$) 그리고 스피넬 구조(Li_2NiF_4) (24.6c,d절) 등을 나타낸다. 합성법도 산화물과 매우 유사하여, 예를 들면 두 플루오린화 금속 화합물을 직접 반응시켜 다성분 플루오린화물을 얻는다.

$$2LiF(s) + NiF_2(s) \rightarrow Li_2NiF_4(s)$$

산화물의 경우와 마찬가지로 용액 내 침전으로도 다성분 플루오린화물을 얻을 수 있다.

$$MnBr_2(aq) + 3KF(aq) \rightarrow KMnF_3(s) + 2KBr(aq)$$

암모니아를 이용하여 산화–질소화물을 얻듯이, 산화–플루오린화물도 다성분 산화물을 적절히 반응시켜 얻을 수 있다.

$$Sr_2CuO_3(s) \xrightarrow{F_2, 200°C} Sr_2CuO_2F_{2+x}(s)$$

$Sr_2CuO_2F_{2+x}$는 $T_c = 45$ K인 초전도체이다.

SiO_4 사면체가 연결되어 형성되는 실리카 유리와 유사한 플루오린화물은 F^-와 결합하여 사면체 단위체를 이루는 작은 양이온의 경우만 가능하다. 일례로 $LiBF_4$는 상호 연결된 BF_4 사면체들로 구성된다. 보로플루오린화 리튬 유리는 X선 작업 시 시료를 담는 데 사용된다. 이 유리들은 낮은 전자 밀도로 X선에 투명하기 때문이다. MF_4(M = Li, Be) 사면체로 구성된 골격형 구조와 층상 구조가 알려져 있다. 어떤 플루오린화 금속 화합물은 유기 화학의 플루오린화 반응의 시약으로 사용된다. 그렇지만 다성분 금속 산화물의 풍부한 응용성에 비하면, 다

성분 플루오린화물 중 기술적 중요도가 높은 화합물은 그 수가 많지 않다.

염화 금속의 구조는 플루오린화물에 비해 높은 공유 결합성을 반영하고 있다. 염화물은 이온 결합성이 낮아서 플루오린화물에 비해 배위수가 낮은 구조를 나타낸다. 따라서 단순 금속 염화물, 브로민화물, 아이오딘화물은 일반적으로 MX_6 팔면체가 모서리 공유로 연결된 층상 구조를 바탕으로 하는 염화 카드뮴이나 아이오딘화 카드뮴 구조를 갖는다. 다성분 염화물도 종종 동일한 단위체를 갖고 있다. 예를 들어 $CsNiCl_3$에는 $NiCl_6$ 팔면체가 모서리 공유로 사슬을 이루고 그 사이에 Cs^+ 이온이 존재한다. 다성분 염화물 중에는 산화물 구조와 유사한 것도 많이 있는데, 예를 들면 $KMnCl_3$, K_2MnCl_4, Li_2MnCl_4는 각각 페로브스카이트, K_2NiF_4, 스피넬 구조를 갖는다.

황화물, 층간 삽입 화합물, 과금속 화합물

무른 칼코젠인 S, Se, Te는 금속과 이성분 화합물을 생성하고 일반적으로 산화물, 질소화물 및 플루오린화물과 상당히 다른 구조를 갖는다. 이미 4.9, 16.11, 19.2절에서 보았듯이, 이런 차이점은 황화물과 다른 비슷한 칼코젠화물이 보이는 큰 공유 결합성으로 이해할 수 있다. 앞서 언급한 것 같이, 예를 들어 MO 화합물들은 보편적으로 암염 구조를 갖는 반면, ZnS와 CdS는 섬아연광 또는 섬유아연광 구조를 갖는데, 이렇게 배위수가 작은 것은 방향성을 갖는 결합이 있음을 의미한다. 비슷하게 d 영역 일황화물은 특징적으로 MgO 같은 알칼리 토금속 산화물의 암염 구조 대신 공유 결합성의 비소화 니켈 구조를 가진다. 더욱 흥미로운 것은 많은 d 금속 이산화물, 이플루오린화물은 루틸, 혹은 형석 구조를 띠는 반면, d 금속 황화물은 층상 구조의 MS_2 화합물을 형성한다는 점이다.

24.9 층상 MS_2 화합물과 층간 삽입

층상 구조 황화 금속 화합물과 그 층간 삽입 화합물은 16.11절에 소개되었다. 여기서는 그 구조와 특성을 좀 더 넓게 살펴보겠다.

(a) 합성 및 결정 성장

요점: d 금속 이황화물은 밀봉한 관에서 원소간 직접 반응으로 합성하고 아이오딘을 이용한 화학 증기 운반을 이용하여 정제할 수 있다.

d 금속 칼코젠 화합물은 반응 혼합물을 밀봉한 관(휘발성 원소의 손실 방지)에 넣고 가열하여 합성한다. 이렇게 만들어진 생성물은 매우 넓은 범위의 조성을 가진다. 화학 및 구조 연구에 적합한 결정성 이칼코젠 화합물의 합성에는 아래에서 설명하는 **화학 증기 운반**(CVT: **chemical vapour transport**) 방법을 사용한다. 어떤 경우에는 단순히 화합물을 승화시키는 것으로도 합성이 가능하나 CVT 방법은 다양한 비휘발성 고체 화합물에도 적용할 수 있다.

대표적인 과정으로는 원재료 물질을 보로실리케이트 또는 용융 석영관의 한쪽 끝에 몰아 넣는다. 관을 진공으로 만든 후에 소량의 CVT 시약을 넣고 관을 밀봉하여 온도 구배 설정이 가능한 전기로에 넣는다. 다결정성과 불순물이 포함된 금속 칼코젠화물은 관의 한쪽 끝에서 기화되고, 다른 쪽 끝에서 순수한 결정이 얻어진다(그림 24.37). 이 기술을 **승화**(sublimation)가 아닌 화학 증기 **운반**으로 부르는데, 이것은 CVT 시약(보통 할로젠을 사용)이 할로젠화 금

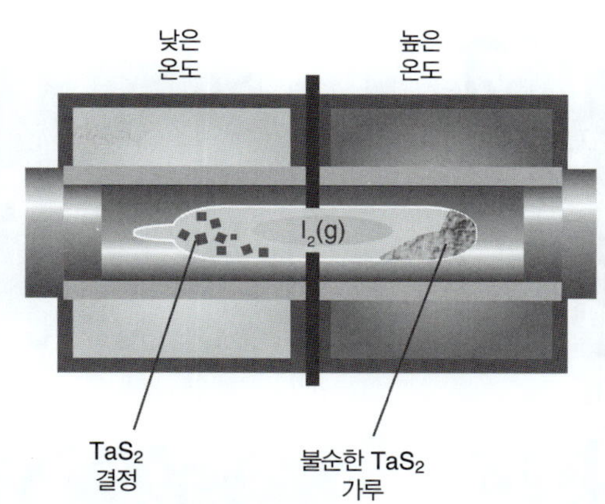

그림 24.37 TaS_2의 증기 운반 결정 성장과 정제 소량의 I_2가 존재하여 운반 시약 역할을 담당한다.

속 같은 휘발성 중간체를 형성하기 때문이다. 일반적으로 소량의 운반 시약만이 필요한데, 이것은 결정 생성 후에 다시 방출되고 확산되어 다시 반응물과 작용하기 때문이다. 예를 들면 TaS_2는 온도 구배가 설정되면 I_2를 매개로 운반된다. I_2와의 반응은 기체 생성물을 만드는 흡열 반응이고 평형은 750 ℃보다 850 ℃에서 더 오른쪽에 놓여 있다.

$$TaS_2(s) + 2I_2(g) \rightarrow TaI_4(g) + S_2(g)$$

결과적으로 TaI_4는 850℃에서 생성되지만 750℃에서 TaS_2가 혼합물에서 석출된다. 만일 운반 반응이 발열 반응이면 고체는 관의 차가운 부분에서 뜨거운 끝 쪽으로 이동할 것이다.

(b) 구조

요점: d 구역 왼쪽에 위치한 금속은 6개의 황 이온에 배위되어 샌드위치 같은 층상 구조 황화물을 형성한다. 층간의 결합은 매우 약하다.

앞서 16.11절에서 본 바와 같이, d 구역 이황화물은 두 종류로 분류된다. 층상 물질은 d 구역의 왼쪽 금속에서 생성되고 형식적으로는 S_2^{2-} 이온을 포함하는 화합물이 d 구역의 중간과 오른쪽에 위치한 금속에 의하여 생성된다(예: 황철광 FeS_2). 여기서는 층상 물질에 대하여 집중적으로 설명한다.

TaS_2와 다른 층상 이황화물에서 d 금속 이온은 조밀 채움 AB층 사이에 있는 팔면체 구멍에 위치한다(그림 24.38a). Ta 이온은 역시 조밀 채움 층을 형성하고, 이를 X층으로 표기하면 금속과 결합된 황화 이온 층은 AXB 샌드위치로 표시할 수 있다. 샌드위치 같은 판은 AXBAXBAXB...와 같이 순서대로 쌓여서 삼차원 결정을 생성하고, 이때 AXB 판 내에는 강한 결합이 존재하지만 판 사이에는 약한 분산력만이 존재한다. 이 MS_2 구조를 다른 관점에서 보면, 모서리를 공유하는 팔면체 MS_6로 생각할 수 있고(그림 24.39a), 이는 이러한 물질에서 볼 수 있는 일반적인 공유 결합, 예를 들면 반형석 구조의 Li_2S에서 관찰되는 것보다 훨씬 강화된 공유 결합임을 뒷받침한다.

NbS_2에서 Nb 원자는 황화 이온 층 사이에 있는 삼각 프리즘 구멍에 위치한다(AA, 그림 24.38b, 그림 24.39b). 이웃하는 황화 이온 층과 강하게 결합되어 있는 Nb 원자를 *m*으로 표시하면, Nb 층 역시 조밀 채움 배열로 각 층은 A*m*A 또는 C*m*C로 표시할 수 있다. 이런 판들이 A*m*AC*m*CA*m*AC*m*C... 같은 패턴으로 쌓여 삼차원 결정을 형성한다. A*m*A, C*m*C 판 사이는 약한 분산력에 의해 지탱된다. 판에 수직인 방향으로 판들이 쌓이는 배열이 달라지면 다형 결정(polytype)도 가능하다. 따라서 NbS_2와 MoS_2는 ···C*m*CA*m*AB*m*B··· 등 다양

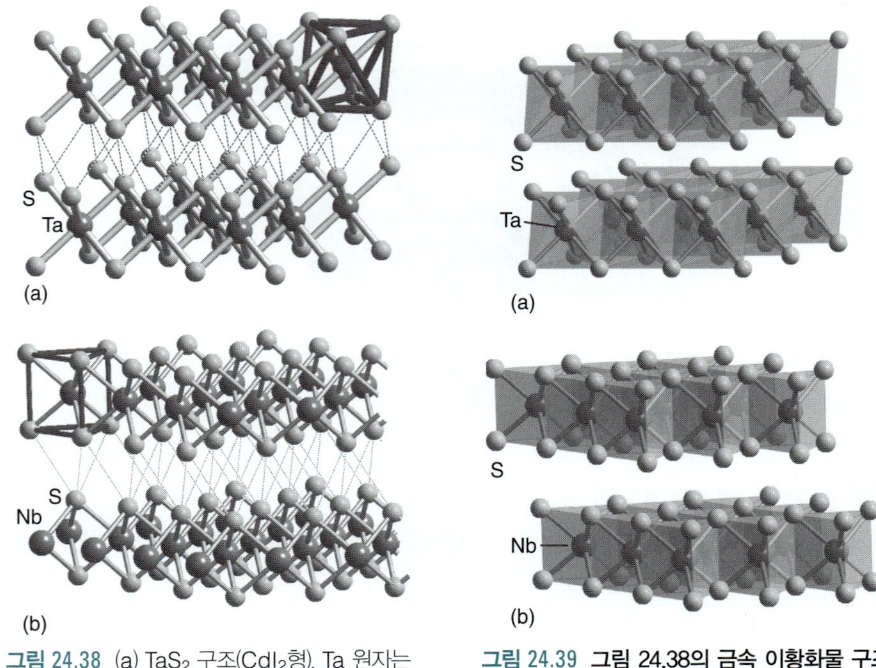

그림 24.38 (a) TaS_2 구조(CdI_2형). Ta 원자는 S 원자 AB층 사이의 팔면체 자리에 위치한다. (b) NbS_2 구조. Nb 원자는 황화 이온 층 사이 삼각 프리즘 자리에 위치한다.

그림 24.39 그림 24.38의 금속 이황화물 구조를 모서리 공유 다면체 MS_6 층으로 표현함 (a) TaS_2에서의 팔면체, (b) NbS_2에서의 삼각 프리즘

한 배열의 다형 결정이 가능하다. 이황화 몰리브데넘(MoS_2)은 일반 윤활유에 비해 훨씬 높은 온도와 압력에서 사용이 가능하기 때문에 경주용 자동차, 표면 가공 등에서 고성능 윤활제로 사용된다. 윤활 작용은 건조 코팅 상태에서 일어나며, 이는 MoS_2층이 약한 층간 상호 작용으로 인해 쉽게 서로 미끄러질 수 있기 때문이다.

(c) 층간 삽입과 삽입

요점: 삽입 화합물은 d 금속 이황화물과의 직접 반응, 또는 전기 화학 반응으로 만들 수 있다. 삽입 화합물은 나그네 분자로도 합성될 수 있다.

알칼리 금속 이온이 흑연 층간(14.5절), 이황화 금속 층간(16.11절), 그리고 금속 산화물 층간(Li_xCoO_2, 24.6h절)에 삽입되어 층간 삽입 화합물이 형성되는 것은 앞서 살펴보았다. 반응이 층간 삽입 또는 **삽입 반응**(insertion reaction)이 되기 위해서는 반응이 일어날 때 주인 화합물의 기본 구조는 유지되어야 한다. 반응 중 고체 출발 물질 중 하나의 구조가 크게 변하지 않는 반응을 **위상 반응**(topotactic reaction)이라고 한다. 이 반응은 여기서 논의되는 삽입 반응에만 국한되는 것은 아니다. 예를 들어 수화, 탈수화, 이온 교환 반응 등도 위상 반응일 수 있다.

흑연의 π 전도띠와 원자가띠는 에너지가 인접해 있고(사실 흑연은 형식적으로는 반금속이다; 4.19절), 전자가 알칼리 금속 원자에서 흑연 전도띠로 이동하는 과정은 층간 삽입에 유리하도록 Gibbs 에너지를 변화시킨다. 이칼코젠화물의 경우에도 알칼리 금속 원자의 삽입은 유사한 과정을 포함한다. 전자가 d 띠로 들어가고, 전하를 보상하는 알칼리 금속 이온은 판 사이 위치로 확산된다. 일부 전형적인 알칼리 금속 삽입 화합물을 표 24.5에 나열하였다.

알칼리 금속 이온의 주인 구조 내 삽입은 알칼리 금속과 이황화물의 직접 반응에 의하여 이루어진다.

표 24.5 몇 가지 칼코젠화물의 알칼리 금속 층간 삽입 화합물

화합물	Δ(pm)*
$K_{1.0}ZrS_2$	160
$Na_{1.0}TaS_2$	117
$K_{1.0}TiS_2$	192
$Na_{0.6}MoS_2$	135
$K_{0.4}MoS_2$	214
$Rb_{0.3}MoS_2$	245
$Cs_{0.3}MoS_2$	366

* 층간 공간의 변화는 원래 MS_2 화합물과 비교하였다.

$$TaS_2(s) + x\,Na(g) \xrightarrow{800°C} Na_xTaS_2(s)$$

여기서 $0.4 < x < 0.7$이다. 삽입은 또한 뷰틸-리튬과 같이 환원성이 강한 알칼리 금속 화합물을 사용하거나 **전기 층간 삽입**(electrointercalation)이라는 전기 화학적 방법으로도 가능하다(그림 24.40). 전기 층간 삽입의 장점 중 하나는 합성 도중에 통과하는 전류를 조사하면 반응한 알칼리 금속의 양을 측정할 수 있다는 것이다($n_e = It/F$ 사용). 또한 고체 용액상과 분리된 상(discrete-phase)을 구별할 수 있다. 그림 24.41에 예시한 바와 같이, 고체 용액의 형성은 층간 삽입이 진행됨에 따라서 전위차가 연속적으로 변하는 것이 특징인 반면, 새로운 분리된 상의 생성은 고체상이 다른 것으로 전환되는 범위에서 일정한 전위차를 보이고 반응이 완결되면 급격한 전위차 변화가 일어난다.

삽입 화합물은 이온, 전자 전도가 모두 가능한 혼합 전도체의 예이다. 일반적으로 삽입 과정은 화학적, 전기 화학적으로 가역적이다. 이 가역성 때문에 리튬 전지 캐쏘드에서 Li를 탈

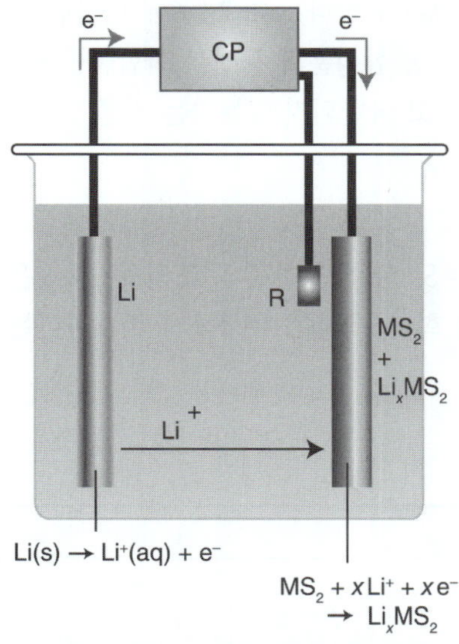

그림 24.40 전기 층간 삽입을 위한 실험 장치의 도식적 그림 무수 리튬 염이 녹아 있는 극성 유기 용매(예: 탄산 다중 프로필렌)가 전해질로 사용된다. R은 기준 전극이고, CP는 전기량계(통과하는 전하 측정)와 퍼텐셜 조절기이다.

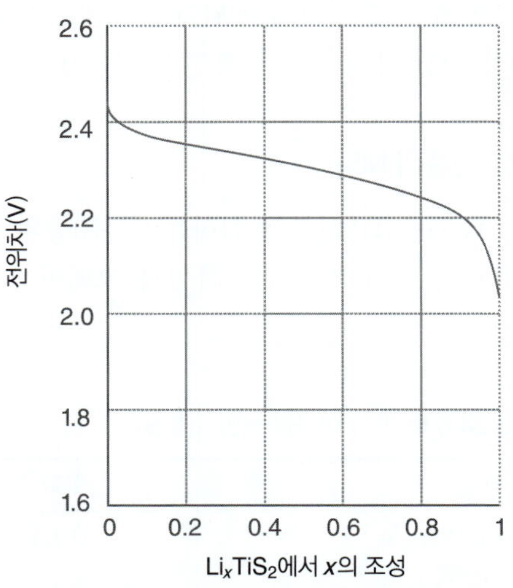

그림 24.41 이황화 타이타늄으로 리튬의 전기 층간 삽입 과정의 퍼텐셜 vs 성분 도표 Li_xTiS_2에서 성분 x는 전기 층간 삽입 과정에서 통과한 전하로부터 계산된다.

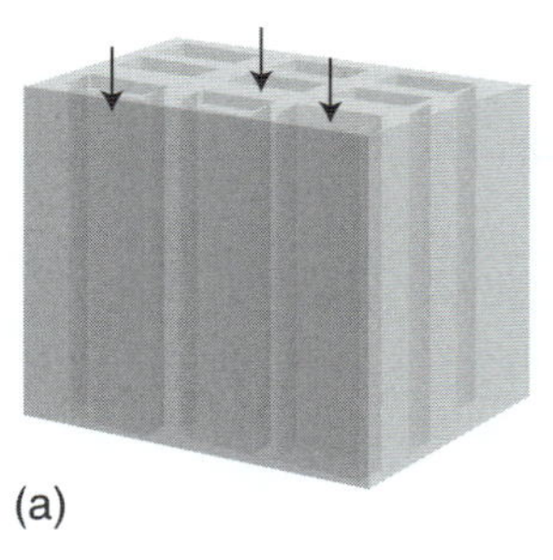
(a)

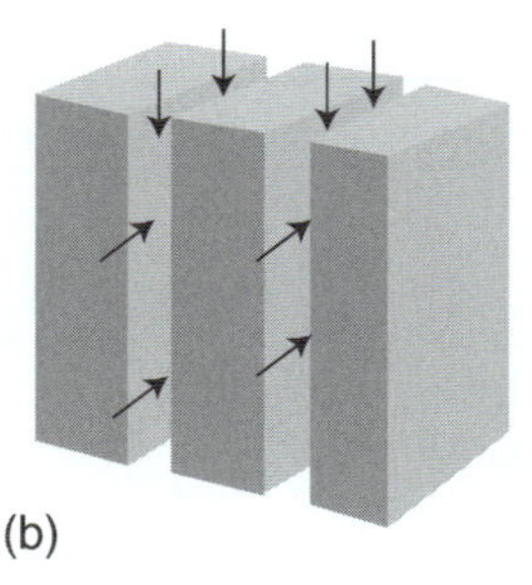
(b)

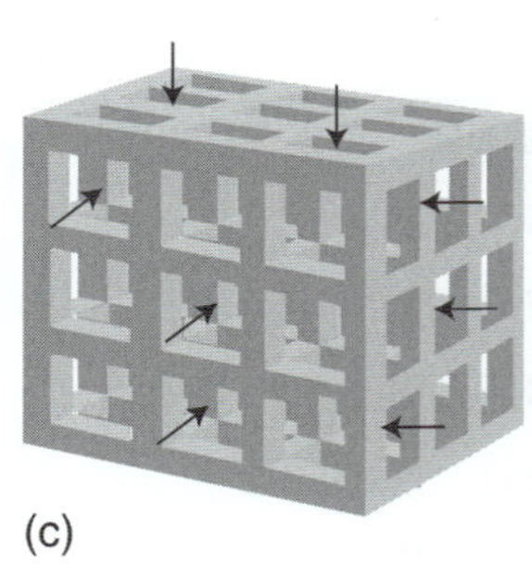
(c)

그림 24.42 층간 삽입 반응을 위한 주인 물질의 도식적 표현 (a) 일차원 채널을 갖는 주인 물질, (b) 이차원 층상 화합물, (c) 교차 채널이 존재하는 삼차원 주인 물질

삽입하여 재충전이 가능한 것이다. 이 개념을 합성에 적절히 응용하여 이전에는 알려지지 않았던 층상 이황화물 VS_2를 합성할 수 있게 되었다. 고온 과정에서 알려진 층상 화합물 $LiVS_2$를 먼저 합성한 후, Li를 I_2와의 반응으로 제거하면 TiS_2 구조를 갖는 준안정 상태의 층상 VS_2를 얻을 수 있다.

$$2\,LiVS_2(s) + I_2(s) \rightarrow 2\,LiI(s) + 2\,VS_2(s)$$

삽입 화합물은 또한 나그네 분자와도 생성될 수 있다. 가장 주목 받는 나그네 분자는 메탈로센 $[Co(\eta^5\text{-}Cp)_2]$으로, $(Cp = C_5H_5^-$(22.14절)), 메탈로센을 TiS_2, $TiSe_2$ 및 TaS_2 같이 층상 구조를 지닌 다양한 주인 물질과 혼합하여 MS_2 또는 MSe_2 한 개당 약 0.25 $[Co(\eta^5\text{-}Cp)_2]$ 범위까지 반응시킬 수 있다. 이 한계 값은 $[Co(\eta^5\text{-}Cp)_2]^+$가 층간 공간을 모두 채우는 조성에서 나타난다. 유기금속 화합물은 층간 삽입 반응에서 산화되며, 이 반응을 유발하는 Gibbs 에너지는 알칼리 금속의 층간 삽입 반응과 동일한 과정으로 일어난다. 코발트 화합물보다 산화 반응이 더 어려운 $[Fe(\eta^5\text{-}Cp)_2]$는 층간 삽입이 일어나지 않는데, 이는 이러한 해석과 일치한다(22.19절).

이러한 이차원 평면과 함께 삼차원 네트워크에 형성된 일차원 채널 따라 진행되는 이온의 삽입도 생각할 수 있다(그림 24.42). 나그네 물질이 들어가기 위한 자리를 제공하는 것 이외에도 주인 물질은 전자를 가역적으로 취할 수 있는 적절한 에너지 준위의 전도띠를 제공해야 한다(어떤 경우에는 나그네 물질에 전자를 줄 수 있어야 한다). 표 24.6에 다양한 종류의 가능한 주인 물질이 수록되어 있는데, 이들은 산화 금속, 삼성분과 사성분 화합물들도 포함되었다. 층간 삽입 화학은 흑연 및 층상 이황화물에만 결코 국한되지 않는다는 것을 알 수 있다.

(d) 단층의 MS_2

MoS_2, $TiSe_2$를 포함하는 약 40종의 MX_2(X = S, Se)의 2차원 구조의 큰 특징은 단일층으로 분리가 가능하며 흑연과 그래핀에서 발견된 화학 특성이 유사하게 존재한다는 것이다

표 24.6 몇 가지 삼차원 삽입 화합물

상	화학 조성(x)
$Li_x[Mo_6S_8]$	0.65~2.4
$Na_x[Mo_6S_8]$	3.6
$Ni_x[Mo_6Se_8]$	1.8
H_xWO_3	0~0.6
H_xReO_3	0~1.36

(24.29절). 이들은 소위 2차원 전이 금속 이칼코젠화물(TMD)로 벌크 물질로부터 박리 기법(exfoliation)을 통해 합성이 가능하다. 즉 리튬이 삽입된 Li_xMX_2 상을 물에 넣고 초음파 처리를 하여 박리시킬 수 있다. 이러한 형태로 이 물질들의 수소 발생 전기 촉매, 리튬 이온 배터리 및 수퍼 축전기 관련 연구가 진행되고 있다.

24.10 Chevrel 상과 칼코젠화물 열전소재

요점: Chevrel 상은 Mo_6X_8 또는 $A_xMo_6S_8$의 일반식을 가지며 Se, Te가 S를 치환할 수 있다. 삽입된 A 원자는 Li, Mn, Fe, Cd, Pb 등 다양하다.

Chevrel 상은 1971년에 R. Chevrel이 최초로 보고한 이래, 삼성분 화합물의 중요한 분류를 형성하고 있다. 이 화합물들은 Mo_6X_8 또는 $A_xMo_6S_8$의 일반식을 가지며 Se, Te가 S를 치환할 수 있고, Li, Mn, Fe, Cd, Pb 등 다양한 A 원자가 삽입 가능하여 3차원 삽입 반응을 잘 보여 준다. 최초 화합물인 Mo_6Se_8, Mo_6Te_8은 원소 혼합물을 1000°C로 가열하여 합성하였다. 이 계열 화합물의 공통적인 구조 단위는 M_6S_8로, 이는 팔면체로 배치된 M 원자와 팔면체의 8개 면에 면 공유로 존재하는 S, 혹은 S 원자가 형성한 육면체 내부에 M 원자가 팔면체로 들어 있는 형태로 이해할 수 있다(그림 24.43). 이런 형태의 뭉치는 4, 5주기 앞쪽 d 영역 금속의 할로젠화물에서 관찰되기도 하는데, 예를 들면 Mo, W 금속의 염화물, 브로민화물, 아이오딘화물 등에서 $[M_6X_8]^{4-}$ 뭉치가 발견되었다.

그림 24.44는 3차원 고체에서 Mo_6S_8 뭉치가 삽입된 이온이 점유하는 자리에 대해서, 또 다른 뭉치에 대해서 기울어져 있는 모습을 보여 준다. 이렇게 기울어진 배치로 Mo $4d_{z^2}$ 오비탈(Mo_6S_8 육면체의 면 바깥 방향으로 위치하는)과 인접 뭉치의 S 원자의 채워진 주개 오비탈과의 이차적인 주개-받개 상호 작용이 가능해진다.

Chevrel 상의 매우 독특한 물리적 특성 중 하나는 초전도성이다. $PbMo_6S_8$은 14 K까지 초전도성을 보이며 매우 높은 자기장까지 이를 유지하는데, 이는 차세대 NMR 장비와 같은 높은 자기장(25 T 이상) 응용과 관련되어 큰 흥미를 끌고 있다. 이러한 측면에서는 최근의 구리 산화물 고온 초전도체에 대해 확실한 우위에 있다고 할 수 있다.

Chevrel 상의 다른 응용성은 열을 전기 에너지로 변환시키는 열전 소자 혹은 전기 에너지를 직접 냉각 용도로 사용하는 소자에 적용하는 것이다. 이상적인 열전 물질은 좋은 전기 전도성과 낮은 열전도성을 가져야 한다. 이를 만족시키는 물질을 설계할 경우, 종종 구조적 특

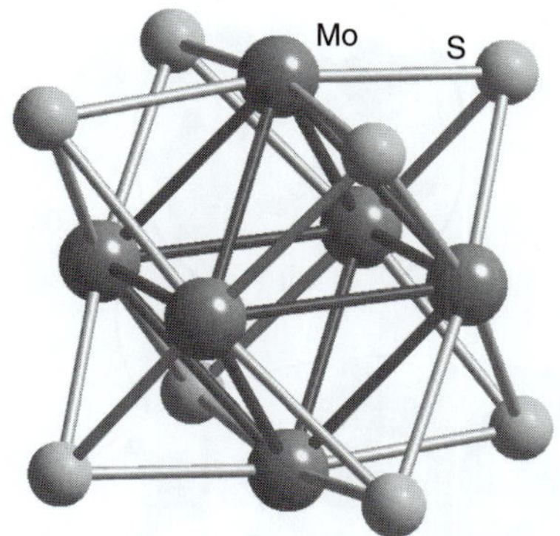

그림 24.43 Chevrel 상 $Pb_xMo_6S_8$의 Mo_6S_8 단위체

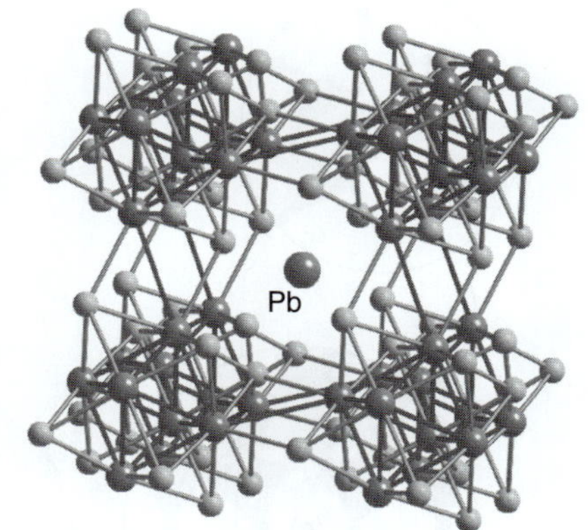

그림 24.44 Chevrel 상의 구조 기울어진 Mo_6S_8 단위체들은 약간 변형된 육면체를 형성한다. 단위 육면체당 한 개의 Mo 원자가 인접 케이지의 S가 공여하는 전자쌍을 받는다.

성을 조합하기도 한다. 결정성 구조는 원자가 정확한 위치에 배치되어 전자의 산란을 줄여 높은 전자 이동을 가능하게 하는 반면, 비정형 혹은 유리질 구조는 열전도를 촉진하는 고체 내 진동 방식을 산란시켜 낮은 열전도성을 갖게 한다. Chevrel 상은 M_6X_8 블록 사이로 다양한 양이온을 삽입시킬 수 있는데, 이 과정에서 M_6X_8 블록이 원 위치에서 약간씩 이탈하여 전기 전도성을 저하시키지 않는 범위 내에서 열전도도를 낮추게 된다. 많은 다른 금속 칼코젠화물이 열전 소자로 연구되고 있다. 이들에게서 공통적으로 나타나듯이, Bi_2Te_3, Bi_2Se_3는 24.9b절에서 설명한 MS_2상과 비슷하게 유사 층상 구조를 띠고 있으며, 이러한 물질로 구성된 소자는 층 내에서는 좋은 전기 전도성을, 층에 수직한 방향으로는 낮은 열전도성을 보여 사용 가능한 열전 효율을 보인다. 열전 물질의 다른 중요한 분류는 광물 '스커터루다이트' (광물 스커터루다이트, $CoAs_3$에서 유래된)로, 그 일반식은 $M_x(Co,Fe,Ni)(P,As,Sb)_3$이며 $Na_{0.25}FeSb_3$에서처럼 다양한 양이온 M(Ln, Na)이 삽입 가능하다. 스커터루다이트 구조는 ReO_3(24.6절)와 유사하다. $CoAs_6$ 팔면체의 경우는 구조 내에 커다란 빈 공간을 만들기 위해 기울어져 양이온이 삽입 가능하다. 이러한 양이온들은 열을 흡수하여 주위를 변형시켜 열전도성을 낮추면서, (Co, Fe, Ni)(P, As, Sb)$_3$ 네트워크의 높은 전기 전도도는 그대로 유지된다.

골격 구조와 다공성 물질 내 불균일 촉매 반응

이 장에서는 주로 조밀 채움 배치의 음이온과 배위수가 6인 d 금속 이온으로 구성된 구조를 설명하였다. 많은 이러한 구조들(즉 ReO_3, 페로브스카이트 및 MS_2 등)은 MX_6 팔면체가 꼭짓점이나 모서리 공유로 서로 연결되어 다양한 배열을 형성하는 것으로도 설명이 가능하다. 일반적인 산화 상태로 존재하는 대부분의 d 금속은 배위수가 6인 것이 유리하나, 크기가 작은 금속(예를 들면 뒤쪽 3d 계열, 가벼운 p 구역 금속 및 Al과 Si 같은 준금속)은 대개 O와 사면

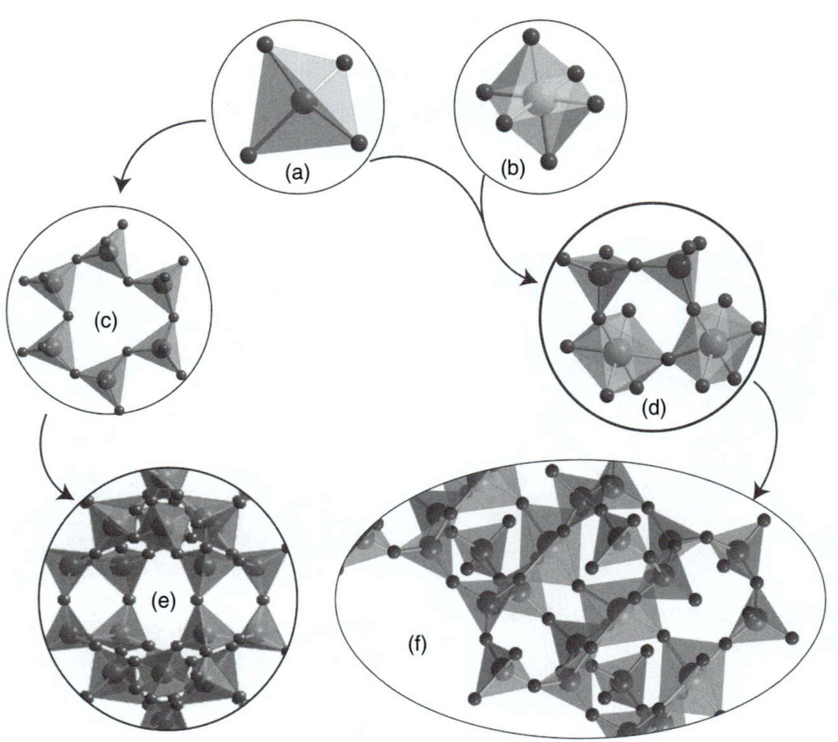

그림 24.45 (a) 사면체, (b) 팔면체는 꼭짓점 공유로 연결되어 이차 구성 단위 (c)와 (d)를 형성하고, 이들은 다시 꼭짓점 공유로 연결되어 (e), (f) 같은 골격 구조를 형성한다.

체를 형성하고, 이 MO_4 단위체에 근거한 구조를 형성한다. 이런 사면체 단위는 제올라이트의 경우처럼 유일한 구축 단위(building block)가 되거나, 금속–산소 팔면체와 함께 연결되어 새로운 구조 형태를 만들 것이다(그림 24.45). 이렇게 연결된 수많은 다면체 구조를 **골격 구조(framework structure)**라고 한다. 이 구조물들은 골격 내에 존재하는 채널과 공극을 통해 작은 분자들이 이동할 수 있어 분자체(molecular sieve)와 불균일 촉매 작용이 가능하다(2장, 13장).

24.11 사면체 옥소 음이온 기반 구조

앞에서 설명한 바와 같이, 매우 안정한 사면체 MO_4를 형성하고 서로 연결되어 골격 구조를 만들 수 있는 원소는 후기 3d 계열, 가벼운 p 구역 금속, 그리고 준금속이다. 이 이온들은 크기가 작아 네 개의 O 원자와 강하게 결합한다. 중요한 예로는 SiO_4, AlO_4 및 PO_4 등이 있고, GaO_4, GeO_4, AsO_4, BO_4, BeO_4, LiO_4, Co(II)O_4와 ZnO_4 등도 잘 알려져 있다. 골격 구조에서 드물게 알려진 사면체 단위는 Ni(II)O_4, Cu(II)O_4와 InO_4 등이다. 여기에서는 제올라이트(큰 공극을 갖는 골격형 알루미노실리케이트), 알루미노포스페이트와 인산염에서 가장 흔히 나타나는 단위체로 형성되는 구조에 집중하고자 한다.

제올라이트는 SiO_4와 AlO_4 사면체들만이 서로 연결되어 3차원 골격을 형성하며, 그 일반식은 $(M^{n+})_{x/n}[(AlO_2)_x(SiO_2)_{2-x}]\cdot mH_2O$로 표기되는데, 이때 M은 일반적으로 Na^+, K^+, 혹은 Ca^{2+}와 같은 양이온이다. 양이온과 물 분자들은 완전히 연결된 골격 내부 채널이나 공극 자리에 위치한다. 용액에서 합성된 제올라이트는 SiO_4, AlO_4 사면체의 모든 꼭짓점이 공유되어 있으며, **Lowenstein 법칙(Lowenstein's rule)**에 따르면 두 개의 AlO_4 정사면체에 의해 공유되는 산소 원자는 없다. Lowenstein 법칙은 용액에서 합성된 골격 구조물에만 적용되며, 고온 합성인 경우 AlO_4 사면체들도 직접 연결될 수 있다. 이는 수용액에서 공유되는 산소가 $[O_3Al{-}O{-}AlO_3]$ 단위체보다 $[O_3Al{-}O{-}SiO_3]$ 단위체에서 더 안정하다는 것을 의미하는데, 이는 Si의 높은 형식 전하 때문으로 생각된다.

요약 설명

제올라이트에서 Al 조성이 가장 높은 경우는 AlO_4 단위체의 모든 꼭짓점이 네 개의 SiO_4 단위체로 연결되어야 한다(각 SiO_4 단위체 역시 네 개의 AlO_4 단위체로 둘러싸여야 한다). 따라서 가장 높은 Al:Si 비율은 1:1이며, 일반식에서 $x = 1.0$에 해당한다. $M = Na^+$의 경우, 화학식은 $(Na)[(AlO_2)(SiO_2)]\cdot mH_2O = NaAlSiO_4\cdot mH_2O$가 된다.

다른 극단, x=0인 제올라이트는 순수하게 SiO_4 단위체로 구성되고 골격의 전하 균형을 위한 양이온은 필요 없다. 이러한 물질은 종종 소수성으로, 제올라이트의 일반식은 단순하게 'SiO_2', 즉 (다공성) 실리카 다형체가 된다.

(a) 현재 제올라이트와 알루미노포스페이트 화학

요점: 주형 분자(template molecule)를 이용하여 새로운 제올라이트 골격 구조물이 합성되었다. 제올라이트의 중요 응용 분야에는 기체 흡착과 이온 교환이 포함된다. 알루미노포스페이트의 구조와 물리적 특성은 제올라이트와 유사하다.

그림 24.46 UTD-1의 주 채널을 보여 주는 합성된 제올라이트의 사면체 연결

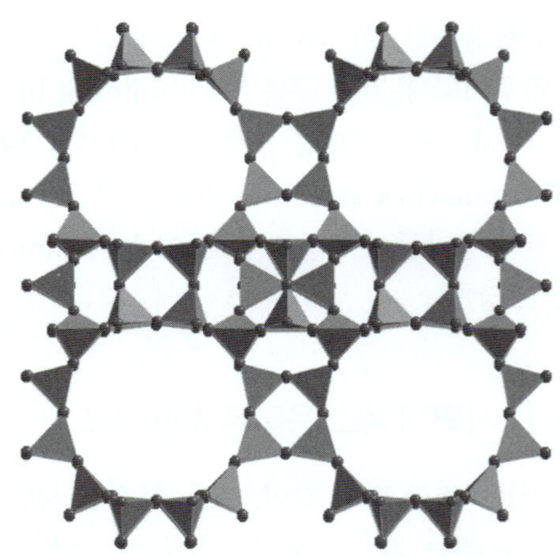

그림 24.47 CIT-5 주 채널을 보여 주는 합성된 제올라이트의 사면체 연결

제올라이트 계열 물질 합성에 사용되는 구조 유도제의 역할은 14.15절에 기술되어 있다. 1950년대 이후 수많은 미세 공극 구조물이 실험실에서 유기물 주형(template)을 이용하여 합성되어 왔고, 최근 제올라이트의 주형–골격 관련 연구가 체계적으로 진행되고 있다. 이 연구들은 크게 두 가지로 구분된다. 하나는 컴퓨터 모델링과 실험을 통해 골격–주형 간 상호 작용을 이해하는 것이다. 다른 하나는 특정한 공극 크기와 연결성을 갖는 제올라이트의 합성을 위해 특정 주형을 디자인하는 것이다.

매우 큰 공극을 갖는 새로운 구조체가 요구되면서 부피가 큰 유기, 유기금속 분자를 주형으로 적용하는 연구에 특별한 관심이 모아지고 있다. 이러한 방법으로 14고리 채널을 갖는 제올라이트 물질을 최초로 합성하였다.[5] 미세 공극의 실리카 UTD-1(그림 24.46)은 비스(펜타메틸사이클로펜타다이엔일)코발트(II) $[Co(Cp^*)_2]$를 사용하여 합성하였고, 규산질의 CIT-5 (CFI 구조 형태)에는 다중고리 아민과 리튬을 사용하였다(그림 24.47). 기타 많은 아민 착물이 촉매 반응에 적절한 기공 구조의 제올라이트 합성을 위한 주형으로 적용할 목적으로 합성되었다(24.13절). 플루오린화물을 제올라이트 전구체 젤에 첨가하면 반응 속도가 향상되고 작은 케이지 단위(cage unit)를 갖는 주형으로 적용된다. 예를 들면 사면체 TO_4(T = Si, Al, P 등)가 정육면체 모서리에 배열되어 중앙의 F^- 이온을 둘러싼다.

[5] *n*고리 채널(여기서는 *n* = 14)은 함께 연결된 사면체 단위(MO_4)의 수를 말하며 채널의 원주를 정의한다. *n*이 클수록 채널 지름이 크다.

알려진 합성 제올라이트 중에서 순수한 실리카 제올라이트 부분에서 상당한 성과가 있었고 현재 20개 이상의 제올라이트 실리카 다형체가 알려져 있다. 이런 물질을 만드는 데는 H_2O/SiO_2 비율을 낮추는 것이 중요하며, 만들어진 새로운 '실리카' 상은 밀도가 현저하게 낮다. 예를 들면 자연 상태에서 만들어지는 광물 캐버자이트[(chabazite, $Ca_{1.85}(Al_{3.7}Si_{8.3}O_{24})$]와 동일한 형태를 갖는 순수한 규산질 골격은 가장 밀도가 작은 실리카 다형체로 알려졌고, 원자 반지름을 적용하여 계산하면 단위 세포 부피의 46%만을 점유한다. 이 순수한 실리카 제올라이트는 소수성으로, 극성이 작은 분자의 흡착과 촉매 반응에 특정하여 적용이 가능하다 (24.13절).

제올라이트(그리고 이장의 뒤쪽에 소개된 관련 미세 공극 물질)를 이용하는 불균일 촉매 반응은 24.13절에 자세히 설명하였다. 두 가지 추가적인 제올라이트의 응용은 작은 분자의 흡착제와 이온 교환제이다. 제올라이트는 H_2O, NH_3, H_2S, NO_2, SO_2, CO_2, 선형 혹은 가지 달린 탄화수소, 방향족 탄화수소, 알코올, 기체 혹은 액체 상태의 케톤 등 대부분의 작은 분자를 매우 잘 흡착시킨다. 크기가 다른 공극을 갖는 제올라이트는 분자 혼합물을 크기에 따라 분리할 수 있어 **분자체**(molecular sieve)라고 한다. 적절한 제올라이트 공극 크기를 선택

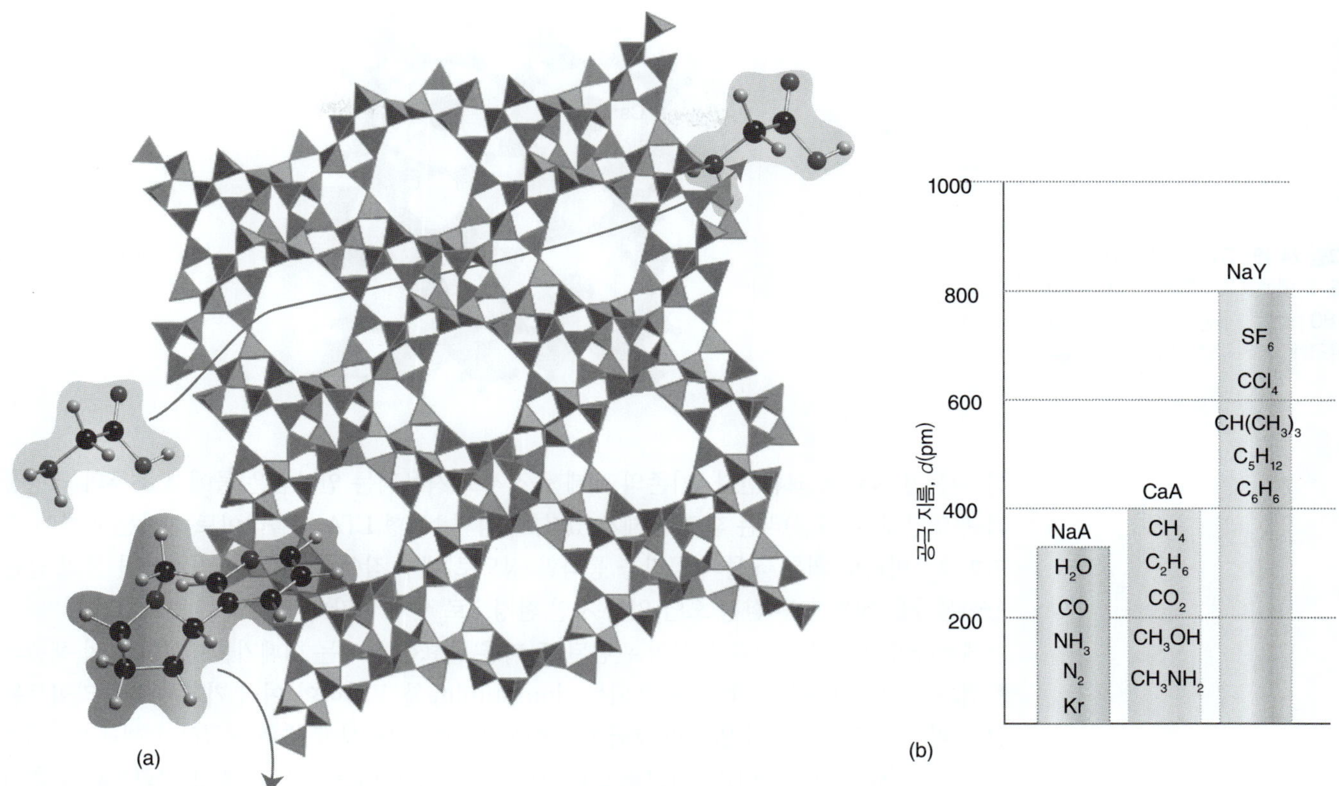

그림 24.48 다양한 크기의 분자를 분리하기 위한 다공성 제올라이트의 사용 (a) 작은 분자만 제올라이트 공극을 통하여 확산할 수 있고, 따라서 이 물질 막은 혼합물 분리에 사용 가능하다. (b) 다양한 크기의 채널 지름의 제올라이트 내부로 흡착 가능한 분자의 최대 크기. NaY는 포자사이트(faujasite)로 비교적 큰 공극을 갖는 제올라이트이다.

하면 유효 지름이 다른 분자들의 확산 속도를 조절하여 분리하거나 정제할 수 있다. 이런 응용 사례를 그림 24.48에 나타내었다. 제올라이트의 분리 및 정제에 대한 산업적 응용은 다음과 같다. 석유 정제 과정에서 물, CO_2, 염화물 및 수은 등의 제거, 천연가스에서 탈황(H_2S와 다른 황 화합물 제거는 수송 파이프라인을 보호하고 가정용에서 불쾌한 냄새를 제거한다), 극저온 증류에 의한 액화와 분리 전 공기 중 H_2O와 CO_2 제거, 제약품의 건조 및 냄새 제거 등에 사용된다. 성장하고 있는 중요한 분야 중의 하나는 극저온 방법을 적용하지 않는 공기 성분 분리 공정이다. 탈수된 많은 제올라이트는 O_2보다 N_2를 강하게 공극으로 흡수하는데, 이는 N_2의 사극자 모멘트가 상대적으로 높아 내부의 양이온과 상호 작용이 강하기 때문으로 알려져 있다. 적당한 압력하에서 공기를 제올라이트에 통과시키면 95% 이상의 순도를 갖는 산소를 분리할 수 있다. NaX(X 구조 형태를 갖는 알루미늄 풍부 제올라이트에서 소듐이 교환된 형)와 CaA(제올라이트 골격 구조가 A에서 칼슘이 교환된 형태로 LTA로 알려짐)는 본래 이런 목적으로 개발되었다. 선별한 양이온을 제올라이트 공극 안으로 교환하면 질소와 산소 분자들이 흡착되는 자리 크기를 변화시켜 선택성을 크게 향상시킬 수 있다. 이런 과정에서 가장 효과적으로 사용되는 것들은 포자사이트(faujasite, FAU, X형)와 LTA(Linde Type A)에서 리튬, 칼슘, 스트론튬, 그리고 마그네슘으로 교환된 형태이다.

제올라이트의 우수한 이온 교환 특성은 열린 구조와 공극 내에 상당한 양의 양이온을 가두는 능력에서 기인된다. 커다란 이온 교환 용량은 교환 가능 양이온이 높은 농도로 존재하기 때문이다. 특별히 이것은 Al 비율이 큰 제올라이트에 해당되고 Al:Si 비가 가장 큰(1:1) LTA 제올라이트와 GIS(gismondine) 구조물 등이 포함된다. 이온 교환 선택성으로 제올라이트는 세탁 세제의 '증진제'(builder)로 적용되며, 여기서 굳은 이온인 Ca^{2+}와 Mg^{2+}를 제거하고 무

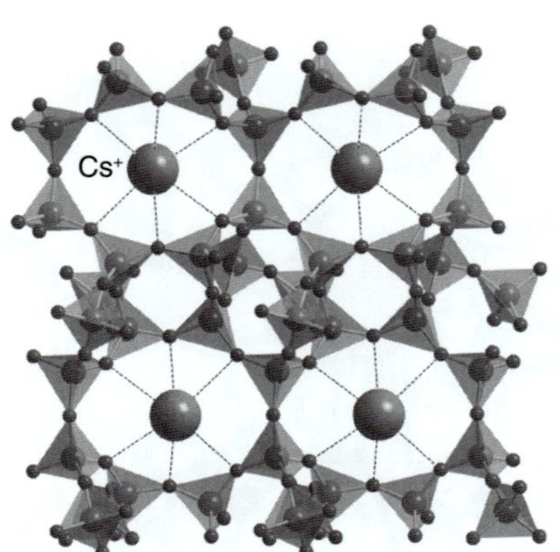

그림 24.49 Clinoptilolite 구조 트랩된 Cs^+ 이온은 반지름이 180 pm로, 구형으로 표시하였고 골격체 내 위치를 강조하였다.

른 이온인 Na^+로 교환한다. 기존의 세제 증진제로 사용되는 인산염은 물에서 조류의 급성장과 부영양화(6.15절)라는 환경 문제가 있다. 구형의 Na형 LTA 제올라이트 입자는 지름이 수 마이크로미터로 의류 직물의 공간을 통과할 정도로 매우 작아서, 세제에 첨가하면 물의 굳은 양이온들을 제거한 후 환경 오염 없이 자연 환경으로 씻겨 나간다.

제올라이트의 이온 교환 특성이 관련된 또 다른 중요한 분야는 핵폐기물에서 방사성 핵종의 트랩과 제거이다. 광범위하게 사용되는 clinoptilolite를 포함하여 여러 가지의 제올라이트는 큰 크기가 알칼리 금속과 알칼리 토금속 양이온에 대한 선택성이 매우 탁월하고 핵폐기물에는 ^{137}Cs와 ^{90}Sr이 포함되어 있다(그림 24.49). 이런 제올라이트는 유리 형성 산화물과의 추가 반응으로 유리화가 된다.

두 개의 실리케이트 사면체[$(SiO_4)_2$]와 알루미노포스페이트 단위체(AlO_4PO_4)를 비교하면 단순한 화합물 SiO_2와 $AlPO_4$는 동일한 구조와 전자 수를 갖는다는 것을 쉽게 알 수 있다. 두 화합물은 밀도가 비슷한 다형체(석영 구조 같은)를 갖고 있다. Si 함량이 매우 높은 제올라이트의 개발은 실질적으로 실리카 다형체를 개발하는 것으로, 이를 통해 AlO_4와 PO_4 단위체의 비율이 1:1인 혼합체 알루미노포스페이트(ALPO)를 발견하게 되었다. $AlPO_4$ 자체는 석영(SiO_2)과 동일한 구조로, 단지 사면체의 중심에 Al과 P 원자가 번갈아 위치하고 있다. 다양한 ALPO 구조물이 제올라이트와 유사한 방식으로 개발되었다. 수열 반응 조건하의 합성(제올라이트와는 달리 염기성이 아닌 산성 조건이기는 하지만), 흡착 및 촉매 특성 등을 예로 들 수 있다. 또한 유기 주형 분자를 다자인하고 이를 통해 많은 다양한 ALPO 구조물을 합성하였고, 여기에는 구조 코드 VPI(18 AlO_4/PO_4 사면체로 형성된 큰 채널을 갖고 있는),

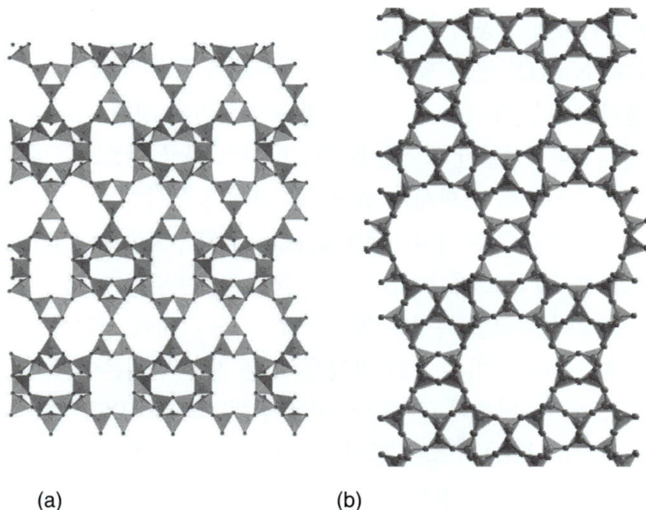

그림 24.50 산소 함유 정사면체가 연결되어 형성된 (a) BOZ와 (b) CIT의 골격체 구조 두 구조는 모두 주 채널의 모습을 강조하여 도시하였다.

DAF, BOZ, 그리고 STA가 포함된다(그림 24.50). 알루미노포스페이트 골격은 중성이지만, Al(III), P(V)를 낮은 전하의 금속 이온으로 치환하면 '고체 산촉매'가 형성되고, 이는 메탄올을 선택적으로 탄화수소로 변환하는 촉매 특성을 보인다. 이러한 응용에는 알루미노실리케이트 제올라이트, 특히 ZSM-5가 최고 성능을 보이고 있지만, 산화–환원 특성을 갖는 Co, Mn을 ALPO 구조물에 첨가하면 알케인의 산화 촉매 특성을 보이는 물질을 유도할 수 있다.

(b) 인산

요점: 인산수소 칼슘은 뼈 형성에 사용되는 무기 물질이다.

다음 절에서 볼 수 있듯이, 많은 다양한 사면체 단위체가 골격 구조물을 이룰 수 있지만, 특히 흥미로운 사면체 옥소 음이온은 인산기(PO_4^{3-})이다. 15.15절에서 묘사된 단순 인산염 구조는 일반적으로 PO_4 단위체가 연결되어 사슬 형태, 서로 연결된 사슬, 혹은 고리 단위체를 이루면서 형성된다. 여기서는 인산수소 칼슘과 밀접히 관련된 물질만을 자세히 다루고자 한다. 뼈와 치아에 주요 무기질로 존재하는 수산화 인회석[$Ca_5(OH)(PO_4)_3$]은 Ca^{2+}가 PO_4^{3-}와 OH^-기에 의해 배위되어 단단한 삼차원 구조를 가진다(그림 24.51). **인회석**(**apatite**) 광물은 부분적으로 플루오린이 치환된 $Ca_5(OH,F)(PO_4)_3$이다. 관련된 바이오미네랄은 $Ca_8H_2(PO_4)_6$과 비결정형 인산 칼슘이다. 바이오미네랄은 26.18절에 더 자세하게 논의되어 있다.

24.12 팔면체와 사면체에 근거한 구조

많은 금속들은 옥소 화합물에서 팔면체 배위 MO_6를 형성한다. 이런 다면체 구조 단위는 O^{2-} 이온의 조밀 채움 배열에서 팔면체 공간에 금속 이온이 위치한 것으로, 암염 구조를 지닌 MgO 화합물이 한 예가 된다. MO_6 다면체 단위체는 또한 사면체 옥소 화학종과 결합하여 골격 구조를 만들기도 한다.

(a) 점토, 기둥꼴 점토 및 층상 이중 수산화물

요점: 많은 금속 수산화물과 점토에서 발견되는 시트 같은 구조들은 금속 옥소 사면체와 옥소 팔면체가 연결되어 형성된다.

합성 제올라이트에서 알려진 가장 큰 공극의 지름은 1.2 nm 정도이다. 이 지름을 증가시켜 더 큰 분자들을 구조 안으로 흡수하려는 시도로서 화학자들은 메소 공극 물질(24.30절)과 '기둥 반응(pillaring)'으로 만들어진 구조(즉 이차원 물질을 함께 쌓거나 연결하는 것)들을 연구하게 되었다. 많은 d 금속 이황화물의 이차원적 속성과 이들의 층간 삽입 화합물들은 16.11

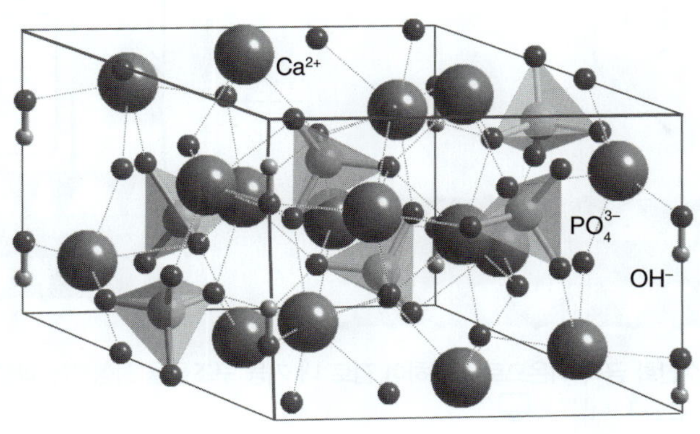

그림 24.51 수산화 인회석[$Ca_5(OH)(PO_4)_3$]의 구조 Ca^{2+} 이온은 인산과 OH^- 이온으로 배위되어 있고 강력한 삼차원 구조를 이룬다. O 원자만 표기된 것은 H가 단위 세포밖에 존재하는 OH^- 이온이다.

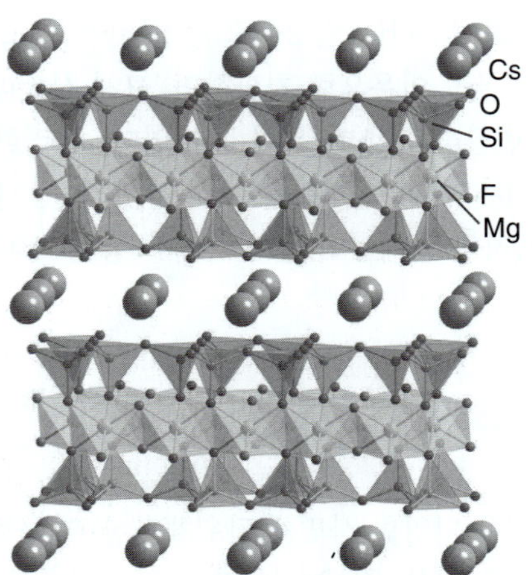

그림 24.52 점토 hectorite의 시트 구조 일반적으로 Al, Si, 또는 Mg의 팔면체와 사면체들이 연결되어 층상 구조를 이루고, 이 층들은 K^+ 또는 Cs^+ 같은 양이온으로 분리되어 있다.

절과 24.9절에서 논의한 바 있다. 점토 계열 화합물 중 알루미노실리케이트에 층간 삽입을 적용하면, 커다란 공극을 갖는 물질의 합성이 가능하다.

그림 24.52에서 보는 바와 같이, 층 구조를 지닌 kaolinite, hectorite와 montmorillonite 같은 점토는 자연계에 존재한다. 층들은 팔면체(MO_6)와 사면체(TO_4)의 꼭짓점과 모서리가 공유되어 형성되고, kaolinite의 경우 이층 구조로 존재하며(팔면체 층과 사면체 층의 이층; 그림 24.52), bentonite처럼 삼층 구조(중앙에 팔면체층이 두 사면체층으로 샌드위치된 구조) 가 형성되기도 한다. 전체적으로 음전하를 띠는 층 내부의 금속 원자 M과 T는 Si(사면체 자리)와 Al(팔면체와 사면체 자리)이 일반적이다. Li^+와 Mg^{2+} 같이 1+, 2+ 이온들이 층간에 채워진다. 이렇게 층간 양이온들은 보통 수화되고 이온 교환 반응에 의해 쉽게 치환될 수

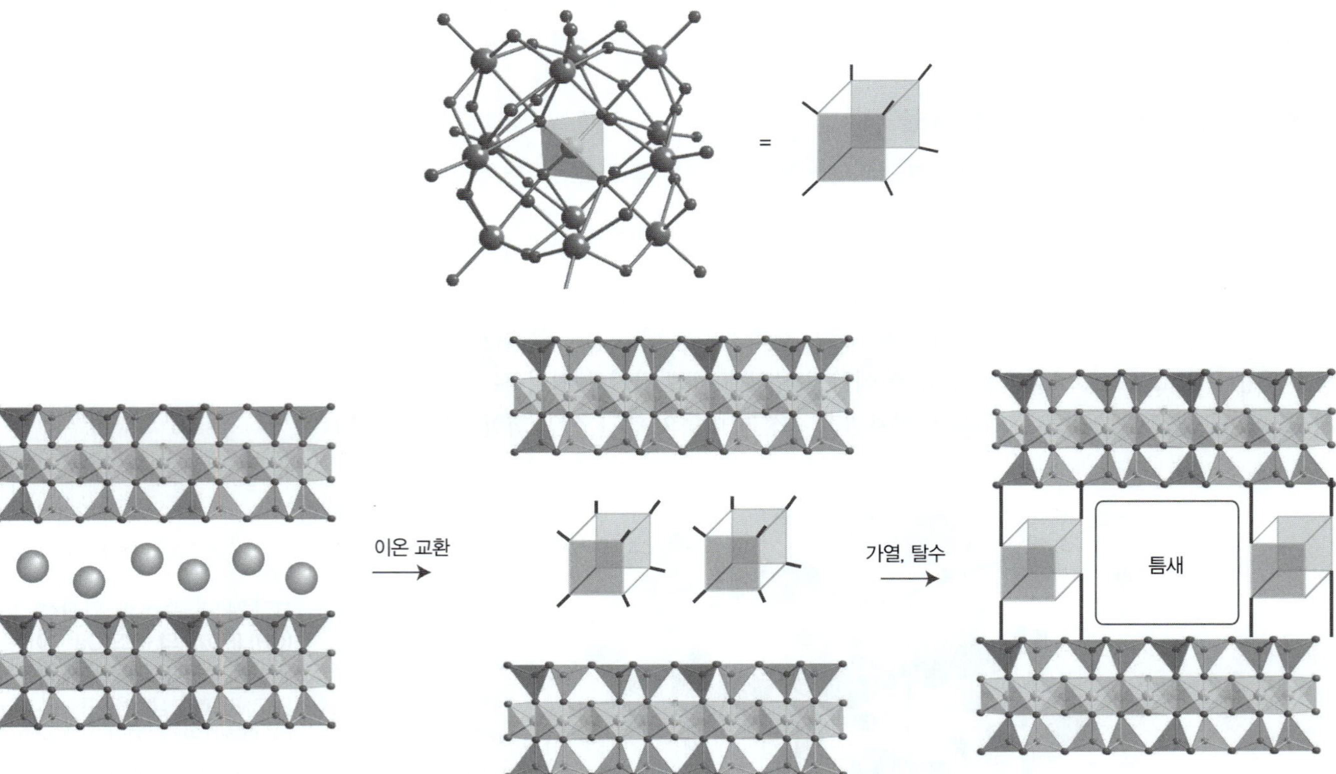

그림 24.53 작은 단원자 이온의 층간 양이온을 커다란 다핵 수산화 금속 이온으로 교환하여 점토 내 기둥 구조물을 형성하는 과정 이후 탈수 반응과 층간 가교 반응을 통해 커다란 공극을 형성한다. 회색 공은 M^+ 이온을 나타낸다.

있다. 비슷한 구조를 갖는 자연계 광물로는 $Mg(OH)_2$와 유사한 층상 이중 수산화물(layered double hydroxide) 형태의 **수활석**(brucite)이 있다.

기둥꼴 점토에서 층간 공간 이온과 교환될 화학종은 크기로 선택된다. 알킬암모늄 이온과 다핵 하이드록소금속 이온들은 그림 24.53에서 간략히 보여 주는 바와 같이 알칼리 금속을 대체한다. 가장 광범위하게 사용되는 기둥꼴 화학종은 다핵 수산화물 형태로 $[Al_{13}O_4(OH)_{28}]^{3+}$, $[Zr_4(OH)_{16-n}]^{n+}$ 및 $Si_8O_{12}(OH)_8$ 등이 포함된다. 첫 번째는 중앙의 사면체 AlO_4가 팔면체 $Al(O,OH)_6$ 화학종으로 둘러싸인 형태이다. 기둥화 과정은 분말 X선 회절에 의하여 추적 가능한데, 층간 공간의 팽창이 격자 상수 c의 증가를 유발하기 때문이다.

일단 $[Al_{13}O_4(OH)_{28}]^{3+}$ 같은 이온이 층간 삽입되어 변형된 점토를 가열하면 탈수 반응과 더불어 층들에서 이온간 연결이 일어난다(그림 24.53). 얻어지는 생성물은 최소한 500°C까지 열적으로 안정성이 뛰어난 기둥꼴 점토이다. 팽창된 층간 공간은 제올라이트처럼 큰 분자들을 흡수할 수 있다. 그러나 기둥꼴 점토의 구조는 제올라이트보다 규칙적이지 못하다. 균일성의 부족에도 불구하고 기둥꼴 점토는 제올라이트와 비슷한 방식으로 작용하므로 불균일 촉매로서 (24.13절) 이성질화 반응과 탈수 반응의 산 촉매로서의 가능성 등이 광범위하게 연구되고 있다.

(b) 무기물 골격 화학

요점: 수많은 구조 다양성은 다면체의 연결에서 발생할 수 있고, 또한 주형의 사용으로 주목할 만한 다공성 골격 구조를 만들 수 있다.

알루미노실리케이트와 제올라이트에 대한 광범위한 개발은 합성 무기화학자들에게 사면체와 팔면체들로 다양하게 형성된 구조들의 개발로 이어져 이온 교환, 흡수 및 촉매로의 응용에 대한 연구를 촉진시키고 있다. 다양한 큰 다면체의 사용은 골격 형태에 더 많은 융통성을 제공하고 또한 d 금속 이온을 포함시켜 금속과 연관되는 특성인 색, 산화−환원 반응 및 자기 성질 등의 응용이 가능하다. 골격을 만들 수 있는 사면체 화학종들은 앞서 언급한 알루미늄산염, 규산염 및 인산염뿐만 아니라 ZnO_4, AsO_4, CoO_4, GaO_4, 그리고 GeO_4 등도 포함된다. 팔면체 단위는 주로 d 금속과, 13족과 14족의 무겁고 큰 금속들이 기본이 된다. 5배위 사각 피라미드 같은 다면체 단위도 나타나지만, 흔한 경우는 아니다.

제올라이트 유사체를 **제오타입**(zeotype)이라고 한다. 12개 사면체로 배위된 원자들보다 더 큰 고리가 금속인산 계열 화합물에서 처음 알려졌고, 사면체 연결이 20과 24인 구조도 만들어졌으며, 소위 **초사면체 골격**(hypertetrahedral framework)이라는 구조체도 잘 정립되었다. 타이타노실리케이트 계열(4배위 Si, 5, 6배위 Ti 자리)과 MnO_6 팔면체 단위체가 연결되어 형성되는 일련의 분자체들이 여기에 속한다. 이 계열의 좋은 예는 타이타노실리케이트 제오타입의 구조로 SiO_4 사면체와 다양한 TiO_n 다면체($n = 4\sim6$)로 형성된다. 이 화합물들은 제올라이트 합성 시 일반적으로 적용되는 수열 반응으로 합성되는데, Ti 성분으로는 $TiCl_4$ 또는 $Ti(OC_2H_5)_4$와 같이 염기성 조건에서 가수 분해되는 물질을 사용한다. 주형도 사용할 수 있어 특정 공극과 형태를 갖는 구조를 유도할 수 있다. 대표적으로 타이타노실리케이트 ETS-10(Engelhard TitanoSilicate 10)의 합성은 $TiCl_4$, 규산 소듐, 수산화 소듐, 그리고 종종 브로민화 사에틸암모늄 같은 주형을 사용하여 밀봉한 테플론 마감 처리된 고압 반응 용기에서 150~230°C 사이의 온도에서 반응시킨다. 타이타노실리케이트 화합물의 수는 계속 증가하고 있지만, 여기에서는 두 물질, ETS-10과 $Na_2Ti_2O_2SiO_4\cdot 2H_2O$를 이 계열 물질의 구체적인 예로 좀 더 논의하고자 한다.

ETS-10은 미세 공극 물질로 팔면체 TiO_6와 사면체 SiO_4로 구성되어 있으며, TiO_6기가

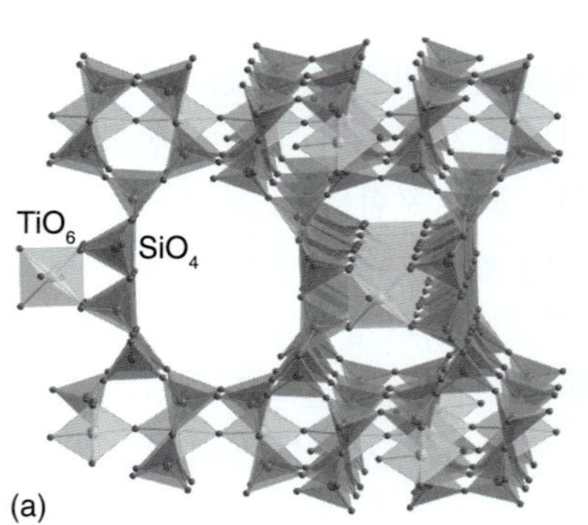

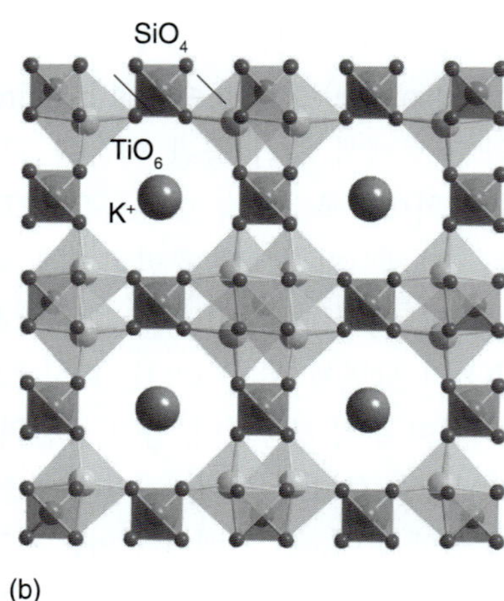

그림 24.54 (a) 타이타노실리케이트 ETS-10 구조. 팔면체 TiO_6 사슬이 사면체 SiO_4와 연결되어 형성됨. (b) $K_3H(TiO)_4(SiO_4)_3 \cdot 4H_2O$, 광물 pharmacosiderite의 합성 유사체

함께 연결되어 사슬을 이루고 있다(그림 24.54a). 구조는 12원자 고리(즉 12단위 다면체의 공극이 형성됨)가 세 방향 모두 형성되어 있다. $Na_2Ti_2O_3SiO_4 \cdot 2H_2O$도 팔면체 TiO_6가 형성되지만, 이 구조에서는 네 개의 팔면체 TiO_6가 사면체 SiO_4 단위와 연결된 뭉치를 형성한다. 이런 연결은 커다란 팔각형의 공극을 형성하고 수화된 Na^+ 이온을 포함한다. 다른 타이타노실리케이트(즉 $K_3H(TiO)_4(SiO_4)_3 \cdot 4H_2O$, 광물 pharmacosiderite의 합성 유사체, 그림 24.54b)와 마찬가지로, 이 화합물은 큰 양이온들과 이온 교환 반응이 탁월하다. 이런 커다란 이온들은 매우 선택적으로 Na^+와 교환된다. 따라서 Cs^+와 Sr^{2+} 같은 이온들은 희석 용액에서 타이타노실리케이트 구조 안으로 추출된다. 이런 능력 때문에 이런 화합물들은 핵폐기물에서 높은 방사선 특성을 보이는 ^{137}Cs와 ^{90}Sr 핵종의 제거 물질로 개발되고 있다.

다공성 골격 구조에 대한 최근 연구의 주요 목표는 d 금속 이온들을 구조 내로 포함시키는 것이다. 근래에 합성된 반강자성 다공성 철(III) 플루오로인산염은 Néel 온도가 10~40 K 범위이다. 이 온도는 인산기가 연결된 철 뭉치에서 비교적 높으며 강한 자기 작용이 존재함을 의미한다. 제오타입 코발트(II), 바나듐(V), 타이타늄(IV), 그리고 니켈(II) 인산염 등이 합성되었으며, 일례로 VSB-1(Versailles-Santa Barbara)은 24원자 고리 통로를 가진 최초의 미세 공극 고체로 다공성이며, 자성을 가지면서 동시에 이온 교환체로 작용한다(그림 24.55).

단순한 금속 황화물에서 사면체 배위는 일반적으로 섬아연광, 섬유아연광 구조의 ZnS에서 이미 설명한 바 있다(4.9절). 어떤 화합물들은 사면체 연결이 끊어진 조각, **초사면체 뭉치(supertetrahedral cluster)**를 포함하는 구조를 형성한다. 예를 들면 $[N(CH_3)_4]_4$

그림 24.55 VSB-1 골격 구조는 팔면체 NiO_6와 사면체 PO_4가 연결되어 형성된다. 이런 단위가 24개 연결되어 주 채널을 만들고, 그 지름은 0.88 nm인 분자가 통과할 수 있는 정도이다.

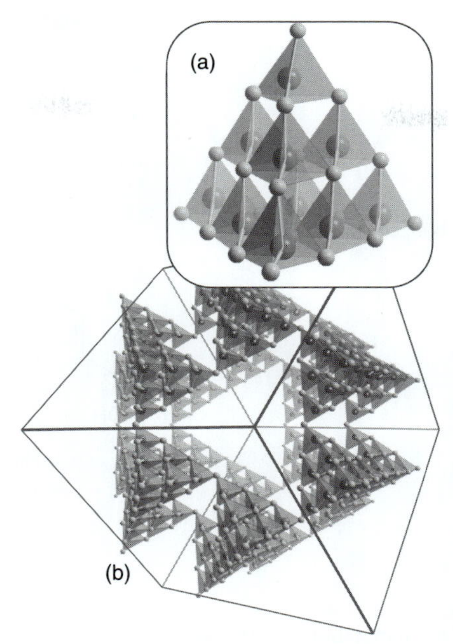

그림 24.56 (a) 분리된 초사면체 단위 $Zn_{10}S_{20}$은 사면체 ZnS_4로 이루어졌다. (b) 초사면체 단위는 서로 연결되어 커다란 다공성 삼차원 구조를 형성한다.

$[Zn_{10}S_4(SPh)_{16}]$는 끝에 페닐기가 달린 고립된 초사면체 단위체 $Zn_{10}S_{20}$를 구조 내부에 가지고 있다(그림 24.56).

(c) 금속–유기 골격체

요점: 카복실레이트와 같은 유기 링커를 사용하며 금속 원자를 연결하면 높은 공극도를 가지는 무기–유기 혼성 물질을 만들 수 있다.

금속–유기 골격체(MOFs)는 가끔 배위 고분자라고도 하는데, 금속 원자들 사이에 위치한 두 자리 또는 여러 자리 유기 리간드를 기본으로 구조를 형성한다. 이런 다공성 골격을 만드는 리간드의 예는 CN^-, 나이트릴, 아민, 이미다졸, 그리고 가장 대표적인 카복실

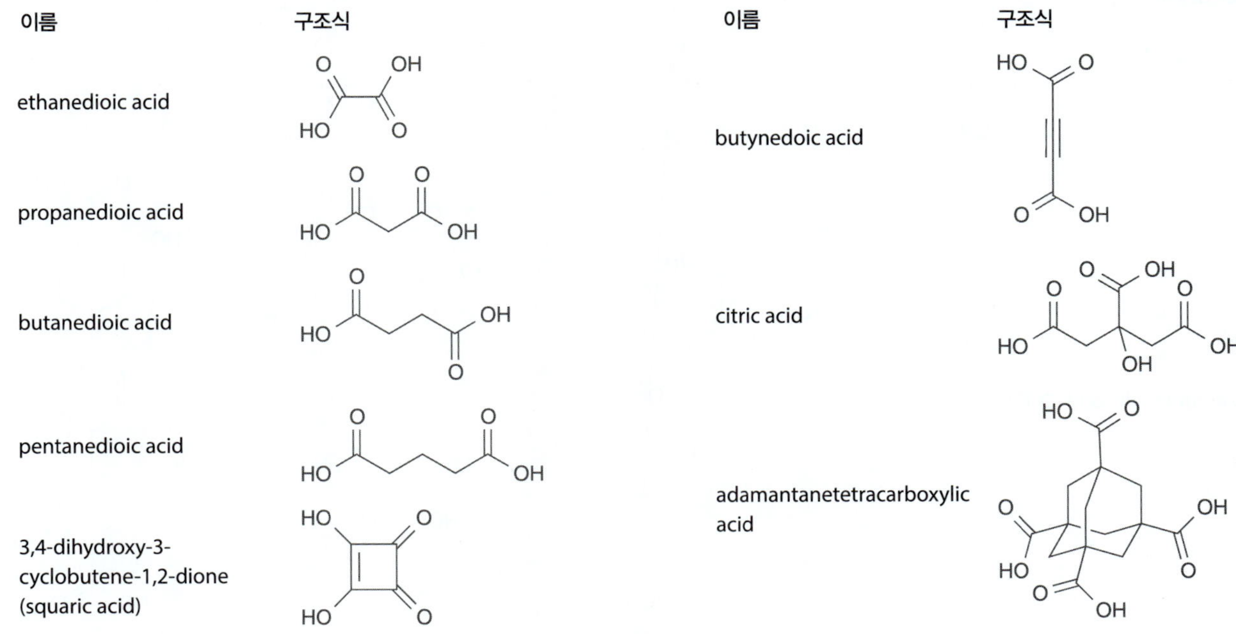

그림 24.57 (다음 쪽에 계속)

이름	구조식
1*H*-1,2,3-triazole	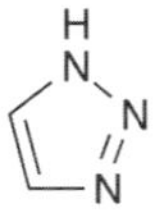
1*H*-1,2,4-triazole	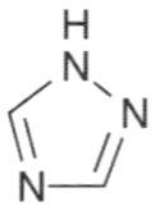
benzene-1,2-dicarboxylic acid (*o*-phthalic acid)	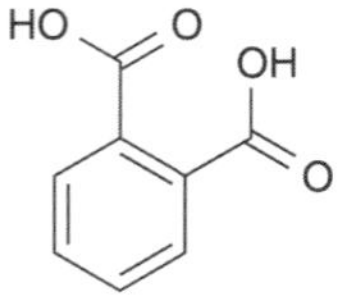
benzene-1,3-dicarboxylic acid (*m*-phthalic acid)	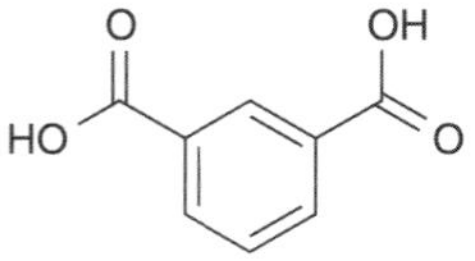
benzene-1,4-dicarboxylic acid (*p*-phthalic acid)	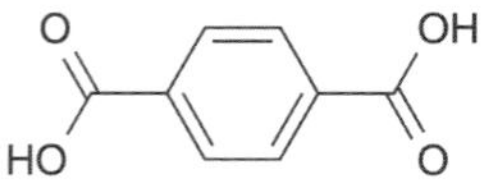
benzene-1,3,5-tricarboxylic acid	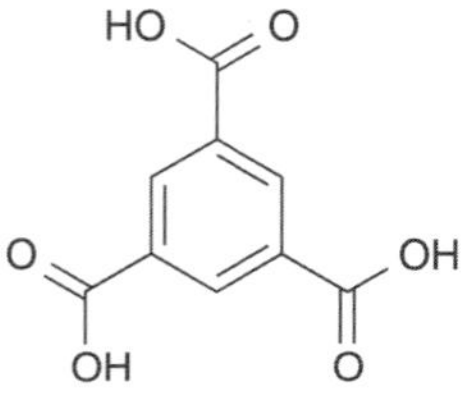
2,6 naphthalenelcarboxylic acid	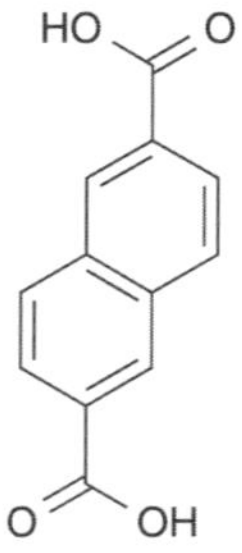

이름	구조식
benzenetribenzylic acid	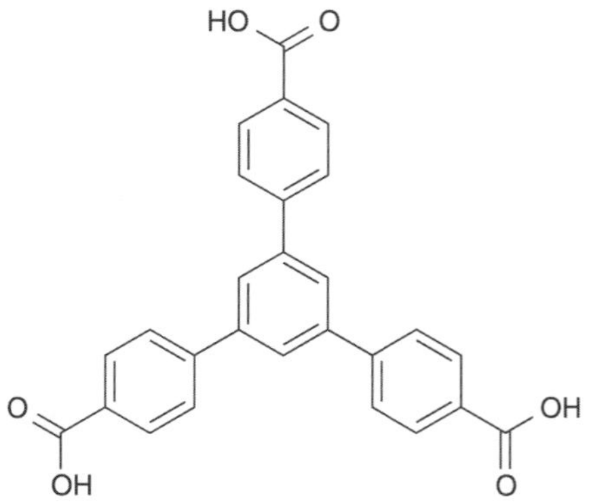
methanetetrabenzylic acid	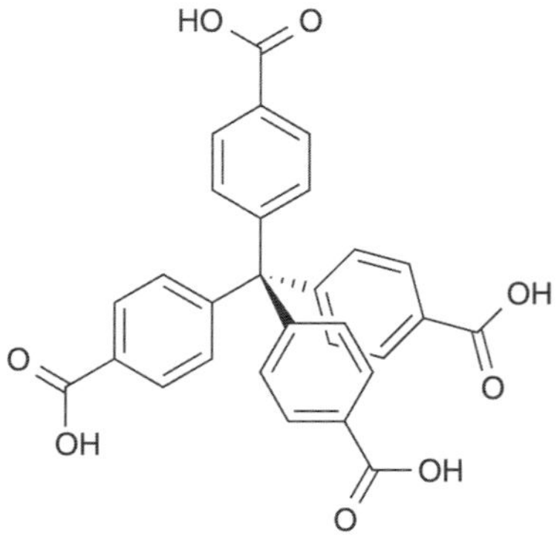
adamantanetetrabenzylic acid	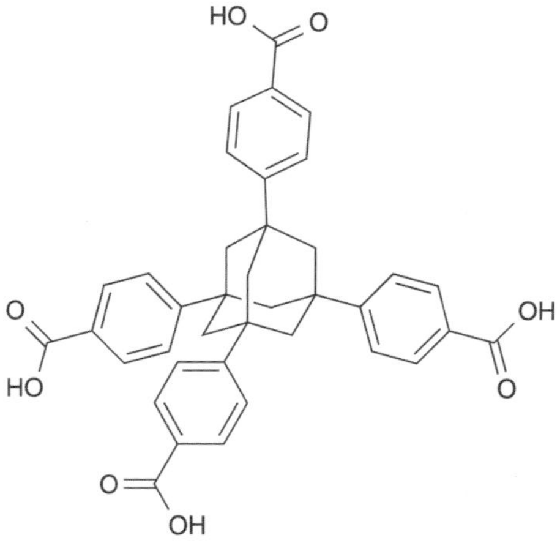

2,5-dihydroxyterephthalic acid (DOT) 및 확장된 형태

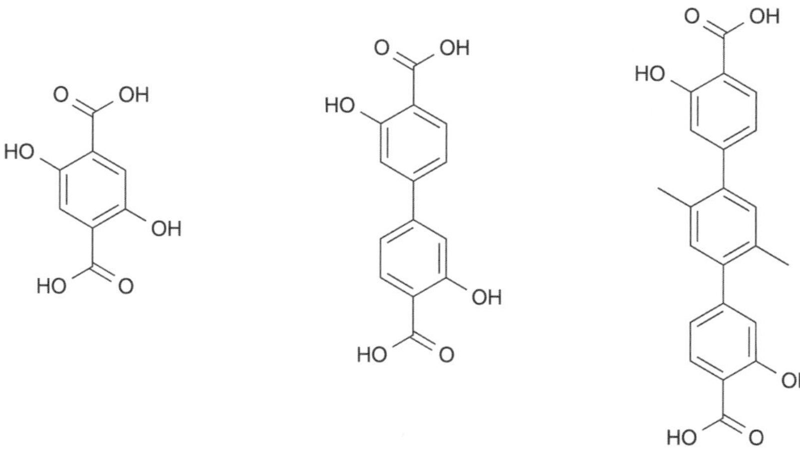

그림 24.57 **금속-유기 골격체(MOF)의 형성에 일반적으로 사용되는 유기 링커** 각 유기산은 음이온 형태로 MOF를 연결하는 역할을 한다.

레이트 등이다(그림 24.57). 수천 개의 화합물이 합성되었고 양전하를 띠는 골격(예를 들면 Ag(4,4′-bpy)NO_3)과 빈 공간에 음이온이 들어가 전하 균형을 이룬다. Zn_2(1,3,5-benzenetricarboxylate)$NO_3 \cdot H_2O \cdot C_2H_5OH$는 전기적 중성 골격이며, H_2O 분자는 가역적으로 제거된다.

MOF의 합성은 일반적으로 금속염과 링커 역할의 유기 음이온의 용매열 반응으로 이루어진다. 제올라이트 화학과는 달리 SDA는 필요하지 않으며 골격 구조는 종종 공극에 용매 분자를 포함하고 있다. 합성 후 MOF의 변형도 가능하여, 특히 링킹(linking) 리간드의 유기 작용기를 변형시키는 방식으로 이루어진다. 이 분야의 연구는 기체 흡착 또는 촉매 활성에 적절한 자리를 구조 내에 만들거나, MOF의 화학적, 열적 안정성을 향상시키기 위해 수행된다.

MOF는 제올라이트와 유사한 특성과 응용성을 가지며 기체 흡착, 분리, 저장에 잠재적인 응용 가능성을 갖게 하는 높은 공극도와 제올라이트 공극과 채널에서 일어나는 촉매 반응(24.13절)과 유사한 촉매를 기대할 수 있어 매우 활발한 연구가 진행 중이다. 제올라이트를 넘어서는 MOF의 잠재적 장점 중 하나는 구조가 훨씬 다양하고 풍부하다는 것인데, 이는 링킹 유기 작용기의 종류가 매우 많기 때문에 가능하며, 만일 방향족 카복실레이트 기반의 긴 링킹 작용기를 사용하면 매우 다공성이 큰 구조를 유도할 수도 있다. 크로뮴 테레프탈레이트(1,4-벤젠다이카복실레이트)의 골격 구조는 약 3 nm의 공극 지름을 가지며, N_2 흡착에 따른 비표면적이 5000 $m^2\ g^{-1}$에 달한다(그림 24.58). 어떤 링킹 리간드를 선택할지, 그리고 합성 후 변형을 통해 MOFs의 특정 분자에 대한 흡착 선호도를 조절할 수도 있다. 다른 분자, 특히 N_2와 O_2에 비해 CO_2의 흡착 선호도가 높은 구조물이 현재 연구되고 있다. 이를 이용하면 대기로부터, 발전소의 폐가스로부터 CO_2를 격리할 수 있기 때문이다.

이러한 물질은 또한 H_2와 탄화수소 같은 기체의 저장에 응용 가능성이 있다. 수소의 경우 분자의 물리 흡착이 내부 표면에 의미 있는 정도로 일어나려면 액체 질소 온도 이하이여야 한다(24.15절). MOF의 한 응용은 액화 천연가스(뷰테인)를 저장하는 압력을 줄이는 것이고, 다른 하나는 유독 가스인 AsH_3, PH_3, BF_3(모두 전자 산업에 사용됨)를 상압에서 실린더에 보관하도록 한 것이다. MOF의 매우 커다란 공극은 의약적으로 유용한 크고 복잡한 분자들을 내포할 수 있어 약 전달 물질로서 그 응용성을 증대시키고 있다. 예를 들면 진통제인 이부

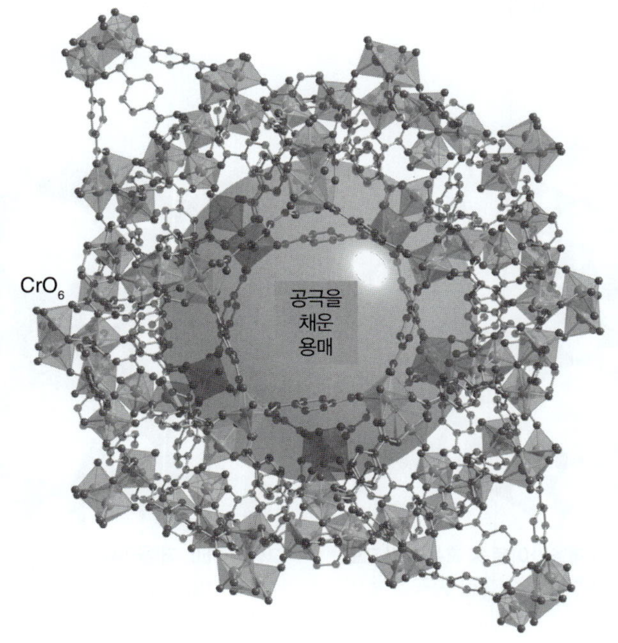

그림 24.58 크로뮴 테레프탈레이트 단위체로 형성된 금속-유기 골격체(MOF) 유기물 음이온으로 연결된 팔면체 CrO_6(금색)로 형성됨. 가운데 큰 구는 공극의 크기를 보여 주며 용매나 기체 분자로 채워질 수 있음

프로펜을 MOF 공극에 흡수시켜 이를 복용하거나 주사제로 인체에 투약하면 약 성분은 서서히 방출되고, 때로는 필요한 곳에서만 방출될 수도 있다. MOF는 과일을 익게 하는 에틸렌을 서서히 방출시키거나, 습도가 낮은 대기에서 물을 농축하는 응용에도 연구되고 있다. MOF의 촉매 특성도 응용 분야로 제시되고 있으며, 공극의 크기와 형태만이 아니라, 광학적 이성질 특성의 유기 가교제를 도입하여 이성질 특성도 조절할 수 있을지는 매우 흥미롭다.

제올라이트와 다른 순수한 무기 나노공극 물질에 비해 MOFs의 단점은 구조 내 유기 성분으로 인해 열적, 화학적 안정성이 떨어진다는 것이다. 하지만 몇몇 MOF는 500°C 이상의 온도에서도 견딜 수 있고 강한 산, 염기 조건에서도 안정성을 보이기도 한다.

24.13 제올라이트와 불균일 촉매의 미세 공극 구조

요점: 제올라이트는 불균일 촉매의 역할을 하며 카보늄 이온을 경유하는 이성질화 반응 등을 촉진시키는 강한 산 자리를 내부 표면에 가지고 있다. 형태 선택성은 반응의 여러 단계에서 일어날 수 있는데, 이는 반응물, 중간체 및 생성물 분자의 크기 대비 제올라이트 채널의 상대적 크기에 따르기 때문이다.

제올라이트(14.15절, 24.11a절)는 산화–환원 반응뿐만 아니라 탄화수소의 상호 변환 및 방향족 화합물의 알킬레이션 반응에도 중요한 불균일 촉매이다. 이러한 반응의 상업적으로 중요한 두 제올라이트는 포자사이트(그림 24.59)–이는 제올라이트 X 혹은 제올라이트 Y(X, Y는 Si:Al 비에 따라 달라진다. X는 높은 Al 조성을 의미한다)라고도 한다–와, Si 함량이 높은 알루미노실리케이트 제올라이트인 ZSM-5이다.[6]

[6] 이 촉매는 Mobil Oil 연구소에서 개발되었다. ZSM은 Zeolite Socony-Mobil을 의미한다.

제올라이트 X, Y, 그리고 ZSM-5(그림 24.60)의 채널은 상호 교차하며 삼차원 미로를 형성하고, 점토와 같은 다른 알루미노실리케이트 촉매처럼 알루미늄 자리가 존재하여 제올라이트를 강한 산성을 띠게 한다. 사면체의 Si(IV)를 Al^{3+}로 치환하면 공극에 추가적인 양이온이 필요하게 된다. 그 이온이 H^+(그림 24.61)일 때, 이 알루미노실리케이트의 산도는 고농도의 H_2SO_4보다 더 높을 수 있고, 이를 **초강산**(superacid, 5.16절)이라고 한다. 이 자리에서의 탄화수소 반응의 전환 빈도(turnover freqency)는 매우 높을 수 있다. Brønsted 산 형태의 제올라이트가 탈수되면 촉매 활성화된 Lewis 산 자리가 알루미늄에 나타난다. 여기서는 제올라이트 기반의 불균일 촉매의 세 가지 예를 설명하고자 한다.

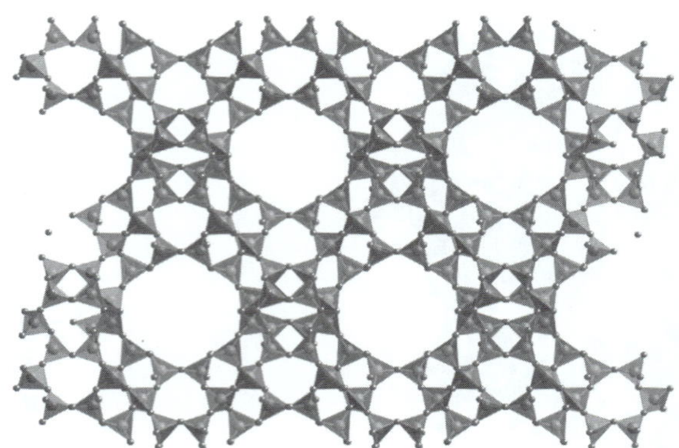

그림 24.59 제올라이트 포자사이트(제올라이트 X 혹은 Y라고도 함)의 골격체 구조 촉매 크래킹이 일어나는 커다란 공극을 보여준다. 사면체는 SiO_4 또는 AlO_4이다.

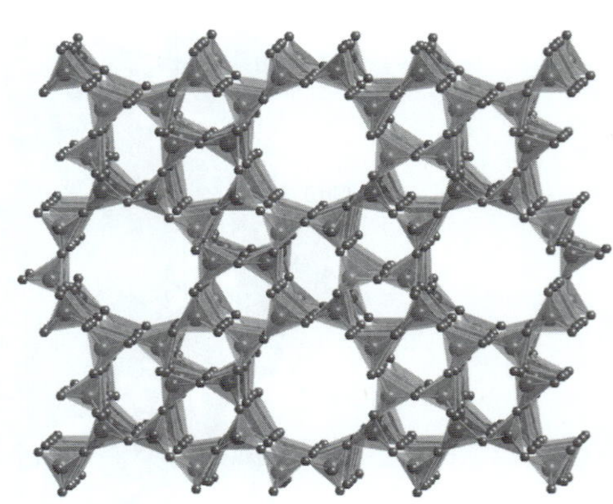

그림 24.60 제올라이트 ZSM-5 구조 작은 분자가 지나갈 수 있는 채널을 강조하였다. 사면체는 SiO_4 또는 AlO_4이다.

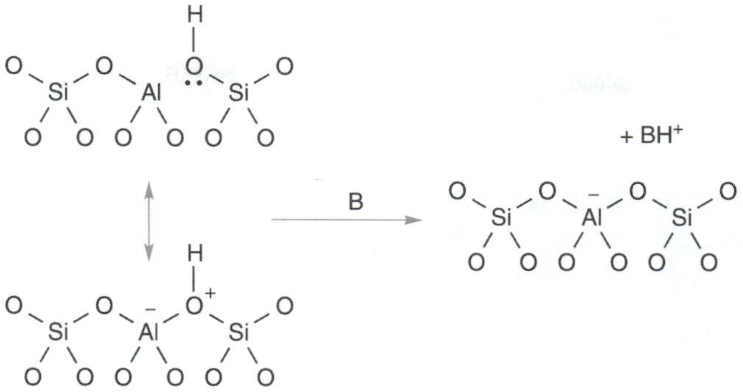

그림 24.61 H-ZSM-5에 있는 Brønsted 산 자리와, 염기인 일반적인 유기 분자와의 상호 작용(W. O. Hagg, R.M. Lago, 그리고 P.B. Weisz, *Nature*, 1984, **309**, 589 참조)

(a) 제올라이트에 의한 촉매 크래킹 및 다른 미세 공극 물질들

천연 원유는 휘발유와 경유로 사용 가능한 알케인, 즉 사슬의 길이가 C_5H_{12}(펜테인)에서 $C_{12}H_{26}$ 사이에 있는 알케인을 약 20%만을 함유하고 있다. 몰질량이 큰 탄화수소를 가벼운 것으로 변환시키려면 C−C 결합을 끊는 것뿐만 아니라 탈수소화, 이성질화 및 방향족화 반응도 필요하다. 이런 모든 반응은 **고체 산 제올라이트 촉매**(**solid acid zeolite catalyst**)에 의해 이루어진다. 촉매 크래킹에는 골격체 외부 H^+ 양이온 일부를 La, Ce, Nd 등의 란타넘 계열 금속으로 치환한 제올라이트 Y를 주로 사용한다. 촉매 크래킹의 초기 단계에서는 제올라이트 공극의 Brønsted 산 자리에 의한 알케인이나 알켄 사슬의 양성자 첨가 반응이 일어나며, 다음 반응식과 같이 양전하를 띠는 C 원자의 β 위치에 있는 C−C 결합의 분리가 이어서 일어난다.

$$RCH_2C^+HCH_2(CH_2)_2R' \rightarrow RCH_2CH{=}CH_2 + {}^+CH_2CH_2R'$$

(b) 제올라이트에 의한 방향족 화합물의 상호 변환

제올라이트 산 촉매는 카보늄 이온을 중간체로 하는 재배치 반응을 촉진시킨다. 예를 들어 1,3-다이메틸벤젠을 1,4-다이메틸벤젠으로 변환하는 이성질 반응은 다음과 같은 단계로 진행된다고 믿어진다.

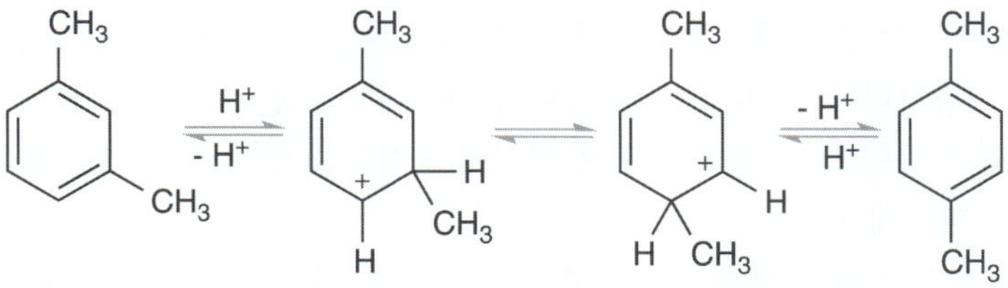

다이메틸벤젠(자일렌)의 이성질화, 메틸벤젠(톨루엔)의 불균화와 같은 반응들은 제올라이트 산 촉매의 선택성을 잘 보여 준다. 이러한 제올라이트 촉매의 형태 선택성은 다양한 과정에서 나타날 수 있다. **반응물 선택성**(**reactant selectivity**)에서는 제올라이트의 분자체 능력이 중요하여 제올라이트 공극에 적합한 크기와 형태의 분자만이 반응에 참여할 수 있다. **생성물 선택성**(**product selectivity**)에서는 반응−생성 분자의 크기가 채널에 잘 맞아야 확산이 잘 일어나고 제올라이트에서 탈출할 수 있다. 채널 크기에 맞지 않는 분자들은 확산이 늦어지고 제올라이트 내부에 머무르는 시간이 길어짐에 따라 보다 이동성이 좋아 쉽게 탈출할 수 있는 이성질체로 변환될 기회가 많아진다. 제올라이트의 선택성에 대한 최근에 선호되는 시각은 **전이 상태 선택성**(**transition-state selectivity**)으로 제올라이트 채널 내부에서 반응 중간체의 배치가 특정 생성물을 우선적으로 유도한다는 것이다. 다이메틸벤젠(자일렌)의 이성질화에서도 1,4-다이알킬벤젠 분자들의 생성 중 형성되는 중간체 중에서 더 좁은 형태가 공극과 잘 맞게 된다. 다른 대표적 제올라이트 촉매 반응은 방향족 화합물의 알켄을 이용한 알킬화 반응이다.

예제 24.4 벤젠의 알킬화 반응의 가능한 메커니즘

양성화된 형태의 ZSM-5 촉매는 벤젠과 에텐의 반응으로 에틸벤젠을 만든다. 이 반응의 합리적인 메커니즘을 제안하시오.

답 제올라이트 촉매의 양성자화 형태는 매우 강한 산임을 기억해야 한다. 따라서 이 반응의 경로에서 유기 화학종의 양성자화가 메커니즘에 포함되는 것이 유력하다. 산 형태의 ZSM-5는 지방족 탄화수소로부터 탄소 양이온을 생성시킬 수 있고, 따라서 초기 단계는 다음과 같다.

$$CH_2CH_2 + H^+ \rightarrow CH_3CH_2^+$$

탄소 양이온은 강한 친전자성으로 벤젠을 공격할 수 있고, 이후 중간체로부터 탈양성자화가 일어나 에틸벤젠이 형성된다.

$$CH_3CH_2^+ + C_6H_6 \rightarrow C_6H_5CH_2CH_3 + H^+$$

문제 24.4 ZSM-5는 순수한 실리카 형태로 합성할 수 있다. 이 화합물은 벤젠의 알킬화 반응에 활성 촉매로 사용 가능한가? 이유를 설명하시오.

모든 다공성 무기 골격 물질(24.11, 24.12, 24.30절)은 자체 촉매로, 혹은 촉매 활성 물질의 담체로서 불균일 촉매의 가능성에 대해 연구되고 있다. 기둥형 점토와 MOF는 공극이 거대하기 때문에 추가적으로 내부에 화학종이 자리할 수 있어 불균일 촉매로 활용할 수 있다. 예를 들면 MOF의 d 금속 성분은 산화−환원 반응에 직접 참여할 수 있으며, 이런 물질들은 공극이 매우 커서 백금 등 금속 나노입자도 내부에 배치될 수 있다(24.33절).

(c) 제올라이트와 골격 물질을 사용한 불균일 촉매 반응의 새로운 방향

고체상 촉매 개발은 정유 관련 물질 등의 반응을 촉진하는 조성물을 끊임없이 개발하는 무기화학 분야의 첨단 연구 분야이다. 매우 활발한 연구 분야 중 하나는 선택성 불균일 산화 촉매로, 이는 탄화수소를 부분적으로 산화시켜, 이를테면 고분자와 의약학 산업에 유용한 중간체를 합성하는 데 적용된다. 예를 들면 알켄의 에폭시화, 방향족 화합물의 수산화, 그리고 알케인, 알켄, 알킬 방향족의 가암모니아 산화(암모니아하에서 산화시키는 반응으로 나이트릴이 생성됨) 등이 있다. 모든 경우에 탄화수소를 일부만 산화시켜 생성물을 얻게 되며, 이산화 탄소가 얻어지는 완전 산화는 피하게 된다.

새로운 촉매가 적용되는 반응의 예로 벤젠을 페놀로 부분 산화시키는 것을 들 수 있다. 현재로는 3단계 **큐민 공법**(cumene process)으로 세계 소비량의 95%가 생산되며, 아세톤이 부산물로 얻어진다(비록 아세톤 시장은 다른 공법으로 넘쳐나지만). 큐민 공법은 3단계로, 먼저 프로펜에 의한 벤젠의 알킬화로 (인산이나 염화 알루미늄의 촉매 과정) 큐민을 얻고, 산소 분자를 이용하여 큐민을 하이드로과산화 큐민으로 직접 산화시키는 과정을 거쳐, 마지막으로 이를 분해시켜 페놀과 아세톤을 생성한다. 이때 촉매로 황산이 사용된다. 만일 단일 단계로 반응이 완결된다면 훨씬 좋을 것이다.

$$C_6H_6 + \tfrac{1}{2}O_2 \rightarrow C_6H_5OH$$

다양한 촉매가 이 사례의 반응, 그리고 비슷한 반응을 위해 연구되고 있다. 철 함유 실리케이트 골격형 제올라이트(24.12절), $Pt/H_2SO_4/TiO_2$ 기반의 $FeCl_3/SiO_2$ 혼합물 촉매, 그리고 다양한 바나듐 염들이 여기에 포함된다.

수소화물과 수소 저장 물질

미래 수소 기반 에너지 경제에 적용될 물질의 개발은 무기화학자가 직면한 가장 중요한 도전이다. 새로운 물질이 필요한 주요 분야 중 하나는 수소 저장이다. 기존의 고압가스 용기와 액화 공법은 일부 수소 저장 응용의 요구 사항을 만족시키기 어렵다. 예를 들면 운송이나 전원 보급 장치의 경우, 무게와 안전의 문제가 발생한다. 수소 저장 용도의 새로운 물질은 부피적으로나 질량적으로나 높은 용량이 요구되며 경제성도 있어야 한다. 운송 용도로 제안된 기술적 목표는 시스템 질량의 6~9% 정도의 수소가 탑재되고, 저장 에너지의 킬로와트시당 몇 달러 정도의 비용으로 가능한 방법이다. 추가 요구 사항은 수소를 저장 장치에서 꺼내 쓰는 온도가 60~120°C 영역이어야 한다. 이러한 새로운 물질을 개발하는 두 가지 접근, 수소화 금속처럼 수소를 화학 결합으로 묶어두거나 새로운 다공성 혹은 내부 표면적이 매운 큰 물질에 수소를 물리 흡착시키는 것이 현재 수행되고 있다. 이 절에서는 이 두 접근법의 기본이 되는 무기화학과 관련 물질들의 관련 최근의 진보 사항을 논의하겠다.

24.14 수소화 금속

수소는 많은 금속 및 합금(10.6b, c절)과 반응하여 수소화 금속을 이룬다. 대개 이 과정은 가역적으로, (다성분) 수소화 금속을 가열하면 H_2를 내어놓으며 금속이나 합금으로 돌아간다. 수소 저장 수단으로서 가압 혹은 액화 수소(그리고 많은 물리 흡착 수소 시스템)는 수소가 조절되지 못해 급격히 방출돼 버리면 큰 문제가 되기 때문에, 이러한 수소화 금속은 다른 수소 저장 수단보다 안전성의 장점을 가진다(화학세상 10.4, 13.1). 수소 저장 용도로 가벼운 원소(Li, Be, Na, Mg, B, Al)에 수소를 결합하는 것은 가장 유망한 수소 저장법으로 금속 대비 수소 비가 2 이상이 되는 것을 기대하고 있다. 단순한 수소화 금속 물질들은 이미 10, 11, 12장에서 다룬 바가 있다. 여기에서는 이러한 화합물의 화학 특성과 관련 다성분 수소화 금속 물질을 좀 더 자세히 알아보겠다.

(a) 마그네슘 기반 수소화 금속

요점: 수소화 마그네슘은 수소의 질량비가 높고, 만일 수소 방출 온도를 낮출 수 있다면 수소 저장 물질의 가능성이 있다.

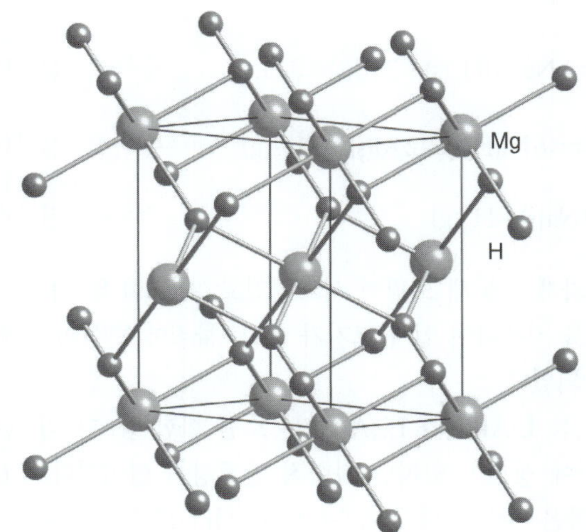

그림 24.62 MgH_2의 구조

수소화 마그네슘(MgH_2)(루틸 구조, 그림 24.62)은 저가의 마그네슘을 이용하고, 수소의 질량비가 7.7%가 되는 높은 용량이 가능하며, 높은 온도에서 수소의 흡수와 방출이 좋은 가역성으로 일어난다. 그렇지만 그 분해 온도가 수소 1 atm하에서 300℃로 높아 경제성이 나쁜 편이다. 이에 따라 수소 방출 온도가 낮은 관련 물질을 개발하려고 꾸준히 노력해 왔다. MgH_2를 다양한 금속으로 도핑하여 고체 용액 $Mg_{1-x}M_xH_{2+y}$(M = Al, V, Ni, Co, Ti, Ge, La/Ni 혼합물)를 합성한 바 있고, 이 중 일부는 분해 온도를 약간 낮출 수 있었다. 좀 더 유망한 시도는 MgH_2의 미세 구조를 변형시키는 것으로 볼-밀(Ball-milling, 24.1절)을 특히 금속(Ni, Pd)이나 금속 산화물(V_2O_5, Cr_2O_3)와 함께 적용하였다. MgH_2에 볼-밀을 적용하면 표면적이 10배 정도 증가하고 결정 분말 표면에 많은 결함이 발생하여 수소의 흡착과 탈착을 촉진시킨다.

(b) 다성분 수소화물

요점: 사수소화알루미늄산, 아마이드, 사수소화붕소산과 같은 다성분 수소화물은 가열시 H_2를 방출한다.

사수소화알루미늄산(AlH_4^-), 아마이드(NH_2^-), 붕산염(화학세상 13.1, BH_4^-를 포함하는 사수소화붕산) 등의 다성분 수소화물은 수소 함유 비율이 매우 높다. 예를 들어 $LiBH_4$는 18%의 수소 질량비를 가진다. 이러한 시스템에서는 수소를 방출하는 분해 과정이 문제가 된다. 사수소화붕소산은 500 ℃ 근방에서야 분해한다. 가역성이 필요 없는 일부 응용, 소위 '일회용 수소 저장 시스템'에서는 물을 가하여 수소를 방출할 수 있다.

요약 설명

Li_2BeH_4의 몰질량은 $(2 \times 6.94) + 9.01 + (4 \times 1.01)\ g\ mol^{-1} = 26.93\ g\ mol^{-1}$이며, 이 중 $4.04\ g\ mol^{-1}$이 수소로, 수소 질량비는 $[(4.04\ g\ mol^{-1})/(26.93\ g\ mol^{-1})] \times 100(\%) = 15.0\ \%$이다.

$NaAlH_4$와 Na_3AlH_6는 각각 7.4%, 5.9%의 좋은 수소 질량비를 가지며, 이론 수소 저장 용량이 좋고 가격도 저렴하다. 이들 구조는 AlH_4^- 사면체와 AlH_6^{3-} 팔면체 음이온에 기초한다(그림 24.63). 이 시스템들은 분해 반응의 가역성이 나쁘고 진행도 단계적으로 진행되어 응용에는 이상적이지 않은데, 특히 마지막 수소의 방출은 400 ℃ 이상에서만 일어난다(자동차용 수소 연료 시스템의 목표는 수소의 방출은 100 ℃ 이하, 충진 압력은 700 bar 이하다).

$$3\,NaAlH_4(s) \xrightleftharpoons{200°C} Na_3AlH_6(s) + 2\,Al(s) + 3\,H_2(g) \qquad \text{수득률: 질량비로 } H_2\ 3.6\%$$

$$2\,Na_3AlH_6(s) \xrightleftharpoons{260°C} 6\,NaH(s) + 2\,Al(s) + 3\,H_2(g) \qquad \text{수득률: 질량비로 } H_2\ 1.8\%$$

$$2\,NaH(s) \xrightleftharpoons{425°C} 2Na(s) + H_2(g) \qquad \text{수득률: 질량비로 } H_2\ 2.0\%$$

Ti나 Zr 등 다양한 첨가제를 통해 도핑이 시도되었고, 수소화 및 탈수소화 속도가 일부 증가되기도 하였다. 볼-밀을 적용하여 입자 크기가 줄고, 물질에 변형이 가해지면 수소 발생 속도가 향상되는 것도 관찰되었다.

수소화알루미늄산 리튬 $LiAlH_4$와 Li_3AlH_6는 소듐 화합물보다 더 높은 수소 질량비를 가지기 때문에 수소 저장에 장점이 있지만 화학적 안정성이 떨어진다. $LiAlH_4$는 최초 분해는 쉽게 일어나지만 생성물은 수소를 다시 흡수하여 $LiAlH_4$로 돌아가지 못한다. 또한 최초 생성

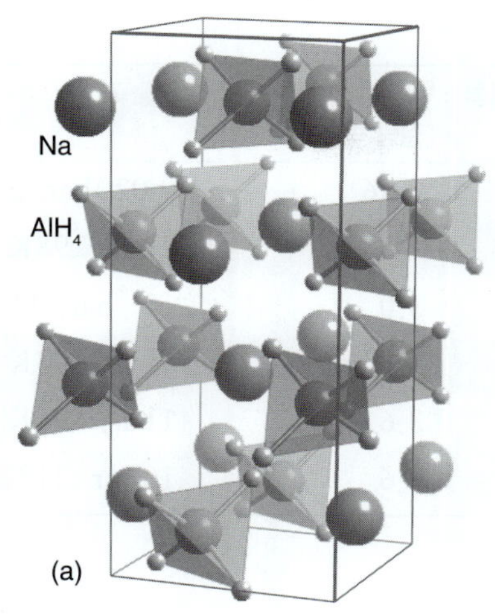

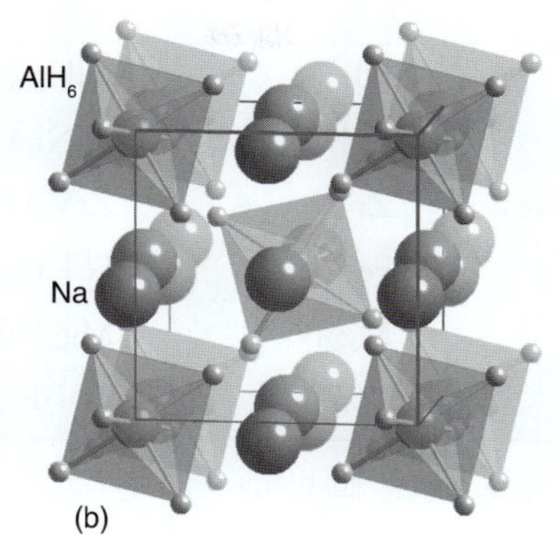

그림 24.63 (a) $NaAlH_4$, (b) Na_3AlH_6 **의 구조** 알루미늄 주위에 수소화 음이온이 배위되어 있다.

물의 하나인 LiH는 680°C 이상에서만 수소를 방출한다.

질소화 리튬(Li_3N)은 수소와 반응하여 $LiNH_2$와 LiH를 형성한다.

$$Li_3N(s) + 2\,H_2(g) \rightarrow LiNH_2(s) + 2\,LiH(s)$$

이 혼합물은 230°C 이상에서 수소를 방출하고 Li_2NH를 생성하는데, 이것의 이론 수소 저장 용량은 질량비로 수소 6%이다. 질소화물의 문제 중 하나는 일부 분해하면서 암모니아가 발생할 수 있다는 것이다.

수소화붕소산 리튬($LiBH_4$)은 수소 질량비가 18%에 달해 이론적으로는 수소 저장에 매우 유망한 물질이지만, 수소 방출과 흡입 과정이 가역적이지 않다. 수소화베릴륨산 리튬($Li_3Be_2H_7$)은 좋은 가역성을 보이지만 150°C 이상에서만 가능하다. $Li_3(NH_2)_2BH_4$(그림 24.64)와 $Li_4(NH_2)_2(BH_4)_2$와 같은 다성분 리튬 아마이드–붕소산물들도 수소 저장 물질로 제안되었고, $LiNH_2$에 비해 암모니아의 발생이 낮은 것으로 보이지만, 제한된 가역성만이 관찰되었다(화학세상 10.4). 관련 금속–아민 착물, 예를 들면 $Mg(NH_3)_6Cl_2$도 높은 수소 함량으로 인해 '간접적인' 수소 저장 물질로서 제안되었다(방출된 암모니아가 부가적인 반응으로 수소로 변환될 수 있다).

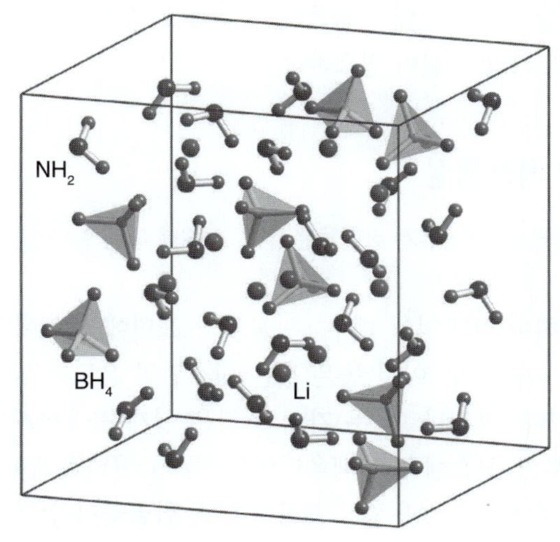

그림 24.64 $Li_3(NH_2)_2BH_4$**의 구조**

표 24.7 수소 저장이 가능한 금속간 화합물 구조의 종류

유형	금속	대표적인 수소화물 조성	H_2의 질량 백분율	p_{eq}, T*
원소	Pd	$PdH_{0.6}$	0.56	0.020 bar, 298 K
AB_5	$LaNi_5$	$LaNi_5H_6$	1.5	2 bar, 298 K
AB_2 (Laves)	ZrV_2	$ZrV_2H_{5.5}$	3.0	10^{-8} bar, 323 K
AB	FeTi	$FeTiH_2$	1.9	5 bar, 303 K
A_2B	Mg_2Ni	Mg_2NiH_4	3.6	1 bar, 555 K
BCC	TiV_2	TiV_2H_4	2.6	10 bar, 313 K

* p_{eq}과 T 값은 상 형성/분해의 압력과 온도 조건이다.

(c) 금속간 화합물

요점: 3 d 전이 금속에 기반한 금속간 화합물은 수소와 가역적으로 반응한다.

다양한 종류의 금속간 화합물이 낮은 압력(1~20 bar)과 상온을 약간 넘는 온도 범위에서 뛰어난 가역성을 보이며 수소를 흡수할 수 있어, 잠재적인 수소 저장 시스템으로서 연구가 진행되고 있다(표 24.7). 그렇지만 무거운 전이 금속으로 인해 이 물질들의 수소 질량비는 비교적 낮다. AB_5형 화합물들, 일례로 $LaNi_5$는 수소를 흡수하여 $LaNi_5H_6$을 형성하지만, 이것의 수소 질량비는 1.5%로 매우 낮다.

Laves 상(Laves phase)으로 알려진 일련의 합금은 조성 AB_2의 금속간 화합물로 존재하기도 한다. 이때 A = Ti, Zr, Ln 등이며, B는 V, Cr, Mn, Fe 등과 같은 3d 금속이다. 이 물질들은 높은 용량과 수소 흡수의 속도가 빠르며 $ZrFe_2H_{3.5}$와 $ErFe_2H_5$와 같은 화합물을 형성하며, 이때의 수소 질량비는 2%까지 증가한다. 그러나 이러한 laves 상들은 상온에서 열역학적으로 매우 안정하여 수소를 역으로 방출하는 큰 제약이 있다.

$$Mg_2Ni(s) + 2\,H_2(g) \rightarrow Mg_2NiH_4(s)$$

Mg_2NiH_4는 낮은 온도에서 Mg, Ni, H가 질서 정연하게 배열된 구조를 띠지만, 높은 온도나 볼-밀을 과도하게 적용한 경우 H^- 이온이 Mg, Ni 배열 전체에 걸쳐 무질서하게 존재하며 입방 구조로 변한다(그림 24.65).

금속간 화합물의 세번째 분류로 연구되고 있는 것은 'Ti 기반의 bcc 합금'으로 알려진 것이다. 전형적인 예로는 FeTi와, $TiV_{0.28}Cr_{0.72}$과 같은 V, Cr, 혹은 Mn 등 다른 d 금속이 유사한 조성을 갖는 물질을 들 수 있다. 이 합금들의 경우 수소 질량비가 거의 2.5%까지 가능하지만 이를 위해서는 고온과 가압 조건이 필요하다.

24.15 다른 무기 수소 저장 물질

요점: 높은 비표면적과 공극을 가진 무기 화합물은 수소 기체를 다량 흡수할 수 있다.

모든 내부 공극을 포함하여 표면적이 매우 큰 물질의 표면에서 일어나는 물리 흡착은 높은 수소 저장 용량을 가능하게 한다. 이런 높은 값은 시스템의 온도를 낮추거나 매우 높은 압력을 가해야 도달할 수 있다. 그러나 이 두 가지 조건은 실제 응용에서는 적용이 불가능하다. 일부 현재 진행 중인 무기 시스템으로 제올라이트, 무기 클라트레이트(clathrate) 화합물, MOF(24.12c절) 등을 주형으로 적용하여 합성한 금속 합금들이 연구되고 있는데, 이들은 모

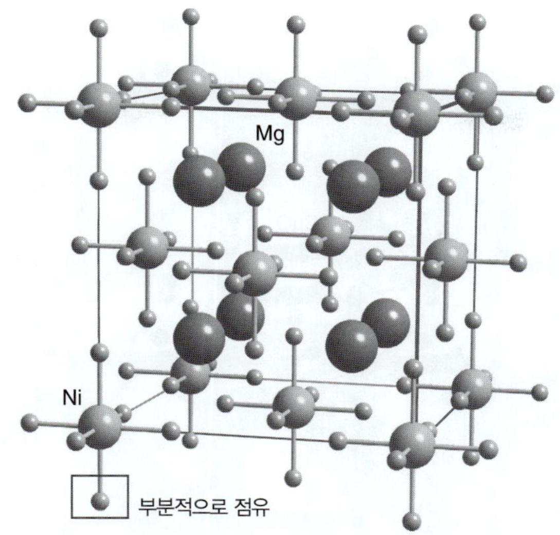

그림 24.65 Mg_2NiH_4**의 이상적인 입방 구조** 수소 자리는 부분적으로 점유된다.

두 비교적 가벼운 원소로 이루어졌고 높은 공극 구조를 보인다.

탄소는 그 다양한 형태가 수소 저장 물질로도 연구되고 있다. 나노구조(24.28, 24.29절)의 흑연 수소 1MPa(10 bar)하 조건에서 수소 질량비 7.4%까지 수소를 흡수하며, 일반적인 활성탄/흑연은 표면에 단분자층을 형성시키면서 수소 질량비 1.5~2.0%까지 흡수할 수 있다. 탄소와 질소화 붕소 나노튜브(24.28절)는 그 곡면으로 인해 흑연판에 비해 수소 흡착이 증가하는 경향을 보이며 77 K에서 질량비 8%의 수치를 달성하였다.

제올라이트(24.11절)도 수소 저장 가능 물질로 제안되었고, 다양한 많은 구조체가 연구되었다. 최선의 골격 형태는 포자사이트(FAU, 제올라이트 X, Y), 제올라이트 A(LTA), 캐버자이트(chabazite) 등이며, 최대 수소 질량비는 약 2.0%이다. 이들은 비교적 무거운 원소인 Si, Al이 존재하여 수소 질량비로는 한계가 있어, 가벼운 Li, Be, B에 기반한 다른 제오타입 구조물이 연구되고 있다.

많은 MOF는 낮은 온도(액체 질소 온도 77 K)와 높은 압력하에서 수소를 저장할 수 있으며, 일부 물질에서는 거의 10%의 수소 질량비가 발견되었다. 그렇지만 상온에서의 저장 용량은 1% 이하가 일반적인데, 이는 MOF와 수소 분자간 상호 작용이 매우 작기 때문이다 (5~10 kJ mol^{-1}). H_2 분자와의 상호 작용을 강화하는 방법이 연구 중인데, 예를 들면 금속 나노입자를 MOF 공극에 첨가하는 방법(24.24절), 유기 가교제를 조절하여 MOF의 금속 자리가 일부 노출되거나 여분의 결합 자리에 H_2 분자가 직접 배위하는 방법 등이 있다.

무기물의 광학 특성

많은 무기 고체는 진한 색을 띠므로 안료로서 채색 잉크, 플라스틱, 유리 및 유약 등에 사용된다. 많은 난용성 유기 화합물[예: C.I. Pigment Red 48, 이것은 calcium 4-((5-chloro-4-methyl-2-sulfophenyl)azo)-3-hydroxy-2-naphthalene carboxylic acid임]도 안료로 사용되나, 무기 물질의 응용상 장점은 화학적, 광학적, 그리고 열적 안정도가 모두 우수하다는 것이다. 안료는 본래 자연계에서 얻어지는 화합물들, 즉 수산화 철(노란색, 오렌지색, 갈색), 산화 망가니즈(자주색, 갈색), 탄산 납(흰색), 단사(vermilion, HgS, 적색), 웅황(orpiment, As_2S_3, 주황색), 그리고 탄산 구리(초록색, 파란색) 등으로부터 개발되었다. 이런 화합물들은 선사시대의 동굴 그림에도 사용되었다. 천연 화합물과 유사한 화합물인 합성 안료는 초기

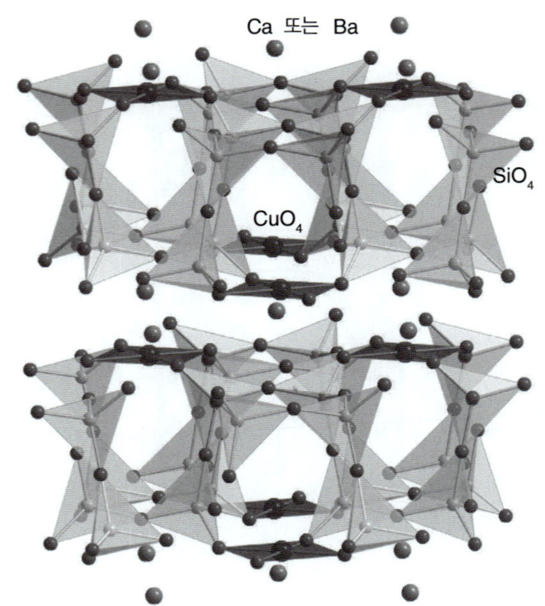

그림 24.66 **이집션 블루($CaCuSi_4O_{10}$)와 차이니스 블루($BaCuSi_4O_{10}$) 내부의 사각 평면 구리/산소 환경** Si_4O_{10}기에 의해 형성된다.

화학자와 연금술사에 의하여 개발되었고, 최초의 진정한 무기 화학자들의 목표에도 역시 안료의 합성이 포함되었을 것이다. 그래서 안료 이집션 블루($CaCuSi_4O_{10}$)는 3000여 년 전에 모래, 탄산 칼슘 및 구리 광석으로부터 만들었다. 이 화합물과 구조 유사체인 차이니스 블루($BaCuSi_4O_{10}$)는 약 2500년 전에 처음 만들어졌으며, 사각 평면 구리(II) 이온이 Si_4O_{10}기에 둘러싸인 구조를 갖는다(그림 24.66). 무기물 안료는 언제나 상업적으로 중요한 물질이며, 이 절에서는 최근 개발 동향에 대하여 요약하고자 한다.

무기물 안료가 가시광선의 흡수와 반사의 결과로 색을 띠는 반면, 어떤 고체는 다른 파장(또는 전자살 같은 다른 형태)의 빛에너지를 흡수하여 가시광선 영역의 빛을 낸다. 이러한 **발광(luminescence)**은 무기 인광체의 특성이다(화학세상 24.3).

더욱 최근에는 발전, 혹은 물 분해로 수소를 생산하기 위한 목적으로 빛을 수확하는 안정한 물질들을 개발하는 많은 연구가 수행되었다. 광전 반도체 시스템은 24.19절에서 다룰 예정이므로 여기서는 무기 광촉매를 설명한다.

화학세상 24.3 일반적인 무기 인광체의 화학 조성은 어떻게 이루어질까?

발광(luminescence)은 물질이 다양한 형태의 에너지를 흡수한 후 빛을 방출하는 것이다. 광발광(photoluminescence)은 보통 전자기 스펙트럼의 자외선 영역의 광자가 에너지원이고 나오는 빛은 가시광선일 경우가 많다. 음극선 발광(cathodoluminescence)은 에너지원으로 전자살이 사용되고, 전기 발광(electroluminescence)은 전기 에너지가 사용된다. 광발광은 두 가지 형태로 구분된다. 즉 형광(fluorescence)은 광자 흡수와 방출 사이의 시간이 10^{-8}s보다 짧은 것이고, 인광(phosphorescence)은 훨씬 긴 지연 시간을 갖는다(20.7절).

광발광 물질은 종종 인광체(phosphor)로도 불리며, 일반적으로 ZnS(섬아연광 구조, 4.9절), $CaWO_4$(독립적인 사면체 WO_4^{2-}와 이들을 분리하는 Ca^{2+} 이온으로 형성된 회중석(scheelite) 구조), 또는 Zn_2SiO_4 등을 주인 물질로 하여 이들 내부에 활성제 이온(activator ion)이 도핑된 물질이다. 활성제 이온은 Mn^{2+}, Cu^{2+}, Eu^{2+} 같이 d 금속 또는 란타넘족 이온들로, 이들은 원하는 파장의 빛을 흡수, 방출하는 능력이 있다. 일부 경우에는 이차 도핑제가 감광제(sensitizer)로 추가되어 원하는 파장의 빛의 흡수를 도와 준다. 잘 알려진 응용은 형광, 발광 다이오드(LED) 조명, 지폐의 보안 표식 등이다. 두 경우 모두 특정 영역의 가시 광선에 대한 높은 형광 효율을 갖는 물질이 요구된다.

고효율로 UV 광을 원하는 색깔의 가시광선으로 변환하는 인광체를 개발하기 위해 수많은 주인/활성제 조합이 연구되었다. 주인 물질 구조의 변형, 활성제 이온의 기본 특성 및 주위 화학 환경의 제어 등을 통해 인광체 성능을 조절할 수 있다. 대부분의 형광등에서, 수은 방전으로 254 nm와 185 nm의 자외선이 발생되고, 이는 다시 여러 활성제로 도핑된 ZnS 코팅 층에서 몇 가지 파장의 형광으로 전환, 혼합되어 효과적인 백색광이 된다.

인광 주인 물질	활성체	색
Zn_2SiO_4	Mn^{2+}	녹색
$CaMg(SiO_3)_2$	투휘석 Ti	청색
$CaSiO_3$	Mn	노란색/오렌지색
$Ca_5(PO_4)_3(F,Cl)$	Mn	오렌지색
ZnS	Ag^+, Cu^{2+}, Mn^{2+}	청색, 녹색, 노란색
YAG, $Y_3Al_5O_{12}$	Ce^{3+}	노란색
YVO_4	Eu^{3+}	적색
$SrAl_2O_4$	Eu^{2+}, Dy^{3+}	녹색

가정용 LED 전구, 고휘도의 손전등, 자동차 전조등과 같은 현대의 LED 조명에는 일반적으로 UV 광원으로 파란색(λ = 430 nm), 또는 장파장 자외선(λ = 365 nm)을 방출하는 GaN 기반의 LED(24.20c절)이 사용된다. 이 LED를 한 가지 이상의 인광 물질로 코팅하여 파란색과 자외선을 백색광으로 변환하게 된다. 파란색을 내는 LED와 노란색 인광체 Ce^{3+}와의 조합인 YAG는 백색광을 낸다(사람의 눈은 노란색 발광과 순수한 청색의 조합을 백색광으로 인식한다). 적색, 청색 그리고 녹색을 방출하는 인광체의 조합과 UV-발광 LED를 함께 적용하면 백색광이 한층 태양광과 유사해진다. 최근 상용화된 인광체들은 80%에 달하는 높은 전기 에너지의 광변환 효율을 보여 준다. 최근의 연구는 더욱 높은 변환 효율과 선명한 색, 특히 700 nm 근방의 깨끗한 적색 발광이 가능한 물질에 집중된다. 대표적인 사례는 $Ca_{1-x}Sr_xS:Eu^{2+}$와 $Sr_2Si_5N_8:Eu^{2+}$가 적용된 적색 형광 물질이다. 황화물이나 질소화물의 환경을 란타넘계 이온과 결합하면 기존 Eu^{2+}를 산화물 주인과 조합할 때의 오렌지색-적색 발광 파장대를 보다 더 깨끗하고 밝은 적색 영역으로 이동시킨다. $YVO_4:Eu^{3+}$에서는 바나듐산 원자단이 초기 전자 에너지를 흡수하며 활성제는 Eu^{3+}이다. 발광 메커니즘은 바나듐산과 Eu^{3+} 사이의 전자 전달이 이루어지고, 이 과정의 효율은 반강자성체의 초교환 과정과 유사하게(20.8절), M–O–M 결합각에 의존한다. 결합각이 180°에 근접할수록, 전자 전달 과정은 더 빠르고 더 효율적이다. $YVO_4:Eu$의 경우 결합각은 170°로, 이 물질은 고효율 인광체이다.

반Stokes(anti-Stokes) 인광체는 낮은 에너지를 갖는 두 개 이상의 광자를 높은 에너지의 한 개의 광자로 전환한다(예를 들면 적외선을 가시광선으로 전환). 이 인광체는 들뜸 과정에서 먼저 두 개 이상의 광자를 흡수하고, 하나의 광자를 방출한다. 최고의 반Stokes 인광체는 이온 주인 구조를 갖는 YF_3, $NaLa(WO_4)_2$, 그리고 $NaYF_4$ 등이고, Yb^{3+}가 감광제로 도핑되면(IR선 흡수), 활성제로 Er^{3+}가 사용된다(가시광선을 방출, 화학세상 23.1). 야간 투시 쌍안경 등에 이용되고 있다.

24.16 착색 고체

요점: 무기물 고체의 짙은 색은 d–d 전이, 전하 이동 전이(그리고 비슷한 현상인 띠간 전자 이동), 또는 원자가간 전하 이동 등으로 발생할 수 있다.

$CoAl_2O_4$와 $CaCuSi_4O_{10}$의 청색은 전자기 스펙트럼의 가시광선 부분에서 d–d 전이가 있기 때문이다. 알루미늄산 코발트의 특징적인 진한 색은 금속 이온이 반전점 대칭이 없는 사면체 자리에 존재해, 반전점 대칭에 의한 Laporte 선택 규칙 제한에 해당하지 않기 때문이다(20.6절). 화학적, 열적 안정성이 높은 이유는 산화 이온의 조밀 채움 배열 내에 Co^{2+} 이온이 자리하기 때문이다. d–d 전이에 근거하여 색을 띠는 무기물 안료들에는 니켈이 도핑된 TiO_2(노란색)와 $Cr_2O_3 \cdot nH_2O$ (녹색), $YIn_{1-x}Mn_xO_3$(청색) 등이 있다.

많은 무기 화합물에서 색깔은 전하 이동 전이(20.5절)로도 나타나는데, 이는 고체의 원자가띠(주로 음이온 오비탈에 해당)에서 전도띠(주로 금속 오비탈에 해당)로 전이하는 과정과 전자적으로 동등한 과정이라 할 수 있다. 전하 이동 안료에는 노란색–오렌지색의 크로뮴산(VI) 음이온이 있는 크로뮴산 납($PbCrO_4$), 노란색 바나듐산(V) 음이온의 $BiVO_4$ 등이 있다. CdS(노란색)와 CdSe(적색)는 둘 다 섬유아연광 구조를 가지며, 이들의 색깔은 채워진 원자가띠(주로 칼코젠화 음이온의 p 오비탈)에서 카드뮴 오비탈로의 이동에 주로 기인한다(화학세상 19.4). 띠간격이 2.4 eV(300 K에서 CdS)인 물질에 대하여 이런 전이는 515 nm보다 짧은 파장 영역의 넓은 흡광으로 나타난다. 따라서 CdS는 가시광선 스펙트럼에서 청색 부분이 완전히 흡수되어 밝은 노란색이 된다. CdSe에서는 Se 4p 오비탈의 높은 에너지 준위로 띠간격이 작고, 따라서 흡수끝(absorption edge)이 낮은 에너지 영역, 장파장 영역으로 이동한다.

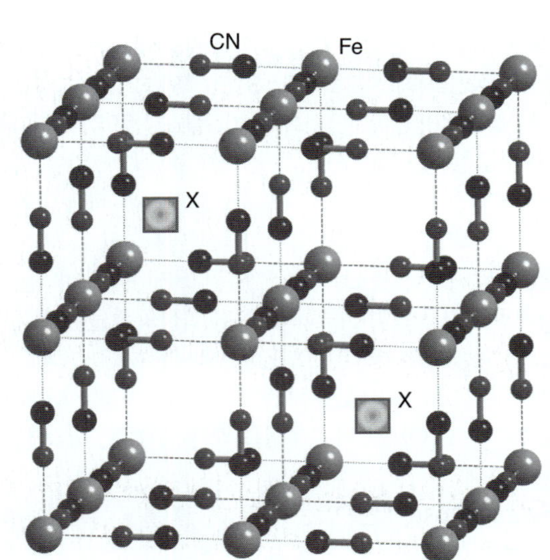

그림 24.67 프러시안 파랑 $[Fe(III)]_4[Fe(II)(CN)_6]_3$에서 철 이온은 사이안화 이온을 통하여 연결되고 입방 단위 세포를 형성한다. 음영 사각형(X)은 양이온이나 물 분자가 들어갈 수 있는 자리이다.

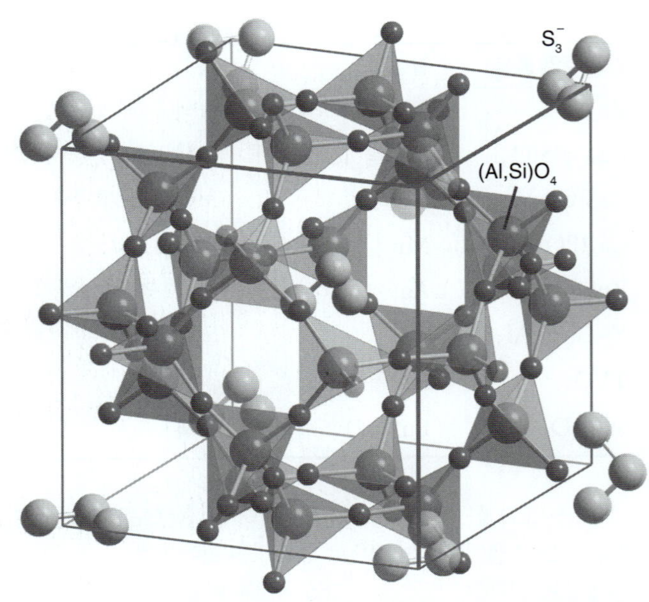

그림 24.68 Utramarine $Na_8[SiAlO_4]_6 \cdot (S_3)_2$에 존재하는 하나의 sodalite 케이지 사면체 SiO_4와 AlO_4가 연결되어 형성된 골격은 폴리황화 라디칼 이온 S_3^-와 Na^+ 이온을 포함한 공동을 둘러싸고 있다(Na^+는 생략됨).

결과적으로 적색 빛을 제외한 모든 가시광선이 흡수된다. 일부 혼합 원자가 화합물은 다른 전하를 갖는 금속들 간의 전자 이동이 가시광선 범위에서 일어날 수 있어 진한 색을 나타낸다. 프러시안 파랑 $[Fe(III)]_4[Fe(II)(CN)_6]_3$(그림 24.67)이 그 예이며, 진한 청색은 잉크에 널리 사용된다. 루테늄은 킬레이팅 리간드 tris(carboxyl)terpyridine과 결합하여 주로 어두운 갈색, 파란색 혹은 검은색을 띠는 Ru 화합물 $[Ru(2,2',2''-(COOH)_3\text{-terpy})(NCS)_3]$을 형성하는데, 이 착물은 가시광선과 근적외선 영역의 빛을 잘 흡수하며 Grätzel형(Grätzel-type)의 태양 전지의 광감응제로 사용된다(화학세상 21.1).

무기물 라디칼은 종종 비교적 낮은 에너지의 전자 전이가 가시광선 영역에서 가능하다. 두 가지 잘 알려진 예는 NO_2(갈색)와 ClO_2(노란색)이다. 무기물 라디칼에 근거하는 어떤 무기 안료는 홀전자를 갖는 주족 화합물로, 반응성이 커 단독으로는 안정성이 떨어지지만, 제올라이트 공동 안에 갇혀 안정화될 수 있다. 예를 들면 천연 준보석 lapis lazuli의 합성 유사 물질인 감청색 안료 울트라마린(ultramarine)은 화학식이 $Na_8[SiAlO_4]_6 \cdot (S_3)_2$이고, 폴리황화 라디칼 음이온 S_3^-은 알루미노실리케이트 골격으로 형성된 소달라이트(sodalite) 케이지에 자리할 수 있다(그림 24.68).

무기 안료 화학의 최근 연구는 카드뮴, 납같이 중금속을 포함하는 노란색과 적색 물질의 대체 물질 개발에 집중되고 있다. 이런 물질들 자체는 유독하지 않지만, 화합물들이 매우 안정하고 자연 환경에서 금속이 침출되기 어렵기 때문에 합성과 폐기에 어려운 점이 있다. 칼코젠화 카드뮴과 납 계열 안료를 대체하기 위해서 연구된 화합물들은 란타넘 계열 금속의 황화물, 예를 들면 Ce_2S_3(붉은색)와 앞주기 d 금속 산화-질소화물 $Ca_{0.5}La_{0.5}Ta(O_{1.5}N_{1.5})$(오렌지색, 24.8절) 등이다. 두 경우에서 O^{2-}를 S^{2-} 또는 N^{3-}로 치환하면 띠간격이 좁아지는 효과가 있고(무색 고체 CeO_2와 $Ca_2Ta_2O_7$에 비해서. 이것들의 띠간격은 크고 UV 지역에서만 흡수함), 따라서 전자 들뜸 에너지가 가시광선 영역이 된다. 그러나 이런 물질 중 어느 것도 카드뮴과 납 계열의 안료만큼 안정하지는 못하다.

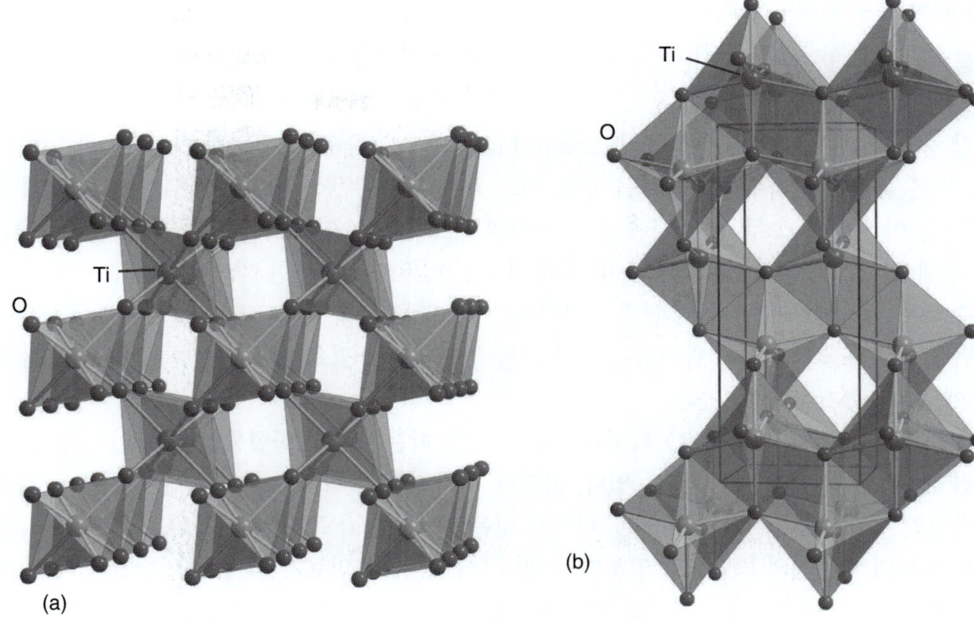

그림 24.69 TiO_2에는 팔면체 TiO_6가 연결된 방식에 따른 몇 가지 폴리타입이 존재한다. (a) 루틸, (b) 아나타제 구조

24.17 백색과 흑색 안료

고분자와 페인트의 외관 특성을 조절하는 목적으로 사용되는 화합물들은 가시광선 영역의 흡수 스펙트럼 특성에 따라 백색(이상적으로는 가시광선 흡수가 없음)이나 흑색(380~800 nm 영역을 완전히 흡수함)을 나타낸다.

(a) 백색 안료

요점: TiO_2는 백색 안료로 광범위하게 사용된다.

백색 무기 물질도 안료로 구분될 수 있으며 이런 화합물들은 다량으로 합성되어 백색 플라스틱과 페인트 제조 등에 사용된다. 역사적으로 많이 사용되고 있는 중요한 상업 화합물들은 TiO_2, ZnO, ZnS, 탄산 납(II) 그리고 리토폰(lithopone, ZnO와 $BaSO_4$의 혼합물) 등이다. 주목할 점은 이런 물질에서 어떤 금속도 d–d 전이를 통하여 색을 나타낼 수 있는 부분적으로 채워진 d 전자 껍질이 없다는 것이다. 이산화 타이타늄(TiO_2)은 루틸 또는 아나타제(anatase)형태(그림 24.69)로 존재하며 타이타늄 광석, 종종 일메나이트(ilmenite, $FeTiO_3$)을 황산 공정 (sulfate process, 진한 H_2SO_4에 용해시킨 후에 가수 분해로 침전) 또는 **염화 공정**(chloride process, 다성분 산화 타이타늄 혼합물과 염소를 반응시켜 $TiCl_4$를 만든 후, 이것을 1000 °C 이상에서 산소와 태운다. 25.1절)을 통하여 제조한다. 이런 과정은 입자 크기를 조절한 고순도의 TiO_2를 만든다(이것은 밝은 백색 안료에 필수적이다). 백색 안료로서 요구되는 높은 품질의 TiO_2는 큰 띠간격에 기인한다($>$3 eV, 이에 따라 가시광선 흡광은 일어나지 않음). 굴절률($n_r = 2.70$)도 높아 뛰어난 빛 산란 능력을 보이며, 원하는 입자 크기로 매우 순수하게 합성이 가능하고, 뛰어난 내광성과 내후성을 지니며, 예전의 탄산 납과 비교하면 무독성의 장점도 있다. 백색 안료 시장에서 현재 주도적으로 사용되고 있는 이산화 타이타늄은 페인트, 코팅, 프린트 잉크(명도와 은폐력을 증가시키기 위해 보통 채색 안료에 혼합하여 사용함), 플라스틱, 섬유, 종이 및 백색 시멘트, 심지어는 식품류(가루 설탕, 사탕류, 가공된 생선살, 밀가루 등의 명도를 높이기 위해) 등에 광범위하게 이용된다.

(b) 흑색, 흡수 및 특수 안료

요점: 특수 색, 빛 흡수 및 간섭 효과는 안료로 사용되는 무기 물질에서 유도될 수 있다.

가장 중요한 흑색 안료는 **카본 블랙**(carbon black)으로, 그을음을 산업적으로 가공한 형태이다. 카본 블랙은 탄화수소 화합물을 부분 연소 또는 열분해(공기가 없는 상태에서 가열)하여 만든다. 이 물질은 고무 등에 사용된다. 스피넬 구조를 갖는 크로마이트 구리(II)($CuCr_2O_4$)는 흑색 안료로 드물게 사용된다. 이 흑색 안료는 적외선을 포함한 가시광선 바깥쪽 광선도 흡수하여, 햇빛에 노출될 경우 쉽게 가열된다. 이는 많은 응용에서 단점이 될 수 있어, 가시광선만을 흡수하고 적외선은 반사하는 새로운 물질의 개발이 필요하다. 이런 특성을 가진 물질의 예로는 $Bi_2Mn_4O_{10}$이 있다.

특수 무기 안료의 예는 Fe_3O_4와 CrO_2 같이 색을 띠는 강자성 화합물인 자기 안료와, 인산 아연 같은 반부식성 안료를 들 수 있다. 표면에 무기 안료를 박막으로 도포하면 빛 흡수 외에 추가적인 시각 효과를 얻을 수 있다. 따라서 얇은 운모(mica) 조각 위에 TiO_2 또는 Fe_3O_4를 수백 나노미터 두께의 박막으로 입히면 광택이 나는 진주색 안료가 되며, 다양한 표면과 층에서 반사되는 빛 사이의 간섭 효과로 반짝이거나 무지개색의 효과가 난다.

24.18 광촉매

무기 안료가 흡수한 빛은 일반적으로 다시 방출되거나 고체 내에서 진동 에너지(혹은 열)로 전환된다. 광전 물질(4.20, 24.19절)에서는 빛에너지로 전자가 들떠 그 전자와 남아 있는 정공과의 분리가 일어나고, 그들이 즉각적으로 재결합하지 않는다면 전류가 발생한다. 무기 안료가 흡수한 빛에너지를 잘 좋은 활용하는 방법으로는 물을 분해하여 수소와 산소를 생성하는 화학 반응에 활용하거나, 유기 분자의 반응 혹은 분해를 유도하는 것이다. 이러한 과정을 촉진시키는 물질을 **광촉매**(**photocatalyst**)라고 한다.

가장 많이 연구된 촉매 중 하나는 TiO_2로, 그 광학적 특성은 이미 다룬 바 있다(24.17a). TiO의 넓은 띠간격(아나타제 3.2 eV, 루틸 3.1 eV)으로 인해 흡수되는 빛의 파장은 ~390 nm 이하로 자외선 영역이 된다. 이 에너지는 그림 24.70에 나타난 과정에 따른 물 분해에 필요한 에너지(1.23 eV)보다 훨씬 큰 값이다. 들뜬 전자는 H^+와 결합하여 H_2를 생성하고, 구멍은 OH^-와 산소를 생성한다. 따라서 물속에 담긴 TiO_2 표면에서는 자외선 혹은 햇빛(이 중 ~5%는 자외선임)이 조사되면 광촉매 반응에 따라 H_2 기체와 O_2 기체가 발생한다. 그러나 여러 가지 이유로 이 과정은 태양 에너지를 이용하기에는 효율이 매우 떨어진다. 먼저 흡광 과정의 효율이 낮고, 전자–정공의 전하 분리 과정의 효율도 매우 낮다. 또한 광촉매 반응

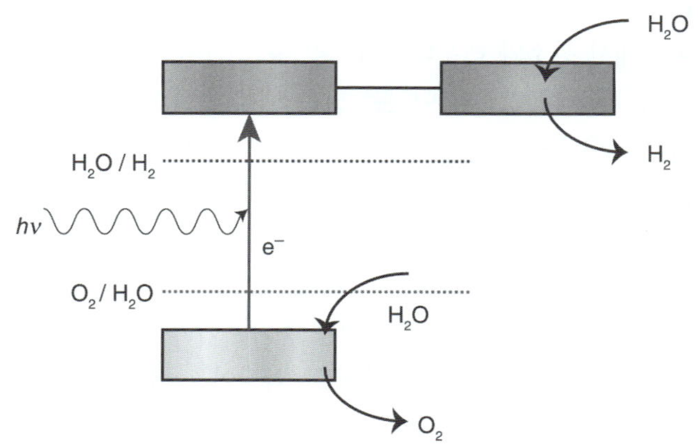

그림 24.70 물 분해에 적용되는 광촉매의 기본 과정

이 일어나는 벌크 TiO_2의 표면적이 작다. 광촉매 전지의 효율을 향상시키기 위해 다양한 방법이 연구되고 있다. 태양광의 흡수 영역을 넓히기 위해 염료를 사용하는 방법(Grätzel 전지, 화학세상 21.1), TiO_2를 나노입자로 합성하여 표면적을 증가시키는 방법(24.24절), TiO_2에 NiO나 $(CH_3NH_2)PbI_3$ 등을 코팅하여 가시 광선 영역(태양 스펙트럼의 주성분)을 이용한 광촉매 반응의 촉진 등이 연구되고 있다. TiO_2 이외의 광촉매 물질도 활발히 연구되고 있다. 여기에는 좀 더 띠간격이 작은 전이 금속 산화물 Fe_2O_3, 띠간격을 줄이기 위해 도핑된 TiO_2, 음이온 치환으로 얻어지는 산화−질화물 $TiO_{2-x}N_y$와 금속 산화−황화물 등이 포함된다. 다성분 산화물($NaTiO_3$, $SnWO_4$ 등)도 연구가 진행 중이다.

빛에너지는 물 분해 광촉매 반응뿐만 아니라 유기 분자의 산화, 분해, 자가 세척 표면을 위한 오염 물질을 제거하는 여러 반응의 촉매 반응에도 사용될 수 있다(화학세상 24.4).

화학세상 24.4 유리는 어떻게 자가 세척이 가능할까?

Pilkington Active와 같은 자가 세척 창(그림 B24.2)에는 아나타제 형태의 이산화 타이타늄이 얇고 투명하게 코팅되어 있다. 이 코팅 층은 광촉매와 친수성이라는 두 가지 특별한 특성을 갖고 있어 유리 청소를 돕는다. 태양광의 자외선이 자가 세척 창의 TiO_2 층을 때리면, 그림 24.70에 나타난 것처럼 자유 전자가 생성되고 물 분자와 반응하여 TiO_2 표면 위에 수산화 라디칼을 형성한다. 이 수산화 라디칼은 기름때를 형성하는 지방성 유기 분자를 공격하여 그들의 사슬 길이를 줄이고 산소를 포함하는 친수성이 강화된 유기 분자를 만든다. 유리의 외부 표면이 비에 젖으면 TiO_2 표면의 친수성으로 인해 물방울의 접촉각이 매우 낮아지고 물은 얇은 층을 이루며 남아 있던 유기물을 씻어 보낸다. 광촉매 반응은 TiO_2 코팅 표면에서 일어나기 때문에 기름때의 가장 아래층을 매우 효과적으로 분해하고, 그 결과 모든 오염 물질은 씻게 나가게 된다.

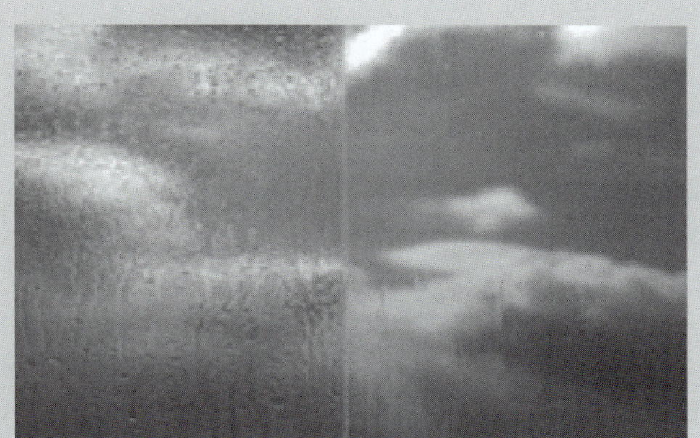

그림 B24.2 **자가 세척 층이 있는 창문(왼쪽)과 없는 창문(오른쪽)**

반도체 화학

반도체 물질의 기본 무기 화학, 특히 전자 띠 구조에 대해서는 4장에서 설명하였다. 이 절에서는 무기 반도체 화합물에 대하여 더 자세히 살펴보고, 전자 특성을 조절하여 생길 수 있는 응용에 대하여 설명하고자 한다.

반도체는 원소 구성에 의해 분류한다. 반도체의 전형적인 띠간격(수 eV, 이는 100~200 kJ mol^{-1}에 해당한다)을 갖는 물질은 보통 p 영역 금속과 13/14족 준금속이 포함되고 종종 15, 16족 원소와 조합하기도 한다. 이런 조합에서 원자 오비탈은 원자가띠와 전도띠가 0.2~4 eV 정도 분리되는 에너지띠를 형성한다. 반도체의 띠간격에 영향을 주는 추가적인 요소는 물질 자체의 크기로 13/15족, 12/16족이 조합된 화합물 반도체의 경우, 나노입자로 합성하는 연구가 현재 매우 활발히 진행되고 있다(24.31절).

24.19 14족 반도체

요점: 결정성 및 비결정성 규소는 가격이 저렴한 반전체 물질로 전자 소자에 광범위하게 사용된다.

가장 중요한 반도체 물질은 Si로, 순수한 결정상(다이아몬드 구조를 가짐)의 띠간격은 1.1 eV이다. 원자 반지름, 오비탈 에너지 및 오비탈 겹침 정도 등으로 예측할 수 있듯이, Ge는 띠간격이 0.66 eV로 더 작고 다이아몬드 상태의 C는 5.47 eV로 매우 크다. 13족 또는 15족 원소를 도핑할 경우에 Si, C, Ge 등은 외인성 반도체(extrinsic semiconductor)가 된다. 내인성 반도체인 순수한 실리콘의 전도도는 실온에서 10^{-2} S cm^{-1} 정도지만, 13족 원소(p형 반도체 생성) 또는 15족 원소(n형 반도체 생성)를 도핑하면 전도도가 수 자릿수에 걸쳐 증가한다. 따라서 도핑된 Si의 특성은 원하는 반도체 응용에 맞추어 조절할 수 있다.

비결정성 Si는 화학 증기 증착, SiH_4의 열분해, 또는 결정성 Si에 무거운 이온을 때려줌(bombardment)을 통해서 얻을 수 있다. 보통 SiH_4의 열분해로 증착한 비결정성 Si는 미량의 수소를 포함하는데, 이것은 많은 Si−Si 연결이 존재하는 삼차원 유사 유리 구조에서 Si−H기로 존재한다. 이 규칙적 구조의 부재와 Si−H기의 존재는 반전도성 성질을 상당히 변화시킨다. 비결정성 규소의 주요 응용의 한 가지는 실리콘 태양 전지이다. p−n 접합을 형성하는 p형, n형 비결정형 Si 박막은 빛이 조사되면 전류를 생성하고, 그 반대 과정도 가능하다(화학세

화학세상 24.5 p–n 접합은 무엇이며, LED에 어떻게 적용되는가?

p−n 접합은 n형과 p형으로 구별되는 두 개의 실리콘 조각으로 만든다. 그림 B24.3은 접합의 띠 구조를 보여 준다. 다른 물질로 도핑된 두 실리콘의 Fermi 준위는 서로 다르지만, 접촉이 일어나면 전자들은 n형(높은 퍼텐셜)에서 p형(낮은 퍼텐셜)으로 접합을 가로질러 흐른다. 이런 과정은 접합 양쪽의 Fermi 준위가 같아지는 전자의 평형 분포가 이루어질 때까지 계속된다. 양쪽에 전압이 올바르게 인가되면, 이 과정은 계속되고 전자는 n형에서 p형으로 움직일 수 있다. 그러나 전류는 오직 이 방향, 즉 n형에서 p형으로만 흐른다. p−n 접합은 한 방향으로만 전류가 흘러야 하는 정류기의 기반이 된다.

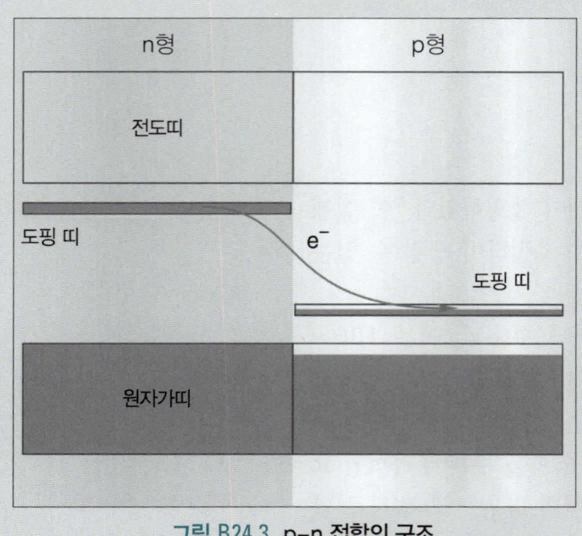

그림 B24.3 p−n 접합의 구조

발광 다이오드(LED: light-emitting diode)는 p−n 접합 반도체 다이오드로 전류가 흐를 때 빛을 낸다. n형 물질의 전도띠에서 p형 반도체의 원자가띠로 전자 전이가 일어날 때, 발광 현상도 같이 일어난다. LED는 고도의 단색 파장으로 좁은 파장 범위에서 순수한 색을 방출한다. LED에서 방출된 색은 띠간격에 의하여 조절되고 작은 띠간격은 적외선−적색 범위의 빛을, 커다란 띠간격은 청색−자외선 범위의 빛을 방출한다.

청색 LED[질소화 갈륨(gallium nitride)] 표면 위에 인광체 층(Ce^{3+} 도핑된 yttrium aluminium garnet, 화학세상 23.1)을 사용하면, 단 한 개의 LED로 백색광을 만드는 것도 가능하다. 이러한 백색광 LED들은 백열등, '저에너지' 형광등에 비해 훨씬 높은 효율로 전기를 빛으로 변환시킨다(화학세상 24.3). 청색 LED를 생산할 수 있다면, 이들은 블루레이 디스크 등 고용량 광전자 저장 장치에 사용될 수 있다. 이러한 LED들의 청색광(405 nm)은 DVD 포맷 소자에 사용되는 것(적색 605 nm)보다 짧은 파장으로 광디스크에 더 작은 비트에 데이터를 기록할 수 있다.

LED 색	칩 물질	
	낮은 밝기	높은 밝기
적색	GaAsP/GaP	AlInGaP
오렌지색	GaAsP/GaP	AlInGaP
황색	GaAsP/GaP	AlInGaP
노란색	GaP	−
녹색	GaP	GaN
터키색	−	GaN
청색	−	GaN

상 24.5). 입사 광자 에너지로 생성된 전자-정공 쌍은 재결합되기보다는 분리되는데, 이유는 정상 p-n 접합 바이어스(junction bias) 때문으로, 전자는 p형 Si 쪽으로 이동하고, 정공은 n형 쪽으로 이동하는 경향이 있다. 접합을 통하여 회로가 연결되면 전류가 흐르고, 빛 조사로부터 전기 에너지가 생성된다. 이런 장치의 효율성은 다양한 요인에 의존한다. 예를 들면 비결정성 Si는 단결정에 비해 태양 복사를 40배 이상 효율적으로 흡수하여 약 1 μm 두께의 막으로도 이용 가능한 태양 에너지의 90%를 흡수할 수 있다. 또한 전자와 정공의 수명과 이동성은 비결정성 Si에서 더 길고, 이것은 10% 정도의 높은 광전 효율(복사 에너지가 전기 에너지로 전환되는 비율)로 나타난다. 이 외에도 비결정성 Si는 저온에서 만들고 저비용 기질에 증착할 수 있어서 경제적이다. 비결정성 Si 태양 전지는 휴대용 계산기에 많이 사용되나, 생산 비용이 낮아짐에 따라 신재생 에너지 소자로서 훨씬 광범위하게 응용될 것이다.

24.20 실리콘과 등전자 반도체

요점: 몰비 1:1의 13/15족 또는 12/16족 원소로 만들어진 반도체는 실리콘과 등전자 관계이고, 전자 구조와 전자 움직임의 변화에 따른 향상된 특성을 가진다.

비소화 갈륨(GaAs)은 수많은 13/15족(또는 아직도 더 흔하게는 III/V족 반도체)의 하나이고 GaP, InP, AlAs 및 GaN 등도 포함되며, 13족과 15족 원소를 몰비 1:1로 조합하여 만든다. $Al_xGa_{1-x}As$, $InAs_{1-y}Py$ 및 $In_xGa_{1-x}As_{1-y}P_y$ 같은 13/15족 삼성분과 사성분 화합물도 가능하며, 이런 화합물은 대부분 유용한 반도체 특성을 가지고 있다. 특히 주목할 것은 이 조성은 순수한 14족 원소과 등전자이지만 원소들의 전기 음성도와 결합 성질의 변화(예를 들면 순수한 Si에서는 공유 결합을 갖는 반면, GaAs는 Ga와 As의 전기 음성도 차이로 인해 어느 정도의 이온 결합 성질이 있음)는 띠 구조의 변화와 전자 이동 특성이 변한다는 것이다.

비소화 갈륨(GaAs)의 장점 중의 하나는 실리콘 소자보다 전기 신호에 더 빠르게 응답한다는 것이다. 이런 민감성으로 비소화 갈륨은 수많은 응용에서 실리콘보다 우수한 성능을 보이는데, 일례로 위성 TV의 고주파(1~10 GHz) 신호를 증폭하는 경우를 들 수 있다. 비소화 갈륨은 약 100 GHz의 신호 주파수까지 사용할 수 있다. 인화 인듐(InP) 같은 물질은 더 높은 주파수에서 사용될 수 있다. 현재 약 50 GHz 이상의 주파수는 상업용으로 거의 이용하지 않기 때문에 대부분의 전자 소자에는 실리콘을 사용하고 약간의 비소화 갈륨 그리고 극히 일부의 InP 소자가 사용된다. 비소화 갈륨은 원료의 생산 단가와 고순도 물질을 만드는 화학 공정에서 Si보다 비용이 훨씬 많이 든다.

13/15족 반도체 중 일부, 예를 들면 GaN의 다형체 중 다이아몬드와 유사한 섬아연광 입방체 구조는 준안정 구조이며, 육방체인 섬유아연광 구조가 안정한 다형체이다. 이 두 구조는 합성 경로와 조건을 조절하여 합성할 수 있다. 이들은 큰 띠간격을 갖고 있어 강렬한 청색 빛을 내는 발광 장치 제작에 사용되고(화학세상 24.5), 고온 안정도와 좋은 열전도성으로 고성능 트랜지스터에 유용하게 사용된다.

12/16족(또는 II/VI족) 반도체들은 양이온으로 Zn, Cd, Hg를, 음이온으로는 O, S, Se 및 Te를 포함하는 화합물들이다. 이 반도체들은 입방 섬아연광 구조 또는 육방 섬유아연광 구조로 합성된 형태에 따라 특징적인 반도체 특성을 갖는다. 예를 들면 입방체 ZnS의 띠간격은 3.64 eV인 반면, 육방체 ZnS는 3.74 eV이다. 12/16족 화합물들은 13/15족과 14족 원소 반도체보다 이온 결합 성질이 더 크다. 특히 가벼운 원소의 경우 더욱 심하며 띠간격은 ZnO와 ZnS가 3 ~4 eV인 반면, CdTe는 1.475 eV이다. 비결정형 Si가 대표적인 박막 광기전력(PV: photovoltaic) 물질이고, 텔루륨화 카드뮴(CdTe)도 비슷한 응용을 위해서 개발되고 있다.

몇 가지 다른 산화물과 황화물 반도체는 4.20절에 언급한 바 있고, 기타 다성분 금속 산화물과 칼코젠화물은 특성 향상 연구가 진행되고 있다. 예를 들면 박막 태양 전지의 세계 기록 효율은 22.6%로, 구리 인듐 갈륨 이셀레늄화물($CuIn_xGa_{1-x}Se_2$; CIGS) 기반의 소자로 달성된 것이다. 이 물질의 구조는 기본적으로 입방 ZnS 구조로, Cu와 In 원자가 사면체 자리에 정렬되어 있다. 황화 주석(SnS_2)도 광전 소자에 유망한 특성을 보이며, 쉽게 구할 수 있고 무독성 원소 조성의 장점이 있다.

분자 물질과 풀러렌화물

이 장에서 설명한 주요 화합물들은 이온 또는 공유 결합으로 모든 원자나 이온들이 연결되어 확장된 삼차원 구조를 갖는다. 예를 들면 NaCl처럼 이온 결합에, 혹은 SiO_2와 같이 공유 결합에 근거하여 무한히 전개된 구조들이다. 이런 물질들은 결합 구조에서 나타나는 화학적, 열적 안정성으로 불균일 촉매, 재충전형 전지와 전자 소자 같은 응용에 광범위하게 사용된다. 종종 많은 고체는 도핑이나 결함을 도입하거나, 또는 고체 용액을 형성하여 그 성질을 정교하게 조절할 수 있다. 그러나 특정 구조로 원자 배치를 조절하는 것은 고체보다 분자가 훨씬 용이하다. 배위 화학자나 유기금속 화학자들은 간단한 치환 반응을 통하여 다양한 리간드를 이용해 배위 화합물이나 유기금속을 변형할 수 있다. 분자 화학의 합성과 화학적 유연성을 고전적인 고체 상태 물질의 특성에 적용하고자 **분자 물질 화학**(**molecular materials chemistry**)이라는 분야가 급속히 떠오르게 되었고, 이를 기반으로 기능성 고체들이 분자와의 결합 혹은 상호 작용으로 합성된다.

24.21 풀러렌화물

요점: 고체 C_{60}은 van der Waals 힘이 약하게 작용하는 풀러렌 분자의 조밀 채움 배열에 의하여 형성되며, C_{60} 분자 배열에서 공간은 단순 양이온이나 용매화된 양이온, 작은 무기 분자 등으로 채워진다.

C_{60}의 화학적 성질은 화학의 많은 전통적 분야의 경계에 걸쳐 있고 리간드로서의 C_{60} 화학도 포함된다(14.6절). 여기서는 고체 풀러렌 $C_{60}(s)$의 고체 상태 화학과, 분리된 C_{60}^{n-} 분자 음이온을 가지는 M_nC_{60} 풀러렌화 유도체들을 설명하고자 한다. 더욱 복잡한 탄소 나노튜브의 화학과 합성은 24.28절에서 설명할 것이다.

용액에서 성장된 C_{60} 결정은 용매 분자가 포함될 수 있지만 올바른 결정화와 정제 방법, 예를 들면 승화 방법으로 용매 분자를 제거하고 순수한 C_{60} 결정을 만들 수 있다. 그림 24.71

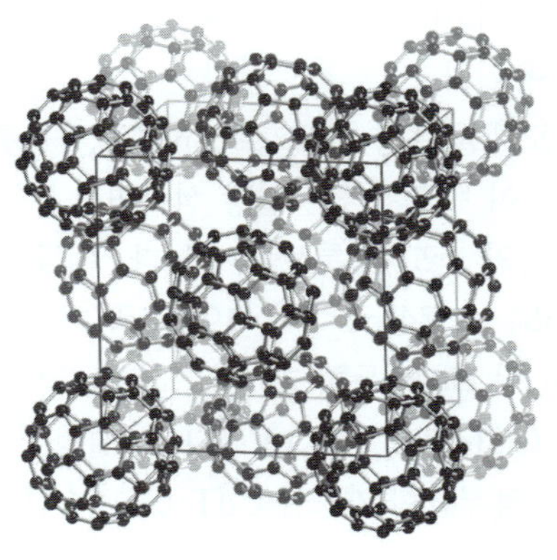

그림 24.71 면심 입방 격자를 띠는 결정성 C_{60} 분자의 결정 배열

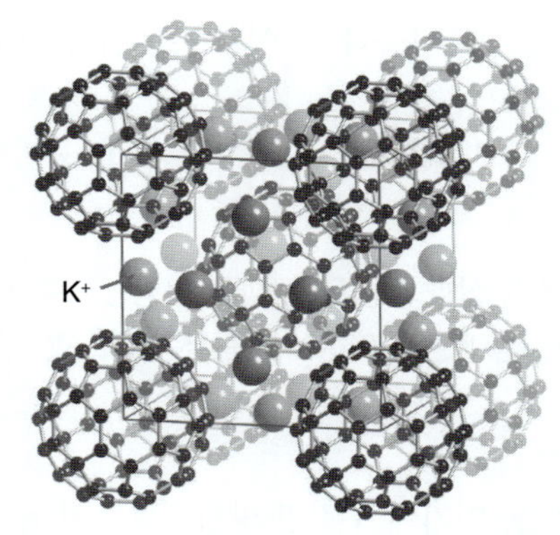

그림 24.72 체심 입방 단위 세포의 K_6C_{60} 구조에서 C_{60}^{6-} 분자 이온은 세포 꼭짓점과 체심 위치에 있고, K^+ 이온은 네 개의 C_{60}가 형성하는 유사 사면체 배위를 갖는 세포면 자리의 절반을 채운다.

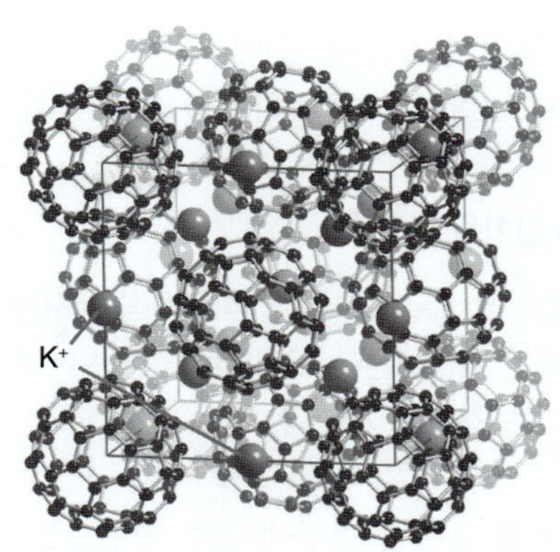

그림 24.73 C_{60}^{3-} 이온의 조밀 채움의 모든 정사면체 정팔면체 자리를 모두 K^+ 이온으로 채우면 K_3C_{60} 구조를 얻는다.

이 보여 주듯이, 고체 구조는 C_{60} 분자들이 면심 입방 배열을 이루고, 이것은 구형 분자들의 효율적인 쌓임 방법에서 예상할 수 있었다. 실온에서 분자들은 격자 위치에서 자유로운 회전이 가능하며 결정 C_{60}의 분말 X선 회절 분석 결과, 격자 파라미터가 1417 pm인 전형적인 fcc 격자임이 밝혀졌다. 분자들은 서로 296 pm 떨어져 있으며, 이것은 흑연 층 간격 335 pm와 비슷하다. 고체를 냉각하면 회전이 정지되고 이웃 분자들은 C_{60} 분자 내 전자 풍부 지역이 이웃 분자의 전자 부족 지역과 가깝게 배열된다.

고체 C_{60}을 알칼리 금속 증기에 노출하면 일련의 M_xC_{60} 화합물이 생성되고, 생성물의 정확한 화학량론은 반응물의 혼합비에 의존한다. 과량의 알칼리 금속 존재 시 M_6C_{60}(M = Li, Na, K, Rb, Cs) 조성의 화합물들이 생성된다. K_6C_{60}의 구조는 체심 입방이다. C_{60}^{6-} 분자 이온은 세포 꼭짓점과 체심에 위치하고, K^+ 이온은 네 개의 C_{60} 분자 이온이 형성하는 변형된 사면체 배위 자리인 각 면심 부근에 위치한다(그림 24.72). 가장 흥미로운 것은 M_3C_{60} 화합물로, 금속 종류에 따라 10~40 K 온도 범위에서 초전도성을 보인다는 것이다. K_3C_{60} 조성은 C_{60}^{3-}이 입방 조밀 채움 배열을 이루고 모든 사면체와 팔면체 자리가 채워진 것이다(그림 24.73). K_3C_{60}은 18 K까지 냉각하면 초전도성이 되고, 포타슘을 더 큰 알칼리 금속 이온으로 치환하면 T_c는 증가하여 Rb_3C_{60}은 $T_c = 29$ K, $CsRb_2C_{60}$은 $T_c = 33$ K가 된다. 주목할 사항으로 Cs_3C_{60}은 다른 M_3C_{60} 화합물 같이 fcc 구조를 형성하지 않고(실제로 C_{60}^{3-} 음이온의 체심 배열과 연관된 구조를 보임) 대기압하에서는 초전도성을 보이지 않지만, 12 kbar에서는 임계 온도가 40 K인 초전도성을 나타낸다.

좀 더 복잡한 화학종도 C_{60} 단위체 구조 내에서 자리할 수 있다. 아이오딘(I_2)이나 인 분자(사면체 P_4)와 같은 분자들도 C_{60}이 이루는 조밀 채움 배열 내 공간을 채울 수 있다. 용매화된 양이온들도 단순 알칼리 금속 양이온과 유사하게 사면체와 팔면체 자리를 차지할 수 있다. Na_2CsC_{60}과 암모니아를 반응시켜 얻을 수 있는 $Na(NH_3)CsNaC_{60}$에서는, $[C_{60}]^{3-}$ 분자 이온이 이루는 fcc 배열에서 암모니아 분자로 용매화된 Na^+ 이온이 팔면체 자리를 점유하고 배위되지 않은 단순 Cs^+와 Na^+ 이온은 (자리 수가 두 배인) 사면체 자리를 차지하고 있다.

24.22 분자 물질 화학

고체 화학에서 무기 분자의 형태, 분자의 배열과 쌓임 방식 등을 변형하는 능력은 분자 물질 화학의 중요한 이슈 중의 하나이다. 이러한 능력과 전이 금속의 홀 d 전자 같은 무기 화합물의 특정 성질들이 연관되면 자기 및 전자 특성들의 조절이 가능하다. 여기서는 첨단 연구 주제로 개발되고 있는 다양한 무기 분자 물질들을 설명하고자 한다.

(a) 일차원 금속들

요점: 많은 결정성 백금 착물처럼 분자들이 쌓이면 일차원적 상호 작용으로 인해 그 방향으로의 전기 전도가 가능해진다. Peierls 변형은 어떠한 일차원 고체도 임계 온도 이하에서는 금속 전도체가 될 수 없다는 것은 보여 준다.

일차원 금속은 결정에서 한 방향으로 금속 전도 특성을, 거기에 수직인 방향으로는 비금속 전도 특성을 보이는 물질이다. 이는 24.28절에서 설명할 구조적, 또는 물리적 특성이 본래 일차원적인 구조물, 혹은 나노 물질과는 구별되어야 한다. 일차원 금속 특성은 오비탈의 겹침이 결정에서 한 방향으로 일어난 경우에 발생한다(VO_2처럼). 몇 계열의 일차원 금속들이 알려졌고, $(SN)_x$와 도핑된 폴리아세틸렌 $[(CH)I_{0.25}]_n$ 같은 유기 고분자의 예도 있지만, 여기서는 상호 작용하는 d 금속들, 특히 백금 사슬에 대하여 설명한다.

일차원 금속의 구조적 필요 조건은 사각 평면 전이 금속 착물이 한 방향으로 계속 쌓이는 것이다(그림 24.74). 금속 원자 주위의 리간드는 사슬 간격이 최소한 900 pm로 충분히 멀어져 있고, 사슬 내의 금속–금속 평균 거리는 300 pm 이하다. 사각 평면 착물은 일반적으로 d^8 전자 배치의 금속 이온들에서 발견되고, d^8 화학종 간의 오비탈 겹침은 6주기에 있는 d 금속들에서 가장 크다(이들은 5d 오비탈을 이용한다). 그러므로 관심 대상은 주로 Pt(II) 및 Ir(I) 화합물이며, 에너지띠는 d_{z^2}과 p_z 오비탈의 겹침으로 형성된다. d_{z^2} 에너지띠는 Pt(II)의 경우 완전히 채워지지만, 백금을 산화시키면 부분적으로 채워진 준위의 형성이 가능하다. 많은 d^8 테트라사이아노백금산(II)(tetracyanoplatinate(II)) 착물들은 $d_{\text{pt-pt}}$ ~310 pm 정도인 반도체인데, 이들을 부분적으로 산화시키면 Pt–Pt 거리를 290 pm 이하가 되고 금속 성질을 나타낸다. 대표적인 사슬 산화 방법은 음이온들을 구조 내로 추가적으로 넣거나 양이온을 제거하는 것이다. 최초의 일차원 금속 Pt 착물은 1846년에 합성되었는데, $K_2Pt(CN)_4 \cdot 3H_2O$ 용

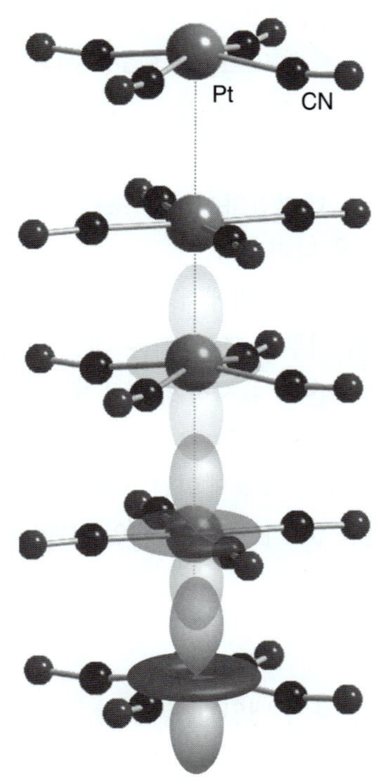

그림 24.74 KCP$[(K_2Pt(CN)_4Br_{0.3} \cdot 3H_2O)]$의 무한 사슬 구조와 d 오비탈띠의 도식적 그림

액을 브로민으로 산화시킨 후 증발, 건조하여 KCP로 알려진 $K_2Pt(CN)_4Br_{0.3}\cdot 3H_2O$ 결정을 얻을 수 있었다(그림 24.74).

일차원 고체의 전자 특성은 Rudolph Peierls가 제시한 'T = 0 K에서 어떠한 일차원 고체도 금속일 수 없다!' 는 정리처럼 그리 단순하지는 않다. Peierls 정리는 지금까지의 논의에서 언급하지 않은 가정에 기초한다. 우리는 줄곧 원자들이 규칙적인 간격으로 선형 격자를 이루고 있다고 가정했다. 그러나 일차원 고체에서(그리고 어떠한 고체에서도) 원자간 실제 간격은 전자 분포에 의하여 결정되고(반대로는 성립되지 않음), 가장 낮은 에너지 상태가 규칙적인 간격을 갖는 고체 물질이 된다는 보장은 없다. 실제로 T = 0 K 상태의 일차원 고체에서 **Peierls 변형**(**Peierls distortion**)이라는 변형이 항상 존재하며 이를 통해 물질은 완벽히 규칙적인 경우보다 더 낮은 에너지 상태가 된다.

Peierls 변형의 원인과 효과를 이해하기 위해서 N개 원자와 N개 원자가 전자를 갖는 일차원 고체를 고려해 보자(그림 24.75). 이런 원자 선은 결합 길이가 교대로 길고 짧게 변형된다. 긴 결합은 에너지면에서 불리하지만, 짧은 결합에서의 결합 강화 효과는 긴 결합에서 감소된 것보다 커서, 알짜 효과는 규칙적인 고체보다 낮은 에너지를 갖게 한다. 고체 내에서 자유롭게 움직이는 Fermi 표면 근처의 전자들은 이제 길게 결합된 원자들 사이에 갇힌다(이런 전자들은 반결합성 특성을 가지며, 강하게 결합된 원자들 사이의 핵 간 지역의 바깥쪽에서 발견된다). Peierls 변형은 전도띠 중앙에 띠간격 형성을 유도하여 전도띠를 채워진 오비탈과 빈 오비탈로 분리된다. 그 결과, 변형은 금속 전도체가 아닌 반도체 또는 절연체를 유도한다.

KCP의 전도띠는 원칙적으로 Pt $5d_{z^2}$ 오비탈의 중첩으로 형성되는 d 띠이다. 화합물 내 소량 존재하는 Br(Br^-로 존재한다)은 이 채워진 d 띠에서 약간의 전자를 제거하여 전도띠로 만든다. 실제로 상온에서 도핑된 KCP는 광택이 나는 청동색으로 Pt 사슬 방향으로 가장 높은 전도도를 나타낸다. 그러나 150 K 이하에서 전도도는 Peierls 변형이 발생하여 전도도가 급격히 떨어진다. 높은 온도에서는 원자의 움직임으로 변형의 평균치가 0이 되고, 원자 간격도 규칙적이며(평균적으로), 금지띠는 사라지고 고체는 일차원 금속이 된다. $[Pt(en)_2][PtCl_2(en)_2](ClO_4)_4$와 같은 혼합 산화 상태의 백금 사슬 착물은 음이온 지질(anionic lipid)과 같은 전자적으로 안정한 분자로 감싸인 Pt 사슬, 즉 부도체로 절연된 일차원 도선의 형태로 얻을 수 있다. 이런 타입의 나노 전선은 24.28절에 보다 상세히 설명되어 있다.

분자간 상호 작용으로 만들어진 일차원 고체에서의 금속성은 이 계열 화합물의 초전도성에 대한 연구를 활성화하였다. 발견된 초전도체 중 하나는 유기금속에서 유도된 일련의 금속 착물로 이들은 분자들이 쌓이고 그 사이에서 π계가 상호 작용하는 초전도체이다. TCNQ(7,7,8,8-tetracyano-*p*-quinodimethane, **1**)와 TTF(tetrathiafulvalene, **2**) 염은 전도성이며 일정 파장 영역의 빛을 흡수한다는 점에서 금속 성질을 보인다. Tetramethyl-tetraselenafulvalene(TMTSF, **3**) 염인 $(TMTSF)_2ClO_4$는 10 K 이하의 온도, 종종 가압 조건하에서만 초전도성을 나타낸다. 황을 포함하는 리간드, 즉 dmit (**4**)(4,5-dimercapto-1,3-dithiole-2thione에서 유도된 음이온 $dmit^{2-}$= 1,3-dithiol-2-thione-4,5-ditholato) 등을 갖

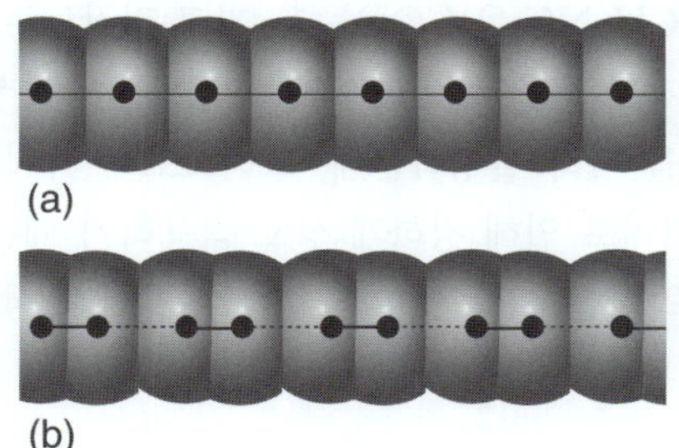

그림 24.75 Peierls 변형의 발생 원자 선에서 교대로 결합 길이가 변하는 (b)의 에너지가 일정한 간격을 형성한 (a)보다 낮다.

는 분자 금속 착물도 초전도성을 나타낸다. 화합물 [TTF][Ni(dmit)$_2$]$_2$ (TTF와 [Ni(dmit)$_2$]의 쌓임으로 이루어짐)는 10 kbar, 2 K 이하에서 초전도성이 나타난다.

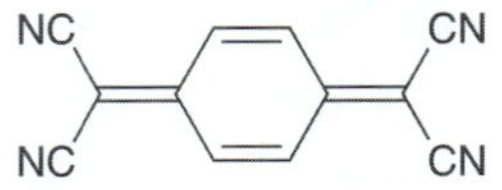

1 TCNQ (7,7,8,8-tetracyano-*p*-quinodimethane)

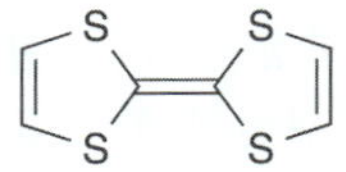

2 TTF (tetrathiafulvalene)

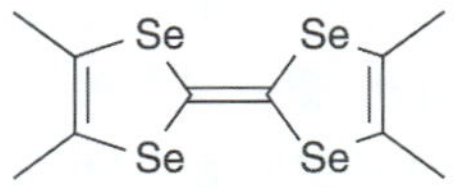

3 tetramethyltetraselenafulvalene (TMTSF)

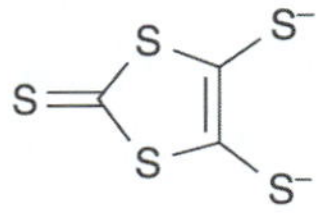

4 dmit^{2-}

(b) 분자 자석

요점: 개별 분자, 뭉치 또는 분자들이 연결된 사슬을 갖는 분자 고체는 강자성 같은 벌크 자기 특성을 보인다.

개별 분자, 또는 그런 분자로 구성된 단위체들인 분자 무기 자성 물질은 홀전자를 갖는 d 금속 원자를 갖고 있으며, 관심이 증가하고 있는 화합물들이다. 이들은 강자성이나 반강자성처럼 전자 스핀이 장거리 상호 작용(long-range interaction)과 연관된 현상들을 강하게 나타내지 않는데, 그 이유는 금속 산화물에서 발견되는 짧은 거리의 초교환형의 경로가 존재하지 않기 때문이다. 그러나 다른 분자들처럼 리간드를 조정하여 금속 중심들 간의 상호 작용을 조절하는 것은 가능하다.

강자성 분자 무기 화합물의 예로는 decamethylferrocene tetracyanoethenide(TCNE), [Fe(η^5-Cp*)$_2$](C$_2$(CN)$_4$)] (**5**; Cp* = C$_5$Me$_5$)와 유사 망가니즈 화합물 등이 있다. 이런 물질들은 [M(η^5-Cp*)$_2$]$^+$와 TCNE$^-$ 이온이 교대로 사슬을 만드는 구조를 가지며 사슬 방향으로 강자성이 T_c = 4.8 K(M = Fe)와 6.2 K(M = Mn) 이하에서 각각 나타난다. 자기 중심 사슬을 조합하여 형성되는 자기 배열 분자 기반 화합물도 존재한다. 예를 들면 MnCu(2-hydroxy-l,3-propylenebisoxamato)·3H$_2$O(**6**)에서 망가니즈(II)와 구리(II) 이온이 교대로 나타나며, 이들은 [HOCH(CH$_2$NC(O)COO)$_2$]$^{4-}$ 가교 리간드로 연결되면서 사슬을 형성한다. 사슬 내 금속 이온들의 자기 모멘트는 115 K 이하에서 강자성으로 배열한다. 이 강자성 배열은 처음에는 단지 사슬을 따라 발생하는데–그러므로 일차원–그 이유는 리간드를 통해서, 그리고 짧은 Mn–Cu 거리로 인해 강하게 상호 작용하기 때문이다. 그러나 이런 물질은 각각의 사슬 간에도 자기적으로 상호 작용하게 되는 4.6 K에서 삼차원으로 완전히 정렬된 자기 특성을 보인다.

NC CN
Fe
NC CN

5 Decamethylferrocene tetracyanoethenide(TCNE), $[Fe(\eta^5\text{-}Cp^*)_2(C_2(CN)_4)]$

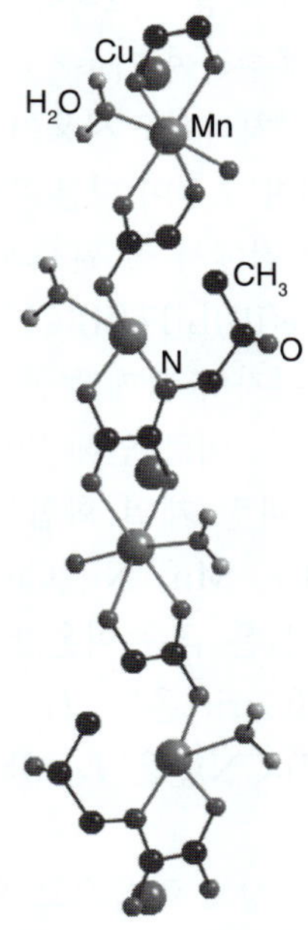

6 MnCu(2-hydroxy-1,3-propenebisoxamato)·$3H_2O$

단일 착물에 여러 개의 d 금속 이온이 들어 있으면 작은 자석처럼 작용하는 분자가 될 수 있다. 이런 화합물들을 **단분자 자석**(**SMM: single-molecule magnet**)이라고 한다. 일례로 아세테이트 망가니즈 착물 $[Mn_{12}O_{12}](O_2CMe)_{16}(H_2O)_4 \cdot 2MeCO_2H \cdot 4H_2O$는 12개의 Mn(III)와 Mn(IV) 이온이 O 원자로 연결되고 산화 금속 단위의 말단에는 아세테이트기가 있는 뭉치가 포함된다(그림 24.76). 다른 예로는 $[Mn_{84}O_{72}(O_2CMe)_{78}(OMe)_{24}(MeOH)_{12}(H_2O)_{42}(OH)_6] \cdot xH_2O \cdot yCHCl_3$로, 84개의 Mn(III) 이온이 지름 4 nm의 커다란 도넛 형태의 분자에 포함되어 있다. 이들의 크기는 나노미터 수준으로 기존 자기 저장 매체에 사용되는 대표적 자기 물질들보다 훨씬 작다. 따라서 이런 SMM을 개별적으로 자기화할 수 있다면, 획기적으로 높은 정보 저장 밀도를 실현할 수 있을 것이다.

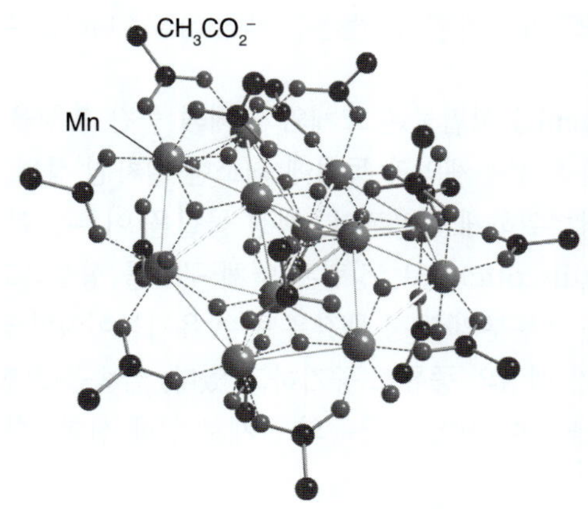

그림 24.76 단분자 자석 $Mn_{12}O_{12}(O_2CMe)_{16}(H_2O)_4 \cdot 2MeCO_2H \cdot 4H_2O$의 중심부로, 12개의 Mn(III)와 Mn(IV) 이온을 포함하고 있다.

(c) 프러시안 파랑 화합물들

요점: 프러시안 파랑 화합물은 동일 구조 물질군을 이루며 전이 금속이 사이안화 이온으로 연결되어 유용한 광학적, 자기적 특성을 보인다.

프러시안 파랑 $Fe(III)_4[Fe(II)(CN)_6]_3 \cdot xH_2O$은 진한 청색을 띠며 무기 안료로 사용되고 있어 앞서 간단히 소개한 바 있다(24.16절, 그림 24.67). 기질 표면에 도포된 프러시안 파랑은 전압을 인가하면 색깔이 변하는 전기 착색 현상도 보여줄 수 있다. 프러시안 파랑은 커다란 양이온들을 구조 내부의 입방형 동공에 흡수하여 가두거나 격리할 수 있어, 독성이 있는 탈륨(Tl^+ 이온)이나 방사성 화학종 $^{137}Cs^+$의 처리에도 사용이 가능하다.

프러시안 파랑과 비슷한 구조를 가지며 조성이 다른 관련 화합물에 대한 관심은 광학적 영역을 넘어 확대되고 있는데, 이는 이 물질에서 철 원자의 강자성 배열이 5.6 K 이하에서 나타나기 때문이다. 철 원자의 치환은 $[Fe(III)]_4[Fe(II)(CN)_6]_3 \cdot xH_2O$의 3+, 2+ 이온 자리에서 모두 일어날 수 있다. 양이온은 물 분자와 함께 동공으로 유입될 수 있으며 전이 금속 자리로서 다양한 빈자리가 존재할 수 있다. 이로 인해 일반식 $A_y^{n+}(M',M''\cdots)^{2+}[M^{3+}(CN)_6] \cdot xH_2O$로 표현되는 소위 프러시안 파랑 계열 화합물을 얻을 수 있다. 일련의 화합물 $M^{2+}{}_{1.5}[Cr^{3+}(CN)_6] \cdot xH_2O$(M=V, Cr, Mn, Ni, Cu)이 합성되었고, 예를 들면 KV(II)[Cr(III)(CN)$_6$]이 있다. 이러한 화합물들은 금속 이온간 상호 작용이 프러시안 파랑에 비해 더 강하기 때문에 그 강자성 배열 온도(Curie 온도, T_C)가 훨씬 높다. $V(II)[Cr(III)(CN)]_{0.86} \cdot 2.8H_2O$는 T_C=315 K, V(II)[Cr(III)(CN)$_6$]은 T_C=385 K를 나타내며, 이는 이 물질들이 상온에서 강자성체임을 말해 준다.

광자기 효과는 빛과 자성 물질 간의 상호 작용으로 일어난다. 예를 들면 **Faraday 효과(Faraday effect)**는 선 편광 빛이 자기적으로 정렬된 물질을 통과하며 진행할 때 관찰된다. 이때 편광면은 빛 진행 방향의 자기장 성분에 비례하여 회전한다. 프러시안 파랑 계열 물질들은 전이 금속 이온이 존재하여 금속 내부의 원자가 준위간 전자 전이가 일어나 대개 진한 색깔을 띠며, Faraday 효과는 파장에 의존한다. 이러한 거동을 응용하여, 특정 파장의 빛으로 물질 내 국부적 자기 모멘트 배향의 신호로 저장된 정보를 읽고 쓰는 광자기 데이터 저장 소자로 사용할 수 있다.

프러시안 파랑 계열 물질의 단단한 삼차원 골격체(인접 케이지로 이온이 이동할 수 있는 창이 존재하는)는 전이 금속의 산화-환원 특성도 갖고 있어 구조 안정성이 뛰어난 이차 전지 물질로 연구되고 있다. Na^+, K^+와 같은 양이온은 전기 화학적으로 추출되고 삽입될 수 있고, 이때 전지 물질의 부피 변화가 작아 높은 전지 안정성과 긴 사이클 수명을 달성할 수 있다.

(d) 무기 액정

요점: 원반형 또는 막대형 모양의 무기 금속 착물들은 액정 성질을 나타낼 수 있다.

액정 또는 **메소제닉**(mesogenic) 화합물은 고체와 액체의 중간 특성을 가지며 두 성질을 모두 갖고 있다. 예를 들면 이들은 유동체임과 동시에 최소한 일차원 상의 위치 정렬이 있다. 이런 물질들은 디스플레이에 광범위하게 사용된다. 액정 물질을 이루는 분자들은 일반적으로 **막대형**(calamitic) 또는 **원반형**(discotic)이고, 정렬된 액체 구조를 형성하고 분자들은 특정 방향으로 정렬한다(그림 24.77). 대부분의 액정 물질은 순수 유기물이지만 금속 배위 화합물과 유기 금속 화합물에 근거한 무기 액정의 종류도 증가하고 있다. 금속을 포함한 액정은 순수한 유기물 시스템과 비슷한 특성을 보이지만, d 금속의 존재로 인해 산화-환원과 자기 효과 같은 성질을 추가적으로 보인다.

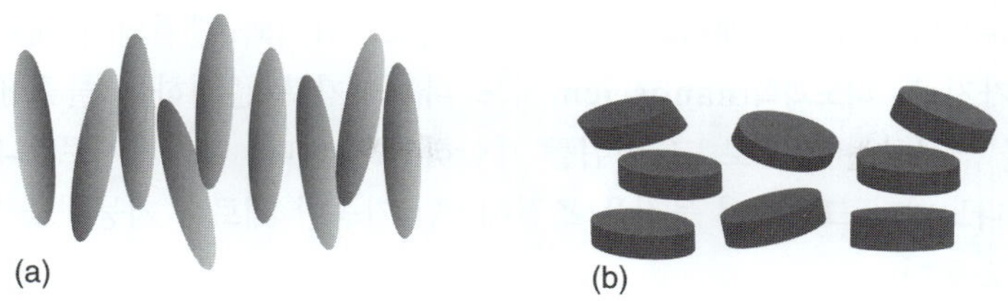

그림 24.77 (a) 막대형, (b) 원반형 분자에 기반을 둔 액정 물질의 도식적인 그림

액정 거동의 필요 조건이 막대형 또는 원반형 분자이므로, 많은 금속을 포함하는 시스템들은 후 d 금속의 낮은 배위수 화합물인 경우가 많고, 특히 10, 11족의 사각 평면 착물이 그 전형적인 사례이다. 그래서 β-다이케톤 착물(**7**)은 Cu^{2+} 이온에 두 β-다이케톤의 네 개의 O 원자가 배위되어 사각 평면을 이루고, 길게 매달린 알킬기가 있다. 이 구리(II) 물질은 상자기성이고, 또한 막대형 분자들이 한 방향으로 매우 잘 정렬된 **네마틱상**(**nematic phase**)을 형성하고 있다(그림 24.77).

R
Me
O O
Cu
O O
Me
R

7 구리의 β-다이케톤 착물

나노물질

후속 절들에서는 **나노물질**(**nanomaterial**)로 알려진 물질에 초점을 맞추고자 한다. 나노물질은 입자, 박막 등이 최소 일차원에서 크기가 1~100 nm인 물질을 말한다. 여기에서 왜 이러한 나노물질들이 이렇게 강하고 넓게 흥미를 끌고 있는지를 보여 주는 기초적인 물리 및 화학 원리를 소개하고, 이들을 합성하고 탐사하는 데 사용되는 기법을 설명한다. 먼저 24.23절에서는 나노물질, 나노과학 및 나노기술의 정의와 사례를 소개하고, 24.24~24.26절에서는 고품질의 나노물질을 만들 수 있는 제조법과 그들의 기초 물성을 조사하는 방법을 논의한다. 제24.27~24.30절에서는 다른 차원성의 나노물질의 사례를 통해 나노크기 영역에서 화학적 원리와 물질 특성이 어떻게 변화하는지 살펴보고, 이에 따른 나노기술의 새로운 응용들도 소개한다. 마지막으로는 표면에서의 금속 나노입자들과 나노공극성 금속들을 설명하고 이들이 보여 주는 불균일 촉매 반응에 대한 중요한 응용 사례를 설명한다.

24.23 나노물질 용어 및 역사

요점: 나노물질은 크기가 1~100 nm인 모든 물질을 말한다. 좀 더 좁은 뜻의 정의로는 나노물질은 물질의 크기로 인해 분자 상태나 벌크 고체 상태에서는 없는 특성을 나타내는 물질이다. 상부하달식 제조법은 물리적 방법을 통해 벌크물질을 깎아내거나 거기에 나노크기의 특징을 부여하는 것이다. 하부상달식은 원자나 분자를 잘 조절하여 조립하여 나노물질을 만드는 것이다.

나노물질은 크기가 1~100 nm로 존재하는 고체 물질로, 그 크기와 관련되어 새로운 특성을 나타낸다. 마찬가지로, **나노과학**(**nanoscience**)도 나노크기로 존재하는 물질에서 일어나는 새로운 효과를 연구하는 것으로 그 범위를 제한하기도 한다. 마찬가지로, **나노기술**(**nanotechnology**)도 나노미터 크기에서 물질을 조절해야만 가능한 새로운 기능성을 창조하는 공정으로 제한하기도 한다.

나노크기 입자들의 화학이 이렇게 높은 수준의 흥미와 연구 지원을 만들어 낸 것은 최근의 일이지만, 인간은 실제로 수 세기 동안 나노기술을 사용해 왔다. 예를 들면 금과 은 화합물들은 각각 적색과 노란색의 스테인드글라스에 수 세기에 걸쳐 사용되었다. 스테인드글라스에는 금과 은 금속 원자가 나노입자(전에는 '콜로이드 입자'로 알려져 있었다)로 존재하여 그 크기에 강하게 의존하는 광학적 특성을 나타낸다. 금속 나노안료는 DNA 표지(27.10절)에 사용될 수 있기 때문에, 현재 생의학 나노기술 분야에서 관심의 초점이 되고 있다. 다른 나노기술의 고전적인 사례로는 사진에 사용되는 광감응 염화 은 나노입자, 페인트와 코팅용 나노 분말 TiO_2 안료(24.17절), 그리고 타이어 강화용과 프린터 잉크로 활용되는 활성탄 내의 나노 탄소 입자 등을 들 수 있다.

나노크기의 물질을 제조하는 데에는 두 가지 기본적인 기법이 있다(그림 24.78). 첫 번째는 눈에 보이는, 혹은 마이크로 크기의 물질을 택해 나노크기의 패턴으로 깎아내는 것이다. 이런 방법을 **상부하달 접근법**(**top-down approach**)이라고 한다. 물질적인 상호 작용이 상부하달 제조법에서 사용되며 대표적으로 광전사, 전자살(e-beam) 전사, 소프트 전사 등이 있다. 광전사는 100 nm 크기의 고집적 반도체 회로에 적용된다. 두번째 기법은 작은 크기의 출발 물질을 잘 조합하여 큰 물질을 만드는 것으로, 이를 **하부상달 접근법**(**bottom-up approach**)이라고 한다. 나노크기의 합성을 위한 상달식 접근은 이 책에서 강조하는 것인데, 이 방법이 원자, 분자간 화학적 상호 작용과 배향을 화학적으로 제어하면서 기능성을 갖춘 큰 구조물을 만들어 가기 때문이다. 하부상달법으로 나노물질을 합성하는 데 가장 널리 사용되는 두 가지 기본적인 방법은 용액법과 기상법이다.

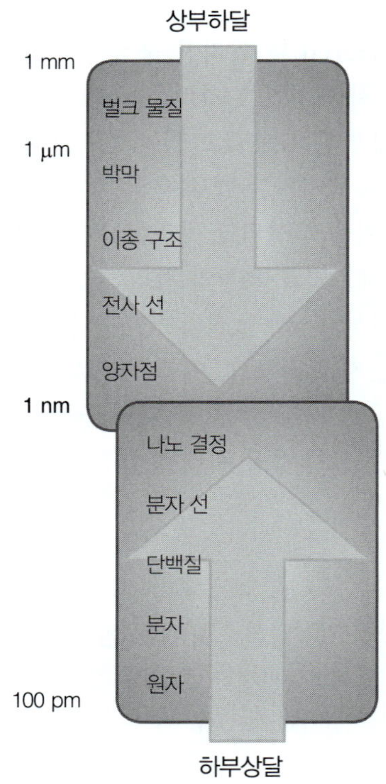

그림 24.78 나노크기 구조를 만드는 두 기술 상부하달 기술은 큰 물체에서 나노크기 물체로 깍아 내려가고 하부상달 기술은 더 작은 물체를 조합하여 나노크기의 물체를 만든다.

24.24 나노입자의 용액 기반 합성법

요점: 용액 기반 하부상달 합성법은 나노입자 합성에 주로 사용된다. 용액법은 원자 수준으로 혼합이 가능하고 이동성이 높은 환경을 제공한다. 용액 내 결정화 과정의 두 단계는 결정핵 형성과 결정 성장이다.

제24.1절에서 설명한 것 같이, 무기 고체를 만드는 두가지 기본 기법은 직접 조합 방법과 용액 기반 방법이다. 전자는 나노입자의 합성에는 잘 적용되지 않는데, 장기간에 걸쳐 평형에 도달하기까지 반응이 진행되면 반응물이 마이크로미터 크기의 입자로 되는 경향이 있다. 또한 온도를 높이는 경우 반응 중 입자가 커져 대개는 1 μm 이상의 큰 결정 분말이 생긴다. 그렇지만 낮은 온도에서 볼-밀을 이용하여 기계적인 에너지를 가해 마이크로미터 크기의 분말을 나노입자로 분쇄하는 사례도 있다. 이런 방법은 수소 저장 물질로 중요한 금속 수소화물(24.14절)을 나노입자로 만드는 데 사용된 바 있다. 반면에, 용액 기반 방법은 무기 물질의 결정화에 대한 고도의 조절이 가능하여 나노화학에 널리 사용되고 있다. 용액에서의 결정화 과정을 정밀하게 조절하면, 높은 단일 크기 입자 분포와 동일 형상의 나노입자를 주기율표 전역의 원소를 적절하게 조합하여 다양한 조성으로 합성하는 것이 가능하다.

용액 기반 방법의 반응물들은 원자 크기에서 혼합되고 액체 매체로 용매화되어 확산이 빠르며 필요한 확산 거리도 일반적으로 짧다. 따라서 낮은 온도에서 반응이 가능하여 직접 조합법에서 문제가 되는 열로 인한 입자의 성장을 최소화할 수 있다. 각 반응의 세부 사항은 경우에 따라 크게 다르지만 용액 화학에서 기본 단계는 다음과 같다.

1. 반응물과 첨가제를 용매화한다.
2. 용액으로부터 안정한 고체 결정핵을 생성한다.
3. 반응물의 첨가량을 제어하면서 결정핵이 일정 나노크기까지 성장하도록 제어한다.

용액 합성의 기본 목표는 반응 조건을 제어하여 더 이상의 성장을 하지 않는 안정한 결정핵을 동시에 생성시키는 것이다. 만일 성장이 일어난다면, 결정핵 생성 단계와는 독립적으로 일어나야 한다. 그래야만 모든 입자들이 비슷한 크기로 성장할 확률이 높기 때문이다. 이 경우 입자들은 나노크기를 가지며 단일 분산을 이룬다. 용액상 합성법의 단점은 입자들이 **Ostwald 성숙(Ostwald ripening)**[7]을 거치는 것이다. 작은 입자들이 다시 녹아 더 큰 입자들에 재침전되어 평균 입자 크기는 증가하고 총 입자 수는 감소한다. 원하지 않는 성숙을 방지하기 위해 **안정제(stabilizer)** 역할을 하는 계면활성제(작은 입자의 성장과 용해를 억제하는 계면활성 분자)를 첨가한다. 나노입자의 합성법은 매우 다양한데, 여기서는 몇 가지 잘 알려진 예만 설명하겠다.

[7] 이는 계의 내부에 존재하는 입자들의 표면 에너지를 줄이는 열역학적인 과정이다.

(a) 금 나노입자

요점: 금 나노입자는 안정제의 존재하에서 $[AuCl_4]^-$ 용액을 적절히 환원시켜 합성할 수 있다.

Michael Faraday는 1857년에 CS_2에 녹인 인과 $[AuCl_4]^-$ 수용액을 반응시켜 금을 환원하여 진한 적색의 금 나노입자 현탁액을 얻을 수 있었다. 황 리간드는 금과 안정한 착물을 잘 만들기 때문에(무른-무른 상호 작용, 5.10절) 황을 포함하는 화학종들은 좋은 금 나노입자의 안정제이며, 싸이올기(−SH)를 포함하는 물질이 일반적으로 사용된다. Faraday와 유사한 방법으로 $[AuCl_4]^-$ 용액으로부터 얻어지는 금 입자의 크기와 분산성을 조절하기 위해 싸이올 안정제를 이용하는 방법이 개발되었다. 이 반응은 지름이 1.5~5.2 nm이고 공기 중에서 안정한 금 나노입자를 생성한다. 이 **Brust–Schiffrin 방법**(**Brust–Schiffrin method**)에서 먼저 $[AuCl_4]^-$는 브로민화 테트라옥틸암모늄을 상 이동 시약으로 이용해 물로부터 도데케인싸이올이 안정제로 들어있는 메틸벤젠(톨루엔)으로 옮겨진다. 상 이동이 완료되면 환원제인 $NaBH_4$를 가하면 도데케인싸이올이 표면에 흡착된 Au 나노입자가 침전된다.

이동:

$$[AuCl_4]^-(aq) + N(C_8H_{17})_4^+(sol) \rightarrow N(C_8H_{17})_4^+(sol) + [AuCl_4]^-(sol)$$

침전(나노입자 $[Au_m(C_{12}H_{25}SH)_n]$):

$$m[AuCl_4]^-(sol) + nC_{12}H_{25}SH(sol) + 3m\,e^- \xrightarrow{NaBH_4} 4m\,Cl^-(sol) + [Au_m(C_{12}H_{25}SH)_n](sol)$$

여기서 'sol'은 메틸벤젠이다. 안정제($C_{12}H_{25}SH$)와 금속(Au)의 비율을 조절하여 입자 크기를 제어할 수 있다. 즉 안정제:금속의 비가 클수록 작은 금속 입자 크기가 얻어진다. $NaBH_4$ 환원제를 신속히 첨가하고 반응이 종결된 후에 가능하면 빨리 온도를 낮춰 주면 더 작고 더 단일 분산의 나노입자가 생성된다. 환원제를 빨리 첨가할수록 모든 핵이 동시에 생성할 확률이 증가한다. 용액을 신속하게 냉각시켜 결정핵화 이후의 성장과 입자의 용해를 최소화할 수 있다. 다른 금속 나노입자에 대해서도 유사한 합성법이 가능하다.

(b) 표면에 존재하는 금속 나노입자

요점: 금속 산화물 표면에 금속 나노입자를 성장시켜 불균일 촉매로 사용할 수 있다.

표면적이 큰 SiO_2, Al_2O_3, TiO_2 등의 표면에 금속 나노입자가 결합되면 산업적으로 중요한 불균일 촉매로 활용 가능하다(24.32, 24.33절). 입자 크기와 모양(금속의 노출 면을 포함하여), 그리고 크기 분포는 나노입자의 촉매 거동을 조절하는 데 모두 중요한 요소들이다. 기질과 주형 면 위에 Pt와 Pt/Rh 나노입자들이 형성되고 성장하는 것을 조절하여 촉매로 사용하는 사례가 24.24a절에 간략히 소개되었고, 자세한 내용은 24.25절에 설명되어 있다.

(c) 반도체와 산화물 나노입자

요점: 금속 산화물과 반도체 나노입자는 용액의 침전 반응을 조절하여 얻을 수 있다.

GaN, GaP, GaAs, InP, InAs, ZnO, ZnS, ZnSe, CdS 그리고 CdSe와 같은 물질의 양자점은 광학 특성을 중심으로 연구되었다(24.16, 24.31절, 화학세상 19.4와 24.6). 이들의 띠 간 흡수와 형광은 가시광선 영역에서 나타난다. CdSe 나노입자의 초기 합성법에 따르면, 다이메틸카드뮴$[Cd(CH_3)_2]$을 트라이옥틸포스핀(TOP)과 트라이옥틸포스핀 산화물(TOPO)의 혼합물에 녹이고, 여기에 TOP 혹은 TOPO에 Se 녹인 용액을 상온에서 가하면서 섞어 준다. 이 혼합물을 다시 격렬하게 교반되고 있는 뜨거운 TOPO 반응조에 주입하면 TOPO로 안정화된 결정핵, 즉 CdSe 나노입자(양자점 QD로 알려진, 24.31절)을 얻을 수 있다. 용액의 온도를 주의 깊게 조절하면 결정핵 형성 속도 및 입자 성장 속도를 조절할 수 있어, 2~12 nm 범위에서 매우 균일한 입자 크기 분포를 갖는 나노입자를 합성할 수 있다. 최근에는 매우 독성이 높은 $Cd(CH_3)_2$를 대체한, 보다 안전한 합성법이 개발되었다.

황화 카드뮴 입자는 Cd(II) 염 수용액의 pH를 조절하고 폴리인산염을 안정화로 사용하면서 황 이온 물질을 가하여 합성된다. 예를 들면 pH = 10.3에서 Na_2S를 $Cd(NO_3)_2$와 폴리 인산 소듐의 수용액에 가하는 것이다. 반응물의 농도와 Na_2S의 첨가 속도를 조절하면, QD의 크기는 1~10 nm 영역에서 조절이 가능하다.

SiO_2, TiO_2 등의 산화물 입자 콜로이드는 모두 용액법으로 합성되며 식품, 잉크, 페인트 및 코팅 제료로 사용되고 있다. 기존의 산화물 나노입자를 1 nm에서 1 mm로 제어할 수 있도록 많은 노력이 전통적인 세라믹 및 콜로이드 제조 방법에 근거하여 시도되었다. 실리카(SiO_2)와 타이타니아(TiO_2)는 용액 합성 산화물 나노입자로 가장 잘 알려져 있는데, 일반적으로 금속 알콕사이드를 가수 분해하여 얻을 수 있다. 입자의 최종 크기와 모양을 결정하는 요인으로는 pH 조정, 전구체 화학, 반응물의 농도, 반응물 첨가 속도 및 반응 온도 등이 있다.

나노 산화물 응용의 중요한 한 사례는 **Grätzel 전지**(Grätzel cell, 화학세상 21.1)로 알려진 광전기 화학 태양 전지이다. 타이타늄 아이소프로폭사이드를 격렬하게 교반하고 있는 0.1 M $HNO_3(aq)$ 용액에 점적하면 가수 분해 반응으로 결정핵화가 일어난다. 걸러진 TiO_2 나노입자는 수열 반응을 통해 성장하는데, 이때 크기, 모양 및 응집 상태(agglomeration state)는 pH 조절, 온도 및 결정핵화 과정 또는 성장 과정에서의 반응 시간을 통해 조절된다.

24.25 용액 또는 고체를 전구체로 하는 나노입자의 증기상 합성

요점: 나노입자의 합성에 적용되는 또 다른 방법은 증기상 합성법 용액 또는 고체 물질을 전구체로 사용할 수 있다.

용액 합성에서의 결정핵화와 입자 성장의 원리는 증기상 합성에도 동일하게 적용된다. 증기상은 균일한 결정핵화가 한번에 짧고 순간적으로 높은 밀도를 형성하면서 일어날 수 있도록 과포화 상태가 요구되며 그다음 단계의 입자 성장은, 혹시 일어나더라도, 반드시 제한적이어야 한다. 증기상 합성법은 상업적으로 나노크기의 활성탄이나 건식 실리카(fumed silica)를 대량으로 합성할 때 적용된다. 금속, 산화물, 질소화물, 탄화물 및 칼코젠화물 역시 증기상 합성법으로 쉽게 형성된다.

증기상과 용액 기반 합성법에는 상당한 차이가 존재한다. 후자의 경우 안정화제가 조절 가능한 상태로 직접 첨가되어 입자들은 서로 독립적인 분산 상태를 유지한다. 증기상 합성은 계면활성제나 안정화제가 쉽게 첨가될 수 없고, 따라서 표면 안정화제의 부재로 초기 입자들은 응집하여 큰 입자를 형성하려는 경향이 있다. 실제로 나노입자의 크기 균일도는 증기상보다 용액 기반 합성법이 더 뛰어나다.

증기상 합성법은 반응물로 쓰이는 전구체의 물리 상태, 또는 **플라스마 합성(plasma synthesis)** 혹은 **불꽃 열분해**(flame pyrolysis) 등 반응 방법에 의해 분류된다. 각 경우에 반응물은 과포화, 과가열 증기 상태로 유도하여 반응시키거나, 혹은 온도를 낮추어 결정화를 유도한다. 고체 반응물의 경우는 열기화법(thermal evaporation), 레이저 융제 (ablation), 스퍼터링, 스파크 방전(spark-discharge) 등으로 기화된 후, 기체 상태로부터 응축되어 다시 고체가 된다. 액체 반응물이나 증기 전구체들은 **스프레이 열분해(spray pyrolysis)**, 불꽃 합성, 레이저 열분해, 플라스마 합성 및 **화학 증기 증착법(chemical vapour deposition)** 등에 사용된다. 스프레이 열분해 반응의 경우, 용액을 뜨거운 표면에 닿게 하여 용매를 매우 빠르게 증발시켜 고체 생성물을 표면에 남기게 된다. 한편 액체나 용액의 불꽃 반응 혹은 열분해는 반응물을 불꽃에 주입시켜 열분해를 유도하여 고운 분말의 생성물을 얻는다. 레이저 열분해는 레이저 빔으로 직접 용액을 가열하여 용매를 기화시키고 반응물을 분해시켜 나노입자를 만드는 것이다. 화학 증기 증착법은 증기가 기질에 운송되면 반응이 일어나 고체 결정화가 유도된다(그림

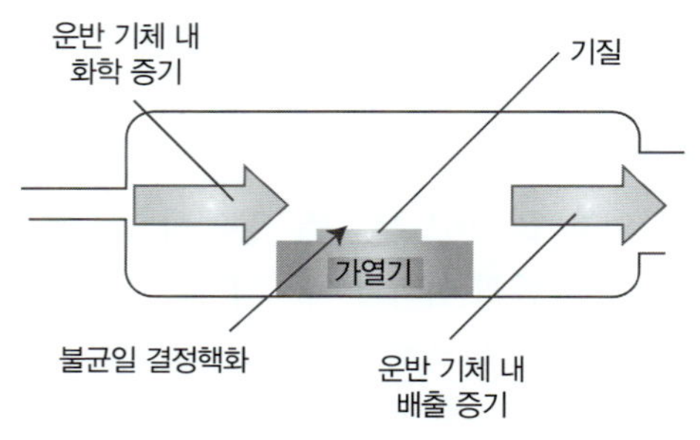

(a)

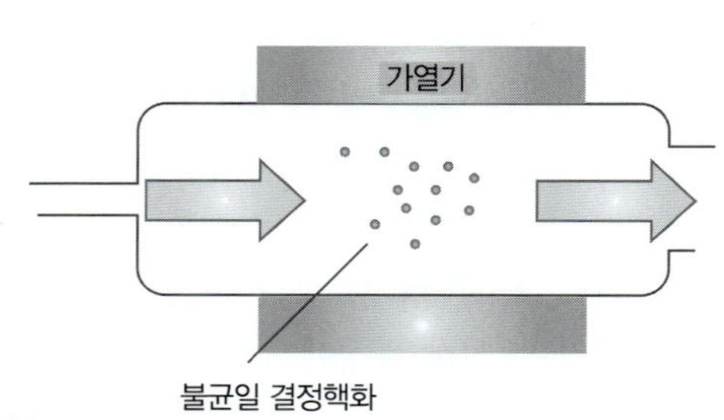

(b)

그림 24.79 (a) 박막 성장, (b) 나노입자 제조를 위한 화학 증기 증착법

24.79). 기질이 없는 경우, 기체상의 전구체가 뜨거운 벽의 반응조에 전달되고 균일한 반응이 가능하여 고체 결정화가 일어나고 입자가 형성된다. 입자 크기는 증기상의 유속, 전구체 화학 농도 및 반응조에 머무는 시간 등에 의해 제어된다.

플라스마 합성은 원소 상태의 고체, 합금, 산화물 및 코어–쉘 나노입자에 적용 가능하다. 이 방법에서는 기체나 고체 입자들이 플라스마 속으로 공급되어 기화 및 이온화되어 높은 에너지를 갖는 대전된 화학종이 된다. 플라스마 내부의 온도는 10,000 K 이상 가능한데, 반응물이 플라스마를 지나면 온도는 급격히 떨어지고 평형 상태에서와는 전혀 다른 조건의 결정화가 일어난다. 나노입자들은 플라스마 영역을 지난 지역에서 회수된다. 운반 기체(예를 들면 산화성 기체 적용 여부 등)에 따라, 원소 상태의 고체, 코어–쉘, 혹은 화합물 입자들이 형성될 수 있다. 증기상 합성법의 다른 사례로는 SiC, SiO_2, Si_3N_4, $SiC_xO_yN_z$, TiO_2, TiN, ZrO_2와 ZrN 등 금속, 산화물, 질소화물, 탄화물들이 있다.

용액법과 증기상 합성법은 모두 코어–쉘 나노복합체와 같은 복합 물질을 만드는 데 적용할 수 있다. 두 방법 모두에서 나노입자, 혹은 초기 결정핵에 두 번째 상을 성장시키는 방법이 적용된다. 용액법에서는 두 물질의 용액 특성이 유사하다면 이러한 코어–쉘 나노입자를 합성하는 반응은 간단히 설계될 수 있다. 그렇지만 실제로는 합성 조건이 잘 겹치는 물질들을 찾는 것은 쉽지 않은 일이다. 증기상 기법은 코어–쉘 입자를 디자인하는 다른 접근이 될 수 있는데, 이는 첫 번째 물질이 성장 단계에 있을 때 두 번째 물질의 증기를 반응조에 주입하는 방식이 된다.

24.26 골격, 지지체, 기질을 이용한 나노물질의 템플릿 합성

어떤 표면 등에서 일어나는 **불균일 결정핵화**(**heterogeneous nucleation**)는 가장 중요한 종류의 나노 구조물들, 즉 0-, 1- 및 2차원 물질을 형성하는 데 사용될 수 있다. 이 방법은 이미 설명한 방법과 유사하다. 이 방법들도 물리적, 화학적인 접근법으로 액체상 혹은 증기상에서의 결정화 과정을 포함한다. 주요 차이점이라면 외부 물질을 추가하여 나노입자의 형성을 직접 조절할 수 있다는 것이다. 이 외부 물질은 골격 화합물이거나 지지체, 혹은 기질 구조를 말하며, 역마이셀 골격을 형성하는 등의 과정을 통해 나노입자 형성을 위한 반응물의 부피를 제한하는 역할을 한다. 2차원 박막 필름의 성장에는 외부 물질은 기판이 된다.

(a) 나노크기의 반응조

요점: 반응을 나노크기의 반응조에서 수행하여 고체 생성물의 크기를 궁극적으로 반응조 크기 이하로 제한한다. 역마이셀은 반응이 일어날 수 있는 수용액 코어를 갖고 있다.

입자의 합성이 나노 반응조에서 수행된다면, 입자 크기는 궁극적으로 반응조 크기에 의해 제한된다. 잘 알려진 사례로 **역마이셀 합성법**(inverse micelle synthesis)이 있다(그림 24.80). 역마이셀은 섞이지 않는 두 액상–물과 무극성 기름–의 분산으로 이루어진다. 극성과 무극성 끝단을 지닌 양극성 계면활성 분자들을 이용하여 수용상은 물:계면활성제 비율에 의해 결정된 분산된 구체에 안정화될 수 있다. 합성되는 입자의 크기는 마이셀의 부피에 의해 제한되게 되는데, 그 크기는 나노크기로 조절이 가능하다. 이 방법으로 합성된 나노입자들은 Cu, Fe, Au, Co, CdS, CdSe, ZrO_2, 페라이트, 그리고 Fe/Au와 같은 코어–쉘 입자들이다.

(b) 물리 증기 증착

요점: 물리 증기 증착법에서는 원자, 이온, 뭉치 등이 증기로 존재하여, 표면에 흡착한 상태로 다른 화학종과 결합하여 고체를 생성한다. 분자살 에피탁시는 원소 공급원으로부터 기화된 화학종을 물질이 성장하는 기판에 빔의 형태로 조사하는 기술이다.

물리 증기 증착(PVD: physical vapour deposition) 방법은 물질이 증기상으로 고체 기질에 전달되어 결정화를 이룬다. 도달하는 기체 화학종은 대개 원자, 이온 혹은 원소 뭉치들이다. 일반적으로 많이 쓰이는 PVD 형태는 **분자살 에피탁시**(MBE: molecular beam epitaxy), 스퍼터링, 그리고 **펄스 레이저 증착**(PLD: pulsed-laser depostion 그림 24.81)이 있다. 기체상 화학종이 기질에 도달할 때 MBE는 운동 에너지가 비교적 작으며 스퍼터링이나 PLD의 경우는 큰 편이다. 모든 PVD 방법의 가장 중요한 공통적인 특징은 다성분 필름도 정량 조성이 가능하다는 것과, 반응 조건을 조절하면 이 방법으로 단일 원자층을 기질 혹은 기판에 증착시킬 수 있기 때문에 나노크기의 구조물을 하부상달 방식으로 만들 수 있다는 것이다.

분자살 에피탁시(MBE)는 초고진공 기술로 얇은 **에피탁시 필름**(epitaxial film), 즉 기판 바닥과 정교한 결정학적 관계를 만족시키는 필름을 성장시킬 때 사용된다. MBE의 경우, 각 원소 공급원을 가열하여 원자들이 증발시켜 분자살을 만들고, 이를 낮은 압력하에 기판 표면으로 고속으로 쏘아 준다. 필름의 조성과 필름 성장 속도는 빔 플럭스(beam flux)에 크게 의존

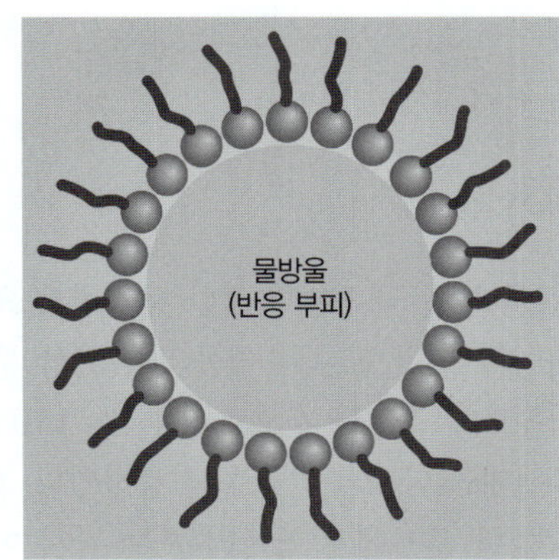

그림 24.80 역마이셀 분자의 친수성 머리는 물방울을 감싸고 있고, 소수성 꼬리는 분산 매체로 작용하는 무극성 용매와 접촉하고 있다. 반응물은 물방울 내에 용매화되어 있어 공간적으로 갇힌 용기에서 반응이 일어나도록 한다.

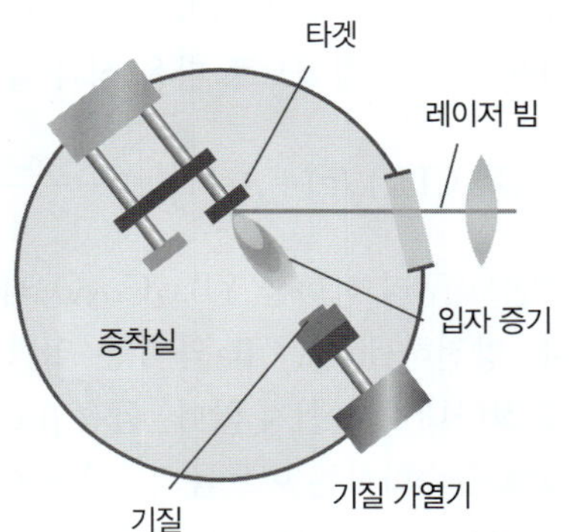

그림 24.81 나노구조의 초격자와 인공 층상 박막을 생산하는 데 사용되는 펄스 레이저 증착실

하고, 이는 원소 공급원의 온도를 조절하여 조정이 가능하다. **균일 에피탁시**(homoepitaxy)는 같은 물질 기판에 박막을 적층 성장을 한 것을 말한다. **불균일 에피탁시**(heteroepitaxy)는 동일한 물질이 아닌 기판에 박막을 적층 성장시킨 것이다. 불균일 에피탁시는 박막과 기판 사이에 격자 상수의 결정학적 불일치로 인한 변형(strain)이 존재하게 된다.

펄스 레이저 증착(PLD)은 다용도 PVD 기술로 다양한 박막을 고품질로 합성하는 데 사용된다(그림 24.81). PLD에서는 펄스 레이저를 이용하여 타겟을 융해, 기화시켜 원자화, 이온화된 입자 증기를 타겟에서 분리하여 기판상에 응축시킨다. PLD 공정은 타겟과 동일한 조성을 갖는 박막을 제조할 때 일반적으로 사용되는데, 이는 특정한 조성을 맞추기 위해 미세 조정이 필요하거나 고가의 조절 장비가 필요한 다른 방법에 비해 훨씬 간단한 기법임을 알 수 있다. PLD는, 예를 들면 $SrMnO_3$와 $PrMnO_3$를 1 nm 두께로 교차되는 층 구조를 갖는, 다양한 고품질의 초격자 성장에 적용되고 있다.

(c) 화학 증기 증착

요점: 화학 증기 증착법에서는 분자 증기가 기판에서 혹은 근처에서 화학적으로 반응하거나 분해하여 표면에 흡착되고 다른 화학종과 결합하여 고체를 형성하고 나머지 부산물을 기체상으로 형성한다.

복잡한 조성을 조절하는 것, 단층–단층으로 막을 성장시키는 능력, 그리고 고품질의 필름을 얻어내는 것은 물리 증기 합성법에만 국한되는 것은 아니다. **금속–유기 화학 증기 증착**(MOCVD: **meal–oragnic chemical vapour deposition**)와 **원자층 증착**(ALD: **atomic layer deposition**)과 같은 화학적 기법도 그 정도 수준의 조절이 가능하다. 화학종이 기판 위에 직접 응축되어 서로 반응하는 물리적 방법과는 달리, 이 화학적 방법은 반응물을 성장하는 필름에 전달하기 위한 전구체가 필요하며, 이는 기판에서 또는 그 주위에서 화학적으로 분해한다. 따라서 전구체의 성분 일부가 성장 막에 포함되면 안 되기 때문에 화학 증기 합성법에서는 전구체의 분해 반응에 대한 열역학이 반드시 고려되어야 한다. 일반적인 화학 증기 증착(CVD) 시스템이 대략적으로 그림 24.79에 그려져 있다. 이 시스템은 일반적으로 중간 정도의 진공, 심지어는 상압(0.1~100 kPa) 영역에서도 작동된다. 막 성장 속도는 상당히 높아 MBE나 PLD보다 10배 이상이다. CVD 기법에서는 반응 분자의 화학적 분해가 기판 표면 전 영역에서 일어나 원하는 생성물이 성장하게 된다. 기체상 반응물의 분해는 높은 온도, 레이저 혹은 플라스마 등으로 활성화된다. 많은 수의 다양한 물질이 CVD 방법을 이용하여 합성되었다. 13/15족(III/V) 반도체(GaAs와 같은)의 경우, 13족 원소의 전형적인 원천은 유기금속 전구체($Ga(CH_3)_3$와 같은)이며, 15족 원소의 공급 물질은 AsH_3 같은 수소화물, 혹은 염화물이 사용된다. 전형적으로 다음 식과 같은 반응이 수소 분위기에서 수행된다.

$$Ga(CH_3)_3(g) + AsH_3(g) \xrightarrow{550\text{–}650°C} GaAs(s) + 3CH_4(g)$$

초전도 구리 산화물 $YBa_2Cu_3O_7$과 같은 다성분 산화물은 각 금속에 적절한 전구체가 요구된다. 양전하를 띠는 Ba와 Y는 일반적으로 이온성 화합물을 만드는데, 이들의 휘발성 분자체를 찾아내기는 쉽지 않다. 금속 β-diketonates가 이 용도에 적절한 것으로 밝혀져, 150°C 이상에서 승화하는 이트륨의 2,2,6,6-테트라메틸-3,5-헵테인-다이온 착물을 적용하였다. CVD에 사용 가능한 분자에 대한 다른 접근 방식은 전구체 한 분자에 증착하려는 두 가지 이상의 원자가 포함되는 것이다. 이는 생성물의 조성을 정확히 조절하는 데 유리할 수 있다. 예를 들면 황화 아연은 $Zn(S_2PMe_2)_2$와 같은 싸이오–아연 착물을 활용하여 증착할 수 있다. 미래에는 여러 가지 다른 금속 원자들이 동시에 증착될 수 있는 다성분 휘발성 분자를 만드는 것을 목표로 할 수 있을 것이다. 이러한 접근은 특히 다성분 산화물이나 황화물에서 가능할 것으로 보인다.

CVD 기술은 공정 조건을 정교하게 조절하면 매우 고품질의 필름을 생산할 수 있다. CVD의 단점은 독성 화학 물질의 사용, 반응실 내의 난류, 그리고 불완전한 분해로 인한 불순물의 존재 등을 들 수 있다. 이 기술은 기판을 적용하지 않으면 기체 화학종의 열분해로 나노입자를 제조할 수 있다. 또한 MOCVD와 MBE를 조합하여 사용하면 막 성장을 그 자리에서 확인할 수 있다. 이러한 기술을 **화학 빔 에피탁시**(CBE: **chemical beam epitaxy**)라고 한다.

마지막으로 소개하는 화학적 방법은 표면에서 화학 상호 작용을 정교하게 조절하는 데 초점을 두고 있다. 원자층 증착(ALD)이라고 하는 이 과정에서는 화학종이 연속적으로 기판에 전달되고 단일층으로 도포되며, 과량의 반응물은 제거된다. 이렇게 단층 도포, 뒤를 잇는 반응, 그리고 과잉 반응물의 제거를 계속 반복하면 다성분 물질의 성장을 정교하게 조절할 수 있게 된다. 이 과정에서 화학종과 그들의 상호 작용을 조절하여 단층 도포를 확실히 하고 후속 반응을 쉽게 할 수 있도록 하는 것이 필요하다. 이는 증기상의 각 반응물이 먼저 도포된 필름층에서 적절한 방식으로 상호 작용해야 한다는 것을 의미한다. 이 방식으로 평탄하고 균일하게 코팅된 층을 제작할 수 있다. ALD 방식으로 만든 나노물질에는 Al_2O_3, ZrO_2, HfO_2, CuS, SnS, $BaTiO_3$ 등이 있다.

24.27 현미경을 이용한 나노물질의 합성과 특성 분석

나노과학과 나노기술 분야에서 이룩한 위대한 발전은 물질의 나노구조적, 화학적 그리고 물리적 특성을 분석하는 능력 없이는 불가능했을 것이다. 또한 나노구조의 직접적인 관찰을 통해 원하는 특성과 합성 과정간의 중요한 연관성을 알 수 있었다. 주사 탐침 현미경의 일반적 원리하에 수행되는 중요한 분석 기술들은 8.16절에 설명한 바 있다. 그중 한 방법은 **담금 펜 나노전사법**(DPN: **dip-pen nanolithography**, 그림 24.82)로 원자힘 현미경(AFM: atomic force microscope)의 탐침 팁을 잉크 펜으로 사용하는 것이다. 분자 반응물이 들어 있는 잉크를 이용하면 고체 기판 표면에 나노잉크의 분자 전달 과정을 통해 **자기 조립 단일층**(SAM: **self-assembled monolayer**)을 형성시킬 수 있다. 이러한 단일층들은 종종 황화 유기물의 S 원자와 금 표면의 특별한 공유 상호 작용으로 형성된다. 8.17절에서 설명한 전자현미경(TEM과 SEM) 방법은 이러한 나노크기 구조를 시각화하는 데 필수적이라고 할 수 있다.

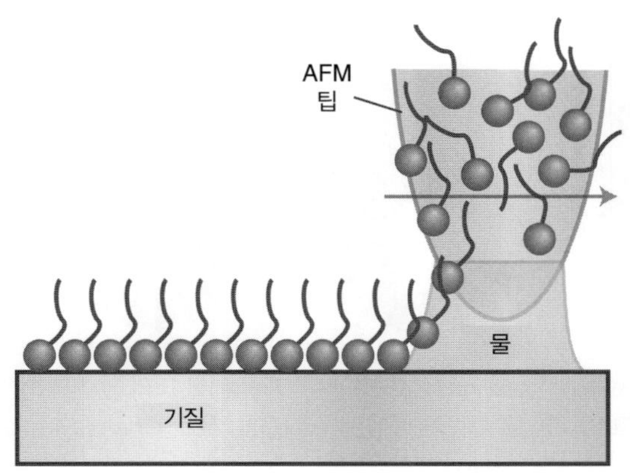

그림 24.82 **담금 펜 나노전사법의 공정** 금 기질 위에서 유기싸이올이 AFM 팁에서 물을 통해 이동하여 자기 조립 단일층을 이룬다. (C. Mirkin 제공, Nanoscience Boot Camp at Northwestern University 2001)

나노구조와 특성

물질의 차원성을 조절하여 그 물리적 특성들을 독특하게 조절할 수 있다. 일례로 차원성은 전자의 상태 밀도와 이에 따른 광전 특성에 중요한 영향을 미친다(4.19c절). 앞으로 몇 개 절에서 그런 조절이 어떻게 가능한지 살펴보고, 알려진 특이한 물리 특성들의 구체적인 사례를 조사할 것이다. 불균일 촉매에서 금속 나노입자와 금속 산화물의 나노입자 구조체 기질의 역할은 추후 24.32, 24.33절에서 다룰 것이다.

24.28 일차원 제어: 탄소 나노튜브와 무기 나노선

요점: 차원성은 물질의 특성을 결정하는 데 절대적인 역할을 한다.

일차원 시스템은 전자의 효율적인 운반과 광학적 들뜸에 이용될 수 있는 가장 저차원 구조이기 때문에 일차원 형태인 나노막대(nanorod), 나노선(nanowire), 나노섬유(nanofibre), 나노휘스커(nanowhisker), 나노벨트(nanobelt) 및 나노튜브(nanotube) 등이 집중적으로 연구되고 있다. 일차원 나노구조물이 응용될 수 있는 많은 분야가 연구되고 있다. 예를 들면 나노전자 소자, 매우 강하고 질긴 복합 재료, 기능성 나노 구조물 및 새로운 주사 탐침 현미경 팁 등이다.

나노물질에서 **탄소 나노튜브**(CNT: **carbon nanotube**)는 매우 중요하다. 탄소 나노튜브는 아마도 하부상달 화학 합성법으로 제작된 새로운 나노 구조물의 가장 대표적인 예일 것이다. 이들은 매우 간단한 화학 조성과 원자 결합 양식을 갖고 있지만 다양한 구조와 특이한 물리적 성질을 보인다. 이 새로운 물질은 화학 센서, 연료 전지, 전계 효과 트랜지스터(field-effect transistor), 전선 연결재(electric interconnect) 및 기계적 보강재로 사용된다. 탄소 나노튜브는 개념적으로 그래핀 시트(24.29절)가 말려 튜브로 된 것으로 이해할 수 있으며, 그 반지름은 C_{60}(0.5 nm)와 일치하지만 길이는 마이크로미터 정도까지 길어질 수 있다. 단일벽 탄소 나노튜브(SWNT: single-walled nanotube)는 그래핀 면에서 (m,n) 격자 벡터를 따라

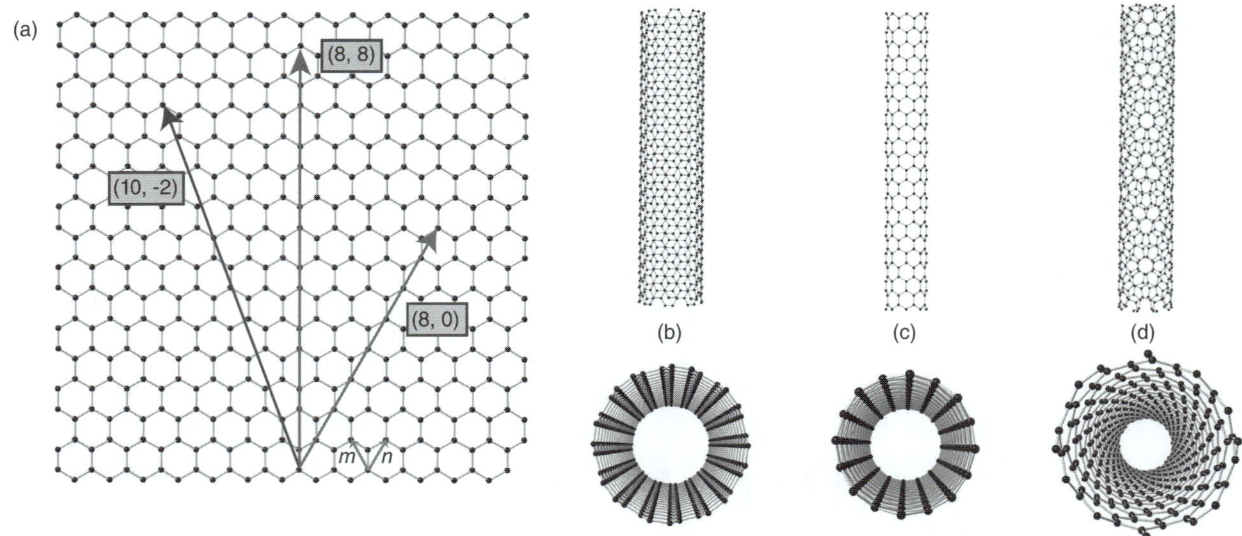

그림 24.83 (a) 그래핀 시트의 벌집 구조. 단일벽 탄소 나노튜브는 m과 n으로 표현되는 격자 벡터를 따라 말면서 형성될 수 있다. (8,8), (8,0) 및 (10,-2) 방향으로 말면 각각 (b) 의자형, (c) 지그재그, 그리고 (d) 카이랄 튜브가 형성된다. (H.Dai, *Acc. Chem. Res.*, 2002, **35**, 1035에 기반해 작성됨. 미국 화학회의 허가로 작성함.)

그래핀의 얇은 시트를 말아서 실린더 형태로 만들어진 것이다(그림 24.83). (m,n) 지수는 CNT의 지름과 카이랄성을 결정한다. 이 지름과 카이랄성은 물리적 성질을 제어한다. 대부분의 CNT는 막힌 말단을 가지며 반구 단위들이 속 빈 튜브에 모자처럼 씌워진 형태이다. 탄소 나노튜브는 단일벽 탄소 나노튜브(SWNT)와 다중벽 탄소 나노튜브(MWNT: multiwalled carbon nanotube)의 두 가지 종류로 자기 조립한다. MWNT에서는 몇 겹의 그래핀 판이 동심원형으로 감겨져 튜브 벽을 이룬다.

CNT는 다양한 방법으로 합성이 가능하다. 레이저 증발 방법(laser vaporization method)은 대개 적은 양의 나노탄소를 합성할 때 사용되고, CVD 방법은 수 밀리그램 이상의 양을 합성하기 위해 개발되었다. CVD 방법에서는 메테인 같은 탄화수소 기체가 고온에서 분해되고, C 원자가 Fe 같은 다양한 촉매를 포함하고 있는 차가운 기질 위에 응축된다. CVD 방법은 다른 방법에서는 가능하지 않은 끝이 열린 튜브(open-ended tube)를 생산할 수 있어 매력적인 방법이다. 또한 연속적인 조립이 가능하며, 쉽게 합성 규모를 증가시킬 수 있는 장점이 있다. 열린 튜브는 주형 시료로서의 사용이 가능하다.

아크 방전 방법(arc discharge method)은 극한 고온에서 두 개의 탄소 막대를 함께 쇼트(short)시켜 플라스마 방전을 유도하여 얻는다. 낮은 전위차와 약간 높은 전류 조건으로 아크를 얻을 수 있는데, 이러한 플라스마는 탄소가 증발할 수 있는 약 4500 K 이상의 온도에 쉽게 도달한다. 아크법이나 CVD로 CNT를 합성할 경우 일반적으로 다중벽 탄소 나노튜브가 얻어진다. 단일벽 탄소 나노튜브를 얻기 위해서는 Co, Fe, Ni와 같은 금속 촉매를 탄소 공급원에 첨가해야 한다. 이 금속 촉매들은 각 탄소 반구(hemisphere)의 모자 씌움을 막아 SWNT가 생성되게끔 한다. 나노튜브의 성장 방향은 van der Waals 힘, 전기장, 기질 위에 있는 금속 촉매의 패턴화 등에 의해 조절할 수 있다(그림 24.84).

CNT의 축방향의 반복적인 육각 패턴은 흑연 구조를 보인다. 그러나 나노튜브의 전기적 특성은 반복적인 육각형 전개의 방향성에 달려 있다. 나노튜브는 반도체 혹은 금속 전도체 모두가 가능하다. 의자 형태로 배열되었을 때, CNT는 매우 높은 전기 전도도를 보인다. 이때 전자들은 마이크로미터 길이의 나노선을 통해 산란이나 열손실 없이 이동 가능하다. CNT는 또한 매우 높은 열전도성을 가지며, 최상의 열전도성을 갖는 다이아몬드와 흑연, 그리고 그래핀에 버금간다. 그래핀의 경우와 같이, 이들은 집적 회로에서 상호 연결하는 데 이상적인 나노 물질로 주목받고 있다. 이런 장점으로 CNT는 컴퓨터 산업에서 문제가 되고 있는 열 분산과 프로세싱 속도의 증가, 두 문제 모두를 해결할 열쇠가 될 수 있는 물질이다.

CNT 외에도 탄소와 결합 특성을 공유하는 반도체와 금속 산화물 같은 다른 재료들로부터 유사한 합성법으로 나노튜브를 제조하는 기술이 개발되었다. 특히 BN, ZnO, ZnSe, ZnS, InP, GaAs, InAs, GaN 등이 나노튜브로 제조되었다. 이러한 나노튜브들의 새로운 전자 특

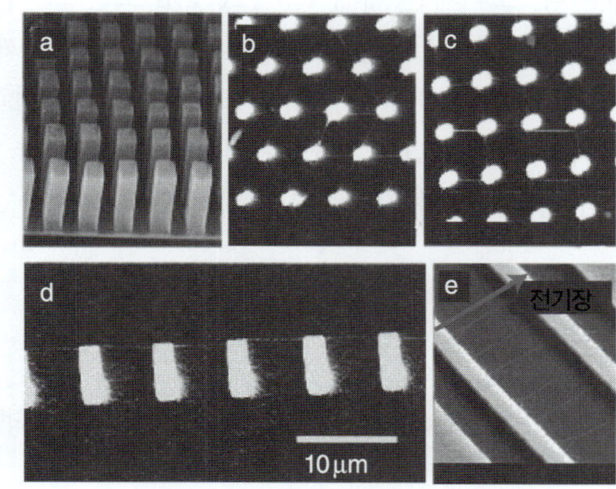

그림 24.84 직접 화학 증착법에 의해 얻어진 질서 배열된 탄소 나노튜브 구조 (a) 자체 배향된 MWNT 배열의 SEM 영상. 각 탑과 같은 구조는 조밀하게 쌓인 MWNT에 의해 생성된 것이다. (b) 규소 기둥(밝은 점)의 위에 매달린 SWNT(선형 구조)의 육각형 네트워크를 위에서 본 SEM. (c) 매달린 SWNT의 사각 네트워크를 위에서 본 SEM. (d) 규소 기둥들(밝은 선들)의 위에 매달린 SWNT 분말 선을 옆에서 본 사진. (e) 규소 구조(밝은 지역)에 의해 매달린 SWNT. 나노튜브들은 전기장 방향을 따라 배열되어 있다(H. Dai, *Acc. Chem. Res.*, 2002, **35**, 1035. American Chemical Society의 허가로 사용).

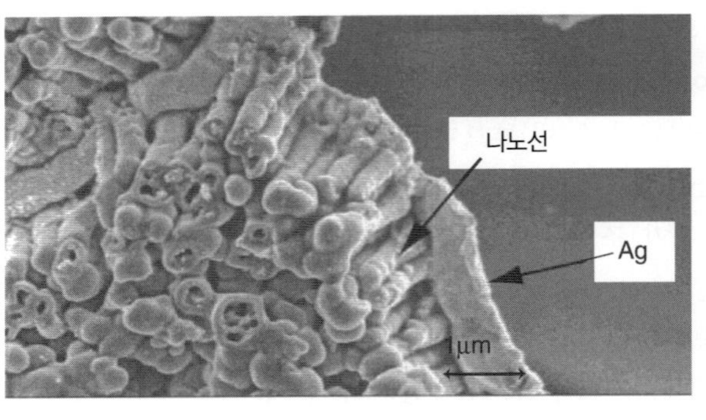

(a)

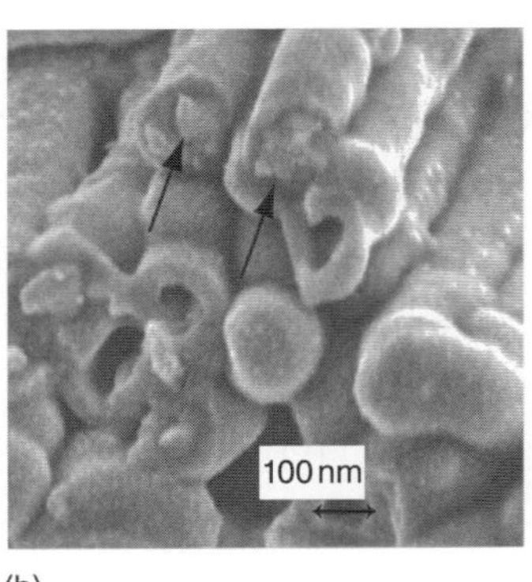

(b)

그림 24.85 배향된 Au/TiO_2 코어–외장 나노선의 (a) 저배율 SEM 영상, (b) 고배율 영상(Y.-G. Guo, et al., *J. Phys. Chem. B*, 2003, **107**, 5441.)

성 및 작은 크기로 인해 이들을 무기 나노선이라고 할 수 있을 것 같다.

동축 케이블과 개념적으로 유사한 **코어–외장**(core–sheath) 나노선도 관심의 대상이다. 이 외장선은 예를 들어, 나노선 주형을 이용하여 한 층씩 차례로 적층하는 방식으로 코팅한 후 소결하여 얻을 수 있다(공기 중에서 주형에 사용한 물질을 제거하기 위하여 가열함). 이 방법으로 Au/TiO_2 코어–외장 나노선 배열이 조립되었다. 주형법으로 성장된 금 나노선 배열은 양형 주형(positive template)으로 사용된다. 양이온성 고분자 전해질과 무기 전구체는 한 층씩 쌓는 방법으로 금 나노선 위에 조립된다. 이후 소결에 의해 무기 전구체가 이산화 타이타늄(TiO_2)으로 변한다(그림 24.85).

24.29 이차원 제어: 그래핀, 양자 우물과 고체 상태 초격자

가장 잘 알려진 이차원 구조는 그래핀이다. 흑연 구조의 단층 시트와 같은, 육각형 네트를 이루는 탄소 원자들의 단일 시트를 그래핀이라고 한다. 그래핀의 가장 흥미로운 점은 화학적인 측면보다는 매우 특이하고 유용한 물리 특성이지만, 그 다양한 합성 방법을 고찰하는 것도 의미 있는 일이다. 층상 구조를 이루는 다른 물질, 예를 들면 황화 금속(24.9절에서 다룬 바 있음) 역시 단일 시트 형태로 합성이 가능하며, 그 폭은 나노미터 이하가 된다. 제24.25절과 24.26절에서 설명한 여러 합성법을 이용하면 많은 물질에서 단원자층(혹은 단일 단위 세포층)의 두께를 갖도록 필름을 도포하는 것이 가능하다. 다음 도포할 층의 원자(혹은 단위 세포)를 계속 바꾸어주면 나노미터 이하의 크기에서 필름 성장 방향에 따라 물질 구성을 조절할 수 있고, 결과적으로 인공적인 층상 나노구조를 하부상달 방식으로 만들 수 있다. 양자 우물(QW: quantum well)은 얇은 박막 물질이 두꺼운 다른 물질 두 층 사이에 샌드위치 형태로 존재하는 것이고, 이는 제로 차원인 양자점들의 이차원 형태라 할 수 있다. 초격자(superlattice)는 두 개(혹은 그 이상)의 재료들이 성장 방향을 따라 인공적으로 유도된 주기성을 갖고 교차 성장한 것이다. 초격자는 대개 1.5~20 nm 또는 그 이상의 크기로 주기를 반복하며, 두 개의 단위 세포부터 수십 개의 단위 세포에 달하는 아층 두께(sublayer thickness)를 형성한다. 인공 층상 구조는 대개 0.3~2.0 nm 크기의 벌크 결정과 유사한 반복 주기를 가지며, 아층 두께는 단일 원자층에서 단위 세포 두 개 정도의 두께(약 1 nm)를 가진다. 이러한 초격자 물질들은 컴퓨터 칩 제조, 하드 디스크 읽기 헤드의 중요한 소자 물질로 널리 상업화되어 있다.

(a) 그래핀과 다른 단층 나노물질들

요점: 흑연의 단일 시트인 그래핀은 벌크 흑연의 층 박리 혹은 화학 증기 증착법으로 얻을 수 있다.

그래핀은 흑연의 단일 시트(화학세상 14.2)로 흑연 덩어리를 비벼서 얻을 수 있다. 예를 들면 연필로 단단한 표면에 선을 그리는 것도 그래핀 시트를 얻는 방법이 된다. 2004년에 영국의 맨체스터 대학과 러시아의 Chernogolovka 소재 Institute for Microelectronics Technology의 물리학자들은 접착 테이프를 이용하여 흑연으로부터 그래핀을 얻어냈다. 그들은 끈적한 테이프(이 방법은 스카치-테이프법이라고도 한다)를 이용하여 흑연층을 계속 더 얇은 시트로 갈라내고 층을 박리하였다. 이 방법을 반복하여 0.05 mm 이하 두께의 흑연 입자와 약간의 단일층 시료를 얻을 수 있었다. 테이프는 아세톤으로 녹여 그래핀 시트를 추출하고 용매에 분산시켰다. 침강 혹은 기화 과정을 거쳐 실리콘 웨이퍼 같은 기판 위에 그래핀을 도포하였다. 최초의 실험에서 그래핀 시트는 광학 현미경으로 확인하였다. 유사한 층 박리 실험으로 다량 생산이 시도되었고, 지금은 다층 그래핀을 수 그램 정도의 양으로 구매가 가능하다. 하지만 이 제조 방법은 그래핀이 크기와 모양이 불규칙하게 만들어져 세밀한 연구와 응용에 이상적이지 않다. 기판에 잘 배열된 그래핀 시트를 만드는 다른 제조법으로는 일반적으로 CVD(24.25절) 기술을 이용한다. CVD 에피탁시 성장은 금속 기판에서 가능하고 다양한 탄소 함유원이 가능하며, 대표적인 예로 CH_4/H_2 혼합물을 1000°C 이상에서 사용하고 있다. 매우 낮은 압력하에서 구리 포일을 기판으로 사용하면, 단일 그래핀층이 형성되면 자동으로 성장이 정지한다. 구리 포일의 그래핀 필름은 롤 전사 공정(roll-to-roll process)으로 고분자 필름으로 이동된다. 이 과정에서 고분자 필름은 그래핀이 코팅된 구리 포일면에 압착되고 구리는 산으로 에칭하여 제거한다. 이러한 단일층 그래핀 필름은 50 cm 이상의 크기로 생산이 가능하여 전자 산업에 다양한 응용이 가능할 것으로 보인다. 그래핀은 과망가니즈산 포타슘, $NaNO_3$, H_2SO_4로 구성된 산화제 용액을 이용하여 흑연을 층 박리하는 방법으로도 얻을 수 있다. 이 경우, 산소가 생성물에 많이 들어가 '**그래핀 산화물**(graphene oxide)'이 형성되기도 한다. 최근에는 마이크로웨이브로 이런 산소를 많이 제거할 수 있다는 것이 알려져 저렴한 비용으로 그래핀의 대량 생산이 가능할 것으로 보인다.

흑연의 층 박리를 이용한 박막을 제조하는 것은 수십 년 전부터 알려졌지만, Andre Geim과 Konstantin Novoselov는 그래핀의 매우 독특하고 응용성이 높은 물리 특성을 발견한 공로로 2010년에 노벨 물리학상을 수상하였다. 그래핀은 뛰어난 전자 전도체로 이론적으로는 은과 같은 전도성이 뛰어난 금속보다도 낮은 비저항을 가질 것으로 생각된다. 그래핀은 또한 상온에서 매우 높은 열전도도 ($>5000\ W\,m^{-1}K^{-1}$)를 보이는데, 이는 탄소 나노튜브(24.28절), 흑연 그리고 다이아몬드보다 더 큰 값이다. 이 특성은 앞으로 그래핀이 적용된 부품을 사용하는 전자 공학 응용에 중요한 요소가 될 것이다. 전자 소자가 더 소형화되고 회로 밀도가 증가함에 따라, 그래핀의 낮은 저항 열손실과 높은 열전도 특성(발생된 열을 효과적으로 분산시키는)은 소자 안정성 향상에 매우 유리하다.

그래핀은 매우 가벼우면서도 층에 수직한 방향으로는 가장 강하고 단단한 물질 중 하나이며, 층 평면 방향으로는 본래 길이에 비해 20%까지 신장될 수 있다. 이러한 특성으로 인해 그래핀을 고분자에 첨가할 경우, 단위 질량당 강도 같은 기계적 특성이 뛰어난 복합체(24.30절)를 형성할 수 있다. 그래핀은 또한 전기 전도성이 높기 때문에 고분자에 첨가하면 전도도가 증가하여 마찰 시 정전기 발생을 방지할 수 있다. 이런 플라스틱은 회로 기판 패키징과 같이 정전기 방전을 피해야 하는 경우 유용하다.

빛이 그래핀을 통과할 때 2.3%가 흡수되는데, 이 경우 육안으로 단일 필름은 눈에 보이게 된다. 그렇지만 전체적으로 높은 광투과도와 뛰어난 전기 전도 특성으로 그래핀은 디스플레이, 특히 유연한 전자 제품의 디스플레이와 '스마트 창'에도 적용이 가능하다. 이 형태의 스마트 창은 극성 액정 분자 단일층이 그래핀과 투명 고분자막인 유연한 두 전극 사이에 샌드위치 상태로 구성한다. 전압이 안가되지 않을 때 액정은 무질서한 배열을 하고 있어 스마트 창은 불투명하다. 전압을 그래핀 전극 간에 인가하면 액정 분자의 배향이 일어나 빛의 일부가 창을 통과하며 투명하게 된다.

대부분의 금속 표면, 흑연 표면과 유사하게(24.32절), 그래핀에도 다양한 원자와 분자 - 예를 들면 NO_2, NH_3, K 그리고 H_2O/OH^-가 흡착된다. 이렇게 흡착된 화학종은 그래핀 층에 전자 주개, 혹은 받개 역할을 하여 필름 내 자유 전자의 수를 변화시킨다. 이에 따른 전도도의 변화를 측정하면 그 화학종의 센서로 활용이 가능하다. 그래핀 시트에 탄소의 빈자리, 치환(예를 들면 질소로 탄소가 치환) 또는 그 표면에 원자가 첨가되는 등의 점 결함이 발생할 수 있다. 이 현상은 '자성 그래핀'에 기반한 스핀트로닉스(24.6g절)의 응용을 가능하게 한다. 마지막으로 흑연은 배터리 물질로 사용되는 중요한 물질인데(그림 24.31), 그래핀은 높은 표면적을 보이고 있어 이러한 응용에 우수한 특성이 기대된다.

최근의 다른 그래핀 연구 동향으로는 수소 저장 물질, 유리의 부식을 막는 표면층, 투명한 신경 전극, 양자 LED, 물 정화, 고효율 광감지기, 방수 패키징 및 리튬 이온 전지의 애노드 물질 등이 있다.

흑연이 층 박리를 통해 단일층이 얻어지고 도포가 가능한 것을 발견한 이후 화학자들은 다른 층상 구조 물질을 유사한 단일층으로 합성하고 그 특성을 다시 연구하고 있다. 이러한 물질의 예로는 이황화 금속 MS_2(M = Ti, Nb, Ta, Mo, W; 24.9절)과 V_2O_5와 같은 층상 산화물이 있다. 붕소와 저마늄 역시 단일 원자 두께 층으로 합성이 가능하고, 각각 보로핀(borophene), 저마닌(germanene)으로 불린다.

(b) 양자 우물

요점: 양자 우물은 큰 띠간격을 갖는 물질의 두꺼운 층들 간에 샌드위치 형태로 놓인 작은 띠간격을 갖는 얇은 물질로 구성된다. 다중 양자 우물은 우물들 간 상호 작용이 없을 때 양자 우물 효과를 증강시킬 수 있다.

양자 우물은 $Al_{1-x}Ga_xAs$와 GaAs 같이 다른 띠간격을 갖는 두 개의 반도체 물질로 이루어진다. 작은 띠 간격을 지닌 물질(GaAs)은 더 큰 띠간격을 갖는 물질($Al_{1-x}Ga_xAs$)들 사이에 샌드위치 형태로 존재한다. 여기서 작은 띠간격 물질 층의 두께는 나노미터 크기로 국한된다(그림 24.86). 양자 우물의 광학 특성은 필요에 따라 조정이 가능하고, 흡광과 발광이 일어나는 띠간 전이(원자가띠와 전도띠 사이)와 띠내부 전이(나노크기의 두께 때문에 나타나는 아띠(sub band)간 전이의 조절이 가능하다. 잘 연구된 두 양자 우물 $In_{1-x}Ga_xAs$/GaAs와 $Al_{1-x}Ga_xAs$/GaAs의 경우, 두께가 20 nm 정도로 줄어들면 벌크 물질에 비해 광학적 전이띠가 높은 에너지 쪽으로 이동하는 것이 관측되었다. 양자 우물은 반도체 레이저에 주로 응용되며, 여기서는 작은 띠간격 양자 우물이 레이저 소자의 활성화 층이다.

양자 우물에서 일어나는 많은 효과들은 특정한 방향을 따라서 양자 우물이 반복되는 주기성을 갖는 **초격자 구조**(**superlattice structure**)를 사용하여 강화될 수 있다. 반도체와 연관지

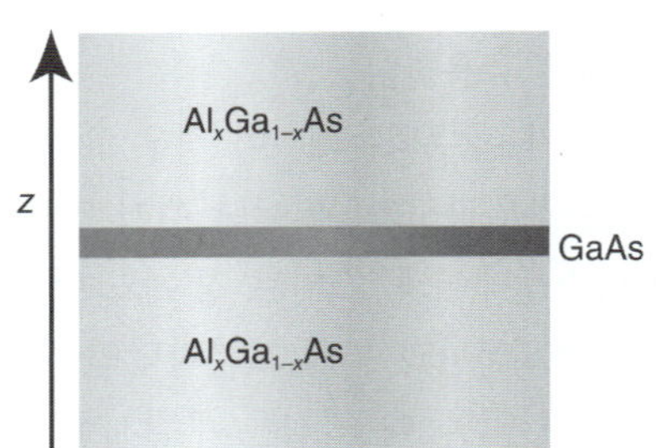

그림 24.86 ($Al_xGa_{1-x}As$)–(GaAs)–($Al_xGa_{1-x}As$) **양자 우물** GaAs 층의 두께는 나노크기이다.

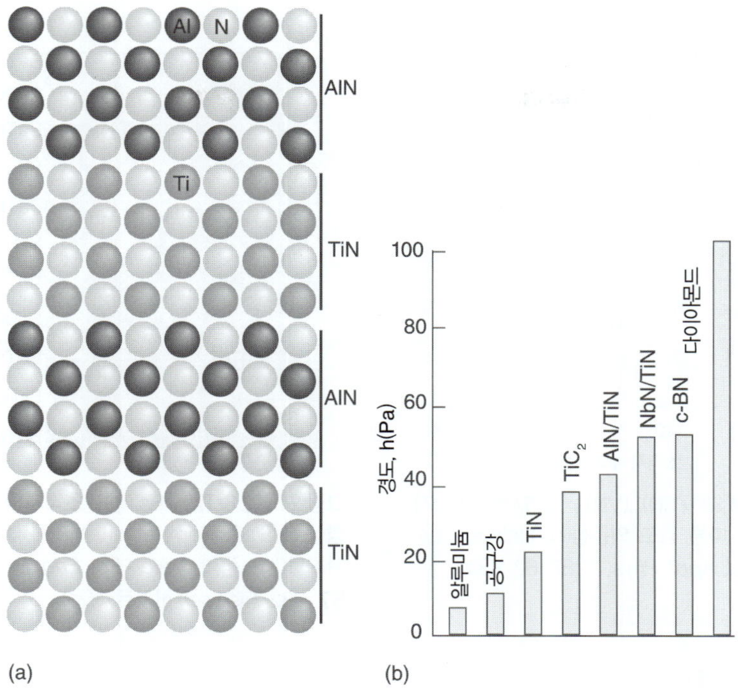

그림 24.87 **(a) 초강도 AlN/TiN 초격자의 구조와 (b) 질화물 초격자와 일반적으로 사용되는 단단한 물질들의 경도**(S.A. Barnett and A. Madan, *Phys. World*, 1998, **11**, 45.)

어 이 초격자들을 **다중 양자 우물**(MQW: **multiple quantum well**) 구조라고 한다. 만일 활성화 층들(작은 띠간격 층들)이 상호 작용하지 않으면, 전자들은 그 층에 갇혀서 그 사이를 터널링으로 통과할 수 없다. 이러한 경우에 MQW 구조를 적용하면 에너지 준위가 중복 존재하기 때문에 그 소자의 빛 흡수 및 방출이 증가한다. 즉 MQW 레이저는 원래 단일 양자 우물 레이저에 비해 훨씬 큰 에너지를 낸다.

만일 큰 띠간격을 갖는 층들이 충분히 얇다면, 하나의 QW는 이웃하는 QW와 상호 작용하여 전자가 그들 사이로 통과할 수 있다. 이 현상은 IR 지역에서 고출력을 내는 **양자 연속 단계**(QC: **quantum cascade**) 레이저에서 사용된다. 이 물질들의 레이저 특성은 반도체 다이오드와 MQW 레이저들의 특성과 비교하면 여러 가지 면에서 근본적으로 다르다. QC 레이저에서는 레이저 기능을 달성하기 위해 단지 한 가지 유형의 수송체(전자)가 필요하지만, 다른 두 가지의 경우는 전자와 정공이 필요하다. 또한 QC 레이저의 전자 전이는 원자가 띠의 양자화에 기인한 띠내부 전이이다. QC 레이저는 GaAs, InAs, AlAs 등과 같은 13/15족(III/V) 반도체 물질로 제작된다. 이런 모든 초격자 시스템들은 고체 공급원의 분자살 에피탁시 방법으로 단결정 기질 위에 성장시켜 제조한다.

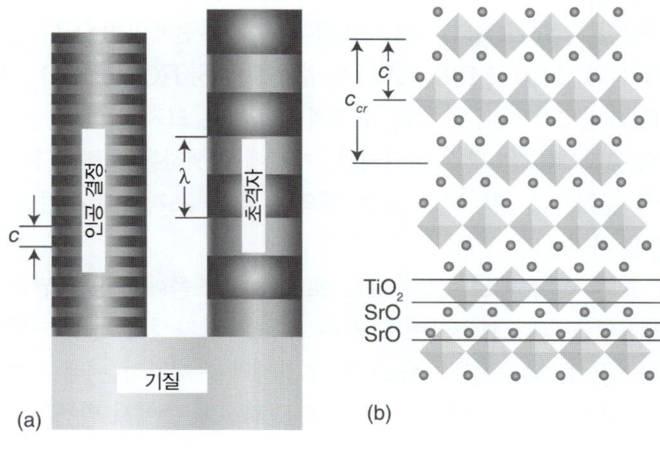

그림 24.88 (a) AB 인공 결정과 AB 초격자의 구조. c와 λ는 각각 인공 구조의 성장 반복 주기와 초격자 주기를 의미한다. (b) 인공 층상 산화물인 Sr_2TiO_4의 구조. 다면체는 Ti 중심의 꼭짓점 공유 TiO_6 팔면체를, 구는 Sr^{2+} 양이온을 각각 나타낸다. 이 층상 구조에서 SrO와 TiO_2 아층(sublayer)들 간 측면 일치성은 뛰어나다. 결정학적 반복 상수 c_{cr}는 성장 반복 주기 c의 2배이다.

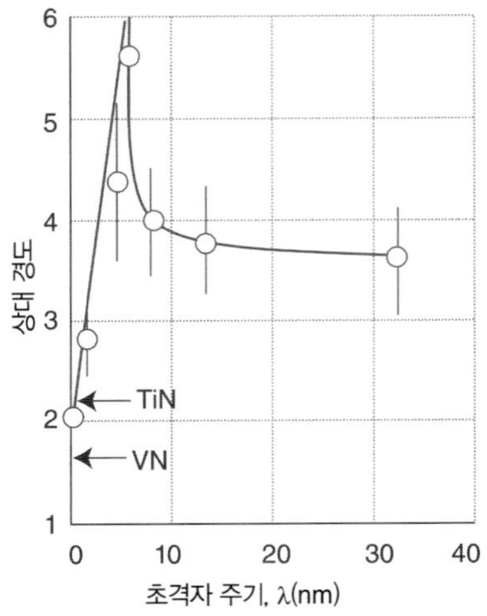

그림 24.89 $(TiN)_m(VN)_m$ 초격자의 초격자 주기에 따른 경도 의존성(U. Helmersson, et al., *J. Appl. Phys*, 1987, 62, 481.)

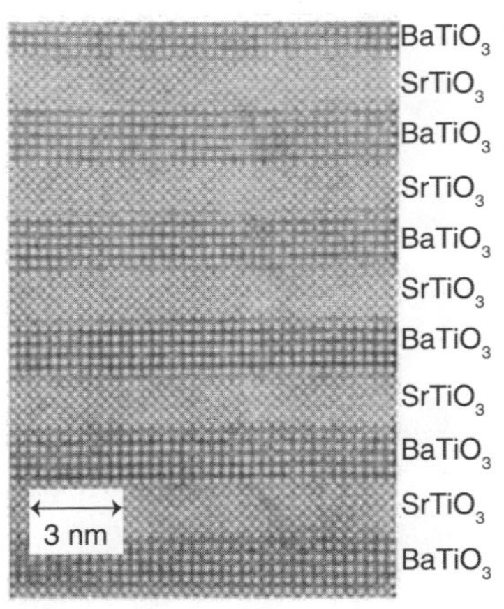

그림 24.90 $SrTiO_3/BaTiO_3$ 초격자의 TEM 영상(D.G. Schlom, et al., MBE를 이용한 산화물 나노공학. *Mater. Sci. Eng. B*, 2001, **87**, 282, Elsevier 허가로 사용)

(c) 고체 상태 초격자

요점: 인공 층상 물질들은 박막의 성장 방향에 따라 주기적 반복성을 가진다. 이 주기적 반복은 순서대로 증착된 아층의 층수와 유형에 의해 조절된다.

초격자에서 주기적 반복은 박막의 성장 방향에 따라서 순서대로 증착된 아층(sublayer)의 층수와 유형에 의해 제어된다. 반면에 평면 내 주기성은 아층들 간의 일치성(즉 격자 특성들의 일치)에 의해 결정된다(그림 24.87과 24.88). 초격자는 나노미터 정도의 주기와 마이크로미터 범위의 총 두께를 가지고 하부상달식으로 조립한 것이다.

질화물 초격자는 가장 단단한 물질 중의 하나로 알려져 있다. 두 질화물 층간 계면은 경도(hardness)를 결정하는 원인이 되므로, 초격자의 주기와 화학 조성은 이러한 화합물들의 기계적 성질을 결정하는 데 중요한 역할을 한다. 그림 24.89는 일반적인 초격자에서 주기가 5~10 nm 범위일 때 최대 경도가 일어난다는 것을 보여 준다. 이들 초격자는 스퍼터링, 펄스 레이저 증착 그리고 분자살 에피탁시 성장을 사용하여 제조된다. 스퍼터링은 타겟 물질을 기질 위에 박막으로 도포하기 위해 전자, 혹은 이온으로 타겟을 폭격하여 기체상 물질을 유도하는 기술로 매우 단단한 절삭 공구를 저렴하게 제작할 수 있다.

페로브스카이트 산화물(24.6절)은 강자성, 음향성, 마이크로파, 전기, 자기 및 광학 성질들로 인하여 다양한 응용 분야에 쓰인다. 가장 널리 사용되는 페로브스카이트는 $BaTiO_3$로, 매우 중요한 유전 물질이다. $SrTiO_3$와 동일 구조를 띠는 강유전체인 $BaTiO_3$는 격자 변형을 통하여 유전성을 강화한다. PLD, MBE, CVD 방법들 모두 $SrTiO_3/BaTiO_3$ 초격자 박막을 제조하는데 사용된다(그림 24.90). 두 결정 구조의 부정합은 크지 않아 적층 성장이 가능하고 두 페로브스카이트 층간 계면은 잘 형성되지만, 계면에 발생하는 응력은 유전 특성을 강화시키고, 특히 큰 잔류 분극(외부 전기장이 없을 때의 분극)을 초격자에 부여하여 단순 $BaTiO_3$에 비해 성능 향상을 가져온다.

흥미로운 자기 효과 역시 페로브스카이트 초격자 구조물에서 발견된다. 특히 $(La,Sr)MnO_3$와 같은 망가니즈-페로브스카이트 막은 유용한 강자성과 자기 저항 성질을 가진다(24.6절). PLD 과정은 $LaMnO_3/SrMnO_3$의 초격자막을 제조하는 데 사용된다. Mn^{3+} 양이온은 $LaMnO_3$ 층에서, 그리고 Mn^{4+} 양이온은 $SrMnO_3$ 층에서 발견된다. 따라서 초격자

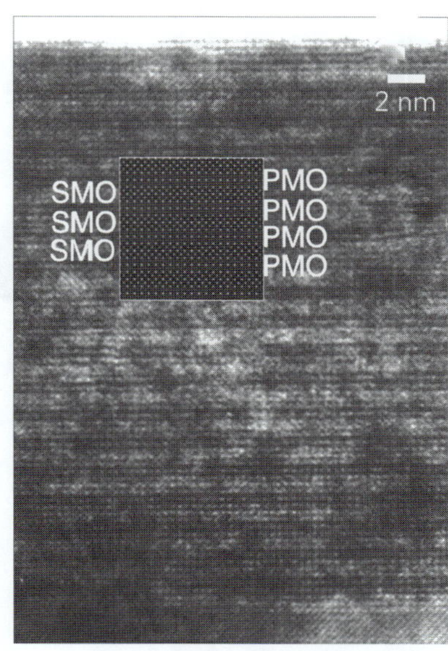

그림 24.91 레이저-MBE로 만든 $SrMnO_3$와 $PrMnO_3$의 2×2 초격자의 단면 TEM 영상 삽입 그림은 $(SrMnO_3)_2(PrMnO_3)_2$ 구조를 확인하는 계산 이미지를 보여 준다. (B. Mercey, et al., 즉석에서 확인하는 $(SrMnO_3)_n(PrMnO_3)_n$ 초격자 성장과 특성. *J. Appl. Phys.*, 2003, **94**, 2716; 미국 물리학회의 허가로 사용)

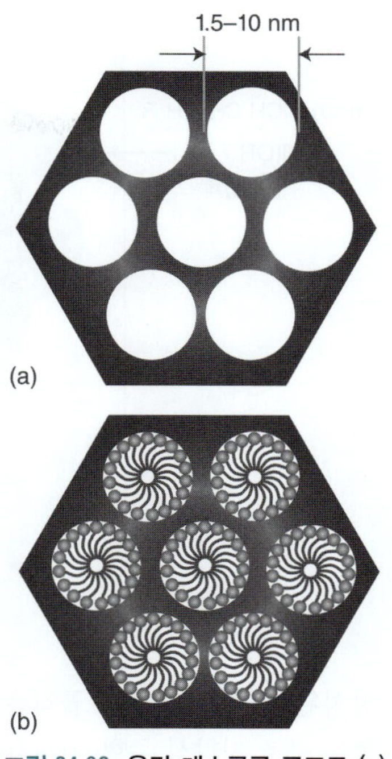

그림 24.92 육각 메소공극 구조로 (a) 조절된 나노다공성과 (b) 기능화된 세공을 가짐

박막 기술은 A 자리 양이온(La, Sr)을 정확한 질서 배열(ordering)을 갖게 하고, 이는 다시 Mn을 산화 상태에 따라 질서 배열하게 유도한다. $(LaMnO_3)_m(SrMnO_3)_m$ 형태의 초격자에서 $m \leq 4$ 조건에서는 자성 특성이 고용체 $La_{0.5}Sr_{0.5}MnO_3$와 동일하게 나타났지만, 주기가 더 커지면 Curie 온도가 낮아지며 높은 저항값이 관찰되었다. 유사한 효과가 레이저-MBE(그림 24.91)로 제조한, 상이한 층수를 갖는 $(LaMnO_3)_m(SrMnO_3)_n$, $(PrMnO_3)_m(SrMnO_3)_m$ 초격자에서도 관측되었다.

24.30 삼차원 제어: 메소공극 물질과 복합체

조절이 가능하고 나노공극 및 열린 채널을 갖는 삼차원(3D) 초분자 구조물의 디자인과 합성은 분자체, 센서, 크기 선택성 분리막 및 촉매로 응용성이 높기 때문에 지대한 관심을 모으고 있다. 제올라이트(24.11절)에서 달성된 최대 1 nm 크기의 공극보다 더 큰 공극을 갖는 메소공극 물질을 제조할 수 있게 된 것은 나노물질 분야의 중요한 발전이다.

(a) 메소공극 물질

요점: 메소공극 물질은 나노미터 크기로 질서 있는 다공성 구조를 가진다. 이런 물질의 합성은 자기 조립의 제어로 가능하며, 나그네 화합물들은 주인 물질인 무기 골격 내부로 들어갈 수 있다.

삼차원으로 질서 있게 형성된 나노물질의 중요한 유형의 하나는 **메소구조 나노물질(mesostructured nanomaterial)**이다. 메소공극 물질은 불균일 촉매(24.33절)로 많이 사용되며 공극의 크기를 1.5~10 nm로 조절할 수 있어 매우 흥미로운 물질이다(그림 24.92).

메소공극 무기 나노물질은 계면활성제와 구역 공중합체가 자기 조립으로 초분자 구조(실린더, 구 또는 판상 미셀 구조를 가지는 액정 집합체이다. 그림 24.93)를 이루는 여러 단계

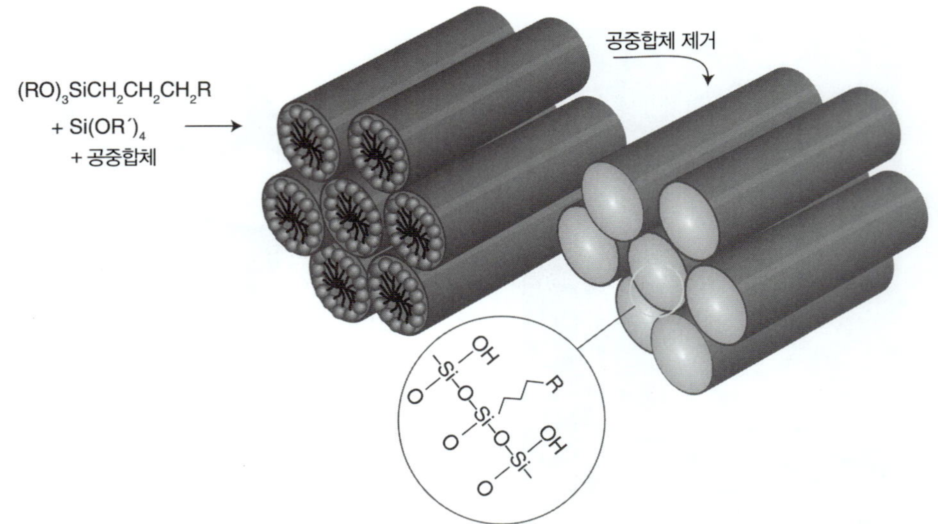

그림 24.93 구역 공중합체 구조 지향성 시약들은 자기 조립하여 육각형 배열의 마이셀 막대가 되고, 이것은 나중에 제거되어 나노공극의 실리카 매트릭스를 형성한다. 이 물질은 내포 화학 및 촉매로 사용된다.(M.E. Davis, *Chem. Rev.*, 2002, **102**, 3601.)

로 합성된다. 이들 초분자 골격은 메소구조 무기 물질(대개 실리카 또는 타이타니아)의 성장을 돕는 구조 지향성 주형(structuredirecting template)으로 사용된다. 용매열 반응 단계 중에 산화물 입자들(그림 24.94에서 실리카)은 육각 막대의 표면을 생성하고 초분자 구조 주위에 조립된다. 주형 물질은 산으로 세척하거나 공기 중에서 가열(소결)을 통해 제거되어 무기 물질이 생성된다. 이 무기 물질은 균일하며 조절 가능한 치수를 가진 육각 세공으로 이루어져 있다.

주형의 종류와 반응 조건에 따라서 다양한 메소구조 및 메소공극 무기 물질이 다양하게 얻어진다(그림 24.94). 예를 들면 M41S로 알려진 계열은 실리카 또는 알루미나-실리카 무기물 상을 가지며 여러 양이온성 계면활성제에 따라 세 가지의 다른 유형-육각 판상(MCM-50), 입방(MCM-48) 그리고 육각(MCM-41) 등(그림 24.94)의 구조를 형성한다. 합성 중에 사용된 계면활성제의 형태와 물의 양은 나노구조물을 제어한다. 세틸트라이메틸암모늄(cetyltrimetyl ammonium) 양이온(C_{16}TMAC) 계면활성제는 육각 세공을 가지는 실리카 나노섬유를 조립하는 데 사용된다.

메소공극 나노물질들의 세공에 반응기를 도입하여 촉매 활성과 선택성을 높일 수 있다. 이들은 다양한 나그네 물질을 포함하는 주인 물질로서 많은 관심을 가지고 연구되고 있다. 나그네 물질로는 유기 금속 화합물, 고분자, d 금속 착물, 거대 분자 및 광학 레이저 염료 등이 있

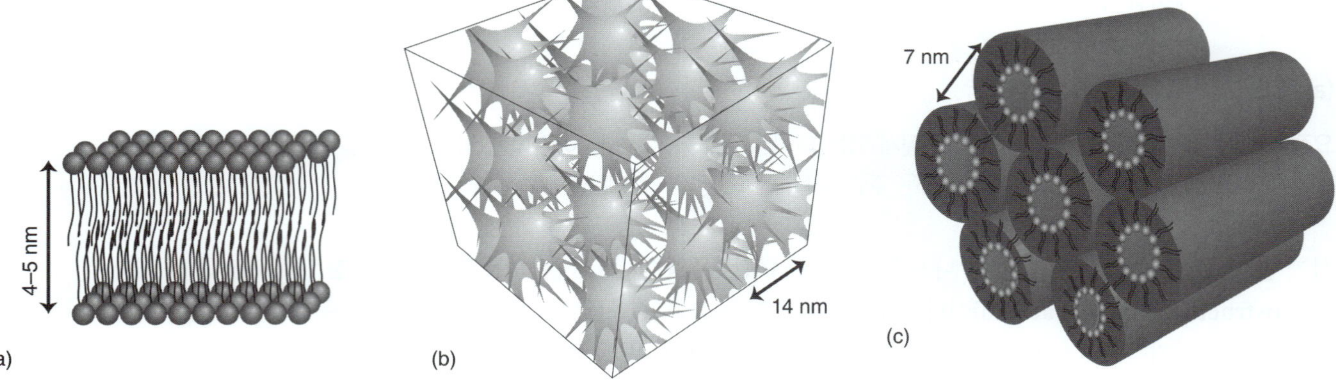

그림 24.94 3가지 종류의 질서 있는 메소공극 고체들의 도식 표현 (a) 판상형(층상 물질), (b) 입방형(복잡한 배열), (c) 육각형(벌집)(A. Mueller and D.F. O'Brien, *Chem. Rev.*, 2002,**102**, 729.)

예제 24.5 분자체에서 나노 공극 조절하기

(a) ZSM-5 제올라이트와 MCM-41의 나노구조를 터널의 차원성과 상대 공극 크기에 대해 비교하시오. (b) 세틸트라이메틸암모늄 양이온 $[C_{16}H_{333}N(CH_3)_3]^+$와 테트라프로필암모늄 양이온 $[N(CH_2CH_2CH_3)_4]^+$는 이 물질들을 합성하는 데 사용되는 계면활성제이다. 어느 계면활성제가 MCM-41 합성에 더 좋은 선택인가?

답 고려할 점은 두 촉매의 상대적 공극 크기, 사슬 길이 그리고 주형에 사용되는 계면활성제의 크기 등이다. (a) ZSM-5는 공극 크기가 약 0.5 nm 정도로 작은 미세 공극 제올라이트이다. ZSM-5는 입방형의 메소공극상과 유사하게 삼차원의 교차하는 공극들을 가지고 있으나 더 작은 크기를 가진다. MCM-41은 육각형의 일차원 공극을 가지고 있지만, 크기 조절이 가능한 2~10 nm 크기의 공극을 가진 메소공극 고체이다. (b) 계면활성제의 선택은 고체의 공극 크기와 일치해야 한다. 긴 사슬을 가진 세틸트라이메틸암모늄 양이온 계면활성제는 긴 탄화수소 꼬리와 구부러지는 성질이 크기 때문에, MCM-41의 자기 조립을 위한 좋은 선택이다. 이런 증가된 꼬리 크기는 미셀 막대들 안에 계면활성제 쌓음의 직접적 결과로서 더 큰 구멍을 가지도록 유도하며 결국 육각 중간상을 가지도록 한다.

문제 24.5 MCM-41과 ZSM-5 중 어느 것이 더 양자점의 포획을 위한 적절한 주인 물질로 사용되겠는가?

다. 그림 24.95에 나타낸 실리카 나노섬유들은 다양한 산화물의 나노선을 성장시키는 주인 물질로 사용된다.

(b) 무기-무기 나노복합체

요점: 부류 I의 무기-유기 복합체 나노물질들은 비공유 상호 작용을 가지며, 부류 II의 무기-유기 복합체 나노물질들은 공유 상호 작용을 가진다. 졸-젤과 자기 조립 방법은 혼성 나노복합체의 디자인과 합성에 핵심적인 화학적 수단이다.

무기-유기 나노복합체는 삼차원적으로 질서 정연한 물질로 분류된다. 이들은 유기, 무기 성분들이 나노크기로 결합되며 이를 통해 그 화학적, 물리적 특성을 조절할 수 있다. 이 혼성 물질들은 페인트와 고분자 산업에서 최초로 사용되었고, 무기 충전제와 안료를 유기 물질(용매, 계면활성제 및 고분자)에 분산시켜 향상된 성능의 제품을 만들 수 있게 되었다. 혼성 나노물질은 재료 화학자가 구조-특성 관계를 쉽게 최적화할 수 있는 물질을 합리적으로 디자인을 할 수 있는 새로운 합성법을 제공한다. 그들의 나노구조 형성과 그로 인해 나타나는 특성은, 조성 물질의 화학적 기본 성질과 성분 간의 시너지 효과로 발현되는 것으로, 예를 들면 강화된 강도와 경도를 들 수 있다. 이 혼성물의 디자인에서 가장 중요한 것은 무기 및 유기 구축

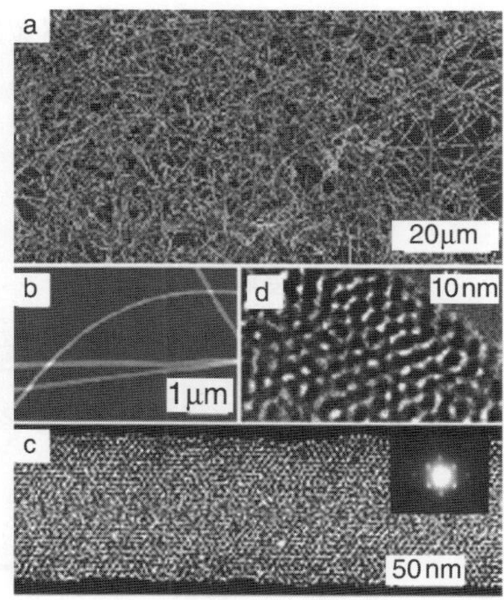

그림 24.95 (a) 메소공극 실리카 나노섬유 SEM 영상. (b) 나노섬유의 저배율 TEM 영상. (c) 나노섬유 한 올의 고배율 TEM 영상. 삽입 그림은 나노섬유의 선택된 부분의 전자 회절 패턴이다. (d) 나노섬유 한 올의 끝 부분을 찍은 고분해능 TEM 영상(J. Wang, et al., *Chem. Mater.*2004,**16**, 5169.)

단위 간 계면의 성질, 접촉 면적 및 접근성 등을 선택적으로 제어하는 것이다.

나노복합체는 이미 차양스크린, 불연성 섬유, 얼룩에 강한 의류, 열가소성 수지, 정수 필터 및 자동차 부품에 실제 사용되고 있다. 나일론-6/몬모릴로나이트 점토 나노복합체는 타이밍 벨트 커버로 활용되고 실리카/지르코니아 매트릭스에 인디고 염료를 끼워 넣어서 코팅한 TV 화면, 유기적으로 도핑된 졸–젤 유리 기구, 그리고 졸–젤-트랩된 효소 등이 있다.

고분자 나노복합체(PNC: **polymer nanocomposite**)는 고분자 매트릭스에 분산된 무기 나노입자로 구성된다. 초기의 경제적인 PNC는 고분자 매트릭스에 분산된 Na-MMT(sodium montmorillonite)를 사용하였다. 이러한 분산제(혹은 충진제)는 층간 채널이 존재하는 샌드위치 구조를 갖고 있으며, 각 층마다 0.3~1.0 nm의 총 두께와 50~100 nm의 길이를 가진다. 이 샌드위치 구조물들은 일반적으로 마이크로미터 크기의 응집체를 형성하고 있다. PNC에서 유기 고분자 매트릭스에 무기 물질을 분산시키는 것은 층간 삽입 반응을 이용한다(고분자를 진흙의 층상 시트 사이로 삽입). 층간 삽입 과정에서 층간 공간은 유기 아민이나 4차 암모늄염을 이용한 이온 교환의 영향으로 팽창한다. 층 박리는 반응성 화학 시약을 사용하거나, 진흙–고분자 물질의 강력한 용해 혼합 과정으로 가능하다.

PNC에 존재하는 충진제(분산제)와 빈 공간의 성질은 복합체의 기계적 성질에 큰 영향을 끼친다. 이러한 물질은 복합체 매트릭스를 통해 기계적 스트레스의 분배가 가능하기 때문이다. 나노복합체의 항복 강도(영구 변형에 저항하는 물질의 능력 세기)와 인성(분쇄되기 전에 흡수되는 에너지 크기)은 나노입자의 크기와 분산 그리고 나노입자–고분자의 접촉 상호 작용에 의해 조절된다. 그러므로 나노입자의 분산과 충진제 배열에 대한 조절은 나노복합체의 기계적 특성을 제어하는 방법을 제공한다.

중요한 PNC 중 하나는 나노탄소를 분산제로 사용하는 것이다. 단일벽 탄소 나노튜브(SWNT)는 독특한 기계적 성질을 보인다. 이들은 매우 높은 Young 모듈 계수(기계적 변형에 대한 저항), 낮은 밀도와 높은 종횡비를 갖고 있어 고분자 강도를 높이는 데 매우 매력적인 충전제이다. SWNT의 인장력은 매우 커서 철 금속에 비해 거의 100배나 되는 반면, 밀도는 철의 1/6 정도밖에 안된다. SWNT-강화된 복합체는 SWNT를 미리 생성된 고분자 용액과 물리적으로 혼합하여, SWNT 존재하에서 즉석 고분자 반응을 통하고 SWNT-고분자 복합재를 계면활성제 하에서 고정하고 화학적 변형을 통해 제조된다. 용융 공정은 고온 고압에서 압축 몰딩과 신속한 급랭으로 실행될 수 있다. **전기 스피닝법**(**electrospinning method**)에서는 정전기력을 이용해 고분자 용액 방울을 매우 가느다란 필라멘트로 변형시켜 이를 기질에 도포한다(그림 24.96). 전기 스피닝법으로 만들어진 나노섬유는 얇은 막, 코팅, 필름 등의 다양한 형태로 만들 수 있으며, 다양한 형태의 물질에 도포될 수도 있다. 섬유는 지름 3 nm 이하로 제조할 수 있으며, 부피 대비 표면적, 지름 대비 길이 비를 높게 조절할 수 있으며 공극의 크기도 조절이 가능하다. 전기 스피닝된 고분자 나노복합체는 SWNT를 균일하게 분사시켜 제작되고 상당히 향상된 기계적 강도를 보여 준다.

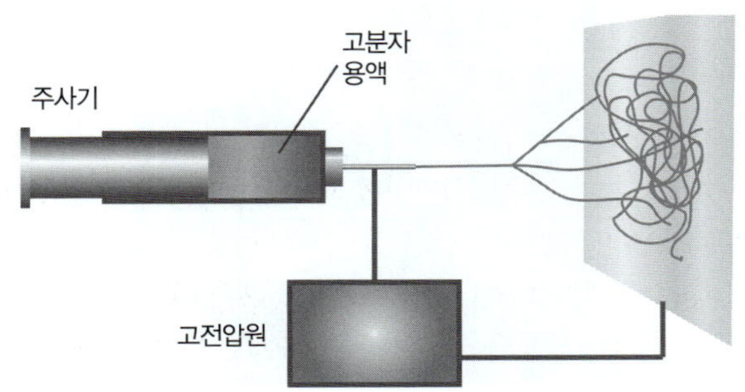

그림 24.96 전기 스피닝 장비(R. Sen, et al., *Nano Lett.*, 2004, **4**, 459.)

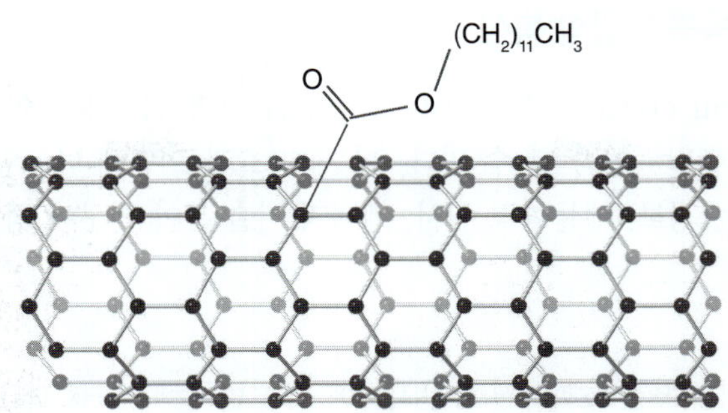

그림 24.97 에스터 작용기를 가진 SWNT(SWNT-COO(CH_2)$_{11}$ CH_3)(R. Sen, et al., *Nano Lett.*, 2004, **4**, 459.)

나노튜브에 다른 유기 작용기들이 산화 반응을 통해 공유 결합으로 부착되면 특정 고분자와 향상된 화학 친화성을 보인다(그림 24.97). 다양한 기능성을 갖는 SWNT를 활용하면 충진제와 고분자 매트릭스와의 계면 상호 작용을 연구할 수 있다. 화학적인 기능성을 부여한다는 것은 나노복합체의 제조 공정이 쉬워지고 조성 성분간의 화학 친화성을 증대시키는 효과적인 방법이다. 나노튜브의 기능화를 통해 SWNT 묶음을 분리하고 그들의 응집을 막을 수도 있다.

금속 산화물 충전제도 고분자 세기 및 열적 성질을 최적화하는 데 사용된다. 특별히 흥미로운 예는 입자-고분자의 약한 상호 작용들의 분포를 잘 처리하여 알루미나-폴리메틸메타크릴레이트(PMMA) 나노복합체의 기계적 성질을 제어하는 것이다. 충전 나노입자(알루미나)는 복합체 매트릭스 내에 고립된 섬 구조 형태가 아닌 그물과 같은 구조 형태로 분산되어 있다. 마이크로 입자-고분자 복합체와는 대조적으로 이러한 그물 같은 구조들은 장력하에서 미시적 균열이 전파되는 잔금(crazing) 현상을 방지한다. 또한 알루미나-PMMA 복합체는 나노입자의 알루미나가 사용될 때 높은 항복 강도를 보이며 연성 능력이 강화된다. 연성이 증가하면 복합체가 얇은 와이어 형태로 뽑힐 수 있고 급작스런 충격에도 견딜 수 있어 기계적으로 더욱 탄력을 띠게 된다. 나노-알루미나를 엉김 방지제인 메타크릴산과 함께 첨가함하면 복합체의 응력-변형 곡선을 변화시킬 정도로 충분하게 유리 전이 온도를 낮춘다. 이 결과로 장력이 가해질 때 잘 부서지던 성질이 잘 뽑히는 성질로 변한다.

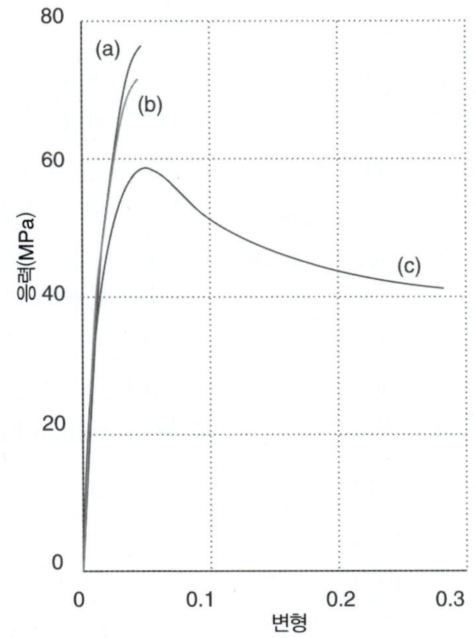

그림 24.98 대표적 응력-변형 곡선 (a) 순수한 pMMA, (b) 질량비로 2%인 마이크로미터 크기의 알루미나로 충전된 pMMA 복합체, (c) 2.2% 질량비의 38 nm(MAA) 알루미나/PMMA 나노복합체. 비록 (c)의 강도는 약간 감소하지만, 전체 연성과 질김 정도는 크게 증가한다. (B.J. Ash, et al., *Macromolecules*, 2004, **37**, 1358.) (American Chemical Society의 허가로 사용)

24.31 나노물질의 독특한 광학 특성

제한 효과(confinement effect)는 물질의 나노 현상을 설명하는 데 있어 가장 근본적인 것으로, 나노과학 연구의 출발점이라 할 수 있다. 이 제한 효과로 인해 나노입자들은 새로운 광학 성질을 나타내며, 이는 정보, 생물학적 센서, 에너지 기술 분야 연구에 적용되고 있다.

(a) 반도성 나노입자

요점: 양자점의 색은 양자 제한 효과와 입자 편재화에 의해 발현된다. HOMO-LUMO 띠의 양자화로 인해 띠간(interband) 및 띠내부(intraband) 전이에 의한 새로운 광학 성질이 나타난다.

반도체 나노입자의 광학 성질은 집중적인 연구가 이루어져 왔다. 이런 입자들은 삼차원적으로 제한된 입자(점)에서 양자 효과가 중요해지기 때문에 종종 **양자점**(**quantum dot**)이라고 한다. 전자들이 미세한 지역에 국한될 때 반도체에 있어 두 가지 중요한 효과가 나타난다. 첫째, 양자점의 띠간격은 벌크보다 증가한다. 둘째, LUMO에서의 전자(그리고 HOMO에서 전자가 일부 비어 있는 정공)의 에너지 준위가 양자화된다. 이 두 가지 효과가 양자점의 광학 특성을 결정하는 중요한 역할을 한다.

양자 국한(**quantum confinement**)은 미세한 지역에 전자와 정공들이 갇힌 것을 의미하며, 이 현상을 이용해 물질의 에너지 띠간격을 설계하고 조절할 수 있다. 중요한 특징은 물질의 크기가 감소할수록 띠간격이 증가한다는 것이다. 원자가띠의 에너지 준위(소위 HOMO 에너지 준위)와 전도띠의 에너지 준위(LUMO 에너지 준위) 사이에 일어나는 전자 전이를 **띠간 전이**(**interband transition**)라고 한다. 양자점에서 띠간 전이에 필요한 최소 에너지는 벌크 결정보다 증가한다. 띠간 전이 파장은 양자점의 크기에 의존하고, 따라서 크기만을 변화시켜도 발광 성질을 조절할 수 있다. 이러한 양자점의 대표적인 예는 CdSe이다. CdSe 나노입자의 크기를 변화시키면 가시광선 전범위의 발광이 가능하고, 이것은 LED 및 형광 디스플레이 기술에 적용된다(화학세상 24.6). 양자점을 생물학적 표지(biotag)를 위한 발색단으로서 사용하는 것은 매우 흥미로운 예이다. 이 경우 양자점의 크기를 변경하여 다양한 다른 생물학적 분석원(analyte)을 검출하는 데 사용된다. 비록 양자점은 조절 가능한 특정 파장의 빛을 내지만, 흡광 과정은 띠간격 에너지를 상회하는 광대역 흡수(broadband absorption) 양상을 보인다. 이 현상을 생물학적으로 응용한 예로서 단일 광대역 들뜸(single broadband excitation)을 이용하여 일련의 양자점 발색단을 동시에 들뜨게 하고, 다중 분석원들의 고유 파장 발광을 통해 이들을 동시에 검출하는 것이 가능하다. 이런 물질은 유방암이나 간신경 세포의 영상에 사용되어, 특정 세포 기관에서 작은 분자의 이동을 추적할 수 있게 한다.

양자 국한의 두 번째 특징적 현상은, 양자점 내에 양자화된 에너지 준위 중 점유 가능한 준위 범위에서는 알짜 선형 운동량(net linear momentum)이 없으므로 이 경우 전자 전이에서 운동량 전달이 불필요하다는 것이다. 따라서 두 에너지 준위간 전이 확률은 매우 높다. 이와 같이 운동량 무의존성으로, 점유된 원자가띠 상태에서 비어 있는 전도띠 상태로의 전이 확률이 매우 높기 때문에 양자점의 광대역 흡수 성질은 잘 설명된다. LUMO 띠 내부 상태들간 전자 전이, 또는 HOMO 띠 내부 정공 전이인 **띠내부 전이**(**intraband transition**) 또한 매우 확률이 높다. 띠내부 전이는 일반적으로 적외선 영역에서 상대적으로 강하게 관찰되므로, 이를 이용한 적외선 검출기, 센서 및 레이저와 같은 장치를 만드는 연구가 진행되고 있다.

화학세상 24.6 CdSe **나노입자는 어떻게** LED**에 사용될까?**

셀레늄화 카드뮴(CdSe) 나노결정은 LED, 태양 전지, 형광 디스플레이 및 생체내 암세포 영상화 등 상업적으로 다양하게 이용되고 있다. 나노결정 크기에 의한 높은 발광 효율과 색깔 조절 능력은 전색(full-color) 디스플레이 분야에 매우 유용하다. 가장 최근에 개발된 QD 디스플레이는 카드뮴이 아닌 인듐 기반 물질을 사용하고 있다. 조밀 채움 형태의 QD 단일층은 소프트 나노전사법을 적용한 자기 조립으로 제조되어 발광 소자로 사용된다. 소프트 나노전사법에서는 광전사법 또는 전자살 전사법으로 실리콘 웨이퍼 표면의 감광층에 회로 패턴을 만든다. 패턴이 형성된 표면에 화학 전구체인 자유 유동체(free-flowing liquid) 폴리다이메틸실록세인(PDMS)을 붓고 고무질 고체로 경화시킨다. 경화가 끝나면 원래의 패턴과 딱 맞게 만들어진 PDMS 스탬프를 이용하여 수 나노미터로 작은 원판(master)의 주형을 형성한다. 원판 제작은 고비용이지만, PDMS 스탬프로 패턴을 복사하는 것은 쉽고 경제적이다. 이 스탬프는 여러 가지 저렴한 응용이 가능한데, 미세 접촉 프린팅이나 나노구조물을 만드는 미세몰딩 등의 응용 사례가 있다. 이러한 기술은 광파장보다 작은 광학 소자(소자의 크기가 사용되는 전자기파의 파장보다 짧은)를 제작하는 데에도 적용된다. 즉 광케이블 통신망에 사용되는 도파관, 편광 소자, 그리고 궁극적으로는 모든 광컴퓨터 등에도 적용 가능할 것이다.

(b) 금속 나노입자

요점: 유전 매질에 분산된 금속 나노입자들의 색은 편재된 표면 플라스몬 흡수[금속-유전 경계면에서의 전자들의 집속 진동(collective oscillation)]에 의해 결정된다.

금속 나노입자의 광학 특성은 주위 유전 매질에 의해 강하게 영향을 받는 복잡한 전기 동력 효과(electrodynamic effectt)로부터 발생한다. 금속 입자들에 충돌하는 빛은 금속 전자들을 광학적으로 들뜨게 한다. 주요 광학 들뜸 과정은 금속의 원자가 띠 내부 전자들의 집속 진동이다. 이러한 협동 진동(coherent oscillation)은 유전 매질과 금속의 경계면에서 일어나며, **표면 플라스몬**(**surface plasmon**)이라고 한다.

벌크 입자들에서 표면 플라스몬은 진행파(travelling wave)이며, 선형 운동량에 의해 특성을 나타낸다. 벌크 금속에서 광자를 사용하여 플라스몬을 들뜨게 하기 위해서는 플라스몬과 광자의 운동량이 일치해야 한다. 이는 빛과 물질 사이의 상호 작용이 매우 특별한 기하학적 구조를 띠는 경우에만 가능하며, 따라서 금속의 광학 성질에는 큰 영향이 없다. 그러나 나노입자들에서는 표면 플라스몬이 편재되어 있으며, 특징적 운동량을 갖지 않는다. 그 결과로, 플라스몬과 광자의 운동량은 일치할 필요가 없으며, 플라스몬의 들뜸이 보다 강하게 일어난다. 금과 은의 표면 플라스몬 흡수 피크의 세기는 스펙트럼의 가시광선 영역에서 일어나므로, 이들 금속 나노입자들은 안료로 사용할 수 있다.

플라스몬 흡수의 특징은 금속과 유전 매질뿐만 아니라 나노입자의 크기와 모양에도 크게 의존한다. 유전 매질을 조절하기 위하여 나노미터 두께의 금속 껍질이 유전성 나노입자를 감싸도록 하는 **코어-쉘 복합 나노입자**(**core-shell composite nanoparticle**)가 연구되고 있다. 금속 나노입자와 금속 나노껍질은 다른 유전 물질과 접촉할 때 광학 특성이 변하므로 유전 센서로 사용된다. 특별히, 생물학적 분석 대상체가 나노입자의 표면에 흡착됨에 따른 플라스몬 흡수띠의 이동하는 정도를 검출할 수 있어 이들의 생물학적 센서 응용에도 관심이 집중되고 있다.

금속 나노입자의 모든 응용을 보여 주는 금 나노입자는 생물학 센서, 화학 센서, 암 치료의 스마트 치료 약물, 광학 스위치 및 형광 디스플레이 물질 등에 사용되고 있다. 나노입자 표면에 광감응 발색단을 결합하는 기술이 개발되면서 다양한 응용이 가능해졌다(27.10절). 금 나노입자는 특정 세포에 전달되는 생체 분자에 붙어서 질병의 초기 진단용 면역 탐침으로 응용이 가능하다. 나노물질은 차세대 태양광 물질에서도 핵심적인 전자 전달 물질로 응용된다. 광감응 π 콘쥬게이션 폴리방향족 분자와 금 나노입자를 연결한 물질이 이 목적으로 사용되고 있다. 발색단을 장착한 금 나노입자를 사용하면 독특한 소자 설계가 가능하고 디자인이 훨씬 더 수월해진다. 이러한 혼성 물질은 전극으로 사용되는 전도성 유리 기판에 공유 결합을 통해 부착이 가능해 전하 이동과 광변환 효율이 향상되기 때문이다.

크기 40~300 nm 범위의 은 나노판은 상온에서 묽은 농도의 브로민화 세틸트라이메틸암모늄(CTAB: cetyltrimethylammonium bromide, $(C_{16}H_{33})(CH_3)_3NBr$)의 존재하에서 용액상 화학 환원법으로 합성된다. 이 은 나노판은 면심 입방 은의 (111) 바탕면을 갖는 단결정이다. (100) 옆면에서보다 (111) 바탕면 위에서 CTAB가 더 강하게 흡착을 보이는 것은 이 나노판의 비등방 성장을 설명한다. 앞에서 설명한 바와 같이, 금속 나노입자는 표면 플라스몬 들뜸과 관련된 흥미로운 광학 특성을 보이고 있다. 광학 (면 쌍극자, in-plane dipole) 플라스몬 공명 피크는 나노판의 형상비(장축과 단축 비, 또는 두께와 너비 비율)가 9가 되면, 근적외선에서 1000 nm의 파장이 이동될 수 있다. 보통 금속의 광학 성질을 벗어나는 이 독특한 특성으로 원거리 센서와 같은 다양한 근적외선 영역의 응용이 가능해지고 있다.

불균일 나노입자 촉매

산업적으로 많은 중요한 반응이 불균일 촉매로 촉진된다. 실제 사용되는 불균일 촉매는 일반적으로 높은 표면적의 고체 물질로 여러 개의 다른 상을 갖고 있으며 1 atm 이상의 압력에서 작동한다. 높은 표면적은 대개 나노입자, 혹은 나노공극성, 메소공극 물질이 형성되면서 가능해진다. 가끔 높은 표면적의 단일상 벌크 물질이 촉매로 사용되는 경우, 이를 **단일 촉매**(**uniform catalyst**)라고 한다. 간단한 예로는 골격형 니켈과 같이 매우 미세하게 갈라진 금속을 들 수 있다. 보다 흔하게는 **다중상 촉매**(**multiphasic catalyst**)가 사용된다. 예를 들어 표면적이 큰 구조체를 촉매 활성화 물질인 나노입자의 기질로 사용하는 것이다(그림 24.99). 여기서는 물리, 화학적 흡착 과정 혹은 반응보다는, 금속 나노입자 표면에서 일어나는 무기 화학적 반응에 집중하고자 한다. 미세 공극 제올라이트와 단일상 메소공극 물질의 내부 표면에서의 촉매 현상은 24.13절에서 논의한 바 있다.

24.32 불균일 촉매의 기본 특성

촉매 현상의 기초는 2장, 2.14절에서 설명하였고, 간단한 착물과 금속 함유 효소의 균일 촉매 반응은 22장과 26장에서 다루었다. 균일, 불균일 촉매 반응에서 관찰할 수 있는 각 반응 단계는 서로 매우 유사하지만, 몇 가지 추가로 고려할 점이 있다.

그림 24.99 실리카 젤과 같은 미세하게 갈라진 실리카 기질 위에 도포된 금속 나노입자의 도식적인 그림

(a) 표면적과 공극성

요점: 불균일 촉매는 일반적으로 미세 구조로 갈라진 형태로, 때로는 나노입자로 형성된 기질에 금속 혹은 금속 산화물 나노입자가 코팅되어 형성된다.

치밀한 다결정성 고체는 일반적으로 표면적이 매우 낮아 촉매로 부적합하다. 따라서 1 μm, 혹은 그 이상 크기의 입자들로 구성된 다결정 물질인 α-알루미나는 낮은 비표면적(단위 질량당 표면적)을 갖고 있어, 나노결정성 고체 γ-알루미나에 비해 촉매 기질로 사용되는 빈도가 낮다. γ-알루미나는 약 50 nm의 작은 입자 형태로 합성이 가능하고 높은 비표면적을 나타낸다. 이 경우 그림 24.99에 나타난 바와 같이, 수많은 작은 나노입자들이 서로 연결되어 높은 표면적이 가능해진다. 전형적인 촉매 담체는 1 g 정도에 테니스 코트에 해당하는 표면적을 보여 준다. 다결정성 석영은 촉매 지지체로 사용되지 않지만, 높은 표면적을 갖는 SiO_2, 즉 발연 실리카는 널리 사용된다. 전형적인 불균일 촉매의 경우, 이 기질 표면에는 이미 많은 수의 활성화 자리가 있고, 추가적으로 금속, 혹은 금속 산화물 나노입자는 미세하게 분리된 기질 입자에 도포되어 극도로 높은 농도의 촉매 활성화 센터를 만들어 낸다.

γ-알루미나와 고표면적 실리카는 모두 준안정성 나노물질이지만, 일반적인 조건에서는 안정한 상(α-알루미나와 다결정성 석영)으로 변환되지 않는다. 입자 크기가 5 nm 근방의 γ-알루미나를 합성하려면 알루미늄 산화 수산화물을 비교적 낮은 온도에서 탈수 반응시켜야 한다.

$$2\,AlO(OH) \xrightarrow{\Delta/450°C} \gamma\text{-}Al_2O_3 + H_2O$$

비슷한 방법으로 고표면적 발연 실리카는 실리케이트를 산성화시켜 $Si(OH)_4$를 만들면, 수화가 빠르게 일어나고, 이 수화된 실리카 젤을 약하게 가열하여 흡착된 많은 양의 물을 제거하여 합성한다(24.1a절). 전자현미경으로 관찰하면, 발연 실리카나 γ-알루미나의 미세 조직은 상호 연결된 나노입자 사이에 빈 공간이 불규칙적으로 형성된 거친 자갈밭과 같은 모습이다(그림 24.99처럼). 불균일 촉매의 기질로 사용되는 표면적이 큰 다른 나노물질에는 TiO_2, Cr_2O_3, ZnO, MgO, 탄소가 있다.

(b) 표면의 산성, 염기성 자리

요점: 표면 산과 염기는 알코올의 탈수 반응과 알켄의 이성질화 등의 촉매 반응에 매우 활성화되어 있다.

대기 습기에 노출되면, γ-알루미나의 표면은 흡착된 물 분자로 덮인다. 100~150°C에서 탈수 반응으로 물은 탈착되지만, 표면의 OH기는 남아 약한 Brønsted 산으로서 작용한다.

OH OH OH / Al Al Al → O / Al Al, OH / Al + H_2O

온도를 더 높이면 인접한 OH기들은 응축하여 추가적인 H_2O를 방출하고 노출된 Al^{3+} Lewis 산 자리와 O^{2-} Lewis 염기 자리를 만들어 낸다(**8**). 표면이 충분히 견고하다면 이러한 강한 Lewis 산과 염기 자리가 동시에 존재하는 것이 가능하다. 그렇지 못하다면 두 자리는 바로 결합하여 Lewis 산–염기 착물을 만들 것이다. 표면 산과 염기는 알코올의 탈수 반응과 알켄의 이성질화와 같은 촉매 반응에 매우 활성화되어 있다. 유사한 Brønsted, Lewis 산 자리가 많은 종류의 제올라이트의 내부에도 존재한다(24.13절). 다양한 산화물과 그들의 혼합물들은 표면 산성도의 차이를 보여 준다. 일례로 SiO_2/TiO_2 혼합물은 SiO_2/Al_2O_3보다 더 강한 산성을 띠며 다른 종류의 촉매 반응을 가능하게 한다. 매우 활성화된 산성, 그리고 염기성 표면은 다른 촉매 중심, 특히 금속 입자를 도포하는 데 적절한 기질 역할을 한다. γ-알루미나에 H_2PtCl_6를 처리하고 환원 분위기에서 가열하면 크기 1~50 nm의 Pt 입자가 알루미나 표면 전체에 분산 도포된 것을 확인할 수 있다. 24.24를 참조하라.

H B O Al

8

(c) 표면 금속 자리

요점: 세라믹 산화물 기질 위의 금속 나노입자는 다양한 반응에 매우 활성화된 촉매이다.

금속 나노입자는 종종 기질 위에 도포하여 촉매로 사용한다. 예를 들면 γ-알루미나 입자 표면에 분포되어 있는 Pt/Re 합금 나노입자는 탄화수소의 상호 변환에 사용되고 γ-알루미나 기질에 존재하는 Pt/Rh 나노입자들은 자동차 촉매 변환기에 사용되어 O_2를 CO와 탄화수소와 결합시켜 CO_2를 형성하고 질소 산화물을 환원시켜 질소로 만드는 반응을 촉진시킨다(화학세상 24.7). 기질에 도포된 약 2.5 nm 지름의 나노입자는 구성 원자의 약 40%가 표면에 노출되어 있고, 이들 입자는 서로 떨어져 존재하여 서로 합쳐질 수 없도록 보호되고 있는 상태이다. 이렇게 기질에 분산된 입자, 특히 백금 그리고 더 비싼 로듐 같은 금속의 경우, 외부 노출 원자 비가 높은 것은 매우 큰 장점이 된다.

금속 나노입자 표면의 금속 원자는 M−CO, M−CH_2R, M−H, M−O과 같은 결합을 형성할 수 있다(표 24.8). 표면 리간드의 기본 성질은 IR 스펙트럼을 유기금속이나 무기 착물과 비교하여 추정한다. 따라서 표면에 존재하는 가교 CO기는 IR 분광학으로 구별이 가능하고, 표면의 많은 탄화수소 리간드의 IR 스펙트럼은 개별 유기금속 착물과 유사하다. 흥미롭게도, N_2 리간드의 경우 N_2가 배위된 이질소 착물(22.17절)이 합성되기 이전에 금속 표면에서 IR 분석으로 먼저 발견되기도 하였다.

화학세상 24.7 촉매 변환기는 어떻게 작동하는가?

촉매 변환기는 내연기관으로부터 방출되는 질소 산화물(NO_x), 일산화 탄소, 불연소 탄화수소(HC) 등의 유해 가스를 줄이는 목적으로 사용된다. 유로 VI 배출 기준이 유럽에 적용되는 2014년까지 이러한 화합물들의 배기가스 내 허용치는 디젤 승용차 엔진의 경우 0.50(CO), 0.08(NO_x), 0.17(HC+NO_x) g km^{-1} 수준으로 각각 제한된다. 이 수치들은 캘리포니아주의 기준치와 유사하다. 촉매 변환기는 벌집 형태의 스테인리스강, 혹은 세라믹 구조체로 실리카와 알루미나가 도포되어 있고, 그 위에 백금, 로듐, 팔라듐의 혼합물이 대개 10~50 nm 나노입자로 존재한다. 가솔린 엔진에 사용되는 3방향 변환기는 다음 세 반응을 촉매화한다.

$$2NO_x(g) \rightarrow xO_2(g)+N_2(g)$$
$$2CO(g)+O_2(g) \rightarrow 2CO_2(g)$$
$$C_xH_{2x+2}(g)+2xO_2(g) \rightarrow xCO_2(g)+2xH_2O(g)$$

촉매 변환기의 첫 단계는 NO_x를 백금과 NO에 매우 높은 반응성을 갖는 로듐의 혼합물로 구성된 환원 촉매에서 환원 반응을 유도하는 것이다. 두 번째와 세 번째 단계는 촉매 산화 반응으로 불연소 탄화수소와 일산화 탄소를 백금/팔라듐 혼합 금속 촉매하에 산화시켜 제거한다. 대부분의 디젤 엔진에 연결되어 사용되는 2방향 촉매 변환기는 산화 반응(위에 설명한 두 번째와 세 번째 단계)만 담당한다.

엔진에서 발생한 가스의 변환을 최대한 완벽하게 수행하기 위해서는 정확한 초기 공기:연료 혼합비가 사용되어야 한다. 엔진에 유입되는 이상적인 공기:연료 혼합비는 14.7:1로, 이 경우 연소 후 촉매 변환기로 들어가는 가스에는 약 0.5%의 산소가 존재한다. 만일 더 높거나 낮은 혼합비의 공기:연료 혼합물이 사용된다면(즉 공기 함량이 더 낮거나 높은 경우), 배기가스에 들어 있는 산소량이 너무 높거나 낮아서 촉매 변환기의 효율이 떨어진다. 이러한 이유로 다양한 금속 산화물, 특히 Ce_2O_3와 CeO_2를 촉매 코팅에 추가하여 엔진에서 발생하는 가스 내 산소 함량이 변하는 것에 따라 산소를 저장하거나 방출하도록 하고 있다.

표 24.8 표면에 화학 흡착된 리간드

a γ-알루미나의 Lewis 산 Al^{3+} 자리에 흡착된 NH_3
b,*c* 백금 금속 나노입자에 배위된 CO
d 백금 금속 나노입자에 해리되어 화학 흡착된 수소
e 백금 금속 나노입자에 해리되어 화학 흡착된 에테인
f 철 금속 나노입자에 해리되어 화학 흡착된 질소
g ZnO에 해리되어 화학 흡착된 수소
h 백금 원자에 η^2-배위된 에텐(화학 흡착)
i 두 백금 원자에 결합한 에텐
j 금속 나노입자 표면에 초산화 이온 형태로 달려 있는 산소
k 금속 나노입자 표면에 해리되어 화학 흡착된 산소

R.L.Burwell, Jr., Heterogeneous catalysis. *Sruv. Prog. Chem.*, 1977, **8**, 2.

(d) 화학 흡착과 탈착

요점: 흡착은 불균일 촉매 반응이 일어나는 데 필수 불가결하지만, 촉매 자리를 막고 반응이 더 진행되는 것을 막을 정도로 강해서는 안된다.

분자가 착물에서 금속에 배위 결합하면 활성화되는 것처럼, 분자가 불균일 촉매 표면에 흡착되면 활성화된다(22.27~22.32절). 마찬가지로 불균일 촉매에서 생성 분자가 탈착되면 활성화 자리가 다시 재생되는 과정은 균일 촉매 착물에서의 해리 과정과 유사하다. 불균일 촉매는 사용되기 전 이미 활성화되어 있다. 활성화란 넓은 의미로는, γ-알루미나의 탈수 반응처럼 물 분자가 단순히 흡착되고 탈착되는 것을 말한다. 구체적인 의미로 사용하면, 금속 산화물 분말을 환원시켜 활성도 높은 금속 나노입자를 생성하는 등의 화학 반응을 통해 활성화 자리를 만드는 것을 의미하기도 한다.

활성화된 표면의 기본 성질은 다양한 비반응성 기체와 반응성 기체를 흡착하는 실험으로 조사된다. 흡착은 화학 결합이 포함되지 않는 **물리 흡착**(**physisorption**)과, 표면–흡착 물질 간 결합이 형성되는 **화학 흡착**(chemisorption, 그림 24.100)이 모두 가능하다.

작은 분자의 금속 표면과의 상호 작용은 낮은 산화수의 금속 착물과의 상호 작용과 유사하다. 표 24.9는 CO를 화학 흡착시키는 금속은 상당히 많지만, N_2의 화학 흡착이 가능한 금속은 적다는 것을 말해 준다. 이는 이질소 착물보다는 카보닐 착물을 형성하는 금속이 훨씬 더 많은 것과 매우 유사하다. 또한 금속 카보

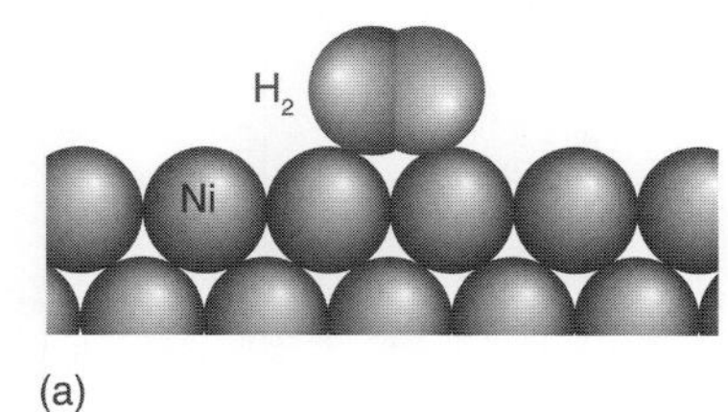

(a)

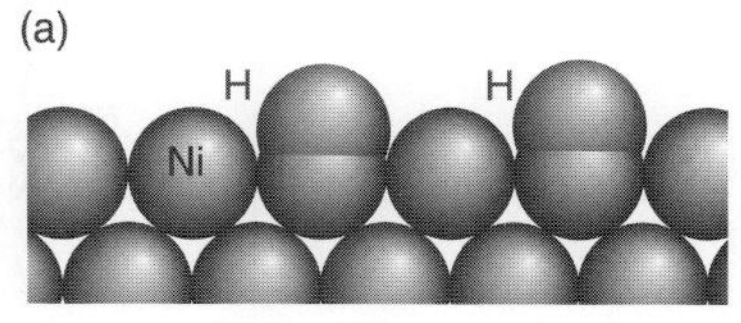

(b)

그림 24.100 수소의 니켈 금속 나노입자 표면의 (a) 물리 흡착, (b) 화학 흡착의 도식적인 그림

표 24.9 금속이 단순한 기체 분자를 화학 흡착할 수 있는 능력*

	O_2	C_2H_2	C_2H_4	CO	H_2	CO_2	N_2
Ti, Zr, Hf, V, Ta, Cr, Mo, W, Fe, Ru, Os	+	+	+	+	+	+	+
Ni, Co	+	+	+	+	+	+	+
Rh, Pd, Pt, Ir	+	+	+	+	+	+	+
Mn, Cu	+	+	+	+	±	+	+
Al, Au	+	+	+	+	−	−	−
Na, K	+	+	−	−	−	−	−
Ag, Zn, Cd, In, Si, Ge, Sn, Pb, As, Sb, Bi	+	−	−	−	−	−	−

* 화학 흡착이 강함(+), 약함(±), 관측 안 됨 (−)
G.C. Bond, *Heterogeneous catalysis*, Oxford University Press (1987).

닐 착물처럼, 금속 촉매 표면에서도 가교형 및 말단 CO가 IR 분광학을 통해 발견되었다. H_2의 분해성 화학 흡착은 금속 착물의 산화성 첨가 반응과 유사하다(10.5, 22.22절).

흡착은 촉매 반응에 필수적인 단계이지만 지나치게 강한 흡착은 활성화 자리를 막아 반응 진행을 방해할 수 있다. 이는 부분적으로 효율 높은 촉매로 사용 가능한 금속의 수가 제한적인 이유가 된다. 금속 나노입자 표면의 폼산의 분해 촉매 반응은

$$HCOOH \xrightarrow{M} CO + H_2O$$

흡착과 촉매 활성도와의 균형을 잘 보여 준다. 이 촉매 반응은 금속 메타노에이트가 중간 정도의 안정성을 보이는 금속을 사용할 때 가장 효과적인 것으로 관측되었다(그림 24.101). 그림 24.101은 '**화산 도표**(volcano diagram)' 의 예로 많은 촉매 반응에서 관측된다. 이는 앞쪽 d 영역 금속은 매우 안정한 표면 화합물(반응물과 생성물)을 형성하며 뒤쪽의 금, 은과 같은 귀금속들은 매우 약한 표면 화합물을 만들어, 두 경우 모두 촉매 과정에는 불리하다는 것을 의미한다. 이러한 두 극단 사이의 8~10족 금속, 특히 백금족 금속(10족)은 높은 촉매 활성도를 나타낸다.

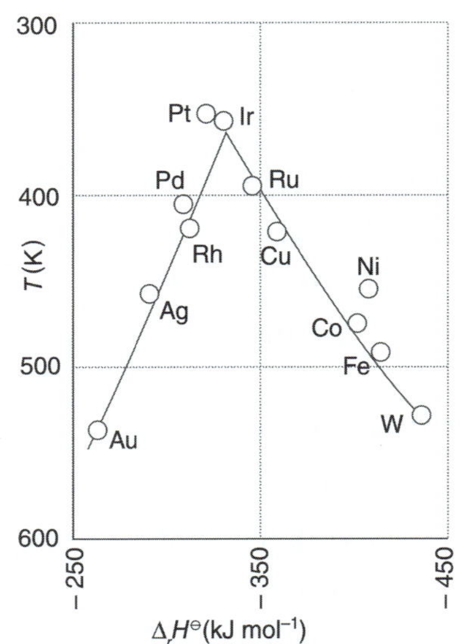

그림 24.101 메타노에이트-금속 결합의 형성 엔탈피로 평가된 결합 안정성 대비 메탄산(폼산) 분해 반응의 속도를 도시한 '화산 도표' (W.J.M. Rootsaert and W.M.H. Sachtler, *Z. Phys. Chem.*, 1960, **26**, 16.)

(e) 나노입자 크기와 형태 그리고 촉매 활성도

요점: 나노입자의 형상을 제어하면 표면 반응 자리의 기본 특성 및 그에 따른 촉매 활성도가 결정된다.

불균일 촉매 내의 활성화 자리는 균일하지 않고, γ-알루미나와 실리카 젤의 경우처럼 많은 다양한 자리가 나노결정성 고체 표면에 노출되어 있다. 24.24~24.26절에서 설명한 합성법들은 매우 반응성이 높은 균일한(크기나 형태상으로) 나노입자를 만드는 것을 목표로 하지만, 실제 이러한 금속 나노입자들조차도 대개 균일하지 않다. 합성 과정에서 특별한 조절을 하지 않으면, 나노입자 결정은 두 종류 이상의 결정면을 표면에 노출시키고, 표면 원자의 배열은 결정면에 따라 달라진다(그림 24.102). 또한 금속 표면에는 배위수가 낮은 금속 원자가 나타날 수 있는 계단 형태의 불규칙성이 나타난다(그림 24.103). 이렇게 노출도가 높고 배위수가 모자란 자리들은 일반적으로 특별한 반응성을 보인다. 그 결과, 표면의 서로 다른 자리들은 각각의 다른 기능을 담당하고 다양한 촉매 반응을 촉진시킨다. 또한 많은 경우에 불균일 촉매가 균일 촉매에 비해 낮은 선택성을 보이는 이유는 바로 이 촉매 자리의 다양성으로 설명할 수 있다.

촉매 나노입자의 크기와 형태는 반응 경로를 조절하는 화학종을 반응 혼합물에 첨가하여 조절할 수 있다. 정사면체, 정육면체, 혹은 큐브팔면체 형태의 백금 나노입자는 일반적으로 알코올과 헥사클로로백금산 이수소(H_2PtCl_6)를 반응하여 얻을 수 있다. 고분자나 가지달린 덴드리머를 반응 혼합물에 첨가하면 나노입자의 응집을 막고 입자 크기를 10 nm에서 1 nm로 줄일 수 있다. 반응 혼합물에 Br^-를 첨가하면 수소화(24.33절) 등 많은 반응에서 향상된 촉매 활성도를 나타내는 나노큐브 형태만이 합성된다. 그 이유는 Br^-가 백금의 (100) 면의 성장을 안정화시켜 나노큐브 형태를 유도하는 것으로 연구된 바 있다.

(F) 화학 흡착과 표면 이동

요점: 흡착된 원자와 분자는 금속 표면 전체에 걸쳐 이동한다.

금속 뭉치에서의 유동성 이동성(fluxional mobility)은 확산과 유사한 표면 특성이다. 금속 나노입자 표면에서 화학 흡착된 분자나 원자들이 확산한다는 것은 광범위하게 증명된 바 있다. 예를 들면 흡착된 H 원자들과 CO 분자들이 금속 입자 표면 전체에 걸쳐 움직인다는 것은 잘 알려져 있다. 일반적으로 흡착된 분자들은 금속 표면에 존재하는 여러 가지 다른 배위

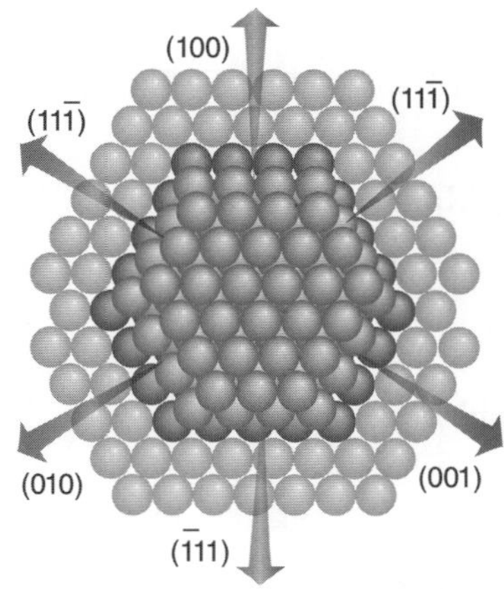

그림 24.102 반응 기체에 노출되는 금속 나노입자 표면의 몇 가지 가능한 금속 결정면들 ($\bar{1}$11), (1$\bar{1}$1), 등으로 표기된 면들은 육방 조밀 채움 면이고, (100), (010) 등은 원자가 정방형으로 배열된 면이다.

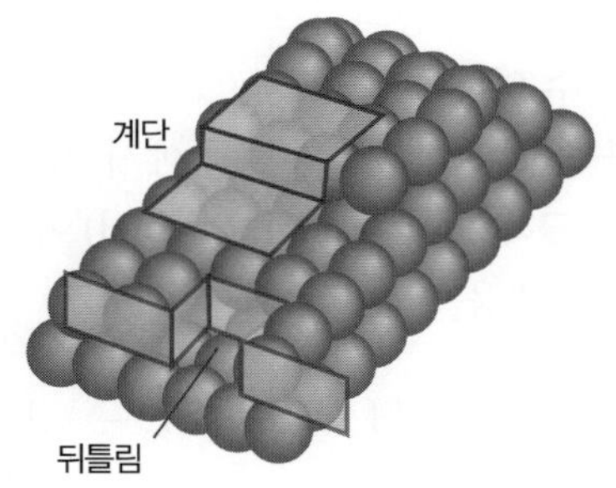

그림 24.103 계단, 뒤틀림 등 표면의 불규칙성의 도식적 예시

자리를 거치면서 움직이는 확산 경로를 나타낸다. 따라서 예를 들어 CO 이동은 표면의 단일 결합 자리(말단 CO)와 2~4 결합 자리(가교형 CO) 사이를 이동하는 것으로 이해할 수 있다. 이 과정의 에너지 장벽은 비교적 낮아(수십 kJ/mol), 이동 속도는 일반 촉매 반응 조건하에서 매우 높다. 이렇게 높은 이동도는 원자, 분자들이 서로 급속히 접근할 수 있도록 하기 때문에 촉매 반응에서 중요하다.

24.33 불균일 나노입자 촉매 반응

금속 산화물 표면이나 메소공극 고체의 공극 내에 분산된 금속 나노입자는 표면적이 크고 반응성이 높아 매우 다양한 촉매 반응들, 특히 기체 화학종의 해리를 포함하는 반응에 활용될 수 있다. 질소와 수소의 반응을 다룬 Harber 공정(15.6절에서 자세히 다룬 바 있다)에 사용되는 철 촉매는 $Fe_{1-x}O$, Fe_3O_4 그리고 철 금속 혼합물로 구성된 높은 공극성의 나노입자이다. 유사하게, SO_2를 SO_3로 산화시키는 **접촉 공정(contact process**, 16.13b절)의 바나듐 산화물 촉매도 알루미나나 TiO_2 기질에 V_2O_5 나노입자를 도포하여 만든다.

(a) 수소화 촉매들

요점: 알켄은 기질 표면의 금속 나노입자를 촉매로 H_2의 해리와 흡착된 에텐 분자로 H가 이동하는 과정에 의해 수소화된다. 골격형 혹은 나노 공극 니켈은 알칸알을 알칸올로 환원하는 데 사용될 수 있다.

불균일 촉매 반응의 기념비적 사건은 1890년에 Paul Sabatier가 관측한 니켈 촉매하의 알켄의 수소화 반응이다. 그는 원래 Mond, Langer, Quinke가 합성한 $[Ni(CO)_4]$의 후속 화합물로서 $[Ni(C_2H_4)_4]$를 합성하려 하였다(22.18절). 그러나 가열된 니켈 위로 에텐을 흘려보내자 에테인이 검출되었고, 그는 에텐에 수소를 추가하고 반복 실험을 통해 에테인을 높은 수득률로 합성할 수 있었다.

기질에 도포된 금속 나노입자 위에서 일어나는 알켄의 수소화 반응은 금속 착물의 경우와 매우 유사한 면이 있다. 그림 24.104에 나타난 바와 같이, H_2는 표면에 해리된 상태로 화학흡착된 후 흡착되어 있는 에텐 분자로 접근하는 것으로 생각되며, 표면 알킬을 먼저 형성한 후 포화 탄화수소가 합성된다. 에텐이 백금 촉매하에 D_2로 수소화될 때 그림 24.104에 나타낸 간단한 메커니즘은 생성물이 CH_2DCH_2D임을 보여 준다. 그렇지만 실제로는 $C_2H_nD_{6-n}$ 에텐의 모든 분자 형태가 관찰되었다. 이 결과를 토대로 살펴보면 중간 단계는 가역적이어야 하며, 그 역반응의 속도는 에테인이 형성되고 탈착되는 마지막 단계보다 더 빠를 것이라고 추측할 수 있다.

불균일 수소화 촉매들 중에서 가장 중요한 촉매군은 '**Raney 니켈(Raney nickel)**'이라고도 하는 '**골격형 니켈(skeletal nickel)**'이다. 이 촉매는 알칸알(알데하이드)을 알칸올(알코올)로 변환하는 반응,

$$CH_3CH_2CH_2CHO + H_2 \rightarrow CH_3CH_2CH_2CH_2OH$$

그리고 알킬클로로나이트로아닐린을 환원시켜 아민을 합성하는 반응 등 다양한 반응에 사용된다. 골격형 니켈과, 이와 유사한 촉매 활성 금속 합금은 먼저 금속 합금을 합성하는 제조법으로 얻어진다. 예를 들면 NiAl을 높은 온도에서 합성하고, 이를 수산화 소듐으로 처리하여 대부분의 알루미늄을 선택적으로 용해, 제거한다. 몰리브데넘, 크로뮴 등 다른 금속들은 원래 합금에 첨가되어 특정 반응들의 촉매 반응성 및 선택성을 조절할 수 있는 촉진제 역할을

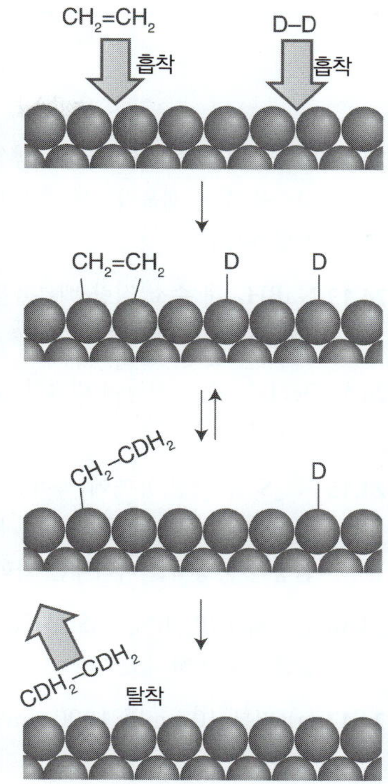

그림 24.104 금속 나노입자 표면에서 진행되는 중수소를 이용한 에텐의 수소화 반응의 몇 가지 단계의 도식적 도표

할 수 있다. 이렇게 얻은 스펀지 형태 혹은 나노 공극 금속들은 니켈 함량이 높고(>90%), 넓은 표면적으로 인해 매우 높은 촉매 활성도를 보여 준다. 이러한 촉매의 또 다른 응용은 비유지방 스프레드(역주; 빵에 발라먹는 식품류)와 같이, 액체 상태의 자연 다불포화 지방을 고체 상태의 다수소화 지방으로 변환하는 것이다.

(b) 메소공극 나노입자 물질을 이용한 불균일 촉매 반응

요점: 메소공극 물질과 금속 나노입자들의 나노크기 특성을 적절히 조합하면 불균일 촉매 활성도가 향상된다.

메소공극 나노물질은 기능화된 공극에 도달하는 경로를 제공하여 촉매 활성도와 선택성을 증가시킨다. 이들은 유기금속 착물, 고분자, d 금속 착물, 거대 분자 및 광학 레이저 염료 등과 같은 나그네 물질을 받아들이는 주인 물질로 많은 주목을 받고 있다. 메소공극 실리케이트는 12~20 nm 범위의 커다랗고 규칙적으로 배열된 공극을 갖고 있으며, 매우 높은 비표면적($1000\ m^2\ g^{-1}$ 이상)을 나타낸다. 비록 제올라이트에 비해 산도는 약하지만, 이 물질은 커다란 공극으로 인해 큰 크기의 분자들도 촉매 반응이 가능하다. 더욱 중요한 것은 백금, Pt/Sn 등 금속, 합금, 금속 산화물 등 다른 촉매 중심들이 메소구조 채널에 도포될 수 있다는 것이다(24.26절). 예를 들면 Co 나노입자는 메소공극 실리카 기질 MCM-41에 도포되어 알카인, 알켄 그리고 일산화 탄소로부터 사이클로펜텐온(cyclopentenone)을 합성하는 고리 첨가 반응을 촉진한다.[8]

이것은 알킨, 알카인 그리고 CO가 함께 반응하여 불포화 오원자 고리 케톤이 생성되는 Pauson–Khand 반응의 일례이다.

$$(EtO_2C)_2C(CH_2C{\equiv}CH)(CH_2CH{=}CH_2) \xrightarrow[130°C]{20\ atm\ CO} \text{bicyclic cyclopentenone } ((EtO_2C)_2C\text{-fused, C=O})$$

[8] MCM-41은 Mobil Crystalline Material 타입 41을 의미한다.

연습 문제

24.1 다음 화합물의 합성법을 간략히 제시하시오.
(a) $MgCr_2O_4$ (b) $LaFeO_3$ (c) Ta_3N_5 (d) $LiMgH_3$
(e) $KCuF_3$ (f) 제올라이트 A에서 Al을 Ga로 치환한 화합물, $Na_{12}[Si_{12}Ga_{12}O_{48}] \cdot nH_2O$

24.2 NiO에 소량의 Li_2O가 첨가되면 고체의 전자 전도도가 증가한다. 이 현상에 대한 화학적 설명을 합리적으로 제시하시오. (힌트: Li^+가 Ni^{2+} 자리를 점유한다.)

24.3 어떤 가변적인 조성을 갖는 물질이 고체 용액체인지, 결정학적 전단면 구조를 갖는 일련의 물질인지를 실험적으로 구별할 수 있는 방법은 무엇인지 설명하시오.

24.4 ReO_3 구조의 한 개의 단위 세포를 M과 O 원자를 표기하여 그리시오. 이 구조는 Na^+ 이온이 삽입하기에 충분히 열려 있는 구조인가? 만일 그렇다면 Na^+ 이온이 존재할 자리는 어디인가? Na:Re 비가 1:1일 때 가능한 구조를 설명하시오.

24.5 아이오도주석산 페로브스카이트($ASnI_3$)는 광전 소자에 응용 가능한 반도체로 연구되고 있다. 페로브스카이트 구조로 잘 알려진 $APbI_3$를 참조하여 어떤 A^+ 자리 양이온이 $ASnI_3$ 시스템에서 페로브스카이트를 형성할지 제안해 보시오.

24.6 황화물과 플루오린화물 중 스피넬 구조를 가질 수 있는 화합물의 가능한 화학식을 쓰시오.

24.7 Ta_2O_5를 암모니아를 흘리면서 가열하면 색깔이 흰색에서 빨간색으로 변하는 이유를 설명하시오.

24.8 다음 산화물을 유리 형성 가능, 유리 형성 불가능 물질로 분류하시오.
(a) BeO (b) TiO_2 (c) La_2O_3 (d) B_2O_3 (e) GeO_2

24.9 층간 삽입 화합물 Li_xTiS_2($x = 0.5$)를 합성하는 두 가지 방법을 설명하시오.

24.10 Chevrel 상의 Mo_6S_8 단위체간 층간 삽입을 설명하시오.

24.11 SiO_2나 제올라이트와 같은 구조, 같은 조성식 형태를 가지며 Al, P, B, Zn, 혹은 이들의 조합으로 Si를 치환한 구조물의 화학식을 제시하시오.

24.12 반응물의 삽입, 전이 상태, 생성물의 선택성 등이 포함된 메커니즘을 갖는 제올라이트 촉매 반응에서 형태 선택성에 대하여 설명하시오.

24.13 $NaBH_4$ 내 수소 질량 백분율을 계산하고, 이 물질이 수소 저장에 적절한지를 말하시오.

24.14 BeH_2는 수소 저장에 적절한 물질로 고려되지 않는 이유를 설명하시오.

24.15 Na_2S_9을 극성 용매에 녹이면 처음엔 진한 파란색 용액이 만들어지지만, 공기 중에서 몇 분 후에는 색깔이 옅어진다. 이 현상을 군청색을 나타내는 화학종을 참조하여 설명하시오.

24.16 반도체 AlP, BN, InSb, C(다이아몬드)를 예상되는 띠간격 순으로 나열하시오.

24.17 (a) 지름 10 nm와 1000 nm인 두 구형 물체의 표면적을 비교하시오. (b) 나노물질의 크기에 따른 정의를 이용하여 이 두 물체가 나노입자라고 할 수 있는지 말하시오. (c) 나노입자의 표면적 특성을 일례로, 이 두 물체 각각이 나노입자라고 하려면, 나노물질의 크기 정의와 특성 기반 정의를 이용하는 것 중 어느 쪽이 더 적절한지를 설명하시오.

24.18 (a) 용액에서 나노입자가 형성되는 세 가지 기본 단계를 설명하시오. (b) 균일한 크기 분포를 달성하는 조건으로 두 단계가 독립적으로 일어나야 하는 이유를 설명하시오. (c) 나노입자 합성에 사용되는 안정화 분자들은 어떤 것들인가?

24.19 (a) 코어−쉘 나노입자의 간략한 그림을 그리시오. (b) 어떻게 코어−쉘 나노입자가 증기상, 혹은 용액 기반 기술로 만들 수 있는지 간략히 설명하시오. (c) 코어−쉘 나노입자가 사용되는 목적은 무엇인지 말하시오.

24.20 자동차 촉매 변환기에 사용되는 백금/로듐 촉매가 얇은 포일 형태로 사용되지 않고, 세라믹 구조물 표면에 분산되는 이유를 설명하시오.

24.21 $2H^+(aq) + 2e^- \rightarrow H_2(g)$ 반응에 사용되는 백금 촉매의 효율은 CO가 존재할 때 크게 감소한다. 그 이유를 설명하시오.

25

생무기화학

생명체들은 주목할 만한 방법으로 원소들의 화학적 성질을 활용해 왔으며, 간단한 화합물에서 관측된 것보다 훨씬 더 우수한 배위 화학의 특이성을 예로서 잘 보여 주고 있다. 이 장에서는 여러 종류의 원소가 다른 세포 그리고 세포 내의 구획 등 다방면으로 어떻게 선택적으로 흡수되어 작용하고 있는지를 알아본다. 이 교재에서 앞서 다루었던 화학적 지식을 기반으로 생물학적 환경에서 형성된 착물이나 물질에 대해 그들의 구조와 역할을 논의하려고 한다.

생물무기화학['biological inorganic chemistry, '생무기화학(bioinorganic chemistry)']은 생물학에서 이용되는 '무기(inorganic)' 원소에 관한 연구를 하는 분야이다. 금속 이온에 주된 초점을 두고 있으며, 흥미로운 부분은 이들이 생물 리간드와의 상호 작용 유기체에 대해 나타내는 중요한 화학적 성질들이다. 이들 성질은 전자 이동, 촉매, 신호, 조절, 센서, 방어 및 구조적 지원을 포함한다.

세포의 조직

생명체의 구조와 기능에서 원소들(C, H, O 및 N을 제외한)의 역할을 알아보기 위해 먼저 생물학에서 '원자' 및 '구성 입자'에 각각 해당하는 세포의 조직과 세포를 구성하는 소기관(organelle)에 대해 간단히 살펴보고자 한다.

25.1 세포의 물리적 구조

요점: 살아 있는 세포와 세포 소기관은 막으로 둘러싸여 있다. 이온 펌프와 관문 통로의 활동 때문에, 특정 원소의 농도는 구획에 따라 크게 변한다.

살아 있는 모든 생명체의 기본 단위인 세포는 최근에 시원대(archaea)로 분류되는 박테리아 및 박테리아형 생명체인 원핵생물(prokaryote)에서 발견되는 가장 간단한 형태로부터, 동식물을 포함하여 진핵생물(eukaryote)에서 발견되는 더 크고 더 복잡한 것에 이르기까지 복잡하고 매우 다양하다. 이들 세포의 주요 특징을 그림 25.1에 일반적인 모형으로 나타냈다. 모든 세포에서 필수적인 것은 막(membrane)으로서, 이는 물과 이온에 대해 장벽으로 작용하

캡션에 이 표시된 **그림**은 쌍방향의 3D 구조로 온라인에서 찾을 수 있다. 브라우저에 다음 URL을 입력하고 관련 그림 번호를 넣어라. www.chemtube3d.com/wellerxe/[장번호]F[그림 번호]. 예를 들어 2장의 그림 7은 **www.chemtube3d.com/wellerxe/2F07**을 입력하면 된다.

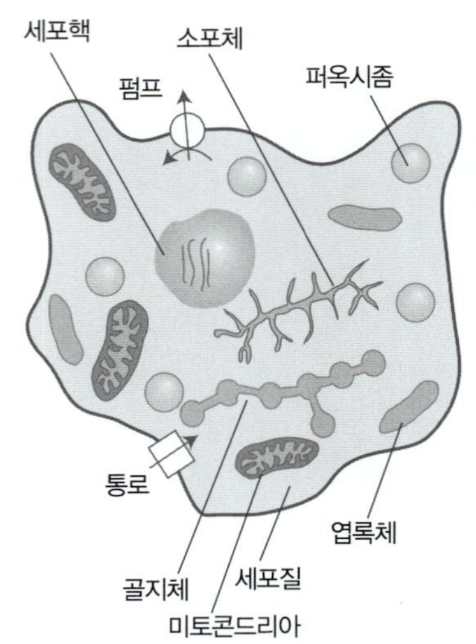

그림 25.1 진핵생물의 세포에서 세포막, 여러 가지 세포 소기관의 구획, 그리고 구획 간에 이온의 흐름을 조절하는 막 방향 펌프와 채널들을 나타낸 모형도

고, 이동하는 모든 화학종 및 전류의 흐름을 조절할 수 있도록 한다. 막은 지질(lipid)의 이중층이며 두께는 약 4 nm이고, 단백질 분자와 기타 성분이 막에 박혀 있다. 이중층 막은 큰 측력을 지니지만 쉽게 휘어진다. 지질의 긴 탄화수소 사슬 때문에 막의 안쪽은 소수성이고 이온들은 통과가 불가능하다. 대신에, 이온들은 특이한 통로나 펌프 및 특별한 막 단백질에 의한 수용체(receptor)를 통해서 이동한다. 세포의 구조는 삼투압에도 의존하는데, 이온을 포함하여 용질의 높은 농도에 따라 유지가 되며, 이온들은 펌프에 의해서 능동 수송 동안에 들어오게 된다.

원핵생물의 세포는 닫힌 수용성 상태의 **세포질**(cytoplasm)로 구성되어 있으며, 이 세포질은 DNA와 생화학 반응에 사용되거나 전환되는 대부분의 물질을 포함하고 있다. 박테리아는 단일 막으로 둘러싸여 있거나, 외부 막과 세포질 막 사이에 부가적으로 중간 수용성 공간인 **주변세포질**(periplasm)을 가지는지에 따라 세분되며, 이들은 크리스털 바이올렛(crystal violet) 염료로 착색시켰을 때 시험 결과에 따라 각각 'Gram 양성(Gram-positive)' 또는 'Gram 음성(Gram-negative)'으로 알려져 있다.

진핵생물의 세포에서 세포질을 더 자세히 살펴보면 고도로 전문화된 작용을 하는 **세포 소기관**(organelle)이 있으며, 이는 알려진 지질의 이중층으로 둘러싸인 소구획을 포함하고 있다. 세포 기관으로 **세포핵**(nucleus, DNA를 가짐), **미토콘드리아**(mitochondria, 산화성 호흡을 수행하는 '연료 전지'), **엽록체**(chloroplast, 빛에너지를 이용하는 '광전지'), **소포체**(endoplasmic reticulum, 단백질을 합성함), **골지체**(Golgi, 이출용 단백질을 포함하는 액포), **라이소좀**(lysosome, 분해 효소를 함유하며 노후한 세포를 제거하는 역할), **퍼옥시좀**(peroxisome, 해로운 과산화 수소를 제거함), 그리고 그 밖에 특수한 작용을 하는 소기관이 있다.

25.2 생명체의 무기화학적 성분

요점: 주요 생물학적 원소는 산소, 수소, 탄소, 질소, 인, 황, 소듐, 마그네슘, 칼슘 및 포타슘이다. 미량 원소는 셀레늄, 아이오딘, 규소 및 붕소를 비롯하여 많은 d 전자 금속를 포함하고 있다. 생명체의 금속 함유종과 미량 비금속 원소의 집합은 메탈롬(metallome)이라고 알려져 있다. 다른 종류의 원소들은 세포 내외부 및 세포내 다양한 소기관에 잘 분산되어 있다.

그림 25.2의 주기율표는 생명체에서 자연적으로 사용되는 원소들을 나타내고 있다. Li, Be, Al과 비활성 기체를 제외한 모든 2, 3주기 원소와 대부분의 3d 원소들이 사용되고 있으며,

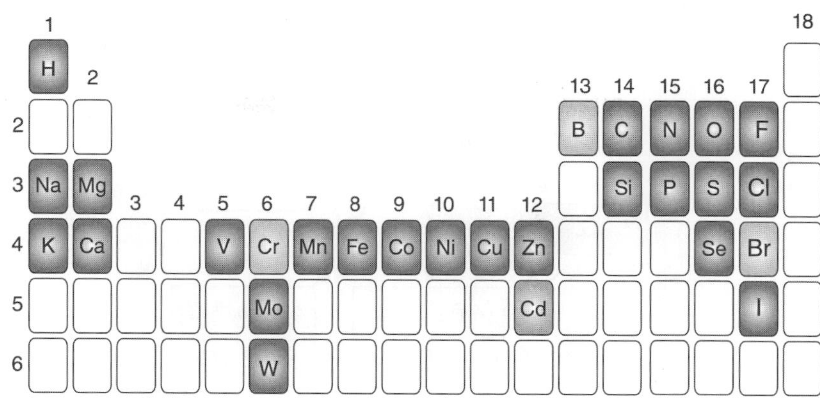

그림 25.2 생물학에서 사용되는 원소들을 나타낸 주기율표

반면에 무거운 원소 중에서 Cd, Br, I, Mo, W가 지금까지 생물학적 기능을 가지는 것이 확인되었다. Li, Ga, Tc, Ru, Gd, Pt, Au와 같은 몇몇 다른 원소들은 매우 중요하며, 약품으로서의 기능에 대한 이해가 확장되고 있다. 27장에서는 이들의 기능에 대해 살펴볼 것이다.

(a) 생물학에서의 다양한 원소의 이용

생물학적으로 기본이 되는 원소들은, 그 정도는 유기체의 종류나 유기체의 다른 부분에서 상당히 다르지만 대체적으로 두 가지 부류인 '주(major)' 원소와 '미량(trace)' 원소로 나눌 수 있다. 예를 들면 Ca는 미생물에서는 어떤 역할도 하지 못하지만 고등 생명체에는 풍부하다. 반면에, 고등 생물체에서 Co의 사용은 미생물체의 특별한 보조 인자인 코발라민(cobalamin)과 관련하여 이에 의존한다. 아마도 공통적으로 필요한 원소는 K, Mg, Fe 및 Mo일 것이다. 바나듐은 일부 박테리아뿐만 아니라 하등 동물과 식물에서 이용된다. 니켈(Ni)은 헬리코박터 파이롤리(*Helicobacter pyroli*, 27.3절)와 같은 병원균을 포함한 대부분의 미생물에서 필수적이며, 식물에서는 사용되지만 동물에서는 직접적 역할을 한다는 증거가 없다. 생물학적으로 다른 원소들을 사용하는 것은 주로 그들의 이용 가능성에 근거한다. 예를 들면 Zn은 널리 이용되고 있으며, Fe도 가장 풍부한 생물학적 미량 원소에 속하지만, Co는 상대적으로 희귀한 원소이며 기본적으로 코발라민에 제한되고 있다. 23억 년 전에[1] 높은 환원 상태의 초기 대기는 Fe를 용해성의 Fe(II)염으로 하여 자유롭게 이용이 가능하였으나, Cu는 불용성의 황화물로 갇혀 있었다(Zn도 마찬가지임). 실제로 Cu는 100°C 이상의 온도에서도 살아남을 수 있는 유기체인 고내열성 생물(hyperthermophile)을 포함하여 시원대(archaea, 산소 시기 이전에서 진화된 것으로 고려됨)에서도 발견되지 않고 있다. 이러한 유기체는 깊은 바다의 열수 분출공이나 육지의 온천에서 발견되고 있으며, 생명체에게 가장 무거우며 필수 원소로 알려진 W를 포함하는 효소의 좋은 공급처이다. W, Co, 그리고 대부분의 Ni가 더 원시적인 생명체에서 사용되었다는 발견은 아마도 진화의 초기 단계에서 이들의 특별한 역할이 있었음을 반영하는 것으로 보인다.

[1] 최근 지질학이나 지구 화학적 증거에 의하면, 대기의 O_2는 22억 년과 24억 년 전 사이에 나타났다. 이러한 기체는 25.10절에서 설명하는 광합성 Mn 뭉치 화합물의 초기 촉매 작용에 의하여 생긴 것으로 추정된다.

(b) 메탈로믹스와 구획화

메탈로믹스(metallomics)라는 용어는 **메탈롬**(생물체 내부의 금속 함유종과 비금속 미량 원소들의 집합)에 대한 체계적인 연구를 뜻한다. 금속 이온의 조직, 종 형성, 분포, 저장, 조절, 동적 특성 및 병원성을 결정하는 데 다양한 분석 기술이 사용된다. 이러한 과정의 흐름도를 그림 25.3에 나타내었다. 메탈로믹스 연구의 기본 목표는 특정 금속 이온 또는 다른 미량 원소가 **어디에** 결합하는지, 즉 어느 세포, 어떤 소기관, 어떤 분자 및 어느 리간드인지를 확인하는 것이다. 추가적인 목표는 각 금속 이온의 동역학(이동성)을 확인하는 것이다. 표 25.1은 금속

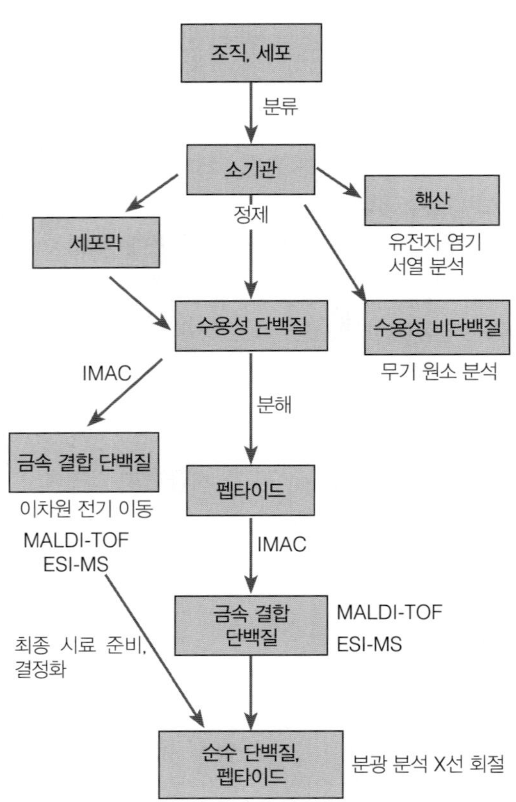

그림 25.3 **체계적인 분리 및 분석 절차 단계를 사용하여 생물 물질에서 금속 결합 단백질을 어떻게 확인하는지를 설명하는 메탈로믹스 연구용 흐름도** IMAC = 고정 금속 친화성 크로마토그래피(immobilized metal affinity chromatography), 2-D E = 이차원 전기 이동(2-D electrophoresis), XRD = X선 회절(X-ray diffraction). 다른 용어는 8장에 정의되어 있다.

(C, N, O, S, P, Se를 제외한 원소)과 다른 생물학적 구역에서의 존재비를 나타낸다. 메탈로믹스에 대한 연구는 장기/조직 시료 채취, 세포 파괴 및 다른 성분의 분리에서 시작된다. 질량 분석 및 초고감도 흡수 및 방출 분광법, 고해상도 영상, 단백질 및 핵산 염기 서열 분석과 같은 장비 분석 기술이 적용된다. 이러한 실험 절차는 전산 방법으로 보완된다. 메탈로믹스에서 파생된 정보가 약물 개발에 중요한 역할을 하는 것에 대해서는 27장에서 언급할 것이다.

구획화(**compartmentalization**)는 세포의 내부와 외부 그리고 다른 내부 구역 간에 원소들이 (다른 농도로) 분배되어 있는 것을 의미한다. 다른 생물학적 구역에서 일정한 이온 농도를 유지하는 것은 '항상성(homeostasis)'의 한 가지 예이며, 이것은 막이 이온 흐름에 대해 장벽의 역할을 하는 결과로 얻어진다. 한 예로서 세포막을 가로질러 맞은편으로 K^+ 이온과 Na^+ 이온의 농도가 큰 차이가 있는 경우이다. 세포질 내에서는 K^+의 농도가 0.3 M까지로 높지만, 세포질 밖에서는 보통 5×10^{-3} M보다 작다. 이와는 반대로, Na^+의 경우 세포 밖에는 풍부하지만 내부에는 거의 없다. 실제로 세포 내에서 리간드와 특히 약하게 결합하는 Na^+의 농도가 낮다는 것은 생화학적으로 특별한 역할이 거의 없음을 의미한다. 다른 중요한 예는 Ca^{2+}로서, 이는 세포질에는 거의 없으나(농도는 1×10^{-7} M 이하) 세포외 환경에서는 흔한 양이온이며 특정한 소기관, 예를 들면 미토콘드리아에 집중되어 있다. 또한 pH가 다른 구획 간에 크게 다르다는 것은 막 간의 양성자 구배를 유지하는 것이 광합성과 호흡에서 주요한 특성이라는 것을 암시하고 있다.

Cu와 Fe 분포가 또 다른 예를 보여 준다(Cu 효소는 **세포외**(**extracellular**)적, 즉 세포내에서 합성되어 세포 밖으로 분비되며, 이것들은 O_2와 참여하는 반응에서 촉매 작용을 한다). 반면에 Fe 효소는 세포 내에 포함되어 있다. 이들 원소에 대해 비활성의 갇힌 상태는 Fe(III)와 Cu(I)(또는 금속 Cu 상태)이며, 유기체들은 상대적으로 환원성 환경에서 Fe를 유지하고 상대적으로 산화성 환경에서는 Cu를 유지하려는 편리한 방법을 이용한다. 이러한 사실로부터 Cu와 Fe의 차이점을 설명할 수 있다.

표 25.1 다른 생물학적 영역에서 각 원소에 대한 대략적인 농도[log([J]/mol dm^{-3})](단 C, H, O, N, P, S, Se 제외)

원소	외부액 (바닷물)	외부액(혈장)에서의 자유 이온	세포질 (자유 이온)	세포 내에서의 상태에 대한 설명
Na	$>10^{-1}$	10^{-1}	$<10^{-2}$	결합 안됨
K	10^{-2}	4×10^{-3}	$<3 \times 10^{-1}$	결합 안됨
Mg	$>10^{-2}$	10^{-3}	c.10^{-3}	ATP 착물로서 약하게 결합
Ca	$>10^{-3}$	10^{-3}	c.10^{-7}	일부 액포 속에서 농축됨
Cl	10^{-1}	10^{-1}	10^{-7}	결합 안됨
Fe	10^{-17} (Fe(III))	10^{-16} (Fe(III))	$<10^{-7}$ (Fe(II))	결합 안 된 많은 Fe는 세포 내에서 독성이 있음 (Fenton 화학)
Zn	$<10^{-8}$	10^{-9}	$<10^{-11}$	완전히 결합되어 있으나 교환될 수 있음
Cu	$<10^{-10}$ (Cu(II))	10^{-12}	$<10^{-15}$ (Cu(I))	완전히 결합되어 있으나 이동성은 없음. 대부분 세포질 밖에 있음
Mn	10^{-9}		c.10^{-6}	엽록체와 액포 속에 많음
Co	10^{-11}		$<10^{-9}$	완전히 결합됨(카발라민)
Ni	10^{-9}		$<10^{-10}$	완전히 결합됨
Mo	10^{-7}		$<10^{-7}$	대부분 결합됨

많은 생명체나 기관(organ)들이 특정 원소를 농축시키는 것으로 알려져 있어서 금속 이온을 선택적으로 취하는 것은 잠재적으로 산업적 응용성을 가진다. 이와 같이 간세포는 코발라민[2](Co)의 좋은 공급원이며, 우유는 Ca가 풍부하다. 특정 박테리아는 Au를 축적하므로 이러한 귀금속을 채취하는 특별한 방법을 제공하기도 한다. 구획화는 약품으로 사용되는 금속 착물을 설계하는 데 중요한 요소이다(27장).

[2] 영양상 섭취용으로 코발라민의 복합체는 바이타민 B_{12}로 알려져 있다.

박테리아나 세포 소기관은 크기가 매우 작기 때문에 규모면에서 흥미롭다. 즉 매우 작은 구역에서 매우 낮은 농도로 존재하는 화학종은 단지 몇 개의 원자나 분자에 의해 표현되기 때문이다. 예를 들면 pH = 6에서 부피가 10^{-15} dm^{3}인 박테리아의 세포에서 세포질은 단지 1000개 이하의 '자유' H^+ 이온을 포함하고 있다. 실제로 1 nmol dm^{-3}(줄여서 1 nM) 이하의 농도라면 명목상으로 존재하는 어떤 원소도 개별적인 경우에 완전히 없을 수도 있다. 특히 Zn^{2+}와 같이 Irving–Williams 계열에서 높은 쪽에 있는 금속 이온에 대해서 '자유'라는 단어는 의미가 크다. 즉 전체 Zn 농도가 0.1 mmol dm^{-3}(0.1 mM)인 진핵생물의 세포에서조차도 소량의 배위되지 않은 Zn^{2+} 이온을 포함할 가능성이 있다.

두 가지 중요한 논점이 구획화의 내용 중에서 생긴다. 첫째, 이온들이 화학 전위의 구배를 거슬러 이동하기 때문에 이러한 과정은 에너지를 필요로 한다는 점이다. 그러나 두 영역을 나누는 막을 사이에 두고 일단 농도의 차이가 형성되면 전위차가 생긴다. 예를 들면 막에서 양쪽의 K^+ 이온의 농도를 각각 $[K^+]_{in}$와 $[K^+]_{out}$이라고 하면, 이때 막을 가로질러 기여하는 전위차는 다음과 같다.

$$\Delta\phi = \frac{RT}{F}\ln\frac{[K^+]_{in}}{[K^+]_{out}} \tag{25.1}$$

전위에서의 이 차이는 에너지를 저장하는 한 가지 방법으로서 이온들이 본래의 농도로 돌아갈 때에 에너지를 방출하게 된다. 둘째, 이온들의 선택적인 수송은 단백질 막으로 형성된

이온 통로(ion channel)를 통하여 일어나는데, 이러한 일부 통로는 전기나 화학적 신호를 받아서 이온을 방출하며, 기타 **수송체**(transporter) 및 **펌프**(pump)는 삼인산 아데노신(ATP: adenosine triphosphate)의 가수 분해에 따라 생성된 에너지에 의해 농도 구배에 거슬러 이온들을 이동시킨다. 이러한 통로가 지닌 선택성은 Na^+로부터 K^+를 아주 명확하게 구별하여 수송하는 예를 통하여 볼 수 있다(25.4절).

금속 이온 배위를 위한 가장 중요한 자리인 단백질은 영구적인 화학종이 아닐 뿐만 아니라 단백질 가수 분해 효소에 의해 계속적으로 분해되어 새로운 분자를 만들기 위한 아미노산과 금속 이온을 배출한다.

예제 25.1 인산 이온의 역할

인산 이온은 세포질에서 가장 많은 작은 음이온이다. 이렇게 풍부하게 존재한다는 것은 Ca^{2+}의 생화학적으로 볼 때 무엇을 암시하고 있는가?

답 이 문제는 Ca^{2+}의 구획화가 어떤가에 대한 고려로 접근할 수 있다. 진핵세포에서 Ca^{2+}는 ATP 가수 분해를 통해 얻어지는 에너지를 사용하여 세포질 밖(세포 밖 또는 미토콘드리아와 같은 세포 소기관 내부)으로 배출된다. 자발적인 Ca^{2+}의 유입은 특별한 통로의 작동 또는 세포 경계가 망가졌을 때 일어난다. $Ca_3(PO_4)_2$의 용해도곱은 매우 낮기 때문에 Ca^{2+}의 농도가 임계값을 넘으면 세포 내부에서 침전이 만들어진다.

문제 25.1 Fe(II)는 세포에서 간단한 $[Fe(H_2O)_6]^{2+}$ 양이온 상태로 존재할 것으로 예상되는가?

25.3 생물학적 금속 배위 자리

요점: 금속 이온의 주요한 결합 자리는 단백질 분자를 형성하는 아미노산에 의해 제공된다. 배위 자리는 주사슬에 있는 펩타이드의 카보닐에서부터 특별한 착물을 만드는 곁사슬에 이르기까지 다양하다. 핵산과 지질의 머리 기는 보통 주요 금속 이온과 배위한다.

금속 이온은 단백질, 핵산, 지질 및 다양한 여러 분자에 배위한다. 예를 들면 ATP(5.5절)는 사양성자성산(tetraprotic acid)으로, 항상 Mg^{2+} 착물(**1**)로 발견되며, DNA는 K^+와 Mg^{2+}가 인산기와 약하게 배위하여 안정화되지만, Cu(I)과 같은 무른 금속 이온이 염기에 결합하는 경우 불안정해진다. 리보자임(ribozyme)은 생명체의 초기 진화에서 중요한 단계를 나타내며 RNA와 Mg^{2+}로 구성된 촉매 분자이다. Mg^{2+}가 인지질의 머리 기에 결합하는 것은 막을 안정화하는 데 중요하다. 물이나 아미노산 이외에도 중요하면서 작은 리간드가 많이 있는데, 예를 들면 황화 이온, 황산 이온, 탄산 이온, 사이안화물(cyanide), 일산화 탄소 및 일산화 질소뿐만 아니라, 상당히 강하며 여러 자리 리간드로서 Fe(III)와 착물을 형성하는 시트르산 같은 유기산 등이 있다.

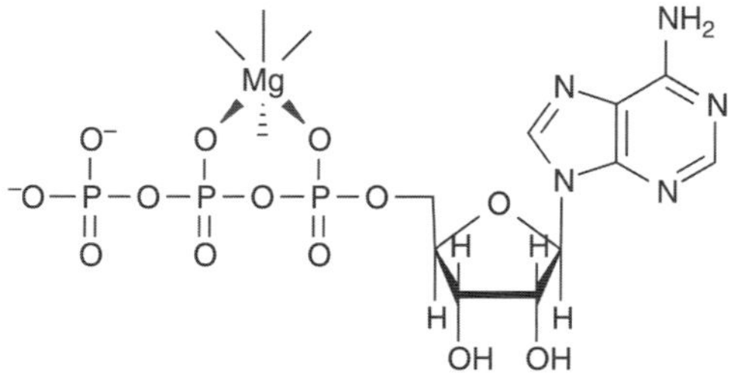

1 Mg-ATP 착물

표 25.2 아미노산과 부호

아미노산	펩타이드 사슬 내 구조	세 문자 축약형	한 문자 축약형	아미노산	펩타이드 사슬 내 구조	세 문자 축약형	한 문자 축약형
알라닌	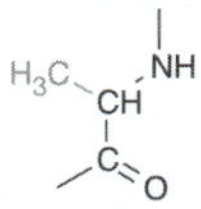	Ala	A	루신	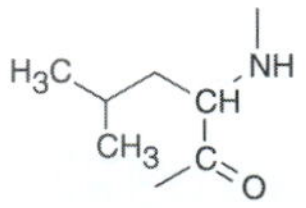	Leu	L
아르지닌	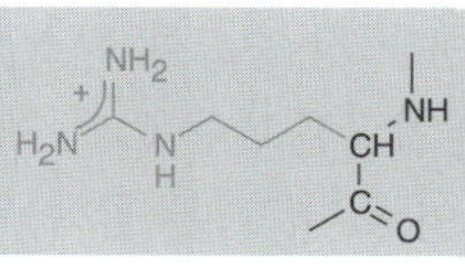	Arg	R	라이신	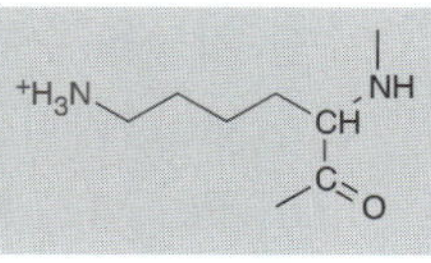	Lys	K
아스파라진	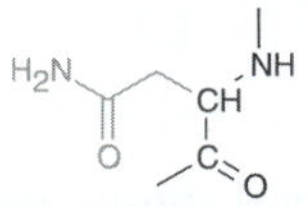	Asn	N	메싸이오닌	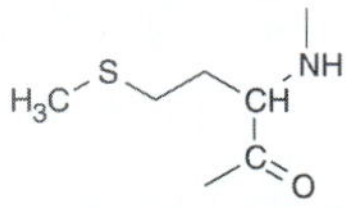	Met	M
아스파트산	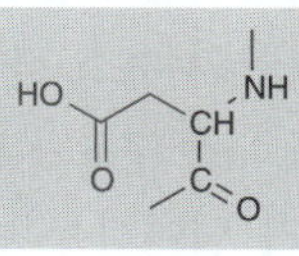	Asp	D	페닐알라닌	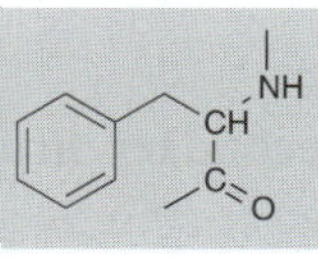	Phe	F
시스테인	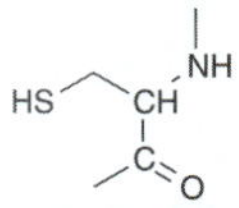	Cys	C	프롤린	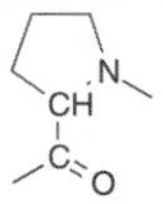	Pro	P
글루탐산	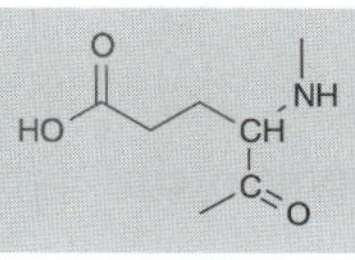	Glu	E	세린	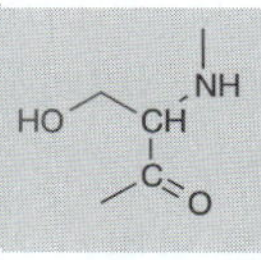	Ser	S
글루타민	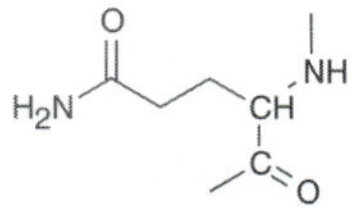	Gln	Q	트레오닌	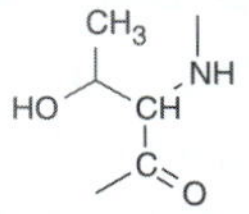	Thr	T
글라이신	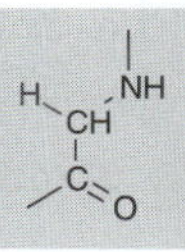	Gly	G	트립토판	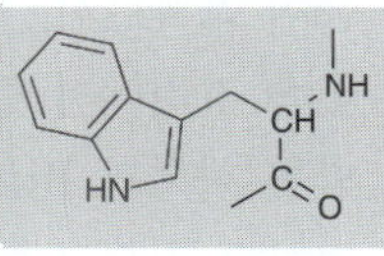	Trp	W
히스티딘	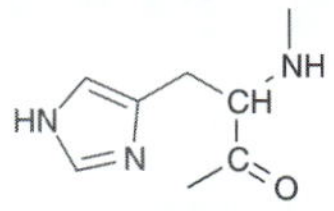	His	H	타이로신	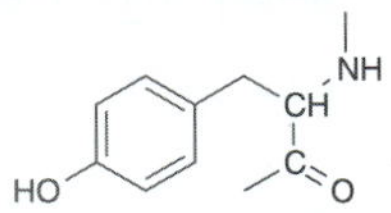	Tyr	Y
아이소루신	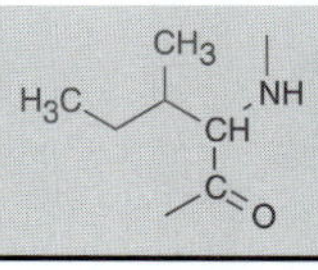	Ile	I	발린	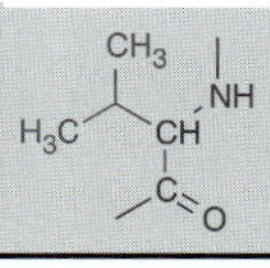	Val	V

기초화학에서 이미 배웠듯이, '단백질'은 아미노산이 펩타이드 결합을 통하여 특정 순서로 연결된 고분자이다(**2**). 거대 분자 화학에서 일반적으로 분자 질량을 언급할 때 킬로돌턴(kDa)을 사용하며 1 kDa = 1 kg mol^{-1}이다. '작은' 단백질은 일반적으로 몰질량이 20 kDa 이하인 경우로 간주하고, 반면에 '큰' 단백질은 몰질량이 100 kDa 이상인 경우이다. 주요 아미노산을 표 25.2에 나타냈다. 단백질은 **리보솜**(ribosome)이라 불리는 특수한 조립체(assembly)에서 **번역**(**translation**)이라는 과정을 통해서 합성된다. 더 나아가 단백질 구조로 변화하는 **번역후 변형**(**post-translational modification**) 과정에 따라 계속 진행되는데, 이 단계에서 **보조 인자**(cofactor)로서 금속 이온과의 결합을 포함하고 있다.

2 펩타이드 결합

금속 단백질(metalloprotein)은 한 개 이상의 금속 이온을 포함하는 단백질로서 여러 가지 특수한 기능을 수행한다. 이러한 기능 중에는 산화–환원 반응(가장 중요한 원소들은 Fe, Mn, Cu, Mo), 라디칼의 자리옮김 반응, 메틸기 이동 반응과 탈할로젠 반응(Co), 가수 분해 반응(Zn, Fe, Mg, Mn 및 Ni), 그리고 DNA 전사 과정(Zn)이 있다. 다른 금속 원자를 수송하거나 저장하기 위해서는 특별한 단백질이 필요하다. Ca^{2+}의 작용은 세포 신호 단계(세포 간에 그리고 세포 내에서 정보의 이동을 나타내기 위해 사용하는 용어)로서 단백질의 형태(구조)를 바꾸는 것이다. 그러한 단백질은 종종 **금속 이온 활성 단백질**(metal ion-activated protein)이라고 한다. 주사슬 사이에 서로 다른 아미노산의 −NH와 CO 사이의 수소 결합은 **이차 구조**(secondary structure)를 형성한다(그림 25.4). 폴리펩타이드의 α **나선 구조**(α-helix) 영역은 스프링 같은 이동성을 제공하여 금속 자리에서 입체 형태의 변화가 일어나는 변환 과정에서 중요하다. 반면에 β **병풍 구조**(β-sheet) 영역은 구조적 경직성을 부여하여 특정 금속 이온에 적합한 사전 형성된 배위 환경을 만들게 한다. 이차 구조는 주로 아미노산의 서열에 의해 결정되는데, α 나선 구조는 알라닌(alanine)과 라이신(lysine)을 포함하는 사슬에 의해 우세하게 형성되고, 글라이신(glycine)과 프롤린(proline)에 의해 불안정해진다. 정상적 활성을 위해 필요한 금속 이온과 같은 보조 인자가 부족한 단백질을 **결손 단백질**(apoprotein)이라고 하고, 보조 인자를 완벽히 갖춘 효소를 **완전 효소**(holoenzyme)라고 한다.

단백질에서 금속 이온의 배위에 영향을 미치는 중요한 요소는 유전율이 낮은 매질 속으로 전하를 배치하는 데 필요한 에너지이다. 가장 가능한 설명은 단백질 분자를 내부의 상대 유전율이 약 4로서, 물(약 78)보다 훨씬 낮은 하나의 기름방울로 간주한다. 이런 유전율의 차이는 금속 자리에서 전기적 중성을 유지하려는 강한 경향이 생기게 하고, 따라서 리간드의 산화–환원 화학과 Brønsted 산도에 영향을 미친다. 전하량이 큰 금속 이온은 음이온성 리간드와 결합할 것으로 예상된다. 즉 수소가 떨어진 형태일 것이다(카복실산 음이온, 싸이올 음이온, 또한 하이드록사이드/옥사이드).

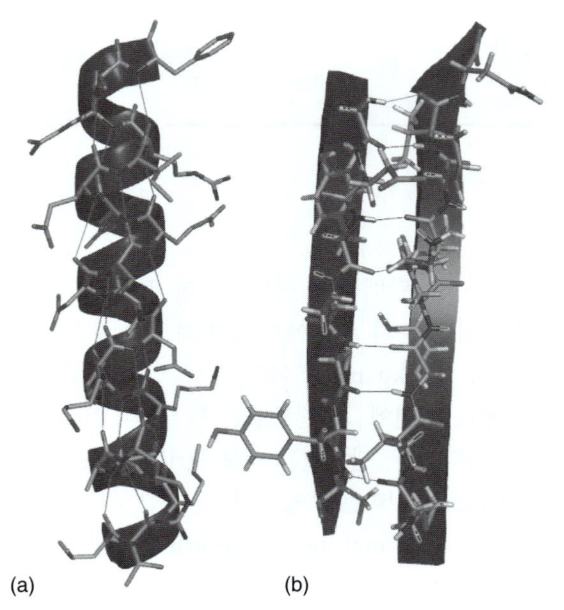

그림 25.4 이차 구조의 가장 중요한 영역인 (a) α 나선 구조, (b) β 병풍 구조 여기서는 주사슬의 아마이드기와 카보닐기 간의 수소 결합 그리고 이들의 상응 관계를 나타내고 있다.

(a) 리간드로서의 아미노산

요점: 모든 아미노산 잔기는 펩타이드의 카보닐기를 전자 주개로 사용할 수 있으며, 이런 리간드는 Na^+와 K^+에 매우 중요하게 배위한다. 하지만 곁사슬의 작용기는 다른 금속 이온의 선택적 배위를 위한 다양한 리간드를 제공한다.

표 25.2와 5.10절의 설명을 참고하면, 주개 기(group)는 화학적으로 단단하거나 무른 것으로 나뉘며, 따라서 특정 금속 이온에 대해 특별한 친화성을 부여한다. 아스파트산염(aspartate)과 글루타민산염(glutamate)은 각각 단단한 카복실산기를 제공하며 하나 또는 두 개의 O 원자를 주개로 사용한다(**3**). Ca^{2+}는 높은 배위수를 가질 수 있으며 단단한 주개 기를 선호한다. 따라서 특이한 Ca^{2+} 결합의 단백질 중에는 특별한 아미노산으로서 번역후 변형에 의해 생성되는 γ-카복시글루타민산염(γ-carboxyglutamate)과 하이드록시아스파트산염(hydroxyaspartate)이 있으며, 이들은 결합을 강하게 하는 작용기를 추가적으로 제공한다. 히스티딘(histidine)은 δ-N 원자(일반적으로 배위)와 ε-N 원자로 두 개의 배위 자리를 지닌 이미다졸(imidazole)기를 포함하고 있으며 Fe, Cu 및 Zn에 대해 중요한 리간드이다(**4**). 시스테인(cysteine)은 싸이올(thiol) S 원자를 가지고 있으며, 금속 배위할 때에 싸이올 음이온(thiolate)으로 양성자가 떨어져 있는 것으로 예상된다. 이것은 Fe, Cu 및 Zn(**5**)뿐만 아니라 독성이 있는 금속 Cd와 Hg에 대해서도 좋은 리간드이다. 타이로신(tyrosine)은 양성자가 떨어져 페놀산(phenolate) O 주개 원자를 제공하며 Fe(III)에 대해 좋은 리간드이다(**6**). 셀레노시스테인(selenocysteine, 특히 S 대신에 Se로 치환된 아미노산 약호)도 리간드로 확인되었으며, 예를 들어 특정 수소화 효소의 니켈에 리간드에서 발견된다(25.13절). 라이신(lysine)의 변형체로 곁사슬의 $-NH_2$가 CO_2 분자와 반응하여 카밤산염(cabamate)을 형성하는데, 이것은 루비스코(rubisco, 25.9절)로 알려진 특이한 광합성 효소에서 Mg에 대해 리간드로 발견되며, 유레이스(urease)라는 또 다른 단백질에 Ni(II)의 리간드로 작용한다.

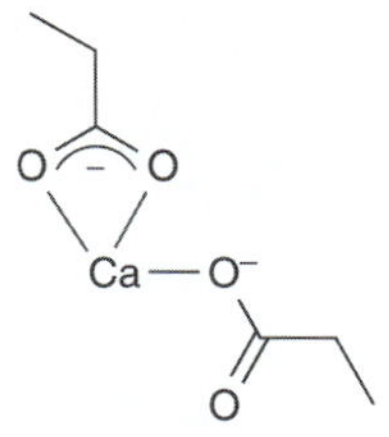

3 카복실산 음이온 곁사슬에 의한 Ca^{2+} 배위

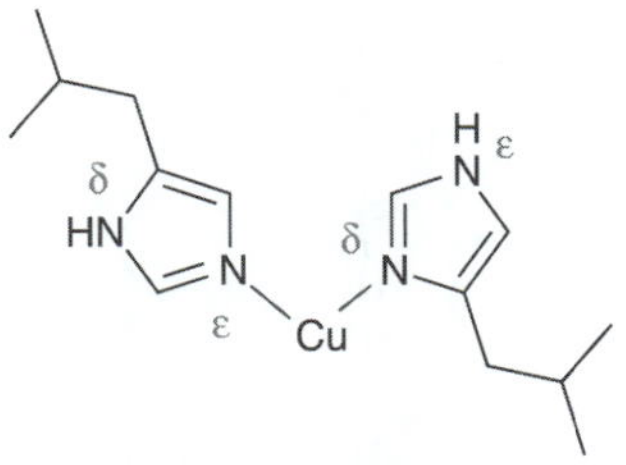

4 Cu–이미다졸 배위

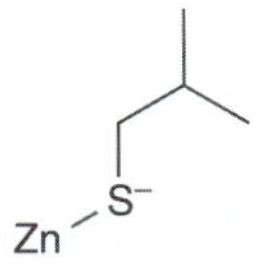

5 Zn–시스테인 배위

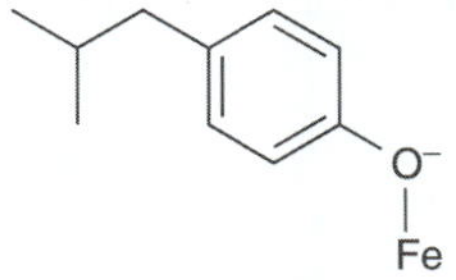

6 Fe–타이로신 배위

단백질은 작은 착물에서 거의 보기 어려운 특이한 금속 배위 화합물의 기하 구조와 기능을 가지도록 한다. 그림 25.4에 나타낸 2개의 간편한 펩타이드 구조 표현은 단백질의 대부분을 구성하는 곁사슬을 무시하기 때문에 전체 내용을 설명해 주지 못한다. 실제로 다양한 곁사슬이 포함되는 경우, 단백질 표면 바로 아래에 있는 금속 이온도 보기 어려워진다. 이러한 단백질들은 유기 리간드로 모방하기 어려운 금속 배위 환경에서 매우 특별한 입체적 장애를 제공

한다. 따라서 금속 효소의 활성 자리의 모델을 만들기 위하여 화학자들은 부피가 큰 리간드를 사용하여 열린 배위 자리를 보호하려고 한다. 단백질 유래 장애는 또 다른 기회이다. 예를 들어 특정 단백질은 어떤 과정이 진행될 때의 전이 상태와 비슷한 금속 이온의 배위 구조를 만들 수 있다. 이 장에서 보여지는 많은 활성 자리의 구조들은 X선 회절 데이터를 기반으로 한 직접 표현 방법이며 상용화 프로그램인 Pymol®을 사용하여 만들었다. 작은 착물을 다루는 화학자들에게 친숙한, 미적으로 아름다운 구조 대신에 주변 단백질에 의한 심한 변형(꼬인 각도와 비정상적인 결합 길이)을 수시로 관찰할 수 있다.

(b) 특별한 리간드

요점: 금속 이온들은 단백질에서 포피린이나 테린-다이싸이올렌과 같은 특별한 유기 리간드와 결합한다.

포피린기(**7**)는 처음으로 헤모글로빈(haemoglobin, Fe)에서 확인되었으며, 유사한 거대 고리 화합물은 엽록소(Mg)에서도 발견되었다. 여러 종류의 이러한 소수성 거대 고리가 있는데, 각각은 곁사슬의 성질에 따라 차이가 있다. 코린(corrin) 리간드(**8**)는 고리의 크기가 약간 작으며 코발라민(cobalamin)에서는 Co와 배위한다(25.11절). 이러한 거대 고리를 완전히 다 표시하기보다는 이들이 금속과 형성하는 착물을 보여 주기 위해서 (**9**)와 같이 간략한 기호를 사용하기도 한다. 대부분의 Mo와 W 효소는 몰리브도테린(molybdopterin)(**10**)에서 알려진 것처럼, 금속이 특별한 리간드에 의해서 배위되어 있다. 금속의 주개들은 테린(pterin)에 공유결합으로 연결된 다이싸이올렌(dithiolene)기의 S 원자 한 쌍이다. 인산기는 구아노신 5′-인산(guanosine 5′-diphosphate, GMP)과 같은 뉴클레오사이드(nucleoside)의 염기 X에 종종 결합된다. 왜 Mo와 W가 미지의 이러한 착물 리간드에 의해 배위되는지에 대해서는 알려져 있지 않지만, 테린기는 좋은 전자 공급의 역할을 하며 산화−환원 반응을 용이하게 한다.

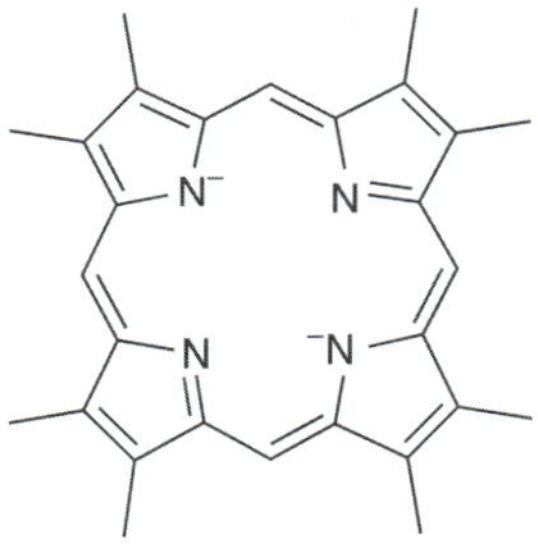

7 포피린 거대 고리 리간드

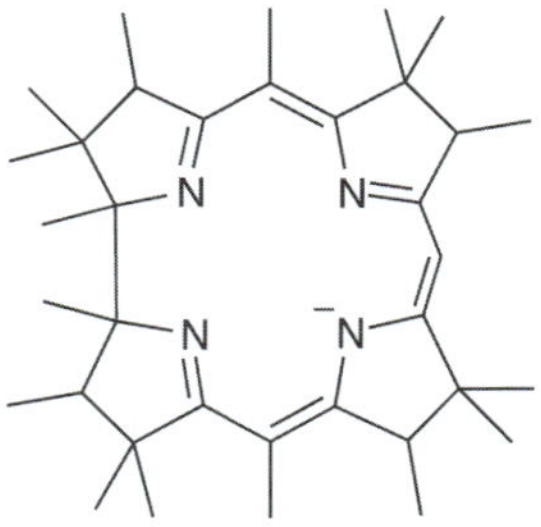

8 코린 거대 고리 리간드

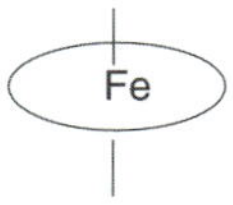

9 Fe 포피린의 축약 표시

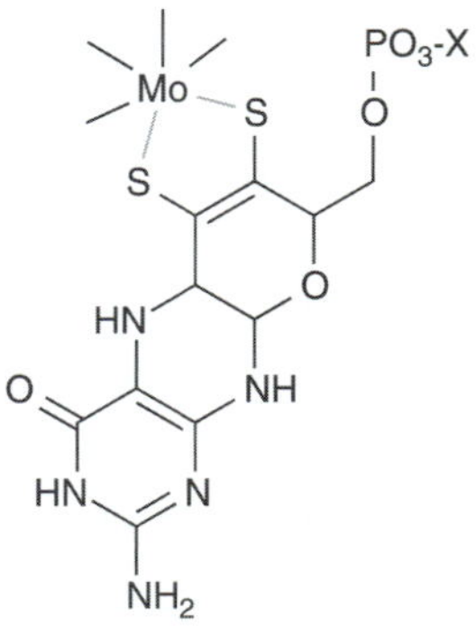

10 몰리브도테린 리간드

(c) 내부 및 외부 배위 껍질의 구조

요점: 어떤 단백질이 특별한 종류의 금속 중심과 배위할 가능성은 아미노산의 서열과, 궁극적으로는 유전자 자체로부터 추론이 가능하다. 분광학적인 방법은 그것이 적용 가능한 경우 내부 배위 껍질 탐색에 강력한 도구가 된다. 외인성 시약의 선택적 결합 및 촉매 활성에 매우 중요한 외부 배위 껍질은 유전 공학적인 방법에 의해 체계적으로 변할 수 있다.

금속 배위 자리의 구조는 주로 X선 회절법[최근에는 대부분 방사광(synchrotron) 사용, 8.1절]과 핵자기 공명(NMR: nuclear magnetic resonance) 분광법(8.6절)에 의해 결정되어 왔다.[3] 비록 기기의 분해능이 낮아서 금속 배위의 자리를 구체적으로 밝히지는 못하더라도 단백질의 기본 구조는 결정할 수 있다. 단백질에서 아미노산의 쌓음(packing)은 흔히 볼 수 있는 간단한 표현보다는(예를 들어 그림 25.5의 K^+ 통로의 구조를 비교해서 본다면) 더 밀집되어 있다. 따라서 금속 중심과 멀리 떨어져 있는 아미노산을 치환하더라도 배위 껍질이나 주변 환경에 큰 구조적 변화가 생긴다. 특별히 흥미를 끄는 것 중에는 기질이 선택적으로 활성 자리에 접근하도록 하는 통로(channel)나 틈, 장거리 전자 이동(1.5 nm 이하로 떨어져 위치한 금속 중심)에 대한 과정, 장거리 양성자 이동(카복실산 음이온과 물 분자처럼 보통 0.3 nm 이하로 근접하여 구성된 Brønsted 산-염기 기의 사슬과 비교하여)에 대한 과정, 그리고 작은 기체 분자들의 통로(격자를 Xe나 전자가 풍부한 기체하에 배치할 때 나타남)들이 있다.

[3] 단백질과 기타 큰 생물학적 분자에서 원자 배위에 대한 자료는 단백질 자료 은행(Protein Data Bank)으로 알려진 공공 저장소에 보관된다(http://www.rcsb.org/pdb/home/home.do). 특별한 구조 결정에 대응되는 각각의 배위는 'pdb 코드'에 따라 확인된다. 이러한 배위에 의해 생기는 단백질 구조를 조합하고 조사하기 위한 여러 가지 소프트웨어 패키지들이 상업적으로 이용 가능하다.

예제 25.2 금속 이온의 배위 환경 설명

간단한 Cu(II) 착물은 4~6개의 리간드로 삼각 쌍뿔형이나 사각형의 기하 구조를 가지는 반면에, Cu(I) 착물은 4개 이하의 리간드로 정사면체나 직선형의 기하 구조를 지닌다. Cu가 결합된 단백질은 어떻게 Cu가 효과적인 전자 이동 자리로 작용하도록 하는지 예측하여 설명하시오.

답 Marcus 이론(21.12절)이 도움이 될 것이다. 효과적인 전자 전이 반응은 매우 작은 추진력에도 불구하고 빠르게 일어난다. Marcus 이론은, 빠르고 효과적인 전자 전이 자리는 재배열 에너지가 작은 곳이라는 것을 알려 준다. 단백질은 Cu 원자가 Cu(II)와 Cu(I) 상태의 중간쯤의 절충된 배위구를 가지도록 하며, 이 상태는 전자 전달의 전이 상태와 닮아 있을 것이다(25.8절 참조).

문제 25.2 어떤 엽록소에서는 보조 인자 Mg가 메싸이오닌-S(methionine-S) 리간드에 의해 축 방향으로 배위되어 있다. 이와 같이 특이한 배위 현상이 단백질에서 왜 일어나고 간단한 착물에서는 매우 희귀한지 그 이유를 설명하시오.

8장에 소개된 기타 물리적 방법들은 전반적인 구조에 대해 약간의 정보를 제공하지만 리간드를 확인하는 데에는 유용하다. 예를 들면 전자 상자기성 공명(EPR: electron paramagnetic resonance) 분광법은 특히 산화-환원 반응에 관련하는 d 전자의 연구에 매

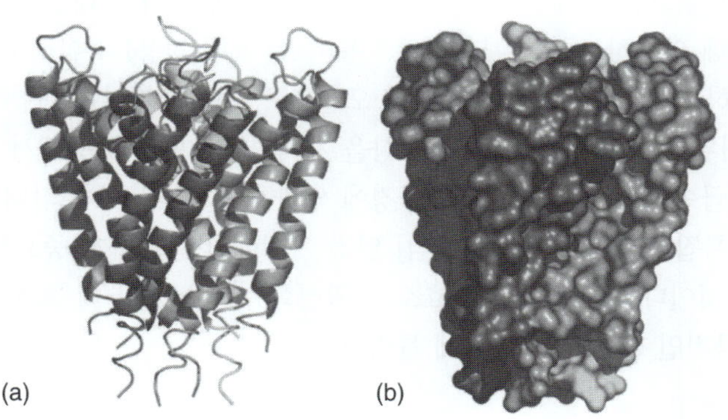

그림 25.5 (a) 이차 구조 및 (b) 수소 원자를 제외한 공간 채움의 형태로 나타낸 단백질 구조의 보기 이 예는 세포막에 주로 깊숙이 파묻혀 발견되는 K^+ 통로 4개를 나타낸 것이다.

우 중요한데, 이는 적어도 하나의 산화 상태는 항상 홀전자를 지니고 있기 때문이다. NMR은 20~30 kDa보다 작은 단백질에 대해서 제한적으로 사용되고 있는데, 이는 단백질의 뒹굴기(tumbling) 속도가 너무 느리며 상자성 금속 중심에 의해 보통의 영역($\delta \approx 1 \sim 10$ ppm)에서 좀 떨어져 이동되지 않으면 ^{1}H 공명은 너무 넓어서 관찰하기 어렵기 때문이다. 확장 X선 흡광 미세 구조 분광법(EXAFS: extended X-ray absorption fine-structure spectroscopy, 8.10절)은 동결된 용액을 포함하여 비결정성 고체 시료에 있는 금속 자리에 대한 구조적 정보를 제공한다. 진동 분광법(8.5절)은 점차적으로 사용되고 있다. 적외선 분광법은 주로 CO 및 CN^-와 같은 리간드에 제한적으로 사용되며, 공명 Raman 분광법은 Fe 포피린에서 일어나는 것처럼 금속 중심이 강한 전자 이동을 나타낼 때 매우 유용하다. Mössbauer 분광법(8.8절)은 Fe 자리 연구에서 특수한 역할을 한다. 아마도 가장 큰 어려움은 Zn^{2+}에서 나타날 것인데, 이것의 전자 배치는 d^{10}로서 어떤 유용한 자기적 또는 전기적 정보도 제공하지 않기 때문이다(장 마지막의 연습 문제 25.1 참조).

금속 이온 결합 자리는 종종 유전자 서열로부터 추측할 수 있다. 금속 이온과 결합하거나 금속을 포함하는 보조 인자를 가진 많은 단백질은 보통 분석법이나 분리법에 의한 검출 한계 이하의 세포 수준에서 일어나기 때문에 **생물정보학**(**bioinformatics**)의 발전은 중요하다. 인간 게놈(human genome)의 특별한 공통 서열은 소위 **아연 손가락 영역**(**Zn finger domain**)을 부호화하며, 따라서 DNA 결합에 관련된 단백질을 확인한다(25.15절). 마찬가지로 부호화된 단백질은 Cu, Ca, Fe-포피린, 또는 다른 형태의 Fe–S 뭉치 화합물과 결합하는지를 예측한다. 유전자는 복제될 수 있으며 부호화된 단백질은 소화관에 흔히 존재하는 대장균(*Escherichia coli*) 또는 효모처럼 적당한 숙주(host)에서 '과발현(overexpression)'으로 충분히 대량 생산이 가능하여 구조를 확인할 수 있다. 나아가 **부위 지향적 돌연변이 유발**(**site-directed mutagenesis**) 기술인 단백질에서 아미노산을 교환하는 유전 공학의 이용은 생무기화학 분야에서 강력한 원리이다. 이러한 기술은 종종 특정 금속 이온에 배위하는 리간드의 식별과 생물학적 활성에 동등하게 필수적인 바깥 (배위) 껍질의 잔류 부분의 참여를 허용한다. 바깥 배위 껍질은 물과 양성자를 포함한 시약이 착물의 내부 껍질로의 접근을 조절하고 입체 또는 극성 상호 작용에 의해 이들의 결합에 영향을 주는 단백질의 작용기를 포함한다.

비록 구조적 및 분광학적 연구를 통하여 중심 금속의 기본적인 배위 환경에 대하여 잘 이해를 할 수 있지만, 그렇다고 같은 구조로 촉매 순환 과정의 주요한 단계에서 그대로 작용한다는 것은 결코 확신할 수 없다. 이 단계에서는 불안정한 상태가 중간체로 형성되기 때문이다. 일반적으로 효소를 분리해 낼 때에 형성되는 효소의 가장 안정한 상태를 '휴식 상태(resting state)'라고 한다. 많은 효소는 분리된 상태에서 촉매적으로 비활성이며, 금속이나 기타 보조 인자를 첨가하거나 (효소의 활성을) 억제하는 리간드를 제거하는 일종의 활성화 과정을 거치게 된다.

금속 단백질의 여러 유사체를 합성하여 활성 자리를 모형화하기 위한 노력이 꾸준히 진행되고 있다. 이런 모형화는 크게 두 가지로 나뉘는데, 실제 자리에 대한 구조와 분광학적 특성을 모방하기 위해 연구하는 부류, 그리고 작용(주로 촉매 작용)의 활성도를 모방할 목적으로 합성하여 연구하는 부류가 그것이다. 합성 모델은 생물학적 활성에 대한 화학적 원리를 밝힐 뿐만 아니라 배위 화학에 대한 새로운 방향을 제시한다. 이 장을 통해서 보았듯이, 어려운 점으로서 효소는 금속 원자의 내부 배위 환경에 영향을 줄 뿐만 아니라[대부분 포피린 고리의 경우에서도 주름잡힌(puckered) 구조임] 일정 거리에서 동등하게 중요한 외부 배위구 작용기를 제공하는 것이다. 실제로 금속 효소의 활성화 자리는 초분자 화학(supramolecular chemistry)의 궁극적인 한 가지 보기임에 틀림없다.

수송 및 통신에서의 금속 이온

이 절에서는 세포막을 통한 Na^+ 및 K^+와 같은 이온의 수송 전달자로서의 Ca^{2+}의 역할, 그리고 두 가지 핵심 요소인 Fe와 O_2의 조직과 세포를 통한 수송과 저장에 대해 알아보자.

25.4 소듐과 포타슘의 수송

요점: 막을 통한 수송에는 능동(에너지가 필요한)과 수동(자발적)이 있다. 이온의 흐름은 이온 펌프(능동)와 통로(수동)로 알려진 단백질에 의해 이루어진다.

제11장에서 Na^+와 K^+ 두 이온은 반지름(각각 102 pm, 138 pm)이 서로 다를 뿐 그 외의 다른 성질은 유사하기 때문에, 구분하기 위해서는 크라운 에터(crown ether)나 크립탠드(cryptand)와 같이 한 개의 특정 이온에 결합하기에 적당한 크기를 가진 특별한 리간드를 사용해야 한다는 것을 보았다. 유기체들은 지질에 용해가 가능하도록 외부에 소수성을 띠고 있는 **이온 운반체**(ionophore)로 알려진 분자들에서 이러한 원리를 이용한다. 항생제 발리노마이신(valinomycin)은 6개의 카보닐기로 K^+를 배위함으로써 K^+에 대해 높은 선택성을 지닌 이온 운반체이다. 이와 같이 K^+가 박테리아 세포막을 통과하도록 하여 전기 전위차를 없앰으로써 박테리아를 죽게 한다. 농도 구배에 의한 수송을 수동 수송이라고 한다.

이온 통로는 막 투과 단백질로, K^+ 및 Na^+(Ca^{2+} 및 Cl^-)의 선택적 수동 수송을 허용하고 신경계에서 전기 전도 및 용질의 결합 수송을 담당한다.[4] 그림 25.6은 전위 관문(potential-gated) K^+ 통로의 중요한 구조적인 면을 보여 주고 있다. 효소는 막의 안쪽 면에서부터 이동해 오며, 신호를 받으면 열리거나 닫히는 구멍(pore)을 가지고 있어서 중앙에 지름이 약 1 nm인 공동(cavity)을 형성하며, 이 단계에까지 K^+ 이온은 수화되어 있다. 이 공동을 향하고 있는 폴리펩타이드 나선들은 양이온이 위치하기 좋도록 부분 전하를 가지고 있으며, 결과적으로 국부적 K^+ 농도는 2 M 정도이다.

[4] Roderick MacKinnon은 이온 통로의 구조와 메커니즘에 관한 설명으로 2003년에 노벨 화학상을 공동 수상하였다.

중앙에 공동 위쪽으로의 통로는 4개의 입방 8겹 배위 자리의 배열을 형성하는, 공간적으로 가까운 펩타이드 카보닐 O 주개의 나선형 사다리로 구성된 **선택 필터**(selectivity filter)로 수축한다. 통로가 작동하는 동안 이들 위치는 2개의 K^+ 이온 및 2개의 H_2O 분자, 즉 $\cdots K^+ \cdots$

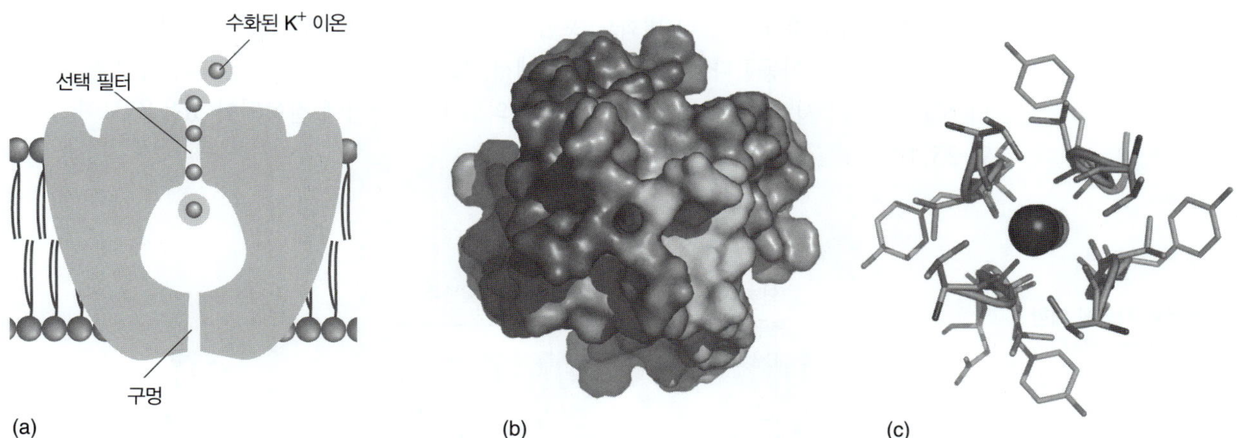

그림 25.6 (a) 다른 성분과 K^+ 이온의 수송을 나타내는 K^+ 통로의 개략적 구조, (b) 수화된 이온이 들어갈 수 있는 출입 공동을 나타내며 세포의 내부로부터 본 효소의 모양, (c) 이동하는 탈수된 K^+ 이온은 펩타이드의 카보닐 O 원자와 어떻게 배위하는지를 4개의 소단위(subunit) 각각으로 보여 주는 선택 필터의 모양. 거의 4겹 회전 대칭축임을 주목하라.

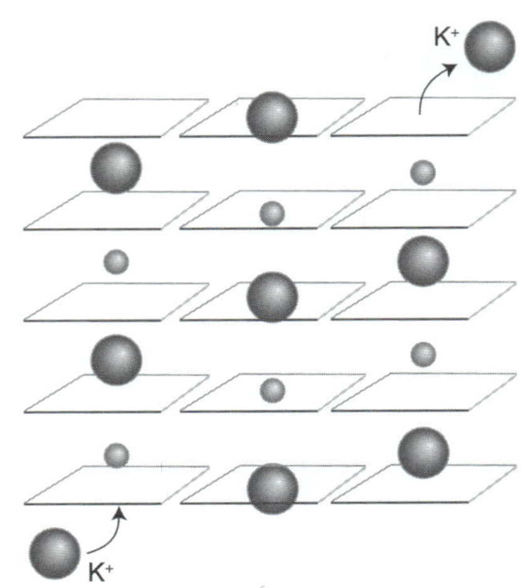

그림 25.7 K^+ 통로의 선택 필터를 통한 K^+ 이온 수송 메커니즘 작은 구는 물을 나타낸다.

$H_2O \cdots K^+ \cdots H_2O \cdots$의 교차 배열이 아무 때나 점유하게 된다. 선택성 필터를 통한 K^+ 이온 통과 속도는 확산 조절의 제한과 관계가 있다. 선택적 K^+ 수송을 설명하기 위한 메커니즘(그림 25.7)은 K^+ 이온이 4개의 카보닐 O 주개에 의해 수평 방향 배위가 되고, 2개의 끼어든 물 분자에 의해 수직 방향으로 배위된 불안정한 팔면체 상태와 같이, K^+ 이온이 주변의 입방, 8겹의 카보닐 O 자리와의 중간체로의 일치된 이동이 연관되어 있다. 이러한 메커니즘은 Na^+에 효율적이지 않은데, 그 이유는 내부 빈 공간(cavity)이 너무 크기 때문이며, 이것은 Na^+에 비해 K^+가 10^4배 높은 선택성을 보이는 것을 설명한다. K^+를 전달하지만 포획하지 않는 것이 중요하기 때문에 결합은 약하고 빠르다.

전체적으로 K^+ 통로는 그림 25.8에 설명된 원리에 따라 작동한다. 분자상의 전하를 띤 기는 막전위의 변화에 따라 이동하여 세포 내 기공(pore)을 열게 하여 수화된 K^+ 이온이 들어오게 된다. 탈수된 K^+ 이온의 선택적 결합은 필터 영역에서 발생하고, 막을 가로지르는 전위 강하게 감지되면 공동이 닫힌다. 이 지점에서 필터는 K^+ 농도가 낮은 외부 표면으로 열리고 K^+ 이온이 수화되고 방출된다. 이러한 방출로 단백질이 원래 형태로 되돌아오고 K^+ 이온은 다시 필터로 들어간다.

세포 내부와 외부에서 Na^+와 K^+의 농도 차이를 유지하는 효소인 Na 펌프(Na^+/K^+-ATPase)는 생물학적으로 진화된 알칼리 금속 이온을 고도로 구별하는 또 다른 예로서 생물학적 리간드로 발전되어 왔다. 운반이 활성화되면, 이온들은 ATP 가수 분해 과정과 연결되어 농도 기울기에 반하여 이동한다. 이 메커니즘을 그림 25.9에 나타냈으며, ATP 구동에 의한 단백질 인산화로 유도된 형태 변화도 포함하고 있다. 3개의 Na^+ 이온은 2개의 K^+와 교환되어 세포질로부터 이동한다. 세부적인 수준에서, X선 회절 연구는 E_1 상태에 의해 흡수된 3개의 Na^+ 이온이 서로 밀접하게 움직이는 2개의 α 나선 사이에 결합되어 있음을 보여 준다(그림 25.10).

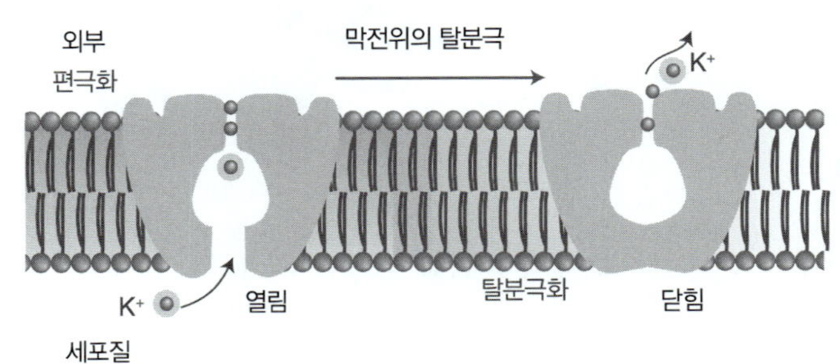

그림 25.8 K^+ 통로의 작용에 대한 일반적 원리 막을 가로지른 전위차가 단백질에 의해 감지되며, 이는 기공을 열게 하여 수화된 이온이 공동 안으로 들어가게 한다. 수화 구(hydration sphere)를 발산한 후에 K^+ 이온은 확산 조절에 가까운 속도로 선택 필터를 통과한다.

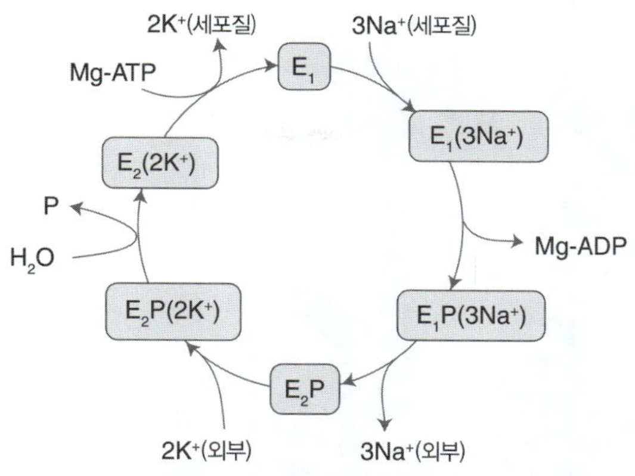

그림 25.9 **Na^+/K^+-ATPase(Na^+ 펌프)의 일반적 원리** 2개의 K^+ 이온은 세포질로부터 ATP와 결합하여 세포질 속으로 방출되고 효소는 상태 1로 변환되며, 이는 세포질로부터 3개의 Na^+ 이온과 결합한다. 인산기(P)는 효소로 전달되고 효소는 외부 방향으로 열려 3개의 Na^+ 이온을 방출하고 2개의 K^+ 이온과 결합한다. 인산기를 방출하면서 K^+를 세포질 속으로 방출하게 되고 회로가 다시 시작된다.

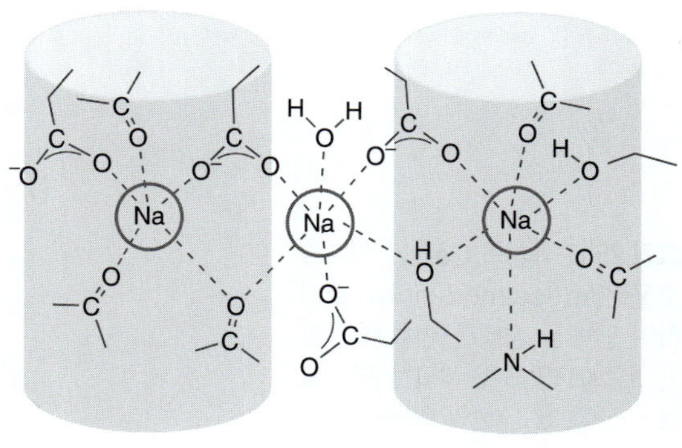

그림 25.10 **Na^+/K^+-ATPase의 2개의 α 나선 사이에 놓여 있는 3개의 Na^+ 이온의 결합 위치에 대한 표현**

예제 25.3 능동 및 수동 수송에서 이온의 역할 설명

독성이 있는 화학종 Tl^+(반지름 150 pm)는 단백질에서 K^+ 결합을 위한 NMR 표지물로 사용된다. 왜 Tl^+가 이러한 목적으로 적합한지 설명하고 높은 독성에 대해서도 설명하시오.

답 이것을 설명하기 위해서는 13장의 내용을 돌아봐야 하며, Tl은 다른 무거운 후기 d 구역 원소들과 같이 비활성 쌍 효과(inert pair effect)를 나타내고, 이는 같은 족의 산화수보다 2 작은 산화수를 가지는 화합물을 잘 형성하게 된다. 따라서 Tl(13족)은 무거운 1족 원소(실제로 TlOH는 강염기)와 비슷하고, Tl^+는 착물에서 K^+를 쉽게 대체하는데, 이는 NMR 분광 분석을 연구하는 데 매우 유리하다(^{203}Tl과 ^{205}Tl은 $I = \frac{1}{2}$이다). K^+와의 유사성은 Na^+/K^+-ATPase에 의해 '인지'되기 때문에 독성이 있는 원소인 Tl^+가 세포에 자유롭게 들어가는 것을 허용한다. 그러나 일단 안으로 들어가면, 무른 리간드와 보다 안정한 착물을 형성하는 Tl의 경향과 같은 화학적 성질의 미묘한 차이가 분명히 나타나고 세포에 치명적이 된다.

문제 25.3 병원에서 사용되는 정맥 주사액(식염수)이 KCl이 아닌 NaCl을 포함하는 이유를 설명하시오.

25.5 칼슘 신호 단백질

요점: 칼슘 이온은 리간드 교환 속도가 빠르고, 배위 구조가 크고 유연하기 때문에 신호용으로 적합하다.

칼슘 이온은 고등 생물에서 세포내 전령으로 중요한 역할을 한다. 유기체의 다른 부분에서 받은 호르몬이나 전기적 신호에 감응하여 Ca^{2+}의 흐름으로 인하여 세포 내에서 효소 작용을 시작하게 된다. 칼슘은 빠른 리간드 교환 반응 속도, 중간 정도의 결합 상수 및 크고 유연한 배위권을 지니고 있기 때문에 특히 신호를 내는 데 적합하다.

칼슘 신호 단백질은 하나 이상의 자리에서 Ca^{2+}의 결합에 따라 형태가 변하는 작은 단백질로서, 이들은 앞에서 언급한 금속 이온 활성화 단백질의 한 예이다. 우리가 하는 모든 근육 운동은 Ca^{2+}가 트로포닌(troponin) C로 알려진 단백질에 결합하면서 자극이 된다. 가장 잘 연구되어 온 Ca^{2+} 조절 단백질로서 칼모듈린(calmodulin)(17 kDa, 그림 25.11)이 있으며, 단백질의 인산화, NO 합성 효소, 그리고 산화 질소 호르몬을 생성하도록 하는 Fe 포함 효소에 대해 촉매 작용을 하는 단백질 활성화 효소를 활성화하는 역할을 하고 있다. 칼모듈린은 Ca^{2+} 결합 자리가 4개이며(하나의 결합 자리를 화합물 **11**에 나타냄), 마이크로몰 영역의 해리 상수를 지닌다.[5] Ca^{2+} 이온이 4개의 자리와 결합하면 단백질 형태를 변화시키고 표적 효소로 인식된다.

[5] 해리 상수(회합 상수의 역수)는 결합 자리를 50% 차지하도록 하는 데 필요한 화학종의 농도(mol dm^{-3} 단위로)를 나타낸다.

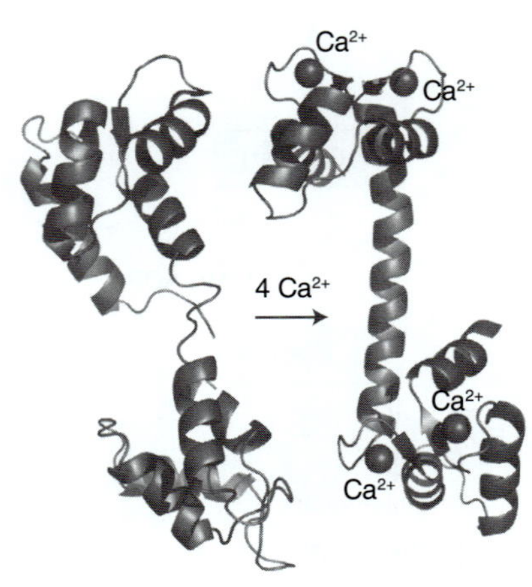

그림 25.11 4개의 Ca^{2+}가 아포칼모둘린(apocalmodulin)과 결합하여 단백질 형태를 변화시켜 많은 효소에 의해 인지되는 모양으로 바뀐다. α 나선의 비율이 높은 것은 금속 이온 결합에 의하여 활성화되는 전형적인 단백질이다.

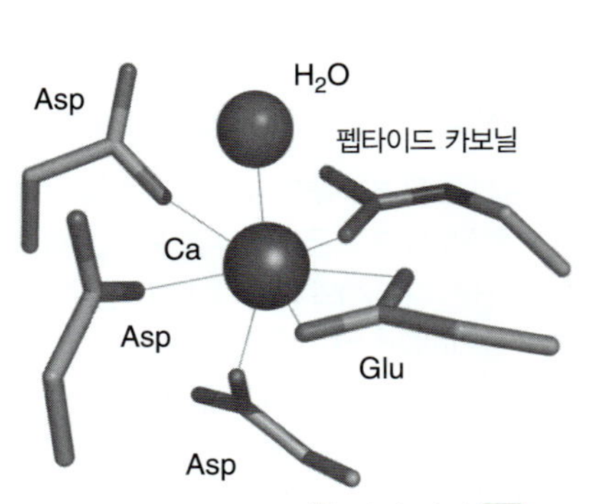

11 칼모둘린의 Ca^{2+} 결합 자리

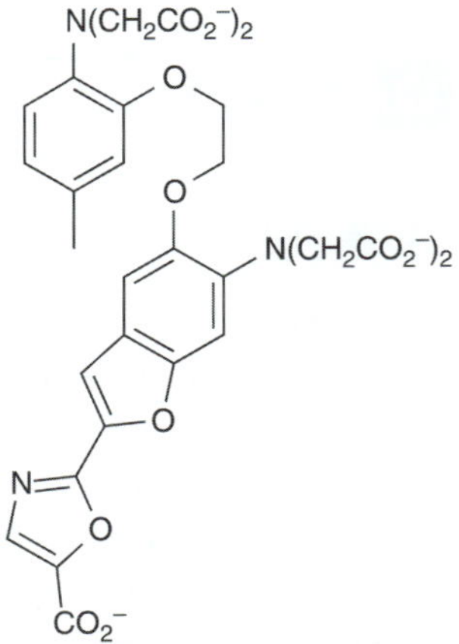

12 FURA-2(Ca^{2+}의 형광 리간드)

칼슘 신호를 내기 위해 특별한 Ca^{2+} 펌프를 필요로 한다. Ca^{2+} 펌프는 Ca^{2+}를 세포질 밖으로 보내거나, 세포 밖으로 모두를 보내거나, 소포체나 미토콘드리아와 같은 Ca^{2+} 저장 소기관 안으로 보내는, 크기가 크고 막으로 짜여진 효소이다. Na^+/K^+-ATPase처럼 Ca^{2+} 펌프를 위한 에너지는 ATP 가수 분해로부터 온다. 호르몬이나 전기적 자극은 (K^+ 통로와 유사한) 특수 통로를 개방하여 Ca^{2+}를 세포 안으로 방출한다. 펄스 전에는 세포질 내의 Ca^{2+} 양이 적기 때문에 유입하게 되면 쉽게 칼모둘린(또는 근육의 트로포닌 C)류의 Ca^{2+}결합 단백질이 필요 이상의 Ca^{2+} 농도로 증가시킨다. 활동은 단기간에 이루어지며, Ca^{2+} 펄스 이후에 세포는 곧바로 칼슘 펌프에 의해 비워진다.

비록 Ca^{2+}는 대부분의 분광학적 방법으로 볼 수 없지만 칼모둘린이나 트로포닌 C 같은 일부 Ca 단백질은 작아서 NMR로 연구하기에 충분하다. 란타넘족 이온(23.8절)은 크기가 큰 다중 카보닐산 리간드를 선호하기 때문에 Ca 결합이나 NMR 분광법에서의 상자성(NMR 분광법의 화학적 이동 시약과 동일) 및 형광 성질의 연구에서 표적 물질로 사용하여 왔다. Ca의 세포 내 농도는 특수한 형광성 다중 카보닐산 리간드(**12**)를 사용하여 조사하는데, 이들을 에스터 형태로 세포에 투입하면 친수성이 크므로 세포막 지질층을 통과하게 된다. 일단 세포 내에서 에스터 가수 분해 효소(esterase)로 알려진 효소들이 에스터를 가수 분해하고 리간드를 방출하게 되면, 이는 10^{-7}~10^{-9} M 영역에서 Ca^{2+} 농도 변화에 대응된다.

예제 25.4 칼슘이 신호용으로 적당한 이유 설명

Ca^{2+}가 세포에서 빠른 신호 과정으로 Mg^{2+}보다 더 적당한 이유를 설명하시오

답 이 질문에 답하기 위해서는 s 구역의 금속 이온의 리간드 교환 속도가 족의 아래로 내려갈수록 증가한다는 것을 볼 수 있는 21.1절을 참조해야 한다. 배위된 H_2O 분자의 교환은 Mg^{2+}에서보다 Ca^{2+}에서 10^3~10^4배 더 빠르다. Ca^{2+}가 리간드에서 빠져나와 표적 단백질에 결합하는 속도는 빠른 신호 전달을 확실히하는 데 중요하다. 예를 들어 갑작스러운 공격으로부터 유기체를 보호할 수 있는 근육의 빠른 수축은 트로포닌 C에 Ca^{2+}가 결합하면서 시작된다.

문제 25.4 Ca^{2+} 펌프는 칼모둘린에 의해 활성화된다. 이러한 관찰의 중요성을 설명하시오(힌트: 피드백 메커니즘이 어떻게 세포질에서 Ca^{2+} 수준을 조절하는지 생각해 보라).

25.6 철의 선택적 수송과 저장

요점: Fe의 생물체 내 흡수는 시데로포어(siderophore)로 알려진 특별한 리간드를 필요로 한다. 고등 생물의 유액을 순환시키는 데 있어서 수송은 트랜스페린(transferrin)이라는 단백질을 필요로 한다. Fe는 페리틴(ferritin)으로 저장된다.

철은 거의 모든 생명 형태에 대해 필수적이지만, Fe는 얻기 어려우며, 과량으로 존재하는 경우에는 심각한 독성을 나타내어 위험하다. 자연에서는 이 원소를 다루는 데 적어도 두 가지 문제점이 있다. 첫째, 대부분의 광물에서 발견되는 안정한 산화 상태인 Fe(III)의 불용성이다. pH가 증가하면서 가수 분해, 중합 반응 및 산화물의 수화된 형태로 침전이 일어난다. 산화물 가교된 Fe(III)의 고분자 형태는 호기성 Fe 화학에서 열역학적으로 가장 안정한 모양이다(6.14절의 Pourbaix 도표 참조). 녹의 불용성 때문에 세포에서 직접 흡수되는 것이 어렵다. 두 번째 문제점은 '자유 상태 Fe' 화학종의 독성이며, 특히 OH 라디칼의 형성을 통하여 일어난다. Fe^{2+}나 Fe^{3+}가 산소 화학종과 조절할 수 없는 정도로 반응하는 것을 방지하기 위해서 방어적인 배위 환경이 필요하다. 자연에서는 Fe를 일차적으로 흡수하고, 다음으로 조직으로 수송, 저장 및 이용하는 이러한 모든 면을 수행하고 조절하기 위해서 정교한 화학 시스템을 발전시켰다. 사람에게 영향을 미치는 'Fe 순환 과정'을 그림 25.12에 요약하였다.

(a) 시데로포어

시데로포어(siderophore)는 Fe(III)에 대해 높은 친화도를 지닌 작은 여러 자리 리간드이다. 그들은 대부분의 박테리아에서 외부 매질과는 차단되어 있으며, 여기에서 특별한 받개로서 유기체로 들어가도록 Fe를 용해성 착물로 형성하여 흡수한다. 일단 세포 내에 들어오면 Fe가 방출된다.

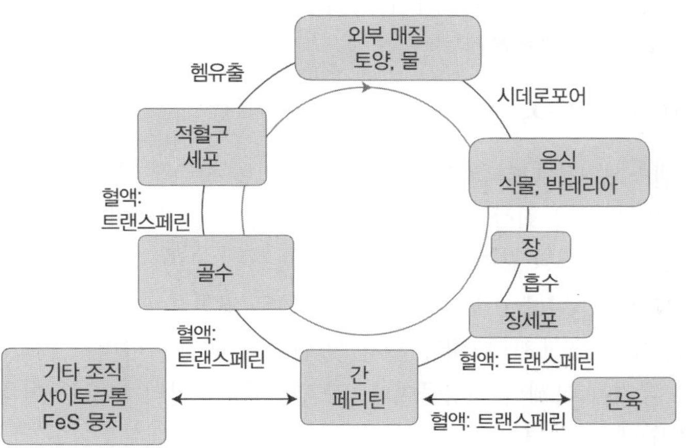

그림 25.12 Fe가 생물체를 통하여 외부 매질로부터 흡수되고 이동하는 경로를 자세히 나타낸 생물학적 Fe 순환 과정

시트르산[Fe(III)의 시트르산 착물은 생물에서 가장 간단한 Fe 수송체임] 이외에, 주로 두 가지 형태의 시데로포어가 있다. 첫 번째 형태는 페놀산이나 카테콜산 리간드에 근거를 둔 것으로, 예로서 엔테로박틴(enterobactin)(**13**)이 있으며, 이는 Fe(III)에 대한 회합 상수가 10^{52}이며, 친화도가 매우 커서 박테리아가 강철 교각을 손상시킬 수도 있다. 시데로포어의 두 번째 형태는 하이드록사메이트(hydroxamate) 리간드를 기반으로 하며, 예로서 3개의 글라이신과 3개의 *N*-하이드록실–L-오르니틴(*N*-hydroxyl-L-ornithine)으로 이루어진 고리형 헥사펩타이드인 페리크롬(ferrichrome)(**14**)이 있다.

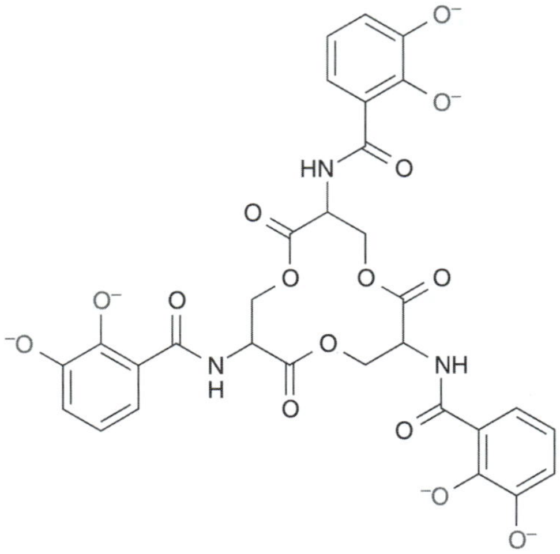

13 엔터로박틴(enterobactin)

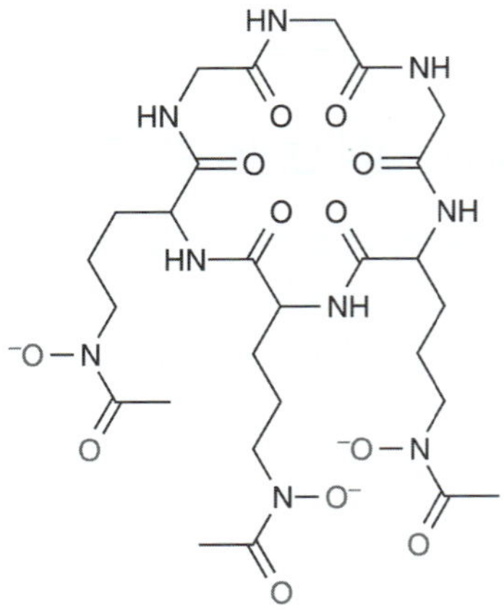

14 페리크롬(ferrichrome)

모든 Fe(III) 시데로포어 착물은 정팔면체이며 고스핀이다. 주개 원자는 단단한 O와 N 원자이고, 음으로 하전되어 있기 때문에 Fe(II)에 대해 상대적으로 낮은 친화도를 가진다. 합성 시데로포어는 세계적으로 많은 사람(특히 동남아시아 사람)들이 겪고 있는 심각한 상태인 '철 과잉(overload)'을 조절하는 매우 유용한 시약인 것으로 나타났다(27.8절)

(b) 고등 생물체에서의 철 수송 단백질

집합적으로 **트랜스페린**(**transferrin**)이라 알려져 있으며, 구조적으로 유사하고 중요한 Fe 수송 단백질이 몇 개 있다. 가장 잘 규명된 예는 피의 혈장에서의 혈청 트랜스페린, 달걀 흰자위에서의 난트랜스페린(ovotransferrin), 그리고 우유에서의 락토페린(lactoferrin)이 있다. 아포단백질(apoprotein)은 미생물에게서 철을 빼앗아 가는 중요한 항균제이다. 트랜스페린은 또한 눈물 속에 존재하여 자극된 눈을 청결하게 하는 역할을 한다. 이러한 모든 트랜스페린은 분자량이 약 80 kDa이며, 기본적으로 같은 두 개의 분리된 Fe 결합 자리를 가지고 있는 당단백질(glycoprotein)이다. 각 자리에서 Fe(III)의 착물화 과정이 일어나 HCO_3^- 또는 CO_3^{2-}와 동시에 결합을 하며 H^+를 방출한다.

$$\text{apo-TF} + \text{Fe(III)} + HCO_3^- \rightarrow \text{TF–Fe(III)–}CO_3^{2-} + H^+$$

여기서 TF는 트랜스페린을 나타낸다. 각 자리에서 회합 상수는 생리학적 조건(pH = 7)하에서 10^{22}~10^{26}이다. 더구나 회합 상수 값은 pH에 매우 의존적이며, 따라서 pH는 Fe를 취하거나 방출하여 조절하는 주된 요소이다.

트랜스페린은 N **로브**(**N-lobe**) 및 C **로브**(**C-lobe**)로 명명하는 두 개의 매우 유사한 부분으로 이루어져 있다(그림 25.13). 단백질 분자 첫 반쪽의 구조는 나머지 반쪽과 거의 중복되기 때문에 단백질은 유전자 복제의 생성물이다. 각 반쪽은 두 영역 1, 2로 이루어져 있으며, 각 영역은 함께 Fe(III)에 대한 결합 자리로 틈을 형성하고 있다. 대부분이 α 나선형 구조로서 유

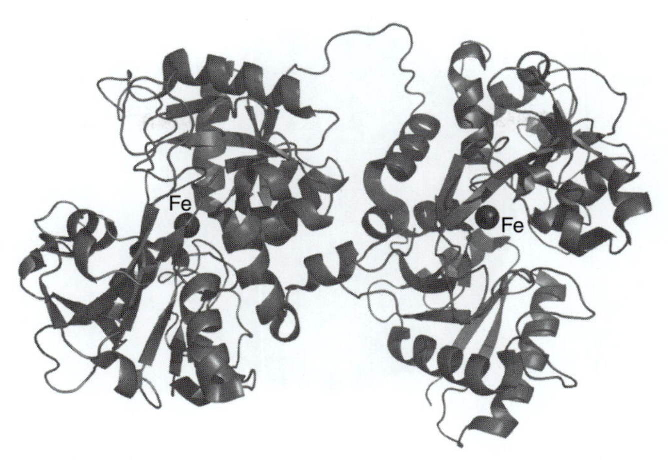

그림 25.13 Fe 수송 단백질 트랜스페린의 구조 동일한 분자의 반쪽은 두 개의 로브 사이에 있는 한 개의 Fe(III) 원자(검은색 구)와 배위한다. 이러한 배위는 형태의 변화를 일으켜 트랜스페린이 트랜스페린 받개에 의해 인식될 수 있게 한다.

연성을 가지고 있다. Fe(III)와 착물을 형성함으로써 각 로브에서 영역 1과 2를 포함하는 힌지(hinge) 운동으로 입체 형태의 변화를 일으킨다. Fe(III)와의 결합으로 영역들이 더 가까이 오게 된다.

각 활성 자리(**15**)에서 하나의 Fe 원자는 앞쪽의 영역과 결합 위치에 넓게 분산되어 있는 아미노산에 의해 배위되고, 따라서 입체 형태의 변화가 일어난다. 단백질 리간드들은 카복실산-O(Asp), 두 개의 페놀산-O(Tyr) 및 이미다졸-N(His)이다. 아스파테이트(aspartate) 카복실산-O 원자 중에 한 개만 배위되어 있다. 단백질 리간드는 일부 변형된 팔면체 배위권을 형성한다. 배위는 밖으로 드러나 있는 탄산 이온(carbonate)과 두자리 결합으로 완성되는데, 어떤 경우에는 탄산 대신에 인산이 결합되어 있다. 우세한 음이온 리간드 조합으로부터 예상되듯이, Fe(III)는 Fe(II)보다 훨씬 더 강하게 결합한다. 그러나 Fe(III)와 유사한 이온들, 특히 Ga(III)와 Al(III)도 강하게 결합하고, 따라서 이들 금속은 조직(tissue)에 접근하기 위하여 같은 수송 시스템을 사용하고 있다.

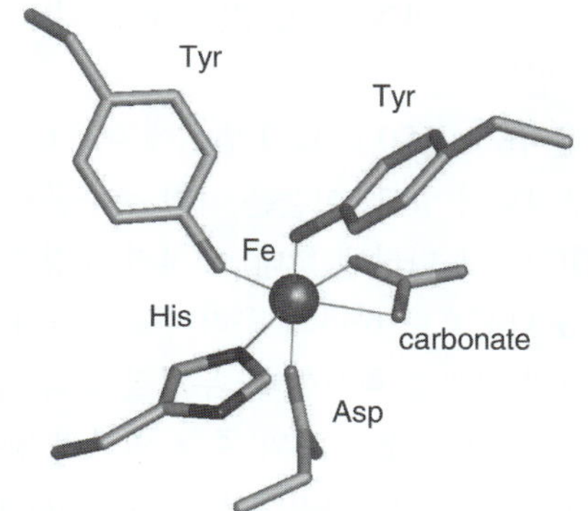

15 트랜스페린의 철 결합 위치

(c) 트랜스페린으로부터 철의 분리

Fe를 필요로 하는 세포들은 **트랜스페린 받개**(transferrin receptor)(180 kDa)라고 하는 단백질을 대량으로 생산하고, 이들은 원형질막 내에 합쳐진다. 이 단백질은 철이 결합한 트랜스페린에 결합한다. 철을 취하는 가장 우세한 메커니즘은 철이 결합한 트랜스페린 받개 착물을 포함하며, 이는 **세포내 섭취**(endocytosis)로 알려진 과정에 따라 세포 안으로 들어온다. 세포내 섭취 단계에서, 세포막의 부분은 세포벽에 의해 성분막과 결합된 단백질과 함께 휩쓸려 들어가서 소포(vesicle)를 형성한다. 소포 내의 pH는 세포 안으로 들어온 막과 결합된 H^+ 펌프 효소에 의해 낮아진다. 다음으로 Fe(III)의 방출은 탄산 이온의 배위와 관련이 있으며, 탄산 이온은 Fe의 결합에 필요하며 낮은 pH에서는 불안정하다는 점에서 서로 **협동적**(synergistic)이

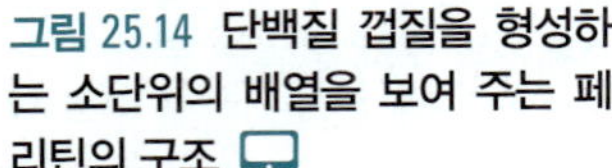

그림 25.14 단백질 껍질을 형성하는 소단위의 배열을 보여 주는 페리틴의 구조

다. 실제로 **시험관 내**(in-vitro) 연구에서는 Fe가 혈장 트랜스페린의 경우 pH를 약 5까지 낮추면 방출되며, 락토페린의 경우 pH 2~3에서 방출되는 것으로 알려져 있다. 그때 소포는 분리되고 TF 받개 착물은 **세포외 배출**(**exocytosis**) 과정으로 원형질막으로 되돌아오며, Fe(III)는 시트르산(citrate) 이온에 배위되어 세포질로 방출될 것이다.

(d) 철의 저장 세포, 페리틴

페리틴(ferritin)은 동물에서 비헴(non-haem) Fe의 주요한 저장소이고[대부분의 Fe는 헤모글로빈(haemoglobin)과 마이오글로빈(myoglobin)이 차지하고 있다], 완전히 채워지면 질량으로 20%의 Fe를 포함하고 있다. 이러한 것은 포유동물에서 원핵생물에 이르기까지 모든 형태의 생물체에서 일어나고 있다. 동물에서는 특히 비장과 혈액에서 발견된다. 페리틴은 두 가지 성분, 즉 (동물 페리틴의 경우) 많으면 4500개의 Fe 원자를 포함하는 중심 부분의 '무기질'과, 껍질 부분의 단백질로 이루어져 있다. 아포페리틴(apoferritin, Fe를 제외한 단백질 껍질)은 페리틴을 환원제와 Fe(II) 킬레이트 리간드[예를 들면 1,10-페난트롤린(1,10-phenanthroline) 또는 2,2′-바이피리딜(2,2′-bipyridyl)]로 처리하여 제조할 수 있다. 투석을 통하여 깨끗한 껍질을 얻는다.

아포페리틴의 평균 몰질량은 460~550 kDa의 범위에 이른다. 단백질 껍질(그림 25.14)은 24개의 소단위(subunit)로 구성되어 있고, 이들은 마치 축구공처럼 서로 연결하여 속이 비어 있는 구를 형성하고 2겹, 3겹(그림에 나타낸 형태) 및 4겹 대칭축을 지닌다. 각 소단위는 4개의 긴 α 나선과 1개의 짧은 α 나선으로 하나의 꾸러미를 만들며, 이웃하는 소단위와 역평행의 β 병풍 구조를 만들어 하나의 고리를 형성한다. 무기질 중심은 수화된 Fe(III) 산화물로 이루어져 있으며, 내부 표면에 고정하는 것을 도와 주는 인산의 양은 유동적으로 포함되어 있다. X선 또는 전자 회절로 밝혀진 구조는 페리하이드라이트(ferrihydrite) ($5Fe_2O_3 \cdot 9H_2O$) 광물과 닮은 구조로서, O^{2-} 이온과 OH^- 이온의 hcp 배열이 기본을 이루며, Fe(III)는 정팔면체와 정사면체 자리 모두에서 층을 이루고 있다(**16**).

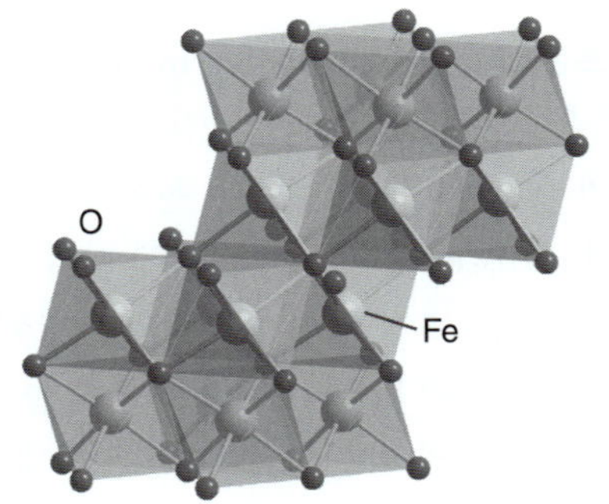

16 ferrihydrite

아포페리틴의 3겹 및 4겹 회전축은 각각 친수성과 소수성의 구멍(pore)이다. 3겹 회전축 구멍은 이온들이 통과하기에 적당하다. 그러나 페리하이드라이트 중심은 불용성이지만 Fe는 이동되어야 한다. 페리틴에서 Fe가 가역적으로 혼합하는데, 지금까지 제안된 가장 가능한 메커니즘은 Fe(II) 상태로서 들락날락하는 수송을 포함하고 있으며, Fe^{2+} 이온은 중성 pH에서 용해성이 있기 때문이며 아마도 '샤프롱(chaperone, 보호자)' 형태의 착물일 것이다. Fe(III)로의 산화는 각각의 소단위에 존재하는 **페록시데이스 중심**(**ferroxidase centre**)으로 알려진, 두 개의 철이 결합하는 특수한 자리에서 일어나는 것으로 생각된다. Fe(III)로의 산화는 O_2와의 배위와 내부권 전자 이동을 포함하고 있다.

$$2\,Fe(II) + O_2 + 2\,H^+ \rightarrow 2\,Fe(III) + H_2O_2$$

Fe가 방출되는 메커니즘은 이동성이 더 큰 Fe(II)로 다시 환원되는 과정을 거의 확실하게 포함한다.

25.7 산소의 수송과 저장

산소(O_2)는 생물체에서 항상 유용하게 이용되어 온 것은 아닌 분자이며, 실제로 많은 생명체에게는 크게 유독하기도 하다. 지구의 초기 대기에는 O_2가 없었다. 실제로 2 Ga보다 오래 전에 사이아노박테리아(cyanobacteria)로 시작된 산소 광합성 폐기물인 O_2는 생명체에 의한 태양 에너지 포획에 존재하기 때문에 생체 물질일 수 있다. 그러나 25.10절에서 보게 되겠지만, 강력한 산화제로 사용되는 큰 열역학적 장점은 고등 생물체의 발전을 가능하게 했다. 실제로 O_2를 사용하기 위한 필요 조건으로서 이를 수송하거나 저장하는 특수한 조직이 점차적으로 중요하게 되었다. O_2를 묻혀 있는 조직으로 공급하는 데 따른 어려움 외에, 물에서 충분히 높은 농도로 취하는 데에도 문제가 있다. 이러한 문제를 **O_2 운반체**(**O_2 carrier**)로 알려진 특수한 금속 단백질이 해결한다. 포유동물과 대부분의 동물 및 식물에서는 마이오글로빈 및 헤모글로빈 같은 특수한 단백질이 Fe 포피린 보조 인자를 포함하고 있다. 연체동물과 절지동물 같은 동물은 헤모사이아닌(haemocyanin)이라는 Cu 효소를 사용하고 있으며, 일부 하등 무척추동물은 이핵(dinuclear) Fe 착물 헴에리트린(haemerythrin)을 이용한다.

(a) 마이오글로빈

요점: 고스핀 5배위 Fe(II)를 포함하는 탈산소형인 데옥시마이오글로빈은 O_2와 빠르게 가역적으로 반응하여 저스핀 6배위 Fe(II)를 생성한다. 느린 자동 산화 반응으로 초과 산화물을 방출하고 Fe(III)를 생성하며 O_2 결합에는 비활성이다.

마이오글로빈[6]은 가역적으로 O_2와 배위하고, 조직에서 산소의 농도를 조절하는 Fe 단백질(17 kDa, 그림 25.15)이다. 분자는 여러 영역의 α 나선과 함께, 나선 E와 F 사이의 틈에 위치한 하나의 Fe 포피린기를 포함하고 있으며 유동성을 제공한다. 포피린상의 두 프로피온산 치환체는 단백질 표면의 물 분자 용매와 상호 작용한다. Fe의 다섯 번째 리간드는 나선 F로부터 히스티딘-N이며, 여섯 번째 위치는 O_2와 배위하고 있는 자리이다. 통상의 용어로서, 교환되는 리간드가 결합되어 있는 헴(haem) 평면 쪽은 **먼 영역**(**distal region**)으로 알려져 있으며, 헴 평면 아래쪽은 **근접 영역**(**proximal region**)으로 알려져 있다. 나선 F의 히스티딘은 모든 화학종에 존재하는 두 개 중의 하나이다. 이와 같이 '많이 보존되는' 아미노산은 진화를 통하여 그들이 작용하는 데 필수적인 것을 결정한다는 강한 증거이다. 또 다른 보존된 히스티딘은 나선 E상에 위치한다.

[6] 마이오글로빈은 삼차원 구조가 X선 회절에 의해 결정된, 최초의 단백질이었다. 이 성과 때문에 John Kendrew는 헤모글로빈의 구조를 밝힌 Max Perutz와 1962년에 노벨 화학상을 공동 수상하였다.

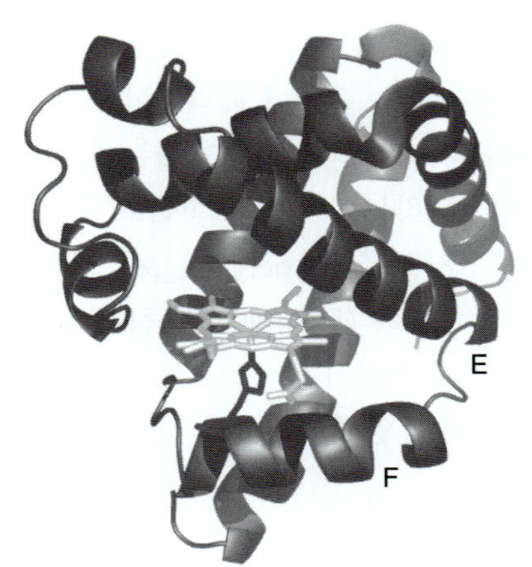

그림 25.15 마이오글로빈의 구조 나선 E와 F 사이에 위치한 Fe 포피린기를 보여 준다. 마이오글로빈의 구조 나선 E와 F 사이에 위치한 Fe 포피린기를 보여 준다.

데옥시마이오글로빈(Mb: deoxymyoglobin)은 푸르스름한 적색이고 Fe(II)를 포함하며, 이는 O_2와 결합하여 잘 알려진 밝은 적색의 옥시마이오글로빈(oxyMb: oxymyoglobin)을 형성하는 산화 상태이다. O_2와 결합할 수 없는 갈색의 Fe(III) 생성물인 메트마이오글로빈(metMb: metmyoglobin)은 일전자 산화 반응에 의해 생성된다. 이러한 산화는 리간드 치환 유도 산화–환원 반응에 의해 일어나는데, Cl^- 이온이 결합된 O_2를 초과산화물로 치환시킨다.

$$Fe(II)O_2 + Cl^- \rightarrow Fe(III)Cl + O_2^-$$

건강한 조직 내에서 효소(메트헤모글로빈 환원 효소)는 메트 형태를 Fe(II) 형태로 다시 환원시키는 데 이용 가능하다.

데옥시마이오글로빈은 5배위이고 고스핀이다. O_2가 배위할 때 Fe 원자와는 모노합토(monohapto) 연결 형태로 배위되며, 이들의 전자 구조는 F 나선의 중심부의 히스티딘 리간드에 의해 조정된다(그림 25.16). O_2 분자의 결합되지 않은 말단은 나선 E에서 히스티딘의 이미다졸-NH와 수소 결합을 형성하며 묶여 있다. 강한 장의 π 받개 리간드인 O_2의 배위를 통하여 Fe(II)는 고스핀($t_{2g}^4e_g^2$와 같음)에서 저스핀(t_{2g}^6과 같음)으로 바뀌게 되며, 모든 전자는 t_{2g} 오비탈에 채워지기 때문에 반결합 오비탈의 d 전자가 없게 되어 약간 수축이 일어나고 고리 면으로 이동한다. 결합은 종종 Fe(II)가, 2개의 전자가 $2\pi_g$ 오비탈 중 하나에 차 있는 단일항 O_2($^1\Delta_g$, 16.4절 참조)와 배위하는 형태로 설명한다. 여기서 O_2의 이중으로 채워져 있는 반결합성 $2\pi_g$ 오비탈이 σ 주개로 작용하고, O_2의 비어 있는 $2\pi_g$ 오비탈은 Fe로부터 전자

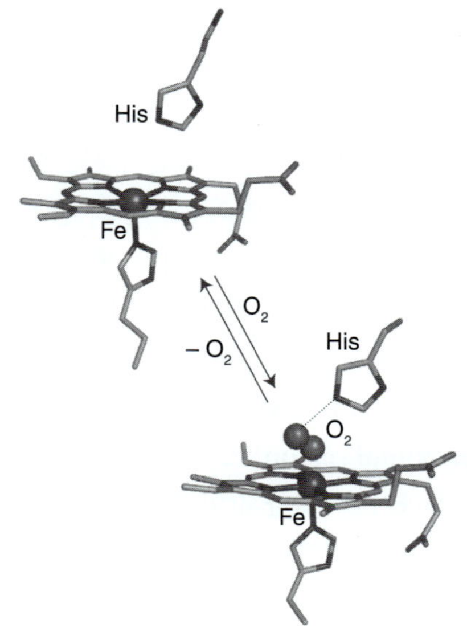

그림 25.16 O_2의 마이오글로빈과의 가역적 결합 O_2의 배위로 인하여 Fe는 저스핀으로 되며 포피린 고리의 평면 안쪽으로 이동한다.

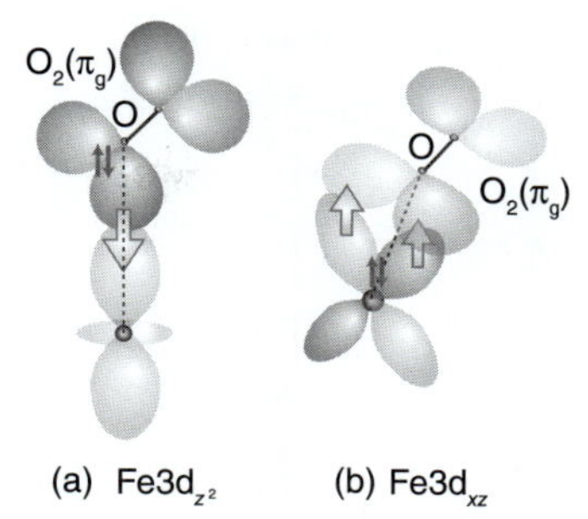

그림 25.17 마이오글로빈과 헤모글로빈의 Fe–O_2 첨가 생성물을 형성하는 데 사용되는 오비탈 이 모형은 O_2 리간드를 단일항 상태로 간주하며, 완전히 채워진 $2\pi_g$ 오비탈은 전자쌍을 제공하고, 기타 $2\pi_g$ 오비탈은 π 전자쌍 받개로 작용한다.

쌍을 받는다(그림 25.17). 초과산화 이온(O_2^-)에 의해 배위된 저스핀 Fe(III)로 결합이 표현되는 것과 같은 대안적인 설명을 고려할 수 있다. 이 모델에서, 음이온과의 반응에 의한 메트마이오글로빈의 형성은 간단한 리간드 치환이다.

(b) 헤모글로빈

요점: 헤모글로빈은 마이오글로빈 같은 소단위의 사합체로 이루어져 있으며 O_2와 협동적으로 결합하는 4개의 Fe 자리를 가지고 있다.

헤모글로빈(Hb, 68 kDa, 그림 27.18)은 **적혈구(erythrocyte/red blood cell)**로 알려진 특별한 세포 내에서 발견된 O_2 수송 단백질로서, 사람의 혈액 1리터 속에는 약 150 g의 Hb가 포함되어 있다. 극단적으로 단순화하면, Hb는 가운데의 공동과 함께 마이오글로빈과 같은 단위의 사합체로 생각할 수 있다. 사실상 Mb 형태의 소단위에는 두 종류가 있는데, 그들은 구조에서 약간의 차이가 있으며, Hb는 **$\alpha_2\beta_2$ 사합체($\alpha_2\beta_2$ tetramer)**로 언급된다.

Mb와 Hb의 O_2 결합 곡선을 그림 25.19에서 보여 주고 있다. 여기서 매우 중요한 점은 Hb에 대한 곡선이 S자형이라는 것이며, 이는 O_2 분자의 연속적인 흡수와 방출이 서로 협동적이란 것을 의미한다. 낮은 O_2 분압과 큰 산도(acidity)(예로서 심한 운동 뒤의 정맥피와 근육 조직에서처럼)에서 Hb는 O_2에 대해 친화력(affinity)이 낮다. 이러한 낮은 친화력 때문에 Hb는 O_2를 Mb로 이동하게 한다. 압력이 증가함에 따라 Hb의 O_2에 대한 친화력도 증가하여, 결과적으로 Hb는 폐에서 O_2를 취할 수 있다. 이러한 친화력의 변화는 그 상태에서 두 가지의 입체 형태가 존재하기 때문이다. **긴장 상태(tensed state, T)**는 낮은 친화력을 가지며, **이완 상태(relaxed state, R)**는 높은 친화력을 가진다. 데옥시-Hb는 T이며, 완전히 부하된 옥시-Hb는 R이다.

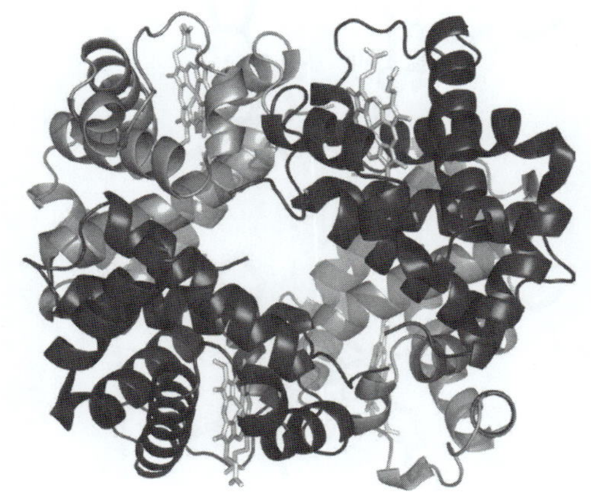

그림 25.18 헤모글로빈은 $\alpha_2\beta_2$ 사합체이다. α와 β의 소단위들은 마이오글로빈과 매우 유사하다. 4개의 헴기는 연한 회색으로 나타내었다.

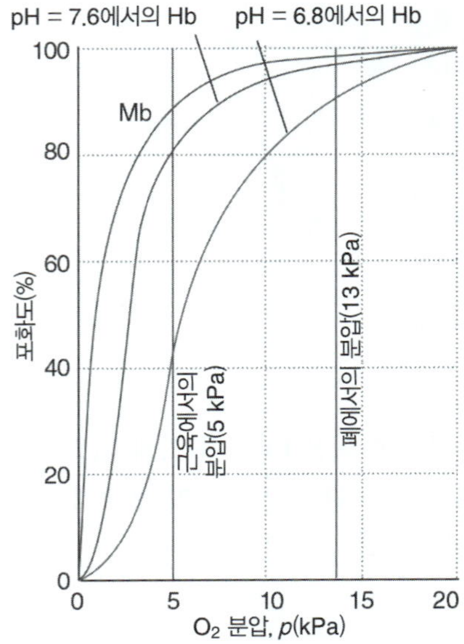

그림 25.19 마이오글로빈과 헤모글로빈의 산소 결합 곡선은 헤모글로빈에서 4개 자리 간의 협동성이 어떻게 S자형 곡선을 나타내는지를 보여 준다. 첫 번째 O_2 분자와 헤모글로빈의 결합은 우세하지 않으나, 결과적으로 다음의 O_2 분자에 대한 친화력을 크게 증가시킨다.

첫 번째 O_2 분자와 T 상태 분자의 결합은 약하나, Fe의 크기가 감소하기 때문에 Fe는 포피린 고리의 평면 안으로 이동한다는 것을 고려하여 분자 수준의 협동성에 대한 모델을 만들 수 있다(그림 25.16). 이러한 이동은 근접한 히스티딘 리간드에 끌어당겨서 나선 F가 이동하기 때문에 Hb에는 특히 중요하다. 이러한 운동은 다른 O_2 결합 자리에도 전달되어 그 영향이 각 고리면에 가까운 다른 Fe 원자로 이동하고, 따라서 단백질을 R 상태로 전환시킨다. 따라서 포화 상태에 가까워질수록 통계적 확률은 감소하지만 그들이 O_2와 훨씬 더 쉽게 결합하도록 진행된다.

(c) 그 밖의 산소 수송체

요점: 절지동물과 연체동물은 헤모사이아닌을 사용하고, 어떤 해양 연충들은 헴에리트린을 이용한다.

절지동물과 연체동물 같은 많은 생물체에서 O_2는 헤모글로빈과는 달리, Cu 단백질에는 흔한 세포외 Cu 단백질인 헤모사이아닌(haemocyanin)에 의해 수송된다. 헤모사이아닌은 근접한 한 쌍의 Cu 원자를 포함하는 각 단량체의 올리고머(oligomer) 형태이다. 데옥시헤모사이아닌[deoxyhaemocyanin, (Cu(I))]은 무색인데, O_2와 결합하면 밝은 청색이 된다.

활성 자리는 그림 25.20에 나타나 있다. 데옥시 상태에서, 각 Cu 원자는 3배위이며 세 개

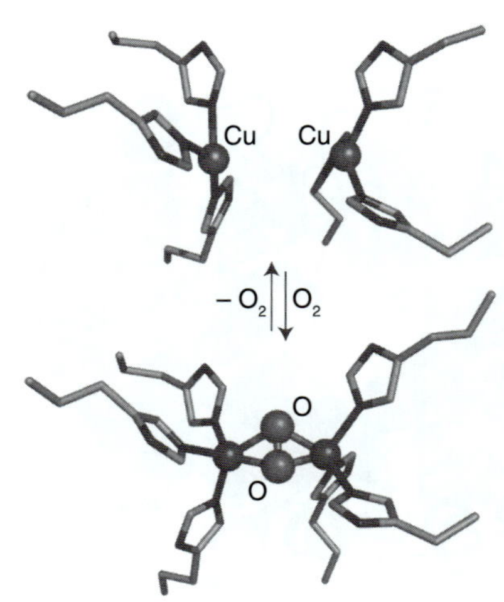

그림 25.20 헤모사이아닌의 활성화 자리에서 O_2의 결합으로 두 개의 Cu 원자는 서로 가까이 오게 된다. O_2 착물은 이핵 Cu(II)의 중심으로 간주되며, 두 개의 Cu(II) 원자는 η^2,η^2-과산화물로 다리 결합되어 있다.

의 히스티딘 잔기에 의해 피라미드 배열로 결합되어 있다. 두 개의 Cu 원자는 460 pm로 꽤 멀리 떨어져 있으며, 그들 간의 직접적인 상호 작용은 없다. 특히 Cu(I)의 배위수는 보통 2~4배위로 낮다. O_2의 빠르고 가역적인 배위는 다리 결합의 다이합토(dihapto)(μ-$\eta^2\eta^2$) 방식으로 두 개의 Cu 원자 간에 일어나며, 배위된 O_2의 낮은 진동수(750 cm^{-1})로 보아 과산화물(O_2^{2-})로 환원되고 동시에 결합 차수는 2에서 1로 낮아졌음을 알 수 있다. O_2의 결합을 수용하기 위하여 단백질은 두 개의 Cu 원자가 서로 가까이 올 수 있도록 그 형태를 조정한다. Cu 자리는 Cu(II)의 전형적인 5배위가 된다.

헴에리트린(haemerythrin)은 이핵 Fe 중심의 특수한 부류의 예로서 메테인 일산소화 효소, 리보뉴클레오타이드 환원 효소 및 산성 인산 가수 분해 효소 등의 다양한 기능의 많은 단백질에서 발견된다(25.9c절). 헴에리트린(**17**)의 활성화 자리에서 두 개의 Fe 원자는 아미노산 곁사슬에 의해 각각 배위되어 있으며, 또한 두 개의 다리 결합된 카복실기와 작은 리간드에 의해 연결되어 있다. 환원(Fe(II))형에서 O_2와 가역적으로 결합하며, 이 작은 리간드는 OH^-이다. O_2의 배위는 Fe 원자 중에서 한 군데에서만 일어나며, 말단 O 원자는 다리 결합하는 하이드록사이드(hydroxide)의 H 원자와 수소 결합을 형성한다.

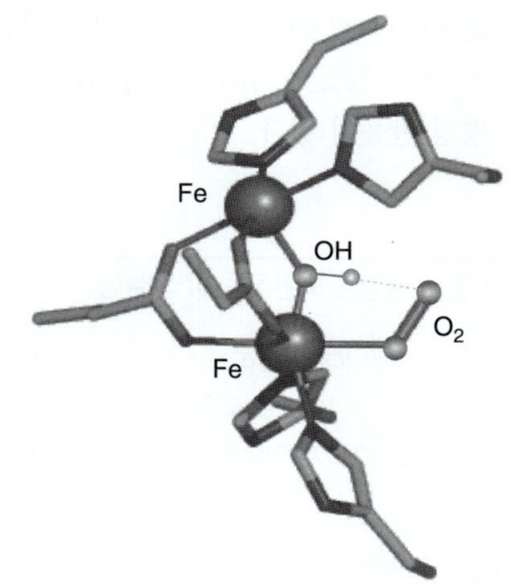

17 헴에리트린의 활성 자리

(d) 작은 분자 유사체에 의한 가역적 O_2 결합

요점: O_2에 결합하는 단백질은 환원을 막고 및 결과적으로 O−O 결합이 끊어지는 것을 방지함으로써 가역적으로 결합한다. 이 보호는 작은 분자로는 구현하기 어렵다. 특정의 정교한 거대 고리 분자 Fe(II) 착물은 배위된 O_2에 대한 공격에 입체 장애를 제공함으로써 가역적 O_2 결합을 할 수 있다.

O_2와 가역적으로 배위하여 응급 수술과 같은 특별한 상황에서 혈액 대체로 사용할 수 있는 간단한 착물의 합성에 많은 노력을 기울여 왔다. 문제는 비록 O_2가 d 구역 금속 이온과 반응하여 O−O 결합이 유지되는 착물을 형성할 수 있지만(초과산화 및 과산화 종에서와 같이), 이들 생성물은 빠르게 O−O 결합이 끊어져 비가역적인 분해를 통해 물이나 산화물을 형성한다. 이 문제를 극복하기 위해서는 배위된 O−O 리간드를 보호하여 더 이상 반응하지 않도록 설계된 착물이 필요하다. '바스켓' 포피린(**18**)과 같은 입체적으로 제한된 Fe(II) 착물은 제2의 Fe(II) 착물이 초과산화종의 말단의 O 원자를 공격하여 다리 결합된 과산화 중간체를 형성하는 것을 막는 것을 통해 가능하다. 25.10절에서 볼 수 있듯이, Fe(III)의 과산화 착물은 빠른 O−O 결합 단백질 가수 분해가 일어나는 경향이 있어 양이온 라디칼과 함께 H_2O 및 Fe(IV)=O가 형성된다. 활성 자리에 대한 전자와 H^+의 접근을 제어하는 것은 O_2 분자의 형성을 결정짓는 역할을 한다.

18 O_2가 결합한 '바스켓' Fe-포피린

가역적으로 O_2를 배위할 수 있는 간단한 Cu 착물이 드물지만, 연구에 따르면 산소화 반응을 위한 촉매를 개발하는 데 특히 흥미로운 화학이 알려졌다. 헤모사이아닌의 이핵 Cu(I) 중심의 유사체는 O_2와 반응하지만 O–O 결합이 끊어지는 것과 같은 추가 반응이 일어나는 경향이 있다. 예로 그림 25.21에 나와 있듯이, μ-η^2,η^2 peroxo-dicopper(II)와 bis(μ-oxo) copper(III) 착물 사이에 빠른 평형 반응이 있다.

예제 25.5 생물체가 CO에 의한 강한 경쟁을 보완하는 방법 설명

일산화 탄소는 마이오글로빈과 헤모글로빈에 의해 결합하는 O_2의 강한 억제제(inhibitor)로 잘 알려져 있으나, O_2에 비해 이의 결합력은 단백질 내에서 간단한 Fe-포피린 착물에 비하여 훨씬 약하다. CO 결합의 이러한 억제는 미량의 CO 존재에서도 중요하다. 그렇지 않으면 호기성 생물에게는 심각한 결과를 가져온다. 이러한 사실을 설명하시오.

답 π 받개 리간드인 두 개의 CO와 O_2가 금속 원자와 결합을 하는 데 사용하는 오비탈이 어떻게 다른지를 고려할 필요가 있다. O_2의 결합은 비선형(그림 25.16 및 25.17 참조)이며, 말단의 O 원자는 말단의 이미다졸과 수소 결합을 형성하기에 좋게 위치해 있다. 반면 CO는 선형의 Fe–C–O 배열을 하고 있으며(22.5절), 부가적인 H 결합에 참여하지 않는다.

문제 25.5 단순한 Fe-포피린 착물이 O_2에 가역적으로 결합할 수 없는 대신에 옥소 다리 이핵성 Fe(III) 포피린 종을 포함하는 생성물이 나오는 이유를 설명할 수 있는 반응 순서를 제안하시오.

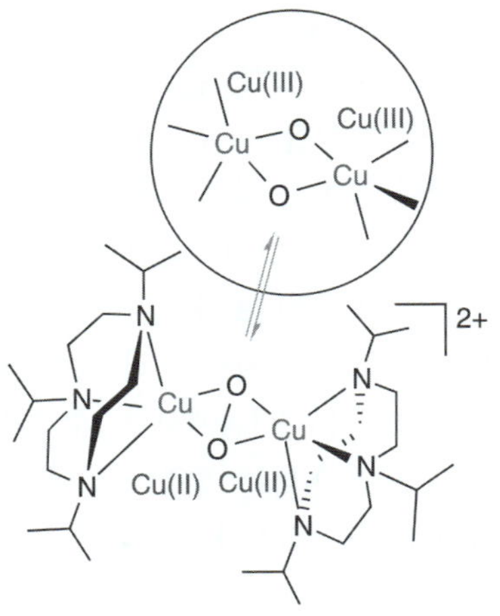

그림 25.21 헤모사이아닌의 활성 자리의 모델 착물에서 μ-η^2,η^2 peroxo-dicopper(II)와 bis(μ-oxo) copper(III) 착물 사이의 빠른 평형

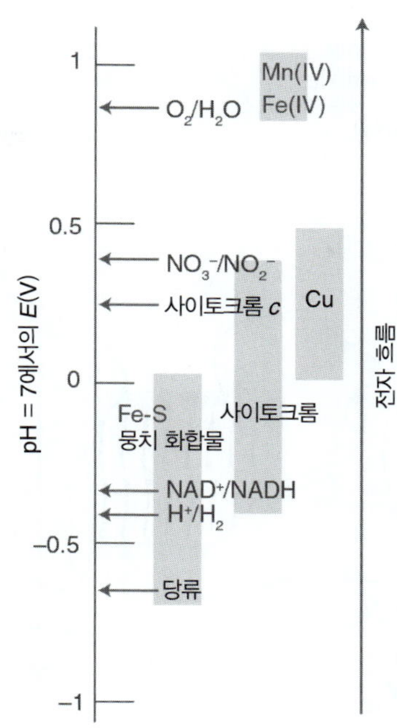

그림 25.22 생명체의 '산화-환원 스펙트럼'

25.8 전자 이동

거의 모든 경우에서 생명체를 위한 에너지는 궁극적으로 태양으로부터 유래된다. 즉 광합성의 경우 태양으로부터 직접적으로 에너지가 유래되며, 에너지가 풍부한 화합물(연료)의 경우는 광합성을 하는 유기체로부터 간접적으로 유래된다. 연료에서 산화제로의 전자 흐름으로 얻은 에너지는 이온 펌핑 및 ATP 합성을 포함한 모든 종류의 반응을 유도하기 위해 유래된다. 중요한 연료로서 지방, 당 및 H_2가 있으며, 중요한 생물학적 산화제는 O_2, 질산 및 H^+이다(25.13절). 그림 25.22에서 보듯이, O_2에 의한 당의 산화는 많은 에너지(O_2 분자당 4 eV 이상)를 제공하며, 이는 호기성 유기체들이 혐기성 유기체보다 지구상에서 성공적으로 우세한 이유에 속한다. 진화는 서로 다른 촉매가 서로 '연결된' 것처럼 전자 이동(ET: electron-transfer) 중심을 완성하여 이러한 과정이 최대 속도와 효율로 일어날 수 있도록 했다.

(a) 일반적인 사항

요점: 전자 수송 사슬을 따른 전자의 흐름은, 예를 들면 이온(특히 H^+) 이동과 같은 화학적 과정과 짝을 이룬다. 가장 간단한 전자 이동의 중심을 사용하여 빠른 전자 이동을 최적화하여 발전시켜 나간다.

유기체 내에서 전자는 음식(연료)으로부터 나와서 **호흡 연쇄**(**respiratory chain**)로 알려진 전자 이동(ET: electron transfer) 수용체와 공여자의 서열에 따라 형성된 전위 구배의 아래쪽으로 산화제를 향하여 흐른다(그림 25.23)[7]. 산화–환원 활성의 유기 보조 인자인 플라빈(flavin)과 퀴논(quinone) 이외에 이들 수용체와 공여자는 금속을 포함하는 중심으로 주요한 세 가지 부류, 즉 Fe–S 뭉치 화합물, 사이토크롬(cytochrome) 및 Cu 자리로 나뉜다. 이러한 효소는 일반적으로 막 내부에 결합되어 있으며, ET로부터 나온 에너지는 막횡단 양성자 구배를 유지하는 데 이용된다. 이것이 유명한 **화학 삼투성 이론**(**chemiosmotic theory**)의 기본이다. ATP 합성 효소로 알려진 회전 효소를 통해 H^+를 역류하게 하여 ADP를 ATP로 인산화하도록 유도한다. 막에 결합된 많은 산화–환원 효소는 **전기 생성 양성자 펌프**(**electrogenic proton pump**)이며, 이는 직접적으로 원거리의 ET와 짝지어서 특별한 내부 통로를 통하여 양성자 이동을 하게 함을 의미한다.

ET 중심의 세 가지 주요한 형태에 대한 성질을 알아보자. 외부권(outer-sphere) 전자 이동

[7] 보통 한 사람의 몸에서 전체적으로 약 80 A의 전류가 미토콘드리아의 호흡 연쇄를 통하여 흐른다.

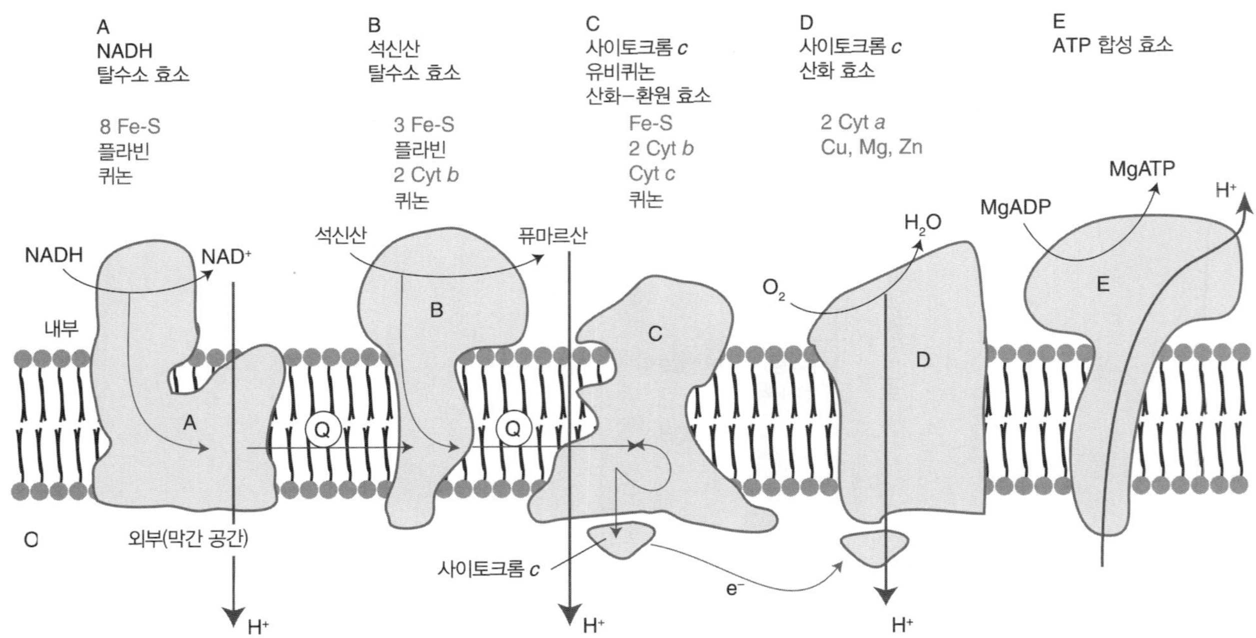

그림 25.23 미토콘드리아의 호흡 전자 이동(ET) 사슬은 막을 가로질러 양성자를 수송하기 위해 전자 수송 에너지를 사용하는 여러 가지 금속 효소 분자로 구성되어 있다. 양성자 구배는 ATP 합성을 유도하는 데 사용된다.

에 관한 것과 같은 규칙이 단백질의 금속 중심에 적용되며, 유기체들은 원거리 전자 이동을 효과적으로 하기 위해 중심의 구조와 성질을 최적화함에 유의해야 한다.

다음의 논의에서 환원 전위는 여러 요소에 의존함을 명심하라(6장). 이온 화 에너지와 리간드 환경(강한 주개는 높은 산화 상태를 안정화하고 환원 전위를 낮춘다. 약한 주개, π 받개 및 양성자는 낮은 산화 상태를 안정화하며 환원 전위를 높인다.) 이외에도, 단백질에서의 활성화 자리는 상대적인 유전율(전체 전하가 낮은 중심을 안정화한다), 다른 결합된 금속 이온이 있다면 이를 포함한 주위의 전하, 그리고 환원 상태를 안정화하는 수소 결합 상호작용의 가능성에 의해 영향을 받는다.

전자 이동에 대한 반응 속도론을 고려할 때에, '효율(efficiency)'이란 반응의 Gibbs 에너지가 낮을 때에도 전자 이동은 빠르다는 것을 의미하고, 따라서 Marcus 이론(21.21절)의 재배열 에너지 λ는 낮다. 이러한 요구 사항은 전자가 추가될 때 크게 변하지 않는 리간드 환경을 제공하고 물 분자와 멀어지도록 결합 자리를 안쪽에 묻어서 가능하다. 단백질에서의 전자 이동이 주로 거리에만 의존하는지 아니면 단백질이 특별한 경로를 제공할 수 있는지에 대해서는 여전히 논란이 있지만, 전자가 터널링을 용이하게 하기 위한 전자 이동 거리는 일반적으로 1.4 nm 미만이다.

(b) 사이토크롬

요점: 사이토크롬은 생물학적 pH 조건에서 SHE에 대해 −0.3~+0.4 V의 전위에서 작동하며, 이들은 낮은 재배열 에너지와 비편재화된 오비탈을 통한 확장 전자 짝지음의 조합이다.

사이토크롬(cytochrome)은 여러 해 전에 세포 색소로서 확인되었으며, 이에 따라 명명되었다. 그들은 Fe 포피린기를 포함하고 있으며, 용어 '사이토크롬'은 개별 단백질과 보조 인자를 포함하는 큰 효소의 소단위를 모두 지칭한다. 전자 이동에 관련된 사이토크롬은 Fe^{3+}/Fe^{2+} 짝을 사용하며, 주로 6배위로서 두 개의 축 방향으로 아미노산 주개와 안정한 결합을 이루고, Fe는 보통 두 가지 산화 상태에서 모두 저스핀이다. 이와 같이 리간드가 결합된 사이토크롬은

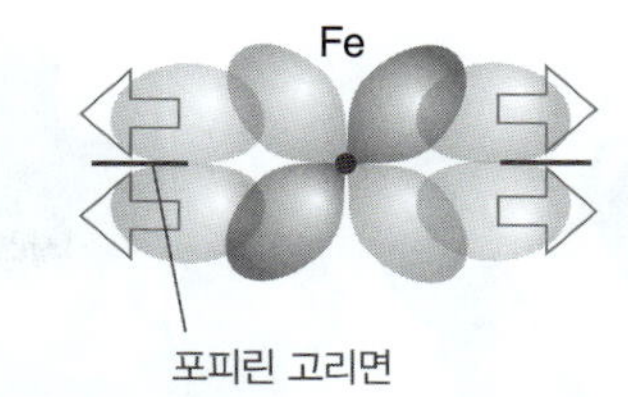

그림 25.24 Fe의 t_{2g} 오비탈과 포피린에서 낮게 위치하고 비어 있는 π^* 오비탈 간의 겹침으로 Fe의 오비탈을 효과적으로 고리의 주변까지 확장한다.

여섯 번째 배위 자리가 비어 있거나 H_2O 분자로 채워져 있는 헤모글로빈과는 대조적이다.

사이토크롬의 빠른 전자 이동을 이해하는 좋은 방법은 Fe(III)와 Fe(II)의 d 오비탈을 팔면체 리간드장으로 다루는 것과, 전자가 풍부하지만 비결합성인 t_{2g} 오비탈[Fe(III)와 Fe(II)는 각각 $t_{2g}{}^5$와 $t_{2g}{}^6$의 전자 배치임]과 포피린의 오비탈 간의 겹침으로 생각하는 것이다. 전자는 고리상의 π^* 반결합성 분자 오비탈과 π 겹침을 하는 오비탈을 출입하고 있다. 이러한 배열은 전자 이동을 향상시켜 주고 있는데, 그 이유는 Fe 원자의 d 오비탈은 포피린 고리의 가장자리까지 효과적으로 확대되며 전자가 산화–환원 상호 간에 이동해야 할 거리를 감소시켜 주기 때문이다(그림 25.24).

사이토크롬의 전형적인 예는 **미토콘드리아 사이토크롬** *c*(mitochondrial cytochrome *c*, 12 kDa, 그림 25.25)이다. 이 수용성 단백질은 미토콘드리아 막사이 공간에서 발견되며, 전자를 사이토크롬 *c* 산화 효소에 전달하고, 이 효소는 에너지를 도입하는 호흡 연쇄의 말단에서 O_2를 H_2O로 환원시키는 역할을 한다(25.10절). 사이토크롬 *c*에서 Fe의 다섯 번째와 여섯 번째 리간드는 히스티딘(이미다졸-N)과 메싸이오닌(싸이오에터-S)이다(**19**). 메싸이오닌은 금속 단백질에서 흔한 리간드는 아니지만, 중성이며 무른 주개이기 때문에 Fe(III)보다는 Fe(II)를 안정화할 것으로 예상된다. 사이토크롬 *c*의 환원 전위는 +0.26 V vs SHE이며, 이는 일반적인 사이토크롬에 대한 값 중에서 상당히 높은 편이다. 사이토크롬은 포피린 리간드의 구조뿐 아니라 축 방향 리간드의 종류에 따라 변한다(*a*, *b*, *c*, *d* 등은 가시광 영역에서 최대 흡수의 위치를 정한 것이며 또한 포피린 고리에서 치환체의 변화를 나타낸다). 많은 경우에 사이토크롬은, 특히 막 회전 나선들 사이에서 샌드위치로 되어 있는 경우, 축 방향으로 두 개의 히스티딘이 리간드로 연결하고 있다(**20**).

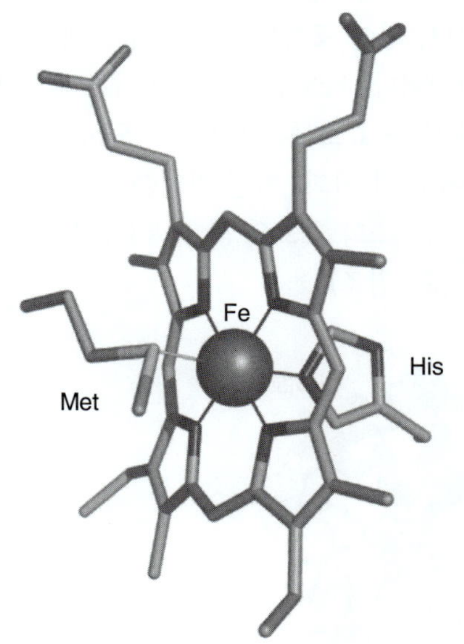

19 사이토크롬 *c*의 활성 자리

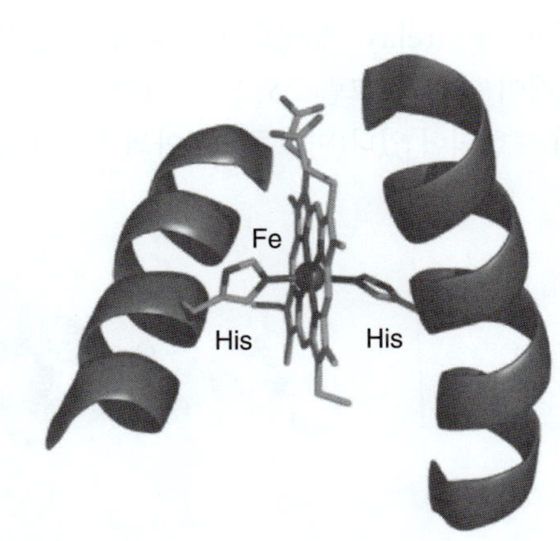

20 bis(히스티딘)의 축 방향 배위를 한 Fe-포피린

사이토크롬 *c*에서 포피린 고리의 말단이 용매에 노출되어 대부분의 자리에서 전자들은 출입한다. 특별한 단백질–단백질 상호 작용은 효과적인 전자 이동을 하는 데 중요하고, 사이토

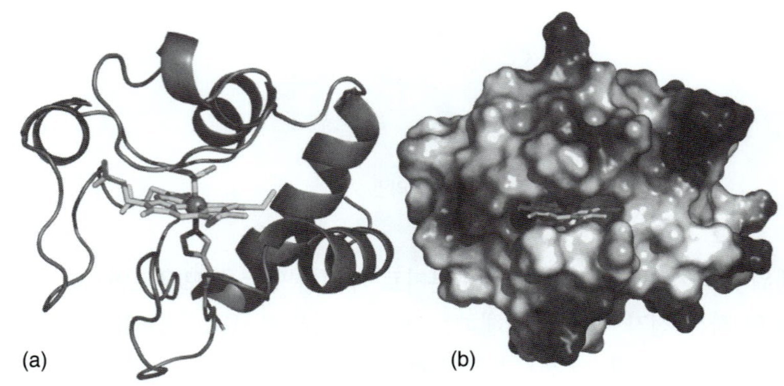

그림 25.25 같은 지점에서 본 미토콘드리아 사이토크롬 *c*의 다른 조망도 (a) 헴 보조 인자의 이차 구조와 위치, (b) 자연적인 산화-환원 상대와 만나도록 안내하는 표면 전하 분포(연한 색과 진한 색 영역은 각각 음전하와 양전하 부분을 나타낸다)

크롬 *c*에서 포피린 고리의 노출된 말단 영역은 사이토크롬 *c* 산화 효소에 의해 인식되는 전하의 형태와 기타 산화–환원 형태를 제공한다. 특히 잘 연구된 한 가지 예는 사이토크롬 *c*와 효모의 사이토크롬 *c* 과산화 효소의 경우이다(25.10a절). 과산화 효소의 두 가지 촉매 중간체(25.10절)로부터 각각 환원된 사이토크롬 *c*로의 전자 이동에 대한 추진력은 약 0.5 V이다. 그림 25.26은 사이토크롬 *c*와 사이토크롬 *c* 과산화 효소 간에 형성된 이분자 착물의 구조를 나타낸다. 정전기적 상호 작용은 사이토크롬 *c*와 과산화 효소(헴 보조 인자와 트립토판-191)의 두 산화–환원 중심 간에 빠른 전자 터널링이 우세하도록 하는 거리 내에서 두 단백질을 서로 안내하는 역할을 한다(25.10절).

(c) Fe–S 뭉치

요점: Fe–S 뭉치는 일반적으로 사이토크롬보다 더 큰 음의 전위에서 작동하며, 주로 정사면체의 환경에서 황 리간드와 고스핀의 Fe(III) 또는 Fe(II)로 이루어져 있다.

생물학에서는 관례적으로 FeS 뭉치는 존재하는 Fe와 비단백질 S의 원자 수를 대괄호를 사용하여 '무기 중심(inorganic core)'으로 표기하는데, 예를 들면 [2Fe-2S](**21**), [4Fe-4S] (**22**) 및 [3Fe-4S](**23**)가 있다. FeS 뭉치가 빠른 전자 이동(ET)의 중심으로 효과적인 것은 결합의 공유 결합 특성과 대체적으로 첨가된 전자가 다양하게 비편재화될 수 있어서 결합 길이의 변화를 최소화하고 재배열 에너지를 감소시키기 때문이다. 황이 포함된 리간드의 존재가 좋은 선도기(leading group)로 작용한다는 것도 중요한 사실이다. FeS 뭉치를 포함하는 작은 ET 단백질은 **페리독신(ferredoxin)**으로 알려져 있는데, 대개 큰 효소에서 FeS는 1.5 nm 이하로 떨어진 릴레이(relay) 형태로 배열되어 같은 분자 내에서 먼 산화–환원 자리를 연결시켜 준다. 릴레이 개념은 그림 25.27에 나와 있는 NADH 탈수소화 효소의 막 외부(용액을 향한) 영역에 표현되어 있다(미토콘드리아의 착물 I, 그림 25.23 참조).

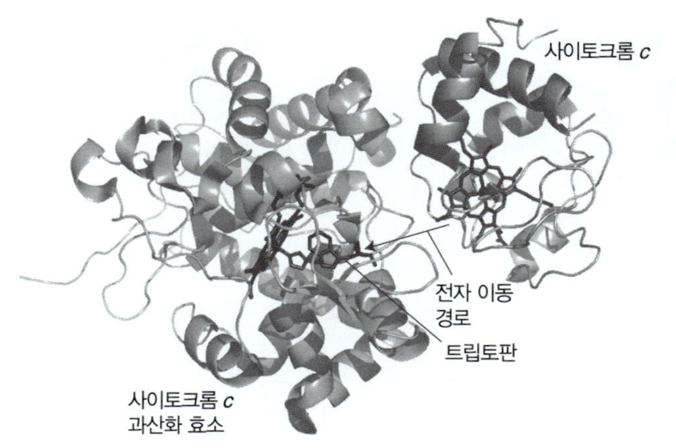

그림 25.26 사이토크롬 *c*를 사이토크롬 *c* 과산화 효소의 Zn 유도체와 함께 결정화하여 생성된 사이토크롬 c와 사이토크롬 c 과산화 효소 간의 이분자 ET 착물 이들의 배향은 사이토크롬 c의 헴기와 트립토판을 포함하는 사이토크롬 c 과산화 효소 간의 전자 이동 경로를 제시한다(표 25.2).

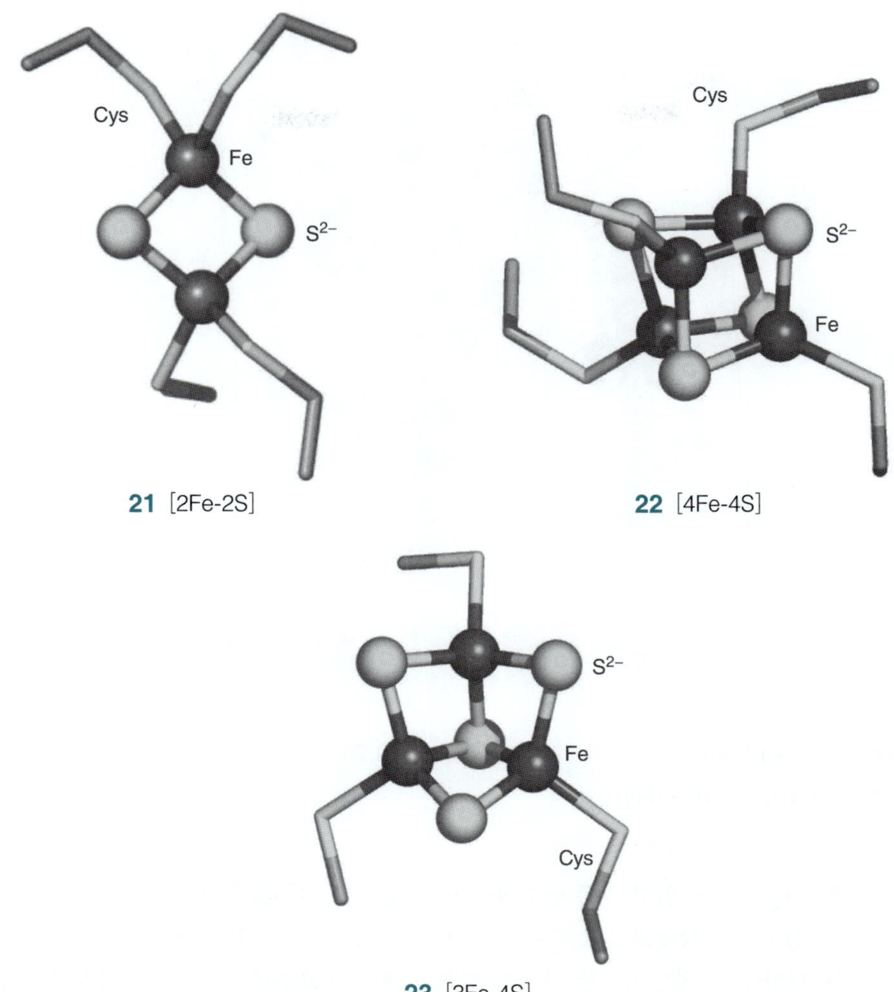

21 [2Fe-2S] **22** [4Fe-4S]

23 [3Fe-4S]

거의 모든 경우에 Fe 원자는 단백질 리간드로서 시스테인 싸이올 음이온(RS^-)기에 의해 정사면체로 배위되어 있다. 단백질 리간드를 포함하는 전체적인 조립체는 'FeS 중심'으로 알려져 있다. 알려진 예로서 한 개 이상의 Fe 원자는 비황 아미노산 리간드[예: 카복실 음이온, 이미다졸 및 알콕시 이온(세린)] 또는 외인성 리간드(예: H_2O 또는 OH^-)로 배위되어 있고, Fe 부자리(subsite) 주변의 배위수는 6까지 증가하는 것들이 있다. 입방의 [4Fe-4S](**22**)와 입방형 모양의 [3Fe-4S](**23**) 뭉치들은 서로 가깝게 관련되어 있으며, 하나의 부자리로부터 Fe가 첨가되거나 제거되면서 단백질 내에서 상호 전환되기도 한다. 더 큰 뭉치가 생기기도 하는데, '거대 뭉치(super cluster)'로서 [8Fe-7S]와 [Mo7Fe-9S-C]가 질소화 효소에서 발견되었다(25.14절).

Fe–S 뭉치는 Fe(III)와 Fe(II)로 이루어진 혼성 원자가계(mixed-valence system)의 좋은 예이다. 뭉치의 산화–환원 상태는 Fe(각각 3+ 또는 2+)와 S 원자(2 –)로 인한 전하를 합으로 표시되며, 결과적으로 **산화 수준(oxidation level)**이라고 하는 전체 전하는 위 첨자로 쓰인다. 하나 이상의 Fe 원자의 존재에도 불구하고, FeS 뭉치는 일반적으로 단일 전자 이동으로 제한된다.

$[2Fe\text{-}2S]^{2+} + e^- \rightarrow$	$[2Fe\text{-}2S]^+$	$E^\ominus = 0 \sim -0.4\,V$
2 Fe(III)	{Fe(III):Fe(II)}	
$S = 0$	$S = \frac{1}{2}$	
$[3Fe\text{-}4S]^+ + e^- \rightarrow$	$[3Fe\text{-}4S]^0$	$E^\ominus = +0.1 \sim -0.4\,V$
3Fe(III)	{2Fe(III):Fe(II)}	
$S = \frac{1}{2}$	$S = 2$	

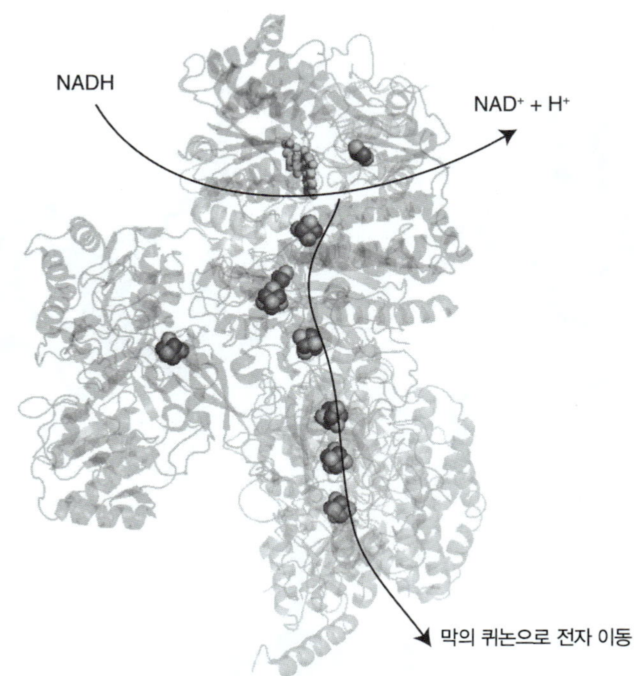

그림 25.27 활성 자리 플라빈 보조 인자로부터 이어지는 일련의 FeS 뭉치는 미토콘드리아 착물 I의 막 외부 영역에서 장거리 전자 이동을 한다.

$$[4Fe\text{-}4S]^{2+} + e^- \rightarrow [4Fe\text{-}4S]^+ \qquad E^{\ominus} = -0.2 \sim -0.7\,V$$

$$\{2Fe(III){:}2Fe(II)\} \quad \{Fe(III){:}3Fe(II)\}$$

$$S = 0 \qquad S = \tfrac{1}{2}$$

FeS 뭉치의 스핀 상태는 위의 반쪽 반응에 나타나 있으며, 각 철 원자는 S^{2-}에 의해 정사면체로 배위되어 있어서 예상대로 고스핀이고, 강자성 및 반강자성 짝지음으로 서로 다른 자기적 상태가 나타난다(20.8절). 이러한 자기적 성질은 매우 중요하며 그 중심은 EPR로 연구가 가능하다(8.7절).

대부분의 FeS 중심은 음의 환원 전위를 가지므로(일반적으로 생물학적 pH에서 SHE에 비해 0 V보다 음수임) 환원 상태의 물질은 좋은 환원제이다. 예외적으로 +3과 +2 산화 상태 사이에서 작동하는 [4Fe-4S] 뭉치(이들은 잠재적으로 환원 전위가 0.35 V인 **고전위 철 단백질(high-potential iron protein)**이라고 하는 단백질에서 발견되었기 때문에 'HiPIP' 중심이라고 함)와 **Rieske 중심(Rieske centre)**이라고 불리는 하나의 Fe 부자리가 시스테인보다는 두 개의 중성 이미다졸 리간드에 배위되어 있는 [2Fe-2S] 뭉치가 있다(**24**).

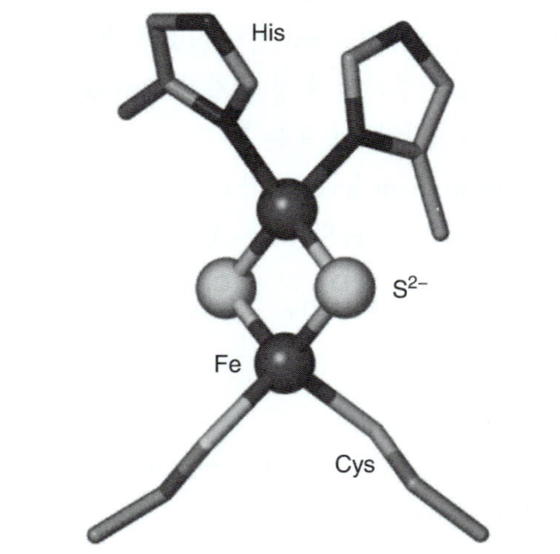

24 2개의 이미다졸(histidine) 리간드와 결합한 [2Fe-2S] 뭉치

예제 25.6 순차적인 2전자 이동 촉진

최근에 발견된 흥미로운 유형의 Fe–S 뭉치는 4개가 아닌 6개의 시스테인에 의해 배위되는 특이한 [4Fe–3S] 중심을 가지고 있다. 여분의 시스테인 중 하나의 황 원자는 2개의 Fe 원자를 연결하여 정상적으로 존재하는 μ_3 설피도(sulfido) 원자 중 하나를 대체한다. 생성된 뭉치는 일반적인 산화–환원 반응과 함께, 보다 유연하거나 두 번째로 약간 높은 전위에서 완전한 가역적 전자 이동이 일어난다. 뭉치 (**25**)의 초산화된(superoxidized) 형태는 산화 과정 동안 탈양성자화된 인접 펩타이드 N에 의해 배위된 편재화된 Fe(III)을 포함한다. 이 두 번째 산화–환원 짝이 보통은 허용되지 않는데, 이 경우에만 허용이 되는 이유를 설명하시오.

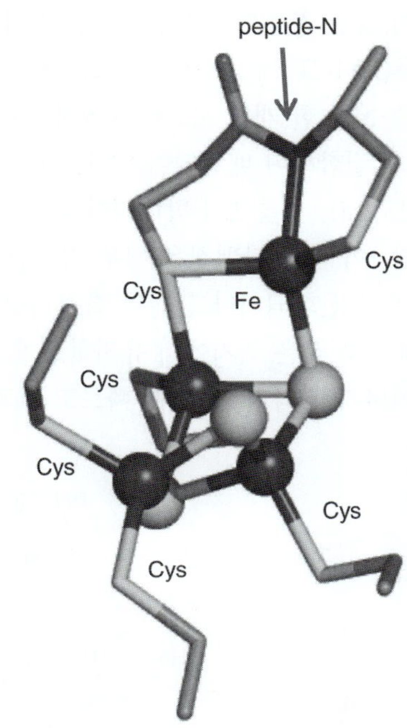

25 초산화된 [4Fe-3S] 뭉치

답 단백질 분자 내부의 산화–환원 활성 중심에 위치하는 심각한 전기적 제한을 고려해야 한다. 하나의 단위로 전하를 변경하는 것이 허용될 수 있는 반면, 낮은 유전성 매체에서 두 개의 단위로 전하가 바뀌는 것은 금지되어 있다. [4Fe–3S] 뭉치는 두 번째 전자의 제거가 동일한 위치로부터 양성자를 제거함으로써 정전기적으로 보상되기 때문에 이 문제를 피할 수 있다. 탈양성자화된 펩타이드 N 원자는 Fe(III)를 안정화시키는 우수한 주개 리간드이다.

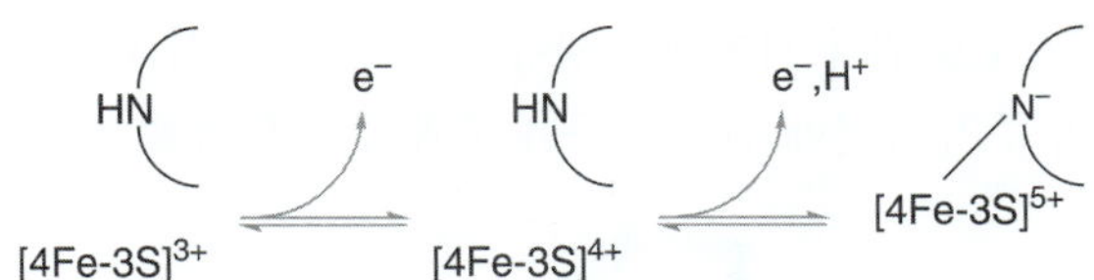

문제 25.6 다음 중 단백질에서 FeS 뭉치의 환원 전위를 높이는 것은 어떤 것인가?
인접 곁사슬과 뭉치의 S 원자 사이의 수소 결합, 음으로 하전된 인접한 곁사슬의 존재, 하나의 시스테인을 히스티딘으로 대체

주요한 의문점은 어떻게 FeS 중심이 합성되어 단백질에 삽입되는가 하는 점이다. 이러한 과정은 주로 원핵생물에 대해 연구되어 왔다. 여기에서 특수한 단백질이 Fe와 S 원자를 공급하고 수송하는 데 관련되어 있으며, 이들의 조립체가 뭉치가 되어 표적 단백질로 수송된다. 세포 내의 자유 황 이온(H_2S, HS^-, S^{2-})은 매우 유독하기 때문에 시스테인 탈황화 효소(시스테인을 S^{2-} 이온과 알라닌으로 분해함)라는 효소에 의해 필요할 때에만 생성된다.

(d) Cu 전자 이동 중심

요점: 단백질은 Cu(II)와 Cu(I)에 대한 우세한 기하 구조를 전자 이동에 의해 변형되지 않는 구조로 Cu를 제한하여 고유의 큰 차이점을 극복한다.

소위 '청색 Cu' 중심은 다른 Cu 자리를 포함하는 더 큰 효소(청색 Cu 산화 효소)뿐만 아니라 수많은 작은 전자 이동 단백질의 활성 자리이다. 청색 Cu 중심은 Cu(II)/Cu(I) 산화–환원 짝에 대한 환원 전위가 0.15~0.7 V로서, 일반적으로 사이토크롬보다 더 잘 산화된다. 이름은 산화 상태에 있는 순수한 시료의 강한 청색으로부터 유래된 것이며, 이것은 리간드(싸이올 음이온)에서 금속으로의 전하 이동(LMCT)에 기인한다. 모든 경우에 Cu는 용매인 물로부터 차단되고 적어도 두 개의 이미다졸-N과 한 개의 시스테인-S에 의해 거의 삼각 평면형 형태이며 축 방향 리간드의 한두 개는 길게 결합하며 배위되어 있다. 많이 연구된 예는 플라스토사이아닌(plastocyanin)으로서(그림 25.28), 엽록체와 박테리아의 전자 운반체인 아주린(azurin)에서 작은 전자 운반체 단백질이다. 이 작은 단백질은 매우 경직된 구조의 Cu 배위권을 지니고 있는 β 배럴 구조를 가진다. 실제로 산화되거나 환원된 결정 구조(**26**)와 아포(apo) 형태를 보면 모든 경우에 리간드는 기본적으로 같은 위치에서 유지하고 있음을 보여 주고 있다. 결과적으로 청색 Cu 중심은 재배열 에너지가 작기 때문에, 빠르고 효과적인 전자 이동을 수행하기에 매우 적합하다.

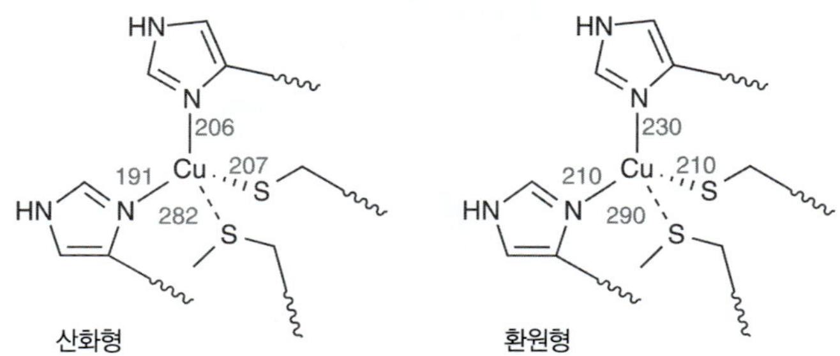

26 플라스토사이아닌에서 산화형과 환원형의 Cu 배위

Cu_A로 알려진 이핵성 Cu 중심은 사이토크롬 *c* 산화 효소(25.10b절)와 N_2O 환원 효소에 존재한다. 두 개의 Cu 원자(**27**)는 두 개의 이미다졸기와 다리 결합 리간드로서 작용하는 한 쌍의 시스테인 싸이올 음이온 리간드에 의해 각각 배위되어 있다. 환원형에서 두 개의 Cu 원자는 모두 Cu(I)이다. 이 환원형은 1전자 산화를 진행하여 자주색의 상자성 화학종을 형성하며, 여기서 홀전자는 두 개의 Cu 원자 사이에서 공유되고 있다. 다시 한번, 여기에서 비편재화는 재배열 에너지를 낮추어 주기 때문에 전자 이동을 도와 주고 있음을 알 수 있다.

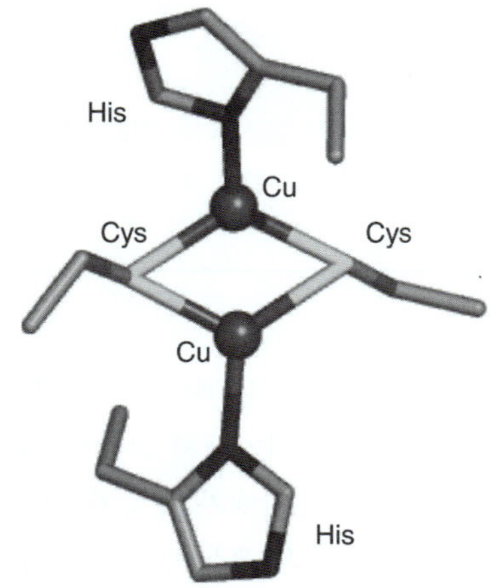

27 CuA, 전자 이동을 위한 이핵 구리 중심

그림 25.28 **플라스토사이아닌 분자**

예제 25.7 전자 이동(ET) 중심의 기능 설명

싸이올 음이온 리간드만을 포함하는 표준 FeS와는 달리, Rieske FeS 중심의 환원 전위는 pH에 상당히 의존한다. 그 이유를 제안하시오.

답 양성자화 평형이 환원 전위에 어떤 영향을 미치는지 알아보려면 6.6절 및 6.14절을 다시 참조해야 한다. Rieske [2Fe–2S] 뭉치에서 하나의 Fe 원자와 배위하고 있는 두 개의 이미다졸 리간드 각각은 pH = 7에서 전기적으로 중성이며, 배위되지 않은 N 원자에 위치한 양성자는 쉽게 제거된다. pK_a는 뭉치의 산화 준위에 의존하며, 이미다졸 리간드가 산화형이 아니라 환원형에서 양성자화되는 큰 pH의 영역이 있다. 결과적으로 환원 전위는 pH에 의존한다.

문제 25.7 간단한 Cu(II) 화합물은 Cu 핵(^{65}Cu 및 ^{63}Cu의 $I = \frac{3}{2}$)에 대해 큰 EPR 미세 구조 짝지음을 나타내지만, 청색 Cu 단백질의 EPR 스펙트럼은 훨씬 더 작은 미세 구조 짝지음을 보여 주고 있다. 이러한 현상은 청색 Cu 중심에서 리간드 배위의 성질에 대해 무엇을 의미하는가?

촉매 과정

효소의 전형적인 역할은 생물체 내에서 일어나는 수많은 화학 반응에 대해 고도의 선택적 촉매로서 생명 활동을 유지시켜 준다. 이 절에서는 몇 가지 가장 중요한 예를 특정 원소의 역할에 대한 적합성 관점에서 살펴본다.

25.9 산–염기 촉매 작용

생물학적 계는 자유 H^+나 OH^-에 의한 촉매 작용이 일어나는 상태하에서는 극한 pH 조건을 거의 나타내지 않는다. 실제로 모두 가수 분해가 가능한 결합이 표적물이기 때문에 이러한 결과가 적용될 수 있다. 생물체들이 예외적으로 발생할 수 있는 문제를 해결하는 하나의 방법은 특정한 금속 이온의 특성을 이용하여 특수한 (Brønsted) 산–염기 반응을 수행할 수 있도록 설계된 단백질 구조 안으로 금속 이온들을 모으는 것이다(5.1절).

유기체들은 산–염기 촉매 작용을 하기 위해 주로 Zn을 많이 사용하며, 다른 금속들도 배제하지는 않는다. 예를 들면 많은 효소들은 Fe(II)와 Fe(III)를 주로 사용하며, Mg(II)는 피루브산 카이네이스(pyruvate kinase)와 리불로스 이인산 카복시화 효소(ribulose biphosphate carboxylase, 유기 분자에 CO_2 도입)에서 촉매로 쓰이고, Mn은 아르지닌 가수 분해 효소(arginase)[아르지닌을 가수 분해하여 요소(urea)와 L-오르니틴(L-ornithine)을 생성하는 효소]에서 촉매이고, Ni(II)는 사람에게 유해한 병원균인 헬리코박터 파이롤리(*Helicobactor pylori*)의 독성에 필수적인 요소 가수 분해 효소(urease, 요소를 가수 분해하여 암모니아와 이산화 탄소를 생성하는 효소)에서 활성 금속이다(27.3절). 이들 효소는 산업 및 의약품에 대한 중요성 때문에 이들 효소 중 다수가 상세하게 연구되었으며, 촉매 특성을 재현하고 억제제의 작용 방식을 이해하기 위해 모델 시스템이 합성되었다. 많은 효소 자리(아르지닌 가수 분해 효소-[Mn,Mn]과 요소 가수 분해 효소-[Ni,Ni]를 포함하여)는 단백질에 유일한 배열로 두 개 이상의 금속 이온을 포함하고 있으며 간단한 리간드로는 모형화하기가 어렵다.

(a) 아연 효소

요점: 아연은 풍부하고 산화-환원에 비활성이므로 산-염기 반응에 촉매 작용을 하는 데 매우 적합하며 아미노산 잔기의 주개 기와는 강한 결합을 형성하고 H_2O와 같은 외인성 리간드와는 빠르게 교환 반응을 한다.

Zn의 생물학적 역할은 촉매적이거나 구조적이고 규제적이다. Ca나 Mg와는 달리, Zn는 더 무른 주개와 함께 보다 안정한 착물을 형성하므로, 일반적으로 히스티딘 및 시스테인 잔기를 통해 단백질에서 배위한다는 것은 놀라운 일이 아니다. 전형적인 촉매 자리(**28**)는 일반적으로 3개의 영구 단백질 리간드와 교환 가능한 리간드(H_2O)를 갖는 반면, 구조 안정화 Zn 자리(**29**)는 4개의 '영구적인' 단백질 리간드에 의해 배위된다.

28 촉매적 Zn 자리 **29** 구조적 Zn 자리

Zn^{2+} 이온은 리간드 교환 반응 속도가 빠르며, 이의 편극력으로 볼 때 배위된 H_2O 분자의 pK_a는 상당히 낮다. Zn은 단백질 리간드에 대한 강한 결합, 빠른 리간드 교환(배위된 H_2O 또는 기질 분자와의), 큰 전자 친화도, 배위 구조의 유동성 및 간단한 산화-환원 화학으로 특별한 산-염기 반응에 대해 촉매 작용의 역할에 매우 적합하다. Zn 효소의 큰 군으로서 탄산 무수화 효소(carbonic anhydrase), 카복시펩타이드 가수 분해 효소(carboxypeptidase), 알칼리 인산 가수 분해 효소(alkaline phosphatase), β-락탐 가수 분해 효소(β-lactamase, 박테리아에서 페니실린 저항의 역할을 함), 그리고 알코올 탈수소화 효소가 있다.

그러나 Zn에 대한 우수한 분광 표지물이 없다는 것은, 그것이 단백질에 단단히 결합되어 있지만 X선 회절이나 NMR로부터 직접적인 구조적 정보가 없는 경우 결합을 확인하거나 배위 기하 구조를 추론하는 것이 어렵다는 것을 의미한다. 그러나 색을 띠고 상자성인 Co^{2+}나 유용한 NMR 물성을 보이는 Cd^{2+}로 Zn 위치를 대체하고 보고하기 위하여 일부 특별한 측정이 활용되었다. 이러한 치환은 금속 이온들 사이의 강한 유사성에 의존한다. Co^{2+}는 Zn처럼 쉽게 사면체 착물을 형성하는 반면, Cd는 주기율표에서 Zn 바로 아래에 있다.

Zn 효소의 메커니즘은 일반적으로 다른 금속 이온 촉매와 관련이 있는 에스터/펩타이드 가수 분해에 대해 원래 언급된 두 가지 제한 경우에 관해 논의된다. **Zn-수산화 이온 메커니즘(Zn-hydroxide mechanism)**에서, Zn은 결합된 물 분자의 탈양성자화 반응을 촉진시키는 역할을 하여 OH^- 친핵체를 생성하고, 이것이 카보닐 C 원자를 공격하도록 한다.

Zn-카보닐 메커니즘(Zn-carbonyl mechanism)에서, Zn 이온은 직접 Lewis 산으로 작용하여 카보닐 O 원자로부터 전자쌍을 받으며, 따라서 그것의 역할은 산 촉매에서 H^+와 유사하다.

유사한 반응들이 다른 X = O기와도 일어나는데, 특히 인산 에스터(phosphate ester)에서 P = O와 일어난다. 입체 선택적 환경에서 고정되어 있는 Zn 또는 기타 산 화학종에서 그러한 촉매 작용을 수행하는 데에는 명확히 유리한 점이 있다.

CO_2의 생성과 수송은 생물학에서 기본적인 과정이다. 물에서 CO_2의 용해도는 이의 수화와 탈양성자화 반응에 의해 HCO_3^-의 형성에 의존한다. 그러나 pH = 7에서 비촉매 반응으로 매우 느려서 정반응 과정은 $10^{-3}s^{-1}$ 이하의 속도 상수로 일어난다. 생물계에 의한 CO_2의 전환은 매우 높기 때문에, 그러한 속도로는 너무 느려서 복잡한 생물체에서 격렬한 호기성 생명을 유지할 수 없다. 광합성에서는 '루비스코(rubisco)'(25.9b절)로 알려진 효소만 CO_2를 사용할 수 있으므로 HCO_3^-의 빠른 탈수는 필수적이며 바이오매스 생산의 첫 단계 중 하나이다. CO_2/HCO_3^- 평형은 (CO_2 수송에서의 역할 외에도) 조직의 pH를 조절하는 수단을 제공하기 때문에 매우 중요하다.

탄산 무수화 효소[CA: carbonic anhydrase 또는 이산화 탄소 탈수 효소(carbon dioxide dehydratase)]는 10^6 이상 증가된 속도로 반응에 대해 촉매 작용을 하는 것으로 확인되었다. 몇 가지 CA의 형태가 알려져 있으며, 이들은 모두 몰질량이 30 kDa에 가까운, 분자당 한 개의 Zn 원자를 포함하는 단량체이다. 가장 많이 연구된 효소는 적혈구 세포의 CA II이며, CO_2 수화(hydration)에 대한 전환 주기가 약 $10^6\,s^{-1}$로서, 모든 효소 중에서 가장 활성이 높은 것 중의 하나이다. 인체 CA II의 결정 구조는 Zn 원자가 약 1.6 nm 깊이의 원뿔형 공동에 위치하고 여러 개의 히스티딘 잔기와 연결되어 있다. 비록 고등 식물의 몇몇 CA는 2개의 시스테인과 한 개의 히스티딘을 포함하기도 하지만, Zn은 세 개의 His-N 리간드와 한 개의 H_2O 분자와 유사 사면체 배열로 배위되어 있다(그림 25.29). 결합된 H_2O의 pK_a 값은 아쿠아 이온과 비교해서 약 3 단위만큼 낮아지며, 친핵체를 공격할 때에 pH = 7임에도 불구하고 높은 OH^-의 국지적 농도를 형성한다. 활성 자리 주머니에서 배위하지 않은 히스티딘과 정렬된 물 분자를 포함하는 다른 기들은 양성자 이동을 중개하고(속도 제한 요소임) CO_2 기질(Zn

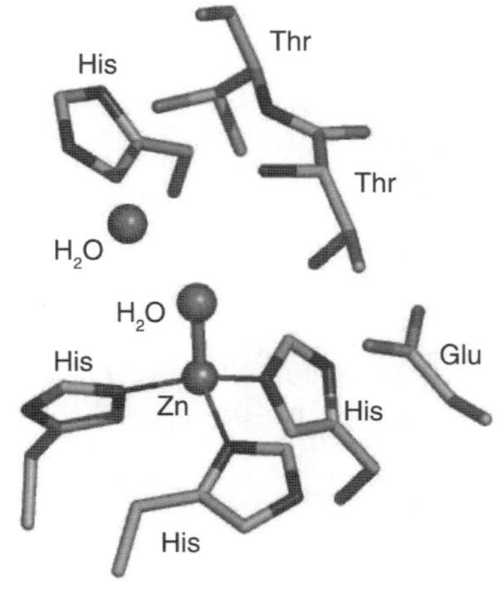

그림 25.29 **탄산 무수화 효소 활성 자리**

과 배위하지는 않음)과 결합하는 데 중요하다.

CA 작용의 메커니즘(그림 25.30)은 Zn-수산화 이온 메커니즘으로 가장 잘 설명된다. 빠른 전자 이동은 단백질 표면으로부터 활성 자리까지 뻗어 있는 수소 결합 네트워크에 의해 도움을 받는다. 주요한 특징은 Zn에 배위되어 있는 H_2O 분자의 산도이며, 탈양성자화 반응 후에 생성되어 배위된 HO^- 이온은 충분히 친핵성이므로 공유 결합하지 않은 주변의 CO_2 분자를 공격한다. 이러한 공격으로 결과적으로 배위된 HCO_3^- 이온을 생성하고, 이는 곧 해리된다. (**30**)과 같이 연구된 CA의 작은 유사체는 효소의 기질 결합 및 산–염기 특성을 재현하지만, 이들의 촉매 활성은 수십 배 낮다.

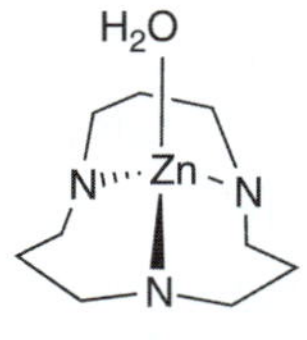

30

카복시펩타이드 가수 분해 효소(CPD: carboxypeptidase, 34.6 kDa)는 외펩타이드 가수 분해 효소(exopeptidase)의 일종으로, 방향족이나 큰 지방족 곁사슬을 포함하는 C 말단 아미노산의 가수 분해에 대해 촉매로 작용하는 효소이다. Zn을 포함하는 효소는 두 가지 형태가 있으며, 모두 췌장에서 소화 기관의 분비물에 대한 비활성 선구 물질로 합성된다. 많이 연구된 것은 CPD A로서 말단 방향족 잔기에 작용하며, CPD B는 염기성 잔기에 작용한다. CPD의 X선 구조에 의하면 Zn은 기질이 결합되어 있는 홈의 한쪽에 위치해 있다. 여기서 Zn은 두 개의 히스티딘-N 리간드, 하나의 글루타민산-CO_2^-(두자리 배위), 그리고 하나의 약하게 결합된 H_2O 분자로 배위되어 있다(그림 25.31). 글라이실(glycyl) 저해제의 존재에서 얻은 효소의 구조를 보면, H_2O 분자는 Zn 원자로부터 멀리 떨어져 있고, Zn은 대신에 글라이신(glycine)의 카보닐–O에 배위되어 있어서 Zn-카보닐 메커니즘을 암시하고 있다. 아르지닌(arginine) 가까이의 구아니디늄(guanidinium)기는 말단의 카보닐기와 결합하고 있으며, 타이로신(tyrosine)은 방향족/소수성 인식을 제공한다.

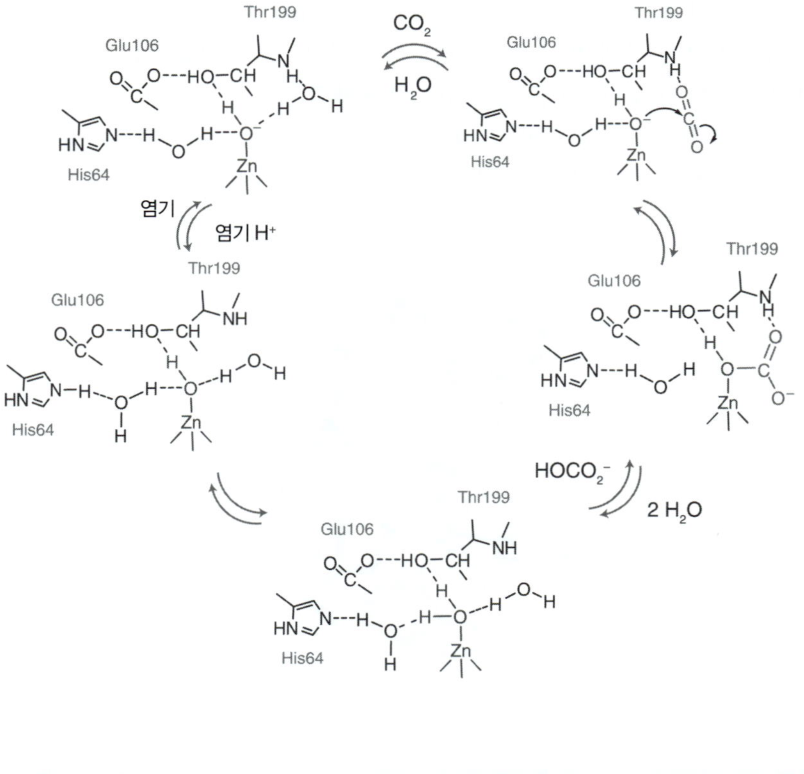

그림 25.30 탄산 무수화 효소 작용의 메커니즘으로서, 이와 같이 매우 빠른 반응에서 양성자 이동의 중요성을 나타내고 있다.

그림 25.31 펩타이드 저해제와 결합되어 있는 카복시펩타이드 가수분해 효소의 활성화 자리의 구조

알칼리성 인산 가수 분해 효소(AP: alkaline phosphatase)는 하나 이상의 금속 원자를 함유하는 촉매 Zn 중심 자리를 보여 준다. 이는 장과 뼈와 같이 다양한 조직에서 발견되는데, 여기는 수산화 인회석 결정의 핵 자리를 생성하는 세포인 조골세포의 막이다. 알칼리성 인산 가수 분해 효소는 일반적으로 ATP를 포함한 유기 인산염을 분해하는 데 촉매 작용을 하며, 뼈가 성장하는 데 필요한 인산염을 제공한다.

$$R\text{–}OPO_3^{2-} + H_2O \rightarrow ROH + HOPO_3^{2-}$$

이름이 암시하듯이, 적정 pH는 약한 알칼리 영역이다. AP의 활성 자리는 단지 약 0.4 nm 떨어져 있는 두 개의 Zn 원자이며, 한쪽 곁에는 하나의 Mg 이온이 있다. 효소–인산염 착물의 결정 구조(**31**)는 인산 이온(정상적인 반응의 생성물)이 두 개의 Zn 원자를 다리 연결하고 있다.

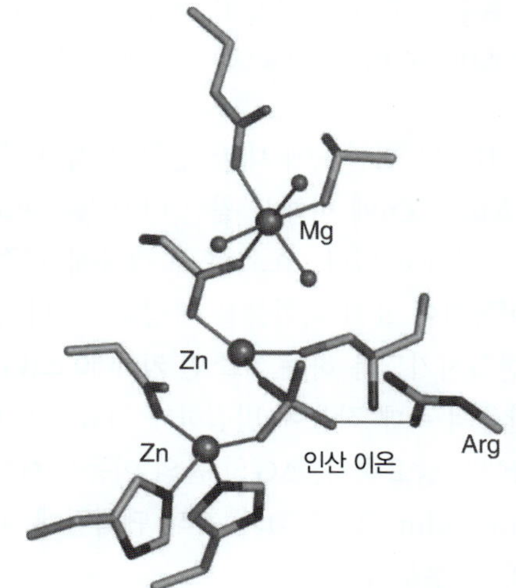

31 알칼리성 인산 가수 분해 효소의 활성 자리

알코올 탈수소 효소(ADH: alcohol dehydrogenase)는 산화–환원 효소로 분류되지만, Zn의 역할이 또한 Lewis 산이기 때문에 여기서 논의한다. 촉매로 일어나는 반응은 알코올에 의한 NAD^+의 환원 반응이다.

NADH NAD^+

알데하이드 알코올

Zn은 C−OH기를 활성화하여 H가 수소 음이온(hydride)으로서 NAD^+ 분자로 이동을 하도록 한다. 이 반응을 반대 방향으로 쉽게 생각하면, Zn은 카보닐기를 편극화하고 NADH로부터 친핵성인 수소 음이온 H 원자에 의해 공격을 받도록 유도한다. 알코올 탈수소 효소는 촉매성 및 구조적 Zn 자리를 모두 포함하는 α_2 이합체이다.

12족에서 Zn 아래의 원소이며 일반적으로 강한 독성으로 간주되는 카드뮴은 현재는 특정 유기체에 필수 영양소로 인식되고 있다. 2005년에 광합성 해양 미세 조류 *Thalassiosira weissflogii*로부터 분리된 탄산 무수화 효소는 활성 자리에 Cd를 함유하는 것으로 밝혀졌다. Cd가 단순히 Zn을 대체하는 경우와 달리, 이 효소는 Cd^{2+}에 특이적이다. Cd를 사용하는 *T. weissflogii*가 발견되는 지표수는 Zn^{2+}가 매우 적으며 실험실에서의 성장은 Cd^{2+}를 첨가하여 활성화된다. 다음에 볼 수 있듯이, 광합성을 위한 탄소원은 HCO_3^-가 아닌 CO_2이며, 유기체는 그렇지 않으면 치명적인 금속 이온을 사용하더라도 생존을 위해 적응해야 한다.

(b) 마그네슘 효소

요점: Zn^{2+}와 비교하여, Mg^{2+}는 생물학적 리간드와 훨씬 약한 착물을 형성하지만, 세포에서의 상대적으로 높은 농도의 Mg^{2+}에 의해 차이가 크게 상쇄된다. Mg^{2+}는 엽록소에 포함된 것 외에도 산−염기 촉매 작용에서 중요한 역할을 한다. 특정 지점에서 DNA를 '절단'하는 핵산 절단 효소(endonuclease)라고 불리는 효소와, CO_2를 합성하는 광합성 효소인 리불로스 이인산 카복실화 효소(rubisco: ribulose bisphosphate carboxylase)의 촉매 중심 유기 분자이다.

Mg^{2+} 양이온은 Zn^{2+}보다 배위된 리간드에 대한 편극이 작다(종종 Mg^{2+}를 Zn^{2+}보다 '약한 산'이라고 한다). 그러나 Mg는 Zn에 비해서 훨씬 더 이동적이고, 세포는 착물화되지 않은 Mg^{2+} 이온을 높은 농도로 포함하고 있다. 효소 촉매 작용에서 주요한 역할은 Mg−ATP 착물(**1**)로서, 이는 인산기를 이동하여 표적 화합물을 활성화하거나(인산화로 알려진 과정) 또는 (단백질에서) 입체 구조를 변화시키도록 하는 효소인 **카이네이스(kinase)**의 기질이다. 인산 에스터는 가수 분해를 특정 반응의 촉매 작용에 밀접하게 결합하여 반응을 훨씬 덜 가역적으로 만들 수 있기 때문에 생물학에서 중요하다. ΔG의 음의 이동은 에너지를 제공하는 것과 같다. 카이네이스는 칼모둘린(calmodulin, 25.5절)과 기타 단백질에 의해 조절되며, 따라서 고등 유기체에서 신호 메커니즘의 한 부분이다.

핵산 절단 효소는 DNA에서 인산 에스터 결합을 가수 분해하여 특정 지점에서 절단을 일으키는 인산 가수 분해 효소이다. 촉매 단량체당 2개 이상의 Mg^{2+} 이온에 결합하는 이들 효소는 생명 공학, 특히 빠르게 발전하는 유전자 치료 분야에서 매우 중요하다(25.15절). Mg^{2+} 이온은 단단하게 결합하지 않지만 활동에 필수적이다. 그림 25.32는 DNA에 결합된 이합체 핵산 절단 효소의 구조와, 활성 자리 중 하나의 확대도를 나타낸 것이다. 결정을 위한 비활성 효소를 얻기 위해, Mg^{2+}는 Mn^{2+}로 대체되었지만, 단백질 카복실레이트 곁사슬에 대한 배위 및 가수 분해를 위해 이를 분극화하는 DNA 인산기에 대한 결합의 형성은 유사할 것으로 예상된다. 금속 이온은 나란히 놓인 인산의 O = P에 결합하여 결합을 분극시키고 인산기를 활성화시켜 H_2O에 의해 공격받는다.

탄소 순환과 유기 화합물의 생합성의 뿌리에 자리하고 있는 Mg-포함 효소는 리불로스 이인산 카복시화 효소(ribulos biphosphate carboxylase)이며, 보통 약어 rubisco로 알려져 있다. 생명권에서 가장 흔한 이 효소는 산소 광합성 유기체에 의한 바이오매스(biomass)의 생산과 대기 중의 CO_2 제거(세계적으로 1년에 CO_2를 10^{11}톤 정도 이상 제거)에 직접적인 역할을 한다. Rubisco는 암반응으로 일어나는 광합성 단계인 **Calvin 회로(Calvin cycle)**의 효소이며, CO_2를 리불로스 1,5-이인산(ribulose 1,5-bisphosphate)에 결합시키는 촉매 작용을 한다(그림 25.33). Mg^{2+} 이온은 글루탐산 이온과 아스파트산 이온 잔기로부터 카복실기, 3개의 배위된 H_2O 분자, 그리고 라이신 잔기로부터 하나의 카밤산 이온에 의해 팔면체로 배위되어 있다. 카밤산은 Mg^{2+} 이온이 결합하기 위해 필요한 활성화 과정에서 CO_2와 말단 $-NH_2$의 반응으로 형성된다. 촉매 순환 과정에서, 리불로스 1,5-이인산의 결합으로 두 개의 H_2O 분자를 치환하며, 카밤산 이온의 도움으로 양성자 떼기 반응은 결과적으로 배위된 엔올레이트(enolate)를 형성한다. 이러한 중간체는 CO_2와 반응하여 새로운 C−C 결합을 형성하고, 그 생성물은 결합이 쪼개지면서 두 개의 새로운 삼탄소 화학종을 생성하고 순환 과정은 계속 진행된다. 반응성이 있는 엔올레이트는 또한 O_2와 반응하여 결과적으로 기질을 산화 분해시킨다. 이런 이유로 효소를 종종 리불로스 1,5-이인산 카복시화 효소-산소화 효소(ribulose 1,5-bisphosphate carboxylase-oxygenase)라고 부르기도 한다. Zn과의 차이점으로 유의할 것은 더 무른 리간드와 더 낮은 배위수로 결합하는 것을 선호한다는 점이다. Rubisco는 좋은 Lewis 산과 결합하되 약하게 결합하며, 많이 존재하는 금속 이온을 필요로 한다.

H_2를 사용하거나 전기 화학적으로 환원된 CO, 폼산염, 또는 다른 C_1 생성물을 사용하는

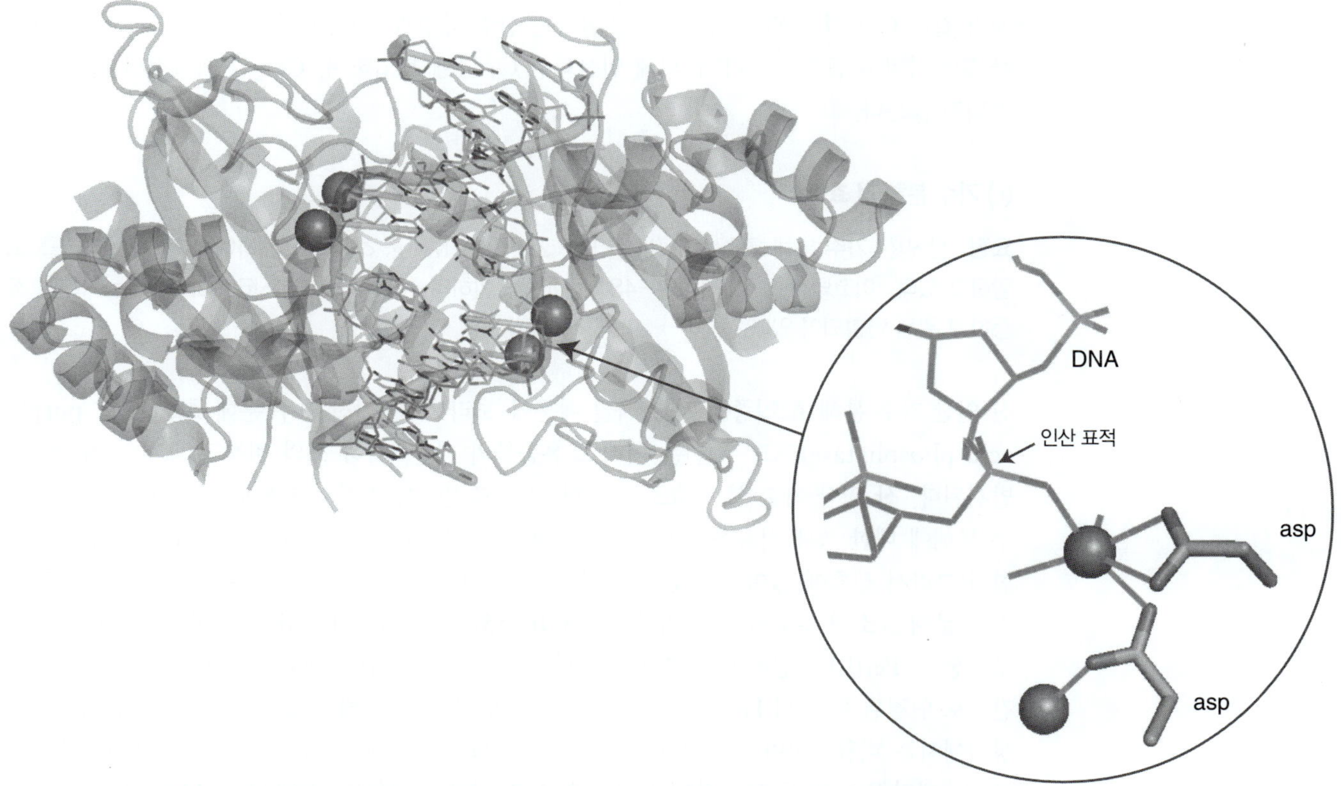

그림 25.32 DNA와 착물을 형성한 핵산 절단 효소 II의 구조(구로 표시된 Mn^{2+}의 존재하에서) 확대된 그림은 Mg^{2+}가 인산기에 결합하여 가수 분해를 위해 분극화할 수 있는 방법을 나타낸다.

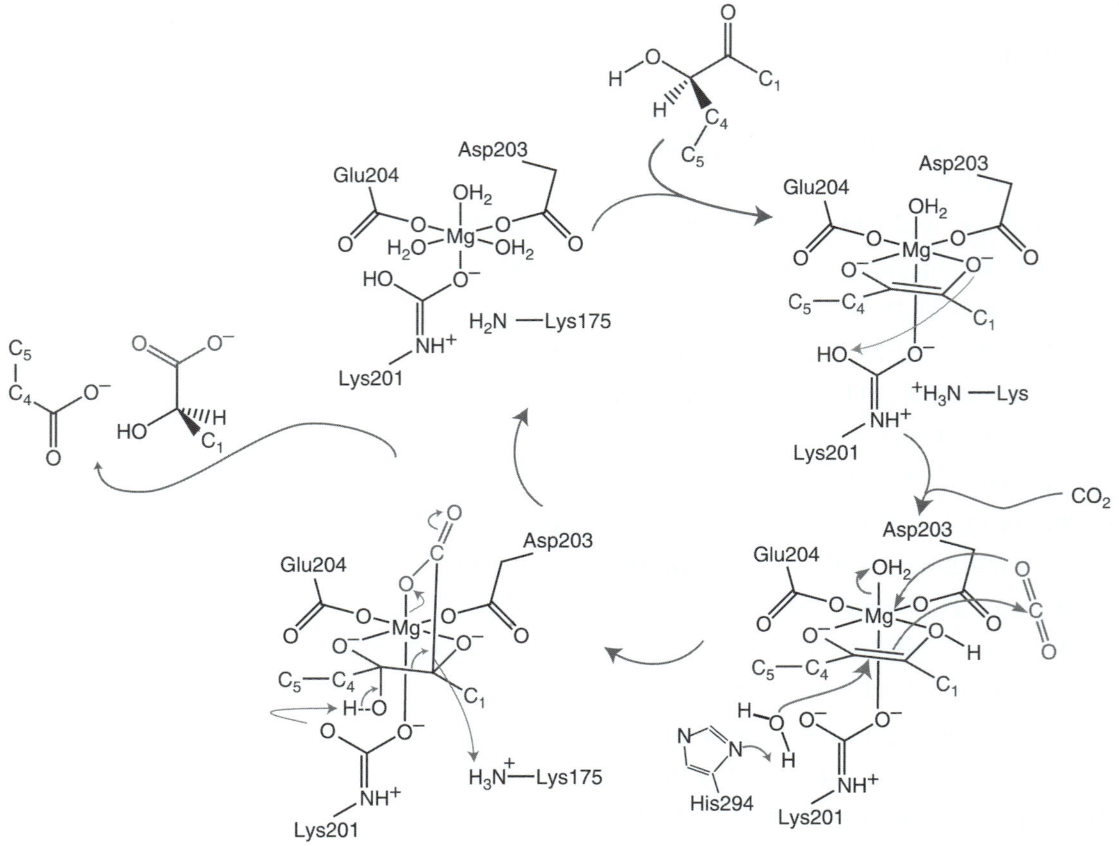

그림 25.33 **대기로부터 CO_2를 제거하여 식물의 유기 분자에 '고정'시키는 역할을 하는 효소로서 리불로스 1,5-이인산 카복시화 효소의 작용에 대한 메커니즘**

것과 같은 CO_2를 환원된 생성물로 변환하는 산업 공정과 달리, Calvin 회로의 각 턴은 CO_2를 활성화된 수용체인 ATP에 의해 인산화된 C_5 당에 도입하며, CO_2의 직접적인 환원은 관계되지 않는다.

(c) 가수 분해 철 효소

요점: 산 인산 가수 분해 효소는 Fe(III)를 Fe, Zn, 또는 Mn 중 하나와 연계하여 이핵 금속 자리를 포함하고 있다. 아코닉산 효소는 [4Fe–4S] 뭉치를 포함하며, 이 중의 한 부자리(subsite)는 기질을 조종하기 위해 변형되어 있다.

산 인산 가수 분해 효소[종종 강한 색깔 때문에 '보라색' 산 인산 가수 분해 효소(PAP: purple acid phosphatase)라고 부름]는 여러 포유동물의 기관, 특히 소의 비장과 돼지의 자궁에서 발견된다. 산 인산 가수 분해 효소는 약한 산성 조건에서 최적의 활동도로 인산 에스터의 가수 분해에 대한 촉매 작용을 한다. 그들은 뼈를 유지하고 인산화 단백질의 가수 분해에 관여한다(따라서 신호에 있어서 중요한 물질이다). 또 다른 기능으로서 Fe 수송을 한다. 산 인산 가수 분해 효소의 분홍색 또는 자주색은 510~550 nm(ε = 4000 dm^3 mol cm^{-1})에서 타이로신산 → Fe(III)의 전하 이동 전이에 기인한다. 활성 자리는 헴에리트린(**17**)과 유사하게, 리간드로 연결된 두 개의 Fe 원자를 포함한다. 산 인산 가수 분해 효소는 산화된 {Fe(III)Fe(III)} 상태에서는 비활성이며 종종 분리되어 나온다. 활성 상태에서 하나의 Fe는 Fe(II)로 환원된다. 두 개의 Fe는 모두 고스핀이며, 반응의 여러 단계를 거쳐도 고스핀으로 남아 있다.

산 인산 가수 분해 효소는 식물에서도 나타나며, 이들 효소에서는 환원되는 Fe가 Zn이

그림 25.34 산 인산 가수 분해 효소의 작용에 대한 제안된 메커니즘 금속 자리 M(II)는 동물에서 대부분의 경우에 Fe로 또는 식물에서 Mn이나 Zn으로 채워져 있다.

나 Mn으로 대체되어 있다. 콩팥에서 산 인산 가수 분해 효소의 활성 자리는 인산이 어떻게 Fe(III)와 Mn(II) 모두에 배위되어 있는지를 보여 준다(**32**). 그림 25.34에서 보여 주는 메커니즘에서, 에스터의 인산 작용기는 M(II) 부자리에 빠른 결합을 하며, 이때 더 산성인 Fe(III) 부자리에서 형성된 OH^- 이온에 의해 공격을 받는다.

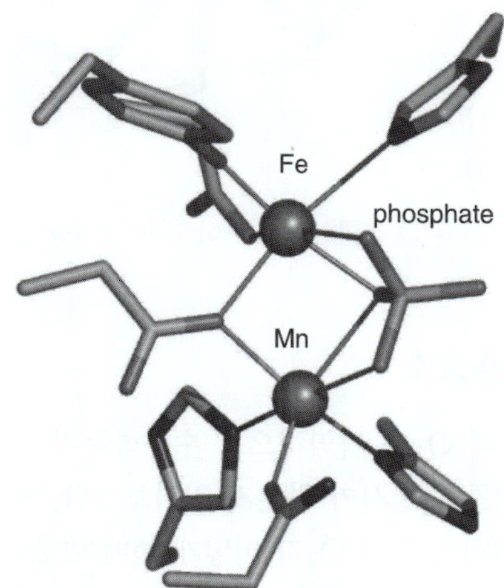

32 산 인산 가수 분해 효소의 활성 자리

아코닉산 효소 또는 아코니테이스(aconitase)는 **삼카복실산 회로**(**tricarboxylic acid cycle**) [Krebs 회로(Krebs cycle) 또는 시트르산 회로(citric acid cycle)로도 알려진]의 중요한 효

소로서 고등 유기체에서 에너지 생산의 주요 공급원이다. 아코닉산 효소는 시트르산과 아이소시트르산 이온들을 상호 전환하는 데 촉매 작용을 하며, 이 반응은 형식적으로 탈수 반응과 재수화 반응(rehydration)과 연관되어 있으며, 소량 발생하는 중간체인 아코닉산 음이온(aconitate)을 통하여 진행된다.

시트르산 이온 → 아코닉산 이온 → 아이소시트르산 이온

효소의 활성 형태는 [4Fe-4S] 뭉치를 포함하고 있으며, 공기에 노출되면 [3Fe-4S]로 분해한다. 촉매 작용의 자리는 Fe 원자로서 산화되면 잃어버린다. 구조로 보면, 이 부자리는 특이하게도 단백질이 아닌 H_2O 분자와 배위되어 있어서 Fe가 쉽게 제거되는지 알 수 있다.

아코닉산 효소의 작용에 대하여 가능한 메커니즘은 구조와 반응 속도론 및 분광학적 증거를 근거로 하면 시트르산이 활성 Fe 부자리에 결합하는 과정을 포함하며, 이로 인하여 배위수가 6까지 증가한다(**33**). Fe 원자는 C−O 결합을 편극화하여 OH는 떨어져 나오는 반면에, 근처의 염기는 양성자를 받는다. 기질은 이제 흔들리며 매달려 있고, OH와 H는 다른 위치로 다시 삽입 반응을 하게 된다. 세포질에서 발견되는 아코닉산 효소는 Fe 센서로서 또 다른 흥미 있는 역할을 한다(25.16절).

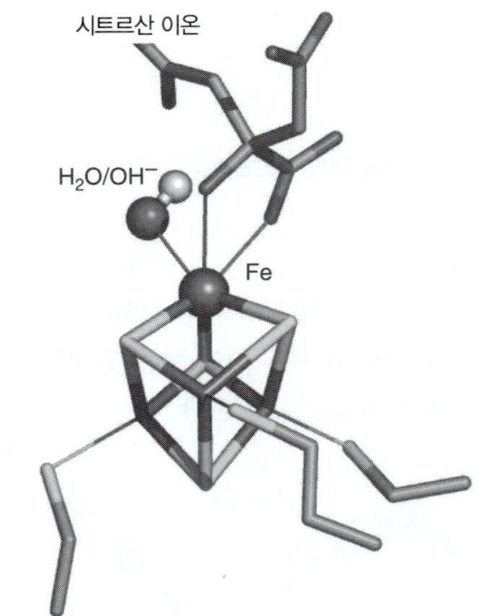

33 시트르산 이온과 결합하고 있는 아코닉산 효소의 활성화 자리

25.10 H_2O_2 및 O_2와 관련된 효소

25.7절에서 생물체들이 어떻게 O_2를 가역적으로 수송하는지 그리고 필요한 곳까지 어떻게 변화시키지 않고 전달하는 계를 발전시켜 왔는지 알아보았다. 이 절에서는 에너지를 생산하거나 산화된 유기 분자를 합성하기 위해 O_2가 어떻게 촉매 반응으로 환원되는지를 설명한다. 먼저 간단한 경우로서 과산화 수소의 환원을 고려하여 많은 생물학적 과정에서 주요한 중간체인 Fe(IV)를 소개하며 논의한다. 마지막에는 모든 녹색 식물에 존재하는 거대한 광합성 효소에 포함된 특이한 Mn/Ca 함유 보조 효소를 촉매로 사용하여 H_2O에서 O_2를 생성하는 중요한 순환 과정을 알아본다.

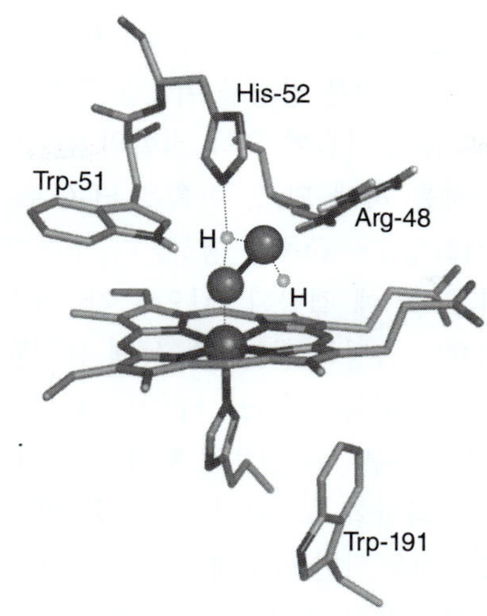

그림 25.35 효모의 사이토크롬 *c* 과산화 효소에 대한 활성 자리로서 활성을 위해 필수적인 아미노산을 보여 주고 있으며, 말단 주머니 내에 과산화 수소가 어떻게 결합되어 있는지 나타내고 있다.

(a) 과산화 효소

요점: 과산화 효소는 해로운 과산화 수소의 환원 반응에 대해 촉매 작용을 한다. 중요한 예로서 Fe(IV) 중간체가 있는데, 이들은 분리되어 있으며 구조가 결정되어 있다.

헴(haem)을 포함하는 과산화 효소(peroxidase)는 예로서 서양고추냉이 과산화 효소(HRP: horseradish peroxidase)와 사이토크롬 *c* 과산화 효소(CcP: cytochrome *c* peroxidase)가 있으며 해로운 과산화 수소를 제거하는 데 촉매 작용을 한다.

$$H_2O_2(aq) + 2e^- + 2H^+(aq) \rightarrow 2H_2O(l)$$

이러한 효소에 대해 화학적 관심이 높은 것은 화학에서 Fe(IV)의 가장 좋은 사례라는 사실 때문이다. Fe(IV)는 산소를 포함하는 많은 생물학적 과정에서 중요한 촉매적 중간체이다. H_2O_2를 불균등 분해하는 데 열역학적으로 우세하도록 촉매 작용을 하며, 가장 활성이 큰 효소 중에서 카탈레이스(catalase)도 하나의 과산화 효소이다. 효모의 사이토크롬 *c* 과산화 효소에 대한 활성 자리를 그림 25.35에 나타냈으며, 기질이 촉매 순환 과정 중에 어떻게 작동하는지를 보여 준다. 근접한 리간드는 히스티딘의 이미다졸 곁사슬이고, 마이오글로빈처럼 말단 주머니(distal pocket)는 이미다졸 곁사슬을 포함하지만 아르지닌의 구아니듐(guanidium) 작용기도 같이 있다.

그림 25.36 헴을 포함하는 과산화 효소의 촉매 순환 과정(·R⁺는 산화된 양이온 라디칼이다.)

그림 25.36에 나타낸 촉매 순환 과정은 Fe(III) 형태에서부터 시작한다. 한 분자의 H_2O_2가 Fe(III)에 배위하고 말단의 히스티딘은 양성자 이동을 중재하여 두 개의 H 원자는 O 원자의 먼 쪽에 위치한다. 구아니듐 곁사슬에 의해 결합의 편극이 동시에 일어나며, 결과적으로 O−O 결합은 불균일 분해를 하게 되고, 반쪽은 H_2O로 남으며 다른 쪽은 Fe 원자에 결합한 채로 남아서 강한 산화성 Fe−O종을 생성한다. 비록 이러한 계는 O 원자가 트랩(trap)된 것[또는 O^{2-} 이온이 Fe(V)에 결합된 것]으로 간주하는 것이 편리하지만, EPR과 Mössbauer 분광법에 의해 자세히 측정한 결과로서 높게 산화된 중간체[역사적으로는 '화합물 I(Compound I)'으로 알려져 있음]는 실제로 Fe(IV)=O(옥소Fe(IV) 또는 ferryl이라고도 불리는)와 유기 양이온 라디칼로 구성된 것으로 밝혀졌다. HRP에서 라디칼은 포피린 고리상에 위치하지만 사이토크롬 *c* 과산화 효소에서 라디칼은 펩타이드 잔기 트립토판-191 가까이에 위치한다. O^{2-} 리간드는 매우 강한 π 주개이며 높은 산화 상태를 안정화시키는 데 적합하며, Fe−O 결합 범위에 대한 자세한 설명은 다중 결합을 갖는 Fe(IV)=O부터 수소 원자에 의해 양성자화되거나 주개 기에 연결된 Fe(IV)−O⋯H에 이른다. '화합물 I'은 유기 기질이나 사이토크롬 *c*로부터 두 번의 1전자 이동에 의해 휴식의 Fe(III) 상태로 다시 환원된다(그림 25.26).

과산화 수소는 생물학에서 할로젠화 화합물을 합성하는 데 사용된다. 특히 대형 조류(macroalgae)(해조류)에서 중요한 이 과정은 Fe를 함유하지 않고 V(V)의 Lewis 산도를 이용하는 방식으로 바나듐을 사용하는 과산화 효소 종류에 의해 촉매 반응이 일어난다. bromoperoxidase(**34**)의 활성 자리는 단일 히스티딘-N에 의해 배위된 옥소-V^V 단위로 구성된다. 촉매 메커니즘은 $\eta^1\eta^2$-배위된 과산화물의 활성화를 포함하며, 이에 의해 산소 원자가 유입되는 Br^- 이온으로 전달되어 유기 기질을 공격하는 반응성이 높은 BrO^-종이 생성된다.

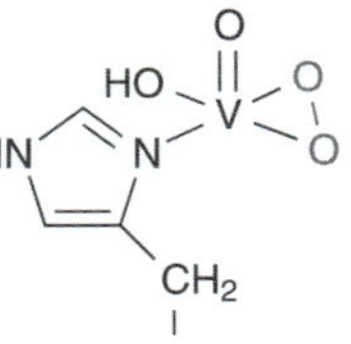

34 bromoperoxidase의 활성 자리

(b) 산화 효소

요점: 산화 효소는 산화성 기질 내에서 O_2를 물이나 과산화 수소로 환원시키는 데 O 원자의 관여 없이 촉매 작용을 하는 효소이다. 예로서 사이토크롬 *c* 산화 효소가 있으며 모든 고등 생명체에서 기본이 되는 효소이다.

사이토크롬 *c* 산화 효소는 O_2를 4전자와 함께 물로 환원시키는 데 촉매 작용을 하며 막에 결합된 효소이고 전자 주개로서의 역할을 한다. 두 반쪽 반응 간의 전위차는 0.5 V 이상이며, 사이토크롬 *c* 산화 효소에 의해 촉매화되는 실제 반응은 다음의 식과 같기 때문에 실제의 열역학을 반영하지는 못한다.

$$O_2(g) + 4e^- + 8H^+(\text{내부}) \rightarrow 2H_2O + 4H^+(\text{외부})$$

이 반응은 화학적으로 소모되지 않지만, 농도 기울기에 대해 막을 가로질러 '펌핑되는(pumped)' 4개의 H^+를 포함하고 있다. 그러한 효소를 전기 생성 이온 펌프(electrogenic ion pump)[또는 **양성자 펌프**(proton pump)]라고 부른다. 진핵생물에서 사이토크롬 *c* 산화 효소는 미토콘드리아의 내부 막에 위치해 있고 많은 소단위를 가지고 있으며(그림 25.37), 간단한 효소는 일부 박테리아에 의해 생성되기도 한다. 이는 1개의 Mg 원자와 1개의 Zn 원자뿐

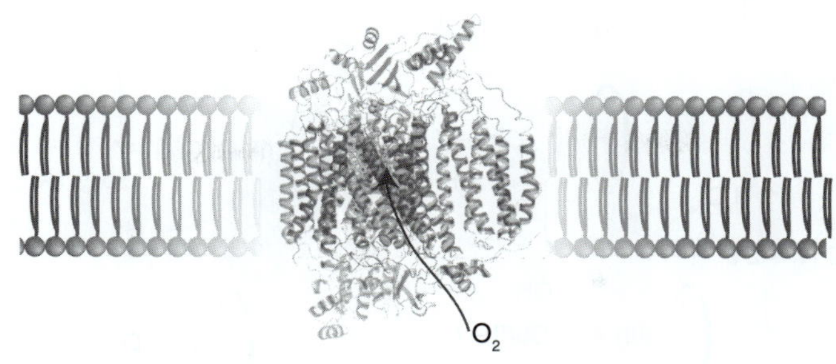

그림 25.37 막에서 발견되는 상태로의 사이토크롬 *c* 산화 효소의 구조이며, 산화–환원 중심의 위치 그리고 O_2와 사이토크롬 *c*의 반응 자리를 보여 주고 있다. 활성 자리에 대한 더 자세한 모습은 **35**를 참고하라.

만 아니라 3개의 Cu 원자와 2개의 헴-Fe 원자를 포함하고 있다. Cu와 Fe 원자들은 3개의 주요 자리에 배열되어 있다. O_2 환원의 활성 자리는 마이오글로빈 형태의 Fe-포피린(haem-a_3)으로 구성되어 있으며, 이는 세 개의 히스티딘 리간드로 배위된 '반헤모사이아닌 형태(semi-haemocyanin-like)' Cu(Cu_B로 알려짐)에 가까이 위치해 있다(**35**).

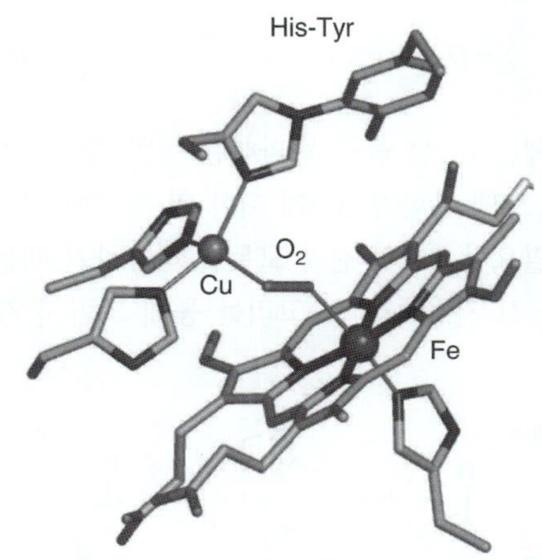

35 O_2가 반응 중간체에서 어떻게 결합하는지 보여 주는 사이토크롬 *c* 산화 효소의 활성 자리

Cu의 히스티딘 이미다졸 리간드 중의 하나는 인접한 타이로신에 공유 결합을 형성하면서 변형되어 있다. 이핵 자리의 전자들은 전자 이동의 중심으로 예상되며 6배위인 제2의 Fe 포피린(haem-a)으로부터 제공된다. 이러한 중심은 소단위 1에 위치한다. 소단위 2는 25.8d절에서 설명한 이핵 Cu_A 중심을 포함하며, 사이토크롬 *c*로부터 오는 전자들의 즉각적인 받개로 생각된다. 전자 이동의 과정은 다음과 같다.

사이토크롬 *c* → CuA → 헴 a → 이핵 자리

사이토크롬 *c* 산화 효소는 두 개의 양성자 이동 통로를 가지고 있는데, 이 중의 하나는 H_2O를 생산하는 데 필요한 양성자를 공급하는 데 사용되며, 다른 하나는 막을 통과하여 양성자를 펌핑하는 데 사용된다. 그림 25.38은 제안된 촉매 순환 과정을 보여 준다. 활성 자리인 Fe(II)−Cu(I) 상태로부터 시작하여 설명하면, O_2가 결합하여 옥시마이오글로빈과 유사한 중간체[옥시('oxy' A)]를 생성한다. 그러나 옥시마이오글로빈과 다르게, 이 중간체는 즉시 가능한 다른 전자를 Cu(I)으로부터 취하여 과산화(peroxy) 화학종을 형성하면서 곧 분해되어 P로 알려진 중간체를 생성한다. 화학종 P는 트랩(trap)되어 광학적 및 EPR 분광법으로 연구되었으며, 그 결과 중간체 P는 Fe(IV)=O 및 유기 라디칼로 이루어져 있으며 특이한 His−Tyr 쌍에 위치하는 것을 알아냈다. 양이온 라디칼의 역할을 다시 확인하면, 이와 같은 라디칼이 없으면 Fe의 산화수를 Fe(V)로 보아야 할 것이다. 타이로신을 산화−환원 촉매 활성 자리로 사용하는 것은 강한 환원제와 관계된 촉매 반응을 일으키는 효소에서는 일반적이다. 타이로신에

O_2
Fe(II) Cu(I)–Y
R
Fe(II)–O Cu(I)–Y
'oxy' (A)
H^+
OH
Fe(IV)=O Cu(II)–Y·
P
e^-
OH
Fe(IV)=O Cu(II)–Y
F
$H^+ + e^-$
OH
Fe(III)–OH Cu(II)–Y
O
$2\,H^+ + 2\,e^-$
$2\,H_2O$

그림 25.38 사이토크롬 *c* 산화 효소의 촉매 순환 과정 중간체는 현재의 규약에 따라 표기하였다(Y = 타이로신, Y· = 타이로신 라디칼). 전자는 다른 헴과 Cu_A로부터 제공된다. 순환 과정 중에 4개의 부가적인 H^+는 막을 통과하여 펌핑된다.

서 타이로신 라디칼(Y·)의 생성은 양성자와 연결된 전자 이동이 필요하다(6.14절).

$$\text{Ar–O}^{\bullet} + H^+ + e^- \rightleftharpoons \text{Ar–OH}$$

과산화 수소와 같은 중간체는 O_2를 물로 변환하는 동안 방출되지 않는 것이 중요하다. 전극에 부착될 수 있는 정교한 모델 복합체(**36**)에 대한 연구는 페놀의 존재(천연 발생 타이로신 대신 작용)가 O_2의 환원에 필요한 4개의 전자 모두를 허용하기 때문에 중요하다는 것을 보여준다. 이러한 전자는 길이가 긴 지방족 연결 고리를 통해 느린 장거리 전자 이동에 의존하지

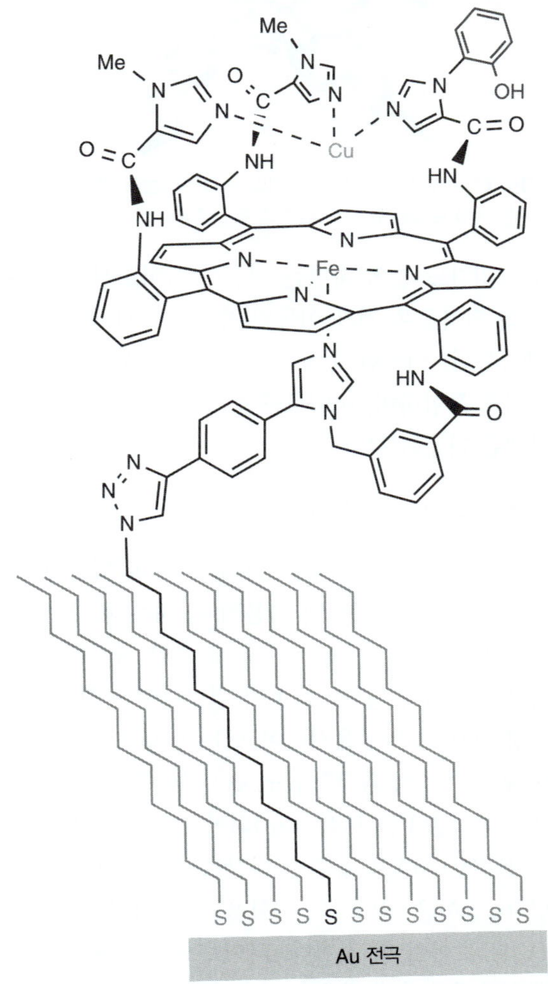

36 전극에 부착된 사이토크롬 *c* 산화 효소의 활성 자리 모델

않고 빠르게 제공될 수 있다. 페놀성 $-OH$기가 $-OCH_3$로 대체되면, 메톡시 유도체가 산화 라디칼을 형성할 수 없기 때문에 O_2 환원 동안 과산화 수소가 방출된다.

청색 Cu 산화 효소는 기질에서 하나의 전자가 제거되어 나와서 삼핵의 Cu 자리로 이동한 청색의 Cu 중심을 포함하고 있으며, O_2를 H_2O로 환원시키는 데 촉매 작용을 한다. 두 가지의 예로서, 아스코빈산 산화 효소(ascorbate oxidase)와 락케이스(laccase)로 알려진 부류가 잘 규명되었으며, 반면에 다른 단백질로서 세룰로플라스민(ceruloplasmin)은 포유동물의 조직에서 발견되며 잘 알려지지 않고 있다. 아스코빈산 산화 효소는 덩굴호박과 같은 과일의 표피에서 존재한다. 이의 역할은 두 가지인데, 과일의 과육(살)을 O_2로부터 보호하는 것과, 페놀 기질을 과일의 표피를 형성하는 중간체로 산화시키는 것이다. 락케이스는 널리 분포하며, 특히 식물과 균류에서 페놀 기질의 산화에 은밀하게 촉매 작용을 하고 있다. O_2가 환원되는 활성 자리(**37**)는 잘 감추어져 있다. 이는 O 원자와 다리 결합하며 산화된 형태로 연결된 한 쌍의 Cu 원자 그리고 매우 가까이 위치하는 제3의 Cu를 포함하고 있으면서 거의 삼각형 배열을 형성하고 있다.

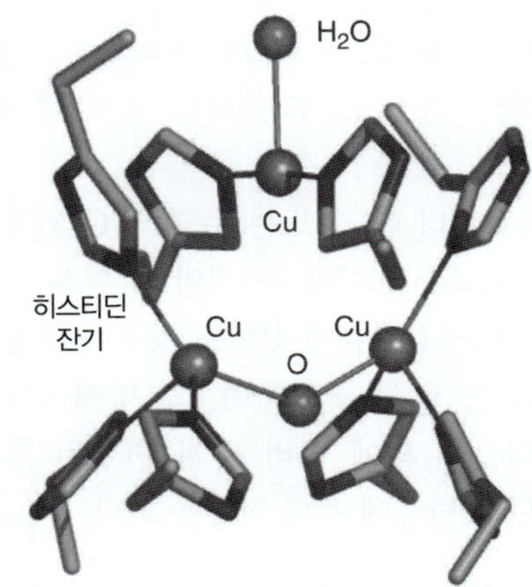

37 Cu 산화 효소의 삼핵성 활성 자리

아민 산화 효소는 Cu(II)와 Cu(I) 사이를 왕복하는 하나의 Cu 원자를 사용하여 아민을 알데하이드로 산화시키는 데 촉매 작용을 하는데, 이 효소는 O_2를 2전자 환원시켜 H_2O_2 분자를 생성한다. 사이토크롬 *c* 과산화 효소와 사이토크롬 *c* 산화 효소처럼, 아민 산화 효소는 금속 근처에 위치한 부가적인 산화제를 가지고 있기 때문에 문제점을 극복한다. 이 경우에는 타이로신(tyrosine)의 번역후 산화(post-translational oxidatoin)에 의해 형성된 토파퀴논(TPQ: topaquinone)(**38**)이라고 하는 특별한 보조 인자가 있다.

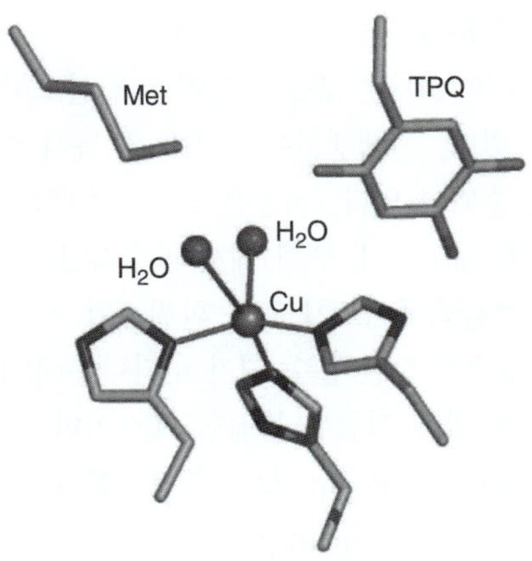

38 아민 산화 효소의 활성 자리

예제 25.8 환원 전위 설명

O_2에 대한 4전자 환원 전위는 pH = 7에서 +0.82 V이다. 사이토크롬 *c* 산화 효소에 전자 주개인 사이토크롬 *c*는 환원 전위가 +0.26 V인 반면에, 균류 락케이스의 유기 기질은 종종 +0.7 V만큼의 높은 값을 가진다. 에너지 보존의 측면에서 이러한 자료의 의미는 무엇인가?

답 사이토크롬 *c* 산화 효소와 락케이스는 둘 다 O_2의 효율적인 4전자 환원을 촉진하지만, 이들의 상이한 생물학적 기능을 고려해야 한다. 락케이스는 페놀의 산화에 효과적인 촉매이며 추진력은 작은 편이다. 사이토크롬 *c* 산화 효소는 양성자 펌프이며 약 2 eV(4 × 0.56 eV)의 Gibbs 에너지가 사이토크롬 *c*의 산화에서 얻어지며, 이는 양성자가 미토콘드리아의 내부 막 투과를 추진하기에 가능한 정도이다.

문제 25.8 아민 산화 효소 및 갈락토스 산화 효소로 불리는 다른 Cu 효소에서 특이한 활성 자리 구조를 발견하기 전에 Cu(III)는 촉매의 중간체로 제안되어 왔다. 이러한 상태에 대해 예상되는 특성은 무엇인가?

(c) 산소화 효소

요점: 산소화 효소는 O_2로부터 유도된 한 개 또는 두 개의 O 원자가 모두 유기 기질 속으로 삽입하는 반응에 대해 촉매 작용을 한다. 일산소화 효소는 하나의 O 원자를 삽입하며 나머지 O 원자를 H_2O로 환원하는 데 촉매 작용을 한다. 이산소화 효소는 O 원자 두 개 모두를 삽입하는 데 촉매 작용을 한다.

산소화 효소(oxygenase)는 O_2로부터 한 개 또는 두 개의 O 원자를 기질에 삽입하는 데 촉매 작용을 하는 반면에, 산화 효소(oxidase)에서 두 개의 O 원자는 모두 최종적으로 H_2O로 된다. 산소화 효소에서 O 원자가 C−H 결합에 삽입될 경우에 종종 **수산화 효소**(hydroxylase)로 부른다. 대부분 산소화 효소는 Fe를 포함하며, 그 밖에 Cu 또는 유기 보조 인자로 플라빈(flavin)을 포함하고 있다. 그 외에 여러 가지 변형된 형태가 있다. 일산소화 효소(monooxygenase)의 경우는 다음 반응에 촉매 작용을 한다.

$$\text{R–H} + \text{O}_2 + 2\,\text{H}^+ + 2\,\text{e}^- \rightarrow \text{R–O–H} + \text{H}_2\text{O}$$

여기서 전자는 FeS 단백질 같은 전자 주개에 의해 제공된다. 일산소화 효소는 알켄의 에폭시화 반응에 촉매 작용을 하기도 한다. 이산소화 효소(dioxygenase)는 O_2로부터 두 개의 원자 모두를 기질에 삽입하는 데 촉매 작용을 하며, 기타로 다른 전자 주개를 필요로 하지 않는다. 같은 분자상에 두 개의 C−H 결합이 산소화되기도 한다.

$$\text{H–R–R}'\text{–H} + \text{O}_2 \rightarrow \text{H–O–R–R}'\text{–O–H}$$

Fe 효소는 두 가지 주된 부류로서 헴(haem)과 비헴(non-haem)으로 나뉜다. 여기서는 헴 효소로서 가장 중요한 사이토크롬 P450을 먼저 논의한다.

사이토크롬 P450(혹은 그냥 'P450')은 헴을 포함하는 일산소화 효소 중에서 중요하고 널리 분포하는 작용기로 주목받고 있다. 진핵생물에서 이들은 특히 미토콘드리아에 모여 있으며, 고등동물에서는 간 조직에 집중되어 있다. 이들은 프로제스테론(progesterone)의 합성과 같은 생합성(예를 들어 스테로이드(steroid) 변환)에서 필수적인 역할을 한다. 이 효소를 포함하는 용액(정제하지 않은 조직 추출액에서조차도)을 환원제와 일산화 탄소로 처리하면 Fe(II)−CO 착물을 형성하여 450 nm에서 강한 흡수 띠가 나타나는데, P450으로 표기하는 것은 여기에 유래한다. 대부분 P450은 막에 결합된 복잡한 효소이며 분리하기 어렵다. 우리가 알고 있는 대부분은 박테리아 *Pseudomonas putida*에서 분리한 효소 'P450_{cam}'을 사용하여 수행된 연구에서 기인한다. 이 유기체는 장뇌(camphor)를 탄소의 유일한 원천으로 이용하며, 첫 번째 단계는 5 위치의 산소화 반응이다.

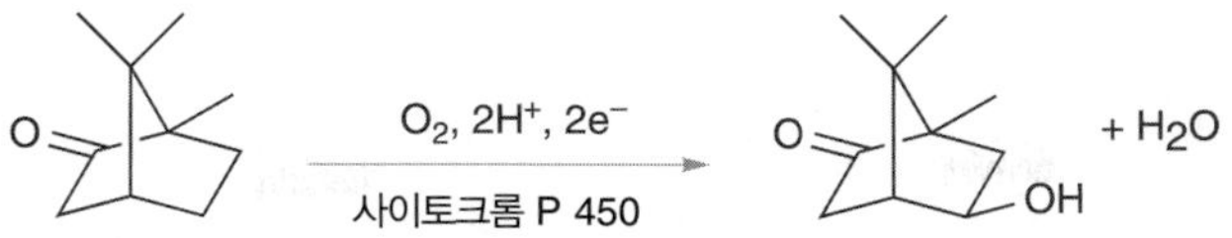

$$\text{(camphor)} \xrightarrow[\text{사이토크롬 P 450}]{O_2,\ 2H^+,\ 2e^-} \text{(5-exo-hydroxycamphor)} + H_2O$$

촉매 순환 과정은 반응 속도론 및 분광학적 방법을 병행 사용하여 연구되었다(그림 25.39). 휴식 효소로부터 시작하면, 이는 Fe(III) 상태이며 활성 자리 주머니에서 기질과 결합하여(1) 배위된 H_2O 분자의 분리를 유도한다. 이 단계에서는 스핀 상태가 저스핀($S = \frac{1}{2}$)에서 고스핀($S = \frac{5}{2}$)으로 변화되며 환원 전위가 증가하여 하나의 전자가 퓨티다레독신(putidaredoxin)으로 알려진 [2Fe-2S]를 포함하는 작은 단백질로부터 이동되어 들어오게 된다(2). 형성된 5배위의 Fe(II)는 데옥시마이오글로빈과 유사하며 O_2와 배위한다(3). 마이오글로빈과는 다르게, 두 번째 전자의 첨가 반응은 열역학적 및 반응 속도론적으로 우세하다. 뒤이은 반응(4~6)들은 매우 빠르다. 그러나 Fe(III) 과산화물 중간체가 형성되며, 이는 빠르게 O−O의 불균등 분해를 진행하여 과산화 효소의 화합물 I과 유사한 화학종을 생성하는 것으로 예상된다. 이는 **산소 되튐 메커니즘**(oxygen rebound mechanism)으로 알려져 있으며, Fe(IV)=O기는 기질로부터 H를 떼어 내며 다시 OH 라디칼로 삽입한다. 이 과정은 결과적으로 O 원자나 OH 라디칼을 Fe에 부착함으로써 이용하기 때문에 주목할 만하다.

다른 P450들은 유사한 메커니즘으로 작동된다고 생각되나, 활성 자리 주머니의 구조에서 차이가 있다. 과산화 효소의 활성 자리와는 달리, P450 활성 자리는 더 우세하게 소수성이며, 유기 기질 쪽으로 향하는 특별한 극성기가 존재하여 R−H 결합은 곧바로 Fe=O 존재 쪽으로 더 가까이 간다.

비헴 산소화 효소는 널리 분포하며 일반적으로 이산소화 효소이다. 대부분은 활성 자리에 하나의 Fe 원자를 포함하며 단백질에서 활성 화학종이 Fe(III)인지, Fe(II)인지에 따라 분류한다. 역사적으로 **다이올 내 산소화 효소**(intradiol oxygenase)로 알려진 Fe(III) 효소에서 Fe 원자는 Lewis 산 촉매로 작용하여 유기 기질이 배위되지 않은 O_2에 의해 공격을 받도록 활성화한다.

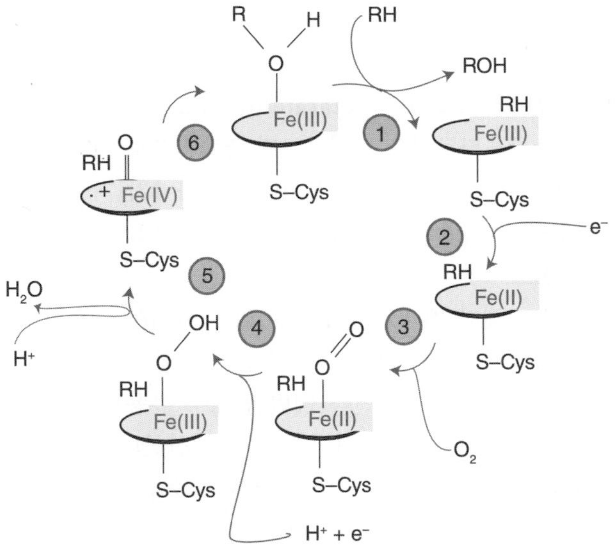

그림 25.39 **사이토크롬 P450의 촉매 순환**

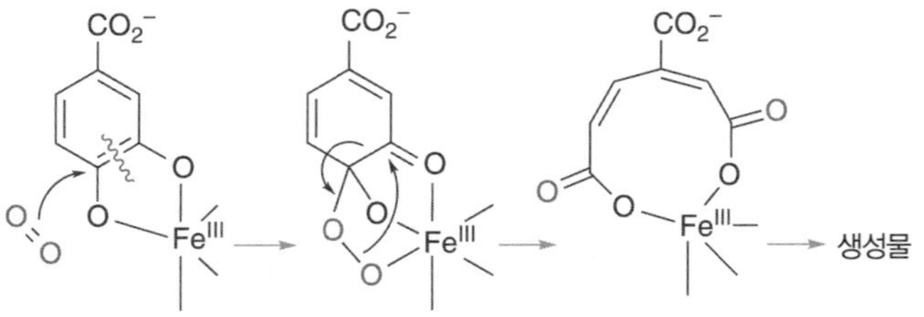

이와는 달리, 역사적으로 **다이올 외 산소화 효소**(extradiol oxygenase)로 알려진 Fe(II) 촉매에서 Fe는 O_2와 직접 결합하여 이를 활성화하여 유기 기질을 공격하도록 한다.

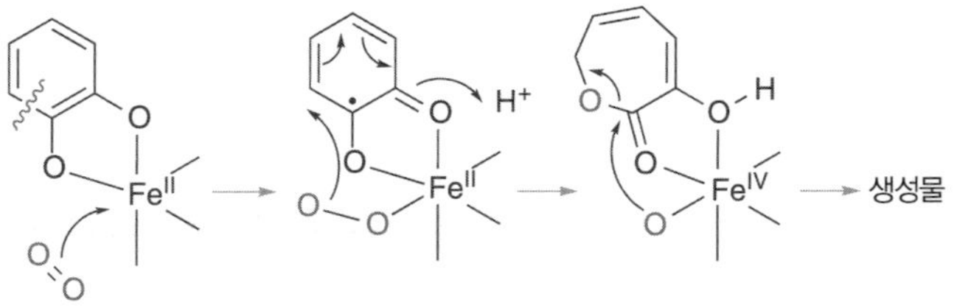

Fe(III) 효소의 대표적인 예로서 프로토카테츄산 3,4-이산소화 효소(protocatechuate 3,4-dioxygenase)가 있다. 여기서 Fe는 고스핀이고, 두 개의 His-N과 두 개의 Tyr-O를 포함하는 일련의 단백질 리간드에 단단히 배위되어 있으며, Tyr-O는 단단한 주개로서 Fe(II)보다 상대적으로 Fe(III)를 안정화하는 데 더 적당하다. Fe(III) 효소는 타이로신산에서 Fe(III)로의 강한 전하 이동(charge transfer)에 의해 진한 적색을 나타낸다. 한편, Fe(II) 효소의 대표적인 예로서 카테콜 2,3-이산소화 효소(catechol 2,3-dioxygenase)가 있다. 여기서 Fe는 고스핀이고, 두 개의 His-N과 하나의 카복실산기를 포함하는 일련의 리간드에 의해 단백질 내에 배위되어 있다. 이 결합은 약하며 Irving–Williams 계열(20.1절)에서 Fe(II)는 낮은 쪽에 위치하고 있음을 반영한다. 이와 같이 Fe(II) 효소에서는 약하게 결합되어 있기 때문에 유용한 분광학적 특성(예를 들면 EPR 스펙트럼)을 관찰하는 데 어려움이 따르며, 따라서 Fe(III) 효소보다 연구하기가 훨씬 더 어렵다.

Fe(II) 산소화 효소에서 특히 중요한 부류는 2차 기질로서 2-옥소글루타르산(2-oxoglutarate) 분자를 사용한다.

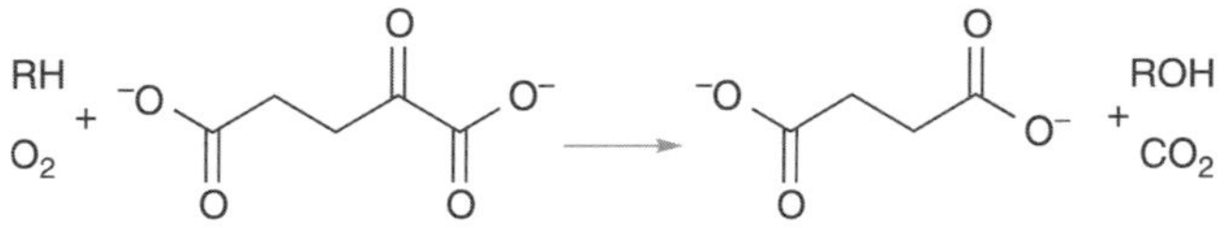

옥소글루타르산 의존형 산소화 효소(oxoglutarate-dependent oxygenase)의 원리는 O_2에서 하나의 O 원자가 2-옥소글루타르산으로 이동하면 결과적으로 비가역적인 카복실기 이탈 반응(decarboxylation)이 일어나고, 따라서 다른 O 원자가 1차 기질로 삽입이 일어나도록 추진하는 것이다. 예를 들면 특정한 전사(transcription) 인자로 아미노산을 변형하여 세포 신호를 내는 데 작용하는 효소들이 있다(25.15절).

산소화 효소들은 온실 기체인 메테인(methane)의 대사에서 중요한 역할을 하고 있다. 메테인은 모든 탄화수소 중에서 가장 강한 C–H 결합을 포함하고 있어 활성화하기가 가장 어렵다. 메테인의 대사 박테리아는 메테인을 메탄올(매우 유용한 화학 약품이자 연료)로 변환하는 데 촉매 작용을 하는 두 가지 형태의 효소를 생산한다. 한 가지는 Cu 원자를 포함하며 막에 결합된 효소이다. 입자 메테인 일산소화 효소(p-mmo: particulate methane monooxygenase)로 알려진 이 효소는 높은 농도의 Cu가 존재할 때 발현된다. 또 다른 효소로서 용해성 메테인 일산소화 효소(s-mmo: soluble methane monooxygenase)가 있으며,

그림 25.40 **메테인 일산소화 효소에 대한 가능한 촉매 순환 과정**

이 효소는 헴에리트린(**17**)과 산성 인산 가수 분해 효소(acid phosphatase, **32**)와 관련이 있는 이핵 Fe 활성 자리를 포함하고 있다(**39**). 메커니즘은 아직 명확히 정립되지는 않았지만, 그림 25.40은 제안된 s-mmo 촉매 순환 과정을 나타낸다. 제안된 중간체 Fe(IV) 화학종은 지금까지 알아본 것과는 달리, O_2에서 유도된 O 원자들이 말단이 아니라 다리 결합을 하고 있다.

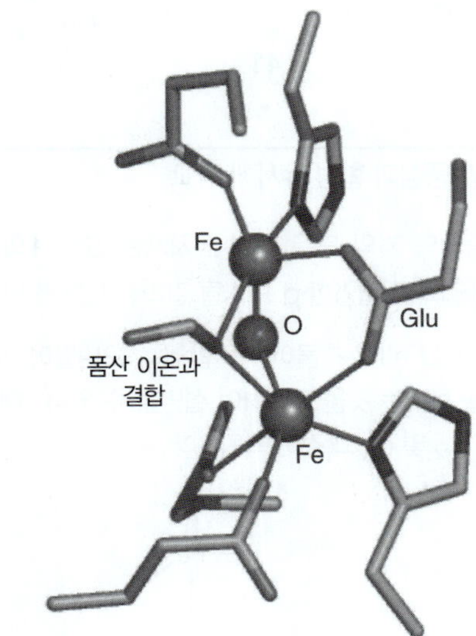

39 메테인 일산소화 효소의 활성 자리

효소 중간체로서 Fe(IV)가 중요함에도 불구하고, 그동안 효소를 이해하는 데 중요한 모형을 제공해 줄 수 있는 작은 Fe(IV) 착물들을 얻기가 어려웠다. 합성하기 가장 쉬운 것은 Fe가 수평 방향으로 포피린 리간드와 결합되어 있는 헴 유사체로, Fe(II) 또는 Fe(III) 형태를 과산소산(peroxo acid)과 반응시켜 얻는다. 비헴 Fe(IV) 화학종의 작은 모델이 최근 알려졌다. 다섯자리 펜타아자 리간드인 *N*,*N*-bis(2-pyridylmethyl)-N-bis(2-pyridyl)methylamine을 포함하는 일핵성 옥소–Fe(IV) 착물(**40**)이 Fe(II) 착물을 옥소 전달 물질인 아이오도실벤젠(iodosylbenzene)과 처리하여 형성된다. 그것은 상온에서 상당히 안정하며 X선 회절에 의해 구조 분석이 되었다. 강력한 산화제로서, 물 존재하에서 Fe(II) 착물의 벌크 전기 분해에 의해 아세토나이트릴 용액에서 생성될 수 있으며, 페로세늄/페로센 짝 대비 Fe(IV)/Fe(III)에 대한 표준 전위는 0.9 V로 추정된다. 착물(**40**) 및 유사한 종은 상자성(S = 1)이며 근적외선에서 특징적인 흡수 띠를 나타낸다. Fe−O 결합 길이는 164 pm이며, O 원자가 π 주개로서 작용하는 다중 결합과 완전히 일치한다. 착물(**40**)은 사이클로헥세인을 포함한 다양한 탄화수소에서 C−H 결합을 산소화한다. 비스(μ-옥소) Fe(IV) 착물(**41**)은 s-mmo로 형성된 반응 중간체의 구조적 유사체로 제안되었다.

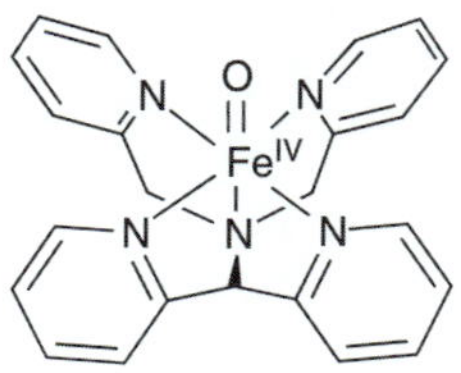

40

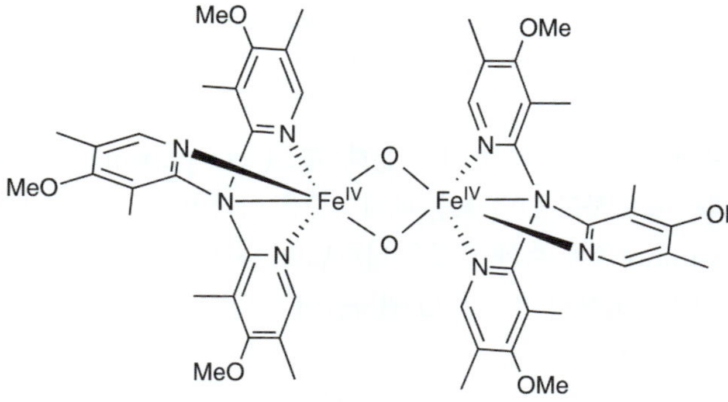

41

예제 25.9 천연 유사 옥소철(IV) 중심과 합성 유사체 비교

(**40**)과 같은 단핵성 옥소Fe(IV) 중심의 거의 모든 합성 유사체는 S = 1의 바닥 상태이지만, 효소의 옥소Fe(IV) 자리는 S = 2이다. 이 관찰 결과를 설명할 d 오비탈 갈라짐 도표를 만드시오.

답 다른 스핀 상태는 유사 정팔면체 옥소Fe(IV) 착물이 비결합 d_{xy} 오비탈이 $d_{x^2-y^2}$ 오비탈보다 더 낮은 곳에 위치하는 d 오비탈 에너지 갈라짐을 보이는 것을 고려하여 설명할 수 있다. 대조적으로, 삼각 쌍뿔 옥소Fe(IV) 착물에서 d_{xy} 및 $d_{x^2-y^2}$ 오비탈은 d_{xz} 및 d_{yz}와 같이 축퇴된다.

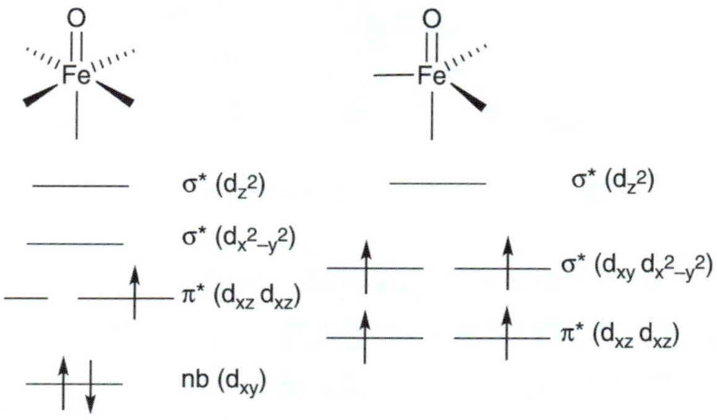

σ* (d_{z^2})
σ* ($d_{x^2-y^2}$)
π* (d_{xz} d_{xz})
nb (d_{xy})

σ* (d_{z^2})
σ* (d_{xy} $d_{x^2-y^2}$)
π* (d_{xz} d_{xz})

문제 25.9 효소에서 옥소Fe(IV) 중심의 개선된 모델로 이어질 간단한 전략을 제안하시오.

멜라닌 형태의 색소를 생산하는 데 필요한 두 가지 효소로서 타이로신화 효소(tyrosinase)와 카테콜 산화 효소가 있다. 이들은 각각 헤모사이아닌(haemocyanin)과 유사하게 O_2와 배위하며 강하게 짝지음하는 이핵 Cu 중심을 포함하고 있다. 그러나 헤모사이아닌과는 다르게, 배위된 O_2를 활성화하여 기질의 페놀 고리에 친전자성 공격을 받게 된다. 저해제로서 페놀싸이오유레아(phenolthiourea)와 착물을 이룬 카테콜 산화 효소에서 활성 자리의 구조(**42**)는 기질의 페놀 고리가 다리 결합하는 O_2 가까이에 어떻게 배향하는지를 보여 준다. 구리 효소는 중요한 신경 전달 물질과 호르몬[예를 들면 도파민(dopamine)과 노르아드레날린(noradrenaline)]의 생성에도 중요한 역할을 한다. 이들 효소는 공간적으로 잘 분리되어 있으며 자기적으로 짝을 풀 수 있는(uncouple) 두 개의 Cu 원자를 포함한다. 활성 자리에 단일 Cu를 갖는 산화제는 산업적으로 중요한 반응인 고체 바이오매스의 산화 분해를 촉매한다. 이 효소의 특성은 화학세상 25.1에 기술되어 있다.

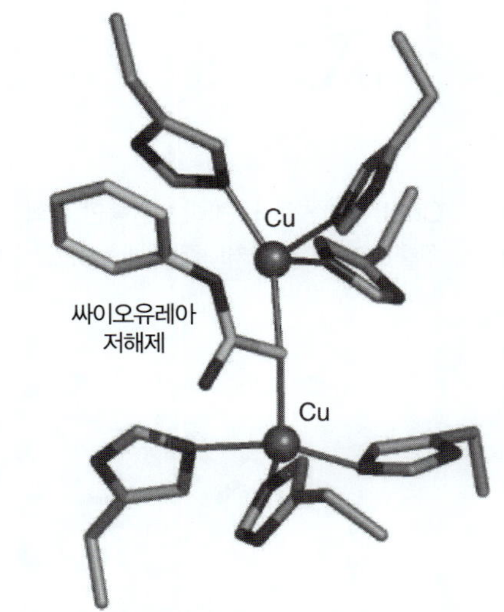

42 저해제가 결합된 카테콜 산화 효소의 활성 자리

(d) 광합성 O_2 생성

요점: 광활성 중심에 의한 생물학적 태양 에너지 포획은 $NADP^+$로부터 NADPH(BH_4^-의 생물학적 등가물)를 생성하기에 충분히 음의 환원 전위를 갖는 화학종의 생성을 초래한다. 광합성 ET(electron transfer: 전자 이동) 중에 생성되는 ATP의 도움으로 대기 CO_2는 루비스코(rubisco)가 포함된 Calvin 회로에서 유기 분자에 도입된다. 모든 고등 식물과 사이아노박테리아에서 전자는 물에서 추출되며, 이는 4개의 Mn 원자와 1개의 Ca 원자를 포함하는 특별한 촉매 중심 자리에 의해 O_2로 변환된다. 우리가 알고 있는 지구 생명의 중심인 O_2는 광합성의 폐기물로 발생한다.

광합성(photosynthesis)은 태양 에너지를 이용하여 유기 분자를 생산하는 것이다. 이는 편의상 **명반응**(**light reaction**, 포집된 전자기 에너지에 의한 과정)과 **암반응**(**dark reaction**, 명반응에서 얻은 에너지를 사용하여 CO_2와 H_2O를 탄수화물로 전환하는 과정)으로 나뉜다. 우리는 이미 암반응(실제로는 밤과 낮에 모두 일어난다)에서 가장 중요한 부분인 CO_2를 rubisco 촉매에 의하여 유기 분자에 결합시키는 과정을 언급하였다. 이 절에서는 명반응에서 금속이 하는 역할의 일부를 설명한다.

물에서 H_2를 생성하는 기술에 적용된 광화학 에너지 포집의 기본 원리는 10장(화학세상 10.3)에 설명되어 있다. CO_2와 반응하여 H_2가 '저장'된다는 점에서 유사한 방식으로 광합성을 볼 수 있다. 생물학에서 태양으로부터 오는 광자는 막에 결합된 커다란 단백질에 존재하는 색소를 들뜨게 하는데, 이는 **광계**(**photosystem**)로 알려져 있다. 가장 중요한 색소인 엽록소(chlorophyll)은 포피린(**7**)과 매우 유사한 Mg 착물이다. 대부분의 엽록소는 **집광 안테나**(**light-harvesting antenna**)로 알려진 큰 단백질 내에 위치하는데, 명명이 특성을 잘 나타내

화학세상 25.1 구리 효소는 어떻게 셀룰로스를 분해하는가?

광합성에 의해 생산되는 대부분의 유기 물질은 산업적으로나 연료로 사용할 수 없다. 바이오매스는 주로 고분자 탄수화물(셀룰로스 및 리그닌과 같은 다당류)로 구성되는데, 가수 분해에 저항하기 때문에 더 단순한 당으로 분해하기가 매우 어렵다. 그러나 특정 곰팡이 및 박테리아는 산화 반응에 의해 다당류를 보다 단순한 당으로 분해할 수 있는 효소를 생산한다는 발견으로 돌파구가 생겼다. 담당 효소는 용해성 다당류 일산소화 효소(LPMO: Lytic Polysaccharide MonoOxygenases)로 알려져 있으며 Cu를 함유한다. 유기체를 사용하든 효소를 사용하든 산업은 바이오 연료의 수율을 높이는 새로운 도구를 가지고 있다.

다음 그림은 셀룰로스가 분해되는 원리를 보여 준다.

글리코사이드 결합의 절단은 지정된 C−H 결합 내로 O 원자의 삽입에 의해 개시된다. 결과 배열은 불안정하고 (HO)C−O−C 절단은 케톤 생성물로 이어진다.

LPMO의 결정 구조는 작은 수용성 기질인 셀로트리오스(cellotriose)의 존재하에 측정되었다(그림 B25.1). Cu는 효소의 표면에 가깝게 위치하며, 펩타이드-N, 제2 히스티딘 및 타이로신과 함께 N 말단에 있는 N-메틸 히스티딘에 의해 배위된다. 배위는 촉매 회로 동안 O_2 분자가 배위될 수 있는 위치를 나타내는 염화 이온에 의해 완료된다. 셀로비오스(cellobiose) 분자는 아미노산 곁사슬 및 구조화된 물 분자와의 여러 극성 접촉에 의해 연결되며, 이것이 표적 C−H 결합이 Cl 리간드가 차지하고 있는 위치와 가깝게 위치하게 한다.

반응이 어떻게 일어나는지는 현재 논란의 여지가 있으며, 아스코브산염과 같은 전자 주개를 필요로 하는 촉매 순환에서 LPMO가 일산소화 효소로 작용하는 메커니즘이 가장 가능성이 높다. 초기 $Cu^{I}-O_2$ 첨가 생성물이 Cu(III)−OH 또는 옥시 라디칼 화학종인 Cu(II)−O)•로 표현되는 강력한 산화제로 전환되어 표적 H 원자를 추출하여 되튐 메커니즘에서 −OH로 대체할 수 있다.

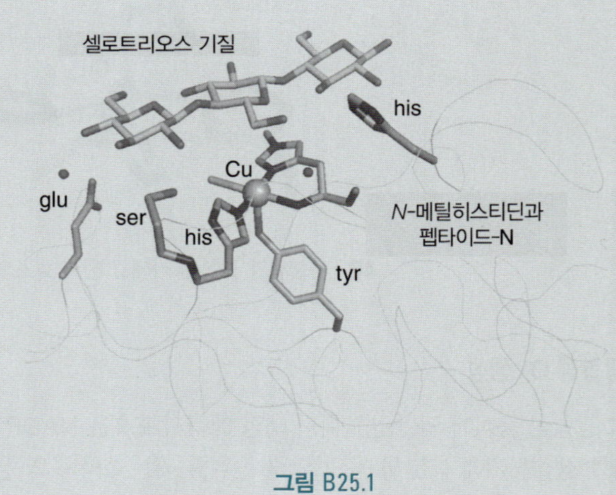

그림 B25.1

는 바와 같이, 광자를 모아서 그 에너지를 효소에 집중시키며 전기 화학적 에너지로 전환시킨다. 에너지 전환으로 엽록소 착물은 계속 이용되어 빛에 의해 들뜰 때에 강력한 환원제로 작용한다. 들뜬 엽록소에 의해 방출된 각각의 전자는 FeS 뭉치를 포함한 일련의 단백질 결합 수용체를 빠르게 아래로 이동하며(페레독신 및 다른 산화−환원 효소 기관을 통해), 결국 CO_2를 탄수화물로 환원시키는 데 사용된다. 전자를 방출한 직후, 강력한 산화제인 엽록소 양이온은 다른 자리의 전자를 사용하여 재결합(전자 흐름의 단순한 역전)에 의한 에너지 낭비를 피하기 위해 급격히 감소해야 한다. 사이아노박테리아, 녹조류 및 가장 중요한 녹색 식물에서 발생하는 '산소성' 광합성에서 각각의 이러한 '복원' 전자는 물 분자에서 제공되어 O_2를 생성한다.

녹색 식물에서 광합성은 **엽록체**로 알려진 특수 조직에서 일어난다. 식물 엽록체에는 연속적으로 작동하는 광계 I 및 II의 두 종류가 있으며, 낮은 에너지의 빛(약 680 ~700 nm, >1 eV)으로 큰 전위 영역(>1 V)에 이르도록 하고, 여기에서 물은 안정하다. 단백질의 배열은 그림 25.41에 나타나 있다. 광합성 전자 이동 사슬에서 일부 에너지는 막 횡단 양성자 기울기를 형성하는 데 사용되며, 미토콘드리아에서처럼 다시 ATP를 합성하게 한다. 광계 I은 낮은 전위의 끝에 존재하며, 이것의 전자 주개는 청색 Cu 단백질 플라스토사이아닌으로

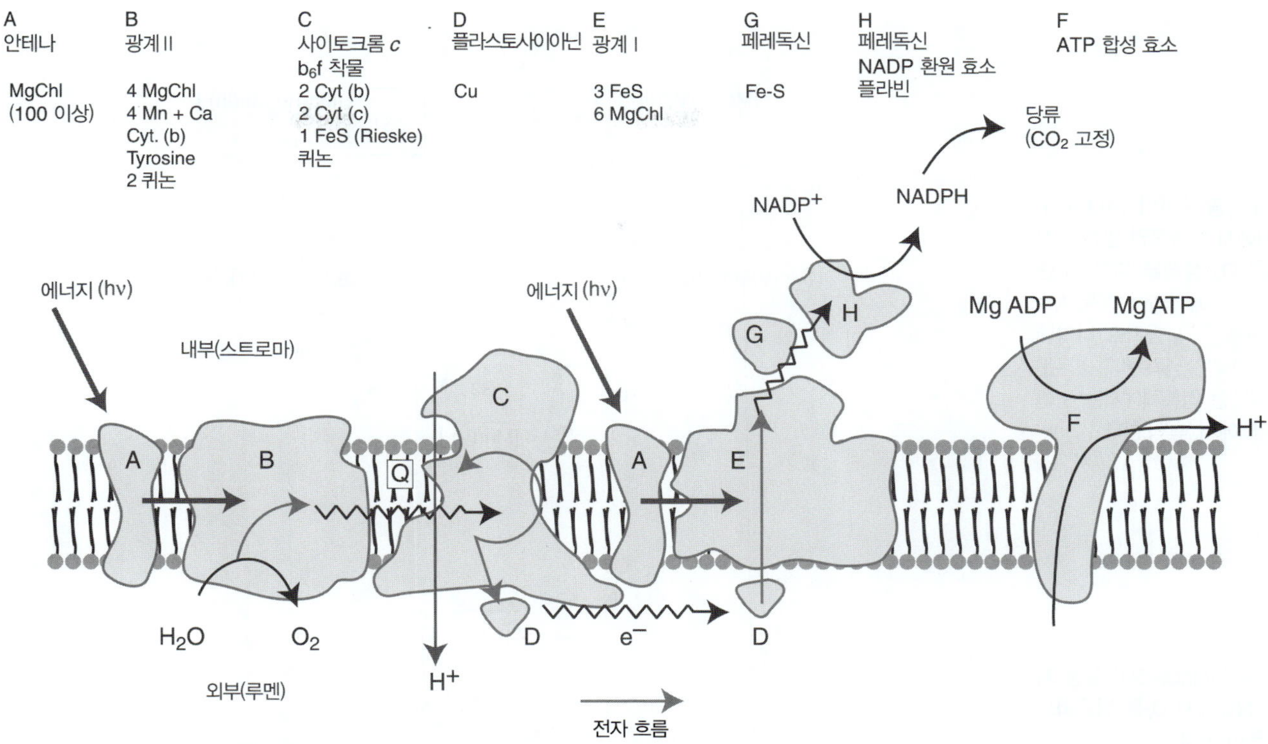

그림 25.41 광합성 전자 이동 사슬에서 단백질의 배열(Mg-엽록소 착물은 'MChl'로 나타내었다.) (A) 안테나('집광') 착물, (B) 광계 II, (C) '사이토크롬 b_6f 착물'(이는 미토콘드리아 전자 이동 사슬에서 착물 III과 유사하다), (D) (용해성) 플라스토사이아닌, (E) 광계 I, (F) ATPase, (G) 페레독신 (Fe-S), (H) 페레독신-$NADP^+$ 환원 효소(플라빈). 진한 회색 화살표는 에너지 이동을 나타낸다. 전체적인 전자는 Mn(고전위)에서 FeS(저전위)로 이동함에 유의하라. 이와 같은 '위쪽'으로의 흐름은 각 광계에서 에너지의 중요한 투입을 나타내고 있다.

서, 이는 광계 II에 의해 생성된 전자를 사용하여 환원된다(그림 25.28). 이번에 광계 II에 대해 전자 주개는 H_2O이다. 이와 같이 녹색 식물은 H_2O를 O_2로 전환하면서 산화력을 사용한다. 이러한 4전자 반응은 중간체가 노출되지 않기 때문에 특이하다. '산소 발생 중심'(OEC: Oxygen Evolution Centre)이라고 불리는 촉매는 2 Ga 이전에 시작된 그 작용이 본질적으로 대기에 있는 모든 O_2를 제공했기 때문에 특별한 의미를 갖는다. OEC는 두 개의 H_2O 분자로부터 O−O 결합을 생성하는 것으로 알려진 유일한 효소 활성 자리이며, 광화학 물 분리를 위한 이 촉매의 기능적 모델을 생산하는 데 많은 관심이 있다(화학세상 10.3).

OEC는 광계 II의 소단위 D1에 위치한 4개의 Mn 원자 및 1개의 Ca 원자를 함유하는 금속 산화물 뭉치이다. 소단위 D1은 살아 있는 세포가 산화 손상에 의해 빨리 마모되기 때문에

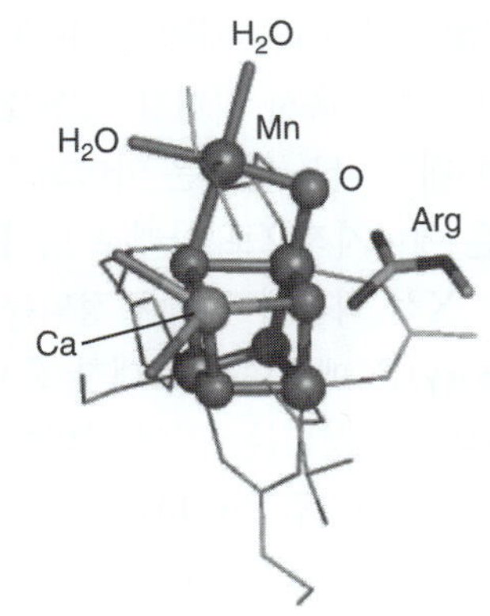

그림 25.42 광합성 O_2 생산을 위한 [4MnCa-5O] 활성 자리

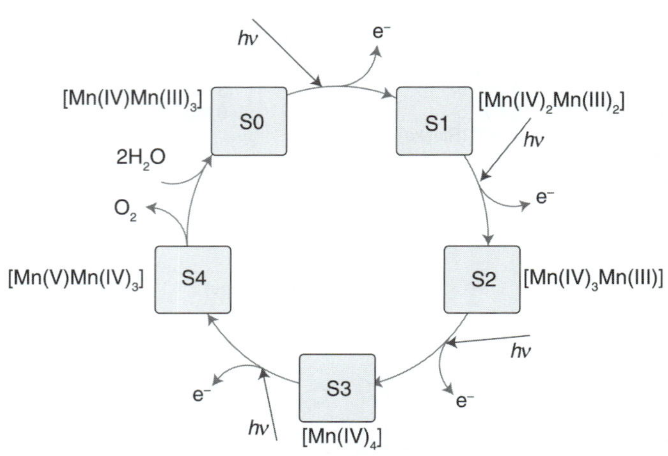

그림 25.43 광계 II의 [4MnCa-5O] 뭉치에서 연속적인 일전자 산화에 의한 O_2 생성을 위한 'S 순환' 순환 주위에서의 진행은 Mn 산화 수준의 등가 증가로 나타내지만, H^+ 전달은 생략된다. 어두운 조건에 적응한 엽록체에서는 순환이 S1 상태에서 '휴식'한다.

그림 25.44 [4MnCa-5O] 활성 자리의 S4 상태에서 O_2를 방출하도록 하는 전이 상태

빈번한 간격(20~30분마다)으로 교체되며, 이 때문에 오랫동안 관심을 끌었다. 방사광 X선 회절 데이터를 통해 금속 원자가 [4MnCa-5O] '의자형' 뭉치를 만들기 위해 네 번째 Mn에 연결된 [3MnCa-4O] 큐베인으로 배열되어 있음을 보여 준다(그림 25.42). Mn 원자가 높은 산화 상태에 있고 광전자에 의해 쉽게 환원될 수 있기 때문에 구조가 X선 손상에 의해 변경될 가능성에 대해 상당한 논란이 있어 왔다. 따라서 짧은 X선 노출 시간이 중요하다. OEC는 H_2O를 O_2로 산화시키기 위해 근처의 타이로신 잔기의 Mn(IV) 및 Mn(V)(또는 Mn(IV)-옥실 라디칼)의 산화 능력을 이용한다. 광계 II에 의해 수신된 연속적인 광자는 결과적으로 그림 25.43에 도시된 바와 같이, S0 내지 S4로 지정된 일련의 상태를 통해 OEC가 점진적으로 산화된다[수용체, pH 7에서 산화된 엽록소($P680^+$로 알려진)인 pH 7에서 약 1.3 V의 환원 전위를 가짐]. O_2를 방출하기 위해 매우 빠르게 분해되는 S_4와는 별도로, 이들 상태는 특징적인 분광 특성에 의해 동역학 연구에서 식별될 수 있다. 예를 들어 S2는 3개의 Mn(IV) 및 1개의 Mn(III)으로 구성된 뭉치 내에서 다른 짝의 결과인 복잡한 EPR 스펙트럼을 보여 준다. Mn 리간드는 굳은 O 원자 주개이고, Mn(III) (d^4) 및 Mn(IV) (d^3)은 굳은 Lewis 산이다.

가능한 구조적 증거에 의하여 O_2 발생의 메커니즘에 대하여 여러 가지 모형이 제안되었다. 직관적으로, Mn 자리가 점진적으로 산화됨에 따라, 배위된 H_2O 분자는 점점 산성화되어 양성자를 잃고(6.14절), 가장 높은 S 상태에서 옥시 라디칼 특성을 가질 수 있는 H_2O에서 OH^-를 거쳐 O_2를 형성한다. O_2 형성에 대한 극복 장벽은 아마도 약한 과산화 O−O 결합의 형성일 것이며, 그다음에 O=O의 형성은 에너지적으로 아래로 내려간다(16.5절). 전이 상태의 본질은 실험적으로 확인될 수 없지만, X선 회절에 의해 결정되는 개선된 구조를 기반으로 한 밀도 범함수론(density function theory)은 메커니즘에 대한 중요한 이해를 제공한다. 이러한 계산으로부터 S4에서 발생하는 가장 가능성 있는 전이 상태는 산화-O에 대한 옥시 라디칼의 공격과 관련이 있다는 좋은 증거가 된다(그림 25.44).

25.11 라디칼 및 알킬기와 관련된 효소

요점: 자연은 코린으로 알려진 거대 고리 분자 리간드와의 착물 형태로 코발트를 사용한다. 제5 리간드가 코린 고리에 공유 연결된 벤즈이미다졸(benzimidazole)인 착물은 코발라민으로 알려져 있다. 코발라민 효소는 메틸 이동 및 할로젠 이탈 반응에 대해 촉매 작용을 한다. 보조 효소 B_{12}에서 제6 리간드는 Co−C 결합을 통해 배위된 데옥시아데노신이다. 보조 효소 B_{12}를 포함하는 효소는 라디칼 자리옮김 반응에 대해 촉매 작용을 한다.

(a) 코발라민(B_{12})을 포함한 효소의 반응

코발트 거대 고리 착물은 메틸 이동 반응을 촉매 작용하는 효소의 보조 인자이며, 라디칼 기반 자리옮김 반응(예: 이성질화) 및 유기 분자의 할로젠 이탈 반응에도 중요하다. 거대 고리는 코린 고리(**8**)로서, 포피린(**7**)과 유사하지만 콘쥬게이션이 적으며, 고리 크기가 16원자가 아닌 15원자 고리로 조금 작다. 5배위 착물은 **코발라민**(cobalamin)으로 알려져 있으며, 다섯 번째 질소를 수직 위치의 주개(리간드)로 포함한다. 일반적으로 이 리간드는 질소 염기로서 주로 다이메틸벤즈이미다졸(dimethylbenzimidazole)이며, 코린 고리와 뉴클레오타이드를 통하여 공유 결합으로 연결되어 있지만, 일부 효소에서는 히스티딘이 단백질과 공유결합으로 연결한다. **보조 효소 B_{12}**(coenzyme B_{12}, **43**)로 알려진 정교한 구조는 라디칼 자리옮김 반응에서 중요한 효소의 보조 인자이다. 여섯 번째 리간드 R은 5′-데옥시아데노신(5′-deoxyadenosine)으로 $-CH_2-$기를 통하여 Co 원자와 결합하여 보조 효소 B_{12}를 형성하며, 천연적으로 발견되는 유기금속 화합물의 드문 예이다.[8] 여섯 번째 리간드는 교환이 가능하고, 이 착물은 아쿠아코발라민, 하이드록소코발라민, 사이아노코발라민으로, 일반적으로 바이타민 B_{12}로 알려진 화학종 형태로 섭취된다. 코발라민은 고등 생명체에는 필수적(사람은 하루에 단지 몇 밀리그램 정도이다)이나 미생물에 의해서만 합성된다. Fe 포피린과 마찬가지로, Co 코린은 효소 보조 인자이며, 단백질 내에 결합될 때 이들의 활성을 나타낸다.

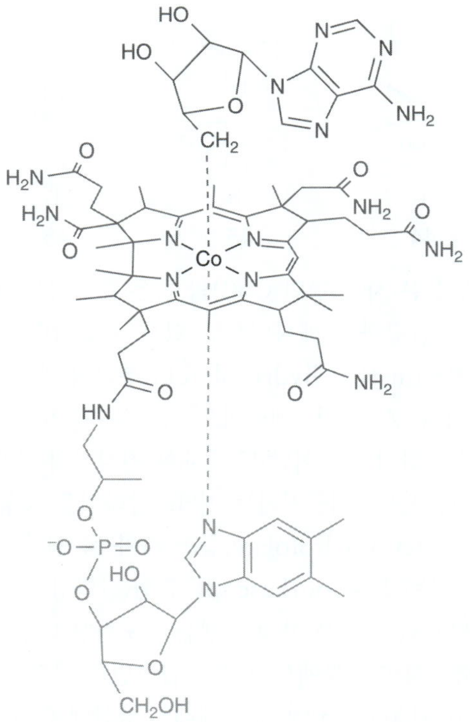

HO, HO, O, N, N, N, N, NH_2, CH_2, H_2N, O, H_2N, O, N, N, Co, N, N, O, NH_2, O, NH_2, O, HN, O, NH_2, O, $^-O-P=O$, O, HO, N, N, O, CH_2OH

43

[8] 보조 효소 B_{12}는 X선 회절 방법(Dorothy Crowfoot Hodgkin, 노벨 화학상, 1964)에 의해 구조적으로 확인된 가장 초기의 분자 중 하나였다. 1973년에 Robert Woodward와 Albert Eschenmoser는 당시 거의 100개의 단계를 거쳐 합성할 수 있는 가장 복잡한 천연물인 B_{12}의 전 합성을 발표했다.

그림 25.45 메싸이오닌 생성 효소의 메커니즘 Co(I)은 강한 친핵체이어서 친전자체인 메틸 운반체 테트라하이드로폴산의 사차 $-CH_3$를 공격한다. 결과적으로 Co(III) 메틸 착물은 CH_3^+가 호모시스테인으로 이동한다.

코발라민은 세 가지의 산화 상태 Co(III), Co(II), Co(I)으로 존재하는 Co 원자와 함께 발견되며, 이들은 모두 저스핀이다. Co의 전자 구조는 생물학적 활동도에 결정적이다. 예상대로 Co(III) 형태(d^6)는 18전자, 6배위이다(**44**). Co(II) 형태(**45**)는 17전자, 5배위이고 d_{z^2} 오비탈에 홀전자를 가진다. 이 화합물들은 다섯 번째 질소 리간드가 배위되어 있기 때문에 'base-on'이라고 불린다. Co(I) 형태(**46**)는 수직 방향의 2개의 리간드의 해리에 의해 고전적인 16전자, 4배위 사각 평면 구조의 화학종이다. 사각 평면형 구조는 'base-off' 형태이다.

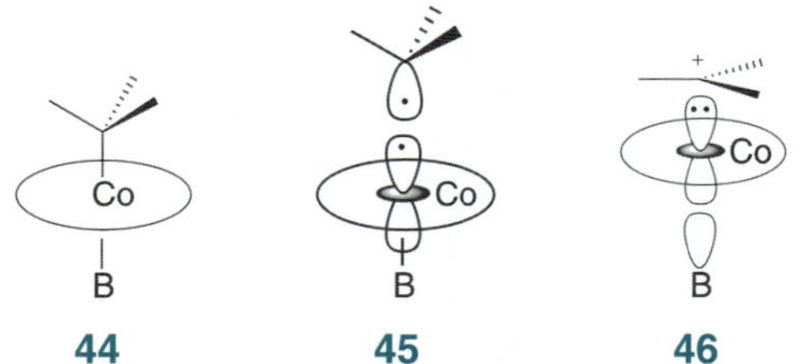

코발라민의 메틸 이동 반응은 사각 평면 Co(I)의 높은 친핵성을 이용한다. 특히 중요한 예는 메싸이오닌의 생합성을 담당하는 메싸이오닌 합성 효소이다. 메싸이오닌은 메틸 운반체인 메틸 하이드로폴레이트(methyl hydrofolate)로부터 유래된 CH_3기를 호모시스테인(homocystein)으로 이동시켜 생성된다. 메싸이오닌은 필수적인 아미노산일 뿐만 아니라 호모시스테인의 축적(활성이 약화되면 일어남)도 중대한 건강상의 문제점을 일으킨다. 이 메커니즘은 $-CH_3$를 호모시스테인으로 이동시키는 메틸코발라민을 생성할 수 있는 Co(I)이 N^5-테트라하이드로폴레이트(N^5-tetrahydrofolate)상의 사차 N 원자로부터 친전자성 $-CH_3$기(실질적으로 CH_3^+)를 뺏어내는 'base-on/base-off' 순환(산화성 첨가/환원성 제거와 유사)을 포함한다(그림 25.45). 메틸코발라민은 항생제 생산을 포함한 다양한 생합성 경로에 대한 메틸 이동 보조 인자이다. 혐기성 미생물에서, 메틸코발라민은 필수 대사산물인 아세틸 코엔자임 A의 합성 및 메타노젠(methanogen)에 의한 메테인 생산에 관여한다.

예제 25.10 코발라민의 d 전자 배치의 중요성 확인

Co 기본의 거대 고리 착물은 헴(haem) 같은 Fe 착물보다 왜 라디칼 자리옮김 반응에 더 적합한가?

답 이 질문에 답하기 위해서는 강력한 수평 방향 리간드장이 있는 Co(II) 착물의 전자 배열을 고려해야 한다. 라디칼 자리옮김 반응은 Co–C 결합의 균일 분해에 의존하는데, 이는 아데노신 라디칼을 생성하고 Co의 d_{z^2} 오비탈에 전자가 남는다. 이것은 저스핀 Co(II)(d^7) 착물에 대해 안정한 배치이다. 그러나 Fe의 경우에 전자 배치는 Fe(I) 산화 상태를 필요로 하는데, 이는 π 받개와 같은 특별한 리간드 없이는 불안정하다.

문제 25.10 수은의 독성이 코발라민을 포함하는 효소의 작용으로 크게 증가하는 이유를 설명하시오.

라디칼 기반 자리옮김 반응은 이성질화 반응[자리옮김 효소(mutase)]과 탈수 반응 또는 탈아미노화 반응[분해 효소(lyase)]을 포함한다. 일반적인 반응은 다음과 같다.

$$R_1-C(X)(R_2)-C(H)(R_3)-R_4 \longrightarrow R_1-C(H)(R_2)-C(X)(R_3)-R_4$$

탈수 반응과 탈아미노화 반응은 두 개의 –OH 또는 –OH와 $-NH_2$가 같은 탄소 원자 위에 위치하게 된 후에 일어나며, 따라서 이들은 이성질화 반응에 의해서 시작된다.

$$R_1-C(HO)(R_2)-C(H)(R_3)-OH \longrightarrow R_1-C(H)(R_2)-C(OH)(R_3)-OH \longrightarrow R_1-C(H)(R_2)-C(=O)R_3 + H_2O$$

$$R_1-C(HO)(R_2)-C(H)(R_3)-NH_2 \longrightarrow R_1-C(H)(R_2)-C(OH)(R_3)-NH_2 \longrightarrow R_1-C(H)(R_2)-C(=O)R_3 + NH_3$$

라디칼 기반 자리옮김 반응은 효소의 유발로 Co–C(아데노신) 결합이 약화되고 라디칼이 생성되는 개시 단계를 포함하는 메커니즘으로 일어난다. 자유 상태에서 Co–C 결합의 해리 에너지는 약 130 kJ mol^{-1}이며, 효소에 결합되어 있을 때에는 결합이 상당히 약해지며, 결과적으로 $Co-CH_2R$ 결합의 균일 분해를 하게 된다. 이 단계는 결과적으로 5배위의 저스핀 Co(II)와 $\cdot CH_2R$ 라디칼을 형성하고, 효소 활성 자리 주머니에서 조절된 라디칼 화학을 일으키게 된다(그림 25.46). 중요한 예로 메틸말로닐(methylmalonyl) CoA 자리옮김 효소와 다이올 탈수 효소가 있다.

(b) 라디칼 SAM 효소 – 라디칼 기반 자리옮김 반응의 FeS 뭉치

1970년에, 보조 효소 B_{12}의 관여 없이 아미노산의 라디칼 기반 자리옮김 반응에 촉매로 작용하는 효소인 라이신 2,3-아미노뮤타제(lysine 2,3-aminomutase)가 발견되어 완전히 새로운 영역의 생화학의 발전을 촉발시켰다. 라이신 2,3-아미노뮤타제는 현재 라디칼 S-아데노실메싸이오닌(SAM: S-adenosylmethionine) 수퍼패밀리로 알려진 큰 부류의 FeS 효소에 속한다. 라디칼 SAM 효소에는 바이타민 H(비오틴), 바이타민 B_1(티아민), 헴(haem), 몰리브도테린(molybdopterin, 25.12절)과 같은 필수 바이타민 합성과 DNA의 일상적인 복구를 수행하는 효소를 포함한다.

L-라이신과 L-β-라이신의 상호 전환은 α-아미노기를 β-탄소 원자로 이동시키는 것을 포함한다. L-β-라이신은 항생제 합성을 위해 특정 박테리아에 필요하다.

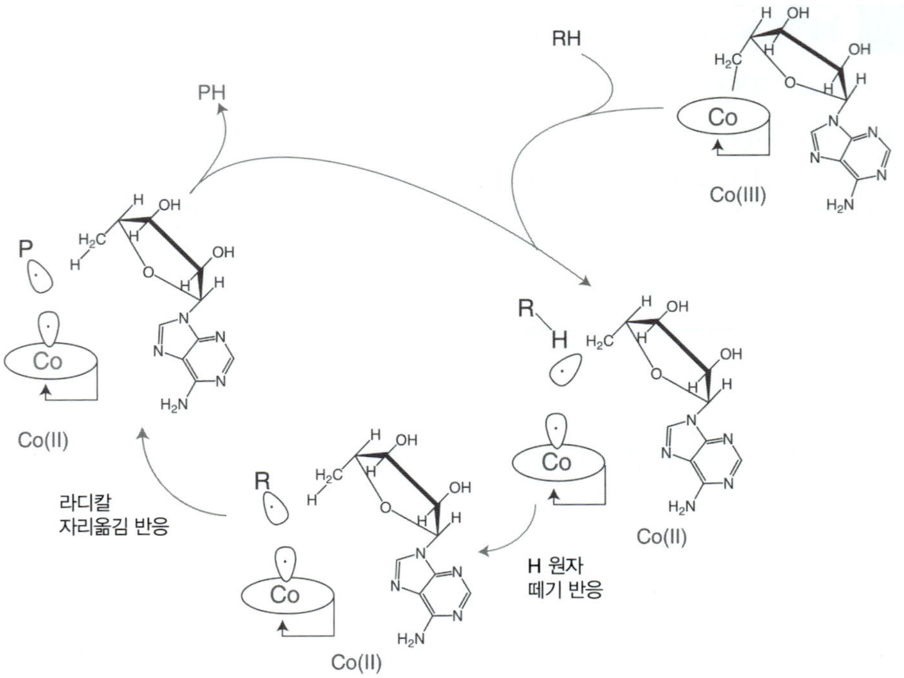

그림 25.46 보조 효소 B_{12}에 의한 라디칼 자리옮김 반응의 원리 Co–C 결합의 균일 분해 반응은 저스핀 Co(II)($d_{z^2}^1$)와 기질 RH로부터 H 원자를 떼어 내는 탄소 라디칼을 형성한다. 기질 라디칼은 활성 자리에 남아서 수소 원자가 다시 이동하기 전에 자리옮김 반응을 한다.

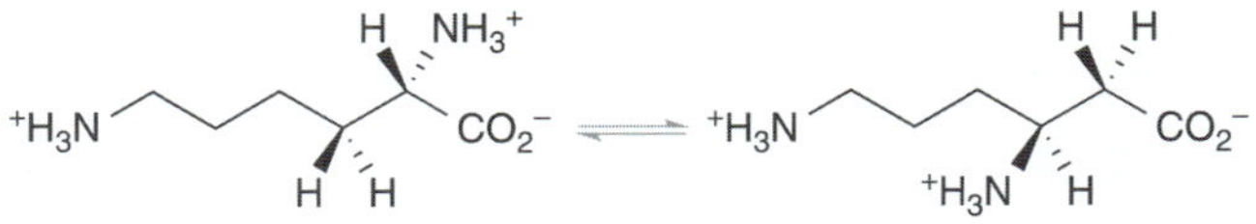

B_{12} 효소와 마찬가지로, 이 반응은 5′-데옥시아데노실(5′-deoxyadenosyl) 라디칼을 포함하지만, 라디칼 SAM 효소에서는 라디칼이 특별한 [4Fe-4S] 뭉치를 사용하여 SAM 양이온의 환원성 절단에 의해 생성된다. 반응 순서는 [4Fe-4S] 뭉치의 환원으로 시작한다. $[4Fe\text{-}4S]^+$는 강력한 환원제이며, SAM은 3차 S^+에서 환원적으로 절단되어 메싸이오닌을 생성한다. 데옥시아데노실 라디칼은 이제 라이신으로부터 수소 원자를 추출하고 재배열을 유도한다. 전구체의 X선 구조(그림 25.47)는 다른 작용기들이 어떻게 공간에 배열되어 있는지를 보여 준다. 다양한 분광 증거에 기초하여, 5′-데옥시아데노실 라디칼을 형성하기 위한 가능한 메커니즘(그림 25.48)은 특별한 Fe 부자리(a) 또는 뭉치 S 원자 (b)를 공격하는 3차 S를 포함한다. 두 경우 모두 이 공격에는 빠른 전자 이동과 결합 절단이 수반된다.

아미노산 부분 서열 –C*xxx*C*xx*C–는 라디칼 SAM 단백질에서 [4Fe-4S] 뭉치에 대한 특징적인 배위 요소이다. 유전자에서 발생하는 동등한 염기 서열을 검색함으로써 2000개가 넘는 단백질이 확인되었다.

(c) Ni 거대 분자를 포함한 효소에 의해 메테인이 생성되는 방법

강력한 온실 기체인 메테인은 메테인 생성 고세균류에 의해 엄청난 양(연간 10^9톤/전 세계 생산량의 90%)이 방출된다. 메테인 생성 반응의 최종 단계는 싸이올(보조 효소 B)과 메틸 싸이오에터의 산화 짝지음을 포함한다.

반응은 활성 자리인 F430(**47**)으로 알려진, 정교한 거대 고리 Ni 착물을 함유하는 메틸 보조 효소 M 환원 효소로 알려진 효소에 의해 촉매 작용이 일어난다. 포피린(**7**) 및 코린(**8**) 보조 인자 F430에 비해 광범위한 콘쥬게이션이 부족하고 배위 결합으로 인해 Ni에 대해 보다

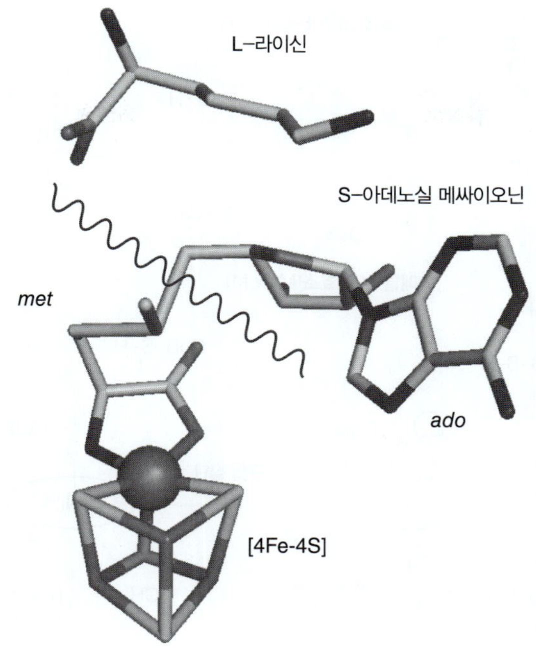

그림 25.47 라디칼 S-아데노실메싸이오닌(SAM) 효소의 활성 자리의 구조 도시된 전구체 상태에서, SAM은 메싸이오닌의 주사슬 N 및 O 원자에 의해 [4Fe-4S] 뭉치에 배위된다. 라이신인 기질은 가까이 유지된다. met와 ado를 생성하는 절단 지점은 물결선으로 표시된다.

그림 25.48 라디칼 SAM 효소에 의해 환원된 $[4Fe\text{-}4S]^+$ 뭉치에 의해 활성 5′-데옥시아데노실 라디칼이 생성될 수 있는 두 가지 가능한 메커니즘

유연한 구조를 허용한다. 아마이드 카보닐(amide carbonyl)은 제5 위치에 결합된다. 그림 25.49의 제안된 메커니즘에서, Ni(II) 싸이올레이트 중간체는 Ni(I)의 짝을 이루지 않은 전자(혼성 d_{z^2} / $d_{x^2-y^2}$ 오비탈로부터)가 메틸 싸이오에터-S로 전달될 때 형성된다. 이것은 보조 효소 B로부터 H 원자를 추출하여 CH_4를 형성하는 일시적으로 존재하는 메틸 라디칼을 생성한다. 이 순환은 이황화(disulfide) 결합 형성 및 Ni(I)의 재생에 의해 종료된다.

47 Ni-거대 고리 착물 F430

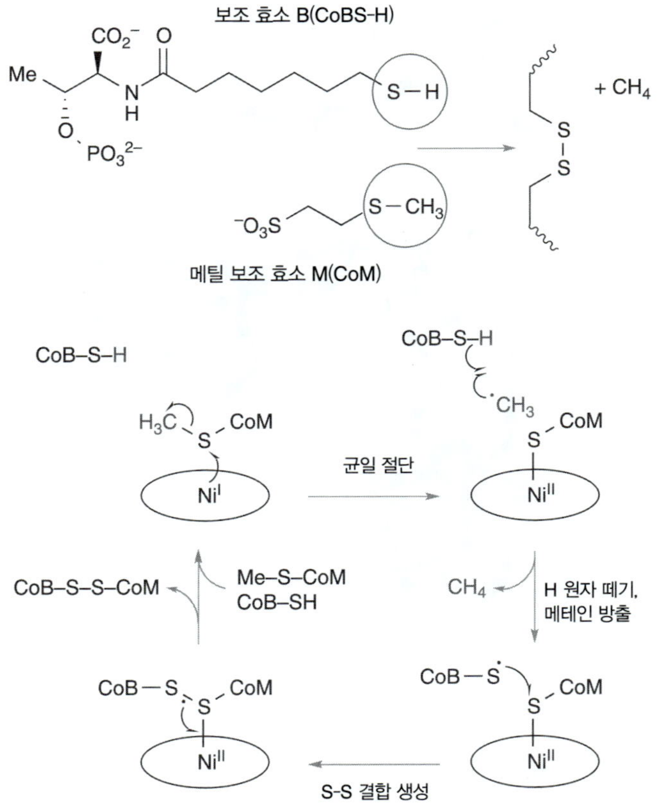

그림 25.49 **메틸 보조 효소 M 환원 효소의 메테인 생성 순환**

25.12 몰리브데넘과 텅스텐 효소에 의한 산소 원자 전달

요점: Mo는 O 원자 이동에 대해 촉매 작용을 하는 데 사용되며 O 원자는 물 분자로부터 제공된다. 관련된 화학으로 더 강한 환원 분위기에서는 W로 대체되어 이용된다.

몰리브데넘(molybdenum)과 텅스텐(tungsten)은 생물학에서 지금까지 알려진 특수한 작용을 가진 유일한 무거운 원소들이다. 몰리브데넘은 모든 생명체에 걸쳐 다양하게 분포하며, 이 장에서는 질소화 효소(nitrogenase, 25.14절) 이외의 효소에 존재하는 것을 다룬다. 대조적으로, 텅스텐은 현재까지 원핵생물에서만 발견되었다. 몰리브데넘 효소는 작은 분자, 특히 무기 화학종의 산화와 환원에 대해 촉매 작용을 한다. 관련 반응들로서 아황산, 아비산, 잔틴(xanthine), 알데하이드 및 일산화 탄소의 산화 반응과, 질산과 다이메틸설폭사이드(DMSO: dimethylsulfoxide)의 환원 반응이 있다.

Mo와 W는 모두 금속이 다이싸이올렌(dithiolene)기로 배위되어 있는, 몰리브도테린(**10**)으로 알려진 특이한 부류의 보조 인자와 함께 발견된다. 고등 유기체에서 Mo는 종종 시스테인을 포함하는 다른 리간드와 함께 하나의 테린 다이싸이올렌(pterin dithiolene)으로 배위되어 있다. 이는 아황산 산화 효소에 대하여 활성 자리의 일례가 되며, 여기서 어떻게 테린 리간드가 꼬여 있는지(twisted)를 알 수 있다(**48**). 원핵생물에서 Mo 효소는 금속 원자에 배위된 두 개의 몰리브도테린 보조 인자를 가지고 있으며, 비록 그런 정교한 리간드의 역할은 완전하게 명확하지는 않지만 잠재적으로 산화–환원 반응에 활성이며 장거리 전자 이동을 중재한다. 인간 및 다른 포유동물에서, 몰리브도테린을 합성할 수 없으면 심각한 결과를 초래한다. 예를 들어 아황산 산화 효소 결핍은 드문 유전적 결함이며(아황산 이온은 매우 유독함), 종종 치명적이다.

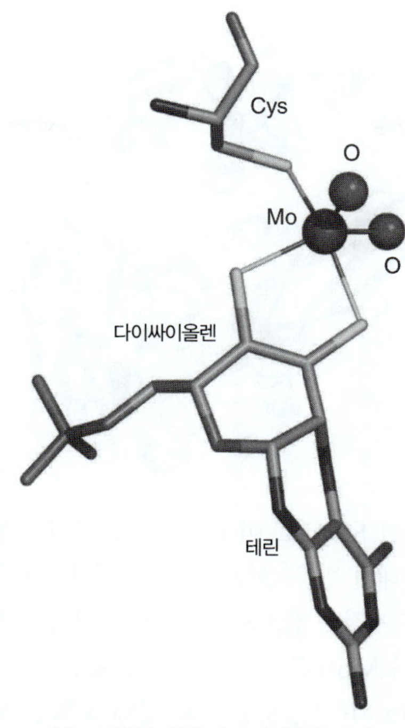

48 아황산 산화 효소의 활성 자리

Mo의 배위는 물에서 온 리간드, 특히 H_2O, OH^- 및 O^{2-}에 의해 일반적으로 완성된다. 몰리브데넘은 일련의 세 가지 안정한 산화 상태인 Mo(IV), Mo(V), Mo(VI)를 제공하며 양성자 이동과 짝지어서 일전자 이동과 관련되기 때문에 그 역할과 잘 어울린다. 특히 Mo(IV)와 Mo(VI)는 포함하고 있는 옥소기의 수에서 차이가 있으며 Mo 효소는 일전자 이동 반응을 O 원자 이동과 짝지음하는 것으로 보통 고려된다.

Mo 효소에 대해 종종 고려되는 메커니즘은 아황산 산화 효소에 대해 직접적인 O 원자 이동이며 그림 25.50에 나타냈다. 아황산 이온의 S 원자는 Mo(VI)에 배위된 전자가 부족한 O 원자를 공격하여 Mo−O 결합의 분해를 일으키고 Mo(IV)를 형성하며 SO_4^{2-}를 해리한다. 이동이 가능한 O 원자를 얻는 동안에 Mo(VI)로의 재산화는 효소에서 이동성의 '사이토크롬' 영역상에 위치하는 Fe-포피린으로부터 두 번의 일전자 이동에 의하여 일어난다(그림 25.51). Mo(V)(d^1)을 포함하는 중간체의 상태는 EPR 분광법으로 확인된다.

이러한 종류의 산소화 반응은 앞에서 설명한 Fe 및 Cu 효소와는 구별되는데, 그 이유는 Mo 효소에서 이동되는 옥소기가 O_2 분자에서 온 것이 아니라 물에서 유래된 것이기 때문이다. Mo(VI)=O 단위는 O 원자를 직접적으로(내부권) 또는 간접적으로 환원[친산소성

SO_3^{2-} · Mo(VI) · H_2O · SO_4^{2-} · $H^+ + e^-$ · Mo(IV) · EPR로 검출 가능(d^1) · $H^+ + e^-$

그림 25.50 아황산 산화 효소에 의한 아황산의 황산으로의 산화로서 Mo 효소에 대해 직접적인 O 원자 이동 메커니즘을 나타내고 있다.

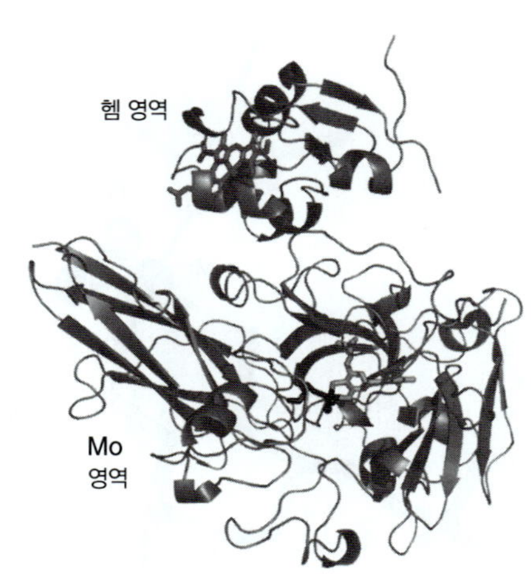

그림 25.51 Mo와 헴(haem) 영역을 나타내는 아황산 산화 효소의 구조 두 영역을 연결하는 폴리펩타이드 부근은 이동성이 크며 결정학으로 해결되지 않았다.

(oxophilic)] 기질로, 예를 들면 SO_3^{2-}로 이동시키지만 C−H 결합을 산소화하지는 못한다. 그림 25.52에 O 원자 이동에 대한 반응 엔탈피를 나타냈다. 여기서 O_2와의 반응으로 형성된 높은 산화성 Fe 화학종은 모든 기질을 산소화할 수 있다. 반면에 Mo(VI) 옥소 화학종은 많은 환원성 기질에 대해 제한적이며 Mo(IV)는 질산 이온으로부터 O 원자를 떼어 낼 수 있다.

6족의 Mo 아래 위치에서 예상되듯이, 낮은 산화 상태의 W는 Mo보다 덜 안정하며, 따라서 W(IV) 화학종은 보통 잠재적으로 환원제이다. 예로서 특정 원시 유기체에 존재하는 W를 포함하는 폼산 탈수소 효소(formate dehydrogenase)가 있다. 이 효소는 CO_2의 폼산 이온으로의 환원 반응에 대해 촉매 작용을 하며 비광합성 탄소 동화 작용에서 첫 번째 단계에 해당한다. 이 반응은 O 원자 삽입이 아니라 C−H 결합 생성을 포함하고 있다. 제안된 한 가지 메커니즘은 다음과 같으며, 이는 수소화물 이동과 동등하다.

$$\text{H–O–W}^{\text{IV}}\cdots\text{O=C=O} \;(\text{HO}^-,\ \text{H}^+;\ \text{2e 이동}) \longrightarrow \text{H}^+ + \text{O=W}^{\text{VI}}(\text{OH}) + \text{HC(=O)O}^-$$

CO에서 CO_2로의 미생물 산화는 매년 100 Mt 이상의 이 독성 가스를 대기에서 제거하는 데 중요하다. 화학세상 25.2에 나타낸 바와 같이, 이 반응은 Mo-테린/Cu 보조 인자 또는 공기에 민감한 [Ni-4Fe-4S] 뭉치를 포함하는 효소에 의해 수행된다.

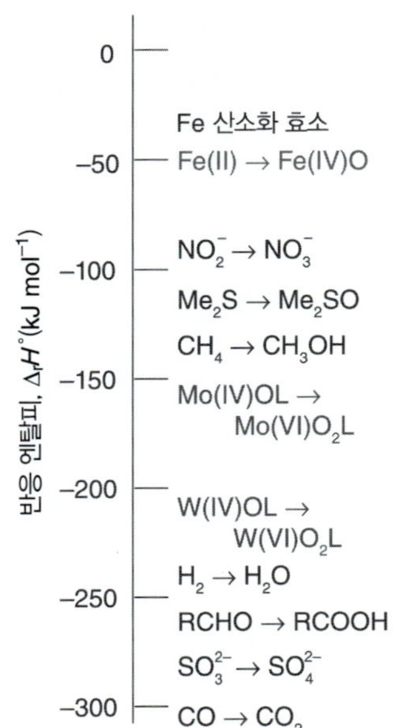

그림 25.52 산소 원자 이동에 대한 상대적 엔탈피를 나타내는 척도 Fe(IV) 옥시 화학종은 강력한 O 원자 주개이지만, Mo(IV)과 W(IV)는 좋은 O 원자 받개이다.

화학세상 25.2 유기체는 일산화 탄소와 어떻게 살고 있을까?

일산화 탄소는 잘 알려진 독성에서 예상되는 것과 달리, 자연에서 가장 중요한 작은 분자 중 하나이다. 대기 수준(0.05~0.35 ppm)에서 CO는 다양한 미생물 유기체에 의해 제거되는데, 여기에는 성장을 위한 탄소원과 에너지를 위한 '연료'(CO는 H_2보다 강력한 환원제임)를 제공한다. 일산화 탄소 탈수소 효소로 알려진 두 가지 특이한 효소는 CO가 CO_2로 빠르게 산화되는 반응을 촉진한다. 에어로브(Aerobe)는 특이한 Mo-테린 작용기를 포함한 효소를 사용한다(그림 B25.2). Mo 원자상의 황화(sulfido) 리간드는 다른 리간드인 시스테인-S에 배위된 Cu 원자와 공유되며, Cu(I)에 대해 매우 일반적인 선형 배열을 완성한다. CO_2 형성을 위한 가능한 메커니즘은 Cu(I)에 배위된 CO의 C 원자를 공격하는 Mo(VI)의 옥소기 중 하나를 포함한다. 대조적으로, 유일한 에너지 및 탄소원으로서 CO에 살 수 있는 독특한 능력을 가진 특정 혐기성 물질은 특이한 [Ni-4Fe-4S] 뭉치를 포함하는 효소를 사용한다. 다른 전위에서 HCO_3^-의 존재하에서 배양된 Ni 효소의 결정에 대한 X선 회절 연구는 Ni와 Fe에 의해 배위된 CO_2를 보여 주는 중간체의 구조를 밝혔다(그림 B25.3). 이 중간체는 CO를 CO_2로 변환하는 동안 CO가 Ni 자리(Ni(II) 사각 평면형임)에 결합하고 C 원자가 펜던트 Fe 원자에 배위하고 있는 OH^- 이온에 의해 공격받는 메커니즘을 지지한다.

일산화 탄소는 포유동물에서 헤모글로빈에 의해 운반되며, 평균 건강한 사람의 총 헤모글로빈의 약 0.6%가 카보닐화된 형태인 것으로 추정된다. 자유 CO는 헴 분해의 첫 단계에 촉매로 작용하는 P450형 효소인 헴 산화 분해 효소의 작용에 의해 생성된다. Fe와 CO를 방출하는 것 외에도, 헴이 분해되면 타박상일 때 나타나는 익숙한 녹색과 노란색 색소인 빌리버딘(biliverdin)과 빌리루빈(bilirubin)을 생성한다. NO와 같이, CO는 세포 신호 전달체인 것으로 보이며, 소량으로 혈압 억제(고혈압) 및 장기 이식 후 조직 거부에 대한 보호를 포함하는 중요한 치료 효과를 갖는다. 따라서 CO를 서서히 방출하고 헴 산화 분해 효소의 작용을 보충하기 위해 수용성 복합체 $[Ru(CO)_3Cl(glycunate)]$와 같은 약제를 개발하는 데 상당한 관심이 있다(27.7절).

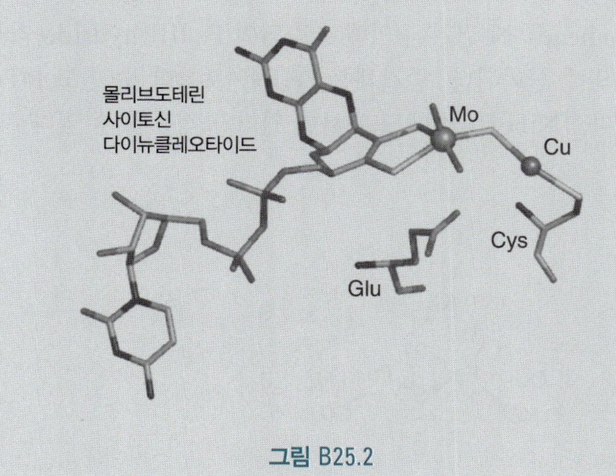

그림 B25.2

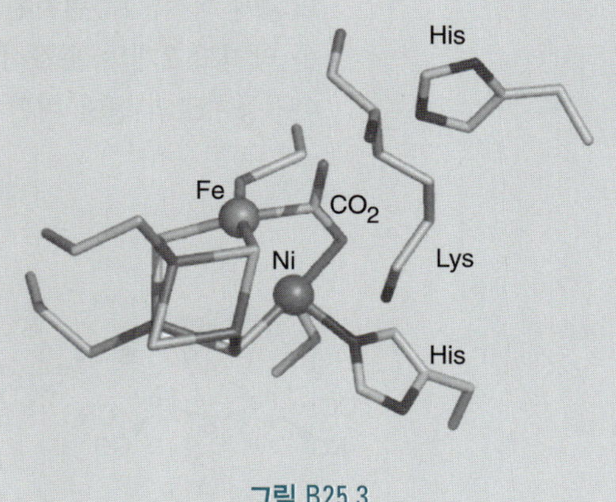

그림 B25.3

25.13 H_2를 활성화하는 효소인 수소화 효소

요점: 수소화 효소의 활성 자리는 CO 및 CN 리간드와 함께 Fe 또는 Ni를 포함하고 있다.

모든 생물체의 99%는 H_2를 이용하는 것으로 추측된다. 비록 이러한 종들은 거의 모두 미생물이지만, 거의 모든 박테리아와 고세균(archaea)들은 H_2와 H^+(물의 형태로서)의 상호 전환에 대해 촉매 작용을 하는 수소화 효소(hydrogenase)로 알려진 매우 활동이 높은 금속 효소를 지닌다는 것은 사실이다. 찾아내기 어려운 분자인 H_2는 일부 유기체에 의해서 노폐물의 형태로 발생되고 일부에서는 연료로 사용되고 있다. 이러한 점이 실제로 대기 중에서 왜 소량으로 H_2가 검출되는지를 설명하는 데 도움을 준다(화학세상 10.1). 사람의 호흡은 장(gut) 내의 박테리아 활동에 의해 측정할 수 있는 정도의 양으로 H_2를 포함하고 있다. 수소화 효소는 전환 빈도(효소 분자당 초당 변환된 기질 분자)가 10,000 s^{-1}을 초과하는 매우 활성이 큰 효소이다. 따라서 그들은 현재 Pt에 크게 의존하는 기술인 연료 전지에서 H_2의 청정 생산(10.4절, 화학세상 10.3)과 H_2의 산화에 관해 그들이 제공할 수 있는 이해에 대해 많은 관심을 끌고 있다(화학세상 6.1).

수소화 효소는 활성 자리의 구조에 따라 세 가지 부류가 있다. 모두 Fe를 포함하며 일부는 Ni를 포함한다. 가장 잘 규명된 두 가지의 형태는 [NiFe](**49**) 수소화 효소와 [FeFe](**50**) 수소화 효소이며, 활성 자리는 적어도 하나의 CO 리간드를 포함하며, 추가로 결합되어 있는 리간드는 CN^-와 시스테인(가끔 셀레노시스테인)이다. [FeFe] 수소화 효소의 활성 자리(이 자리는 역사적으로 'H-뭉치'로 알려져 있음)는 Fe 원자 사이에 다리를 형성하는 아자다이싸이올레이트(adt: azadithiolate, $(SCH_2)_2NH$)로 알려진 특이한 두자리 리간드를 포함하고, [4Fe-4S] 뭉치가 다리 연결 시스테인 싸이올레이트 리간드에 의해 하나의 Fe에 연결된다. 이와 같이 깨지기 쉬운 활성 자리는 효소 내부에 깊숙이 묻혀 있어서 H_2와 H^+를 전달하기 위해 특별한 기공과 경로가 필요하며, 장거리 전자 이동을 위해 FeS 뭉치의 연결이 필요하다(그림 25.27에 표시된 것과 유사).

[FeFe] 수소화 효소에 대한 촉매 작용의 메커니즘은 그림 25.53에 나타난 바와 같이, Fe 및 Fe-H (hydrido) 종의 낮은 산화 상태의 참여를 포함한다. 산화 방향으로 볼 때, H_2는 먼저 η^2-이수소 착물과 유사한 방식으로 '멀리 있는' Fe([4Fe-4S 뭉치에서 가장 먼)에 결합할 수 있다(22.7절). 이 공격은 멀리 있는 Fe가 비어 있는 배위 자리와 원자가 전자가 16인, 형식적으로 낮은 스핀 Fe(II)이기 때문인 것으로 예상된다. 불균일 분열은 '절제된 Lewis 쌍(frustrated Lewis pair)'(5.10절)에 의해 매개된 바와 같이 발생하며, H^+는 아자다이싸이올레이트 리간드상에 최적으로 위치된 '교두보(bridgehead)' N 염기에 의해 추출되어 Fe (II)-hydrido 착물을 남기고 2개의 순차적 전자 이동에 의해 산화된다. 중간체는 Fe(I)을 포함할 수 있고 [4Fe-4S] 뭉치로의 전자 비편재화를 수반한다. [NiFe] 효소에도 유사한 원리가 적용될 수 있다.

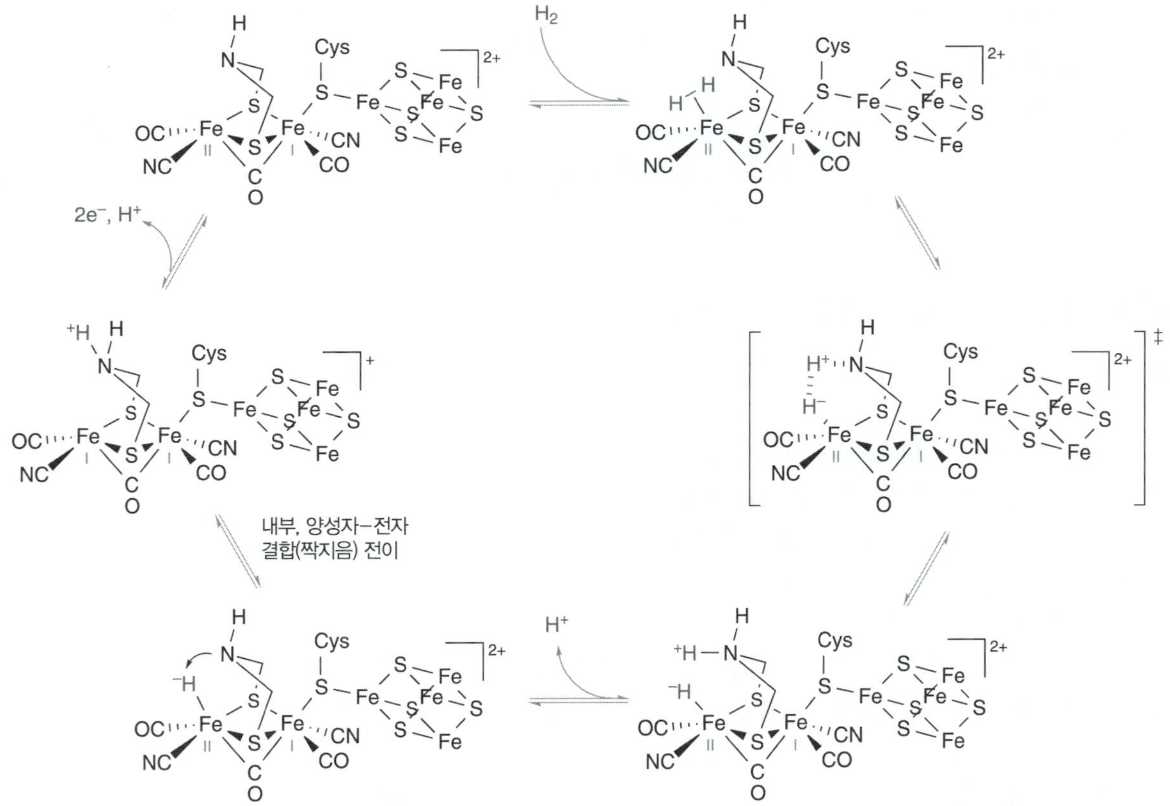

그림 25.53 [FeFe]-수소화 효소에 대해 제안된 촉매 순환 펜던트 염기가 H–H 결합의 불균일 분해를 유도하는 가능한 전이 상태를 보여 준다. 2+ 또는 +로 표시된 전하는 [4Fe-4S] 뭉치 구성 요소에 편재화되어 있다.

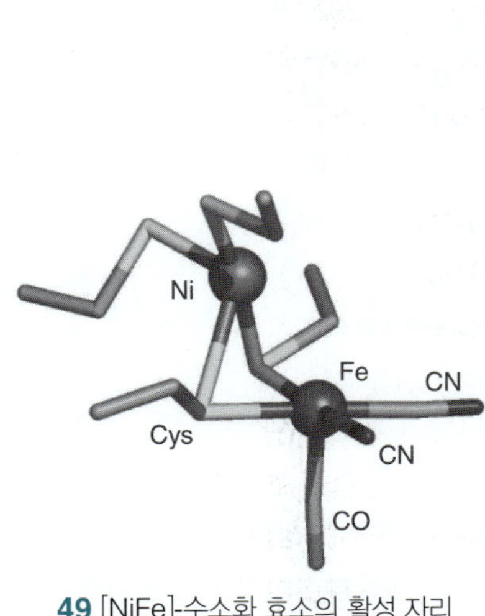

49 [NiFe]-수소화 효소의 활성 자리

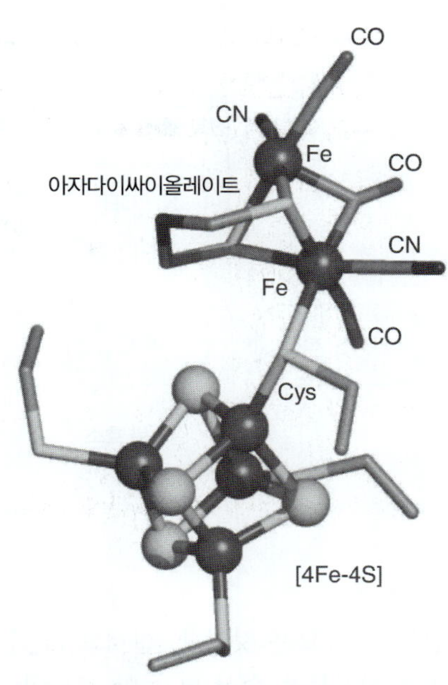

50 [FeFe]-수소화 효소의 활성 자리

25.14 질소 순환

요점: 질소 순환은 Fe, Cu 및 Mo, 가끔 매우 특이한 구조의 보조 효소로 이루어진 효소를 포함하고 있다. 질소화 효소는 세 가지의 다른 종류 FeS 뭉치를 포함하며, 그중 하나는 Mo를 포함하는 효소 및 작은 틈새 탄소 원자를 포함한다.

자연은 매우 경제적이며 비생물학적, 지질학적 세계에서 채택된 요소의 사용을 극대화하는데 종종 어려움이 따른다. 중요한 예는 암모니아인데, 이는 비반응성 기체 공급원인 N_2를 받아들이기가 매우 어렵다. 지구상의 생물학적 질소 순환은 모든 형태의 유기체와 다양한 종류의 금속 효소를 포함한다(그림 25.54, 화학세상 15.2). 순환은 질산염 또는 N_2로부터 이용이 가능한 질소로 흡수하는 부분[동화 작용(assimilation)]과 탈질산 반응(denitrification)[이화 작용(dissimlation)]으로 나뉜다. 질소 순환은 많은 다른 종류의 생물과 다양한 금속을 함유하는 효소를 포함한다. 많은 화합물들이 유독하거나 환경적으로 자극성이 있다. 암모니아는 아미노산의 생합성에 대해 중요한 화합물이며, NO_3^-는 산화제로 사용된다. NO처럼 어떤 화합물은 소량으로 생성되어 세포 신호 전달 물질로도 작용하며 생리학과 건강에 필수적인 역할을 한다. 이산화 탄소와 등전자인 아산화 질소는 잠재적인 온실 기체이다. 대기로의 방출은 생물학적 세계에서 NO 환원 효소와 N_2O 환원 효소의 활성과 풍부함 사이의 균형에 달려 있다.

토양과 특정 식물의 뿌리혹에서 발견되는 소위 '질소 고정' 박테리아는 N_2를 암모니아로 환원하는 반응에 대해 촉매 작용을 하는 질소화 효소(nitrogenase)를 함유하고 있다. 이 반응은 16개의 ATP 분자를 가수 분해하고 H_2를 생성하는 짝지음으로 연결되어 있다.

$$N_2 + 8H^+ + 8e^- + 16\,ATP \rightarrow 2NH_3 + H_2 + 16\,ADP + 16\,HPO_4^{2-}$$

'고정된' 질소는 아미노산과 핵산의 합성에 필수적이며, 그래서 농산물 생산에 중심이다. Haber 공정에 의한 암모니아의 산업적 생산은 고온과 고압에서 N_2와 H_2의 반응을 포함하고 있다. 이에 반하여, 질소화 효소는 보통의 조건하에서 NH_3를 생산하는데, 이러한 점이 많

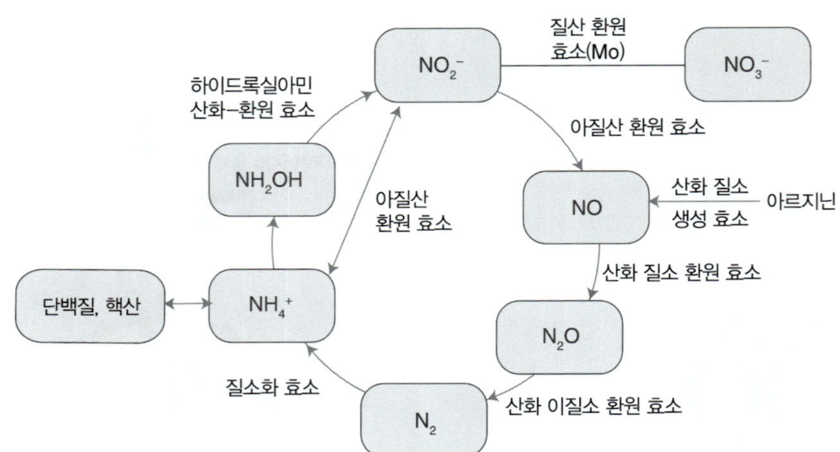

그림 25.54 생물학적인 질소 순환

은 관심을 불러 모은 것이다. 실제로 N_2 분자의 질소화 효소에 의한 활성화 메커니즘으로 인해 배위 화학자들은 수십 년 동안 고무되어 왔었다. 이 과정은 생물학적이건 비생물학적이건 관계 없이, 열역학적으로 크게 불리하지 않은 반응인 것에 비해 에너지면에서 비용이 많이 든다. 그러나 15.6절에서 보았듯이, N_2는 반응성이 없는 분자이며 환원 반응에 대해 높은 활성화 장벽을 극복하기 위해 많은 에너지가 필요하다.

질소화 효소는 두 종류의 단백질로 구성된 하나의 착물 효소이다(그림 25.55). 두 개 중에서 큰 부분은 'MoFe-단백질'로 불리고, 작은 부분은 'Fe-단백질'로 불린다. Fe-단백질은 두 개의 소단위로부터 두 개의 시스테인 잔기에 의해 배위되어 있는 하나의 [4Fe-4S] 뭉치를 함유한다. Fe 단백질의 역할은 완전히 알려지지 않은 반응에서 MoFe 단백질에 전자를 이동하는 것이다. 각 전자 이동이 Fe 단백질에 결합되어 있는 두 개의 ATP 분자에 대한 가수 분해를 수반하는지에 대해서는 명확히 알려지지 않았다.

MoFe 단백질은 일종의 $\alpha_2\beta_2$ '사합체'이며 각 $\alpha\beta$ 쌍은 두 가지 형태의 큰 뭉치 화합물을 포함한다. [8Fe-7S] 뭉치(**51**)는 'P 뭉치'로 알려져 있으며 전자 이동의 중심으로 고려된다. 반면에 다른 뭉치(**52**)는 [Mo7Fe-8S,C] 기호로 표시되고 'FeMoco'(FeMo 보조 인자)로 알려져 있으며 N_2가 NH_3로 환원되는 자리로 생각된다. Mo는 또한 히스티딘으로부터 이미다졸-N과 외인성(exogenous) 분자인 *R*-호모시트르산염(*R*-homocitrate)으로부터 2개의 O 원자에 의해 배위되어 있다. 탄소 원자는 6개의 중심 Fe 원자 및 3개의 중심 다리 구성 황화 리간드의 띠에 의해 형성된 바구니의 중심에 놓인다.

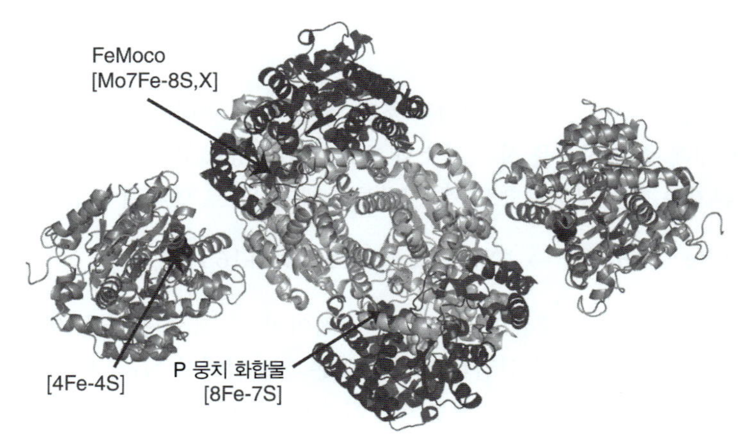

그림 25.55 Fe 단백질과 MoFe 단백질이 서로 착물화된 것을 보여 주는 질소화 효소의 구조 금속 중심의 위치를 표시하였다. MoFe 단백질은 다른 소단위(연회색과 진회색)의 $\alpha_2\beta_2$이며 두 개의 'P 뭉치'와 두 개의 MoFe 보조 인자를 포함하고 있다. Fe 단백질은 [4Fe-4S] 뭉치를 지니며, 이는 또한 Mg-ATP의 결합과 가수 분해의 자리이다.

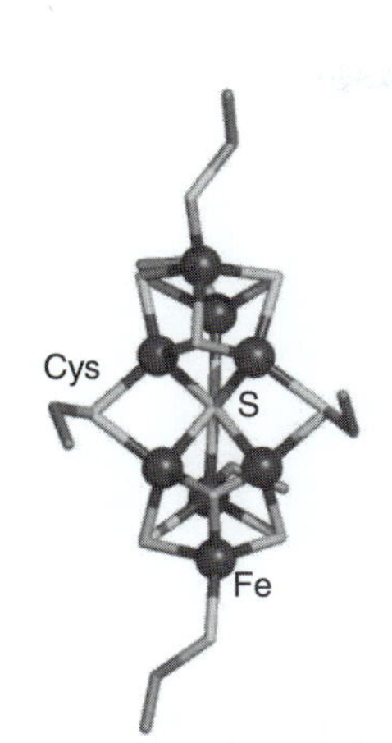

51 질소화 효소 'P 뭉치' [8Fe-7S]

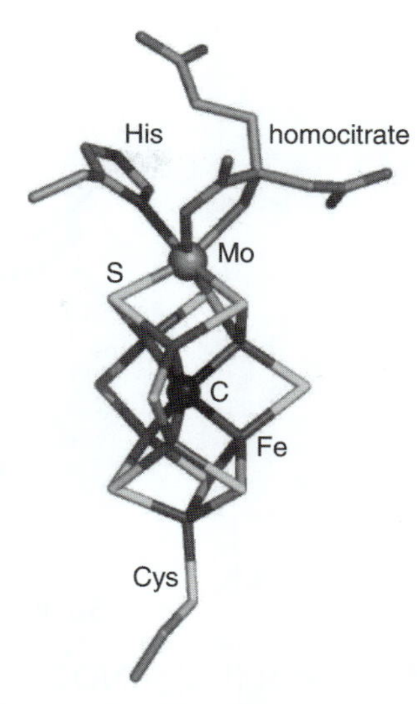

52 질소화 효소 'FeMoco' [Mo7Fe-9S,C]

N_2 환원의 메커니즘은 아직 밝혀지지 않고 있으며, N_2가 Mo 원자에서, 또는 한 개 또는 그 이상의 Fe 자리에서 환원되는지와, 반응 중간체로 생성되는 높은 활성의 금속 하이드리도 화학종의 역할에 대한 주요한 의문이 남아 있다. 여기서 Mo 원자가 V나 Fe 원자로 대체되어 Mo에 대한 특정 역할을 입증하는 질소 분해 효소가 알려져 있다는 것이 중요하다. 대신에, 반응성 하이드리도(Fe-H) 중간체가 중요한 역할을 할 수 있다. 오랫동안 질소 분해 효소 억제제로 알려진 일산화 탄소는 Fischer−Tropsch 반응과 유사한 방식으로 탄화수소로 서서히 전환되는 기질인 것으로 밝혀졌다.

질산(nitrate) 환원 효소는 O 원자의 이동과 관련된 또 다른 Mo 효소로서, 이 경우 환원 반응에 촉매 작용을 한다(NO_3^-/NO_2^- 쌍에 대한 환원 전위는 pH = 7에서 +0.4 V이며, 따라서 NO_3^-는 꽤 강한 산화제이다). 질소 순환에서 어떤 다른 효소는 활성 자리로서 헴(haem)이나 Cu를 포함한다. 아질산(nitrite) 환원 효소에는 특징적인 두 가지 부류가 있다. 한 가지는 다중 헴 효소로서 질산을 NH_3까지 완전히 환원시킨다. 다른 부류는 Cu를 포함하며 일전자 이동을 수행하여 NO를 생성한다. 이는 똑같은 소단위의 삼합체이며, 각 소단위는 하나의 '청색' Cu(전자 주개에게 장거리 전자 이동을 중재하며, 보통은 작은 '청색' Cu 단백질)와 아질산 결합 자리로 생각되는 일반적인 정방 구조의 Cu 중심을 포함하고 있다.

질소 순환은 가장 강한 반응일 뿐만 아니라 지금까지 만나지 못한 가장 특이한 산화−환원 반응의 중심을 이용한다는 면에서 주목할 만하다. 또 다른 특이한 보조 인자는 Cu_Z로 표기하는 [4Cu-S] 뭉치로서 N_2O 환원 효소에서 발견된다. 약한 리간드인 N_2O에 결합하고 활성화시키는 것은 상당히 어려운 일이므로, 15 bar N_2O하에서 얻어진 효소의 결정 구조에서 Cu_Z로부터 3 Å을 약간 넘는 비배위 자리를 차지하고 있는 NO_2 분자를 확인할 수 있었던 것은 흥미로운 사실이다(**53**). [4Cu-2S] 뭉치의 Cu 원자 4개는 이미다졸 리간드에 의해 단백질에 배위되어 있고, 두 개의 황화 이온과 서로 연결되어 있다. N_2O 환원 효소에서 장거리 전자 이동은 사이토크롬 *c* 산화 효소에서 발견된 것과 같이 Cu_A 중심(**27**)에 의해 수행된다.

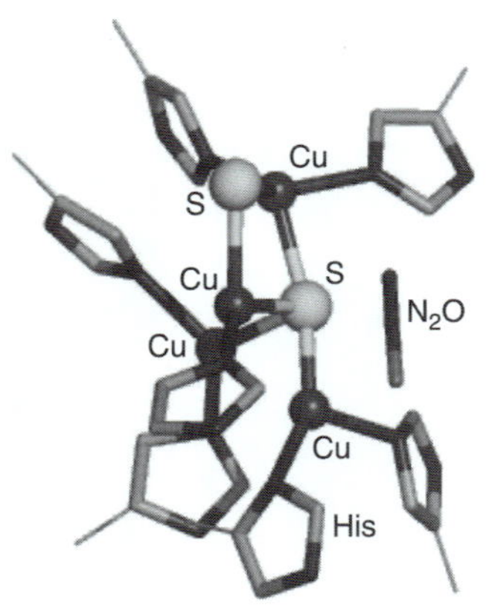

53 N_2O의 위치를 보여 주는 Cu_Z

사람에게 특히 중요한 것은 NO를 조절하는 두 가지 효소이다. 그중 하나는 NO 합성 효소로서, L-아르지닌의 산화에 의해 신호를 받으면 NO를 생산하도록 하는 헴(haem) 효소이다. 그 활성은 칼모듈린(25.5절)에 의해 제어된다. 다른 효소는 구아닐 고리화 효소(guanylyl cyclase)로서, 구아노신 삼인산(guanosine triphosphate)에서 중요한 조절자인 고리형 구아노신 일인산(cGMP: cyclic guanosine monophosphate)의 형성에 촉매 작용한다. 산화질소는 구아닐 고리화 효소의 헴 Fe에 결합하여 히스티딘 리간드를 대체하고 효소를 활성화시킨다. 또 다른 흥미로운 NO 결합 단백질은 일부 흡혈 기생동물, 특히 '흡혈곤충(kissing bug)'(*Reduviidae*과의 육식충)에서 발견되는 나이트로포린(nitrophorin)이다. 나이트로포린은 NO를 단단히 결합하고 있으며, 환자에게 주사하여 pH의 변화가 생기면 방출하게 된다. 자유 상태의 NO는 주위 혈관을 확장하게 하고 환자에게 더 효과적으로 혈액을 공급하도록 한다.

예제 25.11 N_2를 NH_3로 환원하는 동안에 형성된 중간체 확인

N_2 분자가 NH_3로 6전자 환원 반응을 하는 동안에 형성되는 가능한 중간체를 제안하시오.

답 가능한 중간체를 확인하기 위해 6장에서 p 구역 원소는 일반적으로 양성자 전달이 동반된 2전자 이동이 일어나고 있음을 고려해야 한다. N_2는 삼중 결합을 갖기 때문에, 두 개의 N 원자는 대부분의 6전자 환원에 걸쳐 결합된 상태를 유지한다. 탈양성자화된 짝염기와 함께 다이아젠(N_2H_2) 및 하이드라진(N_2H_4)을 제안한다.

문제 25.11 MoFe 보조 인자는 비록 추출된 상태에서는 촉매적으로 비활성이지만, 질소화 효소로부터 다이메틸폼아마이드(DMF: dimethylformamide)를 사용하여 추출할 수 있다. 만약에 DMF 용액에서 화학종의 구조가 효소로 존재할 때와 같다면, 이를 확인할 수 있는 실험을 제안하시오.

유전자 조절에서의 금속

DNA로 암호화된 코드를 읽으려면 여러 접점에서 결합하여 생성되는 정확도를 이용하여 특정 서열을 인식할 수 있는 단백질이 필요하다. '인생의 청사진 읽기'를 시작하여 DNA 기반 정보를 RNA 기반 정보로 '전사'하는 위치를 찾는 전사 인자로 알려진 단백질은 Zn을 대규모로 사용하여 '더듬이(feeler)'를 DNA에 투영할 수 있는 구조적 접힘을 형성한다. 소위 'Zn 손가락 영역'은 유전자 치료에 사용되는 Zn 손가락 핵산 분해 효소(Zn-finger nuclease)라고 알려진, 조작된 효소에서 기술적으로 이용된다. 많은 금속 단백질은 특히 O_2, NO 및 CO와

같은 작은 분자의 존재 여부를 검출하거나 정량하는 데 사용된다. 따라서 이러한 단백질은 센서로 작용하여 유기체에 특정한 화학종의 과다 또는 과소 여부를 경고하며 일종의 치료적 작용을 유발한다. 또한 특별한 단백질은 Cu와 Zn의 양을 감지하는 데 사용되며, 그렇지 않으면 이들은 세포 내에서 항상 강하게 배위되어 있다. Fe의 세포 수준은 RNA에 결합할 수 있는 철–황 단백질에 의해 감지된다.

25.15 전사 인자와 Zn의 역할

요점: 아연 손가락은 Zn이 특수한 히스티딘과 시스테인 잔기에 배위함으로써 생성되는 구조적 특성을 지닌 단백질이다. 일련의 이들 손가락은 단백질이 DNA 염기쌍 서열을 정확히 인식하고 결합하도록 하며 유전자에서 정보를 전달하는 데 중요한 역할을 한다.

Zn^{2+}는 25.9a절에서 요약한 우수한 촉매일 뿐만 아니라, 단백질과 결합하여 특정 형태로 유지하기에 특히 적합한 독특한 구조적 역할(**29** 참조)을 한다(Zn^{2+}는 높은 Irving–Williams 계열(20.1절)에 따라, 특히 S 및 N 주개와 안정한 착물을 형성한다). 아연은 또한 산화–환원 비활성인데, 이는 DNA에 대한 산화적 손상을 피하는 것이 중요하기 때문에 중요한 요소이다. 구조적 아연의 다른 예는 인슐린 및 알코올 탈수소 효소를 포함한다.

전사 인자(transcription factor)는 DNA의 특정 영역을 인지하고 유전 암호를 RNA에 전환하는 방법을 조절하는 단백질이다. 많은 DNA 결합 단백질은 Zn의 결합에 의해 적당한 자리에 접힘이 생기고, '아연 손가락(zinc finger)'으로 알려진 특징적인 접힘을 형성하여 반복 영역을 가지는 것으로 알려져 왔다(그림 25.56). 전형적인 경우에 손가락의 한쪽은 두 개의 시스테인-S 주개를 제공하고, 다른 쪽은 두 개의 히스티딘-N 주개를 제공하여 α 나선형으로 접힌다. 각 '손가락끝(fingertip)'은 특수한 DNA 염기와 인지적 접촉을 한다. 그림 25.57에 나타낸 바와 같이, 아연 손가락은 전체적으로 작용하여 인지할 수 있는 DNA 서열을 감싸고 있다. 전사 인자의 높은 충실도는 전사되는 서열의 처음 DNA 사슬을 따라 이루어지는 많은 접촉의 결과이다.

아연 손가락이 일어나기 위한 특징적인 잔기 서열은 다음과 같다.

$$-(\mathrm{Tyr,Phe})-\mathrm{X}-\mathrm{Cys}-\mathrm{X}_{2\text{-}4}-\mathrm{Cys}-\mathrm{X}_3-\mathrm{Phe}-\mathrm{X}_5-\mathrm{Leu}-\mathrm{X}_2-\mathrm{His}-\mathrm{X}_{3\text{-}5}-\mathrm{His}-$$

여기서 아미노산 X는 가변적이다. 이와 같은 '고전적인' $(Cys)_2(His)_2$ 아연 손가락 외에, $(Cys)_3His$ 또는 $(Cys)_4$ 배위, 또한 더 정교한 예로서 두 개의 Zn 원자가 시스테인-S 리간

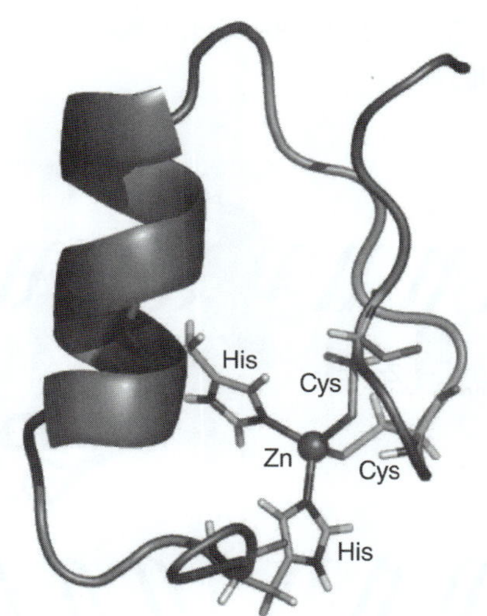

그림 25.56 아연 손가락은 특정 DNA 염기 서열을 인지하고 상호 작용할 수 있는 아미노산 서열을 노출하고 튀어나온 단백질의 접힘이다. 전형적인 손가락은 Zn(II)가 '손가락끝' 양쪽에 위치한 두 쌍의 아미노산 곁사슬에 배위함으로써 형성된다.

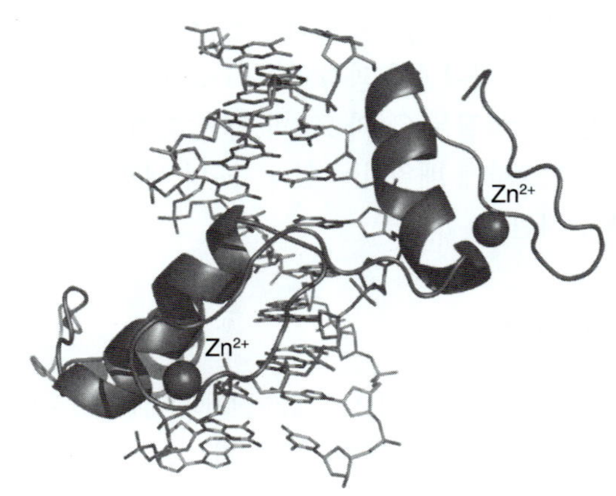

그림 25.57 DNA의 한 면과 상호 작용하는 한 쌍의 아연 손가락

드의 가교 결합으로 연결된 소위 GAL4 전사 인자라고 하는 'Zn-싸이올레이트 뭉치(Zn-thiolate cluster)'(**54**)가 발견되었다. 여러 가지 단백질의 접힘으로 생겼으며, 더욱 더 큰 기로 연결되어 있는 약간 우스운 이름이지만 '아연 손가락관절(Zn knuckle)'이 있다. 더 높은 급의 Zn-싸이올레이트 뭉치로서 금속싸이오네인(metallothionein)과 몇몇 Zn 센서 단백질도 발견되었다(25.17절 참조).

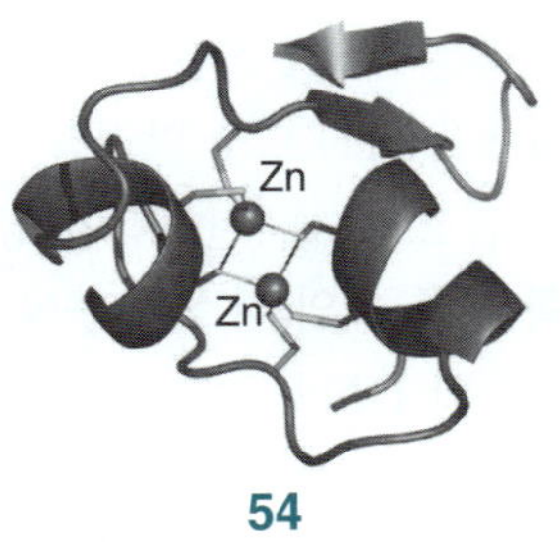

54

아연 손가락 핵산 분해 효소(Zinc-finger nuclease)는 핵산 내부 분해 효소(endonuclease, 25.9b절)를 아연 손가락 단백질과 융합시켜 형성된 합성 효소이다. 아연 손가락 및 핵산 내부 분해 효소의 적절한 선택에 의해 특정 유전자를 절제할 수 있다. 그들은 유전자 치료를 포함하여 생명 공학에 중요한 응용 분야를 가지고 있다. 원리는 그림 25.58에 나와 있다.

25.16 센서로서의 철 단백질

요점: 유기체는 세포에서 Fe 및 O_2의 농도 변화에 빠르게 적응하기 위해 Fe 함유 단백질을 기반으로 한 정교한 조절 시스템을 사용한다.

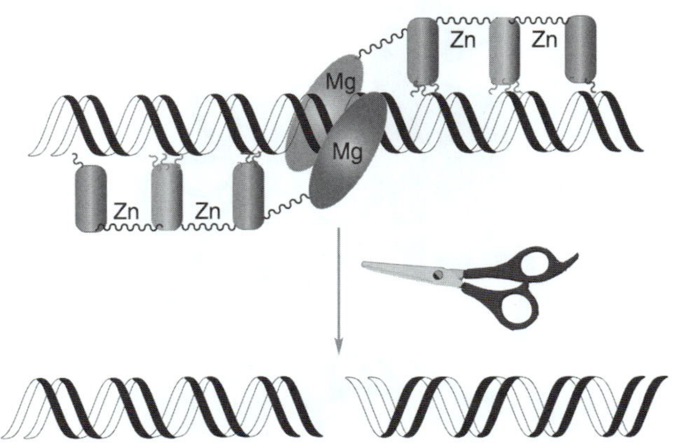

그림 25.58 특정 부위에서 DNA를 절단하는 데 사용되는 아연 손가락 핵산 분해 효소의 원리 아연 손가락은 절단 부위를 찾고 Mg 촉매는 가수 분해를 수행한다.

그림 25.59 FeS 뭉치의 분해는 센서 시스템의 기본을 이룬다. [4Fe-4S] 뭉치는 모든 Fe가 Fe(III)인 상태를 유지할 수 없다. 따라서 심한 산화 조건이거나 O_2에 노출되면 뭉치는 파괴되어 [3Fe-4S] 또는 [2Fe-2S]를 형성하며 결국에는 완전히 깨진다. [3Fe-4S]로의 분해 (a)는 단지 하나의 Fe 부자리를 제거한다. 반면에 [2Fe-2S]로의 분해 (b)는 리간드(시스테인)의 자리옮김 반응이며 상당한 단백질의 구조 변화를 가져온다. 이러한 과정은 O_2와 기타 산화제뿐만 아니라 Fe의 이용이 가능하도록 뭉치 화합물을 연결하며 센서와 피드백 조정의 기본을 제공한다.

우리는 이미 FeS 뭉치가 전자 이동 및 많은 유형의 촉매에 어떻게 사용되는지를 보았다. FeS 뭉치와 단백질의 다른 부분을 서로 묶게 되며, 따라서 사차 구조를 조정한다. 이러한 뭉치의 O_2, 전기 화학적 전위, 또는 Fe/S 농도에 대한 감도는 중요한 센서 기구가 될 수 있게 한다. O_2나 또는 기타 잠재적 산화제가 존재하면 [4Fe-4S] 뭉치는 분해하는 경향이 있으며(단백질에 의해 조절됨), [3Fe-4S]와 [2Fe-2S] 화학종을 생성한다. 뭉치는 어떤 조건에서 완전히 제거되기도 한다(그림 25.59). 유기체에서 FeS 뭉치를 센서로 이용하는 이면적인 원리는 특별한 뭉치(이의 구조는 Fe 또는 산소에 매우 민감함)의 존재 유무가 단백질의 구조를 변경시키며 핵산과의 결합 능력을 결정하는 것이다.

고등 생명체에서 Fe 흡수(트랜스페린)와 저장(페리틴)을 조절하는 단백질은 **철 조절 단백질(IRP: iron regulatory protein)**로 알려진 FeS 단백질이며, 이는 아코니틴화 효소(aconitase, 25.9c절)와 관련이 깊으나 미토콘드리아보다는 세포질에서 발견된다. 이는 트랜스페린 받개 또는 페리틴을 합성하기 위해 DNA로부터 전사되는 유전 명령을 전령 RNA(mRNA)의 특별한 부분에 결합함으로써 작용한다. RNA상의 특별한 상호 작용 영역은 **철 대응 원소(IRE: iron-responsive element)**로 알려져 있다. 원리는 그림 25.60에 나타냈다. 철 농도가 높으면 [4Fe-4S] 뭉치가 존재하고, 단백질은 페리틴의 번역(translation)을 조절하는 IRE에 결합하지 않는다. 이 경우에 결합은 일종의 '중지' 명령이며 세포는 페리틴을 합성함으로써 응답한다. 동시에 [4Fe-4S] 뭉치에 연결된 단백질은 트랜스페린 받개 IRE에 결합하면 RNA를 불안정하게 하기 때문에 트랜스페린 받개는 만들어지지 않는다. Fe 함량이 높을 때 반대의 작용이 일어난다. 즉 하나의 [4Fe-4S] 뭉치가 형성되면 페리틴 합성이 활성화되고 트랜스페린 받개의 합성은 억제된다.

일반적인 장 박테리아 *E. coli*는 에너지를 호기성 호흡(사이토크롬 *c* 산화 효소와 관련

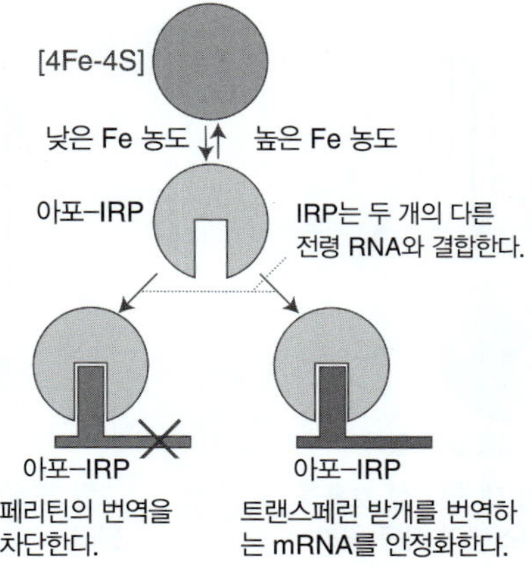

그림 25.60 페리틴이나 트랜스페린 받개를 합성하기 위해 이와 관련이 있는 RNA상에서 철 조절 단백질과 철 대응 원소의 상호 작용은 Fe-S 뭉치의 존재 여부에 의존하며 세포의 Fe 농도를 조절하는 근거를 형성한다.

된 말단 산화 효소를 사용, 25.10절)에 의하거나 혹은 Mo 효소인 질산 환원 효소를 이용하여 퓨마르산 또는 질산 이온 같은 산화제와 함께 혐기성 호흡에 의해 얻는다(25.12절). 유기체들이 직면하는 문제는 충분히 낮은 농도에서도 O_2가 존재하는지를 어떻게 탐지하여 호기성 호흡에서 이러한 유전자의 기능을 비활성화하도록 하는지 그리고 대신에 효과가 적은 혐기성 호흡을 위해 필요한 효소를 생성하는 유전자를 활성화하느냐 하는 것이다. 이러한 검출은 퓨마르산 질산 조절제(FNR: fumarate nitrate regulator)라 불리는 전사 인자에 의해 이루어지며 원리는 그림 25.61에 나타냈다. O_2가 없을 경우에, FNR은 소단위당 하나의 [4Fe-4S] 뭉치를 가진 이합체 단백질이다. 이러한 형태에서 이것은 호기성 효소의 전사를 억제하는 DNA의 특정한 영역에 결합하고, 질산 환원 효소 같은 효소의 전사를 활성화한다. O_2가 존재할 경우에, [4Fe-4S] 뭉치는 [2Fe-2S] 뭉치로 분해되고 이합체는 해체되어 DNA에 결합할 수 없다. 따라서 호기성 호흡 효소를 부호화하는 유전자는 전사될 수 있는 반면, 혐기성 호흡은 억제된다.

고등 동물에서 O_2 부족에 대처하는 세포의 능력을 조절하는 계는 Fe 산소화 효소를 포함한다. 25.10절에서 프롤릴 수산화 효소(prolyl hydroxylase)를 언급하였는데, 이는 단백질에서 특별한 프롤린 잔기의 수산화 반응에 대해 촉매 작용을 하여 그들의 성질을 바꾼다. 고등 동물에서 그러한 하나의 표적 단백질은 저산소혈증 유도 가능 인자(HIF: hypoxia inducible factor)로 불리는 전사 인자이며, 이는 세포가 낮은 O_2 조건(저산소혈증)에 적응하도록 하는 유전자 표현을 중재한다. 여기서 우리가 명심해야 할 것은 세포와 세포 구획의 내부 환경은 전극 전위가 항상 상당히 감소하여 −0.2 V 이하에 해당하고 O_2를 고등 생물체에서 필수로 고려할지라도 실제의 양은 상당히 적다는 것이다. O_2 양이 안전 문턱 이상일 때 프롤릴 수산화 효소는 HIF의 두 개로 보존된 프롤린 잔기의 산소화 반응에 대해 촉매 작용을 하여 단백질 가수 분해 효소에 의해 분해를 유도하는 단백질이 전사 인자를 인식하도록 한다. 따라서 궁극적으로 적혈구 세포를 더 많이 생산하도록 하는(O_2 공급이 문제가 될 때에 더 잘 대처할 수 있도록 하는) 유전자는 활성화되지 않는다. 그 원리는 그림 25.62에 나타냈다.

고등 유기체에 필수적이더라도, O_2는 4전자 환원에 대한 엄격한 제어가 필요하며, 정상적

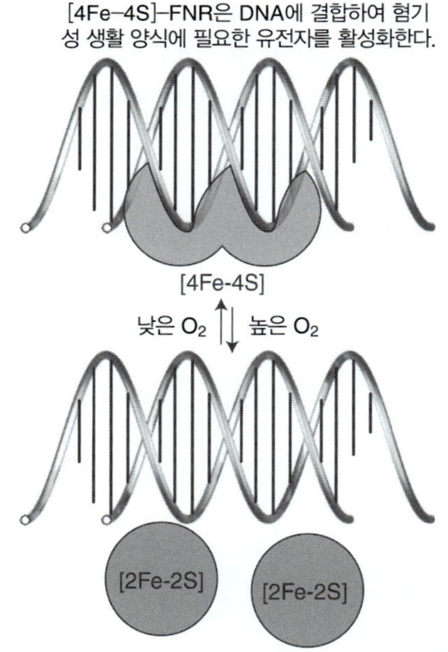

그림 25.61 박테리아에서 호기성 대 혐기성 호흡을 조절하는 퓨마르산–질산 조절 시스템의 작동 원리

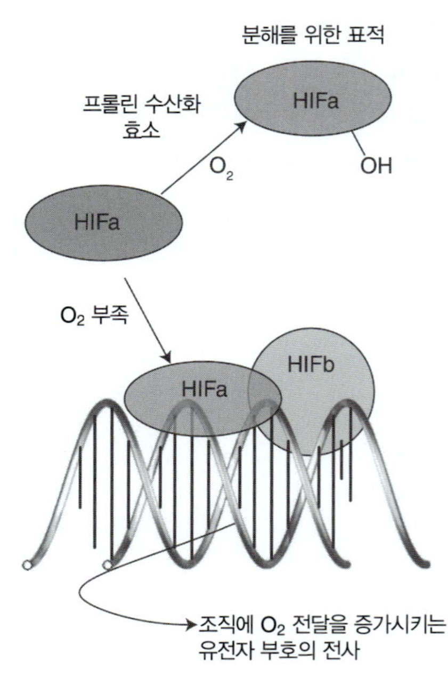

그림 25.62 프롤릴 산소화 효소에 의한 O_2 감지 원리

인 O_2 소비의 오작동을 예방하고 치료하기 위해 많은 연구가 진행되고 있다. '산화성 스트레스'라는 용어는 총체적으로 **활성 산소 화학종(ROS: reactive oxygen species)**으로 알려진 초산화물, 과산화물 및 하이드록시 라디칼과 같은 부분적으로 환원된 O_2 중간체 생성에 의해 유기체의 정상적인 기능이 위협받는 조건을 설명하는 데 사용된다. ROS에 장시간 노출되면 조기 노화 및 특정 암이 생길 수 있다. 산화성 스트레스를 피하거나 최소화하기 위해, 세포는 먼저 ROS를 감지한, 후 이를 파괴하는 작용제를 생산해야 한다. 감각 및 공격제는 금속 이온(특히 Fe, Cu) 및 노출된 산화–환원 활성 시스테인 싸이올과 같은 활성기를 가진 단백질이다.

헴(haem) 센서의 근본적인 원리는 감지하는 작은 분자가 Fe와 강하게 결합할 수 있으며 원래의 리간드를 치환할 수 있는 π 받개라는 것이다. 이러한 결합은 결과적으로 촉매 활성이나 단백질과 DNA 결합의 능력을 바꾸는 구조에서의 변화를 가져온다. 원래 결합되어 있는 리간드 중에서 전형적인 두 개의 리간드는 NO와 CO이다. 비록 이러한 분자들은 오랫동안 독성이 있는 것으로만 생각되어 왔지만, 호르몬으로서 잘 확립되어 가고 있다(27.7절). 실제로 극미량의 CO를 감지하는 것은 동물에서 24시간 주기 리듬을 조정하는 데 중요하다.

구아닐 고리화 효소(cyclase)는 NO 분자를 감지하는데, 이 NO 분자는 세포 간의 정보를 전달하는 호르몬으로서 현재 잘 확립되어 있다. 구아닐 고리화 효소는 구아니딘 일인산(GMP: guanidine monophosphate)을 고리형 GMP(cGMP)로 전환하는 데 촉매 작용을 하며, 이는 많은 세포의 과정을 활성화하는 데 중요하다. 구아닐 고리화 효소의 촉매 활성은 NO가 헴과 결합할 때에 지수로 200배 증가하지만, CO와 결합할 때에는 지수로 단지 4배로 증가하기 때문에 확실하게 중요하다.

CO 센서의 원자 수준으로 잘 확인된 예로서 헴을 포함하며 CooA로 알려진 전사 인자가 있다. 이 헴 함유 단백질은 혐기성 조건에서 유일한 에너지원으로서 CO로 자라날 수 있는 일부 광합성 박테리아에서 발견된다. CO로 성장할 수 있을지는 주위의 CO 농도에 의존하게 되며, 이것은 유기체가 기본적인 기질이 없을 때에 필요한 효소를 합성하는 데 자원인 CO를 소모하지는 않기 때문이다. CooA는 이합체이며, 각 소단위는 하나의 *b*형 사이토크롬 센서와 DNA에 결합하는 '나선-회전-나선(helix-turn-helix)' 단백질 접힘(fold)을 포함하고 있다(그림 25.63). CO가 없을 때에 각 Fe(II)는 6배위이며 두 개 모두 축 방향의 리간드는 단백질의 아미노산으로서 히스티딘의 이미다졸과 보통 다른 소단위의 N 말단 잔기인 주사슬의 프롤린 $-NH_2$기이다. 이러한 형태에서 CooA는 CO에서 존재하는 데 필요한 CO 산화 효소를 합성

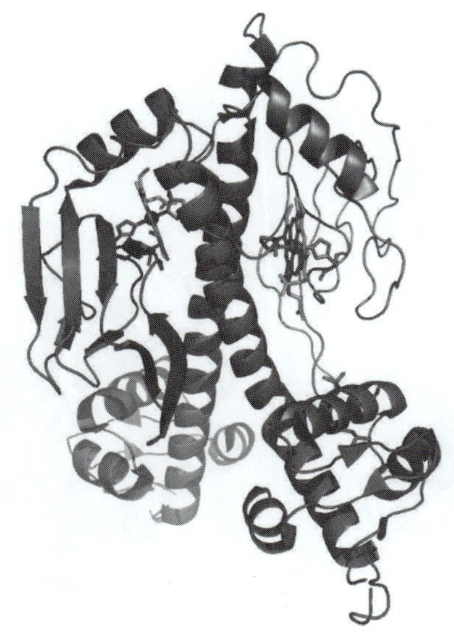

그림 25.63 CooA, 박테리아 CO 센서 및 전사 인자의 구조 두 개의 동등한 소단위의 이합체인 분자는 두 개의 헴(haem) 결합 영역과, DNA 부분을 인식하는 '나선-회전-나선' 영역을 가지고 있다. Fe 원자에 대한 단백질 리간드는 하나의 소단위의 히스티딘과 다른 부단위의 N 말단 프롤린이다. CO의 결합과 프롤린의 치환은 조립체를 분리시켜 CooA가 DNA에 결합하는 것을 허용한다.

하기 위한 유전자를 전사하는 특별한 DNA 서열에 결합할 수 없다. CO가 존재할 때에 이는 Fe와 결합하며 말단의 프롤린 잔기를 치환하여 CooA로 하여금 DNA와 결합할 수 있는 입체 형태를 취하도록 한다. CO 자리에 NO가 결합하여 잘못된 전사 응답을 일으킬 가능성은 사전에 방지된다. 이것은 NO가 프롤린을 치환할 뿐만 아니라 결과적으로 가까운 쪽의 히스티딘의 분해를 가져오기 때문이며, 따라서 NO 착물은 인식되지 않는다.

25.17 Cu와 Zn 센서 단백질

요점: Cu와 Zn은 각 금속 원자의 특이한 배위 선호도를 만족시키도록 특별히 맞추어진 결합 자리를 가진 단백질에 의해 감지된다.

세포에서 Cu의 농도는 엄격히 조절되어 착물화되지 않은 Cu는 거의 없다. Cu 농도의 불균형은 건강상의 심각한 문제와 관련이 있는데, 예를 들면 Menkes 병(Cu 부족) 및 Wilson 병(Cu 축적)이 있다. Cu의 농도를 어떻게 감지하는지 그리고 세포 신호로 어떻게 전환하는지에 대하여 우리들이 알고 있는 대부분은 *E. coli* 계에 대한 연구들로부터 나온 것이며, 이는 CueR이라는 전사 인자를 포함한다(그림 25.64). 이 단백질은 비록 Ag(I) 및 Au(I)과도 결합하지만, Cu(I)과는 높은 선택성으로 결합한다. 금속과 배위하면 입체 형태의 변화를 일으키게 됨으로써 ATP로 작동하는 Cu 펌프인 CopA 효소의 전사를 조절하는 받개 자리에서 CueR이 DNA와 결합할 수 있도록 한다. CopA는 세포질 막 내에 존재하며 Cu를 주변 세포질로 내보낸다. CueR에서 Cu(I)은 선형의 배위 구조로 배열된 두 개의 시스테인-S 원자에 의해서 배위되어 있다. 완충액으로 CN^-를 사용하여 적정하면 Cu^+는 약 10^{-21} 정도의 해리 상수로 결합되어 있는 것으로 나타난다. 제7.3절을 참고로 하여 알 수 있듯이, 이러한 리간드 환경은 d^{10} 이온에 대해 매우 선택적인 결합을 가져오며 Ag 및 Au에 대한 측정에서도 유사한 친화도를 가지는 것으로 나타난다.

Zn 센서에 대한 현재까지 대부분의 식견은 Cu와 마찬가지로 박테리아계의 연구에 의해 얻어진 것이다. Cu에 비해 주요한 차이점은 Zn도 주로 시스테인 싸이올 이온에 의해 배위되지만, 구조는 선형이 아닌 정사면체라는 것이다. *E. coli*는 CueR과 매우 관련이 있는 ZntR로 알려진 Zn^{2+} 센서의 전사 인자를 포함하고 있다. ZntR 인자는 두 개의 Zn 결합 영역을 포함하며, 각각은 시스테인과 히스티딘 리간드를 사용하여 한 쌍의 Zn과 배위한다. 주위의 단백질 접힘은 그림 25.64에서 CueR과 비교하여 보여 준다. 동적인 Zn 결합 자리가 아연 손가락과 어느 정도로 동일한지는 아직 명확하지 않다.

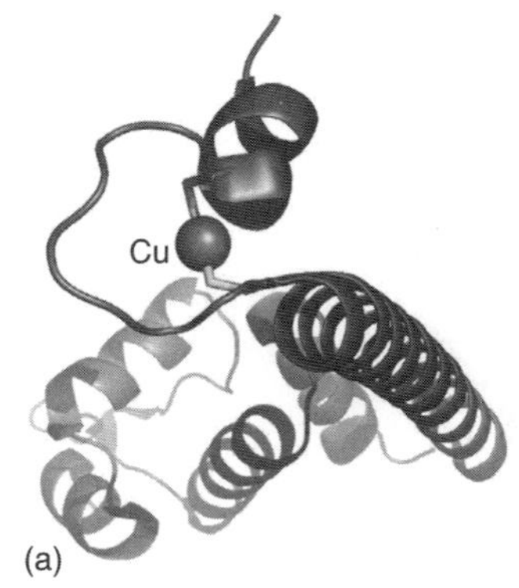

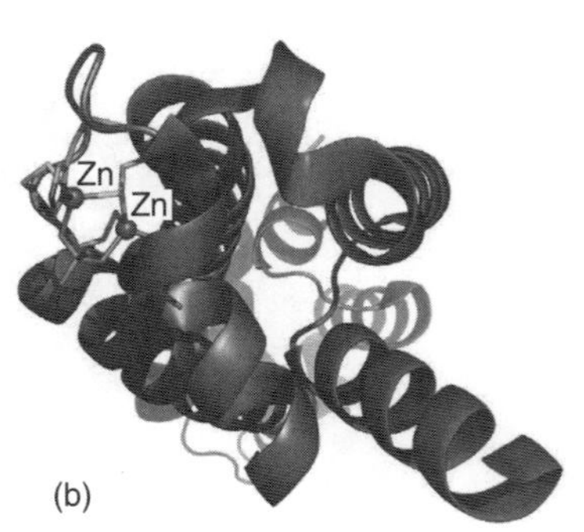

그림 25.64 전사 인자 CueR과 ZntR에 대해 각각 (a) Cu 및 (b) Zn 결합 자리의 비교 Cu(I)은 선형의 결합 자리(두 개의 시스테인)에 의해 인식되는 반면에, Zn은 다리 결합하는 인산기로 두 개의 Zn(II) 원자를 함께 결합하는 Cys와 His 리간드의 배열에 의해 인식되고 있음에 유의하라.

예제 25.12 산화-환원 화학과 금속 이온 센서 간의 연결성 확인

Cu 또는 Zn이 각각 센서 단백질과의 결합을 통하여 어떻게 세포의 O_2 농도와 연결되어 있는지를 설명하시오.

답 이 문제를 해결하기 위해서는 16장에서 S 원자 또는 라디칼의 조합에서 강한 S-S 결합이 일어난다는 것을 상기한다. 금속 이온에 배위한 시스테인 쌍은 O_2나 다른 산화제에 의해 산화될 수 있을 정도로 가까이 접근하여, 결과적으로 다이설파이드(disulfide) 결합[시스틴(cystine)]을 형성한다. 이 반응은 시스테인-S 원자가 리간드로 작용하는 것을 막아 주고, Zn과 같은 산화-환원 비활성 금속조차도 O_2 감지에 참여할 수 있는 방법을 제공한다.

문제 25.12 Cu 센서는 왜 Cu(II)보다는 Cu(I)과 결합하도록 '설계되어' 있는가?

25.18 생물학적 광물 생성

요점: 칼슘 화합물은 외골격, 뼈, 치아 및 기타 기구 재료로 사용된다. 일부 생명체들은 자철광(Fe_3O_4) 결정을 나침반으로 사용한다. 일부 식물들은 실리카 재료 기반 방어용 기구를 생성하기도 한다.

생체 광물질(biomineral)은 무한한 공유 결합성 망상 구조(network)를 가지거나 이온 결합성이다. 공유 결합성 예로 실리케이트가 있으며, 식물 세계에서 널리 분포한다. 잎을 포함한 전체 식물이 종종 약탈자인 초식동물에 대항하여 자신을 보호하기 위해 실리카 털 또는 가시로 덮여 있다. 이온성 생체 광물질은 주로 칼슘염이 기본적이며, 이러한 화합물의 높은 격자 에너지와 낮은 용해도를 이용한다. 탄산 칼슘[방해석 또는 아라고나이트(aragonite), 12.4절]은 바다조개와 달걀껍질에 존재하는 물질이다. 이러한 무기물은 유기체가 죽은 후에도 오랫동안 지속된다. 실제로 백악(chalk)은 유기물에 의해 생긴 광물로서 선사 시대의 유기체가 **석회석화**(caliciferation) 과정의 결과로 생성되었다. 인산 칼슘[수산화 인회석(hydroxyapatite), 15.15]은 뼈와 치아의 무기질 성분이며, 이는 특히 유기체가 어떻게 '생존하는' 성분 물질을 조립하는지에 대한 좋은 예이다. 실제로, 발견되는 뼈의 종류에 따라 다른 성질(예: 단단한 정도)은 유기 성분으로서, 주로 콜라젠(collagen)이라는 수산화 인회석과 관련하는 섬유성 단백질의 함량을 변화하여 생성된다. 높은 수산화 인회석/콜라젠 비율은 큰 해양 동물에서 발견되며, 낮은 비율은 민첩성과 탄성을 필요로 하는 동물에서 발견된다.

생체 광물질화(biomineralization)는 생물학적 조절하에서 결정화하는 것이다. 실험실에서 대응되는 것이 없는 일부 특이한 예도 있다. 아마 가장 잘 알려진 예는 성게의 외골격으로, 이

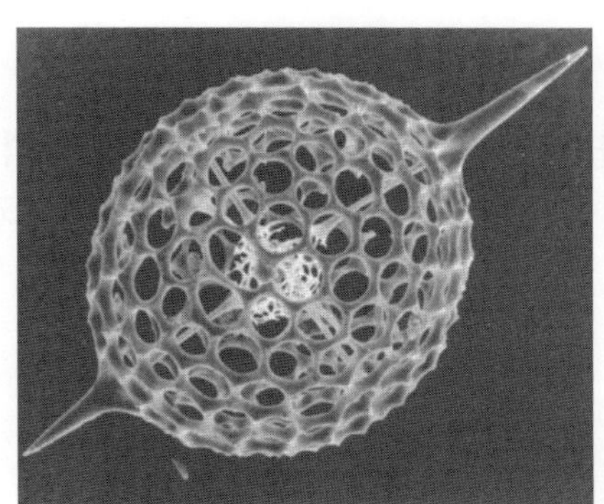

그림 25.65 방산충 미세 골격의 다공성 실리카 구조로서 큰 방사상 형태의 가시 모양 돌기를 보여 주고 있다. (University of Bristol, S. Mann 교수의 사진 제공)

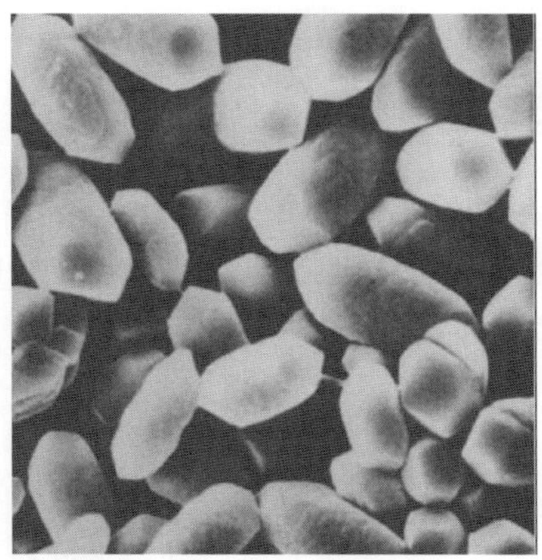

그림 25.66 **인체의 중력 센서** 내이에서 발견되는 생물학적으로 형성된 방해석의 결정 (University of Bristol, S. Mann 교수의 사진 제공)

는 15 μm 지름의 거대 공동이 연속적으로 있는 거대한 스펀지 모양의 판으로 이루어져 있다. 이들의 각 판은 Mg가 풍부한 방해석으로 하나의 단결정이다. 큰 단결정은 다른 유기체(예를 들면 규조류 및 방산충)를 실리카 바구니의 외골격으로 지탱하고 있다(그림 25.65).

생체 광물질은 일부 흥미로운 소도구를 형성하기도 한다. 그림 25.66은 내이에서 중력 센서 도구의 일부인 방해석의 결정을 보여 주고 있다. 이들 결정은 센서 세포의 막 위에 위치하며 그들을 움직이게 하는 모든 가속의 변화를 전기적 신호로 뇌에 가져오게 한다. 결정들은 크기가 균일하며 방추형이므로 서로 걸리지 않고 고르게 잘 움직일 수 있다. 이와 같은 성질이 자철광(Fe_3O_4) 결정에서도 나타나며 다양한 주자성(magnetotactic) 박테리아에서 발견된다(그림 25.67). 여러 다른 종의 생체 광물질은 크기나 형태에서 상당히 다양하나, 어떤 하나의 종 내에서는 마그네토솜 액포(MV: magnetosome vesicle)에서 형성된 결정들이 일정하다. 주자성 박테리아는 바다와 민물의 환경에서 유체 침전물의 현탁액 속에서 살고 있으며, 이들의 미세한 나침반은 박테리아들이 혼탁한 조건 속에서도 화학적 환경을 유지하여 항상 아래 방향으로 헤엄칠 수 있도록 도와주는 것으로 생각된다.

생체 광물질이 어떻게 형성되는지, 특히 나노기술을 제공하는 암시를 주기 때문에 매우 흥미롭다. 생체 광물질의 형성은 조절 메커니즘의 분류 체계로 다음과 같이 나뉜다.

1. 화학 조절[용해도, 과포화, 핵 생성(nucleation)]
2. 공간 조절(세포, 부구획화 및 페리틴의 경우에 단백질과 같은 경계에 의한 결정 성장의 제한, 25.6절)
3. 구조 조절(핵 생성은 특별한 결정면 상에서 유리하다.)
4. 형태 조절(결정 성장은 시간에 따라 성장하는 유기체에 부과되는 경계에 의해 제한된다.)
5. 구성 조절(무기 및 유기 재료들을 섞어 짜서 뼈와 같은 고차원 구조를 형성한다.)

뼈는 계속적으로 용해되기도 하고 생성되기도 한다. 실제로 뼈는 구조적 지탱으로서뿐만 아니라 중심적인 Ca 저장소로서도 작용한다. 이와 같이 임신 기간 중에 뼈는 **탈광화(demineralization)**라는 과정으로 Ca 보충을 위해 이용되며 이는 **파골 세포**(osteoclast)라는 특수한 세포에서 일어난다. 파손되거나 상처를 받은 뼈는 광물화라는 과정으로 복원되며, 이는 **골아 세포**(osteoblast)라는 세포에서 일어난다. 이들 과정은 인산을 포함하고 있다(25.9절).

전망

이 절에서는 이 장에서 다룬 물질로부터 한 걸음 물러나 다양한 여러 전망의 관점에서, 각 원소의 관점에서, 그리고 생무기화학이 긴급한 사회 문제에 기여하는 관점에서 요약해 보고자 한다.

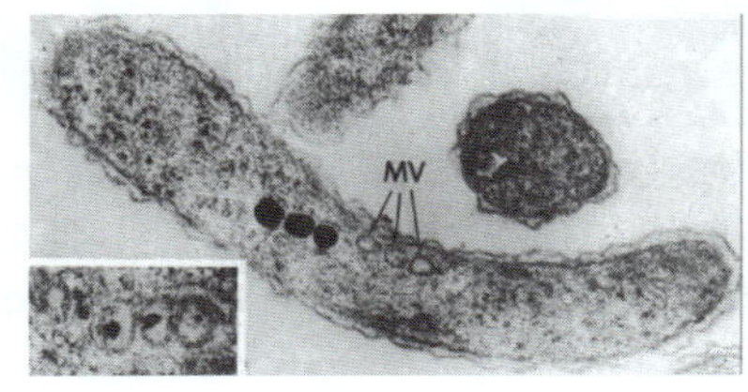

그림 25.67 주자성 박테리아에서의 자철광 결정 이들은 작은 나침반으로 강바닥 진흙 속에서 생명체들이 수직으로 움직이도록 안내한다. MV는 비어 있는 액포를 나타낸다. (University of Bristol, S. Mann 교수의 사진 제공)

25.19 각 원소의 기여

요점: 원소들에 대하여 고유하고 유용한 성질과 이들의 이용 가능성에 따라 원소를 선택하여 요약한다.

이 절에서는 각 원소의 중요한 역할을 요약하고, 포함된 반응의 형태보다는 원소의 중요성과 함께 논의한 것을 서로 관련시키고자 한다.

Na와 K 이들 원소의 이온은 굳은 리간드에 약하게 결합하는 특성이 있으며, 이들의 특이성은 크기와 낮은 전하 밀도에 기인하는 소수성에 근거한다. 두 이온은 모두 이동성이 매우 높다. 일반적으로 6배위인 Na^+와 비교할 때, K^+는 더 쉽게 탈수되고 단백질 내에서 배위를 찾을 수 있으며 가끔씩 8배위이다. Na^+와 K^+는 모두 삼투압을 통하여 세포 구조를 조절하는 데 중요한 시약이다. 그러나 Na^+는 세포로부터 방출되는 반면에, K^+는 축적되어 세포막을 가로질러 상당한 전위차를 일으키는 데 기여한다. 이러한 전위차는 특히 Na^+/K^+-ATPase 이온 펌프 또는 Na 펌프(그림 25.9)로도 알려진 특별한 효소에 의해 유지된다. 전기적 에너지는 특별한 관문 이온 통로에 의해 방출되며, 이 중에서 K^+ 통로(25.4절)에 대해 가장 많이 연구가 되었다.

Mg 마그네슘 이온은 세포질에서 우세하게 2+ 이온이며, 밀리몰 농도 이상으로 유일하게 자유롭게 물과 배위하지 않은 상태로 존재한다. 효소 촉매 ATP에 대한 에너지 전달은 항상 Mg^{2+} 착물로 존재하며 이루어진다. 마그네슘은 작은 2가 양이온으로 존재하여 팔면체 구조를 취할 수 있으며, 형광에 의한 촉진 에너지의 손실이 없이 구조를 안정화할 수 있기 때문에 집광 분자인 엽록소에서 특별한 역할을 한다. Mg^{2+}는 약한 산성 촉매이며 DNA의 특정 위치를 자를 수 있는 핵산 내부 분해 효소(endonuclease)와 연간 대기 중에 있는 약 100 Gt의 CO_2를 제거하도록 하는 매우 풍부한 효소인 루비스코(rubisco)에서 활성 금속 이온이다.

Ca 칼슘 이온은 진핵생물에서만 중요하다. 많은 생물학적 Ca는 뼈와 같은 구조적 지주와 치아와 같은 기구용으로 사용된다. 이러한 기능을 위해 Ca를 택하는 것은 Ca 탄산염과 인산염의 불용성에서 기인한다. 그러나 소량의 Ca는 미세한 세포내(분획간, intercompartmental)의 신호 체계의 기본으로 사용된다. 이러한 과정의 원리는 Ca가 특히 단백질 곁사슬의 카복실산 음이온과 같은 굳은 산 리간드에 대해 빠르게 배위하기에 적당하며 어느 특별한 배위 구조를 선호하지 않기 때문이다. 결합 상수는 Ca^{2+}가 구획에 들어갈 때 Ca^{2+} 수준이 매우 낮은 상태(Ca^{2+} 펌프로 유지)에서 비활성 상태인 특정 시스템이 활성화되도록 한다.

Mn 망가니즈는 여러 산화 상태를 가지며, 대부분은 산화력이 매우 크다. 양의 환원 전위를 포함하는 반응에 대해 산화–환원 촉매로 매우 적당하다. 특히 광합성에서 H_2O가 전자 주개로 사용되는 반응은 지구상의 대기에 대부분의 O_2 발생의 원천이다. 이는 특수한 [4MnCa-5O] 뭉치를 포함한다. Mn(II) 화합물은 일부 효소에서 약한 산–염기 촉매로도 사용된다. 분광학적으로 검출은 산화 상태에 의존하여 변하며, EPR은 Mn(II)와 [4MnCa-5O] 뭉치의 특별한 상태에서도 유용하다.

Fe 다양한 면으로 Fe는 모든 생명체에서 필수적이며 생물학에서는 확실히 매우 초기 원소이다. 세 가지의 중요한 산화 상태는 Fe(II), Fe(III), Fe(IV)이다. Fe를 기본으로 하는 활성 자리는 전자 이동에서부터 산화 반응뿐만 아니라 가역적인 O_2 결합을 포함하는 산–염기 반응, 탈수 반응/수화 반응, 그리고 에스터 가수 분해에 이르기까지 다양한 산화–환원 반응에 대해 촉매 작용을 한다. 철을 포함하는 활성 자리는 황 이온(예로서 FeS 뭉치)류의 무른 리간드로부터 카복실 이온류의 굳은 리간드에 이르기까지 다양한 리간드를 가진다. 포피린 거대 고리는 특히 리간드로서 중요하다. 다양한 배위 환경에서 철(II)은 가역적으로 또는 활성화를 위한 전제 조건으로 O_2를 결합하는 데 사용된다. Fe(III)은 좋은 Lewis 산이며, 반면 Fe(IV)=O(ferryl)기는 높은 활성의 O 원자를 C−H 결합에 삽입하는 생물학적 접근 방법인 것으로 생각된다. 세포는 매우 소량의 배위하지 않은 Fe(II)를 포함하며 Fe(III)의 농도는 극도로 낮다. 이들 이온은 유독하며, 특히 과산화물과 반응하여 하이드록시 라디칼을 생성한다. 유기체로 침투하면 Fe는 대부분 Fe(III)으로 발견되며, Fe(III)의 염은 중성 pH에서 불용성이기 때문에 문제를 일으킨다(그림 6.15 참조). 철의 섭취, 전달 및 저장은 페리틴(ferritin)이라는 특수한 저장 단백질을 포함하여 정교한 수송 시스템에 의해 조절된다. 철 포피린(사이토크롬에서 발견되는)은 강한 자외선−가시광선 흡수 띠를 보이며 홀전자를 지닌 대부분의 활성 자리는 특징적인 EPR 스펙트럼을 나타낸다.

Co 코발트는 일반적으로 미생물에 의해서만 작용을 하며, 고등 동물은 Co가 코린(corrin)이라고 불리는 특별한 거대 고리에 의해 배위된 코발트인 '바이타민 B_{12}'로서 흡수한다. 착물에서 다섯 번째 리간드는 벤즈이미다졸이며, 코린 고리와 공유 결합으로 연결되어 있으며 코발라민(cobalamin)으로 알려져 있다. 코발라민은 알킬 이동 반응, 많은 라디칼 기반 자리옮김 반응이나 환원성 탈할로젠화 반응에 대해 촉매 작용을 하는 효소의 보조 인자이다. 알킬 이동 반응은 Co(I)의 높은 친핵성을 이용한다. 보조 효소 B_{12}로 알려진 특수한 보조 인자에서 Co(III)의 여섯 번째 리간드는 데옥시아데노신의 탄소 음이온 주개 원자이다. 라디칼 기반 자리옮김 반응을 통하여 보조 효소 B_{12}가 Co−C 결합의 균일 분해를 쉽게 수행하여 안정한 저스핀 Co(II)와 기질로부터 수소 원자를 떼어내어 탄소 라디칼을 생성한다. 코발라민을 포함하는 효소는 강한 자외선−가시광선 흡수 띠를 보인다. EPR 스펙트럼은 Co(II)에 대해 관찰된다. 코린 거대 고리를 함유하지 않는 Co 단백질의 드문 예는 나이트릴 탈수 효소로 알려진 효소를 포함한다.

Ni 니켈은 원핵생물에서 중요하며, 특히 미생물학에 전체에 널리 분포되어 있는 수소화 효소의 활성 자리로서 중요하다. 일부 주목할 만한 효소의 활성 금속인 Ni는 일반적인 배위 화학에서는 드문 +3과 +1의 산화 상태를 이용하여 예기치 않게 풍부한 산화−환원 화학을 보여 준다. 보조 효소 A 합성 효소는 Ni를 사용하여 CO를 생성(CO 탈수소화 효소에 부착된 상태로)하고 코발라민 효소에 의해 제공되는 CH_3−와 반응하여 아세틸 에스터의 형태로 C−C 결합을 생성한다. 활성 자리로서 복잡하고 유연한 Ni-거대 고리 착물을 포함하는 메틸 코엔자임 M 환원 효소는 지구상에서 메테인의 생성의 대부분을 담당한다. 니켈은 또한 식물에서 요소화 효소의 활성 자리로서도 발견된다. 요소화 효소는 1926년에 결정화된 최초의 효소이지만, 1976년에 와서야 Ni를 포함하고 있는 것으로 발견하게 되었다.

Cu Fe와는 달리, Cu는 아마도 O_2가 지구의 대기 중에 확립된 후에 중요하게 되었으며 불용성인 황화물(Cu_2S)보다는 용해성이 있는 Cu(II) 염으로 이용 가능하게 되었다. Cu의 주요 역할은 전위 척도에서 높은 끝 부근에서의 전자 이동 반응과 O_2를 포함하는 산화−환원 반응에서의 촉매 작용이다. 또한 가역적인 O_2 결합에 이용된다. Cu(II)와 Cu(I)은 모두 생물학적 리간드, 특히 무른 염기에 강하게 결합되어 있다. 자유 상태의 Cu 이온(물에 의해서만 배위된)은 매우 유독하며 세포에는 거의 존재하지 않는다.

Zn 아연은 우수한 Lewis 산으로, N과 S 주개 리간드와 안정한 착물을 형성하고 에스터와 펩타이드 가수 분해 반응에 대해 촉매 작용을 한다. 비록 다이, 트라이 및 테트라 싸이올레이트 리간드와 주로 결합하여 시스테인/시스틴(cysteine/cystine) 상호 변환의 산화−환원 화학과 관련이 있지만, Zn의 생물학적인 중요성은 주로 산화−환원 화학 반응이 잘 일어나지 않는 점에 기인한다. 아연은 효소와 단백질에서 DNA와 결합함으로써 구조 형성제로 작용한다. 주요한 문제점은 이와 같은 d^{10} 이온을 연구하는 데 좋은 분광학적 방법이 부족하다는 것이다. 어떤 경우에는 Zn 효소에서 Zn을 Co(II)로 치환한 후에 EPR을 사용하여 연구한다. 세포에서, Zn^{2+} 농도는 메탈로싸이오네인(metallothionein)으로 알려진 시스테인이 풍부한 단백질에 의해 완충된다.

Mo와 W 몰리브데넘은 H_2O에서 유도된 O 원자를 전달하기 위한 산화–환원 효소로서, 아마도 모든 유기체에서 사용하는 풍부한 원소일 것이다. 이러한 산소 전달 효소에서 Mo는 항상 더 큰 테린을 포함하는 보조 인자의 한 부분이며 특별한 다이싸이올렌 리간드로 배위되어 있다. Mo(IV)와 Mo(VI) 간의 상호 변환은 결과적으로 항상 말단 옥소(O^{2-}) 리간드의 수에서 변화를 가져오며, 출발 물질로의 회수는 중간체로서 Mo(V)와의 단일 전자 이동 반응을 통하여 일어난다. 산소 전달 반응 및 관련 반응 외에도, Mo의 또 다른 흥미로운 역할은 질소 고정이며 특별한 FeS 뭉치의 한 부분이다. W의 이용은 원핵생물에 제한되며, 또한 산화–환원 반응의 촉매로 사용되지만 강력한 환원제가 요구되는 반응의 경우이다.

Si 규소는 종종 생물학적 원소 중에서는 무시되었으나, 일부 유기체에서 이의 사용 전환은 마치 탄소의 경우에 필적한다. 실리카는 식물에서 외골격의 조성 및 가시나 바늘 같은 방호 기관의 재료로 중요하다.

25.20 장래의 방향

요점: 생물학적인 금속과 금속 단백질은 의약품, 에너지 생산, 환경 친화적 합성 및 나노기술 분야에서 중요한 미래를 제시하고 있다.

제25.4절에서 언급한 이온 통로의 구조와 메커니즘의 선구적인 연구를 통하여, 신경생리학에서 의약품의 작용을 어떤 방법이든 차단하거나 변형하여 신약을 합리적으로 설계할 수 있도록 하는 등 중요한 새로운 길을 제시하고 있다. Ca에 대한 새로운 작용이 계속하여 발표되고 있으며, 흥미로운 한 가지는 고등 동물의 좌우 비대칭을 결정하는 데(중요한 예를 들면 신체에서 심장이나 간의 특별한 위치) 칼슘이 역할을 한다는 것이다. 배아 세포에서 소위 **Notch 신호 경로**(Notch signalling pathway)는 H^+/K^+-ATPase의 여러 가지 활성화에 따르며 세포 외부로 Ca^{2+}의 과도한 방출에 의존한다. 또한 세포 활성화를 조절하는 데 Zn과 Zn 수송 단백질의 역할과 신경 전달을 점차적으로 인식하고 있다. 실제로 뇌와 신경계에서의 금속 이온의 작용에 대해 분자 수준에서 연구하는 분야를 일컫는 **금속신경화학**(metalloneurochemistry)이라는 용어가 만들어졌다. 자극 또는 스트레스 후 세포로부터 방출된 이동성 Zn^{2+} 이온이 뇌를 포함한 다양한 조직에서의 세포 간 통신에 관여한다는 것이 명백해지고 있다. 중요한 과제는 뇌 같은 조직에서 Zn의 분포와 흐름을 지도화하는 것이며, 세포 수준에서 Zn과 선택적으로 결합하는 형광성 리간드를 설계하는 분야와 다른 구역에 걸쳐 이의 수송[예를 들면 신경세포의 시냅스 접합(synaptic junction)]에 대한 결과는 진전이 이루어지고 있다. 금속 이온은 단백질 접힘과 관련이 있으며, Cu는 치명적인 신경 퇴행성 장애에서 중요한 역할을 한다. 이러한 역할에는 해면상 뇌병증(Creutzfeldt-Jakob disease, 인간 형태의 '광우병') 및 알츠하이머 병에 연루된 아밀로이드 펩타이드와 같은 전염성 질병에 관여하는 프리온이라는 단백질의 거동 제어가 포함된다.

지구상의 많은 지역에서 쌀이 주요한 식품이지만, 이러한 상품은 철분이 낮다. 유전자 이전 기술은 Fe 함량을 높이는 데 사용된다. 목적은 (페리틴 유전자 발현을 증가시킴으로써) 더 좋은 식물 시더로포어를 생산하고 Fe 저장을 증대시키는 것이다.

효소는 합성 촉매보다 훨씬 높은 촉매 속도와 훨씬 높은 선택성을 나타내는 경향이 있어 자연적으로 더 큰 효율과 에너지 비용으로 이어진다. 산업용 촉매로 효소를 사용할 때의 주요 단점은 열 안정성이 낮고 용매 및 pH 조건에 대한 제한이 있으며 활성 단위당 질량이 크다는 것이다. '생체 영감 촉매(bioinspired catalysis)'라는 개념인 작은 합성 분자로 효소와 같은 촉매 성능을 달성하는 데 많은 관심이 있다. 아이디어는 합성 화학의 모든 도구를 사용하여 효소의 특성을 가장 작은 기능성 성분으로 축소한 것이다. 생체 영감 촉매의 예는 이미 기술되어 있다. 산업 생산에서 특히 관심 있는 분야는 메테인을 메탄올로 전환시키는 것(25.10절), 저렴한 비료를 생산하기 위한 N_2의 활성화 및 수소의 생성이다. 유기 금속 촉매가 단백질에 통합된 인공 금속 효소는 기술적 관심의 반응을 촉매화하는 새로운 접근법에서 금속 효소의 강력한 제2 구체 선택성을 이용한다.

환경 법규나 자원 제한에 따라 화석 연료의 사용이 점차 제한되면서 H_2는 중요한 에너지 운반체로 부상하고 있다. 수소는 에너지를 저장하고 모든 종류의 운송 기관의 동력을 위해 직접 또는 간접적으로(알코올 같은 연료로 전환이 된 후에) 사용될 수 있다. 과학적인 과제 중의 하나는 전기가 여러 자원으로부터 널리 이용 가능하다면 물로부터 H_2를 어떻게 효과적으로 전해 생산하느냐 하는 것이다. 이 과정은 까다로운 온도 조건과 과전위, 또는 Pt나 기타 귀금속을 기본으로 하는 촉매를 필요로 하며, 현재는 Pt나 기타 귀금속을 기본으로 하고 있다. 그러나 자연은 빠른 수소 회로가 보통의 흔한 금속으로 Fe와 Ni만 사용해서 가능함을 이미 보여 주고 있다. 관련된 과제는 큰 과전위를 사용하지 않고 물을 O_2로 전환시키는 효과적인 전극 촉매의 합성이며, 이것은 O_2 자체가 필요해서가 아니라 부산물로서 H_2의 전해 생산이 필요하기 때문이다(화학세상 10.3 참조). 다시 한번 더 강조하면, Mn 촉매의 메커니즘을 명확히 함으로써 저렴하고 내구성이 있는 새로운 촉매를 합성할 수 있듯이, 생명권을 돌아보면 여러 가지 영감을 얻을 수 있다(화학세상 16.2).

우리는 유기체에 의해서 생산되는 물질에 대하여 정교한 구조를 보았다. 이러한 이해를 통하여 이제는 나노기술에서 새로운 방향으로 이끌 수 있다. 예를 들면 방해석의 복잡한 형태학상 특징을 지닌 스펀지형 단결정은 성게에서 골격판의 틀을 형성하는 고분자 막을 생성한다. 최근에는 수소 산화성 박테리아에 의해 Pd 나노뭉치(nanocluster)를 생산하는 기술이 개발되었는데, 이것은 수소화 효소의 작용으로 전자 흐름을 조절할 수 있어서 미세한 자리 위에 Pd로 전기 도금을 하는 데 영향을 주기 때문이다.

연습 문제

25.1 제25.3절에서 논의된, K^+ 통로에 대한 세부 사항을 참조하여, 각각의 막 횡단 이온 수송체에서 선택성을 제공하는 데 중요한 Na^+, Ca^{2+}, Cl^- 결합 자리의 성질을 예측하시오.

25.2 아연 효소에서 '분광학적으로 연구가 어려운' Zn(II)는 종종 높은 활성도를 유지하는 Co(II)로 치환된다. 어떻게 이러한 치환을 이용하여 구조적, 메커니즘적 정보를 얻을 수 있는지 설명하시오.

25.3 급속 동결 담금질(quenching)에 의해 분리된 활성이 높은 중간체에 Fe(V)가 포함되어 있는지 확인할 수 있는 물리적 방법을 제안하시오.

25.4 질소화 효소에서 P 뭉치의 구조는 산화 상태와 환원 상태 간에 서로 상당히 다르다. 이는 장거리 전자 이동에서 어떻게 작용하는지에 대해 제안하는 관점에서 이러한 관찰을 설명하시오.

25.5 다른 태양계의 행성에서, 마이크로파를 이용한 극미량의 검출에 의해 상당한 수준의 O_2가 발견되는 것의 의미를 설명하시오.

25.6 환원성 탈할로젠화 효소는 코발라민 함유 효소로서, 유기 분자에서 수소 원자에 의한 할로젠 원자의 대체를 촉매한다(X는 일반적으로 Cl임).

$$R-X + 2e^- + H^+ \rightleftharpoons R-H + Cl^-$$

제25.11절에 설명된 할로젠 결합의 원리(5.7절)와 코발라민의 특성을 참조하여 Co(I)에서 출발하는 유기 할로젠화물의 탈할로젠화에 대한 개요 메커니즘을 제안하고, 어떻게 보존된 타이로신이 반응 자리에 가까이 위치하는 것이 중요한 역할을 하는지를 설명하시오.

26

의학의 무기화학

의학은 생물학에서 일반적으로 사용되지 않고 보통은 독으로 간주되는 일부 원소를 이용한다. 이 원소들은 리튬에서 비스무트에 이르기까지 거의 전체 주기율표에 걸쳐 있다. 신약을 시장에 출시하는 것은 시간이 오래 걸리고 비용이 많이 드는 과정이다. 약물 발견은 종종 우연히 일어나며, 고전적인 예는 겉보기에 관계 없는 것 같았던 실험들을 통해 발견된 시스플라틴(및 그 이후)을 포함한 여러 Pt 착물이 다양한 유형의 암의 치료제로 활용하게 된 것이다. 약물은 생물학적 표적을 방해하여 억제 또는 파괴한다. 따라서 중요한 점은 이러한 약물 작용이 병든 조직에 선택적으로 일어나게 하는 것이다. 금속 함유 약물은 분자 표적으로 가는 과정에서 수많은 화학적 변화를 겪어 작용 원리를 정확히 확인하기가 매우 어려울 수 있다. 무기 착물은 탄소로는 불가능한 단일 위치에서 입체 화학적 다양성을 보여 약물 설계에 중요한 기회를 제공할 수 있다. 약물 자체 이외에도 질병을 진단하고 필수 물질, 특히 포도당을 정기적으로 생체 내 분석하는 데에 무기 화합물이 사용되고 있다.

의학에서 원소들의 화학

우연한 발견은 의약품에서 매우 중요한 역할을 하여, 이러한 우연한 발견으로부터 많은 효과적인 치료약을 개발하기도 한다. 금속(예를 들면 Li, Pt, Au, Ag, Ru, As 및 Bi)을 포함하는 화합물들로서 생물학적 계에서는 존재하지 않지만 특별한 역할을 하는 것들이 있다. 많은 치료는 박테리아, 기생충 또는 암 등 침입자 세포를 죽이는 것을 포함하며, 살아 있는 세포에 이질적인 화합물이나 구성 요소가 세포에 침투할 수 있다면, 매우 효과적으로 **세포 독성**(cytotoxicity, 세포에 치명적인 독성)을 보이는 것은 놀라운 일이 아니다. 세포막을 관통하는 것은 공격 과정의 특별한 단계가 아니며, 원소나 분자의 '가까운 친척'(모사체)이 대상 세포로 종종 어려움 없이 들어간다. 그리고 트로이 목마처럼, 더욱 구체적인 원소의 특성이 세포를 '죽이는' 역할을 한다. 그림 26.1은 이미 임상에서 시험 중이거나 집중 연구 중인 약물의 특

캡션에 🖵이 표시된 그림은 쌍방향의 3D 구조로 온라인에서 찾을 수 있다. 브라우저에 다음 URL을 입력하고 관련 그림 번호를 넣어라. www.chemtube3d.com/wellerxe/[장번호]F[그림 번호]. 예를 들어 2장의 그림 7은 www.chemtube3d.com/wellerxe/2F07을 입력하면 된다.

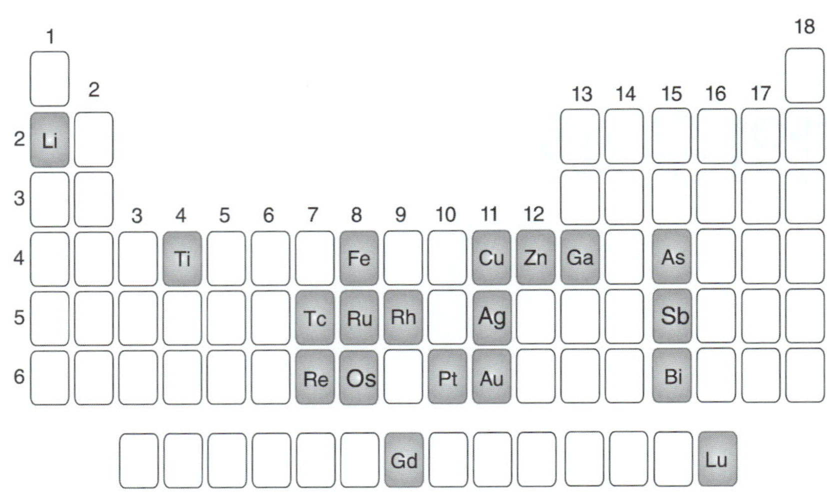

그림 26.1 임상에서 사용되거나 큰 관심을 끌고 있는 약물 및 진단 시약의 주요 원소들을 나타낸 주기율표

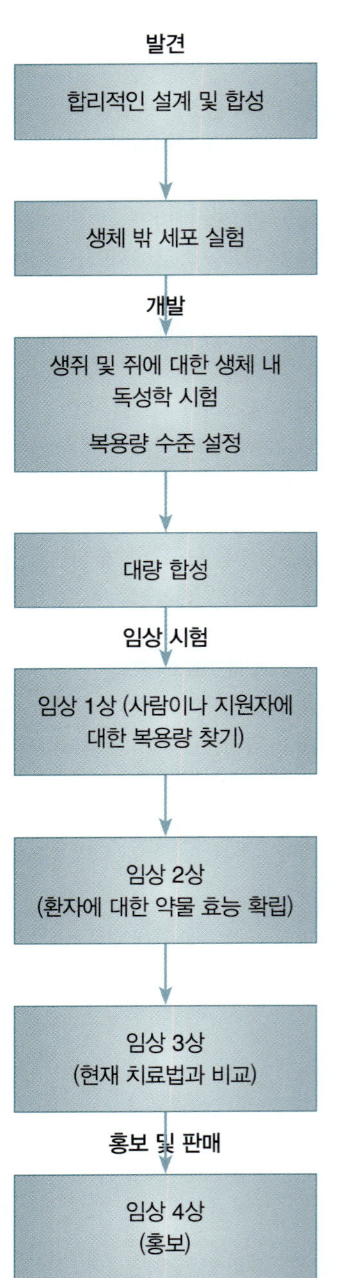

그림 26.2 약물 개발의 시각표

정 활성을 나타내는 주요 '무기' 원소를 나타내는 주기율표이다. 미생물 또는 암세포의 표적과 화학적으로 간섭하는 것 외에도, 점점 많은 종류의 화학종이 방사선에 의해 병든 조직을 검출 그리고/또는 파괴할 수 있는 방사성 핵을 전달한다.

약리학의 주요 과제는 분자 수준에서 작용 메커니즘을 결정하는 것인데, 이는 투여되는 약물이 체액에서 변형되어 대상 부위에서 궁극적으로 반응하는 분자와 다를 수 있기 때문이다. 이는 특히 금속 착물의 경우 사실이며, 보통 유기 분자보다 가수 분해에 더 취약하다. 일반적으로 26.2절에 설명된 것처럼, '메탈로믹스(metallomics)'의 분석 방법을 사용하는 것을 포함하는 생체외 연구에 대한 외삽을 기반으로 타당한 작용 메커니즘을 제안할 수 있다. 경구 투여 약물은 외상 및 주사의 잠재적 위험을 피할 수 있어 매우 바람직하지만, 그러한 약물들은 내장 벽을 통과하지 못하거나 가수 분해 효소 작용에서 살아남을 수 없다. 무기 화합물들은 또한 질병 또는 손상의 진단에 사용되며, 특히 방사성 테크네튬(Tc)을 조영에 사용하는 것은 흥미로운 예이다. 물에 대한 용해도 및 O_2에 대한 안정성도 중요한 문제이지만, 일반적으로 산소가 없는 유기 용매와 관련된 유기 금속 화합물의 약물로서의 사용이 증가하고 있다. 특정 약물의 효능은 IC_{50} 값으로 측정할 수 있으며, 이는 특정 생물학적 활동을 50% 억제하는 효과를 나타내는 데 필요한 농도이다. 약물은 종종 다른 약물을 포함하는 패키지(요법)의 일부로 투여되기도 한다.

약물 개발은 길고 비용이 많이 드는 모험이며, 일반적인 시각표(timeline)를 그림 26.2에 나타내었다. 첫 번째 단계는 발견이며, 이는 **목표**(targer) 화합물을 식별한 다음, 화합물과 밀접하게 관련된 유사체와 함께 합성 및 시험하는 것으로 시작한다. 다음 단계는 개발로, 화합물이 안전한지, 환자에게 어떤 형태 또는 양으로 투여할 수 있는지를 조사한다. 세 번째 단계는 세 가지 과학적 단계가 있는 임상 시험이다. 1상(Phase I)에서는 새로운 약물이 인간, 일반적으로 건강한 자원자에게 투여되어 얼마나 견딜 수 있으며, 초기 실험에서 예상한 대로 행동하는지 아닌지를 결정한다. 2상(Phase II)에서는 새로운 화합물이 약물이 효과를 나타낼 것으로 예상되는 질병을 앓고 있는 소수의 환자를 대상으로 시험된다. 3상(Phase III)에서는 이러한 유망한 화합물은 상태를 치료하는 데 이미 사용 중인 다른 의약품 및 '위약(placebo)'으로 알려진 모조품과 함께 훨씬 더 큰 환자 그룹 내에서 비교한다. 3상의 말기에 화합물이 성공적으로 검증되면 허가 신청이 이루어지고, 약품은 4상 시험으로 진행된다. 즉 제약 회사가 투자를 활용하는 홍보 및 판매이다. 이 장에서는 현재 몇몇 국가에서 널리 사용되는 화합물과, 임상 사용으로 아직 발전하지 않았음에도 불구하고 중요한 원리를 보여줄 수 있는 화합물에 대해 설명한다.

26.1 항암 치료에서의 무기 착물

요점: 다양한 암의 치료에 사용되는 *cis*-[$PtCl_2(NH_3)_2$](시스플라틴)의 위대한 성공은 DNA에 결합하여 전사와 조절되지 않은 세포 분열 및 확산을 막아주기 때문이다. 이후 부작용이 작은 Pt 착물이 따라 나왔다. DNA 복제의 저해제로 작용하여 결과적으로 세포 분열을 막는다. 다른 의약품들은 산화에 의해 DNA의 분해를 일으키도록 한다. 암세포만 선택적으로 죽이고 기발한 화학이 관계된 약을 개발하는 데 큰 관심이 있다.

'암'은 신체의 정상적인 작동을 압도하는 변형된 세포의 통제되지 않은 복제를 특징으로 하는 다양한 종류의 질병을 포함하는 용어이다. 치료의 원리는 건강한 세포를 손상시키지 않고 악성 세포를 파괴하는 약물을 적용하는 것이다. 수년 동안은 비특이적 표적인 DNA를 공격하는 항암제에 주로 초점을 두어 왔으며, 건강한 세포가 아닌 암세포를 우선적으로 파괴할 수 있도록 노력해 왔다. 따라서 인지는 분자 수준이 아닌 조직/기관 수준에서 일어났다. 보다 최근에는 특정 암세포에 의해 생성되어 더욱 선택적인 표적을 제공하는 RNA 및 단백질 같은 특정 후속 제품에 대한 연구가 진행되고 있다.

cis-[$PtCl_2(NH_3)_2$] (**1**, 시스플라틴으로 알려짐) 착물의 놀라운 작용은 1964년에 박테리아의 성장에 대한 전기장의 영향을 조사하면서 발견되었다. 두 개의 백금 전극 사이에 용액에 분산된 대장균 군집의 거동이 관찰되었고, 교류 전압을 가하면 긴 필라멘트를 형성하면서 세포의 크기가 계속 커지지만 복제는 중단되었다. 이 효과는 NH_4Cl을 함유한 전해질에 Pt를 용해시켜 전기 화학적으로 형성된 착물로 추적하여 찾아내었다. 그 이후 시스플라틴은 많은 형태의 암, 특히 성공률이 100%에 달하는 고환암 치료에 있어 크게 성공적이었다. 다른 기하 이성질체인 *trans*-[$PtCl_2(NH_3)_2$]는 비활성이다.

Cl
|
H_3N — Pt — Cl
|
NH_3

1 시스플라틴

시스플라틴과 관련 의약품의 화학 요법에 대한 궁극적으로 분자적인 기본은 Pt(II)와 DNA 간에 안정한 착물을 형성하기 때문이다. 시스플라틴은 환자의 혈류 속으로 투여되면 혈장이 높은 Cl^- 농도를 포함하므로 중성의 다이클로로(dichloro) 화학종으로 남아 있게 된다. 다이클로로 착물은 전기적 중성으로 인하여 세포와 핵막을 용이하게 통과한다(그림 26.3). 일단이 착물이 세포 내의 더 낮은 Cl^- 농도에 놓이게 되면 Cl^- 리간드는 H_2O(또는 OH^-)로 치환된다. 결과적으로 생성되는 양이온 화학종은 DNA에 전기적으로 끌려가서 내부권 착물을 형성하고, 여기서 $-Pt(NH_3)_2$ 조각은 핵 염기의 N 원자에 배위된다. 일부 고전적인 연구에 의하면, 우세한 배위 자리는 같은 가닥의 연속적인 구아닌(guanine) 상에서 한 쌍의 N 원자로 나타났다. 착물의 $-Pt(NH_3)_2$ 조각과 올리고뉴클레오타이드(oligonucleotide) 간의 착물은 X선 결정학과 ^{195}Pt-NMR 분광법으로 연구되었다(그림 26.4). Pt와의 착물화로 인해 나선이 구부러지게 되며 일부 나선의 감김이 풀어진다. 이러한 이유로 DNA가 복제(replication)나 수선(repair)을 할 수 없도록 한다. 이러한 변형은 굽은 DNA에 결합하여 세포 사멸을 시작하는 고이동도군(HMG: high mobility group)으로 알려진 단백질에 의해 DNA를 인식할 수 있게 한다. 암세포의 DNA를 변형하여 복제할 수 없게 만드는 것은 이제 항암제의 주요 작용으로 널리 받아들여지고 있다.

효능에도 불구하고 시스플라틴은 바람직하지 않은 높은 부작용이 있다. 특히 이는 완전 배

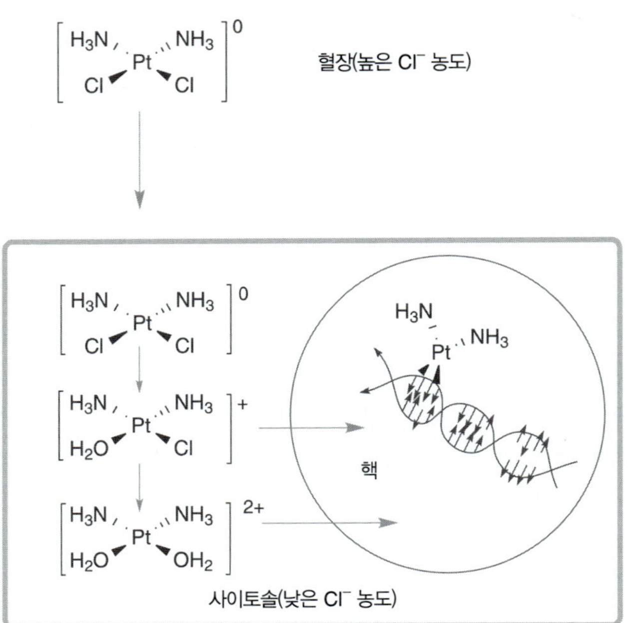

그림 26.3 시스플라틴이 환자의 혈류에서 암세포의 DNA로 전달되는 메커니즘

출되기 전에 신장에 심각한 손상을 일으킬 수 있다. 부작용이 작으면서 효과적인 Pt 착물을 찾으려는 노력이 많이 행해져 왔으며, 임상에 사용하고 있는 한 가지 예는 카보플라틴(carboplatin, **2**)과 옥살리플라틴(oxaliplatin, **3**)이다. 또한 효과적인 약품으로서 삼핵 Pt(II)(**4**)뿐만 아니라, 경구 투약이 가능한 사트라플라틴(satraplatin, **5**)과 같은 Pt(IV) 착물이 있다. 6배위의 Pt(IV) 착물은 전구약물(prodrug)−목적한 환경에 들어가 활성화되기 전에는 의도적으로 활성이 없게 만든−의 예이다. 암 조직은 일반적으로 저산소 환경이며 산소의 농도가 3 mmHg 이하로, 일반적인 조직의 산소 농도 영역인 20∼80 mmHg보다 훨씬 낮다. 저산소 환경은 혈류 공급 제한과 높은 암세포의 대사 활성에 기인한다. Pt(IV) 착물이 세포막을 통과하면 쉽게 환원되어 수직 방향의 리간드를 잃고 활성을 가진 사각 평면형의 Pt(II) 형태로 변하게 된다.

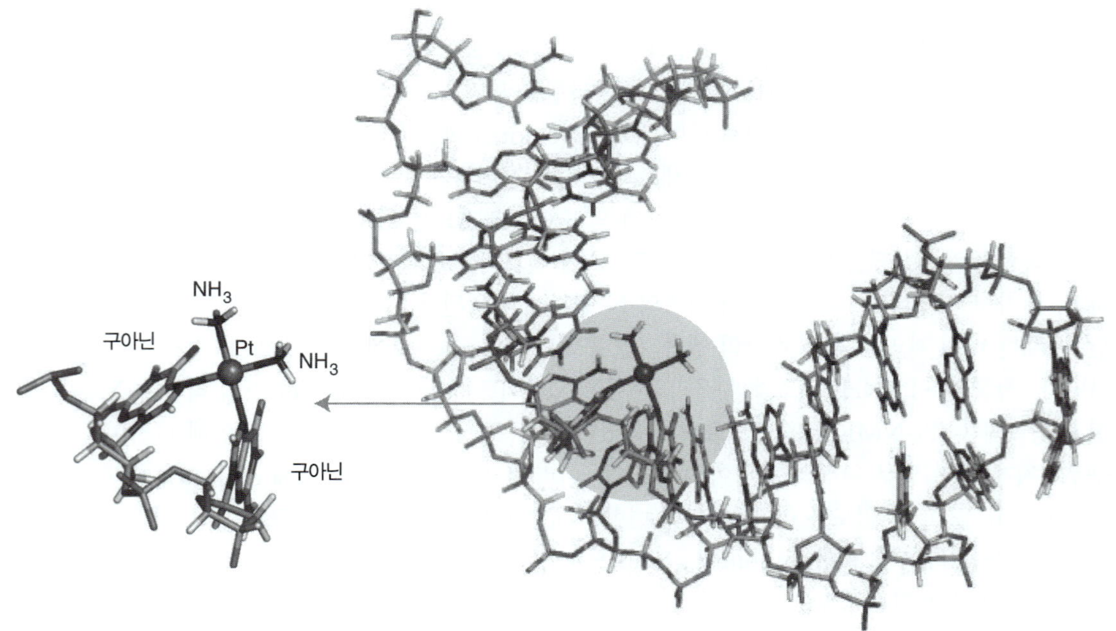

그림 26.4 $Pt(NH_3)_2$ 조각과 올리고뉴클레오타이드 위의 인접한 두 개의 구아닌 염기 간에 형성된 착물의 구조 왼쪽: Pt 원자 주위에 사각 평면형의 리간드 배열, 오른쪽: Pt의 배위로 인하여 DNA 나선이 구부러지게 된다.

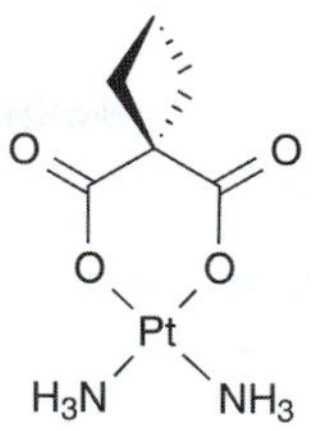

2 카보플라틴

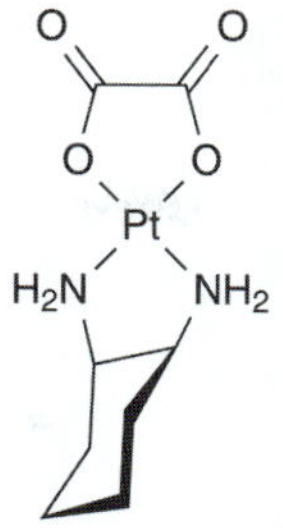

3 옥살리플라틴

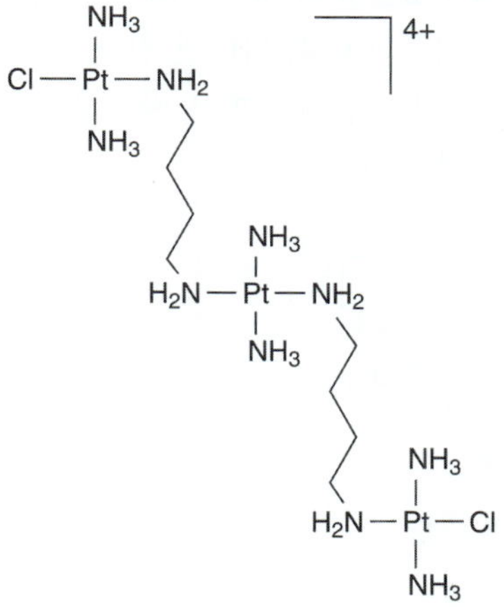

4 삼핵 Pt(II) 항암제 착물

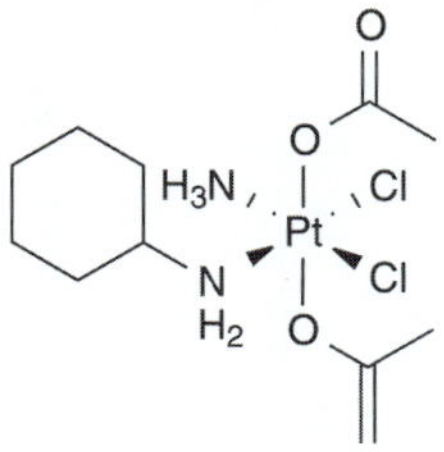

5 사트라플라틴

다른 금속에 대해서는 다른 방식의 세포 표적화 방법과 DNA 결합 또는 세포 독성 작용의 다른 메커니즘을 제공함으로써 항암제의 공격 방법을 확장할 수 있는 세세한 조사를 하고 있다. NAMI-A(새로운 항암 전이 억제제)로 알려진 Ru(III) 착물(**6**)은 '전이(metastasis)'라고 알려진 침습적 과정을 통해 1차 종양으로부터 퍼진 2차 암세포를 죽이는 데 특히 효과적이다. 간단히 KP1019로 지칭되는 또 다른 Ru(III) 착물(**7**)은 원발성 종양에 대해 더욱 활성이 크다. 두 가지 Ru(III) 착물은 표적 세포에 들어간 후 환원을 통해 활성화되어, Ru(II) 착물이 어떻게 작동할 수 있는지에 대한 연구를 수행하도록 한다. 반(half)샌드위치 Ru(II) 아렌(arene) 착물(**8**)은 Pt 착물과 유사한 방식으로 구아닌-N에 배위하지만, DNA와의 상호 작용은 소수성 DNA 중심 사이에 바이페닐기가 삽입 및 구아닌과 에틸렌다이아민(ethylenediamine) 리간드의 $-NH_2$기 사이의 수소 결합이 추가된다. 다른 금속 착물은 DNA 내부에 삽입되어 Pt 약물에 비해 향상된 효능을 보일 수 있다. 분자 (**9**)에서와 같이 특수 리간드의 끝에 금속 양이온을 배치하여 형성된 금속-초분자 '실린더(cylinder)'는 Zn 손가락과 유사하게 크기가 훨씬 크다(26.15절). 실린더는 DNA의 주요 홈에 결합하여 작은 코일을 형성한다.

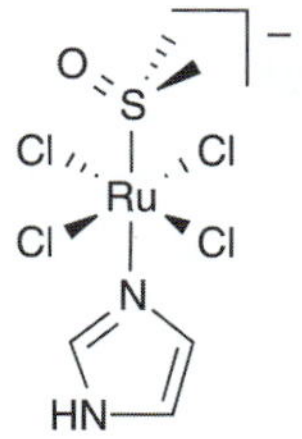

6 NAMI-A

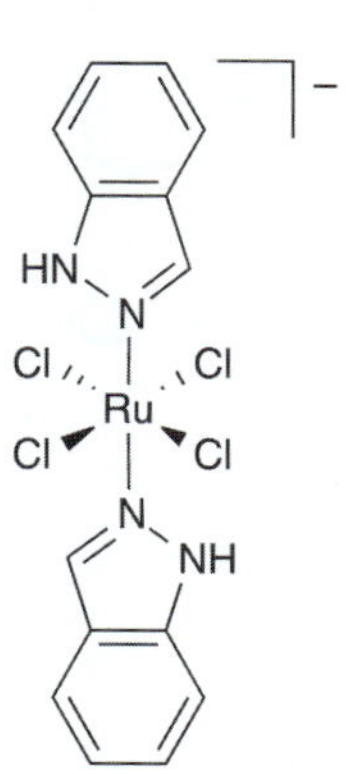

7 KP1019

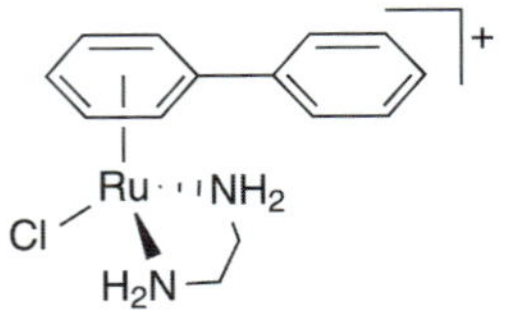

8 반샌드위치 Ru(II) 아렌 착물

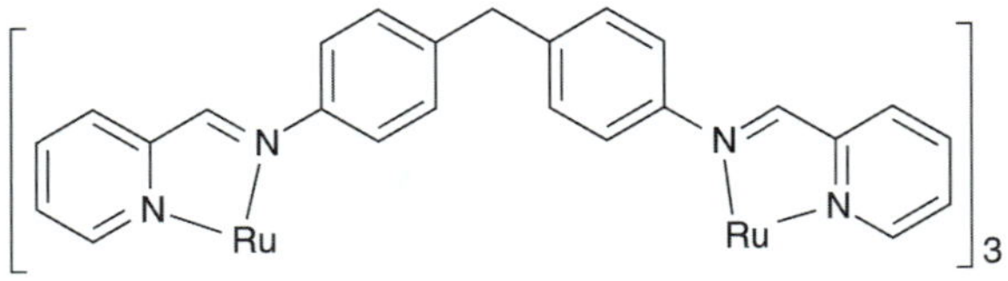

9 Ru 실린더 착물(1/3을 나타냄)

다른 전구약물(prodrug)의 전략은 광활성화(photoactivation)이며, 이로 인해 착물은 (빛을) 조사할 때만 활성화된다. 이러한 암치료법은 **광선 요법**(phototherapy)으로 알려져 있다. 광 감응성 다이이민 리간드(**10**)를 포함하는 Rh(III) 착물과 아래 나타낸 것과 같이, (빛을) 조사했을 때 활성 Pt(II) 착물을 형성하고 분해되어 N_2 기체가 되는 매우 반응성이 높은 N_3 라디칼을 배출하는 *trans*-다이아조(diazido) Pt(IV) 착물이 예이다.

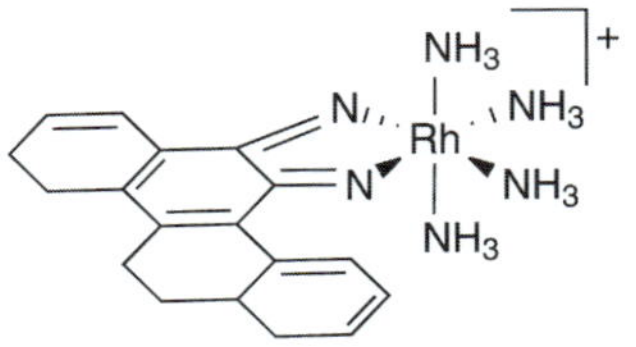

10 광감응 Ru 착물

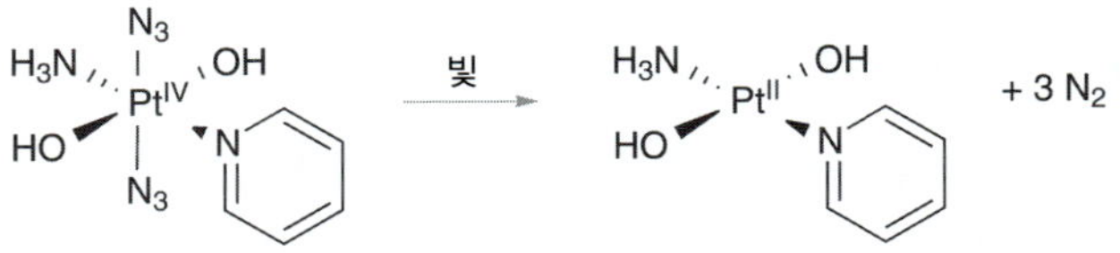

빛

$+ 3\ N_2$

또한 암세포는 금속 착물과 함께 '포장'되어 세포 내부에서 한 번 방출되는 특정 생물학적 물질에 대한 친화성을 이용하여 선택적으로 표적화할 수 있다. **생체 접합**(bioconjugation)으로 알려진 이 개념의 한 예는 카복실레이트 말단 링커 그룹을 통해 트랜스 위치에 부착된 두 개의 에스트라다이올(estradiol)기가 있는 Pt(IV) 착물이다(그림 26.5). 착물은 유방암 또는 난소암 세포로 들어가서 환원되어 활성 Pt(II) 착물을 형성하고, 백금이 결합한 DNA의 복구를 억제하는 단백질의 형성을 유도하는 에스트로젠 유도체 두 분자를 방출한다. 유방암 치료제인 타목시펜(tamoxifen, 연회색)의 페로센(ferrocene) 유도체인 페로시펜(ferrocifen)(**11**)은 더 넓은 범위의 악성 세포에 대해 활성을 보이지만 부작용은 적다.

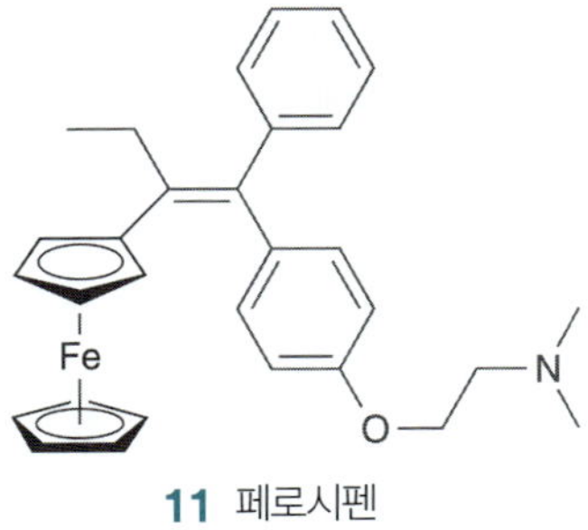

11 페로시펜

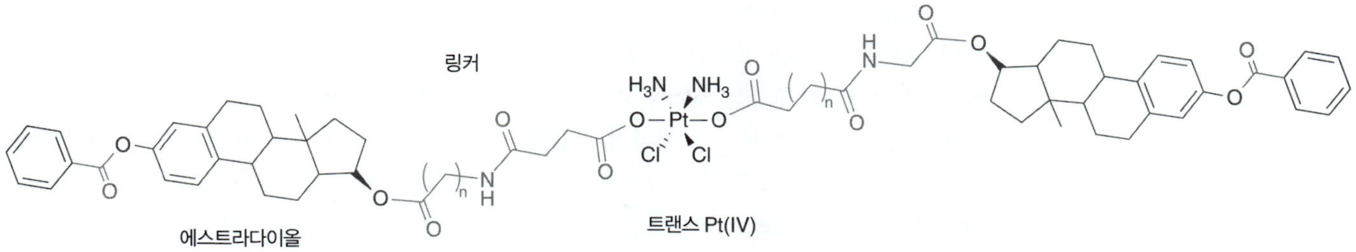

그림 26.5 카복실레이트 말단 링커 그룹을 통해 트랜스 위치에 부착된 두 개의 에스트라다이올기가 있는 생체 접합 Pt(IV) 약물의 예

방사선을 사용하여 암세포를 죽이는 것은 **방사선 요법**(radiotherapy)으로 알려져 있으며, 중요한 과제는 암 조직만 선택적으로 파괴하는 것이다. 이러한 표적화는 적합한 방사성 핵종에 대한 선택적 전달 경로를 설계함으로써 가능하게 할 수 있다. 특히 특정 경로는 세미싸이오카바존(semithiocarbazone) 리간드와 여러 경로(β 붕괴, 양전자 방출, 전자 포획 및 감마 방사선)에 의해 붕괴되는 방사성 ^{64}Cu($t_{½}$ = 12.7 h) 사이에 형성된 광범위한 착물(**12**)이다. 동위원소는 일반적으로 원자로에서 중성자 포획에 의해 ^{63}Cu에서 생산된 후 즉시 사용된다. 방사선 요법은 평균 이동 경로 길이가 약 1 mm인 방출된 β 입자를 사용하여 ^{64}Cu를 포함하는 세포의 매우 선택적 사멸을 보장한다. 선택적 전달은 Cu(II) 세미싸이오카바존 착물이 중성이며 저산소성 환경에서 하전된 Cu(I) 형태로 환원을 일으키는 암세포로 확산된다는 원리에 근거하며, 이에 따라 (세포에). 치명적인 핵종이 갇히게 된다. 치환기 R의 성질에 따라 많은 변형이 가능하다.

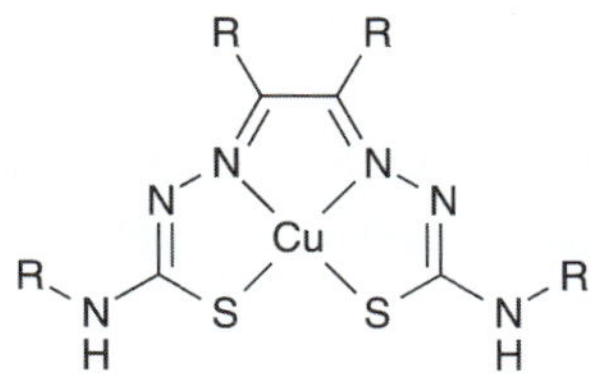

12 Cu-세미싸이오카바존 착물

Ga(III)의 화합물은 항암제로서 연구되고 있다. Fe(III)와 마찬가지로, Ga(III)은 단단한 Lewis 산이고, 두 금속 이온은 반지름이 유사하다. 그러나 Ga(III)은 일반적으로 Ga(II)로 환원되지 않으며, Fe 대신 Ga를 함유한 산화–환원 또는 O_2 결합 단백질은 불활성화될 것이다. Ga(III)은 Fe^{3+}와 동일한 수송 시스템을 사용하여 세포로 들어가는 것으로 생각된다. Ga^{3+}의 표적은 DNA에 사용되는 염기를 생성하는 데 필수적인 Fe 함유 효소인 리보뉴클레오타이드 환원 효소이다. 시험 중인 화합물은 질산 갈륨과 같은 단순한 염에서부터 장(腸)벽을 통과할 수 있는 'GaKP46'(**13**)과 같은 중성 착물에 이르기까지 다양하다.

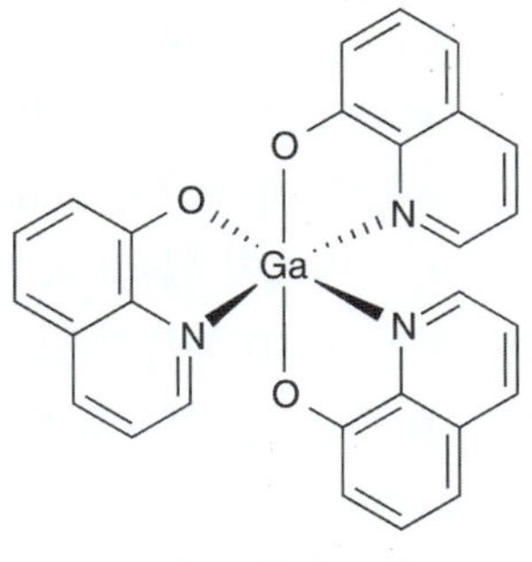

13 중성 Ga 착물

비소 함유 화합물(비소제)은 독성과 발암성이지만, 비소는 고대 중국 의학에서 사용되어 왔으며 오랫동안 암을 포함한 심각한 질병을 퇴치하는 데 사용되었다. 제15장에서 설명했듯이, 비소는 인과 유사하지만 주 산화 상태는 As(III)이며, 더 무른 Lewis 산이기 때문에 S 주개 리간드와 함께 보다 안정적인 화합물을 형성한다. As_4O_6 분자(**14**)로 구성된 산화물 'As_2O_3'는 한때 치료할 수 없는 것으로 간주되었던 질병인 급성 전골수성 백혈병(APL: acute promyelocytic leukaemia)에 대한 매우 효과적인 약물로 사용된다. 이 요법은 일반적으로 모든 트랜스 레티노산과 함께 As_2O_3로 구성되며, APL에 걸린 환자의 5년 생존율은 90%이다. 중성 수용액에서, As(III)는 대부분이 $As(OH)_3$로 존재한다. As의 작용 메커니즘은 복잡하고 여러 가지이지만, (a) 미토콘드리아 막에 위치한 단백질의 노출된 싸이올기에 결합하여 세포 사멸(apoptosis)을 유도, (b) 유해한 활성 산소의 형성에 기여, (c) 세포 분화에 결정적인 유전자 발현을 방해하는 것을 포함한다.

14 As_4O_6

예제 26.1 Pt 착물이 항암제로 사용되는 이유 설명

암 치료에 적합한 Pt 착물의 화학적 성질은 무엇인가?

답 Pt(II)와 Pt(IV)는 순수한 형태로 결정화되는 비불안정한 착물을 형성한다. DNA 염기의 N 주개 리간드에 대한 높은 친화력은 O^- 및 Cl^- 리간드에 대한 상대적으로 낮은 친화력과 대조적이다. 따라서 후자는 약물의 DNA로 수송 및 최종 착물 형성의 특정 단계 동안 쉽게 떨어진다. 암세포에서 만연한 저산소 조건하에서 정팔면체 Pt(IV) 착물(d^6)은 사각 평면형 Pt(II)(d^8)로 환원되고, 축 방향 리간드를 세포내로의 흡수를 보조할 수 있는 작용기와 함께 버린다.

문제 26.1 활성을 최적화하기 위해 Cu-세미싸이오카바존 착물의 환원 전위를 어떻게 변화하고 조절할 수 있는가?

26.2 관절염 예방약

요점: Au(I)의 착물은 류머티즘 관절염에 대해 효과적이다. 작용 메커니즘은 금과, 싸이올을 함유한 단백질의 결합과 연관되어 있을 것이다.

금(gold) 약품은 류머티즘 관절염(rheumatoid arthritis), 즉 관절 주위의 조직에 영향을 주는 염증성 질병의 치료약으로 사용된다. 염증은 세포 구획 내에서 골지체(그림 25.1 참조)와 관련이 있는 리소좀(lysosome)으로 알려진 가수 분해 효소의 작용으로 일어난다. 일반적으로 투여되는 약물로 소듐 오로싸이오말레이트(myochrisin, **15**), 소듐 오로싸이오글루코스(solganol, **16**; 단위 간의 연결이 확실하지 않음) 및 아우라노핀(auranofin, **17**)이 있으며, 이들 각각은 선형 배위가 예상되는 Au(I)을 특징으로 할 것이다. Au(I)은 산화성이 높은 Au(III)보다 생물학적 환경에서 생존할 가능성이 훨씬 높다. Au 약물의 부작용은 피부 알레르기뿐만 아니라 신장 및 위장 문제를 포함한다. 마이오크리신(myochrisin) 및 솔가놀(solganol)을 포함한 많은 Au 약물은 근육에 주사되는 수용성 고분자이다. 위에서 산 가수 분

해가 일어나기 때문에 경구로 투여할 수 없다. 오라노핀(auranofin)은 단일 포스핀 리간드 때문에 단량체로, 경구 투여할 수 있지만, 주사로 투입된 화합물보다 덜 효과적이라고 보고되었다.

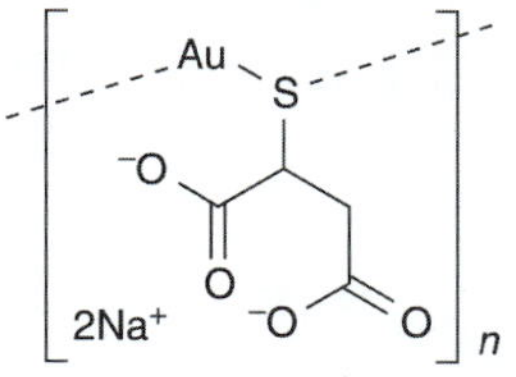

15 마이오크리신(myochrisin)

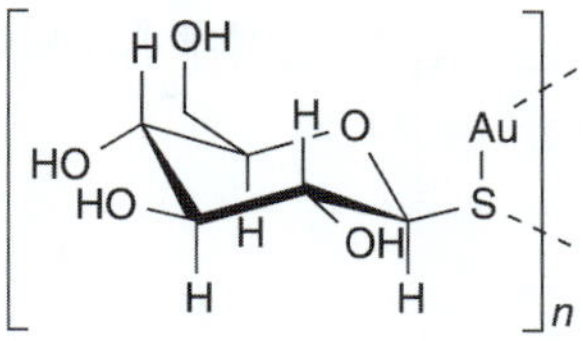

16 솔가놀(solranol)

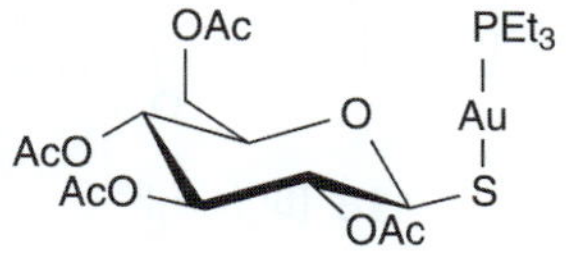

17 오라노핀(auranofin)

금 약품이 작용하는 메커니즘은 오랫동안 논란의 여지가 있고, 많은 다른 단백질 표적이 연관되어 있다. 무른 금속 이온으로서 Au(I)는 단백질의 시스테인 또는 메싸이오닌 곁사슬에 있는 S 주개 리간드와 안정한 착물을 형성한다. 치료적 Au(I)의 결합 및 억제의 주요 후보는 활성 자리가 시스테인인 여러 효소를 포함한다.

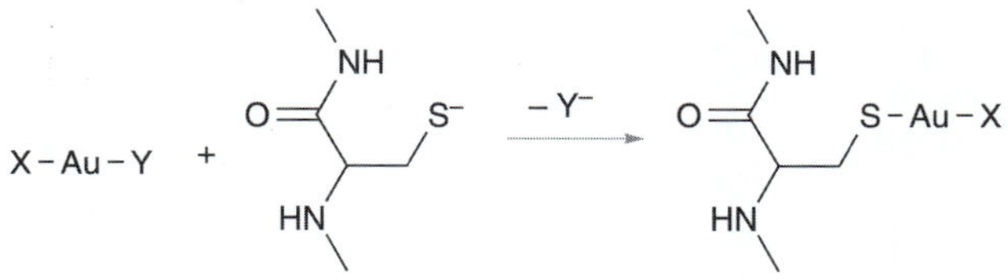

이들 효소는 세포에서 일정한 환원 환경을 유지하는 데 관여하는 효소인 싸이오레독신 환원 효소(thioredoxin reductase) 및 염증에 관여하는 시스테인 단백질 분해 효소(cysteine protease)인 카텝신(cathepsin)을 포함한다. Au(I)은 글리신(glycine), 시스테인(cysteine) 및 글루타메이트(glutamate)의 트라이펩타이드(tripeptide)인 글루타싸이올(glutathiol)과 반응하는 것을 놀라운 사실이 아니며, 이는 중요한 세포 산화–환원 완충제로도 작용한다.

26.3 위궤양 치료에서의 비스무트

요점: 비스무트 약물은 오랫동안 위궤양과 암을 유발하는 병원체인 헬리코박터 파일로리(*Helicobacter pylori*)의 감염을 퇴치하는 데 사용되어 왔다. 카복실레이트 리간드와 배위할 때 Bi(III)는 위벽에 불용성막을 형성하고 Bi^{3+}가 천천히 방출되어 박테리아 세포에 의해 흡수된다. 세포 내부에서 Bi(III)는 산성 위 환경에서 병원체의 생존에 필수적인 효소 활성을 방해한다.

악명 높은 박테리아인 헬리코박터 파이롤리(*H. pyroli*)는 위 및 십이지장 궤양을 일으키며 위암의 주요 원인이다. 다행히, *H. pyroli* 감염에 대한 효과적인 치료는 Bi(III) 화합물로 가능하며, 가장 주목할 만한 것은 비스무트 서브살리실레이트(BSS: bismuth subsalicylate)로, Pepto-Bismol®으로 시판된다. 콜로이드 비스무트 서브시트레이트(CBS: bismuth subcitrate)는 항생제 혼합제와 함께 경구 투여한다. 비스무트(III)는 산화 또는 환원에 내성이 있으며(Bi(V)는 강력하게 산화됨), 수용액 화학은 다핵 불용성 또는 콜로이드성 Bi–O 또는 Bi–카복실레이트종(15.2절)이 가장 두드러지는 특징이 있는데, 환경이 매우 산성(pH 1.5~3)이고 유기산이 풍부한 위의 Bi(III)를 유지하는 데 중요한 성질이다. 이핵종 $[Bi_2(cit)_2]^{2-}$(**18**) 및 Bi_2O_2 고리(**19**) 또는 Bi_6O_7 정팔면체(**20**)를 기반으로 한 살리실레이트 시트 중합체와 같은 종은 위 점액에 흡수되어 궤양 구멍에 보호막을 형성하여 *H. pylori*가 달라붙는 것을 제한한다.

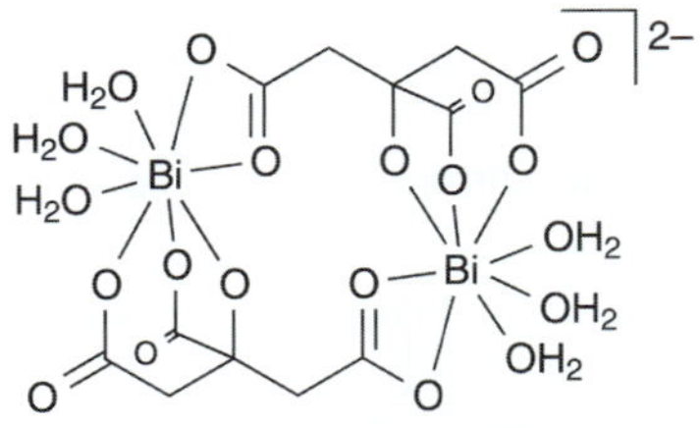

18 $[Bi_2(cit)_2]^{2-}$

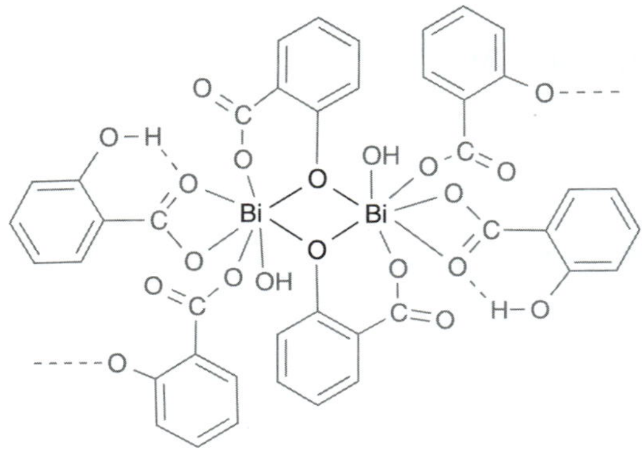

19 Bi_2O_2 살리실라토(salicylato) 착물

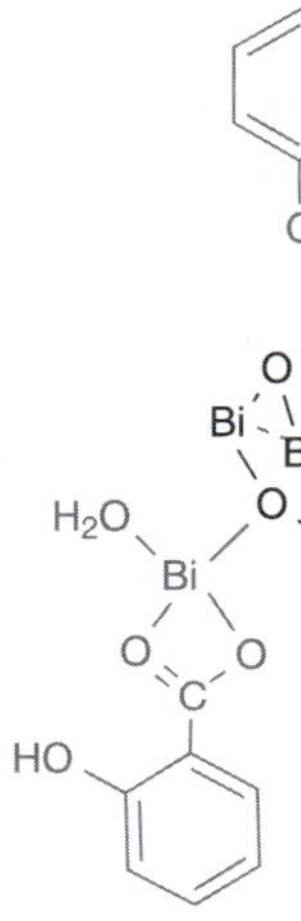

20 Bi_6O_7 정팔면체 기반 살리실라토 착물

Bi(III)에는 특이한 분광 특성이 없기 때문에 생물학적 환경에서 정확한 화학종 조사는 매우 어렵다. 추가적인 치료 작용은 비스무트가 이러한 고분자 저장소에서 느리게 방출될 수 있고, 아마도 가용성 종으로, 심지어 산성 조건하에서 유지될 수 있는 $Bi^{3+}(aq)$(pK_a 대략 1.5)를 포함하고 박테리아의 금속 이온 흡수 시스템을 사용하여 병원체로 들어가는 것을 포함한다. 세포 안에 들어가면 비스무트는 병원체의 생존에 필수적인 단백질을 표적으로 한다.

$$\text{Bi(III) 산화물-콜로이드} \underset{\text{지속적인 방출}}{\rightleftharpoons} Bi^{3+} \underset{\text{병원균의 흡수}}{\rightleftharpoons} Bi^{3+}\text{-단백질}$$

비스무트(III)는 광범위한 단백질의 주개 리간드, 특히 O, N 및 S와 강한 착물을 형성하며, 그 상호 작용은 금속 단백질학(metalloproteomics) 전략에 의해 연구된다(26.2절). 비스무트는 트랜스페린(transferrin, 26.6절 참조)을 포함한 필수 금속–이온–결합 단백질을 방해하여 Fe 흡수 및 Ni를 운반하는 Hpn으로 알려진 히스티딘이 풍부한 단백질을 방해하며, 후자는 가수 분해 효소 및 요소 분해 효소의 활성 금속이다. 비스무트는 그 자체가 요소 분해 효소의 강력한 억제제이며, *H. pylori*의 총 단백질의 약 10%를 구성한다. 이러한 점은 요소를 암모니아와 카바메이트로 전환하여 위 산도를 중화시키는 데 필수적이다. 비스무트는 푸마네이스(fumarase)–에너지 생산에 필수적인 단계인 푸마레이트의 수화를 촉매하여 말레이트를 형성하는 효소–를 억제한다. 비스무트는 또한 싸이오레독신(thioredoxin)으로 알려진 단백질의 활성 싸이올기와 반응하고 차단하여 활성 산소종(예: 과산화물)을 줄이고, 병원균을 위협하는 산화 스트레스와 싸우는 역할을 한다.

비스무트 화합물은 항균 작용 외에도 항진균제, 바이러스 백신 및 항암제로 유망한 후보이며, 이미 활발한 연구 분야를 확장하는 데 큰 관심이 있다.

26.4 양극성 장애 치료에서의 리튬

요점: 리튬은 조울증 치료에 오랫동안 사용되어 왔지만, 그 작용 방식은 여전히 불확실하다. 몇몇 표적으로, 주기율표에서 그의 사선 상대(diagonal relative)인 Mg^{2+}를 일반적으로 사용하는 효소가 제안된다.

염화물 또는 탄산염으로 투여되는 리튬 수화 이온은 가장 단순한 약물이며, 일반적으로 조울증이라고 하는 심한 기분 변화를 특징으로 하는 양극성 장애의 치료에 매우 효과적인 작용이다. 리튬은 기분 안정제이며, 50년 이상 사용되어 왔음에도 불구하고 작용 메커니즘은 명확하지 않지만, Li^+가 GSK(glycogen synthase kinase)로 알려진 효소의 작용을 방해하여 세포 신호 전달을 차단한다는 상당한 증거가 있으며, 이것은 알츠하이머병의 생화학과도 관계가 있다. 동역학 연구에 따르면, Li^+는 효소 자체에서 또는 신호 전달 작용에 관여하는 단백질–단백질 복합체를 방해하는 방식으로 Mg^{2+}를 대체함으로써 작용할 수 있을 것이다. 리튬과 마그네슘은 밀접한 사선 관계(diagonal relationship, 9.11절)에 있다.

26.5 말라리아 치료를 위한 유기금속 약물

요점: 퀴닌 및 관련 항말라리아 약물에 대한 내성은 전 세계적으로 시급한 의료 문제이다. 말라리아는 *Plasmodium*으로 알려진 기생충에 의해 발생한다. 퀴닌은 기생충이 O_2에서 반응성 종을 생성하는 헤모글로빈 분해의 Fe–포피린 산물인 헤마틴(haematin)을 처리하는 기생충의 기능을 방해하여 작용한다. 저항성을 극복하는 한 가지 방법은 퀴닌 구조를 금속에 부착하여 변형하는 것이다.

전 세계적으로 50억 명의 사람들에게 영향을 미치고 매년 백만 명 이상을 죽게 하는 주요 살인자 말라리아는 모기에 의해 인간에게 전염되는 기생충 속(genus)인 *Plasmodium*의 감염에 의해 발생한다. 일단 희생자의 혈류에 들어가면, 기생충은 생존에 필요한 철분을 얻기 위해 적혈구(erythrocyte)를 공격하며, 이 과정은 헤마틴(**21**)이라고 알려진 Fe(III)–포피린 중간체인 아쿠아페리프로토포피린 IX(aquaferriprotoprophyrin IX)를 통한 헤모글로빈의 분해 반응을 필요로 한다. *Plasmodium*은 지질을 산화시켜 막을 손상시키는 활성 산소종, 특히 과산화물의 생성을 촉진하기 때문에 독성이 높은 헤마틴 축적을 피하는 것이 중요하다. *Plasmodium*은 헤마틴을 헤모조인(haemozoin)이라는 고불용성 미세 결정으로 전환하여 생존한다(그림 26.6). 가장 중요한 퀴놀린 계열('퀴닌')을 기본으로 하는 항말라리아 약물은 헤모조인의 생성과 안정성을 방해하여 기생충을 자가 감염된 Fe 과부하에 노출시킨다. 많은 *Plasmodium* 균주가 퀴놀린에 내성이 있어서, 기생충의 면역 방어력을 극복할 수 있는 유도체를 찾기 위한 독창적인 방법을 고안하고 있다.

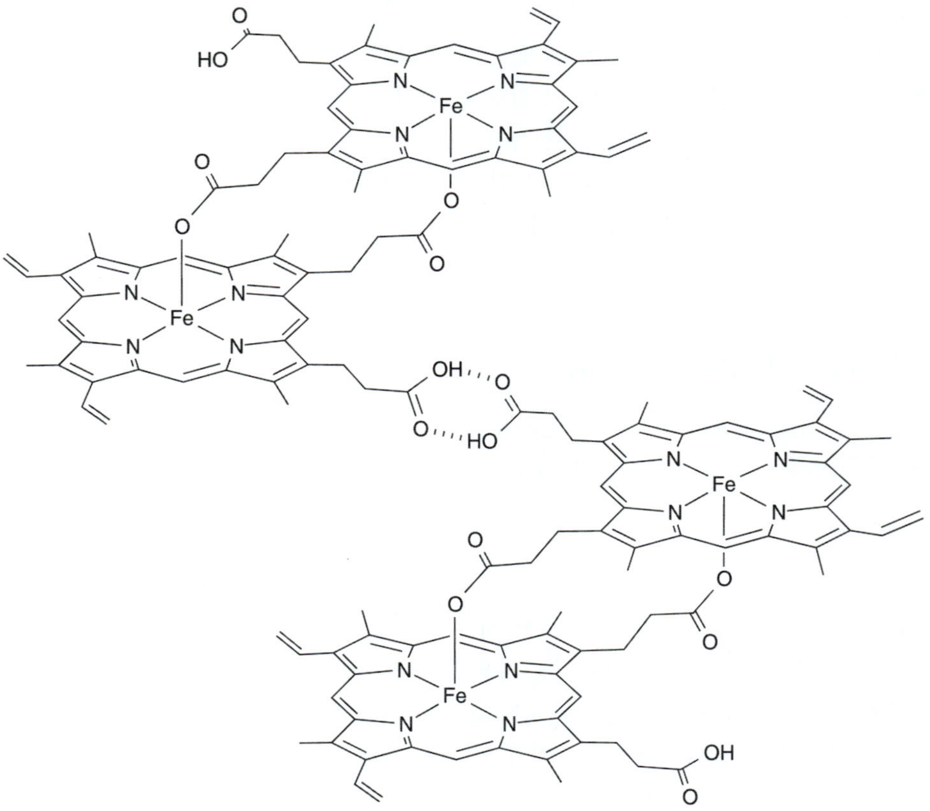

그림 26.6 말라리아 기생충에 의해 생성되어 헤마틴으로 인한 치명적인 손상을 방지하기 위한 불용성 화합물인 헤마조인

여기서 중요한 전략은 퀴놀린 그룹에 금속 착물을 부착하여 시약이 유기체의 저항 경로를 속이는 것이다. 페로센기가 붙어 있는 클로로퀴닌의 유도체인 페로퀸(ferroquine, **22**)은 현재 임상 시험을 진행 중이다. 페로센은 포도당 센서에도 사용된다(화학세상 26.1 참조).

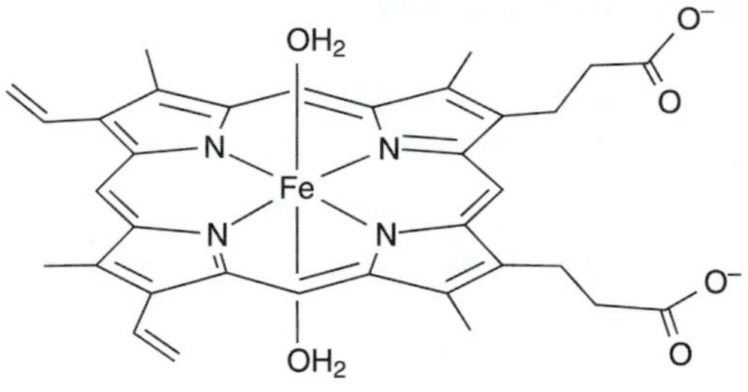

21 헤마틴

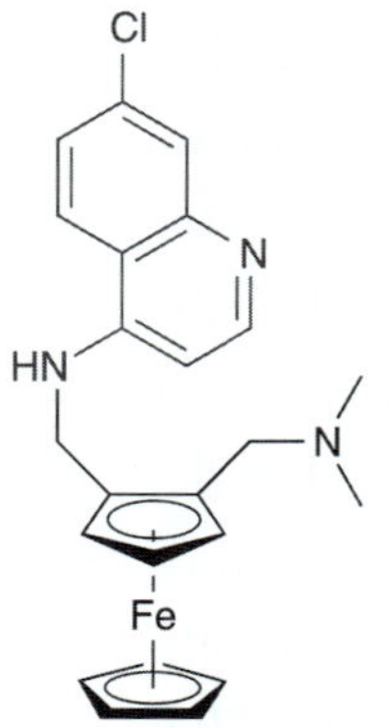

22 페로퀸

26.6 항바이러스제로서의 금속 착물

요점: 새로운 항바이러스 약물을 찾기 위해 금속 착물이 점점 더 연구되고 있다. 특정 RNA 서열에 결합할 수 있는 착물은 C형 간염 치료를 위한 새로운 도구를 제시한다. 시클람(cyclam)은 효과적인 항 HIV 약품이다. 이 작용은 생물학적으로 이용 가능한 d 금속 이온, 특히 Zn^{2+}와 강한 착물을 형성하는 능력 때문일 가능성이 높다. 이러한 착물은 HIV 세포 침입에 필요한 수용체 단백질의 특정 서열과 상호 작용한다.

매년 350,000명 이상을 죽게 하는 C형 간염의 치료에 있어 금속 기반 약물에 많은 관심이 있다. 하나의 전략은 C형 간염 바이러스에 존재하지만, 주로 감염된 숙주의 천연 게놈에는 없는 특정 RNA 서열을 표적으로 삼음으로써, 인터페론으로 알려진 자연적으로 생성된 방어 단백질에 기초한 주요 치료법을 지원하는 것이다. 바이러스 RNA의 특정 줄기-고리 모티프에 결합할 수 있는 펩타이드의 유도체 금속 착물을 조사하고 있다.

d 구역 금속 이온과 강한 착물을 형성하는 거대 고리 리간드인 시클람(cyclam)의 유도체(7.14절)가 항HIV 치료제로 연구되고 있다. HIV 바이러스의 세포로의 진입은 바이러스상

화학세상 26.1 당뇨병 환자를 돕기 위해 유기금속 화합물은 어떻게 사용되는가?

당뇨병은 특히 서방 세계에서 증가하고 있는 건강 문제이다. 1형 당뇨병을 앓고 있는 환자는 혈당 수치를 조절하기 위해 인슐린으로 알려진 호르몬을 주사로 투여해야 한다. 환자의 현재 포도당 수준을 빠르고 정확하게 측정할 수 있는 휴대용 센서는 질병을 관리하고 환자가 활동적인 삶을 영위할 수 있도록 하는 데 중요하다. H.A.O. Hill과 동료들이 발명한 매우 성공적인 포도당 센서는 다목적 전자 전달제인 페로센과 O_2에 의한 포도당 산화를 촉진하는 효소인 포도당 산화 효소를 이용한다. 포도당 산화 효소는 플라빈(flavin)으로 알려진 유기 보조 인자가 포함되어 있다. 주머니 크기의 전기 화학 센서는 환원 전위, 용해도, 안정성 및 전하를 최적화하도록 작용기가 도입된 페로센을 함유한 코팅에 포도당 산화 효소가 고정된 탄소 전극으로 구성된다(그림 B26.1). 바늘로 한 번 찔러 얻은 소량의 혈액 시료가 센서의 표면에 놓인다. 포도당 산화에 의해 생성된 전자는 전극과 상호 작용하여 전류를 생성하는 페로센(O_2보다 우수한 전자 수용체)으로 전달된다(그림 B26.2). 전류(디지털 디스플레이에서 판독)는 시료의 포도당 농도와 직접 관련이 있다(그림 B26.3).

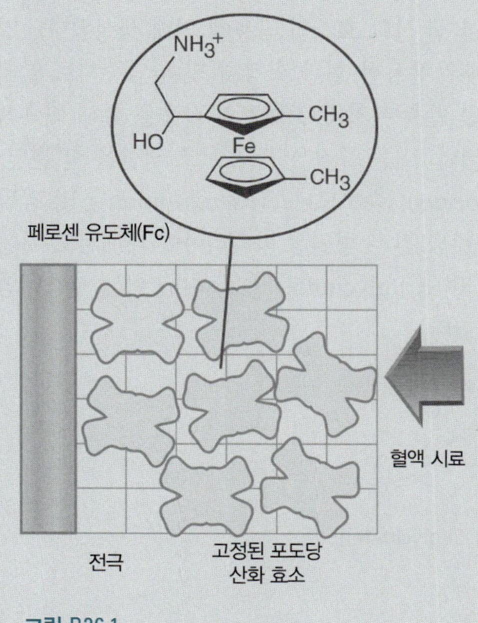

그림 B26.1

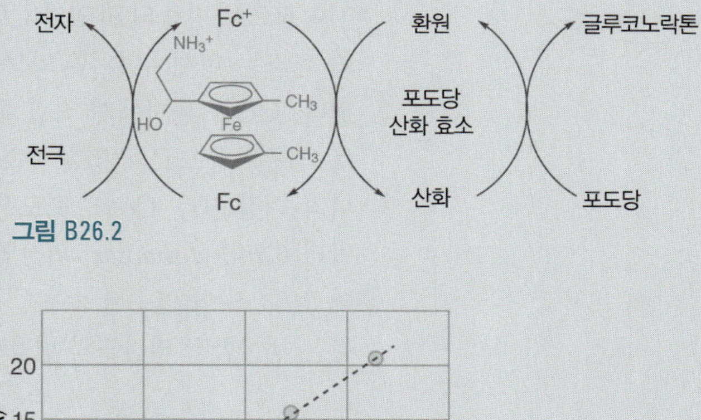

그림 B26.2

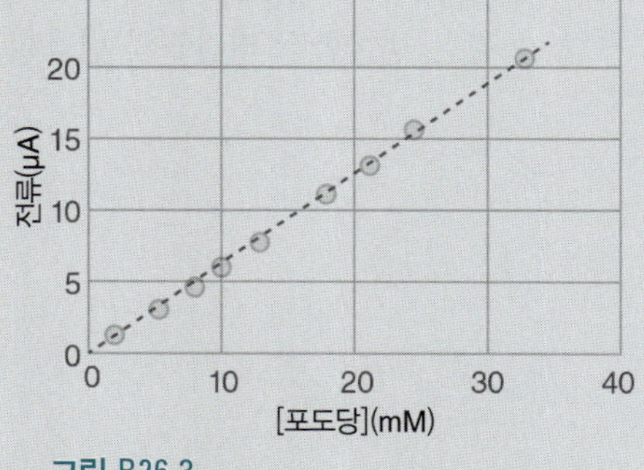

그림 B26.3

의 당단백질과 표적 세포막에 존재하는 CD4로 알려진 수용체 단백질 사이의 상호 작용에 의해 시작된다. 결과 반응은 다른 수용체 단백질을 포함하는 일련의 사건을 발생시킨다. 어떻게 중단시키는지는 확실하지 않지만, 시클람은 이러한 과정들을 중단시킨다. 하나의 가설은 시클람이 해리된 Zn^{2+}에 결합하고, 생성된 거대 고리 분자 착물은 CXCR4로 알려진 특수 단백질 수용체상에 존재하는 시스테인 싸이올레이트(RS^-)기와 결합하여 3분자계 착물을 형성한다는 것이다. 이러한 수용체는 HIV가 세포에 들어가는 데 필요하며, Zn-시클람은 침습 과정을 방해한다는 것을 시사한다. 바이시클람(bicyclam)은 특히 효과적이며 잘 알려진 항HIV 약물 AZT(**23**)와 생체 접합체로 사용될 때 유망한 결과를 보여 준다.

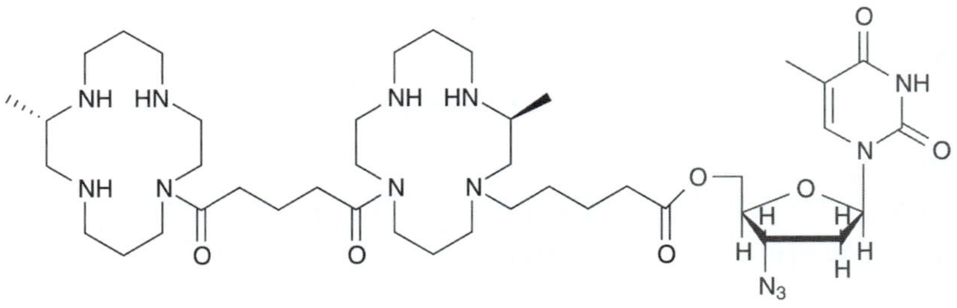

23 바이시클람-AZT 접합체

26.7 CO를 느리게 방출하는 금속 약품: 수술 후 스트레스 해소제

요점: NO와 마찬가지로, CO 또한 신호 작용제이며, 미량 수준이 수술 후 외상을 완화시키는 데 매우 유용한 것으로 알려져 있다. 적절히 통제된 방식으로 소량의 CO를 투여하는 가장 좋은 방법은, CORM이라고 알려진 금속 착물을 통해 천천히 혈류로 방출하는 것이다. 최근 조사에 따르면, 일부 CORM에는 강력한 항균 작용이 있는 것으로 나타났다.

일산화 탄소는 매우 유독한 기체로 잘 알려져 있지만, NO와 같은 신호제(signalling agent)로서 타고난 유익한 기능을 가지고 있다. 헤모글로빈의 분해를 통해 체내에서 미량의 CO가 지속적으로 방출되고 있다(CO는 포피린에 대한 헴 산화 효소의 작용에 의해 생성된다). 일산화 탄소는 현재 수술 후 외상을 퇴치하는 데 매우 유용한 혈관 확장제 및 항염증제로 알려져 있다. CO를 환자에게 직접 투여하는 대신, CO 방출 분자(CORM)의 작용을 통해 연속적으로 낮은 수준으로 주입할 수 있는 것으로 밝혀졌다. 이들 물질은 세포 보호 역할을 할 뿐만 아니라 대장균(*E. Coli*), 포도상구균(*Staphylococcus*), 슈도모나스(*Pseudomonas*) 및 캄필로박터(*Campylobacter*, 위장염의 주요 원인) 균주와 같은 병원성 박테리아에 대해서도 저항성이 있다. 많이 연구된 수용성 CORM은 [$Ru(CO)_3Cl$(glycinate)] (**24**)이며, 이는 시스테인과 같은 생물학적 리간드와 반응할 때 CO를 방출한다.

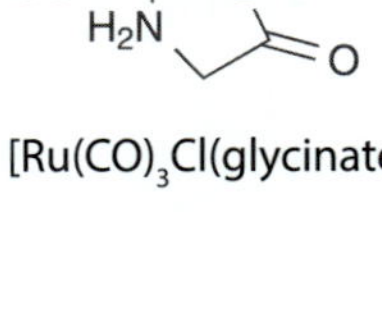

24 [$Ru(CO)_3Cl$(glycinate)]

26.8 킬레이트화 요법

요점: 살아 있는 유기체에 대한 특별한 중요성에도 불구하고, 철은 단백질과 강력하게 착물을 형성하지 않으면 매우 독성이 있는 원소이다. 착물을 형성하지 않는 Fe종(과잉 Fe)은 펜톤 반응과 같은 반응에 촉매로 작용하여, DNA와 같은 민감한 분자를 공격하는 유해한 하이드록시 라디칼을 생성한다. Fe 과다의 처리는 시더로포어(siderophore)로 알려진 박테리아 리간드를 기반으로 하거나, 그에 의해 영향을 받은 구조를 갖는 리간드에 의한 Fe의 분리를 포함한다.

'철분 과다'는 전 세계 인구의 많은 부분에 영향을 미치는 몇 가지 심각한 조건에 부여된 이름이다. 여기서 Fe의 중요성이 매우 높음에도 불구하고 잠재적으로 독성이 높은 원소, 특히 O_2와의 반응으로 유해 라디칼을 생성하는 능력이 있으며, 그 수준은 일반적으로 조절 시스템에 의해 엄격히 제어된다는 것을 기억하자. 많은 집단의 사람에게서, 유전적 장애는 이러한 조절의 붕괴를 초래하며 동남아 풍토병인 지중해혈증(*thalassemia*)의 주요 원인이다. 한 종류의 철분 과다는 환자가 충분한 포피린을 생산할 수 없기 때문에 발생한다. 다른 문제는 페리틴 또는 트랜스페린 생산을 통한 Fe 수준의 조절 결함으로 인해 발생한다(26.6절).

철분 과다는 **킬레이트화 요법**(chelation thetapy), 즉 리간드를 투여하여 Fe를 격리 및 배출시키도록 한다. 데스페리옥사민[Desferrioxamine(Desferal), **25**]은 26.6절에 설명된 시더로포어와 유사한 리간드이다. 그것은 신체에 생긴 외상을 제외하고 정맥 공급에 연결되는 철 과부하의 매우 성공적인 물질이다. 후자에 대한 우려는 데페라시록스(deferasirox)(**26**) 및 데페리프론(deferasirox)(**27**)과 같은 경구 투여 약물의 개발로 이어졌다. 이러한 작은 친유성 리간드는 장(腸)벽을 통과하여 혈류로 들어갈 수 있다. 하나의 Fe(III)와 2개의 데페라시록스의 착물이 나와 있다(**28**).

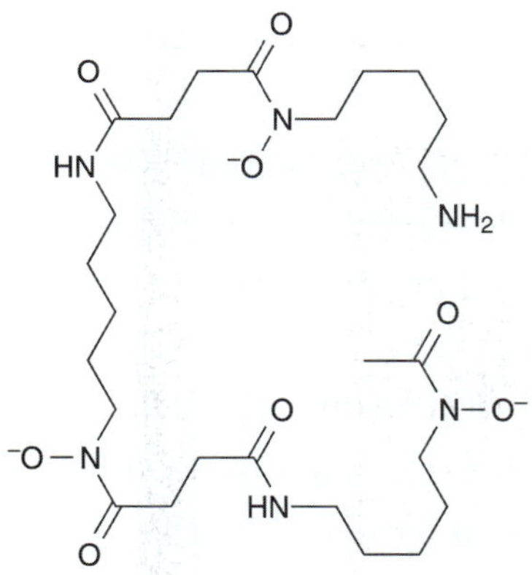

25 Desferal

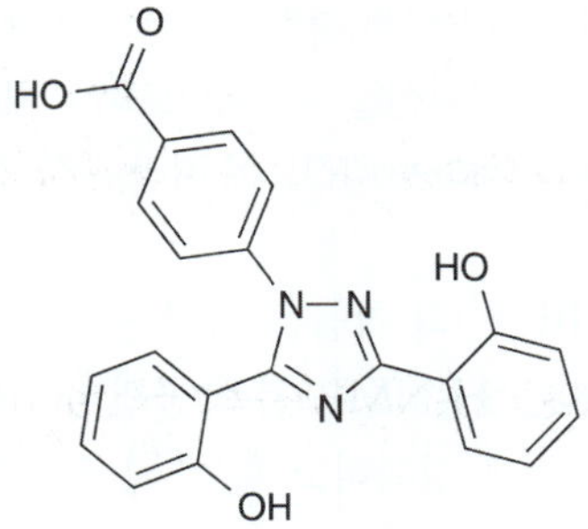

26 Deferasirox

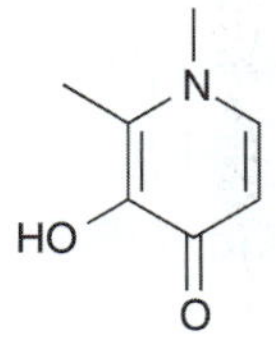

27 Deferiprone

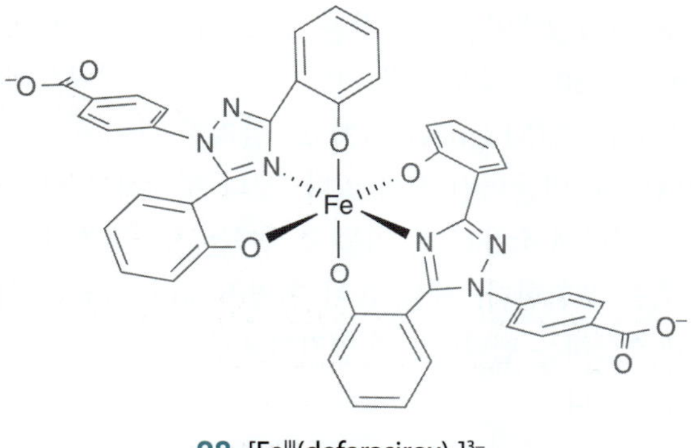

28 $[Fe^{III}(deferasirox)_2]^{3-}$

킬레이트화 요법의 특별한 사례는 핵무기에 노출된 후 플루토늄으로 오염된 개인의 치료이다. 일반적인 산화 상태에서 Pu(IV) 및 Pu(III)는 Fe(III) 및 Fe(II)와 유사한 전하 밀도를 갖는다. 4개의 카테콜기를 포함하는 3,4,3-LIMACC(**29**)와 같은 시더로포어 유사 킬레이트 리간드가 개발되었다.

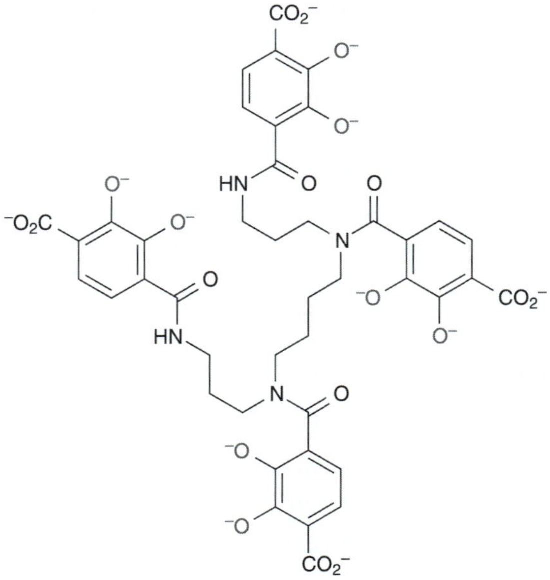

29 3,4,3-LIMACC

26.9 조영제

요점: 손상되거나 병에 걸린 조직은 조직에 농축되고, 단층 촬영을 통해 물 분자에 양성자의 핵 이완을 방해하거나 방사선을 방출함으로써 위치를 나타내는 화합물을 사용하여 비침습적으로 위치를 확인할 수 있다. 존재하는 리간드에 따라 특정 기관 및 조직을 겨냥할 수 있다.

가돌리늄(III)(f^7)의 착물은 자기 공명 영상(MRI)에 사용되며, 이는 의료 진단에서 중요한 기술이 되었다. ^{1}H-NMR 분광 공명의 이완 시간에 미치는 영향을 통해 Gd(III) 착물은 다른 조직 간의 대비를 강화하고 혈액 뇌 장벽(blood brain barrier)의 이상과 같은 세부 이상을 명확히 강조할 수 있다. 다수의 Gd(III) 착물이 임상 용도로 승인되었으며, 각각 특정 조직에 의해 각각 다른 정도의 배제 또는 유지뿐만 아니라 안정성, 물 교환 속도 및 이완 변수 값을 나타낸다. 모든 란타넘족에서 예상되는 바와 같이, Gd(III)의 안정한 착물은 킬레이트 리간드, 특히 다중 카복실레이트기를 갖는 것(23.8절)을 기반으로 한다. 예를 들어 임상적으로 도타렘(Dotarem)(**30**)으로 알려진 거대 고리 아미노카복실레이트 리간드 DOTA로 만들어진 것과, 마그네비스트(Magnevist)(**31**)로 알려진 다이에틸렌트라이아민-*N*,*N*,*N′*,*N″*-펜타아세트산(DTPA)으로 만들어진 것이 있다. 보다 구체적인 MRI 추적제가 개발되고 있으며, 표적에 훨씬 더 특정하게 작용한다. 이들 추적제는 생물학적 활성 조각에 공유 결합된 안정한 배위권 내에 금속을 포함한다. 예를 들어 혈병(blood clot)에 의해 생성된 분자인 피브린(fibrin)을 인식하고 결합하는 펩타이드에 연결된 4개의 Gd^{3+} 착물을 포함하는 Gd 조영제 EP-210R(그림 26.7)이 있다.

트롬빈 결합 펩타이드

그림 26.7 Gd 조영제 EP-210R은 혈액 응고에서 생성된 분자인 피브린을 인식하고, 이에 결합하는 펩타이드에 연결된 4개의 Gd^{3+} 착물을 포함한다.

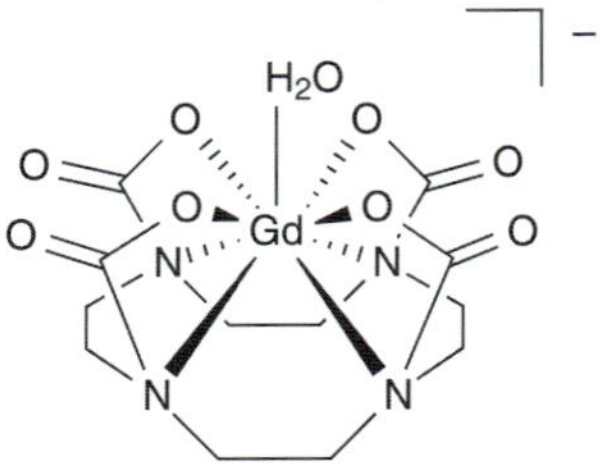

30 Dotarem 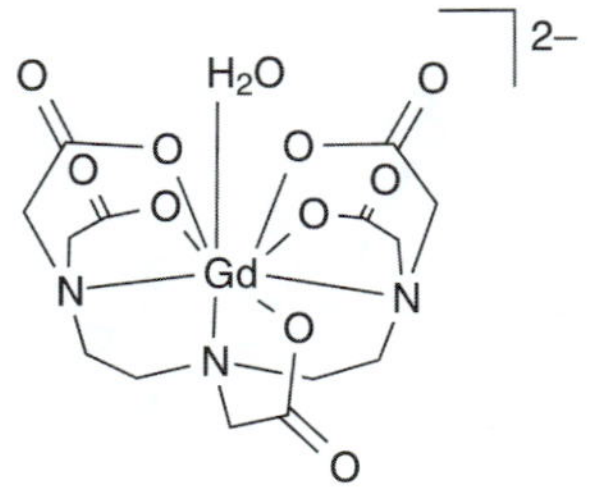 **31** Magnevist

테크네튬(Tc)은 핵반응에 의해 생성되는 인공 원소이지만, 조영제로서 중요한 용도를 확인했다. 활성 방사성 핵종은 ^{99}mTc ('m'은 준안정성을 의미)이며, γ 방출에 의해 붕괴되고 반감기는 6시간이다. ^{99}mTc의 생산에는 중성자에 ^{98}Mo를 충돌시키고 불안정한 생성물 ^{99}Mo가 생성되는 즉시 분리된다.

$$^{98}\mathrm{Mo} \xrightarrow[\text{포획}]{\text{중성자}} {}^{99}\mathrm{Mo} \xrightarrow[\text{90시간}]{\beta\ \text{붕괴 반감기}} {}^{99m}\mathrm{Tc} \xrightarrow[\text{6시간}]{\gamma\ \text{붕괴 반감기}} {}^{99}\mathrm{Tc} \xrightarrow[\text{200,000년}]{\beta\ \text{붕괴 반감기}} {}^{99}\mathrm{Ru}$$

고에너지 γ선은 α 또는 β 입자보다 조직에 덜 해롭다. 테크네튬의 화학적인 성질은 높은 산화 상태가 훨씬 덜 산화된다는 것을 제외하고는 망가니즈와 유사하다.

Tc 추적제를 만들기 위해 방사성 $^{99}MoO_4^{2-}$는 음이온 교환 컬럼을 통과하며, 핵붕괴가 발생하여 퍼테크네이트 이온($^{99m}TcO_4^-$)이 생성되어 더 낮은 전하로 인해 해리될 때까지 단단히 결합한다(그림 26.8). 용출물(eluate)은 일반적으로 Sn(II)와 같은 환원제로 처리되고, 리간드는 이를 원하는 조영제로 전환하는 데 필요하다. 이렇게 생성된 화합물을 저농도(약 10 nM)로 환자에게 투여한다.

환자에게 주사되는 경우, 특정 조직에서 신속하게 국소화되고 상태에 대한 정보를 제공하는 다양한 치환–비활성 Tc 착물이 만들어질 수 있다. 심장(심장 마비로 인한 조직 손상을 드러냄), 신장(신장 기능을 영상화함) 또는 뼈(암성 병변 및 골절을 드러냄)와 같은 특정 기관을 '조영'하는 착물이 개발되었다. 장기 표적화를 위한 좋은 기본은 착물의 전하이다(양이온성 착물은 심장을 표적으로 하고, 중성 착물은 뇌를 표적으로 하고, 음이온성 착물은 뼈와 신장을 표적으로 한다). 다양한 조영제 중에서 Tc(I) 아이소나이트릴(isonitril) 착물 $[Tc(CNCH_2C(CH_3)_2OCH_3)_6]^+$(**32**)은 카디올라이트(cardiolite)로 알려져 있으며, 심장 조영제로서 널리 사용된다. 카디올라이트는 심근 조직(심근)에 축적되지만 2일 이내에 신체에서 배출된다. Tc-MAG3로 알려진 머캅토아세틸트라이글리신(mercaptoacetyltriglycine)(**33**)과 Tc(V)의 화합물은 빨리 배설되기 때문에 신장을 조영하는 데 사용된다. 다이포네이트(diphosphonate) 리간드(**34**)와 Tc(VII)의 착물은 뼈 조영에 효과적이다. 말단의 단단한 O 원자 주개는 스트레스 골절 및 다른 이상의 표면에 있는 반응성 높은, 노출된 표면 부위에 결합한다. 뇌 조영은 세레텍(Ceretec)(**35**)과 같은 중성 화합물로 수행할 수 있다.

32 Cardiolite

33 Tc-MAG3

34 다이포스포네이트와 Tc(VII)의 착물

35 Ceretec

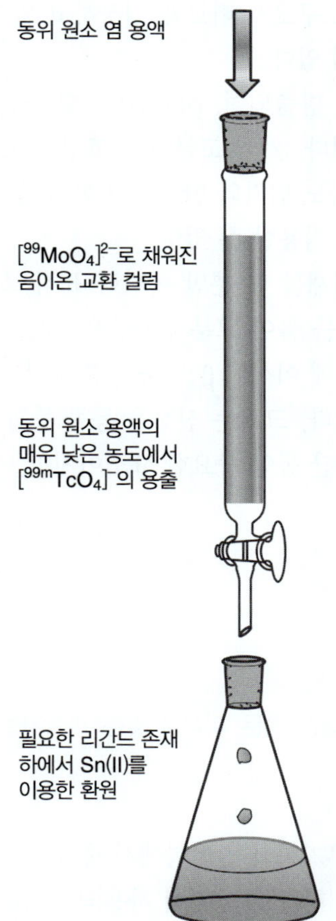

그림 26.8 Tc-99m 착물의 제조 원리

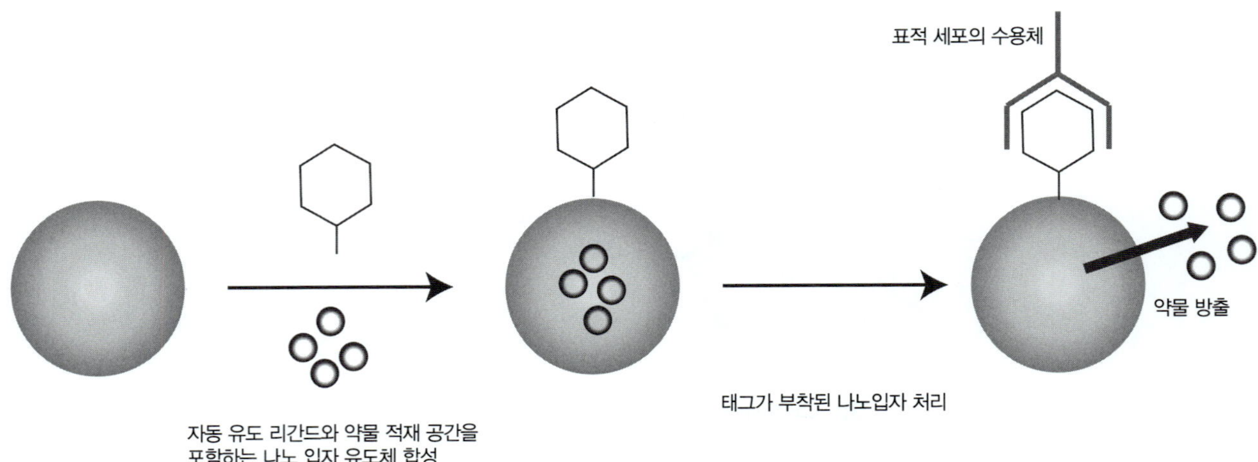

그림 26.9 나노입자에 의한 약물 탑재체의 표적 전달

26.10 약물 전달에서의 나노입자

요점: 인지 작용기가 변형된 나노 입자를 통해 약물을 특정 표적에 전달할 수 있다.

나노 입자는 약물 또는 조영제 패키지를 일반적으로 고형 종양과 같은 표적 영역에 선택적으로 전달하기 위한 담체로서 많은 기회를 제공한다. 약물 담체는 일반적으로 알부민과 같은 단백질 또는 약물의 결정을 함유하는 특정한 태그가 붙은 리포솜(소포)을 포함하지만, 무기 나노 물질은 금속-유기 골격(MOF: metal-organic framework)에 기초한 작은 케이지와 같은 특별한 이점을 갖는 중요한 도구로서 빠르게 성장하고 있다(24.12절). 이러한 '마법 탄두'의 원리는 그림 26.9에 요약되어 있다.

탑재된 약물은 표적에 도달 시 방출되며, pH 변화, 빛 노출 또는 특정 효소의 작용과 같은 특정 국소 자극에 의해 활성화된다. 가끔 고분자로 코팅되기도 한 금 나노 케이지는 메소 다공성 실리카 케이지 및 산화철 나노 입자와 함께 유망한 수송체이다. Au 나노 입자의 광 흡수 특성은 크기에 따라 광열 요법에 적용할 수 있다.

나노 입자는 치명적인 약물 적재를 할 뿐만 아니라 표적 조직을 파괴할 수 있는 방사성 핵을 사용하여 변형할 수 있다. 예를 들어 고분자 사슬의 말단이 도타렘(**30**)의 Lu 유도체로 변형하는 방법을 통해 금 나노입자에 이식된 β 입자 방출체, ^{177}Lu가 있다. 무기 나노물질의 중요한 고려 사항은 생체 적합성이다. 크기는 신장을 통한 통과 속도와 혈류 내 체류 시간을 결정하여 표적을 찾기에 충분한 시간 동안 중요한 요소이지만, 생분해성 및 장기 독성과도 관련이 있다.

26.11 전망

요점: 미래의 의학은 무기화학에 대한 전문 지식을 갖춘 과학자들의 연구로부터 큰 혜택을 얻을 것이다.

이 장에 요약된 주제는 아마도 무기화학이 의학에서 중요한 역할을 할 수 있는 기회라는 점에서 '빙산의 일각'만을 보여 준다. 항균성 연고에 사용되는 Ag 화합물과 같이, 오랜 시간 동안 유서 깊은 치료제와 함께, 많은 새로운 의약품이 여전히 초기 조사 단계에 있다. 이들은 발작 동안 방출되는 Zn 형광 조영제에서 전기 화학 센서에 사용되는 금속 착물에 이르기까지 다양하다.

이 장에서 강조한 바와 같이, 주요 과제는 이들 화합물의 상세한 작용 메커니즘을 확립하는 것이며, 이의 활성 형태는 이들이 투여되는 형태와 크게 다를 수 있다.

연습 문제

26.1 Au(III)의 화합물은 항암제로서 연구 중에 있다. Pt(II) 화합물과의 유사점과 대조점을 예측하시오.

26.2 Boranocarbonate($[H_3BCO_2]^{2-}$)는 유망한 CORM으로 알칼리에서는 안정적이지만, 혈류와 같은 중성 또는 약산성 용액에 유입되면 CO를 천천히 방출하기 위해 분해된다. Boranocarbonate의 분해 산물을 예측하고, 메커니즘을 제안하시오.

26.3 화학적 관점에서 Ga(III) 화합물이 특정 유형의 Fe 함유 효소의 억제를 통해 약물로 작용할 수 있는 방법에 대해 언급하시오.

부록 1
Selected ionic radii

Ionic radii are given (in picometres, pm) for the most common oxidation states and coordination geometries. The coordination number is given in parentheses, (4) refers to tetrahedral and (4SP) refers to square planar. All d-block species are low-spin unless labelled with †, in which case values for high-spin are quoted. Most data are taken from R.D. Shannon, *Acta Crystallogr.*, 1976, **A32**, 751, where values for other coordination geometries can be found. Where Shannon values are not available, Pauling ionic radii are quoted and are indicated by *.

1	2	3	4	5	6	7	8	9	10	11	12	13	14	15	16	17	18
Li^{+}	Be^{2+}											B^{3+}	C^{4+}	N^{3-}	O^{2-}	F^{-}	Ne^{+}
59 (4)	27 (4)											11 (4)	15 (4)	146 (4)	138 (4)	131 (4)	112*
76 (6)	45 (6)											27 (6)	16 (6)		140 (6)	133 (6)	
92 (8)															142 (8)		
														N^{3+}			
														16 (6)			
Na^{+}	Mg^{2+}											Al^{3+}	Si^{4+}	P^{5+}	S^{2-}	Cl^{-}	Ar^{+}
99 (4)	57 (4)											39 (4)	26 (4)	17 (4)	184 (6)	181 (6)	154*
102 (6)	72 (6)											53 (6)	40 (6)	38 (6)			
118 (8)	89 (8)																
														P^{3+}	S^{6+}	Cl^{7+}	
														44 (6)	12 (4)	8 (4)	
															29 (6)	27 (6)	
														P^{3-}	S^{4+}		
														192 (4)	37 (6)		
K^{+}	Ca^{2+}	Sc^{3+}	Ti^{4+}	V^{5+}	Cr^{6+}	Mn^{7+}	Fe^{6+}	Co^{4+}	Ni^{4+}	Cu^{3+}	Zn^{2+}	Ga^{3+}	Ge^{4+}	As^{5+}	Se^{2-}	Br^{-}	Kr^{+}
137 (4)	100 (6)	75 (6)	42 (4)	36 (4)	26 (4)	25 (4)	25 (4)	40 (4)	48 (6)	54 (6)	60 (4)	47 (4)	39 (4)	34 (4)	198 (6)	196 (6)	169*
138 (6)	112 (8)	87 (8)	61 (6)	54 (6)	44 (6)	46 (6)		53 (6)†			74 (6)	62 (6)	53 (6)	46 (6)			
151 (8)			74 (8)								90 (8)						
			Ti^{3+}	V^{4+}	Cr^{5+}	Mn^{6+}	Fe^{4+}	Co^{3+}	Ni^{3+}	Cu^{2+}			Ge^{2+}	As^{3+}	Se^{6+}	Br^{7+}	
			67 (6)	58 (6)	49 (6)	26 (4)	58 (6)	55 (6)	56 (6)	57 (4)			73 (6)	58 (6)	28 (4)	39 (6)	
				72 (8)						73 (6)					42 (6)		
			Ti^{2+}	V^{3+}	Cr^{4+}	Mn^{5+}	Fe^{3+}	Co^{2+}	Ni^{2+}	Cu^{+}					Se^{4+}		
			86 (6)	64 (6)	41 (4)	33 (4)	49 (4)†	58 (4)†	55 (4)	60 (4)					50 (6)		
					55 (6)	63 (6)	55 (6)	65 (6)	69 (6)	77 (6)							
							78 (8)†	90 (8)									
				V^{2+}	Cr^{3+}	Mn^{4+}	Fe^{2+}										
				79 (6)	62 (6)	37 (4)	63 (4)†										
						53 (6)	61 (6)										
							92 (8)†										
					Cr^{2+}	Mn^{3+}											
					73 (6)	65 (6)											
						Mn^{2+}											
						67 (6)											
						96 (8)											
Rb^{+}	Sr^{2+}	Y^{3+}	Zr^{4+}	Nb^{5+}	Mo^{6+}	Tc^{7+}	Ru^{8+}	Rh^{5+}	Pd^{4+}	Ag^{3+}	Cd^{2+}	In^{3+}	Sn^{4+}	Sb^{5+}	Te^{6+}	I^{-}	Xe^{+}
152 (6)	118 (6)	90 (6)	59 (4)	48 (4)	41 (4)	37 (4)	36 (4)	55 (6)	62 (6)	67 (4)	78 (4)	62 (4)	55 (4)	60 (6)	43 (4)	220 (6)	190*
160 (8)	126 (8)	102 (8)	72 (6)	64 (6)	59 (6)	56 (6)				75 (6)	95 (6)	80 (6)	69 (6)		56 (6)		
			84 (8)	74 (8)							110 (8)	92 (8)	81 (8)				

1	2	3	4	5	6	7	8	9	10	11	12	13	14	15	16	17	18
				Nb^{4+}	Mo^{5+}	Tc^{5+}	Ru^{7+}	Rh^{4+}	Pd^{3+}	Ag^{2+}			Sn^{2+}	Sb^{3+}	Te^{4+}	I^{7+}	Xe^{8+}
				68 (6) 79 (8)	46 (4) 61 (6)	60 (6)	38 (4)	60 (6)	76 (6)	79 (4) 94 (6)			102 (6)	76 (6)	66 (4) 97 (6)	42 (4) 53 (6)	40 (4) 48 (6)
				Nb^{3+}	Mo^{4+}	Tc^{4+}	Ru^{5+}	Rh^{3+}	Pd^{2+}	Ag^{+}							
				72 (6)	65 (6)	66 (6) 95 (8)	57 (6)	67 (6)	64 (4) 86 (6)	67 (2) 100 (4) 115 (6)							
					Mo^{3+}		Ru^{4+}		Pd^{+}								
					69 (6)		62 (6)		59 (2)								
							Ru^{3+}										
							68 (6)										
Cs^{+}	Ba^{2+}	La^{3+}	Hf^{4+}	Ta^{5+}	W^{6+}	Re^{7+}	Os^{8+}	Ir^{5+}	Pt^{5+}	Au^{5+}	Hg^{2+}	Tl^{3+}	Pb^{4+}	Bi^{5+}	Po^{6+}	At^{7+}	
167 (6) 174 (8)	135 (6) 142 (8)	103 (6) 116 (8)	58 (4) 71 (6) 83 (8)	64 (6) 74 (8)	42 (4) 60 (6)	38 (4) 53 (6)	39 (4)	57 (6)	57 (6)	57 (6)	96 (4) 102 (6) 114 (8)	75 (4) 89 (6) 98 (8)	65 (4) 78 (6) 94 (8)	76 (6)	67 (6)	62 (6)	
				Ta^{4+}	W^{5+}	Re^{6+}	Os^{7+}	Ir^{4+}	Pt^{4+}	Au^{3+}	Hg^{+}	Tl^{+}	Pb^{2+}	Bi^{3+}	Po^{4+}		
				68 (6)	62 (6)	55 (6)	53 (6)	63 (6)	63 (6)	68 (4SP) 85 (6)	119 (6)	150 (6) 159 (8)	119 (6) 129 (8)	103 (6) 117 (8)	94 (6) 108 (8)		
				Ta^{3+}	W^{4+}	Re^{5+}	Os^{6+}	Ir^{3+}	Pt^{2+}	Au^{+}							
				72 (6)	66 (6)	58 (6)	55 (6)	68 (6)	60 (4SP) 80 (6)	137 (6)							
						Re^{4+}	Os^{5+}										
						63 (6)	58 (6)										
							Os^{4+}										
							63 (6)										
Fr^{+}	Ra^{2+}	Ac^{3+}															
180 (6)	148 (8) 170 (12)	81(6)															
Lanthanoids																	
Ce^{4+}	Pr^{4+}	Nd^{3+}	Pm^{3+}	Sm^{3+}	Eu^{3+}	Gd^{3+}	Tb^{4+}	Dy^{3+}	Ho^{3+}	Er^{3+}	Tm^{3+}	Yb^{3+}	Lu^{3+}				
87 (6) 97 (8)	85 (6) 96 (8)	98 (6) 111 (8)	97 (6) 109 (8)	96 (6) 108 (8)	95 (6) 107 (8)	94 (6) 105 (8)	76 (6) 88 (8)	91 (6) 103 (8)	90 (6) 102 (8)	89 (6) 100 (8)	88 (6) 99 (8)	87 (6) 99 (8)	86 (6) 98 (8)				
Ce^{3+}	Pr^{3+}	Nd^{2+}		Sm^{2+}	Eu^{2+}		Tb^{3+}	Dy^{2+}			Tm^{2+}	Yb^{2+}					
101 (6) 114 (8)	99 (6) 113 (8)	129 (8)		127 (8)	117 (6) 125 (8)		92 (6) 104 (8)	107 (6) 119 (8)			103 (6) 109 (8)	102 (6) 114 (8)					
Actinoids																	
Th^{4+}	Pa^{5+}	U^{6+}	Np^{7+}	Pu^{6+}	Am^{4+}	Cm^{4+}	Bk^{4+}	Cf^{4+}	Es	Fm	Md	No^{2+}	Lr				
94 (6) 105 (8)	78 (6) 91 (8)	52 (4) 73 (6) 86 (8)	71 (6)	71 (6)	85 (6) 95 (8)	85 (6) 95 (8)	83 (6) 93 (8)	82 (6) 92 (8)				110 (6)					
	Pa^{4+}	U^{5+}	Np^{6+}	Pu^{5+}	Am^{3+}	Cm^{3+}	Bk^{3+}	Cf^{3+}									
	90 (6) 101 (8)	76 (6)	72 (6)	74 (6)	98 (6) 109 (8)	97 (6)	96 (6)	95 (6)									
	Pa^{3+}	U^{4+}	Np^{5+}	Pu^{4+}	Am^{2+}												
	104 (6)	89 (6) 100 (8)	75 (6)	86 (6) 96 (8)	126 (8)												
		U^{3+}	Np^{4+}	Pu^{3+}													
		103 (6)	87 (4) 98 (6)	100 (6)													
			Np^{3+}														
			101 (6)														
			Np^{2+}														
			110 (6)														

부록 2
Standard potentials

The standard potentials quoted here are presented in the form of Latimer diagrams (Section 6.12) and are arranged according to the blocks of the periodic table in the order s, p, d, f. Data and species in parentheses are uncertain. Most of the data, together with occasional corrections, come from A.J. Bard, R. Parsons, and J. Jordan (eds), *Standard potentials in aqueous solution*. Marcel Dekker (1985). Data for the actinoids are from L.R. Morss, *The chemistry of the actinide elements*, Vol. 2 (ed. J.J. Katz, G.T. Seaborg, and L.R. Morss). Chapman & Hall (1986). The value for $[Ru(bpy)_3]^{3+/2+}$ is from B. Durham, J.L. Walsh, C.L. Carter, and T.J. Meyer, *Inorg. Chem.*, 1980, **19**, 860. Potentials for carbon species and some d-block elements are taken from S.G. Bratsch, *J. Phys. Chem. Ref. Data*, 1989, **18**, 1. For further information on standard potentials of unstable radical species see D.M. Stanbury, *Adv. Inorg. Chem.*, 1989, **33**, 69. Potentials in the literature are occasionally reported relative to the standard calomel electrode (SCE) and may be converted to the H^+/H_2 scale by adding 0.2412 V. For a detailed discussion of other reference electrodes, see D.J.G. Ives and G.J. Janz, *Reference electrodes*. Academic Press (1961).

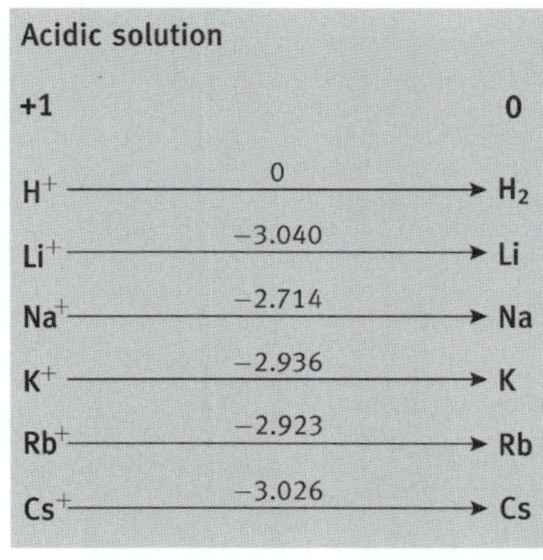

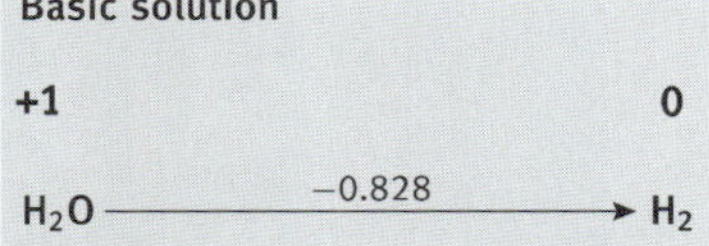

s Block • Group 2

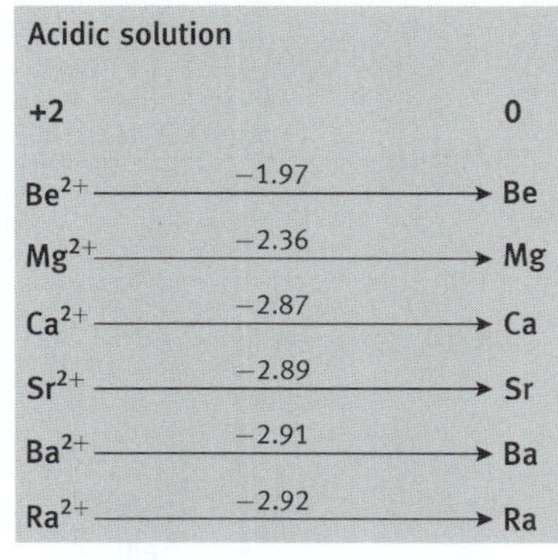

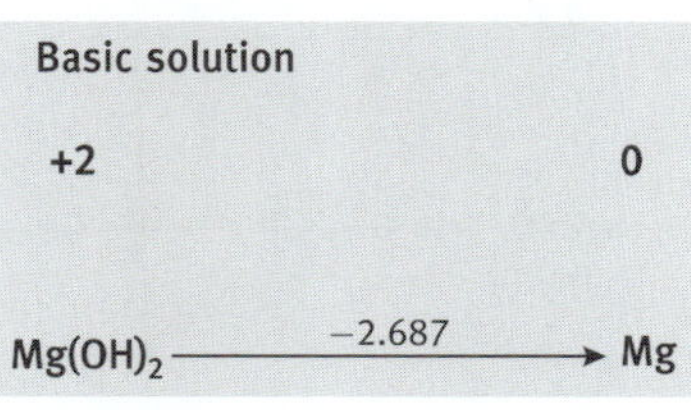

p Block • Group 13

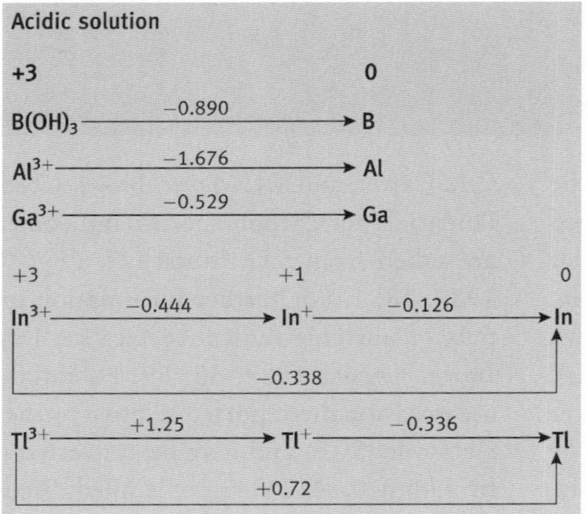

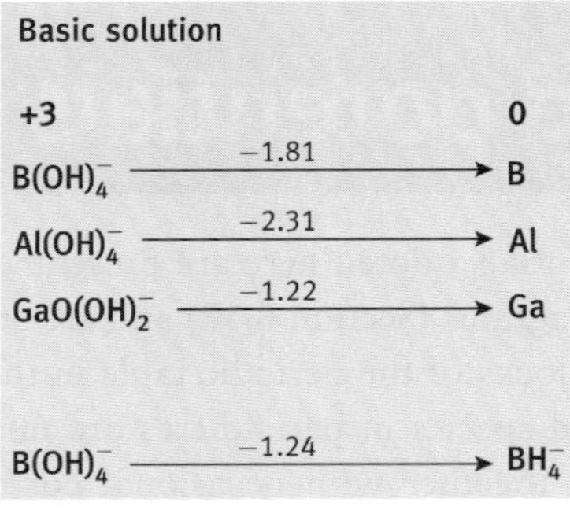

p Block • Group 14

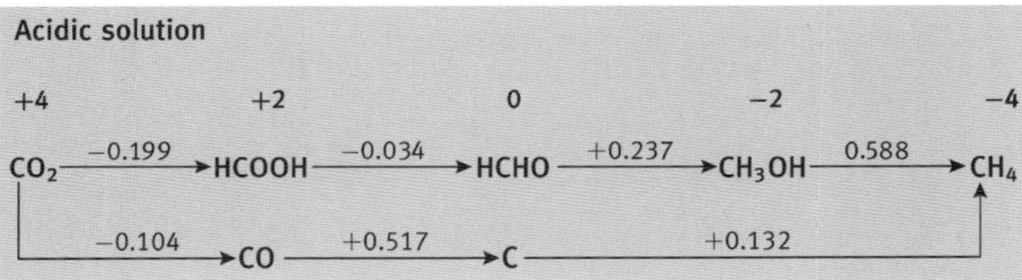

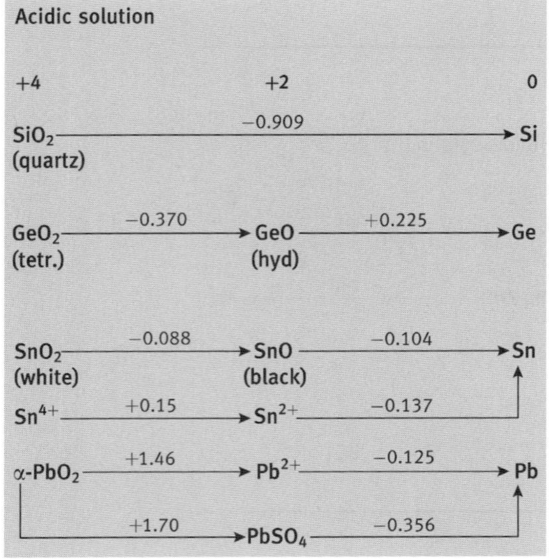

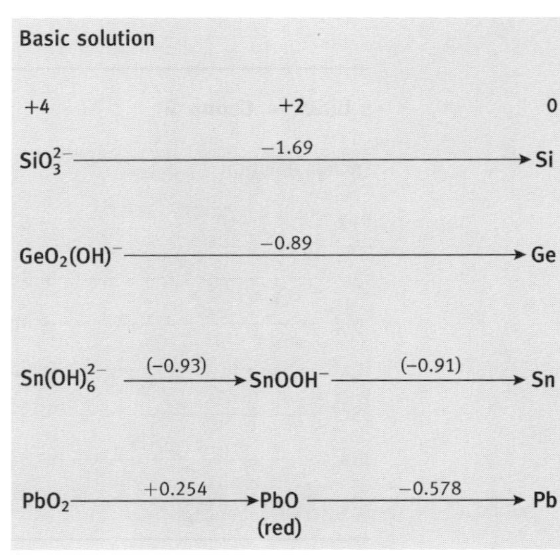

p Block • Group 15

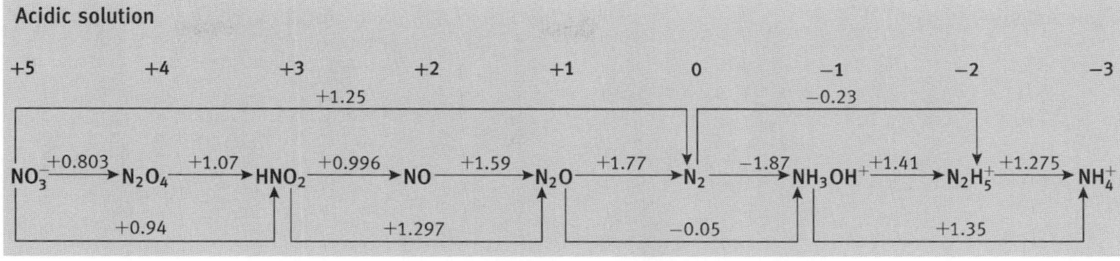

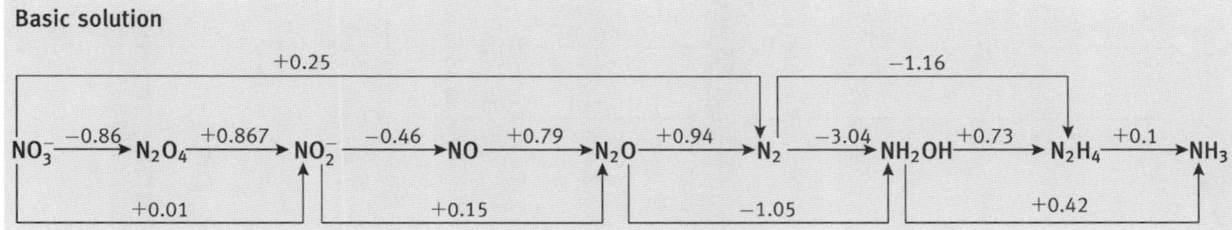

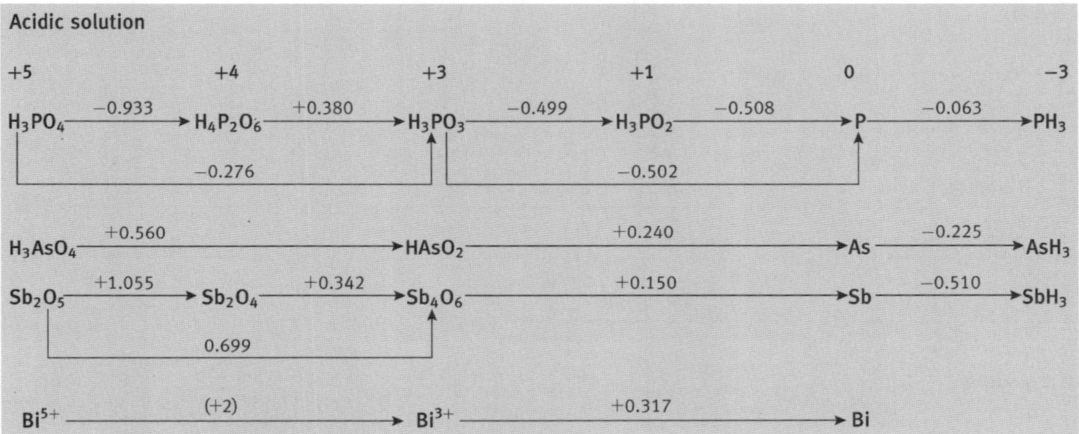

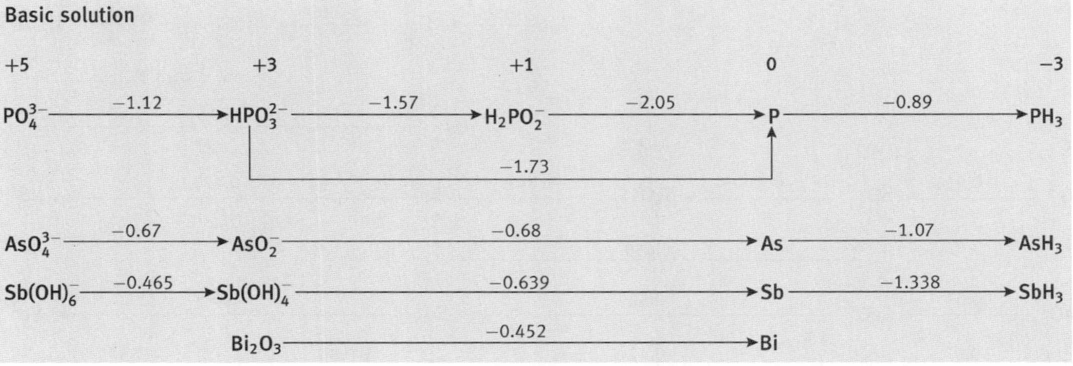

p Block • Group 16

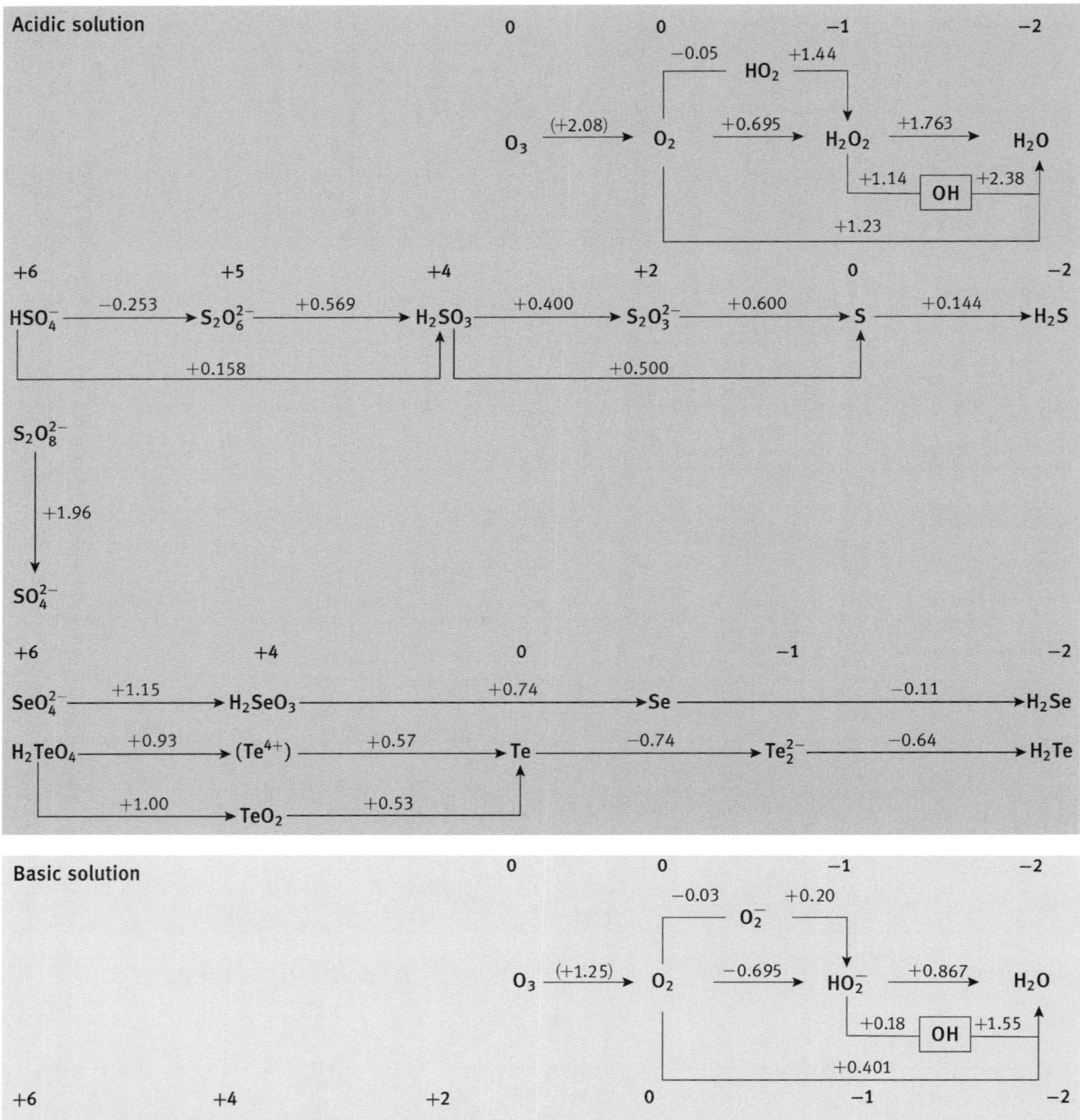

p Block • Group 17

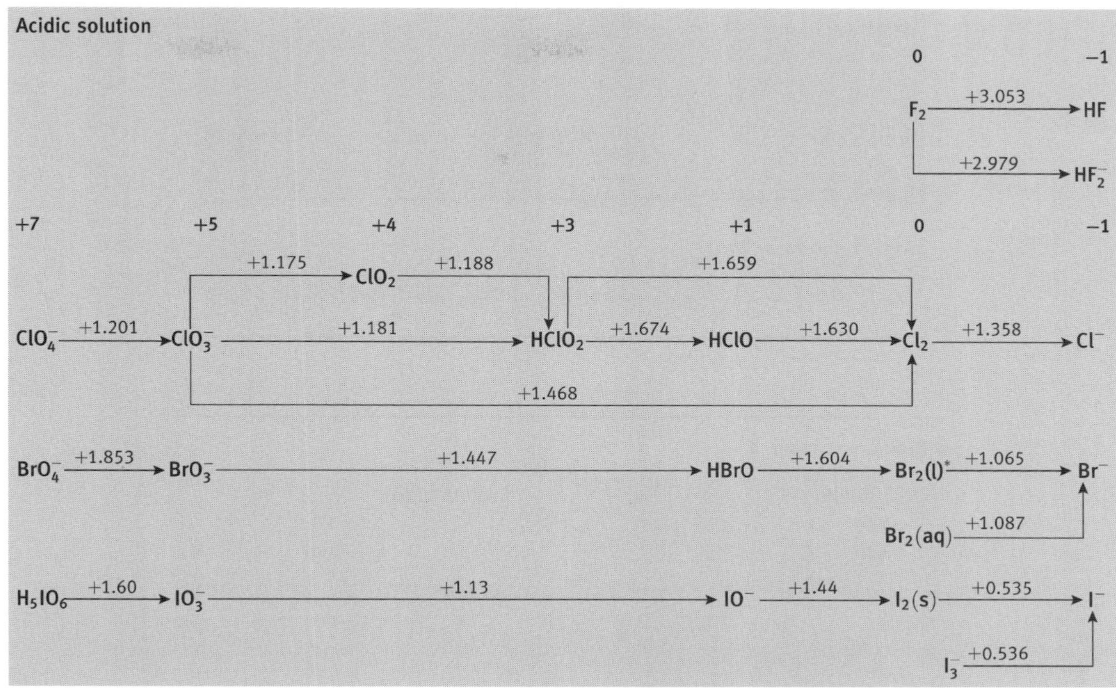

*Bromine is not sufficiently soluble in water at room temperature to achieve unit activity. Therefore, the value for a saturated solution in contact with $Br_2(l)$ should be used in all practical calculations.

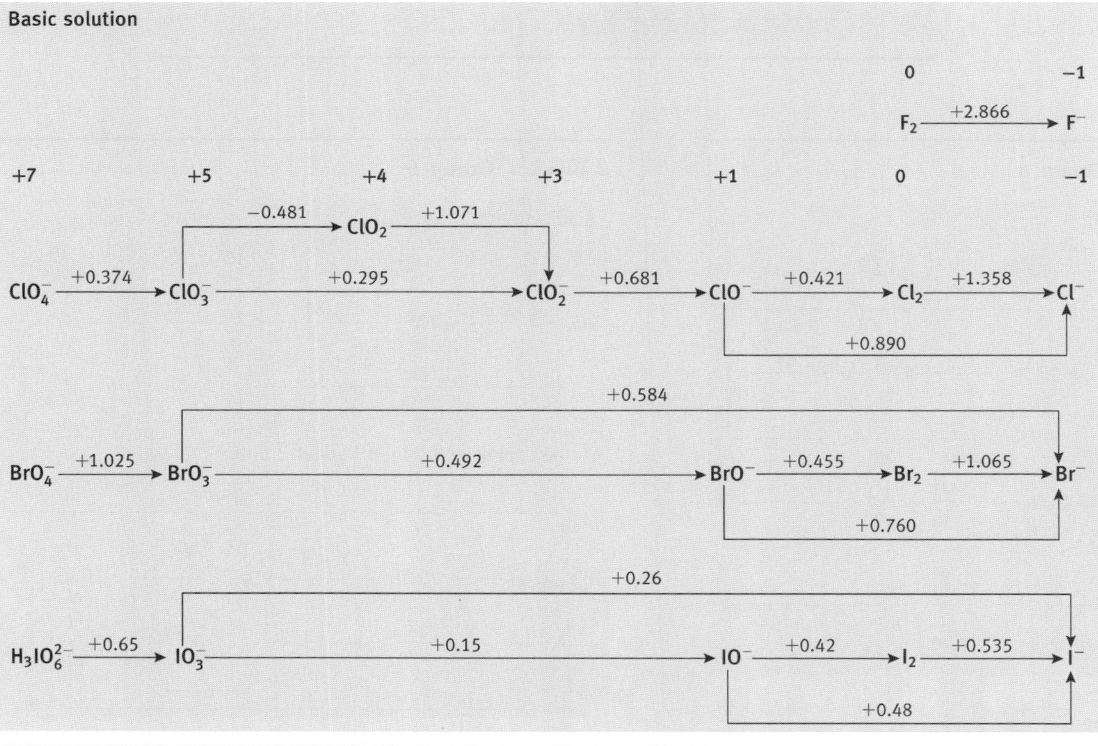

p Block • Group 18

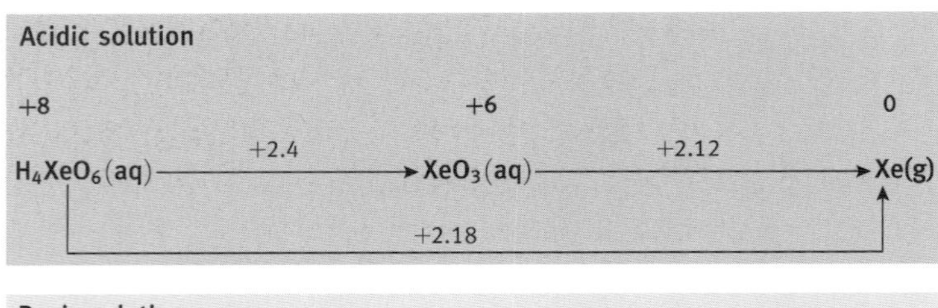

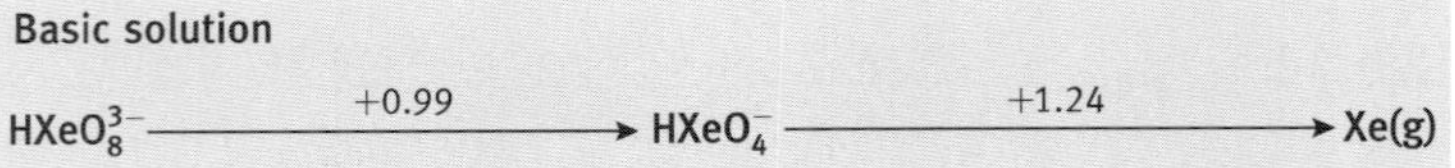

d Block • Group 3

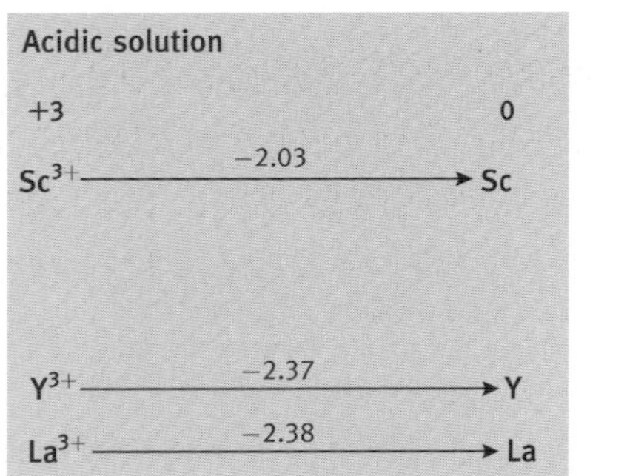

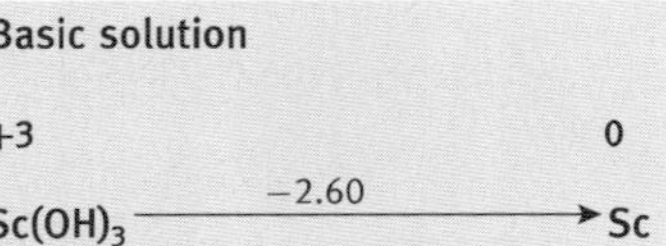

d Block • Group 4

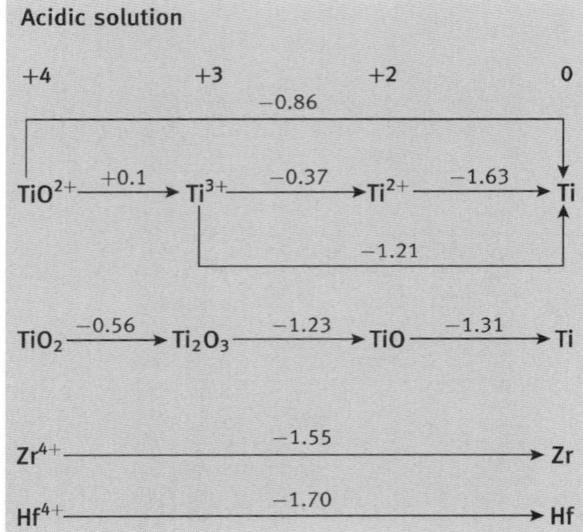

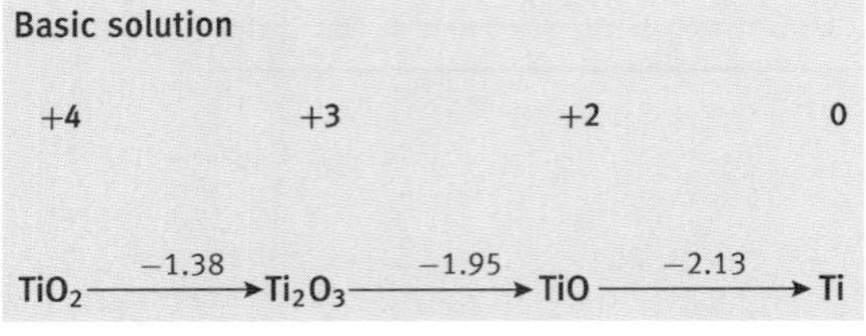

d Block • Group 5

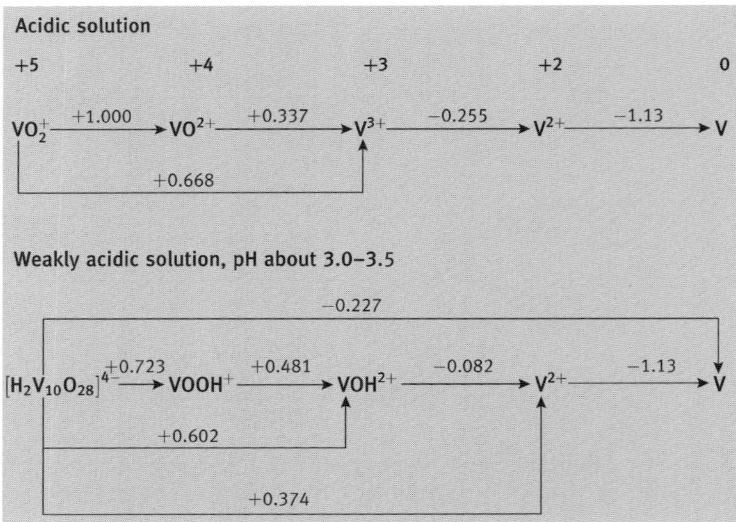

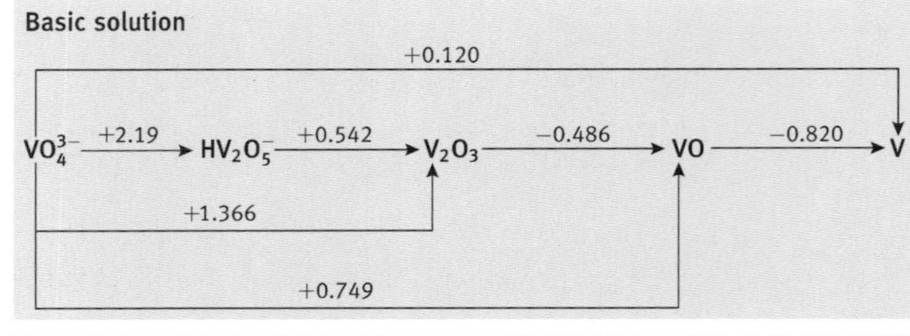

d Block • Group 5 ***(Continued)***

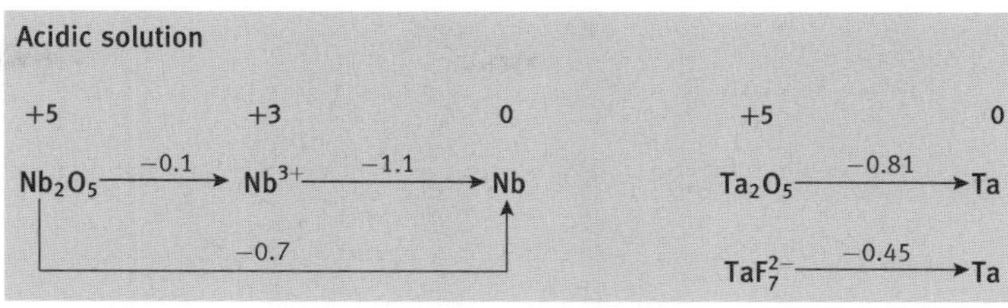

d Block • Group 6

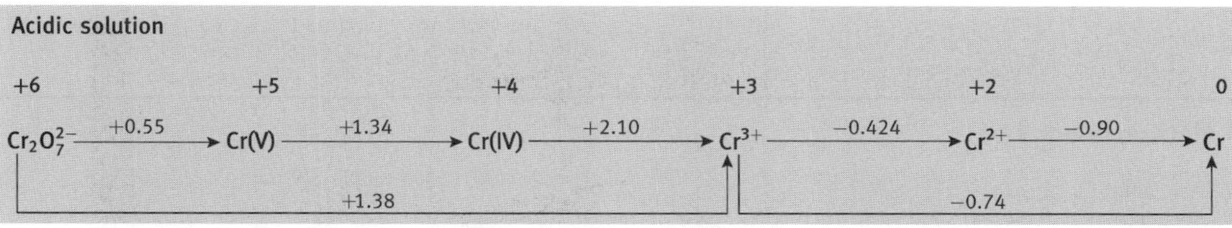

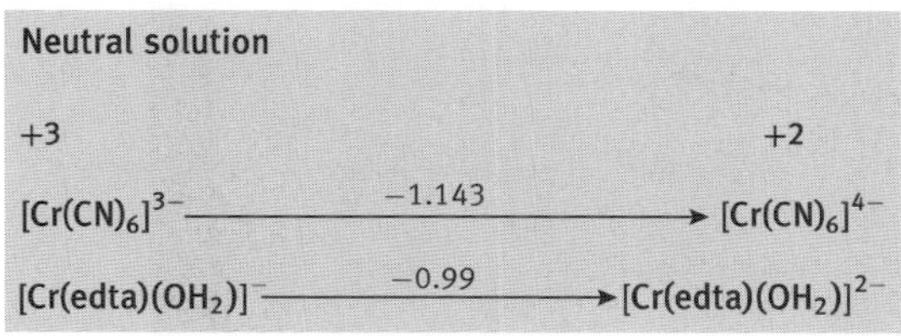

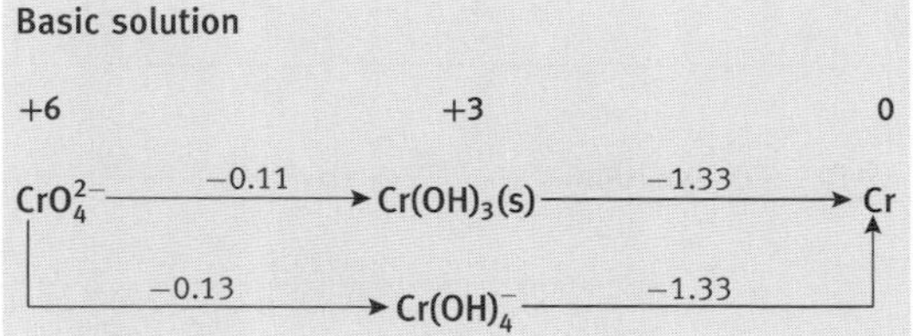

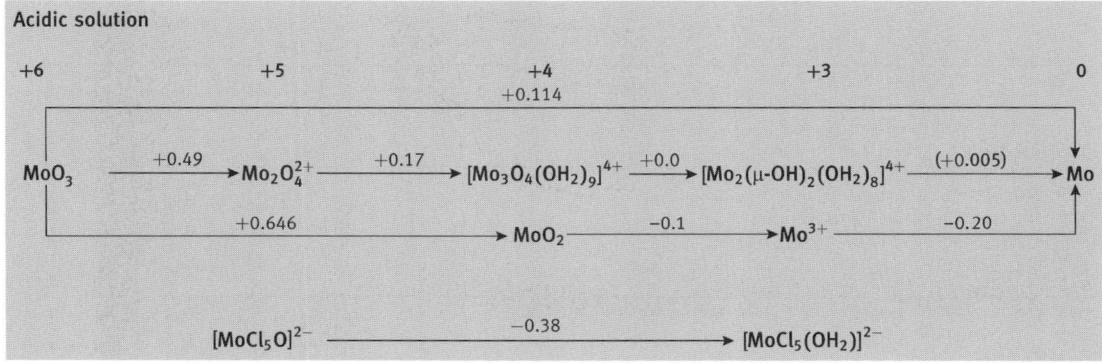

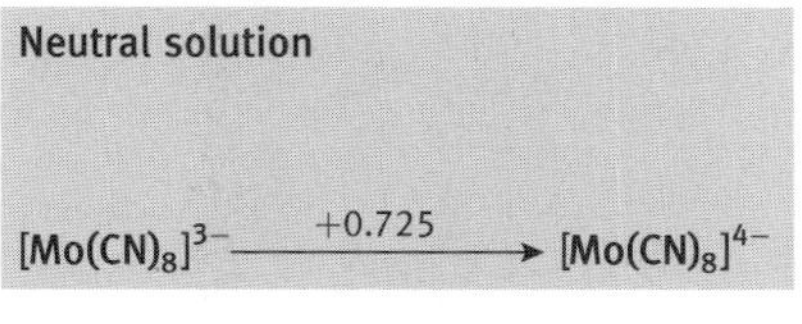

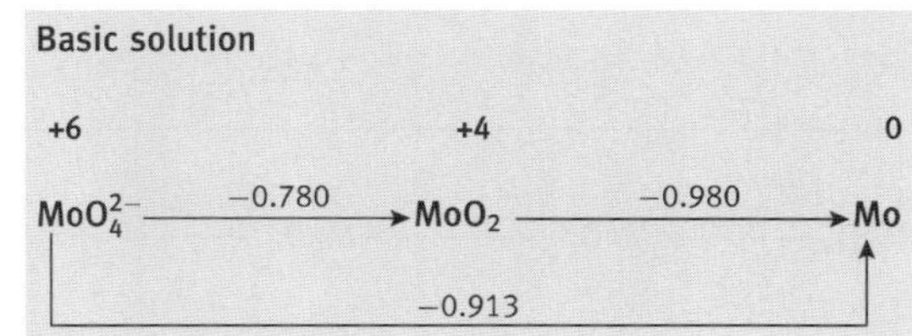

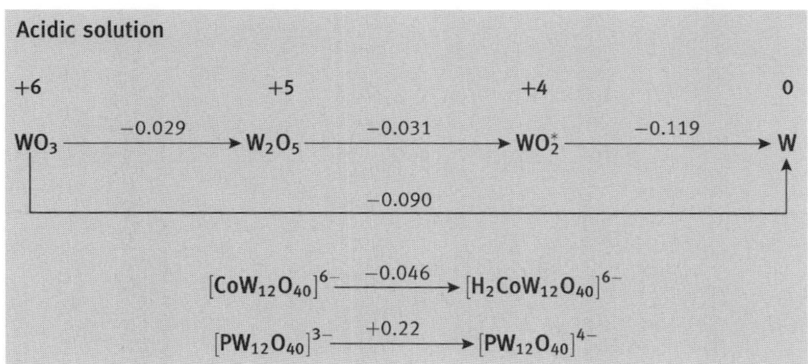

d Block • Group 6 *(Continued)*

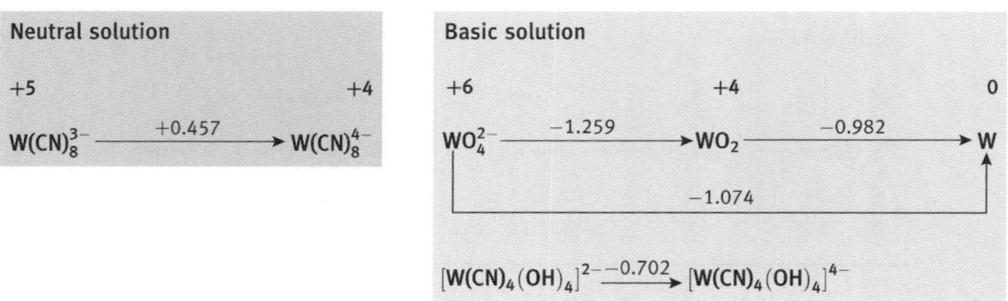

*Probably $[W_3(\mu_3\text{-}O)(\mu\text{-}O)_3(OH_2)_9]^{4+}$. See S.P. Gosh and E.S. Gould, *Inorg. Chem.*, 1991, **30**, 3662.

d Block • Group 7

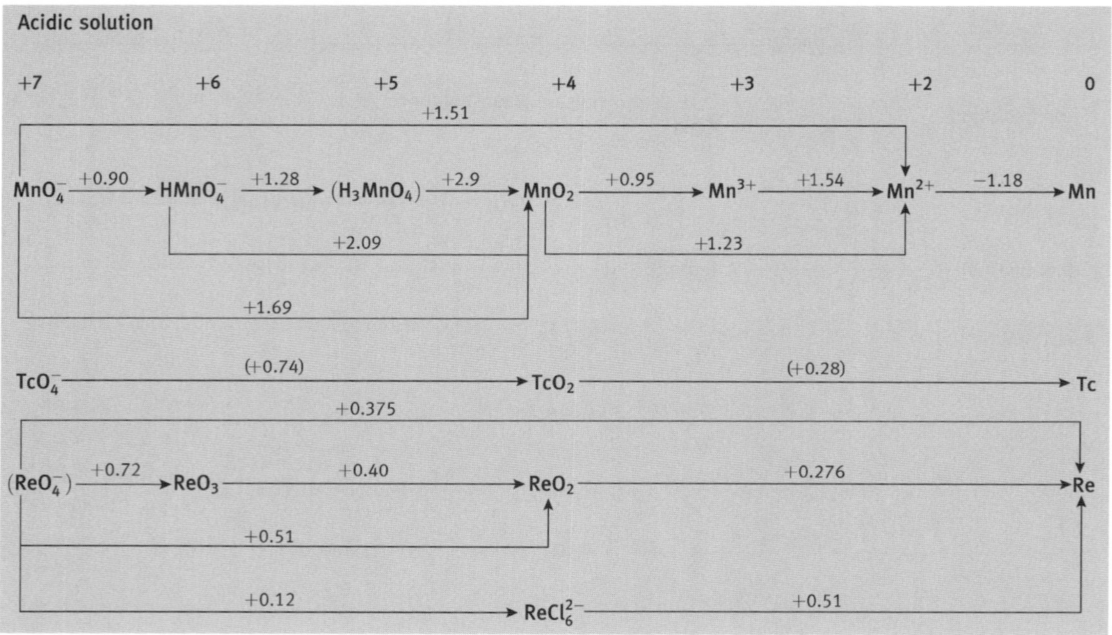

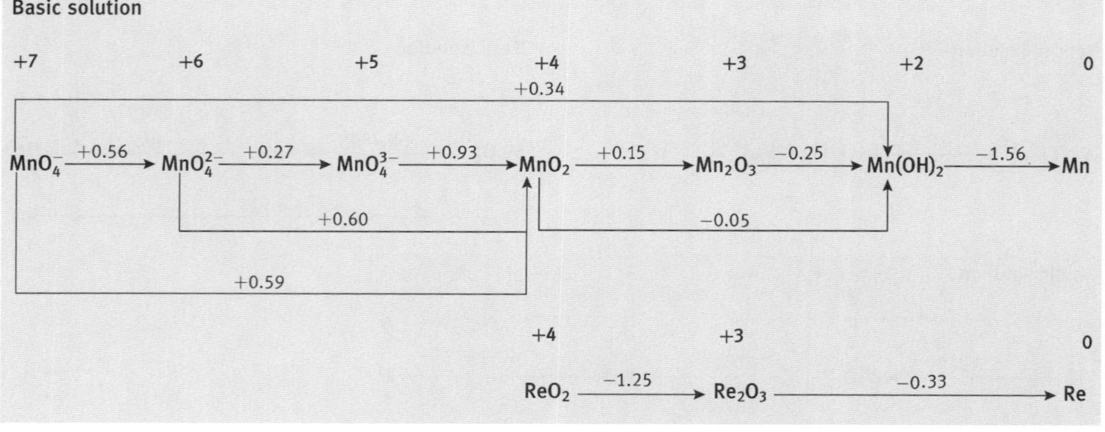

d Block • Group 8

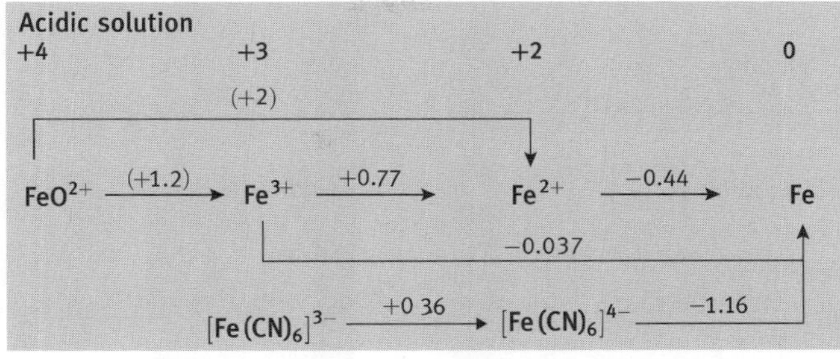

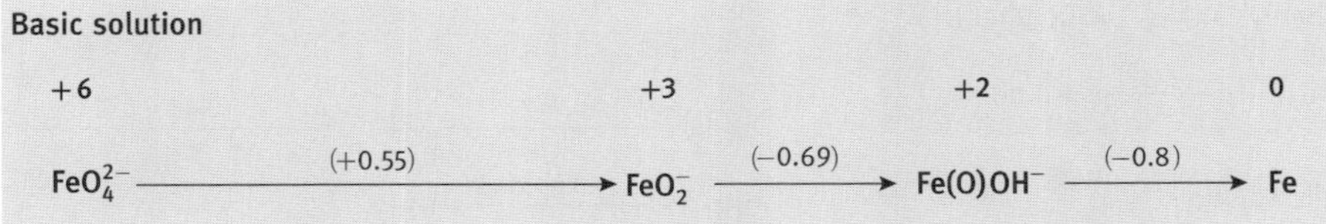

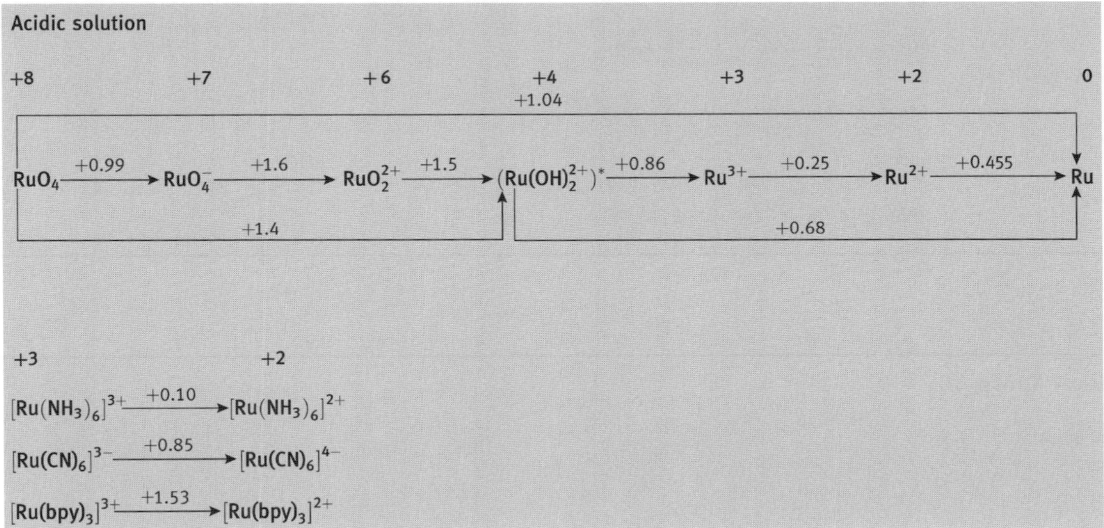

*Likely to be $H_n[Ru_4O_6(OH_2)_{12}]^{(4+n)+}$. See A. Patel and D.T. Richen, *Inorg. Chem.*, 1991, **30**, 3792.

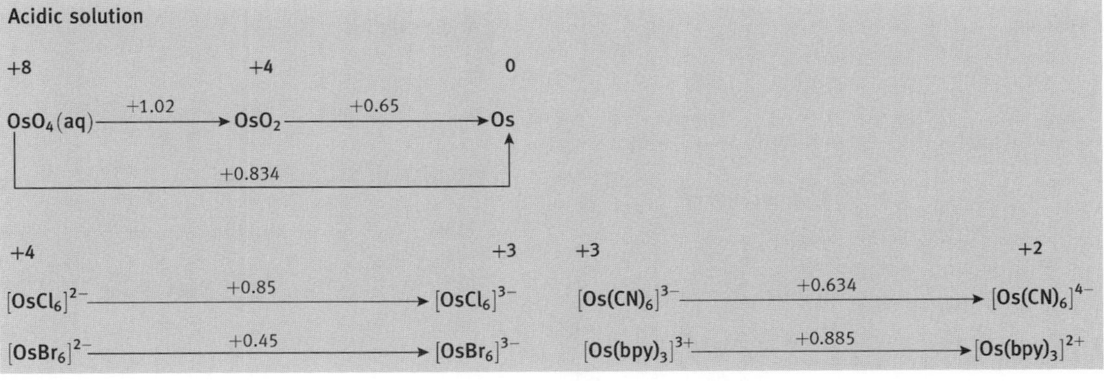

d Block • Group 9

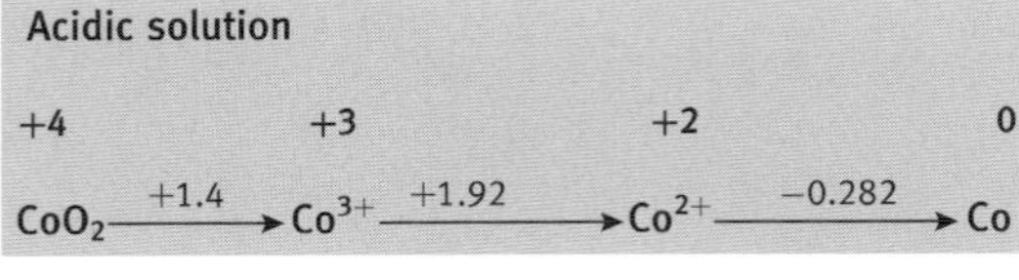

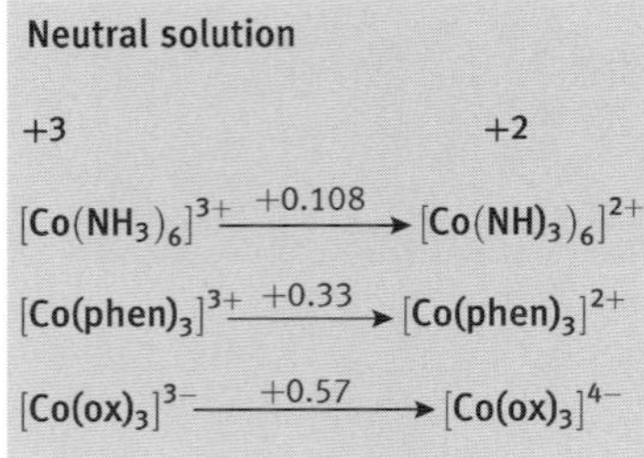

Acidic solution

+4 +3 ... 0 → +3 0

Rh^{3+} —(+0.76)→ Rh

Neutral solution

+3 +2

$[Rh(CN)_6]^{3-}$ —(+0.9)→ $[Rh(CN)_6]^{4-}$

Basic solution

+4 +3 +2 0

CoO_2 —(+0.7)→ Co(O)OH —(−0.22)→ $Co(OH)_2$ —(−0.873)→ Co

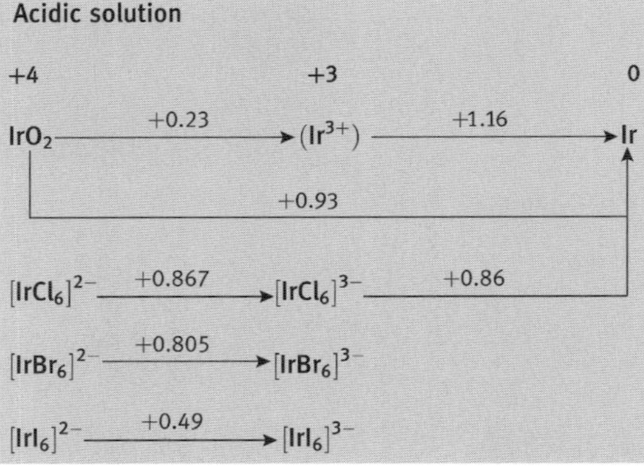

d Block • Group 10

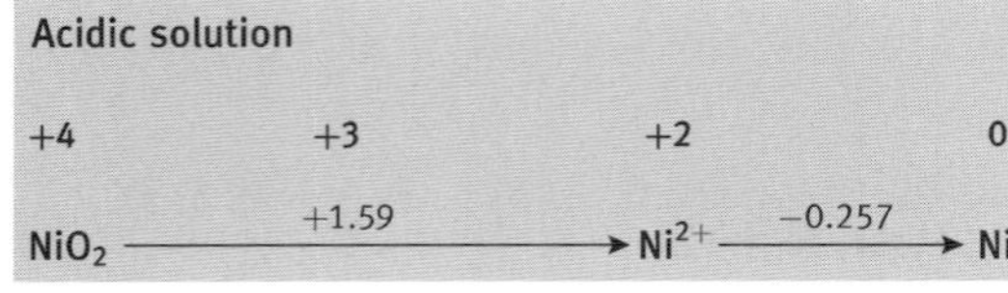

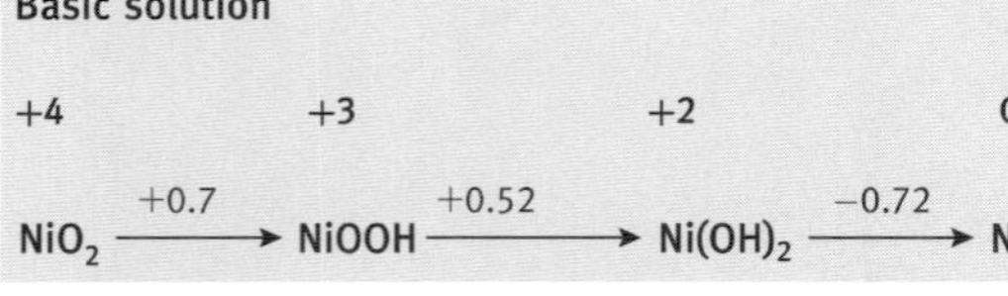

Neutral solution

+2 0

$[Ni(NH_3)_6]^{2+}$ —(−0.49)→ Ni

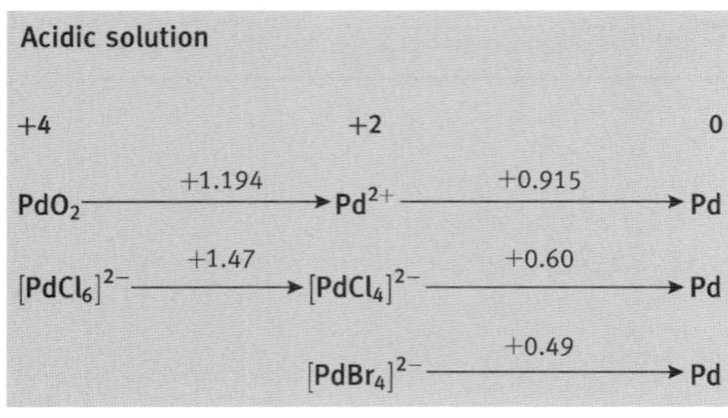

Basic solution

+4 +2 0

PdO_2 —(+1.47)→ PdO —(+0.897)→ Pd

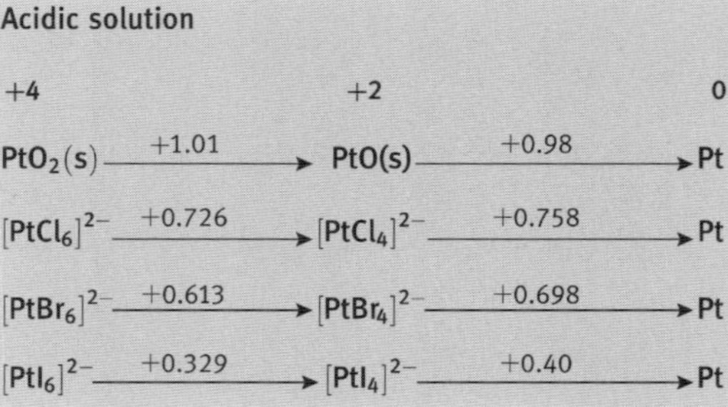

d Block • Group 11

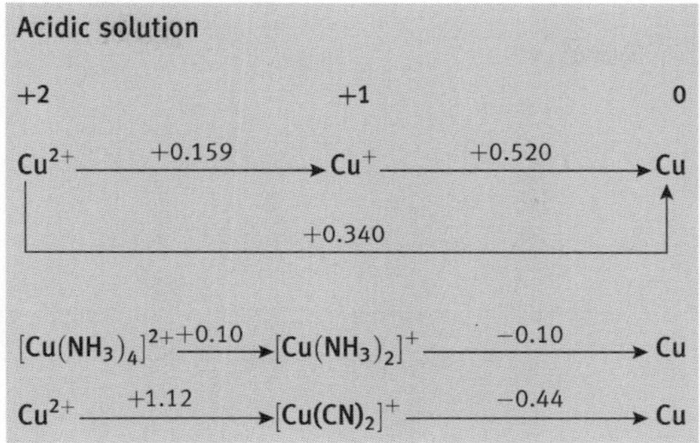

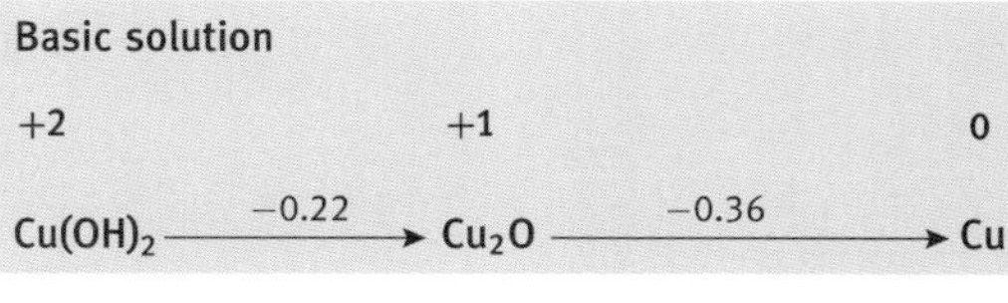

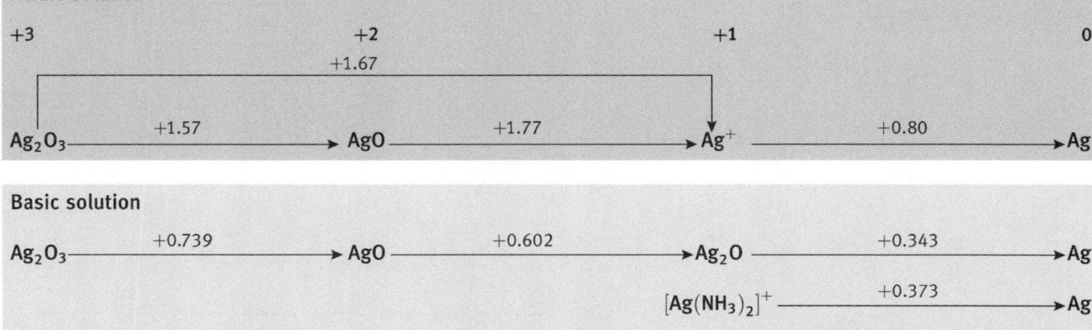

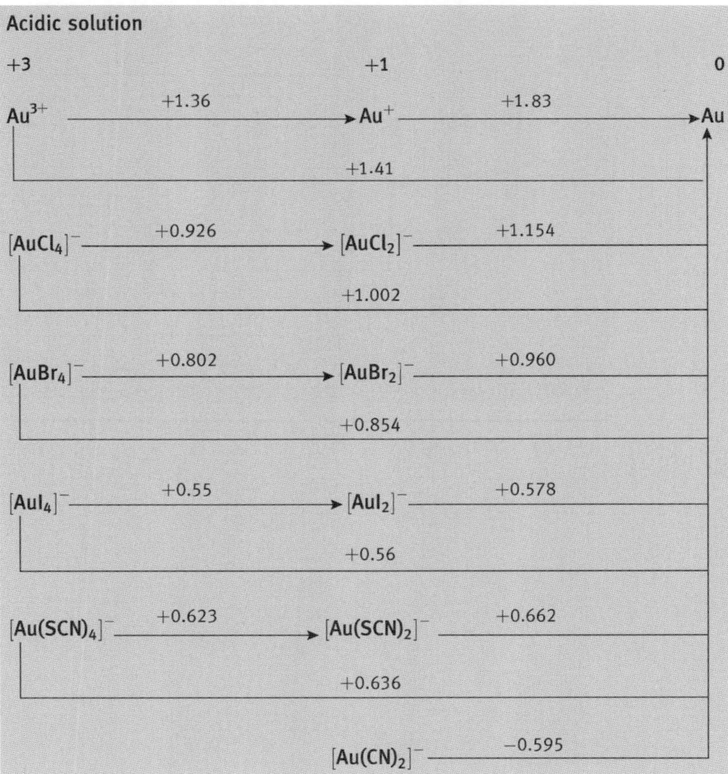

d Block • Group 12

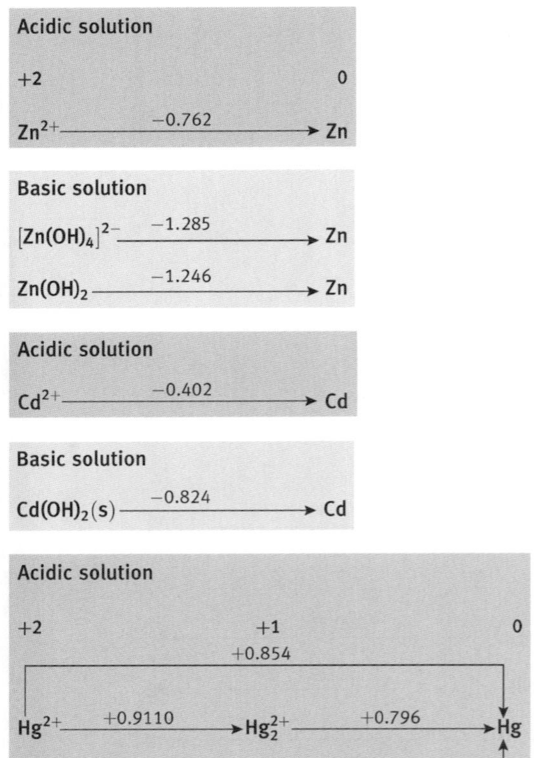

f Block • Lanthanoids

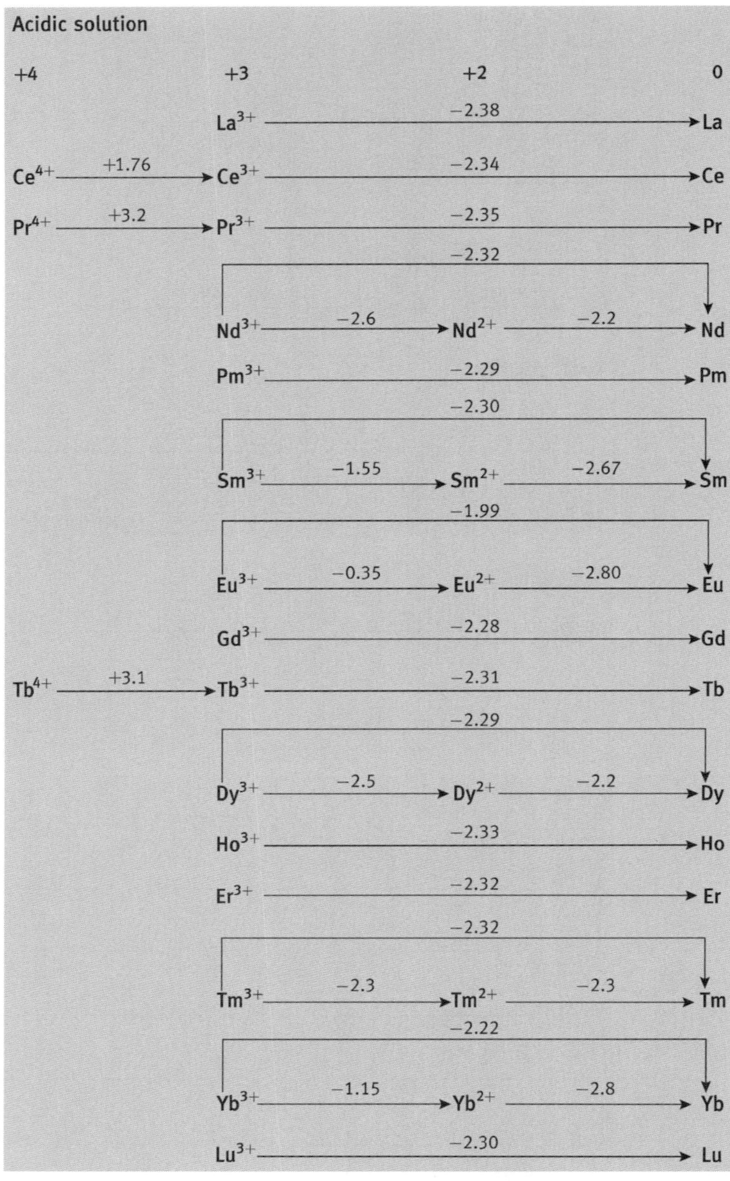

f Block • Actinoids

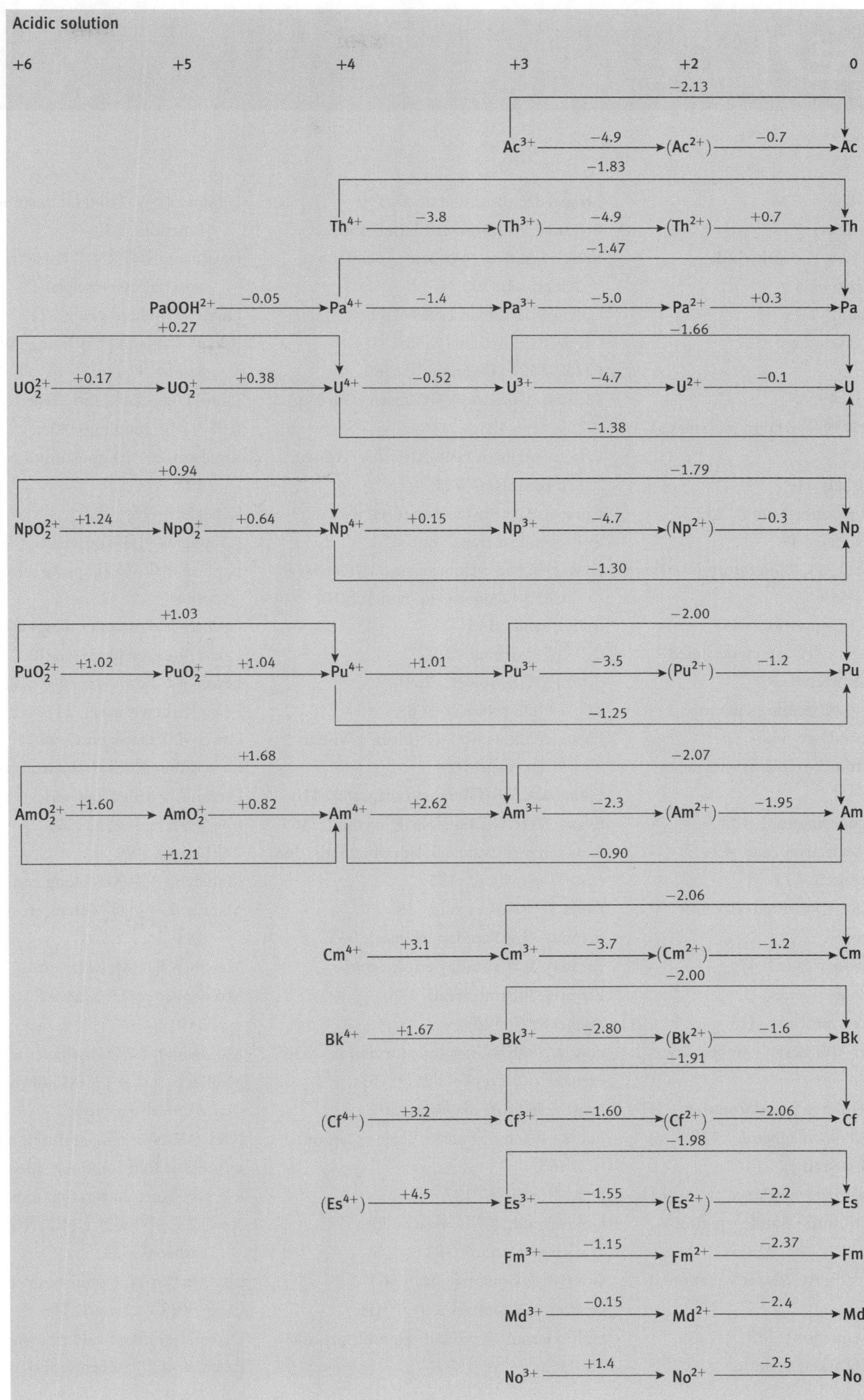

찾아보기

ㄱ

ㅇ

ㅈ

ㅊ

ㅋ

ㅌ

ㅍ

ㅎ

역자

가톨릭대학교: 신유주
강원대학교: 강영진
건국대학교: 명노승 · 전영진
경북대학교: 윤민영
공주대학교: 이석우
부산대학교: 정옥상
숭실대학교: 김자헌
연세대학교: 최문근
충남대학교: 박윤봉 · 허정석

편수 및 감수: 최문근

무기화학 제7판

|저 자 Weller · Overton · Rourke · Armstrong
|역 자 무기화학교재연구회
|발 행 인 김지영
|발 행 처 자유아카데미
|주 소 경기도 파주시 회동길 37-42
파주출판도시
|전 화 031-955-1321
|팩 스 031-955-1322
|전자우편 main@freeaca.com(대표)
editor@freeaca.com(편집)
crm@freeaca.com(영업)
|홈페이지 www.freeaca.com
|등 록 제406-2003-017호, 1980. 7. 12
|제 7 판 2020년 2월 25일 발행
|정 가 42,000원

역자와의
협의하에
인지생략

Printed in Korea
ISBN 979-11-5808-247-5 93430

Useful relations

At 298.15 K

RT	2.4790 kJ mol^{-1}	RT/F	25.693 mV
(RT/F) ln 10	59.160 mV	kT/hc	207.225 cm^{-1}
kT/e	25.693 meV	$V_m^{\ominus}$	2.4790×10^{-2} m^3 mol^{-1} 24.790 dm^3 mol^{-1}

Selected units*

1 N	1 kg m s^{-2}	1 J	1 kg m^2 s^{-2}
1 Pa	1 kg m^{-1} s^{-2}	1 W	1 J s^{-1}
1 V	1 J C^{-1}	1 A	1 C s^{-1}
1 T	1 kg s^{-2} A^{-1}	1 P	10^{-1} kg m^{-1} s^{-1}
1 S	1 Ω^{-1} = 1 A V^{-1}		

* For multiples (milli, mega, etc), see the Resource section

Conversion factors

θ/°C = T/K − 273.15*

1 eV	1.602 177×10^{-19} J 96.485 kJ mol^{-1} 8065.5 cm^{-1}	1 cal	4.184* J
1 atm	101.325* kPa 760* Torr	1 cm^{-1}	1.9864×10^{-23} J
1 D	3.335 64×10^{-30} C m	1 Å	10^{-10} m*

* Exact value

Mathematical relations

$\pi = 3.141\,592\,653\,59\ldots$ $\quad$ $e = 2.718\,281\,828\,46\ldots$

Logarithms and exponentials

$\ln x + \ln y + \ldots = \ln xy\ldots$ $\quad$ $\ln x - \ln y = \ln(x/y)$

$a \ln x = \ln x^a$ $\quad$ $\ln x = (\ln 10) \log x = (2.302\,585\ldots) \log x$

$e^x e^y e^z \ldots = e^{x+y+z+\ldots}$ $\quad$ $e^x/e^y = e^{x-y}$

$(e^x)^a = e^{ax}$ $\quad$ $e^{\pm ix} = \cos x \pm i \sin x$

Series expansions

$$e^x = 1 + x + \frac{x^2}{2!} + \frac{x^3}{3!} + \cdots$$

$$\ln(1+x) = x - \frac{x^2}{2} + \frac{x^3}{3} - \cdots$$

$$\frac{1}{1+x} = 1 - x + x^2 - \qquad \frac{1}{1-x} = 1 + x + x^2 + \cdots$$

$$\sin x = x - \frac{x^3}{3!} + \frac{x^5}{5!} - \cdots \qquad \cos x = 1 - \frac{x^2}{2!} + \frac{x^4}{4!} - \cdots$$

Derivatives; for Integrals, see the Resource section

$$d(f+g) = df + dg \qquad d(fg) = f\,dg + g\,df$$

$$d\frac{f}{g} = \frac{1}{g}df - \frac{f}{g^2}dg \qquad \frac{df}{dt} = \frac{df}{dg}\frac{dg}{dt} \quad \text{for} \quad f = f(g(t))$$

$$\left(\frac{\partial y}{\partial x}\right)_z = 1/\left(\frac{\partial x}{\partial y}\right)_z \qquad \left(\frac{\partial y}{\partial x}\right)_z\left(\frac{\partial x}{\partial z}\right)_y\left(\frac{\partial z}{\partial y}\right)_x = -1$$

$$\frac{dx^n}{dx} = nx^{n-1} \qquad \frac{de^{ax}}{dx} = ae^{ax} \qquad \frac{d\ln(ax)}{dx} = \frac{1}{x}$$

$$df = g(x,y)dx + h(x,y)dy \text{ is exact if } \left(\frac{\partial g}{\partial y}\right)_x = \left(\frac{\partial h}{\partial x}\right)_y$$

Greek alphabet*

Α, α	alpha	Ι, ι	iota	Ρ, ρ	rho
Β, β	beta	Κ, κ	kappa	Σ, σ	sigma
Γ, γ	gamma	Λ, λ	lambda	Τ, τ	tau
Δ, δ	delta	Μ, μ	mu	Υ, υ	upsilon
Ε, ε	epsilon	Ν, ν	nu	Φ, ϕ	phi
Ζ, ζ	zeta	Ξ, ξ	xi	Χ, χ	chi
Η, η	eta	Ο, ο	omicron	Ψ, ψ	psi
Θ, θ	theta	Π, π	pi	Ω, ω	omega

* Oblique versions (α, β, …) are used to denote physical observables.

Glossary of chemical abbreviations

Ac	acetyl, CH_3CO
acac	acetylacetonato
aq	aqueous solution species
bpy	2,2′-bipyridine
cod	1,5-cyclooctadiene
cot	cyclooctatetraene
Cp	cyclopentadienyl
Cp*	pentamethylcyclopentadienyl
Cy	cyclohexyl
cyclam	tetraazacyclotetradecane
dien	diethylenetriamine
DMF	dimethylformamide
DMSO	dimethyl sulfoxide
η	hapticity
edta	ethylenediaminetetraacetato
en	ethylenediamine (1,2-diaminoethane)
Et	ethyl
gly	glycinato
Hal	halide
^{i}Pr	isopropyl
L	a ligand
μ	signifies a bridging ligand
M	a metal
Me	methyl
mes	mesityl, 2,4,6-trimethylphenyl
Ox	an oxidized species
ox	oxalato
Ph	phenyl
phen	phenanthroline
py	pyridine
Red	a reduced species
Sol	solvent, or a solvent molecule
soln	nonaqueous solution species
^{t}Bu	tertiary butyl
THF	tetrahydrofuran
TMEDA	*N*,*N*,*N*′,*N*′-tetramethylethylenediamine
trien	2,2′,2″-triaminotriethylene
X	generally halogen, also a leaving group or an anion
Y	an entering group